CIRCUITOS MICROELECTRÓNICOS

OXFORD

UNIVERSITY PRESS

CUARTA EDICIÓN

CIRCUITOS MICROELECTRÓNICOS

Adel S. Sedra
Universidad de Toronto

Kenneth C. Smith
Universidad de Toronto y Hong Kong
Universidad de Ciencia y Tecnología

Traducción:
Eduardo Ramírez Grycuk
Jorge Humberto Romo Nuñez

Revisión técnica:
Eduardo Ramírez Grycuk

OXFORD
UNIVERSITY PRESS

OXFORD
UNIVERSITY PRESS

Antonio Caso 142, San Rafael,
Delegación Cuauhtémoc, C.P. 06470, México, D.F.
Tel.: 5592 4277, Fax: 5705 3738, e-mail: oxford@oupmex.com.mx

Oxford University Press es un departamento de la Universidad de Oxford.
Promueve el objetivo de la Universidad relativo a la excelencia en la investigación, erudición
y educación mediante publicaciones en todo el mundo en

Oxford México

Atenas Auckland Bangkok Buenos Aires Calcuta
Caracas Chennai Ciudad del Cabo Dar-es-Salaam Delhi Estambul Florencia
Hong Kong Karachi Kuala Lumpur Madrid Melbourne Mumbai
Nairobi Nueva York París Santafé de Bogotá Santiago de Chile São Paulo
Singapur Taipei Tokio Toronto Varsovia
Con compañías afiliadas en Berlín Ibadan

División: Universitaria
Área: Ingeniería

Sponsor editor: Jorge Alberto Ruiz González
Edición: Lilia Guadalupe Aguilar Iriarte
Producción: Antonio Figueredo Hurtado

CIRCUITOS MICROELECTRÓNICOS

Miembro de la Cámara Nacional de la Industria
Editorial Mexicana, registro número 723

ISBN 970-613-379-8

Traducido de la cuarta edición en inglés de
MICROELECTRONIC CIRCUITS
Copyright © 1998, 1991, 1987, 1982, by Oxford University Press, Inc.
ISBN 0-19-511663-1

This translation of *Microelectronic Circuits, Fourth Edition*, originally published in English in 1988,
is published by arrangement with Oxford University Press, Inc., U.S.A.
Esta traducción en español de *Circuitos microelectrónicos, cuarta edición*, publicada originalmente en inglés en
1998, se publica con autorización de Oxford University Press, Inc., U.S.A.

Impreso en México   Printed in Mexico
2 3 4 5 6 7 8 9 0 1   0 4 0 3 0 2 0 1 0 0

Esta obra se terminó de imprimir
en el mes de junio del 2000 en
Litofasesa, S.A. de C.V.
Prolongación Tlaltengo, No. 35
Col. Santa Catarina Atzcapotzalco
02250, México, D.F.

El tiraje fue de 3 000 ejemplares.

PRÓLOGO

Circuitos microelectrónicos, cuarta edición, es un texto para cursos centrales de circuitos electrónicos de especialización en ingeniería eléctrica y computación; también debe resultar útil para ingenieros y otros profesionales que deseen actualizar sus conocimientos por su cuenta.

Al igual que las tres primeras ediciones, el objetivo de este libro es desarrollar en el lector la capacidad de analizar y diseñar circuitos electrónicos analógicos, digitales, discretos e integrados. Si bien se estudia la aplicación de circuitos integrados, ponemos particular atención en el diseño de circuitos con transistores porque pensamos que, incluso si la mayoría de quienes estudian este libro no persiguen una carrera en diseño de circuitos integrados (IC), el conocimiento de lo que está dentro de un paquete IC hace posible la aplicación inteligente e innovadora de estos chips. Además, con los avances en tecnología VLSI y metodología de diseño, el diseño del IC mismo se está haciendo accesible a un creciente número de ingenieros.

REQUISITOS PREVIOS

El requisito previo para estudiar el material de este libro es un primer curso de análisis de circuitos. Como repaso, en los apéndices de este libro se incluye material sobre circuitos lineales; específicamente, parámetros de redes de dos puertos en el apéndice B, algunos teoremas útiles de redes en el apéndice E y respuestas de circuitos de una sola constante de tiempo en el apéndice F. No suponemos que el lector cuenta con conocimientos previos sobre electrónica física. Incluimos aquí toda la física de dispositivos necesaria, y el apéndice A contiene una breve descripción de la fabricación de un IC.

ORGANIZACIÓN

Aun cuando se ha retenido la filosofía y el método pedagógico de las tres primeras ediciones, se han hecho varios cambios tanto en la organización como en la cobertura del material; el cambio más importante en organización es la inclusión de material sobre electrónica digital en los primeros capítulos de este texto, lo cual se ha hecho en reconocimiento al enorme desarrollo de la electrónica digital en unos pocos años. En nuestra opinión, ahora es imperativo que a los estudiantes de ingeniería eléctrica, y desde luego a los de ingeniería de computación, se les impartan los conceptos introductorios de circuitos electrónicos digitales en su primer curso de electrónica; la reorganización de los primeros capítulos del libro hace posible lo anterior, pero la organización es suficientemente flexible para permitir que se estudie el material de circuitos digitales más adelante en el curso, o en un segundo curso, para adaptarse a una particular estructura de sus currículos.

Otro importante cambio en la organización es la inclusión del material más formal sobre modelos de dispositivos en los primeros capítulos: por ejemplo, el capítulo 4 sobre transistores bipolares ahora incluye el modelo Ebers-Moll, y el capítulo 5 sobre transistores de efecto de campo comprende un análisis de las capacitancias internas de los MOSFET. Esto se ha hecho para facilitar la comprensión de los modelos del SPICE entre quienes desean incluir el uso del SPICE en el primer curso de electrónica. Aquí, también, la organización es suficientemente flexible, lo cual permite posponer el estudio de modelos más rigurosos. Esta flexibilidad se pone de manifiesto al organizar cada capítulo de modo que el material más avanzado, que en general se puede posponer para un momento posterior del curso, se estudie en la última parte de cada capítulo. Por supuesto que quienes prefieran una cobertura más completa de un tema en particular, por ejemplo el BJT o el MOSFET, pueden simplemente continuar con el capítulo respectivo tal como aquí se presenta.

Además de estos cambios, se ha conservado la secuencia de capítulos de la tercera edición. Esto debe reducir al mínimo la alteración de programas y cursos ya existentes. Luego de un capítulo introductorio que presenta parte de los conceptos básicos de electrónica y que establece notación y convenciones, el libro está dividido en tres partes. La parte I, que trata sobre dispositivos y circuitos básicos, está formada por los capítulos del 2 al 5 y se refiere a los op amp, el diodo, el transistor bipolar de unión (BJT) y el transistor de efecto de campo (FET). Esta primera parte constituye el grueso de un primer curso sobre electrónica y la mayor parte del material se considera como requisito para el estudio de temas más avanzados sobre circuitos electrónicos.*

La parte II (capítulos del 6 al 12) se refiere a circuitos analógicos y la parte III (capítulos 13 y 14) a circuitos digitales. Excepción hecha del par diferencial del capítulo 6, del que se requiere algún conocimiento para entender perfectamente el circuito lógico acoplado a emisor del capítulo 14, el orden de las partes II y III se puede invertir. Por esta razón, se puede estudiar los temas de electrónica digital de la parte III inmediatamente después de ver los dispositivos y circuitos básicos de la parte I; es posible que algunos estudiantes de ingeniería de computación prefieran este orden de cobertura.

Aun cuando reconocemos que se obtiene cierta economía al presentar el BJT y el MOSFET juntos desde el principio, como casos especiales de un dispositivo general de tres terminales, hemos optado por introducirlos en forma separada en la parte I y combinarlos todo lo posible en la parte II. De acuerdo con nuestra experiencia, los dos dispositivos son tan diferentes como en el primer encuentro; es apropiada una presentación por separado de cada uno de estos dispositivos en cuanto a su estructura y operación física, sus curvas características y sus aplicaciones básicas en circuitos. Específicamente, en el primer curso el estudiante necesita "vivir" con cada uno de los dos dispositivos básicos para sentirse cómodo con el mismo, pero después de esto es posible y hasta deseable un estudio combinado.

Aun cuando el BJT (capítulo 4) aparece antes que el MOSFET (capítulo 5), el orden de estos dos temas se puede invertir fácilmente. Esta flexibilidad se obtiene a costa de una ligera redundancia que se puede emplear para reforzar el aprendizaje, o puede reducirse al mínimo mediante un más rápido estudio de cualquiera de los dos dispositivos que se lea en segundo término.

CAMBIOS IMPORTANTES DE COBERTURA

Además de la organización indicada líneas antes, y otra menos evidente pero importante reestructuración de algunos capítulos (por ejemplo, el capítulo 7), hemos hecho interesantes cambios de cobertura en la cuarta edición. Los principales son: mayor cobertura de física de dispositivos (capítulos 3, 4 y 5); inclusión de los modelos SPICE de dispositivos (capítulos 3, 4 y 5); ejemplos SPICE (capítulos 3 al 14); revisión completa del material de circuitos digitales (principalmente capítulo 13, parte del capítulo 14 y desde luego las adiciones, mencionadas antes, de los capítulos 1, 4 y 5); completa revisión de cobertura del MOSFET (capítulo 5 y cambios en el resto del libro, en especial en el capítulo 13). A continuación damos información adicional acerca de cada uno de estos cambios importantes.

Física de dispositivos

El material sobre la operación física de dispositivos se ha ampliado en esta edición. Hay tres razones para este cambio: (1) las continuas presiones sobre el currículum han resultado en que el curso

---

*Una posible excepción es el capítulo 2 sobre amplificadores operacionales, cuyo estudio puede posponerse en todo o en parte para una etapa posterior. Del mismo modo, parte de los materiales más avanzados de los capítulos 4 y 5 se puede posponer para un curso subsiguiente. Más adelante en este prólogo está la sección sobre organización del curso.

tradicional ya no es parte del programa central de ingeniería eléctrica en muchas universidades. (2) Para que se pueda utilizar con más eficiencia la simulación del programa SPICE, es necesario tener un conocimiento básico de los modelos del dispositivo que emplea el SPICE, que a su vez requiere mayor conocimiento de la operación física de dispositivos (más de los que se necesitó en la tercera edición). (3) Una proporción mucho mayor del diseño de circuitos y actividad de aplicación se trata ahora con circuitos integrados, y el diseño de los IC requiere mayor comprensión de la física de dispositivos que la necesaria para diseño con componentes discretos.

Más que poner física de dispositivos en un capítulo separado, hemos optado por presentar este material en donde es necesario (en cada uno de los capítulos 3, 4 y 5). De esta manera, el material se puede y es aplicado de inmediato a modelos de dispositivos y para facilitar el uso de dispositivos en diseño de circuitos, que después de todo es el principal objetivo de este libro. Por último, debe observarse que los estudiantes que ya hayan tomado un curso sobre electrónica física pueden cubrir rápidamente o incluso omitir por completo el nuevo material sobre física de dispositivos.

SPICE

Tradicionalmente, los instructores de cursos de introducción sobre circuitos electrónicos se han enfrentado a un dilema difícil: deben usar simulación del SPICE en sus cursos y arriesgarse a desviar la atención del estudiante de los principios básicos de análisis y diseño de circuitos, o deben pasar por alto el SPICE en su totalidad y privar así a sus alumnos de aprender la que es quizá la ayuda más poderosa del diseño de circuitos. Ese mismo dilema se ha reflejado en textos sobre circuitos electrónicos, incluyendo las ediciones anteriores de este libro; en esta edición pensamos que hemos dado un paso importante hacia una resolución satisfactoria del dilema. Incluimos dos aspectos del SPICE: los modelos que utiliza para los dispositivos electrónicos, y ejemplos que ilustran las grandes ventajas que se pueden obtener del *adecuado* uso del SPICE. Igualmente importante es *lo que* se estudia en el SPICE y *donde* se presenta. Para evitar que el cuerpo de cada capítulo se llene desordenadamente con programas y resultados del SPICE, hemos puesto el material del SPICE en la última sección de cada capítulo (excepto el 1 y 2). En esta forma, los ejemplos del SPICE pueden servir para amalgamar varias ideas presentadas en el capítulo, así como para verificar la validez de las diversas aproximaciones y suposiciones de simplificación empleadas. Igualmente importante, el instructor que por una u otra razón no desea incluir el SPICE en el curso puede omitir la última sección de un capítulo.

Con excepción de un breve apéndice (el C), nuestra cobertura del SPICE no se refiere a cómo escribir programas del SPICE. Para esto último sugerimos al lector las obras que hay sobre el tema, incluyendo el libro *SPICE*, segunda edición, de Gordon Roberts y Adel Sedra (Oxford University Press, 1997), el cual también contiene muchos más ejemplos que siguen el orden de presentación de temas de este libro. Los archivos de entrada de nuestros ejemplos del SPICE aparecen en una lista del apéndice C y se incluyen en el CD-ROM que acompaña este texto y sitio de web del mismo.

MOSFET

No hay duda de que el MOSFET es en la actualidad el dispositivo electrónico más importante y que así seguirá por mucho tiempo. Del mismo modo, durante los últimos seis años ha habido cambios importantes en el campo de aplicación de los MOSFET. Por lo tanto, aun cuando hay muy poca actividad en el uso de MOSFET discretos en aplicaciones de alta potencia, la mayor parte del diseño de circuitos integrados, tanto analógicos como digitales, es con base en los MOSFET. Para reflejar estos cambios y tendencias hemos modificado por completo el capítulo 5.

Electrónica digital

El material sobre electrónica digital se ha actualizado y ampliado y, como ya dijimos, se ha reorganizado. La cobertura empieza en el capítulo 1 con una introducción al elemento básico de circuitos digitales, el inversor lógico, que se introduce junto con su similar en electrónica analógica, el amplificador. Esto es seguido en el capítulo 4 con una sección sobre el inversor básico con BJT y en el capítulo 5 con un estudio del inversor CMOS. La parte III, que trata sobre circuitos digitales, ha sido reorganizada y su capítulo principal (el 13) se ha cambiado por completo; ahora incluye una cuidadosa selección de temas sobre circuitos digitales MOS que es pedagógicamente saludable e importante desde el punto de vista práctico. El capítulo 14 completa entonces el estudio de circuitos digitales con una presentación de circuitos bipolares (TTL y ECL), BiCMOS y GaAs. Pensamos que el material sobre circuitos digitales, incluido en esta edición, es de suficiente alcance y profundidad como para que la enseñanza de un curso orientado a circuitos digitales sea el primero o el segundo en la secuencia de cursos sobre circuitos electrónicos.

EL CD-ROM Y EL SITIO WEB

Este libro se acompaña de un CD-ROM que contiene información útil y complementaria, así como material destinado a enriquecer la experiencia de aprendizaje del estudiante. Incluye: (1) varios ejemplos animados que tratan de recrear la dinámica de la enseñanza en un salón de clases. (2) Una demostración del banco de trabajo de electrónica, que es uno de los productos de software más innovadores y que está destinado a simular una rica experiencia de laboratorio para el estudiante. El software se puede adquirir de Interactive Image Technologies Ltd.* El CD muestra la forma en que se puede usar el banco de trabajo de electrónica y comprende 14 ejemplos cuidadosamente seleccionados de circuitos que abarcan temas estudiados en este texto. También debe observar que el banco de trabajo de electrónica tiene ahora un suplemento que incluye la clave para más de cien de los circuitos que aparecen en este libro, lo cual facilita que el usuario del banco de trabajo de electrónica experimente con estos circuitos para una mejor comprensión y más práctica. (3) Un compendio de "ideas de diseño" de la revista EDN que contiene muchos circuitos útiles y prácticos. (4) Los archivos de entrada para todos los ejemplos del SPICE de este libro. El CD-ROM es producido por Oberon Interactive Inc. de Toronto, Canadá. El icono del CD que aparece en el margen aparecerá junto a ejemplos y figuras en todo el texto, con lo cual pueden identificarse con facilidad como ejemplos que han sido animados o como circuitos empleados en una demostración del banco de trabajo de electrónica.

Hemos establecido un sitio web para este libro (http://www.sedrasmith.org/). Incluirá hojas de datos y modelos del SPICE para dispositivos seleccionados, archivos de entrada para los ejemplos del SPICE, más problemas, problemas de diseño, circuitos que se pueden descargar gratuitamente para uso con el banco de trabajo de electrónica, enlaces para sitios industriales y académicos de interés conexo, un enlace con la división College de Oxford para completo apoyo al texto del profesor, un centro de mensajes para el autor, etcétera.

IMPORTANCIA SOBRE EL DISEÑO

Nuestra filosofía consiste en que el diseño de circuitos se enseña mejor si se manifiestan las diversas relaciones que existen al seleccionar una configuración de circuito y valores de componentes para una configuración dada. La importancia sobre el diseño se ha aumentado en esta edición al incluir más ejemplos de diseño, problemas de ejercicio y problemas de fin de capítulo. Los ejercicios y problemas de fin de capítulo que sean considerados como "orientados al diseño" están indicados con una D. Del mismo modo, la ayuda de diseño más valiosa, el SPICE, se utiliza en todo el libro, como ya dijimos.

---

*Interactive Image Technologies Ltd., 111 Peter Street, Suite 801, Toronto, Ont, Canada M5V 2H1.

EJERCICIOS, PROBLEMAS DE FIN DE CAPÍTULO Y MÁS PROBLEMAS RESUELTOS

Hay más de 400 ejercicios integrados en todo el libro; la respuesta correspondiente se da abajo del ejercicio, de manera que los estudiantes pueden comprobar la comprensión del material a medida que leen. La solución de estos ejercicios debe hacer posible que el lector mida su conocimiento del material precedente. También aparecen aquí más de 1250 problemas de fin de capítulo, casi un tercio de los cuales son nuevos en esta edición. Los problemas se relacionan con las secciones individuales y su grado de dificultad está indicado por un sistema de clasificación: los problemas difíciles están marcados con un asterisco (*); los problemas más difíciles, con dos asteriscos (**), y los muy difíciles (y/o engorrosos), con tres asteriscos (***). Debemos reconocer, con todo, que esta clasificación no es en modo alguno exacta, además de que no hay duda que depende en algún grado de nuestro modo de pensar (y de nuestro humor) en el momento de crear un problema en particular. En el apéndice I aparecen las respuestas a casi la mitad de los problemas; las soluciones completas para todos los ejercicios y problemas se incluyen en el *Manual del Instructor*, que los instructores que adopten este libro pueden adquirir de esta editorial.

Al igual que en las tres ediciones anteriores, se incluyen muchos ejemplos. Estos ejemplos, y de hecho la mayor parte de los problemas y ejercicios, están basados en circuitos reales y anticipan las aplicaciones que se encuentren al diseñar circuitos reales. Esta edición continúa el uso de pasos numerados de solución de las figuras para muchos ejemplos, en un intento por recrear la dinámica de un salón de clases.

Una petición constante de parte de muchos de los estudiantes que emplearon ediciones anteriores de este libro es la de problemas resueltos. Para satisfacer esta necesidad, hemos creado con esta edición un libro de problemas adicionales con soluciones (véase posteriormente en este prólogo la lista de material auxiliar).

UN COMPENDIO PARA EL LECTOR

El libro comienza con una introducción a los conceptos básicos de electrónica en el capítulo 1; se presentan señales y sus espectros de frecuencia, así como sus formas analógicas y digitales. Se introducen los amplificadores como bloques de construcción de circuitos y se estudian sus diversos tipos y modelos. El elemento básico de la electrónica digital, el inversor lógico digital, se define en términos de su curva característica de transferencia de voltaje, y se analizan sus diversas construcciones que usan interruptores de voltaje y corriente. Este capítulo también establece parte de la terminología y convenciones que se emplean en todo el texto.

Los siguientes cuatro capítulos están dedicados al estudio de dispositivos electrónicos y circuitos básicos y constituyen la parte I del texto. El capítulo 2 se refiere a amplificadores operacionales, sus características terminales, aplicaciones sencillas y limitaciones. Hemos escogido estudiar el op amp, como elemento de construcción de circuitos en esta etapa inicial, simplemente porque es fácil de analizar y el estudiante puede experimentar con circuitos de op amps que realizan trabajos nada triviales con toda facilidad y gran sentido de logro. Hemos encontrado que este método es de excelente motivación para el estudiante, aunque debemos señalar que parte o todo este capítulo se puede omitir para estudiarlo en otra etapa (por ejemplo, en coordinación con el capítulo 6 o el 8) sin perder la continuidad.

El capítulo 3 está dedicado al estudio del más fundamental de los dispositivos electrónicos: el diodo de unión *pn*. Se presentan las características terminales del diodo y su jerarquía o modelos. Para entender la operación física del diodo, y de hecho del BJT y el MOSFET, incluimos una introducción breve pero importante de los semiconductores y la unión *pn*. Entonces regresamos a circuitos con diodos y estudiamos algunas de las aplicaciones fundamentales de diodos, en especial las relacionadas con el diseño de fuentes de alimentación.

El capítulo 4 introduce el transistor de unión bipolar (BJT): su estructura, operación física, características terminales, modelos a pequeña y gran señal, su operación como amplificador y como interruptor, las configuraciones básicas de amplificadores de una etapa con BJT y el inversor lógico básico BJT.

En el capítulo 5 se estudia la familia de transistores de efecto de campo (FET), donde la importancia, sin embargo, se pone en el transistor MOS. Aquí, de nueva cuenta, se presentan la estructura, operación física, características terminales, modelos y aplicaciones básicas de circuitos (analógicos y digitales) de los diversos tipos de FET. Como se menciona antes, este capítulo puede, si se desea, estudiarse antes del capítulo de los BJT. Esperamos que cada uno de estos capítulos haga que el lector se familiarice por completo y se sienta perfectamente cómodo con el dispositivo tratado.

Al terminar el capítulo 5, el lector debe haber aprendido acerca de los elementos básicos de construcción de circuitos electrónicos y estará listo para considerar los temas más avanzados de las partes II (circuitos analógicos) y III (circuitos digitales). Como ya mencionamos, el orden de estudio de las partes II y III se puede invertir fácilmente.

El capítulo 6 es el primero de una secuencia de cinco capítulos que se refieren a temas más avanzados en el diseño de amplificadores. El tema principal del capítulo 6 es el amplificador diferencial, en sus formas tanto bipolar como de MOSFET.

En el capítulo 7 estudiamos la respuesta de amplificadores a frecuencia. Aquí se destaca la importancia de seleccionar una configuración para obtener operación en banda ancha.

El capítulo 8 se refiere al importante tema de la retroalimentación. Se presentan aplicaciones de circuitos prácticos de retroalimentación negativa. También estudiamos el problema de la estabilidad en amplificadores de retroalimentación y tratamos la compensación de frecuencia en algún detalle.

El capítulo 9 habla de varios tipos de etapas de salida de amplificadores. El diseño térmico se estudia y se presentan ejemplos de amplificadores de potencia con circuitos integrados.

El capítulo 10 presenta una introducción a circuitos integrados analógicos; se analizan también op amps bipolares, CMOS y BiCMOS, así como circuitos básicos para el diseño de convertidores de datos. Este capítulo amalgama muchas de las ideas que presentaron los métodos en capítulos anteriores.

Los últimos dos capítulos de la parte II, los capítulos 11 y 12, están orientados a aplicaciones o a sistemas. El capítulo 11 está dedicado al estudio del diseño de filtros analógicos y amplificadores sintonizados. El capítulo 12 presenta un estudio de osciladores senoidales, generadores de formas de onda y otros circuitos no lineales de procesamiento de señales.

Los últimos dos capítulos del libro, los capítulos 13 y 14, constituyen la parte III, circuitos digitales. Éstos presentan un estudio conciso y moderno de electrónica digital y deben servir de base a un estudio más detallado de circuitos y sistemas digitales y/o diseño de integración a escala muy grande (VLSI).

Los nueve apéndices contienen mucho material complementario útil. Deseamos llamar la atención del lector en particular sobre el apéndice A, que es una introducción concisa al importante tema de la tecnología de fabricación de circuitos integrados (IC), incluido el diseño de chips.

ORGANIZACIÓN DEL CURSO

El libro contiene suficiente material para una secuencia de dos cursos de un semestre (cada uno de 40 a 50 horas de clase). La organización del libro es de flexibilidad considerable para el diseño de un curso.

Tres posibilidades para el primer curso son:

a) Capítulos 1 al 5. Si el tiempo es limitado, las siguientes secciones se pueden posponer para el segundo curso: 2.8, 2.9, 3.9, 4.13-4.15 y 5.8-5.12.

b) Capítulos 1, 3, 4, 5 y temas seleccionados de los capítulos 6 y 7 (por ejemplo, las secciones 6.1, 6.2, 6.6 y 7.1-7.6). Si el tiempo es limitado se pueden omitir algunas secciones, por ejemplo la 3.9, 4.12-4.14, 5.8, 5.9, 5.11 y 5.12.

c) Capítulos 1, 3, 4, 5 y temas seleccionados de los capítulos 13 y 14 según lo permita el tiempo. Aquí, otra vez si el tiempo es limitado, se pueden omitir algunas secciones de los capítulos 3, 4 y 5 en este curso orientado a circuitos digitales.

Dos posibilidades para el segundo curso son:

a) Capítulos 6-12. Si el tiempo es limitado, algunas secciones de los capítulos 9, 10, 11 y 12 se pueden posponer para un tercer curso que trate sobre circuitos analógicos.

b) Capítulos 6, 7, 8, 13 y 14.

MATERIAL AUXILIAR

Existe un juego completo de material auxiliar de este texto para apoyar el curso:

Para el instructor:

El *Manual del instructor con negativos de transparencias* contiene soluciones completas a todos los ejercicios y problemas del texto. También incluye 200 negativos que duplican figuras importantes del texto, las que más se usan en clase.

Acetatos de transparencias: juego de 200 transparencias a dos colores de las figuras más importantes del libro.

Para el estudiante y el instructor:

El *CD-ROM*, véase descripción en sección por separado.

El *Manual de laboratorio*, escrito por K. C. Smith, contiene aproximadamente 20 experimentos que abarcan los temas principales estudiados en el texto.

Problemas con soluciones de KC, escrito por K. C. Smith, contiene aproximadamente 600 problemas adicionales con soluciones completas para estudiantes que deseen más práctica.

SPICE, segunda edición, escrito por Gordon Roberts, de McGill University, y Adel Sedra, es un tratado detallado del SPICE y su aplicación en el análisis y diseño de circuitos de los tipos estudiados en este libro.

Guía práctica para seleccionar componentes electrónicos, escrito por Wai-Tung Ng, de la Universidad de Toronto, trata de la especificación y selección de componentes electrónicos prácticos para la variedad de aplicaciones estudiadas en este libro. Comprende muestras de hojas de datos de fabricantes y explica los intrincados detalles de las especificaciones de componentes.

RECONOCIMIENTOS

Muchos de los cambios contenidos en esta cuarta edición se hicieron como respuesta a sugerencias recibidas de algunos de los instructores que adoptaron la tercera edición. Agradecemos a quienes se tomaron un tiempo para escribirnos. Además, los siguientes revisores nos dieron detallados comentarios sobre la tercera edición y sugirieron muchos de los cambios que hemos incorporado en esta nueva edición. A todos ellos extendemos nuestras más sinceras gracias: Michael Bartz, University of Memphis; Roy H. Cornely, New Jersey Institute of Technology; Dale L. Critchlow, University of Vermont; Artice M. Davis, San Jose State University; Steven de Haas, California State University-Sacramento; Eby G. Friedman, University of Rochester; Rhett T. George, J., Duke University; Ward J. Helms, University of Washington; Richard Horsey, University of Waterloo; Jacob B. Khurgin, The Johns Hopkins University; Joy Laskar, Georgia Institute of Technology; David Luke, University of New Brunswick; Bahran Nabet, Drexel University; Dipankar Nagchoudhuri, Indian Institute of Technology, Delhi, India; Joseph H. Nevin, University of

Cincinnati; Wai-Tung Ng, University of Toronto; Rabin Raut, Concordia University; Dipankar Sengupt, Royal Melbourne Institute of Technology; Michael L. Simpson, University of Tennessee; Karl A. Spuhl, Washington University; Daniel van der Weide, University of Delaware.

También agradecemos a los siguientes colegas y amigos que nos han dado muchas y útiles sugerencias: Robert Irvine, California State University, Pomora; David Johns, University of Toronto; John Khoury, Columbia University; Ken Martin, University of Toronto; David Nairn, Queen's University; Gordon Roberts, McGill University; Richard Schreier, Oregon State University.

Seguimos en deuda con los revisores de las tres ediciones anteriores: Ali Akansu, New Jersey Institute of Technology; Frank Barnes, University of Colorado; Douglas Brumm, Michigan Technical University; Eugene Chenette, University of Florida; J. Alvin Connelly, Georgia Institute of Technology; Artice M. Davis, San Jose State University; Arnold W. Dipert, University of Illinois-Urbana-Champaign; Randall L. Geiger, Iowa State University; Glen C. Gerhard, University of New Hampshire; Doug Hamilton, University of Arizona; Richard Jaeger, Auburn; Alfred Johnson, Widener University; W. Marshall Lead, Georgia Institute of Technology; Bryen E. Lorenz, Widener University; Alan B. MacNee, University of Michigan; N. R. Mali, University of Iowa; Paul McGrath, Clarkson Institute of Technology; John Oristian, U. S. Military Academy-West Point; Jaime Ramírez-Angulo, New Mexico State University; William Sayle, III, Georgia Institute of Technology; Rolf Schaumann, Portland State University; Bernard M. Schmidt, University of Dayton; Edwyn Smith, University of Toledo; Yuh Sun, California State University; Darrel Vines, Texas Technical University; Sidney Wielin, University of Southern California.

Varias personas han hecho importantes aportaciones a esta edición. Nuestro colega Wai-Tung Ng, de la University of Toronto, reescribió por completo el apéndice A. Gordon Roberts, de la McGill University, nos dio permiso para usar algunos de los ejemplos del libro *SPICE*, de Roberts y Sedra. Steve Jantsi, de la University of Toronto, ayudó en varias formas y específicamente con los ejemplos del SPICE. Karen Kozma, de la University of Toronto, hizo un excelente trabajo de verificación de los nuevos problemas. Jennifer Rodrigues mecanografió todos los cambios con destreza y buen humor. Laura Fujino ayudó en la elaboración del índice y, quizá más importante, a mantenernos concentrados (KCS). Diane Dlutek mantuvo los papeles circulando en la dirección correcta y ayudó en varias otras formas. A todos estos amigos y colegas les damos las gracias.

Un gran número de personas colaboraron en el desarrollo de esta edición y sus diversos materiales auxiliares. Hacemos mención especial de la Oxford University Press, Barbara Wasserman, Krysia Bebick, Marcy Levine, David Walker, Leigh Ann Florek, Tom McElwee, Jasmine Urmeneta, Ned Escobar, Jim Brooks, Liza Murphy y Kerry Cahill; de Oberon Interactive Inc., Luda Tovey y Patrick Lee; de Interactive Image Technologies Ltd., Joe Koenig y Mark Franklin; de EDN Magazine, Steve Paul; y de Analog Devices, Pamela Maloney y Richard Payne.

Dos personas desempeñaron un papel clave en el seguimiento del manuscrito en prensa: Elyse Dubin, de Oxford University Press, y Kirsten Kauffman, de York Production Services.

En todo el proyecto, y mucho antes de que éste empezara, nuestro editor y amigo, Bill Zobrist, nos dio guía, estímulo y apoyo, así como muchas ideas innovadoras. Hemos sido afortunados de tener a Bill como nuestro editor. Por último, deseamos dar gracias a nuestras familias por su apoyo.

Adel S. Sedra
Kenneth C. Smith

CONTENIDO CONDENSADO

CONTENIDO DETALLADO

APÉNDICES

CAPÍTULO 1

Introducción a la electrónica

INTRODUCCIÓN

El tema de este libro es la electrónica moderna, campo que en la actualidad recibe el nombre de **microelectrónica.** Ésta se refiere a la tecnología de circuitos integrados (IC) que, en el tiempo en que se escribe esto, puede producir circuitos que contienen millones de componentes en un pequeño trozo de silicio (conocido como **chip de silicio**) cuya área es del orden de 10 mm^2. Uno de estos circuitos microelectrónicos, por ejemplo, es una computadora digital completa que apropiadamente se denomina **microcomputadora** o, en forma más general, **microprocesador.**

En este libro estudiaremos dispositivos electrónicos que se pueden usar individualmente (en el diseño de **circuitos discretos**) o como componentes de un chip de **circuito integrado (IC).** Estudiaremos el diseño y análisis de interconexiones de estos dispositivos, que forman circuitos discretos e integrados de complejidad variable y ejecutan una amplia variedad de funciones. También aprenderemos sobre los IC que hay en este mercado y sus aplicaciones en el diseño de sistemas electrónicos.

El propósito de este primer capítulo es introducir algunos conceptos y terminología básicos. En particular estudiaremos señales y, además, una de las más importantes funciones de procesamiento de señales para las que los circuitos electrónicos están diseñados, que es la amplificación de señales. Después de esto veremos modelos de amplificadores lineales, que se utilizarán en capítulos subsecuentes en el diseño y análisis de circuitos amplificadores actuales.

Si bien el amplificador es el elemento básico de circuitos analógicos, el inversor lógico desempeña este papel en circuitos digitales y por ello veremos en forma preliminar un inversor digital, su función en un circuito, así como otras importantes características.

Además de motivar el estudio de la electrónica, este capítulo sirve como puente entre el estudio de circuitos lineales y el del tema de este libro: el diseño y análisis de circuitos electrónicos.

1.1   SEÑALES

Las señales contienen información acerca de varias cosas y actividades en nuestro mundo físico. Abundan ejemplos: la información acerca del clima está contenida en señales que representan la temperatura del aire, presión, velocidad del viento, etc. La voz de un anunciador de la radio que lee noticias ante un micrófono proporciona una señal acústica que contiene información sobre asuntos internacionales. Para observar la situación de un reactor nuclear se utilizan instrumentos para medir varios parámetros importantes, donde cada instrumento produce una señal.

Para extraer la información necesaria a partir de un conjunto de señales, el observador (sea éste una persona o una máquina) invariablemente necesita **procesar** las señales de alguna manera predeterminada. Este **procesamiento de señales** es ejecutado de modo más conveniente por sistemas electrónicos pero, para que esto sea posible, la señal debe ser convertida primero en una señal eléctrica, es decir, un voltaje o una corriente. Este proceso se realiza mediante dispositivos conocidos como **transductores,** de los que existe una amplia variedad y cada uno de ellos es apropiado para una de las diversas formas de señales físicas. Por ejemplo, las ondas sonoras generadas por una persona pueden ser convertidas en señales eléctricas por medio de un micrófono, que en realidad es un transductor de presión. No es nuestra finalidad aquí estudiar transductores, sino que, más bien, supondremos que las señales de interés ya existen en el dominio eléctrico y los representan por una de las dos formas equivalentes que se muestran en la figura 1.1. En la figura 1.1(a) la señal está representada por una fuente de voltaje $v_s(t)$ que tiene una resistencia R_s. En una representación opcional de la figura 1.1(b), la señal está representada por una fuente de corriente $i_s(t)$ que tiene una resistencia R_s. Aun cuando las dos representaciones son equivalentes, la de la figura 1.1(a) (conocida como *forma de Thévenin*) se prefiere cuando R_s es baja. La representación de la figura 1.1(b) (denominada *forma de Norton*) se prefiere cuando R_s es alta.

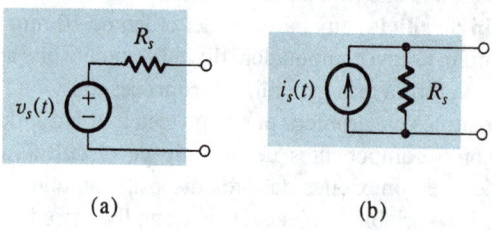

(a)   (b)

Fig. 1.1 Dos representaciones alternativas de una fuente de señales: **(a)** la forma de Thévenin y **(b)** la forma de Norton.

Del análisis anterior debe quedar claro que una señal es una cantidad que varía en el tiempo y que puede ser representada por una gráfica como la que se ilustra en la figura 1.2. En realidad, el contenido de información de la señal está representado por los cambios en su magnitud a medida que pasa el tiempo; esto es, la información está contenida en los "vaivenes" de la forma de onda. En general, estas formas son difíciles de caracterizar matemáticamente. En otras palabras, no es fácil describir en forma breve una onda de aspecto arbitrario como la de la figura 1.2. Por supuesto, una descripción como ésta es de gran importancia con objeto de diseñar circuitos adecuados para procesamiento de señales que ejecuten funciones deseadas en la señal dada.

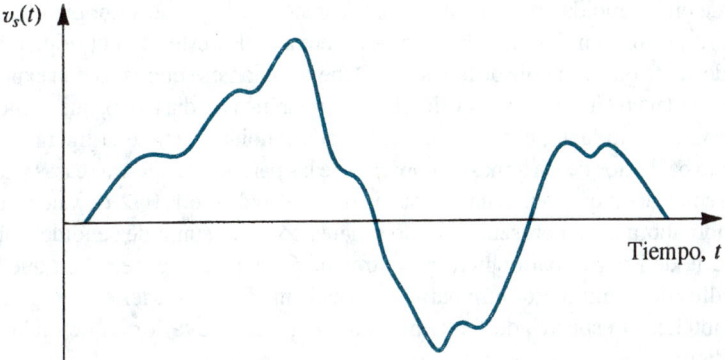

Fig. 1.2   Una señal arbitraria de voltaje $v_s(t)$.

1.2 ESPECTRO DE FRECUENCIAS DE SEÑALES

Una caracterización muy útil de una señal, y en cuanto a eso también de cualquier función del tiempo arbitraria, es en términos de su **espectro de frecuencias.** Esta descripción de señales se obtiene por medio de herramientas matemáticas como la **serie de Fourier** y la **transformada de Fourier.**[1] En este momento no estamos interesados en los detalles de estas transformaciones; bástenos decir que proporcionan los medios para representar una señal de voltaje $v_s(t)$ o una señal de corriente $i_s(t)$ como la suma de las señales de onda senoidal de frecuencias y amplitudes diferentes. Esto hace que la onda senoidal sea una señal muy importante en el análisis, diseño y prueba de circuitos electrónicos. Por lo tanto, repasaremos brevemente las propiedades de la onda senoidal.

En la figura 1.3 se muestra una señal de onda senoidal de voltaje $v_a(t)$,

$$v_a(t) = V_a \operatorname{sen} \omega t \tag{1.1}$$

donde V_a denota el valor pico o amplitud en volts y ω denota la frecuencia angular en radianes por segundo; esto es, $\omega = 2\pi f$ rad/s, donde f es la frecuencia en hertz, $f = 1/T$ Hz, y T es el periodo en segundos.

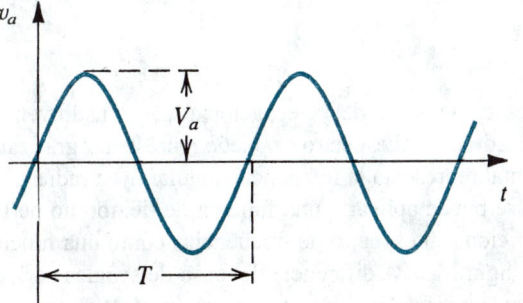

Fig. 1.3   Señal senoidal de voltaje de amplitud V_a y frecuencia $f = 1/T$ Hz. La frecuencia angular $\omega = 2\pi f$ rad/s.

---

[1] El lector que haya estudiado estos temas no debe alarmarse. No se hará una aplicación detallada de este material sino hasta el capítulo 7. Con todo, un conocimiento general de la sección 1.2 será muy útil cuando se estudien las primeras partes de este libro.

La señal de onda senoidal está completamente caracterizada por su valor pico V_a, su frecuencia ω y su fase con respecto a un tiempo arbitrario de referencia. En este caso el origen de tiempo se ha seleccionado de modo que el ángulo de fase sea 0. Debe mencionarse que es común expresar la amplitud de una señal senoidal en términos de su valor de raíz cuadrática media (rms), que es igual al valor pico dividido entre $\sqrt{2}$. Por lo tanto, el valor rms de la onda senoidal $v_a(t)$ de la figura 1.3 es $V_a/\sqrt{2}$. Por ejemplo, cuando hablamos de las tomas de corriente de las paredes de nuestras casas y decimos que son de 120 V, queremos decir que tienen una forma de onda senoidal de $120\sqrt{2}$ de valor pico.

Regresando ahora a la representación de señales como la suma de senoides, observamos que se utiliza la serie de Fourier para obtener este trabajo para el caso especial en que la señal es una función periódica del tiempo. Por otra parte, la transformada de Fourier es más general y se puede utilizar para obtener el espectro de frecuencias de una señal cuya forma de onda es una función arbitraria del tiempo.

La serie de Fourier nos permite expresar una función periódica de tiempo dada como la suma de un número infinito de senoides cuyas frecuencias están armónicamente relacionadas. Por ejemplo, la señal simétrica de onda cuadrada de la figura 1.4 se puede expresar como

$$v(t) = \frac{4V}{\pi}\left(\operatorname{sen} \omega_0 t + \tfrac{1}{3}\operatorname{sen} 3\omega_0 t + \tfrac{1}{5}\operatorname{sen} 5\omega_0 t + \cdots\right) \tag{1.2}$$

donde V es la amplitud de la onda cuadrada y $\omega_0 = 2\pi/T$ (T es el periodo de la onda cuadrada) recibe el nombre de **frecuencia fundamental.** Obsérvese que debido a que las amplitudes de las armónicas disminuyen progresivamente, se puede truncar la serie infinita, dando la serie truncada una aproximación de la onda cuadrada.

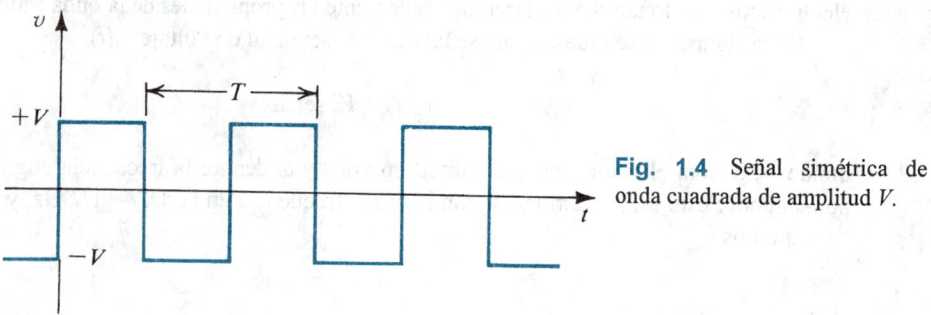

Fig. 1.4 Señal simétrica de onda cuadrada de amplitud V.

Las componentes senoidales de la serie de la ecuación (1.2) constituyen el espectro de frecuencias de la señal de onda cuadrada. Tal espectro se puede representar gráficamente como en la figura 1.5, donde el eje horizontal representa la frecuencia angular ω en radianes por segundo.

La transformada de Fourier se puede aplicar a una función de tiempo no periódica, como la descrita en la figura 1.2, y proporciona su espectro de frecuencias como una función continua de frecuencia, como se indica en la figura 1.6. A diferencia del caso de señales periódicas, donde el espectro está formado por frecuencias discretas (en ω_0 y sus armónicas), el espectro de una señal no periódica contiene en general todas las frecuencias posibles. No obstante, las partes esenciales de los espectros de señales prácticas suelen estar confinadas a segmentos relativamente cortos del eje de la frecuencia (ω), observación que es muy útil en el procesamiento de estas señales. Por ejemplo, el espectro de sonidos audibles como son la voz y la música se extiende de unos 20 Hz a

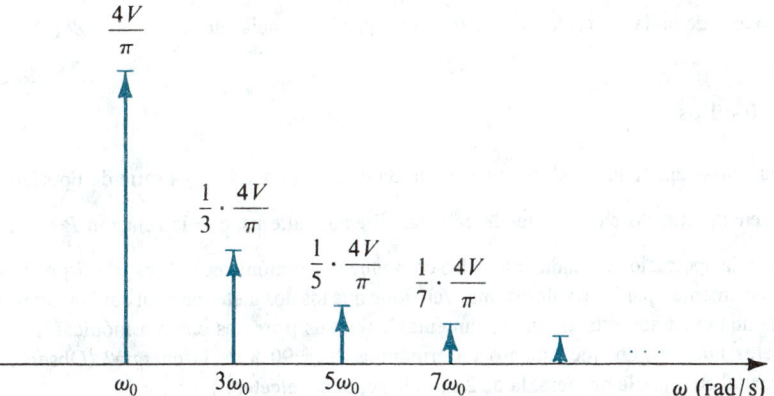

Fig. 1.5 El espectro de frecuencias (también conocido como *espectro de líneas*) de la onda cuadrada periódica de la figura 1.4.

alrededor de 20 kHz, intervalo de frecuencia conocido como **banda de audio**. Aquí debemos observar que aun cuando algunos tonos musicales tienen frecuencias arriba de 20 kHz, el oído humano no puede percibir frecuencias que estén muy por arriba de 20 kHz.

Concluimos esta sección al observar que una señal se puede representar ya sea por el modo en que su forma de onda varía con el tiempo, como la señal de voltaje $v_a(t)$ que se muestra en la figura 1.2, o en términos de su espectro de frecuencias, como en la figura 1.6. Las dos representaciones opcionales se conocen como *representación en el dominio del tiempo* y *representación en el dominio de la frecuencia*, respectivamente. La representación en el dominio de la frecuencia de $v_a(t)$ estará denotada por el símbolo $V_a(\omega)$.

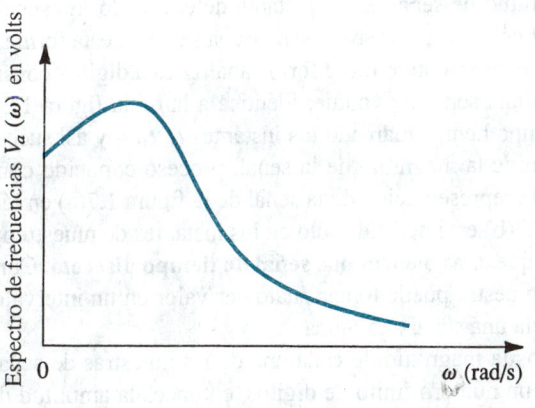

Fig. 1.6 El espectro de frecuencias de una onda arbitraria como la de la figura 1.2.

Ejercicios

1.1 Encuentre las frecuencias de f y ω de una señal de onda senoidal con un periodo de 1 ms.

Resp. $f = 1000$ Hz; $\omega = 2\pi \times 10^3$ rad/s

1.2 ¿Cuál es el periodo T de ondas senoidales caracterizadas por frecuencias de (a) f = 60 Hz? (b) f = 10^{-3} Hz? (c) f = 1 MHz?

Resp. 16.7 ms; 1000 s; 1 μs

1.3 Cuando a un resistor se aplica la señal de onda cuadrada de la figura 1.4, cuya serie de Fourier está dada en la ecuación (1.2), la potencia total disipada se puede calcular directamente usando la relación $P = 1/T \int_0^T (v^2/R)\, dt$, o indirectamente al sumar la aportación de cada una de las componentes armónicas, esto es, $P = P_1 + P_3 + P_5 + \cdots$, que se puede encontrar directamente a partir de valores rms. Verifique que los dos métodos sean equivalentes. ¿Cuál fracción de la energía de una onda cuadrada está en su fundamental?, ¿en sus primeras cinco armónicas?, ¿en sus primeras siete?, ¿en sus primeras nueve? ¿En qué número de armónicas está 90% de la energía? (Observe que al contar armónicas, la fundamental en ω_0 es la primera, la de $2\omega_0$ es la segunda, etcétera.)

Resp. 0.81; 0.93; 0.95; 0.96; 3

1.3   SEÑALES ANALÓGICAS Y DIGITALES

La señal de voltaje descrita en la figura 1.2 se llama **señal analógica.** El nombre se deriva del hecho de que esta señal es análoga a la señal física que representa. La magnitud de una señal analógica puede tomar cualquier valor, esto es, la amplitud de una señal analógica exhibe una variación continua sobre su campo de actividad. La gran mayoría de señales en el mundo que hay a nuestro alrededor son analógicas. Los circuitos electrónicos que procesan estas señales se conocen como **circuitos analógicos.** En este libro se estudiarán varios circuitos analógicos.

Una forma alternativa de representación de señal es la de una secuencia de números, cada uno de los cuales representa la magnitud de señal en un instante determinado. La señal resultante se denomina **señal digital.** Para ver cómo se puede representar una señal en esta forma, es decir, cuál es la forma en que las señales se pueden convertir de forma analógica a digital, considere la figura 1.7(a). Aquí la curva representa una señal de voltaje, idéntica a la de la figura 1.2. A intervalos iguales a lo largo del eje del tiempo hemos marcado los instantes t_0, t_1, t_2 y así sucesivamente. En cada uno de estos instantes se mide la magnitud de la señal, proceso conocido como **muestreo.** En la figura 1.7(b) se muestra una representación de la señal de la figura 1.7(a) en términos de sus muestras. La señal de la figura 1.7(b) está definida sólo en los instantes de muestreo; ya no es una función continua de tiempo sino que, más bien, es una **señal de tiempo discreta.** Como quiera que sea, como la magnitud de cada muestra puede tomar cualquier valor en un intervalo continuo, la señal de la figura 1.7(b) es todavía una señal analógica.

Ahora bien, si representamos la magnitud de cada una de las muestras de señal de la figura 1.7(b) por un número que tenga un número finito de dígitos, entonces la amplitud de señal ya no será continua y se dice que está **cuantificada, discretizada** o **digitalizada.** La señal digital resultante entonces es simplemente una secuencia de números que representa las magnitudes de las muestras sucesivas de señal.

La opción de sistema numérico para representar las muestras de señal afecta el tipo de señal producida y tiene un profundo efecto en la complejidad de los circuitos digitales necesarios para procesar las señales. Resulta que el sistema **binario** produce las señales y circuitos digitales más simples posibles. En un sistema binario, cada dígito en el número toma uno de sólo dos valores posibles, denotados por 0 y 1. De manera correspondiente, las señales digitales de sistemas

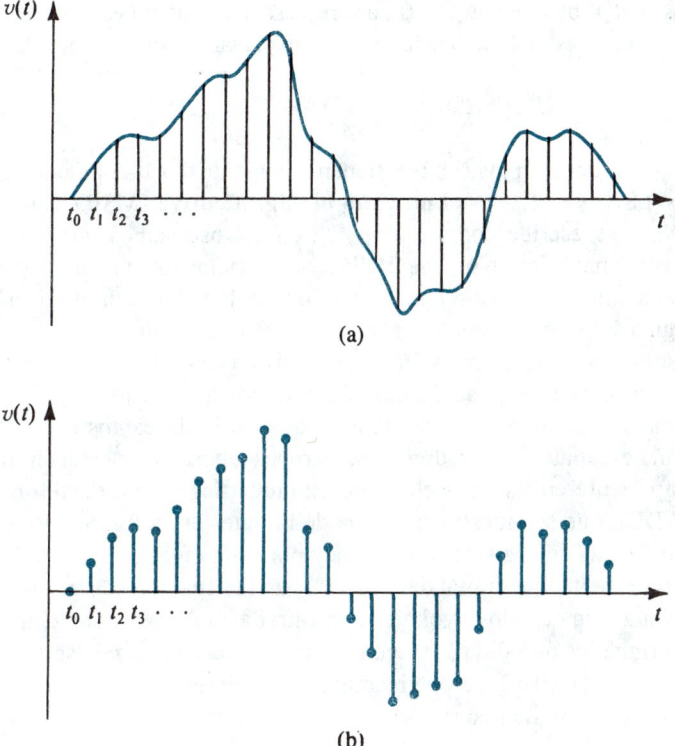

Fig. 1.7 El muestreo de la señal analógica en tiempo continuo en **(a)** resulta en la señal de tiempo discreto en **(b)**.

binarios necesitan tener sólo dos niveles de voltaje, que se pueden marcar como alto y bajo. Como ejemplo, en algunos de los circuitos digitales estudiados en este libro, los niveles son 0 V y +5 V. En la figura 1.8 se muestra la variación de tiempo de tal señal digital. Observe que la forma de onda es un tren de pulsos con 0 V que representan una señal 0, o lógica 0, y +5 V que representan lógica 1.

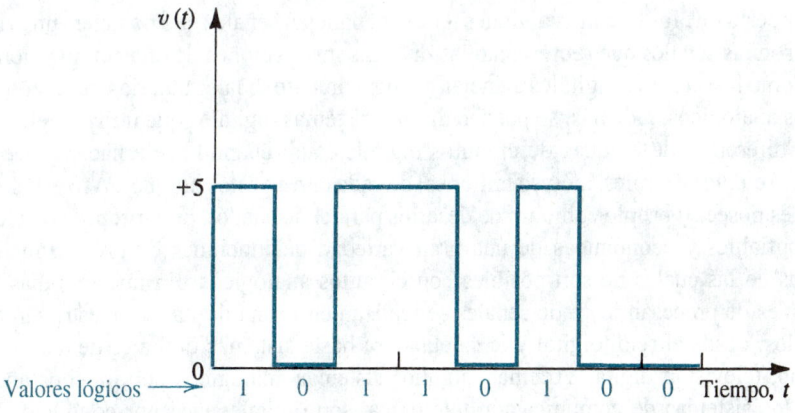

Fig. 1.8 Variación de una señal digital binaria en particular en el tiempo.

Si utilizamos N *dígitos binarios* (bits) para representar cada muestra de la señal analógica, entonces el valor de la muestra digitalizada se puede expresar como

$$D = b_0 2^0 + b_1 2^1 + b_2 2^2 + \cdots + b_{N-1} 2^{N-1} \tag{1.3}$$

donde b_0, b_1, . . . , b_{N-1}, denotan los N bits y tienen valores de 0 o 1. Aquí el bit b_0 es el **mínimo bit significativo** (LSB) y el b_{N-1} es el **máximo bit significativo** (MSB). Convencionalmente, este número binario se escribe como $b_{N-1} b_{N-2}$ . . . b_0. Observamos que esta representación cuantifica la muestra analógica en uno de 2^N niveles. Obviamente, cuanto mayor sea el número de bits (es decir, cuanto mayor sea N), más se aproxima la palabra digital D a la magnitud de la muestra analógica. Esto es, al aumentar el número de bits se reduce el *error de cuantificación* y aumenta la resolución de la conversión de analógica a digital. Esta mejoría se obtiene, en cualquier caso, a costa de la implementación de circuitos más costosos y más complejos. No es nuestra finalidad aquí ir más al fondo en este tema; sólo deseamos que el lector valore la naturaleza de señales analógicas y digitales, pero es oportuno introducir un elemento de circuitos muy importante en sistemas electrónicos modernos: el **convertidor de analógico a digital** (A/D o ADC), que se muestra en forma de bloques en la figura 1.9. En su entrada, el ADC acepta las muestras de una señal analógica y por cada muestra de entrada proporciona la correspondiente representación digital de N bits (según la ecuación 1.3) en sus N terminales de salida. De esta forma, aun cuando el voltaje en la entrada pueda ser, por ejemplo, de 6.51 V, en cada una de las terminales de salida (por ejemplo la i-ésima), el voltaje sería bajo (0 V) o alto (5 V), si se supone que b_i es 0 o 1, respectivamente. Estudiaremos el ADC y su circuito dual de **convertidor de digital a analógico** (D/A o DAC) en el capítulo 10.

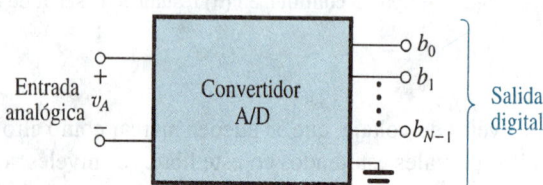

Fig. 1.9 Representación de diagrama a bloques del convertidor analógico a digital (ADC).

Una vez que la señal se encuentre en forma digital, se puede procesar usando circuitos digitales. Por supuesto que los circuitos digitales también manejan señales que no tienen un origen analógico, como son las señales que representan las diversas instrucciones de una computadora digital.

Como los circuitos digitales manejan exclusivamente señales binarias, su diseño es más sencillo que los analógicos. Además, se pueden diseñar sistemas digitales que utilizan relativamente pocas clases diferentes de bloques de circuitos digitales, aun cuando suele hacerse necesario un gran número (cientos de miles, incluso millones) de cada uno de estos bloques. Así, el diseño de circuitos digitales posee su propio conjunto de desafíos para el diseñador, pero proporciona implementaciones confiables y económicas de una gran variedad de funciones de procesamiento de señales, algunas de las cuales no son posibles con circuitos analógicos. En nuestros días, cada vez más funciones de procesamiento de señales se realizan en forma digital. A nuestro alrededor abundan ejemplos: desde el reloj digital y la calculadora hasta sistemas digitales de audio y, en un futuro cercano, televisión digital. Además, algunos sistemas analógicos con muchos años de servicio, como los sistemas de comunicación telefónica, son digitales casi por completo. Y no debemos olvidar al más importante de todos los sistemas digitales: la computadora digital.

Los elementos básicos de sistemas digitales son circuitos lógicos y circuitos de memoria y a ambos los estudiaremos en este libro, comenzando en la sección 1.7 con el circuito digital más fundamental de todos: el inversor lógico digital.

Una observación final: aun cuando el procesamiento digital de señales lo invade todo en la actualidad, aún quedan muchas funciones de procesamiento que se llevan a cabo mejor mediante circuitos analógicos. En realidad, muchos sistemas electrónicos contienen piezas tanto analógicas como digitales. Se concluye que un buen ingeniero en electrónica debe conocer el diseño tanto de circuitos analógicos como digitales. Ésta es la finalidad de este libro.

Ejercicio

1.4 Considere una palabra digital de 4 bits $D = b_3\,b_2\,b_1\,b_0$ (véase la ecuación 1.3) utilizada para representar una señal analógica v_A que varía entre 0 V y +15 V.

(a) Dé D correspondiente a $v_A = 0$ V, 1 V, 2 V y 15 V.

(b) ¿Qué cambio en v_A ocasiona un cambio de 0 a 1 en: (i) b_0, (ii) b_1, (iii) b_2 y (iv) b_3?

(c) Si $v_A = 5.2$ V, ¿qué espera el lector que sea D? ¿Cuál es el error resultante en representación?

Resp. (a) 0000, 0001, 0010, 1111; (b) +1 V, +2 V, +4 V, +8 V; (c) –4%

1.4 AMPLIFICADORES

En esta sección introduciremos una función fundamental de procesamiento de señal, que se utiliza en alguna forma en casi todo sistema electrónico, esto es, la amplificación de una señal.

Amplificación de una señal

Desde un punto de vista conceptual, el trabajo más sencillo de procesamiento de señales es el de la **amplificación de una señal**. La necesidad de amplificación resulta porque los transductores producen señales que se dice son "débiles", es decir, del orden de microvolts (μV) o milivolts (mV) y poseen poca energía. Estas señales son demasiado pequeñas para un procesamiento confiable y el procesamiento es mucho más fácil si la magnitud de la señal se hace más grande. El bloque funcional que logra esta tarea es el **amplificador de señales.**

Es oportuno en este momento estudiar la necesidad de **linealidad** en amplificadores. Cuando se amplifica una señal, debe tenerse cuidado para que la información contenida en la señal no sea cambiada y no se introduzca ninguna información nueva. Por lo tanto, cuando la señal que se muestra en la figura 1.2 se alimente en un amplificador, deseamos que la señal de salida del amplificador sea una réplica exacta de la de la entrada, excepto, por supuesto, que tiene una magnitud mayor. En otras palabras, los "vaivenes" de la onda de salida deben ser idénticos a los de la onda de entrada. Cualquier cambio en la forma de onda se considera una **distorsión** y es, obviamente, indeseable.

Un amplificador que conserva los detalles de la onda de la señal está caracterizado por la relación

$$v_o(t) = Av_i(t) \tag{1.4}$$

donde v_i y v_o son las señales de entrada y salida, respectivamente, y A es una constante que representa la magnitud de amplificación, conocida como **ganancia de amplificador.** La ecuación (1.4) es una relación lineal, por lo que el amplificador descrito por ella es un **amplificador lineal.** Debe ser fácil ver que si la relación entre v_o y v_i contiene potencias más elevadas de v_i, entonces la onda de v_o ya no será idéntica a la de v_i. Se dice entonces que el amplificador exhibe **distorsión no lineal.**

Los amplificadores estudiados hasta aquí están destinados básicamente a operar con señales de entrada muy pequeñas. Su propósito es hacer más grande la magnitud de la señal y, por lo tanto, están considerados como **amplificadores de voltaje.** El **preamplificador** del sistema de sonido estéreo de nuestros hogares es un ejemplo de un amplificador de voltaje, pero por lo general hace más que sólo amplificar la señal; en particular, ejecuta alguna forma de conformación del espectro de frecuencias de la señal de entrada, pero este tema está fuera de nuestras necesidades en este momento.

Por ahora deseamos mencionar otro tipo de amplificador, esto es, el amplificador de potencia. Estos amplificadores pueden dar sólo una pequeña cantidad de ganancia de voltaje pero una considerable ganancia en corriente. Por lo tanto, mientras que absorben muy poca potencia de la fuente de señal de entrada a la que están conectados, que es con frecuencia un preamplificador, entregan grandes cantidades de potencia a su carga. Un ejemplo se encuentra en el amplificador de potencia de un sistema estéreo doméstico, cuya finalidad es dar suficiente potencia para excitar el altavoz. Aquí debemos observar que el altavoz es el transductor de salida del sistema estéreo; convierte la señal eléctrica de salida del sistema en una señal acústica. Una apreciación posterior de la necesidad de linealidad se puede tener al reflejar en el amplificador de potencia. Un amplificador lineal de potencia hace que los pasos suaves y fuertes de música se reproduzcan sin distorsión.

Símbolo de un circuito amplificador

Es obvio que el amplificador de señales es una red de dos puertos; su función está convenientemente representada por el símbolo de circuito de la figura 1.10(a). Este símbolo claramente distingue los puertos de entrada y salida e indica la dirección del flujo de señal. Por lo tanto, en diagramas subsecuentes no será necesario marcar los dos puertos como "entrada" y "salida". En términos generales hemos mostrado que el amplificador tiene dos terminales de entrada y son distintos de los dos terminales de salida. Una situación más común se ilustra en la figura 1.10(b), donde existe un terminal común entre los puertos de entrada y salida del amplificador. Este terminal común se utiliza como punto de referencia y se llama **tierra del circuito.**

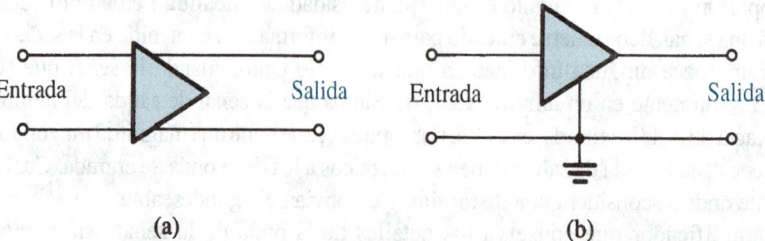

(a)   (b)

Fig. 1.10 (a) Símbolo de circuito para amplificador. (b) Un amplificador con terminal común (tierra) entre los puertos de entrada y salida.

Ganancia de voltaje

Un amplificador lineal acepta una señal de entrada $v_I(t)$ y proporciona a la salida, en los terminales de una resistencia R_L de carga (véase la figura 1.11(a)), una señal de salida $v_o(t)$ que es una réplica amplificada de $v_I(t)$. La **ganancia de voltaje** del amplificador está definida por

$$\text{Ganancia de voltaje } (A_v) \equiv \frac{v_O}{v_I} \tag{1.5}$$

En la figura 1.11(b) se muestra la **curva característica** de un amplificador lineal. Si a la entrada de este amplificador aplicamos un voltaje senoidal de amplitud $\hat{V}$, obtenemos a la salida un senoide de amplitud $A_v\hat{V}$.

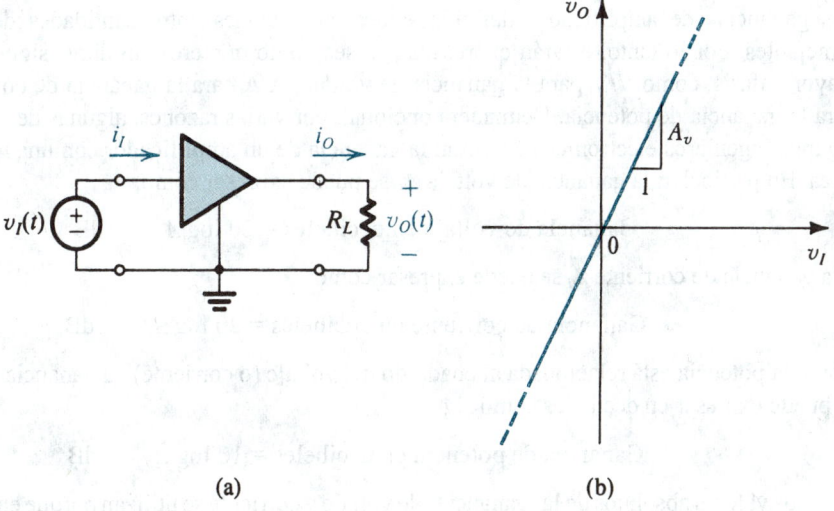

(a)   (b)

Fig. 1.11 (a) Amplificador de voltaje alimentado con una señal $v_I(t)$ y conectado a una resistencia de carga R_L. (b) Curva característica de transferencia de un amplificador lineal de voltaje con ganancia de voltaje A_v.

Ganancia de potencia y ganancia de corriente

Un amplificador aumenta la potencia de señal, característica importante que distingue a un amplificador de un transformador. En el caso de un transformador, aun cuando el voltaje entregado a la carga podría ser mayor que el voltaje que se alimenta en el lado de entrada (el primario), la potencia entregada a la carga (desde el secundario del transformador) es menor o igual que la potencia alimentada por la fuente de señal. Por otra parte, un amplificador proporciona a la carga una potencia mayor que la obtenida desde la fuente de señal, es decir, los amplificadores tienen ganancia de potencia. La **ganancia de potencia** del amplificador de la figura 1.11(a) está definida como

$$\text{Ganancia de potencia } (A_p) \equiv \frac{\text{potencia en la carga } (P_L)}{\text{potencia de entrada } (P_I)} \tag{1.6}$$

$$= \frac{v_O i_O}{v_I i_I} \tag{1.7}$$

donde i_O es la corriente que el amplificador entrega a la carga (R_L), $i_O = v_O/R_L$, e i_I es la corriente que el amplificador toma de la fuente de señal. La **ganancia de corriente** del amplificador está definida como

$$\text{Ganancia de corriente } (A_i) \equiv \frac{i_O}{i_I} \qquad (1.8)$$

De las ecuaciones (1.5) a (1.8) observamos que

$$A_p = A_v A_i \qquad (1.9)$$

Para expresar la ganancia en decibeles

Las ganancias de amplificador definidas antes son razones entre cantidades de dimensiones semejantes. Por lo tanto, estarán expresadas ya sea como números sin dimensiones o bien, para mayor énfasis, como V/V para la ganancia de voltaje, A/A para la ganancia de corriente y W/W para la ganancia de potencia. De manera opcional, por varias razones, algunas de ellas históricas, algunos ingenieros electrónicos expresan la ganancia de un amplificador con una medida logarítmica. En particular, la ganancia de voltaje A_v se puede expresar como

$$\text{Ganancia de voltaje en decibeles} = 20 \log|A_v| \qquad \text{dB}$$

y la ganancia de corriente A_i se puede expresar como

$$\text{Ganancia de corriente en decibeles} = 20 \log|A_i| \qquad \text{dB}$$

Como la potencia está relacionada al cuadrado del voltaje (o corriente), la ganancia de potencia A_p se puede expresar en decibeles como sigue:

$$\text{Ganancia de potencia en decibeles} = 10 \log A_p \qquad \text{dB}$$

Los valores absolutos de las ganancias de voltaje y corriente se utilizan porque en algunos casos A_v o A_i pueden ser números negativos. Una ganancia negativa A_v simplemente significa que hay una diferencia de fase de 180° entre las señales de entrada y salida; no implica que el amplificador esté **atenuando** la señal. Por otra parte, un amplificador cuya ganancia de voltaje sea, por ejemplo, de −20 dB está en realidad atenuando la señal de entrada en un factor de 10 (esto es, $A_v = 0.1$ V/V).

Fuentes de alimentación de un amplificador

Como la potencia entregada a la carga es mayor que la tomada desde la fuente de señal, surge la pregunta sobre la fuente de esta potencia adicional. La respuesta se encuentra al observar que los amplificadores necesitan fuentes de alimentación de cd para su operación. Estas fuentes de cd alimentan potencia adicional entregada a la carga, al igual que cualquier otra potencia que pudiera ser disipada en el circuito interno del amplificador (esta potencia se convierte en calor). En la figura 1.11(a) no hemos mostrado explícitamente estas fuentes de cd.

En la figura 1.12(a) se muestra un amplificador que requiere dos fuentes de cd: una positiva de valor V_1 y una negativa de valor V_2. El amplificador tiene dos terminales, marcadas V^+ y V^-, para conexión a las fuentes de cd. Para que el amplificador funcione, la terminal marcada como V^+ tiene que estar conectada al lado positivo de una fuente de cd cuyo voltaje sea V_1 y cuyo lado negativo esté conectado a la tierra del circuito. Del mismo modo, el terminal marcado como V^- tiene que

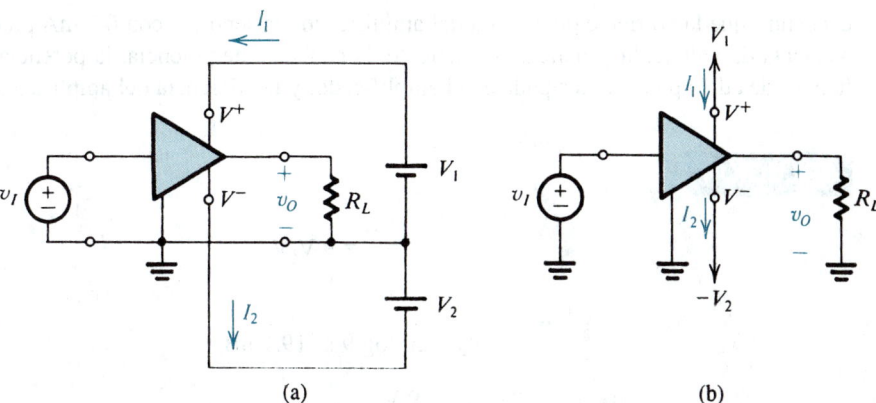

Fig. 1.12 Amplificador que necesita dos fuentes de cd (indicados como baterías) para su operación.

estar conectado al lado negativo de una fuente de cd cuyo voltaje sea V_2 y cuyo lado positivo esté conectado a la tierra del circuito. Ahora, si la corriente tomada de la fuente positiva se denota como I_1 y la de la fuente negativa es I_2 (véase la figura 1.12(a)), entonces la potencia de cd entregada al amplificador es

$$P_{cd} = V_1 I_1 + V_2 I_2$$

Si la potencia disipada en el circuito del amplificador se denota como P_{disipada}, la ecuación de balance de potencia para el amplificador se puede escribir como

$$P_{cd} + P_I = P_L + P_{\text{disipada}}$$

donde P_I es la potencia tomada de la fuente de señales y P_L es la potencia entregada a la carga. Como la potencia tomada de la fuente de señales suele ser pequeña, la **eficiencia** del amplificador se define como

$$\eta \equiv \frac{P_L}{P_{cd}} \times 100 \tag{1.10}$$

La eficiencia de potencia es un parámetro importante de operación para amplificadores que manejan grandes cantidades de potencia. Estos amplificadores, que reciben el nombre de *amplificadores de potencia*, se utilizan, por ejemplo, como amplificadores de salida de sistemas de audio.

Para simplificar diagramas de circuitos adoptaremos la convención que se ilustra en la figura 1.12(b). Aquí, el terminal V^+ se muestra conectado a una flecha que apunta hacia arriba y el terminal V^- a una flecha que apunta hacia abajo. El voltaje correspondiente se indica junto a cada flecha. Obsérvese que en muchos casos no mostramos explícitamente las conexiones del amplificador a las fuentes de potencia de cd. Finalmente, observamos que algunos amplificadores necesitan sólo una fuente de potencia.

EJEMPLO 1.1

Considere un amplificador que opera desde fuentes de potencia de ± 10 V. Se alimenta con un voltaje senoidal que tiene 1 V pico y entrega una salida de voltaje senoidal de 9 V pico a una carga de 1 kΩ. El amplificador toma una corriente de 9.5 mA de cada una de sus dos fuentes de potencia. Se encuentra que la corriente de entrada del amplificador es senoidal con 0.1 mA pico. Encuentre la ganancia de voltaje, la ganancia de corriente, la ganancia de potencia, la potencia tomada de las fuentes de cd, la potencia disipada en el amplificador y la eficiencia del amplificador.

SOLUCIÓN

$$A_v = \frac{9}{1} = 9 \text{ V/V}$$

o

$$A_v = 20 \log 9 \simeq 19.1 \text{ dB}$$

$$\hat{I}_o = \frac{9 \text{ V}}{1 \text{ k}\Omega} = 9 \text{ mA}$$

$$A_i = \frac{\hat{I}_o}{\hat{I}_i} = \frac{9}{0.1} = 90 \text{ A/A}$$

o

$$A_i = 20 \log 90 = 39.1 \text{ dB}$$

$$P_L = V_{o_{\text{rms}}} I_{o_{\text{rms}}} = \frac{9}{\sqrt{2}} \frac{9}{\sqrt{2}} = 40.5 \text{ mW}$$

$$P_I = V_{i_{\text{rms}}} I_{i_{\text{rms}}} = \frac{1}{\sqrt{2}} \frac{0.1}{\sqrt{2}} = 0.05 \text{ mW}$$

$$A_p = \frac{P_L}{P_I} = \frac{40.5}{0.05} = 810 \text{ W/W}$$

o

$$A_p = 10 \log 810 = 29.1 \text{ dB}$$

$$P_{\text{cd}} = 10 \times 9.5 + 10 \times 9.5 = 190 \text{ mW}$$

$$P_{\text{disipada}} = P_{\text{cd}} + P_I - P_L$$
$$= 190 + 0.05 - 40.5 = 149.6 \text{ mW}$$

$$\eta = \frac{P_L}{P_{\text{cd}}} \times 100 = 21.3\%$$

Del ejemplo anterior observamos que el amplificador convierte parte de la potencia de cd que toma de las fuentes de potencia en potencia de señal que entrega a la carga.

Saturación de un amplificador

En términos prácticos, la curva característica de transferencia del amplificador permanece lineal en sólo un intervalo limitado de voltajes de entrada y salida. Para un amplificador operado desde dos fuentes de potencia, el voltaje de salida no puede exceder de un límite positivo especificado y no puede disminuir por debajo de un límite negativo especificado. La curva característica de transferencia resultante se muestra en la figura 1.13, con los niveles de saturación positivo y negativo denotados por L_+ y L_-, respectivamente. Cada uno de los dos niveles de saturación suele estar dentro de 1 o 2 volts del voltaje de la correspondiente fuente de potencia.

Obviamente, para evitar distorsionar la onda de señal de salida, la alternancia de la señal de entrada debe conservarse dentro del límite lineal de operación.

$$\frac{L_-}{A_v} \le v_I \le \frac{L_+}{A_v}$$

En la figura 1.13 se muestran dos formas de onda de entrada y las ondas de salida correspondientes. Observamos que los picos de la onda más grande han sido recortados debido a la saturación del amplificador.

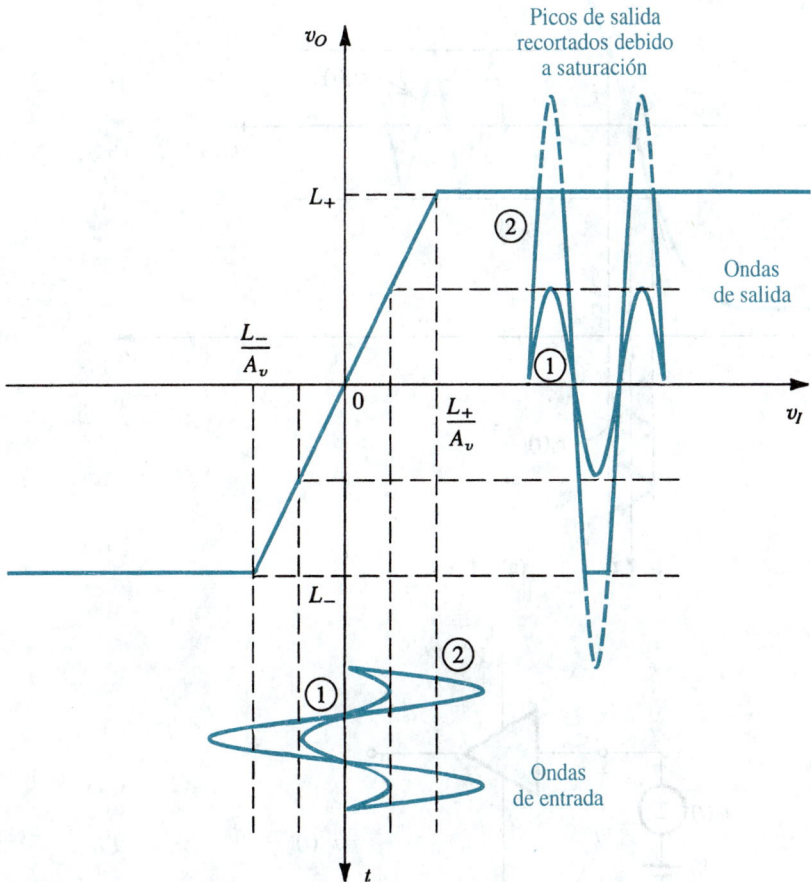

Fig. 1.13 Curva característica de transferencia de amplificador que es lineal, excepto por saturación de salida.

Curvas características y polarización de transferencia no lineales

Excepto para el efecto de saturación de salida explicado antes, las curvas características de transferencia del amplificador se han supuesto ser perfectamente lineales. En amplificadores prácticos la curva característica de transferencia puede exhibir falta de linealidades de magnitudes variables, dependiendo de cuán elaborado sea el circuito del amplificador y de cuánto esfuerzo se haya hecho en el diseño para asegurar una operación lineal. Considere como ejemplo la curva característica de transferencia descrita en la figura 1.14. Esta curva es típica de amplificadores sencillos que operan desde una sola fuente de potencia (positiva). La curva de transferencia obviamente no es lineal y, debido a que la operación es desde una sola fuente, no está centrada

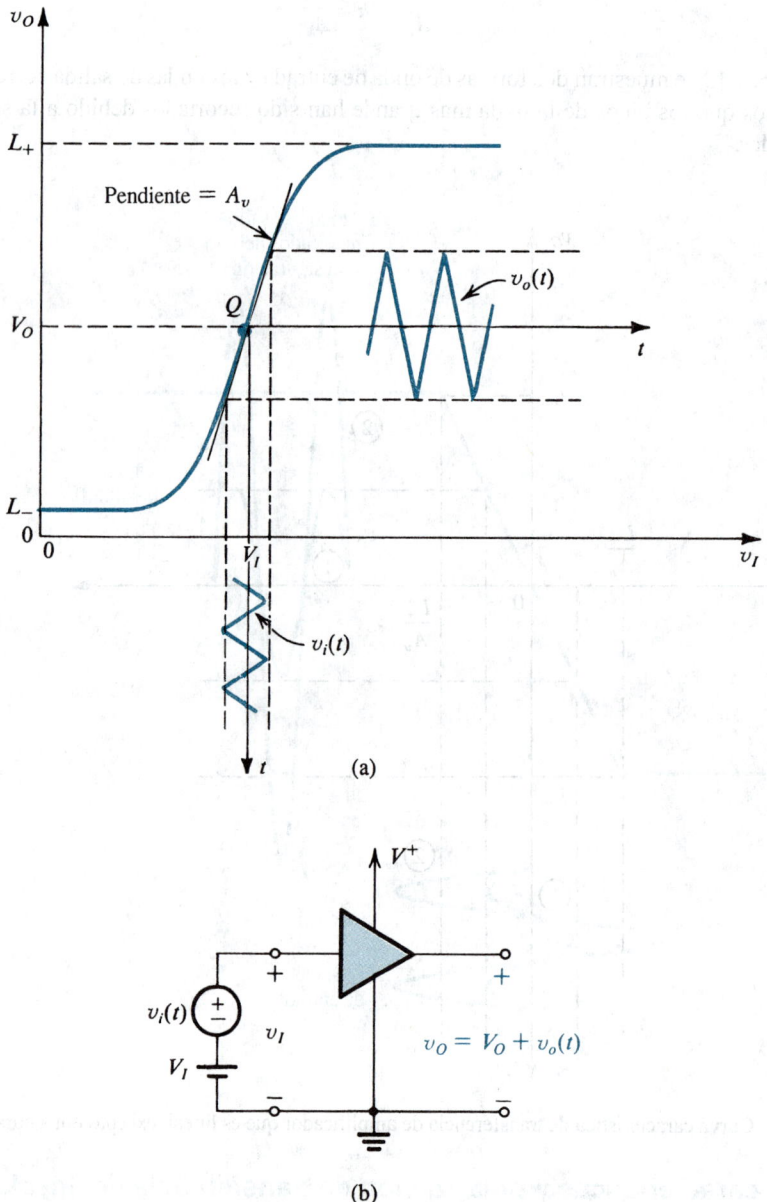

(a)

(b)

Fig. 1.14 (a) Curva característica de transferencia de amplificador que muestra falta de linealidad. (b) Para obtener operación lineal el amplificador se polariza como se muestra, y la amplitud de señal se mantiene pequeña.

alrededor del origen. Afortunadamente, existe una técnica sencilla para obtener amplificación lineal de un amplificador con esta curva característica de transferencia no lineal.

La técnica consiste primeramente en **polarizar** el circuito para que opere en un punto cerca de la parte media de la curva característica de transferencia. Esto se logra al aplicar un voltaje de cd V_I, como se indica en la figura 1.14, donde el punto de operación está marcado como Q y el correspondiente voltaje de cd a la salida es V_O. El punto Q se conoce como **punto de trabajo, punto de polarización de cd,** o simplemente **punto de operación.** La señal variable en el tiempo que se va a amplificar, $v_i(t)$, se superpone entonces al voltaje de polarización de cd V_I como se indica en la figura 1.14. Ahora, como la entrada instantánea total $v_I(t)$

$$v_I(t) = V_I + v_i(t)$$

varía alrededor de V_I, el punto de operación instantáneo se mueve arriba y debajo de la curva de transferencia, alrededor del punto de operación Q. De esta forma se puede determinar la forma de onda del voltaje total instantáneo de salida $v_O(t)$. Se puede ver que al mantener la amplitud de $v_i(t)$ suficientemente pequeña, el punto de operación instantáneo se puede confinar a un segmento casi lineal de la curva de transferencia centrado alrededor de Q. Esto, a su vez, resulta en que la porción de salida que varía en el tiempo sea proporcional a $v_i(t)$, esto es,

$$v_O(t) = V_O + v_o(t)$$

con

$$v_o(t) = A_v v_i(t)$$

donde A_v es la pendiente del segmento casi lineal de la curva de transferencia, es decir,

$$A_v = \frac{dv_O}{dv_I} \bigg|_{\text{en } Q}$$

De esta forma se logra la amplificación lineal. Por supuesto que hay una limitación: la señal de entrada debe mantenerse suficientemente pequeña. Aumentar la amplitud de la señal de entrada puede ocasionar que la operación ya no se restrinja a un segmento casi lineal de la curva de transferencia, lo que, a su vez, resulta en una forma de señal de salida distorsionada. Tal distorsión no lineal es indeseable: la señal de salida contiene información adicional espuria que no es parte de la entrada. Frecuentemente utilizaremos esta técnica de polarización y la aproximación asociada de pequeña señal en el diseño de amplificadores a transistores.

EJEMPLO 1.2

Un amplificador de transistores tiene la curva característica de transferencia

$$v_O = 10 - 10^{-11} e^{40v_I} \qquad (1.11)$$

que amplifica para $v_I \geq 0$ V y $v_O \geq 0.3$ V. Encuentre los límites L_- y L_+ y los valores correspondientes de v_I. También halle el valor del voltaje de polarización de cd V_I que resulte en $V_O = 5$ V y la ganancia de voltaje en el correspondiente punto de operación.

SOLUCIÓN

El límite L_- es obviamente 0.3 V. El valor correspondiente de v_I se obtiene al sustituir $v_O = 0.3$ V en la ecuación (1.10), es decir,

$$v_I = 0.690 \text{ V}$$

El límite L_+ está determinado por $v_I = 0$ y, por lo tanto, está dado por

$$L_+ = 10 - 10^{-11} \simeq 10 \text{ V}$$

Para polarizar el dispositivo de modo que $V_O = 5$ V se necesita un V_I de entrada de cd cuyo valor se obtenga de sustituir $v_O = 5$ V en la ecuación (1.10) para hallar:

$$V_I = 0.673 \text{ V}$$

La ganancia en el punto de operación se obtiene al evaluar la derivada dv_O/dv_I en $v_I = 0.673$ V. El resultado es

$$A_v = -200 \text{ V/V}$$

que indica que este amplificador es inversor, esto es, la salida está 180° fuera de fase con la entrada. En la figura 1.15 se ilustra un dibujo de la curva característica de transferencia del amplificador (no a escala), de la que observamos la naturaleza inversora del amplificador.

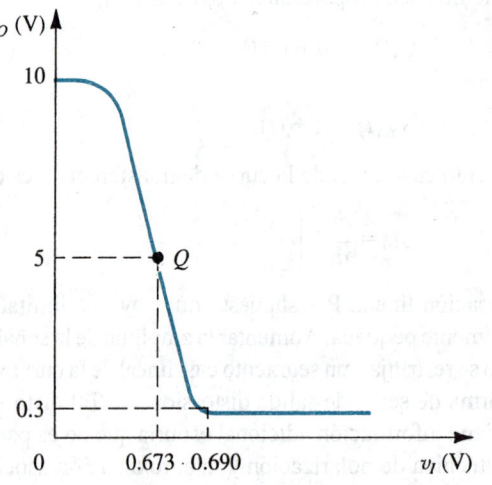

Fig. 1.15 Trazo de la curva característica de transferencia del amplificador del ejemplo 1.2. Nótese que este amplificador es inversor (esto es, con una ganancia que es negativa).

Una vez que un amplificador se encuentre debidamente polarizado y la señal de entrada se conserve suficientemente pequeña, se supone que la operación es lineal. Podemos utilizar las técnicas de análisis de circuito lineal para analizar la operación de señal del circuito amplificador. En las siguientes dos secciones se hace un repaso y aplicación de estas técnicas de análisis.

Convención de símbolo

En este punto dirigimos la atención del lector a la terminología empleada antes y que utilizaremos en todo el libro. Las cantidades totales instantáneas se denotan por un símbolo de literal minúscula con un subíndice en mayúscula, por ejemplo, $i_A(t)$, $v_C(t)$. Las cantidades en corriente directa (cd) se denotan por un símbolo en mayúscula con un subíndice en mayúscula, por ejemplo I_A, V_C. Finalmente, las cantidades incrementales de señales se denotarán mediante un símbolo de minúscula con subíndice en minúscula, por ejemplo $i_a(t)$, $v_c(t)$. Esta notación se ilustra en la figura 1.16.

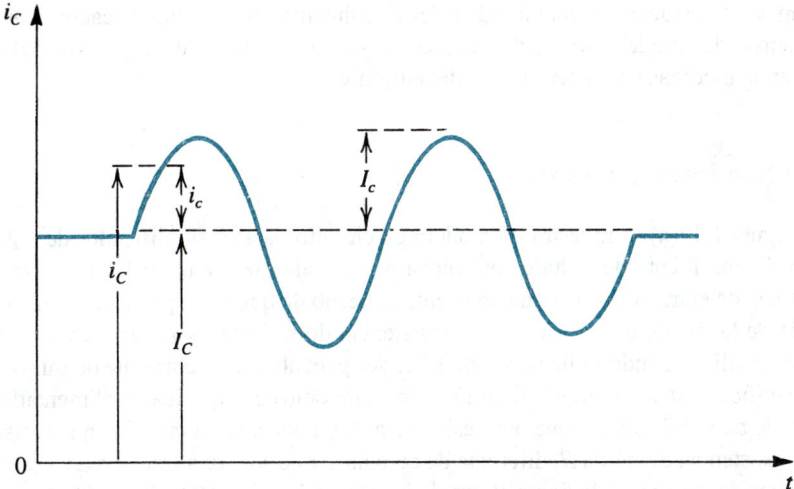

Fig. 1.16 Símbolo convencional empleado en todo este libro.

Ejercicios

1.5 Un amplificador tiene una ganancia de voltaje de 100 V/V y una ganancia de corriente de 1000 A/A. Exprese las ganancias de voltaje y corriente en decibeles y encuentre la ganancia de potencia.

Resp. 40 dB; 60 dB; 50 dB

1.6 Un amplificador que opera desde una fuente de 15 V proporciona una señal de onda senoidal de 12 V pico a pico a una carga de 1 kΩ, y toma una corriente insignificante de entrada de la fuente de señales. La corriente de cd tomada de la fuente de 15 V es de 8 mA. ¿Cuál es la potencia disipada en el amplificador y cuál es la eficiencia del amplificador?

Resp. 102 mW; 15%

1.7 El objetivo de este ejercicio es investigar la limitación de la aproximación de pequeña señal. Considere el amplificador del ejemplo 1.2 con una señal positiva de entrada de 1 mV sobrepuesta al voltaje de polarización de cd V_I. Halle la señal correspondiente en la salida para dos situaciones: (a) Suponga que el amplificador es lineal alrededor del punto de operación, es decir, utilice el valor de ganancia evaluado en el ejemplo 1.2. (b) Utilice la curva característica de transferencia del amplificador. Repita para señales de entrada de 5 mV y 10 mV.

Resp. −0.2 V, −0.204 V; −1 V, −1.107 V; −2 V, −2.459 V

1.5 MODELOS DE CIRCUITOS PARA AMPLIFICADORES

Una buena parte de este libro se refiere al diseño de circuitos amplificadores que utilizan transistores de varios tipos. Estos circuitos varían en complejidad desde los que utilizan un solo transistor hasta los que tienen 20 o más dispositivos. Para estar en posibilidad de aplicar el circuito amplificador resultante como elemento en un sistema, debemos caracterizar, o **modelar,** su comportamiento final. En esta sección estudiamos modelos de amplificadores sencillos pero eficaces. Estos modelos se aplican sin considerar la complejidad del circuito interno del amplificador. Los valores de los parámetros del modelo se pueden encontrar ya sea analizando el circuito del amplificador o ejecutando medidas en los terminales del amplificador.

Amplificadores de voltaje

En la figura 1.17(a) se muestra un modelo de circuito para el amplificador de voltaje. El modelo consta de una fuente de voltaje controlada por voltaje que tiene un factor de ganancia A_{vo}, una resistencia de entrada R_i que toma en cuenta el hecho de que el amplificador toma una corriente de entrada de la fuente de señales, y una resistencia de salida R_o que toma en cuenta el cambio en voltaje de salida cuando se llama al amplificador para alimentar corriente de salida a la carga. Para ser específicos, mostramos en la figura 1.17(b) el modelo de amplificador alimentado con una fuente de voltaje de señal v_s que tiene una resistencia R_s y conectado a la salida a la resistencia de carga R_L. La resistencia de salida R_o diferente de cero hace que sólo una fracción de $A_{vo}v_i$ aparezca en los terminales de la salida. Mediante el uso de la regla del divisor de voltaje obtenemos

$$v_o = A_{vo}v_i \frac{R_L}{R_L + R_o}$$

Entonces, la ganancia de voltaje está dada por

$$A_v \equiv \frac{v_o}{v_i} = A_{vo} \frac{R_L}{R_L + R_o} \tag{1.12}$$

Se deduce que para no perder ganancia al acoplar la salida del amplificador a la carga, la resistencia de salida R_o debe ser mucho más pequeña que la resistencia de carga R_L. En otras palabras, para una R_L dada debemos diseñar el amplificador de manera que su R_o sea mucho menor que R_L. Un

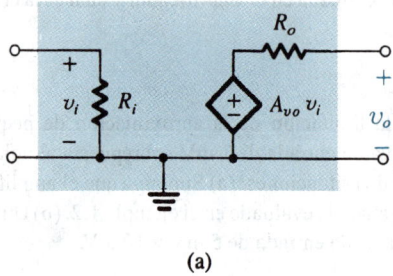

(a)

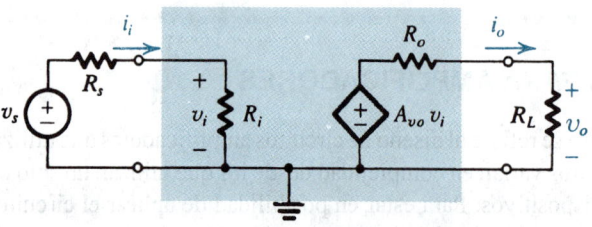

(b)

Fig. 1.17 **(a)** Modelo de circuito para el amplificador de voltaje. **(b)** El amplificador de voltaje con fuente de señal de entrada y carga.

amplificador ideal de voltaje es uno con $R_o = 0$. La ecuación (1.12) indica también que para $R_L = \infty$, $A_v = A_{vo}$. Entonces, A_{vo} es la ganancia de voltaje del amplificador descargado, o la **ganancia de voltaje a circuito abierto.** Debe también quedar claro que al especificar la ganancia de voltaje de un amplificador, se debe especificar el valor de la resistencia de carga a la que esta ganancia se mide o calcula. Si no se especifica una resistencia de carga, se supone normalmente que la ganancia dada de voltaje es la ganancia A_{vo} a circuito abierto.

La resistencia finita de entrada R_i introduce otra acción de divisor de voltaje en la entrada, con el resultado de que sólo una fracción de la señal de la fuente v_s llega en realidad a los terminales de entrada del amplificador, esto es,

$$v_i = v_s \frac{R_i}{R_i + R_s} \tag{1.13}$$

Se concluye que para no perder una parte significativa de la señal de entrada al acoplar la fuente de señales a la entrada del amplificador, éste debe estar diseñado para tener una resistencia de entrada R_i mucho mayor que la resistencia de la fuente de señales, $R_i \gg R_s$. Un amplificador ideal de voltaje es aquel con $R_i = \infty$. En este caso ideal, tanto la ganancia de corriente como la ganancia de potencia se hacen infinitas.

La ganancia total de voltaje (v_o/v_s) se puede encontrar al combinar las ecuaciones (1.12) y (1.13)

$$\frac{v_o}{v_s} = A_{vo} \frac{R_i}{R_i + R_s} \frac{R_L}{R_L + R_o}$$

Hay situaciones en las que uno está interesado no en ganancia de voltaje, sino sólo en una ganancia significativa de potencia. Por ejemplo, la señal de la fuente puede tener un voltaje considerable pero también una resistencia de fuente que es mucho mayor que la resistencia de carga. Conectar directamente la fuente a la carga resultaría en una atenuación considerable de la señal. En un caso como éste, se requiere un amplificador con una elevada resistencia de entrada (mucho mayor que la resistencia de la fuente) y una baja resistencia de salida (mucho menor que la resistencia de carga), pero con una modesta ganancia de voltaje (incluso ganancia unitaria). Este tipo de amplificadores se conoce como **amplificador separador.** Varias veces encontraremos amplificadores separadores en este libro.

EJEMPLO 1.3

En la figura 1.18 se describe un amplificador compuesto de una cascada de tres etapas. El amplificador está alimentado por una fuente de señales con una resistencia de fuente de 100 kΩ y entrega su salida a una resistencia de carga de 100 Ω. La primera etapa tiene una resistencia de entrada relativamente alta y un modesto factor de ganancia de 10. La segunda etapa tiene un más elevado factor de ganancia pero una menor resistencia de entrada. Finalmente, la última etapa, o de salida, tiene una ganancia unitaria pero una baja resistencia de salida. Deseamos evaluar la ganancia total de voltaje, es decir v_L/v_s, la ganancia de corriente y la ganancia de potencia.

SOLUCIÓN

La fracción de señal de la fuente que aparece en los terminales de entrada del amplificador se obtiene usando la regla del divisor de voltaje en la entrada, como sigue:

$$\frac{v_{i1}}{v_s} = \frac{1 \text{ M}\Omega}{1 \text{ M}\Omega + 100 \text{ k}\Omega} = 0.909$$

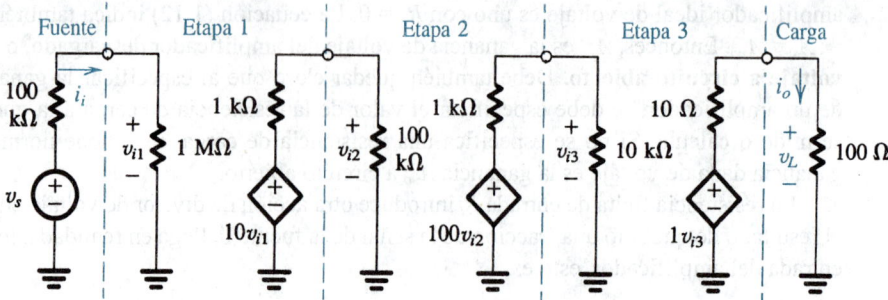

Fig. 1.18   Amplificador de tres etapas para el ejemplo 1.3.

La ganancia de voltaje de la primera etapa se obtiene considerando que la resistencia de entrada de la segunda etapa es la carga de la primera etapa, es decir,

$$A_{v1} \equiv \frac{v_{i2}}{v_{i1}} = 10 \; \frac{100 \text{ k}\Omega}{100 \text{ k}\Omega + 1 \text{ k}\Omega} = 9.9 \text{ V/V}$$

Del mismo modo, la ganancia de voltaje de la segunda etapa se obtiene considerando la resistencia de entrada de la tercera etapa como la carga de la segunda etapa,

$$A_{v2} \equiv \frac{v_{i3}}{v_{i2}} = 100 \; \frac{10 \text{ k}\Omega}{10 \text{ k}\Omega + 1 \text{ k}\Omega} = 90.9 \text{ V/V}$$

Finalmente, la ganancia de voltaje de la etapa de salida es como sigue:

$$A_{v3} \equiv \frac{v_L}{v_{i3}} = 1 \; \frac{100 \text{ }\Omega}{100 \text{ }\Omega + 10 \text{ }\Omega} = 0.909 \text{ V/V}$$

La ganancia total de las tres etapas en cascada se puede encontrar ahora a partir de

$$A_v \equiv \frac{v_L}{v_{i1}} = A_{v1}A_{v2}A_{v3} = 818 \text{ V/V}$$

o sea 58.3 dB.

Para hallar la ganancia de voltaje de la fuente a la carga multiplicamos A_v por el factor que representa la pérdida de ganancia en la entrada, esto es,

$$\frac{v_L}{v_s} = \frac{v_L}{v_{i1}} \frac{v_{i1}}{v_s} = A_v \frac{v_{i1}}{v_s}$$

$$= 818 \times 0.909 = 743.6 \text{ V/V}$$

o sea 57.4 dB.

La ganancia de corriente se encuentra como sigue:

$$A_i \equiv \frac{i_o}{i_i} = \frac{v_L/100 \text{ }\Omega}{v_{i1}/1 \text{ M}\Omega}$$

$$= 10^4 \times A_v = 8.18 \times 10^6 \text{ A/A}$$

o sea 138.3 dB.

La ganancia de potencia se encuentra a partir de

$$A_p \equiv \frac{P_L}{P_I} = \frac{v_L i_o}{v_{i1} i_i}$$

$$= A_v A_i = 818 \times 8.18 \times 10^6 = 66.9 \times 10^8 \text{ W/W}$$

o sea 98.3 dB. Nótese que

$$A_p(\text{dB}) = \tfrac{1}{2}\,[A_v(\text{dB}) + A_i(\text{dB})]$$

Ejercicios

1.8 Se cuenta con un transductor caracterizado por un voltaje de 1 V rms y una resistencia de 1 MΩ para activar una carga de 10 Ω. Si se conecta directamente, ¿cuáles niveles de voltaje y potencia resultan en la carga? Si un amplificador separador de ganancia unitaria (esto es, $A_{co} = 1$), con una resistencia de entrada de 1 MΩ y una resistencia de salida de 10 Ω, se interpone entre la fuente y la carga ¿cuáles serán los niveles de voltaje y potencia de salida? Para el nuevo arreglo, halle la ganancia de voltaje de la fuente a la carga y la ganancia de potencia (ambas expresadas en decibeles).

Resp. 10 μV rms; 10^{-11} W; 0.25 V; 6.25 mW; -12 dB; 44 dB

1.9 Se ha encontrado que el voltaje de salida de un amplificador de voltaje disminuye 20% cuando se conecta una resistencia de carga de 1 kΩ. ¿Cuál es el valor de la resistencia de salida del amplificador?

Resp. 250 Ω

1.10 Se utiliza un amplificador con una ganancia de voltaje de +40 dB, una resistencia de entrada de 10 kΩ y una resistencia de salida de 1 kΩ para alimentar una carga de 1 kΩ. ¿Cuál es el valor de A_{vo}? Encuentre el valor de la ganancia de potencia en dB.

Resp. 100 V/V; 44 dB

Otros tipos de amplificadores

En el diseño de un sistema electrónico, la señal de interés, ya sea en la entrada del sistema, como etapa intermedia o a la salida, puede ser un voltaje o una corriente. Por ejemplo, algunos transductores tienen resistencias de salida muy elevadas y se pueden modelar más apropiadamente como fuentes de corriente. Del mismo modo, hay aplicaciones en las que es de interés la corriente de salida más que el voltaje. Por lo tanto, aun cuando es el más preferido, el amplificador de voltaje considerado antes es sólo uno de cuatro tipos posibles de amplificadores. Los otros tres son el amplificador de corriente, el amplificador de transconductancia y el amplificador de transresistencia. En la tabla 1.1 se muestran los cuatros tipos de amplificador, sus modelos de circuito, la definición de sus parámetros de ganancia y los valores ideales de sus resistencias de entrada y salida.

Relaciones entre los cuatro modelos de amplificadores

Aun cuando para un amplificador dado es más preferible uno de los cuatro modelos de la tabla 1.1, *cualquiera de los cuatro puede utilizarse para modelar el amplificador.* En realidad, se pueden

Tabla 1.1 LOS CUATRO TIPOS DE AMPLIFICADORES

Tipo	Modelo de circuito	Parámetro de ganancia	Características ideales
Amplificador de voltaje		Ganancia de voltaje a circuito abierto $$A_{vo} \equiv \left.\frac{v_o}{v_i}\right|_{i_o=0} \quad (V/V)$$	$R_i = \infty$ $R_o = 0$
Amplificador de corriente		Ganancia de corriente a cortocircuito $$A_{is} \equiv \left.\frac{i_o}{i_i}\right|_{v_o=0} \quad (A/A)$$	$R_i = 0$ $R_o = \infty$
Amplificador de transconductancia		Transconductancia a cortocircuito $$G_m \equiv \left.\frac{i_o}{v_i}\right|_{v_o=0} \quad (A/V)$$	$R_i = \infty$ $R_o = \infty$
Amplificador de transresistencia		Tranresistencia a circuito abierto $$R_m \equiv \left.\frac{v_o}{i_i}\right|_{i_o=0} \quad (V/A)$$	$R_i = 0$ $R_o = 0$

obtener relaciones sencillas para relacionar los parámetros de los diversos modelos. Por ejemplo, la ganancia de voltaje a circuito abierto A_{vo} se puede relacionar con la ganancia de corriente a cortocircuito A_{is} como sigue: el voltaje de salida a circuito abierto dado por el modelo de amplificador de voltaje de la tabla 1.1 es $A_{vo}v_i$. El modelo de amplificador de corriente de la misma tabla da un voltaje de salida a circuito abierto de $A_{is}i_iR_o$. Al igualar estos dos valores y observar que $i_i = v_i/R_i$ resulta

$$A_{vo} = A_{is}\left(\frac{R_o}{R_i}\right) \tag{1.14}$$

Análogamente, se puede demostrar que

$$A_{vo} = G_mR_o \tag{1.15}$$

y

$$A_{vo} = \frac{R_m}{R_i}$$ (1.16)

Las expresiones de las ecuaciones (1.14) a la (1.16) se pueden utilizar para relacionar dos cualesquiera de los parámetros de ganancia A_{vo}, A_{is}, G_m y R_m.

De los modelos de circuitos amplificadores dados en la tabla 1.1, observamos que la resistencia de entrada R_i del amplificador se puede determinar al aplicar un voltaje de entrada v_i y medir (o calcular) la corriente de entrada i_i, esto es, $R_i = v_i/i_i$. La resistencia de salida se encuentra como la razón entre el voltaje de salida a circuito abierto y la corriente de salida a cortocircuito. De manera opcional, la resistencia de salida se puede hallar al eliminar la fuente de señal de entrada (entonces i_i y v_i serán cero ambos) y aplicar una señal de voltaje v_x a la salida del amplificador. Si denotamos la corriente tomada de v_x *en* los terminales de salida como i_x (nótese que i_x tiene dirección opuesta a i_o), entonces $R_o = v_x/i_x$. Aun cuando estas técnicas son conceptualmente correctas, en la práctica se utilizan métodos más refinados para medir R_i y R_o.

Los modelos de amplificador considerados antes son **unilaterales;** esto es, el flujo de señales es unidireccional, de entrada a salida. La mayor parte de amplificadores reales muestran alguna transmisión inversa, que suele ser indeseable; sin embargo, debe modelarse. Por ahora no perseguiremos más este punto, excepto para mencionar que en el apéndice B se dan modelos más completos para redes lineales de dos puertos.

EJEMPLO 1.4

El **transistor bipolar de unión (BJT)** es un dispositivo de tres terminales cuyo símbolo de circuito se muestra en la figura 1.19(a), con los terminales llamados **emisor** (E), **base** (B) y **colector** (C). El dispositivo es básicamente no lineal, por lo que las relaciones entre las corrientes y voltajes totales instantáneos de terminales suelen ser no lineales. No obstante, la técnica de linealización estudiada en la sección 1.4 se puede utilizar para obtener operación lineal para pequeñas señales, esto es, variaciones incrementales en corrientes y voltajes alrededor de un punto de polarización o trabajo. Así, las cantidades instantáneas totales se pueden expresar como las sumas de cantidades de polarización de cd y cantidades de señales como

$$v_{BE} = V_{BE} + v_{be} \qquad i_B = I_B + i_b$$

$$v_{CE} = V_{CE} + v_{ce} \qquad i_C = I_C + i_c$$
$$i_E = I_E + i_e$$

En el capítulo 4 se demostrará que, bajo la aproximación a pequeña señal, las relaciones entre las cantidades de señal son lineales y que el transistor de tres terminales se puede representar por uno de los modelos de circuito equivalente de las figuras 1.19(b), (c) y (d). Si estos modelos son equivalentes, deseamos hallar expresiones para los parámetros de los modelos de las figuras 1.19(c) y (d) en términos de los parámetros del modelo de la figura 1.19(b).

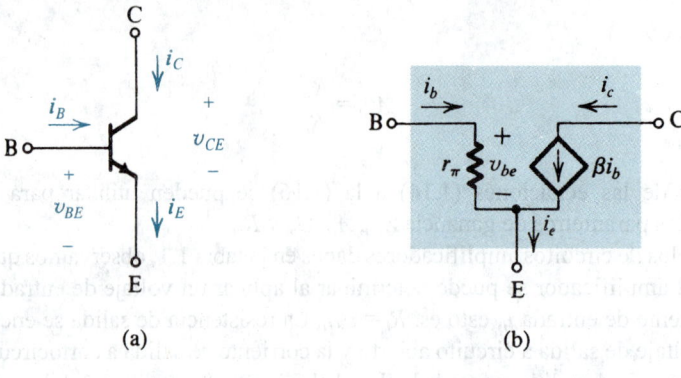

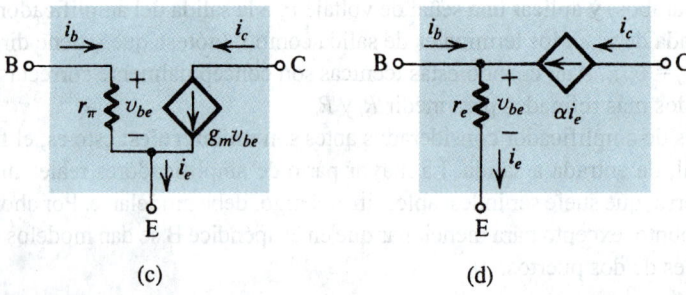

Fig. 1.19 **(a)** Símbolo de circuito para el transistor bipolar de unión (BJT), ilustrando la definición de las cantidades totales instantáneas de terminal. **(b, c, d)** Modelos de circuito equivalente para operación lineal a pequeña señal del BJT.

SOLUCIÓN

Para el modelo de la figura 1.19(b) tenemos

$$i_b = \frac{v_{be}}{r_\pi} \tag{1.17}$$

$$i_c = \beta i_b \tag{1.18}$$

$$i_e = (\beta + 1)i_b \tag{1.19}$$

Para el modelo de la figura 1.19(c) tenemos

$$i_c = g_m v_{be} \tag{1.20}$$

El uso de las ecuaciones (1.17), (1.18) y (1.20) resulta en

$$g_m = \frac{\beta}{r_\pi}$$

Para el modelo de la figura 1.19(d) tenemos

$$i_b = (1 - \alpha)i_e \tag{1.21}$$

$$i_c = \alpha i_e \tag{1.22}$$

$$i_e = \frac{v_{be}}{r_e} \tag{1.23}$$

El uso de las ecuaciones (1.18) y (1.19) resulta en

$$\frac{i_c}{i_e} = \frac{\beta}{\beta + 1}$$

Al comparar este resultado con la ecuación (1.22) obtenemos

$$\alpha = \frac{\beta}{\beta + 1}$$

Las ecuaciones (1.17) y (1.19) se pueden combinar para obtener

$$i_e = \frac{\beta + 1}{r_\pi} v_{be}$$

La comparación de este resultado con la ecuación (1.23) produce

$$r_e = \frac{r_\pi}{\beta + 1}$$

Hemos obtenido así expresiones para los parámetros de los modelos de las figuras 1.19(c) y (d) en términos de los del modelo de la figura 1.19(b).

Ejercicios

1.11 Considere un amplificador de corriente que tiene el modelo que se muestra en el segundo renglón de la tabla 1.1. El amplificador se alimenta con una fuente de corriente de señal i_s que tiene una resistencia R_s, y se conecta la salida a una resistencia de carga R_L. Demuestre que la ganancia total de corriente está dada por

$$\frac{i_o}{i_s} = A_{is} \frac{R_s}{R_s + R_i} \frac{R_o}{R_o + R_L}$$

1.12 Considere el amplificador de transconductancia cuyo modelo se ilustra en el tercer renglón de la tabla 1.1. Una fuente de señal de voltaje v_s con una resistencia de fuente R_s se conecta a la entrada y una resistencia de carga R_L se conecta a la salida. Demuestre que la ganancia total de voltaje está dada por

$$\frac{v_o}{v_s} = G_m \frac{R_i}{R_i + R_s} (R_o \| R_L)$$

1.13 Considere un transistor modelado como en la figura 1.19(b) con E conectada a tierra. Una fuente de voltaje con una resistencia de fuente de 1 kΩ está conectada entre B y tierra y una resistencia de carga de 1 kΩ se conecta entre C y tierra. Sea $r_\pi = 2$ kΩ y $\beta = 90$. Calcule la ganancia de voltaje (v_c/v_s) y la ganancia de corriente (i_c/i_b) como razones. También dé la ganancia de potencia en decibeles.

Resp. -30 V/V; 90 A/A; 36.1 dB

1.14 Encuentre la resistencia de entrada entre los terminales B y G del circuito que se ilustra en la figura E1.14.

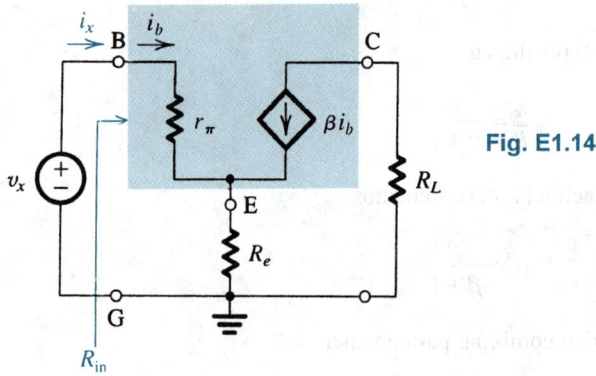

Fig. E1.14

El voltaje v_x es un voltaje de prueba con la resistencia de entrada R_{in} definida como $R_{in} = v_x/i_x$.

Resp. $R_{in} = r_\pi + (\beta + 1)R_e$

1.6   RESPUESTA EN FRECUENCIA DE AMPLIFICADORES

De la sección 1.2 sabemos que la señal de entrada a un amplificador siempre se puede expresar como la suma de señales senoidales. Se concluye que una caracterización importante de un amplificador es en términos de su respuesta a senoides de entrada de frecuencias diferentes. Tal caracterización de la operación de un amplificador se conoce como *respuesta en frecuencia*.

Medición de la respuesta en frecuencia de un amplificador

Introduciremos el tema de la respuesta en frecuencia de un amplificador al mostrar la forma en que ésta se puede medir. En la figura 1.20 se describe un amplificador lineal de voltaje alimentado en

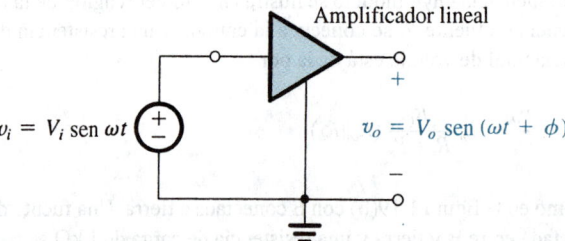

Amplificador lineal

$v_i = V_i$ sen ωt

$v_o = V_o$ sen $(\omega t + \phi)$

Fig. 1.20 Medición de la respuesta en frecuencia de un amplificador lineal. A la frecuencia de prueba ω, la ganancia del amplificador se caracteriza por su magnitud (V_o/V_i) y fase ϕ.

su entrada con una señal de onda senoidal de amplitud V_i y frecuencia ω. Como se indica en la figura, la señal medida en la salida del amplificador es senoidal con exactamente la misma frecuencia ω. Éste es un punto importante que se debe observar: siempre que una señal de onda senoidal sea aplicada a un circuito lineal, la salida resultante es senoidal con la misma frecuencia que la de la entrada. En realidad, la onda senoidal es la única señal que no cambia de forma a medida que pasa por un circuito lineal. Observemos, sin embargo, que la senoide de la salida tendrá en general amplitud diferente y estará desfasada en relación con la entrada. La razón entre la amplitud de la senoide de salida (V_o) y la amplitud de la senoide de entrada (V_i) es la magnitud de la ganancia del amplificador (o transmisión) a la frecuencia de prueba ω. Del mismo modo, el ángulo ϕ es la fase de la transmisión del amplificador a la frecuencia de prueba ω. Si denotamos la **transmisión del amplificador,** o **función de transferencia,** como se le conoce comúnmente, por $T(\omega)$, entonces

$$|T(\omega)| = \frac{V_o}{V_i}$$

$$\angle T(\omega) = \phi$$

La respuesta del amplificador a una senoide de frecuencia ω está descrita completamente por $|T(\omega)|$ y $\angle T(\omega)$. Ahora, para obtener la respuesta completa en frecuencia del amplificador simplemente cambiamos la frecuencia del senoide de entrada y medimos el nuevo valor para $|T|$ y $\angle T$. El resultado final será una tabla y/o gráfica de magnitud de ganancia [$|T(\omega)|$] contra frecuencia, y una tabla y/o gráfica de ángulo de fase [$\angle T(\omega)$] contra frecuencia. Estas dos gráficas juntas constituyen la respuesta en frecuencia del amplificador; la primera se conoce como *respuesta en magnitud* o *amplitud*, y la segunda es la *respuesta en fase*.

Ancho de banda de amplificador

En la figura 1.21 se muestra la respuesta en magnitud de un amplificador. Se indica que la ganancia es casi constante sobre una amplia gama de frecuencia, aproximadamente entre ω_1 y ω_2. Las señales cuyas frecuencias estén debajo de ω_1 o arriba de ω_2 experimentan menor ganancia, con la ganancia disminuyendo a medida que nos alejamos de ω_1 y ω_2. La banda de frecuencias sobre la que la ganancia del amplificador es casi constante, a menos de cierto número de decibeles (por lo general 3 dB), se llama **ancho de banda de amplificador.** Normalmente el amplificador está diseñado de modo que su ancho de banda coincida con el espectro de las señales que es necesario amplificar. Si

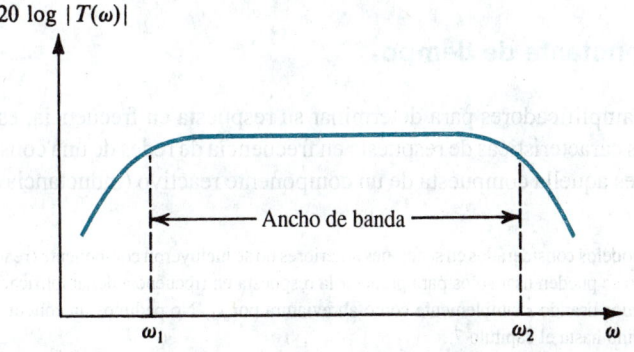

Fig. 1.21   Respuesta típica en magnitud de un amplificador. $T(\omega)$ es la función de transferencia del amplificador, esto es, la razón entre la salida $V_o(\omega)$ y la entrada $V_i(\omega)$.

éste no fuera el caso, el amplificador *distorsionaría* el espectro de frecuencias de la señal de entrada, con diferentes componentes de la señal de entrada amplificados en diferentes cantidades.

Evaluación de la respuesta en frecuencia de amplificadores

Líneas antes ya describimos el método que se utiliza para medir la respuesta en frecuencia de un amplificador. Ahora vemos brevemente el método para obtener en forma analítica una expresión para hallar la respuesta en frecuencia. Lo que estamos a punto de decir es sólo un repaso de este importante tema, cuyo detallado estudio se inicia en el capítulo 7.

Para evaluar la respuesta en frecuencia de un amplificador tenemos que analizar el modelo de circuito equivalente del amplificador, tomando en cuenta todos los componentes reactivos.[2] El análisis de circuito prosigue en la forma acostumbrada pero con las inductancias y capacitancias representadas por sus reactancias. Una inductancia L tiene una reactancia o impedancia $j\omega L$, y una capacitancia C tiene una reactancia o impedancia $1/j\omega C$, o bien, lo que es equivalente, una susceptancia o admitancia $j\omega C$. De esta forma, en un análisis en el *dominio de la frecuencia* hablamos de impedancias y/o admitancias. El resultado del análisis es la función de transferencia del amplificador $T(\omega)$,

$$T(\omega) = \frac{V_o(\omega)}{V_i(\omega)}$$

donde $V_i(\omega)$ y $V_o(\omega)$ denotan las señales de entrada y salida, respectivamente. $T(\omega)$ es generalmente una función compleja cuya magnitud $|T(\omega)|$ da la magnitud de transmisión o la respuesta en magnitud del amplificador. La fase de $T(\omega)$ da la respuesta en fase del amplificador.

En el análisis de un circuito para determinar su respuesta en frecuencia, las manipulaciones algebraicas se pueden simplificar de manera considerable usando la **variable compleja de frecuencia** s. En términos de s, la impedancia de una inductancia L es sL y la de una capacitancia C es $1/sC$. Al sustituir los elementos reactivos con sus impedancias y realizando análisis de circuito estándar, obtenemos la función de transferencia $T(s)$ como

$$T(s) \equiv \frac{V_o(s)}{V_i(s)}$$

Subsecuentemente, sustituimos s por $j\omega$ para determinar la función de transferencia de red para **frecuencias físicas**, $T(j\omega)$. Nótese que $T(j\omega)$ es la misma función que antes llamamos $T(\omega)$;[3] la j adicional se incluye para resaltar que $T(j\omega)$ se obtiene de $T(s)$ al sustituir s por $j\omega$.

Redes de una constante de tiempo

Al analizar circuitos amplificadores para determinar su respuesta en frecuencia, es de gran ayuda el conocimiento de las características de respuesta en frecuencia de redes de una constante de tiempo (STC). Una red STC es aquella compuesta de un componente reactivo (inductancia o capacitancia)

---

[2] Nótese que en los modelos considerados en secciones anteriores no se incluyeron componentes reactivos. Éstos fueron modelos simplificados y no se pueden usar solos para predecir la respuesta en frecuencia del amplificador.

[3] En esta etapa, estamos usando s simplemente como abreviatura por $j\omega$. No pedimos un conocimiento detallado de los conceptos del plano s sino hasta el capítulo 7.

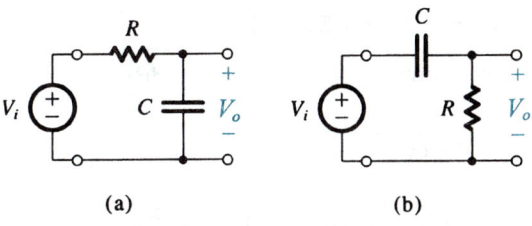

Fig. 1.22 Dos ejemplos de redes STC: **(a)** una red de paso bajo y **(b)** una red de paso alto.

y una resistencia (o que se puede reducir a estos elementos). En la figura 1.22 se muestran ejemplos. Una red STC formada por una inductancia L y una resistencia R tiene una constante de tiempo $\tau = L/R$. La constante de tiempo τ de una red STC compuesta de una capacitancia C y una resistencia R está dada por $\tau = CR$.

En el apéndice F se presenta un estudio de redes STC y sus respuestas a entradas senoidales, de escalón y de pulsos. El conocimiento de este material será necesario en varios puntos en todo este libro, por lo que estimulamos al lector para que consulte el apéndice citado. En este punto necesitamos, en particular, los resultados de respuesta en frecuencia; de hecho, analizaremos brevemente este importante tema ahora.

La mayor parte de redes STC se pueden clasificar en dos categorías:[4] **de paso bajo (LP)** y **de paso alto (HP),** donde cada una de estas categorías muestra respuesta de señal distintivamente diferentes. Por ejemplo, la red STC que se muestra en la figura 1.22(a) es una del tipo de *paso bajo*, y la de la figura 1.22(b) es del tipo de *paso alto*. Para ver el razonamiento que hay detrás de esta clasificación, observemos que la función de transferencia de cada uno de estos dos circuitos se puede expresar como una razón de divisor de voltaje, con el divisor compuesto de un resistor y un condensador. Ahora, recordando la forma en que la impedancia de un condensador varía con la frecuencia ($Z = 1/j\omega C$) es fácil ver que la transmisión del circuito de la figura 1.22(a) disminuirá con la frecuencia y se aproxima a cero a medida que ω se aproxima al ∞. Por lo tanto, el circuito de la figura 1.22(a) actúa como un **filtro de paso bajo;**[5] deja pasar entradas de onda senoidal de baja frecuencia con poca o ninguna atenuación (a $\omega = 0$, la transmisión es la unidad) y atenúa ondas senoidales de entrada de alta frecuencia. El circuito de la figura 1.22(b) hace lo opuesto; su transmisión es unitaria a $\omega = \infty$ y disminuye conforme se reduce ω, llegado a 0 cuando $\omega = 0$. Este último circuito, por lo tanto, funciona como **filtro de paso alto.**

La tabla 1.2 contiene un resumen de los resultados de respuesta en frecuencia para redes STC de ambos tipos. Igualmente, en las figuras 1.23 y 1.24 aparecen dibujos de las respuestas en magnitud y fase. Estos diagramas de respuesta en frecuencia se conocen como **gráficas de Bode** y la frecuencia de 3 dB (ω_0) también se conoce como **frecuencia de fase** o **frecuencia de ruptura.** El lector debe conocer a fondo esta información y consultar el apéndice F si es necesario aclarar algunos puntos.

---

[4] Una excepción importante es la red STC *pasatodo* estudiada en el capítulo 11.

[5] Un filtro es un circuito que deja pasar señales en una banda especificada de frecuencia (el filtro pasabanda) y detiene o atenúa grandemente (filtra) señales en otra banda de frecuencia (banda atenuada). Los filtros se estudiarán en el capítulo 11.

Tabla 1.2 RESPUESTA EN FRECUENCIA DE REDES STC

	Paso bajo (LP)	Paso alto (HP)
Función de transferencia $T(s)$	$\dfrac{K}{1+(s/\omega_0)}$	$\dfrac{Ks}{s+\omega_0}$
Función de transferencia (para frecuencias físicas) $T(j\omega)$	$\dfrac{K}{1+j(\omega/\omega_0)}$	$\dfrac{K}{1-j(\omega_0/\omega)}$
Respuesta en magnitud $\lvert T(j\omega)\rvert$	$\dfrac{\lvert K\rvert}{\sqrt{1+(\omega/\omega_0)^2}}$	$\dfrac{\lvert K\rvert}{\sqrt{1+(\omega_0/\omega)^2}}$
Respuesta en fase $\angle T(j\omega)$	$-\tan^{-1}(\omega/\omega_0)$	$\tan^{-1}(\omega_0/\omega)$
Transmisión a $\omega=0$ (cd)	K	0
Transmisión a $\omega=\infty$	0	K
Frecuencia a 3 dB	$\omega_0=1/\tau$, $\tau\equiv$ Constante de tiempo $\tau=CR$ o L/R	
Gráficas de Bode	en Fig. 1.23	en Fig. 1.24

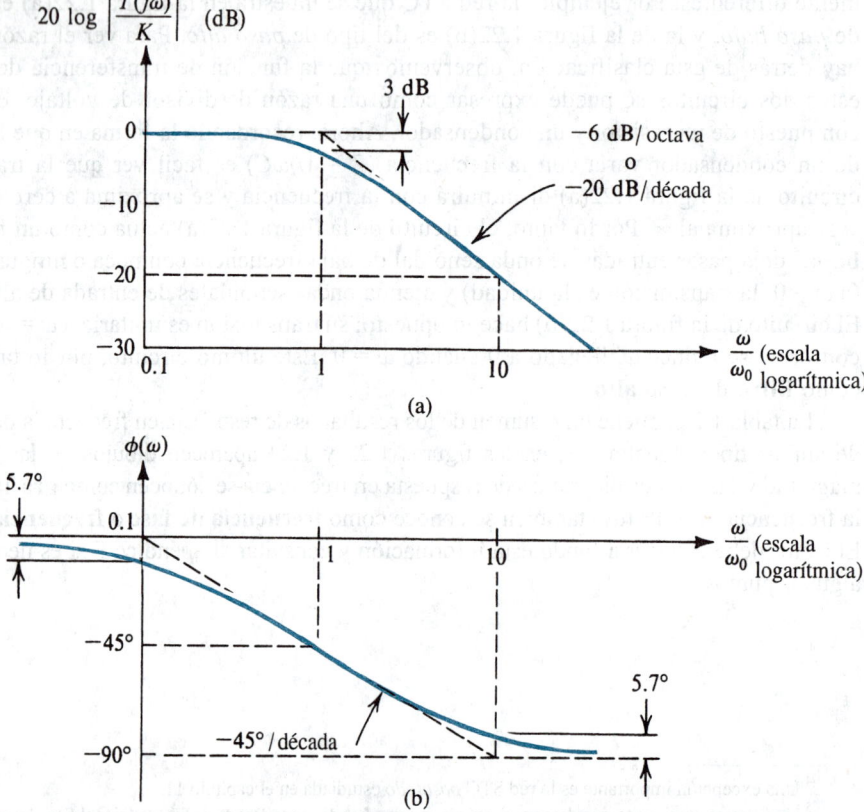

Fig. 1.23 (a) Respuesta en magnitud y (b) en fase de redes STC del tipo de paso bajo.

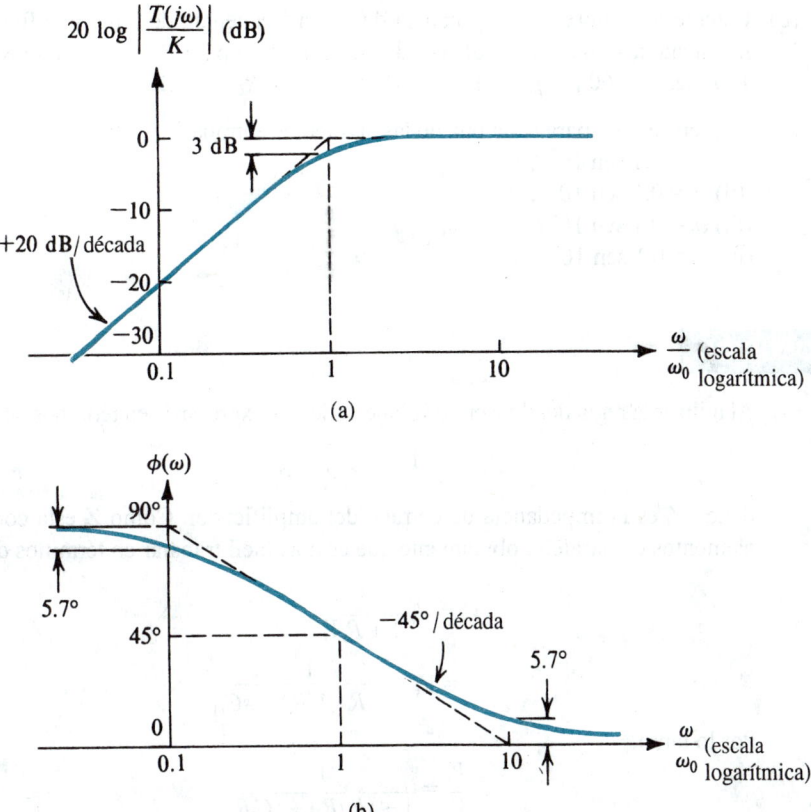

Fig. 1.24 **(a)** Respuesta en magnitud y **(b)** en fase de redes STC del tipo de paso alto.

EJEMPLO 1.5

En la figura 1.25 se muestra un amplificador de voltaje que tiene una resistencia de entrada R_i, una capacitancia de entrada C_i, un factor de ganancia μ y una resistencia de salida R_o. El amplificador está alimentado por una fuente de voltaje V_s que tiene una resistencia de fuente R_s y una carga de resistencia R_L está conectada a la salida.

(a) Obtenga una expresión para hallar la ganancia de voltaje del amplificador, V_o/V_s, como función de la frecuencia. A partir de esto, encuentre expresiones para hallar la ganancia de cd y la frecuencia de 3 dB.

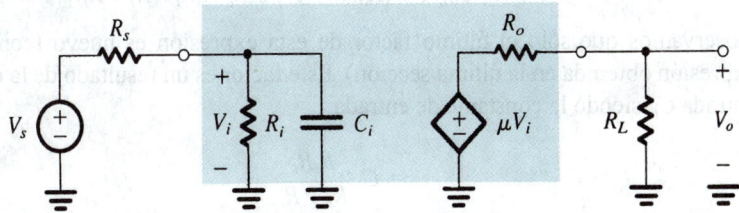

Fig. 1.25 Circuito para el ejemplo 1.5.

(b) Calcule los valores de la ganancia de cd, la frecuencia de 3 dB y la frecuencia a la que la ganancia se hace de 0 dB (es decir, la unidad) para el caso en que $R_s = 20$ kΩ, $R_i = 100$ kΩ, $C_i = 60$ pF, $\mu = 144$ V/V, $R_o = 200$ Ω y $R_L = 1$ kΩ.

(c) Encuentre $v_o(t)$ para cada una de las siguientes entradas:
   (i) $v_i = 0.1$ sen 10^2 t, V
   (ii) $v_i = 0.1$ sen 10^5 t, V
   (iii) $v_i = 0.1$ sen 10^6 t, V
   (iv) $v_i = 0.1$ sen 10^8 t, V

SOLUCIÓN

(a) Al utilizar la regla del divisor de voltaje podemos expresar V_i en términos de V_s como sigue:

$$V_i = V_s \frac{Z_i}{Z_i + R_s}$$

donde Z_i es la impedancia de entrada del amplificador. Como Z_i está compuesta de dos elementos en paralelo, obviamente que es más fácil trabajar en términos de $Y_i = 1/Z_i$,

$$V_i = V_s \frac{1}{1 + R_s Y_i}$$

$$= V_s \frac{1}{1 + R_s[(1/R_i) + sC_i]}$$

Por lo tanto,

$$\frac{V_i}{V_s} = \frac{1}{1 + (R_s/R_i) + sC_i R_s}$$

Esta expresión se puede poner en la forma estándar para una red STC de paso bajo (véase la línea superior de la tabla 1.2) al extraer $[1 + (R_s/R_i)]$ del denominador; de esta manera tenemos

$$\frac{V_i}{V_s} = \frac{1}{1 + (R_s/R_i)} \frac{1}{1 + sC_i[(R_s R_i)/(R_s + R_i)]} \tag{1.24}$$

En el lado de salida del amplificador podemos escribir

$$V_o = \mu V_i \frac{R_L}{R_L + R_o}$$

Esta ecuación se puede combinar con la ecuación (1.24) para obtener la función de transferencia del amplificador como

$$\frac{V_o}{V_s} = \mu \frac{1}{1 + (R_s/R_i)} \frac{1}{1 + (R_o/R_L)} \frac{1}{1 + sC_i[(R_s R_i)/(R_s + R_i)]} \tag{1.25}$$

Observamos que sólo el último factor de esta expresión es nuevo (comparada con la expresión obtenida en la última sección). Este factor es un resultado de la capacitancia de entrada C_i, siendo la constante de entrada

$$\tau = C_i \frac{R_s R_i}{R_s + R_i} \tag{1.26}$$

$$= C_i(R_s//R_i)$$

Podríamos haber obtenido este resultado por inspección: de la figura 1.25 vemos que el circuito de entrada es una red STC y que su constante de tiempo se puede encontrar al reducir V_s a cero, con el resultado de que la resistencia vista por C_i es R_i en paralelo con R_s. De la ecuación (1.25), se encuentra que la ganancia de cd es

$$K \equiv \frac{V_o}{V_s}(s=0) = \mu \, \frac{1}{1+(R_s/R_i)} \, \frac{1}{1+(R_o/R_L)} \qquad (1.27)$$

La frecuencia ω_0 a 3 dB se puede encontrar a partir de

$$\omega_0 = \frac{1}{\tau} = \frac{1}{C_i(R_s//R_i)} \qquad (1.28)$$

Como la respuesta en frecuencia de este amplificador es del tipo STC de paso bajo, las gráficas de Bode para la magnitud y fase de ganancia tomarán la forma que se muestra en la figura 1.23, donde K está dada por la ecuación (1.27) y ω_0 está dada por la ecuación (1.28).

(b) Al sustituir los valores numéricos dados en la ecuación (1.27) resulta

$$K = 144 \, \frac{1}{1+(20/100)} \, \frac{1}{1+(200/1000)} = 100 \text{ V/V}$$

Así, el amplificador tiene una ganancia de cd de 40 dB. Al sustituir los valores numéricos en la ecuación (1.28) se obtiene la frecuencia de 3 dB

$$\omega_0 = \frac{1}{60 \text{ pF} \times (20 \text{ k}\Omega//100 \text{ k}\Omega)}$$

$$= \frac{1}{60 \times 10^{-12} \times (20 \times 100/(20+100)) \times 10^3} = 10^6 \text{ rad/s}$$

Por lo tanto,

$$f_0 = \frac{10^6}{2\pi} = 159.2 \text{ kHz}$$

Como la ganancia cae a razón de -20 dB/década, al comenzar en ω_0 (véase la figura 1.23a) la ganancia llegará a 0 dB en dos décadas; por lo tanto tenemos

Frecuencia de ganancia unitaria $= 10^8$ rad/s, o sea 15.92 MHz

(c) Para hallar $\upsilon_o(t)$ necesitamos determinar la magnitud y fase de ganancia a 10^2, 10^5, 10^6 y 10^8 rad/s. Esto puede hacerse ya sea utilizando aproximadamente las gráficas de Bode de la figura 1.23, o utilizando exactamente la expresión para la función de transferencia del amplificador,

$$T(j\omega) \equiv \frac{V_o}{V_s}(j\omega) = \frac{100}{1+j(\omega/10^6)}$$

Haremos ambas cosas:

(i) Para $\omega = 10^2$ rad/s, que es ($\omega_0/10^4$), las gráficas de Bode de la figura 1.23 sugieren que $|T| \simeq K = 100$ y $\phi = 0°$. La expresión de la función de transferencia da $|T| \simeq 100$ y $\phi = -\tan^{-1} 10^{-4} \simeq 0°$. Por lo tanto,

$$v_o(t) = 10 \text{ sen } 10^2 t, \text{ V}$$

(ii) Para $\omega = 10^5$ rad/s, que es ($\omega_0/10$), las gráficas de Bode de la figura 1.23 sugieren que $|T| \simeq K = 100$ y $\phi = -5.7°$. La expresión de la función de transferencia da $|T| = 99.5$ y $\phi = -\tan^{-1} 0.1 = -5.7°$. Por lo tanto,

$$v_o(t) = 9.95 \text{ sen}(10^5 t - 5.7°), \text{ V}$$

(iii) Para $\omega = 10^6$ rad/s $= \omega_0$, $|T| = 100/\sqrt{2} = 70.7$ V/V o sea 37 dB y $\phi = -45°$. Por lo tanto,

$$v_o(t) = 7.07 \text{ sen}(10^6 t - 45°), \text{ V}$$

(iv) Para $\omega = 10^8$ rad/s, que es ($100\,\omega_0$), las gráficas de Bode sugieren que $|T| = 1$ y $\phi = -90°$. La expresión para la función de transferencia da

$$|T| \simeq 1 \text{ y } \phi = -\tan^{-1} 100 = -89.4°,$$

Por lo tanto

$$v_o(t) = 0.1 \text{ sen}(10^8 t - 89.4°), \text{ V}$$

Clasificación de amplificadores con base en respuesta en frecuencia

Los amplificadores se pueden clasificar con base en la forma de su curva de respuesta en magnitud. En la figura 1.26 se muestran curvas típicas de respuesta en frecuencia para varios tipos de amplificadores. En la figura 1.26(a) la ganancia permanece constante en una amplia gama de frecuencias pero cae a frecuencias bajas y altas. Éste es un tipo común de respuesta en frecuencia que se encuentra en amplificadores de audio.

Como veremos en el capítulo 7, las **capacitancias internas** en el dispositivo (un transistor) producen una caída de ganancia a altas frecuencias, como ocurrió con C_i en el circuito del ejemplo 1.5. Por otra parte, la pérdida de ganancia a bajas frecuencias suele ser ocasionada por **condensadores de acoplamiento** que se utilizan para conectar una etapa amplificadora con otra, como se indica en la figura 1.27. Esta práctica se adopta por lo general para simplificar el proceso de diseño de las diferentes etapas. Los condensadores de acoplamiento suelen escogerse bastante grandes (desde una fracción de microfarad hasta varias decenas de microfarads) para que su reactancia (impedancia) sea pequeña a las frecuencias de interés. No obstante, a frecuencias suficientemente bajas, la reactancia de un condensador de acoplamiento se hará tan grande que ocasiona que parte de la señal que debe acoplarse aparezca como caída de voltaje en los terminales del condensador de acoplamiento, por lo que esa parte no llega a la etapa subsiguiente. Los condensadores de acoplamiento producen de este modo una pérdida de ganancia a bajas frecuencias y ocasionan que la ganancia sea cero a cd.

Hay muchas aplicaciones en las que es importante que el amplificador mantenga su ganancia a bajas frecuencias hasta cd. Además, la tecnología de circuitos integrados monolíticos

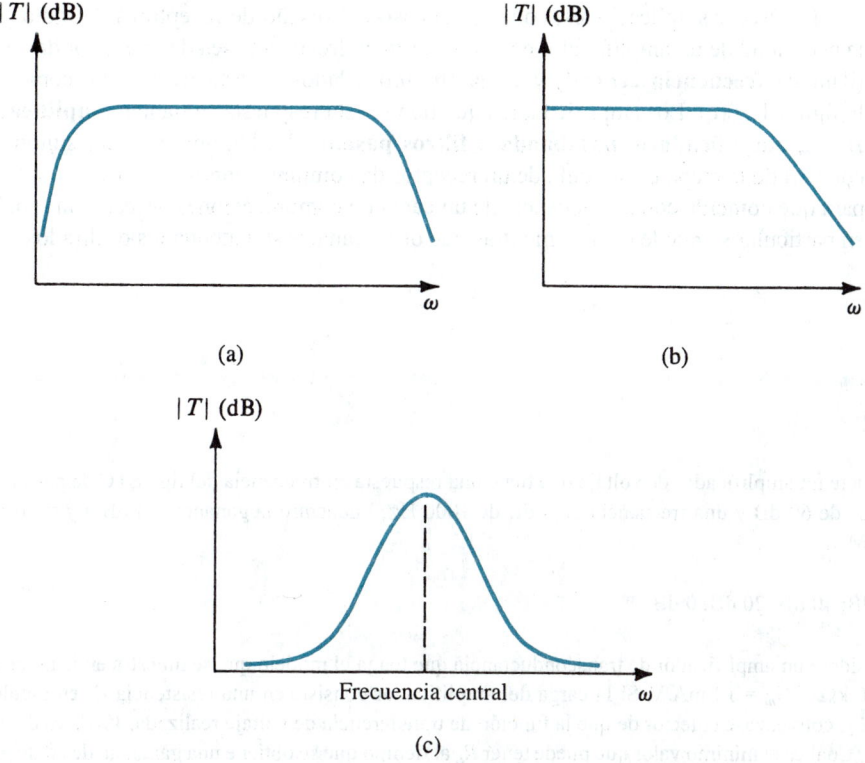

Fig. 1.26   Respuesta en frecuencia para **(a)** un amplificador acoplado capacitivamente, **(b)** un amplificador de acoplamiento directo y **(c)** un amplificador sintonizado o pasabanda.

(IC) no permite la fabricación de condensadores de acoplamiento grandes. Entonces, los amplificadores de IC se diseñan en general como **amplificadores acoplados directamente** o **de cd** (al contrario de los **amplificadores capacitivamente acoplados** o **de ca**). En la figura 1.26(b) se muestra la respuesta en frecuencia de un amplificador de cd. Esta respuesta en frecuencia caracteriza lo que se conoce como un **amplificador de paso bajo.** Aun cuando no es muy apropiado, el término de paso bajo también se utiliza para referirse al amplificador cuya respuesta se muestra en la figura 1.26(a).

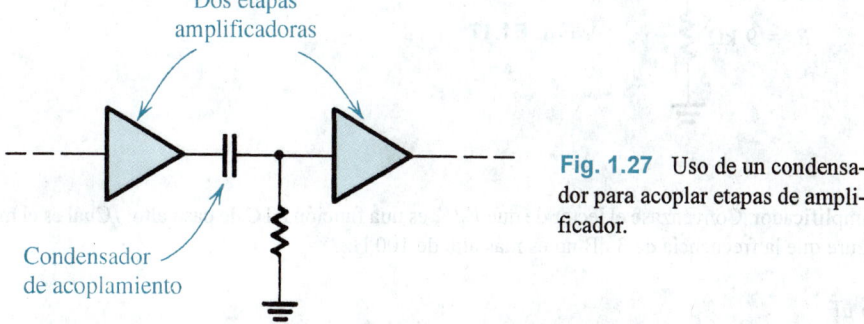

Fig. 1.27   Uso de un condensador para acoplar etapas de amplificador.

En diversas aplicaciones, como es el caso del diseño de receptores de radio y de TV, surge la necesidad de un amplificador cuya respuesta en frecuencia sea de alrededor de cierta frecuencia (llamada **frecuencia central**) y caiga en ambos lados de esta frecuencia, como se muestra en la figura 1.26(c). Los amplificadores que tienen esta respuesta se llaman **amplificadores sintonizados, amplificadores pasabanda** o **filtros pasabanda.** Un amplificador sintonizado forma el corazón de la etapa de sintonía de un receptor de comunicaciones; al ajustar su frecuencia central para que coincida con la frecuencia de un canal de comunicaciones deseado, la señal de este canal en particular se puede recibir mientras que otros canales son atenuados o filtrados.

Ejercicios

1.15 Considere un amplificador de voltaje que tiene una respuesta en frecuencia del tipo STC de paso bajo, con una ganancia de cd de 60 dB y una frecuencia de 3 dB de 1000 Hz. Encuentre la ganancia en dB a $f = 10$ Hz, 10 kHz, 100 kHz y 1 MHz.

Resp. 60 dB; 40 dB, 20 dB; 0 dB

D1.16 Considere un amplificador de transconductancia que tenga el modelo que se muestra en la tabla 1.1 con $R_i = 5$ kΩ, $R_o = 50$ kΩ y $G_m = 10$ mA/V. Si la carga del amplificador consiste en una resistencia R_L en paralelo con una capacitancia C_L, convénzase el lector de que la función de transferencia de voltaje realizada, V_o/V_i, es del tipo de STC de paso bajo. ¿Cuál es el mínimo valor que puede tener R_L al tiempo que se obtiene una ganancia de cd de por lo menos 40 dB? Con este valor de R_L conectado, encuentre el máximo valor que C_L puede tener cuando se obtenga un ancho de banda de 3 dB de por lo menos 100 kHz.

Resp. 12.5 kΩ; 159.2 pF

D1.17 Considere la situación ilustrada en la figura 1.27. Sea la resistencia de salida del primer amplificador de voltaje de 1 kΩ, y la resistencia de entrada del segundo amplificador de voltaje (incluyendo el resistor conocido) sea de 9 kΩ. El circuito equivalente resultante se muestra en la figura E1.17, donde V_s y R_s son el voltaje de salida y la resistencia de salida del primer amplificador, C es un condensador de acoplamiento, y R_i es la resistencia de entrada

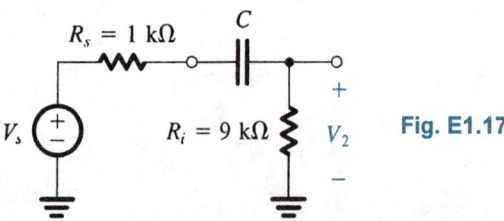

Fig. E1.17

del segundo amplificador. Convénzase el lector de que V_2/V_s es una función STC de paso alto. ¿Cuál es el mínimo valor de C que asegure que la frecuencia de 3 dB no es más alta de 100 Hz?

Resp. 0.16 μF

1.7   EL INVERSOR LÓGICO DIGITAL

El inversor lógico es el elemento más básico en diseño de circuitos digitales; juega un papel paralelo al del amplificador en circuitos analógicos. En esta sección damos una introducción al inversor lógico.

Función del inversor

Como su nombre lo indica, el inversor lógico invierte el valor lógico de la señal de entrada. Así, para una entrada lógica 0, la salida será una lógica 1, y viceversa. En términos de niveles de voltaje, considere el inversor que se muestra en forma de bloques en la figura 1.28: cuando v_I es bajo (cerca de 0 V), la salida v_O será alta (cercana a V_{DD}), y viceversa.

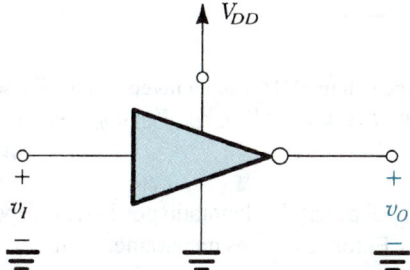

Fig. 1.28 Inversor lógico que opera de una fuente de cd V_{DD}.

La característica de transferencia de voltaje (VTC)

Para cuantificar la operación del inversor, utilizamos su característica de transferencia de voltaje (VTC, como suele abreviarse). Primero pedimos al lector que consulte el amplificador considerado en el ejemplo 1.2, cuya característica de transferencia aparece en la figura 1.15. Observe que la característica de transferencia indica que este amplificador inversor se puede usar como inversor lógico. Específicamente, si la entrada es alta ($v_I > 0.690$ V), v_O será bajo a 0.3 V. Por otra parte, si la entrada es baja (cercana a 0 V), la salida será alta (cercana a 10 V). Así, para utilizar este amplificador como inversor lógico, utilizamos sus regiones extremas de operación. Esto es exactamente lo opuesto a su uso como amplificador de señales, en donde se polarizaría en la parte media de la característica de transferencia y la señal se conserva suficientemente pequeña para restringir la operación a un segmento corto, casi lineal, de la curva de transferencia. Aplicaciones digitales, por otra parte, hacen uso de la no linealidad íntegra exhibida por la VTC.

Con estas observaciones presentes, mostramos en la figura 1.29 una posible VTC de un inversor lógico. Para mayor sencillez, utilizamos tres líneas rectas para aproximar la VTC, que es por lo general una curva no lineal como la de la figura 1.15. Observemos que el nivel alto de salida, denotado como V_{OH}, no depende del valor exacto de v_I mientras v_I no exceda el valor marcado como V_{IL}; cuando v_I excede de V_{IL}, la salida disminuye y el inversor entra en su región de operación como amplificador, también llamada **región de transición.** Se concluye que V_{IL} es un parámetro importante de la VTC inversora: es el *valor máximo que v_I puede tener cuando es interpretado por el inversor como representando una lógica 0.*

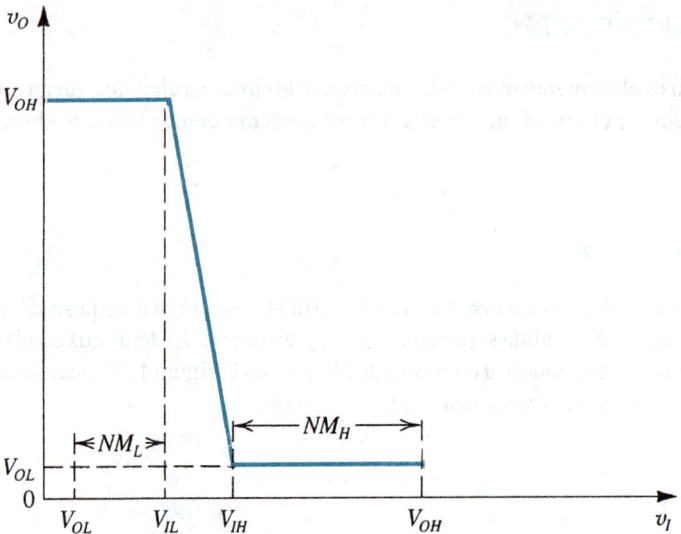

Fig. 1.29 Curva característica de transferencia de voltaje (VTC) de un inversor. La VTC se aproxima por tres segmentos de recta. Nótense los cuatro parámetros de la VTC: V_{OH}, V_{OL}, V_{IL} y V_{IH}, y su uso para determinar los márgenes de ruido NM_H y NM_L.

Análogamente, observamos que el bajo nivel de salida, denotado por V_{OL}, no depende del valor exacto de v_I mientras v_I no caiga debajo de V_{IH}. Entonces, V_{IH} es un parámetro importante de la VTC inversora: es el *valor mínimo que v_I puede tener cuando es interpretado por el inversor como representando una lógica 1*.

Márgenes de ruido

La insensibilidad de la salida del inversor al valor exacto de v_I dentro de regiones permitidas es una gran ventaja que los circuitos digitales tienen sobre los circuitos analógicos. Para cuantificar esta propiedad de insensibilidad, consideremos la situación que ocurre con frecuencia en un sistema digital donde un inversor (o compuerta lógica basada en el circuito inversor) excita a otro inversor similar. Si la salida del inversor excitador es alta en V_{OH}, vemos que tenemos un "margen de seguridad" igual a la diferencia entre V_{OH} y V_{IH} (véase la figura 1.29). En otras palabras, si por alguna razón se superpone una señal perturbadora (llamada "ruido eléctrico" o simplemente **ruido**) en la salida del inversor excitador, el inversor excitado no sería "molestado" mientras este ruido no disminuya el voltaje en su entrada por debajo de V_{IH}. Así, podemos decir que el inversor tiene un **margen de ruido para entrada alta**, NM_H, de

$$NM_H = V_{OH} - V_{IH} \tag{1.29}$$

Análogamente, si la salida del inversor excitador es baja en V_{OL}, el inversor excitado dará una salida alta si el ruido deforma el nivel de V_{OL} en su entrada, elevándolo a casi V_{IL}. Por lo tanto, podemos decir que el inversor exhibe un **margen de ruido para entrada baja**, NM_L, de

$$NM_L = V_{IL} - V_{OL} \tag{1.30}$$

En resumen, cuatro parámetros, V_{OH}, V_{OL}, V_{IH} y V_{IL}, definen la VTC de un inversor y determinan sus márgenes de ruido, que a su vez miden la capacidad del inversor para tolerar variaciones en los niveles de señal de entrada. A este respecto, observemos que los cambios en el nivel de señal de entrada dentro de márgenes de ruido son *rechazados* por el inversor. Así no se permite que el ruido se propague más en el sistema. De manera opcional, podemos considerar que los inversores *restablecen* los niveles de señal a valores estándar (V_{OL} y V_{OH}) aun cuando se presenten niveles distorsionados de señal (dentro de márgenes de ruido).

La VTC ideal

Surge naturalmente la pregunta en cuanto a qué constituye una VTC ideal para un inversor. La respuesta sigue directa del análisis precedente: una VTC ideal es aquella que maximiza los márgenes de ruido y los distribuye por igual entre las regiones de entrada baja y alta. Una de estas VTC se muestra en la figura 1.30, para un inversor operado desde una fuente de cd V_{DD}. Observemos que el nivel alto de salida V_{OH} está a su máximo valor posible de V_{DD}, y el nivel bajo de salida está a su mínimo valor posible de 0 V. Observemos también que los voltajes de umbral V_{IL} y V_{IH} están igualados y colocados hacia la mitad del voltaje de la fuente de alimentación ($V_{DD}/2$). De esta forma, el ancho de la región de transición entre las regiones alta y baja de salida se ha reducido a cero. La región de transición, aunque obviamente es muy importante para aplicaciones en amplificadores, no tiene ningún valor en circuitos digitales. La VTC ideal exhibe una aguda transición al voltaje de umbral $V_{DD}/2$ siendo infinita la ganancia en la región de transición. Los márgenes de ruido son ahora iguales:

$$NM_H = NM_L = V_{DD}/2 \qquad (1.31)$$

Veremos en el capítulo 5 que los circuitos inversores diseñados usando tecnología complementaria de semiconductor de óxido metálico (CMOS) se acercan mucho a la realización de la VTC ideal.

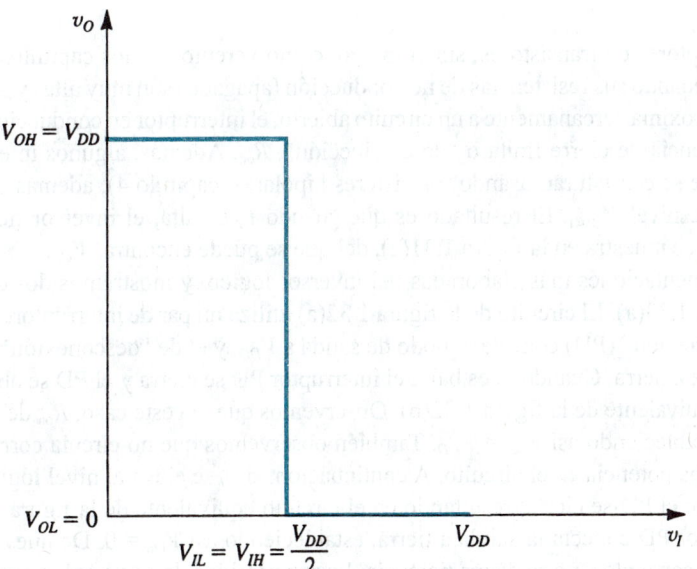

Fig. 1.30 La VTC de un inversor ideal.

Estructuración de un inversor

Los inversores se estructuran por medio de transistores (capítulos 4 y 5) que operan como interruptores controlados por voltaje. En la figura 1.31 se muestra la más sencilla estructuración de un inversor. El interruptor está controlado por el voltaje de entrada del inversor v_I: cuando v_I es bajo, el interruptor se abre y $v_O = V_{DD}$ puesto que no circula corriente por R. Cuando v_I es alta, el interruptor estará cerrado y, si suponemos un interruptor ideal, $v_O = 0$.

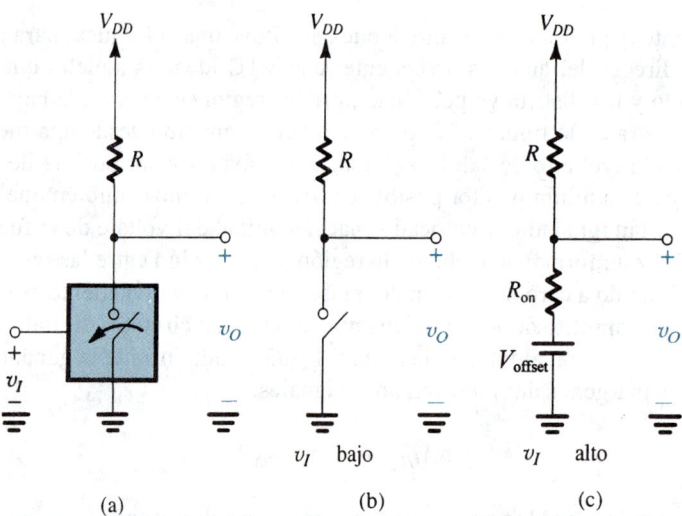

(a) (b) (c)

Fig. 1.31 **(a)** Implementación más sencilla de un inversor lógico que utiliza un interruptor controlado por voltaje; **(b)** circuito equivalente cuando v_I es bajo; y **(c)** circuito equivalente cuando v_I es alto. Nótese que se supone que el interruptor cierra cuando v_I es alto.

Los interruptores de transistores, sin embargo, como veremos en los capítulos 4 y 5, no son perfectos. Aun cuando sus resistencias de no conducción (apagado) son muy altas y así un interruptor abierto se aproxima cercanamente a un circuito abierto, el interruptor en conducción (encendido) tiene una resistencia de cierre finita o "de conducción", R_{on}. Además, algunos interruptores (por ejemplo, los que se estructuran usando transistores bipolares, capítulo 4), además de R_{on} exhiben un voltaje de desnivel V_{offset}. El resultado es que cuando v_I es alta, el inversor tiene el circuito equivalente que se muestra en la figura 1.31(c), del que se puede encontrar V_{OL}.

Hay implementaciones más elaboradas del inversor lógico, y mostramos dos de éstas en las figuras 1.32(a) y 1.33(a). El circuito de la figura 1.32(a) utiliza un par de interruptores complementarios, el de "conexión" (PU) conecta el nodo de salida a V_{DD}, y el de "desconexión" (PD) conecta el nodo de salida a tierra. Cuando v_I es bajo, el interruptor PU se cierra y el PD se abre, resultando en el circuito equivalente de la figura 1.32(b). Observemos que, en este caso, R_{on} de PU conecta la salida a V_{DD}, estableciendo así $V_{OH} = V_{DD}$. También observemos que no circula corriente y, por lo tanto, no se disipa potencia en el circuito. A continuación, si v_I se eleva al nivel lógico 1, el PU se abre en tanto que el PD se cierra, resultando en el circuito equivalente de la figura 1.32(c). Aquí, R_{on} del interruptor PD conecta la salida a tierra, estableciendo así $V_{OL} = 0$. De nueva cuenta, aquí tampoco circula corriente y no se disipa potencia. La superioridad de esta implementación sobre la que usa un solo interruptor de desconexión y un resistor (conocido como resistor de conexión) debe

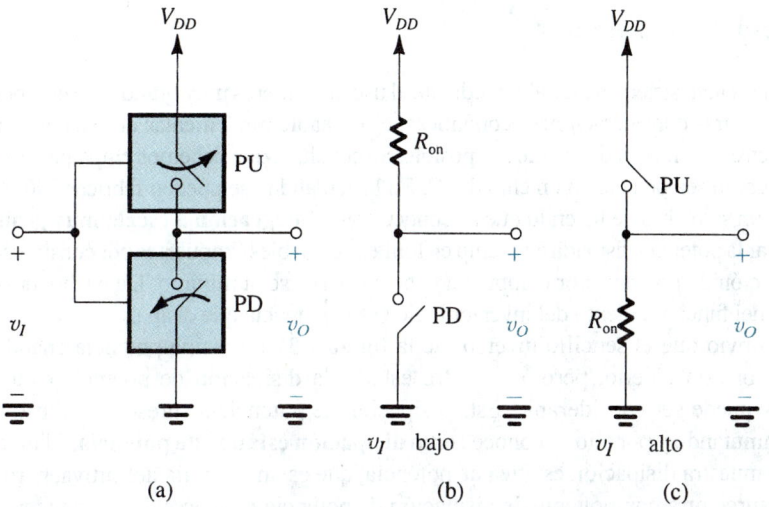

Fig. 1.32 Implementación más elaborada del inversor lógico que utiliza dos interruptores complementarios. Ésta es la base del inversor CMOS que se estudia en la sección 5.9.

ser obvia. Este circuito constituye la base del inversor CMOS que estudiaremos en la sección 5.9. Nótese que no hemos incluido voltajes de desnivel en los circuitos equivalentes porque los interruptores MOS no exhiben un voltaje de desnivel (capítulo 5).

Finalmente, consideremos la implementación del inversor de la figura 1.33. Aquí se utiliza un interruptor de doble tiro para dirigir la corriente constante I_{EE} en uno de dos resistores conectados a la fuente positiva V_{CC}. El lector debe demostrar que si una v_I alta resulta en el interruptor que se conecta a R_{C1}, entonces se realiza una función de inversión lógica en v_{O1}. Nótese que el voltaje de salida es independiente de la resistencia del interruptor. Este circuito lógico de *dirección de corriente* o *modo de corriente* es la base de los más rápidos circuitos lógicos digitales que existen, llamados de *lógica acoplada a emisor* (ECL), introducidos en el capítulo 6 y estudiados en detalle en el capítulo 14.

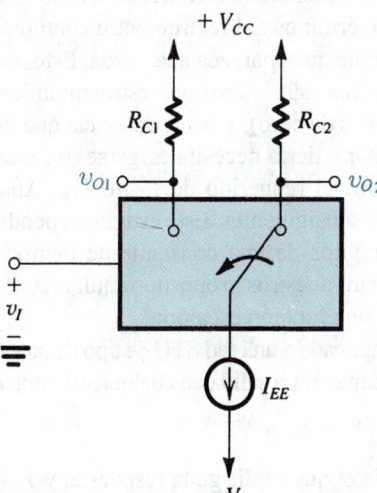

Fig. 1.33 Otra implementación de inversor que utiliza un interruptor de doble tiro para dirigir la corriente constante I_{EE} a R_{C1} (cuando v_I es alto) o R_{C2} (cuando v_I es bajo). Ésta es la base de la lógica acoplada a emisor (ECL) estudiada en los capítulos 6 y 14.

Disipación de potencia

Se implementan sistemas digitales mediante el uso de números muy grandes de compuertas lógicas. Por espacio y otras consideraciones económicas, es deseable implementar el sistema con tan pocos chips (IC) de circuitos integrados como sea posible. Se concluye que debemos empaquetar tantas compuertas lógicas como sea posible en un chip de IC. En la actualidad se pueden fabricar 100 000 compuertas, o más, en un solo chip de IC en lo que se conoce como **integración a escala muy grande (VLSI).** Para conservar la potencia disipada en el chip en límites aceptables (impuestos por consideraciones térmicas), la disipación de potencia por compuerta debe conservarse al mínimo. De hecho, una muy importante medida del funcionamiento del inversor lógico es la potencia que disipa.

Es obvio que el sencillo inversor de la figura 1.31 no disipa potencia cuando v_I es bajo y el interruptor está abierto, pero, en el otro estado, la disipación de potencia es aproximadamente V_{DD}^2/R y puede ser considerable. Esta disipación de potencia se presenta incluso si el inversor no está conmutando y por ello se conoce como **disipación estática de potencia.** El inversor de la figura 1.32 no muestra disipación estática de potencia, que es una ventaja definitiva, pero, desafortunadamente, surge otra componente de disipación de potencia cuando existe capacitancia entre el nodo de salida del inversor y tierra. Éste es casi siempre el caso, porque los dispositivos que implementan los interruptores tienen capacitancias internas, los alambres que conectan la salida del inversor a otros circuitos tienen capacitancias y, por supuesto, hay la capacitancia de entrada de cualquier circuito que el inversor excite. Ahora, como el inversor pasa de un estado a otro, debe circular corriente por el(los) interruptor(es) para cargar (y descargar) la capacitancia de carga. Estas corrientes dan lugar a disipación de potencia en los interruptores, llamada **potencia dinámica.** En el capítulo 5 estudiaremos disipación de potencia dinámica en el inversor CMOS, y demostraremos que un inversor conmutado a una frecuencia de f Hz exhibe una disipación de potencia dinámica de

$$P_{\text{dinámica}} = fCV_{DD}^2 \tag{1.32}$$

donde C es la capacitancia entre el nodo de salida y tierra, y V_{DD} es el voltaje de fuente de alimentación. Este resultado se aplica (aproximadamente) a todos los circuitos inversores.

Retardo de propagación

Puesto que el comportamiento dinámico de amplificadores se especifica en términos de su respuesta en frecuencia, el de inversores se caracteriza en términos del retardo entre conmutación de v_I (de bajo a alto o viceversa) y el cambio correspondiente que aparezca a la salida. Este retardo, llamado **tiempo de propagación,** surge por dos razones: los transistores que estructuran los interruptores exhiben tiempos de conmutación finitos (diferentes de cero), y la capacitancia que está inevitablemente presente entre el nodo de salida del inversor y tierra necesita cargarse (o descargarse, según sea el caso) antes de que la salida llegue a su nivel requerido de V_{OH} o V_{OL}. Analizaremos los tiempos de conmutación del inversor en capítulos subsiguientes. Este estudio depende del profundo conocimiento de la respuesta en tiempo de circuitos de una constante de tiempo (STC); en el apéndice F se presenta un repaso de este tema. Para nuestros propósitos aquí, recordemos al lector la ecuación clave para determinar la respuesta a una función escalón:

Considera una entrada de función de escalón aplicada a una red STC de tipo de paso bajo o de paso alto, y hágase que la red tenga una constante de tiempo τ. La salida en cualquier tiempo t está dada por

$$y(t) = Y_\infty - (Y_\infty - Y_{0+})e^{-t/\tau} \tag{1.33}$$

donde Y_∞ es el valor final, es decir, el valor hacia el que se dirige la respuesta, y Y_{0+} es el valor de la respuesta inmediatamente después de $t = 0$. Esta ecuación expresa que la salida en cualquier tiempo t es igual a la diferencia entre el valor final Y_∞ y un intervalo cuyo valor inicial es $Y_\infty - Y_{0+}$ y que se contrae exponencialmente.

EJEMPLO 1.6

Considere el inversor de la figura 1.31(a) con un condensador $C = 10$ pF conectado entre la salida y tierra. Sean $V_{DD} = 5$ V, $R = 1$ kΩ, $R_{on} = 100$ Ω y $V_{offset} = 0.1$ V. Si a $t = 0$, v_I es bajo y se desprecia el tiempo de respuesta del interruptor, esto es, suponiendo que se abre inmediatamente, encuentre el tiempo para que la salida llegue $\frac{1}{2}(V_{OH} + V_{OL})$. El tiempo a este punto de 50% en la onda de salida está definido como retardo de propagación bajo a alto, t_{PLH}.

SOLUCIÓN

Primero determinamos V_{OL}, que es el voltaje a la salida antes de $t = 0$. Del circuito equivalente de la figura 1.31(b), encontramos

$$V_{OL} = V_{offset} + \frac{V_{DD} - V_{offset}}{R + R_{on}} R_{on}$$

$$= 0.1 + \frac{5 - 0.1}{1.1} \times 0.1 = 0.55 \text{ V}$$

A continuación, cuando se abre el interruptor en $t = 0$, el circuito toma la forma que se muestra en la figura 1.34(a). Como el voltaje en los terminales del condensador no puede cambiar instantáneamente,

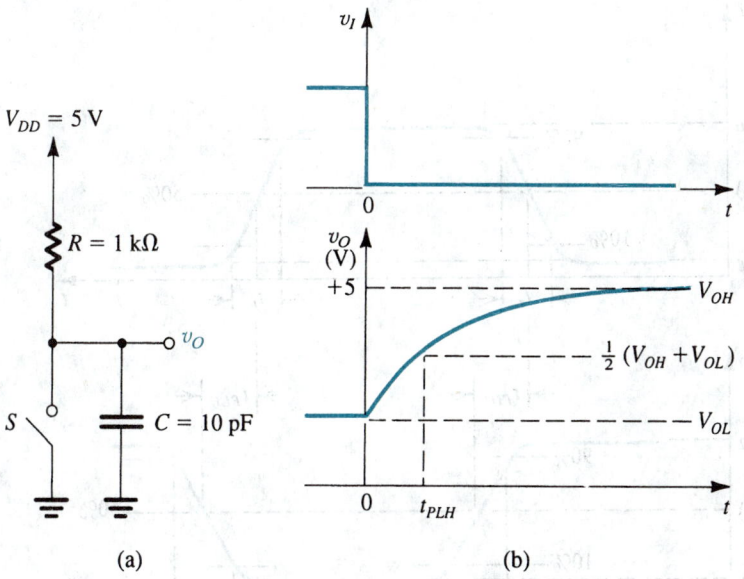

(a)   (b)

Fig. 1.34 Ejemplo 1.6: **(a)** El circuito inversor después de que el interruptor se abre (es decir, para $t \geq 0+$. **(b)** Ondas de v_I y v_O. Se supone que el interruptor opera instantáneamente. v_O se eleva exponencialmente, comenzando en V_{OL} y dirigiéndose hacia V_{OH}.

en $t = 0+$ la salida todavía será 0.55 V. Entonces el condensador se carga por medio de R, y v_O se eleva exponencialmente hacia V_{DD}. La onda de salida será como se muestra en la figura 1.34(b), y su ecuación se puede obtener al sustituir en la ecuación (1.33) $v_O(\infty) = 5$ V y $v_O(0+) = 0.55$ V. Entonces

$$v_O(t) = 5 - (5 - 0.55)e^{-t/\tau}$$

donde $\tau = CR$. Para hallar t_{PLH}, sustituimos

$$v_O(t_{PLH}) = \frac{1}{2}(V_{OH} + V_{OL})$$

$$= \frac{1}{2}(5 + 0.55)$$

El resultado es

$$
\begin{aligned}
t_{PLH} &= 0.69\,\tau \\
&= 0.69\,RC \\
&= 0.69 \times 10^3 \times 10^{-11} \\
&= 6.9 \text{ ns}
\end{aligned}
$$

Concluimos esta sección mostrando en la figura 1.35 la definición formal del tiempo de propagación de un inversor. Como se ilustra, se aplica un pulso de entrada con **tiempos de elevación y caída** finitos (diferentes de cero). El pulso invertido a la salida exhibe tiempos finitos de elevación y caída (marcados como t_{TLH} y t_{THL}, donde el subíndice T denota transición, LH denota bajo a alto y HL denota alto a bajo). También hay un tiempo de respuesta entre las formas de entrada y salida. La forma acostumbrada para especificar el tiempo de propagación es tomar el promedio del tiempo de propagación de alto a bajo, t_{PHL}, y el tiempo de propagación de bajo a alto, t_{PLH}. Como se indica, estos tiempos se miden entre los

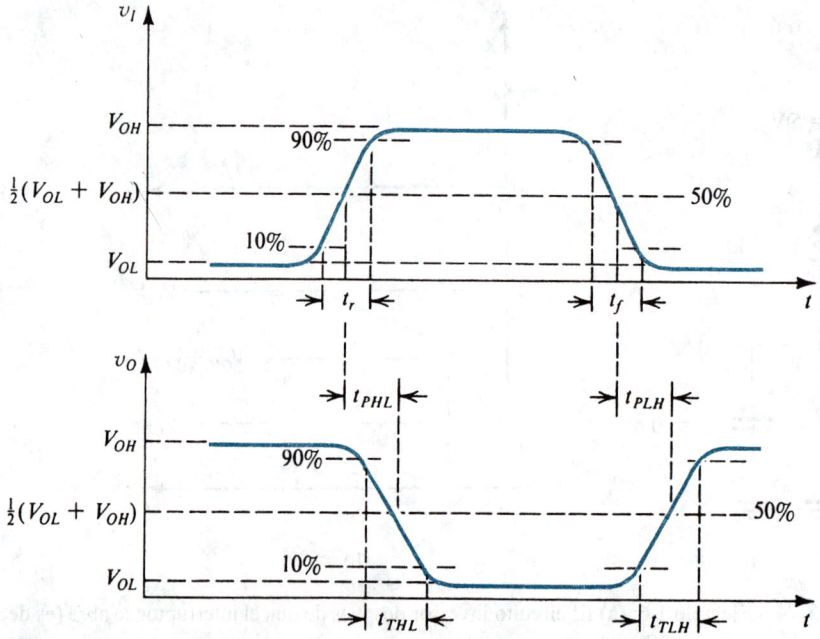

Fig. 1.35 Definiciones de tiempos de propagación y tiempos de transición del inversor lógico.

puntos de 50% de las formas de onda de entrada y salida. También nótese que los tiempos de transición están especificados usando los puntos de 10% y 90% de la excursión de salida ($V_{OH} - V_{OL}$).

Ejercicios

1.18 Para el inversor de la figura 1.31, sea $V_{DD} = 5$ V, $R = 1$ kΩ, $R_{on} = 100$ Ω, $V_{offset} = 0.1$ V, $V_{IL} = 0.8$ V y $V_{IH} = 1.2$ V. Encuentre V_{OH}, V_{OL}, NM_H y NM_L. También encuentre el promedio de disipación estática de potencia suponiendo que el inversor pasa la mitad del tiempo en cada uno de sus dos estados.

Resp. 5 V; 0.55 V; 3.8 V; 0.25 V; 11.1 mW

1.19 Halle la potencia dinámica disipada en un inversor operado desde una fuente de alimentación de 5 V. El inversor tiene una carga de capacitancia de 2 pF y se conmuta a 50 MHz.

Resp. 2.5 mW

RESUMEN

Una fuente de señales eléctricas se puede representar ya sea en la forma de Thévenin (una fuente de voltaje en serie con una impedancia de fuente) o en la forma de Norton (una fuente de corriente en paralelo con una impedancia de fuente).

■ La señal de onda senoidal está completamente caracterizada por su valor pico (o valor rms que es el pico/$\sqrt{2}$), su frecuencia (ω en rad/s o f en Hz; $\omega = 2\pi f$ y $f = 1/T$, donde T es el periodo en segundos) y su fase con respecto a un tiempo arbitrario de referencia.

■ Una señal puede estar representada ya sea por su forma de onda contra tiempo, o como la suma de senoides. Esta última representación se conoce como *espectro de frecuencias* de la señal.

■ Las señales analógicas tienen magnitudes que pueden tomar cualquier valor. Los circuitos electrónicos que procesan señales analógicas se llaman *circuitos analógicos*. Hacer muestreo de la magnitud de una señal analógica en instantes discretos de tiempo, y representar cada muestra de señal mediante un número, resulta en una señal digital. Las señales digitales son procesadas por circuitos digitales.

■ Las señales digitales más sencillas se obtienen cuando se utiliza el sistema binario. Una señal digital toma entonces uno de sólo dos valores posibles: bajo y alto (por ejemplo, 0 V y +5 V), correspondientes a lógica 0 y lógica 1, respectivamente.

■ Un convertidor analógico a digital (ADC) produce en su salida los dígitos del número binario que representan la muestra de señal analógica aplicada en su entrada. La señal digital de salida se puede entonces procesar usando circuitos digitales.

■ La característica de transferencia de un amplificador lineal, v_O contra v_I, es una línea recta con pendiente igual a la ganancia de voltaje.

■ Los amplificadores aumentan la potencia de señal y, por lo tanto, requieren fuentes de alimentación de cd para su operación.

■ Se puede obtener amplificación lineal, de un dispositivo que tenga una curva característica de transferencia no lineal, si se utiliza polarización de cd y se mantiene pequeña la amplitud de la señal de entrada.

■ Según sea la señal que se vaya a amplificar (voltaje o corriente) y la forma deseada de señal de salida (voltaje o corriente), hay cuatro tipos básicos de amplificador: voltaje, corriente, transconductancia y transresistencia. En la tabla 1.1 de la página 24 véanse los modelos de circuito y curvas características ideales de estos cuatro tipos de amplificador.

■ Se utilizan señales senoidales para medir la respuesta en frecuencia de amplificadores.

■ La función de transferencia $T(s) \equiv V_o(s)/V_i(s)$ de un amplificador de voltaje se puede determinar del análisis del circuito. Al sustituir $s = j\omega$ resulta $T(j\omega)$, cuya magnitud $|T(j\omega)|$ es la respuesta en magnitud, y cuya fase $\phi(\omega)$ es la respuesta en fase, del amplificador.

Los amplificadores se clasifican según la forma de su respuesta en frecuencia, $|T(j\omega)|$.

Las redes de una constante de tiempo (STC) son aquellas que están compuestas de un componente reactivo (L o C) y una resistencia (R), o se pueden reducir a estos elementos. La constante de tiempo τ es L/R o CR.

Las redes STC se pueden clasificar en dos categorías: de paso bajo (LP) y de paso alto (HP). Las redes LP pasan cd y bajas frecuencias y atenúan altas frecuencias. Se cumple lo opuesto para redes HP.

La ganancia de un circuito STC de paso bajo (o paso alto) cae 3 dB debajo del valor de frecuencia cero (frecuencia infinita) a una frecuencia $\omega_0 = 1/\tau$. A altas frecuencias (o bajas frecuencias) la ganancia cae a razón de 6 dB/octava o 20 dB/década. Consulte la tabla 1.2 en la página 32 y las figuras (1.23) y (1.24).

El inversor lógico digital es el elemento básico de circuitos digitales, igual que el amplificador es el elemento básico de circuitos analógicos.

La operación estática del inversor está descrita por la curva característica de transferencia de voltaje (VTC). Los puntos de ruptura de la curva característica de transferencia determinan los márgenes de ruido del inversor; consulte la figura 1.29. En particular, nótese que $NM_H = V_{OH} - V_{IH}$ y $NM_L = V_{IL} - V_{OL}$.

El inversor se estructura mediante el uso de transistores que operan como interruptores controlados por voltaje. El circuito que utiliza dos interruptores operados en forma complementaria resulta en un inversor de alto rendimiento.

Un parámetro importante de operación del inversor es la cantidad de potencia que disipa. Hay dos componentes de disipación de potencia: estática y dinámica. El primero es un resultado de circulación de corriente ya sea en estado 0 o en 1. El segundo se presenta cuando el inversor es conmutado y tiene la carga de un condensador. La disipación dinámica de potencia está dada aproximadamente por fCV_{DD}^2.

Otro parámetro muy importante de operación del inversor es su tiempo de propagación (véanse definiciones en la figura 1.35).

BIBLIOGRAFÍA

E. F. Angelo, Jr., *Electronics: BJTs, FETs, and Microcircuits*, McGraw-Hill, Nueva York, 1969.

L. S. Bobrow, *Elementary Linear Circuit Analysis*, 2a. ed., Holt, Rinehart and Winston, Nueva York, 1987.

W. H. Hayt y J. E. Kemmerly, *Engineering Circuit Analysis*, 3a. ed., McGraw-Hill, Nueva York, 1978.

Scientific American, número especial sobre Microelectrónica, septiembre de 1977.

M. E. Van Valkenburg, *Network Analysis*, 3a. ed., Prentice-Hall, Englewood Cliffs, N.J., 1974.

PROBLEMAS[1, 2]

Sección 1.1: Señales

1.1 Para las representaciones de señal y fuente que se muestran en las figuras 1.1(a) y 1.1(b), ¿cuáles son los voltajes de salida a circuito abierto que se observan...

varían? Si, para cada una, los terminales de salida se ponen en cortocircuito (es decir, se unen sus alambres) ¿cuál sería la corriente que circularía? Para que las representaciones sean equivalentes, ¿cuál debe ser la relación entre v_s, i_s y R_s?

---

[1] Los problemas un poco difíciles están marcados con un asterisco (*); los más difíciles están marcados con dos (**) y los muy difíciles con tres (***).

[2] Los problemas orientados al diseño están marcados con una D.

1.2 Una fuente de señales tiene un voltaje a circuito abierto de 10 mV y una corriente a cortocircuito de 10 μA. ¿Cuál es la resistencia de la fuente?

Sección 1.2: Espectro de frecuencias de señales

1.3 Dé expresiones para las señales de voltaje de onda senoidal que tengan:
(a) amplitud de 10 V pico y frecuencia de 10 kHz.
(b) 120 V rms y frecuencia de 60 Hz.
(c) 0.2 V pico a pico y frecuencia de 1000 rad/s.
(d) 100 mV pico y un periodo de 1 ms.

1.4 Las medidas tomadas de una señal de onda cuadrada mediante un voltímetro selectivo de frecuencia (llamado *analizador de espectro*) muestran que su espectro contiene componentes adyacentes (líneas espectrales) a 98 kHz y 126 kHz, de amplitudes 63 mV y 49 mV, respectivamente. Para esta señal, ¿cuál sería su frecuencia y amplitud por medición directa de la fundamental? ¿Cuál es el valor rms de la fundamental? ¿Cuál es la amplitud pico a pico y periodo de la onda cuadrada de origen?

1.5 Para una señal de audio de onda cuadrada de 10 kHz, ¿qué fracción de la energía disponible es captada por un oyente, adulto promedio de unos 40 años de edad, cuya capacidad auditiva se extiende sólo hasta 16 kHz?

1.6 ¿Qué fracción de la energía contenida en una onda cuadrada de frecuencia f y amplitud pico a pico de 2 V está contenida en la armónica a frecuencia $9f$?

Sección 1.3: Señales analógicas y digitales

D1.7 Un joven ingeniero, ocupado en las primeras etapas de diseño de un nuevo producto, comienza a evaluar diversas técnicas existentes para presentaciones de información. Uno de los requisitos del diseño es exhibir un valor proporcional a la cantidad en la que una variable de voltaje interno excede de cero. Entre las muchas opciones que él considera está el uso de una pantalla de LED (diodos emisores de luz) de uno o de dos dígitos. En cualquier caso, el valor cero no se muestra. Además, en el caso de dos dígitos, los ceros iniciales o característicos deben suprimirse. Es evidente que más de dos dígitos son demasiado costosos, utilizan demasiado espacio y son más precisos de lo necesario. Algunas de las preguntas que se hace son las siguientes: en cada caso: (a) ¿cuál es el número de valores distintivos que se pueden exhibir? (b) ¿Cuál es el valor máximo ("a plena escala")? ¿Cuál el valor mínimo? ¿Cuál es la "escala dinámica" (expresada por la razón entre el valor máximo y el mínimo mostrado como "L a S" o como un entero)? ¿Cuál es la "precisión" (expresada por la razón entre el cambio mínimo en pantalla y el valor a plena escala, como porcentaje)?

1.8 Dé la representación binaria de los siguientes números decimales: 0, 7, 12, 33 y 57.

1.9 Considere un convertidor analógico a digital (ADC) de N bits cuya entrada analógica varía entre 0 y V_{FS} (donde el subíndice FS denota "full scale", es decir, plena escala).
(a) Demuestre que el mínimo bit significativo (LSB) corresponde a un cambio en la señal analógica de $\dfrac{V_{FS}}{2^N - 1}$. Ésta es la resolución del convertidor.
(b) Convénzase el lector de que el error máximo en la conversión (llamado *error de cuantización*) es la mitad de la resolución, es decir, error de cuantización = $V_{FS}/2(2^N - 1)$.
(c) Para V_{FS} = 10 V, ¿cuántos bits se necesitan para obtener una resolución de 10 mV o mejor? ¿Cuál es la resolución real obtenida? ¿Cuál es el error de cuantización resultante?

1.10 En la figura P1.10 se muestra el circuito de un convertidor digital a analógico (DAC) de N bits. Cada uno de los N bits de la palabra digital que se va a convertir controla uno de los interruptores. Cuando el bit es 0, el interruptor está en la posición marcada como 0; cuando el bit es 1, el interruptor está en la posición marcada como 1. La salida analógica es la corriente i_O. V_{ref} es un voltaje constante de referencia.
(a) Demuestre que
$$i_O = \frac{V_{ref}}{R}\left(\frac{b_1}{2^1} + \frac{b_2}{2^2} + \cdots + \frac{b_N}{2^N}\right)$$
(b) ¿Cuál bit es el mínimo significativo? ¿Cuál el máximo significativo?
(c) Para V_{ref} = 5 V, R = 5 kΩ y N = 4, encuentre el máximo valor de i_O obtenido. ¿Cuál es el cambio en i_O resultante de cambiar el mínimo bit significativo de 0 a 1?

Sección 1.4: Amplificadores

1.11 Un amplificador de potencia de audio en particular necesita una señal senoidal de entrada de 1 V rms para producir una salida de 0.5 V pico. La resistencia de entrada del amplificador es de 120 kΩ. La carga es un pequeño altavoz con una resistencia equivalente de 8 Ω. ¿Cuáles ganancia de voltaje, ganancia de corrien-

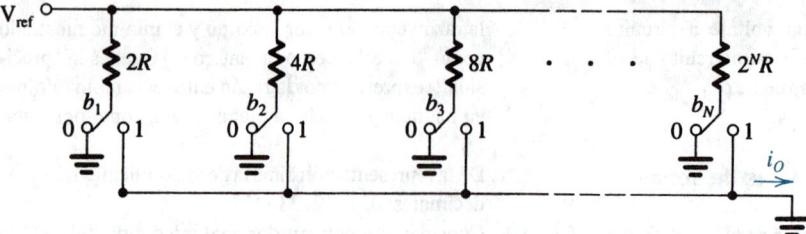

Fig. P1.10

te y ganancia de potencia caracterizan este sistema? Exprese cada una como una razón y en dB.

1.12 Un amplificador tiene una ganancia de corriente de 60 dB y una ganancia de potencia de 50 dB. Encuentre su ganancia de voltaje.

1.13 Un amplificador que opera desde una fuente de alimentación de ±15 V entrega una señal de salida de onda senoidal de 24 V pico a pico a una resistencia de carga de 2 kΩ. El amplificador toma un promedio de corriente de 2 mA de cada una de sus dos fuentes de alimentación y una corriente insignificante de la fuente de entrada de señal. Encuentre la potencia disipada en el circuito amplificador.

1.14 Un amplificador que opera desde una fuente de alimentación de ±15 V tiene una característica de transferencia lineal excepto para saturación de salida a ±13 V. Si la ganancia del amplificador es de 100 V/V, encuentre el valor rms de la máxima señal de onda senoidal que se puede aplicar en la entrada sin recortar la salida.

D*1.15 Un amplificador diseñado para usar un solo transistor de óxido metálico semiconductor (MOS) tiene la característica de transferencia

$$v_O = 10 - 5(v_I - 2)^2$$

donde v_I y v_O están en volts. Esta característica de transferencia aplica para $2 \le v_I \le v_O + 2$ y v_O positivo. En los límites de esta región el amplificador se satura.

(a) Dibuje y aplique correctamente leyenda a la característica de transferencia. ¿Cuáles son los niveles de saturación L_+ y L_- y los valores correspondientes de v_I?

(b) Polarice el transistor para obtener un voltaje de salida de cd de 5 V. ¿Cuál valor de voltaje de cd de entrada V_I se requiere?

(c) Calcule el valor de una ganancia de voltaje de pequeña señal en el punto de polarización.

(d) Si se superpone una señal senoidal de entrada al voltaje de polarización de cd V_I, es decir,

$$v_I = V_I + V_i \cos \omega t$$

encuentre el v_O resultante. Con la identidad trigonométrica $\cos^2 \theta = \frac{1}{2} + \frac{1}{2} \cos 2\theta$, exprese v_0 como la suma de una componente de cd, una componente de señal con frecuencia ω y una componente senoidal con frecuencia 2ω. Esta última componente es indeseable y es un resultado de la característica de transferencia no lineal del amplificador. Si es necesario limitar la razón entre la componente de segunda armónica y la componente fundamental a 1% (esta razón se conoce como *distorsión de la segunda armónica*), ¿cuál es el correspondiente límite superior en V_i?

D.1.16 Un amplificador de transistores tiene una característica de transferencia que se puede describir mediante la ecuación

$$v_O = 17 - 10\, v_I$$

para $0.3\ V \le v_O \le 10\ V$. En los límites de estos valores, el amplificador se satura. Trace la curva característica de transferencia y encuentre el valor del voltaje de entrada de cd V_I necesario para polarizar el amplificador, de modo que el voltaje de salida de cd sea 5 V. Para señales v_i superpuestas al voltaje de polarización V_I, encuentre la ganancia de voltaje del amplificador. Si v_i es senoidal, encuentre su máxima amplitud posible sin recortar la salida.

Sección 1.5: Modelos de circuitos para amplificadores

1.17 Considere el modelo de circuito de amplificador de voltaje que se muestra en la figura 1.17(b), en que $A_{v_o} = 10$ V/V en las siguientes condiciones:

(a) $R_i = 10R_s, R_L = 10R_o$
(b) $R_i = R_s, R_L = R_o$
(c) $R_i = R_s/10, R_L = R_o/10$

Calcule la ganancia total de voltaje v_o/v_s en cada caso, expresada tanto directamente como en dB.

1.18 Un amplificador con 40 dB de ganancia de voltaje a circuito abierto y pequeña señal, una resistencia de entrada de 1 MΩ, y una resistencia de salida de 10 Ω, excita una carga de 100 Ω. ¿Qué ganancias de voltaje y potencia (expresadas en dB) esperaría el lector con la carga conectada? Si el amplificador tiene una limitación de corriente de salida pico de 100 mA, ¿cuál es el valor rms de la máxima entrada de onda senoidal para la que es posible una salida no distorsionada? ¿Cuál es la correspondiente potencia de salida disponible?

D1.19 Un diseñador está considerando varias alternativas por medio de una fuente de señales equipada con una resistencia de fuente de 100 kΩ para excitar un resistor de carga de 100 Ω; dispone de dos tipos de módulos de amplificador, cada no con una ganancia sin carga (A_{vo}) de 100 V/V. El módulo A tiene una resistencia de entrada de 10 kΩ y una resistencia de salida de 1 kΩ, mientras que el módulo B tiene una resistencia de entrada de 1 kΩ y una resistencia de salida de 10 kΩ. Calcule la ganancia disponible con un solo módulo de cualquiera de estos dos tipos. ¿Cuál módulo es más eficiente? ¿Qué ganancia se puede obtener usando dos de los módulos "más eficientes"?

D1.20 Un diseñador dispone de amplificadores de voltaje equipados con una resistencia de entrada de 10 kΩ, una resistencia de salida de 1 kΩ y una ganancia de voltaje a circuito abierto de 10. La fuente de señales tiene una resistencia de 10 kΩ, proporciona una señal de 10 mV rms y es necesario dar una señal de por lo menos 2 V rms a una carga de 1 kΩ. ¿Cuántas etapas de amplificador se necesitan? ¿Cuál es el voltaje de salida que en realidad se obtiene?

D*1.21 Diseñe un amplificador que proporcione 0.5 W de potencia de señal a una resistencia de carga de 100 Ω. La fuente de señal proporciona una señal de 30 mV rms y tiene una resistencia de 0.5 MΩ. Se cuenta con tres tipos de etapas de amplificador de voltaje:

(1) un tipo de alta resistencia de entrada con $R_i = 1$ MΩ, $A_{vo} = 10$ y $R_o = 10$ kΩ;

(2) un tipo de alta ganancia con $R_i = 10$ kΩ, $A_{vo} = 100$ y $R_o = 1$ kΩ;

(3) un tipo de baja resistencia de salida con $R_i = 10$ kΩ, $A_{vo} = 1$ y $R_o = 20$ Ω.

Diseñe un amplificador adecuado que utilice una combinación de estas etapas. Este diseño debe utilizar el mínimo número de etapas. Encuentre el voltaje de carga y la potencia de salida factible.

D1.22 Es necesario diseñar un amplificador de voltaje activado por una fuente de señales que tiene 10 mV pico de amplitud, y una resistencia de fuente de 10 kΩ, para alimentar una salida pico de 3 V en los terminales de una carga de 1 kΩ.

(a) ¿Cuál es la ganancia de voltaje necesaria de la fuente a la carga?

(b) Si la corriente pico disponible desde la fuente es 0.1 μA, ¿cuál es la mínima resistencia de entrada permitida? Para el diseño con su valor de R_i, encuentre la ganancia total de corriente y la ganancia de potencia.

(c) Si la fuente de alimentación del amplificador limita a 5 V el valor pico del voltaje de salida a circuito abierto, ¿cuál es la máxima resistencia de salida permitida?

(d) Para el diseño con R_i como en (b) y R_o como en (c), ¿cuál es el valor necesario de ganancia de voltaje a circuito abierto $\left(\text{es decir, } \dfrac{v_o}{v_i} \bigg|_{R_L = \infty} \right)$ del amplificador?

(e) Si, como posible opción de diseño, el lector puede aumentar R_i al valor más cercano de la forma $1 \times 10^n\,\Omega$ y reducir R_o al valor más cercano de la forma $1 \times 10^m\,\Omega$, encuentre (i) la resistencia de entrada que se puede alcanzar; (ii) la resistencia de salida disponible; y (iii) la ganancia de voltaje a circuito abierto ahora necesarias para satisfacer las especificaciones.

D1.23 Un amplificador de voltaje equipado con una resistencia de entrada de 10 kΩ, una resistencia de salida de 200 Ω y una ganancia de 1000 V/V está conectado entre una fuente de 100 kΩ que tiene un voltaje a circuito abierto de 10 mV y una carga de 100 Ω. Para esta situación:

(a) ¿Cuál voltaje de salida resulta?

(b) ¿Cuál es la ganancia de voltaje de la fuente a la carga?

(c) ¿Cuál es la ganancia de voltaje de la entrada del amplificador a la carga?

(d) Si el voltaje de salida en los terminales de la carga es el doble del necesario, y hay signos de sobrecarga interna del amplificador, sugiera la ubicación y valor de un solo resistor que produciría la salida deseada. Seleccione un circuito que ocasione mínima alteración a un circuito en operación. (*Sugerencia:* Utilice conexiones en paralelo en lugar de en serie.)

1.24 Un amplificador de corriente para el que $R_i = 1$ kΩ, $R_o = 10$ kΩ y $A_{is} = 100$ A/A se va a conectar entre una fuente de 100 mV que tiene una resistencia de 100 kΩ y una carga de 1 kΩ. ¿Cuáles son los valores de ganancia de corriente i_o/i_i, de ganancia de voltaje v_o/v_s, y de ganancia de potencia, expresados directamente y en dB?

1.25 Un amplificador de transconductancia equipado con $R_i = 2$ kΩ, $G_m = 40$ mA/V y $R_o = 20$ kΩ es alimentado con una fuente de voltaje que tiene una resistencia de fuente de 2 kΩ y está cargado con una resistencia de 1 kΩ. Encuentre la ganancia de voltaje factible.

D****1.26** Se pide a una diseñadora que proporcione, en los terminales de una carga de 10 kΩ, la suma ponderada $v_o = 10v_1 + 20v_2$, de señales de entrada v_1 y v_2, cada una equipada con una resistencia de fuente de 10 kΩ. Ella cuenta con varios amplificadores de transconductancia para los que las resistencias de entrada y salida son ambas de 10 kΩ, y $G_m = 20$ mA/V, junto con una selección de resistores apropiados. Trace la topología de un amplificador apropiado, con resistores adicionales seleccionados para dar el resultado deseado. (*Sugerencia:* En su diseño, haga arreglos para sumar corrientes.)

1.27 En la figura P1.27 se muestra un amplificador de transconductancia cuya salida se *retroalimenta* a su entrada. Encuentre la resistencia de entrada R_{in} de la red resultante de un puerto. (*Sugerencia:* Aplique un voltaje de prueba v_x entre los dos terminales de entrada y encuentre la corriente i_x tomada de la fuente; entonces $R_{in} \equiv v_x/i_x$.)

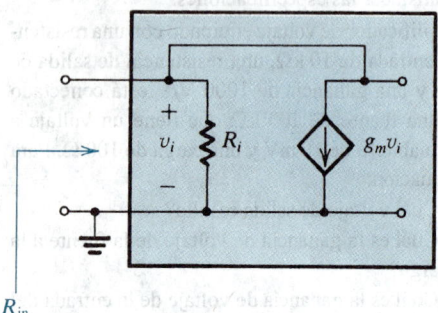

Fig. P1.27

1.28 Consulte la figura 1.19(c). Un BJT, polarizado debidamente, se utiliza como amplificador de emisor común (con emisor a tierra) con E a tierra, un voltaje de fuente v_s con resistencia R_s conectada a B, y una resistencia de carga R_L conectada entre C y tierra. Obtenga una expresión para hallar la ganancia de voltaje v_o/v_s, donde v_o es el voltaje medido en los terminales de R_L. Evalúe la ganancia de voltaje para el caso de $R_s = 5$ kΩ, $r_\pi = 5$ kΩ, $g_m = 40$ mA/V y $R_L = 5$ kΩ.

1.29 Mediante la sustitución del transistor del circuito de la figura P1.29 con el modelo a pequeña señal de la figura 1.19(d), encuentre una expresión para hallar la ganancia de voltaje v_o/v_s del amplificador transis-

torizado, en términos de α y r_e del transistor, y los valores de los resistores externos.

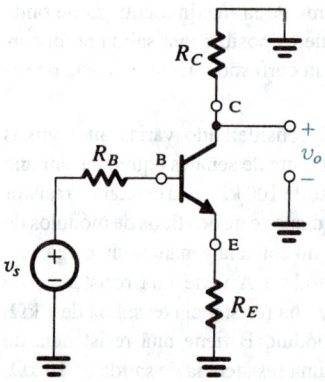

Fig. P1.29

1.30 Para el circuito que se muestra en la figura P1.30, demuestre que

$$\frac{v_c}{v_b} = \frac{-\beta R_L}{r_\pi + (\beta + 1)R_E}$$

y

$$\frac{v_e}{v_b} = \frac{R_E}{R_E + [r_\pi/(\beta + 1)]}$$

Evalúe estas ganancias de voltaje para $\beta = 100$, $r_\pi = 2.5$ kΩ, $R_E = 1$ kΩ y $R_L = 10$ kΩ.

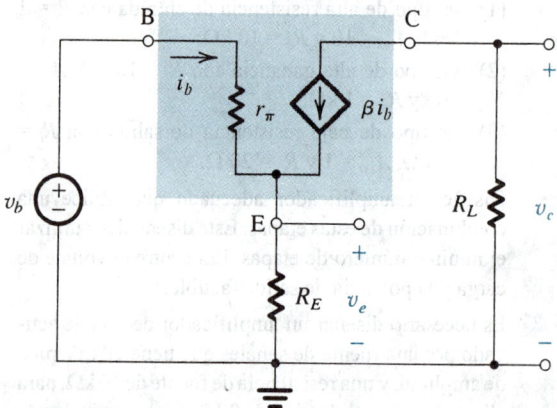

Fig. P1.30

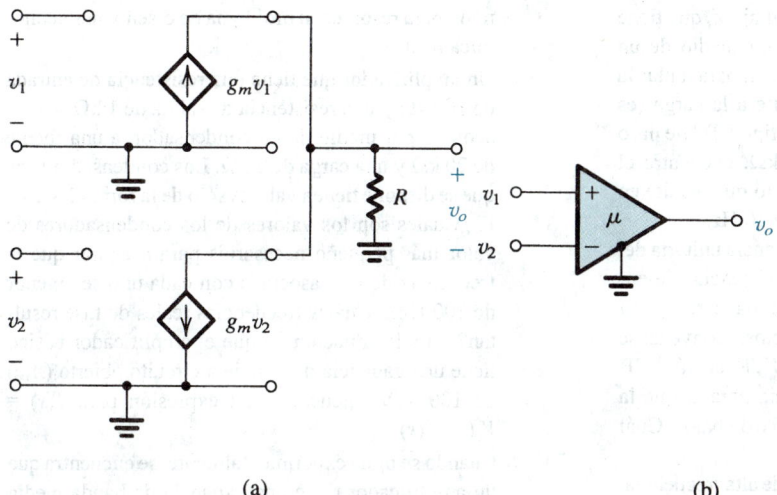

(a)

Fig. P1.32

1.31 Un amplificador con una resistencia de entrada de 10 kΩ, cuando es excitado por una fuente de corriente de 1 μA y una resistencia de fuente de 100 kΩ, tiene una corriente de salida a cortocircuito de 10 mA y un voltaje de salida a circuito abierto de 10 V. Cuando alimenta una carga de 4 kΩ, ¿cuál es la ganancia de voltaje, ganancia de corriente y ganancia de potencia expresadas como razones y en dB?

1.32 En la figura P1.32(a) se muestran dos amplificadores de transconductancia conectados en una configuración especial. Encuentre v_o en términos de v_1 y v_2. Sea $g_m = 100$ mA/V y $R = 5$ kΩ. Si $v_1 = v_2 = 1$ V, encuentre el valor de v_o. También encuentre v_o para el caso en que $v_1 = 1.01$ V y $v_2 = 0.99$ V. (*Nota:* Este circuito recibe el nombre **amplificador diferencial** y tiene el símbolo que se muestra en la figura 1.32(b). Un tipo particular de amplificador diferencial, conocido como *amplificador operacional*, se estudia en el capítulo 2.)

Sección 1.6: Respuesta en frecuencia de amplificadores

1.33 Por medio de la regla del divisor de voltaje obtenga las funciones de transferencia $T(s) \equiv V_o(s)/V_i(s)$ de los circuitos que se muestran en la figura 1.22, y demuestre que las funciones de transferencia son de la forma dada en la parte superior de la tabla 1.2.

1.34 En la figura P1.34 se muestra una fuente de señales conectada a la entrada de un amplificador. Aquí, R_s es la resistencia de la fuente, y R_i y C_i son la resistencia de entrada y capacitancia de entrada, respectivamente, del amplificador. Obtenga una expresión para

(b)

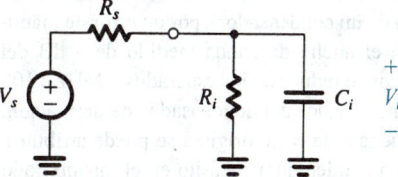

Fig. P1.34

$V_i(s)/V_s(s)$ y demuestre que es del tipo STC de paso bajo. Encuentre la frecuencia de 3 dB para el caso $R_s = 10$ kΩ, $R_i = 100$ kΩ y $C_i = 10$ pF.

1.35 Para el circuito que se muestra en la figura P1.35, encuentre la función de transferencia $T(s) = \dfrac{V_o(s)}{V_i(s)}$. (Utilice la forma estándar apropiada de la tabla 1.2.) ¿Es ésta una red de paso alto o de paso bajo? ¿Cuál es su transmisión a frecuencias muy altas? [Estime esto directamente, así como haciendo $s \to \infty$ en la expresión para $T(s)$.] ¿Cuál es la frecuencia de fase ω_0? Para $R_1 = 10$ kΩ, $R_2 = 20$ kΩ y $C = 1$ μF, halle f_0. ¿Cuál es el valor de $|T(j\omega_0)|$?

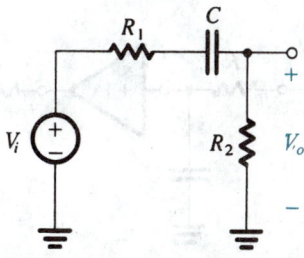

Fig. P1.35

D1.36 Se requiere acoplar una fuente de voltaje V_s que tiene una resistencia R_s a una carga R_L por medio de un condensador C. Obtenga una expresión para hallar la función de transferencia de la fuente a la carga (es decir, V_L/V_s) y demuestre que es del tipo STC de paso alto. Para $R_s = 10$ kΩ y $R_L = 40$ kΩ, encuentre el mínimo condensador de acoplamiento que resulte en una frecuencia de 3 dB no mayor de 10 Hz.

*1.37 Los amplificadores de voltaje de ganancia unitaria del circuito de la figura P1.37 tienen resistencias de entrada infinitas y resistencias de salida cero, y así funcionan como separadores perfectos. Convénzase el lector de que la ganancia total V_o/V_i caerá 3 dB debajo del valor a cd a la frecuencia para la que la ganancia de cada circuito RC es 0.75 dB abajo. ¿Cuál es la frecuencia en términos de CR?

1.38 Un nodo interno de un amplificador de alta frecuencia, cuya resistencia de nodo equivalente de Thévenin es 100 kΩ, accidentalmente es derivado a tierra por un condensador (es decir, el nodo es conectado a tierra por medio de un condensador), por un error de manufactura. Si el ancho de banda medido de 3 dB del amplificador se reduce de los esperados 5 MHz a 100 kHz, estime el valor del condensador de derivación. Si la frecuencia de corte original se puede atribuir a un pequeño condensador parásito en el mismo nodo interno (es decir, ente el nodo y tierra), ¿cuál estima el lector que sería?

D*1.39 Una diseñadora que desea hacer bajar la respuesta total de alta frecuencia de un amplificador de tres etapas, a 10 kHz, considera poner en derivación uno de los dos nodos entre la salida de una etapa y la entrada de la siguiente etapa a tierra con un pequeño condensador. Cuando mide la respuesta total en frecuencia del amplificador, ella pone en derivación un condensador de 1 nF, primero al nodo A, luego al nodo B, haciendo bajar la frecuencia de 3 dB de 1 MHz a 100 kHz y 20 kHz, respectivamente. Si ella sabe que cada etapa amplificadora tiene una resistencia de entrada de 100 kΩ, ¿cuál resistencia de salida debe tener la etapa excitadora en el nodo A? ¿Y en el nodo B? ¿Qué valor de condensador debe ella conectar a cuál nodo para resolver su problema de diseño más económicamente?

D1.40 Un amplificador que tiene una resistencia de entrada de 100 kΩ y una resistencia de salida de 1 kΩ se va a acoplar, por medio de un condensador, a una fuente de 20 kΩ y una carga de 2 kΩ. Los condensadores de que se dispone tienen valores sólo de la forma 1×10^{-n} F. ¿Cuáles son los valores de los condensadores de valor más pequeño necesarios para asegurar que la frecuencia de fase asociada con cada uno sea menor de 100 Hz? ¿Cuáles frecuencias reales de fase resultan? Para la situación en que el amplificador básico tiene una ganancia de voltaje a circuito abierto (A_{vo}) de 100 V/V, encuentre una expresión para $T(s) = V_o(s)/V_s(s)$.

*1.41 Cuando se mide experimentalmente, se encuentra que un amplificador tiene una ganancia de banda media de 20 V/V a 5 kHz con un desfasamiento de 180° a 5 kHz, 135° a 50 Hz y 225° a 500 kHz. ¿Cuáles son sus frecuencias a 3 dB? Encuentre una expresión para su función de transferencia. ¿Cuál es el límite de frecuencias sobre las que la ganancia excede de 23 dB? ¿0 dB? Si los condensadores conectados en cada una de las dos redes de una constante de tiempo se duplican en valor, ¿en qué se convierten las frecuencias de 3 dB?

*1.42 Un amplificador de voltaje tiene la función de transferencia

$$A_v = \frac{100}{\left(1 + j\dfrac{f}{10^4}\right)\left(1 + \dfrac{10^2}{jf}\right)}$$

Por medio de gráficas de Bode para redes STC de paso bajo y paso alto (figuras 1.23 y 1.24), trace una gráfica de Bode para $|A_v|$. Dé valores aproximados para obtener una magnitud de ganancia a $f = 10$, 10^2, 10^3, 10^4, 10^5, 10^6 y 10^7 Hz. Encuentre el ancho de banda del amplificador (definido como la escala de frecuencia sobre la que la ganancia permanece dentro de 3 dB del valor máximo).

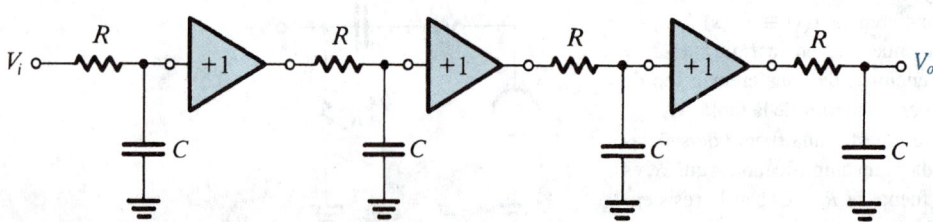

Fig. P1.37

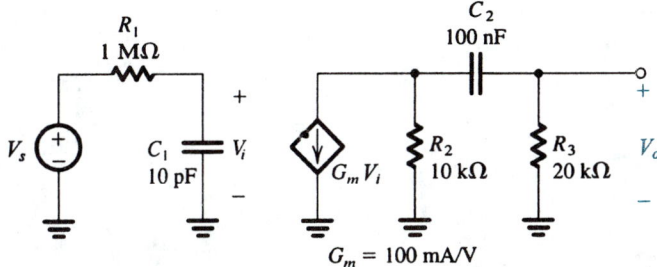

Fig. P1.43

*1.43 Para el circuito que se muestra en la figura P1.43, primero, evalúe $T_i(s) = V_i(s)/V_s(s)$ y la correspondiente frecuencia de corte (de fase). En segundo término, evalúe $T_o(s) = V_o(s)/V_i(s)$ y la correspondiente frecuencia de corte. Ponga cada una de las funciones de transferencia en la forma estándar (véase la tabla 1.2) y combínelas para formar la función total de transferencia, $T(s) = T_i(s) \times T_o(s)$. Trace una gráfica de magnitud de Bode para $|T(j\omega)|$. ¿Cuál es el ancho de banda entre puntos de corte de 3 dB?

D**1.44 Un amplificador de transconductancia que tiene el circuito equivalente que se muestra en la tabla 1.1 es alimentado con una fuente de voltaje V_s que tiene una resistencia de fuente R_s, y su salida está conectada a una carga formada por una resistencia R_L en paralelo con una capacitancia C_L. Para valores dados de R_s, R_L y C_L es necesario especificar los valores de los parámetros amplificados R_i G_m y R_o para satisfacer las siguientes limitaciones de diseño:

(1) Como máximo se pierde $x\%$ de la señal de entrada al acoplar la fuente de señal al amplificador (es decir, $V_i \geq [1 - (x/100)]V_s$).

(2) La frecuencia de 3 dB del amplificador es igual o mayor que un valor especificado f_{3dB}.

(3) La ganancia de cd V_o/V_s es igual o mayor que un valor especificado A_0.

Demuestre que estas limitaciones pueden ser satisfechas al seleccionar

$$R_i \geq \left(\frac{100}{x} - 1\right) R_s$$

$$R_o \leq \frac{1}{2\pi f_{3dB} C_L - (1/R_L)}$$

$$G_m \geq \frac{A_0/[1 - (x/100)]}{(R_L//R_o)}$$

Encuentre R_i, R_o y G_m para $R_s = 10$ kΩ, $x = 20\%$, $A_0 = 80$, $R_L = 10$ kΩ, $C_L = 10$ pF y $f_{3dB} = 3$ MHz.

1.45 Utilice la regla del divisor de voltaje para hallar la función de transferencia $V_o(s)/V_i(s)$ del circuito de la figura P1.45. Demuestre que la función de transferencia se puede hacer independiente de la frecuencia si aplica la condición $C_1 R_1 = C_2 R_2$. En estas condiciones se dice que el circuito es un **atenuador compensado.** Encuentre la transmisión del atenuador compensado en términos de R_1 y R_2.

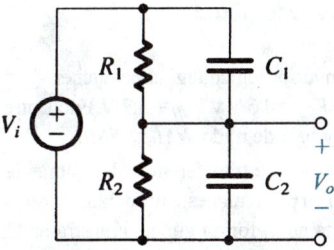

Fig. P1.45

*1.46 Un amplificador con respuesta a frecuencia del tipo que se muestra en la figura 1.21 se especifica para tener un desfasamiento de magnitud no mayor a $11.4°$ sobre el ancho de banda del amplificador, que se extiende de 100 Hz a 1 kHz. Se ha encontrado que la caída de ganancia en el extremo de baja frecuencia está determinada por la respuesta de un circuito STC de paso alto, y que en el extremo de alta frecuencia está determinada por un circuito STC de paso bajo. ¿Cuáles espera el lector que sean las frecuencias de corte de estos dos circuitos? ¿Cuál es la caída en ganancia en decibeles (en relación con la máxima ganancia) a las dos frecuencias que definen el ancho de banda del amplificador? ¿Cuáles son las frecuencias a las que la caída en ganancia es 3 dB?

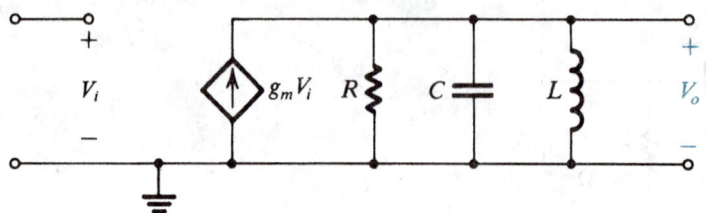

Fig. P1.47

***1.47 En la figura P1.47 se muestra un amplificador sinto-
nizado, o de pasabanda. Obtenga su función de trans-
ferencia $T(s) \equiv V_o(s)/V_i(s)$ y encuentre $T(j\omega)$ y $|T(j\omega)|$.
¿Cuál es el valor de ganancia a $\omega = 0$ y a $\omega = \infty$? ¿A
qué frecuencia es máxima la ganancia? Encuentre las
dos frecuencias a las que la ganancia cae 3 dB debajo
del valor máximo. El ancho de banda de 3 dB del
amplificador es la diferencia entre estas dos frecuencias. Encuentre su valor. (*Sugerencia*: La salida máxima se presenta a la frecuencia para la que la
impedancia equivalente en paralelo de L y C es infinita.)

Sección 1.7: El inversor lógico digital

1.48 Se especifica un inversor lógico digital para tener V_{IL} =
1.5 V, V_{IH} = 2.7 V, V_{OL} = 0.6 V y V_{OH} = 3.7 V. Encuentre
los márgenes alto y bajo de ruido, NM_H y NM_L.

1.49 La curva característica de transferencia de voltaje de
un inversor lógico en particular está modelada por tres
segmentos de recta en la forma que se muestra en la
figura 1.29. Si V_{IL} = 1.5 V, V_{IH} = 2.5 V, V_{OL} = 0.5 V y
V_{OH} = 4 V, encuentre (a) los márgenes de ruido, (b) el
valor de v_I al que $v_O = v_I$ (conocido como el umbral
del inversor), y (c) la ganancia de voltaje en la región
de transición.

1.50 Para un diseño de inversor en particular que utiliza una fuente de alimentación V_{DD}, V_{OL} = 0.1 V_{DD},
V_{OH} = 0.8 V_{DD}, V_{IL} = 0.4 V_{DD} y V_{IH} = 0.6 V_{DD}. ¿Cuáles
son los márgenes de ruido? ¿Cuál es el ancho de la
región de transición? Para un mínimo margen de ruido
de 1 V, ¿qué valor de V_{DD} se necesita?

1.51 Una conocida familia de circuitos lógicos, estudiada
en el capítulo 14, es la lógica de transistor a transistor
(TTL). Existen comercialmente compuertas lógicas
TTL y otros elementos en paquetes integrados a
pequeña escala (SSI) y a escala media (MSI). Estos
paquetes se pueden ensamblar en tarjetas de circuito
impreso para implementar un sistema digital. Las
hojas de datos de dispositivos dan las siguientes

especificaciones del inversor TTL básico (del tipo
SN7400):

Nivel de entrada de lógica 1 necesario para asegurar
un nivel de lógica 0 a la salida: MIN (mínimo) 2 V

Nivel de entrada de lógica 0 necesario para asegurar
un nivel de lógica 1 a la salida: MAX (Máximo) 0.8 V

Voltaje de salida de lógica 1: MIN 2.4 V, TYP (típico)
3.3 V

Voltaje de salida de lógica 0: TYP 0.22 V, MAX 0.4 V

Corriente de alimentación de nivel de lógica 0: TYP
3 mA, MAX 5 mA

Corriente de alimentación de nivel de lógica 1: TYP
1 mA, MAX 2 mA

Tiempo de propagación a nivel de lógica 0 (t_{PHL}): TYP
7 ns, MAX 15 ns

Tiempo de propagación a nivel de lógica 1: (t_{PLH}):
TYP 7 ns, MAX 22 ns

(a)   Encuentre los valores para el peor de los casos
de márgenes de ruido.
(b)   Si se supone que el inversor está 50% del tiempo
en el estado 1 y 50% en el estado 0, encuentre el
promedio de disipación de potencia estática en un
circuito típico. La fuente de alimentación es de 5 V.
(c)   Si se supone que el inversor activa una capacitancia C_L = 45 pF y se conmuta a razón de 1 MHz,
utilice la fórmula de la ecuación (1.32) para
estimar la disipación de potencia dinámica.
(d)   Encuentre el tiempo de propagación t_P.

1.52 Considere un inversor implementado como en la figura 1.31(a). Sea V_{DD} = 5 V, R = 2 kΩ, V_{offset} = 0.1 V,
R_{on} = 200 Ω, V_{IL} = 1 V y V_{IH} = 2 V.
(a)   Encuentre V_{OL}, V_{OH}, NM_H y NM_L.
(b)   El inversor está excitando N inversores idénticos. Cada uno de estos inversores de carga, o

inversores **de divergencia de salida** (fan-out) como suelen llamarse, está especificado para requerir una corriente de entrada de 0.2 mA cuando el voltaje de entrada sea alto, y cero corriente cuando el voltaje de entrada sea bajo. Al observar que las corrientes de entrada de los inversores de divergencia de salida tendrán que alimentarse a través de R del inversor de excitación, encuentre el valor resultante de V_{OH} y NM_H, como función del número de inversores N de divergencia de salida. De esto encuentre el valor máximo que N pueda tener mientras el inversor todavía se encuentre dando un valor NM_H por lo menos igual a su NM_L.

(c) Encuentre la disipación de potencia estática del inversor en los dos casos: (i) la salida es baja, y (ii) la salida es alta y excita la máxima divergencia de salida encontrada en (b).

1.53 Se implementa un inversor lógico mediante el uso del circuito de la figura 1.32 con interruptores que tienen $R_{on} = 1$ kΩ, $V_{DD} = 5$ V y $V_{IL} = V_{IH} = V_{DD}/2$.

(a) Encuentre V_{OL}, V_{OH}, NM_L y NM_H.

(b) Si v_I se eleva instantáneamente de 0 a +5 V y si se supone que los interruptores operan instantáneamente, es decir, en $t = 0$, el interruptor de conexión (PU) se abre y el de desconexión (PD) se cierra, encuentre una expresión para hallar $v_O(t)$ suponiendo que una capacitancia C está conectada entre el nodo de salida y tierra. De esto encuentre el tiempo de propagación alto a bajo (t_{PLH}) para $C = 1$ pF. También encuentre t_{THL} (véase la figura 1.35).

(c) Repita (b) para el caso en que v_I caiga instantáneamente de +5 a 0 V. De nuevo suponga que PD se abre y PU se cierra instantáneamente. Encuentre una expresión para hallar $v_O(t)$, y de esto encuentre t_{PLH} y t_{TLH}.

1.54 Para el inversor en modo de corriente que se muestra en la figura 1.33, sea $V_{CC} = 5$ V, $I_{EE} = 1$ mA, y $R_{C1} = R_{C2} = 2$ kΩ. Encuentre V_{OL} y V_{OH}.

1.55 Considere un inversor lógico del tipo que se muestra en la figura 1.32. Sea $V_{DD} = 5$ V, y una capacitancia de 10 pF conectada entre el nodo de salida y tierra. Si el inversor se conmuta a razón de 100 MHz, utilice la expresión de la ecuación (1.32) para estimar la disipación de potencia dinámica. ¿Cuál es el promedio de corriente tomada de la fuente de alimentación de cd?

D**1.56** Deseamos investigar el diseño del inversor que se muestra en la figura 1.31(a). En particular, deseamos

determinar el valor de R. La selección de un valor apropiado de R se determina por dos consideraciones: tiempo de propagación y disipación de potencia.

(a) Muestre que si v_I cambia instantáneamente de alto a bajo, y si se supone que el interruptor abre instantáneamente, el voltaje de salida obtenido en la capacitancia de carga C será

$$v_O(t) = V_{OH} - (V_{OH} - V_{OL})e^{-t/\tau_1}$$

donde $\tau_1 = CR$. De esto demuestre que el tiempo necesario para que $v_O(t)$ llegue al punto de 50%, $\frac{1}{2}(V_{OH} + V_{OL})$, es

$$t_{PLH} = 0.69CR$$

(b) Siguiendo un estado estable, si v_I se hace alto y suponiendo que el interruptor cierra inmediatamente y tiene el circuito equivalente de la figura 1.31, demuestre que la salida cae exponencialmente según

$$v_O(t) = V_{OL} + (V_{OH} - V_{OL})e^{-t/\tau_2}$$

donde $\tau_2 = C(R\|R_{on}) \cong CR_{on}$ para $R_{on} \ll R$. De esto demuestre que el tiempo para que $v_O(t)$ llegue al punto de 50% es

$$t_{PHL} = 0.69CR_{on}$$

(c) Utilice los resultados de (b) y (c) para obtener el tiempo de propagación del inversor, definido como el promedio de t_{PLH} y t_{PHL} como

$$\tau_P \cong 0.35CR, \text{ para } R_{on} \ll R$$

(d) Si se supone que V_{offset} del interruptor es mucho menor que V_{DD}, demuestre que para un inversor que pasa la mitad del tiempo en el estado 0 y la mitad del tiempo en el estado 1, el promedio de disipación de potencia estática es

$$P = \frac{1}{2}\frac{V_{DD}^2}{R}$$

(e) Ahora que las variables al seleccionar R deben ser obvias, demuestre que para $V_{DD} = 5$ V y $C = 10$ pF para obtener un tiempo de propagación no mayor de 10 ns y una disipación de potencia no mayor de 10 mW, R debe estar en un intervalo específico. Encuentre ese intervalo y seleccione un valor apropiado para R. Luego determine los valores resultantes de t_P y P.

PARTE I

DISPOSITIVOS Y CIRCUITOS BÁSICOS

INTRODUCCIÓN

Al igual que los componentes pasivos como son resistores y condensadores, con los que suponemos que el lector ya está familiarizado, los circuitos electrónicos, tanto analógicos como digitales, se construyen con diodos y transistores. Estos dispositivos electrónicos están hechos de silicio semiconductor. El estudio de diodos y transistores de silicio constituye el grueso de la parte I.

Otro elemento de circuito que no es dispositivo electrónico en el sentido más fundamental, pero que existe comercialmente como paquete de circuito integrado (IC), y que posee características terminales muy definidas, es el amplificador operacional (op amp). Aun cuando el circuito interno del op amp es complejo, ya que por lo general contiene 20 o más transistores, su comportamiento terminal casi ideal hace posible tratarlo como elemento de circuito y utilizarlo en el diseño de potentes circuitos sin ningún conocimiento de su construcción interna. Nuestro estudio de circuitos electrónicos comienza en el capítulo 2 con el op amp de IC.[1]

Cada uno de los tres capítulos siguientes se refiere a uno de los dispositivos semiconductores básicos: el diodo en el capítulo 3, el transistor de unión bipolar (BJT) en el capítulo 4 y el transistor de efecto de campo (FET) en el capítulo 5. Cada capítulo comienza con un estudio de las características terminales del dispositivo correspondiente e incluye una descripción de la operación física del dispositivo. A continuación se desarrollan modelos apropiados para representar las características terminales del dispositivo, y esto es seguido por un estudio del diseño y análisis de las configuraciones fundamentales de circuito en que por lo general se utiliza el dispositivo. Además de varias aplicaciones de diodos, los circuitos transistorizados estudiados comprenden tanto amplificadores como inversores digitales lógicos, que son los elementos básicos de circuitos analógicos y digitales, respectivamente.

El objetivo de la parte I es desarrollar en el lector un alto grado de conocimiento con los dispositivos electrónicos básicos (op amps, diodos, BJT y FET) y con su uso en el diseño de circuitos sencillos pero fundamentales. Hacia el final de la parte I el lector debe tener capacidad para continuar con los aspectos más avanzados del diseño de circuitos analógicos (en la parte II) y circuitos digitales (en la parte III).

---

[1] Los lectores que prefieran estudiar op amps en una etapa posterior (quizá después del capítulo 7 o conjuntamente con el capítulo 10) pueden saltar el capítulo 2 sin perder la continuidad.

CAPÍTULO 2

Amplificadores operacionales

INTRODUCCIÓN

Después de haber aprendido conceptos básicos y terminología sobre amplificadores, ahora estamos listos para entender el estudio de un elemento de circuito de importancia universal: el amplificador operacional (op amp). Aun cuando los op amps han estado en uso durante mucho tiempo, sus aplicaciones fueron inicialmente en los campos de computación analógica e instrumentación. Los primeros op amps estaban construidos a partir de componentes discretos (tubos de vacío y luego transistores y resistores), y su costo era prohibitivo (decenas de dólares). A mediados de la década de 1960 se fabricó el primer op amp de circuito integrado (IC). Esta unidad (la μA 709) estaba formada por un número relativamente grande de transistores y resistores, todos en el mismo chip de silicio. Aun cuando sus características eran deficientes (en comparación con los estándares actuales) y su precio era todavía bastante alto, su aspecto marcó una nueva era en el diseño de circuitos electrónicos. Los ingenieros electrónicos empezaron a usar op amps en grandes cantidades, lo que hizo que su precio se redujera considerablemente; también demandaron op amps de mejor calidad y los fabricantes de semiconductores dieron rápida respuesta; en el lapso de muy pocos años, ya existían op amps de alta calidad a precios sumamente bajos (decenas de centavos) que ofrecían varios proveedores.

Una de las razones para la marcada preferencia del op amp es su versatilidad. Como veremos más adelante, se puede hacer casi cualquier cosa con op amps. Igualmente importante es el hecho de que los op amps de IC tienen características que en mucho se aproximan al ideal supuesto. Esto significa que es muy fácil diseñar circuitos usando el op amp de IC y, además, los circuitos de op amp funcionan en niveles que son muy cercanos a los de operación teórica pronosticada. Es por esta razón que estudiamos op amps en esta primera etapa y esperamos que, al terminar este capítulo, el lector tenga capacidad para diseñar satisfactoriamente circuitos complejos que utilicen op amps.

Como ya se indicó, un op amp de IC está formado por un gran número de transistores, resistores y por lo general un capacitor conectado en un circuito más o menos complejo. Como todavía no hemos estudiado circuitos transistorizados, el circuito que hay dentro de un op amp no se examinará en este capítulo. En lugar de esto, trataremos el op amp como elemento de circuito y estudiaremos sus características terminales y sus aplicaciones; este método es bastante satisfactorio en muchas aplicaciones con op amps, pero, para las aplicaciones más difíciles y exigentes, es muy útil saber qué es lo que hay dentro de un paquete de op amp. Este tema se estudiará en el capítulo 10. Finalmente, debe mencionarse que en capítulos posteriores aparecerán aplicaciones más avanzadas con op amps.

2.1 LOS TERMINALES DEL OP AMP

Desde un punto de vista de señales, el op amp tiene tres terminales: dos terminales de entrada y uno de salida. En la figura 2.1 se muestra el símbolo que utilizaremos para representar el op amp. Los terminales 1 y 2 son terminales de entrada, y el terminal 3 es el terminal de salida. Como se explicó en la sección 1.4, los amplificadores necesitan energía de cd para operar. La mayor parte de los op amps de IC requieren dos fuentes de alimentación de cd, como se muestra en la figura 2.2. Dos terminales, 4 y 5, salen del paquete del op amp y se conectan a un voltaje positivo V^+ y a un voltaje negativo V^-, respectivamente. En la figura 2.2(b) mostramos explícitamente las dos fuentes de alimentación de cd como baterías con una tierra común. Es interesante observar que el punto de

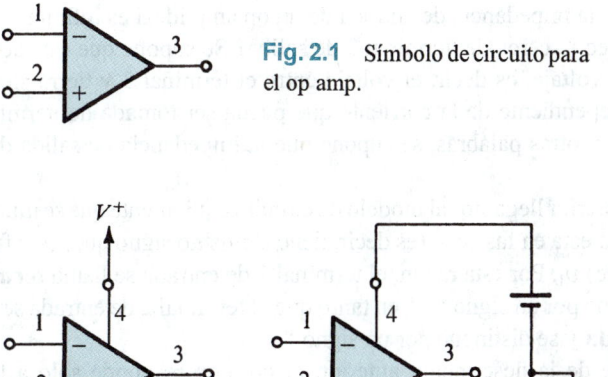

Fig. 2.1 Símbolo de circuito para el op amp.

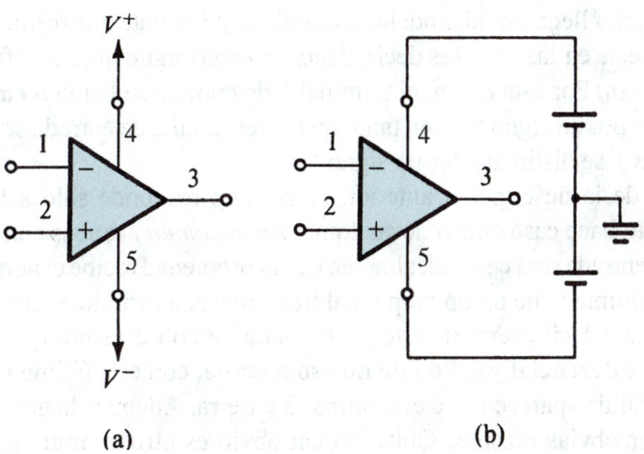

Fig. 2.2 El op amp se muestra conectado a fuentes de alimentación de cd.

(a)   (b)

referencia a tierra en circuitos de op amps es justamente el terminal común de las dos fuentes de alimentación; esto es, no hay terminal del paquete del op amp físicamente conectado a tierra. En lo que sigue no mostraremos explícitamente las fuentes de alimentación del op amp.

Además de los tres terminales de señales y los dos terminales de fuentes de alimentación, un op amp puede tener otros terminales para fines específicos. Estos otros terminales pueden comprender terminales para compensación de frecuencia y terminales para invalidación de desnivel: ambas funciones se explicarán en secciones más adelante.

Ejercicio

2.1 ¿Cuál es el número mínimo de terminales necesarios en un solo op amp? ¿Cuál es el número mínimo de terminales necesarios en un paquete de circuito integrado que contiene cuatro op amps (llamado *quad op amp*)?

Resp. 5; 14

2.2   EL OP AMP IDEAL

Ahora consideramos la función de circuito del op amp. El op amp está diseñado para captar la diferencia entre las señales de voltaje aplicadas en sus dos terminales de entrada (esto es, la cantidad $v_2 - v_1$), multiplicar esto por un número A y hacer que el voltaje resultante $A(v_2 - v_1)$ aparezca en el terminal 3 de salida. Aquí debe destacarse que cuando hablamos del voltaje en un terminal queremos decir el voltaje entre ese terminal y tierra; por lo tanto, v_1 es el voltaje aplicado entre el terminal 1 y tierra.

Se supone que el op amp ideal no toma ninguna corriente de entrada, es decir, la corriente de señal presente en el terminal 1 y la corriente de señal en el terminal 2 son cero ambas. En otras palabras, se supone que la impedancia de entrada de un op amp ideal es infinita.

¿Y qué se puede decir acerca del terminal 3 de salida? Se supone que éste actúa como salida de una fuente ideal de voltaje, es decir, el voltaje entre el terminal 3 y tierra siempre será igual a $A(v_2 - v_1)$ y será independiente de la corriente que pueda ser tomada del terminal 3 hacia una impedancia de carga. En otras palabras, se supone que la impedancia de salida de un op amp es cero.

Al reunir todo lo anterior llegamos al modelo de circuito equivalente que se muestra en la figura 2.3. Nótese que la salida está en fase con (es decir, tiene el mismo signo que) v_2 y fuera de fase con (tiene signo contrario de) v_1. Por esta razón, el terminal 1 de entrada se llama **terminal inversora de entrada** y se distingue por un signo "−", en tanto que el terminal 2 de entrada se llama **terminal no inversora de entrada** y se distingue por un signo "+".

Como puede verse de la descripción anterior, el op amp responde sólo a la *diferencia* de señal $v_2 - v_1$ y por lo tanto hace caso omiso de cualquier señal *común* a ambas entradas. Esto es, si $v_1 = v_2 = 1$ V, entonces la entrada será cero (idealmente). Esta propiedad recibe el nombre de **rechazo en modo común,** y concluimos que un op amp ideal tiene rechazo infinito en modo común. Más adelante tendremos más que decir acerca de este punto; por ahora observemos que el op amp es un amplificador de **entrada diferencial y salida de una sola etapa,** con este último término refiriéndose al hecho de que la salida aparece entre el terminal 3 y tierra. Además, la ganancia A se llama **ganancia diferencial** por obvias razones. Quizá no tan obvio es otro nombre que daremos a A:

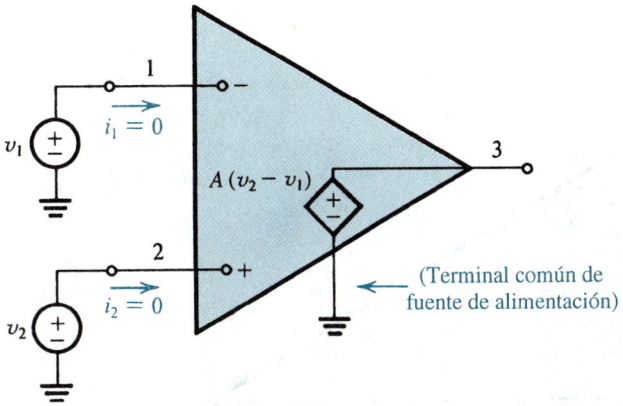

Fig. 2.3   Circuito equivalente del op amp ideal.

ganancia a circuito abierto. La razón de este nombre se hará evidente cuando "cerremos el lazo" alrededor del op amp y definamos otra ganancia, la de circuito cerrado.

Una característica importante de los op amps es que son dispositivos directamente acoplados o amplificadores dc, donde dc quiere decir *directamente acoplados* (esta abreviatura también significa *corriente directa*, ya que un amplificador directamente acoplado es aquel que amplifica señales cuya frecuencia es tan baja como cero). El hecho de que los op amps sean dispositivos directamente acoplados nos permite utilizarlos en muchas aplicaciones importantes. Desafortunadamente, con todo, la propiedad de acoplamiento directo puede ocasionar algunos problemas prácticos serios, como se verá en otra sección posterior.

¿Qué se puede decir del ancho de banda? El op amp tiene una ganancia A que permanece constante hasta frecuencia cero y hacia arriba hasta frecuencia infinita, es decir, los op amps amplifican señales de cualquier frecuencia con igual ganancia.

Estudiaremos todas las propiedades del op amp ideal excepto una, que de hecho es la más importante y que se refiere al valor de A. El op amp ideal debe tener una ganancia A cuyo valor sea muy grande e infinita en el ideal. Con justificada razón podemos hacernos esta pregunta: si la ganancia A es infinita, ¿cómo utilizaremos el op amp? La respuesta es muy sencilla: en casi todas las aplicaciones el op amp *no* se utilizará en la llamada *configuración de circuito abierto*, sino que más bien utilizaremos otros componentes para aplicar retroalimentación y cerrar el circuito alrededor del op amp, como se ilustra en detalle en la sección 2.3.

Ejercicios

2.2   Considere un op amp que es ideal, excepto que su ganancia es $A = 10^3$ a circuito abierto. El op amp se utiliza en un circuito de retroalimentación y se miden los voltajes que aparecen en dos de sus tres terminales de señales. En cada uno de los siguientes casos, utilice los valores medidos para hallar el valor esperado del voltaje en el tercer terminal.
(a) $v_2 = 0$ V y $v_3 = 2$ V; (b) $v_2 = +5$ V y $v_3 = -10$ V; (c) $v_1 = 1.002$ V y $v_2 = 0.998$ V; (d) $v_1 = -3.6$ V y $v_3 = -3.6$ V.

Resp.   (a) $v_1 = -0.002$ V;   (b) $v_1 = +5.01$ V;   (c) $v_3 = -4$ V;   (d) $v_2 = -3.6036$ V

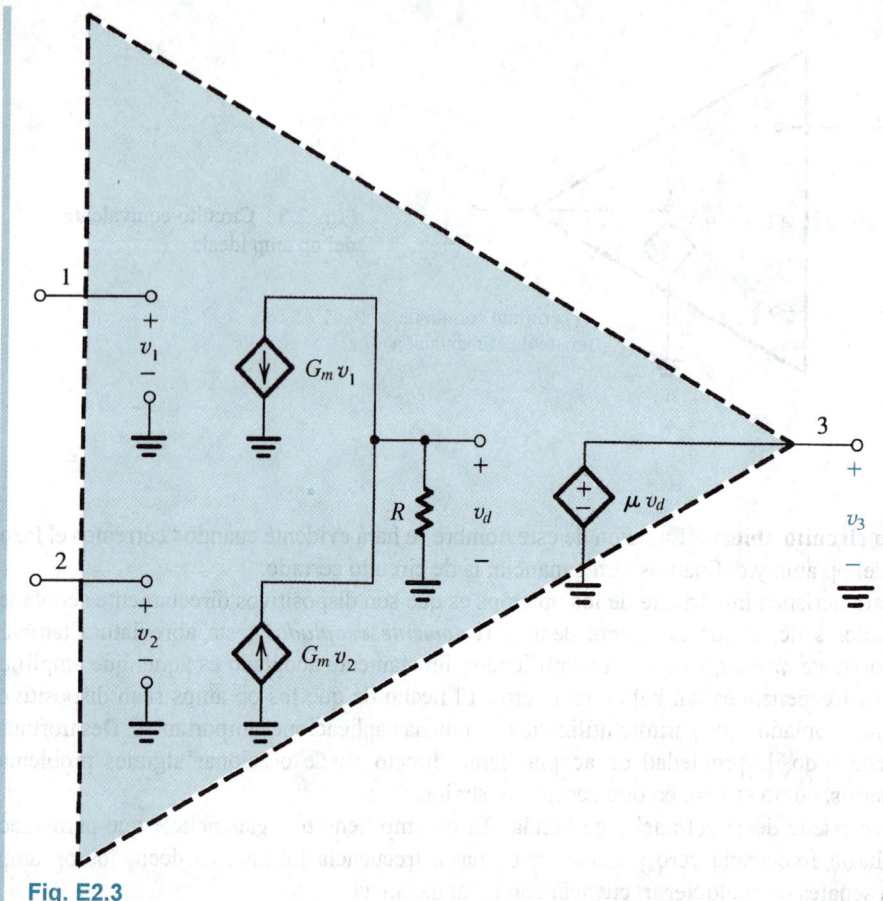

Fig. E2.3

2.3 El circuito interno de un op amp en particular se puede modelar mediante el circuito que se muestra en la figura E2.3. Exprese v_3 como función de v_1 y v_2. Para el caso $G_m = 10$ mA/V, $R = 10$ kΩ y $\mu = 100$, encuentre el valor de la ganancia A a circuito abierto.

Resp. $v_3 = \mu G_m R(v_2 - v_1)$; $A = 10\ 000$ V/V

2.3 ANÁLISIS DE CIRCUITOS CON OP AMPS IDEALES; LA CONFIGURACIÓN INVERSORA

Considere el circuito que se ilustra en la figura 2.4, que consiste en un op amp y dos resistores R_1 y R_2. El resistor R_2 está conectado del terminal de salida del op amp, el terminal 3, *de regreso* al terminal de entrada *inversora* o *negativa*, terminal 1. Hablamos de R_2 como la que aplica **retroalimentación negativa**; si R_2 se conectara entre los terminales 3 y 2 la llamaríamos **retroalimentación positiva**. Nótese también que R_2 *cierra el circuito* alrededor del op amp. Además de sumar R_2, hemos conectado a tierra el terminal 2 y conectado un resistor R_1 entre el terminal 1 y una fuente de señales de entrada con un voltaje v_I. La salida del circuito total se toma en el terminal 3 (esto es, entre el terminal 3 y tierra). El terminal 3 es, por supuesto, un punto conveniente para tomar la salida, ya

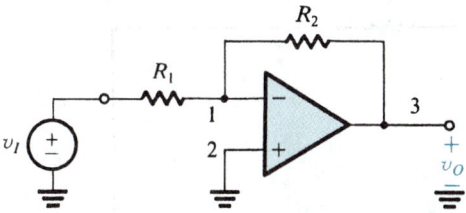

Fig. 2.4 La configuración inversora a circuito cerrado.

que el nivel de impedancia ahí es idealmente cero. Así, el voltaje v_O no dependerá del valor de la corriente que pudiera ser alimentada a la impedancia de carga conectada entre el terminal 3 y tierra.

La ganancia a circuito cerrado

Ahora deseamos analizar el circuito de la figura 2.4 para determinar la **ganancia G a circuito cerrado**, definida como

$$G \equiv \frac{v_O}{v_I}$$

Haremos esto suponiendo que el op amp es ideal. En la figura 2.5(a) se muestra el circuito equivalente y el análisis es como sigue: la ganancia A es muy grande (idealmente infinita). Si suponemos que el circuito está "trabajando" y produciendo un voltaje de salida finito en el terminal 3, entonces el voltaje entre los terminales de entrada del op amp debe ser despreciable. Específicamente, si al voltaje de salida lo llamamos v_O, entonces, por definición,

$$v_2 - v_1 = \frac{v_O}{A} \simeq 0$$

Se concluye que el voltaje en el terminal de inversión de entrada (v_1) está dado por $v_1 \simeq v_2$, esto es, debido a que la ganancia A se aproxima al infinito, el voltaje v_1 se aproxima a v_2. Consideramos esto como los dos terminales de entrada que se "rastrean entre sí en potencial". También hablamos de un "cortocircuito virtual" que existe entre los dos terminales de entrada. Aquí, la palabra *virtual* debe destacarse, y *no debemos* cometer el error de poner físicamente en corto los terminales 1 y 2 cuando se analice un circuito. Un **cortocircuito virtual** quiere decir que cualquiera que sea el voltaje presente en 2, aparecerá automáticamente en 1 debido a la ganancia infinita A. Pero, sucede que el terminal 2 está conectado a tierra, por lo que $v_2 = 0$ y $v_1 \simeq 0$. Hablamos del terminal 1 como una **tierra virtual**, es decir, que tiene cero voltaje pero no está físicamente conectado a tierra.

Ahora que hemos determinado v_1 estamos en posición de aplicar la ley de Ohm y hallar la i_1 correcta que pasa por R_1 (véase la figura 2.5) como sigue:

$$i_1 = \frac{v_I - v_1}{R_1} \simeq \frac{v_I}{R_1}$$

¿Adónde irá esta corriente? No puede entrar en el op amp, puesto que el op amp ideal tiene una impedancia de entrada infinita y, por lo tanto, toma una corriente de cero. Se deduce que i_1 tendrá que circular por R_2 al terminal 3 de baja impedancia. Entonces podemos aplicar la ley de Ohm a R_2 y determinar v_O, es decir,

$$v_O = v_1 - i_1 R_2$$

$$= 0 - \frac{v_I}{R_1} R_2$$

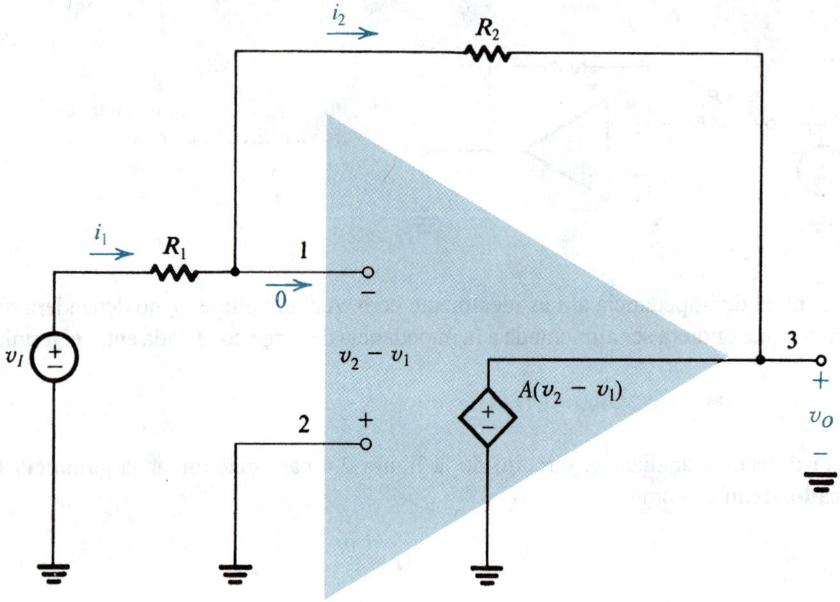

i_2

R_2

i_1

R_1

1

0

v_I (+)

$v_2 - v_1$

3

$A(v_2 - v_1)$

+

v_O

−

2 +

−

(a)

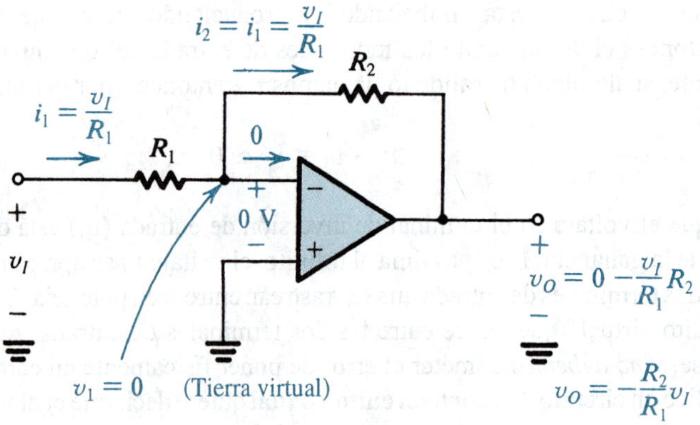

$i_2 = i_1 = \dfrac{v_I}{R_1}$

R_2

$i_1 = \dfrac{v_I}{R_1}$

R_1

0

+

−

+ 0 V −

+

v_I

+

−

$v_O = 0 - \dfrac{v_I}{R_1} R_2$

$v_1 = 0$ (Tierra virtual)

$v_O = -\dfrac{R_2}{R_1} v_I$

(b)

Fig. 2.5 Análisis de la configuración inversora.

Entonces

$$\frac{v_O}{v_I} = -\frac{R_2}{R_1}$$

que es la ganancia necesaria a circuito cerrado. En la figura 2.5(b) se ilustran algunos de estos pasos de análisis.

De esta forma vemos que la ganancia a circuito cerrado es simplemente la razón de las dos resistencias R_2 y R_1. El signo menos significa que el amplificador de circuito cerrado proporciona inversión de señal. Entonces, si $R_2/R_1 = 10$ y aplicamos a la entrada (v_I) una señal de onda senoidal de 1 V pico a pico, entonces la salida v_O será una onda senoidal de 10 V pico a pico y fase desplazada

180° con respecto a la onda senoidal de entrada. Debido al signo menos asociado con la ganancia a circuito cerrado, esta configuración se denomina **configuración inversora.**

El hecho de que la ganancia a circuito cerrado dependa por completo de componentes pasivos externos (resistores R_1 y R_2) es muy importante. Significa que podemos hacer que la ganancia a circuito cerrado sea tan precisa como se desee con sólo seleccionar componentes pasivos de precisión adecuada. También significa que la ganancia a circuito cerrado es (idealmente) independiente de la ganancia del op amp. Ésta es una ilustración muy significativa de la retroalimentación negativa: comenzamos con un amplificador que tenía una ganancia A muy alta, y al aplicar retroalimentación negativa hemos obtenido una ganancia R_2/R_1 a circuito cerrado que es mucho menor que A pero es estable y predecible; esto es, cambiamos ganancia por precisión.

Efecto de ganancia finita a circuito abierto

Los puntos que acabamos de ver se ilustran con más claridad si obtenemos una expresión para hallar la ganancia a circuito cerrado con la suposición de que la ganancia A a circuito abierto del op amp es finita. En la figura 2.6 se muestra el análisis. Si denotamos el voltaje de salida v_O, entonces el voltaje entre los dos terminales de entrada del op amp será v_O/A. Como el terminal positivo de entrada está a tierra, el voltaje en el terminal negativo de entrada debe ser $-v_O/A$. La corriente i_1 que pasa por R_1 se puede encontrar ahora a partir de

$$i_1 = \frac{v_I - (-v_O/A)}{R_1} = \frac{v_I + v_O/A}{R_1}$$

La impedancia infinita de entrada del op amp obliga a la corriente i_1 a circular enteramente por R_2. El voltaje de salida v_O se puede entonces determinar por

$$v_O = -\frac{v_O}{A} - i_1 R_2$$

$$= -\frac{v_O}{A} - \left(\frac{v_I + v_O/A}{R_1}\right) R_2$$

Al reunir términos, se encuentra que la ganancia G a circuito cerrado es

$$G \equiv \frac{v_O}{v_I} = \frac{-R_2/R_1}{1 + (1 + R_2/R_1)/A} \tag{2.1}$$

Observamos que a medida que A se aproxima a ∞, G se aproxima al valor ideal de $-R_2/R_1$. También de la figura 2.6 vemos que a medida que A se aproxima a ∞, el voltaje en el terminal de inversión

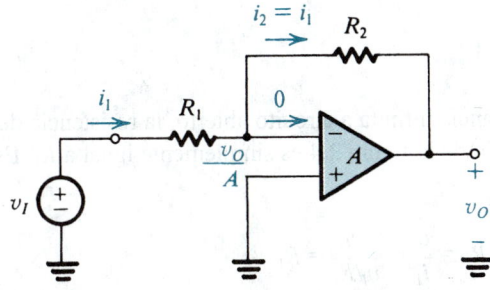

Fig. 2.6 Análisis de la configuración inversora tomando en cuenta la ganancia finita a circuito abierto del op amp.

de entrada se aproxima a cero. Ésta es la suposición de tierra virtual que utilizamos en nuestro primer análisis cuando se supuso que el op amp era ideal. Finalmente, nótese que la ecuación (2.1) en realidad indica que para reducir al mínimo la dependencia de la ganancia G a circuito cerrado del valor de la ganancia A a circuito abierto, debemos hacer

$$1 + \frac{R_2}{R_1} \ll A$$

EJEMPLO 2.1

Considere la configuración inversora con $R_1 = 1$ kΩ y $R_2 = 100$ kΩ.

(a) Encuentre la ganancia de circuito cerrado para los casos $A = 10^3$, 10^4 y 10^5. En cada caso determine el porcentaje de error en la magnitud de G relativo al valor ideal de R_2/R_1 (obtenido con $A = \infty$). También determine el voltaje v_1 que aparece en el terminal de inversión de entrada cuando $v_I = 0.1$ V.

(b) Si la ganancia A a circuito abierto cambia de 100 000 a 50 000, ¿cuál es el correspondiente porcentaje de cambio en la magnitud de la ganancia G a circuito cerrado?

SOLUCIÓN

(a) Al sustituir los valores dados en la ecuación (2.1), obtenemos los valores dados en la tabla siguiente donde el porcentaje de error ε está definido como

$$\varepsilon \equiv \frac{|G| - (R_2/R_1)}{(R_2/R_1)} \times 100$$

Los valores de v_1 se obtienen de $v_1 = -v_O/A = Gv_I/A$ con $v_I = 0.1$ V.

A	$|G|$	ε	v_1
10^3	90.83	−9.17%	−9.08 mV
10^4	99.00	−1.00%	−0.99 mV
10^5	99.90	−0.10%	−0.10 mV

(b) Si se usa la ecuación (2.1) encontramos que para $A = 50\ 000$, $|G| = 99.80$. Por lo tanto, si se reduce la ganancia a circuito abierto resulta un cambio de −0.1% en la ganancia a circuito cerrado.

Resistencias de entrada y salida

Si se supone un op amp ideal con ganancia infinita a circuito abierto, la resistencia de entrada del amplificador inversor a circuito cerrado de la figura 2.4 es simplemente igual a R_1. Esto se puede ver de la figura 2.5(b), donde

$$R_i \equiv \frac{v_I}{i_1} = \frac{v_I}{v_I/R_1} = R_1$$

Así, para hacer que R_i sea alta, debemos seleccionar un valor alto para R_1 pero, si la ganancia necesaria R_2/R_1 también es alta, entonces R_2 podría hacerse tan grande que cayera fuera de todo sentido práctico (mayor de varios megaohms). Podemos concluir que la configuración inversora sufre de baja resistencia de entrada. Una solución a este problema se estudia en el ejemplo 2.2. También debe mencionarse que la ganancia A finita a circuito abierto tiene un efecto despreciable en el valor de la resistencia de entrada de la configuración inversora del amplificador (véase el problema 2.17).

Como la salida de la configuración inversora se toma en los terminales de la fuente ideal de voltaje $A(v_2 - v_1)$ (véase la figura 2.5a), se deduce que la resistencia de salida del amplificador a circuito cerrado es cero.

Al reunir todo lo anterior, obtenemos el circuito que se muestra en la figura 2.7 como modelo de circuito equivalente de la configuración de amplificador inversor de la figura 2.4 (con la suposición de que el op amp es ideal).

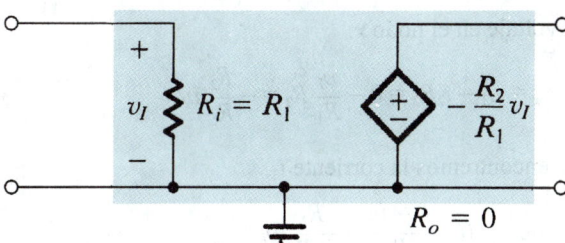

Fig. 2.7   Modelo de circuito equivalente de la configuración de amplificador inversor de la figura 2.4 (suponiendo que el op amp es ideal).

EJEMPLO 2.2

Si se supone que el op amp es ideal, obtenga una expresión para hallar la ganancia a circuito cerrado v_O/v_I del circuito que se ilustra en la figura 2.8. Utilice este circuito para diseñar un amplificador inversor con una ganancia de 100 y una resistencia de entrada de 1 MΩ. Suponga que por razones prácticas se necesita no utilizar resistores mayores de 1 MΩ. Compare su diseño con el basado en la configuración inversora de la figura 2.4.

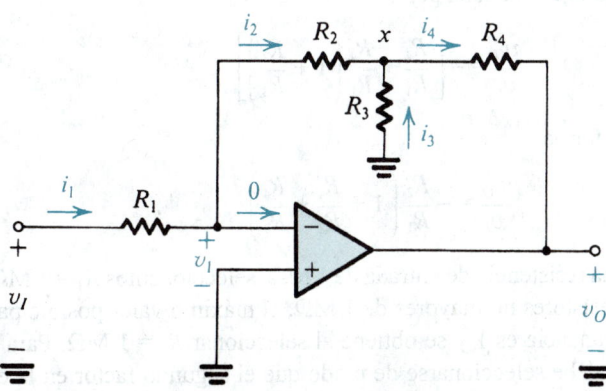

Fig. 2.8   Circuito para el ejemplo 2.2.

SOLUCIÓN

El análisis comienza en el terminal de inversión de entrada del op amp, donde el voltaje es

$$v_1 = \frac{-v_O}{A} = \frac{-v_O}{\infty} = 0$$

Aquí hemos supuesto que el circuito está "trabajando" y produciendo un voltaje finito de salida v_O. Si se conoce v_1, podemos determinar la corriente i_1, como sigue:

$$i_1 = \frac{v_I - v_1}{R_1} = \frac{v_I - 0}{R_1} = \frac{v_I}{R_1}$$

Como circula una corriente cero en el terminal de inversión de entrada, toda la corriente i_1 circulará por R_2 y entonces

$$i_2 = i_1 = \frac{v_I}{R_1}$$

Ahora podemos determinar el voltaje en el nodo x:

$$v_x = v_1 - i_2 R_2 = 0 - \frac{v_I}{R_1} R_2 = -\frac{R_2}{R_1} v_I$$

A la vez, esto hace posible que encontremos la corriente i_3,

$$i_3 = \frac{0 - v_x}{R_3} = \frac{R_2}{R_1 R_3} v_I$$

A continuación, una ecuación de nodos en x produce i_4,

$$i_4 = i_2 + i_3 = \frac{v_I}{R_1} + \frac{R_2}{R_1 R_3} v_I$$

Finalmente, podemos determinar v_O a partir de

$$v_O = v_x - i_4 R_4$$

$$= -\frac{R_2}{R_1} v_I - \left(\frac{v_I}{R_1} + \frac{R_2}{R_1 R_3} v_I \right) R_4$$

Entonces, la ganancia de voltaje está dada por

$$\frac{v_O}{v_I} = -\left[\frac{R_2}{R_1} + \frac{R_4}{R_1}\left(1 + \frac{R_2}{R_3} \right) \right]$$

que se puede escribir en la forma

$$\frac{v_O}{v_I} = -\frac{R_2}{R_1}\left(1 + \frac{R_4}{R_2} + \frac{R_4}{R_3} \right)$$

Ahora, como se necesita una resistencia de entrada de 1 MΩ, seleccionamos $R_1 = 1$ MΩ. Entonces, con la limitación de usar resistores no mayores de 1 MΩ, el máximo valor posible para el primer factor en la expresión de ganancia es 1 y se obtiene al seleccionar $R_2 = 1$ MΩ. Para obtener una ganancia de -100, R_3 y R_4 debe seleccionarse de modo que el segundo factor en la expresión de ganancia sea 100. Si seleccionamos el máximo valor permitido (en este ejemplo) de 1 MΩ para R_4, el valor necesario de R_3 se puede calcular que es de 10.2 kΩ. Entonces, este circuito utiliza tres resistores de 1 MΩ y uno de 10.2 kΩ. En comparación con esto, si la configuración inversora se utilizara con R_1 = 1 MΩ hubiéramos necesitado un resistor de retroalimentación de 100 MΩ, un valor absurdamente grande.

Ejercicios

D2.4 Utilice el circuito de la figura 2.4 para diseñar un amplificador inversor que tenga una ganancia de −10 y una resistencia de entrada de 100 kΩ. Dé los valores de R_1 y R_2.

Resp. R_1 = 100 kΩ; R_2 = 1 MΩ

2.5 El circuito que se muestra en la figura E2.5(a) se puede utilizar para implementar un amplificador de transresistencia (véase la tabla 1.1 en la sección 1.5). Encuentre el valor de la resistencia de entrada R_i, la transresistencia R_m y

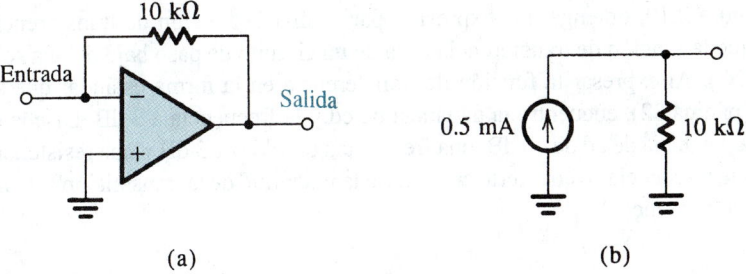

(a)   (b)

Fig. E2.5

la resistencia de salida R_o del amplificador de transresistencia. Si la fuente de señales que se muestra en la figura E2.5(b) se conecta a la entrada del amplificador de transresistencia, encuentre su voltaje de salida.

Resp. R_i = 0; R_m = −10 kΩ; R_o = 0; v_o = −5 V

2.4   OTRAS APLICACIONES DE LA CONFIGURACIÓN INVERSORA

En esta sección estudiamos algunos circuitos importantes basados en la configuración inversora.

2.4.1 La configuración inversora con impedancias generales Z_1 y Z_2

Considere primero la configuración inversora generalizada donde las impedancias $Z_1(s)$ y $Z_2(s)$ sustituyen a los resistores R_1 y R_2, respectivamente. El circuito resultante se muestra en la figura 2.9 y tiene ganancia a circuito cerrado o, más apropiadamente, la función de transferencia a circuito cerrado

$$\frac{V_o(s)}{V_i(s)} = -\frac{Z_2(s)}{Z_1(s)}$$

(2.2)

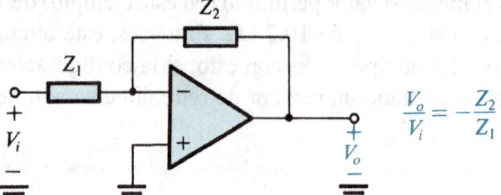

Fig. 2.9 La configuración inversora con impedancias generales en la retroalimentación y a la entrada.

$$\frac{V_o}{V_i} = -\frac{Z_2}{Z_1}$$

Como se explicó en la sección 1.6, sustituir s con $j\omega$ proporciona la función de transferencia para frecuencias físicas ω, es decir, la magnitud y fase de transmisión para una señal de entrada senoidal de frecuencia ω.

EJEMPLO 2.3

Para el circuito de la figura 2.10, obtenga una expresión para hallar la función de transferencia $V_o(s)/V_i(s)$. Demuestre que la función de transferencia es la de un circuito de paso bajo de una sola constante de tiempo (STC). Al expresar la función de transferencia en la forma estándar que se muestra en la tabla 1.2 (página 32), encuentre la ganancia de cd y la frecuencia a 3 dB. Diseñe el circuito para obtener una ganancia de cd de 40 dB, una frecuencia de 1 kHz a 3 dB y una resistencia de entrada de 1 kΩ. ¿A qué frecuencia se convierte en unitaria la magnitud de la transmisión? ¿Cuál es el ángulo de fase a esta frecuencia?

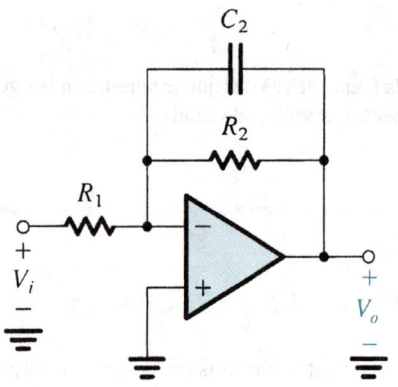

Fig. 2.10 Circuito para el ejemplo 2.3.

SOLUCIÓN

Para obtener la función de transferencia del circuito de la figura 2.10, sustituimos en la ecuación (2.2), $Z_1 = R_1$ y $Z_2 = R_2 \| (1/sC_2)$. Como Z_2 es la conexión en paralelo de dos componentes, es más conveniente para trabajar en términos de Y_2, esto es, utilizamos la siguiente forma opcional de la función de transferencia:

$$\frac{V_o(s)}{V_i(s)} = -\frac{1}{Z_1(s)Y_2(s)}$$

y sustituimos $Z_1 = R_1$ y $Y_2(s) = \dfrac{1}{R_2} + sC_2$ para obtener

$$\frac{V_o(s)}{V_i(s)} = -\frac{1}{\dfrac{R_1}{R_2} + sC_2R_1}$$

Esta función de transferencia es de primer orden, tiene una ganancia finita de cd $\left(\text{a } s = 0, \dfrac{V_o}{V_i} = \right.$

$\left. -\dfrac{R_2}{R_1} \right)$, y tiene ganancia cero a frecuencia infinita. Por lo tanto, es la función de transferencia de una red STC de paso bajo y se puede expresar en la forma estándar de la tabla 1.2 como sigue:

$$\frac{V_o(s)}{V_i(s)} = \frac{-(R_2/R_1)}{1 + sC_2R_2}$$

de la que encontramos que la ganancia K de cd es

$$K = -\frac{R_2}{R_1}$$

y la frecuencia a 3 dB ω_0 como

$$\omega_0 = \frac{1}{C_2R_2}$$

Por inspección, podríamos haber encontrado todo esto del circuito de la figura 2.10. Específicamente, nótese que el capacitor se comporta como circuito abierto a cd, por lo que a cd la ganancia es simplemente $(-R_2/R_1)$. Además, debido a que hay una tierra virtual en el terminal de inversión de entrada, la resistencia vista por el capacitor es R_2 y así la constante de tiempo de la red STC es C_2R_2.

Ahora, para obtener una ganancia de cd de 40 dB, esto es, 100 V/V, seleccionamos $R_2/R_1 = 100$. Para una resistencia de entrada de 1 kΩ seleccionamos $R_1 = 1$ kΩ, y así $R_2 = 100$ kΩ. Finalmente, para una frecuencia de 3 dB $f_0 = 1$ kHz, seleccionamos C_2 de

$$2\pi \times 1 \times 10^3 = \frac{1}{C_2 \times 100 \times 10^3}$$

que produce $C_2 = 1.59$ nF.

El circuito tiene una ganancia y gráficas de Bode de la forma estándar en la figura 1.23. A medida que cae la ganancia a razón de 20 dB/década, llegará a 0 dB en dos décadas, esto es, a $f = 100f_0 = 100$ kHz. Como se indica en figura 1.23(b), a esta frecuencia, que es mucho mayor que f_0, la fase es aproximadamente $-90°$. Para esto, sin embargo, debemos sumar los 180° que surgen de la naturaleza inversora del amplificador (es decir, el signo negativo de la expresión de la función de transferencia). Entonces, a 100 kHz, el desfasamiento total será $-270°$, lo que equivale a $+90°$.

2.4.2 El integrador inversor

Si se sustituye un capacitor en la trayectoria de retroalimentación (es decir, en lugar de Z_2 en la figura 2.9) y un resistor a la entrada (en lugar de Z_1), obtenemos el circuito de la figura 2.11(a).

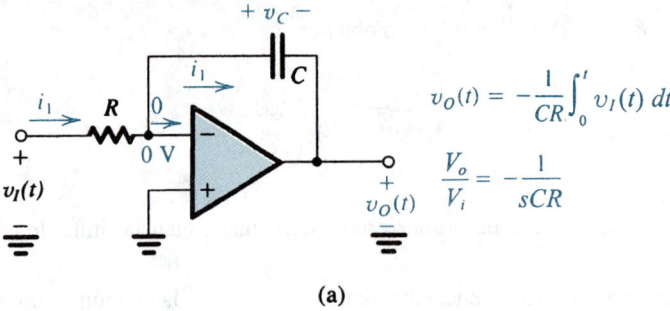

$$v_O(t) = -\frac{1}{CR}\int_0^t v_I(t)\,dt$$

$$\frac{V_o}{V_i} = -\frac{1}{sCR}$$

(a)

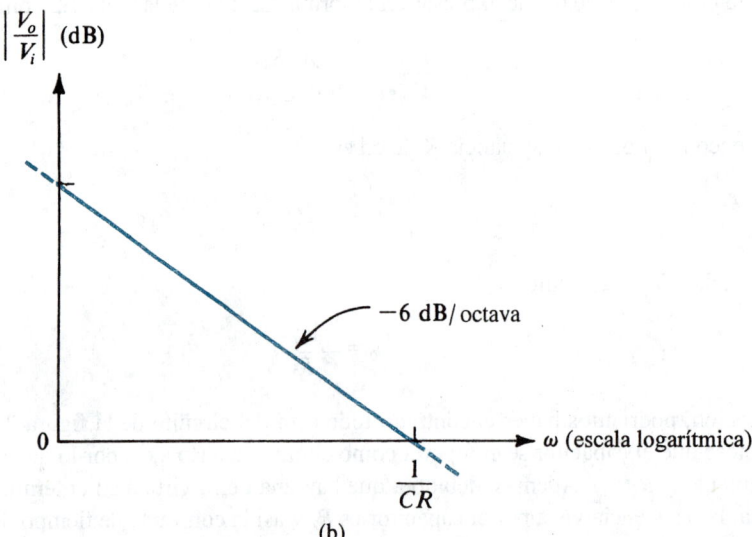

(b)

Fig. 2.11 **(a)** El integrador Miller o inversor. **(b)** Respuesta en frecuencia del integrador.

Ahora demostraremos que este circuito realiza la operación matemática de integración. Sea la entrada una función variable en el tiempo $v_I(t)$. La tierra virtual en la entrada del op amp inversor ocasiona que $v_I(t)$ aparezca en efecto en los terminales de R, y así la corriente $i_1(t)$ será $v_I(t)/R$. Esta corriente circula por el capacitor C, ocasionando que se acumule carga en C. Si suponemos que el circuito comienza a operar en el tiempo $t = 0$, entonces a un tiempo arbitrario t la corriente $i_1(t)$ habrá depositado en C una carga igual a $\int_0^t i_1(t)\,dt$. Por lo tanto, el voltaje del capacitor $v_C(t)$ cambiará en $\frac{1}{C}\int_0^t i_1(t)\,dt$. Si el voltaje inicial en C (a $t = 0$) se denota por V_C, entonces

$$v_C(t) = V_C + \frac{1}{C}\int_0^t i_1(t)\,dt$$

Ahora el voltaje de salida $v_O(t) = -v_C(t)$, y

$$v_O(t) = -\frac{1}{CR}\int_0^t v_I(t)\,dt - V_C \tag{2.3}$$

De esta forma el circuito proporciona un voltaje de salida que es proporcional a la integral de tiempo de la entrada, con V_C siendo la condición inicial de integración y CR la **constante de tiempo de integrador.** Nótese que, como se esperaba, hay un signo negativo unido al voltaje de salida y así este circuito integrador se dice que es un *integrador inversor*. También se conoce como **integrador Miller** en honor de uno de los primeros investigadores en este campo.

La operación del circuito integrador se puede describir opcionalmente en el dominio de la frecuencia al sustituir $Z_1(s) = R$ y $Z_2(s) = 1/sC$ en la ecuación (2.2) para obtener la función de transferencia

$$\frac{V_o(s)}{V_i(s)} = -\frac{1}{sCR} \tag{2.4}$$

Para frecuencias físicas, $s = j\omega$ y

$$\frac{V_o(j\omega)}{V_i(j\omega)} = -\frac{1}{j\omega CR} \tag{2.4a}$$

De esta forma la función de transferencia del integrador tiene magnitud

$$\left|\frac{V_o}{V_i}\right| = \frac{1}{\omega CR} \tag{2.4b}$$

y fase

$$\phi = +90° \tag{2.4c}$$

La gráfica de Bode para la respuesta en magnitud del integrador se puede obtener si se toma nota de la ecuación (2.4b) que, a medida que ω se duplica (aumenta una octava), la magnitud se reduce a la mitad (disminuye en 6 dB). Por lo tanto, la gráfica de Bode es una línea recta de pendiente −6 dB/octava (o lo que es equivalente, −20 dB/década). Esta línea [que se muestra en la figura 2.11(b)] corta la línea de 0 dB en la frecuencia que hace $|V_o/V_i| = 1$, que de la ecuación (2.4b) es

$$\omega_{int} = \frac{1}{CR} \tag{2.5}$$

La frecuencia ω_{int} se conoce como la **frecuencia de integrador** y es simplemente la inversa de la constante de tiempo del integrador.

Una comparación de la respuesta en frecuencia del integrador con la de una red STC de paso bajo indica que el integrador se comporta como un filtro de paso bajo con una frecuencia de corte en cero. Observe también que a $\omega = 0$, la magnitud de la función de transferencia del integrador es infinita. Esto indica que a cd el op amp está operando con un circuito abierto. Esto también debe ser obvio del circuito integrador mismo; una consulta a la figura 2.11(a) muestra que el elemento de retroalimentación es un capacitor, y por lo tanto a cd, donde el capacitor se comporta como un circuito abierto, no hay retroalimentación negativa. Ésta es una observación muy significativa que indica una fuente de problemas con el circuito integrador: cualquier diminuta componente de cd en la señal de entrada teóricamente produce una salida infinita. Por supuesto, no resulta voltaje de salida infinito en la práctica, sino que más bien la salida del amplificador se satura a un voltaje cercano a la fuente de alimentación positiva o negativa del op amp, dependiendo de la polaridad de la señal de cd de entrada. Que los op amp reales se saturen no debe causar sorpresa. Aun cuando no hemos estudiado saturación en op amps, estudiamos la saturación de amplificadores en general en la sección 1.4 (véase la figura 1.13).

El problema de ganancia infinita o muy alta de cd del integrador (igual a la ganancia a circuito abierto del op amp) se resuelve al conectar un resistor R_F en paralelo con el capacitor C integrador, como se muestra en la figura 2.12. El resistor R_F cierra el circuito de retroalimentación a cd y proporciona al integrador una ganancia finita de cd de $-R_F/R$. Desafortunadamente, el integrador resultante ya no es ideal. El lector puede demostrar que R_F da a la función de transferencia del integrador una frecuencia de 3 dB a $1/R_FC$. Así, el integrador ahora se comporta exactamente como una red STC de paso bajo (véase el ejemplo 2.3). Para reducir al mínimo la imperfección en la función del integrador introducida por R_F, seleccionamos una R_F tan grande como sea posible. El siguiente ejemplo ilustra el efecto de R_F en la operación del integrador en el dominio del tiempo. Trataremos R_F con más detalle en la sección 2.9.

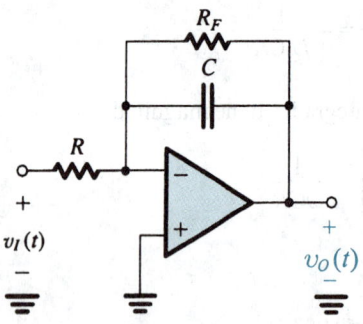

Fig. 2.12 El integrador Miller con una gran resistencia R_F conectada en paralelo con C para dar retroalimentación negativa a cd.

EJEMPLO 2.4

Encuentre la salida producida por un integrador Miller en respuesta a un pulso de entrada de 1 V de altura y 1 ms de ancho [figura 2.13(a)]. Sea $R = 10$ kΩ y $C = 10$ nF. Si el capacitor del integrador se conecta en paralelo con un resistor de 1 MΩ, ¿cómo se modificará la respuesta?

SOLUCIÓN

En respuesta a un pulso de entrada de 1 V y 1 ms, la salida del integrador será

$$v_O(t) = -\frac{1}{CR}\int_0^t 1.dt, \qquad 0 \le t \le 1 \text{ ms}$$

donde hemos supuesto que el voltaje inicial en el capacitor del integrador sea 0. Para $C = 10$ nF y $R = 10$ kΩ, $CR = 0.1$ ms, y

$$v_O(t) = -10t, \qquad 0 \le t \le 1 \text{ ms}$$

que es la rampa lineal que se muestra en la figura 2.13(b). Alcanza una magnitud de -10 V en $t = 1$ ms y permanece constante de ahí en adelante.

Que la salida sea una rampa lineal también debe ser obvio por el hecho de que el pulso de entrada de 1 V produce 1 V/10 kΩ = 0.1 mA de corriente constante que pasa por el capacitor. Esta

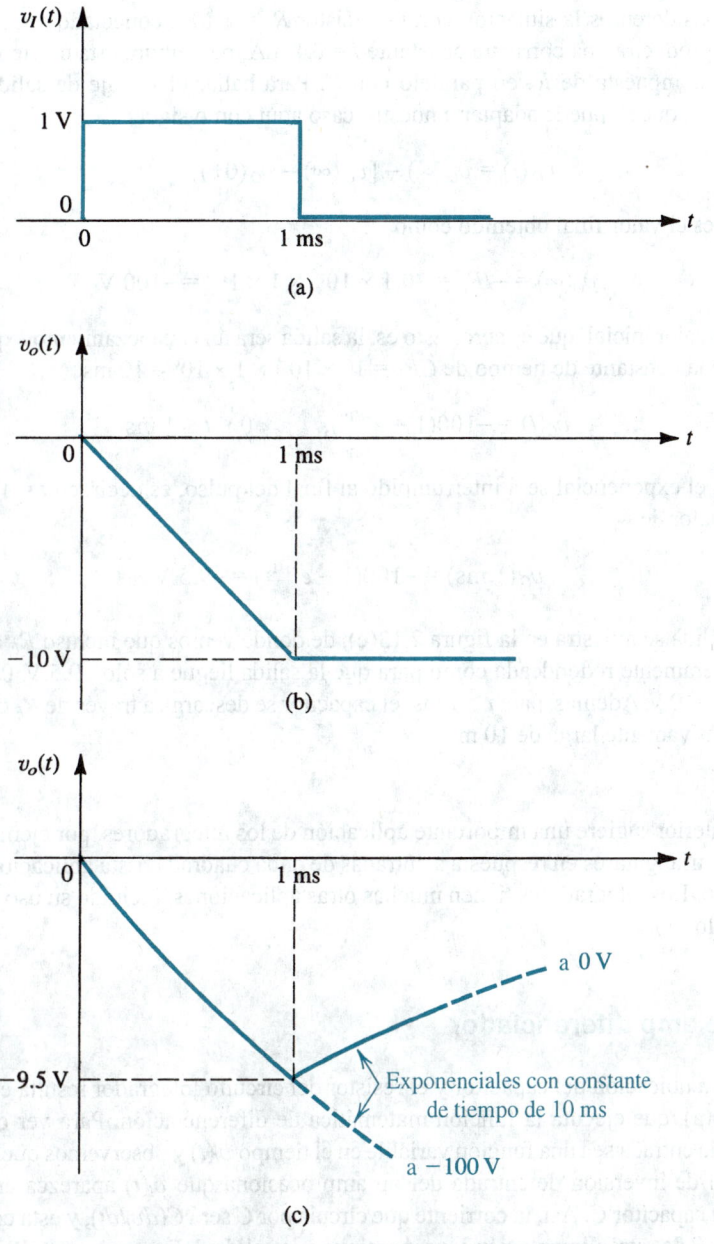

Fig. 2.13   Formas de onda para el ejemplo 2.4: **(a)** pulso de entrada. **(b)** rampa lineal de salida de integrador ideal con constante de tiempo de 0.1 ms. **(c)** rampa exponencial de salida con resistor R_F conectado en los terminales del capacitor integrador.

corriente constante $I = 0.1$ mA alimenta al capacitor con una carga It, y por lo tanto el voltaje del capacitor cambia linealmente como (It/C), resultando en $v_O = -\dfrac{1}{C}t$. Vale la pena recordar que cargar un capacitor con una corriente constante produce un voltaje lineal en sus terminales.

Ahora consideremos la situación con un resistor $R_F = 1$ MΩ conectado a C. Como antes, el pulso de 1 V producirá una corriente constante $I = 0.1$ mA, pero ahora esta corriente es aplicada a una red STC compuesta de R_F en paralelo con C. Para hallar el voltaje de salida utilizamos la ecuación (1.33), que se puede adaptar a nuestro caso aquí como sigue:

$$v_O(t) = v_O(\infty) - [v_O(\infty) - v_O(0+)]e^{-t/CR_F}$$

donde $v_O(\infty)$ es el valor final obtenido como

$$v_O(\infty) = -IR_F = -0.1 \times 10^{-3} \times 1 \times 10^6 = -100 \text{ V}$$

y $v_O(0+)$ es el valor inicial, que es cero. Esto es, la salida será un encabezamiento exponencial hacia -100 V con una constante de tiempo de $CR_F = 10 \times 10^{-9} \times 1 \times 10^6 = 10$ ms,

$$v_O(t) = -100(1 - e^{-t/10}), \qquad 0 \le t \le 1 \text{ ms}$$

Por supuesto, el exponencial será interrumpido al final del pulso, es decir, en $t = 1$ ms, y la salida alcanzará el valor de

$$v_O(1 \text{ ms}) = -100(1 - e^{-1/10}) = -9.5 \text{ V}$$

La onda de salida se muestra en la figura 2.13(c), de donde vemos que incluso R_F ocasiona que la rampa sea ligeramente redondeada como para que la salida llegue a sólo -9.5 V, 0.5 V menos del valor ideal de -10 V. Además, para $t > 1$ ms, el capacitor se descarga a través de R_F con la constante de tiempo relativamente larga de 10 ms.

El ejemplo anterior sugiere una importante aplicación de los integradores, por ejemplo su uso para generar ondas triangulares en respuesta a entradas de onda cuadrada. Esta aplicación se explora en el ejercicio 2.6. Los integradores tienen muchas otras aplicaciones, incluido su uso en el diseño de filtros (capítulo 11).

2.4.3 El op amp diferenciador

Intercambiar la ubicación del capacitor y el resistor del circuito integrador resulta en el circuito de la figura 2.14(a), que ejecuta la función matemática de diferenciación. Para ver cómo sale esto, hagamos que la entrada sea una función variable en el tiempo $v_I(t)$ y observemos que la tierra virtual en el terminal de inversión de entrada del op amp ocasiona que $v_I(t)$ aparezca en efecto en los terminales del capacitor C. Así, la corriente que circula por C será $C(dv_I/dt)$, y esta corriente circula por el resistor R de retroalimentación y proporciona a la salida del op amp un voltaje $v_O(t)$,

$$v_O(t) = -CR\frac{dv_I(t)}{dt} \tag{2.6}$$

La función de transferencia en el dominio de la frecuencia del circuito diferenciador se puede encontrar al sustituir, en la ecuación (2.2), $Z_1(s) = 1/sC$ y $Z_2(s) = R$ para obtener

$$\frac{V_o(s)}{V_i(s)} = -sCR \tag{2.7}$$

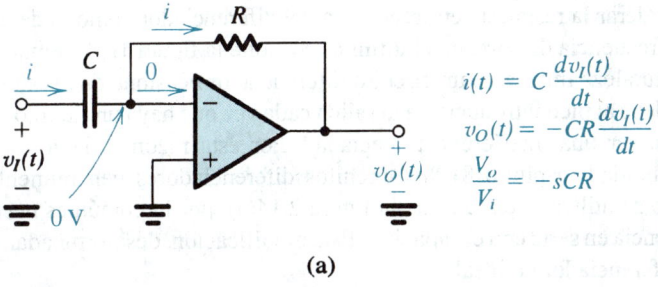

$$i(t) = C\frac{dv_I(t)}{dt}$$

$$v_O(t) = -CR\frac{dv_I(t)}{dt}$$

$$\frac{V_o}{V_i} = -sCR$$

(a)

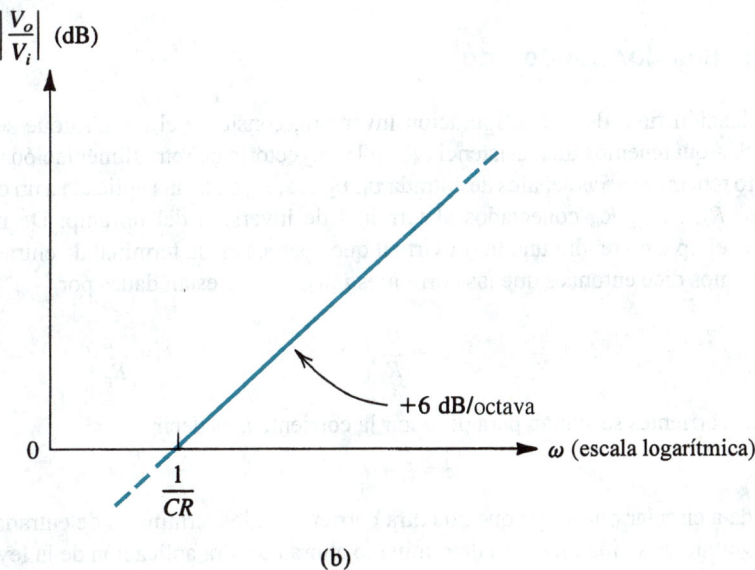

(b)

Fig. 2.14   (a) Un diferenciador. (b) Respuesta en frecuencia de un diferenciador con una constante de tiempo CR.

que para frecuencias físicas $s = j\omega$ produce

$$\frac{V_o(j\omega)}{V_i(j\omega)} = -j\omega CR \qquad (2.7a)$$

De esta forma, la función de transferencia tiene magnitud

$$\left|\frac{V_o}{V_i}\right| = \omega CR \qquad (2.7b)$$

y fase

$$\phi = -90° \qquad (2.7c)$$

La gráfica de Bode de la respuesta en magnitud se puede hallar de la ecuación (2.7b) si se observa que para un aumento de una octava en ω, la magnitud se duplica (aumenta en 6 dB). Por lo tanto, la gráfica es simplemente una recta de pendiente +6 dB/octava (o, lo que es equivalente, +20 dB/década) que corta la recta de 0 dB (donde $|V_o/V_i| = 1$) en $\omega = 1/CR$, donde CR es la **constante de tiempo del diferenciador** [véase la figura 2.14(b)].

Se puede considerar la respuesta en frecuencia del diferenciador como la de un filtro STC de paso alto con una frecuencia de corte en el infinito (consulte la figura 1.24). Finalmente, debemos observar que la naturaleza misma de un circuito diferenciador ocasiona que sea un "amplificador de ruido". Esto se debe al pico introducido a la salida cada vez que haya un cambio abrupto en $v_I(t)$; este cambio podría ser una interferencia "captada". Por esta razón y debido a que sufren de problemas de estabilidad (capítulo 8), los circuitos diferenciadores generalmente se evitan en la práctica. Cuando se utiliza el circuito de la figura 2.14(a), por lo común es necesario conectar una pequeña resistencia en serie con el capacitor. Esta modificación, desafortunadamente, convierte al circuito en un diferenciador no ideal.

2.4.4 El sumador ponderado

Como aplicación final de la configuración inversora, considere el circuito que se muestra en la figura 2.15. Aquí tenemos una resistencia R_f en la trayectoria de retroalimentación negativa (como antes), pero tenemos varias señales de entrada $v_1, v_2, \ldots, v_n$, cada una aplicada a un correspondiente resistor $R_1, R_2, \ldots, R_n$, conectados al terminal de inversión del op amp. De nuestro análisis precedente, el op amp tendrá una tierra virtual que aparece en su terminal de entrada negativa. La ley de Ohm nos dice entonces que las corrientes $i_1, i_2, \ldots, i_n$, están dadas por

$$i_1 = \frac{v_1}{R_1}, \qquad i_2 = \frac{v_2}{R_2}, \qquad \ldots, \qquad i_n = \frac{v_n}{R_n}$$

Todas estas corrientes se suman para producir la corriente i, es decir

$$i = i_1 + i_2 + \cdots + i_n \tag{2.8}$$

será forzada a circular por R_f (ya que no entra corriente en los terminales de entrada de un op amp ideal). El voltaje de salida v_O estará determinado ahora por otra aplicación de la ley de Ohm

$$v_O = 0 - iR_f = -iR_f$$

Entonces

$$v_O = -\left(\frac{R_f}{R_1} v_1 + \frac{R_f}{R_2} v_2 + \cdots + \frac{R_f}{R_n} v_n \right) \tag{2.9}$$

Esto es, el voltaje de salida es una suma ponderada de las señales de entrada $v_1, v_2, \ldots, v_n$. Este circuito, por lo tanto, se llama **sumador ponderado.** Nótese que cada coeficiente sumador puede

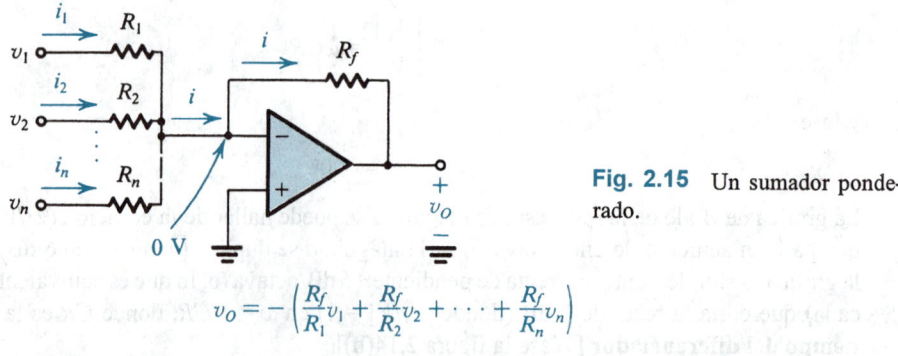

Fig. 2.15 Un sumador ponderado.

ser independientemente adaptado al ajustar el correspondiente resistor "de alimentación" (R_1 a R_n). Esta refinada propiedad, que en mucho simplifica el ajuste del circuito, es una consecuencia directa de la tierra virtual que existe en el terminal de inversión del op amp. Como pronto verá el lector, las tierras virtuales son muy "prácticas".

Ya hemos visto que los op amps se pueden utilizar para multiplicar una señal por una constante, integrarla, diferenciarla y sumar varias señales con valores prescritos. Todas éstas son operaciones matemáticas, de donde se deriva el nombre de *amplificador operacional*. De hecho, los circuitos citados son elementos funcionales necesarios para realizar cálculos analógicos. Por esta razón el op amp ha sido el elemento básico de computadoras analógicas. Los op amps, además, pueden hacer mucho más que sólo operaciones matemáticas necesarias en cálculos analógicos. En este capítulo veremos esta versatilidad, con otras aplicaciones presentadas en capítulos posteriores.

Ejercicios

2.6 Considere una onda cuadrada simétrica de 20 V pico a pico, 0 promedio, y 2 ms de periodo aplicada a un integrador Miller. Encuentre el valor de la constante de tiempo CR tal que la onda triangular a la salida tenga una amplitud de 20 V pico a pico.

Resp. 0.5 ms

D2.7 Mediante el uso de un op amp ideal, diseñe un integrador inversor con una resistencia de entrada de 10 kΩ y una constante de tiempo de integración de 10^{-3} s. ¿Cuál es la magnitud de ganancia y ángulo de fase de este circuito a 10 rad/s y a 1 rad/s? ¿Cuál es la frecuencia a la que la magnitud de ganancia es unitaria?

Resp. $R = 10$ kΩ, $C = 0.1$ μF; a $\omega = 10$ rad/s: $|V_o/V_i| = 100$ V/V y $\phi = +90°$; a $\omega = 1$ rad/s: $|V_o/V_i| = 1000$ V/V y $\phi = +90°$; 1000 rad/s

D2.8 Diseñe un diferenciador que tenga una constante de tiempo de 10^{-2} s y una capacitancia de entrada de 0.01 μF. ¿Cuál es la magnitud de ganancia y fase de este circuito a 10 rad/s, y a 10^3 rad/s? Para limitar la ganancia de alta frecuencia del circuito diferenciador de 100, se agrega un resistor en serie con el capacitor. Encuentre el valor necesario del resistor.

Resp. $C = 0.01$ μF; $R = 1$ MΩ; a $\omega = 10$ rad/s: $|V_o/V_i| = 0.1$ V/V y $\phi = -90°$; a $\omega = 1000$ rad/s: $|V_o/V_i| = 10$ V/V y $\phi = -90°$; 10 kΩ

D2.9 Diseñe un circuito op amp inversor para formar la suma ponderada v_O de dos entradas v_1 y v_2. Se requiere que $v_O = -(v_1 + 5v_2)$. Escoja valores para R_1, R_2 y R_f de modo que para un voltaje máximo de salida de 10 V la corriente en el resistor de retroalimentación no exceda de 1 mA.

Resp. Una opción posible: $R_1 = 10$ kΩ, $R_2 = 2$ kΩ y $R_f = 10$ kΩ.

2.5   LA CONFIGURACIÓN NO INVERSORA

La segunda configuración a circuito cerrado que estudiaremos se muestra en la figura 2.16. Ahí la señal de entrada v_I se aplica directamente al terminal positivo de entrada del op amp, en tanto que un terminal de R_1 se conecta a tierra.

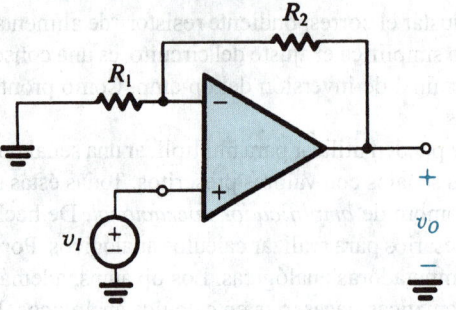

Fig. 2.16 La configuración no inversora.

La ganancia a circuito cerrado

El análisis del circuito no inversor para determinar su ganancia a circuito cerrado (v_O/v_I) se ilustra en la figura 2.17. Si se supone que el op amp es ideal con ganancia infinita, existe un cortocircuito virtual entre sus dos terminales de entrada. De ahí que la señal de diferencia de entrada sea

$$v_2 - v_1 = \frac{v_O}{A} = 0 \qquad \text{para } A = \infty$$

De esta forma, el voltaje en el terminal de inversión de entrada será igual al del terminal no inversor de entrada, que es el voltaje aplicado v_I. La corriente que circula por R_1 puede entonces determinarse como v_I/R_1. Debido a la infinita impedancia de entrada del op amp, esta corriente circulará por R_2, como se muestra en la figura 2.17. Ahora el voltaje de salida se puede determinar a partir de

$$v_O = v_1 + \left(\frac{v_I}{R_1}\right) R_2$$

que produce

$$\frac{v_O}{v_I} = 1 + \frac{R_2}{R_1} \tag{2.10}$$

Se puede obtener más conocimiento en la operación de la configuración no inversora si se considera lo siguiente: el divisor de voltaje de la trayectoria de retroalimentación negativa

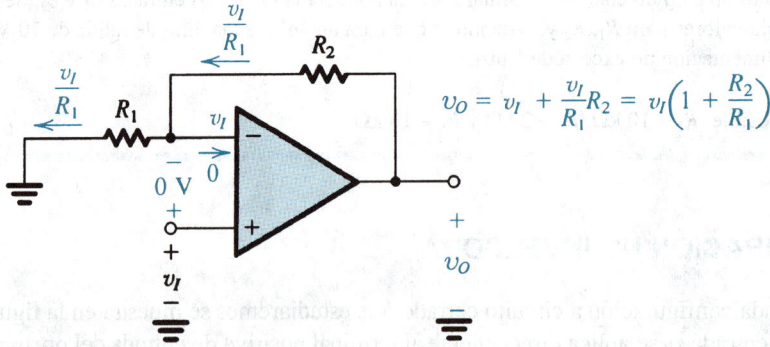

Fig. 2.17 Análisis del circuito no inversor.

ocasiona que una fracción del voltaje de salida aparezca en el terminal inversor de entrada del op amp; esto es,

$$v_1 = v_O \left(\frac{R_1}{R_1 + R_2} \right)$$

Entonces la ganancia infinita del op amp y el resultante cortocircuito virtual entre los dos terminales de entrada del op amp obligan a este voltaje a ser igual al aplicado en el terminal positivo de entrada; entonces,

$$v_O \left(\frac{R_1}{R_1 + R_2} \right) = v_I$$

que produce la expresión de ganancia dada en la ecuación (2.10).

Modelo de circuito equivalente

La ganancia de la configuración no inversora es positiva y de aquí el nombre de *no inversora*. La impedancia de entrada de este amplificador de circuito cerrado es idealmente infinita, ya que no circula corriente en el terminal positivo de entrada del op amp. La salida del amplificador no inversor se toma en los terminales de la fuente ideal de voltaje $A\,(v_2 - v_1)$ (véase el circuito equivalente de op amp de la figura 2.3), y de este modo la resistencia de salida de la configuración no inversora es cero. Al reunir estas propiedades llegamos al modelo de circuito equivalente de la configuración no inversora de amplificador, ilustrada en la figura 2.18. Este modelo se obtiene bajo la suposición de que el op amp es ideal.

Efecto de ganancia finita a circuito abierto de un op amp

Como lo hemos hecho para la configuración inversora, ahora consideramos el efecto de la ganancia finita A de circuito abierto de un op amp en la ganancia de la configuración no inversora. Si se supone que el op amp es ideal excepto por tener una ganancia A finita a circuito abierto, se puede demostrar que la ganancia a circuito cerrado del circuito amplificador no inversor de la figura 2.16 está dada por

$$G \equiv \frac{v_O}{v_I} = \frac{1 + (R_2/R_1)}{1 + \dfrac{1 + (R_2/R_1)}{A}} \tag{2.11}$$

Observemos que el denominador es idéntico al del caso de la configuración inversora. Esto no es coincidencia; es el resultado del hecho de que las configuraciones inversora y no inversora tienen

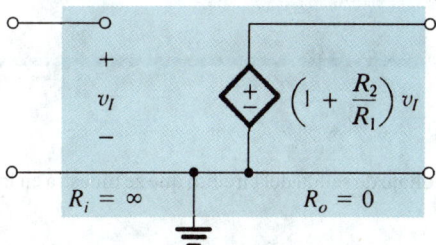

Fig. 2.18 Modelo de circuito equivalente de la configuración de amplificador no inversor de la figura 2.16 (si se supone que el op amp es ideal).

el mismo circuito de retroalimentación. Estudiaremos el tema de retroalimentación en el capítulo 8. Los numeradores son diferentes, pero el numerador da la ganancia ideal o nominal a circuito cerrado ($-\dfrac{R_2}{R_1}$ para la configuración inversora, y $1 + \dfrac{R_2}{R_1}$ para la configuración no inversora). Finalmente, observamos (con seguridad) que la expresión de ganancia en la ecuación (2.11) se reduce al valor ideal para $A = \infty$. De hecho, se aproxima al valor ideal para

$$A \gg 1 + \frac{R_2}{R_1} \tag{2.12}$$

Ésta es la misma condición que en la configuración inversora, excepto que aquí la cantidad del lado derecho es la ganancia nominal a circuito cerrado.

El seguidor de voltaje

La propiedad de alta impedancia de entrada es una característica muy conveniente de la configuración no inversora. Hace posible el uso de este circuito como amplificador separador para conectar una fuente con una alta impedancia a una carga de baja impedancia. Hemos estudiado la necesidad de amplificadores separadores en el capítulo 1. En muchas aplicaciones el amplificador separador no es necesario para dar alguna ganancia de voltaje, sino que más bien se utiliza principalmente como transformador de impedancia o amplificador de potencia. En tales casos podemos hacer $R_2 = 0$ y $R_1 = \infty$ para obtener el amplificador de ganancia unitaria que se muestra en la figura 2.19(a). Es común que este circuito reciba el nombre de **seguidor de voltaje,** ya que la salida "sigue" a la entrada. En el caso ideal, $v_O = v_I$, $R_{in} = \infty$ y $R_{out} = 0$.

Como la configuración no inversora tiene una ganancia mayor o igual a la unidad, según sea la selección de R_2/R_1, algunos prefieren llamarla "seguidor con ganancia".

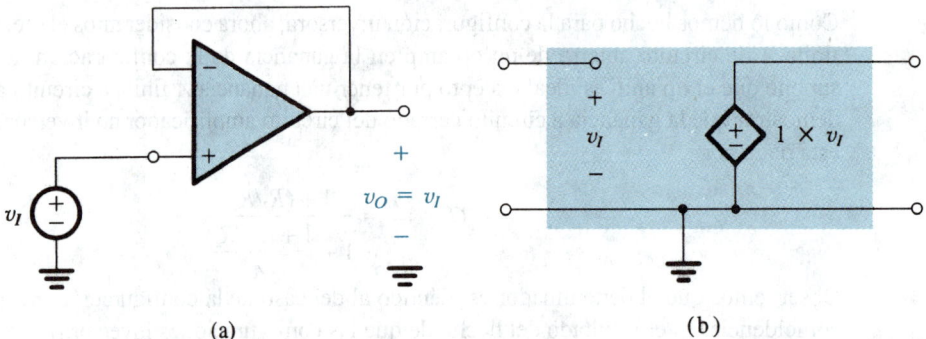

(a) (b)

Fig. 2.19 **(a)** El separador de ganancia unitaria o amplificador seguidor, y **(b)** su modelo de circuito equivalente.

Ejercicios

2.10 Utilice el principio de superposición para hallar el voltaje de salida del circuito que se muestra en la figura E2.10.

Resp. $v_O = 6v_1 + 4v_2$

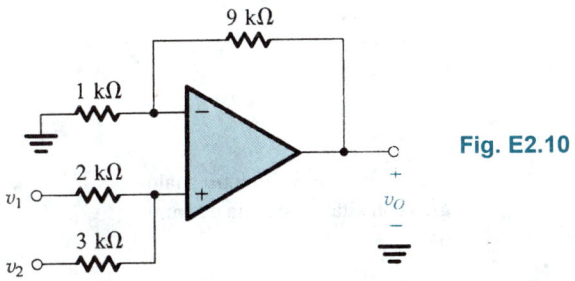

Fig. E2.10

2.11 Si en el circuito de la figura E2.10 el resistor de 1 kΩ se desconecta de tierra y se conecta a una tercera fuente de señal v_3, utilice superposición para determinar v_O en términos de v_1, v_2 y v_3.

Resp. $v_O = 6v_1 + 4v_2 - 9v_3$

D2.12 Diseñe un amplificador no inversor con una ganancia de 2. Al máximo voltaje de salida de 10 V, la corriente en el divisor de voltaje debe ser de 10 μA.

Resp. $R_1 = R_2 = 0.5$ MΩ

2.13 (a) Demuestre que si el op amp del circuito de la figura 2.16 tiene una ganancia finita A de circuito abierto, entonces la ganancia a circuito cerrado está dada por la ecuación (2.11). (b) Para $R_1 = 1$ kΩ y $R_2 = 9$ kΩ encuentre la desviación de voltaje ε de la ganancia a circuito cerrado desde el valor ideal de $(1 + R_2/R_1)$ para los casos $A = 10^3$, 10^4 y 10^5. En cada caso halle el voltaje entre los dos terminales de entrada del op amp suponiendo que $v_I = 1$ V.

Resp. $\varepsilon = -1\%, -0.1\%, -0.01\%$; $v_2 - v_1 = 9.9$ mV, 1 mV, 0.1 mV

2.6   EJEMPLOS DE CIRCUITOS CON OP AMP

Ahora que hemos estudiado las dos configuraciones más comunes a circuito cerrado de op amps, presentamos varios ejemplos. Nuestro objetivo es doble: primero, hacer posible que el lector adquiera experiencia en el análisis de circuitos que contengan op amps; segundo, presentar al lector algunas de las muchas interesantes y estimulantes aplicaciones de op amps.

EJEMPLO 2.5

Un voltímetro analógico simple

En la figura 2.20 se muestra un circuito de un voltímetro analógico de muy alta resistencia de entrada que utiliza un medidor de poco costo y bobina móvil. Como se advierte, el medidor de bobina móvil está conectado en la trayectoria de retroalimentación negativa del op amp. El voltímetro mide el voltaje v aplicado entre el terminal positivo de entrada del op amp y tierra. Suponga que la bobina móvil produce desviación a plena escala cuando la corriente que pasa por ella es de 100 μA; deseamos hallar el valor de R tal que se obtenga lectura a plena escala cuando v sea +10 V.

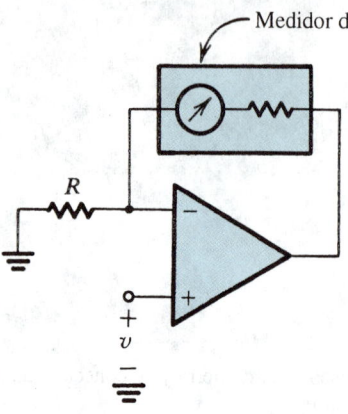

Medidor de bobina móvil

Fig. 2.20 Un voltímetro analógico con alta resistencia de entrada.

SOLUCIÓN

La corriente en el medidor de bobina móvil es v/R debido al cortocircuito virtual en la entrada del op amp y la infinita impedancia de entrada del op amp. Entonces tenemos que seleccionar R tal que $10/R = 100 \ \mu A$. Así, $R = 100 \ k\Omega$.

Nótese que el voltímetro resultante producirá lecturas directamente proporcionales al valor de v, cualquiera que sea el valor de la resistencia interna del medidor de bobina móvil, lo cual es una propiedad muy conveniente.

EJEMPLO 2.6

Un amplificador de diferencia (o amplificador diferencial)

Necesitamos hallar una expresión para encontrar el voltaje de salida v_O en términos de los voltajes de entrada v_1 y v_2 para el circuito de la figura 2.21.

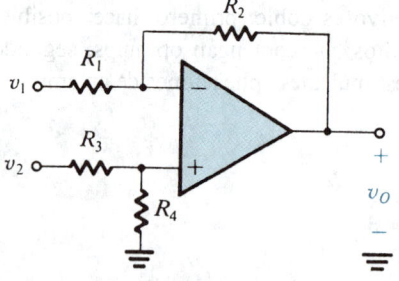

Fig. 2.21 Un amplificador de diferencia.

SOLUCIÓN

Hay varias formas de resolver este problema; quizá la más sencilla consiste en usar el principio de superposición. Obviamente que aquí se puede utilizar la superposición, puesto que la red es lineal.

Para aplicar superposición, primero reducimos v_2 a cero, es decir, conectamos a tierra el terminal al que v_2 se aplica, y luego hallamos el correspondiente voltaje de salida, que se deberá por entero a v_1. Denotamos este voltaje de salida por v_{O1}. Su valor se puede hallar del circuito de la figura 2.22(a), que reconocemos como de configuración inversora. La existencia de R_3 y R_4 no afecta la expresión de ganancia, ya que no circula corriente por ninguna de estas resistencias. Por lo tanto,

$$v_{O1} = -\frac{R_2}{R_1} v_1$$

A continuación reducimos v_1 a cero y evaluamos el correspondiente voltaje de salida v_{O2}. El circuito ahora tomará la forma que se muestra en la figura 2.22(b), que reconocemos como

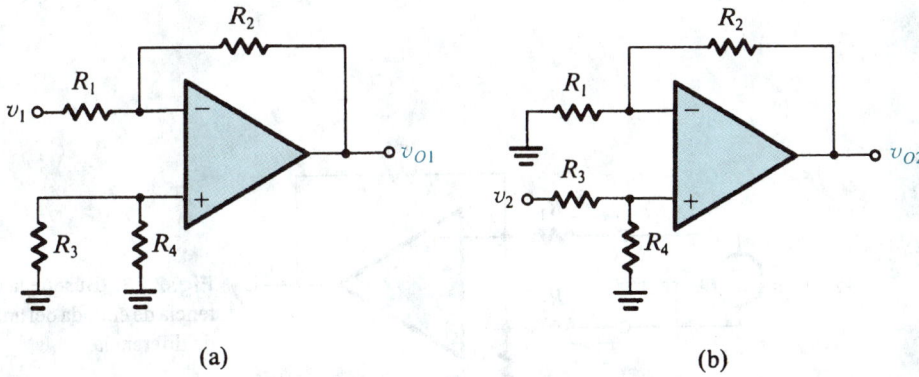

(a)   (b)

Fig. 2.22 Aplicación de superposición al análisis del circuito de la figura 2.21.

configuración no inversora con un divisor de voltaje adicional, formado por R_3 y R_4, conectados en los terminales de la entrada v_2. El voltaje de salida v_{O2} está, por lo tanto, dado por

$$v_{O2} = v_2 \frac{R_4}{R_3 + R_4}\left(1 + \frac{R_2}{R_1}\right)$$

El principio de superposición nos dice que el voltaje de salida v_O es igual a la suma de v_{O1} y v_{O2}. De esta forma tenemos

$$v_O = -\frac{R_2}{R_1} v_1 + \frac{1 + R_2/R_1}{1 + R_3/R_4} v_2 \tag{2.13}$$

Esto completa el análisis del circuito de la figura 2.21, pero, debido a la importancia práctica de este circuito, continuaremos con él más adelante. Preguntaremos: ¿cuál es la condición en la que este circuito funcionará como amplificador de diferencia? En otras palabras, deseamos hacer que el circuito responda (produzca una salida) en proporción a la señal de diferencia $v_2 - v_1$ y rechazar señales de modo común (es decir, que produzca salida cero cuando $v_1 = v_2$). La respuesta se puede obtener de la expresión que hemos derivado (ecuación 2.13). Sea $v_1 = v_2$ y especifíquese que $v_O = 0$. Es fácil ver que este proceso lleva a la condición $R_2/R_1 = R_4/R_3$. Al sustituir en la ecuación (2.13) resulta el voltaje de salida

$$v_O = \frac{R_2}{R_1}(v_2 - v_1)$$

que es claramente el del amplificador de diferencia con ganancia de R_2/R_1.

Luego nos preguntamos acerca de la resistencia de entrada vista entre los dos terminales de entrada. El circuito se dibuja de nuevo en la figura 2.23 con la condición $R_2/R_1 = R_4/R_3$ impuesta. De hecho, para simplificar las cosas y por otras consideraciones prácticas, hemos hecho $R_3 = R_1$ y $R_4 = R_2$. Deseamos evaluar la resistencia diferencial de entrada R_{in}, definida como

$$R_{in} \equiv \frac{v_2 - v_1}{i}$$

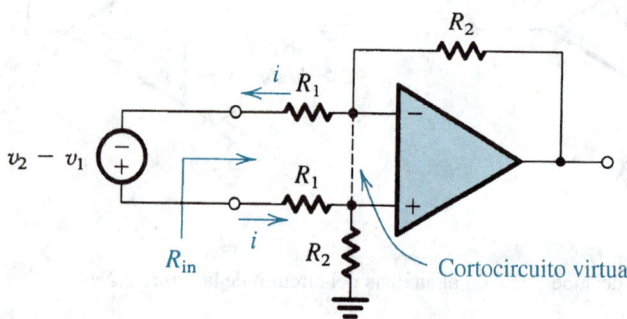

Fig. 2.23 Búsqueda de la resistencia de entrada del amplificador de diferencia.

Como los dos terminales de entrada del op amp se rastrean entre sí en potencial, podemos escribir una ecuación de circuito y obtener

$$v_2 - v_1 = R_1 i + 0 + R_1 i$$

Por lo tanto $R_{in} = 2R_1$. Nótese que si se requiere que el amplificador tenga una ganancia diferencial grande, entonces R_1, por necesidad, será relativamente pequeña y la resistencia de entrada será de modo correspondiente también pequeña, una desventaja de este circuito.

Los amplificadores de diferencia encuentran aplicación en muchos campos de trabajo, principalmente en el diseño de sistemas de instrumentación. Como ejemplo, considere el caso de un transductor que produce entre sus dos terminales de salida una señal relativamente pequeña, digamos de 1 mV. Sin embargo, entre cada uno de los dos alambres (que van del transductor al sistema de instrumentación) y tierra puede haber una interferencia captada muy grande, por ejemplo de 1 V. El amplificador que se hace necesario, conocido como **amplificador de instrumentación**, debe rechazar esta gran señal de interferencia, que es común a los dos alambres (una señal de modo común) y amplificar la pequeña señal de diferencia (o diferencial). Esta situación se ilustra en la figura 2.24, donde v_{CM} denota la señal en modo común y v_d denota la señal diferencial.

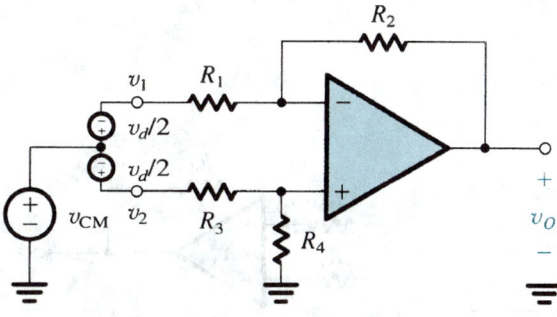

Fig. 2.24 Representación de los componentes de modo común y diferencial de la señal de entrada a un amplificador de diferencia. Nótese que $v_1 = v_{CM} - v_d/2$ y $v_2 = v_{CM} + v_d/2$.

EJEMPLO 2.7

Un amplificador de instrumentación

El amplificador de diferencia estudiado en el ejemplo anterior no es enteramente satisfactorio como amplificador de instrumentación. Sus principales desventajas son su baja resistencia de entrada y que su ganancia no se puede hacer variar con facilidad. En la figura 2.25(a) se muestra un circuito amplificador de instrumentación muy superior. Analice el lector el circuito para determinar v_O como función de v_1 y v_2, y determine la ganancia diferencial. Sugiera una forma de hacer variable la ganancia. También encuentre la resistencia de entrada. Diseñe el circuito para obtener una ganancia que se pueda hacer variar entre 2 y 1000 utilizando un resistor variable de 100 kΩ (potenciómetro).

SOLUCIÓN

El circuito está formado por dos etapas: la primera por los op amps A_1 y A_2 y sus resistores asociados, y la segunda por el op amp A_3 junto con sus cuatro resistores asociados. Reconocemos la segunda etapa como la del amplificador de diferencia estudiado en el ejemplo 2.6.

El análisis del circuito, si se suponen op amps ideales, es sencillo, como se ilustra en la figura 2.25(b). El punto clave es que los cortocircuitos virtuales en las entradas de los op amps A_1 y A_2 hacen que los voltajes de entrada v_1 y v_2 aparezcan en los terminales de R_1. Así, el voltaje de entrada diferencial $(v_1 - v_2)$ aparece a través de R_1 y ocasiona que la corriente $i = (v_1 - v_2)/R_1$ circule por R_1 y los dos resistores marcados como R_2. Esta corriente, a su vez, produce una diferencia de voltaje entre los terminales de salida de A_1 y A_2 dada por

$$v_{O1} - v_{O2} = \left(1 + \frac{2R_2}{R_1}\right)(v_1 - v_2) \tag{2.14}$$

El amplificador de diferencia formado alrededor del op amp A_3 capta la diferencia de voltaje $(v_{O1} - v_{O2})$ y produce un voltaje proporcional de salida v_O,

$$v_O = -\frac{R_4}{R_3}(v_{O1} - v_{O2}) \tag{2.15}$$

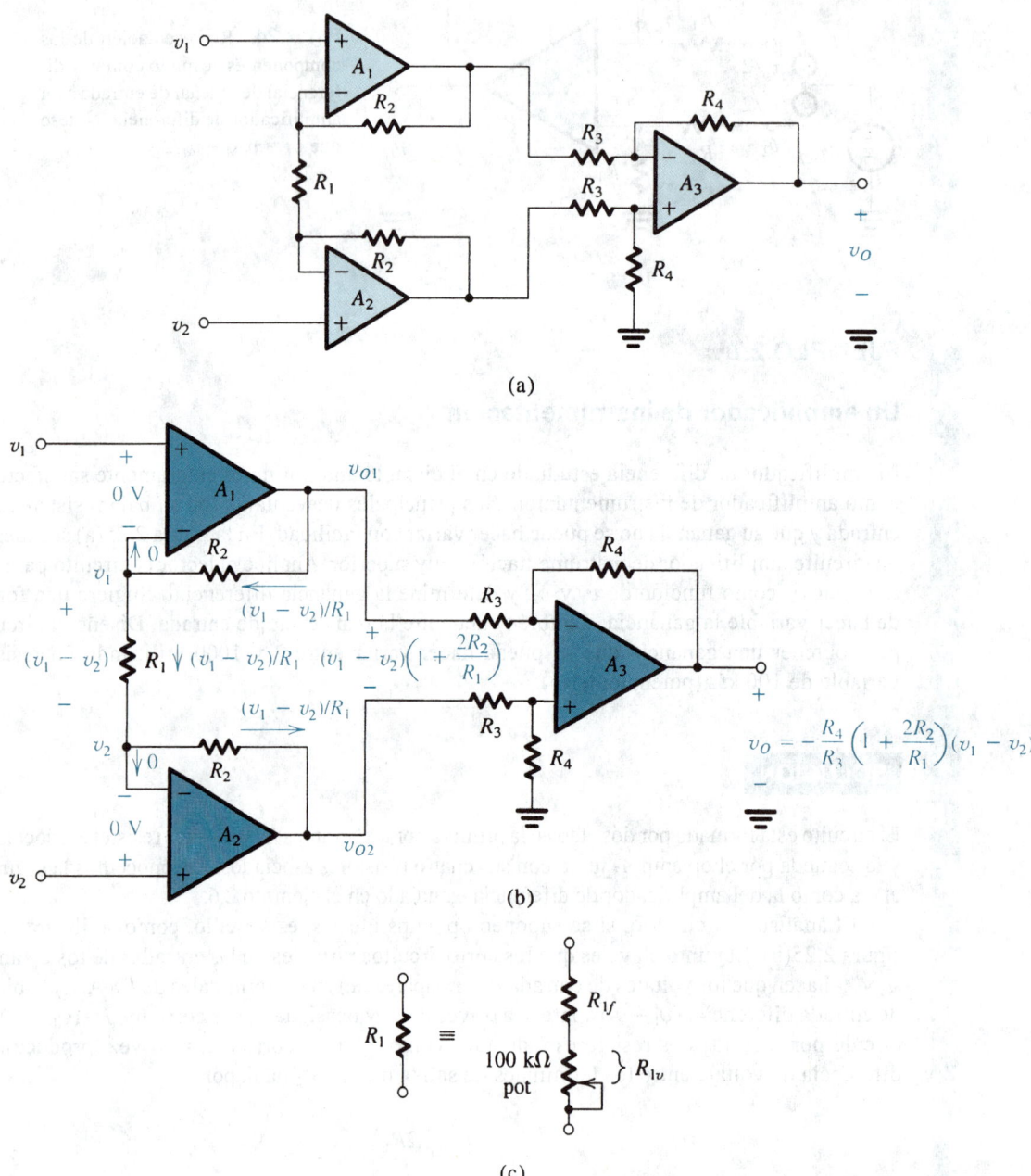

Fig. 2.25 **(a)** Circuito preferido para un amplificador de instrumentación. **(b)** Análisis del circuito de (a) suponiendo op amps ideales. **(c)** Para hacer variable la ganancia, R_1 se implementa como la combinación serie de un resistor fijo R_{1f} y un resistor variable R_{1v}. El resistor R_{1f} asegura que la ganancia máxima disponible sea limitada.

Al combinar las ecuaciones (2.14) y (2.15) resulta

$$v_O = \frac{R_4}{R_3}\left(1 + \frac{2R_2}{R_1}\right)(v_2 - v_1)$$

De esta forma, el amplificador de instrumentación tiene una ganancia de voltaje diferencial de

$$A_d \equiv \frac{v_O}{v_2 - v_1} = \left(1 + \frac{2R_2}{R_1}\right)\frac{R_4}{R_3} \tag{2.16}$$

Fácilmente se puede demostrar que una señal de entrada de modo común v_{CM} (aplicado a ambos terminales de entrada; véase la figura 2.24) se propaga en la primera etapa resultando en $v_{O1} = v_{O2} = v_{CM}$ (suponiendo que por ahora hemos hecho $v_d = 0$). De esta forma, si el amplificador de diferencia de la segunda etapa está debidamente balanceada, producirá un voltaje cero de salida en respuesta a v_{CM}, lo que indica que la ganancia en modo común del amplificador de instrumentación tiene el valor ideal de cero.

De la expresión de ganancia diferencial de la ecuación (2.16) observamos que el valor de ganancia puede variar si se hace variar el resistor individual R_1; cualquier otro arreglo implica hacer variar dos resistores simultáneamente.

Como los dos op amps de la etapa de entrada están conectados en la configuración no inversora, la impedancia de entrada vista por cada uno de los voltajes v_1 y v_2 es (idealmente) infinita. Ésta es una ventaja importante de esta configuración del amplificador de instrumentación.

Llevemos ahora nuestra atención al problema de diseño en particular. Suele ser preferible obtener toda la ganancia necesaria en la primera etapa, dejando la segunda etapa para realizar la tarea de tomar la diferencia entre las salidas de la primera etapa y así rechazar la señal de modo común. En otras palabras, la segunda etapa se diseña generalmente para una ganancia de uno. Si se adopta este método, seleccionamos todos los resistores de la segunda etapa iguales a un valor prácticamente conveniente, por ejemplo 10 kΩ. El problema entonces se reduce a diseñar la primera etapa para obtener una ganancia ajustable entre 2 y 1000. Si se implementa R_1 como la combinación en serie de un resistor fijo R_{1f} y el resistor variable R_{1v} obtenida mediante el uso del potenciómetro de 100 kΩ (véase la figura 2.25c), se puede escribir

$$1 + \frac{2R_2}{R_{1f} + R_{1v}} = 2 \text{ a } 1000$$

Por lo tanto,

$$1 + \frac{2R_2}{R_{1f}} = 1000$$

y

$$1 + \frac{2R_2}{R_{1f} + 100 \text{ k}\Omega} = 2$$

Estas dos ecuaciones dan $R_{1f} = 100.2$ Ω y $R_2 = 50.050$ kΩ. Se pueden seleccionar otros valores prácticos; por ejemplo, $R_{1f} = 100$ Ω y $R_2 = 49.9$ kΩ (ambos valores existen como resistores estándar de película metálica y 1% de tolerancia; véase el apéndice H) resulta en una ganancia que cubre aproximadamente el límite necesario.

Ejercicios

2.14 Encuentre valores para las resistencias del circuito de la figura 2.21 tales que el circuito se comporte como un amplificador de diferencia con una resistencia de entrada de 20 kΩ y una ganancia de 100.

Resp. $R_1 = R_3 = 10$ kΩ; $R_2 = R_4 = 1$ MΩ

2.15 Para el circuito que se muestra en la figura E2.15, obtenga una expresión para la función de transferencia V_o/V_i. Encuentre expresiones para hallar la magnitud y fase de la respuesta. *Nota*: Este circuito funciona como divisor de fase. También se conoce como *filtro pasatodo de primer orden*.

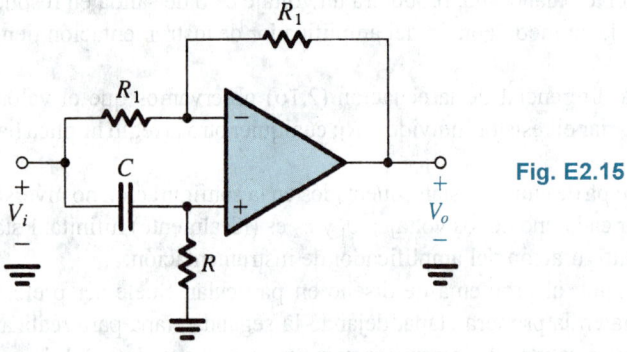

Fig. E2.15

Resp. $V_o/V_i = (s - 1/CR)/(s + 1/CR)$; $|V_o/V_i| = 1$; $\phi = 180° - 2 \tan^{-1}(\omega CR)$

2.16 Considere el circuito de amplificador de diferencia de la figura 2.21. Sustituya R_2 y R_4 con dos capacitores iguales C, y haga $R_1 = R_3 = R$. Utilice superposición para demostrar que el circuito se convierte en integrador con $V_o = (V_2 - V_1)/sCR$.

2.7   EFECTO DE GANANCIA FINITA A CIRCUITO ABIERTO Y ANCHO DE BANDA EN EL FUNCIONAMIENTO DE UN CIRCUITO

Ya antes definimos el op amp ideal y presentamos varias aplicaciones de circuitos de op amps. El análisis de estos circuitos supuso que los op amps eran ideales. Aun cuando en muchas aplicaciones ésta no es una mala suposición, un diseñador de circuitos tiene que estar familiarizado con las características de op amps prácticos y los efectos de estas características en la operación de circuitos con op amps. Sólo entonces estará el diseñador en aptitud de utilizar los op amps inteligentemente, en especial si la aplicación a mano no es sencilla. Las propiedades no ideales de op amps, por supuesto, limitan el campo de operación de los circuitos analizados en los ejemplos anteriores.

En el resto de este capítulo consideramos algunas de las importantes propiedades no ideales del op amp. Hacemos esto tratando un parámetro a la vez, comenzando en esta sección con el caso más serio de op amp no ideal, que es su ganancia finita y ancho de banda.

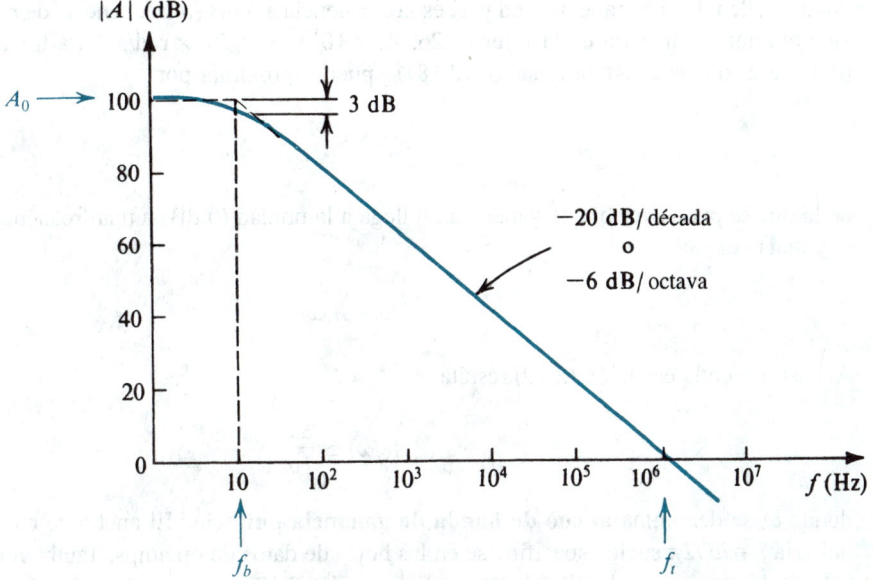

Fig. 2.26 Ganancia a circuito abierto de un op amp típico de uso general e internamente compensado.

La ganancia diferencial a circuito abierto de un op amp no es infinita, sino que más bien es finita y disminuye con la frecuencia. En la figura 2.26 se muestra una gráfica para $|A|$, con los números típicos de los op amps de uso más general (como los op amp tipo 741, que se puede adquirir de muchos fabricantes de semiconductores y cuyo circuito interno se estudia en el capítulo 10).

Nótese que aun cuando la ganancia es bastante alta a cd y bajas frecuencias, comienza a caer a frecuencias más bien bajas (10 Hz en nuestro ejemplo). La atenuación uniforme de ganancia a -20 dB/década que se muestra es típica para op amps **internamente compensados**. Éstas son unidades que tienen una red (por lo general un solo capacitor) incluido en el mismo chip de IC cuya función es producir la ganancia del op amp para tener la respuesta de paso bajo y una constante de tiempo que se muestra. Este proceso de modificar la ganancia a circuito abierto se denomina **compensación de frecuencia,** y su propósito es asegurar que los circuitos con op amps sean estables (opuestos a los oscilatorios). El tema de estabilidad de circuitos de op amps, o, más generalmente, de amplificadores de retroalimentación, se estudiará en el capítulo 8.

Por analogía a la respuesta de circuitos STC de paso bajo (véase la sección 1.6 y, para más detalle, el apéndice F), la ganancia $A(s)$ de un op amp internamente compensado se puede expresar como

$$A(s) = \frac{A_0}{1 + s/\omega_b} \tag{2.17}$$

que para frecuencias físicas, $s = j\omega$, se convierte en

$$A(j\omega) = \frac{A_0}{1 + j\omega/\omega_b} \tag{2.18}$$

donde A_0 denota la ganancia de cd y ω_b es la frecuencia a 3 dB (o frecuencia "de ruptura"). Para el ejemplo que se muestra en la figura 2.26, $A_0 = 10^5$ y $\omega_b = 2\pi \times$ rad/s. Para frecuencias $\omega \gg \omega_b$ (diez veces o más altas), la ecuación (2.18) se puede aproximar por

$$A(j\omega) \simeq \frac{A_0\omega_b}{j\omega} \tag{2.19}$$

de la que se puede ver que la ganancia $|A|$ llega a la unidad (0 dB) a una frecuencia denotada por ω_t y dada por

$$\omega_t = A_0\omega_b \tag{2.20}$$

Al sustituir en la ecuación (2.19) resulta

$$A(j\omega) \simeq \frac{\omega_t}{j\omega} \tag{2.21}$$

donde ω_t se denomina **ancho de banda de ganancia unitaria.**[2] El ancho de banda de ganancia unitaria $f_t = \omega_t/2\pi$ suele especificarse en las hojas de datos de op amps. También nótese que para $\omega \gg \omega_b$ la ganancia a circuito abierto en la ecuación (2.17) se convierte en

$$A(s) \simeq \frac{\omega_t}{s} \tag{2.22}$$

Así, el op amp se comporta como integrador con constante de tiempo $\tau = 1/\omega_t$. Esto se correlaciona con la respuesta en frecuencia de –6 dB/octava indicada en la figura 2.26.

La magnitud de ganancia se puede obtener a partir de la ecuación (2.21) como

$$|A(j\omega)| \simeq \frac{\omega_t}{\omega} = \frac{f_t}{f} \tag{2.23}$$

Entonces, si f_t se conoce (10^6 Hz en nuestro ejemplo), se puede fácilmente estimar la magnitud de la ganancia del op amp a una frecuencia f dada. En cuanto a la importancia práctica, observemos que la dispersión de producción en el valor de ω_t entre op amps del mismo tiempo es mucho menor que el observado para A_0 y ω_b. Por esta razón, ω_t (o $f_t = \omega_t/2\pi$) se prefiere como parámetro de especificación. Finalmente, debe mencionarse que un op amp que tenga esta atenuación de ganancia de –6 dB/octava se dice que tiene un modelo de "un polo". Del mismo modo, como este polo individual domina la respuesta en frecuencia del amplificador, se llama **polo dominante.** En el capítulo 7 trataremos con mayor detalle polos y ceros.

Respuesta en frecuencia de amplificadores de circuito cerrado

A continuación consideramos el efecto de ganancia limitada de op amps y ancho de banda limitada, en las funciones de transferencia a circuito cerrado de las dos configuraciones básicas: el circuito inversor de la figura 2.4 y el circuito no inversor de la figura 2.16. La ganancia a circuito cerrado

---

[2] Debido a que ω_t es el producto de la ganancia A_0 de cd y el ancho de banda ω_b a 3 dB, se le conoce también como *producto del ancho de banda de ganancia* (GB).

del amplificador inversor, si se supone ganancia A finita a circuito abierto de un op amp, se obtuvo en la sección 2.3 y se dio en la ecuación (2.1), que aquí repetimos como

$$\frac{V_o}{V_i} = \frac{-R_2/R_1}{1 + (1 + R_2/R_1)/A} \tag{2.24}$$

Al sustituir por A de la ecuación (2.17) resulta

$$\frac{V_o(s)}{V_i(s)} = \frac{-R_2/R_1}{1 + \dfrac{1}{A_0}\left(1 + \dfrac{R_2}{R_1}\right) + \dfrac{s}{\omega_t/(1 + R_2/R_1)}} \tag{2.25}$$

Para $A_0 \gg 1 + R_2/R_1$, que suele ser el caso,

$$\frac{V_o(s)}{V_i(s)} \simeq \frac{-R_2/R_1}{1 + \dfrac{s}{\omega_t/(1 + R_2/R_1)}} \tag{2.26}$$

que es de la misma forma que para una red de una constante de tiempo (STC) de paso bajo (véase la tabla 1.2, página 32). Entonces, el amplificador inversor tiene una respuesta STC de paso bajo con una ganancia de cd de magnitud igual a R_2/R_1. La ganancia a circuito abierto se atenúa a una pendiente uniforme de -20 dB/década con una frecuencia de corte (frecuencia a 3 dB) dada por

$$\omega_{3dB} = \frac{\omega_t}{1 + R_2/R_1} \tag{2.27}$$

Análogamente, un análisis del amplificador no inversor de la figura 2.16, si se supone una ganancia A finita a circuito abierto, produce una función de transferencia a circuito cerrado de

$$\frac{V_o}{V_i} = \frac{1 + R_2/R_1}{1 + (1 + R_2/R_1)/A} \tag{2.28}$$

Al sustituir por A de la ecuación (2.17) y hacer la aproximación $A_0 \gg 1 + R_2/R_1$ resulta en

$$\frac{V_o(s)}{V_i(s)} \simeq \frac{1 + R_2/R_1}{1 + \dfrac{s}{\omega_t/(1 + R_2/R_1)}} \tag{2.29}$$

Entonces, el amplificador no inversor tiene una respuesta STC de paso bajo con una ganancia de cd de $(1 + R_2/R_1)$ y una frecuencia a 3 dB dada también por la ecuación (2.27).

EJEMPLO 2.8

Considere un op amp con $f_t = 1$ MHz. Encuentre la frecuencia a 3 dB de amplificadores a circuito cerrado con ganancias nominales de $+1000$, $+100$, $+10$, $+1$, -1, -10, -100 y -1000. Trace la respuesta en magnitud de frecuencia para los amplificadores con ganancias a circuito cerrado de $+10$ y -10.

SOLUCIÓN

Mediante la ecuación (2.27) obtenemos los resultados dados en la tabla de la página siguiente.

Ganancia a circuito cerrado	$\dfrac{R_2}{R_1}$	$f_{3dB} = f_t/(1 + R_2/R_1)$
+1000	999	1 kHz
+100	99	10 kHz
+10	9	100 kHz
+1	0	1 MHz
−1	1	0.5 MHz
−10	10	90.9 kHz
−100	100	9.9 kHz
−1000	1000	≃ 1 kHz

En la figura 2.27 se muestra la respuesta en frecuencia para el amplificador cuya ganancia nominal de cd es +10, y en la figura 2.28 se muestra la respuesta en frecuencia para el caso de −10. Se deduce una observación interesante de la tabla anterior: el amplificador inversor de ganancia unitaria tiene una frecuencia de 3 dB de $f_t/2$ en comparación con f_t para el amplificador no inversor de ganancia unitaria.

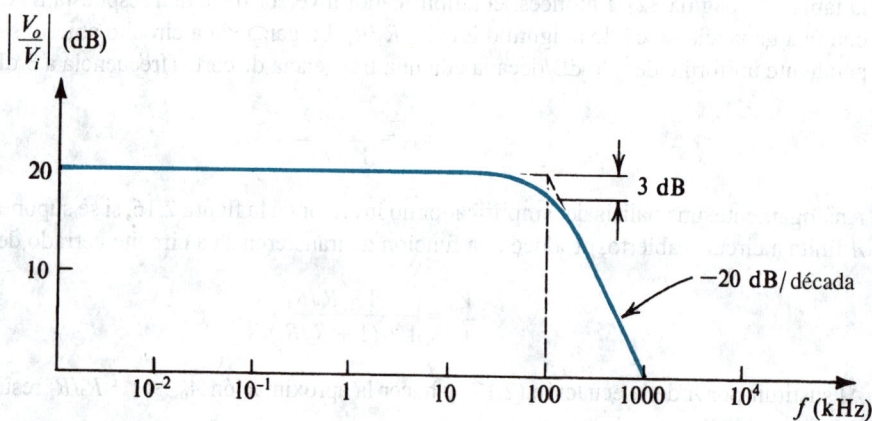

Fig. 2.27 Respuesta en frecuencia de un amplificador con ganancia nominal de +10 V/V.

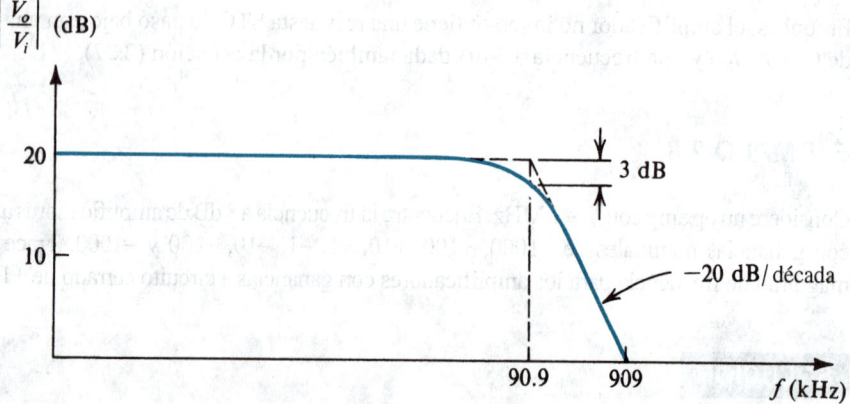

Fig. 2.28 Respuesta en frecuencia de un amplificador con ganancia nominal de −V/V.

En el ejemplo 2.8 se ilustra claramente la relación entre ganancia y ancho de banda: para un op amp dado, cuanto menor sea la ganancia necesaria a circuito cerrado, mayor será el ancho de banda alcanzado. De hecho, la configuración no inversora exhibe un producto de ganancia constante y ancho de banda igual a f_t del op amp. En el capítulo 8 se da una interpretación de estos resultados en términos de la teoría de retroalimentación.

Ejercicios

2.17 Un op amp internamente compensado tiene una ganancia de cd a circuito abierto de 10^6 V/V y una ganancia de ca a circuito abierto de 40 dB a 10 kHz. Estime su frecuencia a 3 dB, su frecuencia de ganancia unitaria, su producto de ganancia y ancho de banda y su ganancia esperada a 1 kHz.

Resp. 1 Hz; 1 MHz; 1 MHz; 60 dB

2.18 Considere un op amp que tiene una ganancia de 106 dB a cd y una respuesta en frecuencia de un polo con f_t = 2 MHz. Encuentre la magnitud de ganancia a f = 1 kHz, 10 kHz y 100 kHz.

Resp. 2000 V/V; 200 V/V; 20 V/V

2.19 Si el op amp del ejercicio 2.18 se utiliza para diseñar un amplificador no inversor con ganancia de cd nominal de 100, encuentre la frecuencia de 3 dB de la ganancia a circuito cerrado.

Resp. 20 kHz

2.8   OPERACIÓN DE OP AMPS A GRAN SEÑAL

En esta sección estudiamos las limitaciones de la operación de circuitos con op amps cuando están presentes grandes señales de salida.

Saturación de salida

De manera similar a otros amplificadores, los op amps operan linealmente en un intervalo limitado de voltajes de salida. Específicamente, la salida de un op amp se satura en la forma que se muestra en la figura 1.13 con L_+ y L_- a no más de entre 1 y 3 volts de las fuentes de alimentación positiva y negativa, respectivamente. Entonces, un op amp que opere de fuentes de ±15 V se satura cuando el voltaje de salida llegue a unos +13 V en la dirección positiva y −13 V en la dirección negativa. Para este op amp se dice que el **voltaje nominal de salida** es ±13 V. Para evitar que se recorten los picos de la onda de salida, y la resultante distorsión de la onda, la señal de entrada debe mantenerse correspondientemente pequeña.

Ejercicio

2.20 El voltaje nominal de salida de un op amp dado es ±10 V. Si el op amp se utiliza para diseñar un amplificador no inversor con una ganancia de 200, ¿cuál es la máxima entrada de onda senoidal que se puede manejar sin recortar la salida?

Resp. 0.1 V pico a pico

Rapidez de respuesta

Otro fenómeno que puede ocasionar distorsión no lineal cuando están presentes grandes señales de salida es el de la limitación de la rapidez de salida. Esto se refiere al hecho de que hay una rapidez específica máxima de cambio posible a la salida de un op amp real. Este máximo se conoce como *rapidez de respuesta (SR) del op amp* y está definido como

$$SR = \frac{dv_O}{dt}\bigg|_{\text{máx}} \tag{2.30}$$

y por lo general se especifica en la hoja de datos del op amp en unidades de V/μs. Se deduce que si la señal de entrada aplicada a un circuito con op amp es tal que demanda una respuesta de salida que sea más rápida que el valor especificado de SR, el op amp no satisface este requisito y su salida cambia a la máxima rapidez posible, que es igual a su SR. Como ejemplo, considere un op amp conectado a la configuración de seguidor de voltaje de ganancia unitaria que se muestra en la figura 2.29(a), y sea la señal de entrada un voltaje en escalón que se presenta en la figura 2.29(b).

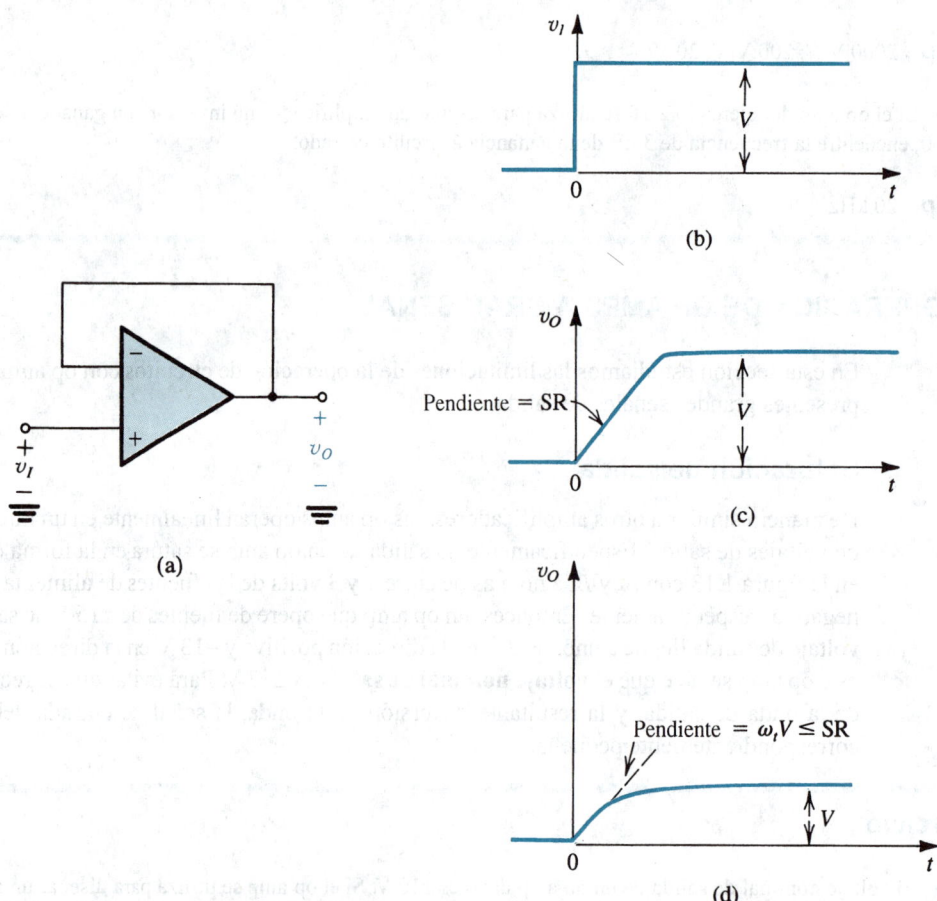

Fig. 2.29 **(a)** Seguidor de ganancia unitaria. **(b)** Onda de escalón de entrada. **(c)** Onda de salida que se eleva linealmente, obtenida cuando el amplificador está limitado por la rapidez de respuesta. **(d)** Onda de salida que se eleva exponencialmente, obtenida cuando V es suficientemente pequeño para que la pendiente inicial ($\omega_t V$) sea menor o igual a SR.

La salida del op amp no podrá elevarse instantáneamente al valor ideal V sino que, más bien, la salida será la rampa ideal de pendiente igual a SR, mostrada en la figura 2.29(c). Se dice entonces que el amplificador varía rápidamente y su salida está limitada por la rapidez de respuesta.

Para comprender el origen del fenómeno de rapidez de respuesta es necesario conocer acerca del circuito interno del op amp, lo que haremos en el capítulo 10. Por ahora, sin embargo, es suficiente saber sobre el fenómeno y observar que es distinto del ancho de banda finito del op amp que limita la respuesta en frecuencia de amplificadores de circuito cerrado, estudiado en la sección anterior. El ancho de banda limitado es un fenómeno lineal y no resulta en un cambio en la forma de un senoide de entrada, es decir, no conduce a distorsión no lineal. La limitación de rapidez de respuesta, por otra parte, puede ocasionar distorsión no lineal a una señal senoidal de entrada cuando su frecuencia y amplitud sean tales que la correspondiente salida ideal necesite que v_O cambie a una mayor rapidez que la rapidez de respuesta (SR). Éste es el origen de otra especificación relacionada con op amps, que es su ancho de banda a plena potencia, que se explica posteriormente.

Antes de dejar el ejemplo de la figura 2.29 señalaremos que si el voltaje V de escalón de entrada es suficientemente pequeño, la salida puede ser la rampa que se eleva exponencialmente y que se muestra en la figura 2.29(d). Se esperaría esta salida del seguidor si la única limitación de su operación dinámica es el ancho de banda finito del op amp. Específicamente, la función de transferencia del seguidor se puede hallar si se sustituye $R_1 = \infty$ y $R_2 = 0$ en la ecuación (2.29) para obtener

$$\frac{V_o}{V_i} = \frac{1}{1 + s/\omega_t} \tag{2.31}$$

que es una respuesta STC de paso bajo con una constante de tiempo $1/\omega_t$. Su respuesta en escalón, por lo tanto, sería (véase apéndice F)

$$v_O(t) = V(1 - e^{-\omega_t t}) \tag{2.32}$$

La pendiente inicial de esta función que se eleva exponencialmente es $(\omega_t V)$. Entonces, mientras V sea suficientemente pequeño de modo que $\omega_t V \leq SR$, la salida será como se ve en la figura 2.29(d).

Ejercicio

2.21 Un op amp, que tiene una rapidez de respuesta de $1 V/\mu s$ y un ancho de banda de ganancia unitaria f_t de 1 MHz, se conecta en la configuración de seguidor de ganancia unitaria. Encuentre el máximo voltaje posible de escalón para el que la onda de salida todavía se encuentre dada por la rampa exponencial de la ecuación (2.32). Para este voltaje de entrada, ¿cuál es el tiempo de elevación de 10% a 90% de la onda de salida? Si se aplica un escalón de entrada que es 10 veces mayor, encuentre el tiempo de elevación de 10% a 90% de la onda de salida.

Resp. 0.16 V; 0.35 μs; 1.28 μs

Ancho de banda a plena potencia

La limitación de rapidez de respuesta de un op amp puede ocasionar distorsión no lineal en ondas senoidales. Considere una vez más el seguidor de ganancia unitaria con entrada de onda senoidal dada por

$$v_I = \hat{V}_i \operatorname{sen} \omega t$$

La rapidez de cambio de esta onda está dada por

$$\frac{dv_I}{dt} = \omega \hat{V}_i \cos \omega t$$

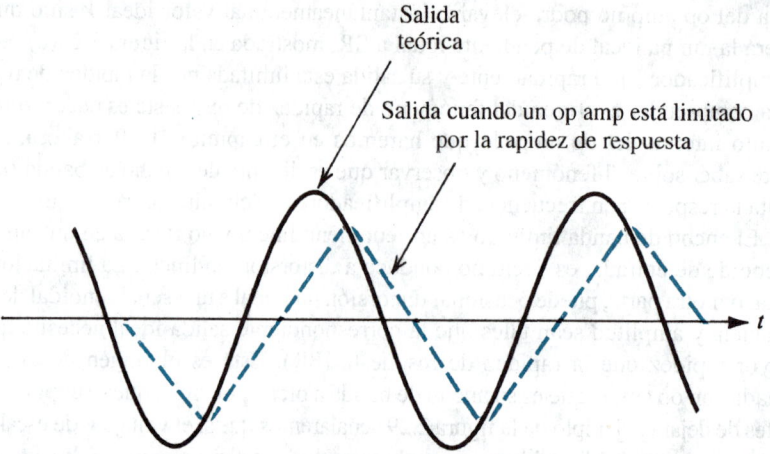

Fig. 2.30   Efecto de la limitación de rapidez de respuesta en ondas senoidales de salida

y tiene un valor máximo de $\omega\hat{V}_i$. Este máximo se presenta en los cruces cero de la senoide de entrada. Ahora, si $\omega\hat{V}_i$ excede de la rapidez de respuesta del op amp, la onda de salida se distorsiona en la forma en que se muestra en la figura 2.30. Observe que la salida no puede ir al mismo paso que la gran rapidez de cambio de la onda senoidal en sus cruces con el cero, y el op amp varía rápidamente.

Las hojas de datos de op amps suelen especificar una frecuencia f_M llamada **ancho de banda a plena potencia.** Es la frecuencia a la que una senoide de salida con amplitud igual al voltaje nominal de salida del op amp empieza a mostrar distorsión debida a la limitación de rapidez de respuesta. Si denotamos el voltaje nominal de salida por $V_{omáx}$, entonces f_M está relacionada a la SR como sigue:

$$\omega_M V_{omáx} = SR$$

Entonces,

$$f_M = \frac{SR}{2\pi V_{omáx}} \tag{2.33}$$

Debe ser obvio que las senoides de salida de amplitudes menores que $V_{omáx}$ mostrarán distorsión de rapidez de respuesta a frecuencias mayores que ω_M. De hecho, a una frecuencia ω mayor que ω_M, la amplitud máxima de la senoide de salida no distorsionada está dada por:

$$V_o = V_{omáx}\left(\frac{\omega_M}{\omega}\right) \tag{2.34}$$

Ejercicio

2.22   Un op amp tiene un voltaje nominal de salida de ±10 V y una rapidez de respuesta de 1 V/μs. ¿Cuál es el ancho de banda a plena potencia? Si se aplica una entrada senoidal con frecuencia $f = 5f_M$ a un seguidor de ganancia unitaria construido usando este op amp, ¿cuál es la máxima amplitud posible que se pueda acomodar a la salida sin incurrir en distorsión de rapidez de respuesta?

Resp.   15.9 kHz; 2 V (pico)

2.9   IMPERFECCIONES DE CD

Voltaje de desnivel

Debido a que los op amps son dispositivos de acoplamiento directo con grandes ganancias a cd, son propensos a problemas de cd. El primero de estos problemas es el voltaje de desnivel de cd. Para comprender este problema consideremos el siguiente experimento *conceptual*: si los dos terminales de entrada del op amp están unidos y conectados a tierra, se encontrará que hay un voltaje finito de cd a la salida. De hecho, si el op amp tiene una elevada ganancia de cd, la salida estará al nivel de saturación positivo o negativo. La salida del op amp se puede regresar a su valor ideal de 0 V si se conecta una fuente de voltaje de cd de polaridad y magnitud apropiadas entre los dos terminales de entrada del op amp. Esta fuente externa equilibra el voltaje de desnivel de entrada del op amp. Se deduce que el **voltaje de desnivel de entrada** (V_{OS}) debe ser de igual magnitud y de polaridad opuesta al voltaje que se aplica externamente.

El voltaje de desnivel de entrada aparece como resultado de los inevitables desacoplamientos presentes en la etapa de entrada diferencial del op amp. En capítulos posteriores estudiaremos en detalle este tema, pero aquí nuestra preocupación es investigar el efecto de V_{OS} en la operación de circuitos de op amp a circuito cerrado. Hacia el final observamos que los op amps de uso general exhiben V_{OS} en la escala de 1 a 5 mV. Del mismo modo, el valor de V_{OS} depende de la temperatura. Las hojas de datos de op amps especifican por lo general valores típicos y máximos para V_{OS} a temperatura ambiente, así como coeficientes de temperatura de V_{OS} (por lo general en μV/°C), pero no especifican la polaridad de V_{OS} debido a que los desacoplamientos de componentes que dan lugar a V_{OS} obviamente no se conocen *a priori*; diferentes unidades del mismo tipo de op amp pueden exhibir un V_{OS} positivo o negativo.

Para analizar el efecto de V_{OS} en la operación de circuitos con op amps, es necesario un modelo de circuito para el op amp con voltaje de desnivel de entrada; este modelo se muestra en la figura 2.31 y consta de una fuente de cd de valor V_{OS} en serie con el terminal positivo de entrada de un op amp sin desnivel. La justificación para este modelo se deduce de la descripción anterior.

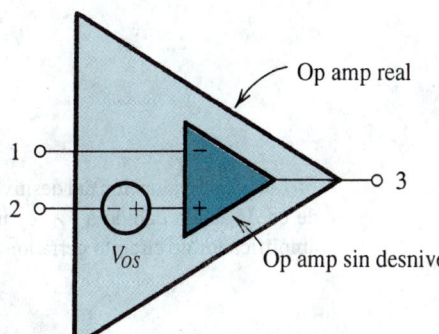

Fig. 2.31   Modelo de circuito para un op amp con voltaje de desnivel de entrada V_{OS}.

Ejercicio

2.23 Utilice el modelo de la figura 2.31 para trazar la curva característica de transferencia v_O contra v_{Id} ($v_O \equiv v_3$ y $v_{Id} \equiv v_2 - v_1$) de un op amp que tiene $A_0 = 10^4$, niveles de saturación de salida de ± 10 V, y V_{OS} de +5 mV.

Resp. Véase la figura E2.23

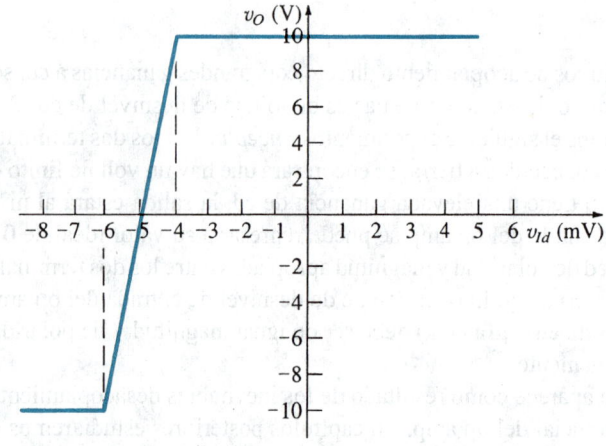

Fig. E2.23 Característica de transferencia de un op amp con $V_{OS} = 5$ mV.

El análisis de circuitos con op amps para determinar el efecto del V_{OS} de op amps en su operación es sencillo: la fuente de señales de voltaje de entrada se pone en cortocircuito y el op amp se sustituye con el modelo de la figura 2.31. (La eliminación de la señal de entrada, hecha para simplificar el problema, está basada en el principio de superposición.) Si se sigue este procedimiento encontramos que las configuraciones inversora y no inversora del amplificador resultan en el circuito que se muestra en la figura 2.32, de donde se encuentra que el voltaje de cd debido a V_{OS} es

$$V_O = V_{OS}\left[1 + \frac{R_2}{R_1}\right]$$
(2.35)

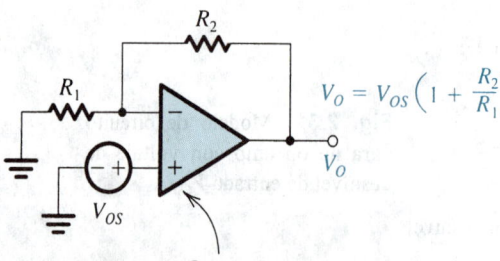

$$V_O = V_{OS}\left(1 + \frac{R_2}{R_1}\right)$$

Fig. 2.32 Evaluación del desnivel de cd de salida debido a V_{OS} en un amplificador de circuito cerrado.

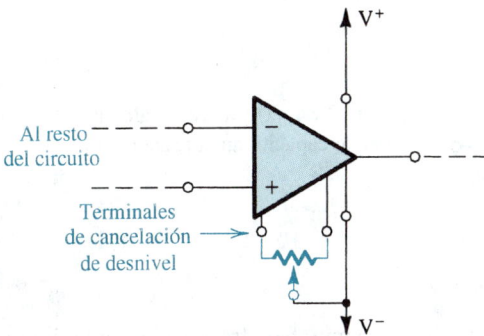

Fig. 2.33 El voltaje de desnivel de cd de salida de un op amp se puede recortar a cero si se conecta un potenciómetro a los dos terminales de cancelación de desnivel. El contacto deslizante del potenciómetro está conectado a la alimentación negativa del op amp.

Este voltaje de cd de salida puede tener una gran magnitud. Por ejemplo, un amplificador no inversor con una ganancia de 1000 a circuito cerrado, cuando se construye de un op amp con voltaje de desnivel de entrada de 5 mV, tendrá un voltaje de salida de cd de +5 V o –5 V (dependiendo de la polaridad de V_{OS}), más que el valor ideal de 0 V. Ahora, cuando se aplica una señal de entrada al amplificador, la correspondiente salida de señal se superpone a los 5 V de cd. Obviamente entonces, la alternancia permisible de señal a la salida se reducirá y, lo que es peor, si la señal que se va a amplificar es de cd, no sabríamos si la salida se debe a V_{OS} o a la señal.

Algunos op amps están equipados con dos terminales adicionales a las que se puede conectar un circuito especificado para recortar a cero el voltaje de cd de salida debido a V_{OS}. En la figura 2.33 se muestra este circuito que se utiliza típicamente con op amps de uso general. Se conecta un potenciómetro entre los terminales de invalidación de desnivel con el contacto deslizante del potenciómetro conectado a la fuente negativa del op amp. Al mover el contacto deslizante del potenciómetro se introduce un desequilibrio que contrarresta la simetría presente en el circuito interno del op amp y que da lugar a V_{OS}. Regresaremos a este punto en el contexto de nuestro estudio del circuito interno de op amps del capítulo 10, pero debe observarse que aun cuando el desnivel de salida de cd se puede recortar a cero, el problema persiste en la variación (o desviación) de V_{OS} con la temperatura.

Ejercicio

2.24 Considere un amplificador inversor con una ganancia nominal de 1000 construido de un op amp con un voltaje de desnivel de entrada de 3 mV y con niveles de saturación de salida de ±10 V. (a) ¿Cuál es (aproximadamente) la señal pico de entrada de onda senoidal que se puede aplicar sin recortar la salida? (b) Si el efecto de V_{OS} se invalida a temperatura ambiente (25°C), ¿de qué magnitud se puede aplicar una entrada si: (i) el circuito debe operar a temperatura constante? y (ii) el circuito debe operar a una temperatura entre 0°C y 75°C y el coeficiente de temperatura de V_{OS} es 10 μV/°C?

Resp. (a) 7 mV; (b) 10 mV, 9.5 mV

Una forma de superar el problema de desnivel de cd es acoplando capacitivamente el amplificador. Esto, sin embargo, será posible sólo en aplicaciones donde no se requiere que el amplificador

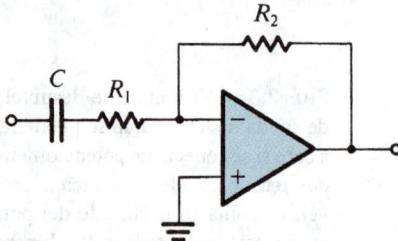

Fig. 2.34 Un amplificador inversor capacitivamente acoplado.

a circuito cerrado amplifique señales de cd o de muy baja frecuencia. En la figura 2.34 se muestra un amplificador inversor capacitivamente acoplado. El capacitor de acoplamiento ocasionará que la ganancia sea cero a cd. De hecho, el circuito tendrá una respuesta STC de paso alto con frecuencia de 3 dB $\omega_0 = 1/CR_1$, y la ganancia será $-R_2/R_1$ para frecuencias $\omega \gg \omega_0$. La ventaja de este circuito es que V_{OS} no se amplifica. Por lo tanto, la salida de voltaje de cd será igual a V_{OS} en lugar de $V_{OS}(1 + R_2/R_1)$, que es el caso sin el capacitor de acoplamiento. Como el capacitor se comporta como circuito abierto a cd, es fácil observar en la figura 2.34 que el generador de V_{OS} en realidad ve un seguidor de ganancia unitaria.

Otro circuito de op amp que es adversamente afectado por el voltaje de desnivel de op amp es el integrador Miller. En la figura 2.35 se muestra el circuito integrador con la señal de entrada reducida a cero y el op amp sustituido con el modelo de la figura 2.31. El análisis del circuito es sencillo y se muestra en la figura 2.35. Si se supone que en el tiempo $t = 0$ el voltaje en los terminales del capacitor es cero, el voltaje de salida como función del tiempo está dado por

$$v_O = V_{OS} + \frac{V_{OS}}{CR}t \qquad (2.36)$$

Entonces, v_O aumenta linealmente con el tiempo hasta que el op amp se satura, lo que con toda claridad es una situación inaceptable. El problema se puede superar si se conecta un resistor R_F en los terminales del capacitor integrador C. Este resistor proporciona una trayectoria de cd por la que puede circular la corriente de cd (V_{OS}/R), con el resultado de que v_O tendrá ahora una componente de cd de $V_{OS}[1 + (R_F/R)]$ (en lugar de elevarse linealmente). Para mantener pequeño el desnivel de cd a la salida, se debe seleccionar un valor bajo para R_F, pero desafortunadamente, cuanto menor sea el valor de R_F menos ideal es el circuito integrador (véase el ejemplo 2.4). Éste es otro ejemplo de relaciones que un diseñador debe considerar al crear circuitos funcionales a partir de componentes imperfectos.

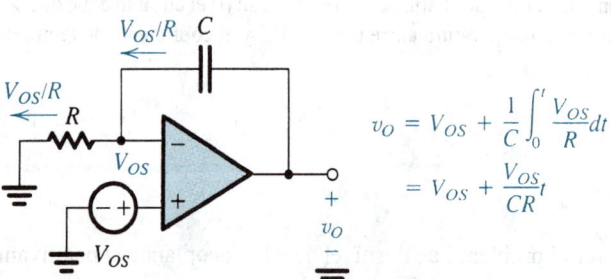

$$v_O = V_{OS} + \frac{1}{C}\int_0^t \frac{V_{OS}}{R}dt$$

$$= V_{OS} + \frac{V_{OS}}{CR}t$$

Fig. 2.35 Determinación del efecto del voltaje de desnivel de entrada al op amp, V_{OS}, en el circuito integrador Miller. Nótese que como la salida se eleva con el tiempo, el op amp finalmente se satura.

Ejercicio

D2.25 Considere un integrador Miller con una constante de tiempo de 1 ms y una resistencia de entrada de 10 kΩ. El op amp tiene un $V_{OS} = 2$ mV y voltajes de saturación de salida de ± 12 V. (a) Si se supone que cuando se enciende la fuente de alimentación el voltaje del capacitor es cero, ¿cuánto tarda el amplificador en saturarse? (b) Seleccione el máximo valor posible para un resistor de retroalimentación R_F de modo que se disponga por lo menos ± 10 V de alternancia de señal de salida. ¿Cuál es la frecuencia de corte de la red de una constante de tiempo (STC) resultante?

Resp. (a) 6 s;   (b) 10 MΩ, 0.16 Hz

Corriente de polarización de entrada

El segundo problema de cd que se encuentra en op amps se ilustra en la figura 2.36. Para que funcione un op amp, sus dos terminales de entrada deben ser alimentadas con corrientes de cd llamadas **corrientes de polarización de entrada.** En la figura 2.36 estas dos corrientes están representadas por dos fuentes de corriente, I_{B1} e I_{B2}, conectadas a los dos terminales de entrada. Debe destacarse que las corrientes de polarización de entrada son independientes del hecho de que un op amp real tiene resistencia finita, aunque muy grande (no se muestra en la figura 2.36). El fabricante de op amps por lo general especifica el valor promedio de I_{B1} e I_{B2} así como su diferencia esperada. El valor promedio de I_B recibe el nombre de **corriente de polarización de entrada**

$$I_B = \frac{I_{B1} + I_{B2}}{2}$$

y la diferencia se llama **corriente de desnivel de entrada** y está dada por

$$I_{OS} = |I_{B1} - I_{B2}|$$

$I_B = 100$ nA e $I_{OS} = 10$ nA son valores típicos para op amps de uso general que utilizan transistores bipolares. Los op amps que utilizan transistores de efecto de campo en la etapa de entrada tienen una mucho menor corriente de polarización de entrada (del orden de picoamperes).

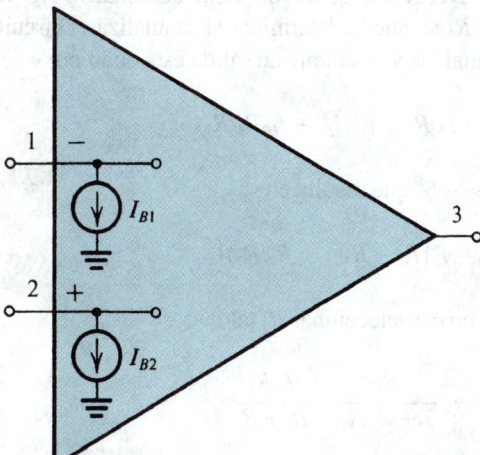

Fig. 2.36 Corrientes de polarización de entrada de un op amp representadas por dos fuentes de corriente I_{B1} e I_{B2}.

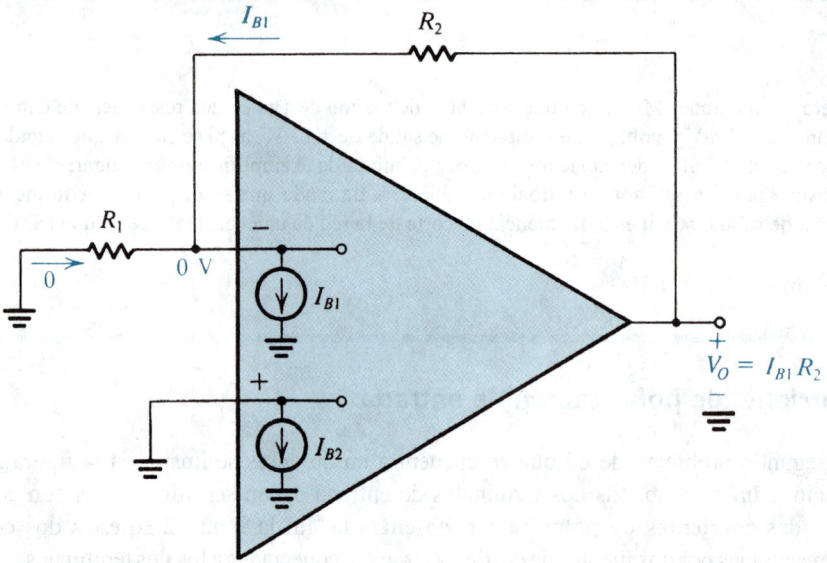

Fig. 2.37 Análisis del amplificador de circuito cerrado, tomando en cuenta las corrientes de polarización de entrada.

Ahora deseamos hallar el voltaje de salida de cd del amplificador de circuito cerrado debido a las corrientes de polarización de entrada. Para hacer esto conectamos a tierra la fuente de señales y obtenemos el circuito que se muestra en la figura 2.37 para ambas configuraciones, la inversora y la no inversa. Como se observa en la figura 2.37, el voltaje de salida de cd está dado por

$$V_O = I_{B1}R_2 \simeq I_B R_2 \tag{2.37}$$

Es obvio que esto pone un límite superior al valor de R_2, pero afortunadamente existe una técnica para reducir el valor del voltaje de salida de cd debido a las corrientes de polarización de entrada. El método consiste en introducir una resistencia R_3 en serie con el alambre de entrada no inversora, como se muestra en la figura 2.38. Desde un punto de vista de señales, R_3 tiene un efecto despreciable. El valor apropiado para R_3 se puede determinar si se analiza el circuito de la figura 2.38, donde se muestran detalles del análisis y el voltaje de salida está dado por

$$V_O = -I_{B2}R_3 + R_2(I_{B1} - I_{B2}R_3/R_1) \tag{2.38}$$

Consideremos primero el caso $I_{B1} = I_{B2} = I_B$, que resulta en

$$V_O = I_B[R_2 - R_3(1 + R_2/R_1)]$$

De esta forma podemos reducir V_O a cero al seleccionar R_3 tal que

$$R_3 = \frac{R_2}{1 + R_2/R_1} = \frac{R_1 R_2}{R_1 + R_2} \tag{2.39}$$

Esto es, R_3 debe hacerse igual al equivalente en paralelo de R_1 y R_2.

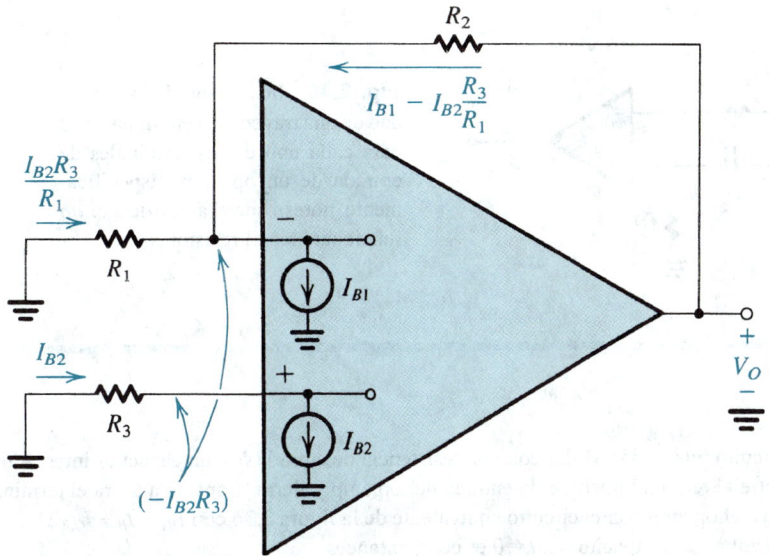

Fig. 2.38 Reducción del efecto de las corrientes de polarización de entrada al introducir un resistor R_3.

Una vez seleccionada R_3 como se indicó antes, evaluemos el efecto de una corriente I_{OS} finita de desnivel. Sea $I_{B1} = I_B + I_{OS}/2$ e $I_{B2} = I_B - I_{OS}/2$, y sustituimos en la ecuación (2.38). El resultado es

$$V_O = I_{OS}R_2 \tag{2.40}$$

que suele ser aproximadamente un orden de magnitud menor que el valor obtenido sin R_3 (ecuación 2.37). Concluimos que, para reducir al mínimo el efecto de las corrientes de polarización de entrada, en el alambre positivo debe poner una resistencia igual a la resistencia de cd vista por el terminal inversor. Debemos resaltar la palabra cd en la última expresión; nótese que si el amplificador está acoplado a ca, es necesario seleccionar $R_3 = R_2$, como se muestra en la figura 2.39.

Mientras estamos en el tema de amplificadores acoplados a ca, debemos observar que siempre debe haber una trayectoria continua de cd entre cada uno de los terminales de entrada del op amp y tierra. Por esta razón el amplificador no inversor acoplado a ca de la figura 2.40 *no funciona* sin la resistencia R_3 a tierra. Desafortunadamente, incluso R_3 disminuye en mucho la resistencia de entrada del amplificador de circuito cerrado.

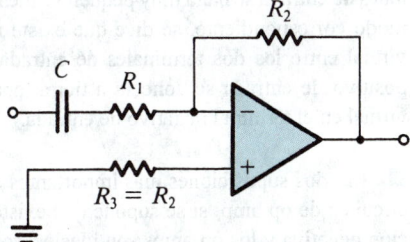

Fig. 2.39 En un amplificador acoplado a cd, la resistencia de cd vista por el terminal inversor es R_2; de aquí que R_3 se seleccione igual a R_2.

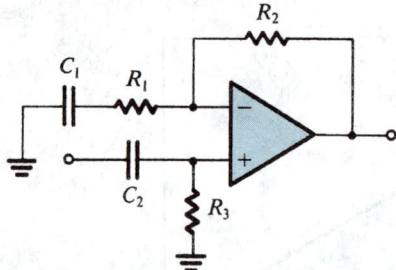

Fig. 2.40 Ilustración de la necesidad de una trayectoria continua de cd para cada uno de los terminales de entrada de un op amp. Específicamente, nótese que el amplificador *no* funcionará sin el resistor R_3.

Ejercicio

2.26 Considere un circuito integrador Miller con una resistencia de entrada R y un capacitor integrador C, con otro resistor R conectado entre el terminal positivo de entrada del op amp y tierra. Conecte a tierra el terminal de entrada del integrador y sustituya el op amp con el circuito equivalente de la figura 2.36 con $I_{B1} = I_B + I_{OS}/2$ e $I_{B2} = I_B - I_{OS}/2$. (a) Demuestre que si el voltaje del capacitor en $t = 0$ es cero, entonces

$$v_O = -\left[I_B - \frac{I_{OS}}{2} \right] R + \frac{I_{OS}}{C} t$$

(b) Con un resistor R_F conectado en paralelo con C y suponiendo que $R_F \gg R$, demuestre que v_O se convierte en $v_O \simeq I_{OS} R_F$.

RESUMEN

■ El op amp de IC es un elemento adaptable de circuitos. Es fácil de aplicar y la operación de circuitos con op amps es cercanamente igual a la de predicciones teóricas.

■ Los terminales de op amps son el terminal inversor de entrada (1), el terminal no inversor de entrada (2), el terminal de salida (3), el terminal de alimentación positiva (V^+) que se conecta al positivo de la fuente de alimentación, y el terminal de alimentación negativa (V^-) que se conecta al negativo de la fuente. El terminal común de las dos fuentes es la tierra del circuito.

■ El op amp ideal responde sólo a la señal de diferencia de entrada, es decir ($v_2 - v_1$); proporciona a la salida, entre el terminal 3 y tierra, una señal $A(v_2 - v_1)$, donde A, la ganancia a circuito abierto, es muy grande (10^4 a 10^6) e idealmente

infinita; y tiene una resistencia infinita de entrada y cero resistencia de salida.

■ Se aplica retroalimentación negativa a un op amp al conectar un componente pasivo entre su terminal de salida y su terminal inversora de entrada (negativa). La retroalimentación negativa ocasiona que el voltaje entre los dos terminales de entrada se haga muy pequeño e idealmente cero. De modo correspondiente, se dice que existe un cortocircuito virtual entre los dos terminales de entrada. Si el terminal positivo de entrada se conecta a tierra, aparece una tierra virtual en el terminal negativo de entrada.

■ Las dos suposiciones más importantes en el análisis de circuitos de op amp, si se supone que existe retroalimentación negativa y los op amps son ideales, son los dos terminales de entrada de cada op amp son el mismo voltaje, y circula corriente cero en los terminales de entrada del op amp.

■ Con retroalimentación negativa aplicada y el circuito cerrado, la ganancia a circuito cerrado está casi enteramente determinada por componentes externos: para la configuración inversora, $V_o/V_i = -R_2/R_1$; y para la configuración no inversora, $V_o/V_i = 1 + R_2/R_1$.

■ La configuración no inversora a circuito cerrado ofrece una muy alta resistencia de entrada. Un caso especial es el seguidor de ganancia unitaria, frecuentemente utilizado como amplificador separador para conectar una fuente de alta resistencia a una carga de baja resistencia.

■ Para la mayor parte de op amps internamente compensados, la ganancia a circuito abierto cae con la frecuencia a razón de −20 dB/década, llegando a la unidad a la frecuencia f_t (el ancho de banda de ganancia unitaria). La frecuencia f_t también se conoce como el producto de la ganancia y ancho de banda del op amp: $f_t = A_0 f_b$, donde A_0 es la ganancia de cd, y f_b es la frecuencia a 3 dB de la ganancia a circuito abierto. A cualquier frecuencia $f(f \gg f_b)$, la ganancia del op amp es $|A| \simeq f_t/f$.

■ Para las configuraciones inversora y no inversora a circuito cerrado, la frecuencia a 3 dB es igual a $f_t/(1 + R_2/R_1)$.

■ La máxima rapidez a la que el voltaje de salida de un op amp puede cambiar se llama *rapidez de respuesta*, SR, que suele especificarse en V/μs. La variación de un op amp puede resultar en distorsión no lineal de ondas de señal de salida.

■ El ancho de banda a plena potencia, f_M, es la máxima frecuencia a la que una senoidal de salida con amplitud igual al voltaje nominal de salida de un op amp ($V_{o\text{máx}}$) puede producirse sin distorsión: $f_M = \text{SR}/2\pi V_{o\text{máx}}$.

■ El voltaje de desnivel de entrada, V_{OS}, es la magnitud del voltaje de cd que cuando se aplica entre los terminales de entrada de un op amp, con polaridad apropiada, reduce a cero el voltaje de desnivel de cd a la salida.

■ El efecto de V_{OS} en operaciones se puede evaluar si en el análisis se incluye una fuente de cd V_{OS} en serie con el alambre de entrada positiva del op amp. Para las configuraciones inversora y no inversora, V_{OS} resulta en un voltaje de desnivel de cd a la salida de $V_{OS}\left(1 + \dfrac{R_2}{R_1}\right)$.

■ Si se acopla capacitivamente un op amp se reduce de manera considerable el voltaje de desnivel de cd a la salida.

■ El promedio de las dos corrientes de cd, I_{B1} e I_{B2}, que circulan en los terminales de entrada del op amp, se llama *corriente de polarización de entrada*, I_B. En un amplificador a circuito cerrado, I_B da lugar a un voltaje de desnivel de cd a la salida, de magnitud $I_B R_2$. Este voltaje se puede reducir a $I_{OS}R_2$ si se conecta en serie una resistencia con el terminal positivo de entrada igual a la resistencia total de cd vista por el terminal negativo de entrada. I_{OS} es la corriente de desnivel de entrada; esto es, $I_{OS} = |I_{B1} - I_{B2}|$.

■ Al conectar una elevada resistencia en paralelo con el capacitor de un integrador de op amp se evita saturación del op amp (debida al efecto de V_{OS} e I_B).

BIBLIOGRAFÍA

G. B. Clayton, *Experimenting with Operational Amplifiers*, Macmillan, Londres, 1975.

_____, *Operational Amplifiers*, 2a. ed., Newnes-Butterworths, Londres, 1979.

S. Franco, *Design with Operational Amplifiers and Analog Integrated Circuits*, McGraw-Hill, Nueva York, 1988.

J. G. Graeme, G. E. Tobey y L. P. Huelsman, *Operational Amplifiers: Design and Applications*, McGraw-Hill, Nueva York, 1971.

W. Jung, *IC Op Amp Cookbook*, Howard Sams, Indianápolis, 1974.

E. J. Kennedy, *Operational Amplifier Circuits: Theory and Applications*, Holt, Rinehart and Winston, Nueva York, 1988.

J. K. Roberge, *Operational Amplifiers: Theory and Practice*, Wiley, Nueva York, 1975.

J. I. Smith, *Modern Operational Circuit Design*, Wiley-Interscience, Nueva York, 1971.

J. E. Solomon, "The monolithic op amp: A tutorial study", *IEEE Journal of Solid-State Circuits*, vol. SC-9, núm. 6, pp. 314-322, dic. 1974.

J. V. Wait, L. P. Huelsman y G. A. Korn, *Introduction to Operational Amplifier Theory and Applications*, McGraw-Hill, Nueva York, 1975.

Problemas

Sección 2.1: Los terminales de un op amp

2.1 Un joven ingeniero, asignado a descubrir técnicas empleadas en el producto de un competidor, en el proceso conocido como ingeniería inversa, encuentra un paquete dual en línea de 8 patas (DIP). Él piensa que este paquete puede contener varios op amps. ¿Cuántos son probables? ¿Cuál es el número máximo que podría esperar? Haga una lista de las conexiones de patas que se podría esperar que identifique el ingeniero.

Sección 2.2: El op amp ideal

2.2 El circuito de la figura P2.2 utiliza un op amp que es ideal, excepto por tener una ganancia A finita. Sus mediciones indican $v_O = 3.5$ V cuando $v_I = 3.5$ V. ¿Cuál es la ganancia A del op amp?

2.3 Se lleva a cabo un conjunto de experimentos en un op amp que es ideal, excepto por tener una ganancia finita A. Los resultados están tabulados a continuación. ¿Son consistentes estos resultados? Si no es así ¿son razonables, en vista de la posibilidad de error experimental? ¿Cuál es la ganancia que muestran? Mediante este valor, pronostique valores de las mediciones que accidentalmente se omitieron (espacios en blanco).

Experimento #	v_1	v_2	v_O
1	0.00	0.00	0.00
2	1.00	1.00	0.00
3		1.00	1.00
4	1.00	1.10	10.1
5	2.01	2.00	−0.99
6	1.99	2.00	1.00
7	5.10		−5.10

2.4 Consulte el ejercicio 2.3. Este problema explora una estructura interna alternativa para el op amp. En particular, deseamos modelar la estructura interna de un op amp en particular que utiliza dos amplificadores de transconductancia y un amplificador de transresistencia. Sugiera una topología adecuada. Para iguales transconductancias G_m y una transresistencia R_m, en-

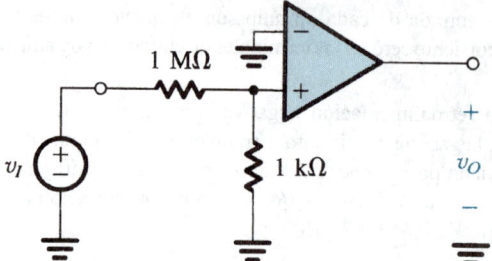

Fig. P2.2

cuentre una expresión para hallar la ganancia A de circuito abierto. Para $G_m = 50$ mA/V y $R_m = 10^6$ Ω, ¿qué valor de A resulta?

2.5 En el circuito que se muestra en la figura E2.3, un error del fabricante hace que el valor de G_m asociado con v_1 sea diferente del asociado con v_2. Si la G_m asociada con v_1 es 10% más alta que para v_2, y la ganancia de voltaje asociada con v_2 es 1000 V/V, ¿cuál salida resultaría para las entradas en v_1 y v_2 de 101.0 y 103.0 mV, respectivamente? ¿Qué salida hubiera resultado si G_{m1} hubiera sido igual que G_{m2}? La señal "extra" observada se llama *error en modo común*.

Sección 2.3: Análisis de circuitos con op amp ideales; la configuración inversora

2.6 Un circuito inversor en particular utiliza un op amp ideal y dos resistores de 10 kΩ. ¿Cuál ganancia a circuito cerrado espera obtener el lector? Si se aplica un voltaje de cd de +3.00 V en la entrada ¿qué salida resulta? Si se dice que los resistores de 10 kΩ son "resistores de 5%", con valores iguales entre 1 ± 0.05 veces el valor nominal, ¿qué límites de salida espera el lector medir en realidad para una entrada de precisamente 3.00 V?

2.7 Se dan al lector un op amp ideal y tres resistores de 10 kΩ. Mediante combinaciones en serie y paralelo de resistores, ¿cuántas topologías diferentes de circuito amplificador inversor son posibles?, ¿cuál es la máxima (no infinita) ganancia de voltaje disponible?, ¿cuál es la mínima (no cero) ganancia disponible?, ¿cuáles son las resistencias de entrada en estos dos casos?

2.8 Si se suponen op amps ideales, encuentre la ganancia de voltaje v_o/v_i y resistencia de entrada R_{in} de cada uno de los circuitos de la figura P2.8.

D2.9 Diseñe un circuito inversor de op amp para el que la ganancia sea −4 V/V y la resistencia total utilizada sea 100 kΩ.

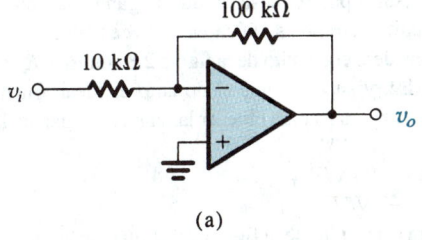

(a)

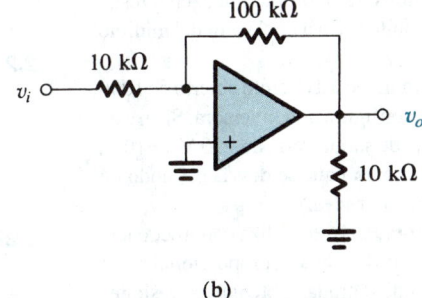

(b)

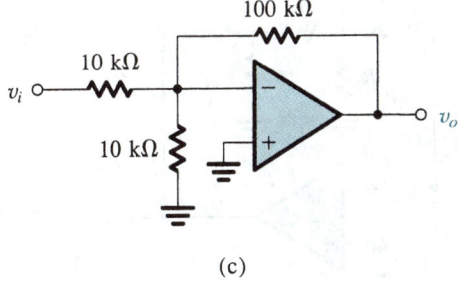

(c)

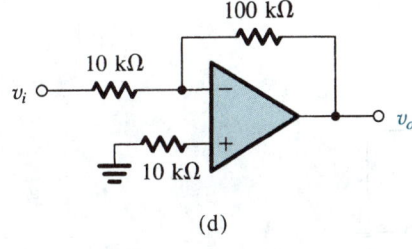

(d)

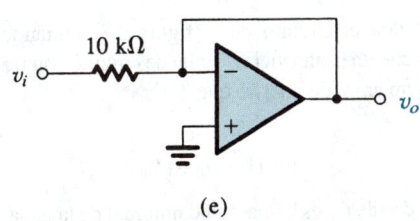

(e)

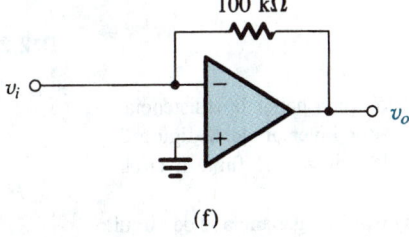

(f)

Fig. P2.8

D2.10 Mediante el circuito de la figura 2.4 y suponiendo un op amp ideal, diseñe un amplificador con una ganancia de −50 V/V que tenga la máxima resistencia posible de entrada bajo la restricción de tener que usar resistores no mayores de 10 MΩ. ¿Cuál es la resistencia de entrada de su diseño?

2.11 Un circuito inversor con op amp se fabrica con los resistores R_1 y R_2 con x% de tolerancia (es decir, el valor de cada resistor se puede desviar del valor nominal hasta en $\pm x$%). ¿Cuál es la tolerancia en la ganancia realizada a circuito cerrado? Suponga que el op amp es ideal. Si la ganancia nominal a circuito cerrado es −100 V/V y $x = 5$, ¿cuáles son los límites de valores de ganancia esperados de este circuito?

2.12 Un circuito inversor con op amp utiliza resistores de valores nominales de 15 kΩ y 2.7 kΩ y un amplificador en particular de bajo costo, para obtener una ganancia a circuito cerrado de −5.42 V/V. Medidas muy cuidadosas de los resistores muestran que sus valores reales son 15.3 kΩ y 2.59 kΩ. ¿Cuál debe ser realmente la ganancia a circuito abierto del op amp?

2.13 Debe diseñarse un circuito inversor de op amp que utiliza un op amp ideal, para tener una ganancia de −1000 V/V usando resistores no mayores de 100 kΩ. Para el sencillo circuito de dos resistores ¿cuál resistencia de entrada resultaría?

2.14 Si para la situación descrita en el problema 2.13 se utiliza un circuito de cuatro resistores (véase la figura

2.8), con tres resistores de valor máximo, ¿cuál resistencia de entrada resulta? ¿Cuál es el valor del mínimo resistor necesario?

2.15 Un op amp con una ganancia a circuito abierto de 1000 V/V se utiliza en la configuración inversora. Si en esta aplicación el voltaje de salida varía de -10 V a $+10$ V, ¿cuál es el voltaje máximo que se desvía el "nodo de tierra virtual" de su valor ideal?

2.16 El circuito de la figura P2.16 se utiliza con frecuencia para obtener un voltaje de salida v_o proporcional a una corriente i_i de señal de entrada. Obtenga expresiones para hallar la transresistencia $R_m \equiv v_o/i_i$ y la resistencia de entrada $R_i \equiv v_i/i_i$ para los dos casos:
(a) A es infinita y
(b) A es finita

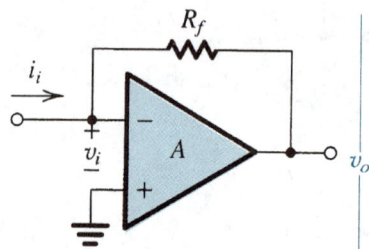

Fig. P2.16

2.17 Obtenga una expresión para hallar la resistencia de entrada del amplificador inversor de la figura 2.4, tomando en cuenta la ganancia A finita a circuito abierto del op amp.

*2.18 Para un op amp inversor con ganancia A de circuito abierto y ganancia nominal R_2/R_1 a circuito cerrado, encuentre el valor mínimo que deba tener la ganancia A (en términos de R_2/R_1) para un error de ganancia de 0.1%, 1%, 10%. En cada caso, ¿cuál valor de resistor R_{1a} se puede utilizar para derivar R_1 y alcanzar el resultado nominal?

*2.19 Reacomode la ecuación 2.1 para obtener la ganancia A de circuito abierto para alcanzar una ganancia especificada a circuito cerrado ($G_{nominal} = -R_2/R_1$) dentro de un error ε de ganancia especificado,

$$\varepsilon \equiv \left| \frac{G - G_{nominal}}{G_{nominal}} \right|$$

Para una ganancia a circuito cerrado de -100 y un error de ganancia $\leq 10\%$, ¿cuál es la A mínima necesaria?

*2.20 Mediante la ecuación (2.1), determine el valor de A para el que una reducción de A de $x\%$ resulta en una reducción en $|G|$ de $(x/k)\%$. Encuentre el valor de A

necesario para el caso en que la ganancia nominal a circuito cerrado es 100, x es 50 y k es 100.

2.21 Considere el circuito de la figura 2.8 con $R_1 = R_2 = R_4 = 1$ MΩ, y suponga que el op amp es ideal. Encuentre valores para R_3 para obtener las siguientes ganancias:
(a) -10 V/V,
(b) -100 V/V, y
(c) -2 V/V.

2.22 Para el circuito de la figura 2.8, ¿cuál ganancia resulta cuando todos los resistores son iguales? Una extensión de este circuito se muestra en la figura P2.22; determine su ganancia.

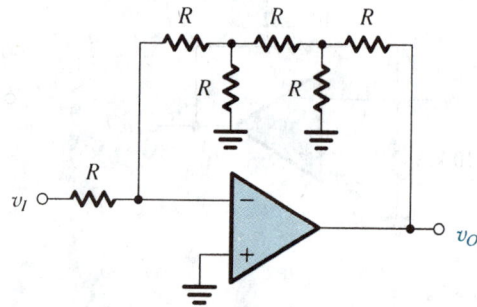

Fig. P2.22

D*2.23 (a) Para el circuito de la figura 2.8, tomando en cuenta la ganancia A finita de circuito abierto del op amp, demuestre que

$$\frac{v_O}{v_I} = \frac{-G_0}{1 + [1 + G_0 + (R_4/R_3)]/A}$$

donde G_0 es la magnitud nominal de la ganancia a circuito cerrado (véase el ejemplo 2.2),

$$G_0 = \frac{R_2}{R_1} \left[1 + \frac{R_4}{R_2} + \frac{R_4}{R_3} \right]$$

(b) Aplique este resultado al caso $G_0 = 100, A = 1000$ y $R_4 = R_2 = R_1$. Encuentre v_O/v_I.
(c) Repita (b) para los mismos valores de G_0 y A pero con $R_4 = R_2 = 10 R_1$.
(d) Por comparación, encuentre v_O/v_I para la configuración inversora con los mismos valores de G_0 y A.

Nota: La expresión para v_O/v_I sugiere que el efecto de A finita puede ser aproximadamente igual al de la configuración inversora para seleccionar $R_4 \ll R_3$. Esta selección de componente, sin embargo, anula el propósito de utilizar la red T en la retroalimentación. ¿Por qué? (Es necesario que el lector estudie el proceso de diseño del ejemplo 2.2 para poder contestar esta pregunta.)

Sección 2.4: Otras aplicaciones de la configuración inversa

2.24 Un integrador Miller incorpora un op amp ideal, un resistor R de 100 kΩ, y un capacitor C de 0.1 μF. Se aplica una señal de onda senoidal en su entrada.

(a) ¿A qué frecuencia (en Hz) son las señales de entrada y salida iguales en amplitud?

(b) A esa frecuencia, ¿cómo se relaciona la fase de la onda senoidal de salida con la de la entrada?

(c) Si la frecuencia se reduce en un factor de 10 a partir de la encontrada en (a), ¿en qué factor cambia el voltaje de salida y en qué dirección (menor o mayor)?

(d) ¿Cuál es la relación de fase entre la entrada y la salida en la situación (c)?

D2.25 Diseñe un integrador Miller con una constante de tiempo de un segundo y una resistencia de entrada de 100 kΩ. Para una entrada de cd de −1 volt aplicada a la entrada en el tiempo 0, en cuyo momento $v_O = -10$ V, ¿cuánto tarda la salida en llegar a 0 V? ¿Y a +10 V?

2.26 Un integrador inversor con base en op amp se mide a 100 Hz y tiene una ganancia de voltaje de −100 V/V. ¿A qué frecuencia se reduce su ganancia a −1 V/V? ¿Cuál es la constante de tiempo del integrador?

D2.27 Diseñe un integrador Miller que tenga una frecuencia de ganancia unitaria de 1 krad/s y una resistencia de entrada de 100 kΩ. Trace la salida que esperaría para una situación en que, con la salida inicialmente a 0 V, se aplica un pulso de 2 V y 2 ms a la entrada. Caracterice la salida que resulta cuando se aplica una onda senoidal 2 sen 1000t a la entrada.

2.28 Un integrador Miller, cuyos voltajes de entrada y salida son inicialmente cero y cuya constante de tiempo es 1 ms, es activado por la señal que se muestra en la figura P2.28. Trace y ponga leyenda a la onda de salida que resulta. Indique qué sucede si los niveles de entrada son ±2 V, con la constante de tiempo igual (1 ms) y con la constante de tiempo elevada a 2 ms.

2.29 Considere un integrador Miller que tiene una constante de tiempo de 1 ms, y cuya salida es inicialmente cero, cuando se alimenta con un tren de pulsos de 10 μs de duración y amplitud de 1 V que se elevan desde 0 V (véase la figura P2.29). Trace y aplique leyendas a la onda de salida resultante. ¿Cuántos pulsos se hacen necesarios para un cambio de voltaje de salida de 1 V?

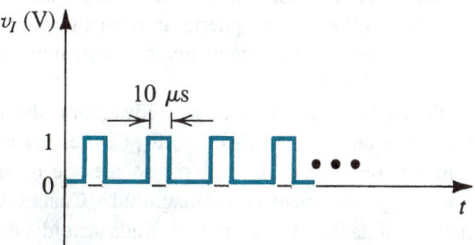

Fig. P2.29

D2.30 En la figura P2.30 se muestra un circuito que ejecuta una función de una constante de tiempo y paso bajo. Este circuito se conoce como filtro activo de paso bajo de primer orden. Obtenga la función de transferencia y demuestre que la ganancia de cd es $(-R_2/R_1)$ y la frecuencia a 3 dB es $\omega_0 = 1/CR_2$. Diseñe el circuito para obtener una resistencia de entrada de 1 kΩ, una ganancia de cd de 20 dB y una frecuencia de 3 dB de 4 kHz. ¿A qué frecuencia se reduce a la unidad la magnitud de la función de transferencia?

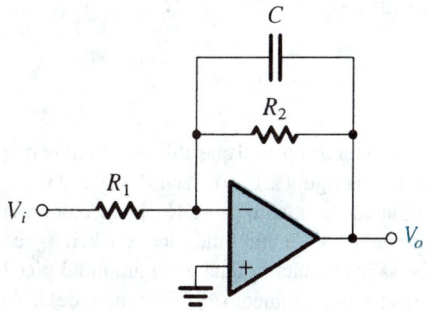

Fig. P2.30

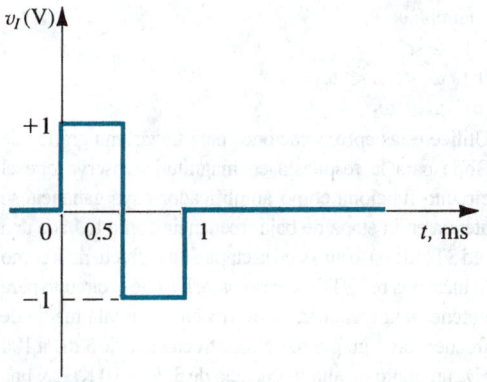

Fig. P2.28

*2.31 Para limitar la ganancia a baja frecuencia de un integrador Miller, es frecuente que un resistor se conecte en paralelo al capacitor de integración. Considere el caso cuando el resistor de entrada sea de 100 kΩ, el capacitor sea de 0.1 μF y el resistor en paralelo sea de 10 MΩ.

(a) Trace y aplique leyendas a una gráfica de Bode para la respuesta en magnitud del circuito resultante y hágala contrastar con la de un integrador ideal (es decir, sin el resistor en paralelo). ¿A qué frecuencia empieza el circuito a comportarse menos como integrador y más como amplificador?

(b) Trace y claramente aplique leyendas a la onda de salida resultante cuando se aplica un pulso de entrada de 0.1 V de altura y 1 ms de duración. Considere los casos sin el resistor en paralelo y con él. (*Nota:* La respuesta de pulsos de redes STC (de una constante de tiempo) se estudia en el apéndice F.)

2.32 Un diferenciador utiliza un op amp ideal, un resistor de 10 kΩ y un capacitor de 0.01 μF. ¿Cuál es la frecuencia f_0 (en Hz) en la cual sus señales de onda de entrada y salida tienen igual magnitud? ¿Cuál es la señal de salida para una entrada de onda senoidal de 1 V pico a pico con frecuencia igual a 10 f_0?

2.33 Un diferenciador de op amp con una constante de tiempo de 1 ms es activado por el escalón controlado por rapidez que se muestra en la figura P2.33. Si se supone que v_O es cero inicialmente, trace y aplique leyendas a su forma de onda.

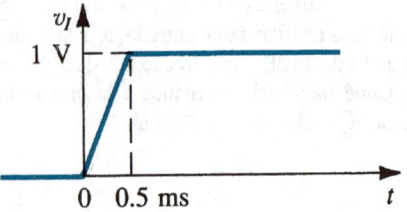

Fig. P2.33

2.34 Un diferenciador de op amp que utiliza el circuito que se muestra en la figura 2.14(a), tiene $R = 10$ kΩ y $C = 0.1$ μF. Cuando a la entrada se le aplica una onda triangular de ±1 V de amplitud pico a 1 kHz, ¿qué forma de salida resulta? ¿Cuál es la amplitud pico? ¿Cuál es el valor promedio? ¿Cuál valor de R es necesario para hacer que la salida tenga una amplitud de 10 V pico? Cuando se aplica una onda senoidal de 1 V pico a 1 kHz al circuito (original), ¿cuál onda de salida se produce? ¿Cuál es su amplitud pico? Calcule esto en tres formas: primero, utilice la segunda fórmula de la figura 2.14(a) directamente; en segundo lugar, utilice la tercera fórmula de la figura 2.14(a), y tercero, utilice la pendiente máxima de la

onda senoidal de entrada. En cada caso, establezca un valor para el voltaje pico de salida y su ubicación,

D2.35 En la figura P2.35 se muestra un circuito que ejecuta la función de una constante de tiempo y paso alto. Los circuitos de este tipo se conocen como *filtros activos de paso alto de primer orden*. Obtenga la función de transferencia y demuestre que la ganancia de alta frecuencia es $(-R_2/R_1)$ y la frecuencia a 3 dB es $\omega_0 = 1/CR_1$. Diseñe el circuito para obtener una resistencia de entrada a alta frecuencia de 1 kΩ, una ganancia de alta frecuencia de 40 dB y una frecuencia de 3 dB de 1000 Hz. ¿A qué frecuencia se reduce a la unidad la magnitud de la función de transferencia?

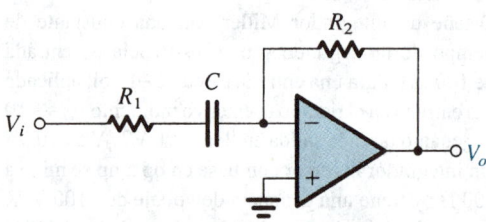

Fig. P2.35

D**2.36 Obtenga la función de transferencia del circuito de la figura P2.36 (para un op amp ideal) y demuestre que se puede escribir en la forma

$$\frac{V_o}{V_i} = \frac{-R_2/R_1}{[1 + (\omega_1/j\omega)][1 + j(\omega/\omega_2)]}$$

donde $\omega_1 = 1/C_1R_1$ y $\omega_2 = 1/C_2R_2$. Si se supone que el circuito está diseñado de modo tal que $\omega_2 \gg \omega_1$, encuentre expresiones aproximadas para la función de transferencia en las siguientes regiones de frecuencia:

(a) $\omega \ll \omega_1$
(b) $\omega_1 \ll \omega \ll \omega_2$
(c) $\omega \gg \omega_2$

Utilice estas aproximaciones para trazar una gráfica de Bode para la respuesta en magnitud. Observe que el circuito funciona como amplificador cuya ganancia se atenúa en la etapa de baja frecuencia como lo hace una red STC de paso alto y en la etapa de alta frecuencia como lo hace una red STC de paso bajo. Diseñe el circuito para obtener una ganancia de 40 dB en la "escala media de frecuencias", un punto de baja frecuencia de 3 dB a 100 Hz, un punto de alta frecuencia de 3 dB a 10 KHz y una resistencia de entrada (a $\omega \gg \omega_1$) de 10 kΩ.

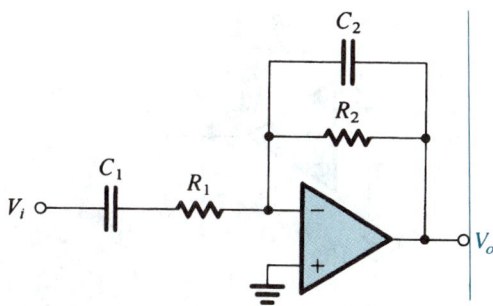

Fig. P2.36

2.37 Un circuito sumador ponderado que utiliza un op amp ideal tiene tres entradas con resistores de 100 kΩ y un resistor de retroalimentación de 50 kΩ. Una señal v_1 se conecta a dos de las entradas, mientras que una señal v_2 se conecta a la tercera. Exprese v_O en términos de v_1 y v_2. Si $v_1 = 3$ V y $v_2 = -3$ V, ¿cuál es v_O?

*2.38 Deseamos investigar el efecto de la ganancia A de circuito abierto con op amp en la operación del sumador ponderado. Primero considere un sumador de dos entradas, con entradas v_a y v_b conectadas a R_{1a} y R_{1b}, respectivamente, y un resistor de retroalimentación R_2. Utilice el principio de superposición junto con la ecuación (2.1) para demostrar que

$$v_O = \frac{-1}{1 + \dfrac{(1 + R_2/R_{paralelo})}{A}} \left[v_a \frac{R_2}{R_{1a}} + v_b \frac{R_2}{R_{1b}} \right]$$

donde $R_{paralelo}$ es el equivalente en paralelo de los resistores de entrada. Luego amplíe este resultado al caso de un número arbitrario de entradas.

D2.39 Diseñe un circuito de op amp para obtener una salida $v_O = -[3v_1 + (v_2/2)]$. Seleccione valores relativamente bajos de resistores, pero aquellos para los que la corriente de entrada (de cada una de las fuentes de señal de entrada) no exceda de 0.1 mA para señales de entrada de 2 V.

2.40 Mediante el esquema ilustrado en la figura 2.15, diseñe un circuito de op amp con entradas v_1, v_2 y v_3 cuya salida sea $v_O = -(2v_1 + 4v_2 + 8v_3)$ usando resistores no menores de 1 kΩ.

D*2.41 En un sistema de instrumentación, hay necesidad de tomar la diferencia entre dos señales, una, $v_1 = 3$ sen($2\pi \times 60t$) + 0.01 sen($2\pi \times 1000t$), volts, y otra, $v_2 = 3$ sen($2\pi \times 60t$) − 0.01 sen($2\pi \times 1000t$), volts. Trace un circuito que encuentre la diferencia necesaria usando dos op amps y principalmente resistores de

10 kΩ. Como es conveniente amplificar la componente de 1000 Hz en el proceso, haga arreglos para obtener también una ganancia total de 10. Los op amps disponibles son ideales, excepto que su alternancia de voltaje de salida está limitada a ± 10 V.

*2.42 En la figura P2.42 se muestra un circuito para un convertidor digital a analógico (DAC). El circuito acepta una palabra binaria de entrada de cuatro bits $a_3a_2a_1a_0$, donde a_0, a_1, a_2 y a_3 toman los valores de 0 o 1, y otorga un voltaje analógico de salida v_O proporcional al valor de la entrada digital. Cada uno de los bits de la palabra de entrada controla el interruptor numerado correspondiente. Por ejemplo, si a_2 es 0 entonces el interruptor S_2 conecta el resistor de 20 kΩ a tierra, en tanto que si a_2 es 1, entonces S_2 conecta el resistor de 20 kΩ a la fuente de alimentación de +5 V. Demuestre que v_O está dado por

$$v_O = -\frac{R_f}{16} [2^0 a_0 + 2^1 a_1 + 2^2 a_2 + 2^3 a_3]$$

donde R_f está en kΩ. Encuentre el valor de R_f de modo que v_O varía de 0 a −12 volts.

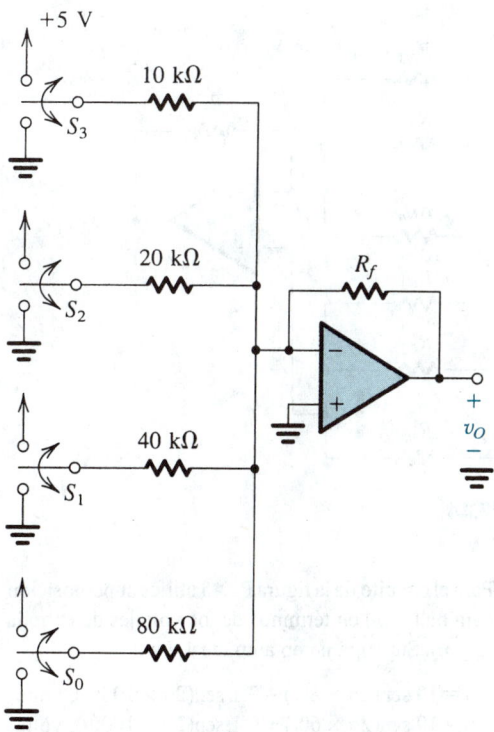

Fig. P2.42

Sección 2.5: La configuración no inversora

D2.43 Diseñe un circuito con base en la topología del amplificador no inversor para obtener una una ganancia de +1.5 V/V, usando sólo resistores de 10 kΩ. Nótese que hay dos posibilidades. ¿Cuál de éstas puede ser fácilmente convertida para tener una ganancia de +1.0 V/V o +2.0 V/V con sólo poner en cortocircuito un resistor en cada caso?

D2.44 (a) Por superposición demuestre que la salida del circuito de la figura P2.44 está dada por

$$v_O = -\left[\frac{R_f}{R_{N1}} v_{N1} + \frac{R_f}{R_{N2}} v_{N2} + \cdots + \frac{R_f}{R_{Nn}} v_{Nn} \right]$$

$$+ \left[1 + \frac{R_f}{R_N} \right]\left[\frac{R_P}{R_{P1}} v_{P1} + \frac{R_P}{R_{P2}} v_{P2} + \cdots + \frac{R_P}{R_{Pn}} v_{Pn} \right]$$

donde $R_N = R_{N1}//R_{N2}// \cdots //R_{Nn}$ y
$R_P = R_{P1}//R_{P2}// \cdots //R_{Pn}$.

(b) Diseñe un circuito para obtener

$$v_O = -2 v_{N1} + v_{P1} + 2 v_{P2}$$

El mínimo resistor utilizado debe ser de 10 kΩ.

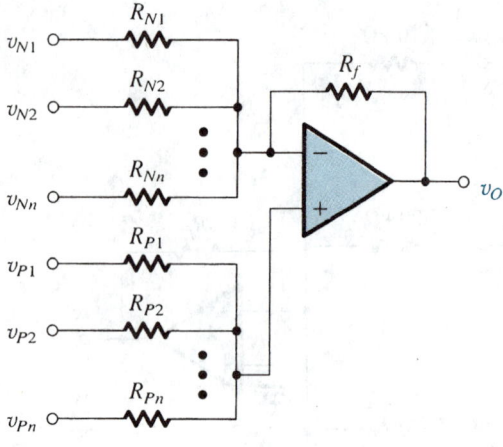

Fig. P2.44

2.45 Para el circuito de la figura P2.45 utilice superposición para hallar v_O en términos de los voltajes de entrada v_1 y v_2. Suponga un op amp ideal. Para

$$v_1 = 10 \text{ sen}(2\pi \times 60t) - 0.1 \text{ sen}(2\pi \times 1000t), \text{ volts}$$
$$v_2 = 10 \text{ sen}(2\pi \times 60t) + 0.1 \text{ sen}(2\pi \times 1000t), \text{ volts}$$

encuentre v_O.

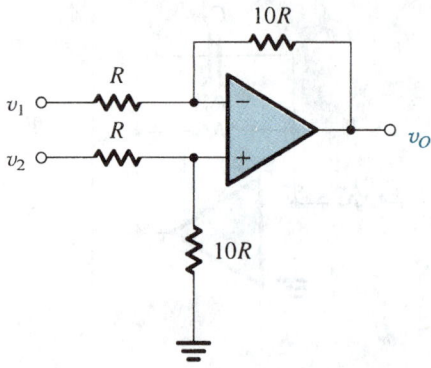

Fig. P2.45

D2.46 El circuito que se muestra en la figura P2.46 utiliza un potenciómetro de 10 kΩ para obtener un amplificador ajustable de ganancia. Obtenga una expresión para hallar la ganancia como función del ajuste x del potenciómetro. Suponga que el op amp es ideal. ¿Cuál es el intervalo de ganancias obtenido? Muestre la forma de agregar un resistor fijo para que el intervalo de ganancia pueda ser de 1 a 11 V/V. ¿Cuál debe ser el valor del resistor?

D2.47 Utilice la topología sugerida en el ejercicio 2.11 para diseñar un circuito que obtenga la función $v_O = v_1 + v_2 - v_3$ usando resistores de 10 kΩ.

D2.48 Dada la disponibilidad de resistores sólo de 1 kΩ y de 10 kΩ, dé un circuito basado en la configuración no inversora para obtener una ganancia de +10 V/V.

2.49 Se necesita conectar una fuente de 10 V con una resistencia de 100 kΩ a una carga de 1 kΩ. Encuentre el voltaje que aparecerá en los terminales de la carga si:

(a) la fuente está conectada directamente a la carga.

(b) se inserta un separador de op amp de ganancia unitaria entre la fuente y la carga.

En cada caso encuentre la corriente de carga y la corriente suministrada por la fuente. ¿De dónde proviene la corriente de carga en el caso (b)?

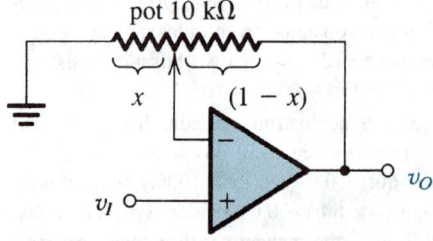

Fig. P2.46

2.50 Obtenga una expresión para hallar la ganancia del seguidor de voltaje de la figura 2.19, suponiendo que el op amp es ideal excepto por tener una ganancia A finita. Calcule el valor de la ganancia de circuito cerrado para $A = 1000, 100$ y 10. En cada caso encuentre el porcentaje de error en magnitud de ganancia a partir del valor nominal de la unidad.

D2.51 Un circuito no inversor de op amp con ganancia nominal de 10 V/V utiliza un op amp con ganancia a circuito abierto de 50 V/V y resistor de valor mínimo de 10 kΩ. ¿Cuál es la ganancia a circuito cerrado que resulta? ¿Con qué valor de resistor se puede poner en paralelo qué resistor para obtener la ganancia nominal? Si en el proceso de manufactura se utilizara un amplificador de ganancia 100 V/V, ¿cuál ganancia a circuito cerrado resultaría en cada caso (el no compensado y el compensado)?

2.52 Por medio de la ecuación (2.11) demuestre que si la reducción en ganancia G a circuito cerrado desde el valor nominal $G_0 = 1 + \dfrac{R_2}{R_1}$ debe mantenerse a menos de $x\%$ de G_0, entonces la ganancia a circuito abierto del op amp debe exceder de G_0 en por lo menos un factor $F = \dfrac{100}{x} - 1 \simeq \dfrac{100}{x}$. Encuentre la F necesaria para $x = 0.01, 0.1, 1$ y 10. Utilice estos resultados para hallar por cada valor de x, la ganancia a circuito abierto mínima necesaria para obtener ganancias a circuito abierto de $1, 10, 10^2, 10^3$ y 10^4 V/V.

2.53 En la figura P2.53 se muestra un circuito que proporciona un voltaje de salida v_O cuyo valor se puede hacer variar al mover el contacto deslizante del potencióme

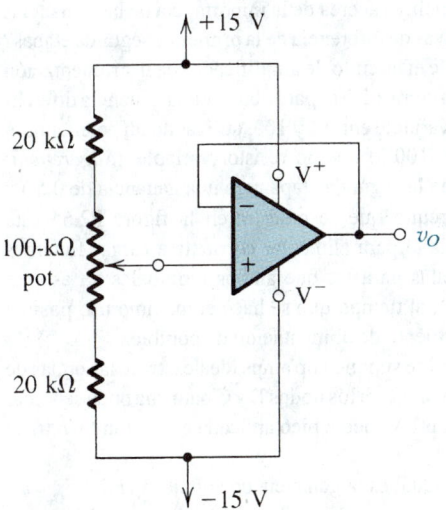

Fig. P2.53

tro de 100 kΩ. Encuentre el intervalo en el que se puede hacer variar v_O. Si el potenciómetro es un dispositivo de "20 vueltas", encuentre el cambio en v_O correspondiente a cada vuelta del potenciómetro.

Sección 2.6: Ejemplos de circuitos con op amps

D2.54 Para el circuito de medición de alta resistencia de entrada de la figura 2.20, que utiliza un mecanismo de medición de 1 mA, encuentre el valor del resistor R tal que se obtenga lectura a plena escala para $v_I = 2.5$ V. Si la resistencia del medidor es de 50 Ω, ¿cuál es el voltaje de salida del op amp a media escala?

2.55 Para el circuito que se muestra en la figura P2.55, exprese v_O como función de v_1 y v_2. ¿Cuál es la resistencia de entrada vista sólo por v_1? ¿Y sólo por v_2? ¿Por una fuente conectada entre los dos terminales de entrada? ¿Por una fuente conectada a ambos terminales de entrada simultáneamente?

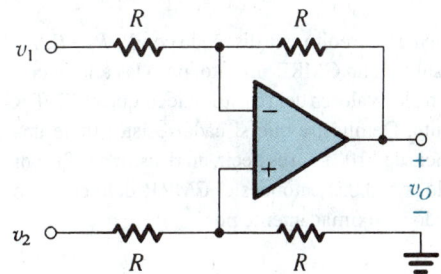

Fig. P2.55

2.56 Considere el amplificador de diferencia de la figura 2.21 con los dos terminales de entrada conectados juntos a una fuente de señales de entrada en modo común. Para $R_2/R_1 = R_4/R_3$, demuestre que la resistencia de entrada en modo común es $(R_3 + R_4)\|(R_1 + R_2)$.

2.57 Considere el circuito de la figura 2.24, y cada una de las fuentes de señales en modo de diferencia tiene una resistencia R_s en serie. ¿Qué otra condición debe aplicar para que el amplificador funcione como amplificador ideal de diferencia?

*2.58 Para el amplificador de diferencia que se muestra en la figura P2.55, sean todos los resistores de 100 kΩ $\pm x\%$. Encuentre una expresión para hallar la ganancia en modo común del peor caso que resulte. Evalúe esto para $x = 0.1, 1$ y 5.

2.59 Repita el ejercicio 2.15 para C y R intercambiados en el circuito que se muestra en la figura E2.15.

D*2.60   Considere el amplificador de diferencia de la figura 2.24. Es común expresar el voltaje de salida en la forma

$$v_O = G_d v_d + G_{cm} v_{CM}$$

donde G_d es la ganancia diferencial y G_{cm} es la ganancia en modo común. Por medio de la expresión para v_O en la ecuación (2.13), encuentre expresiones para G_d y G_{cm}, y demuestre que el factor de rechazo de modo común (CMRR) del amplificador a circuito cerrado esté dado por

$$CMRR \equiv 20 \log \frac{|G_d|}{|G_{cm}|}$$

$$= 20 \log \frac{1 + \frac{1}{2}\left[\frac{R_1}{R_2} + \frac{R_3}{R_4}\right]}{\left|\frac{R_1}{R_2} - \frac{R_3}{R_4}\right|}$$

Idealmente el circuito está diseñado con $R_1/R_2 = R_3/R_4$, que resulta en un CMRR infinito, pero las tolerancias finitas de los valores del resistor hacen que el CMRR sea finito. Demuestre que si cada resistor tiene una tolerancia de $\pm 100\,\varepsilon\%$ (es decir, un resistor de 5%, por ejemplo, $\varepsilon = 0.05$) entonces el CMRR del peor caso está dado aproximadamente por

$$CMRR \cong 20 \log \left[\frac{K+1}{4\varepsilon}\right]$$

donde K es el valor nominal (ideal) de factores (R_2/R_1) y (R_4/R_3). Calcule el valor del CMRR del peor caso para un amplificador diseñado para tener una ganancia diferencial de 100 idealmente, suponiendo que el op amp es ideal y que se utilizan resistores de 1% de tolerancia.

*2.61   En la figura P2.61 se muestra una versión modificada del amplificador de diferencia estudiado en el ejemplo 2.6. El circuito modificado incluye un resistor R_G, que se puede usar para hacer variar la ganancia. Demuestre que la ganancia de voltaje diferencial está dada por

$$\frac{v_O}{v_d} = -2\frac{R_2}{R_1}\left[1 + \frac{R_2}{R_G}\right]$$

Sugerencia: El cortocircuito virtual de la entrada del op amp hace que la corriente que circula por los resistores R_1 sea $v_d/2R_1$.

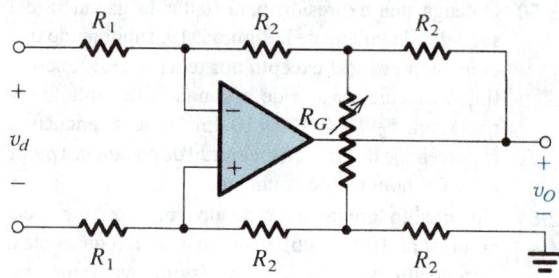

Fig. P2.61

2.62   Considere el amplificador de instrumentación de la figura 2.25(a) con un voltaje de entrada de modo común de +5 V (cd) y una señal de entrada diferencial de 10 mV pico de onda senoidal. Sea $R_1 = 1$ kΩ, $R_2 = 0.5$ MΩ, $R_3 = R_4 = 10$ kΩ. Encuentre el voltaje en cada uno de los nodos del circuito.

**2.63   Para un amplificador de instrumentación del tipo que se muestra en la figura 2.25(a), un diseñador propone hacer $R_2 = R_3 = R_4 = 100$ kΩ, y $R_1 = 10$ kΩ. Para componentes ideales, ¿qué ganancia de modo de diferencia, ganancia de modo común y CMRR resultan? Vuelva a evaluar el peor caso para éstos para la situación en que todos los resistores se especifican como unidades de $\pm 1\%$ de tolerancia. Repita el último análisis para el caso en que R_1 se reduce a 1 kΩ. ¿Qué se concluye acerca de la importancia de las ganancias relativas de diferencia de la primera y segunda etapas?

D2.64   Diseñe el circuito de amplificador de instrumentación de la figura 2.25(a) para obtener una ganancia diferencial, variable entre 1 y 100, utilizando un potenciómetro de 100 kΩ como resistor variable. (*Sugerencia:* Diseñe la segunda etapa para una ganancia de 0.5.)

*2.65   El circuito que se muestra en la figura P2.65 está destinado para alimentar corriente a cargas flotantes (aquellas para las que ambos terminales no están a tierra), al tiempo que se hace el máximo uso posible de la fuente de alimentación disponible.

(a)   Si se suponen op amps ideales, trace las ondas de voltaje en los nodos B y C para una onda senoidal de 1 V pico a pico aplicada en A. También trace v_O.

(b)   ¿Cuál es la ganancia de voltaje v_O/v_I?

(c)   Si se supone que los op amps operan de fuentes de alimentación de ± 15 V y que su salida se

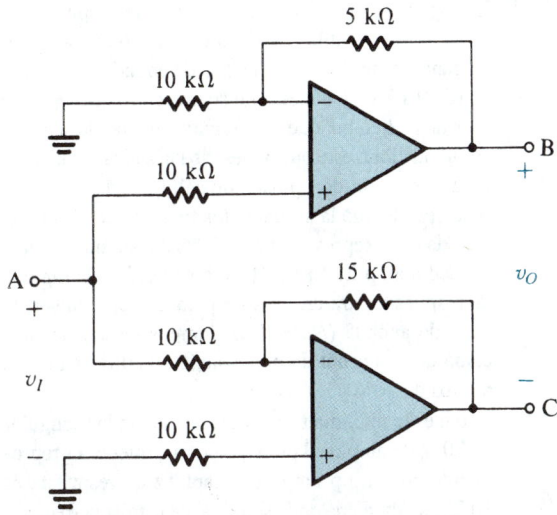

Fig. P2.65

satura a ±14 V (en la forma que se ilustra en la figura 1.13), ¿cuál es la máxima salida de onda senoidal que se puede obtener? Especifique tanto valores de pico a pico como de rms.

Sección 2.7: Efecto de ganancia finita a circuito abierto y ancho de banda en el funcionamiento de un circuito

2.66 Los datos de la siguiente tabla se aplican a op amps internamente compensados. Llene los espacios en blanco.

A_0	f_b (Hz)	f_t (Hz)
10^6	1	
10^6		10^6
	10^6	10^8
	10^{-1}	10^6
2×10^5	10	

2.67 Una medición de la ganancia a circuito abierto de un op amp, internamente compensado a muy bajas frecuencias, muestra que es 4.2×10^4 V/V; a 100 kHz es 76 V/V. Estime valores para A_0, f_b y f_t.

2.68 Las mediciones de la ganancia de circuito abierto de un op amp compensado, y destinado para operación a altas frecuencias, indican que la ganancia es 5.1×10^3 a 100 kHz y 8.3×10^3 a 10 kHz. Estime su frecuencia de 3 dB, su frecuencia de ganancia unitaria y su ganancia de cd.

2.69 Un amplificador inversor con ganancia nominal de −20 V/V utiliza un op amp con ganancia de cd de 10^4 y frecuencia de ganancia unitaria de 10^6 Hz. ¿Cuál es la frecuencia de 3 dB f_{3dB} del amplificador a circuito cerrado? ¿Cuál es su ganancia a $0.1 f_{3dB}$ y a $10 f_{3dB}$?

2.70 Un op amp en particular, caracterizado por un producto de ganancia y ancho de banda de 30 MHz, se opera con una ganancia a circuito cerrado de +100 V/V. ¿Cuál ancho de banda de 3 dB resulta? ¿A qué frecuencia exhibe el amplificador a circuito cerrado un desfasamiento de −6°? ¿Y un desfasamiento de −84°?

2.71 Se encuentra que un circuito no inversor de op amp con una ganancia de 100 V/V tiene una frecuencia a 3 dB de 8 kHz. Para aplicación en un sistema en particular es necesario un ancho de banda de 20 kHz. ¿Cuál es la máxima ganancia disponible en estas condiciones?

2.72 Considere un seguidor de ganancia unitaria que utiliza un op amp internamente compensado con f_t = 1 MHz. ¿Cuál es la frecuencia a 3 dB del seguidor? ¿A qué frecuencia está la ganancia del seguidor 1% debajo de su magnitud de baja frecuencia? Si la entrada del seguidor es un escalón de 1 V, encuentre el tiempo de elevación de 10% a 90% del voltaje de salida. (*Nota:* La respuesta de escalón de redes STC de paso bajo se estudia en el apéndice F.)

D*2.73 Este problema ilustra el uso de amplificadores de circuito cerrado en cascada para obtener un ancho de banda total mayor que el alcanzado con un amplificador de una etapa con la misma ganancia total.

(a) Demuestre que al conectar en cascada dos etapas amplificadoras idénticas, cada una con respuesta de frecuencia STC de paso bajo con una frecuencia f_1 a 3 dB, resulta en un amplificador total con una frecuencia a 3 dB dada por

$$f_{3dB} = \sqrt{\sqrt{2} - 1}\, f_1$$

(b) Es necesario diseñar un amplificador no inversor con ganancia de cd de 40 dB utilizando un solo op amp internamente compensado con f_t = 1 MHz. ¿Cuál es la frecuencia a 3 dB obtenida?

(c) Vuelva a diseñar el amplificador del inciso (b) al conectar en cascada dos amplificadores no inversores idénticos, cada uno con una ganancia de cd de 20 dB. ¿Cuál es la frecuencia a 3 dB de todo el amplificador? Compare con el valor obtenido en el inciso (b) anterior.

D**2.74 Una diseñadora, en busca de obtener una ganancia estable de 100 V/V a 5 MHz, considera su opción de topologías de amplificador. ¿Cuál frecuencia de ganancia unitaria necesitaría un solo amplificador operacional para satisfacer su necesidad? Desafortunadamente, el mejor amplificador que existe tiene una f_t de 40 MHz. ¿Cuántos de estos amplificadores, conectados en cascada de etapas no inversoras idénticas, necesitaría ella para lograr su objetivo? ¿Cuál es la frecuencia a 3 dB de cada etapa que ella puede usar? ¿Cuál es la frecuencia total a 3 dB?

2.75 Considere el uso de un op amp con una frecuencia f_t a ganancia unitaria en la obtención de
(a) un amplificador inversor con ganancia de cd de magnitud K.
(b) un amplificador no inversor con ganancia de cd de K.

En cada caso encuentre la frecuencia a 3 dB y el producto de ganancia y ancho de banda (GBP ≡ |Ganancia| $\times f_{\text{3dB}}$). Comente los resultados.

2.76 Considere un sumador inversor con dos entradas V_1 y V_2 y con $V_o = -(V_1 + V_2)$. Encuentre la frecuencia a 3 dB de cada una de las funciones de ganancia V_o/V_1 y V_o/V_2 en términos de la f_t del op amp. (*Sugerencia:* En cada caso, la otra entrada al sumador se puede ajustar a cero, que es una aplicación de superposición.)

*2.77 (a) Demuestre que la función de transferencia de un integrador Miller, obtenido usando un op amp internamente compensado con una frecuencia ω_t de ganancia unitaria, está dada aproximadamente por

$$\frac{V_o}{V_i} \simeq -\frac{1}{j\omega CR} \frac{1}{1 + j(\omega/\omega_t)}$$

donde se ha supuesto que ω_t es mucho más alta que la frecuencia ω_0 del integrador ($\omega_0 = 1/CR$).
(b) ¿Cuál es el "exceso de fase" que el integrador tiene debido a la ω_t del op amp a $\omega = \omega_t/100$? ¿Es del tipo de atraso o de adelanto el exceso de fase?

Sección 2.8: Operación de op amps a gran señal

2.78 Un op amp en particular, que utiliza fuentes de ±15 V, opera linealmente para salidas entre −13 V y +13 V. Si se utiliza en una configuración amplificadora inversora de ganancia −1000, ¿cuál es el valor rms de la máxima onda senoidal posible que se puede aplicar a la entrada sin recortar la salida?

2.79 Para un circuito diferenciador de op amp que tiene una constante de tiempo de 1 ms, que utiliza un op amp cuyo límite de salida lineal es ±11 V, ¿cuál es la máxima rapidez de elevación de señales aceptables de entrada?

2.80 Un op amp que tiene una rapidez de respuesta de 10 V/μs se va a utilizar en la configuración de seguidor de ganancia unitaria, con pulsos de entrada que se elevan de 0 a 5 V. ¿Cuál es el pulso más corto que se puede utilizar al tiempo que se asegura una salida a plena amplitud? Para este pulso, describa la salida resultante.

*2.81 Para operación con pulsos de salida de 10 V con el requisito de que la suma de los tiempos de elevación y caída debe representar sólo 20% del ancho de pulso (a media amplitud), ¿cuál es la necesidad de rapidez de respuesta para un op amp para manejar pulsos de 1 μs de ancho? (*Nota:* Los tiempos de elevación y caída de una señal de pulso suelen medirse entre los puntos de 10% y 90% de altura.)

2.82 ¿Cuál es la máxima frecuencia de una onda triangular de 20 V de amplitud pico a pico que puede ser reproducida por un op amp cuya rapidez de respuesta es 10 V/μs? Para una onda senoidal de la misma frecuencia, ¿cuál es la máxima amplitud de señal de salida que permanece sin distorsión?

2.83 Para un amplificador que tiene una rapidez de respuesta de 10 V/μs, ¿cuál es la máxima frecuencia a la que se puede producir una onda senoidal de 20 V pico a pico a la salida?

D*2.84 Al diseñar con op amps deben verificarse las limitaciones sobre límites de operación de voltaje y frecuencia del amplificador a circuito cerrado, impuestos por el ancho de banda finito del op amp (f_t), rapidez de respuesta (SR) y saturación de salida ($V_{\text{omáx}}$). Este problema ilustra el tema al considerar el uso de un op amp con f_t = 2 MHz, SR = 1 V/μs y $V_{\text{omáx}}$ = 10 V en el diseño de un amplificador no inversor con una ganancia nominal de 10. Suponga una entrada de onda senoidal con amplitud de pico V_i.
(a) Si V_i = 0.5 V, ¿cuál es la frecuencia máxima antes de que se distorsione la salida?
(b) Si f = 20 kHz, ¿cuál es el máximo valor de V_i antes de que se distorsione la salida?
(c) Si V_i = 50 mV, ¿cuál es el intervalo útil de frecuencia de operación?
(d) Si f = 5 kHz, ¿cuál es el intervalo útil de voltaje de entrada?

Sección 2.9: Imperfecciones de cd

2.85 Un op amp conectado en la configuración inversora con la entrada a tierra, con R_2 = 100 kΩ y R_1 = 1 kΩ, tiene un voltaje de cd de salida de −0.5 V. Si se sabe que la corriente de polarización de entrada es muy pequeña, encuentre el voltaje de desnivel de entrada.

2.86 Un amplificador no inversor con ganancia de 100 utiliza un op amp que tiene un voltaje de desnivel de entrada de ±2 mV. Encuentre la salida cuando la entrada sea 0.01 sen ωt, volts.

2.87 Un amplificador no inversor, con ganancia a circuito cerrado de 1000, se diseña usando un op amp que tiene un voltaje de desnivel de entrada de 4 mV y niveles de saturación de salida de ±12 V. ¿Cuál es la máxima amplitud de la onda senoidal que se puede aplicar a la entrada sin recortar la salida? Si el amplificador está acoplado capacitivamente en la forma que se indica en la figura 2.40, ¿cuál sería la máxima amplitud posible?

2.88 Un op amp conectado en una configuración inversora a circuito cerrado que tiene una ganancia de 1000 V/V, y utiliza resistores de valor relativamente pequeño, se mide con entrada a tierra para tener un voltaje de cd de salida de −1.4 V. ¿Cuál es el voltaje de desnivel de entrada? Dibuje de una fuente de voltaje de desnivel que se semeje a la figura 2.31. Tenga cuidado con las polaridades.

D2.89 Un diseñador desea compensar un integrador Miller (como el que se muestra en la figura 2.35) para los efectos de voltaje de desnivel de entrada. Sugiera un posible esquema que utilice un resistor apropiado y fuente de alimentación. Si el desnivel es 1 mV (con polaridad como se indica en la figura 2.35), $R =$ 1 kΩ, y se dispone de fuentes de ±10 V, ¿qué resistor se necesita? ¿Dónde está conectado?

D*2.90 Un amplificador no inversor con ganancia de +10 V/V, que utiliza 100 kΩ como resistor de retro-alimentación, opera desde una fuente de 5 kΩ. Para un voltaje de desnivel de amplificador de 0 mV, pero con una corriente de polarización de 1 μA y una corriente de desnivel de 0.1 μA, ¿qué intervalo de salidas se esperaría? Indique en dónde se agregaría otro resistor para compensar las corrientes de polarización. ¿En qué se convierten entonces los límites de posibles salidas? Un diseñador desea utilizar este amplificador con una fuente de 15 kΩ. Para compensar esta corriente de polarización en este caso, ¿qué resistor utilizaría el lector?, ¿dónde?

D2.91 El circuito de la figura 2.40 se utiliza para crear un amplificador no inversor acoplado a ca con una ganancia de 100 V/V, usando resistores no mayores de 100 kΩ. ¿Qué valores de R_1, R_2 y R_3 deben usarse? Para una frecuencia de ruptura debida a C_1 a 100 Hz, y la debida a C_2 a 10 Hz, ¿qué valores C_1 y C_2 se necesitan?

*2.92 Considere el circuito amplificador de diferencia de la figura 2.21. Sea $R_1 = R_3 = 10$ kΩ y $R_2 = R_4 = 1$ MΩ. Si el op amp tiene $V_{OS} = 3$ mV, $I_B = 0.2$ μA e $I_{OS} = 50$ nA, encuentre el voltaje de desnivel de cd del peor caso (máximo) a la salida.

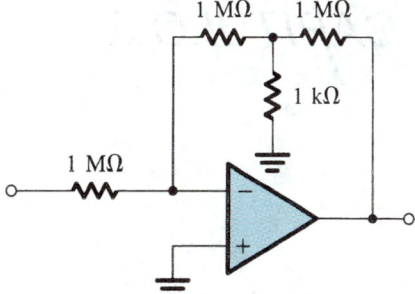

Fig. P2.93

*2.93 El circuito que se muestra en la figura P2.93 utiliza un op amp que tiene un desnivel de ±5 mV. ¿Cuál es el voltaje de desnivel de salida? ¿En qué se convierte el desnivel de salida con la ca de entrada acoplada por medio de un capacitor C? Si, en lugar de lo anterior, un resistor de 1 kΩ está acoplado capacitivamente a tierra, ¿en qué se convierte el desnivel de salida?

2.94 Con el uso de medios para cancelar un desnivel, proporcionados para el op amp, un amplificador a circuito cerrado con ganancia de +1000 se ajusta a 25°C para producir salida cero con la entrada a tierra. Si el corrimiento del voltaje de desnivel de entrada se especifica en 10 μV/°C, ¿cuál salida se esperaría a 0°C y a 75°C? Mientras que nada se puede decir separadamente acerca de la polaridad del desnivel de salida ya sea a 0 o a 75°C, ¿cuáles espera el lector que serían sus polaridades relativas?

2.95 Un op amp se conecta en un circuito cerrado con ganancia de +100 utilizando un resistor de retroalimentación de 1 MΩ.

(a) Si la corriente de polarización de entrada es 100 nA, ¿cuál voltaje de salida resulta con la entrada a tierra?

(b) Si el voltaje de desnivel de entrada es ±1 mV, y la corriente de polarización de entrada como en el inciso (a), ¿cuál es la máxima salida posible que se puede observar con la entrada a tierra?

(c) Si se utiliza compensación de corriente de entrada, ¿cuál es el valor del resistor necesario? Si la corriente de desnivel no es mayor de una décima de la corriente de polarización, ¿cuál es el voltaje de desnivel de salida resultante (debido sólo a la corriente de desnivel)?

(d) Con compensación de corriente de polarización, como en (c), ¿cuál es el máximo voltaje de cd a la salida debido al efecto combinado del voltaje de desnivel y la corriente de desnivel?

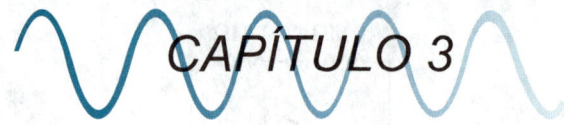

CAPÍTULO 3

Diodos

INTRODUCCIÓN

En casi todo el capítulo anterior hablamos de circuitos lineales; cualquier falta de linealidad, como la introducida por saturación de la salida de un amplificador, se consideró un problema que debía ser resuelto por el diseñador del circuito. No obstante lo anterior, hay muchas otras funciones de procesamiento de señales que sólo pueden ejecutar circuitos no lineales. Como ejemplos de tales funciones están la generación de voltajes de cd de la fuente de alimentación de ca y la generación de señales de varias formas de onda (por ejemplo senoides, ondas cuadradas, pulsos, etc.). Del mismo modo, los circuitos digitales lógicos y de memoria constituyen una clase especial de circuitos no lineales.

El elemento no lineal más sencillo y fundamental es el diodo. Al igual que el resistor, el diodo tiene dos terminales; pero, a diferencia de aquél, que tiene una relación lineal (en línea recta) entre la corriente que circula a través de ese elemento y el voltaje que aparece en sus terminales, el diodo tiene una curva característica i–v no lineal.

Este capítulo se refiere al estudio de los diodos. Para comprender la esencia de la función del diodo, comenzamos con un elemento ficticio, que es el diodo ideal. Introducimos entonces el diodo de unión de silicio, explicamos sus características terminales y damos el análisis de circuitos con diodos. En este último trabajo aparece el importante tema de hacer un modelo del dispositivo.

Para comprender el origen de las características terminales del diodo, consideramos su operación física. Nuestro estudio de la operación física de una unión *pn*, así como el de los conceptos básicos de la física de semiconductores, está destinado a proporcionar las bases para entender no sólo las características de diodos de unión sino también las del transistor de unión bipolar, que se estudia en el siguiente capítulo, y las de transistores de efecto de campo, que se estudian en el capítulo 5.

De las muchas aplicaciones de diodos, su uso en el diseño de rectificadores (que convierte ca en cd) es la más común. Por lo tanto, estudiaremos circuitos rectificadores en algún detalle y brevemente veremos más aplicaciones de diodos. En todo este libro, y en particular en el capítulo 12, se encontrarán otros circuitos no lineales que utilizan diodos y otros dispositivos.

Aun cuando la mayor parte de este capítulo está dedicada al estudio de diodos de unión *pn* de silicio, brevemente consideramos algunos tipos especializados de diodos entre los que se incluye el fotodiodo y el diodo emisor de luz. El capítulo concluye con una descripción del modelo del diodo utilizado en el programa de simulación de circuitos SPICE. También presentamos un ejemplo de diseño que ilustra el uso de la simulación SPICE.

3.1 EL DIODO IDEAL

El diodo ideal puede ser considerado como el elemento fundamental de circuitos no lineales. Es un dispositivo de dos terminales cuyo símbolo se muestra en la figura 3.1(a) y sus curvas características

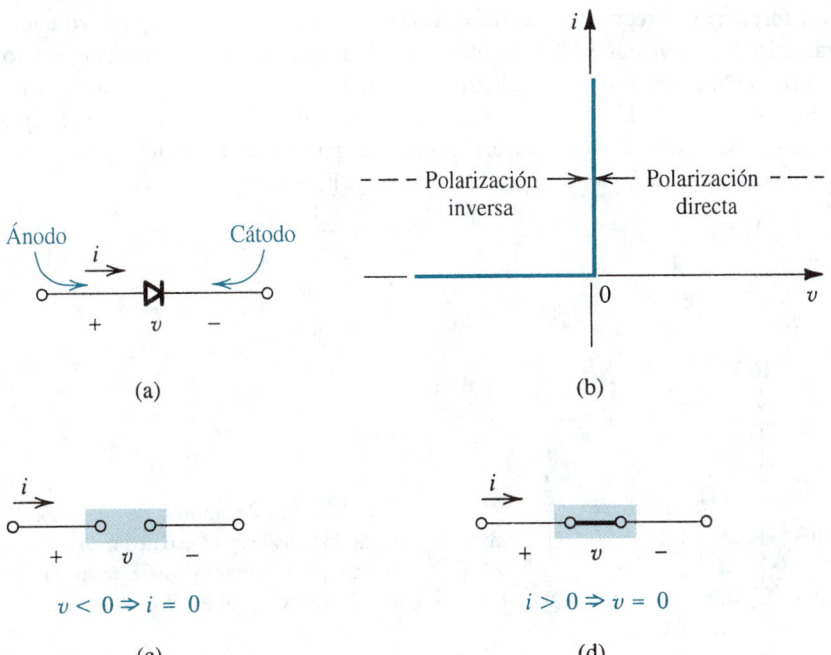

Fig. 3.1 El diodo ideal: **(a)** símbolo de diodo; **(b)** curva característica *i–v*; **(c)** circuito equivalente en la dirección inversa; **(d)** circuito equivalente en la dirección directa.

i–v en la figura 3.1(b). La característica terminal del diodo ideal se puede interpretar como sigue: si un voltaje negativo [en relación con la dirección de referencia indicada en la figura 3.1(a)] se aplica al diodo, no circula corriente y el diodo se comporta como un circuito abierto [figura 3.1(c)]. Se dice que los diodos que operan de este modo están **inversamente polarizados**, o que operan en dirección inversa. Un diodo ideal tiene corriente cero cuando opera en dirección inversa y se dice que está **en corte**.

Por otro lado, si una corriente positiva [en relación con la dirección de referencia indicada en la figura 3.1(a)] se aplica al diodo ideal, en sus terminales aparece una caída de voltaje igual a cero. En otras palabras, el diodo ideal se comporta como un cortocircuito en la dirección *positiva* [figura 3.1(d)]; pasa cualquier corriente con caída de voltaje de cero. Se dice que un diodo que conduce en dirección positiva está **en conducción**, o simplemente **conduce**.

De la descripción anterior debe observarse que el circuito externo debe estar diseñado para limitar la corriente en sentido directo que pasa por un diodo conductor, y el voltaje inverso de un diodo en corte, a valores predeterminados. En la figura 3.2 se muestran dos circuitos con diodos que ilustran este punto. En el circuito de la figura 3.2(a) es obvio que el diodo está en conducción y por lo tanto su caída de voltaje es cero, y la corriente que pasa por el mismo estará determinada por la fuente de +10 V y el resistor de 1 kΩ como 10 mA. El diodo del circuito de la figura 3.2(b) está en corte y por lo tanto su corriente es cero, lo que a su vez significa que toda la fuente de alimentación de 10 V aparecerá como polarización inversa en los terminales del diodo.

El terminal positivo del diodo se denomina **ánodo** y el negativo **cátodo**, lo que es un remanente de la época de los diodos de tubos al vacío. La curva característica *i–v* del diodo ideal (que conduce en una dirección y no en la otra) debe explicar la opción de su símbolo de circuito semejante a una flecha.

Como debe ser evidente de la descripción anterior, la curva característica *i–v* del diodo ideal es altamente no lineal y consta de dos segmentos rectos a 90° entre sí. Se dice que una curva no lineal formada por segmentos rectos es **lineal por partes**. Si un dispositivo que tenga una curva característica lineal por partes se utiliza en una aplicación en particular, en forma tal que la señal presente en sus terminales alterna sólo a lo largo de uno de los segmentos lineales, entonces el dispositivo se puede considerar como un elemento de circuito lineal en lo que respecta a ese circuito en particular. Por otra parte, si las señales pasan por uno o más de los puntos de ruptura de la curva característica, ya no es posible el análisis lineal.

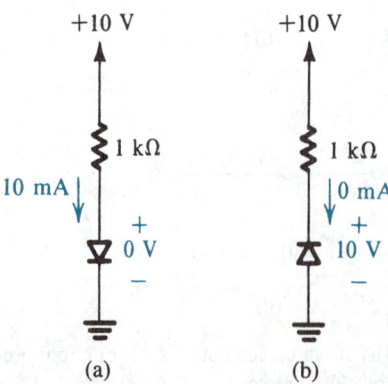

Fig. 3.2 Los dos modos de operación de diodos ideales y el uso de un circuito externo para limitar la corriente en sentido directo y el voltaje inverso.

Una aplicación sencilla: el rectificador

Una aplicación fundamental del diodo, que hace uso de su curva i–v fuertemente no lineal, es el circuito rectificador que se ilustra en la figura 3.3(a). El circuito está formado por la conexión en serie de un diodo D y un resistor R. Sea el voltaje de entrada v_I la onda senoidal que se ilustra en la figura 3.3(b), y supongamos que el diodo es ideal. Durante los semiciclos positivos de la senoide de entrada, el voltaje v_I positivo hará que la corriente circule por el diodo en la dirección positiva. Se deduce que el voltaje v_D del diodo será muy pequeño, cero en el ideal. Por lo tanto, el circuito tendrá la forma equivalente que se muestra en la figura 3.3(c), y el voltaje de salida v_O será igual al voltaje de entrada v_I. Por otra parte, durante los semiciclos negativos de v_I, el diodo no conducirá, el circuito tendrá la forma equivalente que se ilustra en la figura 3.3(d) y v_O será cero. Por consiguiente, el voltaje de salida tendrá la forma de onda que se ilustra en la figura 3.3(e). Nótese que mientras que v_I se alterna en polaridad y tiene un valor promedio de cero, v_O es unidireccional y tiene un valor promedio finito o una *componente de cd*. Por lo tanto, el circuito de la figura 3.3(a)

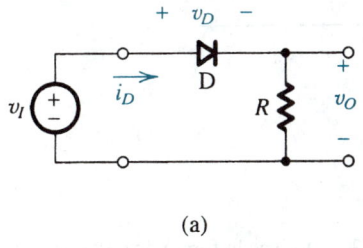

(a)

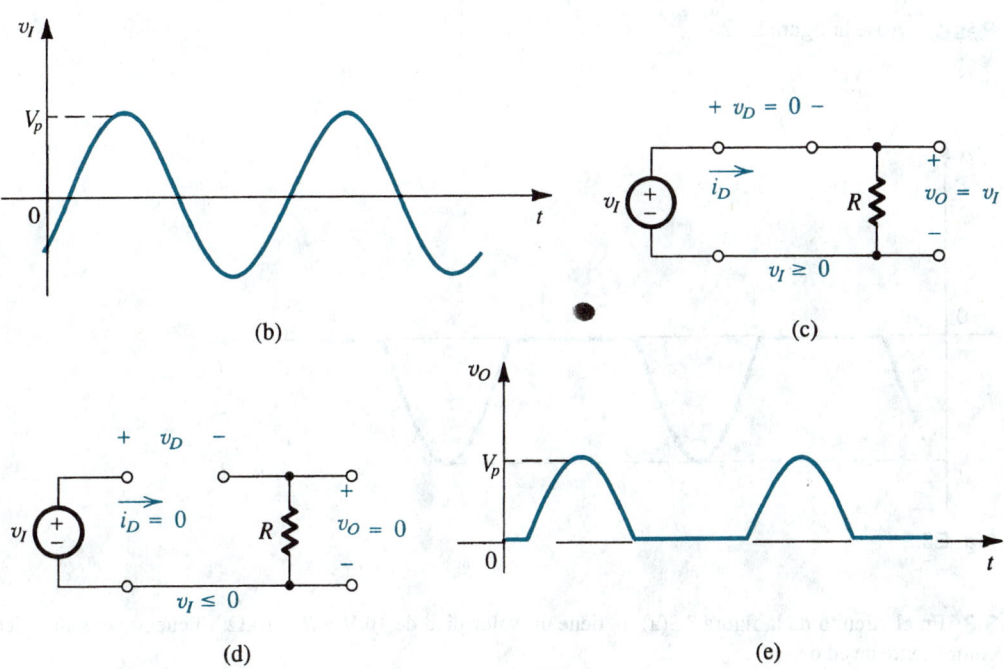

(b)

(c)

(d)

(e)

Fig. 3.3 (a) Circuito rectificador. (b) Onda de entrada. (c) Circuito equivalente cuando $v_I \geq 0$. (d) Circuito equivalente cuando $v_I \leq 0$. (e) Onda de salida.

rectifica la señal y recibe el nombre de **rectificador**. Se puede utilizar para generar cd a partir de ca. En la sección 3.7 estudiaremos con detalle circuitos rectificadores.

Ejercicios

3.1 Para el circuito de la figura 3.3(a), trace la curva característica de transferencia v_O contra v_I.

Resp. Véase la figura E3.1.

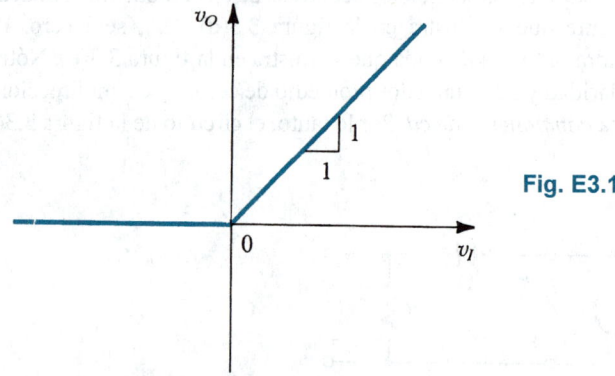

Fig. E3.1

3.2 Para el circuito de la figura 3.3(a), trace la forma de onda de v_D.

Resp. Véase la figura E3.2.

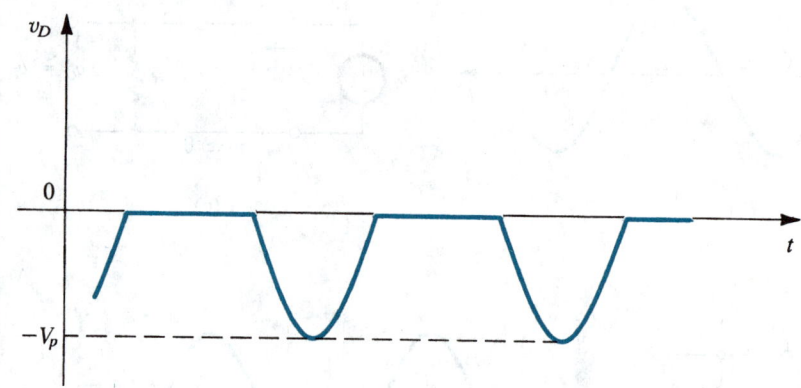

Fig. E3.2

3.3 En el circuito de la figura 3.3(a), v_I tiene un valor pico de 10 V y $R = 1$ kΩ. Encuentre el valor pico de i_D y la componente de cd de v_O.

Resp. 10 mA; 3.18 V

EJEMPLO 3.1

En la figura 3.4(a) se muestra un circuito para cargar una batería de 12 V. Si v_S es una senoide con amplitud pico de 24 V, encuentre la fracción de cada ciclo durante la que el diodo conduce. También encuentre el valor pico de la corriente del diodo y el voltaje máximo de polarización inversa que aparece en los terminales del diodo.

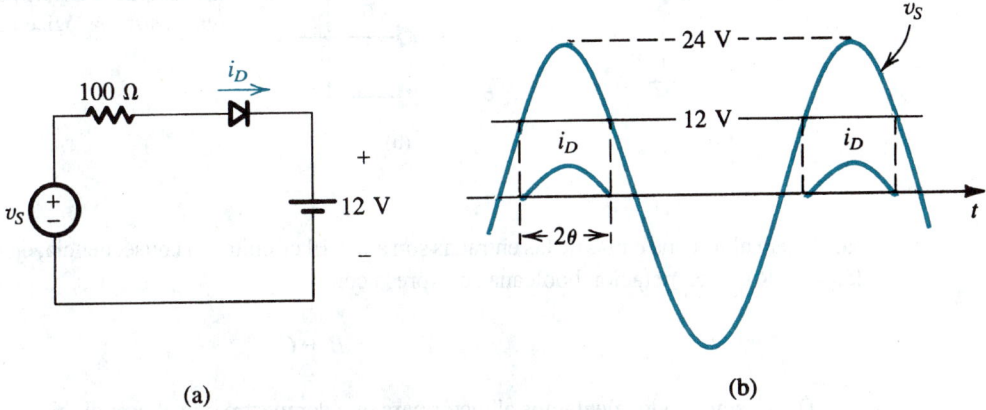

(a) **(b)**

Fig. 3.4 Circuito y formas de onda para el ejemplo 3.1.

SOLUCIÓN

El diodo conduce cuando v_S excede de 12 V, como se muestra en la figura 3.4(b). El ángulo de conducción es 2θ, donde θ está dado por

$$24 \cos \theta = 12$$

Por lo tanto, $\theta = 60°$ y el ángulo de conducción es 120°, o sea un tercio de un ciclo.

El valor pico de la corriente de diodo está dado por

$$I_d = \frac{24 - 12}{100} = 0.12 \text{ A}$$

El máximo voltaje inverso en los terminales del diodo se presenta cuando v_S está en su pico negativo y es igual a $24 + 12 = 36$ V.

Otra aplicación: compuertas lógicas de diodos

Diodos y resistores se pueden utilizar juntos para ejecutar funciones lógicas digitales. En la figura 3.5 se muestran dos compuertas lógicas digitales. Para ver cómo funcionan estos circuitos, considere un sistema lógico positivo en el que valores de voltajes cercanos a 0 V corresponde a lógica 0 (o baja) y valores de voltaje cercanos a +5 V corresponden a lógica 1 (o alta). El circuito de la figura 3.5(a) tiene tres entradas, v_A, v_B y v_C. Es fácil ver que los diodos que conectan a entradas de +5 V conducen, sujetando así la salida v_Y a un valor igual a +5 V. Este voltaje positivo en la salida mantendrá en corte los diodos cuyas entradas sean bajas (alrededor de 0 V). Por lo tanto, la

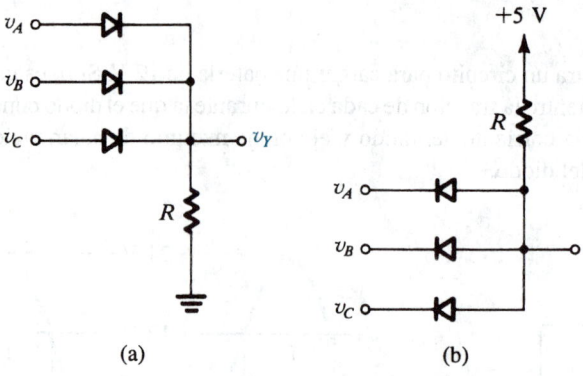

Fig. 3.5 Compuertas lógicas a diodos: (a) compuerta OR; (b) compuerta AND (en un sistema lógico positivo).

(a)

(b)

salida será alta si una o más de las entradas son altas. El circuito, en consecuencia, ejecuta la función lógica OR que en notación booleana se expresa como

$$Y = A + B + C$$

Del mismo modo, alentamos al lector para que demuestre que al usar el mismo sistema lógico aquí citado, el circuito de la figura 3.5(b) ejecuta la función lógica AND,

$$Y = A \cdot B \cdot C$$

EJEMPLO 3.2

Si se supone que los diodos son ideales, encuentre los valores de I y V en los circuitos de la figura 3.6.

SOLUCIÓN

En estos circuitos puede que no sea tan obvio a primera vista si ninguno, uno o ambos diodos están conduciendo. En tal caso, *hacemos una suposición razonable, proseguimos con el análisis y luego comprobamos si terminamos con una solución consistente.* Para el circuito de la figura 3.6(a), supondremos que ambos diodos están conduciendo. Se deduce que $V_B = 0$ y $V = 0$. La corriente que pasa por D_2 se puede determinar ahora con

$$I_{D2} = \frac{10 - 0}{10} = 1 \text{ mA}$$

Si se escribe una ecuación de nodo en B,

$$I + 1 = \frac{0 - (-10)}{5}$$

resulta en $I = 1$ mA. Por lo tanto, D_1 está conduciendo como originalmente se supuso, y el resultado final es $I = 1$ mA y $V = 0$ V.

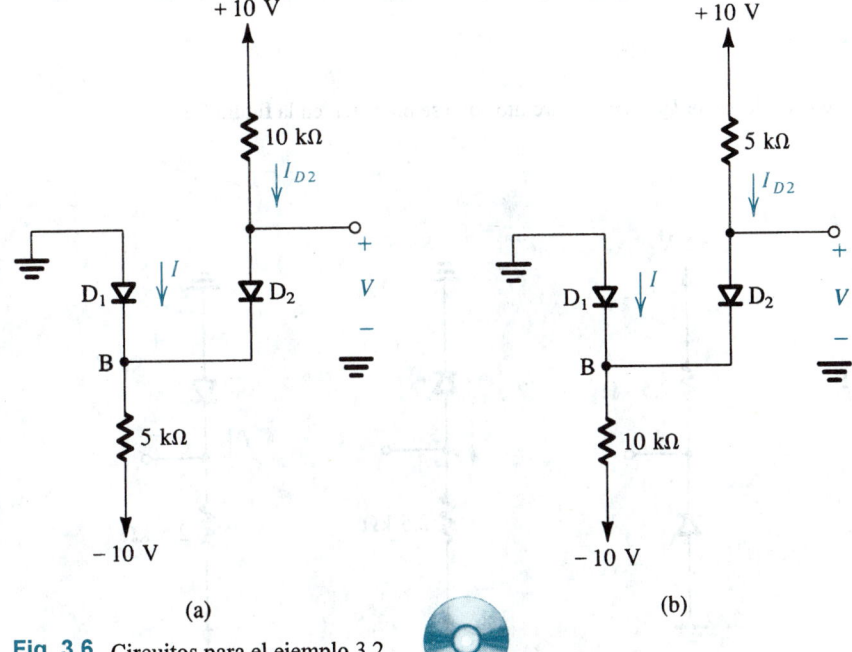

Fig. 3.6 Circuitos para el ejemplo 3.2.

Para el circuito de la figura 3.6(b), si suponemos que ambos diodos están conduciendo, entonces $V_B = 0$ y $V = 0$. La corriente en D_2 se obtiene de

$$I_{D2} = \frac{10 - 0}{5} = 2 \text{ mA}$$

La ecuación de nodo en B es

$$I + 2 = \frac{0 - (-10)}{10}$$

que produce $I = -1$ mA. Como esto no es posible, nuestra suposición no es correcta. Comenzamos de nuevo suponiendo que D_1 no conduce y D_2 sí lo hace. La corriente I_{D2} está dada por

$$I_{D2} = \frac{10 - (-10)}{15} = 1.33 \text{ mA}$$

y el voltaje en el nodo B es

$$V_B = -10 + 10 \times 1.33 = +3.3 \text{ V}$$

Por lo tanto, D_1 está polarizado inversamente, como se supuso, y el resultado final es $I = 0$ y $V = 3.3$ V.

Ejercicios

3.4 Encuentre los valores de I y V en los circuitos que se muestran en la figura E3.4.

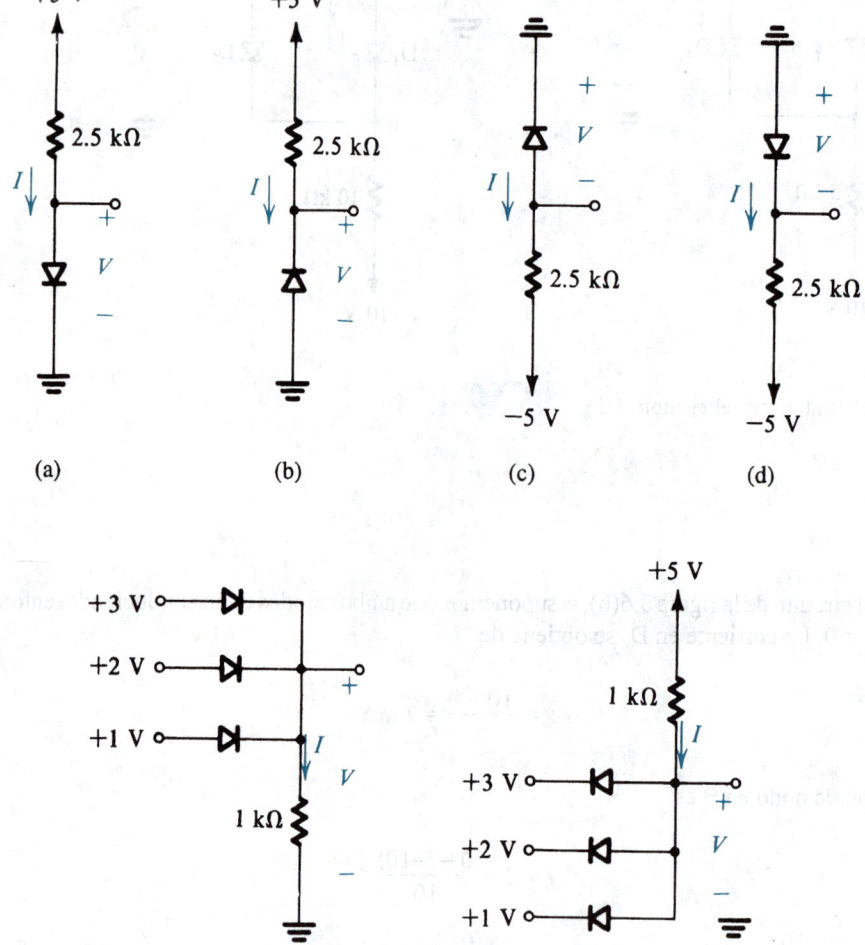

(a)   (b)   (c)   (d)

(e)   (f)

Fig. E3.4

Resp. (a) 2 mA, 0 V; (b) 0 mA, 5 V; (c) 0 mA, 5 V; (d) 2 mA, 0 V; (e) 3 mA, +3 V; (f) 4 mA, +1 V.

3.5 En la figura E3.5 se muestra un circuito para un voltímetro de ca; utiliza un medidor de bobina móvil que da una lectura a plena escala cuando el *promedio* de corriente que circula en ella es de 1 mA. El medidor de bobina móvil tiene una resistencia de 50 Ω.

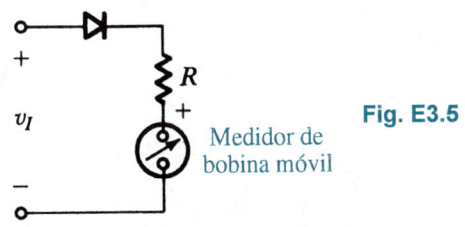

Fig. E3.5

Encuentre el valor de R que resulte en que el medidor indique una lectura a plena escala cuando el voltaje de onda senoidal de entrada v_I sea 20 V pico a pico. (*Sugerencia:* El valor promedio de ondas semisenoides es V_p/π.)

Resp.   3.133 kΩ

3.2   CURVAS CARACTERÍSTICAS TERMINALES DE DIODOS DE UNIÓN

En esta sección estudiamos las curvas características de diodos reales, específicamente diodos semiconductores de unión hechos de silicio. Los procesos físicos que dan lugar a curvas características terminales de diodos, y al nombre "diodo de unión", se estudian en la sección siguiente.

En la figura 3.7 se muestra la curva característica i–v de un diodo de unión de silicio. La misma curva se muestra en la figura 3.8 con algunas escalas expandidas y otras comprimidas, de modo que se vean detalles. Nótese que los cambios de escala han resultado en la aparente discontinuidad en el origen.

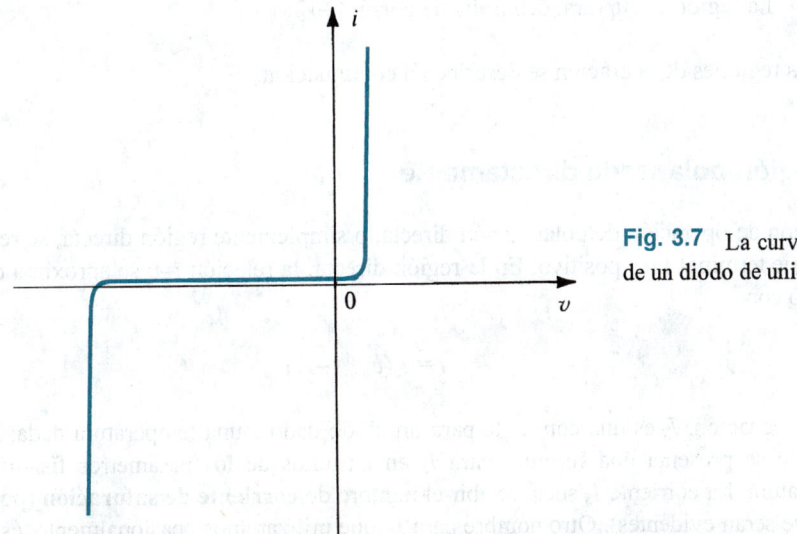

Fig. 3.7 La curva característica i–v de un diodo de unión de silicio.

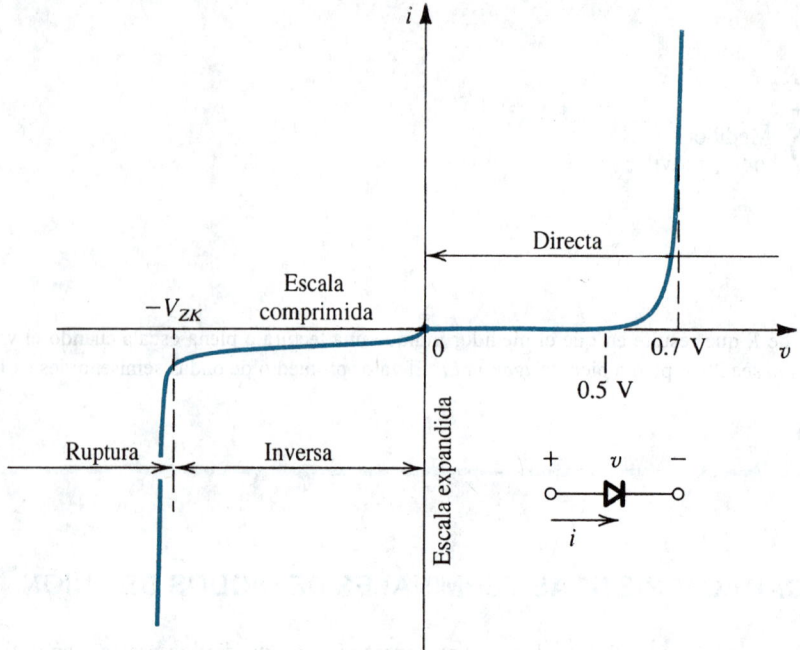

Fig. 3.8 La relación *i–v* de un diodo con algunas escalas expandidas y otras comprimidas para dejar ver detalles.

Como se indica, la curva característica consta de tres regiones distintas:

1. La región polarizada directamente, determinada por $v > 0$

2. La región polarizada inversamente, determinada por $v < 0$

3. La región de ruptura, determinada por $v < -V_{ZK}$

Las tres regiones de operación se describen a continuación.

La región polarizada directamente

La región de operación de polarización directa, o simplemente región directa, se registra cuando el voltaje terminal v es positivo. En la región directa, la relación *i–v* se aproxima de modo muy cercano con

$$i = I_S(e^{v/nV_T} - 1) \tag{3.1}$$

En esta ecuación, I_S es una constante para un diodo dado a una temperatura dada. En la sección siguiente se presenta una fórmula para I_S en términos de los parámetros físicos del diodo y temperatura. La corriente I_S suele recibir el nombre de **corriente de saturación** (por razones que en breve serán evidentes). Otro nombre para I_S, que utilizaremos ocasionalmente, es **corriente de**

escala. El nombre resulta del hecho de que I_S es directamente proporcional al área de sección transversal del diodo. Por lo tanto, duplicar el área de la unión resulta en un diodo que el doble del valor de I_S y, como indica la ecuación del diodo, duplica el valor de la corriente i para un voltaje v dado. Para diodos "a pequeña señal", que son diodos de pequeño tamaño destinados para aplicaciones de baja potencia, I_S es del orden de 10^{-15} A. El valor de I_S está sin embargo en estrecha relación con la temperatura. Como regla práctica, I_S se duplica en valor por cada 5°C de aumento en temperatura.[1]

El voltaje V_T en la ecuación (3.1) es una constante denominada **voltaje térmico**, dado por

$$V_T = \frac{kT}{q} \tag{3.2}$$

donde

k = constante de Boltzmann = 1.38×10^{-23} joules/kelvin

T = temperatura absoluta en kelvin = 273 + temperatura en °C

q = magnitud de carga electrónica = 1.60×10^{-19} coulomb

A la temperatura ambiente (20°C), el valor de V_T es 25.2 mV. En análisis rápidos y aproximados de circuitos, utilizaremos $V_T \simeq 25$ mV a la temperatura ambiente.[2]

En la ecuación del diodo, la constante n tiene un valor entre 1 y 2, dependiendo del material y la estructura física del diodo. Los diodos hechos empleando proceso de fabricación estándar de circuitos integrados exhiben $n = 1$ cuando se operan en condiciones normales.[3] Los diodos que hay comercialmente como componentes discretos de dos terminales suelen exhibir $n = 2$. En general, supondremos $n = 1$ a menos que se especifique otra cosa.

Para una corriente apreciable i en la dirección directa, específicamente para $i \gg I_S$, la ecuación (3.1) se puede aproximar con la relación exponencial

$$i \simeq I_S e^{v/nV_T} \tag{3.3}$$

Esta relación se puede expresar alternativamente en la forma logarítmica

$$v = nV_T \ln \frac{i}{I_S} \tag{3.4}$$

donde ln denota el logaritmo natural (de base e).

La relación exponencial entre la corriente i y el voltaje v se cumple sobre muchas décadas de corriente (se puede encontrar un espacio de hasta siete décadas, es decir, un factor de 10^7). Ésta es una propiedad notable en diodos de unión, que también se encuentra en transistores de unión bipolar y que se ha explotado en muchas aplicaciones interesantes.

---

[1] Un excelente análisis de la dependencia de la temperatura sobre las curvas características de un diodo se presenta en la obra de Hodges y Jackson (1988), pp. 146-148. También se da una derivación para el coeficiente de temperatura de I_S.

[2] Se supone por lo general una temperatura ambiental ligeramente más alta (25°C) para equipo electrónico que opera dentro de un gabinete. A esta temperatura, $V_T \simeq 25.8$ mV. Sin embargo, por razones de sencillez y para promover un rápido análisis de un circuito, utilizaremos el valor más conveniente de $V_T \simeq 25$ mV en todo este texto.

[3] En un circuito integrado, suelen obtenerse diodos al conectar un transistor de unión bipolar (BJT) como dispositivo de dos terminales, como se ve en el capítulo 4.

Consideremos la relación i–v directa de la ecuación (3.3) y evaluemos la corriente I_1 correspondiente a un voltaje de diodo V_1:

$$I_1 = I_S e^{V_1/nV_T}$$

Análogamente, si el voltaje es V_2, la corriente I_2 del diodo será

$$I_2 = I_S e^{V_2/nV_T}$$

Estas dos ecuaciones se pueden combinar para obtener

$$\frac{I_2}{I_1} = e^{(V_2 - V_1)/nV_T}$$

que se puede escribir como

$$V_2 - V_1 = nV_T \ln \frac{I_2}{I_1}$$

o sea, en términos de logaritmos de base 10,

$$V_2 - V_1 = 2.3nV_T \log \frac{I_2}{I_1} \qquad (3.5)$$

Esta ecuación simplemente expresa que para el cambio de una década (factor de 10) en corriente, la caída de voltaje del diodo cambió a $2.3nV_T$, que es alrededor de 60 mV para $n = 1$ y 120 mV para $n = 2$. Esto también sugiere que la relación i–v del diodo se traza en una gráfica con más comodidad en papel semilogarítmico. Si se utiliza el eje lineal vertical por v, y el eje horizontal logarítmico por i, se obtiene una línea recta con pendiente de $2.3nV_T$ por década de corriente. Por último, debe mencionarse que si no se sabe el valor exacto de n (que se puede obtener de un simple experimento), los diseñadores de circuitos utilizan el número aproximado conveniente de 0.1 V/década para la pendiente de la curva característica logarítmica del diodo.

Una mirada a la curva característica i–v en la posición directa (figura 3.8) deja ver que la corriente es tan pequeña que es insignificante para una v menor de 0.5 V. Este valor se llama **voltaje de conducción**. Debe destacarse que este aparente umbral de la curva característica es sólo una consecuencia de la relación exponencial. Otra consecuencia de esta relación es el rápido aumento de i. Por lo tanto, para un diodo "de conducción completa", la caída de voltaje se encuentra en una estrecha banda, entre 0.6 y 0.8 V. Esto da lugar a un "modelo" simple para el diodo, donde se supone que un diodo en estado de conducción tiene una caída de aproximadamente 0.7 V en sus terminales. Los diodos con diferentes corrientes nominales (es decir, diferentes áreas y diferentes I_S correspondientes) exhiben la caída de 0.7 V a corrientes diferentes. Por ejemplo, puede considerarse que un diodo a pequeña señal presenta una caída de 0.7 V a $i = 1$ mA, en tanto que un diodo de alta potencia puede presentar una caída de 0.7 V a una corriente $i = 1$ A. En la sección 3.4 regresaremos a los temas de análisis de circuitos con diodos y modelos de diodos.

EJEMPLO 3.3

Un diodo de silicio que se dice es un dispositivo de 1 mA muestra un voltaje directo de 0.7 V a una corriente de 1 mA. Evalúe la constante de escala de unión I_S en caso que n no sea 1 ni 2. ¿Qué constantes de escala se aplicarían para un diodo de 1 A de la misma manufactura que conduce 1 A a 0.7 V?

SOLUCIÓN

Como

$$i = I_S e^{v/nV_T}$$

entonces

$$I_S = i e^{-v/nV_T}$$

Para el diodo de 1 mA:

$$\text{Si } n = 1: \quad I_S = 10^{-3} e^{-700/25} = 6.9 \times 10^{-16} \text{ A}, \quad \text{es decir, unos } 10^{-15} \text{ A}$$

$$\text{Si } n = 2: \quad I_S = 10^{-3} e^{-700/50} = 8.3 \times 10^{-10} \text{ A}, \quad \text{es decir, unos } 10^{-9} \text{ A}$$

El diodo que conduce 1 A a 0.7 V corresponde a 1000 diodos de 1 mA en paralelo con un área total de unión 1000 veces mayor. Por lo tanto, I_S es también 1000 veces mayor, siendo 1 pA y 1 μA, respectivamente, para $n = 1$ y $n = 2$.

De este ejemplo debe ser evidente que el valor de n que se utilice puede ser bastante importante.

Como tanto I_S como V_T son funciones de la temperatura, la curva característica i–v directa varía con la temperatura, como se ilustra en la figura 3.9. A una corriente constante de diodo dada, la caída de voltaje en los terminales del diodo decrece en aproximadamente 2 mV por cada 1°C de aumento en temperatura. El cambio en voltaje del diodo con la temperatura se ha explotado en el diseño de termómetros electrónicos.

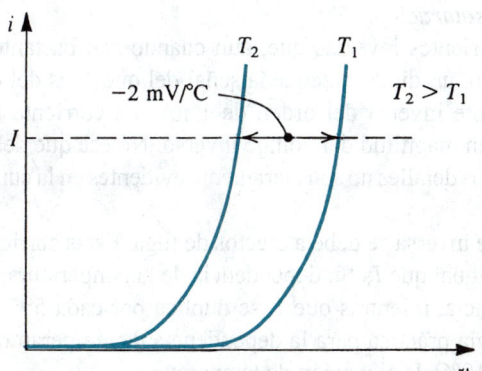

Fig. 3.9 Ilustración de la curva característica de la dependencia de la temperatura en un diodo. A una corriente constante, se reduce la caída de voltaje en aproximadamente 2 mV por cada 1°C de aumento en temperatura.

Ejercicios

3.6 Considere un diodo de silicio con $n = 1.5$. Encuentre el cambio en voltaje si la corriente cambia de 0.1 mA a 10 mA.

Resp. 172.5 mV

3.7 Un diodo de unión de silicio con $n = 1$ tiene $v = 0.7$ V a una corriente $i = 1$ mA. Encuentre la caída de voltaje a $i = 0.1$ mA e $i = 10$ mA.

Resp. 0.64 V; 0.76 V

3.8 Al utilizar el hecho de que un diodo de silicio tiene $I_S = 10^{-14}$ A a 25°C y que I_S aumenta en 15% por °C de elevación de temperatura, encuentre el valor de I_S a 125°C.

Resp. 1.17×10^{-8} A

La región de polarización inversa

La región de operación de polarización inversa se presenta cuando el voltaje v del diodo se hace negativo. En la ecuación (3.1) se predice que si v es negativo y unas pocas veces mayor que V_T (25 mV) en magnitud, el término exponencial se hace tan pequeño que es despreciable si se compara a la unidad y la corriente del diodo se convierte en

$$i \simeq -I_S$$

esto es, la corriente en dirección inversa es constante e igual a I_S. Esta constancia es la razón que hay tras el nombre de *corriente de saturación*.

Los diodos reales exhiben corrientes inversas que, aun cuando son bastante pequeñas, son mucho mayores que I_S. Por ejemplo, un diodo a pequeña señal del que I_S es del orden de 10^{-14} a 10^{-15} A podría mostrar una corriente inversa del orden de 1 nA. La corriente inversa también aumenta un poco con un aumento en magnitud del voltaje inverso. Nótese que debido a la magnitud muy pequeña de la corriente, estos detalles no son claramente evidentes en la curva característica i–v del diodo de la figura 3.8.

Una buena parte de la corriente inversa se debe a efectos de fuga. Estas corrientes de fuga son proporcionales al área de unión, al igual que I_S. Su dependencia de la temperatura, sin embargo, es diferente de la de I_S. En consecuencia, mientras que I_S se duplica por cada 5°C de elevación de temperatura, la correspondiente regla práctica para la dependencia de temperatura de la corriente inversa es que se duplica por cada 10°C de elevación de temperatura.

Ejercicio

3.9 El diodo del circuito de la figura E3.9 es un dispositivo grande, de elevada corriente, cuya fuga inversa es razonablemente independiente del voltaje. Si $V = 1$ V a 20°C, encuentre el valor de V a 40°C y a 0°C.

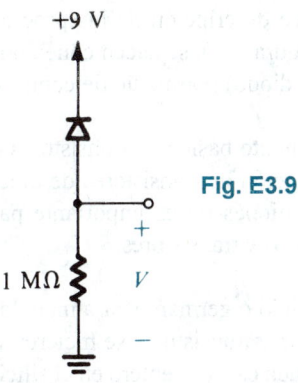

Fig. E3.9

Resp.   4 V; 0.25 V

La región de ruptura

La tercera región distintiva de la operación del diodo es la de ruptura, que se puede identificar fácilmente en la curva característica i–v del diodo de la figura 3.8. La región de ruptura se presenta cuando la magnitud del voltaje inverso excede un valor de umbral específico al diodo en particular y recibe el nombre de **voltaje de ruptura**. Éste es un voltaje en la "rodilla" de la curva característica i–v de la figura 3.8 y se denota por V_{ZK}, donde el subíndice Z es por Zener (que en breve se explicará) y K es por rodilla (*knee* en inglés).

Como se puede ver de la figura 3.8, en la región de ruptura aumenta con gran rapidez la corriente inversa y es muy pequeño el aumento correspondiente en caída de voltaje. La ruptura del diodo es no destructiva normalmente siempre que la potencia disipada en el diodo se limite por medio de circuitos externos a un nivel "seguro". Este valor seguro se especifica por lo general en las hojas de datos del dispositivo. Por lo tanto, es necesario limitar la corriente inversa de la región de ruptura a un valor consistente con la disipación permisible de potencia.

El hecho de que la curva característica i–v del diodo en ruptura es una línea casi vertical hace posible utilizarlo en regulación de voltaje. Este tema se estudia en la sección 3.6.

3.3   OPERACIÓN FÍSICA DE DIODOS

Después de examinar las curvas características terminales de diodos de unión, ahora consideraremos brevemente los procesos físicos que dan lugar a estas características. El siguiente estudio de la física de dispositivos es un tanto simplificado, pero proporciona suficientes antecedentes para diseñar diodos y otros circuitos semiconductores.

3.3.1 Conceptos básicos de semiconductores

La unión *pn*.
El diodo semiconductor es básicamente una unión *pn*, como se muestra esquemáticamente en la figura 3.10. Como se indica, la unión *pn* consiste en un material semiconductor tipo *p* (como el silicio) que se pone en estrecho contacto con un material semiconductor tipo *n* (también silicio). En la práctica, tanto la región *p* como la *n* son parte del mismo cristal de silicio; esto es, la unión *pn* se forma dentro de un solo cristal de silicio al crear regiones de diferente "inoculación" (regiones *p* y *n*). El apéndice A contiene una breve descripción de los procesos utilizados en la fabricación de uniones *pn*. Como se indica en la figura 3.10, se hacen conexiones externas de alambre a las regiones *p* y *n* (esto es, terminales de un diodo) por medio de contactos metálicos (de aluminio).

Además de ser esencialmente un diodo, la unión *pn* es el elemento básico de transistores de unión bipolar (BJT) y desempeña un importante papel en la operación de transistores de efecto de campo (FET). Por lo tanto, entender la operación física de uniones *pn* es importante para comprender la operación y curvas características terminales de diodos y transistores.

Silicio intrínseco.
Aun cuando se puede utilizar ya sea silicio o germanio para manufacturar dispositivos semiconductores —de hecho los primeros diodos y transistores se hicieron de germanio— la tecnología actual sobre circuitos integrados está basada casi por entero en el silicio. Por esta razón, en todo este libro hablaremos principalmente de dispositivos de silicio.[4]

Un cristal de silicio puro o intrínseco tiene una estructura regular de celosía en donde los átomos están sujetos en sus posiciones por enlaces, denominados **enlaces covalentes**, formados por los cuatro electrones de valencia asociados con cada átomo de silicio. A temperaturas suficientemente bajas, todos los enlaces covalentes están intactos y no existen **electrones libres** (o hay muy pocos) para conducir corriente eléctrica. Sin embargo, a temperatura ambiente, algunos de los enlaces se rompen por ionización térmica y se liberan algunos electrones. Cuando se rompe un enlace covalente, un electrón abandona su átomo de origen y, de esta forma, una carga positiva igual a la magnitud de la carga del electrón se deja en el átomo de origen. Un electrón de un átomo vecino puede ser atraído a esta carga positiva, dejando su átomo de origen y llenando el "hueco" que existía en el átomo ionizado pero creando un nuevo hueco en el otro átomo. Este proceso se repite con el resultado de que efectivamente tenemos un portador de carga positivo, o **hueco**, moviéndose por la estructura de cristal de silicio y disponible para conducir corriente eléctrica. La carga de un hueco es igual en magnitud a la carga de un electrón.

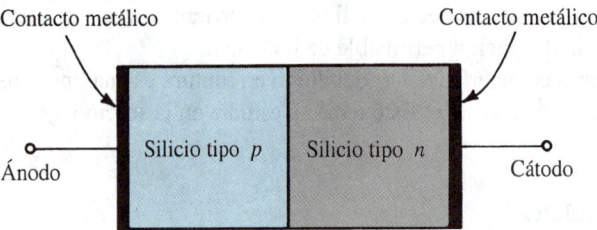

Contacto metálico   Contacto metálico

Ánodo   Silicio tipo *p*   Silicio tipo *n*   Cátodo

Fig. 3.10 Estructura física simplificada del diodo de unión. (Las geometrías reales se dan en el apéndice A.)

---

[4] Una excepción es el material en circuitos de arseniuro de galio (GaAs) que se estudia en los capítulos 5, 6 y 14.

La ionización térmica resulta en electrones libres y huecos en iguales números y, por lo tanto, en concentraciones iguales. Estos electrones libres y huecos se mueven al azar en la estructura cristalina de silicio y, en el proceso, algunos electrones pueden llenar algunos de los huecos. Este proceso, que recibe el nombre de **recombinación**, resulta en la desaparición de electrones libres y huecos. La rapidez de recombinación es proporcional al número de electrones libres y huecos, que a su vez está determinado por la rapidez de ionización; esta rapidez de ionización está en estrecha función con la temperatura. En equilibrio térmico, la rapidez de recombinación es igual a la rapidez de ionización o generación térmica y se puede calcular la concentración de electrones libres n, que es igual a la concentración de huecos p,

$$n = p = n_i$$

donde n_i denota la concentración de electrones libres o huecos en silicio intrínseco a una temperatura dada. El estudio de la física de semiconductores demuestra que a una temperatura absoluta T (en kelvin), la concentración intrínseca n_i (esto es, el número de electrones libres y huecos por centímetro cúbico) se puede encontrar a partir de

$$n_i^2 = BT^3 e^{-E_G/kT} \tag{3.6}$$

donde B es un parámetro dependiente del material $= 5.4 \times 10^{31}$ para el silicio, E_G es un parámetro conocido como energía de separación de banda $= 1.12$ electrón volts (eV) para el silicio, y k es la constante de Boltzmann $= 8.62 \times 10^{-5}$ eV/K. Aun cuando no haremos uso de la energía de separación de banda en esta exposición de introducción enfocada a circuitos, es interesante observar que E_G representa la energía mínima necesaria para romper un enlace covalente y así generar un par electrón-hueco. La sustitución de los valores de parámetro dados en la ecuación (3.6) muestra que para silicio intrínseco a temperatura ambiente ($T \simeq 300$ K), $n_i \simeq 1.5 \times 10^{10}$ portadores/cm^3. Para poner este número en perspectiva, observamos que el cristal de silicio tiene unos 5×10^{22} átomos/cm^3. Por lo tanto, a temperatura ambiente, sólo uno de cada mil millones de átomos se ioniza.

Finalmente, debe mencionarse que la razón por la que el silicio se denomina **semiconductor** es que su conductividad, que está determinada por el número de portadores de carga disponibles para conducir corriente eléctrica, está entre la de conductores (como los metales) y la de aisladores (como el vidrio).

Difusión y desplazamiento.

Hay dos mecanismos por los cuales los huecos y electrones se mueven en un cristal de silicio y son la **difusión** y el **desplazamiento**. La difusión está asociada con el movimiento al azar debido a agitación térmica. En un trozo de silicio con concentraciones uniformes de electrones libres y huecos, este movimiento al azar no resulta en un flujo de carga neto (es decir, corriente). Por otra parte, si por algún mecanismo la concentración de electrones libres, por ejemplo, se hace más alta en una parte de la pieza de silicio que en otra, entonces los electrones se difunden de la región de alta concentración a la de baja concentración. Este proceso de difusión da lugar a un flujo de carga neto, o **corriente de difusión**. Como ejemplo, considere la barra de silicio que se muestra en la figura 3.11(a), en la que el **perfil de concentración** de huecos que se muestra en la figura 3.11(b) se ha creado a lo largo del eje x por algún medio no especificado. La existencia de tal perfil de concentración resulta en una corriente de difusión de huecos en la

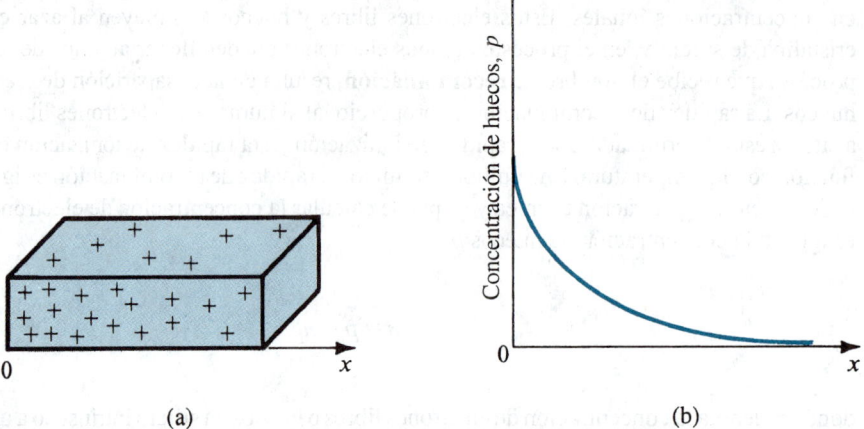

Fig. 3.11 Una barra de silicio intrínseco **(a)** en la que el perfil de concentración de huecos que se muestra en **(b)** ha sido creado a lo largo del eje x por algún mecanismo no especificado.

dirección x, con la magnitud de la corriente en cualquier punto siendo proporcional a la pendiente de la curva de concentración, o gradiente de concentración, en ese punto,

$$J_p = -qD_p \frac{dp}{dx} \tag{3.7}$$

donde J_p es la densidad de corriente (es decir, la corriente por área unitaria del plano perpendicular al eje x) en A/cm^2, q es la magnitud de carga del electrón = 1.6×10^{-19} C, y D_p es una constante denominada **constante de difusión** o **difusividad** de huecos. Nótese que el gradiente (dp/dx) es negativo, lo que resulta en una corriente positiva en la dirección x, como era de esperarse. En el caso de difusión de electrones que resulta de un gradiente de concentración de electrones, aplica una relación similar, que produce la densidad de corriente de electrones

$$J_n = qD_n \frac{dn}{dx} \tag{3.8}$$

donde D_n es la difusividad de electrones. Observe que una (dn/dx) negativa da lugar a una corriente negativa, resultado de la convención de que la dirección positiva de corriente se toma como la del movimiento de carga positiva (y opuesta a la del movimiento de carga negativa). Para huecos y electrones que se difunden en silicio intrínseco, los valores típicos para las constantes de difusión son $D_p = 12$ cm^2/s y $D_n = 34$ cm^2/s.

El otro mecanismo para el movimiento de portadores en semiconductores es el desplazamiento. El desplazamiento de portadores ocurre cuando se aplica un campo eléctrico en los terminales de una pieza de silicio. Los electrones libres y huecos son acelerados por el campo eléctrico y adquieren una componente de velocidad (superpuesto a la velocidad de su movimiento térmico) llamada **velocidad de desplazamiento**. Si la intensidad del campo eléctrico se denota por E (en V/cm), los huecos cargados positivamente se desplazan en la dirección de E y adquieren una velocidad v_{despl} (en cm/s) dada por

$$v_{despl} = \mu_p E \tag{3.9}$$

donde μ_p es una constante que recibe el nombre de **movilidad** de huecos, y tiene las unidades de cm²/Vs. Para silicio intrínseco, μ_p es típicamente 480 cm²/Vs. Los electrones cargados negativamente se desplazan en una dirección opuesta a la del campo eléctrico, y su velocidad está dada por una ecuación similar a la (3.9) excepto que μ_p es sustituida por μ_n que es la movilidad del electrón. Para silicio intrínseco, μ_n es típicamente 1350 cm²/Vs, unas 2.5 veces mayor que la movilidad de huecos.

Considere ahora un cristal de silicio que tiene una densidad p de huecos y una densidad n de electrones libres sometido a un campo eléctrico E. Los huecos se desplazarán en la misma dirección que E (llamémosla dirección x) con una velocidad $\mu_p E$. Así, tenemos una carga positiva de densidad qp (coulomb/cm³) que se mueve en la dirección x con velocidad $\mu_p E$ (cm/s). Se deduce que en 1 segundo, una carga de $qp\,\mu_p EA$ (coulomb) cruzará un plano de área A (cm²) perpendicular al eje x. Ésta es la componente de corriente causada por el desplazamiento de huecos. Al dividir entre el área A resulta la densidad de corriente

$$J_{p-despl} = qp\ \mu_p E \tag{3.10a}$$

Los electrones libres se desplazarán en la dirección opuesta a la de E. Por lo tanto, tenemos una carga de densidad $(-qn)$ moviéndose en la dirección negativa x, por lo cual tiene una velocidad negativa $(-\mu_n E)$. El resultado es una componente de corriente positiva con la densidad dada por

$$J_{n-despl} = qn\ \mu_p E \tag{3.10b}$$

La densidad total de **corriente de desplazamiento** se obtiene al combinar las ecuaciones (3.10a) y (3.10b),

$$J_{despl} = q(p\ \mu_p + n\ \mu_n)E \tag{3.10c}$$

Debe observarse que ésta es una forma de la ley de Ohm con la resistividad ρ (en unidades de Ω cm) dada por

$$\rho = 1/[q(p\ \mu_p + n\ \mu_n)] \tag{3.11}$$

Finalmente, vale la pena mencionar que una simple relación, conocida como la *relación de Einstein*, existe entre difusividad y movilidad de portadores,

$$\frac{D_n}{\mu_n} = \frac{D_p}{\mu_p} = V_T \tag{3.12}$$

donde V_T es el voltaje térmico que hemos encontrado antes en la relación i–υ del diodo (véase la ecuación 3.1). Recordemos que a temperatura ambiente, $V_T \simeq 25$ mV. El lector puede fácilmente comprobar la validez de la ecuación (3.12) si sustituye los valores típicos dados antes para el silicio intrínseco.

Semiconductores con impurezas.

El cristal de silicio intrínseco descrito antes tiene iguales concentraciones de electrones libres y huecos generadas por ionización térmica. Estas concentraciones, denotadas por n_i, dependen en gran medida de la temperatura. Los semiconductores con impurezas son materiales en los que predominan portadores de una clase (electrones o huecos). El silicio con impurezas, en que la mayoría de portadores de carga son los electrones cargados *negativamente*, recibe el nombre de **tipo n**, en tanto que el silicio contaminado de este modo, en que la mayoría de los portadores de carga son huecos cargados *positivamente*, se conoce como **tipo *p***.

La adición de impurezas en un cristal de silicio, para convertirlo en tipo *n* o tipo *p*, se logra al introducir un pequeño número de átomos de impurezas. Por ejemplo, al introducir átomos de impureza de un elemento pentavalente como el fósforo, resulta silicio tipo *n* porque los átomos de fósforo que sustituyen a algunos de los átomos de silicio de la estructura cristalina tienen cinco electrones de valencia, cuatro de los cuales forman enlaces con los átomos de silicio vecinos pero el quinto átomo se convierte en electrón libre. De este modo, cada átomo de fósforo *dona* un electrón libre al cristal de silicio y la impureza de fósforo recibe el nombre de **donante**. Debe quedar claro, no obstante lo anterior, que en este proceso no se generan huecos; la mayoría de portadores de carga en el silicio contaminado con fósforo será de electrones. De hecho, si la concentración de átomos donantes (fósforo) es N_D, en equilibrio térmico la concentración de electrones libres en el silicio tipo *n*, n_{n0}, será

$$n_{n0} \simeq N_D \qquad (3.13)$$

donde el subíndice 0 adicional denota equilibrio térmico. De física de semiconductores resulta que, en equilibrio térmico, el producto de concentraciones de electrones y huecos permanece constante, es decir,

$$n_{n0}\, p_{n0} = n_i^2 \qquad (3.14)$$

Por lo tanto, la concentración de huecos, p_{n0}, que son generados por ionización térmica será

$$p_{n0} \simeq \frac{n_i^2}{N_D} \qquad (3.15)$$

Como n_i es una función de la temperatura [ecuación (3.6)], se deduce que la concentración de los huecos **minoritarios** estará en función de la temperatura, en tanto que la de los electrones **mayoritarios** es independiente de la temperatura.

Para producir un semiconductor tipo *p*, se ha contaminado silicio con una impureza trivalente como es el boro. Cada uno de los átomos de boro de impureza *acepta* un electrón del cristal de silicio, de modo que pueden formar enlaces covalentes en la estructura de celosía. De esta manera, cada átomo de boro da lugar a un hueco, y la concentración de los huecos mayoritarios en silicio tipo *p*, bajo equilibrio térmico, es aproximadamente igual a la concentración N_A de la impureza **aceptante** (boro),

$$p_{p0} \simeq N_A \qquad (3.16)$$

En este silicio tipo *p* la concentración de los electrones minoritarios, que son generados por ionización térmica, se puede calcular si se utiliza el hecho de que el producto de las concentraciones de portadores permanece constante, y

$$n_{p0} \simeq \frac{n_i^2}{N_A} \qquad (3.17)$$

Debe mencionarse que un trozo de silicio tipo *n* o tipo *p* es eléctricamente neutro; la mayoría de portadores libres (electrones en silicio tipo *n* y huecos en silicio tipo *p*) son neutralizados por **cargas latentes** asociadas con los átomos de impureza.

Ejercicios

3.10 Calcule la densidad de portador intrínseco n_i a 250 K, 300 K y 350 K.

Resp. $1.5 \times 10^8/cm^3$; $1.5 \times 10^{10}/cm^3$; $4.18 \times 10^{11}/cm^3$

3.11 Considere un silicio tipo n en que la concentración impurificadora N_D es $10^{17}/cm^3$. Encuentre las concentraciones de electrones y huecos a 250 K, 300 K y 350 K. Puede utilizar los resultados del ejercicio 3.10.

Resp. 10^{17}, 2.25×10^{-1}; 10^{17}, 2.25×10^3; 10^{17}, 1.75×10^6 (todas por cm^3)

3.12 Encuentre la resistividad de (a) silicio intrínseco y (b) silicio tipo p con $N_A = 10^{16}/cm^3$. Utilice $n_i = 1.5 \times 10^{10}/cm^3$ y suponga que para silicio intrínseco $\mu_n = 1350\ cm^2/Vs$ y $\mu_p = 480\ cm^2/Vs$, y para el silicio contaminado $\mu_n = 1110\ cm^2/Vs$ y $\mu_p = 400\ cm^2/Vs$. (Nótese que la contaminación resulta en movilidades reducidas de portadores.)

Resp. (a) $2.28 \times 10^5\ \Omega$ cm; (b) $1.56\ \Omega$ cm

3.3.2 La unión *pn* en condiciones de circuito abierto

En la figura 3.12 se muestra una unión *pn* en condiciones de circuito abierto, esto es, los terminales externos se dejan abiertos. El signo "+" del material tipo *p* denota los huecos

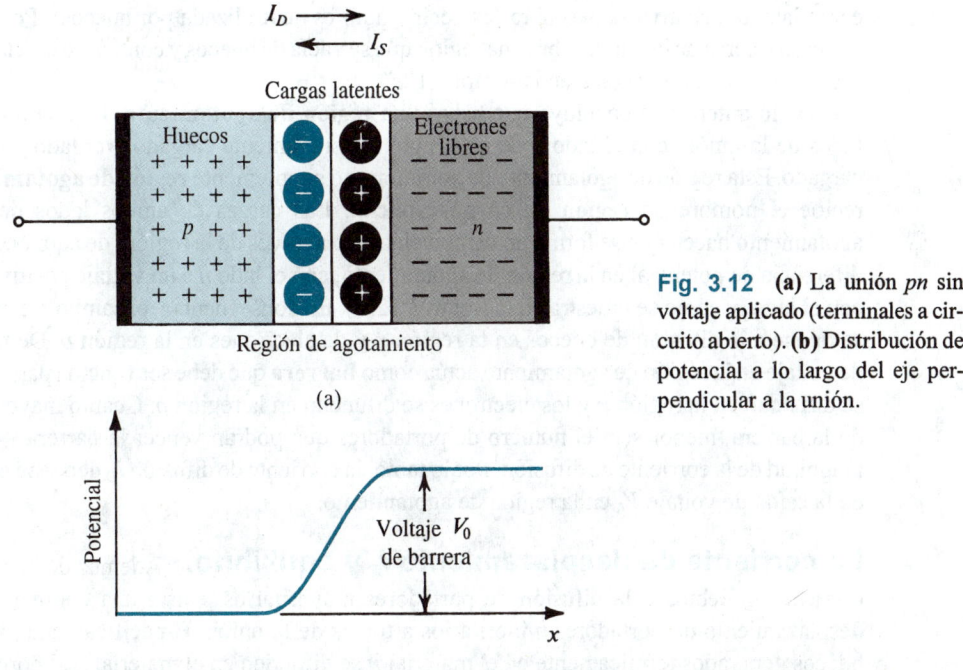

Fig. 3.12 **(a)** La unión *pn* sin voltaje aplicado (terminales a circuito abierto). **(b)** Distribución de potencial a lo largo del eje perpendicular a la unión.

mayoritarios. La carga de estos huecos es neutralizada por una cantidad igual de carga latente negativa asociada con los átomos aceptantes. Para más claridad, estas cargas latentes no se muestran en el diagrama; tampoco se muestran los electrones minoritarios generados en el material tipo p por ionización térmica.

En el material tipo n, los electrones mayoritarios están indicados por signos "−". Aquí tampoco se muestra la carga latente positiva, que neutraliza la carga de los electrones mayoritarios, para conservar la sencillez del diagrama. El material tipo n también contiene huecos minoritarios generados por ionización térmica que no se muestran en el diagrama.

La corriente de difusión I_D.

Debido a que la concentración de huecos es alta en la región p y baja en la región n, se difunden huecos a través de la unión, del lado p al lado n; análogamente, se difunden electrones a través de la unión del lado n al lado p. Estas dos componentes de corriente se suman para formar la corriente de difusión I_D, cuya dirección es del lado p al lado n, como se indica en la figura 3.12.

La región de agotamiento.

Los huecos que se difunden a través de la unión y entran en la región n se recombinan rápidamente con algunos de los electrones mayoritarios presentes ahí y entonces desaparecen de la escena. Este proceso de recombinación resulta en la desaparición de algunos electrones libres del material tipo n. Por lo tanto, parte de la carga latente positiva ya no será neutralizada por electrones libres y se dice que esta carga ha sido **descubierta**. Puesto que la recombinación tiene lugar cerca de la unión, habrá una región cerca de la unión que se vacíe de electrones libres y contenga carga latente positiva descubierta, como se indica en la figura 3.12.

Los electrones que se difunden a través de la unión en la región p se recombinan rápidamente con algunos de los huecos mayoritarios presentes ahí y entonces desaparecen de la escena. Esto resulta también en la desaparición de algunos huecos mayoritarios, ocasionando que parte de la carga latente negativa se descubra (es decir, ya no es neutralizada por huecos). Por lo tanto, en el material p cerca de la unión habrá una región que se vacía de huecos y contiene carga latente negativa descubierta, como se indica en la figura 3.12.

De lo anterior se concluye que habrá una **región de agotamiento de portadores** en ambos lados de la unión, con el lado n de esta región positivamente cargado y el lado p negativamente cargado. Esta región de agotamiento de portadores, o simplemente **región de agotamiento**, también recibe el nombre de **región de carga espacial**. Las cargas de ambos lados de la región de agotamiento hacen que se forme un campo eléctrico a través de la región; de aquí que aparezca una diferencia de potencial en la región de agotamiento, con el lado n a un voltaje positivo con relación con el lado p, como se muestra en la figura 3.12(b). En consecuencia, el campo eléctrico resultante se opone a la difusión de huecos en la región n y de electrones en la región p. De hecho, la caída de voltaje en la región de agotamiento actúa como **barrera** que debe ser vencida para que los huecos se difundan en la región n y los electrones se difundan en la región p. Cuanto mayor sea el voltaje de la barrera, menor será el número de portadores que podrán vencer la barrera y menor será la magnitud de la corriente de difusión. Por lo tanto, la corriente de difusión I_D depende en gran medida de la caída de voltaje V_0 en la región de agotamiento.

La corriente de desplazamiento I_S y equilibrio.

Además de la componente de corriente I_D debida a la difusión de portadores mayoritarios, existe una componente debida al desplazamiento de portadores minoritarios a través de la unión. Específicamente, algunos de los huecos generados térmicamente en el material n se difunden en el material n al borde de la región de agotamiento. Ahí experimentan el campo eléctrico de la región de agotamiento, que los barre en la región y los pasa al lado p. Del mismo modo, algunos de los electrones generados térmicamente en el material p se difunden al borde de la región de agotamiento y son barridos por el campo eléctrico de la región de agotamiento en paralelo con la región y pasan al lado n. Estas dos componentes de corriente, que son electrones movidos por el desplazamiento de p a n y huecos movidos por desplazamiento de n a p, se suman para formar la corriente de desplazamiento I_S, cuya dirección es del lado n al p de la unión, como se indica en la figura 3.12. Como la corriente I_S es llevada por portadores minoritarios generados térmicamente, su valor depende en gran medida de la temperatura, pero es independiente del valor del voltaje V_0 de la capa de agotamiento.

En condiciones de circuito abierto (figura 3.12) no existe corriente externa; así, las dos corrientes opuestas en la unión deben ser iguales en magnitud:

$$I_D = I_S$$

Esta condición de equilibrio es mantenida por el voltaje V_0 de la barrera. Por lo tanto, si por alguna razón I_D excede de I_S, entonces más carga latente será descubierta en ambos lados de la unión, la capa de agotamiento se ensancha y el voltaje en los terminales de ésta (V_0) aumentará. Esto a su vez ocasiona que I_D disminuya hasta que se alcanza el equilibrio con $I_D = I_S$. Por otra parte, si I_S excede de I_D, entonces la cantidad de carga no descubierta disminuirá, la capa de agotamiento se hace más estrecha y el voltaje en los terminales de la misma disminuye. Esto ocasiona que I_D aumente hasta que se alcanza el equilibrio con $I_D = I_S$.

El voltaje integral de la unión.
Sin voltaje externo aplicado, se puede demostrar que el voltaje V_0 en paralelo con la unión pn (véase Streetman, 1990) está dado por

$$V_0 = V_T \ln \left(\frac{N_A N_D}{n_i^2} \right) \tag{3.18}$$

donde N_A y N_D son las concentraciones de contaminación del lado p y lado n de la unión, respectivamente. Por lo tanto, V_0 depende tanto de las concentraciones de contaminación como de la temperatura. Esto se conoce como voltaje integral de la unión. Típicamente, para silicio a temperatura ambiente, V_0 está entre 0.6 y 0.8 V.

Cuando los terminales de la unión pn se dejan a circuito abierto, el voltaje medido entre ellos será de cero. Esto es, el voltaje V_0 en los terminales de la región de agotamiento *no aparece* entre los terminales del diodo. Esto es así porque los voltajes de contacto, existentes en las uniones de semiconductor metálico en los terminales del diodo, se oponen y exactamente equilibran el voltaje de la barrera. Si éste no fuera el caso, hubiéramos podido sacar energía de la unión pn aislada, lo cual claramente violaría el principio de conservación de energía.

Ancho de la región de agotamiento.
De lo anterior, debe ser evidente que la región de agotamiento existe en materiales p y n y que existen iguales cantidades de carga en ambos lados. Sin embargo, como por lo general los niveles de contaminación no son iguales en los materiales p y n, se puede pensar que el ancho de la región de agotamiento no será el mismo en ambos lados. Más bien, para descubrir la misma cantidad de carga, la capa de agotamiento se extenderá a mayor profundidad en el material más ligeramente contaminado. Específicamente, si denotamos el ancho de la región de agotamiento del lado p por x_p y en el lado n por x_n, esta condición de igualdad de carga se puede expresar como

$$qx_p A \, N_A = qx_n A \, N_D$$

donde A es el área transversal de la unión. Esta ecuación se puede acomodar para obtener

$$\frac{x_n}{x_p} = \frac{N_A}{N_D} \tag{3.19}$$

En la práctica, es costumbre que un lado de la unión se encuentre mucho más contaminado que el otro, con el resultado de que la región de agotamiento existe casi por completo en un lado (el lado ligeramente contaminado). Por último, de la física de dispositivos, el ancho de la región de agotamiento de una unión a circuito abierto está dado por

$$W_{agot} = x_n + x_p = \sqrt{\frac{2\varepsilon_s}{q}\left(\frac{1}{N_A} + \frac{1}{N_D}\right)V_0} \tag{3.20}$$

donde ε_s es la permitividad eléctrica de silicio $= 11.7\,\varepsilon_0 = 1.04 \times 10^{-12}$ F/cm. Típicamente, W_{agot} está entre 0.1 y 1 μm.

Ejercicio

3.13   Para una unión *pn* con $N_A = 10^{17}$/cm^3 y $N_D = 10^{16}$/cm^3, encuentre, a $T = 300$ K, el voltaje integral, el ancho para la región de agotamiento y la distancia que se extiende en el lado p y el lado n de la unión. Utilice $n_i = 1.5 \times 10^{10}$/cm^3.

Resp.   728 mV; 0.32 μm; 0.03 μm y 0.29 μm

3.3.3 La unión *pn* en condiciones de polarización inversa

El comportamiento de la unión *pn* en la dirección inversa se explica más fácilmente en una escala microscópica si consideramos excitar la unión con una fuente de corriente constante (más que con una fuente de voltaje), como se muestra en la figura 3.13. La fuente de corriente I está obviamente en la dirección inversa. Por ahora, sea la magnitud de I menor que la de I_S; si I es mayor que I_S, ocurriría una ruptura, como se explica en la sección 3.3.4.

La corriente I será transportada por electrones que fluyen en el circuito externo del material n al material p (esto es, en la dirección contraria a la de I). Esto ocasiona que salgan electrones del material n y huecos del material p. Los electrones libres que salgan del material n hacen que aumente la carga latente positiva descubierta. Del mismo modo, los huecos que salen del material p resultan en un aumento de la carga latente negativa descubierta. Así, la corriente inversa I resulta en un aumento en el ancho de la capa de agotamiento y de la carga almacenada en ésta. A su vez, esto resulta en un voltaje más alto en paralelo con la región de agotamiento, es decir, un mayor voltaje de barrera, que ocasiona una disminución de la corriente de difusión I_D. La corriente de desplazamiento I_S, siendo independiente del voltaje de la barrera, permanece constante. Por último, se alcanza el equilibrio (estado estable) cuando

$$I_S - I_D = I$$

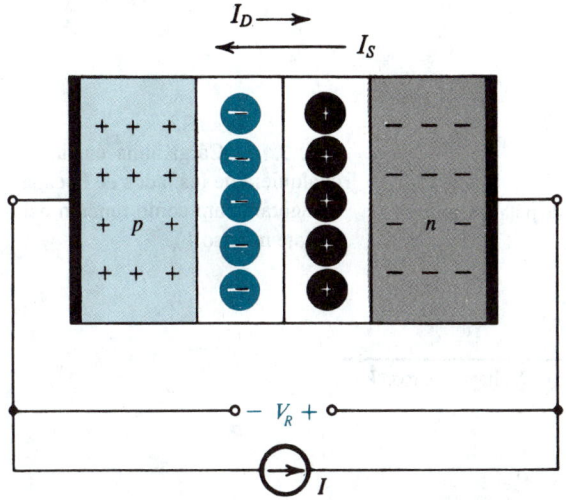

Fig. 3.13 La unión *pn* excitada por una fuente *I* de corriente constante en la dirección inversa. Para evitar la ruptura, *I* se conserva menor que I_S. Nótese que la capa de agotamiento se ensancha y el voltaje de barrera aumenta en V_R volts, que aparece entre los terminales como un voltaje inverso.

En equilibrio, el aumento en el voltaje de la capa de agotamiento sobre el valor del voltaje integral V_0 aparecerá como voltaje externo que se puede medir entre los terminales del diodo, con *n* siendo positivo con respecto a *p*. Este voltaje se denota como V_R en la figura 3.13.

Ahora podemos considerar excitar la unión *pn* por medio de un voltaje inverso V_R, donde V_R es menor que el voltaje de ruptura V_{ZK}. (Consulte la figura 3.8 para la definición de V_{ZK}.) Cuando se aplica primero el voltaje V_R, circula una corriente inversa en el circuito externo de *p* a *n*. Esta corriente produce un aumento en el ancho y carga de la capa de agotamiento. En última instancia, el voltaje en los terminales de la capa de agotamiento aumentará en la magnitud del voltaje externo V_R, en cuyo momento se alcanza un equilibrio con la corriente inversa externa *I* igual a $(I_S - I_D)$. Nótese, sin embargo, que inicialmente la corriente externa puede ser mucho mayor que I_S. El propósito de este transitorio inicial es *cargar* la capa de agotamiento y aumentar el voltaje en sus terminales en V_R volts. Por último, cuando se alcance el estado estable, I_D será tan pequeña que se considera insignificante, y la corriente inversa será casi igual a I_S.

La capacitancia de agotamiento.   De lo anterior observamos la analogía entre la capa de agotamiento de una unión *pn* y un condensador. A medida que cambia el voltaje en paralelo con la unión *pn*, la carga almacenada en la capa de agotamiento cambia de conformidad. En la figura 3.14 se muestra una curva característica típica de carga contra voltaje externo de una unión *pn*. Nótese que sólo se muestra la porción de la curva para la región polarizada inversamente.

Se puede obtener una expresión para hallar la carga almacenada q_J de la capa de agotamiento al encontrar la carga almacenada en cualquiera de los lados de la unión (cuyas cargas son iguales por supuesto). Si se usa el lado *n*, escribimos

$$q_J = q_N = q N_D x_n A$$

donde *A* es el área transversal de la unión (en un plano perpendicular a la página). A continuación usamos la ecuación (3.19) para expresar x_n en términos del ancho de la capa de agotamiento W_{agot} para obtener

$$q_J = q \, \frac{N_A N_D}{N_A + N_D} \, A W_{agot} \tag{3.21}$$

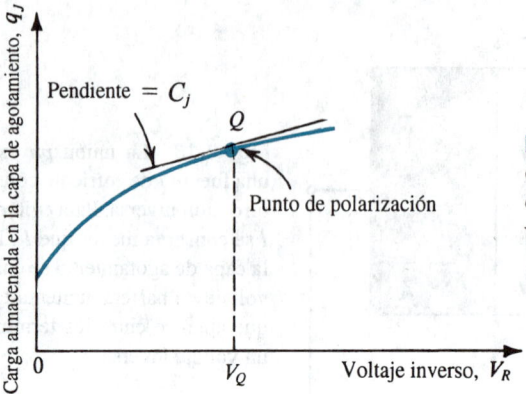

Fig. 3.14 Carga almacenada en cualquiera de los lados de la capa de agotamiento como función del voltaje inverso V_R.

donde W_{agot} se puede encontrar de la ecuación (3.20) si se sustituye V_0 por el voltaje total en paralelo con la región de agotamiento ($V_0 + V_R$),

$$W_{agot} = \sqrt{\left(\frac{2\varepsilon_s}{q}\right)\left(\frac{1}{N_A} + \frac{1}{N_D}\right)(V_0 + V_R)} \tag{3.22}$$

Al combinar las ecuaciones (3.21) y (3.22) se obtiene la expresión para la relación no lineal $q_J - V_R$ descrita en la figura 3.14. Esta relación obviamente no representa un condensador lineal, pero se puede usar una aproximación de capacitancia lineal si el dispositivo se polariza y la alternancia de la señal alrededor del punto de polarización es pequeña, como se ilustra en la figura 3.14. Ésta es la técnica que utilizamos en la sección 1.4 para obtener amplificación lineal de un amplificador que cuenta con curva característica de transferencia no lineal. Desde esta aproximación a pequeña señal, la capacitancia de agotamiento (también conocida como *capacitancia de unión*) es simplemente la pendiente de la curva $q_J - V_R$ en el punto Q de polarización

$$C_j = \left. \frac{dq_J}{dV_R} \right|_{V_R = V_Q} \tag{3.23}$$

Se puede evaluar fácilmente la derivada y hallar C_j. De manera opcional, se puede tratar la capa de agotamiento como un condensador de placas paralelas y obtener una expresión idéntica para C_j usando la conocida fórmula

$$C_j = \frac{\varepsilon_s A}{W_{agot}} \tag{3.24}$$

donde W_{agot} está dada en la ecuación (3.22). La expresión resultante para C_j se puede escribir en la forma conveniente

$$C_j = \frac{C_{j0}}{\sqrt{1 + \dfrac{V_R}{V_0}}} \tag{3.25}$$

donde C_{j0} es el valor de C_j obtenido para voltaje aplicado cero

$$C_{j0} = A \sqrt{\left(\frac{\varepsilon_s q}{2}\right)\left(\frac{N_A N_D}{N_A + N_D}\right)\left(\frac{1}{V_0}\right)} \tag{3.26}$$

El análisis precedente y la expresión para C_j aplican para uniones en las que la concentración de portadores se hace cambiar abruptamente en la frontera de la unión. Una fórmula más general para C_j es

$$C_j = \frac{C_{j0}}{\left(1 + \dfrac{V_R}{V_0}\right)^m} \tag{3.27}$$

donde m es una constante cuyo valor depende de la manera en que cambia la concentración del lado p al lado n de la unión. Se denomina **coeficiente de distribución**, y su valor es de $\frac{1}{3}$ a $\frac{1}{2}$.

Para resumir, a medida que un voltaje de polarización inversa se aplica a una unión pn, ocurre un transitorio durante el que la capacitancia de agotamiento se carga al nuevo voltaje de polarización. Una vez que desaparezca gradualmente el transitorio, la corriente inversa de estado estable es simplemente igual a $I_S - I_D$. Por lo general I_D es muy pequeña cuando el diodo está polarizado inversamente y la corriente inversa es casi igual a I_S. Éste, sin embargo, es sólo un modelo teórico que no aplica muy bien. En realidad, corrientes de hasta unos pocos nanoamperes (10^{-9} A) circulan en dirección inversa, en dispositivos para los que I_S es del orden de 10^{-15} A. Esta gran diferencia se debe a fuga y otros efectos. Además, la corriente inversa depende en cierta medida de la magnitud del voltaje inverso, contrario al modelo teórico, que expresa que $I \simeq I_S$ independiente del valor del voltaje inverso aplicado. No obstante lo anterior, debido a que intervienen corrientes muy bajas, por lo general no nos interesamos en los detalles de la curva característica i–υ del diodo en la dirección inversa.

Ejercicio

3.14 Para una unión pn con $N_A = 10^{17}/\text{cm}^3$ y $N_D = 10^{16}/\text{cm}^3$, que opera a $T = 300$ K, encuentre (a) el valor de C_{j0} por área unitaria de unión (μm^2 es aquí una unidad conveniente) y (b) la capacitancia C_j a un voltaje de polarización inverso de 2 V si se supone un área de unión de 2500 μm^2. Utilice $n_i = 1.5 \times 10^{10}/\text{cm}^3$; $m = \frac{1}{2}$, y el valor de V_0 encontrado en el ejercicio 3.13 ($V_0 = 0.728$ V).

Resp. (a) 0.32 pF/μm^2; (b) 0.41 pF

3.3.4 La unión *pn* en la región de ruptura

Al considerar la operación de un diodo en la región de polarización inversa en la sección 3.3.3, se supuso que la fuente I de corriente inversa (figura 3.13) es menor que I_S o, lo que es lo mismo, que el voltaje inverso V_R es menor que el voltaje de ruptura V_{ZK}. (Consulte la figura 3.8 para la definición de V_{ZK}.) Ahora deseamos considerar los mecanismos de ruptura en uniones pn y explicar las razones que hay detrás de la línea casi vertical que representa la relación i–υ en la región de ruptura. Para este propósito, sea la unión pn excitada por una fuente de corriente que ocasione que una corriente

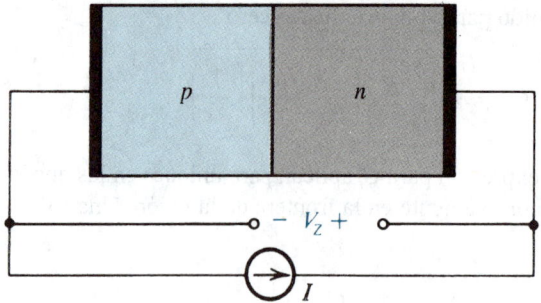

Fig. 3.15 Unión *pn* excitada por una fuente de corriente inversa *I*, donde $I > I_S$. La unión se rompe y en los terminales de la unión se forma un voltaje V_Z con la polaridad indicada.

constante *I* mayor que I_S circule en la dirección inversa, como se ilustra en la figura 3.15. Esta fuente de corriente mueve huecos del material *p* en el circuito exterior[5] y los introduce en el material *n*, y electrones del material *n* en el circuito exterior y los introduce en el material *p*. Esta acción resulta en que más y más carga latente se descubre, por lo que la capa de agotamiento se ensancha y se eleva el voltaje de la barrera. Este último efecto ocasiona que aumente la corriente de difusión; finalmente, se reducirá casi a cero. No obstante lo anterior, ésta no es suficiente para llegar a un estado estable, puesto que *I* es mayor que I_S. Por lo tanto, el proceso que lleva al ensanchamiento de la capa de agotamiento continúa hasta que se desarrolla un voltaje de unión suficientemente alto, en cuyo punto se inicia un nuevo mecanismo para alimentar los portadores de carga para soportar la corriente *I*. Como se explica a continuación, este mecanismo para alimentar corrientes inversas que excedan de I_S puede tomar una de dos formas, dependiendo del material de la unión *pn*, estructura, etcétera.

Los dos posibles mecanismos de ruptura son el **efecto Zener** y el **efecto avalancha**. Si una unión *pn* se rompe con un voltaje de ruptura $V_Z < 5$ V, el mecanismo de ruptura suele ser el efecto Zener. La ruptura de avalancha ocurre cuando V_Z es mayor de unos 7 V. Para uniones que se rompen entre 5 y 7 V, el mecanismo de ruptura puede ser ya sea el efecto Zener o el de avalancha, o una combinación de los dos.

La ruptura Zener ocurre cuando el campo eléctrico de la región de agotamiento aumenta al punto donde puede romper enlaces covalentes y generar pares electrón-hueco. Los electrones generados de esta forma serán barridos por el campo eléctrico e introducidos en el lado *n* y los huecos en el lado *p*. Por lo tanto, estos electrones y huecos constituyen una corriente inversa en los terminales de la unión que ayuda a sostener la corriente externa *I*. Una vez que se inicia el efecto Zener, se puede generar un gran número de portadores, con un aumento despreciable en el voltaje de la unión. Así, la corriente inversa de la región de ruptura estará determinada por el circuito externo, mientras que el voltaje inverso que aparece entre los terminales del diodo permanecerá cercano al voltaje nominal de ruptura V_Z.

El otro mecanismo de ruptura es la ruptura de avalancha, que ocurre cuando los portadores minoritarios que cruzan la región de agotamiento bajo la influencia del campo eléctrico ganan suficiente energía cinética para romper enlaces covalentes en átomos con los que chocan. Los portadores liberados por este proceso pueden tener energía suficientemente alta para hacer que otros portadores se liberen en otra colisión de ionización. Este proceso ocurre en forma de avalancha, con el resultado que muchos portadores se crean y pueden soportar cualquier valor de corriente

---

[5] Desde luego que la corriente del circuito externo será llevada en su totalidad por electrones.

inversa, como se determina por el circuito externo, con un cambio despreciable en la caída de voltaje en los terminales de la unión.

Como se mencionó antes, la ruptura de la unión *pn* no es un proceso destructivo, siempre que no se exceda la disipación máxima de potencia especificada. Esta disipación máxima de potencia, a su vez, implica un valor máximo para la corriente inversa.

3.3.5 La unión *pn* en condiciones de polarización directa

A continuación consideramos la operación de la unión *pn* en la región de polarización directa. Otra vez es más fácil explicar la operación física si excitamos la unión por medio de una fuente de corriente constante que alimente una corriente *I* en la dirección positiva, como se ilustra en la figura 3.16. Esto ocasiona que portadores mayoritarios sean alimentados a ambos lados de la unión por el circuito externo: huecos al material *p* y electrones al material *n*. Estos portadores mayoritarios neutralizan parte de la carga latente descubierta, ocasionando que menos carga se almacene en la capa de agotamiento. Así, la capa de agotamiento se estrecha y se reduce el voltaje de la barrera de agotamiento. La reducción en voltaje de la barrera hace posible que más huecos crucen la barrera del material *p* al material *n* y más electrones del lado *n* crucen al lado *p*. Por lo tanto, la corriente de difusión I_D aumenta hasta que se alcanza un equilibrio con $I_D - I_S = I$, que es la corriente de polarización alimentada externamente.

Examinemos ahora más de cerca la circulación de corriente en los terminales de la unión *pn* polarizada directamente en estado estable. El voltaje de la barrera es ahora menor que V_0 en una cantidad *V* que aparece entre los terminales del diodo como caída de voltaje en sentido directo (esto es, el ánodo del diodo será más positivo que el cátodo en *V* volts). Debido a la reducción del voltaje de la barrera o, alternativamente, a la caída de voltaje *V* en sentido directo, se **inyectan** huecos que cruzan la unión y penetran en la región *n* y se inyectan electrones que cruzan la unión y penetran en la región *p*. Los huecos inyectados en la región *n* hacen que ahí la concentración de portadores minoritarios, p_n, exceda del valor de equilibrio término, p_{n0}. El *exceso* de concentración $p_n - p_{n0}$ será máximo cerca del borde de la capa de agotamiento y se reduce (exponencialmente) a medida que se aleja de la unión, llegando por último a cero. En la figura 3.17 se muestra esta distribución de portadores minoritarios.

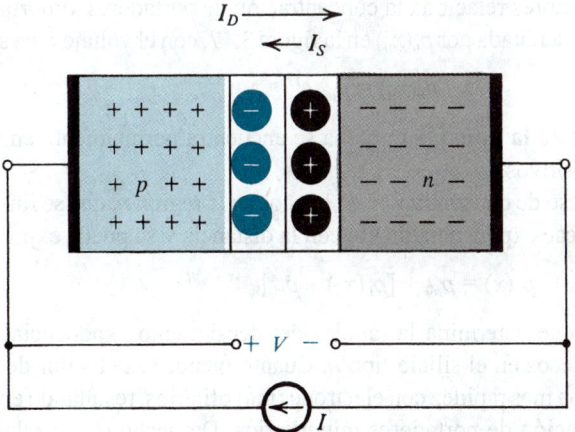

Fig. 3.16 Unión *pn* excitada por una fuente de corriente constante que alimenta una corriente *I* en la dirección positiva. La capa de agotamiento se estrecha y el voltaje de barrera decrece en *V* volts, que aparece como voltaje externo en la dirección positiva.

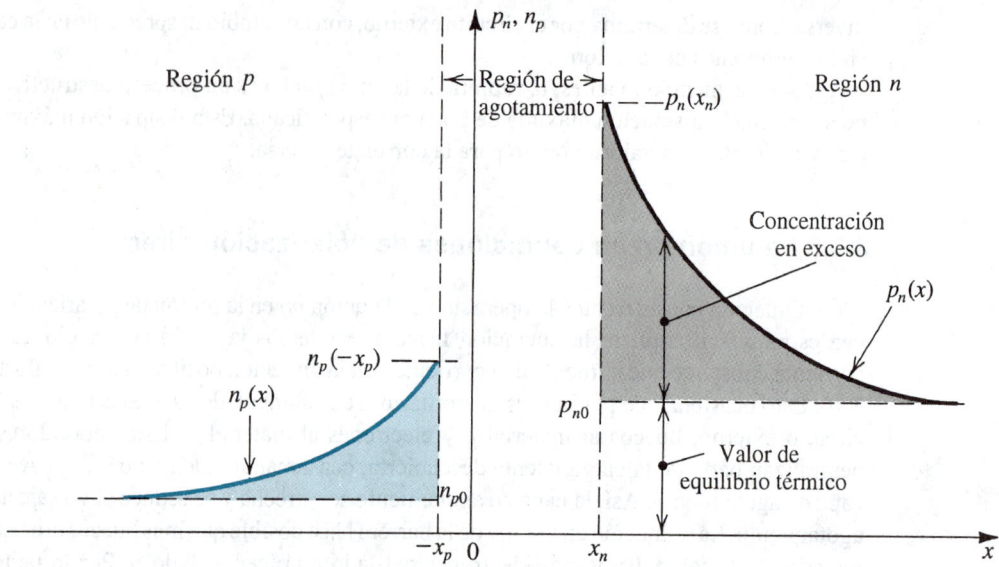

Fig. 3.17 Distribución de portadores minoritarios en una unión *pn* polarizada directamente. Se supone que la región *p* está más fuertemente contaminada que la *n*; $N_A \gg N_D$.

En el estado estable, el perfil de concentración de **exceso de portadores minoritarios** permanece constante, y de hecho es esta concentración la que da lugar al aumento de corriente de difusión I_D sobre el valor I_S. Esto es así porque la distribución mostrada ocasiona que los portadores minoritarios inyectados se difundan alejándose de la unión hacia la región *n* y desaparezcan por recombinación. Para mantener el equilibrio, un igual número de electrones tendrá que ser alimentado por el circuito externo, reponiendo así la alimentación de electrones en el material *n*.

Se puede expresar algo semejante acerca de los electrones minoritarios del material *p*. La corriente de difusión I_D es, por supuesto, la suma de las componentes de electrones y huecos.

La relación corriente-voltaje. Ahora demostraremos cómo aparece la relación i–υ del diodo de la ecuación (3.1). Con este fin, consideremos en algún detalle la componente de corriente causada por los huecos inyectados a través de la unión hacia la región *n*. Un resultado importante de la física de semiconductores relaciona la concentración de portadores minoritarios del borde de la región de agotamiento, denotada por $p_n(x_n)$ en la figura 3.17, con el voltaje V en sentido directo,

$$p_n(x_n) = p_{n0}\, e^{V/V_T} \tag{3.28}$$

Esto se conoce como la **ley de la unión**; su prueba se encuentra normalmente en libros de texto relativos a la física de dispositivos.

La distribución del exceso de concentración de huecos en la región *n*, que se ilustra en la figura 3.17, es una función que decae exponencialmente con la distancia y se puede expresar como

$$p_n(x) = p_{n0} + [p_n(x_n) - p_{n0}]e^{-(x - x_n)/L_p} \tag{3.29}$$

donde L_p es una constante que determina la rapidez del decaimiento exponencial. Se denomina **longitud de difusión** de huecos en el silicio tipo *n*. Cuanto menor sea el valor de L_p, los huecos inyectados se recombinan con más rapidez con electrones mayoritarios, resultando en un más rápido decaimiento de la concentración de portadores minoritarios. De hecho, L_p se relaciona con otro parámetro de semiconductores conocido como **duración del exceso de portadores minoritarios**, τ_p. Es el tiempo promedio que tarda un hueco inyectado en la región n para recombinarse con un electrón mayoritario. La relación es

$$L_p = \sqrt{D_p \tau_p} \tag{3.30}$$

donde, como se mencionó antes, D_p es la constante de difusión para huecos en el silicio tipo n. Valores típicos para L_p son 1 a 100 μm, y los correspondientes valores de τ_p están entre 1 y 10 000 ns.

Los huecos que se difunden en la región n darán lugar a una corriente de huecos cuya densidad se puede evaluar por medio de las ecuaciones (3.7) y (3.29) con $p_n(x_n)$ obtenida de la ecuación (3.28),

$$J_p = q \, \frac{D_p}{L_p} \, p_{n0}(e^{V/V_T} - 1) \, e^{-(x - x_n)/L_p}$$

Observe que J_p es máxima en el borde de la región de agotamiento $(x = x_n)$ y decae exponencialmente con la distancia. Claro está que el decaimiento se debe a la recombinación con los electrones mayoritarios. En estado estable, los portadores mayoritarios tendrán que reponerse, y de este modo se suministran electrones desde el circuito externo a la región n con una rapidez que mantendrá constante la corriente al valor que tiene en $x = x_n$. Por lo tanto, la densidad de corriente debida a la inyección de huecos está dada por

$$J_p = q \, \frac{D_p}{L_p} \, p_{n0}(e^{V/V_T} - 1) \tag{3.31}$$

Se puede hacer un análisis semejante para los electrones inyectados a través de la unión hacia la región p, que resultan en la componente J_n de corriente electrónica,

$$J_n = q \, \frac{D_n}{L_n} \, n_{p0}(e^{V/V_T} - 1) \tag{3.32}$$

donde L_n es la longitud de difusión de electrones en la región p. Como J_p y J_n están en la misma dirección, se pueden sumar y multiplicar por el área A transversal de la unión para obtener la corriente total I como

$$I = A \left(\frac{qD_p p_{n0}}{L_p} + \frac{qD_n n_{p0}}{L_n} \right) (e^{V/V_T} - 1)$$

Al sustituir para $p_{n0} = n_i^2/N_D$ y para $n_{p0} = n_i^2/N_A$, podemos expresar I en la forma

$$I = A q n_i^2 \left(\frac{D_p}{L_p N_D} + \frac{D_n}{L_n N_A} \right) (e^{V/V_T} - 1) \tag{3.33}$$

Reconocemos ésta como la ecuación donde la corriente de saturación I_S está dada por

$$I_S = A q n_i^2 \left(\frac{D_p}{L_p N_D} + \frac{D_n}{L_n N_A} \right) \tag{3.34}$$

Observemos que, como se esperaba, I_S es directamente proporcional al área A de la unión. Además, I_S es proporcional a n_i^2, que es una función que depende en gran medida de la temperatura (ecuación 3.6). También observemos que el exponencial de la ecuación (3.33) no incluye la constante n; n es un parámetro "compuesto" que se incluye para tomar en cuenta los efectos no ideales.

Capacitancia de difusión.   De la descripción de la operación de la unión *pn* en la región de sentido directo observamos que, en estado estable, cierta cantidad de exceso de carga de portadores minoritarios se almacena en la mayor parte de cada una de las regiones *p* y *n*. Si cambia el voltaje terminal, este cambio tendrá que cambiar antes que se alcance un nuevo estado estable. Este fenómeno de carga y almacenamiento da lugar a otro efecto capacitivo, muy diferente del que se debe al almacenamiento de carga en la región de agotamiento.

Para calcular el exceso de carga almacenada de portadores minoritarios, consultemos la figura 3.17. El exceso de carga de huecos almacenado en la región *n* se puede hallar del área sombreada bajo el exponencial como sigue:

$$Q_p = Aq \times \text{área sombreada bajo el exponencial } p_n(x)$$

$$= Aq \times [p_n(x_n) - p_{n0}]L_p$$

Sustituir por $p_n(x_n)$ de la ecuación (3.28) y usar la ecuación (3.31) hace posible expresar Q_p como

$$Q_p = \frac{L_p^2}{D_p} I_p$$

donde $I_p = AJ_p$ es la componente de huecos de la corriente que pasa por la unión. Ahora, usando la ecuación (3.30), podemos sustituir por $L_p^2/D_p = \tau_p$, la duración de huecos, para obtener

$$Q_p = \tau_p I_p \tag{3.35}$$

Esta interesante relación dice que el exceso de carga de huecos almacenado es proporcional a la componente de corriente de huecos y a la duración de huecos. Se puede desarrollar una relación semejante para la carga electrónica almacenada en la región *p*,

$$Q_n = \tau_n I_n \tag{3.36}$$

donde τ_n es la duración de electrones en la región *p*. La carga total de portadores minoritarios en exceso se puede obtener al sumar Q_p y Q_n,

$$Q = \tau_p I_p + \tau_n I_n \tag{3.37}$$

Esta carga se puede expresar en términos de la corriente del diodo $I = I_p + I_n$ como

$$Q = \tau_T I \tag{3.38}$$

donde τ_T recibe el nombre de **tiempo medio de tránsito** del diodo. Obviamente, τ_T está relacionada con τ_p y τ_n. Además, en la mayor parte de dispositivos prácticos, un lado de la unión está mucho más fuertemente contaminada que la otra. Por ejemplo, si $N_A \gg N_D$, podemos demostrar que $I_p \gg I_n$, $I \simeq I_p$, $Q_p \gg Q_n$, $Q \simeq Q_p$, y por lo tanto $\tau_T \simeq \tau_p$. Este caso se ilustra en el ejercicio 3.15.

Para pequeñas cargas situadas alrededor de un punto de polarización, podemos definir la capacitancia de difusión a pequeña señal C_d como

$$C_d = \frac{dQ}{dV}$$

y podemos demostrar que

$$C_d = \left(\frac{\tau_T}{V_T}\right) I \tag{3.39}$$

donde I es la corriente del diodo en el punto de polarización. Nótese que C_d es directamente proporcional a la corriente I del diodo y es, por lo tanto, tan pequeña que es despreciable cuando el diodo se polariza inversamente. Nótese también que para mantener una C_d pequeña, el tiempo de tránsito τ_T debe hacerse pequeño, lo cual es un requisito importante para diodos destinados para operación a alta velocidad o alta frecuencia.

Ejercicio

3.15 Un diodo tiene $N_A = 10^{17}/cm^3$, $N_D = 10^{16}/cm^3$, $n_i = 1.5 \times 10^{10}/cm^3$, $L_p = 5 \ \mu m$, $L_n = 10 \ \mu m$, $A = 2500 \ \mu m^2$, D_p (en la región n) $= 10 \ cm^2/Vs$, y D_n (en la región p) $= 18 \ cm^2/Vs$. El diodo está polarizado directamente y conduce una corriente $I = 0.1$ mA. Calcule: (a) I_S; (b) el voltaje V de polarización directa; (c) la componente de la corriente I debida a la inyección de huecos y la debida a inyección de electrones a través de la unión; (d) τ_p y τ_n; (e) exceso de carga Q_p de huecos en la región n, y el exceso de carga Q_n de electrones en la región p, y por lo tanto el total de la carga Q minoritaria almacenada, y el tiempo de tránsito τ_T; (f) la capacitancia de difusión.

Resp. (a) 2×10^{-15} A; (b) 0.616 V; (c) 91.7 μA, 8.3 μA; (d) 25 ns, 55.6 ns; (e) 2.29 pC, 0.46 pC, 2.75 pC, 27.5 ns; (f) 110 pF

Capacitancia de unión. La capacitancia de la capa de agotamiento o unión, en condiciones de polarización directa, se puede encontrar al sustituir V_R con $-V$ en la ecuación (3.27). Resulta, sin embargo, que la precisión de esta relación en la región de polarización directa es más bien deficiente. Como alternativa, los diseñadores de circuitos utilizan la siguiente regla práctica:

$$C_j \simeq 2C_{j0} \tag{3.40}$$

3.3.6 Resumen

Para fácil referencia, la tabla 3.1 contiene una lista de las importantes relaciones que describen la operación de uniones pn.

3.4 ANÁLISIS DE CIRCUITOS CON DIODOS

En esta sección estudiaremos métodos para el análisis de circuitos con diodos. Nos concentraremos en circuitos en los que los diodos operan en la región de polarización directa. La operación en la otra región de interés, la región de ruptura, está considerada en la sección 3.6.

Consideremos el circuito que se muestra en la figura 3.18, que consta de una fuente V_{DD} de cd, un resistor R y un diodo. Deseamos analizar este circuito para determinar la corriente I_D y el voltaje V_D del diodo.

Es evidente que el diodo está polarizado en la dirección directa. Si se supone que V_{DD} es mayor de 0.5 V o un valor semejante, la corriente del diodo será mucho mayor que I_S y podemos representar la curva característica $i-v$ del diodo por la relación exponencial, resultando en

$$I_D = I_S e^{V_D/nV_T} \tag{3.41}$$

La otra ecuación que gobierna la operación del circuito se obtiene al escribir una ecuación de malla de Kirchhoff, resultando en

$$I_D = \frac{V_{DD} - V_D}{R} \tag{3.42}$$

Tabla 3.1 RESUMEN DE ECUACIONES IMPORTANTES PARA LA OPERACIÓN DE UNIONES *pn*

Cantidad	Relación	Valores de constantes y parámetros (para *Si* intrínseco a *T* = 300 K)
Concentración de portadores en silicio intrínseco ($/cm^3$)	$n_i^2 = BT^3 e^{-E_G/kT}$	$B = 5.4 \times 10^{31}/(K^3\, cm^6)$ $E_G = 1.12$ eV $k = 8.62 \times 10^{-5}$ eV/K $n_i = 1.5 \times 10^{10}/cm^3$
Densidad de corriente de difusión (A/cm^2)	$J_p = -qD_p \dfrac{dp}{dx}$ $J_n = qD_n \dfrac{dn}{dx}$	$q = 1.60 \times 10^{-19}$ Coulomb $D_p = 12\ cm^2/s$ $D_n = 34\ cm^2/s$
Densidad de corriente de desplazamiento (A/cm^2)	$J_{despl} = q(p\mu_p + n\mu_n)E$	$\mu_p = 480\ cm^2/Vs$ $\mu_n = 1350\ cm^2/Vs$
Resistividad (Ω cm)	$\rho = 1/[q(p\mu_p + n\mu_n)]$	μ_p y μ_n decrecen con el aumento en concentración de contaminación
Relación entre movilidad y difusividad	$\dfrac{D_n}{\mu_n} = \dfrac{D_p}{\mu_p} = V_T$	$V_T = kT/q$ $\simeq 25$ mV
Concentración de portadores en silicio tipo *n* ($/cm^3$)	$n_{n0} \simeq N_D$ $p_{n0} = n_i^2/N_D$	
Concentración de portadores en silicio tipo *p* ($/cm^3$)	$p_{p0} \simeq N_A$ $n_{p0} = n_i^2/N_A$	
Voltaje integral de unión (V)	$V_0 = V_T \ln\left(\dfrac{N_A N_D}{n_i^2}\right)$	
Ancho de la región de agotamiento (cm)	$\dfrac{x_n}{x_p} = \dfrac{N_A}{N_D}$ $W_{agot} = x_n + x_p$ $= \sqrt{\dfrac{2\varepsilon_s}{q}\left(\dfrac{1}{N_A} + \dfrac{1}{N_D}\right)(V_0 + V_R)}$	$\varepsilon_s = 11.7\, \varepsilon_0$ $\varepsilon_0 = 8.85 \times 10^{-14}$ F/cm
Carga almacenada en la capa de agotamiento (Coulomb)	$q_J = q\dfrac{N_A N_D}{N_A + N_D}AW_{agot}$	
Capacitancia de agotamiento (F)	$C_j = \dfrac{\varepsilon_s A}{W_{agot}}, \quad C_{j0} = \dfrac{\varepsilon_s A}{W_{agot}}\Big|_{V_r = 0}$ $C_j = C_{j0}\Big/\left(1 + \dfrac{V_R}{V_0}\right)^m$ $C_j \simeq 2C_{j0}$ (para polarización directa)	$m = \dfrac{1}{3}$ a $\dfrac{1}{2}$
Corriente en sentido directo (A)	$I = I_p + I_n$ $I_p = Aq\, n_i^2 \dfrac{D_p}{L_p N_D}(e^{V/V_T} - 1)$ $I_n = Aq\, n_i^2 \dfrac{D_n}{L_n N_A}(e^{V/V_T} - 1)$	
Corriente de saturación (A)	$I_S = Aq\, n_i^2\left(\dfrac{D_p}{L_p N_D} + \dfrac{D_n}{L_n N_A}\right)$	
Duración de portadores minoritarios (s)	$\tau_p = L_p^2/D_p \tau_n = L_n^2/D_n$	$L_p, L_n = 1$ a $100\ \mu m$ $\tau_p, \tau_n = 1$ a 10^4 ns
Almacenamiento de carga de portadores minoritarios (Coulomb)	$Q_p = \tau_p I_p Q_n = \tau_n I_n$ $Q = Q_p + Q_n = \tau_T I$	
Capacitancia de difusión (F)	$C_d = \left(\dfrac{\tau_T}{V_T}\right)I$	

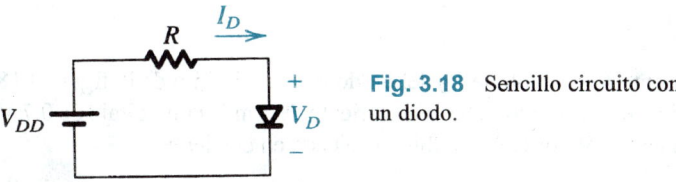

Fig. 3.18   Sencillo circuito con un diodo.

Si se supone que se conocen los parámetros I_S y n del diodo, (3.41) y (3.42) son dos ecuaciones con las dos incógnitas I_D y V_D. Dos formas opcionales para obtener la solución son el análisis gráfico y el análisis iterativo.

Análisis gráfico

El análisis gráfico se realiza al trazar las relaciones de las ecuaciones (3.41) y (3.42) en el plano i–v. La solución se puede obtener entonces como las coordenadas del punto de intersección de las dos gráficas. Un trazo de la construcción gráfica se muestra en la figura 3.19; la curva representa la ecuación exponencial del diodo [ecuación (3.41)] y la recta representa la ecuación (3.42). Esta línea recta se conoce como la **recta de carga**, nombre que en capítulos subsiguientes se hará más evidente. La recta de carga corta la curva del diodo en el punto Q, que representa el **punto de operación** del circuito. Sus coordenadas dan los valores de I_D y V_D.

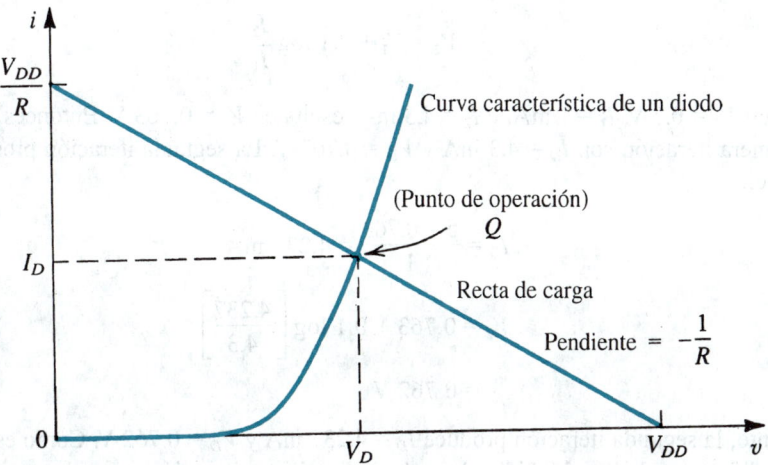

Fig. 3.19   Análisis gráfico del circuito de la figura 3.18.

El análisis gráfico ayuda en la visualización de la operación del circuito, pero el esfuerzo necesario para la ejecución de un análisis, en particular para circuitos complejos, es demasiado grande para ser justificado en la práctica.

Análisis iterativo

Las ecuaciones (3.41) y (3.42) se pueden resolver usando un procedimiento iterativo sencillo, como se ilustra en el siguiente ejemplo.

EJEMPLO 3.4

Determine la corriente I_D y el voltaje V_D del diodo para el circuito de la figura 3.18 con $V_{DD} = 5$ V y $R = 1$ kΩ. Suponga que el diodo tiene una corriente de 1 mA a un voltaje de 0.7 V, y que su caída de voltaje cambia en 0.1 V por cada cambio de década en corriente.

SOLUCIÓN

Para comenzar la iteración, suponemos que $V_D = 0.7$ V y usamos la ecuación (3.41) para determinar la corriente

$$I_D = \frac{V_{DD} - V_D}{R}$$

$$= \frac{5 - 0.7}{1} = 4.3 \text{ mA}$$

Utilizamos entonces la ecuación del diodo para obtener una mejor estimación de V_D. Esto se puede hacer por medio de la ecuación (3.5), es decir,

$$V_2 - V_1 = 2.3 \, nV_T \log \frac{I_2}{I_1}$$

Para nuestro caso, $2.3 \, nV_T = 0.1$ V; entonces

$$V_2 = V_1 + 0.1 \log \frac{I_2}{I_1}$$

Al sustituir $V_1 = 0.7$ V, $I_1 = 1$ mA, e $I_2 = 4.3$ mA resulta en $V_2 = 0.763$ V. Entonces, los resultados de la primera iteración son $I_D = 4.3$ mA y $V_D = 0.763$ V. La segunda iteración prosigue de modo semejante:

$$I_D = \frac{5 - 0.763}{1} = 4.237 \text{ mA}$$

$$V_2 = 0.763 + 0.1 \log \left[\frac{4.237}{4.3} \right]$$

$$= 0.762 \text{ V}$$

Por lo tanto, la segunda iteración produce $I_D = 4.237$ mA y $V_D = 0.762$ V. Como estos valores no son muy diferentes de los obtenidos después de la primera iteración, no se hacen necesarias más iteraciones y la solución es $I_D = 4.237$ mA y $V_D = 0.762$ V.

La necesidad para un rápido análisis

El procedimiento de análisis iterativo utilizado en el ejemplo anterior es sencillo y produce resultados precisos después de dos o tres iteraciones, pero hay situaciones en las que el esfuerzo y tiempo necesarios son todavía mayores de lo que se puede justificar. Específicamente, si hacemos un diseño a lápiz y papel para un circuito relativamente complejo, un rápido análisis de circuito es una necesidad. Por medio de un rápido análisis, el diseñador está en aptitud de evaluar diversas posibilidades antes de tomar una decisión sobre un circuito apropiado. Para agilizar el proceso de análisis debemos estar satisfechos con resultados menos precisos. Esto es raras veces un problema, ya que un análisis más preciso se puede posponer hasta que se obtenga un diseño final, o casi final. El análisis preciso del diseño casi final se puede ejecutar con ayuda de un programa de computadora para análisis de circuitos, como el SPICE (véase la sección 3.10 y el apéndice C). Los resultados de este análisis se pueden utilizar luego para refinar aún más el diseño.

Modelos simplificados de diodos

Aun cuando la relación exponencial $i-v$ es un modelo preciso de la curva característica del diodo en la región de sentido directo, su naturaleza no lineal complica el análisis de circuitos de diodos. El análisis se puede simplificar en gran medida si podemos hallar relaciones lineales para describir las curvas características terminales del diodo. Un intento en esta dirección se ilustra en la figura 3.20, donde la curva exponencial se aproxima por medio de dos líneas rectas, la línea A con

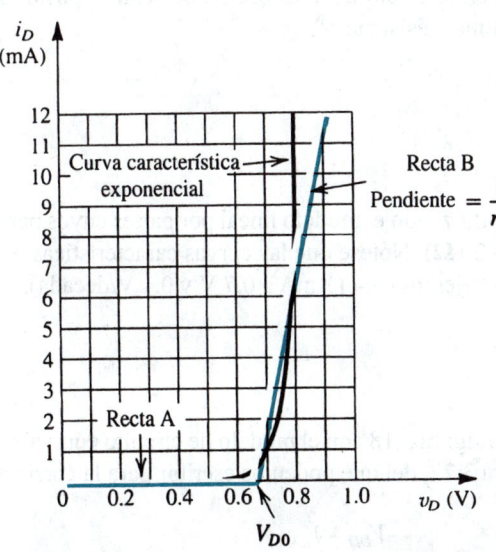

Fig. 3.20 Aproximación de la curva característica en sentido directo de un diodo, con dos rectas.

pendiente cero y la línea B con una pendiente de $1/r_D$. Se puede ver que para este diodo en particular, sobre el intervalo de corriente de 0.1 mA a 10 mA los voltajes pronosticados por el modelo de líneas rectas difiere de los pronosticados por el modelo exponencial por menos de 50 mV. Obviamente, la selección de estas dos rectas no es única; se puede obtener una aproximación más cercana si se restringe el intervalo de corriente sobre el que se requiere la aproximación.

El modelo de líneas rectas (o lineal por partes) de la figura 3.20 puede describirse por

$$i_D = 0, \quad v_D \leq V_{D0}$$
$$i_D = (v_D - V_{D0})/r_D, \quad v_D \geq V_{D0} \tag{3.43}$$

donde V_{D0} es el corte de la línea B sobre el eje de voltaje y r_D es la inversa de la pendiente de la línea B. Para el ejemplo particular que se muestra, $V_{D0} = 0.65$ V y $r_D = 20\ \Omega$.

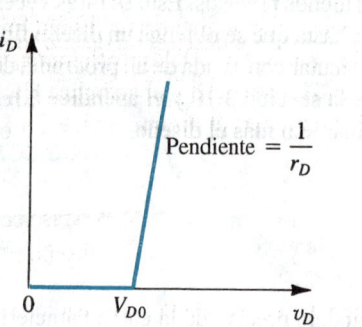

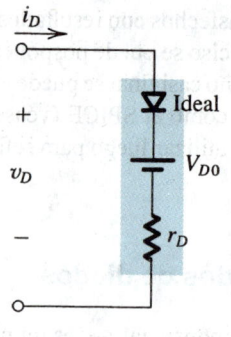

Fig. 3.21 Modelo lineal por partes de la curva característica en sentido directo de un diodo y representación de su circuito equivalente.

El modelo lineal por partes descrito por las ecuaciones (3.43) se puede representar por medio del circuito equivalente que se ilustra en la figura 3.21. Nótese que un diodo ideal está incluido en este modelo para restringir i_D a que circule sólo en la dirección de sentido positivo. Este modelo también se conoce como de "batería más resistencia".

EJEMPLO 3.5

Repita el problema del ejemplo 3.4, utilizando el modelo lineal por partes cuyos parámetros se dan en la figura 3.20 ($V_{D0} = 0.65$ V, $r_D = 20$ Ω). Nótese que las curvas características descritas en esta figura son las del diodo descrito en el ejemplo 3.4 (1 mA a 0.7 V y 0.1 V/década).

SOLUCIÓN

Al sustituir el diodo del circuito de la figura 3.18 con el modelo de circuito equivalente de la figura 3.21 resulta en el circuito de la figura 3.22, del que podemos escribir para la corriente I_D,

$$I_D = \frac{V_{DD} - V_{D0}}{R + r_D}$$

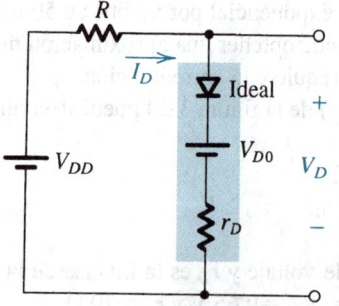

Fig. 3.22 El circuito de la figura 3.18 con el diodo sustituido con su modelo lineal por partes de la figura 3.21.

donde los parámetros V_{D0} y r_D del modelo se ven, de la figura 3.20, que son $V_{D0} = 0.65$ V y $r_D = 20$ Ω. Por lo tanto,

$$I_D = \frac{5 - 0.65}{1 + 0.02} = 4.26 \text{ mA}$$

El voltaje V_D del diodo puede ahora calcularse:

$$V_D = V_{D0} + I_D r_D$$

$$= 0.65 + 4.26 \times 0.02 = 0.735 \text{ V}$$

El modelo de caída constante de voltaje

Se puede obtener un modelo aún más sencillo de las curvas características del diodo en sentido directo si utilizamos una recta vertical para aproximar la parte de rápida elevación de la curva exponencial, como se muestra en la figura 3.23. El modelo resultante dice simplemente que un diodo que conduce en sentido directo exhibe una caída constante de voltaje V_D. El valor de V_D se toma por lo general como 0.7 V. Nótese que para el diodo en particular cuyas curvas características se describen en la figura 3.23, este modelo predice que el voltaje del diodo será menor de ± 0.1 V sobre el intervalo de corriente de 0.1 a 10 mA. El modelo de caída constante de voltaje puede representarse por medio del circuito equivalente que se muestra en la figura 3.24.

El modelo de caída constante de voltaje es el que con más frecuencia se utiliza en las fases iniciales de análisis y diseño. Esto es especialmente cierto si en estas etapas no tenemos información detallada sobre las curvas características del diodo, que con frecuencia es el caso.

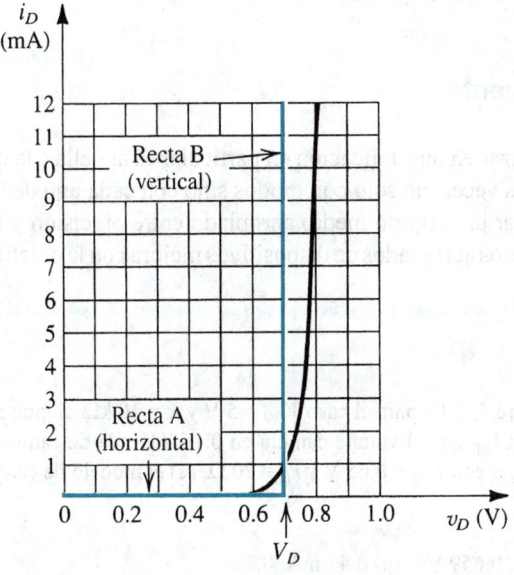

Fig. 3.23 Desarrollo del modelo de caída constante de voltaje de las curvas características del diodo polarizado directamente. Se utiliza una recta vertical (B) para aproximar la exponencial de rápida elevación.

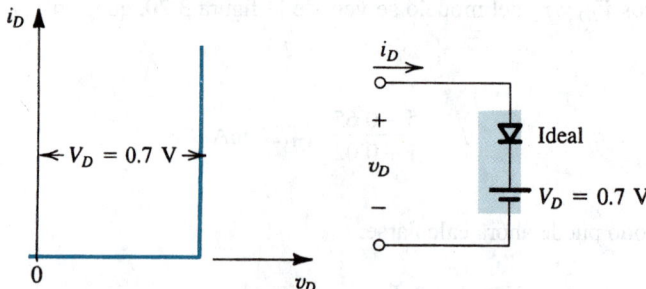

Fig. 3.24 Modelo de caída constante de voltaje de las curvas características en sentido directo del diodo y representación de su circuito equivalente.

Finalmente, nótese que si utilizamos el modelo de caída constante de voltaje para resolver el problema de los ejemplos 3.4 y 3.5 obtenemos

$$I_D = \frac{V_{DD} - 0.7}{R}$$

$$= \frac{5 - 0.7}{1} = 4.3 \text{ mA}$$

que no es demasiado diferente de los valores obtenidos antes con los modelos más elaborados.

El modelo de diodo ideal

En aplicaciones en donde intervienen voltajes mucho mayores que la caída de voltaje del diodo (0.6 a 0.8 V), podemos despreciar la caída de voltaje del diodo mientras se calcula la corriente del diodo. El resultado es el modelo de diodo ideal, que estudiamos en la sección 3.1.

Una observación concluyente

La pregunta de cuál modelo utilizar en una aplicación en particular es aquella a la que un diseñador de circuitos se enfrenta repetidas veces, no sólo con diodos sino con cada uno de los elementos de un circuito. El problema es hallar un término medio apropiado entre precisión y complejidad. La capacidad para seleccionar modelos apropiados de dispositivos mejora con la práctica y experiencia.

Ejercicios

3.16 Para el circuito de la figura 3.18, encuentre I_D y V_D para el caso $V_{DD} = 5$ V y $R = 10$ kΩ. Suponga que el diodo tiene un voltaje de 0.7 V a una corriente de 1 mA y que el voltaje cambia en 0.1 V/década de cambio de corriente. Utilice (a) iteración, (b) el modelo lineal por partes con $V_{D0} = 0.65$ V y $r_D = 20$ Ω, (c) el modelo de caída constante de voltaje con $V_D = 0.7$ V.

Resp. (a) 0.434 mA, 0.663 V; (b) 0.434 mA, 0.659 V; (c) 0.43 mA, 0.7 V

3.17   Considere un diodo que es 100 veces mayor (en área de unión) que aquel cuyas curvas características se muestran en la figura 3.20. Si aproximamos las curvas características de modo semejante al de la figura 3.20 (pero sobre un intervalo de corriente 100 veces mayor), ¿cómo cambiarían los parámetros V_{D0} y r_D del modelo?

Resp. V_{D0} no cambia; r_D se reduce en un factor de 100 a 0.2 Ω

D3.18   Diseñe el circuito de la figura E3.18 para obtener un voltaje de salida de 2.4 V. Suponga que los diodos disponibles tienen una caída de 0.7 V a 1 mA y que $\Delta V = 0.1$ V/cambio de década en corriente.

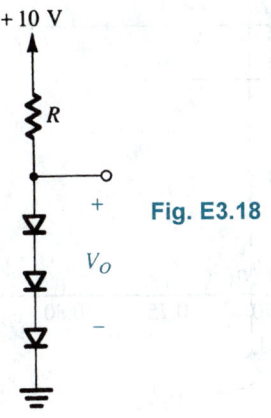

+ 10 V

R

Fig. E3.18

V_O

Resp. $R = 760\ \Omega$

3.19   Repita el ejercicio 3.4 para obtener mejores estimados de I y V (que los encontrados en el ejercicio 3.4), pero suponiendo que no se sabe mucho acerca de los diodos, además de que son diodos a pequeña señal destinados para operar en la escala de mA.

Resp.   (a) 1.72 mA, 0.7 V;   (b) 0 mA, 5 V;   (c) 0 mA, 5 V;   (d) 1.72 mA, 0.7 V;   (e) 2.3 mA, +2.3 V;   (f) 3.3 mA, +1.7 V

3.5   EL MODELO A PEQUEÑA SEÑAL Y SU APLICACIÓN

Hay aplicaciones en que un diodo se polariza para operar en un punto en la curva característica i–v y se superpone una pequeña señal de ca sobre las cantidades de cd. Para esta situación, se hace un mejor modelo del diodo por medio de una resistencia igual a la inversa de la pendiente de la tangente a la curva característica i–v en el punto de polarización. En la sección 1.4 se introdujo el concepto de polarizar un dispositivo no lineal y restringir la alternancia de la señal a un segmento corto, casi lineal, de su curva característica alrededor del punto de polarización, para redes de dos puertos. En lo que sigue, desarrollamos un modelo a pequeña señal para el diodo de unión e ilustramos su aplicación.

Considere el circuito conceptual de la figura 3.25(a) y la correspondiente representación gráfica de la figura 3.25(b). Un voltaje V_D de cd, representado por una batería, se aplica al diodo; y una señal $v_d(t)$ que varía con el tiempo, que arbitrariamente se supone que tiene forma triangular, se

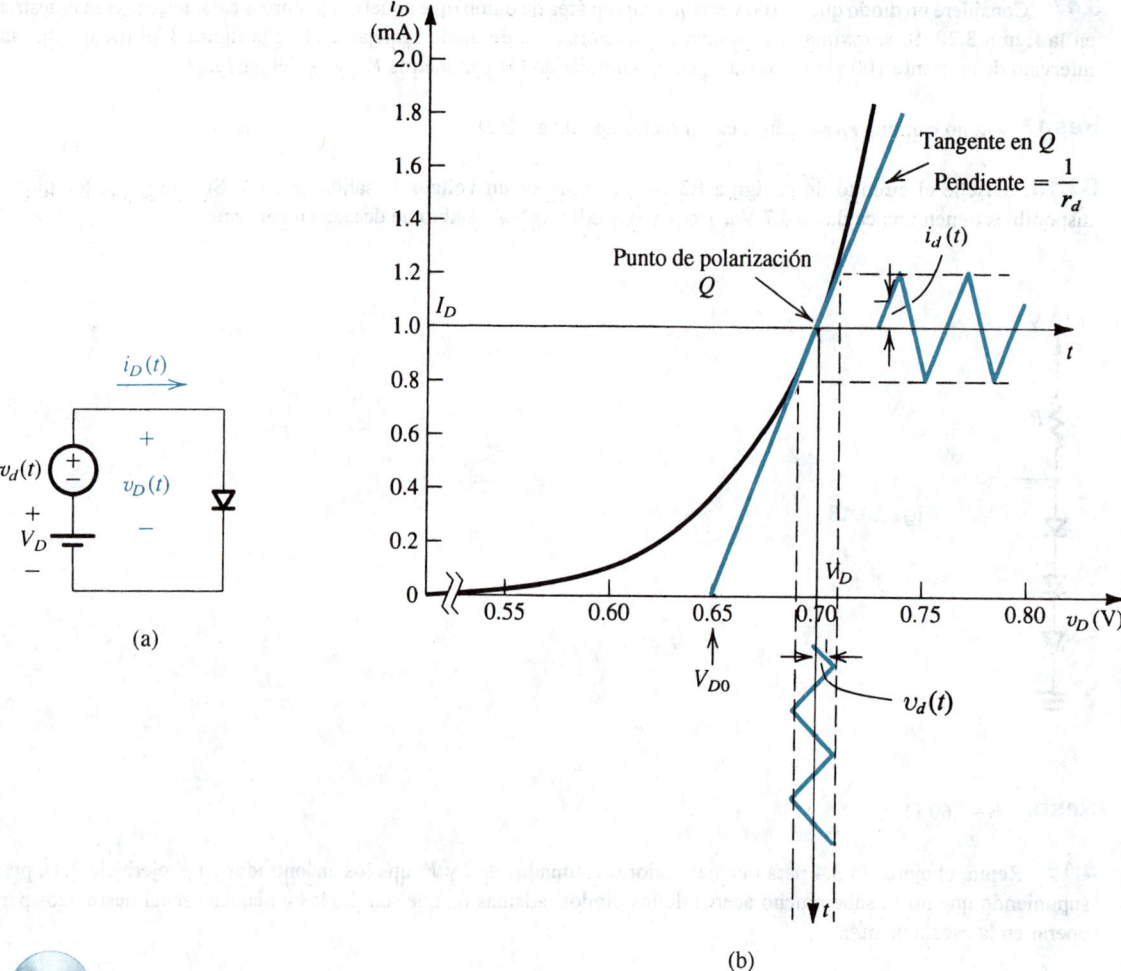

(a)

(b)

Fig. 3.25 Desarrollo del modelo a pequeña señal de un diodo. Nótese que los valores numéricos que se muestran son para un diodo con $n = 2$.

superpone al voltaje V_D de cd. En ausencia de la señal $v_d(t)$, el voltaje del diodo es igual a V_D, y de modo correspondiente el diodo conducirá una corriente I_D de cd dada por

$$I_D = I_S e^{V_D/nV_T} \tag{3.44}$$

Cuando se aplica la señal $v_d(t)$, el voltaje instantáneo total del diodo $v_D(t)$ estará dado por

$$v_D(t) = V_D + v_d(t) \tag{3.45}$$

De modo correspondiente, la corriente instantánea total del diodo $i_D(t)$ será

$$i_D(t) = I_S e^{v_D/nV_T} \tag{3.46}$$

Al sustituir por v_D de la ecuación (3.45) resulta

$$i_D(t) = I_S e^{(V_D + v_d)/nV_T}$$

que se puede escribir como

$$i_D(t) = I_S e^{V_D/nV_T} e^{v_d/nV_T}$$

Al usar la ecuación (3.44) obtenemos

$$i_D(t) = I_D e^{v_d/nV_T} \qquad (3.47)$$

Ahora, si la amplitud de la señal $v_d(t)$ se conserva suficientemente pequeña de modo que

$$\frac{v_d}{nV_T} \ll 1 \qquad (3.48)$$

entonces podemos expandir el exponencial de la ecuación (3.47) en una serie y truncar la serie después de los primeros dos términos para obtener la expresión aproximada

$$i_D(t) \simeq I_D \left(1 + \frac{v_d}{nV_T} \right) \qquad (3.49)$$

Ésta es la **aproximación a pequeña señal**. Es válida para señales cuyas amplitudes son menores de unos 10 mV [véase la ecuación (3.48) y recuérdese que $V_T = 25$ mV].

De la ecuación (3.49) tenemos

$$i_D(t) = I_D + \frac{I_D}{nV_T} v_d \qquad (3.50)$$

Así, sobrepuesta en la corriente I_D de cd, tenemos una componente de corriente de señal directamente proporcional al voltaje v_d de señal. Esto es,

$$i_D = I_D + i_d \qquad (3.51)$$

donde

$$i_d = \frac{I_D}{nV_T} v_d \qquad (3.52)$$

La cantidad que relaciona la corriente i_d de señal con el voltaje v_d de señal tiene las dimensiones de conductancia, mhos (℧) y se llama **conductancia de diodo a pequeña señal**. La inversa de este parámetro es la **resistencia de diodo a pequeña señal**, o **resistencia incremental**, r_d

$$r_d = \frac{nV_T}{I_D} \qquad (3.53)$$

Nótese que el valor de r_d es inversamente proporcional a la corriente I_D de polarización.

Regresemos a la representación gráfica de la figura 3.25(b). Es fácil ver que usar la aproximación a pequeña señal equivale a suponer que *la amplitud de señal es suficientemente pequeña tal que la alternancia a lo largo de la curva i–v está limitada a un segmento corto, casi lineal*. La pendiente de este segmento, que es igual a la pendiente de la curva i–v en el punto de operación Q, es igual a la conductancia a pequeña señal. Pedimos al lector que demuestre que la pendiente de la curva i–v en $i = I_D$ es igual a I_D/nV_T, que es $1/r_d$, es decir

$$r_d = 1 / \left[\frac{\partial i_D}{\partial v_D} \right]_{i_D = I_D} \qquad (3.54)$$

Ahora, si denotamos por V_{D0} el punto en que la tangente corta el eje v_D, podemos describir la tangente mediante la ecuación

$$i_D = \frac{1}{r_d}(v_D - V_{D0}) \qquad (3.55)$$

Esta ecuación es un modelo para la operación del diodo para pequeñas variaciones alrededor del **punto de reposo** Q (o **de polarización**). El modelo puede ser representado por el circuito equivalente que se ilustra en la figura 3.26, del que podemos escribir

$$\begin{aligned}
v_D &= V_{D0} + i_D r_d \\
&= V_{D0} + (I_D + i_d)\, r_d \\
&= (V_{D0} + I_D r_d) + i_d r_d \\
&= V_D + i_d r_d
\end{aligned}$$

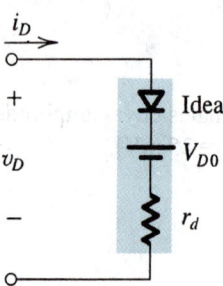

Fig. 3.26 Modelo de circuito equivalente para el diodo para pequeños cambios alrededor del punto de polarización Q. La resistencia incremental r_d es la inversa de la pendiente de la tangente en Q, y V_{D0} es el punto de corte de la tangente en el eje v_D (véase la figura 3.25).

Así, como se esperaba, el voltaje incremental o de señal en los terminales del diodo está dado por $v_d = i_d r_d$. Para ilustrar la aplicación del modelo de diodo a pequeña señal, considere el circuito que se muestra en la figura 3.27(a). Ahí tenemos un voltaje v_s de señal conectado en serie con la fuente V_{DD} de cd. Con $v_s = 0$, la corriente de cd se denota por I_D y el voltaje de cd del diodo se denota por V_D. Queremos determinar la corriente i_d de señal y el voltaje de señal a través del diodo v_d. Para hacer esto sustituimos el diodo por el modelo de la figura 3.26, obteniendo así el circuito equivalente que se muestra en la figura 3.27(b). Una ecuación de malla para este circuito produce

$$\begin{aligned}
V_{DD} + v_s &= i_D R + V_{D0} + i_D r_d \\
&= (I_D + i_d)R + V_{D0} + (I_D + i_d)r_d \\
&= I_D R + (V_{D0} + I_D r_d) + i_d(R + r_d) \\
&= I_D R + V_D + i_d(R + r_d)
\end{aligned}$$

Separar las cantidades de cd y de señal en ambos lados de esta ecuación dará, para la cd,

$$V_{DD} = I_D R + V_D$$

que está representada por el circuito de la figura 3.27(c), y para la señal,

$$v_s = i_d(R + r_d)$$

que está representada por el circuito de la figura 3.27(d). Concluimos que la aproximación a pequeña señal nos permite separar el análisis de cd del análisis de señal. *El análisis de señal se realiza*

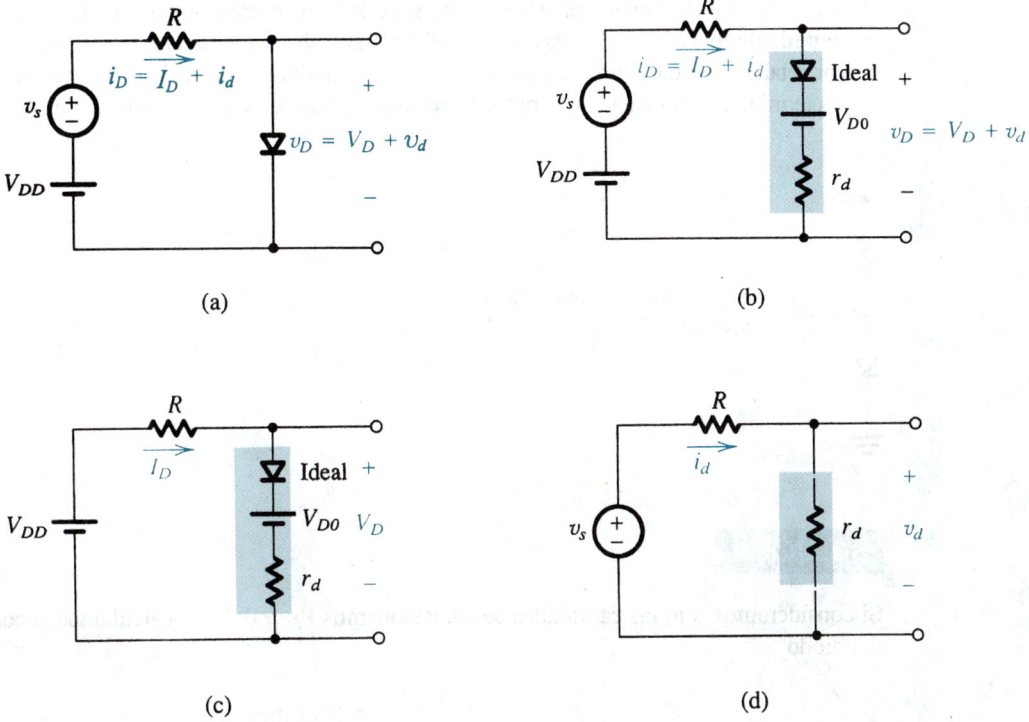

Fig. 3.27 El análisis del circuito en **(a)**, que contiene cantidades tanto de cd como de señal, se puede ejecutar al sustituir el diodo con el modelo de la figura 3.26, como se muestra en **(b)**. Esto permite separar el análisis de cd [el circuito en **(c)**] del análisis de señal [el circuito en **(d)**].

eliminando todas las fuentes[6] de cd y sustituyendo el diodo con su resistencia r_d a pequeña señal. Del circuito equivalente a pequeña señal, el voltaje de señal del diodo se puede hallar simplemente por medio de la regla del divisor de voltaje

$$v_d = v_s \frac{r_d}{R + r_d}$$

Separar el análisis de cd o polarización y el análisis de señal es una técnica muy útil que utilizaremos con frecuencia en todo este libro.

EJEMPLO 3.6

Considere el circuito que se muestra en la figura 3.28 para el caso $R = 10$ kΩ. La fuente de alimentación V^+ tiene un valor de cd de 10 V sobre el que se superpone una senoide de 60 Hz de 1 V de amplitud pico.

---

[6] Esto se logra al poner en cortocircuito las fuentes de voltaje de cd y abriendo el circuito de las fuentes de corriente cd.

(Esta componente de "señal" del voltaje de la fuente de alimentación es una imperfección en el diseño de la fuente de alimentación conocida como **rizo de la fuente de alimentación**. Trataremos este aspecto con mayor detalle.) Calcule el voltaje de cd del diodo y la amplitud de la señal de onda senoidal que aparece en sus terminales. Suponga que el diodo tiene una caída de 0.7 V a una corriente de 1 mA y $n = 2$.

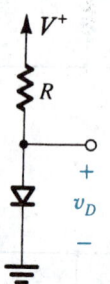

Fig. 3.28 Circuito para el ejemplo 3.6.

Si consideramos sólo las cantidades de cd, suponemos $V_D \simeq 0.7$ V y calculamos la corriente de cd del diodo

$$I_D = \frac{10 - 0.7}{10} = 0.93 \text{ mA}$$

Como este valor es muy cercano a 1 mA, el voltaje del diodo será muy cercano al valor supuesto de 0.7 V. En su punto de operación, la resistencia incremental r_d del diodo es

$$r_d = \frac{nV_T}{I_D} = \frac{2 \times 25}{0.93} = 53.8 \ \Omega$$

El voltaje pico a pico de señal en los terminales del diodo se puede hallar si se usa la regla del divisor de voltaje como sigue:

$$v_d(\text{pico a pico}) = 2 \ \frac{r_d}{R + r_d}$$

$$= 2 \ \frac{0.0538}{10 + 0.0538} = 10.7 \text{ mV}$$

Entonces, la amplitud de la señal senoidal en los terminales del diodo es 5.35 mV. Como este valor es bastante pequeño, nuestro uso del modo a pequeña señal del diodo está justificado.

Uso de la caída en sentido directo del diodo en regulación de voltaje

Un regulador de voltaje es un circuito cuya finalidad es proporcionar un voltaje constante de cd entre sus terminales de salida. Es necesario que el voltaje de salida se mantenga tan constante como sea posible, a pesar de (a) cambios en la corriente de carga tomada del terminal de salida del regulador y (b) cambios en el voltaje de cd de la fuente de alimentación que alimenta el circuito regulador. Como la caída de voltaje en sentido directo del diodo permanece casi constante en aproximadamente 0.7 V mientras que la corriente que pasa a través del diodo varía en cantidades relativamente grandes, con un diodo polarizado directamente se puede construir un sencillo regulador de voltaje. Por ejemplo, hemos visto en el ejemplo 3.6 que mientras que el voltaje de la fuente de 10 V de cd tenía un rizo de 2 V pico a pico (una variación de $\pm 10\%$), el rizo correspondiente en el voltaje del diodo era de sólo ± 5.4 mV (una variación de $\pm 0.8\%$). Se pueden obtener voltajes regulados mayores de 0.7 V al conectar varios diodos en serie. Por ejemplo, el uso de tres diodos en serie polarizados directamente proporciona un voltaje de unos 2 V. Uno de estos circuitos se investiga en el siguiente ejemplo.

EJEMPLO 3.7

Considere el circuito que se muestra en la figura 3.29. Una sucesión de tres diodos se utiliza para obtener un voltaje constante de unos 2.1 V. Deseamos calcular el porcentaje de cambio en este voltaje regulado, causado por (a) un cambio de $\pm 10\%$ en el voltaje de la fuente de alimentación y (b) conexión de una resistencia de carga de 1 kΩ. Suponga que $n = 2$.

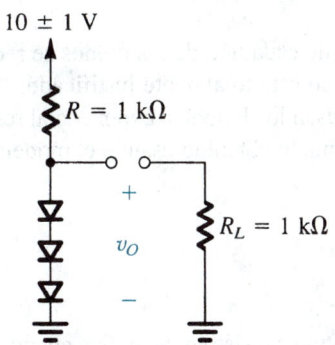

Fig. 3.29 Circuito para el ejemplo 3.7.

SOLUCIÓN

Sin carga, el valor nominal de la corriente de la cadena de diodos está dado por

$$I = \frac{10 - 2.1}{1} = 7.9 \text{ mA}$$

Entonces cada diodo tendrá una resistencia incremental de

$$r_d = \frac{nV_T}{I}$$

Con $n = 2$ resulta

$$r_d = \frac{2 \times 25}{7.9} = 6.3 \ \Omega$$

Los tres diodos en serie tendrán una resistencia incremental total de

$$r = 3r_d = 18.9 \ \Omega$$

Esta resistencia, junto con la resistencia R, forma un divisor de voltaje cuya relación se puede utilizar para calcular el cambio en voltaje de salida debido a un cambio de ±10% (es decir, ±1 V) en el voltaje de alimentación. Entonces, el cambio pico a pico en voltaje de salida será

$$\Delta v_O = 2\,\frac{r}{r+R} = 2\,\frac{0.0189}{0.0189+1} = 37.1 \text{ mV}$$

esto es, correspondiendo al cambio de ±1 V (±10%) en el voltaje de la fuente, el voltaje de salida cambiará en ±18.5 mV o ±0.9%. Como esto implica un cambio de alrededor de ±6.2 mV por diodo, nuestro uso del modelo a pequeña señal está justificado.

Cuando se conecta una resistencia de carga de 1 kΩ en paralelo con la cadena de diodos, toma una corriente de aproximadamente 2.1 mA. Entonces, la corriente en los diodos se reduce en 2.1 mA, resultando en un decremento en voltaje en los terminales de la cadena de diodos dado por

$$\Delta v_O = -2.1 \times r = -2.1 \times 18.9 = -39.7 \text{ mV}$$

Como esto implica que el voltaje en los terminales de cada uno de los diodos se reduzca en unos 13.2 mV, nuestro uso del modelo a pequeña señal no está totalmente justificado. No obstante lo anterior, un cálculo detallado del cambio de voltaje usando el modelo exponencial resulta en $\Delta v_O = -35.5$ mV, que no es muy diferente del valor aproximado obtenido usando el modelo incremental.

El modelo de diodo de alta frecuencia

El modelo de diodo a pequeña señal desarrollado antes es resistivo. Se aplica cuando la frecuencia de señal es suficientemente baja para que los efectos de almacenamiento de carga del diodo se puedan despreciar. Estos efectos se estudiaron en la sección anterior y se modelaron para pequeñas señales con dos capacitancias: la capacitancia C_j de la capa de agotamiento y la capacitancia C_d de difusión. Al incluir estas dos capacitancias en paralelo con la resistencia r_d a pequeña señal, resulta en el modelo de diodo que se muestra en la tabla 3.2 junto con las fórmulas para los parámetros del modelo. Este modelo se puede usar en el análisis de circuitos de diodos en donde aparecen señales de alta frecuencia. El análisis de alta frecuencia de circuitos electrónicos se estudia en capítulos sub-

Tabla 3.2 MODELO DEL DIODO A PEQUEÑA SEÑAL Y ALTA FRECUENCIA

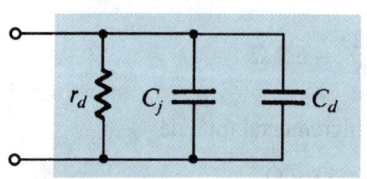

Punto de polarización: I_D, V_D

$r_d = nV_T/I_D$

$C_d = (\tau_T/V_T)I_D$

$C_j = C_{j0}\!\left(1 - \dfrac{V_D}{V_0}\right)^{m}$ para $V_D < 0$

$C_j \simeq 2C_{j0}$, para $V_D > 0$

siguientes. Finalmente, debe observarse que para aplicaciones de conmutación, como se encuentra en circuitos digitales, se utilizan adaptaciones de C_d y C_j a gran señal.

Ejercicios

3.20 Encuentre el valor de la resistencia r_d del diodo a pequeña señal, a corrientes de polarización de 0.1, 1 y 10 mA. Suponga $n = 1$.

Resp. 250 Ω; 25 Ω; 2.5 Ω

3.21 Para un diodo que conduce 1 mA a una caída de voltaje en sentido directo de 0.7 V y cuya $n = 1$, encuentre la ecuación de la tangente de la recta en $I_D = 1$ mA.

Resp. $i_D = (1/25\ \Omega)(v_D - 0.675)$

3.22 Considere un diodo con $n = 2$ polarizado a 1 mA. Encuentre el cambio en corriente como resultado de cambiar el voltaje en (a) −20 mV; (b) −10 mV; (c) −5 mV; (d) +5 mV; (e) +10 mV; (f) +20 mV. En cada caso, haga los cálculos (i) usando el modelo a pequeña señal y (ii) usando el modelo exponencial.

Resp. (a) −0.40; −0.33 mA; (b) −0.20, −0.18 mA; (c) −0.10, −0.10 mA; (d) +0.10, +0.11 mA; (e) +0.20, +0.22 mA; (f) +0.40, +0.49 mA

D3.23 Diseñe el circuito de la figura E3.23 de modo que $V_O = 3$ V cuando $I_L = 0$, y V_O cambia en 40 mV por 1 mA de corriente de carga. Encuentre el valor de R y el área de unión de cada diodo (suponga que los cuatro diodos son idénticos) en relación con un diodo con caída de 0.7 V a 1 mA de corriente. Suponga $n = 1$.

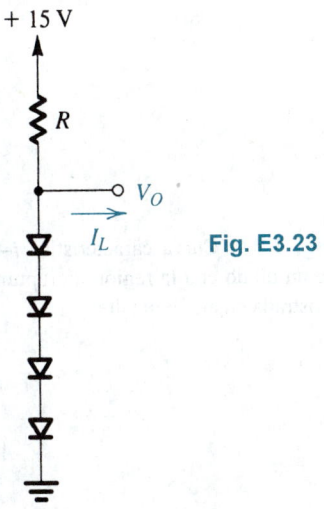

Fig. E3.23

Resp. $R = 4.8$ kΩ; 0.34

3.6   OPERACIÓN EN LA REGIÓN DE RUPTURA INVERSA. DIODOS ZENER

La muy pronunciada curva i–υ que el diodo exhibe en la región de ruptura (figura 3.8), y la caída de voltaje casi constante que esto indica, sugiere que los diodos que operan en la región de ruptura se pueden usar en el diseño de reguladores de voltaje. Ésta resulta ser en realidad una muy importante aplicación de diodos. Se fabrican diodos especiales para operar específicamente en la región de ruptura; estos diodos reciben el nombre de **diodos de ruptura** o, más comúnmente, **diodos Zener**, en honor a uno de los primeros investigadores en este campo, aun cuando el mecanismo de ruptura es con frecuencia de avalancha.

En la figura 3.30 se ilustra el símbolo de circuito de un diodo Zener. En aplicaciones normales de diodos Zener, circula corriente en el cátodo y éste es positivo con respecto al ánodo; entonces, I_Z y V_Z de la figura 3.30 tienen valores positivos.

Especificaciones y modelos de un diodo Zener

En la figura 3.31 se aprecian detalles de las curvas características i–υ en la región de ruptura. Observamos que para corrientes mayores que la corriente I_{ZK} de rodilla (especificada en la hoja de datos del diodo Zener), la curva característica i–υ es casi una línea recta. El fabricante suele

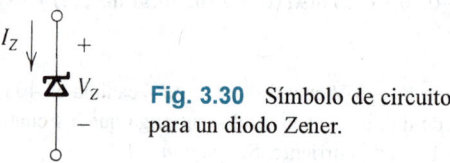

Fig. 3.30 Símbolo de circuito para un diodo Zener.

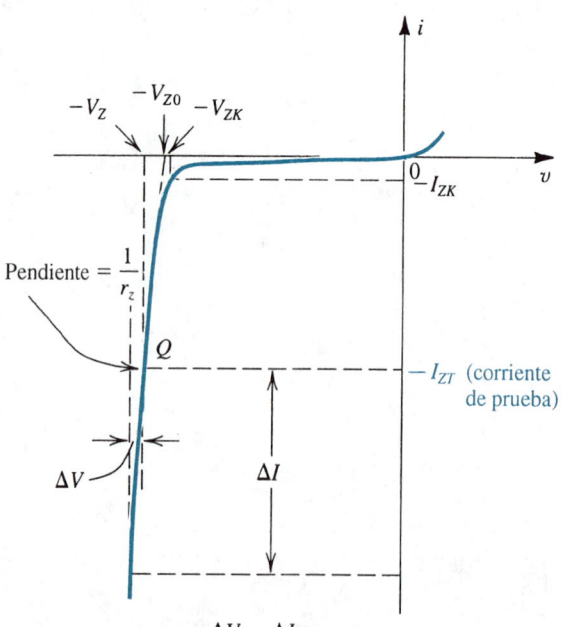

Fig. 3.31 Curva característica i–υ de un diodo con la región de ruptura mostrada en algún detalle.

especificar el voltaje V_Z en paralelo con el diodo Zener a una corriente especificada de prueba, I_{ZT}. Hemos indicado estos parámetros en la figura 3.31 como las coordenadas del punto marcado Q. De este modo, un diodo Zener de 6.8 V exhibirá una caída de 6.8 V a una corriente especificada de prueba de 10 mA, por ejemplo. A medida que la corriente que pasa por el Zener se desvía de I_{ZT} cambiará el voltaje en sus terminales, aunque ligeramente. En la figura 3.31 se muestra que, correspondiendo al cambio de corriente ΔI, el voltaje del Zener cambia en ΔV, que está relacionado con ΔI por

$$\Delta V = r_z \, \Delta I$$

donde r_z es el inverso de la pendiente de la curva casi lineal i–υ en el punto Q. La resistencia r_z es la **resistencia incremental** del diodo Zener en el punto de operación Q; también se conoce como **resistencia dinámica** del Zener y su valor se especifica en las hojas de datos del dispositivo. Típicamente, el valor de r_z es entre unos pocos ohms a varias decenas de ohms. Es evidente que, cuanto menor sea el valor de r_z, más constante permanece el voltaje Zener a medida que varía su corriente y así es más ideal su operación. A este respecto, observamos de la figura 3.31 que mientras r_z permanece baja y casi constante en una amplia variación de corriente, su valor decrece considerablemente en la vecindad de la rodilla. Por lo tanto, como lineamiento general de diseño se debe evitar operar el Zener en esta región de baja corriente.

Los diodos Zener se fabrican con voltajes V_Z de entre unos pocos volts y varios cientos de volts. Además de especificar V_Z (a una corriente particular I_{ZT}), r_z, e I_{ZK}, el fabricante también especifica la potencia máxima que el dispositivo puede disipar sin destruirse. De esta forma, un diodo Zener de 0.5 W y 6.8 V puede operar con seguridad a corrientes de hasta un máximo de unos 70 mA.

La curva casi lineal característica i–υ del diodo Zener sugiere que el dispositivo se pueda modelar como se indica en la figura 3.32. Aquí, V_{z0} denota el punto en que la recta de la pendiente $1/r_z$ corta el eje del voltaje (consulte la figura 3.31). Aun cuando V_{Z0} se ve que es ligeramente diferente del voltaje V_{ZK} de rodilla, en la práctica estos valores son casi iguales. El modelo de circuito equivalente de la figura 3.32 se puede describir analíticamente por medio de

$$V_Z = V_{Z0} + r_z I_Z \tag{3.56}$$

y aplica para $I_Z > I_{ZK}$ y, obviamente, $V_Z > V_{Z0}$. El uso del modelo Zener en un análisis se ilustra por medio del siguiente ejemplo.

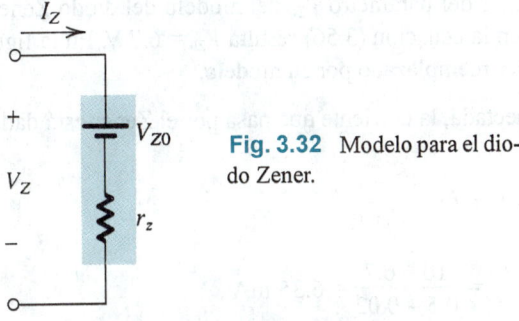

Fig. 3.32 Modelo para el diodo Zener.

EJEMPLO 3.8

El diodo Zener de 6.8 V del circuito de la figura 3.33(a) está especificado por tener $V_Z = 6.8$ V a $I_Z = 5$ mA, $r_z = 20\ \Omega$ e $I_{ZK} = 0.2$ mA. El voltaje de alimentación V^+ es nominalmente de 10 V, pero puede variar en ± 1 V.

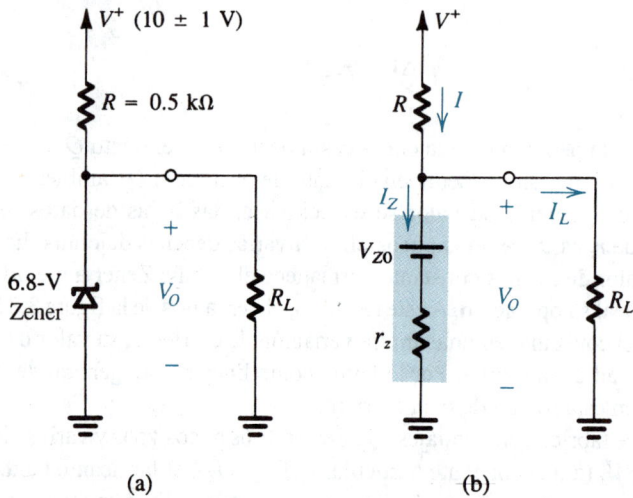

Fig. 3.33 **(a)** Circuito para el ejemplo 3.8. **(b)** Circuito con el diodo Zener sustituido con su modelo de circuito equivalente.

(a) Encuentre V_O cuando no hay carga y con V^+ a su valor nominal.

(b) Halle el cambio en V_O que resulta del cambio de ± 1 V en V^+.

(c) Encuentre el cambio en V_O que resulta de conectar una resistencia de carga $R_L = 2$ kΩ.

(d) Investigue el valor de V_O cuando $R_L = 0.5$ kΩ.

(e) ¿Cuál es el valor mínimo de R_L para el cual el diodo todavía opera en la región de ruptura?

SOLUCIÓN

Primero debemos determinar el valor del parámetro V_{Z0} del modelo del diodo Zener. Al sustituir $V_Z = 6.8$ V, $I_Z = 5$ mA y $r_z = 20\ \Omega$ en la ecuación (3.56) resulta $V_{Z0} = 6.7$ V. En la figura 3.33(b) se ilustra el circuito con el diodo Zener reemplazado por su modelo.

(a) Cuando no hay carga conectada, la corriente que pasa por el Zener está dada por

$$I_Z = I = \frac{V^+ - V_{Z0}}{R + r_z}$$

$$= \frac{10 - 6.7}{0.5 + 0.02} = 6.35 \text{ mA}$$

Entonces,

$$V_O = V_{Z0} + I_Z r_z$$
$$= 6.7 + 6.35 \times 0.02 = 6.83 \text{ V}$$

(b) Para un cambio de ± 1 V en V^+, el cambio en el voltaje de salida se puede encontrar a partir de

$$\Delta V_O = \Delta V^+ \frac{r_z}{R + r_z}$$

$$= \pm 1 \times \frac{20}{500 + 20} = \pm 38.5 \text{ mV}$$

(c) Cuando se conecta una resistencia de carga de 2 kΩ, la corriente de carga será aproximadamente 6.8 V/2 kΩ = 3.4 mA. Entonces, el cambio en la corriente Zener será $\Delta I_Z = -3.4$ mA, y el cambio correspondiente en el voltaje Zener (voltaje de salida) será de

$$\Delta V_O = r_z \, \Delta I_Z$$
$$= 20 \times -3.4 = -68 \text{ mV}$$

Se puede obtener una estimación más precisa de ΔV_O al analizar el circuito de la figura 3.33(b). El resultado de este análisis es $\Delta V_O = -70$ mV.

(d) Una R_L de 0.5 kΩ tomaría una corriente de carga de 6.8/0.5 = 13.6 mA. Esto no es posible porque la corriente I alimentada a través de R es de sólo 6.4 mA (para $V^+ = 10$ V). Por lo tanto, el Zener debe cortarse. Si éste es en realidad el caso, entonces V_O está determinado por el divisor de voltaje formado por R_L y R,

$$V_O = V^+ \frac{R_L}{R + R_L}$$

$$= 10 \frac{0.5}{0.5 + 0.5} = 5 \text{ V}$$

Como este voltaje es menor que el voltaje de ruptura del Zener, de hecho el diodo ya no opera en la región de ruptura.

(e) Para que el Zener se halle en el borde de la región de ruptura, $I_Z = I_{ZK} = 0.2$ mA y $V_Z \simeq V_{ZK} \simeq 6.7$ V. En este punto (en el peor de los casos) la mínima corriente alimentada a través de R es $(9 - 6.7)/0.5 = 4.6$ mA, y entonces la corriente de carga es $4.6 - 0.2 = 4.4$ mA. El valor correspondiente de R_L es

$$R_L = \frac{6.7}{4.4} \simeq 1.5 \text{ k}\Omega$$

Diseño del regulador Zener en derivación

La función del regulador de voltaje se describió en la sección anterior. En la figura 3.34 se ilustra un circuito regulador de voltaje que utiliza un diodo Zener; este circuito se conoce como *regulador en derivación* porque el diodo Zener está conectado en paralelo (en derivación o *shunt*) con la carga. El regulador está alimentado con un voltaje que, como se indica en la figura, no es muy constante; incluye una componente grande de rizo. Este voltaje *bruto* de alimentación se puede obtener como la salida de un circuito rectificador, como se verá en secciones subsiguientes. La carga puede ser un simple resistor o un complejo circuito electrónico.

La función del regulador es proporcionar un voltaje de salida V_O que es tan constante como es posible a pesar del rizo en V_S y las variaciones de la corriente de carga I_L. Se pueden utilizar dos parámetros para medir qué tan bien está realizando su función: la **regulación de línea** y la **regulación de carga**. La regulación de línea está definida como el cambio en V_O correspondiente a un cambio de 1 V en V_S,

$$\text{Regulación de línea} \equiv \frac{\Delta V_O}{\Delta V_S} \qquad (3.57)$$

y suele expresarse en mV/V. La regulación de carga se define como el cambio en V_O correspondiente a un cambio de 1 mA en I_L,

$$\text{Regulación de carga} \equiv \frac{\Delta V_O}{\Delta I_L} \qquad (3.58)$$

Se pueden obtener expresiones para estas medidas de operación para el regulador en derivación de la figura 3.34, al sustituir el Zener con su modelo de circuito equivalente, obteniendo así el circuito de la figura 3.35. Un fácil análisis de este circuito produce

$$V_O = V_{Z0} \frac{R}{R + r_z} + V_S \frac{r_z}{R + r_s} - I_L(r_z//R) \qquad (3.59)$$

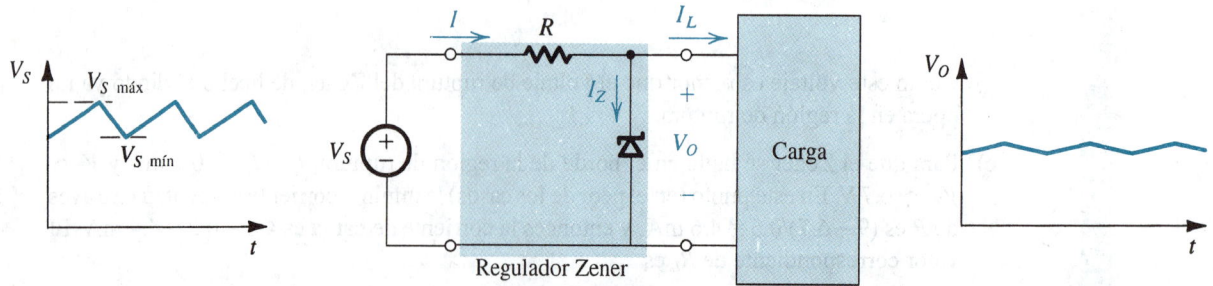

Fig. 3.34 Un regulador Zener en derivación. Observe que mientras el voltaje bruto V_S tiene una componente grande de rizo, el voltaje regulado V_O tiene un rizo muy pequeño.

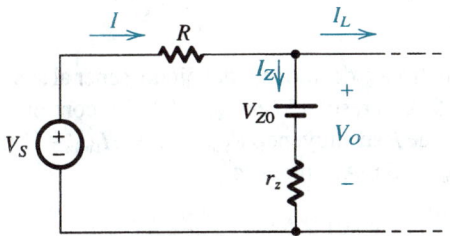

Fig. 3.35 Circuito regulador en derivación con el diodo Zener sustituido con su modelo de circuito.

En esta ecuación, sólo es deseable el primer término del lado derecho. Los términos segundo y tercero representan la dependencia en el voltaje de alimentación y la corriente de carga, respectivamente, y por lo tanto deben reducirse al mínimo. De hecho, de la ecuación (3.59) y las definiciones de las ecuaciones (3.57) y (3.58) obtenemos

$$\text{Regulación de línea} = \frac{r_z}{R + r_z} \qquad (3.60)$$

y

$$\text{Regulación de carga} = -\,(r_z /\!/ R) \qquad (3.61)$$

Nótese que estos dos resultados podrían haberse obtenido por inspección del circuito.

Generalmente $r_z \ll R$, y la regulación de carga está determinada casi por entero por el valor de r_z; si se selecciona un Zener con una menor resistencia incremental se reduce la regulación de carga. También reduce la regulación de línea, como se puede ver de la ecuación (3.60). La última ecuación también indica que sería deseable un valor grande de R, pero hay un límite superior en el valor de R para asegurar que la corriente que pasa por el diodo Zener nunca se haga demasiado baja; de otra manera, r_z aumenta y la operación se degrada. Observamos que la mínima corriente Zener se presenta cuando V_S está a su mínimo e I_L está a su máximo. Si se utiliza esta combinación de valores del circuito de la figura 3.35, podemos demostrar que R debe seleccionarse de

$$R = \frac{V_{S\min} - V_{Z0} - r_z I_{Z\min}}{I_{Z\min} + I_{L\max}} \qquad (3.62)$$

EJEMPLO 3.9

Es necesario diseñar un regulador Zener en derivación para obtener un voltaje de salida de aproximadamente 7.5 V. La alimentación bruta varía entre 15 y 25 V y la corriente de carga varía entre 0 y 15 mA. El diodo Zener disponible tiene $V_Z = 7.5$ V a una corriente de 20 mA, y su $r_z = 10\ \Omega$. Encuentre el valor requerido de R y determine la regulación de línea y de carga. También determine el porcentaje de cambio en V_O correspondiente al cambio completo en V_S y el cambio completo en I_L.

SOLUCIÓN

Primero determinamos el valor del parámetro V_{Z0} del modelo del diodo Zener al sustituir $V_Z = 7.5$ V, $I_Z = 20$ mA y $r_z = 10\ \Omega$ en la ecuación (3.56). El resultado es $V_{Z0} = 7.3$ V. A continuación utilizamos la ecuación (3.62) para determinar el valor de R sustituyendo $V_{Smín} = 15$ V e $I_{Lmáx} = 15$ mA y asignando (un tanto arbitrariamente) $I_{Zmín} = (1/3)I_{Lmáx} = 5$ mA. Entonces,

$$R = \frac{15 - 7.3 - 0.01 \times 5}{5 + 15} = 383\ \Omega$$

La regulación de línea se puede determinar usando la ecuación (3.60)

$$\text{Regulación de línea} = \frac{r_z}{r_z + R} = \frac{10}{10 + 383} = 25.4\ \text{mV/V}$$

y la regulación de carga se puede hallar usando la ecuación (3.61)

$$\text{Regulación de carga} = -(r_z // R) = -(10 // 383) = -9.7\ \text{mV/mA}$$

El cambio completo en V_S (15 a 25 V) resulta en

$$\Delta V_O = 25.4 \times 10 = 0.254\ \text{V} \quad \text{o} \quad 3.4\%$$

y el cambio completo en I_L (0 a 15 mA) resulta en

$$\Delta V_O = = -9.7 \times 15 \simeq -0.15\ \text{V} \quad \text{o} \quad -2\%$$

Efectos de temperatura

La dependencia del voltaje Zener V_Z en la temperatura se especifica en términos de su coeficiente de temperatura TC, o **temco** como se le conoce comúnmente, que suele expresarse en mV/°C. El valor de TC depende del voltaje Zener, y para un diodo determinado el TC varía con la corriente de operación. Los diodos Zener cuyos V_Z sean menores de unos 5 V exhiben un TC negativo. Por otra parte, los Zener con voltajes más altos exhiben TC positivo. El TC de un diodo Zener con un V_Z de unos 5 V se puede hacer cero si se opera el diodo a una corriente especificada. Otra técnica que se utiliza con frecuencia para obtener un voltaje de referencia con bajo coeficiente de temperatura es conectar un diodo Zener con un coeficiente positivo de temperatura de unos 2 mV/°C en serie con un diodo en conducción en sentido directo. Como el diodo que conduce en sentido directo tiene una caída de voltaje de $\simeq 0.7$ V y un TC de alrededor de -2 mV/°C, la combinación serie dará un voltaje de $(V_Z + 0.7)$ con un TC de aproximadamente 0.

Ejercicios

3.24 Un diodo Zener cuyo voltaje nominal es 10 V a 10 mA tiene una resistencia incremental de 50 Ω. ¿Qué voltaje se espera si la corriente del diodo se reduce a la mitad? ¿Cuál es el valor de V_{Z0} del modelo Zener?

Resp. 9.75 V; 10.5 V; 9.5 V

D3.25 Un diodo Zener exhibe un voltaje constante de 5.6 V para corrientes mayores de cinco veces la corriente de rodilla. I_{ZK} se especifica de 1 mA. El diodo debe usarse en el diseño de un regulador en derivación alimentado desde una fuente de 15 V. La corriente de carga varía de 0 a 15 mA. Encuentre un valor apropiado para el resistor R. ¿Cuál es la máxima disipación de potencia del diodo Zener?

Resp. 470 Ω; 112 mW

3.26 Un regulador en derivación utiliza un diodo Zener cuyo voltaje es 5.1 V a una corriente de 50 mA y cuya resistencia incremental es 7 Ω. El diodo se alimenta desde una fuente de 15 V de voltaje nominal a través de un resistor de 200 Ω. ¿Cuál es el voltaje de salida cuando no haya carga? Encuentre la regulación de línea y la regulación de carga.

Resp. 5.1 V; 33.8 mV/V; − 6.8 mV/mA

3.7 CIRCUITOS RECTIFICADORES

Una de las aplicaciones más importantes de los diodos está en el diseño de circuitos rectificadores. Un diodo rectificador forma un elemento esencial de las fuentes de alimentación de cd necesarias para alimentar equipo electrónico. En la figura 3.36 se muestra un diagrama en bloques de una de estas fuentes de alimentación y, como se indica, la fuente de alimentación se conecta a la línea de 120 V (rms) y 60 Hz de la red de ca, que entrega un voltaje V_O de cd (por lo general entre 5 y 20 V) a un circuito electrónico representado por el bloque de *carga*. El voltaje V_O de cd debe ser tan constante como sea posible, a pesar de variaciones en el voltaje de línea de ca y de la corriente tomada por la carga.

El primer bloque de una fuente de alimentación de cd es el **transformador de potencia**, que consta de dos bobinas separadas y devanadas alrededor de un núcleo de hierro que magnéticamente acopla los dos devanados. El **devanado primario**, con N_1 vueltas, está conectado a la red de 120 V de ca, y el **devanado secundario**, con N_2 vueltas, se conecta al circuito de la fuente de alimentación de cd. Entonces, se forma un voltaje v_S de ca de $120(N_2/N_1)$ volts (rms) entre los dos terminales del devanado secundario. Al seleccionar una relación (también llamada *razón*) apropiada de vueltas (N_1/N_2) para el transformador, el diseñador puede reducir el voltaje de línea al valor necesario para obtener una salida particular de voltaje de cd de la fuente. Por ejemplo, un voltaje secundario de 8 V rms puede ser apropiado para una salida de 5 V de cd. Esto se puede obtener con una relación de vueltas de 15:1.

Además de proporcionar la amplitud senoidal apropiada para la fuente de alimentación de cd, el transformador de potencia proporciona aislamiento eléctrico entre el equipo electrónico y el circuito de la línea de la red. Este aislamiento reduce al mínimo el riesgo de una descarga eléctrica al usuario del equipo.

El rectificador de diodo convierte la senoide v_S de entrada a una salida unipolar, que puede tener la forma de onda pulsante que se indica en la figura 3.36. Aun cuando esta onda tiene un promedio diferente

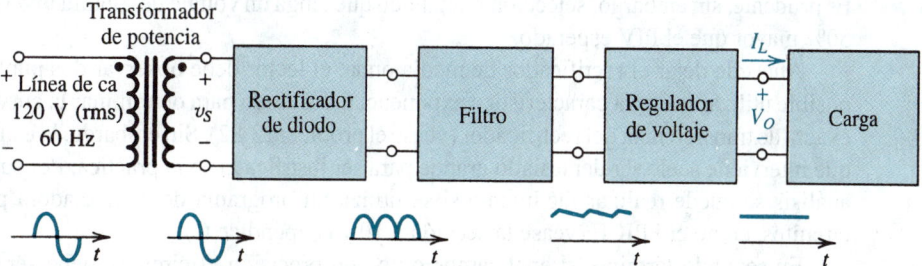

Fig. 3.36 Diagrama en bloques de una fuente de alimentación de cd.

de cero o una componente de cd, su naturaleza pulsante la hace inapropiada como fuente de cd para circuitos electrónicos, por lo que hay ahí necesidad de un filtro. Las variaciones en la magnitud de la salida del rectificador son reducidas considerablemente por el bloque de filtro de la figura 3.36. En lo que sigue estudiaremos diversos circuitos rectificadores y una estructuración sencilla del filtro de salida.

La salida del filtro rectificador, aunque mucho más constante que sin el filtro, todavía contiene una componente que depende del tiempo y que se conoce como **rizo**. Para reducir el rizo y estabilizar la magnitud del voltaje de salida de cd de la fuente contra variaciones causadas por cambios en la corriente de carga, se utiliza un regulador de voltaje que se puede aplicar usando la configuración de regulador Zener en derivación estudiada en la sección 3.6. También, de manera opcional, se puede utilizar un regulador de circuito integrado (IC) [véase, por ejemplo, Soclof (1985)].

El rectificador de media onda

El rectificador de media onda utiliza semiciclos alternados de la senoide de entrada. En la figura 3.37(a) se muestra el circuito de un rectificador de media onda; este circuito se analizó en la sección 3.1 (véase la figura 3.3) suponiendo un diodo ideal. Si se utiliza el modelo más realista de diodo con batería más resistencia, obtenemos el circuito equivalente que se ilustra en la figura 3.37(b), del cual podemos escribir

$$v_O = 0, \qquad v_S < V_{D0} \tag{3.63a}$$

$$v_O = \frac{R}{R+r_D}\, v_S - V_{D0}\, \frac{R}{R+r_D}, \qquad v_S \geq V_{D0} \tag{3.63b}$$

La curva característica de transferencia representada por estas ecuaciones se ve en la figura 3.37(c). En muchas aplicaciones, $r_D \ll R$ y la segunda ecuación se puede simplificar a

$$v_O \simeq v_S - V_{D0} \tag{3.64}$$

donde $V_{D0} = 0.7$ o 0.8 V. En la figura 3.37(d) se muestra el voltaje de salida obtenido cuando la entrada v_S es una senoide.

Al seleccionar diodos para el diseño de un rectificador, deben especificarse dos parámetros importantes: la capacidad de manejo de corriente necesaria del diodo, determinada por la máxima corriente que se espera que conduzca el diodo, y el **voltaje inverso de pico** (PIV) que el diodo debe ser capaz de resistir sin quemarse, determinado por el máximo voltaje inverso que se espera que aparezca en los terminales del diodo. En el circuito rectificador de la figura 3.37(a) observamos que cuando v_S es negativo, el diodo estará en corte y v_O será cero. Se deduce que el PIV es igual al pico de v_S,

$$\text{PIV} = V_s$$

Es prudente, sin embargo, seleccionar un diodo que tenga un voltaje de ruptura inverso por lo menos 50% mayor que el PIV esperado.

Antes de dejar el rectificador de media onda, el lector debe observar dos puntos. Primero, es posible utilizar la curva característica exponencial del diodo para determinar la curva característica exacta de transferencia del rectificador (véase el problema 3.82). Sin embargo, la cantidad de trabajo que interviene suele ser demasiado grande para ser justificada en la práctica. Por supuesto que este análisis se puede realizar fácilmente si se utiliza un programa de computadora para análisis de circuitos, como el SPICE (véase la sección 3.10 y el apéndice C).

En segundo término, si analizamos o no con precisión el circuito, debe ser obvio que este circuito no funciona debidamente cuando la señal de entrada es pequeña. Por ejemplo, este circuito

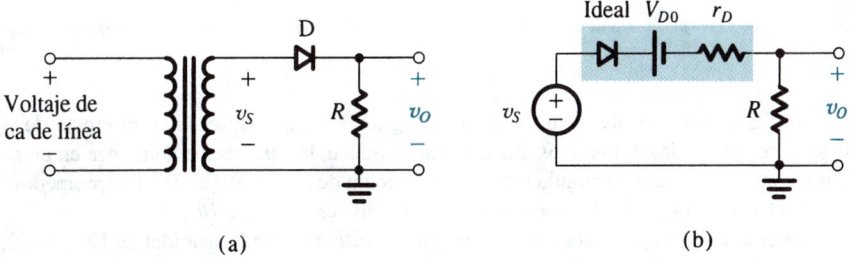

(a) (b)

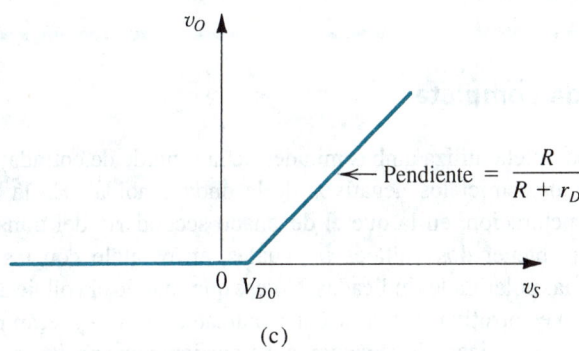

(c)

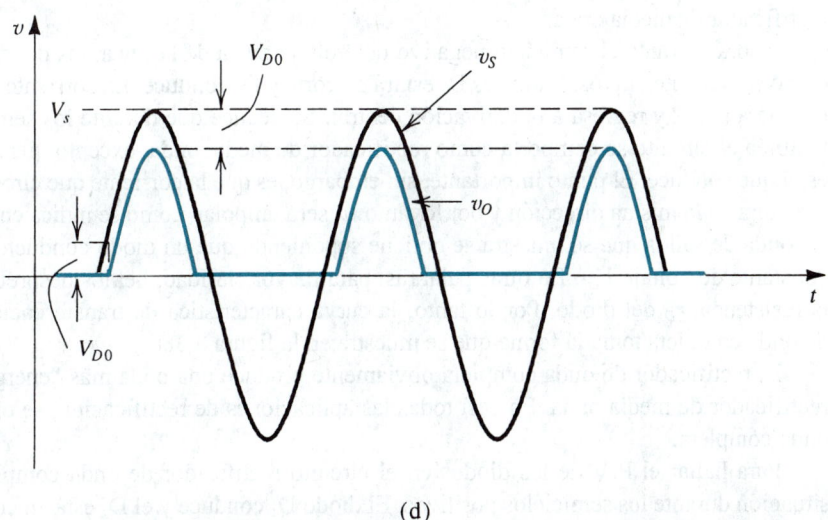

(d)

Fig. 3.37 (a) Rectificador de media onda. (b) Circuito equivalente del rectificador de media onda con el diodo sustituido con su modelo de batería más resistencia. (c) Curva característica del circuito rectificador. (d) Ondas de entrada y salida, suponiendo que $r_D \ll R$.

no se puede utilizar para rectificar una senoide de entrada de 100 mV de amplitud. Para esta aplicación recurrimos a uno de los circuitos de precisión que se presentan en el capítulo 12.

Ejercicio

3.27 Para el circuito rectificador de media onda de la figura 3.37(a), despreciando el efecto de r_D, demuestre lo siguiente: (a) para los semiciclos durante los que el diodo conduce, la conducción comienza en un ángulo $\Theta = \text{sen}^{-1}(V_{D0}/V_s)$ y termina en $(\pi - \Theta)$, para un ángulo total de conducción de $(\pi - 2\Theta)$. (b) El valor promedio (componente de cd) de v_O es $V_O \simeq (1/\pi)V_s - V_{D0}/2$. (c) La corriente pico del diodo es $(V_s - V_{D0})/R$.

Encuentre valores numéricos para estas cantidades para el caso de entrada senoidal de 12 V (rms), $V_{D0} \simeq 0.7$ V, y $R = 100 \,\Omega$. También dé el valor para PIV.

Resp. (a) $\Theta = 2.4°$, ángulo de conducción $= 175°$; (b) 5.05 V; (c) 163 mA; 17 V

Rectificador de onda completa

El rectificador de onda completa utiliza ambas mitades de la senoide de entrada; para obtener una salida unipolar, invierte los semiciclos negativos de la onda senoidal. En la figura 3.38(a) se muestra una posible estructuración, en la que el devanado secundario del transformador es **con derivación central** para obtener dos voltajes v_S iguales, en paralelo con las dos mitades del devanado secundario con las polaridades indicadas. Nótese que cuando el voltaje de línea de entrada (que alimenta al primario) es positivo, ambas señales marcadas como v_S serán positivas. En este caso D_1 conduce y D_2 estará polarizado inversamente. La corriente que pasa por D_1 circulará por R y regresará a la derivación central del secundario. El circuito se comporta entonces como rectificador de media onda, y la salida durante los semiciclos positivos será idéntica a la producida por el rectificador de media onda.

Ahora, durante el semiciclo negativo del voltaje de ca de la línea, los dos voltajes marcados como v_S serán negativos. Entonces D_1 estará en corte y D_2 conduce. La corriente conducida por D_2 circulará por R y regresa a la derivación central. Se deduce que durante los semiciclos negativos también el circuito se comporta como rectificador de media onda, excepto que ahora el diodo D_2 es el que conduce. El punto importante, sin embargo, es que la corriente que circula por R siempre circulará en la misma dirección y por lo tanto v_O será unipolar, como se indica en la figura 3.38(c). La onda de salida que se muestra se obtiene suponiendo que un diodo conductor tiene una caída constante de voltaje V_{D0}. En otras palabras, para mayor claridad, hemos despreciado el efecto de la resistencia r_D del diodo. Por lo tanto, la curva característica de transferencia del rectificador de onda completa toma la forma que se muestra en la figura 3.38(b).

El rectificador de onda completa obviamente produce una onda más "energética" que la del rectificador de media onda. En casi todas las aplicaciones de rectificación, se opta por el tipo de onda completa.

Para hallar el PIV de los diodos en el circuito rectificador de onda completa, considere la situación durante los semiciclos positivos. El diodo D_1 conduce y el D_2 está en corte. El voltaje en el cátodo de D_2 es v_O y el de su ánodo es $-v_S$. Entonces, el voltaje inverso en los terminales de D_2 será $(v_O + v_S)$, que llega a su máximo cuando v_O se encuentre en su valor pico de $(V_s - V_{D0})$ y v_S en su valor pico de V_s; por lo tanto,

$$\text{PIV} = 2V_s - V_{D0}$$

que es aproximadamente el doble del caso del rectificador de media onda.

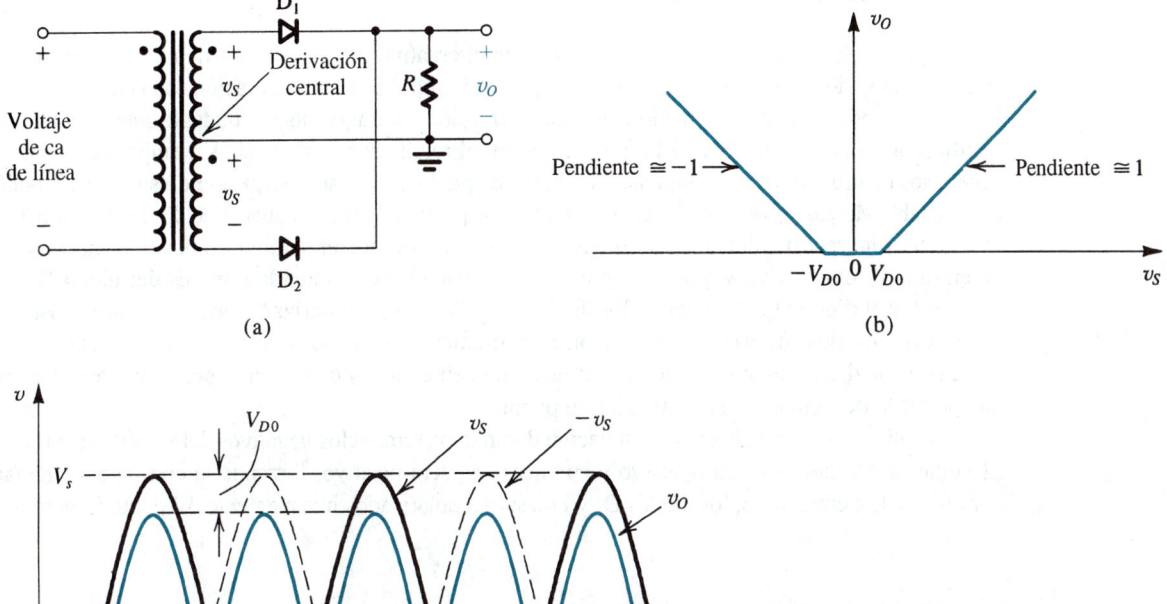

Fig. 3.38 Rectificador de onda completa que utiliza un transformador con devanado secundario con derivación central. **(a)** Circuito. **(b)** Curva característica suponiendo un modelo de caída constante de voltaje para los diodos. **(c)** Ondas de entrada y salida.

Ejercicio

3.28 Para el rectificador de onda completa de la figura 3.38(a), despreciando el efecto de r_D, demuestre lo siguiente: (a) La salida es cero para un ángulo de $2 \operatorname{sen}^{-1}(V_{D0}/V_s)$ centrado alrededor de los puntos de cruce cero de la entrada de onda senoidal. (b) El valor promedio (componente de cd) de v_O es $V_O \simeq (2/\pi)V_S - V_{D0}$. (c) La corriente pico que circula por cada diodo es $(V_s - V_{D0})/R$. Encuentre la fracción (en porcentaje) de cada ciclo durante la que $v_O > 0$, el valor de V_O, la corriente pico del diodo y el valor de PIV, para el caso en que v_S sea una senoide de 12 V (rms), $V_{D0} \simeq 0.7$ V y $R = 100 \ \Omega$.

Resp. 97.4%; 10.1 V; 163 mA; 33.2 V.

El rectificador en puente

En la figura 3.39(a) se muestra una estructuración alternativa del rectificador de onda completa. El circuito, conocido como *rectificador en puente* por la similitud de su configuración con la del puente de Wheatstone, no requiere de transformador con derivación central, ventaja indudable sobre el circuito rectificador de onda completa de la figura 3.38. En el rectificador en puente, sin embargo, se hacen necesarios cuatro diodos en comparación con los dos del circuito anterior; esto no es una desventaja considerable ya que los diodos son de poco costo y se puede adquirir un puente de diodos en paquete.

El circuito rectificador en puente opera como sigue: durante los semiciclos positivos del voltaje de entrada v_S es positivo y, por consiguiente, la corriente es conducida a través del diodo D_1, el resistor R y el diodo D_2. Entre tanto, los diodos D_3 y D_4 estarán polarizados inversamente. Observe que hay dos diodos en serie en la trayectoria de conducción y por lo tanto v_O será menor que v_S por dos caídas de diodo (en comparación con una caída en el circuito analizado previamente). Ésta es una pequeña desventaja del rectificador en puente.

A continuación consideremos la situación durante los semiciclos negativos del voltaje de entrada. El voltaje secundario v_S será negativo y entonces $-v_S$ será positivo, forzando la corriente a circular por D_3, R y D_4; entre tanto, los diodos D_1 y D_2 estarán polarizados inversamente. El punto importante

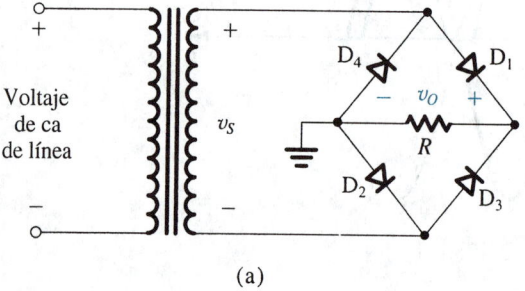

(a)

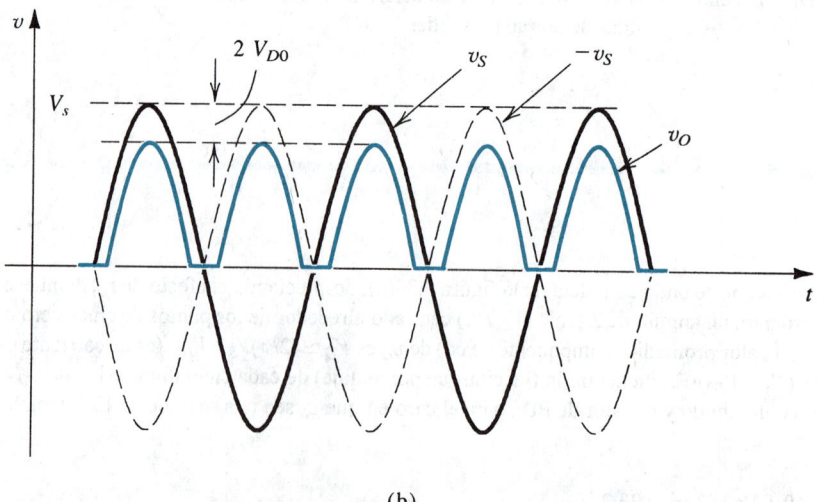

(b)

Fig. 3.39 El rectificador en puente; **(a)** circuito y **(b)** ondas de entrada y salida.

por observar, empero, es que durante ambos semiciclos, la corriente circula por R en la misma dirección (de derecha a izquierda) y por lo tanto v_O siempre será positivo, como se indica en la figura 3.39(b).

Para determinar el voltaje inverso de pico (PIV) de cada diodo, considere el circuito durante los semiciclos positivos. El voltaje inverso en los terminales de D_3 se puede determinar de la malla formada por D_3, R y D_2 como

$$v_{D3} \text{ (inverso)} = v_O + v_{D2} \text{ (directo)}$$

Entonces, el valor máximo de v_{D3} se presenta en el pico de v_O y está dado por

$$\text{PIV} = V_s - 2\,V_{D0} + V_{D0} = V_s - V_{D0}$$

Observe que aquí el PIV tiene aproximadamente la mitad del valor para el rectificador de onda completa con transformador con derivación central. Ésta es otra ventaja del rectificador en puente.

Otra ventaja del circuito rectificador en puente sobre el que utiliza transformador con derivación central es que sólo se hace necesaria aroximadamente la mitad del número de vueltas para el devanado secundario del transformador. Se puede tener otra forma de ver este punto si se observa que cada mitad del devanado secundario del transformador con derivación central se utiliza sólo la mitad del tiempo. Estas ventajas han hecho que la configuración del rectificador en puente sea la más favorecida por los usuarios.

Ejercicio

3.29 Para el circuito rectificador en puente de la figura 3.39(a), utilice el modelo de diodo de caída constante para demostrar lo siguiente: (a) El promedio (o componente de cd) del voltaje de salida es $V_O \simeq (2/\pi)V_s - 2\,V_{D0}$. (b) La corriente pico del diodo es $(V_s - 2\,V_{D0})/R$. Encuentre valores numéricos para las cantidades en (a) y (b) y el PIV para el caso en que v_S sea una senoide de 12 V (rms), $V_{D0} \simeq 0.7$ V, y $R = 100\ \Omega$.

Resp. 9.4 V; 156 mA; 16.3 V

El rectificador con un condensador de filtro; el rectificador de pico

La naturaleza pulsante del voltaje de salida producido por los circuitos rectificadores estudiados antes lo hace inapropiado como fuente de cd para circuitos electrónicos. Una forma sencilla de reducir la variación del voltaje de salida es poner un condensador en paralelo con el resistor de carga. Se demostrará que este **condensador de filtro** sirve para reducir considerablemente las variaciones del voltaje de salida del rectificador.

Para ver la forma en que funciona el circuito rectificador con un condensador de filtro, considere primero el sencillo circuito que se muestra en la figura 3.40. Sea la entrada v_I una senoide con un valor pico V_p, y suponga que el diodo es ideal. A medida que v_I se hace positivo, el diodo conduce y el condensador se carga de modo que $v_O = v_I$. Esta situación continúa hasta que v_I llega a su valor pico V_p. Después del pico, a medida que v_I decrece, el diodo se polariza inversamente y el voltaje de salida permanece constante al valor de V_p. En efecto, teóricamente hablando, el voltaje del condensador retendrá de manera indefinida su carga y por lo tanto su voltaje, ya que no hay forma de que se descargue. Así, el circuito proporciona una salida de voltaje de cd igual al pico de la onda senoidal de entrada. Éste es un resultado bastante estimulante en vista de nuestro deseo de obtener una salida de cd.

A continuación consideramos la situación más práctica donde una resistencia de carga R se conecta en paralelo con el condensador C, como se describe en la figura 3.41(a). Sin embargo, seguiremos

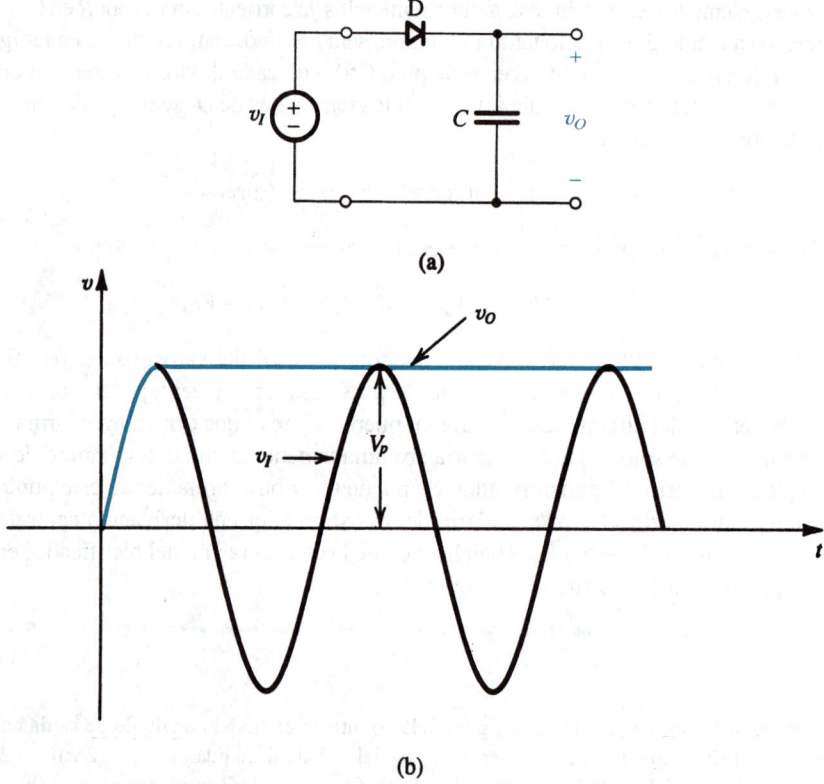

Fig. 3.40 **(a)** Sencillo circuito utilizado para ilustrar el efecto de un condensador de filtro. **(b)** Ondas de entrada y salida suponiendo un diodo ideal. Nótese que el circuito produce un voltaje de cd igual al pico de la onda senoidal de entrada. El circuito se conoce, por lo tanto, como *rectificador de pico* o *detector de pico*.

suponiendo que el diodo es ideal. Como antes, para una entrada senoidal, el condensador se carga al valor pico de la entrada V_p. Entonces el diodo está en corte y el condensador se descarga a través de la resistencia de carga R. La descarga del condensador continúa durante casi todo el ciclo, hasta el momento en que v_I exceda el voltaje del condensador. Entonces el diodo conduce otra vez, carga el condensador al pico de v_I y el proceso se repite. Observe que para evitar que el voltaje de salida se reduzca demasiado durante la descarga del condensador, se selecciona un valor para C de modo tal que la constante de tiempo CR sea mucho mayor que el intervalo de descarga.

Ahora estamos listos para analizar el circuito en detalle. En la figura 3.41(b) se muestran las ondas de voltaje de entrada y salida en estado estable bajo la suposición de que $CR \gg T$, donde T es el periodo de la senoide de entrada. Las ondas de la corriente de carga

$$i_L = v_O/R \tag{3.65}$$

y de la corriente del diodo (cuando está conduciendo)

$$i_D = i_C + i_L \tag{3.66}$$

$$= C\frac{dv_I}{dt} + i_L \tag{3.67}$$

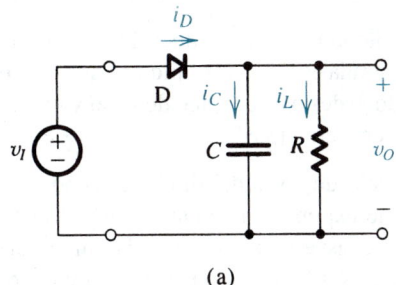

(a)

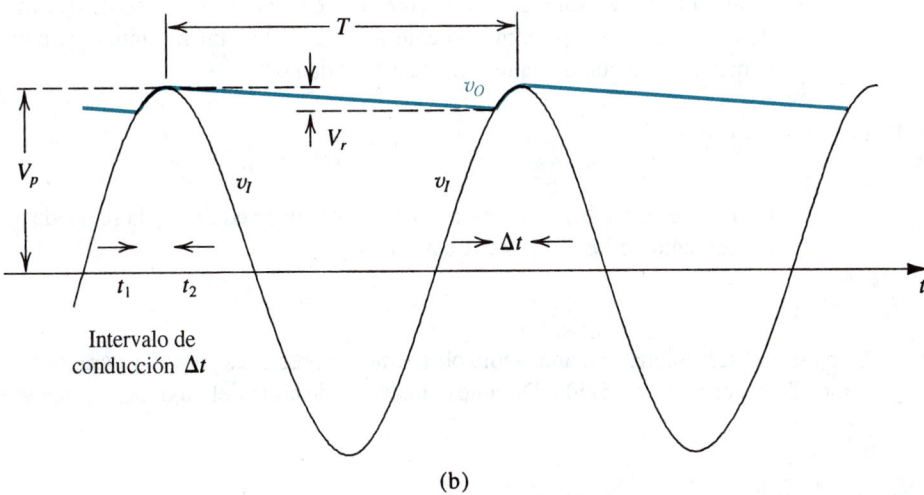

(b)

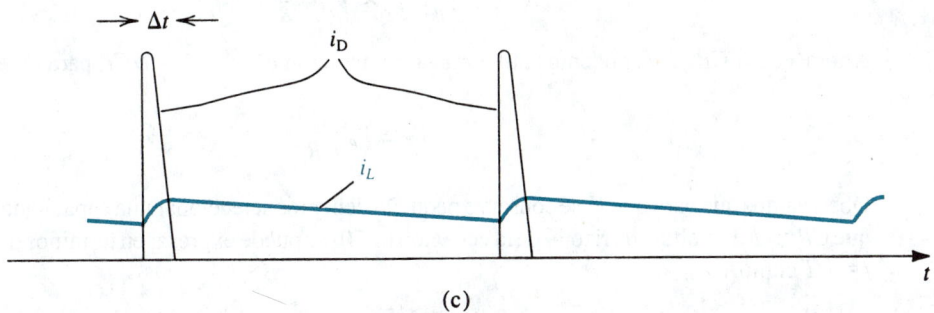

(c)

Fig. 3.41   Ondas de voltaje y corriente del circuito rectificador de pico con $CR \gg T$. El diodo se supone ideal.

se muestran en la figura 3.41(c). Las siguientes observaciones están en orden:

1. El diodo conduce durante un breve intervalo, Δt, cerca del pico de la senoide de entrada y alimenta al condensador con una carga igual a la perdida durante el mucho más largo intervalo de descarga. Este último es aproximadamente igual al periodo T.

2. Si se supone un diodo ideal, la conducción del diodo comienza en el tiempo t_1, en el que el voltaje v_I de entrada es igual a la salida v_O que decae exponencialmente. La conducción se detiene en t_2 poco después del pico de v_I; el valor exacto de t_2 se puede determinar si se hace $i_D = 0$ en la ecuación (3.67).

3. Durante el intervalo de corte del diodo, el condensador C se descarga a través de R y entonces v_O decae exponencialmente con una constante de tiempo CR. El intervalo de descarga comienza casi en el pico de v_I. Al terminar el intervalo de descarga, que dura casi todo el periodo T, $v_O = V_p - V_r$, donde V_r es el voltaje pico a pico de rizo. Cuando $CR \gg T$, el valor de V_r es pequeño.

4. Cuando V_r es pequeño, v_O es casi constante e igual al valor pico de v_I. Entonces el voltaje de cd de salida es aproximadamente igual a V_p. Del mismo modo, la corriente i_L es casi constante y su componente I_L de cd está dada por

$$I_L = \frac{V_p}{R} \tag{3.68}$$

Una expresión más precisa para hallar el voltaje de cd de salida se puede obtener al tomar el promedio de los valores extremos de v_O,

$$V_O = V_p - \tfrac{1}{2} V_r \tag{3.69}$$

Con estas observaciones a mano, ahora obtenemos expresiones para V_r y para los valores promedio y pico de la corriente del diodo. Durante el intervalo de corte del diodo, v_O se puede expresar como

$$v_O = V_p e^{-t/CR}$$

Al terminar el intervalo de descarga tenemos

$$V_p - V_r \simeq V_p e^{-T/CR}$$

Ahora, como $CR \gg T$, podemos utilizar la aproximación $e^{-T/CR} \simeq 1 - T/CR$ para obtener

$$V_r \simeq V_p \frac{T}{CR} \tag{3.70}$$

Observamos que para que V_r se conserve pequeño debemos seleccionar una capacitancia C, de modo que $CR \gg T$. El voltaje de rizo V_r de la ecuación (3.70) se puede expresar en términos de la frecuencia $f = 1/T$ como

$$V_r = \frac{V_p}{fCR} \tag{3.71}$$

Nótese que una interpretación alternativa de la aproximación hecha antes es que el condensador se descarga por medio de una corriente constante $I_L = V_p/R$. Esta aproximación es válida mientras $V_r \ll V_p$.

Por medio de la figura 3.41(b) y suponiendo que la conducción del diodo cesa casi en el pico de v_I, podemos determinar el intervalo de conducción Δt con

$$V_p \cos(\omega \, \Delta t) = V_p - V_r$$

donde $\omega = 2\pi f = 2\pi/T$ es la frecuencia angular de v_I. Como $(\omega \, \Delta t)$ es un ángulo pequeño, podemos utilizar la aproximación $\cos(\omega \, \Delta t) \simeq 1 - \frac{1}{2}(\omega \, \Delta t)^2$ para obtener

$$\omega \, \Delta t \simeq \sqrt{2V_r/V_p} \qquad (3.72)$$

Observamos que cuando $V_r \ll V_p$, el ángulo de conducción $\omega \, \Delta t$ será pequeño, como se supuso.

Para determinar el promedio de corriente de diodo durante la conducción, i_{Dprom}, igualamos la carga que el diodo alimenta al condensador,

$$Q_{\text{alimentada}} = i_{Cprom} \, \Delta t$$

con la carga que el condensador pierde durante el intervalo de descarga,

$$Q_{\text{perdida}} = CV_r$$

para obtener

$$i_{Dprom} = I_L(1 + \pi \sqrt{2V_p/V_r}) \qquad (3.73)$$

Al derivar esta expresión hacemos uso de la ecuación (3.66) para suponer que i_{Lprom} está dada por la ecuación (3.68). También utilizamos las ecuaciones (3.71) y (3.72). Observe que cuando $V_r \ll V_p$, el promedio de la corriente del diodo durante la conducción es mucho mayor que la corriente de carga de cd. Esto no es sorprendente ya que el diodo conduce durante un intervalo muy corto y debe reponer la carga perdida por el condensador durante el mucho más largo intervalo en que es descargado por I_L.

El valor pico de la corriente del diodo, $i_{Dmáx}$, se puede determinar al evaluar la expresión de la ecuación (3.67) al comienzo de la conducción del diodo, es decir, en $t = t_1 = -\Delta t$ (donde $t = 0$ es en el pico). Si suponemos que i_L es casi constante en el valor dado por la ecuación (3.68), obtenemos

$$i_{Dmáx} = I_L(1 + 2\pi \sqrt{2V_p/V_r}) \qquad (3.74)$$

De las ecuaciones (3.73) y (3.74) vemos que para $V_r \ll V_p$, $i_{Dmáx} \simeq 2i_{Dprom}$, que se correlaciona con el hecho que la onda de i_D es casi un triángulo rectángulo (véase la figura 3.41c).

EJEMPLO 3.10

Considere un rectificador de pico alimentado por una senoide de 60 Hz que tiene un valor pico $V_p = 100$ V. Sea la resistencia de carga $R = 10$ kΩ. Encuentre el valor de la capacitancia C que resultará en un rizo pico a pico de 2 V. También calcule la fracción del ciclo durante el que el diodo está conduciendo, y los valores promedio y pico de la corriente del diodo.

SOLUCIÓN

De la ecuación (3.71) obtenemos el valor de C como

$$C = \frac{V_p}{V_r f R} = \frac{100}{2 \times 60 \times 10 \times 10^3} = 83.3 \; \mu\text{F}$$

El ángulo de conducción $\omega\,\Delta t$ se encuentra de la ecuación (3.72) como

$$\omega\,\Delta t = \sqrt{2 \times 2/100} = 0.2 \text{ rad}$$

Entonces, el diodo conduce durante $(0.2/2\pi) \times 100 = 3.18\%$ del ciclo. El promedio de la corriente del diodo se obtiene de la ecuación (3.73), donde $I_L = 100/10 = 10$ mA, como

$$i_{D\text{prom}} = 10(1 + \pi\sqrt{2 \times 100/2}) = 324 \text{ mA}$$

La corriente pico del diodo se encuentra usando la ecuación (3.74),

$$i_{D\text{máx}} = 10(1 + 2\pi\sqrt{2 \times 100/2}) = 638 \text{ mA}$$

El circuito de la figura 3.41(a) se conoce como **rectificador de pico** de media onda. Los circuitos rectificadores de onda completa de las figuras 3.38(a) y 3.39(a) se pueden convertir en rectificadores de pico si se incluye un condensador en paralelo con el resistor de carga. Al igual que en el caso de media onda, el voltaje de cd de salida será casi igual al valor pico de la onda senoidal de entrada (véase la figura 3.42). La frecuencia de rizo, sin embargo, será el doble de la de entrada. El voltaje pico a pico de rizo, para este caso, se puede derivar usando un procedimiento idéntico al anterior pero con el periodo T de descarga sustituido por $T/2$, lo que resulta en

$$V_r = \frac{V_p}{2fCR} \tag{3.75}$$

Mientras que el intervalo de conducción del diodo, Δt, todavía estará dado por la ecuación (3.72), las corrientes promedio y pico en cada uno de los diodos estará dada por

$$i_{D\text{prom}} = I_L(1 + \pi\sqrt{V_p/2V_r}) \tag{3.76}$$

$$i_{D\text{máx}} = I_L(1 + 2\pi\sqrt{V_p/2V_r}) \tag{3.77}$$

Si se comparan estas expresiones con las correspondientes para el caso de media onda, observamos que para los mismos valores de V_p, f, R y V_r (y por lo tanto la misma I_L) necesitamos un condensador de la mitad del valor del necesario en el rectificador de media onda. También la corriente en cada diodo del rectificador de onda completa es aproximadamente la mitad de la que circula en el diodo del circuito de media onda.

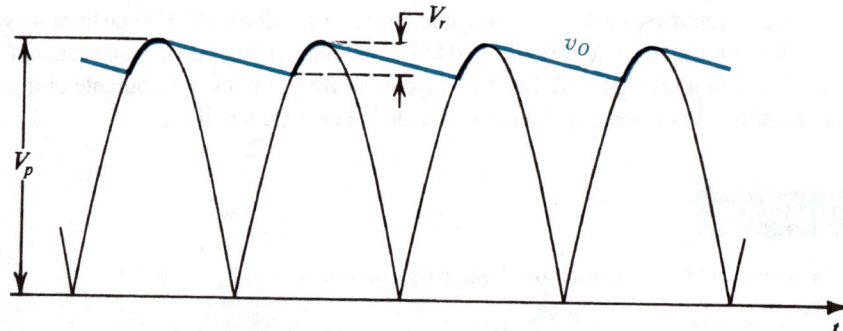

Fig. 3.42   Ondas en el rectificador de pico de onda completa.

El análisis anterior supuso diodos ideales. La precisión de los resultados mejora si se toma en cuenta la caída de voltaje del diodo, lo que se puede hacer fácilmente sustituyendo con $(V_p - V_{D0})$ el voltaje pico V_p al que se carga el condensador, para el circuito de media onda y el de onda completa que utilice transformador con derivación central, y con $(V_p - 2V_{D0})$ para el caso del rectificador en puente.

Concluimos esta sección al observar que los circuitos de rectificador en puente encuentran aplicación en sistemas de procesamiento de señales, donde sea necesario detectar el pico de una señal de entrada. En tales casos, el circuito se conoce como **detector de pico (o cresta)**. Una aplicación particularmente preferida del detector de pico es en el diseño de un demodulador para señales de amplitud modulada (AM). Aquí ya no estudiaremos más esta aplicación.

Ejercicio

D3.30 Considere un circuito de rectificador en puente con un condensador C de filtro conectado en paralelo con el resistor de carga R, para el caso en que el secundario del transformador entrega una senoide de 12 V (rms), 60 Hz de frecuencia, y suponiendo $V_{D0} = 0.8$ V y una resistencia de carga $R = 100$ Ω. Encuentre el valor de C que resulta en un voltaje de rizo no mayor de 1 V pico a pico. ¿Cuál es el voltaje de cd a la salida? Encuentre la corriente de carga. Encuentre el ángulo de conducción de los diodos. ¿Cuál es el promedio de corriente del diodo? ¿Cuál es el voltaje inverso de pico en los terminales de cada diodo? Especifique el diodo en términos de su corriente de pico y su PIV.

Resp. 1281 μF; 15.4 V o (un mejor estimado) 14.9 V; 0.15 A; 0.36 rad (20.7°); 1.45 A; 2.74 A; 16.2 V. Entonces se selecciona un diodo con 3.5 a 4 A de corriente de pico y un PIV nominal de 20 V.

3.8 CIRCUITOS LIMITADORES Y DE FIJACIÓN DE AMPLITUD

En esta sección presentamos otras aplicaciones de diodos en circuitos no lineales.

Circuitos limitadores

En la figura 3.43 se ilustra la curva característica general de transferencia de un circuito limitador. Como se indica, para entradas en un cierto nivel, $L_-/K \le v_I \le L_+/K$, el limitador actúa como un circuito lineal, proporcionando una salida proporcional a la entrada, $v_O = K v_I$. Aun cuando en general K puede ser mayor de 1, los circuitos estudiados en esta sección tienen $K \le 1$ y se conocen como limitadores pasivos. (En el capítulo 12 se presentan ejemplos de limitadores activos.) Si v_I excede del *umbral* superior (L_+/K), el voltaje de **salida** está *limitado* o fijado al nivel limitador superior L_+. Por otra parte, si v_I se reduce abajo del umbral limitador inferior (L_-/K), el voltaje de salida v_O está limitado al nivel limitador inferior L_-.

La curva característica general de transferencia de la figura 3.43 describe un **doble limitador**, es decir, un limitador que funciona en los picos positivos y negativos de una onda de entrada. Existen **limitadores sencillos**, por supuesto. Finalmente, nótese que si se alimenta una onda de entrada a un limitador doble, como la que se muestra en la figura 3.44, sus dos picos estarán *recortados*. Por lo tanto, los limitadores se conocen como **recortadores**.

El limitador cuyas curvas características se describen en la figura 3.43 se conoce como **limitador duro**. La **limitación suave** se caracteriza por transiciones más suaves entre la región lineal y las regiones

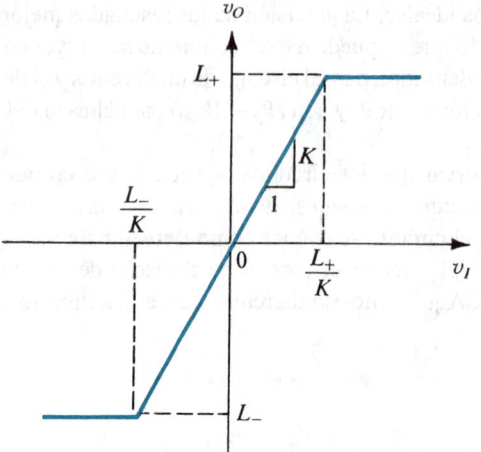

Fig. 3.43 Curva característica general de transferencia para un circuito limitador.

de saturación y una pendiente mayor de cero en las regiones de saturación, como se ilustra en la figura 3.45. Según sea la aplicación, puede preferirse la limitación dura o suave.

Los limitadores encuentran aplicación en diversos sistemas de procesamiento de señales. Una de sus aplicaciones más sencillas está en limitar el voltaje entre los dos terminales de entrada de un op amp a un valor menor que el voltaje de ruptura de los transistores que conforman la etapa de entrada del circuito del op-amp. Más adelante se presentan mayores detalles sobre ésta y otras aplicaciones.

Se pueden combinar diodos con resistores para obtener realizaciones sencillas de la función limitadora. En la figura 3.46 se ilustran varios ejemplos. En cada parte de la figura se dan el circuito y su curva característica de transferencia. Las curvas características de transferencia se obtienen usando el modelo del diodo de caída constante de voltaje ($V_D = 0.7$ V), pero suponiendo una transición suave entre las regiones lineales y de saturación de la curva característica de transferencia. Se pueden obtener mejores aproximaciones para las curvas características de transferencia usando el modelo del diodo lineal por partes. Si se hace esto, la región de saturación de la curva característica adquiere una ligera pendiente (debida al efecto de r_D).

El circuito de la figura 3.46(a) es el del rectificador de media onda, excepto que aquí la salida se toma en los terminales del diodo. Para $v_I < 0.5$ V, el diodo está en corte, no circula corriente y la caída de voltaje en R es cero; entonces $v_O = v_I$. A medida que v_I excede de 0.5 V el diodo conduce,

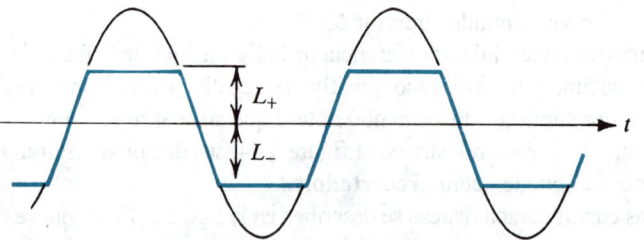

Fig. 3.44 La aplicación de una onda senoidal a un limitador puede resultar en el recorte de dos picos.

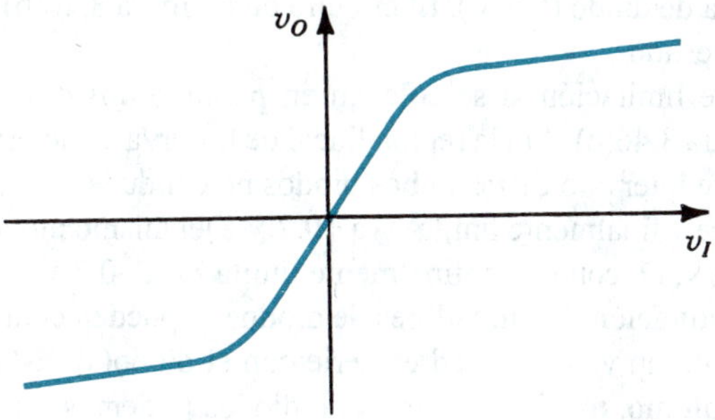

Fig. 3.45 Limitación suave.

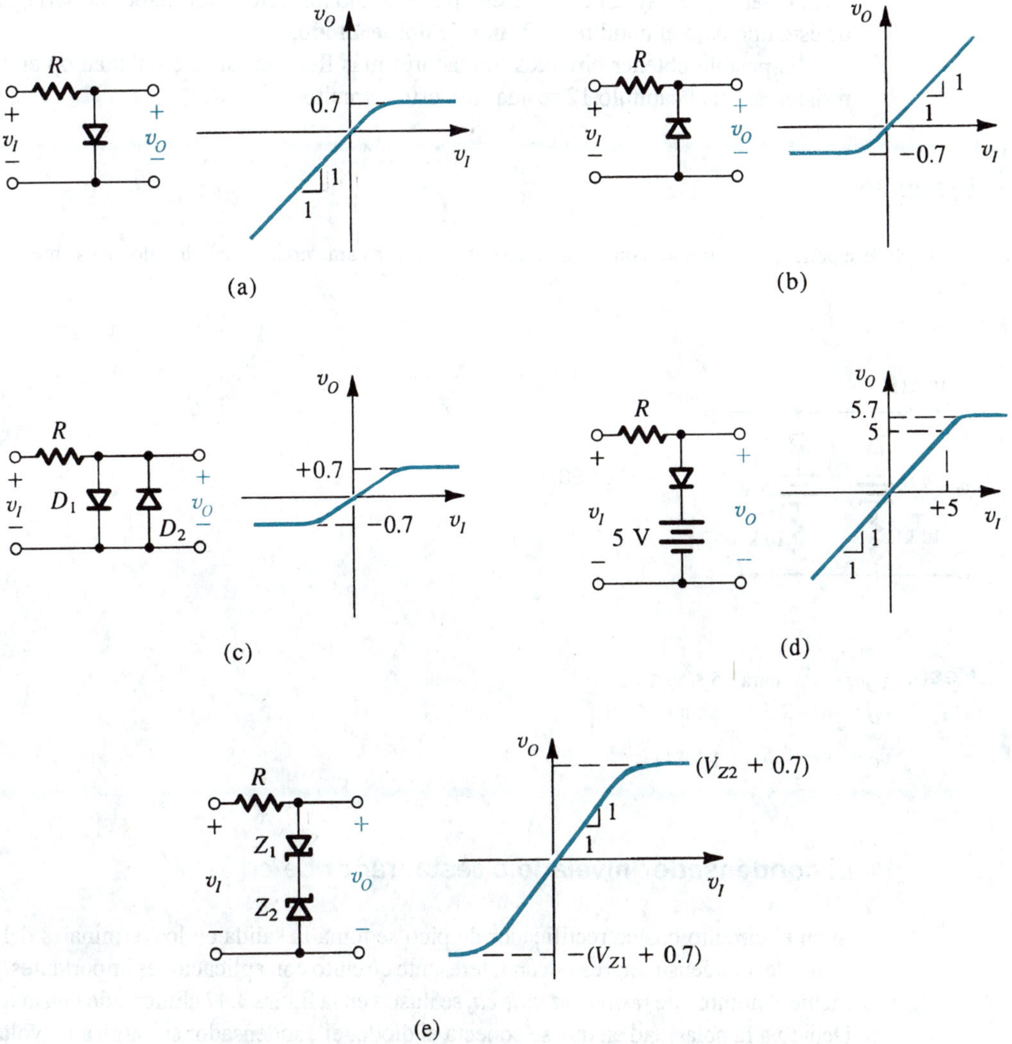

Fig. 3.46 Diversos circuitos limitadores básicos.

y finalmente limita v_O a una caída de diodo (0.7 V). El circuito de la figura 3.46(b) es similar al de (a), excepto que el diodo está invertido.

Se puede ejecutar una doble limitación si se colocan en paralelo dos diodos de polaridad opuesta, como se ilustra en la figura 3.46(c). Ahí la región lineal de la curva característica se obtiene para $-0.5 \text{ V} \leq v_I \leq 0.5 \text{ V}$. Para este intervalo de v_I, ambos diodos no conducen y $v_O = v_I$. A medida que v_I excede de 0.5 V, D_1 conduce y finalmente limita v_O a +0.7 V. Del mismo modo, a medida que v_I se hace más negativo que -0.5 V, D_2 conduce y finalmente limita v_O a -0.7 V.

Los umbrales y niveles de saturación de limitadores de diodos se pueden controlar por medio de cadenas de diodos o conectando un voltaje de cd en serie con el diodo(s). Esta última idea se ilustra en la figura 3.46(d). Por último, más que cadenas de diodos podemos utilizar dos diodos Zener en serie, como se muestra en la figura 3.46(e). En este circuito se presenta la limitación en la dirección positiva a un voltaje de $V_{Z2} + 0.7$, donde 0.7 V representa la caída de voltaje en los terminales del diodo Zener Z_1 cuando conduce en la dirección *en sentido directo*. Para entradas negativas, Z_1 actúa como un Zener, mientras que Z_2 conduce en la dirección en sentido directo. Debe mencionarse que hay, en el comercio, pares de diodos Zener conectados en serie para aplicaciones de este tipo bajo el nombre de **Zener de doble ánodo**.

Es posible obtener circuitos limitadores más flexibles si se combinan op amps con diodos y resistores. En el capítulo 12 se analizan estos circuitos.

Ejercicio

3.31 Si se supone que los diodos son ideales, describa la curva característica del circuito que se muestra en la figura E3.31.

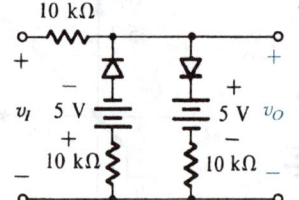

Fig. E3.31

Resp. $v_O = v_I$ para $-5 \leq v_I \leq +5$

$v_O = \frac{1}{2}v_I - 2.5$ para $v_I \leq -5$

$v_O = \frac{1}{2}v_I + 2.5$ para $v_I \geq +5$

El condensador nivelado o restaurador de cd

Si en el circuito básico rectificador de pico se toma la salida en los terminales del diodo en lugar de los del condensador, resulta un interesante circuito con aplicaciones importantes. El circuito, que recibe el nombre de *restaurador de cd*, se ilustra en la figura 3.47 alimentado con una onda cuadrada. Debido a la polaridad en que se conecta el diodo, el condensador se carga a un voltaje v_C (véase la figura 3.47) igual a la magnitud del pico más negativo de la señal de entrada. Subsecuentemente,

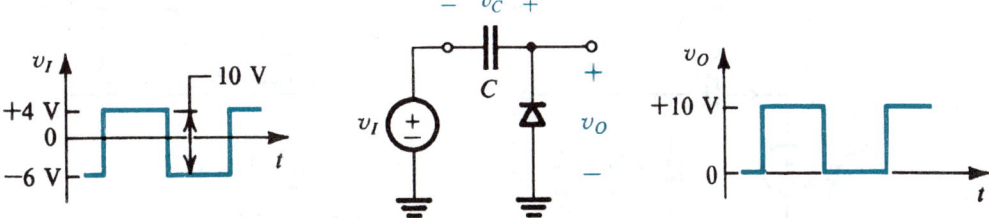

Fig. 3.47 Condensador nivelado o restaurador de cd con entrada de onda cuadrada y sin carga.

el diodo no conduce y el condensador retiene indefinidamente su voltaje. Si, por ejemplo, la onda cuadrada de entrada tiene los niveles arbitrarios −6 V y +4 V, entonces v_C será igual a 6 V. Ahora, como el voltaje de salida v_O está dado por

$$v_O = v_I + v_C$$

se deduce que la onda de salida será idéntica a la de la entrada, excepto que está desplazada hacia arriba en v_C volts. En nuestro ejemplo, la salida será una onda cuadrada con niveles de 0 V y +10 V.

Otra forma de visualizar la operación del circuito de la figura 3.47 es observar que debido a que el diodo está conectado en paralelo a la salida con la polaridad que se muestra, impide que el voltaje de salida baje a menos de 0 V (al conducir y cargar el condensador, ocasionando que la salida se eleve a 0 V), pero esta conexión no restringe la alternancia positiva de v_O. La onda de salida, por lo tanto, tendrá su mínimo pico *nivelado* a 0 V, que es por lo que el circuito se denomina **condensador nivelado**. Debe ser evidente que invertir la polaridad del diodo dará una onda de salida cuyo máximo pico está nivelado a 0 V. En cualquier caso, la onda de salida tendrá un valor promedio finito o componente de cd. Esta componente de cd está enteramente relacionada con el valor promedio de la onda de entrada. Como aplicación, considere una señal de pulso que se transmite por medio de un sistema capacitivamente acoplado, o acoplado a cd. El acoplamiento capacitivo hará que el tren de pulsos pierda cualquier componente de cd que originalmente tuviera. Alimentar la onda de pulsos resultante a un circuito nivelador le proporciona a éste una bien determinada componente de cd, proceso conocido como **restauración de cd**. Esto es por lo que el circuito también se llama **restaurador de cd**.

Restaurar cd es útil porque la componente de cd de una onda de pulsos es una medida eficaz de su ciclo de trabajo. El ciclo de trabajo de una onda de pulsos se puede modular (en un proceso que recibe el nombre de *modulación de ancho de pulso*) y hacer que lleve información. En un sistema como éste, la detección o demodulación se puede obtener simplemente con alimentar la onda de pulso recibida a un restaurador de cd y luego usando un simple filtro RC de paso bajo para separar el promedio de la onda de salida de los pulsos superpuestos.

Cuando se conecta una resistencia de carga R en los terminales del diodo en un circuito nivelador, como se muestra en la figura 3.48, la situación cambia de manera considerable. Mientras que la salida está arriba de tierra, una corriente neta de cd debe circular en R. Como en este momento el diodo está en corte, es obvio que esta corriente proviene del condensador, causando así que el condensador se descargue y el voltaje de salida caiga. Esto se muestra en la figura 3.48 para una entrada de onda cuadrada. Durante el intervalo t_0 a t_1 el voltaje de salida cae exponencialmente con la constante de tiempo CR. En t_1 la entrada se reduce en V_a volts y la salida intenta seguirla. Esto hace que el diodo conduzca fuertemente y cargue con gran rapidez al condensador. Al finalizar el

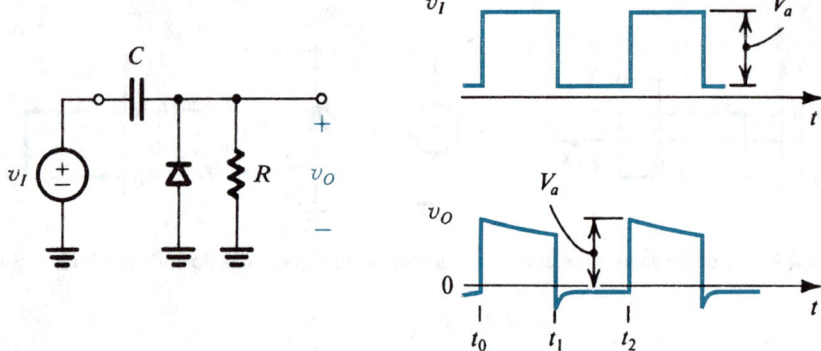

Fig. 3.48   Condensador nivelado con una resistencia de carga R.

intervalo t_1 a t_2, el voltaje de salida sería normalmente de unas pocas décimas de volt negativo (por ejemplo, -0.5 V). Entonces, a medida que se eleva la entrada en un valor de V_a volts (en t_2), la salida sigue y el ciclo se repite. En un estado estable, la carga perdida por el condensador durante el intervalo t_0 a t_1 se recupera durante el intervalo t_1 a t_2. Este equilibrio de carga hace posible que podamos calcular el promedio de corriente del diodo, así como los detalles de la onda de salida.

Doblador de voltaje

En la figura 3.49(a) se muestra un circuito compuesto de dos secciones en cascada: un nivelador formado por C_1 y D_1 y un rectificador de pico formado por D_2 y C_2. Cuando se excita por medio de una senoide de amplitud V_p, la sección niveladora produce la onda de voltaje que se muestra en la figura 3.49(b), suponiendo diodos ideales. Nótese que mientras los picos positivos se nivelan a cero volts, el pico negativo llega a $-2V_p$. En respuesta a esta forma de onda, la sección detectora de pico produce en los terminales del condensador C_2 un voltaje negativo de cd de magnitud $2V_p$. Debido a que el voltaje de salida es el doble del pico de entrada, el circuito se conoce como *doblador de voltaje*. La técnica se puede ampliar para obtener voltajes de cd de salida que sean múltiplos más altos de V_p.

Ejercicio

3.32   Si se invierte el diodo de la figura 3.47, ¿cuál será la componente de cd de v_O?

Resp. -5 V

3.9   TIPOS ESPECIALES DE DIODOS[7]

En esta sección estudiamos brevemente algunos importantes tipos especiales de diodos.

---
[7] Se puede omitir esta sección sin perder continuidad.

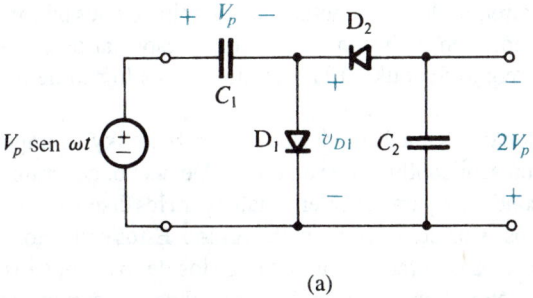

(a)

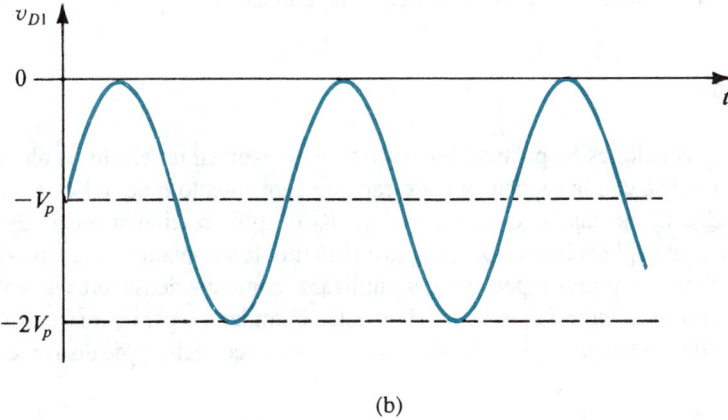

(b)

Fig. 3.49   Doblador de voltaje: **(a)** círcuito; **(b)** onda del voltaje en los terminales de D_1.

El diodo de barrera Schottky (SBD)

El diodo de barrera Schottky (SBD) se forma al poner un metal en contacto con un material semiconductor tipo n contaminado moderadamente. La unión del metal y el semiconductor se comporta como un diodo que conduce corriente en una dirección (del ánodo metálico al cátodo semiconductor) y actúa como circuito abierto en la otra, y se conoce como *diodo de barrera Schottky*, o sólo diodo Schottky. De hecho, la curva característica de corriente contra voltaje del SBD es sorprendentemente parecida a la del diodo de unión *pn*, con dos excepciones importantes:

1. En el SBD, la corriente es conducida por portadores mayoritarios (electrones). Así, el SBD no exhibe los efectos de almacenamiento de carga de portadores minoritarios que se encuentran en las uniones *pn* polarizadas directamente. Como resultado de esto, los diodos Schottky pueden pasar de conducción a no-conducción, y viceversa, con mucho más rapidez de lo que es posible con diodos de unión *pn*.

2. La caída de voltaje en sentido directo de un SBD que conduce es menor que la del diodo de unión *pn*. Por ejemplo, un SBD hecho de silicio exhibe una caída de voltaje en sentido directo de 0.3 a 0.5 V, en comparación con la de 0.6 a 0.8 V de los diodos de unión *pn* de silicio. Los SBD también se pueden hacer de arseniuro de galio (GaAs) y, en realidad, desempeñan un importante papel en el diseño de circuitos de GaAs, como se verá en los capítulos 5, 6 y 14. Los SBD de arseniuro de galio exhiben caídas de voltaje en sentido directo de unos 0.7 V.

En este libro encontraremos diodos Schottky en dos aplicaciones importantes: en circuitos de GaAs, como ya se mencionó, y en el diseño de una forma especial de circuitos lógicos de transistores bipolares conocidos como Schottky-TTL, donde TTL es lógica de transistor a transistor (capítulo 14).

Antes de abandonar el tema de diodos de barrera Schottky, es importante observar que no todo contacto de metal con semiconductor es un diodo. De hecho, generalmente se deposita metal en la superficie del semiconductor para hacer terminales para los dispositivos semiconductores y conectar diferentes dispositivos en un chip de circuito integrado. Estos contactos de metal y semiconductor se conocen como **contactos óhmicos**, para distinguirlos de los contactos rectificadores que resultan en los SBD. Los contactos óhmicos suelen formarse al depositar metal en regiones semiconductoras (y por lo tanto de baja resistividad) fuertemente contaminadas.

Varactores

Ya vimos que las uniones *pn* polarizadas inversamente exhiben un efecto de almacenamiento de carga que se modela con la capacitancia de capa de agotamiento o de unión, C_j. Como indica la ecuación (3.27), C_j es una función del voltaje V_R de polarización inversa. Esta dependencia resulta útil en varias aplicaciones, por ejemplo en la sintonía automática de receptores de radio. Por esta razón se fabrican diodos especiales para utilizarse como condensadores de voltaje variable y se conocen como *varactores*. Estos dispositivos están optimizados para que su capacitancia sea una fuerte función del voltaje por medio de arreglos para que el coeficiente de distribución *m* sea 3 o 4.

Fotodiodos

Si se ilumina una unión *pn* polarizada inversamente, es decir, se expone a una luz incidente, los fotones que impactan la unión ocasionan que se rompan enlaces covalentes y con esto se generan pares electrón-hueco en la capa de agotamiento. El campo eléctrico de la región de agotamiento entonces recorre los electrones liberados al lado *n* y los huecos al lado *p*, dando lugar a una corriente inversa de un lado a otro de la unión. Esta corriente, conocida como *fotocorriente*, es proporcional a la intensidad de la luz incidente. Diodos como éstos, conocidos como fotodiodos, se pueden utilizar para convertir señales luminosas en señales eléctricas.

Los fotodiodos suelen fabricarse usando un compuesto semiconductor[8] como el arseniuro de galio. El fotodiodo es un componente importante de una creciente familia de circuitos conocida como **optoelectrónica** o **fotónica**. Como su nombre lo indica, estos circuitos utilizan una óptima combinación de electrónica y óptica para procesamiento, almacenamiento y transmisión de señales. Por lo general, la electrónica es el medio preferido para procesamiento de señales, en tanto que la óptica es más apropiada para transmisión y almacenamiento. Ejemplos de esto son la transmisión, por medio de fibras ópticas, de señales de telefonía y televisión, y el uso de almacenamiento óptico en discos de CD-ROM de computadoras. La transmisión óptica proporciona anchos de banda muy grandes y baja atenuación de señales. El almacenamiento óptico permite almacenar grandes cantidades de datos en un espacio pequeño.

---

[8] Mientras que un elemento semiconductor, como el silicio, utiliza un elemento de la columna IV de la tabla periódica, un semiconductor compuesto utiliza una combinación de elementos de las columnas III y IV o II y VI. Por ejemplo, se forma GaAs de galio (columna III) y arseniuro (columna V) y, por lo tanto, se conoce como *compuesto III-V*.

Finalmente debemos observar que, sin polarización inversa, el fotodiodo funciona como **celda solar**. Por lo general hecho de silicio de bajo costo, convierte luz en energía eléctrica.

Diodos emisores de luz (LED)

El diodo emisor de luz (LED) ejecuta la función inversa del fotodiodo; convierte en luz una corriente de sentido directo. El lector recordará que, en una unión *pn* polarizada directamente, se inyectan portadores minoritarios de un lado a otro de la unión y se difunden en las regiones *p* y *n*. Los portadores minoritarios que se difunden se recombinan entonces con los portadores mayoritarios. Se puede hacer que esta recombinación dé lugar a emisión de luz al fabricar uniones *pn* que utilizan un semiconductor del tipo conocido como material de separación de banda directa. El arseniuro de galio pertenece a este grupo y por ello se puede utilizar para fabricar diodos emisores de luz.

La luz emitida por un LED es proporcional al número de recombinaciones que tienen lugar, lo que a su vez es proporcional a la corriente en sentido directo del diodo.

Los LED son dispositivos que se usan mucho; encuentran aplicación en el diseño de numerosos tipos de pantallas, incluyendo pantallas de instrumentos de laboratorio como por ejemplo voltímetros digitales. Se pueden hacer para producir luz en varios colores. Además, los LED se pueden diseñar para producir luz coherente con un ancho de banda muy estrecho. El dispositivo resultante es un **diodo LÁSER**. Los diodos láser encuentran aplicación en sistemas de comunicaciones ópticas y en reproductores de CD, entre otras cosas.

Si se combina un LED con un fotodiodo en el mismo paquete resulta un dispositivo conocido como **optoaislador**. El LED convierte en luz una señal eléctrica aplicada al optoaislador, la que el fotodiodo detecta y convierte nuevamente en señal eléctrica a la salida del optoaislador. El uso del optoaislador produce un completo aislamiento eléctrico entre el circuito eléctrico que se conecta a la entrada del aislador y el circuito que se conecta a su salida. Este aislamiento puede ser útil para reducir el efecto de interferencia eléctrica en la transmisión de señales dentro de un sistema, y por ello los optoaisladores se utilizan con frecuencia en el diseño de sistemas digitales. También se pueden usar en el diseño de instrumentos médicos para reducir el riesgo de descargas eléctricas en pacientes.

Nótese que no es necesario realizar acoplamiento eléctrico entre un LED y un fotodiodo en un pequeño paquete. Este acoplamiento se puede ejecutar por medio de una fibra óptica en una gran distancia, como se hace en eslabones de comunicación de fibra óptica.

3.10   EL MODELO SPICE DE UN DIODO Y EJEMPLOS DE SIMULACIÓN

El uso de ayudas de computadora para simular la operación de circuitos electrónicos es un paso esencial en el proceso de diseño de circuitos. Hace posible que el diseñador verifique que el diseño satisface especificaciones cuando se usen los componentes reales con sus imperfecciones. También proporciona más conocimiento sobre la operación de un circuito y permite que el diseñador afine el diseño final antes de su fabricación. Debemos destacar, no obstante lo anterior, que la simulación por computadora no es sustituto de la completa comprensión de la operación de un circuito, por lo que la simulación debe realizarse sólo en una etapa posterior al proceso de diseño, y con más certeza después de hacer un diseño con lápiz y papel.

Entre los diversos programas de simulación de circuitos que existen, el SPICE es con mucho el que más se utiliza. El SPICE (*S*imulation *P*rogram With *I*ntegrated *C*ircuit *E*mphasis: Programa de Simulación con Énfasis en Circuitos Integrados) fue creado en la Universidad de California,

Berkeley, a principios de la década de 1970 y se puede adquirir de diversos distribuidores comerciales. En el apéndice C se da una breve introducción al SPICE. Lo que es más, otra obra de consulta afín a este libro (Roberts y Sedra, 1997) contiene detalladas explicaciones del uso del SPICE en la simulación de tipos de circuitos estudiados en este libro. No es aquí nuestro objetivo enseñar al lector la forma de usar el SPICE, pero sí es doble: describir el modelo que el SPICE utiliza para el diodo e ilustrar el uso del SPICE en un problema típico de diseño.

El modelo del diodo

El valor de la simulación que resulta para el diseñador es una función directa de la calidad de los modelos empleados para los dispositivos. Cuanto más fiel sea el modelo para representar las diversas características del dispositivo, más cercanos serán los resultados de la simulación para describir la operación de un circuito fabricado real. En otras palabras, para poder ver el efecto de diversas imperfecciones en la operación de un dispositivo en un circuito, estas imperfecciones deben incluirse en el modelo del dispositivo empleado por el simulador del circuito. Estos comentarios acerca del modelaje de dispositivos, obviamente, aplican a todos los dispositivos y no sólo a diodos.

El SPICE incluye un modelo interno para el diodo. El modelo es a gran señal y se muestra en la figura 3.50. El comportamiento estático se modela por la relación exponencial i–v, y el comportamiento dinámico se representa por el condensador C_D no lineal. Este último es la suma de la capacitancia de difusión C_d (que es proporcional a la corriente del diodo i_D) y la capacitancia de la unión C_j. La resistencia serie R_S representa la resistencia de las regiones p y n en ambos lados de la unión; R_S es una resistencia parásita cuyo valor ideal es cero y está típicamente entre unos pocos ohms y varias decenas de ohms. Para análisis a pequeña señal, el SPICE utiliza la resistencia incremental del diodo, r_d, y los valores incrementales de C_d y C_j.

La tabla 3.3 contiene una lista de los parámetros del modelo del diodo empleados por el SPICE, todos los cuales deben ser familiares al lector. También se encuentra una lista de valores predeterminados para los parámetros; éstos son los valores empleados por el SPICE en ausencia de un valor especificado por el usuario para un parámetro en particular.

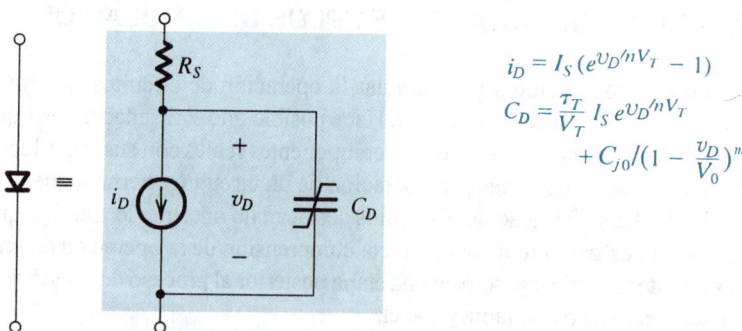

$$i_D = I_S \left(e^{v_D/n V_T} - 1 \right)$$

$$C_D = \frac{\tau_T}{V_T} I_S e^{v_D/n V_T} + C_{j0} / \left(1 - \frac{v_D}{V_0} \right)^m$$

Fig. 3.50 Modelo SPICE de diodo. Nótese el símbolo de circuito utilizado para representar el condensador no lineal C_D.

Tabla 3.3 PARÁMETROS DE MODELO SPICE DE DIODO

Parámetro de modelo	Símbolo	Nombre SPICE	Unidades	Valor predeterminado
Corriente de saturación	I_S	IS	A	1×10^{-14}
Coeficiente de emisión	n	N	—	1
Resistencia óhmica	R_S	RS	Ω	0
Voltaje integral	V_0	VJ	V	1
Capacitancia de unión sin polarización	C_{j0}	CJ0	F	0
Coeficiente de distribución	m	M	—	0.5
Tiempo de tránsito	τ_T	TT	s	0
Voltaje de ruptura	V_{ZK}	BV	V	∞
Corriente inversa a V_{ZK}	I_{ZK}	IBV	A	1×10^{-10}

Tener un buen modelo de dispositivos resuelve sólo la mitad del problema de modelaje; la otra mitad consiste en determinar valores apropiados para los parámetros del modelo. Esto no es fácil, de ninguna manera. Los valores de parámetros de modelo se determinan por medio de una combinación de la caracterización del proceso de fabricación del dispositivo y mediciones específicas tomadas en dispositivos reales. Los fabricantes de semiconductores realizan un gran esfuerzo y gastan grandes sumas para determinar los parámetros del modelo de sus dispositivos. Afortunadamente, en la actualidad los parámetros SPICE de modelo para muchos dispositivos comercialmente disponibles se pueden adquirir de vendedores del SPICE.

Antes de dejar el modelo del diodo, debemos mencionar que no describe de modo adecuado la operación del diodo en la región de ruptura; esto es, no produce un modelo satisfactorio para diodos Zener, pero el usuario del SPICE puede usar el modelo que se ilustra en la figura 3.51 para el Zener al definir éste como un subcircuito (véase el apéndice C). Aquí D_1 es un diodo ideal que se puede poner en práctica en el SPICE por medio de un valor muy pequeño para n (por ejemplo $n = 0.01$) y D_2 es un modelo regular de diodo para la dirección de polarización positiva del Zener (para la mayor parte de aplicaciones, los parámetros de D_2 son de poca consecuencia).

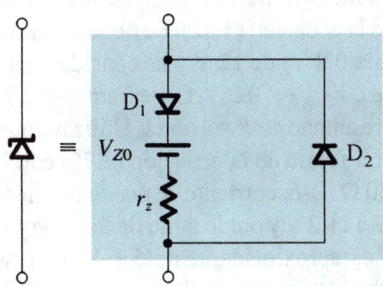

Fig. 3.51 Modelo para el diodo Zener. Este modelo se puede usar en SPICE al definir el Zener como un subcircuito. El diodo D_1 es ideal y se puede aproximar en SPICE con $n = 0.01$.

EJEMPLO 3.11: DISEÑO DE UNA FUENTE DE ALIMENTACIÓN REGULADA

Es necesario diseñar una fuente de alimentación regulada usando el circuito de la figura 3.52. El lector debe estar familiarizado con este circuito. Quizá el único componente misterioso sea el resistor de 100 MΩ conectado entre el devanado secundario del transformador y tierra. Este resistor se incluye para dar continuidad de cd y así "mantener contento al SPICE"; tiene poco efecto en la operación del circuito.

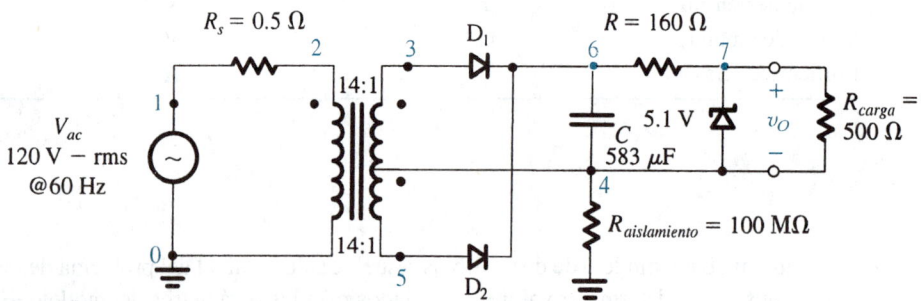

Fig. 3.52   Fuente de alimentación de 5 V regulada.

SOLUCIÓN

Supongamos que es necesario que la fuente de alimentación genere un voltaje de cd de 5 V nominales y tenga capacidad para alimentar una corriente de carga de hasta 25 mA (es decir, R_L puede ser de sólo 200 Ω). Suponga que se dispone de diodos Zener de 5.1 V cuya $r_z = 10$ Ω a $I_Z = 20$ mA (y por lo tanto $V_{Z0} = 4.9$ V), y que la corriente mínima que pasa por el Zener debe ser por lo menos de 5 mA.

Un diseño aproximado, de primer intento, se puede obtener como sigue: la alimentación de 120 V (rms) se reduce para obtener senoides de 12 V pico en los terminales de cada uno de los devanados secundarios mediante una razón de vueltas de 14:1 para el transformador con derivación central. La selección de 12 V es un término medio razonable entre lo necesario para dejar que suficiente voltaje (arriba de la salida de 5 V) opere el rectificador y el regulador, al tiempo que se conservan razonablemente bajos los valores nominales de PIV (voltaje inverso de pico) de los diodos. Para determinar un valor para R, usamos la ecuación (3.62). Se obtiene una estimación para $V_{Smín}$ si se resta la caída de un diodo (por ejemplo 0.8 V) de 12 V y se considera un voltaje de rizo en el condensador de 1 V, por ejemplo; entonces, $V_{Smín} = 10.2$ V. Observamos que $I_{Lmáx} = 25$ mA e $I_{Zmín} = 5$ mA, y que $V_{Z0} = 4.9$ V y $r_z = 10$ Ω. El resultado es $R = 166$ Ω. Utilizaremos $R = 160$ Ω.

A continuación determinamos C usando otra forma de la ecuación (3.75) con V_p/R sustituida por la corriente que circula por el resistor de 160 Ω. Esta corriente se puede estimar si observamos que el voltaje en los terminales de C varía de 10.2 a 11.2 V y por lo tanto tiene un promedio de 10.7 V, y que el voltaje en los terminales del Zener es aproximadamente 5.1 V. El resultado es $C = 291.5$ μF. Al usar un factor de seguridad de 2 obtenemos, como diseño conservador, $C = 583$ μF.

Ahora, con un diseño aproximado a mano, podemos proseguir con la simulación del SPICE. Para el diodo Zener, usamos el modelo de la figura 3.51 y suponemos (arbitrariamente) que D_2 es un diodo de 1 mA con una pendiente de 0.1 V/década. Para los diodos rectificadores, usamos los parámetros del modelo del tipo 1N4148 que se puede adquirir en el comercio; específicamente, $I_S = 0.1$ pA, $R_S = 16$ Ω; $C_{j0} = 2$ pF; $\tau_T = 12$ ns, $BV = 100$ V e $IBV = 0.1$ pA. Ordenamos al SPICE que ejecute un análisis transitorio y trace las formas de onda tanto del voltaje en los terminales del condensador como del voltaje de salida para varios valores de R_L (500 Ω, 250 Ω, 200 Ω y 150 Ω). La lista del archivo de entrada del SPICE se encuentra en el apéndice D. (El lector debe observar la forma en que se describe el transformador.)

Los resultados de la simulación se presentan en las figuras 3.53 y 3.54. La 3.53 muestra v_C y v_O para $R_L = 500$ Ω ($I_L \simeq 10$ mA). Observe que v_C tiene un valor promedio de 9.5 V y un rizo de ±0.25 V. Entonces, $V_r = 0.5$ V, el valor que esperaríamos del valor de C que utilizamos. El valor promedio de 9.5 V es menor de lo esperado, quizá debido a la resistencia en serie relativamente grande de los diodos ($R_S = 16$ Ω). El voltaje de salida es muy cercano al pedido de 5 V. Si se utiliza la función Probe (sondear) del PSPICE (o alguna equivalente que se aplica en otras versiones SPICE), vemos que v_O varía entre 5.065 y 5.080 V, para un rizo de sólo 15 mV. La variación de v_O con I_L se ilustra en la figura 3.54. Vemos que v_O permanece cercano al valor nominal de 5 V para R_L de sólo 200 Ω ($I_L = 25$ mA). Para $R_L = 150$ Ω (que requiere una $I_L = 33.3$ mA, mayor que el máximo pedido), observamos una caída considerable en v_O (a unos

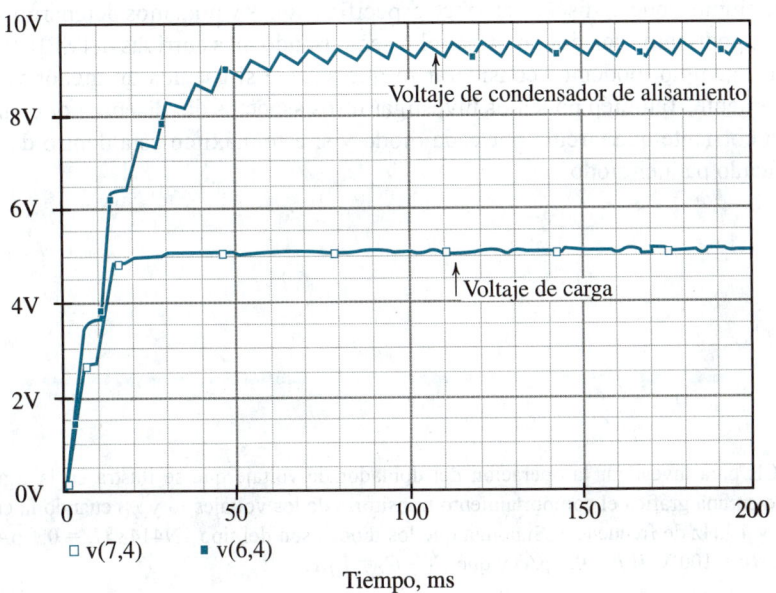

Fig. 3.53 El voltaje en los terminales del condensador de alisamiento C del rectificador de pico, y el voltaje de salida en los terminales de la resistencia de carga de 500 Ω.

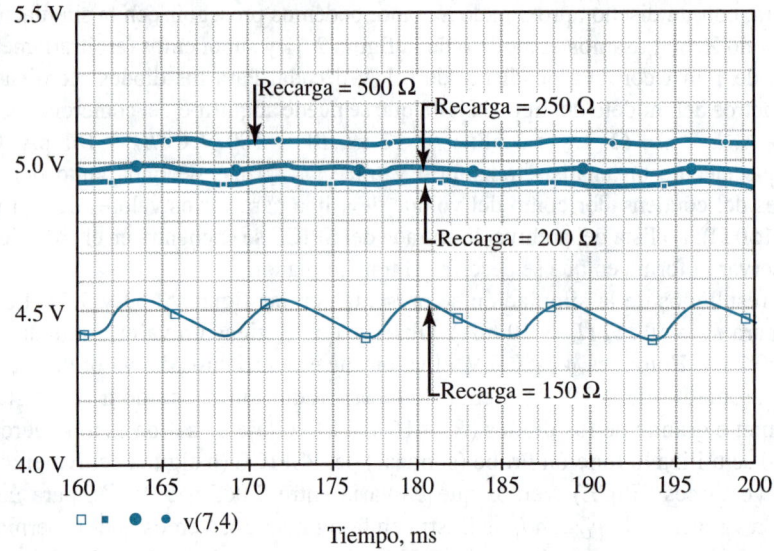

Fig. 3.54 Onda de voltaje de salida de la fuente de alimentación de 5 V para resistencias de carga de 150, 200, 250 y 500 Ω. La regulación de voltaje se pierde en la resistencia de carga de 150 Ω.

4.5 V), así como un gran aumento en el voltaje de rizo. Esto es porque el regulador Zener ya no es operativo; el Zener, de hecho, está en corte.

Concluimos que el diseño satisface especificaciones y podemos detenernos aquí. De modo opcional, podríamos considerar afinar el diseño usando más corridas del SPICE para ayudar en esto. Por ejemplo, podemos considerar lo que sucede si usamos un menor valor de C, y así sucesivamente. También podemos investigar otros aspectos del diseño; por ejemplo, cuál es la máxima corriente que circula por cada diodo y si este máximo está dentro del valor nominal especificado para el diodo.

Ejercicio

3.33 Utilice el SPICE para investigar la operación del doblador de voltaje que se ilustra en la figura E3.33(a). Específicamente, trace en una gráfica el comportamiento transitorio de los voltajes v_2 y v_O cuando la entrada es una senoide de 10 V pico y 1 kHz de frecuencia. Suponga que los diodos son del tipo 1N4148 ($I_S = 0.1$ pA, $R_S = 16$ Ω, $C_{j0} = 2$ pF, $\tau_T = 12$ ns, $BV = 100$ V, $IVB = 0.1$ pA) y que $C_1 = C_2 = 1$ μF.

Resp. El archivo de entrada SPICE se presenta en el apéndice D. Las ondas de voltaje se muestran en la figura E3.33(b).

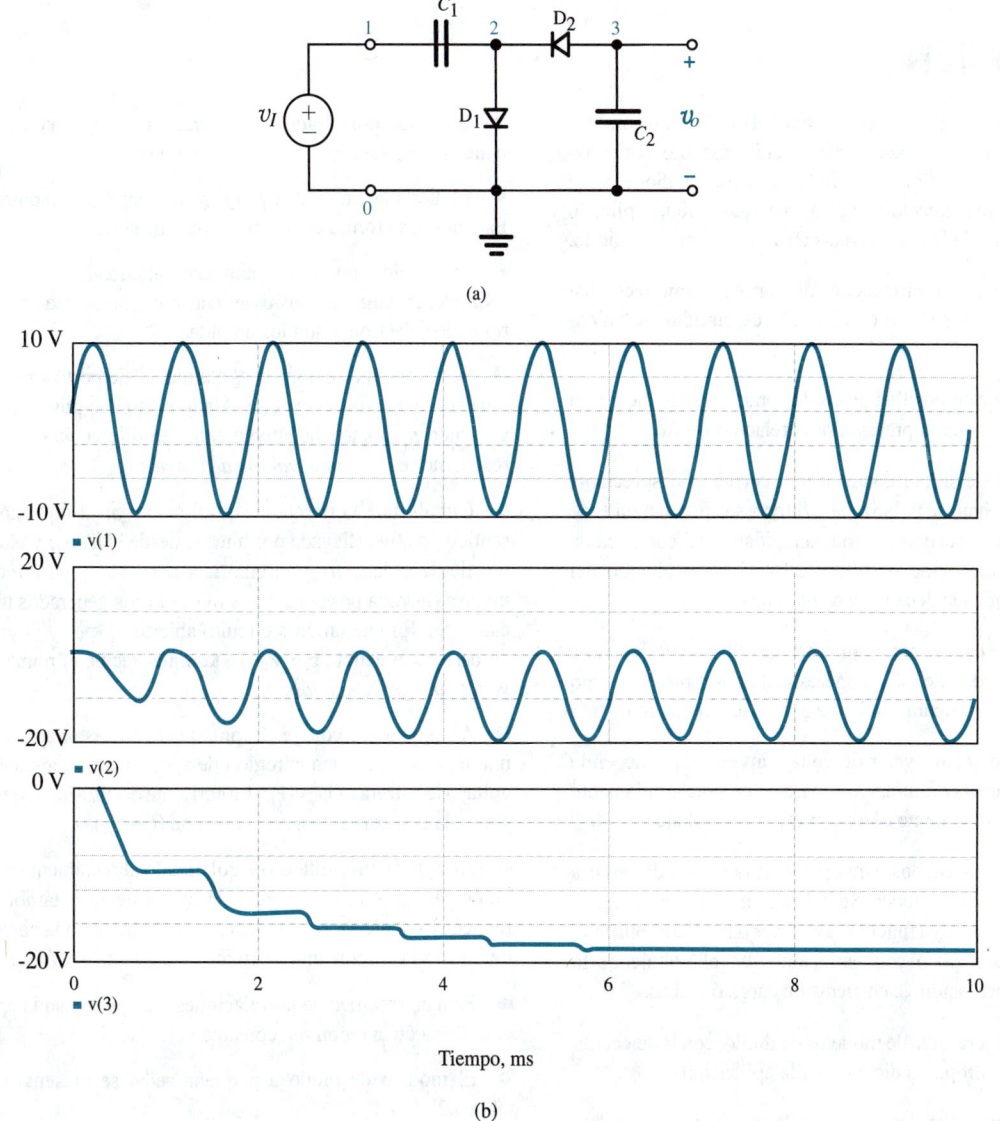

(a)

(b)

Fig. E3.33 **(a)** Circuito doblador de voltaje. **(b)** Diversas ondas de voltaje del circuito doblador de voltaje. La parte superior de la gráfica muestra la señal de voltaje de entrada senoidal, la parte media de la gráfica muestra el voltaje en los terminales del diodo D_1 y, en la parte inferior, el voltaje que aparece a la salida.

Resumen

■ En la dirección de sentido positivo, el diodo ideal conduce cualquier corriente forzada por el circuito externo al tiempo que presenta una caída de voltaje de cero. El diodo ideal no conduce en la dirección inversa; cualquier voltaje aplicado aparece como polarización inversa en los terminales del diodo.

■ La propiedad de circulación de corriente unidireccional hace que el diodo sea útil en el diseño de circuitos rectificadores.

■ La conducción positiva de diodos prácticos de silicio está caracterizada de modo preciso por la relación $i = I_S e^{v/nV_T}$.

■ Un diodo de silicio conduce una corriente despreciable hasta que el voltaje de polarización directa sea por lo menos de 0.5 V. Cuando la corriente aumenta rápidamente, con la caída de voltaje aumentando de 60 a 120 mV (dependiendo del valor de n) por cada década de cambio de corriente.

■ En la dirección inversa, un diodo de silicio conduce una corriente del orden de 10^{-9} amperes. Esta corriente es mucho mayor que I_S y aumenta con la magnitud de voltaje inverso.

■ Más allá de cierto valor de voltaje inverso (que depende del diodo) ocurre la ruptura, y la corriente aumenta rápidamente con un pequeño aumento correspondiente en voltaje.

■ Los diodos diseñados para operar en la región de ruptura se denominan *diodos Zener*. Se utilizan en el diseño de reguladores de voltaje cuya función es obtener un voltaje constante de cd que varía poco con variaciones en el voltaje de la fuente de alimentación, la corriente de carga o ambas.

■ Existe una jerarquía de modelos de diodo, con la selección de un modelo apropiado dictado por la aplicación.

■ En muchas aplicaciones, un diodo conductor se modela considerando que tiene una caída constante de voltaje, por lo general de 0.7 V.

■ Un diodo polarizado para operar a una corriente I_D de cd tiene una resistencia $r_d = nV_T/I_D$ a pequeña señal.

■ El diodo de unión de silicio es básicamente una unión *pn*. Esta unión se forma en un solo cristal de silicio.

■ En silicio tipo p hay una superabundancia de huecos (portadores cargados positivamente), mientras que en silicio tipo n los electrones son los abundantes.

■ Se forma una región de agotamiento de portadores en la interfaz en una unión *pn*, con el lado n cargado positivamente y el lado p cargado negativamente. La diferencia de voltaje resultante se denomina *voltaje de barrera*.

■ Circula una corriente I_D de difusión en la dirección de sentido positivo (llevada por huecos desde el lado p y electrones desde el lado n), y circula una corriente I_S en dirección inversa (llevada por portadores minoritarios generados térmicamente). En una unión a circuito abierto, $I_D = I_S$ y el voltaje de barrera se denota por V_0. V_0 también recibe el nombre de *voltaje integral de unión*.

■ Al aplicar un voltaje $|V|$ polarizado inversamente a una unión *pn*, se ensancha la región de agotamiento y aumenta el voltaje de barrera a $(V_0 + |V|)$. La corriente de difusión se reduce y circula una corriente neta inversa de $(I_S - I_D)$.

■ Al aplicar un voltaje $|V|$ polarizado directamente a una unión *pn*, se reduce la región de agotamiento y también se reduce el voltaje de barrera a $(V_0 - |V|)$. Aumenta la corriente de difusión y circula una corriente neta directa de $(I_D - I_S)$.

■ Para un resumen de las relaciones que gobiernan la operación física de la unión *pn*, consulte la tabla 3.1.

■ El modelo de diodo a pequeña señal se presenta en la tabla 3.2.

■ El modelo SPICE de diodo se da en la figura 3.50 y la tabla 3.3.

Bibliografía

E. J. Angelo, Jr., *Electronics: BJTs, FETs and Microcircuits*, McGraw-Hill, Nueva York, 1969.

S. B. Burns y P. R. Bond, *Principles of Electronic Circuits*, West, St. Paul, 1987.

S. Franco, *Design with Operational Amplifiers and Analog Integrated Circuits*, McGraw-Hill, Nueva York, 1988.

P. E. Gray y C. L. Searle, *Electronic Principles*, Wiley, Nueva York, 1969.

D. A. Hodges y H. G. Jackson, *Analysis and Design of Digital Integrated Circuits*, 2a. ed., McGraw-Hill, Nueva York, 1988.

D. H. Navon, *Semiconductor Microdevices and Materials*, Holt, Rinehart and Winston, Nueva York, 1986.

J. M. Rabaey, *Digital Integrated Circuits*, Prentice-Hall, Englewood Cliffs, NJ, 1996.

G. W. Roberts y A. S. Sedra, *SPICE*, 2a. ed., Oxford University Press, Nueva York, 1997.

S. Soclof, *Applications of Analog Integrated Circuits*, Prentice-Hall, Englewood Cliffs, NJ, 1985.

B. J. Streetman, *Solid-State Electronic Devices*, Prentice-Hall, 3a. ed., Englewood Cliffs, NJ, 1990.

S. M. Sze, *Semiconductor Devices, Physics and Technology*, Wiley, Nueva York, 1985.

PROBLEMAS

Sección 3.1: El diodo ideal

3.1 Una pila AA de linterna, cuyo equivalente de Thévenin es una fuente de voltaje de 1.5 V y una resistencia de 1 ohm, se conecta a los terminales de un diodo ideal. Describa dos posibles situaciones que resulten. ¿Cuáles son la corriente del diodo y voltaje terminal cuando (a) la conexión es entre el cátodo del diodo y el terminal positivo de la batería? (b) ¿el ánodo y el terminal positivo se conectan?

3.2 Un circuito para probar diodos consta de una batería de 9 V, un mecanismo medidor de 1 mA y un resistor conectado en serie a dos puntas de prueba, una positiva (roja) y una negativa (negra). El circuito se calibra de modo que circule una corriente de 1 mA con las puntas en corto. Cuando se prueba un circuito formado por un diodo ideal y un resistor de 3 kΩ conectados en paralelo, se encuentra que dos lecturas de corriente de prueba del circuito dependen de los extremos del diodo al que se conectan las puntas roja y negra. ¿Cuáles son las dos lecturas que se esperan? Para la mayor, ¿a qué extremo del diodo (ánodo o cátodo) se conecta la punta roja (positiva)?

3.3 Para los circuitos que se ilustran en la figura P3.3 usando diodos ideales, encuentre los valores de los voltajes y corrientes indicados.

3.4 Para los circuitos que se ilustran en la figura P3.4 usando diodos ideales, encuentre los valores de los voltajes y corrientes marcados.

3.5 Dos diodos ideales, *A* y *B*, cuyas marcas de ánodo y cátodo están ocultas, se conectan en paralelo entre las puntas 1 y 2 de un conector de circuito. ¿Cuántas formas posibles de conexión hay? ¿Cuántos circuitos equivalentes diferentes pueden aparecer entre las puntas 1 y 2?

3.6 Tres diodos ideales se conectan en paralelo, con todos los cátodos y todos los ánodos unidos, a terminales *x* y *y* en un circuito en el que la corriente total de diodo es 6 A. ¿Cuál corriente circula en cada diodo? ¿Cuál es la caída de voltaje en los terminales de cada diodo? Si los alambres de conexión del diodo no son ideales, pero tienen una resistencia de 10 mΩ, ¿cuál es el voltaje entre los terminales *x* y *y*? Si por un error de manufactura los alambres de uno de los diodos miden el doble de largo de cada uno de los otros, ¿cuál corriente circula en cada diodo? Si dos de los diodos tienen alambres de 10 mΩ, ¿qué voltaje resulta entre los terminales *x* y *y*?

D3.7 Para la compuerta lógica de la figura 3.5(a) suponga diodos ideales y niveles de voltaje de entrada de 0 y +5 V. Encuentre un valor apropiado para *R* de modo que la corriente necesaria de cada una de las fuentes de señal de entrada no exceda de 0.2 mA.

D3.8 Repita el problema 3.7 para la compuerta lógica de la figura 3.5(b).

3.9 Suponiendo que los diodos de los circuitos de la figura P3.9 son ideales, halle los valores de los voltajes y corrientes marcados.

3.10 Suponiendo que los diodos de los circuitos de la figura P3.10 son ideales, utilice el teorema de Thévenin para simplificar los circuitos y así hallar los valores de las corrientes y voltajes marcados.

D3.11 Para el circuito rectificador de la figura 3.3(a) hagamos que la onda senoidal de entrada tenga un valor de 120 V rms y supongamos que el diodo es ideal. Seleccione un valor apropiado para *R* de modo que la corriente pico del diodo no exceda de 0.1 A. ¿Cuál es el máximo voltaje inverso que aparecerá en los terminales del diodo?

3.12 Considere el circuito rectificador de la figura 3.3 en el caso que la fuente de entrada v_I tiene una resistencia de fuente R_s. Para el caso $R_s = R$ y suponiendo que el diodo es ideal, trace y marque claramente la curva característica de transferencia v_O contra v_I.

3.13 Una onda cuadrada de amplitud 10 V pico a pico y cero promedio se aplica a un circuito semejante al de la figura 3.3(a) y que utiliza un resistor de 100 Ω. ¿Cuál es el promedio de voltaje de salida que resulta? ¿Cuál es la corriente pico de diodo? ¿Cuál es el

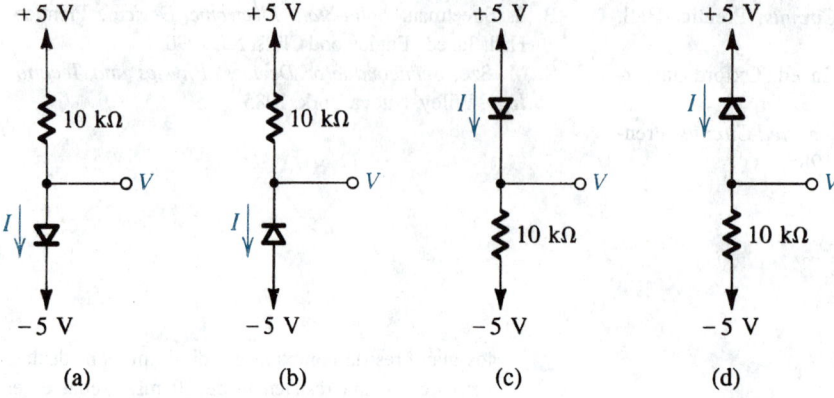

Fig. P3.3

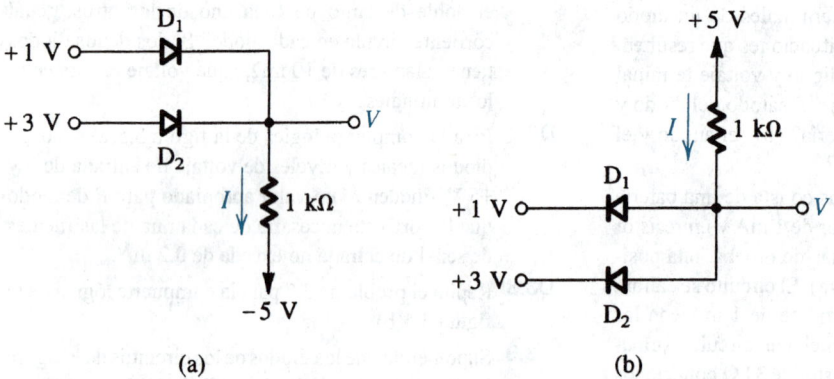

Fig. P3.4

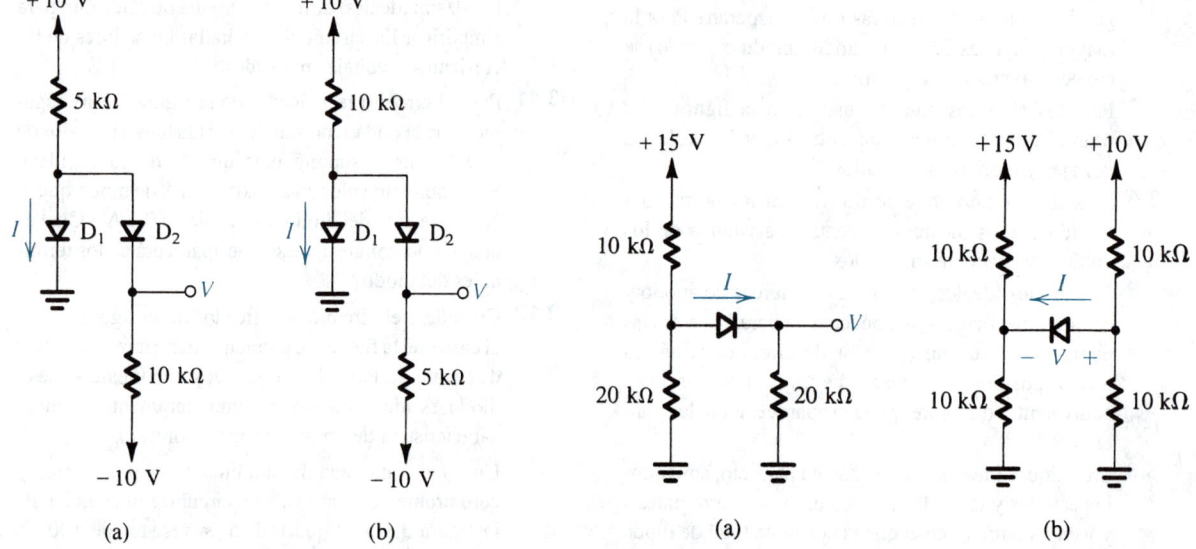

Fig. P3.9

Fig. P3.10

promedio de corriente del diodo? ¿Cuál es el máximo voltaje inverso en los terminales del diodo?

3.14 Repita el problema 3.13 para la situación en que el promedio de voltaje de la onda cuadrada es 2 V, mientras que su valor de pico a pico permanece en 10 V.

D3.15 Diseñe un circuito para cargar baterías, semejante al de la figura 3.4 y que usa un diodo ideal, en que la corriente fluye a la batería de 12 V un 20% del tiempo y tiene un valor promedio de 100 mA. ¿Qué voltaje de onda senoidal de pico a pico se necesita? ¿Qué resistencia se requiere? ¿Qué corriente pico de diodo circula? ¿Qué voltaje pico inverso resiste el diodo? Si se pueden especificar resistores a sólo una cifra significativa y voltaje de pico a pico sólo al volt más cercano, ¿qué diseño escogería el lector para garantizar la corriente necesaria de carga? ¿Cuál es el promedio de corriente de diodo? ¿Cuál es la corriente pico de diodo? ¿Cuál voltaje pico inverso resiste el diodo?

3.16 El circuito de la figura P3.16 se puede utilizar en un sistema de señalización por medio de un alambre más un retorno a tierra común. En cualquier momento, la entrada tiene uno de tres valores: +3 V, 0, −3 V. ¿Cuál es el estado de las lámparas para cada valor de entrada? (Nótese que las lámparas se pueden conectar separadas entre sí, y que hay varios de cada tipo de conexión, todos en un alambre.)

D__**3.17** Considere el circuito de la figura P3.17 que incorpora versiones acopladas de dos entradas de las compuertas OR y AND de diodo de la figura 3.5.

(a) Encuentre la expresión lógica booleana para Y en términos de A, B, C, D que espera se pueda alcanzar.

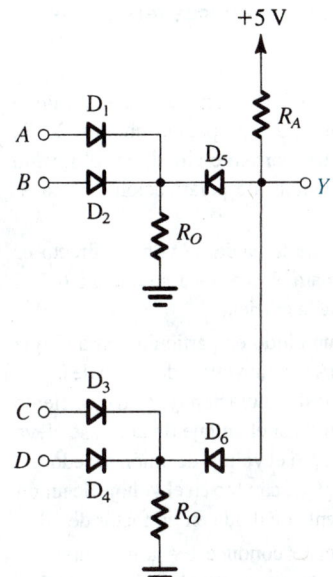

Fig. P3.17

(b) Diseñe el circuito (esto es, encuentre valores apropiados para R_O y R_A) para satisfacer las siguientes especificaciones: con una carga de 100 kΩ, el voltaje de salida debe ser por lo menos 4 V cuando alto, y no mayor de 1 V cuando bajo. Reduzca al mínimo las corrientes necesarias de la fuente de alimentación.

(c) Para su diseño, ¿cuál es la máxima corriente tomada de una entrada a 5 V? ¿Cuál es la máxima corriente necesaria de la fuente de +5 V para la compuerta compuesta misma? ¿Cuál es la mínima?

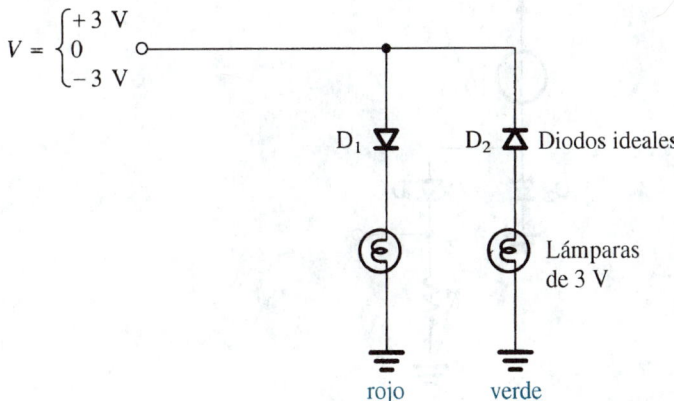

Fig. P3.16

Sección 3.2: Curvas características terminales de diodos de unión

3.18 ¿A qué voltaje de sentido directo conduce un diodo una corriente igual a 1000 I_S, para el que $n = 2$? En términos de I_S, ¿cuál corriente circula en el mismo diodo cuando su voltaje de polarización directa es 0.7 V?

3.19 Un diodo para el que la caída de voltaje directo es 0.7 V a 1.0 mA y para el que $n = 1$ se opera a 0.5 V. ¿Cuál es el valor de la corriente?

3.20 Se encuentra que un diodo en particular, para el que $n = 1$, conduce 3 mA con un voltaje de unión de 0.7 V. ¿Cuál es su corriente de saturación I_S? ¿Cuál corriente circulará en este diodo si el voltaje de unión se eleva a 0.71 V? ¿A 0.8 V? ¿Si el voltaje de unión se reduce a 0.69 V? ¿A 0.6 V? ¿Qué cambio en el voltaje de unión aumentará la corriente de diodo en un factor de 10?

3.21 Un diodo en particular conduce 1 A a un voltaje de unión de 0.65 V y 2 A a un voltaje de unión de 0.67 V. ¿Cuáles son sus valores de n e I_S? ¿Cuál corriente circulará si su voltaje de unión es 0.7 V?

3.22 El circuito de la figura P3.22 utiliza tres diodos idénticos con $n = 1$ e $I_S = 10^{-14}$ A. Encuentre el valor de la corriente I necesaria para obtener un voltaje de salida $V_O = 2$ V. Si una corriente de 1 mA es tomada del terminal de salida por la carga, ¿cuál es el cambio en el voltaje de salida?

3.23 Un diodo de unión es operado en un circuito en que es alimentado con una corriente constante I. ¿Cuál es el efecto en el voltaje de sentido directo del diodo si un diodo idéntico se conecta en paralelo? Suponga $n = 1$.

3.24 Se encuentra que un diodo medido a dos corrientes de operación, 0.2 mA y 10 mA, tiene voltajes correspondientes de 0.650 y 0.750 V. Encuentre los valores de n e I_S.

3.25 En el circuito que se muestra en la figura P3.25, ambos diodos tienen $n = 2$, pero D_1 tiene diez veces el área de unión de D_2. ¿Cuál valor de V resulta? Para obtener un valor para V de 50 mV, ¿cuál corriente I_2 es necesaria?

3.26 Para el circuito que se muestra en la figura P3.26, ambos diodos son idénticos, conduciendo 10 mA a 0.7 V y 100 mA a 0.8 V. Encuentre el valor de R, para el que $V = 50$ mV.

*3.27 El circuito que se muestra en la figura P3.27 utiliza diodos idénticos para los que $I_D = 1$ mA a $V_D = 0.7$ V con $n = 1$. A 20°C, el voltaje V se mide con un instrumento de muy alta resistencia y es de 0.1 V. ¿Por qué factor rebasa I_S la corriente inversa de fuga de estos diodos? Estime el valor de V cuando la temperatura se eleve 50°C.

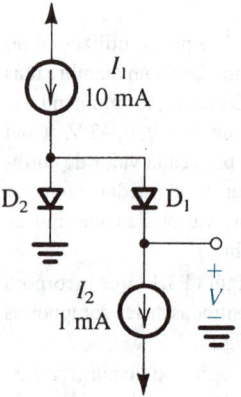

Fig. P3.25

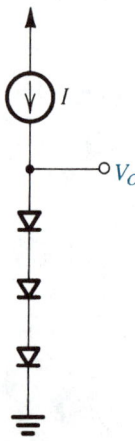

Fig. P3.22

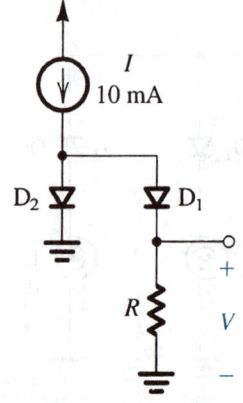

Fig. P3.26

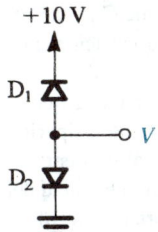

+10 V

D_1

V

D_2

Fig. P3.27

3.28 Cuando se aplica una corriente de 10 A a un diodo en particular, se encuentra que el voltaje de unión se convierte de inmediato en 700 mV. Sin embargo, a medida que la potencia que se disipa en el diodo aumenta su temperatura, se encuentra que el voltaje se reduce y finalmente llega a 600 mV. ¿Cuál es la elevación aparente en la temperatura de la unión? ¿Cuál es la potencia disipada en el diodo en su estado final? ¿Cuál es la elevación de temperatura por watt de disipación de potencia? (Esto recibe el nombre de *resistencia térmica.*)

*3.29 Un diseñador de un instrumento que debe operar en un amplio intervalo de voltaje de alimentación, al observar que la caída de voltaje de unión de un diodo es relativamente independiente de la corriente de unión, considera el uso de un diodo grande para crear un voltaje pequeño relativamente constante. Dispone de un diodo de potencia, para el que la corriente nominal a 0.8 V es 10 A. Además, tiene razón para creer que $n = 2$. Para esta fuente de corriente disponible, que varía de 0.5 a 1.5 mA, ¿qué voltaje de unión podría esperar? ¿Qué cambio adicional de voltaje podría esperar para una variación de temperatura de $\pm 20°C$?

*3.30 Como alternativa para el método sugerido en el problema 3.29, el diseñador considera un segundo procedimiento para producir un pequeño voltaje relativamente constante desde una fuente variable de corriente: se apoya en su capacidad para hacer copias bastante precisas de cualquier pequeña corriente de que dispone (en un proceso denominado reflejo de corriente). Se propone utilizar esta idea para alimentar dos diodos de diferentes áreas de unión con la misma corriente, y para medir su diferencia de voltaje de unión. Dispone de dos tipos de diodos, con los que un voltaje de unión de 0.7 V conduce 0.1 mA y 1 A, respectivamente. Ahora, para idénticas corrientes de 0.5 a 1.5 mA alimentadas a cada diodo, ¿cuál intervalo de voltajes de diferencia resulta? ¿Cuál es el efecto de un cambio de temperatura de $\pm 20°C$ en esta distribución? Suponga $n = 1$.

Sección 3.3: Operación física de diodos

Nota: Si se hacen necesarios los valores de parámetros en particular o constantes físicas y los valores no se expresan, consulte la tabla 3.1.

3.31 Encuentre valores para la concentración de portadores intrínsecos n_i para el silicio a $-70°C$, $0°C$, $20°C$, $100°C$ y $125°C$.

3.32 Se inyectan huecos constantemente en una región de silicio tipo n (conectado a otros dispositivos cuyos detalles no son importantes para esta pregunta). En el estado estable, se crea el perfil de concentración de exceso de huecos que se muestra en la figura P3.32 en la región de silicio tipo n. Aquí, "exceso" significa arriba de la concentración p_{n0}. Si $N_D = 10^6/cm^3$, $n_i = 1.5 \times 10^{10}/cm^3$, y $W = 5 \ \mu m$, encuentre la densidad de la corriente que circulará en la dirección x.

3.33 Haga contrastar las velocidades de desplazamiento de electrones y huecos a través de una capa de 10 μm de silicio intrínseco en cuyos terminales se aplica un voltaje de 1 V. Sea $\mu_n = 1350 \ cm^2/Vs$ y $\mu_p = 480 \ cm^2/Vs$.

3.34 Encuentre la circulación de corriente en una barra de silicio de 10 μm de longitud, de 5 $\mu m \times 5 \ \mu m$ de sección transversal y que tiene densidades de electrones libres y de huecos de $10^5/cm^3$ y $10^{15}/cm^3$, respectivamente, con 1 V aplicado punta con punta. Utilice $\mu_n = 1350 \ cm^2/Vs$ y $\mu_p = 480 \ cm^2/Vs$.

3.35 En una barra de 10 μm de largo de silicio contaminado con donantes, ¿qué concentración de donantes es necesaria para obtener una densidad de corriente de 1 $mA/\mu m^2$ en respuesta a un voltaje aplicado de 0.5 V? *Nota:* Aun cuando las movilidades de portadores cambian con la concentración de contaminación (véase la tabla asociada con el problema 3.37), como primera aproximación se puede suponer que μ_n es constante y utiliza el valor para silicio intrínseco, 1350 cm^2/Vs.

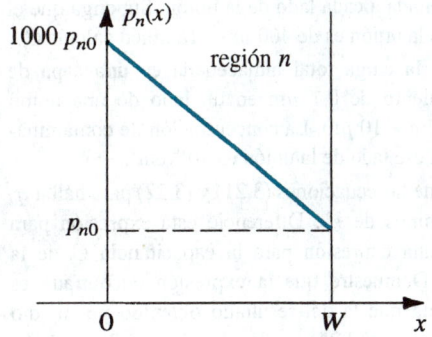

Fig. P3.32

3.36 En una capa de silicio contaminada con fósforo con concentración de impurezas de $10^{16}/\text{cm}^3$, encuentre la concentración de huecos y electrones a 300 K y 400 K.

3.37 Tanto la movilidad como la difusividad de portadores se reduce a medida que aumenta la concentración de silicio. La siguiente tabla contiene unos pocos puntos de información para μ_n y μ_p contra la concentración contaminante. Utilice la relación de Einstein para obtener el valor correspondiente para D_n y D_p.

Concentración de contaminación	μ_n cm^2/Vs	μ_p cm^2/Vs	D_n cm^2/s	D_p cm^2/s
Intrínseco	1350	480		
10^{16}	1100	400		
10^{17}	700	260		
10^{18}	360	150		

3.38 Calcule el voltaje integral de una unión en la que las regiones p y n están contaminadas igualmente con 10^{16} átomos/cm^3. Suponga $n_i \simeq 10^{10}/\text{cm}^3$. Sin voltaje externo aplicado, ¿cuál es el ancho de la región de agotamiento, y a qué distancia se extiende en las regiones p y n? Si el área transversal de la unión es 100 μm^2, encuentre la magnitud de carga almacenada en cualquiera de los lados de la unión y calcule la capacitancia C_j de la unión.

3.39 Si, para una unión en particular, la concentración de aceptantes es $10^{16}/\text{cm}^3$ y la de donantes es $10^{15}/\text{cm}^3$, encuentre el voltaje integral de la unión. Suponga $n_i \simeq 10^{10}/\text{cm}^3$. También encuentre el ancho de la región de agotamiento (W_{agot}) y su magnitud en cada una de las regiones p y n cuando la unión se polariza inversamente con $V_R = 5$ V. A partir de este valor de polarización inversa, calcule la magnitud de la carga almacenada a cada lado de la unión. Suponga que el área de la unión es de 400 μm^2. También calcule C_j.

3.40 Estime la carga total almacenada en una capa de agotamiento de 0.1 μm en un lado de una unión de 10 μm × 10 μm. La concentración de contaminación en ese lado de la unión es $10^{16}/\text{cm}^3$.

3.41 Combine las ecuaciones (3.21) y (3.22) para hallar q_J en términos de V_R. Diferencie esta expresión para hallar una expresión para la capacitancia C_j de la unión. Demuestre que la expresión encontrada es la misma que la del resultado obtenido por medio de la ecuación (3.24) en combinación con la ecuación (3.22).

3.42 Para una unión en particular para la que $C_{j0} = 0.5$ pF, $V_0 = 0.8$ V y $m = 1/3$, encuentre la capacitancia a voltajes de polarización inversa de 1 y 10 V.

3.43 Un diodo de ruptura de avalancha, para el que el voltaje de ruptura es de 10 V, tiene una disipación nominal de potencia de 0.25 W. ¿Cuál corriente de operación continua eleva la disipación a la mitad del máximo valor? Si ocurre la ruptura durante sólo 10 ms en cada 20 ms, ¿qué promedio de corriente de ruptura se permite?

3.44 En una unión pn polarizada directamente, demuestre que la razón entre la componente de corriente debida a inyección de huecos en la unión y la componente debida a inyección de electrones está dada por

$$\frac{I_p}{I_n} = \frac{D_p}{D_n} \frac{L_n}{L_p} \frac{N_A}{N_D}$$

Evalúe esta relación para el caso $N_A = 10^{18}/\text{cm}^3$, $N_D = 10^{16}/\text{cm}^3$, $L_p = 5$ μm, $L_n = 10$ μm, $D_p = 10$ cm^2/s, $D_n = 20$ cm^2/s, y de aquí encuentre I_p e I_n para el caso en que el diodo esté conduciendo una corriente positiva $I = 1$ mA.

3.45 Un diodo p^+−n es aquel en el que la concentración de contaminación de la región p es mucho mayor que la de la región n. En un diodo de este tipo, una corriente positiva se debe principalmente a la inyección de huecos en la unión. Demuestre que

$$I \simeq I_p = Aqn_i^2 \frac{D_p}{L_p N_D} (e^{V/V_T} - 1)$$

Para el caso específico en que $N_D = 5 \times 10^6/\text{cm}^3$, $D_p = 10$ cm^2/s, $\tau_p = 0.1$ μs y $A = 10^4$ μm^2, encuentre I_S y el voltaje V obtenido cuando $I = 0.1$ mA. Suponga operación a 300 K donde $n_i = 1.5 \times 10^{10}/\text{cm}^3$. También calcule el exceso de carga de portadores minoritarios y el valor de la capacitancia de difusión a $I = 0.1$ mA.

**3.46 Un diodo de base corta es aquel en donde los anchos de las regiones p y n son mucho menores que L_n y L_p, respectivamente. En consecuencia, la distribución de exceso de portadores minoritarios en cada región es una recta en el lugar de los exponenciales que se muestran en la figura 3.17.

(a) Para el diodo de base corta, trace una figura correspondiente a la figura 3.17, y suponga, como en la figura 3.17, que $N_A \gg N_D$.

(b) Siguiendo una derivación semejante a la dada en la página 152, demuestre que si los anchos de las regiones p y n se denotan por W_p y W_n, entonces

$$I = Aqn_i^2 \left[\frac{D_p}{(W_n - x_n)N_D} + \frac{D_n}{(W_p - x_p)N_A} \right] (e^{V/V_T} - 1)$$

y

$$Q_p = \frac{1}{2} \frac{(W_n - x_n)^2}{D_p} I_p$$

$$\simeq \frac{1}{2} \frac{W_n^2}{D_p} I_p, \qquad \text{para } W_n \gg x_n$$

(c)   También, suponiendo $Q \simeq Q_p$, $I \simeq I_p$, demuestre que

$$C_d = \frac{\tau_T}{V_T} I$$

donde $\qquad \qquad \tau_T = \frac{1}{2} \frac{W_n^2}{D_p}$

(d)   Si un diseñador desea limitar C_d a 10 pF a $I =$ 1 mA, ¿cuál sería W_n? Suponga $D_p = 10 \text{ cm}^2/\text{s}$.

Sección 3.4: Análisis de circuitos con diodos

*3.47   Considere el análisis gráfico del circuito de diodos de la figura 3.18 con $V_{DD} = 1$ V, $R = 1$ kΩ y un diodo que tiene $I_S = 10^{-15}$ A y $n = 1$. Calcule un pequeño número de puntos de la curva característica del diodo en la vecindad en donde se espera que la línea de carga la corte, y utilice un proceso gráfico para refinar su estimación de la corriente del diodo. ¿Qué valor de corriente y voltaje de diodo se encuentra? Analíticamente, halle el voltaje correspondiente a su estimación de corriente. ¿En cuánto difiere del valor estimado gráficamente?

3.48   Utilice el procedimiento de análisis iterativo para determinar la corriente y el voltaje del diodo del circuito de la figura 3.18 para $V_{DD} = 1$ V, $R = 1$ kΩ y un diodo que tiene $I_S = 10^{-15}$ A y $n = 1$.

3.49   Un diodo de 1 mA (es decir, que tiene $v_D = 0.7$ V a $i_D = 1$ mA) se conecta en serie con un resistor de 200 Ω a una fuente de 1.0 V.

(a)   Dé una estimación aproximada de la corriente del diodo que espera.

(b)   Si el diodo está caracterizado por $n = 2$, estime la corriente del diodo de manera más precisa por medio de análisis iterativo.

D3.50   Suponiendo la disponibilidad de diodos para los que $v_D = 0.7$ V a $i_D = 1$ mA y $n = 1$, diseñe un circuito que utilice cuatro diodos conectados en serie, en serie con un resistor R conectado a una fuente de alimentación de 15 V. El voltaje en los terminales de la cadena de diodos debe ser de 3.0 V.

3.51   Encuentre los parámetros de un modelo lineal por partes de un diodo para el que $v_D = 0.7$ V a $i_D = 1$ mA y $n = 2$. El modelo debe ajustar exactamente a 1 mA y 10 mA.

Calcule el error en milivolts al predecir v_D usando el modelo lineal por partes a $i_D = 0.5$, 5 y 14 mA.

3.52   Por medio de una copia de la curva del diodo presentada en la figura 3.20, aproxime la curva característica del diodo usando una recta que sea exactamente igual a la curva característica del diodo tanto a 10 mA como a 1 mA. ¿Cuál es la pendiente? ¿Cuál es r_D? ¿Cuál es V_{D0}?

3.53   Sobre una copia de las curvas características del diodo presentadas en la figura 3.20, dibuje una recta de carga correspondiente a un circuito externo formado por una fuente de voltaje de 0.9 V y un resistor de 100 ohms. ¿Cuáles son los valores de caída de diodo y corriente de malla que el lector estima por medio de:

(a)   las curvas características reales del diodo?

(b)   el modelo de dos segmentos que se muestra?

3.54   El diodo cuya curva característica se muestra en la figura 3.23 debe ser operado a 10 mA. ¿Cuál sería una selección probable de voltaje adecuado para un modelo de caída constante de voltaje?

3.55   Un diodo modelado por la aproximación de 0.1 V/década opera en un circuito serie con R y V. Un diseñador, que considera utilizar un modelo de voltaje constante, no está seguro de usar 0.7 o 0.5 V de V_D. ¿Para qué valor de V es la diferencia de sólo 1%? Para $V = 2$ y $R = 1$ kΩ, ¿cuáles dos corrientes resultarían por el uso de los dos valores de V_D?

D3.56   Una diseñadora tiene un número relativamente grande de diodos para los que una corriente de 20 mA circula a 0.7 V y la aproximación de 0.1 V/década es relativamente buena. Por medio de una fuente de corriente de 10 mA, ella desea crear un voltaje de referencia de 1.25 V. Sugiera una combinación de diodos en serie y paralelo que hagan el trabajo tan bien como sea posible. ¿Cuántos diodos se necesitan? ¿Qué voltaje es el que en realidad se obtiene?

3.57   Considere el circuito rectificador de media onda de la figura 3.3(a) con $R = 1$ kΩ y que el diodo tiene las curvas características y el modelo lineal por partes que se muestra en la figura 3.20 ($V_{D0} = 0.65$ V, $r_D = 20$ Ω). Analice el circuito rectificador por medio del modelo lineal por partes para el diodo y encuentre así el voltaje de salida v_O como función de v_I. Trace la curva característica de transferencia v_O contra v_I para $0 \leq v_I \leq 10$ V. Si v_I es una senoide con amplitud pico de 10 V, trace y marque claramente la forma de onda de v_O.

3.58   Resuelva los problemas del ejemplo 3.2 usando el modelo de diodo de caída constante de voltaje ($V_D = 0.7$ V).

3.59   Para los circuitos que se muestran en la figura P3.3, usando el modelo de diodo de caída constante de voltaje ($V_D = 0.7$ V), encuentre los voltajes y corrientes indicados.

3.60 Para los circuitos que se muestran en la figura P3.4, usando el modelo de diodo de caída constante de voltaje ($V_D = 0.7$ V), encuentre los voltajes y corrientes indicados.

3.61 Para los circuitos de la figura P3.9, usando el modelo de diodo de caída constante de voltaje ($V_D = 0.7$ V), encuentre los valores de las corrientes y voltajes marcados.

3.62 Para los circuitos de la figura P3.10, utilice el teorema de Thévenin para simplificar los circuitos y hallar los valores de las corrientes y voltajes marcados. Suponga que los diodos se pueden representar por el modelo de caída constante de voltaje ($V_D = 0.7$ V).

D3.63 Repita el problema 3.11, representando al diodo por su modelo de caída constante de voltaje ($V_D = 0.7$ V). ¿Qué tan diferente es el diseño resultante?

3.64 Repita el problema del ejemplo 3.1 suponiendo que el diodo tiene 10 veces el área del dispositivo cuyas curvas características y modelo lineal por partes se muestran en la figura 3.20. Represente el diodo por su modelo lineal por partes ($v_D = 0.65 + 2i_D$).

**3.65 Para el circuito que se muestra en la figura P3.65, utilice el modelo de caída constante de voltaje (0.7 V) para cada diodo conductor y demuestre que la curva característica puede describirse por medio de

para $-4.65 \le v_I \le 4.65$ V, $v_O = v_I$;

para $v_I \ge +4.65$ V, $v_O = +4.65$ V;

para $v_I \le -4.65$ V, $v_O = -4.65$ V.

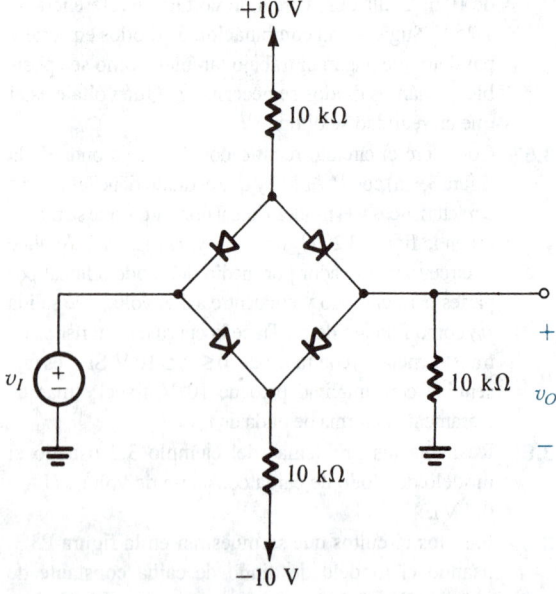

Fig. P3.65

Sección 3.5: El modelo a pequeña señal y su aplicación

3.66 Se dice que el modelo a pequeña señal es válido para variaciones de voltaje de unos 10 mV. ¿A qué porcentaje de cambio de corriente corresponde esto (considere señales tanto positivas como negativas) para

(a) $n = 1$?

(b) $n = 2$?

3.67 ¿Cuál es la resistencia incremental de 10 diodos de 1 mA conectados en paralelo y alimentados con una corriente de cd de 10 mA. Sea $n = 2$. (Un diodo de 1 mA es aquel que tiene una caída de 0.7 V a una corriente de 1 mA.)

*3.68 Considere el circuito regulador de voltaje que se muestra en la figura 3.28. El valor de R se selecciona para obtener un voltaje de salida V_O (en los terminales del diodo) de 0.7 V.

(a) Utilice el modelo a pequeña señal de diodo para demostrar que el cambio en voltaje de salida correspondiente a un cambio de 1 V en V^+ es

$$\frac{\Delta V_O}{\Delta V^+} = \frac{nV_T}{V^+ + nV_T - 0.7}$$

Esta cantidad se conoce como *regulación de línea* y suele expresarse en mV/V.

(b) Generalice la expresión anterior para el caso de m diodos conectados en serie y el valor de R ajustado de modo que el voltaje en los terminales de cada diodo sea 0.7 V (y $V_O = 0.7m$ volts).

(c) Calcule el valor de la regulación de línea para el caso $V^+ = 10$ V (nominalmente), (i) $m = 1$; (ii) $m = 3$. Utilice $n = 2$.

D*3.69 Considere el circuito regulador de voltaje que se muestra en la figura 3.28 con la condición de que una corriente de carga I_L se toma del terminal de salida. Denote por V_O el voltaje de salida (en los terminales del diodo).

(a) Si el valor de I_L es suficientemente pequeño de modo que el cambio correspondiente, en el voltaje de salida del regulador ΔV_O, es suficientemente pequeño para justificar el uso del modelo a pequeña señal de diodo, demuestre que

$$\frac{\Delta V_O}{I_L} = -(r_d // R)$$

Esta cantidad se conoce como *regulación de carga* y suele expresarse en mV/mA.

(b) Si el valor de R se selecciona de modo tal que cuando no haya carga el voltaje en los terminales del diodo es 0.7 V y la corriente del diodo es I_D, demuestre que la expresión derivada en (a) se convierte en

$$\frac{\Delta V_O}{I_L} = -\frac{nV_T}{I_D} \frac{V^+ - 0.7}{V^+ - 0.7 + nV_T}$$

Seleccione el mínimo valor posible para I_D que resulte en una regulación de carga ≤5 mV/mA. Suponga $n = 2$. Si V^+ es nominalmente 10 V, ¿qué valor de R se requiere? También especifique el diodo necesario.

(c) Generalice la expresión derivada en (b) para el caso de m diodos conectados en serie en R ajustada para obtener $V_O = 0.7m$ volts sin carga.

*3.70 En el circuito que se muestra en la figura P3.70, I es una corriente de cd y v_s es una señal senoidal. El condensador C es muy grande; su función es acoplar la señal al diodo e impedir que la corriente de cd penetre en la fuente de señales. Utilice el modelo a pequeña señal de diodo para demostrar que la componente de señal del voltaje de salida es

$$v_o = v_s \frac{nV_T}{nV_T + IR_s}$$

Si $v_s = 10$ mV, encuentre v_o para $I = 1$ mA, 0.1 mA y 1 μA. Sea $R_s = 1$ kΩ y $n = 2$. ¿A qué valor de I se hace v_o la mitad de v_s? Nótese que este circuito funciona como un atenuador de señales con el factor de atenuación controlado por el valor de la corriente I de cd.

*3.71 Para el circuito de la figura P3.70, sustituya el diodo por su resistencia a pequeña señal, y así trace el circuito para calcular la función de transferencia V_o/V_s, suponiendo que v_s es una senoide de pequeña amplitud (menos de 10 mV) y frecuencia ω. Encuentre una expresión para f_{3dB} en términos de la corriente I de polarización. Si I debe variar entre 10 μA y 1 mA, encuentre el valor de C necesario para asegurar que f_{3dB} es a lo sumo 100 Hz. ¿Cuál es el intervalo de f_{3dB} obtenido?

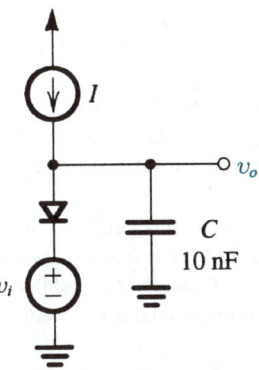

Fig. P3.72

*3.72 En el circuito que se muestra en la figura P3.72, I es una corriente de cd y v_i es una señal senoidal con pequeña amplitud (menos de 10 mV) y una frecuencia de 100 kHz. Si se representa el diodo por su resistencia r_d a pequeña señal, que es una función de I, trace el circuito para determinar el voltaje senoidal de salida V_o, y así halle el desplazamiento de fase entre V_i y V_o. Encuentre el valor de I que dará un desplazamiento de fase de $-45°$, y encuentre el intervalo de desplazamiento de fase alcanzado a medida que I varía de 0.1 a 10 veces este valor. Suponga $n = 1$.

D*3.73 Un regulador de voltaje, formado por dos diodos en serie alimentados con una fuente de corriente constante, se utiliza como reemplazo para una sola pila de carbón y zinc de 1.5 V de voltaje nominal. La corriente de carga del regulador varía de 2 a 7 mA. Se dispone de fuentes de corriente constante de 5, 10 y 15 mA. ¿Cuál escogería el lector, y por qué? ¿Qué cambio en voltaje de salida resultaría cuando varía la corriente de carga en toda su escala? Suponga que los diodos tienen $n = 2$.

Sección 3.6: Operación en la región inversa de ruptura; diodos Zener

3.74 Un diodo Zener de 9.1 V, caracterizado a una I_{ZT} de 25 mA, tiene un voltaje de rodilla de 0.95 V_Z a una corriente de rodilla de 5% de I_{ZT}. Considere dos modelos de batería y resistor, y encuentre r_z y V_{Z0} para cada:

(a) uno cuya curva característica pase por los puntos (V_Z, I_{ZT}) y (V_{ZK}, I_{ZK}).

(b) uno que pase por el punto (V_Z, I_{ZT}), pero con la mitad de la resistencia Zener que interviene en (a).

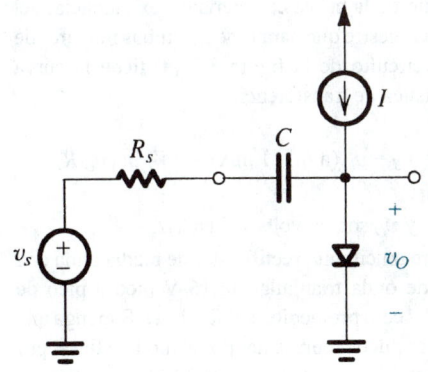

Fig. P3.70

D3.75 Un diseñador necesita un regulador en derivación de unos 20 V. Dispone de dos clases de diodos Zener: dispositivos de 6.8 V con r_z de 10 Ω y dispositivos de 5.1 V con r_z de 30 Ω. Para las dos opciones posibles, encuentre la regulación de carga. En este cálculo desprecie el efecto de la resistencia R de regulador.

3.76 Un regulador en derivación que utiliza un Zener con una resistencia incremental de 4 Ω se alimenta a través de un resistor de 82 Ω. Si la fuente bruta cambia en 1.4 V, ¿cuál es el cambio correspondiente en el voltaje regulado de salida?

3.77 Un diodo Zener de 9.1 V exhibe su voltaje nominal a una corriente de prueba de 28 mA. A esta corriente, la resistencia incremental se especifica como 5 Ω. Encuentre V_{Z0} del modelo Zener. Encuentre el voltaje Zener a una corriente de 10 mA y a 100 mA.

D*3.78 Dé dos diseños de reguladores en derivación utilizando el diodo Zener 1N5235, que se especifica como sigue: $V_Z = 6.8$ V y $r_z = 5$ Ω para $I_Z = 20$ mA; a $I_Z = 0.25$ mA (más cerca de la rodilla) $r_z = 750$ Ω. Para ambos diseños, el voltaje de alimentación es nominalmente 9 V y varía en ± 1 V. Para el primer diseño, suponga que la disponibilidad de corriente de alimentación no es problema y por lo tanto opere el diodo a 20 mA. Para el segundo diseño, suponga que la corriente de la alimentación bruta es limitada y, por lo tanto, el usuario se ve forzado a operar el diodo a 0.25 mA. Para fines de estos diseños iniciales suponga que no hay carga. Para cada diseño, encuentre el valor de R y la regulación de línea.

D*3.79 Un regulador en derivación semejante al que se muestra en la figura 3.33 utiliza un diodo Zener de 9.1 V para el que $V_Z = 9.1$ V a $I_Z = 9$ mA, con $r_z = 30$ Ω e $I_{ZK} = 0.3$ mA. El voltaje disponible de la fuente de 15 V puede variar hasta en un ±10%. Para este diodo, ¿cuál es el valor de V_{Z0}? Para una resistencia nominal de carga R_L de 1 kΩ y una corriente nominal Zener de 10 mA, ¿qué corriente debe circular en la resistencia R de alimentación? Para el valor nominal de voltaje de alimentación, seleccione un valor para el resistor R, especificado a una cifra significativa, para obtener por lo menos esa corriente. ¿Cuál voltaje nominal de salida resulta? Para un cambio de ±10% en el voltaje de alimentación, ¿cuál variación en voltaje de salida resulta? Si la corriente de carga se reduce en 50%, ¿qué aumento en V_O resulta? ¿Cuál es el mínimo valor de resistencia de carga que se puede tolerar mientras se mantiene la regulación cuando el voltaje de alimentación es bajo? ¿Cuál es el posible voltaje de salida que resulta? Calcule valores para la regulación de línea y para la regulación de carga para este circuito,

usando los resultados numéricos obtenidos en este problema junto con las ecuaciones (3.60) y (3.61).

D*3.80 Se requiere diseñar un regulador Zener en derivación para obtener un voltaje regulado de unos 10 V. El Zener de 10 V y 1 W disponible, tipo 1N4740, se especifica que tiene una caída de 10 V a una corriente de prueba de 25 mA. A esta corriente su r_z es 7 Ω. La alimentación bruta disponible tiene un valor nominal de 20 V pero puede variar hasta en ±25%. Es necesario que el regulador alimente una corriente de carga de 0 a 20 mA. Diseñe para una corriente mínima Zener de 5 mA.

    (a)   Encuentre V_{Z0}.

    (b)   Calcule el valor necesario de R.

    (c)   Encuentre la regulación de línea. ¿Cuál es el cambio en V_O expresado como porcentaje, correspondiente al cambio de ±25% en V_S?

    (d)   Encuentre la regulación de carga. ¿En qué porcentaje cambia V_O de la condición sin carga a la de plena carga?

    (e)   ¿Cuál es la máxima corriente que el Zener de su diseño puede ser capaz de conducir? ¿Cuál es la disipación de potencia Zener en esta condición?

Sección 3.7: Circuitos rectificadores

3.81 Considere el circuito rectificador de media onda de la figura 3.37(a) con el diodo polarizado inversamente. Sea v_S una senoide con amplitud de 20 V pico, y sea $R = 2$ kΩ. Utilice el modelo de diodo de caída constante de voltaje con $V_D = 0.7$ V.

    (a)   Trace la curva característica de transferencia.

    (b)   Trace la onda de v_O.

    (c)   Encuentre el valor promedio de v_O.

    (d)   Encuentre la corriente pico del diodo.

    (e)   Encuentre el voltaje inverso de pico del diodo.

3.82 Por medio de la curva característica exponencial del diodo, demuestre que para v_S y v_O, ambos mayores de cero, el circuito de la figura 3.37(a) tiene la curva característica de transferencia

$$v_O = v_S - v_D \ (a \ i_D = 1 \text{ mA}) - n \ V_T \ln (v_O/R)$$

donde v_S y v_O son en volts y R en kΩ.

3.83 Considere un circuito rectificador de media onda con entrada de onda triangular de 16 V pico a pico de amplitud y cero promedio, con $R = 1$ kΩ. Suponga que el diodo se puede representar por el modelo lineal por partes con $V_{D0} = 0.65$ V y $r_D = 20$ Ω. Encuentre el valor promedio de v_O.

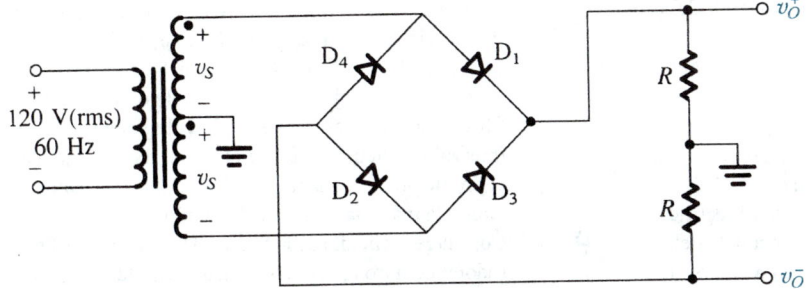

Fig. P3.91

3.84 Para un circuito rectificador de media onda con $R = 1\ k\Omega$ que utiliza un diodo cuya caída de voltaje es 0.7 V a una corriente de 1 mA y exhibe un cambio de 0.1 V por década de variación de corriente, encuentre los valores del voltaje de entrada al rectificador correspondiente a $v_O = 0.1, 0.5, 1, 2, 5$ y 10 V. Trace la curva característica de transferencia del rectificador.

3.85 Un circuito rectificador de media onda con una carga de $1\ k\Omega$ opera desde una toma domiciliaria de 120 V (rms) y 60 Hz, por medio de un transformador reductor de 10 a 1. Utiliza un diodo de silicio que se puede modelar para tener una caída de 0.7 V para cualquier corriente. ¿Cuál es el voltaje pico de la salida rectificada? ¿Durante qué fracción del ciclo conduce el diodo? ¿Cuál es el promedio de voltaje de salida? ¿Cuál es el promedio de corriente en la carga?

3.86 Un circuito rectificador de onda completa con una carga de $1\ k\Omega$ opera desde una toma domiciliaria de 120 V (rms) y 60 Hz, alimentado por medio de un transformador con razón de 5 a 1 y devanado secundario con derivación central. Utiliza dos diodos de silicio que se pueden modelar para tener una caída de 0.7 V para todas las corrientes. ¿Cuál es el voltaje pico de la salida rectificada? ¿Durante qué fracción de un ciclo conduce cada diodo? ¿Cuál es el promedio de voltaje de salida? ¿Cuál es el promedio de corriente en la carga?

3.87 Un circuito rectificador de onda completa en puente, con una carga de $1\ k\Omega$, opera desde una toma domiciliaria de 120 V (rms) y 60 Hz, por medio de un transformador reductor de 10 a 1 que tiene un devanado secundario. Utiliza cuatro diodos, cada uno de los cuales se puede modelar para tener una caída de 0.7 V para cualquier corriente. ¿Cuál es el valor pico del voltaje rectificado en los terminales de la carga? ¿Durante qué fracción de un ciclo conduce cada diodo? ¿Cuál es el promedio de voltaje en los terminales de la carga? ¿Cuál es el promedio de corriente que pasa por la carga?

D3.88 Es necesario diseñar un circuito rectificador de onda completa por medio del circuito de la figura 3.38 para obtener un promedio de voltaje de salida de
(a) 10 V,
(b) 100 V.

En cada caso encuentre la relación necesaria de vueltas del transformador. Suponga que un diodo conductor tiene una caída de voltaje de 0.7 V. El voltaje de ca de la línea es de 120 V rms.

D3.89 Repita el problema 3.88 para el circuito rectificador en puente de la figura 3.39.

D3.90 Considere el rectificador de onda completa de la figura 3.38 cuando la relación de vueltas del transformador es tal que el voltaje en los terminales de todo el devanado secundario es 24 V rms. Si el voltaje de entrada de la línea de ca (120 V rms) fluctúa hasta en ±10%, encuentre el necesario voltaje inverso de pico (PIV) de los diodos. (Recuerde usar un factor de seguridad en su diseño.)

*3.91 El circuito de la figura P3.91 ejecuta un rectificador de salida complementaria. Trace y marque con claridad las ondas de v_O^+ y v_O^-. Suponga una caída de 0.7 V en los terminales de cada diodo conductor. Si la magnitud del promedio de cada salida debe ser de 15 V, encuentre la amplitud necesaria de la onda senoidal en los terminales de todo el devanado secundario. ¿Cuál es el PIV de cada diodo?

3.92 Aumente el circuito rectificador del problema 3.85 con un condensador seleccionado para obtener un voltaje pico a pico de rizo de (i) 10% del pico de salida, (ii) 1% del pico de salida. En cada caso,
(a) ¿Cuál promedio de voltaje de salida resulta?
(b) ¿Cuál fracción del ciclo conduce el diodo?
(c) ¿Cuál es el promedio de corriente del diodo?
(d) ¿Cuál es la corriente pico del diodo?

3.93 Repita el problema 3.92 para el rectificador del problema 3.86.

3.94 Repita el problema 3.92 para el rectificador del problema 3.87.

D*3.95 Se requiere utilizar un rectificador de picos para diseñar una fuente de alimentación que proporcione un promedio de voltaje de salida de cd de 15 V en el que se permite un máximo de ±1 V de rizo. El rectificador alimenta una carga de 150 Ω y es alimentado desde el voltaje de línea (120 V rms, 60 Hz) a través de un transformador. Los diodos disponibles tienen caída de 0.7 V cuando conducen. Si el diseñador opta por el circuito de media onda:

(a) Especifique el voltaje rms que debe aparecer en el secundario del transformador.

(b) Encuentre el valor necesario del condensador de filtro.

(c) Encuentre el máximo voltaje inverso que aparecerá en los terminales del diodo, y especifique el valor nominal del voltaje inverso de pico (PIV) del diodo.

(d) Calcule el promedio de corriente que circula por el diodo durante la conducción.

(e) Calcule la corriente pico del diodo.

D*3.96 Repita el problema 3.95 para el caso que el diseñador opte por un circuito de onda completa que utilice un transformador con derivación central.

D*3.97 Repita el problema 3.95 para el caso en el que el diseñador opte por un circuito rectificador de onda completa en puente.

***3.98** Considere un rectificador de pico de media onda alimentado con un voltaje v_S de onda triangular con amplitud de 20 V pico a pico, cero promedio y una frecuencia de 1 kHz. Suponga que el diodo tiene una caída de 0.7 V cuando conduce. Sea $R = 100\,\Omega$ la resistencia de carga y $C = 100\,\mu F$ el condensador de filtro. Encuentre el promedio de voltaje de salida, el intervalo de tiempo durante el que el diodo conduce, el promedio de corriente del diodo durante la conducción y la máxima corriente del diodo.

D*3.99 Considere el circuito de la figura P3.91 con dos condensadores de filtro iguales conectados en los terminales de los resistores de carga R. Suponga que los diodos disponibles exhiben una caída de 0.7 V cuando conducen. Diseñe el circuito para obtener un voltaje de salida de ±15 V de cd con un rizo pico a pico no mayor de 1 V. Cada fuente debe ser capaz de producir 200 mA de corriente de cd a su resistor de carga R. Especifique completamente los diodos y el transformador.

Sección 3.8: Circuitos limitadores y niveladores

3.100 Trace la curva característica de transferencia v_O contra v_I para los circuitos limitadores que se muestran en la figura P3.100. Todos los diodos comienzan a conducir a una caída de voltaje en sentido directo de 0.5 V y tienen caídas de voltaje de 0.7 V cuando conducen por completo.

3.101 Repita el problema 3.100 suponiendo que los diodos están modelados con el modelo lineal por partes con $V_{D0} = 0.65$ V y $r_D = 20\,\Omega$.

3.102 Los circuitos de la figura P3.100(a) y (d) están conectados como sigue: los dos terminales de entrada están unidos entre sí, y los dos terminales de salida están

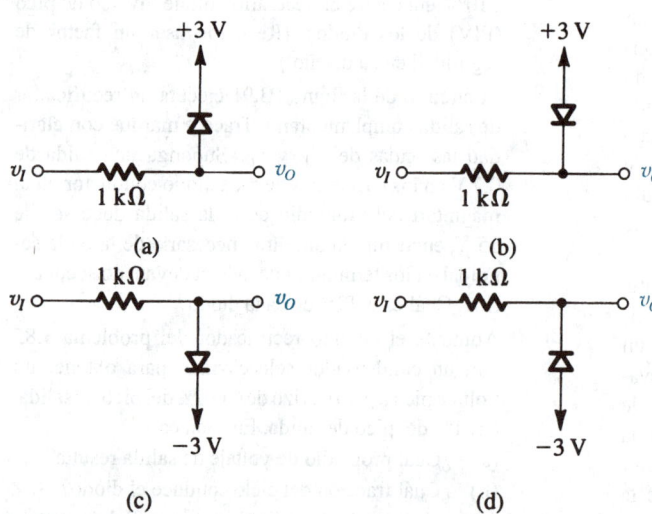

(a)   **(b)**

(c)   **(d)**

Fig. P3.100

conectados entre sí. Trace la curva característica del circuito resultante, suponiendo que el voltaje de corte de los diodos es 0.5 V y su caída de cuando conducen completamente es de 0.7 V.

3.103 Repita el problema 3.102 para los dos circuitos de la figura P3.100(a) y (b) conectados como sigue: los dos terminales de entrada están conectados juntos y los dos terminales de salida están conectados juntos.

***3.104** Trace y marque claramente la curva característica de transferencia del circuito de la figura P3.104 para $-20\,V \le v_I \le +20\,V$. Suponga que los diodos se pueden representar por medio de un modelo lineal por partes con $V_{D0} = 0.65$ V y $r_D = 20\,\Omega$. Si se supone que el voltaje Zener especificado (8.2 V) se mide a una corriente de 10 mA y que $r_z = 20\,\Omega$, represente el Zener por medio de un modelo lineal por partes.

***3.105** Trace la curva característica de transferencia del circuito de la figura P3.105 al evaluar v_I correspondiente a $v_O = 0.5, 0.6, 0.7, 0.8, -0.5, -0.6, -0.7$ y -0.8 V. Suponga que los diodos son unidades de 1 mA (es decir, tienen caídas de 0.7 V a corrientes de 1 mA) y que tienen curva característica logarítmica de 0.1 V/década. Caracterice el circuito como un limitador duro o suave. ¿Cuál es el valor de K? Estime L_+ y L_-.

D3.106 Diseñe circuitos limitadores usando sólo diodos y resistores de 10 kΩ para obtener una señal de salida limitada al intervalo de:

(a) -0.7 V y más,

(b) -2.1 V y más, y

(c) ± 1.4 V.

Suponga que cada diodo tiene una caída de 0.7 V cuando conduce.

D3.107 Diseñe un circuito limitador bilateral usando un resistor, dos diodos y dos fuentes de alimentación para

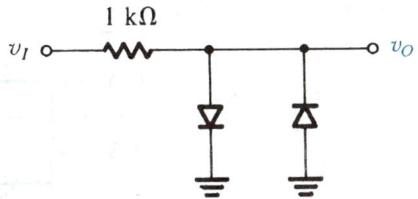

Fig. P3.105

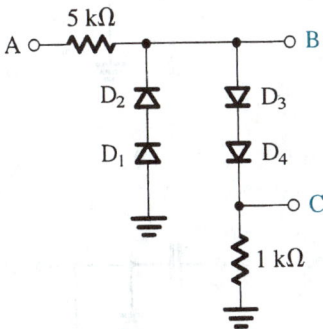

Fig. P3.109

alimentar una carga de 1 kΩ con niveles nominales limitadores de ±3 V. Utilice diodos modelados por un voltaje constante de 0.7 V. En la región no limitadora, la ganancia de voltaje del circuito debe ser por lo menos de 0.95 V/V.

***3.108** Reconsidere el problema 3.108 con diodos modelados por una desviación de 0.5 V y un resistor consistente con una conducción de 10 mA a 07 V. Trace y cuantifique el voltaje de salida para entradas de ±10 V.

***3.109** En el circuito que se muestra en la figura P3.109, los diodos exhiben una caída de 0.7 V a 0.1 mA con una curva característica de 0.1 V/década. Para entradas sobre el intervalo de ±5 V, elabore un diagrama calibrado de los voltajes en las salidas B y C. Para una senoide de 5 V 100 Hz aplicada en A, trace las señales en los nodos B y C.

3.110 Un condensador nivelado que utiliza un diodo ideal es alimentado con una onda senoidal de 10 V rms. ¿Cuál es el valor promedio (cd) de la salida resultante?

****3.111** Para los circuitos de la figura P3.111, cada uno utilizando un diodo (o diodos) ideal, trace la salida para la entrada que se muestra. Marque los niveles más positivo y más negativo de salida. Suponga que $CR \gg T$.

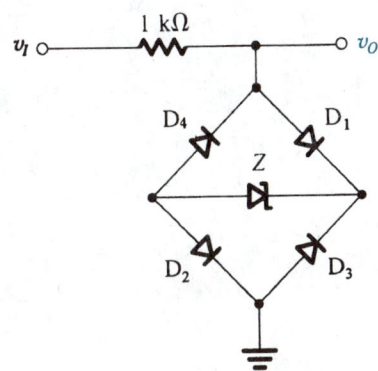

Fig. P3.104

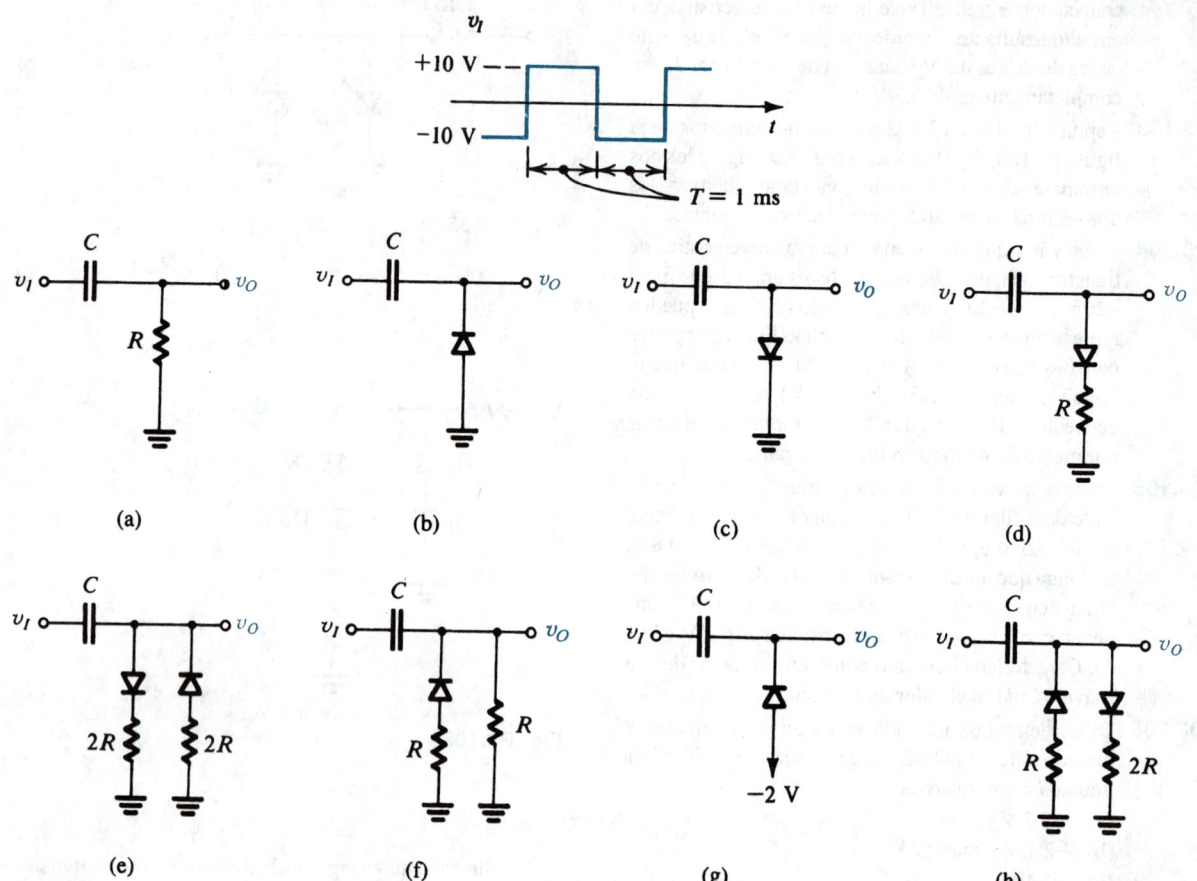

Fig. P3.111

CAPÍTULO 4

Transistores de unión bipolar (BJT)

INTRODUCCIÓN

Una vez estudiado el diodo de unión, que es el dispositivo semiconductor de dos terminales más elemental, ahora dirigimos nuestra atención a dispositivos semiconductores de tres terminales, que son mucho más útiles que los de dos terminales porque se pueden utilizar en una multitud de aplicaciones que varían desde una amplificación de señales hasta el diseño de circuitos digitales lógicos y de memoria. Los principios fundamentales que intervienen aquí son el uso del voltaje entre dos terminales para controlar la corriente que circula en el tercer terminal. En esta forma, un dispositivo de tres terminales se puede usar para realizar una fuente controlada, que, como aprendimos en el capítulo 1, es la base para el diseño de amplificadores. También, en el extremo, la señal de control se puede emplear para hacer que la corriente del tercer terminal cambie de cero a un valor grande, permitiendo así que el dispositivo actúe como interruptor. Como aprendimos también en el capítulo 1, el interruptor es la base para la realización del inversor lógico, el elemento básico de circuitos digitales.

Hay dos tipos importantes de dispositivos semiconductores de tres terminales: el transistor de unión bipolar (BJT), que es el tema de este capítulo, y el transistor de efecto de campo (FET), que veremos en el capítulo 5. Los dos tipos de transistores son igualmente importantes, y cada uno ofrece ventajas distintas y tiene campos de aplicación únicos en su género.

El transistor bipolar consta de dos uniones *pn* construidas de manera especial y conectadas en serie, espalda con espalda. La corriente es conducida por electrones y huecos y de aquí se deriva su nombre de *bipolar*.

El BJT, que con frecuencia se cita simplemente como "el transistor", se utiliza ampliamente en circuitos discretos y en el diseño de circuitos integrados (IC) tanto analógicos como digitales. Las curvas características del dispositivo están tan bien entendidas que se pueden diseñar circuitos transistorizados cuya operación es sorprendentemente predecible y bastante insensible a variaciones de los parámetros del dispositivo.

Comenzaremos por presentar una descripción sencilla de la operación física del transistor. Aunque sencilla, esta descripción física proporciona un considerable conocimiento acerca de la operación del transistor como elemento de un circuito. Rápidamente pasaremos de describir el flujo de corriente en términos de huecos y electrones a un estudio de las curvas características terminales de un transistor. Los modelos de primer orden para la operación de transistores en diferentes modos se desarrollan y utilizan en el análisis de circuitos transistorizados. Uno de los principales objetivos de este capítulo es formar en el lector un alto grado de familiaridad con el transistor. Así, al terminar el capítulo, el lector debe tener capacidad para ejecutar un rápido análisis de primer orden de circuitos transistorizados, así como para diseñar amplificadores transistorizados de una sola etapa e inversores lógicos sencillos.

4.1 ESTRUCTURA FÍSICA Y MODOS DE OPERACIÓN

En la figura 4.1 se muestra una estructura simplificada de un BJT. Una estructura transistorizada práctica se mostrará posteriormente (véase también el apéndice A, que se refiere a la tecnología de fabricación).

Como se muestra en la figura 4.1, el BJT consta de tres regiones semiconductoras: la región del emisor (tipo *n*), la región de la base (tipo *p*) y la región del colector (tipo *n*). Este transistor recibe

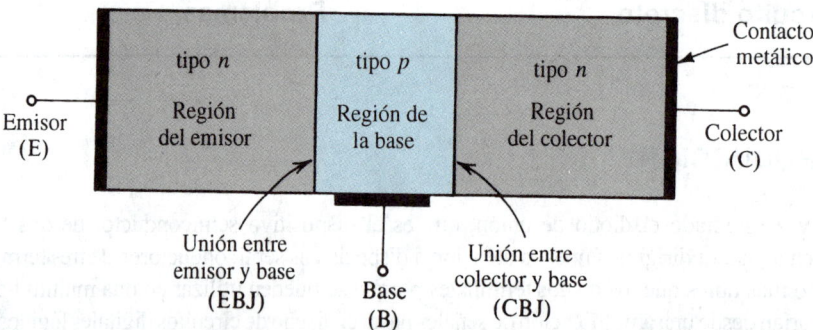

Fig. 4.1 Estructura simplificada de un transistor *npn*.

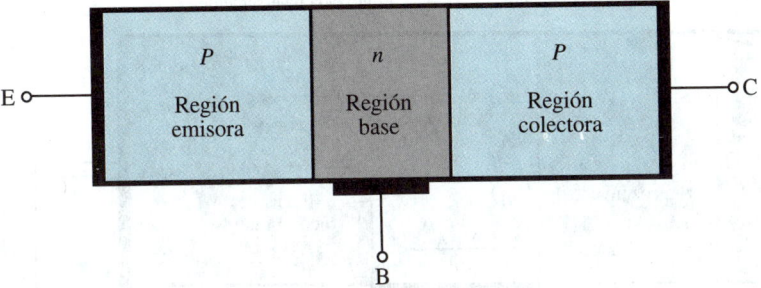

Fig. 4.2 Estructura simplificada de un transistor *pnp*.

el nombre de *transistor npn*. Otro transistor, un doble del *npn* como se muestra en la figura 4.2, tiene un emisor tipo *p*, una base tipo *n* y un colector tipo *p* y, apropiadamente, recibe el nombre de *transistor pnp*.

Se conecta un terminal a cada una de las tres regiones semiconductoras de un transistor; estos terminales se denominan **emisor** (E), **base** (B) y **colector** (C).

El transistor está formado por dos uniones *pn*, la unión entre emisor y base (EBJ) y la unión entre colector y base (CBJ). Según sea la condición de polarización (directa o inversa) de cada una de estas uniones se obtienen diferentes modos de operación del BJT, como se muestra en la tabla 4.1.

El modo activo es el que se utiliza si el transistor debe operar como amplificador. Las aplicaciones de conmutación (por ejemplo en circuitos lógicos) utilizan modos de corte y de saturación.

Tabla 4.1 MODOS DE OPERACIÓN DE UN BJT

Modo	Unión emisor-base	Unión colector-base
Corte	Inversa	Inversa
Activa	Directa	Inversa
Saturación	Directa	Directa

4.2 OPERACIÓN DEL TRANSISTOR *npn* EN EL MODO ACTIVO

Comencemos por considerar la operación física del transistor en el modo activo.[1] Esta situación se ilustra en la figura 4.3 para el transistor *npn*. Se utilizan dos fuentes externas de voltaje (que se ilustran como baterías) para crear las condiciones necesarias de polarización para operación en modo activo. El voltaje V_{BE} ocasiona que la base tipo *p* se encuentre a un potencial más alto que el emisor tipo *n*, con lo cual se polariza directamente la unión entre emisor y base. El voltaje V_{CB} entre

---

[1] El material de esta sección supone que el lector conoce bien la operación de la unión *pn* en condiciones de polarización directa (sección 3.3).

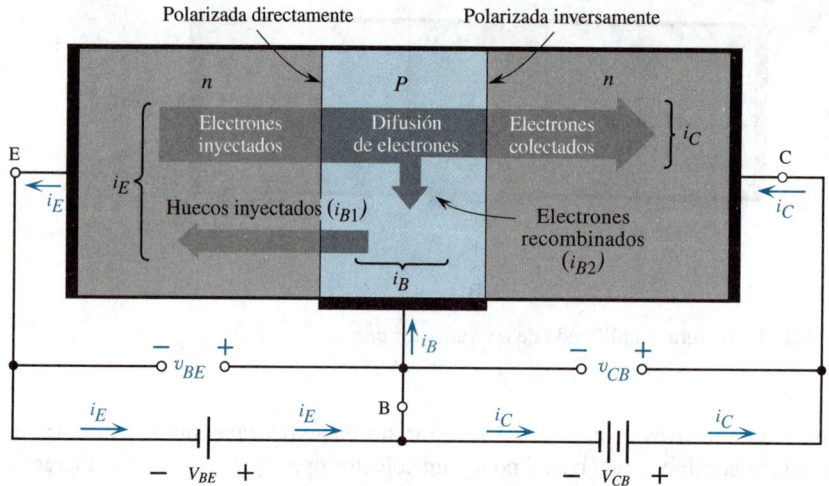

Fig. 4.3 Circulación de corriente en un transistor *npn* polarizado para operar en el modo activo. (No se muestran componentes de corriente inversa debidos al desplazamiento de portadores minoritarios generados térmicamente.)

colector y base ocasiona que el colector tipo *n* se encuentre más alto en potencial que la base tipo *p*, con lo cual se polariza inversamente la unión entre colector y base.

Circulación de corriente

En la siguiente descripción de circulación de corriente sólo se consideran componentes de corriente de difusión. Las corrientes de desplazamiento debidas a portadores minoritarios generados térmicamente suelen ser muy pequeñas y se pueden despreciar. Un poco más adelante tendremos más que decir acerca de estos componentes.

La polarización directa en la unión entre emisor y base ocasionará que circule corriente a través de la unión. Esta corriente estará formada por dos componentes: electrones inyectados del emisor a la base y de huecos inyectados de la base al emisor. Como veremos en breve, es altamente deseable tener el primer componente (electrones de emisor a base) a un nivel mucho más alto que el segundo componente (huecos de base a emisor). Esto se puede lograr al fabricar el dispositivo con un emisor fuertemente contaminado y una base ligeramente contaminada; esto es, el dispositivo está diseñado para tener una alta densidad de electrones en el emisor y una baja densidad de huecos en la base.

La corriente que circula por la unión entre emisor y base constituirá la corriente de emisor i_E, como se indica en la figura 4.3. La dirección de i_E es "saliendo del" emisor, que es en la dirección de la corriente de huecos y opuesta a la dirección de la corriente de electrones, con la corriente del emisor i_E siendo igual a la suma de estos dos componentes. Sin embargo, como el componente de electrones es mucho mayor que el de huecos, la corriente de emisor estará dominada por el componente de electrones.

Consideremos ahora los electrones inyectados del emisor a la base. Estos electrones serán **portadores minoritarios** en la región tipo *p*. Debido a que la base suele ser muy delgada, en estado estable el exceso de concentración de portadores minoritarios (electrones) en la base tendrá un perfil casi de línea recta como lo indica la línea recta sólida de la figura 4.4. La concentración de electrones

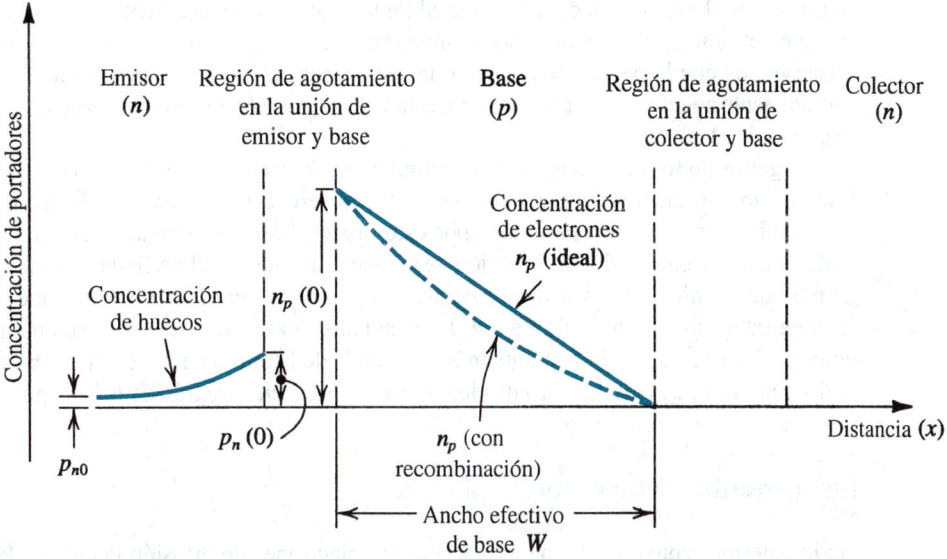

Fig. 4.4 Perfiles de concentraciones de portadores minoritarios en la base y en el emisor de un transistor *npn* que opera en el modo activo; $v_{BE} > 0$ y $v_{CB} \geq 0$.

será máxima [denotada por $n_p(0)$] en el lado del emisor y mínima (cero) en el lado del colector.[2] Como en el caso de cualquier unión *pn* polarizada directamente (sección 3.3), la concentración $n_p(0)$ será proporcional a e^{v_{BE}/V_T}

$$n_p(0) = n_{p0}e^{v_{BE}/V_T} \tag{4.1}$$

donde n_{p0} es el valor de equilibrio térmico de la concentración de portadores minoritarios (electrones) en la región de la base, v_{BE} es el voltaje de polarización directa entre emisor y base y V_T es el voltaje térmico, que es igual a aproximadamente 25 mV a temperatura ambiente. La razón de la concentración cero en el lado del colector de la base es que el voltaje positivo de colector v_{CB} ocasiona que los electrones en ese extremo sean barridos a través de la región de agotamiento CBJ.

El perfil de variación progresiva de la concentración de portadores minoritarios (figura 4.4) hace que los electrones inyectados en la base se difundan por la región de la base hacia el colector. Esta corriente electrónica de difusión I_n es directamente proporcional a la pendiente del perfil de concentración de línea recta

$$I_n = A_E q D_n \frac{dn_p(x)}{dx}$$

$$= A_E q D_n \left(-\frac{n_p(0)}{W} \right) \tag{4.2}$$

---

[2] Esta distribución de portadores minoritarios en la base resulta de las condiciones de frontera impuestas por las dos uniones. No es una distribución que decaiga exponencialmente, lo que resultaría si la región de la base fuera infinitamente gruesa. Más bien, la base delgada ocasiona que la distribución decaiga linealmente. Además, la polarización inversa de la unión entre colector y base ocasiona que la concentración de electrones en el lado del colector de la base sea cero.

donde A_E es el área de sección transversal de la unión entre base y emisor, q es la magnitud de la carga electrónica, D_n es la difusividad electrónica en la base y W es el ancho efectivo de la base. Observemos que la pendiente negativa de la concentración de portadores minoritarios resulta en una corriente negativa I_n a través de la base, es decir, I_n circula de derecha a izquierda (en la dirección negativa de x).

Algunos de los electrones que se difunden por la región de la base se combinan con huecos, que son los portadores mayoritarios en la base; pero como la base suele ser muy delgada, el porcentaje de electrones "perdidos" por este proceso de recombinación será muy pequeño. Sin embargo, la recombinación en la región de la base ocasiona que el perfil de concentración de exceso de portadores minoritarios se desvíe de la recta y tome la forma ligeramente cóncava indicada por la línea interrumpida de la figura 4.4. La pendiente del perfil de concentración en la unión entre emisor y base (EBJ) es ligeramente más alta que la de la unión entre colector y base (CBJ), siendo la diferencia el pequeño número de electrones perdidos en la región de la base por recombinación.

La corriente de colector

De lo anterior vemos que la mayor parte de los electrones de difusión llegarán a la frontera de la región de agotamiento entre colector y base. Debido a que el colector es más positivo que la base (en v_{CB} volts), estos electrones exitosos serán barridos de la región de agotamiento de la unión entre colector y base (CBJ) y pasan al colector. Así serán "recolectados" para constituir la corriente de colector i_C. Por convención, la dirección de i_C será opuesta a la del flujo de electrones; por lo tanto, i_C circula y *entra en* el terminal del colector. De esta forma $i_C = I_n$, pero como tomaremos la dirección positiva de i_C como la que entra en el terminal del colector, podemos cancelar el signo negativo de la ecuación (4.2). Al hacer esto y sustituir por $n_p(0)$ de la ecuación (4.1), podemos expresar la corriente de colector i_C como

$$i_C = I_S e^{v_{BE}/V_T} \tag{4.3}$$

donde la **corriente de saturación** I_S está dada por

$$I_S = A_E q D_n n_{p0}/W$$

Al sustituir $n_{p0} = n_i^2/N_A$, donde n_i es la densidad de portadores intrínsecos y N_A es la concentración de contaminación de la base, podemos expresar I_S como

$$I_S = \frac{A_E q D_n n_i^2}{N_A W} \tag{4.4}$$

Una observación importante que se debe hacer aquí es que la magnitud de i_C es independiente de v_{CB}. Esto es, mientras el colector sea positivo con respecto a la base, los electrones que llegan al lado del colector de la región de la base serán barridos hacia el colector y se registran como corriente de colector.

La corriente de saturación I_S es inversamente proporcional al ancho W de la base y es directamente proporcional al área de la unión entre emisor y base (EBJ). Por lo general, I_S está entre 10^{-12} y 10^{-15} A (según el tamaño del dispositivo). Debido a que I_S es proporcional a n_i^2, depende en gran medida de la temperatura, aproximadamente duplicándose por cada 5°C de elevación de temperatura. [Para la dependencia de n_i^2 de la temperatura, consulte la ecuación (3.6).]

Como I_S es directamente proporcional al área de la unión (es decir, al tamaño del dispositivo) también se conocerá como el **factor de escala de corriente**. Dos transistores que sean idénticos, excepto que uno tenga, por ejemplo, un área de EBJ del doble de la del otro, tendrá corrientes de saturación con esa misma proporción (es decir, 2). Por lo tanto, para el mismo valor de v_{BE} el dispositivo más grande tendrá una corriente de colector del doble de la del menor. Este concepto se utiliza con frecuencia en el diseño de circuitos integrados.

La corriente de base

La corriente de base i_B consta de dos componentes. El primer componente i_{B1} se debe a los huecos inyectados desde la región de la base en la región del emisor. Este componente de huecos es proporcional a e^{v_{BE}/V_T},

$$i_{B1} = \frac{A_E q D_p n_i^2}{N_D L_p} e^{v_{BE}/V_T} \tag{4.5}$$

donde D_p es la difusividad de huecos en el emisor, L_p es la longitud de difusión de huecos en el emisor, y N_D es la concentración de contaminación del emisor. El segundo componente de la corriente de base, i_{B2}, se debe a huecos que tienen que ser proporcionados por el circuito exterior para sustituir los huecos perdidos de la base por el proceso de recombinación.

Se puede hallar una expresión para i_{B2} al observar que si el tiempo promedio para que un electrón minoritario se recombine con un hueco mayoritario en la base se denote por τ_b (denominada **vida media de portador minoritario**), entonces en τ_b segundos la carga de portadores minoritarios de la base, Q_n, se recombina con huecos. Por supuesto que, en estado estable, Q_n se repone por inyección de electrones del emisor. Para reponer los huecos, la corriente i_{B2} debe abastecer la base con una carga positiva igual a Q_n cada τ_b segundos,

$$i_{B2} = \frac{Q_n}{\tau_b} \tag{4.6}$$

La carga de portadores minoritarios almacenada en la región de la base, Q_n, se puede hallar por consulta de la figura 4.4. Específicamente, Q_n está representada por el área del triángulo bajo la distribución de línea recta en la base, y

$$Q_n = A_E q \times \frac{1}{2} n_p(0) W$$

Al sustituir por $n_p(0)$ de la ecuación (4.1) y sustituir n_{p0} por n_i^2/N_A resulta

$$Q_n = \frac{A_E q W n_i^2}{2 N_A} e^{v_{BE}/V_T} \tag{4.7}$$

que se puede sustituir en la ecuación (4.6) para obtener

$$i_{B2} = \frac{1}{2} \frac{A_E q W n_i^2}{\tau_b N_A} e^{v_{BE}/V_T} \tag{4.8}$$

Al combinar las ecuaciones (4.5) y (4.8) y utilizar la (4.4) para la corriente total de base i_B obtenemos la expresión

$$i_B = I_S \left(\frac{D_p}{D_n} \frac{N_A}{N_D} \frac{W}{L_p} + \frac{1}{2} \frac{W^2}{D_n \tau_b} \right) e^{v_{BE}/V_T} \tag{4.9}$$

Al comparar las ecuaciones (4.3) y (4.8), vemos que i_B se puede expresar como una fracción de i_C como sigue:

$$i_B = \frac{i_C}{\beta}$$

(4.10)

Esto es,

$$i_B = \left(\frac{I_S}{\beta}\right) e^{v_{BE}/V_T}$$

(4.11)

donde β está dada por

$$\beta = 1 \bigg/ \left(\frac{D_p}{D_n} \frac{N_A}{N_D} \frac{W}{L_p} + \frac{1}{2} \frac{W^2}{D_n \tau_b}\right)$$

(4.12)

de donde vemos que β es una constante para el transistor en particular. Para modernos transistores *npn*, β está entre 100 y 200, pero puede ser de hasta 1000 para dispositivos especiales. Por razones que más adelante quedan claras, la constante β recibe el nombre de **ganancia de corriente de emisor común**.

La ecuación (4.12) indica que el valor de β está fuertemente influido por dos factores: el ancho W de la región de la base y las relativas contaminaciones de la región de la base y la región del emisor (N_A/N_D). Para obtener una β alta (que es altamente deseable porque β representa un parámetro de ganancia) la base debe ser delgada (W pequeña) y ligeramente contaminada y el emisor fuertemente contaminado $\left(\frac{N_A}{N_D} \text{ pequeña}\right)$. Finalmente, observamos que el análisis hasta aquí supone una situación idealizada, donde β es una constante para un transistor dado.

La corriente de emisor

Como la corriente que entra a un transistor debe salir del mismo, se puede ver de la figura 4.3 que la corriente de emisor i_E es igual a la suma de la corriente de colector i_C y la corriente de base i_B,

$$i_E = i_C + i_B$$

(4.13)

Con las ecuaciones (4.10) y (4.13) resulta

$$i_E = \frac{\beta + 1}{\beta} i_C$$

(4.14)

esto es,

$$i_E = \frac{\beta + 1}{\beta} I_S e^{v_{BE}/V_T}$$

(4.15)

Alternativamente, podemos expresar la ecuación (4.14) en la forma

$$i_C = \alpha i_E$$

(4.16)

donde la constante α está relacionada con β por

$$\alpha = \frac{\beta}{\beta + 1} \tag{4.17}$$

Entonces, la corriente de emisor en la ecuación (4.15) se puede escribir como

$$i_E = (I_S/\alpha)e^{\upsilon_{BE}/V_T} \tag{4.18}$$

Finalmente, podemos usar la ecuación (4.17) para expresar β en términos de α; esto es,

$$\beta = \frac{\alpha}{1 - \alpha} \tag{4.19}$$

De la ecuación (4.17) se puede ver que α es una constante (para el transistor en particular) que es menor a la unidad, pero muy cercana a ésta. Por ejemplo, si $\beta = 100$, entonces $\alpha \simeq 0.99$. La ecuación (4.19) deja ver un hecho importante: pequeños cambios en α corresponden a cambios muy grandes en β. Esta observación matemática se manifiesta físicamente, con el resultado de que transistores del mismo tipo pueden tener valores de β muy diferentes. Por razones que veremos más adelante, α se llama **ganancia de corriente de base común.**

Recapitulación

Hemos presentado un modelo de primer orden para la operación del transistor *npn* en el modo activo. Básicamente, el voltaje υ_{BE} de polarización directa ocasiona que una corriente i_C exponencialmente relacionada circule en el terminal del colector. La corriente de colector i_C es independiente del valor del voltaje del colector mientras la unión entre colector y base permanezca polarizada inversamente, esto es, $\upsilon_{CB} \geq 0$. Así, en el modo activo, el terminal del colector se comporta como una fuente ideal de corriente constante en donde el valor de la corriente está determinado por υ_{BE}. La corriente de base i_B es un factor $1/\beta$ de la corriente de colector, y la corriente de emisor es igual a la suma de las corrientes de colector y de base. Como i_B es mucho menor que i_C (esto es, $\beta \gg 1$), $i_E \simeq i_C$. Más precisamente, la corriente de colector es una fracción α de la corriente de emisor, con α menor que la unidad, pero cercana a ésta.

Modelos de circuito equivalente

El modelo de primer orden de la operación de un transistor descrito antes se puede representar por medio del circuito equivalente que se muestra en la figura 4.5(a). Ahí, el diodo D_E tiene un factor de escala de corriente igual a (I_S/α) y así proporciona una corriente i_E relacionada con υ_{BE} de acuerdo con la ecuación (4.18). La corriente de la fuente controlada, que es igual a la corriente de colector, es controlada por υ_{BE} según la relación exponencial indicada, que es otra forma de expresión de la ecuación (4.3). Este modelo es en esencia una fuente de corriente no lineal controlada por voltaje. Se puede convertir al modelo de fuente de corriente controlada por corriente, la cual se ilustra en la figura 4.5(b) al expresar la corriente de la fuente controlada como αi_E. Nótese que este modelo es también no lineal debido a la relación exponencial entre la corriente i_E, que pasa por el diodo D_E, y el voltaje υ_{BE}. De este modelo observamos que si el transistor se utiliza como red de dos puertos con el puerto de entrada entre E y B, y el puerto de salida entre C y B (es decir, con B como terminal común), entonces la ganancia de corriente observada es igual a α. Así, α recibe el nombre de *ganancia de corriente en base común.*

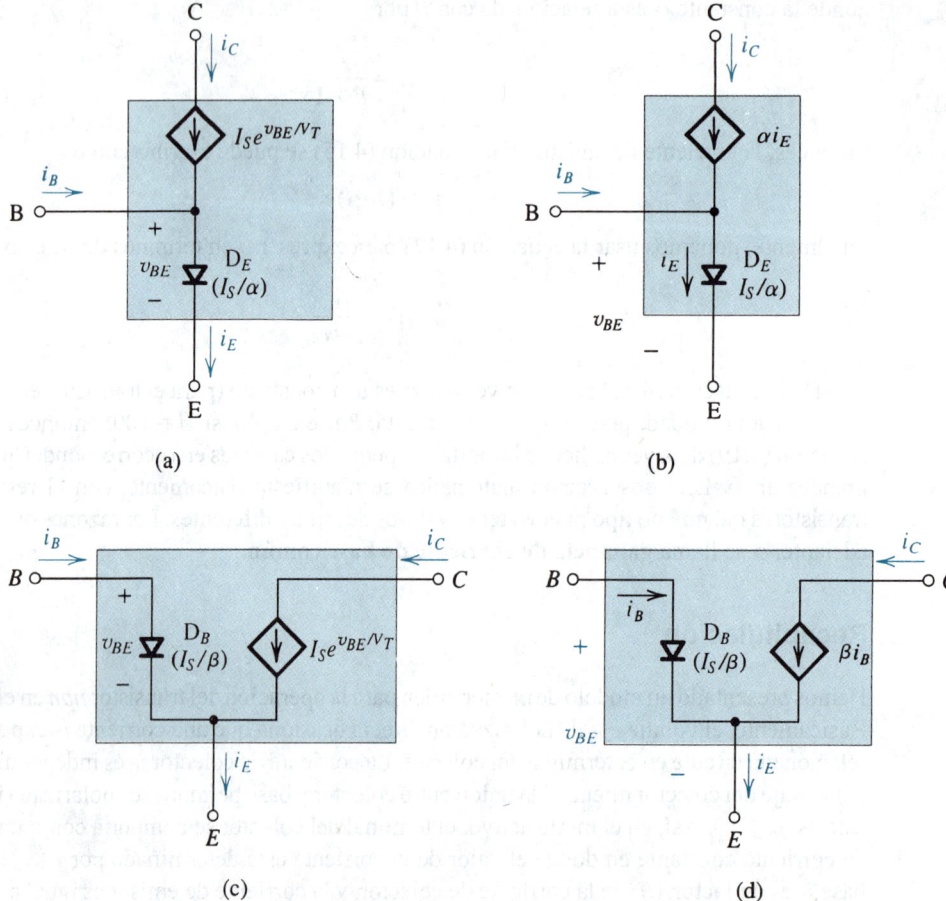

Fig. 4.5 Modelos a gran señal de circuito equivalente del BJT *npn* que operan en el modo activo.

Los otros modelos de circuito equivalente, que se muestran en las figuras 4.5(c) y (d), se pueden usar para representar la operación a gran señal del BJT. El modelo de la figura 4.5(c) es esencialmente una fuente de corriente controlada por voltaje. Sin embargo, aquí el diodo D_B conduce la corriente de base y por lo tanto su factor de escala de corriente es I_S/β, resultando en la relación i_B–v_{BE} dada en la ecuación (4.11). Con sólo expresar la corriente de colector como βi_B obtenemos el modelo de fuente de corriente controlada por voltaje que se muestra en la figura 4.5(d). De este último modelo observamos que si se utiliza el transistor como red de dos puertos, con el puerto de entrada entre B y E y el puerto de salida entre C y E (esto es, con E como terminal común), entonces la ganancia de corriente observada es igual a β. En consecuencia, β recibe el nombre de *ganancia de corriente de emisor común.*

La constante *n*

En la ecuación del diodo (capítulo 3) utilizamos una constante *n* en el exponencial y mencionamos que su valor está entre 1 y 2. Para modernos transistores de unión bipolar, la constante *n* es cercana

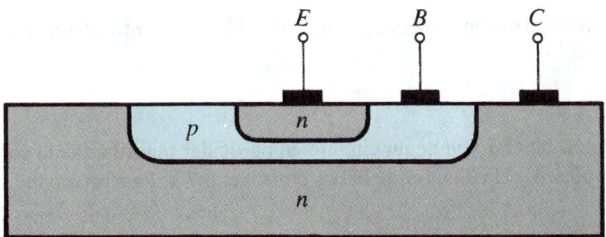

Fig. 4.6 Sección transversal de un BJT *npn*.

a la unidad, excepto en casos especiales: (1) a elevadas corrientes (esto es, elevadas en relación con el intervalo normal de corriente del transistor en particular) la relación i_C–v_{BE} exhibe un valor para n que es cercano a 2, y (2) a bajas corrientes, i_B–v_{BE} muestra un valor para n de aproximadamente 2. Nótese que para nuestros propósitos supondremos siempre que $n = 1$.

La corriente inversa de colector a base (I_{CBO})

En nuestro análisis de circulación de corriente en transistores pasamos por alto las pequeñas corrientes inversas llevadas por portadores minoritarios generados térmicamente. Aun cuando estas corrientes se pueden despreciar sin mayor efecto en modernos transistores, la corriente inversa entre la unión de colector y base merece citarse. Esta corriente, denotada como I_{CBO}, es la corriente inversa que circula de colector a base con el emisor en circuito abierto (del inglés, *open*, de aquí el subíndice O). Esta corriente suele ser del orden de los nanoamperes, valor que es muchas veces más elevado que su valor teóricamente pronosticado. Al igual que con la corriente inversa del diodo, I_{CBO} contiene una componente considerable de fuga, y su valor depende de v_{CB}. I_{CBO} depende en gran medida de la temperatura, duplicándose aproximadamente por cada 10°C de elevación.[3]

La estructura de transistores reales

En la figura 4.6 se muestra una sección más realista (pero todavía simplificada) de un transistor de unión bipolar *npn*. Nótese que el colector prácticamente rodea la región del emisor, haciendo así difícil que los electrones inyectados en la delgada base escapen de ser colectados. En esta forma, la α resultante es cercana a la unidad y β es grande. Del mismo modo, observemos que el dispositivo no es simétrico. Para más detalles sobre la estructura física de dispositivos reales, el lector debe consultar el apéndice A.

Ejercicios

4.1 Considere un transistor *npn* con $v_{BE} = 0.7$ V a una corriente $i_C = 1$ mA. Encuentre v_{BE} a $i_C = 0.1$ mA y 10 mA.

Resp. 0.64 V; 0.76 V

---

[3] El coeficiente de temperatura de I_{CBO} es diferente del de I_S porque I_{CBO} contiene una importante componente de fuga.

4.2 Se especifica que transistores de cierto tipo tienen valores de β entre 50 y 150. Encuentre el orden de sus valores α.

Resp. 0.980 a 0.993

4.3 La medición de un transistor de unión bipolar *npn* de un circuito en particular muestra que la corriente de base es 14.46 μA, la corriente de emisor es 1.460 mA y el voltaje entre base y emisor es 0.7 V. Para estas condiciones, calcule α, β e I_S.

Resp. 0.99; 100; 10^{-15} A

4.4 Calcule β para dos transistores para los que $\alpha = 0.99$ y 0.98. Para corrientes de colector de 10 mA, encuentre la corriente de base de cada transistor.

Resp. 99; 49; 0.1 mA; 0.2 mA

4.5 Considere el modelo de transistor de unión bipolar (BJT) que se muestra en la figura 4.5(d). Encuentre el valor de la corriente de escala de D_B dado que $I_S = 10^{-14}$ A y $\beta = 100$. Si este transistor opera en configuración de emisor común, con la base alimentada con una fuente de corriente constante produciendo 10 μA y con el colector conectado a una fuente de +10 V (E está a tierra), encuentre V_{BE} e I_C.

Resp. 10^{-16} A; 0.633 V; 1 mA

4.3   EL TRANSISTOR *pnp*

El transistor *pnp* funciona de una manera semejante a la del *npn* descrito en la sección 4.2. En la figura 4.7 se muestra un transistor *pnp* polarizado para operar en el modo activo. Aquí, el voltaje V_{EB} hace que el emisor tipo *p* sea más alto en potencial que la base tipo *n*, polarizando así directamente la unión entre base y emisor. La unión entre colector y base está polarizada inversamente por el voltaje V_{BC}, que mantiene la base tipo *n* más alta en potencial que el colector tipo *p*.

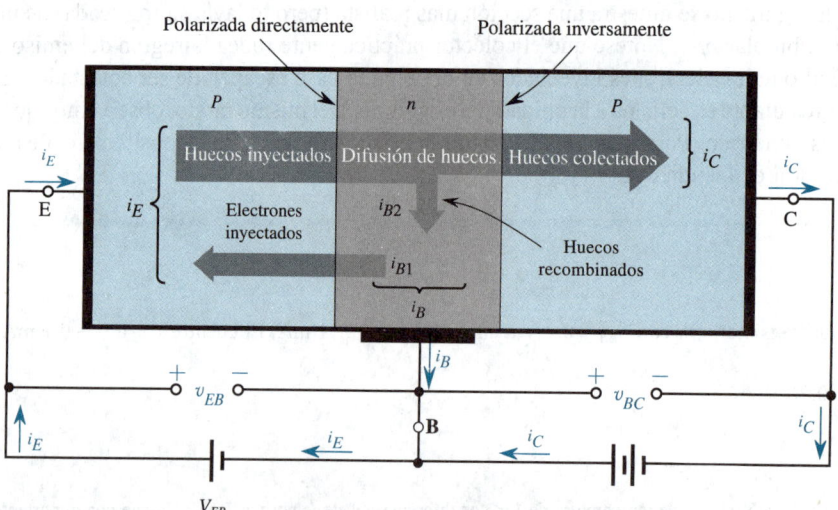

Fig. 4.7 Circulación de corriente en un transistor *pnp* polarizado para operar en el modo activo.

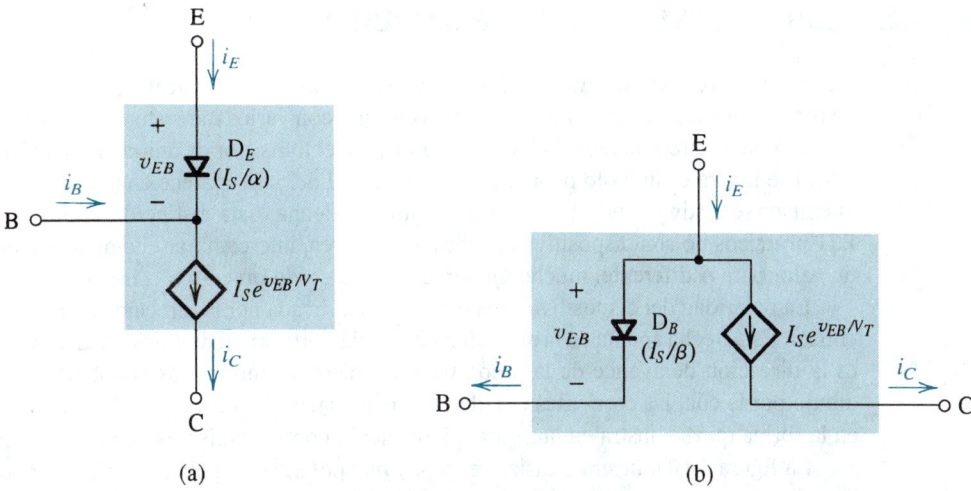

Fig. 4.8   Dos modelos a gran señal para el transistor *pnp* que operan en el modo activo.

A diferencia del transistor *npn*, la corriente del dispositivo *pnp* es conducida principalmente por huecos inyectados del emisor a la base como resultado del voltaje V_{EB} de polarización directa. Como la componente de corriente de emisor aportada por electrones inyectados de base a emisor se mantiene pequeña por el uso de una base ligeramente contaminada, la mayor parte de la corriente de emisor se debe a huecos. Los electrones inyectados de base a emisor dan lugar a la primera componente de la corriente de base, i_{B1}. Igualmente, varios de los huecos inyectados en la base se recombinan con los portadores mayoritarios de la base (electrones) y por ello se pierden. Los electrones de la base que desaparecen tendrán que ser sustituidos desde el circuito externo, dando lugar a la segunda componente de la corriente de base, i_{B2}. Los huecos que logran llegar a la frontera de la región de agotamiento de la unión entre colector y base serán atraídos por el voltaje negativo del colector. Así, estos huecos serán llevados de la región de agotamiento hacia el colector y aparecen como corriente de colector.

Se puede ver fácilmente de la descripción anterior que las relaciones entre corriente y voltaje del transistor *pnp* serán idénticas a las del *npn* excepto que v_{BE} tiene que ser sustituido por v_{EB}. Igualmente, la operación a gran señal del transistor *pnp* se puede modelar mediante uno cualquiera de cuatro posibles modelos de circuito equivalente que son iguales a los dados para el transistor *npn* de la figura 4.5. Como ilustración, dos de los cuatro modelos *pnp* se describen en la figura 4.8.

Ejercicios

4.6   Considere el modelo de la figura 4.8(a) aplicado en el caso de un transistor *pnp* cuya base está a tierra, el emisor está alimentado por una fuente de corriente constante que abastece una corriente de 2 mA en el terminal del emisor, y el colector está conectado a una fuente de 10 V de cd. Encuentre el voltaje de emisor, la corriente de base y la corriente de colector, si para este transistor $\beta = 50$ e $I_S = 10^{-14}$ A.

Resp.   0.650 V; 39.2 μA; 1.96 mA

4.7   Para un transistor *pnp* que tiene una $I_S = 10^{-11}$ A y una $\beta = 100$, calcule v_{EB} para $i_C = 1.5$ A.

Resp.   0.643 V

4.4   SÍMBOLOS Y CONVENCIONES DE CIRCUITOS

La estructura física utilizada hasta aquí para explicar la operación de un transistor es más bien difícil de usarse para visualizar el diagrama de un circuito con varios transistores. Afortunadamente existe un símbolo de circuito, descriptivo y cómodo, para el transistor de unión bipolar (BJT). En la figura 4.9(a) se ilustra el símbolo para el transistor *npn*; el del *pnp* aparece en la figura 4.9(b); en ambos, el emisor se distingue por medio de una punta de flecha. Esta distinción es importante porque los BJT prácticos no son dispositivos simétricos. Esto es, intercambiar el emisor y colector resulta en un valor para α diferente, mucho menor, conocido como **inverso** o α **inversa**.[4]

La polaridad del dispositivo, *npn* o *pnp*, está indicada por la dirección de la punta de flecha del emisor. Esta flecha apunta en la dirección de circulación normal de corriente del emisor, que también es la dirección de avance de la unión base y emisor. Como hemos adoptado una convención de dibujo por la cual las corrientes circulan de arriba hacia abajo, siempre dibujamos transistores *pnp* en la forma que se ilustra en la figura 4.9 (es decir, con sus emisores en la parte superior).

La figura 4.10 muestra transistores *npn* y *pnp* polarizados para operar en el modo activo. Debe mencionarse de paso que el arreglo de polarización que se muestra, al utilizar dos fuentes de cd, no es común y se usa sólo para ilustrar la operación. Los esquemas prácticos de polarización se presentarán en la sección 4.10. En la figura 4.10 también se indica la referencia y direcciones reales de circulación de corriente para coincidir con la dirección normal de circulación. Por lo tanto, normalmente, no encontraremos un valor negativo para i_E, i_B o i_C.

La conveniencia de la convención de dibujar el circuito que hemos adoptado debe ser obvia de la figura 4.10. Nótese que la corriente circula de la parte superior a la inferior y que los voltajes son más altos en la parte superior y más bajos en la inferior. La punta de flecha del emisor también implica la polaridad del voltaje entre emisor y base que debe aplicarse para polarizar directamente la unión entre el emisor y la base. Una mirada al símbolo del circuito del transistor *pnp*, por ejemplo, indica que debemos hacer el emisor más alto en voltaje que la base (en v_{EB}) para que la corriente circule en el emisor (hacia abajo). Nótese que el símbolo v_{EB} es el voltaje por el que el emisor (E) es más alto que la base (B). Por lo tanto, para un transistor *pnp* que opere en el modo activo, v_{EB} es positivo, en tanto que en un *npn* el voltaje v_{BE} es positivo.

De nuestro análisis de la sección 4.3 se deduce que un transistor *npn* cuya unión entre emisor y base está polarizada directamente operará en el modo activo *mientras el colector se encuentre a*

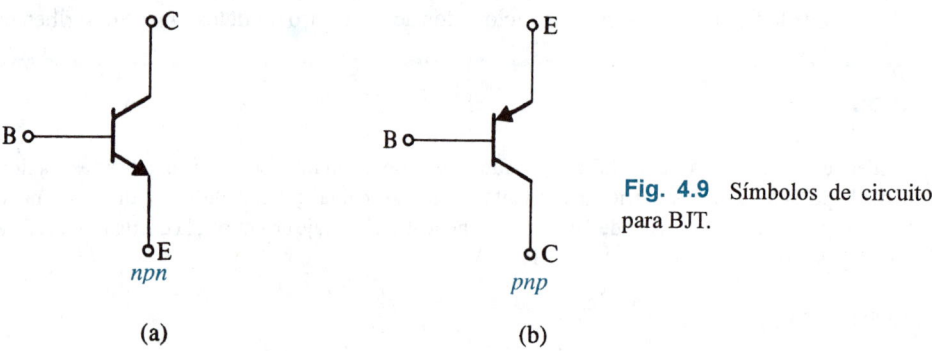

Fig. 4.9   Símbolos de circuito para BJT.

---

[4] El modo inverso de operación del BJT se estudiará en la sección 4.13.

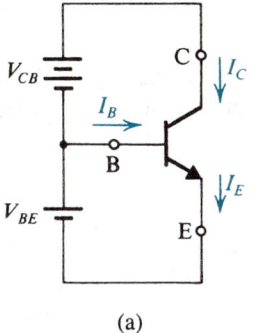
(a)

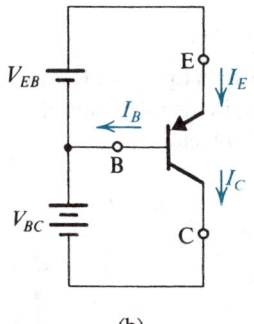
(b)

Fig. 4.10 Polaridades de voltaje y circulación de corriente en transistores polarizados en el modo activo.

un potencial más alto que la base. La operación en modo activo se mantendrá incluso si el voltaje de colector cae ligeramente por debajo del de la base, ya que la unión *pn* de silicio es no conductora en esencia cuando el voltaje entre sus terminales es menor de unos 0.5 V, pero no debe permitirse que el voltaje de colector caiga muy por debajo del de la base si es que se necesita operación en modo activo; si cae muy por debajo del voltaje de base, la unión entre colector y base se polariza directamente y el transistor entra en un nuevo modo de operación que recibe el nombre de saturación. Más adelante estudiaremos este modo de saturación; por ahora consideraremos que la frontera del modo activo o región activa de operación como $v_{CB} = 0$.

De modo paralelo, el transistor *pnp* operará en el modo activo *si el potencial del colector es menor que (o sólo ligeramente superior) el de la base.* No debe permitirse que el voltaje de colector se eleve muy por encima del de la base, si ha de mantenerse operación en modo activo. Otra vez, hasta nuestro estudio de la región de saturación de operación en una sección más adelante, por ahora tomaremos la frontera de la región activa como $v_{BC} = 0$.

Para fácil referencia, presentamos en la tabla 4.2 un resumen de las relaciones entre corriente y voltaje de un transistor de unión bipolar en el modo activo de operación.

Tabla 4.2   RESUMEN DE LAS RELACIONES ENTRE CORRIENTE
Y VOLTAJE DE UN BJT EN EL MODO ACTIVO

$$i_C = I_S \, e^{v_{BE}/V_T}$$

$$i_B = \frac{i_C}{\beta} = \left(\frac{I_S}{\beta}\right) e^{v_{BE}/V_T}$$

$$i_E = \frac{i_C}{\alpha} = \left(\frac{I_S}{\alpha}\right) e^{v_{BE}/V_T}$$

Nota: Para el transistor *pnp*, sustituir v_{BE} con v_{EB}.

$$i_C = \alpha \, i_E \qquad i_B = (1 - \alpha)i_E = \frac{i_E}{\beta + 1}$$

$$i_C = \beta \, i_B \qquad i_E = (\beta + 1)i_B$$

$$\beta = \frac{\alpha}{1 - \alpha} \qquad \alpha = \frac{\beta}{\beta + 1}$$

$$V_T = \text{voltaje térmico} = \frac{kT}{q} \cong 25 \text{ mV a temperatura ambiente}$$

EJEMPLO 4.1

El transistor del circuito de la figura 4.11(a) tiene $\beta = 100$ y exhibe una υ_{BE} de 0.7 V a una corriente $i_C = 1$ mA. Diseñe el circuito de modo que circule una corriente de 2 mA por el colector y aparezca un voltaje de +5 V en el colector.

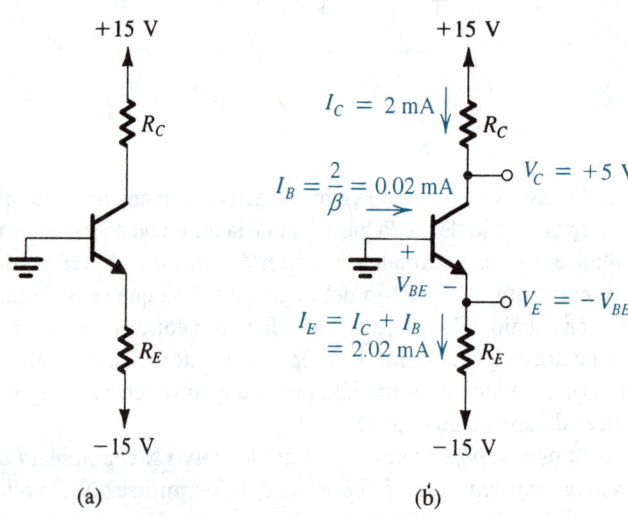

Fig. 4.11 Circuito para el ejemplo 4.1.

(a)   (b)

SOLUCIÓN

Consulte la figura 4.11(b). Para obtener un voltaje $V_C = +5$ V, la caída de voltaje en R_C debe ser $15 - 5 = 10$ V. Ahora, como $I_C = 2$ mA, el valor de R_C debe seleccionarse según

$$R_C = \frac{10 \text{ V}}{2 \text{ mA}} = 5 \text{ k}\Omega$$

Como $\upsilon_{BE} = 0.7$ V a $i_C = 1$ mA, el valor de υ_{BE} a $i_C = 2$ mA es

$$V_{BE} = 0.7 + V_T \ln\left(\frac{2}{1}\right) = 0.717 \text{ V}$$

Como la base está a 0 V, el voltaje de emisor debe estar a

$$V_E = -0.717 \text{ V}$$

Para $\beta = 100$, $\alpha = 100/101 = 0.99$. Entonces la corriente de emisor debe ser

$$I_E = \frac{I_C}{\alpha} = \frac{2}{0.99} = 2.02 \text{ mA}$$

Ahora, el valor pedido para R_E se puede determinar con

$$R_E = \frac{V_E - (-15)}{I_E}$$

$$= \frac{-0.717 + 15}{2.02} = 7.07 \text{ k}\Omega$$

Esto completa el diseño, pero debemos observar que los cálculos anteriores se hicieron con un grado de precisión que no es ni necesario ni justificado en la práctica en vista, por ejemplo, de las tolerancias esperadas de valores de componentes. Con todo, escogemos hacer el diseño de manera precisa para ilustrar los diversos pasos que intervienen.

Ejercicios

4.8 En el circuito que se muestra en la figura E4.8, el voltaje en el emisor se midió y fue de −0.7 V. Si $\beta = 50$, encuentre I_E, I_B, I_C y V_C.

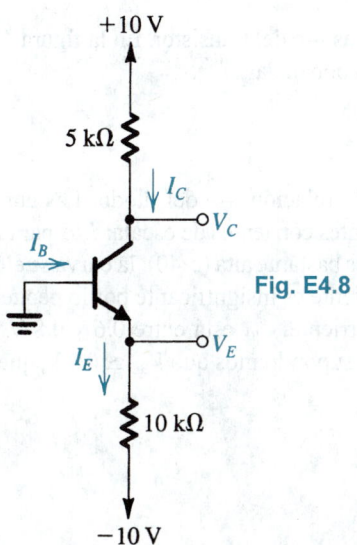

Fig. E4.8

Resp. 0.93 mA; 18.2 μA; 0.91 mA; +5.45 V

4.9 En el circuito que se muestra en la figura E4.9, una medición indica que V_B es +1.0 V y V_E es +1.7 V. ¿Cuáles son α y β para este transistor? ¿Qué voltaje V_C se espera en el colector?

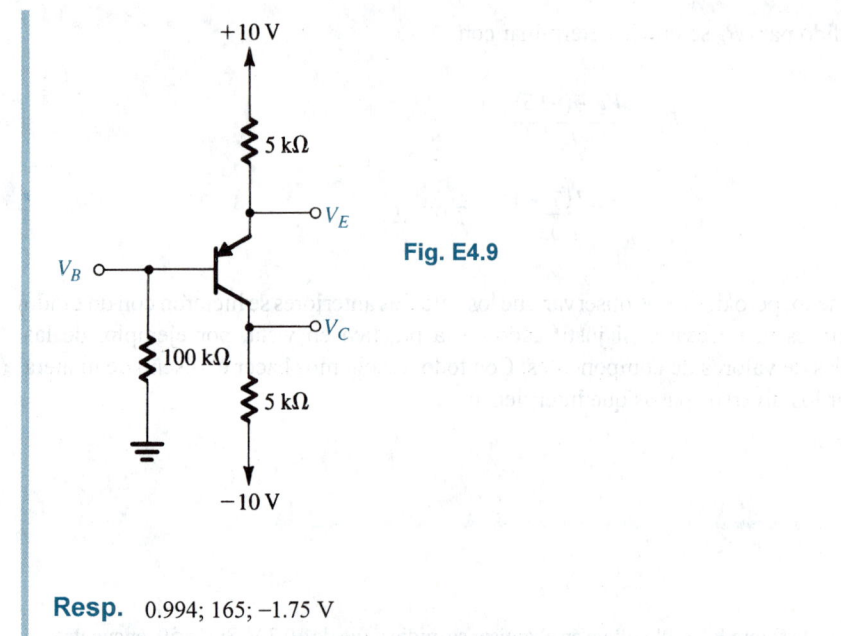

Fig. E4.9

Resp. 0.994; 165; −1.75 V

4.5 REPRESENTACIÓN GRÁFICA DE CURVAS CARACTERÍSTICAS DE TRANSISTORES

A veces es útil describir gráficamente las curvas características i–υ del transistor. En la figura 4.12 se ilustra la curva característica i_C – υ_{BE}, que es la relación exponencial

$$i_C = I_S e^{\upsilon_{BE}/V_T}$$

que es idéntica (excepto por el valor de la constante n) a la relación i–υ del diodo. Las curvas i_E – υ_{BE} e i_B – υ_{BE} también son exponenciales pero con diferentes corrientes de escala: I_S/α para i_E e I_S/β para i_B. Como la constante de la curva exponencial, $1/V_T$, es bastante alta ($\simeq 40$), la curva se eleva en forma muy pronunciada. Para υ_{BE} menor de 0.5 V, la corriente es insignificante por lo pequeña. Del mismo modo, en casi todos los valores normales de corriente, υ_{BE} está entre 0.6 y 0.8 V. Al realizar rápidos cálculos de cd de primer orden normalmente supondremos que $V_{BE} \simeq 0.7$ V, que es

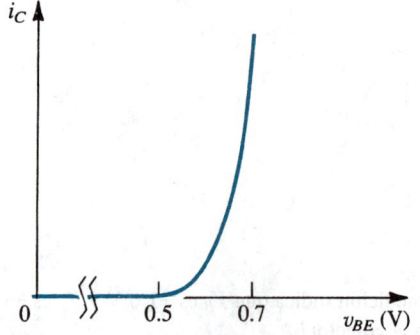

Fig. 4.12 Curva característica i_C – υ_{BE} para un transistor *npn*.

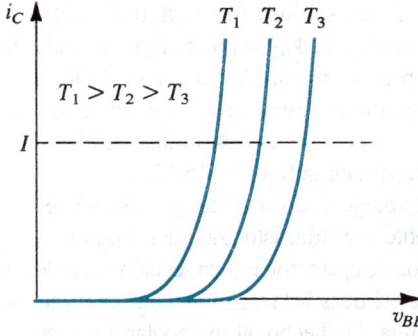

Fig. 4.13 Efecto de la temperatura en una curva característica $i_C - \upsilon_{BE}$. A una corriente constante de emisor (línea punteada), υ_{BE} cambia en -2 mV/°C.

similar al método usado en el análisis de circuitos con diodos (capítulo 3). Para un transistor *pnp* la curva $i_C - \upsilon_{EB}$ se verá idéntica a la de la figura 4.12.

Al igual que en diodos de silicio, el voltaje en los terminales de la unión entre emisor y base decrece en unos 2 mV por cada 1°C de calentamiento, siempre que la unión opere a corriente constante. La figura 4.13 ilustra esta dependencia de temperatura al describir curvas $i_C - \upsilon_{BE}$ a tres temperaturas diferentes para un transistor *npn*.

La figura 4.14(b) ilustra las curvas características i_C contra υ_{CB} de un transistor *npn* para varios valores de la corriente de emisor i_E. Estas curvas se pueden medir por medio del circuito que se ilustra en la figura 4.14(a). Sólo se muestra la operación en modo activo, ya que únicamente se muestra la porción de las curvas para $\upsilon_{CB} \geq 0$. Como se puede ver, las curvas son rectas horizontales, lo cual corrobora el hecho que el colector se comporta como una fuente de corriente constante. En este caso, el valor de la corriente de colector está controlada por el de la corriente de emisor ($i_C = \alpha i_E$), y el transistor puede ser considerado como fuente de corriente controlada por corriente (véase el modelo de la figura 4.5b).

Dependencia de i_C del voltaje de colector; el efecto Early

Cuando operan en la región activa, los transistores de unión bipolar (BJT) muestran alguna dependencia de la corriente de colector sobre el voltaje de colector, con el resultado que sus curvas características $i_C - \upsilon_{CB}$ no son rectas perfectamente horizontales. Para ver esta dependencia más

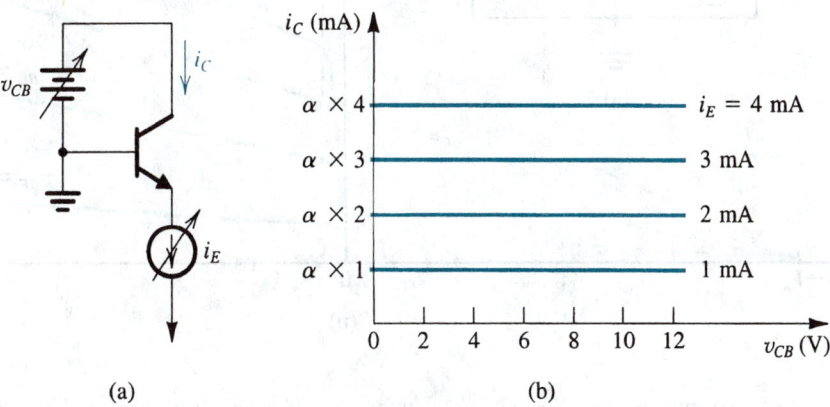

(a) (b)

Fig. 4.14 Curvas características $i_C - \upsilon_{CB}$ para un transistor *npn* en el modo activo.

claramente, considere el circuito conceptual que se ilustra en la figura 4.15(a). El transistor está conectado a la configuración de emisor común, y su V_{BE} se puede fijar en cualquier valor deseado al ajustar la fuente de cd conectada entre base y emisor. A cada valor de V_{BE}, la correspondiente curva característica $i_C - v_{CE}$ se puede medir punto por punto al hacer variar la fuente de cd conectada entre colector y emisor y medir la corriente de colector correspondiente. El resultado es la familia de curvas características $i_C - v_{CE}$ que se muestra en la figura 4.15(b).

A bajos valores de v_{CE}, a medida que el voltaje de colector cae por debajo del de la base, la unión entre colector y base se polariza directamente y el transistor sale del modo activo y entra en el de saturación; estudiaremos el modo de saturación de operación en una sección más adelante pero por ahora deseamos examinar en detalle las curvas características de la región activa. Observamos que estas curvas, aun cuando sean rectas, tienen pendiente finita. De hecho, al extrapolar, las rectas características se encuentran en un punto en el eje negativo v_{CE}, en $v_{CE} = -V_A$. El voltaje V_A, un número positivo, es un parámetro para el BJT en particular, con valores típicos entre 50 y 100 V. Recibe el nombre de **voltaje Early**, en honor a un científico que fue el primero en estudiar este fenómeno.

A un valor dado de v_{BE}, un creciente v_{CE} incrementa el voltaje de polarización inversa en la unión entre colector y base y por lo tanto aumenta el ancho de la región de agotamiento de esta unión (consulte la figura 4.3). Esto, a su vez, resulta en un decremento en el **ancho eficaz de base** W. Si recordamos que I_S es inversamente proporcional a W (ecuación 4.4), vemos que I_S aumentará e i_C aumenta proporcionalmente. Éste es el efecto Early.

La dependencia lineal de i_C en v_{CE} se puede justificar si se supone que I_S permanece constante y se incluye el factor $(1 + v_{CE}/V_A)$ de la ecuación para i_C como sigue:

$$i_C = I_S e^{v_{BE}/V_T} \left(1 + \frac{v_{CE}}{V_A} \right) \tag{4.20}$$

00

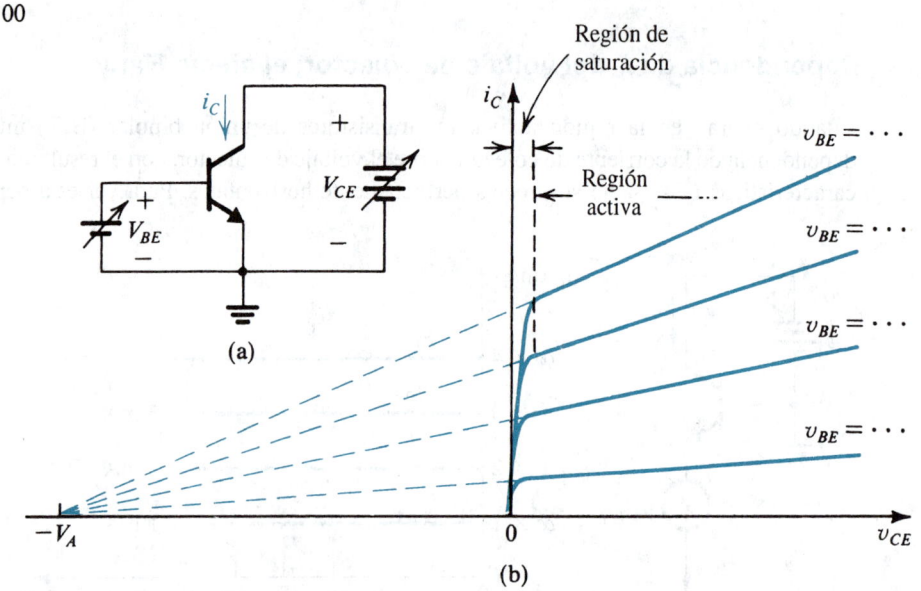

(a)

(b)

Fig. 4.15 **(a)** Circuito conceptual para medir las curvas características $i_C - v_{CE}$ del BJT. **(b)** Curvas características $i_C - v_{CE}$ de un BJT en particular.

La pendiente diferente de cero de las rectas i_C–v_{CE} indica que la **resistencia de salida** que mira hacia el colector no es infinita sino que, más bien, es finita y está definida por

$$r_o \equiv \left[\left. \frac{\partial i_C}{\partial v_{CE}} \right|_{v_{BE} = \text{constante}} \right]^{-1} \tag{4.21}$$

Al usar la ecuación (4.20) demostramos que

$$r_o \simeq \frac{V_A}{I_C} \tag{4.22}$$

donde I_C es el nivel de corriente correspondiente al valor constante de v_{BE}, cerca de la frontera de la región activa.

Raras veces es necesario incluir la dependencia de i_C en v_{CE} en el diseño y análisis de polarización de cd, pero la resistencia finita de salida r_o puede tener un efecto significativo en la ganancia de amplificadores transistorizados, como se verá en secciones y capítulos más adelante.

Ejercicios

4.10 Considere un transistor *pnp* con $v_{EB} = 0.7$ V a $i_E = 1$ mA. Sea la base conectada a tierra, el emisor alimentado por una fuente de corriente constante de 2 mA y el colector conectado a una fuente de −5 V a través de una resistencia de 1 kΩ. Si la temperatura aumenta en 30°C, encuentre los cambios en los voltajes de emisor y colector. Desprecie el efecto de I_{CBO}.

Resp. −60 mV; 0 V

4.11 Encuentre la resistencia de salida de un BJT para el que $V_A = 100$ V, a $I_C = 0.1$, 1 y 10 mA.

Resp. 1 MΩ, 100 kΩ; 10 kΩ

4.12 Considere el circuito de la figura 4.15(a). A $V_{CE} = 1$ V, V_{BE} está ajustado para dar una corriente de colector de 1 mA. Entonces, mientras V_{BE} se mantiene constante, V_{CE} se eleva a 11 V. Encuentre el nuevo valor de I_C. Para este transistor, $V_A = 100$ V.

Resp. 1.1 mA

4.6 ANÁLISIS DE CIRCUITOS TRANSISTORIZADOS CON CD

Ya estamos listos ahora para el análisis de algunos circuitos transistorizados sencillos a los que sólo se aplican voltajes de cd. En los siguientes ejemplos utilizaremos el modelo sencillo de V_{BE} constante, que es semejante al analizado en la sección 3.4 para el diodo de unión. Específicamente, supondremos que $V_{BE} = 0.7$ V, cualquiera que sea el valor exacto de corriente. Si se desea, esta aproximación se puede refinar usando técnicas semejantes a las empleadas en el caso del diodo. La insistencia aquí, sin embargo, es sobre la esencia del análisis de circuitos transistorizados.

EJEMPLO 4.2

Considere el circuito que se muestra en la figura 4.16(a), que se puede ilustrar también como en la figura 4.16(b) a fin de recordar al lector de la convención utilizada en todo este libro para indicar conexiones a fuentes de cd. Deseamos analizar este circuito para determinar todos los voltajes de ánodo y corrientes de ramal. Supondremos que β está especificada como 100.

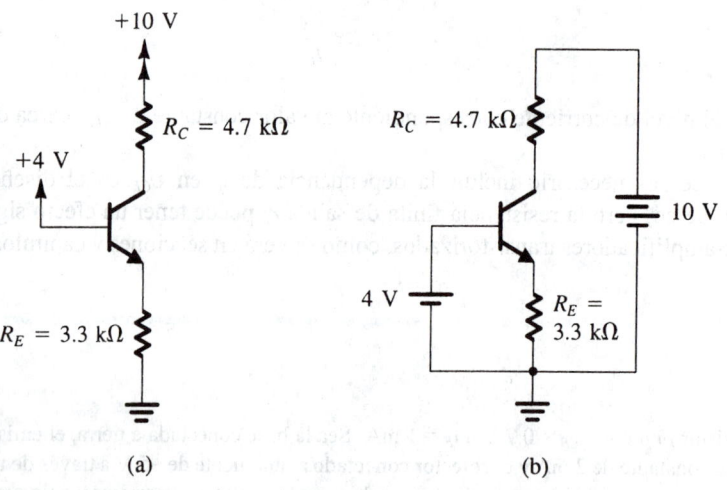

(a)   (b)

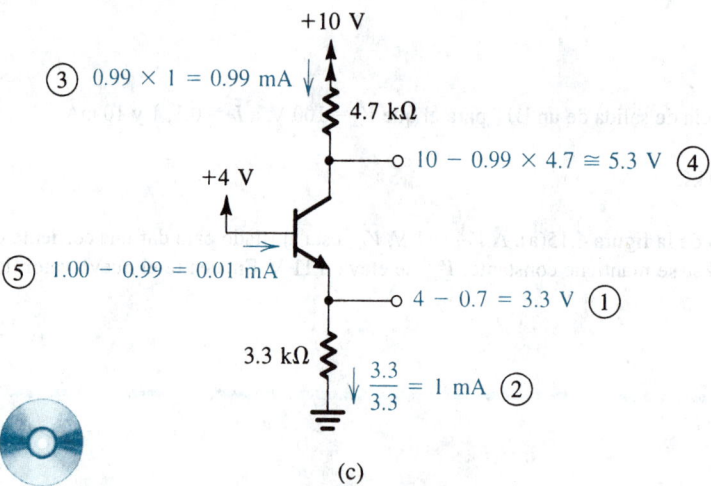

(c)

Fig. 4.16 Análisis del circuito para el ejemplo 4.2: **(a)** circuito; **(b)** otra forma del circuito, para recordar al lector de la convención utilizada en este libro para mostrar las conexiones a la fuente de alimentación; **(c)** análisis con los pasos numerados.

SOLUCIÓN

No sabemos inicialmente si el transistor está en el modo activo o no. Un método sencillo sería suponer que el dispositivo está en el modo activo, continuar con la solución y finalmente comprobar si en realidad el transistor está o no en el modo activo. Si encontramos que se satisfacen las condiciones para operación en modo activo, entonces nuestro trabajo está terminado. De otra forma, el dispositivo está en otro modo de operación y tenemos que resolver otra vez el problema. Obviamente, en esta etapa hemos aprendido sólo acerca del modo activo de operación y por lo tanto no podremos resolver circuitos que encontremos que no están en el modo activo.

Una mirada al circuito de la figura 4.16(a) nos dice que la base está conectada a +4 V y el emisor está conectado a tierra a través de una resistencia R_E. Por lo tanto, se concluye que la unión entre base y emisor está polarizada directamente. Si se supone que éste es el caso y que V_{BE} es de 0.7 V, se deduce que el voltaje de emisor será

$$V_E = 4 - V_{BE} \simeq 4 - 0.7 = 3.3 \text{ V}$$

Ahora estamos en una posición favorable; conocemos los voltajes de los dos extremos de R_E y podemos determinar la corriente I_E que pasa por ella,

$$I_E = \frac{V_E - 0}{R_E} = \frac{3.3}{3.3} = 1 \text{ mA}$$

Como el colector está conectado a través de R_C a la fuente de alimentación de +10 V, parece posible que el voltaje de colector sea más alto que el de la base, lo que es esencial para operación en modo activo. Si se supone que éste es el caso, podemos evaluar la corriente de colector a partir de

$$I_C = \alpha I_E$$

El valor de α se obtiene de

$$\alpha = \frac{\beta}{\beta + 1} = \frac{100}{101} \simeq 0.99$$

Por lo tanto, I_C estará dada por

$$I_C = 0.99 \times 1 = 0.99 \text{ mA}$$

Ahora estamos en posibilidad de utilizar la ley de Ohm para determinar el voltaje de colector V_C,

$$V_C = 10 - I_C R_C = 10 - 0.99 \times 4.7 \simeq +5.3 \text{ V}$$

Como la base está a +4 V, la unión entre colector y base está polarizada inversamente en 1.3 V, y el transistor está de hecho en el modo activo como se supuso.

Sólo falta por determinar la corriente de base I_B, como sigue:

$$I_B = \frac{I_E}{\beta + 1} = \frac{1}{101} \simeq 0.01 \text{ mA}$$

Antes de salir de este ejemplo deseamos destacar enfáticamente el valor de realizar el análisis de manera directa en el diagrama del circuito. Sólo de esta forma estaremos en posibilidad de analizar circuitos complejos en un lapso razonable. En la figura 4.16(c) se ilustra el análisis anterior en el diagrama del circuito, con el orden de los pasos de análisis indicado por los números dentro de un círculo.

EJEMPLO 4.3

Deseamos analizar el circuito de la figura 4.17(a) para determinar los voltajes en los nodos y las corrientes que pasan por todas las ramas. Nótese que este circuito es idéntico al de la figura 4.16, excepto que el voltaje en la base es ahora de +6 V.

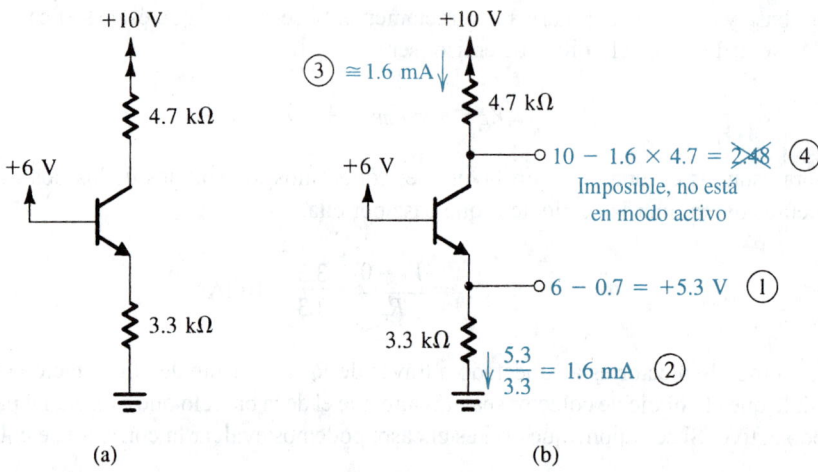

Fig. 4.17 Análisis del circuito para el ejemplo 4.3. Nótese que los números dentro de un círculo indican el orden de los pasos del análisis.

SOLUCIÓN

Si suponemos operación en modo activo tendremos

$$V_E = +6 - V_{BE} \simeq 6 - 0.7 = 5.3 \text{ V}$$

$$I_E = \frac{5.3}{3.3} = 1.6 \text{ mA}$$

$$V_C = +10 - 4.7 \times I_C \simeq 10 - 7.52 = 2.48 \text{ V}$$

Como el voltaje calculado de colector parece ser menor que el de la base en 3.52 V, se deduce que nuestra suposición original de operación en modo activo es incorrecta. En efecto, el transistor tiene que estar en el modo de *saturación*. Como todavía no hemos estudiado el modo de operación en saturación, diferimos el análisis de este circuito a una sección posterior.

Los detalles del análisis realizado antes se ilustran en la figura 4.17(b).

EJEMPLO 4.4

Deseamos analizar el circuito de la figura 4.18(a) para determinar los voltajes en todos los nodos y las corrientes que circulan en todas las ramas. Nótese que este circuito es idéntico al considerado en los ejemplos 4.2 y 4.3, excepto que ahora el voltaje de base es cero.

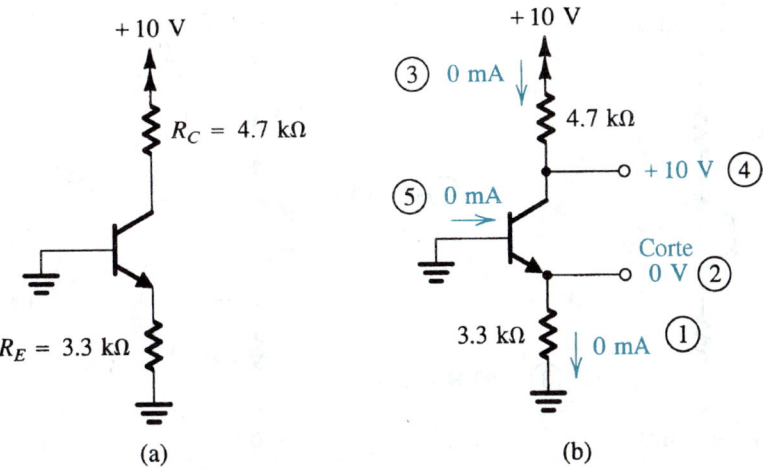

Fig. 4.18 Ejemplo 4.3: **(a)** circuito; **(b)** análisis con el orden de los pasos de análisis indicados por números dentro de un círculo.

SOLUCIÓN

Como la base está a cero volts, la unión entre emisor y base no puede conducir y la corriente de emisor es cero. Del mismo modo, la unión entre colector y base no puede conducir porque el colector tipo n está conectado a través de R_C al positivo de la fuente de alimentación, mientras que la base tipo p está a tierra. Se deduce que la corriente de colector será cero. La corriente de base también tendrá que ser cero y el transistor está en el modo de *corte* de operación.

El voltaje de emisor será obviamente cero, mientras que el voltaje de colector será igual a +10 V, porque la caída de voltaje en R_C es cero. En la figura 4.18(b) se ilustran los detalles del análisis.

Ejercicios

D4.13 Para el circuito de la figura 4.16(a), encuentre el máximo voltaje al que se puede elevar la base mientras el transistor permanezca en el modo activo. Suponga $\alpha \simeq 1$.

Resp. +4.54 V

D4.14 Rediseñe el circuito de la figura 4.16(a) (es decir, encuentre nuevos valores para R_E y R_C) para crear una corriente de colector de 0.5 mA y un voltaje de polarización inversa en la unión entre colector y base de 2 V. Suponga $\alpha \simeq 1$.

Resp. $R_E = 6.6$ kΩ; $R_C = 8$ kΩ

EJEMPLO 4.5

Deseamos analizar el circuito de la figura 4.19(a) para determinar los voltajes en todos los nodos y las corrientes que circulan en todas las ramas.

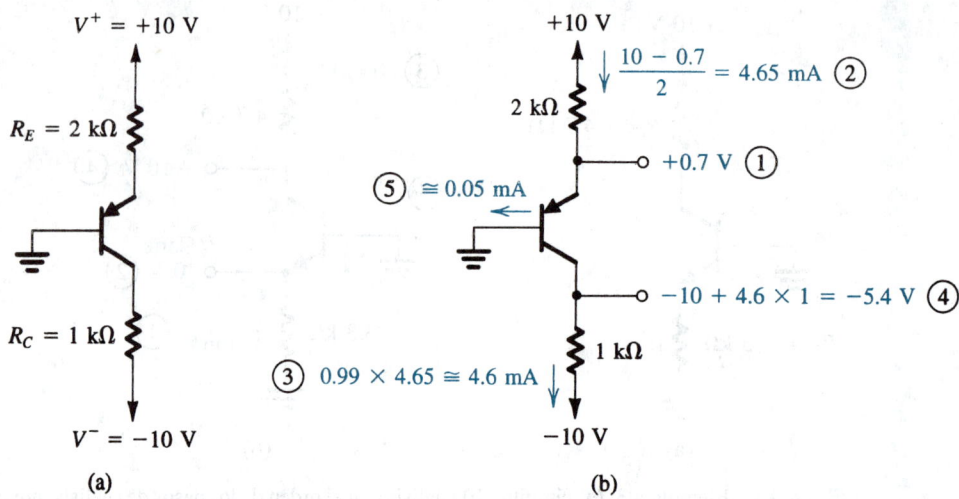

Fig. 4.19 Ejemplo 4.4: **(a)** circuito; **(b)** análisis con los pasos indicados por números dentro de un círculo.

SOLUCIÓN

La base de este transistor *pnp* está a tierra, mientras que el emisor está conectado a una fuente positiva ($V^+ = +10$ V) a través de R_E. Se deduce que la unión entre emisor y base estará polarizada directamente con

$$V_E = V_{EB} \simeq 0.7 \text{ V}$$

Por lo tanto, la corriente de emisor estará dada por

$$I_E = \frac{V^+ - V_E}{R_E} = \frac{10 - 0.7}{2} = 4.65 \text{ mA}$$

Como el colector está conectado a una fuente de alimentación negativa (más negativa que el voltaje de base) a través de R_C, es *posible* que el transistor esté operando en el modo activo. Si se supone que éste es el caso, obtenemos

$$I_C = \alpha I_E$$

Como no se ha dado valor para β, supondremos que $\beta = 100$, que resulta en $\alpha = 0.99$. Como grandes variaciones en β resultan en pequeñas diferencias en α, esta suposición no será crítica en cuanto a determinar el valor de I_C se refiere. Por lo tanto,

$$I_C = 0.99 \times 4.65 = 4.6 \text{ mA}$$

El voltaje de colector será

$$\begin{aligned} V_C &= V^- + I_C R_C \\ &= -10 + 4.6 \times 1 = -5.4 \text{ V} \end{aligned}$$

Así, la unión entre colector y base está polarizada inversamente por 5.4 V y el transistor está de hecho en el modo activo, que apoya nuestra suposición original.

Sólo falta por calcular la corriente de base,

$$I_B = \frac{I_E}{\beta + 1} = \frac{4.65}{101} \simeq 0.05 \text{ mA}$$

Es obvio que el valor de β afecta de manera crítica la corriente de base, pero nótese que en este circuito el valor de β no tendrá efecto en el modo de operación del transistor. Como β es generalmente un parámetro mal especificado, este circuito representa un buen diseño. Como regla, debemos esforzarnos en *diseñar el circuito tal que su funcionamiento sea tan insensible al valor de β como sea posible.* Los detalles del análisis se ilustran en la figura 4.19(b).

Ejercicios

D4.15 Para el circuito de la figura 4.19(a), encuentre el máximo valor al que R_C se puede elevar mientras el transistor permanece en el modo activo.

Resp. 2.17 kΩ

D4.16 Rediseñe el circuito de la figura 4.19(a) (es decir, encuentre nuevos valores para R_E y R_C) para establecer una corriente de colector de 1 mA y una polarización inversa en la unión entre colector y base de 4 V. Suponga $\alpha \simeq 1$.

Resp. R_E = 9.3 kΩ; R_C = 6 kΩ

EJEMPLO 4.6

Deseamos analizar el circuito de la figura 4.20(a) para determinar los voltajes en todos los nodos y las corrientes en todas las ramas. Suponga $\beta = 100$.

SOLUCIÓN

La unión entre base y emisor está claramente polarizada de manera directa. Por lo tanto,

$$I_B = \frac{+5 - V_{BE}}{R_B} \simeq \frac{5 - 0.7}{100} = 0.043 \text{ mA}$$

Suponga que el transistor está operando en el modo activo. Ahora podemos escribir

$$I_C = \beta I_B = 100 \times 0.043 = 4.3 \text{ mA}$$

El voltaje de colector se puede determinar ahora como

$$V_C = +10 - I_C R_C = 10 - 4.3 \times 2 = +1.4 \text{ V}$$

Como el voltaje de base V_B es

$$V_B = V_{BE} \simeq +0.7 \text{ V}$$

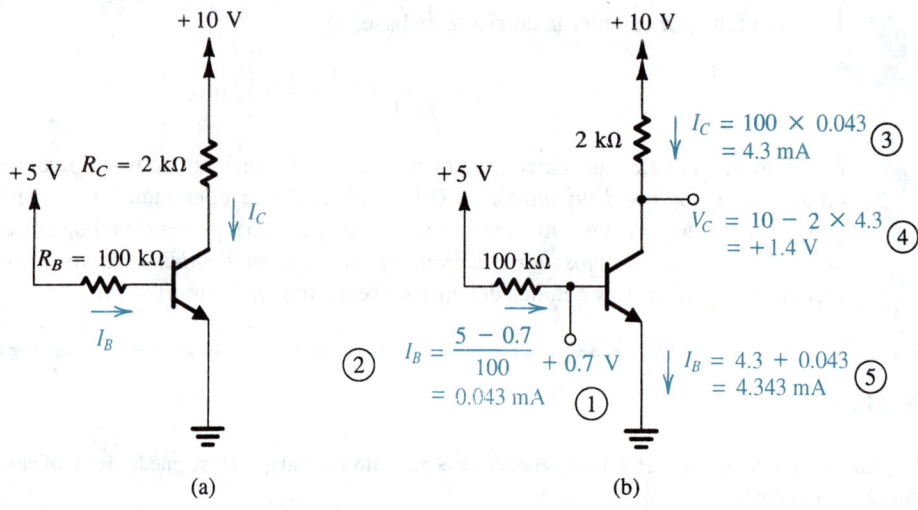

Fig. 4.20 Ejemplo 4.5: **(a)** circuito; **(b)** análisis con los pasos indicados por los números dentro de un círculo.

se deduce que la unión entre colector y base está polarizada inversamente por 0.7 V y el transistor está de hecho en el modo activo. La corriente de emisor estará dada por

$$I_E = (\beta + 1)I_B = 101 \times 0.043 \simeq 4.3 \text{ mA}$$

De este ejemplo observamos que las corrientes de colector y emisor dependen críticamente del valor de β. De hecho, si β fuera 10% más alta, el transistor saldría del modo activo y entraría a saturación. Por lo tanto, es claro que éste es un mal diseño. Los detalles del análisis se ilustran en la figura 4.20(b).

Ejercicio

D4.17 El circuito de la figura 4.20(a) se va a fabricar usando un tipo de transistor cuya β está especificada entre 50 y 150. (Esto es, las unidades individuales del mismo tipo de transistor pueden tener valores de β entre los valores aquí indicados.) Rediseñe el circuito seleccionando un nuevo valor para R_C, de modo que se garantice que todos los circuitos fabricados se encuentren en el modo activo. ¿Cuál es el intervalo de valores de voltaje de colector que pueden exhibir los circuitos fabricados?

Resp. $R_C = 1.44 \text{ k}\Omega$; $V_C = 0.7$ V a 6.9 V

EJEMPLO 4.7

Deseamos analizar el circuito de la figura 4.21(a) para determinar los voltajes en todos los nodos y las corrientes en todas las ramas. Suponga $\beta = 100$.

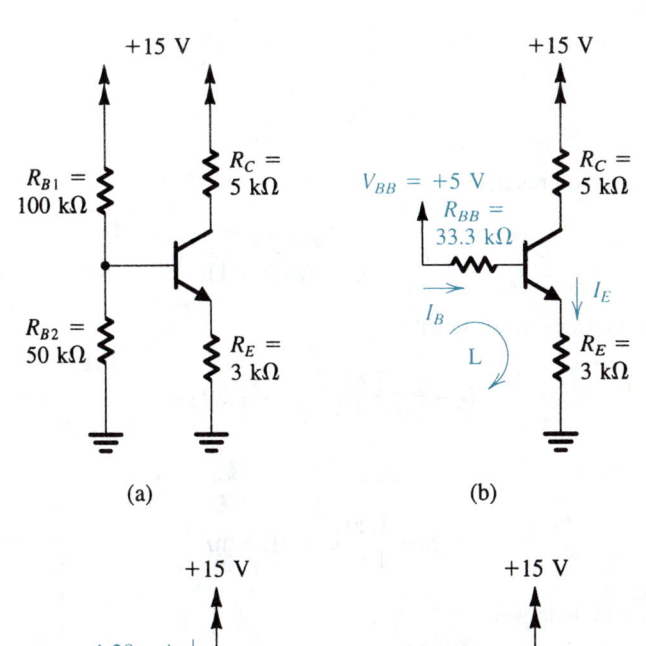

(a)   (b)

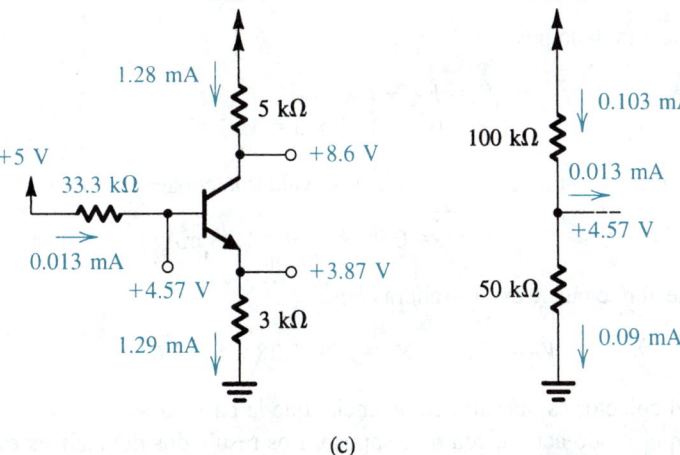

(c)

Fig. 4.21 Circuitos para el ejemplo 4.7.

SOLUCIÓN

El primer paso del análisis consiste en simplificar el circuito de base usando el teorema de Thévenin. El resultado se muestra en la figura 4.21(b), donde

$$V_{BB} = +15 \, \frac{R_{B2}}{R_{B1} + R_{B2}} = 15 \, \frac{50}{100 + 50} = +5 \, \text{V}$$

$$R_{BB} = (R_{B1} \, // \, R_{B2}) = (100 \, // \, 50) = 33.3 \, \text{k}\Omega$$

Para evaluar la corriente de base o de emisor tenemos que escribir una ecuación de malla alrededor de la malla marcada como L en la figura 4.21(b). Nótese, sin embargo, que la corriente que pasa por R_{BB} es diferente de la que pasa por R_E. La ecuación de malla será

$$V_{BB} = I_B R_{BB} + V_{BE} + I_E R_E$$

Al sustituir por I_B por

$$I_B = \frac{I_E}{\beta + 1}$$

y reacomodar la ecuación resulta

$$I_E = \frac{V_{BB} - V_{BE}}{R_E + [R_{BB}/(\beta + 1)]}$$

Para los valores numéricos dados tenemos

$$I_E = \frac{5 - 0.7}{3 + (33.3/101)} = 1.29 \text{ mA}$$

La corriente de base será

$$I_B = \frac{1.29}{101} = 0.0128 \text{ mA}$$

El voltaje de base está dado por

$$V_B = V_{BE} + I_E R_E$$
$$= 0.7 + 1.29 \times 3 = 4.57 \text{ V}$$

Supongamos operación en modo activo. Podemos evaluar la corriente de colector como

$$I_C = \alpha I_E = 0.99 \times 1.29 = 1.28 \text{ mA}$$

El voltaje de colector se puede evaluar ahora como

$$V_C = +15 - I_C R_C = 15 - 1.28 \times 5 = 8.6 \text{ V}$$

Se deduce que el colector es más alto en potencial que la base en 4.03 V, lo que significa que el transistor está en el modo activo, como se supuso. Los resultados del análisis están dados en la figura 4.21(c).

Ejercicio

4.18 Si el transistor del circuito de la figura 4.21(a) se sustituye con otro que tenga la mitad del valor de β (es decir, $\beta = 50$), encuentre el nuevo valor de I_C y exprese el cambio en I_C en forma porcentual.

Resp. $I_C = 1.15$ mA; -10%

EJEMPLO 4.8

Deseamos analizar el circuito de la figura 4.22(a) para determinar los voltajes en todos los nodos y las corrientes que circulan en todas las ramas.

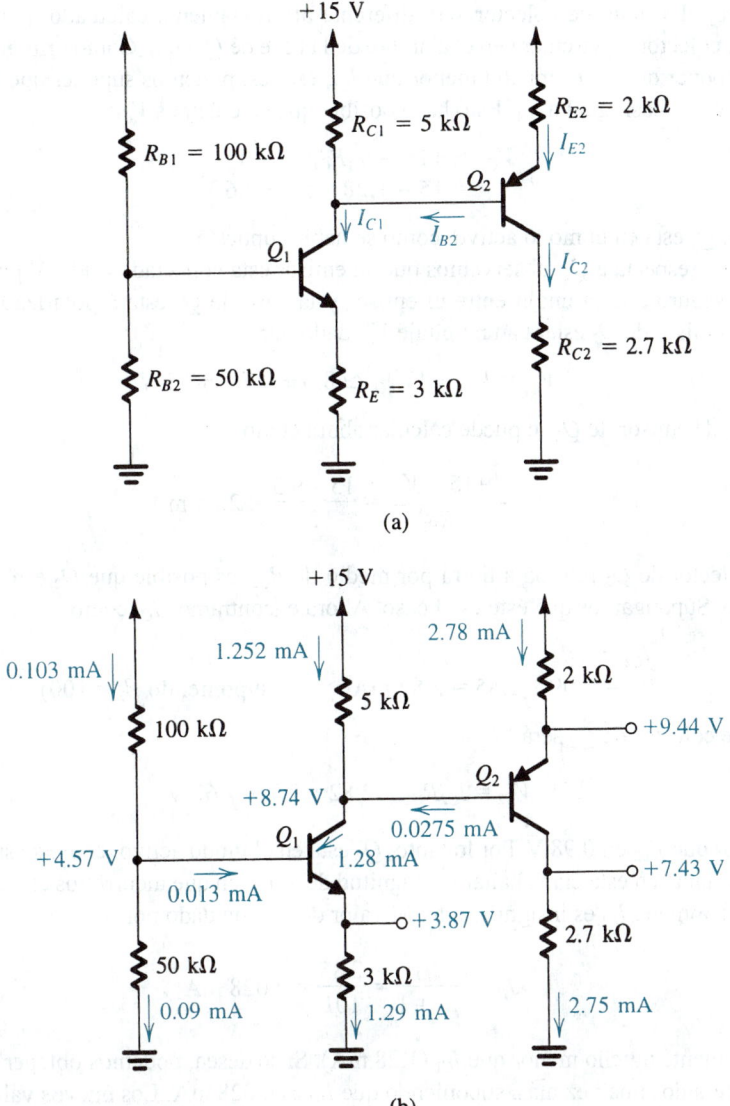

Fig. 4.22 Circuitos para el ejemplo 4.8.

SOLUCIÓN

Primero reconocemos que parte de este circuito es idéntico al analizado en el ejemplo 4.7, es decir, el circuito de la figura 4.21(a). La diferencia, por supuesto, es que en el nuevo circuito tenemos un transistor adicional Q_2 junto con sus resistores asociados R_{E2} y R_{C2}. Suponemos que Q_1 está todavía en el modo activo. Los siguientes valores serán idénticos a los obtenidos en el ejemplo previo:

$$V_{B1} = +4.57 \text{ V} \qquad I_{E1} = 1.29 \text{ mA}$$
$$I_{B1} = 0.0128 \text{ mA} \qquad I_{C1} = 1.28 \text{ mA}$$

Sin embargo, el voltaje de colector será diferente al previamente calculado, porque parte de la corriente de colector I_{C1} circulará en el alambre de la base de Q_2 (I_{B2}). Como primera aproximación podemos suponer que I_{B2} es mucho menor que I_{C1}; esto es, podemos suponer que la corriente que circula por R_{C1} es casi igual a I_{C1}. Esto hace posible que calculemos V_{C1}:

$$V_{C1} \simeq +15 - I_{C1}R_{C1}$$
$$= 15 - 1.28 \times 5 = +8.6 \text{ V}$$

Por lo tanto, Q_1 está en el modo activo, como se había supuesto.

En lo que respecta a Q_2, observamos que su emisor está conectado a +15 V por medio de R_{E2}. Es por ello seguro que la unión entre el emisor y la base de Q_2 estará polarizada directamente. Entonces el emisor de Q_2 estará a un voltaje V_{E2} dado por

$$V_{E2} = V_{C1} + V_{EB}|_{Q_2} \simeq 8.6 + 0.7 = +9.3 \text{ V}$$

La corriente de emisor de Q_2 se puede calcular ahora como

$$I_{E2} = \frac{+15 - V_{E2}}{R_{E2}} = \frac{15 - 9.3}{2} = 2.85 \text{ mA}$$

Como el colector de Q_2 retorna a tierra por medio de R_{C2}, es posible que Q_2 esté operando en el modo activo. Supongamos que éste es el caso. Ahora encontramos I_{C2} como

$$I_{C2} = \alpha_2 I_{E2}$$
$$= 0.99 \times 2.85 = 2.82 \text{ mA} \qquad \text{(suponiendo } \beta_2 = 100\text{)}$$

El voltaje de colector de Q_2 será

$$V_{C2} = I_{C2}R_{C2} = 2.82 \times 2.7 = 7.62 \text{ V}$$

que es menor que V_{B2} en 0.98 V. Por lo tanto, Q_2 está en el modo activo, como se supuso.

Es importante en esta etapa hallar la magnitud del error en que incurrimos en nuestros cálculos por la suposición que I_{B2} es insignificante. El valor de I_{B2} está dado por

$$I_{B2} = \frac{I_{E2}}{\beta_2 + 1} = \frac{2.85}{101} = 0.028 \text{ mA}$$

que es ciertamente mucho menor que I_{C1} (1.28 mA). Si se desea, podemos obtener resultados más precisos si iteramos una vez más, suponiendo que I_{B2} es 0.028 mA. Los nuevos valores serán

$$\text{Corriente en } R_{C1} = I_{C1} - I_{B2} = 1.28 - 0.028 = 1.252 \text{ mA}$$

$$V_{C1} = 15 - 5 \times 1.252 = 8.74 \text{ V}$$

$$V_{E2} = 8.74 + 0.7 = 9.44 \text{ V}$$

$$I_{E2} = \frac{15 - 9.44}{2} = 2.78 \text{ mA}$$

$$I_{C2} = 0.99 \times 2.78 = 2.75 \text{ mA}$$
$$V_{C2} = 2.75 \times 2.7 = 7.43 \text{ V}$$

$$I_{B2} = \frac{2.78}{101} = 0.0275 \text{ mA}$$

Nótese que el nuevo valor de I_{B2} es muy cercano al utilizado en nuestra iteración y no se garantizan más iteraciones. Los resultados finales se indican en la figura 4.22(b).

El lector justificadamente pudiera preguntarse sobre la necesidad de usar un esquema iterativo para resolver un problema lineal (o linealizado). En efecto, podemos obtener la solución exacta (si podemos llamar exacta cualquier cosa que hagamos con un modelo de primer orden) escribiendo ecuaciones apropiadas. Aconsejamos al lector que encuentre esta solución y compare los resultados con los obtenidos antes. Es importante destacar, sin embargo, que en la mayor parte de estos problemas es suficiente obtener una solución aproximada siempre que se pueda encontrar rápida y, por supuesto, correctamente.

Nota importante

En los ejemplos del 4.2 al 4.8 frecuentemente utilizamos un valor preciso de α para calcular la corriente de colector. Como $\alpha \simeq 1$, el error en estos cálculos será muy pequeño si uno supone $\alpha = 1$ e $i_C = i_E$. Por lo tanto, excepto en cálculos que dependen críticamente del valor de α (como en el cálculo de la corriente de base), generalmente suponemos $\alpha \simeq 1$.

Ejercicios

4.19 Para el circuito de la figura 4.22, encuentre la corriente total tomada de la fuente de alimentación. De esto encuentre la potencia disipada en el circuito.

Resp. 4.135 mA; 62 mW

4.20 El circuito de la figura E4.20 debe conectarse al circuito de la figura 4.22(a) como se indica; específicamente, la base de Q_3 debe conectarse al colector de Q_2. Si Q_3 tiene $\beta = 100$, encuentre el nuevo valor de V_{C2} y los valores de V_{E3} e I_{C3}.

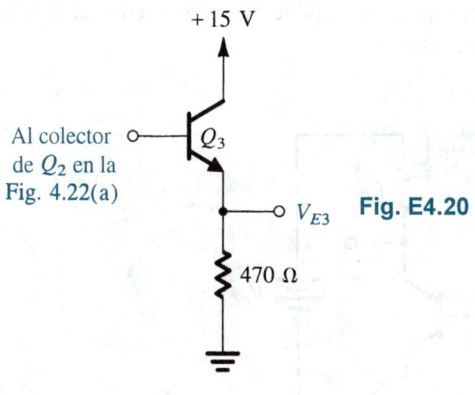

+ 15 V

Al colector
de Q_2 en la
Fig. 4.22(a)

Q_3

V_{E3} **Fig. E4.20**

470 Ω

Resp. +7.06 V; +6.36 V; 13.4 mA

4.7   EL TRANSISTOR COMO AMPLIFICADOR

Para operar como amplificador, un transistor debe estar polarizado en la región activa. El problema de polarización es el de establecer una corriente de cd constante en el emisor (o el colector). Esta corriente debe ser predecible e insensible a variaciones en temperatura, valor de β, etc. Mientras diferimos a la sección 4.10 el estudio de técnicas de polarización, en lo que sigue demostraremos la polarización del transistor a una corriente constante de colector. Este requisito surge del hecho de que la operación del transistor como amplificador está altamente influida por el valor de la corriente de reposo (o de polarización), como se muestra a continuación.

Para entender la forma en que opera el transistor como amplificador, considere el circuito *conceptual* que se muestra en la figura 4.23(a). Aquí la unión entre la base y el emisor está polarizada directamente por un voltaje V_{BE} (batería) de cd. La polarización inversa de la unión entre el colector y la base se establece al conectar el colector a otra fuente de alimentación de voltaje V_{CC} que pasa por un resistor R_C. La señal de entrada que se va a amplificar está representada por la fuente de voltaje v_{be} que se superpone sobre V_{BE}.

Condiciones de cd

Consideremos primero las condiciones de polarización de cd al fijar en cero la señal v_{be}. El circuito se reduce al de la figura 4.23(b) y podemos escribir las siguientes relaciones para las corrientes y voltajes de cd:

$$I_C = I_S e^{V_{BE}/V_T} \tag{4.23}$$

$$I_E = I_C/\alpha \tag{4.24}$$

$$I_B = I_C/\beta \tag{4.25}$$

$$V_C = V_{CE} = V_{CC} - I_C R_C \tag{4.26}$$

Obviamente, para operación en modo activo, V_C debe ser mayor que V_B en una cantidad que permita que una señal razonable oscile en el colector pero, invariablemente, mantenga al transistor en la región activa. Regresaremos a este punto más adelante.

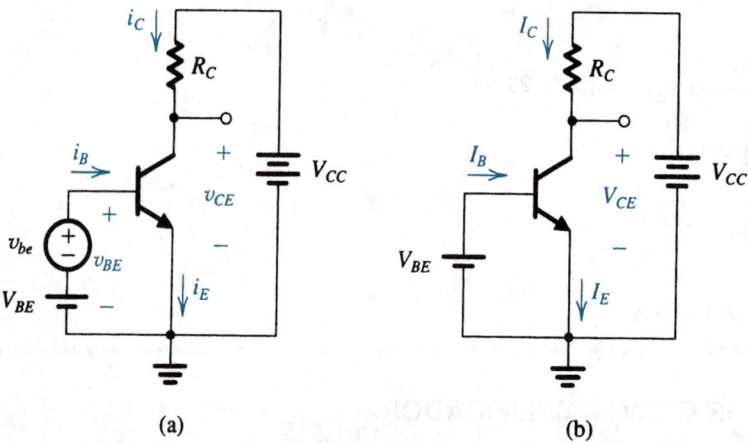

(a)   (b)

Fig. 4.23 (a) Circuito conceptual para ilustrar la operación del transistor como amplificador. (b) El circuito de (a) con la fuente de señal v_{be} eliminada para análisis de cd (polarización).

La corriente de colector y la transconductancia

Si se aplica una señal v_{be} como se muestra en la figura 4.23(a), el voltaje v_{BE} total instantáneo entre emisor y base se convierte en

$$v_{BE} = V_{BE} + v_{be}$$

De manera correspondiente, la corriente de colector se convierte en

$$i_C = I_S e^{v_{BE}/V_T} = I_S e^{(V_{BE} + v_{be})/V_T}$$
$$= I_S e^{(V_{BE}/V_T)} e^{(v_{be}/V_T)}$$

El uso de la ecuación (4.23) produce

$$i_C = I_C e^{v_{be}/V_T} \tag{4.27}$$

Ahora, si $v_{be} \ll V_T$, podemos aproximar la ecuación (4.27) como

$$i_C \simeq I_C \left(1 + \frac{v_{be}}{V_T} \right) \tag{4.28}$$

Aquí hemos expandido el exponencial de la ecuación (4.27) en una serie y retenido sólo los primeros dos términos. Esta aproximación, que es válida sólo para v_{be} menos a unos 10 mV, se conoce como **aproximación a pequeña señal**. Bajo esta aproximación, la corriente total de colector está dada por la ecuación (4.28) y se puede escribir como

$$i_C = I_C + \frac{I_C}{V_T} v_{be} \tag{4.29}$$

Por lo tanto, la corriente de colector está compuesta del valor I_C de polarización de cd y una componente de señal i_c,

$$i_c = \frac{I_C}{V_T} v_{be} \tag{4.30}$$

Esta ecuación relaciona la corriente de señal del colector al correspondiente voltaje de señal entre base y emisor. Se puede escribir como

$$i_c = g_m v_{be} \tag{4.31}$$

donde g_m recibe el nombre de **transconductancia**, y de la ecuación (4.30) está dada por

$$g_m = \frac{I_C}{V_T} \tag{4.32}$$

Observamos que la transconductancia del BJT es directamente proporcional a la corriente I_C de polarización del colector. Entonces, para obtener un valor predecible constante para g_m, necesitamos una I_C predecible constante. Finalmente, observamos que los BJT tienen transconductancia relativamente alta (en comparación con los FET, que se estudian en el siguiente capítulo); por ejemplo, a una $I_C = 1$ mA, $g_m \simeq 40$ mA/V.

Una interpretación gráfica para g_m se da en la figura 4.24, donde se muestra que g_m es igual a la pendiente de la curva característica $i_C - v_{BE}$ a una corriente $i_C = I_C$ (es decir, al punto de polarización Q, que también se denomina *punto de trabajo estático*). Por lo tanto,

$$g_m = \frac{\partial i_C}{\partial v_{BE}} \bigg|_{i_C = I_C} \tag{4.33}$$

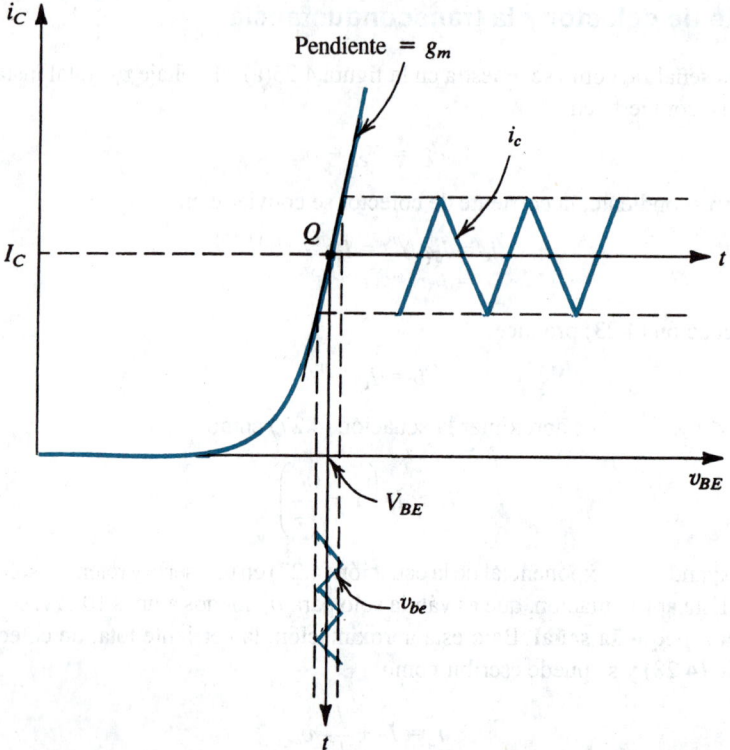

Fig. 4.24 Operación lineal del transistor bajo condiciones a pequeña señal: una pequeña señal v_{be} de onda triangular se superpone al voltaje V_{BE} de cd. Da lugar a una corriente i_c de señal en el colector, también de forma de onda triangular, superpuesta sobre la corriente de cd I_C. $i_c = g_m v_{be}$, donde g_m es la pendiente de la curva $i_C - v_{BE}$ en el punto Q de polarización.

La aproximación a pequeña señal implica conservar la amplitud de señal suficientemente pequeña para que la *operación se restrinja a un segmento casi lineal de la curva exponencial* $i_C - v_{BE}$. Si aumenta la amplitud de señal resulta en que la corriente de colector tendrá componentes no linealmente relacionadas a v_{be}. Un tipo similar de aproximación se empleó para diodos (sección 3.5).

El análisis anterior sugiere que para pequeñas señales ($v_{be} \ll V_T$), el transistor se comporta como una fuente de corriente controlada por voltaje. El puerto de entrada de esta fuente controlada es entre base y emisor, y el de salida es entre el colector y emisor. La transconductancia de la fuente controlada es g_m, y la resistencia de salida es infinita. Esta última propiedad ideal es resultado de nuestro modelo de primer orden de operación de transistor, en que el voltaje de colector no tiene efecto en la corriente de colector en el modo activo. Como vimos en la sección 4.5, los BJT prácticos tienen resistencia finita de salida. El efecto de la resistencia de salida en la operación de un amplificador se considera más adelante.

Ejercicio

4.21 Utilice la ecuación (4.33) para derivar la expresión para g_m en la ecuación (4.32).

La corriente de base y la resistencia de entrada en la base

Para determinar la resistencia vista por v_{be}, primero evaluamos la corriente total de base i_B usando la ecuación (4.29), como sigue:

$$i_B = \frac{i_C}{\beta} = \frac{I_C}{\beta} + \frac{1}{\beta}\frac{I_C}{V_T}\,v_{be}$$

Entonces

$$i_B = I_B + i_b \tag{4.34}$$

donde I_B es igual a I_C/β y la componente de señal i_b está dada por

$$i_b = \frac{1}{\beta}\frac{I_C}{V_T}\,v_{be} \tag{4.35}$$

Al sustituir I_C/V_T por g_m da

$$i_b = \frac{g_m}{\beta}\,v_{be} \tag{4.36}$$

La resistencia de entrada a pequeña señal entre base y emisor, *mirando hacia la base*, se denota por r_π y se define como

$$r_\pi \equiv \frac{v_{be}}{i_b} \tag{4.37}$$

Al usar la ecuación (4.36) resulta

$$r_\pi = \frac{\beta}{g_m} \tag{4.38}$$

Entonces r_π es directamente dependiente de β y es inversamente proporcional a la corriente de polarización I_C. Al sustituir g_m en la ecuación (4.38) de la ecuación (4.32) y sustituyendo I_C/β por I_B resulta una expresión alternativa en lugar de r_π,

$$r_\pi = \frac{V_T}{I_B} \tag{4.39}$$

La corriente de emisor y la resistencia de entrada en el emisor

La corriente total de emisor i_E se puede determinar a partir de

$$i_E = \frac{i_C}{\alpha} = \frac{I_C}{\alpha} + \frac{i_c}{\alpha}$$

Entonces

$$i_E = I_E + i_e \tag{4.40}$$

donde I_E es igual a I_C/α y la corriente de señal i_e está dada por

$$i_e = \frac{i_c}{\alpha} = \frac{I_C}{\alpha V_T}\,v_{be} = \frac{I_E}{V_T}\,v_{be} \tag{4.41}$$

Si denotamos por r_e la resistencia a pequeña señal entre base y emisor, *mirando hacia el emisor*, se puede definir como

$$r_e \equiv \frac{v_{be}}{i_e} \qquad (4.42)$$

Si usamos la ecuación (4.41) encontramos que r_e, llamada **resistencia de emisor**, está dada por

$$r_e = \frac{V_T}{I_E} \qquad (4.43)$$

Una comparación con la ecuación (4.32) deja ver que

$$r_e = \frac{\alpha}{g_m} \simeq \frac{1}{g_m} \qquad (4.44)$$

La relación entre r_π y r_e se puede encontrar al combinar sus respectivas definiciones en las ecuaciones (4.37) y (4.42) como

$$v_{be} = i_b r_\pi = i_e r_e$$

Entonces

$$r_\pi = (i_e/i_b)r_e$$

que produce

$$r_\pi = (\beta + 1)r_e \qquad (4.45)$$

Ejercicio

4.22   Un BJT que tiene una $\beta = 100$ está polarizado a una corriente de cd de colector de 1 mA. Encuentre el valor de g_m, r_e y r_π en el punto de polarización.

Resp.   40 mA/V; 25 Ω; 2.5 kΩ

Ganancia de voltaje

Hasta ahora hemos establecido sólo que el transistor capta la señal entre base y emisor v_{be} y ocasiona que una corriente proporcional $g_m v_{be}$ circula en el alambre del colector a un alto nivel de impedancia (idealmente infinito). En esta forma el transistor está actuando como una fuente de corriente controlada por voltaje. Para obtener una señal de voltaje de salida podemos forzar esta corriente para que circule por un resistor, como se hace en la figura 4.23(a). Entonces, el voltaje total de colector v_C será

$$\begin{aligned}
v_C &= V_{CC} - i_C R_C \\
&= V_{CC} - (I_C + i_c)R_C \\
&= (V_{CC} - I_C R_C) - i_c R_C \\
&= V_C - i_c R_C
\end{aligned} \qquad (4.46)$$

Aquí la cantidad V_C es el voltaje de polarización de cd en el colector, y el voltaje de señal está dado por

$$v_c = -i_c R_C = -g_m v_{be} R_C$$
$$= (-g_m R_C) v_{be} \tag{4.47}$$

Entonces la ganancia de voltaje de este amplificador es

$$\text{Ganancia de voltaje} \equiv \frac{v_c}{v_{be}} = -g_m R_C \tag{4.48}$$

Otra vez observamos que debido a que g_m es directamente proporcional a la corriente de polarización del colector, la ganancia será tan estable como se hace la corriente de polarización del colector.

Ejercicio

4.23 En el circuito de la figura 4.23(a), V_{BE} se ajusta para producir una corriente de cd de colector de 1 mA. Sea V_{CC} = 15 V, R_C = 10 kΩ y β = 100. Encuentre la ganancia de voltaje v_c/v_{be}. Si v_{be} = 0.005 sen ωt volts, encuentre $v_C(t)$ e $i_B(t)$.

Resp. –400 V/V; 5 – 2 sen ωt volts; 10 + 2 sen ωt μA

4.8   MODELOS DE CIRCUITO EQUIVALENTE A PEQUEÑA SEÑAL

El análisis de la sección anterior indica que toda corriente y voltaje del circuito amplificador de la figura 4.23(a) están formados por dos componentes: una componente de cd y una componente de señal. Por ejemplo, $v_{BE} = V_{BE} + v_{be}$, $I_C = I_C + i_c$, etc. Las componentes de cd están determinadas del circuito de cd que se ilustra en la figura 4.23(b) y de las relaciones impuestas por el transistor (ecuaciones 4.23 a la 4.26). Por otra parte, una representación de la operación de la señal del BJT se puede obtener al eliminar las fuentes de cd, como se muestra en la figura 4.25. Observe que como el voltaje de una fuente ideal de cd no cambia, el voltaje de señal en sus terminales será cero. Por esta razón hemos sustituido V_{CC} y V_{BE} con cortocircuitos. Si el circuito hubiera contenido fuentes ideales de corriente de cd, éstas hubieran sido sustituidas por circuitos abiertos. Nótese, en cambio, que el circuito de la figura 4.25 es útil sólo en cuanto a que muestra las diversas corrientes y voltajes de señal; *no* es un circuito amplificador real porque el circuito de polarización de cd no se muestra.

En la figura 4.25 también se muestran las expresiones para los incrementos de corriente i_c, i_b e i_e obtenidos cuando se aplica una pequeña señal v_{be}. Estas relaciones pueden ser representadas por un circuito que debe tener tres terminales, C, B y E, y debe producir las mismas corrientes terminales indicadas en la figura 4.25. El circuito resultante es entonces *equivalente al transistor en cuanto se refiere a la operación a pequeña señal*, y entonces se puede considerar un modelo de circuito equivalente a pequeña señal.

El modelo híbrido π

En la figura 4.26(a) se muestra un modelo de circuito equivalente para el BJT. Este modelo representa al BJT como fuente de corriente controlada por voltaje y explícitamente incluye la

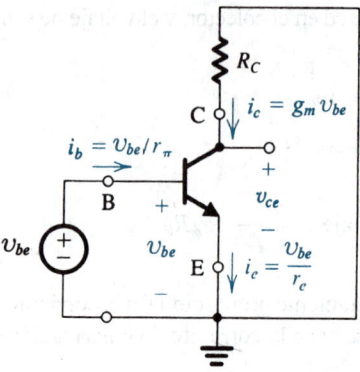

Fig. 4.25 Circuito amplificador de la figura 4.23(a) con las fuentes de cd V_{BE} y V_{CC} eliminadas (en cortocircuito), por lo que sólo están presentes las componentes de señal. Nótese que ésta es una representación de la operación de señal del BJT y no es un circuito amplificador real.

resistencia de entrada que mira hacia la base, r_π. Obviamente, el modelo produce unas corrientes $i_c = g_m v_{be}$ e $i_b = v_{be}/r_\pi$, pero no es tan obvio el hecho de que el modelo también produzca la expresión correcta para i_e. Esto se puede demostrar como sigue: en el nodo del emisor tenemos

$$i_e = \frac{v_{be}}{r_\pi} + g_m v_{be} = \frac{v_{be}}{r_\pi}(1 + g_m r_\pi)$$

$$= \frac{v_{be}}{r_\pi}(1 + \beta) = v_{be}/\left(\frac{r_\pi}{1 + \beta}\right)$$

$$= v_{be}/r_e$$

Se puede obtener un modelo de circuito equivalente ligeramente diferente si expresamos la corriente de la fuente controlada ($g_m v_{be}$) en términos de la corriente de base i_b como sigue:

$$g_m v_{be} = g_m(i_b r_\pi)$$
$$= (g_m r_\pi)i_b = \beta i_b$$

Esto resulta en el modelo alternativo de circuito equivalente que se muestra en la figura 4.26(b). Aquí el transistor está representado como una fuente de corriente controlada por corriente, siendo i_b la corriente de control.

Los dos modelos de la figura 4.26 son versiones simplificadas de lo que se conoce como modelo híbrido π. Éste es el modelo que más se utiliza para un BJT. El modelo híbrido π completo, como

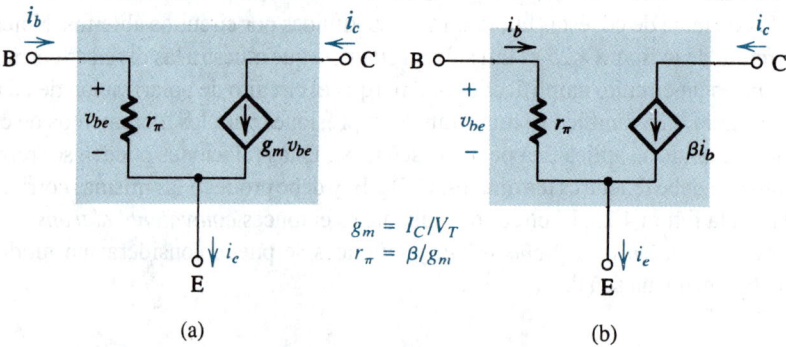

(a)   (b)

Fig. 4.26 Dos versiones ligeramente diferentes del modelo híbrido π simplificado para la operación a pequeña señal de un BJT. El circuito equivalente en **(a)** representa al BJT como fuente de corriente controlada por voltaje (amplificador de transconductancia) y el de **(b)** representa al BJT como fuente de corriente controlada por corriente (amplificador de corriente).

se demuestra más adelante en este capítulo, incluye componentes adicionales que modelan efectos de segundo orden del transistor de unión bipolar (BJT).

Es importante observar que los circuitos equivalentes a pequeña señal de la figura 4.26 modelan la operación del BJT en un punto dado de polarización. Esto debe ser obvio por el hecho de que los parámetros g_m y r_π del modelo dependen del valor de la corriente I_C de polarización de cd, como se indica en la figura 4.26. Finalmente, aun cuando se han desarrollado modelos para un transistor *npn*, se aplican igualmente bien a transistores *pnp sin cambio de polaridades*.

El modelo T

Aun cuando el modelo híbrido π (en una de sus dos variantes que se muestran en la figura 4.26) se puede usar para realizar un análisis a pequeña señal de todos los circuitos a transistores, hay situaciones en las que un modelo alternativo, que se muestra en la figura 4.27, es mucho más conveniente. Este modelo, llamado **modelo T**, se muestra en dos versiones en la figura 4.27. El modelo de la figura 4.27(a) representa al BJT como una fuente de corriente controlada por voltaje siendo v_{be} el voltaje de control, pero aquí se muestra explícitamente la resistencia entre base y emisor, mirando hacia el emisor. De la figura 4.27(a) vemos claramente que el modelo produce las expresiones correctas para i_c e i_e. Para i_b observamos que en el nodo de la base tenemos

$$i_b = \frac{v_{be}}{r_e} - g_m v_{be} = \frac{v_{be}}{r_e}(1 - g_m r_e)$$

$$= \frac{v_{be}}{r_e}(1 - \alpha) = \frac{v_{be}}{r_e}\left(1 - \frac{\beta}{\beta + 1}\right)$$

$$= \frac{v_{be}}{(\beta + 1)r_e} = \frac{v_{be}}{r_\pi}$$

como debe ser el caso.

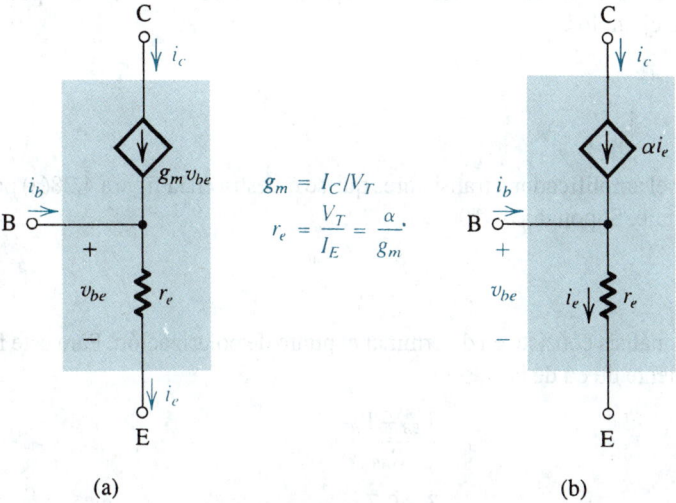

(a)   (b)

Fig. 4.27 Dos versiones ligeramente diferentes de lo que se conoce como *modelo T* del BJT. El circuito de **(a)** es la representación de una fuente de corriente controlada por voltaje y el de **(b)** es la representación de una fuente de corriente controlada por corriente. Estos modelos explícitamente muestran la resistencia de emisor r_e más bien que la resistencia de base r_π destacada en el modelo híbrido π.

Si, en el modelo de la figura 4.27(a), la corriente de la fuente controlada se expresa en términos de la corriente del emisor como sigue:

$$g_m \upsilon_{be} = g_m(i_e r_e)$$
$$= (g_m r_e)i_e = \alpha i_e$$

obtenemos el modelo alternativo T que se muestra en la figura 4.27(b). Aquí el BJT está representado como una fuente de corriente controlada por corriente pero con la señal de control siendo i_e.

Aplicación de los circuitos equivalentes a pequeña señal

La disponibilidad de los modelos de circuitos con BJT a pequeña señal hace que el análisis de circuitos de amplificadores con transistores sea un proceso sistemático. El proceso consta de los siguientes pasos:

1. Determinar el punto de operación de cd del BJT y en particular de la corriente I_C de cd de colector.

2. Calcular los valores de los parámetros del modelo a pequeña señal: $g_m = \dfrac{I_C}{V_T}$, $r_\pi = \dfrac{\beta}{g_m}$ y $r_e = \dfrac{V_T}{I_E} \cong \dfrac{1}{g_m}$.

3. Eliminar las fuentes de cd al sustituir cada fuente de voltaje de cd con un cortocircuito y cada fuente de corriente de cd con un circuito abierto.

4. Sustituir el BJT con uno de sus modelos de circuito equivalente a pequeña señal. Aun cuando cualquiera de los modelos se puede usar, uno de ellos podría ser más conveniente que los otros para el circuito en particular que se analice. Este punto se hará más claro más adelante en este capítulo.

5. Analizar el circuito resultante para determinar las cantidades necesarias (por ejemplo, ganancia de voltaje, resistencia de entrada). El proceso se ilustra por medio de los siguientes ejemplos.

EJEMPLO 4.9

Deseamos analizar el amplificador a transistores que se muestra en la figura 4.28(a) para determinar su ganancia de voltaje. Suponga $\beta = 100$.

SOLUCIÓN

El primer paso del análisis consiste en determinar el punto de polarización. Para este fin suponemos que $\upsilon_i = 0$. La corriente de cd de base será

$$I_B = \frac{V_{BB} - V_{BE}}{R_{BB}}$$

$$\simeq \frac{3 - 0.7}{100} = 0.023 \text{ mA}$$

La corriente de cd de colector será

$$I_C = \beta I_B = 100 \times 0.023 = 2.3 \text{ mA}$$

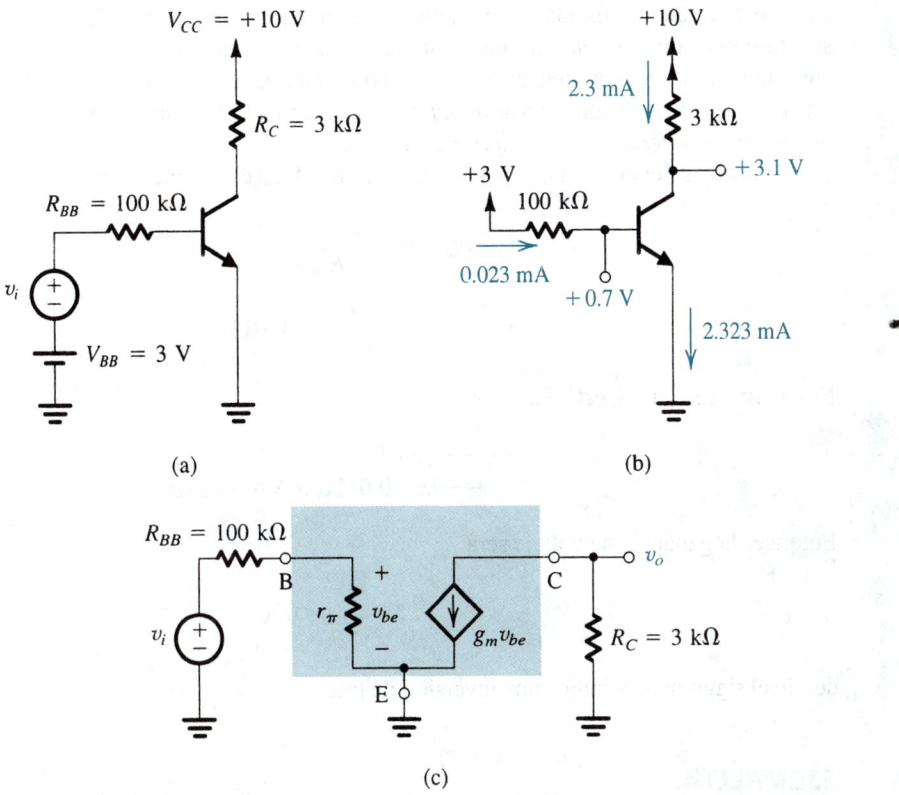

Fig. 4.28 Ejemplo 4.9: **(a)** circuito; **(b)** análisis de cd; **(c)** modelo a pequeña señal.

El voltaje de cd en el colector será

$$V_C = V_{CC} - I_C R_C$$
$$= +10 - 2.3 \times 3 = +3.1 \text{ V}$$

Como $V_B = +0.7$ V, se deduce que en el estado de reposo el transistor estará operando en el modo activo. El análisis de cd se ilustra en la figura 4.28(b).

Una vez determinado el punto de operación, podemos continuar para determinar los parámetros del modelo a pequeña señal:

$$r_e = \frac{V_T}{I_E} = \frac{25 \text{ mV}}{(2.3/0.99) \text{ mA}} = 10.8 \; \Omega$$

$$g_m = \frac{I_C}{V_T} = \frac{2.3 \text{ mA}}{25 \text{ mV}} = 92 \text{ mA/V}$$

$$r_\pi = \frac{\beta}{g_m} = \frac{100}{92} = 1.09 \text{ k}\Omega$$

Para realizar el análisis a pequeña señal es igualmente conveniente utilizar cualquiera de los dos modelos de circuito equivalente híbrido π. Con el primero, resulta el circuito equivalente de amplificador que aparece en la figura 4.28(c). Nótese que no se incluyen cantidades de cd en este circuito equivalente. Es más importante observar que el voltaje V_{CC} de la fuente de cd ha sido sustituido por un *cortocircuito* en el circuito equivalente de señal porque el terminal de circuito conectado a V_{CC} siempre tendrá un voltaje constante. Esto es, el voltaje de señal en este terminal será cero. En otras palabras, *un terminal de circuito conectado a una fuente de cd constante siempre puede ser considerado como una tierra de señal.*

El análisis del circuito equivalente de la figura 4.28(c) continúa como sigue:

$$v_{be} = v_i \frac{r_\pi}{r_\pi + R_{BB}}$$

$$= v_i \frac{1.09}{101.09} = 0.011 v_i \tag{4.49}$$

El voltaje de salida v_o está dado por

$$v_o = -g_m v_{be} R_C$$
$$= -92 \times 0.011 v_i \times 3 = -3.04 v_i$$

Entonces la ganancia de voltaje será

$$\frac{v_o}{v_i} = -3.04 \text{ V/V} \tag{4.50}$$

donde el signo menos indica una inversión de fase.

EJEMPLO 4.10

Para conocer más sobre la operación de amplificadores transistorizados, deseamos considerar las formas de onda en varios puntos del circuito analizado en el ejemplo anterior. Para este fin suponemos que v_i tiene una onda triangular. Primero determinamos la máxima amplitud que se permite tener a v_i y luego, con la amplitud de v_i fija a este valor, damos las ondas de $i_B(t)$, $v_{BE}(t)$, $i_C(t)$ y $v_C(t)$.

SOLUCIÓN

Una restricción a la amplitud de señal es la aproximación a pequeña señal, que estipula que v_{be} no debe exceder de 10 mV. Si tomamos la onda triangular v_{be} como de 20 mV pico a pico y trabajamos a la inversa, la ecuación (4.49) se puede utilizar para determinar el máximo pico posible de v_i

$$\hat{V}_i = \frac{\hat{V}_{be}}{0.011} = 0.91 \text{ V}$$

Para comprobar si el transistor permanece en el modo activo con v_i teniendo un valor pico $\hat{V}_i = 0.91$ V, tenemos que evaluar el voltaje de colector. El voltaje en el colector consta de una onda triangular v_c sobrepuesta al valor de cd $V_C = 3.1$ V. El voltaje pico de la onda triangular será

$$\hat{V}_c = \hat{V}_i \times \text{ganancia} = 0.91 \times 3.04 = 2.77 \text{ V}$$

Se deduce que cuando la salida oscila negativamente, el voltaje de colector llega a un mínimo de $3.1 - 2.77 = 0.33$ V, que es menor que el voltaje de base $\simeq 0.7$ V. Por lo tanto, el transistor no

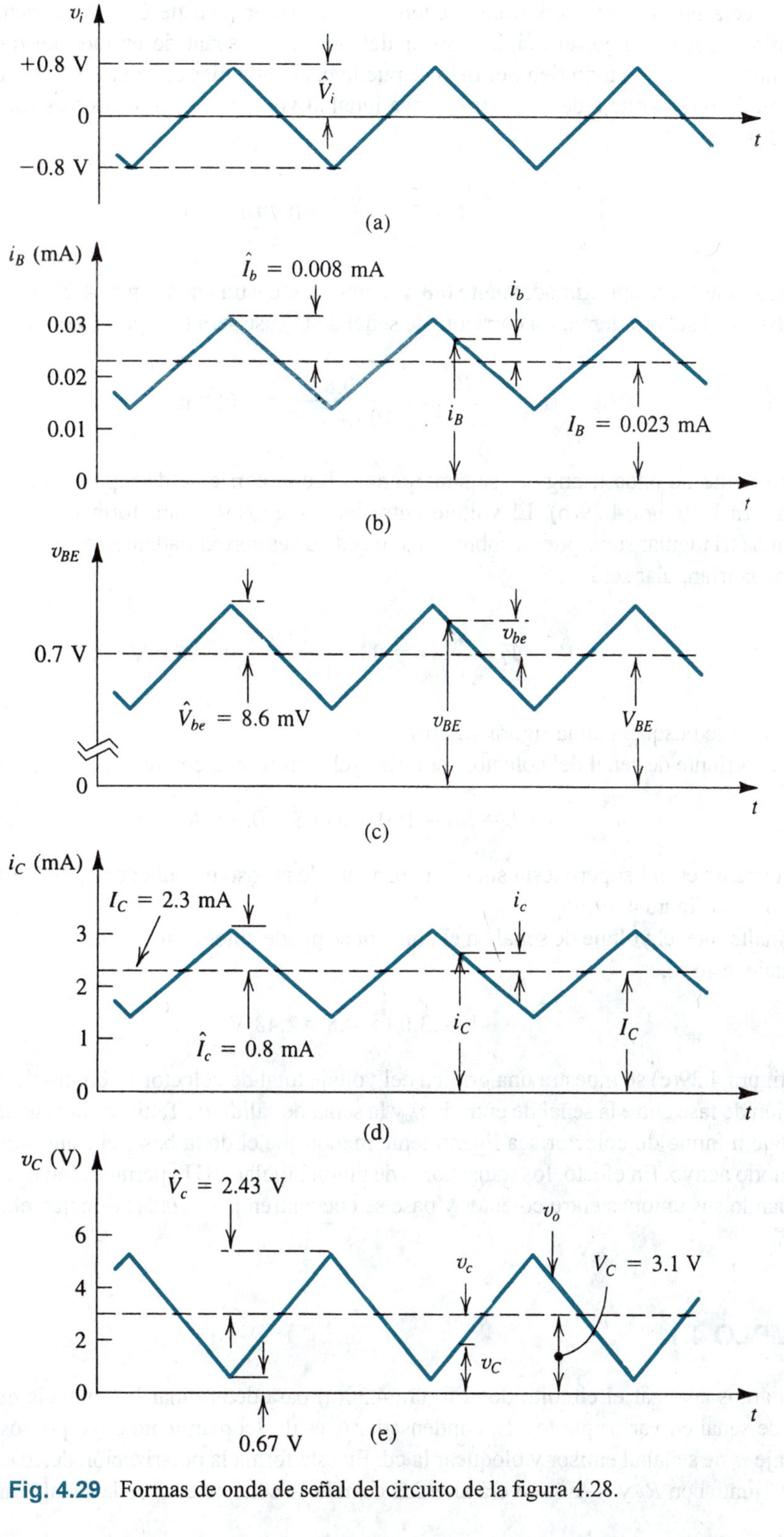

Fig. 4.29   Formas de onda de señal del circuito de la figura 4.28.

permanecerá en el modo activo con v_i teniendo un valor pico de 0.91 V. Podemos fácilmente determinar, sin embargo, el máximo valor del pico de la señal de entrada tal que el transistor permanezca activo en todo tiempo. Esto se puede hacer al hallar el valor de $\hat{V}_i$ que corresponda al valor mínimo del voltaje de colector que sea igual al voltaje de la base, que es aproximadamente 0.7 V. Entonces

$$\hat{V}_i = \frac{3.1 - 0.7}{3.04} = 0.79 \; V$$

Hagamos que $\hat{V}_i$ sea aproximadamente 0.8 V, como se muestra en la figura 4.29(a), y completemos el análisis de este problema. La corriente de señal de la base será triangular, con un valor pico $\hat{I}_b$ de

$$\hat{I}_b = \frac{\hat{V}_i}{R_{BB} + r_\pi} = \frac{0.8}{100 + 1.09} = 0.008 \; \text{mA}$$

Esta corriente de onda triangular se superpone sobre la corriente de reposo I_B de base, como se muestra en la figura 4.29(b). El voltaje entre base y emisor estará formado por la componente de onda triangular superpuesta sobre el V_{BE} de cd que es aproximadamente de 0.7 V. El valor pico de la onda triangular será

$$\hat{V}_{be} = \hat{V}_i \frac{r_\pi}{r_\pi + R_{BB}} = 0.8 \frac{1.09}{100 + 1.09} = 8.6 \; \text{mV}$$

El v_{BE} total se bosqueja en la figura 4.29(c).

La corriente de señal del colector será triangular en forma, con un valor pico $\hat{I}_c$ dado por

$$\hat{I}_c = \beta \hat{I}_b = 100 \times 0.008 = 0.8 \; \text{mA}$$

Esta corriente estará superpuesta sobre la corriente de reposo de colector I_C (= 2.3 mA), como se muestra en la figura 4.29(d).

Finalmente, el voltaje de señal en el colector se puede obtener al multiplicar v_i por la ganancia de voltaje, esto es,

$$\hat{V}_c = 3.04 \times 0.8 = 2.43 \; V$$

En la figura 4.29(e) se muestra una gráfica del voltaje total de colector v_C contra tiempo. Nótese la inversión de fase entre la señal de entrada v_i y la señal de salida v_c. También nótese que aun cuando el voltaje mínimo de colector sea ligeramente menor que el de la base, el transistor permanecerá en el modo activo. En efecto, los transistores de unión bipolar (BJT) permanecen en el modo activo aun cuando sus uniones entre colector y base se encuentren polarizadas directamente hasta en 0.3 o 0.4 V.

EJEMPLO 4.11

Necesitamos analizar el circuito de la figura 4.30(a) para determinar la ganancia de voltaje y las ondas de señal en varios puntos. El condensador C es de acoplamiento cuyo propósito es acoplar el voltaje v_i de señal al emisor y bloquear la cd. En esta forma la polarización de cd establecida por V^+ y V^- junto con R_E y R_C no se verá alterada cuando se conecte el v_i de la señal. Para los fines de

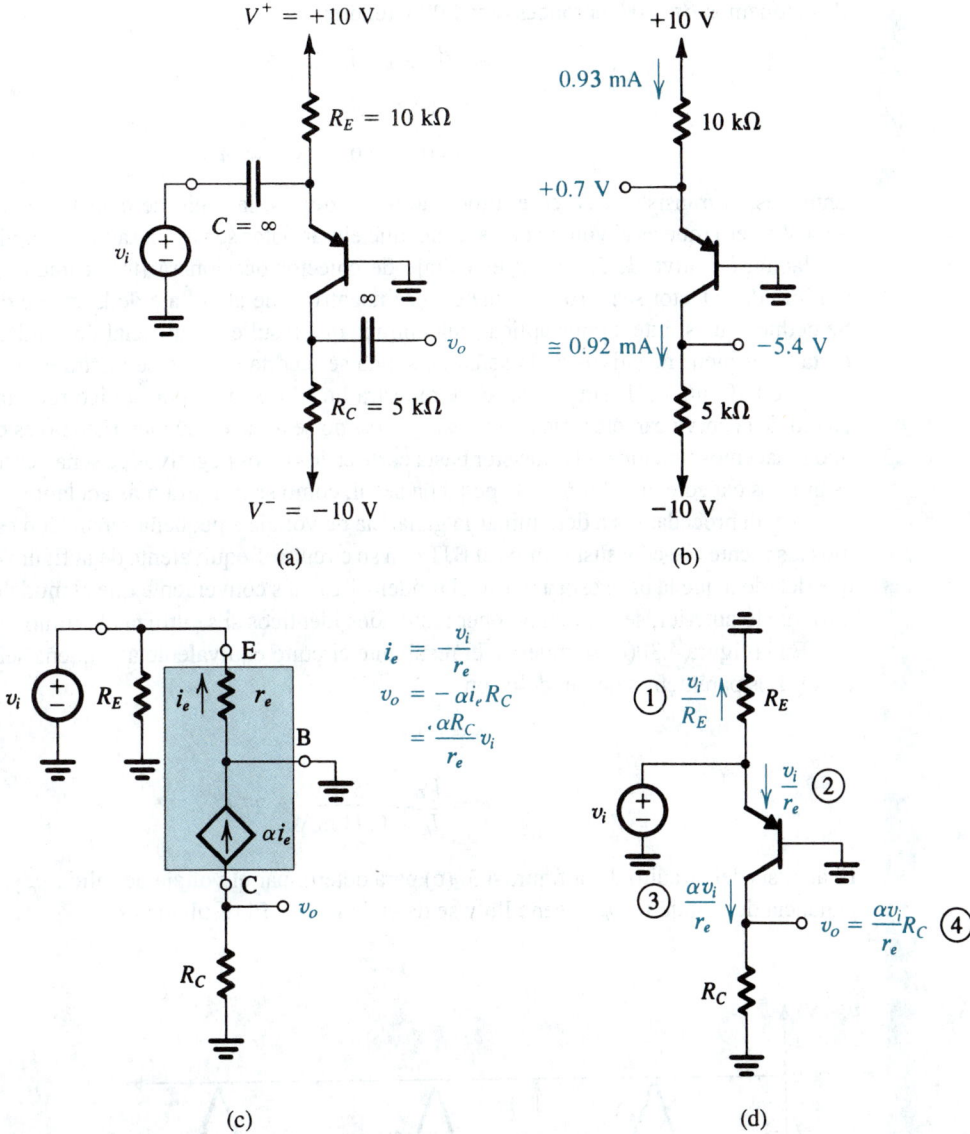

Fig. 4.30 Ejemplo 4.11: **(a)** circuito; **(b)** análisis de cd; **(c)** modelo a pequeña señal; **(d)** análisis a pequeña señal efectuado directamente en el circuito.

este ejemplo, se supondrá que C es infinita, es decir, actúa como cortocircuito perfecto a las frecuencias de señal de interés. Análogamente, se utiliza otro condensador muy grande para acoplar el voltaje v_o de la señal de salida a otras partes del sistema.

SOLUCIÓN

Comencemos por determinar el punto de operación de cd como sigue (véase la figura 4.30b):

$$I_E = \frac{+10 - V_E}{R_E} \simeq \frac{+10 - 0.7}{10} = 0.93 \text{ mA}$$

Si suponemos $\beta = 100$, entonces $\alpha = 0.99$ y tendremos

$$I_C = 0.99 I_E = 0.92 \text{ mA}$$

$$V_C = -10 + I_C R_C$$

$$= -10 + 0.92 \times 5 = -5.4 \text{ V}$$

Entonces, el transistor está en el modo activo. Además, la señal de colector puede oscilar entre -5.4 V a cero (que es el voltaje de base) sin que el transistor se vaya a saturación. Sin embargo, una oscilación negativa de 5.4 V en el voltaje de colector ocasionará (teóricamente) que el voltaje mínimo de colector sea -10.8 V, que es más negativo que el voltaje de la fuente de alimentación. Se deduce que si intentamos aplicar una entrada que resulte en tal señal de salida, el transistor se corta y los picos negativos de la señal de salida se recortan, como se ilustra en la figura 4.31. La onda de la figura 4.31, sin embargo, se muestra lineal (excepto por el pico recortado); esto es, el efecto de la curva característica no lineal $i_C - v_{BE}$ no se toma en cuenta. Esto no es correcto, puesto que si hacemos funcionar el transistor hasta corte en los picos negativos de señal, entonces de seguro estaremos excediendo el límite de pequeña señal, como se muestra más adelante.

Ahora procedamos a determinar la ganancia de voltaje a pequeña señal. Con este fin, eliminamos las fuentes de cd y sustituimos el BJT con su circuito T equivalente de la figura 4.27(b). Nótese que debido a que la base está a tierra, el modelo T es más conveniente que el modelo híbrido π. No obstante lo anterior, se pueden obtener resultados idénticos si se utiliza el último.

En la figura 4.30(c) se muestra el resultante circuito equivalente a pequeña señal del amplificador. Los parámetros del modelo son

$$\alpha = 0.99$$

$$r_e = \frac{V_T}{I_E} = \frac{25 \text{ mV}}{0.93 \text{ mA}} = 27 \ \Omega$$

El análisis del circuito de la figura 4.30(c) para determinar el voltaje de salida v_o y, por lo tanto, la ganancia de voltaje v_o/v_i, es sencillo y se da en la figura. El resultado es

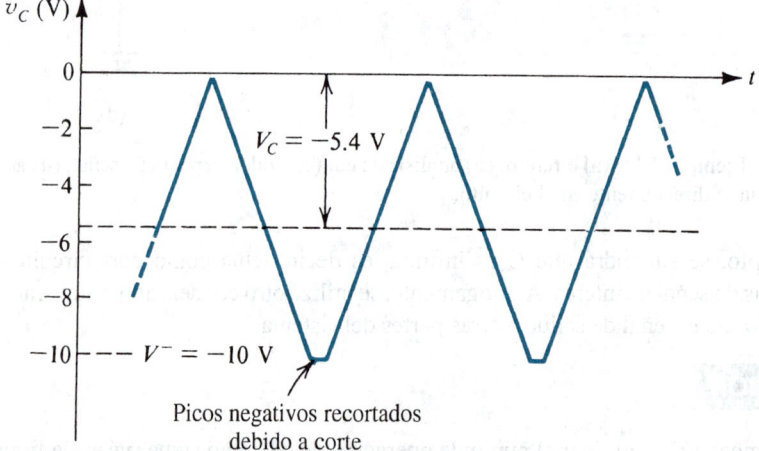

Fig. 4.31 Distorsión en la señal de salida debida a corte del transistor. Nótese que se supone que no ocurre distorsión debida a curvas características no lineales de un transistor.

$$\frac{v_o}{v_i} = 183.3 \text{ V/V}$$

Nótese que la ganancia de voltaje es positiva, lo que indica que la salida está en fase con la señal de entrada. Esta propiedad se debe al hecho de que la señal de entrada se aplica al emisor en lugar de la base, como se hizo en el ejemplo 4.9. Debemos insistir en que la ganancia positiva no tiene nada que ver con el hecho de que el transistor utilizado en este ejemplo es del tipo *pnp*.

Regresando a la pregunta de la magnitud permisible de señal, observamos de la figura 4.30(c) que $v_{eb} = v_i$. Entonces, si se desea operación a pequeña señal (por linealidad), entonces el pico de v_i debe limitarse a unos 10 mV. Con $\hat{V}_i$ puesto a este valor, como se muestra para una entrada senoidal en la figura 4.32, la amplitud pico en el colector, $\hat{V}_c$, será

$$\hat{V}_c = 183.3 \times 0.01 = 1.833 \text{ V}$$

y el voltaje total instantáneo de colector $v_C(t)$ será como se describe en la figura 4.32(b).

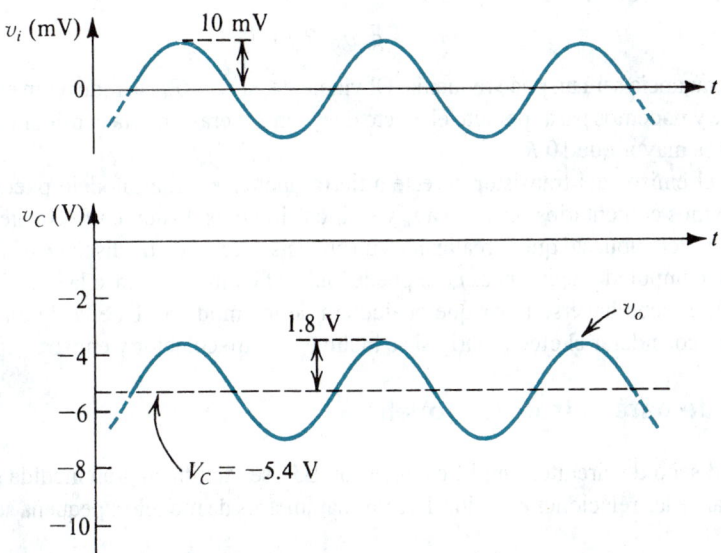

Fig. 4.32 Ondas de entrada y salida para el circuito de la figura 4.30.

Ejecución de análisis a pequeña señal directamente en el diagrama de un circuito

En la mayor parte de los casos debemos sustituir explícitamente cada BJT con su modelo a pequeña señal y analizar el circuito resultante, como hemos hecho en ejemplos anteriores. Este procedimiento sistemático es particularmente recomendado para estudiantes principiantes, pero es frecuente que los experimentados diseñadores de circuitos realicen directamente el análisis en el circuito. La figura 4.30(d) ilustra este proceso para el circuito que acabamos de analizar. Pedimos al lector que siga este procedimiento directo de análisis (los pasos están numerados). Observe que el modelo de circuito equivalente se utiliza *implícitamente*; sólo estamos ahorrando el paso de volver a dibujar el circuito con el BJT sustituido con su modelo. El análisis directo, sin embargo, tiene otro beneficio muy importante: proporciona conocimiento sobre la transmisión de señales en el circuito. Este conocimiento puede resultar de valor incalculable en diseño, particularmente en la etapa de seleccionar una configuración de circuito apropiada para una aplicación dada.

Aumento del modelo híbrido π para considerar el efecto Early

El efecto Early, estudiado en la sección 4.5, hace que la corriente de colector dependa no sólo de v_{BE} sino también de v_{CE}. La dependencia de v_{CE} se puede modelar si se asigna una resistencia finita de salida a la fuente de corriente controlada del modelo híbrido π, como se muestra en la figura 4.33. La resistencia de salida r_o se definió en la ecuación (4.21); su valor está dado por $r_o \simeq V_A/I_C$, donde V_A es el voltaje Early e I_C es la corriente de polarización de cd de colector. Nótese que en los modelos de la figura 4.33 hemos cambiado el nombre de v_{be} como v_π, para ajustarnos a la literatura.

Surge una pregunta en cuanto al efecto de r_o en la operación del transistor como amplificador. En circuitos amplificadores en que el emisor esté conectado a tierra (como en el circuito de la figura 4.28), r_o simplemente aparece en paralelo con R_C. Entonces, si incluimos r_o en el circuito equivalente de la figura 4.28(c), por ejemplo, el voltaje de salida v_o se convierte en

$$v_o = -g_m v_{be}(R_C/\!/r_o)$$

Entonces, la ganancia será un poco reducida. Obviamente, si $r_o \gg R_C$, la reducción en ganancia será insignificante y podemos pasar por alto el efecto de r_o. En general, en esta configuración r_o se puede despreciar si es mayor que $10\,R_C$.

Cuando el emisor del transistor no esté a tierra, incluir r_o en el modelo puede complicar el análisis. Haremos comentarios respecto a r_o y su inclusión o exclusión en frecuentes ocasiones en todo este libro. Por supuesto que si realizamos un análisis preciso de un diseño casi final con ayuda de análisis de computadora, entonces r_o se puede incluir fácilmente (véase la sección 4.16).

Finalmente, debe hacerse notar que cualquiera de los modelos T de la figura 4.27 se puede aumentar para considerar el efecto Early si se incluye r_o entre colector y emisor.

Resumen de parámetros de modelo

El análisis y diseño de circuitos amplificadores con BJT se facilita en gran medida si el diseñador tiene a su alcance las relaciones entre los diversos parámetros de modelo a pequeña señal. Para fácil

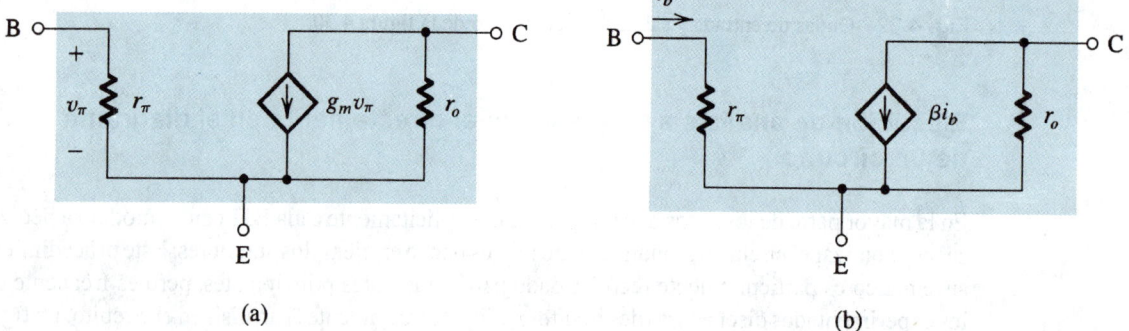

Fig. 4.33 Modelo híbrido π a pequeña señal, en dos secciones, con la resistencia r_o incluida. Nótese que $r_o = \left[\dfrac{\partial i_C}{\partial v_{CE}}\right]^{-1}_{v_{be}=0} = \dfrac{V_A}{I_C}$, donde V_A es el voltaje Early e I_C es la corriente de polarización de cd del colector. Observe que v_{be} se ha cambiado por v_π, de conformidad con la literatura.

referencia, éstas se resumen en la tabla 4.3. Con el tiempo, sin embargo, esperamos que el lector tenga capacidad para recordar estas fórmulas de memoria.

Tabla 4.3 RELACIONES ENTRE LOS PARÁMETROS DEL MODELO A PEQUEÑA SEÑAL DE UN BJT

Parámetros de modelo en términos de corrientes de polarización de cd:

$$g_m = \frac{I_C}{V_T} \qquad r_e = \frac{V_T}{I_E} = \alpha \left(\frac{V_T}{I_C} \right)$$

$$r_\pi = \frac{V_T}{I_B} = \beta \left(\frac{V_T}{I_C} \right) \qquad r_o = \frac{V_A}{I_C}$$

En términos de g_m:

$$r_e = \frac{\alpha}{g_m} \qquad r_\pi = \frac{\beta}{g_m}$$

En términos de r_e:

$$g_m = \frac{\alpha}{r_e} \qquad r_\pi = (\beta + 1) r_e \qquad g_m + \frac{1}{r_\pi} = \frac{1}{r_e}$$

Relaciones entre α y β:

$$\beta = \frac{\alpha}{1 - \alpha} \qquad \alpha = \frac{\beta}{\beta + 1} \qquad \beta + 1 = \frac{1}{1 - \alpha}$$

Ejercicio

4.24 El transistor de la figura E4.24 está polarizado con una fuente de corriente constante $I = 1$ mA, una $\beta = 100$ y $V_A = 100$ V. (a) Encuentre los voltajes de cd en la base, emisor y colector. (b) Halle g_m, r_π y r_o. (c) Si el terminal Z está

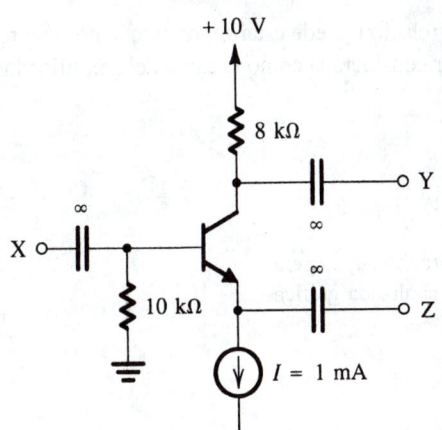

Fig. E4.24

conectado a tierra, X a una fuente de señal v_s con una resistencia de fuente $R_s = 2\ k\Omega$ y Y a una resistencia de carga de $8\ k\Omega$, utilice el modelo híbrido π de la figura 4.33(a), para dibujar el circuito equivalente a pequeña señal del amplificador. (Nótese que la fuente de corriente I debe ser sustituida con un circuito abierto.) Calcule la ganancia de voltaje v_y/v_i. Si r_o se desprecia, ¿cuál es el error al estimar la magnitud de ganancia? *Nota:* se utiliza una capacitancia infinita para indicar que la capacitancia es suficientemente grande y actúa como cortocircuito a todas las frecuencias de interés de la señal. Con todo, el condensador aún bloquea la cd.

Resp. (a) -0.1 V, -0.8 V, $+2$ V;   (b) 40 mA/V, 2.5 kΩ, 100 kΩ;   (c) -77 V/V, $+3.9\%$

4.9 ANÁLISIS GRÁFICO

Aun cuando los métodos gráficos formales son de poco valor práctico en el análisis y diseño de la mayor parte de circuitos transistorizados, es ilustrativo describir gráficamente la operación de un sencillo circuito amplificador a transistores. Considere el circuito de la figura 4.34, que ya hemos analizado en el ejemplo 4.9. Se puede realizar un análisis gráfico de la operación de este circuito como sigue: primero, tenemos que determinar el punto de polarización de cd. Hacia este fin hacemos $v_i = 0$ y empleamos la técnica ilustrada en la figura 4.35 para determinar la corriente de cd de base I_B (ya hemos empleado esta técnica en el análisis de circuitos de diodos en el capítulo 3). A continuación nos movemos a las curvas características i_C–v_{CE} que se muestran en la figura 4.36. Observe que cada una de estas curvas características se obtiene al ajustar la corriente de base i_B a un valor constante, haciendo variar v_{CE} y midiendo la i_C correspondiente. Esta familia de curvas características i_C – v_{CE} debe hacerse contrastar con la que se muestra en la figura 4.15; esta última se obtuvo al hacer v_{BE} constante.

Una vez determinada la corriente de polarización de base I_B, sabemos que el punto de operación estará en la curva i_C – v_{CE} correspondiente a este valor de corriente de base (la curva para $i_B = I_B$). Dónde se encuentre en la curva estará determinado por el circuito de colector; específicamente, el circuito de colector impone la restricción siguiente:

$$v_{CE} = V_{CC} - i_C R_C$$

que se puede escribir como

$$i_C = \frac{V_{CC}}{R_C} - \frac{1}{R_C}\, v_{CE}$$

que representa una relación lineal entre v_{CE} e i_C. Esta relación puede estar representada por una recta, como se muestra en la figura 4.36. Como R_C puede ser considerada como la carga del amplificador, se

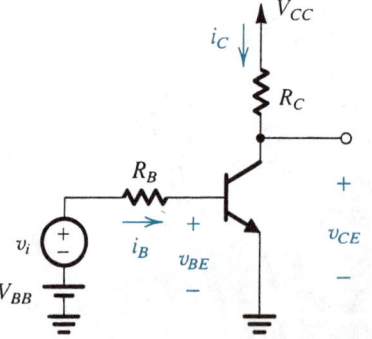

Fig. 4.34 Circuito cuya operación debe ser analizada gráficamente.

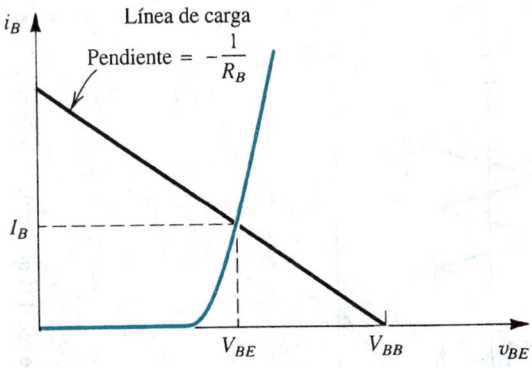

Fig. 4.35 Construcción gráfica para la determinación de la corriente de cd de base del circuito de la figura 4.34.

sabe que la recta de pendiente $-1/R_C$ es la recta de carga.[5] El punto de polarización de cd o punto de reposo Q estará en la intersección de la recta de carga y la curva $i_C - v_{CE}$ correspondiente a la corriente de base I_B. Las coordenadas del punto Q dan la corriente de cd del colector I_C y el voltaje V_{CE} de cd de colector a emisor. Observe que para la operación del amplificador, Q debe estar en la región activa y, además, debe estar localizada de modo que tome en cuenta una oscilación razonable de señal a medida que se aplica la señal de entrada v_i. En breve aclararemos esto.

La situación cuando se aplica v_i se ilustra en la figura 4.37. Considere primero la figura 4.37(a), que muestra una señal v_i con una onda triangular que se está superponiendo sobre el voltaje V_{BB} de cd. Correspondiente a cada valor instantáneo de $V_{BB} + v_i(t)$, podemos dibujar una recta con pendiente $-1/R_B$. Esta "línea de carga instantánea" corta la curva $i_B - v_{BE}$ en un punto cuyas coordenadas dan los valores totales instantáneos de i_B y v_{BE} correspondientes al valor particular de $V_{BB} + v_i(t)$. Como

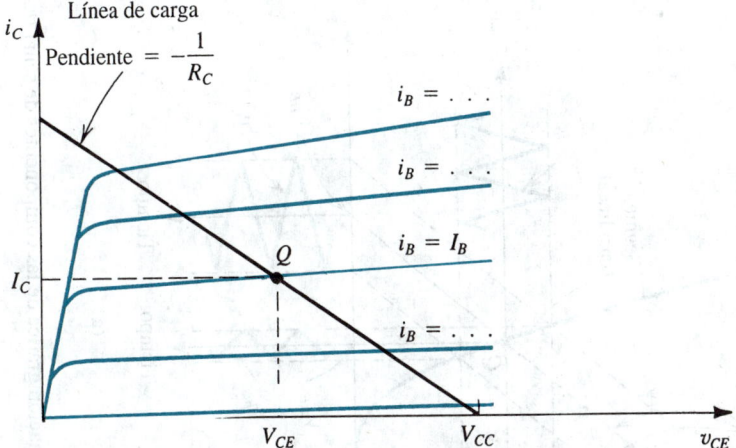

Fig. 4.36 Construcción gráfica para determinar la corriente I_C de cd de colector y el voltaje V_{CE} de colector a emisor del circuito de la figura 4.34.

---

[5] El término *línea de carga* también se utiliza para la recta de la figura 4.35.

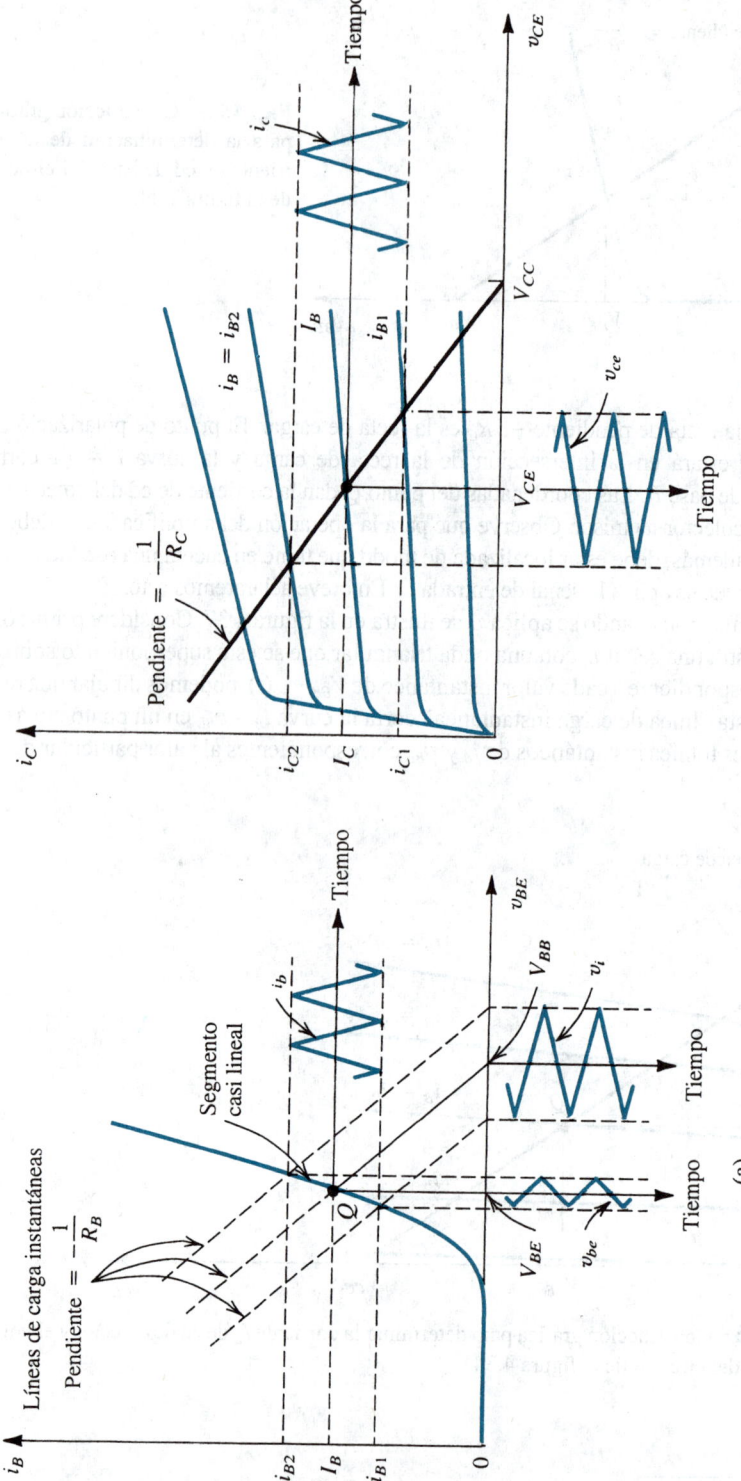

Fig. 4.37   Determinación gráfica de las componentes de señal v_{be}, i_b, i_c y v_{ce} cuando se superpone una componente de señal v_i al voltaje V_{BB} de cd (véase figura 4.34).

ejemplo, la figura 4.37(a) muestra las rectas correspondientes a $v_i = 0$, v_i en su pico positivo y v_i en su pico negativo. Ahora, si la amplitud de v_i es suficientemente pequeña de modo que el punto de operación instantáneo esté confinado a un segmento casi lineal de la curva $i_B - v_{BE}$, entonces las señales resultantes i_b y v_{be} serán de forma triangular, como se indica en la figura. Ésta, por supuesto, es la aproximación a pequeña señal. En resumen, la construcción gráfica de la figura 4.37(a) se puede usar para determinar el valor total instantáneo de i_B correspondiente a cada valor de v_i.

A continuación, pasamos a las curvas características $i_C - v_{CE}$ de la figura 4.37(b). El punto de operación se moverá a lo largo de la recta de carga de pendiente $-1/R_C$ a medida que i_B pasa por los valores instantáneos determinados de la figura 4.37(a). Por ejemplo, cuando v_i se encuentra en el pico positivo, $i_B = i_{B2}$ (de la figura 4.37a), y el punto de operación instantáneo del plano $i_C - v_{CE}$ estará en la intersección de la recta de carga y la curva correspondiente a $i_B = i_{B2}$. De esta forma, podemos determinar las ondas de i_C y v_{CE} y por ello de las componentes de señal i_c y v_{ce}, como se indica en la figura 4.37(b).

Efectos de la localización del punto de polarización en la oscilación permisible de señal

La ubicación del punto de cd de polarización del plano $i_C - v_{CE}$ afecta de manera significativa la oscilación máxima permisible de señal en el colector. Consulte la figura 4.37(b) y observe que los picos positivos de v_{ce} no pueden pasar de V_{CC}, ya que de otra forma el transistor entra en la región de corte. Análogamente, los picos negativos de v_{ce} no pueden extenderse debajo de unas pocas décimas de volt, porque de lo contrario el transistor entra en la región de saturación. La ubicación del punto de polarización de la figura 4.37(b) toma en cuenta una oscilación aproximadamente igual en cada dirección.

A continuación considere la figura 4.38. Aquí mostramos líneas de carga correspondientes a dos valores de R_C. La línea A corresponde a un valor bajo de R_C y resulta en el punto de operación Q_A donde el valor de V_{CE} es muy cercano a V_{CC}. Así, la oscilación positiva de v_{ce} estará fuertemente limitada; en esta situación, se dice que no hay suficiente "espacio arriba". Por otro lado, la recta B, que corresponde a una R_C grande, resulta en el punto de polarización Q_B cuyo V_{CE} es demasiado

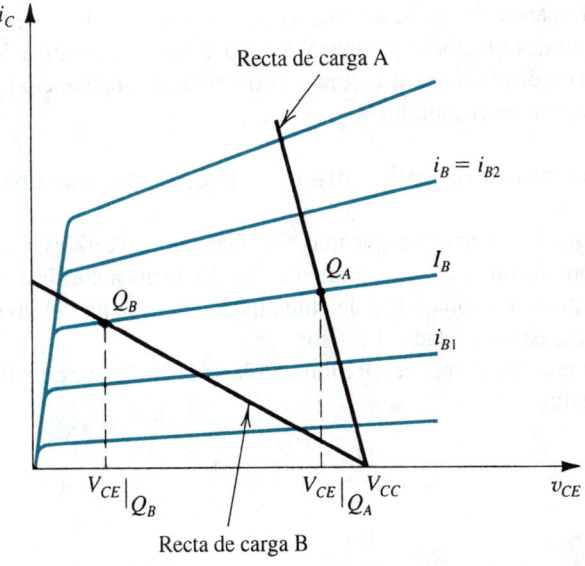

Fig. 4.38 Efecto de la ubicación del punto de polarización en una oscilación permisible de señal: la recta de carga A resulta en un punto de polarización Q_A con un correspondiente V_{CE} que está demasiado cerca de V_{CC} y así limita la oscilación positiva de v_{CE}. En el otro extremo, resulta la recta de carga B en un punto de operación demasiado cercano a la región de saturación, limitando así la oscilación negativa de v_{CE}.

bajo. Así, para la recta B, aun cuando hay amplio espacio para la excursión positiva de v_{ce} (hay bastante espacio arriba), la alternancia negativa de la señal está fuertemente limitada por la proximidad de la región de saturación (no hay suficiente "espacio abajo"). Es obvio que se requiere de un término medio entre estas dos situaciones.

Ejercicios

4.25 En términos de los parámetros del modelo de circuito equivalente híbrido π, ¿cuál es la pendiente de la curva i_B–v_{BE} del punto de polarización? Encuentre una expresión para la pendiente en términos de la corriente I_B de polarización de cd.

Resp. $1/r_\pi$; I_B/V_T

4.26 Considere el circuito de la figura 4.34 con $V_{BB} = 1.7$ V, $R_B = 100$ kΩ, $V_{CC} = 10$ V y $R_C = 5$ kΩ. La beta del transistor es $\beta = 100$. La señal de entrada v_i es una onda triangular de 0.4 V pico a pico. Vea la figura 4.37 y utilice la geometría de la construcción gráfica que se muestra ahí para responder las siguientes preguntas: (a) Si $V_{BE} = 0.7$ V, encuentre I_B. (b) Si se supone operación en un segmento de recta de la curva $i_B - v_{BE}$, encuentre la inversa de su pendiente (utilice el resultado del ejercicio 4.25). (c) Encuentre valores aproximados para la amplitud pico a pico de i_b y de v_{be}. (d) Suponiendo que las curvas $i_C - v_{CE}$ son horizontales (es decir, se hace caso omiso del efecto Early), encuentre I_C y V_{CE}. (e) Encuentre la amplitud pico a pico de i_c y de v_{ce}. (f) ¿Cuál es la ganancia de voltaje de este amplificador?

Resp. (a) 10 μA;   (b) 2.5 kΩ;   (c) 4 μA, 10 mV;   (d) 1 mA, 5 V;   (e) 0.4 mA, 2 V;   (f) –5 V/V

4.10   POLARIZACIÓN DEL BJT PARA DISEÑO DE UN CIRCUITO DISCRETO

El problema de polarización es establecer una corriente de cd constante en el emisor del BJT. Esta corriente tiene que ser calculable, predecible e insensible a variaciones en temperatura y a las grandes variaciones del valor de β encontradas entre transistores del mismo tipo. Otra consideración importante en el diseño de polarización es ubicar el punto de polarización de cd del plano $i_C - v_{CE}$ para considerar máxima alternancia de salida de señal (véase el estudio al final de la sección 4.9). En esta sección trataremos diversos métodos para resolver el problema de polarización en circuitos transistorizados diseñados con dispositivos discretos. Los métodos de polarización para diseño de circuitos integrados se presentan en el capítulo 6.

Distribución de polarización usando una sola fuente de alimentación

En la figura 4.39(a) se muestra la distribución que más se utiliza para polarizar un amplificador de transistores si sólo se dispone de una fuente de alimentación. La técnica consiste en alimentar la base del transistor con una parte del voltaje V_{CC} de alimentación por medio del divisor de voltaje R_1, R_2. Además, un resistor R_E está conectado al emisor.

En figura 4.39(b) se muestra el mismo circuito con la red del divisor de voltaje sustituida por su equivalente de Thévenin,

$$V_{BB} = \frac{R_2}{R_1 + R_2}\, V_{CC} \tag{4.51}$$

$$R_B = \frac{R_1 R_2}{R_1 + R_2} \tag{4.52}$$

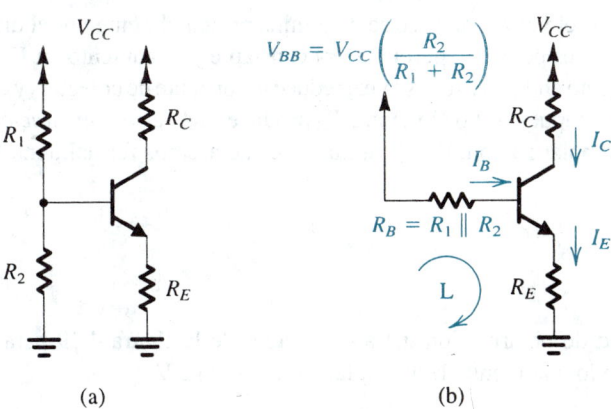

$$V_{BB} = V_{CC}\left(\frac{R_2}{R_1 + R_2}\right)$$

Fig. 4.39 Polarización clásica de BJT que usen una sola fuente de alimentación: **(a)** circuito; **(b)** circuito con el divisor de voltaje, que alimenta la base, sustituido con su equivalente de Thévenin.

(a) (b)

La corriente I_E se puede determinar al escribir la ecuación de malla de Kirchhoff para la malla formada por la base, el emisor y tierra, y sustituyendo $I_B = I_E/(\beta + 1)$:

$$I_E = \frac{V_{BB} - V_{BE}}{R_E + R_B/(\beta + 1)} \tag{4.53}$$

Para hacer que I_E sea insensible a variaciones en temperatura y en β, diseñamos el circuito para satisfacer las siguientes dos restricciones:

$$V_{BB} \gg V_{BE} \tag{4.54}$$

$$R_E \gg \frac{R_B}{\beta + 1} \tag{4.55}$$

La condición (4.54) asegura que todas las variaciones en V_{BE} (alrededor de 0.7 V) serán amortiguadas por el V_{BB} mucho mayor. Hay un límite, sin embargo, sobre qué tan grande puede ser V_{BB}: para un valor dado del voltaje de alimentación V_{CC}, cuanto más alto sea el valor que utilicemos para V_{BB} menor será la suma de voltajes en los terminales de R_C y la unión entre colector y base (V_{CB}). Por otro lado, deseamos que el voltaje en los terminales de R_C sea grande para obtener alta ganancia de voltaje y gran alternancia de señal (antes que el transistor entre en corte). También deseamos que V_{CB} (o V_{CE}) sea grande para obtener una gran alternancia de señal (antes que el transistor entre en saturación). Entonces, como es el caso de cualquier problema de diseño, tenemos un conjunto de requisitos conflictivos, y la solución debe ser un término medio. Como regla práctica, se diseña para V_{BB} alrededor de $\frac{1}{3}$ de V_{CC}, V_{CB} (o V_{CE}) alrededor de $\frac{1}{3}$ de V_{CC}, e $I_C R_C$ alrededor de $\frac{1}{3}$ de V_{CC}.

La condición (4.55) hace que I_E sea insensible a variaciones en β y podría satisfacerse si se selecciona una R_B pequeña. Esto, a su vez, se logra si se usan valores bajos para R_1 y R_2, pero, valores más bajos de R_1 y R_2, sin embargo, significan un más alto consumo de corriente de la fuente de alimentación y normalmente resultan en un descenso de la resistencia de entrada del amplificador (si la señal de entrada se acopla a la base), que es la solución intermedia que interviene en esta parte del problema de diseño. Debe observarse que la condición (4.55) quiere decir que deseamos hacer que el voltaje de la base sea independiente del valor de β y determinado sólo por el divisor de voltaje. Esto, obviamente, se satisface si la corriente del divisor se hace mucho mayor que la corriente de base. Típicamente, se selecciona R_1 y R_2 tales que su corriente se encuentre entre I_E y $0.1I_E$.

Se obtiene más conocimiento acerca del mecanismo por medio del que la distribución de polarización de la figura 4.39(a) estabiliza la corriente de cd de emisor (y por lo tanto la de colector), si se considera la acción de retroalimentación dada por R_E. Considere que por alguna razón aumenta la corriente de emisor. La caída de voltaje en R_E y por lo tanto en V_E aumentará de manera correspondiente. Ahora, si el voltaje de base se determina principalmente por el divisor de voltaje R_1, R_2, que es el caso si R_B es pequeña, permanecerá constante y el aumento en V_E resultará en un correspondiente decremento en V_{BE}. Esto, a su vez, reduce la corriente de colector (y emisor), cambio opuesto al originalmente supuesto. Por lo tanto, R_E produce una *retroalimentación negativa* que estabiliza la corriente de polarización. En el capítulo 8 estudiaremos formalmente la retroalimentación negativa.

EJEMPLO 4.12

Deseamos diseñar la red de polarización del amplificador de la figura 4.39 para establecer una corriente $I_E = 1$ mA usando una fuente de alimentación $V_{CC} = +12$ V.

SOLUCIÓN

Seguiremos la regla práctica mencionada antes y asignaremos un tercio del voltaje de alimentación a la caída de voltaje en los terminales de R_2 y otro tercio a la caída de voltaje en R_C, dejando un tercio para posible alternancia de señal en el colector. Entonces,

$$V_B = +4 \text{ V}$$

$$V_E = 4 - V_{BE} \simeq 3.3 \text{ V}$$

y R_E se determina con

$$R_E = \frac{V_E}{I_E} = 3.3 \text{ k}\Omega$$

Del análisis anterior seleccionamos una corriente de divisor de voltaje de $0.1I_E$. Si despreciamos la corriente de base, encontramos

$$R_1 + R_2 = \frac{12}{0.1I_E} = 120 \text{ k}\Omega$$

$$\frac{R_2}{R_1 + R_2} V_{CC} = 4 \text{ V}$$

Por lo tanto, $R_2 = 40$ kΩ y $R_1 = 80$ kΩ.

En este punto es recomendable hallar una estimación más precisa para I_E, tomando en cuenta la corriente de base diferente de cero. Con la ecuación (4.53) y suponiendo que β se especifique en 100, obtenemos

$$I_E = \frac{3.3}{3.3 + 0.267} = 0.93 \text{ mA}$$

Podríamos, por supuesto, haber obtenido un valor mucho más cercano al deseado 1 mA al hacer el diseño con ecuaciones exactas, pero como nuestro trabajo está basado en modelos de primer orden, no tiene sentido esforzarse en precisión a más de 5 o 10%.

Debe observarse que si deseamos tomar una corriente más elevada de la fuente de alimentación y si estamos preparados para aceptar una menor resistencia de entrada para el amplificador, entonces podríamos usar una corriente de divisor de voltaje igual a I_E, por ejemplo, resultando en $R_1 = 8\ \text{k}\Omega$ y $R_2 = 4\ \text{k}\Omega$. Nos referiremos como diseño 2 al circuito que utiliza estos últimos valores, para el que el valor real de I_E será

$$I_E = \frac{3.3}{3.3 + 0.026} \simeq 1\ \text{mA}$$

El valor de R_C se puede determinar con

$$R_C = \frac{12 - V_C}{I_C}$$

Entonces, para el diseño 1, tenemos

$$R_C = \frac{12 - 8}{0.99 \times 0.93} = 4.34\ \text{k}\Omega$$

mientras que para el diseño 2 tenemos

$$R_C = \frac{12 - 8}{0.99 \times 1} = 4.04\ \text{k}\Omega$$

Para mayor sencillez seleccionamos $R_C = 4\ \text{k}\Omega$ para ambos diseños.

Ejercicio

4.27 Para el diseño 1 del ejemplo 4.12, calcule el intervalo esperado de I_E si el transistor que se utilice tiene una β de entre 50 y 150. Exprese el intervalo de I_E como porcentaje del valor nominal ($I_E = 1\ \text{mA}$) obtenido para $\beta = \infty$. Repita para el diseño 2.

Resp. Para el diseño 1: 0.86 a 0.95 mA, un intervalo de 9%; para el diseño 2: 0.984 a 0.995 mA, un intervalo de 1.1%.

Polarización con dos fuentes de alimentación

Es posible obtener una distribución un poco más sencilla de polarización si se dispone de dos fuentes de alimentación, como se muestra en la figura 4.40. Al escribir una ecuación de malla para la marcada como L resulta

$$I_E = \frac{V_{EE} - V_{BE}}{R_E + R_B/(\beta + 1)} \tag{4.56}$$

Esta ecuación es idéntica a la (4.53) excepto que V_{EE} sustituye a V_{BB}. Entonces, las dos restricciones de las ecuaciones (4.54) y (4.55) también aplican aquí. Nótese que si el transistor ha de usarse con la base a tierra (es decir, en la configuración de base común estudiada en el ejemplo 4.11 y más completamente en la siguiente sección), entonces R_B se puede eliminar por completo. Por otra parte, si la señal de entrada ha de estar acoplada a la base, entonces se hace necesaria R_B.

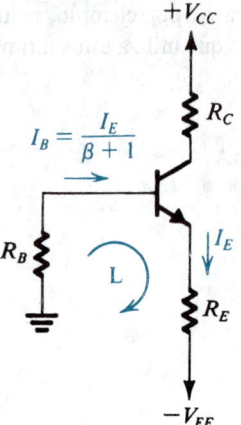

Fig. 4.40 Polarización de un BJT que usa dos fuentes de alimentación. El resistor R_B es necesario sólo si la señal ha de acoplarse a la base. De otra forma, la base se puede conectar directamente a tierra, con lo que resulta una independencia casi total de la corriente de polarización con respecto al valor de β.

Ejercicio

D4.28 El arreglo de polarización de la figura 4.40 se va a utilizar para un amplificador de base común. Diseñe el circuito para establecer una corriente de emisor de cd de 1 mA y encuentre la ganancia de voltaje máxima posible considerando una máxima oscilación de señal en el colector de ±2 V. Utilice fuentes de alimentación de +10 V y de −5 V.

Resp. $R_B = 0$; $R_E = 4.3$ kΩ; $R_C = 8$ kΩ

Arreglo alternativo de polarización

En la figura 4.41(a) se ilustra una distribución alternativa de polarización, sencilla pero eficiente, apropiada para amplificadores de emisor común. El análisis del circuito se muestra en la figura 4.41(b), del que podemos escribir

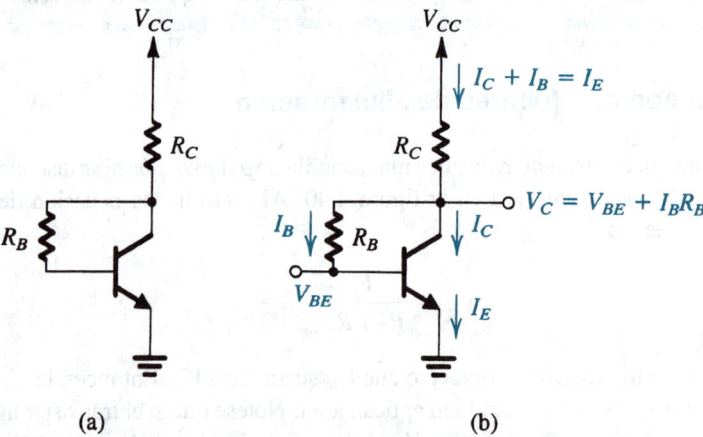

(a)   (b)

Fig. 4.41 **(a)** Distribución alternativa sencilla de polarización apropiada para amplificadores de emisor común. **(b)** Análisis del circuito en (a).

$$V_{CC} = i_E R_C + I_B R_B + V_{BE}$$

$$= I_E R_C + \frac{I_E}{\beta + 1} R_B + V_{BE}$$

Entonces la corriente de polarización del emisor está dada por

$$I_E = \frac{V_{CC} - V_{BE}}{R_C + R_B/(\beta + 1)} \tag{4.57}$$

Para obtener un valor de I_E que sea insensible a variaciones de β, seleccionamos $R_B/(\beta+1) \ll R_C$. Nótese, sin embargo, que el valor de R_B determina la oscilación permisible de señal en el colector porque

$$V_{CB} = I_B R_B = I_E \frac{R_B}{\beta + 1} \tag{4.58}$$

La estabilidad en este circuito se obtiene por la retroalimentación negativa del resistor R_B. Encontraremos circuitos de este tipo en nuestro estudio de retroalimentación en el capítulo 8.

Ejercicio

D4.29 Diseñe el circuito de la figura 4.41 para obtener una corriente de cd de emisor de 1 mA y para asegurar una oscilación de señal de ± 2 V en el colector. Sea $V_{CC} = 10$ V y $\beta = 100$.

Resp. $R_B = 202$ kΩ; $R_C = 7.3$ kΩ. Nótese que si se utilizan valores estándar de resistores del 5% (apéndice H) seleccionamos $R_B = 200$ kΩ y $R_C = 7.5$ kΩ. Esto resulta en $I_E = 0.98$ mA y $V_C = 2.64$ V.

Polarización con una fuente de corriente

El transistor de unión bipolar (BJT) se puede polarizar si se usa una fuente constante de corriente I, como se indica en el circuito de la figura 4.42(a). Este circuito tiene la ventaja de que la corriente de emisor es independiente de los valores de β y R_B. Entonces, R_B se puede hacer grande y hace posible un aumento de la resistencia de entrada en la base sin afectar adversamente la

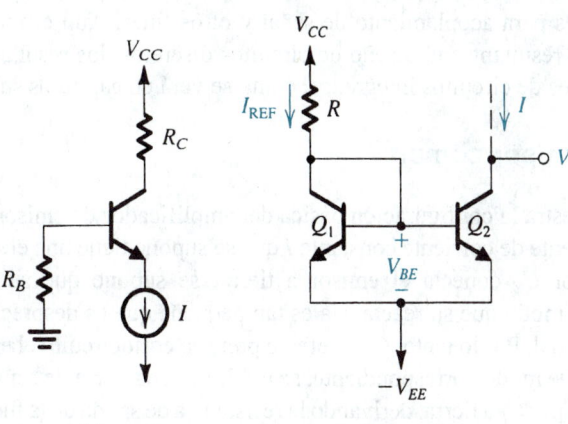

Fig. 4.42 **(a)** Un BJT polarizado con una fuente de corriente constante I. **(b)** Circuito para poner en práctica la fuente de corriente I.

(a)   (b)

estabilidad de polarización. Además, la polarización de la fuente de corriente lleva a una simplificación considerable del diseño, como veremos en secciones y capítulos posteriores.

En la figura 4.42(b) se muestra una estructuración sencilla de la fuente de corriente constante I. El circuito utiliza un par de transistores acoplados Q_1 y Q_2, con Q_1 conectado como diodo al poner en cortocircuito su colector a su base. Si suponemos que Q_1 y Q_2 tienen valores altos de β, podemos despreciar sus corrientes de base. Por lo tanto, la corriente que pasa por Q_1 será aproximadamente igual a I_{REF}

$$I_{REF} = \frac{V_{CC} - (-V_{EE}) - V_{BE}}{R}$$

Ahora, como Q_1 y Q_2 tienen el mismo V_{BE}, sus corrientes de colector serán iguales y resulta

$$I = I_{REF} = \frac{V_{CC} + V_{EE} - V_{BE}}{R}$$

Si se desprecia el efecto Early en Q_2, la corriente de colector permanecerá constante al valor dado por esta ecuación mientras Q_2 permanezca en la región activa. Esto se puede garantizar si se conserva el voltaje V en el colector mayor que el de la base ($-V_{EE} + V_{BE}$). La conexión de Q_1 y Q_2 de la figura 4.42(b) se conoce como **espejo de corriente**. En el capítulo 6 estudiaremos en detalle los espejos de corriente.

Ejercicio

4.30 Para el circuito de la figura 4.42(a) con $V_{CC} = 10$ V, $I = 1$ mA, $\beta = 100$, $R_B = 100$ kΩ y $R_C = 7.5$ kΩ, encuentre el voltaje de cd en la base, el emisor y el colector. Para $V_{EE} = 10$ V, encuentre el valor de R del circuito de la figura 4.42(b).

Resp. −1 V; −1.7 V; +2.5 V; 19.3 kΩ

4.11   CONFIGURACIONES BÁSICAS DE AMPLIFICADORES DE BJT DE UNA ETAPA

En esta sección estudiamos las tres configuraciones básicas de amplificadores de BJT: los circuitos de emisor común (CE), base común (CB) y colector común (CC). Para simplificar las cosas, utilizaremos condensadores para acoplamiento de señal y otros fines. Aun cuando esto limita la aplicación de los circuitos resultantes al diseño de circuitos discretos, los resultados son directamente aplicables a versiones de circuitos integrados, como se verá en capítulos subsiguientes.

El amplificador de emisor común

En la figura 4.43(a) se muestra la configuración básica del amplificador de emisor común. El BJT está polarizado con una fuente de corriente constante I que se supone tiene una elevada resistencia de salida. Un condensador C_E conecta el emisor a tierra; se supone que su capacitancia es suficientemente grande de modo que su reactancia es tan pequeña que es despreciable a todas las frecuencias de interés de señal. Por lo tanto, C_E en efecto pone en cortocircuito el emisor a tierra en lo que respecta a señales. De modo correspondiente, se establece una tierra de señal en el emisor y la corriente de señal circula por C_E a tierra, derivando la resistencia de salida de la fuente de corriente I. El condensador C_E, por lo tanto, recibe el nombre de **condensador de derivación**.

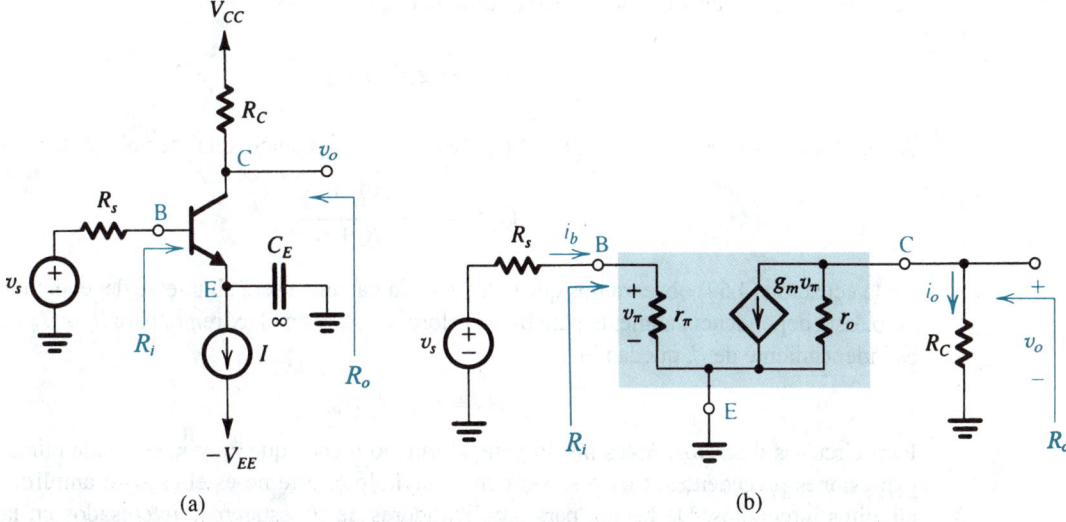

Fig. 4.43 Amplificador de emisor común. **(a)** Circuito. **(b)** Circuito equivalente obtenido al sustituir el BJT con su modelo híbrido π y eliminar fuentes de cd.

La fuente de señal de entrada v_s tiene una resistencia R_s y está conectada a la base del transistor. Nótese que v_s y R_s representan la fuente real de señales o el circuito equivalente de Thévenin de otro circuito que alimenta nuestro amplificador de emisor común. La señal de salida v_o se toma en el colector; v_o es la componente de señal del voltaje de colector. Para mayor sencillez, no mostramos un resistor de carga; si estuviera presente un resistor de carga, estaría conectado al colector directamente o por medio de un condensador grande de acoplamiento. El resistor de carga aparecería en efecto en paralelo con R_C y, por lo tanto, puede ser considerado como parte de R_C para los fines del siguiente análisis.

Observe que el puerto de entrada del amplificador de emisor común es entre base y emisor, que está a tierra de señal, y el puerto de salida es entre colector y emisor, de aquí el nombre de emisor común o **amplificador de emisor a tierra**.

Deseamos analizar el circuito amplificador de emisor común para determinar su resistencia de entrada R_i, ganancia de voltaje v_o/v_s, ganancia de corriente i_o/i_b y resistencia de salida R_o. Con ese fin, sustituimos el transistor de unión bipolar (BJT) con su modelo híbrido π y eliminamos las fuentes de cd para obtener el circuito amplificador equivalente que se muestra en la figura 4.43(b).

Un examen del circuito de la figura 4.43(b) deja ver que la resistencia de entrada R_i está dada por

$$R_i = r_\pi \tag{4.59}$$

La fracción de v_s que aparece en la base es v_π,

$$\frac{v_\pi}{v_s} = \frac{r_\pi}{R_s + r_\pi} \tag{4.60}$$

En el lado de salida, la fuente de corriente controlada $(g_m v_\pi)$ alimenta R_C, que aparece en paralelo con r_o, y

$$v_o = -(g_m v_\pi)(R_C // r_o)$$

Entonces, la ganancia de base a colector está dada por

$$\frac{v_o}{v_\pi} = -g_m(R_C//r_o) \tag{4.61}$$

Al combinar las ecuaciones (4.60) y (4.61) se obtiene la ganancia total de voltaje A_v como

$$A_v \equiv \frac{v_o}{v_s} = -\frac{\beta(R_C//r_o)}{R_s + r_\pi} \tag{4.62}$$

De la ecuación (4.62) observamos que si $R_s \gg r_\pi$, la ganancia será altamente dependiente del valor de β. Esta dependencia aumenta para bajos valores de R_s, y en el extremo, para $R_s \ll r_\pi$ la ganancia es independiente de β, quedando

$$A_v \cong -g_m(R_C//r_o) \tag{4.63}$$

Para circuitos discretos, R_C es por lo general mucho menor que r_o, y r_o se puede eliminar de las expresiones precedentes. Como se verá en el capítulo 6, éste no es el caso en amplificadores de circuitos integrados. De hecho, para amplificadores de IC estaremos interesados en la máxima ganancia posible alcanzada en un circuito de emisor común (CE). Ésta se puede encontrar si se hace $R_C = \infty$ en la ecuación (4.63),

$$A_{v\text{máx}} = -g_m r_o \tag{4.64}$$

Al sustituir $g_m = I_C/V_T$ y $r_o = V_A/I_C$,

$$A_{v\text{máx}} = -\frac{V_A}{V_T} \tag{4.65}$$

que es independiente de la corriente de polarización I_C. Como ejemplo, para una tecnología de circuito integrado (IC) con $V_A = 100$ V, la ecuación (4.65) da una magnitud máxima de ganancia de voltaje de 4000 V/V.

La ganancia actual del amplificador de CE se encuentra del circuito de la figura 4.43(b) como

$$A_i \equiv \frac{i_o}{i_b} = \frac{-g_m v_\pi r_o/(r_o + R_C)}{v_\pi/r_\pi}$$

Entonces,

$$A_i = -\beta \frac{r_o}{r_o + R_C} \tag{4.66}$$

Para $R_C \ll r_o$, $A_i \cong -\beta$, que no es un resultado sorprendente ya que β es la ganancia de corriente en cortocircuito (es decir, $R_C = 0$) de emisor común.

Finalmente, la resistencia de salida R_o se puede encontrar por inspección del circuito de la figura 4.43(b) como sigue: al hacer $v_s = 0$, podemos ver que $v_\pi = 0$ y entonces

$$R_o = R_C//r_o \tag{4.67}$$

Para resumir, el amplificador de emisor común (CE) puede diseñarse para obtener ganancias considerables de voltaje y corriente, tiene una resistencia de entrada de valor moderado y tiene una elevada resistencia de salida (una desventaja). En amplificadores de etapas múltiples de elevada ganancia, el grueso de la ganancia de voltaje suele obtenerse al usar una o más etapas de emisor común. El amplificador de emisor común (CE), sin embargo, tiene una respuesta en alta frecuencia más bien deficiente, como se muestra en el capítulo 7.

Ejercicio

4.31 Para el amplificador de emisor común de la figura 4.43(a), sea $I = 1$ mA, $R_C = 5$ kΩ, $\beta = 100$, $V_A = 100$ V y $R_s = 5$ kΩ. Encuentre R_i, A_v, A_i y R_o. Si la salida del amplificador está conectada a una resistencia de carga de 5 kΩ, encuentre el nuevo valor de A_v.

Resp. 2.5 kΩ; −63.5 V/V; −95.2 A/A; 4.76 kΩ; −32.5 V/V

El amplificador de emisor común con una resistencia en el emisor

Si se incluye una resistencia en la trayectoria de señal entre emisor y tierra, como se muestra en la figura 4.44(a), puede llevar a cambios importantes en las características del amplificador. Por lo tanto, este resistor puede ser utilizado por el diseñador como eficiente herramienta de diseño para personalizar las características del amplificador y ajustarlas a las necesidades de diseño.

Se puede realizar un análisis del circuito de la figura 4.44(a) si se sustituye el BJT con uno de sus modelos a pequeña señal. Aun cuando se pueden usar cualquiera de los modelos de las figuras 4.26 y 4.27, el más conveniente para esta aplicación es uno de los dos modelos T. Esto es porque tenemos una resistencia R_e en el emisor que aparecerá en serie con la resistencia de emisor r_e del modelo T y puede así sumarse a ella, simplificando considerablemente el análisis. El lector apreciará esta observación una vez realizado el análisis. Se puede obtener una apreciación incluso mejor si se realiza el análisis con el modelo híbrido π y se observa la mucho mayor cantidad de trabajo necesaria para llegar al mismo resultado.

Si se sustituye el BJT con el modelo T de la figura 4.27(b) aumentada por la resistencia r_o de salida de colector, resulta en el circuito equivalente de amplificador que se muestra en la figura 4.44(b). Desafortunadamente, en este circuito amplificador, r_o conecta el lado de salida del amplificador al lado de entrada, destruyendo así la naturaleza unilateral del amplificador y complicando considerablemente el análisis. Resulta, sin embargo, que como r_o es grande, incluirla en el análisis tiene poco efecto en la operación del amplificador. Por lo tanto, eliminaremos r_o y haremos el análisis del circuito simplificado que se muestra en la figura 4.44(c). Se puede verificar fácilmente por simulación de computadora que los resultados aproximados obtenidos sin r_o difieren sólo ligeramente de aquellos en que está r_o incluida.

Para determinar la resistencia de entrada R_i, vemos del circuito de la figura 4.44(c) que el voltaje de base está dado por

$$v_b = i_e(r_e + R_e) \tag{4.68}$$

y mediante una ecuación de nodo en la base, la corriente de base se puede obtener como

$$i_b = (1 - \alpha)i_e = \frac{i_e}{\beta + 1} \tag{4.69}$$

que hace posible que determinemos R_i,

$$R_i \equiv \frac{v_b}{i_b} = (\beta + 1)(r_e + R_e) \tag{4.70}$$

Éste es un resultado muy importante. Dice que la resistencia de entrada que mira hacia la base es $(\beta + 1)$ veces la resistencia total del emisor. La multiplicación por el factor $(\beta + 1)$ se conoce como

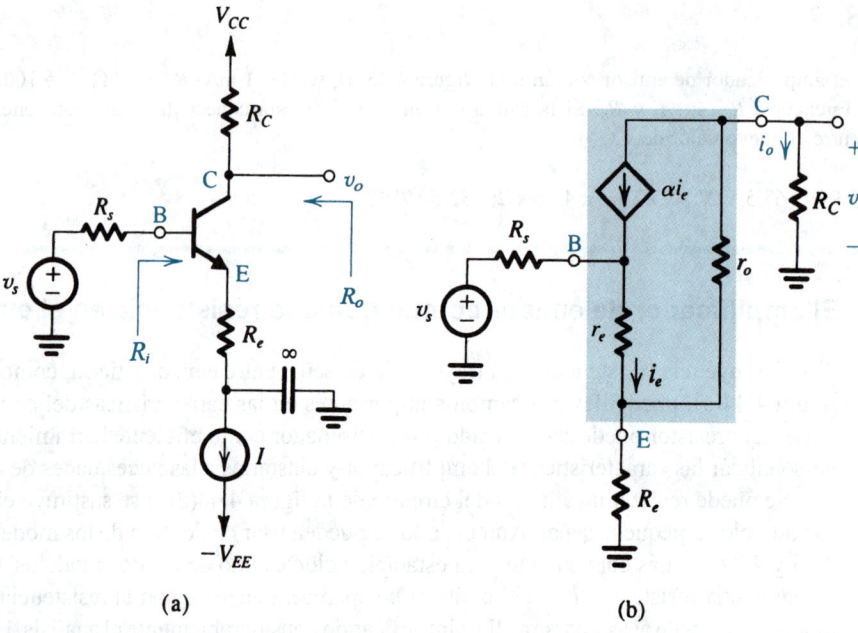

(a)

(b)

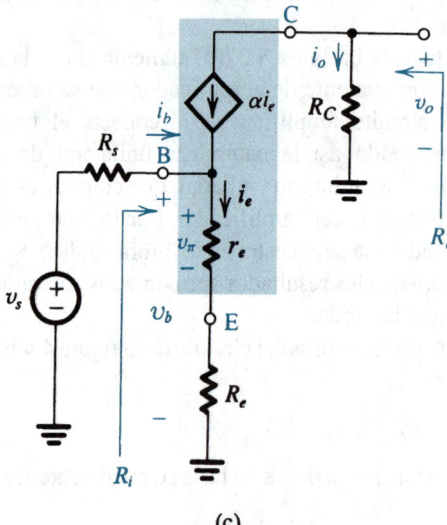

(c)

Fig. 4.44 Amplificador de emisor común con una resistencia R_e en el emisor.
(a) Circuito. **(b)** Circuito equivalente con el BJT sustituido con su modelo T. **(c)** El circuito en (b) con r_o eliminada.

regla de reflexión de resistencia. El factor $(\beta + 1)$ aparece porque la corriente de base es $1/(\beta + 1)$ veces la corriente de emisor. La expresión R_i de la ecuación (4.70) muestra claramente que incluir una resistencia R_e en el emisor puede aumentar R_i considerablemente. De hecho, el valor de R_i aumenta en la relación

$$\frac{R_i(\text{con } R_e \text{ incluida})}{R_i(\text{sin } R_e)} = \frac{(\beta + 1)(r_e + R_e)}{(\beta + 1)r_e}$$

$$= 1 + \frac{R_e}{r_e} \cong 1 + g_m R_e \tag{4.71}$$

Así, el diseñador de circuitos puede seleccionar el valor de R_e que produzca la resistencia de entrada deseada para el amplificador.

Para determinar la ganancia de voltaje, primero hallamos la ganancia de base a colector. Del circuito equivalente, escribimos el voltaje de colector v_o

$$v_o = -\alpha i_e R_C \tag{4.72}$$

y usamos la expresión para v_b en la ecuación (4.68) para hallar v_o/v_b,

$$\frac{v_o}{v_b} = \frac{-\alpha R_C}{r_e + R_e} \tag{4.73}$$

Como $\alpha \cong 1$,

$$\frac{v_o}{v_b} \cong -\frac{R_C}{r_e + R_e} \tag{4.74}$$

Esta sencilla relación es muy útil y definitivamente merece la pena recordar: *La ganancia de voltaje entre base y colector es igual a la relación entre la resistencia total del colector y la resistencia total del emisor.* Este enunciado es general y se aplica a cualquier circuito amplificador con BJT.

Para obtener la ganancia total de voltaje, multiplicamos v_o/v_b de la ecuación (4.73) por v_b/v_s,

$$\frac{v_b}{v_s} = \frac{R_i}{R_i + R_s}$$

y sustituimos por R_i la expresión de la ecuación (4.70) para obtener

$$A_v \equiv \frac{v_o}{v_s} = -\frac{\beta R_C}{R_s + (\beta + 1)(r_e + R_e)} \tag{4.75}$$

Vemos que la ganancia es menor que la del amplificador de emisor común del término adicional $(\beta + 1)R_e$ en el denominador, pero la ganancia es menos sensible al valor de β.

Otra consecuencia importante de incluir la resistencia R_e en el emisor es que el amplificador puede manejar señales de entrada más grandes sin incurrir en distorsión no lineal. Esto es porque sólo una pequeña parte de la señal de entrada en la base aparece entre base y emisor. Específicamente, del circuito de la figura 4.44(c), vemos que

$$\frac{v_\pi}{v_b} = \frac{r_e}{r_e + R_e} \cong \frac{1}{1 + g_m R_e} \tag{4.76}$$

Entonces, para el mismo v_π, la señal de entrada puede ser mayor que la del amplificador de emisor común por un factor de $(1 + g_m R_e)$.

Finalmente, del circuito de la figura 4.44(c), podemos fácilmente ver que

$$R_o = R_C$$

$$A_i \equiv \frac{i_o}{i_b} = -\beta$$

Para resumir, incluir una resistencia R_e en el emisor del amplificador de emisor común resulta en las siguientes características:

1. La resistencia de entrada R_i aumenta en un factor $(1 + g_m R_e)$.

2. Para la misma distorsión no lineal, podemos aplicar una señal $(1 + g_m R_e)$ veces mayor.

3. La ganancia de voltaje se reduce (ecuación 4.75).

4. La ganancia de voltaje es menos dependiente del valor de β (particularmente cuando R_s es pequeña).

5. La respuesta a alta frecuencia mejora considerablemente (como veremos en el capítulo 7).

Con la excepción de reducción de ganancia, las otras cuatro características representan mejoras en la operación. De hecho, la reducción en ganancia es el precio que se paga por obtener las otras mejoras en operación. En muchos casos, ésta es una buena ganga; es el principio fundamental para el uso de retroalimentación negativa. Que la resistencia R_e introduzca **retroalimentación negativa** en el circuito amplificador se puede ver por consulta de la figura 4.44(a). Si por alguna razón aumenta la corriente de colector, la corriente de emisor también aumenta, resultando en una mayor caída de voltaje en R_e. Por lo tanto, aumenta el voltaje de emisor y disminuye el voltaje entre base y emisor. Este último efecto ocasiona que se reduzca la corriente de colector, lo que contrarresta el cambio inicialmente supuesto, que es un indicio de la presencia de retroalimentación negativa. Finalmente, vemos que la acción de retroalimentación negativa de R_e le da el nombre de **resistencia de degeneración de emisor**.

Ejercicio

4.32 Considere el circuito amplificador de la figura 4.44(a) con una corriente de polarización $I = 1$ mA y una resistencia de colector $R_C = 5$ kΩ. Hagamos que el BJT tenga una $\beta = 100$, y despreciemos el efecto Early. La fuente de señales tiene una resistencia $R_s = 5$ kΩ. Encuentre el valor de R_e que da al amplificador una resistencia de entrada cuatro veces la de la fuente. Para el circuito resultante, encuentre A_v, A_i y R_o. También, si v_π ha de estar limitado a 5 mV, encuentre el máximo v_s que se puede aplicar con y sin R_e incluida.

Resp.   175 Ω; −20 V/V; −100 A/A; 5 kΩ; 50 mV; 15 mV

El amplificador de base común

En la figura 4.45(a) se ilustra un circuito amplificador básico con BJT, de base común. Ahí la base está conectada a tierra, la señal de entrada está acoplada al emisor por medio de un condensador grande de acoplamiento C_C, y la señal de salida se toma en el colector. Como antes, el transistor

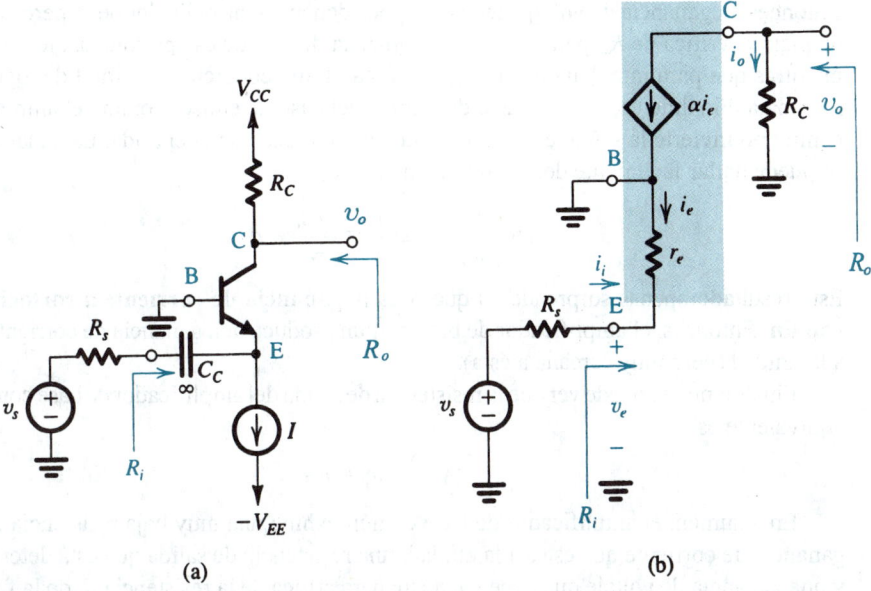

Fig. 4.45 Amplificador de base común. **(a)** Circuito. **(b)** Circuito equivalente obtenido al sustituir el BJT con su modelo T.

está polarizado con una fuente de corriente constante cuya resistencia de salida se supone que es muy alta. Como la base (a potencial de tierra) es el terminal común entre los puertos de entrada y salida, el circuito recibe el nombre de base común o **amplificador con base a tierra**.

Debido a que la señal de entrada se aplica al emisor, es muy conveniente usar uno de los dos modelos T para el BJT. Al sustituir el BJT con el modelo de la figura 4.27(b) resulta en el circuito equivalente de amplificador de la figura 4.45(b). Nótese que ahí también hemos despreciado r_o; incluir r_o complica considerablemente el análisis y se puede verificar por simulación de computadora que su efecto en la operación del amplificador de base común es insignificante. Una inspección al circuito de la figura 4.45(b) deja ver que la resistencia de entrada del amplificador

$$R_i = r_e \tag{4.77}$$

Como r_e es muy pequeña (por ejemplo, $r_e = 25\ \Omega$ a una corriente de polarización de 1 mA), vemos que la resistencia de entrada del amplificador de base común es baja.

Para obtener la ganancia de voltaje, escribimos para el voltaje de salida v_o

$$v_o = -\alpha i_e R_C$$

y encontramos que i_e del lado de entrada del circuito es

$$i_e = -\frac{v_s}{R_s + r_e}$$

Entonces,

$$A_v \equiv \frac{v_o}{v_s} = \frac{\alpha R_C}{R_s + r_e} \tag{4.78}$$

Entonces, la ganancia de voltaje tiene muy poca dependencia del valor de β, pero su valor depende de manera crítica de R_s: para $R_s \gg r_e$, la ganancia de voltaje es aproximadamente igual a (R_C/R_s), mientras que para muy baja R_s, $A_v \cong g_m R_C$. Esta última condición es difícil de lograr porque r_e es muy baja. Finalmente, vemos que a diferencia del caso de emisor común, el amplificador de base común no invierte la señal, esto es, la salida está en fase con la entrada. La ganancia de corriente se puede hallar fácilmente del circuito equivalente,

$$A_i \equiv \frac{i_o}{i_i} = \frac{-\alpha i_e}{-i_e} = \alpha \tag{4.79}$$

Este resultado apenas sorprende ya que α es la **ganancia de corriente a cortocircuito en base común**. Entonces, el amplificador de base común produce una ganancia de corriente que es menor a la unidad (pero muy cercana a ésta).

Finalmente, se puede ver que la resistencia de salida del amplificador de base común del circuito equivalente es

$$R_o = R_C \tag{4.80}$$

En resumen, el amplificador de base común exhibe una muy baja resistencia de entrada, una ganancia de corriente que es casi la unidad, una resistencia de salida que está determinada por R_C, y una ganancia de voltaje que depende de manera crítica de la resistencia R_s de la fuente. Debido a su muy baja resistencia de entrada, el circuito de base común por sí solo no es atractivo como amplificador de voltaje. Su aplicación más adecuada es como amplificador de corriente de ganancia unitaria o regulador de corriente: acepta una corriente de señal de entrada a una baja resistencia de entrada (r_e) y entrega una réplica casi igual a muy alta impedancia en el colector (la impedancia de salida es infinita, excluyendo R_C). La ventaja más importante del circuito de base común, sin embargo, es su excelente respuesta a alta frecuencia, como se demostrará en el capítulo 7.

Ejercicio

4.33 Considere el amplificador de base común de la figura 4.45(a) con $I = 1$ mA, $R_C = 5$ kΩ, $\beta = 100$ y hacemos caso omiso del efecto Early. Para $R_s = 5$ kΩ, encuentre R_i, A_v, A_i y R_o. (Éste es el mismo caso, excepto si se hace caso omiso de r_o, que se utiliza para el amplificador de emisor común en el ejercicio 4.31, de modo que el lector puede comparar resultados.)

Resp.   25 Ω; 0.985 V/V; 0.99 A/A; 5 kΩ

El amplificador de colector común o seguidor de emisor

La última de las configuraciones básicas de amplificadores con BJT es el circuito de colector común (CC), que es un circuito muy importante que encuentra frecuente aplicación en el diseño de amplificadores, tanto a pequeña como a gran señal (capítulo 9) e incluso en circuitos digitales (capítulo 13). El circuito se muestra en su forma básica en la figura 4.46(a). Aquí, el colector está conectado al positivo de la fuente V_{CC} y por lo tanto está a tierra de señal. La señal de entrada se aplica a la base y la salida se toma del emisor. Debido a que, como veremos en breve, el propósito principal del circuito de colector común es conectar una fuente que tiene una gran resistencia R_s a una carga con resistencia relativamente baja, de manera explícita mostramos una resistencia de carga. Específicamente, la señal de salida en el emisor se acopla por medio de un gran condensador de acoplamiento C_C a un resistor de carga R_L. En formas de circuitos integrados no se utilizan

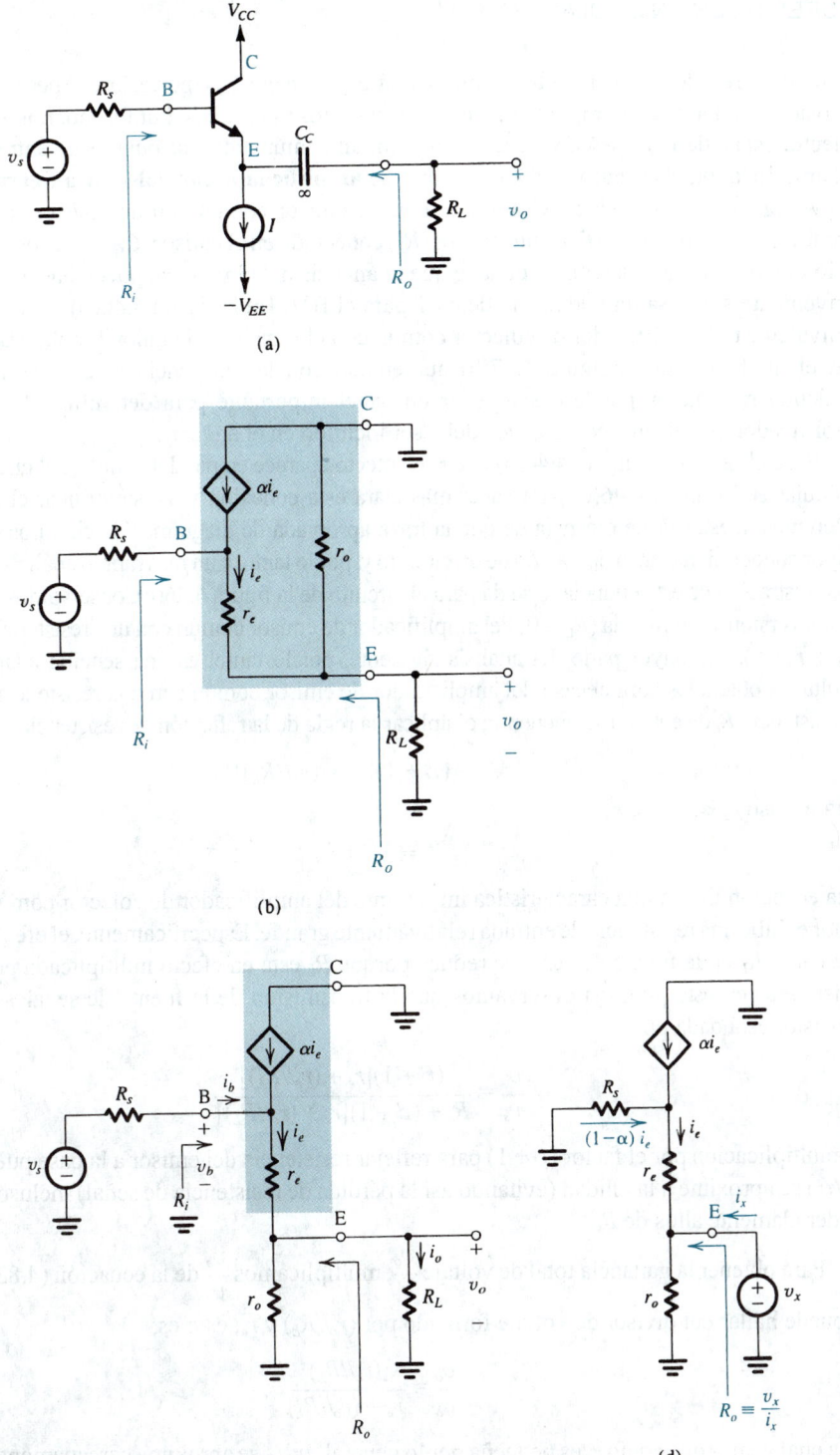

Fig. 4.46 Amplificador de colector común o seguidor de emisor. **(a)** Circuito. **(b)** Circuito equivalente obtenido al sustituir el BJT con su modelo T. **(c)** El circuito en (b) se ha dibujado de otra forma para mostrar que r_o está en paralelo con R_L. **(d)** Circuito para determinar R_o.

condensadores de acoplamiento, como veremos en capítulos posteriores, pero los resultados derivados aquí aplican por igual al caso de los circuitos integrados. Por último, nótese que como el colector está a tierra de señal y sirve como terminal común entre los puertos de entrada y de salida del amplificador, el circuito recibe el nombre de **amplificador con colector a tierra**.

Al igual que en el caso del amplificador de emisor común con un resistor R_e de emisor, el circuito de colector común tiene un resistor (R_L) conectado en el emisor (C_C actúa como cortocircuito en lo que respecta a señales). Se deduce que el análisis del circuito se puede hacer de manera más conveniente si se usa uno de los modelos T para el BJT. En la figura 4.46(b) se ilustra el circuito equivalente del amplificador de colector común con el transistor de unión bipolar (BJT) sustituido con el modelo T de la figura 4.27(b) aumentado con la resistencia r_o de salida del colector. Se demostrará que r_o puede desempeñar un papel importante para determinar la operación del amplificador de colector común y así debe ser incluido en el análisis.

Si se observa de la figura 4.46(b) que r_o en efecto aparece en paralelo con R_L, el circuito se vuelve a dibujar en la figura 4.46(c) para hacer más clara esta conexión y así simplificar el análisis. Aquí, reiteremos nuestra firme creencia de que la traza apropiada de diagramas de circuitos puede llevar a mayor conocimiento en la operación de un circuito y, por lo tanto, a un más rápido análisis de un circuito. Una ilustración de este enunciado se da para el circuito de la figura 4.46(c): observamos que el circuito es una versión simplificada ($R_C = 0$) del amplificador de emisor común con una resistencia en el emisor ($R_e = r_o//R_L$). La mayor parte del análisis siguiente, por lo tanto, es una sencilla adaptación de los resultados obtenidos para el caso del amplificador de emisor común con una resistencia en el emisor: la resistencia R_i de entrada se encuentra al aplicar la regla de la reflexión de resistencia,

$$R_i = (\beta + 1)[r_e + (r_o//R_L)] \tag{4.81}$$

Para el caso $r_e \ll R_L \ll r_o$

$$R_i \cong (\beta + 1)R_L \tag{4.82}$$

Esta ecuación ilustra una característica importante del amplificador de colector común: el amplificador exhibe una resistencia de entrada relativamente grande. Específicamente, el efecto de conectar una carga R_L en la fuente de señal se reduce porque R_L está en efecto multiplicada por $(\beta + 1)$. Se insiste más en este punto si observamos que la transmisión de la fuente de señales a la base del transistor está dada por

$$\frac{v_b}{v_s} = \frac{(\beta + 1)[r_e + (r_o//R_L)]}{R_s + (\beta + 1)[r_e + (r_o//R_L)]} \tag{4.83}$$

La multiplicación por el factor $(\beta + 1)$ para reflejar resistencia del emisor a la base puede hacer que (v_b/v_s) se aproxime a la unidad (evitando así la pérdida de resistencia de señal) incluso para valores moderadamente altos de R_s.

Para obtener la ganancia total de voltaje $\dfrac{v_o}{v_s}$, multiplicamos $\dfrac{v_b}{v_s}$ de la ecuación (4.83) por $\dfrac{v_o}{v_b}$, que se puede hallar del divisor de voltaje formado por $(r_o//R_L)$ y r_e; esto es,

$$\frac{v_o}{v_b} = \frac{(r_o//R_L)}{r_e + (r_o//R_L)} \tag{4.84}$$

de la cual vemos que como r_e es pequeña por lo general, v_o/v_b se aproxima cercanamente a la unidad, lo que significa que la señal en el emisor sigue muy de cerca de la de la base, dando al circuito su nombre más conocido, **seguidor de emisor**. Si se combinan las ecuaciones (4.83) y (4.84) resulta A_v,

$$A_v \equiv \frac{v_o}{v_s} = \frac{(\beta + 1)(R_L//r_o)}{R_s + (\beta + 1)[r_e + (R_L//r_o)]} \tag{4.85}$$

que se puede expresar en una forma ligeramente diferente como

$$A_v = \frac{v_o}{v_s} = \frac{(R_L//r_o)}{\dfrac{R_s}{\beta+1} + r_e + (R_L//r_o)} \tag{4.86}$$

Tanto la ecuación (4.85) como la (4.86) indican que la ganancia de voltaje del seguidor de emisor es menor que la unidad, pero la ganancia de voltaje suele ser cercana a la unidad, lo que es resultado del aumento en la resistencia vista por la fuente de señal debido a la multiplicación por $(\beta+1)$. Este punto debe ser evidente de la ecuación (4.85). La (4.86) hace el "complemento" de este punto: el seguidor de emisor en efecto hace que la resistencia de la fuente R_s se divida entre $(\beta+1)$ cuando se determina la fracción de v_s que aparece a la salida. Al ver la ecuación (4.86) y la figura 4.46(c) observamos que la expresión de la ecuación (4.86) representa una razón de divisor de voltaje: da el voltaje de salida en $r_o//R_L$, que aparece en serie con r_e y $R_s/(\beta+1)$. Este último es la resistencia de la base del transistor reflejada en el circuito del emisor al dividirla entre $(\beta+1)$. Ésta es la inversa de la regla de reflexión de resistencia.

Para ser más sistemáticos, determinemos formalmente la resistencia de salida del seguidor de emisor, esto es, la resistencia R_o indicada en la figura 4.46(d), donde v_s se ha ajustado a cero y se aplica un voltaje de prueba v_x al emisor. El voltaje v_x se puede expresar en términos de las caídas de voltaje en r_e y R_s,

$$v_x = -i_e r_e - (1-\alpha)i_e R_s$$

Y entonces

$$i_e = -\frac{v_x}{r_e + (1-\alpha)R_s}$$

que se puede sustituir en la ecuación de nodos en el emisor,

$$i_x = \frac{v_x}{r_o} - i_e$$

para obtener

$$i_x = \frac{v_x}{r_o} + \frac{v_x}{r_e + (1-\alpha)R_s}$$

Como $R_o \equiv \dfrac{v_x}{i_x}$, se puede encontrar de

$$\frac{1}{R_o} \equiv \frac{i_x}{v_x} = \frac{1}{r_o} + \frac{1}{r_e + (1-\alpha)R_s}$$

Por lo tanto, R_o es el equivalente paralelo de r_o y $[r_e + (1-\alpha)R_s]$, o

$$R_o = r_o // \left[r_e + \frac{R_s}{\beta+1} \right] \tag{4.87}$$

donde hemos sustituido $1-\alpha = 1/(\beta+1)$. Pedimos al lector relacione la expresión de la ecuación (4.87) con el circuito de la figura 4.46(c). Mirando al terminal E, vemos r_o en paralelo con r_e, que está en serie con R_s reflejada en el emisor al dividirla entre $(\beta+1)$, exactamente lo que dice la ecuación (4.87). Un examen de la ecuación (4.87) deja ver que R_o es generalmente baja. Esto se aclara si se considera el caso usual cuando r_o es grande, y

$$R_o \cong r_e + \frac{R_s}{\beta + 1} \tag{4.88}$$

Se puede usar la resistencia de salida R_o junto con la ganancia de voltaje a circuito abierto $A_v \Big|_{R_L = \infty}$ para determinar la ganancia A_v para cualquier resistencia de carga R_L, como sigue:

$$A_v = A_v \Big|_{R_L = \infty} \frac{R_L}{R_L + R_o} \tag{4.89}$$

en donde de la ecuación (4.86)

$$A_v \Big|_{R_L = \infty} = \frac{r_o}{\dfrac{R_s}{\beta + 1} + r_e + r_o}$$

Para completar el análisis del seguidor de emisor, podemos demostrar que su ganancia de corriente está dada por

$$A_i \equiv \frac{i_o}{i_b} = (\beta + 1) \frac{r_o}{r_o + R_L} \tag{4.90}$$

que se aproxima a $(\beta + 1)$ para $R_L \ll r_o$.

En resumen, el seguidor de emisor muestra una elevada resistencia de entrada, una baja resistencia de salida, una ganancia de voltaje que es menor a la unidad pero cercana a ésta, y una ganancia de corriente relativamente grande. Por lo tanto, está idealmente adaptado para aplicaciones en las que una fuente de alta resistencia se vaya a conectar a una carga de baja resistencia, por ejemplo como un amplificador regulador de voltaje. Su baja resistencia de salida lo hace útil como la última etapa o etapa de salida en un amplificador de etapas múltiples en donde su propósito sería no producir más ganancia de voltaje sino, más bien, dar al amplificador en cascada una baja resistencia de salida. Estudiaremos el diseño de etapas de salida de amplificadores en el capítulo 9.

Antes de dejar el tema del seguidor de emisor, la pregunta de la máxima oscilación permitida de señal merece un comentario. Como sólo una pequeña parte de la señal de entrada aparece entre base y emisor, el seguidor de emisor exhibe operación lineal para un gran intervalo de amplitud de señal de entrada. Hay, sin embargo, un límite superior absoluto impuesto al valor de la amplitud de señal de salida por el corte del transistor. Para ver cómo sucede esto, considere el circuito de la figura 4.46(a) cuando la señal de entrada es una onda senoidal. A medida que la entrada se haga negativa, la salida v_o también será negativa, y la corriente en R_L estará circulando de tierra al terminal del emisor. El transistor estará en corte cuando esta corriente sea igual a la corriente de polarización I. Por lo tanto, el valor pico de v_o se puede hallar de

$$\frac{\hat{V}_o}{R_L} = I$$

o

$$\hat{V}_o = I\,RL$$

El valor correspondiente de v_s será

$$\hat{V}_s = \frac{I\,R_L}{A_v}$$

Un incremento de amplitud v_s arriba de este valor resulta en que el transistor entra en corte, y los picos negativos de la onda de señal de salida aparezcan recortados.

Ejercicio

4.34 El seguidor de emisor de la figura 4.46(a) se utiliza para conectar una fuente que tiene $R_s = 10$ kΩ a una carga de 1 kΩ. El transistor está polarizado con $I = 5$ mA y tiene una $\beta = 100$ y $V_A = 100$ V. Encuentre R_i, $\dfrac{v_b}{v_s}$, $\dfrac{v_o}{v_b}$, $\dfrac{v_o}{v_s}$, R_o,

$A_v \Big|_{R_L = \infty}$ y A_i. ¿Cuál es la amplitud pico de una senoide de salida que se puede usar sin que el transistor entre en corte?

Si para limitar la distorsión no lineal se limita la señal de base a emisor a 10 mV pico, ¿cuál es la correspondiente amplitud a la salida?

Resp. 96.7 kΩ; 0.906 V/V, 0.995 V/V; 0.902 V/V; 103 Ω; 0.995 V/V; 96.2 A/A; 5 V; 2 V

4.12 EL TRANSISTOR COMO INTERRUPTOR; CORTE Y SATURACIÓN

Una vez estudiado el modo activo de operación en detalle, estamos listos para completar el cuadro si consideramos lo que ocurre cuando el transistor sale de la región activa. En un extremo, el transistor entra en la región de corte, mientras que en otro extremo entra en la región de saturación. Estos dos modos extremos de operación son muy útiles si el transistor ha de usarse como interruptor, tal como en circuitos lógicos digitales. En esta sección estudiaremos los modos de operación en corte y saturación.

Región de corte

Para ayudar a introducir el corte y saturación, consideremos el sencillo circuito que se muestra en la figura 4.47, que está alimentado con una fuente de voltaje v_I. Deseamos analizar este circuito para diferentes valores de v_I.

Si v_I es menor de unos 0.5 V, la unión entre emisor y base conducirá una corriente insignificante. De hecho, esta unión puede considerarse polarizada "inversamente" y como la unión entre colector y base también está polarizada inversamente (V_{CC} es positivo), el dispositivo estará en el modo de corte. Se deduce que

$$i_B = 0 \qquad i_E = 0 \qquad i_C = 0 \qquad v_C = V_{CC}$$

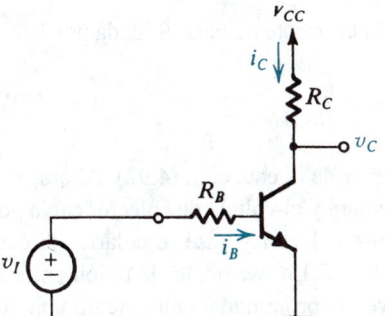

Fig. 4.47 Sencillo circuito utilizado para ilustrar los diferentes modos de operación de un BJT.

Región activa

Para activar el transistor tenemos que aumentar v_I arriba de 0.5 V. De hecho, para que circulen corrientes apreciables, v_{BE} debe ser de unos 0.7 V y v_I debe ser más alto. Para $v_I > 0.7$ V tenemos

$$i_B = \frac{v_I - V_{BE}}{R_B} \tag{4.91}$$

que se puede aproximar mediante la ecuación

$$i_B \simeq \frac{v_I - 0.7}{R_B} \tag{4.92}$$

La corriente de colector está dada por

$$i_C = \beta i_B \tag{4.93}$$

que aplica sólo si el dispositivo está en el modo activo. ¿Cómo sabemos que el dispositivo está en el modo activo? No lo sabemos; por lo tanto, suponemos que está en el modo activo, calculamos i_C usando la ecuación (4.93) y v_C de

$$v_C = V_{CC} - R_C i_C \tag{4.94}$$

y luego verificamos si v_{CB} es o no ≥ 0. En nuestro caso, simplemente comprobamos si v_C es o no ≥ 0.7 V. Si $v_C \geq 0.7$ V, entonces nuestra suposición original es correcta y hemos completado el análisis para el valor particular de v_I. Por otro lado, si se encuentra que v_C es menor que 0.7 V, entonces el dispositivo ha salido de la región activa y entrado en la de saturación.

Obviamente, a medida que v_I aumenta, i_B aumenta (ecuación 4.92), i_C aumenta de manera correspondiente (ecuación 4.93) y v_C decrece (ecuación 4.94). Por último, v_C se hace menor que v_B (0.7 V) y el dispositivo entra en la región de saturación.

Región de saturación

La saturación ocurre cuando intentamos forzar una corriente en el colector más alta de lo que puede soportar mientras se mantiene la operación en modo activo. Para el circuito de la figura 4.47, la máxima corriente que el colector "puede tomar" sin que el transistor salga del modo activo se puede evaluar al hacer $v_{CB} = 0$, lo que resulta en

$$\hat{I}_C = \frac{V_{CC} - V_B}{R_C} \simeq \frac{V_{CC} - 0.7}{R_C} \tag{4.95}$$

Esta corriente de colector se obtiene al forzar la corriente de base $\hat{I}_B$, dada por

$$\hat{I}_B = \frac{\hat{I}_C}{\beta} \tag{4.96}$$

y el correspondiente valor de v_I se puede obtener de la ecuación (4.92). Ahora, si aumentamos i_B por encima de $\hat{I}_B$, la corriente de colector aumentará y el voltaje de colector caerá por debajo del de la base. Esto continuará hasta que la unión entre colector y base se polarice directamente con un voltaje de polarización directa de entre 0.4 y 0.6 V. En ese punto, la unión entre colector y base conducirá y el voltaje de colector fijará su nivel a aproximadamente medio volt abajo del voltaje de base. Nótese que la caída de voltaje de polarización directa de la unión entre colector y base es

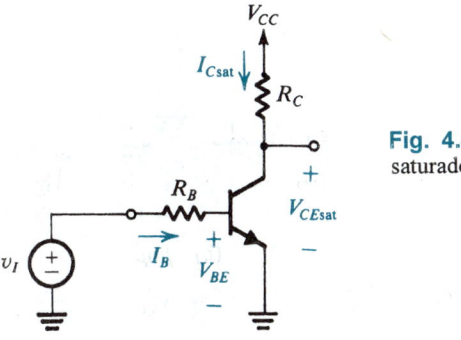

Fig. 4.48 Un transistor saturado.

pequeña porque esta unión tiene un área relativamente grande (véase la figura 4.6). Esta situación se conoce como *saturación*, ya que cualquier aumento posterior en la corriente de base resultará en un muy pequeño aumento en la corriente de colector y un correspondiente pequeño decremento en el voltaje de colector. Esto significa que en saturación la β *incremental* (esto es, $\Delta i_C/\Delta i_B$) es insignificante por lo pequeña. Cualquier corriente "extra" que forcemos en el terminal de la base circulará principalmente por el terminal del emisor. Entonces, la razón entre la corriente de colector y la corriente de base de un transistor saturado *no* es igual a β y se puede ajustar a cualquier valor deseado, menor de β, con sólo empujar más corriente a la base.

Regresemos ahora al circuito de la figura 4.47, que hemos dibujado de otra manera en la figura 4.48 con la suposición de que el transistor está en saturación. El valor de V_{BE} de un transistor saturado suele ser un poco más alto que cuando el dispositivo opera en el modo activo.[6] Sin embargo, para mayor sencillez, supondremos que V_{BE} permanece alrededor de 0.7 V incluso si el dispositivo está en saturación.

Como en saturación el voltaje de base es más alto que el voltaje de colector en unos 0.4 a 0.6 V, se deduce que el voltaje de colector será más alto que el voltaje de emisor entre 0.3 y 0.1 V. Esta cantidad se conoce como V_{CEsat}, y normalmente supondremos que $V_{CEsat} \simeq 0.2$ V, pero nótese que si empujamos más corriente en la base moveremos al transistor a "más profundidad" en saturación y aumenta la polarización directa de la unión entre colector y base, lo que significa que V_{CEsat} disminuirá.

El valor de la corriente de colector en saturación será casi constante. Denotamos este valor por I_{Csat}. Se concluye que para el circuito de la figura 4.48, tenemos

$$I_{Csat} = \frac{V_{CC} - V_{CEsat}}{R_C} \tag{4.97}$$

Para asegurar que el transistor se mueva a saturación, tenemos que forzar una corriente de base de por lo menos

$$I_{B(EOS)} = \frac{I_{Csat}}{\beta} \tag{4.98}$$

---

[6] El aumento en V_{BE} se debe a la incrementada corriente de base que produce una considerable caída de voltaje óhmica (IR) en la resistencia principal de la región de la base. En otras palabras, parte de V_{BE} aparecerá en los terminales del semiconductor de la base como caída IR, y el resto aparecerá en la unión misma entre emisor y base.

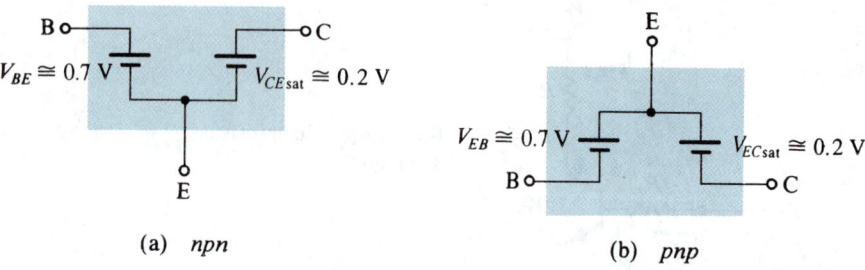

(a) *npn*   (b) *pnp*

Fig. 4.49 Modelos para un BJT saturado.

en donde el subíndice adicional EOS significa "borde de saturación" (edge of saturation). Normalmente, diseñamos el circuito de modo que I_B sea más alta que $I_{B(EOS)}$ por un factor de 2 a 10 (llamado
factor de saturación). La razón entre I_{Csat} e I_B recibe el nombre de β **forzada** ($\beta_{forzada}$), porque su
valor se puede fijar a voluntad,

$$\beta_{forzada} = \frac{I_{Csat}}{I_B} \tag{4.99}$$

Modelo para el BJT saturado

De nuestro análisis anterior obtenemos un modelo sencillo para operación de un transistor en el
modo de saturación, como se muestra en la figura 4.49. Normalmente, usamos este modelo
implícitamente en el análisis de un circuito dado.

Para rápidos cálculos aproximados podemos considerar que V_{BE} y V_{CEsat} son cero y usamos el
cortocircuito de tres terminales que se ilustra en la figura 4.50 para modelar un transistor saturado.

Una nota final

En la sección 4.13 estudiaremos un modelo más formal a gran señal para el BJT que aplica a todos
los modos de operación; en particular, ayudará a explicar mejor el modo de saturación, pero por
ahora la descripción cualitativa dada antes y los modelos de las figuras 4.49 y 4.50 son suficientes
para hacer posible que analicemos y diseñemos circuitos en que el BJT se opera en saturación. Esto
se demostrará por medio de los siguientes ejemplos.

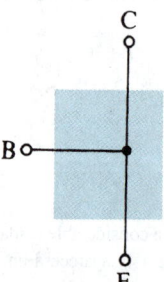

Fig. 4.50 Modelo aproximado
para el BJT saturado.

EJEMPLO 4.13

Deseamos analizar el circuito de la figura 4.51(a) para determinar los voltajes en todos los nodos y las corrientes en todas las ramas. Supongamos que la β del transistor está especificada *por lo menos* en 50.

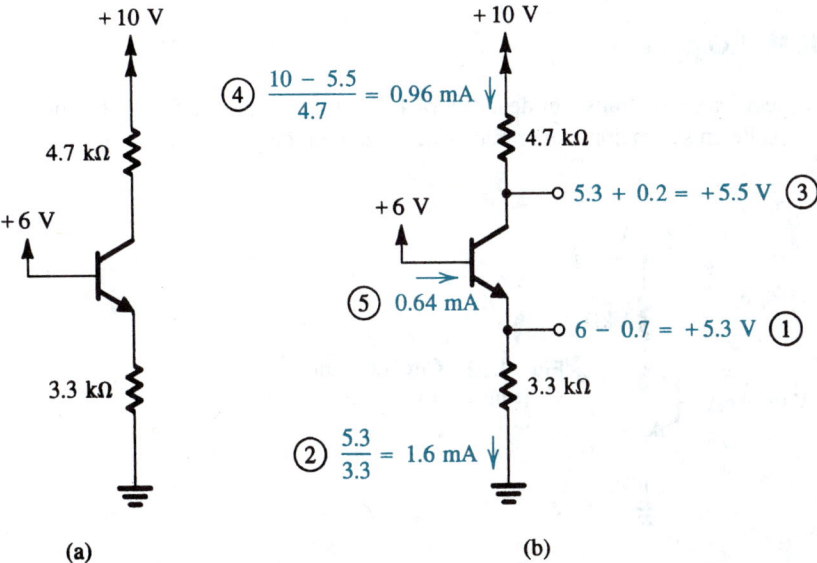

Fig. 4.51   Ejemplo 4.13: **(a)** circuito; **(b)** análisis con el orden de pasos numerado.

SOLUCIÓN

Ya hemos considerado este circuito en el ejemplo 4.3 y descubrimos que el transistor tiene que estar en saturación. Si se supone que éste es el caso, tenemos

$$V_E = +6 - 0.7 = +5.3 \text{ V}$$

$$I_E = \frac{V_E}{3.3} = \frac{5.3}{3.3} = 1.6 \text{ mA}$$

$$V_C = V_E + V_{CEsat} \simeq +5.3 + 0.2 = +5.5 \text{ V}$$

$$I_C = \frac{+10 - 5.5}{4.7} = 0.96 \text{ mA}$$

$$I_B = I_E - I_C = 1.6 - 0.96 = 0.64 \text{ mA}$$

Por lo tanto, el transistor está operando a una β forzada de

$$\beta_{\text{forzada}} = \frac{I_C}{I_B} = \frac{0.96}{0.64} = 1.5$$

Como β_{forzada} es menor que el *mínimo* valor especificado de β, el transistor está de hecho saturado. Debemos destacar aquí que al probar para saturación, el valor mínimo de β debe usarse. Por la misma razón, si estamos diseñando un circuito en que un transistor va a estar saturado, el diseño debe estar basado en la β mínima especificada. Obviamente, si un transistor con esta β mínima está saturada, entonces los transistores con valores más elevados de β también estarán saturados. Los detalles del análisis se muestran en la figura 4.51(b), donde el orden de los pasos utilizados se indica por los números encerrados en un círculo.

EJEMPLO 4.14

Se especifica que el transistor de la figura 4.52 tiene una β entre 50 y 150. Encuentre el valor de R_B que resulte en saturación con un factor de saturación de por lo menos 10.

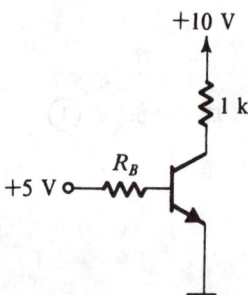

Fig. 4.52 Circuito para el ejemplo 4.14.

SOLUCIÓN

Cuando el transistor se satura, el voltaje de colector será

$$V_C = V_{CEsat} \simeq 0.2 \text{ V}$$

Por lo tanto, la corriente de colector está dada por

$$I_{Csat} = \frac{+10 - 0.2}{1} = 9.8 \text{ mA}$$

Para saturar el transistor con la mínima β necesitamos tener una corriente de base de por lo menos

$$I_{B(EOS)} = \frac{I_{Csat}}{\beta_{mín}} = \frac{9.8}{50} = 0.196 \text{ mA}$$

Para un factor de saturación de 10, la corriente de base debe ser

$$I_B = 10 \times 0.196 = 1.96 \text{ mA}$$

Entonces necesitamos un valor de R_B tal que

$$\frac{+5 - 0.7}{R_B} = 1.96$$

$$R_B = \frac{4.3}{1.94} = 2.2 \text{ k}\Omega$$

EJEMPLO 4.15

Deseamos analizar el circuito de la figura 4.53 para determinar los voltajes en todos los nodos y las corrientes que circulan por todas las ramas. El mínimo valor de β especificado debe ser 30.

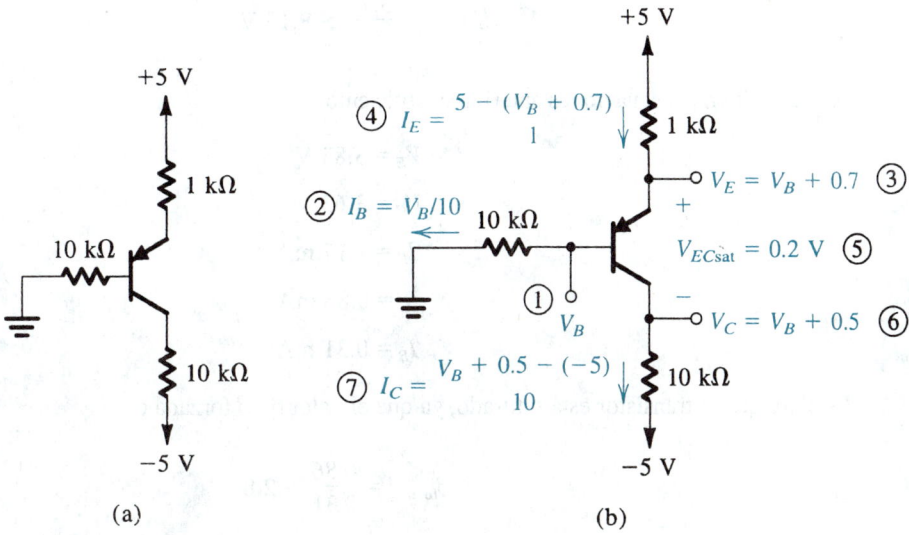

Fig. 4.53 Ejemplo 4.15: **(a)** circuito; **(b)** análisis con pasos numerados.

SOLUCIÓN

Una rápida mirada a este circuito deja ver que el transistor estará activo o saturado. Si se supone operación en modo activo y se desprecia la corriente de base, vemos que el voltaje de base será aproximadamente de cero volts, el voltaje de emisor será aproximadamente de +0.7 V y la corriente de emisor será aproximadamente de 4.3 mA. Como la máxima corriente que el colector puede soportar mientras el transistor permanezca en el modo activo es alrededor de 0.5 mA, se deduce qué el transistor está definitivamente saturado.

Si se supone que el transistor está saturado y se denota el voltaje de la base por V_B (consulte la figura 4.53b), se deduce que

$$V_E = V_B + V_{EB} \simeq V_B + 0.7$$

$$V_C = V_E - V_{EC\text{sat}} \simeq V_B + 0.7 - 0.2 = V_B + 0.5$$

$$I_E = \frac{+5 - V_E}{1} = \frac{5 - V_B - 0.7}{1} = 4.3 - V_B \quad \text{mA}$$

$$I_B = \frac{V_B}{10} = 0.1 \, V_B \quad \text{mA}$$

$$I_C = \frac{V_C - (-5)}{10} = \frac{V_B + 0.5 + 5}{10} = 0.1 V_B + 0.55 \quad \text{mA}$$

Al usar la relación $I_E = I_B + I_C$, obtenemos

$$4.3 - V_B = 0.1V_B + 0.1V_B + 0.55$$

que resulta en

$$V_B = \frac{3.75}{1.2} \simeq 3.13 \text{ V}$$

Al sustituir en las ecuaciones anteriores, obtenemos

$$V_E = 3.83 \text{ V}$$

$$V_C = 3.63 \text{ V}$$

$$I_E = 1.17 \text{ mA}$$

$$I_C = 0.86 \text{ mA}$$

$$I_B = 0.31 \text{ mA}$$

Es claro que el transistor está saturado, ya que el valor de β forzada es

$$\beta_{\text{forzada}} = \frac{0.86}{0.31} \simeq 2.8$$

que es mucho menor que la β mínima especificada.

EJEMPLO 4.16

Deseamos evaluar los voltajes en todos los nodos y las corrientes que circulan en todas las ramas del circuito de la figura 4.54(a). Suponga $\beta = 100$.

SOLUCIÓN

Al examinar el circuito concluimos que los dos transistores Q_1 y Q_2 no pueden conducir simultáneamente; si Q_1 conduce, Q_2 no conduce, y viceversa. Supongamos que Q_2 conduce. Se deduce que la corriente circulará de tierra a través del resistor de carga de 1 kΩ y entra en el emisor de Q_2. Entonces la base de Q_2 estará a un voltaje negativo, y la corriente de base estará saliendo de la base a través del resistor de 10 kΩ y entra en la fuente de +5 V. Esto es imposible puesto que, si la base es negativa, la corriente del resistor de 10 kΩ tendrá que entrar en la base. Entonces concluimos que nuestra suposición original, que Q_2 conduce, es incorrecta. Se deduce que Q_2 no conduce y Q_1 conduce.

La pregunta ahora es si Q_1 está activo o saturado. La respuesta en este caso es obvia. Como la base está alimentada con una fuente de +5 V y como la corriente de base entra en la base de Q_1, se concluye que la base de Q_1 estará a un voltaje menor de +5 V. Entonces la unión entre colector y base de Q_1 está polarizada inversamente y Q_1 está en el modo activo. Sólo resta por determinar las corrientes y voltajes usando técnicas ya descritas en detalle. Los resultados se dan en la figura 4.54(b).

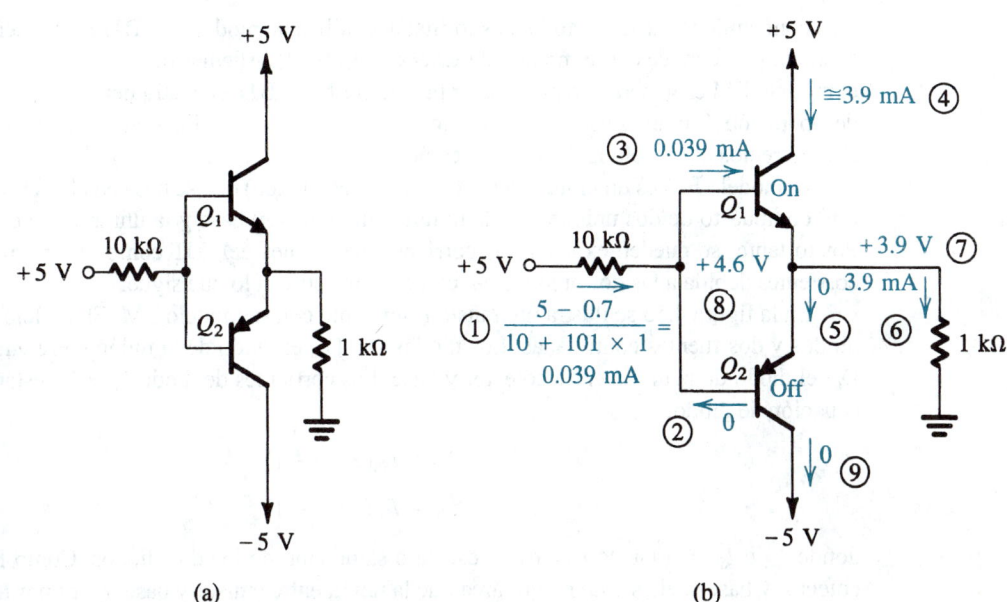

Fig. 4.54 Ejemplo 4.16: **(a)** circuito; **(b)** análisis con pasos numerados.

Ejercicios

4.35 Considere el circuito de la figura 4.48 con la entrada conectada a +5 V. Sea $V_{CC} = 5$ V, $R_C = 1$ kΩ, $R_B = 10$ kΩ y $\beta = 50$. ¿Cuál es el valor de β forzada? Encuentre el valor de v_I necesario para establecer $\beta_{\text{forzada}} = \beta/2$.

Resp. 11.2; 2.6 V

4.36 Repita el ejemplo 4.14 con un factor de saturación de 5.

Resp. $R_B = 4.4$ kΩ

4.37 Resuelva el problema del ejemplo 4.16 con el voltaje que alimenta las bases cambiado a +10 V. Suponga que $\beta_{\text{min}} = 30$, y encuentre V_E, V_B, I_{C1} e I_{C2}.

Resp. +4.8 V; +5.5 V; 4.35 mA; 0

4.13 UN MODELO GENERAL A GRAN SEÑAL PARA EL BJT: EL MODELO EBERS-MOLL (EM)

Aun cuando los sencillos modelos a gran señal con transistores, desarrollados en la sección 4.2 para operación en el modo activo y en la sección 4.12 para operación en saturación, son por lo general bastante adecuados para el análisis aproximado de circuitos digitales con BJT, se puede obtener más conocimiento de un método más formal que utiliza un modelo del BJT a gran señal, que se usa bastante y se conoce como modelo de **Ebers-Moll** (EM). Además de ser intuitivamente atractivo, el modelo EM es general: se puede usar para describir el BJT en cualquiera de sus posibles modos de operación. También es la base del modelo de BJT que se utiliza en el SPICE (sección 4.16). Estudiaremos el modelo EM en esta sección.

El modelo EM es un modelo a baja frecuencia (estático) que se basa en el hecho de que el BJT está compuesto de dos uniones *pn*, la unión entre emisor y base y la unión entre colector y base. Por lo tanto, se pueden expresar las corrientes terminales del BJT como la superposición de las corrientes debida a las dos uniones *pn*, como se muestra en lo que sigue.

En la figura 4.55 se ilustra un transistor *npn* junto con su modelo EM. El modelo consta de dos diodos y dos fuentes controladas. Los diodos son D_E, el diodo de la unión entre emisor y base, y D_C, el diodo de la unión entre colector y base. Las corrientes de diodo i_{DE} e i_{DC} están dadas por la ecuación de diodo:

$$i_{DE} = I_{SE}(e^{v_{BE}/V_T} - 1) \tag{4.100}$$

$$i_{DC} = I_{SC}(e^{v_{BC}/V_T} - 1) \tag{4.101}$$

donde I_{SE} e I_{SC} son las corrientes de escala o saturación de los dos diodos. Como la unión entre colector y base suele ser de mayor área que la unión entre emisor y base, I_{SC} es por lo general más grande que I_{SE} (por un factor de 2 a 50).

Como se explicó en la sección 4.2, parte de la corriente i_{DE} que circula por la unión entre emisor y base llega al colector y se registra como corriente de colector. Es esta componente la que da lugar a la fuente de corriente $\alpha_F i_{DE}$ del modelo de la figura 4.55. Aquí, α_F denota la **α directa** del transistor (que es el parámetro al que antes llamamos simplemente α). El valor de α_F suele ser muy cercano a la unidad. Del mismo modo, parte de la corriente i_{DC} que circula en la unión entre colector y base atraviesa la región de la base y llega al emisor. Esta componente está representada en el modelo EM por la fuente de corriente $\alpha_R i_{DC}$, donde α_R denota la **α inversa** del transistor. Como la estructura

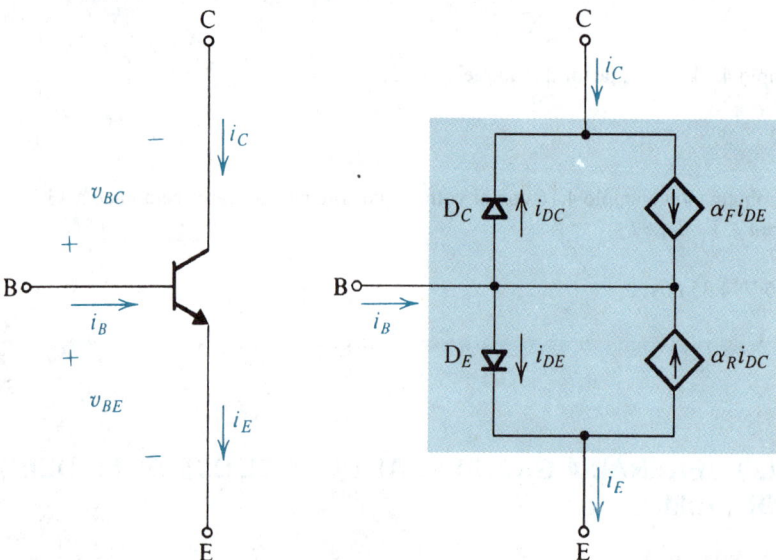

Fig. 4.55   Transistor *npn* y su modelo Ebers-Moll (EM). Las corrientes de escala o saturación de los diodos D_E (unión entre emisor y base) y D_C (unión entre colector y base) están indicadas en paréntesis.

del transistor no es físicamente simétrica, sino que está optimizada para tener una α directa grande, α_R suele ser pequeña (0.02 a 0.5).

Existe una relación (véase la obra de Harris, Gray y Searle, 1966) entre los cuatro parámetros del modelo EM y la corriente I_S de saturación del transistor:

$$\alpha_F I_{SE} = \alpha_R I_{SC} = I_S \tag{4.102}$$

Recordemos que para transistores de baja potencia (pequeña señal), I_S es del orden de 10^{-14} a 10^{-15} A y es proporcional al área de la unión entre emisor y base.

Las corrientes terminales de un transistor

Una vez obtenida una justificación cualitativa física para el modelo EM, la utilizamos para expresar las corrientes terminales de un BJT en términos de los voltajes de la unión. De la figura 4.55 podemos escribir

$$i_E = i_{DE} - \alpha_R i_{DC} \tag{4.103}$$

$$i_C = -i_{DC} + \alpha_F i_{DE} \tag{4.104}$$

$$i_B = (1 - \alpha_F)i_{DE} + (1 - \alpha_R)i_{DC} \tag{4.105}$$

Al sustituir por i_{DE} e i_{DC} de las ecuaciones (4.100) y (4.101) y usar la relación en la ecuación (4.102) resulta

$$i_E = \frac{I_S}{\alpha_F}(e^{v_{BE}/V_T} - 1) - I_S(e^{v_{BC}/V_T} - 1) \tag{4.106}$$

$$i_C = I_S(e^{v_{BE}/V_T} - 1) - \frac{I_S}{\alpha_R}(e^{v_{BC}/V_T} - 1) \tag{4.107}$$

$$i_B = \frac{I_S}{\beta_F}(e^{v_{BE}/V_T} - 1) + \frac{I_S}{\beta_R}(e^{v_{BC}/V_T} - 1) \tag{4.108}$$

donde β_F es la β directa y β_R es la β inversa,

$$\beta_F = \frac{\alpha_F}{1 - \alpha_F} \tag{4.109}$$

$$\beta_R = \frac{\alpha_R}{1 - \alpha_R} \tag{4.110}$$

Nótese que β_F es lo que hasta ahora hemos llamado β. Si bien β_F suele ser grande, β_R es muy pequeña.

Ejercicio

4.38 Se dice que un transistor en particular tiene $\alpha_F \simeq 1$ y $\alpha_R = 0.02$. Su corriente de escala de emisor (I_{SE}) es de unos 10^{-14} A. ¿Cuál es la corriente de escala de colector (I_{SC})? ¿Cuál es el tamaño de la unión del colector en relación con la unión del emisor? ¿Cuál es el valor de β_R?

Resp. 50×10^{-14} A; 50 veces mayor; 0.02

Aplicación del modelo EM

Ahora consideraremos la aplicación del modelo EM para caracterizar la operación de un transistor en varios modos.

El modo activo directo.

Aquí la unión entre emisor y base está polarizada directamente; aquella entre colector y base, inversamente. La palabra *directa* se utiliza para distinguir este modo de aquel en que los papeles de las dos uniones se intercambian (el modo activo *inverso* o *invertido*). Como v_{BC} es negativo y su magnitud suele ser mucho mayor que V_T, las ecuaciones de la (4.106) a la (4.108) se pueden aproximar como

$$i_E \simeq \frac{I_S}{\alpha_F} e^{v_{BE}/V_T} + I_S\left(1 - \frac{1}{\alpha_F}\right) \tag{4.111}$$

$$i_C \simeq I_S e^{v_{BE}/V_T} + I_S\left(\frac{1}{\alpha_R} - 1\right) \tag{4.112}$$

$$i_B \simeq \frac{I_S}{\beta_F} e^{v_{BE}/V_T} - I_S\left(\frac{1}{\beta_F} + \frac{1}{\beta_R}\right) \tag{4.113}$$

En cada una de estas tres ecuaciones podemos normalmente despreciar el segundo término del lado derecho. Esto resulta en las conocidas relaciones entre corriente y voltaje que caracterizan el modo de operación activo.

Ejercicio

4.39 Utilice la ecuación (4.106) para demostrar que la curva característica i–v del transistor conectado como diodo de la figura E4.39 está dada por

$$i = \frac{I_S}{\alpha_F}(e^{v/V_T} - 1) \simeq I_S e^{v/V_T}$$

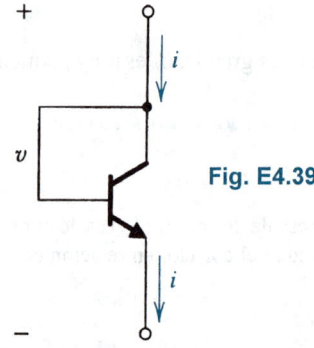

Fig. E4.39

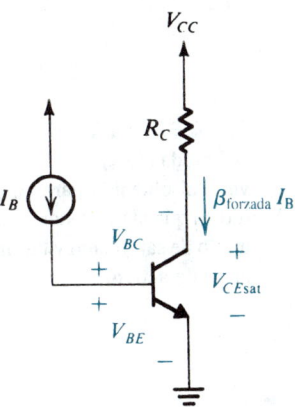

El modo de saturación.

Considere primero el modo normal de saturación (opuesto a inverso), como se puede obtener del circuito de la figura 4.56. Supongamos que una corriente I_B es empujada en la base y que su valor es suficiente para activar al transistor a saturación. Entonces la corriente de colector será $\beta_{\text{forzada}} I_B$, donde $\beta_{\text{forzada}} < \beta_F$. Deseamos usar las ecuaciones EM para derivar una expresión para V_{CEsat}.

En saturación ambas uniones están polarizadas directamente, por lo que V_{BE} y V_{BC} son ambos positivos y sus valores son mucho mayores que V_T. Entonces, en las ecuaciones (4.107) y (4.108) podemos suponer que $e^{V_{BE}/V_T} \gg 1$ y $e^{V_{BC}/V_T} \gg 1$. Al hacer estas aproximaciones y sustituir $i_B = I_B$ e $i_C = \beta_{\text{forzada}} I_B$ resulta en dos ecuaciones que se pueden resolver para obtener V_{BE} y V_{BC}. El voltaje de saturación V_{CEsat} se puede obtener entonces como la diferencia entre estas dos caídas de voltaje:

$$V_{CEsat} = V_T \ln \frac{1 + (\beta_{\text{forzada}} + 1)/\beta_R}{1 - \beta_{\text{forzada}}/\beta_F} \tag{4.114}$$

Es ilustrativo utilizar la ecuación (4.114) para hallar V_{CEsat} en un caso típico. La tabla 4.4 contiene valores numéricos para el caso $\beta_F = 50$, $\beta_R = 0.1$, y diversos valores de β_{forzada}. Del mismo modo, la figura 4.57 muestra un bosquejo de V_{CEsat} contra β_{forzada}. Como $i_C = \beta_{\text{forzada}} I_B$ e I_B es constante, β_{forzada} es proporcional a i_C, y la curva de la figura 4.57 es simplemente la curva característica de $v_{CE} - i_C$ para una corriente I_B de base constante (esto es, una de las curvas de la figura 4.36). De la tabla 4.4 y la figura 4.57 vemos que el valor infinito de V_{CEsat} obtenido a $\beta_{\text{forzada}} = \beta_F$ es una indicación de que el transistor está en la frontera entre el modo de saturación y el activo. En la figura 4.57 se ilustra más aún esto al mostrar la independencia de v_{CE} en β_{forzada} (o i_C) en el modo activo. A medida que β_{forzada} se reduce, el transistor se mueve más hacia saturación, V_{BC} aumenta y V_{CEsat} se reduce.

Tabla 4.4 VOLTAJE DE SATURACIÓN PARA EL CASO
$\beta_F = 50$ Y $\beta_R = 0.1$

β_{forzada}	50	48	45	40	30	20	10	1	0
V_{CEsat} (mV)	∞	235	211	191	166	147	123	76	60

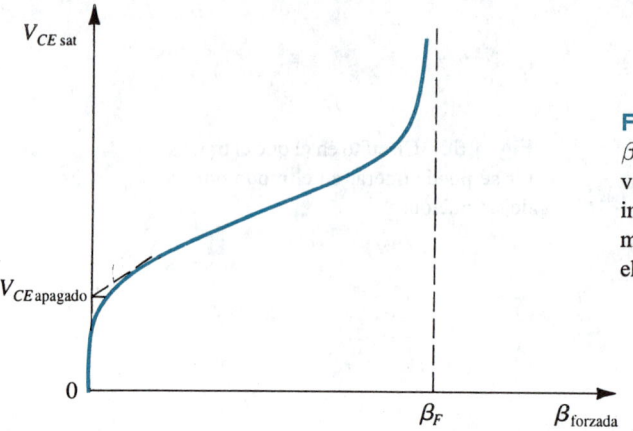

Fig. 4.57 Variación de V_{CEsat} con β forzada ($\beta_{forzada} = I_C/I_B$). La línea vertical obtenida para $\beta_{forzada} = \beta_F$ indica que el transistor ha dejado el modo de saturación y ha entrado en el modo activo.

Finalmente, para $\beta_{forzada} = 0$, que corresponde a que el colector se encuentre en circuito abierto para obtener un pequeño valor de V_{CEsat}. Este último voltaje representa el voltaje de desnivel exhibido por el BJT cuando se opera como interruptor [véase el modelo de interruptor de la figura 1.31(c)]. Finalmente, debe verse que la ecuación (4.114) subestima un poco el valor de V_{CEsat} porque no toma en cuenta las caídas de voltaje en el silicio de conexión de las regiones del emisor y colector.

El modo inverso.

A continuación consideramos la operación del BJT en el modo inverso o invertido. En la figura 4.58 se muestra un sencillo circuito en que el transistor se utiliza con su colector y emisor intercambiados. Nótese que las corrientes indicadas, es decir, I_B, I_1 e I_2, tienen valores positivos. Entonces, como $i_C = -I_2$ e $i_E = -I_1$, tanto i_C como i_E serán negativas.

Como los papeles del emisor y colector están intercambiados, el transistor del circuito de la figura 4.58 funcionará en el modo activo (denominado **modo activo inverso** en este caso) cuando la unión entre el emisor y la base está polarizada inversamente. En tal caso,

$$I_1 = \beta_R I_B$$

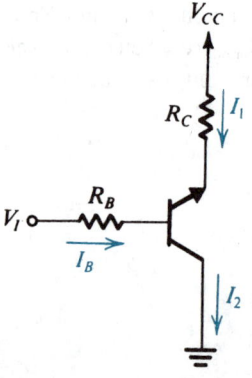

Fig. 4.58 Circuito en que el transistor se usa en el modo inverso (o invertido).

Como β_R suele ser muy baja, normalmente tiene poco sentido operar el BJT en el modo activo inverso; pero una aplicación de este modo de operación surge en la compuerta TTL (**T**ransistor **T**ransistor **L**ogic), como veremos en el capítulo 14.

El transistor del circuito de la figura 4.58 se satura (esto es, opera en el **modo de saturación inversa**) cuando la unión entre emisor y base se polariza directamente. En este caso,

$$\frac{I_1}{I_B} < \beta_R$$

Podemos usar las ecuaciones Ebers-Moll (EM) para hallar una expresión para $V_{EC\text{sat}}$ en este caso. Esta expresión se puede obtener directamente de la ecuación (4.114) como sigue: se sustituye β_{forzada} por $-I_2/I_B$ y luego se sustituye I_2 por $I_1 + I_B$. El resultado es

$$V_{EC\text{sat}} = V_T \ln \frac{1 + \dfrac{1}{\beta_F} + \left(\dfrac{I_1}{I_B}\right)\left(\dfrac{1}{\beta_F}\right)}{1 - \left(\dfrac{I_1}{I_B}\right)\left(\dfrac{1}{\beta_R}\right)} \qquad (4.115)$$

De esta expresión se puede ver que el mínimo $V_{EC\text{sat}}$ se obtiene cuando $I_1 = 0$. Este mínimo es muy cercano a cero. Además, observamos que la condición $I_1/I_B < \beta_R$ tiene que satisfacerse para que el denominador permanezca positivo. Ésta, por supuesto, es la condición para que el transistor opere en el modo de saturación inverso. Finalmente, vemos que como β_R suele ser muy baja, I_1 tiene que ser mucho menor que I_B, con el resultado de que $V_{EC\text{sat}}$ será muy pequeño. De hecho, ésta es la razón usual para operar el BJT en el modo de saturación inverso. Se han reportado voltajes de saturación de sólo una pequeña parte de milivolt. La desventaja del modo de saturación inverso de operación es un tiempo de desactivación relativamente largo.

Ejercicio

4.40 Para el circuito de la figura 4.58, sea $R_B = 1\ \text{k}\Omega$ y $V_I = V_{CC} = +5\ \text{V}$. Suponga que $V_{BC} = 0.6\ \text{V}$, $\beta_R = 0.1$ y $\beta_F = 50$. Calcule valores aproximados para el voltaje de emisor en los siguientes casos: $R_C = 1\ \text{k}\Omega$; $R_C = 10\ \text{k}\Omega$ y $R_C = 100\ \text{k}\Omega$.

Resp. +4.56 V; +0.6 V; +3.5 mV

Una forma alternativa del modelo Ebers-Moll: el modelo de transporte

En la figura 4.59 se ilustra una forma alternativa, un poco más sencilla, del modelo Ebers-Moll. Ahí los diodos D_{BE} y D_{BC} tienen corrientes de saturación (I_S/β_F) e (I_S/β_R), respectivamente. Por lo tanto, la corriente de base i_B se puede escribir como

$$i_B = \frac{I_S}{\beta_F}\left(e^{v_{BE}/V_T} - 1\right) + \frac{I_S}{\beta_R}\left(e^{v_{BC}/V_T} - 1\right) \qquad (4.116)$$

que es idéntica a la ecuación (4.108). La fuente de corriente controlada i_T está definida por

$$i_T = I_S(e^{v_{BE}/V_T} - 1) + I_S(e^{v_{BC}/V_T} - 1) \qquad (4.117)$$

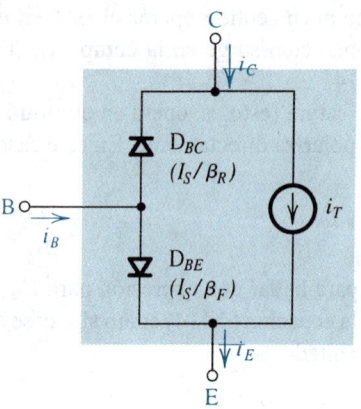

Fig. 4.59 Modelo de transporte del BJT *npn*. Este modelo es exactamente equivalente al modelo Ebers-Moll de la figura 4.55. Nótese que las corrientes de saturación de los diodos están dadas en paréntesis e i_T está definida por la ecuación (4.117).

Observemos que i_T representa la componente de corriente de i_C e i_E que aparece como resultado de difusión de portadores minoritarios que atraviesan la base, o **transporte de portadores** que atraviesan la base, lo que da a este modelo el nombre de *modelo de transporte*. El lector puede fácilmente demostrar que $i_C = i_T - (I_S/\beta_R)(e^{v_{BC}/V_T} - 1)$ da una expresión idéntica a la de la ecuación (4.106), y que $i_E = i_T + (I_S/\beta_F)(e^{v_{BE}/V_T} - 1)$ resulta en una expresión idéntica a la de la ecuación (4.107). Entonces, el modelo de transporte es exactamente equivalente al modelo EM. Tiene la ventaja de identificar explícitamente a i_T y de usar un elemento menos de circuito, así como un parámetro menos que el modelo EM. El modelo de transporte se utiliza en el programa SPICE.

4.14   EL INVERSOR LÓGICO BÁSICO DE BJT

El componente más elemental de un sistema digital es el inversor lógico. En la sección 1.7 se estudió el inversor a un nivel conceptual, y se presentó la realización del inversor usando interruptores controlados por voltaje. Una vez estudiado nuestro primer dispositivo activo de tres terminales, el transistor de unión bipolar (BJT), podemos ahora considerar su aplicación en la realización de un sencillo inversor lógico. Este circuito se muestra en la figura 4.60. El lector observará que ya hemos estudiado este circuito en algún detalle; de hecho, lo utilizamos en la sección 4.12 para ilustrar la

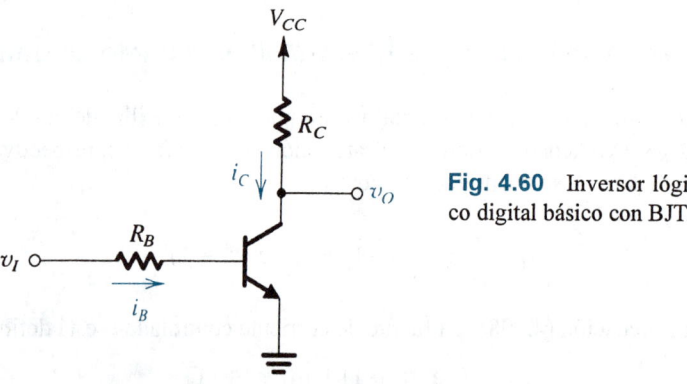

Fig. 4.60 Inversor lógico digital básico con BJT.

operación del BJT en los modos de operación de corte, activo y saturación. La operación del circuito como inversor lógico hace uso de los modos de corte y saturación. En términos muy sencillos, si el voltaje de entrada v_I es "alto", a un valor cercano al voltaje de la fuente de alimentación V_{CC}, que representa un estado lógico 1 en un sistema de lógica positiva, el transistor conduce y, con una selección apropiada de valores para R_B y R_C, se satura. Entonces, el voltaje de salida será $V_{CEsat} \cong$ 0.2 V, lo que representa un "bajo" o lógica 0. Por el contrario, si el voltaje de entrada es "bajo", a un valor cercano a tierra (por ejemplo, V_{CEsat}), entonces el transistor estará en corte, i_C será cero y $v_O = V_{CC}$, que es "alto" o lógica 1.

La selección de corte y saturación como los dos modos de operación del BJT en este circuito inversor está motivada por los siguientes dos factores:

1. La disipación de potencia del circuito es relativamente baja tanto en corte como en saturación: en corte, todas las corrientes son cero (excepto para muy pequeñas corrientes de fuga), y en saturación el voltaje en los terminales del transistor es muy pequeño (V_{CEsat}).

2. Los niveles de voltaje de salida (V_{CC} y V_{CEsat}) están bien definidos. En contraste, si el transistor se opera en la región activa, $v_O = V_{CC} - i_C R_C = V_{CC} - \beta i_B R_C$, que es altamente dependiente del mal controlado parámetro β del transistor.

La curva característica de transferencia de voltaje

Como se mencionó en la sección 1.7, la caracterización más útil de un circuito inversor está en términos de su curva característica de transferencia de voltaje, v_O contra v_I; un dibujo de esta curva del circuito inversor de la figura 4.60 se presenta en la figura 4.61. La curva característica de transferencia se aproxima por tres segmentos de recta correspondientes a la operación del BJT en las regiones de corte, activa y saturación, como se indica. La curva característica real de transferencia será obviamente una curva suave pero que seguirá muy de cerca las asíntotas rectas indicadas. Ahora calcularemos las coordenadas de los puntos de interrupción de la curva característica de transferencia de la figura 4.61 para un caso representativo: $R_B = 10$ kΩ, $R_C = 1$ kΩ, $\beta = 50$ y $V_{CC} =$ 5 V, como sigue:

1. A $v_I = V_{OL} = V_{CEsat} = 0.2$ V, $v_O = V_{OH} = V_{CC} = 5$ V.

2. A $v_I = V_{IL}$, el transistor comienza a conducir, y

$$V_{IL} \cong 0.7 \text{ V}$$

3. Para $V_{IL} < v_I < V_{IH}$, el transistor está en la región activa. Opera como amplificador cuya ganancia a pequeña señal es

$$A_v \equiv \frac{v_o}{v_i} = -\beta \frac{R_C}{R_B + r_\pi}$$

La ganancia depende del valor de r_π, que a su vez está determinada por la corriente de colector y por lo tanto por el valor de v_I. A medida que aumenta la corriente que pasa por el transistor, r_π disminuye y podemos despreciar r_π en relación con R_B, y así simplificar la expresión de ganancia a

$$A_v \cong -\beta \frac{R_C}{R_B} = -50 \times \frac{1}{10} = -5 \text{ V/V}$$

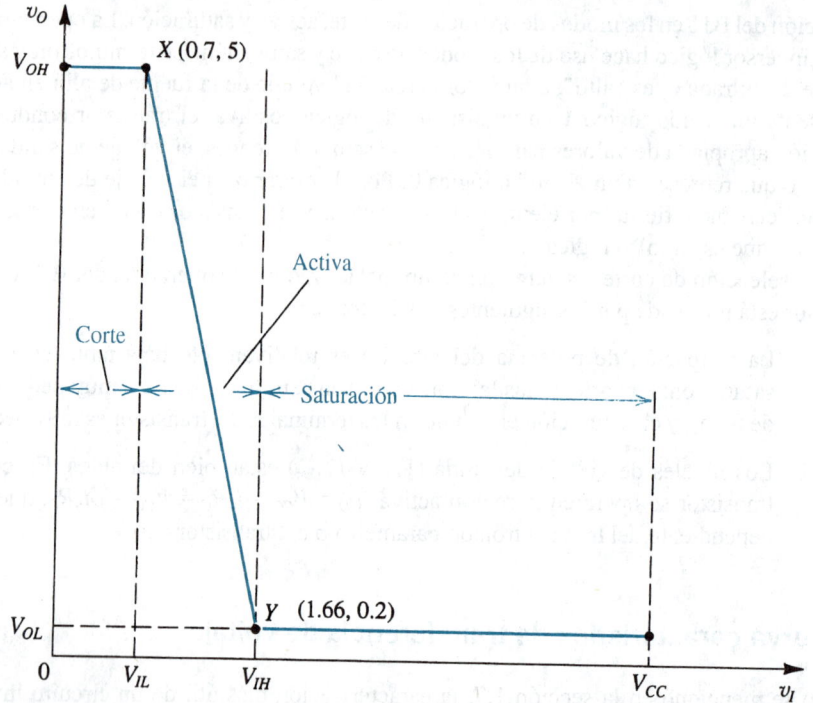

Fig. 4.61 Curva característica de transferencia de voltaje del circuito inversor de la figura 4.60 para el caso $R_B = 10$ kΩ, $R_C = 1$ kΩ, $\beta = 50$ y $V_{CC} = 5$ V. Para el cálculo de las coordenadas de X y Y se debe consultar el texto.

4. A $v_I = V_{IH}$, el transistor entra en la región de saturación. Por lo tanto, V_{IH} es el valor de v_I que resulta en

$$I_B = I_{B(EOS)} = \frac{(V_{CC} - V_{CEsat})/R_C}{\beta}$$

Para los valores que estamos usando, obtenemos $I_{B(EOS)} = 0.096$ mA, que se puede usar para hallar V_{IH},

$$V_{IH} = I_{B(EOS)}R_B + V_{BE} = 1.66 \text{ V}$$

5. Para $v_I = V_{OH} = 5$ V, el transistor estará muy dentro en saturación con $v_O = V_{CEsat} \cong 0.2$ V, y

$$\beta_{\text{forzada}} = \frac{(V_{CC} - V_{CEsat})/R_C}{(V_{OH} - V_{BE})/R_B}$$

$$= \frac{4.8}{0.43} = 1.1$$

6. Los márgenes de ruido se pueden calcular ahora usando las fórmulas de la sección 1.7,

$$NM_H = V_{OH} - V_{IH} = 5 - 1.66 = 3.34 \text{ V}$$

$$NM_L = V_{IL} - V_{OL} = 0.7 - 0.2 = 0.5 \text{ V}$$

Obviamente, los dos márgenes de ruido son muy distintos y por esto el circuito inversor es menos que ideal.

7. La ganancia en la región de transición se puede calcular de las coordenadas de los puntos de interrupción X y Y,

$$\text{Ganancia de voltaje} = -\frac{5 - 0.2}{1.66 - 0.7} = -5 \text{ V/V}$$

que es igual al valor aproximado encontrado antes (el hecho que sea exactamente el mismo valor es una coincidencia).

Circuitos digitales con BJT saturados contra no saturados

El circuito inversor que acabamos de ver pertenece a la variedad saturada de circuitos digitales con BJT. En el capítulo 14 estudiaremos una familia importante de circuitos lógicos con BJT saturados, es decir, de circuitos lógicos de transistor a transistor. En general, sin embargo, los circuitos digitales saturados bipolares ya no son de tecnología de vanguardia en el diseño de sistemas digitales. Esto es porque su velocidad de operación está muy limitada por los retardos relativamente largos necesarios para desactivar un transistor saturado. Este punto se explicará en forma breve aquí, y en el capítulo 14 se incluye un análisis detallado de los tiempos de conmutación del BJT. Por ahora es suficiente decir que, para alcanzar altas velocidades de operación, no debe permitirse que el BJT se sature. Éste es el caso en un circuito lógico de emisor acoplado (ECL) que se estudia en el capítulo 14, donde demostraremos que la lógica de ECL es hoy día la familia de circuitos lógicos de más alta velocidad existente. Está basada en la distribución de conmutación de corriente que se estudia conceptualmente en la sección 1.7 (figura 1.33).

Almacenamiento de carga de portadores minoritarios en la base de un transistor saturado

Nuestro estudio de la operación física del BJT en el modo activo (sección 4.2) hizo uso de la distribución de portadores minoritarios de la región de la base (véase la figura 4.4). Es interesante e ilustrativo considerar cómo es que esta distribución se altera cuando un transistor entra al modo de saturación.

En la figura 4.62(a) se ilustra la región efectiva de base de un transistor *npn* junto con tres rectas marcadas (a), (b) y (c). La recta (a) representa la distribución de portadores minoritarios (electrones) cuando el BJT se opera en el modo activo y se desprecia la recombinación en la base. Observemos que indica una concentración de electrones en $x = 0$ de $n_{p0}e^{v_{BE}/V_T}$, donde n_{p0} es la concentración de los electrones minoritarios térmicamente generados en la base tipo p, y una concentración en el colector de cero debido a la polarización inversa de la unión entre colector y base. Análogamente, la recta (b) muestra la concentración cuando el BJT opera en el modo activo inverso, indicando una

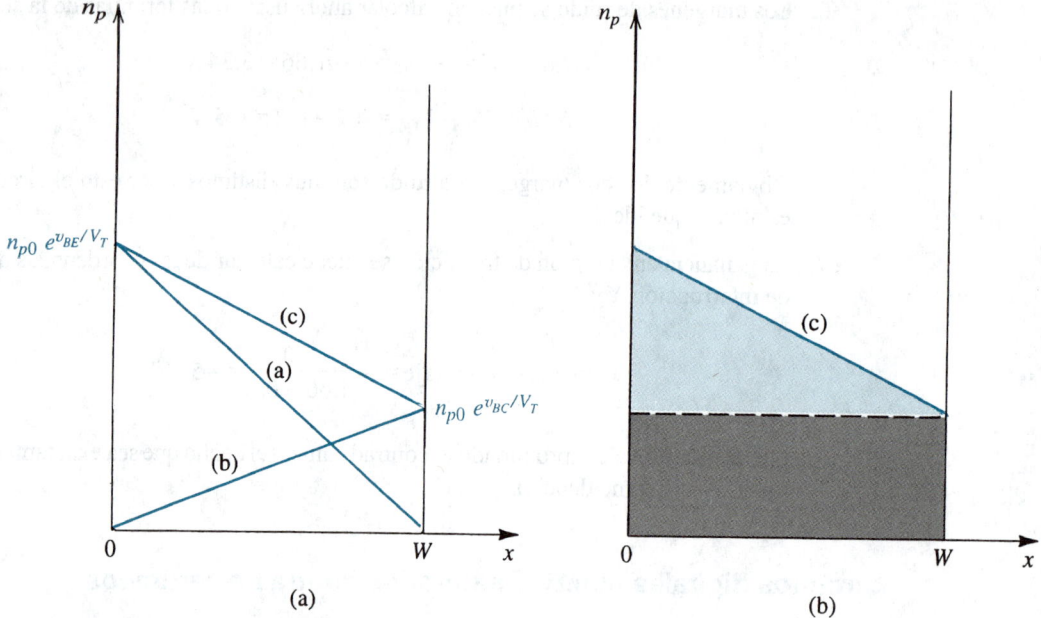

Fig. 4.62 **(a)** La concentración de portadores minoritarios en la base de un transistor saturado está representada por la recta (c). **(b)** La carga de portadores minoritarios almacenada en la base se puede dividir en dos componentes: el azul produce el gradiente que da lugar a la corriente de difusión en la base, y el gris resulta al excitar el transistor más adentro en saturación.

concentración de $n_{p0}e^{v_{BC}/V_T}$ en $x = W$ y de cero en $x = 0$. Ahora, si el BJT opera en el modo de saturación, ambas uniones estarán polarizadas directamente y la concentración de portadores minoritarios se puede hallar al sumar las dadas por las rectas (a) y (b), resultando en el perfil de concentración representado por la recta (c). La pendiente que se muestra en la recta (c) indica que todavía habrá transporte de portadores minoritarios de un lado a otro de la base. La corriente correspondiente del

colector, i_T, es proporcional a la pendiente de la recta (c) y por lo tanto a $\dfrac{n_{p0}}{W}(e^{v_{BE}/V_T} - e^{v_{BC}/V_T})$. Ésta es

la corriente representada por la fuente de corriente del modelo de transporte de la figura 4.59. El área bajo la recta (c) representa la carga de portadores minoritarios almacenada en la base de un transistor saturado. En la figura 4.62(b) se ilustra una representación útil de la carga almacenada. Ahí, el área del triángulo (sombreado en azul) representa la carga de portadores minoritarios que da lugar a la corriente de difusión i_T. Es esta carga la que tiene que ser almacenada en la base para llevar al BJT al borde de saturación. Por otra parte, la componente de carga representada por el rectángulo (sombreado en gris) obviamente no contribuye al gradiente de concentración y por lo tanto a la corriente de colector. Esta carga extra simplemente lleva al transistor más adentro en saturación; es la carga correspondiente al factor de saturación mencionado en la sección 4.12. Obviamente, cuanto más adentro sea llevado el transistor a saturación (con menor $\beta_{forzada}$), mayor será el exceso de carga almacenada en la base.

La carga adicional almacenada en la base de un transistor saturado representa un serio problema cuando se trata que el transistor no conduzca: antes que la corriente de colector comience a decrecer, toda la carga extra almacenada debe sacarse en primer término. Esto se suma a una componente relativamente larga al tiempo de desactivación de un transistor saturado.

Ejercicio

4.41 Considere el inversor de la figura 4.60 cuando υ_I es bajo. Supongamos que la salida está conectada a los terminales de entrada de N inversores idénticos. El lector debe convencerse que el nivel de salida V_{OH} se puede determinar usando el circuito equivalente que se muestra en la figura E4.41. Entonces, demuestre que

$$V_{OH} = V_{CC} - R_C \frac{V_{CC} - V_{BE}}{R_C + R_B/N}$$

Para $N = 5$, calcule V_{OH} usando los valores componentes del circuito de ejemplo estudiado antes (es decir, $R_B = 10$ kΩ, $R_C = 1$ kΩ, $V_{CC} = 5$ V).

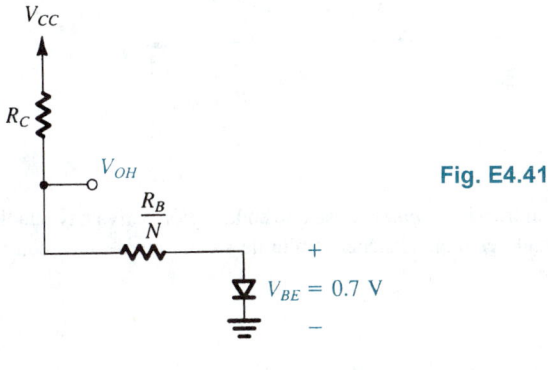

Fig. E4.41

Resp. 3.6 V

4.15 CURVAS CARACTERÍSTICAS ESTÁTICAS COMPLETAS, CAPACITANCIAS INTERNAS Y EFECTOS DE SEGUNDO ORDEN

En esta sección presentamos las curvas características estáticas completas del BJT como aparecen en las hojas de datos. También estudiamos varias características secundarias que limitan la operación del BJT en los circuitos presentados en éste y otros capítulos subsiguientes. De particular importancia son las capacitancias internas del BJT, que limitan la respuesta a alta frecuencia de amplificadores a transistores y la velocidad de operación de circuitos digitales.

Curvas características de base común

En la figura 4.63 se muestra el conjunto completo de curvas características $i_C - \upsilon_{CB}$ para un transistor *npn*. Como se menciona en la sección 4.5, estas curvas $i_C - \upsilon_{CB}$ se miden a valores constantes de corriente de emisor i_E (véase la figura 4.14a). Como en estas distribuciones la base está conectada a un voltaje constante, las curvas $i_C - \upsilon_{CB}$ se denominan **curvas características de base común**.

Las curvas de la figura 4.63 difieren de las presentadas en la 4.14(b) en tres aspectos. Primero, la ruptura de avalancha de la unión entre colector y base a grandes voltajes está indicada y se explica en forma breve un poco más adelante. En segundo lugar, se incluyen las curvas características de la región de saturación. Como se indica, a medida que υ_{CB} se hace negativo la unión entre colector y base se polariza directamente y decrece la corriente de colector. Como i_E se mantiene constante

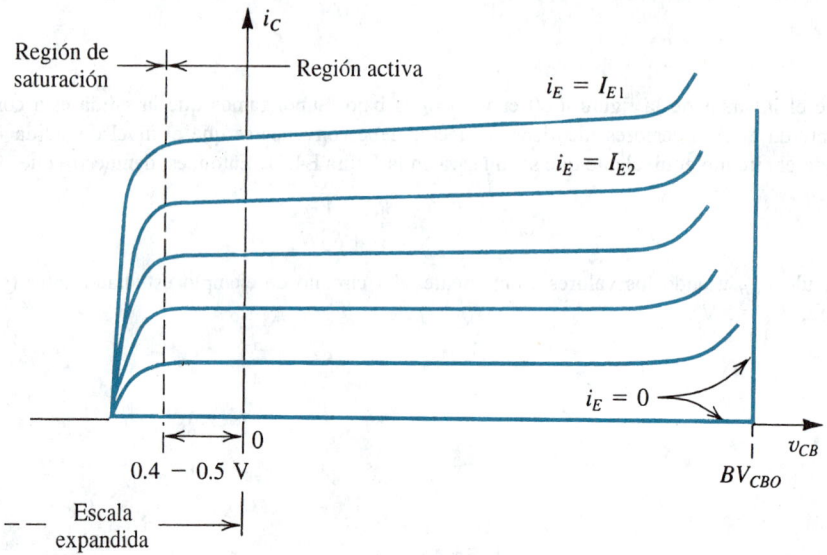

Fig. 4.63   Curvas características i_C–v_{CB} de un transistor *npn*. Nótese que en la región activa hay una ligera dependencia de i_C del valor de v_{CB}. El resultado es una resistencia finita de salida que decrece conforme aumenta el nivel de corriente del dispositivo.

para cada curva, el decremento en i_C resulta en igual aumento en i_B. El efecto grande que v_{CB} tiene sobre la corriente de colector en saturación es evidente de la figura 4.63 y es consistente con nuestra anterior descripción del modo de saturación de operación.

La tercera diferencia entre las curvas características de la figura 4.63 y las curvas presentadas antes es que, en la región activa, se muestra que las curvas características tienen una pendiente muy pequeña. Esta pendiente indica que, en la configuración de base común, la corriente de colector depende en pequeña medida del voltaje entre colector y base, que es una manifestación del efecto Early estudiado antes. Debe observarse, sin embargo, que la pendiente de las curvas i_C – v_{CB} medida con una i_E es mucho menor que la pendiente de las curvas i_C – v_{CE} medidas con un v_{BE} constante. En otras palabras, la resistencia de salida de la configuración de base común es mucho mayor que la del circuito de emisor común con un v_{BE} constante (esto es, r_o). Otro punto importante por ver aquí es que como cada curva i_C – v_{CB} se mide a una i_E constante, el aumento en i_C con v_{CB} implica un decremento correspondiente en i_B. La dependencia de i_B de v_{CB} se puede modelar por la adición de un resistor r_μ entre colector y base en el modelo híbrido π, resultando en el modelo aumentado que se muestra en la figura 4.64. La resistencia r_μ es muy grande, típicamente mayor que βr_o.

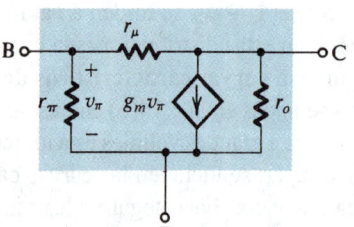

Fig. 4.64   Modelo híbrido π, incluida la resistencia r_μ, que muestra los efectos de v_c sobre i_b.

El modelo aumentado híbrido π de la figura 4.64 se puede utilizar para hallar la resistencia de salida de la configuración de base común, que es la inversa de la pendiente de las líneas características $i_C - \upsilon_{CB}$ de la figura 4.63. Para hacer eso, simplemente conectamos la base a tierra, dejamos el emisor a circuito abierto (porque i_E es constante), aplicamos un voltaje de prueba entre colector y tierra, y hallamos la corriente tomada del voltaje de prueba. El resultado (problema 4.119) es que la resistencia de salida es aproximadamente igual al paralelo equivalente de r_μ y βr_o, y así es muy grande.

Curvas características de emisor común

Una forma alternativa de presentar gráficamente las curvas características del transistor se muestra en la figura 4.65, donde se traza una gráfica de i_C contra υ_{CE} para diversos valores de la corriente de base i_B. Estas curvas características se miden en una forma diferente de las de la figura 4.15. Mientras que en el último caso υ_{BE} se mantiene constante para cada curva, ahí i_B se mantiene constante. Como resultado de esto, la pendiente de la región activa es diferente de $1/r_o$; de hecho, la pendiente es mayor. Por medio del modelo híbrido π de la figura 4.64 se puede demostrar que la resistencia de salida de la configuración de emisor común, con i_B mantenida constante, es aproximadamente igual a $[r_o//(r_\mu/\beta)]$; véase el problema 4.120.

La región de saturación es evidente también en las curvas características de emisor común de la figura 4.65. Vemos que mientras el transistor de la región activa actúa como fuente de corriente con una elevada (pero finita) resistencia de salida, en la región de saturación se comporta como un "interruptor cerrado" con una pequeña "resistencia de cierre" R_{CEsat}. Como las curvas características están todas "agrupadas" en saturación, mostramos una vista amplificada de la porción de saturación de las curvas características en la figura 4.66. Nótese que las curvas no se extienden directamente al origen. De hecho, para un valor dado de i_B, la curva característica $i_C - \upsilon_{CE}$ en saturación se puede aproximar por una línea recta que cruza el eje υ_{CE} en un punto V_{CEoff}, como se ilustra en la figura 4.67. El voltaje V_{CEoff} se denomina

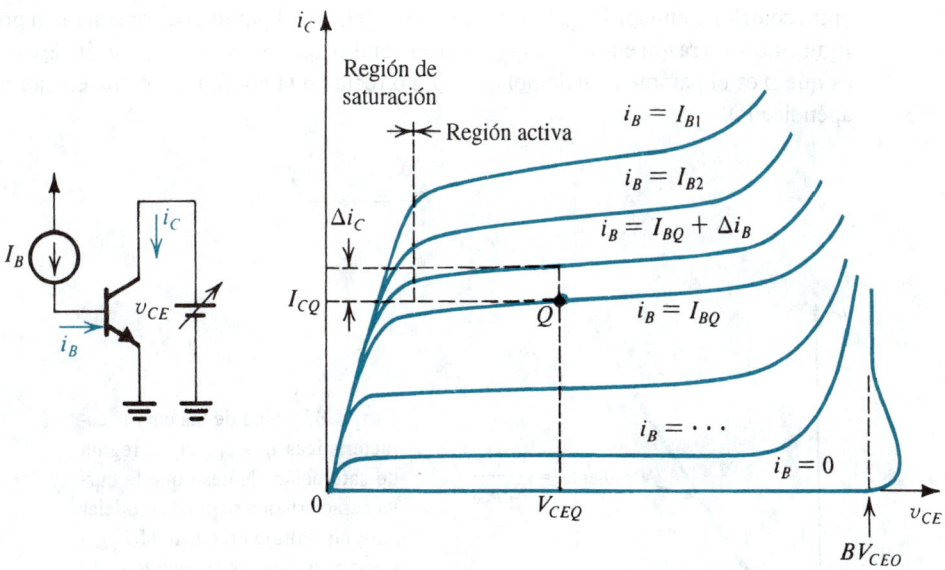

Fig. 4.65 Curvas características de emisor común. Nótese que la escala horizontal está expandida alrededor del origen, para demostrar la región de saturación en algún detalle.

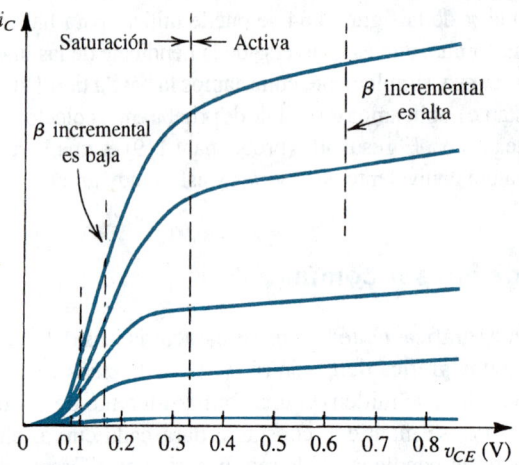

Fig. 4.66 Vista expandida de las curvas características de emisor común en la región de saturación.

voltaje de desnivel del interruptor a transistores. Los transistores de efecto de campo (capítulo 5) no exhiben estos voltajes de desnivel y por lo tanto son mejores interruptores, pero, en cambio, los FET presentan valores más altos de resistencia de cierre. Finalmente, nótese que el comportamiento del BJT en saturación, como se describe en la figura 4.67, sigue más bien cercanamente al pronosticado por la ecuación (4.114) que se deriva del modelo Ebers-Moll.

La β de un transistor

Ya antes definimos la β como la razón entre la corriente total del colector y la corriente total de la base cuando el transistor está operando en el modo activo. Seamos más específicos. Supongamos que el transistor está operando a una corriente de base I_{BQ}, una corriente de colector I_{CQ} y un voltaje entre colector y emisor V_{CEQ}. Estas cantidades definen el punto Q de operación o polarización en la figura 4.65. La razón entre I_{CQ} e I_{BQ} recibe el nombre de β de cd o h_{FE} (la razón de este último nombre es que β es el parámetro h de polarización directa en la configuración de emisor común; véase el apéndice B),

$$h_{FE} \equiv \beta_{\text{dc}} \equiv \frac{I_{CQ}}{I_{BQ}} \tag{4.118}$$

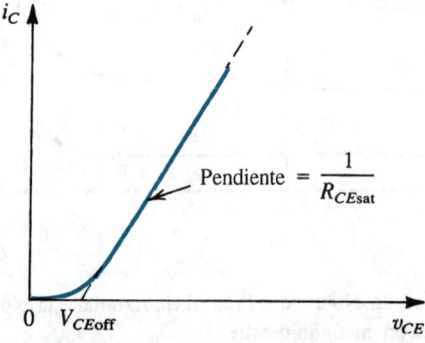

Fig. 4.67 Una de las curvas características $i_C - v_{CE}$ en la región de saturación. Nótese que la curva característica se puede modelar para un voltaje de desnivel V_{CEoff} y una pequeña resistencia R_{CEsat}.

Cuando el transistor se utiliza como amplificador, primero se polariza en un punto como Q. Las señales aplicadas producen entonces cambios incrementales en i_B, i_C y v_{CE} alrededor del punto de polarización. Por lo tanto, podemos definir una β de ca o *incremental* como sigue: sea constante el voltaje entre colector y emisor en V_{CEQ} (para eliminar el efecto Early), y cámbiese la corriente de base en un incremento Δi_B. Si la corriente de colector cambia en una cantidad de incremento Δi_C (véase la figura 4.65), entonces β_{ac} (o h_{fe} como se denomina por lo general) en el punto de operación Q se define como

$$h_{fe} \equiv \beta_{ac} \equiv \frac{\Delta i_C}{\Delta i_B}\Bigg|_{v_{CE} = \text{constante}} \tag{4.119}$$

El hecho de que v_{CE} se mantenga constante implica que el voltaje incremental v_{ce} sea cero; por lo tanto, h_{fe} recibe el nombre de **ganancia de corriente en cortocircuito**.

Cuando efectuamos un análisis a pequeña señal, la β que usamos debe ser la β de ca (h_{fe}). Por otra parte, si estamos analizando o diseñando un circuito de conmutación, β_{dc} (h_{FE}) es la β apropiada. La diferencia en valor entre β_{dc} y β_{ac} suele ser pequeña, y normalmente no distinguimos entre las dos, pero un punto que merece la pena de mencionarse es que el valor de β depende del nivel de corriente del dispositivo, y la relación toma la forma que se muestra en la figura 4.68. Los procesos físicos que dan lugar a la relación están fuera del alcance de este libro. En la figura 4.68 se muestra también la dependencia de β respecto de la temperatura.

En la sección 4.9 se estudia el análisis gráfico de circuitos con transistores. Se demostró que, para aplicaciones de amplificadores, el BJT se polariza en un punto de polarización (o punto de trabajo estático) en la parte media de su región activa. Aquí deseamos demostrar gráficamente un BJT que opera en la región de saturación. En la figura 4.69 se ilustra una recta de carga que corta la curva característica $i_C - v_{CE}$ en un punto de la región de saturación. Nótese que, en este caso, cambios en la corriente de base resultan en muy pequeños cambios en i_C y v_{CE} y que en saturación la β incremental (β_{ac}) es muy pequeña.

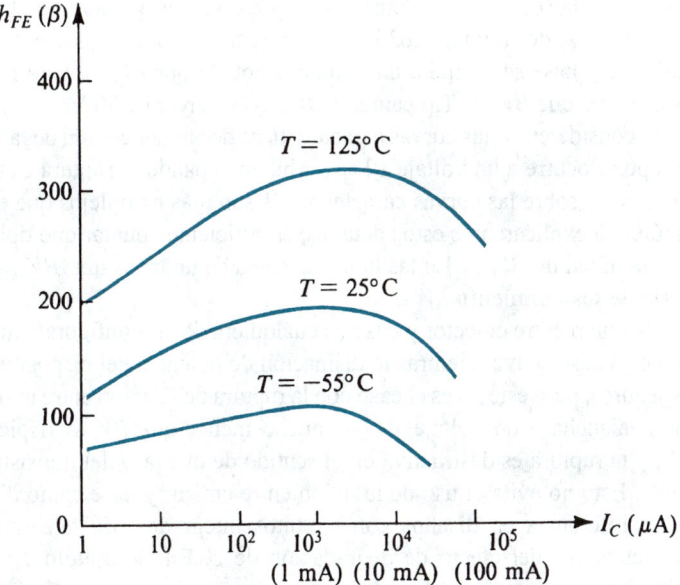

Fig. 4.68 Dependencia típica de β con respecto a I_C y temperatura en un moderno transistor de circuito integrado, *npn*, de silicio, destinado para operación a alrededor de 1 mA.

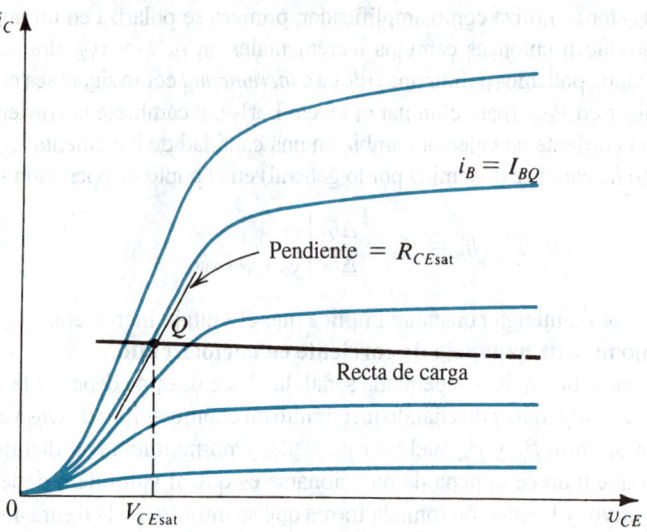

Fig. 4.69 Vista expandida de la porción de saturación de las curvas características, junto con una recta de carga, que resulta en operación en un punto Q en la región de saturación.

Ruptura del transistor

Los máximos voltajes que se pueden aplicar a un BJT están limitados por los efectos de ruptura en las uniones entre emisor y base y entre colector y base, que siguen al mecanismo de multiplicación de avalancha descrito en la sección 3.3. Considere primero la configuración de base común. Las curvas características i_C–v_{CB} de la figura 4.63 indican que para $i_E = 0$ (esto es, con el emisor abierto) la unión entre colector y base se rompe a un voltaje denotado por BV_{CBO}. Para $i_E > 0$, la ruptura ocurre a voltajes menores que BV_{CBO}. Típicamente, BV_{CBO} es mayor de 50 V.

A continuación consideremos las curvas características de emisor común de la figura 4.65, que muestran que la ruptura ocurre a un voltaje BV_{CEO}. Ahí, aun cuando la ruptura es todavía del tipo de avalancha, los efectos sobre las curvas características son más complejos que en la configuración de base común. No explicaremos estos detalles; es suficiente apuntar que típicamente BV_{CEO} es de alrededor de la mitad de BV_{CBO}. En las hojas de datos de un transistor, BV_{CEO} se menciona a veces como **voltaje de sostenimiento** LV_{CEO}.

La ruptura en la unión entre colector y base en cualquiera de las configuraciones, base común o emisor común, no es destructiva mientras la disipación de potencia del dispositivo se mantenga dentro de límites seguros, pero éste no es el caso con la ruptura de la unión entre emisor y base; ésta se rompe en una avalancha a un voltaje BV_{EBO} mucho menor que BV_{CBO}. Típicamente, BV_{EBO} está entre 6 y 8 V, y la ruptura es destructiva en el sentido de que la β del transistor se reduce de manera permanente. Esto no evita el uso de la unión entre emisor y base como diodo zener para generar voltajes de referencia en diseños con circuitos integrados. En tales aplicaciones, sin embargo, no nos ocupamos del efecto de degradación de β. En el capítulo 10 se estudia una distribución de circuito para evitar la ruptura de la unión entre emisor y base en amplificadores con circuitos integrados. La ruptura de un transistor y la máxima disipación permisible de potencia son parámetros importantes en el diseño de amplificadores de potencia (capítulo 9).

Ejercicios

4.42 ¿Cuál es el voltaje de salida del circuito de la figura E4.42 si el BV_{BCO} del transistor $= 70$ V?

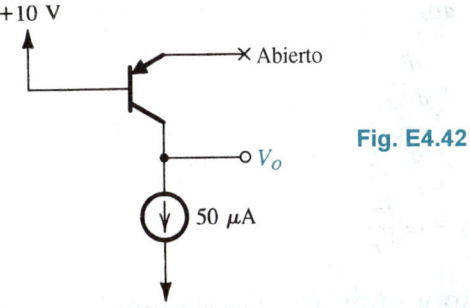

Fig. E4.42

Resp. -60 V

4.43 Mediciones hechas en un interruptor de BJT, que tiene una excitación constante de corriente de base a bajos valores de v_{CE}, dan los siguientes datos: a $i_C = 5$ mA, $v_{CE} = 170$ mV, a $i_C = 2$ mA, $v_{CE} = 110$ mV. ¿Cuáles son los valores del voltaje de desnivel y resistencia de saturación de este interruptor?

Resp. 70 mV; 20 Ω

Capacitancias internas del BJT

En nuestro estudio de la unión pn del capítulo 3, encontramos que exhibe efectos de almacenamiento de carga que se pueden modelar como capacitancias. Aquí consideramos estos efectos del BJT.

Capacitancia de difusión o de carga de base C_{de}.
Cuando el transistor opera en los modos activo o de saturación, la carga de portadores minoritarios se almacena en la región de la base. De hecho, ya hemos obtenido una expresión para esta carga, Q_n, en el caso de un transistor npn que opera en el modo activo (ecuación 4.7). Con el resultado de la ecuación (4.7) junto con el de las ecuaciones (4.3) y (4.4), podemos expresar Q_n en términos de la corriente de colector i_C como

$$Q_n = \frac{W^2}{2D_n} i_C = \tau_F i_C \qquad (4.120)$$

donde τ_F es una constante del dispositivo,

$$\tau_F = \frac{W^2}{2D_n}$$

con la dimensión de tiempo. Se conoce como **tiempo directo de tránsito en base** y representa el tiempo promedio que un portador de carga (electrón) tarda en cruzar la base. Típicamente, τ_F está entre 10 y 100 ps. Para operación en el modo activo inverso, aplica una correspondiente constante τ_R y es de varios órdenes de magnitud mayor que τ_F.

La ecuación (4.120) aplica para señales grandes y, como i_C está exponencialmente relacionada a v_{BE}, Q_n dependerá del mismo modo de v_{BE}. Entonces este mecanismo de almacenamiento de carga representa un efecto capacitivo no lineal, pero, para señales pequeñas, podemos definir la capacitancia de difusión C_{de} a pequeña señal como

$$C_{de} \equiv \frac{dQ_n}{dv_{BE}}$$

$$= \tau_F \frac{di_C}{dv_{BE}}$$

que resulta en

$$C_{de} = \tau_F g_m = \tau_F \frac{I_C}{V_T} \qquad (4.121)$$

Capacitancia de la unión entre base y emisor.

Con el desarrollo visto en el capítulo 3, y en particular la ecuación (3.26), la capacitancia C_{je} de la unión entre emisor y base o capa de agotamiento se puede expresar como

$$C_{je} = \frac{C_{je0}}{\left(1 - \frac{V_{BE}}{V_{0e}}\right)^m} \qquad (4.122)$$

donde C_{je0} es el valor de C_{je} a voltaje cero, V_{0e} es el voltaje interno de la unión entre emisor y base (típicamente 0.9 V), y m es el coeficiente graduador de la unión entre emisor y base (típicamente 0.5). Resulta, sin embargo, que debido a que la unión entre emisor y base está polarizada directamente en el modo activo, la ecuación (4.122) no produce un pronóstico preciso de C_{je}. De manera opcional, por lo general se utiliza un valor aproximado para C_{je},

$$C_{je} \cong 2C_{je0} \qquad (4.123)$$

Capacitancia C_μ de la unión entre colector y base.

En operación en modo activo, la unión entre colector y base está polarizada inversamente y su capacitancia de unión o de agotamiento, que en general se denota como C_μ, se puede hallar con

$$C_\mu = \frac{C_{\mu0}}{\left(1 + \frac{V_{CB}}{V_{0c}}\right)^m} \qquad (4.124)$$

donde $C_{\mu0}$ es el valor de C_μ a voltaje cero, V_{0c} es el voltaje interno de la unión entre colector y base (típicamente 0.75 V), y m es el coeficiente graduador (típicamente, de 0.2 a 0.5).

Modelo híbrido π de alta frecuencia

En la figura 4.70 se ilustra el modelo híbrido π del BJT, incluyendo efectos capacitivos. Específicamente, hay dos capacitancias: la capacitancia de emisor a base $C_\pi = C_{de} + C_{je}$ y la capacitancia C_μ entre colector y base. Típicamente, C_π está en el intervalo de unos pocos picofarads a unas pocas decenas de picofarads, y C_μ está entre una pequeña parte de un picofarad y unos pocos picofarads. Nótese que hemos omitido la resistencia r_μ porque, aun a frecuencias moderadas, la reactancia de

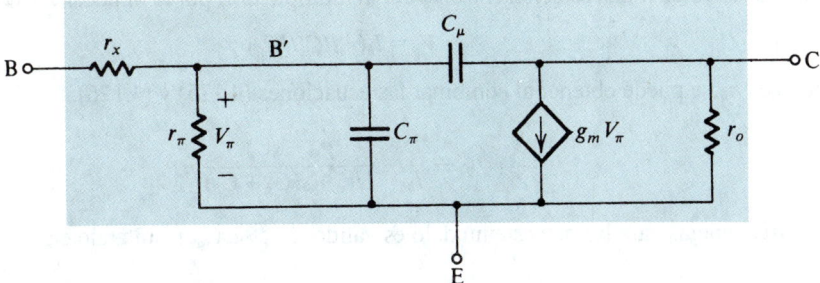

Fig. 4.70 Modelo híbrido π de alta frecuencia.

C_μ es mucho menor que r_μ. Con todo, hemos agregado un resistor r_x para modelar la resistencia del material de silicio de la región de la base entre el terminal de base B y un terminal de base B', ficticio interno, o intrínseco, que está justo bajo la región del emisor (véase la figura 4.6). Típicamente, r_x es de unas pocas decenas de ohms, y su valor depende del valor actual de una manera más bien complicada. Como $r_x \ll r_\pi$, su efecto es insignificante a bajas frecuencias, pero, su presencia se siente a altas frecuencias, como veremos más adelante.

Los valores de los parámetros híbridos π de un circuito equivalente se pueden determinar en un punto dado de polarización si se usan las fórmulas presentadas en este capítulo. También se pueden encontrar de las mediciones terminales especificadas en las hojas de datos de un BJT, como se describe en el apéndice G. Para simulación de computadora, SPICE utiliza los parámetros de la tecnología de circuitos integrados dada para evaluar los parámetros del modelo de un BJT.

Frecuencia de corte

Las hojas de datos de transistores suelen no especificar el valor de C_π. Más bien, se da el comportamiento de β o h_{fe} contra frecuencia. Para determinar C_π y C_μ derivaremos una expresión para h_{fe} como función de frecuencia en términos de los componentes híbridos π. Para este fin considere el circuito que se ilustra en la figura 4.71, donde el colector está en cortocircuito con el emisor. La corriente I_c de colector en cortocircuito es

$$I_c = (g_m - sC_\mu)V_\pi \tag{4.125}$$

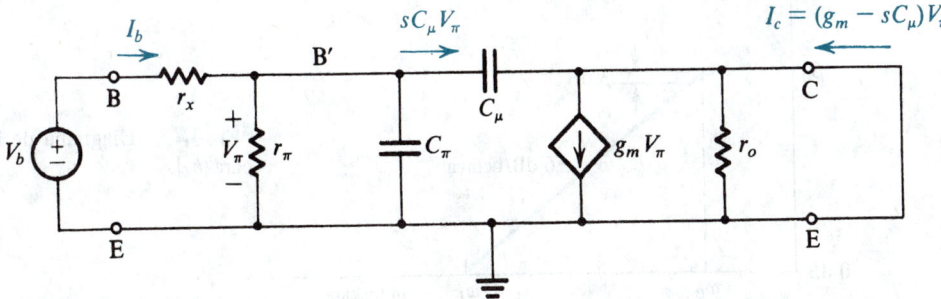

Fig. 4.71 Circuito para obtener una expresión para hallar $h_{fe}(s) \equiv I_c/I_b$.

Se puede establecer una relación entre V_π e I_b al multiplicar I_b por la impedancia vista entre B′ y E:

$$V_\pi = I_b(r_\pi//C_\pi//C_\mu) \tag{4.126}$$

Entonces h_{fe} se puede obtener al combinar las ecuaciones (4.125) y (4.126):

$$h_{fe} \equiv \frac{I_c}{I_b} = \frac{g_m - sC_\mu}{1/r_\pi + s(C_\pi + C_\mu)}$$

A las frecuencias para las que este modelo es válido, $g_m \gg \omega C_\mu$, resultando en

$$h_{fe} \simeq \frac{g_m r_\pi}{1 + s(C_\pi + C_\mu)r_\pi}$$

Entonces

$$h_{fe} = \frac{\beta_0}{1 + s(C_\pi + C_\mu)r_\pi} \tag{4.127}$$

donde β_0 es el valor de β a baja frecuencia. Entonces h_{fe} tiene una respuesta a polo sencillo con una frecuencia de 3 dB a $\omega = \omega_\beta$, donde

$$\omega_\beta = \frac{1}{(C_\pi + C_\mu)r_\pi} \tag{4.128}$$

En la figura 4.72 se ilustra una gráfica de Bode para $|h_{fe}|$. De la pendiente de −6 dB/octava se deduce que la frecuencia a la que $|h_{fe}|$ cae a la unidad, que se denomina **ancho de banda de ganancia unitaria** ω_T, está dada por

$$\omega_T = \beta_0 \omega_\beta \tag{4.129}$$

Entonces

$$\omega_T = \frac{g_m}{C_\pi + C_\mu} \tag{4.130}$$

y

$$f_T = \frac{g_m}{2\pi(C_\pi + C_\mu)} \tag{4.131}$$

El ancho de banda f_T de ganancia unitaria suele especificarse en las hojas de datos de transistores. En algunos casos f_T se da como función de I_C y V_{CE}. Para ver cómo cambia f_T con I_C,

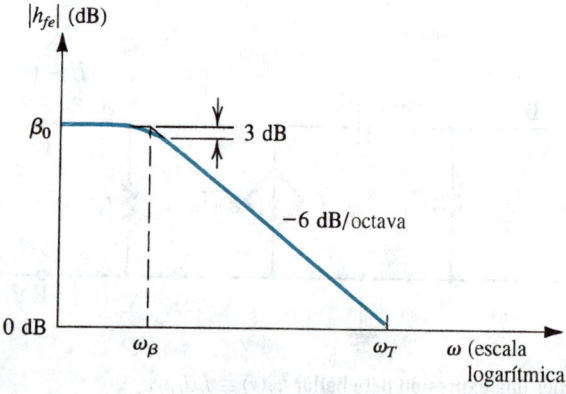

Fig. 4.72 Diagrama de Bode para $|h_{fe}|$.

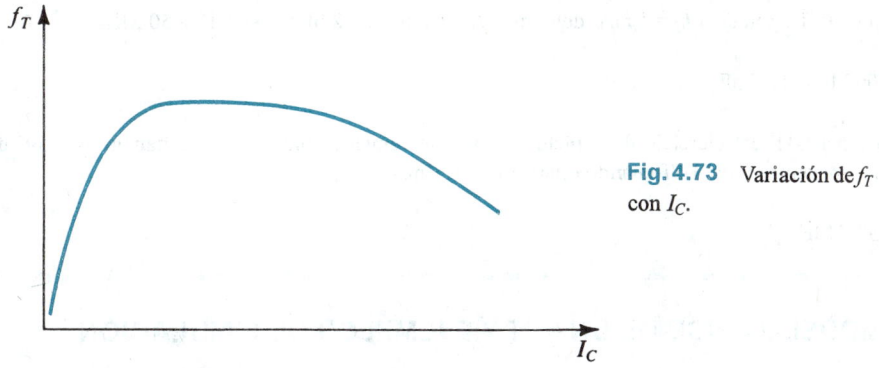

Fig. 4.73 Variación de f_T con I_C.

recordemos que g_m es directamente proporcional a I_C, pero sólo parte de C_π (la capacitancia de difusión C_{de}) es directamente proporcional a I_C. Se deduce que f_T decrece a bajas corrientes, como se muestra en la figura 4.73. Sin embargo, el decremento en f_T a altas frecuencias, que también se muestra en la figura 4.73, no puede ser explicado por este argumento; más bien se debe al mismo fenómeno que ocasiona que β_0 se reduzca a corrientes elevadas. En la región donde F_T es casi constante, C_π está dominada por la parte de difusión.

Típicamente, f_T está entre 100 MHz y decenas de GHz. El valor de f_T se puede usar en la ecuación (4.131) para determinar $C_\pi + C_\mu$. La capacitancia C_μ suele determinarse por separado al medir la capacitancia entre base y colector al voltaje V_{CB} de polarización inversa.

Antes de salir de esta sección, mencionaremos que el modelo híbrido π de la figura 4.71 caracteriza la operación de un transistor en forma más bien precisa hasta una frecuencia de unos $0.2\omega_T$. A frecuencias mayores, tenemos que sumar otros elementos parásitos al modelo así como redefinir el modelo para tomar en cuenta el hecho de que el transistor es en efecto una red de parámetros distribuidos que tratamos de modelar con un circuito de componente aglomerado. Un refinamiento como éste consiste en dividir r_x entre varias partes y sustituir C_μ por varios condensadores, cada uno conectado entre el colector y una de las derivaciones de r_x. Este tema está fuera del alcance de este libro.

Una observación importante, desde el modelo de alta frecuencia de la figura 4.71, es que a frecuencias arriba de 5 a 10ω_β se puede hacer caso omiso de la resistencia r_π. Se puede ver entonces que r_x se convierte en la única parte resistiva de la impedancia de entrada a altas frecuencias. Entonces r_x desempeña un papel importante para determinar la respuesta en frecuencia de circuitos con transistores a altas frecuencias. Se concluye que una determinación precisa de r_x debe hacerse a partir de una medición a alta frecuencia.

Ejercicios

4.44 Encuentre C_{de}, C_{je}, C_π, C_μ y f_T para un BJT que opera a una corriente de cd de colector $I_C = 1$ mA y una polarización inversa de la unión entre colector y base de 2 V. El dispositivo tiene $\tau_F = 20$ ps, $C_{je0} = 20$ fF, $C_{\mu0} = 20$ fF, $V_{0e} = 0.9$ V, $V_{0c} = 0.5$ V y $m_{CBJ} = 0.33$.

Resp. 0.8 pF; 40 fF; 0.84 pF; 12 fF; 7.47 GHz

4.45 Para un BJT operado a $I_C = 1$ mA, determine f_T y C_π si $C_\mu = 2$ pF y $|h_{fe}| = 10$ a 50 MHz.

Resp.   500 MHz; 10.7 pF

4.46 Si C_π del BJT del ejercicio 4.45 incluye una relativamente constante capacitancia de 2 pF de la capa de agotamiento, encuentre f_T del BJT cuando opere a $I_C = 0.1$ mA.

Resp.   130.7 MHz

4.16   EL MODELO SPICE DE UN BJT Y EJEMPLOS DE SIMULACIÓN

Así como se hizo con el diodo en el capítulo 3, se concluye este capítulo con la presentación del modelo que SPICE usa para el BJT. También se demostrará el uso de SPICE en la simulación de dos de los circuitos estudiados en este capítulo.[7]

El modelo

En la figura 4.74 se ilustra un modelo SPICE de un BJT a gran señal. Aquí, las fuentes de corriente i_C e i_B están controladas por v_{BE} y v_{BC} de acuerdo con las relaciones especificadas por el modelo de transporte de la figura 4.59. Debemos observar, sin embargo, que mientras la constante n (llamada coeficiente de emisión) en los exponenciales es la unidad en el modelo de transporte, el modelo SPICE considera valores no unitarios para n, y además utiliza diferentes valores para la unión entre

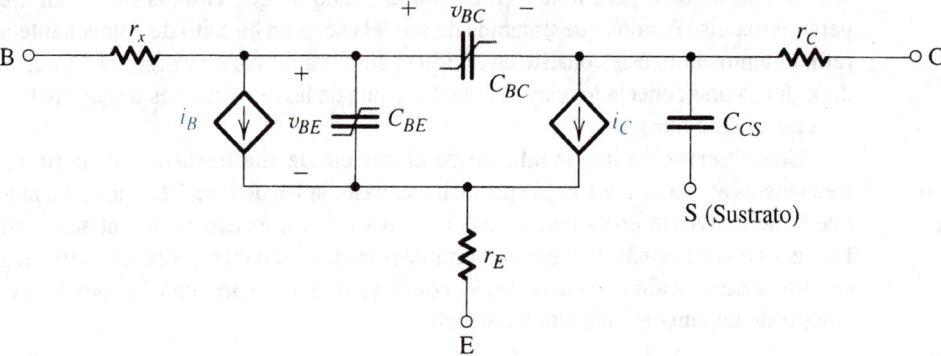

Fig. 4.74   Modelo de un BJT a gran señal empleado por el programa SPICE. Las fuentes de corriente i_B e i_C están controladas por v_{BE} y v_{BC} y se obtienen del modelo de transporte que se ilustra en la figura 4.59. Los resistores r_x, r_E y r_C representan la resistencia óhmica de las regiones de la base, emisor y colector, respectivamente. Los condensadores C_{BE} y C_{BC} no son lineales, y cada uno incluye una componente de unión y una componente de difusión. El condensador C_{CS} es una capacitancia de unión y está presente sólo en dispositivos de circuito integrado.

---

[7] Los lectores que no conozcan bien el uso del programa SPICE deben consultar el apéndice C, o bien, para mayor detalle, consulten la obra de Roberts y Sedra, 1997.

base y emisor (denotados n_F) y la unión entre base y colector (denotados n_R). Como se indica en la figura 4.74, el modelo SPICE incluye las resistencias óhmicas para la región del colector (r_C) y la región del emisor (r_E) así como la de la región de la base (r_x).

La operación dinámica del BJT está modelada por dos capacitancias no lineales, C_{BE} y C_{BC}, cada una de las cuales en general incluye una componente de difusión y una componente de capa de agotamiento (o unión). El modelo también incluye una capacitancia C_{cs} de agotamiento para la unión entre el colector y el substrato de transistores de circuitos integrados.

Para pequeñas señales, el modelo SPICE se reduce al modelo híbrido π aumentado con r_E, r_C y (para transistores de circuitos integrados) C_{cs}.

El modelo SPICE incluye más de 40 parámetros, casi la mitad de los cuales aparece en la tabla 4.5. La otra mitad son los parámetros que son especificados por el usuario sólo cuando se requieren

Tabla 4.5 Parámetros de modelo del SPICE para un BJT (lista parcial)

Nombre de parámetro	Símbolo	Nombre SPICE	Unidades	Valor predeterminado
Corriente de saturación de transporte	I_S	IS	A	1×10^{-16}
Máxima ganancia de corriente directa	β o β_F	BF	—	100
Coeficiente de emisión de corriente directa	n	NF	—	1
Voltaje Early directo	V_A	VAF	V	∞
Máxima ganancia de corriente inversa	β_R	BR	—	1
Coeficiente de emisión de corriente inversa	—	NR	—	1
Voltaje Early inverso	—	VAR	—	∞
Tiempo de tránsito directo ideal	τ_F	TF	s	0
Tiempo de tránsito inverso ideal	τ_R	TR	s	0
Resistencia óhmica de emisor	r_E	RE	Ω	0
Resistencia óhmica de colector	r_C	RC	Ω	0
Resistencia óhmica de base sin polarización	r_x	RB	Ω	0
Capacitancia de unión base-emisor sin polarización	C_{je0}	CJE	F	0
Coeficiente regulador de unión base-emisor	m_{BEJ}	MJE	—	0.33
Voltaje interno de unión base-emisor	V_{0e}	VJE	V	0.75
Capacitancia de unión base-colector sin polarización	$C_{\mu0}$	CJC	F	0
Coeficiente regulador de unión base-colector	m_{BCJ}	MJC	—	0.33
Voltaje interno de unión base-colector	V_{0c}	VJC	V	0.75
Capacitancia de substrato de colector sin polarización	C_{cs0}	CJS	F	0
Coeficiente regulador de unión de colector-substrato	—	MJS	—	0.33
Voltaje interno de unión colector-substrato	—	VJS	V	0.75

simulaciones muy precisas y detalladas, y están consideradas fuera del alcance de este libro. De hecho, varios de los parámetros de la lista parcial de la tabla 4.5 por lo general no se necesitan en la mayor parte de las simulaciones de circuitos.

El lector debe reconocer la mayor parte de los parámetros de la tabla 4.5. Nótese que el usuario puede especificar un valor para cualquiera de estos parámetros; en ausencia de un valor especificado por el usuario para un parámetro en particular, SPICE utiliza el valor predeterminado que se indica. Por ejemplo, si no se especifica un valor para V_A, el efecto Early no es tomado en cuenta por el SPICE. Aun cuando no hacer caso del voltaje Early puede ser algo serio en algunos circuitos, lo mismo no es cierto, por ejemplo, para el valor del voltaje inverso Early.

Antes de dejar el modelo SPICE, es apropiado un comentario sobre β. El usuario puede especificar valores para β_F y β_R, que SPICE interpreta como sus *máximos* valores (contra la corriente de operación). SPICE utiliza un modelo dependiente de la corriente para β, y el usuario puede especificar otros parámetros (que no se muestran en la tabla 4.5) para este modelo. Además, SPICE calcula valores tanto para β_{dc} y β_{ac}, los dos parámetros que por lo general suponemos son aproximadamente iguales.

Para transistores discretos, los parámetros de modelo se pueden determinar a partir de datos especificados en las hojas de datos del dispositivo, complementados si es necesario con mediciones clave. Esto se ha hecho para muchos de los dispositivos comercialmente disponibles, y los parámetros de modelo se pueden obtener de vendedores o de versiones de SPICE que se pueden encontrar en el comercio. Para transistores de circuitos integrados, los parámetros de modelo están determinados por el fabricante de IC que utiliza tanto mediciones sobre dispositivos fabricados como el conocimiento de los detalles del proceso de fabricación.

EJEMPLO 4.17: ESTABILIDAD DEL PUNTO DE POLARIZACIÓN

SPICE se puede utilizar para verificar el diseño de polarización de un amplificador con BJT, así como para investigar la estabilidad del punto de operación de cd. Esta útil aplicación del SPICE se ilustra por medio del circuito de polarización convencional que se ilustra en la figura 4.75. Nótese que la fuente de valor cero en serie con R_E está incluida para permitirnos pedir al programa SPICE que calcule la corriente I_E (véase el apéndice C).

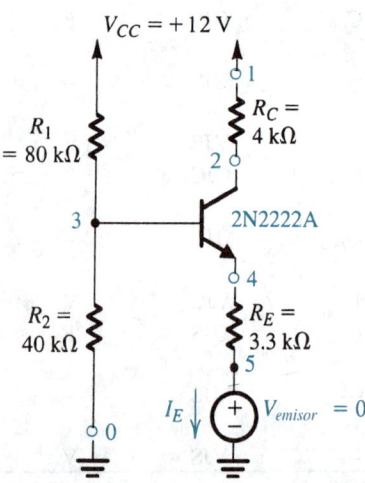

Fig. 4.75 Circuito para investigar la estabilidad de polarización con el SPICE. El archivo de entrada de este programa aparece en el apéndice D.

La corriente de cd de emisor se puede hallar usando el sencillo modelo de caída constante de V_{BE}, y suponiendo $V_{BE} = 0.7$ V y $\beta = 100$. El resultado es $I_E = 0.99$ mA, $I_C = 1$ mA y $V_C \cong 8$ V.

Para el análisis del SPICE, usaremos un transistor comercialmente disponible, el 2N2222A. Sus parámetros de modelo SPICE se incluyen en bibliotecas de dispositivos, que se pueden obtener de varios vendedores del programa SPICE. Para investigar la estabilidad de polarización utilizamos una función particular del SPICE, es decir, el comando .SENS. Este comando ordena a SPICE ejecutar un análisis sensible de una cantidad de interés de salida en particular, en este caso la corriente de emisor I_E. El resultado del análisis es un conjunto de derivadas $\dfrac{\partial I_E}{\partial x/x}$, donde x representa una componente de circuito (por ejemplo R_E) o un parámetro de transistor (por ejemplo, β). Estas derivadas se pueden usar para determinar la variación esperada del valor de I_E como resultado de una variación conocida del valor de una componente (por ejemplo la tolerancia del valor del resistor).

La lista del archivo de entrada SPICE, incluyendo los parámetros de modelo, está dada en el apéndice D. La salida SPICE proporciona el siguiente punto de operación de cd: $I_E = 0.967$ mA, $I_C = 0.961$ mA, $V_{BE} = 0.643$ V, $V_C = 8.157$ V. Si recordamos que en nuestros cálculos a mano usamos valores aproximados de V_{BE} y β, y despreciamos por completo el efecto Early, los resultados de la simulación son sorprendentemente cercanos a los del análisis aproximado.

La salida del SPICE proporciona valores para las sensibilidades normalizadas de I_E relativas a todo componente de circuito y parámetro de transistor. De éstos, citamos sólo dos: $\dfrac{\partial I_E}{\partial R_E/R_E} = -9.14 \times 10^{-6}$ A/% y $\dfrac{\partial I_E}{\partial \beta_F/\beta_F} = 2.695 \times 10^{-7}$ A/%. Por lo tanto, si R_E es un resistor al 5%, por ejemplo, esperaríamos que su variación resulte en una variación en I_E de ± 45.7 μA, que es alrededor de ± 0.5%, un resultado razonable ante el hecho de que R_E determine directamente I_E. De manera semejante, la variación en el valor de I_E resultante de, digamos, un cambio ± 20% en β_F, será de ± 5.4 μA, o una de ± 0.5%. Esta sensibilidad relativamente baja del valor de β es obviamente una propiedad deseable y demuestra la excelencia de esta distribución de polarización.

El SPICE realiza sus cálculos suponiendo operación a temperatura ambiente (25 a 27°C), pero se puede utilizar otro comando del SPICE para ordenarle ejecute análisis a varias temperaturas entre márgenes especificados. No perseguiremos este objetivo en este punto, pero pedimos al lector que lo haga.

EJEMPLO 4.18: OPERACIÓN DEL AMPLIFICADOR DE EMISOR COMÚN

Para nuestro segundo ejemplo, utilizaremos el SPICE para investigar la operación del circuito amplificador de emisor común de la figura 4.76. Observemos que estamos usando condensadores de acoplamiento y de derivación que no son prácticos por lo grandes (y hasta imposibles de hallar), pero estos valores muy grandes simulan de una manera casi perfecta los cortocircuitos para señales a todas las frecuencias de interés, lo cual facilita nuestra investigación actual. Ésta es una clara demostración de la conveniencia proporcionada por la simulación de un circuito y es una ventaja definitiva sobre la investigación experimental.[8]

---

[8] El lector debe estar consciente, sin embargo, que el uso de condensadores de valor tan grande haría que el análisis de transitorios no fuera práctico por ser tan largo. Para análisis de transitorios, deben usarse condensadores de valores mucho más bajos.

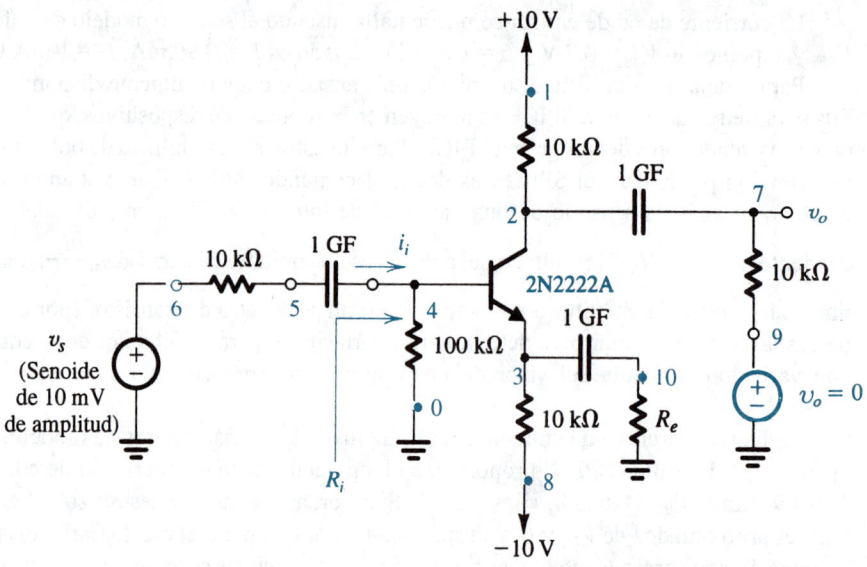

Fig. 4.76 Circuito amplificador de emisor común para simulación del SPICE del ejemplo 4.18. El archivo de entrada de este programa aparece en el apéndice D.

Para hacer posible la investigación del efecto de incluir una resistencia en la trayectoria de señal del emisor, se conecta un resistor R_e en serie con el condensador de derivación de emisor. Además, nótese que una fuente de valor cero v_{out} se incluye en serie con el resistor de carga para hacer posible ordenar al SPICE que calcule la corriente de carga.

El archivo de entrada del SPICE aparece en el apéndice D. Hemos utilizado el transistor 2N2222A cuyos parámetros de modelo se encuentran en la biblioteca PSPICE (y en la de algunas otras versiones del SPICE). Ordenamos al SPICE realizar un análisis del punto de operación de cd, y con una señal senoidal de entrada de 10 mV, 1 kHz, para hacer un análisis de ca para los dos casos: $R_e = 0$ y $R_e = 100$ Ω.

Como siempre debe ser el caso con simulación de computadora, con anticipación debe efectuarse un análisis aproximado a mano para examinar la salida del SPICE. De esta forma se puede obtener máxima ventaja y conocimientos de la simulación. Si se utiliza $V_{BE} = 0.7$ V, $\beta = 100$ y se desprecia el efecto Early, encontramos que $I_E = 0.85$ mA e $I_C = 0.84$ mA. Para análisis a pequeña señal, encontramos de las hojas de datos del 2N2222A que a una corriente $I_C = 1$ mA, β_{ac} (o h_{fe}) se especifica entre 100 y 175. Al seleccionar un valor razonablemente conservador para el dispositivo "típico" de 125 y despreciar el efecto Early, podemos determinar los parámetros híbridos π:

$$g_m = 34 \text{ mA/V} \qquad r_e = 29.4 \text{ Ω} \qquad r_\pi = 3.7 \text{ kΩ}$$

Las fórmulas de la sección 4.11 se pueden usar ahora para determinar R_i y A_v,

$$R_i = 100 \text{ kΩ} \| (\beta + 1)(r_e + R_e)$$

$$A_v = \frac{v_o}{v_s} = -\frac{R_i}{R_s + R_i} \frac{(10 \text{ kΩ} \| 10 \text{ kΩ})}{r_e + R_e}$$

Entonces,

$$\text{para } R_e = 0: \quad R_i = 3.57 \text{ k}\Omega \text{ y } A_v = -44.7 \text{ V/V}$$

$$\text{para } R_e = 100 \ \Omega: \quad R_i = 13.1 \text{ k}\Omega \text{ y } A_v = -21.9 \text{ V/V}$$

La salida del SPICE produce:

$$I_C = 0.865 \text{ mA} \qquad g_m = 33.4 \text{ mA/V} \qquad r_\pi = 4.11 \text{ k}\Omega$$

$$r_x = 57.2 \ \Omega \qquad r_o = 117.5 \text{ k}\Omega \qquad \beta_{ac} = 137.4$$

Observamos que estos resultados son razonablemente cercanos a nuestros valores aproximados, pero nótese que β_{ac} es un poco mayor que el valor que usamos. Con todo, un buen diseño resultaría en una ganancia de voltaje que es razonablemente insensible al valor de β. Veamos entonces lo que encontró el SPICE para R_i y A_v: para $R_e = 0$, $R_i = 4.0$ kΩ y $A_v = -45.2$ V/V. Para $R_e = 100 \ \Omega$, $R_i = 15.0$ kΩ y $A_v = -22.7$ V/V. De nuevo, estos resultados son sorprendentemente cercanos a los pronosticados con análisis a mano. Por último, usamos el SPICE para investigar la sensibilidad de la ganancia al valor de β. Los resultados obtenidos son como sigue:

β_F	β_{ac}	$\|A_v\|$, ($R_e = 0$)	$\|A_v\|$, ($R_e = 100 \ \Omega$)
153 (caso típico)	137.4	45.2	22.7
100	92.8	33.7	19.3
200	174.2	53.1	24.5

Observemos que el resistor de degeneración de emisor hace la ganancia menos sensible al valor de β, como se esperaba. Esta reducida sensibilidad, así como las otras ventajas de degeneración de emisor, sin embargo, se obtiene a costa de reducción de ganancia.

RESUMEN

■ Dependiendo de las condiciones de polarización en sus dos uniones, el BJT puede operar en uno de tres modos posibles: corte (ambas uniones polarizadas inversamente), activo (la unión entre emisor y base está polarizada directamente y la unión entre colector y base está polarizada inversamente) y saturación (ambas uniones polarizadas directamente).

■ Para aplicaciones como amplificador, el BJT se opera en el modo activo. Las aplicaciones de conmutación hacen uso de los modos de corte y saturación.

■ Un BJT que opere en el modo activo produce una corriente de colector $i_C = I_S e^{|v_{BE}|/V_T}$. La misma corriente de base $i_B = i_C/\beta$, y la corriente de emisor $i_E = i_C + i_B$. Del mismo modo, $i_C = \alpha i_E$ y entonces $\beta = \alpha/(1 - \alpha)$ y $\alpha = \beta/(\beta + 1)$. Véase la tabla 4.2.

■ Para asegurar operación en el modo activo, el voltaje de colector de un transistor npn debe mantenerse más alto que el voltaje de base. Para un transistor pnp, el voltaje de colector debe ser menor que el de la base.

■ A una corriente constante de colector, la magnitud del voltaje entre base y emisor decrece en alrededor de 2 mV por cada °C de elevación de temperatura.

■ El análisis de cd de circuitos con transistores se simplifica grandemente si se supone que $|V_{BE}| \simeq 0.7$ V.

■ Para operar como amplificador lineal, el BJT se polariza en la región activa y la señal v_{be} se mantiene pequeña ($v_{be} \ll V_T$).

■ Para señales pequeñas, el BJT funciona como fuente de corriente lineal controlada por voltaje con una transconductancia $g_m = I_C/V_T$. La resistencia de entrada entre base y emisor, mirando hacia la base, es $r_\pi = \beta/g_m$. Los modelos simplificados de circuito equivalente a baja frecuencia para el BJT se muestran en las figuras 4.26 y 4.27. La tabla 4.3 contiene un resumen de las ecuaciones para determinar los parámetros del modelo.

■ El diseño de polarización busca establecer una corriente de cd de colector que sea tan independiente del valor de β como sea posible.

■ En la configuración de emisor común, el emisor está a tierra de señal, la señal de entrada se aplica a la base y la salida se toma en el colector. Se obtienen una elevada ganancia de voltaje y una resistencia de entrada razonablemente alta, pero la respuesta a alta frecuencia es limitada.

■ La resistencia de entrada del amplificador de emisor común se puede aumentar si se incluye una resistencia no derivada en el alambre del emisor.

■ En la configuración de base común, la base está a tierra de señal, la señal de entrada se aplica al emisor, y la salida se toma en el colector. Se obtienen una elevada ganancia de voltaje (de emisor a colector) y una excelente respuesta a alta frecuencia, pero la resistencia de entrada es muy baja. El amplificador de base común es útil como regulador de corriente.

■ En el seguidor de emisor, el colector está a tierra de señal, la señal de entrada se aplica a la base y la salida se toma en el emisor. Aun cuando la ganancia de voltaje es menor que la unidad, la resistencia de entrada es muy alta y la resistencia de salida es muy baja. El circuito es útil como regulador de voltaje.

■ En un transistor saturado, $|V_{CEsat}| \simeq 0.2$ V e $I_{Csat} = (V_{CC} - V_{CEsat})/R_C$. La razón entre I_{Csat} y la corriente de base es la β forzada, que es menor que β. La resistencia de colector a emisor, R_{CEsat}, es pequeña (pocas décimas de ohm).

■ Un modelo conveniente e intuitivamente interesante para operación a gran señal del BJT es el modelo Ebers-Moll que se muestra en la figura 4.55. Una relación fundamental entre sus parámetros es $\alpha_F I_{SE} = \alpha_R I_{SC} = I_S$. Mientras que α_F sea cercano a la unidad, α_R es muy pequeña (0.01 a 0.2), y β_R es correspondientemente pequeña. Una útil alternativa al modelo EM es el modelo de transporte de la figura 4.59.

■ El inversor lógico básico de BJT utiliza los modos de corte y saturación de operación de transistores. Un transistor saturado tiene una gran cantidad de carga de portadores minoritarios almacenada en la región de su base y es, por lo tanto, lento para no conducir.

■ Con el emisor a circuito abierto ($i_E = 0$), la unión entre colector y base se descompone en un voltaje inverso BV_{CBO} que es típicamente > 50 V. Para $i_E > 0$, el voltaje de ruptura es menor de BV_{CBO}. En la configuración de emisor común, el voltaje de ruptura especificado es BV_{CEO}, que es alrededor de la mitad de BV_{CBO}. La unión entre emisor y base se rompe a una polarización inversa de entre 6 y 8 V. Esta ruptura por lo general tiene un efecto adverso en β.

■ La operación a pequeña señal y alta frecuencia del BJT se muestra por medio del modelo híbrido π de la figura 4.70. Aquí, $C_\pi = C_{de} + C_{je}$, donde $C_{de} = \tau_F g_m$, y C_μ es la capacitancia de la unión inversamente polarizada entre colector y base.

■ La β (o h_{fe}) del transistor cae con la frecuencia a razón de 20 dB/década y se hace unitaria a la frecuencia $f_T = \dfrac{g_m}{2\pi (C_\pi + C_\mu)}$.

Bibliografía

E. J. Angelo, Jr, *Electronics: BJTs, FETs, and Microcircuits*, McGraw-Hill, Nueva York, 1969.

I. Getreu, *Modeling the Bipolar Transistor*, Tektronix, Inc., Beaverton, Ore., 1976.

P. R. Gray y R. G. Meyer, *Analysis and Design of Analog Integrated Circuits,* 3a. ed., Wiley, Nueva York, 1993.

P. E. Gray y C. L. Searle, *Electronic Principles*, Wiley, Nueva York, 1971.

D. A. Hodges y H. G. Jackson, *Analysis and Design of Digital Integrated Circuits,* 2a. ed., McGraw-Hill, Nueva York, 1988.

J. Millman y A. Grabel, *Microelectronics*, 2a. ed., McGraw-Hill, Nueva York, 1987.

D. L. Pulfrey y N. G. Tarr, *Introduction to Microelectronic Devices*, Prentice-Hall, Englewood Cliffs, NJ, 1989.

J. M. Rabaey, *Digital Integrated Circuits*, Prentice-Hall, Englewood Cliffs, NJ, 1996.

G. W. Roberts y A. S. Sedra, *SPICE*, Oxford University Press, Nueva York, 1997.

C. L. Searle, A. R. Boothroyd, E. J. Angelo, Jr., P. E. Gray y D. O. Pederson, *Elementary Circuit Properties of Tran-..tors*, vol. 3 de la Serie SEEC, Wiley, Nueva York, 1964.

PROBLEMAS

Sección 4.1: Estructura física y modos de operación

4.1 Los voltajes terminales de diversos transistores *npn* se miden durante operación en sus respectivos circuitos con los siguientes resultados:

Caso	E	B	C	Modo
1	0	0.7	0.7	
2	0	0.8	0.1	
3	−0.7	0	0.7	
4	−0.7	0	−0.6	
5	0.7	0.7	0	
6	−2.7	−2.0	0	
7	0	0	5.0	
8	−0.1	0	5.0	

En esta tabla, donde los elementos de entrada están en volts, 0 indica el terminal de referencia al que está conectada la punta negra (negativo) del voltímetro. Para cada caso, identifique el modo de operación del transistor. (Nótese que el caso 5 es un poco engañoso: para entender esta situación se debe tomar nota que, aun cuando el transistor no es simétrico, puede operar con los papeles del emisor y colector intercambiados en un modo llamado invertido.)

Sección 4.2: Operación del transistor *npn* en el modo activo

4.2 Un transistor *npn* tiene un área de emisor de 10 μm × 10 μm. Las concentraciones de contaminación son: en el emisor, $N_D = 10^{19}$/cm^3; en la base, $N_A = 10^{17}$/cm^3 y, en el colector, $N_D = 10^{15}$/cm^3. El transistor opera a $T = 300$ K, donde $n_i = 1.5 \times 10^{10}$/cm^3. Para electrones que se difunden en la base: $L_n = 19$ μm y $D_n = 21.3$ cm^2/s. Para huecos que se difunden en el emisor: $L_p = 0.6$ μm y $D_p = 1.7$ cm^2/s. Calcule I_S y β suponiendo que el ancho W de la base es:

(a) 1 μm

(b) 2 μm

(c) 5 μm

Para el caso (b), si $I_C = 1$ mA, encuentre I_B, I_E, V_{BE} y la carga de portadores minoritarios almacenada en la base. (*Sugerencia:* $\tau_b = L_n^2/D_n$. Recuerde que la carga electrónica es $q = 1.6 \times 10^{-19}$ coulombs.)

4.3 Dos transistores, fabricados con la misma tecnología pero con diferentes áreas de unión, cuando operan a un voltaje de 0.69 V entre base y emisor tienen corrientes de colector de 0.13 y 10.9 mA. Encuentre I_S para cada uno de ellos. ¿Cuáles son las áreas relativas de unión?

4.4 En un BJT en particular, la corriente de base es 7.5 μA, y la corriente de colector es 940 μA. Encuentre β y α para este dispositivo.

4.5 Se encuentra que las mediciones tomadas en varios transistores están incompletas (o posiblemente en error). Se muestran datos disponibles. Encuentre la información faltante y sus cálculos, y detecte inconsistencias, si las hay.

Dispositivo	i_C (mA)	i_B (mA)	i_E (mA)	α	β
a	10.0		10.1		100
b		0.02	1.12		
c	0.63			0.984	63
d	98.0		99.0	0.990	98
e		0.001	0.011		10
f	10.0	0.2	10.1		100
g	10.1	0.1	10.0	0.99	
h	0.990	0.010			99
i		0.015		0.995	193

4.6 Para un transistor *npn* en particular, correctamente polarizado, se mide la corriente de colector y se encuentra que es 1 mA y 10 mA para voltajes entre base y emisor de 0.63 V y 0.70 V, respectivamente. Encuentre valores correspondientes de n e I_S para este transistor. Si dos de estos dispositivos están conectados en paralelo y se aplican 0.65 V entre base y emisor combinados en la dirección de conducción, ¿cuál corriente total de colector espera el lector?

4.7 Demuestre que para un transistor con α cercana a la unidad, si α cambia en una cantidad pequeña por unidad ($\Delta\alpha/\alpha$), el correspondiente cambio en β por unidad está dado aproximadamente por

$$\frac{\Delta\beta}{\beta} \simeq \beta\left(\frac{\Delta\alpha}{\alpha}\right)$$

Encuentre $\Delta\beta/\beta$ para $\beta = 100$ y α cambia en 0.1%.

4.8 Considere los modelos de BJT a gran señal que se muestran en las figuras 4.5(b) y (d). ¿Cuáles son los tamaños relativos de D_E y D_B para transistores para los que $\beta = 10$? ¿$\beta = 1000$?

4.9 Se sabe que un BJT en particular, cuando conduce una corriente de colector de 10 mA, tiene $v_{BE} = 0.70$ V e $i_B = 100$ μA. Utilice esta información para crear modelos específicos de transistores de la forma que se muestra en las figuras 4.5(a) y (d).

4.10 Mediante el uso del modelo de transistor *npn* de la figura 4.5(b), considere el caso de un transistor para el que la base está conectada a tierra, el colector está conectado a una fuente de cd de 10 V y un resistor de 1 kΩ, y una fuente de corriente de 5 mA está conectada al emisor con la polaridad de modo que la corriente se tome del terminal del emisor. Si $\beta = 100$ e $I_S = 10^{-14}$ A, encuentre los voltajes en el emisor y el colector y calcule la corriente de base.

4.11 Se mide la corriente I_{CBO} de un pequeño transistor y se encuentra que es de 15 nA a 25°C. Si la temperatura del dispositivo se eleva a 75°C, ¿cuál espera el lector que sea la corriente I_{CBO}?

*4.12 Aumente el modelo del BJT *npn* que se muestra en la figura 4.5(c) por medio de una fuente de corriente que representa a I_{CBO}. En términos de esta adición, ¿en qué se convierten las corrientes terminales i_B, i_C e I_E? Si el alambre de la base se deja en circuito abierto mientras que el emisor se conecta a tierra, y el colector se conecta a una fuente positiva, encuentre las corrientes de emisor y colector.

4.13 De la figura 4.6 observamos que el transistor no es un dispositivo simétrico. Así, si se intercambian los terminales del colector y emisor resulta un dispositivo con valores diferentes de α y β, llamados *valores inverso o invertido* y denotados por α_R y β_R. Un transistor *npn* se conecta accidentalmente con los alambres de colector y emisor intercambiados. Las corrientes resultantes en los alambres normales de emisor y base son 5 mA y 1 mA, respectivamente. ¿Cuáles son los valores de α_R y β_R?

Sección 4.3: El transistor *pnp*

4.14 En la figura 4.8 se muestran dos modelos a gran señal para el transistor *pnp* que opera en el modo activo. Dibuje otros dos modelos que se comparen a los dados por el transistor *npn* de las figuras 4.5(b) y (d).

4.15 Considere el modelo *pnp* a gran señal de la figura 4.8(b) aplicado a un transistor que tiene $I_S = 10^{-13}$ A y $\beta = 40$. Si el emisor está conectado a tierra, la base está conectada a una fuente de corriente que toma una corriente de 10 μA del terminal de la base, y el colector está conectado a una fuente de alimentación negativa de -10 V a través de un resistor de 10 kΩ, encuentre el voltaje de base, el voltaje de colector y la corriente de emisor.

4.16 Un transistor *pnp* tiene $v_{EB} = 0.8$ V a una corriente de colector de 1 A. ¿Qué espera el lector que sea v_{EB} a una corriente $i_C = 10$ mA?, ¿a $i_C = 5$ A?

4.17 Un transistor *pnp* tiene una ganancia de corriente de 50 a emisor común. ¿Cuál es la ganancia de corriente en base común?

4.18 En los modelos a gran señal que se muestran en la figura 4.8, haga contrastar el tamaño de los dos diodos que se muestra para la situación en que $\beta = 99$.

Sección 4.4: Símbolos y convenciones de circuitos

4.19 Para los circuitos de la figura P4.19, suponga que los transistores tienen β muy grandes. Se han hecho algunas mediciones en estos circuitos y sus resultados se indican en la figura. Encuentre los valores de los otros voltajes y corrientes marcados.

4.20 Las mediciones de los circuitos de la figura P4.20 indican los voltajes marcados. Encuentre el valor de β para cada transistor.

D4.21 Un examen de la tabla de valores estándar para resistores con 5% de tolerancia, apéndice H, deja ver que los valores más cercanos a los encontrados en el diseño del ejemplo 4.1 son 5.1 kΩ y 6.8 kΩ. Para estos valores utilice cálculos aproximados (por ejemplo, $V_{BE} \simeq 0.7$ V y $\alpha \simeq 1$) para determinar los valores de la corriente de colector y voltaje de colector que sea probable resulten.

D4.22 Rediseñe el circuito del ejemplo 4.1 para obtener $V_C = +1$ V e $I_C = 0.5$ mA.

Sección 4.5: Representación gráfica de curvas características de transistores

4.23 Utilice la ecuación (4.20) para trazar la gráfica de i_C contra v_{CE} para un transistor *npn* que tenga $I_S = 10^{-15}$ A y $V_A = 100$ V. Trace curvas para $v_{BE} = 0.65$, 0.70, 0.72, 0.73 y 0.74 volts. Muestre las curvas características para v_{CE} hasta para 15 V.

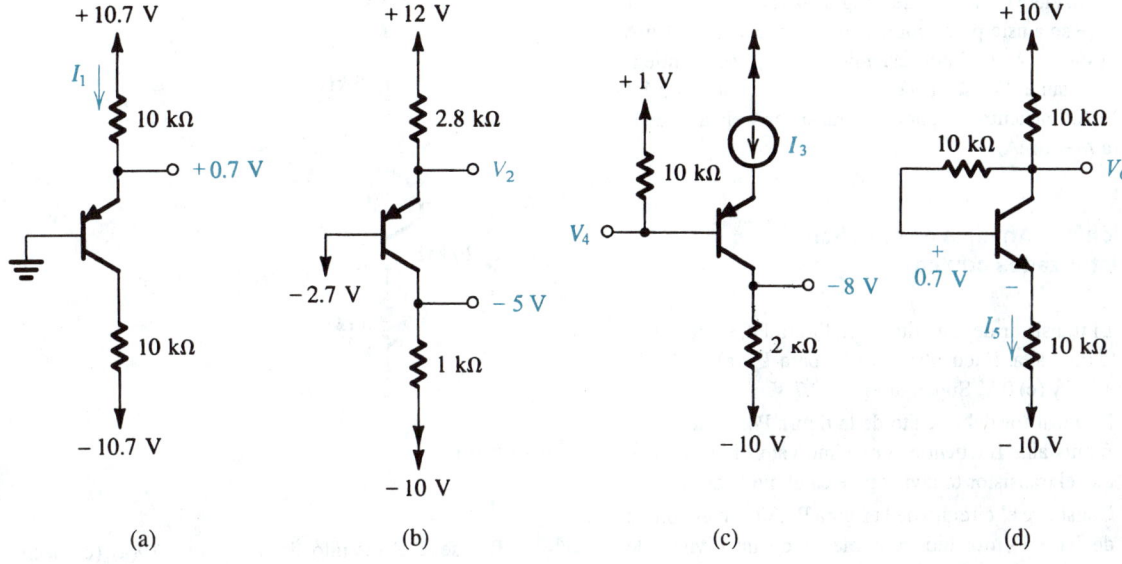

Fig. P4.19

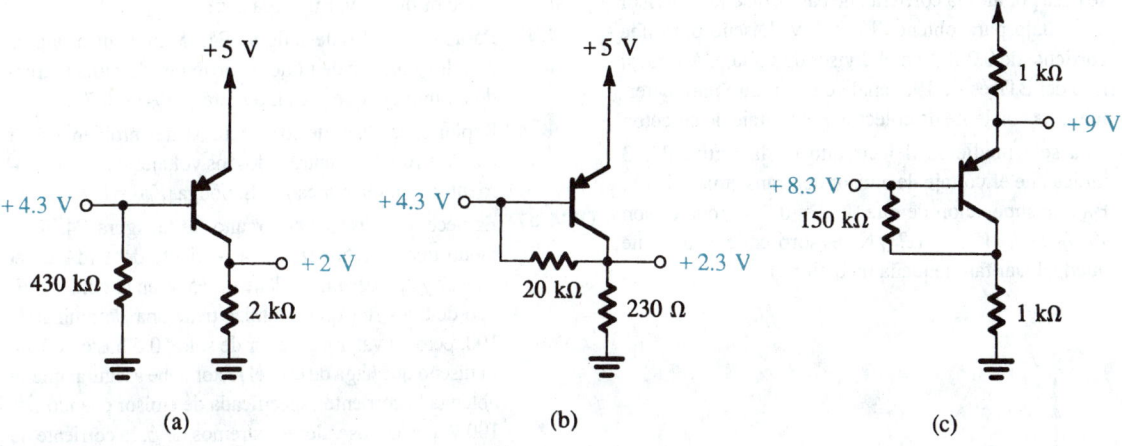

Fig. P4.20

4.24 Un BJT cuya corriente de emisor se fija en 1 mA tiene un voltaje entre base y emisor de 0.67 V a 25°C. ¿Cuál es el voltaje entre base y emisor que esperaría el lector a 0°C? ¿Y a 100°C?

4.25 Un transistor *pnp* en particular, que opera a una corriente de emisor de 0.5 mA a 20°C tiene un voltaje de 692 mV entre emisor y base.

(a) ¿En qué se convierte v_{EB} si la temperatura de la unión se eleva a 50°C?

(b) Si el transistor tiene $n = 1$ y se opera a un voltaje fijo de 700 mV entre emisor y base, ¿cuál corriente de emisor circula a 20°C? ¿Y a 50°C?

4.26 Para un transistor *npn* en particular, que opera a un v_{BE} de 670 mV e $I_C = 3$ mA, la curva característica de i_C contra v_{CE} tiene una pendiente de 3×10^{-5} mhos. ¿A qué valor corresponde esta resistencia de salida? ¿Cuál es el valor del voltaje Early para este transistor? Para operación a 30 mA, ¿cuál sería la resistencia de salida?

4.27 Para un BJT que tiene un voltaje Early de 200 V, ¿cuál es su resistencia de salida a 1 mA? ¿Y a 100 μA?

4.28 Para un BJT que tiene una resistencia de salida de 10 MΩ a 10 μA, ¿cuál debe ser su voltaje Early? Si la corriente se eleva a 10 mA, ¿cuál será su resistencia de salida?

4.29 Considere el circuito de la figura 4.15(a). Hágase que V_{BE} se ajuste para producir una corriente $I_C = 1$ mA a $V_{CE} = 2$ V. Entonces, mientras V_{BE} se mantiene constante, V_{CE} se eleva a +10 V e I_C se mide y es 1.1 mA. Encuentre V_A para este transistor y el valor de r_o a $I_C = 1$ mA.

Sección 4.6: Análisis de circuitos transistorizados con cd

4.30 El transistor del circuito de la figura P4.30 tiene una β muy alta. Encuentre V_E y V_C para V_B (a) +3 V, (b) +1 V y (c) 0 V. Suponga $V_{BE} \simeq 0.7$ V.

4.31 El transistor del circuito de la figura P4.30 tiene una β muy alta. Encuentre el máximo valor de V_B para el que el transistor todavía opere en el modo activo.

D4.32 Considere el circuito de la figura P4.30 con el voltaje de base V_B obtenido por medio de un divisor de voltaje entre terminales de la fuente de 9 V. Si se supone que la β del transistor es muy grande (esto es, si se pasa por alto la corriente de base), diseñe el divisor de voltaje para obtener $V_B = 3$ V. Diseñe para una corriente de 0.2 mA en el divisor de voltaje. Ahora, si la β del BJT es de 100, analice el circuito para determinar la corriente de colector y el voltaje de colector.

4.33 Una sola medición del circuito de la figura P4.33 indica que el voltaje de emisor del transistor es 1.0 V. Bajo la suposición de que $|V_{BE}| = 0.7$ V, ¿cuáles son $V_B, I_B, I_E, I_C, V_C, \beta$ y α? (¿No es sorprendente a lo que puede llevar tan pequeña medición?)

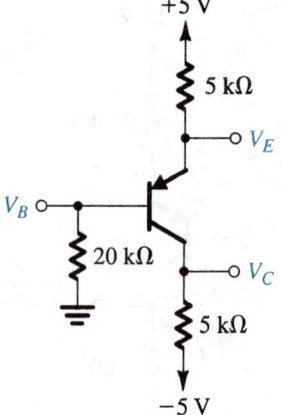

Fig. P4.33

D4.34 Rediseñe el circuito de la figura 4.19(a) (es decir, encuentre nuevos valores para R_E y R_C) para establecer una corriente de colector de 2 mA y un voltaje de colector de −5 V. Suponga $\alpha \simeq 1$.

4.35 Para los circuitos de la figura P4.35, encuentre valores para los voltajes de nodo y corrientes de rama marcados. Suponga que β es muy alta y $|V_{BE}| = 0.7$ V.

4.36 Repita el análisis de los circuitos del problema 4.35 con $\beta = 100$. Encuentre todos los voltajes de nodo y corrientes de rama marcados. Suponga $|V_{BE}| = 0.7$ V.

D**4.37 Es necesario diseñar el circuito de la figura P4.37 de modo que se establezca una corriente de 1 mA en el emisor y aparezca un voltaje de +5 V en el colector. El tipo de transistor que se utiliza tiene una β nominal de 100, pero su valor puede ser de sólo 50 o hasta de 150. El diseño que haga de esto el lector debe asegurar que se obtenga la corriente especificada de emisor cuando $\beta = 100$ y que, en los valores extremos de β, la corriente de emisor no cambia en más de 10% de su valor nominal. Del mismo modo, diseñe para un valor de R_B tan grande como sea posible. Dé los valores de R_B, R_E y R_C al kΩ más cercano. ¿Cuál es el intervalo esperado de corriente de colector y voltaje de colector correspondientes a todo el intervalo de variación de valores de β?

D4.38 El transistor *pnp* del circuito de la figura P4.38 tiene $\beta = 50$. Encuentre el valor de R_C para obtener $V_C = +5$ V. ¿Qué sucede si el transistor se sustituye con otro que tenga $\beta = 100$?

*4.39 Para el circuito que se muestra en la figura P4.39, encuentre los voltajes de nodo marcados para:
(a) $\beta = \infty$.
(b) $\beta = 100$.
(c) $\beta = 10$.

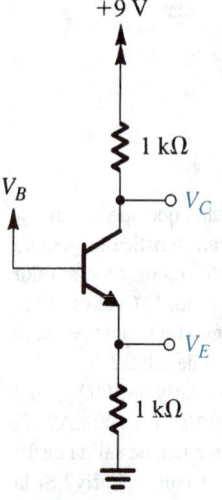

Fig. P4.30

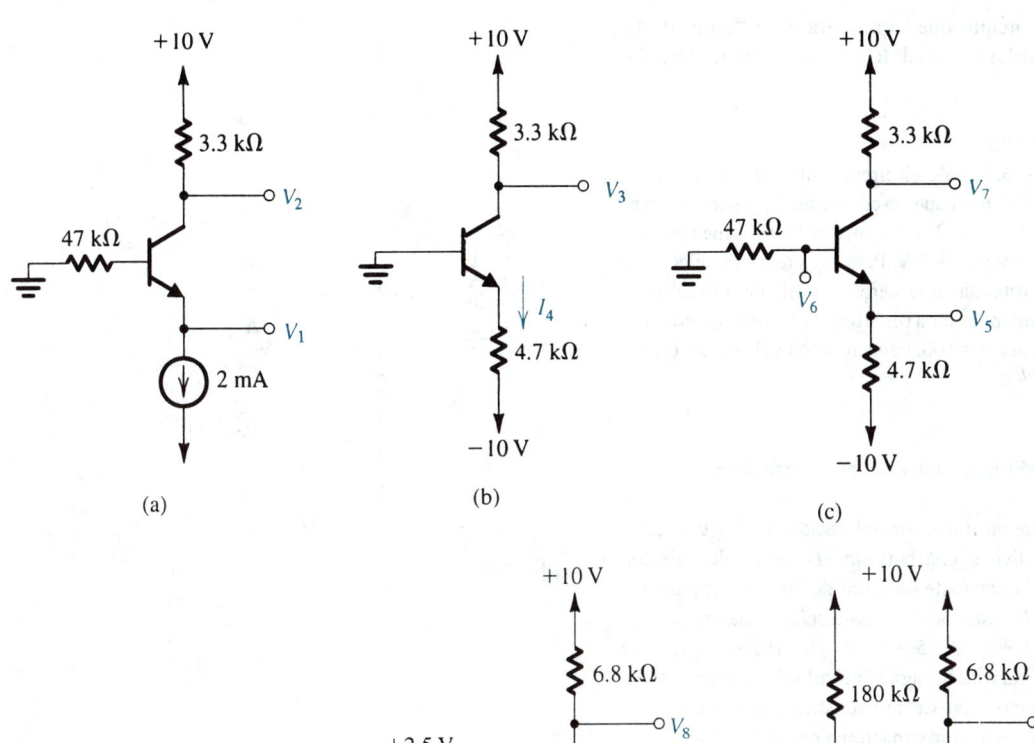

Fig. P4.35

(a)

(b)

(c)

(d)

(e)

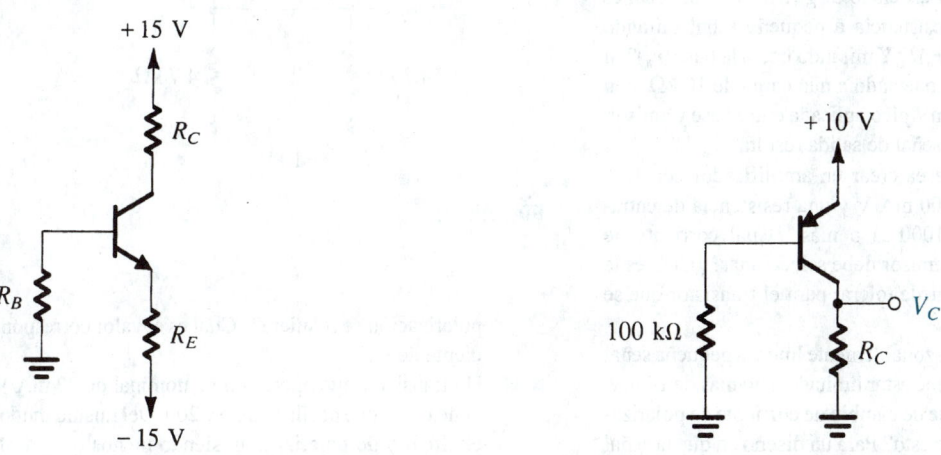

Fig. P4.37

Fig. P4.38

*4.40 Para el circuito que se muestra en la figura P4.40, encuentre los valores de los voltajes de nodo marcados para:
(a) $\beta = \infty$.
(b) $\beta = 100$.

D**4.41 Con $\beta = \infty$, diseñe el circuito que se muestra en la figura P4.41 para que las corrientes de polarización en Q_1, Q_2 y Q_3 sean 2, 2 y 4 mA, respectivamente, $V_3 = 0$, $V_5 = -4$ V y $V_7 = 2$ V. Para cada resistor, seleccione el valor estándar más cercano utilizando la tabla de valores estándar para resistores al 5% del apéndice H. Ahora, para $\beta = 100$, encuentre los valores de V_3, V_4, V_5, V_6 y V_7.

Sección 4.7: El transistor como amplificador

4.42 Considere un transistor polarizado para operar en el modo activo a una corriente I_C de cd de colector. Calcule la corriente de señal de colector como fracción de I_C (esto es, i_c/I_C) para señales de entrada v_{be} de +1, −1, +2, −2, +5, −5, +8, −8, +10, −10, +12, −12 mV. En cada caso, haga el cálculo de dos formas:
(a) usando la curva característica exponencial, y
(b) usando la aproximación a pequeña señal.
Presente sus resultados en la forma de una tabla que incluya una columna para el error introducido por la aproximación a pequeña señal. Comente sobre el intervalo de validez de la aproximación a pequeña señal.

4.43 Un transistor con $\beta = 120$ se polariza para operar a una corriente de cd de colector de 1.5 mA. Encuentre los valores de g_m, r_π y r_e. Repita para una corriente de polarización de 150 μA.

4.44 Un BJT *pnp* se polariza para operar a $I_C = 2.5$ mA. ¿Cuál es el valor asociado de g_m? Si $\beta = 50$, ¿cuál es el valor de la resistencia a pequeña señal mirando hacia el emisor (r_e)? ¿Y mirando hacia la base (r_π)? Si el colector está conectado a una carga de 10 kΩ, con una señal de 10 mV pico aplicada entre base y emisor, ¿cuál voltaje de señal de salida resulta?

D4.45 Un diseñador desea crear un amplificador con BJT con una g_m de 100 mA/V y una resistencia de entrada de base de 1000 Ω o más. ¿Cuál corriente de polarización de emisor debe seleccionar? ¿Cuál es la mínima β que puede tolerar para el transistor que se utilice?

D4.46 Para operación razonablemente lineal a pequeña señal de un BJT, v_{be} debe estar limitado a no más de 10 mV. ¿A qué porcentaje de cambio de corriente de polarización corresponde esto? Para un diseño en que la señal de salida pedida es 10 mA pico, ¿cuál corriente de

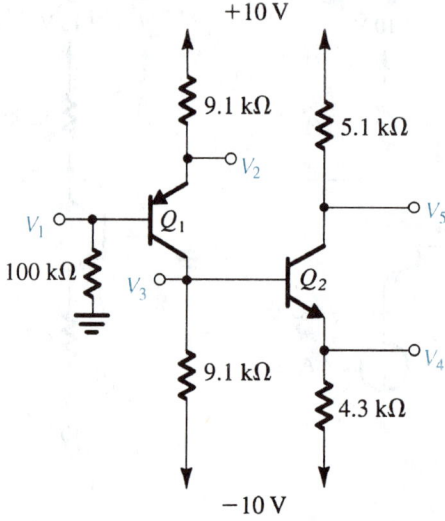

Fig. P4.39

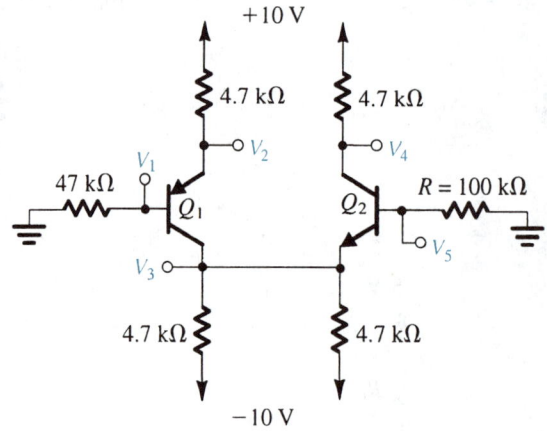

Fig. P4.40

polarización se requiere? ¿Cuál es el valor correspondiente de g_m?

4.47 Un transistor que opere con g_m nominal de 80 mA/V tiene una β que oscila entre 5 y 200. Del mismo modo, el circuito de polarización, siendo menos que ideal, permite una variación de ±25% en I_C. ¿Cuáles son los

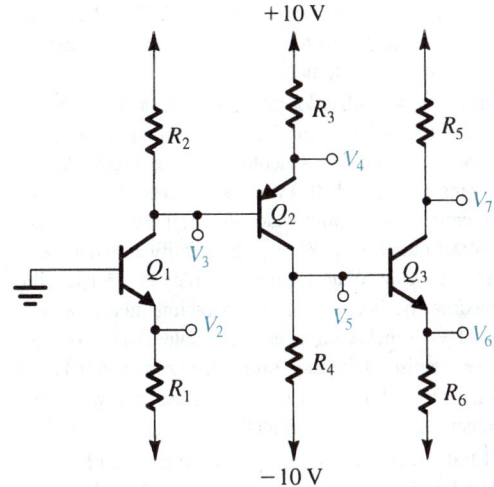

Fig. P4.41

valores extremos que se encuentran en la resistencia que mira hacia la base?

4.48 En el circuito de la figura 4.23, V_{BE} se ajusta de modo que $V_C = 2$ V. Si $V_{CC} = 10$ V, $R_C = 2$ kΩ y se aplica una señal $v_{be} = 0.004$ sen ωt, encuentre expresiones para las cantidades totales instantáneas $i_C(t)$, $v_C(t)$ e $i_B(t)$. El transistor tiene $\beta = 100$. ¿Cuál es la ganancia de voltaje?

D*4.49 Deseamos diseñar el circuito amplificador de la figura 4.23 bajo la restricción de que V_{CC} es fijo. La señal de entrada es $v_{be} = \hat{V}_{be}$ sen ωt, donde $\hat{V}_{be}$ es el máximo valor para linealidad aceptable. Demuestre, para el diseño que resulta en la máxima señal en el colector sin que el BJT salga de la región activa, que

$$R_C I_C = (V_{CC} - V_{BE} - \hat{V}_{be}) / \left(1 + \frac{\hat{V}_{be}}{V_T} \right)$$

y encuentre una expresión para la ganancia de voltaje obtenida. Para $V_{CC} = 10$ V, $V_{BE} = 0.7$ V y $\hat{V}_{be} = 5$ mV, encuentre el voltaje de cd en el colector, la amplitud de la señal de voltaje de salida y la ganancia de voltaje.

Sección 4.8: Modelos de circuito equivalente a pequeña señal

4.50 Se polariza un BJT para operar en el modo activo a una corriente de cd de colector de 0.5 mA. Tiene una β de 120. Dé los cuatro modelos a pequeña señal

(figuras 4.26 y 4.27) del BJT completas con los valores de sus parámetros.

4.51 El amplificador a transistores de la figura P4.51 está polarizado con una fuente de corriente I y tiene una β muy alta. Encuentre el voltaje de cd en el colector, V_C. También encuentre el valor de g_m. Sustituya al transistor con su modelo híbrido π simplificado de la figura 4.26(a) (vea que la fuente I de corriente de cd debe ser sustituida con un circuito abierto). De aquí encuentre la ganancia de voltaje v_c/v_i.

4.52 Para el circuito conceptual que se ilustra en la figura 4.25, $R_C = 1$ kΩ, $g_m = 100$ mA/V y $\beta = 50$. Si un voltaje de salida de pico a pico de 1.5 V se mide en el colector, ¿cuál voltaje y corriente de ca de entrada deben estar asociados con la base?

4.53 Al trabajar directamente con las partes (a) y (b) de la figura 4.26, desarrolle la relación entre g_m y β expresadas ahí. Utilice *sólo* la información dada por las leyendas de elementos de los diagramas.

4.54 Para un BJT que opera a una corriente de base de 7.6 μA y una β de 104, ¿qué valores de r_π y g_m aplican? ¿Cuáles son los valores de r_e y α que corresponden?

4.55 Para un BJT *pnp* que opera a una corriente de emisor de 0.80 mA y α de 0.99, ¿qué valores de r_e, r_π y β corresponden?

4.56 Vuelva a trabajar la parte de pequeña señal del ejemplo 4.9, usando para esto la vista de amplificación controlada por corriente de base representada por el modelo de la figura 4.26(b).

4.57 En el circuito de la figura 4.28(a), el voltaje de cd de polarización V_{BB} se reduce a 2 V. Calcule la ganancia resultante para la situación en que $V_{BE} = 0.7$ V y $\beta = 100$.

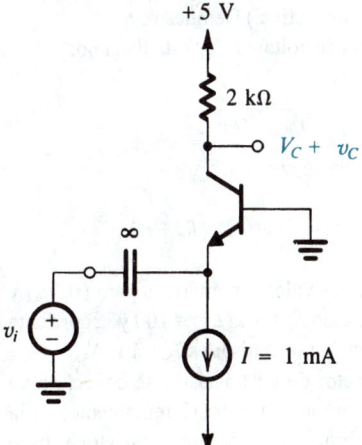

Fig. P4.51

4.58 Reconsidere el amplificador que se muestra en la figura 4.28 y se analiza en el ejemplo 4.9 bajo la condición de que β no está bien controlada. ¿Para qué valor de β empieza el circuito a saturarse? Podemos concluir que una β grande es de alto riesgo en este circuito. Ahora, considere el efecto de una β reducida, por ejemplo, a $\beta = 25$. ¿Qué valores de r_e, g_m y r_π resultan? ¿Cuál es la ganancia total de voltaje? Se puede ver que este circuito, que usa control de polarización de corriente de base, es muy sensible a β y por lo general *no se recomienda*.

4.59 Reconsidere el circuito que se muestra en la figura 4.30 bajo la condición de que la fuente de señal tiene una resistencia interna de $100 \, \Omega$. ¿En qué se convierte la ganancia de voltaje, según se mide por la relación entre la salida del amplificador y el voltaje de señal a circuito abierto? ¿Cuál es el máximo voltaje de entrada a circuito abierto que se puede usar sin recortar la señal de salida?

D4.60 Rediseñe el circuito de la figura 4.30 elevando los valores del resistor por un factor n para aumentar la resistencia vista por la entrada v_i a $75 \, \Omega$. ¿Qué valor de ganancia de voltaje resulta? Los circuitos con base a tierra de esta clase se utilizan en sistemas como los de TV por cable en que, para obtener señales de máxima calidad, las resistencias de carga tienen que "acoplarse" a las resistencias equivalentes de los cables de interconexión.

4.61 Por medio del modelo de circuito equivalente de BJT de la figura 4.27(a), dibuje el circuito equivalente de un amplificador de transistores para el que una resistencia R_e se conecta entre el emisor y tierra, el colector está conectado a tierra, y una fuente de señal de entrada v_b se conecta entre la base y tierra. (Se supone que el transistor está debidamente polarizado para operar en la región activa.) Demuestre que:

(a) la ganancia de voltaje v_e/v_b está dada por

$$\frac{v_e}{v_b} = \frac{R_e}{R_e + r_e}$$

(b) la resistencia de entrada,

$$R_{in} \equiv \frac{v_b}{i_b} = (\beta + 1)(R_e + r_e)$$

Encuentre los valores numéricos para (v_e/v_b) y R_{in} para el caso $R_e = 1 \, k\Omega$, $\beta = 100$ y la corriente de polarización de emisor es $I_E = 1 \, mA$.

4.62 Cuando el colector de un transistor se conecta a su base, el transistor todavía opera (internamente) en la región activa porque la unión entre colector y base todavía está polarizada inversamente de hecho. Utilice el modelo híbrido π simplificado para hallar la resistencia incremental (pequeña señal) del dispositivo resultante de dos terminales (conocido como transistor conectado como diodo).

D****4.63** Diseñe un amplificador por medio de la configuración de la figura 4.30(a). Las fuentes de alimentación disponibles son de $\pm 10 \, V$. La fuente de señales de entrada tiene una resistencia de $100 \, \Omega$ y es necesario que la resistencia de entrada del amplificador se compare a este valor. (Nótese que $R_{in} = r_e // R_E \simeq r_e$.) El amplificador debe tener la ganancia de voltaje máxima posible y la señal de salida máxima posible, pero retener operación lineal a pequeña señal (es decir, la componente de señales en la unión entre base y emisor debe estar limitada a no más de 10 mV). Encuentre valores para R_E y R_C. ¿Cuál es el valor de la ganancia de voltaje obtenido?

***4.64** El transistor del circuito que se muestra en la figura P4.64 está polarizado para operar en el modo activo. Si se supone que β es muy grande, encuentre la corriente I_C de polarización de colector. Sustituya al transistor con el modelo de circuito equivalente a pequeña señal de la figura 4.27(b) (recuerde sustituir la fuente de alimentación de cd con un cortocircuito). Analice el circuito equivalente de amplificador resultante para demostrar que

$$\frac{v_{o1}}{v_i} = \frac{R_E}{R_E + r_e}$$

$$\frac{v_{o2}}{v_i} = \frac{-\alpha R_C}{R_E + r_e}$$

Encuentre los valores de estas ganancias de voltaje ($\alpha \simeq 1$).

4.65 En el diseño de amplificadores de BJT de circuitos integrados, la distribución que se muestra en la figura

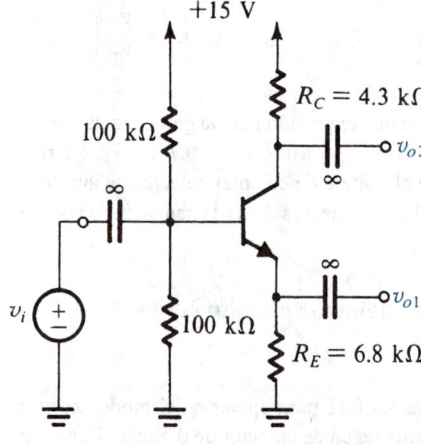

Fig. P4.64

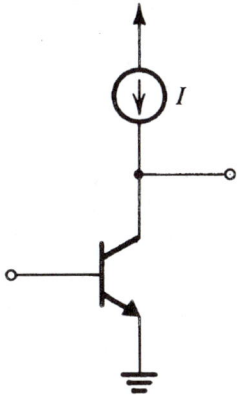

Fig. P4.65

P4.65 se utiliza con frecuencia. Ahí el transistor está polarizado con una fuente de corriente constante que alimenta al colector. El circuito externo (que no se muestra) está distribuido de manera que se forma un voltaje estable de cd en el colector. Por medio del modelo híbrido π de circuito equivalente, incluyendo r_o, demuestre que la ganancia de voltaje a pequeña señal obtenida de base a colector es igual a $-(V_A/V_T)$. Encuentre el valor de la ganancia para $V_1 = 100$ V.

Sección 4.9: Análisis gráfico

4.66 Considere las curvas características que se muestran en la figura 4.36 con la siguiente información adicional de calibración: marcar, desde la línea de color más baja, $i_B = 1, 10, 20, 30$ y $40\ \mu$A. Suponga que las líneas deben ser horizontales, y sea $\beta = 100$. Para $V_{CC} = 5$ V, $R_C = 1$ kΩ, ¿qué oscilación de voltaje pico a pico de colector resultará para i_B variando entre 10 y 40 μA? Si en el punto de polarización (no el que se muestra en la figura) $V_{CE} = \frac{1}{2}V_{CC}$, encuentre el valor de I_C e I_B. Si, a esta corriente, $V_{BE} = 0.7$ V, y si $R_B = 100$ kΩ, encuentre el valor necesario de V_{BB}.

*4.67 Trace las curvas características $i_C - v_{CE}$ de un transistor *npn* que tiene una $\beta = 100$ y $V_A = 100$ V. Dibuje las curvas características para $i_B = 20, 50, 80$ y $100\ \mu$A; para hacer este dibujo, suponga que $i_C = \beta i_B$ a $v_{CE} = 0$. También trace la recta de carga obtenida con $V_{CC} = 10$ V y $R_C = 1$ kΩ. Si la corriente de cd de polarización que penetra en la base es de 50 μA, escriba la ecuación para la correspondiente curva $i_C - v_{CE}$. Del mismo modo, escriba la ecuación para la línea de carga y resuelva las dos ecuaciones para obtener V_{CE} e I_C. Si la señal de entrada produce una señal senoidal

de 30 μA de amplitud pico para superponerse sobre I_B, encuentre las componentes de señal correspondientes de i_C y v_{CE}.

Sección 4.10: Polarización del BJT para diseño de un circuito discreto

D4.68 Diseñe el circuito de la figura 4.39 para el caso $V_{CC} = 9$ V para obtener $\frac{1}{3}V_{CC}$ en los terminales de R_E y R_C por separado, $I_E = 0.5$ mA, y la corriente del divisor de voltaje 0.2 I_E. Diseñe suponiendo una β muy grande, luego encuentre el valor real obtenido para I_E con un BJT con $\beta = 100$.

D**4.69 Es necesario diseñar el circuito de polarización de la figura 4.39 para un BJT cuya β nominal es 100.
   (a) Encuentre la máxima razón (R_B/R_E) que garantice que I_E permanecerá a no más de $\pm 5\%$ de su valor nominal para una β de sólo 50 y de hasta 150.
   (b) Si se utiliza la razón de resistencia encontrada en (a), encuentre una expresión para el voltaje $V_{BB} \equiv V_{CC}R_2/(R_1 + R_2)$ que resulte en una caída de voltaje de $V_{CC}/3$ en los terminales de R_E.
   (c) Para $V_{CC} = 10$ V, encuentre los valores necesarios de R_1, R_2 y R_E para obtener $I_E = 2$ mA y para satisfacer el requisito para estabilidad de I_E de (a).
   (d) Encuentre R_C de modo que $V_{CE} = 3$ V para β igual a su valor nominal.

D*4.70 Por medio del esquema de doble alimentación que se ilustra en la figura 4.40 con fuentes de ± 5 V, diseñe una distribución de polarización para satisfacer las siguientes especificaciones: $I_C = 0.1$ mA; el voltaje de colector está 40% entre el voltaje de emisor y el voltaje de la fuente para $\beta = \infty$ del transistor; V_{CE} aumenta a lo sumo 20% cuando se utiliza un transistor con $\beta = 70$. Utilice valores estándar de resistores al 5% (véase el apéndice H). ¿Cuáles son los valores de R_B, R_E y R_C que el lector ha seleccionado? Calcule los valores de I_C y V_{CE} obtenidos para $\beta = 70$.

D*4.71 Por medio de fuentes de alimentación de ± 5 V, se requiere diseñar una versión del circuito de la figura 4.40 en el que la señal se acoplará al emisor y entonces R_B se puede ajustar a cero. Encuentre valores para R_E y R_C de modo que se obtenga una corriente de cd de emisor de 1 mA y que la ganancia al colector sea máxima al tiempo que se permite una alternancia de ± 1 V en el colector. Si la temperatura aumenta del valor nominal de 25°C a 125°C, estime el cambio en porcentaje en la corriente de polarización de colector y en la reducción de alternancia de señal. Además del cambio de -2 mV/°C en V_{BE}, suponga que la β del transistor cambia en este intervalo de temperatura de 50 a 150.

D4.72 Con una fuente de alimentación de 5 V, diseñe una versión del circuito de la figura 4.41 para obtener una corriente de cd de emisor de 0.5 mA y permitir una alternancia de ±1 V en el colector. El BJT tiene una $\beta = 100$ nominal. Si el BJT real que se utiliza tiene $\beta = 50$, ¿cuál es la corriente de emisor obtenida? Del mismo modo, ¿cuál es la alternancia permisible de señal en el colector? Repita para $\beta = 150$.

D4.73 Diseñe el circuito de polarización de retroalimentación que se muestra en la figura 4.41 para satisfacer las siguientes especificaciones: $V_{CC} = 3$ V, $I_C = 0.1$ mA y $V_{CE} = 1.4$ V, para $\beta = 100$. Utilice valores estándar de resistores al 5% (véase el apéndice H). Especifique los valores de resistores, y dé los valores de I_C y V_{CE} que resulten para $\beta = 50$ y para $\beta = 200$.

D4.74 Modifique el circuito básico de polarización de retroalimentación de la figura 4.41 para incluir un resistor R_R entre la base y el emisor. Diseñe el circuito resultante para satisfacer las especificaciones dadas en el problema 4.73, y limite la reducción en V_{CE} a 0.2 V cuando un transistor con $\beta = \infty$ se sustituye por uno con $\beta = 100$. Especifique el lector los valores de resistor que haya seleccionado, utilizando valores estándar de resistores al 5% de la tabla del apéndice H.

D4.75** El circuito de polarización de corriente que se muestra en la figura P4.75 produce una corriente de polarización para Q_1 que es independiente de R_B, y casi independiente del valor de β_1 (mientras Q_2 opere en el modo activo). Prepare un diseño que satisfaga las siguientes especificaciones: utilice fuentes de ±5 V; $I_{C1} = 0.1$ mA, $V_{RE} = 2$ V para $\beta = \infty$; el voltaje en los terminales de R_E decrece en 5% a lo sumo para $\beta = 50$; $V_{CE1} = 1.5$ V para $\beta = \infty$, y 2.5 V para $\beta = 50$. Utilice valores estándar de resistores al 5% (véase apéndice H). ¿Qué valores para R_1, R_2, R_E, R_B y R_C escoge el lector? ¿Qué valores de I_{C1} y V_{CE1} resultan para $\beta = 50$, 100 y 200?

Sección 4.11: Configuraciones básicas de amplificadores de BJT de una etapa

4.76 Un amplificador de emisor común del tipo que se muestra en la figura 4.43(a) está polarizado para operar a $I_C = 0.1$ mA y tiene una resistencia de colector $R_C = 47$ kΩ. El transistor tiene $\beta = 100$ y un V_A grande. Encuentre R_i, la ganancia de voltaje (v_o/v_s) cuando $R_s = 100$ kΩ y R_o. Utilice estos resultados para determinar la ganancia total de voltaje cuando al colector se conecta a un resistor de carga de 10 kΩ.

4.77 Repita el problema 4.76 con una resistencia de 250 Ω incluida en la trayectoria de señal del emisor. Ade-

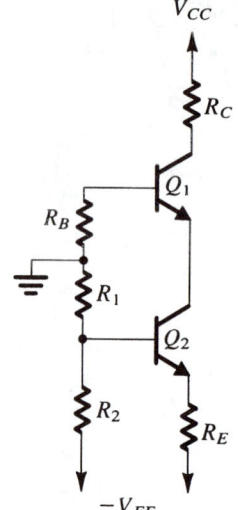

Fig. P4.75

más, haga contrastar la máxima amplitud de la onda senoidal de entrada que se pueda aplicar con y sin R_e, suponiendo que, para limitar la distorsión, la señal entre la base y emisor no debe exceder de 5 mV.

4.78 Para el amplificador de emisor común que se muestra en la figura P4.78, sea $V_{CC} = 9$ V, $R_1 = 27$ kΩ, $R_2 = 15$ kΩ, $R_E = 1.2$ kΩ y $R_C = 2.2$ kΩ. El transistor tiene $\beta = 100$ y $V_A = 100$ V. Calcule la corriente I_E de cd de polarización. Si el amplificador opera entre una fuente para la que $R_s = 10$ kΩ y una carga de 2 kΩ, sustituya el transistor con su modelo híbrido π y encuentre los valores de R_i, la ganancia de voltaje v_o/v_s, y la ganancia de corriente i_o/i_i.

D4.79 Con la topología de la figura P4.78, diseñe un amplificador para operar entre una fuente de 10 kΩ y una carga de 2 kΩ con una ganancia v_o/v_s de −8 V/V. La fuente de alimentación existente es de 9 V. Utilice una corriente de emisor de unos 2 mA y una corriente de aproximadamente un décimo de la del divisor de voltaje que alimenta la base, con el voltaje de cd en la base de más o menos un tercio de la fuente. El transistor de que se dispone tiene $\beta = 100$ y $V_A = 100$ V. Utilice un resistor estándar al 5% (véase el apéndice H).

4.80 Un diseñador, habiendo examinado la situación descrita en el problema 4.78 y estimando que la ganancia disponible es de alrededor de −8 V/V, desea explorar la posibilidad de mejoría al reducir la carga de la fuente en la entrada del amplificador. Como experimento, hace variar los niveles de resistencia en un factor de aproximadamente 3: R_1 a 82 kΩ, R_2 a 47 kΩ, R_E a 3.6 kΩ y R_C a 6.8 kΩ (valores estándar de resistores con 5% de

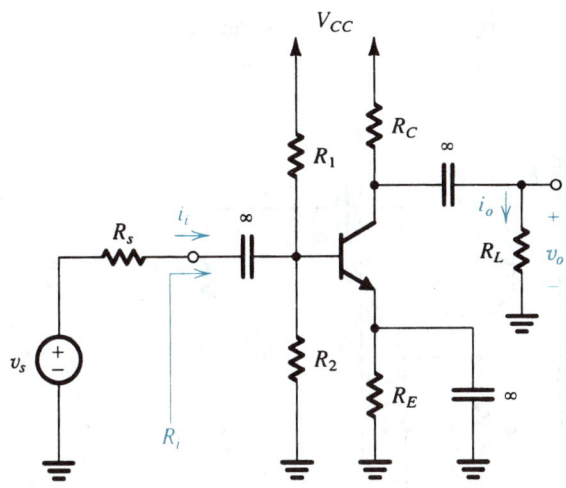

Fig. P4.78

cascada. Observe que la resistencia de entrada de la segunda etapa, R_{in2}, constituye la resistencia de carga de la primera etapa.

(a) Para $V_{CC} = 15$ V, $R_1 = 100$ kΩ, $R_2 = 47$ kΩ, $R_E = 3.9$ kΩ, $R_C = 6.8$ kΩ y $\beta = 100$, determine la corriente de cd de colector y el voltaje de colector de cada transistor.

(b) Dibuje el circuito a pequeña señal equivalente de todo el amplificador y dé los valores de todos sus componentes. Haga caso omiso de r_{o1} y r_{o2}.

(c) Encuentre R_{in1} y v_{b1}/v_s para $R_s = 5$ kΩ.

(d) Encuentre R_{in2} y v_{b2}/v_{b1}.

(e) Para $R_L = 2$ kΩ, encuentre v_o/v_{s2}.

(f) Encuentre la ganancia total de voltaje v_o/v_s.

4.84 En el circuito de la figura P4.84, v_s es una pequeña señal senoidal con un valor promedio de cero. Encuentre R_{in} y la ganancia v_o/v_s. Suponga $\beta = 50$. Si la amplitud de la señal v_{be} ha de estar limitada a 5 mV, ¿cuál es la máxima señal a la entrada? ¿Cuál es la correspondiente señal a la salida?

*4.85 El BJT del circuito de la figura P4.85 tiene $\beta = 100$.

(a) Encuentre la corriente de cd de colector y el voltaje de cd en el colector.

(b) Sustituyendo el transistor por su modelo T, dibuje el circuito equivalente de pequeña señal del amplificador. Analice el circuito resultante para determinar la ganancia de voltaje v_o/v_i.

*4.86 Consulte la expresión de ganancia de voltaje (en términos de la β del transistor) dada en la ecuación (4.75) para el amplificador de emisor común con una resis-

tolerancia). Con $V_{CC} = 9$ V, $R_s = 10$ kΩ, $R_L = 2$ kΩ, $\beta = 100$ y $V_A = 100$ V, ¿en qué se convierte la ganancia?

D4.81 Considere el circuito amplificador de emisor común de la figura 4.43(a). Es necesario diseñar el circuito (es decir, hallar valores para I y R_C) para satisfacer las siguientes especificaciones:

(a) $R_i \cong 5$ kΩ.

(b) la ganancia de voltaje de base a colector es la máxima posible, consistente con el requisito de que el voltaje de colector nunca caiga por debajo del voltaje de base, con la señal entre base y emisor siendo de hasta 5 mV.

Suponga que v_s es una fuente senoidal con cero componentes de cd, fuente disponible $V_{CC} = 5$ V y que el transistor tiene $\beta = 100$ y un voltaje Early muy grande. ¿Qué ganancia de voltaje de base a emisor proporciona este diseño? Si $R_s = 10$ kΩ, ¿cuál es la ganancia total de voltaje?

D4.82 En el circuito de la figura P4.82, v_s es una pequeña señal senoidal con promedio de cero. La β del transistor es 100.

(a) Encuentre el valor de R_E para establecer una corriente de cd de emisor de alrededor de 1 mA.

(b) Encuentre R_C para establecer un voltaje de cd de colector de alrededor de +5 V.

(c) Para $R_L = 5$ kΩ y el transistor con $r_o = 100$ kΩ, dibuje el circuito equivalente a pequeña señal del amplificador y determine su ganancia total de voltaje.

*4.83 El amplificador de la figura P4.83 consta de dos amplificadores idénticos de emisor común conectados en

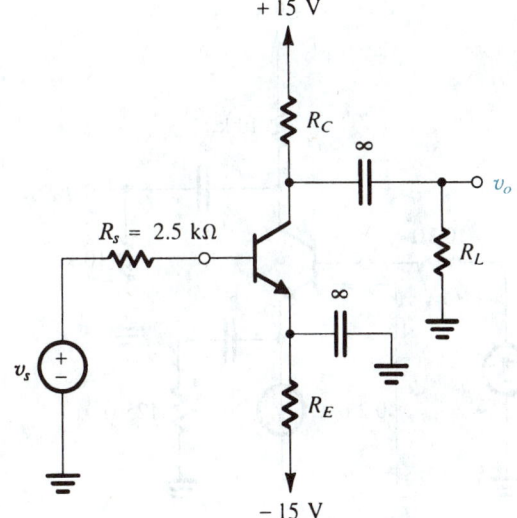

Fig. P4.82

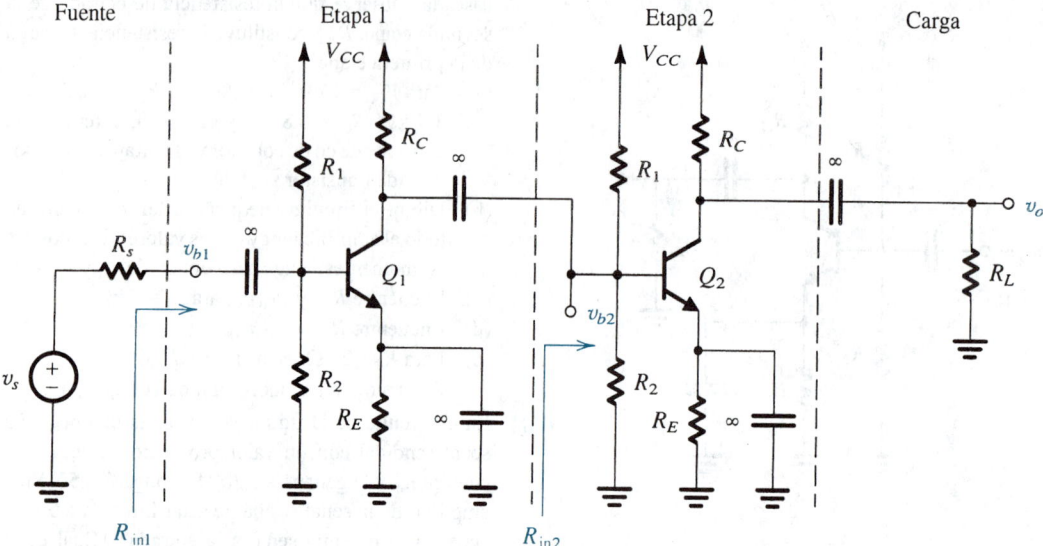

Fuente   Etapa 1   Etapa 2   Carga

Fig. P4.83

tencia R_e en el emisor. Sea el BJT polarizado a una corriente de emisor de 1 mA. La resistencia de la fuente R_s es de 10 kΩ. La β del BJT está especificada entre 50 y 150 con un valor nominal de 100.

(a) ¿Cuál es la relación entre máxima y mínima ganancia de voltaje obtenida sin R_e?

(b) ¿Qué valor de R_e debe utilizarse para limitar la razón entre máxima y mínima ganancia a 1.2?

(c) Si se utiliza la R_e encontrada en (b), ¿en qué factor se reduce la ganancia (en comparación con el caso sin R_e) para un BJT con una β nominal?

4.87 Considere el amplificador de base común de la figura 4.45 con un resistor de carga de 10 kΩ conectado al colector por medio de un condensador grande. Sea $R_C = 10$ kΩ, $V_{CC} = 10$ V y $R_s = 50$ Ω. ¿A qué valor debe ajustarse I para que la resistencia de entrada en E sea igual a la de la fuente (es decir, 50 Ω)? ¿Cuál es la ganancia de voltaje resultante de la fuente a la carga? Suponga $\alpha \simeq 1$.

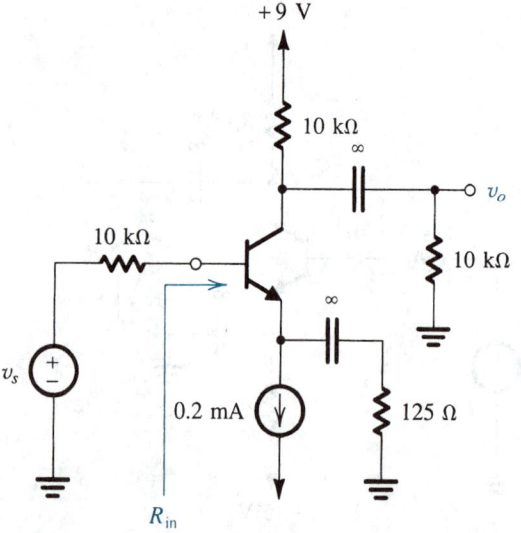

Fig. P4.84

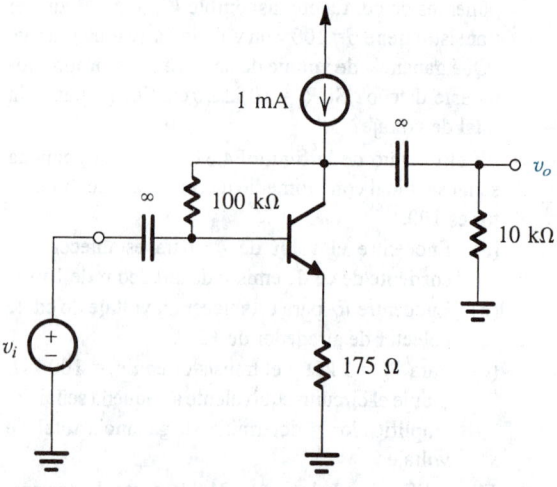

Fig. P4.85

)**4.88 Considere el amplificador de base común de la figura 4.45(a) con una señal de voltaje de colector acoplada a una resistencia de carga de 1 kΩ por medio de un condensador grande. Sean las fuentes de alimentación de ±5 V. La fuente tiene una resistencia de 50 Ω. Diseñe el circuito de modo que la resistencia de entrada del amplificador se acopla a la de la fuente, y que la alternancia de la señal de salida sea tan grande como sea posible con relativamente poca distorsión (v_{be} limitada a 10 mV). Encuentre R_E y R_C y calcule la ganancia total de voltaje obtenida y la alternancia de señal de salida.

4.89 Para el circuito de la figura P4.89 encuentre la resistencia de entrada R_i y la ganancia de voltaje v_o/v_s. Suponga que la fuente produce una pequeña señal v_s y que β es elevada. Nótese que el transistor permanece en la región activa incluso si el voltaje de colector cae por debajo del de la base en 0.4 V o semejante.

4.90 Considere el seguidor de emisor de la figura 4.46(a) para el caso $I = 1$ mA, $\beta = 100$, $V_A = 100$ V, $R_s = 20$ kΩ y $R_L = 1$ kΩ.

(a) Encuentre R_i, v_b/v_s y v_o/v_s.

(b) Si v_s es una señal de onda senoidal, ¿a qué valor debe estar limitada su amplitud para que el transistor permanezca conduciendo en todo momento? Para esta amplitud, ¿cuál es la correspondiente amplitud en la unión entre base y emisor?

(c) Si la amplitud de la señal en la unión entre base y emisor ha de estar limitada a 10 mV, ¿cuál es la correspondiente amplitud de v_s y de v_o?

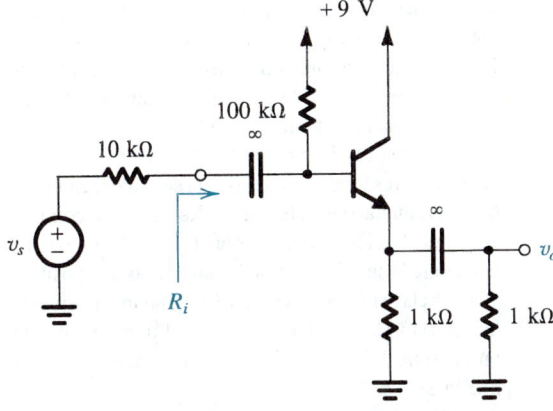

Fig. P4.91

(d) Encuentre la ganancia de voltaje a circuito abierto v_o/v_s y la resistencia de salida. Utilice estos valores para determinar el valor de v_o/v_s obtenido con $R_L = 500$ Ω.

4.91 Para el circuito seguidor de emisor que se muestra en la figura P4.91, el BJT utilizado especifica valores de β entre 20 y 200 (una situación alarmante para el diseñador del circuito). Para los dos valores extremos de β ($\beta = 20$ y $\beta = 200$), encuentre:

(a) I_E, V_E y V_B.

(b) la resistencia de entrada R_i.

(c) la ganancia de voltaje v_o/v_s.

4.92 En el seguidor de emisor de la figura P4.92, la fuente de señal está directamente acoplada a la base del transistor. Si la componente de cd de v_s es cero, encuentre la corriente de cd de emisor. Suponga $\beta = 120$. Desprecian-

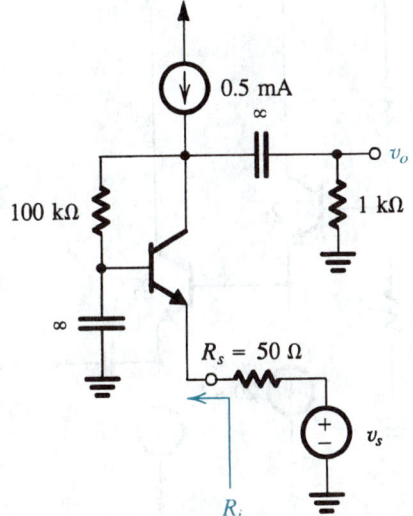

Fig. P4.89

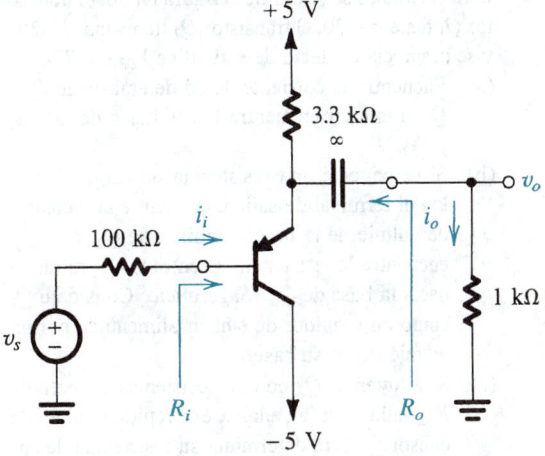

Fig. P4.92

do r_o, encuentre R_i, la ganancia de voltaje v_o/v_s, la ganancia de corriente i_o/i_i y la resistencia de salida R_o.

*4.93   En el seguidor de emisor de la figura 4.46(a), la fuente de señal tiene $R_s = 10$ kΩ y una componente de cd de cero. El transistor tiene $\beta = 100$ y $V_A = 125$ V. La corriente de polarización es $I = 2.5$ mA, y $V_{CC} = 3$ V. ¿Cuál es la resistencia de salida del seguidor? Encuentre la ganancia v_o/v_s cuando no hay carga y con una carga de 1 kΩ. Con la carga de 1 kΩ conectada, encuentre la señal negativa de salida máxima posible. ¿Cuál es la señal positiva de salida máxima posible si la operación es satisfactoria hasta el punto en que la unión entre base y colector está polarizada directamente en 0.2 V?

4.94   Se encuentra que el seguidor de emisor de la figura 4.46(a), cuando es excitado desde una fuente de 10 kΩ, tiene una ganancia de voltaje a circuito abierto de 0.99 y una resistencia de salida de 200 Ω. La resistencia de salida aumentó a 300 Ω cuando la resistencia de la fuente aumentó a 20 kΩ. Encuentre la ganancia de voltaje cuando el seguidor sea excitado por una fuente de 30 kΩ y cargado con un resistor de 1 kΩ.

4.95   Para el circuito de la figura P4.95, llamado **seguidor autoelevador:

(a)   Encuentre la corriente de cd de emisor y g_m, r_e y r_π. Utilice $\beta = 100$.

(b)   Sustituya el BJT con su modelo híbrido π (despreciando r_o) y analice el circuito para determinar la resistencia de entrada R_i y la ganancia de voltaje v_o/v_s.

(c)   Repita (b) para el caso en que el condensador C_B se encuentre a circuito abierto. Compare los resultados con los obtenidos en (b) para hallar las ventajas de un autoelevador.

**4.96   Para el circuito seguidor de la figura P4.96, el transistor Q_1 tiene $\beta = 20$, el transistor Q_2 tiene una $\beta = 200$ y se desprecia el efecto de r_o. Utilice $V_{BE} = 0.7$ V.

(a)   Encuentre la corriente de cd de emisor de Q_1 y Q_2. También encuentre los voltajes de cd V_{B1} y V_{B2}.

(b)   Si se conecta una resistencia de carga $R_L = 1$ kΩ al terminal de salida, encuentre la ganancia de voltaje de la base al emisor de Q_2, v_o/v_{b2} y encuentre la resistencia de entrada R_{ib2} mirando hacia la base de Q_2. (*Sugerencia:* Considere Q_2 como un seguidor de emisor alimentado por un voltaje v_{b2} en su base.)

(c)   Sustituyendo Q_2 con su resistencia de entrada R_{ib2} hallada en (b), analice el circuito seguidor de emisor Q_1 para determinar su resistencia de entrada R_i, y la ganancia de su base a su emisor, v_{e1}/v_{b1}.

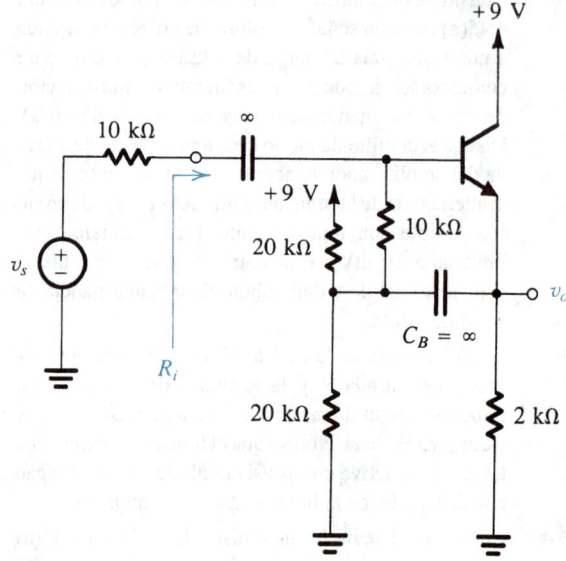

Fig. P4.95

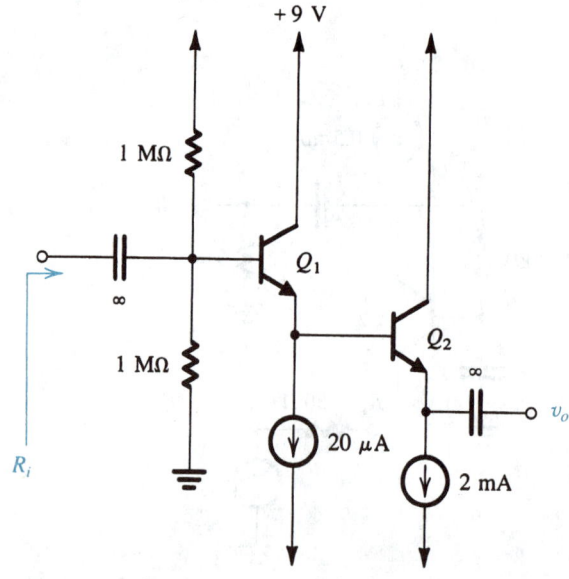

Fig. P4.96

(d) Si el circuito se alimenta con una fuente que tiene una resistencia de 100 kΩ, encuentre la transmisión a la base de Q_1, v_{b1}/v_s.

(e) Encuentre la ganancia total de voltaje v_o/v_s.

Sección 4.12: El transistor como interruptor; corte y saturación

D4.97 Para el circuito de la figura P4.97 seleccione un valor para R_B de modo que el transistor se satura con un factor de saturación de 10. Se especifica que el BJT tiene una β mínima de 30 y $V_{CEsat} = 0.2$ V. ¿Cuál es el valor de β forzada que se alcanza?

D4.98 Para el circuito de la figura P4.98, seleccione un valor para R_E de modo que el transistor se sature con una β forzada de 5.

4.99 Para el circuito de la figura P4.99, encuentre V_B, V_E y V_C para $R_B = 100$ kΩ, 10 kΩ y 1 kΩ. Sea $\beta = 100$.

4.100 Para el circuito de la figura P4.100, encuentre V_B y V_E para $v_I = 0$, +3 V, −5 V y −10 V. Los BJT tienen $\beta = 100$.

*****4.101** Para el circuito básico de interruptor inversor de la figura 4.47, considere los casos que se muestran en la siguiente tabla, todos con $V_{CC} = +5$ V, $R_C = 5$ kΩ y $R_B = 100$ kΩ. Para el transistor, $\beta = 100$, $v_{BE} = 0.7$ V a una $i_C = 1$ mA con $n = 1$ en el modo activo, $V_{BE} = 0.8$ V con saturación grande de base (debida a la resistencia de dispersión de la base), y el V_{BC} "interno" es 0.5 V a 1 mA en conducción directa. Complete las siguientes entradas de la tabla en dos fases:

(a) Modelando rápidamente el BJT con un $V_{BE} = 0.7$ V constante. Ponga el resultado entre paréntesis

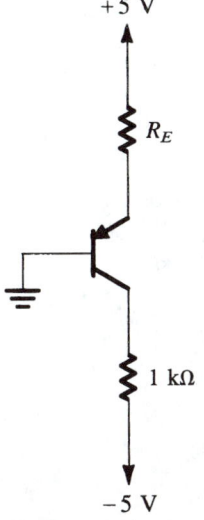

Fig. P4.98

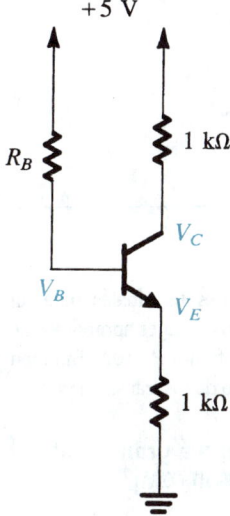

Fig. P4.99

si piensa que es posible un cálculo más detallado (véase a continuación).

(b) Mediante un cálculo más cuidadoso de la situación exacta con la fórmula exponencial del diodo, con el resultado registrado a la derecha del "rápido".

¿Cuál es la mínima entrada necesaria para garantizar saturación para $\beta = 200$? ¿Para $\beta = 50$?

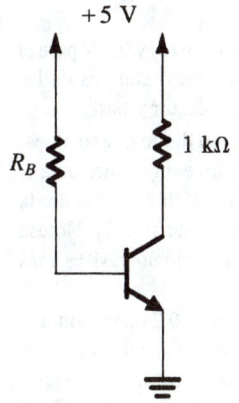

Fig. P4.97

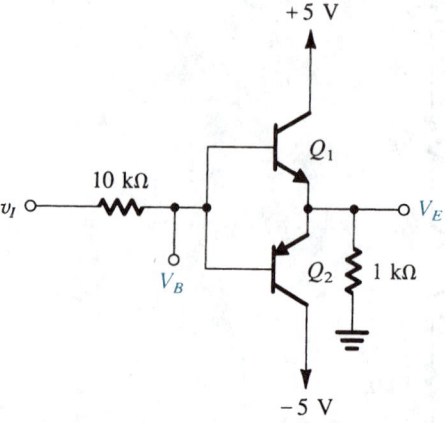

Fig. P4.100

Caso	v_I	v_{BE}	v_C	Modo	$\beta_{forzada}$
1	0.5				
2			0.7		
3			0.8		
4	5.0				
5	2.0				
6	1.0				
7	0.2				
8	0.6				

*4.102   Con el modelo de corto en tres terminales para un transistor saturado, encuentre los voltajes apropiados de colector de los circuitos de la figura P4.102. También calcule β forzada para cada uno de los transistores.

Sección 4.13: Un modelo general a gran señal para el BJT: el modelo Ebers-Moll (EM)

4.103   Repita el ejercicio 4.38 para un transistor para el que $\alpha_R = 0.5$.

4.104   Un transistor caracterizado por el modelo Ebers-Moll que se muestra en la figura 4.55 se opera con el emisor y colector conectados a tierra y una corriente de base de 1 mA. Si la unión de colector es 10 veces mayor que la unión del emisor y $\alpha_F \simeq 1$, encuentre i_C e i_E.

4.105   Derive expresiones para la curva característica $i-v$ de los transistores conectados como diodo que se muestran en la figura P4.105, en términos de I_S, α_F y α_R. Cuando los dos transistores sean idénticos, y las corrientes i se hagan iguales al valor I, se encuentra que

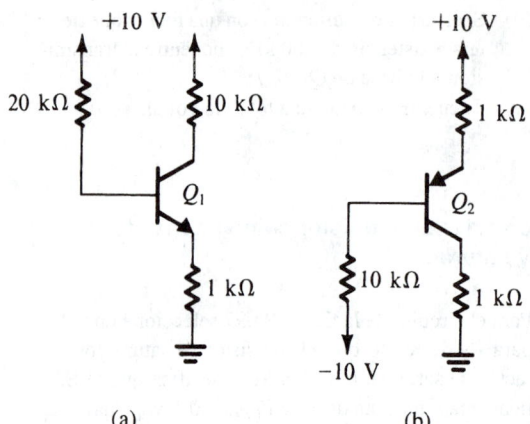

(a)   (b)

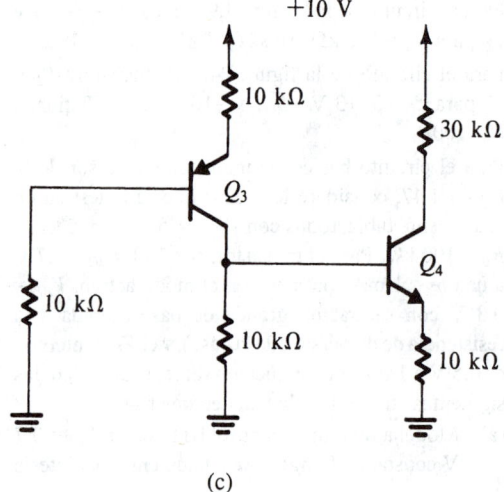

(c)

Fig. P4.102

el voltaje v es 0.7 V para el diodo en (a) y 0.6 V para el diodo en (b), encuentre los tamaños relativos de las uniones entre emisor y base y colector y base.

4.106   Para el transistor conectado como diodo que se muestra en la figura P4.106, encuentre expresiones para i_E e i en términos de v, I_S, β_R y β_F. También encuentre la razón entre las dos corrientes (es decir, i_E/i). Nótese que la forma de transporte del modelo EM es más conveniente para esta situación.

4.107   Un BJT para el que $\beta_F = 100$ y $\alpha_R = 0.2$ opera con una corriente constante de base pero con el colector abierto. ¿Qué valor de V_{CEsat} mediría el lector?

**4.108   Considere un BJT operado en saturación con una corriente constante de base I_B. La curva característica

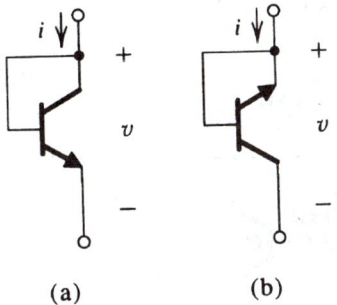

(a)   (b)

Fig. P4.105

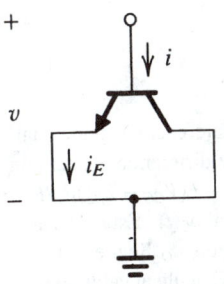

Fig. P4.106

$v_{CE} - i_C$ se describe con la ecuación (4.114) con $\beta_{forzada}$ sustituida por i_C/I_B (véase también la figura 4.56). Encuentre una expresión para la resistencia incremental $\partial v_{CE}/\partial i_C$ en saturación y simplifique la expresión resultante al suponer que $\beta_F \gg 1$. Entonces demuestre que el valor mínimo de la resistencia incremental R_{CEsat} se obtiene al operar el BJT a una corriente de colector de $\beta_F I_B/2$ (esto es, a $\beta_{forzada} = \beta_F/2$) y que el valor de la resistencia mínima es aproximadamente $4V_T/\beta_F I_B$. Al extrapolar la tangente recta correspondiente a este valor de resistencia incremental mínima a $i_C = 0$, demuestre que una estimación del voltaje de desnivel para este caso es $V_T[\ln(\beta_F/\beta_R) -2]$. Calcule el valor mínimo de R_{CEsat}, y el voltaje de desnivel, para $I_B = 1$ mA, $\beta_F = 50$ y $\beta_R = 0.1$.

*4.109 Con la información dada en la tabla 4.4, trace una gráfica de V_{CEsat} contra i_C para un transistor operado a una corriente de base constante $I_B = 1$ mA. Estime el valor mínimo de su resistencia incremental de saturación $R_{CEsat} \equiv \partial v_{CEsat}/\partial i_C$. Convénzase el lector a sí mismo que este mínimo se presenta en $i_C \simeq \beta_F I_B/2$. Extrapole la tangente recta de pendiente igual a la mínima R_{CEsat} para obtener una estimación para el voltaje de desnivel del interruptor con BJT. Compare sus resultados con los obtenidos en el problema 4.108.

*4.110 Para un transistor *npn* con emisor a tierra para el que $\beta_F = 100$ y $\beta_R = 1$ en un circuito en que $I_B = 1$ mA y $\beta_{forzada} = 10$:

(a) Calcule y marque todas las corrientes de las ramas del modelo EM que se muestra en la figura 4.55.

(b) Si $I_S = 10^{-14}$ A, encuentre los voltajes entre las dos uniones y V_{CEsat}.

(c) Verifique el valor de V_{CEsat} encontrado en (b) por medio de la ecuación (4.114).

(d) Si el alambre del colector se corta mientras permanece la conexión de la base, encuentre nuevos valores de V_{BE}, V_{BC} y V_{CEsat}.

*4.111 Un BJT con corriente de base fija tiene V_{CEsat} de 60 mV con el emisor conectado a tierra y el colector a circuito abierto. Cuando el colector está a tierra y el emisor a circuito abierto, V_{CEsat} se convierte en -1 mV. Estime valores para β_R y β_F para este transistor.

Sección 4.14: El inversor lógico básico de BJT

4.112 Considere el circuito inversor de la figura 4.60. En el ejercicio 4.41, la siguiente expresión se da para V_{OH} cuando el inversor excita N inversores idénticos:

$$V_{OH} = V_{CC} - R_C \frac{V_{CC} - V_{BE}}{R_C + R_B/N}$$

Para los mismos valores de componentes utilizados en el análisis del texto (es decir, $V_{CC} = 5$ V, $R_C = 1$ kΩ, $R_B = 10$ kΩ y $V_{BE} = 0.7$ V), encuentre el máximo valor de N que todavía garantice un elevado margen de ruido, NM_H, de por lo menos 1 V. Suponga $\beta = 50$ y $V_{CEsat} = 0.2$ V.

4.113 El propósito de este problema es hallar la disipación de potencia del circuito inversor de la figura 4.60 en cada uno de sus dos estados. Suponga que los valores de componentes son como se da en el texto (es decir, $V_{CC} = 5$ V, $R_C = 1$ kΩ, $R_B = 10$ kΩ y $V_{BE} = 0.7$ V).

(a) Con la entrada baja a 0.2 V, el transistor está en corte. Hágase que el inversor excite 10 inversores idénticos. Encuentre la corriente total aplicada por el inversor y de esto encuentre la potencia disipada en R_C.

(b) Con la entrada alta y el transistor saturado, encuentre la potencia disipada en el inversor, despreciando la potencia disipada en el circuito de base.

(c) Utilice los resultados de (a) y (b) para hallar el promedio de disipación de potencia del inversor.

D4.114 Diseñe un inversor de transistores para operar desde una fuente de 1.5 V. Con la entrada conectada a la fuente de 1.5 V por medio de un resistor igual a R_C, la potencia total disipada debe ser 1 mW y la β forzada debe ser 10. Utilice $V_{BE} = 0.7$ V y $V_{CEsat} = 0.2$ V.

4.115 Para el circuito de la figura P4.115, considere la aplicación de entradas de 5 V y 0.2 V a X y Y en cualquier combinación, y encuentre el voltaje de salida para cada combinación. Tabule sus resultados. ¿Cuántas combinaciones hay? ¿Qué ocurre cuando cualquier entrada es alta? ¿Qué ocurre cuando ambas entradas son bajas? Ésta es una compuerta lógica que pone en práctica la función NOR: $Z = \overline{X + Y}$.

4.116 Considere el inversor de la figura 4.60 con un condensador C de carga conectado entre el nodo de salida y tierra. Deseamos hallar la aportación de C al tiempo de respuesta de bajo a alto del inversor, t_{PLH}. (Para la definición formal de retardos de inversor, véase la figura 1.35.) Con este fin, suponga que antes que $t = 0$, el transistor conduce, está saturado y $v_O = V_{OL} = V_{CEsat}$. Entonces, a $t = 0$, hágase que la entrada caiga al nivel bajo y suponga que el transistor no conduce instantáneamente. Nótese que despreciar el tiempo de corte de un transistor saturado es una suposición no realista, pero nos ayuda a concentrarnos en el efecto de C. (Los retardos de conmutación de transistores se analiza en el capítulo 14.) Ahora, con el transistor en corte, el condensador se carga a través de R_C, y el voltaje de salida se elevará exponencialmente de $V_{OL} = V_{CEsat}$ a $V_{OH} = V_{CC}$. Encuentre una expresión para $v_O(t)$. Calcule el valor de t_{PLH}, que en este caso es el tiempo para que v_O se eleve a $\frac{1}{2}(V_{OH} + V_{OL})$. Utilice $V_{CC} = 5$ V, $V_{CEsat} = 0.2$ V, $R_C = 1$ kΩ y $C = 10$ pF. (Sugerencia: La respuesta transitoria de circuitos RC se repasa en la sección 1.7 y en mayor detalle en el apéndice F.)

*4.117 Considere el circuito inversor de la figura 4.60 con un condensador de carga C conectado entre el nodo de salida y tierra. Deseamos hallar la aportación de C al tiempo de respuesta de alto a bajo del inversor, t_{PHL}. (Para la definición formal de los retardos en inversores, véase la figura 1.35.) Con este fin, suponga que antes que $t = 0$, el transistor está en corte y $v_O = V_{OH} = V_{CC}$. Entonces a $t = 0$, hágase que la entrada se eleve al nivel alto y suponga que el transistor conduce instantáneamente. Nótese que despreciar el tiempo de respuesta del transistor no es realista pero nos ayuda a concentrarnos en el efecto de la capacitancia de carga C. (Los retardos de conmutación de transistores se analizan en el capítulo 14.) Ahora, como C no se puede descargar instantáneamente, el transistor no se puede saturar de inmediato; más bien, operará en el modo activo y su colector producirá una corriente constante de $\beta(V_{CC} - V_{BE})/R_B$. Encuentre el circuito equivalente de Thévenin para descargar el condensa-

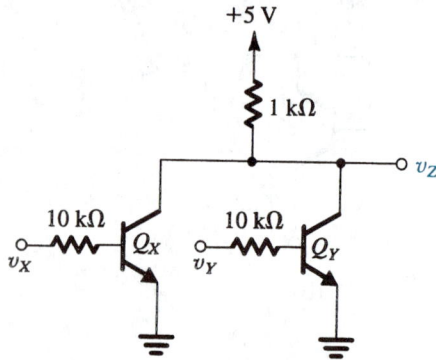

Fig. P4.115

dor, y demuestre que el voltaje caerá exponencialmente, comenzando en V_{CC} y dirigiéndose hacia un gran voltaje negativo de $[V_{CC} - \beta(V_{CC} - V_{BE})R_C/R_B]$. Encuentre una expresión para $v_O(t)$. Esta descarga exponencial se detendrá cuando v_O llegue a $V_{OL} = V_{CEsat}$ y el transistor se sature. Calcule el valor de t_{PHL}, que en este caso es el tiempo para que v_O caiga a $\frac{1}{2}(V_{OH} + V_{OL})$. Utilice $V_{CC} = 5$ V, $V_{CEsat} = 0.2$ V, $V_{BE} = 0.7$ V, $R_B = 10$ kΩ, $R_C = 1$ kΩ, $\beta = 50$ y $C = 10$ pF. Si el lector ha resuelto el problema 4.116, compare el valor de t_{PHL} con el de t_{PLH} encontrado ahí, y halle el retardo del inversor, t_P. (Sugerencia: La respuesta transitoria de circuitos RC se repasa en la sección 1.7 y en mayor detalle en el apéndice F.)

4.118 Considere la distribución de almacenamiento de carga de portadores minoritarios en la base de un transistor saturado [véase la figura 4.62(b)]. Si el transistor se lleva a más saturación y v_{BC} aumenta en 0.1 V (por ejemplo, de 0.5 a 0.6), ¿cuál es el correspondiente aumento en la carga almacenada que no contribuye al gradiente (es decir, la carga representada por el área sombreada en gris)?

Sección 4.15: Curvas características estáticas completas, capacitancias internas y efectos de segundo orden

*4.119 Utilice el modelo híbrido π de la figura 4.64 para obtener una expresión para la resistencia de salida del BJT de configuración de base común. Para hacer esto, conecte a tierra la base, deje el emisor en circuito abierto y aplique un voltaje de prueba v_x entre colector y tierra. Encuentre la corriente i_x tomada de v_x, y demuestre que la resistencia de salida v_x/i_x es $r_\mu//[r_\pi + (\beta + 1)r_o]$, que es aproximadamente $r_\mu//\beta r_o$.

4.120 Utilice el modelo híbrido π de la figura 4.64 para obtener una expresión para la resistencia de salida del BJT en configuración de emisor común cuando la base sea alimentada con una fuente de corriente constante (véase la figura 4.65). Para hacer esto, conecte a tierra el emisor, deje la base a circuito abierto y aplique un voltaje de prueba v_x entre colector y tierra. Encuentre la corriente i_x tomada de v_x y demuestre que la resistencia de salida v_x/i_x está dada por $r_o//[(r_\mu + r_\pi)/\beta]$, que es aproximadamente $r_o//(r_\mu/\beta)$.

4.121 Considere un transistor modelado como en la figura 4.64 con $r_\mu = 10\beta r_o$, y la base excitada desde una fuente de corriente constante que produce una corriente de colector de 2 mA. El voltaje de colector se eleva en 10 V (sin ruptura). ¿Qué incremento en la corriente de colector espera el lector si $V_A = 100$ V? (*Sugerencia:* La resistencia de salida de un transistor de emisor común cuya base está alimentada con una fuente de corriente constante es aproximadamente $r_o//(r_\mu/\beta)$.)

*4.122 Un BJT para el que I_B es 0.5 mA tiene $V_{CEsat} = 140$ mV a $I_C = 10$ mA, y $V_{CEsat} = 170$ mV a $I_C = 20$ mA. Estime los valores de su resistencia de saturación y su voltaje de desnivel. También determine los valores de β_F y β_R.

4.123 En el circuito que se muestra en la figura P4.123, el transistor tiene una $\beta = 100$, $V_A = 200$ V y utiliza $I = 1$ mA y $R_B = 10$ MΩ. Para este transistor, suponga $r_\mu = \beta r_o$. ¿Cuál es el valor de r_o? ¿Cuál es el valor de r_μ? Estime el voltaje de cd en el nodo C. ¿Cuál es la resistencia incremental de salida R_o para este circui-

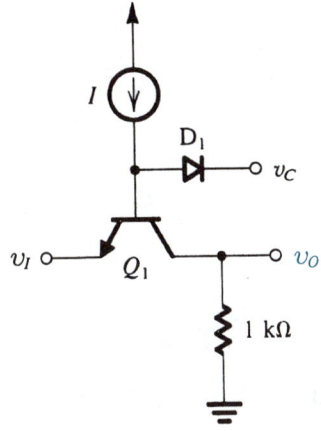

Fig. P4.124

to? ¿En qué se convierte R_o si se conecta en paralelo un condensador grande desde el nodo B a tierra?

*4.124 En el circuito de la figura P4.124, el transistor Q_1 está destinado para funcionar como interruptor para conectar los terminales de entrada y salida. El estado del interruptor (abierto o cerrado) se controla por medio del voltaje v_C presente en el diodo D_1, que es idéntico a la unión entre base y emisor de Q_1. Para $v_I = -2$ V, ¿cuál valor de v_C asegura que el interruptor se cierre? ¿Y que se abra? Para $\beta = 100$, ¿cuál valor de I es el mínimo necesario? ¿Cuál valor de I establece una β forzada de 5? Si se supone que $V_{CEsat} \leq 0.1$ V, ¿cuál valor de v_O se podría esperar? ¿Qué corriente circula en la entrada?

4.125 Un BJT que opera a una corriente $i_B = 8$ μA e $i_C = 1.2$ mA experimenta una reducción en corriente de base de 0.8 μA. Se encuentra que cuando v_{CE} se mantiene constante, la reducción correspondiente en corriente de colector es 0.1 mA. ¿Cuáles son los valores de h_{FE} y h_{fe} que aplican? Si la corriente de base aumenta de 8 μA a 10 μA y v_{CE} aumenta de 8 a 10 V, ¿cuál corriente de colector resulta? (Suponga $V_A = 100$ V y desprecie el efecto de r_μ.)

4.126 Un BJT, para el que BV_{CBO} es de 30 V, se conecta como se muestra en la figura P4.126. ¿Qué voltajes se medirían en el colector, base y emisor?

4.127 Un transistor *npn* se opera a $I_C = 0.5$ mA y $V_{CB} = 2$ V. Tiene $\beta_0 = 100$, $V_A = 50$ V, $\tau_F = 30$ ps, $C_{je0} = 20$ fF, $C_{\mu0} = 30$ pF, $V_{0c} = 0.75$ V, $m_{CBJ} = 0.5$, $r_\mu = 10\beta_0 r_o$ y $r_x = 100$ Ω. Dibuje el modelo híbrido π completo y especifique los valores de todos sus componentes. También encuentre f_T.

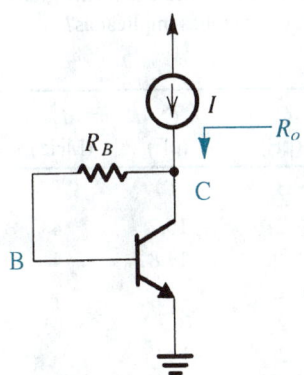

Fig. P4.123

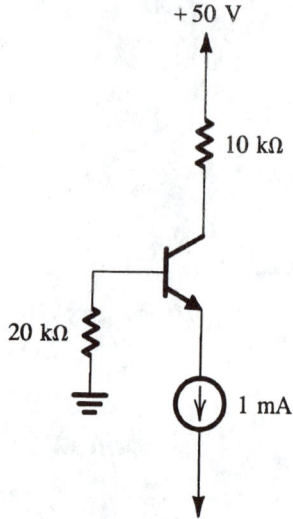

Fig. P4.126

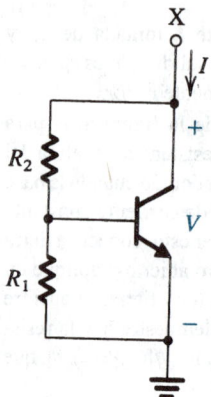

Fig. P4.135

4.128 Una medición de h_{fe} de un transistor *npn* a 500 MHz muestra que $|h_{fe}| = 2.5$ a $I_C = 0.2$ mA y 11.6 a $I_C = 1.0$ mA. Además, se midió C_μ y se encontró ser de 0.05 pF. Encuentre f_T en cada una de las dos corrientes de colector utilizadas. ¿Cuáles deben ser τ_F y C_{je}?

4.129 Un BJT en particular, que opera a $I_C = 1$ mA, tiene $C_\mu = 1$ pF, $C_\pi = 10$ pF y $\beta = 150$. ¿Cuáles son ω_T y ω_β para esta situación?

4.130 Para el transistor que se describe en el problema 4.129, C_π incluye una capacitancia de 2 pF relativamente constante de capa de agotamiento. Si el dispositivo se opera a $I_C = 0.1$ mA, ¿qué valor adquiere ω_T?

4.131 Un BJT en particular, de geometría pequeña, tiene f_T de 5 GHz y $C_\mu = 0.1$ pF cuando opera a $I_C = 0.5$ mA. ¿Cuál es C_π en esta situación? También encuentre g_m, y para $\beta = 150$ encuentre r_π y f_β.

4.132 Para un BJT cuyo ancho de banda de ganancia unitaria es 1 GHz y $\beta_0 = 200$, ¿a qué frecuencia es 10 la magnitud de h_{fe}? ¿Cuál es f_β?

*4.133 Para una frecuencia suficientemente alta, una medición de la impedancia compleja de entrada de un BJT que tiene emisor y colector a tierra (de ca), produce una parte real que se aproxima a r_x. ¿Para qué frecuencia, definida en términos de ω_β, es bueno este estimado de r_x a menos de 10% bajo la condición de que $r_x \leq r_\pi/10$?

*4.134 Complete las entradas de la tabla que aparece a continuación para transistores del (a) al (g), bajo las condiciones indicadas. Desprecie r_x.

**4.135 Para el circuito de dos terminales de la figura P4.135, conocido como multiplicador de V_{BE}, suponga que I es suficientemente grande y β es muy alta, y encuentre expresiones para la caída de voltaje de cd V y la resistencia incremental entre X y tierra. Encuentre los valores de V y la resistencia incremental para $R_1 = R_2 = 1$ kΩ, $I = 10$ mA y $V_{BE} = 0.7$ V. Repita para $\beta = 100$. En general, ¿qué valor de I es "suficientemente grande" para satisfacer las condiciones implicadas?

Transistor	I_E (mA)	r_e (Ω)	g_m (mA/V)	r_π (kΩ)	β_0	f_T (MHz)	C_μ (pF)	C_π (pF)	f_β (MHz)
(a)	1				100	400	2		
(b)		25					2	10.7	4
(c)			2.525			400		13.8	4
(d)	10				100	400	2		
(e)	0.1				100	100	2		
(f)	1				10	400	2		
(g)						800	1	9	80

CAPÍTULO 5

Transistores de efecto de campo (FET)

INTRODUCCIÓN

En este capítulo estudiamos el otro tipo importante de transistor, el transistor de efecto de campo (FET). Como en el caso del BJT (capítulo 4), el voltaje entre dos terminales de un FET controla la circulación de corriente en el tercer terminal. De modo correspondiente, el FET puede utilizarse como amplificador y como interruptor.

El transistor de efecto de campo deriva su nombre de la esencia de su operación física. Específicamente, se demostrará que el mecanismo de control de corriente está basado en un campo eléctrico establecido por el voltaje aplicado al terminal de control. También demostraremos que la corriente es conducida por sólo un tipo de portador (electrones o huecos), dependiendo del tipo de FET (canal n o canal p), que da al FET otro nombre: el *transistor unipolar*.

Aun cuando el concepto básico del FET se conoce desde la década de 1930, el dispositivo se hizo una realidad práctica sólo hasta la década de 1960; desde los últimos años de la década de 1970, una clase particular de FET, el **transistor de efecto de campo de semiconductor de óxido metálico** (MOSFET) se ha hecho muy popular. En comparación con los BJT, los transistores MOS pueden ser muy pequeños (es decir, ocupan una pequeña área de silicio del chip o IC) y su proceso de manufactura es relativamente sencillo (véase el apéndice A). Además, las funciones de lógica digital y memoria se pueden ejecutar con circuitos que utilizan sólo MOSFET (esto es, no se necesitan resistores ni diodos). Por estas razones, los circuitos integrados a muy grande escala (VLSI) se hacen en la actualidad con tecnología MOS. Ejemplos de esto incluyen chips microprocesadores y de memoria. La tecnología MOS se ha aplicado en gran medida en el diseño de circuitos analógicos integrados y en circuitos integrados que combinan circuitos tanto analógicos como digitales.

Aun cuando la familia FET de dispositivos tiene muchos tipos diferentes, y aquí estudiaremos unos pocos, la mayor parte de este capítulo está dedicada al MOSFET de tipo de enriquecimiento, que es con mucho el dispositivo semiconductor más importante de que se dispone actualmente.

El objetivo de este capítulo es desarrollar en el lector un alto grado de familiaridad con el MOSFET: su operación física, características terminales, modelos de circuito y aplicaciones básicas de circuito como amplificador y como inversor lógico digital. Como verá el lector, nuestro estudio del MOSFET está fuertemente influido por el hecho de que la mayor parte de sus aplicaciones se dan en el diseño de circuitos integrados.

5.1 ESTRUCTURA Y OPERACIÓN FÍSICA DEL MOSFET DEL TIPO DE ENRIQUECIMIENTO

El MOSFET del tipo de enriquecimiento es el transistor de efecto de campo más ampliamente utilizado. En esta sección estudiaremos su estructura y operación física, lo que nos llevará a las curvas características de corriente contra voltaje del dispositivo, estudiadas en la siguiente sección.

Estructura del dispositivo

En la figura 5.1 se muestra la estructura física del MOSFET de canal n del tipo de enriquecimiento. El significado de los nombres "enriquecimiento" y "canal n" se hará evidente en breve. El transistor está fabricado en un sustrato tipo p, que es una oblea de un solo cristal de silicio que proporciona apoyo físico para el dispositivo (y para todo el circuito en el caso de un circuito integrado). Dos regiones tipo n fuertemente contaminadas, indicadas en la figura como n^+ **fuente**[1] y n^+ **dren**, se crean en el sustrato. Una delgada capa[2] (0.02 a 0.1 μm) de dióxido de silicio (SiO_2), que es un excelente aislador eléctrico, crecen en la superficie del sustrato, cubriendo el área entre las regiones de la fuente y el dren. Se deposita metal en la parte superior de la capa de óxido para formar el **electrodo de compuerta** del dispositivo. También se hacen contactos metálicos para la región de

---

[1] La notación n^+ indica silicio tipo n fuertemente contaminado. Por el contrario, n^- se usa para denotar silicio tipo n ligeramente contaminado. Aplica notación semejante para silicio tipo p.

[2] Un micrómetro (μm), también llamado *micrón*, es 10^{-6} m. Nótese que el grueso del óxido se expresa a veces en nanómetros (nm, 10^{-9} m), resultando en el grosor típico del óxido, que en la actualidad está entre 20 y 100 nm.

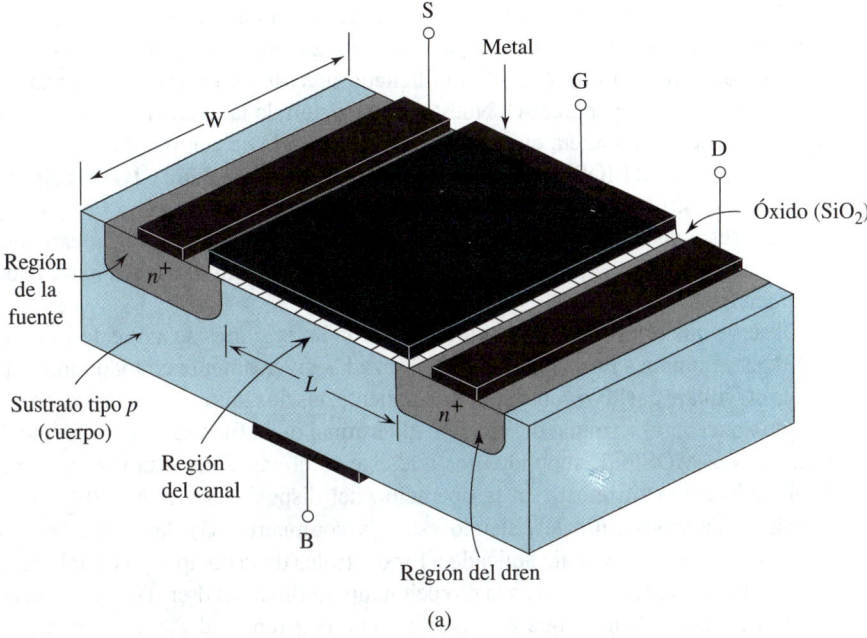

(a)

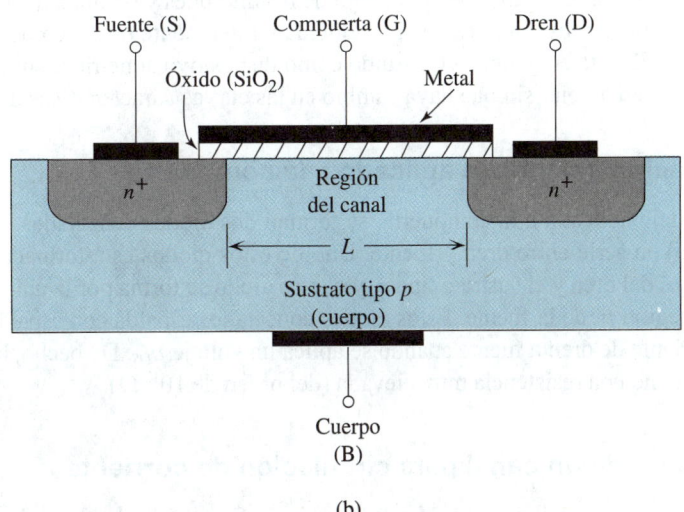

(b)

Fig. 5.1 Estructura física del transistor NMOS del tipo de enriquecimiento: **(a)** vista en perspectiva; **(b)** sección transversal. Típicamente $L = 1$ a $10 \ \mu m$, $W = 2$ a $500 \ \mu m$, y el grueso de la capa de óxido está entre 0.02 y $0.1 \ \mu m$.

la fuente, la región del dren y el sustrato, también conocido como **cuerpo**. De esta forma, aparecen cuatro terminales: el terminal de la compuerta (G), el terminal de la fuente (S), el terminal del dren (D) y el terminal del sustrato o cuerpo (B).

En este punto debe quedar claro que el nombre del dispositivo (FET semiconductor de óxido metálico) se deriva de su estructura física. El nombre se ha generalizado y también se utiliza para los FET que no usan metal para el electrodo de la compuerta. De hecho, la mayor parte de los MOSFET modernos se fabrican utilizando un proceso conocido como *tecnología de compuerta de silicio*, en el cual cierto tipo de silicio, llamado *polisilicio*, se usa para formar el electrodo de la compuerta (véase el apéndice A). Nuestra descripción de la operación y curvas características del MOSFET aplican cualquiera que sea el tipo de electrodo de compuerta.

Otro nombre del MOSFET es el de **FET de compuerta aislada** o **IGFET**. Este nombre también resulta de la estructura física del dispositivo, destacándose el hecho de que el electrodo de la compuerta está aislado eléctricamente del cuerpo del dispositivo (por la capa de óxido). Es este aislamiento lo que hace que la corriente del terminal de compuerta sea extremadamente pequeña (del orden de 10^{-15} A).

Observe que el sustrato forma uniones *pn* con las regiones de la fuente y el dren. En operación normal, estas uniones *pn* se mantienen polarizadas inversamente en todo momento. Como el dren estará a un voltaje positivo con respecto a la fuente, las dos uniones *pn* pueden en efecto ser cortadas con sólo conectar el terminal del sustrato al terminal de la fuente; en la siguiente descripción de la operación del MOSFET, supondremos que éste es el caso. Por esta razón, aquí, el sustrato será considerado como sin efecto en la operación del dispositivo y el MOSFET se tratará como un dispositivo de tres terminales, siendo éstos la compuerta (G), la fuente (S) y el dren (D). Se nos demostrará que un voltaje aplicado a los controles de la compuerta estará presente entre fuente y dren. Esta corriente circulará en la dirección longitudinal del dren a la fuente en la región marcada "región de canal". Nótese que esta región tiene una longitud L y un ancho W, dos parámetros importantes del MOSFET. Por lo general, L está entre 1 y 10 μm, y W entre 2 y 500 μm. Existen dispositivos con L de un orden por abajo de los micrones y se aplican en particular en el diseño de circuitos integrados digitales de alta velocidad. Finalmente observemos que, a diferencia del BJT, el MOSFET está en general construido como dispositivo simétrico, por lo que su fuente y dren se pueden intercambiar sin que haya cambio en las curvas características del dispositivo.

Operación sin voltaje aplicado a la compuerta

Sin voltaje aplicado a la compuerta, se forman dos diodos conectados en oposición (espalda con espalda) en serie entre dren y fuente. Uno de estos diodos está formado por la unión *pn* entre la región n^+ del dren y el sustrato tipo p, y el otro diodo se forma por la unión *pn* entre el sustrato tipo p y la región n^+ de la fuente. Estos diodos conectados espalda con espalda impiden la conducción de corriente de dren a fuente cuando se aplica un voltaje v_{DS}. De hecho, la trayectoria entre dren y fuente tiene una resistencia muy elevada (del orden de 10^{12} Ω).

Creación de un canal para circulación de corriente

Considere en seguida la situación descrita en la figura 5.2. Aquí hemos conectado la fuente y el dren a tierra y hemos aplicado un voltaje positivo a la compuerta. Como la fuente está a tierra, el voltaje de la compuerta aparece en efecto entre compuerta y fuente y por ello se denota como v_{GS}. El voltaje positivo en la compuerta ocasiona, en primera instancia, que los huecos libres (positivamente cargados) sean repelidos de la región del sustrato bajo la compuerta (la región del canal). Estos huecos son empujados hacia abajo en el sustrato, dejando tras de sí una región agotada de portadores. La región de agotamiento está poblada por la carga negativa ligada asociada con los átomos aceptantes. Estas cargas están "descubiertas" porque los huecos neutralizantes han sido empujados hacia abajo el sustrato.

Por la misma razón, el voltaje positivo de la compuerta atrae electrones de las regiones n^+ de la fuente y dren (donde los hay en abundancia) hacia la región del canal. Cuando un número

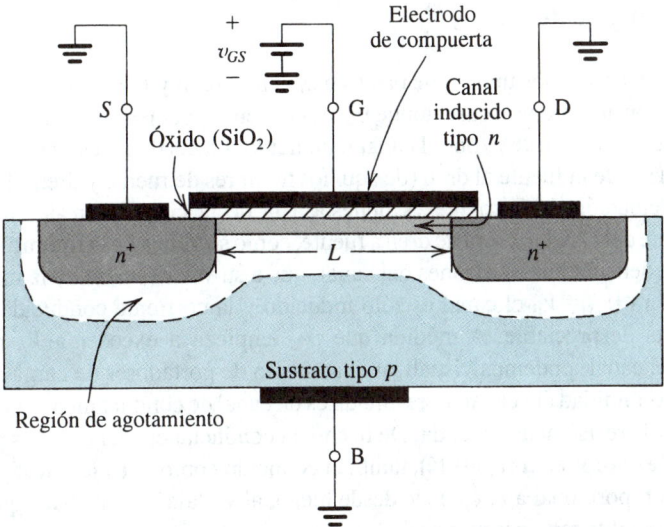

Fig. 5.2 Transistor NMOS del tipo de enriquecimiento con un voltaje positivo aplicado a la compuerta. Se induce un canal n en la parte superior del sustrato bajo la compuerta.

suficiente de electrones se acumula cerca de la superficie del sustrato bajo la compuerta, se crea en efecto una región n que conecta las regiones de la fuente y el dren, como se indica en la figura 5.2. Ahora, si se aplica un voltaje entre dren y fuente, circula corriente por esta región n inducida, llevada por los electrones móviles. La región n *inducida* forma así un **canal** para circulación de corriente de dren a fuente y *apropiadamente se denomina así*. De modo correspondiente, el MOSFET de la figura 5.2 se denomina **MOSFET de canal n**, o también **transistor NMOS**. Nótese que se forma un MOSFET de canal n en un sustrato tipo p: el canal se crea al *invertir* la superficie del sustrato de tipo p a tipo n y por esta razón el canal inducido también se llama **capa de inversión**.

El valor de v_{GS}, en el cual un número suficiente de electrones móviles se acumula en la región del canal para formar un canal conductor, se llama **voltaje de umbral** y se denota por V_t.[3] Obviamente, V_t para un FET de canal n es positivo. El valor de V_t es controlado durante la fabricación del dispositivo y por lo general es de 1 a 3 V.

La compuerta y cuerpo del MOSFET forman un condensador de placas paralelas con la capa de óxido actuando como dieléctrico del condensador. El voltaje positivo de la compuerta hace que una carga positiva se acumule en la placa superior del condensador (el electrodo de compuerta). La correspondiente carga negativa de la placa del fondo se forma por los electrones del canal inducido, formando así un campo eléctrico en la dirección vertical. Es este campo el que controla la cantidad de carga del canal, determina la conductividad del canal y, a su vez, la corriente que circulará por el canal cuando se aplique un voltaje v_{DS}.

---

[3] Muchos textos utilizan V_T para denotar el voltaje de umbral. Utilizamos V_t para evitar confusión con el voltaje térmico V_T.

Aplicación de un pequeño v_{DS}

Al inducirse un canal, aplicamos un voltaje positivo v_{DS} entre dren y fuente, como se muestra en la figura 5.3. Primero consideramos el caso donde v_{DS} es pequeño (por ejemplo, 0.1 o 0.2 V). El voltaje v_{DS} hace que circule una corriente i_D por el canal n inducido. La corriente es llevada por electrones libres que se desplazan de la fuente al dren (de aquí los nombres de fuente y dren). Por convención, la dirección de circulación de corriente es opuesta a la de la circulación de cargas negativas. Entonces, la corriente del canal, i_D, será de dren a fuente, como se indica en la figura 5.3. La magnitud de i_D depende de la densidad de electrones del canal, que a su vez depende de la magnitud de v_{GS}. Específicamente, para $v_{GS} = V_t$, el canal es sólo inducido y la corriente conducida es todavía tan pequeña que resulta despreciable. A medida que v_{GS} empieza a exceder a V_t, más electrones son atraídos hacia el canal; podemos visualizar el aumento de portadores de carga del canal como un aumento en la profundidad del canal. El resultado es un canal de conductancia aumentada, o bien, lo que es lo mismo, de resistencia reducida. De hecho, la conductancia del canal es proporcional al **exceso de voltaje de compuerta** ($v_{GS} - V_t$), también conocido como **voltaje eficaz**. Se deduce que la corriente i_D será proporcional a $v_{GS} - V_t$ y, desde luego, al voltaje v_{DS} que hace que i_D circule.

En la figura 5.4 se ilustran unas curvas de i_D contra v_{DS} para varios valores de v_{GS}. Observamos que el MOSFET opera como resistencia lineal cuyo valor está controlado por v_{GS}. La resistencia es infinita para $v_{GS} \leq V_t$, y su valor decrece a medida que v_{GS} excede de V_t.

La descripción anterior indica que para que el MOSFET conduzca, tiene que inducirse un canal. Entonces, al aumentar v_{GS} arriba del voltaje de umbral V_t enriquece el canal, y de aquí los nombres de **operación en modo de enriquecimiento** y **MOSFET del tipo de enriquecimiento**. Finalmente, observamos que la corriente que sale del terminal de la fuente (i_S) es igual a la que entra en el terminal del dren (i_D), y la corriente de compuerta $i_G = 0$.

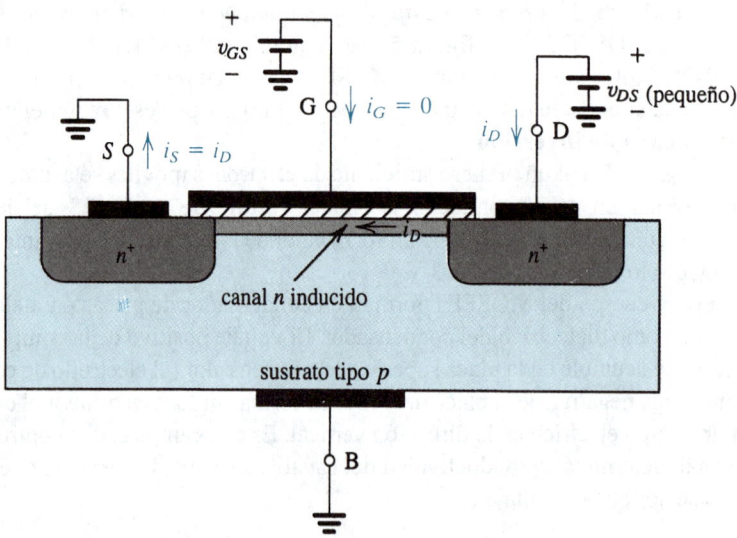

Fig. 5.3   Un transistor NMOS con $v_{GS} > V_t$ y con un pequeño v_{DS} aplicado. El dispositivo actúa como conductancia cuyo valor está determinado por v_{GS}. Específicamente, la conductancia del canal es proporcional a $v_{GS} - V_t$, y por lo tanto i_D es proporcional a $(v_{GS} - V_t)v_{DS}$. Nótese que la región de agotamiento no se muestra (para mayor sencillez).

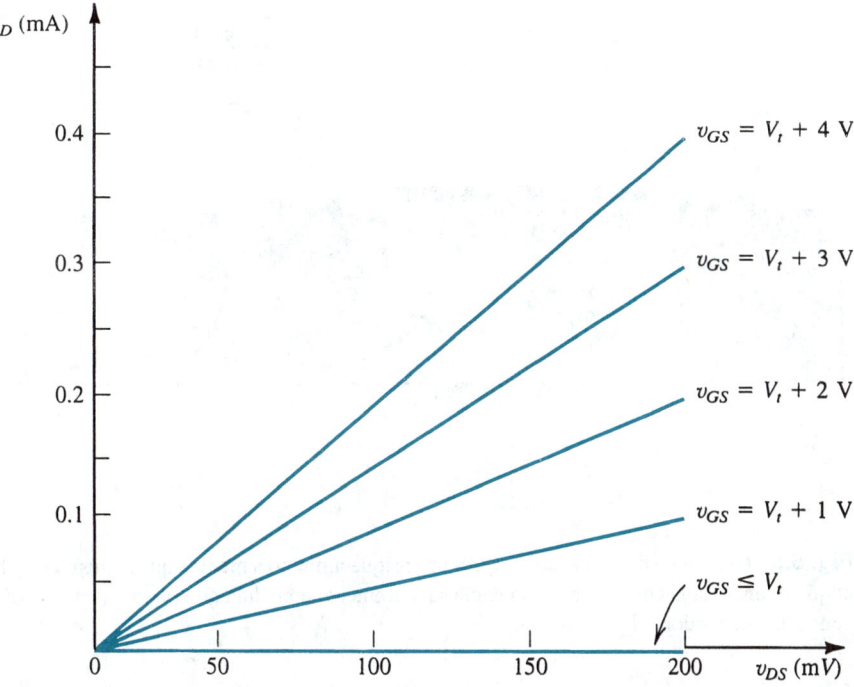

Fig. 5.4 Curvas características i_D–v_{DS} del MOSFET de la figura 5.3. Se supone que el MOSFET tiene V_t = 1 V y el voltaje aplicado entre dren y fuente, v_{DS}, se mantiene pequeño. El dispositivo opera como resistor lineal cuyo valor está controlado por v_{GS}.

Ejercicio

5.1 De la descripción anterior acerca de la operación del MOSFET para v_{DS} pequeña, observamos que i_D es proporcional a $(v_{GS} - V_t)v_{DS}$. Encuentre la constante de proporcionalidad para el dispositivo en particular cuyas curvas características se describen en la figura 5.4. También dé el intervalo de resistencia de dren a fuente correspondiente a v_{GS} = 2 V a 5 V.

Resp. 0.5 mA/V²; 2 kΩ a 0.5 kΩ

Operación a medida que v_{DS} aumenta

A continuación consideramos la situación a medida que v_{DS} aumenta. Para este fin, hagamos que v_{GS} se mantenga constante a un valor mayor que V_t. Vea la figura 5.5 y observe que v_{DS} aparece como caída de voltaje a lo largo del canal. Esto es, a medida que avanzamos a lo largo del canal desde la fuente al dren, el voltaje (medido en relación con la fuente) aumenta de 0 a v_{DS}. Entonces, el voltaje entre la compuerta y puntos situados a lo largo del canal disminuye de v_{GS} en el extremo de la fuente a $v_{GS} - v_{DS}$ en el extremo del dren. Como la profundidad del canal depende de este voltaje, encontramos que el canal ya no tiene profundidad uniforme sino que, más bien, el canal tomará la forma ahusada que se muestra en la figura 5.5, siendo más profunda en el extremo de la

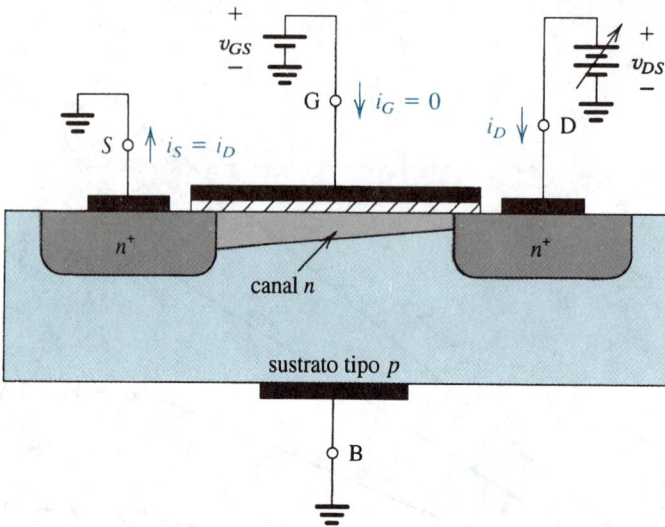

Fig. 5.5 Operación del transistor NMOS de enriquecimiento a medida que aumenta v_{DS}. El canal inducido adquiere una forma cónica y su resistencia se incrementa a medida que v_{DS} aumenta. Aquí, v_{GS} se mantiene constante a un valor $> V_t$.

fuente y con menos profundidad en el extremo del dren. A medida que v_{DS} aumenta, el canal se hace más ahusado y su resistencia aumenta de modo correspondiente. Entonces, la curva i_D–v_{DS} no continúa como recta sino que se dobla, como se muestra en la figura 5.6. En última instancia, cuando v_{DS} aumenta al valor que reduce el voltaje entre compuerta y canal en el extremo de dren a V_t, es decir, $v_{GS} - v_{DS} = V_t$ o $v_{DS} = v_{GS} - V_t$, la profundidad del canal en el extremo del dren disminuye a

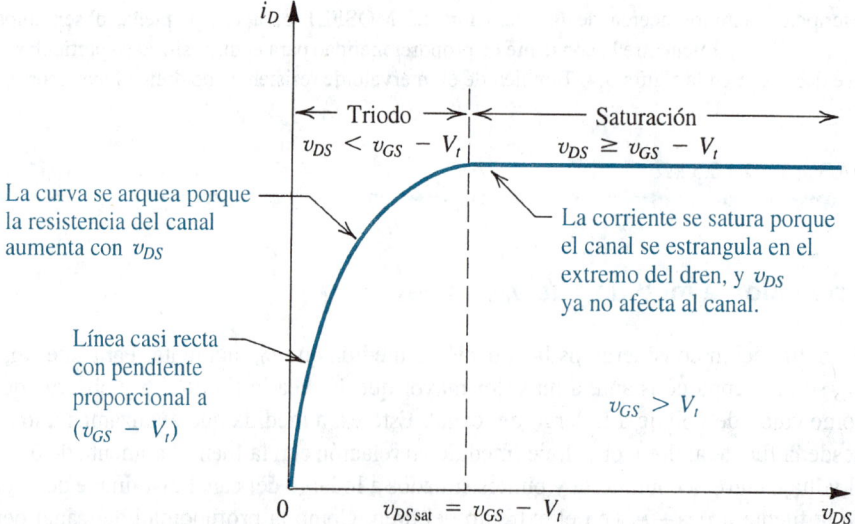

Fig. 5.6 Corriente de dren i_D contra voltaje v_{DS} de dren a fuente para un transistor NMOS del tipo de enriquecimiento operado con $v_{GS} > V_t$.

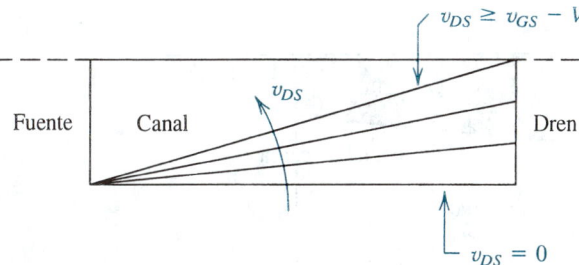

Fig. 5.7 Un aumento en v_{DS} hace que el canal adquiera forma cónica. Finalmente, a medida que v_{DS} llega a un valor de $v_{GS} - V_t$, el canal se estrangula en el extremo del dren. Un incremento en v_{DS} arriba de $v_{GS} - V_t$ tiene poco efecto (teóricamente ninguno) en la forma del canal.

casi cero, y se dice que el canal está **estrangulado**. Aumentar v_{DS} a más de este valor tiene poco efecto (teóricamente ninguno) en la forma del canal, y la corriente que pasa por el canal permanece constante al valor alcanzado para $v_{DS} = v_{GS} - V_t$. La corriente de dren entonces se **satura** a este valor, y el MOSFET se dice que ha entrado en la **región de saturación**[4] de operación. El voltaje v_{DS} al que ocurre la saturación se denota como $v_{DS\text{sat}}$,

$$v_{DS\text{sat}} = v_{GS} - V_t \tag{5.1}$$

Obviamente, para cada valor de $v_{GS} \geq V_t$, hay un correspondiente valor de $v_{DS\text{sat}}$. El dispositivo opera en la región de saturación si $v_{DS} \geq v_{DS\text{sat}}$. La región de la curva característica i_D–v_{DS} obtenida para $v_{DS} < v_{DS\text{sat}}$ se denomina **región del triodo**, un remanente de los días de los dispositivos de tubos de vacío cuya operación es semejante a la del FET.

Para ayudar a visualizar el efecto de v_{DS}, en la figura 5.7 se muestran bosquejos del canal a medida que v_{DS} aumenta mientras v_{GS} se mantiene constante. Teóricamente, cualquier aumento en v_{DS} arriba de $v_{DS\text{sat}}$ (que es igual a $v_{GS} - V_t$) no tiene efecto en la forma del canal y simplemente aparece en la región de agotamiento que rodea al canal y la región n^+ del dren.

Deducción de la relación i_D–v_{DS}

La descripción de la operación física presentada líneas antes se puede utilizar para deducir una expresión para hallar la relación i_D–v_{DS} descrita en la figura 5.6. Con este fin, supongamos que se aplica un voltaje v_{GS} entre compuerta y fuente con $v_{GS} > V_t$, y se aplica un voltaje v_{DS} entre dren y fuente. Primero consideremos la operación en la región del triodo; esto es, con $v_{DS} < v_{GS} - V_t$. El canal tendrá la forma ahusada que se ilustra en la figura 5.8.

Considere una porción infinitesimal del canal de longitud dx en un punto x desde la fuente, y sea $v(x)$ el voltaje en ese punto. El voltaje entre la compuerta y este punto del canal, $[v_{GS} - v(x)]$, obviamente debe ser mayor que el voltaje de umbral V_t, y la carga electrónica $dq(x)$ en esta porción infinitesimal del canal se puede expresar como

$$dq(x) = -C_{ox} W \, dx [v_{GS} - v(x) - V_t] \tag{5.2}$$

---

[4] Saturación en un MOSFET quiere decir algo muy diferente de lo que significa en un BJT, situación un tanto desafortunada pero que no se puede cambiar por ahora: prácticamente toda la bibliografía de electrónica utiliza esta terminología.

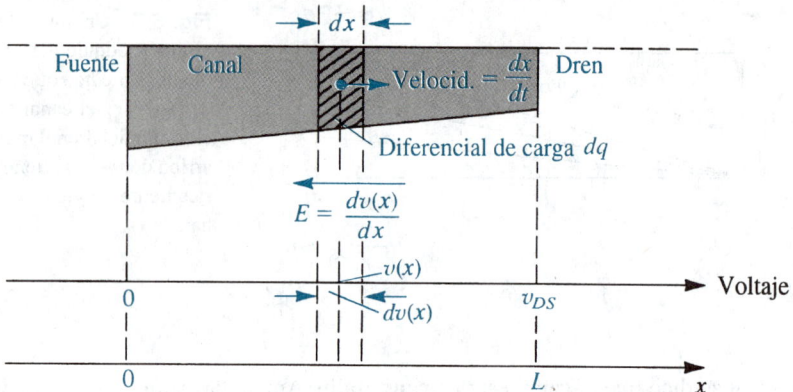

Fig. 5.8 Obtención de la curva característica i_D–v_{DS} del transistor NMOS.

donde C_{ox} es la capacitancia por unidad de área del condensador de placas paralelas formado por el electrodo de la compuerta y el canal. La capa de óxido forma el dieléctrico de este condensador, por lo que

$$C_{ox} = \frac{\varepsilon_{ox}}{t_{ox}} \tag{5.3}$$

donde ε_{ox} es la permitividad del óxido de silicio y t_{ox} es el grueso de la capa de óxido. Nótese que como $dq(x)$ es una carga negativa, hemos puesto un signo negativo a la expresión en la ecuación (5.2).

El voltaje v_{DS} produce un campo eléctrico a lo largo del canal en la dirección x negativa. En el punto x, este campo se puede expresar como

$$E(x) = -\frac{dv(x)}{dx}$$

El campo eléctrico $E(x)$ hace que la carga $dq(x)$ del electrón se desplace hacia el dren con una velocidad $\frac{dx}{dt}$,

$$\begin{aligned}
\frac{dx}{dt} &= -\mu_n E(x) \\
&= \mu_n \frac{dv(x)}{dx}
\end{aligned} \tag{5.4}$$

donde μ_n es la movilidad del electrón en el canal. La corriente de desplazamiento resultante se puede hallar ahora multiplicando la carga por unidad de longitud $\frac{dq(x)}{dx}$, obtenida de la ecuación (5.2), por la velocidad de desplazamiento de la ecuación (5.4),

$$i = -\mu_n C_{ox} W[v_{GS} - v(x) - V_t]\frac{dv(x)}{dx}$$

Aun cuando está evaluada en un punto particular del canal, la corriente i debe ser constante en todos los puntos a lo largo del canal, y por lo tanto i debe ser el negativo de la corriente i_D de dren a fuente, dando

$$i_D = \mu_n C_{ox} W [\upsilon_{GS} - \upsilon(x) - V_t] \frac{d\upsilon(x)}{dx}$$

que se puede escribir en la forma siguiente

$$i_D \, dx = \mu_n C_{ox} W [\upsilon_{GS} - V_t - \upsilon(x)] d\upsilon(x)$$

Integrando ambos lados de esta ecuación para $x = 0$ a $x = L$, y de modo correspondiente para $\upsilon(0) = 0$ a $\upsilon(L) = \upsilon_{DS}$,

$$\int_0^L i_D \, dx = \int_0^{\upsilon_{DS}} \mu_n C_{ox} W [\upsilon_{GS} - V_t - \upsilon(x)] d\upsilon(x)$$

resulta

$$i_D = (\mu_n C_{ox}) \left(\frac{W}{L}\right)\left[(\upsilon_{GS} - V_t)\upsilon_{DS} - \frac{1}{2} \upsilon_{DS}^2 \right] \tag{5.5}$$

Ésta es la expresión para la curva característica i_D–υ_{DS} de la región del triodo. La expresión para la región de saturación se puede obtener al sustituir $\upsilon_{DS} = \upsilon_{GS} - V_t$, resultando en

$$i_D = \frac{1}{2}(\mu_n C_{ox}) \left(\frac{W}{L}\right) (\upsilon_{GS} - V_t)^2 \tag{5.6}$$

que simplemente da el valor de la corriente constante (para una υ_{GS}) en saturación.

En las expresiones de las ecuaciones (5.5) y (5.6), $\mu_n C_{ox}$ es una constante determinada por la tecnología de procesamiento utilizada para fabricar el transistor MOS. Se conoce como **parámetro de transconductancia del proceso**, porque como se verá en breve, determina el valor de la transconductancia del MOSFET, está denotada por k_n' y tiene la dimensión de A/V^2,

$$k_n' = \mu_n C_{ox} \tag{5.7}$$

En la tabla 5.1 aparece un resumen de los parámetros de tecnología de procesos que determinan la relación entre corriente y voltaje de un transistor NMOS, junto con sus valores típicos. Las ecuaciones (5.5) y (5.6) se pueden reescribir en términos de k_n':

Región del triodo:

$$i_D = k_n' \frac{W}{L} \left[(\upsilon_{GS} - V_t)\upsilon_{DS} - \frac{1}{2} \upsilon_{DS}^2 \right] \tag{5.5a}$$

Región de saturación:

$$i_D = \frac{1}{2} k_n' \frac{W}{L} (\upsilon_{GS} - V_t)^2 \tag{5.6a}$$

Observe que la corriente de dren es proporcional a la razón entre el ancho W del canal y la longitud L del canal, conocida como **razón de aspecto** del MOSFET. Los valores de W y L pueden ser seleccionados por el diseñador de un circuito para obtener las curvas características i–υ.

Tabla 5.1   PARÁMETROS DE TECNOLOGÍA DE PROCESO PARA DETERMINAR LA RELACIÓN i–v DEL MOSFET

Movilidad del electrón: $\mu_n \simeq 580 \text{ cm}^2/\text{Vs}$	
Grueso del óxido: $t_{ox} = 0.02 \text{ a } 0.1 \ \mu\text{m}$	
Permitividad del óxido: $\varepsilon_{ox} = 3.97 \ \varepsilon_0$ $= 3.97 \times 8.85 \times 10^{-14} = 3.5 \times 10^{-13} \text{ F/cm}$	
Capacitancia del óxido: $C_{ox} = \dfrac{\varepsilon_{ox}}{t_{ox}}$ $= 1.75 \text{ fF}/\mu\text{m}^2 \text{ para } t_{ox} = 0.02 \ \mu\text{m}$ $= 0.35 \text{ fF}/\mu\text{m}^2 \text{ para } t_{ox} = 0.1 \ \mu\text{m}$	
Parámetro de transconductancia del proceso: $k_n' = \mu_n C_{ox}$ $\simeq 100 \ \mu\text{A/V}^2 \text{ para } t_{ox} = 0.02 \ \mu\text{m}$ $\simeq 20 \ \mu\text{A/V}^2 \text{ para } t_{ox} = 0.1 \ \mu\text{m}$	

Ejercicio

5.2   Utilice la expresión para operación en la región del triodo a fin de hallar una expresión para la resistencia de dren a fuente $r_{DS} \equiv \dfrac{\upsilon_{DS}}{i_D}$ cuando υ_{DS} es pequeña. Encuentre el valor de r_{DS} para un transistor NMOS que tenga $k_n' \equiv \mu_n C_{ox} = 20 \ \mu\text{A/V}^2$, $V_t = 1$ V, y $\dfrac{W}{L} = \dfrac{100 \ \mu\text{m}}{10 \ \mu\text{m}}$ cuando opera a $V_{GS} = 5$ V.

Resp. $r_{DS} = 1 / \left[k_n' \left(\dfrac{W}{L} \right) (\upsilon_{GS} - V_t) \right]$; 1.25 k$\Omega$

El MOSFET de canal p

Un MOSFET de canal p del tipo de enriquecimiento (transistor PMOS) se fabrica en un sustrato tipo n con regiones p^+ para el dren y fuente, y tiene huecos como portadores de carga. El dispositivo opera en la misma forma que el dispositivo de canal n, excepto que υ_{GS} y υ_{DS} son negativos y el voltaje de umbral V_t es negativo. Del mismo modo, la corriente i_D entra en el terminal de la fuente y sale por el terminal del dren.

La tecnología PMOS fue originalmente la dominante, pero como los dispositivos NMOS se pueden hacer más pequeños y por lo mismo operan con más rapidez, y también porque históricamente el NMOS requiere menores voltajes de alimentación que el PMOS, la tecnología del NMOS prácticamente ha sustituido al PMOS. Sin embargo, es importante conocer el transistor PMOS por dos razones: los dispositivos PMOS todavía se fabrican para diseño de circuitos discretos y, lo que es más importante, los transistores PMOS y NMOS se utilizan en circuitos **MOS** o **CMOS complementarios**.

MOS o CMOS complementarios

Como su nombre lo indica, la tecnología MOS utiliza transistores MOS de ambas polaridades. Aun cuando los circuitos CMOS son un poco más difíciles de fabricar que los NMOS, la disponibilidad de dispositivos complementarios permite muchas posibilidades de diseño de potentes circuitos. De hecho, en la actualidad el CMOS es la más útil de todas las tecnologías MOS de circuitos integrados. Esta expresión se aplica a circuitos tanto analógicos como digitales. La tecnología CMOS prácticamente ha desplazado diseños basados sólo en transistores NMOS. Además, en la actualidad, la tecnología CMOS está dominando en muchas otras aplicaciones que hace apenas pocos años eran posibles sólo con dispositivos bipolares. En todo este libro estudiamos muchas técnicas con circuitos CMOS.

En la figura 5.9 se ilustra una sección transversal de chip CMOS que muestra la forma en que se fabrican los transistores PMOS y NMOS. Observe que mientras que el NMOS se construye directamente en el sustrato tipo p, el PMOS se fabrica en una región n especialmente creada, conocida como **pozo n**. Los dos dispositivos están aislados entre sí por una gruesa región de óxido que funciona como aislador.

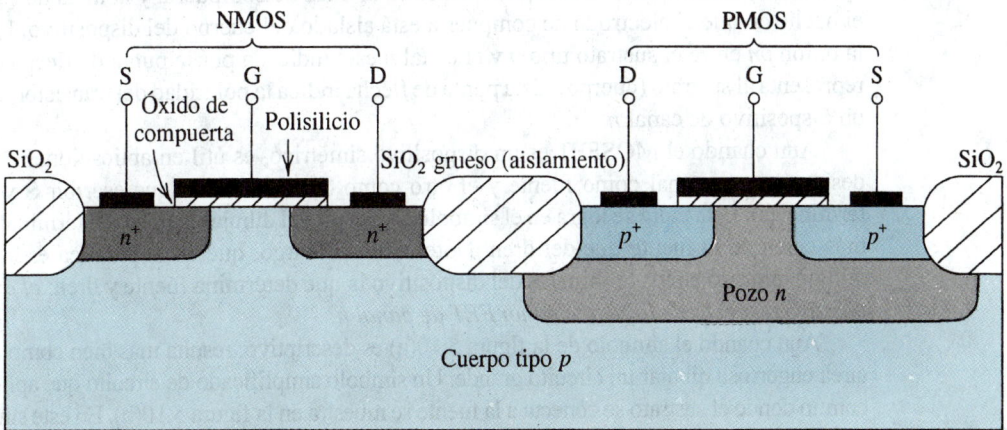

Fig. 5.9 Sección transversal de un circuito integrado CMOS. Nótese que el transistor PMOS está formado en una región tipo n separada, conocida como *pozo n*. También es posible otra distribución en la que se usa un cuerpo tipo n y el dispositivo n se forma en un pozo p.

Operación de un transistor MOS en la región inferior al umbral

La descripción anterior de la operación de un MOSFET canal n implica que para $v_{GS} < V_t$, no circula corriente y el dispositivo está en corte. Esto no es del todo cierto, porque se ha encontrado que para valores de v_{GS} menores pero cercanos a V_t, circula una pequeña corriente de dren. En esta **región inferior al umbral** de la operación, la corriente de dren está relacionada exponencialmente con v_{GS} en forma muy semejante a la relación $i_C - v_{BE}$ de un BJT.

Aun cuando en la mayor parte de aplicaciones el transistor MOS se opera con $v_{GS} > V_t$, hay un número creciente de aplicaciones que hacen uso de la operación inferior al umbral. En este libro ya no consideraremos más la operación inferior al umbral, y pedimos al lector que consulte la lista de referencias que se encuentra al final del capítulo [véase en particular la obra de Mead (1988) y Tsividis (1987)].

5.2 CURVAS CARACTERÍSTICAS DE CORRIENTE CONTRA VOLTAJE DEL MOSFET DE ENRIQUECIMIENTO

Construidas sobre la base física establecida en la sección anterior para la operación del transistor MOS de enriquecimiento, en esta sección presentamos sus curvas características de corriente contra voltaje. Estas características pueden medirse en cd o en bajas frecuencias y por lo tanto se les llama *características estáticas*. Los efectos dinámicos que limitan la operación del MOSFET a altas frecuencias y velocidades [high switching] se tratarán en la sección 5.10.

Símbolo de circuito

En la figura 5.10(a) se ilustra el símbolo de circuito para un MOSFET de canal *n* del tipo de enriquecimiento. El símbolo es muy descriptivo: la barra continua vertical denota el electrodo de la compuerta; la línea interrumpida vertical denota el canal; la línea está interrumpida para indicar que el dispositivo es del tipo de enriquecimiento cuyo canal no existe sin la aplicación de un voltaje apropiado de compuerta; y la separación entre la línea de compuerta y la línea de canal representa el hecho de que el electrodo de compuerta está aislado del cuerpo del dispositivo. La polaridad de la unión *pn* entre el sustrato tipo *p* y el canal *n* está indicada por la punta de flecha en la línea que representa al sustrato (cuerpo). Esta punta de flecha indica la polaridad del transistor, es decir, que es un dispositivo de canal *n*.

Aun cuando el MOSFET es un dispositivo simétrico, es útil en aplicaciones de circuito para designar un terminal como fuente y el otro como dren (sin tener que escribir S y D junto a los terminales). Esta meta se logra en el símbolo de circuito al dibujar la línea del terminal de compuerta más cerca de la fuente que del dren. Nótese, sin embargo, que en la práctica es la polaridad del voltaje impreso en los terminales del dispositivo la que determina fuente y dren; *el dren es siempre positivo respecto de la fuente en un FET de canal n.*

Aun cuando el símbolo de la figura 5.10(a) es descriptivo, resulta más bien complejo y hace una tarea engorrosa dibujar un circuito grande. Un símbolo simplificado de circuito que aplica para el caso común donde el sustrato se conecta a la fuente se muestra en la figura 5.10(b). En este símbolo, la punta de flecha en el terminal de la fuente apunta en la dirección normal de circulación de corriente y logra dos objetivos: distingue la fuente del dren e indica la polaridad del dispositivo (es decir, canal *n*).

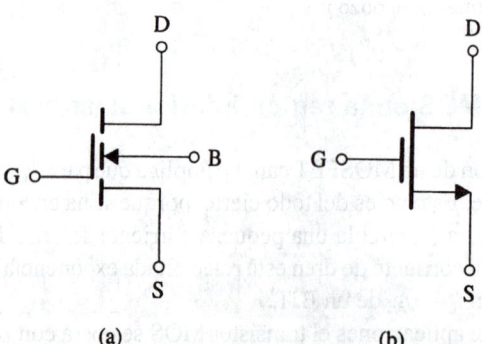

Fig. 5.10 **(a)** Símbolo de circuito para un MOSFET de enriquecimiento de canal *n*. **(b)** Símbolo simplificado de circuito para el MOSFET de enriquecimiento de canal *n* con el sustrato (B) conectado a la fuente (S).

(a) (b)

Curvas características i_D–v_{DS}

En la figura 5.11(a) se ilustra un MOSFET de canal n del tipo de enriquecimiento, con voltajes v_{GS} y v_{DS} aplicados e indicadas las direcciones normales de circulación de corriente. Este circuito conceptual se puede emplear para medir las curvas características i_D–v_{DS}, que son una familia de curvas, cada una medida a un v_{GS} constante. Del estudio de la operación física de la sección previa, esperamos que cada una de las curvas i_D–v_{DS} tenga la forma que se muestra en la figura 5.6. Éste es de hecho el caso, como es evidente de la figura 5.11(b), que muestra un conjunto típico de curvas características i_D–v_{DS}. Es esencial una completa comprensión de las curvas características terminales de un MOSFET para el lector que pretenda diseñar circuitos con MOS.

Las curvas características de la figura 5.11(b) indican que hay tres regiones distintas de operación: la **región de corte**, la **región del triodo** y la **región de saturación**. Esta última se utiliza si el FET debe operar como amplificador. Para operación con interruptor, se utilizan las regiones de corte y del triodo. El dispositivo está en corte cuando $v_{GS} < V_t$. Para operar un MOSFET en la región del triodo, primero debemos inducir un canal

$$v_{GS} \geq V_t \quad \text{(Canal inducido)} \tag{5.8}$$

y luego mantener v_{DS} lo suficientemente pequeño para que el canal permanezca continuo. Esto se logra al asegurar que el voltaje de compuerta a dren sea

$$v_{GD} > V_t \quad \text{(Canal continuo)} \tag{5.9}$$

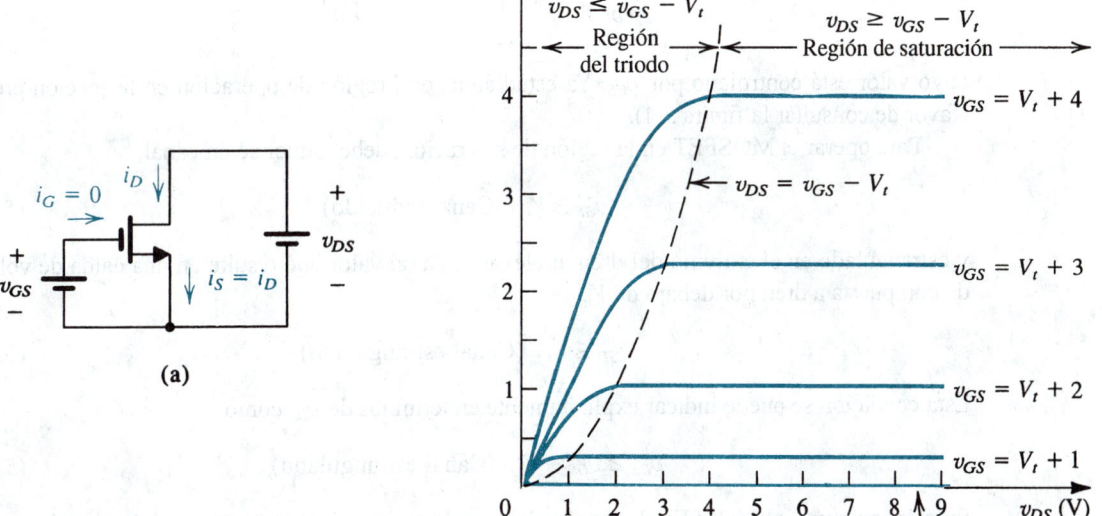

Fig. 5.11 **(a)** MOSFET del tipo de enriquecimiento de canal n con v_{GS} y v_{DS} aplicados con las direcciones normales de circulación indicadas. **(b)** Las curvas características i_D–v_{DS} para un dispositivo con $V_t = 1$ V y $k_n'(W/L) = 0.5$ mA/V².

Esta condición se puede indicar explícitamente en términos de v_{DS} al escribir $v_{GD} = v_{GS} + v_{SD} = v_{GS} - v_{DS}$; entonces,

$$v_{GS} - v_{DS} > V_t$$

Que se puede acomodar para obtener

$$v_{DS} < v_{GS} - V_t \quad \text{(Canal continuo)} \tag{5.10}$$

Se puede usar ya sea la ecuación (5.9) o la (5.10) para averiguar cuál es la operación en la región del triodo. En otras palabras, el MOSFET de canal n del tipo de enriquecimiento opera en la región del triodo cuando v_{GS} es mayor que V_t y el voltaje del dren es menor que el de compuerta en por lo menos V_t volts.

En la región del triodo, las curvas características i_D–v_{DS} se pueden describir mediante la relación de la ecuación (5.5), que repetimos aquí

$$i_D = k_n' \frac{W}{L} \left[(v_{GS} - V_t)v_{DS} - \frac{1}{2} v_{DS}^2 \right] \tag{5.11}$$

donde $k_n' = \mu_n C_{ox}$ es el parámetro de transconductancia del proceso; su valor está determinado por la tecnología de fabricación (véase la tabla 5.1). Si v_{DS} es suficientemente pequeño de modo que podamos despreciar el término v_{DS}^2 de la ecuación (5.11), obtenemos, para las curvas características i_D–v_{DS} cerca del origen, la relación

$$i_D \simeq k_n' \frac{W}{L} (v_{GS} - V_t)v_{DS} \tag{5.12}$$

Esta relación lineal representa la operación del transistor MOS como una resistencia lineal r_{DS},

$$r_{DS} \equiv \frac{v_{DS}}{i_D} = \left[k_n' \frac{W}{L} (v_{GS} - V_t) \right]^{-1} \tag{5.13}$$

cuyo valor está controlado por v_{GS}. Ya estudiamos esta región de operación en la sección previa (favor de consultar la figura 5.4).

Para operar el MOSFET en la región de saturación, debe inducirse un canal,

$$v_{GS} \geq V_t \quad \text{(Canal inducido)} \tag{5.14}$$

y estrangulado en el extremo del dren al elevar v_{DS} a un valor que resulte en una caída de voltaje de compuerta a dren por debajo de V_t,

$$v_{GD} \leq V_t \quad \text{(Canal estrangulado)} \tag{5.15}$$

Esta condición se puede indicar explícitamente en términos de v_{DS} como

$$v_{DS} \geq v_{GS} - V_t \quad \text{(Canal estrangulado)} \tag{5.16}$$

En otras palabras, el MOSFET de canal n del tipo de enriquecimiento opera en la región de saturación cuando v_{GS} sea mayor que V_t y el voltaje del dren no caiga por debajo del voltaje de compuerta en más de V_t volts.

La frontera entre la región del triodo y la región de saturación se caracteriza por

$$v_{DS} = v_{GS} - V_t \quad \text{(Frontera)} \tag{5.17}$$

Al sustituir este valor de v_{DS} en la ecuación (5.11) resulta el valor de saturación de la corriente i_D como

$$i_D = \frac{1}{2}\, k_n'\, \frac{W}{L}\, (v_{GS} - V_t)^2 \tag{5.18}$$

Por lo tanto, en saturación, el MOSFET proporciona una corriente de dren cuyo valor es independiente del voltaje de dren v_{DS} y está determinada por el voltaje de compuerta v_{GS}, de acuerdo con la relación de la ley de cuadrados de la ecuación (5.18), un dibujo de la cual se muestra en la figura 5.12. Entonces, el MOSFET saturado se comporta como una fuente ideal de corriente cuyo valor es controlado por v_{GS} según la relación no lineal de la ecuación (5.18). En la figura 5.13 se muestra una representación de circuito de esta vista de la operación del MOSFET en la región de saturación. Nótese que éste es un modelo de circuito equivalente a gran señal.

Con referencia de nuevo a las curvas características i_D–v_{DS} de la figura 5.11(b), observamos que la frontera entre las regiones del triodo y de saturación se muestra como una línea interrumpida. Como esta curva está caracterizada por $v_{DS} = v_{GS} - V_t$, su ecuación se puede hallar al sustituir $v_{GS} - V_t$ con v_{DS} ya sea en la ecuación de la región del triodo (ecuación 5.11) o en la de la región de saturación (ecuación 5.18). El resultado es

$$i_D = \frac{1}{2}\, k_n'\, \frac{W}{L}\, v_{DS}^2 \tag{5.19}$$

Debe observarse que las curvas características descritas en las figuras 5.4, 5.11 y 5.12 son para un MOSFET con $k_n'(W/L) = 0.5$ mA/V^2 y $V_t = 1$ V.

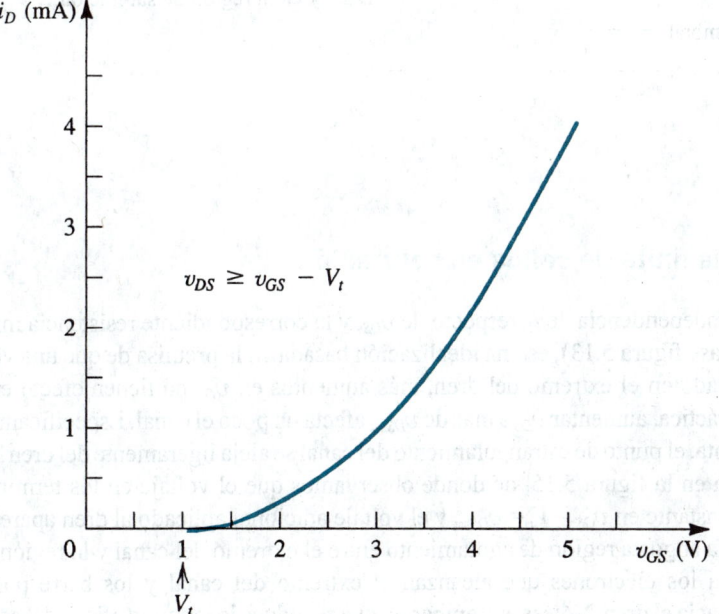

Fig. 5.12 Curva característica i_D–v_{GS} para un transistor NMOS del tipo de enriquecimiento en saturación ($V_t = 1$ V, $k_n' W/L = 0.5$ mA/V^2).

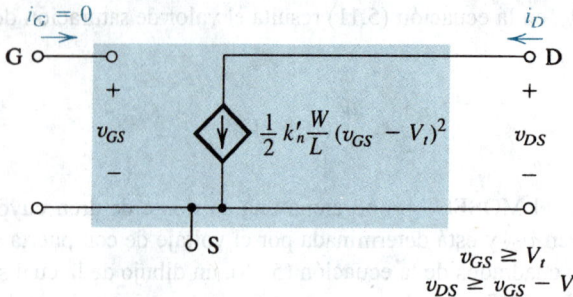

Fig. 5.13 Modelo de circuito equivalente de un MOSFET de canal n, a gran señal, que opera en la región de saturación.

$$v_{GS} \geq V_t$$
$$v_{DS} \geq v_{GS} - V_t$$

Finalmente, la gráfica de la figura 5.14 muestra los niveles relativos que los voltajes terminales del transistor NMOS del tipo de enriquecimiento deben tener para operación en la región del triodo en la región de saturación.

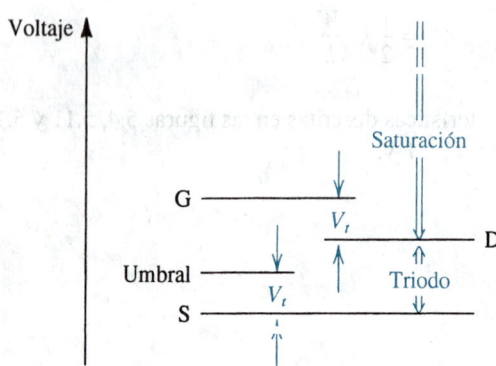

Fig. 5.14 Niveles relativos de voltajes terminales del transistor NMOS de enriquecimiento, para operación en la región del triodo y en la región de saturación.

Resistencia finita de salida en saturación

La completa independencia de i_D respecto de v_{DS}, y la correspondiente resistencia infinita de salida en el dren (véase figura 5.13), es una idealización basada en la premisa de que una vez que el canal esté estrangulado en el extremo del dren, más aumentos en v_{DS} no tienen efecto en la forma del canal. En la práctica, aumentar v_{DS} a más de v_{DSsat} afecta un poco el canal. Específicamente, a medida que v_{DS} aumenta, el punto de estrangulamiento del canal se aleja ligeramente del dren hacia la fuente. Esto se ilustra en la figura 5.15, de donde observamos que el voltaje en los terminales del canal permanece constante en $v_{GS} - V_t = v_{DSsat}$ y el voltaje adicional aplicado al dren aparece como caída de voltaje en la angosta región de agotamiento entre el extremo del canal y la región del dren. Este voltaje acelera los electrones que alcanzan el extremo del canal y los barre por la región de agotamiento hacia el dren. Nótese, sin embargo, que se reduce la longitud eficaz del canal, fenómeno conocido como **modulación de longitud de canal**. Ahora, como i_D es inversamente proporcional a la longitud del canal (ecuación 5.18), i_D aumenta con v_{DS}.

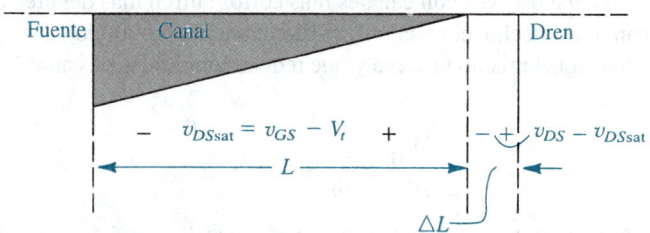

Fig. 5.15 Si se aumenta v_{DS} a un valor mayor de v_{DSsat}, el punto de estrangulamiento del canal se retira ligeramente del dren, reduciendo así la longitud efectiva del canal (en ΔL).

Un conjunto típico de curvas características i_D–v_{DS}, que muestra el efecto de la modulación de la longitud del canal, aparece en la figura 5.16. La dependencia lineal de i_D con respecto a v_{DS} en la región de saturación se puede tomar en cuenta analíticamente al incorporar el factor $(1 + \lambda\, v_{DS})$ en la ecuación i_D como sigue:

$$i_D = \frac{1}{2}\, k'_n \frac{W}{L}\, (v_{GS} - V_t)^2 (1 + \lambda\, v_{DS}) \tag{5.20}$$

donde la constante positiva λ es un parámetro de un MOSFET. Observe que en la ecuación (5.20) suponemos que L permanece constante y toma en cuenta la dependencia de i_D respecto de v_{DS} al incluir el factor $(1 + \lambda\, v_{DS})$. De la figura 5.16, observamos que las rectas características i_D–v_{DS} en saturación, cuando se extrapolan, cortan el eje v_{DS} en el punto $v_{DS} = -1/\lambda \equiv -V_A$, donde V_A es un voltaje positivo semejante al voltaje de Early en un BJT, y aquí lo llamaremos voltaje de Early. Típicamente, $\lambda = 0.005$ a 0.03 V^{-1}, y, de modo correspondiente, V_A está entre 200 y 30 volts. Es

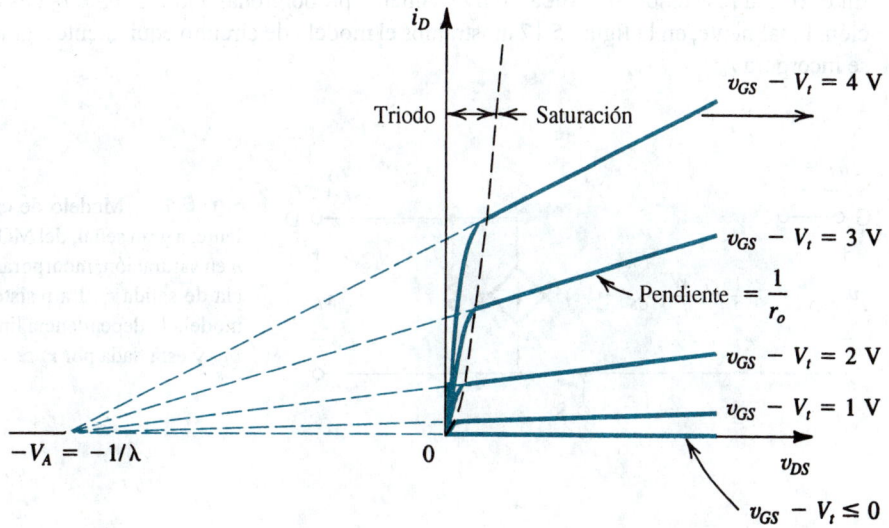

Fig. 5.16 Efecto de v_{DS} sobre i_D en la región de saturación. El parámetro V_A del MOSFET está típicamente entre 30 y 200 V.

importante observar que los dispositivos con canales más cortos sufren más del efecto de modulación de la longitud del canal. De hecho, el voltaje V_A es directamente proporcional a L; por lo tanto, dos dispositivos fabricados con el mismo proceso y que tengan longitudes de canal L_1 y L_2 tendrán voltajes de Early V_{A1} y V_{A2},

$$\frac{V_{A1}}{V_{A2}} \simeq \frac{L_1}{L_2}$$

Debe ser evidente que la modulación de la longitud del canal hace finita la resistencia de salida en saturación. Al definir la resistencia de salida r_o como[5]

$$r_o \equiv \left[\frac{\partial i_D}{\partial v_{DS}} \right]^{-1}_{v_{GS} = \text{constante}} \tag{5.21}$$

resulta en

$$r_o = \left[\lambda \frac{k'_n}{2} \frac{W}{L} (V_{GS} - V_t)^2 \right]^{-1} \tag{}$$

que se puede aproximar por

$$r_o \simeq [\lambda I_D]^{-1} \tag{5.22}$$

donde I_D es la corriente correspondiente al valor particular de v_{GS} para el que r_o se evalúa. La aproximación de la ecuación (5.22) se basa en el hecho de despreciar el efecto del factor $1 + \lambda v_{DS}$ en la ecuación (5.20) respecto del valor de r_o, o sea una aproximación de segundo orden. La ecuación (5.22) se puede escribir en forma alternativa como

$$r_o \simeq \frac{V_A}{I_D} \tag{5.23}$$

Entonces, la resistencia de salida es inversamente proporcional a la corriente I_D de cd de polarización. Finalmente, en la figura 5.17 mostramos el modelo de circuito equivalente a gran señal donde se incorpora r_o.

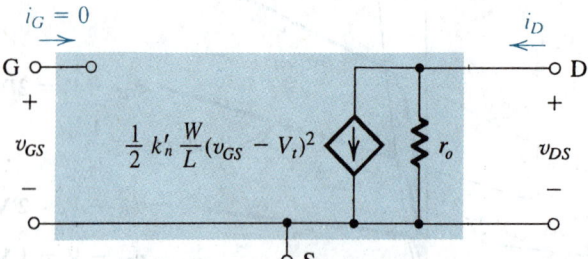

Fig. 5.17 Modelo de circuito equivalente, a gran señal, del MOSFET de canal n en saturación, incorporando la resistencia de salida r_o. La resistencia de salida modela la dependencia lineal de i_D sobre v_{DS} y está dada por $r_o \simeq V_A/I_D$.

---

[5] En este libro usamos r_o para representar la resistencia incremental de salida en saturación, y r_{DS} para representar la resistencia de dren a fuente en la región del triodo para v_{DS} pequeño.

Curvas características del MOSFET de canal *p*

El símbolo del circuito para el MOSFET de canal *p* del tipo de enriquecimiento se muestra en la figura 5.18(a). Para el caso en que el sustrato se conecta a la fuente, por lo general se utiliza el símbolo simplificado de la figura 5.18(b); en la figura 5.18(c) se muestran las polaridades de voltaje y corriente para operación normal. Recuérdese que para el dispositivo de canal *p*, el voltaje V_t de umbral es negativo. Para inducir un canal aplicamos un voltaje de compuerta que es más negativo que V_t,

$$v_{GS} \leq V_t \quad \text{(Canal inducido)} \tag{5.24}$$

y aplicamos un voltaje de dren que es más negativo que el voltaje de la fuente (es decir, v_{DS} es negativo, o bien, lo que es lo mismo, v_{SD} es positivo). La corriente i_D sale del terminal de dren, como se indica en la figura. Para operar en la región del triodo, v_{DS} debe satisfacer

$$v_{DS} \geq v_{GS} - V_t \quad \text{(Canal continuo)} \tag{5.25}$$

es decir, el voltaje de dren debe ser más alto que el voltaje de compuerta en por lo menos $|V_t|$. La corriente i_D está dada por la misma ecuación que para el NMOS, ecuación (5.11), excepto por la sustitución de k_n' con k_p',

$$i_D = k_p' \frac{W}{L} \left[(v_{GS} - V_t)v_{DS} - \frac{1}{2} v_{DS}^2 \right] \tag{5.26}$$

donde v_{GS}, V_t y v_{DS} son negativos y el parámetro de transconductancia k_p' está dado por

$$k_p' = \mu_p C_{ox} \tag{5.27}$$

donde μ_p es la movilidad de huecos en el canal inducido *p*. Típicamente, $\mu_p \simeq 0.4\ \mu_n$, con el resultado que para una tecnología de procesos con grueso de óxido de 0.1 μm, k_p' es aproximadamente 8 μA/V^2.

Para operar en saturación, v_{DS} debe satisfacer la relación

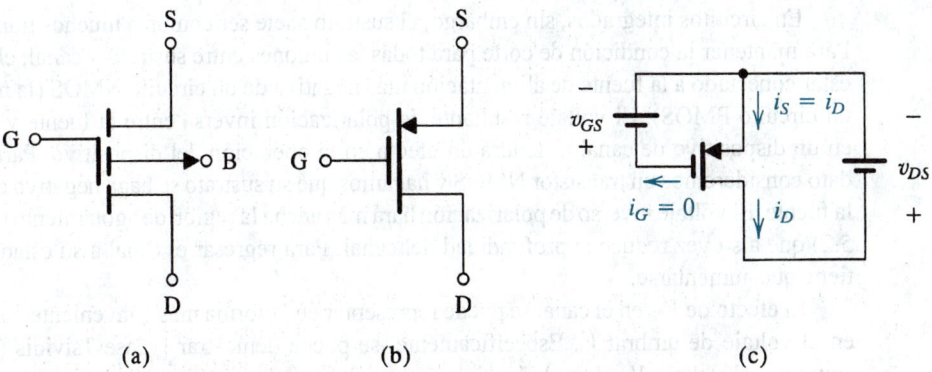

(a)   (b)   (c)

Fig. 5.18 **(a)** Símbolo de circuito para el MOSFET del tipo de enriquecimiento de canal *p*. **(b)** Símbolo simplificado de circuito para el caso en que el sustrato (cuerpo, B) está conectado a la fuente. **(c)** El MOSFET con voltajes aplicados y las direcciones de circulación indicadas. Nótese que v_{GS} y v_{DS} son negativos e i_D sale del terminal del dren.

$$v_{DS} \leq v_{GS} - V_t \quad \text{(Canal estrangulado)} \tag{5.28}$$

esto es, el voltaje de dren debe ser menor que (voltaje de compuerta + $|V_t|$). La corriente i_D está dada por la misma ecuación utilizada para NMOS, ecuación (5.20), otra vez con k_n' sustituido con k_p',

$$i_D = \frac{1}{2} k_p' \frac{W}{L} (v_{GS} - V_t)^2 (1 + \lambda\, v_{DS}) \tag{5.29}$$

donde v_{GS}, V_t, λ y v_{DS} son todos negativos.

Finalmente, en la gráfica de la figura 5.19 se muestran los niveles relativos que los voltajes terminales del transistor PMOS del tipo de enriquecimiento deben tener para operación en la región del triodo y en la región de saturación.

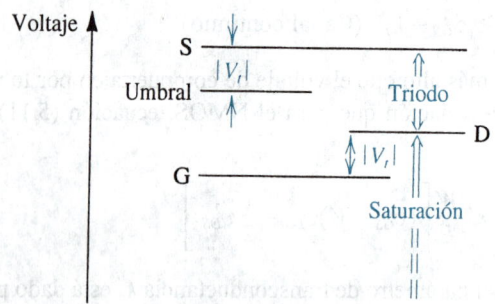

Fig. 5.19 Niveles relativos de voltajes terminales del transistor PMOS del tipo de enriquecimiento, para operación en la región del triodo y en la región de saturación.

El papel del sustrato; el efecto del cuerpo

En muchas aplicaciones, el terminal B del sustrato (o cuerpo) está conectado al terminal de la fuente, lo que resulta en que la unión *pn* entre el sustrato y el canal inducido (véase la figura 5.5) tiene una polarización constante de cero (en corte). En tal caso el sustrato no desempeña papel alguno en la operación del circuito y su existencia se puede ignorar por completo.

En circuitos integrados, sin embargo, el sustrato suele ser común a muchos transistores MOS. Para mantener la condición de corte para todas las uniones entre sustrato y canal, el sustrato suele estar conectado a la fuente de alimentación más negativa de un circuito NMOS (la más positiva en un circuito PMOS). El voltaje resultante de polarización inversa entre la fuente y el cuerpo (V_{SB} en un dispositivo de canal *n*) tendrá un efecto en la operación del dispositivo. Para apreciar este dato consideremos un transistor NMOS y hagamos que su sustrato se haga negativo en relación con la fuente. El voltaje inverso de polarización hará más ancha la región de agotamiento (véase la figura 5.2) que a su vez reduce la profundidad del canal. Para regresar el canal a su estado anterior, v_{GS} tiene que aumentarse.

El efecto de V_{SB} en el canal se puede representar en la forma más conveniente como un cambio en el voltaje de umbral V_t. Específicamente, se puede demostrar [véase Tsividis (1987)] que al aumentar el voltaje V_{SB} de polarización inversa del sustrato resulta en un aumento en V_t según la relación

$$V_t = V_{t0} + \gamma \left[\sqrt{2\phi_f + V_{SB}} - \sqrt{2\phi_f} \right] \tag{5.30}$$

donde V_{t0} es el voltaje de umbral para $V_{SB} = 0$; ϕ_f es un parámetro físico con $(2\phi_f)$ típicamente 0.6 V; γ es un parámetro del proceso de fabricación dado por

$$\gamma = \frac{\sqrt{2q\,N_A\,\varepsilon_s}}{C_{ox}} \qquad (5.30a)$$

donde N_A es la concentración de contaminación del sustrato tipo p, y ε_s es la permitividad del silicio (1.04×10^{-12} F/cm). El parámetro γ tiene la dimensión de $\sqrt{V}$ y es por lo general de 0.5 $V^{1/2}$. Por último, nótese que la ecuación (5.30) se aplica igualmente bien para dispositivos de canal p con V_{SB} sustituido por la polarización inversa del sustrato, V_{BS} (alternativamente, sustituya V_{SB} por $|V_{SB}|$ para ambos dispositivos).

La ecuación (5.30) indica que un cambio incremental en V_{SB} da lugar a un cambio incremental en V_t, que a su vez resulta en un cambio incremental en i_D aun cuando υ_{GS} pueda haberse mantenido constante. Se deduce que el voltaje del cuerpo controla i_D; entonces, el cuerpo actúa como otra compuerta para el MOSFET, fenómeno conocido como **efecto del cuerpo**. Aquí observamos que el parámetro γ se conoce como **parámetro del efecto del cuerpo**. El efecto del cuerpo puede ocasionar considerable degradación en la operación de un circuito, como se demostrará en la sección 5.7.

Efectos de temperatura

Tanto V_t como k' son sensibles a la temperatura. La magnitud de V_t decrece en alrededor de 2 mV por cada 1°C de calentamiento. Esta disminución en $|V_t|$ da lugar a un aumento correspondiente en corriente de dren a medida que la temperatura aumenta. Sin embargo, como k' decrece con la temperatura y su efecto es dominante, el efecto total observado de un calentamiento es un *decremento* en la corriente de dren. Éste muy interesante resultado se aprovecha al aplicar el MOSFET en circuitos de potencia (capítulo 9).

Ruptura y protección de entrada

A medida que se aumenta el voltaje sobre el dren, se alcanza un valor al que la unión *pn* entre la región del dren y el sustrato sufre la ruptura de avalancha (véase la sección 3.3). Esta ruptura suele ocurrir a voltajes de 50 a 100 V y resulta en un rápido aumento en corriente.

Otro efecto de ruptura que ocurre a menores voltajes (alrededor de 20 V) en dispositivos modernos se denomina **perforación**. Este efecto se presenta en dispositivos con canales relativamente cortos cuando el voltaje de dren se aumenta al punto que la región de agotamiento que rodea la región del dren se extiende por el canal hasta la fuente; la corriente de dren aumenta entonces con gran rapidez. Normalmente, la perforación no resulta en daño permanente al dispositivo.

Otra clase de ruptura ocurre cuando el voltaje de compuerta a fuente excede de unos 50 V. Ésta es la ruptura del óxido de compuerta y resulta en daño permanente al dispositivo. Aun cuando 50 V es alto, debe recordarse que el MOSFET tiene una impedancia de entrada muy alta, y entonces pequeñas cantidades de carga estática que se acumulan en el condensador de compuerta pueden ocasionar que se exceda este voltaje de ruptura.

Para evitar la acumulación de carga estática en el condensador de compuerta de un MOSFET, suelen incluirse dispositivos de protección de la compuerta a la entrada de circuitos integrados de MOS. El mecanismo de protección invariablemente hace uso de diodos fijadores de nivel de voltaje (véase la figura 13.48).

Ejercicios

5.3 Un transistor NMOS del tipo de enriquecimiento con $V_t = 2$ V tiene su terminal de fuente conectado a tierra y una fuente de cd de 3 V conectada a la compuerta. ¿En qué región de operación opera el dispositivo para (a) $V_D = +0.5$ V? (b) ¿$V_D = 1$ V? (c) ¿$V_D = 5$ V?

Resp. (a) Triodo; (b) Saturación; (c) Saturación

5.4 Si el dispositivo NMOS del ejercicio 5.3 tiene $\mu_n C_{ox} = 20$ μA/V^2, $W = 100$ μm y $L = 10$ μm, encuentre el valor de la corriente de dren que resulta en cada uno de los tres casos (a), (b) y (c) especificados en el ejercicio 5.3. Desprecie la dependencia de i_D con respecto a v_{DS} en saturación.

Resp. (a) 75 μA; (b) 100 μA; (c) 100 μA

5.5 Un transistor NMOS del tipo de enriquecimiento con $V_t = 2$ V conduce una corriente $i_D = 1$ mA cuando $v_{GS} = v_{DS} = 3$ V. Si se hace caso omiso de la dependencia de i_D con respecto a v_{DS} en saturación, encuentre el valor de i_D para $v_{GS} = 4$ V y $v_{DS} = 5$ V. También, calcule el valor de la resistencia de dren a fuente r_{DS} para pequeños v_{DS} y $v_{GS} = 4$ V.

Resp. 4 mA; 250 Ω

5.6 Un MOSFET del tipo de enriquecimiento con $k_n' \dfrac{W}{L} = 0.2$ mA/V^2, $V_t = 1.5$ V y $\lambda = 0.02$ V^{-1} se opera a $v_{GS} = 3.5$ V. Halle la corriente de dren obtenida a $v_{DS} = 2$ V y a $v_{DS} = 10$ V. Determine la resistencia de salida r_o a este valor de v_{GS}.

Resp. 0.416 mA; 0.480 mA; 125 kΩ

5.7 Un transistor NMOS de circuito integrado tiene $W = 100$ μm, $L = 10$ μm, $\mu_n C_{ox} = 20$ μA/V^2, $V_A = 100$ V, $\gamma = \frac{1}{2}$V$^{1/2}$, $V_{t0} = 1$ V y $2\phi_f = 0.6$ V. Calcule el valor de V_t a $V_{SB} = 4$ V. También, para $V_{GS} = 3$ V y $V_{DS} = 5$ V, calcule I_D para $V_{SB} = 0$ V y para $V_{SB} = 4$ V. ¿Cuál es la resistencia de salida r_o para cada uno de los dos casos?

Resp. 1.7 V; 0.420 mA; 0.177 mA; 250 kΩ; 592 kΩ

5.8 Un transistor PMOS del tipo de enriquecimiento tiene $k_p' \dfrac{W}{L} = 100$ μA/V^2 y $V_t = -2$ V. Si la compuerta está conectada a tierra y la fuente a +5 V, ¿cuál es el máximo voltaje que se puede aplicar al dren mientras el dispositivo opera en saturación? Haciendo caso omiso de la r_o finita, encuentre la corriente de dren para $v_D = -5$ V.

Resp. +2 V; 0.45 mA

5.3 EL MOSFET DEL TIPO DE AGOTAMIENTO

En esta sección estudiaremos brevemente otro tipo de MOSFET, el del tipo de agotamiento. Su estructura es semejante a la del MOSFET del tipo de enriquecimiento con una importante diferencia: el MOSFET de agotamiento tiene un canal físicamente implantado. Así, un MOSFET de canal n del tipo de agotamiento tiene una región tipo n de silicio que conecta la región de la fuente n^+ y la del dren n^+ en la parte superior del sustrato de tipo p. Así, si se aplica un voltaje v_{DS} entre dren y fuente, la corriente i_D circula para $v_{GS} = 0$. En otras palabras, no hay necesidad de inducir un canal, a diferencia del caso del MOSFET de enriquecimiento.

La profundidad del canal, y en consecuencia su conductividad, pueden ser controladas por v_{GS} en exactamente la misma forma que en el dispositivo del tipo de enriquecimiento. Al aplicar un v_{GS} positivo se enriquece el canal al atraer más electrones hacia sí, pero, aquí, también podemos aplicar un v_{GS} negativo, lo cual hace que los electrones sean repelidos del canal, éste se hace menos profundo y su conductividad disminuye. Se dice que el v_{GS} negativo **vacía** el canal de sus portadores de carga, y este modo de operación (v_{GS} negativo) se denomina **modo de vaciamiento** (o **agotamiento**). A medida que la magnitud de v_{GS} aumenta en la dirección negativa, se alcanza un valor en el cual el canal está por completo vacío de portadores de carga e i_D se reduce a cero aun cuando v_{DS} todavía se puede aplicar. Este valor negativo de v_{GS} es el voltaje de umbral del MOSFET de canal n del tipo de agotamiento.

La descripción anterior sugiere (correctamente) que un MOSFET del tipo de agotamiento se puede operar en el modo de enriquecimiento al aplicar un v_{GS} positivo y en el modo de agotamiento al aplicar un v_{GS} negativo. Las curvas características i_D–v_{DS} son semejantes a las del dispositivo de enriquecimiento, excepto que V_t, en el dispositivo de canal n de agotamiento, es negativo.

En la figura 5.20(a) se ilustra un símbolo de circuito para el MOSFET de canal n del tipo de agotamiento. Este símbolo difiere del dispositivo del tipo de enriquecimiento en sólo un aspecto: la recta vertical que representa el canal es sólida, lo que significa que existe un canal físico. Cuando el cuerpo (B) se conecta a la fuente (S), se puede usar el símbolo simplificado que se muestra en la figura 5.20(b). Este símbolo difiere del correspondiente para el dispositivo de enriquecimiento en que se incluye un área sombreada para denotar el canal implantado.

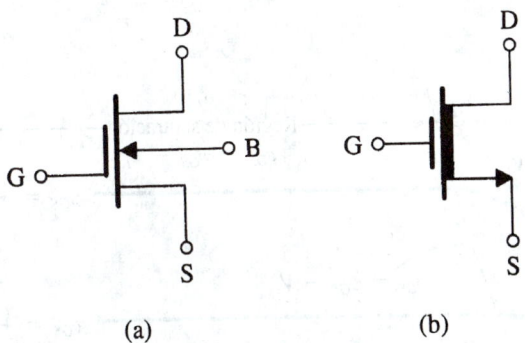

Fig. 5.20 **(a)** Símbolo de circuito para el MOSFET del tipo de agotamiento de canal n. **(b)** Símbolo simplificado de circuito para el caso en que el sustrato (B) esté conectado a la fuente (S).

(a)   (b)

Las curvas características i_D–v_{DS} de un MOSFET de canal n del tipo de agotamiento, para el que $V_t = -4$ V y $k'_n (W/L) = 2$ mA/V^2, aparecen en la figura 5.21(b). Aun cuando estas curvas características no muestran la dependencia de i_D con respecto a v_{DS} en saturación, existe tal dependencia y es idéntica al caso para el dispositivo del tipo de enriquecimiento. Observe que debido a que el voltaje de umbral V_t es negativo, el NMOS de agotamiento opera en la región del triodo mientras el voltaje de dren no exceda el voltaje de compuerta en más de $|V_t|$. Para que opere en saturación, el voltaje del dren debe ser mayor que el voltaje de compuerta en por lo menos $|V_t|$ volts. En la gráfica de la figura 5.22(a) se muestran los niveles relativos de los voltajes terminales del transistor NMOS de agotamiento para las dos regiones de operación.

En la figura 5.21(c) se muestran las curvas características i_D–v_{GS} en saturación, indicando el modo de operación tanto de agotamiento como de enriquecimiento.

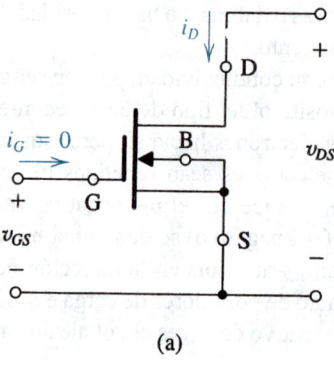

(a)

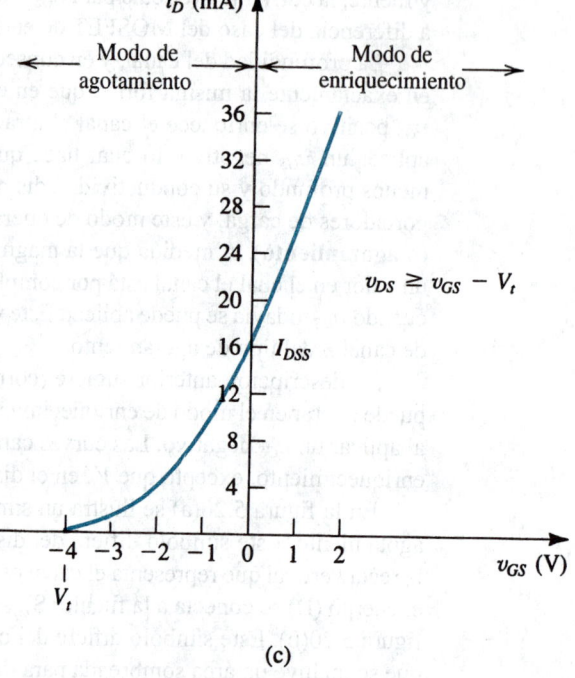

(c)

Fig. 5.21 Curvas características de corriente contra voltaje de un MOSFET del tipo de agotamiento de canal n, para el que $V_t = -4$ V y $k_n' \frac{W}{L} = 2$ mA/V^2: **(a)** transistor con polaridades de corriente y voltaje indicadas; **(b)** curvas características i_D–v_{DS}; **(c)** curva característica i_D–v_{GS} en saturación.

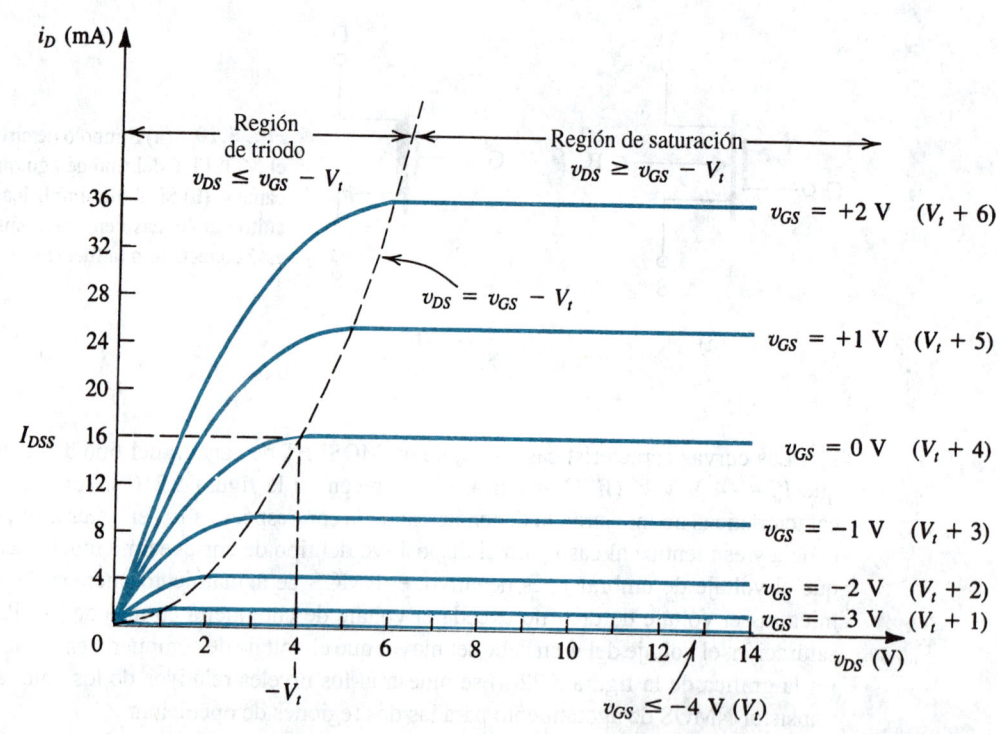

(b)

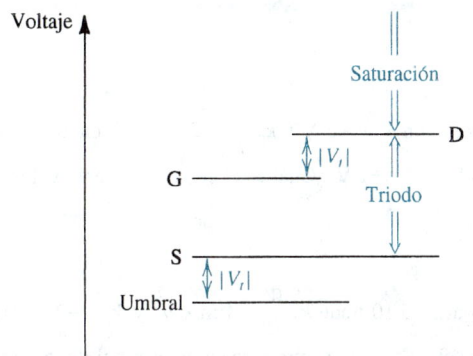

Fig. 5.22 Niveles relativos de voltajes terminales de un transistor NMOS del tipo de agotamiento, para operación en las regiones del triodo y de saturación. El caso que se muestra es para operación en el modo de enriquecimiento (v_{GS} es positivo).

Las curvas características de corriente contra voltaje del MOSFET del tipo de agotamiento se describen por medio de las ecuaciones dadas en la sección anterior para el dispositivo de enriquecimiento excepto que, para un dispositivo de canal n de agotamiento, V_t es negativo.

Un parámetro especial para el MOSFET de agotamiento es el valor de la corriente de dren obtenida en saturación con $v_{GS} = 0$. Ésta se denota como I_{DSS} y aparece en la figura 5.21(b) y (c). Se puede demostrar que

$$I_{DSS} = \frac{1}{2} k'_n \frac{W}{L} V_t^2 \qquad (5.31)$$

Los MOSFET del tipo de agotamiento se pueden fabrican en el mismo chip de circuito integrado como los dispositivos del tipo de enriquecimiento, resultando circuitos con mejores características, como se demostrará en una sección posterior.

En líneas anteriores hemos estudiado sólo dispositivos de canal n de agotamiento. Los transistores PMOS de agotamiento se fabrican en forma discreta y operan de manera muy semejante a sus similares de canal n, excepto que las polaridades de todos los voltajes (incluyendo V_t) están invertidas. Del mismo modo, en un dispositivo de canal p, i_D fluye de fuente a dren, entra por el terminal de la fuente y sale por el terminal del dren. Como resumen, en la figura 5.23 se muestran las curvas características i_D–v_{GS} de los MOSFET de enriquecimiento y agotamiento de ambas polaridades (operando en saturación).

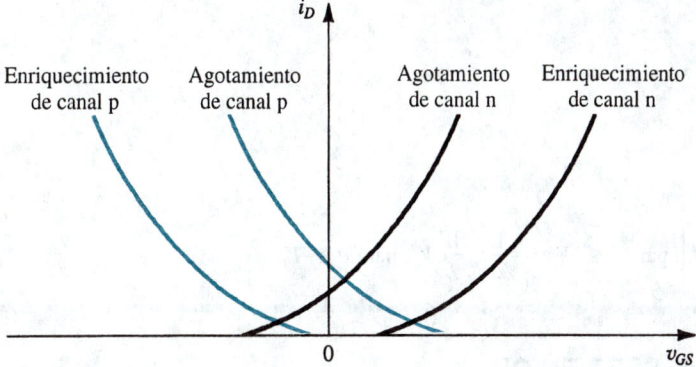

Fig. 5.23 Trazos de las curvas características i_D–v_{GS} para los MOSFET de los tipos de enriquecimiento y agotamiento, de ambas polaridades (operando en saturación). Nótese que las curvas características cortan el eje v_{GS} en V_t. También obsérvese que se muestran valores de $|V_t|$ un poco diferentes para dispositivos de canal n y de canal p.

Ejercicios

5.9 Para un transistor NMOS del tipo de agotamiento con $V_t = -2$ V y $k_n' \dfrac{W}{L} = 2$ mA/V^2, encuentre el v_{DS} mínimo necesario para operar en la región de saturación cuando $v_{GS} = +1$ V. ¿Cuál es el correspondiente valor de i_D?

Resp. 3 V; 18 mA

5.10 El MOSFET del tipo de agotamiento de la figura E5.10 tiene $k_n' \dfrac{W}{L} = 4$ mA/V^2 y $V_t = -2$ V. Despreciando el efecto de v_{DS} sobre i_D en la región de saturación, halle el voltaje que aparecerá en el terminal de la fuente.

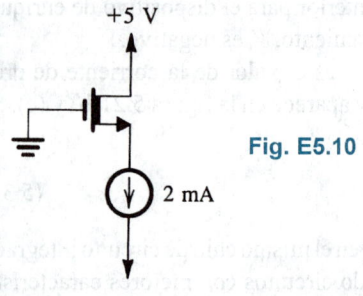

Fig. E5.10

Resp. +1 V

5.11 Encuentre i como función de v para el circuito de la figura E5.11. Desprecie el efecto de v_{DS} sobre i_D en la región de saturación.

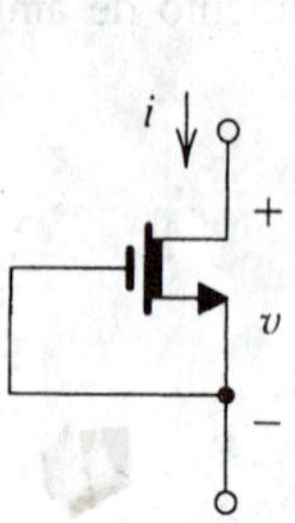

Fig. E5.11

Resp. $i = k_n' \dfrac{W}{L}\left[-V_t v - \dfrac{1}{2} v^2 \right]$, para $v \le -V_t$; $i = \dfrac{1}{2} k_n' \dfrac{W}{L} V_t^2$, para $v \ge -V_t$

5.4 CIRCUITOS CON MOSFET EN CD

Habiendo estudiado las curvas características de corriente contra voltaje de los MOSFET, ahora consideramos circuitos en los que sólo hay presentes cantidades de cd. Específicamente, presentaremos una serie de ejemplos de diseño y análisis de circuitos de MOSFET a cd.

EJEMPLO 5.1

Diseñe el circuito de la figura 5.24 de modo que el transistor opere a $I_D = 0.4$ mA y $V_D = +1$ V. El transistor NMOS tiene $V_t = 2$ V, $\mu_n C_{ox} = 20$ $\mu A/V^2$, $L = 10$ μm, y $W = 400$ μm. Desprecie el efecto de la modulación de la longitud del canal (es decir, suponga que $\lambda = 0$).

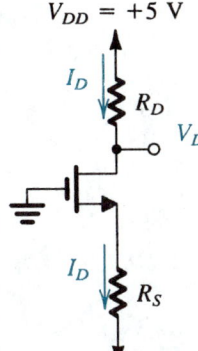

$V_{DD} = +5$ V

I_D

R_D

V_D

Fig. 5.24 Circuito para el ejemplo 5.1.

I_D

R_S

$V_{SS} = -5$ V

SOLUCIÓN

Como $V_D = 1$ V significa operación en la región de saturación, utilizamos la expresión de i_D de la región de saturación para determinar el valor pedido de v_{GS},

$$I_D = \frac{1}{2} \mu_n C_{ox} \frac{W}{L} (V_{GS} - V_t)^2$$

$$0.4 = \frac{1}{2} \times 20 \times 10^{-3} \times \frac{400}{10} (V_{GS} - 2)^2$$

Esta ecuación produce dos valores para V_{GS}, 1 V y 3 V. El primero no tiene sentido físico puesto que es menor que V_t; por lo tanto, $V_{GS} = 3$ V. Por consulta de la figura 5.24 observamos que la compuerta está a potencial de tierra; entonces, la fuente debe estar a -3 V, y el valor pedido de R_S se puede determinar con

$$R_S = \frac{V_S - V_{SS}}{I_D}$$

$$= \frac{-3 - (-5)}{0.4} = 5 \text{ k}\Omega$$

Para establecer un voltaje de cd de $+1$ V en el dren, debemos seleccionar R_D como sigue:

$$R_D = \frac{V_{DD} - V_D}{I_D}$$

$$= \frac{5 - 1}{0.4} = 10 \text{ k}\Omega$$

EJEMPLO 5.2

Diseñe el circuito de la figura 5.25 para obtener una corriente I_D de 0.4 mA. Encuentre el valor pedido para R y encuentre el voltaje de cd V_D. Haga que el transistor NMOS tenga $V_t = 2$ V, $\mu_n C_{ox} = 20$ μA/V^2, $L = 10$ μm y $W = 100$ μm. Haga caso omiso del efecto de modulación de la longitud del canal (esto es, suponga que $\lambda = 0$).

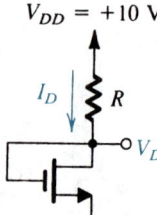

Fig. 5.25 Circuito para el ejemplo 5.2.

SOLUCIÓN

En vista de que $V_{DG} = 0$, el FET opera en la región de saturación. Entonces,

$$I_D = \frac{1}{2} \mu_n C_{ox} \frac{W}{L} (V_{GS} - V_t)^2$$

$$0.4 = \frac{1}{2} (20)(10^{-3})(100/10)(V_{GS} - 2)^2$$

de donde resultan dos valores para V_{GS} que son 4 y 0. El segundo valor obviamente no tiene sentido físico porque es menor que V_t. Por lo tanto, $V_{GS} = 4$ V, y el voltaje de dren será

$$V_D = +4 \text{ V}$$

El valor pedido para R se puede hallar como sigue:

$$R = \frac{V_{DD} - V_D}{I_D}$$

$$= \frac{10 - 4}{0.4} = 15 \text{ k}\Omega$$

EJEMPLO 5.3

Diseñe el circuito de la figura 5.26 para establecer un voltaje de dren de 0.1 V. ¿Cuál es la resistencia eficaz entre dren y fuente en este punto de operación? Sea $V_t = 1$ V y $k_n'(W/L) = 1$ mA/V^2.

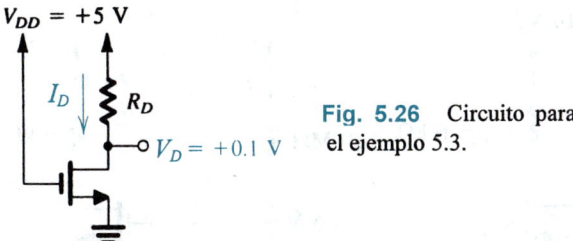

Fig. 5.26   Circuito para el ejemplo 5.3.

SOLUCIÓN

Como el voltaje de dren es menor que el voltaje de compuerta en 4.9 V y $V_t = 1$ V, el MOSFET está operando en la región del triodo. Entonces, la corriente I_D está dada por

$$I_D = 1 \times \left[(5 - 1) \times 0.1 - \frac{1}{2} \times 0.01 \right]$$

$$= 0.395 \text{ mA}$$

El valor pedido para R_D se puede hallar como sigue:

$$R_D = \frac{V_{DD} - V_D}{I_D}$$

$$= \frac{5 - 0.1}{0.395} = 12.4 \text{ k}\Omega$$

(Obviamente, en un problema de diseño práctico se selecciona el valor estándar más cercano disponible, por ejemplo, para resistores del 5%, en este caso, 12 kΩ; véase el apéndice H.) La resistencia eficaz de dren a fuente se puede determinar como sigue:

$$r_{DS} = \frac{V_{DS}}{I_D}$$

$$= \frac{0.1}{0.395} = 253 \ \Omega$$

EJEMPLO 5.4

Analice el circuito que se muestra en la figura 5.27(a) para determinar los voltajes en todos los nodos y las corrientes en todas las ramas. Sea $V_t = 1$ V y $k'_n(W/L) = 1$ mA/V². Desprecie el efecto de modulación de longitud de canal (es decir, suponga $\lambda = 0$).

SOLUCIÓN

Como la corriente de compuerta es cero, el voltaje en la compuerta está determinado simplemente por el divisor de voltaje formado por los dos resistores de 10 MΩ

$$V_G = 10 \times \frac{10}{10 + 10} = +5 \text{ V}$$

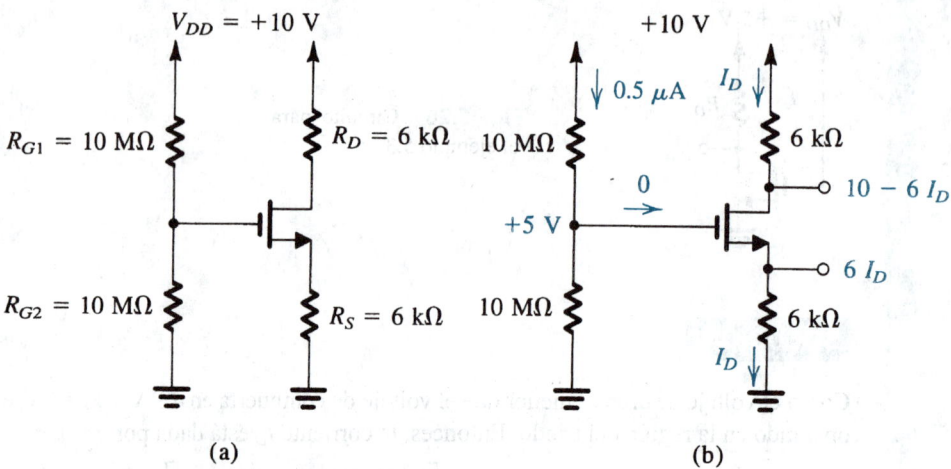

Fig. 5.27 **(a)** Circuito para el ejemplo 5.4; **(b)** el circuito mostrando algunos de los detalles del análisis.

Con este voltaje positivo en la compuerta, un transistor NMOS conducirá pero no sabemos si el transistor estará operando en la región de saturación o en la del triodo. Supondremos una operación en la región de saturación, resolveremos el problema y luego comprobaremos la validez de nuestra suposición. Obviamente, si nuestra suposición no resulta válida, tendremos que resolver otra vez el problema para operación en la región del triodo.

Consulte la figura 5.27(b). Como el voltaje en la compuerta es 5 V y el voltaje en la fuente es $I_D \times 6 = 6\,I_D$, tenemos

$$V_{GS} = 5 - 6\,I_D$$

Entonces I_D está dada por

$$I_D = \frac{1}{2}\,k'_n\,\frac{W}{L}\,(V_{GS} - V_t)^2$$

$$= \frac{1}{2} \times 1 \times (5 - 6\,I_D - 1)^2$$

que resulta en la siguiente ecuación cuadrática en I_D:

$$18\,I_D^2 - 25\,I_D + 8 = 0$$

Esta ecuación resulta en dos valores para I_D: 0.89 mA y 0.5 mA. El primer valor resulta en un voltaje de fuente de $6 \times 0.89 = 5.34$, que es mayor que el voltaje de compuerta y no tiene sentido físico. Entonces

$$I_D = 0.5 \text{ mA}$$

$$V_S = 0.5 \times 6 = +3 \text{ V}$$

$$V_{GS} = 5 - 3 = 2 \text{ V}$$

$$V_D = 10 - 6 \times 0.5 = +7 \text{ V}$$

Como $V_D > V_G - V_t$, el transistor está operando en saturación, como inicialmente se supuso.

EJEMPLO 5.5

Diseñe el circuito de la figura 5.28 de modo que el transistor opere en saturación con $I_D = 0.5$ mA y $V_D = +3$ V. Hágase que el transistor PMOS del tipo de enriquecimiento tenga $V_t = -1$ V y $k_p'(W/L) = 1$ mA/V². Suponga $\lambda = 0$. ¿Cuál es el máximo valor que R_D puede tener mientras se mantiene operación en la región de saturación?

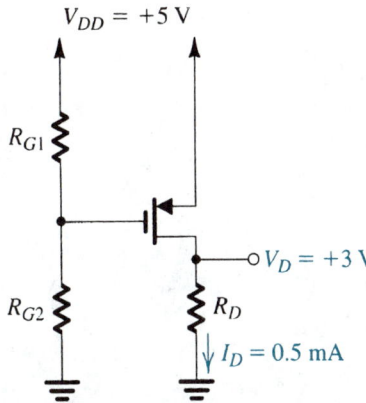

Fig. 5.28 Circuito para el ejemplo 5.5.

SOLUCIÓN

Como el MOSFET está en saturación e $I_D = 0.5$ mA, podemos escribir

$$0.5 = \frac{1}{2} \times 1 \times [V_{GS} - (-1)]^2$$

Si recordamos que V_{GS} tiene que ser negativo ($V_{GS} < V_t$), encontramos que la única solución a esta ecuación que tiene sentido físico es $V_{GS} = -2$ V. Ahora, como la fuente está a +5, el voltaje de compuerta debe fijarse en +3 V. Esto se puede lograr por una apropiada selección de los valores de R_{G1} y R_{G2}. Una posible selección es $R_{G1} = 2$ MΩ y $R_{G2} = 3$ MΩ.

El valor de R_D se puede hallar de

$$R_D = \frac{V_D}{I_D} = \frac{3}{0.5} = 6 \text{ k}\Omega$$

La operación en el modo de saturación se mantendrá hasta el punto en que V_D exceda a V_G en $|V_t|$, es decir

$$V_{D\text{máx}} = 3 + 1 = 4 \text{ V}$$

Este valor de voltaje de dren se obtiene con R_D dada por

$$R_D = \frac{4}{0.5} = 8 \text{ k}\Omega$$

EJEMPLO 5.6

Se requiere que el MOSFET de agotamiento del circuito de la figura 5.29 alimente al resistor variable R_D con una corriente constante de 100 μA. Si $k_n' = 20$ μA/V^2 y $V_t = -1$ V, encuentre la razón W/L pedida. También encuentre los límites que R_D pueda tener mientras la corriente que por ella circula permanezca constante en 100 μA. Suponga $\lambda = 0$.

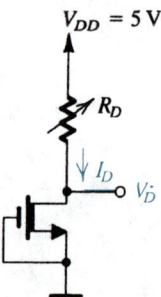

Fig. 5.29 Circuito para el ejemplo 5.6.

SOLUCIÓN

Como los transistores de agotamiento conducen para $v_{GS} = 0$, el MOSFET de este circuito estará conduciendo. Para conducir una corriente constante I_D mientras R_D varía (y por lo tanto varía R_D), el MOSFET debe estar operando en el modo de saturación y debe tener un bajo valor de λ (aquí $\lambda = 0$). Con el transistor en saturación,

$$I_D = \frac{1}{2} k_n' \frac{W}{L} (V_{GS} - V_t)^2$$

Entonces,

$$100 = \frac{1}{2} \times 20 \times \frac{W}{L} [0 - (-1)]^2$$

que resulta en

$$\frac{W}{L} = 10$$

El modo saturado de operación se mantendrá para

$$V_{DS} \geq V_{GS} - V_t = 0 - (-1) = 1$$

Esto es,

$$V_D \geq 1 \text{ V}$$

Ahora, como $V_D = V_{DD} - R_D I_D$, el máximo valor permisible de R_D será $R_{D\text{máx}} = \dfrac{V_{DD} - V_{D\text{mín}}}{I_D} = \dfrac{5 - 1}{0.1}$ = 40 kΩ. Por lo tanto, R_D puede variar entre 0 y 40 kΩ.

EJEMPLO 5.7

Diseñe el circuito de la figura 5.30 para establecer un voltaje de cd de +9.9 V en la fuente. En este punto de operación, ¿cuál es la resistencia eficaz entre fuente y dren del transistor? Sea $V_t = -1$ V y $k_n'(W/L) = 1$ mA/V^2.

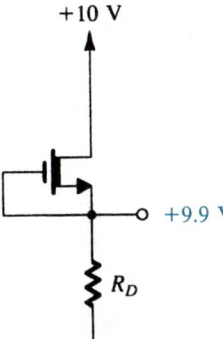

+10 V

+9.9 V

R_D

Fig. 5.30 Circuito para el ejemplo 5.7.

SOLUCIÓN

Aquí, V_G es menor que V_D en sólo 0.1 V, que es menor que el $|V_t|$ pedido para operación en la región de saturación. Por lo tanto, el transistor NMOS del tipo de agotamiento está operando en la región del triodo con $V_{DS} = 0.1$ V y $V_{GS} = 0$ V. Entonces, la corriente I_D de dren está dada por

$$I_D = 1 \left[(0 - (-1)) \times 0.1 - \frac{1}{2} \times 0.01 \right]$$

$$\simeq 0.1 \text{ mA}$$

Seleccionamos R_D de acuerdo con

$$R_D = \frac{9.9 \text{ V}}{0.1 \text{ mA}} = 99 \text{ k}\Omega \simeq 100 \text{ k}\Omega$$

La resistencia eficaz de fuente a dren es

$$r_{DS} = \frac{V_{DS}}{I_D} = \frac{0.1 \text{ V}}{0.1 \text{ mA}} = 1 \text{ k}\Omega$$

Ejercicios

5.12 Para el circuito diseñado en el ejemplo 5.1, halle el máximo valor que R_D pueda tener mientras el MOSFET permanezca en saturación.

Resp. 17.5 kΩ

5.13 Considere el circuito de la figura 5.25, que está diseñado en el ejemplo 5.2 (que se debe consultar antes de resolver este problema). Sea V_D el voltaje aplicado a la compuerta de otro transistor Q_2, como se muestra en la figura E5.13. Suponga que Q_2 es idéntico a Q_1. Encuentre la corriente de dren y voltaje de Q_2. (Suponga $\lambda = 0$.)

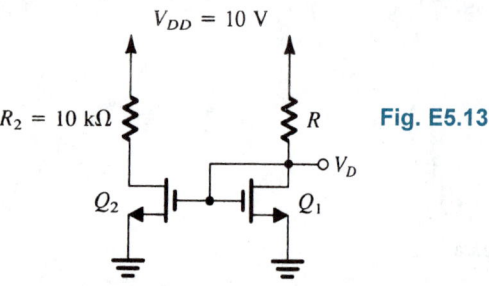

Fig. E5.13

Resp. 0.4 mA; +6 V

5.14 Considere el circuito de la figura 5.26, que se diseñó en el ejemplo 5.3. Si el valor de R_D es el doble del hallado en el ejemplo 5.3, encuentre los nuevos valores de V_D, I_D y r_{DS}.

Resp. 0.05 V; 0.2 mA; 250 Ω

D5.15 Considere el circuito de la figura 5.27(a) con nuevos valores para los resistores. Diseñe el circuito para obtener aproximadamente 4 V en la compuerta, una corriente de dren de alrededor de 1 mA, y un voltaje de dren de unos 4 V. El transistor tiene $V_t = 2$ V, $k'_n(W/L) = 2$ mA/V^2 y $\lambda = 0$.

Resp. Los posibles valores para R_{G1} y R_{G2} son 6.2 MΩ y 3.9 MΩ, respectivamente; $R_S = 820$ Ω; $R_D = 5.6$ kΩ. (Nótese que éstos son valores estándar para resistores de 5% de tolerancia; véase el apéndice H. El resultado es un voltaje de compuerta de 3.86 V, una corriente de dren de 1.03 mA y un voltaje de dren de 4.23 V.)

5.16 Analice el circuito de la figura E5.16 para determinar I_D y V_D. El MOSFET de agotamiento tiene $V_t = -1$ V, $k'_n(W/L) = 1$ mA/V^2 y $\lambda = 0$.

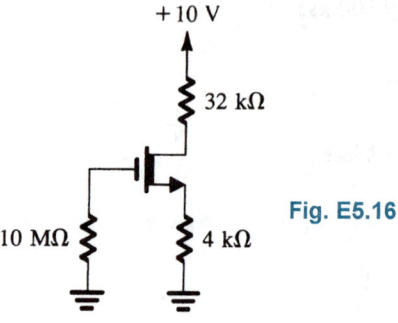

Fig. E5.16

Resp. 0.125 mA; 6 V

5.5 EL MOSFET COMO AMPLIFICADOR

En esta sección estudiamos la operación del MOSFET como amplificador, lo que hacemos considerando el circuito conceptual de amplificador que se muestra en la figura 5.31. Utiliza un MOSFET de enriquecimiento polarizado al aplicar un voltaje V_{GS} de cd (ilustrado como batería), y con la señal de entrada que se va a amplificar, v_{gs}, superpuesta sobre V_{GS}. El voltaje de salida se toma en el dren. Éste no es un circuito práctico por dos razones:

1. La polarización del MOSFET con una batería V_{GS} por separado, obviamente, no es práctica. Las distribuciones prácticas de polarización se estudian en la sección siguiente.

2. Un resistor R_D se utiliza en el circuito del dren. Como la mayor parte de los amplificadores con MOSFET se fabrican en forma de circuito integrado en donde los resistores son difíciles de obtener, se usan transistores MOS como dispositivos de carga; esto se muestra en una sección subsiguiente.

Por ahora, sin embargo, el circuito de la figura 5.31 servirá para ilustrar la base de la operación del MOSFET como amplificador.

Cálculo del punto de polarización de cd

Para operar el MOSFET como amplificador, debe polarizarse en un punto en la región de saturación. Esto es análogo al caso del BJT (capítulo 4) en donde se obtiene operación de amplificador al polarizarlo en la región activa. Para hallar la polarización de cd o punto de operación del MOSFET de la figura 5.31, fijamos la señal de entrada v_{gs} en cero y hallamos la corriente de dren de cd con

$$I_D = \frac{1}{2} k_n' \frac{W}{L} (V_{GS} - V_t)^2 \tag{5.32}$$

en donde hemos despreciado la modulación de longitud de canal (es decir, hemos supuesto $\lambda = 0$). El voltaje de cd en el dren, V_{DS} o simplemente V_D (ya que S está a tierra), será

$$V_D = V_{DD} - R_D I_D \tag{5.33}$$

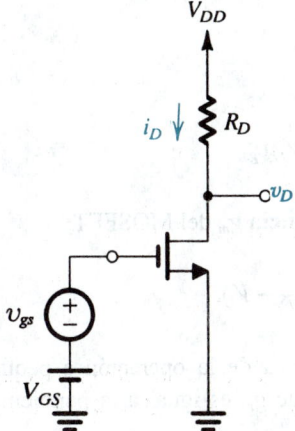

Fig. 5.31 Circuito conceptual utilizado para estudiar la operación del MOSFET como amplificador.

Para asegurar operación en la región de saturación, debemos tener

$$V_D > V_{GS} - V_t$$

Además, como el voltaje en el dren tendrá una componente de señal superpuesta sobre V_D, V_D tiene que ser suficientemente mayor que $(V_{GS} - V_t)$ para considerar la oscilación necesaria de señal. En breve veremos con más profundidad este punto.

La corriente de señal en el terminal del dren

A continuación, considere la situación con la señal de entrada v_{gs} aplicada. El voltaje total instantáneo de compuerta a dren será

$$v_{GS} = V_{GS} + v_{gs} \tag{5.34}$$

que resulta en una corriente instantánea de dren i_D,

$$i_D = \frac{1}{2} k_n' \frac{W}{L} (V_{GS} + v_{gs} - V_t)^2$$

$$= \frac{1}{2} k_n' \frac{W}{L} (V_{GS} - V_t)^2 + k_n' \frac{W}{L} (V_{GS} - V_t) v_{gs} + \frac{1}{2} k_n' \frac{W}{L} v_{gs}^2 \tag{5.35}$$

El primer término del lado derecho de la ecuación (3.35) se puede reconocer como la corriente I_D de cd de polarización (ecuación 5.32). El segundo término representa una componente de corriente que es directamente proporcional a la señal de entrada v_{gs}. El tercer término es una componente de corriente que es proporcional al cuadrado de la señal de entrada. Esta última componente es indeseable porque representa una *distorsión no lineal*. Para reducir la distorsión no lineal introducida por el MOSFET, la señal de entrada debe mantenerse pequeña para que

$$\frac{1}{2} k_n' \frac{W}{L} v_{gs}^2 \ll k_n' \frac{W}{L} (V_{GS} - V_t) v_{gs}$$

que resulta en

$$v_{gs} \ll 2(V_{GS} - V_t) \tag{5.36}$$

Si se satisface esta **condición a pequeña señal**, podemos despreciar el último término de la ecuación (5.35) y expresar i_D como

$$I_D \simeq I_D + i_d \tag{5.37}$$

donde

$$i_d = k_n' \frac{W}{L} (V_{GS} - V_t) v_{gs}$$

El parámetro que relaciona i_d y v_{gs} es la **transconductancia** g_m del MOSFET,

$$g_m \equiv \frac{i_d}{v_{gs}} = k_n' \frac{W}{L} (V_{GS} - V_t) \tag{5.38}$$

En la figura 5.32 se presenta una interpretación gráfica de la operación a pequeña señal del amplificador MOSFET de enriquecimiento. Nótese que g_m es igual a la pendiente de la curva característica i_D–v_{GS} en el punto de polarización

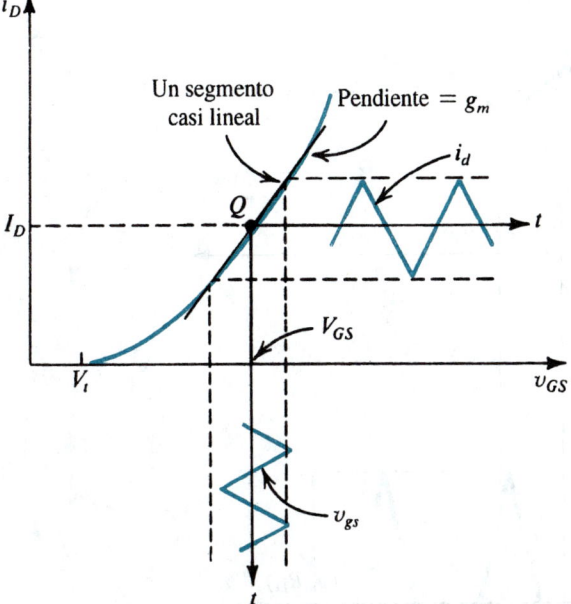

Fig. 5.32 Operación del amplificador MOSFET de enriquecimiento a pequeña señal.

$$g_m \equiv \left. \frac{\partial i_D}{\partial v_{GS}} \right|_{v_{GS} = V_{GS}} \tag{5.39}$$

Ésta es la definición formal de g_m y se puede demostrar para obtener la expresión dada en la ecuación (5.38).

Ganancia de voltaje

Regresando al circuito de la figura 5.31(a), podemos expresar el voltaje total instantáneo de dren v_D como sigue:

$$v_D = V_{DD} - R_D i_D$$

Bajo la condición de pequeña señal, tenemos

$$v_D = V_{DD} - R_D(I_D + i_d)$$

que se puede escribir también como

$$v_D = V_D - R_D i_d$$

Entonces, la componente de señal del voltaje de dren es

$$v_d = -i_d R_D = -g_m R_D v_{gs}$$

que indica que la ganancia de voltaje está dada por

$$\frac{v_d}{v_{gs}} = -g_m R_D \tag{5.40}$$

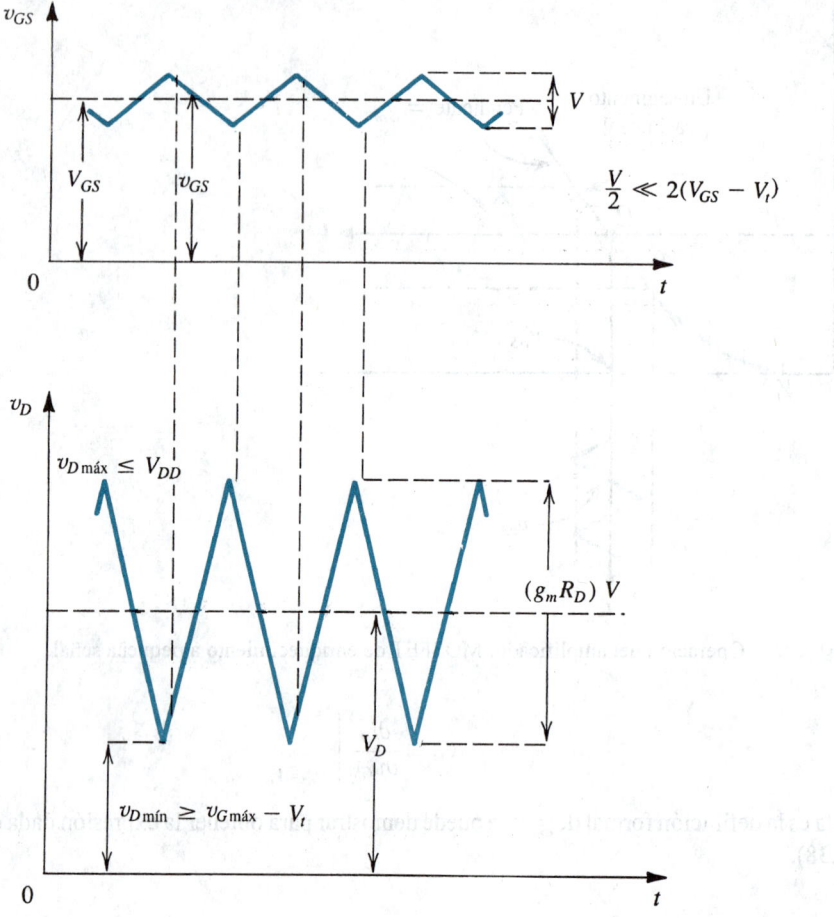

Fig. 5.33   Voltajes totales instantáneos v_{GS} y v_D para el circuito de la figura 5.31.

El signo menos de la ecuación (5.40) indica que la señal de salida v_d está 180° fuera de fase con respecto a la señal de entrada v_{gs}. Esto se ilustra en la figura 5.33, que muestra v_{gs} y v_D. La señal de entrada se supone que tiene una onda triangular con una amplitud mucho menor que $2(V_{GS} - V_t)$, la condición a pequeña señal de la ecuación (5.36), para asegurar operación lineal. Para operación en la región de saturación en todo momento, el mínimo valor de v_D no debe caer debajo del valor correspondiente de v_G en más de V_t. Del mismo modo, el máximo valor de v_D debe ser menor que V_{DD}; de otro modo, el FET entraría en la región de corte y los picos de la onda de señal de salida estarían recortados.

Separación del análisis de cd y el análisis de señal

Del análisis precedente, vemos que bajo la aproximación a pequeña señal, las cantidades de señal están superpuestas sobre cantidades de cd. Por ejemplo, la corriente total de dren i_D es igual a la corriente I_D más la corriente de señal i_d, el voltaje total de dren $v_D = V_D + v_d$, etc. Se deduce que el análisis y el diseño se pueden simplificar en gran medida si se separan los cálculos de cd o polarización de los cálculos de pequeña señal. Esto es, una vez que se haya establecido un punto estable de operación de cd y se hayan calculado todas las cantidades de cd, podemos entonces efectuar análisis de señal haciendo caso omiso de las cantidades de cd.

Modelos de circuito equivalente a pequeña señal

Desde el punto de vista de la señal, el FET se comporta como una fuente de corriente controlada por voltaje. Acepta una señal v_{gs} entre compuerta y fuente y proporciona una corriente $g_m v_{gs}$ en el terminal del dren. La resistencia de entrada de esta fuente controlada es muy alta, idealmente infinita. La resistencia de salida, es decir, la resistencia que mira hacia el dren, también es muy alta y hemos supuesto hasta ahora que es infinita. Reuniendo todo esto, llegamos al circuito de la figura 5.34(a), que representa operación a pequeña señal del MOSFET y es entonces un modelo a pequeña señal o un circuito equivalente a pequeña señal.

En el análisis de un circuito amplificador con FET, el FET se puede sustituir por el modelo de circuito equivalente que se muestra en la figura 5.34(a). El resto del circuito permanece sin cambio excepto que las *fuentes ideales de voltaje de cd constante son sustituidas por cortocircuitos*. Éste es un resultado del hecho de que el voltaje en los terminales de una fuente ideal de voltaje de cd constante no cambia y, por lo tanto, siempre habrá una señal de cero voltaje en los terminales de una fuente de voltaje de cd constante. Aplica un doble enunciado para fuentes de corriente de cd constante, es decir, la corriente de señal de una fuente ideal de corriente de cd constante siempre será cero y, por lo tanto, una fuente ideal de corriente de cd constante se puede sustituir por un circuito abierto en el circuito equivalente a pequeña señal del amplificador. El circuito resultante se puede usar entonces para efectuar cualquier análisis requerido de señal, por ejemplo calcular la ganancia de voltaje.

El defecto más serio del modelo a pequeña señal de la figura 5.34(a) es que supone que la corriente de dren en saturación es independiente del voltaje de dren. De nuestro estudio de las curvas características del MOSFET en saturación, sabemos que la corriente de dren de hecho depende de v_{DS} de una manera lineal. Esta dependencia fue modelada por una resistencia finita r_o entre dren y fuente, cuyo valor está dado aproximadamente por

$$r_o \simeq \frac{|V_A|}{I_D} \tag{5.41}$$

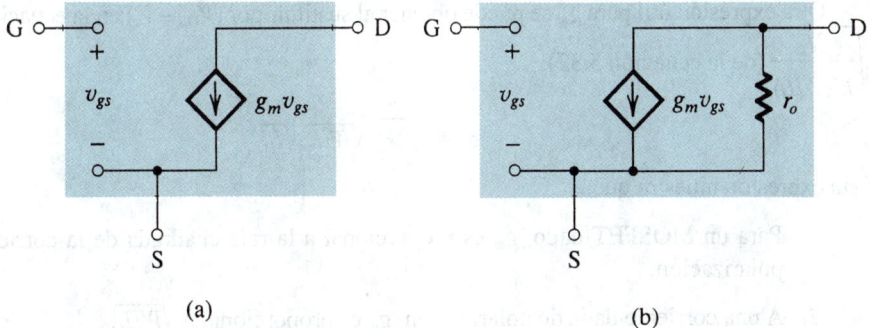

(a)   (b)

Fig. 5.34 Modelos de pequeña señal para el MOSFET: **(a)** despreciando la dependencia de i_D sobre v_{DS} en saturación (efecto de modulación de longitud de canal); y **(b)** incluyendo el efecto de modulación de longitud de canal, modelado por la resistencia de salida $r_o = |V_A|/I_D$.

donde $V_A = 1/\lambda$ es un parámetro de MOSFET que está especificado o se puede medir. Típicamente, r_o está entre 10 y 1000 kΩ. Se deduce que la precisión del modelo a pequeña señal se puede mejorar si se incluye r_o en paralelo con la fuente controlada, como se muestra en la figura 5.34(b).

Es importante observar que los parámetros g_m y r_o del modelo a pequeña señal dependen del punto de polarización de cd del FET.

Regresando al amplificador de la figura 5.31(a), encontramos que al sustituir el MOSFET con el modelo a pequeña señal de la figura 5.34(b) resulta en la expresión de ganancia de voltaje

$$\frac{v_d}{v_{gs}} = -g_m(R_D//r_o) \tag{5.42}$$

Entonces, la resistencia finita de salida r_o resulta en una reducción en la magnitud de la ganancia de voltaje.

Aun cuando el análisis anterior se realice en un transistor NMOS en modo de enriquecimiento, los resultados aplican igualmente bien a dispositivos PMOS (con k'_n sustituido con k'_p) y a los MOSFET en modo de agotamiento. En particular, los modelos de circuito equivalente de la figura 5.34 aplican a cualquier MOSFET. Nótese también que el circuito equivalente de la figura 5.34(b) es idéntico al modelo híbrido π del BJT [figura 4.33(a)], excepto que para el MOSFET $r_\pi = \infty$ porque la corriente de compuerta es cero.

La transconductancia g_m

Ahora veremos más de cerca la transconductancia del MOSFET dada por la ecuación (5.38), que aquí repetimos como

$$g_m = k'_n(W/L)(V_{GS} - V_t) \tag{5.43}$$

Esta relación indica que g_m es proporcional al parámetro de transconductancia del proceso $k'_n = \mu_n C_{ox}$ y a la razón W/L del transistor MOS; por lo tanto, para obtener una transconductancia relativamente grande, el dispositivo debe ser corto y ancho. También observamos que para un dispositivo dado, la transconductancia es proporcional al voltaje en exceso o eficaz, $V_{eff} = V_{GS} - V_t$, la cantidad en la que el voltaje de polarización V_{GS} excede al voltaje de umbral V_t. Nótese, sin embargo, que aumentar g_m al polarizar el dispositivo a un V_{GS} mayor tiene la desventaja de reducir la oscilación de señal de voltaje permisible en el dren.

Otra expresión útil para g_m se puede obtener al sustituir por $(V_{GS} - V_t)$ en la ecuación (5.43) con $\sqrt{\dfrac{2I_D}{k'_n(W/L)}}$ (de la ecuación 5.32):

$$g_m = \sqrt{2k'_n} \ \sqrt{W/L} \ \sqrt{I_D} \tag{5.44}$$

Esta expresión muestra que:

1. Para un MOSFET dado, g_m es proporcional a la raíz cuadrada de la corriente de cd de polarización.

2. A una corriente dada de polarización, g_m es proporcional a $\sqrt{W/L}$.

En contraste, la transconductancia del transistor de unión bipolar (BJT) estudiado en el capítulo 4 es proporcional a la corriente de polarización y es independiente del tamaño físico y geometría del dispositivo.

Para obtener algún conocimiento de los valores de g_m obtenidos en los MOSFET consideremos un dispositivo de circuito integrado que opera a $I_D = 1$ mA y que tiene $k_n' = 20\ \mu A/V^2$. La ecuación (5.44) muestra que para $W/L = 1$, $g_m = 0.2$ mA/V, mientras que un dispositivo para el que $W/L = 100$ tiene $g_m = 2$ mA/V. En contraste, un BJT que opere a una corriente de colector de 1 mA tiene una $g_m = 40$ mA/V.

Otra útil expresión para g_m del MOSFET se puede obtener al sustituir por $k_n'(W/L)$ en la ecuación (5.43) con $2I_D/(V_{GS} - V_t)^2$:

$$g_m = \frac{2I_D}{V_{GS} - V_t} = \frac{I_D}{(V_{GS} - V_t)/2} \tag{5.45}$$

Entonces, g_m es la razón entre la corriente de polarización de cd y la mitad del voltaje eficaz $V_{eff} = V_{GS} - V_t$. Esta expresión está en una forma muy semejante a la del BJT donde $g_m = I_C/V_T$. Hay, sin embargo, una diferencia importante: mientras que V_T es de unos 25 mV, los valores prácticos para $(V_{GS} - V_t)/2$ son por lo menos 0.1 V o semejantes. Por lo tanto, de nueva cuenta, vemos que g_m del BJT es mucho más alta que la del MOSFET. Sin embargo, a pesar de su baja g_m, los MOSFET tienen muchas otras ventajas, incluyendo alta impedancia de entrada, pequeño tamaño, baja disipación de potencia y facilidad de fabricación.

EJEMPLO 5.8

En la figura 5.35(a) se ilustra un amplificador MOSFET discreto, del tipo de enriquecimiento, en el que la señal de entrada v_i está acoplada a la compuerta por medio de un condensador de alta capacidad, y la señal de salida en el dren está acoplada a la resistencia de carga R_L por medio de otro condensador de alta capacidad. Deseamos analizar este circuito amplificador para determinar su ganancia de voltaje a pequeña señal y su resistencia de entrada. El transistor tiene $V_t = 1.5$ V, $k_n'(W/L) = 0.25$ mA/V^2 y $V_A = 50$ V. Suponga que los condensadores de acoplamiento son suficientemente grandes para actuar como cortocircuitos a las frecuencias de interés de la señal.

SOLUCIÓN

Primero evaluamos el punto de operación de cd como sigue:

$$I_D = \frac{1}{2} \times 0.25(V_{GS} - 1.5)^2 \tag{5.46}$$

donde, para mayor sencillez, hemos despreciado el efecto de modulación de la longitud del canal. Como la corriente de cd de la compuerta es cero, no habrá caída de voltaje de cd en R_G; entonces, $V_{GS} = V_D$, que, cuando se sustituye en la ecuación (5.46), resulta

$$I_D = 0.125(V_D - 1.5)^2 \tag{5.47}$$

También,

$$V_D = 15 - R_D I_D = 15 - 10 I_D \tag{5.48}$$

Al resolver las ecuaciones (5.47) y (5.48) juntas resulta

$$I_D = 1.06\ \text{mA} \quad \text{y} \quad V_D = 4.4\ \text{V}$$

(Nótese que la otra solución a la ecuación cuadrática no es físicamente significativa.)

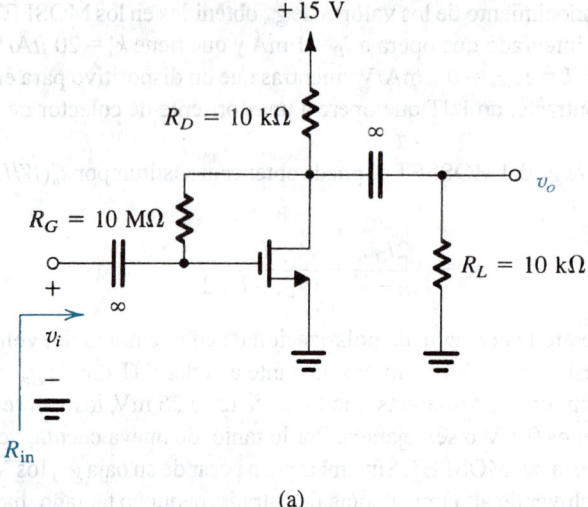

(a)

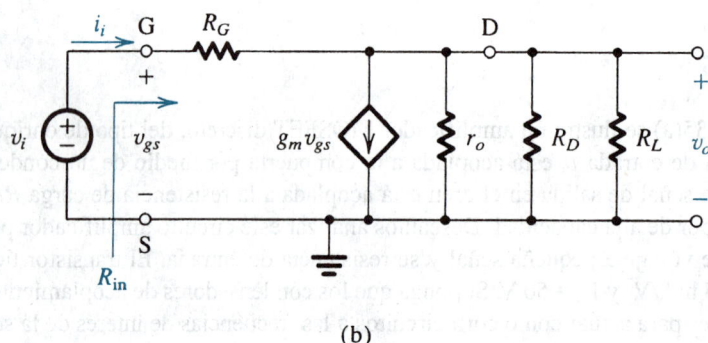

(b)

Fig. 5.35 Ejemplo 5.8: **(a)** circuito amplificador; **(b)** modelo de circuito equivalente.

El valor de g_m está dado por

$$g_m = k_n' \frac{W}{L} (V_{GS} - V_t)$$

$$= 0.25(4.4 - 1.5) = 0.725 \text{ mA/V}$$

La resistencia de salida r_o está dada por

$$r_o = \frac{V_A}{I_D} = \frac{50}{1.06} = 47 \text{ k}\Omega$$

En la figura 5.35(b) se muestra el circuito equivalente del amplificador, a pequeña señal. Como R_G es muy grande (10 MΩ), la corriente que pasa por ella se puede despreciar en comparación con la de la fuente controlada $g_m v_{gs}$, haciendo posible que escribamos el voltaje de salida

$$v_o \simeq -g_m v_{gs}(R_D // R_L // r_o)$$

Como $v_{gs} = v_i$, la ganancia de voltaje es

$$\frac{v_o}{v_i} = -g_m(R_D//R_L//r_o)$$

$$= -0.725(10//10//47) = -3.3 \text{ V/V}$$

Para evaluar la resistencia R_{in} de entrada, observamos que la corriente de entrada i_i está dada por

$$i_i = (v_i - v_o)/R_G$$

$$= \frac{v_i}{R_G}\left(1 - \frac{v_o}{v_i}\right)$$

$$= \frac{v_i}{R_G}[1 - (-3.3)] = \frac{4.3\,v_i}{R_G}$$

Por lo tanto,

$$R_{in} \equiv \frac{v_i}{i_i} = \frac{R_G}{4.3} = \frac{10}{4.3} = 2.33 \text{ M}\Omega$$

El modelo T del circuito equivalente

Por medio de una simple transformación de circuito es posible desarrollar un modelo alternativo de circuito equivalente para el MOSFET. El desarrollo de este modelo, conocido como modelo T, se ilustra en la figura 5.36. En la figura 5.36(a) aparece un circuito equivalente estudiado antes sin r_o. En la figura 5.36(b) hemos agregado una segunda fuente de corriente $g_m v_{gs}$ en serie con la fuente controlada original. El recientemente creado nodo de circuito, marcado como X, está unido al terminal de compuerta G en la figura 5.36(c). Observe que la corriente de compuerta no cambia, es decir, permanece igual a cero, y así esta conexión no altera las curvas características terminales. Ahora observamos que tenemos una fuente controlada de corriente $g_m v_{gs}$ conectada en paralelo con su voltaje v_{gs} de control. Podemos sustituir esta fuente controlada por una resistencia mientras ésta tome una corriente igual que la fuente. (Véase el teorema de absorción de fuente en el apéndice E.) Entonces, el valor de la resistencia es $v_{gs}/g_m v_{gs} = 1/g_m$. Esta sustitución se muestra en la figura 5.36(d), que describe el modelo alternativo. Observe que i_g es todavía cero, $i_d = g_m v_{gs}$, e $i_s = v_{gs}/(1/g_m) = g_m v_{gs}$, todas iguales como en el modelo original de la figura 5.36(a).

El modelo de la figura 5.36(d) muestra que la resistencia entre compuerta y fuente viendo hacia la fuente es $1/g_m$. Esta observación y el modelo T resultan útiles en algunas aplicaciones. Nótese que la resistencia entre compuerta y fuente, viendo hacia la compuerta, es infinita.

Al desarrollar el modelo T no incluimos r_o. Si se desea, esto puede hacerse al incorporar, en el circuito de la figura 5.36(d), una resistencia r_o entre dren y fuente, como se muestra en la figura 5.37. Finalmente, debe observarse la similitud del modelo T MOSFET con la del BJT (figura 4.27a).

Modelo del efecto del cuerpo

Como se mencionó en la sección 5.2, el efecto del cuerpo ocurre en un MOSFET cuando el sustrato no está unido a la fuente, pero está conectado a la fuente de alimentación más negativa del circuito integrado. Entonces, el sustrato (cuerpo) estará a tierra de señal, pero como la fuente no lo está, se forma un voltaje de señal v_{bs} entre el cuerpo (B) y la fuente (S). En la sección 5.2, se mencionó que

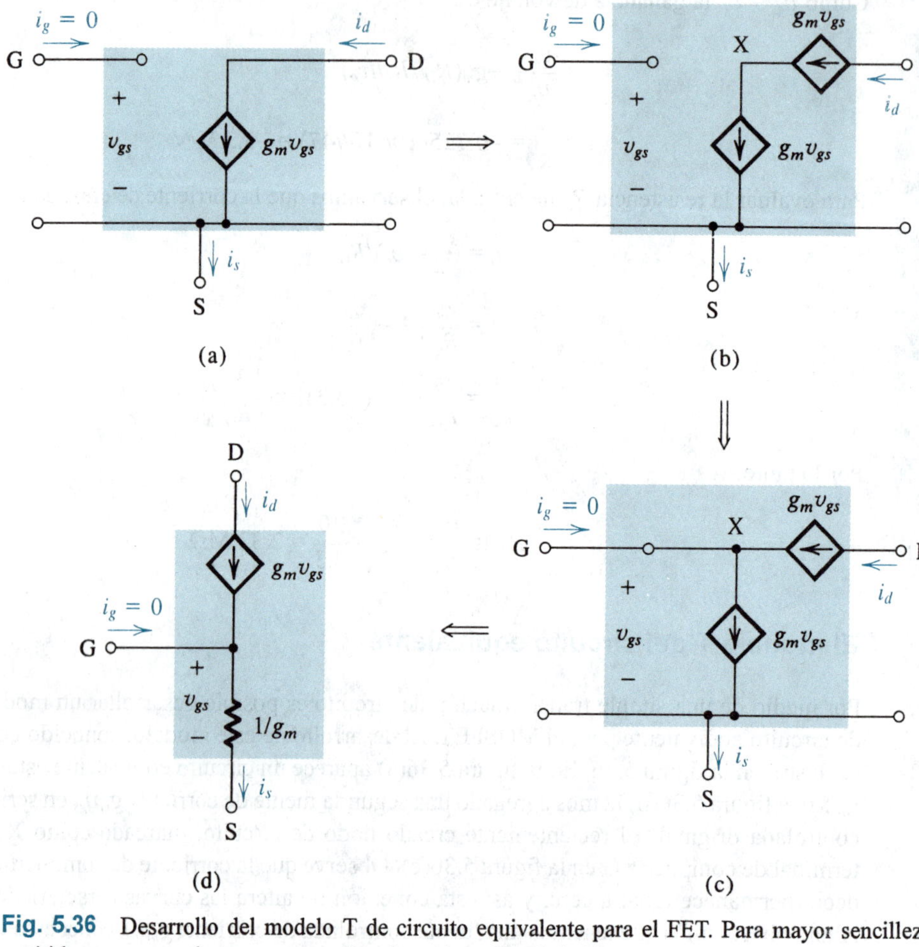

Fig. 5.36 Desarrollo del modelo T de circuito equivalente para el FET. Para mayor sencillez, r_o se ha omitido pero se puede agregar entre D y S en el modelo T de (d).

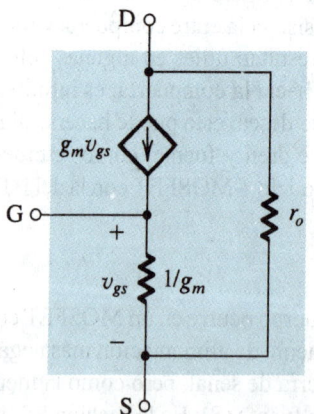

Fig. 5.37 El modelo T del MOSFET aumentado con la resistencia r_o de dren a fuente.

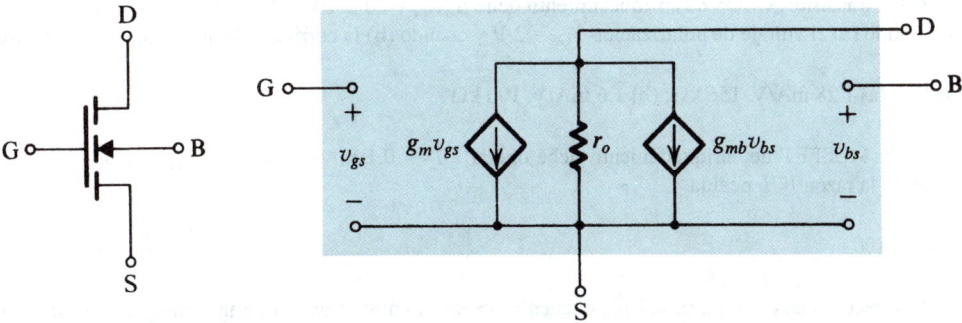

Fig. 5.38 Modelo a pequeña señal de circuito equivalente de un MOSFET en el que el cuerpo no está conectado a la fuente.

el sustrato actúa como una "segunda compuerta" para el MOSFET. Entonces, la señal v_{bs} da lugar a una componente de dren a fuente que escribiremos como $g_{mb}v_{bs}$, donde g_{mb} es la **transconductancia del cuerpo (o de la mano)**, definida como

$$g_{mb} \equiv \left. \frac{\partial i_D}{\partial v_{BS}} \right|_{\substack{v_{GS}=\text{constante} \\ v_{DS}=\text{constante}}} \tag{5.49}$$

Si recordamos que i_D depende de v_{BS} por medio de la dependencia de V_t sobre V_{BS}, las ecuaciones (5.18), (5.30) y (5.38) se pueden usar para obtener

$$g_{mb} = \chi \, g_m \tag{5.50}$$

donde

$$\chi \equiv \frac{\partial V_t}{\partial V_{SB}} = \frac{\gamma}{2\sqrt{2\phi_f + V_{SB}}} \tag{5.51}$$

Típicamente el valor de χ está entre 0.1 y 0.3.

En la figura 5.38 se muestra el modelo MOSFET aumentado para incluir la fuente controlada $g_{mb}v_{bs}$ que modela el efecto del cuerpo. Éste es el modelo que debe usarse siempre que el sustrato no se encuentre conectado a la fuente.

Ejercicios

5.17 Para el amplificador de la figura 5.31, sea $V_{DD} = 5$ V, $R_D = 10$ kΩ, $V_t = 1$ V, $k'_n = 20$ μA/V^2, $W/L = 20$, $V_{GS} = 2$ V y $\lambda = 0$. (a) Encuentre la corriente de cd I_D y el voltaje de cd V_D. (b) Encuentre g_m. (c) Encuentre la ganancia de voltaje. (d) Si $v_{gs} = 0.2$ sen ωt volts, encuentre v_d suponiendo que se cumple la aproximación a pequeña señal. ¿Cuáles son los valores mínimo y máximo de v_D? (e) Utilice la ecuación (5.35) para determinar las diversas componentes de i_D. Usando la identidad (sen$^2 \omega t = \frac{1}{2} - \frac{1}{2}$ cos $2\omega t$), demuestre que hay un ligero desplazamiento en I_D (¿de cuánto?) y que hay una componente de segunda armónica (es decir, una componente con frecuencia 2ω). Exprese la amplitud de la componente de la segunda armónica como porcentaje de la amplitud de la fundamental. (Este valor se conoce como distorsión de segunda armónica.)

Resp. (a) 200 μA, 3 V; (b) 0.4 mA/V; (c) −4 V/V; (d) $v_d = -0.8$ sen ωt volts; (e) $i_D = (204 + 80$ sen $\omega t - 4$ cos $2\omega t)$ μA, 5%

5.18 Un transistor NMOS de enriquecimiento tiene $\mu_n C_{ox} = 20\ \mu A/V^2$, $W/L = 64$, $V_t = 1$ V y $\lambda = 0.01$. Encuentre g_m y r_o cuando (a) el voltaje de polarización $V_{GS} = 2$ V y cuando (b) la corriente de polarización $I_D = 1$ mA.

Resp. (a) 1.28 mA/V, 156 kΩ; (b) 1.6 mA/V, 100 kΩ

5.19 Un MOSFET de enriquecimiento debe operar a $I_D = 0.1$ mA y debe tener $g_m = 1$ mA/V. Si $k'_n = 50\ \mu A/V^2$, encuentre la razón W/L pedida.

Resp. 100

5.20 Si recordamos que $\mu_p \simeq 0.4\ \mu_n$, encuentre la razón entre el ancho de un transistor PMOS y el ancho de un transistor NMOS, de modo que los dos dispositivos tengan igual g_m para las mismas condiciones de polarización. Los dos dispositivos tienen iguales longitudes de canal y están fabricados con el mismo proceso CMOS.

Resp. 2.5

5.21 Para un transistor NMOS con $2\phi_f = 0.6$ V, $\gamma = 0.5$ V$^{1/2}$ y $V_{SB} = 4$ V, encuentre $\chi \equiv g_{mb}/g_m$.

Resp. 0.12

5.6 POLARIZACIÓN EN CIRCUITOS AMPLIFICADORES MOS

Como se mencionó en la sección anterior, un paso esencial en el diseño de un circuito amplificador MOSFET es el establecimiento de un punto apropiado de operación de cd para el transistor. Éste es el paso conocido como *polarización* o *diseño de polarización*. Un punto apropiado de operación de cd o punto de polarización está caracterizado por una corriente I_D de dren de cd estable y que se puede pronosticar, así como un voltaje de cd de dren a fuente que asegure operación en el modo de saturación para todos los niveles esperados de señal de entrada.

En la sección 4.10 estudiamos varios métodos para el diseño de polarización de amplificadores discretos con los BJT. Todos estos métodos se pueden emplear para polarizar amplificadores MOSFET con componentes discretos. Como el lector ya debe estar familiarizado con estas técnicas, y debido a que los amplificadores MOS de circuitos discretos no son muy comunes en la actualidad, no repetiremos aquí este material en detalle, sino que, más bien, comentaremos brevemente sobre las distribuciones de polarización de circuitos discretos y luego nos concentraremos en el resto de esta sección sobre los métodos de polarización empleados en el diseño de amplificadores MOS de circuitos integrados.

5.6.1 Polarización de amplificadores MOSFET discretos

En la figura 5.39 se ilustran cuatro circuitos para polarizar el MOSFET en diseño de circuitos discretos. En comparación con sus similares en el caso de los BJT, las redes de polarización de la figura 5.39 son un poco más fáciles de diseñar porque la corriente de compuerta es $I_G = 0$. Por otra parte, V_{GS} varía entre dispositivos mucho más que V_{BE} en los BJT, que por lo general cae en un margen estrecho.

El circuito de la figura 5.39(a) es el circuito clásico empleado cuando se utiliza una sola fuente de alimentación. El divisor de voltaje R_{G1}, R_{G2} establece un voltaje fijo en la compuerta, y en la fuente se conecta un resistor R_S de autopolarización. Como $I_G = 0$, R_{G1} y R_{G2} se pueden seleccionar de

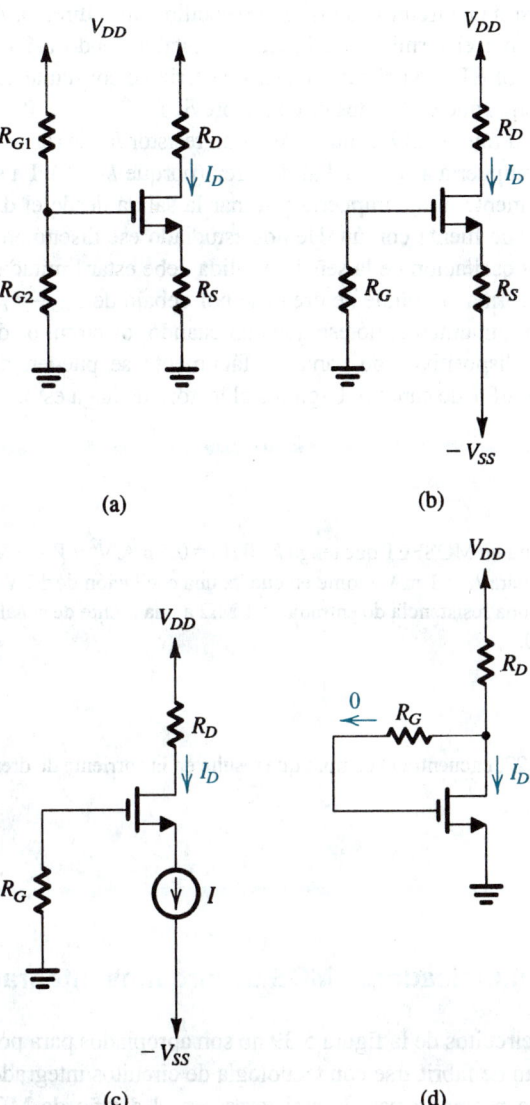

Fig. 5.39 Circuitos para polarización del MOSFET en amplificadores de componentes discretos: **(a)** circuito clásico que utiliza un voltaje fijo en la compuerta y un resistor R_S de autopolarización; **(b)** versión simplificada de (a) posible cuando se dispone de dos fuentes de alimentación; **(c)** un circuito sencillo y elegante que utiliza una fuente de corriente constante; **(d)** circuito de fuente común con retroalimentación resistiva usando un resistor R_G.

un valor muy grande (del orden de MΩ), lo que permite que la resistencia de entrada presentada por el amplificador a una fuente de señal (capacitivamente acoplada a la compuerta) sea proporcionalmente alta (una ventaja en comparación con el caso del BJT). El resistor R_S, como su contraparte R_E en el caso del BJT, proporciona retroalimentación negativa que ayuda a estabilizar el valor del I_D. Finalmente, R_D se selecciona para ser tan grande como sea posible a fin de obtener alta ganancia pero suficientemente pequeña para permitir que la señal deseada oscile en el dren mientras se conserva el MOSFET en saturación en todo momento. Nótese que este circuito se analizó en el ejemplo 5.4.

Cuando se dispone de dos fuentes de alimentación, como es el caso con frecuencia, se puede utilizar el circuito de polarización un poco más sencillo de la figura 5.39(b); este circuito se basa en el mismo principio que el de la figura 5.39(a). El resistor R_G establece una tierra de cd en la compuerta y presenta una alta resistencia de entrada a una fuente de señal que puede ser capacitivamente acoplada a la compuerta.

En la figura 5.39(c) se ilustra un circuito incluso más sencillo y más directo. Aquí, una fuente I de corriente constante alimenta el terminal de la fuente, estableciendo así $I_D = I$. En breve estudiaremos circuitos con MOSFET que aplican fuentes de corriente constante. Los resistores R_G y R_D sirven los mismos propósitos que en los dos circuitos previos.

Finalmente, el circuito de la figura 5.39(d) utiliza un gran resistor R_G de retroalimentación que obliga al voltaje de cd en la compuerta a ser igual al del dren (porque $I_G = 0$). La señal de entrada puede ser acoplada capacitivamente a la compuerta y tomar la salida desde el dren, con lo cual resulta un simple amplificador de fuente común. Hemos estudiado ese diseño en el ejemplo 5.8. Observe que en este circuito la oscilación de la señal de salida debe estar limitada en la dirección negativa a $|V_t|$, porque de otra forma el voltaje de dren cae por debajo de $V_{GS} - V_t$ y el dispositivo sale de la región de saturación. Finalmente, nótese que aun cuando los circuitos de la figura 5.39 se muestran para el caso de dispositivos de canal n, fácilmente se pueden dibujar circuitos complementarios para los MOSFET de canal p. Urgimos al lector que haga esto.

Ejercicios

5.22 Diseñe el circuito de la figura 5.39(b) para un MOSFET que tenga $k_n'(W/L) = 0.5$ mA/V^2 y $V_t = 2$ V, y que utilice dos fuentes de alimentación de ±10 V. Diseñe para $I_D = 1$ mA y tome en cuenta una oscilación de ±2 V de señal en el dren. Se requiere que el amplificador presente una resistencia de entrada de 1 MΩ a una fuente de señales capacitivamente acoplada a la compuerta. Suponga $\lambda = 0$.

Resp. $R_G = 1$ MΩ, $R_S = 6$ kΩ, $R_D = 10$ kΩ

5.23 En el circuito diseñado en el ejercicio 5.22, encuentre el cambio que resulte en la corriente de dren por sustituir el MOSFET con otro que tenga $V_t = 3$ V.

Resp. -14%

5.6.2 Polarización en amplificadores MOS de circuitos integrados

Filosofía básica. Los circuitos de la figura 5.39 no son apropiados para polarizar amplificadores de MOSFET que hayan de fabricarse con tecnología de circuitos integrados (IC). Esto se debe a que estos circuitos hacen amplio uso de resistores. En el diseño de MOS de circuitos integrados, el uso de resistores se desaprueba porque un resistor hasta del más modesto valor requiere un área relativamente grande del chip de silicio y, por lo tanto, se considera "costoso" en términos de economía de fabricación de los IC, que se basan en el costo de "bienes raíces de silicio". Además, sin más costosos pasos de procesamiento, los valores de resistores de IC muestran grandes tolerancias. En contraste, un MOSFET se puede fabricar en un área muy pequeña en el chip de IC, y sus parámetros están relativamente bien controlados. Se concluye que la filosofía básica del diseño de los IC es reducir al mínimo el número (y, lo que es más importante, el valor total) de resistores, utilizando en su lugar transistores que realicen una amplia variedad de funciones necesarias en el diseño de circuitos electrónicos.

Otra razón por la que los circuitos de polarización de la figura 5.39 no son apropiados para amplificadores de IC, es que los circuitos mostrados anticipan que la fuente de señales de entrada estaría capacitivamente acoplada a la entrada del amplificador, que la señal de salida estaría capacitivamente acoplada a otra etapa amplificadora o a una carga real, y que se utilizarían

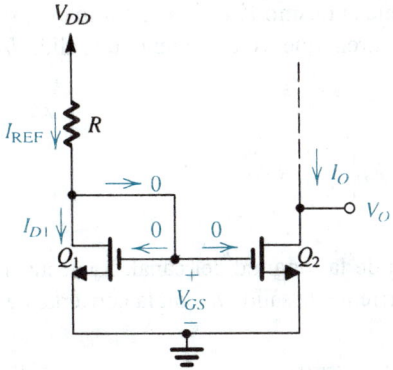

Fig. 5.40 Circuito para una fuente de corriente constante básica de MOSFET.

condensadores de derivación para establecer tierras de ca según sea necesario. De hecho, en el capítulo 4 hemos visto estos métodos utilizados en amplificadores discretos de BJT. Aun cuando los condensadores se pueden fabricar en forma de IC, las consideraciones de área de chips limitan la capacitancia total en un chip a unos pocos picofarads, o, a lo sumo, a unas pocas decenas de picofarads. Obviamente, esto descarta el uso de grandes condensadores de acoplamiento y derivación. De preferencia, se utilizan métodos diferentes en el diseño de amplificadores MOS de IC y de BJT, como veremos en secciones y capítulos posteriores.

La fuente básica de corriente con MOSFET.

La polarización de amplificadores MOS de IC utiliza fuentes de corriente constante. Específicamente, una corriente constante se genera y luego se repite en varios lugares en el IC para obtener corrientes de cd de polarización para las diversas etapas del amplificador.

En la figura 5.40 se muestra el circuito de una fuente simple de corriente constante de MOS. El corazón del circuito es el transistor Q_1, cuyo dren está en cortocircuito con su compuerta[6] y por esto operan en la región de saturación, de modo que

$$I_{D1} = \frac{1}{2}\, k_n' \left(\frac{W}{L}\right)_1 (V_{GS} - V_t)^2 \tag{5.52}$$

en donde hemos despreciado la modulación de la longitud del canal (es decir, hemos supuesto $\lambda = 0$). La corriente de dren de Q_1 es proporcionada por V_{DD} a través de un resistor R (que en algunos casos estaría fuera del chip del IC). Como las corrientes de compuerta son cero,

$$I_{D1} = I_{REF} = \frac{V_{DD} - V_{GS}}{R} \tag{5.53}$$

donde la corriente que pasa por R se considera la corriente de referencia de la fuente de corriente y se denota por I_{REF}. Dados los valores de parámetros de Q_1, y un valor deseado para I_{REF}, las ecuaciones (5.52) y (5.53) se pueden usar para determinar el valor requerido para R.

---

[6] Como esto convierte al transistor de tres terminales en un dispositivo de dos terminales, se dice que el transistor está conectado como diodo. Lo anterior se verá con más detalle en la sección 5.7.

Ahora consideremos el transistor Q_2: tiene el mismo V_{GS} que Q_1, por lo que, si suponemos que está operando en saturación, su corriente de dren, que es la corriente de salida I_O de la fuente de corriente, será

$$I_O = I_{D2} = \frac{1}{2} k_n' \left(\frac{W}{L} \right)_2 (V_{GS} - V_t)^2 \tag{5.54}$$

en donde hemos despreciado la modulación de la longitud del canal. Las ecuaciones (5.52) a la (5.54) hacen posible que relacionemos la corriente de salida I_O con la corriente de referencia I_{REF},

$$\frac{I_O}{I_{REF}} = \frac{(W/L)_2}{(W/L)_1} \tag{5.55}$$

Ésta es una relación sencilla y de interés. La conexión especial de Q_1 y Q_2 produce una corriente de salida I_O que está relacionada con la corriente de referencia I_{REF} debido a las razones de los transistores, es decir, la relación entre I_O e I_{REF} está determinada sólo por la geometría de los transistores. En el caso especial de transistores idénticos, $I_O = I_{REF}$, y el circuito simplemente se duplica o *refleja* la corriente de referencia en el terminal de salida. Esto ha dado al circuito compuesto de Q_1 y Q_2 el nombre de **espejo de corriente** y se usa independientemente de las razones entre las dimensiones del dispositivo.

En la figura 5.41 se ilustra el circuito de espejo de corriente con la corriente de referencia de entrada que, para mayor sencillez, se muestra como si fuese alimentada por una fuente de corriente. La *ganancia de corriente* o *razón de transferencia de corriente* del espejo de corriente está dada por la ecuación (5.55). El lector recordará un circuito similar de espejo de corriente ejecutado con unos BJT (véase la figura 4.42b). Finalmente, debe observarse que el circuito de la figura 5.41 es la forma básica de circuitos de espejo de corriente; en el capítulo 6 se estudiarán circuitos más avanzados de la función de espejo de corriente en tecnologías tanto de MOS como de BJT. Los espejos de corriente son bases esenciales en el diseño de amplificadores de circuitos integrados (IC).

Efecto de V_O sobre I_O.

En la descripción anterior de la operación de la fuente de corriente de la figura 5.40, supusimos que Q_2 está operando en saturación. Esto es obviamente esencial si Q_2

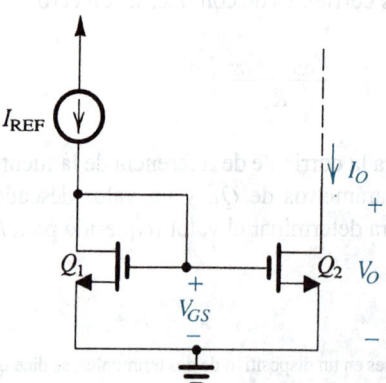

Fig. 5.41 Espejo de corriente básico con MOSFET.

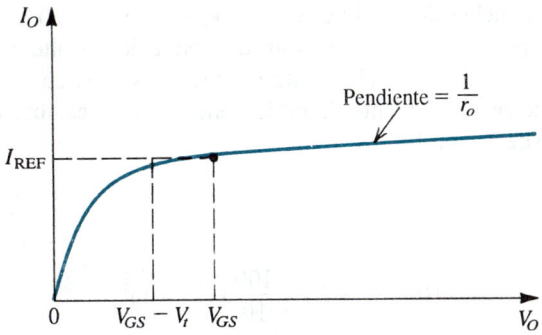

Fig. 5.42 Curva característica de salida de la fuente de corriente de la figura 5.40, y el espejo de corriente de la figura 5.41, para el caso de que Q_2 esté acoplado a Q_1.

debe alimentar una salida de corriente constante. Para asegurar que Q_2 está saturado, el circuito al que el dren de Q_2 se vaya a conectar debe establecer un voltaje de dren V_O que satisfaga la relación

$$V_O \geq V_{GS} - V_t \tag{5.56}$$

En otras palabras, la fuente de corriente operará de modo correcto para voltajes V_O de sólo $|V_t|$ volts debajo de V_{GS}.

Aun cuando hasta aquí la hemos despreciado, la modulación de la longitud del canal puede tener un efecto importante en la operación de la fuente de corriente. Considere, para mayor sencillez, el caso de los dispositivos idénticos Q_1 y Q_2. La corriente de dren de Q_2, I_O, será igual a la corriente en Q_1, I_{REF}, sólo al valor de V_O que haga que los dos dispositivos tengan el mismo V_{DS}, es decir, a $V_O = V_{GS}$. Como V_O aumenta arriba de este valor, I_O aumentará según la resistencia incremental de salida r_{o2} de Q_2. Esto se ilustra en la figura 5.42, en la que se muestra I_O contra V_O. Observe que como Q_2 está operando a un V_{GS} constante (determinado por pasar I_{REF} por el dispositivo acoplado Q_1), la curva de la figura 5.42 es simplemente la curva característica i_D–v_{DS} de Q_2 para v_{GS} igual al valor particular V_{GS}.

En resumen, la fuente de corriente de la figura 5.40 y el espejo de corriente de la figura 5.41 tienen resistencia de salida finita R_o,

$$R_o = \frac{\Delta V_O}{\Delta I_O} = r_{o2} = \frac{V_{A2}}{I_O} \tag{5.57}$$

donde I_O está dada por la ecuación (5.54) y V_{A2} es el voltaje Early de Q_2. También recordemos que V_A es proporcional a la longitud del canal del transistor; así, para obtener altos valores de resistencia de salida, las fuentes de corriente suelen estar diseñadas usando transistores con canales largos.

EJEMPLO 5.9

Dado $V_{DD} = 5$ V y usando $I_{REF} = 100$ μA, se requiere diseñar el circuito de la figura 5.40 para obtener una corriente de salida cuyo valor nominal sea 100 μA. Encuentre R si Q_1 y Q_2 son iguales, tienen longitudes de canal de 10 μm y anchos de canal de 100 μm, $V_t = 1$ V y $k_n' = 20$ μA/V². ¿Cuál es el mínimo valor posible de V_O? Suponiendo que la tecnología de fabricación resulte en un voltaje Early que se pueda expresar como $V_A = 10$ L, donde L está en micrones y V_A en volts, encuentre la resistencia de salida de la fuente de corriente. También encuentre el cambio en corriente de salida resultante de un cambio de 3 V en V_O.

SOLUCIÓN

$$I_{D1} = I_{REF} = 100 = \frac{1}{2} \times 20 \times \frac{100}{10}(V_{GS} - 1)^2$$

Entonces,

$$V_{GS} = 2 \text{ V}$$

$$R = \frac{5 - 2}{100 \ \mu A} = 30 \text{ k}\Omega$$

$$V_{Omín} = V_{GS} - V_t = 2 - 1 = 1 \text{ V}$$

Para los transistores utilizados, $L = 10$ μm. Así,

$$V_A = 10 \times 10 = 100 \text{ V}$$

$$r_o = \frac{100 \text{ V}}{100 \ \mu A} = 1 \text{ M}\Omega$$

La corriente de salida será 100 μA en $V_O = V_{GS} = 2$ V. Si V_O cambia en +3 , el cambio correspondiente en I_O será

$$\Delta I_O = \frac{\Delta V_O}{r_o} = \frac{+3 \text{ V}}{1 \text{ M}\Omega} = +3 \ \mu A$$

o +3%.

Ejercicio

5.24 Para la fuente de corriente diseñada en el ejemplo 5.9, se requiere duplicar la corriente de salida (es decir, obtener $I_O = 200$ μA) con sólo cambiar W_2. ¿Cuál valor de W_2 se requiere? ¿Cuál será la resistencia de salida de la fuente de corriente rediseñada? Encuentre la corriente de salida a $V_O = +5$ V.

Resp. 200 μm; 0.5 MΩ; 206 μA

Circuitos de mando de corriente. Como se mencionó antes, una vez que se genera una corriente constante, ésta se puede duplicar para obtener corrientes de cd de polarización para las diversas etapas amplificadoras de un IC. Obviamente, se pueden usar espejos de corriente para ejecutar esta función de mando de corriente. En la figura 5.43 se ilustra un sencillo circuito de

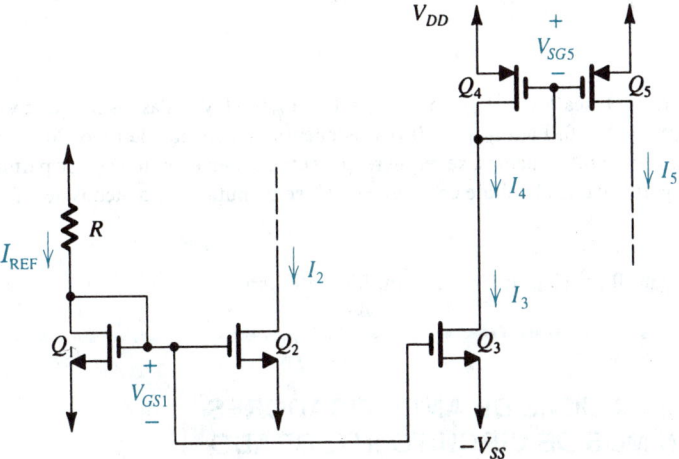

Fig. 5.43 Un circuito de control de corriente.

mando de corriente. Aquí, Q_1 junto con R determina la corriente de referencia I_{REF}. Los transistores Q_1, Q_2 y Q_3 forman un espejo de corriente de dos salidas,

$$I_2 = I_{REF} \frac{(W/L)_2}{(W/L)_1}$$

$$I_3 = I_{REF} \frac{(W/L)_3}{(W/L)_1}$$

Los voltajes en los drenes de Q_2 y Q_3 están restringidos como sigue:

$$V_{D2}, V_{D3} > -V_{SS} + V_{GS1} - V_{tn}$$

en donde V_{tn} es el voltaje de umbral de los dispositivos de canal n. Esta restricción suele significar que V_{D2} y V_{D3} tienen que permanecer más altos que la fuente negativa ($-V_{SS}$) en alrededor de un volt.

Regresando al circuito de la figura 5.43, vemos que la corriente I_3 se alimenta al lado de entrada de un espejo de corriente formado por los dispositivos Q_4 y Q_5 de canal p. Este espejo proporciona

$$I_5 = I_4 \frac{(W/L)_5}{(W/L)_4}$$

donde $I_4 = I_3$. Para conservar Q_5 en saturación, su voltaje de dren está limitado a

$$V_{D5} < V_{DD} - V_{SG5} + |V_{tp}|$$

donde V_{tp} es el voltaje de umbral de los dispositivos de canal p.

Finalmente, un punto importante a observar es que mientras que Q_2 *tira* de su corriente de salida I_2 de una carga (no se muestra), Q_5 *empuja* su corriente de salida I_5 hacia una carga (no se muestra). Por lo tanto, Q_5 recibe apropiadamente el nombre de *fuente de corriente*, mientras que Q_2 debe llamarse, en forma más adecuada, *sumidero* o *disipador de corriente*. En un circuito integrado (IC), suelen ser necesarios tanto las fuentes como los disipadores de corriente. La disponibilidad de transistores de canal n y de canal p en tecnología CMOS hace más conveniente diseñar en CMOS que en tecnología NMOS pura.

Ejercicio

5.25 Para el circuito de la figura 5.43, sea $V_{DD} = V_{SS} = 5$ V, $V_{tn} = 1$ V, $V_{tp} = -1$ V, todas las longitudes de canal = 10 μm, $k_n' = 20$ μA/V^2, $k_p' = 8$ μA/V^2 y $\lambda = 0$. Para $I_{REF} = 10$ μA, encuentre los anchos de todos los transistores para obtener $I_2 = 50$ μA, $I_3 = 2.5$ μA e $I_5 = 50$ μA. Además, se requiere que el voltaje en el dren de Q_2 se permita bajar hasta a menos de 0.5 V de la fuente negativa y que el voltaje en el dren de Q_5 se permita subir a menos de 0.5 V de la fuente positiva.

Resp. $W_1 = 40$ μm; $W_2 = 200$ μm; $W_3 = 10$ μm; $W_4 = 25$ μm; $W_5 = 500$ μm

5.7 CONFIGURACIONES BÁSICAS DE AMPLIFICADORES DE UNA ETAPA CON MOS DE CIRCUITO INTEGRADO

En esta sección estudiamos las configuraciones básicas empleadas en el diseño de amplificadores MOSFET de circuito integrado. Los circuitos considerados siguen la filosofía de diseño de los IC estudiada en la sección previa, es decir, la utilización de dispositivos activos (MOSFET) para poner en operación todos o casi todos los elementos del circuito. En la sección previa ya hemos visto una aplicación de esta filosofía, en donde se utilizaron fuentes de corriente para polarizar el MOSFET. Aquí avanzaremos un paso más y utilizaremos fuentes de corriente en lugar de resistores de carga; se dice que los amplificadores resultantes son **cargados activos**, en directo contraste con el caso acostumbrado de cargas pasivas puestas en práctica con resistores.

En la figura 5.44 se ilustra la esencia (o los "esqueletos") de las tres configuraciones básicas: el amplificador de fuente común (CS) en (a); el amplificador de compuerta común (CG) en (b), y el circuito de dren común (CD) o seguidor de fuente en (c). Como veremos en breve, las fuentes de corriente se ponen en práctica por medio del sencillo circuito estudiado en la sección previa. Obviamente, para los circuitos de CS y CG, necesitaremos la versión PMOS de la fuente de corriente mientras que para el seguidor de fuente se puede usar el circuito NMOS de la figura 5.40. Se deduce que la operación de los

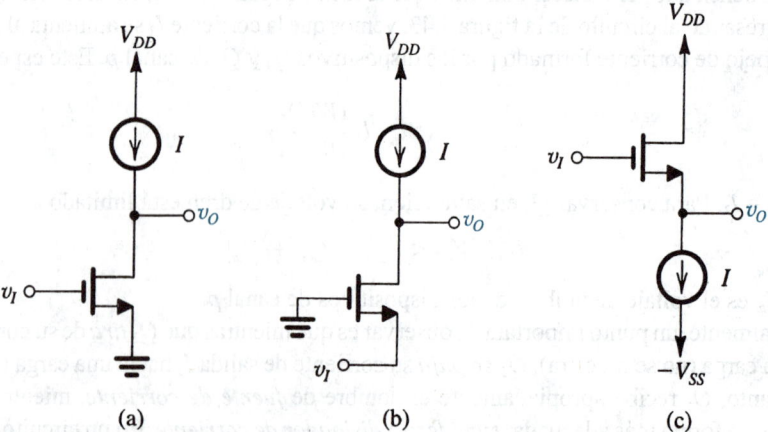

Fig. 5.44 La esencia (o esqueleto) de los tres amplificadores básicos con IC MOS de una etapa: **(a)** fuente común; **(b)** compuerta común; **(c)** dren común o seguidor de fuente. Nótese el uso de fuentes de corriente como elementos de carga; de aquí el nombre de amplificadores de carga activa.

circuitos amplificadores básicos de la figura 5.44 requiere de dispositivos tanto de canal n como de canal p y, por lo tanto, exige el uso de tecnología CMOS. En la actualidad, esta tecnología de CMOS es la más utilizada para el diseño de circuitos analógicos y de circuitos integrados digitales.

5.7.1 El amplificador CMOS de fuente común

En la figura 5.45(a) se ilustra el circuito del amplificador CMOS de fuente común. Este circuito está basado en el que se muestra en la figura 5.44(a) con la fuente de corriente I de carga realizada con el transistor Q_2. Este último es el transistor de salida del espejo de corriente formado por Q_2 y Q_3 y se alimenta con la corriente de polarización I_{REF}. Supondremos que Q_2 y Q_3 están acoplados, y por lo tanto la curva característica i–v del dispositivo de carga será el que se muestra en la figura 5.45(b). Ésta es simplemente la curva característica i_D–v_{SD} del transistor Q_2 de canal p para un voltaje constante V_{SG} entre fuente y compuerta. El valor de V_{SG} se establece al pasar la corriente de referencia I_{REF} de polarización por Q_3. Observe que, como se esperaba, Q_2 se comporta como una fuente de corriente cuando opera en saturación, que a su vez se obtiene cuando $v = v_{SD}$ excede de $(V_{SG} - |V_{tp}|)$. Cuando Q_2 está en saturación, exhibe una resistencia finita incremental r_{o2},

$$r_{o2} = \frac{|V_{A2}|}{I_{REF}} \tag{5.58}$$

donde V_{A2} es el voltaje Early de Q_2. En otras palabras, la carga de la fuente de corriente no es ideal, pero tiene una resistencia de salida finita r_o igual al transistor.

Antes de proseguir para determinar la ganancia de voltaje a pequeña señal del amplificador, es ilustrativo examinar su curva característica de transferencia, v_O contra v_I. Esto se puede determinar si se usa la construcción gráfica que se muestra en la figura 5.45(c). Aquí hemos trazado las curvas características i_D–v_{SD} del transistor amplificador Q_1 y hemos superpuesto sobre ellos la curva de carga. Esta última es simplemente la curva i–v de la figura 5.45(b) "envuelta" y desplazada V_{DD} volts a lo largo del eje horizontal. Ahora, como $v_{GS1} = v_I$, cada una de las curvas i_D–v_{SD} corresponde a un valor particular de v_I. La intersección de cada curva en particular con la curva de carga da el valor correspondiente de v_{DS1}, que es igual a v_O. Entonces, en esta forma, podemos obtener la curva característica v_O–v_I, punto por punto; la resultante curva característica de transferencia aparece en la figura 5.45(d). Como se indica, tiene cuatro segmentos distintos, marcados I, II, III y IV, cada uno de ellos obtenido para una de las cuatro combinaciones de los modos de operación de Q_1 y Q_2, también indicadas en el diagrama. Nótese también que hemos marcado dos puntos de interrupción en la curva característica de transferencia (A′ y B′) en correspondencia con los puntos de intersección (A y B) de la figura 5.45(c). Urgimos al lector a estudiar cuidadosamente la curva característica en sus diversos detalles.

No debe sorprender, para la operación del amplificador, que el segmento III sea el de interés. Observe en la región III, la curva de transferencia es casi lineal y con fuerte pendiente, lo que indica gran ganancia de voltaje. En la región III, el transistor amplificador Q_1 y el transistor de carga Q_2 están operando en saturación. La ganancia de voltaje a pequeña señal se puede determinar al sustituir Q_1 con su modelo a pequeña señal y sustituir Q_2 con su resistencia de salida, r_{o2}. La resistencia de salida de Q_2 representa la resistencia de carga de Q_1. De esta forma obtenemos el modelo de circuito equivalente a pequeña señal que se muestra en la figura 5.46. Este modelo puede representar el amplificador en cualquier punto de polarización a lo largo del segmento III de la curva característica de transferencia, donde la corriente de polarización de Q_1 y de Q_2 es aproximadamente I_{REF}. Del circuito equivalente de la figura 5.46, podemos obtener la ganancia de voltaje como

$$A_v \equiv \frac{v_o}{v_i} = -g_{m1}\left(r_{o1}\|r_{o2}\right) \tag{5.59}$$

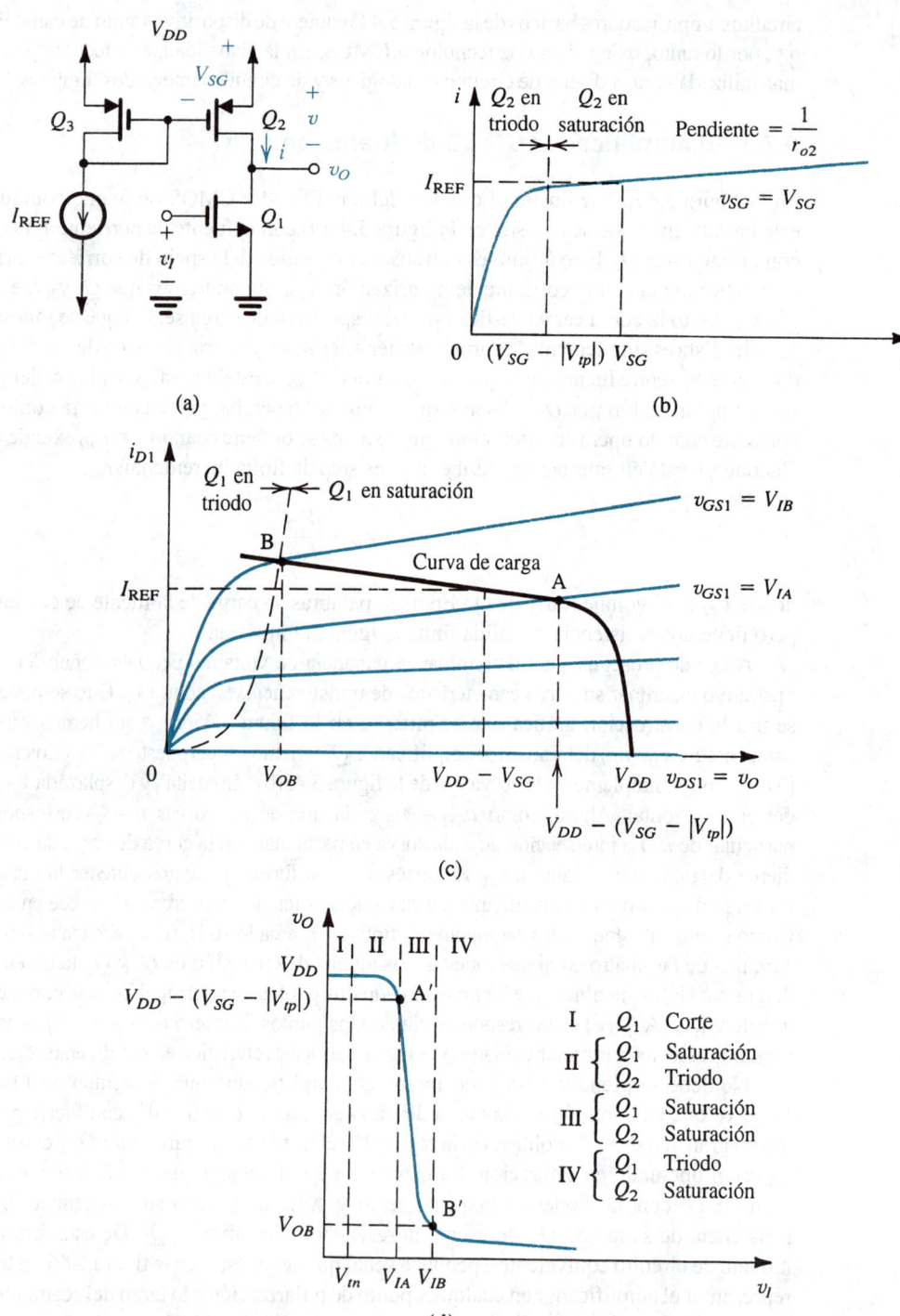

Fig. 5.45 El amplificador CMOS de fuente común: (a) circuito; (b) curva característica i–v de la carga activa Q_2; (c) construcción gráfica para determinar la curva característica de transferencia; y (d) curva característica de transferencia.

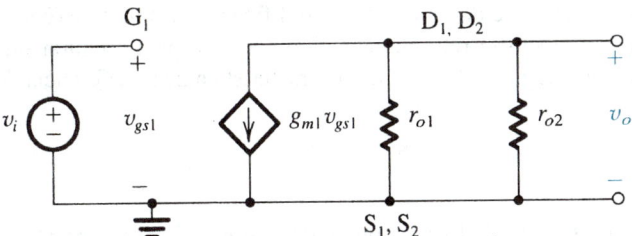

Fig. 5.46 Circuito equivalente a pequeña señal del amplificador CMOS de fuente común de la figura 5.45(a). Este modelo aplica cuando el amplificador está operando en un punto de polarización en el segmento III de su curva de transferencia en la figura 5.45(d).

De inmediato se observa que la carga total en el dren es el equivalente paralelo de r_{o1} y r_{o2}. Como éstas suelen ser de valor elevado, la carga vista por Q_1 es grande y la ganancia de voltaje será grande proporcionalmente, aun cuando g_{m1} pudiera no ser muy grande. De hecho, es la gran carga eficaz la que hace que la carga activa sea de gran interés; hace posible la realización de una gran ganancia sin usar un resistor (R_D) muy grande en el dren. Esta última requeriría un área grande en el chip y, lo que es más grave, llevaría al uso de una fuente de alimentación de cd muy elevada. (Observe, por ejemplo, el valor de V_{DD} necesario para soportar $R_D = 1$ MΩ a una corriente $I_D = 0.1$ mA; por lo menos 100 V.)

La expresión de ganancia de la ecuación (5.59) se puede escribir en términos de los parámetros físicos de los MOSFET y la corriente de polarización I_{REF} al sustituir por r_{o2} de la ecuación (5.58) y por g_{m1} y r_{o1},

$$g_{m1} = \sqrt{2k_n'\left(\frac{W}{L}\right)_1 I_{REF}}$$

$$r_{o1} = \frac{|V_{A1}|}{I_{REF}}$$

El resultado es

$$A_v = -\frac{\sqrt{2k_n'\left(\frac{W}{L}\right)_1}}{\dfrac{1}{|V_{A1}|} + \dfrac{1}{|V_{A2}|}} \frac{1}{\sqrt{I_{REF}}} \tag{5.60}$$

de donde observamos que la magnitud de la ganancia es inversamente proporcional a la raíz cuadrada de la corriente de polarización I_{REF}. Para el caso $|V_{A1}| \simeq |V_{A2}| = V_A$, la expresión de ganancia se puede simplificar a

$$A_v \simeq -\sqrt{\frac{1}{2}k_n'\left(\frac{W}{L}\right)_1} \frac{V_A}{\sqrt{I_{REF}}} \tag{5.61}$$

El amplificador CMOS de fuente común se puede diseñar para obtener ganancias de voltaje de 20 a 100. Exhibe una resistencia de entrada muy elevada, pero su resistencia de salida también es alta.

Es necesario hacer dos comentarios antes de salir del amplificador de fuente común:

1. El circuito no es afectado por el efecto del cuerpo, ya que los terminales de la fuente de Q_1 y de Q_2 están a tierra de señal.

2. El circuito suele ser parte de un circuito amplificador más grande (como se verá en los capítulos 6 y 10), y se usa retroalimentación negativa para asegurar que el circuito en realidad opere en la región III de la curva característica de transferencia del amplificador.

EJEMPLO 5.10

Considere el amplificador CMOS de fuente común de la figura 5.45(a) para el caso: $V_{DD} = 10$ V, $V_{tn} = |V_{tp}| = 1$ V, $\mu_n C_{ox} \simeq 2 \mu_p C_{ox} = 20 \ \mu\text{A/V}^2$, $W = 100 \ \mu\text{m}$, $L = 10 \ \mu\text{m}$ y $|V_A| = 100$ V para dispositivos n y p, e $I_{REF} = 100 \ \mu\text{A}$. Encuentre la ganancia de voltaje a pequeña señal. También encuentre las coordenadas de los extremos de la región del amplificador de la curva de transferencia, esto es, los puntos A′ y B′.

SOLUCIÓN

$$g_{m1} = \sqrt{2k_n' \left(\frac{W}{L}\right)_1 I_{REF}}$$

$$= \sqrt{2 \times 20 \times \frac{100}{10} \times 100} = 0.2 \text{ mA/V}$$

$$r_{o1} = r_{o2} = \frac{|V_A|}{I_{REF}} = \frac{100 \text{ V}}{100 \ \mu\text{A}} = 1 \text{ M}\Omega$$

Entonces,

$$A_v = -g_{m1} (r_{o1} \| r_{o2})$$

$$= -0.2 \text{ (mA/V)} \times 500 \text{ (k}\Omega) = -100 \text{ V/V}$$

Los extremos de la región del amplificador de la curva de transferencia (región III) se encuentran como sigue (consulte la figura 5.45): primero determinamos V_{SG} de Q_2 y Q_3 correspondiente a $I_D = I_{REF} = 100 \ \mu\text{A}$ con

$$I_D = \frac{1}{2} k_p' \left(\frac{W}{L}\right)_2 (V_{SG} - |V_{tp}|)^2 \left(1 + \frac{V_{SD}}{|V_A|}\right)$$

Como $V_{SD} = V_{SG} \ll |V_A|$, simplificaremos las cosas considerablemente si despreciamos el último factor del lado derecho. El resultado es $V_{SG} \simeq 2.41$ V. Por lo tanto, para el punto A′ tenemos

$$V_{OA} = V_{DD} - (V_{SG} - |V_{tp}|) = 8.59 \text{ V}$$

Para hallar el correspondiente valor de v_I, V_{IA}, obtenemos una expresión para v_O contra v_I en la región III. Si observamos que, en la región III, Q_1 y Q_2 están en saturación y obviamente conducen corrientes iguales, podemos escribir

$$i_{D1} = i_{D2}$$

$$\frac{1}{2} k_n' \left(\frac{W}{L}\right)_1 (v_I - V_{tn})^2 \left(1 + \frac{v_O}{|V_A|}\right) = \frac{1}{2} k_p' \left(\frac{W}{L}\right)_2 (V_{SG} - |V_{tp}|)^2 \left(1 + \frac{V_{DD} - v_O}{|V_A|}\right)$$

Al sustituir I_{REF} por $\dfrac{1}{2} k_p' \left(\dfrac{W}{L}\right)_2 (V_{SG} - |V_{tp}|)^2$ resulta

$$\frac{1}{2} k_n' \left(\frac{W}{L}\right)_1 (\upsilon_I - V_{tn})^2 = I_{REF} \frac{1 + \dfrac{V_{DD}}{|V_A|} - \dfrac{\upsilon_O}{|V_A|}}{1 + \dfrac{\upsilon_O}{|V_A|}}$$

$$\simeq I_{REF} \left[1 + \frac{V_{DD}}{|V_A|} - \frac{2\upsilon_O}{|V_A|} \right]$$

de la que υ_O se puede expresar en términos de υ_I como

$$\upsilon_O = \frac{|V_A|}{2} \left[1 + \frac{V_{DD}}{|V_A|} - \frac{k_n'(W/L)_1}{2I_{REF}} (\upsilon_I - V_{tn})^2 \right] \tag{5.62}$$

Ésta es la ecuación del segmento III de la curva característica de transferencia. Aun cuando incluye υ_I^2, el lector no debe alarmarse: como la región III es muy angosta, υ_I cambia muy poco y la curva característica es casi lineal. Al sustituir $\upsilon_O = V_{OA} = 8.59$ V resulta el valor correspondiente de υ_i; esto es, $V_{IA} = 1.96$ V. Para determinar las coordenadas de B', observamos que están relacionadas por $V_{OB} = V_{IB} - V_{tn}$. Al sustituir en la ecuación (5.62) y resolver, resulta $V_{IB} = 2.04$ V y $V_{OB} = 104$ V. El ancho de la región del amplificador es por lo tanto

$$\Delta V_I = V_{IB} - V_{IA} = 0.08 \text{ V}$$

y el correspondiente intervalo de salida es

$$\Delta V_O = V_{OB} - V_{OA} = -7.55 \text{ V}$$

Entonces, la ganancia de voltaje a gran señal es

$$\frac{\Delta V_O}{\Delta V_I} = \frac{-7.55}{0.08} = -94.4 \text{ V/V}$$

que es muy cercana al valor a pequeña señal de -100, lo que indica que el segmento III de la curva característica de transferencia es bastante lineal.

Ejercicio

5.26 Un amplificador CMOS de fuente común fabricado en una tecnología de 0.8 μm (véase apéndice A) tiene $W/L = 100 \ \mu\text{m}/1.6 \ \mu\text{m}$ para todos los transistores, $k_n' = 90 \ \mu\text{A/V}^2$, $k_p' = 30 \ \mu\text{A/V}^2$, $I_{REF} = 100 \ \mu\text{A}$, $V_{An} = 8 \ L \ (\mu\text{m})$, volts y $|V_{Ap}| = 12 \ L \ (\mu\text{m})$, volts. Encuentre g_{m1}, r_{o1}, r_{o2} y la ganancia de voltaje.

Resp. 1.06 mA/V; 128 kΩ; 192 kΩ; -81.4 V/V

5.7.2 El amplificador CMOS de compuerta común

En la figura 5.47(a) se ilustra el amplificador CMOS de compuerta común. Nótese que es muy semejante al circuito de fuente común, excepto que aquí la compuerta está conectada a un voltaje

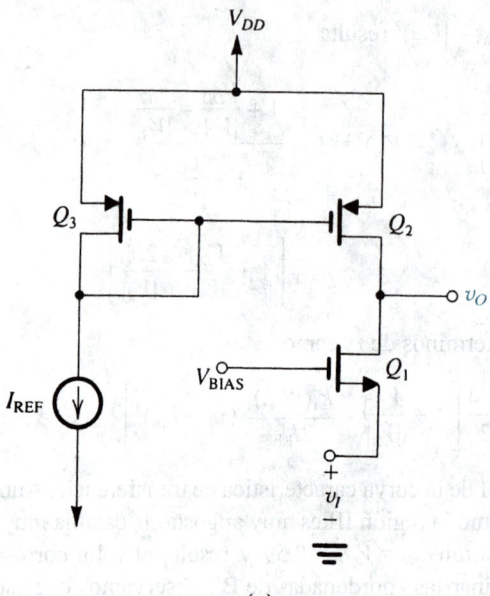

(a)

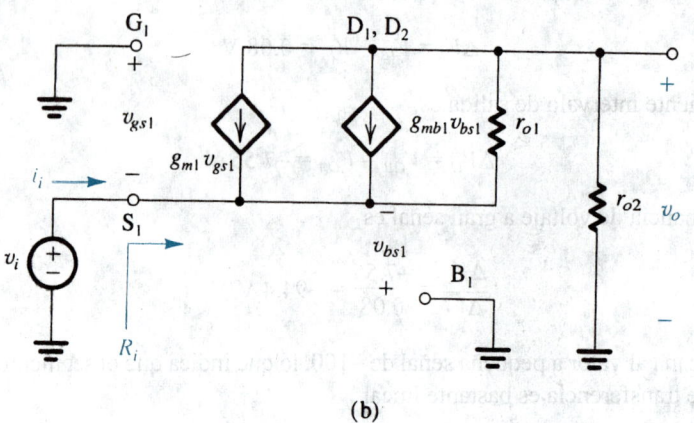

(b)

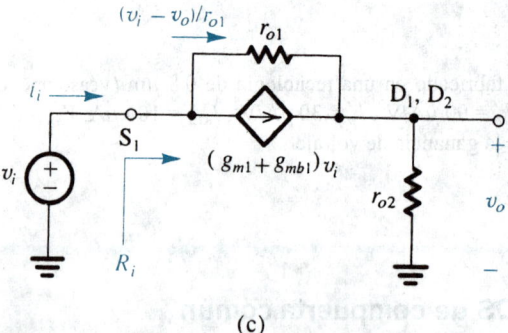

(c)

Fig. 5.47   El amplificador CMOS de compuerta común: **(a)** circuito; **(b)** circuito equivalente a pequeña señal, y **(c)** versión simplificada del circuito en (b).

de cd constante V_{BIAS} y la señal de entrada se aplica a la fuente. El voltaje de señal en la compuerta será cero, de aquí el nombre de configuración de compuerta común.

Al sustituir Q_1 con su modelo de pequeña señal y sustituir Q_2 con su resistencia de salida r_{o2} resulta en el circuito equivalente de amplificador que se muestra en la figura 5.47(b). Observe que como la fuente de Q_1 no está a tierra, se forma un voltaje de señal entre el cuerpo y la fuente, v_{bs1}, y por lo tanto hemos incluido la fuente de corriente $g_{mb1}v_{bs1}$ en el modelo. El examen del modelo deja ver que como la compuerta está a tierra de señal, $v_{gs1} = -v_i$. Análogamente, el cuerpo está a tierra de señal y por lo tanto $v_{bs1} = -v_i$. Entonces, podemos expresar las fuentes controladas en términos de v_i, resultando el circuito simplificado que se muestra en la figura 5.47(c), que analizaremos para determinar la ganancia de voltaje y la resistencia de entrada.

Si observamos que la corriente que pasa por r_{o1} se puede expresar como $(v_i - v_o)/r_{o1}$, la ecuación de nodo en el nodo de salida se puede escribir como

$$\frac{v_i - v_o}{r_{o1}} + (g_{m1} + g_{mb1})v_i = \frac{v_o}{r_{o2}}$$

Esta ecuación se puede acomodar para obtener la ganancia de voltaje,

$$A_v \equiv \frac{v_o}{v_i} = \left(g_{m1} + g_{mb1} + \frac{1}{r_{o1}} \right)(r_{o1}\|r_{o2}) \tag{5.63}$$

Normalmente, $1/r_{o1} \ll g_{m1}$ y se puede despreciar para obtener

$$A_v \simeq (g_{m1} + g_{mb1})(r_{o1}\|r_{o2}) \tag{5.64}$$

Observemos que la expresión de ganancia es semejante a la del amplificador de fuente común (CS) con dos excepciones: el amplificador de compuerta común (CG) no invierte la señal y su ganancia está influida por el efecto del cuerpo. Es interesante observar, sin embargo, que en este caso el efecto del cuerpo aumenta la ganancia (por lo general en un 20% o un valor parecido, ya que $g_{mb} = \chi\, g_m$ y $\chi \simeq 0.1$ a 0.3).

La resistencia de entrada R_i del amplificador de compuerta común (CG) se puede determinar del circuito equivalente de la figura 5.47(c) como sigue: la corriente de entrada i_i se puede hallar de una ecuación de nodo en la entrada,

$$i_i = (g_{m1} + g_{mb1})v_i + \frac{v_i - v_o}{r_{o1}}$$

Al sustituir por v_o usando la expresión de ganancia de la ecuación (5.63) resulta

$$R_i \equiv \frac{v_i}{i_i} \simeq \frac{1}{(g_{m1} + g_{mb1})}\left(1 + \frac{r_{o2}}{r_{o1}} \right) \tag{5.65}$$

Esta expresión difiere del valor esperado de $(1/g_{m1})$ en dos aspectos: primero, está el efecto del cuerpo representado por g_{mb1}, que se suma a g_{m1} y decrece ligeramente la resistencia de entrada (en un 20% o algo así). En segundo lugar, está el factor $\left(1 + \dfrac{r_{o2}}{r_{o1}} \right)$, que es un resultado del elevado valor de la resistencia de carga r_{o2}. Como $r_{o2} \simeq r_{o1}$, la resistencia de entrada aumenta aproximadamente en un factor de 2.

En resumen, el circuito de compuerta común (CG) exhibe una ganancia de voltaje de magnitud semejante a la del amplificador de fuente común (CS) pero una resistencia de entrada que es mucho menor. La aplicación más importante del amplificador de compuerta común está en la configuración llamada **circuito cascodo**, que estudiaremos en el capítulo 6 (véase también el problema 5.78).

Ejercicio

5.27 Un amplificador CMOS de compuerta común fabricado en una tecnología de 0.8 μm (véase el apéndice A) tiene $W/L = 100 \ \mu$m/1.6 μm para todos los transistores, $k_n' = 90 \ \mu$A/V^2, $k_p' = 30 \ \mu$A/V^2, $I_{REF} = 100 \ \mu$A, $V_{An} = 8 \ L \ (\mu$m), volts, y $|V_{Ap}| = 12 \ L \ (\mu$m), volts. El factor del efecto del cuerpo χ para Q_1 se ha calculado de 0.15. Encuentre g_{m1}, g_{mb1}, r_{o1}, r_{o2}, A_v y R_i.

Resp. 1.06 mA/V; 0.16 mA/V; 128 kΩ; 192 kΩ; 93.7 V/V; 2.05 kΩ

5.7.3 La configuración de dren común o seguidor de fuente

Al igual que el seguidor de emisor estudiado en la sección 4.11, el seguidor de fuente se utiliza como amplificador separador. Aun cuando su ganancia de voltaje es menor a la unidad, tiene una baja resistencia de salida y es por ello capaz de activar cargas de baja impedancia con poca pérdida de ganancia. El seguidor de fuente encuentra aplicación como etapa de salida en un amplificador de etapas múltiples. Su acción de separar impedancias también se puede usar para extender la respuesta a alta frecuencia de amplificadores y acelerar la operación de circuitos digitales.

En la figura 5.48(a) se ilustra el circuito de un seguidor de fuente MOS de circuito integrado (IC). Como el transistor amplificador Q_1 tiene su dren a tierra de señal, el circuito también se conoce como *configuración de dren común*. El transistor Q_1 está polarizado por la fuente de corriente constante formada por el espejo de corriente $Q_1 - Q_2$. Además de proporcionar corriente de polarización al terminal de la fuente de Q_1, el transistor Q_2 actúa como carga activa para Q_1. Como la resistencia de salida de Q_2 es r_{o2}, ésta es la carga eficaz vista por la fuente de Q_1. Desde luego, si el terminal de salida está conectado a otra carga resistiva R_L, ésta aparecerá en paralelo con r_{o2} y se puede incluir fácilmente en el análisis que sigue.

Deseamos analizar la operación a pequeña señal del circuito seguidor de fuente para determinar su ganancia de voltaje y resistencia de salida. La resistencia de entrada es obviamente muy alta porque la señal se aplica a la compuerta de un MOSFET (Q_1). Nótese que ésta es una ventaja importante sobre el seguidor de emisor cuya resistencia de entrada, aunque es alta, está limitada por la β finita del BJT.

Al sustituir Q_1 con su modelo a pequeña señal e incluir el efecto del cuerpo que resulta del hecho que el terminal de la fuente no está a tierra de señal, resulta el circuito equivalente que se muestra en la figura 5.48(b). Aun cuando este circuito aparece un poco complejo, un cuidadoso examen hace posible simplificarlo considerablemente. Con ese fin, observemos que el sustrato (B$_1$) está a tierra de señal, por lo que $v_{bs1} = -v_{s1}$, donde v_{s1} es el voltaje en la fuente de Q_1 (marcado S$_1$). Entonces, la fuente de corriente controlada $g_{mb1}v_{bs1} = -g_{mb1}v_{s1}$, lo que significa que tenemos en efecto una corriente $g_{mb1}v_{s1}$ *saliendo* del terminal de la fuente S$_1$. Por lo tanto, se puede sustituir la fuente de corriente controlada con una resistencia $(1/g_{mb1})$ conectada entre S$_1$ y tierra. Ésta es una aplicación del teorema de absorción de fuente (véase el apéndice E). La resistencia puede entonces combinarse con las otras dos resistencias entre S$_1$ y tierra, es decir, r_{o1} y r_{o2}. Si denotamos el equivalente paralelo de estas tres resistencias por R_S,

$$R_S = (1/g_{mb1}) \| r_{o1} \| r_{o2} \qquad (5.66)$$

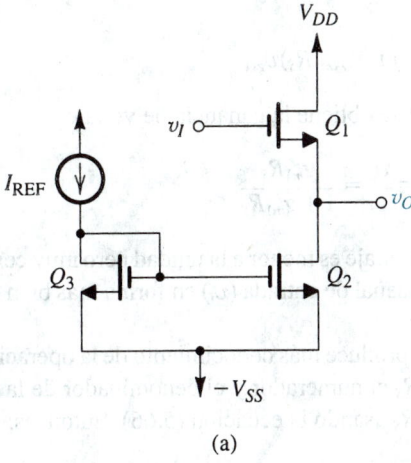

(a)

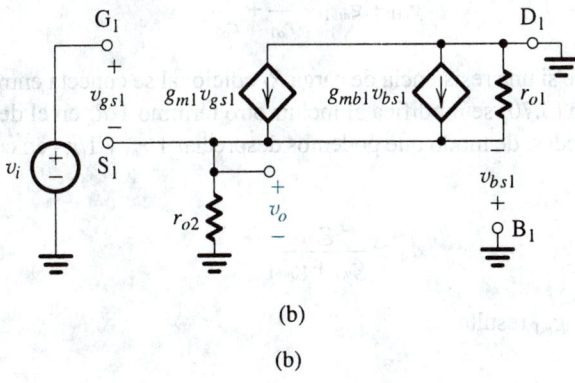

(b)

Fig. 5.48 El seguidor de fuen-
te: **(a)** circuito; **(b)** circuito equivalente a pequeña señal; y **(c)**
versión simplificada del circuito
equivalente.

(b)

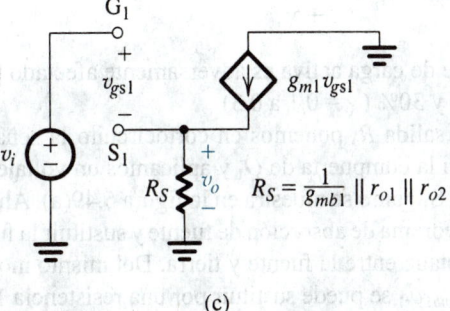

(c)

podemos obtener el circuito equivalente simplificado que se muestra en la figura 5.48(c). El voltaje
de salida v_o se puede escribir ahora por inspección, como

$$v_o = v_{s1} = g_{m1}R_S v_{gs1} \tag{5.67}$$

El voltaje de entrada v_i se puede expresar en términos de v_{gs1} como sigue:

$$v_i = v_{gs1} + v_{s1} = v_{gs1} + g_{m1}R_S v_{gs1}$$

Entonces,

$$v_i = (1 + g_{m1}R_S)v_{gs1} \tag{5.68}$$

Al combinar las ecuaciones (5.67) y (5.68) se obtiene la ganancia de voltaje

$$A_v \equiv \frac{v_o}{v_i} = \frac{g_{m1}R_S}{1 + g_{m1}R_S} \tag{5.69}$$

Por lo general, $g_{m1}R_S \gg 1$, y la ganancia de voltaje es menor a la unidad pero muy cercana a ésta. Por lo tanto, la señal en la fuente (v_o) sigue a la señal de entrada (v_i) en forma más bien estrecha, dando al circuito el nombre de *seguidor de fuente*.

Una expresión alternativa para A_v, que produce más conocimiento de la operación del seguidor de fuente, se puede hallar al dividir entre R_S el numerador y el denominador de la expresión de la ecuación (5.69), y luego sustituyendo por R_S usando la ecuación (5.66). Entonces,

$$A_v = \frac{g_{m1}}{g_{m1} + g_{mb1} + \dfrac{1}{r_{o1}} + \dfrac{1}{r_{o2}}} \tag{5.70}$$

Aquí debemos observar que si una resistencia de carga R_L adicional se conecta entre salida y tierra, la expresión de la ecuación (5.70) se modifica al incluir otro término $1/R_L$ en el denominador. Por lo general, r_{o1} y r_{o2} son grandes, de modo que podemos despreciar $1/r_{o1}$ y $1/r_{o2}$ en comparación con g_{m1} para obtener

$$A_v \simeq \frac{g_{m1}}{g_{m1} + g_{mb1}} \tag{5.71}$$

Ahora, al expresar $g_{mb1} = \chi \, g_{m1}$ resulta

$$A_v = \frac{1}{1 + \chi} \tag{5.72}$$

Así, la ganancia del seguidor de fuente de carga activa es adversamente afectado por el efecto del cuerpo; la ganancia se reduce entre 10 y 30% ($\chi = 0.1$ a 0.3).

Para determinar la resistencia de salida R_o ponemos en cortocircuito la señal de entrada v_i, estableciendo así una tierra de señal en la compuerta de Q_1 y aplicando un voltaje de prueba v_x al terminal de salida, es decir, al terminal S_1 como se muestra en la figura 5.49(a). Ahora observemos que $v_{gs1} = -v_{s1}$; podemos así aplicar el teorema de absorción de fuente y sustituir la fuente controlada $g_{m1}v_{gs1}$ con una resistencia $1/g_{m1}$ conectada entre la fuente y tierra. Del mismo modo, como $v_{bs1} = -v_{s1}$, la fuente controlada $g_{mb1}v_{bs1} = -g_{mb1}v_{s1}$ se puede sustituir por una resistencia $1/g_{mb1}$ conectada entre S_1 y tierra. Esto resulta en el circuito simplificado que se muestra en la figura 5.49(b), de la que podemos hallar R_o por inspección y es

$$R_o = (1/g_{m1})\|(1/g_{mb1})\|r_{o1}\|r_{o2} \tag{5.73}$$

Normalmente, r_{o1} y r_{o2} son suficientemente grandes para ser despreciados en relación con $1/g_{m1}$, con el resultado de que

$$R_o \simeq (1/g_{m1})\|(1/g_{mb1}) = \frac{1}{g_{m1}(1 + \chi)} \tag{5.74}$$

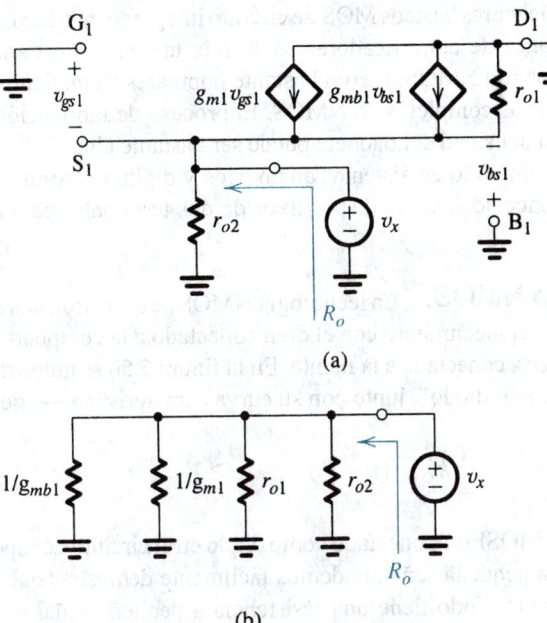

Fig. 5.49 (a) Para determinar la resistencia de salida del seguidor de fuente, v_i se ajusta a cero y el voltaje de prueba v_x se aplica al terminal de salida. (b) Versión simplificada del circuito de (a) con las fuentes controladas sustituidas con sus resistencias equivalentes usando el teorema de absorción de energía.

La ganancia de voltaje derivada antes se puede usar junto con R_o para determinar la ganancia cuando una carga R_L se conecta a la salida del seguidor de fuente,

$$A_v|_{R_L} = A_v|_{R_L = \infty} \frac{R_L}{R_o + R_L} \tag{5.75}$$

donde $A_v|_{R_L = \infty}$ es la ganancia de voltaje sin R_L, que es la expresión en las ecuaciones (5.70), (5.71) y (5.72).

Ejercicio

5.28 Considere el seguidor de fuente de la figura 5.48 cuando se fabrica en una tecnología CMOS de 0.8 μm (véase el apéndice A). Sea $W/L = 100$ μm/1.6 μm para todos los transistores, $k_n' = 90$ μA/V^2, $I_{REF} = 100$ μA, $V_{An} = 8 L$ (μm), volts, y $\chi = 0.15$. Halle $g_{m1}, g_{mb1}, r_{o1}, r_{o2}, A_v$ y R_o. ¿Cuál será la ganancia de voltaje si la salida se conecta a una resistencia de 10 kΩ?

Resp. 1.06 mA/V; 0.16 mA/V; 128 kΩ; 128 kΩ; 0.86 V/V; 809 Ω; 0.80 V/V

5.7.4 Etapas amplificadoras con NMOS

Como se mencionó antes, la tecnología CMOS es en la actualidad la preferida para diseño de circuitos tanto analógicos como digitales. La disponibilidad de dispositivos de canales n y p produce flexibilidad sin paralelo en cualquier otra tecnología de circuitos integrados (IC). Sin embargo, antes de salir del tema de los amplificadores básicos MOS de circuito integrado, merece la pena considerar brevemente dos configuraciones de amplificadores MOS que utilizan sólo transistores NMOS. Estos circuitos, en donde todos son NMOS, fueron bastante populares en un tiempo porque hacían posible la realización de sistemas completos en NMOS. El proceso de fabricación NMOS es más sencillo que el de CMOS, y la densidad del paquete puede ser bastante alta. En la actualidad, estos circuitos encuentran sólo uso limitado en sistemas analógicos y digitales. Ambos circuitos hacen uso de transistores NMOS conectados como dispositivos de dos terminales para realizar la carga del amplificador.

Dispositivos de carga NMOS.

En tecnología NMOS se utilizaron dos tipos de elementos de carga: el MOSFET de enriquecimiento con el dren conectado a la compuerta, y el MOSFET de agotamiento con la compuerta conectada a la fuente. En la figura 5.50 se muestra el transistor de enriquecimiento "conectado como diodo", junto con su curva característica i–v descrita por

$$i = \frac{1}{2} k_n' \frac{W}{L} (v - V_t)^2, \qquad v \geq V_t \tag{5.76}$$

Recordemos que utilizamos el MOSFET conectado como diodo en el circuito de espejo de corriente. Usando el modelo MOSFET a pequeña señal, podemos fácilmente demostrar que el MOSFET de enriquecimiento conectado como diodo tiene una resistencia a pequeña señal aproximadamente igual a $(1/g_m)$.

El MOSFET de agotamiento, conectado como diodo, se muestra en la figura 5.51 junto con su curva característica i–v. Para operar en la región de saturación, el voltaje en el dispositivo de dos terminales debe exceder de $-V_{tD}$, donde V_{tD} es el voltaje de umbral del MOSFET de agotamiento y es negativo, típicamente -1 a -3 V. En saturación, la curva característica i–v está dada por

$$i = \frac{1}{2} k_n' \frac{W}{L} V_{tD}^2 \left(1 + \frac{v}{V_A} \right) \tag{5.77}$$

donde V_A es el voltaje Early. Esta ecuación se puede escribir también como

$$i = I_{DSS} \left(1 + \frac{v}{V_A} \right) \tag{5.78}$$

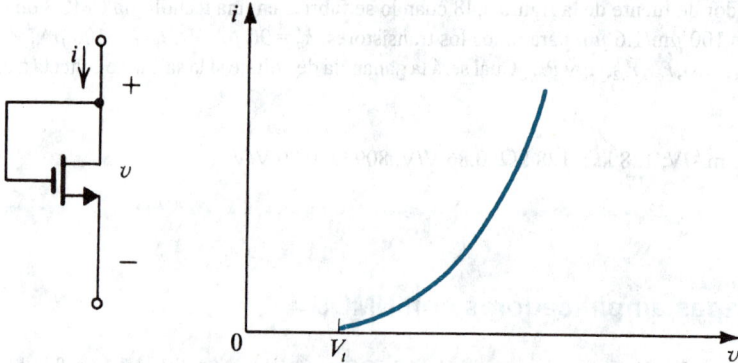

Fig. 5.50 Un transistor MOS del tipo de enriquecimiento conectado como diodo y su curva característica i–v.

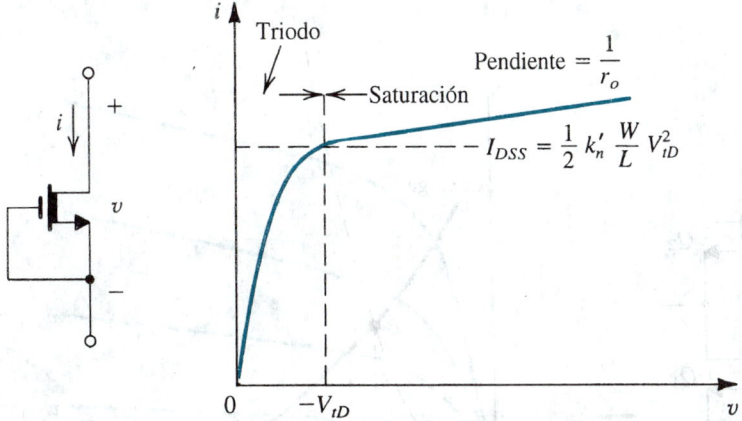

Fig. 5.51 Transistor MOS de agotamiento conectado como diodo y su curva característica i–v.

donde I_{DSS} denota la corriente de dren a fuente con la compuerta en corto con la fuente,

$$I_{DSS} = \frac{1}{2} k'_n \frac{W}{L} V_{tD}^2 \tag{5.79}$$

Nótese que cuando se opera en saturación, el dispositivo de carga de agotamiento exhibe una resistencia incremental (r_o) que es mucho mayor que la resistencia incremental del dispositivo de carga de enriquecimiento ($1/g_m$). De esta forma, el dispositivo de agotamiento forma un excelente elemento de carga.

Amplificador NMOS con carga de enriquecimiento.

En la figura 5.52(a) se ilustra un amplificador NMOS con carga de enriquecimiento. La curva característica de transferencia de voltaje, v_O contra v_I, se puede obtener si se usa la construcción gráfica de la figura 5.52(b). La curva característica resultante aparece en la figura 5.52(c) y se ilustran claramente sus tres diferentes segmentos. Observe que aun cuando el transistor de carga Q_2 opera en saturación en todo tiempo, el transistor amplificador Q_1 se puede operar en corte (segmento I), en saturación (segmento II) o en la región del triodo (segmento III). También es fácil derivar la expresión que relaciona v_O y v_I en el segmento II de la curva característica de transferencia,

$$v_O = \left(V_{DD} - V_t + \sqrt{\frac{(W/L)_1}{(W/L)_2}} \, V_t \right) - \sqrt{\frac{(W/L)_1}{(W/L)_2}} \, v_I \tag{5.80}$$

donde se supone que $V_{t1} = V_{t2} = V_t$, $\lambda = 0$ y el efecto del cuerpo se ha despreciado. Observe que ésta es una relación lineal, lo que indica que el amplificador es lineal para señales grandes con una ganancia de

$$A_v = -\sqrt{\frac{(W/L)_1}{(W/L)_2}} \tag{5.81}$$

Por lo tanto, la ganancia se determina por la geometría de los dos dispositivos y es fija para dispositivos dados. Para obtener ganancias relativamente grandes, el transistor amplificador Q_1 se hace corto y ancho, mientras que el transistor de carga Q_2 se hace largo y angosto. No obstante esto, es difícil obtener ganancias mayores de alrededor de 10. Como la fuente de Q_2 no está a tierra de señal, el efecto del cuerpo tendrá influencia en la operación de Q_2. Mediante el uso de modelos

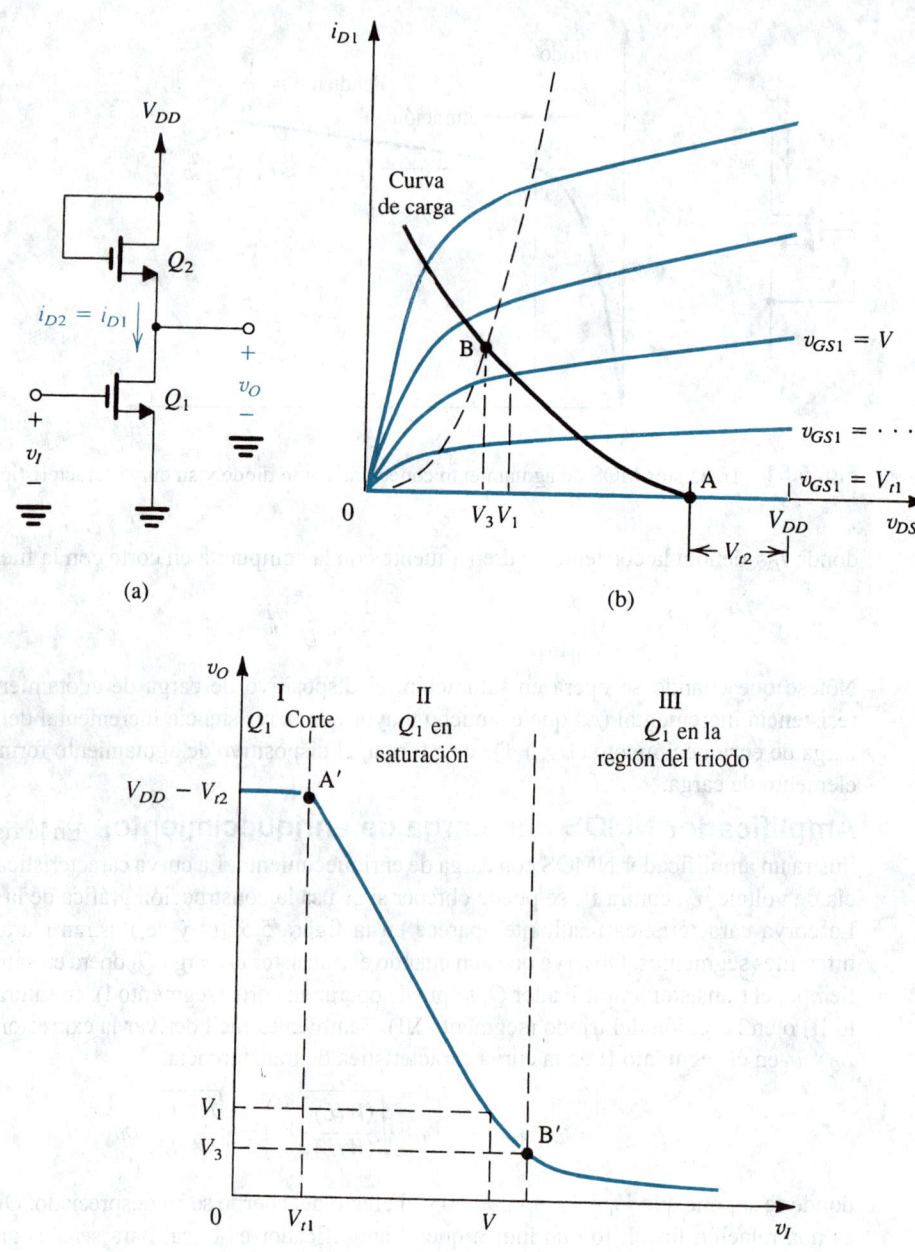

Fig. 5.52 **(a)** Amplificador NMOS con carga de enriquecimiento; **(b)** determinación gráfica de la curva característica de transferencia; **(c)** curva característica de transferencia.

de circuito equivalente a pequeña señal, se puede demostrar que tomando en cuenta el efecto del cuerpo en Q_2, pero despreciando r_{o1} y r_{o2}, la expresión de ganancia se modifica para quedar en

$$A_v = -\sqrt{\frac{(W/L)_1}{(W/L)_2}}\frac{1}{1+\chi_2} \tag{5.82}$$

donde $\chi_2 = g_{mb2}/g_{m2}$. Por lo tanto, el efecto del cuerpo reduce la magnitud de la ganancia en aproximadamente 20%.

Finalmente, observamos que además de su ganancia baja y fija (es decir, independiente de la corriente de polarización), el amplificador de carga de enriquecimiento tiene otra desventaja: su alternancia de señal está más limitada, ya que v_O no puede elevarse por encima de $(V_{DD} - V_t)$.

Ejercicio

5.29 Para el amplificador de carga de enriquecimiento, sea $W_1 = 100$ μm, $L_1 = 6$ μm, $W_2 = 6$ μm y $L_2 = 30$ μm. Si el parámetro del efecto del cuerpo es $\chi = 0.2$, encuentre la ganancia de voltaje sin tomar en cuenta el efecto del cuerpo, y luego tomándolo. Desprecie el efecto de r_o.

Resp. −9.12 V/V; −7.61 V/V

Amplificador NMOS con carga de agotamiento.

Si se usa una carga de agotamiento resulta un amplificador con funcionamiento superior al del circuito de carga de enriquecimiento. El amplificador de carga de agotamiento se ilustra en la figura 5.53(a). Si, por ahora, se desprecia el efecto del cuerpo en el transistor de carga Q_2, se puede usar la construcción gráfica que se ilustra en la figura 5.53(b) para obtener la curva característica de transferencia del amplificador que se ilustra en la figura 5.53(c). Como se ve, la curva característica es de fuerte pendiente, lo que indica una elevada ganancia de voltaje en la región III, que se obtiene cuando Q_1 y Q_2 operan en saturación.

Para operación en la región III de la curva característica de transferencia, aplica el circuito equivalente a pequeña señal de la figura 5.54. Aquí hemos incluido la fuente controlada $g_{mb2}v_{bs2}$ que modela el efecto del cuerpo en Q_2. Además de esto, el único parámetro que representa Q_2 es su resistencia de salida r_{o2}. El análisis del circuito de la figura 5.54 es fácil y se puede demostrar que produce la siguiente expresión de ganancia:

$$A_v \equiv \frac{v_o}{v_i} = -g_{m1} \left[\left(\frac{1}{g_{mb1}} \right) \| r_{o1} \| r_{o2} \right] \tag{5.83}$$

Desafortunadamente, suele ser el caso que $\dfrac{1}{g_{mb2}}$ es mucho menor que r_{o1} y r_{o2}, lo que resulta en que la ganancia sea dada aproximadamente por

$$A_v \simeq -\frac{g_{m1}}{g_{mb2}} = -\frac{g_{m1}}{\chi g_{m2}}$$

Entonces,

$$A_v = -\sqrt{\frac{(W/L)_1}{(W/L)_2}} \frac{1}{\chi} \tag{5.84}$$

La comparación de la ecuación (5.84) con la expresión de ganancia para el amplificador de carga de enriquecimiento (ecuación (5.82) deja ver que la ganancia del amplificador de carga de agotamiento es un factor de $\left(\dfrac{1+\chi}{\chi} \right)$ mayor. Como χ está típicamente entre 0.1 y 0.3, la ganancia aumenta en un factor de 3 a 10. Esto es, no obstante, bastante menor que la ganancia esperada del amplificador CMOS.

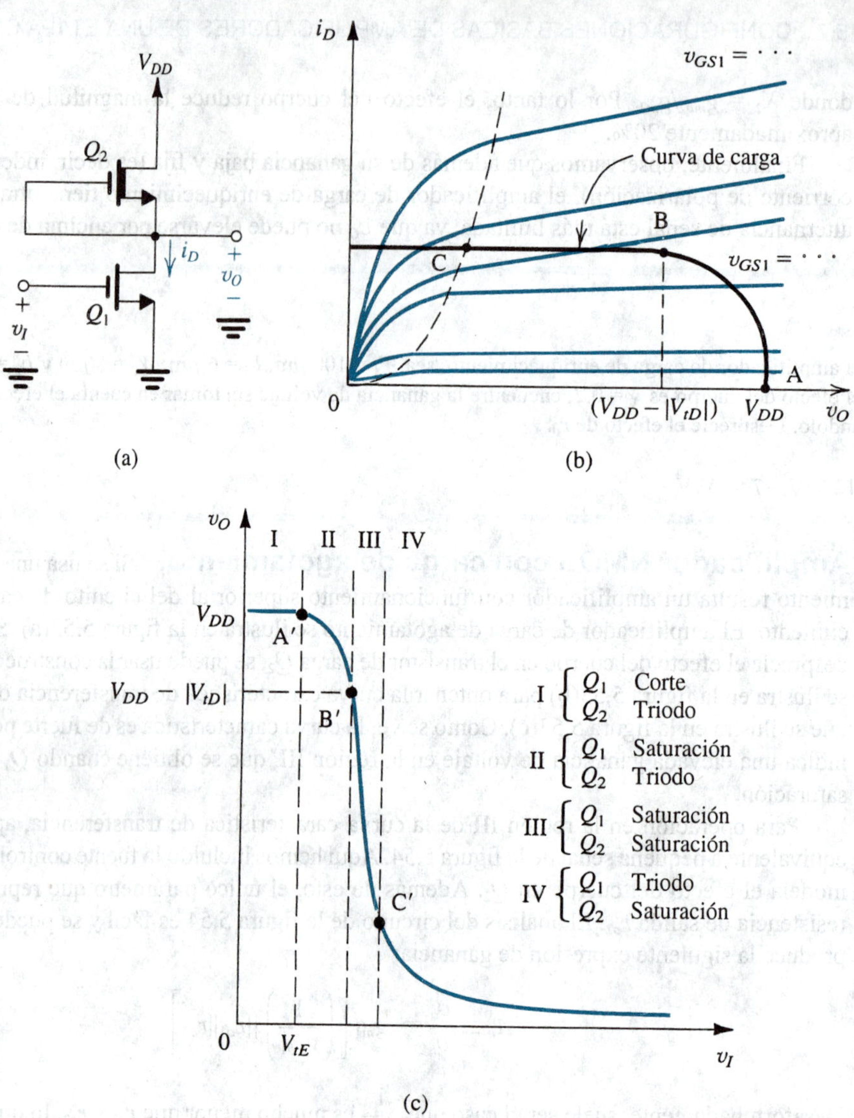

(a)

(b)

(c)

Fig. 5.53 El amplificador NMOS con carga de agotamiento: **(a)** circuito; **(b)** construcción gráfica para determinar la curva característica de transferencia; y **(c)** curva característica de transferencia.

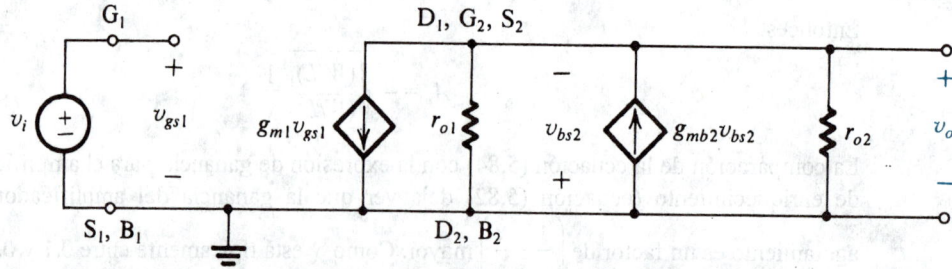

Fig. 5.54 Circuito equivalente a pequeña señal del amplificador de carga de agotamiento de la figura 5.53(a), incorporando el efecto del cuerpo en Q_2.

424

En resumen, aun cuando un amplificador de carga de agotamiento es un poco más sencillo que el circuito CMOS, este último tiene mejor funcionamiento. Además, el CMOS proporciona al diseñador de circuitos mucha mayor flexibilidad en los diseños.

Ejercicio

5.30 Para el amplificador de carga de agotamiento, sea $W_1 = 100$ μm, $L_1 = 6$ μm, $W_2 = 6$ μm y $L_2 = 30$ μm. Si el parámetro del efecto del cuerpo es $\chi = 0.2$, encuentre la ganancia de voltaje despreciando el efecto de r_o.

Resp. −45.6 V/V

5.7.5 Una observación final

En esta sección estudiamos las configuraciones básicas de amplificadores MOS de circuito integrado (IC). Sobre este tema veremos más en el capítulo 6, en donde se estudiarán versiones y combinaciones de estos circuitos, más elaboradas y de mejor funcionamiento, así como otros circuitos amplificadores MOS.

5.8 EL INVERSOR LÓGICO DIGITAL CMOS

Los circuitos lógicos MOS o CMOS complementarios se han fabricado como paquetes estándar para uso en el diseño convencional de sistemas digitales desde principios de la década de 1970. Estos paquetes contienen compuertas lógicas y otros elementos de construcción de sistemas digitales con un número de compuertas por paquete que oscila de unos pocos (circuitos integrados a pequeña escala, o SSI) hasta pocas decenas (circuitos integrados a escala media, o MSI).

A finales de la década de 1970, cuando se inició la era de la integración a gran y muy grande escala (LSI y VLSI; cientos, o cientos de miles de compuertas por chip), en el NMOS comenzó la más selecta tecnología de fabricación. De hecho, los primeros circuitos a muy grande escala (VLSI), como los primeros microprocesadores, utilizaron tecnología NMOS. Estos circuitos empleaban el amplificador de carga de enriquecimiento, y después de carga de agotamiento, como configuración básica de inversor. Aun cuando en ese tiempo se conocía la flexibilidad de diseño y otras ventajas que ofrece el CMOS, esta última tecnología era entonces demasiado compleja para producir económicamente estos chips de VLSI de muy alta densidad, pero, a medida que se hacían avances en la tecnología de procesamiento, este estado de cosas cambió de manera radical. Al momento de escribir este libro, la tecnología CMOS prácticamente ha sustituido al NMOS en todos los niveles de integración, tanto en aplicaciones analógicas como digitales.

Para cualquier tecnología de circuitos integrados que se use en el diseño de circuitos digitales, el elemento básico de circuito es el inversor lógico. Una vez comprendidas perfectamente la operación y las curvas características del circuito inversor, los resultados se pueden ampliar al diseño de compuertas lógicas y otros circuitos más complejos. En esta sección hacemos este estudio para el inversor CMOS.

El inversor básico CMOS se muestra en la figura 5.55. Utiliza dos MOSFET de enriquecimiento acoplados: uno, Q_N, con un canal n y el otro, Q_P, con un canal p. Como se indica, el cuerpo de cada dispositivo está conectado a su fuente y por lo tanto no surge el efecto del cuerpo. Por lo tanto, utilizaremos el diagrama simplificado de circuito que se muestra en la figura 5.55(b). Como veremos en breve, el circuito CMOS ejecuta la implementación conceptual del inversor estudiada en el capítulo 1 (figura 1.32) donde un par de interruptores son operados de modo complementario por el voltaje de entrada v_I.

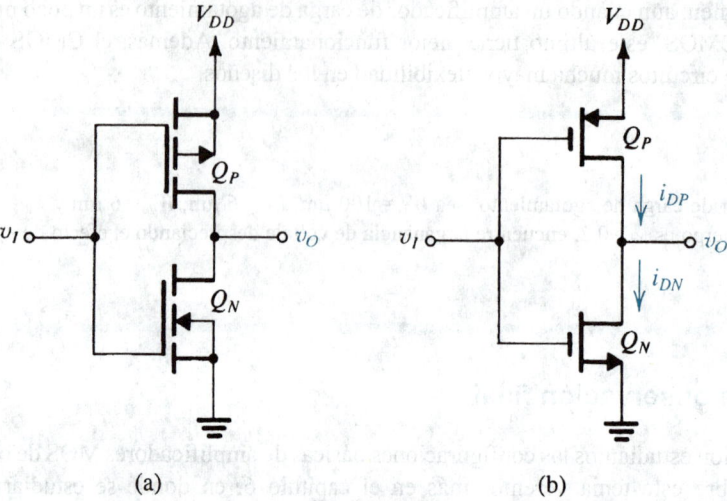

Fig. 5.55 (a) El inversor CMOS. (b) Esquema simplificado de circuito para el inversor.

Operación de circuito

Primero consideramos los dos casos extremos: cuando v_I está al nivel lógico 0, que es aproximadamente 0 V, y cuando v_I está al nivel lógico 1, que es aproximadamente V_{DD} volts. En ambos casos, consideraremos que el dispositivo Q_N de canal n es el transistor de excitación y el dispositivo Q_P de canal p es la carga. Sin embargo, como el circuito es simétrico por completo, es obvio que esta suposición es arbitraria, y lo contrario llevaría a resultados idénticos.

En la figura 5.56 se ilustra el caso cuando $v_I = V_{DD}$, se muestra la curva característica i_D–v_{DS} para Q_N con $v_{GSN} = V_{DD}$. (Nótese que $i_D = i$ y $v_{DSN} = v_O$.) Superpuesta sobre la curva característica

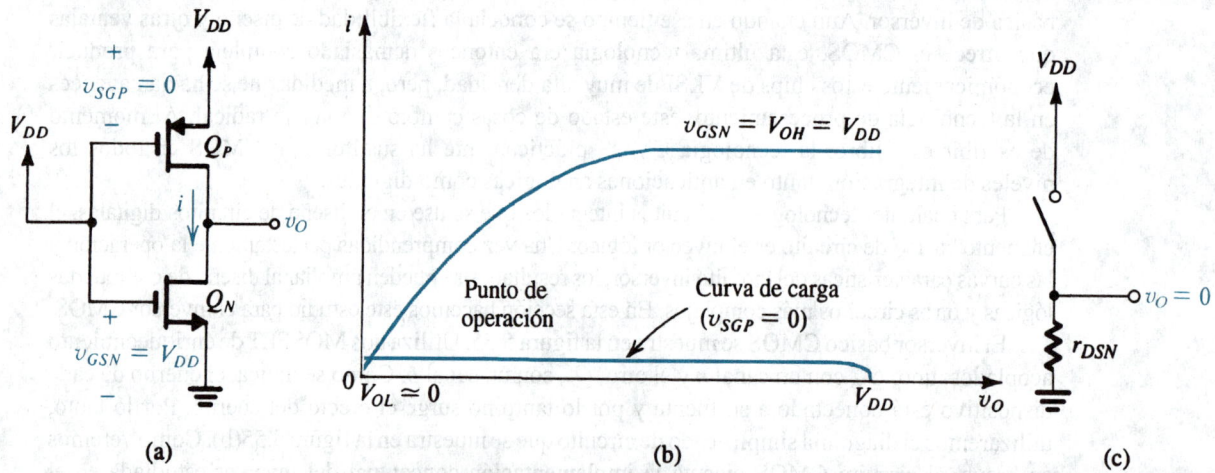

Fig. 5.56 Operación del inversor CMOS cuando v_I es alto: (a) circuito con $v_I = V_{DD}$ (nivel de lógica 1, o V_{OH}); (b) construcción gráfica para determinar el punto de operación; y (c) circuito equivalente.

de Q_N está la curva de carga, que es la curva i_D–v_{SD} de Q_P para el caso $v_{SGP} = 0$ V. Como $v_{SGP} < |V_t|$, la curva de carga será una recta horizontal al nivel de corriente de casi cero. El punto de operación estará en la intersección de las dos curvas, donde observamos que el voltaje de salida es casi cero (típicamente menos de 10 mV) y la corriente que pasa por los dos dispositivos también es casi cero. Esto significa que la disipación de potencia en el circuito es muy pequeña (típicamente una fracción de un microwatt). Nótese, sin embargo, que aun cuando Q_N está operando a una corriente casi cero y voltaje cero de dren a fuente (es decir, cerca del origen del plano i_D–v_{DS}), el punto de operación está en un segmento de pendiente aguda en la curva característica i_D–v_{DS}. Por lo tanto, Q_N proporciona una trayectoria de baja resistencia entre el terminal de salida y tierra, con la resistencia obtenida por medio de la ecuación (5.13) como

$$r_{DS} = 1 \left/ \left[k_n' \left(\frac{W}{L} \right)_n (V_{DD} - V_{tn}) \right] \right. \tag{5.85}$$

En la figura 5.56(c) se ilustra el circuito equivalente de un inversor cuando la entrada es alta. Este circuito confirma que $v_O \equiv V_{OL} = 0$ V, y que la disipación de potencia en el inversor es cero.

El otro caso extremo, cuando $v_I = 0$ V, se ilustra en la figura 5.57. En este caso, Q_N está operando a $v_{GSN} = 0$; de aquí que su curva característica i_D–v_{DS} sea casi una recta horizontal a nivel de cero corriente. La curva de carga es la curva característica i_D–v_{SD} del dispositivo de canal p con $v_{SGP} = V_{DD}$. Como se muestra, en el punto de operación el voltaje de salida es casi igual a V_{DD} (típicamente menos de 10 mV debajo de V_{DD}), y la corriente en los dos dispositivos es todavía casi cero. Por lo tanto, la disipación de potencia del circuito es muy pequeña en ambos estados extremos.

En la figura 5.57(c) se ilustra el circuito equivalente del inversor cuando la entrada es baja. Aquí vemos que Q_P proporciona una trayectoria de baja resistencia entre el terminal de salida y la fuente de cd V_{DD}, con la resistencia dada por

$$r_{DSP} = 1 \left/ \left[k_p' \left(\frac{W}{L} \right)_p (V_{DD} - |V_{tp}|) \right] \right. \tag{5.86}$$

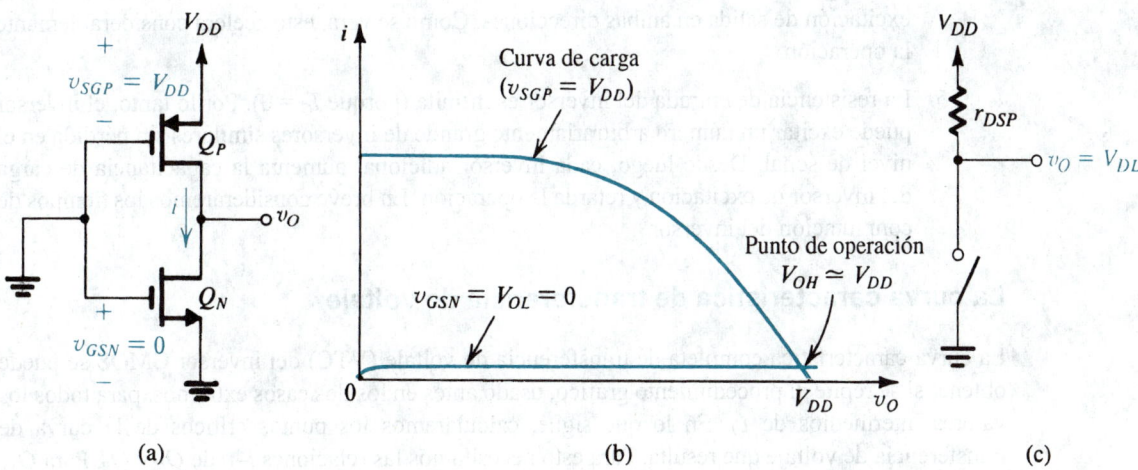

(a) (b) (c)

Fig. 5.57 Operación del inversor CMOS cuando v_I es bajo: **(a)** circuito con $v_I = 0$ V (nivel de lógica 0, o V_{OL}); **(b)** construcción gráfica para determinar el punto de operación; y **(c)** circuito equivalente.

El circuito equivalente confirma que en este caso $v_O \equiv V_{OH} = V_{DD}$ y que la disipación de potencia del inversor es cero.

Debe observarse, sin embargo, que a pesar del hecho de que la corriente de reposo es cero, la capacidad de excitación de carga del inversor CMOS es alta. Por ejemplo, con la entrada alta, como en el circuito de la figura 5.56, el transistor Q_N puede disipar una corriente de carga relativamente alta. Esta corriente puede descargar con rapidez la capacitancia de carga, como veremos en breve. Debido a su acción para disipar corriente de carga y por lo tanto reducir el voltaje de salida hacia tierra, el transistor Q_N se conoce como dispositivo "reductor". Del mismo modo, con la entrada baja, como en el circuito de la figura 5.57, el transistor Q_P puede generar una corriente de carga relativamente grande. Esta corriente puede cargar con rapidez una capacitancia de carga, elevando así el voltaje de salida hacia V_{DD}. En consecuencia, Q_P se conoce como *dispositivo "elevador"*. El lector recordará que utilizamos esta terminología en relación con el circuito conceptual inversor de la figura 1.32.

De lo anterior, concluimos que el inversor lógico CMOS básico se comporta como inversor ideal:

1. Los niveles de voltaje de salida son 0 y V_{DD} y por ello la oscilación de señal es la máxima posible. Esto, junto con el hecho de que el inversor puede ser diseñado para obtener una curva característica simétrica de transferencia de voltaje, resulta en amplios márgenes de ruido.

2. La disipación de potencia estática en el inversor es cero (si se desprecia la disipación debida a corrientes de fuga) en sus dos estados. (Recordemos que la disipación de potencia estática se denomina de este modo para distinguirla de la disipación de potencia dinámica que surge de la repetida conmutación del inversor, como veremos en breve.)

3. Existe una trayectoria de baja resistencia entre el terminal de salida y tierra (en el estado de salida baja) o V_{DD} (en el estado de salida alta). Estas dos trayectorias de baja resistencia aseguran que el voltaje de salida sea 0 o V_{DD} independiente de los valores exactos de las razones (W/L) o los otros parámetros del dispositivo. Además, la baja resistencia de salida hace que el inversor sea menos sensible a los efectos del ruido y otras perturbaciones.

4. Los dispositivos activos elevadores y reductores dan al inversor una elevada capacidad de excitación de salida en ambas direcciones. Como se verá, esto acelera considerablemente la operación.

5. La resistencia de entrada del inversor es infinita (porque $I_G = 0$). Por lo tanto, el inversor puede excitar un número arbitrariamente grande de inversores similares sin pérdida en el nivel de señal. Desde luego, cada inversor adicional aumenta la capacitancia de carga del inversor de excitación y retarda la operación. En breve consideraremos los tiempos de conmutación del inversor.

La curva característica de transferencia de voltaje

La curva característica completa de transferencia de voltaje (VTC) del inversor CMOS se puede obtener si se repite el procedimiento gráfico, usado antes en los dos casos extremos, para todos los valores intermedios de v_I. En lo que sigue, calcularemos los puntos críticos de la curva de transferencia de voltaje que resulta. Para esto necesitamos las relaciones i–v de Q_N y Q_P. Para Q_N,

$$i_{DN} = k_n' \left(\frac{W}{L} \right)_n \left[(v_I - V_{tn})v_O - \frac{1}{2}v_O^2 \right] \quad \text{para } v_O \leq v_I - V_{tn} \tag{5.87}$$

y

$$i_{DN} = \frac{1}{2} k_n' \left(\frac{W}{L} \right)_n (v_I - V_{tn})^2 \qquad \text{para } v_O \geq v_I - V_{tn} \tag{5.88}$$

Para Q_P,

$$i_{DP} = k_p' \left(\frac{W}{L} \right)_p \left[(V_{DD} - v_I - |V_{tp}|)(V_{DD} - v_O) - \frac{1}{2}(V_{DD} - v_O)^2 \right]$$

$$\text{para } v_O \geq v_I + |V_{tp}| \tag{5.89}$$

y

$$i_{DP} = \frac{1}{2} k_p' \left(\frac{W}{L} \right)_p (V_{DD} - v_I - |V_{tp}|)^2 \qquad \text{para } v_O \leq v_I + |V_{tp}| \tag{5.90}$$

El inversor CMOS por lo general se diseña para tener $V_{tn} = |V_{tp}|$ y $k_n' \left(\dfrac{W}{L} \right)_n = k_p' \left(\dfrac{W}{L} \right)_p$. Debe observarse que como μ_p es 0.3 a 0.5 veces el valor de μ_n, para hacer $k'(W/L)$ igual de los dos dispositivos, el ancho del dispositivo de canal p se hace dos o tres veces el del dispositivo de canal n. Más específicamente, los dos dispositivos están diseñados para tener iguales longitudes, con anchos relacionados por

$$\frac{W_p}{W_n} = \frac{\mu_n}{\mu_p}$$

Esto resultará en $k_n' \left(\dfrac{W}{L} \right)_n = k_p' \left(\dfrac{W}{L} \right)_p$, y el inversor tendrá una curva característica simétrica de transferencia e igual capacidad de excitación de corriente en ambas direcciones (elevar y reducir).

Con Q_N y Q_P acopladas, el inversor CMOS tiene la curva característica de transferencia de voltaje que se muestra en la figura 5.58. Como se indica, la curva característica de transferencia tiene cinco segmentos distintos correspondientes a diferentes combinaciones de modos de operación de Q_N y Q_P. El segmento vertical BC se obtiene cuando Q_N y Q_P operen en la región de saturación. Como estamos despreciando la resistencia finita de salida en saturación, la ganancia del inversor en esta región es infinita. Por simetría, este segmento vertical ocurre en $v_I = V_{DD}/2$ y está limitado por $v_O(B) = V_{DD}/2 + V_t$ y $v_O(C) = V_{DD}/2 - V_t$.

El lector recordará de la sección 1.7 que además de V_{OL} y V_{OH}, otros dos puntos de la curva de transferencia determinan los márgenes de ruido del inversor. Éstos son el máximo permitido de lógica 0 o nivel "bajo" en la entrada, V_{IL}, y el mínimo permitido de lógica 1 o nivel "alto", V_{IH}. Éstos se definen formalmente como los dos puntos en la curva de transferencia en los que la ganancia incremental es unitaria (es decir, la pendiente es −1 V/V).

Para determinar V_{IH} observamos que Q_N está en la región del triodo, y por lo tanto su corriente está dada por la ecuación (5.87), mientras que Q_P está en saturación y su corriente está dada por la ecuación (5.90). Al igualar i_{DN} e i_{DP} y suponer dispositivos acoplados, resulta

$$(v_I - V_t)v_O - \frac{1}{2}v_O^2 = \frac{1}{2}(V_{DD} - v_I - V_t)^2 \tag{5.91}$$

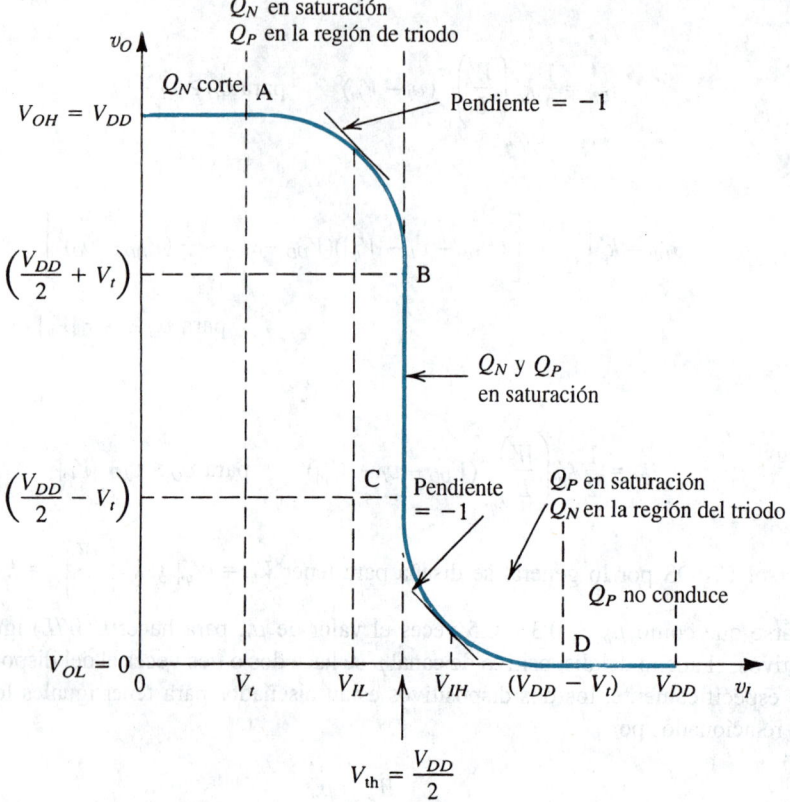

Fig. 5.58 Curva característica de transferencia de voltaje del inversor CMOS.

Al derivar ambos lados con respecto a v_I resulta

$$(v_I - V_t)\frac{dv_O}{dv_I} + v_O - v_O\frac{dv_O}{dv_I} = -(V_{DD} - v_I - V_t)$$

en donde sustituimos $v_I = V_{IH}$ y $dv_O/dv_I = -1$ para obtener

$$v_O = V_{IH} - \frac{V_{DD}}{2} \tag{5.92}$$

Al sustituir en la ecuación (5.91) $v_I = V_{IH}$ y por v_O de la ecuación (5.92) resulta

$$V_{IH} = \tfrac{1}{8}(5V_{DD} - 2V_t) \tag{5.93}$$

V_{IL} se puede determinar de manera semejante a la empleada para hallar V_{IH}. Alternativamente, podemos utilizar la relación de simetría

$$V_{IH} - \frac{V_{DD}}{2} = \frac{V_{DD}}{2} - V_{IL}$$

junto con V_{IH} de la ecuación (5.93) para obtener

$$V_{IL} = \tfrac{1}{8}(3V_{DD} + 2V_t) \tag{5.94}$$

Los márgenes de ruido se pueden determinar como sigue:

$$
\begin{aligned}
NM_H &= V_{OH} - V_{IH} \\
&= V_{DD} - \tfrac{1}{8}(5V_{DD} - 2V_t) \\
&= \tfrac{1}{8}(3V_{DD} + 2V_t)
\end{aligned} \tag{5.95}
$$

$$
\begin{aligned}
NM_L &= V_{IL} - V_{OL} \\
&= \tfrac{1}{8}(3V_{DD} + 2V_t) - 0 \\
&= \tfrac{1}{8}(3V_{DD} + 2V_t)
\end{aligned} \tag{5.96}
$$

Como se esperaba, la simetría de la curva característica de transferencia de voltaje resulta en iguales márgenes de ruido. Por supuesto que si Q_N y Q_P no están acoplados, la curva característica de transferencia de voltaje ya no será simétrica y los márgenes de ruido no serán iguales (véase el problema 5.94).

Ejercicios

5.31 Para un inversor CMOS con MOSFET acoplados y que tengan $V_t = 1$ V, encuentre V_{IL}, V_{IH} y los márgenes de ruido si $V_{DD} = 5$ V.

Resp. 2.1 V; 2.9 V; 2.1 V

5.32 Considere un inversor CMOS con $V_{tn} = |V_{tp}| = 2$ V, $(W/L)_n = 20$, $(W/L)_p = 40$, $\mu_n C_{ox} = 2\mu_p C_{ox} = 20$ μA/V^2 y $V_{DD} = 10$ V. Para $\upsilon_I = V_{DD}$, encuentre la máxima corriente que el inversor puede disipar mientras υ_O permanezca ≤ 0.5 V.

Resp. 1.55 mA

5.33 Un inversor fabricado en una tecnología CMOS de 1.2 μm utiliza las mínimas longitudes posibles de canal (es decir, $L_n = L_p = 1.2$ μm). Si $W_n = 1.8$ μm, encuentre el valor de W_p que resultaría en Q_N y Q_P acoplados. Para esta tecnología, $k_n' = 80$ μA/V^2 y $k_p' = 27$ μA/V^2. También calcule el valor de la resistencia de salida del inversor cuando $\upsilon_O = V_{OL}$.

Resp. 5.4 μm; 2 kΩ

5.34 Demuestre que el voltaje de umbral V_{th} de un inversor CMOS (véase la figura 5.58) está dado por

$$V_{th} = \frac{r(V_{DD} - |V_{tp}|) + V_{tn}}{1 + r}$$

donde

$$r = \sqrt{\frac{k_p'(W/L)_p}{k_n'(W/L)_n}}$$

Operación dinámica

Como se explicó en la sección 1.7, la velocidad de operación de un sistema digital (por ejemplo, una computadora) está determinada por el **tiempo de propagación** de las compuertas lógicas usadas para construir el sistema. Como el inversor es la compuerta lógica básica de cualquier tecnología digital de circuito integrado (IC), el tiempo de propagación del inversor es un parámetro fundamental en la caracterización de la tecnología. En lo que sigue, analizaremos la operación de conmutación del inversor CMOS para determinar el tiempo de propagación. En la figura 5.59(a) se muestra el inversor con un condensador C entre el nodo de salida y tierra. Aquí, C representa la suma de las capacitancias internas de los MOSFET Q_N y Q_P, la capacitancia del alambre de interconexión entre el nodo de salida del inversor y la entrada de las otras compuertas lógicas que el inversor excita, y la capacitancia total de entrada de estas compuertas de carga (o de divergencia de salida). Suponemos que el inversor está excitado por el pulso ideal (tiempos de elevación y de caída iguales a cero) que se muestra en la figura 5.59(b). Como

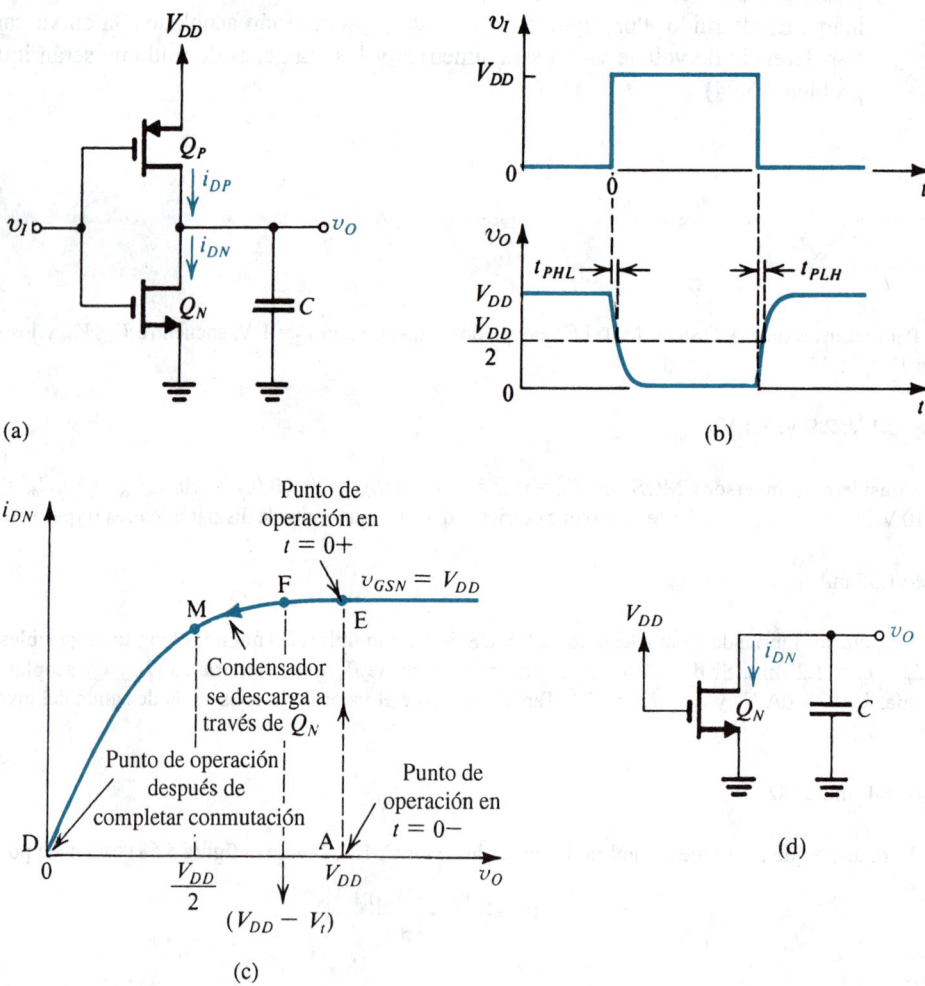

(a)   (b)

(c)   (d)

Fig. 5.59 Operación dinámica de un inversor CMOS cargado capacitivamente: **(a)** circuito; **(b)** ondas de entrada y salida; **(c)** trayectoria del punto de operación a medida que la entrada se hace alta y C se descarga a través de Q_N; **(d)** circuito equivalente durante la descarga del condensador.

el circuito es simétrico (si se suponen los MOSFET acoplados), los tiempos de elevación y caída de la onda de salida deben ser iguales. Es suficiente, por lo tanto, considerar ya sea el proceso de conducción o el de no conducción. En lo que sigue, consideramos el primero.

En la figura 5.59(c) aparece la trayectoria del punto de operación obtenido cuando el pulso de entrada pasa de $V_{OL} = 0$ a $V_{OH} = V_{DD}$ al tiempo $t = 0$. Inmediatamente antes del borde delantero del pulso de entrada (es decir, en $t = 0-$) el voltaje de salida es igual a V_{DD} y el condensador C se carga a este voltaje. En $t = 0$, v_I se eleva a V_{DD}, haciendo que Q_P de inmediato no conduzca. De ahí en adelante, el circuito es equivalente al que se muestra en la figura 5.59(d) con el valor inicial de $v_O = V_{DD}$. Entonces, el punto de operación en $t = 0+$ es el punto E, en el que se ve que Q_N estará en la región de saturación y conduciendo una elevada corriente. A medida que C se descarga, la corriente de Q_N permanece constante hasta $v_O = V_{DD} - V_t$ (punto F). Denotando esta porción del intervalo de descarga como t_{PHL1} (donde el subíndice HL indica transición de alto a bajo), podemos escribir

$$t_{PHL1} = \frac{C[V_{DD} - (V_{DD} - V_t)]}{\frac{1}{2} k_n' \left(\frac{W}{L}\right)_n (V_{DD} - V_t)^2}$$

$$= \frac{CV_t}{\frac{1}{2} k_n' \left(\frac{W}{L}\right)_n (V_{DD} - V_t)^2} \tag{5.97}$$

Después del punto F, el transistor Q_N opera en la región del triodo, y por lo tanto su corriente está dada por la ecuación (5.87). Esta porción del intervalo de descarga puede ser descrita por

$$i_{DN} \, dt = -C \, dv_O$$

Al sustituir por i_{DN} de la ecuación (5.87) y acomodar la ecuación diferencial, obtenemos

$$-\frac{k_n'(W/L)_n}{2C} \, dt = \frac{1}{2(V_{DD} - V_t)} \frac{dv_O}{\frac{1}{2(V_{DD} - V_t)} v_O^2 - v_O} \tag{5.98}$$

Para hallar la componente del tiempo de respuesta t_{PHL} durante el que v_O decrece de $(V_{DD} - V_t)$ al punto de 50%, $v_O = V_{DD}/2$, integramos ambos lados de la ecuación (5.98). Denotando esta componente de tiempo de respuesta como t_{PHL2}, encontramos que

$$-\frac{k_n'(W/L)_n}{2C} \, t_{PHL2} = \frac{1}{2(V_{DD} - V_t)} \int_{v_o = V_{DD} - V_t}^{v_o = V_{DD}/2} \frac{dv_O}{\frac{1}{2(V_{DD} - V_t)} v_O^2 - v_O} \tag{5.99}$$

Si usamos el hecho de que

$$\int \frac{dx}{ax^2 - x} = \ln\left(1 - \frac{1}{ax}\right)$$

esto hace posible evaluar la integral de la ecuación (5.99) y así obtener

$$t_{PHL2} = \frac{C}{k_n'(W/L)_n(V_{DD} - V_t)} \ln\left(\frac{3V_{DD} - 4V_t}{V_{DD}}\right) \tag{5.100}$$

Las dos componentes de t_{PHL} de las ecuaciones (5.97) y (5.100) se pueden sumar para obtener

$$t_{PHL} = \frac{2C}{k_n'(W/L)_n(V_{DD} - V_t)} \left[\frac{V_t}{V_{DD} - V_t} + \frac{1}{2} \ln \left(\frac{3V_{DD} - 4V_t}{V_{DD}} \right) \right] \tag{5.101}$$

Para el caso usual de $V_t \simeq 0.2 V_{DD}$, esta ecuación se reduce a

$$t_{PHL} = \frac{1.6C}{k_n'(W/L)_n V_{DD}} \tag{5.102}$$

Un análisis semejante del proceso de no conducción produce una expresión para t_{PLH} idéntica a la de la ecuación (5.102) excepto por $k_n'(W/L)_n$ sustituido con $k_p'(W/L)_p$. El tiempo de propagación t_P es el promedio de t_{PHL} y t_{PLH}. De la ecuación (5.102) observamos que para obtener menores tiempos de propagación y por lo tanto operación más rápida, C debe reducirse al mínimo, utilizarse un elevado parámetro k' de transconductancia del proceso, la razón W/L del transistor debe aumentarse y el voltaje V_{DD} de la fuente de alimentación también debe aumentarse. Hay, desde luego, términos intermedios de diseño y límites físicos que intervienen para escoger estos valores de parámetros. Este tema, con todo, es demasiado avanzado para nuestras necesidades actuales.

Ejercicios

5.35 Un inversor CMOS en un circuito VLSI que opera de una fuente de 5 V tiene $(W/L)_n = 10\ \mu\text{m}/5\ \mu\text{m}$, $(W/L)_p = 20\ \mu\text{m}/5\ \mu\text{m}$, $V_{tn} = |V_{tp}| = 1$ V, $\mu_n C_{ox} = 2\ \mu_p C_{ox} = 20\ \mu\text{A/V}^2$. Si la capacitancia de carga eficaz total es 0.1 pF, encuentre t_{PHL}, t_{PLH} y t_P.

Resp. 0.8 ns; 0.8 ns; 0.8 ns

5.36 Para el inversor CMOS del ejercicio 5.32, que está destinado a aplicaciones de circuitos SSI y MSI, encuentre t_P si la capacitancia de carga es 15 pF.

Resp. 6 ns

Circulación de corriente y disipación de potencia

A medida que el inversor CMOS se conmuta, circula corriente por la conexión serie de Q_N y Q_P. En la figura 5.60 se ilustra la corriente del inversor como función de v_I. Observamos que los picos de corriente en el umbral de conmutación, $v_I = V_{th} = V_{DD}/2$. Esta corriente da lugar a disipación de potencia dinámica en el inversor CMOS, pero resulta una componente más importante de disipación de potencia dinámica de la corriente que circula en Q_N y Q_P cuando el inversor es cargado por un condensador C.

Una expresión para este último componente se puede obtener como sigue: considere una vez más el circuito de la figura 5.59(a). En $t = 0-$, $v_O = V_{DD}$ y la energía almacenada en el condensador es $\frac{1}{2} C V_{DD}^2$. En $t = 0$, v_I sube a V_{DD}, Q_P no conduce y Q_N conduce. El transistor Q_N entonces descarga el condensador y, en el extremo del intervalo de descarga, el voltaje del condensador se reduce a cero. Así, durante el intervalo de descarga, la energía de $\frac{1}{2} C V_{DD}^2$ se retira de C y se disipa en Q_N. En seguida consideremos la otra mitad del ciclo cuando v_I baja a cero. El transistor Q_N no conduce,

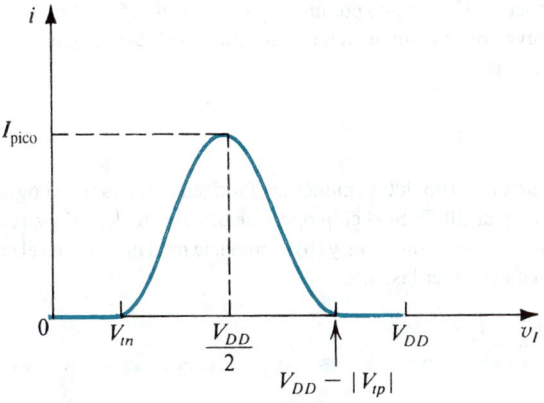

Fig. 5.60   La corriente en el inversor CMOS contra el voltaje de entrada.

y Q_P conduce y carga al condensador. Denotemos por i la corriente instantánea suministrada por Q_P a C. Esta corriente proviene, desde luego, de la fuente de alimentación V_{DD}, por lo que la energía tomada de la fuente durante el periodo de carga será $\int V_{DD} i \, dt = V_{DD} \int i \, dt = V_{DD} \, Q$, donde Q es la carga suministrada al condensador, es decir, $Q = CV_{DD}$. Por lo tanto, la energía tomada de la fuente durante el intervalo de carga es CV_{DD}^2. Al final del intervalo de carga, el voltaje del condensador será V_{DD} y la energía almacenada en él será $\frac{1}{2} CV_{DD}^2$. Se deduce que durante el intervalo de carga, la mitad de la energía tomada de la fuente, $\frac{1}{2} CV_{DD}^2$, se disipa en Q_P.

De lo anterior vemos que, en cada ciclo, $\frac{1}{2} CV_{DD}^2$ de energía se disipa en Q_N y $\frac{1}{2} CV_{DD}^2$ se disipa en Q_P, para un total de disipación de energía en el inversor de CV_{DD}^2. Ahora, si el inversor se conmuta a razón de f ciclos por segundo, la disipación de potencia dinámica en él será

$$P_D = f C V_{DD}^2 \tag{5.103}$$

Observe que la frecuencia de operación está relacionada con el tiempo de propagación: cuanto menor sea el tiempo de propagación, mayor será la frecuencia a la que el circuito puede operarse y, según la ecuación (5.103), más elevada será la disipación de potencia en el circuito. Una cifra de mérito o medida de calidad de la tecnología del circuito en particular es el **producto de potencia y tiempo** (*DP*),

$$DP = P_D t_P$$

El producto de potencia y tiempo tiende a ser una constante para una tecnología de circuito digital en particular y se puede usar para comparar diferentes tecnologías. Obviamente, cuanto menor es el valor del *DP*, más eficaz es la tecnología. El producto de potencia y tiempo tiene las unidades de joules y, en efecto, es una medida de la energía disipada por ciclo de operación. Por lo tanto, para CMOS donde la mayor parte de la disipación de potencia es dinámica, podemos tomar *DP* simplemente como CV_{DD}^2.

Ejercicios

5.37 Para el inversor especificado en el ejercicio 5.32, encuentre la corriente pico tomada de V_{DD} durante la conmutación.

Resp. 1.8 mA

5.38 Sea el inversor especificado en el ejercicio 5.32, cargado por una capacitancia de 15 pF. Encuentre la disipación de potencia dinámica que resulte cuando el inversor se conmute a una frecuencia de 2 MHz. ¿Cuál es el promedio de corriente consumida de la fuente de alimentación?

Resp.   3 mW; 0.3 mA

5.39 Considere un chip CMOS de VLSI, que tiene 100 000 compuertas, fabricado en una tecnología CMOS de 1.2 μm. Sea la capacitancia de carga, por compuerta, de 30 fF. Si el chip opera de una fuente de 5 V y se conmuta a razón de 100 MHz, encuentre (a) la disipación de potencia por compuerta, y (b) la potencia total disipada en el chip suponiendo que sólo 30% de las compuertas se conmuta en cualquier instante.

Resp.   75 μW; 2.25 W

Una observación final

En esta sección hemos dado una introducción a los circuitos digitales CMOS. Regresaremos a este tema en el capítulo 13, donde se estudian las compuertas lógicas CMOS y otros circuitos digitales.

5.9   EL MOSFET COMO INTERRUPTOR ANALÓGICO

El inversor CMOS estudiado en la sección anterior demuestra una importante aplicación del MOSFET, que es su uso como interruptor controlado por voltaje. Específicamente, el voltaje aplicado a la compuerta de cada transistor Q_N y Q_P hace que conduzcan o no conduzcan. En la posición de no conducción, el MOSFET se comporta como un circuito abierto entre dren y fuente, mientras que en la posición de conducción, el MOSFET presenta una resistencia r_{DS} entre dren y fuente. El valor de la resistencia en conducción del interruptor depende de la ubicación del punto de operación en la curva i_D–v_{DS} de la región del triodo, del voltaje de compuerta a fuente y de las dimensiones del dispositivo. Específicamente, recordemos que para operación cercana al origen (v_{DS} pequeña), un MOSFET de canal n tiene

$$r_{DS} = \frac{1}{k_n' \left(\dfrac{W}{L}\right)(V_{GS} - V_t)}$$

Aun cuando es deseable tener un valor bajo para r_{DS}, la operación del inversor digital no es críticamente afectado por su valor. Éste suele ser el caso en interruptores digitales, es decir, en aplicaciones en que el MOSFET se usa para conmutar señales digitales. Sin embargo, hay muchas aplicaciones en que surge la necesidad de conmutar señales analógicas. Entre los ejemplos de estas aplicaciones se cuenta el diseño de convertidores analógicos a digitales y digitales a analógicos (capítulo 10) y filtros del condensador-interruptor (capítulo 11). En tales aplicaciones, el interruptor es conocido como **interruptor analógico**, y la operación del circuito suele ser críticamente afectada por las curvas características del interruptor analógico. En seguida, primero consideramos los requisitos y curvas características deseables de un interruptor analógico. Después demostramos que aun cuando se puede usar un solo transistor MOS como interruptor analógico, y en efecto así es, sus curvas características son un poco menos que ideales. Finalmente, demostramos que un MOSFET de canal n y uno de canal p conectados en paralelo forman un excelente interruptor analógico. Es obvio que el circuito resultante se puede fabricar en tecnología CMOS y se conoce como **compuerta CMOS de transmisión**.

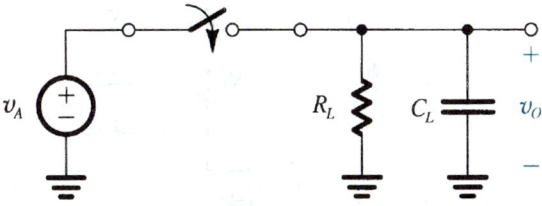

Fig. 5.61 Un interruptor analógico conecta una señal analógica v_A a un circuito representado por una resistencia R_L en paralelo con una capacitancia C_L. El interruptor está operado por una señal de control de voltaje (que no se muestra).

El interruptor analógico

Para evaluar los requisitos más rigurosos puestos sobre un interruptor analógico, en comparación con uno digital, considere el circuito de la figura 5.61. En este caso, una señal analógica v_A se va a conectar a una carga compuesta por una resistencia R_L en paralelo con una capacitancia C_L. Cuando el interruptor se abre, obviamente deseamos que opere en forma tan semejante a un circuito abierto como sea posible. Así, la resistencia en estado abierto del interruptor debe ser muy alta e infinita en el ideal; en la posición cerrada, el interruptor debe actuar en forma tan semejante a un cortocircuito como sea posible. Observemos que la resistencia en estado cerrado del interruptor resultaría en una atenuación de señal; también introduciría una acción de filtro de paso bajo (véase la sección 1.6) con la capacitancia de carga. Se deduce que la magnitud y fase de la señal que aparecerá en realidad en la salida dependerá de manera crítica del valor de la resistencia en estado cerrado del interruptor. Se presenta un problema todavía más serio si el valor de la resistencia en estado cerrado depende de la magnitud de v_A. Si ocurre esto, la razón del divisor de voltaje dependerá de la magnitud de v_A, y la señal de salida se verá distorsionada de una manera que no es lineal. Finalmente, observe que debido a que v_A puede ser positivo o negativo, el interruptor debe tener capacidad para conducir corriente en ambas direcciones; esto es, debe ser bidireccional.

Un interruptor analógico NMOS

Ahora consideremos el uso de un solo MOSFET para poner en práctica el interruptor analógico de la figura 5.61. En la figura 5.62 se describe uno de estos circuitos que utiliza un transistor NMOS. Para concretar nuestro análisis, hagamos que v_A tenga un valor de ± 5 V.

Para conservar polarizadas inversamente en todo momento las uniones *pn* de sustrato a fuente y sustrato a dren, el terminal del sustrato se conecta a -5 V.

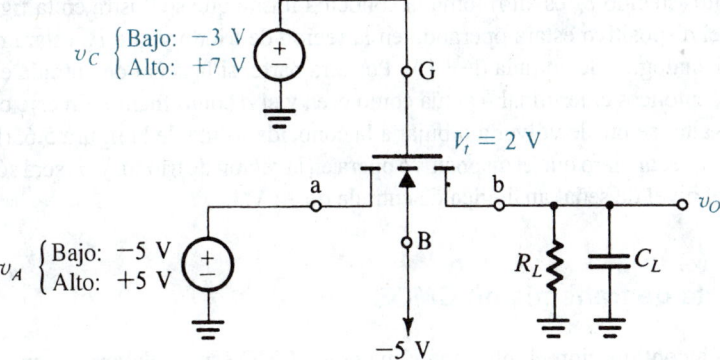

Fig. 5.62 Uso de un transistor NMOS para poner en práctica el interruptor analógico del circuito de la figura 5.61.

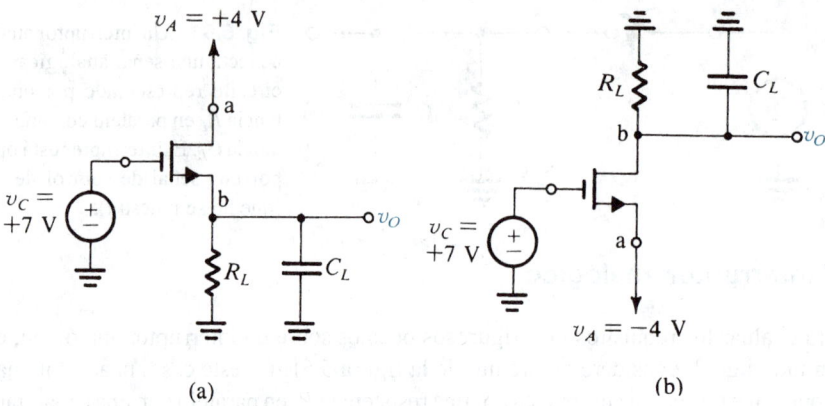

Fig. 5.63   Método para visualizar la operación del circuito de la figura 5.62 cuando v_C es alto: **(a)** v_A es positivo; **(b)** v_A es negativo.

El objetivo de la señal de control v_C es cerrar y abrir el interruptor. Suponga que el dispositivo tiene un voltaje de umbral de $V_t = 2$ V. Se deduce que para cerrar el transistor para todos los posibles niveles de señal de entrada, el valor alto de v_C debe ser por lo menos +7 V. Análogamente, para abrir el transistor para todos los posibles niveles de señal de entrada, el valor bajo de v_C debe ser un máximo de −3 V. Observe, sin embargo, que estos niveles no son suficientes en la práctica, puesto que el transistor apenas se cierra o se abre en los límites. En cualquier caso, vemos que los valores del voltaje de control tienen que ser por lo menos iguales a los de la señal de entrada analógica que se conmuta. Desafortunadamente, empero, la resistencia en condición cerrada del interruptor dependerá en gran medida del valor de la señal de entrada analógica, una característica indeseable, como se menciona antes. Otra desventaja obvia es la de los niveles más bien inconvenientes necesarios para v_C.

El lector observará que no hemos indicado, en la figura 5.62, cuál terminal es la fuente y cuál el dren. Hemos evitado indicarlos primeramente porque el MOSFET es un dispositivo simétrico, con la fuente y dren intercambiables. Lo más importante es que la operación del dispositivo como interruptor se basa en esta intercambiabilidad de papeles. Específicamente, cualquiera de los dos terminales que esté al voltaje más alto actúa como dren. Así, si la señal analógica de entrada es positiva, por ejemplo +4 V, entonces el terminal *a* actúa como dren y el *b* como fuente. Para este caso, el circuito (cuando v_C es alto) toma la conocida forma que se ilustra en la figura 5.63(a). Es fácil ver que el dispositivo estará operando en la región de triodo y que v_O estará muy cercano al nivel de señal analógica de entrada de +4 V. Por otra parte, si la señal de entrada es negativa, por ejemplo −4 V, entonces el terminal *b* actúa como dren y el *a* como fuente. En este caso, el circuito (para señal v_C alta) se puede volver a dibujar a la conocida forma de la figura 5.63(b). Otra vez en este caso, debe quedar claro que el dispositivo opera en la región de triodo, y v_O será sólo ligeramente más alto que el nivel de señal analógica de entrada de −4 V.

La compuerta de transmisión CMOS

Consideremos a continuación el interruptor analógico CMOS, más elaborado, que se ilustra en la figura 5.64. Este circuito se conoce en la práctica como **compuerta de transmisión**. Al igual que en el caso anterior, suponemos que la señal analógica que se conmuta se encuentra en niveles de −5 a

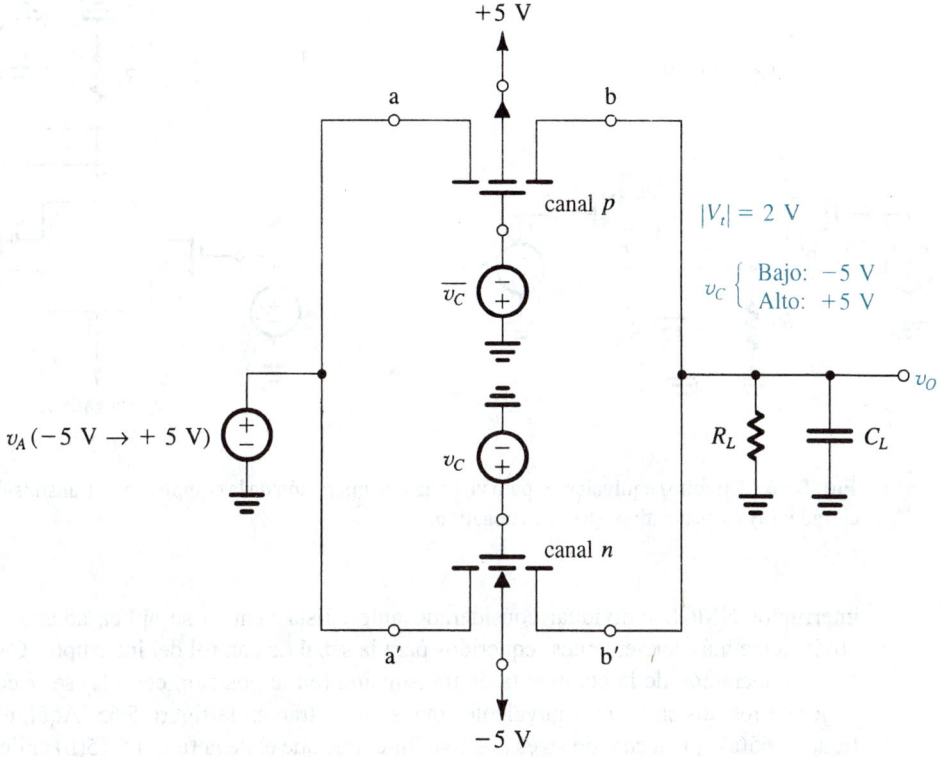

Fig. 5.64 Compuerta de transmisión CMOS.

+5 V. Para evitar que las uniones del sustrato se polaricen directamente en cualquier momento, e sustrato del dispositivo de canal p se conecta al nivel de voltaje más positivo (+5 V) y el del dispo sitivo de canal n se conecta al nivel de voltaje más negativo (−5 V). Las compuertas del transistor son controladas por dos señales complementarias denotadas por v_C y $\overline{v_C}$. A diferencia del interruptor NMOS individual, aquí los niveles de v_C pueden ser los mismos que en los extremos de la señal analógica, +5 y −5 V. Cuando V_C está al nivel bajo, la compuerta del dispositivo de canal n estará a −5 V, evitando así que el dispositivo de canal n conduzca para cualquier valor de v_A (entre −5 V a +5 V). Simultáneamente, la compuerta del dispositivo de canal p estará a +5 V, lo que impide que ese dispositivo conduzca para cualquier valor de v_A (entre −5 V y +5 V). Por lo tanto, con v_C bajo, el interruptor está abierto.

Para cerrar el interruptor, tenemos que elevar la señal de control v_C al nivel alto de +5 V. De modo correspondiente, el dispositivo de canal n tendrá su compuerta +5 V y conducirá para cualquier valor de v_A en el intervalo entre −5 V y +3 V. Simultáneamente, el dispositivo de canal p tendrá su compuerta a −5 V y conducirá para cualquier valor de v_A entre −3 V y +5 V. Vemos así que para v_A menor de −3 V, sólo el dispositivo de canal n estará conduciendo, mientras que v_A sea más grande a +3 V, sólo que el dispositivo de canal n esté conduciendo. Para el intervalo de $v_A = −3$ V a +3 V, ambos dispositivos estarán conduciendo. Además, podemos ver que a medida que un dispositivo conduzca con más intensidad, la conducción en el otro dispositivo se reduce. Por lo tanto, a medida que la resistencia r_{DS} de un dispositivo se reduzca, la resistencia del otro aumenta, con el equivalente paralelo, que es la resistencia "en conducción" del interruptor, permaneciendo aproximadamente constante. Ésta es claramente una ventaja de la compuerta de transmisión CMOS sobre el

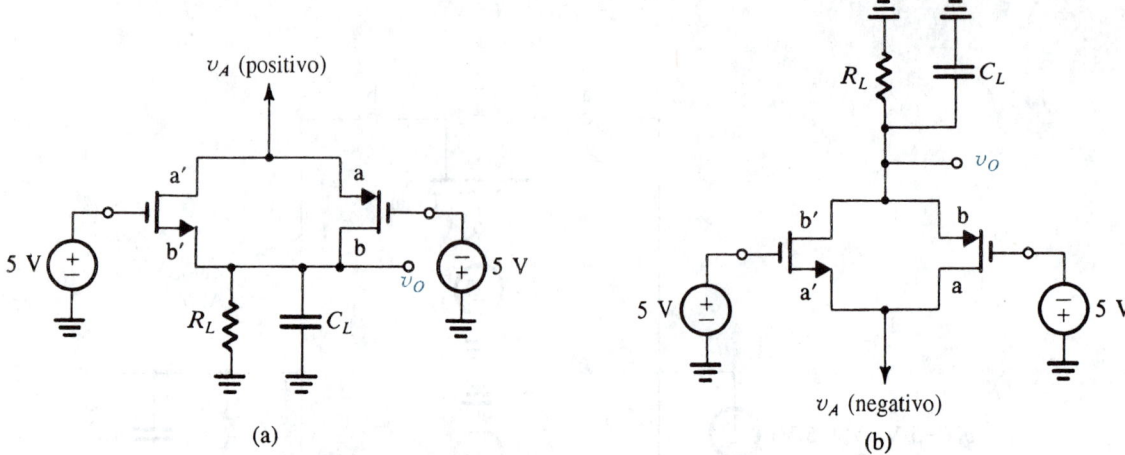

Fig. 5.65 Circuitos equivalentes para visualizar la operación de la compuerta de transmisión en la posición cerrada: **(a)** v_A es positivo; **(b)** v_A es negativo.

interruptor NMOS individual considerado antes. Esta ventaja se aplica además de los niveles obviamente más convenientes requeridos para la señal de control del interruptor CMOS.

La operación de la compuerta de transmisión (en la posición cerrada) se puede comprender mejor de los dos circuitos equivalentes que se muestran en la figura 5.65. Aquí, el circuito de la figura 5.65(a) aplica cuando v_A es positivo, mientras que el de la figura 5.65(b) aplica cuando v_A es negativo. Nótese la intercambiabilidad de los papeles desempeñados por la fuente y dren de cada uno de los dos dispositivos. Otra vez, para el dispositivo de canal n, el terminal que se encuentre al voltaje más alto actúa como dren, y lo opuesto se cumple para el dispositivo de canal p. Así, al pensar sobre la operación de la compuerta CMOS, se debe considerar que el dren de un dispositivo está conectado a la fuente del otro, y viceversa.

En comparación con el interruptor NMOS individual, la compuerta de transmisión proporciona mejor operación a costa de mayor complejidad de circuito y área del chip. Que se use un MOSFET individual o una compuerta de transmisión dependerá de los requisitos de la aplicación en particular.

Aun cuando básicamente es un excelente interruptor analógico, la compuerta de transmisión CMOS encuentra aplicación también en el diseño de circuitos digitales, como se muestra en el capítulo 13. Por último, mostramos en la figura 5.66 la compuerta de transmisión junto con su símbolo de circuito comúnmente usado.

Ejercicio

5.40 Considere la compuerta de transmisión CMOS y su circuito equivalente que se muestran en la figura 5.65(b). Los dos dispositivos tienen $|V_t| = 2$ V y $k'(W/L) = 100$ μA/V^2 y $R_L = 50$ kΩ. Para (a) $v_A = -5$ V, (b) $v_A = -2$ V y (c) $v_A = 0$ V, calcule v_O y la resistencia total del interruptor.

Resp. (a) −4.878 V, 1.25 kΩ;   (b) −1.986 V, 1.649 kΩ;   (c) 0 V, 1.667 kΩ

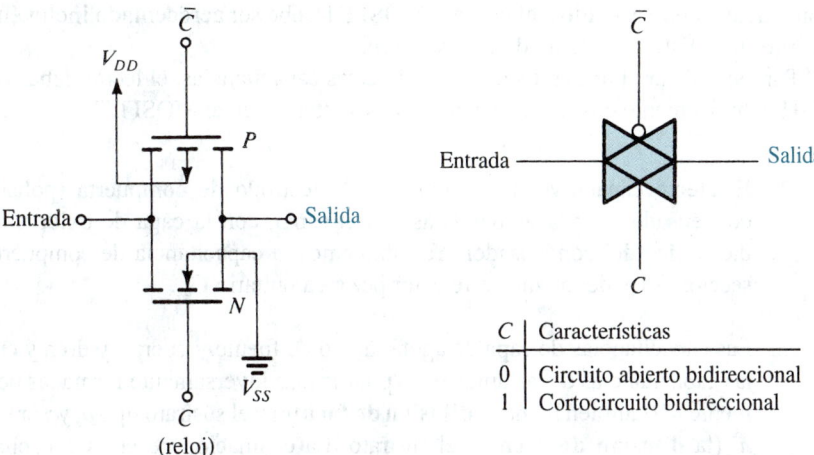

C	Características
0	Circuito abierto bidireccional
1	Cortocircuito bidireccional

Fig. 5.66   Compuerta de transmisión CMOS junto con su símbolo de circuito usado comúnmente.

Una observación final: Comparación de los interruptores analógicos MOSFET y BJT

El MOSFET es mucho más apropiado para el diseño de interruptores analógicos que el BJT; esto se debe principalmente a que las curvas características del MOSFET i_D–v_{DS} pasan exactamente por el origen y se extienden simétricamente en el tercer cuadrante. En contraste, las curvas características i_C–v_{CE} del BJT cortan el eje v_{CE} a un voltaje finito, pero pequeño ($\simeq 0.1$ V). Por lo tanto, el interruptor BJT exhibe un voltaje de desnivel (véase la sección 4.12).

5.10   CAPACITANCIAS INTERNAS DEL MOSFET Y MODELO DE ALTA FRECUENCIA[7]

De nuestro estudio de la operación física del MOSFET de la sección 5.1, sabemos que el dispositivo tiene capacitancias internas. De hecho, usamos una de éstas, la de compuerta a canal, en nuestra deducción de las curvas características i–v del MOSFET. Pero, implícitamente supusimos que las cargas de estado estable de estas capacitancias se adquieren instantáneamente. En otras palabras, no tomamos en cuenta el tiempo finito requerido para cargar y descargar las diversas capacitancias internas. Como resultado de esto, los modelos de dispositivo que dedujimos, por ejemplo el modelo a pequeña señal, no incluyen ninguna capacitancia. El uso de estos modelos pronosticaría ganancias constantes de amplificador independientes de la frecuencia, pero sabemos que (desafortunadamente) éste no es el caso; de hecho, la ganancia de todo amplificador MOSFET cae a alguna frecuencia alta. Del mismo modo, el inversor MOSFET muestra un tiempo de propagación finito, diferente de cero[8]. Para estar en posibilidad de

---

[7] El material de esta sección será necesario para el estudio de la respuesta en frecuencia de amplificadores MOS del capítulo 7, y la rapidez de respuesta de circuitos digitales MOS del capítulo 13. Por lo tanto, el estudio de esta sección se puede posponer.

[8] De hecho, estudiamos esto en la sección 5.8, donde se analizó la operación dinámica del inversor CMOS. Recuerde el lector que una capacitancia C se conectó entre el nodo de salida y tierra, y se mencionó que C incluía las capacitancias internas del transistor.

pronosticar estos resultados, el modelo MOSFET debe ser acrecentado incluyéndole capacitancias internas. Éste es el tema de esta sección.

Para visualizar el origen físico de las diversas capacitancias, el lector debe consultar la figura 5.1. Hay básicamente dos tipos de capacitancias internas en el MOSFET:

1. El efecto capacitivo de compuerta: el electrodo de compuerta (polisilicio) forma un condensador de placas paralelas con el canal, con la capa de óxido sirviendo como el dieléctrico del condensador. Ya estudiamos la capacitancia de compuerta u óxido en la sección 5.1 y denotamos este valor por área unitario C_{ox}.

2. Las capacitancias de capa de agotamiento de fuente y cuerpo y dren y cuerpo: Éstas son las capacitancias de las uniones *pn* polarizadas inversamente formadas por la región de la fuente n^+ (también llamada **difusión de fuente**) y el sustrato tipo *p*, y por la región del dren n^+ (la **difusión de dren**) y el sustrato. La evaluación de estas capacitancias utiliza el material estudiado en la sección 3.3.

Estos dos efectos capacitivos se pueden modelar si se incluyen capacitancias en el modelo de MOSFET entre sus cuatro terminales, G, D, S y B. Habrá cinco capacitancias en total: C_{gs}, C_{gd}, C_{gb}, C_{sb} y C_{db}, donde los subíndices indican la ubicación de las capacitancias en el modelo. En lo que sigue, demostramos la forma en que los valores de las cinco capacitancias de modelo se pueden determinar, lo que haremos considerando cada uno de los dos efectos capacitivos por separado.

El efecto capacitivo de compuerta

El efecto capacitivo de compuerta puede modelarse por las tres capacitancias C_{gs}, C_{gd} y C_{gb}. Los valores de estas capacitancias se pueden determinar como sigue:

1. Cuando el MOSFET opera en la región del triodo a un pequeño v_{DS}, el canal será de profundidad uniforme. La capacitancia entre compuerta y canal será $WL\,C_{ox}$ y se puede modelar al dividirla igualmente entre los extremos de fuente y compuerta; entonces,

$$C_{gs} = C_{gd} = \frac{1}{2}\,WL\,C_{ox} \qquad \text{(región del triodo)} \qquad (5.104)$$

Ésta es, obviamente, una aproximación (como son todos los modelos) pero funciona bien para operación en la región del triodo incluso cuando v_{DS} no sea pequeño.

2. Cuando el MOSFET opera en saturación, el canal tiene una forma cónica y se estrangula en el extremo del dren, o cerca de éste. Se puede demostrar [véase Tsividis (1987)] que

la capacitancia de compuerta a canal en este caso es aproximadamente $\frac{2}{3}WL\,C_{ox}$ y se puede modelar al asignar toda esta cantidad a C_{gs}, y cero cantidad a C_{gd} (porque el canal está estrangulado en el dren); entonces

$$C_{gs} = \frac{2}{3}\,WL\,C_{ox} \left.\rule{0pt}{40pt}\right\} \quad \text{(región de saturación)}$$ (5.105)

$$C_{gd} = 0$$ (5.106)

3. Cuando el MOSFET se corta, el canal desaparece y entonces $C_{gs} = C_{gd} = 0$, pero podemos (tras un razonamiento más o menos complejo) modelar el efecto capacitivo de la compuerta al asignar una capacitancia $WL\,C_{ox}$ a la capacitancia del modelo de compuerta y cuerpo; entonces

$$C_{gs} = C_{gd} = 0 \left.\rule{0pt}{40pt}\right\} \quad \text{(corte)}$$ (5.107)

$$C_{gb} = WL\,C_{ox}$$ (5.108)

4. Hay una componente capacitiva pequeña adicional que debe sumarse a C_{gs} y C_{gd} en todas las fórmulas precedentes. Ésta es la capacitancia que resulta del hecho de que las difusiones de fuente y dren se extienden ligeramente bajo el óxido de la compuerta (consulte la figura 5.1). Si la longitud de *traslape* está denotada como L_{ov}, vemos que la componente de **capacitancia de traslape** es

$$C_{ov} = WL_{ov}C_{ox}$$ (5.109)

Típicamente, $L_{ov} = 0.1 - 0.2\ \mu m$, que puede ser una fracción importante de la longitud del canal en modernas tecnologías CMOS de submicrones.[9]

Las capacitancias de unión

Las capacitancias de capa de agotamiento de las dos uniones *pn* inversamente polarizadas, formadas entre cada una de las difusiones de fuente y dren y el cuerpo, se pueden determinar si se usa la fórmula desarrollada en la sección 3.3 (ecuación 3.25). Entonces, para la difusión de fuente, tenemos la capacitancia de fuente y cuerpo, C_{sb},

$$C_{sb} = \frac{C_{sb0}}{\sqrt{1 + \dfrac{V_{SB}}{V_0}}}$$ (5.110)

[9] En la figura 5.1 se ilustra que la longitud *eficaz de canal* es más corta que la nominal o longitud *de canal dibujado*, que es la longitud del electrodo de la compuerta, por $2L_{ov}$, pero, para los fines de este libro, no hacemos distinción entre las dos.

donde C_{sb0} es el valor de C_{sb} a cero polarización de cuerpo y fuente, V_{SB} es la magnitud del voltaje de polarización inversa, y V_0 es el voltaje integrado de unión (0.6 a 0.8 V). Del mismo modo, para la difusión de dren, tenemos la capacitancia de dren y cuerpo C_{db},

$$C_{db} = \frac{C_{db0}}{\sqrt{1 + \dfrac{V_{DB}}{V_0}}} \qquad (5.111)$$

donde C_{db0} es el valor de capacitancia a cero voltaje de polarización inversa, y V_{DB} es la magnitud del voltaje de polarización inversa. Nótese que hemos supuesto que, para ambas uniones, el coeficiente de clasificación es $m = \frac{1}{2}$.

Debe observarse que cada una de estas capacitancias de unión incluye una componente que surge del lado inferior de la difusión y una componente de las *paredes laterales* de la difusión. En este sentido, observemos que cada difusión tiene tres paredes laterales que están en contacto con el sustrato y así contribuyen a la capacitancia de unión (la cuarta pared está en contacto con el canal). En modelos más avanzados de los MOSFET, las dos componentes de cada una de las capacitancias de unión se calculan por separado [véase Rabaey (1996)].

Las fórmulas para las capacitancias de unión de las ecuaciones (5.110) y (5.111) suponen operación a pequeña señal, pero estas fórmulas se pueden modificar para obtener valores promedio aproximados para las capacitancias cuando el transistor opere bajo condiciones de gran señal, como en circuitos lógicos. Por último, los valores típicos para las diversas capacitancias exhibidas por un MOSFET de canal n en un proceso CMOS relativamente moderno (1.2 μm) se dan en el siguiente ejercicio.

Ejercicio

5.41 Para un MOSFET de canal n con $t_{ox} = 20$ nm, $L = 2.4$ μm, $W = 10$ μm, $L_{ov} = 0.15$ μm, $C_{sb0} = C_{db0} = 40$ fF, $V_0 = 0.8$ V y $|V_{SB}| = |V_{DB}| = 2$ V, calcule las siguientes capacitancias cuando el transistor opere en saturación: C_{ox}, C_{ov}, C_{gs}, C_{gd}, C_{sb} y C_{db}. (*Nota*: el lector puede consultar la tabla 5.1 para hallar valores de las constantes físicas.)

Resp. 1.75 fF/μm^2; 2.6 fF; 30.6 fF; 2.6 fF; 21.4 fF; 21.4 fF

El modelo de alta frecuencia MOSFET

En la figura 5.67(a) se muestra el modelo a pequeña señal del MOSFET, incluyendo las cuatro capacitancias C_{gs}, C_{gd}, C_{sb} y C_{db}. Este modelo se puede usar para pronosticar la respuesta a alta frecuencia de amplificadores MOSFET, pero es bastante complejo para análisis manual y su uso está limitado a usar simulación de computadora, por ejemplo el SPICE. Afortunadamente, para el caso cuando la fuente esté conectada al cuerpo, el modelo se simplifica en forma considerable, como se muestra en la figura 5.67(b). En este modelo, C_{gd}, aunque pequeña, desempeña un papel importante para determinar la respuesta a alta frecuencia de amplificadores (capítulo 7) y por lo tanto debe mantenerse en el modelo. La capacitancia C_{db}, por otra parte, por lo general puede despreciarse, resultando una simplificación importante de análisis manual. El circuito resultante se muestra en la figura 5.67(c).

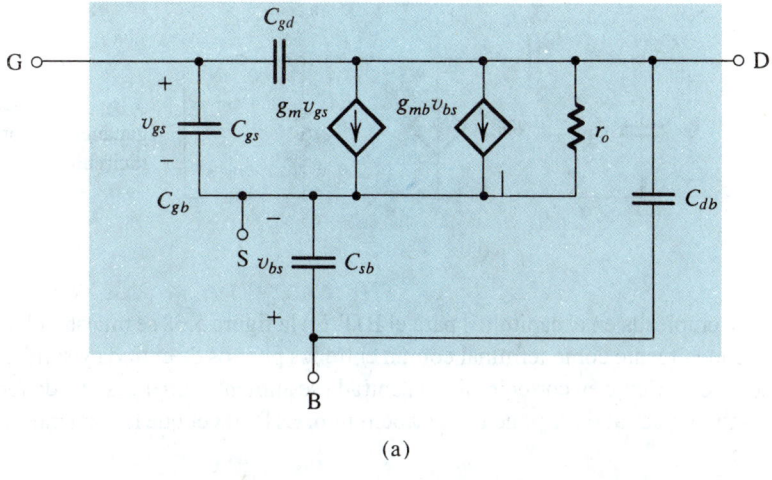

(a)

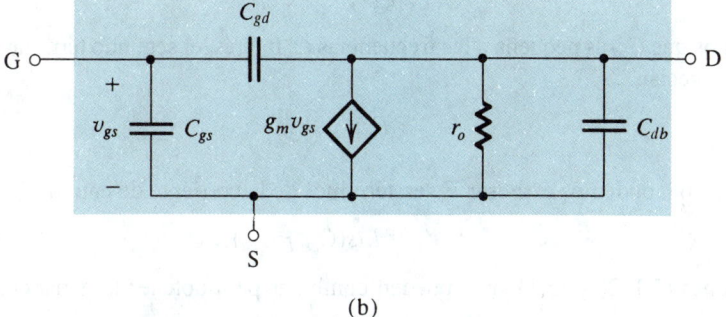

(b)

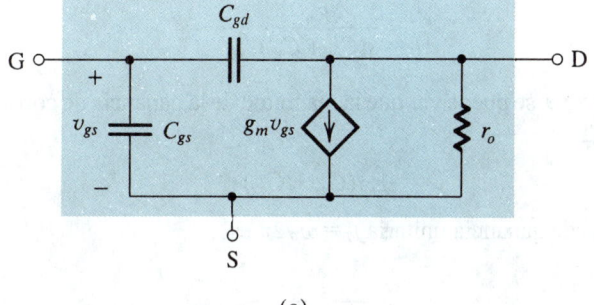

(c)

Fig. 5.67 **(a)** Modelo de circuito equivalente de alta frecuencia para el MOSFET; **(b)** circuito equivalente para el caso en que la fuente esté conectada al sustrato (cuerpo); **(c)** modelo de circuito equivalente de (b) con C_{db} despreciado (para simplificar análisis).

El modelo MOSFET de circuito equivalente de la figura 5.67(c) se asemeja bastante al modelo de BJT de la figura 4.70. Por lo tanto, nos referiremos al modelo MOSFET también como el modelo híbrido π.

La frecuencia (f_T) de ganancia unitaria del MOSFET

Una cifra de mérito para la operación de alta frecuencia del MOSFET como amplificador es la frecuencia de ganancia unitaria, f_T. Ésta se define como la frecuencia a la que la ganancia de corriente en cortocircuito de la configuración de fuente común es la unidad. Nótese que esta definición es

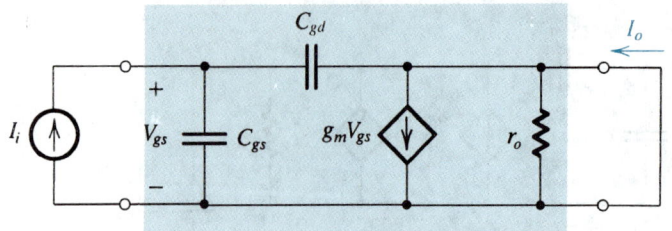

Fig. 5.68 Determinación de la ganancia de corriente I_o/I_i en cortocircuito.

idéntica a la empleada en el capítulo 4 para el BJT. En la figura 5.68 se muestra el modelo MOSFET híbrido π con la fuente como terminal común entre los puertos de entrada y salida. Para determinar la ganancia de corriente en cortocircuito, la entrada se alimenta con una señal de fuente de corriente I_i y los terminales de salida se ponen en cortocircuito. Es fácil ver que la corriente en el cortocircuito está dada por

$$I_o = g_m V_{gs} - s\, C_{gd} V_{gs}$$

Si recordamos que C_{gd} es pequeña a las frecuencias de interés, el segundo término de esta ecuación se puede despreciar,

$$I_o \simeq g_m V_{gs} \tag{5.112}$$

De la figura 5.68, podemos expresar V_{gs} en términos de la corriente de entrada I_i como

$$V_{gs} = I_i / s(C_{gs} + C_{gd}) \tag{5.113}$$

Las ecuaciones (5.112) y (5.113) se pueden combinar para obtener la ganancia de corriente en cortocircuito

$$\frac{I_o}{I_i} = \frac{g_m}{s(C_{gs} + C_{gd})} \tag{5.114}$$

Para frecuencias físicas $s = j\omega$, se puede ver que la magnitud de la ganancia de corriente se convierte en unitaria a la frecuencia

$$\omega_T = g_m/(C_{gs} + C_{gd})$$

Por lo tanto, la frecuencia de ganancia unitaria $f_T = \omega_T/2\pi$ es

$$f_T = \frac{g_m}{2\pi(C_{gs} + C_{gd})} \tag{5.115}$$

Como f_T es proporcional a g_m e inversamente proporcional a las capacitancias internas del FET, cuanto más alto sea el valor de f_T más eficaz será el FET como amplificador. Al sustituir por g_m usando la ecuación (5.44), podemos expresar f_T en términos de la corriente de polarización I_D (véase el problema 5.111). Alternativamente, podemos sustituir por g_m de la ecuación (5.43) para expresar f_T en términos del voltaje eficaz $V_{GS} - V_t$ (véase el problema 5.112). Ambas expresiones producen conocimiento adicional de la operación de alta frecuencia del MOSFET.

Típicamente, f_T oscila de unos 100 MHz para las tecnologías anteriores (por ejemplo, un proceso CMOS de 0.5 μm) a muchos GHz para las más recientes tecnologías de alta velocidad (por ejemplo, un proceso CMOS de 0.8 μm).

Ejercicio

5.42 Calcule f_T para el MOSFET de canal n cuyas capacitancias se encontraron en el ejercicio 5.41. Suponga operación a 100 μA, y observe que de la tabla 5.1, $k_n' = 100$ μA/V^2.

Resp. 1.38 GHz

5.11 EL TRANSISTOR DE UNIÓN DE EFECTO DE CAMPO (JFET)

El **transistor de unión de efecto de campo**, o JFET, es quizá el transistor más sencillo que se fabrica. Tiene algunas características importantes, como es su notable resistencia de entrada muy alta. Desafortunadamente (para el JFET), el MOSFET posee una resistencia de entrada aún más alta que, junto con muchas otras ventajas de los transistores MOS, ha hecho prácticamente obsoleto al JFET. En la actualidad, sus aplicaciones están limitadas al diseño de circuitos discretos, donde se utiliza como amplificador y como interruptor. Sus aplicaciones en circuitos integrados están limitadas al diseño de la etapa diferencial de entrada de algunos amplificadores operacionales, donde se aprovecha su alta resistencia de entrada (en comparación con la del BJT). En esta sección consideraremos brevemente la operación y características del JFET; otra razón importante para incluir el JFET en el estudio de electrónica es que ayuda a entender la operación de dispositivos de arseniuro de galio, que es el tema de nuestra siguiente sección.

Estructura del dispositivo

Al igual que con otros tipos de FET, el JFET se fabrica en dos polaridades: canal n y canal p. En la figura 5.69(a) se ilustra una estructura simplificada del JFET de canal n. Consta de una placa de silicio de tipo n con regiones tipo p difundidas en sus dos costados. La región n es el canal, y las regiones p están eléctricamente conectadas juntas y forman la compuerta. La operación del dispositivo está basada en la polarización inversa de la unión pn entre compuerta y canal. De hecho, es la polarización inversa de esta unión la que se usa para controlar el ancho de canal y por lo tanto la circulación de corriente de dren a fuente. El importante papel que esta unión pn desempeña en la operación del FET ha dado lugar a su nombre: transistor de unión de efecto de campo (JFET).

Debe ser obvio que un dispositivo de canal p se puede fabricar con sólo invertir todos los tipos semiconductores, con lo que se usa silicio tipo p para el canal y silicio tipo n para las regiones de la compuerta.

En las figuras 5.69(b) y (c) se muestran los símbolos de circuito para los JFET de ambas polaridades. Observe que la polaridad del dispositivo (canal n o canal p) está indicada por la dirección de la línea de la punta de flecha de la compuerta. Esta punta de flecha apunta en la dirección directa de la unión pn entre compuerta y canal. Aun cuando el JFET es un dispositivo simétrico cuya fuente y dren se pueden intercambiar, es útil, en el diseño de circuito, designar uno de estos dos terminales como fuente y el otro como dren. El símbolo de circuito logra esta designación al colocar la compuerta más cerca de la fuente que el dren.

Operación física

Considere un JFET de canal n y consulte la figura 5.70(a). (Nótese que para simplificar las cosas, no mostraremos la conexión eléctrica entre los terminales de la compuerta, pero se supone que los

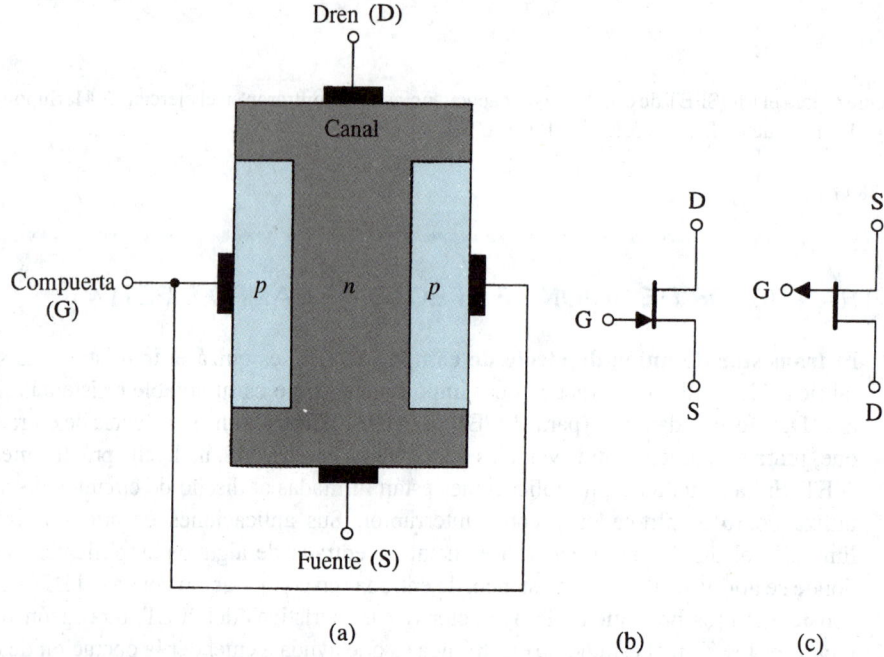

Fig. 5.69 **(a)** Estructura básica de un JFET de canal *n*. Ésta es una estructura simplificada utilizada para explicar la operación del dispositivo. **(b)** Símbolo de circuito para el JFET de canal *n*. **(c)** Símbolo de circuito para el JFET de canal *p*.

dos terminales marcados G están unidos.) Con $v_{GS} = 0$, la aplicación de un voltaje v_{DS} hace que circule corriente de dren a la fuente. Cuando se aplica un voltaje negativo v_{GS}, la región de agotamiento de la unión entre compuerta y canal se ensancha y el canal se hace proporcionalmente más angosto; entonces aumenta la resistencia del canal y la corriente i_D (para un v_{DS} dado) se reduce. Como v_{DS} es pequeño, el canal es casi de ancho uniforme. El JFET está simplemente operando como una resistencia cuyo valor está controlado por v_{GS}. Si seguimos aumentando v_{GS} en la dirección negativa, se llega a un valor al que la región de agotamiento ocupa todo el canal. A este valor de v_{GS} el canal está por completo agotado de portadores de carga (electrones); de hecho el canal ha desaparecido. Este valor de v_{GS} es, por lo tanto, el voltaje de umbral del dispositivo, V_t, que es obviamente negativo para un JFET de canal *n*. Para los JFET, el voltaje de umbral se denomina **voltaje de estrangulamiento** y se denota como V_P.

Considere en seguida la situación descrita en la figura 5.70(b). Aquí, v_{GS} se mantiene constante a un valor mayor (es decir, menos negativo) que V_P, y v_{DS} aumenta. Como v_{DS} aparece como caída de voltaje en la longitud del canal, el voltaje aumenta a medida que nos movemos a lo largo del canal de fuente a dren. Se deduce que el voltaje de polarización inversa entre compuerta y canal varía en puntos diferentes a lo largo del canal y es máximo en el extremo del dren. Por lo tanto, el canal adquiere forma cónica y la curva característica i_D–v_{DS} se hace no lineal. Cuando la polarización inversa del extremo del dren, v_{GD}, cae por debajo del voltaje de estrangulamiento V_P, el canal se estrangula en el extremo del dren y la corriente de dren se satura. El resto de la descripción de la operación del JFET sigue muy de cerca la dada para el MOSFET de agotamiento.

La descripción anterior claramente indica que el JFET es un dispositivo del tipo de agotamiento. Sus curvas características deben por esto ser semejantes a las del MOSFET del tipo de

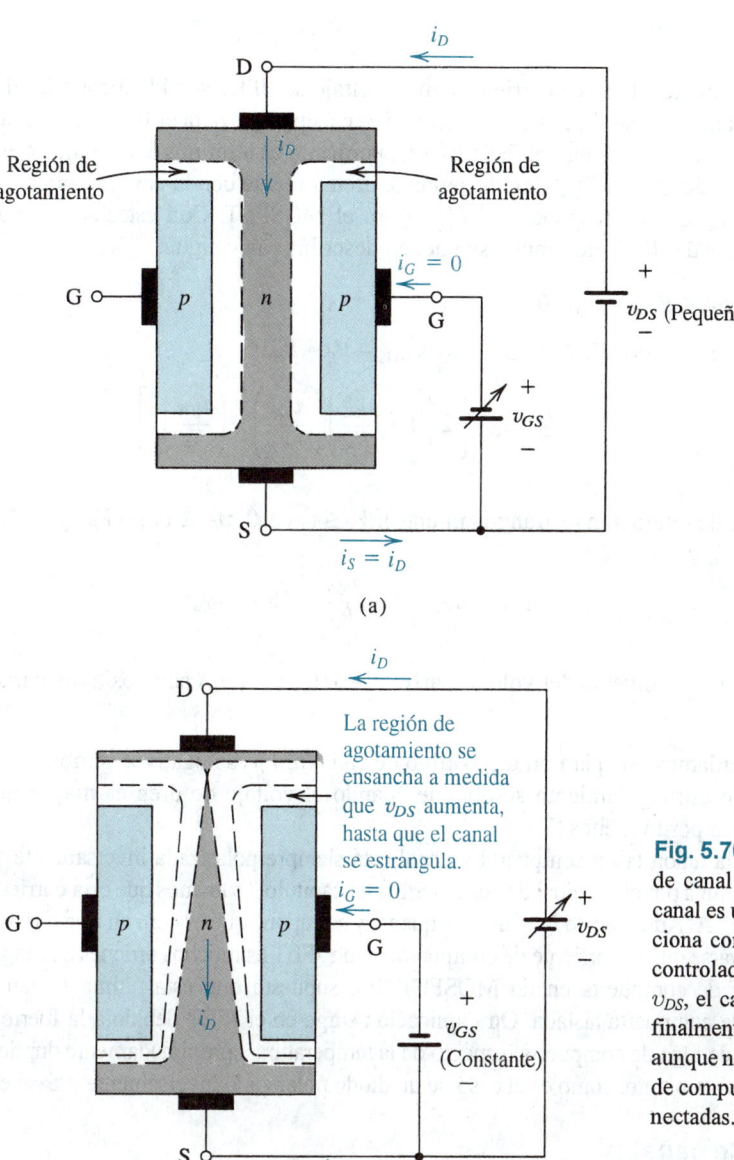

Fig. 5.70 Operación física del JFET de canal n: **(a)** Para v_{DS} pequeño, el canal es uniforme y el dispositivo funciona como resistencia cuyo valor es controlado por v_{GS}. **(b)** Si se aumenta v_{DS}, el canal adquiere forma cónica y finalmente se estrangula. Nótese que, aunque no se muestra, las dos regiones de compuerta están eléctricamente conectadas.

agotamiento. Esto se cumple con una excepción muy importante: mientras es posible operar el MOSFET del tipo de agotamiento en el modo de enriquecimiento (con sólo aplicar un v_{GS} positivo si el dispositivo es canal n), esto es imposible en el caso del JFET. Si intentamos aplicar un v_{GS} positivo, la unión pn entre compuerta y canal se polariza directamente y la compuerta deja de controlar el canal. Por lo tanto, el máximo v_{GS} está limitado a 0 V, aun cuando es posible pasarse hasta a 0.3 V, o un valor semejante, ya que una unión pn permanece esencialmente en corte a este pequeño valor de voltaje de polarización directa.

Curvas características de corriente contra voltaje

Las curvas características de corriente contra voltaje del JFET son idénticas a las del MOSFET del tipo de agotamiento estudiadas en la sección 5.3, excepto que para el JFET el v_{GS} máximo permitido es normalmente 0 V. Además, el JFET está especificado en términos del voltaje de estrangulamiento V_P (igual a V_t del MOSFET) y la corriente de dren a fuente con la compuerta en cortocircuito con la fuente, I_{DSS}, que corresponde a $\frac{1}{2} k_n' V_t^2$ para el MOSFET. Con estas sustituciones, las curvas características del JFET de canal n se pueden describir como sigue:

Corte: $v_{GS} \leq V_P$, $\quad i_D = 0$

Región del triodo: $V_P \leq v_{GS} \leq 0$, $v_{DS} \leq v_{GS} - V_P$

$$i_D = I_{DSS} \left[2 \left(1 - \frac{v_{GS}}{V_P} \right) \left(\frac{v_{DS}}{-V_P} \right) - \left(\frac{v_{DS}}{V_P} \right)^2 \right] \tag{5.116}$$

Región de saturación (estrangulamiento): $V_P \leq v_{GS} \leq 0$, $v_{DS} \geq v_{GS} - V_P$

$$i_D = I_{DSS} \left(1 - \frac{v_{GS}}{V_P} \right)^2 (1 + \lambda v_{DS}) \tag{5.117}$$

donde λ es el inverso del voltaje Early; $\lambda = 1/V_A$, y V_A y λ son positivos para dispositivos de canal n.

Si recordamos que para un dispositivo de canal n, V_P es negativo, vemos que la operación en la región de estrangulamiento se obtiene cuando el voltaje de dren es mayor que el voltaje de compuerta en por lo menos $|V_P|$.

Como la unión entre compuerta y canal está siempre polarizada inversamente, sólo circula una corriente de fuga por el terminal de compuerta. Del capítulo 3 sabemos que esta corriente de fuga es del orden de 10^{-9} A. Aun cuando i_G es muy pequeña, y se supone que es cero en casi todas las aplicaciones, debe observarse que la corriente de compuerta en un JFET es muchos órdenes de magnitud mayor que la corriente de compuerta en un MOSFET. Por supuesto que esta última es tan pequeña por la estructura de compuerta aislada. Otra aplicación surge en el JFET debido a la fuerte dependencia de la corriente de fuga de compuerta respecto de la temperatura, aproximadamente duplicándose por cada 10°C de calentamiento, como es el caso de un diodo polarizado inversamente (véase el capítulo 3).

El JFET de canal p

Las curvas características de corriente contra voltaje de un JFET de canal p se describen por las mismas ecuaciones que el JFET de canal n. Nótese, sin embargo, que para el JFET de canal p, V_P es positiva, $0 \leq v_{GS} \leq V_P$, v_{DS} es negativo, λ y V_A son negativos, y la corriente i_D sale del terminal del dren. Para operar el JFET de canal p en estrangulamiento, $v_{DS} \leq v_{GS} - V_P$, lo que en otras palabras significa que el voltaje del dren debe ser menor que el de compuerta en por lo menos $|V_P|$. De otra manera, con $v_{DS} \geq v_{GS} - V_P$, el JFET de canal p opera en la región del triodo.

Modelo de JFET a pequeña señal

El modelo de JFET a pequeña señal es idéntico al del MOSFET [véase la figura 5.34(b)]. Aquí, g_m está dada por

$$g_m = \left(\frac{2I_{DSS}}{|V_P|}\right)\left(1 - \frac{V_{GS}}{V_P}\right) \qquad (5.118a)$$

o alternativamente por

$$g_m = \left(\frac{2I_{DSS}}{|V_P|}\right)\sqrt{\frac{I_D}{I_{DSS}}} \qquad (5.118b)$$

donde V_{GS} e I_D son las cantidades de polarización de cd, y

$$r_o = \frac{|V_A|}{I_D} \qquad (5.119)$$

A altas frecuencias, el circuito equivalente de la figura 5.67(c) aplica con C_{gs} y C_{gd} siendo ambas capacitancias de agotamiento. Típicamente, $C_{gs} = 1$ a 3 pF, $C_{gd} = 0.1$ a 0.5 pF, y $f_T = 20$ a 100 MHz.

Ejercicios

En los ejercicios 5.43 a 5.46, el JFET de canal n tiene $V_P = -4$ V e $I_{DSS} = 10$ mA; a menos que se especifique lo contrario, debe suponerse que en estrangulamiento (saturación) la resistencia de salida es infinita.

5.43 Para $v_{GS} = -2$ V, hallar el mínimo v_{DS} para que el dispositivo opere en estrangulamiento. Calcule i_D para $v_{GS} = -2$ V y $v_{DS} = 3$ V.

Resp. 2 V; 2.5 mA

5.44 Para $v_{DS} = 3$ V, encuentre el cambio en i_D correspondiente a un cambio en v_{GS} desde -2 a -1.6 V.

Resp. 1.1 mA

5.45 Para v_{DS} pequeño, calcule el valor de r_{DS} a $v_{GS} = 0$ V y a $v_{GS} = -3$ V.

Resp. 200 Ω; 800 Ω

5.46 Si $V_A = 100$ V, encuentre la resistencia de salida r_o del JFET cuando opere en estrangulamiento a una corriente de 1 mA, 2.5 mA y 10 mA.

Resp. 100 kΩ; 40 kΩ; 10 kΩ

D5.47 El JFET del circuito de la figura E5.47 tiene $V_P = -3$ V, $I_{DSS} = 9$ mA y $\lambda = 0$. Encuentre los valores de todos los resistores de modo que $V_G = 5$ V, $I_D = 4$ mA y $V_D = 11$ V. Diseñe para 0.05 mA en el divisor de voltaje.

Resp. $R_{G1} = 200$ kΩ; $R_{G2} = 100$ kΩ; $R_S = 1.5$ kΩ; $R_D = 1$ kΩ

5.48 Para el circuito con JFET diseñado en el ejercicio 5.47, sea una señal de entrada v_i capacitivamente acoplada a la compuerta, un condensador de elevado valor conectado entre fuente y tierra, y la señal de salida v_o tomada del dren

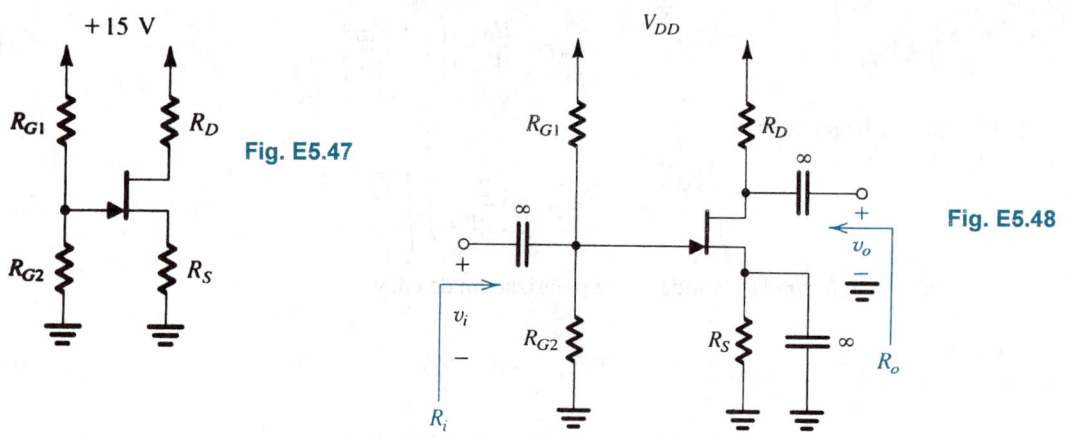

Fig. E5.47

Fig. E5.48

por medio de un condensador de elevado valor. El amplificador resultante de fuente común se ilustra en la figura E5.48.

Calcule g_m y r_o (suponiendo $V_A = 100$ V). También encuentre R_i, $A_v \equiv \dfrac{v_o}{v_i}$ y R_o.

Resp. 4 mA/V; 25 kΩ; 66.7 kΩ; −3.8 V/V; 962 Ω

5.12 DISPOSITIVOS DE ARSENIURO DE GALIO (GaAs); EL MESFET[10]

Los dispositivos analizados hasta aquí, y de hecho los que se utilizan en la mayor parte de los circuitos que se estudian en este libro, son de silicio. Esto refleja la situación que ha existido en la industria microelectrónica durante por lo menos tres décadas. Además, debido a los avances que se hacen continuamente en los dispositivos de silicio y en tecnologías de circuitos, el predominio del silicio como el material semiconductor más útil se espera que continúe durante muchos años más. Sin embargo, otro material semiconductor ha estado abriéndose paso en aplicaciones digitales que requieren velocidades de operación extremadamente altas y aplicaciones analógicas que requieren frecuencias de operación muy altas. Nos referimos al arseniuro de galio (GaAs), un compuesto semiconductor formado de galio, que está en la tercera columna de la tabla periódica de los elementos, y arsénico, que está en la quinta columna; por lo tanto, el GaAs se conoce como un semiconductor III-V.

La principal ventaja que el GaAs ofrece sobre el silicio es que los electrones se desplazan con mucho más velocidad en el GaAs que en el silicio. Esto es el resultado de que la movilidad μ_n de desplazamiento de electrones (que es la constante que relaciona la velocidad de desplazamiento de electrones con el campo eléctrico; velocidad $= \mu_n E$) es de cinco a diez veces mayor en el GaAs que en el silicio. Por lo tanto, para los mismos voltajes de entrada, los dispositivos de GaAs poseen corrientes de salida más elevadas y g_m más elevadas que los correspondientes dispositivos de silicio. Las corrientes de salida más elevadas hacen posible una más rápida carga y descarga de capacitancias parásita y de carga y por lo tanto resultan velocidades de operación más altas.

Los dispositivos de arseniuro de galio se han utilizado durante algunos años en el diseño de amplificadores de componentes discretos para aplicaciones en microondas (en un arreglo de fre-

---

[10] El material de esta sección es necesario sólo para el estudio de los circuitos de GaAs de las secciones 6.8 y 14.8. De otra forma, esta sección se puede omitir sin pérdida de continuidad.

cuencias de 10^9 Hz o GHz). Más recientemente, el GaAs ha empezado a utilizarse en el diseño de circuitos integrados digitales de muy alta velocidad y en circuitos integrados (IC) analógicos, como son op amps, que operan en un arreglo de frecuencias de cientos de MHz. Aun cuando la tecnología está todavía inmadura y tiene problemas de rendimiento y confiabilidad limitados a bajos niveles de integración, ofrece grandes potenciales. Por lo tanto, este libro incluye un breve estudio de dispositivos y circuitos de GaAs. Específicamente, los dispositivos básicos de GaAs se estudian en esta sección; sus configuraciones básicas de circuitos amplificadores se estudian en la sección 6.8, y se estudian circuitos digitales de GaAs en la sección 14.8.

Dispositivos básicos de GaAs

Aun cuando en la actualidad hay varias tecnologías de GaAs en diversas etapas de desarrollo, estudiaremos la más avanzada de estas tecnologías. El dispositivo activo disponible en esta tecnología es un transistor de efecto de campo de canal *n* conocido como **FET de semiconductor metálico** o **MESFET**. La tecnología también proporciona un tipo de diodo conocido como **diodo de barrera Schottky (SBD)**. (Recordemos que el SBD fue introducido brevemente en la sección 3.9.) La estructura de estos dos dispositivos básicos se ilustra por sus secciones transversales, descritas en la figura 5.71. El circuito de GaAs se forma sobre un sustrato de GaAs sin impurezas. Como la conductividad del GaAs sin impurezas es muy baja, se dice que el sustrato es semiaislador. Ésta resulta ser una ventaja para la tecnología del GaAs, ya que simplifica el proceso de aislar entre sí los dispositivos en el chip, y resultan menores capacitancias parásitas entre los dispositivos y tierra del circuito.

Como se indica en la figura 5.71, un diodo de barrera Schottky consta de una unión entre metal y semiconductor. El metal, conocido como metal de barrera Schottky para distinguirlo de la clase diferente de metal usado para hacer un contacto [véase el libro de Long y Butner (1990) para una detallada explicación de la diferencia], forma el ánodo del diodo. El GaAs de tipo *n* forma el cátodo.

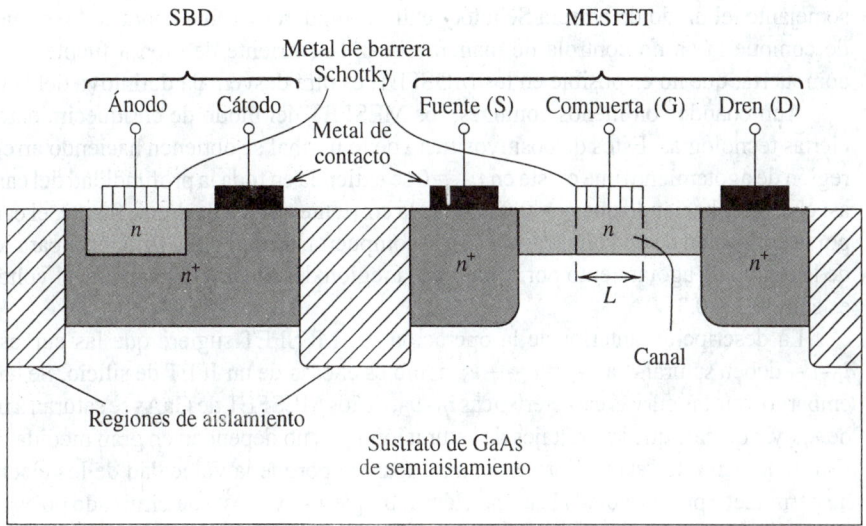

Fig. 5.71 Sección transversal de un diodo de barrera Schottky (SBD) de GaAs y un MESFET.

Nótese que se emplea GaAs de tipo n fuertemente contaminado (indicado por n^+) entre la región n y el contacto metálico del cátodo para mantener baja la resistencia parásita en serie.

La compuerta del MESFET está formada por el metal de barrera Schottky en contacto directo con el GaAs de tipo n que forma la región del canal. La longitud L del canal está definida por la longitud del electrodo de la compuerta, y análogamente para el ancho W (en la dirección perpendicular a la página). Para reducir resistencias parásitas entre los contactos de dren y fuente y el canal, los dos contactos están rodeados con GaAs (n^+) con fuerte cantidad de impurezas.

Como la razón principal para usar circuitos de GaAs es alcanzar alta velocidad y alta frecuencia de operación, la longitud del canal se hace tan pequeña como sea posible. Típicamente $L = 0.2$ a 2 μm. Del mismo modo, por lo general todos los transistores del chip de IC se hacen de la misma longitud, dejando sólo el ancho W de cada dispositivo para ser especificada por el diseñador del circuito.

Sólo se fabrican los MESFET de canal n en tecnología de GaAs, lo que se debe a que los huecos tienen una movilidad de desplazamiento relativamente baja en GaAs y hacen poco atractivos los MESFET de canal p. La falta de transistores complementarios es una desventaja definitiva de la tecnología de GaAs. De modo correspondiente, hace que la tarea del diseñador de circuitos sea más difícil de lo acostumbrado.

Operación del dispositivo

El MESFET opera en forma muy semejante al JFET, con el metal Schottky desempeñando el papel de la compuerta tipo p del JFET (consulte la figura 5.69). Básicamente, se forma una región de agotamiento en el canal bajo la superficie de la compuerta, y el grueso de la región de agotamiento está controlado por el voltaje de compuerta v_{GS}. Esto, a su vez, efectúa control sobre las dimensiones del canal y por lo tanto sobre la corriente que circula de dren a fuente, en respuesta a un v_{DS} aplicado. Este último voltaje hace que el canal tenga una forma cónica, ocurriendo finalmente el estrangulamiento en el extremo del dren del canal.

Los MESFET de GaAs más comunes que se fabrican son del tipo de agotamiento con un voltaje de umbral V_t (o bien, lo que es lo mismo, voltaje de estrangulamiento V_P) entre -0.5 y -2.5 V. Estos dispositivos pueden operar con valores de v_{GS} que oscilan desde V_t negativos hasta valores positivos tan altos como son unas décimas de volt, pero a medida que el v_{GS} llega a 0.7 o algo semejante, el diodo de barrera Schottky entre compuerta y canal conduce fuertemente y el voltaje de compuerta ya no controla de manera eficaz la corriente de dren a fuente. La conducción de compuerta, que no es posible en los MOSFET, es otra desventaja definitiva del MESFET.

Aun cuando son menos comunes, los MESFET del modo de enriquecimiento se fabrican en ciertas tecnologías. Estos dispositivos fuera de lo normal se obtienen haciendo arreglos para que la región de agotamiento que existe en $v_{GS} = 0$ se extienda en toda la profundidad del canal, bloqueando así el canal y haciendo que $i_D = 0$. Para que la corriente circule de dren a fuente, el canal debe abrirse por la aplicación de un voltaje positivo a la compuerta, de magnitud suficiente para reducir el grueso de la región de agotamiento por debajo de la región del canal. Típicamente, el voltaje de umbral V_t es entre 0.1 y 0.3 V.

La descripción anterior de la operación del MESFET sugiere que las curvas características i_D–v_{DS} deben saturarse a $v_{DS} = v_{GS} - V_t$, como es el caso de un JFET de silicio. Se ha observado, sin embargo, que las curvas características i_D–v_{DS} de los MESFET de GaAs se saturan a menores valores de v_{DS} y, además, que los voltajes de saturación v_{DSsat} no dependen en gran medida del valor de v_{GS}. Este fenómeno de "saturación temprana" aparece porque la velocidad de los electrones del canal no permanece proporcional al campo eléctrico (que a su vez está determinado por v_{DS} y L; $E = v_{DS}/L$) como en el caso del silicio; en lugar de esto, la velocidad de los electrones alcanza un valor pico alto y luego se satura (es decir, se convierte en constante independientemente de v_{DS}). El efecto de saturación de velocidad es incluso más pronunciado en dispositivos de canal corto ($L \leq 1 \; \mu$m), ocurriendo a valores de υ_{DS} menores de ($\upsilon_{GS} - V_t$).

Finalmente, unas palabras acerca de la operación del diodo de barrera Schottky (SBD). La corriente de polarización directa es conducida por los portadores mayoritarios (electrones) que entran en el metal de barrera Schottky (el ánodo). A diferencia del diodo de unión *pn*, los portadores minoritarios no desempeñan papel alguno en la operación del SBD. En consecuencia, el SBD no exhibe efectos de almacenamiento de portadores minoritarios, que dan lugar a la capacitancia de difusión del diodo de unión *pn*. Por lo tanto, el SBD tiene sólo un efecto capacitivo, el asociado con la capacitancia C_j de la capa de agotamiento.

Curvas características y modelos del dispositivo

Un modelo de primer orden para el MESFET, apropiado para cálculos a mano, se obtiene si se desprecia el efecto de saturación de velocidad, y por lo tanto el modelo resultante es casi idéntico al del JFET aunque expresado de manera un poco diferente para corresponder a la literatura:

$$i_D = 0 \qquad \text{para } \upsilon_{GS} < V_t$$
$$i_D = \beta[2(\upsilon_{GS} - V_t)\upsilon_{DS} - \upsilon_{DS}^2](1 + \lambda \, \upsilon_{DS}) \qquad \text{para } \upsilon_{GS} \geq V_t, \, \upsilon_{DS} < \upsilon_{GS} - V_t$$
$$i_D = \beta(\upsilon_{GS} - V_t)^2(1 + \lambda \, \upsilon_{DS}) \qquad \text{para } \upsilon_{GS} \geq V_t, \, \upsilon_{DS} \geq \upsilon_{GS} - V_t \qquad (5.120)$$

Las únicas diferencias entre estas ecuaciones y las de los JFET son (1) el factor de modulación de longitud de canal, $1 + \lambda \, \upsilon_{DS}$, está incluido también en la ecuación que describe la región del triodo (también llamada región óhmica) simplemente porque la λ del MESFET es más bien larga, e incluir este factor resulta en un mejor ajuste a curvas características medidas; y (2) se utiliza un parámetro de transconductancia β para corresponder con la literatura del MESFET. Obviamente, β está relacionada con la I_{DSS} del JFET y k' (W/L) del MOSFET. (¡Nótese que esta β no tiene que ver nada con la β de los BJT!)

Una modificación de este modelo para tomar en cuenta los efectos de saturación temprana aparece en la obra de Hodges y Jackson (1988).

En la figura 5.72(a) se ilustra el símbolo de circuito para el MESFET de GaAs de canal *n* del tipo de agotamiento. Como sólo se fabrica un tipo de transistor (canal *n*), todos los dispositivos se dibujan del mismo modo y no debe haber confusión en cuanto a qué terminal es el dren y cuál es la fuente.

El símbolo de circuito del diodo de barrera Schottky se describe en la figura 5.72(b). A pesar del hecho de que la operación física del SBD difiere de la de un diodo de unión *pn*, sus curvas características *i–*υ son idénticas. Por lo tanto, la curva característica *i–*υ del diodo de barrera

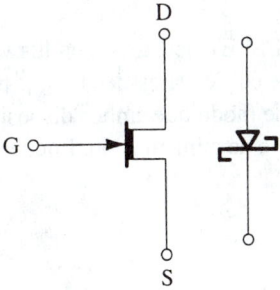

Fig. 5.72 Símbolos de circuito para **(a)** un MESFET de GaAs del tipo de agotamiento de canal *n*, y **(b)** un diodo de barrera Schottky (SBD).

Schottky (SBD) está dada por la misma relación exponencial estudiada en el capítulo 3. Para el SBD de GaAs, la constante n está típicamente entre 1 y 1.2.

El modelo a pequeña señal del MESFET es idéntico al de otros tipos de FET. Los valores de parámetro están dados por

$$g_m = 2\beta(V_{GS} - V_t)(1 + \lambda V_{DS}) \tag{5.121}$$

$$r_o \equiv \left[\frac{\partial i_D}{\partial v_{DS}} \right]^{-1}$$

$$= 1/\lambda\beta(V_{GS} - V_t)^2 \tag{5.122}$$

El MESFET, sin embargo, tiene un valor más bien alto para λ (0.1 a 0.3 V^{-1}) que resulta en una pequeña resistencia de salida r_o. Esto resulta ser una grave desventaja de la tecnología MESFET de GaAs, que resulta en baja ganancia de voltaje que se puede obtener de cada etapa. Además, se ha encontrado que r_o decrece a altas frecuencias. Las técnicas de diseño de circuitos para enfrentarse a una baja r_o se presentarán en la sección 6.8.

Para fácil referencia, en la tabla 5.2 se dan valores típicos de parámetros del dispositivo en una tecnología MESFET de GaAs. Los dispositivos de esta tecnología tienen una longitud de canal $L = 1$ μm. Los valores dados son para un dispositivo con un ancho $W = 1$ μm. Los valores de parámetro para dispositivos reales se pueden obtener al graduar apropiadamente por el ancho W. Este proceso se ilustra en el siguiente ejemplo. A menos que se especifique lo contrario, los valores de la tabla 5.2 deben usarse para los ejercicios y los problemas de fin de capítulo.

Tabla 5.2 VALORES TÍPICOS DE PARÁMETROS PARA LOS MESFET DE GaAs Y DIODOS SCHOTTKY EN TECNOLOGÍA $L = 1$ μm, NORMALIZADA PARA $W = 1$ μm

$$V_t = -1.0 \text{ V}$$
$$\beta = 10^{-4} \text{ A/V}^2$$
$$\lambda = 0.1 \text{ V}^{-1}$$
$$I_S = 10^{-15} \text{ A}$$
$$n = 1.1$$

EJEMPLO 5.11

En la figura 5.73 se ilustra un sencillo amplificador MESFET de GaAs, con los valores W de los transistores indicados. Suponga que la componente de cd de v_I, es decir V_{GS1}, polariza Q_1 a la corriente proporcionada por la fuente de corriente Q_2, de modo que ambos dispositivos operan en saturación y que la salida de cd está a la mitad del voltaje de alimentación. Encuentre:

(a) los valores de β para Q_1 y Q_2;

(b) V_{GS1};

(c) g_{m1}; r_{o1} y r_{o2}; y

(d) la ganancia de voltaje a pequeña señal.

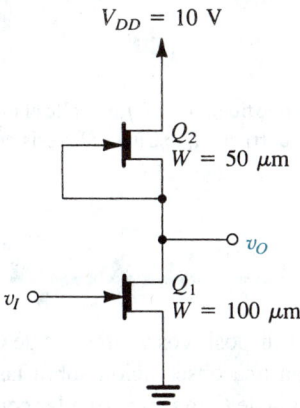

$V_{DD} = 10$ V

Q_2
$W = 50$ μm

v_O

Q_1
$W = 100$ μm

v_I

Fig. 5.73 Circuito para el ejemplo 5.11: un amplificador MESFET sencillo.

SOLUCIÓN

(a) Los valores de β se pueden obtener al graduar el valor dado en la tabla 5.2 usando los valores especificados de W,

$$\beta_1 = 100 \times 10^{-4} = 10^{-2} \text{ A/V}^2 = 10 \text{ mA/V}^2$$

$$\beta_2 = 50 \times 10^{-4} = 5 \times 10^{-3} \text{ A/V}^2 = 5 \text{ mA/V}^2$$

(b)

$$\begin{aligned}
I_{D2} &= \beta_2(V_{GS2} - V_t)^2(1 + \lambda V_{DS2}) \\
&= 5(0 + 1)^2(1 + 0.1 \times 5) \\
&= 7.5 \text{ mA} \\
I_{D1} &= I_{D2} = 7.5 \text{ mA} \\
7.5 &= \beta_1(V_{GS1} - V_t)^2(1 + \lambda V_{DS1}) \\
&= 10(V_{GS1} + 1)^2(1 + 0.1 \times 5)
\end{aligned}$$

Entonces,

$$V_{GS1} = -0.3 \text{ V}$$

(c)

$$\begin{aligned}
g_{m1} &= 2 \times 10(-0.3 + 1)(1 + 0.1 \times 5) \\
&= 21 \text{ mA/V}
\end{aligned}$$

$$r_{o1} = \frac{1}{0.1 \times 10(-0.3 + 1)^2} = 2 \text{ k}\Omega$$

$$r_{o2} = \frac{1}{0.1 \times 5(0 + 1)^2} = 2 \text{ k}\Omega$$

(d)

$$\begin{aligned}
A_v &= -g_{m1}(r_{o1} // r_{o2}) \\
&= -21 \times (2 // 2) = -21 \text{ V/V}
\end{aligned}$$

Ejercicio

5.49 Para un MESFET con la compuerta en cortocircuito con la fuente y que tiene $W = 10 \; \mu$m, halle el mínimo voltaje entre dren y fuente para operar en saturación. Para $V_{DS} = 5$ V, encuentre la corriente I_D. ¿Cuál es la resistencia de salida de esta fuente de corriente?

Resp. 1 V; 1.5 mA; 10 kΩ

Como ya se mencionó, la principal razón para usar dispositivos y circuitos de GaAs es su alta frecuencia y alta velocidad de operación. Es oportuna una observación sobre las capacitancias internas y f_T de transistores de GaAs. Para una tecnología de GaAs en particular con $L = 1 \; \mu$m, C_{gs} (a $V_{GS} = 0$ V) es 1.6 fF/μm de ancho, y C_{gd} (a $V_{DS} = 2$ V) es 0.16 fF/μm de ancho. Así, para un MESFET con $W = 100 \; \mu$m, $C_{gs} = 0.16$ pF y $C_{gd} = 0.016$ pF. Típicamente, f_T tiene valores entre 5 y 15 GHz.

5.13   EL MODELO MOSFET DE SPICE Y EJEMPLOS DE SIMULACIÓN[11]

Como lo hicimos para el diodo en el capítulo 3 y el BJT en el capítulo 4, concluimos este capítulo con una presentación del modelo que el programa SPICE utiliza para el MOSFET. También ilustramos el uso del SPICE en la simulación de dos de los circuitos estudiados en este capítulo, el amplificador CMOS y el inversor CMOS.

El modelo

Los modelos que hemos utilizado en este capítulo para representar el MOSFET son modelos simplificados o de primer orden que funcionan bien para transistores con canales relativamente largos (es decir, $L = 5$ a 10 μm). Para dispositivos con canales más cortos, y la mayor parte de los dispositivos contemporáneos son de la variedad de canal corto, y especialmente para aquellos que tienen $L < 1 \; \mu$m, muchos efectos físicos que no hemos tomado en cuenta entran en juego, con el resultado de que los modelos de primer orden ya representan con precisión la operación del dispositivo. Aun cuando los modelos sencillos todavía se pueden emplear para obtener diseños aproximados con papel y lápiz, se necesita de modelos más elaborados y complejos para estar en aptitud de pronosticar la operación del circuito con cierto grado de precisión, antes de fabricarlo. Se han desarrollado estos modelos, se continúa en su perfeccionamiento y se emplean en el programa SPICE. De hecho, el poder de simulación por computadora se aprecia más cuando hay necesidad de emplear tales modelos complejos de dispositivos en el análisis.

Aun cuando está fuera del alcance de este libro el explorar sobre el tema de modelar el MOSFET, es importante que el lector esté consciente de las limitaciones de los modelos de primer orden y de la disponibilidad de los modelos más precisos, pero desafortunadamente más complejos, de dispositivos. Específicamente, el SPICE da al usuario una opción de tres niveles de modelos de un MOSFET: el modelo más sencillo, o de nivel 1, está basado en el material presentado en este capítulo (es decir, la relación de ley cuadrática i–v en saturación. El modelo de nivel 2 es un modelo

---

[11] Los lectores que no conozcan bien el uso del SPICE pueden consultar el apéndice C y, para más detalles, uno de los libros SPICE disponibles [por ejemplo, el de Roberts y Sedra (1997)].

físicamente elaborado cuyos parámetros son más bien difíciles de determinar con precisión y, por lo tanto, no son muy populares. El modelo de nivel 3, por otra parte, utiliza una combinación de relaciones físicas y datos empíricos para representar el MOSFET razonablemente bien. Sus parámetros se pueden determinar de mediciones tomadas en varios dispositivos fabricados con el proceso para ser modelados. En este respecto, debe observarse que los fabricantes de semiconductores hacen un gran esfuerzo para modelar sus procesos. Este esfuerzo rinde frutos en circuitos fabricados que funcionan a niveles muy cercanos a los pronosticados por simulación, reduciendo así la necesidad de costosos diseños.

En la tabla 5.3 aparece una lista de algunos de los parámetros que se utilizan en modelos SPICE de MOSFET. Obsérvese que el modelo predeterminado es el del nivel 1, es decir, si el usuario no especifica un nivel de modelo y, desde luego, proporciona los valores de parámetros que permitirían al SPICE usar el nivel en particular, el SPICE regresa a usar el modelo de nivel 1. El lector debe conocer muy bien la mayor parte de los parámetros de la tabla 5.3; las únicas excepciones son las resistencias R_S y R_D, que representan la resistencia óhmica de las difusiones de fuente y dren, respectivamente.

Tabla 5.3 PARÁMETROS DE MODELO DE MOSFET PARA EL SPICE (LISTA PARCIAL).

Nombre de parámetro	Símbolo	Nombre SPICE	Unidades	Valor predeterminado
Nivel de modelo SPICE	—	LEVEL	—	1
Voltaje de umbral de polarización cero	V_{t0}	VT0	V	0
Transconductancia de proceso	k'	KP	A/V^2	2×10^{-5}
Parámetro de efecto del cuerpo	γ	GAMMA	$V^{1/2}$	0
Modulación de longitud de canal	λ	LAMBDA	V^{-1}	0
Grueso del óxido	t_{ox}	TOX	m	1×10^{-7}
Difusión lateral	L_{ov}	LD	m	0
Potencial de inversión superficial	$2\phi_f$	PHI	V	0.6
Impurezas de sustrato	N_A, N_D	NSUB	cm^{-3}	0
Movilidad de superficie	μ	U0	cm^2/Vs	600
Resistencia de fuente	R_S	RS	Ω	0
Resistencia de dren	R_D	RD	Ω	0
Capacitancia de unión de cuerpo sin polarización	C_{j0}	CJ	F/m^2	0
Coeficiente de graduación de unión de cuerpo	m	MJ	—	0.5
Capacitancia de traslape de compuerta a fuente	C_{ov}	CGSO	F/m	0
Capacitancia de traslape de compuerta a dren	C_{ov}	CGDO	F/m	0
Potencial interno de unión de cuerpo	V_0	PB	V	0.8

Al igual que con los modelos de BJT, el usuario puede especificar un valor para un parámetro en particular de MOSFET o dejar que el SPICE utilice el valor predeterminado que se indica en la lista. En relación con esto, observe que hay una redundancia interna al especificar los parámetros de modelo. Por ejemplo, el usuario puede especificar el valor de k' para un dispositivo MOS como ($k_n' = \mu_n C_{ox}$) o bien, alternativamente, especificar t_{ox} y μ_n y dejar que el SPICE calcule k_n'. Del mismo modo, el parámetro γ del efecto del cuerpo se puede especificar directamente, o se pueden especificar los parámetros físicos que hacen posible que el SPICE determine γ (por ejemplo, N_A). En cualquier caso, *los valores especificados por el usuario siempre tienen prioridad (es decir, que predominan) sobre los valores calculados por el SPICE*. Como otro ejemplo, nótese que el usuario tiene la opción de especificar directamente el componente de traslape de C_{gs} (en farads por ancho unitario de canal) o dejar que el SPICE lo calcule a partir del conocimiento de t_{ox} y L_{ov}.

Además de especificar los parámetros del modelo, hay necesidad que el usuario especifique dimensiones del dispositivo; como mínimo, debe especificar el ancho W y la longitud L.

Finalmente, observamos que el SPICE calcula los valores de los parámetros del modelo de MOSFET de circuito equivalente a pequeña señal en su punto de operación de cd. Estos valores pueden ser utilizados por el SPICE para efectuar análisis a pequeña señal.

EJEMPLO 5.12

Para nuestro primer ejemplo de simulación, usamos el SPICE para investigar la operación del circuito amplificador CMOS estudiado en la sección 5.7. Específicamente, simulamos el circuito de la figura 5.45(a), cuya operación fue analizada en el ejemplo 5.10. El circuito está dibujado de otra forma en la figura 5.74 con sus nodos numerados. En el apéndice D aparece una lista del archivo de entrada del SPICE. Se utilizó el modelo de nivel 1, y se especificaron los valores de sólo tres parámetros de modelo, k', V_{t0} y λ (mismos valores que en el ejemplo 5.10). Desde luego, W y L también se especificaron para los tres transistores. Se ordenó al SPICE calcular la curva de transferencia de cd a intervalos de 10 mV para v_I entre 0 V y 10 V, y trazar una gráfica de v_O contra v_I.

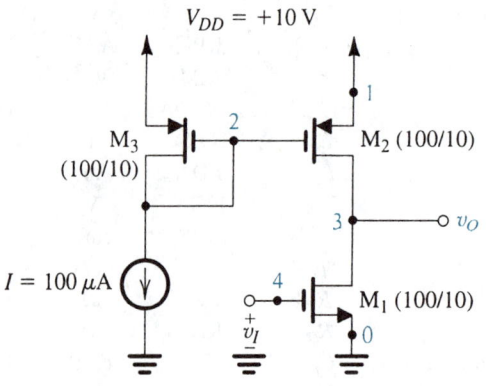

Fig. 5.74 Amplificador CMOS para simulación en SPICE en el ejemplo 5.12. Este circuito se analizó manualmente en el ejemplo 5.10. El archivo de entrada del SPICE aparece en el apéndice D.

En la figura 5.75(a) se muestra la curva característica de transferencia resultante con el segmento de alta ganancia claramente visible para v_I alrededor de 2 V. Para examinar la región de alta ganancia más estrechamente, el barrido de cd se repitió para v_I entre 1.9 V y 2.1 V, utilizando una magnitud de escalones de 100 μV para obtener una curva lisa. El resultado aparece en la figura 5.75(b), de la que encontramos (usando la función Probe [sonda] del SPICE) que la región lineal está acotada por $v_I = 1.955$ V y 2.027 V. Los valores correspondientes de v_O son 8.589 V y 0.9966 V. Estos resultados sugieren que la ganancia de este amplificador es de alrededor de -119 V/V. También se ordenó al SPICE ejecutar un análisis a pequeña señal en un punto de polarización determinado por $v_I = 2$ V. El resultado obtenido fue una ganancia a pequeña señal de -105 V/V. Estos resultados son razonablemente cercanos a los valores obtenidos por análisis manual del ejemplo 5.10, es decir, -95 V/V y -100 V/V, para la ganancia a gran señal y pequeña señal, respectivamente.

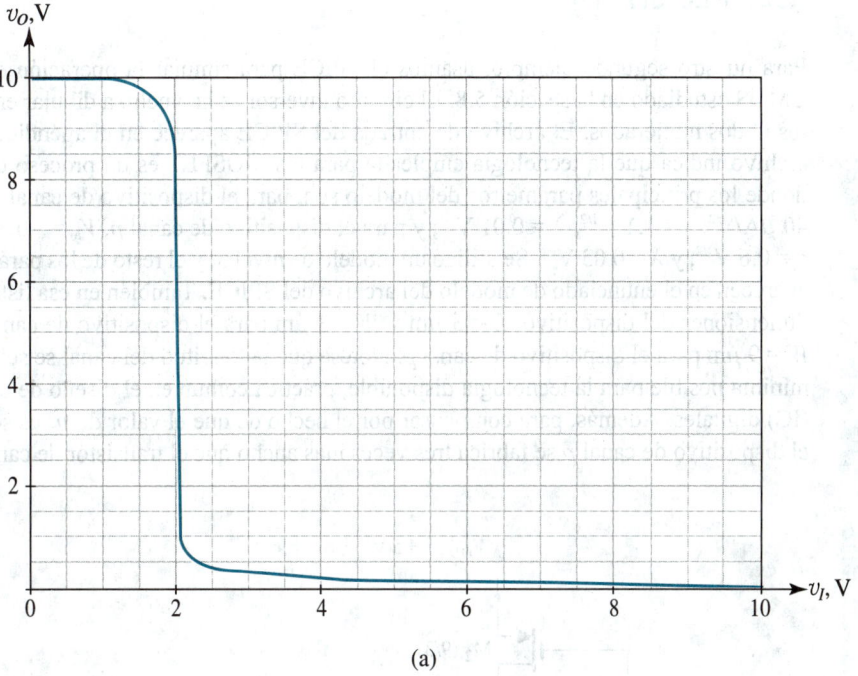

(a)

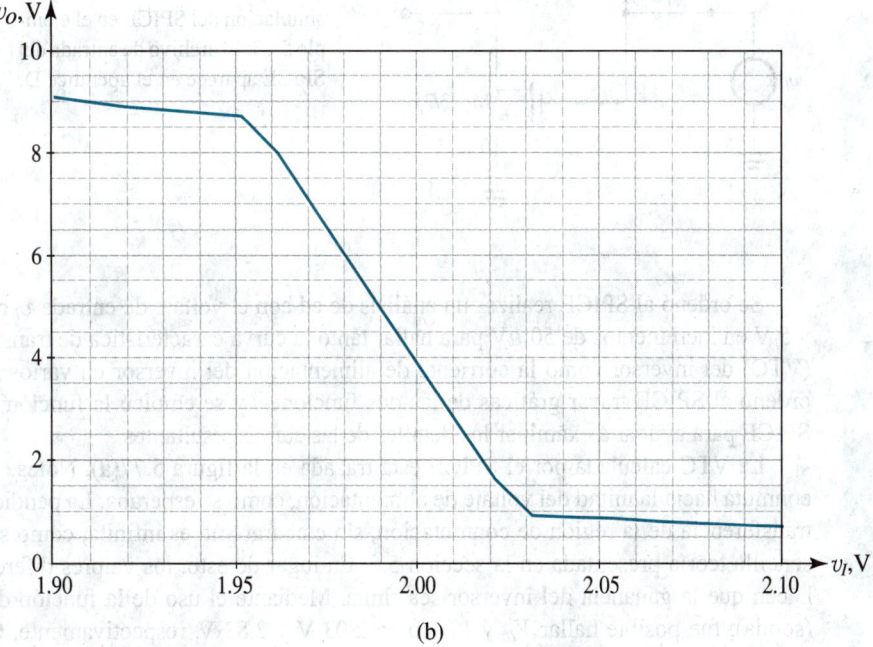

(b)

Fig. 5.75 **(a)** Curva característica de transferencia de cd del amplificador CMOS que se ilustra en la figura 5.74, según se calcula en el SPICE. **(b)** Vista amplificada de la curva característica de transferencia a gran señal del amplificador CMOS que se muestra en la figura 5.74 en su región de alta ganancia.

EJEMPLO 5.13

Para nuestro segundo ejemplo, usamos el SPICE para simular la operación del inversor básico CMOS estudiado en la sección 5.8. El circuito inversor se ha vuelto a dibujar en la figura 5.76 con los nodos numerados. El archivo de entrada del SPICE aparece en el apéndice D. La consulta al archivo indica que la tecnología empleada para los MOSFET es un proceso comercial de 3 μm donde los principales parámetros del modelo son, para el dispositivo de canal n, $V_{t0} = 0.7$ V, $k_n' = 40$ μA/V^2, $\gamma = 1.1$ V$^{1/2}$, $\lambda = 0.01$ V^{-1}; y para el dispositivo de canal p, $V_{t0} = -0.8$ V, $k_p' = 12$ μA/V^2, $\gamma = 0.6$ V$^{1/2}$, y $\lambda = 0.03$ V^{-1}. Se utilizó un modelo de nivel 3, y el resto de los parámetros del modelo aparecen en el enunciado de modelo del archivo del SPICE. También en esa lista se encuentran las dimensiones del dispositivo: $L = 3$ μm y $W = 3$ μm para el dispositivo de canal n, y $L = 3$ μm y $W = 9$ μm para el dispositivo de canal p. Nótese que la longitud del canal se selecciona para ser la mínima posible para la tecnología disponible, práctica común en el diseño de circuitos integrados (IC) digitales. Además, para compensar por el hecho de que el valor de μ_p es sólo 30% del de μ_n, el dispositivo de canal p se fabrica tres veces más ancho que el transistor de canal n.

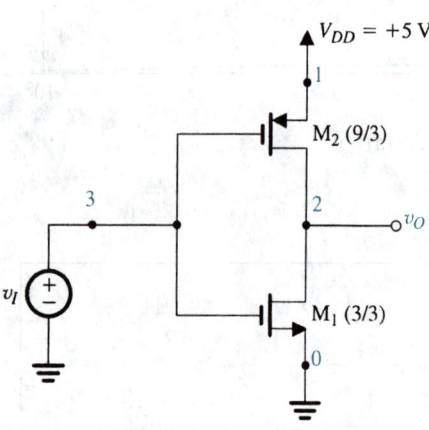

Fig. 5.76   Inversor CMOS para simulación del SPICE en el ejemplo 5.13. El archivo de entrada del SPICE aparece en el apéndice D.

Se ordenó al SPICE realizar un análisis de cd con el voltaje de entrada v_I recorrido entre 0 V y 5 V en incrementos de 50 μV para hallar tanto la curva característica de transferencia de voltaje (VTC) del inversor como la corriente de alimentación del inversor en varios modelos de v_I. Se ordenó al SPICE trazar gráficas de las dos funciones, y se empleó la función Probe (sonda) del SPICE para ayudar a examinar los detalles de las curvas resultantes.

La VTC calculada por el SPICE está trazada en la figura 5.77(a). Nótese que el inversor se conmuta hacia la mitad del voltaje de alimentación, como se esperaba. La pendiente de la curva de transferencia de la región de conmutación, sin embargo, no es infinita, como se pronosticó de la sencilla teoría presentada en la sección 5.8. En lugar de esto, los valores diferentes de cero de λ hacen que la ganancia del inversor sea finita. Mediante el uso de la función derivada del Probe (sonda), fue posible hallar V_{IL} y V_{IH} como 2.03 V y 2.83 V, respectivamente. Observe que estos resultados se correlacionan razonablemente bien con cálculos a mano que usan fórmulas aproximadas de la sección 5.8 (junto los valores de parámetro de la tecnología dada), que producen $V_{IL} = 2.05$ V y $V_{IH} = 2.93$ V. Los márgenes de ruido de la curva característica de transferencia de voltaje (VTC) calculados por SPICE son $NM_H = 2.17$ V y $NM_L = 2.03$ V. Los dos márgenes no son exactamente iguales porque los dispositivos p y n no son perfectamente acoplados.

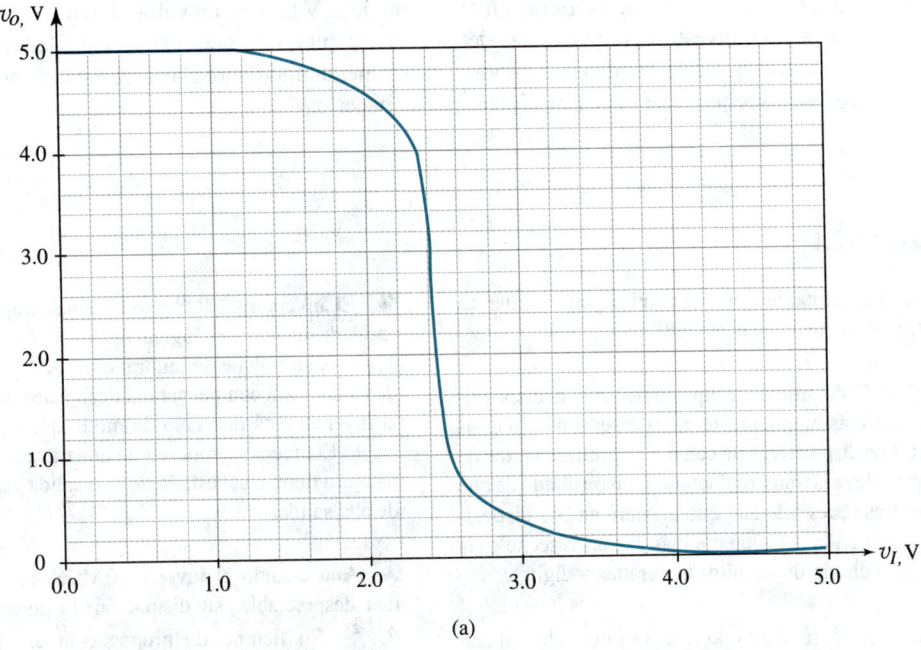

(a)

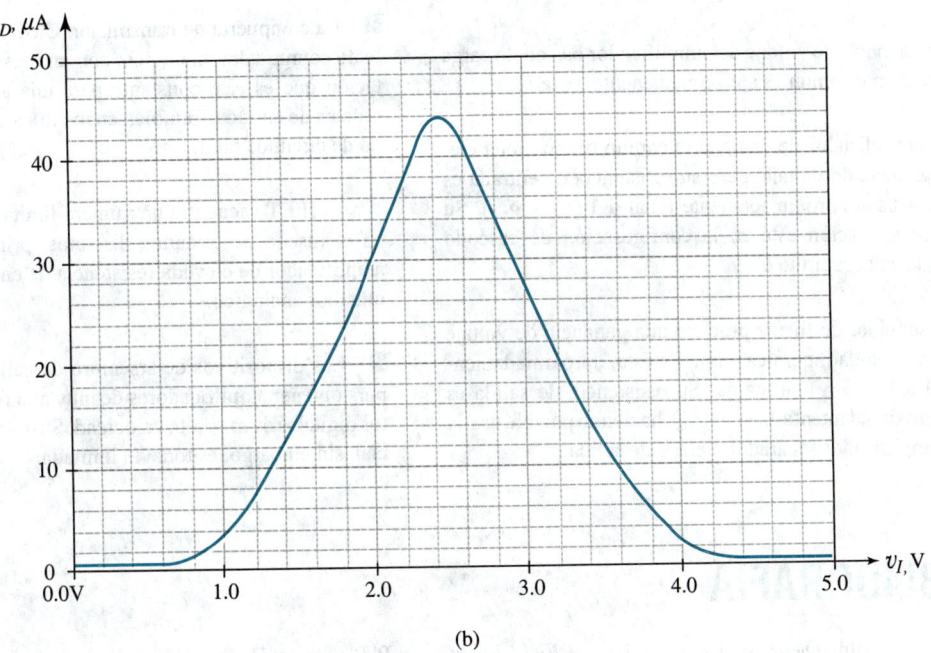

(b)

Fig. 5.77 (a) Curva característica de transferencia de voltaje de entrada-salida calculada por el SPICE para el inversor CMOS de la figura 5.76. (b) Corriente en el inversor CMOS contra el voltaje de entrada.

La corriente de inversor contra v_I, calculada por el SPICE, se muestra en la figura 5.77(b). Indica que los picos de corriente en el umbral de la VTC con un valor pico de 44 μA. Obviamente, se pueden investigar muchos más detalles de las curvas características calculadas, y otras propiedades del inversor se pueden explorar y experimentar mediante el uso de esta poderosa herramienta de análisis que es el SPICE. El lector puede hacerlo.

RESUMEN

■ Para fácil consulta, la tabla 5.4 contiene un resumen de importantes relaciones para el MOSFET.

■ El MOSFET del tipo de enriquecimiento es el dispositivo que se usa más ampliamente en el diseño de circuitos integrados. Los dispositivos de canal n se prefieren a los de canal p por su elevada transconductancia, un resultado de que μ_n es dos o tres veces más alta que μ_p, pero ambos dispositivos se utilizan en la actualmente más preferida tecnología CMOS para el diseño de circuitos integrados y digitales.

■ Los amplificadores MOS de circuito integrado utilizan fuentes de corriente para polarización y como elementos de carga (cargas activas). En este sentido, el espejo de corriente es un importante elemento de construcción de circuitos.

■ La ganancia de voltaje del amplificador básico de carga activa y fuente común es aproximadamente $-g_m r_o/2$.

■ El amplificador de compuerta común proporciona elevada ganancia de voltaje, pero su resistencia de entrada es más bien baja, aproximadamente igual a $1/(g_m + g_{mb})$. Su principal aplicación está en la configuración de cascodo estudiada en el capítulo 6.

■ El seguidor de fuente produce una ganancia de voltaje menor a la unidad, pero casi igual a ésta, aproximadamente igual a $1/(1 + \chi)$ sin carga. Su resistencia de salida es baja, aproximadamente $1/(g_m + g_{mb})$, haciendo posible usarla como amplificador separador o etapa de salida.

■ El inversor CMOS produce una implementación casi ideal de la función lógica de inversión, con $V_{OH} = V_{DD}$, $V_{OL} = 0$, un voltaje de umbral en $V_{DD}/2$, e iguales márgenes de ruido. Para compensar los desiguales valores de μ_n y μ_p, el inversor está diseñado de modo que $L_n = L_p$ y $W_p/W_n = \mu_n/\mu_p$. El inversor proporciona una trayectoria de baja impedancia a tierra en el estado de baja salida y a V_{DD} en el estado de alta salida.

■ Aun cuando el inversor CMOS disipa potencia estática despreciable, su disipación de potencia dinámica es fCV_{DD}^2. Su tiempo de propagación es aproximadamente $\dfrac{1.6C}{k'(W/L)\,V_{DD}}$.

■ La compuerta de transmisión CMOS produce un excelente conmutador analógico, con una resistencia en conmutación que es casi constante para una amplia variedad de señales de entrada. También encuentra aplicación en el diseño de circuitos digitales.

■ El JFET encuentra un número limitado de aplicaciones en el diseño de circuitos discretos, principalmente como amplificador de elevada resistencia de entrada y como conmutador analógico.

■ Los dispositivos de arseniuro de galio dan el potencial para obtener amplificadores de muy alta frecuencia y circuitos digitales de muy alta velocidad. Su disponibilidad comercial, sin embargo, es todavía limitada.

BIBLIOGRAFÍA

R. S. C. Cobbold, *Theory and Applications of Field-Effect Transistors*, Wiley, Nueva York, 1969.

P. R. Gray, D. A. Hodges y R. W. Brodersen, *Analog MOS Integrated Circuits*, IEEE Press, Nueva York, 1980.

P. R. Gray y R. G. Meyer, *Analysis and Design of Analog Integrated Circuits*, 3a. ed; Wiley, Nueva York, 1993.

A. B. Grebene, *Bipolar and MOS Analog Integrated Circuit Design*, Wiley, Nueva York, 1984.

Tabla 5.4 RESUMEN DE ECUACIONES IMPORTANTES DEL MOSFET

Relaciones entre corriente y voltaje

■ **Para dispositivos NMOS:**

- *Región del triodo* ($\upsilon_{GS} \geq V_t$, $\upsilon_{DS} \leq \upsilon_{GS} - V_t$)

$$i_D = k_n' \left(\frac{W}{L} \right) \left[(\upsilon_{GS} - V_t)\upsilon_{DS} - \frac{1}{2}\upsilon_{DS}^2 \right]$$

Para pequeño υ_{DS}: $r_{DS} \equiv \frac{\upsilon_{DS}}{i_D} = \left[k_n' \left(\frac{W}{L} \right)(\upsilon_{GS} - V_t) \right]^{-1}$

- *Región de saturación* ($\upsilon_{GS} \geq V_t$, $\upsilon_{DS} \geq \upsilon_{GS} - V_t$)

$$i_D = \frac{1}{2} k_n' \left(\frac{W}{L} \right)(\upsilon_{GS} - V_t)^2 (1 + \lambda \upsilon_{DS})$$

- $k_n' = \mu_n C_{ox}$ (Véase la tabla 5.1)

$V_t = V_{t0} + \gamma \left[\sqrt{2\phi_f + |V_{SB}|} - \sqrt{2\phi_f} \right]$

$\gamma = \sqrt{2qN_A\varepsilon_s}/C_{ox}$, $q = 1.6 \times 10^{-19}$ coulomb, $\varepsilon_s = 1.04 \times 10^{-12}$ F/cm

$\lambda = 1/V_A$, $V_A \propto \alpha L$

■ **Para dispositivos PMOS: V_t, γ, λ y V_A son negativos**

- Para región del triodo, $\upsilon_{GS} \leq V_t$ y $\upsilon_{DS} \geq \upsilon_{GS} - V_t$
- Para región de saturación, $\upsilon_{GS} \leq V_t$ y $\upsilon_{DS} \leq \upsilon_{GS} - V_t$

■ **Para dispositivos de agotamiento (consulte la figura 5.23):**

- Canal *n*: V_t es negativo
- Canal *p*: V_t es positivo

- $I_{DSS} = \frac{1}{2} k' \left(\frac{W}{L} \right) V_t^2$

Modelo a pequeña señal (Fig. 5.67)

$g_m = \sqrt{2k'(W/L)} \sqrt{I_D}$ $r_o = \frac{|V_A|}{I_D}$

$g_m = k'(W/L)(V_{GS} - V_t)$

$g_m = \frac{2I_D}{V_{GS} - V_t}$ $V_{GS} - V_t \equiv V_{eff}$

$g_{mb} = \chi g_m$, $\chi = \gamma/[2\sqrt{2\phi_f + |V_{SB}|}]$

$C_{gs} = \frac{2}{3} WLC_{ox} + WL_{ov}C_{ox}$ $C_{gd} = WL_{ov}C_{ox}$

$C_{sb} = \dfrac{C_{sb0}}{\sqrt{1 + \dfrac{|V_{SB}|}{V_0}}}$ $C_{db} = \dfrac{C_{db0}}{\sqrt{1 + \dfrac{|V_{DB}|}{V_0}}}$

$f_T = \dfrac{g_m}{2\pi(C_{gs} + C_{gd})}$

D. J. Hamilton y W. G. Howard, *Basic Integrated Circuit Engineering*, McGraw-Hill, Nueva York, 1975.

D. A. Hodges y H. G. Jackson, *Analysis and Design of Digital Integrated Circuits*, 2a. ed; McGraw-Hill, Nueva York, 1988.

D. A. Johns and K. W. Martin, *Analog Integrated Circuit Design*, Wiley, Nueva York, 1997.

S. I. Long y S. E. Butner, *Gallium Arsenide Digital Integrated Circuit Design*, McGraw-Hill, Nueva York, 1990.

C. Mead, *Analog VLSI and Neural Systems*, Addison Wesley, Reading, MA, 1989.

D. L. Pulfrey y N. G. Tarr, *Introduction to Microelectronic Devices*, Prentice-Hall, Englewood Cliffs, NJ, 1989.

J. M. Rabaey, *Digital Integrated Circuits*, Prentice-Hall, Englewood Cliffs, NJ, 1996.

G. Roberts y A. Sedra, *SPICE*, Oxford University Press, Nueva York, 1997.

Y. Tsividis, "Design considerations in single-channel MOS analog integrated circuits—A tutorial", *IEEE Journal of Solid-State Circuits*, vol. SC-13, pp. 383-391, junio de 1978.

Y. Tsividis, *Operation and Modeling of the MOS Transistor*, McGraw-Hill, Nueva York, 1987.

PROBLEMAS

Sección 5.1: Estructura y operación física del MOSFET del tipo de enriquecimiento

A menos que se especifique otra cosa, utilice los datos dados en la tabla 5.1.

5.1 Se emplea tecnología MOS para fabricar un condensador, utilizando para ello la metalización de compuerta y el sustrato como electrodos del condensador. Encuentre el área necesaria por 1 pF de capacitancia para gruesos de óxido que varían de 20 nm a 100 nm. Para un condensador de placa cuadrada de 10 pF, ¿cuáles dimensiones máximas se necesitan?

5.2 Si se sabe que $\mu_p \simeq 0.4\,\mu_n$, encuentre para dispositivos de canal p los valores de parámetro correspondientes a los de la tabla 5.1 para los MOSFET de canal n.

5.3 Si se sabe que $\mu_p \simeq 0.4\,\mu_n$, ¿cuál debe ser el ancho relativo de dispositivos de canal n y de canal p si deben tener iguales parámetros de conductancia?

5.4 Un dispositivo de canal n tiene $k_n' = 50\ \mu A/V^2$, $V_t = 0.8$ V y $W/L = 20$. El dispositivo debe operar como conmutador para v_{DS} de pequeño valor, utilizando un voltaje de control v_{GS} entre 0 y 5 V. Encuentre la resistencia de cierre del conmutador y voltaje de cierre obtenido cuando $v_{GS} = 5$ V e $i_D = 1$ mA. Si recordamos que $\mu_p \simeq 0.4\,\mu_n$, ¿cuál debe ser W/L para un dispositivo de canal p que proporciona la misma operación que el dispositivo de canal n en esta aplicación?

5.5 Un dispositivo MOS de canal n en una tecnología para la que el grueso del óxido es 20 nm, mínima longitud de compuerta 1 μm y $V_t = 0.8$ V, opera en la región del triodo, con v_{DS} pequeño y con voltaje entre compuerta y fuente entre 0 V y +5 V. ¿Cuál ancho de dispositivo se necesita para asegurar que la resistencia mínima disponible sea 1 kΩ?

5.6 Considere un MOSFET de canal n con $t_{ox} = 20$ nm, $V_t = 0.8$ V y $W/L = 10$. Encuentre la corriente de dren en los siguientes casos:

(a) $v_{GS} = 5$ V y $v_{DS} = 1$ V
(b) $v_{GS} = 2$ V y $v_{DS} = 1.2$ V
(c) $v_{GS} = 5$ V y $v_{DS} = 0.2$ V
(d) $v_{GS} = v_{DS} = 5$ V

*D5.7 Se está considerando el diseño de un transistor NMOS de potencia capaz de operar en el modo de saturación con $i_D = 1$ A para v_{DS} de sólo 2.5 V. Para la tecnología de procesos de que se dispone, $V_t = 0.9$ V, el grueso del óxido de compuerta es 50 nm, y la longitud de compuerta (aproximadamente igual a la longitud del canal) es 2 μm. Para este proceso, ¿cuáles son los valores de C_{ox} y k_n'? ¿Qué ancho de canal se hace necesario? Si el transistor se fabrica como un grupo de franjas de 2 μm entre dren y fuente, conectadas en paralelo y cada una de longitud P, como se muestra en la figura P5.7, ¿cuál es el área mínima total del dispositivo que se hace necesaria, despreciando el área tomada por el alambre de interconexión? Nótese que P es, en efecto, el ancho de cada uno de los transistores en paralelo.

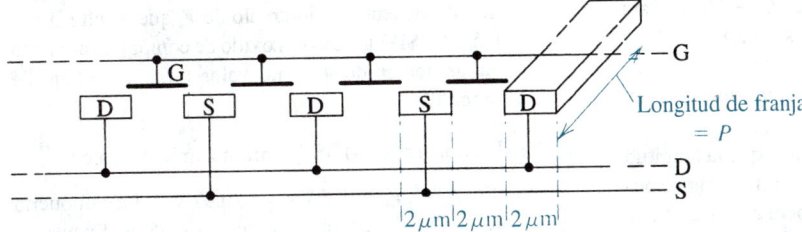

Fig. P5.7

¿Cuál es el valor necesario de P? Para este dispositivo empleado como conmutador con $v_{GS} = 5$ V e $i_D = 1$ A, ¿qué valor de v_{DS} se obtiene?

Sección 5.2: Curvas características de corriente contra voltaje de un MOSFET de enriquecimiento

5.8 El MOSFET de canal n de enriquecimiento, cuyas curvas características se muestran en la figura 5.11 y para el que $V_t = 1$ V y $k_n'(W/L) = 0.05$ mA/V^2, se opera con $v_{GS} = 3$ V. Encuentre $i_D =$ para $v_{DS} = 1$ V y para $v_{DS} = 4$ V.

5.9 Un particular MOSFET de enriquecimiento, para el que $V_t = 1$ V y $k_n'(W/L) = 0.1$ mA/V^2, se va a operar en la región de saturación. Si i_D debe ser 0.2 mA, encuentre el v_{GS} necesario y el mínimo v_{DS} requerido. Repita para $i_D = 0.8$ mA.

5.10 Un particular MOSFET de canal n de enriquecimiento se mide y tiene una corriente de dren de 4 mA a $V_{GS} = V_{DS} = 9$ V y de 1 mA a $V_{GS} = V_{DS} = 5$ V. ¿Cuáles son los valores de $k_n'(W/L)$ y V_t para este dispositivo?

D5.11 Para un proceso particular de fabricación de un circuito integrado (IC), el parámetro de transconductancia es $k_n' = 50$ μA/V^2 y $V_t = 1$ V. En una aplicación en la que $v_{GS} = v_{DS} = V_{\text{fuente}} = 5$ V, se necesita una corriente de dren de 0.8 mA de un dispositivo con longitud de 2 μm. ¿Qué valor de ancho de canal debe usar el diseño?

5.12 Considere un transistor NMOS del tipo de enriquecimiento operado a un voltaje constante V_{GS} entre compuerta y fuente. Demuestre que la corriente de dren disminuye a una fracción de α del valor al comienzo de la saturación a

$$v_{DS} = (V_{GS} - V_t)(1 - \sqrt{1 - \alpha})$$

Para $V_t = 1$ V y $V_{GS} = 2$ V, encuentre v_{DS} para $\alpha = 0.5$ y $\alpha = 0.1$.

5.13 Se encuentra que un transistor NMOS, que opera en la región de resistencia lineal con $v_{DS} = 0.1$ V, conduce 40 μA para $v_{GS} = 2$ V y 80 μA para $v_{GS} = 3$ V. ¿Cuál es el valor aparente de voltaje de umbral V_t? Si $k_n' = 40$ μA/V^2, ¿cuál es la razón W/L del dispositivo? ¿Qué corriente espera el lector que circule con $v_{GS} = 2.5$ V y $v_{DS} = 0.15$ V? Si el dispositivo opera a $v_{GS} = 2.5$ V, ¿a qué valor de v_{DS} llegará a estrangularse el extremo del dren del canal del MOSFET, y cuál es la correspondiente corriente de dren?

5.14 Para un transistor NMOS para el que $V_t = 0.8$ V, que opera con v_{GS} entre 1.5 V y 4 V, ¿cuál es el máximo valor de v_{DS} para el que el canal permanece continuo?

5.15 Un transistor NMOS fabricado con $W = 100$ μm y $L = 5$ μm en una tecnología para la que $k_n' = 20$ μA/V^2 y $V_t = 1$ V, se va a operar a muy bajos valores de v_{DS} como resistor lineal. Para v_{GS} con variación de 1.1 V a 11 V, ¿qué márgenes de valores de resistor se pueden obtener? ¿Cuál es el margen disponible si

(a) el ancho del dispositivo se reduce a la mitad?

(b) la longitud del dispositivo se reduce a la mitad?

(c) el ancho y la longitud se reducen a la mitad?

*5.16 El transistor de enriquecimiento, cuya curva característica de control de compuerta se describe en la figura 5.12, se opera como dispositivo de dos terminales con compuerta y dren unidos. ¿Para qué valores de v_{DS} circulan corrientes de 0.25 mA y 1 mA? A cada una de estas corrientes, ¿cuál es la resistencia incremental de la curva característica (según se calcula de la ecuación 5.18)? ¿Qué sucede cuando se invierte la polaridad de v_{DS}, por ejemplo a -5 V? (*Sugerencia:* El MOSFET es un dispositivo simétrico y, por lo tanto, los papeles de dren y fuente se intercambian según su polaridad relativa.)

5.17 Para un MOSFET en particular, que opera en la región de saturación a un v_{GS} constante, se encuentra que i_D es 2 mA para $v_{DS} = 4$ V y 2.2 mA para $v_{DS} = 8$ V. ¿Qué valores de r_o, V_A y λ corresponden?

5.18 Un MOSFET en particular tiene $V_A = 50$ V. Para operación a 1 mA y 10 mA, ¿cuáles son las resistencias de salida esperadas? En cada caso, para un cambio en v_{DS} de 10%, ¿qué cambio en la corriente de dren espera el lector?

D5.19 En un diseño de IC en particular, en el que la longitud estándar de canal es 2 μm, se encuentra que un dispositivo NMOS con W/L de 5 que opera a 100 μA tiene una resistencia de salida de 0.5 MΩ, más o menos $\frac{1}{4}$ de lo que es necesario. ¿Qué cambio dimensional se puede hacer para resolver el problema? ¿Cuál es la longitud del nuevo dispositivo? ¿Cuál es el ancho del nuevo dispositivo? ¿Cuál es la nueva razón W/L? ¿Cuál es V_A para el dispositivo estándar en este circuito integrado? ¿Cuál es V_A para el nuevo dispositivo?

D5.20 Para una tecnología MOS de canal n en particular, en la que la longitud mínima de canal es 1 μm, el valor asociado de λ es 0.02 V^{-1}. Si un dispositivo en particular, para el que L es 3 μm, opera a $v_{DS} = 1$ V con una corriente de dren de 80 μA, ¿qué valor toma la corriente de dren si v_{DS} se eleva a 10 V? ¿Qué porcentaje de cambio representa esto? ¿Qué se puede hacer para reducir el porcentaje por un factor de 2?

5.21 En una tecnología para la que el grueso del óxido de compuerta es 20 nm, encuentre el valor de N_A para el que $\gamma = 0.5$ V$^{1/2}$. Si el nivel de impurezas se mantiene pero el grueso del óxido de compuerta se aumenta a 100 nm, ¿qué valor toma γ?

5.22 En una aplicación en particular, un MOSFET de canal n opera con V_{SB} entre 0 V y 4 V. Si V_{t0} es nominalmente

1.0 V, encuentre el intervalo de V_t que resulte si $\gamma = 0.5$ V$^{1/2}$. Si el grueso del óxido de compuerta aumenta en un factor de 4, ¿qué valor toma el voltaje de umbral?

*5.23 Un transistor PMOS de enriquecimiento tiene $k_p' \frac{W}{L} = 80$ μA/V^2, $V_t = -1.5$ V y $\lambda = -0.02$ V^{-1}. La compuerta se conecta a tierra y la fuente a +5 V. Encuentre la corriente de dren para (a) $v_D = +4$ V, (b) $v_D = +1.5$ V, (c) $v_D = 0$ V y (d) $v_D = -5$ V.

5.24 Un transistor de canal p para el que $|V_t| = 1$ V y $|V_A| = 50$ V opera en saturación con $|v_{GS}| = 3$ V, $|v_{DS}| = 4$ V e $i_D = 3$ mA. Encuentre valores correspondientes con signo para v_{GS}, v_{SG}, v_{DS}, v_{SD}, V_t, V_A, λ y $k_p'(W/L)$.

5.25 Un transistor de canal p opera en saturación con su voltaje de fuente 3 V más abajo que su sustrato. Para $\gamma = 0.5$ V$^{1/2}$, $2\phi_f = 0.6$ V y $V_{t0} = -1$ V, encuentre V_t.

*5.26 Varios transistores NMOS y PMOS se miden en operación, como se muestra en la tabla siguiente. Para cada transistor, encuentre el valor de $\mu C_{ox} W/L$ y V_t que aplican y complete la tabla, donde V está en volts, I en μA y $\mu C_{ox} W/L$ en μA/V^2.

*5.27 (a) Por medio de la expresión para i_D en saturación y despreciando el efecto de modulación de longitud de canal (es decir, haciendo $\lambda = 0$), obtenga una expresión para el cambio por unidad en i_D por °C en términos del cambio por unidad en k' por °C, el coeficiente de temperatura de V_t en V/°C, y V_{GS} y V_t.

Caso	Transistor	V_S	V_G	V_D	I_D	Tipo	Modo	$\mu C_{ox} W/L$	V_t
a	1	0	2	5	100				
	1	0	3	5	400				
b	2	5	3	−4.5	50				
	2	5	2	−0.5	450				
c	3	5	3	4	200				
	3	5	2	0	800				
d	4	−2	0	0	72				
	4	−4	0	−3	270				

(b) Si V_t decrece en 2 mV por cada °C de calentamiento, encuentre el coeficiente de temperatura de k' que resulte en que i_D decrezca en 0.2%/°C cuando el transistor NMOS sea operado a $V_{GS} = $ 5 V y siempre que $V_t = 1$ V.

Sección 5.3: El MOSFET del tipo de agotamiento

5.28 Un MOSFET del tipo de agotamiento de canal n con $k'_n W/L = 2$ mA/V² y $V_t = -3$ V tiene su fuente y compuerta a tierra. Encuentre la región de operación y la corriente de dren para (a) $v_D = 0.1$ V, (b) $v_D = 1$ V, (c) $v_D = 3$ V y (d) $v_D = 5$ V. Desprecie el efecto de modulación de la longitud del canal.

5.29 Para un dispositivo NMOS de modo de agotamiento en particular, $V_t = -2$ V, $k'_n W/L = 200$ μA/V², y $\lambda = 0.02$ V⁻¹. Cuando se opera a $v_{GS} = 0$, ¿cuál es la corriente de dren que circula para $v_{DS} = 1$ V, 2 V, 3 V y 10 V? ¿Qué valor toma cada una de estas corrientes si el ancho del dispositivo se duplica si L es la misma? ¿Y cuando L se duplica?

*5.30 Despreciando el efecto de modulación de longitud de canal, demuestre que para el transistor NMOS del tipo de agotamiento de la figura P5.30 la relación i–v está dada por

$$i = \tfrac{1}{2} k'_n (W/L)(v^2 - 2V_t v), \qquad \text{para } v \geq V_t$$
$$i = -\tfrac{1}{2} k'_n (W/L)V_t^2, \qquad \text{para } v \leq V_t$$

(Recuerde que V_t es negativa.) Trace una gráfica de la relación i–v para el caso $V_t = -2$ V y $k'_n(W/L) = 2$ mA/V².

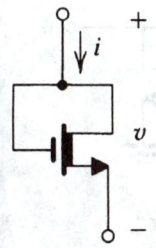

Fig. P5.30

5.31 Para el circuito analizado en el ejercicio 5.10 (consulte la figura E5.10), ¿qué valor toma el voltaje en la fuente cuando el voltaje del dren se reduce a +1 V?

5.32 Un transistor NMOS del tipo de agotamiento, que opera en la región del triodo con $v_{DS} = 0.1$ V, conduce una corriente de dren de 1 mA a $v_{GS} = -1$ V, y 3 mA a $v_{GS} = +1$ V. Encuentre I_{DSS} y V_t.

5.33 Un transistor NMOS del tipo de agotamiento que opera en la región de saturación con $v_{DS} = 5$ V conduce una corriente de dren de 1 mA a $v_{GS} = -1$ V, y 9 mA a $v_{GS} = +1$ V. Encuentre I_{DSS} y V_t. Suponga $\lambda = 0$.

Sección 5.4: Circuitos MOSFET a cd

D5.34 Diseñe el circuito de la figura 5.24 para establecer una corriente de dren de 1 mA y un voltaje de dren de 0 V. El MOSFET tiene $V_t = 2$ V, $\mu_n C_{ox} = 20$ μA/V², $L = 10$ μm y $W = 400$ μm.

D5.35 Considere el circuito de la figura E5.13. Q_1 y Q_2 tienen $V_t = 2$ V, $\mu_n C_{ox} = 20$ μA/V², $L_1 = L_2 = 10$ μm, $W_1 = 100$ μm y $\lambda = 0$.

(a) Encuentre el valor de R necesario para establecer una corriente de 0.1 mA en Q_1.

(b) Encuentre W_2 de modo que Q_2 opere en la región de saturación con una corriente de 0.5 mA.

D5.36 El transistor PMOS del circuito de la figura P5.36 tiene $V_t = -2$ V, $\mu_p C_{ox} = 8$ μA/V², $L = 10$ μm y $\lambda = 0$. Encuentre los valores necesarios para W y R para establecer una corriente de dren de 0.1 mA y un voltaje V_D de 7 V.

$V_{DD} = 10$ V

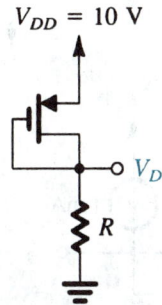

V_D

R

Fig. P5.36

D5.37 Los transistores NMOS del circuito de la figura P5.37 tienen $V_t = 2$ V, $\mu_n C_{ox} = 20$ μA/V², $\lambda = 0$ y $L_1 = L_2 = 10$ μm. Encuentre los valores necesarios de ancho de compuerta para cada uno de los transistores Q_1 y Q_2, y el valor de R, para obtener los valores de voltaje y corriente indicados.

D5.38 Los transistores NMOS del circuito de la figura P5.38 tienen $V_t = 2$ V, $\mu_n C_{ox} = 20$ μA/V², $\lambda = 0$ y $L_1 = L_2 = L_3 = 10$ μm. Encuentre los valores necesarios de ancho de compuerta para cada uno de los transistores Q_1, Q_2 y Q_3 para obtener los valores de voltajes y corriente indicada.

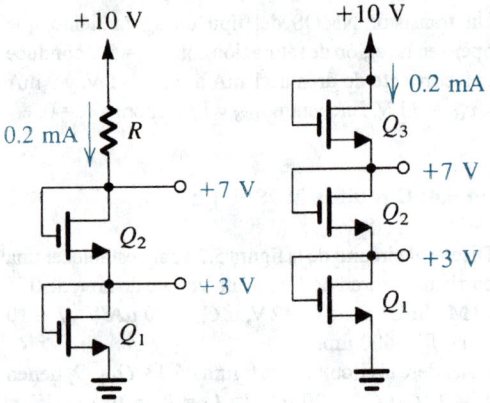

Fig. P5.37

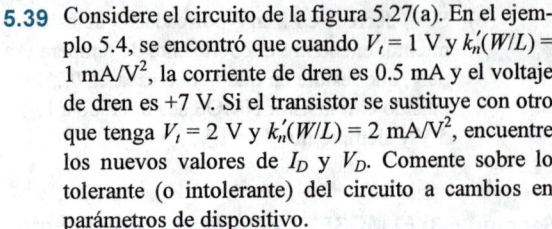

Fig. P5.38

5.39 Considere el circuito de la figura 5.27(a). En el ejemplo 5.4, se encontró que cuando $V_t = 1$ V y $k'_n(W/L) = 1$ mA/V^2, la corriente de dren es 0.5 mA y el voltaje de dren es +7 V. Si el transistor se sustituye con otro que tenga $V_t = 2$ V y $k'_n(W/L) = 2$ mA/V^2, encuentre los nuevos valores de I_D y V_D. Comente sobre lo tolerante (o intolerante) del circuito a cambios en parámetros de dispositivo.

D5.40 Con el uso de un transistor PMOS del tipo de enriquecimiento con $V_t = -1.5$ V, $k'_p(W/L) = 1$ mA/V^2 y $\lambda = 0$, diseñe un circuito que se semeje al de la figura 5.27(a). Usando una fuente de 10 V, diseñe para un voltaje de compuerta de +6 V, una corriente de dren de 0.5 mA y un voltaje de dren de +5 V. Encuentre los valores de R_S y R_D.

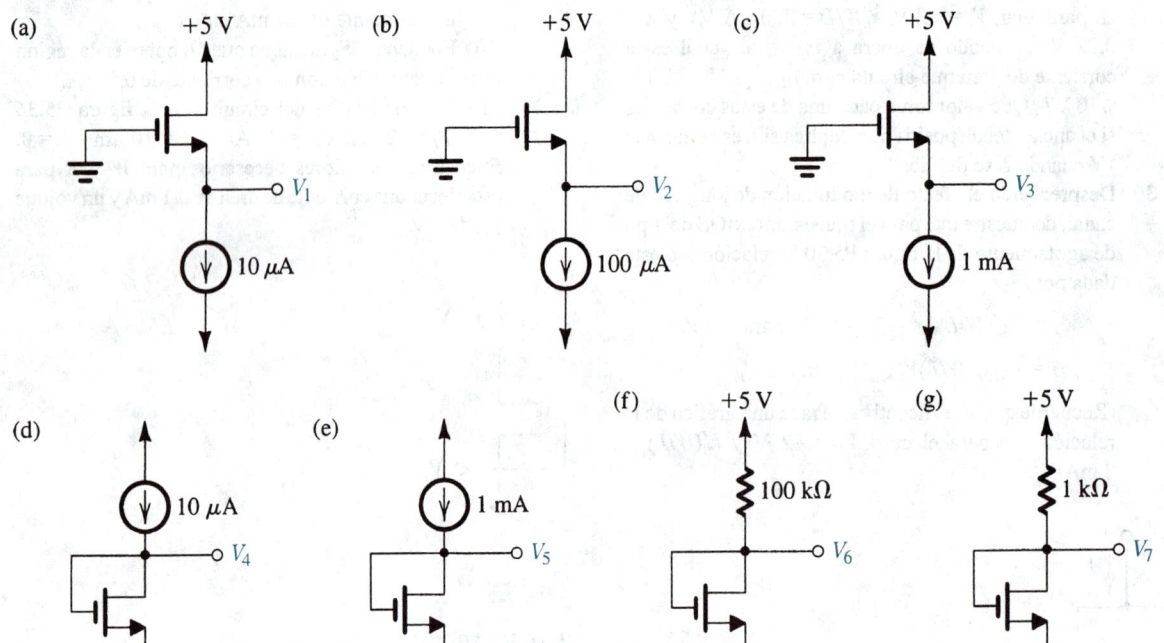

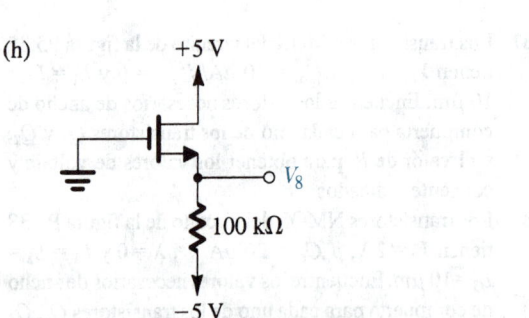

Fig. P5.41

5.41 Para cada uno de los circuitos de la figura P5.41, encuentre los voltajes marcados de nodo. Para todos los transistores, $k_n'(W/L) = 0.5$ mA/V^2, $V_t = 2$ V y $\lambda = 0$.

5.42 Para los circuitos de la figura P5.42, encuentre los voltajes de dren, suponiendo $k_n'(W/L) = 200$ μA/V^2, $V_t = 2$ V y $V_A = 20$ V.

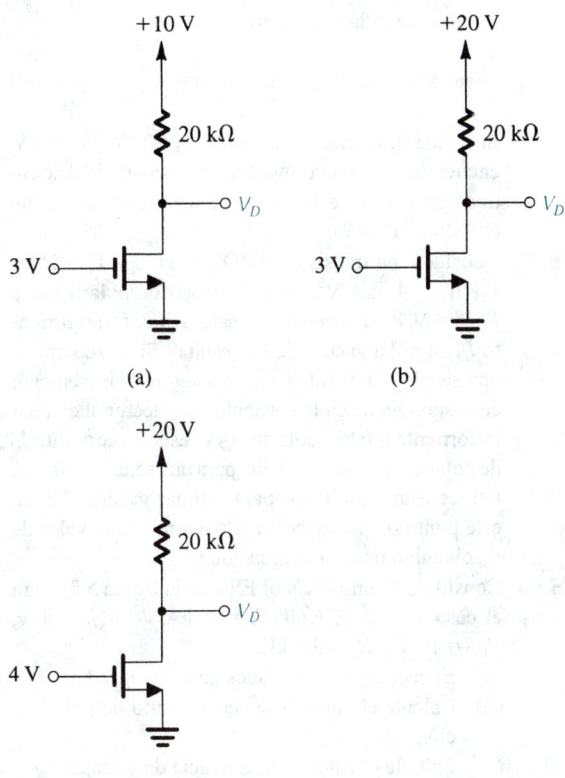

(a)   (b)

(c)

Fig. P5.42

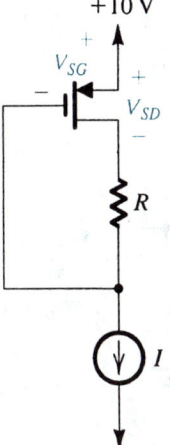

Fig. P5.43

1 μm y $W = 20$ μm. Encuentre las corrientes y voltajes marcados.

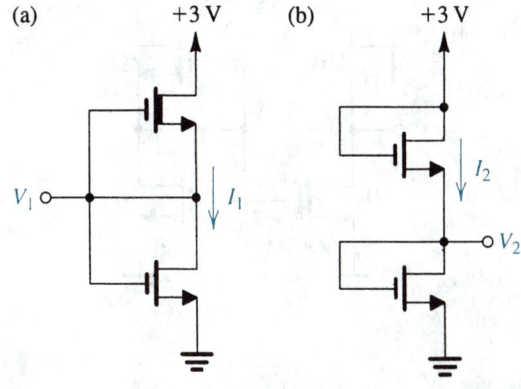

(a)   (b)

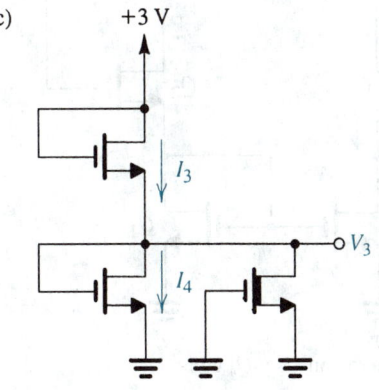

(c)

Fig. P5.44   (continúa en la página siguiente)

*5.43 Para el transistor PMOS del circuito que se muestra en la figura P5.43, $k_p' = 8$ μA/V^2, $W/L = 25$ y $|V_{tp}| = 1$ V. Para $I = 100$ μA, encuentre los voltajes V_{SD} y V_{SG} para $R = 0$, 10 kΩ, 30 kΩ y 100 kΩ. ¿Para qué valor de R es $V_{SD} = V_{SG}$? ¿y $V_{SD} = V_{SG}/2$? ¿Y $V_{SD} = V_{SG}/10$?

**5.44 Para los circuitos de la figura P5.44, $\mu_n C_{ox} = 2.5$ $\mu_p C_{ox} = 20$ μA/V^2, $|V_t| = 1$ V, $\lambda = 0$, $\gamma = 0$, $L = 10$ μm y $W = 30$ μm, a menos que se especifique otra cosa. Encuentre las corrientes y voltajes marcados.

*5.45 Para los dispositivos de los circuitos de la figura P5.45, $|V_t| = 1$ V, $\lambda = 0$, $\gamma = 0$, $\mu_n C_{ox} = 20$ μA/V^2, $L =$

(d)   +3 V   (e)

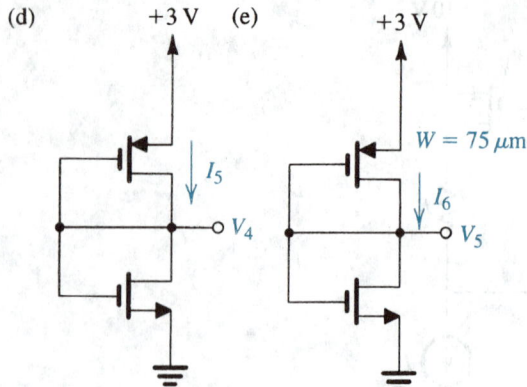

Fig. P5.44   (continuación)

(a)   +5 V

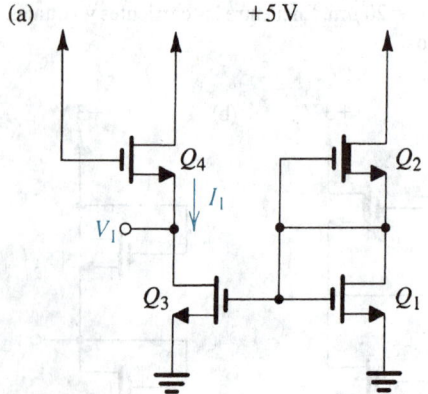

(b)   +5 V

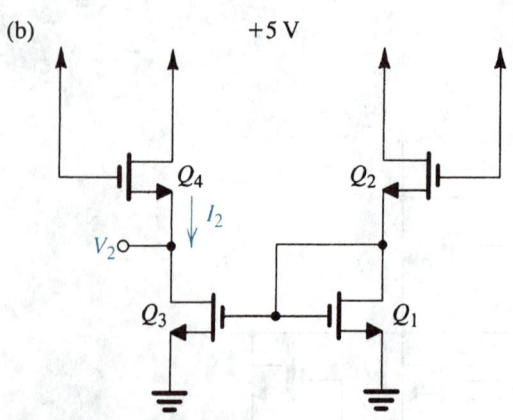

(c) Como en (b) pero con Q_3 y Q_4 con
$W = 200 \ \mu m$.

Fig. P5.45

Sección 5.5: El MOSFET como amplificador

*5.46 Este problema investiga la distorsión no lineal intro-
ducida por un amplificador FET. Sea la señal v_{gs} una
onda senoidal con amplitud V_{gs}, y sustituya $v_{gs} = V_{gs}$
sen ωt en la ecuación (5.35). Con la identidad trigo-
nométrica sen$^2 \theta = \frac{1}{2} - \frac{1}{2} \cos 2\theta$, demuestre que la razón
entre la señal a frecuencia 2ω y la de la frecuencia ω,
expresada como porcentaje (conocida como distor-
sión de segunda armónica) es

$$\text{Distorsión de segunda armónica} = \frac{1}{4} \frac{V_{gs}}{V_{GS} - V_t} \times 100$$

Si en una aplicación en particular $V_t = 2$ V y $V_{GS} = 5$ V,
encuentre la máxima amplitud de onda senoidal de entrada para la que la distorsión de segunda armónica no
exceda de 1%.

5.47 Considere un transistor NMOS que tenga $V_t = 2$ V y
$k_n' W/L = 1$ mA/V^2. Sea el transistor polarizado a
$V_{GS} = 4$ V. Para operación en saturación, ¿qué corriente I_D de polarización de cd resulta? Si se superpone
una señal +0.1 V sobre V_{GS}, encuentre el incremento
correspondiente en la corriente de colector al evaluar
la corriente total de colector i_D y restar la corriente I_D
de polarización de cd. Repita para una señal de −0.1 V.
Utilice estos resultados para estimar g_m del FET en
este punto de polarización. Compare con el valor de
g_m obtenido usando la ecuación (5.38).

5.48 Considere el amplificador FET de la figura 5.31 para
el caso $V_t = 2$ V, $k_n'(W/L) = 1$ mA/V^2, $V_{GS} = 4$ V,
$V_{DD} = 10$ V y $R_D = 3.6$ kΩ.
(a) Encuentre las cantidades de cd de I_D y V_D.
(b) Calcule el valor de g_m en el punto de polariza-
      ción.
(c) Calcule el valor de la ganancia de voltaje.
(d) Si el MOSFET tiene $\lambda = 0.01$ V^{-1}, encuentre r_o
      en el punto de polarización y calcule la ganancia
      de voltaje.

5.49 Considere el efecto de la distorsión no lineal descrita
en la ecuación (5.35) en una señal de entrada de onda
triangular. Para $V_{GS} - V_t = 1$ V, ¿para qué valor de
entrada pico V_p está la salida afectada un 10% [es
decir, al pico, la razón entre el término cuadrado y el
término lineal de la ecuación (5.35) es 0.1]? Para esta
situación, trace la señal de salida lineal esperada, la
distorsión de entrada cuadrada y la señal real de salida.
¿Para qué valor de pico de entrada es el pico de
distorsión sólo 1% de la parte lineal?

*D5.50 Un amplificador NMOS se va a diseñar para obtener
una señal de salida de 0.50 V pico en los terminales
de un resistor de 50 kΩ que se puede usar como
resistor de dren. Si se hace necesaria una ganancia de

por lo menos 5 V/V, ¿qué g_m se requiere? Por medio del uso de un transistor para el que $V_t = 0.9$ V y una fuente de cd de 3 V, ¿cuáles valores de I_D y V_{GS} escogería el lector? ¿Cuál razón W/L se necesita si $\mu_n C_{ox} = 100$ μA/V²?

5.51 Se toman varias mediciones en un amplificador NMOS para el que el resistor de dren R_D es 20 kΩ. Primero, las mediciones de cd muestran que el voltaje en los terminales del resistor de dren es 2 V y el voltaje de polarización de compuerta a fuente es 1.8 V. Las mediciones de ca con pequeñas señales muestran que la ganancia de voltaje es −5 V/V. ¿Qué valores de g_m implica esto? ¿Cuál es el V_t para este transistor?

*D5.52 Para una versión en particular del circuito de la figura 5.31, $I_D = 100$ μA, $V_{GS} - V_t = 1.2$ V, $R_D = 50$ kΩ y $V_{DD} = 9$ V. Si $\lambda = 0$, ¿cuál es el valor de $k_n' W/L$ que aplica? ¿Cuál es el valor de g_m? ¿Cuál es el valor del voltaje de dren V_D en ausencia de señal? ¿Cuál es el voltaje pico de señal en el dren para el que se alcanza el borde de saturación? ¿Cuál es la ganancia lineal de voltaje de este circuito? Si se supone que la operación es esencialmente lineal, ¿qué señal de entrada corresponde a la que ocasiona que el voltaje de dren llegue al borde de saturación? Para esa señal de entrada, ¿qué señal de entrada cuadrada resulta a

la salida? ¿Está justificada la suposición de operación esencialmente lineal? ¿Para qué señal de entrada v_{gs} es el término cuadrado sólo 1% del término lineal a la salida? ¿Cuál oscilación de señal de salida resulta? Para la señal de entrada limitada a este valor, ¿a qué valor se puede reducir el voltaje de alimentación mientas se sostiene operación en modo de saturación y se mantiene constante la ganancia?

5.53 En la tabla de abajo, para transistores MOS de enriquecimiento que operan bajo diversas condiciones, complete cuantos datos sea posible. Aun cuando no se dispone de alguna información, siempre es posible calcular g_m usando una de las ecuaciones (5.43), (5.44) o (5.45). En la tabla, la corriente está en mA, el voltaje en V y las dimensiones en μm. Suponga $\mu_n = 500$ cm²/Vs, $\mu_p = 250$ cm²/Vs, $C_{ox} = 0.4$ fF/μm². Nótese que $V_{eff} = V_{GS} - V_t$.

5.54 Una tecnología NMOS tiene un $\mu_n C_{ox} = 20$ μA/V² y $V_t = 1$ V. Para un transistor con $L = 10$ μm, encuentre W que resulte en $g_m = 1$ mA/V a $I_D = 0.5$ mA. También encuentre el V_{GS} pedido.

5.55 Para el amplificador NMOS de la figura P5.55, sustituya el transistor con su circuito T equivalente de la figura 5.36(d). Deduzca expresiones para hallar las ganancias de voltaje v_s/v_i y v_d/v_i.

Caso	Tipo	I_D	V_{GS}	V_t	V_{eff}	W	L	W/L	$K(W/L)$	g_m
a	N	1	3	2				100		
b	N	1			3.16	50	5			
c	N	10		2				250		
d	N				3.16					
e	N	0.1				10	2			
f	N		1.8	0.8		40	4			
g	P	1			2			25		
h	P		3	1					500	
i	P	10				4000	2			
j	P	10			4					
k	P				1	30	3			
l	P	0.1			5				8	

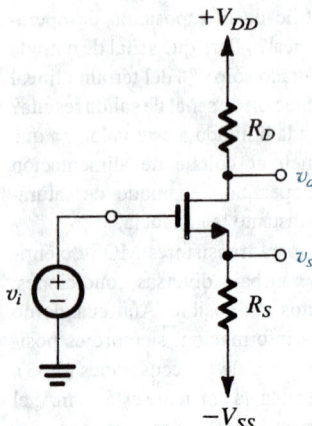

Fig. P5.55

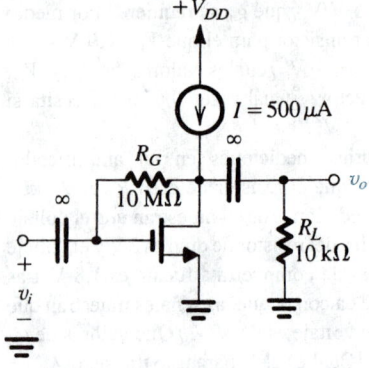

Fig. P5.57

¿Cuál es la ganancia de voltaje v_o/v_i? ¿Qué valores toman V_D y la ganancia para I aumentada a 1 mA?

*D5.56 El propósito de este problema es investigar la operación del circuito amplificador de la figura P5.56 a medida que se hace aumentar el voltaje V_{GS} de polarización. Considere el caso en el que V_{DD} = +5 V, $V_t = 1$ V y $k'\dfrac{W}{L} = 2$ mA/V². Despreciando por ahora el efecto Early, demuestre que la ganancia de voltaje v_o/v_i está dada por

$$\frac{v_o}{v_i} = -\left(\frac{8}{V_{eff}} - 2\right)$$

donde $V_{eff} = V_{GS} - V_t$. Tabule V_{GS}, I_D, g_m, R_D y v_o/v_i contra V_{eff} para V_{eff} entre 0.1 y 1 V. Si $\lambda = 0.02$ V⁻¹, dé un valor aproximado para R_D que resultará en una ganancia de voltaje de −10 V/V.

5.57 En el circuito de la figura P5.57, el transistor NMOS tiene $|V_t| = 0.9$ V y $V_A = 50$ V, y opera con $V_D = 2$ V.

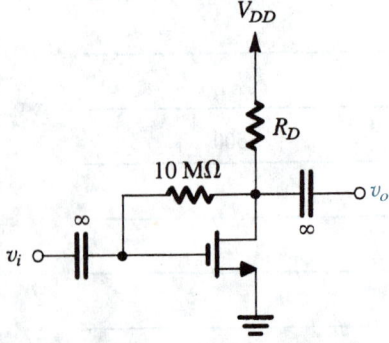

Fig. P5.56

5.58 Para un proceso de fabricación CMOS de 0.8 μm: $V_{tn} = 0.8$ V, $V_{tp} = -0.9$ V, $\mu_n C_{ox} = 90$ μA/V², $\mu_p C_{ox} = 30$ μA/V², $C_{ox} = 1.9$ fF/μm², $\phi_f = 0.34$ V, $\gamma = 0.5$ V$^{1/2}$, V_A (dispositivos de canal n) = 8 L (μm), $|V_A|$ (dispositivos de canal p) = 12 L (μm). Encuentre los parámetros de modelo a pequeña señal (g_m, r_o, g_{mb}) para un transistor NMOS y un PMOS que tiene $W/L = 20$ μm/2 y opera a $I_D = 100$ μA con $|V_{SB}| = 1$ V. También encuentre los voltajes eficaces ($V_{eff} = V_{GS} - V_t$) a los que cada dispositivo debe estar operando.

Sección 5.6: Polarización en circuitos amplificadores MOS

*D5.59 En un instrumento electrónico que usa el esquema de polarización que se muestra en la figura 5.39(a), un error de fabricación reduce R_S a cero. Sean $V_{DD} = 12$ V, $R_{G1} = 5.6$ MΩ y $R_{G2} = 2.2$ MΩ. ¿Cuál es el valor de V_G creado? Si las especificaciones del proveedor permiten que $k_n'(W/L)$ varíe de 220 a 380 μA/V² y que V_t varíe de 1.3 a 2.4 V, ¿cuáles son los valores extremos de I_D que pueden resultar? ¿Qué valores de R_S deben haberse instalado para limitar el valor máximo de I_D a 0.15 mA? Escoja un valor de resistor estándar al 5% apropiado (consulte el apéndice H). ¿Qué valores extremos de corriente resultan ahora?

5.60 Un transistor NMOS de enriquecimiento está conectado en el circuito de polarización de la figura 5.39(a), con $V_G = 4$ V y $R_S = 1$ kΩ. El transistor tiene $V_t = 2$ V y $\mu_n(W/L) = 2$ mA/V². ¿Cuál corriente de polarización resulta? Si se utiliza un transistor para el que $\mu_n(W/L)$

es 50% más alto, ¿cuál es el porcentaje de aumento resultante en I_D?

5.61 El circuito de polarización de la figura 5.39(a) se utiliza en un diseño con $V_G = 4$ V y $R_S = 1$ kΩ. Para un MOSFET de enriquecimiento con $\mu_n(W/L) = 2$ mA/V², el voltaje de la fuente se midió y se encontró ser de 1 V. ¿Cuál debe ser V_t para este dispositivo? Si se emplea un dispositivo para el que V_t es 0.5 V menos, ¿qué valor toma V_S? ¿Qué corriente de polarización resulta?

D5.62 Diseñe el circuito de la figura 5.39(b) para un MOSFET de enriquecimiento que tiene $V_t = 2$ V y $\mu_n(W/L)$ = 2 mA/V². Sea $V_{DD} = V_{SS} = 10$ V y diseñe para una corriente de polarización de cd de 1 mA y para la máxima ganancia posible de voltaje (y por lo tanto la máxima R_D posible) consistente con permitir una alternancia de voltaje de 2 V pico a pico en el dren. Suponga que el voltaje de señal en el terminal de la fuente del FET es cero.

D5.63 Diseñe el circuito de la figura P5.63 de modo que el transistor opere en saturación con V_{SD} a 1 volt del borde de la región del triodo, con $I_D = 1$ mA y $V_D = 3$ V, para cada uno de los siguientes dispositivos (utilice una corriente de 10 μA en el divisor de voltaje):
- (a) Un MOSFET de enriquecimiento con $|V_t| = 1$ V y $k'_p W/L = 0.5$ mA/V²
- (b) Un MOSFET de agotamiento con $|V_t| = 2$ V y $k'_p W/L = 0.5$ mA/V²
- (c) Un MOSFET de agotamiento con $|V_t| = 3$ V y $k'_p W/L = 0.125$ mA/V²
- (d) Un MOSFET de agotamiento con $|V_t| = 4$ V y $k'_p W/L = 1.25$ mA/V²
- (e) Un MOSFET de enriquecimiento con $|V_t| = 2$ V y $k'_p W/L = 1.25$ mA/V²

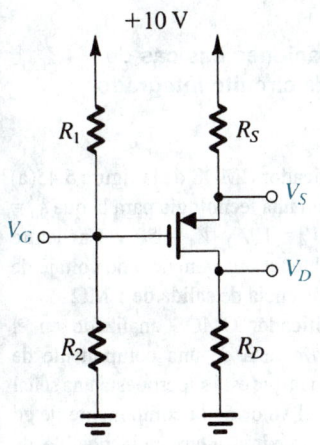

+10 V

R_1 R_S

V_S

V_G

V_D

R_2 R_D

Fig. P5.63

Haga un resumen de sus resultados en una tabla con columnas marcadas como sigue: Caso, V_t, $k'_p W/L$, V_G, V_D, V_S, R_1, R_2, R_S y R_D.

*D5.64 Para el circuito de la figura 5.39(a), usando un MOS de enriquecimiento para el que nominalmente $\mu_n W/L = 500$ μA/V² y $V_t = 1.0$ V, polarizado para un g_m de 0.5 mA/V, encuentre el voltaje de compuerta V_G y el resistor R_S para el que la variación en I_D sea menor de 5% para V_t con variación de 10%, suponiendo resistores ideales y que $k'_n(W/L)$ es relativamente constante. ¿Cuál es la máxima corriente de dren posible que se experimenta? ¿Cuál es el mínimo voltaje de dren posible que garantice operación en saturación? Para una fuente de alimentación de 9 V y una alternancia de señal de 2 V, ¿qué valor de R_D se permite? Si se supone que la fuente puede estar a tierra por medio de un condensador ¿cuál es la ganancia de voltaje de compuerta a dren? Si es necesaria doble ganancia, ¿qué valor de R_D y de fuente de alimentación usaría el lector? Para la fuente de 9 V y la elevada a más valor, y $R_{G1} = 10$ MΩ, encuentre el valor de R_{G2} para la polarización apropiada.

**D5.65 Una forma muy útil de caracterizar la estabilidad de la corriente de polarización I_D es evaluar la sensibilidad de I_D respecto a un parámetro en particular de transistor cuya variabilidad pudiera ser grande. La sensibilidad de I_D respecto al parámetro del MOSFET $K \equiv \frac{1}{2} k' \frac{W}{L}$ está definida como

$$S_K^{I_D} \equiv \frac{\delta I_D / I_D}{\delta K / K} = \frac{\delta I_D}{\delta K} \frac{K}{I_D}$$

y su valor, cuando se multiplica por la variabilidad o tolerancia de K, proporciona la correspondiente variabilidad esperada de I_D. El propósito de este problema es investigar el uso de la función de sensibilidad en el diseño del circuito de polarización de la figura 5.39(b).
- (a) Demuestre que para V_t constante,

$$S_K^{I_D} = 1/(1 + 2\sqrt{KI_D}\, R_S)$$

- (b) Para un MOSFET que tenga $K = 100$ μA/V² con una variabilidad de ±10%, y $V_t = 1$ V, encuentre el valor de R_S que resultaría en $I_D = 100$ μA con una variabilidad de ±1%. También encuentre V_{GS} y el valor requerido de V_{SS}.
- (c) Si la fuente disponible es $V_{SS} = 5$ V, encuentre R_S que deba usarse para obtener $I_D = 100$ μA. Eva-

lúe la función de sensibilidad y dé la variabilidad esperada de I_D en este caso.

*5.66 Para el circuito de la figura 5.39(c) con $I = 1$ mA, $R_G = 0$, $R_D = 5$ kΩ y $V_{DD} = 10$ V, considere el comportamiento a medida que se sustituyen los diversos tipos de FET de canal n que aparecen en lista a continuación. Encuentre los voltajes V_S, V_D y V_{DS} que resulten. Presente sus respuestas en una tabla cuyas leyendas de columna sean como sigue: Caso, V_t, $k_n'W/L$, V_S, V_D, V_{DS}.

(a) Un MOS de enriquecimiento con $V_t = 1$ V y $k_n'W/L = 500$ μA/V^2

(b) Un MOS de agotamiento con $V_t = -2$ V y $k_n'W/L = 500$ μA/V^2

(c) Un MOS de agotamiento con $V_t = -3$ V y $k_n'W/L = 125$ μA/V^2

(d) Un MOS de agotamiento con $V_t = -4$ V y $k_n'W/L = 1.25$ mA/V^2

(e) Un MOS de enriquecimiento con $V_t = 2$ V y $k_n'W/L = 1.25$ mA/V^2

*5.67 En el circuito de la figura 5.39(d), considere el efecto de instalar los transistores de la lista del problema 5.66. Sea $R_G = 10$ MΩ, $R_D = 10$ kΩ y $V_{DD} = 10$ V. Para cada transistor, encuentre los voltajes V_D y V_G y el modo de operación. Presente sus resultados en una tabla con columnas y leyendas como sigue: Caso, V_t, $k_n'W/L$, V_D, V_G, Modo.

D5.68 Por medio del circuito de polarización de retroalimentación que se muestra en la figura 5.39(d), con una fuente de 9 V y un dispositivo NMOS para el que $V_t = 1$ V y $k_n'(W/L) = 0.4$ mA/V^2, encuentre R_D para establecer una corriente de dren de 0.2 mA. Si los valores de resistores están limitados a los de la escala de resistores al 5% (véase el apéndice H), ¿qué valor escogería el lector? ¿Qué valores de corriente y V_D resultarían?

5.69 Considere el circuito básico de espejo de corriente que se muestra en la figura 5.41 para los casos de la lista: para cada uno, encuentre la razón I_D/I_{REF}:

(a) $L_1 = L_2$, $W_2 = 3W_1$

(b) $L_1 = L_2$, $W_2 = 10W_1$

(c) $L_1 = L_2$, $W_2 = W_1/2$

(d) $W_1 = W_2$, $L_1 = 2L_2$

(e) $W_1 = W_2$, $L_1 = 10L_2$

(f) $W_1 = W_2$, $L_1 = L_2/2$

(g) $W_2 = 3W_1$, $L_1 = 3L_2$

D5.70 El circuito de control de corriente de la figura P5.70 se fabrica en una tecnología CMOS para la que $k_n' = 90$ μA/V^2, $k_p' = 30$ μA/V^2, $V_{tn} = 0.8$ V y $V_{tp} = -0.9$ V. Si todos los dispositivos tienen $L = 2$ μm, diseñe el circuito de modo que $I_{REF} = 20$ μA, $I_2 = 100$ μA e $I_5 = 40$ μA. Utilice el ancho mínimo de 2 μm para

cuantos dispositivos sea posible. Dé el ancho pedido para cada transistor y el valor de R pedida. ¿Cuál es el máximo voltaje posible en el dren de Q_2? ¿Cuál es el mínimo voltaje posible en el dren de Q_5? Si $V_{An} = 8 L$ y $|V_{Ap}| = 12 L$, donde L es en μm y V_{An} y V_{Ap} son en volts, encuentre la resistencia de salida de la fuente de corriente Q_2, y la resistencia de salida del disipador de corriente Q_5.

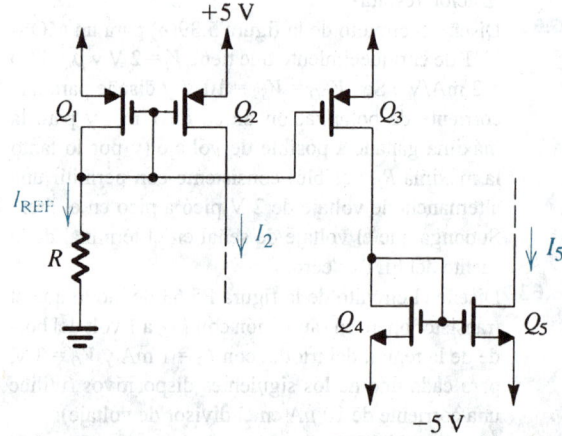

Fig. P5.70

5.71 Considere el circuito básico de espejo de corriente con dos transistores idénticos que tienen $k_n'W/L = 40$ μA/V^2, $V_t = 0.8$ V y $V_A = 20$ V. Sea $I_{REF} = 10$ μA. ¿Cuál es el voltaje de salida al que I_O es exactamente igual a I_{REF}? ¿Cuál será el cambio en corriente de salida correspondiente a un aumento de +2 V en el voltaje de salida?

Sección 5.7: Configuraciones básicas de amplificadores MOS de circuito integrado de una sola etapa

D5.72 Considere el amplificador CMOS de la figura 5.45(a) cuando se fabrica con una tecnología para la que $k_n' = 2.5k_p' = 50$ μA/V^2, $|V_t| = 1$ V y $|V_A| = 50$ V. Encuentre I_{REF} y (W/L), para obtener una ganancia de voltaje de -100 V/V y una resistencia de salida de 1 MΩ.

5.73 Considere el amplificador CMOS analizado en el ejemplo 5.10. Si v_I consta de una componente de polarización de cd en la que está superpuesta una señal senoidal, encuentre el valor de la componente de cd que resultará en la máxima alternancia posible de señal a la salida con una operación casi lineal. ¿Cuál es la amplitud de la senoide de salida resultante? (*Nota:* En la práctica, el amplificador tendría un circuito de retroalimentación que lo haga operar en un punto cercano a la parte media de su región lineal.)

5.74 La fuente de alimentación del amplificador CMOS analizado en el ejemplo 5.10 se reduce a 5 V. ¿Cuál será la magnitud de la región lineal a la salida?

5.75 En la figura P5.75 se ilustra un amplificador MOS IC formado al conectar en cascada dos etapas de fuente común. Si se supone que las fuentes de corriente de polarización tienen una resistencia de salida muy elevada, encuentre una expresión para la ganancia total de voltaje en términos de g_m y r_o de Q_1 y Q_2.

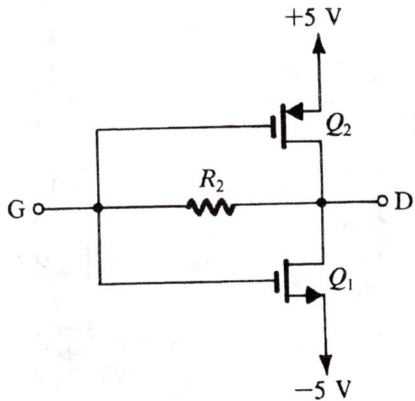

Fig. P5.76

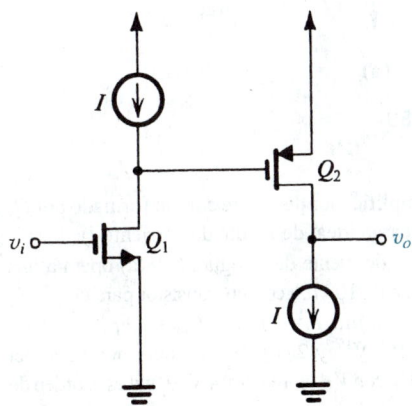

Fig. P5.75

**5.76 Los MOSFET del circuito de la figura P5.76 están acoplados, con $k'_n \left(\dfrac{W}{L} \right)_1 = k'_p \left(\dfrac{W}{L} \right)_2 = 50\ \mu\text{A/V}^2$ y $|V_t| = 2$ V. La resistencia $R_2 = 10$ MΩ. Para G y D abiertas, ¿cuáles son las corrientes de dren I_{D1} e I_{D2}? Para $r_o = \infty$, ¿cuál es la ganancia de voltaje del amplificador de G a D? Para r_o ($r_o = |V_A|/I_D$, $|V_A| = 180$ V) finita, ¿cuál es la ganancia de voltaje de G a D y la resistencia de entrada a G? Si G está excitada (por medio de un condensador de acoplamiento de elevado valor) desde una fuente v_i que tiene una resistencia de 1 MΩ, encuentre la ganancia de voltaje v_d/v_i. ¿Para qué intervalos de señales de salida permanecen Q_1 y Q_2 en la región de estrangulamiento?

D5.77 (a) La ecuación (5.59) da la ganancia del amplificador CMOS de fuente común de la figura 5.45(a). Exprese g_{m1} en términos de I_{D1} (que es igual a I_{REF}) y $V_{eff1} = V_{GS1} - V_{tn}$, y suponiendo que $|V_{An}|$

$= |V_{Ap}|$, exprese r_{o1} y r_{o2} en términos de $|V_A|$ e I_{REF}, y demuestre así que

$$A_v = -\frac{|V_A|}{V_{eff1}}$$

(b) Para una tecnología con $|V_A| = 50$ V, determine el voltaje eficaz para Q_1 para obtener una ganancia de −100 V/V. Si $k'_n = 40\ \mu\text{A/V}^2$ y la corriente de referencia disponible $I_{REF} = 10\ \mu\text{A}$, ¿qué razón W/L debe tener Q_1?

5.78 (a) Para el amplificador CMOS de compuerta común, utilice las expresiones de las ecuaciones (5.64) y (5.65) y exprese g_{mb1} como χg_{m1}, expresando g_{m1} en términos de I_D ($= I_{REF}$) y V_{eff1} ($= V_{GS1} - V_{tn}$), y suponiendo que $r_{o1} \cong r_{o2} = |V_A|/I_{REF}$, para demostrar que

$$A_v = (1 + \chi)\frac{|V_A|}{V_{eff1}}$$

$$R_i = \frac{V_{eff1}}{I_{REF}(1 + \chi)}$$

(b) Diseñe el circuito para obtener $A_v = 100$ V/V y $R_i = 5$ kΩ. Suponga $|V_A| = 50$ V, $\chi = 0.2$ y $k'_n = 20\ \mu\text{A/V}^2$. Especifique I_{REF} y $(W/L)_1$.

5.79 En la figura P5.79 se ilustra un MOSFET en la configuración de compuerta común con una resistencia R_S conectada en el circuito de la fuente. Demuestre que la resistencia de salida a pequeña señal R_o está dada por

$$R_o = R_S + r_{o1}(1 + g_m R_S)$$

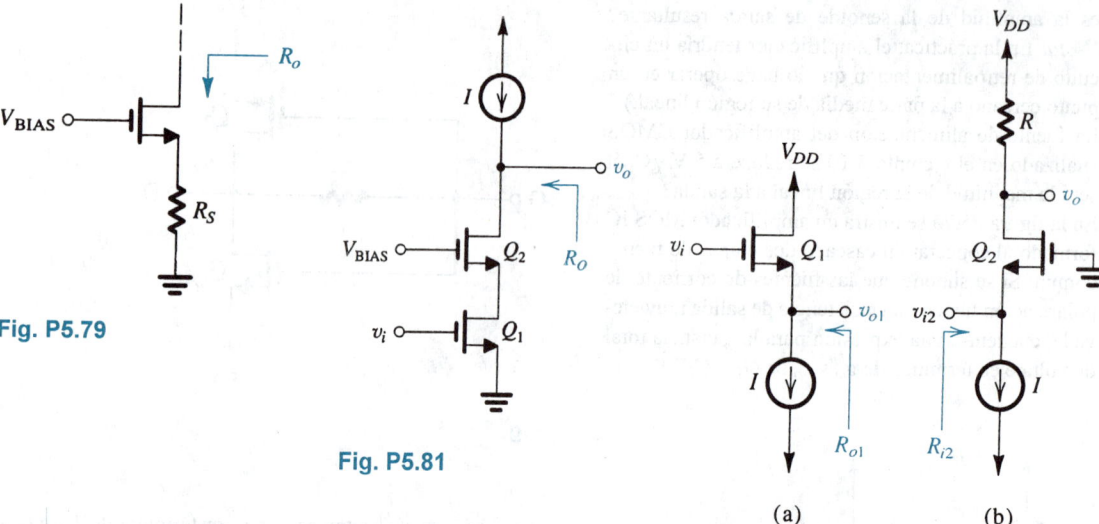

Fig. P5.79

Fig. P5.81

(a)   (b)

Fig. P5.83

Desprecie el efecto del cuerpo. (*Sugerencia:* Sustituya el MOSFET con su modelo a pequeña señal, aplique un voltaje v_x al dren y encuentre la corriente tomada de v_x.)

5.80 Considere el circuito seguidor de fuente de la figura 5.48 cuando se fabrique en una tecnología con $k'_n = 20$ $\mu\text{A/V}^2$, $V_t = 1$ V y $V_A = 100$ V. Sea $W/L = 10$ para todos los transistores, $I_{REF} = 200$ μA y $\chi = 0.1$. Encuentre g_{m1}, r_{o1}, r_{o2}, A_v y R_o. ¿Cuál será la ganancia de voltaje si la salida se conecta a una resistencia de 10 kΩ?

*5.81 En la figura P5.81 se ilustra un amplificador MOS de IC conocido como configuración cascodo. Estudiaremos este circuito en el capítulo 6. Por ahora, nótese que consta de un amplificador Q_1 de fuente común que alimenta su corriente de salida a un amplificador Q_2 de compuerta común. V_{BIAS} es un voltaje de polarización de cd. Ambos dispositivos son idénticos y operan a una corriente I de cd. Este amplificador se puede modelar como amplificador de transconductancia. Si se supone que la fuente de corriente I es ideal y se desprecia el efecto del cuerpo en Q_2:

(a) Demuestre que la transconductancia de cortocircuito, que es la razón entre la corriente de señal de salida en cortocircuito y el voltaje de entrada, es igual a g_{m1}.

(b) Ponga v_i en cortocircuito y utilice los modelos de circuito equivalente para Q_1 y Q_2 para demostrar que la resistencia de salida está dada por

$$R_o = r_{o1} + r_{o2} + g_{m2}r_{o2}r_{o1} \simeq g_{m2}r_{o2}r_{o1}$$

(c) Utilice los resultados de (a) y (b) para obtener la ganancia de voltaje a circuito abierto v_o/v_i. Compare la ganancia que se forma con la ganancia que se obtendría sin el transistor Q_2 (es decir, con

el amplificador de fuente común formado por Q_1 y la carga ideal de fuente de corriente I).

5.82 El seguidor de fuente de la figura 5.48(a) opera a una polarización de 100 μA con un transistor para el que $V_{t0} = 1$ V, $W = 70$ μm, $L = 5$ μm, $\mu_n C_{ox} = 80$ $\mu\text{A/V}^2$, $V_A = 90$ V, $\gamma = 0.7$ $\text{V}^{1/2}$ y $2\phi_f = 0.6$ V, sobre una señal del orden de 3 V con V_{SB} entre 1 V y 4 V. ¿Cuál es el orden de V_{GS} observado? (Nótese que V_{GS} representa un voltaje de cd de desnivel para el seguidor.) ¿Cuál es el orden de ganancias de voltaje observado? ¿Cuál es el orden de resistencias de salida observado? [*Sugerencia:* Utilice las ecuaciones (5.30), (5.51) y (5.72).]

*D5.83 (a) Para el seguidor de fuente de la figura P5.83(a), encuentre la ganancia de voltaje a circuito abierto v_{o1}/v_i y la resistencia de salida R_{o1}, en términos de g_{m1} y χ. Desprecie el efecto de r_{o1} y el de la resistencia de salida de la fuente de corriente de polarización.

(b) Para el amplificador de compuerta común de la figura P5.83(b), encuentre la ganancia de voltaje v_o/v_{i2} y la resistencia de entrada R_i, en términos de g_{m1}, χ y R. Desprecie el efecto de r_{o2} y el de la resistencia de salida de la fuente de corriente de polarización.

(c) Si el terminal de salida del seguidor de fuente en (a) se conecta al terminal de entrada del amplificador de compuerta común en (b), encuentre la ganancia total de voltaje v_o/v_i del amplificador en cascada.

(d) Si $V_{DD} = 5$ V y el voltaje de cd de polarización en el dren de Q_2 debe ser 0 V, encuentre el voltaje eficaz $(V_{GS} - V_t)$ requerido para Q_1 y Q_2 de modo que se forme una ganancia total de voltaje de 25 V/V.

(e) Para $I = 50$ μA y $k'_n = 50$ μA/V^2, encuentre R y la (W/L) requerida para Q_1 y Q_2.

D5.84 Considere el circuito que se muestra en la figura P5.84 en que Q_1 con R_1 establece la corriente de polarización para Q_2. R_2 no tiene efecto en la polarización de Q_2, pero realiza una función interesante. R_3 actúa como resistor de carga en el dren de Q_2. Suponga que Q_1 y Q_2 están fabricados juntos (como par acoplado o como parte de un IC) y son idénticos. Para cada NMOS de agotamiento, $I_{DSS} = 4$ mA y $|V_t| = 2$ V. El voltaje en la entrada es de algún valor (por ejemplo 0 V) que mantiene a Q_1 en saturación. ¿Cuál es el valor de $\mu_n(W/L)$ para estos transistores?

Ahora, diseñe R_1 de modo que $I_{D1} = I_{D2} = 1$ mA. Haga $R_2 = R_1$. Escoja R_3 de modo que $v_E = 6$ V. Para $v_A = 0$ V, ¿cuál es el voltaje v_C? Verifique cuál es el voltaje v_C cuando $v_A = \pm1$ V. Nótese el interesante comportamiento, es decir, que el nodo C sigue al nodo A. Este circuito puede denominarse *seguidor de fuente*, pero es muy especial, ¡con cero voltaje de desnivel! Nótese también que R_2 no es esencial, ya que el nodo B también sigue al nodo A, pero con un desnivel positivo. En muchas aplicaciones, R_2 está en cortocircuito. Ahora,

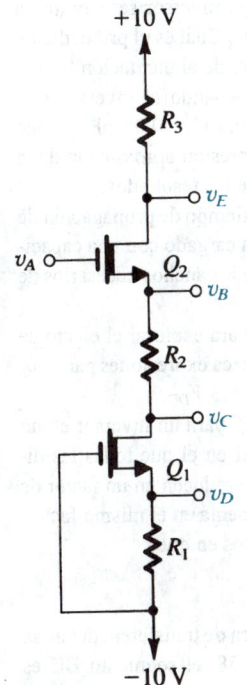

Fig. P5.84

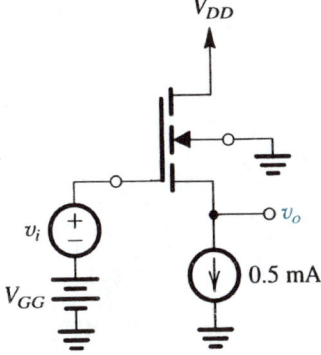

Fig. P5.85

reconozcamos que a medida que el voltaje en A se eleva, Q_2 entrará finalmente en la región del triodo. ¿A qué valor de v_A ocurre esto? También, a medida que v_A decrece, Q_1 entra en su región de triodo. ¿A qué valor de v_A? (Nótese que entre estos dos valores de v_A está el margen lineal de señal de v_A y de v_C.)

*5.85 El circuito seguidor de fuente de la figura P5.85 tiene $V_{t0} = 1$ V, $k'_n(W/L) = 1$ mA/V^2, $\gamma = 0.5$ V$^{1/2}$ y $2\phi_f = 0.6$ V. Para $V_{GG} = 5$ V, ¿cuál es el máximo voltaje negativo de entrada para el que se garantice que la unión entre sustrato y fuente no conduce en absoluto? ¿Cuál valor de V_{DD} asegura operación lineal para señales positivas de la misma amplitud de pico? ¿Cuál es el valor de χ que aplica para pequeñas variaciones alrededor del punto de operación? ¿Cuál es la ganancia de voltaje para pequeñas señales centradas en esta banda?

D5.86 (a) Para una carga MOS de enriquecimiento conectada a diodo, encuentre una expresión para hallar la resistencia incremental en términos de corriente de operación y dimensiones del dispositivo.

(b) En una aplicación en particular que utiliza una carga MOSFET que tiene mínimo ancho disponible de canal, se requiere elevar la resistencia de carga en un factor de 3 mientras se mantiene sin cambio la corriente de operación. ¿Qué debe hacerse?

5.87 La carga MOS de enriquecimiento de un amplificador MOS de enriquecimiento tiene un ancho de canal de 1/10 y una longitud de canal de 10 veces la de un transistor amplificador. Si se hace caso omiso de los efectos de r_o y del efecto del cuerpo, encuentre la ganancia de voltaje esperada.

D5.88 El transistor excitador de un amplificador de carga de enriquecimiento tiene una razón W/L de 9. Encuentre la razón W/L de la carga para obtener una ganancia de voltaje a pequeña señal de -10. Desprecie el efecto de r_o y suponga que $\chi = 0.2$.

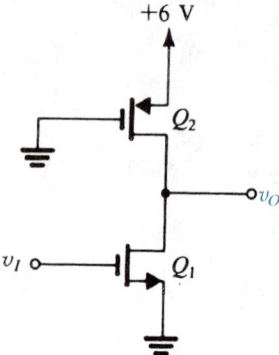

Fig. P5.91

5.89 Un amplificador MOSFET de carga de agotamiento tiene $(W/L)_1/(W/L)_2 = 4$. Encuentre la ganancia de voltaje a pequeña señal para $\chi = 0.2$. Desprecie el efecto de r_o.

*5.90 Considere el circuito de un amplificador de carga de enriquecimiento con un resistor de 10 MΩ conectado de salida a entrada. Sea $V_{DD} = 5$ V y $V_t = 2$ V. Para cada uno de los siguientes casos, encuentre el voltaje de cd a la salida y la ganancia de voltaje a pequeña señal:

(a) $(W/L)_2 = (W/L)_1$
(b) $(W/L)_2 = 0.1(W/L)_1$, y
(c) $(W/L)_2 = 0.01(W/L)_1$,

Desprecie el efecto de r_o y el efecto del cuerpo.

**5.91 Para el circuito de la figura P5.91, sea $|V_t| = 2$ V. Para cada uno de los casos

(a) $k_p'(W/L)_2 = k_n'(W/L)_1$
(b) $k_p'(W/L)_2 = 0.1k_n'(W/L)_1$, y
(c) $k_p'(W/L)_2 = 0.01k_n'(W/L)_1$, encuentre v_o correspondiente a $v_I = 0$ V, 3 V y 6 V.

Sección 5.8: El inversor lógico digital CMOS

A menos que se especifique otra cosa, suponga que la tecnología CMOS utilizada es una tecnología genérica de 1.2 μm y el inversor es un "diseño estándar", con los siguientes parámetros: longitud de canal = 1.2 μm (para todos los dispositivos, a menos que se especifique otra cosa); $W_p = 5.4$ μm (a menos que se especifique otra cosa); $W_n = 1.8$ μm (a menos que se especifique otra cosa); $k_n' = 81$ μA/V²; $k_p' = 27$ μA/V²; $V_{tn} = |V_{tp}| = 0.75$ V; y $V_{DD} = 5$ V.

5.92 Encuentre la resistencia de salida del inversor para

(a) $v_O = V_{OL}$
(b) $v_O = V_{OH}$

5.93 Calcule la máxima corriente que el inversor puede disipar o generar mientras la salida permanece a no más de 0.2 V de tierra o V_{DD}, respectivamente.

5.94 Encuentre V_{IH}, V_{IL}, N_{MH} y NM_L.

5.95 Utilice la expresión dada en el ejercicio 5.34 para determinar el voltaje de umbral V_{th} de inversor cuando los dispositivos de canal n y canal p no estén acoplados. Específicamente, determine V_{th} para $(W/L)_p = (W/L)_n$; $(W/L)_p = 2(W/L)_n$; y $(W/L)_p = 3(W/L)_n$, el caso acoplado.

*5.96 Un inversor CMOS en particular utiliza dispositivos de canal n y canal p de tamaños idénticos. Si $\mu_n = 2\mu_p$, $|V_t| = 1$ V y $V_{DD} = 5$ V, encuentre V_{IL} y V_{IH} y de aquí los márgenes de ruido.

5.97 Repita el ejercicio 5.31 para $V_{DD} = 10$ V y 15 V.

5.98 Repita el ejercicio 5.31 para $V_t = 0.5$ V, 1.5 V y 2 V.

D5.99 Para una tecnología en la que $V_m = 0.2 V_{DD}$, demuestre que la máxima corriente que el inversor CMOS puede disipar mientras su nivel bajo no exceda de 0.1 V_{DD} es 0.075 $(\mu_n C_{ox})(W/L)_n V_{DD}^2$. Para $V_{DD} = 5$ V, $\mu_n C_{ox} = 20$ μA/V² y $L_n = 5$ μm, encuentre el ancho necesario de transistor para obtener una corriente de 1.5 mA.

5.100 Para un inversor fabricado en la tecnología genérica de 1.2 μm, encuentre la corriente pico tomada de la fuente de 5 V durante la conmutación.

5.101 Si el inversor del problema 5.100 está cargado con una capacitancia de 0.05 pF, encuentre la disipación de potencia dinámica cuando el inversor se conmute a una frecuencia de 100 MHz. ¿Cuál es el promedio de corriente tomada de la fuente de alimentación?

5.102 Encuentre el valor de t_{PHL} cuando el inversor está cargado con una capacitancia $C = 0.05$ pF. Utilice la ecuación (5.101) y la expresión aproximada de la ecuación (5.102), y compare los resultados.

D5.103 Se hace necesario limitar el tiempo de propagación de inversor a 60 ps cuando está cargado con una capacitancia de 0.05 pF. Encuentre los anchos necesarios de dispositivo, W_n y W_p.

5.104 Utilice la ecuación (5.101) para explorar el efecto de variación de V_t en t_{PHL}. Deduzca expresiones para t_{PHL} para $V_t = 0.1 V_{DD}$, 0.2 V_{DD} y 0.3 V_{DD}.

5.105 Reconsidere el ejercicio 5.35 para un inversor en un nuevo proceso CMOS VLSI en el que todas las dimensiones del dispositivo se reducen en un factor de 2.5. Suponga que C_{ox} se aumenta en el mismo factor, y encuentre t_{PHL} para los casos en que

(a) $C_L = 0.1$ pF
(b) $C_L = 0.04$ pF

*5.106 (a) En la curva característica de transferencia que se muestra en la figura 5.58, el segmento BC es vertical porque se desprecia el efecto Early. Tomando en cuenta el efecto Early, utilice análisis a pequeña señal para demostrar que la pendiente de la curva característica de transferencia en $v_I = v_O = V_{DD}/2$ es

$$\frac{-2\,|V_A|}{(V_{DD}/2) - V_t}$$

donde V_A es el voltaje Early para Q_N y Q_P. Suponga que Q_N y Q_P están acoplados.

(b) Un inversor CMOS con dispositivos que tienen

$$k_n'\left(\frac{W}{L}\right)_n = k_p'\left(\frac{W}{L}\right)_p$$ se polariza al conectar un

resistor $R_G = 10$ MΩ entre entrada y salida. ¿Cuál es el voltaje de cd en la entrada y en la salida? ¿Cuál es la ganancia de voltaje a pequeña señal y la resistencia de entrada del amplificador resultante? Suponga que el inversor tiene las curvas características especificadas para la tecnología genérica con $|V_A| = 50$ V.

Sección 5.9: El MOSFET como interruptor analógico

5.107 Un interruptor NMOS tiene una entrada de señal que varía sobre el margen de ±5 V y una entrada de control de ±10 V. Calcule la resistencia de canal en los dos extremos de señal cuando la entrada de control sea alta, haciendo que el interruptor conduzca. Si el interruptor debe usarse en un circuito cuya resistencia de malla es R, ¿de qué valor debe ser R para asegurar por lo menos una pérdida de señal de 1% en el interruptor? Para el transistor, $k_n'W/L = 100$ μA/V^2 y $V_t = 1$ V.

5.108 Una compuerta de transmisión CMOS para la que $k'(W/L) = 100$ μA/V^2 y $|V_t| = 1$ V utiliza señales de control de ±5 V para señales sobre el margen de ±5 V. Calcule la resistencia del interruptor en los extremos de la señal y para señales de 0 V. Si el interruptor debe usarse en un circuito cuya resistencia de malla es R, ¿de qué valor debe ser R para asegurar por lo menos una pérdida de señal de 1% en el interruptor?

5.109 Se utiliza un interruptor CMOS para conectar una fuente senoidal de 0.1 sen ωt a una capacitancia de

carga C. Para señales de control de ±5 V y $k_n'\left(\dfrac{W}{L}\right)_n =$

$k_p'\left(\dfrac{W}{L}\right)_p = 100$ μA/V^2, $V_{tn} = |V_{tp}| = 1$ V, ¿cuál es la

frecuencia de corte introducida por el interruptor si $C = 100$ pF?

*5.110 Considere el interruptor analógico que se muestra en la figura 5.62, para entradas de ±3 V usando un FET con $V_{t0} = 1.0$ V, $k_n'W/L = 0.2$ mA/V^2, $\gamma = 0.7$ V$^{1/2}$ y

$2\phi_f = 0.6$ V, con una fuente de alimentación de sustrato de −3 V. La carga está formada por un resistor de 50 kΩ y un condensador de 100 pF. ¿Qué señales de control de compuerta se necesitan para operar el transistor con un *mínimo* voltaje eficaz de compuerta a fuente de 2 V (es decir, $V_{GS} - V_t = 2$ V) tomando en cuenta el efecto del cuerpo? Para entradas de ±3 V, calcule los valores estáticos del voltaje de salida. Para que la entrada pase instantáneamente de +3 V a −3 V, calcule la corriente de descarga del condensador al valor inicial de v_O (que debe ser cercano a +3 V) y a la mitad de su recorrido hacia abajo (es decir, a $v_O \cong 0$ V). Encuentre el promedio de estos dos valores y utilícelo para estimar el tiempo para que v_O alcance el punto medio. Dibuje la forma de onda de salida.

Sección 5.10: Capacitancias internas del MOSFET y modelo de alta frecuencia

5.111 Consulte el modelo de alta frecuencia del MOSFET en la figura 5.67(a). Evalúe los parámetros de modelo para un transistor NMOS que opere a $I_D = 100$ μA, $V_{SB} = 2$ V y $V_{DS} = 5$ V. El MOSFET tiene $W = 30$ μm, $L = 10$ μm, $t_{ox} = 0.1$ μm, $\mu_n = 0.06$ m^2/Vs, $\gamma = 0.5$ V$^{1/2}$, $2\phi_f = 0.6$ V, $\lambda = 0.02$ V^{-1}, $C_{ox} = 0.35$ fF/μm^2, $V_0 = 0.6$ V y $C_{sb0} = C_{db0} = 0.1$ pF. Suponga que la capacitancia total de compuerta a fuente y de compuerta a dren es 0.01 pF, y que existe una capacitancia parásita entre compuerta y sustrato de 0.05 pF. [Recuerde que $g_{mb} = \chi_{gm}$, donde $\chi = (\gamma/(2\sqrt{2\phi_f + V_{SB}})$.]

5.112 Encuentre f_T para un MOSFET que opera a $I_D = 100$ μA y tiene $\mu_n C_{ox} = 20$ μA/V^2, $W = 30$ μm, $L = 10$ μm, $C_{gs} = 0.08$ pF y $C_{gd} = 0.01$ pF.

5.113 Comenzando por la definición de ω_T para un MOSFET,

$$\omega_T = \frac{g_m}{C_{gs} + C_{gd}}$$

y haciendo la aproximación que $C_{gs} \gg C_{gd}$ y que la componente de traslape de C_{gs} es tan pequeña que es despreciable, demuestre que

$$\omega_T \simeq \frac{3}{L}\sqrt{\frac{\mu_n I_D}{2C_{ox}WL}}$$

Por lo tanto, observe que para obtener una ω_T elevada de un dispositivo dado, éste debe operarse a una elevada corriente. También observe que se obtiene una operación más rápida con dispositivos más pequeños.

5.114 Comenzando a partir de la expresión para la frecuencia de ganancia unitaria del MOSFET,

$$\omega_T = \frac{g_m}{C_{gs} + C_{gd}}$$

y haciendo la aproximación de que $C_{gs} \gg C_{gd}$ y que la componente de traslape de C_{gs} es tan pequeña que es despreciable, demuestre que para un dispositivo de canal n

$$\omega_T \cong 1.5 \frac{\mu_n}{L^2}(V_{GS} - V_t)$$

Observe que para un dispositivo dado, ω_T se puede aumentar al operar el MOSFET a un voltaje eficaz más elevado. Evalúe f_T para dispositivos con $L = 2.4$ μm operados a voltajes eficaces de 0.25 V, 0.5 V y 1 V. Utilice $\mu_n = 580$ cm^2/Vs.

Sección 5.11: El transistor de unión de efecto de campo (JFET)

5.115 Un JFET de tipo desconocido (es decir, canal n o canal p), pero para el que dos de sus terminales se sabe que son fuente o dren, tiene la compuerta dejada flotante y un ohmímetro conectado entre fuente y dren. Cuando la compuerta se une a la punta negativa (roja) del ohmímetro, la resistencia aparente no cambia. Cuando la compuerta se une a la punta positiva (negra) del ohmímetro, la resistencia aparente se reduce en gran medida. ¿Es el JFET del tipo de canal n o de canal p?

5.116 Considere un JFET de canal n cuya compuerta y fuente están unidas, resultando así un dispositivo de dos terminales. Si el voltaje en los terminales del dispositivo se denota como v y la corriente que pasa por el mismo se denota como i, demuestre que

$$i = I_{DSS}\left[2\left(\frac{v}{-V_P}\right) - \left(\frac{v}{V_P}\right)^2\right], \quad \text{para } 0 \le v \le -V_P$$

$$i = I_{DSS}, \quad \text{para } v \ge -V_P$$

cuando se desprecia el efecto de modulación de longitud de canal. ¿Cuál es la resistencia incremental de este dispositivo de dos terminales cuando el JFET se estrangule en el dren? ¿Cuál es el valor de la resistencia incremental si se toma en cuenta el efecto de modulación de longitud de canal?

5.117 Un JFET de canal n se va a usar como resistencia controlada por voltaje que se hace casi lineal al operar el FET a un v_{DS} muy pequeño. Demuestre que la resistencia r_{DS} se puede expresar en la forma

$$r_{DS} = [-V_P/(2I_{DSS})]/(1 - v_{GS}/V_P)$$

Para $V_P = -4$ V e $I_{DSS} = 16$ mA, encuentre el intervalo de valores de r_{DS} que resulte al hacer variar v_{GS} de 0 a 0.9 V_P.

5.118 Considere un JFET de canal n con $I_{DSS} = 4$ mA y $V_P = -2$ V. Si la fuente se conecta a tierra y se aplica un voltaje de cd de -1 V a la compuerta, halle el mínimo voltaje de dren que resulte en operación en estrangulamiento. Encuentre el correspondiente valor de corriente de dren. Si el voltaje de dren se aumenta en 10 V y λ para este dispositivo se especifica ser de 0.01 V^{-1}, encuentre el nuevo valor de corriente de dren.

5.119 Un JFET con $V_P = -1$ V e $I_{DSS} = 1$ mA muestra una resistencia de salida de 100 kΩ cuando opera en estrangulamiento con $v_{GS} = 0$. ¿Cuál es el valor de resistencia de salida cuando el dispositivo se opere en estrangulamiento con $v_{GS} = -0.5$ V?

5.120 El JFET de canal p del circuito de la figura P5.120 tiene $V_P = 3$ V. Encuentre los márgenes de valores que V_{DD} puede tener para que el dispositivo opere en estrangulamiento. Si V_S se mide con el dispositivo de estrangulamiento y se encuentra ser de -1 V, ¿qué valor espera el lector que tenga I_{DSS}? Suponga $\lambda = 0$.

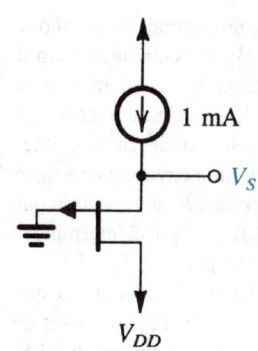

Fig. P5.120

*D5.121 Se requiere diseñar un circuito de polarización del tipo que se muestra en la figura 5.39(a) para un JFET. Las curvas características del JFET están especificadas para encontrarse entre las de los siguientes dispositivos extremos: el dispositivo "bajo" tiene $V_P = -2$ V e $I_{DSS} = 4$ mA, y el dispositivo "alto" tiene $V_P = -8$ V e $I_{DSS} = 16$ mA. Utilice $V_{DD} = 20$ V. El diseño del lector debe usar el máximo valor posible para V_G que tome en cuenta una caída de voltaje de 4 V entre terminales de R_D, antes que el dispositivo salga de la región de saturación. El diseño debe polarizar el dispositivo "bajo" a $V_{GS} = 0$. ¿Cuál valor debe usarse para R_S? ¿Cuál es la corriente de polarización obtenida en el dispositivo "bajo" y en el "alto"?

D5.122 Considere el circuito de polarización de la figura 5.39(a) con el MOSFET cambiado por un JFET. Encuentre los valores de R_D, R_S, R_{G1} y R_{G2} que resultarán e $I_D = I_{DSS}/2$ y para los que un tercio del voltaje de la fuente de alimentación aparece en paralelo de R_D, R_S y el FET (es decir, V_{DS}). Sea $V_{DD} = 15$ V, $I_{DSS} = 8$ mA y $V_P = -2$ V. Utilice 1 μA en la red de divisor de voltaje que alimenta la compuerta.

*5.123 El JFET del circuito amplificador de la figura P5.123 tiene $V_P = -4$ V e $I_{DSS} = 12$ mA, y a $I_D = 12$ mA la resistencia de salida $r_o = 25$ kΩ.

  (a) Determine las cantidades de polarización de cd de V_G, I_D, V_{GS} y V_D.

  (b) Determine los valores de g_m y r_o.

  (c) Sustituya el JFET con su modelo a pequeña señal, obteniendo así el circuito equivalente a pequeña señal para el amplificador.

  (d) Utilice el circuito equivalente en (c) para determinar R_{in} y v_g/v_i.

  (e) Use el circuito equivalente para determinar v_o/v_g.

  (f) Encuentre la ganancia total de voltaje v_o/v_i.

5.124 El seguidor de fuente JFET de la figura P5.124 utiliza $R_S = 10$ kΩ y tiene $r_o = 100$ kΩ. La ganancia de voltaje sin carga (circuito abierto) de compuerta a fuente se encuentra que es de 0.9 V/V. Encuentre g_m y R_{out}. Del mismo modo, encuentre la ganancia de voltaje v_o/v_g cuando $R_L = 910$ Ω.

5.125 Considere el seguidor de fuente de la figura P5.124 con R_S con retorno a un voltaje negativo de fuente de -10 V (en lugar de tierra). Sea $V_{DD} = +10$ V y suponga que el JFET está especificado para tener $V_P = -4$ V, $I_{DSS} = 12$ mA y $r_o = \infty$. Diseñe el circuito de modo que la resistencia de salida sea igual o menor a 200 Ω. ¿Cuál valor debe usarse para R_G para obtener R_{in} mayor o igual 1 MΩ? Calcule la ganancia de voltaje a circuito abierto de compuerta a fuente de su seguidor de fuente.

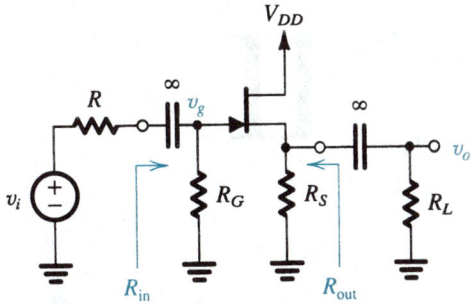

Fig. P5.124

Sección 5.12: Dispositivos de arseniuro de galio (GaAs); el MESFET

5.126 Utilice los valores de parámetros dados en la tabla 5.2 para hallar el valor de β de un MESFET con $W = 100$ μm. Para $V_{GS} = -0.5$ V y $V_{DS} = 1$ V, encuentre I_D. También halle g_m y r_o en este punto de polarización.

D5.127 Utilice los valores de parámetros dados en la tabla 5.2 para diseñar una fuente de corriente con MESFET (al conectar compuerta a fuente) para entregar una corriente de 6 mA cuando el voltaje en sus terminales sea de 2 V. ¿Qué ancho de transistor se requiere? ¿Cuál es la resistencia de salida de la fuente de corriente? (Recuerde que para el proceso especificado en la tabla 5.2, $L = 1$ μm.)

D5.128 Es necesario usar tres diodos de barrera Schottky, cada uno con $W = 5$ μm, en serie para obtener una caída de voltaje de 2.2 V. ¿Cuál corriente de polarización se requiere? Use los valores de parámetro dados en la tabla 5.2. (Recuerde que para el proceso especificado en la tabla 5.2, $L = 1$ μm.)

5.129 Si en el ejemplo 5.11 el ancho de cada uno de los dos transistores se duplica, encuentre los nuevos valores de la corriente de polarización y la ganancia de voltaje que se obtiene.

5.130 Un MESFET de GaAs tiene un parámetro de conductancia $\beta = 10^{-4}$ A/V^2 por μm de ancho, $W = 100$ μm, $L = 1$ μm, $V_t = -1$ V y C_{gs} (a $V_{GS} = 0$ V) $= 1.6$ fF por μm de ancho. Si el dispositivo se opera a $V_{GS} = 0$ V y su f_T se encuentra que es de 15 GHz, encuentre C_{gd}.

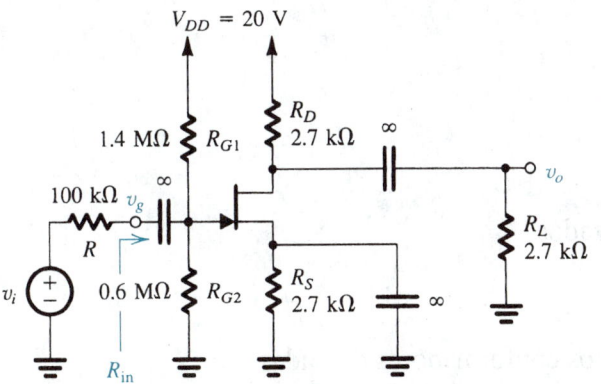

Fig. P5.123

PARTE II

CIRCUITOS ANALÓGICOS

INTRODUCCIÓN

Una vez estudiados los principales dispositivos electrónicos y sus configuraciones, estamos listos para considerar el diseño de circuitos y sistemas analógicos más complejos. Los amplificadores constituyen la clase más importante de circuitos analógicos, y, en concordancia con esto, una gran porción de la segunda parte está dedicada al estudio de varios aspectos del diseño de amplificadores.

La segunda parte comienza en el capítulo 6, con una configuración ampliamente usada del amplificador que es el par diferencial. Presentamos el análisis y diseño de amplificadores diferenciales con BJT, MOSFET y MESFET. Del mismo modo, los BiCMOS, tecnología recientemente desarrollada que combina las ventajas de dispositivos bipolares y CMOS, se introduce en el contexto del diseño de amplificadores. Para obtener elevada ganancia, las etapas amplificadoras se conectan en cascada, y el capítulo 6 concluye con una introducción a amplificadores de varias etapas.

En los tres capítulos previos estudiamos las capacitancias internas de cada uno de los tres dispositivos semiconductores, el diodo, el BJT y el FET, y desarrollamos modelos para la operación de los dispositivos a alta frecuencia. En el capítulo 7, estos modelos se utilizarán en el análisis de la respuesta en frecuencia de las configuraciones básicas de amplificadores. Los mecanismos que limitan la respuesta en frecuencia de las configuraciones básicas se identifican y se presentan circuitos más elaborados que dan un rodeo a estos problemas.

La mayor parte de los circuitos electrónicos incorporan alguna forma de retroalimentación, ya sea intencional (es decir, diseñada) o inevitable (como resultado de condiciones no ideales de dispositivos y circuitos). En el capítulo 8 se presenta un estudio formal del fundamental tema de la retroalimentación; este estudio es esencial para la correcta aplicación de la retroalimentación en el diseño de amplificadores, para obtener funciones convenientes, como son valores más precisos de ganancia, y para evitar problemas como el de la inestabilidad.

El diseño de amplificadores que se requieran para producir grandes cantidades de potencia de carga, por ejemplo el amplificador que excita los altavoces de un sistema estéreo, está basado en consideraciones diferentes que las de amplificadores a pequeña señal. Éste es el tema del capítulo 9.

El op amp de circuito integrado (IC) se estudió en el capítulo 2 como elemento de construcción de circuitos. Cuando lleguemos al capítulo 10, tendremos suficientes conocimientos para ver dentro de un paquete de op amp para un detallado estudio de su circuito. En el capítulo 10 se presenta este estudio para op amps bipolares, de CMOS y BiCMOS, con varios objetivos en mente: enlazar muchas de las ideas y conceptos introducidos en capítulos anteriores; demostrar cómo se puede analizar y diseñar un circuito complejo al descomponerlo en partes más pequeñas; introducir algunas de las ingeniosas técnicas empleadas en el diseño de IC analógicos, y para demostrar que el conocimiento de lo que es un chip de IC hace posible una más inteligente aplicación del chip. Los convertidores analógicos a digitales y digitales a analógicos forman la otra clase principal de circuitos integrados analógicos estudiados en el capítulo 10. Éstos son sistemas construidos en un chip cuyo diseño incorpora técnicas que alcanzan los altos niveles de precisión requeridos.

Los últimos dos capítulos de la segunda parte tienen una orientación sobre aplicaciones o sistemas. El capítulo 11 trata del diseño de filtros, que son importantes elementos de construcción de sistemas de comunicaciones e instrumentación. El diseño de filtros es uno de esos raros aspectos de la ingeniería en donde existe toda una teoría de diseño, comenzando desde especificaciones y terminando en un circuito real que funciona.

En el diseño de sistemas electrónicos, por lo común surge la necesidad de señales de varias formas de ondas: senoidales, pulsos, ondas cuadradas, etc. La generación de estas señales es el tema del capítulo 12.

El diseñador de circuitos analógicos suele observar un gran número de posibilidades, lo que hace de éste un tema interesante y de desafío. Es meta de la segunda parte el impartir a los lectores parte de este interés y prepararlos para el desafío que la acompaña.

CAPÍTULO 6

Amplificadores diferenciales y de varias etapas

INTRODUCCIÓN

El amplificador diferencial es el elemento más utilizado en circuitos integrados analógicos. Por ejemplo, la etapa de entrada de todo op amp es un amplificador diferencial. Del mismo modo, el amplificador diferencial BJT es la base de una familia de circuitos lógicos de muy alta velocidad, que recibe el nombre de *circuito lógico de emisor acoplado* (ECL), que estudiaremos en el capítulo 14.

En este capítulo, estudiaremos amplificadores diferenciales que se ejecutan con BJT, MOSFET y MESFET. También presentamos las técnicas de polarización y elementos de construcción de circuitos que se utilizan en el diseño de circuitos integrados bipolares, MOS y de GaAs. El capítulo concluye con un análisis de la estructura de amplificadores de varias etapas. El análisis de estos amplificadores se ilustra por medio de un ejemplo detallado.

6.1 EL PAR DIFERENCIAL BJT

Descripción cualitativa de operación

En la figura 6.1 se ilustra la configuración básica de un par diferencial BJT. Consta de dos transistores acoplados, Q_1 y Q_2, cuyos emisores están unidos y polarizados por una fuente I de

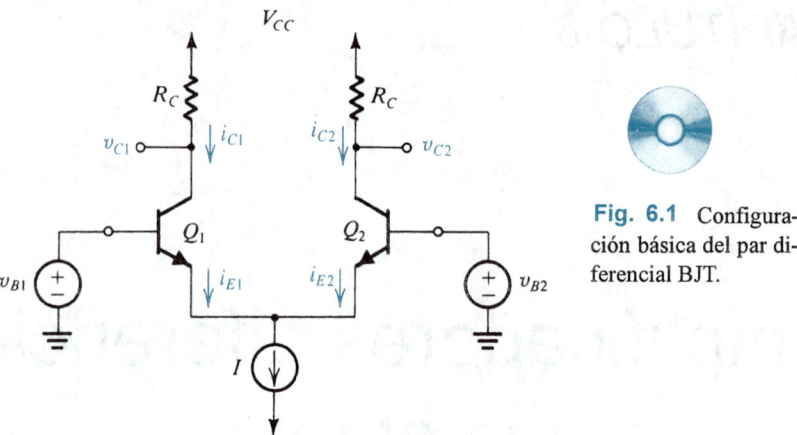

Fig. 6.1 Configuración básica del par diferencial BJT.

corriente constante. Esta última suele estar equipada con un circuito de transistores del tipo presentado en el capítulo 4 [véase la figura 4.42(b)] y estudiado en mayor detalle en la sección 6.4. Aun cuando cada uno de los colectores está conectado al positivo del voltaje de alimentación V_{CC} a través de una resistencia R_C, esta conexión no es esencial para la operación del par diferencial, es decir, en algunas aplicaciones los dos colectores pueden estar conectados a otros transistores y no a cargas resistivas. Es esencial, sin embargo, que los circuitos de colector sean tales que Q_1 y Q_2 nunca entren en saturación.

Para ver la forma en que opera el par diferencial, consideremos primero el caso donde las dos bases están unidas y conectadas a un voltaje v_{CM}, denominado **voltaje de modo común**. Esto es, como se muestra en la figura 6.2(a), $v_{B1} = v_{B2} = v_{CM}$. Como Q_1 y Q_2 están acoplados, se deduce de simetría que la corriente I se dividirá igualmente entre los dos dispositivos. Entonces $i_{E1} = i_{E2} = I/2$, y el voltaje en los emisores será $v_{CM} - V_{BE}$, donde V_{BE} es el voltaje entre base y emisor (que en la figura 6.2a se supone aproximadamente de 0.7 V) correspondiente a una corriente de emisor de $I/2$. El voltaje en cada colector será $V_{CC} - \frac{1}{2}\alpha I R_C$, y la diferencia en voltaje entre los dos colectores será cero.

Ahora hagamos variar el valor de la señal de entrada v_{CM} de modo común. Obviamente, mientras Q_1 y Q_2 permanezcan en la región activa, la corriente I todavía se divide igualmente entre Q_1 y Q_2, y los voltajes en los colectores no cambian. Por lo tanto, el par diferencial no responde (esto es, *rechaza*) a las señales de entrada de modo común.

A modo de otro experimento, sea el voltaje v_{B2} ajustado a un valor constante, por ejemplo, cero (al conectar B$_2$ a tierra), y sea $v_{B1} = +1$ V (véase la figura 6.2b). Con un poco de razonamiento se puede ver que Q_1 estará activado y conduce toda la corriente I y que Q_2 no conduce. Para que Q_1 conduzca, el emisor tiene que estar a aproximadamente +0.3 V, lo cual mantiene la unión entre emisor y base de Q_2 polarizada inversamente. Los voltajes de colector serán $v_{C1} = V_{CC} - \alpha I R_C$ y $v_{C2} = V_{CC}$.

Cambiemos ahora v_{B1} a -1 V (figura 6.2c). Otra vez, con un pequeño razonamiento, se puede ver que Q_1 no conducirá y Q_2 llevará toda la corriente I. El emisor común estará en -0.7 V, lo cual significa que la unión entre emisor y base de Q_1 estará polarizada inversamente en 0.3 V. Los voltajes de colector serán $v_{C1} = V_{CC}$ y $v_{C2} = V_{CC} - \alpha I R_C$.

De lo anterior, vemos que el par diferencial ciertamente responde a **señales de modo de diferencia o diferenciales**. De hecho, con voltajes de diferencia relativamente pequeños estamos en posibilidad de dirigir toda la corriente de polarización de un lado del par al otro. Esta propiedad para dirigir la corriente del par diferencial permite usarlo en circuitos lógicos, como se demostrará

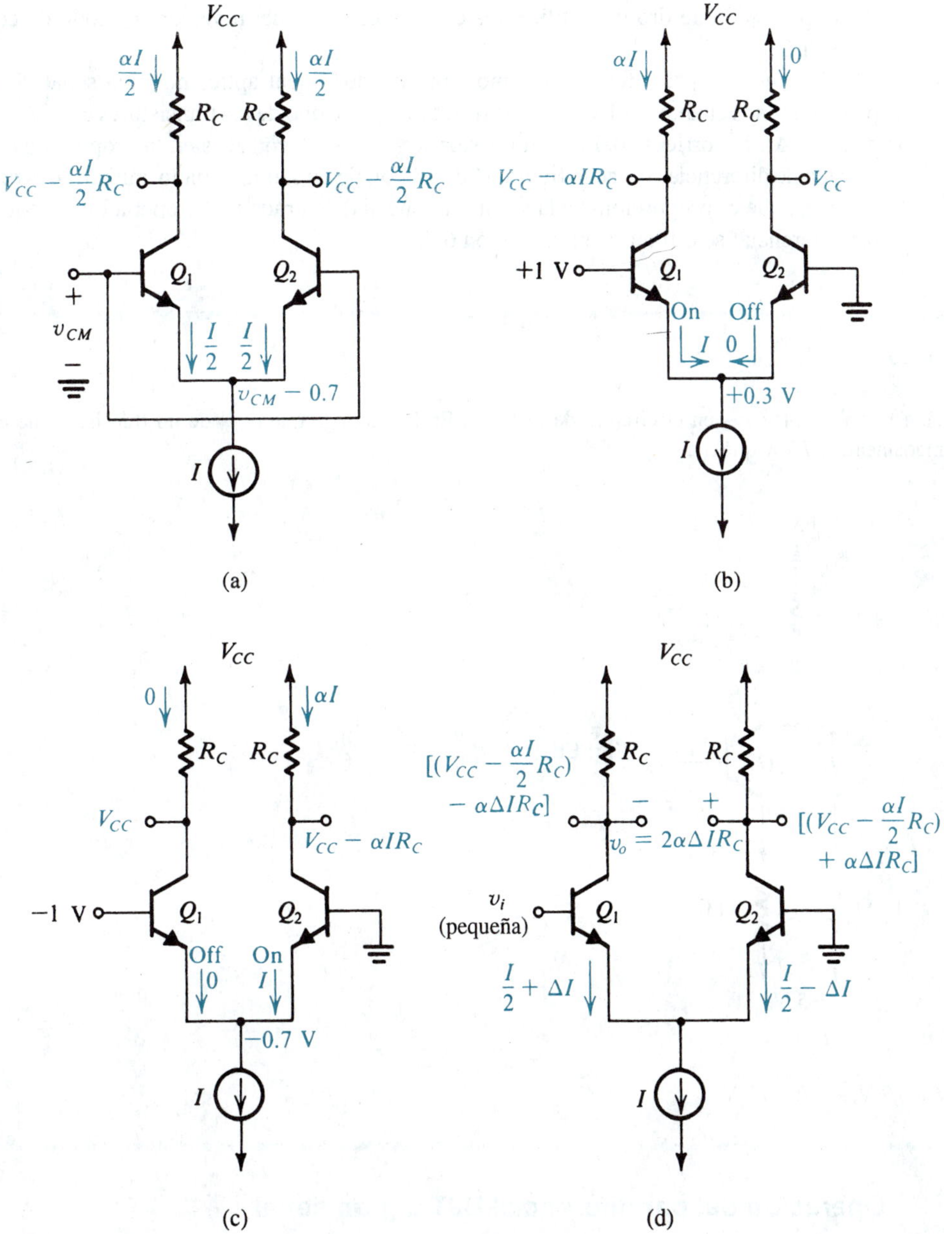

(a)

(b)

(c)

(d)

Fig. 6.2 Diferentes modos de operación del par diferencial: **(a)** El par diferencial con una señal de entrada v_{CM} de modo común. **(b)** El par diferencial con una señal diferencial de entrada "grande". **(c)** El par diferencial con una señal de entrada diferencial grande, de polaridad opuesta a la de (b). **(d)** El par diferencial con una señal de entrada diferencial v_i pequeña.

en el capítulo 14. De hecho, el lector puede ver fácilmente que el par diferencial ejecuta el interruptor de un polo y doble tiro que utilizamos en la realización del inversor en modo de corriente de la figura 1.33.

Para usar el par diferencial como amplificador lineal aplicamos una señal diferencial muy pequeña (unos cuantos milivolts), que resultará en que uno de los transistores conduce una corriente de $I/2 + \Delta I$; la corriente del otro transistor será $I/2 - \Delta I$, con ΔI siendo proporcional al voltaje de entrada de diferencia (véase la figura 6.2d). El voltaje de salida tomado entre los dos colectores será $2\alpha \, \Delta I R_C$, que es proporcional a la señal diferencial de entrada v_i. La operación a pequeña señal del par diferencial se estudiará en la sección 6.2.

Ejercicio

6.1 Encuentre v_E, v_{C1} y v_{C2} en el circuito de la figura E6.1. Suponga que $|v_{BE}|$ de un transistor que conduce es aproximadamente 0.7 V y que $\alpha \simeq 1$.

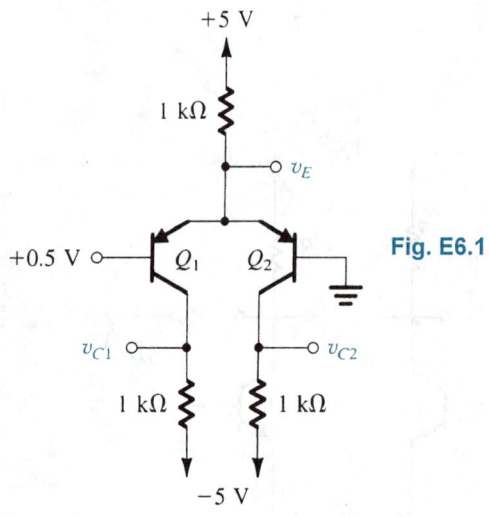

Fig. E6.1

Resp.   +0.7 V; −5 V; −0.7 V

Operación del par diferencial BJT a gran señal

Ahora presentamos un análisis general del par diferencial del BJT de la figura 6.1. Si denotamos el voltaje en el emisor común por v_E, la relación exponencial aplicada a cada uno de los dos transistores se puede escribir como

$$i_{E1} = \frac{I_S}{\alpha} \, e^{(v_{B1} - v_E)/V_T} \tag{6.1}$$

$$i_{E2} = \frac{I_S}{\alpha} \, e^{(v_{B2} - v_E)/V_T} \tag{6.2}$$

Estas dos ecuaciones se pueden combinar para obtener

$$\frac{i_{E1}}{i_{E2}} = e^{(v_{B1} - v_{B2})/V_T} \qquad (6.3)$$

que se puede manipular para obtener

$$\frac{i_{E1}}{i_{E1} + i_{E2}} = \frac{1}{1 + e^{(v_{B2} - v_{B1})/V_T}} \qquad (6.4)$$

$$\frac{i_{E2}}{i_{E1} + i_{E2}} = \frac{1}{1 + e^{(v_{B1} - v_{B2})/V_T}} \qquad (6.5)$$

El circuito impone la restricción adicional de

$$i_{E1} + i_{E2} = I \qquad (6.6)$$

Usando la ecuación (6.6) junto con las ecuaciones (6.4) y (6.5) resulta

$$i_{E1} = \frac{I}{1 + e^{(v_{B2} - v_{B1})/V_T}} \qquad (6.7)$$

$$i_{E2} = \frac{I}{1 + e^{(v_{B1} - v_{B2})/V_T}} \qquad (6.8)$$

Las corrientes de colector i_{C1} e i_{C2} se pueden obtener simplemente al multiplicar por α las corrientes de emisor de las ecuaciones (6.7) y (6.8), que es normalmente más cercano a la unidad.

En las ecuaciones (6.7) y (6.8) se ilustra la operación fundamental del amplificador diferencial. Primero, nótese que el amplificador responde sólo al voltaje de diferencia $v_{B1} - v_{B2}$. Esto es, si $v_{B1} = v_{B2} = v_{CM}$, la corriente I se divide igualmente entre los dos transistores, cualquiera que sea el valor del voltaje v_{CM} de modo común. Ésta es la esencia de la operación del amplificador diferencial, que también da lugar a su nombre.

Otra importante observación es que un voltaje de diferencia $v_{B1} - v_{B2}$ relativamente pequeño puede hacer que la corriente I circule casi por entero en uno de los dos transistores. En la figura 6.3 se muestra una gráfica de las dos corrientes de colector (suponiendo $\alpha \simeq 1$) como función de la señal de diferencia. Ésta es una gráfica normalizada que se puede usar universalmente. Nótese que un voltaje de diferencia de alrededor de $4V_T$ ($\simeq 100$ mV) es suficiente para conmutar la corriente casi por completo a un lado del par. El hecho de que una señal tan pequeña pueda conmutar la corriente de un lado del par diferencial al otro significa que el par diferencial se puede usar como un rápido conmutador de corriente. Otra razón para la alta velocidad de operación del dispositivo como interruptor es que ninguno de los transistores se satura. El lector recordará del capítulo 4 que un transistor saturado almacena carga en su base que debe ser removida antes que el dispositivo no conduzca, generalmente un proceso lento que resulta en un inversor lento. La ausencia de saturación en el par diferencial hace la familia lógica, basada en ella, la forma más rápida de circuitos lógicos que existen (véase el capítulo 14).

Las curvas características de transferencia no lineales del par diferencial, que se muestran en la figura 6.3, no se utilizarán más en este capítulo. En lo que sigue estaremos interesados específicamente en la aplicación del par diferencial como amplificador a pequeña señal. Para este fin, la señal de entrada de diferencia está limitada a menos de $V_T/2$, para que podamos operar en un segmento lineal de las curvas características alrededor del punto medio x.

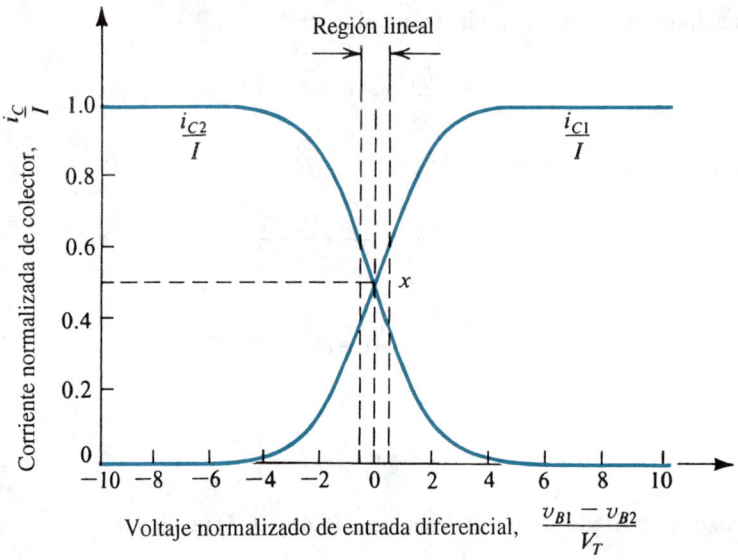

Fig. 6.3   Curvas características de transferencia del par diferencial BJT de la figura 6.1 suponiendo $\alpha \simeq 1$.

Ejercicio

6.2   Encuentre el valor de la señal diferencial de entrada suficiente para hacer $i_{E1} = 0.99I$.

Resp.   115 mV

6.2   OPERACIÓN DEL AMPLIFICADOR DIFERENCIAL BJT A PEQUEÑA SEÑAL

En esta sección estudiaremos la aplicación del par diferencial de un BJT en amplificación a pequeña señal. En la figura 6.4 se ilustra el par diferencial con una señal de voltaje de diferencia v_d aplicada entre las dos bases. Se supone que el nivel de cd en la entrada, es decir, la señal de entrada de modo común, se ha establecido de alguna manera. Por ejemplo, uno de los dos terminales de entrada puede estar a tierra y v_d aplicado al otro terminal de entrada. De manera alternativa, el amplificador diferencial puede ser alimentado desde la salida de otro amplificador diferencial. En este caso el voltaje en uno de los terminales de entrada será $v_{CM} + v_d/2$, mientras que en el otro terminal de entrada será $v_{CM} - v_d/2$. Más adelante consideraremos la operación de modo común.

Las corrientes de colector cuando se aplica v_d

Regresemos ahora al circuito de la figura 6.4. Podemos usar las ecuaciones (6.7) y (6.8) para hallar las corrientes totales i_{C1} e i_{C2} como funciones de la señal diferencial v_d al sustituir $v_{B1} - v_{B2} = v_d$.

$$i_{C1} = \frac{\alpha I}{1 + e^{-v_d/V_T}} \tag{6.9}$$

$$i_{C2} = \frac{\alpha I}{1 + e^{v_d/V_T}} \tag{6.10}$$

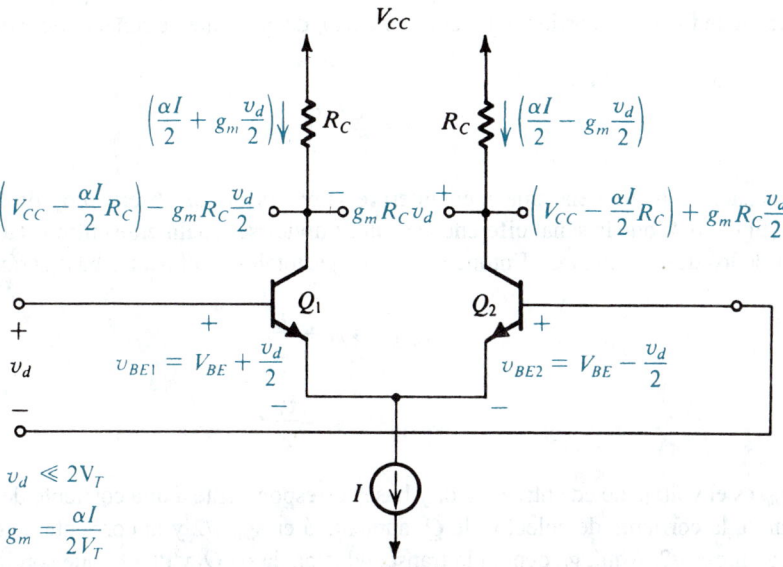

Fig. 6.4 Las corrientes y voltajes del amplificador diferencial cuando se aplica una pequeña señal de diferencia v_d.

Al multiplicar el numerador y el denominador del lado derecho de la ecuación (6.9) por $e^{v_d/2V_T}$ resulta

$$i_{C1} = \frac{\alpha I e^{v_d/2V_T}}{e^{v_d/2V_T} + e^{-v_d/2V_T}} \tag{6.11}$$

Supongamos que $v_d \ll 2V_T$. Podemos entonces expandir el exponencial $e^{(\pm v_d/2V_T)}$ en una serie y retener sólo los primeros dos términos:

$$i_{C1} \simeq \frac{\alpha I(1 + v_d/2V_T)}{1 + v_d/2V_T + 1 - v_d/2V_T}$$

Entonces

$$i_{C1} = \frac{\alpha I}{2} + \frac{\alpha I}{2V_T}\frac{v_d}{2} \tag{6.12}$$

Se pueden hacer manipulaciones semejantes a la ecuación (6.10) para obtener

$$i_{C2} = \frac{\alpha I}{2} - \frac{\alpha I}{2V_T}\frac{v_d}{2} \tag{6.13}$$

Las ecuaciones (6.12) y (6.13) nos dicen que cuando $v_d = 0$, la corriente de polarización I se divide igualmente entre los dos transistores del par. Entonces cada transistor está polarizado a una corriente de emisor de $I/2$. Cuando se aplica una "pequeña señal" v_d diferencialmente (es decir, entre las dos bases), la corriente de colector de Q_1 aumenta en i_c y la de Q_2 disminuye una cantidad igual. Esto asegura que la suma de las corrientes totales en Q_1 y Q_2 permanezca constante, limitada por la polarización de fuente de corriente. La componente i_c de corriente de señal o incremental está dada por

$$i_c = \frac{\alpha I}{2V_T} \frac{v_d}{2} \tag{6.14}$$

La ecuación (6.14) tiene una fácil interpretación. Primero, observamos de la simetría del circuito (figura 6.4) que la señal diferencial v_d debe dividirse igualmente entre las uniones de base y emisor de los dos transistores. Entonces los voltajes totales de emisor y base serán

$$v_{BE}|_{Q_1} = V_{BE} + \frac{v_d}{2} \tag{6.15}$$

$$v_{BE}|_{Q_2} = V_{BE} - \frac{v_d}{2} \tag{6.16}$$

donde V_{BE} es el voltaje de cd entre emisor y base correspondiente a una corriente de emisor de $I/2$. Por lo tanto, la corriente de colector de Q_1 aumentará en $g_m v_d/2$ y la corriente de colector de Q_2 decrecerá en $g_m v_d/2$. Aquí, g_m denota la transconductancia de Q_1 y de Q_2, que son iguales y dadas por

$$g_m = \frac{I_C}{V_T} = \frac{\alpha I/2}{V_T} \tag{6.17}$$

Entonces, la ecuación (6.14) expresa simplemente que $i_c = g_m v_d/2$.

Un punto de vista alternativo

Hay una muy útil interpretación alternativa de los resultados anteriores. Supongamos que la fuente de corriente I debe ser ideal. Su resistencia incremental es entonces infinita. El voltaje v_d aparece en paralelo con una resistencia total de $2r_e$, donde

$$r_e = \frac{V_T}{I_E} = \frac{V_T}{I/2} \tag{6.18}$$

De manera correspondiente, habrá una corriente i_e de señal, como se ilustra en la figura 6.5, dada por

$$i_e = \frac{v_d}{2r_e} \tag{6.19}$$

Entonces, el colector de Q_1 exhibirá un incremento de corriente i_c y el colector de Q_2 exhibirá un decremento de corriente i_c:

$$i_c = \alpha i_e = \frac{\alpha v_d}{2r_e} = g_m \frac{v_d}{2} \tag{6.20}$$

Nótese que en la figura 6.5 hemos mostrado sólo cantidades de señal. Se supone, desde luego, que cada transistor está polarizado a una corriente de emisor de $I/2$.

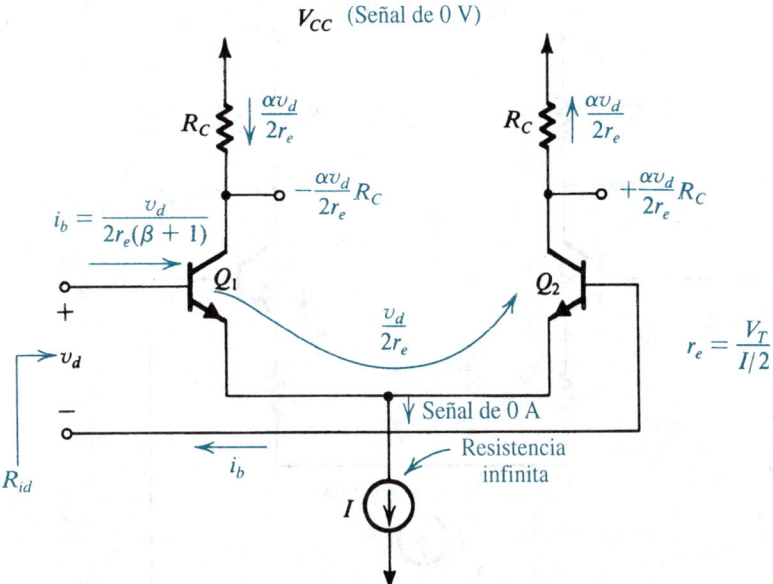

Fig. 6.5 Técnica sencilla para determinar las corrientes de señal en un amplificador diferencial excitado por una señal v_d de voltaje diferencial; no se muestran cantidades de cd.

Este método de análisis es particularmente útil cuando se incluyan resistencias en los emisores, como se muestra en la figura 6.6. Para este circuito tenemos

$$i_e = \frac{v_d}{2r_e + 2R_E} \tag{6.21}$$

Resistencia diferencial de entrada

La resistencia diferencial de entrada es la resistencia vista entre las dos bases; es decir, es la resistencia vista por la señal diferencial de entrada v_d. Para el amplificador diferencial de las figuras 6.4 y 6.5 se puede ver que la corriente de base de Q_1 muestra un incremento i_b y la corriente de base de Q_2 muestra igual decremento,

$$i_b = \frac{i_e}{\beta + 1} = \frac{v_d/2r_e}{\beta + 1} \tag{6.22}$$

Entonces la resistencia diferencial de entrada R_{id} está dada por

$$R_{id} \equiv \frac{v_d}{i_b} = (\beta + 1)2r_e = 2r_\pi \tag{6.23}$$

Este resultado es exactamente otra forma de expresar la conocida regla de resistencia y reflexión, es decir, *la resistencia vista entre las dos bases es igual a la resistencia total del circuito de emisor multiplicada por $\beta + 1$.* Podemos utilizar esta regla para hallar la resistencia diferencial de entrada para el circuito de la figura 6.6 como

$$R_{id} = (\beta + 1)(2r_e + 2R_E) \tag{6.24}$$

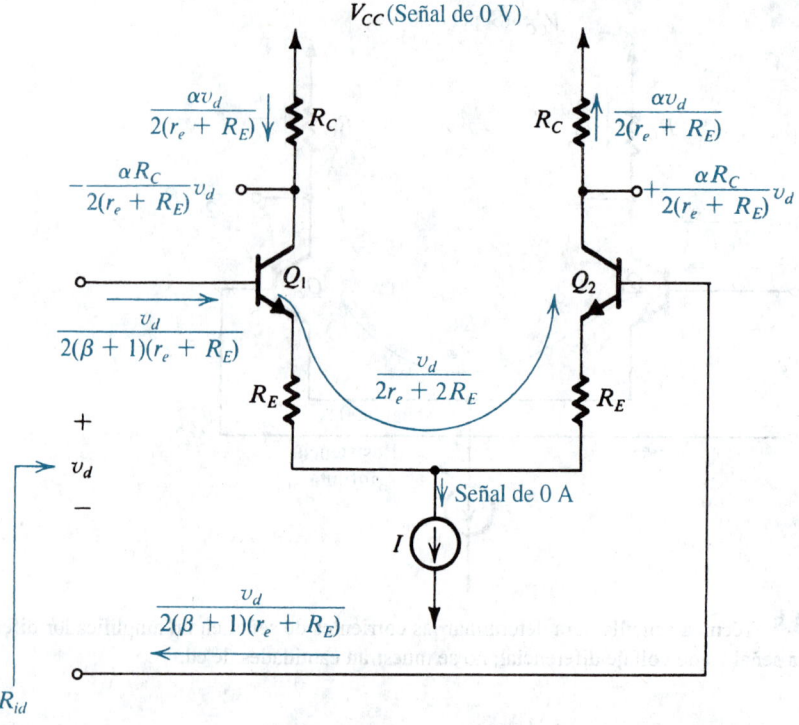

Fig. 6.6 Amplificador diferencial con resistencias de emisor. Sólo se muestran cantidades de señal (en color).

Ganancia diferencial de voltaje

Hemos establecido que para pequeños voltajes de diferencia de entrada ($v_d \ll 2\,V_T$, es decir, v_d es menor de unos 20 mV), las corrientes de colector están dadas por

$$i_{C1} = I_C + g_m \frac{v_d}{2} \tag{6.25}$$

$$i_{C2} = I_C - g_m \frac{v_d}{2} \tag{6.26}$$

donde

$$I_C = \frac{\alpha I}{2} \tag{6.27}$$

Entonces los voltajes totales en los colectores serán

$$v_{C1} = (V_{CC} - I_C R_C) - g_m R_C \frac{v_d}{2} \tag{6.28}$$

$$v_{C2} = (V_{CC} - I_C R_C) + g_m R_C \frac{v_d}{2} \tag{6.29}$$

Las cantidades en paréntesis son simplemente los voltajes de cd en cada uno de los dos colectores.

La señal de voltaje de salida de un amplificador diferencial se puede tomar ya sea *diferencialmente* (es decir, entre los dos colectores) o *asimétrico* (esto es, entre un colector y tierra). Si la salida se toma diferencialmente, entonces la ganancia diferencial (en oposición a la ganancia de modo común) del amplificador diferencial será

$$A_d = \frac{v_{c1} - v_{c2}}{v_d} = -g_m R_C \tag{6.30}$$

Por otra parte, si tomamos la salida como asimétrica (es decir, entre el colector de Q_1 y tierra), entonces la ganancia diferencial estará dada por

$$A_d = \frac{v_{c1}}{v_d} = -\tfrac{1}{2} g_m R_C \tag{6.31}$$

Para el amplificador diferencial con resistencias en los cables del emisor (figura 6.6), la ganancia diferencial cuando la salida se toma diferencialmente está dada por

$$A_d = -\frac{\alpha(2R_C)}{2r_e + 2R_E} \simeq -\frac{R_C}{r_e + R_E} \tag{6.32}$$

Esta ecuación es conocida: expresa que *la ganancia de voltaje es igual a la razón entre la resistencia total del circuito del colector ($2R_C$) y la resistencia total del circuito del emisor ($2r_e + 2R_E$).*

Equivalencia del amplificador diferencial con un amplificador de emisor común

El análisis y resultados anteriores son muy semejantes a los obtenidos en el caso de una etapa amplificadora de emisor común. Que el amplificador diferencial sea de hecho equivalente a un amplificador de emisor común se ilustra en la figura 6.7. En la figura 6.7(a) se ilustra un amplificador diferencial alimentado por una señal diferencial v_d con la señal diferencial aplicada de una forma **complementaria (en contrafase o balanceada)**. Esto es, mientras la base de Q_1 se eleva en $v_d/2$, la base de Q_2 se reduce en $v_d/2$. También hemos incluido la resistencia R de salida de la fuente de corriente de polarización. De simetría, se deduce que el voltaje de señal en el emisor común será cero. Entonces el circuito es equivalente a los dos amplificadores de emisor común que se ilustran en la figura 6.7(b), donde cada uno de los dos transistores está polarizado a una corriente de emisor de $I/2$. Nótese que la resistencia finita de salida R de la fuente de corriente no tendrá efecto en la operación. El circuito equivalente de la figura 6.7(b) es válido sólo para operación diferencial.

En muchas aplicaciones el amplificador diferencial no se alimenta de modo complementario, sino que más bien la señal de entrada se puede aplicar a uno de los terminales de entrada mientras que el otro terminal está a tierra, como se muestra en la figura 6.8. En este caso el voltaje de señal en los emisores no será cero y, por lo tanto, la resistencia R tendrá efecto en la operación. No obstante lo anterior, si R es grande ($R \gg r_e$), como generalmente es el caso, entonces v_d todavía se dividirá igualmente (aproximadamente) entre las dos uniones, como se muestra en la figura 6.8. Por lo tanto, la operación del amplificador diferencial en este caso será casi idéntica a la del caso de alimentación simétrica, y la equivalencia de emisor común todavía se puede utilizar.

Como $v_{c2} = -v_{c1}$ en la figura 6.7, los dos transistores de emisor común de la figura 6.7(b) producen resultados semejantes acerca de la operación del amplificador diferencial. Entonces sólo se necesita uno de ellos para analizar la operación diferencial a pequeña señal del amplificador diferencial, y se conoce como **semicircuito diferencial**. Si tomamos el transistor de emisor común

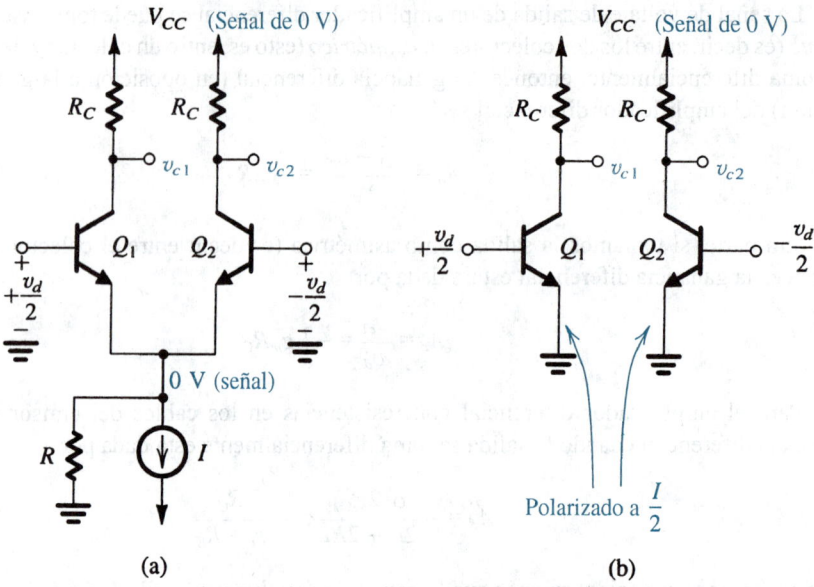

(a)   (b)

Fig. 6.7 Equivalencia del amplificador diferencial en **(a)** los dos amplificadores de emisor común. **(b)** Esta equivalencia aplica sólo para señales diferenciales de entrada. Cualquiera de los dos amplificadores de emisor común en (b) se puede usar para evaluar la ganancia diferencial, resistencia diferencial de entrada, respuesta en frecuencia, etcétera, del amplificador diferencial.

alimentado con $+v_d/2$ como el semicircuito diferencial y sustituimos el transistor con su modelo de circuito equivalente de baja frecuencia, resulta el circuito de la figura 6.9. Al evaluar los valores de los parámetros de modelo r_π, g_m y r_o, debemos recordar que el semicircuito está polarizado a $I/2$. La ganancia de voltaje del amplificador diferencial (con la salida tomada diferencialmente) es igual a la ganancia de voltaje del semicircuito, es decir, $v_{c1}/(v_d/2)$. Aquí observamos que si se incluye r_o se modifica la expresión de ganancia de la ecuación (6.30) a

$$A_d = -g_m(R_C//r_o) \tag{6.33}$$

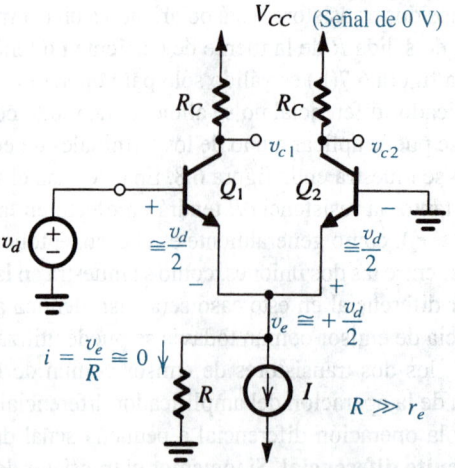

Fig. 6.8 Amplificador diferencial alimentado de una manera asimétrica.

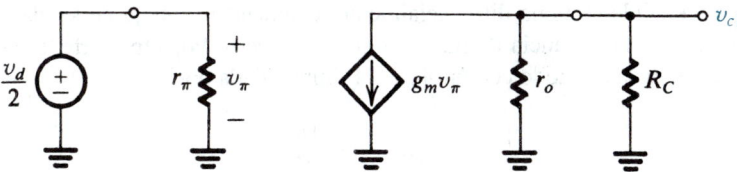

Fig. 6.9 Modelo de circuito equivalente del semicircuito diferencial.

La resistencia de entrada diferencial del amplificador diferencial es el doble de la del semicircuito, es decir, $2r_\pi$. Finalmente, observamos que el semicircuito diferencial del amplificador de la figura 6.6 es un transistor de emisor común con una resistencia R_E en el conductor del emisor.

Ganancia de modo común

En la figura 6.10(a) se ilustra un amplificador diferencial alimentado por una señal v_{CM} de voltaje de modo común. La resistencia R es la resistencia incremental de salida de la fuente de polarización de corriente. De simetría se puede ver que el circuito es equivalente al que muestra la figura 6.10(b), donde cada uno de los dos transistores, Q_1 y Q_2, está polarizado a una corriente de emisor $I/2$ y tiene una resistencia $2R$ en su conductor de emisor. Entonces el voltaje de salida de modo común v_{c1} será

$$v_{c1} = -v_{CM} \frac{\alpha R_C}{2R + r_e} \simeq -v_{CM} \frac{\alpha R_C}{2R} \tag{6.34}$$

En el otro colector tenemos igual señal v_{c2} de modo común,

$$v_{c2} \simeq - v_{CM} \frac{\alpha R_C}{2R} \tag{6.35}$$

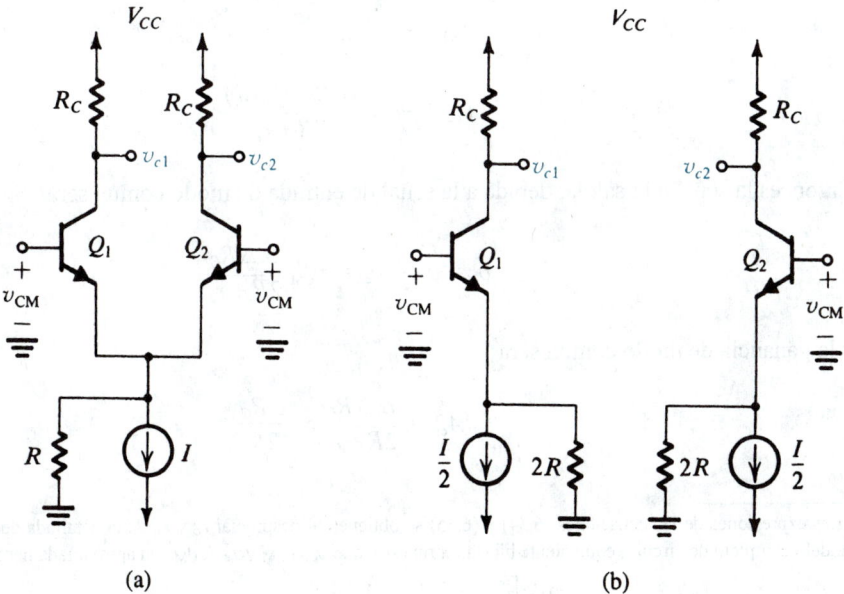

(a)   (b)

Fig. 6.10 **(a)** Amplificador diferencial alimentado por una señal de voltaje de modo común. **(b)** "Semicircuitos" equivalentes para cálculos de modo común.

Ahora, si la salida se toma diferencialmente, entonces el voltaje de salida de modo común $v_{c1} - v_{c2}$ será cero y la ganancia de modo común será cero. Por otra parte, si la salida se toma asimétrica, la ganancia de modo común A_{cm} será finita y dada por[1]

$$A_{cm} = -\frac{\alpha R_C}{2R} \tag{6.36}$$

Como en este caso la ganancia diferencial es

$$A_d = \tfrac{1}{2} g_m R_C \tag{6.37}$$

el factor de rechazo de modo común (CMRR) será

$$\mathrm{CMRR} = \left| \frac{A_d}{A_{cm}} \right| \simeq g_m R \qquad \alpha \simeq 1 \tag{6.38}$$

Normalmente el CMRR se expresa en dB:

$$\mathrm{CMRR} = 20 \log \left| \frac{A_d}{A_{cm}} \right| \tag{6.39}$$

Cada uno de los circuitos de la figura 6.10(b) se denomina **semicircuito de modo común**.

El análisis anterior supone que el circuito es perfectamente simétrico, pero los circuitos prácticos no son perfectamente simétricos y resulta que la ganancia de modo común no será cero incluso si la salida se toma diferencialmente. Para ilustrar lo anterior, consideremos el caso de perfecta simetría excepto para un desequilibrio ΔR_C en las resistencias de colector. Esto es, hagamos que el colector de Q_1 tenga una resistencia de carga R_C y el de Q_2 tenga una resistencia de carga $R_C + \Delta R_C$. Se deduce que

$$v_{c1} = -v_{CM} \frac{\alpha R_C}{2R + r_e}$$

$$v_{c2} = -v_{CM} \frac{\alpha(R_C + \Delta R_C)}{2R + r_e}$$

Entonces la señal a la salida, debida a la señal de entrada de modo común será

$$v_o = v_{c1} - v_{c2} = v_{CM} \frac{\alpha \, \Delta R_C}{2R + r_e}$$

y la ganancia de modo común será

$$A_{cm} = \frac{\alpha \, \Delta R_C}{2R + r_e} \simeq \frac{\Delta R_C}{2R}$$

---

[1] Las expresiones de las ecuaciones (6.34) y (6.35) se obtienen al despreciar r_o y r_μ. Una detallada derivación usando el modelo completo de circuito equivalente híbrido π muestra que v_{c1}/v_{CM} y v_{c2}/v_{CM} son aproximadamente

$$\frac{-\alpha R_C}{2R} \left[1 - 2R \left(\frac{1}{\beta r_o} + \frac{1}{\alpha r_\mu} \right) \right]$$

Esta expresión se reduce a las de las ecuaciones (6.34) y (6.35) cuando $2R \ll \beta r_o$ y $2R \ll \alpha r_\mu$.

Esta expresión se puede escribir también como

$$A_{cm} = \frac{R_C}{2R} \frac{\Delta R_C}{R_C} \qquad (6.40)$$

Comparemos la ganancia de modo común de la ecuación (6.40) con la del caso de salida asimétrica de la ecuación (6.36). Vemos que la ganancia de modo común es mucho menor en el caso de salida diferencial. Por lo tanto, la etapa diferencial de entrada de un op amp, por ejemplo, suele ser balanceada, con la salida tomada diferencialmente. Esto asegura que el op amp tendrá una baja ganancia de modo común, o bien, lo que es equivalente, un alto CMRR.

Las señales de entrada v_1 y v_2 a un amplificador diferencial suelen contener un componente de modo común, v_{CM},

$$v_{CM} \equiv \frac{v_1 + v_2}{2} \qquad (6.41)$$

y un componente diferencial v_d,

$$v_d \equiv v_1 - v_2 \qquad (6.42)$$

Entonces la señal de salida estará dada en general por

$$v_o = A_d (v_1 - v_2) + A_{cm} \left(\frac{v_1 + v_2}{2} \right) \qquad (6.43)$$

Resistencia de modo común de entrada

La definición de la **resistencia de modo común de entrada** R_{icm} está ilustrada en la figura 6.11(a). En la figura 6.11(b) aparece el semicircuito de modo común equivalente; su resistencia de entrada es $2R_{icm}$.

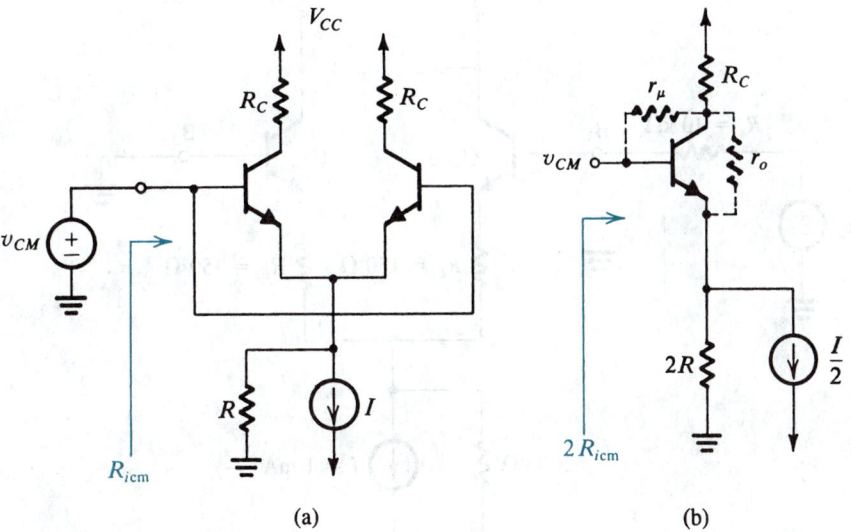

(a)   (b)

Fig. 6.11 (a) Definición de la resistencia R_{icm} de entrada de modo común. (b) Semicircuito equivalente de modo común.

Como la resistencia de entrada de modo común suele ser muy grande, su valor será afectado por las resistencias r_o y r_μ del transistor. Estas resistencias están indicadas en el semicircuito de modo común equivalente de la figura 6.11(b). Ahora, como la ganancia de modo común suele ser pequeña, la señal en el colector será muy pequeña. Podemos simplificar considerablemente las cosas si suponemos que la señal en el colector es de 0 V; esto es, el colector está a tierra de señal. Bajo esta suposición, la resistencia r_o aparece en paralelo $(2R)$ en el circuito del emisor, y r_μ aparece entre la entrada y tierra. Entonces, la resistencia de entrada se puede hallar por inspección como sigue:

$$2R_{icm} = r_\mu//[(\beta+1)(2R)]//[(\beta+1)r_o]$$

Por lo tanto,

$$R_{icm} = \left(\frac{r_\mu}{2}\right) // [(\beta+1)R] // \left[(\beta+1)\frac{r_o}{2}\right] \tag{6.44}$$

EJEMPLO 6.1

El amplificador diferencial de la figura 6.12 utiliza transistores con $\beta = 100$. Evalúe lo siguiente:

(a) La resistencia diferencial de entrada R_{id}.

(b) La ganancia total de voltaje v_o/v_s (despreciar el efecto de r_o).

(c) La ganancia de modo común, en el peor caso, si las dos resistencias de colector son precisas con tolerancia de ±1%.

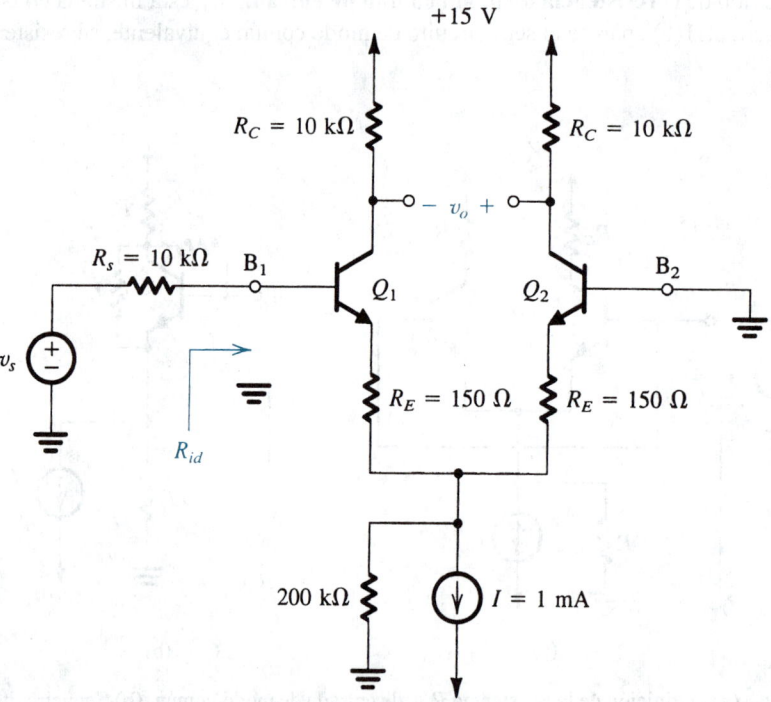

Fig. 6.12 Circuito para el ejemplo 6.1.

(d) El factor de rechazo de modo común (CMRR), en dB.

(e) La resistencia de modo común de entrada (suponiendo que el voltaje Early $V_A = 100$ V y que $r_\mu = 10 \, \beta r_o$).

SOLUCIÓN

(a) Cada uno de los transistores está polarizado a una corriente de emisor de 0.5 mA. Entonces

$$r_{e1} = r_{e2} = \frac{V_T}{I_E} = \frac{25 \text{ mV}}{0.5 \text{ mA}} = 50 \, \Omega$$

La resistencia diferencial de entrada se puede hallar ahora como

$$R_{id} = 2(\beta + 1)(r_e + R_E)$$
$$= 2 \times 101 \times (50 + 150) \cong 40 \text{ k}\Omega$$

(b) La ganancia de voltaje de la fuente a la base de Q_1 es

$$\frac{v_{b1}}{v_s} = \frac{R_{id}}{R_s + R_{id}}$$

$$= \frac{40}{10 + 40} = 0.8 \text{ V/V}$$

La ganancia de voltaje de B_1 a la salida es

$$\frac{v_o}{v_{b1}} \cong \frac{\text{Resistencia total en los colectores}}{\text{Resistencia total en los emisores}}$$

$$= \frac{2R_C}{2(r_e + R_E)} = \frac{2 \times 10}{2(50 + 150) \times 10^{-3}} = 50 \text{ V/V}$$

La ganancia total de voltaje se puede hallar ahora como

$$\frac{v_o}{v_s} = \frac{v_{b1}}{v_s} \frac{v_o}{v_{b1}} = 0.8 \times 50 = 40 \text{ V/V}$$

(c) Usando la ecuación (6.40),

$$A_{cm} = \frac{R_C}{2R} \frac{\Delta R_C}{R_C}$$

donde $\Delta R_C = 0.02 R_C$ en el peor caso. Entonces

$$A_{cm} = \frac{10}{2 \times 200} \times 0.02 = 5 \times 10^{-4} \text{ V/V}$$

(d)

$$\text{CMRR} = 20 \log \frac{A_d}{A_{cm}}$$

$$= 20 \log \frac{40}{5 \times 10^{-4}} = 98 \text{ dB}$$

(e)

$$r_o = \frac{V_A}{I/2} = \frac{100}{0.5} = 200 \text{ k}\Omega$$

$$r_u = 10 \ \beta r_o = 10 \times 100 \times 200 = 200 \text{ M}\Omega$$

Usando la ecuación (6.44),

$$R_{icm} = \left(\frac{r_\mu}{2}\right) \Big|\Big| [(\beta + 1)R] \Big|\Big| \left[(\beta + 1)\frac{r_o}{2}\right]$$

$$= 100 || (101 \times 0.2) || (101 \times 0.1) \text{ M}\Omega$$

$$= 6.3 \text{ M}\Omega$$

Ejercicio

6.3 Para el circuito de la figura 6.4, sea $I = 1$ mA, $V_{CC} = 15$ V, $R_C = 10$ kΩ y $\alpha = 1$, y sean los voltajes de entrada $v_{B1} = 5 + 0.005$ sen $2\pi \times 1000 \ t$, volts, y $v_{B2} = 5 - 0.005$ sen $2\pi \times 1000 \ t$, volts. (a) Si los BJT están especificados para tener v_{BE} de 0.7 V a una corriente de colector de 1 mA, encuentre el voltaje en los emisores. (*Sugerencia:* Observe la simetría del circuito.) (b) Encuentre g_m para cada uno de los dos transistores. (c) Encuentre i_C para cada uno de los dos transistores. (d) Encuentre v_C para cada uno de los dos transistores. (e) Encuentre el voltaje entre los dos colectores. (f) Encuentre la ganancia experimentada por la señal de 1000 Hz.

Resp. (a) 0.683 V; (b) 20 mA/V; (c) $i_{C1} = 0.5 + 0.1$ sen $2\pi \times 1000t$, mA e $i_{C2} = 0.5 - 0.1$ sen $2\pi \times 1000t$, mA; (d) $v_{C1} = 10 - 1$ sen $2\pi \times 1000t$, V y $v_{C2} = 10 + 1$ sen $2\pi \times 1000t$, V; (e) $v_{C2} - v_{C1} = 2$ sen $2\pi \times 1000t$, V; (f) 200 V/V

6.3 OTRAS CARACTERÍSTICAS NO IDEALES DEL AMPLIFICADOR DIFERENCIAL

Voltaje de desnivel de entrada

Considere el amplificador diferencial básico de BJT con ambas entradas a tierra, como se ilustra en la figura 6.13(a). Si los dos lados del par diferencial estuvieran perfectamente acoplados (es decir, Q_1 y Q_2 idénticos y $R_{C1} = R_{C2} = R_C$), entonces la corriente I se dividiría exactamente entre Q_1 y Q_2, y V_O sería cero. Los circuitos prácticos exhiben desequilibrios que resultan en un voltaje V_O de salida de cd incluso con ambas entradas a tierra. V_O recibe el nombre de *voltaje de desnivel de cd de salida*. Más comúnmente, dividimos V_O entre la ganancia diferencial del amplificador, A_d, para obtener una cantidad conocida como voltaje de desnivel de entrada, V_{OS},

$$V_{OS} = V_O / A_d \qquad (6.45)$$

Obviamente, si aplicamos un voltaje $-V_{OS}$ entre los terminales de entrada del amplificador diferencial, entonces el voltaje de salida se reducirá a cero (véase la figura 6.13b). Esta observación da lugar a la definición acostumbrada de voltaje de desnivel de entrada. Debe observarse, sin embargo, que como el voltaje de desnivel es un resultado de desequilibrios entre dispositivos, su polaridad no se conoce con anterioridad.

El voltaje de desnivel resulta de desequilibrios de las resistencias de carga R_{C1} y R_{C2} y de desequilibrios en Q_1 y Q_2. Considere primero el efecto del desequilibrio de la carga.

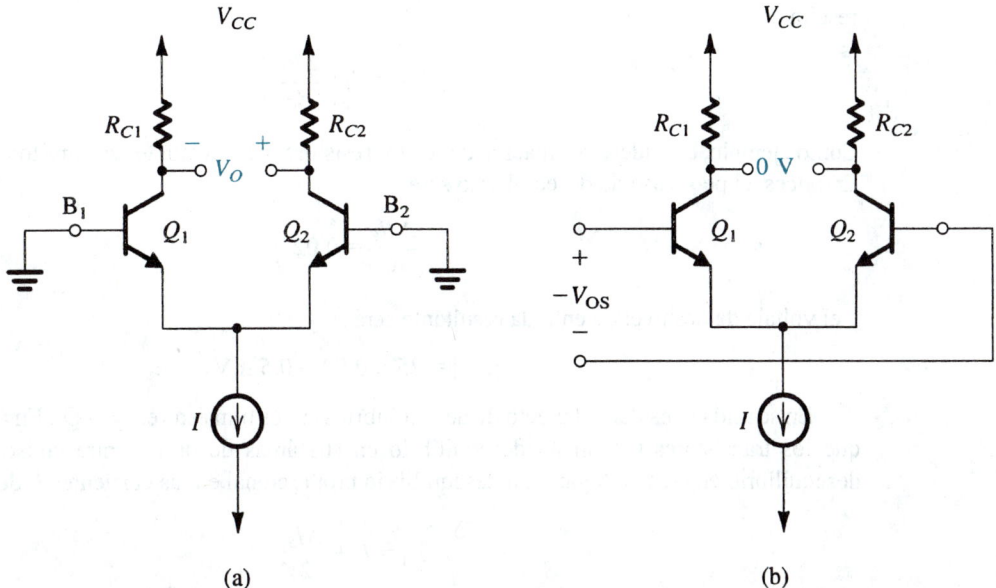

(a)   (b)

Fig. 6.13 **(a)** El par diferencial BJT con ambas entradas a tierra. Debido a desequilibrios del dispositivo, resulta una salida finita V_O de cd. **(b)** La aplicación del voltaje de desnivel de entrada $V_{OS} \equiv V_O/A_d$ a los terminales de entrada con polaridad opuesta reduce V_O a cero.

Sea

$$R_{C1} = R_C + \frac{\Delta R_C}{2} \qquad (6.46)$$

$$R_{C2} = R_C + \frac{\Delta R_C}{2} \qquad (6.47)$$

y supongamos que Q_1 y Q_2 están perfectamente acoplados (en equilibrio). Se deduce que la corriente I se dividirá por igual entre Q_1 y Q_2, y entonces

$$V_{C1} = V_{CC} - \left(\frac{\alpha I}{2}\right)\left(R_C + \frac{\Delta R_C}{2}\right)$$

$$V_{C2} = V_{CC} - \left(\frac{\alpha I}{2}\right)\left(R_C - \frac{\Delta R_C}{2}\right)$$

Entonces el voltaje de salida será

$$V_O = V_{C2} - V_{C1} = \alpha\left(\frac{I}{2}\right)(\Delta R_C)$$

y el voltaje de desnivel de entrada será

$$V_{OS} = \frac{\alpha(I/2)(\Delta R_C)}{A_d} \qquad (6.48)$$

Al sustituir $A_d = g_m R_C$ y

$$g_m = \frac{\alpha I/2}{V_T}$$

resulta

$$|V_{OS}| = V_T \left(\frac{\Delta R_C}{R_C} \right) \tag{6.49}$$

Como ejemplo, considere la situación donde los resistores de colector tengan una tolerancia de ±1%. Entonces, el peor caso de desequilibrio será

$$\frac{\Delta R_C}{R_C} = 0.02$$

y el voltaje de desnivel de entrada resultante será

$$|V_{OS}| = 25 \times 0.02 = 0.5 \text{ mV}$$

En seguida considere el efecto de desequilibrios en los transistores Q_1 y Q_2. En particular, haga que los transistores tengan un desequilibrio en sus áreas de unión entre emisor y base. Este desequilibrio en área da lugar a un desequilibrio proporcional en las corrientes I_S de escala

$$I_{S1} = I_S + \frac{\Delta I_S}{2} \tag{6.50}$$

$$I_{S2} = I_S - \frac{\Delta I_S}{2} \tag{6.51}$$

Consulte la figura 6.13(a) y observe que $V_{BE1} = V_{BE2}$. Entonces, la corriente I se dividirá entre Q_1 y Q_2 en proporción a sus valores de I_S, resultando en

$$I_{E1} = \frac{I}{2} \left(1 + \frac{\Delta I_S}{2 I_S} \right) \tag{6.52}$$

$$I_{E2} = \frac{I}{2} \left(1 - \frac{\Delta I_S}{2 I_S} \right) \tag{6.53}$$

Se deduce que el voltaje de desnivel de salida será

$$V_O = \alpha \left(\frac{I}{2} \right) \left(\frac{\Delta I_S}{I_S} \right) R_C$$

y el correspondiente voltaje de desnivel de entrada será

$$|V_{OS}| = V_T \left(\frac{\Delta I_S}{I_S} \right) \tag{6.54}$$

Como ejemplo, un desequilibrio de área de 4% da lugar a $\Delta I_S/I_S = 0.04$ y un voltaje de desnivel de entrada de 1 mV.

Como las dos aportaciones al voltaje de desnivel de entrada no están correlacionadas, una estimación del voltaje de desnivel de entrada se puede encontrar como

$$V_{OS} = \sqrt{ \left(V_T \frac{\Delta R_C}{R_C} \right)^2 + \left(V_T \frac{\Delta I_S}{I_S} \right)^2 }$$

$$= V_T \sqrt{ \left(\frac{\Delta R_C}{R_C} \right)^2 + \left(\frac{\Delta I_S}{I_S} \right)^2 } \tag{6.55}$$

Hay otras posibles fuentes para voltaje de desnivel de entrada como lo son los desequilibrios en los valores de β y r_o; algunos de éstos se investigan en los problemas que aparecen al final del capítulo. Finalmente, debe observarse que hay un conocido esquema para compensar el voltaje de desnivel, en el que interviene un desequilibrio deliberado en los valores de las dos resistencias de colector, tal que el voltaje diferencial de salida se reduce a cero cuando ambos terminales de entrada estén conectados a tierra. Este esquema de **invalidación de desnivel** se explora en el problema 6.35.

Corrientes de polarización y de desnivel de entrada

En un par simétrico diferencial, los dos terminales de entrada llevan iguales corrientes de cd, es decir,

$$I_{B1} = I_{B2} = \frac{I/2}{\beta + 1} \tag{6.56}$$

Ésta es la corriente de polarización de entrada del amplificador diferencial.

Los desequilibrios del circuito amplificador y, lo que es más importante, un desequilibrio en β, hacen desiguales las dos corrientes de cd de entrada. La diferencia resultante I_{OS}, es la corriente de desnivel de entrada, dada como

$$I_{OS} = |I_{B1} - I_{B2}| \tag{6.57}$$

Sea

$$\beta_1 = \beta + \frac{\Delta\beta}{2}$$

$$\beta_2 = \beta - \frac{\Delta\beta}{2}$$

entonces

$$I_{B1} = \frac{I}{2}\frac{1}{\beta + 1 + \Delta\beta/2} \simeq \frac{I}{2}\frac{1}{\beta + 1}\left(1 - \frac{\Delta\beta}{2\beta}\right) \tag{6.58}$$

$$I_{B2} = \frac{I}{2}\frac{1}{\beta + 1 - \Delta\beta/2} \simeq \frac{I}{2}\frac{1}{\beta + 1}\left(1 + \frac{\Delta\beta}{2\beta}\right) \tag{6.59}$$

$$I_{OS} = \frac{I}{2(\beta + 1)}\left(\frac{\Delta\beta}{\beta}\right) \tag{6.60}$$

Formalmente, la corriente de polarización de entrada I_B se define como sigue:

$$I_B \equiv \frac{I_{B1} + I_{B2}}{2} = \frac{I}{2(\beta + 1)} \tag{6.61}$$

Entonces

$$I_{OS} = I_B\left(\frac{\Delta\beta}{\beta}\right) \tag{6.62}$$

Como ejemplo, un desequilibrio de10% en β resulta en una corriente de desnivel de un décimo del valor de la corriente de polarización de entrada.

Intervalo de entrada de modo común

El intervalo de entrada de modo común, de un amplificador diferencial, es el intervalo del voltaje de entrada v_{CM} sobre el cual el par diferencial se comporta como amplificador lineal para señales diferenciales de entrada. El límite superior del intervalo de modo común está determinado por Q_1 y Q_2 que salen del modo activo y entran al modo de operación de saturación. Entonces, el límite superior es aproximadamente igual al voltaje de cd de colector de Q_1 y Q_2. El límite inferior está determinado por el transistor que alimenta la corriente I de polarización que sale de su región activa de operación y ya no funciona como fuente de corriente constante. Los circuitos de fuente de corriente se estudian en la siguiente sección.

Concluimos esta sección haciendo destacar el hecho de que las definiciones presentadas antes son idénticas a las presentadas en el capítulo 2 para los op amp. De hecho, se verá en el capítulo 10, que la etapa diferencial de entrada de un circuito de op amp es la que básicamente determina el voltaje de desnivel de cd del op amp, las corrientes de polarización y de desnivel de entrada e intervalo de entrada de modo común.

Ejercicio

6.4 Para un amplificador diferencial BJT que utiliza transistores que tienen $\beta = 100$, acoplado al 10% o mejor, y áreas que están acopladas al 10% o mejor, y resistores de colector que están acopladas al 2% o mejor, encuentre V_{OS}, I_B e I_{OS}. La corriente de polarización de cd es 100 μA.

Resp. 2.5 mV; 0.5 μA; 50 nA

6.4 POLARIZACIÓN EN CIRCUITOS INTEGRADOS CON BJT

Las técnicas de polarización de los BJT estudiadas en el capítulo 4 no son apropiadas para el diseño de amplificadores con circuitos integrados (IC). Esta deficiencia se deriva de la necesidad de un gran número de resistores (de uno a tres por etapa amplificadora), así como de grandes condensadores de acoplamiento y de derivación. Con la actual tecnología de IC es casi imposible fabricar condensadores de gran capacidad y es antieconómico fabricar resistencias de elevados valores. Por otra parte, la tecnología de los IC proporciona al diseñador la posibilidad de usar muchos transistores, que se pueden producir a bajo costo. Además, es fácil hacer transistores con características acopladas que se adaptan a los cambios de las condiciones ambientales. Las limitaciones de la tecnología de los IC, así como las oportunidades que brindan éstos, dictan una filosofía de polarización que es muy distinta de la empleada en amplificadores discretos de los BJT.

Básicamente, la polarización en el diseño de circuitos integrados está basada en el uso de fuentes de corriente constante. Ya hemos visto que el par diferencial utiliza polarización de fuente de corriente constante. En un chip de IC con varias etapas amplificadoras se genera una corriente constante de cd en un lugar y luego se reproduce en otros lugares para polarizar varias etapas amplificadoras. Este método tiene la ventaja de que las corrientes de polarización de las diversas etapas se siguen entre sí en caso de cambios en el voltaje de la fuente de alimentación o en temperatura.

En esta sección estudiaremos diversos circuitos de fuente de corriente y de dirección de corriente. Aun cuando estos circuitos se pueden usar en el diseño de unidades discretas, están destinados principalmente para aplicación en el diseño de circuitos integrados. Como veremos, los circuitos bipolares de fuente de corriente y de dirección de corriente son muy semejantes a los puestos en práctica con transistores MOS. Hemos estudiado algunas formas simples de estos últimos en el capítulo 5, y estudiaremos otros tipos más elaborados en la sección 6.6.

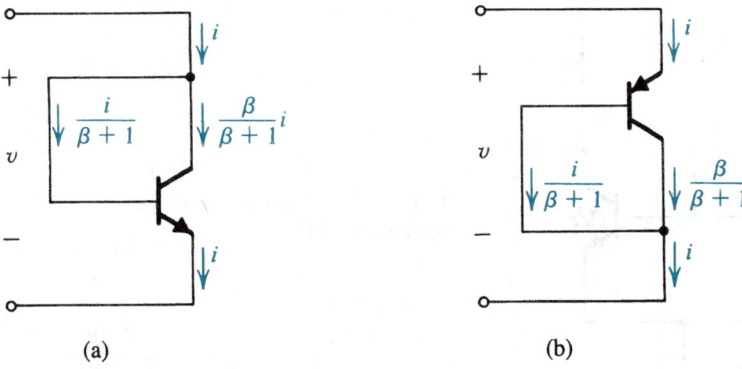

Fig. 6.14   BJT conectados como diodos.

El transistor conectado como diodo

Si se ponen en cortocircuito la base y el colector de un BJT resulta un dispositivo de dos terminales que presenta curvas características i–υ idénticas a la curva característica $i_E - \upsilon_{BE}$ del BJT. En la figura 6.14 se ilustran dos *transistores conectados a diodo*, uno *npn* y el otro *pnp*. Observemos que como el BJT todavía está operando en el modo activo ($\upsilon_{CB} = 0$ resulta en operación en modo activo), la corriente i se divide entre base y colector según sea el valor de la β del BJT, como se indica en la figura 6.14. Por lo tanto, internamente el BJT todavía opera como transistor en el modo activo. Ésta es la razón por la cual la curva característica $i - \upsilon$ del diodo resultante es idéntica a la relación $i_E - \upsilon_{BE}$ del BJT.

Se puede demostrar (ejercicio 6.5) que la resistencia incremental del transistor conectado como diodo es aproximadamente igual a r_e. En lo que sigue haremos amplio uso del BJT conectado como diodo.

Ejercicio

6.5   Sustituya el BJT del transistor conectado como diodo que aparece en la figura 6.14(a) con su modelo híbrido π de baja frecuencia. Demuestre así que la resistencia incremental del dispositivo de dos terminales es $[r_\pi /\!/(1/g_m)/\!/r_o] \simeq r_e$. Evalúe la resistencia incremental para $i = 0.5$ mA.

Resp.   50 Ω

El espejo de corriente

El **espejo de corriente**, que la figura 6.15 muestra en su forma más simple, es el elemento de construcción más elemental en el diseño de circuitos de fuentes de corriente y de dirección de corriente de circuitos integrados. Ya hemos dado una breve introducción del circuito de espejo de corriente en el capítulo 4, y en el capítulo 5 estudiamos el circuito de espejo de corriente MOS. El espejo de corriente consta de dos transistores acoplados Q_1 y Q_2 con sus bases y emisores conectados juntos, y que así tienen el mismo υ_{BE}. Además, Q_1 está conectado como diodo al ponerse en cortocircuito su colector y su base.

El espejo de corriente se muestra alimentado con una fuente de corriente constante I_{REF}, y la corriente de salida se toma del colector de Q_2. El circuito alimentado por el colector de Q_2 debe

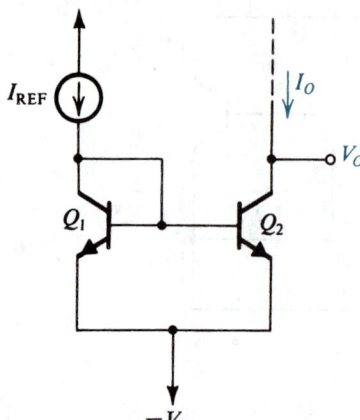

Fig. 6.15 Espejo de corriente básico con BJT.

asegurar operación en modo activo para Q_2 (al conservar su voltaje de colector más alto que el de la base) en todo momento. Supongamos que los BJT tienen alta β, y por esto sus corrientes de base son tan pequeñas que son despreciables. La corriente de entrada I_{REF} circula por el transistor Q_1 conectado como diodo y establece así un voltaje en los terminales de Q_1 que corresponde al valor de I_{REF}. Este voltaje, a su vez, aparece entre base y emisor de Q_2. Como Q_2 es idéntico a Q_1, la corriente de emisor de Q_2 será igual a I_{REF}. Se deduce que mientras Q_2 se mantenga en la región activa, su corriente de colector I_O será aproximadamente igual a I_{REF}. Nótese que la operación espejo es independiente del valor del voltaje $-V_{EE}$ mientras Q_2 permanezca activo.

A continuación, consideramos el efecto de la β finita del transistor en la operación del espejo de corriente. El análisis continúa como sigue: como Q_1 y Q_2 están acoplados y dado que tienen igual v_{BE}, sus corrientes de emisor serán iguales. Éste es el punto clave. El resto del análisis es sencillo y se ilustra en la figura 6.16. Se deduce que

$$I_O = \frac{\beta}{\beta + 1} I_E$$

$$I_{REF} = \frac{\beta + 2}{\beta + 1} I_E$$

Entonces la ganancia de corriente del espejo está dada por

$$\frac{I_O}{I_{REF}} = \frac{\beta}{\beta + 2} = \frac{1}{1 + 2/\beta} \tag{6.63}$$

que se aproxima a la unidad para $\beta \gg 1$. Nótese, sin embargo, que la desviación de ganancia de corriente, con respecto a la unidad, puede ser relativamente alta: $\beta = 100$ resulta en un 2% de error.

Otro factor que hace que I_O no sea igual a I_{REF} es la dependencia lineal de la corriente de colector de Q_2, que es I_O en el voltaje de colector de Q_2. De hecho, incluso si pasamos por alto el efecto de β finita y suponemos que Q_1 y Q_2 están perfectamente acoplados, la corriente I_O será igual a I_{REF} sólo cuando el voltaje en el colector de Q_2 sea igual al voltaje de base. A medida que el voltaje de colector se aumente, I_O aumenta. Como Q_2 se opera a un voltaje v_{BE} constante (determinado por I_{REF}), la dependencia de I_O sobre V_O está determinada por r_o de Q_2. En otras palabras, la resistencia de salida del espejo de corriente de la figura 6.15 es igual a r_o de Q_2.

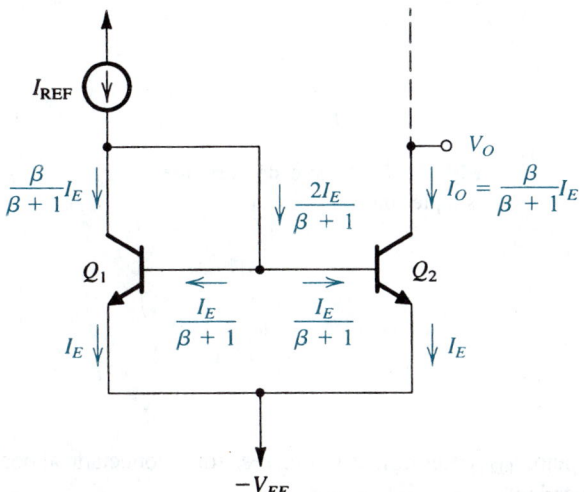

Fig. 6.16 Análisis del espejo de corriente tomando en cuenta la β finita de los BJT.

Si tomamos el efecto de β finita y el efecto de Early juntos, encontramos que la corriente de salida del espejo está dada por

$$I_O \simeq \frac{I_{\text{REF}}}{1 + 2/\beta}\left(1 + \frac{V_O + V_{EE} - V_{BE}}{V_A}\right) \tag{6.64}$$

Nótese que el término que representa el efecto Early se ha escrito de modo que se reduce a cero cuando v_{CB} de Q_2 sea cero (como es v_{CB} de Q_1), en cuyo caso I_O difiere de I_{REF} sólo por el factor debido a β finita.

Ejercicio

6.6 El circuito de espejo de corriente de la figura 6.15 utiliza los BJT que tengan $\beta = 100$ y un voltaje de Early $V_A = 100$ V. Encuentre la resistencia de salida y la corriente de salida para $I_{\text{REF}} = 1$ mA, $V_{EE} = 5$ V y $V_O = +5$ V. Suponga que $V_{BE} \simeq 0.7$ V.

Resp. 100 kΩ; 1.07 mA

Una fuente de corriente sencilla

En la figura 6.17 se ilustra un circuito de fuente de corriente constante sencilla con BJT. Hemos considerado este circuito brevemente en el capítulo 4, pero haremos aquí un repaso porque desempeña un papel central en el diseño de circuitos para dirección de corriente con BJT. Utiliza un par de transistores acoplados en una configuración de espejo de corriente, con la corriente de

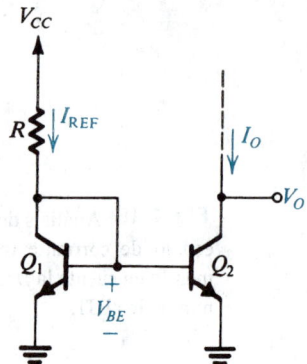

Fig. 6.17 Fuente de corriente simple con BJT.

referencia de entrada al espejo, I_{REF}, determinada por un resistor R conectado al positivo de la fuente de alimentación V_{CC}. La corriente I_{REF} está dada por

$$I_{REF} = \frac{V_{CC} - V_{BE}}{R} \qquad (6.65)$$

donde V_{BE} es el voltaje entre base y emisor correspondiente a una corriente de emisor I_{REF}. Si se desprecia el efecto de β finita y la dependencia de I_O sobre V_O, la corriente de salida I_O será igual a I_{REF}. El circuito operará como fuente de corriente constante mientras Q_2 permanezca en la región activa, es decir, para $V_O \geq V_{BE}$. La resistencia de salida de esta fuente de corriente es r_o de Q_2. Al tomar en cuenta la β finita y el efecto Early, la corriente de salida se puede obtener combinando las ecuaciones (6.64) y (6.65) y sustituyendo $V_{EE} = 0$.

Ejercicio

D6.7 Para el circuito de la figura 6.17 encuentre el valor de R que resulte en $I_O = 1$ mA con $V_{CC} = 5$ V. Suponga que $V_{BE} \simeq 0.7$ V y desprecie los efectos de r_o y la β finita. Ahora, si $\beta = 100$ y $V_A = 50$ V, encuentre el valor de I_O para obtener $V_O = 3$ V.

Resp. 4.3 kΩ; 1.025 mA

6.8 Teniendo en mente el hecho que un BJT no entra en modo de saturación sino hasta que su unión entre colector y base se encuentre polarizada directamente entre 0.4 y 0.5 V, ¿cuál es el mínimo valor de V_O con el cual el circuito de fuente de corriente constante de la figura 6.17 operará correctamente?

Resp. 0.3 a 0.2 V

Circuitos de dirección de corriente

Como ya dijimos antes, en un IC se genera una corriente de referencia de cd en un lugar y luego se reproduce en otros lugares con el fin de polarizar las diversas etapas amplificadoras del IC. Como ejemplo, consideremos el circuito que se ilustra en la figura 6.18. El circuito utiliza dos fuentes de

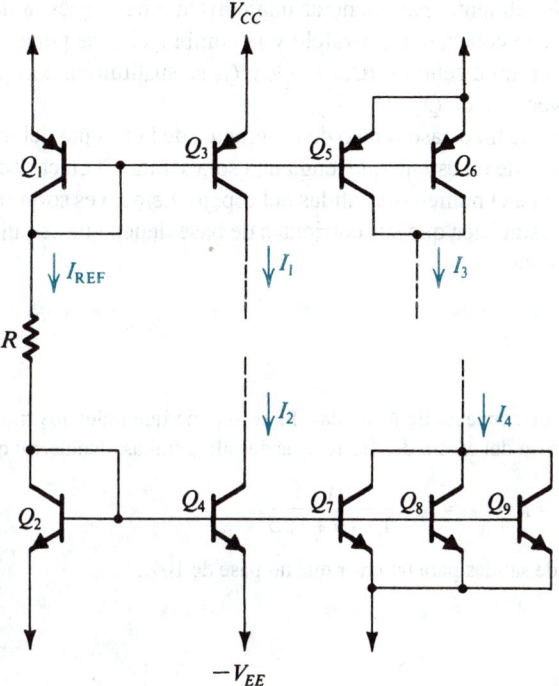

Fig. 6.18 Generación de varias corrientes constantes.

alimentación, V_{CC} y $-V_{EE}$. La corriente de referencia I_{REF} de cd se genera en la rama que está formada por el transistor Q_1 conectado como diodo, el resistor R y el transistor Q_2 conectado como diodo:

$$I_{REF} = \frac{V_{CC} + V_{EE} - V_{EB1} - V_{BE2}}{R} \qquad (6.66)$$

Ahora, por mayor sencillez, supongamos que todos los transistores tienen una β elevada y entonces las corrientes de base son tan pequeñas que son despreciables. El transistor Q_1 conectado como diodo forma un espejo de corriente con Q_3. Entonces Q_3 alimenta una corriente constante I_1 igual a I_{REF}. El transistor Q_3 puede alimentar esta corriente a cualquier carga mientras el voltaje que se desarrolla en el colector no exceda al de la base ($V_{CC} - V_{EB3}$).

Para generar una corriente de cd del doble del valor de I_{REF}, se conectan en paralelo los dos transistores, Q_5 y Q_6, y la combinación forma un espejo con Q_1. Entonces $I_3 = 2I_{REF}$. Nótese que la combinación en paralelo de Q_5 y Q_6 es equivalente a un transistor cuya área de unión entre emisor y base es el doble de la de Q_1, que es precisamente lo que se haría si este circuito se fuera a fabricar en forma de IC. Los espejos de corriente de hecho se utilizan, para obtener múltiplos de la corriente de referencia con sólo diseñar los transistores para que tengan una razón de área igual al múltiplo deseado. Esto es un poco diferente que en el caso de un espejo MOS (sección 5.6.2), donde la razón de transferencia de corriente está determinada por la razón de W/L y la proporción de los dos transistores (ecuación 5.55) y no por las áreas del dispositivo.

El transistor Q_4 forma un espejo con Q_2, y entonces Q_4 proporciona una corriente constante I_2 igual a I_{REF}. Nótese una importante diferencia entre Q_3 y Q_4: aun cuando ambos suministran corrientes iguales, Q_3 *genera* su corriente a partes del circuito cuyo voltaje no debe exceder de $V_{CC} - V_{EB3}$. Por otra parte, Q_4 *disipa* su corriente de partes del circuito cuyo voltaje no deba decrecer por debajo de $-V_{EE} + V_{BE4}$. Finalmente, para generar una corriente tres veces la de referencia, los tres transistores, Q_7, Q_8 y Q_9, se conectan en paralelo y la combinación se pone en configuración de espejo con Q_2. Otra vez, en un diseño de IC, Q_7, Q_8 y Q_9 se sustituirían con un transistor que tenga un área de unión tres veces la de Q_2.

En la descripción anterior se hizo caso omiso de los efectos de la β finita del transistor. Hemos analizado este efecto en el caso de un espejo que tenga una sola salida. El efecto de β finita se hace más serio a medida que aumente el número de salidas del espejo. Esto no es sorprendente dado que la adición de más transistores significa que sus corrientes de base tienen que ser alimentadas por la fuente de corriente de referencia.

Ejercicio

6.9 En la figura E6.9 se ilustra un espejo de corriente de N salidas. Si se supone que todos los transistores están acoplados y tienen β finita y se hace caso omiso del efecto de resistencias de salida finitas, demuestre que

$$I_1 = I_2 = \cdots = I_N = \frac{1}{1 + (N+1)/\beta}$$

Para $\beta = 100$, encuentre el máximo número de salidas para un error que no pase de 10%.

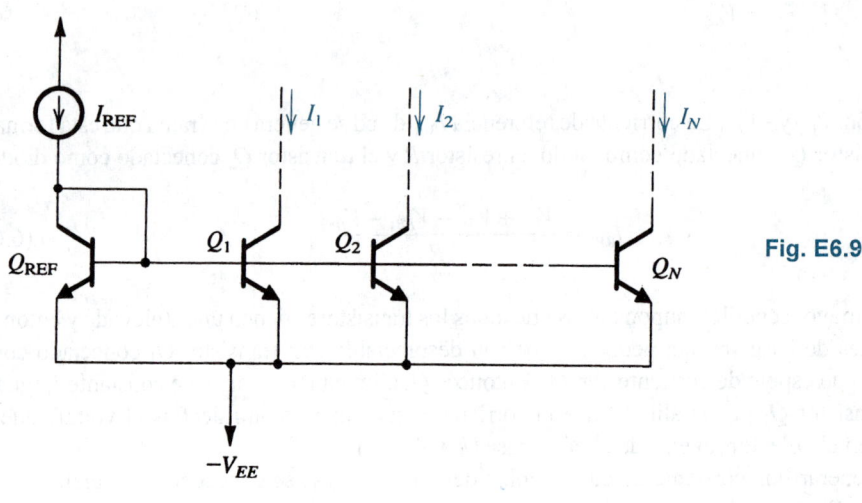

Fig. E6.9

Resp. 9

Comparación con circuitos MOS

Los circuitos básicos de espejo de corriente, fuente de corriente y de dirección de corriente, todos con BJT, son muy semejantes a sus correspondientes en MOS que se estudiaron en la sección 5.6.2. Hay algunas diferencias, no obstante, que deben observarse:

1. El espejo MOS no es alterado por el efecto de β finita.

2. En el espejo bipolar y fuente de corriente, el voltaje de salida puede estar dentro de V_{CEsat}, que es 0.2 V poco más o menos, del voltaje de emisor (que está, ya sea a fuente de alimentación de cd o a tierra). El correspondiente valor en circuitos MOS es $(V_{GS} - V_t)$ o V_{eff}, que suele ser mayor que V_{CEsat}. La capacidad para operar muy cerca de la fuente de alimentación es un tema importante en el diseño contemporáneo de circuitos integrados, donde los voltajes de la fuente de alimentación se reducen constantemente.

3. Como ya se mencionó, la razón de transferencia de corriente en un espejo bipolar está determinada por las áreas relativas de los transistores, mientras que en un espejo MOS está determinada por las razones relativas (W/L).

4. Tanto los espejos básicos bipolares como los MOS tienen una resistencia de salida de $r_o = |V_A|/I$, pero $|V_A|$ suele ser menor para dispositivos MOS.

Circuitos mejorados de fuente de corriente

Dos parámetros de operación de la fuente de corriente con BJT necesitan mejorar. El primero es la dependencia de I_O sobre β, que es un resultado del error en la ganancia de corriente de espejo introducida por la β finita del BJT. El segundo es la resistencia de salida de la fuente de corriente, que se encontró ser igual a la r_o del BJT y así limitada al orden de 100 kΩ. La necesidad de aumentar la resistencia de salida de la fuente de corriente se puede ver si recordamos que la ganancia de modo común del amplificador diferencial está directamente determinada por la resistencia de salida de su fuente de corriente de polarización. Del mismo modo, se verá más adelante que las fuentes de corriente de BJT suelen utilizarse en lugar de las resistencias de carga R_C del amplificador diferencial. Entonces, para obtener elevada ganancia de voltaje es necesaria una elevada resistencia de salida.

Ahora estudiaremos varias técnicas de circuitos que resultan en una reducida dependencia sobre β y/o mayor resistencia de salida. El primer circuito, que se ilustra en la figura 6.19, incluye un transistor Q_3 cuyo emisor alimenta las corrientes de base de Q_1 y Q_2. La suma de las corrientes de base se divide entonces entre $(\beta + 1)$ de Q_3, resultando en una corriente mucho menor que tiene que

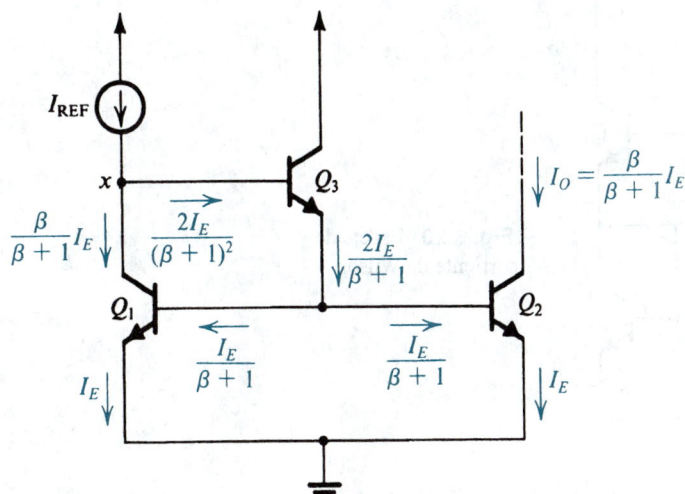

Fig. 6.19 Espejo de corriente con compensación de corriente de base.

ser alimentada por I_{REF}. El análisis detallado, que se muestra en el diagrama del circuito, está basado en la suposición de que Q_1 y Q_2 están acoplados y, por lo tanto, tienen iguales corrientes de emisor, I_E. Una ecuación de nodos en el nodo marcado como x es

$$I_{\text{REF}} = \left[\frac{\beta}{\beta + 1} + \frac{2}{(\beta + 1)^2} \right] I_E$$

Como

$$I_O = \frac{\beta}{\beta + 1} I_E$$

se deduce que la ganancia de corriente de este espejo está dada por

$$\frac{I_O}{I_{\text{REF}}} = \frac{1}{1 + 2/(\beta^2 + \beta)} \tag{6.67}$$

$$\simeq \frac{1}{1 + 2/\beta^2} \tag{6.68}$$

lo cual significa que el error debido a una β finita se ha reducido de $2/\beta$ a $2/\beta^2$, una gran mejoría. Finalmente, nótese que para mayor sencillez el circuito se muestra alimentado con una corriente I_{REF}. Para usar el circuito como fuente de corriente conectamos una resistencia R entre el nodo x y el positivo de la fuente de alimentación V_{CC}, entonces

$$I_{\text{REF}} = \frac{V_{CC} - V_{BE1} - V_{BE3}}{R} \tag{6.69}$$

Un circuito espejo alternativo que logra tanto compensación en corriente de base como en una mayor resistencia de salida es el **espejo de Wilson** que se ilustra en la figura 6.20. El análisis de este circuito, tomando en cuenta la β finita, resulta en una expresión de ganancia de corriente que es idéntica a la de la ecuación (6.68). La fuente de corriente de Wilson tiene una resistencia de salida

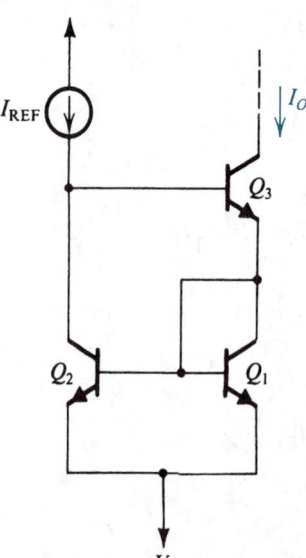

Fig. 6.20 Espejo de corriente de Wilson.

aproximadamente igual a $\beta r_o/2$, un factor de $\beta/2$ mayor que el de la fuente de corriente simple de la figura 6.17 (véase el problema 6.63). El espejo de Wilson, con todo, tiene la desventaja de una reducida alternancia de voltaje de salida; observe que el voltaje del colector en Q_3 tiene que ser mayor que el voltaje negativo de la fuente en $(V_{BE1} + V_{CEsat|3})$, que es más o menos un volt.

Ejercicio

6.10 Para el espejo de corriente de Wilson de la figura 6.20, suponga que todos los BJT están acoplados y tienen β finita. Si las corrientes de los emisores de Q_1 y Q_2 se denotan por I_E, encuentre I_{REF} e I_O en términos de I_E, y demuestre que I_O/I_{REF} está dada por la ecuación (6.68).

Nuestro circuito final de fuente de corriente, conocido como **fuente de corriente de Widlar**, se muestra en la figura 6.21. Difiere del circuito básico de espejo de corriente en un aspecto importante: el resistor R_E está incluido en el conductor del emisor de Q_2. Si se desprecian las corrientes de base podemos escribir:

$$V_{BE1} = V_T \ln\left(\frac{I_{REF}}{I_S}\right) \tag{6.70}$$

y

$$V_{BE2} = V_T \ln\left(\frac{I_O}{I_S}\right) \tag{6.71}$$

donde hemos supuesto que Q_1 y Q_2 son dispositivos acoplados. Si se combinan las ecuaciones (6.70) y (6.71) resulta

$$V_{BE1} - V_{BE2} = V_T \ln\left(\frac{I_{REF}}{I_O}\right) \tag{6.72}$$

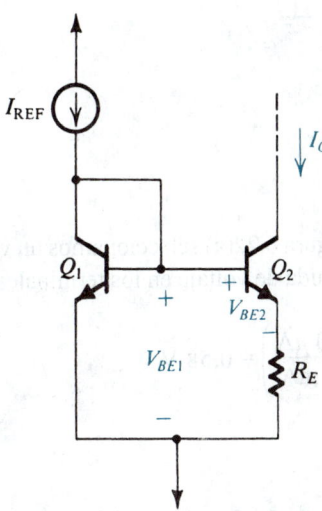

Fig. 6.21 Fuente de corriente de Widlar.

Pero del circuito vemos que

$$V_{BE1} = V_{BE2} + I_O R_E \tag{6.73}$$

Entonces

$$I_O R_E = V_T \ln\left(\frac{I_{REF}}{I_O}\right) \tag{6.74}$$

El diseño y ventajas de la fuente de corriente de Widlar se ilustran en el siguiente ejemplo.

EJEMPLO 6.2

En la figura 6.22 se ilustran dos circuitos para generar una corriente constante $I_O = 10\ \mu A$. Determine los valores de los resistores necesarios suponiendo que V_{BE} es 0.7 V a una corriente de 1 mA y despreciando el efecto de β finita.

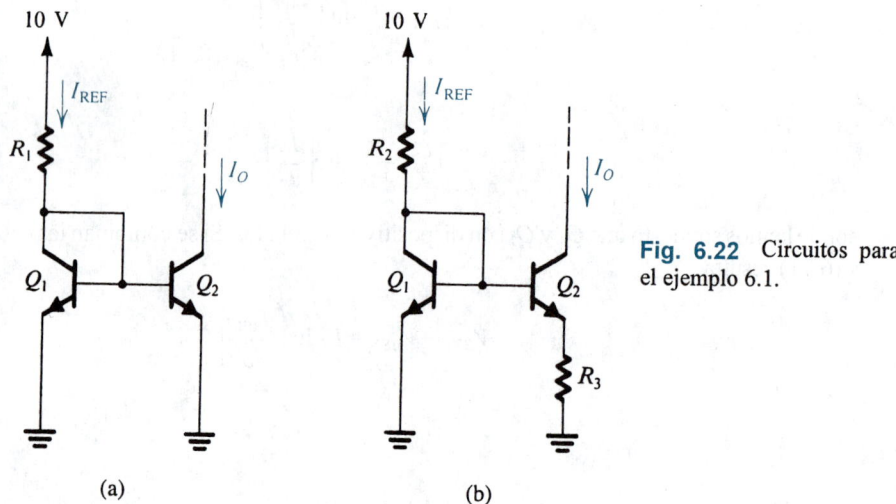

Fig. 6.22 Circuitos para el ejemplo 6.1.

SOLUCIÓN

Para el circuito básico de fuente de corriente de la figura 6.22(a) seleccionamos un valor de R_1 para que resulte en $I_{REF} = 10\ \mu A$. Con esta corriente, la caída de voltaje en los terminales de Q_1 será

$$V_{BE1} = 0.7 + V_T \ln\left(\frac{10\ \mu A}{1\ mA}\right) = 0.58\ V$$

Entonces

$$R_1 = \frac{10 - 0.58}{0.01} = 942\ k\Omega$$

Para el circuito de Widlar de la figura 6.22(b) debemos primeramente determinar sobre un valor apropiado para I_{REF}. Si seleccionamos $I_{REF} = 1$ mA, entonces $V_{BE1} = 0.7$ V y R_2 estará dada por

$$R_2 = \frac{10 - 0.7}{1} = 9.3 \text{ k}\Omega$$

El valor de R_3 se puede determinar usando la ecuación (6.74), como sigue:

$$10 \times 10^{-6} R_3 = 0.025 \ln\left(\frac{1 \text{ mA}}{10 \text{ }\mu\text{A}}\right)$$

$$R_3 = 11.5 \text{ k}\Omega$$

Del ejemplo anterior observamos que el uso del circuito de Widlar permite la generación de una pequeña corriente constante usando resistores relativamente pequeños. Ésta es una ventaja importante que resulta en considerables ahorros en área del chip. De hecho, el circuito de la figura 6.22(a), que requiere una resistencia de 942 kΩ, no es práctico en absoluto para diseño en forma de circuito integrado.

Otra importante característica de la fuente de corriente de Widlar es que su resistencia de salida es elevada. El aumento en la resistencia de salida, arriba de la alcanzada en la fuente básica de corriente de la figura 6.17, se debe a la resistencia R_E de degeneración del emisor. Para determinar la resistencia de salida de Q_2, sustituimos el BJT con su modelo híbrido π de baja frecuencia y aplicamos un voltaje de prueba v_x al colector, como se muestra en la figura 6.23(a). Nótese que la base de Q_2 se muestra conectada a tierra, lo cual no es exactamente el caso en el circuito original de la figura 6.21. De hecho, la base de Q_2 está conectada a $-V_{EE}$ (tierra de señal) por medio del transistor Q_1 conectado como diodo. Este último, sin embargo, tiene una pequeña resistencia incremental (r_e) y entonces, para simplificar las cosas, supondremos que esta resistencia es suficientemente pequeña para poner la base de Q_2 a tierra de señal.

El circuito de la figura 6.23(a) se simplifica al combinar R_E y r_π en paralelo para formar R_E', como se ilustra en la figura 6.23(b), que muestra algunos de los detalles del análisis. Una ecuación de malla es

$$v_x = -v_\pi - \left(g_m + \frac{1}{R_E'}\right)v_\pi r_o \tag{6.75}$$

y una ecuación de nodo en C resulta en

$$i_x = g_m v_\pi - \left(g_m + \frac{1}{R_E'}\right)v_\pi \tag{6.76}$$

Al dividir la ecuación (6.75) entre la (6.76) se obtiene la resistencia de salida

$$R_o \equiv \frac{v_x}{i_x} = \frac{1 + \left(g_m + \dfrac{1}{R_E'}\right)r_o}{1/R_E'}$$

que se puede escribir también en la forma

$$R_o = R_E' + (1 + g_m R_E')r_o \tag{6.77}$$

$$\simeq (1 + g_m R_E')r_o \tag{6.78}$$

Entonces la resistencia de salida se aumenta en un factor de $1 + g_m R_E' = 1 + g_m(R_E//r_\pi)$. Ésta es una relación importante y general: produce la resistencia de salida de un transistor con base a tierra, con

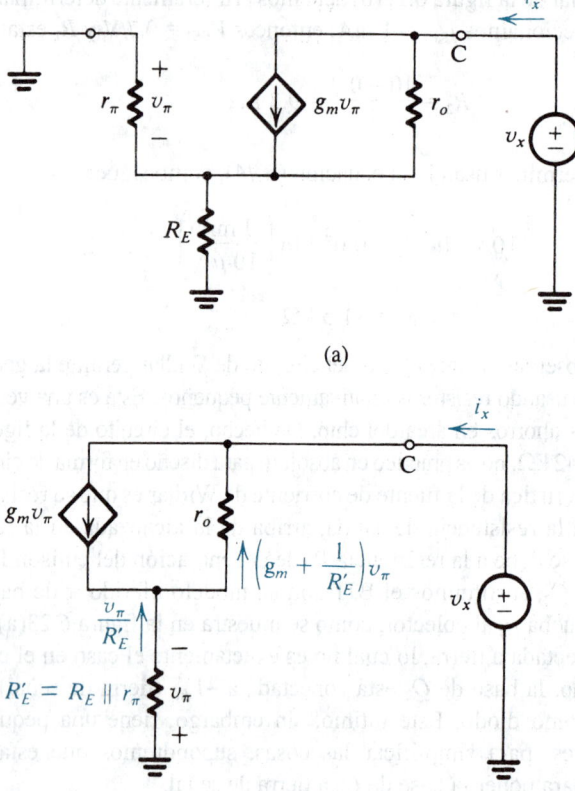

(a)

Fig. 6.23 Determinación de la resistencia de salida de la fuente de corriente de Widlar de la figura 6.21.

(b)

una resistencia R_E en el emisor. Con frecuencia nos referiremos a esta relación. Finalmente, nótese que en el análisis anterior hemos despreciado r_μ, pero esta última puede fácilmente ser tomada en cuenta ya que aparece en paralelo con la resistencia dada por la ecuación (6.78).

Ejercicio

6.11 Encuentre la resistencia de salida de cada una de las dos fuentes de corriente diseñadas en el ejemplo 6.2. Sea $V_A = 100$ V y $\beta = 100$.

Resp. (a) 10 MΩ; (b) 54 MΩ

EJEMPLO 6.3

En la figura 6.4 se ilustra el circuito de un amplificador operacional simple. Los terminales 1 y 2, que se muestran conectados a tierra, son los terminales de entrada del op amp, y el terminal 3 es el terminal de salida.

(a) Realice un análisis aproximado de cd (suponiendo $\beta \gg 1$, $|V_{BE}| \simeq 0.7$ V, y desprecie el efecto Early) para calcular las corrientes y voltajes en todas partes del circuito. Nótese que Q_6 tiene cuatro veces el área de cada uno de los transistores de Q_9 a Q_3.

(b) Calcule la disipación de energía en reposo de este circuito.

(c) Si los transistores Q_1 y Q_2 tienen $\beta = 100$, calcule la corriente de polarización de entrada del op amp.

(d) ¿Cuál es el intervalo de modo común de este op amp?

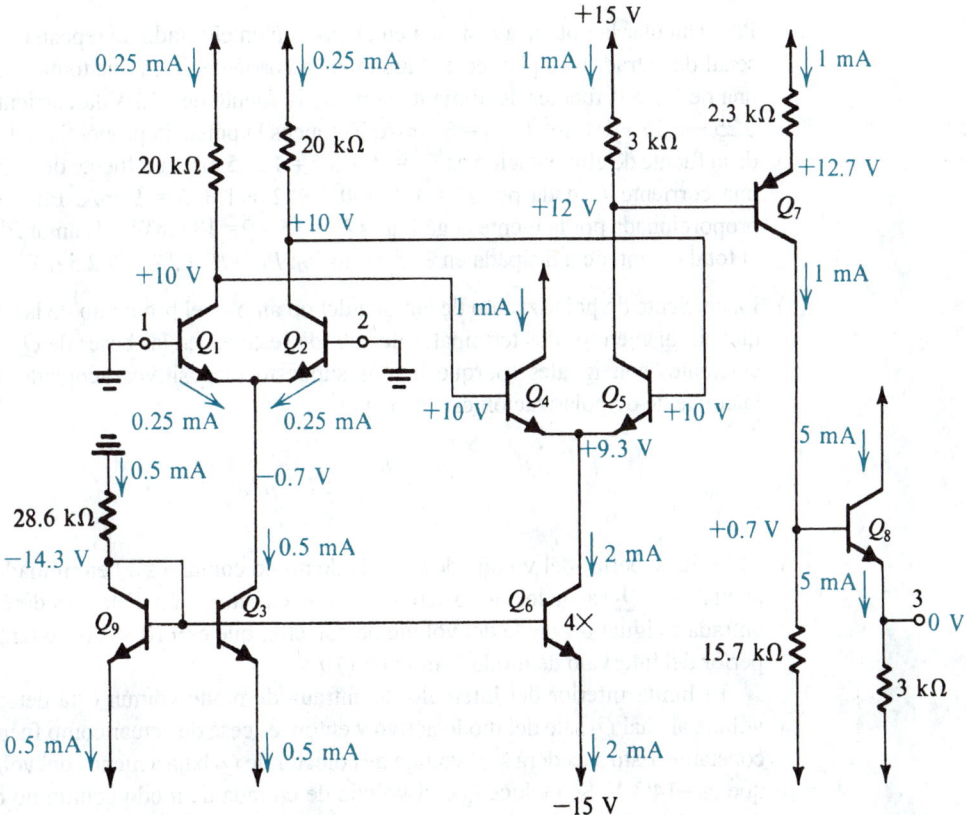

Fig. 6.24 Circuito para el ejemplo 6.3.

SOLUCIÓN

(a) Los valores de todas las corrientes y voltajes de cd están indicados en el diagrama del circuito. Estos valores se calcularon pasando por alto la corriente de base de cada transistor, es decir, suponiendo que β es muy elevada. El análisis comienza por determinar la corriente que pasa por el transistor Q_9 conectado como diodo y que es de 0.5 mA. Entonces vemos que el transistor Q_3 conduce 0.5 mA y el Q_6 conduce 2 mA. El transistor Q_3 de fuente de corriente alimenta el par diferencial (Q_1, Q_2) con 0.5 mA. Así, cada uno de los transistores Q_1 y Q_2 estará polarizado a 0.25 mA. Los colectores de Q_1 y Q_2 estarán a $[+15 - 0.25 \times 20] = +10$ V.

Al continuar a la segunda etapa diferencial formada por Q_4 y Q_5, encontramos que el voltaje en sus emisores es $[+10 - 0.7] = 9.3$ V. Este par diferencial está polarizado por el transistor Q_6 de fuente de corriente, que alimenta una corriente de 2 mA; entonces Q_4 y Q_5 estarán polarizados a 1 mA. Ahora podemos calcular el voltaje en el colector de Q_5 como $[+15 - 1 \times 3] = +12$ V. Esto hará que el voltaje en el emisor del transistor *pnp* Q_7 sea $+12.7$ V, y la corriente de emisor de Q_7 será $(+15 - 12.7)/2.3 = 1$ mA.

La corriente de colector de Q_7, 1 mA, hace que el voltaje en el colector sea $[-15 + 1 \times 15.7] = +0.7$ V. El emisor de Q_8 estará 0.7 V debajo de la base; entonces el terminal 3 de salida estará a 0 V. Finalmente, la corriente de emisor de Q_8 se puede calcular que es de $[0 - (-15)]/3 = 5$ mA.

(b) Para calcular la potencia disipada en el circuito en el estado de reposo (es decir, con cero señal de entrada) simplemente evaluamos la corriente de cd que toma el circuito de cada una de las dos fuentes de alimentación. De la fuente de +15 V la corriente de cd es $I^+ = 0.25 + 0.25 + 1 + 1 + 1 + 5 = 8.5$ mA. Entonces la potencia proporcionada por el positivo de la fuente de alimentación es $P^+ = 15 \times 8.5 = 127.5$ mW. La fuente de −15 V proporciona una corriente I^- dada por $I^- = 0.5 + 0.5 + 2 + 1 + 5 = 9$ mA. Entonces la potencia proporcionada por la fuente negativa es $P^- = 15 \times 9 = 135$ mW. Al sumar P^+ y P^- se obtiene el total de potencia disipada en el circuito P_D: $P_D = P^+ + P^- = 262.5$ mW.

(c) La corriente de polarización de entrada del op amp es el promedio de las corrientes de cd que circulan en los dos terminales de entrada (esto es, en las bases de Q_1 y Q_2). Estas dos corrientes son iguales (porque hemos supuesto dispositivos acoplados); por lo tanto, la corriente de polarización está dada por

$$I_B = \frac{I_{E1}}{\beta + 1} \simeq 2.5 \ \mu A$$

(d) El límite superior del voltaje de entrada de modo común está determinado por el voltaje al cual Q_1 y Q_2 salen del modo activo y entran en saturación. Esto sucederá si el voltaje de entrada es igual o excede del voltaje de colector, que es +10 V. Por lo tanto, el límite superior del intervalo de modo común es +10 V.

El límite inferior del intervalo de entrada de modo común está determinado por el voltaje al cual Q_3 sale del modo activo y entonces cesa de actuar como fuente de corriente constante. Esto sucederá si el voltaje de colector de Q_3 baja a menos del voltaje en su base, que es −14.3 V. Se deduce que el voltaje de entrada de modo común no debería bajar a menos de $-14.3 + 0.7 = -13.6$ V. Entonces el intervalo de modo común es −13.6 a +10 V.

6.5   EL AMPLIFICADOR DIFERENCIAL BJT CON CARGA ACTIVA

Los dispositivos activos (transistores) ocupan mucho menor área de silicio que los resistores de tamaño medio y grande. Por esta razón, estudiamos en el capítulo 5 varios circuitos amplificadores MOSFET que utilizan los MOSFET como dispositivos de carga. Análogamente, muchos amplificadores prácticos de BJT de circuitos integrados utilizan cargas BJT en lugar de cargas resistivas, R_C. En estos circuitos, el transistor BJT de carga suele conectarse como fuente de corriente constante y entonces presenta al transistor amplificador con una carga de muy elevada resistencia (la resistencia de salida de la fuente de corriente). Por lo tanto, los amplificadores que utilizan *cargas activas* pueden alcanzar ganancias de voltaje más altas que aquellos con cargas pasivas (resistivas). En esta sección estudiamos una configuración de circuito que goza de gran preferencia en el diseño de circuitos integrados con BJT.

El circuito amplificador diferencial de carga activa se muestra en la figura 6.25. Los transistores Q_1 y Q_2 forman un par diferencial polarizado con corriente constante I. El circuito de carga consta de los transistores Q_3 y Q_4 conectados en una configuración de espejo de corriente. La salida se toma asimétrica del colector de Q_2.

Considere primero el caso cuando no se aplica señal de entrada (esto es, los dos terminales de entrada están a tierra). La corriente I se divide igualmente entre Q_1 y Q_2. Entonces, Q_1 toma una corriente de aproximadamente $I/2$ del transistor Q_3 conectado como diodo. Si se supone que $\beta \gg 1$, el espejo suministra una corriente igual $I/2$ a través del colector de Q_4. Como esta corriente es igual a la que pasa por el colector de Q_2, no circula corriente de salida por el terminal de salida. Debe observarse, sin embargo, que en circuitos prácticos el voltaje de reposo de cd en el terminal de salida está determinado por la etapa amplificadora subsiguiente. Un ejemplo de esto se verá en el capítulo 10, donde el circuito interno del op amp tipo 741 se estudia en detalle.

A continuación, considere la situación cuando se aplica una señal v_d diferencial en la entrada. Las señales de corriente $g_m/(v_d/2)$ resultarán en los colectores de Q_1 y Q_2 con las polaridades indicadas en la figura 6.25. El espejo de corriente reproduce la señal de corriente $g_m(v_d/2)$ através del colector de Q_4. Entonces, en el nodo de salida tenemos dos señales de corriente que se suman para producir una señal total de corriente de $(g_m v_d)$. Ahora, si la resistencia presentada por la subsiguiente etapa amplificadora es muy elevada, la señal de voltaje en el terminal de salida estará determinada por el total de corriente de señal $(g_m v_d)$ y el total de resistencia entre el terminal de salida y tierra, R_o; esto es,

$$v_o = g_m v_d R_o \tag{6.79}$$

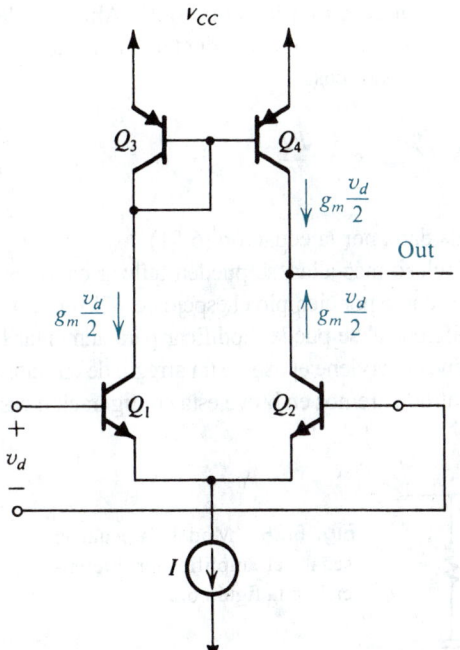

Fig. 6.25 Amplificador diferencial con una carga activa.

La resistencia de salida R_o es el equivalente paralelo de la resistencia de salida de Q_2 y la resistencia de salida de Q_4. Como Q_2 está en efecto operando en la configuración de emisor común, su resistencia de salida será igual a r_{o2}. Del mismo modo, de nuestro estudio del circuito básico de espejo de corriente de la sección previa sabemos que su resistencia de salida es igual a r_o de Q_4, es decir, r_{o4}. Entonces

$$R_o = r_{o2}//r_{o4} \tag{6.80}$$

Para el caso $r_{o2} = r_{o4} = r_o$,

$$R_o = r_o/2 \tag{6.81}$$

y el voltaje de señal de salida será

$$v_o = g_m v_d (r_o/2) \tag{6.82}$$

que lleva a una ganancia de voltaje de

$$\frac{v_o}{v_d} = \frac{g_m r_o}{2} \tag{6.83}$$

Al sustituir $g_m = I_C/V_T$ y $r_o = V_A/I_C$, donde $I_C = I/2$, obtenemos

$$g_m r_o = \frac{V_A}{V_T} \tag{6.84}$$

que es una constante para un transistor dado. Típicamente, $V_A = 100$ V, que lleva a $g_m r_o = 4000$ y una ganancia de voltaje de etapa de unos 2000.

En algunos casos la resistencia de entrada de la etapa subsiguiente de amplificador puede ser del mismo orden que R_o y entonces debe ser tomada en cuenta para determinar la ganancia de voltaje. En tales situaciones es conveniente representar el amplificador de la figura 6.25 por el modelo amplificador de transconductancia que se muestra en la figura 6.26. Ahí R_i es la resistencia de entrada diferencial, para nuestro caso $R_i = 2r_\pi$. La transconductancia G_m de amplificador es la transconductancia a cortocircuito, y para nuestro caso

$$G_m = g_m = \frac{I/2}{V_T}$$

Finalmente, R_o es la resistencia de salida dada por la ecuación (6.81).

Para obtener ganancias de voltaje incluso más altas, se pueden utilizar circuitos de corriente de espejo con resistencias de salida más altas, como por ejemplo el espejo de Wilson. Del mismo modo, la configuración básica del amplificador diferencial se puede modificar para aumentar la resistencia de salida de Q_2. En una de estas modificaciones interviene el uso de un arreglo de circuito conocido como *configuración cascodo* (de dos etapas). Introduciremos en breve esta configuración cascodo.

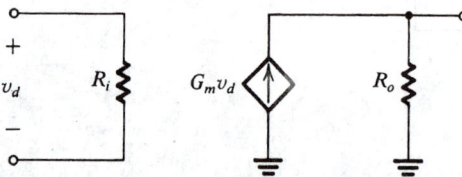

Fig. 6.26   Modelo a pequeña señal del amplificador diferencial de la figura 6.25.

Es importante observar el papel que el circuito de espejo de corriente desempeña en la figura 6.25: invierte la señal de corriente $g_m(v_d/2)$ proporcionada por el colector de Q_1 y alimenta una corriente igual en el colector de Q_4 con una polaridad tal que se suma a la señal de corriente del colector de Q_2. Sin el espejo de corriente (es decir, usando sólo una fuente de corriente simple) la ganancia de voltaje sería la mitad del valor encontrada antes aquí.

La configuración cascodo

Nos desviaremos brevemente para introducir una importante configuración de amplificador, el **cascodo**. Consta de una etapa de emisor común (CE) seguida por una etapa de base común (CB), y se muestra en forma diferencial en la figura 6.27(a). Ahí, el par (Q_1, Q_2) forma el amplificador básico diferencial que para señales diferenciales de entrada se comporta como amplificador de emisor común. El par (Q_3, Q_4) forma una etapa diferencial de base común. Aun cuando se muestra una carga pasiva (resistiva), ésta puede ser fácilmente sustituida con una carga activa.

El semicircuito diferencial se muestra en la figura 6.27(b), del cual fácilmente se observa el cascodo de CE-CB. Del mismo modo, de esta figura observamos que la carga de resistencia vista por el transistor Q_1 de emisor común ya no es R_C sino que es la mucho menor resistencia de entrada del transistor de base común Q_3, es decir su r_e. En el capítulo 7 encontraremos que la reducción en

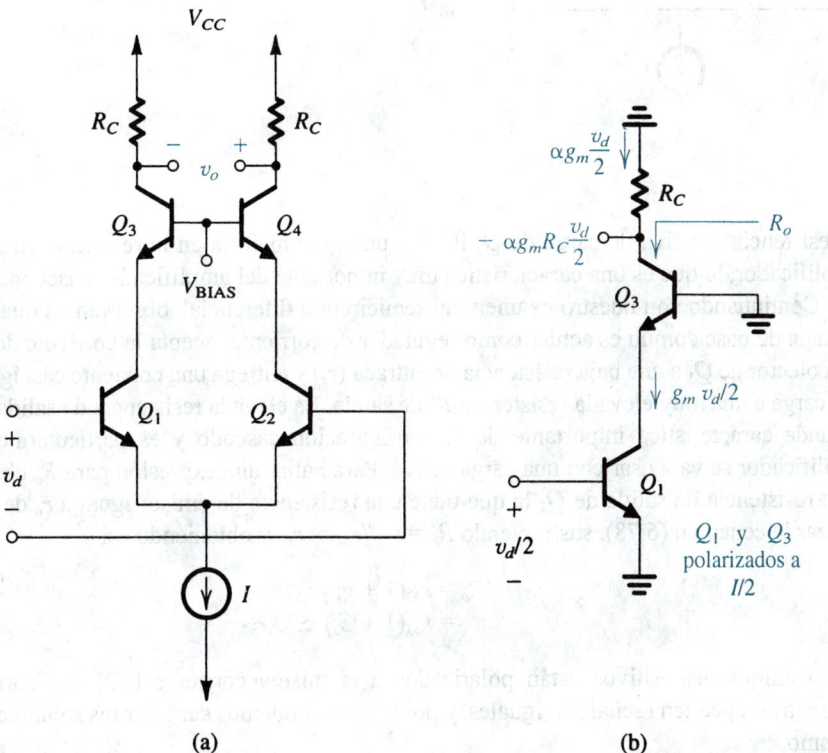

(a)   (b)

Fig. 6.27   **(a)** Forma diferencial del amplificador cascodo, y **(b)** su semicircuito diferencial.

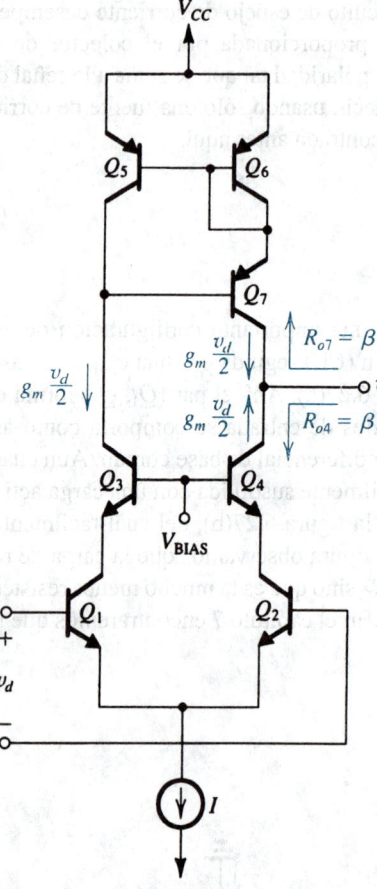

Fig. 6.28 Amplificador diferencial cascodo con carga activa de espejo de corriente de Wilson.

la resistencia efectiva de carga de Q_1 lleva a una gran mejoría en la respuesta en frecuencia del amplificador, lo que es una característica muy importante del amplificador cascodo.

Continuando con nuestro examen del semicircuito diferencial, observamos que la función de la etapa de base común es actuar como regulador de corriente; acepta la corriente de señal $g_m v_d/2$ del colector de Q_1 a una baja resistencia de entrada (r_e) y entrega una corriente casi igual ($\alpha g_m v_d/2$) a la carga a una muy elevada resistencia R_o de salida. La elevada resistencia de salida constituye la segunda característica importante de la configuración cascodo y es particularmente útil si el amplificador se va a usar con una carga activa. Para hallar una expresión para R_o observamos que es la resistencia de salida de Q_3 la que tiene una resistencia de emisor igual a r_o de Q_1. Podemos utilizar la ecuación (6.78), sustituyendo $R'_E = r_{\pi3}//r_{o1} \simeq r_{\pi3}$ y obteniendo así

$$R_o = r_{o3}(1 + g_{m3}r_{\pi3})$$
$$= r_{o3}(1 + \beta_3) \simeq \beta_3 r_{o3}$$

Como ambos dispositivos están polarizados a la misma corriente ($I/2$) sus correspondientes parámetros a pequeña señal son iguales, y por lo tanto, podemos cancelar los subíndices y expresar R_o como

$$R_o \simeq \beta r_o \qquad (6.85)$$

Entonces la resistencia de salida de la configuración cascodo es β veces mayor que la del amplificador de emisor común.[2]

En la figura 6.28 se ilustra un amplificador cascodo diferencial con una carga activa formada por un espejo de corriente de Wilson. Indicados en el diagrama del circuito están los valores de corriente de señal que resultan cuando se aplica una señal diferencial de entrada v_d y se supone que $\alpha_3 = \alpha_4 \approx 1$. Aun cuando estas corrientes no son diferentes como en el caso del circuito básico de la figura 6.25, aquí la resistencia en el nodo de salida es mucho más alta debido al amplificador cascodo y a la fuente de Wilson. Los valores de resistencia también están indicados en la figura 6.27. Fácilmente se puede demostrar que la ganancia de voltaje es

$$\frac{v_o}{v_o} = \frac{1}{3}\,\beta\left(\frac{V_A}{V_T}\right) \qquad (6.86)$$

que es más alta que el circuito básico en un factor de $(\frac{2}{3}\beta)$.

Finalmente, debe ser obvio que la configuración cascodo se puede poner en práctica igualmente bien con MOSFET, como veremos más adelante.

Ejercicios

6.12 Para el amplificador diferencial de carga activa de la figura 6.25, cuando se polariza con una corriente $I = 0.2$ mA, si los BJT tienen $\beta = 200$ y $V_A = 100$ V, encuentre los valores de R_i, G_m, R_o y la ganancia de voltaje a circuito abierto.

Resp. 100 kΩ; 4 mA/V; 0.5 MΩ; 2000 V/V

6.13 Repita el ejercicio 6.12 con el par diferencial sustituido con un amplificador diferencial cascodo. ¿Cuál es la resistencia de salida del amplificador cascodo?

Resp. 100 kΩ; 4 mA/V; 1 MΩ; 4000 V/V; 200 MΩ

6.14 Repita el ejercicio 6.12 con el par diferencial sustituido con un amplificador cascodo y la carga básica de espejo de corriente sustituida con un espejo de corriente de Wilson.

Resp. 100 kΩ; 4 mA/V; 66.7 MΩ; 2.67×10^5 V/V

6.6 AMPLIFICADORES DIFERENCIALES CON MOS

Durante la década pasada, el transistor MOS se hizo prominente en el diseño de circuitos integrados analógicos. Ya en el capítulo 5 hemos estudiado algunos de los circuitos amplificadores básicos MOS de circuitos integrados. Ampliando sobre este material, esta sección presenta el par diferencial MOS, que es el elemento de construcción más importante en circuitos integrados con MOS. También estudiaremos

---

[2] En este desarrollo hemos despreciado r_μ de Q_3, que aparece en paralelo con el valor de R_o encontrado. Así, una mejor estimación de R_o es $R_o = \beta r_o // r_\mu$.

espejos de corriente con MOS, que se usan para polarización y como cargas para el par diferencial. La sección concluye con un amplificador diferencial MOS de carga activa.

El par diferencial con MOS

En la figura 6.29 se ilustra el par diferencial básico con MOS. Consta de dos MOSFET de enriquecimiento acoplados, Q_1 y Q_2, polarizados con una fuente de corriente constante I. Esta última suele ponerse en práctica con una configuración de espejo de corriente, en forma muy semejante a los circuitos con BJT. Nótese que no se muestran las cargas del amplificador diferencial. En este punto, nuestro propósito es relacionar las corrientes de dren con el voltaje de entrada. Desde luego que se supone que el circuito de carga es tal que los dos MOSFET del par operan en la región de saturación.

Si se supone que son idénticos los dos dispositivos, despreciando la resistencia de salida y representando el efecto, podemos expresar la corriente del dren como

$$i_{D1} = \frac{1}{2} \, k'_n \, \frac{W}{L} \, (v_{GS1} - V_t)^2 \qquad (6.87)$$

$$i_{D2} = \frac{1}{2} \, k'_n \, \frac{W}{L} \, (v_{GS2} - V_t)^2 \qquad (6.88)$$

Las ecuaciones (6.87) y (6.88) se pueden escribir también como

$$\sqrt{i_{D1}} = \sqrt{\frac{1}{2} \, k'_n \, \frac{W}{L}} \, (v_{GS1} - V_t) \qquad (6.89)$$

$$\sqrt{i_{D2}} = \sqrt{\frac{1}{2} \, k'_n \, \frac{W}{L}} \, (v_{GS2} - V_t) \qquad (6.90)$$

Al restar la ecuación (6.90) de la (6.89) y sustituir

$$v_{GS1} - v_{GS2} = v_{id}$$

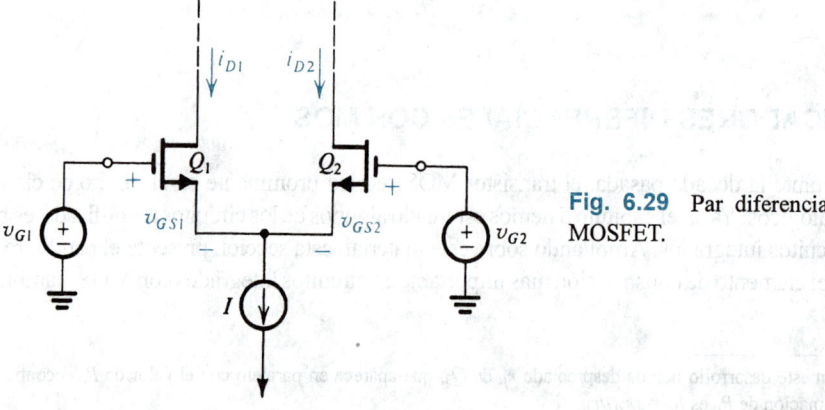

Fig. 6.29 Par diferencial MOSFET.

donde v_{id} es el voltaje diferencial de entrada, resulta

$$\sqrt{i_{D1}} - \sqrt{i_{D2}} = \sqrt{\frac{1}{2} k_n' \frac{W}{L}} \, v_{id} \tag{6.91}$$

La polarización de fuente de corriente impone la restricción

$$i_{D1} + i_{D2} = I \tag{6.92}$$

Las ecuaciones (6.91) y (6.92) son dos ecuaciones con las dos incógnitas i_{D1} e i_{D2}. Se pueden resolver juntas para obtener

$$i_{D1} = \frac{I}{2} + \sqrt{k_n' \frac{W}{L} I} \left(\frac{v_{id}}{2} \right) \sqrt{1 - \frac{(v_{id}/2)^2}{\left(I \left/ k_n' \frac{W}{L} \right. \right)}} \tag{6.93}$$

$$i_{D2} = \frac{I}{2} - \sqrt{k_n' \frac{W}{L} I} \left(\frac{v_{id}}{2} \right) \sqrt{1 - \frac{(v_{id}/2)^2}{\left(I \left/ k_n' \frac{W}{L} \right. \right)}} \tag{6.94}$$

En el punto de polarización, $v_{id} = 0$, lo que lleva a

$$i_{D1} = i_{D2} = \frac{I}{2} \tag{6.95}$$

De modo correspondiente,

$$v_{GS1} = v_{GS2} = V_{GS}$$

donde

$$\frac{I}{2} = \frac{1}{2} k_n' \frac{W}{L} (V_{GS} - V_t)^2 \tag{6.96}$$

Esta relación se puede usar para escribir de otra forma las ecuaciones (6.93) y (6.94) como sigue

$$i_{D1} = \frac{I}{2} + \left(\frac{I}{V_{GS} - V_t} \right) \left(\frac{v_{id}}{2} \right) \sqrt{1 - \left(\frac{v_{id}/2}{V_{GS} - V_t} \right)^2} \tag{6.97}$$

$$i_{D2} = \frac{I}{2} - \left(\frac{I}{V_{GS} - V_t} \right) \left(\frac{v_{id}}{2} \right) \sqrt{1 - \left(\frac{v_{id}/2}{V_{GS} - V_t} \right)^2} \tag{6.98}$$

Para $v_{id}/2 \ll V_{GS} - V_t$ (aproximación a pequeña señal),

$$i_{D1} \simeq \frac{I}{2} + \left(\frac{I}{V_{GS} - V_t} \right) \left(\frac{v_{id}}{2} \right) \tag{6.99}$$

$$i_{D2} \simeq \frac{I}{2} - \left(\frac{I}{V_{GS} - V_t} \right) \left(\frac{v_{id}}{2} \right) \tag{6.100}$$

Del capítulo 5 recordemos que un MOSFET polarizado a una corriente de dren I_D tiene $g_m = 2I_D/(V_{GS} - V_t)$. Entonces vemos que, por cada transistor del par diferencial,

$$g_m = \frac{2(I/2)}{V_{GS} - V_t} = \frac{I}{V_{GS} - V_t} \tag{6.101}$$

y las ecuaciones (6.99) y (6.100) simplemente expresan que para pequeñas señales de entrada diferenciales, $v_{id} \ll 2(V_{GS} - V_t)$, la corriente en Q_1 aumenta en i_d y la corriente en Q_2 decrece en i_d, donde

$$i_d = g_m(v_{id}/2) \tag{6.102}$$

Regresando a las ecuaciones (6.97) y (6.98), podemos encontrar el valor de v_{id} al cual ocurre toda la conmutación (es decir, $i_{D1} = I$ e $i_{D2} = 0$, o viceversa para v_{id} negativo) al igualar a $I/2$ el segundo término de la ecuación (6.97). El resultado es

$$|v_{id}|_{máx} = \sqrt{2}(V_{GS} - V_t) \tag{6.103}$$

En la figura 6.30 se ilustran gráficas de las corrientes normalizadas i_{D1}/I e i_{D2}/I contra el voltaje normalizado de entrada diferencial $v_{id}/(V_{GS} - V_t)$.

Finalmente, observamos que para señales diferenciales de entrada, cada MOSFET del par opera como amplificador de fuente común y entonces tiene una resistencia de salida igual a r_o.

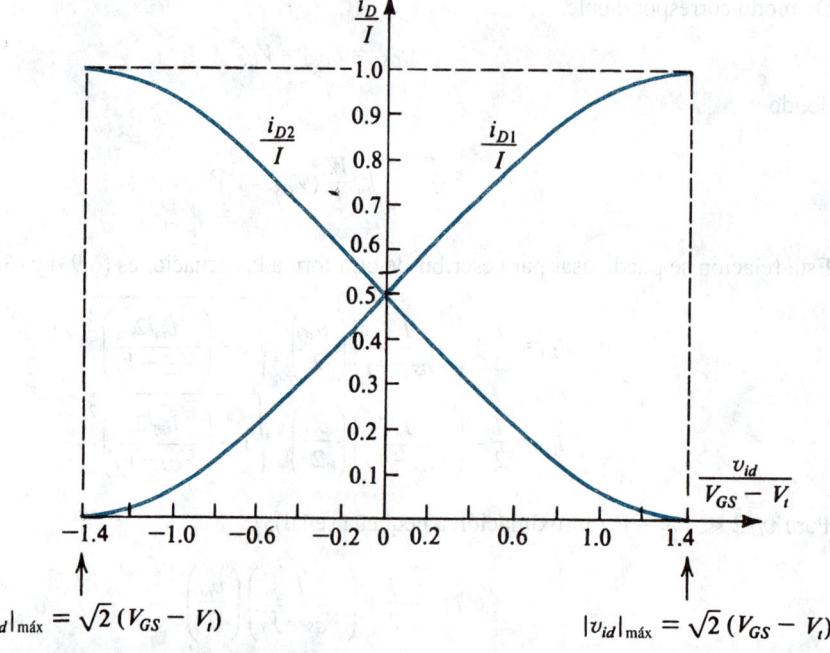

Fig. 6.30 Gráficas normalizadas de las corrientes en un par diferencial MOSFET. Nótese que V_{GS} es el voltaje de compuerta a fuente cuando la corriente de dren es igual a la corriente de polarización de cd ($I/2$).

Voltaje de desnivel

Tres factores contribuyen al voltaje de desnivel de cd del par diferencial con MOS: desequilibrio en resistencias de carga, desequilibrio en W/L y desequilibrio en V_t. Consideraremos los tres factores uno por uno.

Considere el par diferencial que se muestra en la figura 6.31, en que se utilizan cargas resistivas para simplificar el análisis. Como ambas entradas están a tierra, el voltaje de salida V_O es el voltaje de cd de desnivel de salida. Considere primero el caso donde Q_1 y Q_2 están perfectamente acoplados pero R_{D1} y R_{D2} muestran un desequilibrio ΔR_D, es decir,

$$R_{D1} = RD + \frac{\Delta R_D}{2} \tag{6.104}$$

$$R_{D2} = RD - \frac{\Delta R_D}{2} \tag{6.105}$$

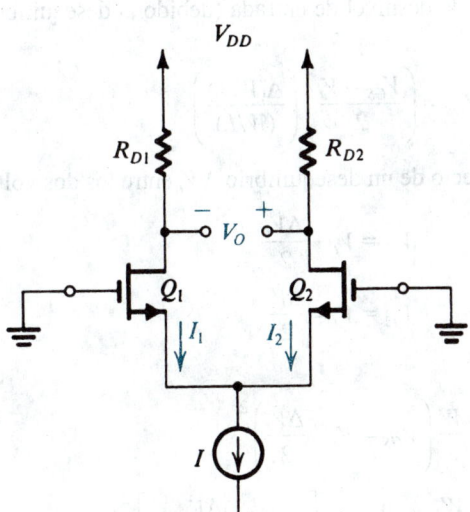

Fig. 6.31 Par diferencial MOS con ambas entradas a tierra. La salida V_O es el voltaje de desnivel de salida de cd.

La corriente I se dividirá exactamente entre Q_1 y Q_2, pero, debido al desequilibrio en resistencias de carga, se forma un voltaje de salida V_O

$$V_O = \left(\frac{I}{2}\right) \Delta R_D \tag{6.106}$$

El correspondiente voltaje de desnivel de entrada se obtiene al dividir V_O entre la ganancia $g_m R_D$ y sustituir por g_m de la ecuación (6.101). El resultado es

$$V_{OS} = \left(\frac{V_{GS} - V_t}{2}\right)\left(\frac{\Delta R_D}{R_D}\right) \tag{6.107}$$

A continuación, considere el efecto de un desequilibrio en las razones W/L de Q_1 y Q_2,

$$\left(\frac{W}{L}\right)_1 = \frac{W}{L} + \frac{1}{2}\Delta\left(\frac{W}{L}\right) \tag{6.108}$$

$$\left(\frac{W}{L}\right)_2 = \frac{W}{L} - \frac{1}{2}\Delta\left(\frac{W}{L}\right) \tag{6.109}$$

Este desequilibrio ocasiona que la corriente I no se divida igualmente entre Q_1 y Q_2 sino que, más bien, se puede demostrar que las corrientes I_1 e I_2 serán

$$I_1 = \frac{I}{2} + \frac{I}{2}\left(\frac{\Delta(W/L)}{2(W/L)}\right) \tag{6.110}$$

$$I_2 = \frac{I}{2} - \frac{I}{2}\left(\frac{\Delta(W/L)}{2(W/L)}\right) \tag{6.111}$$

Al dividir el incremento de corriente

$$\frac{I}{2}\left(\frac{\Delta(W/L)}{2(W/L)}\right)$$

entre g_m resulta la mitad del voltaje de desnivel de entrada (debido al desequilibrio en valores de W/L). Entonces

$$V_{OS} = \left(\frac{V_{GS} - V_t}{2}\right)\left(\frac{\Delta(W/L)}{(W/L)}\right) \tag{6.112}$$

Finalmente, consideremos el efecto de un desequilibrio ΔV_t entre los dos voltajes de umbral,

$$V_{t1} = V_t + \frac{\Delta V_t}{2} \tag{6.113}$$

$$V_{t2} = V_t - \frac{\Delta V_t}{2} \tag{6.114}$$

La corriente I_1 estará dada por

$$I_1 = \frac{1}{2}k_n'\frac{W}{L}\left(V_{GS} - V_t - \frac{\Delta V_t}{2}\right)^2$$

$$= \frac{1}{2}k_n'\frac{W}{L}(V_{GS} - V_t)^2\left[1 - \frac{\Delta V_t}{2(V_{GS} - V_t)}\right]^2$$

que, para $\Delta V_t \ll 2(V_{GS} - V_t)$, se puede aproximar como

$$I_1 \simeq \frac{1}{2} k_n' \frac{W}{L} (V_{GS} - V_t)^2 \left(1 - \frac{\Delta V_t}{V_{GS} - V_t} \right)$$

Análogamente,

$$I_2 \simeq \frac{1}{2} k_n' \frac{W}{L} (V_{GS} - V_t)^2 \left(1 + \frac{\Delta V_t}{V_{GS} - V_t} \right)$$

Se deduce que

$$\frac{1}{2} k_n' \frac{W}{L} (V_{GS} - V_t)^2 = \frac{I}{2}$$

y el incremento (decremento) de corriente en Q_2 (Q_1) es

$$\Delta I = \frac{I}{2} \frac{\Delta V_t}{V_{GS} - V_t}$$

Al dividir ΔI entre g_m resulta la mitad del voltaje de desnivel de entrada (debido a ΔV_t). Entonces,

$$V_{OS} = \Delta V_t \tag{6.115}$$

Para la moderna tecnología MOS de compuertas de silicio, ΔV_t puede ser de hasta 2 mV. Observamos que ΔV_t no tiene correspondiente en amplificadores diferenciales con BJT. Del mismo modo, una comparación de V_{OS} para el par diferencial con MOS en las ecuaciones (6.107) y (6.112), con V_{OS} del par diferencial con BJT en las ecuaciones (6.49) y (6.54), muestra que el voltaje de desnivel es mayor en el par con MOS porque $(V_{GS} - V_t)/2$ suele ser mucho mayor que V_T. Finalmente, observamos de las ecuaciones (6.107) y (6.112) que para conservar V_{OS} pequeño, intentamos operar Q_1 y Q_2 a bajos valores de voltaje eficaz, $V_{GS} - V_t$.

Ejercicio

6.16 Para el par diferencial con MOS especificado en el ejercicio 6.15, encuentre los tres componentes de voltaje de desnivel de entrada. Sea $\Delta R_D/R_D = 2\%$, $\Delta(W/L)/(W/L) = 2\%$, y $\Delta V_t = 2$ mV.

Resp. 2.5 mV; 2.5 mV; 2 mV

Espejos de corriente

Al igual que en circuitos integrados con BJT, los espejos de corriente se utilizan en el diseño de fuentes de corriente para polarización así como para operar como cargas activas. El circuito básico de espejo de corriente con MOS, que se muestra en la figura 6.32(a), se estudió en la sección 5.6.2. La falta de precisión en la razón de transferencia de corriente debida a una β finita del BJT no tiene un elemento correspondiente en espejos MOS. Entonces, los parámetros de operación de interés aquí son la resistencia de salida y la máxima alternancia de señal de salida. Para el espejo simple de la figura 6.32(a), la resistencia de salida es aproximadamente igual a r_{o2}, y el voltaje de salida puede oscilar a menos de V_{DSsat} de la fuente negativa.

La resistencia de salida se puede aumentar usando ya sea el espejo de cascodo de la figura 6.32(b) o el espejo de Wilson de la figura 6.32(c). Para determinar la resistencia de salida del espejo cascodo

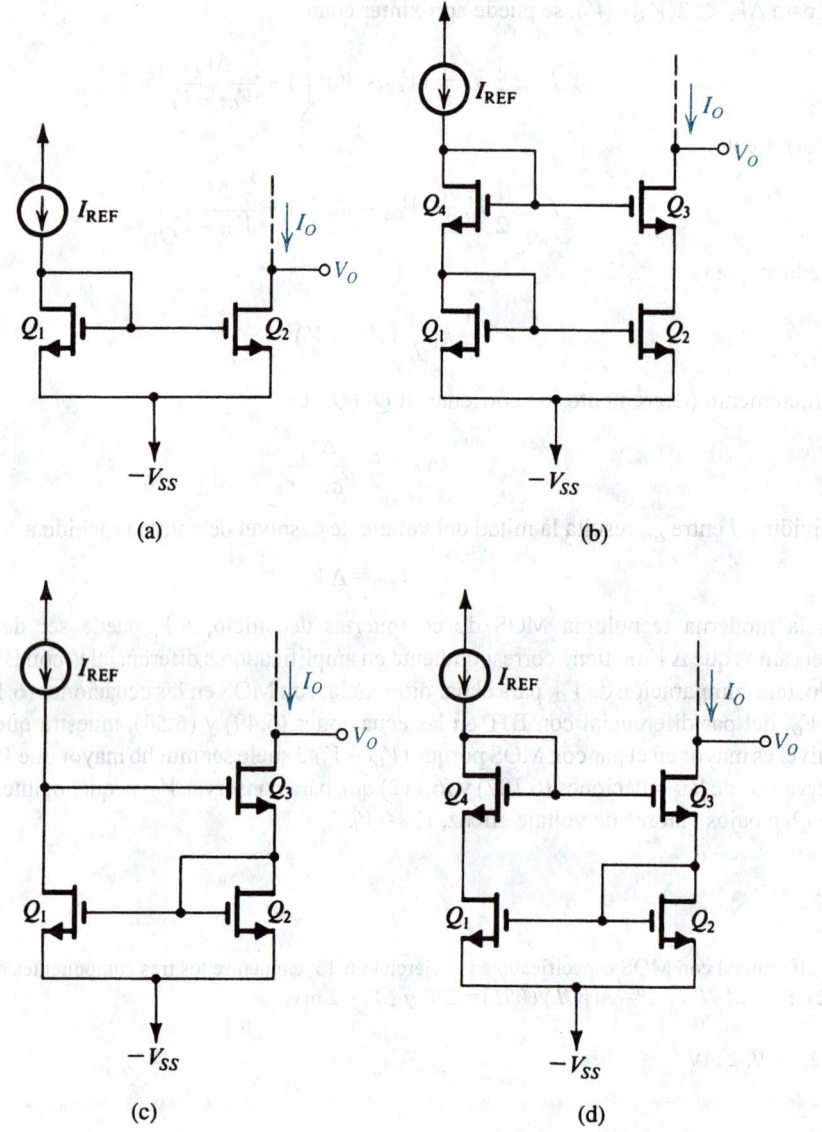

Fig. 6.32 Espejos de corriente MOS: **(a)** básico, **(b)** cascodo, **(c)** de Wilson, **(d)** modificado de Wilson.

usamos el circuito equivalente que se muestra en la figura 6.33(a). Nótese que como la resistencia incremental de cada uno de los transistores Q_1 y Q_4 conectados como diodos es igual a $1/g_m$ y por lo tanto es relativamente pequeña, hemos supuesto que los voltajes de señal en las compuertas de Q_2 y Q_3 son aproximadamente cero. Al sustituir Q_2 por su resistencia de salida r_{o2} y sustituir Q_3 por su modelo de circuito equivalente lleva al circuito de la figura 6.33(b). Observe que para mayor sencillez hemos despreciado el efecto de la mano en Q_3. El análisis del circuito de la figura 6.33(b) es sencillo y lleva a

$$R_o \equiv \frac{v_x}{i_x} = r_{o3} + r_{o2} + g_{m3}r_{o3}r_{o2}$$

$$\simeq (g_{m3}r_{o3})r_{o2} \qquad (6.116)$$

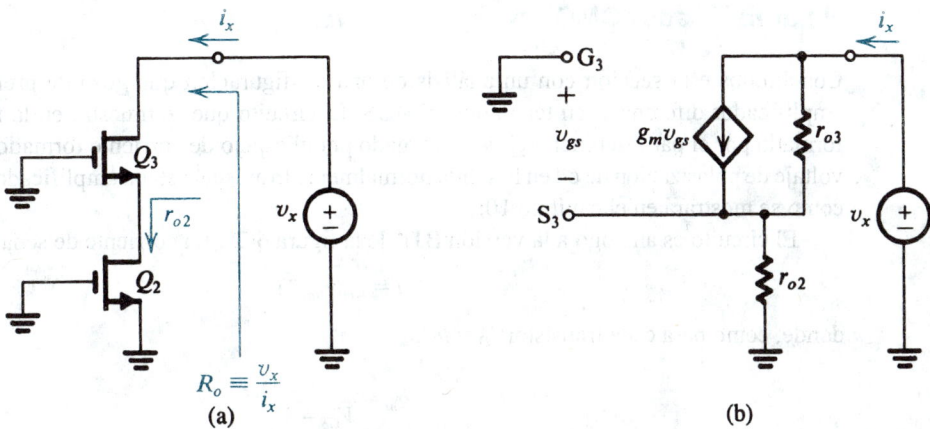

Fig. 6.33 Determinación de la resistencia de salida del espejo cascodo de la figura 6.32(b). Nótese que para simplificar las cosas, se ha supuesto que los transistores Q_1 y Q_4 conectados como diodos tienen bajas resistencias y por lo tanto están sustituidos por cortocircuitos.

Nótese que podríamos haber obtenido este resultado usando la ecuación (6.78) con $r_\pi = \infty$ y por lo tanto $R'_E = r_{o2}$. La ecuación (6.116) simplemente dice que si se conecta en cascodo el transistor Q_2 con el transistor Q_3 se aumenta la resistencia de salida de r_{o2} a $(g_{m3}r_{o3})r_{o2}$, un aumento por el factor $(g_{m3}r_{o3})$. Se puede demostrar que este factor está entre 20 y 100; así, el aumento en resistencia de salida como resultado de la conexión en cascodo es importante. Se obtienen resultados semejantes con el circuito Wilson que se ilustra en la figura 6.32(c), pero este circuito Wilson se perjudica por el hecho de que los voltajes de dren de Q_1 y Q_2 no son iguales, y por esto sus corrientes no serán iguales. Este problema se puede resolver si se incluye el transistor Q_4 conectado como diodo, como se muestra en la figura 6.32(d).

Tanto el espejo de corriente en cascodo como el espejo modificado de Wilson tienen la desventaja de una oscilación reducida de señal. Para ver esto, consideremos el circuito en cascodo de la figura 6.32(b), y supongamos que todos los transistores son idénticos y tienen, por lo tanto, igual V_{GS}. Observamos que el voltaje en la compuerta de Q_3 es $2V_{GS}$ mayor que la fuente negativa. Para que Q_3 permanezca en saturación, el voltaje en su dren (que es el voltaje de salida del espejo, V_O) no debe caer por debajo del voltaje en la compuerta en más de V_t volts. Se deduce que el mínimo valor permisible de V_O es $(2V_{GS} - V_t)$ volts arriba de $-V_{SS}$. Esto es V_{GS} volts arriba del valor correspondiente en el espejo simple; por lo tanto, la conexión en cascodo lleva a una pérdida en oscilación de señal de unos V_{GS} volts (que puede ser de 1 V a 1.5 V en tecnologías modernas). Como las fuentes de alimentación se están reduciendo constantemente, ésta puede ser una seria limitación de diseño.

Ejercicios

6.17 Considere el circuito de espejo de corriente de la figura 6.32(a) con $V_{SS} = -5$ V e $I_{REF} = 10\ \mu A$. Sean Q_1 y Q_2 idénticos, con $V_t = 1$ V, $\mu_n C_{ox} = 20\ \mu A/V^2$, $L = 10\ \mu m$, $W = 40\ \mu m$, y $V_A = 20$ V. Encuentre la resistencia de salida, V_{GS}, y el voltaje de salida mínimo permisible.

Resp. 2 MΩ; 1.5 V; −4.5 V

6.18 Repita el ejercicio 6.17 para el espejo en cascodo de la figura 6.32(b), suponiendo que todos los dispositivos son iguales.

Resp. 164 MΩ; 1.5 V; −3 V

Un amplificador CMOS de carga activa

Concluimos esta sección con un análisis de una configuración que goza de preferencia para un amplificador diferencial en tecnología CMOS. El circuito que se muestra en la figura 6.34, está formado por el par diferencial Q_1 y Q_2 cargado por el espejo de corriente formado por Q_3 y Q_4. El voltaje de polarización de cd en la salida normalmente lo ajusta la etapa amplificadora subsiguiente, como se mostrará en el capítulo 10.

El circuito es análogo a la versión BJT de la figura 6.25. La corriente de señal i está dada por

$$i = g_m(v_{id}/2)$$

donde, como para cada transistor $I_D = I/2$,

$$g_m = \frac{I}{V_{GS} - V_t}$$

El voltaje de señal de salida está dado por

$$v_o = 2i(r_{o2}//r_{o4})$$

Para

$$r_{o2} = r_{o4} = r_o = \frac{V_A}{I/2}$$

el voltaje de salida se convierte en $v_o = 2i(r_o/2) = ir_o = g_m(v_{id}/2)r_o$ y la ganancia de voltaje se convierte en

$$A_v \equiv \frac{v_o}{v_{id}} = g_m \frac{r_o}{2}$$

$$= \frac{V_A}{V_{GS} - V_t} \tag{6.117}$$

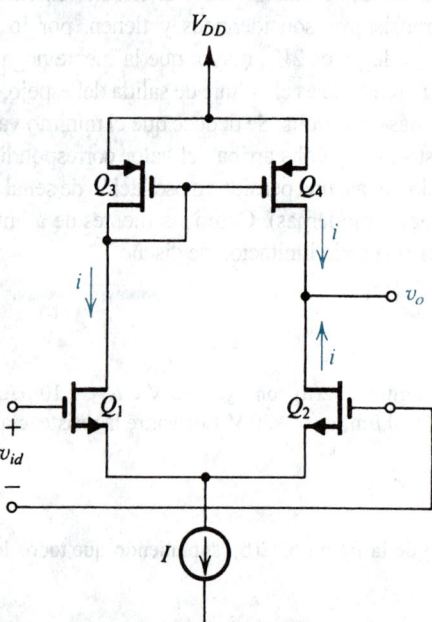

Fig. 6.34 Amplificador diferencial de carga activa en tecnología CMOS.

que es simplemente la razón entre V_A y el voltaje eficaz $V_{eff} = V_{GS} - V_t$ en el que los transistores del par diferencial estén operando. Para tecnologías modernas, una ganancia de 20 a 100 es posible. Para obtener ganancias más elevadas de voltaje, se puede usar un espejo de corriente en cascodo y una etapa diferencial en cascodo. El resultado puede ser un aumento en ganancia de voltaje en un factor de alrededor de 100, aunque a expensas de una reducción en la oscilación permisible de señal de salida. Hablaremos más sobre éste y otros circuitos relativos cuando regresemos al tema de los amplificadores diferenciales y op amp con CMOS en el capítulo 10 (secciones 10.7 y 10.8).

Ejercicio

6.19 Encuentre la ganancia de voltaje del circuito amplificador diferencial de la figura 6.34 bajo las condiciones siguientes: $I = 25\ \mu A$, $V_t = 1$ V, $W_1 = W_2 = 120\ \mu m$, $L_1 = L_2 = 6\ \mu m$, $\mu_n C_{ox} = 20\ \mu A/V^2$, $V_A = 20$ V.

Resp. 80 V/V

6.7 AMPLIFICADORES BiCMOS

Existen dos tecnologías básicas de silicio para el diseño de amplificadores integrados y otros circuitos analógicos: tecnología bipolar, basada en el BJT, y tecnología CMOS, basada en transistores NMOS y PMOS. El BJT tiene la ventaja sobre el MOSFET de una transconductancia (g_m) mucho más elevada al mismo valor de corriente de polarización de cd. Por lo tanto, se obtienen ganancias de voltaje mucho mayores en una etapa amplificadora con transistores bipolares que en un correspondiente circuito con MOSFET. Del mismo modo, como veremos en el siguiente capítulo, los amplificadores con transistores bipolares tienen mejor funcionamiento a altas frecuencias que sus similares con MOS.

Por otra parte, la resistencia de entrada prácticamente infinita en la compuerta de un MOSFET hace posible diseñar amplificadores MOS con resistencia de entrada extremadamente alta y una corriente de polarización de entrada casi de cero. Del mismo modo, el MOSFET produce un excelente diseño de interruptores; mientras que un BJT saturado exhibe un voltaje de desnivel de unas pocas décimas de volt, las curvas características $i–\upsilon$ del MOSFET pasan justo por el origen, resultando un desnivel de cero. La disponibilidad de buenos interruptores en tecnología CMOS hace posible una amplia variedad de técnicas de circuitos analógicos que se utilizan en el diseño (entre otras cosas) de convertidores de datos (capítulo 10) y filtros (capítulo 11). La del CMOS es en la actualidad la tecnología de circuitos digitales de más amplio uso.

Se puede ver entonces que cada una de las dos tecnologías de circuitos, la bipolar y CMOS, tiene sus ventajas diferentes y únicas. Una tecnología de IC que combina estos dos tipos de dispositivos, que permite utilizar cada uno en funciones de circuitos para las que está mejor adaptado, existe ahora y apropiadamente recibe el nombre de BiCMOS. Esta tecnología es útil en el diseño de chips analógicos y digitales así como chips que combinan circuitos analógicos y digitales. En esta sección se estudian circuitos amplificadores básicos con BiCMOS.

Etapas amplificadoras básicas

Antes de presentar dos etapas amplificadoras con BiCMOS, examinamos y comparamos las etapas amplificadoras básicas con BJT y con MOS. En la figura 6.35(a) se ilustra un amplificador de emisor común BJT de carga activa. Este circuito se puede usar por sí solo o se puede considerar como el semicircuito diferencial de un amplificador diferencial. Si se supone que la carga de fuente de corriente tiene una resistencia incremental infinita, la resistencia total en el colector es la resistencia de salida del BJT, r_o, y entonces la ganancia de voltaje obtenida es

$$\frac{v_o}{v_i} = -g_m r_o \qquad (6.118)$$

$$= -\frac{I_C}{V_T}\frac{V_A}{I_C} = -\frac{V_A}{V_T} \qquad (6.119)$$

Ésta es la máxima ganancia que se puede obtener de una etapa de emisor común. Típicamente, $V_A = 50$ V, y como $V_T = 0.025$ V a temperatura ambiente, esta *ganancia intrínseca* de la etapa de emisor común es de unos 2000 V/V. Una desventaja de este circuito, sin embargo, es su baja resistencia de entrada, que es aproximadamente igual a r_π del BJT.

La correspondiente etapa amplificadora con MOSFET se muestra en la figura 6.35(b), para la que la ganancia de voltaje es

$$\frac{v_o}{v_i} = -g_m r_o \qquad (6.120)$$

$$= -\sqrt{2\mu_n C_{ox}(W/L)I}\,/\lambda I$$

$$= -\frac{\sqrt{2\mu_n C_{ox}(W/L)}}{\lambda\sqrt{I}} \qquad (6.121)$$

donde λ es el factor de modulación de longitud de canal, $\lambda = 1/V_A$. Observe que, a diferencia del caso del BJT, donde la ganancia es independiente del valor de la corriente de polarización, la ganancia del amplificador con MOSFET es inversamente proporcional a $\sqrt{I}$. En la figura 6.36 se ilustra una gráfica típica de ganancia de voltaje contra corriente de polarización, de la cual observamos que la ganancia aumenta a medida que se reduce la corriente. A corrientes muy bajas, el MOSFET entra en la región de operación debajo del umbral y la ganancia se hace constante. Debe observarse que aun cuando la más elevada ganancia se obtiene al disminuir el nivel de corriente de polarización de cd, el precio pagado es una reducción en el ancho de banda del amplificador (capítulo 7).

Como para la misma corriente de polarización I, g_m del transistor MOS es mucho menor que la del BJT y como, además, el valor de V_A, y de manera correspondiente la r_o del BJT, es mayor que el del MOSFET (para el cual V_A es típicamente de 20 V), ganancia intrínseca de la etapa del MOSFET suele ser un orden de magnitud más bajo que la del amplificador con BJT. El amplificador MOSFET, sin embargo, tiene la ventaja de una resistencia de entrada prácticamente infinita.

Ejercicio

6.20 Para $I = 100$ μA, encuentre g_m, R_i, r_o y la ganancia de voltaje de las etapas amplificadoras de emisor común y fuente común de las figuras 6.35(a) y (b). Para el BJT: $V_A = 50$ V y $\beta = 100$. Para el MOSFET: $\lambda = 0.05$ V^{-1}, $\mu_n C_{ox} = 20$ μA/V^2, $L = 2$ μm y $W = 20$ μm.

Resp. BJT: $g_m = 4$ mA/V, $R_i = 25$ kΩ, $r_o = 500$ kΩ, ganancia $= -2000$ V/V; MOSFET: $g_m = 0.2$ mA/V, $R_i = \infty$, $r_o = 200$ kΩ, ganancia $= -40$ V/V.

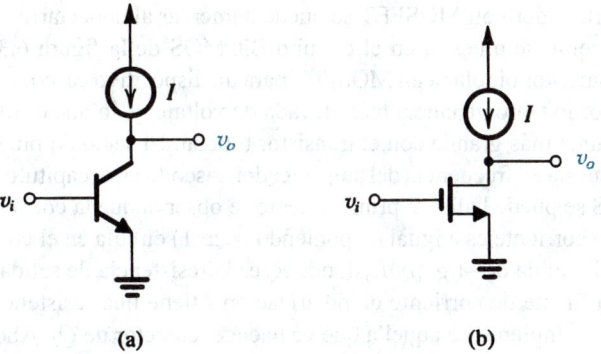

(a) (b)

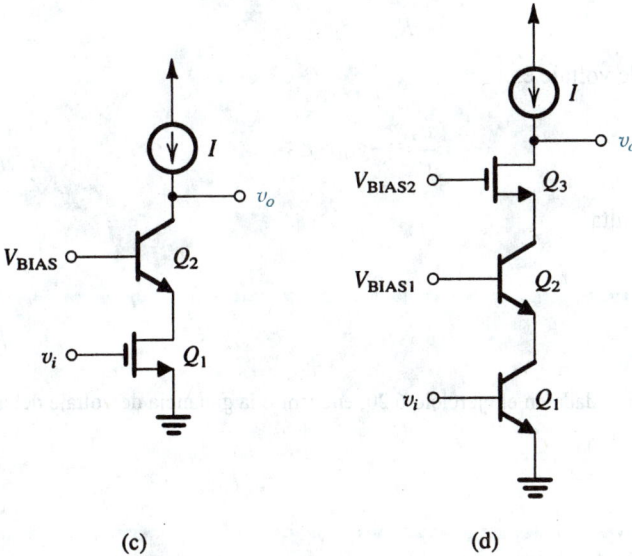

Fig. 6.35 Etapas amplificadoras básicas de carga activa: **(a)** bipolar; **(b)** MOS; **(c)** BiCMOS obtenida al conectar en cascodo Q_1 con un BJT, Q_2; **(d)** Doble cascodo BiCMOS.

(c) (d)

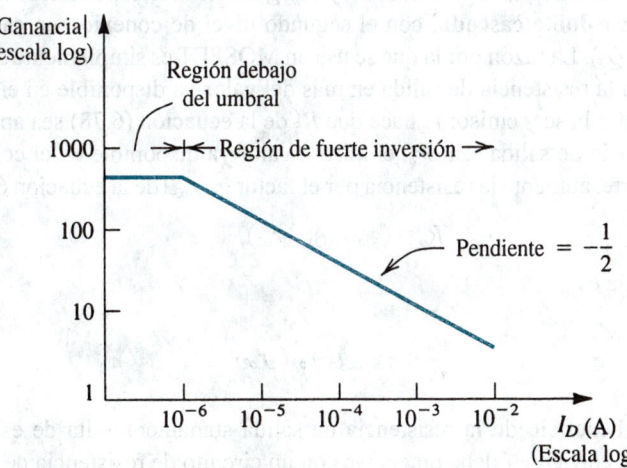

Fig. 6.36 Ganancia de voltaje del amplificador de fuente común y carga activa contra la corriente de polarización I_D. Fuera de la región debajo del umbral, ésta es la gráfica de la ecuación (6.121) para el caso $\mu_n C_{ox} = 20\ \mu A/V^2$, $\lambda = 0.05\ V^{-1}$, $L = 2\ \mu m$ y $W = 20\ \mu m$.

La ganancia del amplificador con MOSFET se puede aumentar al conectarlo en cascodo con un transistor bipolar Q_2, como se muestra en el circuito BiCMOS de la figura 6.35(c). Hay dos razones para preferir un transistor bipolar a un MOSFET para un dispositivo cascodo Q_2: resistencia de salida más elevada y por lo tanto ganancia más elevada de voltaje, y, lo que es más importante, se obtiene un ancho de banda más grande con el transistor bipolar. El segundo punto se apreciará cuando estudiemos la respuesta en frecuencia del amplificador cascodo en el capítulo 7. La ganancia del amplificador BiCMOS se puede hallar si primeramente se observa que la corriente de señal en el dren de Q_1 es $g_{m1}v_i$. Una corriente casi igual (suponiendo $\alpha_2 \simeq 1$) circula en el colector de Q_2, lo que resulta en un voltaje de salida de $-(g_{m1}v_i)R_o$ donde R_o es la resistencia de salida en el colector de Q_2. Suponiendo que la fuente de corriente de polarización I tiene una resistencia incremental infinita, la resistencia R_o es simplemente aquella que ve hacia el colector de Q_2. Ahora Q_2 tiene en su emisor una resistencia R_E igual a r_{o1}, y podemos usar la ecuación (6.78) para hallar la resistencia de salida al sustituir $R_E' = r_{o1}//r_{\pi2} \simeq r_{\pi2}$. El resultado es

$$R_o \simeq \beta_2 r_{o2} \tag{6.122}$$

Entonces la ganancia de voltaje es

$$\frac{v_o}{v_i} = -g_{m1}\beta_2 r_{o2} \tag{6.123}$$

que puede ser bastante alta.

Ejercicio

6.21 Con la información de dispositivo dada en el ejercicio 6.20, encuentre la ganancia de voltaje del amplificador BiCMOS de la figura 6.35(c).

Resp. −10 000 V/V

En la figura 6.35(d) se ilustra otra etapa del amplificador BiCMOS. Ahí la insistencia está en obtener una muy elevada resistencia de salida, R_o, y una ganancia correspondientemente alta, $g_{m1}R_o$. Esto se logra al utilizar **doble cascodo**, con el segundo nivel de conexión en cascodo realizado usando un MOSFET (Q_3). La razón por la que se usa un MOSFET es simplemente que un transistor bipolar no aumentaría la resistencia de salida en más del valor ya disponible en el colector de Q_2; la finita resistencia entre base y emisor r_π hace que R_E' de la ecuación (6.78) sea aproximadamente igual a r_π y la resistencia de salida sea βr_o, el mismo valor ya disponible en el colector de Q_2. El MOSFET, por otra parte, aumenta la resistencia por el factor $g_{m3}r_{o3}$ (de la ecuación 6.116); entonces

$$R_o = (g_{m3}r_{o3})(\beta_2 r_{o2}) \tag{6.124}$$

y la ganancia de voltaje es

$$\frac{v_o}{v_i} = -g_{m1}g_{m3}r_{o3}\beta_2 r_{o2} \tag{6.125}$$

Para obtener todo el beneficio de la resistencia de salida sumamente alta de este amplificador BiCMOS, la fuente de corriente I debe obtenerse con un circuito de resistencia de salida muy alta (por ejemplo, un cascodo o un espejo doble cascodo) y el nodo de salida debe ser regulado por un seguidor de fuente.

Ejercicio

6.22 Con la información de dispositivo dada en el ejercicio 6.20, encuentre R_o y la ganancia de voltaje del amplificador BiCMOS doble cascodo de la figura 6.35(d).

Resp. 2000 MΩ; -8×10^6 V/V

Espejos de corriente

En la figura 6.37 se muestra un espejo de corriente BiCMOS de doble cascodo que representa una resistencia de salida sumamente alta. Si suponemos que la resistencia incremental de cada uno de los tres transistores conectados como diodo (Q_4, Q_5 y Q_6) es pequeña, la resistencia de salida del espejo será la misma que la hallada para el circuito amplificador de la figura 6.35(d), es decir, la dada por la ecuación (6.124). Entonces, la característica más importante de este espejo es su resistencia de salida sumamente alta.

Amplificadores diferenciales

Del análisis del voltaje de desnivel del par diferencial con BJT de la sección 6.3 y del par diferencial con MOS de la sección 6.6, sabemos que V_{OS} para el amplificador con MOS (típicamente, 10 mV) es mucho mayor que el del amplificador con BJT (típicamente 1 mV). Esto se debe a dos factores:

1. El par MOS resulta afectado por el desequilibrio de V_t, que puede ser de hasta 5 mV. No hay efecto correspondiente en el par BJT.

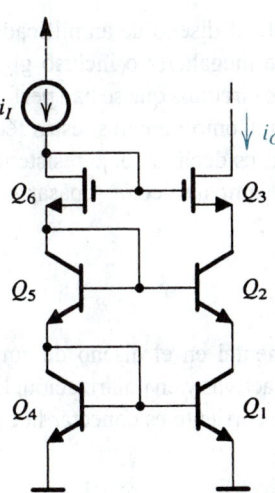

Fig. 6.37 Espejo de corriente BiCMOS de doble cascodo.

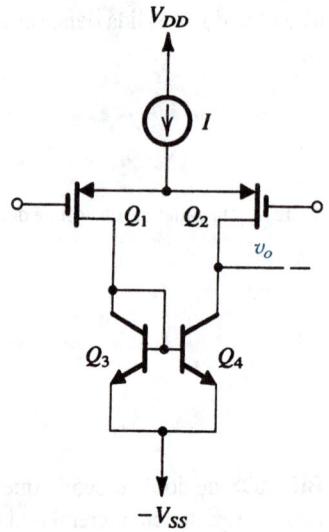

Fig. 6.38 Etapa amplificadora diferencial con BiCMOS que utiliza un par diferencial PMOS. El circuito de carga y etapas subsiguientes del amplificador (no se muestran) utilizan BJT para obtener un ancho de banda grande.

2. Los componentes de V_{OS} del amplificador MOS (diferentes a los debidos a ΔV_t) son proporcionales a $\frac{1}{2}(V_{GS} - V_t)$, que es típicamente 0.2 a 0.5 V. El factor correspondiente en el amplificador BJT es el voltaje térmico V_T, que es 0.025 V a temperatura ambiente.

Se deduce que si un bajo voltaje de desnivel de entrada es un requisito crítico, se recomienda un par BJT. De otro modo, un par diferencial MOS se puede usar con ventaja desde el punto de vista de la resistencia de entrada (prácticamente infinita) y corriente de polarización de entrada (cero). En la figura 6.38 se ilustra el circuito de un amplificador diferencial de carga activa que utiliza un par PMOS de entrada y un espejo bipolar para el circuito de carga. Este circuito puede servir como etapa de entrada de un op amp. En el capítulo 10 hablaremos más acerca de circuitos op amp con BiCMOS. Del mismo modo, los circuitos digitales BiCMOS se estudiarán en el capítulo 14.

6.8   AMPLIFICADORES DE GaAs[3]

La tecnología de arseniuro de galio (GaAs) hace posible el diseño de amplificadores que tienen anchos de banda muy amplios, del orden de cientos de megahertz o incluso gigahertz. En esta sección estudiaremos algunas de las técnicas de diseño de circuitos que se han perfeccionado en los últimos años para el diseño de amplificadores de GaAs. Como veremos, estas técnicas tienen la finalidad de evitar el importante problema del MESFET, es decir, su baja resistencia de salida en saturación. Antes de proseguir con esta sección, aconsejamos al lector repasar el material sobre dispositivos de GaAs que se presentan en la sección 5.12.

Fuentes de corriente

Las fuentes de corriente desempeñan un papel fundamental en el diseño de amplificadores de circuitos integrados, siendo utilizadas tanto como cargas activas y en polarización. En la tecnología de GaAs, la forma más sencilla de formar una fuente de corriente es conectar la compuerta de un

---

[3] Esta sección se puede omitir sin pérdida de continuidad.

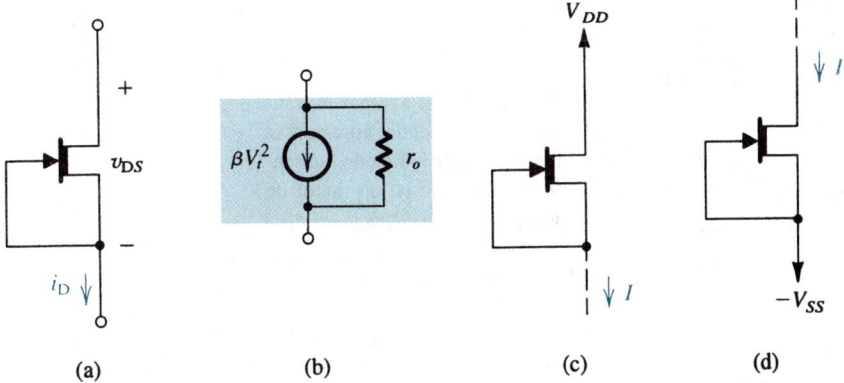

Fig. 6.39 **(a)** Fuente de corriente MESFET básica; **(b)** circuito equivalente de la fuente de corriente; **(c)** fuente de corriente conectada a una fuente de alimentación positiva para alimentar corrientes a cargas a voltajes $\leq V_{DD} - |V_t|$; **(d)** la fuente de corriente conectada a una fuente de alimentación negativa para disipar corrientes de cargas a voltajes $\geq -V_{SS} + |V_t|$.

MESFET del tipo de agotamiento, a su fuente, como se muestra en la figura 6.39(a). Siempre que el υ_{DS} se mantenga mayor que $|V_t|$, el MESFET operará en saturación y la corriente i_D será

$$i_D = \beta V_t^2(1 + \lambda \upsilon_{DS}) \tag{6.126}$$

Entonces, la fuente de corriente tendrá el circuito equivalente que se muestra en la figura 6.39(b), donde la resistencia de salida es la r_o del MESFET,

$$r_o = 1/\lambda \beta V_t^2 \tag{6.127}$$

En la tecnología JFET, $\beta V_t^2 = I_{DSS}$ y $\lambda = 1/|V_A|$; entonces

$$r_o = |V_A|/I_{DSS} \tag{6.128}$$

Como para el MESFET λ es relativamente alta (0.1 a 0.3 V^{-1}), la resistencia de salida de la fuente de corriente de la figura 6.39(a) suele ser baja, lo que hace inadecuada la realización de fuente de corriente para la mayor parte de las aplicaciones. Antes de considerar los medios para aumentar la resistencia eficaz de salida de la fuente de corriente, en la figura 6.39(c) mostramos la forma en que la fuente básica de corriente se puede conectar a corrientes *de fuente* a una carga cuyo voltaje puede ser hasta de $V_{DD} - |V_t|$. Alternativamente, el mismo dispositivo se puede conectar como se muestra en la figura 6.39(d) para *disipar* corrientes de una carga cuyo voltaje puede ser muy bajo, de sólo $-V_{SS} + |V_t|$.

Ejercicio

6.23 Con la información de dispositivo dada en la tabla 5.2 (página 456), encuentre la corriente proporcionada por un MESFET de 10 μm de ancho conectado en la configuración de fuente de corriente. Sea la fuente conectada a una fuente de −5 V y encuentre la corriente cuando el voltaje de dren sea −4 V. ¿Cuál es la resistencia de salida de la fuente de corriente? ¿Qué cambio en corriente ocurre si el voltaje de dren se eleva en +4 V?

Resp. 1.1 mA; 10 kΩ; 0.4 mA

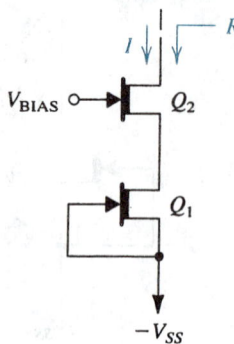

Fig. 6.40 Al agregar el transistor Q_2 cascodo aumenta la resistencia de salida de la fuente de corriente en un factor de $g_{m2}r_{o2}$; es decir, $R_o = g_{m2}r_{o2}r_{o1}$.

Una fuente de corriente cascodo

La resistencia de salida de la fuente de corriente se puede aumentar si se utiliza la configuración de cascodo que se ilustra en la figura 6.40. La resistencia de salida R_o de la fuente de corriente cascodo se puede hallar usando la ecuación (6.116),

$$R_o \simeq g_{m2}r_{o2}r_{o1} \tag{6.129}$$

Entonces, al agregar el transistor Q_2 cascodo se eleva la resistencia de salida de la fuente de corriente en un factor de $g_{m2}r_{o2}$, que es la ganancia de voltaje intrínseca de Q_2. Para los MESFET de GaAs, $g_{m2}r_{o2}$ es típicamente de 10 a 40. Para permitir un amplio intervalo de voltajes a la salida de la fuente de corriente cascodo, V_{BIAS} debe ser el valor más bajo que resulte en la operación de Q_1 en saturación.

Ejercicio

D6.24 Para la fuente de corriente cascodo de la figura 6.40, sean $V_{SS} = 5$ V, $W_1 = 10$ μm y $W_2 = 20$ μm, y supongamos que los dispositivos tienen los típicos valores de parámetros que se dan en la tabla 5.2. (a) Encuentre el valor de V_{BIAS} que resultará en que Q_1 opere en el borde de la región de saturación (es decir, $V_{DS1} = |V_t|$) cuando el voltaje en la salida sea −3 V. (b) ¿Cuál es el mínimo voltaje permisible a la salida de la fuente de corriente? (c) ¿Qué valor de corriente de salida se obtiene para $V_O = -3$ V? (d) ¿Cuál es la resistencia de salida de la fuente de corriente? (e) ¿Qué cambio en corriente de salida resulta cuando el voltaje de salida se eleva de −3 V a +1 V?

Resp. (a) −4.3 V;   (b) −3.3 V;   (c) 1.1 mA;   (d) 310 kΩ;   (e) 0.013 mA

Aumento de la resistencia de salida por autoelevación

Otra técnica que con frecuencia se utiliza para aumentar la resistencia eficaz de salida de un MESFET, incluyendo al MESFET conectado a fuente de corriente, se conoce como **autoelevación**. La idea de la autoelevación se ilustra en la figura 6.41(a). Ahí, el circuito que se encuentra dentro de la caja, capta el voltaje del nodo del fondo de la fuente de corriente, v_A, y hace que aparezca un voltaje v_B en el nodo superior con un valor de

$$v_B = V_S + \alpha v_A \tag{6.130}$$

donde V_S es el voltaje de cd necesario para operar el transistor de fuente de corriente en saturación $(V_S \geq |V_t|)$ y α es una constante ≤ 1. La resistencia incremental de salida de la fuente de corriente autoelevada se puede hallar haciendo que el voltaje v_A aumente en un incremento de v_a. De la ecuación (6.130) encontramos que el incremento resultante en v_B es $v_b = \alpha v_a$. La corriente

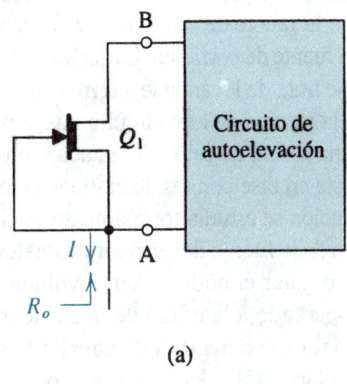

Fig. 6.41 Autoelevación de una fuente de corriente Q_1 MESFET; **(a)** distribución básica; **(b)** un diseño; **(c)** modelo de circuito equivalente a pequeña señal del circuito en (b), con el propósito de determinar la resistencia de salida R_o.

(a)

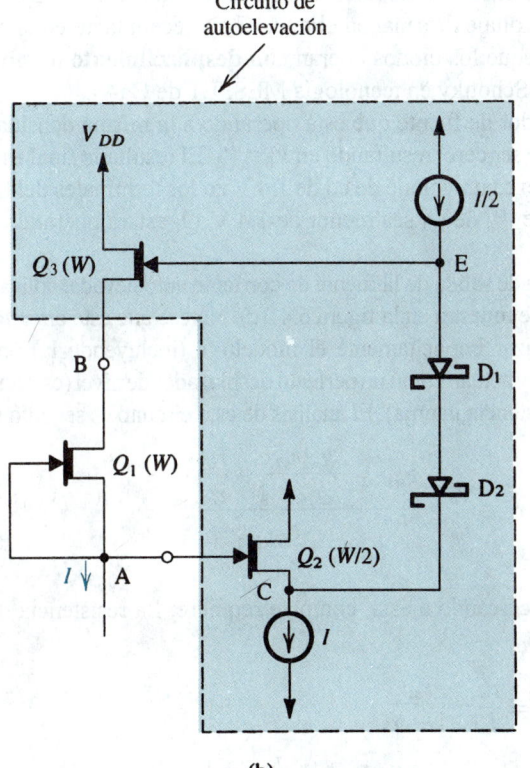

(b)

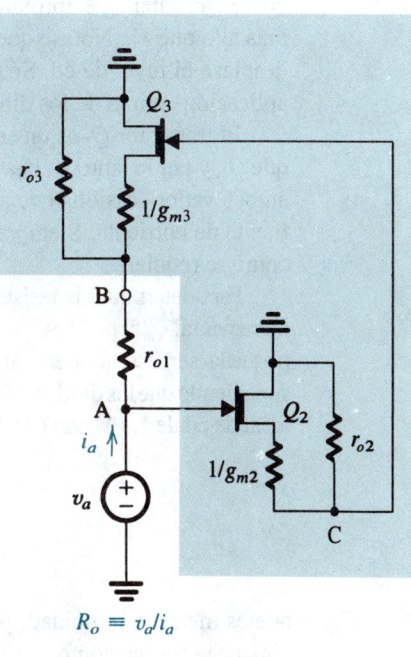

(c)

incremental que pasa por la fuente de corriente es, por lo tanto $(v_a - v_b)/r_o$ o $(1 - \alpha)v_a/r_o$. Por lo tanto, la resistencia de salida R_o es

$$R_o = \frac{v_a}{(1 - \alpha)v_a/r_o} = \frac{r_o}{1 - \alpha} \tag{6.131}$$

En esta forma, la autoelevación aumenta la resistencia de salida por el factor $1/(1 - \alpha)$, que aumenta a medida que α se aproxima a la unidad. Se obtiene una perfecta autoelevación con $\alpha = 1$, que resulta en $R_o = \infty$.

De lo anterior observamos que el circuito de autoelevación capta cualquier cambio que ocurra en el voltaje en un terminal de la fuente de corriente y produce un cambio casi igual en el otro terminal, manteniendo así un voltaje casi constante en la fuente de corriente y reduciendo al mínimo el cambio en la corriente que pasa por el transistor de la fuente de corriente. La acción del circuito de autoelevación se puede comparar con la de una persona que trata de levantarse a sí misma tirando de las cintas de sus zapatos (!), que es el origen del nombre de la técnica de este circuito que, a propósito, es anterior a la tecnología de GaAs. La autoelevación es una forma de retroalimentación positiva; la señal v_b que es regresada por el circuito de autoelevación está en fase con (es decir, tiene la misma polaridad) la señal que está siendo captada, v_a. La retroalimentación se estudia formalmente en el capítulo 8.

En la figura 6.41(b) se ilustra un diseño de la fuente de corriente autoelevada. Aquí, el transistor Q_2 es el seguidor de fuente utilizado para regular el nodo A, cuyo voltaje está siendo captado. El ancho de Q_2 es la mitad del de Q_1 y está operando a la mitad de la corriente de polarización. (Los transistores Q_1 y Q_2 se dice que operan a la misma **densidad de corriente**.) Entonces, el V_{GS} de Q_2 será igual al de Q_1, es decir, cero, y por lo tanto $V_C = V_A$. Los dos diodos Schottky se comportan como una batería de aproximadamente 1.4 V, resultando que el voltaje de cd del nodo E es de 1.4 V más alto que V_C. Nótese que el voltaje de señal en el nodo C aparece intacto en el nodo E; sólo se desplaza el nivel de cd. Se dice que los diodos operan **con desplazamiento de nivel**, que es una aplicación común de los diodos Schottky en tecnología MESFET de GaAs.

El transistor Q_3 es un seguidor de fuente que está operando a la misma densidad de corriente que Q_1, y por lo tanto su V_{GS} debe ser cero, resultando en $V_B = V_E$. El resultado final es que el circuito autoelevador ocasiona que aparezca un voltaje de cd de 1.4 V en los terminales del transistor Q_1 de fuente de corriente. Siempre que $|V_t|$ de Q_1 sea menor de 1.4 V, Q_1 estará operando en saturación, como se requiere.

Para determinar la resistencia de salida de la fuente de corriente autoelevada, aplicamos un voltaje incremental v_a al nodo A, como se muestra en la figura 6.41(c). Nótese que este circuito equivalente a pequeña señal se obtiene al utilizar implícitamente el modelo T (incluyendo r_o) por cada FET y suponiendo que los diodos Schottky actúan como un perfecto desplazador de nivel (es decir, como voltaje ideal de cd de 1.4 V con cero resistencia interna). El análisis de este circuito es sencillo y es

$$\alpha \equiv \frac{v_b}{v_a} = \frac{g_{m3}r_{o3}\dfrac{g_{m2}r_{o2}}{g_{m2}r_{o2}+1} + \dfrac{r_{o3}}{r_{o1}}}{g_{m3}r_{o3} + \dfrac{r_{o3}}{r_{o1}} + 1} \tag{6.132}$$

que es menor a la unidad, pero cercano a ésta, como se requiere. La resistencia de salida R_o se obtiene entonces como

$$R_o \equiv \frac{v_a}{i_a} = \frac{r_{o1}}{1 - \alpha}$$

$$= r_{o1}\frac{g_{m3}r_{o3} + (r_{o3}/r_{o1}) + 1}{g_{m3}r_{o3}/(g_{m2}r_{o2}+1) + 1} \tag{6.133}$$

Para $r_{o3} = r_{o1}$, suponiendo que $g_{m3}r_{o3}$ y $g_{m2}r_{o2}$ sean $\gg 1$, y usando las relaciones de g_m y r_o para Q_2 y Q_3, podemos demostrar que

$$R_o \simeq r_{o1}(g_{m3}r_{o3}/2) \qquad (6.134)$$

que representa un aumento de alrededor de un orden de magnitud en la resistencia de salida. Desafortunadamente, empero, el circuito es más bien complejo.

Una configuración cascodo sencilla; el transistor compuesto

La resistencia de salida más bien baja del MESFET impone una seria limitación al funcionamiento de fuentes de corriente con MESFET y varios amplificadores con MESFET. Este problema puede superarse si se usa la configuración compuesta con MESFET que en la figura 6.42 aparece en lugar de un solo MESFET. Este circuito es único a los MESFET de GaAs y funciona sólo debido al fenómeno de saturación inicial observado en estos dispositivos. Recordemos de nuestro estudio de la sección 5.12 que la **saturación inicial** se refiere al hecho de que en un MESFET de GaAs la corriente de dren se satura a un voltaje v_{DSsat} que es menor de $v_{GS} - V_t$.

En el MESFET compuesto de la figura 6.42(a), Q_2 está construido más ancho que Q_1. Se deduce que como los dos dispositivos están conduciendo la misma corriente, Q_2 tendrá un voltaje v_{GS2} de compuerta a fuente cuya magnitud es mucho más cercana a $|V_t|$ que $|v_{GS1}|$ (por lo tanto, $|v_{GS2}| \gg |v_{GS1}|$). Por ejemplo, si usamos los dispositivos cuyos parámetros típicos se dan en la tabla 5.2 y soslayamos por ahora la modulación de longitud de canal ($\lambda = 0$), encontramos que para $W_1 = 10$ μm y $W_2 = 90$ μm, a una corriente de 1 mA, $v_{GS1} = 0$ y $v_{GS2} = -\frac{2}{3}$ V. Ahora, como el voltaje de la fuente de dren de Q_1 es $v_{DS1} = -v_{GS2} + v_{GS1}$, vemos que v_{DS1} será positivo y cercano a $v_{GS1} - V_t$ pero menor a éste ($\frac{2}{3}$ V en nuestro ejemplo, en comparación con 1 V). Entonces, en ausencia de saturación inicial, Q_1 estaría operando en la región del triodo. Sin embargo, con saturación inicial, se ha encontrado que la operación en modo de saturación se obtiene para Q_1 haciendo que Q_2 sea de 5 a 10 veces más ancho.

El MESFET compuesto de la figura 6.42(a) puede ser considerado como una configuración cascodo, en la que Q_2 es el transistor cascodo, pero sin una línea separada de polarización para alimentar la compuerta del transistor cascodo (como en la figura 6.40). Al sustituir cada uno de los Q_1 y Q_2 con sus modelos a pequeña señal, se puede demostrar que el dispositivo compuesto se puede

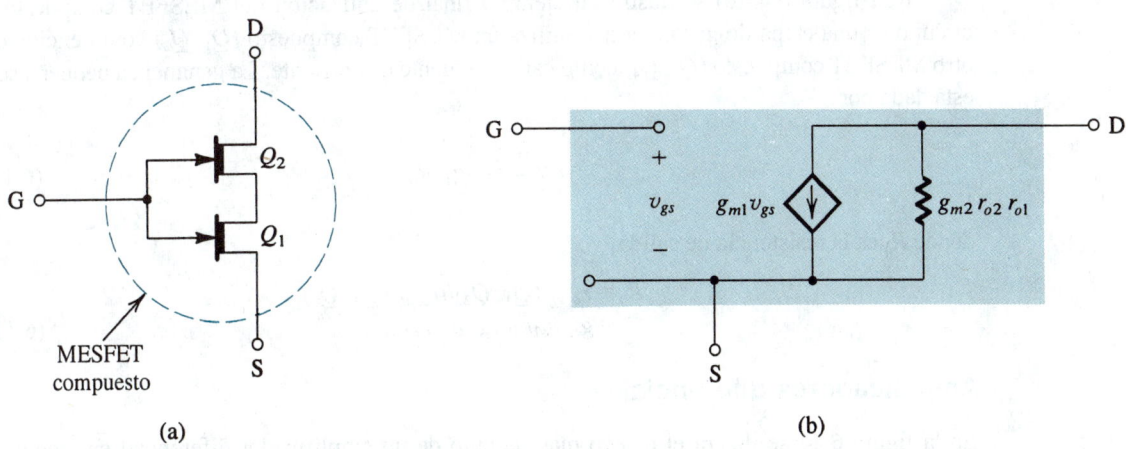

(a)   (b)

Fig. 6.42 (a) El MESFET compuesto y (b) su modelo a pequeña señal.

representar con el modelo de circuito equivalente de la figura 6.42(b). Entonces, mientras la g_m del dispositivo compuesto es igual a la de Q_1, la resistencia de salida es aumentada por la ganancia intrínseca de Q_2, $g_{m2}r_{o2}$, que es típicamente entre 10 y 40. Éste es un aumento importante y es la razón para el atractivo del MESFET compuesto.

El MESFET compuesto se puede utilizar en cualquiera de las aplicaciones que se pueden beneficiar de su resistencia de salida aumentada. En la figura 6.43 se ilustran algunos ejemplos. El circuito de la figura 6.43(a) es el de una fuente de corriente con resistencia de salida aumentada. Otra vista de la operación de este circuito se puede obtener al considerar Q_2 como seguidor de fuente que ocasiona que el dren de Q_1 siga los cambios de voltaje en el terminal de la fuente de corriente (nodo A), autoelevando Q_1 y aumentando la resistencia eficaz de salida de la fuente de corriente. Esta interpretación alternativa de la operación del circuito ha resultado en su nombre alternativo: fuente de corriente **autoelevada**.

La aplicación del MESFET compuesto como seguidor de fuente se describe en la figura 6.43(b). Si se supone que la fuente de corriente I polarizada es ideal, podemos escribir la ganancia de este seguidor como

$$\frac{v_o}{v_i} = \frac{r_{o,\text{eff}}}{r_{o,\text{eff}} + (1/g_{m1})}$$

$$= \frac{g_{m2}r_{o2}r_{o1}}{g_{m2}r_{o2}r_{o1} + (1/g_{m1})} \tag{6.135}$$

que es mucho más cercana al valor ideal de la unidad de lo que es la ganancia del seguidor de fuente de un solo MESFET.

Ejercicio

6.25 Con la información de dispositivo dada en la tabla 5.2, haga contrastar la ganancia de voltaje de un seguidor de fuente formado con un solo MESFET que tiene $W = 10\ \mu m$ con un seguidor MESFET compuesto con $W_1 = 10\ \mu m$ y $W_2 = 90\ \mu m$. En ambos casos suponga una polarización a 1 mA y desprecie λ mientras calcula g_m (para mayor sencillez).

Resp. Uno solo: 0.952 V/V; compuesto: 0.999 V/V

En la figura 6.43(c) se ilustra un ejemplo final de aplicación del MESFET compuesto. El circuito es una etapa de ganancia que utiliza un MESFET compuesto (Q_1, Q_2) como excitador y otro MESFET compuesto (Q_3, Q_4) como carga de fuente de corriente. La ganancia a pequeña señal está dada por

$$\frac{v_o}{v_i} = -g_{m1}R_o \tag{6.136}$$

donde R_o es la resistencia de salida,

$$R_o = r_{o,\text{eff}}(Q_1, Q_2)//r_{o,\text{eff}}(Q_3, Q_4)$$
$$= g_{m2}r_{o2}r_{o1}//g_{m4}r_{o4}r_{o3} \tag{6.137}$$

Amplificadores diferenciales

En la figura 6.44 se ilustra el diseño más sencillo de un amplificador diferencial en tecnología MESFET de GaAs. Ahí, Q_1 y Q_2 forman el par diferencial, Q_3 forma la fuente de corriente de

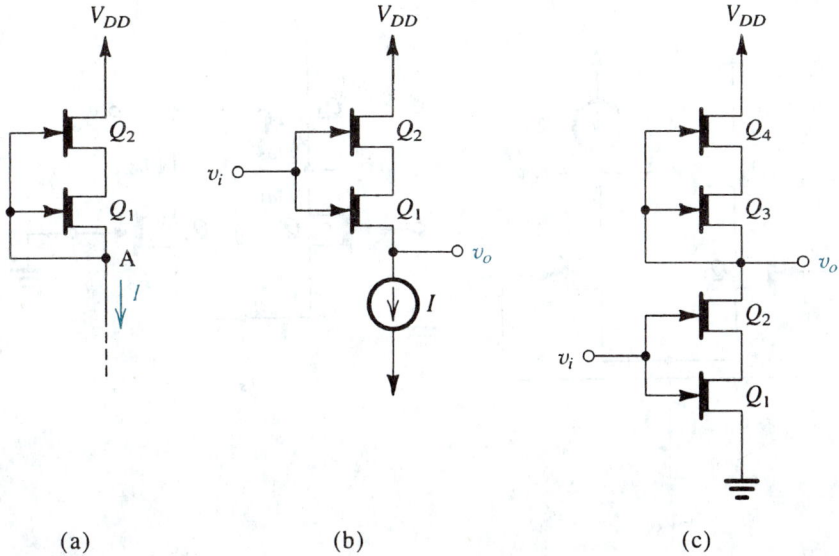

Fig. 6.43 Aplicaciones del MESFET compuesto: **(a)** como fuente de corriente; **(b)** como seguidor de fuente; y **(c)** como etapa de ganancia.

polarización, y Q_4 forma la carga activa (fuente de corriente). La operación del circuito es afectada por las bajas resistencias de salida de Q_3 y Q_4. La ganancia de voltaje está dada por

$$\frac{v_o}{v_i} = -g_{m2}(r_{o2}//r_{o4}) \tag{6.138}$$

La ganancia de voltaje se puede aumentar mediante el uso de los diseños mejorados de fuente de corriente que se detallan líneas antes. Del mismo modo, se ha perfeccionado una técnica más ingeniosa para mejorar la ganancia del par diferencial del MESFET. En la figura 6.45(a) se muestra

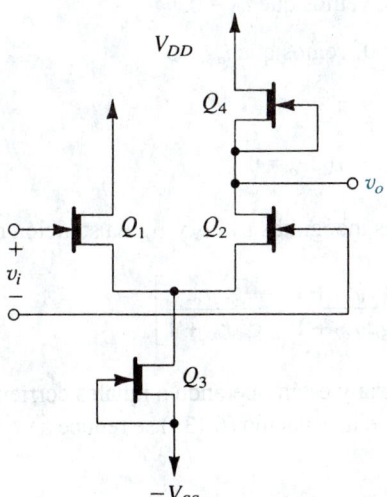

Fig. 6.44 Amplificador diferencial MESFET simple.

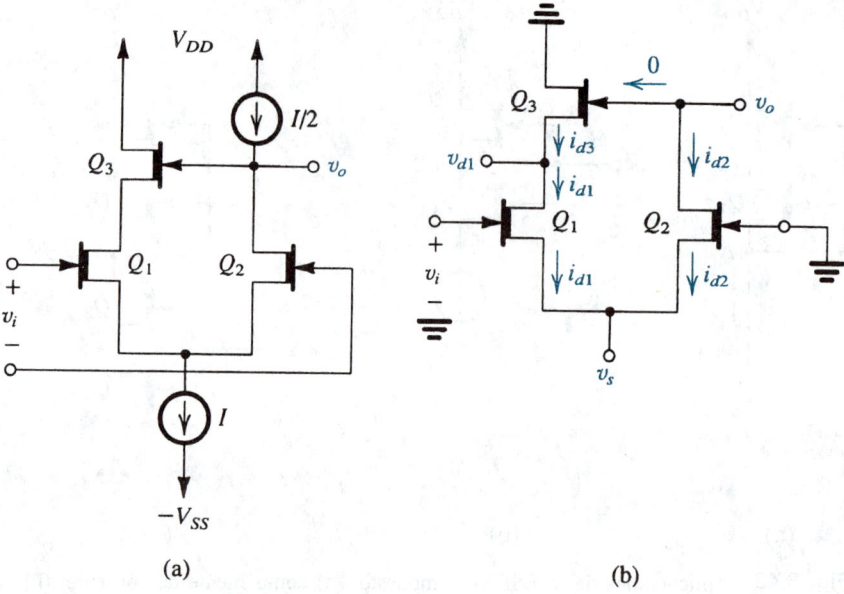

Fig. 6.45 **(a)** Amplificador diferencial MESFET cuya ganancia se mejora por la aplicación de retroalimentación positiva a través del seguidor de fuente Q_3; **(b)** análisis a pequeña señal del circuito en (a).

este circuito. Mientras que el dren de Q_2 está cargado con una carga de fuente de corriente (como antes), la señal de salida desarrollada se retroalimenta al dren de Q_1 a través del seguidor de fuente Q_3. El análisis a pequeña señal del circuito se ilustra en la figura 6.45(b), en donde las fuentes de corriente I e $I/2$ se han supuesto ideales y por ello sustituidas con circuitos abiertos. Para determinar la ganancia de voltaje, hemos conectado a tierra el terminal de compuerta de Q_2 y aplicado la señal diferencial de entrada v_i a la compuerta de Q_1. El análisis continúa con los pasos siguientes:

1. Del nodo de salida vemos que $i_{d2} = 0$.

2. Del nodo de las fuentes, como $i_{d2} = 0$, vemos que $i_{d1} = 0$.

3. Del nodo en el dren de Q_1, como $i_{d1} = 0$, vemos que $i_{d3} = 0$.

4. Al escribir para cada transistor

$$i_d = g_m v_{gs} + v_{ds}/r_o = 0$$

obtenemos tres ecuaciones con las tres incógnitas v_{d1}, v_s y v_o. La solución da

$$\frac{v_o}{v_i} = g_{m1}r_{o1} \left/ \left[\frac{g_{m1}r_{o1} + 1}{g_{m2}r_{o2} + 1} - \frac{g_{m3}r_{o3}}{g_{m3}r_{o3} + 1} \right] \right. \tag{6.139}$$

Si los tres transistores tienen la misma geometría y están operando a iguales corrientes de cd, sus valores de g_m y r_o serán iguales y la expresión de la ecuación (6.139) se reduce a

$$\frac{v_o}{v_i} \simeq (g_m r_o)^2 \tag{6.140}$$

Entonces, la aplicación de retroalimentación positivo por medio del seguidor Q_3 hace posible obtener una ganancia igual al cuadrado de la que se puede obtener de manera natural para una sola etapa.

Ejercicio

6.26 Con la información de dispositivo dada en la tabla 5.2, encuentre la ganancia del circuito amplificador diferencial de la figura 6.45(a) para $I = 10$ mA y $W_1 = W_2 = W_3 = 100$ μm.

Resp. 784 V/V

6.9 AMPLIFICADORES DE VARIAS ETAPAS

Los amplificadores prácticos de transistores suelen estar formados de varias etapas conectadas en cascada. Además de dar ganancia, la primera etapa (o entrada) por lo general debe contar con una elevada resistencia de entrada para evitar pérdida de nivel de señal cuando el amplificador se alimente desde una fuente de elevada resistencia. En un amplificador diferencial, la etapa de entrada también debe contar con elevado rechazo de modo común. La función de las etapas intermedias de una cascada de amplificadores es producir la mayor parte de la ganancia de voltaje. Además, las etapas intermedias realizan otras funciones como son la conversión de la señal del modo diferencial al modo asimétrico y el desplazamiento del nivel de cd de la señal. Estas dos funciones, y otras, se estudian más adelante en esta sección y en mayor detalle en el capítulo 10.

Finalmente, la principal función de la última etapa (o salida) de un amplificador es producir una baja resistencia de salida, para evitar pérdida de ganancia cuando la resistencia de carga de bajo valor se conecte al amplificador. Igualmente, la etapa de salida debe tener capacidad para alimentar de manera eficiente la corriente requerida por la carga, es decir, sin disipar una cantidad indebidamente grande de potencia en los transistores de salida. Ya hemos estudiado un tipo de configuración de amplificador apropiada para poner en práctica etapas de salida, es decir, el seguidor de fuente y el seguidor de emisor. En el capítulo 9 se demostrará que los seguidores de fuente y de emisor no son óptimos desde el punto de vista de eficiencia de potencia, y que existen otras configuraciones de circuito más apropiadas para etapas de salida necesarias para alimentar grandes cantidades de potencia de salida.

Para ilustrar la estructura y método de análisis de amplificadores de varias etapas, concluiremos este capítulo con un ejemplo detallado. El circuito amplificador que se va a analizar se muestra en la figura 6.46. El análisis de cd de este sencillo circuito de op amp fue presentado en el ejemplo 6.3, mismo que urgimos al lector repasarlo antes de pasar al siguiente material.

El circuito op amp de la figura 6.46 está formado por cuatro etapas. La etapa de entrada es **diferencial de entrada, diferencial de salida** y consta de los transistores Q_1 y Q_2, que están polarizados por la fuente de corriente Q_3. La segunda etapa es también un amplificador de entrada diferencial, pero su salida se toma asimétrica en el colector de Q_5. Esta etapa está formada por Q_4 y Q_5, que están polarizados por la fuente de corriente Q_6. Nótese que la conversión de diferencial a asimétrica, realizada por la segunda etapa, ocasiona una pérdida de ganancia de un factor de 2. En las secciones 6.5 y 6.6 se estudió un método más elaborado para lograr esta conversión; en este método interviene el uso del espejo de corriente como carga activa.

Además de producir alguna ganancia de voltaje, la tercera etapa, formada por el transistor *pnp* Q_7, realiza la esencial función de *desplazar el nivel de cd* de la señal. Por lo tanto, mientras que a

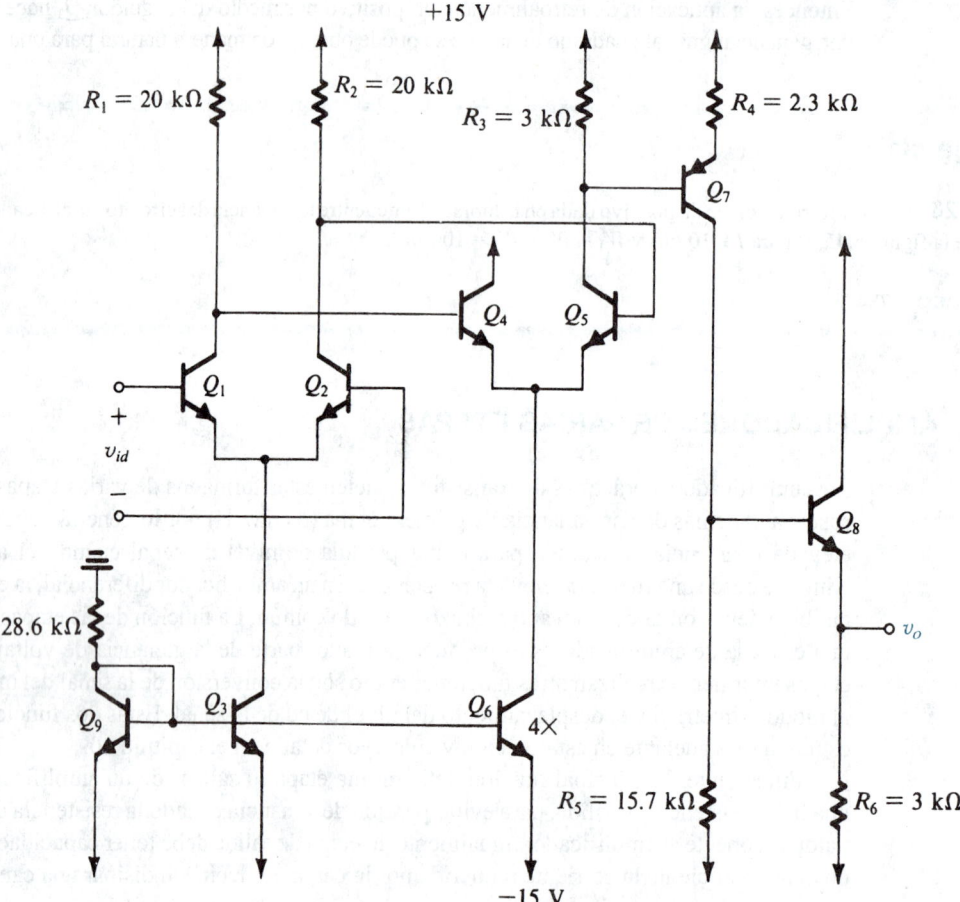

Fig. 6.46   Circuito amplificador de varias etapas (ejemplo 6.4).

la señal del colector de Q_5 no se le permita oscilar por debajo del voltaje en la base de Q_5 (+10 V), la señal en el colector de Q_7 puede ser negativa (y positiva, por supuesto). De nuestro estudio de op amps en el capítulo 2 sabemos que el terminal de salida del op amp debe tener capacidad para alternancias positivas y negativas de voltaje. Por lo tanto, todo circuito op amp incluye una distribución para **desplazamiento de nivel**. Aun cuando el uso del transistor *pnp* complementario proporciona una solución sencilla al problema del desplazamiento de nivel, existen otras formas de desplazadores de nivel, una de las cuales se estudia en el capítulo 10.

Por último, observamos que la etapa de salida consiste en un seguidor de emisor Q_8 y que idealmente el nivel de cd a la salida es cero volts (como se calculó en el ejemplo 6.3).

EJEMPLO 6.4

Utilice las cantidades de polarización de cd evaluadas en el ejemplo 6.3 y analice el circuito de la figura 6.46 para determinar la resistencia de entrada, la ganancia de voltaje y la resistencia de salida.

SOLUCIÓN

La resistencia diferencial de entrada R_{id} está dada por

$$R_{id} = r_{\pi 1} + r_{\pi 2}$$

Como Q_1 y Q_2 están cada uno operando a una corriente de emisor de 0.25 mA, se deduce que

$$r_{e1} = r_{e2} = \frac{25}{0.25} = 100\ \Omega$$

Supongamos que $\beta = 100$; entonces

$$r_{\pi 1} = r_{\pi 2} = 101 \times 100 = 10.1\ \text{k}\Omega$$

Entonces, $R_{id} = 20.2\ \text{k}\Omega$.

Para evaluar la ganancia de la primera etapa, primero hallamos la resistencia de entrada de la segunda etapa, R_{i2},

$$R_{i2} = r_{\pi 4} + r_{\pi 5}$$

Q_4 y Q_5 están operando cada uno a una corriente de emisor de 1 mA; entonces

$$r_{e4} = r_{e5} = 25\ \Omega$$

$$r_{\pi 4} = r_{\pi 5} = 101 \times 25 = 2.525\ \text{k}\Omega$$

Por lo tanto, $R_{i2} = 5.05\ \text{k}\Omega$. Esta resistencia aparece entre los colectores de Q_1 y Q_2, como se muestra en la figura 6.47. Así, la ganancia de la primera etapa será

$$A_1 \equiv \frac{v_{o1}}{v_{id}} \simeq \frac{\text{Resistencia total en circuito de colector}}{\text{Resistencia total en circuito de emisor}}$$

$$= \frac{[R_{i2}//(R_1 + R_2)]}{r_{e1} + r_{e2}}$$

$$= \frac{(5.05\ \text{k}\Omega//40\ \text{k}\Omega)}{200\ \Omega} = 22.4\ \text{V/V}$$

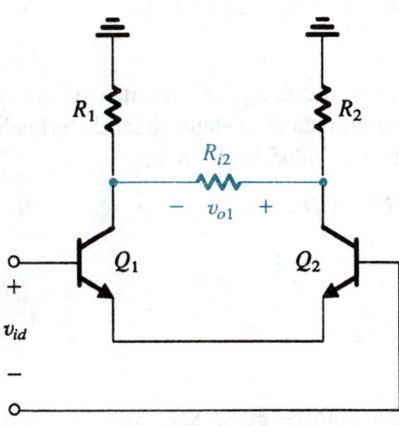

Fig. 6.47 Circuito equivalente para calcular la ganancia de la etapa de entrada del amplificador de la figura 6.46.

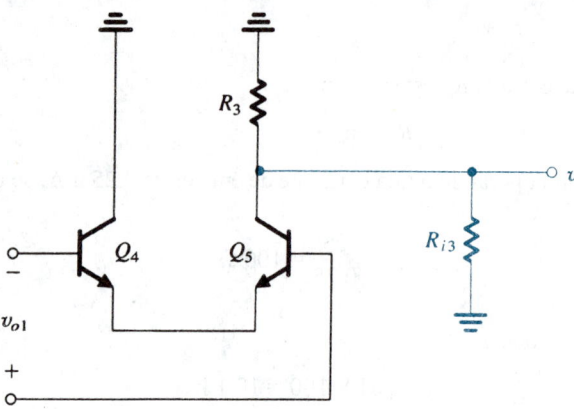

Fig. 6.48 Circuito equivalente para calcular la ganancia de la segunda etapa del amplificador de la figura 6.46.

En la figura 6.48 se ilustra un circuito equivalente para calcular la ganancia de la segunda etapa. Como se indica, el voltaje de entrada a la segunda etapa es el voltaje de salida de la primera etapa, v_{o1}. También se muestra la resistencia R_{i3}, que es la resistencia de entrada de la tercera etapa formada por Q_7. El valor de R_{i3} se puede hallar al multiplicar la resistencia total del emisor de Q_7 por $\beta + 1$:

$$R_{i3} = (\beta + 1)(R_4 + r_{e7})$$

Como Q_7 está operando a una corriente de emisor de 1 mA,

$$r_{e7} = \frac{25}{1} = 25 \ \Omega$$

$$R_{i3} = 101 \times 2.325 = 234.8 \ k\Omega$$

Ahora podemos hallar la ganancia A_2 de la segunda etapa como la razón entre la resistencia total del circuito de colector y la resistencia total del circuito de emisor:

$$A_2 \equiv \frac{v_{o2}}{v_{o1}} \simeq -\frac{(R_3 // R_{i3})}{r_{e4} + r_{e5}}$$

$$= -\frac{(3 \ k\Omega // 234.8 \ k\Omega)}{50 \ \Omega} = -59.2 \ V/V$$

Para obtener la ganancia de la tercera etapa consultamos el circuito equivalente que se muestra en la figura 6.49, donde R_{i4} es la resistencia de entrada de la etapa de salida formada por Q_8. Usando la regla de reflexión de resistencia, calculamos el valor de R_{i4} como

$$R_{i4} = (\beta + 1)(r_{e8} + R_6)$$

donde

$$r_{e8} = \frac{25}{5} = 5 \ \Omega$$

$$R_{i4} = 101(5 + 3000) = 303.5 \ k\Omega$$

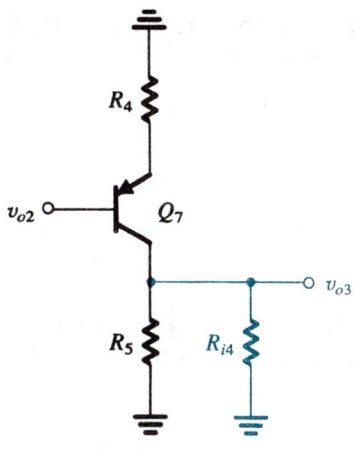

Fig. 6.49 Circuito equivalente para evaluar la ganancia de la tercera etapa del circuito amplificador de la figura 6.46.

La ganancia de la tercera etapa está dada por

$$A_3 \equiv \frac{v_{o3}}{v_{o2}} \simeq -\frac{(R_5 // R_{i4})}{r_{e7} + R_4}$$

$$= -\frac{(15.7 \text{ k}\Omega // 303.5 \text{ k}\Omega)}{2.325 \text{ k}\Omega} = -6.42 \text{ V/V}$$

Finalmente, para obtener la ganancia A_4 de la etapa de salida consultamos el circuito equivalente de la figura 6.50 y escribimos

$$A_4 \equiv \frac{v_o}{v_{o3}} = \frac{R_6}{R_6 + r_{e8}}$$

$$= \frac{3000}{3000 + 5} = 0.998 \simeq 1$$

La ganancia total de voltaje del amplificador se puede obtener entonces como sigue:

$$\frac{v_o}{v_{id}} = A_1 A_2 A_3 A_4 = 8513 \text{ V/V}$$

o sea 78.6 dB.

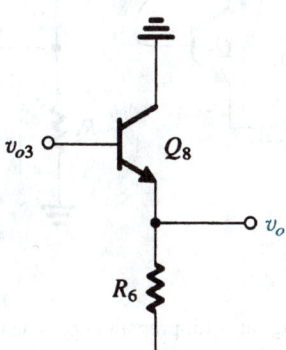

Fig. 6.50 Etapa de salida del circuito amplificador de la figura 6.46.

Para obtener la resistencia de salida R_o "nos asimos" del terminal de salida de la figura 6.46 y miramos hacia atrás en el circuito. Por inspección, encontramos

$$R_o = \{R_6 // [r_{e8} + R_5/(\beta + 1)]\}$$

lo cual da $R_o = 152\ \Omega$.

Ejercicio

6.27 Utilice los resultados del ejemplo 6.4 para calcular la ganancia total de voltaje del amplificador de la figura 6.46 cuando se conecta a una fuente que tiene una resistencia de 10 kΩ y una carga de 1 kΩ.

Resp. 4943 V/V

Análisis usando ganancias de corriente

Hay un método alternativo para el análisis de amplificadores de varias etapas que puede ser un poco más fácil de ejecutar en algunos casos. El método hace uso de ganancias de corriente, o, más apropiadamente, factores de transmisión de corriente. En efecto, se rastrea la transmisión de la corriente de señal en todo el amplificador en cascada, evaluando todos los factores de transmisión de corriente en turno. Ilustraremos el método usándolo para analizar el circuito amplificador del ejemplo precedente.

En la figura 6.51 se ilustra el circuito amplificador preparado para análisis a pequeña señal. Hemos indicado en el diagrama de circuito las corrientes de señal en todas las ramas del circuito.

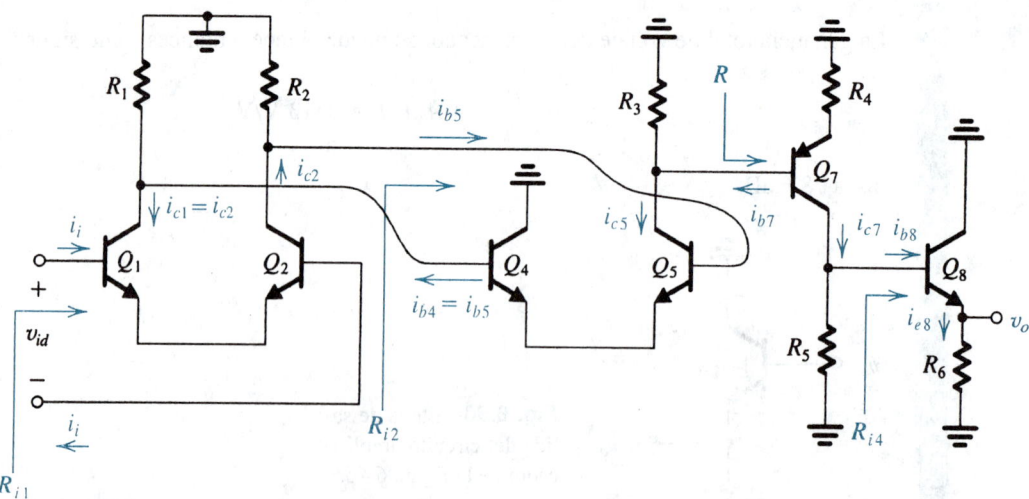

Fig. 6.51 Circuito del amplificador de varias etapas de la figura 6.46, preparado para análisis a pequeña señal. Están indicadas las corrientes de señal en todo el amplificador y las resistencias de entrada de las cuatro etapas.

También están indicadas las resistencias de entrada de las cuatro etapas del amplificador. Éstas deben evaluarse antes de iniciar el análisis siguiente.

El propósito del análisis es determinar la ganancia total de voltaje (v_o/v_{id}). Hacia el final, expresamos v_o en términos de la corriente de señal del emisor de Q_8, i_{e8} y v_{id} en términos de la corriente de señal de entrada i_i, como sigue:

$$v_o = R_6 i_{e8}$$

$$v_{id} = R_{i1} i_i$$

Entonces, la ganancia de voltaje se puede expresar en términos de la ganancia de corriente (i_{e8}/i_i) como

$$\frac{v_o}{v_{id}} = \frac{R_6}{R_{i1}} \frac{i_{e8}}{i_i}$$

A continuación, expandimos la ganancia de corriente (i_{e8}/i_i) en términos de las corrientes de señal en todo el circuito como sigue:

$$\frac{i_{e8}}{i_i} = \frac{i_{e8}}{i_{b8}} \times \frac{i_{b8}}{i_{c7}} \times \frac{i_{c7}}{i_{b7}} \times \frac{i_{b7}}{i_{c5}} \times \frac{i_{c5}}{i_{b5}} \times \frac{i_{b5}}{i_{c2}} \times \frac{i_{c2}}{i_i}$$

Cada uno de los factores de transmisión de corriente del lado derecho es ganancia de corriente de un transistor o es la razón de un divisor de corriente. Por lo tanto, una consulta a la figura 6.51 hace posible hallar estos factores por inspección,

$$\frac{i_{e8}}{i_{b8}} = \beta_8 + 1$$

$$\frac{i_{b8}}{i_{c7}} = \frac{R_5}{R_5 + R_{i4}}$$

$$\frac{i_{c7}}{i_{b7}} = \beta_7$$

$$\frac{i_{b7}}{i_{c5}} = \frac{R_3}{R_3 + R_{i3}}$$

$$\frac{i_{c5}}{i_{b5}} = \beta_5$$

$$\frac{i_{b5}}{i_{c2}} = \frac{(R_1 + R_2)}{(R_1 + R_2) + R_{i2}}$$

$$\frac{i_{c2}}{i_i} = \beta_2$$

Estas razones se pueden evaluar fácilmente y sus valores usarse para determinar la ganancia de voltaje.

Con un poco de práctica es posible realizar este análisis muy rápidamente, de antemano marcando explícitamente las corrientes de señal en el diagrama del circuito. Sólo hay que "caminar" por el circuito, de entrada a salida, o viceversa, para determinar los factores de transmisión de corriente uno a la vez, como en una cadena.

Ejercicio

6.28 Utilice los valores de resistencia de entrada encontrados en el ejemplo 6.4 para evaluar los siete factores de transmisión de corriente, y de ellos la ganancia total de corriente y ganancia de voltaje.

Resp. Los factores de transmisión de corriente en el orden de su aparición son 101, 0.0492, 100, 0.0126, 100, 0.8879, 100 A/A; la ganancia total de corriente es 55993 A/A; y la ganancia de voltaje es 8256 V/V. Este valor difiere ligeramente del encontrado en el ejemplo 6.4, debido a las aproximaciones hechas en el ejemplo (por ejemplo, $\alpha \cong 1$).

6.10 EJEMPLO DE SIMULACIÓN EN EL PROGRAMA SPICE

Concluimos este capítulo presentando un ejemplo de simulación SPICE. Para ilustrar la utilidad de la simulación de un circuito, utilizamos un circuito relativamente complejo, es decir, un circuito con op amp, cuya polarización de cd se analizó en el ejemplo 6.3 y su operación de señal es el tema del ejemplo 6.4.

EJEMPLO 6.5: SIMULACIÓN EN SPICE DE UN AMPLIFICADOR DE VARIAS ETAPAS

En la figura 6.52 se muestran los circuitos de varias etapas con op amp preparados para simulación SPICE. Observe la forma en que las señales diferenciales y de modo común se aplican [para más detalles, el lector puede consultar un libro apropiado sobre el programa SPICE, por ejemplo el de Roberts y Sedra (1997)]. En la simulación, suponemos que los transistores tienen $I_S = 1.8$ fA, $\beta_F = 100$ y $V_{AF} = 100$ V. El archivo de entrada SPICE aparece en el apéndice D. Incluye dos comandos de petición de análisis: (1) un comando de punto de operación de cd que determina el punto de polarización de cd y los parámetros de modelo a pequeña señal de cada transistor, la potencia disipada en el amplificador, el voltaje de desnivel de salida y la corriente de polarización de entrada, y (2) un comando de barrido que determina la curva característica de transferencia a gran señal del amplificador, al hacer variar el valor de la señal diferencial de entrada entre -15 y $+15$ V en incrementos de 100 mV. Para el último análisis, el V_{CM} de entrada de modo común se mantuvo en cero.

Para asistir con los cálculos de polarización de cd, el archivo de entrada incluye una lista de estimados iniciales de algunos voltajes de nodo. Proporcionar esta información acelera la simulación y asegura convergencia, pero los algoritmos mejorados en las más recientes versiones del SPICE han hecho innecesaria la necesidad de estimados iniciales.

Los resultados del análisis de polarización de cd se resumen en la tabla 6.1, que muestra también los valores calculados usando análisis manual en el ejemplo 6.3. Recordemos que nuestro análisis manual hizo caso omiso del efecto de Early y supuso que β era muy grande. Con todo, observamos que el máximo error en el cálculo de corriente de polarización es de sólo 15%. Entonces, un rápido análisis manual usando aproximaciones burdas puede todavía dar resultados razonables para una estimación preliminar, y, desde luego, el análisis manual produce un gran conocimiento acerca de la operación del circuito.

Además de las corrientes de polarización que aparecen en la tabla 6.1, el análisis del SPICE sobre el punto de operación muestra que la salida de desnivel de cd es 1.58 V, la corriente de polarización de entrada es 2.4 μA y que el circuito disipa alrededor de 0.3 W.

La curva característica de transferencia a gran señal del amplificador se ilustra en la figura 6.53(a). Observe que, como se esperaba, la región de alta ganancia está en las cercanías de 0 V. Sin

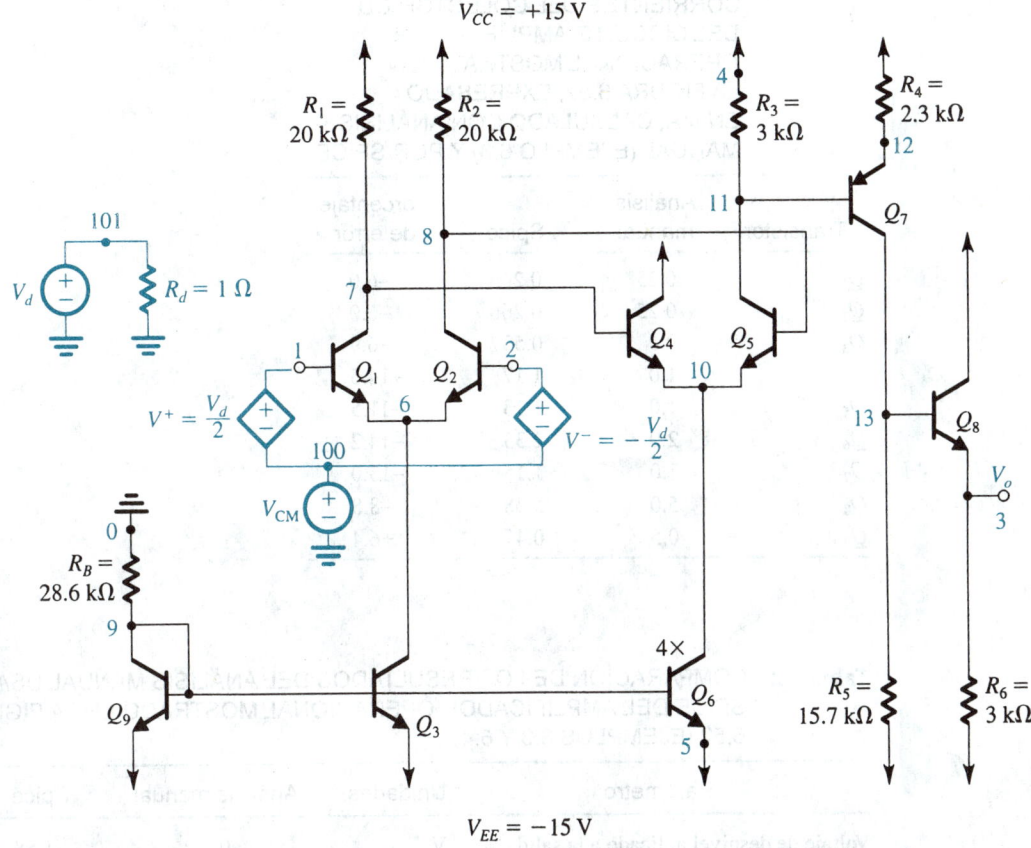

Fig. 6.52   Circuito amplificador operacional para simulación del SPICE del ejemplo 6.5. Nótese que hemos analizado la polarización de cd de este circuito en el ejemplo 6.3, y su operación a pequeña señal en el ejemplo 6.4. Observe la forma en que V_d y V_{CM} están aplicados y descritos en SPICE. Consulte el apéndice D para ver la lista del archivo de entrada del SPICE.

embargo, la resolución del eje de voltaje de entrada es demasiado burda para dar mucha información acerca de los detalles de la región lineal. Por lo tanto, habiendo determinado la ubicación de la región lineal, ahora podemos pedir al SPICE dé una vista ampliada de su V_d de barrido entre -5 mV y $+5$ mV a incrementos de 10 μV. El resultado se muestra en la figura 6.53(b). Observe que para valores de entrada menores de -2 mV, la salida permanece saturada en -15 V. En la región entre -2 mV y aproximadamente $+1$ mV, el nivel de salida cambia de -15 V a alrededor de $+10$ V de modo lineal. Entonces, la alternancia de voltaje de salida para este amplificador es entre -15 V y $+10$ V, un intervalo más bien asimétrico. Se puede obtener una estimación aproximada de la ganancia del amplificador a partir de las extremidades de la región lineal como $[10 - (-15)]$ V/3 mV = 8.33×10^3 V/V. También observamos de la figura 6.53(b) que el amplificador tiene un voltaje de desnivel de entrada V_{OS} de 180 μV. Esto corresponde a la cifra antes mencionada para el voltaje de desnivel de salida de 1.58 V (es decir, 180 μV $\times$ 8.33 $\times 10^3 \cong$ 1.58 V). Debemos destacar que este voltaje de desnivel es inherente en el diseño y no es el resultado de desequilibrios de componentes o dispositivo; así, suele recibir el nombre de **desnivel sistemático**.

Tabla 6.1 CORRIENTES DEL COLECTOR CD DEL CIRCUITO AMPLIFICADOR OPERACIONAL MOSTRADO EN LA FIGURA 6.52, EXPRESADO EN mA, CALCULADO CON ANÁLISIS MANUAL (EJEMPLO 6.3) Y POR SPICE.

Transistor	Análisis manual	Spice	Porcentaje de error
Q_1	0.25	0.266	−6.0
Q_2	0.25	0.266	−6.0
Q_3	0.5	0.537	−6.9
Q_4	1.0	1.17	−14.5
Q_5	1.0	1.13	−11.5
Q_6	2.0	2.33	−14.2
Q_7	1.0	1.15	−13.0
Q_8	5.0	5.48	−8.8
Q_9	0.5	0.47	+6.4

Tabla 6.2 COMPARACIÓN DE LOS RESULTADOS DEL ANÁLISIS MANUAL USANDO SPICE DEL AMPLIFICADOR OPERACIONAL MOSTRADO EN LA FIGURA 6.52 (EJEMPLOS 6.3 Y 6.4).

Parámetro	Unidades	Análisis manual	Spice
Voltaje de desnivel aplicado a la salida	V	0	1.58
Voltaje de desnivel aplicado a la entrada	μV	0	180.0
Polarización de corrientes de entrada	μA	2.5	2.43
Disipación de corriente estable	mW	262.5	292
Ganancia de voltaje diferencial	kV/V	8.513	8.852
Resistencia de entrada diferencial	kΩ	20.1	21.14
Resistencia de salida	Ω	152	133.7
Intervalo de entrada en modo común	V	−13.6 a +10.0	−14.2 a +9.5
Oscilación del voltaje de salida	V	—	−15.0 a +10.0

Cuando el op amp está operando en un circuito real, se utiliza retroalimentación negativa (véanse los capítulos 2, 8 y 10) y el voltaje de cd de salida se estabiliza en cero. Por lo tanto, para el propósito de analizar la operación a pequeña señal del circuito de op amp, polarizamos el circuito para forzar la operación a este nivel de voltaje de salida. Esto se puede hacer fácilmente al aplicar el negativo del V_{OS} a la entrada. Superpuestas a esta entrada de cd, también aplicamos una señal de ca de 1 V para calcular la ganancia, resistencia de entrada, etcétera. El lector no debe alarmarse acerca de esta gran amplitud; el SPICE encuentra primero el circuito equivalente a pequeña señal y luego analiza este circuito lineal. Por supuesto que este análisis se puede hacer con cualquier amplitud de señal. Se requirieron tanto un análisis de función de transferencia como un análisis de ca (véase la lista en el apéndice D).

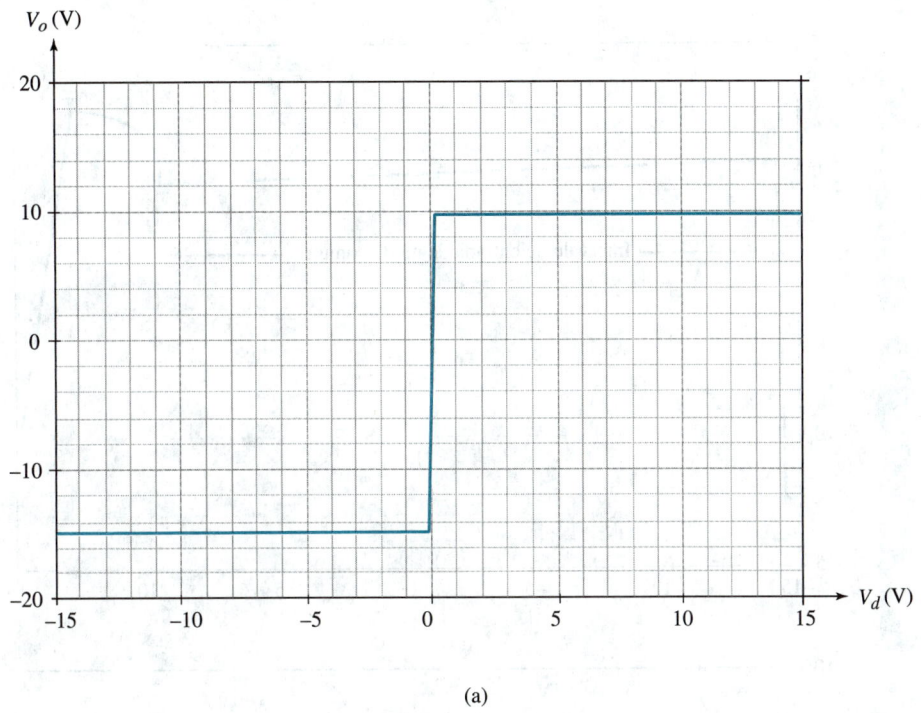

(a)

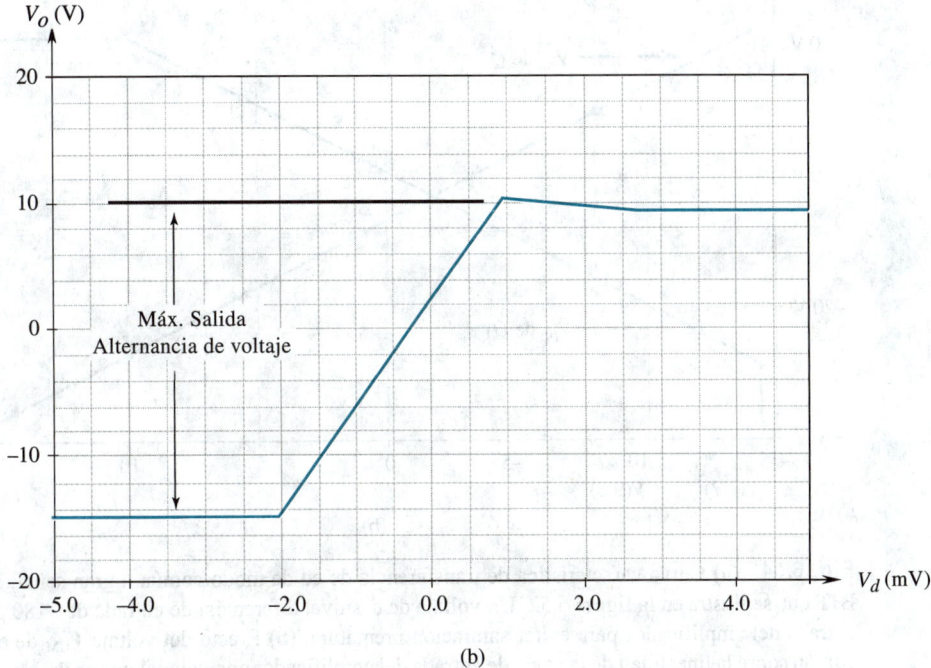

(b)

Fig. 6.53 **(a)** Curva característica diferencial de transferencia a gran señal del amplificador operacional que se ilustra en la figura 6.52. El voltaje V_{CM} de modo común de entrada está ajustado a cero. **(b)** Vista ampliada de la región de alta ganancia de la curva característica de transferencia.

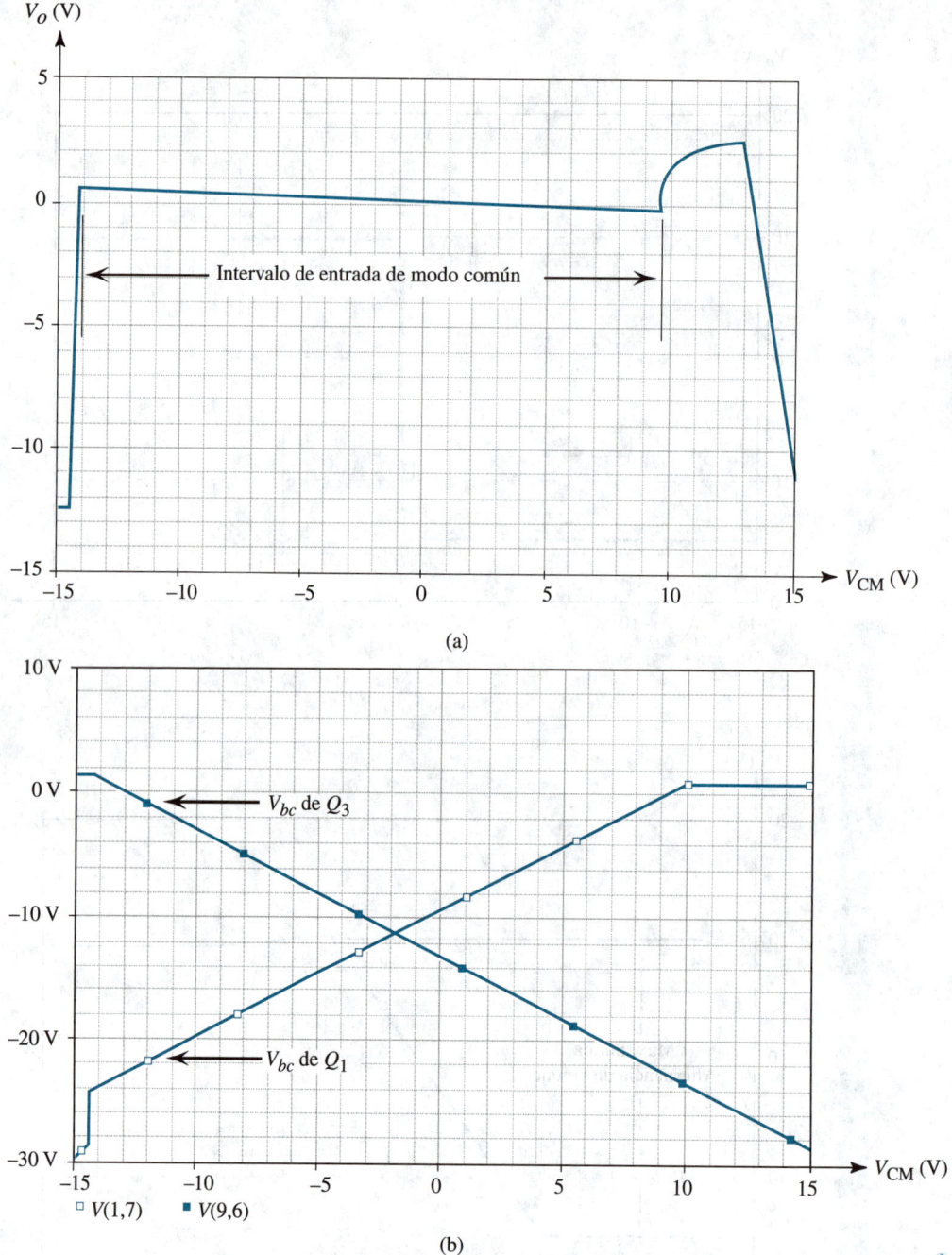

Fig. 6.54 **(a)** Curva característica de transferencia de cd de modo común a gran señal, del amplificador BJT que se ilustra en la figura 6.52. Un voltaje de desnivel diferencial de entrada de $-180\ \mu V$ se aplica a la entrada del amplificador para evitar saturación prematura. **(b)** Efecto del voltaje V_{CM} de entrada de modo común sobre la linealidad de la etapa de entrada del amplificador operacional que se ilustra en la figura 6.52. Ahí mostramos los voltajes entre base y colector de Q_1 y Q_3 como función de V_{CM}. La primera etapa del amplificador sale de la región activa cuando la unión entre base y colector, ya sea de Q_1 o Q_3, se polariza directamente.

Los resultados de la simulación dan un valor de ganancia de voltaje de 8.852×10^3 V/V y una resistencia de entrada de 21.14 kΩ. Éstos y otros parámetros calculados por el SPICE aparecen en una lista en la tabla 6.2 junto con los correspondientes resultados del análisis manual ejecutado en el ejemplo 6.4. Por limitaciones de espacio, no continuaremos más con otros aspectos de este circuito excepto para el intervalo de entrada de modo común. Éste se determinó al efectuar un barrido de cd del voltaje de entrada de modo común V_{CM} en el intervalo de -15 a $+15$ V (que son los voltajes de alimentación) mientras se mantiene V_d en $-V_{OS} = -180$ μV. La gráfica resultante de V_o se muestra en la figura 6.54(a), de la cual encontramos que el amplificador se comporta linealmente sobre el intervalo V_{CM} de -14.2 V a $+9.5$ V, que debe por lo tanto ser el intervalo de entrada de modo común. En el ejemplo 6.3, observamos que el límite superior del intervalo está determinado por Q_1 y Q_2 saturados, mientras que el límite inferior está determinado por Q_3 saturado. Para verificar esta aseveración, solicitamos al SPICE graficar los valores de los voltajes entre colector y base de estos dispositivos contra el voltaje de entrada de modo común. Los resultados se muestran en la figura 6.54(b), de la cual observamos que nuestra aseveración es correcta.

El ejemplo precedente demuestra el poder de simulación de circuitos. Una vez que el diseñador tenga a la mano estimaciones de primer orden de la operación de un circuito y una comprensión básica de su operación, el SPICE puede usarse con gran ventaja: verifica que el circuito opere aproximadamente como se espera; proporciona valores mucho más precisos de los parámetros de operación utilizando modelos de dispositivo que pueden ser tan complejos como se desee (y como justifique la aplicación); y quizá, lo más importante de todo, el SPICE permite al diseñador experimentar con el circuito con el objeto de adquirir más conocimiento de su operación y por ello tener capacidad de afinar el diseño, todo esto antes de la fabricación del circuito. Urgimos al lector a probar simulaciones con el SPICE, de algunos de los circuitos que aparecen en los problemas de fin de capítulo.

RESUMEN

■ El par diferencial es el elemento de construcción más importante en el diseño de circuitos integrados (IC) analógicos. La etapa de entrada de todo op amp es un amplificador diferencial.

■ Los amplificadores diferenciales se diseñan usando dispositivos como los BJT, JFET, MOSFET o MESFET de GaAs. Los FET ofrecen la ventaja de una muy pequeña corriente de polarización de entrada y una muy elevada resistencia de entrada. Los BJT proporcionan menores voltajes de desnivel de entrada y ancho de banda más grande. Los de GaAs producen los anchos de banda más grandes.

■ El amplificador diferencial tiene alto diferencial de ganancia y baja ganancia de modo común; la razón del factor de rechazo de modo común usualmente se expresa en decibeles.

■ En el par diferencial de BJT, un voltaje diferencial de entrada de unos 100 mV es suficiente para dirigir la corriente de polarización completamente a un lado del par.

■ Para señales diferenciales de entrada, la operación del amplificador diferencial se puede analizar usando el semicircuito diferencial. La ganancia de modo común en resistencia de entrada se puede obtener del semicircuito de modo común.

■ Para obtener baja ganancia de modo común y, por lo tanto, alto factor de rechazo de modo común, la fuente de corriente de polarización debe diseñarse para tener una elevada resistencia de salida.

■ Un alto factor de rechazo de modo común se logra al tomar la salida diferencialmente y al asegurar un alto grado de acoplamiento entre los dos lados del amplificador diferencial.

■ Los desequilibrios entre los dos lados del amplificador diferencial dan lugar a un voltaje de desnivel de salida y, en amplificadores BJT, una corriente de desnivel de entrada.

■ La polarización en circuitos integrados (IC) analógicos está basada en el uso de fuentes de corriente constante. El circuito básico de espejo de corriente con BJT experimenta dependencia en la β de transistores y tiene una resistencia de salida relativamente baja. La dependencia de la β se puede reducir, y la resistencia de salida se puede aumentar, mediante circuitos espejo más elaborados. No existe dependencia de la β en espejos MOS.

■ El amplificador diferencial que utiliza una carga activa de espejo de corriente es un circuito que goza de preferencia para el diseño de circuitos integrados bipolares y analógicos con MOS.

■ La configuración en cascodo está formada por un transistor conectado en emisor común (o fuente común) seguido por un transistor de base común (o compuerta común). Ofrece una resistencia de salida aumentada (aproximadamente βr_o para los BJT y $(g_m r_o)r_o$ para los MOSFET) y un ancho de banda más grande (capítulo 7).

■ La tecnología BiCMOS hace posible que el diseñador combine la alta g_m, la capacidad para alta frecuencia y la facilidad de acoplamiento de dispositivos, en transistores bipolares con infinita resistencia de entrada y excelentes características de conmutación de transistores MOS.

■ La tecnología MESFET de GaAs ofrece muy altas frecuencias de operación. El desafío más grande en el diseño de amplificadores GaAs es para reducir al mínimo los efectos de su baja resistencia de salida. La autoelevación y la conexión en cascodo son dos técnicas que con frecuencia se utilizan para este propósito.

■ Un amplificador de varias etapas suele estar formado por una etapa de entrada que tiene alta resistencia de entrada y, si es diferencial, un alto factor de rechazo de modo común, una o más etapas intermedias para obtener la mayor parte de la ganancia, y una etapa de salida que presenta baja resistencia de salida. Al analizar un amplificador de varias etapas, debe tomarse en cuenta el efecto de carga de cada etapa sobre la que le precede.

BIBLIOGRAFÍA

A. A. Abidi, "An analysis of bootstrapped gain enhancement techniques", *IEEE Journal of Solid-State Circuits,* vol. SC-22, No. 6, pp. 1200-1204, diciembre de 1987.

J. N. Giles, *Linear Integrated Circuits Applications Handbook,* Fairchild Semiconductors, Mountain View, Calif., 1967.

P. R. Gray y R. G. Meyer, *Analysis and Design of Analog Integrated Circuits,* 3a. ed., Wiley, Nueva York, 1993.

A. B. Grebene, *Bipolar and MOS Analog Integrated Circuit Design,* Wiley, Nueva York, 1984.

D. J. Hamilton y W. G. Howard, *Basic Integrated Circuit Engineering,* McGraw-Hill, Nueva York, 1975.

D. A. Johns y K. W. Martin, *Analog Integrated Circuit Design,* Wiley, Nueva York, 1997.

L. E. Larson, K. W. Martin y G. C. Temes, "GaAs switched-capacitor circuits for high-speed signal processing". *IEEE Journal of Solid State Circuits*, vol. SC-22, núm. 6, diciembre de 1987, pp. 971-981.

H. S. Lee, "Analog design", capítulo 8 en *BiCMOS Technology and Applications*, A. R. Alvarez, editor, Kluwer Academic Publishers, Boston, Mass., 1989.

K. W. Martin, "Ultra-high-speed GaAs analog circuits, systems, and design methodologies", reporte interno, Universidad de California, Los Ángeles, febrero de 1990.

J. K. Roberge, *Operational Amplifiers: Theory and Practice*, Wiley, Nueva York, 1975.

G. W. Roberts y A. S. Sedra, SPICE, Oxford University Press, Nueva York, 1997.

C. Tamazou y D. Haigh, "Gallium arsenide analogue integrated circuit design techniques", capítulo 8 en *Analog IC Design: the Current-Mode Approach,* C. Toumazou, F. J. Lidgey y D. G. Haigh, editores, Peter Peregrinus Ltd., Londres, 1990.

PROBLEMAS

Sección 6.1: El par diferencial BJT

6.1 Para el amplificador diferencial de la figura 6.2(a) sea $I = 1$ mA, $V_{CC} = 5$ V, $v_{CM} = -2$ V, $R_C = 3$ kΩ y $\beta = 100$. Suponga que los BJT tienen $v_{BE} = 0.7$ V a $i_C = 1$ mA. Encuentre el voltaje en los emisores y en las salidas.

6.2 Para el circuito de la figura 6.2(b) con una entrada de +1 V como se indica, y con $I = 1$ mA, $V_{CC} = 5$ V, $R_C = 3$ kΩ y $\beta = 100$, encuentre el voltaje en los emisores y

los voltajes de colector. Suponga que los BJT tienen $v_{BE} = 0.7$ V a $i_C = 1$ mA.

6.3 Repita el ejercicio 6.1 (página 490) para una entrada de −0.3 V.

6.4 Para el amplificador diferencial con BJT de la figura 6.1, encuentre el valor de la señal diferencial de entrada, $v_{B1} - v_{B2}$, que hace $i_{E1} = 0.80I$.

D6.5 Considere el amplificador diferencial de la figura 6.1 y que la β del BJT sea muy grande:

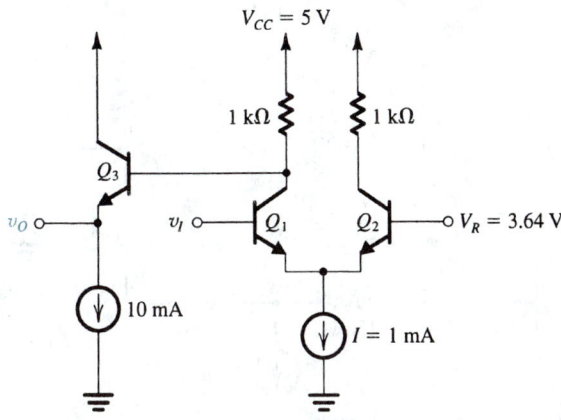

Fig. P6.11

(a) ¿Cuál es la máxima señal de entrada de modo común que se puede aplicar mientras los BJT permanezcan cómodamente en la región activa con $v_{CB} = 0$?

(b) Si una señal de diferencia de entrada se aplica, y es suficientemente grande para dirigir por entero la corriente a un lado del par, ¿cuál es el cambio en voltaje en cada colector (a partir de la condición para la que $v_d = 0$)?

(c) Si la fuente de alimentación V_{CC} disponible es 5 V, ¿qué valor de IR_C debe seleccionar el lector para permitir una señal de entrada de modo común de ±3 V?

(d) Para el valor de IR_C encontrado en (c), seleccione valores para I y para R_C. Utilice el máximo valor posible para I sujeta a la restricción de que la corriente de base de cada transistor (cuando I se divide igualmente) no debe exceder de 2 µA. Sea $\beta = 100$.

6.6 Para tener idea de la posibilidad de la distorsión no lineal que resulta de grandes señales diferenciales de entrada, aplicadas al amplificador diferencial de la figura 6.1, evalúe el cambio normalizado en la corriente i_{E1}, $\dfrac{\Delta i_{E1}}{I} = \dfrac{i_{E1} - (I/2)}{I}$ para señales diferenciales de entrada v_d de 5, 10, 20, 30 y 40 mV. Elabore una tabla de la razón $\left(\dfrac{\Delta i_{E1}/I}{v_d}\right)$, que represente la ganancia del par diferencial, contra v_d. Comente sobre la linealidad del par diferencial como amplificador.

D6.7 Diseñe el circuito de la figura 6.1 para obtener un voltaje diferencial de salida (entre los dos colectores) de 1 V cuando la señal diferencial de entrada sea de 15 mV. Se dispone de una fuente de corriente de 2 mA y una fuente positiva de +10 V. ¿Cuál es el máximo posible voltaje de entrada de modo común para el que la operación es como se pide? Suponga que $\alpha \simeq 1$.

D*6.8 Uno de los resultados intermedios de que se dispone, en el diseño del circuito amplificador diferencial básico de la figura 6.1, es entre el valor de la ganancia de voltaje y el intervalo de voltaje de entrada de modo común. El propósito de este problema es demostrar este resultado.

(a) Utilice las ecuaciones (6.7) y (6.8) para obtener i_{C1} e i_{C2} correspondientes a una señal diferencial de entrada de 5 mV (es decir, $v_{B1} - v_{B2} = 5$ mV). Suponga que β es muy alta. Encuentre la diferencia resultante de voltaje entre los dos colectores $(v_{C2} - v_{C1})$, y divida este valor entre 5 mV para obtener la ganancia de voltaje en términos de (IR_C).

(b) Encuentre el máximo valor permitido para v_{CM} (figura 6.2a) mientras los transistores permanecen cómodamente en el modo activo con $v_{CB} = 0$. Exprese este máximo en términos de V_{CC} y la ganancia, y por lo tanto demuestre que para un valor dado de V_{CC}, cuanto más alta sea la ganancia alcanzada menor será el intervalo de modo común. Utilice esta expresión para hallar $v_{CM}|_{máx}$ correspondiente a una magnitud de ganancia de 100, 200, 300 y 400 V/V. Para cada valor, también dé el valor requerido de IR_C y el valor de R_C para $I = 1$ mA.

*6.9 Para el circuito de la figura 6.1, suponiendo $\alpha = 1$ e $IR_C = 5$ V, utilice las ecuaciones (6.7) y (6.8) para hallar i_{C1} e i_{C2}, y de esto determine $v_o = v_{C2} - v_{C1}$ para señales diferenciales de entrada $v_d \equiv v_{B1} - v_{B2}$ de 5 mV, 10 mV, 15 mV, 20 mV, 25 mV, 30 mV, 35 mV y 40 mV. Trace una gráfica de v_o contra v_d, y de aquí comente sobre la linealidad del amplificador. Como otra forma de visualizar la linealidad, determine la ganancia (v_o/v_d) contra v_d. Comente sobre la gráfica resultante.

6.10 En un amplificador diferencial que utiliza una fuente de corriente de polarización de emisor de 6 mA, los dos BJT no están acoplados. En lugar de esto, uno de ellos tiene $1\frac{1}{2}$ veces el área de unión de emisor que el otro. Para una señal diferencial de entrada de cero volts, ¿en qué se convierten las corrientes de colector? ¿Cuál entrada de diferencia se necesita para igualar las corrientes de colector? Suponga $\alpha = 1$.

*6.11 En la figura P6.11 se ilustra un inversor lógico basado en el par diferencial. Ahí, Q_1 y Q_2 forman el par diferencial, mientras que Q_3 es un seguidor de emisor que realiza dos funciones: desplaza el nivel del voltaje de salida para hacer V_{OH} y V_{OL} centrados en el voltaje de referencia V_R, haciendo posible así que una compuerta excite la otra (este punto se explicará en detalle en el capítulo 14), y proporciona al inversor una baja resistencia de salida. Todos los transistores tienen $V_{BE} = 0.7$ V a $I_C = 1$ mA y tienen $\beta = 100$.

(a) Para v_I suficientemente baja para que Q_1 esté en corte, encuentre el valor del voltaje de salida v_O. Éste es V_{OH}.

(b) Para v_I suficientemente alto para que Q_1 transporte toda la corriente I, encuentre el voltaje de salida v_O. Éste es V_{OL}.

(c) Determine el valor de v_I que resulte en que Q_1 conduzca 1% de I. Éste se puede tomar como V_{IL}.

(d) Determine el valor de v_I que resulte en que Q_1 conduzca 99% de I. Éste se puede tomar como V_{IH}.

(e) Dibuje, y claramente marque los puntos de inflexión de la curva característica de transferencia de voltaje del inversor. Calcule los valores de los márgenes de ruido NM_H y NM_L. Observe la juiciosa selección del valor del voltaje de referencia V_R.

Sección 6.2: Operación del amplificador diferencial BJT a pequeña señal

6.12 Un amplificador diferencial BJT utiliza una corriente de polarización de 200 μA. ¿Cuál es el valor de g_m de cada dispositivo? Si $\beta = 200$, ¿cuál es la resistencia de entrada diferencial?

D6.13 Diseñe el circuito amplificador diferencial básico con BJT de la figura 6.4 para obtener una resistencia diferencial de entrada de por lo menos 10 kΩ y una ganancia diferencial de voltaje (con la salida tomada entre los dos colectores) de 200 V/V. La β del transistor está especificada a ser por lo menos 100. La fuente de alimentación disponible es de 10 V.

6.14 Para un amplificador diferencial al que se aplica una señal de diferencia total de 5 mV, ¿cuál es la señal equivalente a su correspondiente semicircuito de emisor común? Si la fuente de corriente de emisor es de 50 μA, ¿cuál es r_e del semicircuito? Para una resistencia de carga de 20 kΩ en cada colector, ¿cuál es la ganancia del semicircuito? ¿Qué magnitud de voltaje de salida de señal esperaría el lector en cada colector?

6.15 Un amplificador diferencial con BJT está polarizado desde una fuente de corriente constante de 2 mA e incluye un resistor de 100 Ω en cada emisor. Los colectores están conectados a V_{CC} a través de resisto-

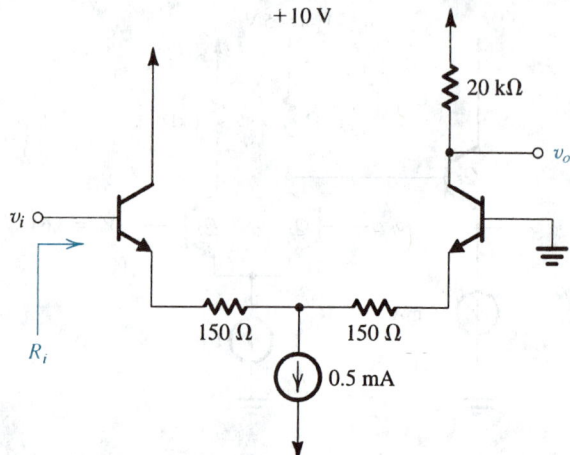

Fig. P6.18

res de 5 kΩ. Se aplica una señal diferencial de entrada de 0.1 V entre las dos bases.

(a) Encuentre la corriente de señal en los emisores (i_e) y el voltaje de señal v_{be} para cada BJT.

(b) ¿Cuál es la corriente total de emisor en cada BJT?

(c) ¿Cuál es el voltaje de señal en cada colector? Suponga $\alpha = 1$.

(d) ¿Cuál es la ganancia de voltaje obtenida cuando la salida se toma entre los dos colectores?

D6.16 Diseñe un amplificador diferencial con BJT para amplificar una señal diferencial de entrada de 0.2 V y proporcionar una señal diferencial de salida de 4 V. Para asegurar linealidad adecuada, se requiere limitar la amplitud de señal en cada unión entre base y emisor a un máximo de 5 mV. Otro requisito de diseño es que la resistencia diferencial de entrada sea por lo menos 80 kΩ. Los BJT disponibles están especificados para tener $\beta \geq 200$. Dé la configuración del circuito y especifique los valores de todos sus componentes.

6.17 Un amplificador diferencial en particular opera desde una fuente de corriente de emisor cuya resistencia de salida es 1 MΩ. ¿Cuál resistencia está relacionada con cada uno de los semicircuitos de modo común? Para resistores de colector de 20 kΩ, ¿cuál es la ganancia resultante de modo común?

6.18 Encuentre la ganancia de voltaje y la resistencia de entrada del amplificador que se muestra en la figura P6.18 suponiendo $\beta = 100$.

6.19 Encuentre la ganancia de voltaje y resistencia de entrada del amplificador de la figura P6.19 suponiendo que $\beta = 100$.

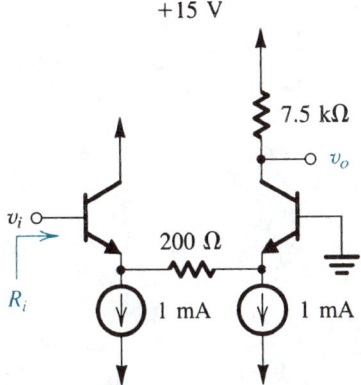

+15 V

7.5 kΩ

v_o

v_i

R_i

200 Ω

1 mA   1 mA

Fig. P6.19

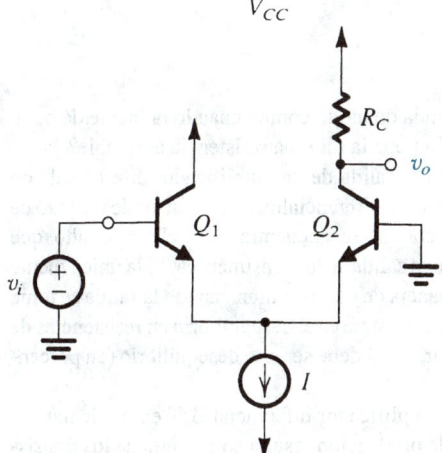

V_{CC}

R_C

v_o

Q_1 Q_2

v_i

I

Fig. P6.20

6.20 Deduzca una expresión para la ganancia de voltaje a pequeña señal v_o/v_i del circuito que se muestra en la figura P6.20 en dos formas diferentes:
(a) como amplificador diferencial,
(b) como una cascada Q_1 de una etapa de colector común y Q_2 de una etapa de base común.
Suponga que los BJT están acoplados y tienen ganancia de corriente α. Verifique que ambos métodos llevan al mismo resultado.

6.21 El circuito amplificador diferencial de la figura P6.21 utiliza un resistor conectado al negativo de la fuente de alimentación para establecer la corriente I de polarización.
(a) Para $v_{B1} = v_d/2$ y $v_{B2} = -v_d/2$, donde v_d es una pequeña señal con promedio cero, encuentre la magnitud de la ganancia diferencial, $|v_o/v_d|$.

(b) Para $v_{B1} = v_{B2} = v_{CM}$, encuentre la magnitud de la ganancia de emisor común, $|v_o/v_{CM}|$.
(c) Calcule el factor de rechazo de modo común.
(d) Si $v_{B1} = 0.1$ sen $2\pi \times 60t + 0.005$ sen $2\pi \times 1000t$, volts, $v_{B2} = 0.1$ sen $2\pi \times 60t - 0.005$ sen $2\pi \times 1000t$, volts, encuentre v_o.

6.22 Para el amplificador diferencial que se muestra en la figura P6.22, identifique y dibuje el semicircuito diferencial y el semicircuito de modo común. Encuentre la ganancia diferencial, la resistencia diferencial de entrada, la ganancia de modo común y la resistencia de entrada de modo común. Para estos transistores, $\beta = 100$ y $V_A = 100$ V.

6.23 Considere el circuito diferencial básico en que los transistores tienen $\beta = 200$ y $V_A = 200$ V, con $I = 0.5$ mA, $R = 1$ MΩ y $R_C = 20$ kΩ. Encuentre:
(a) la ganancia diferencial a una salida asimétrica.
(b) la ganancia diferencial a una salida diferencial,
(c) la resistencia diferencial de entrada,
(d) la ganancia de modo común a una salida asimétrica, y
(e) la ganancia de modo común a una salida diferencial.

6.24 En un circuito amplificador diferencial semejante al que se muestra en la figura 6.11(a), el generador de corriente representado por I y R consta de un transistor simple de emisor común que opera a 100 μA. Para este transistor, y los utilizados en el par diferencial, $V_A = 200$ V y $r_\mu = 10\beta r_o$, con $\beta = 50$. ¿Cuál resistencia de entrada de modo común aplicaría?

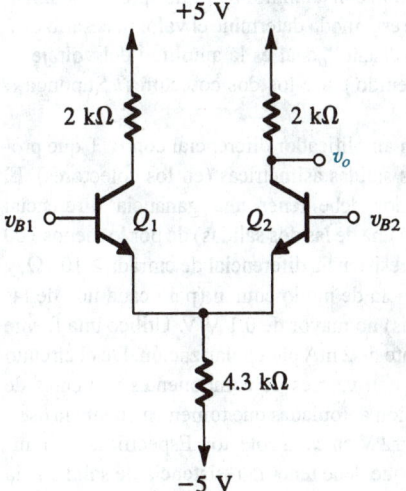

+5 V

2 kΩ   2 kΩ

v_o

v_{B1} Q_1 Q_2 v_{B2}

4.3 kΩ

−5 V

Fig. P6.21

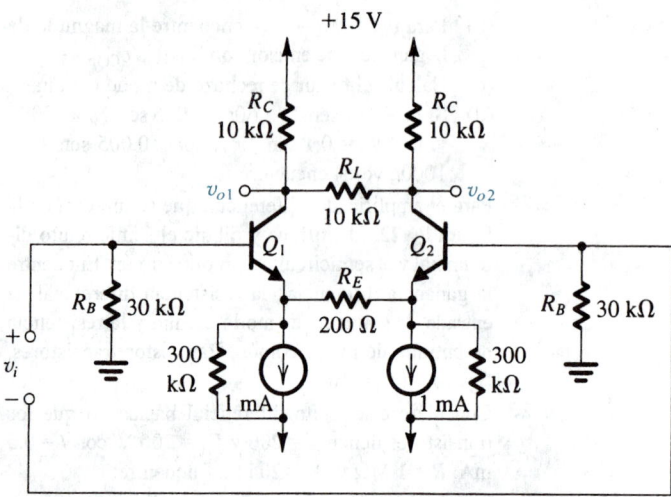

Fig. P6.22

D6.25 Se requiere diseñar un amplificador diferencial para proporcionar la máxima señal posible a un par de resistencias de carga de 10 kΩ. La señal diferencial de entrada es una senoide de 5 mV de amplitud pico y se aplica a un terminal de entrada mientras el otro terminal de entrada está a tierra. La fuente de alimentación de que se dispone es de 10 V. Para determinar la corriente de polarización requerida, I, deduzca una expresión para hallar el voltaje total de cada uno de los colectores en términos de V_{CC} e I en presencia de la señal de entrada. Luego aplique la condición de que ambos transistores deben permanecer bastante fuera de saturación con un mínimo v_{CB} de aproximadamente 0 V. De este modo determine el valor necesario de I. Para este diseño, ¿cuál es la amplitud del voltaje de señal obtenido entre los dos colectores? Suponga $\alpha \cong 1$.

D*6.26 Diseñe un amplificador diferencial con BJT que produzca dos salidas asimétricas (en los colectores). El amplificador debe tener una ganancia diferencial (para cada una de las dos salidas) de por lo menos 100 V/V, una resistencia diferencial de entrada ≥ 10 kΩ, y una ganancia de modo común (para cada una de las dos salidas) no mayor de 0.1 V/V. Utilice una fuente de corriente de 2 mA para polarización. Dé el circuito completo con valores de componentes y fuentes de alimentación apropiadas que tomen en cuenta la oscilación de ±2 V en cada colector. Especifique el mínimo valor que debe tener la resistencia de salida de la fuente de corriente de polarización. Los BJT disponibles tienen $\beta \geq 100$. ¿Cuál es el valor de la resistencia

de entrada de modo común cuando la fuente de polarización tiene la mínima resistencia aceptable?

6.27 Cuando la salida de un amplificador diferencial con BJT se toma diferencialmente, su factor de rechazo de modo común se encuentra a 40 dB más alto que cuando la salida se toma asimétrica. Si la única fuente de ganancia de modo común cuando la salida se toma diferencialmente es el desequilibrio en resistencias de colector, ¿cuál debe ser este desequilibrio (en porcentaje)?

*6.28 En un amplificador diferencial BJT en particular, un error de producción resulta en que uno de los transistores tenga un área de unión entre emisor y base que es el doble que la del otro. Con las entradas a tierra, ¿cómo se dividiría la corriente de polarización de emisor entre los dos transistores? Si la resistencia de salida de la fuente de corriente es 1 MΩ y la resistencia de cada colector (R_C) es 12 kΩ, encuentre la ganancia de modo común obtenida cuando la salida se toma diferencialmente. Suponga $\alpha \simeq 1$.

Sección 6.3: Otras características no ideales del amplificador diferencial

6.29 Un amplificador diferencial que utiliza una fuente de polarización de emisor de 400 μA emplea dos transistores bien acoplados, pero con resistores de carga del colector que están desequilibrados en 10%. ¿Cuál es el voltaje de desnivel de entrada requerido para reducir el voltaje diferencial de salida a cero?

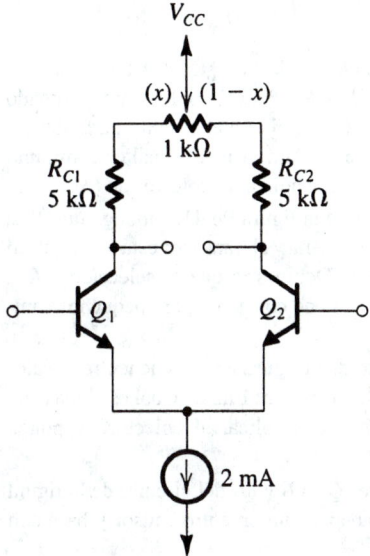

V_{CC}

(x) $(1 - x)$

$1\ k\Omega$

R_{C1}
$5\ k\Omega$

R_{C2}
$5\ k\Omega$

Q_1 Q_2

$2\ mA$

Fig. P6.35

6.30 Un amplificador diferencial que utiliza una fuente de polarización de emisor de 400 μA emplea dos transistores cuyas corrientes de escala I_S difieren en 10%. Si los dos resistores de colector están bien acoplados, encuentre el voltaje de desnivel de entrada resultante.

6.31 Modifique la ecuación (6.49) para el caso de un amplificador diferencial que tenga una resistencia R_E conectada en el emisor de cada transistor. Sea I la fuente de corriente de polarización.

6.32 Un amplificador diferencial utiliza dos transistores cuyos valores de β son β_1 y β_2. Si todo lo demás está acoplado, demuestre que el voltaje de desnivel de entrada es aproximadamente $V_T\left(\dfrac{1}{\beta_1} - \dfrac{1}{\beta_2}\right)$. Evalúe V_{OS} para $\beta_1 = 100$ y $\beta_2 = 200$.

*6.33 Un amplificador diferencial utiliza dos transistores que tienen valores de V_A de 100 V y 300 V. Si todo lo demás está bien acoplado, encuentre el voltaje de desnivel de entrada resultante. Suponga que los dos transistores están diseñados para ser polarizados a un V_{CE} de alrededor de 10 V.

6.34 Un amplificador diferencial es alimentado de un modo balanceado o de doble efecto (también llamado *push-pull*), siendo R_s la resistencia de fuente en serie con cada base. Demuestre que un desequilibrio ΔR_s entre los valores de las dos resistencias de fuente da lugar a un voltaje de desnivel de entrada de aproximadamente $(I/2\beta)\,\Delta R_s$.

6.35 En un método para "corrección de desnivel" interviene el ajuste de los valores de R_{C1} y R_{C2}, para reducir

el voltaje diferencial de salida a cero cuando ambos terminales de entrada están a tierra. Esta invalidación de desnivel se logra al utilizar un potenciómetro en el circuito de colector, como se muestra en la figura P6.35. Deseamos hallar el ajuste del potenciómetro, representado por la fracción x de su valor conectado en serie con R_{C1}, que se requiere para invalidar el voltaje de desnivel de salida que resulte de:

(a) R_{C1} es 5% más alto del nominal y R_{C2} 5% más bajo que el nominal.

(b) Q_1 tiene un área 10% mayor que la de Q_2.

6.36 Un amplificador diferencial, para el que la corriente total de polarización de emisor es 400 μA, utiliza transistores para los que β está especificada para estar entre 80 y 200. ¿Cuál es la corriente de polarización de entrada máxima posible? ¿y la corriente de polarización de entrada mínima posible? ¿y la corriente de desnivel de entrada máxima posible?

*6.37 Un amplificador diferencial con BJT, que opera a una corriente de polarización de 500 μA, utiliza resistores de colector de 27 kΩ (cada uno) conectados a una fuente de +15 V. La fuente de corriente de emisor emplea un BJT cuyo voltaje de emisor es −5 V. ¿Cuáles son los límites positivo y negativo del intervalo de entrada de modo común del amplificador, para señales diferenciales de ≤20 mV de amplitud pico, aplicados en forma balanceada o de doble efecto?

**6.38 En un amplificador diferencial BJT en particular, un error de producción resulta en que uno de los transistores tiene un área de unión entre emisor y base del doble de la del otro. Con ambas entradas a tierra, encuentre la corriente en cada uno de los dos transistores y, de aquí, el voltaje de desnivel de cd a la salida, suponiendo que las resistencias de colector son iguales. Utilice análisis a pequeña señal para hallar el voltaje de entrada que restablecería el balance de corriente al par diferencial. Repita usando análisis a gran señal y compare resultados. También encuentre las corrientes de desnivel y de polarización de entrada suponiendo una $I = 0.1$ mA y $\beta_1 = \beta_2 = 100$.

Sección 6.4: Polarización en circuitos integrados con BJT

6.39 El circuito de la figura P6.39 proporciona una corriente constante I_O mientras el circuito al cual el colector está conectado mantenga el BJT en el modo activo. Demuestre que

$$I_O = \alpha\,\frac{V_{CC}[R_2/(R_1 + R_2)] - V_{BE}}{R_E + (R_1/\!/R_2)/(\beta + 1)}$$

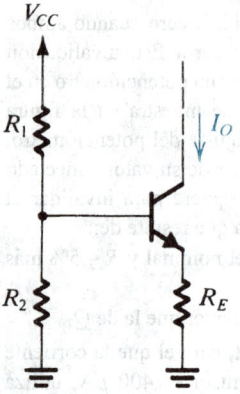

Fig. P6.39

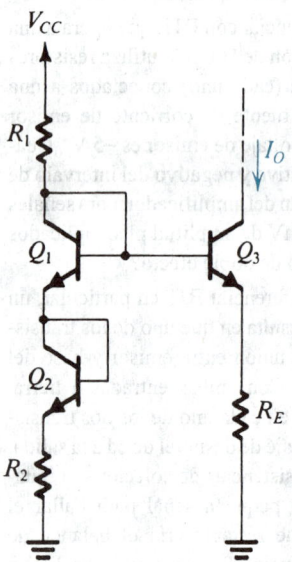

Fig. P6.40

$$I_O = \frac{\alpha V_{CC}}{2R_E}$$

que es independiente de V_{BE}. ¿Cuál debe ser la relación de R_E con R_1 y R_2? Para $V_{CC} = 15$ V, y suponiendo $\alpha \simeq 1$ y $V_{BE} = 0.7$ V, diseñe el circuito para obtener una corriente de salida de 1 mA. ¿Cuál es el mínimo voltaje que se puede aplicar al colector de Q_3?

*6.41 Para el circuito de la figura P6.41, suponga que R es relativamente pequeña y el transistor está operando en la región activa. Demuestre que al seleccionar $R = 1/g_m$, v_{CE} se mantiene constante para pequeños cambios en I.

D6.42 Para el circuito de la figura P6.42, encuentre el valor de R que resultará en $I_O \simeq 1$ mA. ¿Cuál es el máximo voltaje que se puede aplicar al colector? Suponga $|V_{BE}| = 0.7$ V.

6.43 Los transistores Q_1, Q_2 y Q_3 del circuito de la figura P6.43 tienen áreas de unión entre emisor y base con

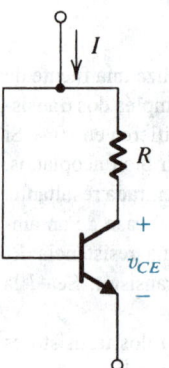

Fig. P6.41

D*6.40 Para el circuito de la figura P6.40, suponiendo que todos los transistores son idénticos con β infinita, obtenga una expresión para hallar la corriente de salida I_O, y demuestre que al seleccionar

$$R_1 = R_2$$

y mantener la misma corriente en cada unión, la corriente I_O será

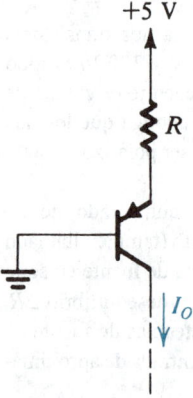

Fig. P6.42

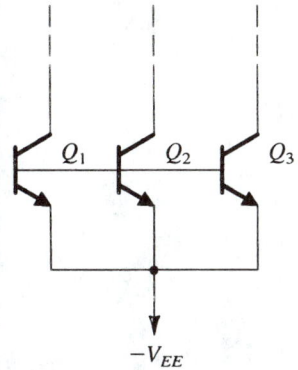

Fig. P6.43

una relación de 1:2:3, respectivamente, y sus valores de β son muy grandes.

(a) Si Q_1 está conectado como diodo y alimentado con una fuente de corriente de 1 mA, ¿cuáles corrientes resultan en los colectores de Q_2 y Q_3, suponiendo que los voltajes de colector son tales que se mantiene la operación en modo activo?

(b) Repita para Q_2 conectado como diodo y alimentado con una fuente de corriente de 1 mA.

(c) Repita con Q_3 conectado como diodo y alimentado con una fuente de corriente de 1 mA.

D6.44 Dé el circuito para la versión *pnp* del circuito básico de espejo de corriente de la figura 6.15. Si β del transistor *pnp* es 20, ¿cuál es la ganancia de corriente (o razón de transferencia) I_O/I_{REF}, si se desprecia el efecto de Early?

*6.45 Considere el circuito básico de espejo de corriente de la figura 6.15 en el caso $V_{EE} = 0$ V, y que los BJT tengan $\beta = 100$ y $V_A = 100$ V.

(a) Demuestre que el circuito de la figura P6.45 modela la salida del espejo para $V_O \geq 0.7$ V (la región activa para Q_2).

(b) Encuentre I_O para $I_{REF} = 100$ μA y $V_O =$ (i) 1 V, (ii) 5 V, (iii) 15 V.

D6.46 Considere el espejo de corriente básico de la figura 6.15 para el caso en que la unión entre emisor y base de Q_2 tiene n veces el área de la de Q_1. Obtenga una expresión para la razón de transferencia de corriente I_O/I_{REF}, suponiendo una β finita pero despreciando el efecto Early. ¿Cuál es el máximo valor de n que asegure que la corriente de salida se encuentre dentro de 5% de su valor nominal de nI_{REF}? Suponga $\beta = 100$.

D6.47 Si se supone una β grande y un transistor v_{BE} de 0.7 V a una corriente de 1 mA, diseñe el circuito de la figura 6.17 para proporcionar una corriente de salida de 0.5 mA. La fuente de alimentación disponible es

de 15 V. Si V_A del BJT es de 80 V, ¿cuál es el porcentaje de cambio en I_O obtenido a medida que V_O se haga variar en el intervalo de 1 a 15 V?

D6.48 Utilizando una fuente de +5 V, diseñe una versión *pnp* de la fuente simple de corriente de la figura 6.17. La fuente de corriente debe alimentar una corriente de 0.2 mA. Suponga que los transistores *pnp* disponibles tienen una β elevada y un v_{BE} de 0.7 V a $i_E = 1$ mA. ¿Cuál es el máximo valor posible de resistencia de carga al que esta fuente de corriente se puede conectar? (El otro terminal de la carga debe estar a tierra.)

D6.49 Mediante el uso de una simple extensión de la topología de la figura 6.17 con una fuente de 5 V y transistores para los que $v_{BE} = 0.7$ V a 1 mA, diseñe una fuente de corriente de 2 mA usando una corriente de referencia de 0.5 mA. Suponga que la β es grande.

D6.50 Un espejo de tres salidas utiliza 8 transistores *npn* idénticos con $\beta = 100$ y $V_A = 200$ V; dos conectados como diodo; y los 1, 2 y 3, respectivamente, formando tres salidas. Dibuje el circuito. Para $I_{REF} = 1$ mA, encuentre las tres corrientes de salida dependientes de β y la resistencia de salida relacionada con cada una de ellas.

*6.51 Encuentre los voltajes en todos los nodos y las corrientes en todas las ramas del circuito de la figura P6.51. Suponga $|V_{BE}| = 0.7$ V y $\beta = \infty$.

6.52 Para el circuito de la figura P6.52 sea $|V_{BE}| = 0.7$ V y $\beta = \infty$. Encuentre I, V_1, V_2, V_3, V_4 y V_5, para (a) $R = 10$ kΩ y (b) $R = 100$ kΩ.

D6.53 Usando las ideas comprendidas en la figura 6.18, diseñe un circuito de espejo múltiple usando fuentes de alimentación de ± 5 V, para crear corrientes de fuente de 0.2, 0.4 y 0.8 mA y corrientes de disipación de 0.5, 1 y 2 mA. Suponga que los BJT tienen $V_{BE} \simeq 0.7$ V y β de valor elevado.

*6.54 Se sabe que el circuito que se muestra en la figura P6.54 se conoce como **transportador de corriente**.

(a) Suponiendo que Y se conecta a un voltaje V y que la corriente I es forzada en X, demuestre que

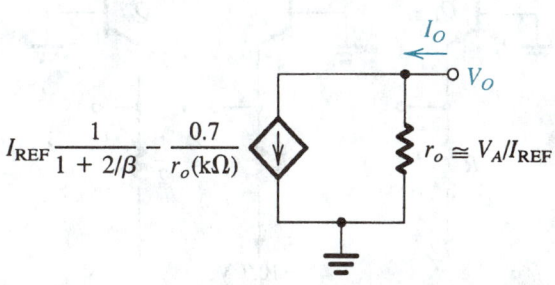

Fig. P6.45

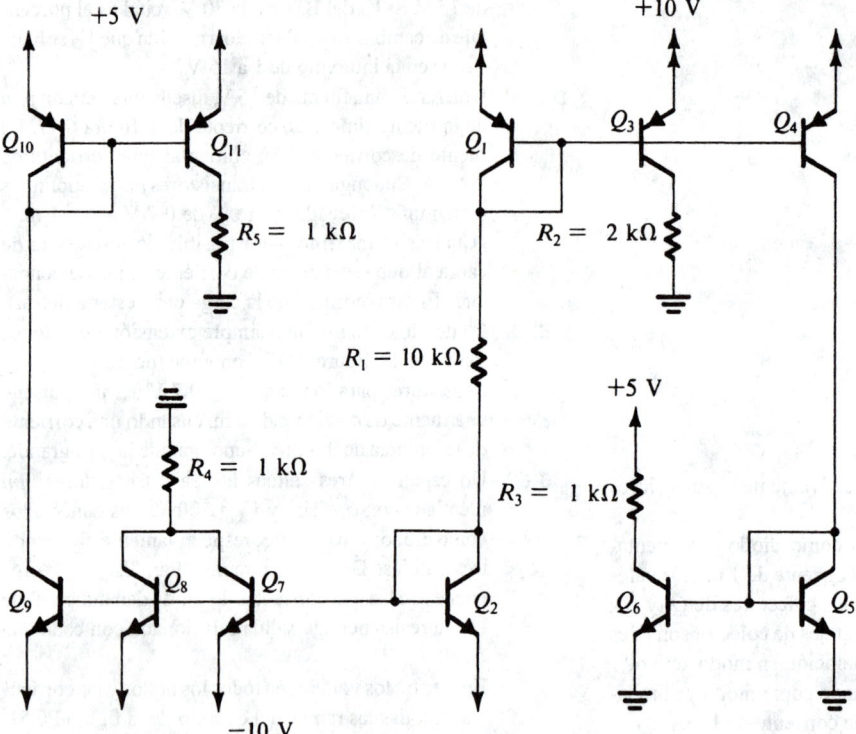

Fig. P6.51

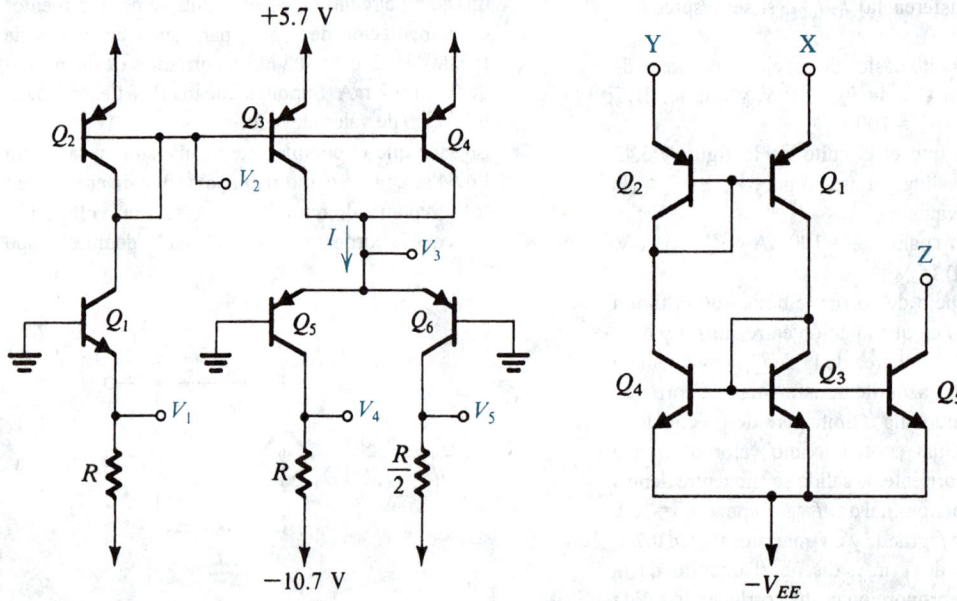

Fig. P6.52

Fig. P6.54

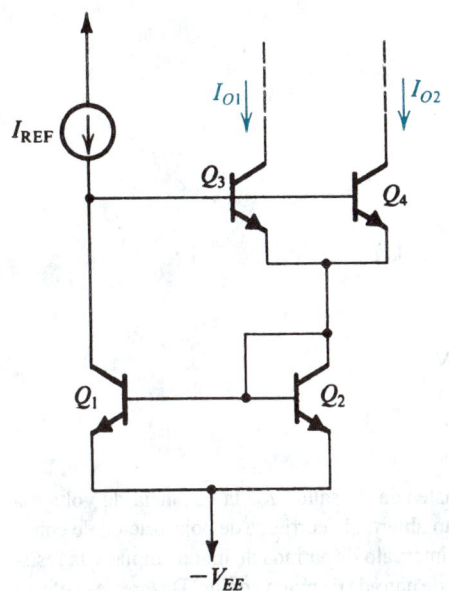

Fig. P6.60

una corriente igual a I circula por el terminal Y, que un voltaje igual a V aparece en el terminal X, y que una corriente igual a I circula por el terminal Z. Suponga una β de elevado valor.

(b) Con Y conectado a tierra, demuestre que aparece una tierra virtual en X. Si X se conecta a una fuente de +5 V por medio de una resistencia de 10 kΩ, ¿cuál corriente circula por Z?

D6.55 Extienda el circuito de espejo de corriente de la figura 6.19 a n salidas. ¿Cuál es la razón de transferencia de corriente resultante de la entrada a cada salida, I_O/I_{REF}? Si la desviación de la unidad debe mantenerse $\leq 0.1\%$, ¿cuál es el número máximo posible de salidas para los BJT con $\beta = 100$?

6.56 Para el espejo compensado con corriente de base de la figura 6.19, demuestre que la resistencia incremental de entrada (vista por la fuente de corriente de referencia) es aproximadamente $2\,V_T/I_{REF}$. Evalúe R_{en} *para* $I_{REF} = 100\ \mu A$.

6.57 Considere el circuito de la figura E6.9, que utiliza 11 transistores, 9 de los cuales se usan como salidas en diversas formas. Para una salida excitada por un solo transistor, encuentre la razón de transferencia de corriente. ¿Para qué valor de β está la corriente de salida 1% abajo?

6.58 Se requiere obtener una expresión para hallar la razón de transferencia de espejo de corriente de Wilson de la figura 6.20. Con ese fin, suponga que los emisores de Q_1 y Q_2 están conduciendo corrientes iguales de

valor I y continúe para expresar todas las corrientes, incluyendo I_{REF} e I_O, en términos de I. De lo anterior, demuestre que

$$\frac{I_O}{I_{REF}} = \frac{1}{1 + \dfrac{2}{\beta^2 + 2\beta}} \simeq \frac{1}{1 + \dfrac{2}{\beta_2}}$$

*6.59 En el espejo de corriente de Wilson que se ilustra en la figura 6.20, se conecta un cuarto transistor, primero en paralelo con Q_1, luego en paralelo con Q_2. En cada caso, encuentre una expresión para hallar la razón de transferencia de corriente en términos de β. Simplifique su expresión de modo que tenga capacidad para sacar algunas conclusiones acerca de la sensibilidad del espejo modificado de Wilson al valor de β.

D*6.60 (a) Para el circuito de la figura P6.60, encuentre I_{O1} e I_{O2} en términos de I_{REF}. Suponga que todos los transistores están acoplados con ganancia de corriente β.

(b) Utilice esta idea para diseñar un circuito que genere corrientes de 1, 2 y 4 mA usando una fuente de corriente de referencia de 7 mA. ¿Cuáles son los valores reales de las corrientes generadas para $\beta = 50$?

D6.61 Utilice la versión *pnp* del espejo de corriente de Wilson para diseñar una fuente de corriente de 0.1 mA. La fuente de corriente se requiere para operar con el voltaje en su terminal de salida de sólo −5 V. Si las fuentes de alimentación disponibles son ±5 V, ¿cuál es el máximo voltaje posible en el terminal de salida?

6.62 Para el espejo de corriente de Wilson de la figura 6.20, demuestre que la resistencia incremental de entrada vista por I_{REF} es aproximadamente $2\,V_T/I_{REF}$. (Desprecie el efecto Early en esta deducción.) Evalúe R_{en} para $I_{REF} = 100\ \mu A$.

**6.63 Para el espejo de corriente de Wilson de la figura 6.20, sustituya el transistor Q_1 conectado como diodo con su resistencia incremental r_e, y sustituya Q_2 y Q_3 con sus modelos híbridos π de baja frecuencia incluyendo r_o pero excluyendo r_μ (por sencillez). Nótese que los tres transistores operan a iguales corrientes de cd y así tienen idénticos parámetros de modelo. Aplique un voltaje de prueba v_x entre el colector de Q_3 y tierra y determine la corriente i_x tomada de la fuente v_x. De esto, demuestre que la resistencia de salida $R_o \equiv v_x/i_x \simeq \beta r_o/2$.

6.64 Considere el circuito de espejo de corriente de Wilson de la figura 6.20 cuando se alimenta con una corriente de referencia I_{REF} de 1 mA. ¿Cuál es el cambio en I_O correspondiente a un cambio de +10 V en el voltaje del colector de Q_3? Dé el valor absoluto y el cambio en porcentaje. Sea $\beta = 100$, $V_A = 100$ V, y recuerde que la resistencia de salida del circuito de Wilson es $\beta r_o/2$.

D*6.65 (a) Utilizando una corriente de referencia de 100 μA, diseñe una fuente de corriente de Widlar para obtener una corriente de salida de 10 μA. Hagamos que los BJT tengan $v_{BE} = 0.7$ V a 1 mA de corriente, y suponga que β es de elevado valor.

(b) Si $\beta = 200$ y $V_A = 100$ V, encuentre el valor de la resistencia de salida, y encuentre el cambio en corriente de salida correspondiente a un cambio de 5 V en el voltaje de salida.

D6.66 Diseñe tres fuentes de corriente de Widlar, con una corriente de referencia de 100 μA, otra con una razón de transferencia de corriente de 0.9, una con una razón de 0.10 y otra más con una razón de 0.01, todas suponiendo la tercera β elevada. Para cada una, encuentre la resistencia de salida y contrástela con r_o de la fuente básica de razón unitaria para la que $R_E = 0$. Utilice $\beta = \infty$ y $V_A = 100$ V.

6.67 El BJT del circuito de la figura P6.67 tiene $V_{BE} = 0.7$ V, $\beta = 100$, $V_A = 100$ V y $r_\mu = 10\ \beta r_o$. Encuentre R_o.

D6.68 (a) Para el circuito de la figura P6.68, suponga una β elevada y los BJT con $v_{BE} = 0.7$ V a 1 mA. Encuentre el valor de R que resulte en una $I_O = 10\ \mu$A.

(b) Para el diseño de (a), encuentre R_o suponiendo $\beta = 100$ y $V_A = 100$ V.

6.69 Considere el efecto de la variación de una fuente de alimentación en la polarización de cd del circuito con op amp de la figura 6.24: si +15 V baja a +14 V, ¿qué pasa con el voltaje de salida? Si, por separado, −15 V se eleva a −14 V, ¿qué pasa con el voltaje de salida?

Sección 6.5: El amplificador diferencial BJT con carga activa

6.70 El amplificador diferencial de la figura 6.25 está operado con $I = 100\ \mu$A, con dispositivos para los cuales $V_A = 160$ V y $\beta = 100$. ¿Qué resistencia diferencial de entrada, resistencia de salida, transconductancia equivalente y ganancia de voltaje a circuito abierto esperaría el lector? ¿Cuál sería la ganancia de voltaje si la resistencia de entrada de la etapa subsiguiente es 1 MΩ?

D*6.71 Diseñe el circuito de la figura 6.25 usando un espejo de corriente básico para realizar la fuente de corriente I. Se requiere que la transconductancia equivalente sea de 5 mA/V. Utilice fuentes de alimentación de ± 5 V y unos BJT que tengan $\beta = 150$ y $V_A = 100$ V. Dé el circuito completo con valores de componentes y especifique la resistencia diferencial de entrada R_i,

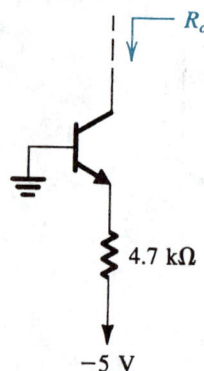

Fig. P6.67

la resistencia de salida R_o, la ganancia de voltaje a circuito abierto, la corriente de polarización de entrada, el intervalo de entrada de modo común y la resistencia de entrada de modo común. Desprecie el efecto de r_μ.

D*6.72 Repita el diseño del amplificador especificado en el problema 6.71 utilizando una fuente de corriente de Widlar para alimentar la corriente de polarización. Suponga que la máxima resistencia disponible es de 2 kΩ.

6.73 La β finita (que suele ser baja para el proceso estándar en circuitos integrados) de los transistores pnp que forman el espejo de corriente del circuito de la figura 6.25 resulta en un voltaje de desnivel de cd.

(a) Demuestre que, con ambas entradas a tierra, habrá una corriente de salida dirigida, entrando en el amplificador, de aproximadamente I/β_p, donde β_p es la β de los transistores pnp. (Suponga que la β de los transistores npn es elevada.)

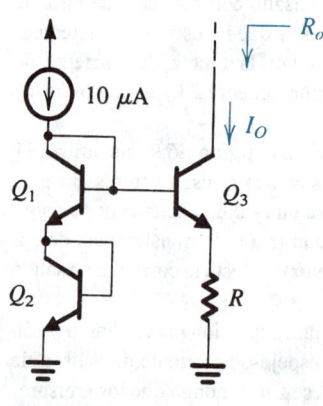

Fig. P6.68

(b) Encuentre el voltaje diferencial de entrada que reduciría a cero la corriente de salida encontrada en (a). Éste es el voltaje de desnivel de cd de entrada debido a la β_p finita.

(c) Para $\beta_p = 25$, encuentre V_{OS}.

6.74 Para el amplificador cascodo que se ilustra en la figura 6.27(b), ¿cuál es la ganancia de voltaje de la base al colector de Q_1?

D6.75 Para el amplificador cascodo de la figura 6.27(a), ¿cuál es el mínimo valor de V_{BIAS} que resulta en que el límite superior del intervalo de entrada de modo común sea por lo menos +10 V? Suponga que el BJT permanece activo con la unión entre colector y base polarizada directamente con hasta 0.4 V.

6.76 Para el amplificador cascodo de la figura 6.28, seleccione un valor para V_{BIAS} que permita una oscilación máxima de señal de salida de 3 V pico a pico. Suponga que un BJT permanece activo con la unión entre colector y base polarizada directamente con hasta 0.4 V. ¿Cuál es el límite lineal de v_O que resulta? ¿Cuál es el máximo voltaje permitido de entrada de modo común?

6.77 Para el amplificador cascodo de la figura 6.28, sea $I = 100\ \mu A$, $\beta = 100$, $V_A = 80$ V. Encuentre g_m y r_o para cada uno de los transistores, y evalúe la resistencia total en el nodo de salida y la ganancia de voltaje v_o/v_d.

*6.78 Considere el circuito amplificador diferencial de la figura 6.25 con los dos terminales de entrada unidos y aplicada una señal de entrada de modo común v_{CM}. Denote por R la resistencia de salida de la fuente de corriente de polarización, y por β_p denote la β de los transistores pnp. Si se supone que la β de los transistores npn es elevada, demuestre que habrá una corriente de salida de $v_{CM}/\beta_p R$. Entonces, demuestre que la transconductancia de modo común es $1/\beta_p R$. Utilice este resultado junto con la transconductancia diferencial G_m (deducida en el texto) para hallar el factor de rechazo de modo común. Calcule el valor del factor de rechazo de modo común parra el caso $I = 0.2$ mA, $R = 1$ MΩ y $\beta_p = 25$.

*6.79 Repita el problema 6.78 para el caso en que el espejo de corriente es sustituido con un espejo de Wilson. Demuestre que en este caso la corriente de salida será $v_{CM}/\beta_p^2 R$. Encuentre una expresión para el factor de rechazo de modo común, y evalúe su magnitud en dB para los valores de parámetros dados en el problema 6.78.

Sección 6.6: Amplificadores diferenciales con MOS

6.80 Considere el par diferencial MOS de la figura 6.29 con la compuerta de Q_2 a tierra. Sea $\mu_n C_{ox} = 20\ \mu A/V^2$,

$V_t = 1$ V, $W/L = 50$ e $I = 40\ \mu A$. Encuentre v_{GS1}, v_{GS2}, v_S y v_{G1} que correspondan a las siguientes distribuciones de la corriente I entre Q_1 y Q_2:

(a) $i_{D1} = i_{D2} = 20\ \mu A$.

(b) $i_{D1} = 30\ \mu A$ e $i_{D2} = 10\ \mu A$.

(c) $i_{D1} = 40\ \mu A$ e $i_{D2} = 0$ (Q_2 apenas se corta).

Confirme que el valor de v_{G1} obtenido en (c) es el mismo que el que se encontró usando la ecuación (6.103).

6.81 Un amplificador diferencial NMOS utiliza una corriente de polarización de 200 μA. Los dispositivos tienen $V_t = 0.8$ V, $W = 100\ \mu m$ y $L = 1.6\ \mu m$, en una tecnología para la cual $\mu_n C_{ox} = 90\ \mu A/V^2$. Encuentre V_{GS}, g_m y el valor de v_{id} para una completa conmutación de corriente. ¿A qué valor debería cambiarse la corriente de polarización para duplicar el valor de v_{id} para una completa conmutación de corriente?

6.82 Diseñe el amplificador diferencial MOS de la figura 6.29 para operar a $V_{GS} - V_t = 0.2$ V y para obtener una transconductancia g_m de 1 mA/V. Especifique las razones W/L y la corriente de polarización. La tecnología disponible produce $V_t = 0.8$ V y $\mu_n C_{ox} = 90\ \mu A/V^2$.

6.83 Considere el par diferencial NMOS que se ilustra en la figura 6.29 bajo las condiciones en que $I = 100\ \mu A$, usando los FET para los cuales $k_n'(W/L) = 400\ \mu A/V^2$ y $V_t = 1$ V. ¿Cuál es el voltaje en la conexión de fuente común para $v_{G1} = v_{G2} = 0$? ¿y 2 V? ¿Cuál es la relación entre las corrientes de dren en cada una de estas situaciones? Ahora para $v_{G2} = 0$ V, ¿a qué voltajes debe ponerse v_{G1} para reducir i_{D2} en 10%? ¿y para aumentar i_{D2} en 10%? ¿Cuál es el voltaje diferencial, $v_d = v_{G2} - v_{G1}$, para el que la razón de corrientes de dren i_{D2}/i_{D1} es 1.0? ¿0.5? ¿0.9? ¿0.99? Para la razón de corriente $i_{D1}/i_{D2} = 20.0$, ¿qué entrada diferencial se requiere?

D6.84 Un par diferencial NMOS se va a utilizar en un amplificador cuyos resistores de dren son de 100 kΩ ± 1%. Para el par, k_n', $W/L = 200\ \mu A/V^2$ y $V_t = 1$ V. Se debe tomar una decisión respecto a la corriente de polarización que se ha de usar, ya sea 100 μA o 200 μA. Para la salida diferencial, haga contrastar la ganancia diferencial y voltaje de desnivel de entrada para las dos posibilidades.

D6.85 Se sospecha que un amplificador NMOS, cuyo punto de operación diseñado es con V_{GS} medio volt mayor que el umbral nominal de 1 V, tiene una variabilidad de V_t, W/L y R_D (independientemente) de ±2%. ¿Cuál es el voltaje de desnivel de entrada, en el peor caso, que el lector esperaría hallar? ¿Cuál es una aportación importante a este desnivel total? Si el usuario utilizó una variación de uno de los resistores de dren para reducir el desnivel de salida a cero y por lo tanto compensar las incertidumbres (incluyendo la de las otras R_D), ¿qué porcentaje de cambio, a partir del nominal, se requeriría? Si por selección el usuario redujo la aportación del peor caso de desnivel en un factor de 10, ¿qué cambio en R_D sería necesario?

6.86 Para el espejo MOS simple que se ilustra en la figura 6.32(a), los dispositivos nominalmente tienen $V_t = 1$ V y $k_n'(W/L) = 200$ μA/V^2. La medición con $V_{DS2} = V_{DS1}$ e $I_{REF} = 0.2$ mA muestra que la corriente de salida está 5% abajo. Se supone que Q_2 difiere de Q_1 en una o más formas. Si la diferencia en corriente se debe en todo a que $(W/L)_2$ es diferente de $(W/L)_1$, encuentre cuál debe ser esta diferencia. Si, por otra parte, la diferencia en corriente se debe en todo a que V_{t2} es diferente de V_{t1}, encuentre cuál debe ser esta diferencia.

6.87 Para el espejo MOS simple que se ilustra en la figura 6.32(a), los dispositivos tienen $V_t = 1$ V, $k_n'(W/L) = 200$ μA/V^2 y $V_A = 20$ V. $I_{REF} = 100$ μA, $V_{SS} = 5$ V y $V_O = +5$ V. ¿Qué valor de I_O resulta?

6.88 Para el espejo de corriente cascodo de la figura 6.32(b) con $V_t = 1$ V, $k_n'(W/L) = 200$ μA/V^2, $V_A = 20$ V, $I_{REF} = 100$ μA, $V_{SS} = 5$ V y $V_O = +5$ V, ¿cuál valor resulta de I_O? (Nótese la gran mejoría sobre la situación obtenida para el espejo simple del problema 6.87.)

6.89 En el sencillo circuito de espejo de corriente que se ilustra en la figura 6.32(a), ambos transistores tienen $V_t = 1$ V, $\mu_n C_{ox} = 40$ μA/V^2, y una longitud de canal de 5 μm. Sea $V_{SS} = 0$ V e $I_{REF} = 10$ μA. Ahora, si $W_2 = 20$ $W_1 = 200$ μm, ¿qué valor tendrá I_O? ¿Qué voltaje de compuerta común resulta? ¿Cuál es el mínimo valor de V_O para el cual Q_2 opera como fuente de corriente constante? Para transistores con $V_A = 30$ V, ¿cuál es la resistencia de salida del espejo?

6.90 En un espejo cascodo en particular, como el que se ilustra en la figura 6.32(b), todos los transistores tienen $V_t = 1$ V, $\mu_n C_{ox} = 40$ μA/V^2, $L = 5$ μm y $V_A = 30$ V. Los anchos son $W_1 = W_4 = 10$ μm y $W_2 = W_3 = 200$ μm. La corriente de referencia es 10 μA y $V_{SS} = 0$ V. ¿Cuál corriente de salida resulta? ¿Cuáles son los voltajes en las compuertas de Q_2 y Q_3? ¿Cuál es el mínimo voltaje a la salida, para el que es posible la operación de fuente de corriente? ¿Cuáles son los valores de g_m y r_o de Q_2 y Q_3? ¿Cuál es la resistencia de salida del espejo? ¿Cuál es la resistencia de entrada del espejo?

*6.91 Se requiere obtener una expresión para hallar la resistencia de salida del espejo de corriente de Wilson que

se ilustra en la figura 6.32(c). Sustituya cada uno de los MOSFET con su modelo a pequeña señal incluyendo r_o. Para el transistor Q_2 conectado como diodo, el modelo se reduce a una resistencia ($1/g_{m2}$) en paralelo con r_{o2}. Para simplificar las cosas, desprecie r_{o2}. Aplique un voltaje de prueba v_x entre el terminal de salida y tierra y denote como i_x la corriente tomada de v_x. Analice el circuito para demostrar que

$$R_o \equiv v_x/i_x \simeq (g_m r_o)r_o$$

6.92 Demuestre que la resistencia de entrada del espejo de corriente de Wilson de la figura 6.32(c) es aproximadamente igual a $2/g_{m1}$, bajo la suposición de que Q_2 y Q_3 son dispositivos idénticos.

6.93 Para el espejo de Wilson que se ilustra en la figura 6.32(c), todos los transistores tienen $V_t = 1$ V, $V_A = 50$ V, $\mu_n C_{ox} = 40$ μA/V^2 y $L = 5$ μm. El ancho $W_1 = 10$ μm, mientras que $W_2 = W_3 = 200$ μm. La corriente de referencia es 10 μA, y $V_{SS} = 0$ V. ¿Cuáles son los voltajes en las compuertas de Q_2 y Q_3? ¿Cuál es el mínimo valor de V_O para el cual es posible la operación de fuente de corriente? ¿Cuáles son las resistencias de entrada y salida del espejo? (*Sugerencia:* Se puede usar el resultado dado en el enunciado del problema 6.92.)

*6.94 Un espejo de corriente de Wilson utiliza dispositivos para los cuales $V_t = 1$ V, $k_n' W/L = 200$ μA/V^2 y $V_A = 20$ V. $I_{REF} = 100$ μA y $V_{SS} = 0$ V. ¿Qué valor de I_O resulta? Ahora, si el circuito se modifica para quedar como el de la figura 6.32(d), ¿qué valor de I_O resulta?

6.95 Encuentre la resistencia de salida del espejo de corriente de la figura P6.95. Para simplificar las cosas, suponga que el voltaje incremental en las compuertas de Q_1, Q_2 y Q_3 es cero. (*Sugerencia:* Utilice la relación de la ecuación 6.116.)

D6.96 En un amplificador diferencial de carga activa de la forma que se muestra en la figura 6.34, todos los transistores están caracterizados por $k' W/L = 800$ μA/V^2 y $|V_A| = 20$ V. Encuentre la corriente de polarización I para la cual la ganancia $v_o/v_{id} = 80$ V/V.

6.97 En una versión del amplificador diferencial MOS de carga activa que se muestra en la figura 6.34, todos los transistores tienen $k' W/L = 200$ μA/V^2 y $|V_A| = 50$ V. Para $V_{DD} = 5$ V, con las entradas casi a tierra, y (a) $I = 10$ μA o (b) $I = 100$ μA, calcule el intervalo lineal de v_o, la g_m de Q_1 y Q_2, las resistencias de salida de Q_2 y Q_4, la resistencia total de salida y la ganancia de voltaje.

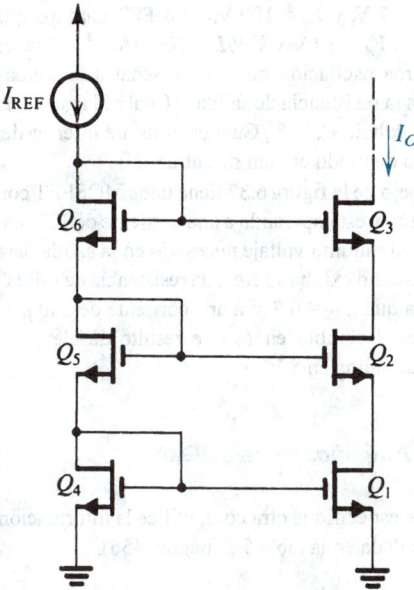

Fig. P6.95

D*6.98 Considere un amplificador diferencial de carga activa como el que se ilustra en la figura 6.34, con la fuente de corriente de polarización realizada con el espejo modificado de Wilson de la figura 6.32(d), con $I_{REF} = 25\ \mu A$. Los transistores tienen $|V_t| = 1$ V y $k'(W/L) = 800\ \mu A/V^2$. ¿Cuál es el mínimo valor de la fuente de alimentación total $(V_{DD} + V_{SS})$ que permite a cada uno de los transistores operar con $|V_{DS}| \geq |V_{GS}|$?

*6.99 (a) Dibuje el circuito de un amplificador diferencial MOS de carga activa en el que los transistores de entrada están conectados en cascodo, y se utiliza un espejo de corriente cascodo para la carga.

  (b) Demuestre que si todos los transistores se operan a un voltaje eficaz V_{eff} y tienen iguales voltajes de Early $|V_A|$, la ganancia está dada por

$$A_d = 2(V_A/V_{eff})^2$$

  Evalúe la ganancia para $V_{eff} = 0.25$ V y $V_A = 20$ V.

D*6.100 Si el transistor *pnp* del circuito de la figura P6.100 está caracterizado por su relación exponencial con una corriente de escala I_S, demuestre que la corriente I de cd está determinada por $IR = V_T \ln(I/I_S)$. Suponga que Q_1 y Q_2 deben estar acoplados y Q_3, Q_4 y Q_5 deben estar acoplados. Encuentre el valor de R que produzca

una corriente $I = 10\ \mu A$. Para el BJT, $V_{EB} = 0.7$ V a $I_E = 1$ mA.

Sección 6.7: Amplificadores BiCMOS

Para los problemas de esta sección, a menos que se especifique otra cosa, suponga que la tecnología BiCMOS disponible proporciona dispositivos bipolares con $V_A = 50$ V y $\beta = 100$; y dispositivos MOS con $L = 2\ \mu m$, $\lambda = 0.05$ V^{-1}, $|V_t| = 1$ V y $\mu_n C_{ox} = 20\ \mu A/V^2$.

6.101 ¿Cuál razón W/L debe tener un MOSFET para tener una g_m igual a la de un BJT cuando ambos están polarizados a una corriente I de 100 μA? Comente sobre el resultado.

6.102 Si el parámetro λ de un MOSFET es más o menos inversamente proporcional a la longitud L del canal, ¿cómo cambian r_o y la ganancia intrínseca de voltaje con L?

6.103 ¿Cómo afecta el grosor del óxido de compuerta a la ganancia intrínseca del amplificador de fuente común? Analice los resultados intermedios que tienen que considerarse para determinar el grueso del óxido.

6.104 Repita el ejercicio 6.20 para una corriente de polarización de 10 μA.

D*6.105 (a) Demuestre que, para el amplificador cascodo BiCMOS de la figura 6.35(c), la ganancia se puede expresar en la forma

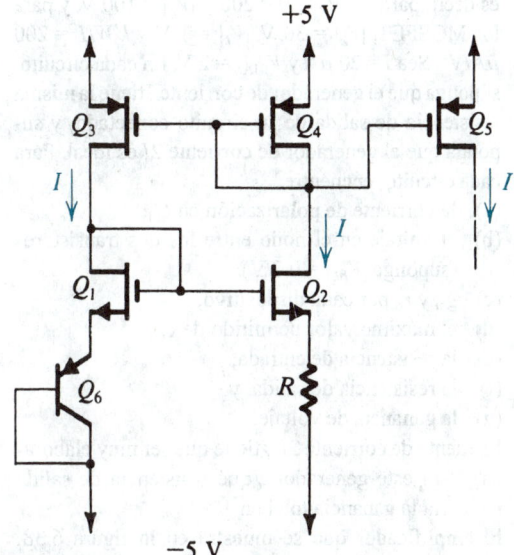

Fig. P6.100

$$\frac{v_o}{v_i} = -\frac{2\beta_2\, V_A}{V_{GS} - V_t}$$

(b) Diseñe el circuito para obtener una ganancia de −40 000 V/V. Para obtener una operación aceptable de alta frecuencia, la corriente de polarización debe ser por lo menos de 10 μA. Especifique el ancho del MOSFET y el valor de V_{GS} al cual debe polarizarse Q_1. ¿Cuál es el mínimo valor para V_{BIAS}? Suponga que el BJT tiene un v_{BE} de 0.7 V a una corriente de 10 μA.

6.106 Considere las variantes del amplificador básico que se muestran en la figura 6.35, todas operando a una corriente de polarización de 20 μA desde una fuente ideal de corriente. Para el BJT, $\beta = 200$ y $V_A = 100$ V. Para el MOS, $k'W/L = 200\ \mu$A/V^2, $|V_t| = 1$ V y $|V_A| = 30$ V. Para cada dispositivo, encuentre g_m y r_o. Para cada circuito, encuentre R_o y la ganancia de voltaje v_o/v_i. ¿Cuáles son las ganancias si (a) la fuente de corriente se realiza con una topología complementaria a la de las partes del amplificador, y tiene idéntica resistencia de salida, y (b) la fuente de corriente utiliza un solo BJT que tiene $V_A = 100$ V.

*6.107 Los circuitos que se muestran en la figura P6.107, creados en el espíritu del circuito de la figura 6.35(c), se denominan *cascodos doblados*. Su característica más importante es que cuentan con un desplazamiento de nivel de cd, lo que permite que la salida oscile a la región positiva y a la negativa, característica que no existe en un circuito cascodo regular. Se requiere analizar los circuitos suponiendo que los parámetros de dispositivo son idénticos a los del problema 6.106; es decir, para los BJT, $\beta = 200$ y $|V_A| = 100$ V, y para los MOSFET, $|V_A| = 30$ V, $|V_t| = 1$ V y $k'W/L = 200$ μA/V^2. Sea $I = 20$ μA y $V_{BIAS} = 2$ V. En cada circuito, suponga que el generador de corriente I tiene la misma resistencia de salida de su circuito conectado, y suponga que el generador de corriente $2I$ es ideal. Para cada circuito, encuentre:

(a) la corriente de polarización en Q_1;
(b) el voltaje en el nodo entre los dos transistores (suponga $|V_{BE}| = 0.7$ V),
(c) g_m y r_o por cada dispositivo,
(d) el máximo valor permitido de v_O,
(e) la resistencia de entrada,
(f) la resistencia de salida, y
(g) la ganancia de voltaje.

La fuente de corriente $2I$, ¿tiene que ser muy elaborada? Para este generador, ¿qué resistencia de salida reduciría la ganancia total en 1%?

6.108 El amplificador que se muestra en la figura 6.38, utiliza una corriente de polarización I de 40 μA y fuentes de ±3 V, con los BJT para los que β es elevada, $V_{CEsat} = 0.2$ V, y $V_A = 100$ V, y los FET para los que $|V_t| = 1$ V, $V_A = 30$ V y $k'W/L = 200$ μA/V^2. ¿Cuál es la máxima oscilación posible de señal a la salida? ¿Cuál es la resistencia de salida? ¿Cuál es la ganancia total de voltaje v_o/v_d? ¿Cuál es el límite inferior del intervalo de modo común de entrada?

6.109 Si el espejo de la figura 6.37 tiene unos MOSFET con $W = 20$ μm y está operando a una corriente de 100 μA, ¿cuál es el mínimo voltaje necesario en la salida para que el circuito exhiba su elevada resistencia de salida? Suponga que $v_{BE} = 0.7$ V a una corriente de 100 μA. ¿Cuál es el cambio en I_O que resulte de elevar el voltaje de salida en 8 V?

Sección 6.8: Amplificadores de GaAs

A menos que se especifique otra cosa, utilice la información de dispositivos dada en la tabla 5.2 (página 456).

D6.110 Para la fuente de corriente de la figura 6.39(c) con $V_{DD} = +5$ V, encuentre el ancho de dispositivo que resulte en una corriente de 11 mA cuando el voltaje en la fuente sea de +4 V. ¿Cuál es la resistencia de salida de la fuente de corriente?

6.111 Para la fuente de corriente autoelevada de la figura 6.41(b) sea $W = 10$ μm y $V_{DD} = 5$ V. ¿Cuál es el máximo voltaje permitido en el nodo A? A este voltaje, ¿cuál es la corriente alimentada por Q_1? ¿Cuál es el valor de la resistencia de salida de esta fuente de corriente?

6.112 Considere la fuente de corriente cascodo de la figura 6.43(a) para el caso $W_1 = 10$ μm y $W_2 = 50$ μm. Despreciando la modulación de longitud de canal, encuentre el valor de corriente I y el máximo valor permisible de V_{DSsat} para Q_1 para que este circuito opere correctamente. Si el voltaje en el nodo A es +4 V y $V_{DD} = +5$ V, encuentre el voltaje en el dren de Q_1. También encuentre la resistencia de salida de esta fuente de corriente.

6.113 Para el circuito amplificador de la figura 6.43(c) sea $W_1 = 100$ μm, $W_2 = 500$ μm, $W_3 = 50$ μm y $W_4 = 250$ μm. Encuentre la ganancia de voltaje obtenida. (Para mayor sencillez, desprecie el efecto de λ cuando calcule los valores de g_m.)

*6.114 Para el circuito de la figura P6.114, el lector debe convencerse que si la resistencia que va de regreso al dren de Q_2 es mucho más elevada que r_{o3}, la ganancia de voltaje obtenida es aproximadamente $-g_{m1}r_{o3}$. Si el transistor de entrada Q_1 está polarizado en $V_{GS} = 0$ V, encuentre valores aproximados para las corrientes de cd en Q_1 y en Q_3 (desprecie λ). También encuentre un

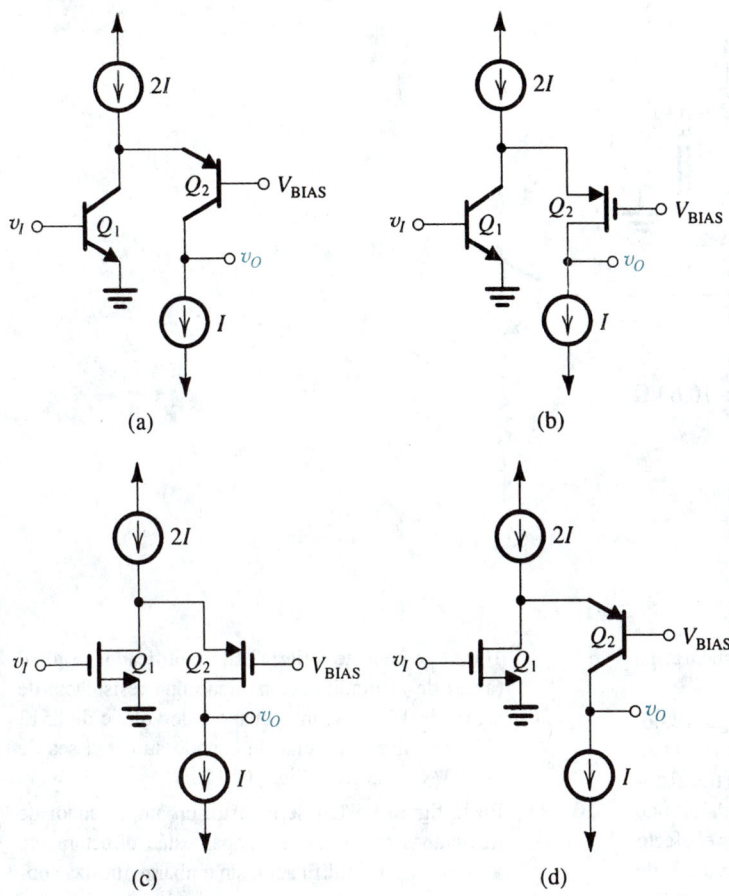

Fig. P6.107

valor aproximado para la ganancia de voltaje. (Para simplificar las cosas, desprecie λ cuando calcule el valor de g_{m1}.)

**6.115 Para el circuito de la figura 6.45(a), cuyo análisis a pequeña señal se muestra en la figura 6.45(b), obtenga expresiones para v_s/v_i y v_{d1}/v_i. (*Sugerencia:* Siga el procedimiento señalado en el texto.) Para $I = 10$ mA, $W_1 = W_2 = W_3 = 100\ \mu$m, calcule los valores de v_s/v_i, v_{d1}/v_i y v_o/v_i.

Sección 6.9: Amplificadores de varias etapas

6.116 Un amplificador diferencial con BJT, polarizado para tener $r_e = 50\ \Omega$ y que utiliza dos resistores de $100\ \Omega$ y cargas de $5\ k\Omega$, excita una segunda etapa polarizada para tener $r_e = 20\ \Omega$. Todos los BJT tienen $\beta = 150$. ¿Cuál es la ganancia de voltaje de la primera etapa? También encuentre la resistencia de entrada de la primera etapa, y

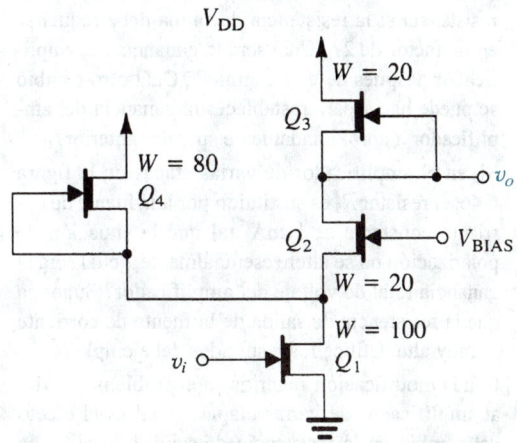

Fig. P6.114

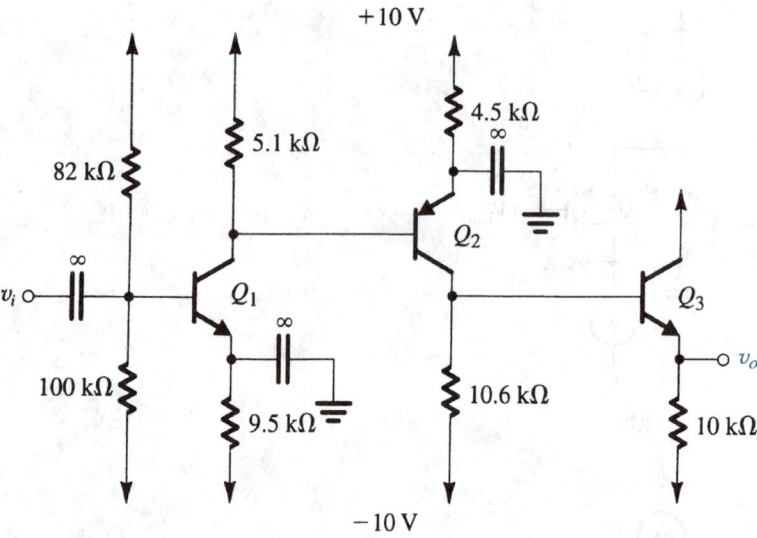

Fig. P6.121

la ganancia de corriente de la entrada de la primera etapa a los colectores de la segunda etapa.

6.117   En el amplificador de varias etapas, de la figura 6.46, deben introducirse resistores de emisor de 100 Ω en el conductor del emisor de cada uno de los transistores de la primera etapa y de 25 Ω para cada uno de los transistores de la segunda etapa; ¿cuál es el efecto en la resistencia de entrada, la ganancia de voltaje de la primera etapa y la ganancia total de voltaje? Utilice los valores de polarización encontrados en el ejemplo 6.3.

D6.118   Considere el circuito de la figura 6.46 y su resistencia de salida. ¿Cuál resistor tiene el efecto más grande en la resistencia de salida? ¿A qué debe cambiarse esta resistencia si la resistencia de salida debe reducirse en un factor de 2? ¿Cuál será la ganancia del amplificador después de este cambio? ¿Cuál otro cambio se puede hacer para restablecer la ganancia del amplificador a aproximadamente su valor anterior?

D6.119   Si, en el amplificador de varias etapas de la figura 6.46, el resistor R_5 es sustituido por una fuente de corriente constante $\simeq 1$ mA, tal que la situación de polarización no se altere esencialmente, ¿cuál será la ganancia total de voltaje del amplificador? Suponga que la resistencia de salida de la fuente de corriente es muy alta. Utilice los resultados del ejemplo 6.4.

D*6.120   Con la modificación sugerida en el problema previo, al amplificador de varias etapas, ¿cuál es el efecto del cambio en la resistencia de salida? ¿Cuál es la ganancia total del amplificador cuando su carga de

100 Ω se conecte a tierra? El amplificador original (antes de la modificación) tiene una resistencia de salida de 152 Ω y una ganancia de voltaje de 8513 V/V. ¿Cuál es su ganancia cuando su carga sea de 100 Ω? Comente. Utilice $\beta = 100$.

6.121   En la figura P6.121 se muestra un amplificador de tres etapas en el que las etapas están directamente acopladas. El amplificador, sin embargo, utiliza condensadores de derivación y, como tal, su respuesta en frecuencia cae a bajas frecuencias. Para nuestro propósito aquí, supondremos que los condensadores son de valor suficientemente grande para actuar como cortocircuitos perfectos a todas las frecuencias de señal de interés.

(a)   Encuentre la corriente de polarización de cd en cada uno de los tres transistores. También encuentre el voltaje de cd a la salida. Suponga $|V_{BE}| = 0.7$ V, $\beta = 100$ y desprecie el efecto Early.

(b)   Encuentre la resistencia de entrada y de salida.

(c)   Utilice el método de ganancia de corriente para evaluar la ganancia de voltaje v_o/v_i.

D*6.122**   Para el circuito que se muestra en la figura P6.122, que utiliza un cascodo doblado donde aparece el transistor Q_3, todos los transistores tienen $|V_{BE}| = 0.7$ V para las corrientes que intervienen, $V_A = 200$ V y $\beta = 100$. El circuito es relativamente convencional excepto por Q_5, que opera en un modo clase B (estudiaremos esto en el capítulo 9) para obtener una oscilación de salida negativa aumentada para cargas de baja resistencia. (a) Realice un cálculo de polarización suponiendo que $|V_{BE}| =$

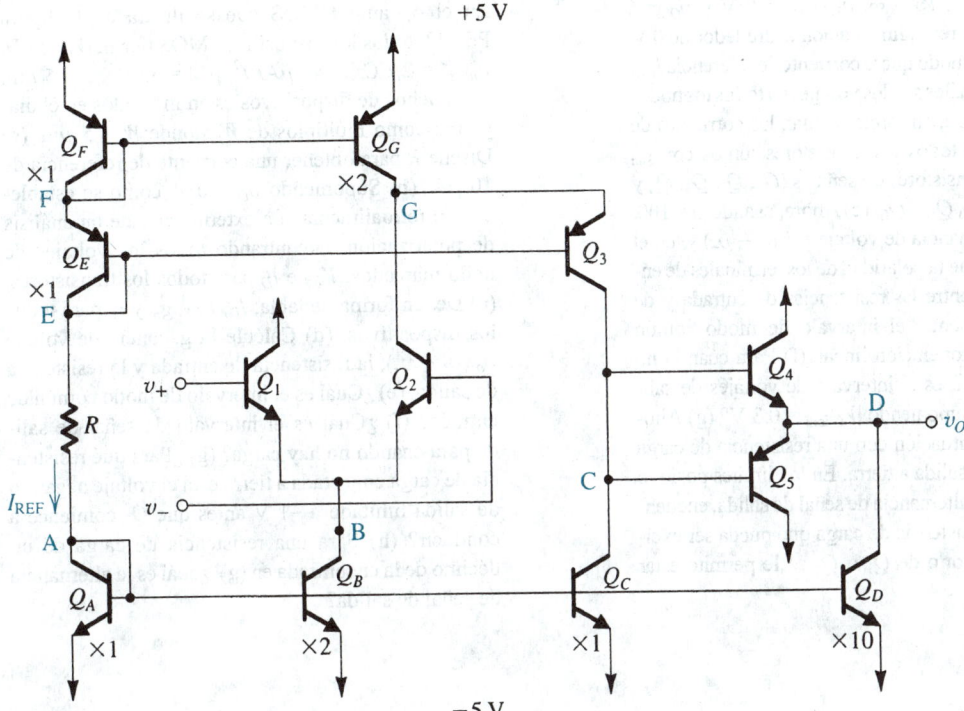

Fig. P6.122

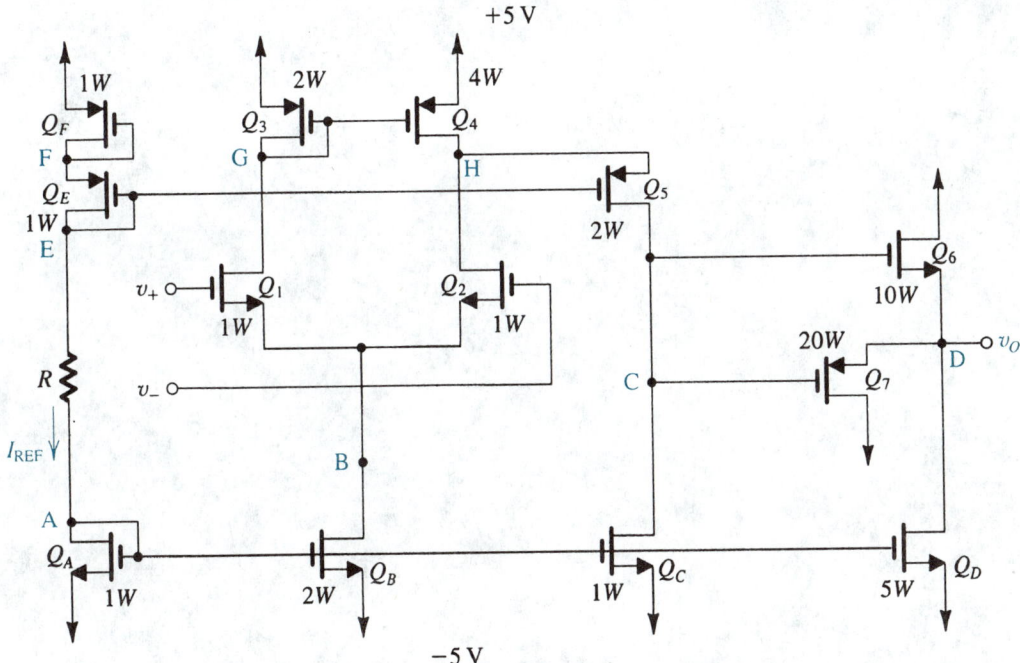

Fig. P6.123

0.7 V, β elevada, $V_A = \infty$, $\upsilon_+ = \upsilon_- = 0$ V y υ_O está estabilizado por retroalimentación a alrededor de 0 V. Encuentre R de modo que la corriente de referencia I_{REF} sea 100 μA. ¿Cuáles son los voltajes en todos los nodos marcados? (b) Dé, en forma tabular, las corrientes de polarización en todos los transistores juntos con g_m y r_o para los transistores de señales (Q_1, Q_2, Q_3, Q_4 y Q_5) y r_o para Q_C, Q_D y Q_G. (c) Ahora, usando $\beta = 100$, encuentre la ganancia de voltaje $\upsilon_o/(\upsilon_+ - \upsilon_-)$ y, en el proceso, verifique la polaridad de los terminales de entrada. (d) Encuentre las resistencias de entrada y de salida. (e) Encuentre el intervalo de modo común de entrada para operación lineal. (f) Para cuando no haya carga, ¿cuál es el intervalo de voltajes de salida disponibles, suponiendo $|V_{CEsat}| = 0.3$ V? (g) Ahora considere la situación con una resistencia de carga conectada de la salida a tierra. En los límites positivo y negativo de la alternancia de señal de salida, encuentre la mínima resistencia de carga que pueda ser excitada si a uno u otro de Q_1 o Q_2 se le permite estar en corte.

D***6.123 En el op amp CMOS que se ilustra en la figura P6.123, todos los dispositivos MOS tienen $|V_t| = 1$ V, $\mu_n C_{ox} = 2\mu_p C_{ox} = 40$ μA/V^2, $|V_A| = 50$ V y $L = 5$ μm. Los anchos de dispositivos están indicados en el diagrama como múltiplos de W, donde $W = 5$ μm. (a) Diseñe R para obtener una corriente de referencia de 10 μA. (b) Suponiendo $\upsilon_O = 0$ V, como se establece con retroalimentación externa, ejecute un análisis de polarización, encontrando todos los voltajes de nodo marcados, V_{GS} e I_D para todos los transistores. (c) Dé, en forma de tabla, I_D, V_{GS}, g_m y r_o para todos los dispositivos. (d) Calcule la ganancia de voltaje $\upsilon_o/(\upsilon_+ - \upsilon_-)$, la resistencia de entrada y la resistencia de salida. (e) ¿Cuál es el intervalo de modo común de entrada? (f) ¿Cuál es el intervalo de señal de salida para cuando no hay carga? (g) ¿Para qué resistencia de carga conectada a tierra está el voltaje negativo de salida limitado a -1 V antes que Q_7 comience a conducir? (h) Para una resistencia de carga de un décimo de la encontrada en (g), ¿cuál es la alternancia de señal de salida?

CAPÍTULO 7

Respuesta en frecuencia

INTRODUCCIÓN

En el capítulo 1 introdujimos el tema de la respuesta en frecuencia de amplificadores y brevemente mencionamos las diversas formas de respuesta en frecuencia encontradas. Además, presentamos la respuesta en frecuencia de redes de una constante de tiempo (STC) (y damos más detalles en el apéndice F). Encontramos que este material es directamente aplicable a la evaluación de la respuesta en frecuencia de circuitos con op amp (capítulo 2). También estudiamos los efectos capacitivos internos del BJT (capítulo 4) y del MOSFET (capítulo 5) y desarrollamos modelos para la operación a alta frecuencia de ambos dispositivos. Además de esto y la mención ocasional de limitaciones impuestas sobre la respuesta en frecuencia de amplificadores, el estudio detallado de este importante tema se ha diferido hasta este capítulo. Esto se hizo por varias razones, la más importante de las cuales es la necesidad de conceptos teóricos y métodos de circuitos que el lector pudiera no haber visto al principio del libro. Nos referimos específicamente a la variable *s* de frecuencia compleja y conceptos relacionados como son polos y ceros. Estos temas se encuentran normalmente en textos introductorios sobre análisis de circuitos [véase, por ejemplo, Van Valkenburg (1974) y Bobrow (1987)]. En lo que sigue supondremos que el lector conoce bien este material.

Después de un breve repaso del análisis del dominio s (sección 7.1) y un estudio de las funciones de transferencia de un amplificador (sección 7.2), se presenta la respuesta a baja frecuencia de los amplificadores de fuente común y emisor común capacitivamente acoplados (sección 7.3). Los modelos de FET y BJT de alta frecuencia se aplican entonces en el análisis de la respuesta a alta frecuencia de los amplificadores de fuente común y emisor común (sección 7.4); los amplificadores de base común, compuerta común y cascodo (sección 7.5), y el amplificador de colector común (sección 7.6). También en este capítulo se estudian varias configuraciones de amplificadores de dos etapas que tienen la ventaja de su ancho de banda extendido. Además, se considera en detalle la respuesta en frecuencia de un amplificador diferencial. El capítulo concluye con ejemplos del uso de simulación por computadora con SPICE en el análisis y diseño de respuesta en frecuencia de un amplificador.

Los amplificadores de una etapa y de dos etapas analizados en este capítulo se pueden usar ya sea individualmente o como elementos de construcción para amplificadores más complejos de varias etapas. En el análisis de respuesta en frecuencia de amplificadores de varias etapas se utilizan los métodos estudiados en este capítulo, como se ilustra en el capítulo 10 en el contexto del análisis de circuitos con op amps.

Aun cuando en este capítulo insistimos en el análisis, el material es fácilmente aplicable al diseño. Esto se logra manteniendo el análisis relativamente sencillo y por lo tanto enfocando la atención sobre los mecanismos que limitan la respuesta en frecuencia y en los métodos para extender el ancho de banda de amplificadores. Desde luego, una vez obtenido un diseño inicial, su respuesta exacta en frecuencia se puede hallar usando análisis con ayuda de computadoras. Los resultados obtenidos en esta forma pueden emplearse para mejorar aún más el diseño.

7.1 ANÁLISIS DEL DOMINIO s: POLOS, CEROS Y DIAGRAMAS DE BODE

La mayor parte de nuestro trabajo en este capítulo está dedicado a hallar la ganancia de voltaje de un amplificador como una función de transferencia de la frecuencia compleja s. En este análisis del dominio s, una capacitancia C es sustituida por una admitancia sC, o, lo que es lo mismo, por una impedancia $1/sC$, y una inductancia L es sustituida por una impedancia sL. Entonces, utilizando técnicas usuales de análisis de circuitos, se obtiene la función de transferencia de voltaje $T(s) \equiv V_o(s)/V_i(s)$.

Ejercicio

7.1 Encuentre la función de transferencia de voltaje $T(s) \equiv V_o(s)/V_i(s)$ para la red STC que se muestra en la figura E7.1.

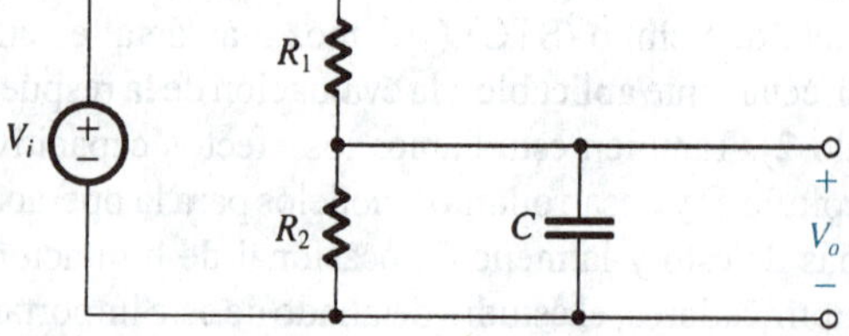

Fig. E7.1

Resp. $T(s) = \dfrac{1/CR_1}{s + 1/C(R_1//R_2)}$

Una vez obtenida la función de transferencia $T(s)$, la misma se puede evaluar para **frecuencias físicas** al sustituir s con $j\omega$. La función de transferencia resultante $T(j\omega)$ es en general una cantidad compleja cuya magnitud da la respuesta en magnitud (o transmisión) y cuyo ángulo da la respuesta en fase del amplificador.

En muchos casos no será necesario sustituir $s = j\omega$ y evaluar $T(j\omega)$, sino que, más bien, la forma de $T(s)$ dejará ver muchos datos útiles acerca de la operación del circuito. En general, para todos los circuitos que se estudian en este capítulo, $T(s)$ se puede expresar en la forma

$$T(s) = \frac{a_m s^m + a_{m-1} s^{m-1} + \cdots + a_0}{s^n + b_{n-1} s^{n-1} + \cdots + b_0} \tag{7.1}$$

en donde los coeficientes a y b son números reales y el orden m del numerador es menor o igual al orden n del denominador; este último recibe el nombre de **orden de la red**. Además, para un **circuito estable**, es decir, aquel que no genera señales por sí solo, los coeficientes del denominador deben ser tales que *las raíces del polinomio del denominador tienen todas partes reales negativas*. Estudiaremos el problema de la estabilidad del amplificador en el capítulo 8.

Polos y ceros

Una forma opcional para expresar $T(s)$ es

$$T(s) = a_m \frac{(s - Z_1)(s - Z_2) \cdots (s - Z_m)}{(s - P_1)(s - P_2) \cdots (s - P_n)} \tag{7.2}$$

en donde a_m es una constante multiplicativa (el coeficiente de s^m del numerador), $Z_1, Z_2, \ldots, Z_m$ son las raíces del polinomio del numerador, y $P_1, P_2, \ldots, P_n$ son las raíces del polinomio del denominador. $Z_1, Z_2, \ldots, Z_m$ se denominan **ceros de una función de transferencia** o **ceros de transmisión**, y $P_1, P_2, \ldots, P_n$ son los **polos de una función de transferencia** o los **modos naturales** de la red. Una función de transferencia está especificada por completo en términos de sus polos y ceros junto con el valor de la constante multiplicativa.

Los polos y ceros pueden ser números reales o complejos, pero, como los coeficientes a y b son números reales, los polos complejos (o ceros) deben presentarse en **pares conjugados**. Esto es, si $5 + j3$ es un cero, entonces $5 - j3$ también debe ser un cero. Un cero que es imaginario puro ($\pm j\omega_Z$) causa que la función de transferencia $T(j\omega)$ sea exactamente cero en $\omega = \omega_Z$. Esto es porque el numerador tendrá los factores $(s + j\omega_Z)(s - j\omega_Z) = (s^2 + \omega_Z^2)$, que para frecuencias físicas se convierte en $(-\omega^2 + \omega_Z^2)$, y por lo tanto la fracción de transferencia será exactamente cero en $\omega = \omega_Z$. Entonces, la "trampa" que ponemos a la entrada de un televisor es un circuito que tiene una transmisión cero a la frecuencia particular de interferencia. Los ceros reales, por otra parte, no producen nulos de transmisión. Finalmente, nótese que para valores de s mucho mayores que todos los polos y ceros, la función de transferencia de la ecuación (7.1) se convierte en $T(s) \simeq a_m / s^{n-m}$. Por lo tanto, la función de transferencia tiene $(n - m)$ ceros cuando $s = \infty$.

Funciones de primer orden

Todas las funciones de transferencia encontradas en este capítulo tienen polos y ceros reales y pueden, por lo tanto, escribirse como el producto de funciones de transferencia de primer orden de la forma general

$$T(s) = \frac{a_1 s + a_0}{s + \omega_0} \tag{7.3}$$

donde $-\omega_0$ es la ubicación del polo real. La cantidad ω_0, denominada **frecuencia de polo**, es igual a la inversa de la constante de tiempo de esta red de una constante de tiempo (STC) (véase la sección 1.6 y el apéndice F). Las constantes a_0 y a_1 determinan el tipo de red STC. Específicamente, en el capítulo 1 estudiamos dos tipos de redes STC, de pasabajos y de pasaaltos. Para la red de primer orden de pasabajos tenemos

$$T(s) = \frac{a_0}{s + \omega_0} \qquad (7.4)$$

En este caso la ganancia de cd es a_0/ω_0, y ω_0 es la frecuencia de corte o de 3 dB. Nótese que esta función de transferencia tiene un cero en $s = \infty$. Por otra parte, la función de transferencia de primer orden y pasaaltos tiene un cero a cd y se puede escribir como

$$T(s) = \frac{a_1 s}{s + \omega_0} \qquad (7.5)$$

En este punto urgimos encarecidamente al lector repase, en el apéndice F, el material sobre redes STC y sus respuestas en frecuencias y pulsos. De interés específico son los diagramas de las respuestas en magnitud y fase de las dos clases especiales de redes STC. Estos diagramas se pueden utilizar para generar las gráficas de magnitud y fase de una función de transferencia de orden más elevado, como se explica a continuación.

Diagramas de Bode

Existe una técnica sencilla para obtener un diagrama aproximado de la magnitud y fase de una función de transferencia dados sus polos y ceros. La técnica es particularmente útil en el caso de polos y ceros reales. El método fue desarrollado por H. Bode, y los diagramas resultantes se denominan **diagramas de Bode**.

Una función de transferencia de la forma descrita en la ecuación (7.2) consta de un producto de factores de la forma $s + a$, donde este factor aparece en la parte superior si corresponde a un cero y en la inferior si corresponde a un polo. Se deduce que la respuesta en magnitud en decibeles de la red se puede obtener al sumar términos de la forma $20 \log_{10} \sqrt{a^2 + \omega^2}$, y la respuesta en fase se puede obtener al sumar términos de la forma $\tan^{-1}(\omega/a)$. En ambos casos, los términos correspondientes a polos se suman con signos negativos. Por comodidad, podemos restar la constante a y escribir el término típico de magnitud en la forma $20 \log \sqrt{1 + (\omega/a)^2}$. En una gráfica de decibeles contra frecuencia log, este término da lugar a la curva y asíntotas rectas que se muestran en la figura 7.1. Aquí la asíntota de baja frecuencia es una recta horizontal al nivel de 0 dB, y la asíntota es una recta con pendiente 6 dB/octava o, lo que es lo mismo, 20 dB/década. Las dos asíntotas se encuentran a la frecuencia $\omega = |a|$, que se denomina **frecuencia de corte**. Como se indica, la gráfica de magnitud real difiere ligeramente del valor dado por las asíntotas; la diferencia máxima es 3 dB y ocurre a la frecuencia de corte.

Para $a = 0$, es decir, un polo o un cero a $s = 0$, el diagrama es simplemente una recta de pendiente 6 dB/octava que corta la recta de 0 dB en $\omega = 1$.

En resumen, para obtener el diagrama de Bode para la magnitud de una función de transferencia, el diagrama asintótico por cada polo y cero se dibuja primeramente. La pendiente de la asíntota de alta frecuencia de la curva correspondiente a un cero es $+20$ dB/década, mientras que la pendiente para un polo es -20 dB/década. Los diversos diagramas se suman entonces, y la curva general se desplaza verticalmente en una cantidad determinada por la constante multiplicativa de la función de transferencia.

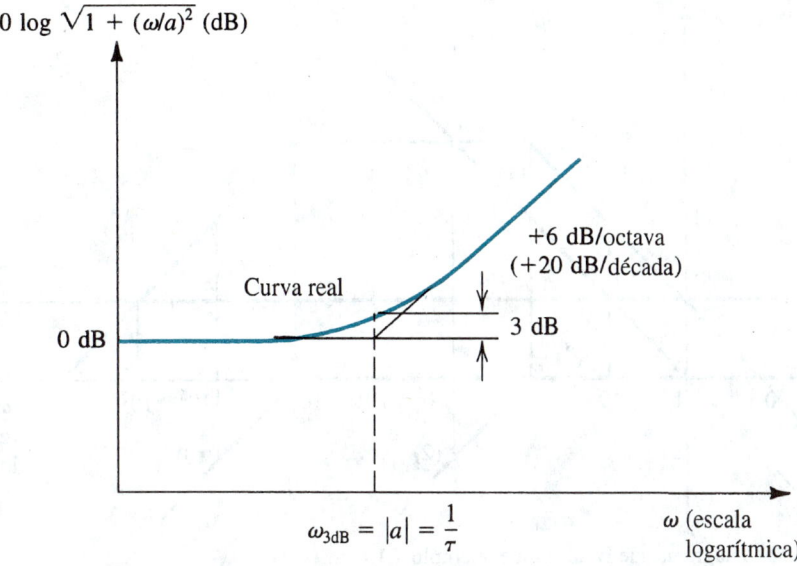

Fig. 7.1   Diagrama de Bode para el término de magnitud típica. La curva mostrada se aplica para el caso de un cero. Para un polo, la asíntota de alta frecuencia debe trazarse con una pendiente de −6 dB/octava.

EJEMPLO 7.1

Un amplificador tiene la función de transferencia de voltaje

$$T(s) = \frac{10s}{(1 + s/10^2)(1 + s/10^5)}$$

Encuentre los polos y ceros y dibuje la magnitud de la ganancia contra frecuencia. Encuentre valores aproximados para la ganancia a $\omega = 10$, 10^3 y 10^6 rad/s.

SOLUCIÓN

Los ceros son como sigue: uno a $s = 0$ y uno a $s = \infty$. Los polos son como sigue: uno a $s = -10^2$ rad/s y uno a $s = -10^5$ rad/s.

En la figura 7.2 se ilustran los diagramas asintóticos de Bode de los diferentes factores de la función de transferencia. La curva 1, que es una recta con pendiente de +20 dB/década, corresponde al término s (es decir, el cero a $s = 0$) del numerador. El polo a $s = -10^2$ resulta en la curva 2, que consta de dos asíntotas que se cortan a $\omega = 10^2$. Del mismo modo, el polo a $s = -10^5$ está representado por la curva 3, donde la intersección de las asíntotas es a $\omega = 10^5$. Finalmente, la curva 4 representa la constante multiplicativa de valor 10.

Si se suman las cuatro curvas resulta el diagrama asintótico de Bode de la ganancia del amplificador (curva 5). Nótese que como los dos polos están bastante separados, la ganancia será muy cercana a 10^3 (60 dB) sobre la banda de frecuencias 10^2 a 10^5 rad/s. A las dos frecuencias de corte (10^2 y 10^5 rad/s) la ganancia será aproximadamente 3 dB debajo de la máxima de 60 dB. A

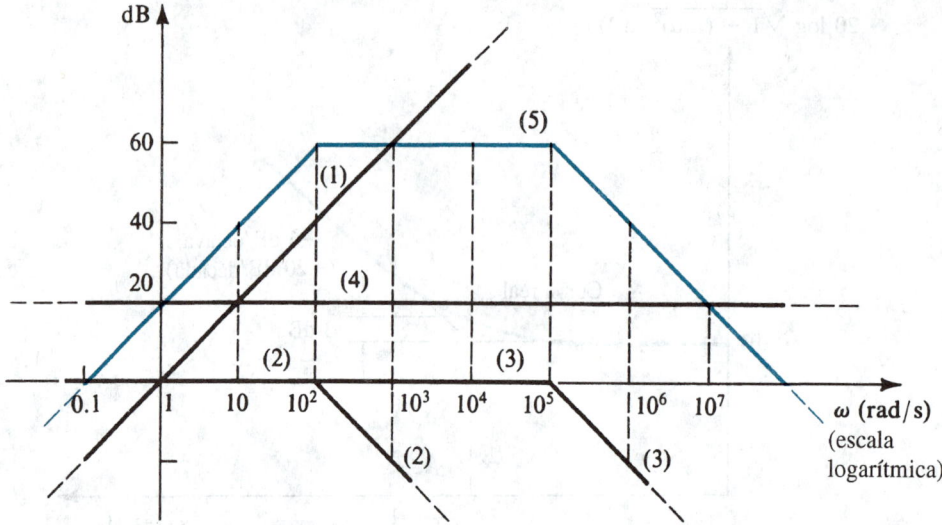

Fig. 7.2 Diagramas de Bode para el ejemplo 7.1.

las tres frecuencias específicas, los valores de la ganancia obtenidos del diagrama de Bode y de una evaluación exacta de la función de transferencia son como sigue:

ω	Ganancia aproximada	Ganancia exacta
10	40 dB	39.96 dB
10^3	60 dB	59.96 dB
10^6	40 dB	39.96 dB

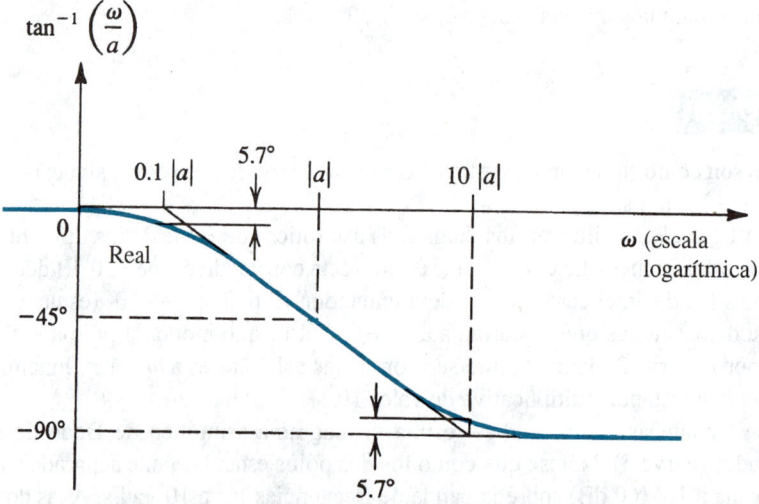

Fig. 7.3 Diagrama de Bode del término de fase $\tan^{-1}(\omega/a)$ típico cuando a es negativa.

A continuación consideremos la gráfica de fase de Bode. En la figura 7.3 se ilustra una gráfica del término de fase $\tan^{-1}(\omega/a)$ típico, suponiendo que a sea negativo. También se muestra una aproximación de la recta asintótica de la función arctan. La gráfica asintótica consta de tres rectas. La primera es horizontal a $\phi = 0$ y se prolonga hasta $\omega = 0.1|a|$. La segunda línea tiene una pendiente de $-45°$/década y se prolonga de $\omega = 0.1|a|$ a $\omega = 10|a|$. La tercera tiene cero pendiente a un nivel de $\phi = -90°$. La respuesta completa de fase se puede obtener sumando los diagramas asintóticos de Bode de la fase de todos los polos y ceros.

EJEMPLO 7.2

Encuentra el diagrama de Bode para la fase de la función de transferencia del amplificador considerado en el ejemplo 7.1.

SOLUCIÓN

El cero a $s = 0$ da lugar a una función constante de fase de $+90°$ representada por la curva 1 de la figura 7.4. El polo a $s = -10^2$ da lugar a la función de fase

$$\phi_1 = -\tan^{-1}\frac{\omega}{10^2}$$

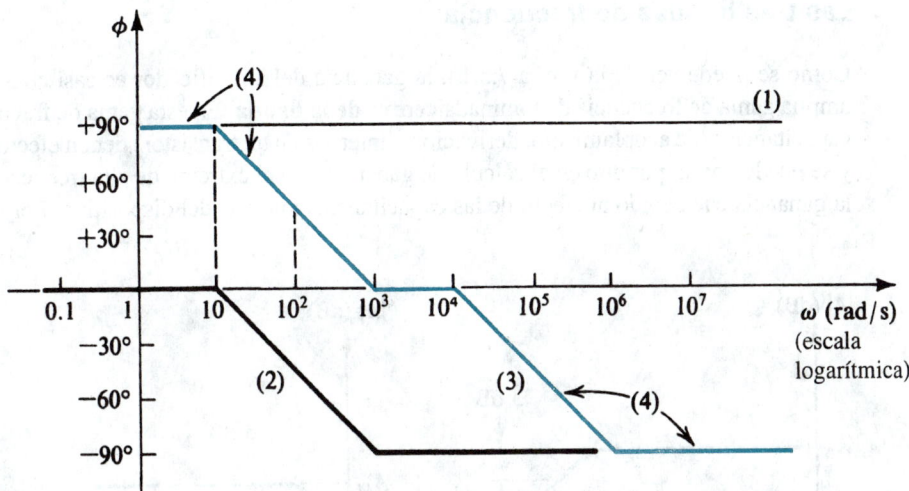

Fig. 7.4 Diagramas de fase para el ejemplo 7.2.

(el signo negativo inicial se debe al hecho que esta singularidad es un polo). El diagrama asintótico para esta función está dado por la curva 2 de la figura 7.4. Análogamente, el polo a $s = -10^5$ da lugar a la función de fase

$$\phi_2 = -\tan^{-1}\frac{\omega}{10^5}$$

cuyo diagrama asintótico está dado por la curva 3. La respuesta total de fase (curva 4) se obtiene por suma directa de las tres gráficas. Vemos que a 100 rad/s, la fase del amplificador se adelanta 45° y a 10^5 rad/s la fase se atrasa 45°.

Una observación importante

Para trazar los diagramas de Bode, es muy conveniente expresar los factores de función de transferencia en la forma $\left(1 + \dfrac{s}{a}\right)$. El material de las figuras 7.1 y 7.2 y de los dos ejemplos precedentes se aplica directamente.

7.2   FUNCIÓN DE TRANSFERENCIA DEL AMPLIFICADOR

Los amplificadores considerados en este capítulo tienen funciones de alta ganancia de voltaje en cualquiera de las dos formas que se ilustran en la figura 7.5. La figura 7.5(a) se aplica para amplificadores de cd o directamente acoplados y la 7.5(b) para amplificadores de ca o capacitivamente acoplados. La única diferencia entre los dos tipos es que la ganancia del amplificador de ca cae a bajas frecuencias. En lo que sigue estudiaremos la respuesta más general que se ilustra en la figura 7.5(b). La respuesta del amplificador de cd sigue como caso especial.

Las tres bandas de frecuencia

Como se puede ver de la figura 7.5(b), la ganancia del amplificador es casi constante sobre una amplia gama de frecuencia denominada **centro de la banda**. En esta gama de frecuencia, todas las capacitancias (de acoplamiento, derivación e internas de un transistor) tienen efectos despreciables y se pueden pasar por alto en el cálculo de ganancia. En el extremo de alta frecuencia del espectro, la ganancia cae debido al efecto de las capacitancias internas del dispositivo. Por otra parte, en el

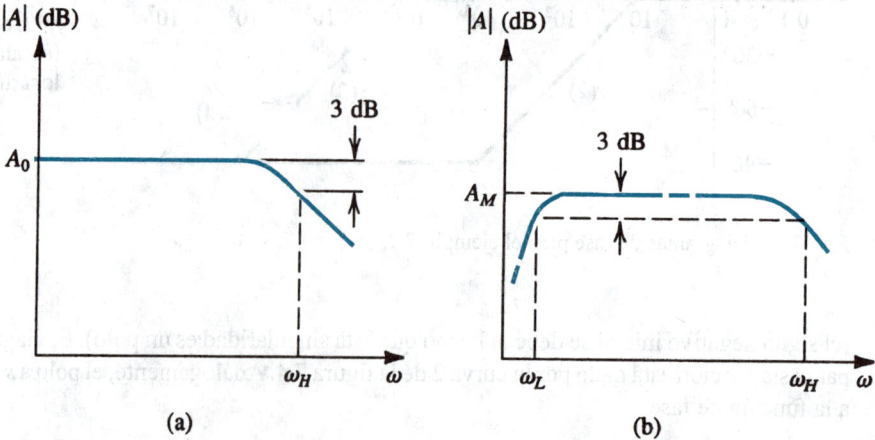

Fig. 7.5   Respuesta en frecuencia para **(a)** un amplificador de cd y **(b)** un amplificador capacitivamente acoplado.

extremo de baja frecuencia del espectro, las capacitancias de acoplamiento y derivación ya no actúan como cortocircuitos perfectos y por lo tanto hacen que la ganancia caiga. La magnitud del centro de la banda suele estar definida por las dos frecuencias ω_L y ω_H. Éstas son las frecuencias a las que la ganancia cae 3 dB abajo del valor del centro de la banda. El **ancho de banda** del amplificador suele definirse como

$$\text{BW} = \omega_H - \omega_L \tag{7.6}$$

y, como $\omega_L \ll \omega_H$,

$$\text{BW} \simeq \omega_H \tag{7.7}$$

Una cifra de mérito [también llamada factor de mérito] para el amplificador es su **producto de ganancia por ancho de banda,** definida como

$$GB \equiv A_M \omega_H \tag{7.8}$$

donde A_M es la magnitud de ganancia del centro de la banda en volts por volt. Como se demostrará en secciones más adelante, generalmente es posible cambiar ganancia por ancho de banda.

La función de ganancia $A(s)$

La ganancia de un amplificador como función de la frecuencia compleja s se puede expresar en la forma general

$$A(s) = A_M F_L(s) F_H(s) \tag{7.9}$$

donde $F_L(s)$ y $F_H(s)$ son funciones que toman en cuenta la dependencia de la ganancia sobre la frecuencia en la banda de bajas frecuencias y la banda de altas frecuencias, respectivamente. Para frecuencias ω mucho mayores que ω_L, la función $F_L(s)$ se aproxima a la unidad. Análogamente, para frecuencias ω mucho menores que ω_H, la función $F_H(s)$ se aproxima a la unidad. Entonces, para $\omega_L \ll \omega \ll \omega_H$,

$$A(s) \simeq A_M$$

como debe haberse esperado. También se deduce que la ganancia del amplificador en la banda de baja frecuencia, $A_L(s)$, se puede expresar como

$$A_L(s) \simeq A_M F_L(s) \tag{7.10}$$

y la ganancia en la banda de alta frecuencia se puede expresar como

$$A_H(s) \simeq A_M F_H(s) \tag{7.11}$$

La ganancia del centro de la banda se determina al analizar el circuito equivalente del amplificador, con la suposición de que los condensadores de acoplamiento y de derivación están actuando como cortocircuitos perfectos, y los condensadores internos del modelo de transistor están actuando como circuitos abiertos perfectos. La función de transferencia de baja frecuencia, $A_L(s)$, se determina por análisis del circuito equivalente del amplificador, incluyendo los condensadores de acoplamiento y de derivación, pero suponiendo que las capacitancias del modelo del transistor se comportan como circuitos abiertos perfectos. Por otra parte, la función de transferencia de alta frecuencia, $A_H(s)$, se determina por análisis del circuito equivalente del amplificador, incluyendo los condensadores del modelo del transistor, pero suponiendo que los condensadores de acoplamiento y de derivación se comportan como cortocircuitos perfectos. En la figura 7.6 se ilustra una representación gráfica de estos puntos.

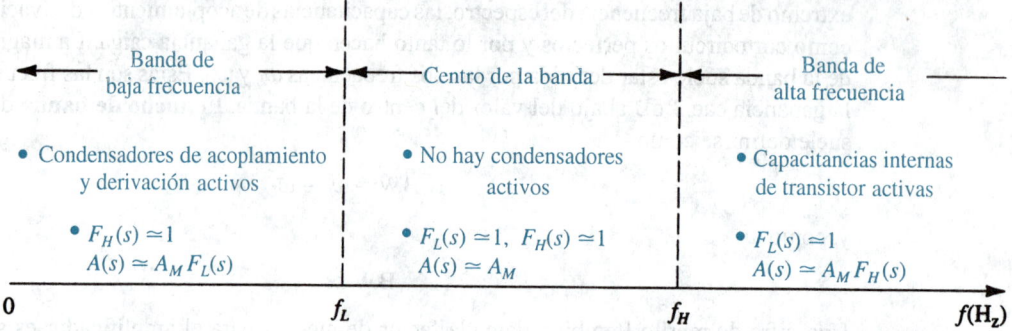

Fig. 7.6 Las tres bandas de frecuencia que caracterizan la respuesta en frecuencia de amplificadores capacitivamente acoplados. Para amplificadores de cd, la ausencia de condensadores de acoplamiento y de derivación ocasiona que $F_L(s) = 1$ y $f_L = 0$, por lo que la ganancia del centro de la banda se prolonga a frecuencia cero.

Respuesta a baja frecuencia

La función $F_L(s)$, que caracteriza la respuesta a baja frecuencia del amplificador, toma la forma general

$$F_L(s) = \frac{(s + \omega_{Z1})(s + \omega_{Z2}) \cdots (s + \omega_{Zn_L})}{(s + \omega_{P1})(s + \omega_{P2}) \cdots (s + \omega_{Pn_L})} \tag{7.12}$$

donde $\omega_{P1}, \omega_{P2}, \ldots, \omega_{Pn_L}$, son números positivos, representando las frecuencias de n_L los polos de baja frecuencia y $\omega_{Z1}, \omega_{Z2}, \ldots, \omega_{Zn_L}$ son positivos, negativos o cero que representan los ceros n_L. De la ecuación (7.12) debe observarse que a medida que s se aproxima a infinito (de hecho, a medida que $s = j\omega$ se aproxime a las frecuencias del centro de la banda), $F_L(s)$ se aproxima a la unidad.

El diseñador del amplificador suele estar particularmente interesado en la parte de la banda de baja frecuencia que está cerca del centro de la banda. Esto es porque el diseñador necesita estimar, y modificar si es necesario, el valor de la frecuencia inferior ω_L de 3 dB. En muchos casos los ceros están a frecuencias tan bajas (mucho menores que ω_L) que son de poca importancia para determinar ω_L. Del mismo modo, por lo general uno de los polos, por ejemplo ω_{P1}, tiene una frecuencia mucho más alta que todos los otros polos. Se deduce que para frecuencias ω cercanas al centro de la banda, $F_L(s)$ se puede aproximar con

$$F_L(s) \simeq \frac{s}{s + \omega_{P1}} \tag{7.13}$$

que es la función de transferencia de una red de primer orden de pasaaltos. En este caso, la respuesta de baja frecuencia del amplificador está *dominada* por el polo en $s = -\omega_{P1}$ y la frecuencia inferior de 3 dB es aproximadamente igual a ω_{P1},

$$\omega_L \simeq \omega_{P1} \tag{7.14}$$

Si se cumple esta **aproximación de polo dominante**, es más fácil determinar ω_L. De otra forma, hay que hallar el diagrama completo de Bode para $|F_L(j\omega)|$ y así determinar ω_L. Como regla práctica, *la aproximación de polo dominante se puede hacer si el polo de frecuencia más alta está separado del polo más cercano o cero en por lo menos dos octavas (es decir, un factor de cuatro).*

Si no existe un polo dominante de baja frecuencia, se puede deducir una fórmula aproximada para ω_L en términos de los polos y ceros. Para mayor sencillez, consideremos el caso de un circuito que tiene dos polos y dos ceros en la banda de baja frecuencia, es decir,

$$F_L(s) = \frac{(s + \omega_{Z1})(s + \omega_{Z2})}{(s + \omega_{P1})(s + \omega_{P2})} \tag{7.15}$$

Al sustituir $s = j\omega$ y tomar el cuadrado de la magnitud resulta

$$|F_L(j\omega)|^2 = \frac{(\omega^2 + \omega_{Z1}^2)(\omega^2 + \omega_{Z2}^2)}{(\omega^2 + \omega_{P1}^2)(\omega^2 + \omega_{P2}^2)} \tag{7.16}$$

Por definición, a $\omega = \omega_L$, $|F_L|^2 = \frac{1}{2}$ y entonces

$$\frac{1}{2} = \frac{(\omega_L^2 + \omega_{Z1}^2)(\omega_L^2 + \omega_{Z2}^2)}{(\omega_L^2 + \omega_{P1}^2)(\omega_L^2 + \omega_{P2}^2)}$$

$$= \frac{1 + (1/\omega_L^2)(\omega_{Z1}^2 + \omega_{Z2}^2) + (1/\omega_L^4)(\omega_{Z1}^2 \omega_{Z2}^2)}{1 + (1/\omega_L^2)(\omega_{P1}^2 + \omega_{P2}^2) + (1/\omega_L^4)(\omega_{P1}^2 \omega_{P2}^2)} \tag{7.17}$$

Como ω_L suele ser mayor que las frecuencias de todos los polos y ceros, podemos despreciar los términos que contengan $(1/\omega_L^4)$ y despejar ω_L para obtener

$$\omega_L \simeq \sqrt{\omega_{P1}^2 + \omega_{P2}^2 - 2\omega_{Z1}^2 - 2\omega_{Z2}^2} \tag{7.18}$$

Esta relación se puede ampliar a cualquier número de polos y ceros. Nótese que si uno de los polos, por ejemplo el polo P_1, es dominante, entonces $\omega_{P1} \gg \omega_{P2}, \omega_{Z1}, \omega_{Z2}$, y la ecuación (7.18) se reduce a la ecuación (7.14).

EJEMPLO 7.3

La respuesta a baja frecuencia de un amplificador está caracterizada por la función de transferencia

$$F_L(s) = \frac{s(s + 10)}{(s + 100)(s + 25)}$$

Determine su frecuencia a 3 dB, aproximada y exactamente.

SOLUCIÓN

Si se observa que el polo de más alta frecuencia a 100 rad/s es dos octavas más alto que el segundo polo y una década más alto que el cero, encontramos que casi existe una situación de polo dominante y $\omega_L \simeq 100$ rad/s. Se puede obtener una mejor estimación de ω_L si se utiliza la ecuación (7.18), como sigue:

$$\omega_L = \sqrt{100^2 + 25^2 - 2 \times 10^2} = 102 \text{ rad/s}$$

El valor exacto de ω_L se puede determinar de la función de transferencia dada como 105 rad/s. Finalmente, mostramos en la figura 7.7 un diagrama de Bode y una gráfica exacta para la magnitud de la función dada de transferencia. Nótese que ésta es una gráfica de la respuesta a baja frecuencia del amplificador normalizado con relación a la ganancia del centro de la banda. Esto es, si la ganancia del centro de la banda es 100 dB, entonces todo el diagrama debe desplazarse hacia arriba en 100 dB.

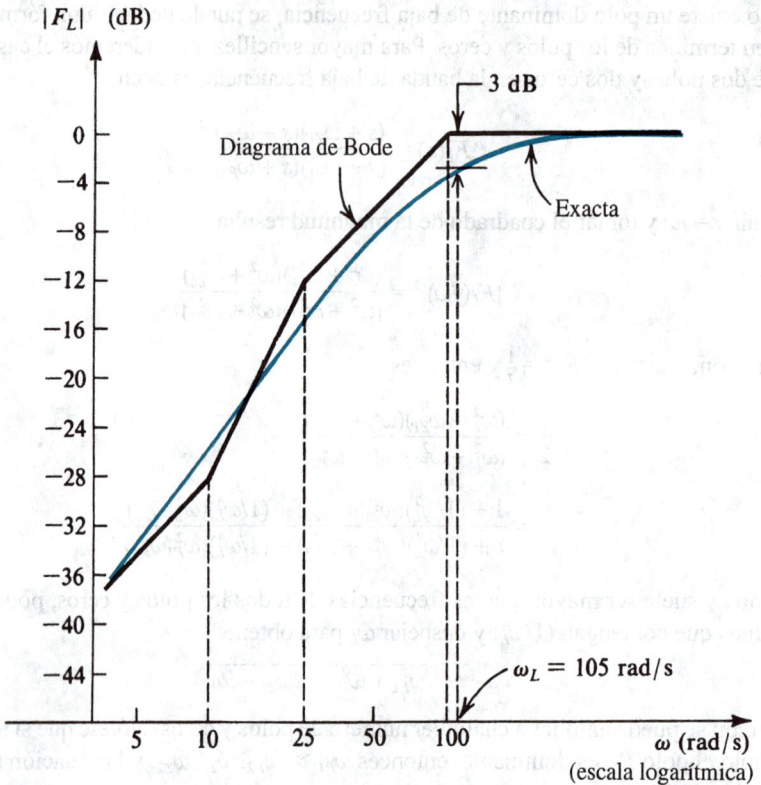

Fig. 7.7 Respuesta normalizada a baja frecuencia del amplificador del ejemplo 7.3.

Respuesta a alta frecuencia

Considere a continuación la banda de alta frecuencia. La función $F_H(s)$ se puede expresar en la forma general[1]

$$F_H(s) = \frac{(1 + s/\omega_{Z1})(1 + s/\omega_{Z2}) \cdots (1 + s/\omega_{Zn_H})}{(1 + s/\omega_{P1})(1 + s/\omega_{P2}) \cdots (1 + s/\omega_{Pn_H})} \tag{7.19}$$

donde $\omega_{P1}, \omega_{P2}, \ldots, \omega_{Pn_H}$, son números positivos que representan las frecuencias de los polos reales de alta frecuencia n_H, y $\omega_{Z1}, \omega_{Z2}, \ldots, \omega_{Zn_H}$ son números positivos, negativos o infinitos que representan las frecuencias de los ceros de alta frecuencia n_H. Nótese, de la ecuación (7.19), que a medida que s se aproxima a 0 (de hecho a medida que $s = j\omega$ se aproxima a las frecuencias del centro de la banda), $F_H(s)$ se aproxima a la unidad.

El diseñador del amplificador suele estar particularmente interesado en la parte de la banda de alta frecuencia que está cerca del centro de la banda. Esto es porque el diseñador necesita estimar,

---

[1] Nótese que la forma que hemos seleccionado para expresar $F_H(s)$ en la ecuación (7.19) es deliberadamente diferente de la que hemos empleado para $F_L(s)$ en la ecuación (7.12). Por supuesto, podemos utilizar la misma forma para ambas, pero nuestra selección es mucho más conveniente. Pedimos al lector recordar este punto y reflexionar sobre el mismo, quizá después de leer el resto de esta sección.

y modificar si es necesario, el valor de la frecuencia superior ω_H de 3 dB. En muchos casos los ceros están a frecuencias ya sea al infinito o tan altas que son de poca importancia para determinar ω_H. Si, además, uno de los polos de alta frecuencia, por ejemplo el ω_{P1}, es de frecuencia mucho menor que cualquiera de los otros polos, entonces la respuesta a alta frecuencia del amplificador será *dominada* por este polo, y la función $F_H(s)$ se puede aproximar con

$$F_H(s) \simeq \frac{1}{1 + s/\omega_{P1}} \tag{7.20}$$

que es la función de transferencia de una red de pasabajos de primer orden. Se deduce que si existe un polo dominante de alta frecuencia, entonces la determinación de ω_H se simplifica grandemente:

$$\omega_H \simeq \omega_{P1} \tag{7.21}$$

Si no existe un polo dominante de alta frecuencia, la frecuencia ω_H superior de 3 dB se puede determinar con una gráfica de $|F_H(j\omega)|$. Alternativamente, se puede deducir una fórmula aproximada para ω_H en términos de los polos y ceros de alta frecuencia, de manera semejante a la empleada líneas antes para deducir la ecuación (7.18). La fórmula para ω_H es

$$\omega_H \simeq 1 \left/ \sqrt{\frac{1}{\omega_{P1}^2} + \frac{1}{\omega_{P2}^2} + \cdots - \frac{2}{\omega_{Z1}^2} - \frac{2}{\omega_{Z2}^2} \cdots} \right. \tag{7.22}$$

Nótese que si uno de los polos, por ejemplo el P_1, es dominante cuando $\omega_{P1} \ll \omega_{P2}, \omega_{P3}, \ldots, \omega_{Z1}, \omega_{Z2}, \ldots$ y la ecuación (7.22) se reduce a la (7.21).

EJEMPLO 7.4

La respuesta a alta frecuencia de una amplificador está caracterizada por la función de transferencia

$$F_H(s) = \frac{1 - s/10^5}{(1 + s/10^4)(1 + s/4 \times 10^4)}$$

Determine la frecuencia de 3 dB aproximada y exactamente.

SOLUCIÓN

Si se observa que el polo de más baja frecuencia a 10^4 rad/s es dos octavas más bajo que el segundo polo y una década más bajo que el cero, encontramos que casi existe una situación de polo dominante y $\omega_H \simeq 10^4$ rad/s. Se puede obtener una mejor estimación de ω_H si se usa la ecuación (7.22), como sigue:

$$\omega_H = 1 \left/ \sqrt{\frac{1}{10^8} + \frac{1}{16 \times 10^8} - \frac{2}{10^{10}}} \right.$$

$$= 9800 \text{ rad/s}$$

El valor exacto de ω_H se puede determinar de la función de transferencia dada como 9537 rad/s. Finalmente, mostramos en la figura 7.8 un diagrama de Bode y una gráfica exacta para la función de transferencia dada. Nótese que ésta es una gráfica de respuesta a alta frecuencia del amplificador normalizado con relación a su ganancia del centro de la banda. Esto es, si la ganancia del centro de la banda es 100 dB, entonces toda la gráfica debe desplazarse 100 dB hacia arriba.

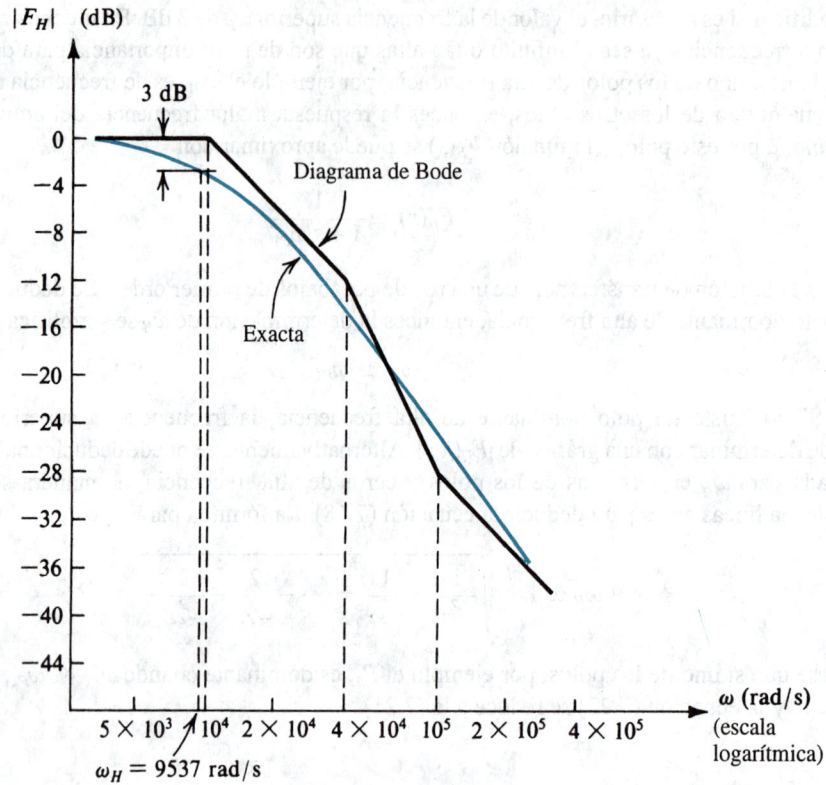

Fig. 7.8 Respuesta normalizada a alta frecuencia del amplificador del ejemplo 7.4.

Uso de constantes de tiempo en cortocircuito y a circuito abierto para la determinación aproximada de ω_L y ω_H

Si los polos y ceros de la función de transferencia de un amplificador se pueden determinar fácilmente, entonces podemos determinar ω_L y ω_H con las técnicas antes descritas, pero, en muchos casos, no es fácil determinar los polos y ceros. En tales casos, se pueden obtener valores aproximados de ω_L y ω_H si usamos el método descrito a continuación.

Consideremos primero la respuesta a alta frecuencia. Los factores de la función $F_H(s)$ de la ecuación (7.19) se pueden multiplicar y $F_H(s)$ se puede expresar de manera alternativa como

$$F_H(s) = \frac{1 + a_1 s + a_2 s^2 + \cdots + a_{n_H} s^{n_H}}{1 + b_1 s + b_2 s^2 + \cdots + b_{n_H} s^{n_H}} \tag{7.23}$$

donde los coeficientes a y b están relacionados a las frecuencias de polo y cero, respectivamente. De modo específico, el coeficiente b_1 está dado por

$$b_1 = \frac{1}{\omega_{P1}} + \frac{1}{\omega_{P2}} + \cdots + \frac{1}{\omega_{Pn_H}} \tag{7.24}$$

Se puede demostrar [véase la obra de Gray y Searle (1969)] que el valor de b_1 se puede obtener considerando las diversas capacitancias del circuito equivalente de alta frecuencia, una por una, mientras se reducen a cero todos los otros condensadores (o bien, lo que es lo mismo, si se les sustituye con circuitos abiertos). Esto es, para obtener la aportación de la capacitancia C_i reducimos a cero todas las otras capacitancias, reducimos a cero la fuente de señal de entrada y determinamos la resistencia R_{io} vista por C_i. Este proceso se repite entonces para todos los otros condensadores del circuito. El valor de b_1 se calcula sumando las constantes de tiempo individuales, llamadas **constantes de tiempo a circuito abierto**,

$$b_1 = \sum_{i=1}^{n_H} C_i R_{io} \tag{7.25}$$

donde hemos supuesto que hay n_H condensadores del circuito equivalente de alta frecuencia.

Este método para determinar b_1 es *exacto*: la aproximación se presenta al usar el valor de b_1 para determinar ω_H. Específicamente, si los ceros no son dominantes y si uno de los polos, por ejemplo P_1, es dominante, entonces de la ecuación (7.24)

$$b_1 \simeq \frac{1}{\omega_{P1}} \tag{7.26}$$

y la frecuencia superior de 3 dB será aproximadamente igual a ω_{P1}, lo que lleva a

$$\omega_H \simeq \frac{1}{\left[\sum_i C_i R_{io} \right]} \tag{7.27}$$

Aquí debemos señalar que, en circuitos complejos, por lo general desconocemos si existe un polo dominante. Sin embargo, con la ecuación (7.27) para determinar ω_H normalmente se obtienen resultados sorprendentemente buenos[2] incluso si no existe un polo dominante. El método se ilustra mediante un ejemplo.

EJEMPLO 7.5

En la figura 7.9(a) se ilustra el circuito equivalente de alta frecuencia de un amplificador FET de fuente común. El amplificador es alimentado por un generador de señales que tiene una resistencia R. La resistencia R_{en} (R_{in}) se debe a la red de polarización. La resistencia R'_L es el equivalente paralelo de la resistencia de carga R_L, R_D la resistencia de polarización de dren, y r_o la resistencia de salida del FET. Los condensadores C_{gs} y C_{gd} son las capacitancias internas del FET (sección 5.10). Para $R = 100$ kΩ, $R_{in} = 420$ kΩ, $C_{gs} = C_{gd} = 1$ pF, $g_m = 4$ mA/V, y $R'_L = 3.33$ kΩ, encuentre la ganancia de voltaje del centro de la banda, $A_M = V_o/V_i$, y la frecuencia superior de 3 dB, f_H.

---

[2] El método de constantes de tiempo a circuito abierto produce buenos resultados sólo cuando todos los polos son reales, como es el caso en este capítulo.

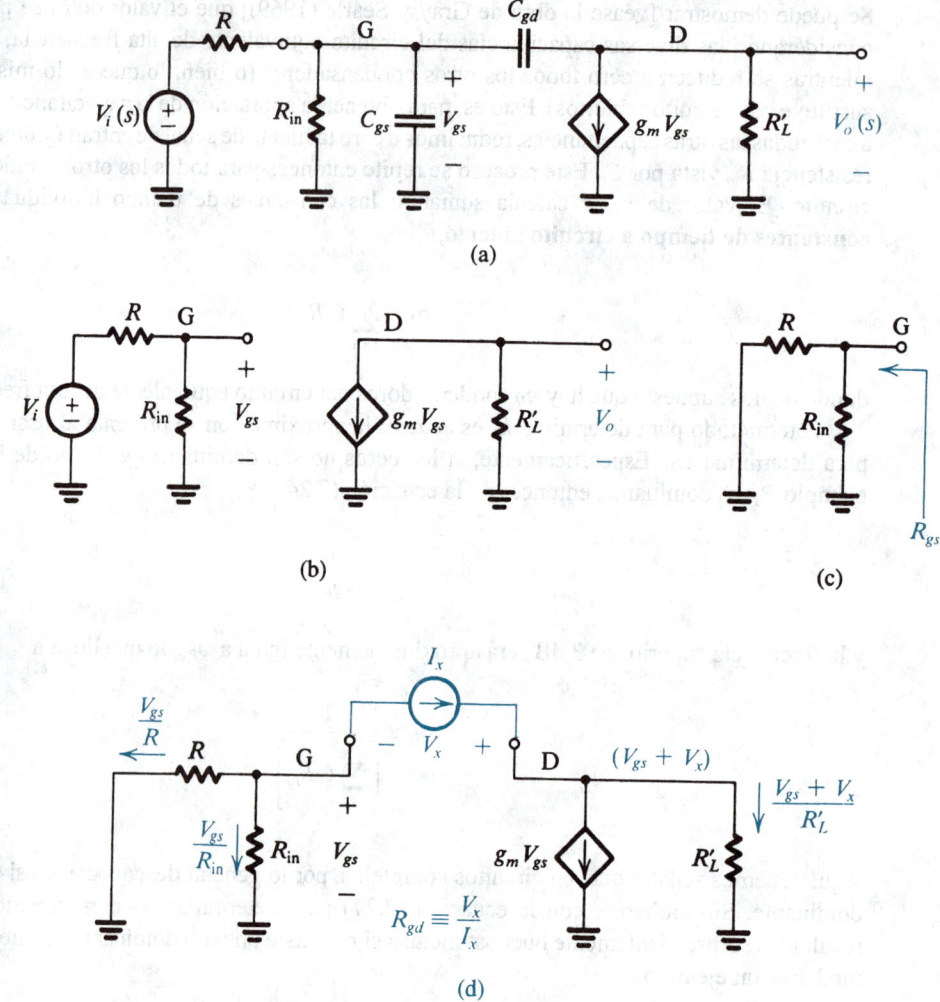

Fig. 7.9 Circuitos para el ejemplo 7.5: **(a)** circuito equivalente de alta frecuencia de un amplificador FET; **(b)** circuito equivalente a frecuencias del centro de la banda; **(c)** circuito para determinar la resistencia vista por C_{gs}; y **(d)** circuito para determinar la resistencia vista por C_{gd}.

SOLUCIÓN

La ganancia de voltaje del centro de la banda se determina si se supone que los condensadores del modelo FET son circuitos abiertos perfectos. Esto resulta en el circuito equivalente del centro de la banda que se ilustra en la figura 7.9(b), del cual encontramos

$$A_M \equiv \frac{V_o}{V_i} = -\frac{R_{en}}{R_{en} + R}\,(g_m R_L')$$

$$= -\frac{420}{420 + 100} \times 4 \times 3.33 = -10.8 \text{ V/V}$$

Determinaremos ω_H usando el método de constantes de tiempo de circuito abierto. La resistencia R_{gs} vista por C_{gs} se encuentra haciendo $C_{gd} = 0$ y poniendo en cortocircuito el generador de señales V_i. Esto resulta en el circuito de la figura 7.9(c), de la cual encontramos que

$$R_{gs} = R_{en}//R = 420 \text{ k}\Omega//100 \text{ k}\Omega = 80.8 \text{ k}\Omega$$

Entonces, la constante de tiempo a circuito abierto de C_{gs} es

$$\tau_{gs} \equiv C_{gs}R_{gs} = 1 \times 10^{-12} \times 80.8 \times 10^3 = 80.8 \text{ ns}$$

La resistencia R_{gd} vista por C_{gd} se encuentra haciendo $C_{gs} = 0$ y poniendo V_i en cortocircuito. El resultado es el circuito de la figura 7.9(d), al cual aplicamos la prueba de corriente I_x. Al escribir una ecuación de nodo en G resulta

$$I_x = -\frac{V_{gs}}{R_{en}} - \frac{V_{gs}}{R}$$

Entonces,

$$V_{gs} = -I_x R' \tag{7.28}$$

donde $R' = R_{en}//R$. Una ecuación de nodo en D produce

$$I_x = g_m V_{gs} + \frac{V_{gs} + V_x}{R'_L}$$

Sustituyendo por V_{gs} de la ecuación (7.28) y reacomodando términos, resulta

$$R_{gd} \equiv \frac{V_x}{I_x} = R' + R'_L + g_m R'_L R' = 1.16 \text{ M}\Omega$$

Entonces, la constante de tiempo de circuito abierto de C_{gd} es

$$\tau_{gd} \equiv C_{gd}R_{gd} = 1 \times 10^{-12} \times 1.16 \times 10^6 = 1160 \text{ ns}$$

La frecuencia ω_H superior de 3 dB se puede determinar ahora con

$$\omega_H \simeq \frac{1}{\tau_{gs} + \tau_{gd}}$$

$$= \frac{1}{(80.8 + 1160) \times 10^{-9}} = 806 \text{ krad/s}$$

Entonces

$$f_H = \frac{\omega_H}{2\pi} = 128.3 \text{ kHz}$$

El método de las constantes de tiempo de circuito abierto tiene una importante ventaja en que indica al diseñador del circuito cuál de las diversas capacitancias es importante para determinar la respuesta en frecuencia del amplificador. Específicamente, la aportación relativa de las diversas capacitancias a la constante de tiempo eficaz b_1 es inmediatamente obvia. Esto es, en el ejemplo anterior vimos que C_{gd} es la capacitancia dominante al determinar f_H. También observamos que para aumentar efectivamente f_H empleamos un FET con menor C_{gd}, o bien, para un FET dado, reducimos R_{gd} usando una R' o R_L' menores. Si R' es fija, entonces para un FET dado la única forma de aumentar el ancho de banda es reduciendo la resistencia de carga. Desafortunadamente, esto también hace decrecer la ganancia del centro de la banda. Éste es un ejemplo de los acostumbrados términos medios entre ganancia y ancho de banda, como se mencionó antes.

A continuación señalamos el uso de constantes de tiempo a cortocircuito para determinar la frecuencia menor de 3 dB, ω_L. Los factores en la función $F_L(s)$ de la ecuación (7.12) se pueden multiplicar y $F_L(s)$ expresarse en la forma opcional

$$F_L(s) = \frac{s^{n_L} + d_1 s^{n_L-1} + \cdots}{s^{n_L} + e_1 s^{n_L-1} + \cdots} \tag{7.29}$$

donde los coeficientes d y e están relacionados a las frecuencias de cero y polo, respectivamente. Específicamente, el coeficiente e_1 está dado por

$$e_1 = \omega_{P1} + \omega_{P2} + \cdots + \omega_{Pn_L} \tag{7.30}$$

Como se muestra en la obra de Gray y Searle (1969), el valor exacto de e_1 se puede obtener al analizar el circuito equivalente a baja frecuencia del amplificador, considerando los diversos condensadores uno por uno al tiempo que se ajustan todos los condensadores al ∞ (o bien, lo que es lo mismo, sustituyéndolos con cortocircuitos). Entonces, si el condensador C_i está bajo consideración, sustituimos todos los otros condensadores con cortocircuitos, y también reducimos a cero la señal de entrada, y determinamos la resistencia R_{is} vista por C_i. El proceso se repite entonces para todos los condensadores, y el valor de e_1 se calcula con

$$e_1 = \sum_{i=1}^{n_L} \frac{1}{C_i R_{is}} \tag{7.31}$$

donde se supone que hay n_L condensadores en el circuito equivalente de baja frecuencia.

El valor de e_1 se puede usar para obtener un valor aproximado de la frecuencia ω_L de 3 dB, siempre que ninguno de los ceros sea dominante y exista un polo dominante. Esta condición se satisface si uno de los polos, por ejemplo P_1, tiene una frecuencia ω_{P1} mucho más alta (por lo menos cuatro veces) que todos los otros polos y ceros. Si éste es el caso, entonces $\omega_L \simeq \omega_{P1}$ y de la ecuación (7.30) vemos que $e_1 \simeq \omega_{P1}$, lo que lleva a

$$\omega_L \simeq \sum_i^{n_L} \frac{1}{C_i R_{is}} \tag{7.32}$$

Por supuesto que en un circuito complejo suele ser difícil averiguar si existe o no un polo dominante de baja frecuencia. Con todo, el método de las constantes de tiempo en cortocircuito suelen dar una estimación razonable de ω_L. Esta estimación suele ser suficiente para un diseño inicial hecho manualmente. El método también proporciona al diseñador considerable conocimiento sobre cuál de los varios condensadores limita más seriamente la respuesta a baja frecuencia. Estos puntos se ilustran más en secciones subsiguientes.

Resumen

Para fácil consulta, la tabla 7.1 contiene un resumen de las fórmulas empleadas para determinar las frecuencias f_L y f_H de 3 dB.

Tabla 7.1   RESUMEN DE LAS FÓRMULAS PARA DETERMINAR LAS FRECUENCIAS DE 3 DB DE AMPLIFICADORES

(A) Polos y ceros se conocen y se pueden determinar fácilmente

Respuesta a baja frecuencia	Respuesta a alta frecuencia

$$A(s) \cong A_M F_L(s)$$

$$F_L(s) = \frac{(s + \omega_{Z1})(s + \omega_{Z2}) \cdots (s + \omega_{Zn_L})}{(s + \omega_{P1})(s + \omega_{P2}) \cdots (s + \omega_{Pn_L})}$$

Si $\omega_{P1} \gg \omega_{P2}, \omega_{P3}, \cdots, \omega_{Z1}, \omega_{Z2}, \cdots$
entonces para frecuencias cerca del centro de banda:

$$F_L(s) \cong \frac{s}{s + \omega_{P1}} \qquad \text{(Polo dominante)}$$

y $\omega_L \cong \omega_{P1}$.

De otra forma,

$$\omega_L \cong \sqrt{\omega_{P1}^2 + \omega_{P2}^2 + \cdots - 2(\omega_{Z1}^2 + \omega_{Z2}^2 + \cdots)}$$

$$A(s) \cong A_M F_H(s)$$

$$F_H(s) = \frac{(1 + s/\omega_{Z1})(1 + s/\omega_{Z2}) \cdots (1 + s/\omega_{Zn_H})}{(1 + s/\omega_{P1})(1 + s/\omega_{P2}) \cdots (1 + s/\omega_{Pn_H})}$$

Si $\omega_{P1} \ll \omega_{P2}, \omega_{P3}, \cdots, \omega_{Z1}, \omega_{Z2}, \cdots$
entonces para frecuencias cerca del centro de banda:

$$F_H(s) \cong \frac{1}{1 + s/\omega_{P1}} \qquad \text{(Polo dominante)}$$

y $\omega_H \cong \omega_{P1}$.

De otra forma,

$$\omega_H = 1 \Big/ \sqrt{\frac{1}{\omega_{P1}^2} + \frac{1}{\omega_{P2}^2} + \cdots - 2\left(\frac{1}{\omega_{Z1}^2} + \frac{1}{\omega_{Z2}^2} + \cdots\right)}$$

(B) Polos y ceros no se pueden determinar fácilmente

Respuesta a baja frecuencia	Respuesta a alta frecuencia

$$F_L(s) = \frac{s^{n_L} + d_1 s^{n_L - 1} + \cdots}{s^{n_L} + e_1 s^{n_L - 1} + \cdots}$$

$$e_1 = \omega_{P1} + \omega_{P2} + \cdots + \omega_{Pn_L}$$

$$e_1 = \sum_{i=1}^{n_L} \frac{1}{C_i R_{is}}$$

Si existe un polo dominante (por ejemplo P_1), entonces

$$e_1 \cong \omega_{P1} \quad \text{y} \quad \omega_L \cong \omega_{P1}$$

Entonces

$$\omega_L \cong \sum_{i=1}^{n_L} \frac{1}{C_i R_{is}}$$

$$F_H(s) = \frac{1 + a_1 s + a_2 s^2 + \cdots}{1 + b_1 s + b_2 s^2 + \cdots}$$

$$b_1 = \frac{1}{\omega_{P1}} + \frac{1}{\omega_{P2}} + \cdots + \frac{1}{\omega_{Pn_H}}$$

$$b_1 = \sum_{i=1}^{n_H} C_i R_{io}$$

Si existe un polo dominante (por ejemplo P_1), entonces

$$b_1 \cong \frac{1}{\omega_{P1}} \quad \text{y} \quad \omega_H \cong \omega_{P1}$$

Entonces

$$\omega_H \cong 1 \Big/ \sum_{i=1}^{n_H} C_i R_{io}$$

Ejercicios

7.2 Un circuito de primer orden, que tiene una ganancia de 10 a cd y una ganancia de 1 a frecuencia infinita, tiene su polo a 10 kHz. Encuentre la función de transferencia.

Resp. $\dfrac{s + 2\pi \times 10^5}{s + 2\pi \times 10^4}$

7.3 Un amplificador directamente acoplado tiene una ganancia de cd de 1000 y una frecuencia superior de 3 dB de 100 kHz. Encuentre la función de transferencia y el producto de ganancia por ancho de banda en hertz.

Resp. $\dfrac{1000}{1 + \dfrac{s}{2\pi \times 10^5}}$; 10^8 Hz

7.4 La respuesta a alta frecuencia de un amplificador está caracterizada por dos ceros en $s = \infty$ y dos polos en ω_{P1} y ω_{P2}. Si se expresa $\omega_{P2} = k\omega_{P1}$, encuentre el valor de k que resulte en el valor exacto de ω_H siendo $0.9\omega_{P1}$. Repita para $\omega_H = 0.99\omega_{P1}$.

Resp. 2.78; 9.88

7.5 Para el amplificador descrito en el ejercicio 7.4, encuentre los valores exactos y aproximados (usando la ecuación 7.22) de ω_H (como función de ω_{P1}) para los casos $k = 1, 2, 4$.

Resp. 0.64, 0.71; 0.84, 0.89; 0.95, 0.97

7.6 Para el amplificador del ejemplo 7.5, encuentre el producto de ganancia por ancho de banda en megahertz. Encuentre el valor de R'_L que resultará en $f_H = 180$ kHz. Encuentre los nuevos valores de la ganancia del centro de la banda y el producto de ganancia por ancho de banda.

Resp. 1.39 MHz; 2.23 kΩ; −7.2 V/V; 1.30 MHz

7.3   RESPUESTA A BAJA FRECUENCIA DE AMPLIFICADORES DE FUENTE COMÚN Y EMISOR COMÚN

En esta sección analizamos la respuesta a baja frecuencia de amplificadores capacitivamente acoplados de fuente común y emisor común. Por virtud del uso de condensadores de elevado valor para acoplamiento y derivación, estos circuitos son apropiados sólo para el diseño de circuitos de componentes discretos. Observamos que la infinita resistencia de entrada en la compuerta del FET hace su análisis más sencillo que el del BJT. Por lo tanto, comenzaremos con el análisis de un amplificador con JFET. Los resultados se aplican directamente a amplificadores MOS, pero, en la actualidad, es raro usar los MOSFET discretos en el diseño de amplificadores a pequeña señal.

Análisis del amplificador de fuente común

En la figura 7.10 se ilustra un amplificador capacitivamente acoplado de fuente común que utiliza un JFET de canal n. El circuito se muestra completo con el circuito de polarización que se utiliza

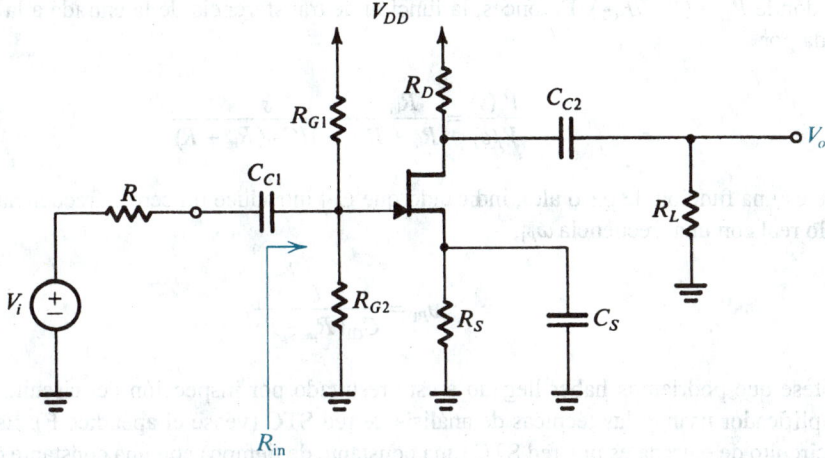

Fig. 7.10   Amplificador clásico de fuente común capacitivamente acoplado.

normalmente con una sola fuente de alimentación. Si se dispone de dos fuentes de alimentación, y si se utiliza polarización de fuente común, el circuito se simplifica y el análisis de respuesta en frecuencia también es más sencillo.

En la figura 7.11 se ilustra el circuito amplificador de la figura 7.10, preparado para hallar la ganancia de voltaje a bajas frecuencias. Para hallar la ganancia, comenzaremos en la fuente de señales y avanzaremos hacia la carga paso a paso. Utilizando la regla del divisor de voltaje en el lado de entrada, podemos hallar el voltaje V_g (entre compuerta y tierra) como

$$V_g(s) = V_i(s) \frac{R_{\text{in}}}{R_{\text{in}} + R + 1/sC_{C1}}$$

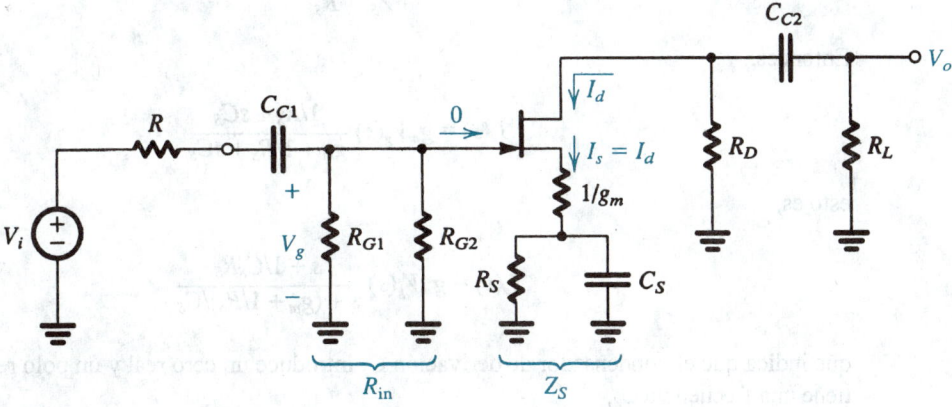

Fig. 7.11   Circuito amplificador de la figura 7.10 preparado para hallar la ganancia a bajas frecuencias. La resistencia $1/g_m$ mostrada es la resistencia interna del FET entre compuerta y fuente viendo hacia la fuente (es decir, la del modelo T).

en donde $R_{in} = (R_{G1}//R_{G2})$. Entonces, la función de transferencia de la entrada a la compuerta está dada por

$$\frac{V_g(s)}{V_i(s)} = \frac{R_{in}}{R_{in} + R} \frac{s}{s + 1/C_{C1}(R_{in} + R)} \tag{7.33}$$

que es una función de paso alto, indicando que C_{C1} introduce un cero a frecuencia cero (cd) y un polo real con una frecuencia ω_{P1},

$$\omega_{P1} = \frac{I}{C_{C1}(R_{in} + R)} \tag{7.34}$$

Nótese que podríamos haber llegado a este resultado por inspección del circuito de entrada del amplificador usando las técnicas de análisis de red STC (véase el apéndice F). Específicamente, el circuito de entrada es una red STC (una constante de tiempo) con una constante de tiempo igual a C_{C1} multiplicada por la resistencia total vista por C_{C1}; ω_{P1} es simplemente el inverso de esta constante de tiempo.

El siguiente paso en el análisis es hallar la corriente de dren $I_d(s)$:

$$I_d(s) = I_s(s) = \frac{V_g(s)}{1/g_m + Z_S} \tag{7.35}$$

en donde hemos utilizado el hecho de que la resistencia equivalente entre compuerta y fuente es igual a $1/g_m$ (esto es, hemos empleado el modelo T del FET implícitamente); por lo tanto, la impedancia total entre compuerta y tierra, en el lado de la fuente, es $1/g_m$ en serie con Z_S, que denota el equivalente paralelo de R_S y C_S. La ecuación (7.35) se puede escribir también como

$$I_d(s) = g_m V_g(s) \frac{Y_S}{g_m + Y_S}$$

donde

$$Y_S = \frac{1}{Z_S} = \frac{1}{R_S} + sC_S$$

Entonces,

$$I_d(s) = g_m V_g(s) \frac{1/R_S + sC_S}{g_m + 1/R_S + sC_S}$$

esto es,

$$I_d(s) = g_m V_g(s) \frac{s + 1/C_S R_S}{s + (g_m + 1/R_S)/C_S} \tag{7.36}$$

que indica que el condensador de derivación C_S introduce un cero real y un polo real. El cero real tiene una frecuencia ω_Z,

$$\omega_Z = \frac{1}{C_S R_S} \tag{7.37}$$

mientras que la frecuencia del polo real está dada por

$$\omega_{P2} = \frac{g_m + 1/R_S}{C_S} = \frac{1}{C_S(R_S//1/g_m)} \tag{7.38}$$

En consecuencia, podemos ver que ω_Z siempre será menor en valor que ω_{P2}.

Es ilustrativo interpretar físicamente los anteriores resultados con respecto a los efectos de C_S: C_S introduce un cero en el valor de s que hace que Z_S sea infinita, lo cual tiene sentido físico porque una Z_S infinita hará que I_d, y por lo tanto V_o, sea cero. La frecuencia del polo es la inversa de la constante de tiempo formada al multiplicar C_S por la resistencia vista por el condensador. Para evaluar la última resistencia ponemos a tierra la fuente de señales (nótese que los polos de la red, o modos naturales, son independientes de la excitación) y retenemos los terminales de C_S. La resistencia vista por C_S será R_S en paralelo con la resistencia entre fuente y compuerta, que es $1/g_m$.

Habiendo determinado $I_d(s)$, ahora podemos obtener el voltaje de salida usando el circuito equivalente de salida de la figura 7.12(a). Hay una ligera aproximación en este circuito equivalente: la resistencia r_o se muestra conectada entre dren y tierra, en lugar de entre dren y fuente, a pesar del hecho de que el terminal de la fuente ya no está a potencial de tierra porque C_S no está actuando como derivación perfecta. Sin embargo, como el efecto de r_o es pequeño de todas formas (suponiendo que $r_o \gg R_D$ y R_L), esta aproximación es válida.

En la figura 7.12(b) se ilustra el circuito equivalente de salida después de la aplicación del teorema de Thévenin. Después de algunas operaciones, obtenemos de esta figura

$$V_o(s) = -I_d(s)(R_D//r_o//R_L)\frac{s}{s + 1/C_{C2}[R_L + (R_D//r_o)]} \tag{7.39}$$

Por lo tanto, C_{C2} introduce un cero a cero frecuencia (cd) y un polo real con una frecuencia ω_{P3},

$$\omega_{P3} = \frac{1}{C_{C2}[R_L + (R_D//r_o)]} \tag{7.40}$$

Otra vez la frecuencia de este polo podría haberse encontrado por inspección del circuito de la figura 7.12(a): es igual al inverso de la constante de tiempo hallada al multiplicar C_{C2} por la resistencia total vista por ese condensador.

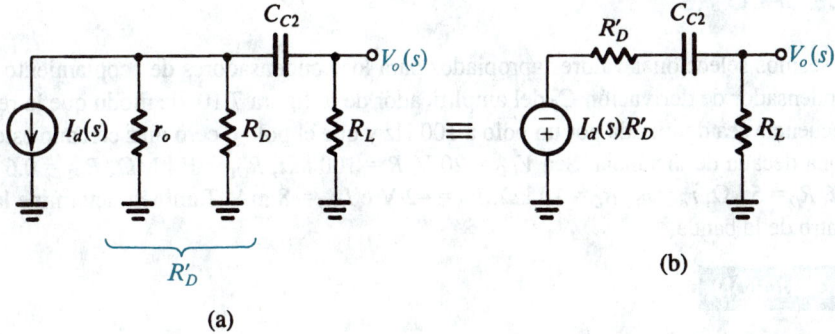

(a)

(b)

Fig. 7.12 Circuito equivalente de salida (a bajas frecuencias) para el amplificador de las figuras 7.10 y 7.11.

La ganancia del amplificador a baja frecuencia $A_L(s)$ se puede hallar al combinar las ecuaciones (7.33), (7.36) y (7.39):

$$A_L(s) = \frac{V_o(s)}{V_i(s)} = A_M \frac{s}{s + \omega_{P1}} \frac{s + \omega_Z}{s + \omega_{P2}} \frac{s}{s + \omega_{P3}} \tag{7.41}$$

donde la ganancia del centro de la banda A_M está dada por

$$A_M = -\frac{R_{en}}{R_{en} + R} g_m(R_D // r_o // R_L) \tag{7.42}$$

y donde ω_{P1}, ω_Z, ω_{P2} y ω_{P3} están dadas por las ecuaciones (7.34), (7.37), (7.38) y (7.40), respectivamente. Nótese de la ecuación (7.41) que a medida que $s = j\omega$ se hace mucho más grande en magnitud que ω_{P1}, ω_{P2}, ω_{P3} y ω_Z, la ganancia se aproxima al valor A_M del centro de la banda.

Habiendo determinado los polos y ceros de baja frecuencia, podemos utilizar las técnicas de la sección 7.2 para hallar la frecuencia ω_L inferior de 3 dB.

Diseño de los condensadores de acoplamiento y derivación

El problema del diseño aquí es el de seleccionar valores apropiados para los condensadores de acoplamiento C_{C1} y C_{C2}, y el condensador de derivación C_S para poner la frecuencia inferior ω_L de 3 dB a un valor especificado. Otro requisito común de diseño es reducir los valores del condensador. Con este fin, observamos que, de los tres polos, el causado por C_S (con frecuencia ω_{P2}) está determinado por la resistencia eficaz más pequeña. Esto es porque $(1/g_m)$ suele ser mucho menor que las resistencias que determinan las frecuencias de los otros dos polos y el cero. Se deduce que la capacitancia total es reducida al mínimo si se selecciona ω_{P2} como la frecuencia más elevada, y polo dominante, en consecuencia. Es decir, hacemos $\omega_{P2} = \omega_L$ y usamos la ecuación (7.38) para determinar C_S. La frecuencia del cero se puede calcular entonces para verificar que sea mucho menor que ω_L. Entonces decidimos sobre la ubicación de los otros dos polos, por ejemplo, de cinco a diez veces menos que la frecuencia del polo dominante, para asegurar que ω_L esté ciertamente determinada y casi por entero por ω_{P2}. Sin embargo, los valores seleccionados para ω_{P1} y ω_{P3} no deben ser demasiado bajos porque esto requeriría de valores más grandes para C_{C1} y C_{C2}. El procedimiento de diseño se ilustra por el siguiente ejemplo.

EJEMPLO 7.6

Deseamos seleccionar valores apropiados para los condensadores de acoplamiento C_{C1} y C_{C2} y el condensador de derivación C_S del amplificador de la figura 7.10, de modo que la respuesta a baja frecuencia sea dominada por un polo a 100 Hz y que el polo o cero más cercano esté por lo menos a una década de distancia. Sea $V_{DD} = 20$ V, $R = 100$ kΩ, $R_{G1} = 1.4$ MΩ, $R_{G2} = 0.6$ MΩ, $R_S = 3.5$ kΩ, $R_D = 5$ kΩ, $r_o = \infty$, $R_L = 10$ kΩ, $V_P = -2$ V e $I_{DSS} = 8$ mA. También determine la ganancia del centro de la banda.

SOLUCIÓN

Con los métodos del capítulo 5, se determina el siguiente punto de operación de cd:

$$I_D = 2 \text{ mA} \qquad V_{GS} = -1 \text{ V} \qquad V_D = +10 \text{ V}$$

En este punto de operación la transconductancia es

$$g_m = \frac{2I_{DSS}}{-V_P} \sqrt{\frac{I_D}{I_{DSS}}}$$

Entonces

$$g_m = \frac{2 \times 8}{2} \sqrt{\frac{2}{8}} = 4 \text{ mA/V}$$

La ganancia de voltaje del centro de la banda se puede determinar como sigue: la resistencia de entrada R_{en} está dada por

$$R_{en} = \frac{R_{G1}R_{G2}}{R_{G1} + R_{G2}} = \frac{1.4 \times 0.6}{2} = 420 \text{ k}\Omega$$

y la ganancia de voltaje del centro de la banda A_M se puede escribir como

$$A_M = \frac{R_{en}}{R_{en} + R} \times -g_m(R_D//R_L)$$

$$= -\frac{420}{520} \times 4 \times \frac{5 \times 10}{5 + 10} = -10.8 \text{ V/V}$$

Entonces, el amplificador tiene una ganancia del centro de la banda de 20.7 dB.

Para hallar cuál de los tres condensadores, C_{C1}, C_S y C_{C2}, debe hacerse para causar el polo dominante de baja frecuencia a 100 Hz, primero determinamos la resistencia relacionada con cada uno, como sigue:

$$R_{C_{C1}} = R + R_{en} = 520 \text{ k}\Omega$$

$$R_{C_S} = R_S//(1/g_m) = 0.233 \text{ k}\Omega$$

$$R_{C_{C2}} = R_D + R_L = 15 \text{ k}\Omega$$

Como se esperaba, R_{C_S} es la más pequeña y debe ser aquella para formar el polo de más alta frecuencia (y por lo tanto el dominante). Entonces,

$$C_S = \frac{1}{2\pi f_L R_{C_S}}$$

$$= \frac{1}{2\pi \times 100 \times 0.233 \times 10^3} = 6.83 \text{ }\mu\text{F}$$

El cero debido a C_S se puede hallar, usando la ecuación (7.37), como

$$f_Z = \frac{1}{2\pi C_S R_S} = \frac{1}{2\pi \times 6.83 \times 10^{-6} \times 3.5 \times 10^3} = 6.7 \text{ Hz}$$

Para poner los otros dos polos, debidos a C_{C1} y C_{C2}, por lo menos a una década de distancia de f_L (es decir, igual o menor a 10 Hz) seleccionamos los condensadores como sigue:

$$C_{C1} \geq \frac{1}{2\pi \times 10 \times 520 \times 10^3} = 0.03 \text{ }\mu\text{F}$$

y

$$C_{C2} \geq \frac{1}{2\pi \times 10 \times 15 \times 10^3} = 1.06 \ \mu F$$

Finalmente, observamos que en un diseño real, se utilizan valores estándar de condensadores. Estos valores deben ser mayores que los calculados, para asegurarse que la f_L especificada se obtenga adecuadamente.

Ejercicios

7.7 Un amplificador FET de fuente común utiliza una resistencia R_S de 1 kΩ derivada por un condensador C_S. Se encuentra que el polo y cero debido a C_S están a 100 rad/s y 10 rad/s, respectivamente. Encuentre los valores de C_S y g_m.

Resp. 100 μF; 9 mA/V

7.8 Si, en el amplificador FET de fuente común, R_S es sustituido con una fuente ideal de corriente constante, encuentre las frecuencias ω_Z y ω_P causadas por C_S.

Resp. $\omega_Z = 0$; $\omega_P = g_m/C_S$

Análisis del amplificador de emisor común

En la figura 7.13 se ilustra el clásico amplificador de emisor común acoplado capacitivamente. El circuito utiliza una sola fuente de alimentación y por lo tanto su circuito de polarización es más completo que el que es posible cuando se utilizan dos fuentes de alimentación, en especial si se emplea polarización de fuente de corriente. Con todo, seleccionamos analizar la respuesta de baja frecuencia de este circuito más complejo por su generalidad.

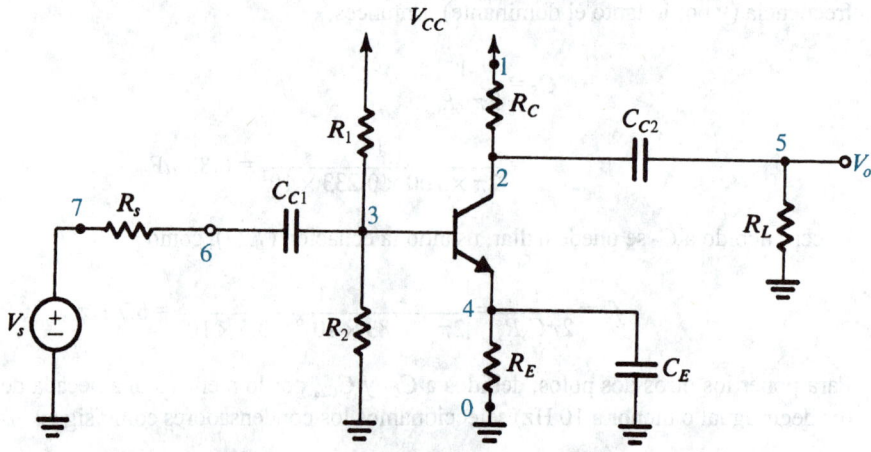

Fig. 7.13 Etapa amplificadora de emisor común clásica. (Los nodos están numerados para fines de simulación del SPICE del ejemplo 7.9.)

Como ya mencionamos, el análisis de la respuesta a baja frecuencia del amplificador de emisor común se complica por el hecho de que el BJT tiene una β finita. Específicamente, nótese que a bajas frecuencias la impedancia de entrada del amplificador incluye el efecto de C_E y, por lo tanto, interactúan C_{C1} y C_E. Esto es muy diferente del caso del FET donde es posible aislar los efectos de los tres condensadores y considerar su efecto en la respuesta a baja frecuencia del amplificador, uno por uno.

En la figura 7.14 se ilustra el circuito equivalente de baja frecuencia del amplificador de emisor común, incluyendo los condensadores de acoplamiento y derivación.

Aun cuando podemos ciertamente analizar este circuito y determinar su función de transferencia y de ella los polos y ceros, las expresiones obtenidas serán demasiado complicadas para producir un conocimiento útil. En lugar de esto, haremos uso del método de constantes de tiempo a cortocircuito, descritas en la sección 7.2, para obtener una estimación de la frecuencia ω_L inferior de 3 dB.

La determinación de ω_L es como sigue: primero, hacemos V_S igual a cero. Luego ajustamos C_E y C_{C2} al infinito y hallamos la resistencia R_{C1} vista por C_{C1}. Del circuito equivalente de la figura 7.14, con C_E ajustado a ∞, encontramos

$$R_{C1} = R_s + [R_B//(r_x + r_\pi)] \qquad (7.43)$$

A continuación, ajustamos C_{C1} y C_{C2} al ∞ y determinamos la resistencia R_E' vista por C_E. Otra vez, del circuito equivalente de la figura 7.14, o simplemente usando la regla para reflejar resistencias del circuito de la base al emisor, obtenemos[3]

$$R_E' = R_E \ // \ \frac{r_\pi + r_x + (R_B//R_s)}{\beta_0 + 1} \qquad (7.44)$$

Finalmente, ajustamos C_{C1} y C_E al infinito y obtenemos la resistencia vista por C_{C2}:

$$R_{C2} = R_L + (R_C//r_o) \qquad (7.45)$$

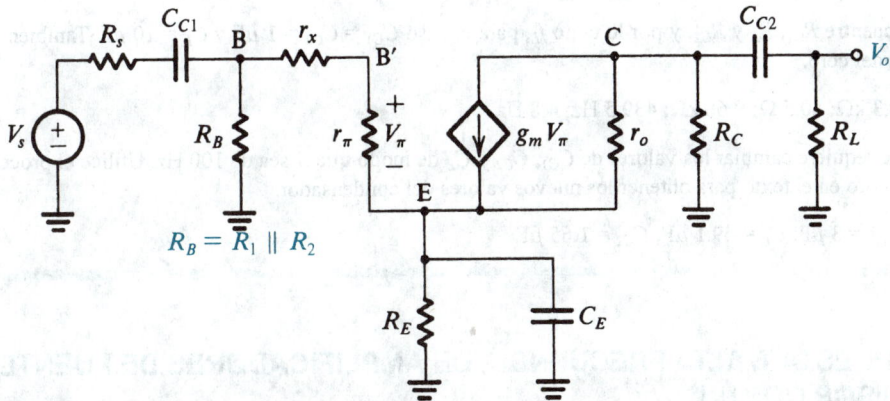

Fig. 7.14 Circuito equivalente para el amplificador de la figura 7.13 en la banda de baja frecuencia.

---

[3] Despreciamos r_o (es decir, hacemos $r_o = \infty$) para simplificar las cosas. El efecto de r_o sobre el valor de R_E' es tan pequeño que es despreciable.

Ahora se puede determinar un valor aproximado para la frecuencia inferior de 3 dB con la ecuación (7.32)

$$\omega_L \simeq \frac{1}{C_{C1}R_{C1}} + \frac{1}{C_E R_E} + \frac{1}{C_{C2}R_{C2}} \tag{7.46}$$

En este punto debemos observar que el cero introducido por C_E es el valor de s que hace $Z_E = 1/(1/R_E + sC_E)$ infinita,

$$s_Z = -\frac{1}{C_E R_E} \tag{7.47}$$

La frecuencia del cero suele ser mucho menor que ω_L, justificando la aproximación que interviene en el uso del método de las constantes de tiempo a cortocircuito.

Dado un valor deseado para ω_L, la ecuación (7.46) se puede utilizar en el diseño como sigue: como R_E' suele ser la más pequeña de las tres resistencias R_{C1}, R_E' y R_{C2}, seleccionamos un valor para C_E de modo que $(1/C_E R_E')$ sea el término dominante en el lado derecho de la ecuación (7.86), por ejemplo $1/C_E R_E' = 0.8\ \omega_L$. Esto equivale a hacer que C_E forme el polo dominante de baja frecuencia; en otras palabras, a $\omega = \omega_L$ los otros dos condensadores tendrán pequeñas reactancias y por lo tanto desempeñan un papel de importancia menor. El restante 20% de la ω_L se divide entonces por igual entre los otros dos términos de la ecuación (7.46). Finalmente, se emplean valores prácticos para los tres condensadores de modo que la ω_L obtenida sea igual o menor que el valor especificado.

Ejercicios

Los siguientes ejercicios están relacionados con el amplificador de emisor común de la figura 7.13 con $R_s = 4\ k\Omega$, $R_1 = 8\ k\Omega$, $R_2 = 4\ k\Omega$, $R_E = 3.3\ k\Omega$, $R_C = 6\ k\Omega$, $R_L = 4\ k\Omega$ y $V_{CC} = 12\ V$. Se puede demostrar que la corriente de cd del emisor es $I_E \simeq 1\ mA$. A esta corriente el transistor tiene $\beta_0 = 100$, $r_o = 100\ k\Omega$ y $r_x = 50\ \Omega$.

7.9 Encuentre la ganancia del centro de la banda.

Resp. $A_M = -22.5\ V/V$

7.10 Encuentre R_{C1}, R_E' y R_{C2}, y por lo tanto f_L, para el caso $C_{C1} = C_{C2} = 1\ \mu F$ y $C_E = 10\ \mu F$. También encuentre la frecuencia del cero.

Resp. 5.3 kΩ; 40.5 Ω; 9.66 kΩ; 439.5 Hz; 4.8 Hz

D7.11 Se requiere cambiar los valores de C_{C1}, C_{C2} y C_E de modo que f_L sea de 100 Hz. Utilice el procedimiento de diseño descrito en el texto para obtener los nuevos valores del condensador.

Resp. $C_{C1} = 3\ \mu F$; $C_E = 49.1\ \mu F$; $C_{C2} = 1.65\ \mu F$

7.4   RESPUESTA A ALTA FRECUENCIA DE AMPLIFICADORES DE FUENTE COMÚN Y EMISOR COMÚN

Ahora dirigimos nuestra atención a la respuesta a alta frecuencia de los amplificadores de fuente común y de emisor común. En la figura 7.15(a) se ilustra el circuito de un amplificador MOSFET de fuente común que se puede aplicar igualmente bien con el MOSFET de enriquecimiento sustituido con un MOSFET de agotamiento, un JFET, un MESFET de GaAs o un BJT. Este último

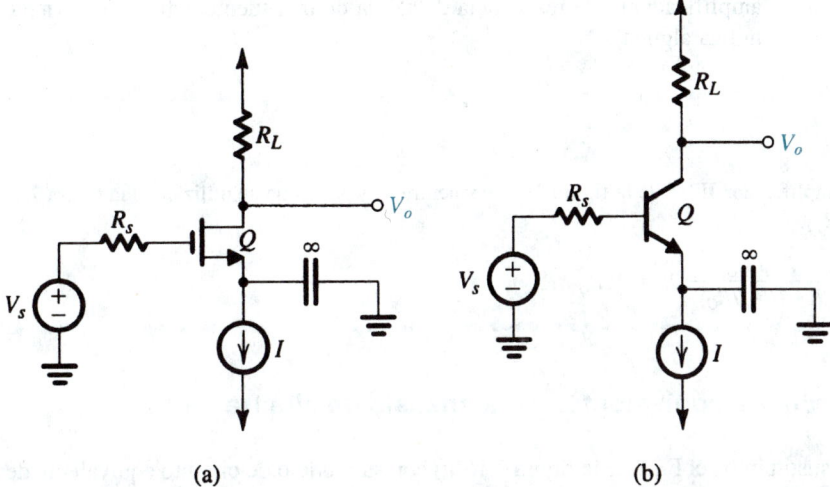

(a)   (b)

Fig. 7.15 Un amplificador MOSFET de fuente común **(a)**, y un amplificador BJT de emisor común **(b)**. Aquí, V_s y R_s representan el equivalente de Thévenin del circuito en el lado de entrada, incluyendo el circuito de salida de la etapa amplificadora precedente (si la hay) y la red de polarización del transistor Q (si lo hay). Análogamente, R_L representa la resistencia total entre el dren (el colector) y tierra de señal. Aun cuando la tierra de señal en la fuente (emisor) se muestra establecida por un condensador de elevado valor, esto no es necesario, y los circuitos se pueden usar para representar, por ejemplo, el semicircuito diferencial de un par diferencial.

se muestra en la figura 7.15(b). Deseamos explicar los siguientes cuatro puntos importantes en relación con estos dos circuitos:

1. Se utiliza polarización de fuente de corriente para simplificar las cosas y así concentrar la atención en los mecanismos que limitan la respuesta a alta frecuencia. El análisis a seguir, no obstante, es general y se aplica con cualquier distribución de polarización.

2. La tierra de señal es establecida en la fuente (emisor) por un condensador de derivación de elevado valor. Aun cuando éste sería el caso real en amplificadores capacitivamente acoplados, estamos empleando aquí estos condensadores de derivación de elevado valor simplemente como notación breve para indicar que la fuente (emisor) está a tierra de señal. En amplificadores acoplados directamente, la forma más común para establecer tierra de señal en la fuente (emisor) es emplear la configuración de par diferencial. Como hemos visto en el capítulo 6, para operación diferencial, el amplificador diferencial se comporta como un circuito de fuente común (emisor común). Por lo tanto, cada uno de los circuitos de la figura 7.15 puede representar el semicircuito diferencial de un amplificador diferencial.

3. La fuente de señales V_s, con una resistencia de fuente R_s, representa ya sea una fuente real o, lo que es más común, el equivalente de Thévenin del circuito en el lado de la entrada del amplificador. Este equivalente de Thévenin también tomaría en cuenta el circuito de salida de la etapa precedente de amplificador (si la hay) y la red de polarización del transistor Q (si lo hay).

4. La resistencia R_L representa la resistencia total entre el dren (colector) y tierra de señal, y por lo tanto incluye la resistencia de polarización R_D (R_C en el circuito de emisor común), la resistencia real de carga (que puede ser la resistencia de entrada de la etapa siguiente de

amplificador) o la resistencia de salida de una fuente activa de corriente de carga (si se utiliza alguna).

Ejercicio

7.12 Para el amplificador JFET de la figura 7.10, encuentre V_s y R_s, como se utilizan en la figura 7.15, en términos de V_i, R, R_{G1} y R_{G2}.

Resp. $V_s = V_i \dfrac{R_{G1}//R_{G2}}{R + (R_{G1}//R_{G2})}$; $R_s = R//R_{G1}//R_{G2}$

Circuitos equivalentes para análisis de alta frecuencia

Si sustituimos el FET de la figura 7.15(a) con su modelo de circuito equivalente de alta frecuencia (véase la sección 5.10), estamos en posibilidad de obtener el circuito equivalente de amplificador de alta frecuencia que se ilustra en la figura 7.16(a). Es posible una ligera simplificación al combinar R_L y r_o en una sola resistencia $R_L' = R_L//r_o$, obteniendo así el circuito equivalente que se muestra en la figura 7.16(b). En breve utilizaremos este último circuito para determinar la respuesta de alta frecuencia del amplificador de fuente común.

Ahora demostraremos que el circuito de la figura 7.16(b) también se puede utilizar para determinar la respuesta de alta frecuencia del amplificador de emisor común de la figura 7.15(b). Con ese fin, sustituimos el BJT con su modelo de circuito equivalente híbrido π de alta frecuencia (véase la sección 4.15) y obtenemos el circuito equivalente de amplificador de emisor común de alta frecuencia que aparece en la figura 7.17(a). Hay dos obvias simplificaciones posibles de este circuito: aplicar el teorema de Thévenin a la entrada para sustituir V_s, R_s, r_x y r_π con la fuente de señales equivalente V_s' y R_s',

$$V_s' = V_s \frac{r_\pi}{R_s + r_x + r_\pi} \tag{7.48}$$

$$R_s' = (R_s + r_x)//r_\pi \tag{7.49}$$

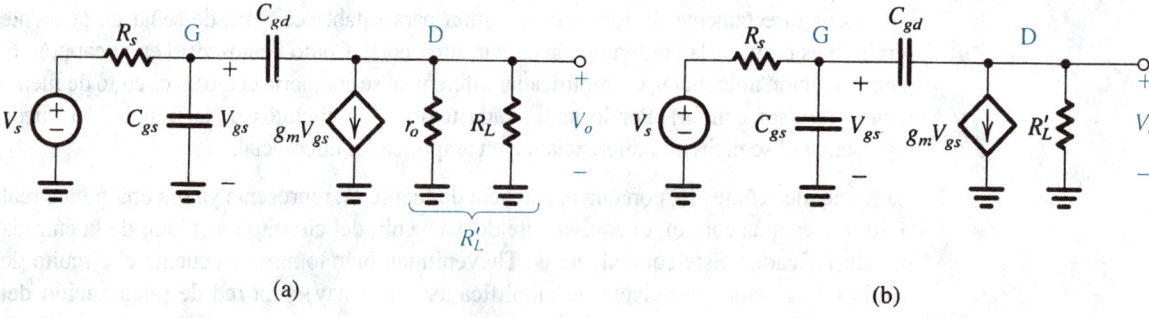

(a)   (b)

Fig. 7.16 **(a)** Circuito equivalente para analizar la respuesta a alta frecuencia del circuito amplificador de la figura 7.15(a). Nótese que el MOSFET se ha sustituido con un circuito equivalente de alta frecuencia. **(b)** Versión ligeramente simplificada de (a) obtenida al combinar R_L y r_o en una sola resistencia $R_L' = R_L//r_o$.

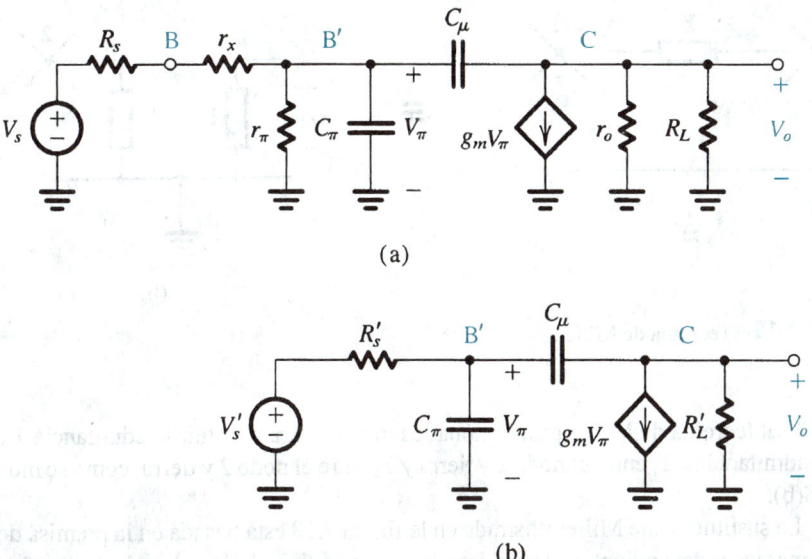

(a)

(b)

Fig. 7.17 **(a)** Circuito equivalente para el análisis de la respuesta a alta frecuencia del amplificador de emisor común de la figura 7.15(b). Nótese que el BJT está sustituido con su circuito equivalente de alta frecuencia híbrido π. **(b)** Versión equivalente pero más sencilla del circuito de (a), donde

$$V_s' = V_s \frac{r_\pi}{R_s + r_x + r_\pi}, \quad R_s' = (R_s + r_x)//r_\pi \text{ y } R_L' = R_L//r_o.$$

y combinando R_L y r_o en una sola resistencia, $R_L' = R_L//r_o$. El resultado es el circuito equivalente de la figura 7.17(b), que es idéntico en estructura al del amplificador de fuente común de la figura 7.16(b). Por lo tanto, necesitamos analizar sólo uno de los dos circuitos y usar un simple cambio de variables para obtener la respuesta en frecuencia del otro. Específicamente, analizaremos el circuito de fuente común y luego obtendremos la respuesta de emisor común al sustituir V_s por V_s', R_s por R_s', C_{gs} por C_π y C_{gd} por C_μ.

Un examen del circuito de la figura 7.16(b) deja ver que el condensador C_{gd} conecta el nodo de salida (en el dren) y el nodo de entrada (en la compuerta); de esta forma introduce retroalimentación y destruye la naturaleza unilateral del amplificador, complicando considerablemente el análisis. Por fortuna, hay un teorema de circuitos que permite sustituir una conexión en puente como es C_{gd} con dos elementos a tierra, uno entre compuerta y tierra y el otro entre dren y tierra. Esta sustitución no sólo simplifica el análisis de circuito, sino que, lo que es más importante, también aclara el importante efecto que C_{gd} tiene sobre la respuesta a alta frecuencia del amplificador de fuente común. Este teorema de circuito se conoce como *teorema de Miller*, y nos desviaremos brevemente para estudiarlo.

Teorema de Miller

Considere la situación que se ilustra en la figura 7.18(a). Hemos identificado los nodos 1 y 2, junto con el terminal a tierra de una red en particular. Como se muestra, una admitancia Y está conectada entre los nodos 1 y 2. Además, los nodos 1 y 2 pueden estar conectados por otros componentes a otros nodos de la red; esto se ilustra por medio de las líneas interrumpidas que emanan de los nodos

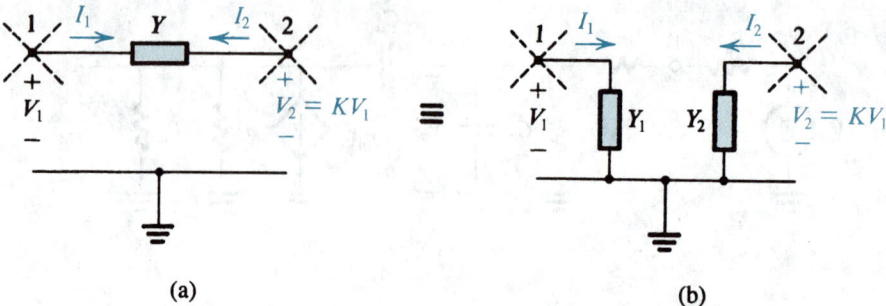

Fig. 7.18   Teorema de Miller.

1 y 2. El teorema de Miller proporciona los medios para sustituir la admitancia Y de "puente" con dos admitancias: Y_1 entre el nodo 1 y tierra y Y_2 entre el nodo 2 y tierra, como se muestra en la figura 7.18(b).

   La sustitución de Miller ilustrada en la figura 7.18 está basada en la premisa de que es posible, por medios independientes, determinar la ganancia de voltaje del nodo 1 al nodo 2, denotada por K, donde $K \equiv V_2/V_1$. Conocida la ganancia K, los valores de Y_1 y Y_2 se pueden determinar como sigue: se puede ver de la figura 7.18(a) que la única forma de que el nodo 1 "sepa de la existencia" de la admitancia Y es por medio de la corriente tomada por Y alejándose del nodo 1. Esta corriente, I_1, está dada por

$$I_1 = Y(V_1 - V_2) = YV_1(1 - V_2/V_1)$$
$$= YV_1(1 - K)$$

Para que el circuito de la figura 7.18(b) sea equivalente al de la figura 7.18(a) es esencial que la admitancia Y_1 sea de un valor tal que la corriente que toma del nodo 1 sea igual a I_1:

$$Y_1 V_1 = I_1$$

que lleva a

$$Y_1 = Y(1 - K) \tag{7.50}$$

   Del mismo modo, el nodo 2 "siente" la existencia de la admitancia Y sólo por medio de la corriente I_2 tomada por Y alejándose del nodo 2 (nótese que $I_2 = -I_1$):

$$I_2 = Y(V_2 - V_1)$$
$$= YV_2(1 - V_1/V_2)$$

Entonces

$$I_2 = Y(1 - 1/K)V_2$$

Para que el circuito de la figura 7.18(b) sea equivalente al de la figura 7.18(a) es esencial que el valor de Y_2 sea tal que la corriente que toma del nodo 2 sea igual a I_2:

$$Y_2 V_2 = I_2$$

que lleva a

$$Y_2 = Y(1 - 1/K) \tag{7.51}$$

Las ecuaciones (7.50) y (7.51) son las dos condiciones necesarias y suficientes para que la red de la figura 7.18(b) sea equivalente a la de la figura 7.18(a). Nótese que, en ambas redes, la ganancia de voltaje del nodo 1 al nodo 2 es igual a K. Aplicaremos el teorema de Miller con bastante frecuencia en todo el libro. Es oportuna aquí una nota importante de precaución. *El circuito equivalente de Miller de la figura 7.18(b) es válido sólo mientras no cambien las condiciones que existan en la red cuando K se determine.* Se deduce que aun cuando el teorema de Miller es muy útil para determinar la impedancia de entrada y la ganancia de un amplificador, no se puede usar para determinar su resistencia de salida. Esto es porque al determinar la resistencia de salida en la forma convencional, la fuente de señales de entrada se elimina y se aplica un voltaje de prueba a los terminales de salida. Esto obviamente cambia el valor de K y no hace válido el equivalente de Miller.

Para apreciar la utilidad del teorema de Miller, considere el caso de un amplificador de fuente común que se ha determinado, por algún medio, para tener una ganancia de voltaje de compuerta a dren de -100 V/V, por ejemplo. La pequeña capacitancia C_{gd} (por ejemplo, 1 pF) da lugar a una capacitancia de entrada entre compuerta y tierra que se puede determinar usando la ecuación (7.50) como

$$C_1 = C_{gd}(1 - K)$$
$$= 1[1 - (-100)] = 101 \text{ pF}$$

que es una capacitancia de entrada más bien grande, que seguramente limitará la respuesta en frecuencia del amplificador. El efecto de multiplicación experimentada por C_{gd} se conoce como **efecto Miller**. A continuación presentamos la aplicación del teorema de Miller en el análisis de la respuesta a alta frecuencia del amplificador de fuente común.

Análisis de la respuesta a alta frecuencia

Hay varias formas de analizar el circuito equivalente a alta frecuencia de la figura 7.16(b), que para mayor comodidad hemos dibujado como se aprecia en la figura 7.19(a), para determinar la frecuencia ω_H superior de 3 dB. Una forma consiste en utilizar el método de las constantes de tiempo a circuito abierto; ya hemos hecho esto en el ejemplo 7.5. En otro método aproximado, que produce considerable conocimiento sobre las limitaciones de alta frecuencia, interviene la aplicación del teorema de Miller para sustituir C_{gd} por una capacitancia equivalente de entrada entre la compuerta y tierra. Este método está basado en la observación en que C_{gd} es pequeña, la corriente que circula por ella será mucho menor que la de la fuente controlada $g_m V_{gs}$. Por lo tanto, despreciando la corriente que pasa por C_{gd} en la determinación del voltaje de salida V_o, podemos escribir

$$V_o \simeq -g_m V_{gs} R_L' \tag{7.52}$$

Usando la razón entre los voltajes en los dos lados de C_{gd} hace posible que sustituyamos C_{gd} en el lado de entrada (compuerta) con la capacitancia equivalente de Miller

$$C_{eq} = C_{gd}(1 + g_m R_L') \tag{7.53}$$

como se muestra en la figura 7.19(b). Reconocemos el circuito en el lado de entrada como el de un filtro pasabajos de primer orden, cuya constante de tiempo está determinada por la capacitancia total de entrada

$$C_T = C_{gs} + C_{gd}(1 + g_m R_L') \tag{7.54}$$

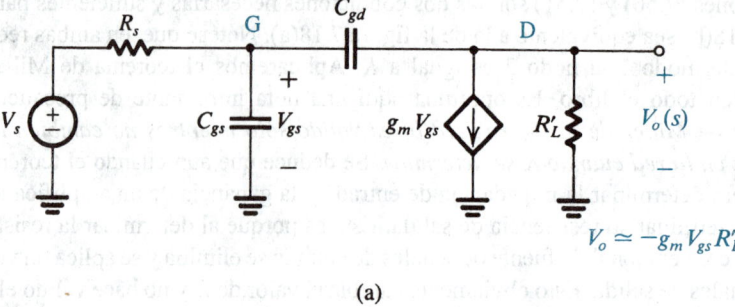

(a)

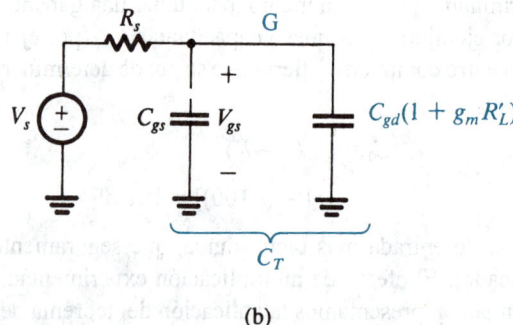

(b)

Fig. 7.19 Circuitos equivalentes para evaluar la respuesta a alta frecuencia de un amplificador de fuente común.

y la resistencia R_s de fuente de señales. Este circuito de primer orden determina la respuesta a alta frecuencia del amplificador de fuente común, introduciendo un polo dominante a alta frecuencia. Por lo tanto, la frecuencia superior de 3 dB será

$$\omega_H = \frac{1}{C_T R_s} \tag{7.55}$$

y la ganancia a alta frecuencia se puede expresar como

$$A_H(s) = A_M \frac{1}{1 + s/\omega_H} \tag{7.56}$$

donde, como antes, A_M denota la ganancia del centro de la banda.

De lo anterior, observamos el importante papel desempeñado por la pequeña capacitancia de retroalimentación C_{gd} en la determinación de la respuesta a alta frecuencia del amplificador de fuente común. Debido a que los voltajes en los dos lados de C_{gd} están en la razón de $-g_m R'_L$, que es un número grande aproximadamente igual a la ganancia del centro de la banda, C_{gd} da lugar a una capacitancia grande, $C_{gd}(1 + g_m R'_L)$, en paralelo con los terminales de entrada del amplificador. Éste es el efecto Miller. Se deduce que para aumentar la frecuencia superior de 3 dB o de corte del amplificador, se puede reducir $g_m R'_L$, lo cual reduce la ganancia del centro de la banda, o reducir la resistencia de la fuente, que no siempre es posible. De manera alternativa, se pueden usar configuraciones de circuito que no sean afectadas por el efecto Miller, por ejemplo, la configuración cascodo introducida en la sección 6.5. Ésta y otras configuraciones especiales para *amplificadores de banda ancha* se estudiarán en secciones posteriores.

Estos resultados se pueden aplicar de manera directa al amplificador de emisor común. Específicamente, la ganancia de alta frecuencia está dada por la ecuación (7.56) donde

$$\omega_H = \frac{1}{C_T R_s'} \tag{7.57}$$

con R_s' dada por la ecuación (7.49) y C_T dada por

$$C_T = C_\pi + (1 + g_m R_L')C_\mu \tag{7.58}$$

EJEMPLO 7.7

Utilice el método aproximado basado en el efecto Miller para hallar la frecuencia superior de 3 dB del amplificador de fuente común cuyos valores están especificados en el ejemplo 7.6. Sea $C_{gs} = C_{gd} = 1$ pF. Compare el resultado con el obtenido, para el mismo amplificador, en el ejemplo 7.5 usando el método de constante de tiempo a circuito abierto.

SOLUCIÓN

La capacitancia total de entrada se obtiene de la ecuación (7.54) como sigue:

$$C_T = 1 + 1 \times (1 + 4 \times 3.33) = 15.3 \text{ pF}$$

La resistencia efectiva del generador se obtiene como (véase el ejercicio 7.12):

$$R_s = 100 \text{ k}\Omega // 420 \text{ k}\Omega = 80.8 \text{ k}\Omega$$

Entonces, usando la ecuación (7.55), obtenemos f_H como sigue:

$$f_H = \frac{\omega_H}{2\pi} = \frac{1}{2\pi \times 15.3 \times 10^{-12} \times 80.8 \times 10^3} = 128.7 \text{ kHz}$$

que es muy cercana al valor (128.3 kHz) obtenido en el ejemplo 7.5.

La aproximación que interviene en el método citado líneas antes para determinar ω_H es equivalente a suponer que existe un polo dominante de alta frecuencia. Para verificar que éste sea el caso, deduciremos la función de transferencia exacta de alta frecuencia del amplificador de fuente común. Al convertir el generador de señales de entrada a la forma de Norton, resulta el circuito que se muestra en la figura 7.20. Al escribir una ecuación de nodo en G resulta

$$\frac{V_s(s)}{R_s} = \frac{V_{gs}}{R_s} + sC_{gs}V_{gs} + sC_{gd}(V_{gs} - V_o) \tag{7.59}$$

Al escribir una ecuación de nodo en D resulta

$$sC_{gd}(V_{gs} - V_o) = g_m V_{gs} + \frac{V_o(s)}{R_L'} \tag{7.60}$$

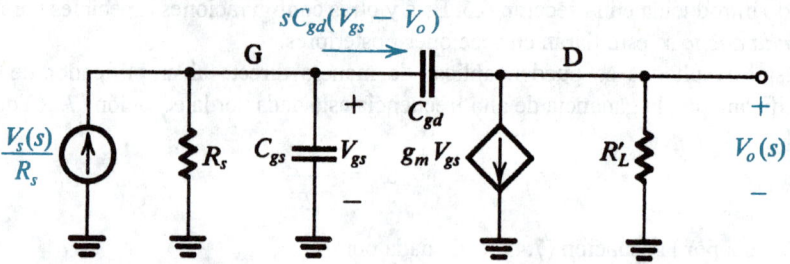

Fig. 7.20 Determinación de la función de transferencia exacta de alta frecuencia de un amplificador de fuente común.

Al eliminar V_{gs} de las ecuaciones (7.59) y (7.60) resulta la función de transferencia

$$\frac{V_o(s)}{V_s(s)} = -A_M \frac{1 - \dfrac{s}{(g_m/C_{gd})}}{1 + s[C_{gs} + C_{gd}(1 + g_m R'_L) + C_{gd}(R'_L/R_s)]R_s + s^2 C_{gs}C_{gd}R_s R'_L} \qquad (7.61)$$

Por lo tanto, el amplificador tiene un cero con frecuencia $\omega_Z = g_m/C_{gd}$ y dos polos cuyas frecuencias se pueden determinar a partir del polinomio del denominador. Nótese que el coeficiente del término s del denominador es, como se esperaba, igual al valor deducido en el ejemplo 7.5 usando constantes de tiempo a circuito abierto. Además de esta observación, el polinomio del denominador es desafortunadamente demasiado complejo para sacar información útil de manera directa, pero podemos sustituir valores numéricos y obtener las frecuencias de los polos, como se requiere en el siguiente ejercicio.

Ejercicio

7.13 Para el amplificador de fuente común especificado en los ejemplos 7.6 y 7.7 utilice la ecuación (7.61) para determinar las frecuencias de su cero finito y dos polos.

Resp. $f_Z = 637$ MHz; $f_{P1} = 128.4$ kHz; $f_{P2} = 734$ MHz

---

Las respuestas al ejercicio 7.13 muestran que el cero y segundo polo están ciertamente a frecuencias mucho más altas que el polo dominante. El hecho de que los dos polos estén tan separados hace posible que factoricemos el denominador de la ecuación (7.61), como se muestra a continuación. El polinomio $D(s)$ del denominador se puede escribir como

$$D(s) = \left(1 + \frac{s}{\omega_{P1}}\right)\left(1 + \frac{s}{\omega_{P2}}\right)$$

$$= 1 + s\left(\frac{1}{\omega_{P1}} + \frac{1}{\omega_{P2}}\right) + \frac{s^2}{\omega_{P1}\omega_{P2}}$$

$$\simeq 1 + \frac{s}{\omega_{P1}} + \frac{s^2}{\omega_{P1}\omega_{P2}} \qquad (7.62)$$

Al igualar los coeficientes de los términos s de las ecuaciones (7.61) y (7.62) resulta

$$\omega_{P1} = \frac{1}{[C_{gs} + C_{gd}(1 + g_m R_L') + C_{gd}(R_L'/R_s)]R_s} \tag{7.63}$$

que es ligeramente diferente del valor obtenido usando el efecto Miller pero idéntica al valor de ω_H obtenido usando constantes de tiempo a circuito abierto. Al igualar los coeficientes de s^2 en las ecuaciones (7.61) y (7.62) y usar (7.63) resulta la frecuencia del segundo polo

$$\omega_{P2} = \frac{C_{gs} + C_{gd}(1 + g_m R_L') + C_{gd}(R_L'/R_s)}{C_{gs} C_{gd} R_L'} \tag{7.64}$$

De $g_m R_L' \gg 1$ y $R_L' < R_s$, esta expresión se puede aproximar como

$$\omega_{P2} \simeq \frac{g_m}{C_{gs}} \tag{7.65}$$

que muestra que ω_{P2} será por lo general muy alta.

Finalmente, observamos que los resultados de las ecuaciones (7.61), (7.63), (7.64) y (7.65) se pueden adaptar al caso del amplificador de emisor común simplemente al sustituir R_s por R_s', C_{gs} por C_π y C_{gd} por C_μ. Además, la frecuencia del cero de alta frecuencia es $\omega_Z = g_m/C_\mu$.

Ejercicios

Los siguientes ejercicios están relacionados con el amplificador de emisor común de la figura 7.13, con $R_s = 4$ kΩ, $R_1 = 8$ kΩ, $R_2 = 4$ kΩ, $R_E = 3.3$ kΩ, $R_C = 6$ kΩ, $R_L = 4$ kΩ y $V_{CC} = 12$ V. Se puede demostrar que la corriente de cd del emisor es $I_E \cong 1$ mA. A esta corriente, el transistor tiene $\beta_0 = 100$, $C_\pi = 13.9$ pF, $C_\mu = 2$ pF, $r_o = 100$ kΩ y $r_x = 50$ Ω. Además, este amplificador se analizó en el ejercicio 7.9, donde se encontró que su ganancia A_M del centro de banda era de -22.5 V/V.

7.14 Determine la resistencia efectiva de fuente R_s', y la resistencia efectiva de carga R_L'.

Resp. 1 kΩ; 2.344 kΩ

7.15 Utilice el método del efecto Miller para determinar la capacitancia total de entrada y de ella el polo dominante de alta frecuencia.

Resp. 203.4 pF; 782 kHz

7.16 Utilice la ecuación (7.63), con los símbolos cambiados con los del BJT, para determinar una mejor estimación del polo dominante. Del mismo modo, utilice la ecuación (7.64) para determinar el segundo polo.

Resp. 765 kHz; 508 MHz

7.5   LAS CONFIGURACIONES DE BASE COMÚN, COMPUERTA COMÚN Y CASCODO

En las secciones previas se demostró que la respuesta a alta frecuencia del amplificador de fuente común, y del amplificador de emisor común, está limitada por el efecto Miller introducido por la capacitancia de retroalimentación (C_{gd} en el FET y C_μ en el BJT). Se deduce que, para prolongar el límite superior de frecuencia de una etapa amplificador con transistores, se debe reducir o eliminar la multiplicación de capacitancia de Miller. En lo que sigue demostraremos que esto se puede alcanzar en la configuración de amplificador de base común. Se puede aplicar un análisis casi idéntico a la configuración de compuerta común.

También analizaremos la respuesta en frecuencia de la configuración cascodo, y demostraremos que combina las ventajas de los circuitos de emisor común y base común (los circuitos de fuente común y de compuerta común en el caso de un FET).

Análisis del amplificador de base común

En la figura 7.21 se ilustra un amplificador de base común en que la fuente de señal está acoplada al emisor a través de un condensador. Aun cuando éste sería el caso en un amplificador capacitivamente acoplado, el análisis a seguir se aplica igualmente bien a circuitos directamente acoplados. Como en el caso del emisor común, V_s y R_s representan los parámetros equivalentes de Thévenin del circuito que alimenta al amplificador de base común, y pueden incluir resistores de polarización (si los hay) del transistor Q. Del mismo modo, R_L representa la resistencia total entre el colector y tierra de señal. Por último, nótese que este circuito fue analizado en la sección 4.11 a frecuencias del centro de la banda. De manera específica, aquí nos interesa su respuesta a alta frecuencia; el análisis de la respuesta a baja frecuencia es fácil y se puede realizar de modo semejante al empleado para el amplificador de emisor común.

En la figura 7.22(a) se ilustra el circuito equivalente de alta frecuencia del amplificador de base común. Para simplificar las cosas y para concentrar nuestra atención en los elementos especiales del circuito de base común, se han omitido r_o y r_x.

En el circuito de la figura 7.22(a) observamos que el voltaje en el terminal del emisor V_e es igual a $-V_\pi$. Podemos escribir una ecuación de nodo en el terminal del emisor que haga posible que expresemos la corriente de emisor I_e como

$$I_e = -V_\pi\left(\frac{1}{r_\pi} + sC_\pi\right) - g_m V_\pi = V_e\left(\frac{1}{r_\pi} + g_m + sC_\pi\right)$$

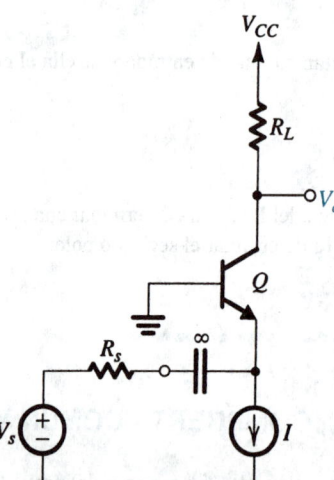

Fig. 7.21 Etapa amplificadora de base común. Para mayor sencillez, la fuente de señales se muestra capacitivamente acoplada. Sin embargo, el análisis de alta frecuencia se aplica de manera directa a circuitos acoplados directamente.

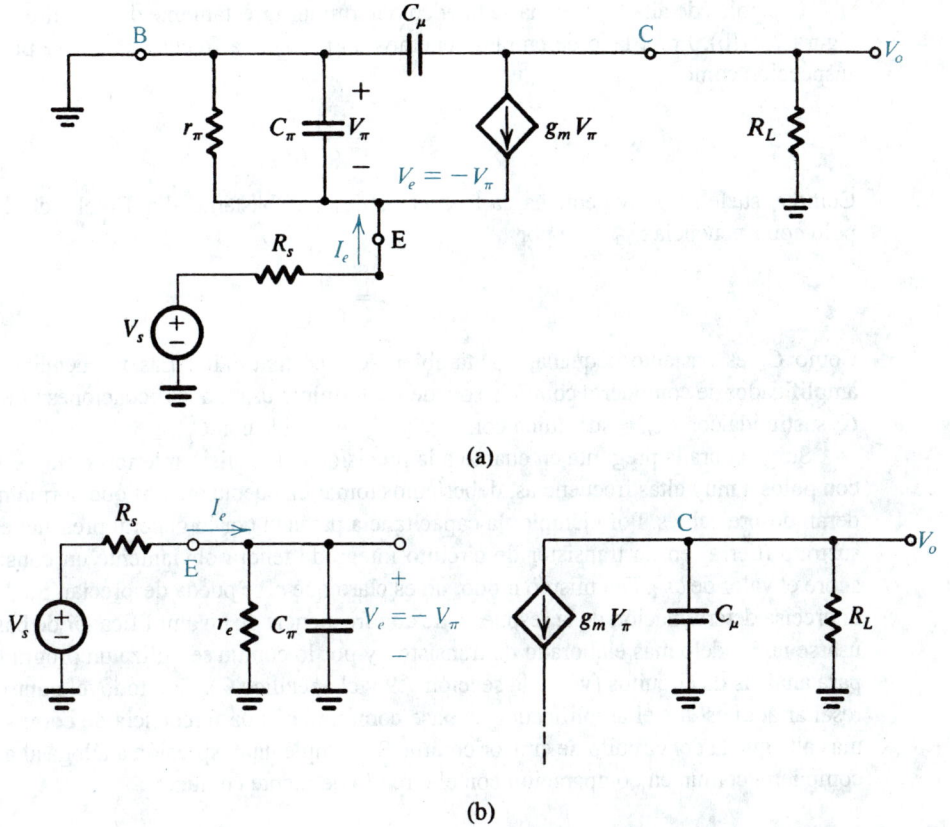

Fig. 7.22 (a) Circuito equivalente del amplificador de base común de la figura 7.21; (b) versión simplificada del circuito en (a).

Entonces, la admitancia de entrada mirando hacia el emisor es

$$\frac{I_e}{V_e} = \frac{1}{r_\pi} + g_m + sC_\pi = \frac{1}{r_e} + sC_\pi \tag{7.66}$$

Por lo tanto, a la entrada del circuito podemos sustituir el transistor por su admitancia de entrada, como se muestra en la figura 7.22(b).

En el lado de salida (figura 7.21a) vemos que V_o está determinado por la fuente de corriente $g_m V_\pi$ que alimenta a $(R_L // C_\mu)$. Esta observación se utiliza al dibujar la parte de salida del circuito simplificado equivalente que se muestra en la figura 7.22(b).

El circuito simplificado equivalente de la figura 7.22(b) muestra claramente el elemento más importante de la configuración de base común: la ausencia de una capacitancia interna de retroalimentación. A diferencia del circuito de emisor común, aquí C_μ tiene un terminal a tierra y no hay efecto Miller presente. Por lo tanto, esperamos que la frecuencia superior de corte sea mucho más alta que la de la configuración de emisor común.

Los polos de alta frecuencia se pueden determinar directamente del circuito equivalente de la figura 7.22(b). En el lado de entrada tenemos un polo cuya frecuencia ω_{P1} se puede escribir por inspección como

$$\omega_{P1} = \frac{1}{C_\pi(r_e//R_s)} \tag{7.67}$$

Como r_e suele ser muy pequeña, la frecuencia ω_{P1} será bastante alta. En el lado de salida hay un polo con frecuencia ω_{P2} dada por

$$\omega_{P2} = \frac{1}{C_\mu R_L} \tag{7.68}$$

Como C_μ es bastante pequeña, ω_{P2} también será bastante alta. Las frecuencias de polo de un amplificador de compuerta común se pueden determinar usando las ecuaciones (7.67) y (7.68) con C_π sustituida con C_{gs}, r_e sustituida con $1/g_m$ y C_μ sustituida con C_{gd}.

Surge ahora la pregunta en cuanto a la precisión del análisis anterior. Como estamos tratando con polos a muy altas frecuencias, deberíamos tomar en cuenta efectos que normalmente se consideran despreciables. Por ejemplo, la capacitancia parásita por lo general presente entre colector y sustrato (tierra) en un transistor de circuito integrado tendrá obviamente un considerable efecto sobre el valor de ω_{P2}. Del mismo modo, no es claro que r_x se pueda despreciar. Se deduce que para la precisa determinación de la respuesta de alta frecuencia de un amplificador de base común debe usarse un modelo más elaborado de transistor, y por lo común se utiliza un programa de cómputo para análisis de circuitos (véase la sección 7.9 y el apéndice C). Con todo, el punto que deseamos resaltar aquí es que el amplificador de base común tiene una frecuencia de corte superior mucho más alta que la del circuito de emisor común. Se cumple una expresión análoga al amplificador de compuerta común en comparación con el circuito de fuente común.

La configuración cascodo

Como se estudió en la sección 6.5, la configuración cascodo combina las ventajas de los circuitos de emisor común y de base común. En la figura 7.23 se ilustra un amplificador cascodo diseñado usando transistores bipolares. Aquí se utiliza un condensador de elevado valor para establecer tierra de señal en el emisor de Q_1. En circuitos directamente acoplados, esta tierra de señal se establece por otros medios, por ejemplo, usando un par diferencial. Nótese también que el voltaje de cd de base de Q_2 se muestra establecido por una fuente externa de cd V_{BIAS}. En circuitos prácticos, V_{BIAS} suele obtenerse de la fuente de alimentación de cd del amplificador. En secciones posteriormente de este texto veremos circuitos prácticos cascodo, así como en ejercicios y problemas más adelante. Nuestra intención aquí es mantener sencillo el circuito para concentrar nuestra atención en el elemento más importante del circuito cascodo, que es su excelente respuesta a alta frecuencia. El siguiente análisis aplica igualmente bien a cascodos de MOS y BiCMOS estudiados en el capítulo 6.

En el circuito cascodo, Q_1 está conectado en la configuración de emisor común y por lo tanto presenta una resistencia de entrada relativamente alta a la fuente de señal. La corriente de señal del colector de Q_1 se alimenta al emisor de Q_2, que está conectado en la configuración de base común (la base está a tierra de señal). Por lo tanto, la resistencia de carga vista por Q_1 es simplemente la resistencia de entrada r_e de Q_2. Esta baja resistencia de carga de Q_1 reduce considerablemente el efecto multiplicador Miller de $C_{\mu1}$ y así amplía la frecuencia superior de corte. Esto se logra sin reducir la ganancia de la banda del centro, ya que el colector de Q_2 lleva una corriente casi igual a la corriente de colector de Q_1. Además, como está en la configuración de base común, Q_2 no es afectado del efecto Miller y en consecuencia no limita la respuesta a alta frecuencia. El transistor

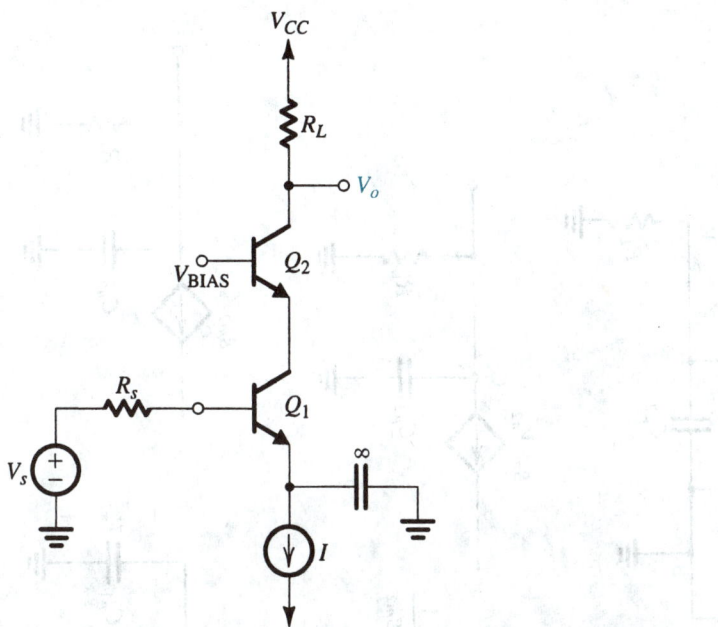

Fig. 7.23 Amplificador cascodo que utiliza BJT. Una fuente separada de cd V_{BIAS} establece el voltaje de cd en la base de Q_2; en circuitos prácticos, V_{BIAS} se deriva de la fuente de alimentación del amplificador.

Q_2 actúa esencialmente como regulador de corriente o transformador de impedancia, y pasa con toda fidelidad la corriente de señales a la carga al mismo tiempo que presenta una baja resistencia de carga al dispositivo amplificador Q_1.

A continuación presentamos el análisis detallado del amplificador cascodo de la figura 7.23: en la figura 7.24(a) se muestra el circuito equivalente de alta frecuencia. Para simplificar las cosas, se han omitido r_{x2} y r_{o2}. Aun cuando los dos transistores están operando a iguales corrientes de polarización y por lo tanto sus parámetros correspondientes son iguales, para mayor claridad hemos conservado separada la identidad de los dos conjuntos de parámetros.

La aplicación del teorema de Thévenin hace posible que reduzcamos el circuito situado a la izquierda de la recta xx' (figura 7.24a) a una fuente V_s' y una resistencia R_s', como se muestra en la figura 7.24(b), donde

$$V_s' = V_s \frac{r_{\pi 1}}{r_{\pi 1} + r_{x1} + R_s} \tag{7.69}$$

$$R_s' = r_{\pi 1} // (r_{x1} + R_s) \tag{7.70}$$

Otra simplificación importante incluida en el circuito de la figura 7.24(b) es la sustitución de la fuente de corriente $g_{m2}V_{\pi 2}$ por una resistencia $1/g_{m2}$ (véase el teorema de la absorción de fuente en el apéndice E). Esta resistencia se combina entonces con la resistencia paralela $r_{\pi 2}$ para obtener r_{e2}. Como $r_{e2} \ll r_{o1}$, vemos que entre el colector de Q_1 y tierra la resistencia total es aproximadamente r_{e2}. La capacitancia $C_{\pi 2}$ junto con la resistencia r_{e2} produce un polo de función de transferencia con una frecuencia

$$\omega_2 = \frac{1}{C_{\pi 2} r_{e2}} \simeq \omega_{T2} \tag{7.71}$$

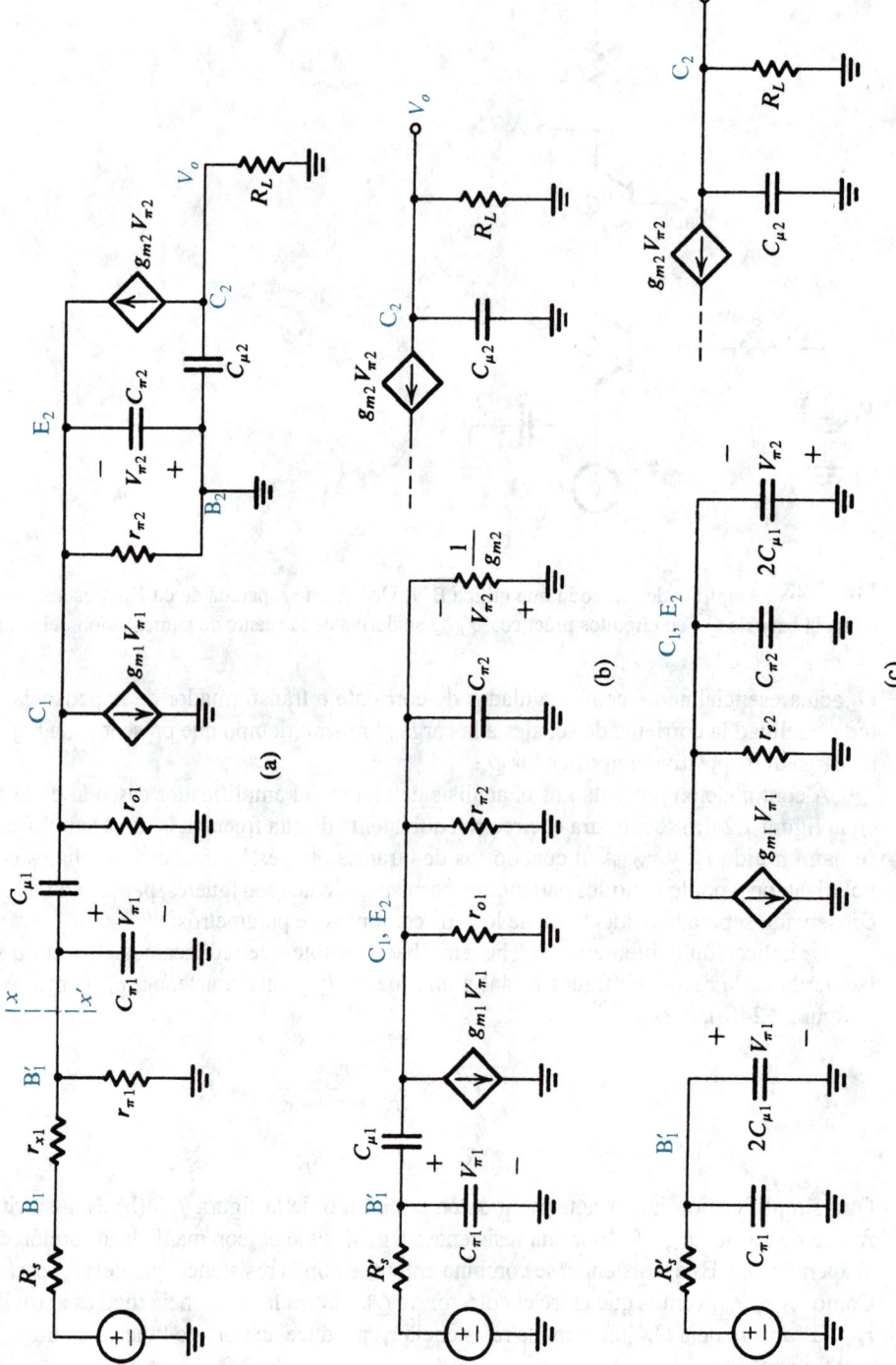

Fig. 7.24 Análisis de alta frecuencia del amplificador cascodo de la figura 7.23. Nótese que, para simplificar el análisis, r_{x2} y r_{o2} no están incluidas.

que es mucho más alta que la frecuencia del polo que aparece debido a la interacción de R'_s y la capacitancia de entrada de Q_1. Se deduce que en la banda de frecuencia de interés, $C_{\pi 2}$ se puede pasar por alto al calcular el voltaje en el colector de Q_1, esto es

$$V_{c1} \simeq -g_{m1}V_{\pi 1}r_{e2} \simeq -V_{\pi 1}$$

Entonces la ganancia entre B'_1 y C_1 (figura 7.24b) es aproximadamente -1, y podemos utilizar el teorema de Miller para sustituir la capacitancia en puente $C_{\mu 1}$ por una capacitancia $2C_{\mu 1}$ entre B'_1 y tierra y una capacitancia $2C_{\mu 1}$ entre C_1 y tierra. El circuito equivalente resultante se ilustra en la figura 7.24(c), del cual ahora podemos evaluar la frecuencia del polo debido al circuito RC de pasabajos de la entrada como

$$\omega_1 = \frac{1}{R'_s(C_{\pi 1} + 2C_{\mu 1})} \tag{7.72}$$

Para el caso en que la resistencia de fuente sea grande, esta frecuencia será mucho menor que ambas ω_2 (ecuación 7.71) y la frecuencia del polo producida por la parte de salida del circuito,

$$\omega_3 = \frac{1}{C_{\mu 2}R_L} \tag{7.73}$$

Entonces, en este caso el circuito de entrada produce un polo dominante de alta frecuencia, y la frecuencia superior ω_H de 3 dB está dada por

$$\omega_H \simeq \omega_1 \tag{7.74}$$

Se puede obtener una ligeramente mejor estimación de ω_H si se combinan las frecuencias de los tres polos usando la ecuación (7.22). Del mismo modo, debemos señalar que el método de constantes de tiempo a circuito abierto podría haber sido aplicado directamente al circuito de la figura 7.24(b).

La ganancia del centro de la banda se puede evaluar fácilmente si se hace caso omiso de las capacitancias del circuito equivalente de la figura 7.24(c) y se sustituyen en lugar de V'_s y R'_s de las ecuaciones (7.69) y (7.70):

$$A_M = \frac{V_o}{V_s} = -g_m R_L \frac{r_\pi}{r_\pi + r_x + R_s} \tag{7.75}$$

Esta expresión es idéntica en forma a la de la ganancia de un circuito de emisor común.

Ejercicio

7.17 Considere el circuito cascodo de la figura E7.17 con los siguientes valores de componentes: $R_s = 4$ kΩ, $R_1 = 18$ kΩ, $R_2 = 4$ kΩ, $R_3 = 8$ kΩ, $R_E = 3.3$ kΩ, $R_C = 6$ kΩ, $R_L = 4$ kΩ, $C_{C1} = 1$ μF, $C_{C2} = 1$ μF, $C_B = 10$ μF, $C_E = 10$ μF y $V_{CC} = +15$ V. Demuestre que cada transistor está operando a $I_E \simeq 1$ mA. Nótese que este diseño es idéntico al del amplificador de emisor común de los ejercicios 7.9-7.11 y 7.14-7.16. Si por lo tanto suponemos que los transistores son del mismo tipo (los valores de parámetros se dan en el preámbulo a los ejercicios 7.14-7.16), estamos en posibilidad de comparar resultados y sacar conclusiones. Calcule A_M, f_1, f_2 y f_3. Entonces, utilice la fórmula de suma de cuadrados de la ecuación (7.22) para hallar f_H. Nótese que hay que tener cuidado en el uso de las anteriores fórmulas: por ejemplo, R_L en la ecuación (7.73) debe ser sustituida por $(R_C//R_L)$, y la fórmula para R'_s debe modificarse para tomar en cuenta R_3 y R_2, y así sucesivamente.

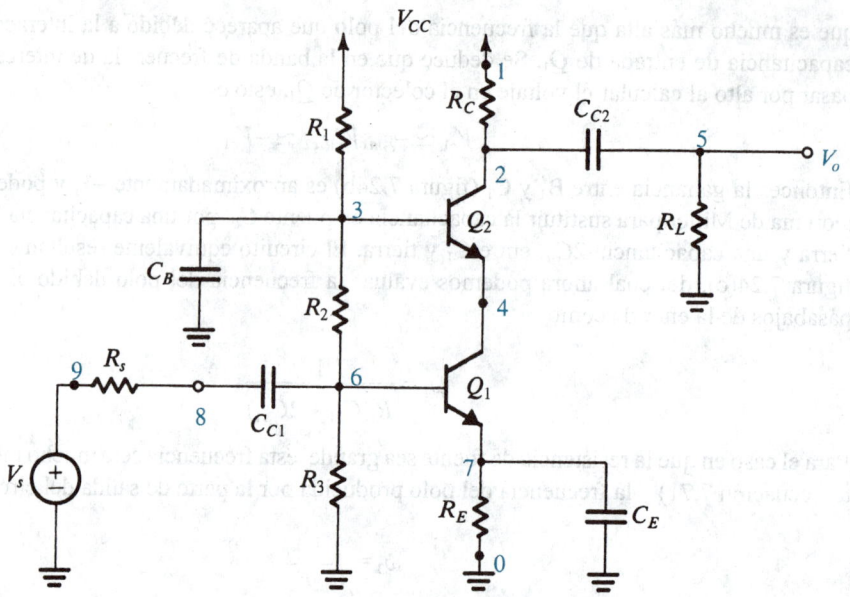

Fig. E7.17 Amplificador cascodo acoplado capacitivamente utilizando transistores bipolares. El capacitor C_B es grande, estableciendo una tierra de señal a la base de Q_2. (Para este propósito, en el ejemplo 7.9 se muestra una simulación SPICE con los nodos numerados.)

Resp. -23.1 V/V; 8.95 MHz; 458 MHz; 33 MHz; 8.64 MHz

Hay otro importante caso a considerar, que ocurre con frecuencia en el diseño de amplificadores cascodo de circuito integrado y carga activa. En este caso, R_s suele ser pequeña, haciendo que el polo de entrada de frecuencia ω_1 sea no dominante. Debido a la carga activa, R_L es por lo general muy grande y con ello el polo a la salida sea dominante. Se puede obtener una mejor estimación de la frecuencia de este polo si se toma en cuenta la capacitancia parásita de carga C_L normalmente presente en el nodo de salida, modificando así ω_3 de la ecuación (7.73) a

$$\omega_3 = \frac{1}{(C_{\mu 2} + C_L)R_L} \tag{7.76}$$

Nótese que para asegurar que este polo sea en verdad dominante, se tiene que hacer que $\omega_2 \simeq \omega_{T2}$ sea mucho más alta que ω_3, que usualmente es el caso cuando Q_2 es un BJT. En un cascodo MOS, sin embargo, ω_{T2} puede ser baja, con lo cual se reduce el ancho de banda del amplificador. Esta situación se puede mejorar considerablemente si se usa el cascodo BiCMOS de la figura 6.35(c).

7.6   RESPUESTA EN FRECUENCIA DE SEGUIDORES DE EMISOR Y DE FUENTE

La configuración de seguidor de emisor o colector común se estudió en la sección 4.11. En lo que sigue consideramos la respuesta a alta frecuencia de esta importante configuración de circuito. El resultado se aplica, con modificaciones sencillas, al seguidor de fuente FET.

Considere el circuito seguidor de emisor acoplado directamente que se ilustra en la figura 7.25(a), donde R_s representa la resistencia de fuente y R_E representa la combinación de resistencia de polarización de emisor (o la resistencia de salida de la fuente de corriente de polarización, si se utiliza una) y la resistencia de carga. En la figura 7.25(b)[4] se ilustra el circuito equivalente de alta frecuencia y aparece en una forma ligeramente diferente en la figura 7.25(c). El análisis de este circuito resulta en la función de transferencia de seguidor de emisor $V_o(s)/V_s(s)$, que se puede demostrar tiene dos polos y un cero real:

$$\frac{V_o(s)}{V_s(s)} = A_M \frac{1 + s/\omega_Z}{(1 + s/\omega_{P1})(1 + s/\omega_{P2})} \qquad (7.77)$$

donde A_M denota el valor de la ganancia a frecuencias baja y media. Desafortunadamente, empero, el análisis simbólico del circuito no deja ver si uno de los polos es o no dominante. Para obtener más conocimientos sobre esto tomaremos otra ruta.

Al escribir una ecuación de nodo en el emisor (figura 7.25b) resulta

$$V_o = (g_m + y_\pi)V_\pi R_E \qquad (7.78)$$

donde

$$y_\pi = \frac{1}{r_\pi} + sC_\pi$$

Por lo tanto, V_o será cero al valor de s que haga $V_\pi = 0$ y al valor de s que haga $g_m + y_\pi = 0$. A su vez, V_π será cero al valor de s que haga $z_\pi = 0$ o, lo que es equivalente, $y_\pi = \infty$, es decir, $s = \infty$. El hecho que exista un cero de transmisión a $s = \infty$ se correlaciona con la ecuación (7.77). El otro cero de transmisión se obtiene de

$$g_m + y_\pi = 0$$

esto es,

$$g_m + \frac{1}{r_\pi} + s_Z C_\pi = 0$$

que produce

$$s_Z = -\frac{g_m + 1/r_\pi}{C_\pi} = -\frac{1}{C_\pi r_e} \simeq -\omega_T \qquad (7.79)$$

Como la frecuencia de este cero es bastante alta, normalmente desempeña un papel de importancia menor al determinar la respuesta de alta frecuencia del seguidor de emisor.

A continuación, considere los polos. Si uno de los dos polos es o no dominante dependerá de la aplicación en particular, específicamente de los valores de R_s y R_E. En la mayor parte de las aplicaciones R_s es de elevado valor, y junto con la capacitancia de entrada produce un polo dominante. Para ver esto con más claridad, considere el circuito equivalente de la figura 7.25(c). Si

---

[4] Aun cuando r_o no se muestra, se puede incluir fácilmente y aparece en paralelo con R_E. Entonces, el análisis a seguir sólo necesita ser modificado al sustituir R_E con $(R_E//r_o)$.

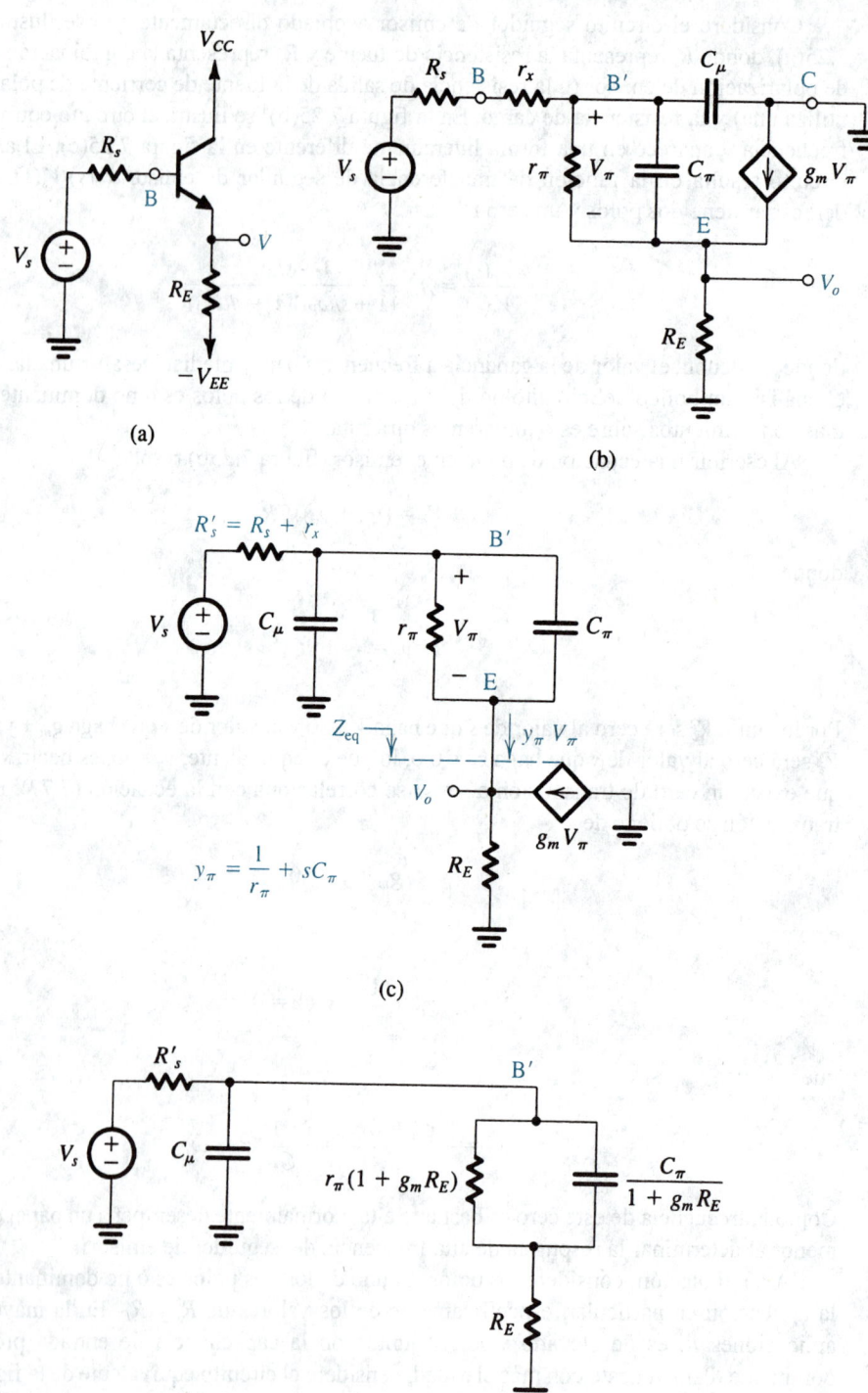

Fig. 7.25 Análisis de alta frecuencia del seguidor de emisor.

invocamos el teorema de absorción de fuente (apéndice E), podemos sustituir el circuito bajo la línea interrumpida por su impedancia equivalente Z_{eq},

$$Z_{eq} \equiv \frac{V_o}{y_\pi V_\pi}$$

Entonces

$$Z_{eq} = \frac{(g_m + y_\pi)R_E}{y_\pi} \tag{7.80}$$

Nótese que Z_{eq} es simplemente R_E reflejada al lado de la base por medio de una forma generalizada de la regla de reflexión: R_E está multiplicada por $(h_{fe} + 1)$. La impedancia total entre B' y tierra es

$$Z_{b'} = \frac{1}{y_\pi} + Z_{eq} = \frac{1 + g_m R_E}{y_\pi} + R_E$$

Como se muestra en la figura 7.25(d), esta impedancia se puede representar por una resistencia R_E en serie con una red RC consistente en una resistencia $(1 + g_m R_E)r_\pi$ en paralelo con una capacitancia $C_\pi/(1 + g_m R_E)$. Como la impedancia del circuito paralelo RC suele ser mucho mayor que R_E, podemos despreciar la última impedancia y obtener una simple red STC de pasabajos. De este circuito STC (de una constante de tiempo) se deduce que existe un polo en

$$\omega_P = \left[\left(C_\mu + \frac{C_\pi}{1 + g_m R_E} \right) [R_s' // (1 + g_m R_E)r_\pi] \right]^{-1} \tag{7.81}$$

Aun cuando este polo suele ser dominante, su frecuencia es normalmente bastante alta, dando al seguidor de emisor un amplio ancho de banda.[5]

Un método alternativo para hallar un valor aproximado de la frecuencia ω_H de 3 dB es usar el método de constantes de tiempo a circuito abierto en el circuito equivalente de la figura 7.25(d).

Finalmente, observamos que todos los resultados anteriores se pueden aplicar al caso de un FET si se sustituye R_s' con R_s, r_π con ∞, C_μ con C_{gd} y C_π con C_{gs}.

Ejercicios

7.18 Para un seguidor de emisor polarizado a $I_C = 1$ mA, con $R_s = R_E = 1$ kΩ, y usando un transistor especificado para tener $f_T = 400$ MHz, $C_\mu = 2$ pF, $r_x = 100$ Ω y $\beta_0 = 100$, evalúe la ganancia A_M del centro de la banda y la frecuencia del polo dominante de alta frecuencia.

Resp. 0.97 V/V; 62.5 MHz

---

[5] Aun cuando no hemos considerado el seguidor de emisor con una carga capacitiva, este caso merece un comentario: Una carga capacitiva para el seguidor de emisor lleva a una conductancia *negativa* de entrada; y si la impedancia de la fuente es inductiva, el circuito puede oscilar. La estabilidad y oscilaciones se estudian en los capítulos 8 y 12.

7.19 Para el seguidor de emisor especificado en el ejercicio 7.21, utilice el método de constantes de tiempo a circuito abierto para estimar la frecuencia f_H superior de 3 dB.

Resp.   55.3 MHz

7.7   CASCADA DE COLECTOR COMÚN Y EMISOR COMÚN

La excelente respuesta a alta frecuencia del seguidor de emisor se debe a la ausencia del efecto de multiplicación de capacitancia de Miller. El problema con el seguidor de emisor es que no produce ganancia de voltaje. Parece posible que podemos obtener ganancia y un buen ancho de banda por medio de una cascada de una etapa de colector común y emisor común, como se muestra en la figura 7.26. Aquí, el transistor Q_1 seguidor de emisor se muestra polarizado por una fuente de corriente I, como generalmente es el caso en el diseño de circuitos integrados. Como el colector de Q_1 está a tierra de señal, $C_{\mu 1}$ no es multiplicado por la ganancia de la etapa, como es el caso en un amplificador de emisor común. Por lo tanto, el polo causado por la interacción de la resistencia de la fuente y la capacitancia de entrada estará a alta frecuencia.

La ganancia de voltaje es producida por el transistor Q_2 de emisor común. Este transistor es alterado por el efecto Miller, es decir, la capacitancia total efectiva entre su base y tierra será grande, aunque a pesar de ello no es desventajoso; la resistencia vista por esa capacitancia será pequeña debido a la baja resistencia de salida del seguidor de emisor Q_1.

Antes de considerar un ejemplo numérico, deseamos llamar la atención del lector a las similitudes entre el circuito de la figura 7.26 y el amplificador cascodo estudiado en la sección 7.5. Ambos circuitos utilizan un amplificador de emisor común para obtener ganancia de voltaje. Ambos circuitos logran ancho de banda más grande (que el obtenido en un amplificador de emisor común) al reducir al mínimo el efecto del multiplicador Miller. En el circuito cascodo esto se logra al aislar la resistencia de carga del colector de la etapa de emisor común, por medio de una etapa de base común de baja resistencia de entrada. En el presente circuito, aun cuando ocurre la multiplicación de Miller, la elevada capacitancia resultante es aislada de la resistencia de la fuente por un seguidor de emisor.

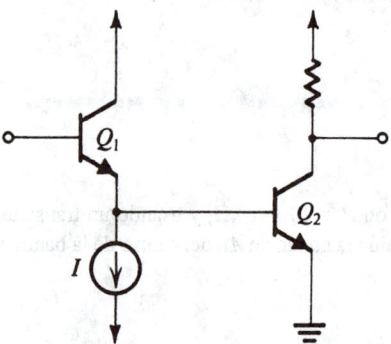

Fig. 7.26   Amplificador en cascada de colector común y emisor común.

EJEMPLO 7.8

En la figura 7.27 se ilustra un amplificador capacitivamente acoplado diseñado como el cascodo de una etapa de colector común y una etapa de emisor común. Suponga que los transistores utilizados

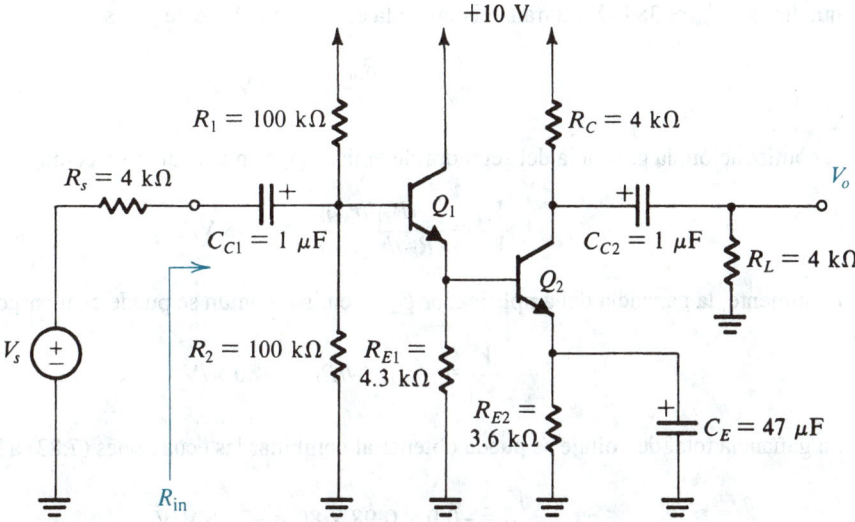

Fig. 7.27 Amplificador capacitivamente acoplado que utiliza configuración en cascada de colector común y emisor común.

tienen $\beta = 100$, $f_T = 400$ MHz, $C_\mu = 2$ pF, y desprecie r_x y r_o. Deseamos evaluar la ganancia del centro de la banda a la respuesta a alta frecuencia de este circuito. Nótese que las resistencias de carga y fuente y los parámetros del transistor son idénticos a los empleados en el caso de emisor común (ejercicios 7.9-7.11 y 7.14-7.16) y en el caso cascodo (ejercicio 7.17); de aquí se pueden hacer comparaciones.

SOLUCIÓN

Primero determinamos las corrientes de cd de polarización como sigue:

$$V_{B1} \simeq 5 \text{ V} \qquad V_{E1} \simeq 4.3 \text{ V} \qquad I_{E1} = \frac{4.3 \text{ V}}{4.3 \text{ k}\Omega} = 1 \text{ mA}$$

$$V_{E2} \simeq 3.6 \text{ V} \qquad I_{E2} = \frac{3.6 \text{ V}}{3.6 \text{ k}\Omega} = 1 \text{ mA}$$

Entonces, ambos transistores están operando a corrientes de emisor de aproximadamente 1 mA y ambos están en el modo activo. A este punto de operación, los componentes del circuito equivalente son

$$g_m \simeq 40 \text{ mA/V} \qquad r_e \simeq 25 \ \Omega \qquad r_\pi \simeq 2.5 \text{ k}\Omega$$

$$C_\pi + C_\mu = \frac{g_m}{\omega_T} = 15.9 \text{ pF} \qquad C_\mu = 2 \text{ pF} \qquad C_\pi = 15.9 - 2 = 13.9 \text{ pF}$$

Para evaluar la ganancia del centro de la banda primero determinamos el valor de la resistencia de entrada R_{in}. Hacia ese fin observamos que la resistencia de entrada entre la base de Q_2 y tierra es igual a $r_{\pi 2}$. Así, en el circuito de emisor de Q_1 tenemos R_{E1} en paralelo con $r_{\pi 2}$. Por lo tanto, la resistencia de entrada R_{in} estará dada por

$$R_{in} = R_1 // R_2 // \{(\beta_1 + 1)[r_{e1} + (R_{E1}//r_{\pi 2})]\}$$

que lleva a $R_{en} \simeq 38$ kΩ. La transmisión de la entrada a la base de Q_1 es

$$\frac{V_{b1}}{V_s} = \frac{R_{en}}{R_{en} + R_s} = 0.9 \text{ V/V} \tag{7.82}$$

A continuación, la ganancia del seguidor de emisor Q_1 se puede obtener como

$$\frac{V_{e1}}{V_{b1}} = \frac{(R_{E1}//r_{\pi2})}{(R_{E1}//r_{\pi2}) + r_{e1}} = 0.98 \text{ V/V} \tag{7.83}$$

Finalmente, la ganancia del amplificador Q_2 de emisor común se puede evaluar como

$$\frac{V_o}{V_{e1}} = -g_{m2}(R_C//R_L) = -80 \text{ V/V} \tag{7.84}$$

La ganancia total de voltaje se puede obtener al combinar las ecuaciones (7.82) a la (7.84):

$$\frac{V_o}{V_s} = -0.9 \times 0.98 \times 80 = -70.6 \text{ V/V} \tag{7.85}$$

La respuesta de alta frecuencia se puede determinar del circuito equivalente que se ilustra en la figura 7.28(a). Aplicamos el teorema de Miller a la segunda etapa[6] y ejecutamos otras simplificaciones y obtenemos el circuito de la figura 7.28(b), donde

$$R_s' = R_s//R_1//R_2 \tag{7.86}$$

$$V_s' = V_s \frac{(R_1//R_2)}{(R_1//R_2) + R_s} \tag{7.87}$$

$$C_T = C_{\pi2} + C_{\mu2}(1 + g_{m2}R_L') \tag{7.88}$$

$$R_L' = R_L//R_C \tag{7.89}$$

Este circuito es todavía bastante complejo, y un análisis exacto hecho a papel y lápiz sería muy tedioso. De manera opcional, utilizamos la técnica de constantes de tiempo a circuito abierto analizadas en la sección 7.2 para determinar f_H como sigue: el condensador $C_{\mu1}$ ve una resistencia $R_{\mu1}$ dada por

$$R_{\mu1} = R_s//R_{en} = 4//38 = 3.62 \text{ k}\Omega \tag{7.90}$$

Se puede demostrar que $C_{\pi1}$ ve una resistencia $R_{\pi1}$ dada por

$$R_{\pi1} = r_{\pi1} \left/\!\!\right/ \frac{R_s' + R_{E1}'}{1 + g_{m1}R_{E1}'} \tag{7.91}$$

donde $R_{E1}' = R_{E1}//r_{\pi2}$. Por lo tanto, $R_{\pi1} = 80 \ \Omega$.

La capacitancia C_T, que es igual a 175.9 pF, ve una resistencia R_T dada por

$$R_T = R_{E1}' \left/\!\!\right/ \frac{r_{\pi1} + R_s'}{\beta_1 + 1} = 59 \ \Omega \tag{7.92}$$

---

[6] Si se supone que $g_{m2}R_L' \gg 1$, la aplicación del teorema de Miller resulta en una capacitancia aproximadamente igual a $C_{\mu2}$ en paralelo con R_L'. Nótese que ésta *no* es la capacitancia de salida del amplificador (consulte el análisis del teorema de Miller en la sección 7.4). Sin embargo, se puede emplear en el cálculo de f_H usando el método de constantes de tiempo a circuito abierto.

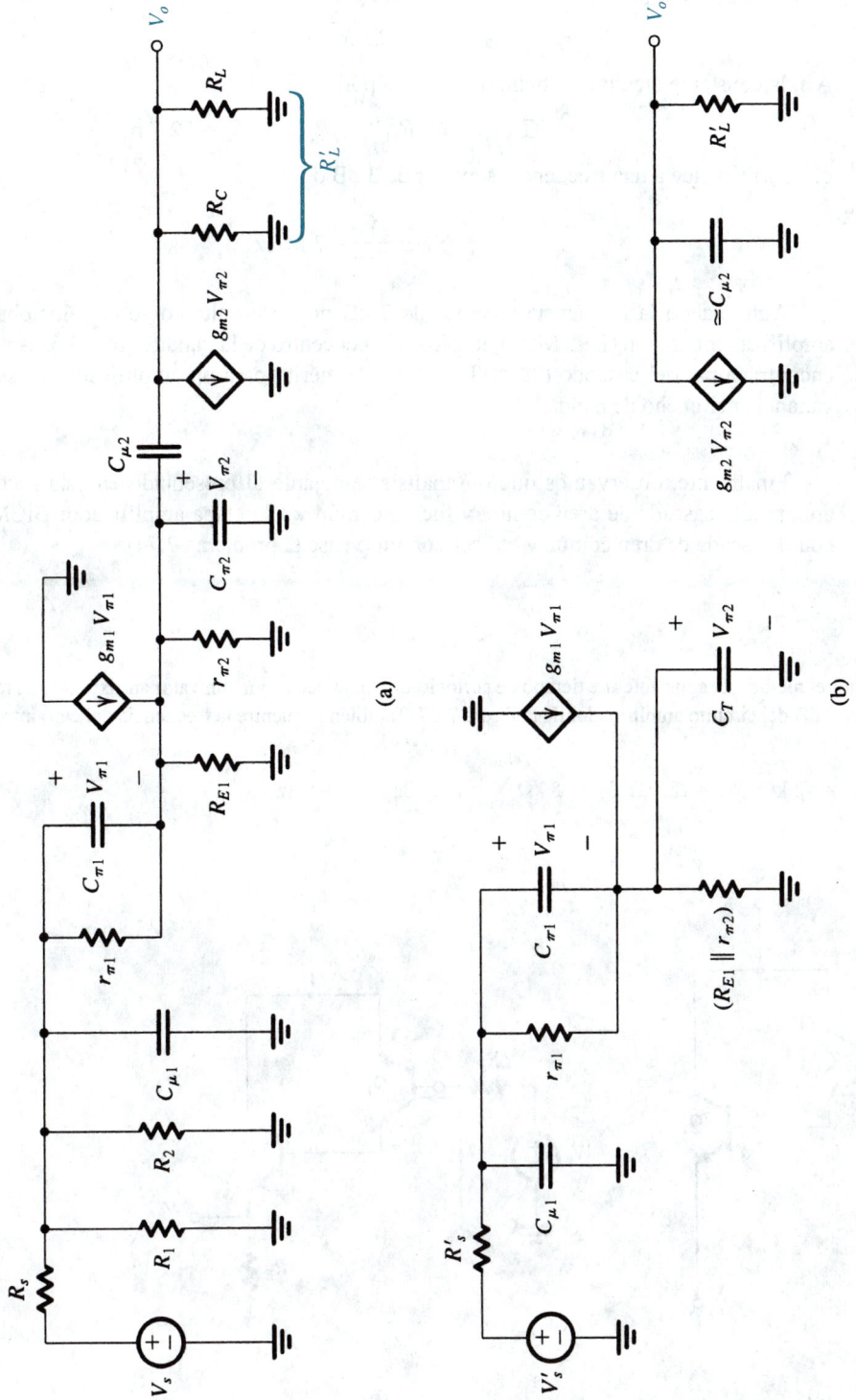

Fig. 7.28 Circuitos equivalentes para la determinación de la respuesta de alta frecuencia del amplificador de la figura 7.27.

La capacitancia $C_{\mu 2}$ ve una resistencia R_L' dada por

$$R_L' = R_L // R_C = 2 \text{ k}\Omega \tag{7.93}$$

Así, la constante efectiva de tiempo está dada por

$$\tau = C_{\mu 1} R_{\mu 1} + C_{\pi 1} R_{\pi 1} + C_T R_T + C_{\mu 2} R_L' = 22.7 \text{ ns} \tag{7.94}$$

que corresponde a una frecuencia superior de 3 dB de

$$f_H \simeq \frac{1}{2\pi\tau} = 7 \text{ MHz}$$

Aun cuando la frecuencia superior de 3 dB no es tan alta como el valor obtenido para el amplificador cascodo (8.95 MHz), la ganancia del centro de la banda aquí, 70.6, es más alta que la encontrada para el cascodo (23.1). Una cifra de mérito para un amplificador es su producto de ganancia por ancho de banda.

Finalmente, observamos que un análisis semejante al presentado en esta sección se puede aplicar a la cascada de dren común y fuente común y a la etapa amplificador BiCMOS formada como cascada de dren común y emisor común (véase el problema 7.74).

Ejercicios

7.20 Utilice el método de constantes de tiempo de cortocircuito para determinar un valor aproximado de la frecuencia inferior f_L de 3 dB del circuito amplificador de la figura 7.27. También encuentre la frecuencia del cero introducido por C_E.

Resp. $R_{C1} = 42 \text{ k}\Omega$; $R_{CE} = 25.4 \text{ }\Omega$; $R_{C2} = 8 \text{ k}\Omega$; $f_L = 157 \text{ Hz}$; $f_Z = 0.94 \text{ Hz}$

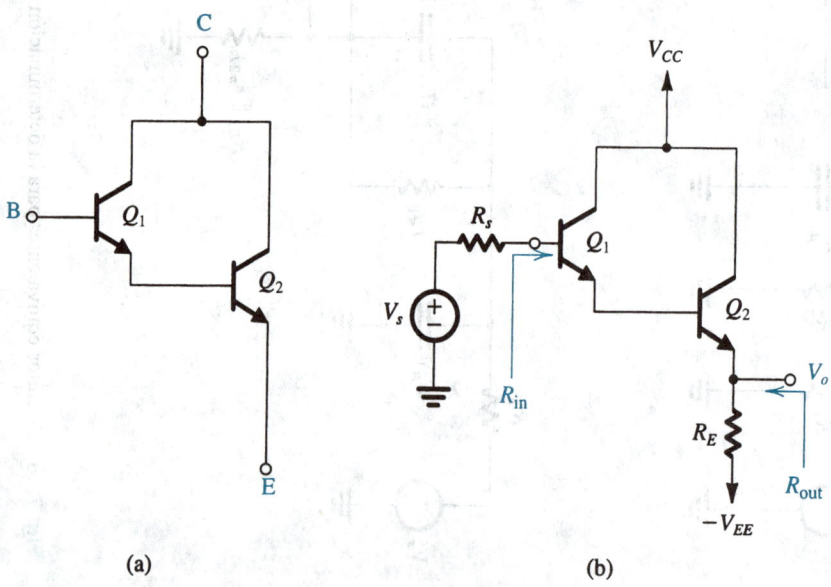

(a)   (b)

Fig. E7.21 **(a)** configuración Darlington; **(b)** configuración Darlington utilizando seguidor de voltaje.

7.21 La configuración de colector común y emisor común estudiada en esta sección es una versión modificada del dispositivo compuesto obtenido al conectar dos transistores en la forma que se muestra en la figura E7.21(a). Esta configuración, conocida como **configuración Darlington**, es equivalente a un solo transistor con $\beta \simeq \beta_1\beta_2$. Por lo tanto, se puede utilizar como seguidor de alto rendimiento, como se ilustra en la figura E7.21(b). Para este último circuito suponga que Q_2 está polarizado a $I_E = 5$ mA y sea $R_s = 100$ kΩ, $R_E = 1$ kΩ, y $\beta_1 = \beta_2 = 100$. Encuentre R_{in}, V_o/V_s y R_{sal} (R_{out}).

Resp. 10.3 MΩ; 0.98 V/V; 20 Ω

7.8   RESPUESTA EN FRECUENCIA DE UN AMPLIFICADOR DIFERENCIAL

El par diferencial estudiado en el capítulo 6 es el elemento de construcción más importante en el diseño de circuitos integrados analógicos. En esta sección analizamos su respuesta en frecuencia. Aun cuando sólo se considera el par diferencial BJT, el método se aplica igualmente bien al par FET.

Variación de la ganancia diferencial con frecuencia

Considere el amplificador diferencial que se muestra en la figura 7.29(a). La señal de entrada V_s se aplica en una forma complementaria (también llamado *push-pull*, de doble efecto, o simétrico), y la resistencia de fuente R_s está igualmente distribuida entre los dos lados del par. Esta situación se presenta, por ejemplo, si el amplificador diferencial es alimentado desde la salida de otra etapa diferencial.

Como el circuito es simétrico y está alimentado de forma complementaria, su respuesta en frecuencia de ganancia diferencial será idéntica a la del circuito equivalente de emisor común que se muestra en la figura 7.29(b). En la sección 7.4 hemos analizado en detalle el circuito de emisor

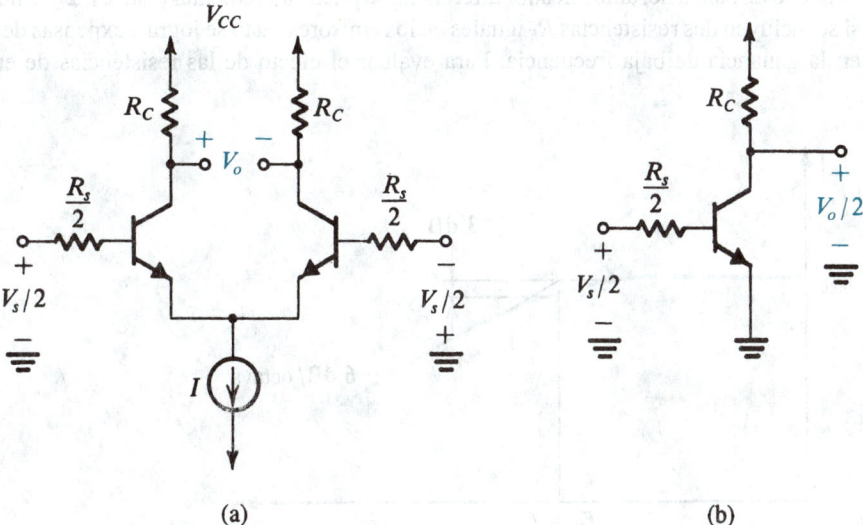

(a)   (b)

Fig. 7.29   (**a**) Par diferencial simétricamente excitado; (**b**) semicircuito equivalente.

común. Como el par diferencial es un amplificador de acoplamiento directo, su ganancia se extenderá hasta frecuencia cero con un valor de baja frecuencia de

$$\frac{V_o}{V_s} = -\frac{r_\pi}{r_\pi + R_s/2} g_m R_C \tag{7.95}$$

La respuesta de alta frecuencia estará dominada por un polo real con una frecuencia ω_P,

$$\omega_P = \frac{1}{[(R_s/2)//r_\pi][C_\pi + C_\mu(1 + g_m R_C)]} \tag{7.96}$$

Entonces, si denotamos por A_0 la ganancia diferencial de baja frecuencia dada en la ecuación (7.95), la variación de frecuencia de la ganancia diferencial se puede describir por la función de transferencia

$$\frac{V_o}{V_s} = \frac{A_0}{1 + s/\omega_P} \tag{7.97}$$

Entonces, la gráfica de ganancia contra frecuencia tendrá la forma estándar de un polo que se muestra en la figura 7.30. La frecuencia ω_H de 3 dB es igual a la frecuencia de polo, $\omega_H = \omega_P$. En el análisis anterior despreciamos r_x. Se puede incluir con facilidad con sólo sustituir $R_s/2$ por $R_s/2 + r_x$ en las ecuaciones (7.95) y (7.96). Del mismo modo, r_o se puede tomar en cuenta para sustituir R_C con $(R_C//r_o)$ en las ecuaciones (7.95) y (7.96). En este sentido, nótese que R_C aquí denota la resistencia total entre cada colector y tierra de señal.

El lector recordará que el amplificador de emisor común tiene, además del polo dominante debido al efecto Miller, un polo no dominante y un cero. Las fórmulas desarrolladas para éstos en la sección 7.4 (por ejemplo, la ecuación 7.61) se puede aplicar directamente al amplificador diferencial.

Efecto de la resistencia de emisor en la respuesta de frecuencia

El ancho de banda del amplificador diferencial se puede incrementar (esto es, ω_H se puede aumentar) si se incluyen dos resistencias R_E iguales en los emisores. Esto se logra a expensas de una reducción en la ganancia de baja frecuencia. Para evaluar el efecto de las resistencias de emisor sobre la

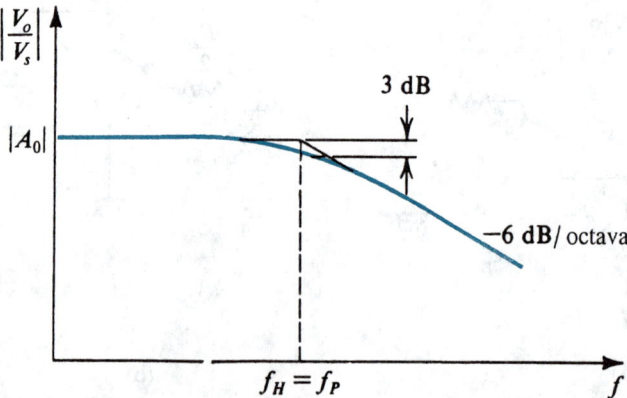

Fig. 7.30 Respuesta en frecuencia del amplificador diferencial.

respuesta en frecuencia, considere el semicircuito que se ilustra en la figura 7.31(a). La ganancia de baja frecuencia está dada por

$$A_0 \equiv \frac{V_o}{V_s} = \frac{-(\beta+1)(r_e+R_E)}{R_s/2 + r_x + (\beta+1)(r_e+R_E)} \frac{\alpha R_C}{R_E + r_e} \tag{7.98}$$

En la figura 7.31(b) se ilustra el circuito equivalente de alta frecuencia. Como ya no es conveniente aplicar el teorema de Miller, usaremos la técnica de constantes de tiempo a circuito abierto explicada en la sección 7.2. El método es como sigue: primero eliminamos C_μ y determina-

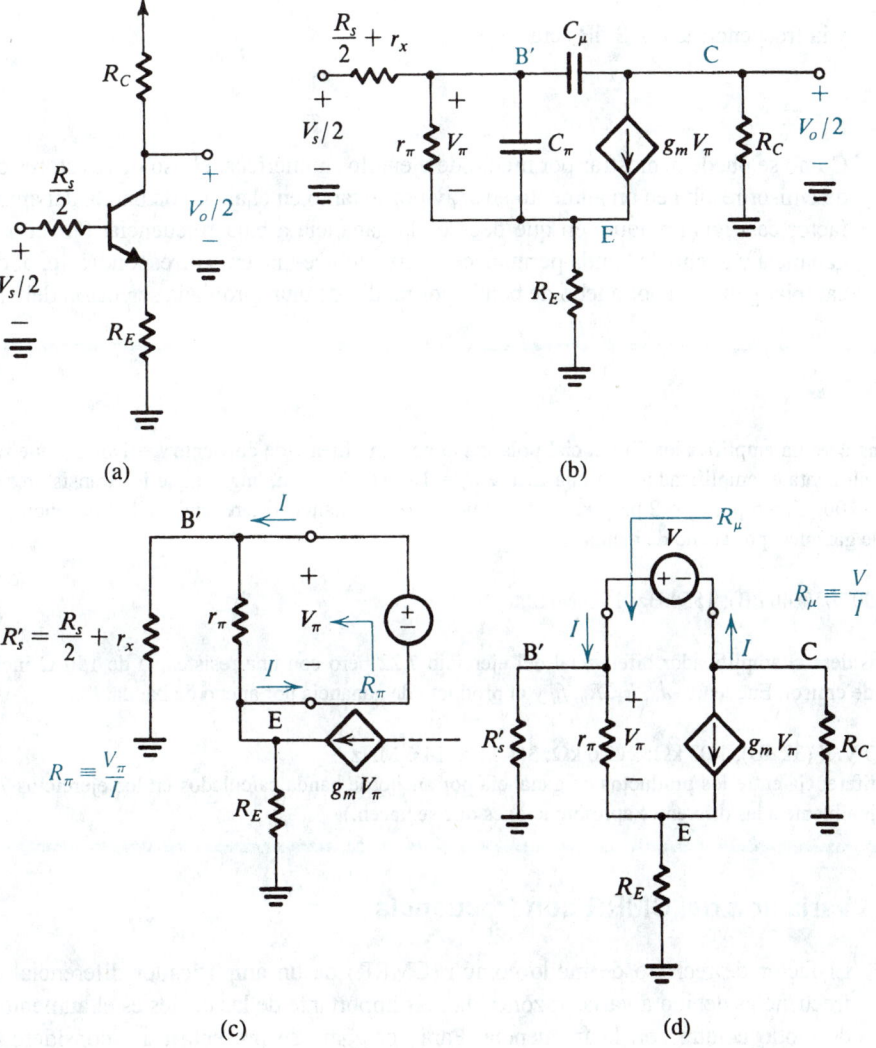

Fig. 7.31 (a) Semicircuito equivalente del amplificador diferencial con resistencia de emisor R_E. (b) Circuito equivalente del semicircuito de (a). (c) Circuito para determinar la resistencia R_π vista por C_π. (d) Circuito para determinar la resistencia R_μ vista por C_μ.

mos la resistencia vista por C_π, a la que llamaremos R_π. En la figura 7.31(c) se ilustra el circuito para hallar R_π,

$$R_\pi = r_\pi \left/\!\!\right/ \frac{R_s' + R_E}{1 + g_m R_E} \tag{7.99}$$

A continuación se puede determinar la resistencia R_μ vista por C_μ a partir del circuito de la figura 7.31(d),

$$R_\mu = R_C + \frac{1 + R_E/r_e + g_m R_C}{1/r_\pi + (1/R_s)(1 + R_E/r_e)} \tag{7.100}$$

La constante de tiempo efectiva total estará dada por

$$\tau = C_\pi R_\pi + C_\mu R_\mu \tag{7.101}$$

y la frecuencia ω_H de 3 dB será

$$\omega_H \simeq \frac{1}{\tau} \tag{7.102}$$

Como se puede demostrar por medio de ejemplos numéricos, el uso de resistores de degeneración de emisor resulta en un aumento en ω_H y por lo tanto en el ancho de banda del amplificador, en un factor casi igual a aquel en que decrece la ganancia a baja frecuencia. Por ello, el producto de ganancia y ancho de banda permanece constante. De manera correspondiente, el diseñador puede cambiar ganancia por ancho de banda por medio de una apropiada selección del valor de R_E.

Ejercicios

7.22 Considere un amplificador diferencial polarizado con una fuente de corriente $I = 1$ mA y que tiene una $R_C = 10$ kΩ. Se alimenta el amplificador con una fuente $R_s = 10$ kΩ. También, hágase que los transistores especificados tengan $\beta_0 = 100$, $C_\pi = 6$ pF, $C_\mu = 2$ pF y $r_x = 50\ \Omega$. Encuentre la ganancia diferencial A_0, la frecuencia f_H de 3 dB y el producto de ganancia por ancho de banda.

Resp.   100 V/V (40 dB); 155 kHz; 15.5 MHz

7.23 Considere el amplificador diferencial del ejercicio 7.22 pero con una resistencia de 150 Ω incluida en cada conductor de emisor. Encuentre A_0, R_π, R_μ, f_H y el producto de ganancia por ancho de banda.

Resp.   40 V/V (32 dB); 1.03 kΩ; 215.6 kΩ; 364 kHz, 14.6 MHz
(*Nota:* la diferencia entre los productos de ganancia por ancho de banda calculados en los ejercicios 7.22 y 7.23 se debe principalmente a las diferentes aproximaciones que se hacen.)

Variación del CMRR con frecuencia

El factor de rechazo de modo común (CMRR) de un amplificador diferencial decrece a altas frecuencias debido a varias razones, la más importante de las cuales es el aumento de la ganancia de modo común con la frecuencia. Para ver cómo se presenta esto, considere el semicircuito equivalente de modo común que se ilustra en la figura 7.32. Aquí, la resistencia R es la resistencia de salida y la capacitancia C es la capacitancia de salida de la fuente de corriente de polarización. De nuestro estudio de la respuesta en frecuencia del amplificador de emisor común de la sección

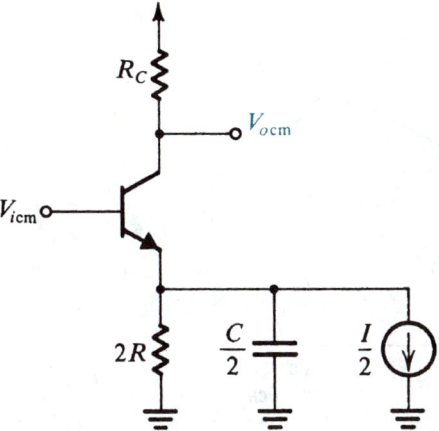

Fig. 7.32   Semicircuito equivalente de modo común.

7.4 sabemos que los componentes $2R$ y $C/2$ introducen un cero en la función de ganancia de modo común. Este cero estará a una frecuencia f_Z,

$$f_Z = \frac{1}{2\pi(2R)(C/2)} = \frac{1}{2\pi RC} \qquad (7.103)$$

Como R suele ser de valor muy elevado, incluso una pequeña capacitancia C de salida resulta en que f_Z tiene un valor relativamente bajo. El resultado es que la ganancia de modo común comenzará a aumentar, con una pendiente de +6 dB/octava a una frecuencia relativamente baja, como se muestra en la figura 7.33(a). La ganancia de modo común decrece a frecuencias más altas debido a las capacitancias internas C_π y C_μ y por el polo creado por $C/2$.

El comportamiento de la ganancia de modo común que se muestra en la figura 7.33(a), junto con la atenuación a alta frecuencia de la ganancia diferencial (figura 7.33(b), resulta en que el factor de rechazo de modo común (CMRR) tenga la respuesta en frecuencia que se muestra en la figura 7.33(c).

Ejercicio

7.24 Un amplificador diferencial está polarizado por una fuente de corriente constante que tiene una resistencia de salida de 20 MΩ una capacitancia de salida de 2 pF. Encuentre la frecuencia a la que el CMRR decrece en 3 dB.

Resp. 2.65 kHz

El amplificador diferencial con excitación asimétrica

En toda esta sección hemos visto que el amplificador diferencial excitado en una forma complementaria o de push-pull. Específicamente, la resistencia de fuente R_s se ha considerado dividida por igual entre los dos lados de entrada. Ésta es la situación usual con amplificadores diferenciales: cualquier desequilibrio entre las resistencias en los circuitos de base contribuye a un voltaje de desnivel de cd del par diferencial. De hecho, si una base está a tierra y la fuente de señal con su resistencia de fuente está

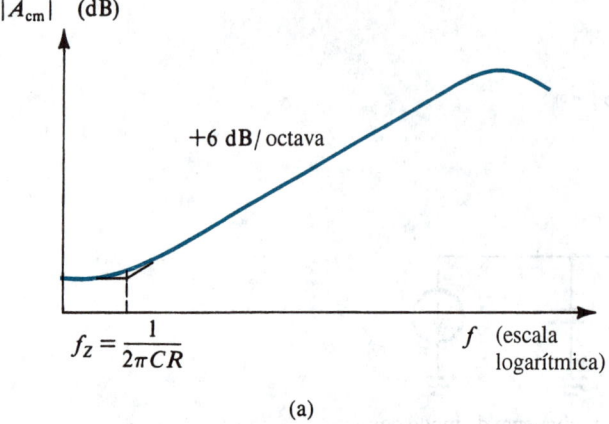

(a)

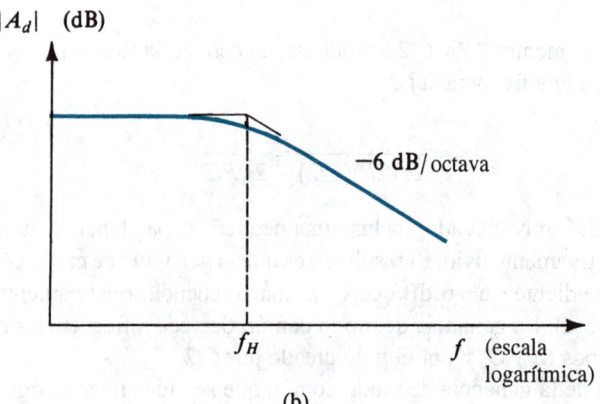

(b)

Fig. 7.33 Variación de **(a)** ganancia de modo común, **(b)** ganancia diferencial y **(c)** factor de rechazo de modo común con frecuencia.

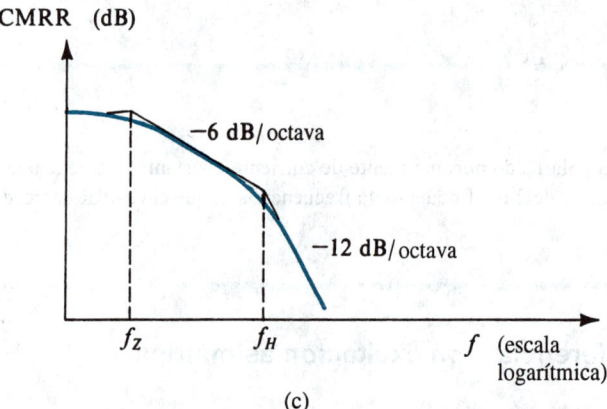

(c)

conectada a la otra base, que es el caso usual con excitación asimétrica, es posible que las corrientes de polarización de los dos transistores difieran de modo considerable. Además de esto, la respuesta en frecuencia de un amplificador diferencial asimétrico excitado es casi idéntica a la obtenida en el caso de excitación verdaderamente diferencial. Desde luego, el desequilibrio causado por R_s se puede igualar si se pone una resistencia igual entre la otra base y tierra.

El par diferencial como amplificador de banda ancha: la configuración de colector común y base común

El circuito con excitación asimétrica sugiere una modificación que puede llevar a un considerable aumento en ancho de banda. Específicamente, recordemos que el polo dominante de alta frecuencia se debe a la multiplicación Miller de C_μ del transistor de entrada, y la interacción de la gran capacitancia resultante con la resistencia de fuente. Se deduce que la respuesta de alta frecuencia puede mejorar de manera considerable si se retira la resistencia R_C del colector del transistor de entrada. El resultado es el circuito que se muestra en la figura 7.34. Observe que el colector de Q_1 está ahora a tierra de señal, y por lo tanto $C_{\mu 1}$ no experimenta el efecto Miller. El precio pagado, desde luego, es una reducción en ganancia en un factor de 2. De modo más grave, la salida está siendo tomada asimétrica ahora, lo cual reduce el factor de rechazo de modo común (CMRR) del circuito. Entonces, este circuito no sería apropiado si un bajo voltaje de desnivel y alto CMRR son requisitos importantes. El circuito también resulta afectado por el desequilibrio debido a R_s. Este desequilibrio puede ser considerable si R_s es grande, y, por supuesto, es el caso para el cual este circuito es útil desde un punto de vista de respuesta en frecuencia. Es muy importante observar que si se iguala el desnivel de cd al insertar una resistencia igual a R_s en serie con el conductor de la base de Q_2 nulifica, desafortunadamente, la ventaja de banda ancha del circuito; ahora que la base de Q_2 ya no está a tierra, $C_{\mu 2}$ se multiplicaría por el efecto Miller y, junto con la nueva resistencia R_s, vuelve a introducir el polo dominante (aunque no exactamente a la misma frecuencia que antes).

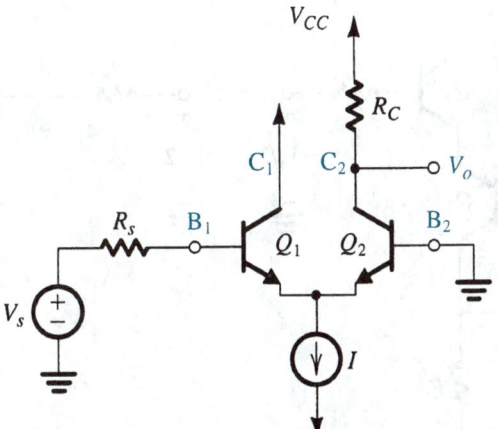

Fig. 7.34 Par diferencial excitado en forma asimétrica y con la resistencia de colector de Q_1 eliminada. El efecto Miller en Q_1 se elimina así, y el ancho de banda del amplificador se amplía en forma considerable. Desafortunadamente, R_s, estando en el circuito de base de sólo uno de los dos transistores, introduce un desequilibrio de cd y voltaje de desnivel de cd. El desequilibrio de cd se puede restablecer si se inserta un resistor igual a R_s en el cable de la base de Q_2 y un condensador de derivación de elevado valor entre la base de Q_2 y tierra.

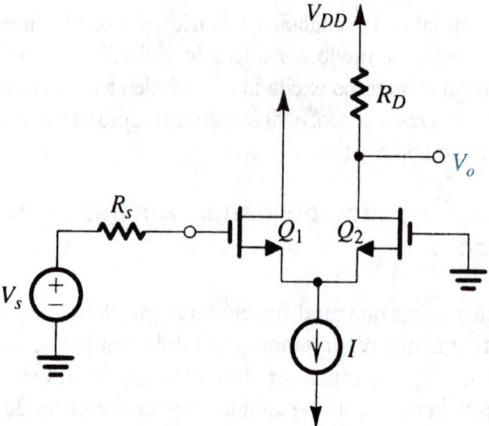

Fig. 7.35 Amplificador con MOSFET similar al de colector común y base común de la figura 7.34. Aquí, las corrientes de compuerta de cd del cero hacen que el circuito sea inmune a desniveles de cd causados por R_s. Parte del desequilibrio de cd existe todavía debido a la diferencia en voltajes de cd en los drenes.

Una posibilidad que funciona sólo en circuitos capacitivamente acoplados es incluir R_s en la base de Q_2 para equilibrar la cd, pero para eliminar su efecto a frecuencias de señal al conectar un condensador de derivación de elevado valor entre B_2 y tierra.

Aun cuando el circuito de la figura 7.34(a) se ha deducido del amplificador diferencial, podríamos considerarlo alternativamente como la conexión en cascada de una etapa de colector común (Q_1) y etapa de base común (Q_2). Desde este punto de vista, observamos que Q_1 actúa como

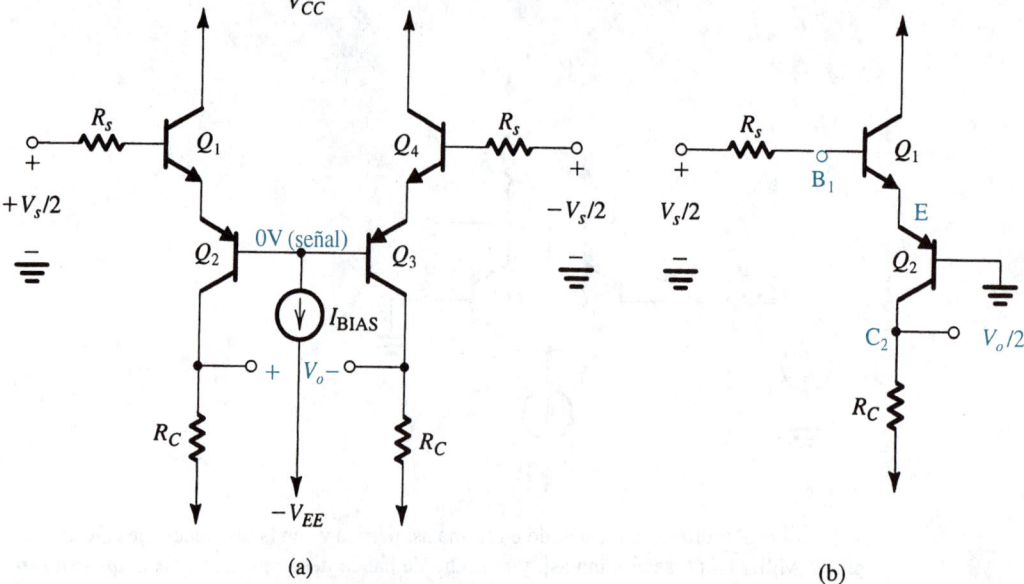

(a)   (b)

Fig. 7.36 **(a)** Amplificador diferencial que utiliza una etapa de colector común en cascada (Q_1 y Q_4) y una etapa de base común (Q_2 y Q_3). **(b)** Semicircuito equivalente diferencial del amplificador en (a). Nótese que éste es un amplificador de colector común y base común en cascada, como el circuito de la figura 7.34.

regulador de entrada mientras Q_2 proporciona la ganancia de voltaje (algo semejante a la situación del amplificador de colector común y emisor común).

Al igual que con todos los circuitos de BJT de este capítulo, fácilmente se dispone de una versión MOSFET del circuito de banda ancha de la figura 7.34(a), como se muestra en la figura 7.35. Este circuito tiene la ventaja, sobre su similar bipolar, de ser inmune al desnivel de cd debido a R_s por la ausencia de corrientes de cd de compuerta ($\beta = \infty$). Nótese, sin embargo, que un desnivel de cd de polarización todavía es posible porque Q_1 y Q_2 tienen diferentes voltajes de cd de dren.

Finalmente, en la figura 7.36(a) mostramos un circuito amplificador diferencial que utiliza los dispositivos de entrada Q_1 y Q_4 en la configuración de colector común, junto con los otros dos dispositivos, Q_2 y Q_3, en la configuración de base común. Que Q_2 y Q_3 formen un amplificador diferencial de base común se puede apreciar si se observa que para una alimentación simétrica de entrada (es decir, entradas complementarias $+V_s/2$ y $-V_s/2$), el punto medio (la base común de Q_2 y Q_3) estará a tierra de señal. Entonces, el semicircuito diferencial equivalente de este amplificador será el circuito de colector común y base común que se ilustra en la figura 7.36(b). La respuesta en frecuencia de este circuito es idéntica a la del circuito de la figura 7.34. Antes de salir del circuito de la figura 7.36(a), debemos hacer una observación sobre la manera en que se establece su polarización de cd, es decir, por medio de una fuente de corriente constante I_{BIAS} que alimenta el

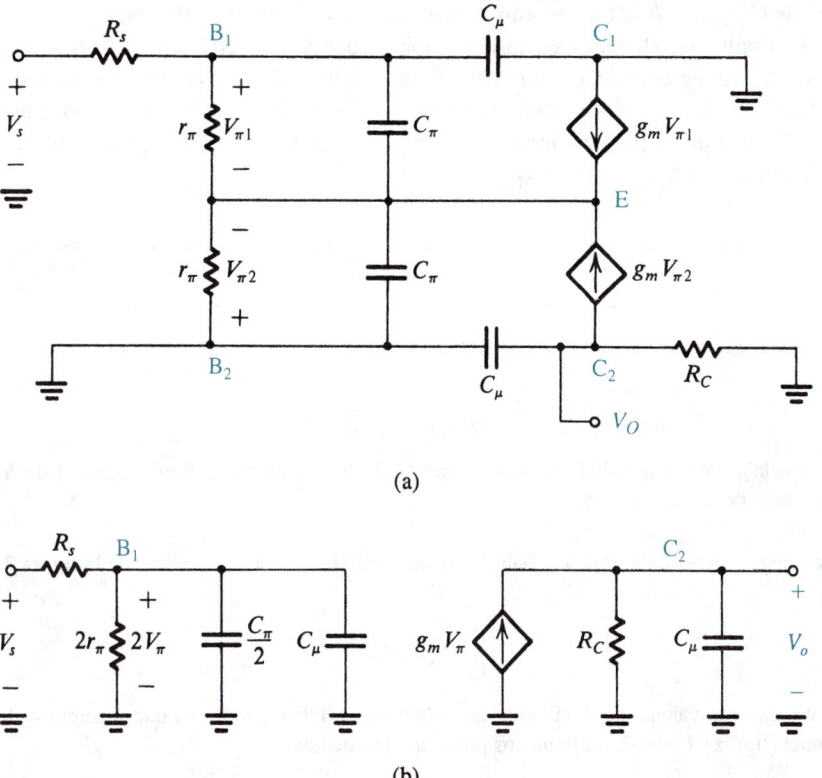

(a)

(b)

Fig. 7.37 **(a)** Circuito equivalente para el amplificador diferencial modificado de la figura 7.34. **(b)** Circuito equivalente simplificado. Nótese que estos circuitos equivalentes se aplican también al semicircuito que se ilustra en la figura 7.36(b) (con V_s y V_o sustituidos con $V_s/2$ y $V_o/2$). Del mismo modo, se pueden adaptar fácilmente para el circuito con MOSFET de la figura 7.35, con $2r_\pi$ eliminada, C_π sustituida con C_{gs}, C_μ sustituida con C_{gd}, V_π sustituida con V_{gs}, y R_C sustituida con R_D.

terminal de base común de Q_2 y Q_3. Sin duda el lector está consciente que esta distribución de polarización es muy sensible a los valores exactos de la β del transistor. Esto es verdad, y el problema se presenta en versiones prácticas del circuito al incorporar un circuito de retroalimentación que estabiliza las corrientes de polarización de colector de $Q_1 - Q_4$. Esto se verá en el capítulo 10, donde estudiamos el circuito del op amp tipo 741; la etapa de entrada del op amp 741 tiene la configuración que se ilustra en la figura 7.36(a).

Análisis de la respuesta en frecuencia de la configuración de colector común y base común

El análisis de la respuesta en frecuencia de la configuración de colector común y base común es sencilla y ahora lo veremos brevemente. Este análisis se aplica a los circuitos de las figuras 7.34, 7.35 y 7.36. Para simplificar las cosas, suponemos que no hay desnivel de cd; es decir, ambos transistores operan a la misma corriente de cd de emisor. Si ése es el caso, y si despreciamos r_x y r_o para mayor sencillez, entonces el circuito equivalente de alta frecuencia [véase la figura 7.37(a)] mostraría que $V_{\pi 1} = -V_{\pi 2}$ (para el caso $V_{gs1} = -V_{gs2}$ de un MOSFET) y el circuito se puede reducir al que se muestra en la figura 7.37(b). Observe que este circuito tiene sentido intuitivo. La impedancia de entrada en B_1 consiste en la conexión serie de $r_{\pi 1}$ y $r_{\pi 2}$, en paralelo con la conexión serie de $C_{\pi 1}$ y $C_{\pi 2}$. A la salida, simplemente tenemos R_C en paralelo con $C_{\mu 2}$.

Los polos de alta frecuencia del amplificador de colector común y base común se pueden determinar fácilmente del circuito de la figura 7.37(b). Si uno es dominante depende de los valores relativos de R_s y R_C. Finalmente, nótese que este circuito equivalente se puede adaptar al caso MOSFET (es decir, para el circuito de la figura 7.35) simplemente cambiando C_π con C_{gs}, C_μ con C_{gd}, R_C con R_D y haciendo $r_\pi = \infty$.

Ejercicios

7.25 Demuestre que la ganancia de voltaje a baja frecuencia del circuito 7.34 está dada por

$$\frac{V_o}{V_s} = \frac{\alpha R_C}{[R_s/(\beta + 1)] + 2r_e}$$

7.26 Demuestre que la ganancia de voltaje a baja frecuencia del amplificador de la figura 7.36 está dada por la misma expresión del enunciado del ejercicio 7.25.

7.27 Demuestre que la ganancia de voltaje a baja frecuencia del circuito con MOSFET de la figura 7.35 está dada por

$$\frac{V_o}{V_s} = \frac{1}{2} g_m R_D$$

7.28 Usando el circuito equivalente de alta frecuencia de la figura 7.37(b), demuestre que el amplificador de colector común y base común (figuras 7.34 y 7.36) tiene dos polos con frecuencias

$$f_{P1} = \frac{1}{2\pi(R_s//2r_\pi)(C_\pi/2 + C_\mu)}$$

y

$$f_{P2} = \frac{1}{2\pi R_C C_\mu}$$

7.29 Considere el amplificador diferencial de la figura 7.36 con la polarización arreglada para que cada transistor opere a $I_C = 0.5$ mA. Sea $R_s = 10$ kΩ, $R_C = 10$ kΩ, $\beta = 100$, $f_T = 400$ MHz y $C_\mu = 2$ pF. Evalúe la ganancia de baja frecuencia, las frecuencias de los polos de alta frecuencia y la frecuencia superior f_H de 3 dB. Utilice las fórmulas dadas en los ejercicios 7.25 y 7.28. (*Nota:* si los polos están cercanos entre sí, encuentre f_H exactamente; esto es, encuentre la frecuencia a la que la ganancia decrece en 3 dB respecto al valor de baja frecuencia.)

Resp. 50 V/V; $\omega_{P1} = 50$ Mrad/s, $\omega_{P2} = 50$ Mrad/s; $\omega_H = 28.53$ Mrad/s ($f_H = 4.54$ MHz)

7.9   EJEMPLOS DE SIMULACIÓN SPICE

Una de las aplicaciones más útiles del SPICE es investigar la respuesta en frecuencia de amplificadores. El lector que ha resuelto muchos de los ejercicios y problemas de final de capítulo apreciará la conveniencia de que el programa SPICE haga todo este trabajo para él o ella. Con todo, es oportuna una precaución importante: la simulación del SPICE no es sustituto para el análisis manual aproximado, por lo que antes de intentar una simulación del SPICE el lector debe realizar un análisis con lápiz y papel, y como resultado de éste tendrá una idea razonablemente buena acerca de qué esperar de los resultados de la simulación. El SPICE daría entonces, en primera instancia, una verificación de la expectativa del diseñador de la operación del circuito. Por supuesto que si los resultados del SPICE difieren de manera considerable de los pronosticados por un análisis hecho a mano, entonces debe hacerse una investigación sobre las causas de la discrepancia antes de continuar. Una causa de discrepancia podría ser que el diseñador no comprenda por completo la operación del circuito y las limitaciones sobre su operación. El SPICE se puede usar entonces para ayudarle a adquirir un conocimiento más profundo; con ese fin, se debe usar la simulación como simple medio para experimentar con el diseño.

En el punto donde el diseñador considere que ha adquirido suficiente comprensión de la operación de un circuito, se puede usar el SPICE para obtener estimaciones mucho más precisas de los parámetros de operación de interés, por ejemplo, ganancia y frecuencias de 3 dB. Aquí, la precisión es parcialmente un resultado del hecho de que el SPICE puede realizar el análisis sin las diversas aproximaciones a las que hemos tenido que recurrir para hacer manejable el análisis manual y más apropiadas las fórmulas deducidas. Pero, lo que es más importante, con simulación de circuitos podemos utilizar modelos más elaborados que toman en cuenta efectos de segundo y tercer órdenes. Además, los parámetros de modelo se evalúan al exacto punto de operación de cada dispositivo. Así por ejemplo, para el BJT, los valores de β, f_T, C_π, C_μ, etcétera, se calcularían en cada punto de operación de cd (corriente directa).

En lo que sigue, presentamos dos ejemplos de simulación que ilustran algunos de los puntos.

EJEMPLO 7.9: RESPUESTAS EN FRECUENCIA DE UN AMPLIFICADOR DE EMISOR COMÚN Y DE UN CASCODO

Para nuestro primer ejemplo, utilizaremos el SPICE para calcular la respuesta en frecuencia del amplificador de emisor común de la figura 7.13 y del amplificador cascodo de la figura E7.17. Para estar en posibilidad de comparar los resultados de operación para los dos circuitos, para ambos se utilizarán diseños semejantes. Específicamente, para el circuito de emisor común, utilizamos los valores de componentes expresados en los ejercicios 7.9-7.11, es decir, $R_s = 4$ kΩ, $R_1 = 8$ kΩ, $R_2 = 4$ kΩ, $R_E = 3.3$ kΩ, $R_C = 6$ kΩ, $R_L = 4$ kΩ, $C_{C1} = C_{C2} = 1$ μF, $C_E = 10$ μF y $V_{CC} = 12$ V. Para el amplificador cascodo, usamos los valores de componentes expresados en el ejercicio 7.17, es decir, $R_s = 4$ kΩ, $R_1 = 18$ kΩ, $R_2 = 4$ kΩ, $R_3 = 8$ kΩ, $R_E = 3.3$ kΩ, $R_C = 6$ kΩ, $R_L = 4$ kΩ, $C_{C1} = C_{C2} = 1$ μF, $C_B = C_E = 10$ μF y $V_{CC} = 15$ V. Estos valores de componentes dan corrientes de polarización de cd de aproximadamente 1 mA en cada transistor (en cada uno de los circuitos) y producen aproximadamente las mismas ganancias de voltaje del centro de la banda para los dos amplificadores para los mismos valores de R_s y R_L. En la simulación, hemos utilizado transistores del tipo 2N3904 y usamos los valores de parámetro de modelo disponible de los vendedores del SPICE. A una corriente de 1 mA, el 2N3904 tiene una β de ca de alrededor de 160 y f_T de unos 300 MHz.

Los archivos de entrada del SPICE para los dos circuitos aparecen en lista en el apéndice D (nótese que los nodos del circuito están numerados como en las figuras 7.13 y E7.17). En los archivos de entrada están incluidos los parámetros de modelo del 2N3904. Se piden dos tipos de análisis: un análisis de punto de operación de cd (usando el comando .OP) y un análisis de ca (usando el comando .AC). El análisis del punto de operación calcula el punto de polarización de cd para cada transistor y evalúa los parámetros del modelo híbrido π a pequeña señal en el punto de operación. Los resultados obtenidos son como sigue (nótese que éstos se obtuvieron a una temperatura de 300 K):

Amplificador de emisor común		Amplificador cascodo		
NAME	Q1	NAME	Q1	Q2
MODEL	Q2N3904	MODEL	Q2N3904	Q2N3904
IB	7.34E-06	IB	7.29E-06	7.08E-06
IC	9.97E-04	IC	9.80E-04	9.73E-04
VBE	6.65E-01	VBE	6.65E-01	6.64E-01
VBC	−2.04E+00	VBC	−1.33E+00	−3.25E+00
VCE	2.70E+00	VCE	1.99E+00	3.91E+00
BETADC	1.36E+02	BETADC	1.35E+02	1.37E+02
GM	3.80E-02	GM	3.74E-02	3.71E-02
RPI	4.10E+03	RPI	4.13E+03	4.25E+03
RX	1.00E+01	RX	1.00E+01	1.00E+01
RO	7.63E+04	RO	7.69E+04	7.94E+04
CBE	1.79E-11	CBE	1.77E-11	1.76E-11
CBC	2.43E-12	CBC	2.66E-12	2.17E-12
CBX	0.00E+00	CBX	0.00E+00	0.00E+00
CJS	0.00E+00	CJS	0.00E+00	0.00E+00
BETAAC	1.56E+02	BETAAC	1.54E+02	1.58E+02
FT	2.97E+08	FT	2.92E+08	2.98E+08

Son oportunos unos pocos comentarios sobre estos resultados. Como se esperaba, las corrientes de cd de colector son aproximadamente 1 mA. Como se menciona en la sección 4.16, el modelo BJT del SPICE utiliza diferentes valores para β_{cd} (que es I_C/I_B) y β_{ca} (que es $i_c/i_b = g_m r_\pi$), donde ambos son funciones de la corriente de operación de cd. Finalmente, nótese que $CBE = C_\pi$, $CBC = C_\mu$, CBX es una capacitancia parásita entre base y colector, y CJS es la capacitancia entre el colector y el sustrato. No hemos incluido las últimas dos capacitancias en nuestro análisis en todo este capítulo. El SPICE tiene valores cero asignados para ambas porque el 2N3904 es un transistor discreto. Merece la pena observar que el SPICE calcula el valor de C_μ en cada punto de operación, y estos valores difieren entre los tres dispositivos. En nuestro análisis manual en todo este capítulo hemos soslayado la variación de C_μ.

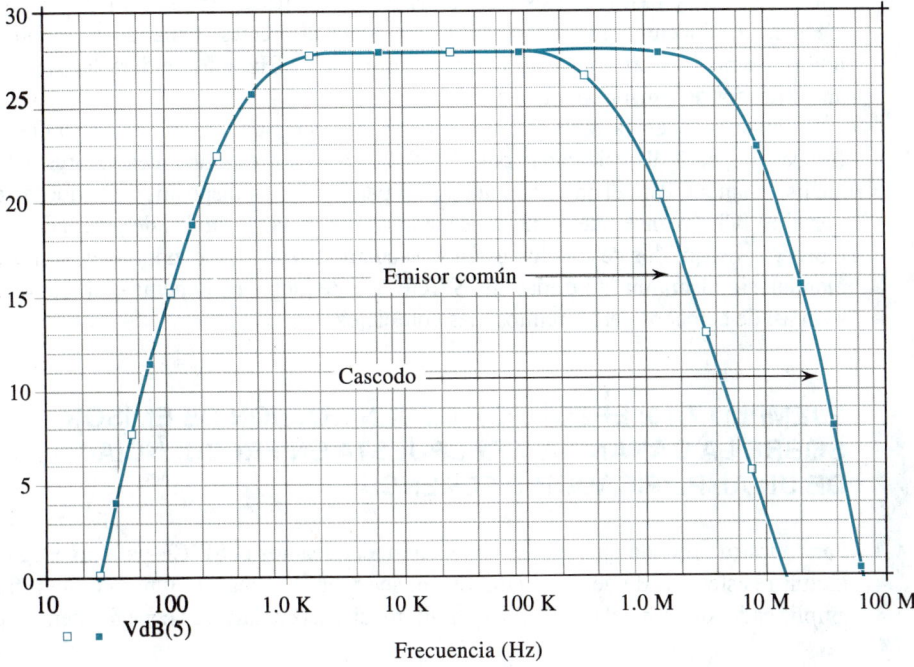

Fig. 7.38 Comparación de la respuesta en frecuencia de las configuraciones cascodo y amplificador de emisor común (Roberts y Sedra, 1997).

El comando de análisis de cd pide al SPICE que calcule la ganancia a pequeña señal sobre una banda especificada de frecuencia, en nuestro caso, 1 Hz a 100 MHz. El análisis se realiza en el circuito equivalente obtenido al sustituir cada transistor con su modelo híbrido π. Como éste es un circuito lineal, el nivel de señal del voltaje de entrada pierde importancia, y normalmente seleccionamos 1 V de modo que el voltaje de salida indica la ganancia directamente. Los resultados del análisis son las gráficas de magnitud de ganancia trazadas en la figura 7.38. De estas gráficas, es evidente que ambos amplificadores tienen aproximadamente iguales ganancias del centro de la

Tabla 7.2 GANANCIA DEL CENTRO DE LA BANDA Y FRECUENCIAS DE 3 dB DE AMPLIFICADORES DE EMISOR COMÚN Y CASCODO, CALCULADAS A MANO Y OBTENIDAS POR ANÁLISIS EXACTO CON EL SPICE.

Tipo de amplificador	Parámetro de amplificador	Análisis a mano	SPICE	% Error
Emisor común	A_M (V/V)	−25.5	−25.4	0.2
	f_L (Hz)	487.4	436	11.8
	f_H (kHz)	587.6	575	2.2
Cascodo	A_M (V/V)	−25.8	−25.6	0.9
	f_L (Hz)	478.8	436	9.8
	f_H (MHz)	5.97	5.84	2.2

* Esta columna presenta el error relativo (en porcentaje) entre el valor pronosticado a mano y el de SPICE.

banda (28 dB) y casi idénticas respuestas a baja frecuencia ($f_L \cong 436$ Hz). Sus respuestas a alta frecuencia, sin embargo, son considerablemente diferentes, teniendo el amplificador cascodo una frecuencia superior de 3 dB de alrededor de 5.8 MHz, más de diez veces más alta que f_H del amplificador de emisor común a 575 kHz.

Finalmente, en la tabla 7.2 mostramos una comparación entre los valores de ganancia y frecuencias de 3 dB calculadas por el SPICE, y los correspondientes valores calculados usando análisis manual. Para el análisis manual, los parámetros de dispositivo a pequeña señal calculados por el SPICE (véanse líneas antes) se sustituyeron en las fórmulas desarrolladas en este capítulo. Observamos que los resultados están en acuerdo razonable, dándonos confianza en el análisis manual, sin disminuir la utilidad del SPICE. Desde luego, no debemos esperar que los resultados sean así de cercanos para circuitos más complejos.

EJEMPLO 7.10: EFECTO DE DEGENERACIÓN DE EMISOR SOBRE LA GANANCIA Y RESPUESTA EN FRECUENCIA DE UN AMPLIFICADOR DIFERENCIAL

Para nuestro segundo ejemplo de simulación, empleamos el SPICE para investigar los efectos de incluir resistencias de degeneración de emisor sobre la ganancia y respuesta en frecuencia de un amplificador diferencial con BJT. El par diferencial está polarizado con una fuente ideal de corriente

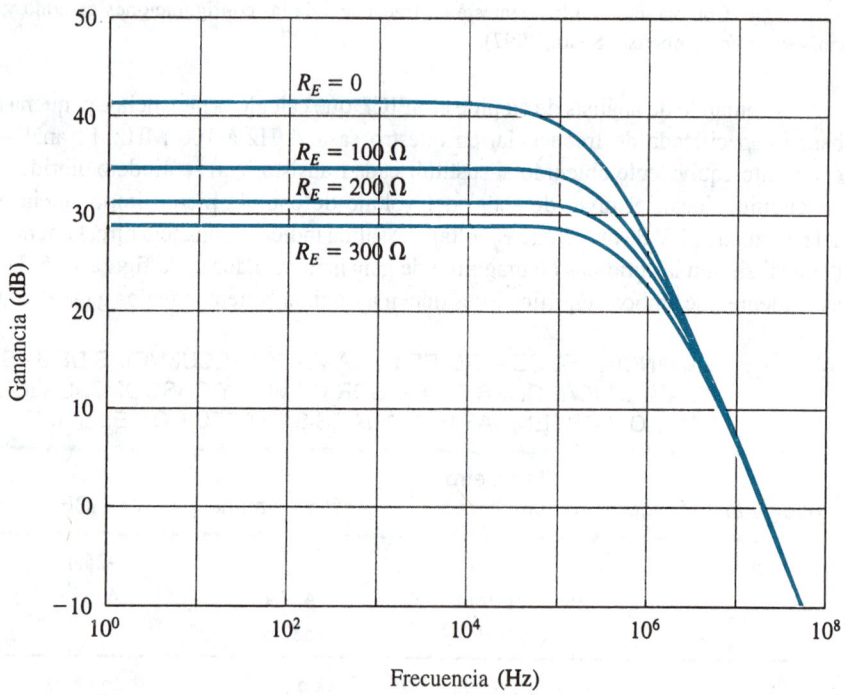

Fig. 7.39 Diagramas de la magnitud de la ganancia diferencial, calculada por el SPICE, para diversos valores de resistencia R_E de degeneración de emisor. Nótese el cambio entre ganancia y ancho de banda. Todas las curvas cruzan la línea de 0 dB a $f = 14.7$ MHz, indicando que el producto de ganancia por ancho de banda permanece constante a este valor.

constante $I = 1$ mA y tiene iguales resistencias de colector $R_C = 10$ kΩ conectadas a una fuente de 10 V. Está alimentado en forma asimétrica con $R_s = 5$ kΩ pero con una resistencia igual insertada entre la base del otro transistor y tierra. Aquí también se utilizaron transistores del tipo 2N3904. El archivo de entrada del SPICE aparece en lista en el apéndice D. Se pidieron un análisis de punto de operación y un análisis de ca para cuatro valores diferentes de resistencias de degeneración de emisor ($R_E = 0$, 100 Ω, 200 Ω y 300 Ω).

En la figura 7.39 se ilustran gráficas de la magnitud de la ganancia diferencial calculada por el SPICE. Es evidente que a medida que R_E aumenta, decrece la ganancia de baja frecuencia y aumenta la frecuencia de 3 dB en casi el mismo factor, manteniendo constante el producto de ganancia por ancho de banda en alrededor de 14.7 MHz. El último valor se obtiene del punto en que la respuesta en magnitud cruza la línea de 0 dB. Por lo tanto, el diseñador puede usar el valor de R_E como parámetro de diseño para cambiar ganancia por ancho de banda.

Resumen

■ Los diagramas de Bode son un medio conveniente para dibujar la magnitud y fase de ganancia de amplificador contra frecuencia. Son particularmente apropiados para amplificadores con polos y ceros reales.

■ La ganancia del amplificador permanece casi constante sobre la banda de frecuencia media. Decrece a altas frecuencias, donde los condensadores del modelo de transistor ya no tienen reactancias muy altas. Para amplificadores de ca, la ganancia decrece también a bajas frecuencias porque los condensadores de acoplamiento y derivación ya no tienen reactancias muy bajas.

■ El ancho de banda del amplificador es la banda de frecuencias sobre la cual la ganancia permanece a no más de 3 dB del valor del centro de la banda. Los límites del ancho de banda son las frecuencias f_L y f_H (para el amplificador de cd, sólo aplica f_H).

■ Si los polos y ceros del amplificador se conocen (o son fáciles de hallar), entonces f_L y f_H se pueden determinar exactamente ya sea en forma gráfica o analítica. De manera opcional, existen fórmulas aproximadas sencillas para obtener estimaciones razonablemente buenas de f_L y f_H (véase la tabla 7.1).

■ Si los polos y ceros no son fáciles de hallar, se puede determinar un valor aproximado para f_L (o f_H) si se evalúan las constantes de tiempo de cortocircuito (o circuito abierto) del circuito. La precisión de este método mejora si los ceros no son importantes (es decir, si los ceros de la banda de baja frecuencia están a frecuencias muy bajas y si los de la banda de alta frecuencia están a muy altas frecuencias) y si un polo es dominante. El método identifica el (o los) condensador(es)

que sea(n) más importante para determinar la respuesta en frecuencia, y por lo tanto es útil en el diseño (véase la tabla 7.1).

■ Se dice que el amplificador tiene un polo dominante en la banda de baja frecuencia si el polo o cero más cercano está por lo menos dos octavas más abajo en frecuencia. Existe un polo dominante en la banda de alta frecuencia si el polo o cero más cercano está por lo menos dos octavas más alto en frecuencia.

■ Si existe un polo dominante de baja frecuencia, entonces la respuesta a alta frecuencia es esencialmente la de una red STC (una constante de tiempo) de pasaltos, y f_L es igual a la frecuencia del polo. Un polo dominante de alta frecuencia hace que la respuesta de alta frecuencia sea como la de una red STC de pasabajos, con f_H igual a la frecuencia del polo.

■ La respuesta a alta frecuencia del amplificador de fuente común (emisor común) está limitada por el efecto Miller, que multiplica la capacitancia de retroalimentación $C_{gd}(C_\mu)$ y forma un polo dominante a la entrada. El ancho de banda se puede ampliar si se reduce la resistencia del generador y/o la resistencia de carga. La última acción reduce la ganancia.

■ La configuración de base común (compuerta común) no resulta afectada por el efecto Miller y, por lo tanto, exhibe un ancho de banda grande; empero tiene baja resistencia.

■ La configuración cascodo combina el ancho de banda grande del circuito de base común (compuerta común) con la alta resistencia de entrada del circuito de emisor común (fuente común).

■ El seguidor de emisor (seguidor de fuente) contiene un ancho de banda grande que se aproxima a la f_T del transistor.

■ La cascada de colector común y emisor común produce un amplificador de banda ancha comparable en rendimiento al cascodo.

■ La respuesta en frecuencia del par diferencial se obtiene si se analiza su semicircuito diferencial equivalente, que es una configuración de emisor común (fuente común).

■ El ancho de banda del amplificador diferencial se puede ampliar (a costa de reducción en ganancia) al agregar resistores en los conductores del emisor.

■ El factor de rechazo de modo común (CMRR) del par diferencial decrece con la frecuencia, comenzando a una frecuencia relativamente baja. Esto es un resultado del cero introducido en la función de ganancia de modo común por la capacitancia de salida de la fuente de corriente de polarización.

■ Se puede obtener amplificación de banda ancha si se elimina el resistor de colector (dren) del transistor de entrada del par diferencial, convirtiendo así el circuito en una cascada de colector común y base común. Debe tenerse cuidado, sin embargo, para manejar el desnivel de cd que resulta cuando el par diferencial con BJT se alimenta en forma asimétrica.

BIBLIOGRAFÍA

L. S. Bobrow, *Elementary Linear Circuit Analysis*, 2a. ed., Holt, Rinehart and Winston, Nueva York, 1987.

P. E Gray y C. L. Searle, *Electronic Principles*, Wiley, Nueva York, 1969.

P. R. Gray y R. G. Meyer, *Analysis and Design of Analog Integrated Circuits*, 3a. ed., Wiley, Nueva York, 1993.

G. W. Roberts y A. S. Sedra, *SPICE*, 2a. ed., Oxford University Press, Nueva York, 1997.

J. M. Steininger, "Understanding wideband MOS transistors", *IEEE Circuits and Devices*, vol. 6, núm. 3, pp. 26-31, mayo, 1990.

M. E. Van Valkenburg, *Network Analysis*, 3a. ed., Englewood Cliffs, N.J.: Prentice-Hall, 1974.

PROBLEMAS

Sección 7.1: Análisis en el dominio s: polos, ceros y diagramas de Bode

7.1 Encuentre la función de transferencia $T(s) = V_o(s)/V_i(s)$ del circuito de la figura P7.1. ¿Es ésta una red STC? Si es así, ¿de qué tipo? Para $C_1 = C_2 = 0.5 \ \mu F$ y $R = 100 \ k\Omega$, encuentre la ubicación del(los) polo(s) y cero(s), y dibuje los diagramas de Bode para la respuesta en magnitud y la respuesta en fase.

D*7.2 (a) Encuentre la función de transferencia de voltaje $T(s) = V_o(s)/V_i(s)$, para la red STC que se ilustra en la figura P7.2.

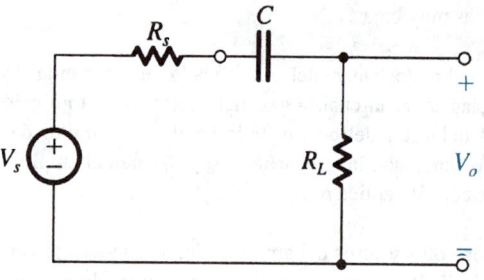

Fig. P7.2

(b) En este circuito, el condensador C se utiliza para acoplar la fuente de señales V_s que tiene una resistencia R_s a la carga R_L. Para $R_s = 10 \ k\Omega$, diseñe el circuito, especificando los valores de R_L y C a sólo una cifra significativa para satisfacer los siguientes requisitos:

(i) La resistencia de carga debe ser tan pequeña como sea posible.

(ii) La señal de salida debe ser por lo menos 70% de la entrada a altas frecuencias.

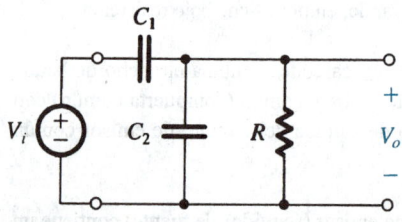

Fig. P7.1

(iii) La salida debe ser por lo menos 10% de la entrada a 10 Hz.

7.3 Dos circuitos RC de una constante de tiempo (STC), cada uno con un polo a 100 rad/s y una ganancia máxima igual a la unidad, se conectan en cascada con un regulador intermedio de ganancia unitaria que garantiza que funcionen separadamente. Determine las posibles combinaciones (de circuitos pasabajos y pasaaltos) fijando (i) las funciones de transferencia pertinentes, (ii) la ganancia de voltaje a 10 rad/s, (iii) la ganancia de voltaje a 100 rad/s y (iv) la ganancia de voltaje a 1000 rad/s.

7.4 Diseñe la función de transferencia de la ecuación (7.5) especificando a_1 y ω_0 para que la ganancia sea 10 V/V a altas frecuencias y 1 V/V a 10 Hz.

7.5 Un amplificador tiene una respuesta en frecuencia de pasabajos y una constante de tiempo. La magnitud de la ganancia es 20 dB a cd y 0 dB a 100 kHz. ¿Cuál es la frecuencia de corte? ¿A qué frecuencia es de 19 dB la ganancia? ¿A qué frecuencia es de −6° la fase?

7.6 Una función de transferencia tiene polos en (−5), (−7 + j10) y (−20), y un cero en (−1 −j20). Como esta función representa un circuito físico real, ¿dónde deben encontrarse los otros polos y ceros?

7.7 Un amplificador tiene una función de transferencia de voltaje $T(s) = \dfrac{10^6 s}{(s + 10)(s + 10^3)}$. Convierta ésta a la forma conveniente para dibujar diagramas de Bode [es decir, poner los factores del denominador en la forma $\left(1 + \dfrac{s}{a}\right)$. Trace un diagrama de Bode para la respuesta en magnitud, y utilícelo para hallar valores aproximados para la ganancia del amplificador en 1, 10, 10^2, 10^3, 10^4 y 10^5 rad/s. ¿Cuál sería la ganancia real en 10 rad/s? ¿y en 10^3 rad/s?

7.8 Encuentre el diagrama de fase de Bode de la función de transferencia del amplificador considerado en el problema 7.7. Estime el ángulo de fase en 1, 10, 10^2, 10^3, 10^4 y 10^5 rad/s. Para comparación, calcule la fase real en 1, 10 y 100 rad/s.

7.9 Una función de transferencia tiene los siguientes ceros y polos: un cero en $s = 0$ y un cero en $s = \infty$; un polo en $s = -100$ y un polo en $s = -10^6$. La magnitud de la función de transferencia en $\omega = 10^4$ rad/s es 100. Encuentre la función de transferencia $T(s)$ y trace un diagrama de Bode para su magnitud.

7.10 Trace un diagrama de Bode para la magnitud y fase de la función de transferencia

$$T(s) = \frac{10^4(1 + s/10^5)}{(1 + s/10^3)(1 + s/10^4)}$$

Del dibujo, determine **valores aproximados** para la magnitud y fase de $\omega = 10^6$ rad/s. ¿Cuáles son los valores exactos determinados de la función de transferencia?

7.11 Un amplificador en particular tiene una función de transferencia $T(s) = \dfrac{10 s^2}{\left(1 + \dfrac{s}{10}\right)\left(1 + \dfrac{s}{100}\right)\left(1 + \dfrac{s}{10^6}\right)}$.

Encuentre los polos y ceros. Trace la magnitud de la ganancia en dB contra frecuencia en una escala logarítmica. Estime la ganancia en 10^0, 10^3, 10^5 y 10^7 rad/s.

7.12 Un amplificador diferencial directamente acoplado tiene una ganancia diferencial de 100 V/V con polos en 10^6 y 10^8 rad/s, y una ganancia de modo común de 10^{-3} V/V con un cero en 10^4 rad/s y un polo en 10^8 rad/s. Trace los diagramas de magnitud de Bode para la ganancia diferencial, la ganancia de modo común y el factor de rechazo de modo común (CMRR) ¿Cuál es el CMRR en 10^7 rad/s? (*Sugerencia:* la división de magnitudes corresponde a resta de logaritmos.)

Sección 7.2: Función de transferencia del amplificador

7.13 Un amplificador tiene una función de transferencia de ganancia de

$$A(s) = 10^2 \frac{s}{s + 2\pi \times 10^2} \frac{1}{1 + s/2\pi \times 10^5}$$

Trace un diagrama de Bode para su magnitud y encuentre la ganancia del centro de la banda, la frecuencia f_L inferior de 3 dB y la frecuencia f_H superior de 3 dB. Del mismo modo, encuentre valores aproximados para las frecuencias a las que la ganancia decrece a la unidad.

D7.14 En la figura P7.14 se muestra el circuito equivalente de un amplificador. La fuente de señales de entrada está acoplada a la entrada del amplificador por medio del condensador de acoplamiento C_C. El condensador C_L representa una capacitancia parásita que aparece en paralelo con la resistencia de carga R_L.

(a) Deduzca una expresión para hallar la ganancia de voltaje del amplificador $A(s) \equiv V_o(s)/V_i(s)$.

(b) Observando que C_C es responsable de que la frecuencia dependa de la ganancia a bajas frecuencias, y que C_L hace que la ganancia decrezca a altas frecuencias, encuentre A_M, $F_L(s)$ y $F_H(s)$.

(c) Para $R_s = 20$ kΩ, $R_i = 100$ kΩ y $R_L = 10$ kΩ, encuentre el valor requerido de G_m para obtener una ganancia del centro de la banda de 20 dB.

(d) Encuentre el valor mínimo de C_C para que f_L sea 10 Hz a lo sumo.

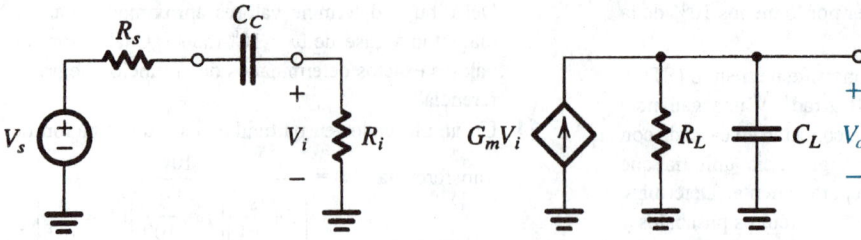

Fig. P7.14

(e) Encuentre el máximo valor que C_L puede tener mientras f_H es por lo menos 1 MHz.

7.15 Si, en el circuito de la figura P7.15, A es un amplificador ideal de voltaje de ganancia 100 V/V, encuentre A_M, $F_L(s)$ y $F_H(s)$. También encuentre ω_L, ω_H y las frecuencias a las que la ganancia se reduce a la unidad.

7.16 Considere un amplificador cuya $F_H(s)$ está dada por

$$F_H(s) = \frac{1}{\left(1 + \dfrac{s}{\omega_{P1}}\right)\left(1 + \dfrac{s}{\omega_{P2}}\right)}$$

con $\omega_{P1} < \omega_{P2}$. Encuentre la razón ω_{P2}/ω_{P1} para la cual el valor de la frecuencia ω_H de 3 dB, calculada usando la aproximación del polo dominante, difiere de la calculada usando la fórmula de la raíz de suma de cuadrados (ecuación (7.22) por (a) 10%, (b) 1%.

7.17 Se forma un amplificador conectando n etapas idénticas, cada una de ellas caracterizada por una respuesta de una constante de tiempo de paso alto con una frecuencia de corte ω_0. Encuentre la frecuencia inferior de 3 dB del amplificador total en términos de ω_0 y n. Encuentre ω_L para $n = 2$, 3 y 4.

7.18 Para el amplificador cuya función de transferencia está dada en el problema 7.7, encuentre expresiones para $F_L(s)$, $A_L(s)$, $F_H(s)$ y $A_H(s)$. También encuentre ω_L, ω_H y A_M. ¿Cuál es el ancho de banda? ¿Cuál es el producto de ganancia por ancho de banda (GB)?

7.19 Un amplificador en particular tiene polos a 10, 20 y 90 Hz, y a 15 y 40 kHz, y ceros a 0, 15 Hz y al ∞. Estime las frecuencias inferior y superior de 3 dB usando (a) la aproximación de polo dominante, y (b) las fórmulas de raíz cuadrada de la suma de los cuadrados (ecuaciones 7.18 y 7.22).

D7.20** Diseñe la función de transferencia de un amplificador que tiene cuatro polos, con ganancia del centro de la banda de 40 dB, y desfasamientos a las frecuencias de ganancia unitaria de 10 Hz y 10^6 Hz de $\pm120°$, con el ancho de banda más ancho posible. Ponga los ceros a 0 y al ∞ únicamente. Dé las ubicaciones de polo y el ancho de banda alcanzado.

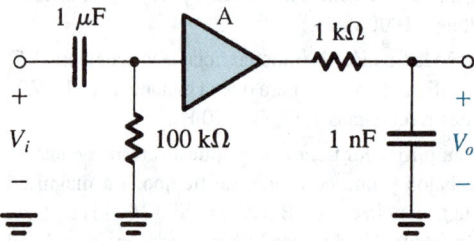

Fig. P7.15

7.21 La respuesta a baja frecuencia de un amplificador está caracterizada por tres polos de frecuencias, que son 10 Hz, 3 Hz y 1 Hz, y tres ceros a $\omega = 0$. Estime la frecuencia f_L inferior de 3 dB usando
(a) la aproximación de polo dominante,
(b) la aproximación de la raíz de suma de cuadrados (ecuación 7.18)

7.22 La respuesta a alta frecuencia de un amplificador acoplado directamente, que tiene una ganancia de cd de -100 V/V, incorpora ceros al ∞ y 10^6 rad/s (uno en cada frecuencia) y polos a 10^5 y 10^7 rad/s (uno a cada frecuencia). Escriba una expresión para hallar la función de transferencia del amplificador. Encuentre ω_H usando:
(a) la aproximación de polo dominante, y
(b) la aproximación de la raíz de suma de cuadrados (ecuación 7.22).
Si se encuentra una forma de reducir la frecuencia del cero finito a 10^5 rad/s, ¿en qué se convierte la función de transferencia? ¿Cuál es la frecuencia superior de 3 dB del amplificador resultante?

7.23 Un amplificador acoplado directamente tiene un polo dominante a 100 rad/s y tres polos coincidentes a una frecuencia mucho más alta. Estos polos no dominantes producen un atraso de fase del amplificador a altas frecuencias hasta exceder el ángulo de 90° debido al polo dominante. Se requiere limitar el exceso de fase de $\omega = 10^6$ rad/s a 30° (es decir, limitar el ángulo total de fase a $-120°$). Encuentre la frecuencia correspondiente de los polos no dominantes.

D7.24 Consulte el ejemplo 7.5. Dé una expresión para ω_H en términos de C_{gs}, R' (nótese que $R' = R_{en}//R$), C_{gd}, R'_L y g_m. Si se dejan sin cambio todos los valores de componentes, excepto para la resistencia R del generador, ¿a qué se debe reducir R para elevar f_H a 150 kHz?

7.25 En el diseño de un amplificador en particular, dos nodos internos que tienen resistencias equivalentes de nodo a 10 kΩ y 20 kΩ se espera que tengan capacitancias de nodo de 5 pF y 2 pF, respectivamente, debido a capacitancias de nodo y de alambrado. Cuando el circuito se fabrica en forma modular, además, las conexiones asociadas con cada nodo agregan capacitancias de 10 pF a cada uno. ¿Cuáles son las frecuencias de polo asociadas y las frecuencias totales de corte en Hz tanto para el diseño original como el manufacturado?

7.26 Un amplificador con FET, parecido al del ejemplo 7.5, cuando opera a bajas corrientes en una aplicación de impedancia más elevada, tiene $R = 100$ kΩ, $R_{en} = 1.2$ MΩ, $g_m = 2$ mA/V, $R'_L = 12$ kΩ con $C_{gs} = C_{gd} = 1$ pF. Encuentre la ganancia de voltaje del centro de la banda A_M y la frecuencia superior f_H de 3 dB.

D****7.27** En la figura P7.27 se ilustra el circuito equivalente de alta frecuencia de un amplificador con FET con una resistencia R_S conectada en el cable de la fuente. El objetivo de este problema es mostrar que el valor de R_S se puede usar para controlar la ganancia y ancho de banda del amplificador, específicamente para permitir al diseñador cambiar ganancia por mayor ancho de banda.

(a) Deduzca una expresión para la ganancia de voltaje a baja frecuencia (ajuste C_{gs} y C_{gd} a cero).

(b) Para estar en posibilidad de determinar ω_H usando el método de constantes de tiempo a circuito abierto, deduzca expresiones para R_{gs} y R_{gd}.

(c) Sea $R = 100$ kΩ, $g_m = 4$ mA/V, $R_L = 5$ kΩ y $C_{gs} = C_{gd} = 1$ pF. Utilice las expresiones de (a) y (b)

anteriores para hallar la ganancia a baja frecuencia y la frecuencia superior ω_H de 3 dB para los tres casos: $R_S = 0$, 100 y 250 Ω. En cada caso, evalúe también el producto de ganancia por ancho de banda.

Sección 7.3: Respuesta a baja frecuencia de amplificadores de fuente común y emisor común

D7.28 Considere el amplificador de fuente común de la figura 7.10. Para una situación en la que $R = 1$ MΩ y $R_{en} \equiv R_{G1}//R_{G2} = 1$ MΩ, ¿cuál valor de C_{C1} debe seleccionarse para poner el polo correspondiente a 10 Hz? ¿Qué valor seleccionaría el lector si los condensadores de que se dispone están especificados a sólo una cifra significativa y la frecuencia del polo no debe exceder de 10 Hz? ¿Cuál es la frecuencia de polo, f_{P1}, obtenida con su selección? Si una diseñadora desea bajar esta frecuencia al elevar R_{en}, ¿qué es lo más que puede esperar si los resistores de que dispone están limitados a 10 veces el valor de los que ahora utiliza?

D7.29 El amplificador de la figura P7.29 está polarizado para operar a $I_D = 1$ mA y $g_m = 1$ mA/V. Si se desprecia r_o, encuentre la ganancia del centro de la banda. Encuentre el valor de C_S que pone el correspondiente polo a 10 Hz. ¿Cuál es la frecuencia del cero de función de transferencia introducido por C_S? Dé una expresión para la función de ganancia $V_o(s)/V_i(s)$. ¿Cuál es la ganancia del amplificador a cd?

7.30 Un amplificador de fuente común utiliza un resistor $R_S = 4.7$ kΩ para establecer $g_m = 1.2$ mA/V. El condensador de derivación seleccionado es de 10 μF. ¿Cuáles son las frecuencias asociadas de polo y cero? Si R_S se sustituye con una fuente de corriente para la que g_m permanece igual, ¿en qué se convierten las frecuencias de polo y cero?

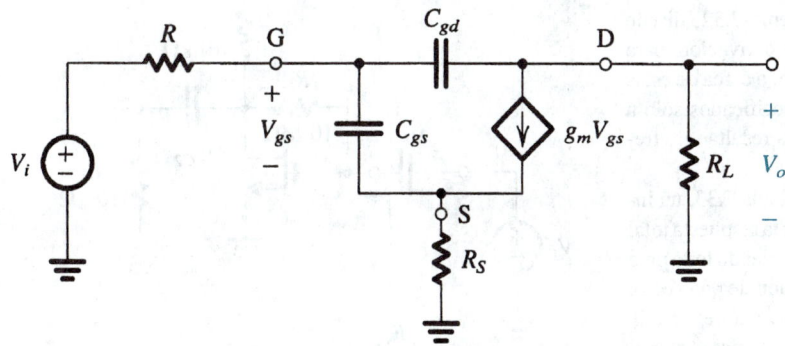

Fig. P7.27

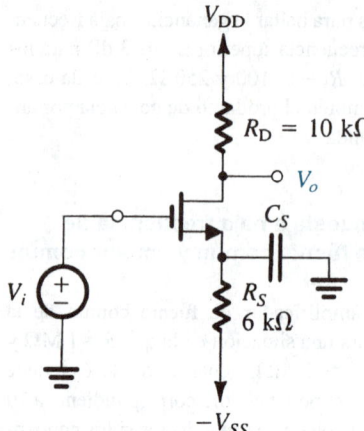

Fig. P7.29

D7.31 Considere el amplificador de la figura 7.10, cuyo circuito de salida equivalente se describe en la figura 7.12. Sea $R_D = 15$ kΩ, $r_o = 150$ kΩ y $R_L = 10$ kΩ. Encuentre el valor de C_{C2}, especificado a una cifra significativa, para asegurar que el polo asociado está a 10 Hz o menor a esta frecuencia. Si un diseño de potencia más elevada resulta en que se duplica I_D, con R_D y R_o reducidas por un factor de 2, ¿en qué se convierte la frecuencia de corte (debido a C_{C2})? Para diseños de potencia cada vez más elevada, ¿cuál es la máxima frecuencia de corte que se puede relacionar con C_{C2}?

7.32 Para una versión en particular del circuito de la figura 7.10, $R = 100$ kΩ, $R_{G1} = 47$ MΩ, $R_{G2} = 10$ MΩ, $R_s = 2$ kΩ, $R_D = 4.7$ kΩ, $R_L = 10$ kΩ, $C_{C1} = 0.01$ μF, $C_{C2} = 0.1$ μF y $C_S = 10$ μF. El transistor está polarizado para tener una $g_m = 1$ mA/V. Encuentre las frecuencias de un cero y tres polos asociados, y la ganancia que resulte del centro de la banda.

D7.33 Para una versión del circuito con FET de fuente común que se ilustra en la figura 7.10, cuyos valores de resistores están dados en el problema 7.32, diseñe condensadores de acoplamiento y derivación para localizar polos a 30 Hz, 10 Hz y 3 Hz, o cerca de estas frecuencias, con condensadores especificados sólo a una cifra significativa. ¿Qué valores resultan de frecuencias de polo y cero?

D7.34 Para la situación descrita en el problema 7.33, un ingenioso diseñador decide simplificar la respuesta total a baja frecuencia de un circuito, disponiendo todo para un proceso conocido como cancelación de polo-cero, en el que uno de los polos se arregla para estar a la frecuencia de un cero. Diseñe el circuito para tener el máximo polo a 30 Hz y el mínimo a 3 Hz, mientras

el tercer polo es cancelado por el cero asociado con C_S. Utilice condensadores especificados a una cifra significativa para la que establece la cancelación de polo-cero. Para ello, utilice en paralelo dos condensadores especificados a una sola cifra. De otro modo, reduzca al mínimo la capacitancia total utilizada. ¿Qué frecuencias críticas resultan? ¿Cuál es la ganancia del amplificador a 30 Hz? ¿y a 300 Hz?

D7.35 En la figura P7.35 se ilustra un amplificador MOS cuyo diseño de polarización y análisis del centro de la banda se efectuaron en el ejemplo 5.8. Específicamente, el MOSFET está polarizado a $I_D = 1.06$ mA, y tiene una $g_m = 0.725$ mA/V y $r_{o2} = 47$ kΩ. El análisis del centro de la banda demostró que $V_o/V_i = -3.3$ V/V y $R_{en} = 2.33$ MΩ. Seleccione valores apropiados para los dos condensadores, de modo que la respuesta a baja frecuencia sea dominada por un polo a 10 Hz con el otro polo por lo menos una década más abajo. (*Sugerencia:* Al determinar el polo debido a C_{C2}, la resistencia R_G se puede despreciar.)

7.36 Considere el amplificador de emisor común de la figura 7.13 bajo las siguientes condiciones: $R_s = 5$ kΩ, $R_1 = 33$ kΩ, $R_2 = 22$ kΩ, $R_E = 3.9$ kΩ, $R_C = 4.7$ kΩ, $R_L = 5.6$ kΩ, $V_{CC} = 5$ V. Se puede demostrar que la corriente de cd del emisor es $I_E \simeq 0.33$ mA, a la cual $\beta_0 = 120$, $r_o = 300$ kΩ y $r_x = 50$ Ω. Encuentre la resistencia de entrada, R_{en}, y la ganancia del centro de la banda, A_M. Para $C_{C1} = C_{C2} = 1$ μF y $C_E = 10$ μF, estime la frecuencia de 3 dB de baja frecuencia. También encuentre la frecuencia del cero introducido por C_E.

D7.37 Para el amplificador descrito en el problema 7.36, diseñe los condensadores de acoplamiento y derivación para una frecuencia inferior de 3 dB de 100 Hz. Diseñe de modo que el cero cancele el polo introdu-

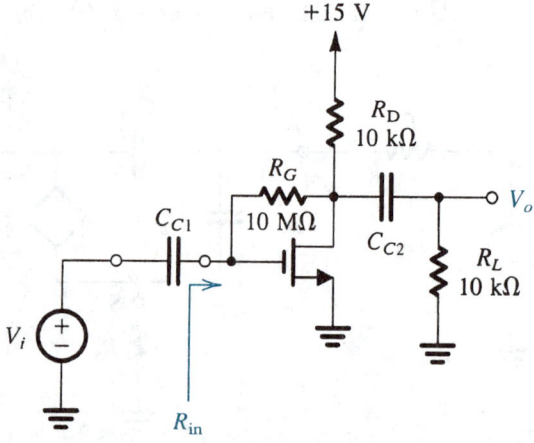

Fig. P7.35

cido por C_{C2}, y que la aportación de C_{C1} para determinar f_L sea sólo 1%.

7.38 Considere el circuito de la figura 7.13. Para $R_s = 10 \text{ k}\Omega$, $R_B \equiv R_1 // R_2 = 10 \text{ k}\Omega$, $r_x = 100 \, \Omega$, $r_\pi = 1 \text{ k}\Omega$, $\beta_0 = 100$ y $R_E = 1 \text{ k}\Omega$, ¿cuál es la razón C_E/C_{C1} que hace iguales sus aportaciones para la determinación de ω_L?

D*7.39 Para el amplificador de emisor común de la figura P7.39, desprecie r_x y r_o, y suponga que la fuente de corriente es ideal.

(a) Deduzca una expresión para hallar la ganancia del centro de la banda.

(b) Deduzca expresiones para hallar las frecuencias de los polos. ¿En dónde están ubicados los ceros?

(c) Dé una expresión para hallar la ganancia de voltaje del amplificador $A(s)$.

(d) Para $R_s = R_C = R_L = 10 \text{ k}\Omega$, $\beta = 100$ e $I = 1 \text{ mA}$, encuentre el valor de la ganancia del centro de la banda.

(e) Seleccione valores para C_E y C_C para poner los dos polos a una década de separación y para obtener una frecuencia inferior de 3 dB de 100 Hz mientras se reduce al mínimo la capacitancia total.

(f) Trace un diagrama de Bode para magnitud de ganancia, y estime la frecuencia a la que la ganancia se convierte en unitaria.

(g) Encuentre el desfasamiento a 100 Hz.

7.40 El amplificador de BJT de emisor común de la figura P7.40 incluye una resistencia R_e de degeneración de emisor.

(a) Suponiendo $\alpha \cong 1$, despreciando r_x y r_o, y suponiendo una fuente de corriente ideal, deduzca una expresión para hallar la ganancia de voltaje a pequeña señal $A(s) \equiv V_o/V_i$. De ella encuentre la ganancia A_M del centro de la banda y la frecuencia inferior ω_L de 3 dB.

(b) Demuestre que incluir R_e reduce la magnitud de A_M por un cierto factor. ¿Cuál es este factor?

(c) Demuestre que incluir R_e reduce ω_L por el mismo factor que en (b), y así, se puede usar R_e para cambiar ganancia por ancho de banda.

(d) Para $I = 1 \text{ mA}$, $R_C = 10 \text{ k}\Omega$ y $C_E = 100 \, \mu\text{F}$, encuentre $|A_M|$ y f_L con $R_e = 0$. Ahora encuentre el valor de R_e que hace decrecer f_L en un factor de 5. ¿En qué se convierte la ganancia?

Sección 7.4: Respuesta a alta frecuencia de amplificadores de fuente común y emisor común

7.41 Utilice el teorema de Miller para determinar la resistencia de entrada R_{en} del amplificador de la figura

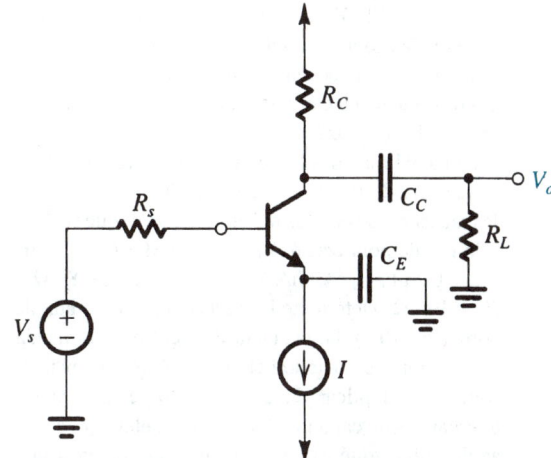

Fig. P7.39

P7.35, dado que la ganancia de voltaje V_o/V_i a frecuencias del centro de la banda se ha encontrado que es -3.3 V/V.

7.42 Considere un amplificador ideal de voltaje con una ganancia de 0.95 V/V y una resistencia $R = 100 \text{ k}\Omega$ conectada en la trayectoria de retroalimentación, es decir, entre los terminales de entrada y de salida. Utilice el teorema de Miller para hallar la resistencia de entrada de este circuito.

7.43 En un amplificador FET en particular para el cual la ganancia de voltaje de -27 V/V, el transistor NMOS

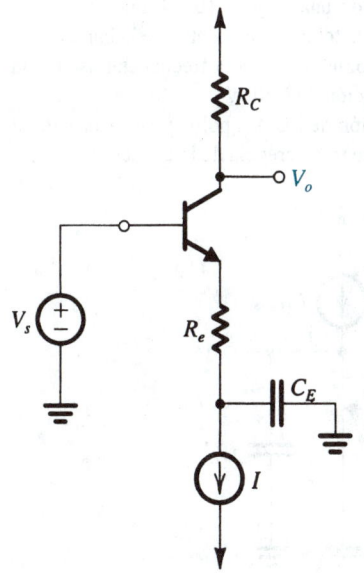

Fig. P7.40

tiene $C_{gs} = 0.3$ pF y $C_{gd} = 0.1$ pF. ¿Cuál capacitancia de entrada espera el lector? ¿Para qué intervalos de valores de resistencias de excitación de la fuente puede esperar el lector que el polo asociado de entrada exceda de 10 MHz?

D7.44 En un amplificador FET, como el de la figura 7.10, la resistencia de la fuente de excitación $R = 100$ kΩ, la resistencia de entrada del amplificador (que se debe a la red de polarización) $R_{en} = 100$ kΩ, $C_{gs} = 1$ pF, $C_{gd} = 0.2$ pF, $g_m = 3$ mA/V, $r_o = 50$ kΩ, $R_D = 8$ kΩ y $R_L = 10$ kΩ. Determine la frecuencia f_H esperada de corte de 3 dB y la ganancia del centro de la banda V_o/V_i. Utilice el método del efecto Miller. Al evaluar formas de duplicar f_H, un diseñador considera las alternativas de cambiar R_o o R_{en}. Para elevar f_H como se describe, ¿qué cambio por separado de cada una sería necesario? ¿Qué ganancia de voltaje resulta en cada caso? ¿Qué diseño prefiere el lector?

7.45 Utilice el resultado del análisis exacto, como se presenta en la ecuación (7.61), para el circuito descrito en el problema 7.44, para calcular las frecuencias del cero finito y dos polos que caracterizan la respuesta en frecuencia del circuito. Encuentre también una aproximación para el segundo polo usando la ecuación (7.65). ¿Por qué factores exceden las frecuencias del cero y segundo polo la del polo dominante? ¿Cuál es el valor de f_H?

7.46 Un amplificador FET de fuente común tiene $R_{en} = 2$ MΩ, $g_m = 4$ mA/V, $r_o = 100$ kΩ, $R_D = 10$ kΩ, $C_{gs} = 2$ pF y $C_{gd} = 0.5$ pF. El amplificador está alimentado desde una fuente de voltaje con una resistencia interna de 500 kΩ y está conectado a una carga de 10 kΩ. Encuentre:

(a) la ganancia total A_M del centro de la banda,
(b) el polo dominante de alta frecuencia, usando la aproximación de Miller,
(c) la ubicación de los dos polos y ceros usando la función de transferencia de la ecuación (7.61).

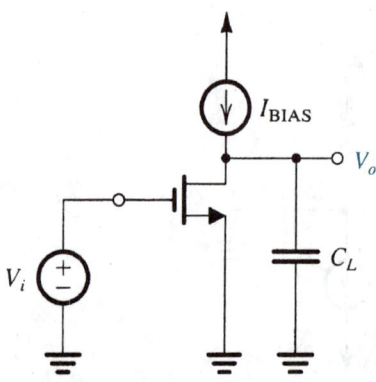

Fig. P7.48

7.47 El análisis de la respuesta de alta frecuencia del amplificador de fuente común, presentado en el texto, está basado en la suposición de que la resistencia de la fuente de señales, R, es lo suficientemente grande como para formar un polo dominante con la capacitancia de entrada. En este problema deseamos considerar la situación cuando esta suposición no sea válida. Para este fin, considere el amplificador de fuente común (figura 7.16b) cuando $R_s = 0$. Como pronto veremos, dado que la capacitancia de carga desempeña ahora un importante papel para determinar la respuesta a alta frecuencia, introduzca en el modelo una capacitancia C_L entre dren y tierra. Esta capacitancia presentaría la suma de la capacitancia de entrada de una posible etapa amplificadora subsiguiente, la capacitancia C_{db} de dren a sustrato (presente en el MOSFET), la inevitable capacitancia parásita a la salida del amplificador, etc. Analice el circuito para determinar la función de transferencia $V_o(s)/V_i(s)$ y así los polos y ceros. Encuentre las frecuencias del polo y cero para el caso $C_{gd} = 0.5$ pF, $C_L = 2$ pF, $g_m = 4$ mA/V y $R_L' = 5$ kΩ.

*7.48 En la figura P7.48 se ilustra un amplificador MOSFET de fuente común de carga activa, alimentado con una fuente de señales de entrada V_i, que tiene una resistencia despreciable. La capacitancia C_L representa la suma de C_{db}, la capacitancia de entrada de la etapa subsiguiente, y la capacitancia parásita entre el nodo de salida y tierra, etc. Sustituya el MOSFET con su circuito equivalente de alta frecuencia y, suponiendo que la fuente de corriente de polarización tiene una resistencia de salida muy elevada, analice el circuito resultante para demostrar que la función de transferencia es

$$\frac{V_o}{V_i} = -g_m r_o \frac{1 - s/(g_m/C_{gd})}{1 + s(C_L + C_{gd})r_o}$$

Convénzase el lector de que por lo general el cero tendrá una frecuencia mucho más alta que el polo, y entonces el polo domina. Dibuje un diagrama de Bode para la magnitud de ganancia. Dé una expresión aproximada para la frecuencia a la cual la magnitud de ganancia se convierte en la unidad. (Éste es el producto de ganancia por ancho de banda del amplificador.) Evalúe la ganancia de cd, la frecuencia del polo, la frecuencia del cero y el producto de ganancia por ancho de banda para el caso de un MOSFET polarizado a $I_D = 100$ μA que tiene $g_m = 100$ μA/V, $V_A = 50$ V, $C_{gd} = 0.1$ pF y $C_L = 0.9$ pF.

*7.49 Se requiere analizar la respuesta a alta frecuencia del amplificador CMOS que se muestra en la figura P7.49. La corriente de cd de polarización es 100 μA.

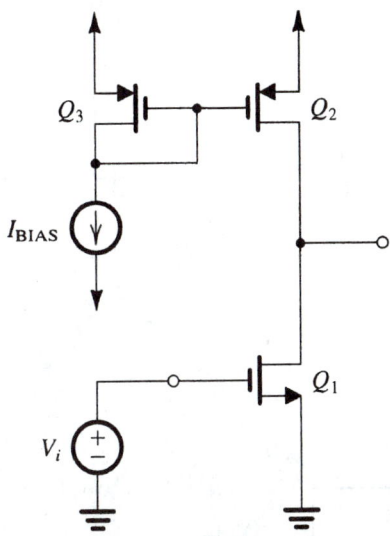

Fig. P7.49

Para Q_1, $\mu_n C_{ox} = 90$ μA/V^2, $V_A = 12.8$ V, $W/L = 100$ μm/1.6 μm y $C_{gs} = 0.2$ pF, $C_{gd} = 0.015$ pF, y $C_{db} = 20$ pF. Para Q_2, $C_{gd} = 0.015$ pF, $C_{db} = 36$ pF y $|V_A| = 19.2$ V. También, hay una capacitancia parásita de 0.3 pF entre la conexión común de dren y tierra. Suponga que la resistencia del generador de señales de entrada es tan pequeño que es despreciable. Del mismo modo, para mayor sencillez, suponga que el voltaje de señal en la compuerta de Q_2 es cero. Encuentre la frecuencia del polo y cero.

D**7.50 Este problema investiga el uso de los MOSFET en el diseño de amplificadores de banda ancha (Steininger, 1990). Estos amplificadores se pueden obtener si se conectan etapas de baja ganancia en cascada.

(a) Demuestre que para el caso $C_{gd} \ll C_{gs}$ y la ganancia del amplificador de fuente común es baja de modo que el efecto Miller sea despreciable, el MOSFET se puede modelar por medio del circuito equivalente aproximado que se ilustra en la figura P7.50(a), donde ω_T es la frecuencia de ganancia unitaria del MOSFET (sección 5.10).

(b) En la figura P7.50(b) se ilustra una etapa amplificadora apropiada para la realización de baja ganancia y gran ancho de banda. Los transistores Q_1 y Q_2 tienen la misma longitud L de canal pero diferentes anchos W_1 y W_2. Están polarizados al mismo V_{GS} y tienen la misma f_T. Utilice el circuito equivalente de MOSFET de la figura P7.50(a) para hacer un modelo de esta etapa amplificadora suponiendo que su salida está conectada a la entrada de una etapa idéntica. Demuestre que la ganancia de voltaje V_o/V_i está dada por

$$\frac{V_o}{V_i} = -\frac{A_0}{1 + \dfrac{s}{\omega_T/(A_0 + 1)}}$$

donde

$$A_0 = \frac{g_{m1}}{g_{m2}} = \frac{W_1}{W_2}$$

(c) Para $L = 2$ μm, $W_2 = 100$ μm, $f_T = 2$ GHz, $\mu_n C_{ox} = 20$ μA/V^2 y $V_t = 1$ V, diseñe el circuito para obtener una ganancia de 3 V/V por etapa. Polarice los MOSFET a $V_{GS} = 3$ V. Especifique los valores pedidos de W_1 e I. ¿Cuál es la frecuencia de 3 dB lograda?

7.51 Para el amplificador descrito en el problema 7.36, el transistor tiene $f_T = 700$ MHz y $C_\mu = 1$ pF. Encuentre un valor aproximado para la frecuencia f_H superior 3 dB.

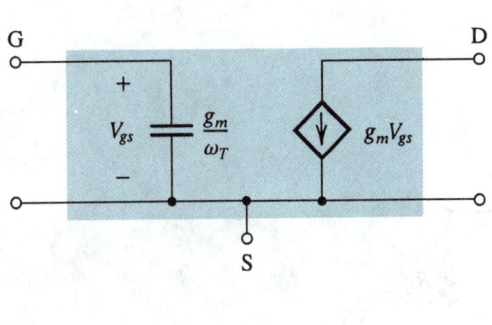

(a)

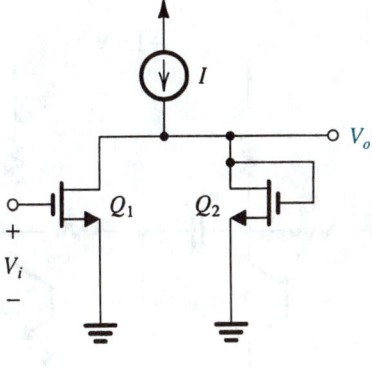

(b)

Fig. P7.50

7.52 Para una versión del circuito amplificador de emisor común de la figura 7.13, $R_s = 10$ kΩ, $R_1 = 68$ kΩ, $R_2 = 27$ kΩ, $R_E = 2.2$ kΩ, $R_C = 4.7$ kΩ y $R_L = 10$ kΩ. La corriente de colector es 0.8 mA, $\beta = 200$, $f_T = 1$ GHz y $C_\mu = 0.8$ pF. Despreciando el efecto de r_x y r_o, encuentre la ganancia de voltaje del centro de la banda y las ubicaciones aproximadas de los polos y cero de alta frecuencia. También estime el valor de la frecuencia superior f_H de 3 dB.

**7.53 El circuito que se ilustra en la figura P7.53 es un amplificador acoplado por condensador, de dos etapas y muy elemental. Aquí, $R_s = R_L = 1$ kΩ, y los correspondientes componentes en cada etapa son idénticos: $R_C = 1$ kΩ, $R_B = 47$ kΩ, $C_1 = C_2 = 1$ μF, y $C_3 = 10$ μF. Para los transistores, $\beta = 100$, $C_\mu = 0.8$ pF y $f_T = 600$ MHz. Encuentre las corrientes de polarización, g_m, r_π, la ganancia total de voltaje en el centro de la banda, y las frecuencias superior e inferior de 3 dB. (*Sugerencia:* utilice el método de Miller al calcular tanto las resistencias de entrada como las capacitancias de entrada.)

*7.54 Considere el amplificador de emisor común y carga activa de la figura P7.54 (los detalles de polarización no se muestran). Sea el amplificador alimentado con una fuente ideal de voltaje V_i y desprecie el efecto de r_x. Suponga que la fuente de corriente de polarización tiene una resistencia muy elevada y que hay una capacitancia C_L presente entre el nodo de salida y tierra. Esta capacitancia representa la suma de la capacitancia de entrada de la etapa subsiguiente y la inevitable capacitancia parásita entre colector y tierra. Demuestre que la ganancia de voltaje está dada por

$$\frac{V_o}{V_i} = -g_m r_o \frac{1 - s(C_\mu / g_m)}{1 + s(C_L + C_\mu)r_o}$$

$$\simeq -\frac{g_m r_o}{1 + s(C_L + C_\mu)r_o}, \quad \text{para } C_\mu \text{ pequeña}$$

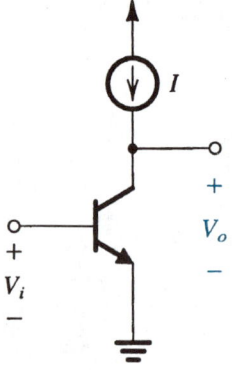

Fig. P7.54

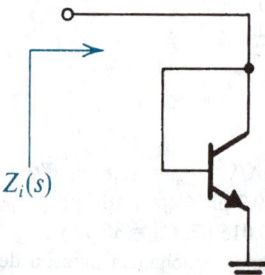

Fig. P7.55

Si el transistor está polarizado a $I_C = 200$ μA, y para $V_A = 100$ V, $C_\mu = 0.2$ pF y $C_L = 1$ pF, encuentre la ganancia de cd, la frecuencia de 3 dB y la frecuencia a la cual la ganancia se reduce a la unidad. Trace un diagrama de Bode para la magnitud de la ganancia.

*7.55 Consulte la figura P7.55. Utilizando el modelo híbrido π de BJT de alta frecuencia con $r_x = 0$ y $r_o = \infty$, deduzca una expresión para $Z_i(s)$ como función de r_e y C_π.

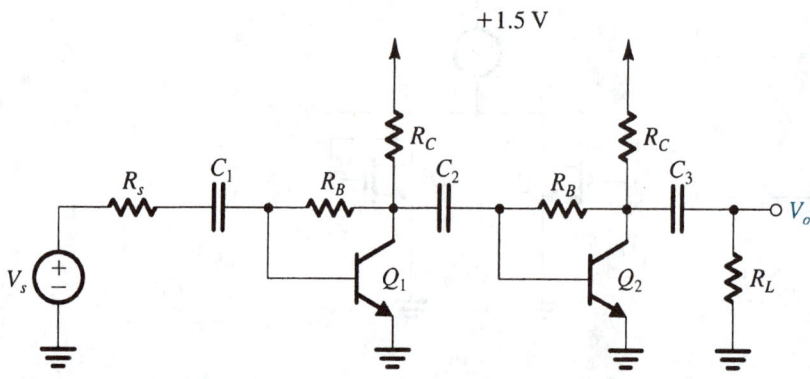

Fig. P7.53

Encuentre la frecuencia a la cual la impedancia tiene un ángulo de fase de 45° para el caso en que el BJT tiene $f_T = 400$ MHz y la corriente de polarización es relativamente alta. ¿Cuál es la frecuencia cuando la corriente de polarización se reduce de modo que $C_\pi \simeq C_\mu$? (Suponga $\alpha = 1$.)

*7.56 Para el espejo de corriente de la figura P7.56 deduzca una expresión para hallar la función de transferencia de corriente $I_o(s)/I_i(s)$ tomando en cuenta las capacitancias internas del BJT y despreciando r_x y r_o. Suponga que los BJT son idénticos. Observe que aparece una tierra de señal en el colector de Q_2. Si el espejo está polarizado a 1 mA y los BJT en este punto de operación están caracterizados por $f_T = 400$ MHz, $C_\mu = 2$ pF y $\beta_0 = \infty$, encuentre las frecuencias del polo y cero de la función de transferencia.

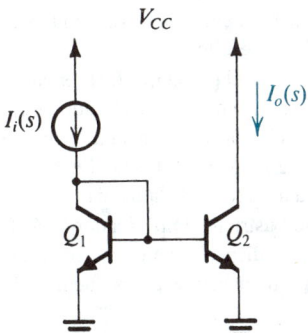

Fig. P7.56

Sección 7.5: Las configuraciones de base común, compuerta común y cascodo

7.57 Considere un amplificador de base común obtenido al modificar adecuadamente el circuito de emisor común de la figura 7.13. Específicamente, la fuente de señal está ahora acoplada al emisor a través de C_{C1}, y C_E se elimina. Del mismo modo, un condensador C_B de elevado valor se conecta entre la base y tierra para establecer una tierra de señal en la base. Sea $R_1 = 33$ kΩ, $R_2 = 22$ kΩ, $R_E = 3.9$ kΩ, $R_C = 4.7$ kΩ, $R_L = 5.6$ kΩ, $V_{CC} = 5$ V y $R_s = 75$ Ω. La corriente de cd de emisor se puede demostrar que es de 0.33 mA, a la cual $\beta_0 = 120$, $r_o = 300$ kΩ, $f_T = 700$ MHz, y $C_\mu = 0.5$ pF. Encuentre la resistencia de entrada vista por la fuente y la ganancia del centro de la banda. Estime la ubicación de los dos polos y la frecuencia superior de corte.

7.58 Considere la configuración cascodo de la figura E7.17 en la que $R_s = 5$ kΩ, $R_1 = 22$ kΩ, $R_2 = 11$ kΩ, $R_3 = 22$ kΩ, $R_E = 3.9$ kΩ, $R_C = 4.7$ kΩ, $R_L = 5.6$ kΩ y $V_{CC} = 5$ V. Un análisis indica que la corriente de cd de emisor es 0.33 mA, para la cual $\beta_0 = 120$, $r_o = 300$ kΩ, $r_x = 50$ Ω, $f_T = 700$ MHz y $C_\mu = 0.5$ pF. Encuentre la ganancia del centro de la banda, los polos de alta frecuencia y la frecuencia superior de 3 dB.

7.59 Para el circuito de la figura 7.23 sea $R_L = 5$ kΩ, $I = 1$ mA, $V_{BIAS} = 1$ V, $\beta = 100$, $C_\pi = 5$ pF y $C_\mu = 1$ pF. Encuentre las frecuencias de los tres polos de alta frecuencia y estime f_H para dos casos: (a) $R_s = 1$ kΩ y (b) $R_s = 10$ kΩ.

7.60 Para el circuito de base común de la figura P7.60, suponiendo que la corriente de polarización es de alrededor de 1 mA, $\beta = 100$, $C_\mu = 0.8$ pF y $f_T = 600$ MHz:

(a) Estime la ganancia V_o/V_s del centro de la banda.

(b) Utilice el método de las constantes de tiempo a cortocircuito para estimar la frecuencia inferior de 3 dB, f_L. (*Sugerencia:* al determinar la resistencia vista por C_1, el efecto del resistor de 47 kΩ debe tomarse en cuenta.)

(c) Encuentre los polos de alta frecuencia y estime la frecuencia superior de 3 dB, f_H.

D*7.61 En una versión particular del circuito de la figura E7.17, $V_{CC} = 9$ V, $R_E = R_C = 3.3$ kΩ, $R_3 = 39$ kΩ, $R_2 = 8.2$ kΩ, $R_1 = 47$ kΩ, $R_s = 10$ kΩ y $R_L = 1$ kΩ. Para los dos BJT, $h_{fe} = 120$, $V_A = 150$ V, $r_x = 100$ Ω, $C_\mu = 1$ pF y $f_T = 400$ MHz. Por comodidad, suponga que $I_{E1} = I_{E2} = 1$ mA. Encuentre la ganancia del centro de la banda. Diseñe C_E, C_{C2}, C_{C1} y C_B para frecuencias de polo de 50 Hz, 5 Hz, 1 Hz y 0.1 Hz, respectivamente, usando condensadores especificados a dos cifras sig-

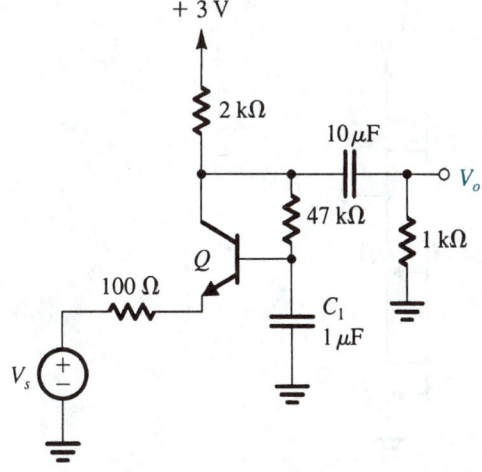

Fig. P7.60

nificativas. ¿Cuál es la frecuencia del cero resultante? Estime el valor de f_L que resulte.

7.62 Para el circuito descrito en el problema 7.61, encuentre tres polos de alta frecuencia y un estimado de f_H. ¿Cuál es la ganancia del centro de la banda? ¿En qué se convierte f_H si R_s se reduce a 100 Ω? ¿En qué se convierte la ganancia del centro de la banda?

*7.63 En la figura P7.63 se ilustra un amplificador CMOS cascodo que utiliza tres dispositivos cuyos sustratos están conectados apropiadamente a las fuentes de alimentación.

(a) Dibuje el circuito equivalente a pequeña señal del amplificador. Debe incluir tres condensadores: C_{gd1}, C_1 y C_2, donde C_1 es la capacitancia total entre el dren de Q_1 y tierra, $C_1 = C_{db1} + C_{sb2} + C_{gs2}$; y C_2 es la capacitancia total entre el dren de Q_2 y tierra, $C_2 = C_{db2} + C_{db3} + C_{gd2} + C_{gd3} + C_L$. Como la resistencia entre el nodo de salida y tierra está dominada por r_{o3}, el usuario puede despreciar el efecto de r_{o2} y omitirla del circuito equivalente. Del mismo modo, para simplificar las cosas, desprecie el efecto del cuerpo en Q_2.

(b) Demuestre que la ganancia de cd es aproximadamente $-g_{m1}r_{o3}$, que los polos tienen frecuencias de $1/2\pi r_{o3}C_2$ y $g_{m2}/2\pi(C_1 + C_{gd1})$, y que el cero tiene una frecuencia de $g_{m1}/2\pi C_{gd1}$.

(c) Calcule los valores de la ganancia de cd y las frecuencias de polos y cero para $I_D = 50$ μA, $W/L = 1$ para todos los dispositivos con $L = 10$ μm, $\mu_n C_{ox} = 20$ μA/V^2, $\lambda_p = 0.02$ V^{-1}, $C_{gs} = 30$ pF, $C_{gd} = 3.5$ pF, $C_{sbn} = C_{dbn} = 24$ pF, $C_{sbp} = C_{dbp} = 12$ pF y $C_L = 0.1$ pF.

7.64 En la figura P7.64 se ilustra el circuito de un amplificador "cascodo doblado". El cascodo doblado es un

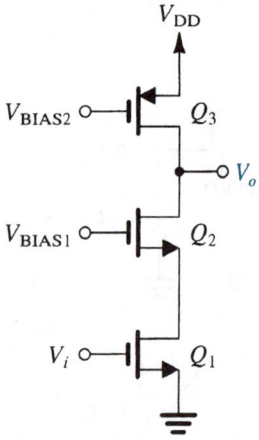

Fig. P7.63

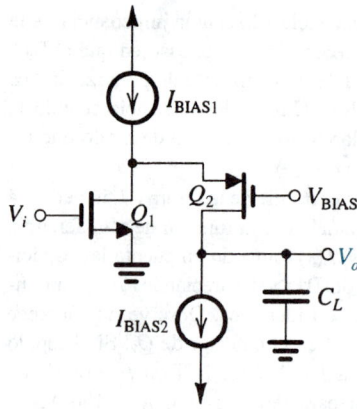

Fig. P7.64

circuito cascodo en que el transistor cascodo Q_2 es de polaridad complementaria a Q_1. El circuito evita la característica de superposición del transistor en la configuración cascodo y por ello proporciona mayor capacidad de oscilación de señal de salida. De otra forma, funciona como un cascodo.

(a) Si las corrientes son tales que Q_1 y Q_2 tienen iguales valores de g_m y r_o, y suponiendo que la fuente de corriente I_{BIAS2} se aplica con un circuito cascodo y por lo tanto tiene una resistencia de salida igual a la que se ve hacia atrás en el dren de Q_2, demuestre que la ganancia está dada por $\frac{1}{2}(g_m r_o)^2$.

(b) El polo dominante de alta frecuencia suele formarse en el nodo de salida. Si la capacitancia total en el nodo es C_L, demuestre que la frecuencia del polo es $\omega_H = 2/(C_L g_m r_o)^2$.

(c) Evalúe la ganancia y frecuencia de 3 dB para el diseño para el que $g_m = 0.5$ mA/V, $r_o = 100$ kΩ y $C_L = 1$ pF.

Sección 7.6: Respuesta en frecuencia de seguidores de emisor y de fuente

7.65 Considere un seguidor de fuente JFET alimentado por un generador de señales que tiene una resistencia interna R. El seguidor tiene una resistencia R_S en el cable de la fuente, una transconductancia g_m y capacitancias internas C_{gs} y C_{gd}. Adapte los resultados de la sección 7.6 a este caso, y evalúe la ganancia del centro de la banda y la frecuencia del polo dominante de alta frecuencia para $R = 100$ kΩ, $R_S = 10$ kΩ, $g_m = 2$ mA/V, $C_{gs} = 2$ pF y $C_{gd} = 1$ pF.

*7.66 Consulte la figura 7.25(a). Reste r_x y súmela en serie con R_s, con lo que cambia R_s en R_s'. ¿Cuál es la ganancia de cd de B' a E? Observando que y_π está conectada entre B' y E y que el lector conoce la ganancia de B' a E, utilice el teorema de Miller para deducir el circuito equivalente (o una aproximación a éste) que se ilustra en la figura 7.25(d).

D*7.67 Para el circuito seguidor de emisor de la figura P7.67, diseñe los condensadores de acoplamiento de modo que se obtenga un polo dominante de baja frecuencia a 10 Hz. Haga el diseño de manera que las aportaciones de los condensadores sean en una proporción de 10:1 y que la capacitancia total sea mínima. Utilice $\beta_0 = 120$. ¿Cuál es la ganancia del centro de la banda? Si $C_\pi = 2.5$ pF y $C_\mu = 0.5$ pF, ¿qué frecuencia superior de corte resulta?

7.68 Para un seguidor de emisor polarizado a $I_C = 1$ mA y que tiene $R_s = R_E = 1$ kΩ, y usando un transistor especificado para tener $f_T = 2$ GHz, $C_\mu = 0.1$ pF, $r_x = 100$ Ω, $\beta_0 = 100$ y $V_A = 20$ V, evalúe la ganancia del centro de la banda y la frecuencia del polo dominante de alta frecuencia.

**7.69 Para el seguidor de emisor que se ilustra en la figura P7.69, encuentre la ganancia del centro de la banda, la frecuencia del polo dominante de alta frecuencia, un estimado de f_H usando el método de constantes de tiempo a circuito abierto, y la frecuencia del cero de la función de transferencia para los casos

(a) $R_s = 1$ kΩ,
(b) $R_s = 10$ kΩ, y
(c) $R_s = 100$ kΩ.

Sea $R_L = 1$ kΩ, $\beta_0 = 100$, $f_T = 400$ MHz y $C_\mu = 2$ pF.

7.70 El BJT del circuito de la figura P7.69 se sustituye con un FET de enriquecimiento para el cual $V_t = 1$ V, $k'(W/L) = 2$ mA/V^2 y $C_{gs} = C_{gd} = 1$ pF. Para $R_L = 1$ kΩ y $R_s = 100$ kΩ, encuentre la ganancia de voltaje

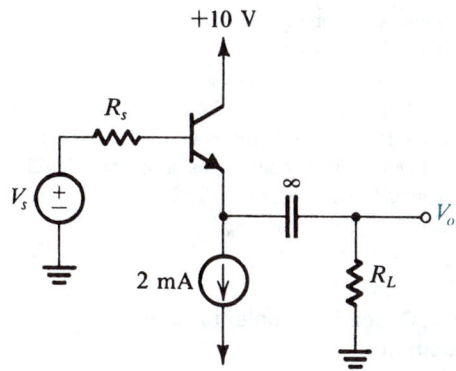

Fig. P7.69

del centro de la banda y la frecuencia superior f_H de 3 dB. Además, si el condensador de acoplamiento es 1 μF, encuentre f_L.

*7.71 Consulte el circuito seguidor de fuente de la figura 5.48. En particular, considere el circuito equivalente simplificado que se muestra en la figura 5.48(c). Ahora, para investigar la respuesta en frecuencia del seguidor, hagamos que la fuente de señales de entrada tenga una resistencia R e incluyamos las capacitancias C_{gs}, C_{gd} y C_L del circuito equivalente, la última de ellas entre el nodo de salida y tierra. Entonces, C_L denota la capacitancia total en el nodo de salida, incluyendo cualquier capacitancia de carga.

(a) Usando el método de constantes de tiempo a circuito abierto, demuestre que la frecuencia superior de 3 dB está dada por

$$\omega_H \simeq \cfrac{1}{C_{gd}R + C_{gs}\cfrac{R + R_S}{1 + g_m R_S} + C_L \cfrac{R_S}{1 + g_m R_S}}$$

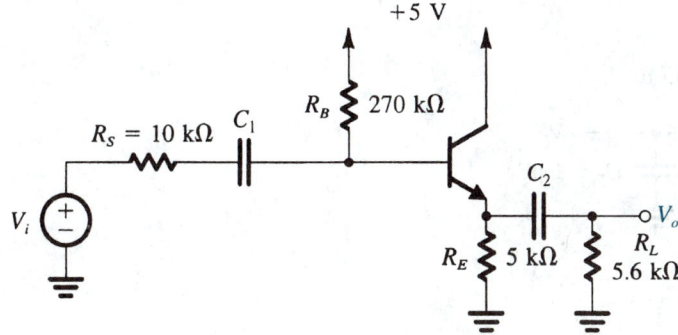

Fig. P7.67

donde se supone que la frecuencia del cero, dada por g_m/C_{gs}, es muy elevada.

(b) Para el caso $R = 100$ kΩ, $g_m = 1.06$ mA/V, $g_{mb} = 0.16$ mA/V, $r_{o1} = r_{o2} = 128$ kΩ, $C_{gs} = 0.2$ pF, $C_{gd} = 15$ fF y $C_L = 10$ pF, evalúe f_H y la frecuencia del cero. Nótese que éste es el mismo seguidor analizado en el ejercicio 5.28. También nótese que $R_S = (1/g_{mb1})//r_{o1}//r_{o2}$.

Sección 7.7: Cascada de colector común y emisor común

D*7.72 Los transistores del circuito de la figura P7.72 tienen $\beta_0 = 100$, $V_A = 100$ V, $C_\mu = 0.2$ pF y $C_{je} = 0.8$ pF. A una corriente de polarización de 100 μA, $f_T = 400$ MHz. (Nótese que los detalles de polarización no se muestran.)

(a) Encuentre R_{en} y la ganancia del centro de la banda.

(b) Encuentre un estimado de la frecuencia superior f_H de 3 dB. ¿Cuál condensador domina? ¿Cuál es el segundo condensador más importante?

(c) ¿Cuáles son los efectos de incrementar las corrientes de polarización en un factor de 10?

7.73 Los BJT del seguidor Darlington de la figura P7.73 tienen $\beta_0 = 100$. Si el seguidor se alimenta con una fuente que tiene una resistencia de 100 kΩ y está cargado con 1 kΩ, encuentre la resistencia de entrada y la resistencia de salida (excluyendo la carga) y la ganancia total de voltaje, ambos a circuito abierto y con carga.

D**7.74 Considere el amplificador BiCMOS que se muestra en la figura P7.74. El BJT tiene $|V_{BE}| = 0.7$ V, $\beta = 200$, $C_\mu = 0.8$ pF y $f_T = 600$ MHz. El transistor NMOS tiene $V_t = 1$ V, $k'_n W/L = 2$ mA/V^2 y $C_{gs} = C_{gd} = 1$ pF.

(a) Considere el circuito de polarización de cd. Desprecie la corriente de Q_2 al determinar la corriente en Q_1, encuentre las corrientes de cd de polarización en Q_1 y Q_2, y demuestre que son aproximadamente 100 μA y 1 mA, respectivamente.

(b) Evalúe los parámetros a pequeña señal de Q_1 y Q_2 en sus puntos de polarización.

(c) Considere el circuito a frecuencias del centro de la banda. Primero, determine la ganancia de voltaje a pequeña señal V_o/V_i. (Nótese que R_G se puede despreciar en este proceso.) Entonces, utilice el teorema de Miller en R_G para determinar la resistencia R_{en} de entrada del amplificador. Finalmente, determine la ganancia total de voltaje V_o/V_s.

(d) Considere el circuito a bajas frecuencias. Determine la frecuencia de los polos debida a C_1 y C_2, y de ella estime la frecuencia inferior, f_L, de 3 dB.

(e) Considere el circuito a frecuencias más altas. Utilice el teorema de Miller para sustituir R_G con

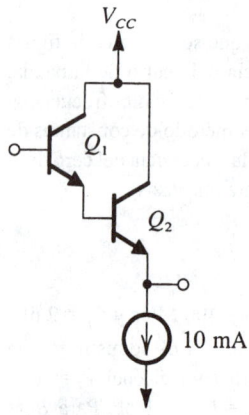

Fig. P7.73

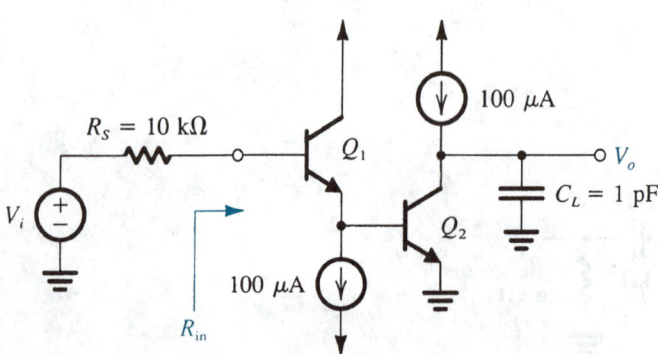

Fig. P7.72

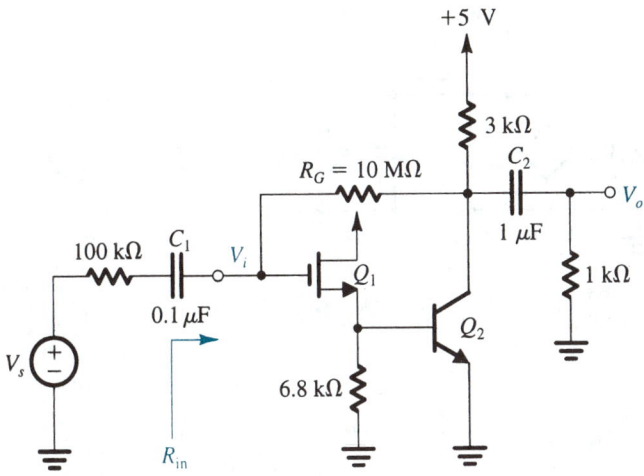

Fig. P7.74

una resistencia en la entrada. (La de la salida será demasiado grande para el caso.) Dibuje un circuito equivalente correspondiente al de la figura 7.28(b). Ahora, adapte las ecuaciones (7.86)-(7.94) al presente circuito para determinar las constantes de tiempo a circuito abierto y de ellas estimar f_H. [Tenga cuidado al adaptar las ecuaciones; por ejemplo, la (7.92) se convierte en $R'_{E1}//\dfrac{1}{g_{m1}}$.]

(f) Para reducir de manera considerable el efecto de R_G sobre R_{en}, y por ello la operación de un amplificador, considere el efecto de agregar otro resistor de 10 MΩ en serie con el ya existente y colocar un condensador de elevado valor de derivación entre su nodo y tierra comunes. ¿En qué se convertirá R_{en}, A_M y f_H?

Sección 7.8: Respuesta en frecuencia de un amplificador diferencial

7.75 Un amplificador diferencial BJT que opera con una fuente de corriente de emisor de 2 mA utiliza transistores para los cuales $\beta = 120$, $f_T = 700$ MHz, $C_\mu = 0.5$ pF y $r_x = 50\,\Omega$. Cada una de las resistencias de colector es de 10 kΩ y el amplificador está simétricamente excitado siendo de 10 kΩ cada una de las resistencias de la fuente. Encuentre la ganancia diferencial de salida de cd y la frecuencia f_H de 3 dB. También encuentre el producto de ganancia por ancho de banda.

7.76 El circuito amplificador diferencial especificado en el problema 7.75 se modifica al incluir un resistor de 25 Ω en cada uno de los emisores. Encuentre la ganancia diferencial de salida de cd y la frecuencia f_H de 3 dB. También encuentre el producto de ganancia por ancho de banda.

D*7.77 Considere el amplificador diferencial especificado en el problema 7.75. Se requiere aumentar su ancho de banda de 3 dB a aproximadamente 1 MHz al introducir resistores de emisor. Encuentre los valores necesarios de los resistores, y evalúe el nuevo valor de ganancia de cd y producto de ganancia por ancho de banda.

***7.78** En la figura P7.78 se ilustra un modelo simplificado, aproximado, de pequeña señal para el amplificador diferencial CMOS de carga activa que se estudia en la sección 6.6 (figura 6.34). En este circuito equivalente se supone que el amplificador está alimentado simétricamente, y así aparece una tierra de señal en las fuentes de Q_1 y Q_2. Del mismo modo, se supone que la fuente de señal de entrada es ideal, entonces C_{gs1} y C_{gs2} no tienen efecto y, por lo tanto, han sido omitidas del circuito equivalente. Los efectos de C_{gd1} y C_{gd2} sobre los polos del circuito se han retenido al incluir estas capacitancias en C_1 y C_2, respectivamente. Los efectos de C_{gd1} y C_{gd2} al introducir ceros se han despreciado porque estos ceros son por lo general a muy altas frecuencias. Como $(r_{o1}//r_{o3}) \ll 1/g_{m3}$, estas dos resistencias no se han incluido. También, del circuito equivalente se ha omitido la capacitancia C_{gd4}. Esto se hace para simplificar el análisis en forma considerable y porque se ha encontrado, por simulación de computadora, que su efecto es tan pequeño que es despreciable. Analice el circuito para determinar su función de transferencia V_o/V_{id}. Dé expresiones

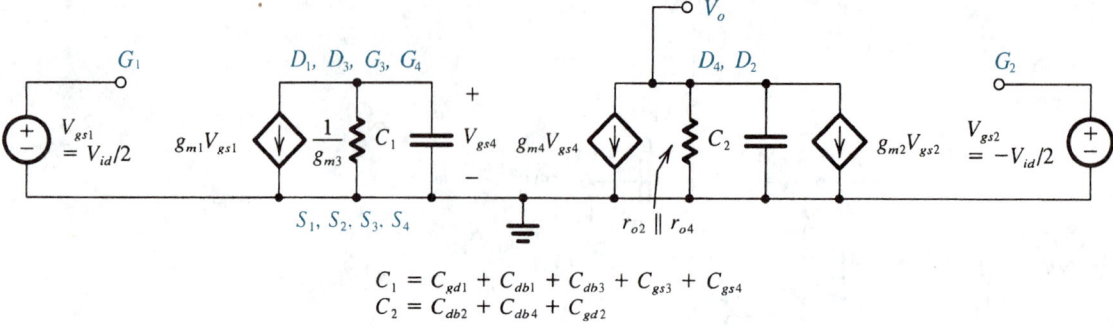

$$C_1 = C_{gd1} + C_{db1} + C_{db3} + C_{gs3} + C_{gs4}$$
$$C_2 = C_{db2} + C_{db4} + C_{gd2}$$

Fig. P7.78

para la ganancia de cd y los polos. Suponga que todos los transistores tienen el mismo valor de g_m y de r_o. ¿Cuál polo es dominante?

7.79 Un amplificador diferencial está polarizado por una fuente de corriente que tiene una resistencia de salida de 1 MΩ y una capacitancia de salida de 10 pF. La ganancia diferencial muestra un polo dominante de 500 kHz. ¿Cuáles son los polos del factor de rechazo de modo común?

7.80 Para el amplificador diferencial que se especifica en el problema 7.75, encuentre la ganancia de cd y f_H cuando el circuito se modifica al eliminar el resistor de colector del transistor izquierdo, y la señal de entrada se alimenta a la base del transistor derecho mientras la base del otro transistor del par está a tierra. Sea la resistencia de la fuente de 20 kΩ y desprecie r_x.

D***7.81 Demuestre que, al incluir una resistencia R_E en cada uno de los emisores del par diferencial de la figura 7.34, resulta en que el circuito equivalente de la figura 7.37(b) se modifica para semejarse al seguidor de emisor de la figura 7.25(c) (excepto por un factor de 2 que multiplica la impedancia entre B′ y tierra).

(a) Despreciando la resistencia $2R_E$ en este circuito equivalente, encuentre la frecuencia f_{P1} del polo. Compare esta expresión con aquélla cuando $R_E = 0$.

(b) Para una corriente de polarización $I = 1$ mA y transistores que tienen $\beta = 100$, $C_\pi = 7.5$ pF y $C_\mu = 0.5$ pF, utilice el resultado de (a) para hallar el valor de R_E que resulte en $\omega_{P1} = 100$ Mrad/s. Suponga que $R_s = 10$ kΩ.

(c) De un examen de la expresión del otro polo f_{P2}, que se debe a R_C y C_μ, ¿cómo se puede controlar la frecuencia de este polo? Encuentre el valor de R_C que pone el segundo polo en 400 Mrad/s.

(d) Para el amplificador diseñado en (b) y (c), encuentre la ganancia de cd y f_H.

7.82 Considere el circuito de la figura 7.35 para el caso $I = 200$ μA y $V_{GS} - V_t = 0.25$ V, $R_s = 200$ kΩ, $R_D = 50$ kΩ, $C_{gs} = C_{gd} = 1$ pF. Encuentre la ganancia de cd, los polos de alta frecuencia y un estimado de f_H.

7.83 Considere el amplificador diferencial de banda ancha de la figura 7.34 con una resistencia igual a R_s insertada en el cable de la base de Q_2 y un condensador de derivación de elevado valor conectado entre B_2 y tierra. Encuentre la ganancia del centro de la banda, el polo de alta frecuencia y la frecuencia f_H de 3 dB. Sea $I = 100$ μA, $R_s = 50$ kΩ, $R_C = 20$ kΩ, y que el BJT tenga $\beta = 200$, $C_\mu = 0.8$ pF y $f_T = 0.6$ GHz. Si ahora se inserta un resistor de 20 kΩ en el cable del colector de Q_1 y se quita el condensador de derivación, encuentre los nuevos valores de ganancia y f_H. Compare los resultados para los dos casos y comente.

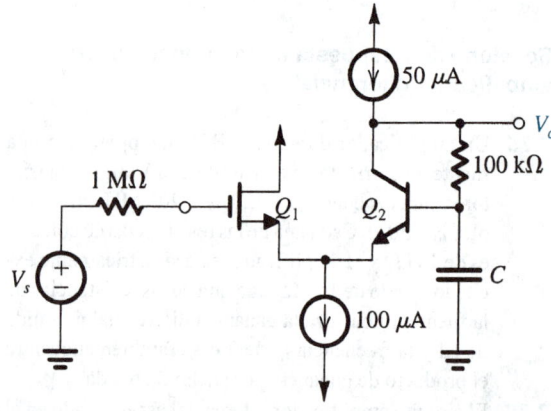

Fig. P7.84

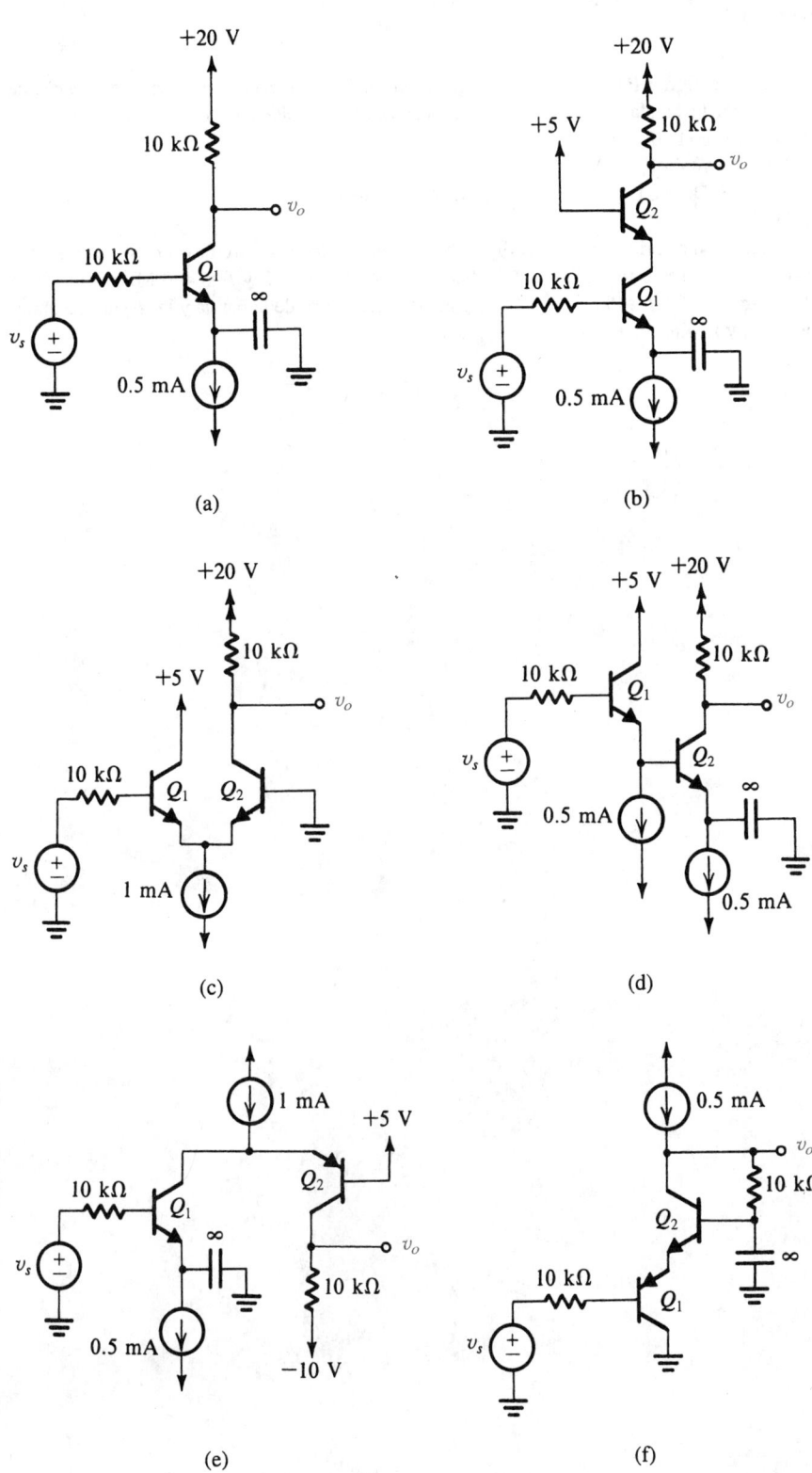

(a)

(b)

(c)

(d)

(e)

(f)

Fig. P7.86

665

D7.84 Para el circuito que se muestra en la figura P7.84, encuentre la ganancia del centro de la banda y la frecuencia superior de 3 dB. Para el BJT, $\beta = 200$, $C_\mu = 0.8$ pF y $f_T = 600$ MHz. Para el NMOS, $V_t = 1$ V, $k'W/L = 2$ mA/V^2 y $C_{gs} = C_{gd} = 1$ pF. Diseñe C para una baja frecuencia de corte de 10 Hz.

7.85 Para el circuito de la figura 7.36, sea tal la polarización que cada transistor opere a una corriente de colector de 100 μA. Hágase que los BJT tengan $\beta = 200$, $f_T = 600$ MHz y $C_\mu = 0.8$ pF, y desprecie r_o y r_x. Encuentre la ganancia a baja frecuencia, la resistencia diferencial de entrada, los polos de alta frecuencia y un estimado de f_H.

Problemas en general

***7.86 En cada uno de los seis circuitos de la figura P7.86, sea $\beta = 100$, $C_\mu = 2$ pF y $f_T = 400$ MHz. Calcule la ganancia del centro de la banda y la frecuencia superior de 3 dB.

CAPÍTULO 8

Retroalimentación

INTRODUCCIÓN

La mayor parte de los sistemas físicos contienen alguna forma de retroalimentación. Es interesante observar, con todo, que la teoría de la retroalimentación negativa ha sido creada por ingenieros electrónicos. En su búsqueda de métodos para el diseño de amplificadores con ganancia estable para uso en repetidoras telefónicas, Harold Black, ingeniero electrónico de la Western Electric Company, inventó el amplificador de retroalimentación en 1928. Desde entonces, la técnica se ha empleado en forma tan generalizada que es casi imposible pensar en circuitos electrónicos sin alguna forma de retroalimentación, sea ésta implícita o explícita. Además, el concepto de retroalimentación y su teoría relativa se utiliza en la actualidad en campos de acción diferentes de ingeniería, como es el caso de la representación de sistemas biológicos con modelos.

La retroalimentación puede ser **negativa (degenerativa)** o **positiva (regenerativa)**. En el diseño de amplificadores, se aplica retroalimentación negativa para efectuar una o más de las siguientes propiedades:

1. *Insensibilizar la ganancia*; esto es, hacer que el valor de la ganancia sea menos sensible a variaciones en el valor de los componentes de un circuito, por ejemplo, las variaciones que pudieran ser ocasionadas por cambios en temperatura.

2. *Reducir la distorsión no lineal*; esto es, hacer que la salida sea proporcional a la entrada (en otras palabras, hacer constante la ganancia, independiente del nivel de señal).

3. *Reducir el efecto del ruido*; es decir, reducir al mínimo la aportación a la salida de señales eléctricas indeseables generadas por los componentes mismos de un circuito o interferencias extrañas.

4. *Controlar las impedancias de entrada y salida*; es decir, subir o bajar las impedancias de entrada y salida mediante la selección de una apropiada topología de retroalimentación.

5. *Ampliar el ancho de banda* del amplificador.

Todas estas propiedades deseadas se obtienen a costa de una reducción en ganancia. Demostraremos que el factor de reducción de ganancia, denominado **cantidad de retroalimentación**, es el factor por el cual el circuito se insensibiliza, por el cual aumenta la impedancia de entrada de un amplificador de voltaje, por el cual el ancho de banda se amplía, etcétera. En síntesis, *la idea básica de retroalimentación negativa es cambiar ganancia por otras propiedades deseadas*. Este capítulo estudia amplificadores con retroalimentación negativa, así como su análisis, diseño y características.

Bajo ciertas condiciones, la retroalimentación negativa en un amplificador puede convertirse en positiva y de tal magnitud que ocasiona oscilación. De hecho, en el capítulo 12 estudiaremos el uso de retroalimentación positiva en el diseño de osciladores y circuitos biestables, pero en este capítulo nos interesa el diseño de amplificadores estables. Por lo tanto, estudiaremos problemas de estabilidad de amplificadores de retroalimentación negativa y su potencial para oscilar.

La inestabilidad no se debe atribuir siempre a la retroalimentación positiva. De hecho, la retroalimentación positiva es bastante útil en varias aplicaciones, como lo es el diseño de filtros activos, que se estudian en el capítulo 11.

Antes de comenzar nuestro estudio de retroalimentación negativa, deseamos recordar al lector que ya hemos encontrado retroalimentación negativa en varias aplicaciones. Casi todos los circuitos con op amp utilizan retroalimentación negativa; otra conocida aplicación de retroalimentación negativa es el uso de la resistencia de emisor R_E para estabilizar el punto de polarización de transistores bipolares y para aumentar la resistencia de entrada y ancho de banda de un amplificador diferencial con BJT. Además, el seguidor de emisor y el seguidor de fuente utilizan una gran cantidad de retroalimentación negativa. La pregunta que surge se refiere a la necesidad de un estudio formal de retroalimentación negativa. Como se verá al final de este capítulo, el estudio formal de retroalimentación constituye una herramienta de gran valor para el análisis y diseño de circuitos electrónicos. Del mismo modo, el conocimiento adquirido al pensar en términos de retroalimentación es muy útil.

8.1 ESTRUCTURA GENERAL DE RETROALIMENTACIÓN

En la figura 8.1 se ilustra la estructura básica de un amplificador de retroalimentación. Más que mostrar voltajes y corrientes, la figura 8.1 es un **diagrama de flujo de señales**, donde cada una de las cantidades x puede representar una señal ya sea de voltaje o de corriente. El amplificador de *circuito abierto* tiene una ganancia A; entonces, su salida x_o está relacionada a la entrada x_i por

$$x_o = Ax_i \tag{8.1}$$

La salida x_o alimenta a la carga y a la red de retroalimentación, que produce una muestra de la salida. Esta muestra x_f está relacionada a x_o por el **factor de retroalimentación** β,

$$x_f = \beta x_o \tag{8.2}$$

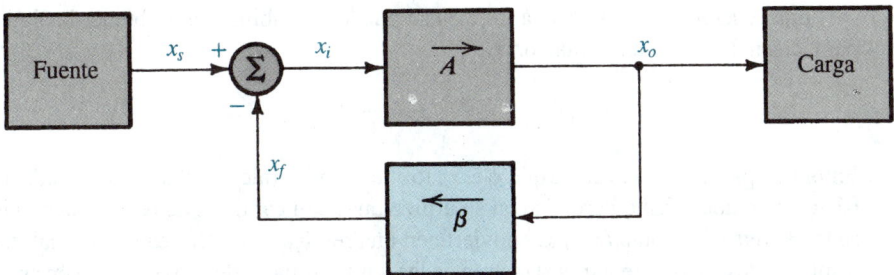

Fig. 8.1 Estructura general del amplificador de retroalimentación. Éste es un diagrama de flujo de señales, y las cantidades x representan señales ya sea de voltaje o de corriente.

La señal de retroalimentación x_f es *sustraída* de la fuente de señales x_s, que es la entrada al amplificador de retroalimentación completo, para producir la señal x_i, que es la entrada al amplificador básico,

$$x_i = x_s - x_f \qquad (8.3)$$

Aquí observamos que es esta sustracción la que hace negativa la retroalimentación. En esencia, la retroalimentación negativa reduce la señal que aparece a la entrada del amplificador básico.

Implícito en la anterior descripción está que la fuente, la carga y la red de retroalimentación *no cargan* al amplificador básico. Esto es, la ganancia A no depende de ninguna de estas tres redes. En la práctica, éste no será el caso y tendremos que hallar un método para llevar el circuito real a la estructura ideal descrita en la figura 8.1. También implícito en la figura 8.1 está que la transmisión hacia adelante tiene lugar enteramente en el amplificador básico, y que la transmisión hacia atrás ocurre por entero en la red de retroalimentación.

La ganancia del amplificador de retroalimentación se puede obtener al combinar las ecuaciones de la (8.1) a la (8.3):

$$A_f \equiv \frac{x_o}{x_s} = \frac{A}{1 + A\beta} \qquad (8.4)$$

La cantidad $A\beta$ se denomina **ganancia de bucle**, nombre que se deduce de la figura 8.1. Para que la retroalimentación sea negativa, la ganancia de bucle $A\beta$ debe ser positiva, es decir, la señal de retroalimentación x_f debe tener el mismo signo que x_s, resultando así en una diferencia más pequeña de señal x_i. La ecuación (8.4) indica que para $A\beta$ positiva, la ganancia con retroalimentación será menor que la ganancia A de circuito abierto, en una cantidad de $1 + A\beta$, que se denomina **cantidad de retroalimentación.**

Si, como es el caso en muchos circuitos, la ganancia de bucle $A\beta$ es grande, $A\beta \gg 1$, entonces de la ecuación (8.4) se deduce que $A_f \simeq 1/\beta$, que es un resultado muy interesante: *La ganancia del amplificador de retroalimentación está casi por completo determinada por la red de retroalimentación.* Como generalmente la red de retroalimentación consta de componentes pasivos, que se pueden seleccionar tan precisos como se desee, la ventaja de la retroalimentación negativa al obtener una ganancia precisa, predecible y estable debe ser evidente. En otras palabras, la ganancia total tendrá muy poca dependencia en la ganancia del amplificador básico, A, que es una propiedad deseable porque la ganancia A suele ser una función de muchos parámetros, algunos de los cuales pueden tener amplias tolerancias. Hemos visto una buena ilustración de todos estos resultados en circuitos con op amps, donde la **ganancia de bucle cerrado** (que es otro nombre para la ganancia con retroalimentación) está casi por entero determinada por los elementos de retroalimentación.

Las ecuaciones de la (8.1) a la (8.3) se pueden combinar para obtener la siguiente expresión para la señal de retroalimentación x_f:

$$x_f = \frac{A\beta}{1 + A\beta} x_s$$

Entonces, para $A\beta \gg 1$, vemos que $x_f \simeq x_s$, lo cual implica que la señal x_i a la entrada del amplificador básico se reduce casi a cero. Así, si se utiliza una gran cantidad de retroalimentación negativa, la señal de retroalimentación x_f se convierte en una réplica casi idéntica de la señal de entrada x_s. Un resultado de esta propiedad es el rastreo de las dos terminales de entrada de un op amp. La diferencia entre x_s y x_f, que es x_i, se conoce a veces como "señal de error". De acuerdo con esto, el circuito diferenciador de entrada recibe el nombre de **circuito de comparación**. (También se conoce como **mezclador**.)

Ejercicio

8.1 La configuración no inversora con op amp que se ilustra en la figura E8.1 proporciona una realización directa del circuito de retroalimentación de la figura 8.1.

(a) Suponga que el op amp tiene resistencia de entrada infinita y cero resistencia de salida. Encuentre una expresión para el factor β de retroalimentación. (b) Si la ganancia de voltaje de bucle (o circuito) abierto $A = 10^4$, encuentre R_2/R_1 para obtener una ganancia de voltaje de bucle cerrado A_f de 10. (c) ¿Cuál es la cantidad de retroalimentación en decibeles? (d) Si $V_s = 1$ V, encuentre V_o, V_f y V_i. (e) Si A decrece en 20%, ¿cuál es el correspondiente decremento en A_f?

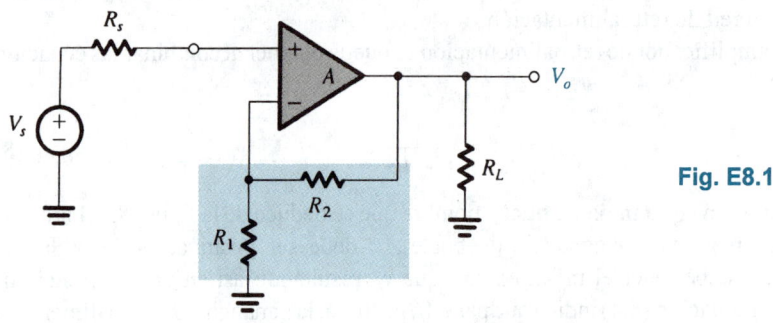

Fig. E8.1

Resp. (a) $\beta = R_1/(R_1 + R_2)$; (b) 9.01; (c) 60 dB; (d) 10 V, 0.999 V, 0.001 V; (e) 0.02%

8.2   ALGUNAS PROPIEDADES DE LA RETROALIMENTACIÓN NEGATIVA

Las propiedades de la retroalimentación negativa se citaron en la introducción de este capítulo; en lo que sigue, consideraremos en más detalle algunas de estas propiedades.

Insensibilidad de ganancia

El efecto de la retroalimentación negativa en la insensibilidad de la ganancia de bucle cerrado se demostró en el ejercicio 8.1, donde vimos que una reducción de 20% en la ganancia del amplificador básico dio lugar a una reducción de sólo 0.02% en la ganancia del amplificador de bucle cerrado. Esta propiedad de reducción de sensibilidad se puede establecer analíticamente como sigue:

Supongamos que β es constante. Tomando diferenciales de ambos lados de la ecuación (8.4) resulta

$$dA_f = \frac{dA}{(1 + A\beta)^2} \qquad (8.5)$$

Al dividir la ecuación (8.5) entre la (8.4) se tiene

$$\frac{dA_f}{A_f} = \frac{1}{(1 + A\beta)} \frac{dA}{A} \qquad (8.6)$$

que indica que el cambio en porcentaje en A_f (debido a variaciones en algunos parámetros de circuito) es más pequeño que el cambio en porcentaje en A en la cantidad de retroalimentación. Por esta razón, la cantidad de retroalimentación, $1 + A\beta$, también se conoce como **factor de insensibilidad**.

Aumento de ancho de banda

Consideremos un amplificador cuya respuesta a alta frecuencia se caracteriza por un solo polo. Su ganancia a frecuencias medias y altas se puede expresar como

$$A(s) = \frac{A_M}{1 + s/\omega_H} \qquad (8.7)$$

donde A_M denota la ganancia a banda media y ω_H es la frecuencia superior de 3 dB. La aplicación de retroalimentación negativa con un factor β independiente de la frecuencia, alrededor de este amplificador, resulta en una ganancia $A_f(s)$ de bucle cerrado dada por

$$A_f(s) = \frac{A(s)}{1 + \beta A(s)}$$

Al sustituir por $A(s)$ de la ecuación (8.7) resulta, tras algunas operaciones

$$A_f(s) = \frac{A_M/(1 + A_M\beta)}{1 + s/\omega_H(1 + A_M\beta)}$$

Entonces, el amplificador de retroalimentación tendrá una ganancia de banda media de $A_M/(1 + A_M\beta)$ y una frecuencia superior de 3 dB ω_{Hf} dada por

$$\omega_{Hf} = \omega_H(1 + A_M\beta) \qquad (8.8)$$

Se deduce que la frecuencia superior de 3 dB aumenta en un factor igual a la cantidad de retroalimentación.

Análogamente, se puede demostrar que si la ganancia de bucle abierto está caracterizada por un polo dominante de baja frecuencia que da lugar a una frecuencia inferior ω_L de 3 dB, entonces el amplificador de retroalimentación tendrá una frecuencia ω_{Lf} inferior de 3 dB,

$$\omega_{Lf} = \frac{\omega_L}{1 + A_M\beta} \qquad (8.9)$$

Nótese que el ancho de banda del amplificador aumenta en el mismo factor por el cual decrece su ganancia de banda media, manteniendo constante el producto de ganancia por ancho de banda.

Ejercicio

8.2 Considere el circuito no inversor con op amp del ejercicio 8.1. Supongamos que la ganancia A de circuito abierto tiene un valor de baja frecuencia de 10^4 y una atenuación de -6 dB/octava con una frecuencia de 3 dB de 100 Hz. Encuentre la ganancia de baja frecuencia y la frecuencia superior de 3 dB de un amplificador de bucle cerrado con $R_1 = 1$ kΩ y $R_2 = 9$ kΩ.

Resp. 9.99 V/V; 100.1 kHz

Reducción de ruido

La retroalimentación negativa se puede utilizar para reducir el ruido o interferencia en un amplificador, o bien, dicho en forma más precisa, para aumentar la relación (o razón) de señal a ruido pero, como explicaremos a continuación, este proceso de reducción de ruido es posible sólo bajo ciertas condiciones. Consideremos la situación que se ilustra en la figura 8.2. En la figura 8.2(a) se muestra un amplificador con ganancia A_1, una señal de entrada V_s y un ruido, o interferencia, V_n. Se supone que por alguna razón este amplificador es afectado por el ruido y que éste se supone es introducido a la entrada del amplificador. La **relación de señal a ruido** de este amplificador es

$$S/N = V_s/V_n$$

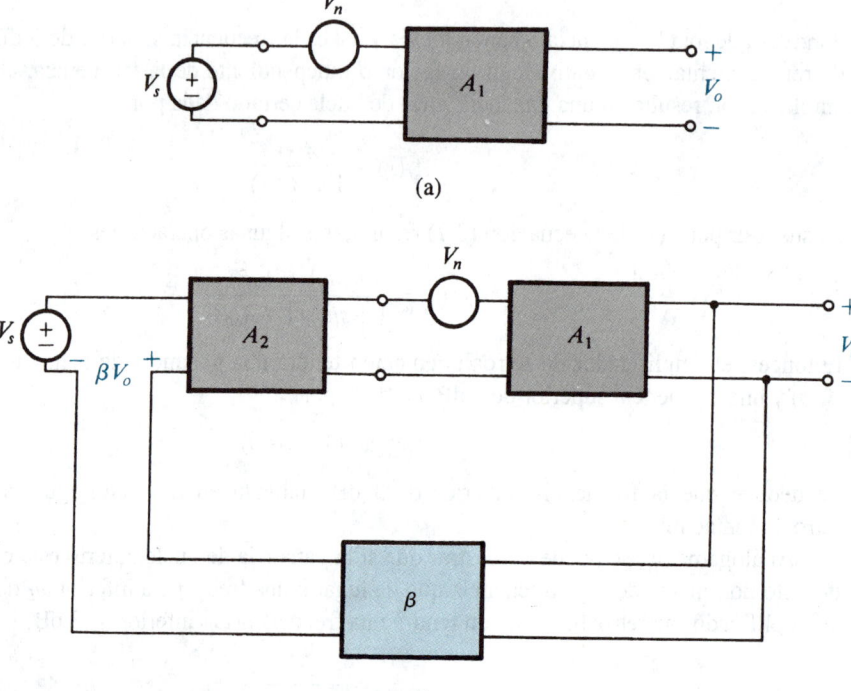

(a)

(b)

Fig. 8.2 Ilustración de la aplicación de retroalimentación negativa para mejorar la relación de señal a ruido en amplificadores.

Consideremos a continuación el circuito de la figura 8.2(b). Aquí suponemos que es posible construir otra etapa amplificadora con ganancia A_2 que no es afectada por el problema del ruido. Si éste es el caso, entonces podemos preceder nuestro amplificador original A_1 con un amplificador A_2 *limpio* y aplicar retroalimentación negativa alrededor de toda la cascada, con una cantidad tal que se conserve constante la ganancia total. El voltaje de salida del circuito de la figura 8.2(b) se puede encontrar por superposición:

$$V_o = V_s \frac{A_1 A_2}{1 + A_1 A_2 \beta} + V_n \frac{A_1}{1 + A_1 A_2 \beta}$$

Entonces, la relación de señal a ruido a la salida se convierte en

$$\frac{S}{N} = \frac{V_s}{V_n} A_2$$

que es A_2 veces más alta que en el caso original.

Debemos insistir una vez más que la mejoría en la relación de señal a ruido por la aplicación de retroalimentación es posible sólo si a la etapa ruidosa se puede anteponer una etapa (relativamente) libre de ruido, situación que no es rara en la práctica. El mejor ejemplo se encuentra en la etapa de amplificación de potencia de salida de un amplificador de audio. Esta etapa suele ser afectada por un problema conocido como **zumbido de la fuente de alimentación**. Esta situación resulta debido a las grandes corrientes que esta etapa toma de la fuente de alimentación y la dificultad para obtener una adecuada filtración de la fuente a bajo costo.

La etapa de la fuente de alimentación debe proporcionar una elevada ganancia de potencia pero poca o ninguna ganancia de voltaje. Por lo tanto, a la etapa de salida de potencia podemos anteponer un amplificador a pequeña señal que proporcione una elevada ganancia de voltaje, y aplicar una gran cantidad de retroalimentación negativa, restableciendo así la ganancia de voltaje a su valor original. Como el amplificador a pequeña señal se puede alimentar desde otra fuente de alimentación menos fuerte (y por lo tanto mejor regulada), no será afectado por el problema del zumbido. A la salida, el zumbido se reducirá en una cantidad igual a la ganancia de voltaje de este **preamplificador** agregado.

Ejercicio

8.3 Considere una etapa de potencia de salida con ganancia de voltaje $A_1 = 1$, una señal de entrada $V_s = 1$ V y un zumbido V_n de 1 V. Suponga que esta etapa de potencia está precedida por una etapa a pequeña señal con ganancia $A_2 = 100$ V/V y que se aplica una retroalimentación total con $\beta = 1$. Si V_s y V_n permanecen sin cambio, encuentre los voltajes de señal y ruido a la salida y, por lo tanto, la mejoría en la relación de señal a ruido.

Resp. $\simeq 1$ V; $\simeq 0.01$ V; 100 (40 dB)

Reducción en distorsión no lineal

La curva (a) de la figura 8.3 muestra la característica de transferencia de un amplificador. Como se indica, la curva característica es lineal por partes, con la ganancia de voltaje cambiando de 1000 a 100 y luego a 0. Esta curva característica de transferencia, no lineal, resultará en que este amplificador va a generar una gran cantidad de distorsión no lineal.

La curva característica de transferencia del amplificador puede ser considerablemente **linealizada** (esto es, menos no lineal) por la aplicación de retroalimentación negativa. Que esto sea posible

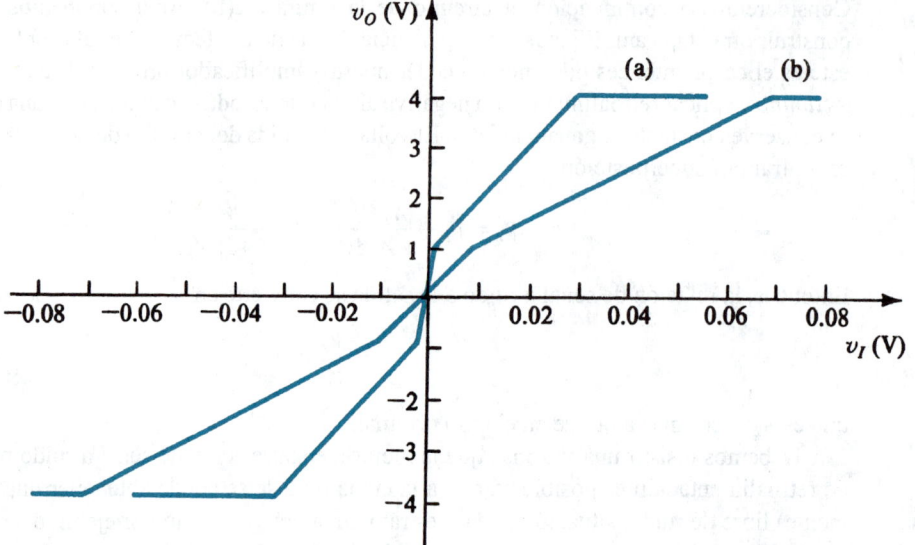

Fig. 8.3 Ilustración de la aplicación de retroalimentación negativa para reducir la distorsión no lineal en amplificadores. La curva (a) muestra la característica de transferencia del amplificador sin retroalimentación. La curva (b) muestra la característica con retroalimentación negativa ($\beta = 0.01$) aplicada.

no debe ser demasiado sorprendente, puesto que ya hemos visto que la retroalimentación negativa reduce la dependencia de la ganancia total del amplificador de bucle cerrado de la ganancia de bucle abierto del amplificador básico. Entonces, grandes cambios en ganancia a bucle abierto (1000 a 100 en este caso) dan lugar a cambios correspondientes mucho menores en la ganancia a bucle cerrado.

Para ilustrar lo anterior, apliquemos retroalimentación negativa con $\beta = 0.01$ al amplificador cuya curva característica de transferencia de voltaje a bucle abierto se describe en la figura 8.3. La resultante curva característica de transferencia del amplificador de bucle cerrado se muestra en la figura 8.3 como la curva (b). Aquí la pendiente del segmento más pronunciado está dada por

$$A_{f1} = \frac{1000}{1 + 1000 \times 0.01} = 90.9$$

y la pendiente del siguiente segmento está dada por

$$A_{f2} = \frac{100}{1 + 100 \times 0.01} = 50$$

Entonces, el cambio en orden de magnitud en pendiente se ha reducido considerablemente. El precio pagado, desde luego, es una reducción en ganancia de voltaje. Así, si la ganancia total debe restablecerse, entonces debe agregarse un preamplificador que no debe presentar fuerte problema de distorsión no lineal, puesto que debe manejar señales más pequeñas.

Finalmente, debe observarse que la retroalimentación negativa no hace algo sobre la saturación del amplificador, ya que en saturación la ganancia es muy pequeña (casi cero) y por lo tanto la cantidad de retroalimentación también es muy pequeña (casi cero).

8.3 CUATRO TOPOLOGÍAS BÁSICAS DE RETROALIMENTACIÓN

Con base en la cantidad a ser amplificada (voltaje o corriente) y en la forma deseada de salida (voltaje o corriente), los amplificadores se pueden clasificar en cuatro categorías que se estudiaron en el capítulo 1. En lo que sigue, haremos un repaso de esta clasificación de amplificadores y señalaremos la topología de retroalimentación apropiada en cada caso.

Amplificadores de voltaje

Los amplificadores de voltaje tienen el propósito de amplificar una señal de voltaje de entrada y producir una señal de voltaje de salida. El amplificador de voltaje es esencialmente una fuente de voltaje controlada por voltaje. Es necesario que la impedancia de entrada sea alta y que la impedancia de salida sea baja. Como la fuente de señales es esencialmente una fuente de voltaje, es conveniente representarla en términos de un circuito equivalente de Thévenin. En un amplificador de voltaje, la cantidad de salida de interés es el voltaje de salida. Se deduce que la red de retroalimentación debe *tomar una muestra del voltaje* de salida. Del mismo modo, por la representación de Thévenin de la fuente, la señal de retroalimentación x_f debe ser un voltaje que se pueda *mezclar* con el voltaje de la fuente en *serie*.

Una topología adecuada de retroalimentación para el amplificador de voltaje es la de **mezcla en serie de muestra de voltaje** que se ilustra en la figura 8.4(a). Como se demostrará, esta topología no sólo estabiliza la ganancia de voltaje sino que también resulta en una resistencia de entrada más elevada (intuitivamente, un resultado de la conexión serie a la entrada) y una menor resistencia de salida (intuitivamente, un resultado de la conexión en paralelo a la salida), que son propiedades deseables para un amplificador de voltaje. La configuración de op amp no inversora de la figura E8.1 es un ejemplo de esta topología de retroalimentación. Finalmente, debe mencionarse que esta topología de retroalimentación también se conoce como **retroalimentación serie-paralelo**, donde "serie" se refiere a la conexión a la entrada y "paralelo" se refiere a la conexión a la salida.

Amplificadores de corriente

Aquí la señal de entrada es esencialmente una corriente, y por lo tanto la fuente de señales está más convenientemente representada por su equivalente de Norton. La cantidad de salida de interés es corriente, por lo que la red de retroalimentación debe *tomar una muestra* de la *corriente* de salida. La señal de retroalimentación debe ser en forma de corriente para que se pueda *mezclar en paralelo* con la corriente de la fuente. Entonces, la topología de retroalimentación apropiada para un amplificador de corriente es la topología de **mezcla en paralelo de muestreo de corriente** que se ilustra en la figura 8.4(b). Como se verá, esta topología no sólo estabiliza la ganancia de corriente sino que también resulta en una menor resistencia de entrada y más alta resistencia de salida, propiedades deseables para un amplificador de corriente.

En la figura 8.5 se ilustra un ejemplo de la topología de retroalimentación de mezcla en paralelo de muestreo de corriente. Nótese que los detalles de polarización no se muestran; también nótese que la corriente de la que se toma muestra no es la corriente de salida sino la corriente casi igual de Q_2. Esto se hace por conveniencia de diseño del circuito y es bastante común en circuitos en donde se toman muestras de corriente.

La dirección de referencia indicada en la figura 8.5 para la corriente de retroalimentación I_f es tal que se resta de I_s. Esta notación de referencia será seguida en todos los circuitos de este capítulo, ya que es consistente con la notación que se utiliza en la estructura general de retroalimentación de la figura 8.1. Por lo tanto, en todos los circuitos, para que la retroalimentación sea negativa, la ganancia $A\beta$ de bucle debe ser positiva. Pedimos al lector verifique que en el circuito de la figura 8.5, A y β sean negativas.

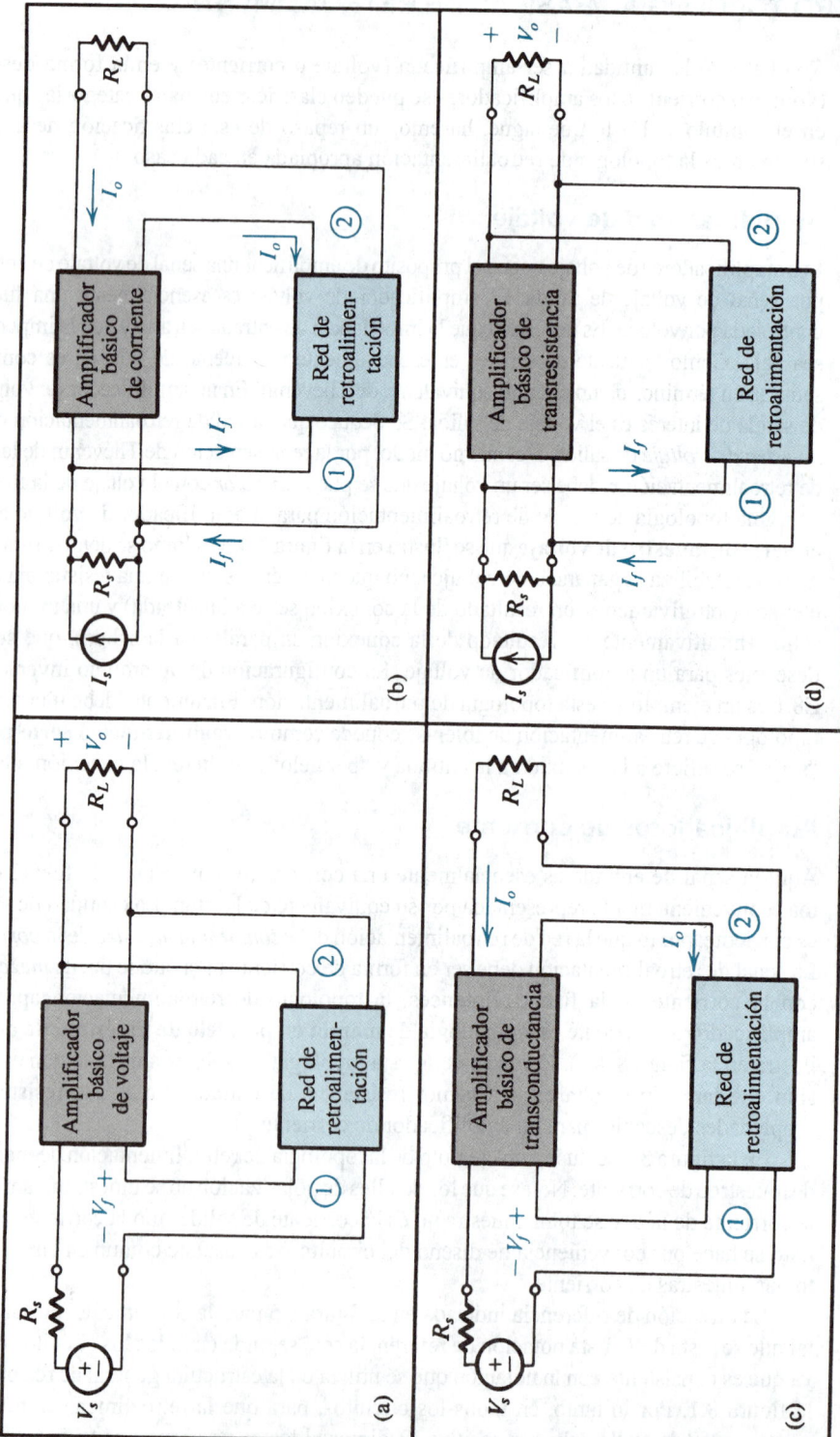

Fig. 8.4 Las cuatro topologías básicas de retroalimentación: **(a)** topología de mezcla en serie y toma de muestra de voltaje (serie-paralelo); **(b)** topología de mezcla en paralelo y toma de muestra de corriente (paralelo-serie); **(c)** topología de mezcla en serie y toma de muestra de corriente (serie-serie); **(d)** topología de mezcla en paralelo y toma de muestra de voltaje (paralelo-paralelo).

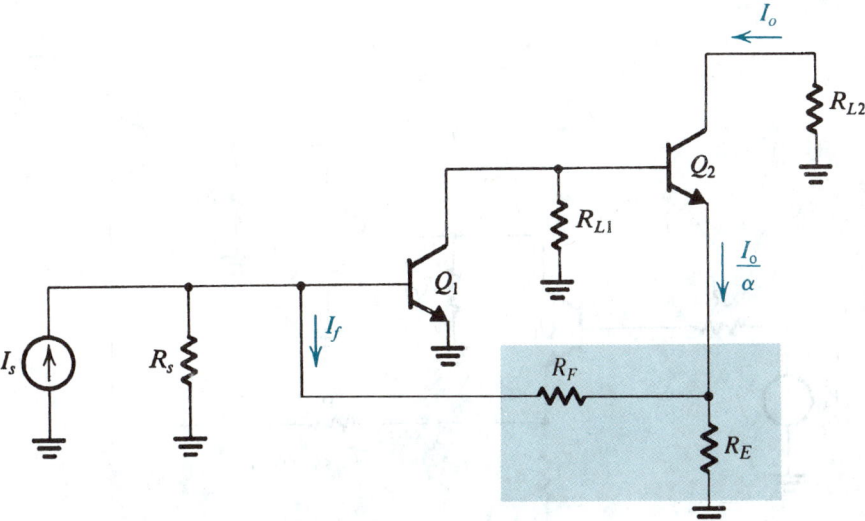

Fig. 8.5 Amplificador a transistores con retroalimentación paralelo-serie.

Es de la mayor importancia tener capacidad para expresar cualitativamente la polaridad de la retroalimentación (positiva o negativa). Esto se hace "siguiendo la señal alrededor del bucle". Por ejemplo, supongamos que aumenta la corriente I_s de la figura 8.5. Vemos que la corriente de la base de Q_1 aumentará, y por lo tanto su corriente de colector también aumentará. Esto hará que el voltaje de colector de Q_1 decrezca y, por lo tanto, decrecerá la corriente I_o del colector de Q_2. Entonces, la corriente de emisor de Q_2, I_o/α (en donde α es la ganancia de corriente de base común del BJT) decrece. De la red de retroalimentación vemos que si decrece I_o/α, entonces I_f (en la dirección que se muestra) aumentará. El aumento en I_f se restará de I_s, ocasionando que un menor incremento sea visto por el amplificador. Por lo tanto, la retroalimentación es negativa.

Finalmente, debemos mencionar que esta topología de retroalimentación también se conoce como **retraoalimentación paralelo-serie**. De nueva cuenta, la primera palabra del nombre (paralelo) se refiere a la conexión a la entrada, y la segunda palabra (serie) se refiere a la conexión a la salida.

Amplificadores de transconductancia

Aquí la señal de entrada es un voltaje y la señal de salida es una corriente. Se deduce que la topología apropiada de retroalimentación es la topología de **mezcla serie de muestreo de corriente**, que se ilustra en la figura 8.4(c).

En la figura 8.6 se ilustra un ejemplo de esta topología de retroalimentación. Aquí, nótese que al igual que en el circuito de la figura 8.5, la corriente de la que se toma muestra no es la corriente de salida sino la corriente casi igual del emisor de Q_3. Además, el bucle de mezcla no es convencional ni es una conexión simple en serie, puesto que la señal de retroalimentación desarrollada en R_{E1} está en el circuito del emisor de Q_1, mientras que la fuente está en el circuito de la base de Q_1. Estas dos aproximaciones se hacen para conveniencia de diseño del circuito.

Finalmente, debe mencionarse que la topología de retroalimentación de mezcla en serie de muestreo de corriente también se conoce como configuración de retroalimentación **serie-serie**.

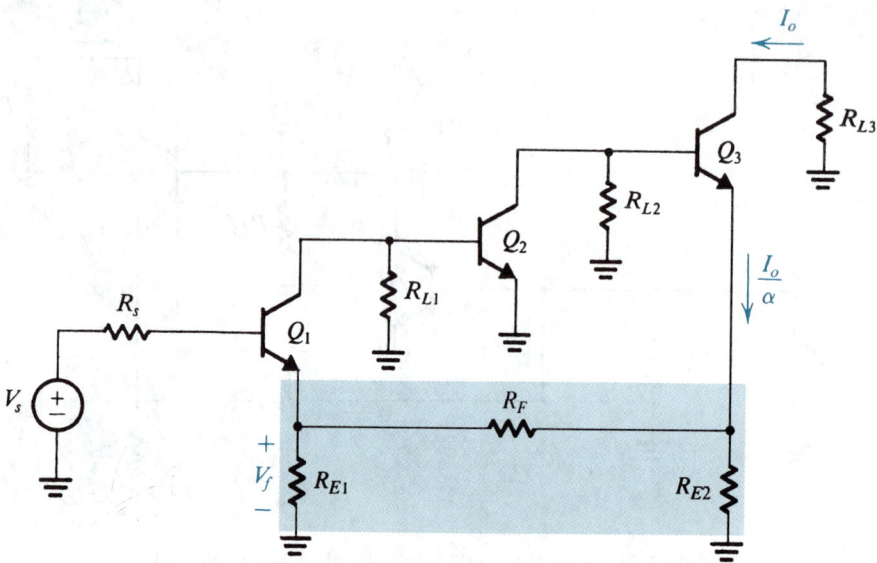

Fig. 8.6 Ejemplo de topología de retroalimentación serie-serie.

Amplificadores de transresistencia

Aquí, la señal de entrada es una corriente y la señal de salida es voltaje. Se deduce que la topología apropiada de retroalimentación es del tipo de **mezcla en paralelo de muestreo de voltaje**, como se muestra en la figura 8.4(d).

En la configuración de op amp inversora de la figura 8.7(a) se ilustra un ejemplo de esta topología de retroalimentación. El circuito se ha dibujado de otra forma en la figura 8.7(b) con la fuente convertida a la forma de Norton.

Esta topología de retroalimentación también se conoce como retroalimentación **paralelo-paralelo**.

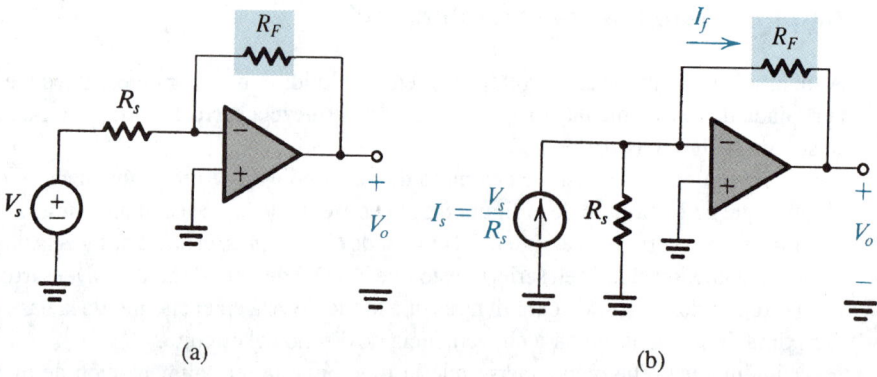

(a)   (b)

Fig. 8.7 Configuración inversora de op amp como ejemplo de retroalimentación paralelo-paralelo.

8.4 AMPLIFICADOR DE RETROALIMENTACIÓN EN SERIE-PARALELO

La situación ideal

En la figura 8.8(a) se ilustra la estructura ideal del amplificador de retroalimentación serie-paralelo. Consiste en un amplificador *unilateral* de bucle abierto (el circuito A) y una red ideal de retroalimentación de mezcla en serie de muestreo de voltaje (el circuito β). El circuito A tiene una resistencia de entrada R_i, una ganancia de voltaje A y una resistencia de salida R_o. Se supone que las resistencias de la fuente y la carga se han incluido dentro del circuito A (posteriormente diremos más sobre esto). Además, nótese que el circuito β *no* carga al circuito A, es decir, conectar el circuito β no cambia el valor de A (definida $A \equiv V_o/V_i$).

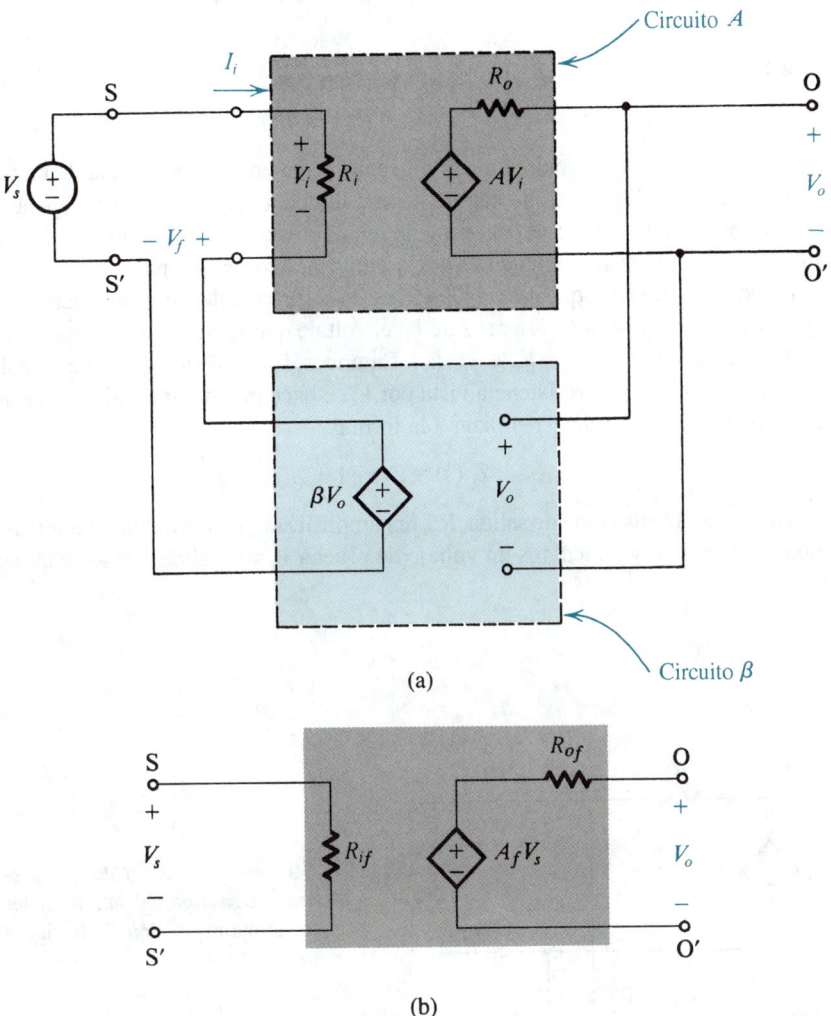

(a)

(b)

Fig. 8.8 Amplificador de retroalimentación serie-paralelo: **(a)** estructura ideal; **(b)** circuito equivalente.

El circuito de la figura 8.8(a) sigue exactamente al modelo de retroalimentación ideal de la figura 8.1. Por lo tanto, la ganancia de voltaje A_f del bucle cerrado está dada por

$$A_f \equiv \frac{V_o}{V_s} = \frac{A}{1 + A\beta}$$

Nótese que A y β tienen unidades recíprocas. De hecho, éste es siempre el caso, resultando en una ganancia de bucle $A\beta$ sin dimensiones.

En la figura 8.8(b) se ilustra el modelo de circuito equivalente del amplificador de retroalimentación serie-paralelo. Aquí, R_{if} y R_{of} denotan las resistencias de entrada y salida con retroalimentación. La relación entre R_{if} y R_i se puede establecer si se considera el circuito de la figura 8.8(a):

$$R_{if} \equiv \frac{V_s}{I_i} = \frac{V_s}{V_i/R_i}$$

$$= R_i \frac{V_s}{V_i} = R_i \frac{V_i + \beta A V_i}{V_i}$$

Entonces,

$$R_{if} = R_i(1 + A\beta) \tag{8.10}$$

Esto es, en este caso la retroalimentación negativa aumenta la resistencia de entrada en un factor igual a la cantidad de retroalimentación. Como la deducción anterior no depende del método de muestreo (paralelo o serie), se deduce que la relación entre R_{if} y R_i es una función sólo del método de mezcla; en secciones subsiguientes hablaremos más sobre este punto.

Nótese, sin embargo, que este resultado no es sorprendente y es físicamente intuitivo: como el voltaje de retroalimentación V_f se resta de V_s, el voltaje que aparece en los terminales de R_i, es decir, V_i, se hace muy pequeño $[V_i = V_s/(1 + A\beta)]$. Entonces, la corriente de entrada I_i se hace correspondientemente pequeña y la resistencia vista por V_s se hace grande. Por último, debemos señalar que la ecuación (8.10) se puede generalizar a la forma

$$Z_{if}(s) = Z_i(s)[1 + A(s)\beta(s)] \tag{8.11}$$

Para hallar la resistencia de salida, R_{of}, del amplificador de retroalimentación de la figura 8.8(a) reducimos V_s a cero y aplicamos un voltaje de prueba V_t a la salida, como se muestra en la figura 8.9,

$$R_{of} \equiv \frac{V_t}{I}$$

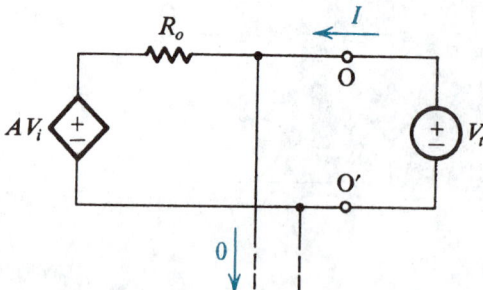

Fig. 8.9 Medición de la resistencia de salida del amplificador de retroalimentación de la figura 8.8(a): $R_{of} \equiv V_t/I$.

De la figura 8.9 podemos escribir

$$I = \frac{V_t - AV_i}{R_o}$$

y como $V_s = 0$ se concluye de la figura 8.8(a) que

$$V_i = -V_f = -\beta V_o = -\beta V_t$$

Entonces

$$I = \frac{V_t + A\beta V_t}{R_o}$$

que lleva a

$$R_{of} = \frac{R_o}{1 + A\beta} \tag{8.12}$$

Esto es, la retroalimentación negativa en este caso reduce la resistencia de salida en un factor igual a la cantidad de retroalimentación. Con un breve análisis podemos ver que la obtención de la ecuación (8.12) no depende del método de mezcla. Entonces, la relación entre R_{of} y R_o depende sólo del método de muestreo. De nueva cuenta, este resultado no es sorprendente y es físicamente intuitivo: como la retroalimentación toma una muestra del voltaje de salida V_o, actúa para estabilizar el valor de V_o, es decir, para reducir cambios en el valor de V_o, incluyendo cambios que pudieran ser ocasionados por cambiar la corriente tomada de los terminales de salida del amplificador. Esto, en efecto, significa que la retroalimentación de muestreo de voltaje reduce la resistencia de salida. Finalmente, observamos que la ecuación (8.12) se puede generalizar a

$$Z_{of}(s) = \frac{Z_o(s)}{1 + A(s)\beta(s)} \tag{8.13}$$

La situación práctica

En un amplificador práctico de retroalimentación serie-paralelo, la red de retroalimentación no será una fuente ideal de voltaje controlada por voltaje. Más bien, la red de retroalimentación suele ser pasiva y por lo tanto cargará al amplificador básico y de esta manera afecta los valores de A, R_i y R_o. Además, las resistencias de la fuente y de la carga afectarán estos tres parámetros. Por lo tanto, el problema que tenemos es como sigue: dado un amplificador de retroalimentación serie-paralelo representado por el diagrama a bloques de la figura 8.10(a), hallar el circuito A y el circuito β.

Nuestro problema esencialmente implica representar el amplificador de la figura 8.10(a) por la estructura ideal de la figura 8.8(a). Como primer paso hacia ese fin observamos que las resistencias de la fuente y la carga deben agruparse con el amplificador básico. Esto, junto con la representación de la red de retroalimentación de dos puertos en términos de sus parámetros h (véase el apéndice B), se ilustra en la figura 8.10(b). La opción de parámetros h está basada en el hecho de que éste es el único conjunto de parámetros que representa la red de retroalimentación por una red en serie en el puerto 1, y una red en paralelo en el puerto 2. Tal representación es obviamente conveniente en vista de la conexión serie en la entrada y la conexión paralelo a la salida.

Un examen del circuito de la figura 8.10(b) deja ver que la fuente de corriente $h_{21}I_1$ representa la transmisión hacia adelante de la red de retroalimentación. Como la red de retroalimenta-

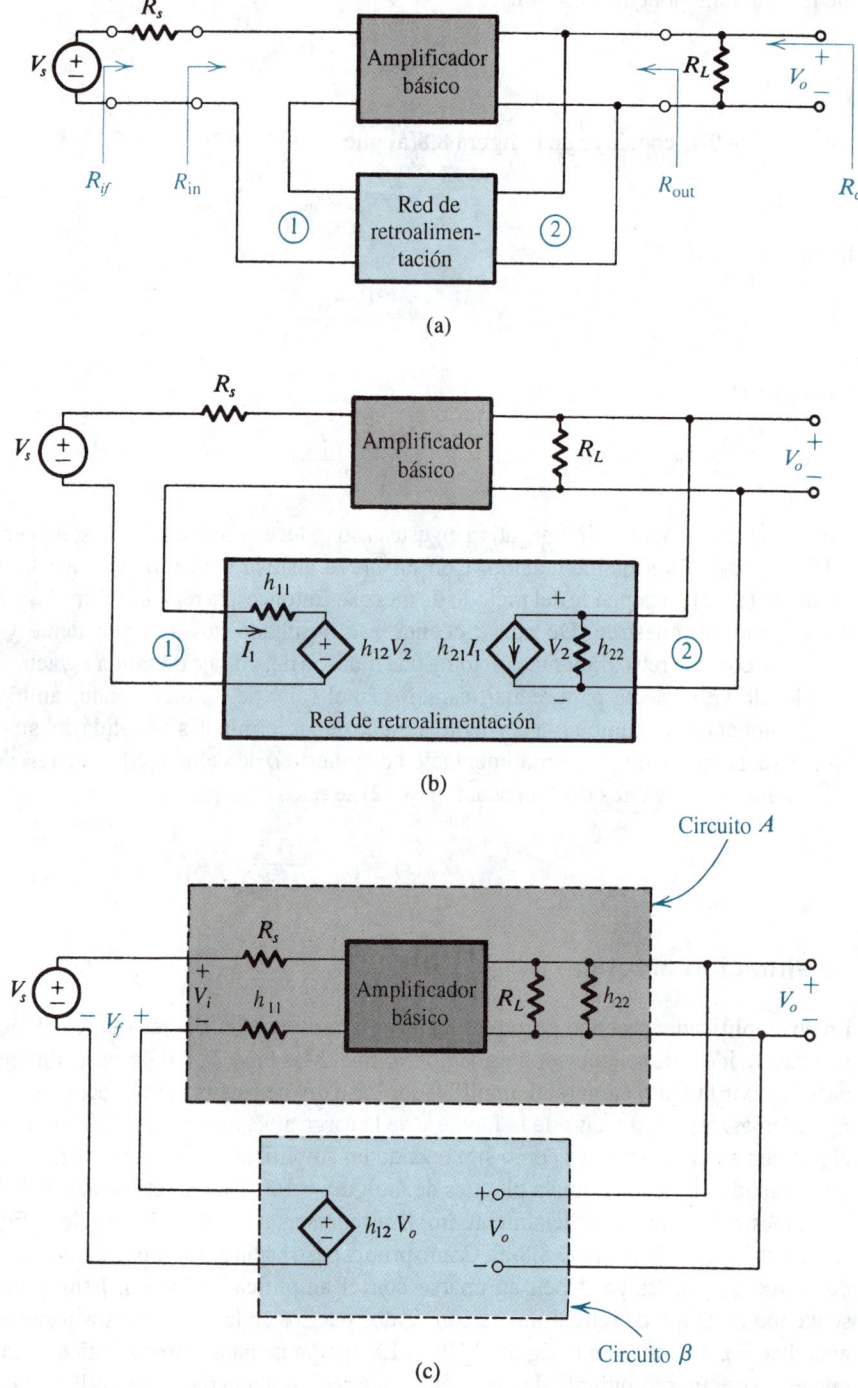

(a)

(b)

(c)

Fig. 8.10 Deducción del circuito A y circuito β para el amplificador de retroalimentación serie-paralelo. **(a)** Diagrama con bloques de un amplificador de retroalimentación práctico en serie-paralelo. **(b)** El circuito en (a) con la red de retroalimentación representada por sus parámetros h. **(c)** El circuito en (b) después de despreciar h_{21}.

ción suele ser pasiva, su transmisión hacia adelante se puede despreciar en comparación con la mayor transmisión hacia adelante del amplificador básico. Por lo tanto, supondremos que

$|h_{21}|_{\substack{\text{red de} \\ \text{retroalimentación}}} \ll |h_{21}|_{\substack{\text{amplificador} \\ \text{básico}}}$ y entonces omitimos por completo la fuente controlada $h_{21}I_1$.

Compare el circuito de la figura 8.10(b) (después de eliminar la fuente de corriente $h_{21}I_1$) con el circuito ideal de la figura 8.8(a). Vemos que al incluir h_{11} y h_{22} con el amplificador básico obtenemos el circuito que se muestra en la figura 8.10(c), que es muy semejante al circuito ideal. Ahora, si el amplificador básico es unilateral (o casi unilateral), situación que prevalece cuando

$$|h_{12}|_{\substack{\text{amplificador} \\ \text{básico}}} \ll |h_{12}|_{\substack{\text{red de} \\ \text{retroalimentación}}}$$

entonces el circuito de la figura 8.10(c) es equivalente (o aproximadamente equivalente) al circuito ideal. Se deduce por lo tanto que el circuito A se obtiene aumentando el amplificador básico a la entrada con la impedancia de la fuente R_s y la impedancia h_{11} de la red de retroalimentación, y aumentándolo a la salida con la impedancia de carga R_L y la admitancia h_{22} de la red de retroalimentación.

Concluimos que el efecto de carga de la red de retroalimentación sobre el amplificador básico está representado por los componentes h_{11} y h_{22}. De las definiciones de los parámetros h del apéndice B vemos que h_{11} es la impedancia que ve hacia el puerto 1 de la red de retroalimentación con el puerto 2 en cortocircuito. Como el puerto 2 de la red de retroalimentación está conectado en *paralelo* con el puerto de salida del amplificador, al poner en cortocircuito el puerto 2 se destruye la retroalimentación. Análogamente, h_{22} es la admitancia que ve hacia el puerto 2 de la red de retroalimentación con el puerto 1 en circuito abierto. Como el puerto 1 de la red de retroalimentación está conectado en *serie* con la entrada del amplificador, al abrir el circuito del puerto 1 se destruye la retroalimentación.

Estas observaciones sugieren una regla sencilla para hallar los efectos de carga de la red de retroalimentación sobre el amplificador básico: el efecto de carga se halla al ver en el puerto apropiado de la red de retroalimentación, mientras que el otro puerto está en circuito abierto o en cortocircuito de modo que se destruye la retroalimentación. Si la conexión es en paralelo, ponemos el puerto en cortocircuito; si es en serie, abrimos el circuito. En las secciones 8.5 y 8.6 se verá que esta sencilla regla se aplica también a las otras tres topologías de retroalimentación.[1]

A continuación consideremos la determinación de β. De la figura 8.10(c) vemos que β es igual a h_{12} de la red de retroalimentación,

$$\beta = h_{12} \equiv \left. \frac{V_1}{V_2} \right|_{I_1 = 0}$$

Entonces, para medir β, se aplica un voltaje al puerto 2 de la red de retroalimentación y se mide el voltaje que aparece en el puerto 1 mientras que este último puerto está en circuito abierto. Este resultado es intuitivamente interesante porque el objeto de la red de retroalimentación es tomar una muestra del voltaje de salida ($V_2 = V_o$) y producir una señal de voltaje ($V_1 = V_f$) que se mezcla en serie con la fuente de entrada. La conexión serie a la entrada sugiere que (como en el caso de hallar los efectos de carga de la red de retroalimentación) β debe hallarse con el puerto 1 a circuito abierto.

---

[1] Una regla sencilla de recordar es: si la conexión es paralela, ponerla en corto; si es *serie*, cortarla.

Resumen

En la figura 8.11 aparece un resumen de las reglas para hallar el circuito A y β para un amplificador de retroalimentación serie-paralelo dado, de la forma de la figura 8.10(a). En cuanto al uso de las fórmulas de retroalimentación de las ecuaciones (8.10) y (8.12) para determinar las resistencias de entrada y salida, es importante tomar nota que:

1. R_i y R_o son las resistencias de entrada y salida, respectivamente, del circuito A de la figura 8.11(a).

2. R_{if} y R_{of} son las resistencias de entrada y salida, respectivamente, del amplificador de retroalimentación, *incluyendo* R_s y R_L [véase la figura 8.10(a)].

3. Las resistencias reales de entrada y salida del amplificador de retroalimentación suelen excluir R_s y R_L. Estas resistencias están denotadas por R_{en} y R_{sal} en la figura 8.10(a) y se pueden determinar fácilmente como

$$R_{en} = R_{if} - R_s$$

$$R_{sal} = 1 \left/ \left(\frac{1}{R_{of}} - \frac{1}{R_L} \right) \right.$$

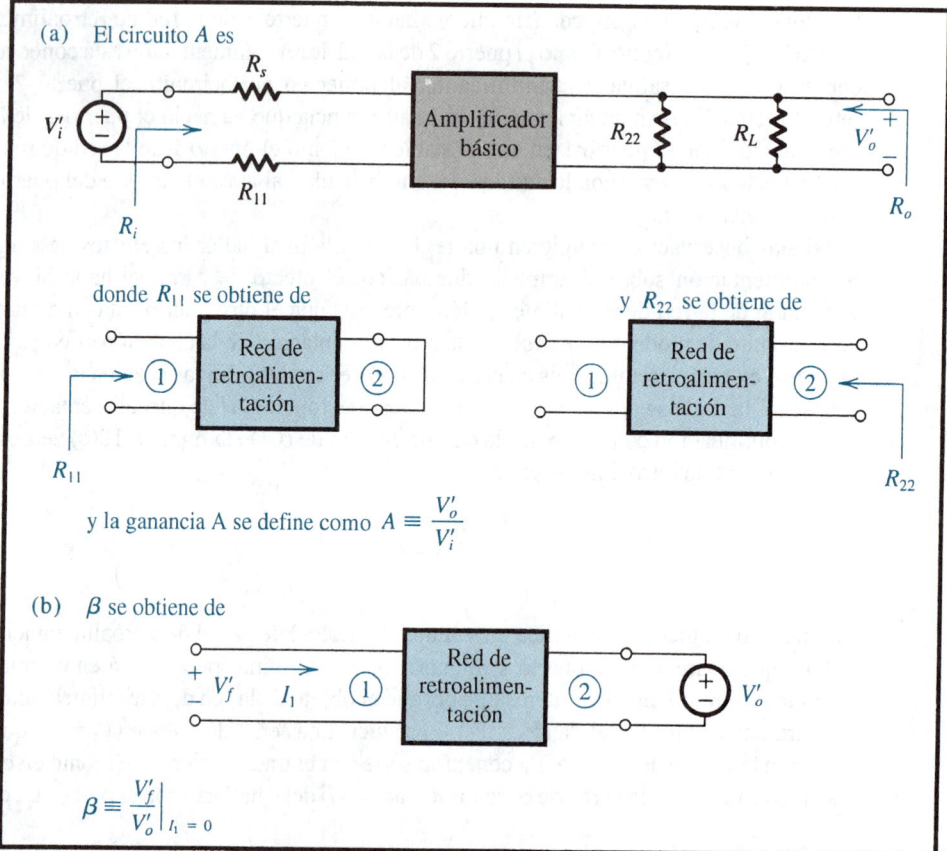

(a) El circuito A es

donde R_{11} se obtiene de

y R_{22} se obtiene de

y la ganancia A se define como $A \equiv \dfrac{V'_o}{V'_i}$

(b) β se obtiene de

$$\beta \equiv \left. \frac{V'_f}{V'_o} \right|_{I_1 = 0}$$

Fig. 8.11 Resumen de las reglas para hallar el circuito A y β para el caso de mezcla en serie y toma de muestra de voltaje de la figura 8.10(a).

EJEMPLO 8.1

En la figura 8.12(a) se ilustra un op amp conectado en la configuración no inversora. El op amp tiene una ganancia μ a bucle abierto, una resistencia diferencial de entrada R_{id}, y una resistencia de salida r_o. Recordemos que en nuestro análisis de circuitos con op-amp del capítulo 2, despreciamos los efectos de R_{id} (que supusimos infinitos) y de r_o (que supusimos iguales a cero). Aquí deseamos usar el método de retroalimentación para analizar el circuito tomando en cuenta R_{id} y r_o. Encuentre expresiones para A, β, la ganancia bucle cerrado V_o/V_s, la resistencia de entrada R_{en} (véase la figura 8.12a) y la resistencia de salida R_{sal}. También encuentre valores numéricos, dado que $\mu = 10^4$, $R_{id} = 100$ kΩ, $r_o = 1$ kΩ, $R_L = 2$ kΩ, $R_1 = 1$ kΩ, $R_2 = 1$ MΩ y $R_s = 10$ kΩ.

SOLUCIÓN

Observemos que la red de retroalimentación consta de R_2 y R_1. Esta red toma una muestra del voltaje de salida V_o y produce una señal de voltaje (en paralelo con R_1) que se mezcla en serie con la fuente de entrada V_s.

El circuito A se puede obtener fácilmente si se siguen las reglas de la figura 8.11, y se muestra en la figura 8.12(b). Para este circuito podemos escribir por inspección

$$A \equiv \frac{V_o'}{V_i'} = \mu \frac{[R_L//(R_1 + R_2)]}{[R_L//(R_1 + R_2)] + r_o} \frac{R_{id}}{R_{id} + R_s + (R_1//R_2)}$$

Para los valores dados, encontramos que $A \simeq 6000$ V/V.

El circuito para obtener β se muestra en la figura 8.12(c), del cual obtenemos

$$\beta \equiv \frac{V_f'}{V_o'} = \frac{R_1}{R_1 + R_2} \simeq 10^{-3} \text{ V/V}$$

La ganancia de voltaje con retroalimentación se obtiene ahora como

$$A_f \equiv \frac{V_o}{V_s} = \frac{A}{1 + A\beta} = \frac{6000}{7} = 857 \text{ V/V}$$

La resistencia de entrada R_{if} determinada por las ecuaciones de retroalimentación es la resistencia vista por la fuente externa (véase la figura 8.12a), y está dada por

$$R_{if} = R_i(1 + A\beta)$$

donde R_i es la resistencia de entrada del circuito A de la figura 8.12(b):

$$R_i = R_s + R_{id} + (R_1//R_2)$$

Para los valores dados, $R_i \simeq 111$ kΩ, resultando

$$R_{if} = 111 \times 7 = 777 \text{ kΩ}$$

Ésta, sin embargo, no es la resistencia pedida. La que se requiere es R_{en}, indicada en la figura 8.12(a). Para obtener R_{en} restamos R_s de R_{if}:

$$R_{en} = R_{if} - R_s$$

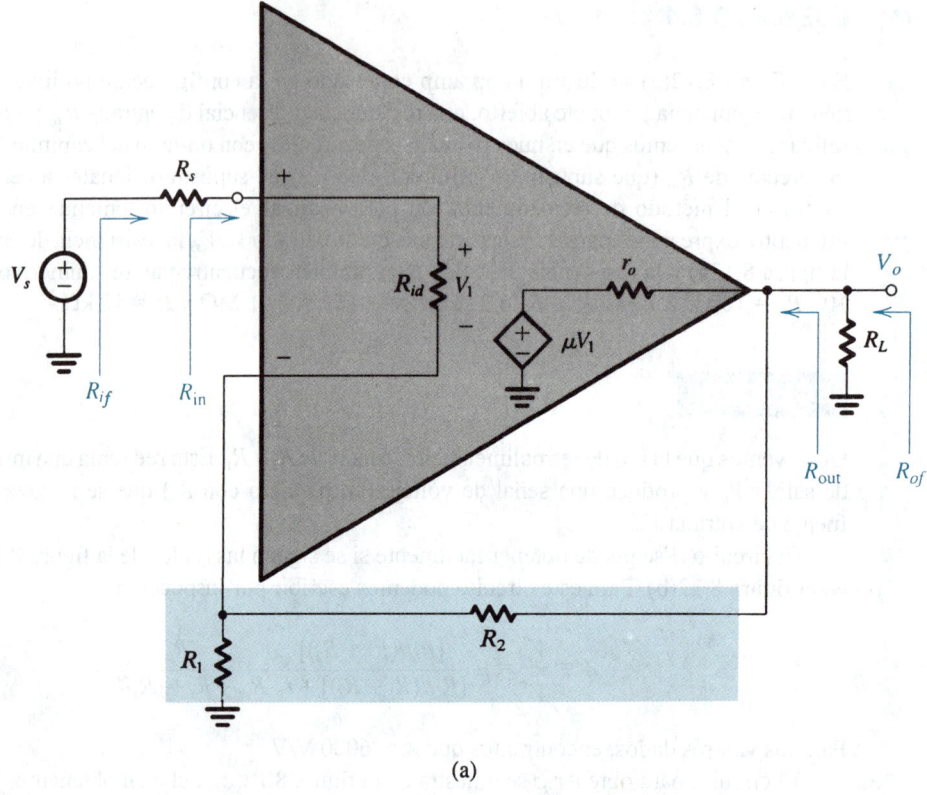

(a)

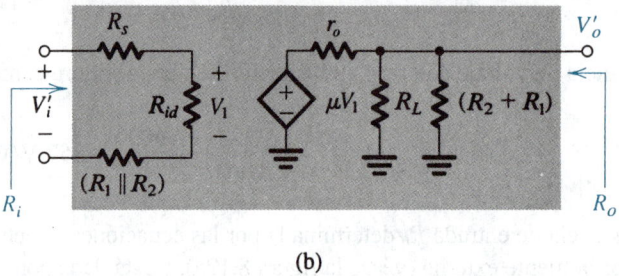

(b)

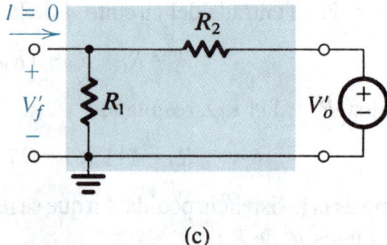

(c)

Fig. 8.12 Circuitos para el ejemplo 8.1.

Para los valores dados, $R_{en} = 739 \text{ k}\Omega$. La resistencia R_{of} dada por las ecuaciones de retroalimentación es la resistencia de salida del amplificador de retroalimentación, incluyendo la resistencia de carga R_L, como se indica en la figura 8.12(a). R_{of} está dada por

$$R_{of} = \frac{R_o}{1 + A\beta}$$

donde R_o es la resistencia de salida del circuito A. R_o se puede obtener por inspección de la figura 8.12(b) como

$$R_o = r_o // R_L // (R_2 + R_1)$$

Para los valores dados, $R_o \simeq 667 \text{ }\Omega$, y

$$R_{of} = \frac{667}{7} = 95.3 \text{ }\Omega$$

La resistencia pedida, R_{sal}, es la resistencia de salida del amplificador de retroalimentación excluyendo R_L. De la figura 8.12(a) vemos que

$$R_{of} = R_{sal} // R_L$$

Entonces

$$R_{sal} \simeq 100 \text{ }\Omega$$

Ejercicios

8.4 Si el op amp del ejemplo 8.1 tiene una atenuación uniforme de alta frecuencia de –6 dB/octava con $f_{3\text{dB}} = 1$ kHz, encuentre la frecuencia de 3 dB de la ganancia V_o/V_s de bucle cerrado.

Resp. 7 kHz

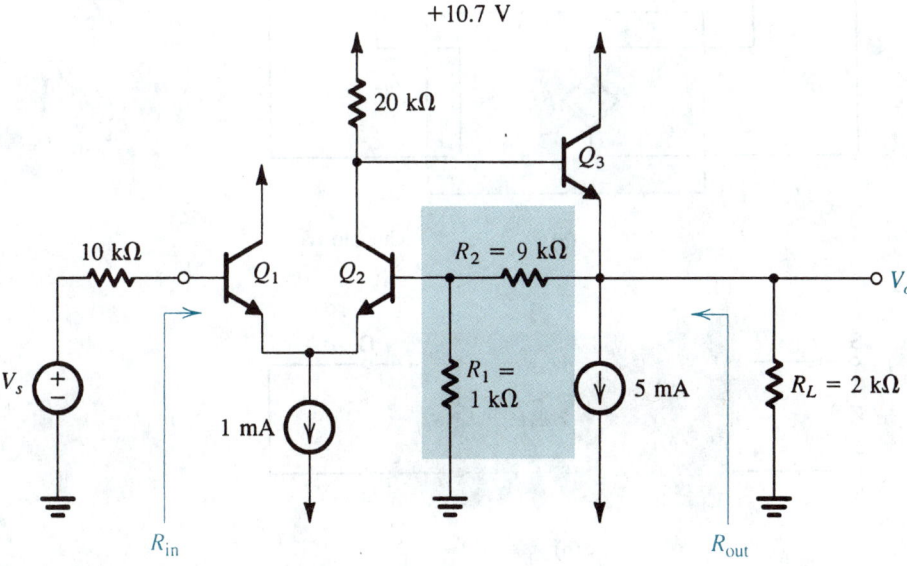

Fig. E8.5

8.5 El circuito que se muestra en la figura E8.5 consta de una etapa diferencial precedida de un seguidor de emisor, con retroalimentación serie-paralelo suministrada por los resistores R_1 y R_2. Si se supone que la componente de cd de V_s es cero, y que la β de los BJT es muy alta, encuentre la corriente de cd de operación de cada uno de los tres transistores y demuestre que el voltaje de cd a la salida es aproximadamente cero. Entonces encuentre los valores de A, β, $A_f \equiv V_o/V_s$, R_{en} y R_{sal}. Suponga que los transistores tienen $\beta = 100$.

Resp.   85.7 V/V; 0.1 V/V; 8.96 V/V; 191 kΩ; 19.1 Ω

8.5   AMPLIFICADOR DE RETROALIMENTACIÓN EN SERIE-SERIE

El caso ideal

Como se mencionó en la sección 8.3, la topología de retroalimentación en serie-serie estabiliza I_o/V_s y está, por lo tanto, mejor adaptada para amplificadores de transconductancia. En la figura 8.13(a) se ilustra la estructura ideal para el amplificador de retroalimentación serie-serie. Consta de un amplificador unilateral de bucle abierto (el circuito A) y una red de retroalimentación ideal. Nótese que en este caso A es una transconductancia,

$$A \equiv \frac{I_o}{V_i} \tag{8.14}$$

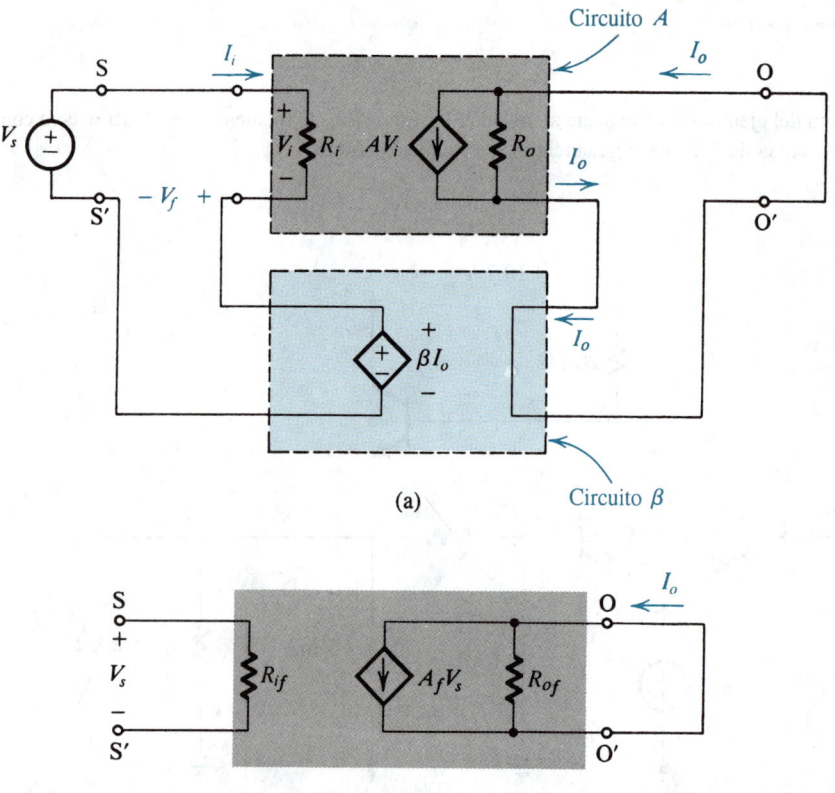

(a)

(b)

Fig. 8.13   El amplificador de retroalimentación serie-serie: **(a)** estructura ideal; **(b)** circuito equivalente.

mientras que β es una transresistencia. Entonces la ganancia de bucle $A\beta$ permanece una cantidad sin dimensiones, como debe ser.

En la estructura ideal de la figura 8.13(a), las resistencias de la carga y la fuente han sido absorbidas dentro del circuito A, y el circuito β no carga al circuito A. Así, el circuito sigue el modelo de retroalimentación ideal de la figura 8.1, y podemos escribir

$$A_f \equiv \frac{I_o}{V_s} = \frac{A}{1 + A\beta} \tag{8.15}$$

Esta transconductancia con retroalimentación está incluida en el modelo de circuito equivalente del amplificador de retroalimentación, que se muestra en la figura 8.13(b). En este modelo, R_{if} es la resistencia de entrada con retroalimentación. Usando un análisis semejante al de la sección 8.4, podemos demostrar que

$$R_{if} = R_i(1 + A\beta) \tag{8.16}$$

Esta relación es idéntica a la obtenida en el caso de retroalimentación serie-paralelo. Esto confirma nuestra anterior observación de que la relación entre R_{if} y R_i es una función sólo del método de mezcla. La mezcla en serie, por lo tanto, siempre aumenta la resistencia de entrada.

Para hallar la resistencia de salida R_{of} del amplificador de retroalimentación serie-serie de la figura 8.13(a), reducimos V_s a cero y abrimos el circuito de salida para aplicar una corriente de prueba I_t, como se muestra en la figura 8.14:

$$R_{of} \equiv \frac{V}{I_t} \tag{8.17}$$

En este caso, $V_i = -V_f = -\beta I_o = -\beta I_t$. Entonces, para el circuito de la figura 8.14, obtenemos

$$V = (I_t - AV_i)R_o = (I_t + A\beta I_t)R_o$$

De donde

$$R_{of} = (1 + A\beta)R_o \tag{8.18}$$

Esto es, en este caso, la retroalimentación negativa aumenta la resistencia de salida. Esto debe haberse esperado, puesto que la retroalimentación negativa trata de hacer I_o constante a pesar de los cambios en el voltaje de salida, lo cual significa una incrementada resistencia de salida. Este resultado también confirma nuestra anterior observación; la relación entre R_{of} y R_o es una función sólo del método de muestreo. Mientras que la toma de muestra de voltaje (paralelo) reduce la resistencia de salida, la toma de muestra de corriente (serie) la aumenta.

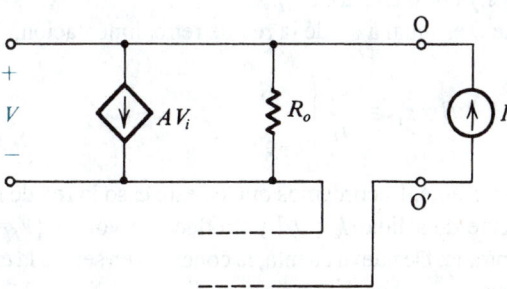

Fig. 8.14 Medición de la resistencia de salida R_{of} del amplificador de retroalimentación serie-serie.

El caso práctico

En la figura 8.15(a) se ilustra un diagrama de bloques para un amplificador práctico de retroalimentación serie-serie. Para tener capacidad para aplicar las ecuaciones de retroalimentación a este amplificador, tenemos que representarlo por la estructura ideal de la figura 8.13(a). Nuestro objetivo, por lo tanto, es idear un método sencillo para hallar A y β. Observe la definición de la resistencia de entrada del amplificador R_{en} y la resistencia de salida R_{sal}. Es importante observar que éstas son diferentes de R_{if} y R_{of}, que están dete. ninadas por las ecuaciones de retroalimentación, como veremos claramente en breve.

El amplificador serie-serie de la figura 8.15(a) se dibuja de otra forma en la figura 8.15(b) con R_s y R_L mostradas más cerca del amplificador básico, y la red de retroalimentación de dos puertos representados por sus parámetros z (apéndice B). Este conjunto de parámetros se ha seleccionado porque es el único que proporciona una representación de la red de retroalimentación con un circuito serie a la entrada y un circuito serie a la salida. Esto es obviamente conveniente en vista de las conexiones serie a la entrada y salida. La resistencia de entrada y salida con retroalimentación, R_{if} y R_{of}, están indicadas en el diagrama.

Como hemos hecho en el caso del amplificador serie-paralelo, supondremos que la transmisión hacia adelante a través de la red de retroalimentación es despreciable comparada con la que pasa por el amplificador básico, esto es, la condición

$$|z_{21}|_{\substack{\text{red de} \\ \text{retroalimentación}}} \ll |z_{21}|_{\substack{\text{amplificador} \\ \text{básico}}}$$

se satisface. Entonces podemos hacer caso omiso de la fuente de voltaje $z_{21}I_1$ de la figura 8.15(b). Al hacer esto y dibujar de otra forma el circuito para incluir z_{11} y z_{22} con el amplificador básico, resulta el circuito de la figura 8.15(c). Ahora, si el amplificador básico es unilateral (o casi unilateral), se obtiene esta situación cuando

$$|z_{12}|_{\substack{\text{amplificador} \\ \text{básico}}} \ll |z_{12}|_{\substack{\text{red de} \\ \text{retroalimentación}}}$$

entonces el circuito de la figura 8.15(c) es equivalente (o casi equivalente) al circuito ideal de la figura 8.13(a).

Se deduce que el circuito A está compuesto del amplificador básico aumentado a la entrada con R_s y z_{11} y aumentado a la salida con R_L y z_{22}. Como z_{11} y z_{22} son las impedancias que ven hacia los puertos 1 y 2, respectivamente, de la red de retroalimentación con el otro puerto en circuito abierto, vemos que hallar los efectos de carga de la red de retroalimentación en el amplificador básico sigue la regla formulada en la sección 8.4. Esto es, vemos en un puerto de la red de retroalimentación mientras el otro puerto está en circuito abierto o en cortocircuito para destruir la retroalimentación (abierto en serie y corto en paralelo).

De la figura 8.15(c) vemos que β es igual a z_{12} de la red de retroalimentación,

$$\beta = z_{12} \equiv \left. \frac{V_1}{I_2} \right|_{I_1 = 0} \tag{8.19}$$

Este resultado es intuitivamente interesante. Recordemos que en este caso la red de retroalimentación toma una muestra de la corriente de salida $[I_2 = I_o]$ y produce un voltaje $[V_f = V_1]$ que está mezclado en serie con la fuente de entrada. De nueva cuenta, la conexión en serie a la entrada sugiere que β se mide con el puerto 1 abierto.

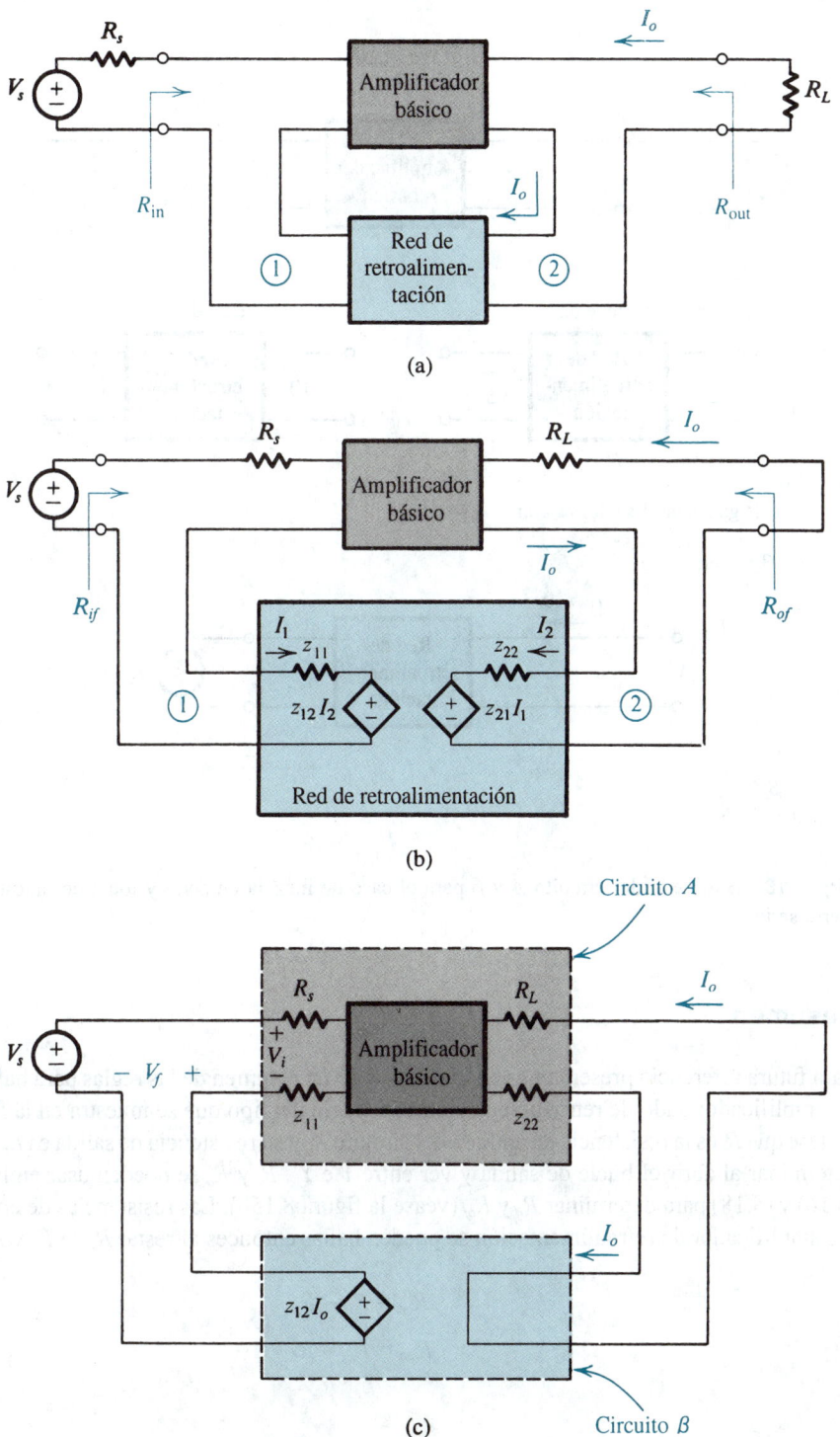

Fig. 8.15 Deducción del circuito A y el circuito β para amplificadores de retroalimentación serie-serie. **(a)** Un amplificador de retroalimentación serie-serie. **(b)** El circuito de (a) con la red de retroalimentación representada por sus parámetros z. **(c)** Otra forma de dibujar el circuito en (b) después de despreciar z_{21}.

(a)   El circuito A es

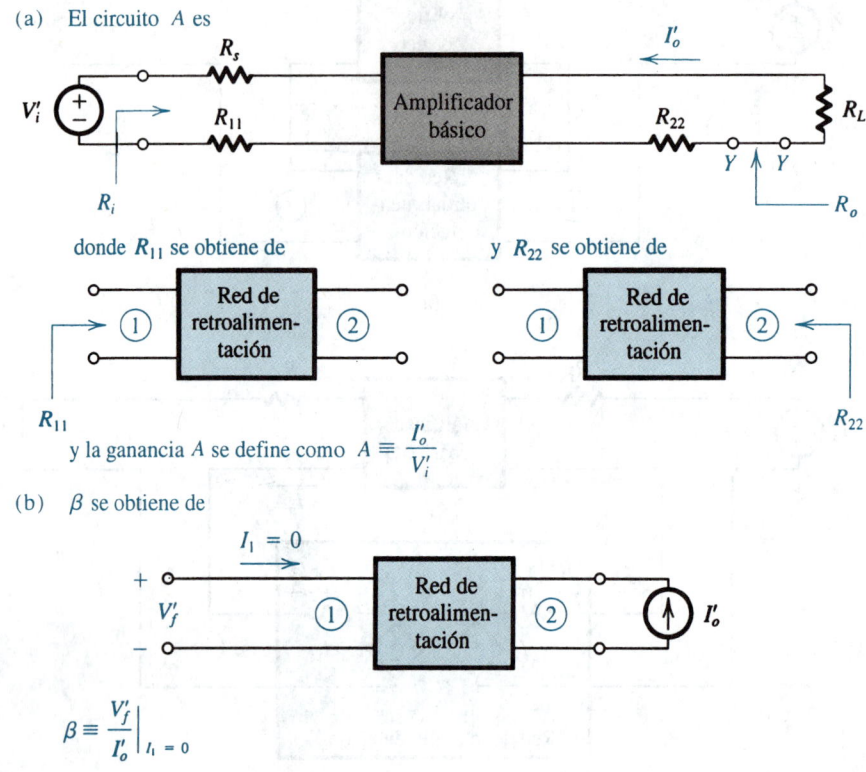

donde R_{11} se obtiene de   y R_{22} se obtiene de

R_{11} R_{22}

y la ganancia A se define como $A \equiv \dfrac{I'_o}{V'_i}$

(b) β se obtiene de

$$\beta \equiv \left.\frac{V'_f}{I'_o}\right|_{I_1 = 0}$$

Fig. 8.16   Búsqueda del circuito A y β para el caso de mezcla en serie y toma de muestra de corriente (serie-serie).

Resumen

Para futura referencia presentamos en la figura 8.16 un resumen de las reglas para hallar A y β para un amplificador dado de retroalimentación serie-serie del tipo que se muestra en la figura 8.15(a). Nótese que R_i es la resistencia de entrada del circuito A, y su resistencia de salida es R_o, que se puede determinar al abrir el bucle de salida y ver entre Y e Y'. R_i y R_o se pueden usar en las ecuaciones (8.16) y (8.18) para determinar R_{if} y R_{of} (véase la figura 8.15b). Las resistencias de entrada y salida del amplificador de retroalimentación se pueden hallar entonces al restar R_s de R_{if} y R_L de R_{of}

$$R_{en} = R_{if} - R_s$$

$$R_{sal} = R'_{of} - R_L$$

EJEMPLO 8.2

Debido a que la retroalimentación negativa amplía el ancho de banda del amplificador, se le utiliza comúnmente en el diseño de amplificadores de banda ancha. Uno de estos amplificadores es el

MC1553. Parte del circuito del MC1553 se ilustra en la figura 8.17(a). El circuito que se muestra (denominado *retroalimentación triple*) está compuesto de tres etapas de ganancia con retroalimentación serie-serie producida por la red compuesta de R_{E1}, R_F y R_{E2}. Suponga que el circuito de polarización, que no se muestra, hace $I_{C1} = 0.6$ mA, $I_{C2} = 1$ mA e $I_{C3} = 4$ mA. Usando estos valores y suponiendo que $h_{fe} = 100$ y $r_o = \infty$, encuentre la ganancia A de bucle abierto, el factor β de retroalimentación, la ganancia de bucle cerrado $A_f \equiv I_o/V_s$, la ganancia de voltaje V_o/V_s, la resistencia de entrada $R_{en} = R_{if}$, y la resistencia de salida R_{of} (entre los nodos Y e Y', como se indica). Ahora, si r_o de Q_3 es 25 kΩ, estime un valor aproximado de la resistencia de salida R_{sal}.

SOLUCIÓN

Al utilizar las reglas de carga dadas en la figura 8.16, obtenemos el circuito A que se ilustra en la figura 8.17(b). Para hallar $A \equiv I_o'/V_i'$ primero determinamos la ganancia de la primera etapa. Esto se puede escribir por inspección como

$$\frac{V_{c1}}{V_i'} = \frac{-\alpha_1 (R_{C1}//r_{\pi2})}{r_{e1} + [R_{E1}//(R_F + R_{E2})]}$$

Como Q_1 está polarizado a 0.6 mA, $r_{e1} = 41.7\ \Omega$. El transistor Q_2 está polarizado a 1 mA; entonces $r_{\pi2} = h_{fe}/g_{m2} = 100/40 = 2.5$ kΩ. Al sustituir estos valores junto con $\alpha_1 = 0.99$, $R_{C1} = 9$ kΩ, $R_{E1} = 100\ \Omega$, $R_F = 640\ \Omega$ y $R_{E2} = 100\ \Omega$ resulta

$$\frac{V_{c1}}{V_i'} = -14.92\ \text{V/V}$$

A continuación determinamos la ganancia de la segunda etapa, que se puede escribir por inspección como (nótese que $V_{b2} = V_{c1}$)

$$\frac{V_{c2}}{V_{c1}} = -g_{m2}\{R_{C2}//(h_{fe} + 1)[r_{e3} + (R_{E2}//(R_F + R_{E1}))]\}$$

Al sustituir $g_{m2} = 40$ mA/V, $R_{C2} = 5$ kΩ, $h_{fe} = 100$, $r_{e3} = 25/4 = 6.25\ \Omega$, $R_{E2} = 100\ \Omega$, $R_F = 640\ \Omega$ y $R_{E1} = 100\ \Omega$, resulta

$$\frac{V_{c2}}{V_{c1}} = -131.2\ \text{V/V}$$

Finalmente, para la tercera etapa podemos escribir por inspección

$$\frac{I_o'}{V_{c2}} = \frac{I_{e3}}{V_{b3}} = \frac{1}{r_{e3} + (R_{E2}//(R_F + R_{E1}))}$$

$$= \frac{1}{6.25 + (100//740)} = 10.6\ \text{mA/V}$$

Al combinar las ganancias de las tres etapas resulta

$$A \equiv \frac{I_o'}{V_i'} = -14.92 \times -131.2 \times 10.6 \times 10^{-3}$$

$$= 20.7\ \text{A/V}$$

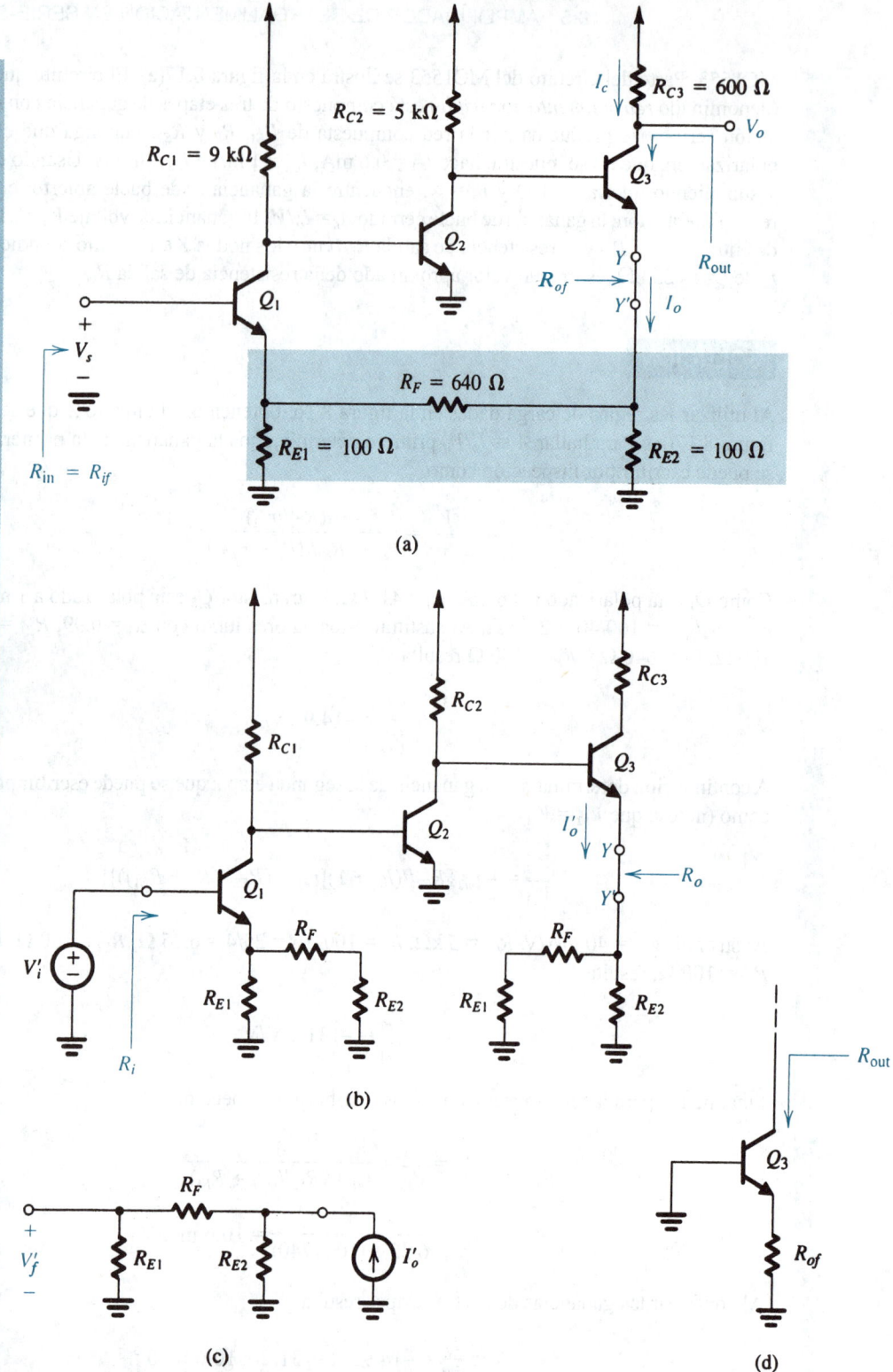

Fig. 8.17 Circuitos para el ejemplo 8.2.

El circuito para determinar el factor de retroalimentación β se muestra en la figura 8.17(c), de la cual encontramos

$$\beta \equiv \frac{V_f'}{I_o'} = \frac{R_{E2}}{R_{E2} + R_F + R_{E1}} \times R_{E1}$$

$$= \frac{100}{100 + 640 + 100} \times 100 = 11.9 \ \Omega$$

La ganancia A_f de bucle cerrado se puede encontrar de

$$A_f \equiv \frac{I_o}{V_s} = \frac{A}{1 + A\beta}$$

$$= \frac{20.7}{1 + 20.7 \times 11.9} = 83.7 \text{ mA/V}$$

La ganancia de voltaje se encuentra de

$$\frac{V_o}{V_s} = \frac{-I_c R_{C3}}{V_s} \simeq -A_f R_{C3}$$

$$= -83.7 \times 10^{-3} \times 600 = -50.2 \text{ V/V}$$

La resistencia de entrada del amplificador de retroalimentación está dada por

$$R_{if} = R_i(1 + A\beta)$$

donde R_i es la resistencia de entrada del circuito A. El valor de R_i se puede hallar del circuito de la figura 8.17(b) como sigue:

$$R_i = (h_{fe} + 1)[r_{e1} + (R_{E1}//(R_F + R_{E2}))]$$
$$= 13.65 \text{ k}\Omega$$

Entonces,

$$R_{if} = 13.65(1 + 20.5 \times 11.9) = 3.34 \text{ M}\Omega$$

Para hallar la resistencia de salida R_o del circuito A en la figura 8.17(b), abrimos el circuito entre Y e Y'. La resistencia que ve entre estos dos nodos se puede hallar que es

$$R_o = [R_{E2}//(R_F + R_{E1})] + r_{e3} + \frac{R_{C2}}{h_{fe} + 1}$$

que, para los valores dados, produce $R_o = 143.9 \ \Omega$. La resistencia de salida R_{of} del amplificador de retroalimentación se puede hallar ahora como

$$R_{of} = R_o(1 + A\beta) = 143.9(1 + 20.7 \times 11.9) = 35.6 \text{ k}\Omega$$

Nótese que la retroalimentación estabiliza la corriente de emisor de Q_3, y entonces la resistencia de salida que está determinada por la fórmula de retroalimentación es la resistencia del bucle del emisor (es decir, entre Y e Y'), que acabamos de encontrar, y no la resistencia que ve hacia el colector[2] de Q_3. Esto es porque la resistencia de salida r_o de Q_3 está en efecto fuera del bucle de retroalimentación.

---

[2] Este importante punto fue llevado a la atención de los autores por Gordon Roberts (véase Roberts y Sedra, 1992).

Sin embargo, podemos usar el valor de R_{of} para obtener un valor aproximado para R_{sal}. Para hacer esto, suponemos que el efecto de la retroalimentación es poner una resistencia R_{of} (35.6 kΩ) en el emisor de Q_3, y hallar la resistencia de salida del circuito equivalente que se muestra en la figura 8.17(d). Usando la ecuación (6.78), R_{sal} se puede hallar como

$$R_{sal} \cong r_o[1 + g_{m3}(R_{of}//r_{\pi3})] = 25[1 + 100(35.6//1)] = 2.5 \text{ MΩ}$$

Entonces, la resistencia de salida del colector aumenta, pero no en $(1 + A\beta)$.

Ejercicio

8.6 Reconsidere el circuito de la figura 8.17(a), esta vez con el voltaje de salida tomado en el emisor de Q_3. En este caso, la retroalimentación se puede considerar ser del tipo de mezcla en serie de toma de muestra de voltaje, pero nótese que la ganancia de bucle permanece sin cambio. Encuentre el valor de $A \equiv V'_{e3}/V'_i$, $A_f \equiv V_{e3}/V_s$ y la resistencia de salida.

Resp.   1827 V/V; 7.4 V/V; 0.14 Ω

8.6   AMPLIFICADORES CON RETROALIMENTACIÓN EN PARALELO-PARALELO Y PARALELO-SERIE

En esta sección ampliaremos, sin prueba, el método de las secciones 8.4 y 8.5 a las dos topologías de retroalimentación restantes.

La configuración en paralelo-paralelo

En la figura 8.18 se ilustra la estructura ideal para un amplificador de retroalimentación en paralelo-paralelo. Aquí el circuito A tiene una resistencia de entrada R_i, una transresistencia A, y

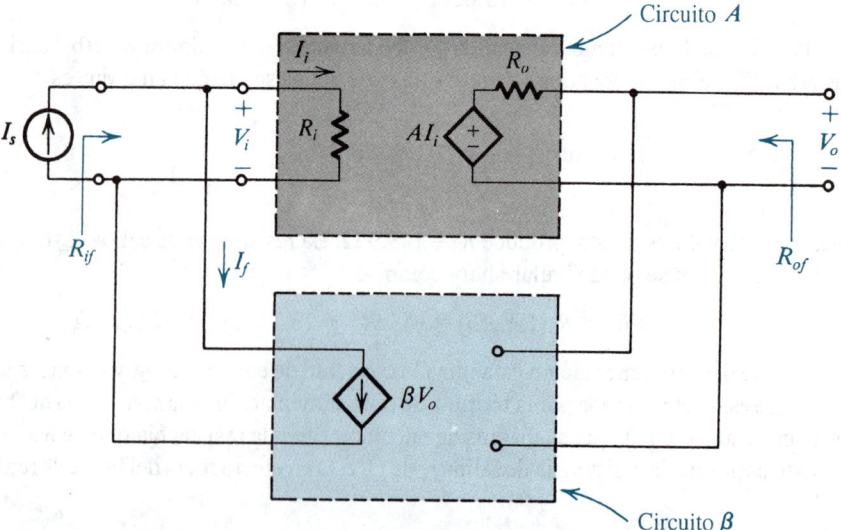

Fig. 8.18   Estructura ideal para el amplificador de retroalimentación paralelo-paralelo.

una resistencia de salida R_o. El circuito β es una fuente de corriente controlada por voltaje, y β es una transconductancia. La ganancia A_f de bucle cerrado está definida por

$$A_f \equiv \frac{V_o}{I_s} \qquad (8.20)$$

y está dada por

$$A_f = \frac{A}{1 + A\beta}$$

La resistencia de entrada con retroalimentación está dada por

$$R_{if} = \frac{R_i}{1 + A\beta} \qquad (8.21)$$

donde observamos que la conexión en paralelo a la entrada resulta en una reducida resistencia de entrada. También nótese que la resistencia R_{if} es la resistencia vista por la fuente I_s, e incluye cualquier resistencia de la fuente.

La resistencia de salida con retroalimentación está dada por

$$R_{of} = \frac{R_o}{1 + A\beta} \qquad (8.22)$$

donde observamos que la conexión en paralelo a la salida resulta en una reducida resistencia de salida. Esta resistencia incluye cualquier resistencia de carga.

Dado un amplificador práctico de retroalimentación en paralelo-paralelo con el diagrama de bloques de la figura 8.19, utilizamos el método dado en la figura 8.20 para obtener el circuito A y el circuito para determinar β. Como en las secciones 8.4 y 8.5, el método de la figura 8.20 supone que el amplificador básico es casi unilateral y que la transmisión hacia adelante por la red de retroalimentación es tan pequeña que es despreciable. La primera suposición está justificada cuando los parámetros y inversos del amplificador básico y de la red de retroalimentación satisfacen la condición

$$|y_{12}|_{\substack{\text{amplificador} \\ \text{básico}}} \ll |y_{12}|_{\substack{\text{red de} \\ \text{retroalimentación}}}$$

La segunda suposición está justificada cuando los parámetros y de avance satisfacen la condición

$$|y_{21}|_{\substack{\text{red de} \\ \text{retroalimentación}}} \ll |y_{21}|_{\substack{\text{amplificador} \\ \text{básico}}}$$

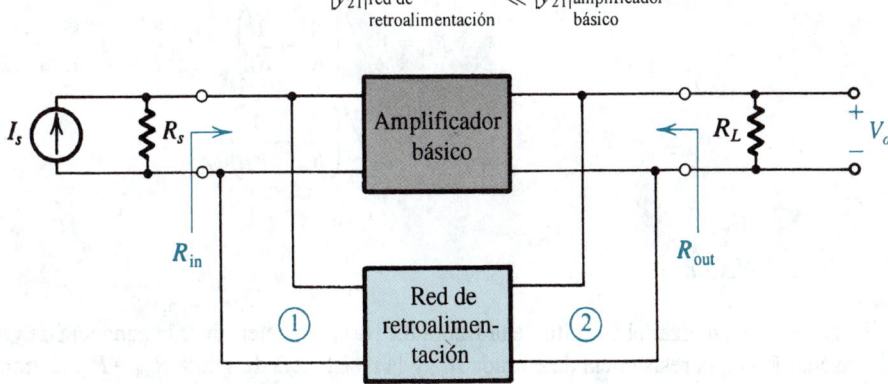

Fig. 8.19 Diagrama de bloques para un amplificador de retroalimentación práctico en paralelo-paralelo.

(a) El circuito A es

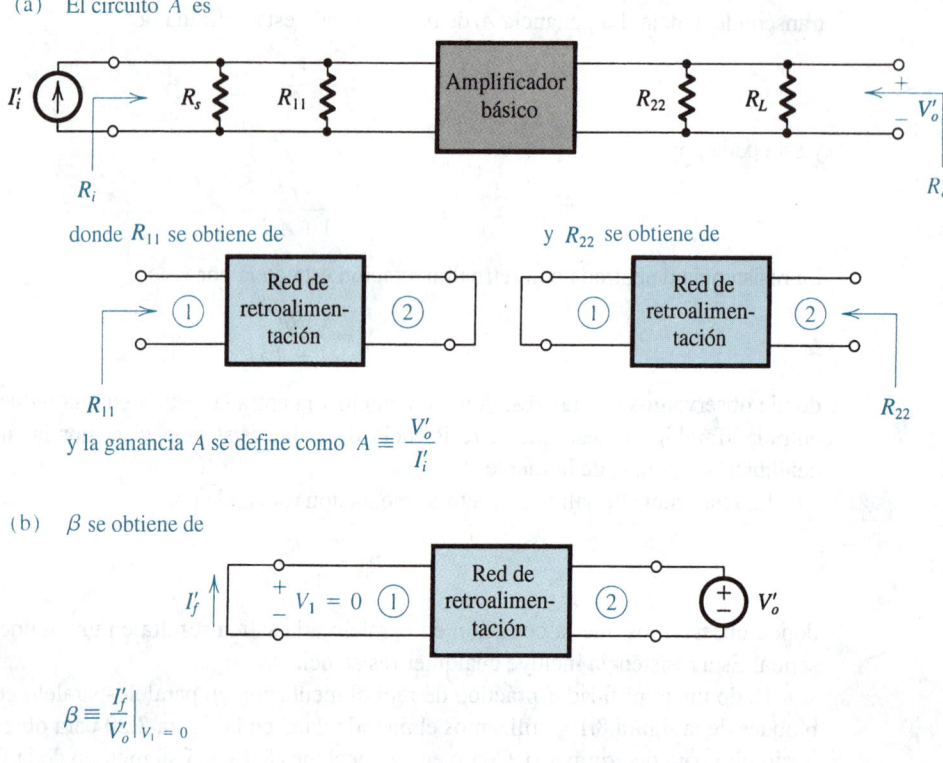

donde R_{11} se obtiene de

y R_{22} se obtiene de

R_{11}

R_{22}

y la ganancia A se define como $A \equiv \dfrac{V'_o}{I'_i}$

(b) β se obtiene de

$\beta \equiv \dfrac{I'_f}{V'_o}\bigg|_{V_1 = 0}$

Fig. 8.20 Búsqueda del circuito A y β para el caso de mezcla en paralelo y toma de muestra de voltaje (paralelo-paralelo).

(Para la definición de los parámetros y, consulte el apéndice B.) Finalmente, observamos que una vez que se determinan R_{if} y R_{of} usando las fórmulas de retroalimentación (ecuaciones (8.21 y 8.22), las resistencias de entrada y salida del amplificador en sí (véanse definiciones de la figura 8.19) se pueden obtener como

$$R_{\text{in}} = 1 \bigg/ \left(\frac{1}{R_{if}} - \frac{1}{R_s} \right)$$

$$R_{\text{out}} = 1 \bigg/ \left(\frac{1}{R_{of}} - \frac{1}{R_L} \right)$$

EJEMPLO 8.3

Deseamos analizar el circuito de la figura 8.21(a) para determinar la ganancia de voltaje a pequeña señal V_o/V_s, la resistencia de entrada R_{in}, y la resistencia de salida $R_{\text{out}} = R_{of}$. El transistor tiene $\beta = 100$.

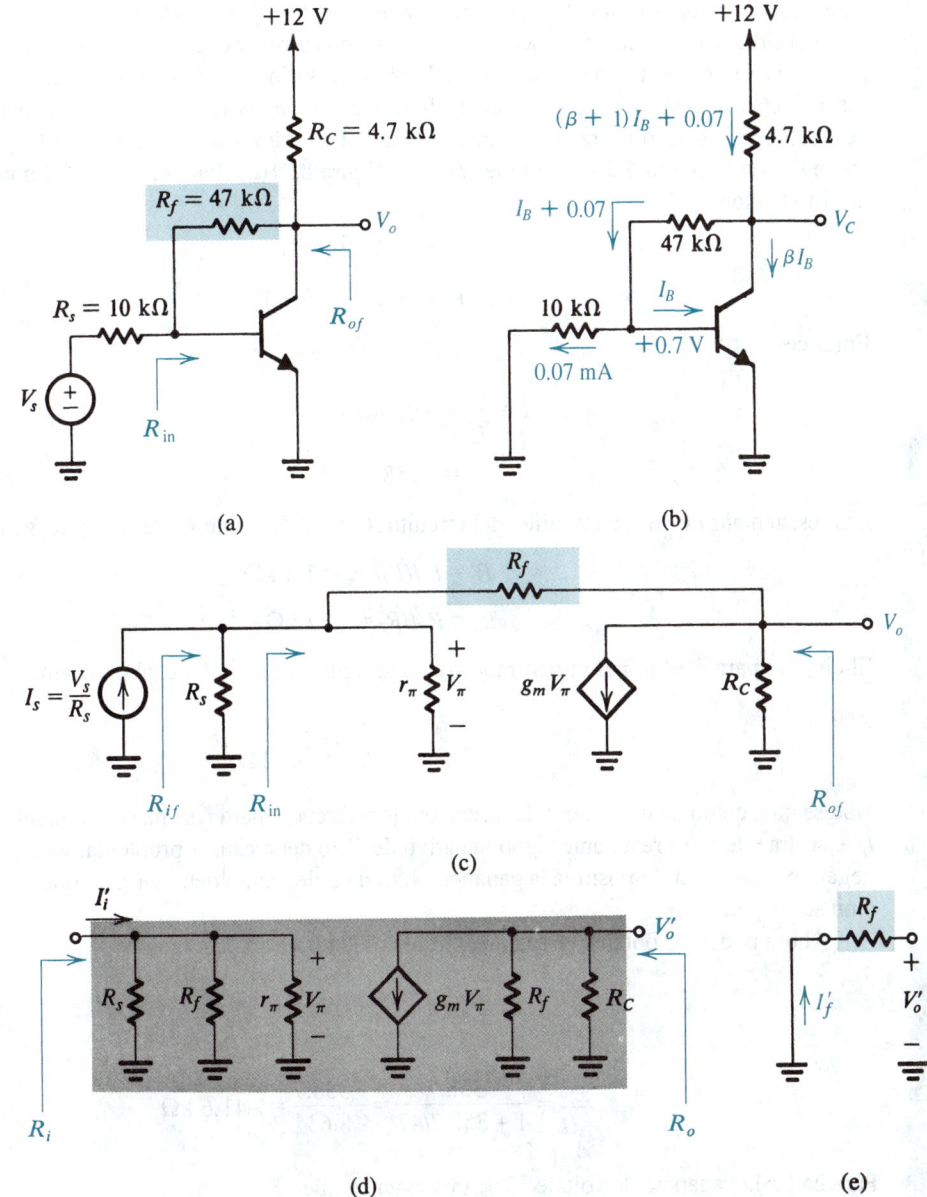

Fig. 8.21 Circuitos para el ejemplo 8.3.

SOLUCIÓN

Primero determinamos el punto de operación de cd del transistor. El análisis de cd está ilustrado en la figura 8.21(b), del cual podemos escribir

$$V_C = 0.7 + (I_B + 0.07)47 = 3.99 + 47I_B \quad \text{y} \quad \frac{12 - V_C}{4.7} = (\beta + 1)I_B + 0.07$$

Estas dos ecuaciones se pueden resolver para obtener $I_B \simeq 0.015$ mA, $I_C \simeq 1.5$ mA y $V_C = 4.7$ V.

Para realizar el análisis a pequeña señal, primero reconocemos que la retroalimentación es producida por R_f, que toma una muestra del voltaje de salida V_o y lo retroalimenta una corriente que está mezclada con la corriente de la fuente. Entonces, es conveniente usar la representación de fuente de Norton, como se muestra en la figura 8.21(c). El circuito A se puede obtener fácilmente usando las reglas de la figura 8.20, y se muestra en la figura 8.21(d). Para el circuito A podemos escribir por inspección

$$V_\pi = I_i'(R_s//R_f//r_\pi)$$

$$V_o' = -g_m V_\pi(R_f//R_C)$$

Entonces

$$A = \frac{V_o'}{I_i'} = -g_m(R_f//R_C)(R_s//R_f//r_\pi)$$

$$= -358.7 \text{ k}\Omega$$

Las resistencias de entrada y salida del circuito A se pueden obtener de la figura 8.21(d) como

$$R_i = R_s//R_f//r_\pi = 1.4 \text{ k}\Omega$$

$$R_o = R_C//R_f = 4.27 \text{ k}\Omega$$

El circuito para determinar la β se muestra en la figura 8.21(e), del cual obtenemos

$$\beta \equiv \frac{I_f'}{V_o'} = -\frac{1}{R_f} = -\frac{1}{47 \text{ k}\Omega}$$

Nótese que, como de costumbre, la dirección de referencia para I_f se ha seleccionado de modo que I_f se sustrae de I_s. El resultante signo negativo de β no debe causar problema, ya que A también es negativo, manteniendo positiva la ganancia $A\beta$ del bucle, como debe ser para que la retroalimentación sea negativa.

Ahora podemos obtener A_f (para el circuito de la figura 8.21c) como

$$A_f \equiv \frac{V_o}{I_s} = \frac{A}{1 + A\beta}$$

$$\frac{V_o}{I_s} = \frac{-358.7}{1 + 358.7/47} = \frac{-358.7}{8.63} = -41.6 \text{ k}\Omega$$

Para hallar la ganancia de voltaje V_o/V_s observamos que

$$V_s = I_s R_s$$

Entonces

$$\frac{V_o}{V_s} = \frac{V_o}{I_s R_s} = \frac{-41.6}{10} \simeq -4.16 \text{ V/V}$$

La resistencia de entrada con retroalimentación (véase la figura 8.21c) está dada por

$$R_{if} = \frac{R_i}{1 + A\beta}$$

Entonces

$$R_{if} = \frac{1.4}{8.63} = 162.2 \ \Omega$$

Ésta es la resistencia vista por la fuente de corriente I_s en la figura 8.21(c). Para obtener la resistencia de entrada del amplificador de retroalimentación excluyendo R_s (es decir, la resistencia pedida R_{en}) restamos $1/R_s$ de $1/R_{if}$ e invertimos el resultado; entonces $R_{en} = 165 \ \Omega$. Finalmente, la resistencia R_{of} de salida del amplificador se evalúa usando

$$R_{of} = \frac{R_o}{1 + A\beta} = \frac{4.27}{8.63} = 495 \ \Omega$$

Una nota importante

El método que hemos estado utilizando para el análisis de amplificadores de retroalimentación está basado en dos premisas (proposiciones anteriores): la mayor parte de la transmisión hacia adelante ocurre en el amplificador básico, y la mayor parte de la transmisión inversa (retroalimentación) ocurre en la red de retroalimentación. Para cada una de las tres topologías consideradas hasta aquí, estas dos suposiciones se expresaron matemáticamente como condiciones sobre las magnitudes relativas de los parámetros de dos puertos de avance e inversos del amplificador básico y la red de retroalimentación. Como el circuito considerado en el ejemplo 8.3 es sencillo, tenemos una buena oportunidad de verificar la validez de estas suposiciones.

Una consulta a la figura 8.21(d) indica claramente que el amplificador básico es unilateral; entonces *toda* la transmisión inversa tiene lugar en la red de retroalimentación. El caso con transmisión hacia adelante, sin embargo, no está tan claro y debemos evaluar los parámetros y hacia adelante. Para el circuito A de la figura 8.21(d), $y_{21} = g_m$. Para la red de retroalimentación se puede demostrar fácilmente que $y_{21} = -1/R_f$. Entonces, para que nuestro método de análisis sea válido debemos tener $g_m \gg 1/R_f$. Para los valores numéricos del ejemplo 8.3, $g_m = 60$ mA/V y $1/R_f = 0.02$ mA/V, indicando que esta suposición es más que justificada. Sin embargo, al diseñar amplificadores con retroalimentación, debe tenerse cuidado al seleccionar valores de componentes para asegurar que sean válidas las dos suposiciones básicas.

La configuración en paralelo-serie

En la figura 8.22 se ilustra la estructura ideal del amplificador de retroalimentación en paralelo-serie. Es un amplificador de corriente cuya ganancia con retroalimentación está definida como

$$A_f \equiv \frac{I_o}{I_s} = \frac{A}{1 + A\beta} \tag{8.23}$$

La resistencia de entrada con retroalimentación es la resistencia vista por la fuente de corriente I_s y está dada por

$$R_{if} = \frac{R_i}{1 + A\beta} \tag{8.24}$$

De nueva cuenta observamos que la conexión en paralelo a la entrada reduce la resistencia de entrada. La resistencia de salida con retroalimentación es la resistencia vista al abrir el circuito

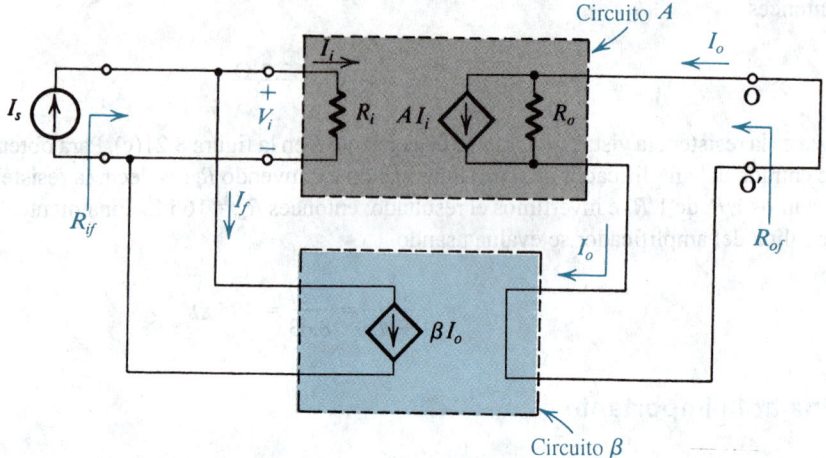

Fig. 8.22 Estructura ideal para el amplificador de retroalimentación paralelo-serie.

de salida, por ejemplo entre O y O', y viendo entre los dos terminales así generados (es decir, entre O y O'). Esta resistencia, R_{of}, está dada por

$$R_{of} = R_o(1 + A\beta) \tag{8.25}$$

donde observamos que el aumento en resistencia de salida se debe a la toma de muestra de corriente (en serie).

Dado un amplificador práctico con retroalimentación en paralelo-serie, como el representado por el diagrama de bloques de la figura 8.23, seguimos el método dado en la figura 8.24 para obtener A y β. Aquí, otra vez, el método de análisis está basado en la suposición de que la mayor parte de la transmisión hacia adelante ocurre en el amplificador básico,

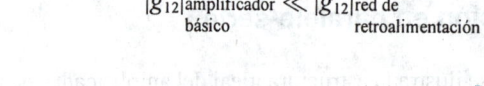

$$|g_{21}|\text{red de} \ll |g_{21}|\text{amplificador}$$
$$\quad\text{retroalimentación} \quad\quad\quad\text{básico}$$

y que la mayor parte de la transmisión inversa tiene lugar en la red de retroalimentación,

$$|g_{12}|\text{amplificador} \ll |g_{12}|\text{red de}$$
$$\quad\text{básico} \quad\quad\quad\quad\text{retroalimentación}$$

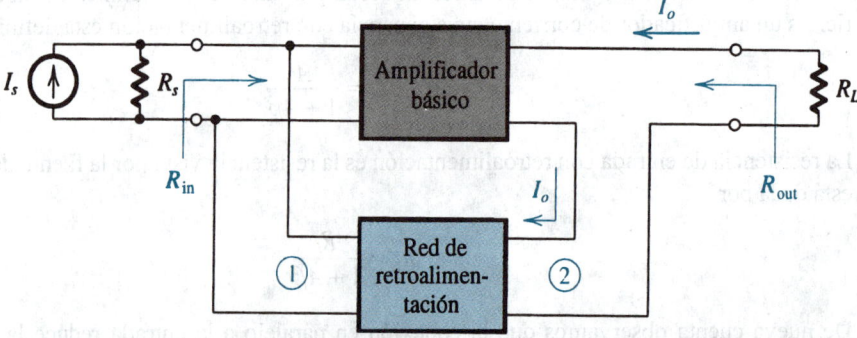

Fig. 8.23 Diagrama con bloques para un amplificador de retroalimentación práctico en paralelo-serie.

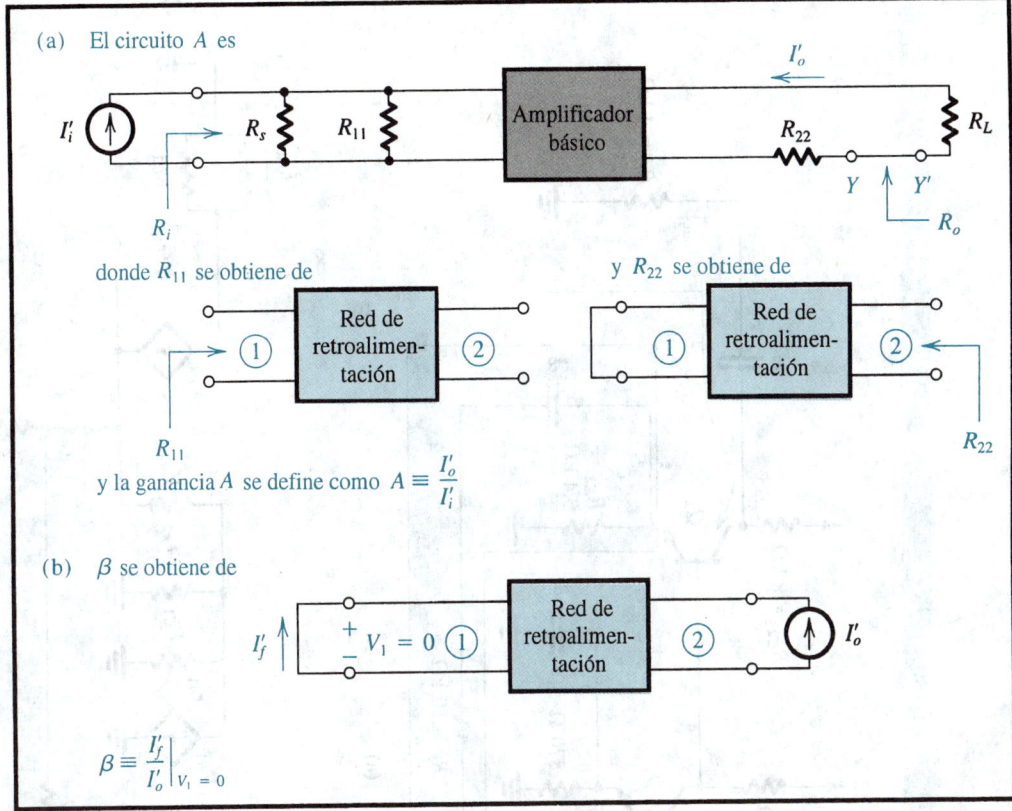

Fig. 8.24 Búsqueda del circuito A y β para el caso de mezcla en paralelo y toma de muestra de corriente (paralelo-serie).

(Para la definición de los parámetros g consulte el apéndice B.) Finalmente, observamos que una vez que R_{if} y R_{of} hayan sido determinados usando las ecuaciones de retroalimentación (ecuaciones 8.24 y 8.25), las resistencias de entrada y salida del amplificador mismo, R_{in} y R_{out} (figura 8.23), se pueden encontrar como

$$R_{in} = 1 \Big/ \left(\frac{1}{R_{if}} - \frac{1}{R_s} \right)$$

$$R_{out} = R_{of} - R_L$$

EJEMPLO 8.4

En la figura 8.25 se ilustra un circuito de retroalimentación del tipo paralelo-serie. Encuentre I_{out}/I_{in}, R_{in} y R_{out}. Suponga que los transistores tienen una $\beta = 100$ y $V_A = 75$ V.

SOLUCIÓN

Comenzamos por determinar los puntos de operación de cd. A este respecto observamos que la señal de retroalimentación está capacitivamente acoplada, por lo que la retroalimentación no tiene efecto

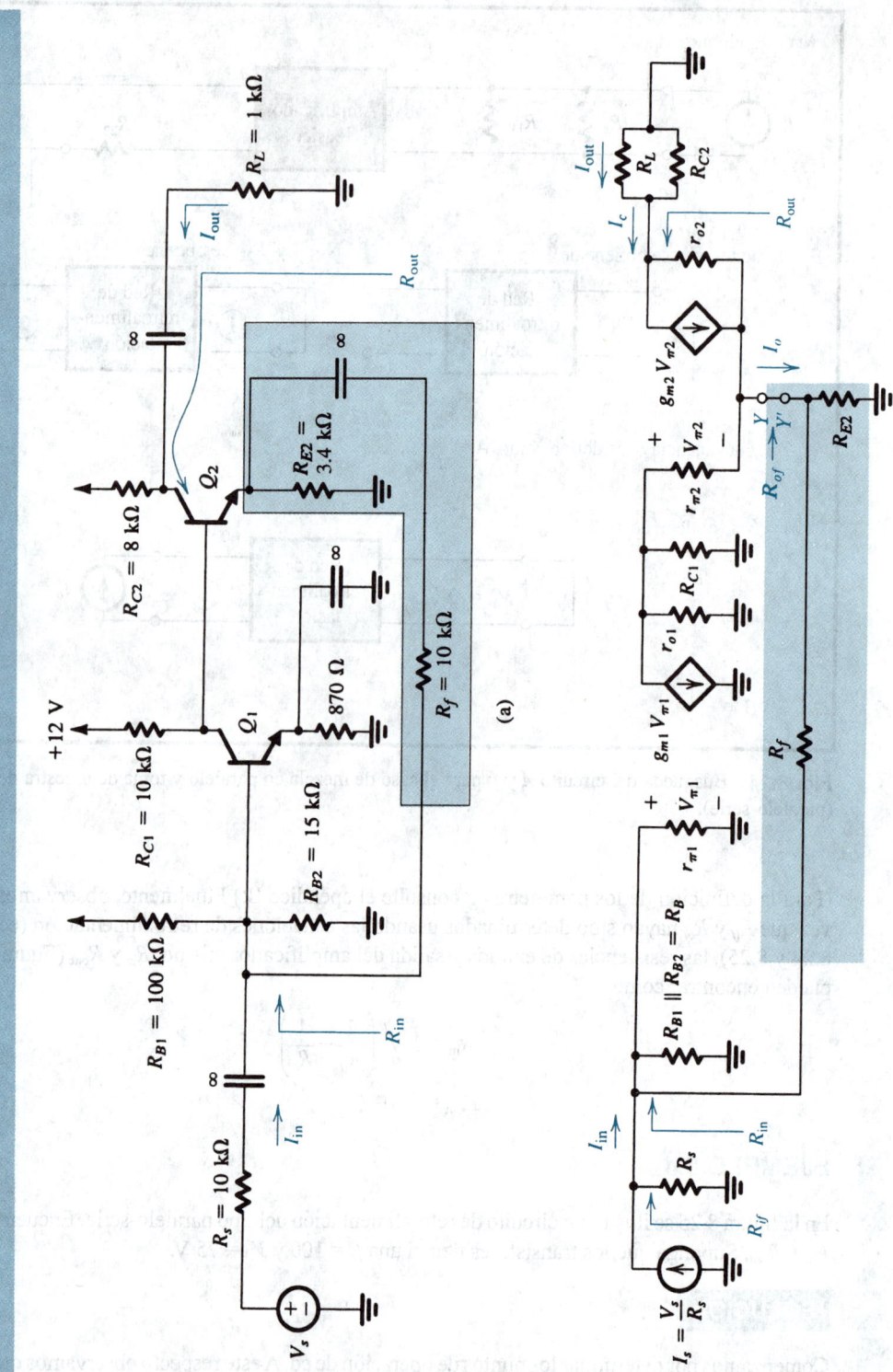

Fig. 8.25 Circuitos para el ejemplo 8.4.

Fig. 8.25 (Continuación)

en la polarización de cd. Si se desprecia el efecto de β y V_A finitos del transistor, el análisis de cd continúa como sigue:

$$V_{B1} \simeq 12 \, \frac{15}{100 + 15} = 1.57 \text{ V}$$

$$V_{E1} \simeq 1.57 - 0.7 = 0.87 \text{ V}$$

$$I_{E1} = 0.87/0.87 = 1 \text{ mA}$$

$$V_{C1} \simeq 12 - 10 \times 1 = 2 \text{ V}$$

$$V_{E2} \simeq 2 - 0.7 = 1.3 \text{ V}$$

$$I_{E2} \simeq 1.3/3.4 \simeq 0.4 \text{ mA}$$

$$V_{C2} \simeq 12 - 0.4 \times 8 = 8.8 \text{ V}$$

El circuito amplificador equivalente se muestra en la figura 8.25(b), del cual observamos que la red de retroalimentación está compuesta de R_{E2} y R_f. La red de retroalimentación toma una muestra de la corriente del emisor de Q_2, I_o, que es aproximadamente igual a la corriente I_c del colector. También observamos que la ganancia de corriente pedida, I_{sal}/I_{en}, será ligeramente diferente de la ganancia de corriente de bucle cerrado $A_f \equiv I_o/I_s$.

El circuito A se muestra en la figura 8.25(c), donde hemos obtenido los efectos de carga de la red de retroalimentación usando las reglas de la figura 8.24. Para el circuito A podemos escribir

$$V_{\pi 1} = I_i'[R_s//(R_{E2} + R_f)//R_B//r_{\pi 1}]$$

$$V_{b2} = -g_{m1}V_{\pi 1}\{r_{o1}//R_{C1}//[r_{\pi 2} + (\beta + 1)(R_{E2}//R_f)]\}$$

$$I_o' \simeq \frac{V_{b2}}{r_{e2} + (R_{E2}//R_f)}$$

donde hemos despreciado el efecto de r_{o2}. Estas ecuaciones se pueden combinar para obtener la ganancia de corriente A de bucle abierto,

$$A \equiv \frac{I_o'}{I_i'} \simeq -201.45 \text{ A/A}$$

La resistencia de entrada R_i está dada por

$$R_i = R_s//(R_{E2} + R_f)//R_B//r_{\pi 1} = 1.535 \text{ k}\Omega$$

La resistencia de salida R_o es la que se encuentra viendo hacia el bucle de salida del circuito A entre los nodos Y e Y' (véase la figura 8.25c) con la excitación de entrada I_i' ajustada a cero. Si se desprecia el pequeño efecto de r_{o2} se puede demostrar que

$$R_o = (R_{E2}//R_f) + r_{e2} + \frac{R_{C1}//r_{o1}}{\beta + 1}$$

$$= 2.69 \text{ k}\Omega$$

El circuito para determinar β se muestra en la figura 8.25(d), del cual encontramos que

$$\beta \equiv \frac{I_f'}{I_o'} = -\frac{R_{E2}}{R_{E2} + R_f} = -\frac{3.4}{13.4} = -0.254$$

Entonces,

$$1 + A\beta = 52.1$$

La resistencia de entrada R_{if} está dada por

$$R_{if} = \frac{R_i}{1 + A\beta} = 29.5\ \Omega$$

La resistencia de entrada R_{in} pedida está dada por (véase la figura 8.25b).

$$R_{in} = \frac{1}{1/R_{if} - 1/R_s} \simeq 29.5\ \Omega$$

Como $R_{in} \simeq R_{if}$, se deduce de la figura 8.25(b) que $I_{in} \simeq I_s$. La ganancia de corriente A_f está dada por

$$A_f \equiv \frac{I_o}{I_s} = \frac{A}{1 + A\beta} = -3.87\ \text{A/A}$$

Nótese que debido a que $A\beta \gg 1$ la ganancia de bucle cerrado es aproximadamente igual a $1/\beta$. Ahora, la ganancia de corriente pedida está dada por

$$\frac{I_{out}}{I_{in}} \simeq \frac{I_{out}}{I_s} = \frac{R_{C2}}{R_L + R_{C2}} \frac{I_c}{I_s} \simeq \frac{R_{C2}}{R_L + R_{C2}} \frac{I_o}{I_s}$$

Entonces

$$I_{out}/I_{in} = -3.44\ \text{A/A}$$

La resistencia de salida R_{of} está dada por

$$R_{of} = R_o(1 + A\beta) \simeq 140.1\ \text{k}\Omega$$

Una estimación de la solicitada resistencia de salida R_{out} se puede obtener usando la técnica utilizada en el ejemplo 8.2, es decir, al considerar que el efecto de retroalimentación es poner una resistencia R_{of} en el emisor de Q_2 [véase la figura 8.25(e)]. Entonces, usando la ecuación (6.78), podemos escribir

$$R_{out} = r_{o2}[1 + g_{m2}(r_{\pi2}//R_{of})]$$

Sustituyendo, $r_{o2} = \dfrac{75}{0.4} = 187.5\ \text{k}\Omega$, $g_{m2} = 16\ \text{mA/V}$, $r_{\pi2} = 6.25\ \text{k}\Omega$ y $R_{of} = 140.1\ \text{k}\Omega$, resulta

$$R_{out} = 18.1\ \text{M}\Omega$$

Por lo tanto, mientras la retroalimentación negativa hace aumentar en forma considerable R_{out}, el aumento no es por el factor $(1 + A\beta)$, simplemente porque la red de retroalimentación toma una muestra de la corriente de emisor y no la corriente de colector. Entonces, en efecto, la red de retroalimentación "no sabe" de la existencia de r_{o2}.

Ejercicio

8.7 Utilice el método de retroalimentación para hallar la ganancia de voltaje V_o/V_s, la resistencia de entrada R_{en}, y la resistencia de salida R_{sal} de la configuración inversora de op amp de la figura E8.7. Supongamos que el op amp tiene una ganancia de bucle abierto de $\mu = 10^4$, $R_{id} = 100$ kΩ, y $r_o = 1$ kΩ. (*Sugerencia:* la retroalimentación es del tipo de paralelo-paralelo.)

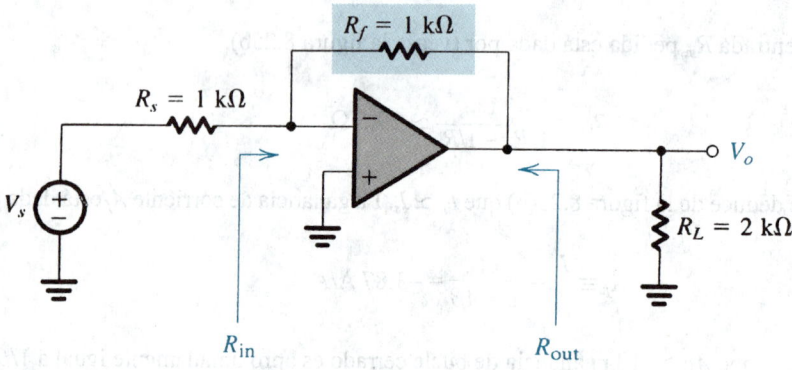

Fig. E8.7

Resp. −870 V/V; 150 Ω; 92 Ω

Resumen de resultados

En la tabla 8.1 aparece un resumen de las reglas y relaciones utilizadas en el análisis de los cuatro tipos de amplificadores de retroalimentación.

8.7   DETERMINACIÓN DE LA GANANCIA DE BUCLE

Ya hemos visto que la ganancia de bucle $A\beta$ es una cantidad muy importante que caracteriza un bucle de retroalimentación. Además, en las siguientes secciones se demostrará que $A\beta$ determina si el amplificador de retroalimentación es estable (opuesto a oscilatorio). En esta sección describiremos un método alternativo para la determinación de la ganancia de bucle.

Considere primero el amplificador de retroalimentación general que se ilustra en la figura 8.1. Supongamos que la fuente externa x_s se ajusta a cero. Abra el bucle (o circuito) quitando la conexión de x_o a la red de retroalimentación y aplique una señal de prueba x_t. Vemos que la señal a la salida de la red de retroalimentación es $x_f = \beta x_t$; la señal a la entrada del amplificador básico es $x_i = -\beta x_t$; y la señal a la salida del amplificador, donde el circuito se abrió, será $x_o = -A\beta x_t$. Se deduce que la ganancia de bucle $A\beta$ está dada por el negativo de la razón de la señal *retornada* a la señal de prueba aplicada, es decir, $A\beta = -x_o/x_t$. También debe ser obvio que esto se aplica a cualquiera que sea el lugar donde se abra el circuito.

Al abrir el circuito de retroalimentación de un amplificador práctico, debemos asegurarnos que las condiciones que existían antes de abrir el circuito no cambian. Esto se logra terminando el

Tabla 8.1 RESUMEN DE RELACIONES PARA LAS CUATRO TOPOLOGÍAS DE AMPLIFICADOR DE RETROALIMENTACIÓN

Amplificador de retroalimentación	x_i	x_o	x_f	x_s	A	β	A_f	Forma de fuente	Se obtiene carga de la red de retroalimentación — A la entrada	Se obtiene carga de la red de retroalimentación — A la salida	Para hallar β, aplicar al puerto 2 de la red de retroalimentación	Z_{if}	Z_{of}	Consultar figuras
Serie-paralelo (amplificador de voltaje)	V_i	V_o	V_f	V_s	$\dfrac{V_o}{V_i}$	$\dfrac{V_f}{V_o}$	$\dfrac{V_o}{V_s}$	Thévenin	Al poner en corto el puerto 2 de la red de retroalimentación	Al abrir el circuito del puerto 1 de la red de retroalimentación	Un voltaje y hallar el voltaje a circuito abierto en el puerto 1	$Z_i(1+A\beta)$	$\dfrac{Z_o}{1+A\beta}$	8.4(a) 8.8 8.10 8.11
Paralelo-serie (amplificador de corriente)	I_i	I_o	I_f	I_s	$\dfrac{I_o}{I_i}$	$\dfrac{I_f}{I_o}$	$\dfrac{I_o}{I_s}$	Norton	Al abrir el circuito del puerto 2 de la red de retroalimentación	Al poner en corto el puerto 1 de la red de retroalimentación	Una corriente y hallar la corriente en cortocircuito en el puerto 1	$\dfrac{Z_i}{1+A\beta}$	$Z_o(1+A\beta)$	8.4(b) 8.22 8.23 8.24
Serie-serie (amplificador de transconductancia)	V_i	I_o	V_f	V_s	$\dfrac{I_o}{V_i}$	$\dfrac{V_f}{I_o}$	$\dfrac{I_o}{V_s}$	Thévenin	Al abrir el circuito del puerto 2 de red de retroalimentación	Al abrir el circuito del puerto 1 de la red de retroalimentación	Una corriente y hallar el voltaje en circuito abierto en el puerto 1	$Z_i(1+A\beta)$	$Z_o(1+A\beta)$	8.4(c) 8.13 8.15 8.16
Paralelo-paralelo (amplificador de transresistencia)	I_i	V_o	I_f	I_s	$\dfrac{V_o}{I_i}$	$\dfrac{I_f}{V_o}$	$\dfrac{V_o}{I_s}$	Norton	Al poner en corto el puerto 2 de la red de retroalimentación	Al poner en corto el puerto 1 de la red de retroalimentación	Un voltaje y hallar la corriente en cortocircuito en el puerto 1	$\dfrac{Z_i}{1+A\beta}$	$\dfrac{Z_o}{1+A\beta}$	8.4(d) 8.18 8.19 8.20

circuito donde se abra con una impedancia igual a la vista antes que el circuito se abriera. Para ser específicos, considere el circuito conceptual de retroalimentación que se ilustra en la figura 8.26(a). Si abrimos el circuito en XX′ y aplicamos un voltaje de prueba V_t a los terminales así creados a la izquierda de XX′, los terminales a la derecha de XX′ deben estar cargados con una impedancia Z_t como se muestra en la figura 8.26(b). La impedancia Z_t es igual a la previamente vista mirando a la izquierda de XX′. La ganancia de circuito $A\beta$ se determina entonces a partir de

$$A\beta = -\frac{V_r}{V_t}$$

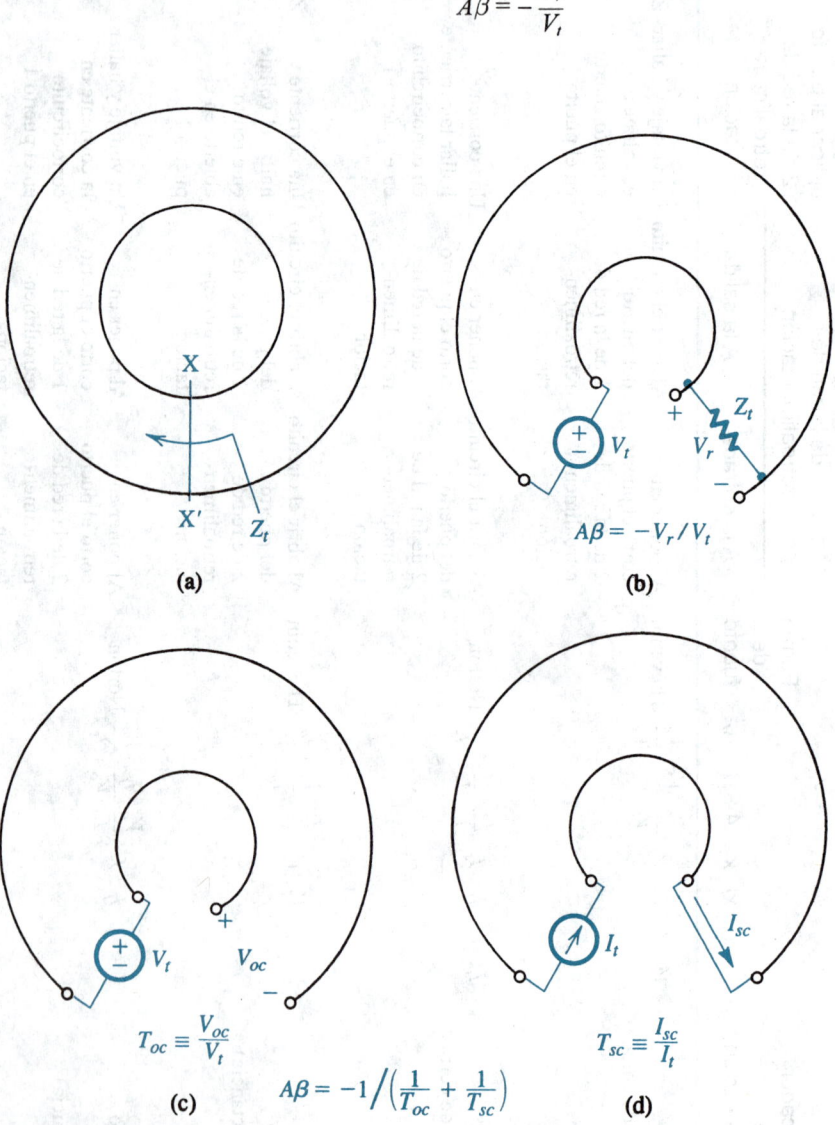

(a)

(b)

$A\beta = -V_r/V_t$

(c)

$T_{oc} \equiv \dfrac{V_{oc}}{V_t}$

$A\beta = -1 \Big/ \left(\dfrac{1}{T_{oc}} + \dfrac{1}{T_{sc}} \right)$

(d)

$T_{sc} \equiv \dfrac{I_{sc}}{I_t}$

Fig. 8.26   Un circuito conceptual de retroalimentación se abre en XX′ y se aplica un voltaje de prueba V_t. La impedancia Z_t es igual a la previamente vista mirando a la izquierda de XX′. La ganancia de circuito $A\beta = -V_r/V_t$, donde V_r es el voltaje *retornado*. Como alternativa, $A\beta$ se puede determinar al hallar la función de transferencia de circuito abierto T_{oc} [como en (c)] y la función de transferencia en cortocircuito T_{sc} [como en (d)] y combinándolas como se indica.

Finalmente, debe observarse que en algunos casos puede ser conveniente determinar $A\beta$ al aplicar una corriente de prueba I_t y hallar la señal de corriente retornada I_r. En este caso, $A\beta = -I_r/I_t$.

Un método equivalente alternativo para determinar $A\beta$ (véase la obra de Rosenstark, 1986) que suele ser conveniente para utilizarse, en especial en simulaciones con el programa SPICE, es como sigue: al igual que antes, al circuito se abre en un punto conveniente. Entonces la función de transferencia de circuito abierto T_{oc} se determina como se indica en la figura 8.26(c), y la función de transferencia de cortocircuito T_{sc} se determina como se muestra en la figura 8.26(d). Estas dos funciones de transferencia se combinan entonces para obtener la ganancia de circuito $A\beta$

$$A\beta = -1 \left/ \left(\frac{1}{T_{oc}} + \frac{1}{T_{sc}} \right) \right.$$

Este método es particularmente útil cuando no sea fácil determinar la impedancia de terminación Z_t.

Para ilustrar el proceso de determinación de la ganancia de circuito, consideremos el circuito de retroalimentación que se ilustra en la figura 8.27(a). Este circuito (o bucle) de retroalimentación representa las configuraciones de op-amp inversora y no inversora. Usando un modelo sencillo de circuito equivalente para el op amp obtenemos el circuito de la figura 8.27(b). Un examen de este circuito deja ver que un lugar conveniente para abrir el circuito está en los terminales de entrada al op amp. El circuito, abierto de esta forma, se muestra en la figura 8.27(c) con una señal de prueba V_t aplicada a los terminales del lado derecho y una resistencia R_{id} terminando los terminales del lado izquierdo. El voltaje retornado V_r se encuentra por inspección como

$$V_r = -\mu V_1 \frac{\{R_L//[R_2 + R_1//(R_{id}+R)]\}}{\{R_L//[R_2 + R_1//(R_{id}+R)]\} + r_o} \frac{[R_1//(R_{id}+R)]}{[R_1//(R_{id}+R)] + R_2} \frac{R_{id}}{R_{id}+R}$$

Esta ecuación se puede usar directamente para hallar la ganancia de circuito $L = A\beta = -V_r/V_t = -V_r/V_1$.

Como la ganancia de circuito L es generalmente una función de la frecuencia, es usual llamarla **transmisión de bucle** y denotarla por $L(s)$ o $L(j\omega)$.

Equivalencia de circuitos desde el punto de vista de un circuito de retroalimentación

Del estudio de teoría de circuitos sabemos que los polos de un circuito son independientes de la excitación externa. De hecho, los polos, o modos naturales (que es un nombre más apropiado), se determinan ajustando a cero la excitación externa. Se deduce que los polos de un amplificador de retroalimentación dependen sólo del circuito de retroalimentación. Esto se confirmará en una sección posterior, en donde mostramos que la ecuación característica (cuyas raíces son los polos) se determina por completo por la ganancia de circuito. Entonces, un circuito de retroalimentación dado se puede usar para generar varios circuitos que tengan los mismos polos pero diferentes ceros de transmisión. La ganancia de circuito cerrado y los ceros de transmisión dependen de cómo y dónde se inyecte la señal de entrada en el circuito.

Como ejemplo consideremos el circuito de retroalimentación de la figura 8.27(a). Este circuito se puede usar para generar el circuito op amp no inversor alimentando la señal de voltaje de entrada al terminal de R que está conectado a tierra, es decir, levantamos este terminal de tierra y lo conectamos a V_s. Se puede usar el mismo circuito de retroalimentación para generar el circuito op amp inversor alimentando la señal de voltaje de entrada al terminal de R_1 que está conectado a tierra.

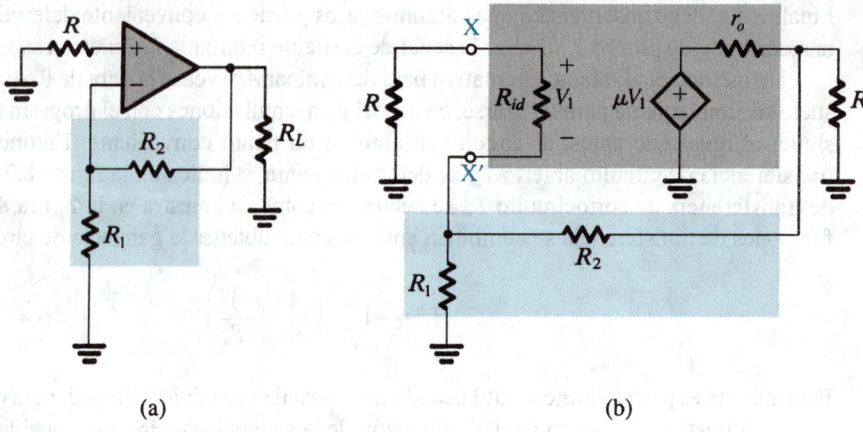

(a)

(b)

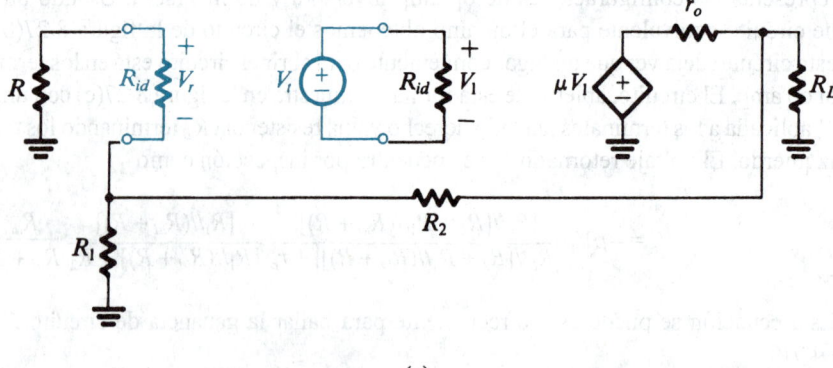

(c)

Fig. 8.27 Determinación de la ganancia de circuito del circuito de retroalimentación en (a).

Es muy útil reconocer el hecho que dos o más circuitos son equivalentes, desde un punto de vista de circuito de retroalimentación, porque (como se demostrará en la sección 8.8) la estabilidad es una función del circuito. Entonces es necesario ejecutar un análisis de estabilidad sólo una vez para un circuito dado.

En el capítulo 11 emplearemos el concepto de equivalencia de circuito en la síntesis de filtros activos.

Ejercicios

8.8 Considere el amplificador de retroalimentación cuyo circuito equivalente se muestra en la figura 8.25(b). Abra el circuito de retroalimentación a la entrada del transistor Q_1; esto es, aplique un voltaje de prueba V_t a la base de Q_1 y encuentre el voltaje retornado que aparece en los terminales de $r_{\pi 1}$. Entonces demuestre que la ganancia de circuito está dada (despreciando r_{o2} para simplificar el análisis) por:

$$A\beta = g_{m1}\{r_{o1}//R_{C1}//[r_{\pi 2} + (h_{fe} + 1)(R_{E2}//(R_f + (R_B//R_s//r_{\pi 1})))]\}$$

$$\times \frac{R_{E2}//(R_f + (R_B//R_s//r_{\pi 1}))}{R_{E2}//(R_f + (R_B//R_s//r_{\pi 1})) + r_{e2}} \frac{R_s//R_B//r_{\pi 1}}{(R_s//R_B//r_{\pi 1}) + R_f}$$

Usando los valores de componente del ejemplo 8.4, encuentre el valor de $A\beta$ y compárelo con el valor hallado en el ejemplo 8.4.

Resp. 49.3 comparado con 52.1

8.9 Encuentre el valor numérico de $A\beta$ para el amplificador del ejercicio 8.7.

Resp. 6589 V/V

8.8 EL PROBLEMA DE LA ESTABILIDAD

En un amplificador de retroalimentación, como el representado por la estructura general de la figura 8.1, la ganancia A de circuito abierto es en general una función de la frecuencia y debe ser más apropiadamente llamada **función de transferencia de circuito abierto**, $A(s)$. Del mismo modo, en la mayor parte de este capítulo hemos estado suponiendo que la red de retroalimentación es resistiva y que el factor de retroalimentación β es constante, pero éste no siempre es el caso. Por lo tanto, supondremos que en el caso general la **función de transferencia de retroalimentación** es $\beta(s)$. Se deduce que la **función de transferencia de circuito cerrado** $A_f(s)$ está dada por

$$A_f(s) = \frac{A(s)}{1 + A(s)\beta(s)} \tag{8.26}$$

Para concentrar la atención en los puntos centrales de nuestro estudio en esta sección, supondremos que el amplificador es de acoplamiento directo con ganancia A_0 constante de cd, y con polos y ceros ocurriendo en la banda de alta frecuencia. Del mismo modo, por ahora supongamos que a bajas frecuencias $\beta(s)$ se reduce a un valor constante. Entonces, a bajas frecuencias, la ganancia de circuito $A(s)\beta(s)$ se convierte en una constante, que debe ser un número positivo; de otra forma, la retroalimentación no sería negativa. Surge la pregunta sobre qué pasa a frecuencias más altas.

Para frecuencias físicas $s = j\omega$, la ecuación (8.26) se convierte en

$$A_f(j\omega) = \frac{A(j\omega)}{1 + A(j\omega)\beta(j\omega)} \tag{8.27}$$

Entonces la ganancia de circuito $A(j\omega)\beta(j\omega)$ es un número complejo que puede ser representado por su magnitud y fase,

$$
\begin{aligned}
L(j\omega) &\equiv A(j\omega)\beta(j\omega) \\
&= |A(j\omega)\beta(j\omega)|e^{j\phi(\omega)}
\end{aligned} \tag{8.28}
$$

Es la forma en la que la ganancia de circuito varía con la frecuencia la que determina la estabilidad o inestabilidad del amplificador de retroalimentación. Para evaluar este hecho, consideremos la frecuencia a la que el ángulo de fase $\phi(\omega)$ es 180°. A esta frecuencia, ω_{180}, la ganancia de circuito $A(j\omega)\beta(j\omega)$ será un número real con signo negativo. Así, a esta frecuencia, la retroalimentación será positiva. Si a $\omega = \omega_{180}$ la magnitud de la ganancia de circuito es menor a la unidad, entonces de la ecuación (8.27) vemos que la ganancia $A_f(j\omega)$ de circuito cerrado será mayor que la ganancia a circuito abierto $A(j\omega)$, puesto que el denominador de la ecuación (8.27) será menor que la unidad. Con todo, el amplificador de retroalimentación será estable.

Por otra parte, si a la frecuencia ω_{180} la magnitud de la ganancia de circuito es igual a la unidad, se deduce de la ecuación (8.27) que $A_f(j\omega)$ será infinita. Esto significa que el amplificador tendrá una salida para entrada cero; esto es, por definición, un **oscilador**. Para visualizar cómo es que este circuito de retroalimentación puede oscilar, considere el circuito general de la figura 8.1 con la entrada externa x_s ajustada a cero. Cualquier perturbación en el circuito, por ejemplo el cierre del interruptor de la fuente de alimentación, va a generar una señal $x_i(t)$ en la entrada del amplificador. Esta señal de ruido suele contener una amplia gama de frecuencias y ahora nos concentraremos en el componente con frecuencia $\omega = \omega_{180}$, es decir, la señal X_i sen $(\omega_{180}t)$. Esta señal de entrada resultará en una señal de retroalimentación dada por

$$X_f = A(j\omega_{180})\beta(j\omega_{180})X_i = -X_i$$

Como X_f se multiplica además por -1 en el bloque de verano a la entrada, vemos que la retroalimentación hace que la señal X_i en la entrada del amplificador sea *sostenida*. Esto es, desde este punto en adelante, habrá señales senoidales a la entrada y salida de frecuencia ω_{180}. Entonces, se dice que el amplificador oscila a la frecuencia ω_{180}.

La pregunta ahora es: ¿qué pasa si a ω_{180} la magnitud de la ganancia del circuito es mayor a la unidad? Contestaremos esta pregunta, no en general, sino para la restringida pero importante clase de circuitos en que estamos interesados aquí. La respuesta, que no es obvia de la ecuación (8.27), es que el circuito va a oscilar y que las oscilaciones crecerán en amplitud hasta que alguna situación de no linealidad (que siempre está presente en alguna forma) reduce la magnitud de la ganancia del circuito a exactamente la unidad, en cuyo punto se obtendrán oscilaciones sostenidas. Este mecanismo para iniciar oscilaciones mediante el uso de retroalimentación positiva con una ganancia de circuito mayor a la unidad, y luego usando no linealidad para reducir la ganancia del circuito a la unidad a la amplitud deseada, se explorará en el diseño de osciladores senoidales en el capítulo 12. Nuestro objetivo aquí es justamente lo contrario: ahora que sabemos cómo podrían ocurrir oscilaciones en un amplificador de retroalimentación negativa, deseamos hallar métodos para evitar que esto suceda.

El diagrama de Nyquist

El diagrama de Nyquist es un método formalizado para probar estabilidad con base en el análisis que acabamos de ver. Es simplemente un diagrama polar de ganancia de un circuito con la frecuencia utilizada como parámetro. En la figura 8.28 se ilustra este diagrama. Nótese que la distancia radial es $|A\beta|$ y el ángulo es el ángulo de fase ϕ. El diagrama de línea continua es para frecuencias positivas. En vista de que la ganancia de circuito (y para el caso cualquier función de ganancia de una red física) tiene una magnitud que es una función par de la frecuencia y una fase que es una función impar de la frecuencia, el diagrama $A\beta$ para frecuencias negativas que se ilustra en la figura 8.28 como línea interrumpida se puede dibujar como imagen espejo que pasa por el eje Re.

El diagrama de Nyquist corta el eje negativo real a la frecuencia ω_{180}. Entonces, si esta intersección ocurre a la izquierda del punto $(-1, 0)$, sabemos que la magnitud de la ganancia de circuito a esta frecuencia es mayor a la unidad y el amplificador será inestable. Por otra parte, si la intersección ocurre a la derecha del punto $(-1, 0)$ el amplificador será estable. Se deduce que si el diagrama de Nyquist *encierra* al punto $(-1, 0)$ entonces el amplificador será inestable. Debemos mencionar que este enunciado es una versión simplificada del **criterio de Nyquist**, pero se aplica a todos los circuitos en que estamos interesados. Consulte el lector la obra de Haykin (1970) para ver toda la teoría que hay tras el método de Nyquist y para detalles de su aplicación.

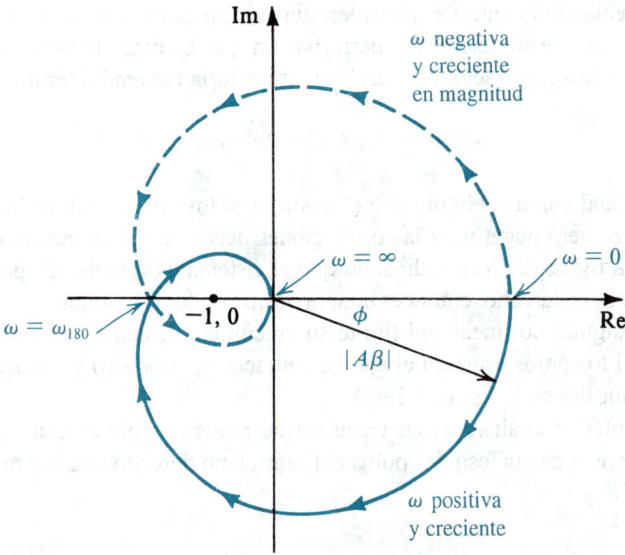

Fig. 8.28 Diagrama de Nyquist de un amplificador inestable.

Ejercicio

8.10 Considere un amplificador de retroalimentación para el que la función de transferencia de circuito abierto $A(s)$ está dada por

$$A(s) = \left(\frac{10}{1 + s/10^4} \right)^3$$

Supongamos que el factor de retroalimentación β es una constante independiente de la frecuencia. Encuentre la frecuencia ω_{180} a la que el desfasamiento es 180°. Entonces, demuestre que el amplificador de retroalimentación será estable si el factor de retroalimentación β es menor a un valor crítico β_{cr} e inestable si $\beta \geq \beta_{cr}$, y encuentre el valor de β_{cr}.

Resp. $\omega_{180} = \sqrt{3} \times 10^4$ rad/s; $\beta_{cr} = 0.008$

8.9   EFECTO DE LA RETROALIMENTACIÓN EN LOS POLOS DE UN AMPLIFICADOR

La estabilidad y respuesta a frecuencia de un amplificador están determinados de manera directa por sus polos. Por lo tanto, investigaremos el efecto de la retroalimentación en los polos de un amplificador.

Estabilidad y ubicación de polos

Comenzaremos por considerar la relación entre estabilidad y ubicación de polos. Para que un amplificador o cualquier otro sistema sea estable, sus polos deben encontrarse en la mitad izquierda del plano s. Un par de polos conjugados complejos en el eje $j\omega$ dan lugar a oscilaciones senoidales sostenidas. Los polos situados en la mitad derecha del plano s dan lugar a oscilaciones crecientes.

Para verificar el enunciado anterior, considere un amplificador con un par de polo en $s = \sigma_0 \pm j\omega_n$. Si este amplificador se somete a una perturbación, por ejemplo la ocasionada al cerrar el interruptor de la fuente de alimentación, su respuesta transitoria contendrá términos de la forma

$$\upsilon(t) = e^{\sigma_0 t}[e^{+j\omega_n t} + e^{-j\omega_n t}] = 2e^{\sigma_0 t} \cos(\omega_n t)$$

Ésta es una señal senoidal con una envolvente $e^{\sigma_0 t}$. Ahora, si los polos están en la mitad izquierda del plano s, entonces σ_0 será negativa y las oscilaciones decaerán exponencialmente hacia cero, como se muestra en la figura 8.29(a), indicando que el sistema es estable. Si, por otra parte, los polos están en el semiplano derecho, entonces σ_0 será positiva y las oscilaciones crecerán exponencialmente (hasta que alguna no linealidad limite su crecimiento), como se muestra en la figura 8.29(b). Finalmente, si los polos están en el eje $j\omega$, entonces σ_0 será cero y las oscilaciones serán sostenidas, como se muestra en la figura 8.29(c).

Aun cuando el anterior análisis es en términos de polos complejos-conjugados, se puede demostrar que la existencia de cualesquier polos del semiplano derecho ocasionan inestabilidad.

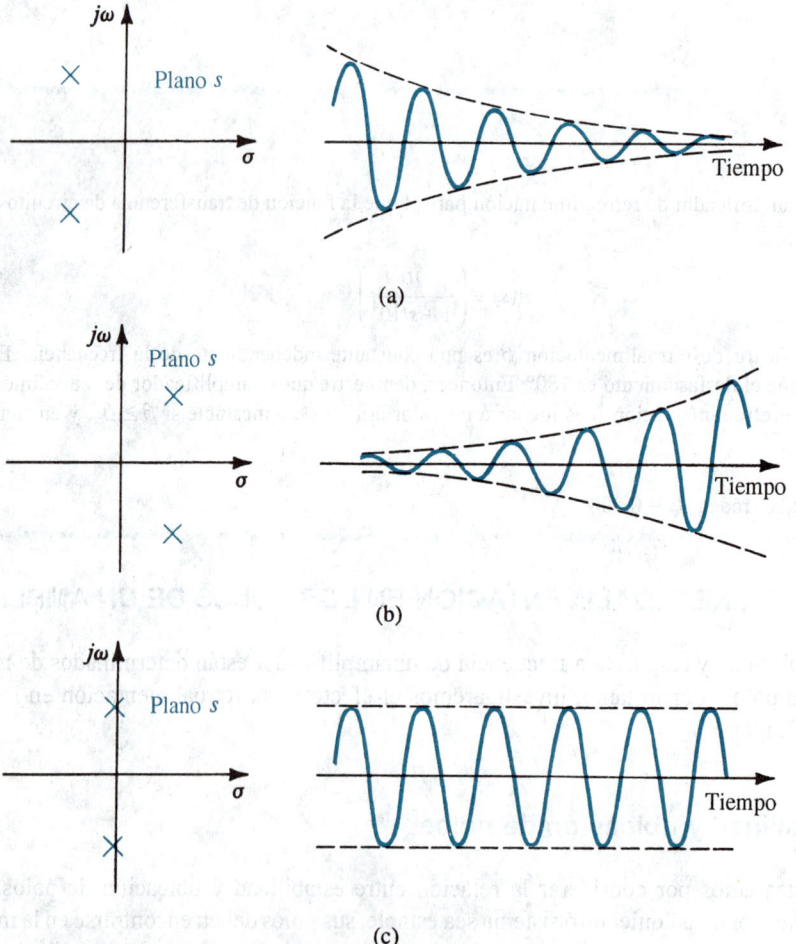

Fig. 8.29 Relación entre ubicación de polo y respuesta transitoria.

Polos del amplificador de retroalimentación

De la función de transferencia de circuito cerrado de la ecuación (8.26), vemos que los polos del amplificador de retroalimentación son los ceros de $1 + A(s)\beta(s)$. Esto es, los polos del amplificador de retroalimentación se obtienen al resolver la ecuación

$$1 + A(s)\beta(s) = 0 \tag{8.29}$$

que se denomina **ecuación característica** del circuito de retroalimentación. Por lo tanto, debe ser evidente que al aplicar retroalimentación a un amplificador se cambian sus polos.

En lo que sigue, consideraremos cómo es que la retroalimentación afecta los polos de un amplificador. Con este fin supondremos que el amplificador de circuito abierto tiene polos reales y no ceros finitos (es decir, todos los ceros están en $s = \infty$). Esto simplificará el análisis y hará posible que concentremos nuestra atención en los conceptos fundamentales de que se trata. También supondremos que el factor β de retroalimentación es independiente de la frecuencia.

Amplificador con respuesta de un polo

Considere primero el caso de un amplificador cuya función de transferencia de circuito abierto está caracterizada por un solo polo:

$$A(s) = \frac{A_0}{1 + s/\omega_P} \tag{8.30}$$

La función de transferencia de circuito cerrado está dada por

$$A_f(s) = \frac{A_0/(1 + A_0\beta)}{1 + s/\omega_P(1 + A_0\beta)} \tag{8.31}$$

Entonces, la retroalimentación mueve el polo a lo largo del eje negativo real a una frecuencia ω_{Pf},

$$\omega_{Pf} = \omega_P(1 + A_0\beta) \tag{8.32}$$

Este proceso está ilustrado en la figura 8.30(a). La figura 8.30(b) muestra los diagramas de Bode para $|A|$ y $|A_f|$. Nótese que mientras que a bajas frecuencias la diferencia entre los dos diagramas es $20 \log(1 + A_0\beta)$, las dos curvas coinciden a altas frecuencias. Se puede demostrar que éste de hecho es el caso al aproximar la ecuación (8.31) para frecuencias $\omega \gg \omega_P(1 + A_0\beta)$:

$$A_f(s) \simeq \frac{A_0\omega_P}{s} \simeq A(s) \tag{8.33}$$

Físicamente hablando, a estas altas frecuencias la ganancia del circuito es mucho menor a la unidad y la retroalimentación es ineficaz.

En la figura 8.30(b) claramente se ilustra el hecho de que aplicar retroalimentación negativa a un amplificador amplía su ancho de banda a costa de una reducción en ganancia. Como el polo del amplificador de circuito cerrado nunca entra a la mitad derecha del plano s, el amplificador de un polo es estable para cualquier valor de β. Entonces se dice que este amplificador es **incondicionalmente estable**. Este resultado, sin embargo, apenas sorprende ya que el atraso en fase asociado con una respuesta de un polo nunca puede ser mayor de 90°. Por lo tanto, la ganancia del circuito nunca alcanza el desfasamiento de 180° requerido para que la retroalimentación sea positiva.

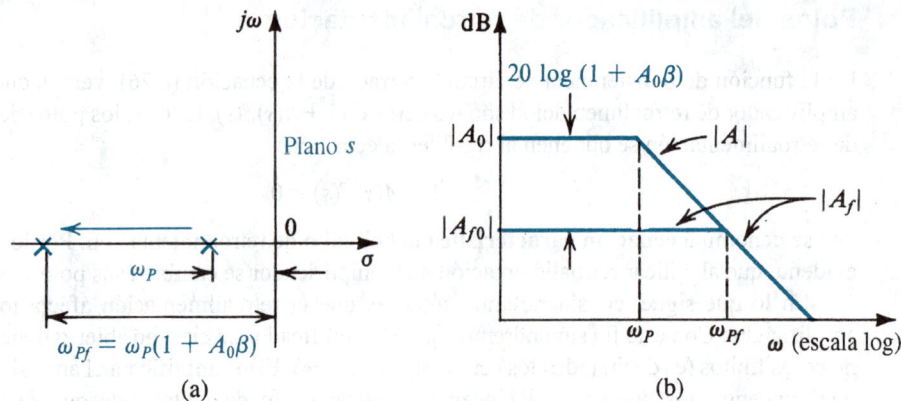

Fig. 8.30 Efecto de retroalimentación en **(a)** la ubicación del polo, y **(b)** la respuesta en frecuencia de un amplificador que tiene una respuesta de un polo y circuito abierto.

Ejercicio

8.11 Un op amp, que tiene atenuación de un polo a 100 Hz y ganancia de 10^5 a baja frecuencia, se opera en un circuito de retroalimentación con $\beta = 0.01$. ¿Cuál es el factor por el cual la retroalimentación mueve al polo? ¿A qué frecuencia? Si β se cambia a un valor que resulta en una ganancia de circuito cerrado de $+1$, ¿a qué frecuencia se desfasa el polo?

Resp. 1001; 100.1 kHz; 10 MHz

Amplificador con respuesta de dos polos

Considere a continuación un amplificador cuya función de transferencia de circuito abierto se caracteriza por dos polos en el eje real:

$$A(s) = \frac{A_0}{(1 + s/\omega_{P1})(1 + s/\omega_{P2})} \tag{8.34}$$

En este caso, los polos de circuito cerrado se obtienen de $1 + A(s)\beta = 0$, que lleva a

$$s^2 + s(\omega_{P1} + \omega_{P2}) + (1 + A_0\beta)\omega_{P1}\omega_{P2} = 0 \tag{8.35}$$

Entonces los polos de circuito cerrado están dados por

$$s = -\tfrac{1}{2}(\omega_{P1} + \omega_{P2}) \pm \tfrac{1}{2}\sqrt{(\omega_{P1} + \omega_{P2})^2 - 4(1 + A_0\beta)\omega_{P1}\omega_{P2}} \tag{8.36}$$

De esta ecuación vemos que a medida que la ganancia $A_0\beta$ del circuito aumenta desde cero, los polos se juntan más. Entonces se alcanza un valor de ganancia de circuito a la que los polos coinciden. Si la ganancia del circuito aumenta más, los polos se hacen conjugados complejos y se mueven a lo largo de una recta vertical. En la figura 8.31 se ilustra el lugar geométrico de los polos para ganancia creciente de circuito. Esta gráfica se denomina **diagrama de raíz y lugar geométrico**, donde la "raíz" se refiere al hecho de que los polos son las raíces de la ecuación característica.

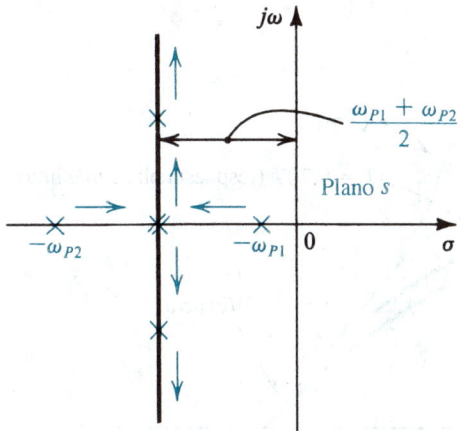

Fig. 8.31 Diagrama de lugar geométrico y raíz para un amplificador de retroalimentación cuya función de transferencia de circuito abierto tiene dos polos reales.

Del diagrama de raíz y lugar geométrico de la figura 8.31 vemos que este amplificador de retroalimentación también es incondicionalmente estable. De nueva cuenta, este resultado no debe ser sorpresa; el máximo desfasamiento de $A(s)$ en este caso es 180° (90° por polo), pero este valor se alcanza en $\omega = \infty$. Por lo tanto, no hay frecuencia finita a la cual el desfasamiento alcance 180°.

Otra observación por hacer en el diagrama de raíz y lugar geométrico de la figura 8.31 es que el amplificador de circuito abierto pudiera tener un polo dominante, pero éste no es necesariamente el caso para el amplificador de circuito cerrado. Por supuesto que la respuesta del amplificador de circuito cerrado siempre puede ser trazada una vez que se encuentren los polos con la ecuación (8.36). Como es el caso generalmente con respuestas de segundo orden, la respuesta de circuito cerrado puede mostrar un pico (véase el capítulo 11). Para ser más específicos, la ecuación característica de una red de segundo orden se puede escribir en la forma estándar

$$s^2 + s\,\frac{\omega_0}{Q} + \omega_0^2 = 0 \tag{8.37}$$

donde ω_0 recibe el nombre de **frecuencia de polo** y Q es el **factor de polo Q**. Los polos son complejos si Q es mayor de 0.5. Una interpretación geométrica para ω_0 y Q de un par de polos complejos conjugados se da en la figura 8.32, de la cual observamos que ω_0 es la distancia radial de los polos y que Q indica la distancia de los polos desde el eje $j\omega$. Los polos en el eje $j\omega$ tienen $Q = \infty$.

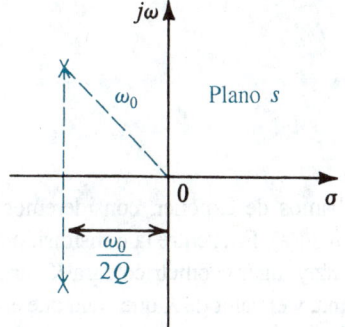

Fig. 8.32 Definición de ω_0 y Q de un par de polos complejos conjugados.

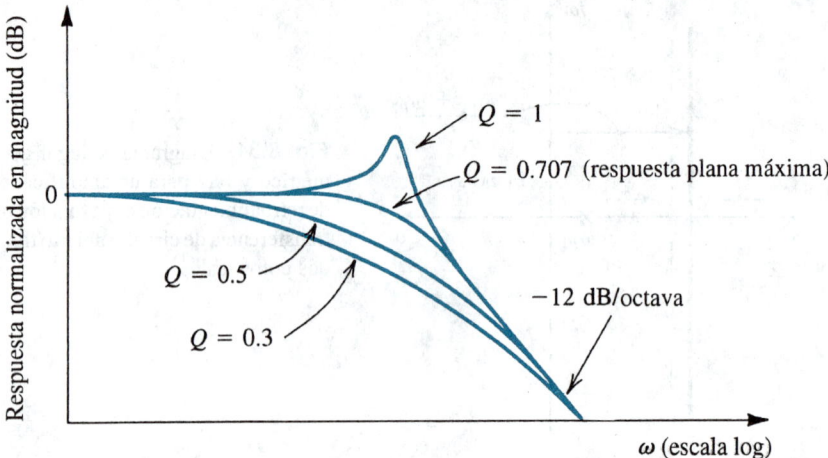

Fig. 8.33 Respuesta normalizada en magnitud de un amplificador de retroalimentación de dos polos para varios valores de Q. Nótese que Q está determinada por la ganancia de circuito de acuerdo con la ecuación (8.38).

Al comparar las ecuaciones (8.35) y (8.37) obtenemos el factor Q para los polos del amplificador de retroalimentación como

$$Q = \frac{\sqrt{(1 + A_0\beta)\omega_{P1}\omega_{P2}}}{\omega_{P1} + \omega_{P2}} \tag{8.38}$$

Del estudio de respuestas de red de segundo orden del capítulo 11, se verá que la respuesta del amplificador de retroalimentación bajo consideración no muestra compensación para $Q \leq 0.707$. El caso de frontera correspondiente a $Q = 0.707$ (polos a ángulos de 45°) resulta en la respuesta **plana máxima**. En la figura 8.33 se ilustran varias posibles respuestas obtenidas para varios valores de Q (o, de modo correspondiente, varios valores de $A_0\beta$).

Ejercicio

8.12 Un amplificador con una ganancia de baja frecuencia de 100 y polos a 10^4 y 10^6 rad/s se incorpora en un circuito de retroalimentación negativa con factor de retroalimentación β. ¿Para qué valor de β coinciden los polos del amplificador de circuito cerrado? ¿Cuál es el Q correspondiente del sistema resultante de segundo orden? ¿Para qué valor de β se alcanza una respuesta plana máxima? ¿Cuál es la ganancia de circuito cerrado a baja frecuencia en el caso del plano máximo?

Resp.   0.245; 0.5; 0.5; 1.96 V/V

EJEMPLO 8.5

Como ilustración de algunas de las ideas que acabamos de exponer, consideremos el circuito de retroalimentación positivo que se ilustra en la figura 8.34(a). Encuentre la transmisión de circuito $L(s)$ y la ecuación característica. Dibuje un diagrama de raíz y lugar geométrico para K variable, encuentre el valor de K que resulte en una respuesta plana máxima, y el valor de K que haga que el circuito oscile. Suponga que el amplificador tiene infinita impedancia de entrada y cero impedancia de salida.

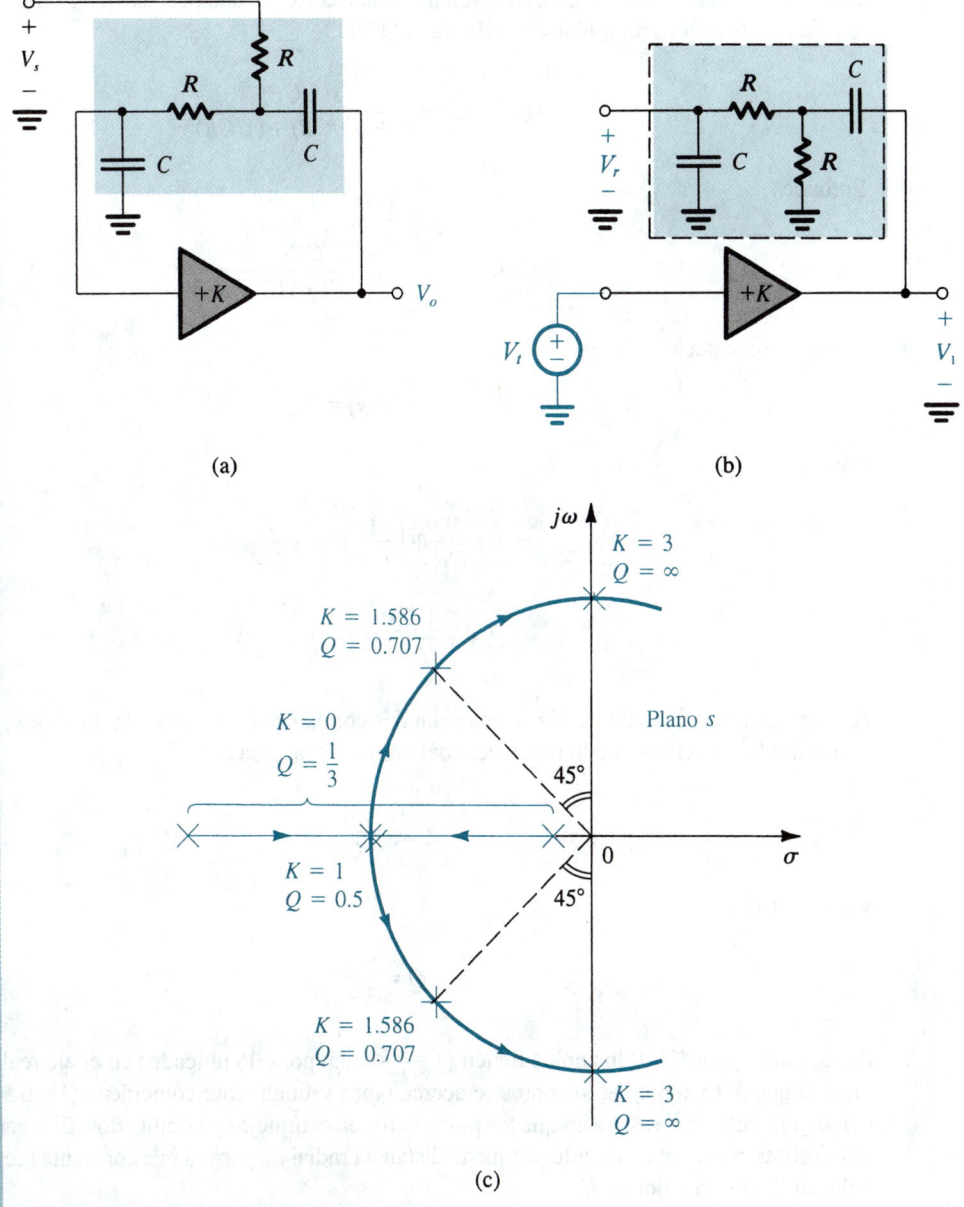

Fig. 8.34 Circuitos y gráfica para el ejemplo 8.5.

SOLUCIÓN

Para obtener la transmisión de circuito ponemos en cortocircuito la fuente de señal y abrimos el circuito a la entrada del amplificador. Entonces aplicamos un voltaje de prueba V_t y encontramos el voltaje V_r retornado, como se indica en la figura 8.34(b). La transmisión de circuito $L(s) \equiv A(s)\beta(s)$ está dada por

$$L(s) = -\frac{V_r}{V_t} = -KT(s) \tag{8.39}$$

en donde $T(s)$ es la función de transferencia de la red RC de dos puertos que se muestra dentro de la caja de líneas interrumpidas de la figura 8.34(b):

$$T(s) \equiv \frac{V_r}{V_1} = \frac{s(1/CR)}{s^2 + s(3/CR) + (1/CR)^2} \tag{8.40}$$

Entonces

$$L(s) = \frac{-s(K/CR)}{s^2 + s(3/CR) + (1/CR)^2} \tag{8.41}$$

La ecuación característica es

$$1 + L(s) = 0 \tag{8.42}$$

esto es,

$$s^2 + s\,\frac{3}{CR} + \left(\frac{1}{CR}\right)^2 - s\,\frac{K}{CR} = 0$$

$$s^2 + s\,\frac{3-K}{CR} + \left(\frac{1}{CR}\right)^2 = 0 \tag{8.43}$$

Al comparar esta ecuación en la forma estándar con la ecuación característica de segundo orden (ecuación 8.37) vemos que la frecuencia del polo ω_0 está dada por

$$\omega_0 = \frac{1}{CR} \tag{8.44}$$

y el factor Q es

$$Q = \frac{1}{3-K} \tag{8.45}$$

Por lo tanto, para $K = 0$ los polos tienen $Q = \frac{1}{3}$ y están por ello ubicados en el eje real negativo. A medida que K se aumenta, los polos se acercan más y finalmente coinciden ($Q = 0.5$, $K = 1$). Un mayor aumento en K resulta en que los polos se hacen complejos y conjugados. El lugar geométrico de la raíz es entonces un círculo porque la distancia radial ω_0 permanece constante (ecuación 8.44) independiente del valor de K.

La respuesta plana máxima se obtiene cuando $Q = 0.707$, que resulta cuando $K = 1.586$. En este caso los polos están a ángulos de 45°, como se indica en la figura 8.34(c). Los polos cruzan el eje $j\omega$ hacia la mitad derecha del plano s al valor de K que resulta en $Q = \infty$, es decir, $K = 3$. Entonces para $K \geq 3$ este circuito se hace inestable. Esto pudiera contradecir nuestra anterior conclusión de que el amplificador de retroalimentación con una respuesta de segundo orden es incondicionalmente inestable. Nótese, sin embargo, que el circuito en este ejemplo es bastante diferente del amplificador de retroalimentación negativa que hemos estado estudiando. Aquí tenemos un amplificador con una ganancia positiva K y una red de retroalimentación cuya función de transferencia $T(s)$ es dependiente de la frecuencia. Esta retroalimentación de hecho es *positiva*, y el circuito oscilará a la frecuencia para la cual la fase de $T(j\omega)$ es cero.

El ejemplo 8.5 ilustra el uso de retroalimentación (retroalimentación positiva en este caso) para mover los polos de una red RC desde sus ubicaciones del eje real negativo a lugares complejos conjugados. Se puede realizar la misma tarea usando retroalimentación negativa, como lo demuestra el diagrama del lugar geométrico de la raíz de la figura 8.31. El proceso de control de polo es la esencia del *diseño de filtro activo*, como se estudiará en el capítulo 11.

Amplificadores con tres o más polos

En la figura 8.35 se ilustra el diagrama del lugar geométrico de la raíz para un amplificador de retroalimentación cuya respuesta de circuito abierto está caracterizada por tres polos. Como se indica, aumentar la ganancia del circuito desde cero hace mover el polo de más alta frecuencia hacia fuera, mientras que los otros dos polos se acercan más. A medida que $A_0\beta$ crece más, los dos polos se hacen coincidentes y entonces se hacen complejos y conjugados. Existe un valor de $A_0\beta$ al cual este par de polos complejos conjugados entra en la mitad derecha del plano s, ocasionando así que el amplificador se haga inestable.

Este resultado no es enteramente inesperado, ya que un amplificador con tres polos tiene un desfasamiento que llega a $-270°$ a medida que ω se aproxima al ∞. Entonces, existe una frecuencia finita ω_{180} a la cual la ganancia del circuito tiene un desfasamiento de $180°$.

Del diagrama del lugar geométrico de raíz de la figura 8.35 observamos que siempre se puede mantener la estabilidad de un amplificador si la ganancia $A_0\beta$ del circuito se conserva más pequeña que el valor correspondiente a los polos que entran al semiplano derecho. En términos del diagrama de Nyquist, el valor crítico de $A_0\beta$ es aquel para el cual el diagrama pasa por el punto $(-1, 0)$. Si se reduce $A_0\beta$ debajo de este valor, el diagrama de Nyquist se contrae y por lo tanto corta el eje real negativo a la derecha del punto $(-1, 0)$, indicando operación estable del amplificador. Por otra parte, si se aumenta $A_0\beta$ arriba del valor crítico, el diagrama de Nyquist se expande y rodea el punto $(-1, 0)$ e indica operación inestable.

Para una ganancia dada de circuito abierto, las anteriores conclusiones se pueden expresar en términos del factor β de retroalimentación, esto es, existe un *valor máximo* para β arriba del cual el amplificador de retroalimentación se hace inestable. Alternativamente, podemos expresar que existe un *valor mínimo* para la ganancia A_{f0} de circuito cerrado debajo del cual el amplificador se hace inestable.

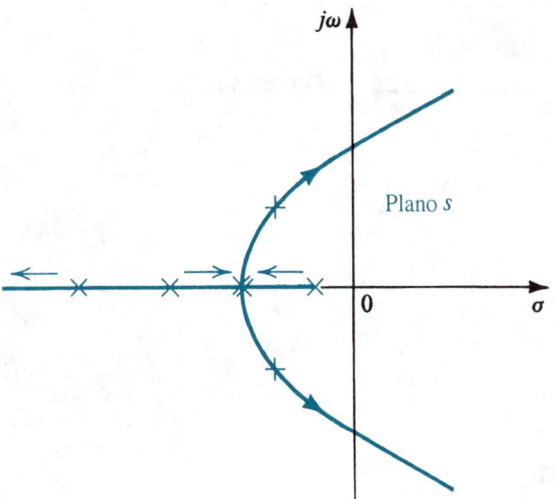

Fig. 8.35 Diagrama de raíz y lugar geométrico para un amplificador con tres polos. Las flechas indican el movimiento del polo a medida que $A_0\beta$ aumenta.

Para obtener valores más bajos de ganancia de circuito cerrado es necesario, por lo tanto, alterar la función de transferencia del circuito $L(s)$. Este proceso se conoce como *compensación de frecuencia*. Estudiaremos la teoría y técnicas de compensación de frecuencia en la sección 8.11.

Antes de salir de esta sección señalaremos que la construcción del diagrama del lugar geométrico de a raíz, para amplificadores que tienen tres o más polos y polos finitos, es un proceso complicado para el cual existe un procedimiento sistemático. Este proceso no se presenta aquí y el lector interesado debe consultar la obra de Haykin (1970). Aun cuando el diagrama del lugar geométrico de raíz proporciona un considerable conocimiento al diseñador del amplificador, de manera eficaz se pueden utilizar otras técnicas más sencillas basadas en los diagramas de Bode, como se explicará en la sección 8.10.

Ejercicio

8.13 Considere un amplificador de retroalimentación para el cual la función de transferencia de circuito abierto $A(s)$ está dada por

$$A(s) = \left(\frac{10}{1 + s/10^4} \right)^3$$

Supongamos que el factor de retroalimentación β es independiente de la frecuencia. Encuentre los polos de circuito cerrado como funciones de β, y demuestre que el lugar geométrico de raíz es el de la figura E8.13. También encuentre el valor de β al cual el amplificador se hace inestable. (*Nota:* Éste es el mismo amplificador que se consideró en el ejercicio 8.10.)

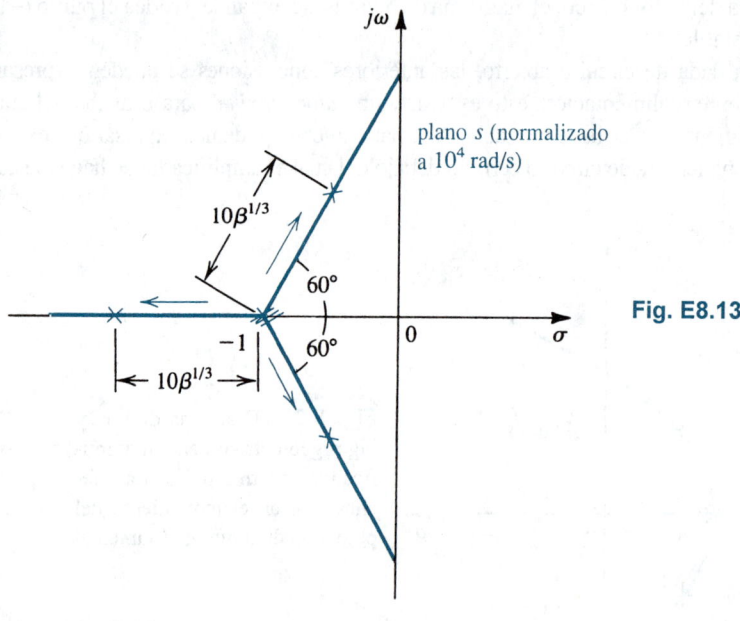

Fig. E8.13

Resp. Véase la figura E8.13; $\beta_{\text{crítica}} = 0.008$

8.10   ESTUDIO DE ESTABILIDAD USANDO DIAGRAMAS DE BODE

Márgenes de ganancia y fase

De las secciones 8.8 y 8.9 sabemos que se puede determinar si el amplificador de retroalimentación es o no estable si se examina la ganancia de circuito $A\beta$ como función de la frecuencia. Uno de los medios más sencillos y eficaces para hacer esto es por medio del uso de un diagrama de Bode para $A\beta$, como el que se muestra en la figura 8.36. (Nótese que como la fase se aproxima a $-360°$, la red examinada es de cuarto orden.) El amplificador de retroalimentación cuya ganancia de circuito se traza en la figura 8.36 será estable, ya que a la frecuencia de desfasamiento de $180°$, ω_{180}, la magnitud de la ganancia del circuito es menor a la unidad (dB negativo). La diferencia entre el valor de $|A\beta|$ a ω_{180} y la unidad, llamada **margen de ganancia**, suele expresarse en dB. El margen de ganancia representa la cantidad en la que la ganancia del circuito se puede aumentar mientras se mantiene la estabilidad. Los amplificadores de retroalimentación suelen diseñarse para tener suficiente margen de ganancia para tomar en cuenta los inevitables cambios en ganancia de circuito con la temperatura, tiempo, etcétera.

Otra forma de investigar la estabilidad y expresar su grado es examinar el diagrama de Bode a la frecuencia para la cual $|A\beta| = 1$, que es el punto al que el diagrama de magnitud cruza la línea de 0 dB. Si a esta frecuencia el ángulo de fase es menor (en magnitud) a $180°$, entonces el amplificador es estable. Ésta es la situación ilustrada en la figura 8.36. La diferencia entre el ángulo de fase a esta frecuencia y $180°$ se denomina **margen de fase**. Por otra parte, si a la frecuencia de magnitud unitaria de ganancia de circuito, el atraso de fase es de más de $180°$, el amplificador será inestable.

Ejercicio

8.14 Considere un op amp que tiene una respuesta de un polo a circuito abierto con $A_0 = 10^5$ y $f_P = 10$ Hz. Supongamos que el op amp es ideal de otra forma (impedancia infinita de entrada, impedancia cero de salida, etcétera). Si este amplificador se conecta en la configuración no inversora con una ganancia nominal de 100 a circuito cerrado a baja frecuencia, encuentre la frecuencia a la que $|A\beta| = 1$. También encuentre el margen de fase.

Resp. 10^4 Hz; $90°$

Efecto del margen de fase en respuesta a circuito cerrado

Los amplificadores de retroalimentación están normalmente diseñados con un margen de fase de por lo menos $45°$. La cantidad de margen de fase tiene un profundo efecto sobre la forma de la respuesta de la magnitud de circuito cerrado. Para ver esta relación, considere un amplificador de retroalimentación con una gran ganancia de circuito a baja frecuencia, $A_0\beta \gg 1$. Se deduce que la ganancia a circuito cerrado a bajas frecuencias es aproximadamente $1/\beta$. Si por ω_1 se denota la frecuencia a la que la magnitud de la ganancia del circuito es unitaria, tenemos (vea la figura 8.36)

$$A(j\omega_1)\beta = 1 \times e^{-j\theta} \tag{8.46}$$

donde

$$\theta = 180° - \text{margen de fase} \tag{8.47}$$

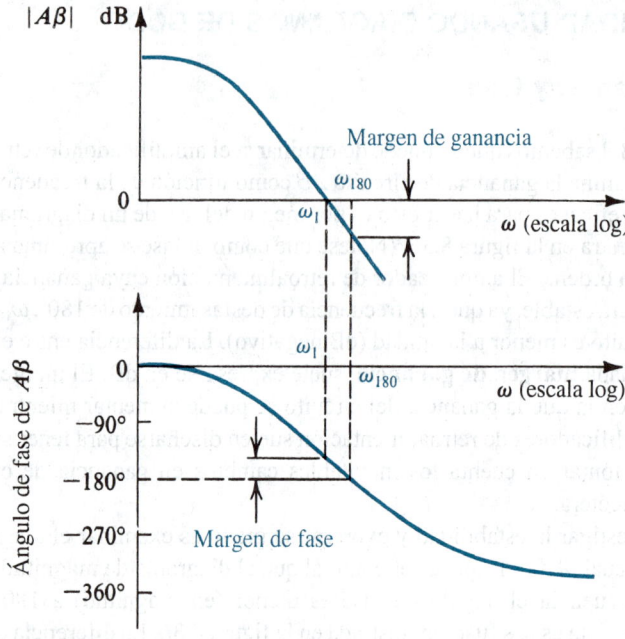

Fig. 8.36 Diagrama de Bode para la ganancia de circuito $A\beta$ ilustrando las definiciones de los márgenes de ganancia y fase.

A ω_1 la ganancia de circuito cerrado es

$$A_f(j\omega_1) = \frac{A(j\omega_1)}{1 + A(j\omega_1)\beta}$$

Al sustituir de la ecuación (8.46) resulta

$$A_f(j\omega_1) = \frac{(1/\beta)e^{-j\theta}}{1 + e^{-j\theta}}$$

Entonces la magnitud de la ganancia a ω_1 es

$$|A_f(j\omega_1)| = \frac{1/\beta}{|1 + e^{-j\theta}|} \tag{8.48}$$

Para un margen de fase de 45°, $\theta = 135°$; y obtenemos

$$|A_f(j\omega_1)| = 1.3 \frac{1}{\beta}$$

Esto es, la ganancia se compensa en un factor de 1.3 arriba del valor de baja frecuencia de $1/\beta$. Esta compensación aumenta a medida que se reduce el margen de fase, llegando finalmente al ∞ cuando el margen de fase es cero. Cero margen de fase, por supuesto, implica que el amplificador puede sostener oscilaciones [polos en el eje $j\omega$; el diagrama de Nyquist pasa por (−1, 0)].

Ejercicio

8.15 Encuentre la ganancia de circuito cerrado a ω_1 en relación con la ganancia de baja frecuencia cuando el margen de fase es 30°, 60° y 90°.

Resp. 1.93; 1; 0.707

Un método alterno

La investigación de la estabilidad al construir diagramas de Bode para obtener la ganancia de circuito $A\beta$ puede ser un proceso tedioso y lento, en especial si tenemos que investigar la estabilidad de un amplificador dado para varias redes de retroalimentación. Un método alterno, que es mucho más sencillo, consiste en construir un diagrama de Bode sólo para la ganancia de circuito abierto $A(j\omega)$. Si se supone que por ahora β es independiente de la frecuencia, podemos trazar la gráfica de $20 \log(1/\beta)$ como una recta horizontal sobre el mismo plano empleado para $20 \log|A|$. La diferencia entre las dos curvas será

$$20 \log|A(j\omega)| - 20 \log \frac{1}{\beta} = 20 \log|A\beta| \tag{8.49}$$

que es la ganancia de circuito expresada en dB. Por lo tanto, podemos estudiar la estabilidad al examinar la diferencia entre las dos gráficas. Si deseamos evaluar la estabilidad para un factor de retroalimentación diferente, simplemente trazamos otra recta horizontal al nivel de $20 \log(1/\beta)$.

Para ilustrar, considere un amplificador cuya función de transferencia de circuito abierto está caracterizada por tres polos. Para mayor sencillez supongamos que los tres polos están ampliamente separados, por ejemplo a 0.1, 1 y 10 MHz, como se muestra en la figura 8.37. Nótese que debido a que los polos están muy separados, la fase es aproximadamente −45° a la frecuencia del primer polo, −135° a la segunda y −225° a la tercera. La frecuencia a la cual la fase de $A(j\omega)$ es −180° se encuentra en el segmento de −40 dB/década, como se indica en la figura 8.37.

La ganancia de circuito abierto de este amplificador se puede expresar como

$$A = \frac{10^5}{(1 + jf/10^5)(1 + jf/10^6)(1 + jf/10^7)} \tag{8.50}$$

de la que $|A|$ se puede determinar fácilmente para cualquier frecuencia f (en Hz), y la fase se puede obtener como

$$\phi = -[\tan^{-1}(f/10^5) + \tan^{-1}(f/10^6) + \tan^{-1}(f/10^7)] \tag{8.51}$$

Las gráficas de magnitud y fase que se muestran en la figura 8.37 se obtienen usando el método para construir diagramas de Bode (sección 7.1). Estas gráficas producen valores aproximados para parámetros importantes del amplificador, valores más exactos se pueden obtener con las ecuaciones (8.50) y (8.51). Por ejemplo, la frecuencia f_{180} a la cual el ángulo de fase es 180° se puede hallar de la figura 8.37 que es aproximadamente 3.2×10^6 Hz. Usando este valor como punto de partida, se puede hallar un valor más exacto por prueba y error usando la ecuación (8.51). El resultado es $f_{180} = 3.34 \times 10^6$ Hz. A esta frecuencia, la ecuación (8.50) da una magnitud de ganancia de 58.2 dB, que es razonablemente cercana al valor aproximado de 60 dB dado por la figura 8.37.

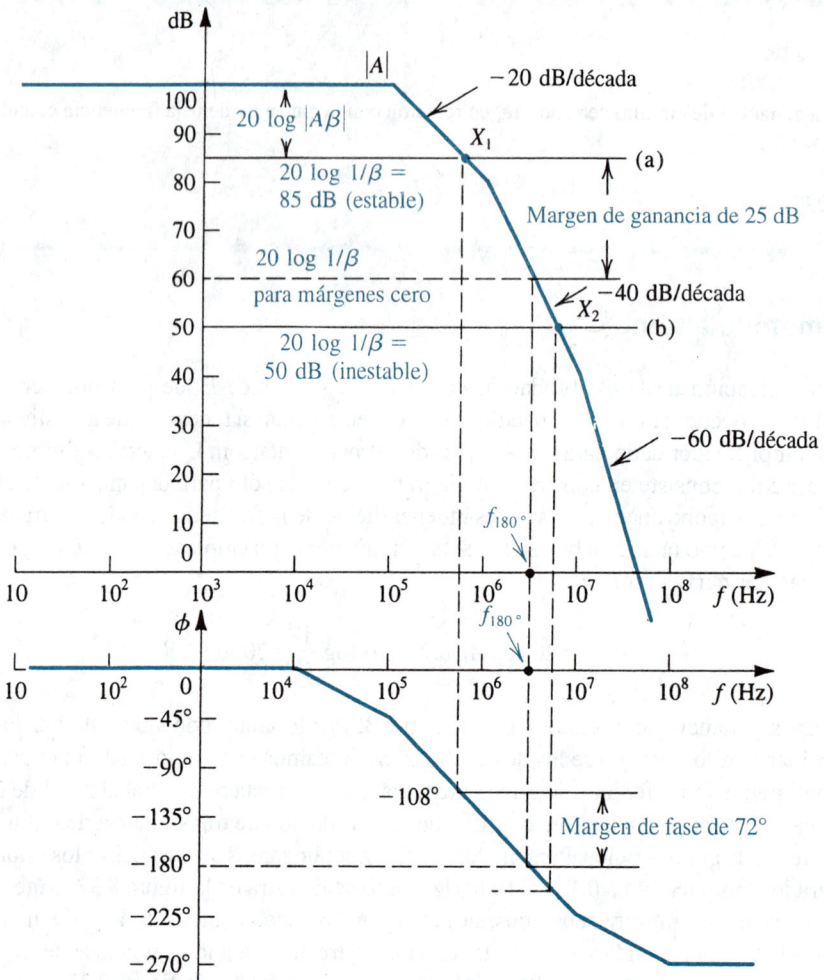

Fig. 8.37 Análisis de estabilidad usando diagrama de Bode de |A|.

Considere a continuación la recta marcada como (a) en la figura 8.37. Esta recta representa un factor de retroalimentación para el cual $20 \log(1/\beta) = 85$ dB, que corresponde a $\beta = 5.623 \times 10^{-5}$ y una ganancia de circuito cerrado de 83.6 dB. Como la ganancia de circuito es la diferencia entre la curva |A| y la recta $1/\beta$, el punto de intersección X_1 corresponde a la frecuencia a la que $|A\beta| = 1$. Usando las gráficas de la figura 8.37, esta frecuencia se puede hallar que es aproximadamente 5.6×10^5 Hz. Un valor más exacto de 4.936×10^5 se puede obtener si se usan las ecuaciones de función de transferencia. A esta frecuencia el ángulo de fase es aproximadamente $-108°$. Por esto el amplificador de circuito cerrado, para el cual $20 \log(1/\beta) = 85$ dB, será estable con un margen de fase de 72°. El margen de ganancia se puede obtener con facilidad de la figura 8.37; es 25 dB.

A continuación, supongamos que se desea utilizar este amplificador para obtener una ganancia de circuito cerrado de 50 dB de valor nominal. Como $A_0 = 100$ dB, vemos que $A_0\beta \gg 1$ y $20 \log(A_0\beta) \simeq 50$ dB, resultando en $20 \log(1/\beta) \simeq 50$ dB. Para ver si este amplificador de circuito cerrado es estable o no, trazamos la línea (b) de la figura 8.37 con una altura de 50 dB. Esta línea corta la curva de ganancia de circuito abierto en el punto X_2, donde la fase correspondiente es mayor de 180°. Así, el amplificador de circuito cerrado con ganancia de 50 dB será inestable.

De hecho, de la figura 8.37 se puede ver con facilidad que el valor *mínimo* de 20 log$(1/\beta)$ que se puede usar es 60 dB, siendo estable el amplificador resultante. En otras palabras, el valor mínimo de ganancia estable de circuito cerrado obtenido con este amplificador es aproximadamente 60 dB, pero a este valor de ganancia el amplificador puede oscilar porque no queda margen para compensar posibles cambios en ganancia.

Como el punto de 180° de fase siempre ocurre en el segmento de −40 dB/década del diagrama de Bode para $|A|$, una regla práctica para garantizar estabilidad es como sigue: el amplificador de circuito cerrado será estable si la línea de 20 log$(1/\beta)$ corta la curva de 20 log$|A|$ en un punto en el segmento de −20 dB/década. Si se sigue esta regla se garantiza que se obtiene un margen de fase de por lo menos 45°. Para el ejemplo de la figura 8.37, la regla implica que el máximo valor de β es 10^{-4}, que corresponde a una ganancia de circuito cerrado de aproximadamente 80 dB.

La anterior regla práctica se puede generalizar para el caso en que β es una función de la frecuencia. La regla general expresa que en la intersección de 20 log$[1/|\beta(j\omega)|]$ y 20 log$|A(j\omega)|$ la diferencia de pendientes (llamada **velocidad de aproximación**) no debe exceder de 20 dB/década.

Ejercicio

8.16   Considere un op amp cuya ganancia de circuito abierto es idéntica al de la figura 8.37. Suponga que el op amp es ideal de otra manera. Supongamos que el op amp está conectado como diferenciador. Utilice la anterior regla práctica para demostrar que, para operación estable, la constante de tiempo del diferenciador debe ser mayor de 159 ms. (*Sugerencia:* Recuerde que para un diferenciador, el diagrama de Bode para $1/|\beta(j\omega)|$ tiene una pendiente de +20 dB/década y corta la línea de 0 dB en $1/\tau$, donde τ es la constante de tiempo del diferenciador.)

8.11   COMPENSACIÓN DE FRECUENCIA

En esta sección, analizaremos métodos para modificar la función de transferencia de circuito abierto $A(s)$ de un amplificador que tiene tres o más polos, de modo que el amplificador de circuito cerrado sea estable para cualquier valor deseado de ganancia de circuito cerrado.

Teoría

El método más sencillo de compensación de frecuencia consiste en introducir un nuevo polo en la función $A(s)$ a una frecuencia suficientemente baja, f_D, tal que la ganancia modificada de circuito abierto, $A'(s)$, corta la curva de 20 log$(1/|\beta|)$ con una diferencia de pendiente de 20 dB/década. Como ejemplo, supongamos que se requiere compensar el amplificador cuya $A(s)$ se muestra en la figura 8.38, tal que amplificadores de circuito cerrado con β de hasta 10^{-2} (es decir, ganancias de circuito cerrado muy bajas, aproximadamente de 40 dB) son estables. Primero, dibujamos una recta horizontal al nivel de 40 dB para representar 20 log$(1/\beta)$, como se muestra en la figura 8.38. Entonces localizamos el punto Y sobre esta recta a la frecuencia del primer polo, f_{P1}. De Y dibujamos una línea con pendiente de −20 dB/década y determinamos el punto al cual esta línea corta la línea de ganancia de cd, punto Y'. Este último punto da la frecuencia f_D del nuevo polo que tiene que ser introducido en la función de transferencia de circuito abierto.

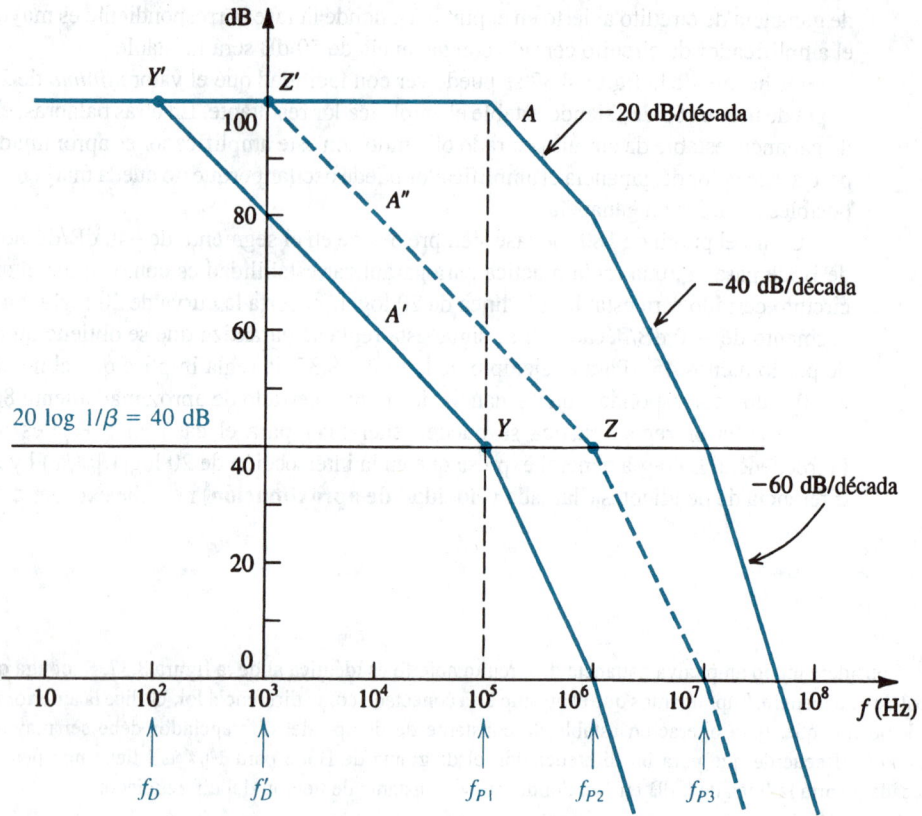

Fig. 8.38 Compensación de frecuencia para $\beta = 10^{-2}$. La respuesta marcada A' se obtiene al introducir un polo adicional a f_D. La respuesta A'' se obtiene al mover el polo original de baja frecuencia a f'_D.

La respuesta compensada de circuito abierto $A'(s)$ está indicada en la figura 8.38. Tiene cuatro polos: en f_D, f_{P1}, f_{P2} y f_{P3}. Entonces $|A'|$ empieza a atenuarse con una pendiente de -20 dB/década a f_D. A f_{P1} la pendiente cambia a -40 dB/década, a f_{P2} cambia a -60 dB/década, y así sucesivamente. Como la línea de $20 \log/(1/\beta)$ corta la curva de $20 \log|A'|$ en el punto Y sobre el segmento de -20 dB/década, el amplificador de circuito cerrado con este valor de β (o valores menores) será estable.

Una grave desventaja de este método de compensación es que a la mayor parte de las frecuencias la ganancia de circuito abierto se ha reducido de manera drástica. Esto significa que, a la mayor parte de las frecuencias, la cantidad de retroalimentación disponible será pequeña. Como todas las ventajas de retroalimentación negativa son directamente proporcionales a la cantidad de retroalimentación, la operación del amplificador compensado se ha deteriorado.

Un cuidadoso examen de la figura 8.38 muestra que la razón por la que la ganancia $A'(s)$ es baja es el polo en f_{P1}. Si de algún modo podemos eliminar este polo, entonces (en lugar de localizar el punto Y, dibujar YY', etcétera) ahora podemos comenzar desde el punto Z (a la frecuencia del segundo polo) y trazar la línea ZZ'. Esto resultaría en la curva de circuito abierto $A''(s)$, que muestra ganancia considerablemente más alta que $A'(s)$.

Aun cuando no es posible eliminar el polo a f_{P1}, en general es posible desplazar ese polo de $f = f_{P1}$ a $f = f_D'$. Esto hace al polo dominante y elimina la necesidad de introducir otro polo de más baja frecuencia, como se explica a continuación.

Implementación

Ahora dirigimos el tema de poner en práctica el esquema de compensación de frecuencia antes estudiado. El circuito amplificador normalmente consta de varias etapas de ganancia en cascada, con cada etapa siendo responsable de uno o más de los polos de función de transferencia. Por medio de análisis manual y/o de computadora del circuito, se identifica cuál etapa introduce cada uno de los importantes polos f_{P1}, f_{P2}, etcétera. Para los fines de nuestro estudio, supongamos que el primer polo f_{P1} se introduce en la interfaz entre las dos etapas diferenciales en cascada que se muestran en la figura 8.39(a). En la figura 8.39(b) mostramos un modelo sencillo de pequeña señal del circuito en esta interfaz. La corriente de la fuente I_x representa la corriente de señal de salida de la etapa Q_1-Q_2. La resistencia R_x y la capacitancia C_x representan la resistencia y capacitancia totales entre los dos nodos B y B'. Se deduce que el polo f_{P1} está dado por

$$f_{P1} = \frac{1}{2\pi C_x R_x} \qquad (8.52)$$

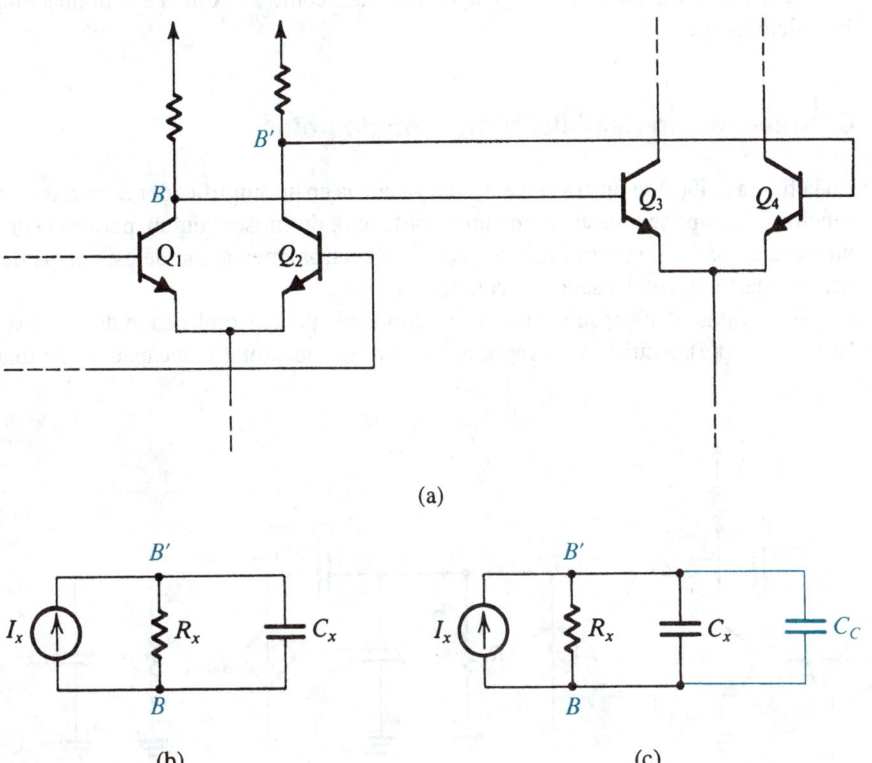

(a)

(b)   (c)

Fig. 8.39 **(a)** Dos etapas de ganancia en cascada de un amplificador de varias etapas. **(b)** Circuito equivalente para la interfaz entre las dos etapas en (a). **(c)** El mismo circuito que en (b) pero con un condensador de compensación C_C agregado.

Ahora conectemos el condensador de compensación C_C entre los nodos B y B'. Esto resultará en el circuito equivalente modificado que se muestra en la figura 8.39(c) del cual vemos que el polo introducido ya no estará en f_{P1}; más bien, el polo puede estar en cualquier frecuencia menor deseada f_D':

$$f_D' = \frac{1}{2\pi(C_x + C_C)R_x} \qquad (8.53)$$

Así concluimos que se puede seleccionar un valor apropiado para C_C de modo de desplazar la frecuencia del polo de f_{P1} al valor f_D' determinado por el punto Z' de la figura 8.38.

En esta unión debe señalarse que sumar el condensador C_C suele resultar en cambios en la ubicación de los otros polos (los situados en f_{P2} y f_{P3}). Por lo tanto, pudiera ser necesario calcular la nueva ubicación de f_{P2} y ejecutar unas pocas iteraciones para llegar al valor pedido de C_C.

Una desventaja de este método de ejecución es que el valor pedido de C_C suele ser bastante grande. Así, si el amplificador a ser compensado es un op amp de circuito integrado, será difícil, y probablemente imposible, incluir este condensador de compensación en el chip del CI. (Como indicamos en el capítulo 10 y en el apéndice A, la máxima capacidad práctica de un condensador monolítico es de unos 100 pF.) Una solución elegante a este problema es conectar el condensador de compensación en la trayectoria de retroalimentación de una etapa amplificadora. Debido al efecto Miller, la capacitancia de compensación será multiplicada por la ganancia de la etapa, resultando en una capacitancia eficaz mucho mayor. Además, como se explica a continuación, se acumula un beneficio inesperado.

Compensación de Miller y división de polo

En la figura 8.40(a) se ilustra una etapa de ganancia en un amplificador de varias etapas. Para mayor sencillez, la etapa se muestra como un amplificador de emisor común, pero en la práctica puede ser un circuito más elaborado. En la trayectoria de retroalimentación de esta etapa de emisor común hemos puesto un condensador de compensación C_f.

En la figura 8.40(b) se ilustra un circuito equivalente simplificado de la etapa de ganancia de la figura 8.40(a). Aquí R_1 y C_1 representan la resistencia total y la capacitancia total entre el nodo

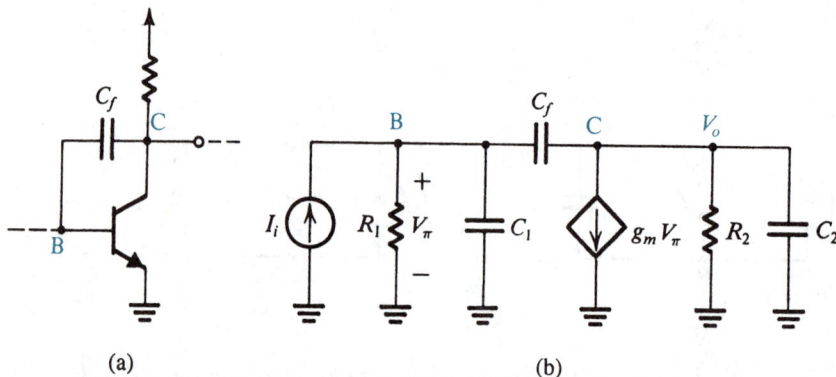

(a)   (b)

Fig. 8.40   (a) Etapa de ganancia en un amplificador de varias etapas con un condensador de compensación conectado en el circuito de retroalimentación, y (b) circuito equivalente.

B y tierra. Análogamente, R_2 y C_2 representan la resistencia total y la capacitancia total entre el nodo C y tierra. Además, se supone que C_1 y C_2 incluyen componentes de Miller debido a la capacitancia C_μ, y C_2 incluye la capacitancia de entrada de la etapa amplificadora siguiente. Finalmente, I_i representa la corriente de señal de salida de la etapa precedente.

En ausencia del condensador de compensación C_f, podemos ver de la figura 8.40(b) que hay dos polos, uno a la entrada y uno a la salida. Supongamos que estos dos polos son f_{P1} y f_{P2} de la figura 8.38; así

$$f_{P1} = \frac{1}{2\pi C_1 R_1} \qquad f_{P2} = \frac{1}{2\pi C_2 R_2} \qquad (8.54)$$

Con C_f presente, el análisis del circuito produce la función de transferencia

$$\frac{V_o}{I_i} = \frac{(sC_f - g_m)R_1 R_2}{1 + s[C_1 R_1 + C_2 R_2 + C_f(g_m R_1 R_2 + R_1 + R_2)] + s^2[C_1 C_2 + C_f(C_1 + C_2)]R_1 R_2} \qquad (8.55)$$

El cero suele estar a una frecuencia mucho más alta que el polo dominante y despreciaremos este efecto. El polinomio del denominador $D(s)$ se puede escribir en la forma

$$D(s) = \left(1 + \frac{s}{\omega'_{P1}}\right)\left(1 + \frac{s}{\omega'_{P2}}\right) = 1 + s\left(\frac{1}{\omega'_{P1}} + \frac{1}{\omega'_{P2}}\right) + \frac{s^2}{\omega'_{P1}\omega'_{P2}} \qquad (8.56)$$

donde ω'_{P1} y ω'_{P2} son las nuevas frecuencias de los dos polos. Normalmente uno de los polos será dominante; $\omega'_{P1} \ll \omega'_{P2}$. Entonces

$$D(s) \simeq 1 + \frac{s}{\omega'_{P1}} + \frac{s}{\omega'_{P1}\omega'_{P2}} \qquad (8.57)$$

Al igualar los coeficientes de s del denominador de la ecuación (8.55) y en la ecuación (8.57) resulta

$$\omega'_{P1} = \frac{1}{C_1 R_1 + C_2 R_2 + C_f(g_m R_1 R_2 + R_1 + R_2)}$$

que puede aproximarse por medio de

$$\omega'_{P1} \simeq \frac{1}{g_m R_2 C_f R_1} \qquad (8.58)$$

Para obtener ω'_{P2} igualamos los coeficientes de s^2 del denominador de la ecuación (8.55) y la ecuación (8.57) y usamos la ecuación (8.58):

$$\omega'_{P2} \simeq \frac{g_m C_f}{C_1 C_2 + C_f(C_1 + C_2)} \qquad (8.59)$$

De las ecuaciones (8.58) y (8.59) vemos que a medida que C_f aumenta, ω'_{P1} se reduce y ω'_{P2} aumenta. Esto se conoce como **división de polo**. Nótese que el aumento en ω'_{P2} es altamente benéfico; nos permite mover el punto Z (véase la figura 8.38) más a la derecha, resultando así en una ganancia compensada más alta de circuito abierto. Finalmente, nótese de la ecuación (8.58) que C_f se multiplica por el factor $g_m R_2$ del efecto Miller, resultando así en una capacitancia mucho más alta, $g_m R_2 C_f$. En otras palabras, el valor requerido de C_f será mucho menor que el de C_C en la figura 8.39.

EJEMPLO 8.6

Considere un op amp cuya función de transferencia de circuito abierto es idéntica a la que se muestra en la figura 8.37. Deseamos compensar este op amp de modo que el amplificador de circuito cerrado con retroalimentación resistiva sea estable para cualquier ganancia (es decir, para β hasta la unidad). Suponga que el circuito del op amp incluye una etapa tal como la de la figura 8.40 con $C_1 = 100$ pF, $C_2 = 5$ pF y $g_m = 40$ mA/V, que el polo en f_{P1} es ocasionado por el circuito de entrada de esta etapa y que el polo en f_{P2} es introducido por el circuito de salida. Encuentre el valor del condensador de compensación si se conecta ya sea entre el nodo B de entrada y tierra o en la trayectoria de retroalimentación del transistor.

SOLUCIÓN

Primero determinamos R_1 y R_2

$$f_{P1} = 0.1 \text{ MHz} = \frac{1}{2\pi C_1 R_1}$$

Entonces

$$R_1 = \frac{10^5}{2\pi} \ \Omega$$

$$f_{P2} = 1 \text{ MHz} = \frac{1}{2\pi C_2 R_2}$$

Por lo tanto

$$R_2 = \frac{10^5}{\pi} \ \Omega$$

Si se conecta un condensador C_C de compensación en paralelo en los terminales de entrada de la etapa del transistor, entonces la frecuencia del primer polo cambia de f_{P1} a f_D':

$$f_D' = \frac{1}{2\pi(C_1 + C_C)R_1}$$

El segundo polo permanece sin cambio. El valor requerido para f_D' se determina al dibujar una línea de -20 dB/década desde el punto de 1 MHz de frecuencia sobre la línea de $20 \log(1/\beta) = 20 \log 1 = 0$ dB. Esta línea cortará la línea de ganancia de 100 dB a 10 Hz. Entonces

$$f_D' = 10 \text{ Hz} = \frac{1}{2\pi(C_1 + C_C)R_1}$$

que resulta en $C_C \simeq 1 \ \mu\text{F}$, que es bastante grande y que ciertamente no se puede incluir en el chip del circuito integrado.

A continuación, si se conecta un condensador C_f de compensación en la trayectoria de retroalimentación del transistor, entonces ambos polos cambian de ubicación a los valores dados por las ecuaciones (8.58) y (8.59):

$$f_{P1}' \simeq \frac{1}{2\pi g_m R_2 C_f R_1} \qquad f_{P2}' \simeq \frac{g_m C_f}{2\pi[C_1 C_2 + C_f(C_1 + C_2)]} \tag{8.60}$$

Para determinar dónde debemos ubicar el primer polo necesitamos saber el valor de f'_{P2}. Como aproximación, supongamos que $C_f \gg C_2$, que hace posible que obtengamos

$$f'_{P2} \simeq \frac{g_m}{2\pi(C_1 + C_2)} = 60.6 \text{ MHz}$$

Así, es evidente que este polo se moverá a una frecuencia más alta que f_{P3} (que es 10 MHz). Supongamos, por lo tanto, que el segundo polo estará en f_{P3}. Esto requiere que el primer polo se encuentre ubicado a 100 Hz:

$$f'_{P1} = 100 \text{ Hz} = \frac{1}{2\pi g_m R_2 C_f R_1}$$

que resulta en $C_f = 78.5$ pF. Aun cuando este valor es ciertamente mucho más alto que C_2, podemos determinar la ubicación del polo f'_{P2} a partir de la ecuación (8.60) que produce $f'_{P2} = 57.2$ MHz, confirmando el hecho de que este polo se ha movido pasando por f_{P3}.

Concluimos que usar la compensación de Miller no sólo resulta en un condensador de compensación mucho menor sino que, debido a la división de polo, también hace posible que pongamos el polo dominante una década más alto en frecuencia. Esto resulta en un ancho de banda más amplio para el op amp compensado.

Ejercicios

8.17 Un amplificador de varios polos que tiene un primer polo a 1 MHz y una ganancia de circuito abierto de 100 dB va a ser compensado para ganancias de circuito cerrado de sólo 20 dB por medio de la introducción de un nuevo polo dominante. ¿A qué frecuencia debe estar colocado el nuevo polo?

Resp. 100 Hz

8.18 Para el amplificador descrito en el ejercicio 8.17, más que introducir un nuevo polo dominante podemos usar más capacitancia en el nodo del circuito en el que el primer polo se forma para reducir la frecuencia del primer polo. Si la frecuencia del segundo polo es 10 MHz, y si permanece sin cambio mientras se introduce más capacitancia como se menciona, encuentre la frecuencia a la cual el primer polo debe ser bajado de manera que el amplificador resultante sea estable para ganancias de circuito cerrado de sólo 20 dB. ¿En qué factor debe aumentarse la capacitancia en el nodo controlador?

Resp. 1000 Hz; 1000

8.12 EJEMPLOS DE SIMULACIÓN DEL SPICE

Concluimos este capítulo presentando dos ejemplos que ilustran el uso del SPICE en el análisis de amplificadores de retroalimentación. Se pueden encontrar otros ejemplos en la obra de Roberts y Sedra, 1992 y 1997.

EJEMPLO 8.7: VERIFICAR LA PRECISIÓN DEL MÉTODO DE ANÁLISIS DE RETROALIMENTACIÓN

El objetivo de nuestro primer ejemplo es verificar el método de análisis de retroalimentación presentado en este capítulo. Lo haremos así considerando el mismo circuito analizado en el ejemplo 8.4. El circuito se ha dibujado de otra forma en la figura 8.41(a), y el circuito A se muestra en la figura 8.41(b). Observe

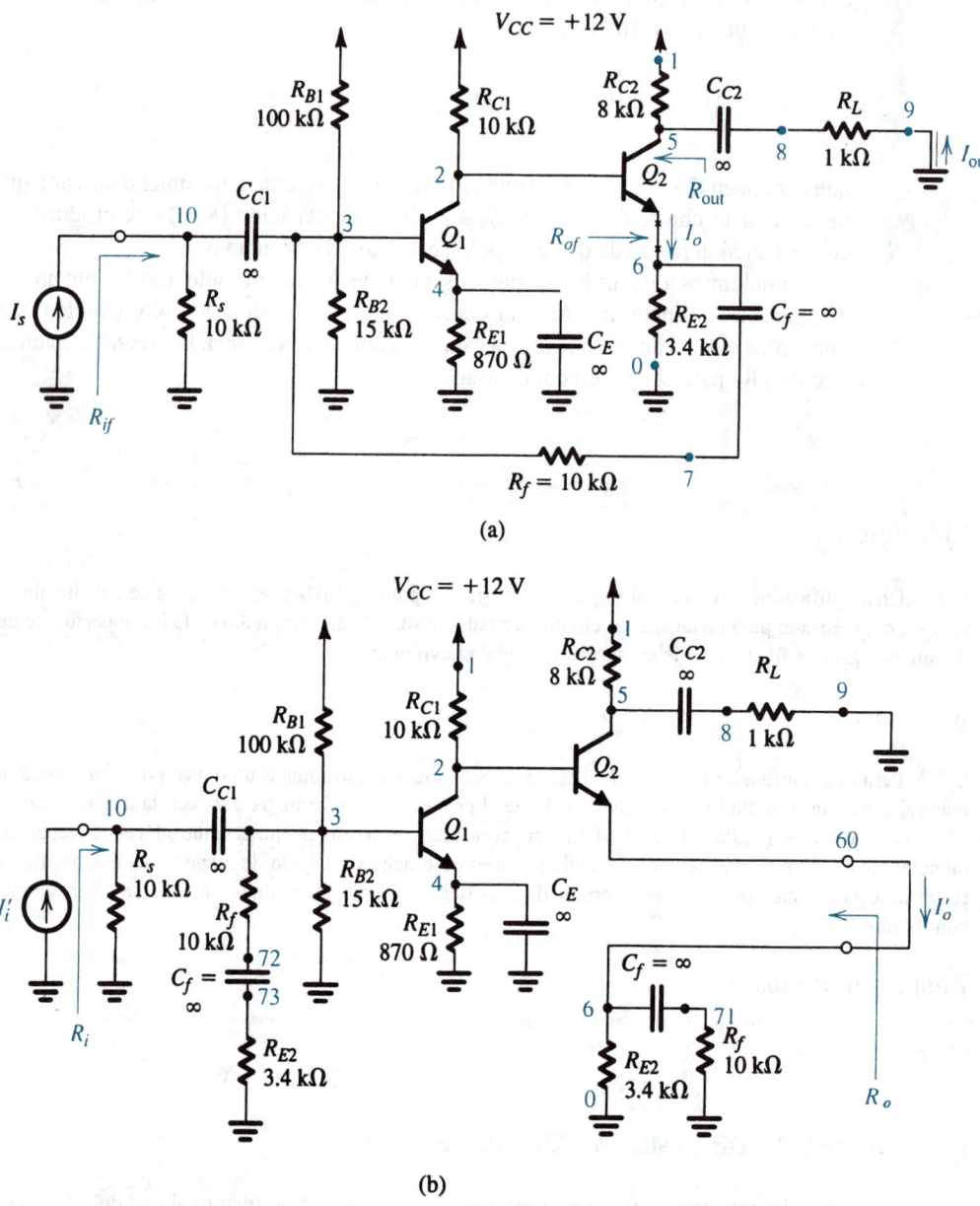

(a)

(b)

Fig. 8.41 Circuitos para el ejemplo 8.7: **(a)** amplificador de retroalimentación en paralelo-serie; **(b)** El circuito A.

que como la retroalimentación se aplica por medio de un condensador de acoplamiento, ambos circuitos de la figura 8.41 tendrán los mismos puntos de operación. Se utilizan transistores comercialmente disponibles del tipo 2N3904 en la simulación, y los valores de sus parámetros modelo se pueden hallar en las listas de los archivos de entrada del SPICE en el apéndice D.

La estrategia adoptada en este ejemplo es como sigue: se utiliza el SPICE para analizar el circuito A de la figura 8.41(b) para determinar su ganancia $A \equiv I_o'/I_i'$, su resistencia de entrada R_i, y su resistencia de salida R_o. Entonces, estos valores se utilizan junto con el factor de retroalimentación $\beta = -R_{E2}/(R_f + R_{E2}) = -0.2537$ A/A para determinar $A_f \equiv I_o'/I_s$, R_{if} y R_{of} usando las ecuaciones de retroalimentación. Además, se obtiene una estimación para R_{out} usando el método del ejemplo 8.4. El SPICE se utiliza entonces para hallar valores de los cuatro parámetros al analizar directamente el circuito del amplificador de retroalimentación. Entonces, la comparación de los dos conjuntos de resultados produce una oportunidad para evaluar la precisión del método de análisis de retroalimentación.

El análisis del SPICE del circuito A de la figura 8.41(b) produce los siguientes resultados:

$$A = -246.6 \text{ A/A} \qquad R_i = 2.077 \text{ k}\Omega \qquad R_o = 2.639 \text{ k}\Omega$$

El uso de estos valores en las fórmulas de retroalimentación produce los resultados que se muestran en la tabla 8.2. También en la tabla 8.2 se ilustran los resultados obtenidos del análisis directo del SPICE del circuito de la figura 8.41(a). Observe que los dos conjuntos de resultados son muy cercanos, verificando la validez del método de análisis de retroalimentación. Como se mencionó antes en el capítulo 8, el análisis usando las fórmulas de retroalimentación produce gran cantidad de conocimiento que puede ayudar en el diseño del circuito. Este conocimiento no se puede obtener de un análisis de fuerza bruta del circuito completo. También es agradable observar que los resultados del SPICE son muy cercanos a los obtenidos por análisis manual en el ejemplo 8.4, en especial porque en el análisis manual utilizamos un transistor genérico y un modelo muy sencillo.

Tabla 8.2 RESULTADOS DEL SPICE PARA EL EJEMPLO 8.7 OBTENIDOS USANDO EL MÉTODO DE RETROALIMENTACIÓN Y ANÁLISIS DIRECTO

Parámetro	Método de retroalimentación	Análisis directo
$A_f \equiv \dfrac{I_o}{I_s}$ (A/A)	-3.879	-3.879
$R_{if}(\Omega)$	32.68	32.65
$R_{of}(\text{k}\Omega)$	167.7	167.9
$R_{out}(\text{M}\Omega)$	18.26	18.35

El lector recordará que el método del análisis de retroalimentación está basado en la suposición de que la mayor parte de la transmisión hacia adelante ocurre en el amplificador (y no en la red pasiva de retroalimentación) y que la mayor parte de la transmisión inversa (la retroalimentación) ocurre en la red de retroalimentación. Como los resultados del análisis de retroalimentación del circuito de la figura 8.41 son muy cercanos a los obtenidos usando análisis directo, hay amplias razones para creer que estas dos suposiciones se satisfacen. Sin embargo, debe ser interesante verificar formalmente su validez. Esto se puede hacer usando el SPICE para calcular los parámetros de dos puertos que son más apropiados a la configuración paralelo-serie, es decir, los parámetros g (véase el apéndice B). Los resultados se muestran en la tabla 8.3. Observe que la transmisión hacia adelante a través de la red de retroalimentación (g_{21} del circuito β) es unas 1000 veces menor que aquella que pasa a través del circuito A (g_{21} del circuito A). Del mismo modo, la transmisión inversa que pasa a través de la red de retroalimentación (g_{12} del circuito β) es más de cinco órdenes de magnitud mayor que aquella que pasa por el circuito A (g_{12} del circuito A). Entonces, claramente las suposiciones están justificadas.

Tabla 8.3 PARÁMETROS g, CALCULADOS POR EL SPICE, DE LOS CIRCUITOS A Y β PARA EL EJEMPLO 8.7.

Parámetro g	Circuito A	Circuito β
g_{11} (A/V)	4.817×10^{-4}	7.463×10^{-5}
g_{12} (A/A)	9.934×10^{-7}	2.537×10^{-1}
g_{21} (V/V)	3.138×10^{2}	2.537×10^{-1}
g_{22} (V/A)	2.640×10^{3}	2.537×10^{3}

EJEMPLO 8.8: DETERMINACIÓN DE GANANCIA DE CIRCUITO USANDO EL SPICE

Nuestro segundo ejemplo ilustra el uso del SPICE para determinar la ganancia de circuito $A\beta$. Para estar en aptitud de comparar resultados, usaremos el mismo amplificador de retroalimentación paralelo-serie considerado en los ejemplos 8.4 y 8.7. Esto, sin embargo, no limita la generalidad del método descrito.

Escogemos abrir el circuito de retroalimentación entre el colector de Q_1 y la base de Q_2 [consulte la figura 8.41(a)]. Para hacerlo así sin perturbar las condiciones de cd del circuito, insertamos una inductancia de elevado valor, como se muestra en la figura 8.42(a). Al usar un valor de 1 GH, por ejemplo, asegurar que el circuito está abierto para señales mientras se conservan sin cambio las condiciones de cd. En la figura 8.42(a) también se ilustra una señal de entrada V_t aplicada a través de un condensador de acoplamiento C_{ti} a la base de Q_2. Este circuito puede así utilizarse para determinar la función de transferencia de voltaje a circuito abierto como V_{oc}/V_t. El archivo de entrada del SPICE aparece en el apéndice D, y el resultado es

$$T_{oc} = -60.68 \text{ V/V}$$

El circuito para determinar la función de transferencia de corriente de cortocircuito se muestra en la figura 8.42(b). Observe que aquí se aplica una corriente I_t de señal de entrada a la base de Q_2, y la salida del circuito, al colector de Q_1, está en cortocircuito a tierra por medio de un condensador C_{to} de elevado valor y a una fuente de voltaje de valor cero para hacer posible la determinación de la corriente de cortocircuito de salida I_{sc}. Entonces, este circuito se puede utilizar para determinar la función de transferencia de corriente de cortocircuito T_{sc}, como I_{sc}/I_t. El resultado es

$$T_{sc} = -2753 \text{ A/A}$$

Ahora podemos combinar T_{oc} y T_{sc} para obtener la ganancia de circuito $A\beta$,

$$A\beta = -1 \left/ \left(\frac{1}{T_{oc}} + \frac{1}{T_{sc}} \right) \right. = 59.54$$

Este valor es muy cercano al determinado en el ejemplo 8.7 calculando A y β separadamente, es decir, $A\beta = -246.6 \times -0.2537 = 62.56$.

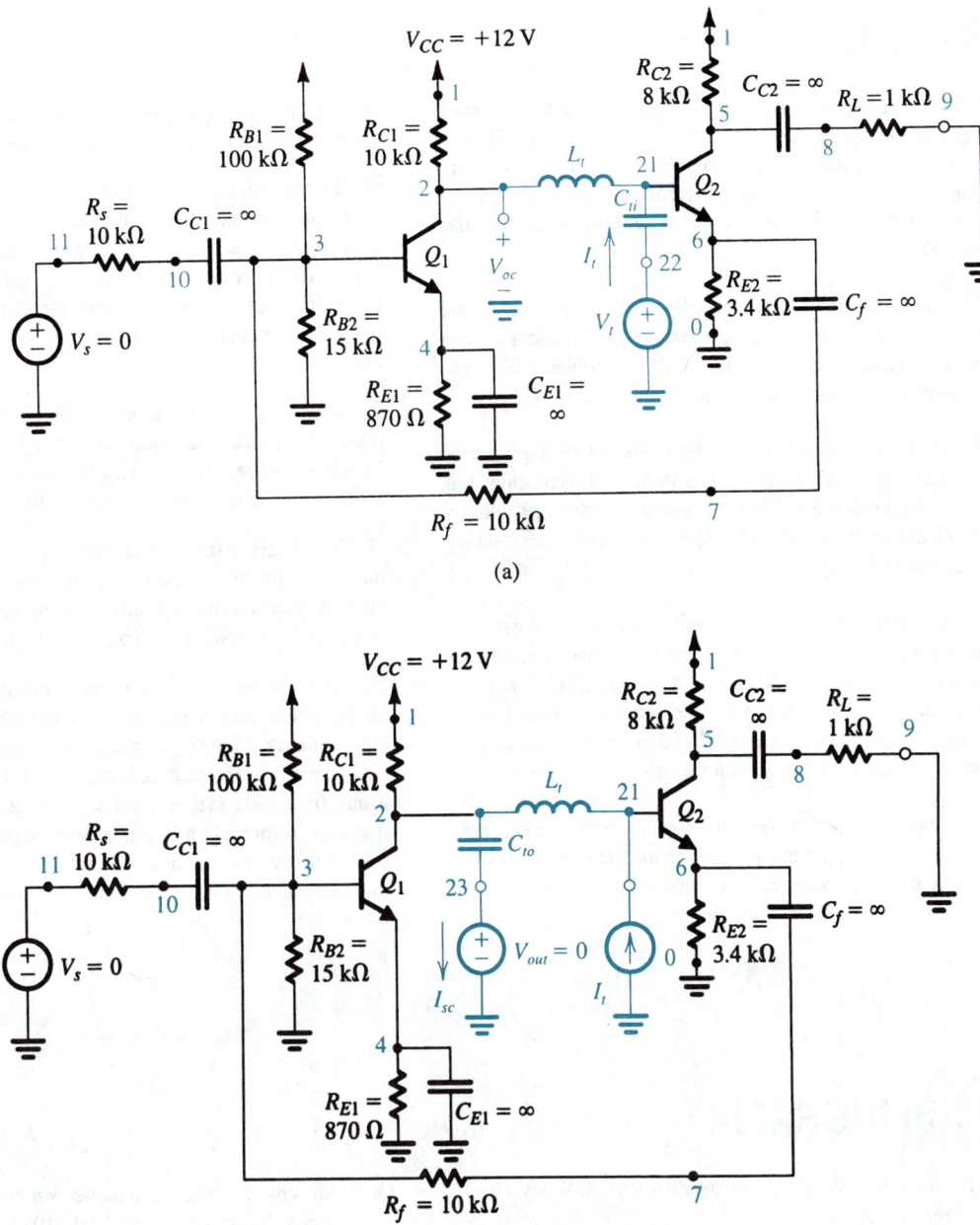

Fig. 8.42 Determinación de **(a)** la función de transferencia de voltaje a circuito abierto; y **(b)** la función de transferencia de corriente a cortocircuito, del amplificador de retroalimentación de la figura 8.41(a) con el propósito de determinar la ganancia de circuito.

Resumen

■ Se utiliza retroalimentación negativa para hacer menos sensible la ganancia de un amplificador a variaciones de componentes, para controlar impedancias de entrada y salida, para ampliar el ancho de banda, para reducir distorsión no lineal y para mejorar la relación de señal a ruido (y señal a interferencia).

■ Las anteriores ventajas se obtienen a expensas de una reducción en ganancia y a riesgo de que el amplificador se haga inestable (es decir, que oscile). Este último problema se resuelve mediante un cuidadoso diseño.

■ Para cada uno de los cuatro tipos básicos de amplificadores, hay una topología apropiada de retroalimentación. Las cuatro topologías, junto con sus procedimientos de análisis y sus efectos en las impedancias de entrada y salida, se resumen en la tabla 8.1, pág. 709.

■ Los parámetros clave de retroalimentación son la ganancia de circuito ($A\beta$), que para retroalimentación negativa debe ser un número positivo sin dimensiones, y la cantidad de retroalimentación ($1 + A\beta$). Este último determina directamente la reducción de ganancia, insensibilización de ganancia, ampliación del ancho de banda y cambios en Z_i y Z_o.

■ Como A y β son en general dependientes de la frecuencia, los polos del amplificador de retroalimentación se obtienen resolviendo la ecuación característica $1 + A(s)\,\beta(s) = 0$.

■ Para que el amplificador de retroalimentación sea estable, sus polos deben todos estar en la mitad izquierda del plano s.

■ La estabilidad se garantiza si a la frecuencia para la cual el ángulo de fase de $A\beta$ es 180° (esto es, ω_{180}), $|A\beta|$ es menor a la unidad; la cantidad en la que es menor que la unidad, expresada en decibeles, es el margen de ganancia. Alternativamente, el amplificador es estable si, a la frecuencia a la que $|A\beta| = 1$, el ángulo de fase es menor a 180°; la diferencia es el margen de fase.

■ La estabilidad de un amplificador de retroalimentación se puede analizar construyendo diagramas de Bode para $|A|$ y $1/|\beta|$. La estabilidad se garantiza si las dos gráficas se cortan con una diferencia en pendiente no mayor a 6 dB/octava.

■ Para hacer estable un amplificador dado para un factor dado de retroalimentación β, la respuesta en frecuencia de circuito abierto puede modificarse apropiadamente por medio de un proceso conocido como *compensación de frecuencia*.

■ Un método de mucho uso para compensación de frecuencia implica la conexión de un condensador de retroalimentación a una etapa inversora en el amplificador. Esto hace que el polo formado a la entrada de la etapa amplificadora se desplace a una frecuencia menor y así se hace dominante, mientras que el polo formado a la salida de la etapa amplificadora se mueve a una frecuencia muy alta y así pasa a ser uno sin importancia. Este proceso se conoce como *división de polo*.

Bibliografía

P. E. Gray y C. L. Searle, *Electronic Principles*, Wiley, Nueva York, 1969.

P. R. Gray y R. G. Meyer, *Analysis and Design of Analog Integrated Circuits*, 3a. ed., Wiley, Nueva York, 1993.

S. S. Haykin, *Active Network Theory*, Addison-Wesley, Reading, Mass., 1970.

E. S. Kuh y R. A. Rohrer, *Theory of Linear Active Networks*, Holden-Day, Inc., San Francisco, 1967. (Éste es un texto de nivel avanzado.)

Linear Integrated Circuits, RCA, Harrison, N.J., 1967.

G. S. Moschytz, *Linear Integrated Networks: Design*, Van Nostrand Reinhold, Nueva York, 1974.

E. Renschler, *The MC1539 Operational Amplifier and Its Applications*, Application Note AN-439, Phoenix, Ariz.: Motorola Semiconductor Products.

J. K. Roberge, *Operational Amplifiers: Theory and Practice*, Wiley, Nueva York, 1975.

G. W. Roberts y A. S. Sedra, *SPICE*, 2nd ed., Oxford Univ. Press, 1992, Nueva York, 1997.

S. Rosenstark, *Feedback Amplifier Principles*, Macmillan Publishing Company, Nueva York, 1986.

PROBLEMAS
Sección 8.1: Estructura general de retroalimentación

8.1 Un amplificador de retroalimentación negativa tiene una ganancia de circuito cerrado $A_f = 100$ y una ganancia de circuito abierto $A = 10^5$. ¿Cuál es el factor β de retroalimentación? Si un error de fabricación resulta en una reducción de A a 10^3, ¿qué ganancia de circuito cerrado resulta? ¿Cuál es el porcentaje de cambio en A_f correspondiente a este factor de reducción de 100 en A?

8.2 Repita el ejercicio 8.1, de (b) hasta (e), para $A = 100$.

8.3 Repita el ejercicio 8.1, de (b) hasta (e), para $A_f = 10^3$. Para la parte (d) utilice $V_s = 0.01$ V.

8.4 La configuración no inversora de op amp de regulador que se muestra en la figura P8.4 produce una ejecución directa del circuito de retroalimentación de la figura 8.1. Si se supone que el op amp tiene una resistencia de entrada infinita y cero resistencia de salida, ¿cuál es β? Si $A = 100$, ¿cuál es la ganancia de voltaje de circuito cerrado? ¿Cuál es la cantidad de retroalimentación en dB? Para $V_s = 1$ V, encuentre V_o y V_i. Si A decrece en 10%, ¿cuál es el correspondiente decremento en A_f?

Sección 8.2: Algunas propiedades de la retroalimentación negativa

8.5 Para el circuito de retroalimentación negativa de la figura 8.1, encuentre la relación entre A y β para la cual la sensibilidad de ganancia a circuito cerrado a ganancia a circuito abierto, es decir $(dA_f/A_f)/(dA/A)$, es -20 dB. ¿Para qué valor de $A\beta$ es $\frac{1}{2}$ la sensibilidad?

D8.6 Se requiere diseñar un amplificador con una ganancia de 100 que sea preciso con una variación de $\pm1\%$. El diseñador dispone de etapas amplificadoras con una ganancia de 1000 que es precisa con una variación de $\pm30\%$. Desarrolle un diseño que utilice varias de estas etapas de ganancia en cascada, con cada etapa empleando retroalimentación negativa de una cantidad apropiada.

8.7 En un amplificador de retroalimentación para el cual $A = 10^4$ y $A_f = 10^3$, ¿cuál es el factor de ganancia e insensibilidad? Encuentre A_f exactamente, y aproximadamente usando la ecuación (8.6), en los dos casos: (a) A decrece en 10%; y (b) A decrece en 40%.

8.8 Considere un amplificador que tiene una ganancia A_M del centro de la banda y una respuesta a baja frecuencia caracterizada por un polo en $s = -\omega_L$ y un cero en $s = 0$. Supongamos que el amplificador está conectado en un circuito de retroalimentación negativa con un factor β de retroalimentación. Encuentre una ex-

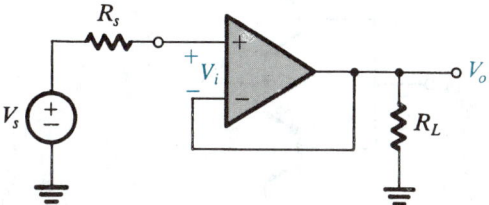

Fig. P8.4

presión para la ganancia del centro de banda y la frecuencia inferior de 3 dB del amplificador de circuito cerrado. ¿En qué factor han cambiado ambos?

8.9 Un amplificador acoplado capacitivamente tiene una ganancia del centro de banda de 100, un solo polo de alta frecuencia a 10 kHz, y un solo polo de baja frecuencia a 100 Hz. La retroalimentación negativa se utiliza de modo que la ganancia del centro de banda se reduce a 10. ¿Cuáles son las frecuencias superior e inferior de 3 dB de la ganancia de circuito cerrado?

D$**$**8.10** Se requiere diseñar un amplificador de cd con una ganancia de baja frecuencia de 1000 y una frecuencia de 3 dB de 0.5 MHz. Se dispone de etapas de ganancia con una ganancia de 1000 pero con un polo dominante de alta frecuencia a 10 kHz. Haga un diseño que utilice varias de estas etapas en cascada, cada una con retroalimentación negativa de una cantidad apropiada. [*Sugerencia:* cuando se utiliza una retroalimentación negativa de una cantidad de $(1 + A\beta)$ alrededor de una etapa de ganancia, su frecuencia de x dB aumenta en un factor de $(1 + A\beta)$.]

D8.11 Una etapa de salida de potencia con una ganancia de voltaje de 1, alimentada por una onda senoidal de 1 kHz, tiene una salida de 2 V pico a pico a 1 kHz contaminada por el zumbido de la fuente de alimentación a 120 Hz de 3 V pico a pico. Diseñe un circuito de retroalimentación utilizando un preamplificador de bajo ruido de modo que el ruido de salida se reduzca a 10 mV pico a pico, mientras la ganancia de voltaje de señal permanece aproximadamente unitaria. Dé el valor de β y de la ganancia requerida del preamplificador. ¿Cuál es la mejoría en la relación de señal a ruido (en dB)?

$*$**8.12** El seguidor complementario de BJT que se ilustra en la figura P8.12(a) tiene una curva característica aproximada de transferencia que se muestra en la figura P8.12(b). Observe que para -0.7 V $\leq v_I \leq +0.7$ V, la salida es cero. Esta "banda muerta" lleva a distorsión de cruce (véase la

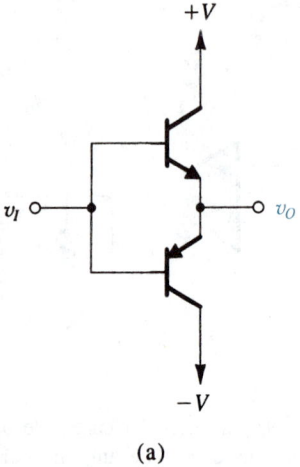

(a)

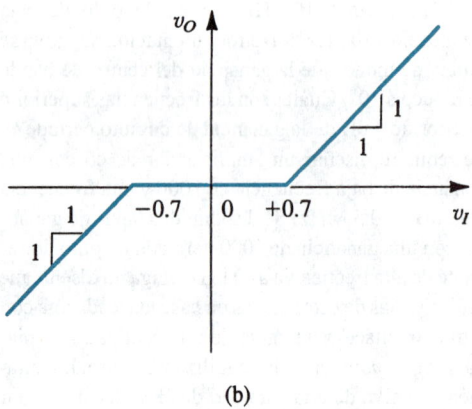

(b)

Fig. P8.12

sección 9.3). Considere este seguidor excitado por la salida de un amplificador diferencial de ganancia 100 cuyo terminal de entrada positivo está conectado a la fuente de señal de entrada v_S y cuyo terminal de entrada negativo está conectado a los emisores del seguidor. Trace la curva característica de transferencia v_O contra v_S del amplificador de retroalimentación resultante. ¿Cuáles son los límites de la banda muerta y cuáles son las ganancias fuera de la banda muerta?

D8.13 Un amplificador en particular tiene una curva característica de transferencia no lineal que se puede aproximar como sigue:

(a) para señales de entrada pequeñas, $|v_I| \leq 10$ mV, $v_O/v_I = 10^3$;

(b) para señales de entrada intermedias, 10 mV $\leq |v_I| \leq 50$ mV, $v_O/v_I = 10^2$;

(c) para grandes señales de entrada, $|v_I| \geq 50$ mV, la salida se satura.

Si el amplificador se conecta en un circuito de retroalimentación negativa, encuentre el factor β de retroalimentación que reduce el factor de 10 de cambio en ganancia (ocurre a $|v_I| = 10$ mV) a sólo un cambio de 10%. ¿Cuál es la curva característica de transferencia del amplificador de retroalimentación?

Sección 8.3: Cuatro topologías básicas de retroalimentación

8.14 Un amplificador de retroalimentación serie-paralelo que se puede representar por la figura 8.4(a), y que utiliza un amplificador ideal básico de voltaje, opera con $V_s = 100$ mV, $V_f = 90$ mV, y $V_o = 10$ V. ¿Cuáles son los valores de A y β que corresponden? Incluya las unidades correctas para cada una.

8.15 Un amplificador de retroalimentación paralelo-serie que se puede representar por la figura 8.4(b), y que utiliza un amplificador ideal básico de corriente, opera con $I_s = 100$ μA, $I_f = 90$ μA e $I_o = 10$ mA. ¿Cuáles son los valores de A y β que corresponden? Incluya las unidades correctas para cada una.

8.16 Considere el amplificador de retroalimentación paralelo-serie de la figura 8.5. Si se supone que la resistencia de entrada en la base de Q_1 es muy baja, encuentre una expresión para $\beta \equiv I_f/I_o$.

8.17 Considere el circuito de retroalimentación serie-serie de la figura 8.6. Si se supone que la resistencia que ve hacia el emisor de Q_1 es relativamente alta, encuentre una expresión para $\beta \equiv V_f/I_o$.

8.18 Un circuito de retroalimentación serie-serie que se puede representar por la figura 8.4(c), y que utiliza un amplificador ideal de transconductancia, opera con $V_s = 100$ mV, $V_f = 90$ mV e $I_o = 10$ mA. ¿Cuáles son los valores de A y β que le corresponden? Incluya las unidades correctas para cada una.

8.19 Un circuito de retroalimentación paralelo-paralelo que se puede representar por la figura 8.4(d), y que utiliza un amplificador ideal de transresistencia, opera con $I_s = 100$ μA, $I_f = 90$ μA y $V_o = 10$ V. ¿Cuáles son los valores de A y β que le corresponden? Incluya las unidades correctas para cada una.

Sección 8.4: Amplificador de retroalimentación en serie-paralelo

8.20 Un amplificador de retroalimentación serie-paralelo emplea un amplificador básico con resistencias de entrada y salida de 1 kΩ cada una, y ganancia $A = 1000$ V/V. El factor de retroalimentación $\beta = 0.1$ V/V. Encuentre la ganancia A_f, la resistencia de entrada R_{if} y la resistencia de salida R_{of} del amplificador de circuito cerrado.

8.21 Para un amplificador en particular, conectado en un circuito de retroalimentación en que se toma muestra del voltaje de salida, la medición de la resistencia de salida antes y después que el circuito se conecte muestra un cambio en un factor de 100. ¿Es la resistencia con retroalimentación más alta o más baja? ¿Cuál es el valor de la ganancia de circuito $A\beta$? Si R_{of} es 100 Ω, ¿cuál es R_o sin retroalimentación?

**8.22 Un circuito de retroalimentación serie-paralelo utiliza un amplificador básico de voltaje que tiene una ganancia de cd de 10^4 V/V, y una respuesta en frecuencia de una constante de tiempo (STC), con una frecuencia de 1 MHz de ganancia unitaria. La resistencia de entrada del amplificador básico es de 10 kΩ, y su resistencia de salida es 1 kΩ. Si el factor de retroalimentación es $\beta = 0.1$ V/V, encuentre la impedancia de entrada Z_{if} y la impedancia de salida Z_{of} del amplificador de retroalimentación. Dé representaciones del circuito equivalente para estas impedancias. También encuentre el valor de cada impedancia a 10^3 Hz y a 10^5 Hz.

8.23 Un amplificador de retroalimentación serie-paralelo utiliza el circuito de retroalimentación que se muestra en la figura P8.23.

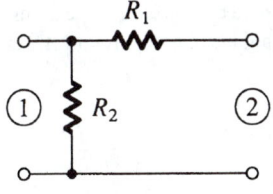

R_1

① R_2 ②

Fig. P8.23

(a) Encuentre expresiones para los parámetros h del circuito de retroalimentación (véase la figura 8.10b).

(b) Si $R_1 = 1$ kΩ y $\beta = 0.01$, ¿cuáles son los valores de todos los parámetros h? Dé las unidades de cada parámetro.

(c) Para el caso $R_s = 1$ kΩ y $R_L = 1$ kΩ, trace y marque un circuito equivalente siguiendo el modelo de la figura 8.10(c).

8.24 Un amplificador de retroalimentación que utiliza toma de muestra de voltaje, y usa un amplificador básico de voltaje con una ganancia de 100 y una resistencia de salida de 1000 Ω, tiene una resistencia de salida de circuito cerrado de 100 Ω. ¿Cuál es la ganancia de circuito cerrado? Si el amplificador básico se utiliza para poner en práctica un regulador de voltaje de ganancia unitaria, ¿cuál resistencia de salida se espera?

8.25 El circuito de la figura E8.5 (página 687) se modifica al cambiar R_2 con un cortocircuito. Encuentre los valores de A, β, A_f, R_{en} y R_{sal}.

8.26 El circuito del ejercicio 8.5 se modifica al cambiar el resistor de 20 kΩ con una fuente de corriente de 0.5 mA que tiene una resistencia de salida equivalente de 1 MΩ. Encuentre A, β, A_f, R_{en} y R_{sal}.

**8.27 Para el circuito de la figura P8.27, $|V_t| = 1$ V, $k'W/L = 1$ mA/V², $h_{fe} = 100$ y la magnitud del voltaje Early para todos los dispositivos (incluyendo los que ponen en práctica las fuentes de corriente) es de 100 V. La fuente de señales V_s tiene un componente de cd de cero. Encuentre el voltaje de cd a la salida y en la base de Q_3. Encuentre los valores de A, β, A_f, R_{en} y R_{sal}.

D*8.28 En la figura P8.28 se ilustra un amplificador de retroalimentación serie-paralelo sin detalles del circuito de polarización.

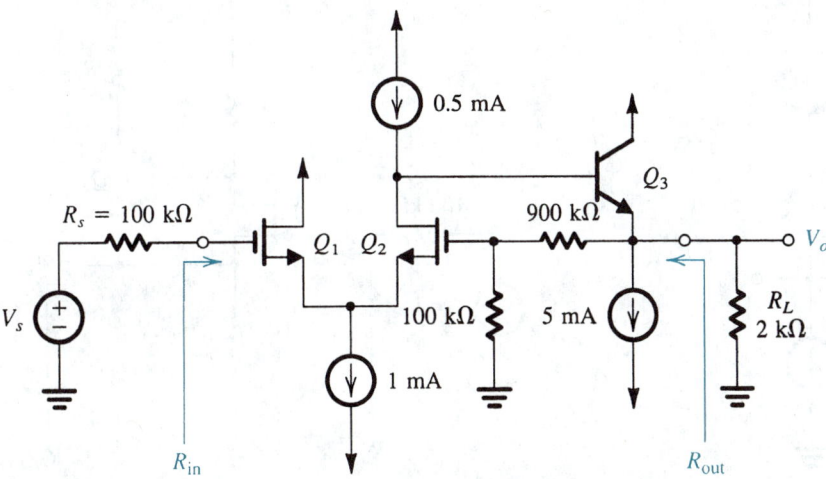

Fig. P8.27

(a) Trace el circuito A y el circuito para determinar β.

(b) Demuestre que si $A\beta$ es grande, entonces la ganancia de voltaje de circuito cerrado está dada aproximadamente por

$$A_f \equiv \frac{V_o}{V_s} \simeq \frac{R_F + R_E}{R_E}$$

(c) Si R_E se selecciona igual a 50 Ω, encuentre R_F que resultará en una ganancia de circuito cerrado de aproximadamente 25 V/V.

(d) Si Q_1 está polarizado a 1 mA, Q_2 a 2 mA y Q_3 a 5 mA, y suponiendo que los transistores tienen $h_{fe} = 100$, encuentre valores aproximados para R_{C1} y R_{C2} para obtener ganancias de las etapas del circuito A como sigue: una ganancia de voltaje de Q_1 de alrededor de -10 y una ganancia de voltaje de Q_2 de aproximadamente -50.

(e) Para su diseño, ¿cuál es la ganancia de voltaje a circuito cerrado que se obtiene?

(f) Calcule las resistencias de entrada y salida del amplificador de circuito cerrado diseñado.

D**8.29 Los transistores del circuito de la figura P8.29 tienen los siguientes parámetros: para Q_1, $I_{DSS} = 4$ mA, $V_P = -2$ V; para Q_2, $|V_{BE}| = 0.7$ V, $h_{fe} = 100$.

(a) Encuentre valores de resistor para operar Q_1 a $I_D = 1$ mA y Q_2 a $I_C = 9$ mA y para establecer un voltaje de cd de $+13.5$ en el dren de Q_1. Suponga que V_s tiene un componente de cd de cero.

(b) Calcule los valores de A, β, A_f, R_{if} y R_{of}.

(c) Verifique el valor encontrado para A_f por análisis directo, es decir, sin usar el método de retroalimentación. *Sugerencia:* recuerde que, para el JFET,

$$I_D = I_{DSS}\left(1 - \frac{V_{GS}}{V_P}\right)^2 \quad \text{y} \quad g_m = \frac{2I_{DSS}}{|V_P|}\sqrt{\frac{I_D}{I_{DSS}}}$$

Sección 8.5: Amplificador de retroalimentación en serie-serie

8.30 Un amplificador de retroalimentación en serie-serie emplea un amplificador de transconductancia que tiene $G_m = 100$ mA/V, resistencia de entrada de 10 kΩ y resistencia de salida de 100 kΩ. La red de retroalimentación tiene $\beta = 0.1$ V/mA, una resistencia de entrada (con el puerto 1 en circuito abierto) de 100 Ω, y una resistencia de entrada (con el puerto 2 en circuito abierto) de 10 kΩ. El amplificador opera con una fuente de señales que tiene una resistencia de 10 kΩ y con una resistencia de carga de 10 kΩ. Encuentre A_f, R_{en} y R_{sal}.

D*8.31 En la figura P8.31 se ilustra un circuito para una fuente de corriente, controlada por voltaje, que utiliza retroalimentación serie-serie por medio del resistor R_E. (El circuito de polarización para el transistor no se muestra.) Demuestre que si la ganancia de circuito $A\beta$ es grande,

$$\frac{I_o}{V_s} \simeq \frac{1}{R_E}$$

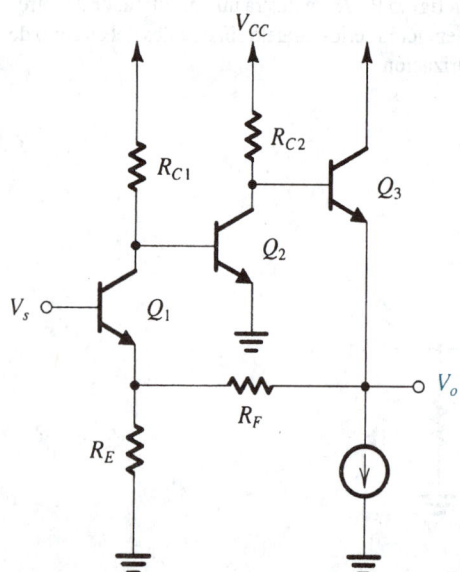

Fig. P8.28

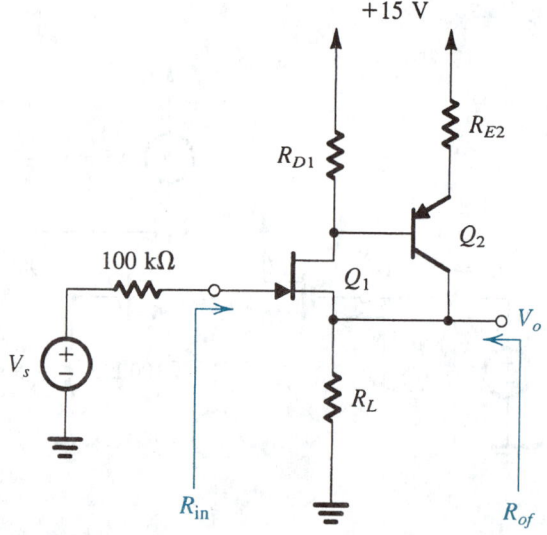

Fig. P8.29

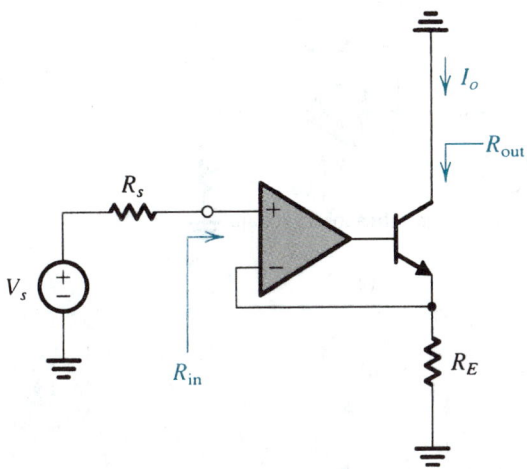

Fig. P8.31

Entonces encuentre el valor de R_E para obtener una transconductancia de circuito de 1 mA/V. Si el amplificador de voltaje tiene una resistencia diferencial de entrada de 100 kΩ, una ganancia de voltaje de 100 y una resistencia de salida de 1 kΩ, si el transistor está polarizado a una corriente de 1 mA y tiene h_{fe} de 100 y r_o de 100 kΩ, encuentre el valor real de transconductancia (I_o/V_s) obtenido. Utilice $R_s = 10$ kΩ. También encuentre la resistencia de entrada R_{en} y la resistencia de salida R_{sal}. Para calcular R_{sal}, recuerde que la resistencia de salida de un BJT con una resistencia de

emisor R_E y una resistencia en el circuito de base de R_B está dada por

$$r_o\left[1 + \frac{g_m R_E}{1 + R_B/r_\pi}\right]$$

8.32 Para el circuito de la figura 8.17(a), encuentre un valor aproximado para I_o/V_s suponiendo que la ganancia del circuito sea grande. Compare con el valor hallado en el ejemplo 8.2.

*8.33 En la figura P8.33 se ilustra un circuito para un convertidor de voltaje a corriente que utiliza retroalimentación serie-serie por medio de un resistor R_F. Los MOSFET tienen las dimensiones que se muestran y $\mu_n C_{ox} = 20$ μA/V², $|V_t| = 1$ V y $|V_A| = 100$ V. ¿Cuál es el valor de I_o/V_s obtenido para ganancia grande de circuito? Utilice análisis de retroalimentación para hallar un valor más exacto para I_o/V_s.

Sección 8.6: Amplificadores con retroalimentación en paralelo-paralelo y paralelo-serie

D*8.34 Para la topología de amplificador que se muestra en la figura 8.21(a), demuestre que para ganancia grande de circuito,

$$\frac{V_o}{V_s} \simeq -\frac{R_f}{R_s}$$

Calcule este valor para los valores de componente dados en el diagrama del circuito, y compare el resultado con el encontrado en el ejemplo 8.3. Encuentre

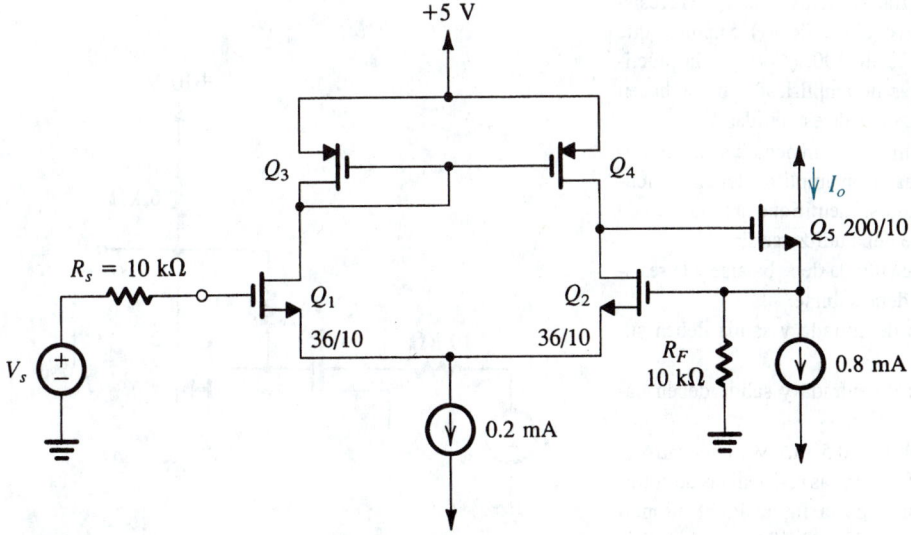

Fig. P8.33

un nuevo valor para R_f para obtener una ganancia de voltaje de aproximadamente −7.5 V/V.

8.35 Un amplificador de transresistencia que tiene una "ganancia" de circuito abierto de 100 V/mA, una resistencia de entrada de 1 kΩ y una resistencia de salida de 1 kΩ, se conecta en un circuito de retroalimentación negativa que utiliza topología en paralelo-paralelo. La red de retroalimentación tiene una resistencia de entrada (con el puerto 1 en cortocircuito) de 10 kΩ y una resistencia de entrada (con el puerto 2 en cortocircuito) de 10 kΩ y produce un factor de retroalimentación $\beta = 0.1$ mA/V. El amplificador se alimenta con una fuente de corriente que tiene $R_s = 10$ kΩ, y una resistencia de carga $R_L = 1$ kΩ se conecta a la salida. Encuentre la transresistencia A_f del amplificador de retroalimentación, su resistencia de entrada R_{en} y su resistencia de salida R_{sal}.

D**8.36 (a) Demuestre que para el circuito de la figura P8.36(a) si la ganancia de circuito es grande, la ganancia de voltaje V_o/V_s está dada aproximadamente por

$$\frac{V_o}{V_s} \simeq -\frac{R_f}{R_s}$$

(b) Usando tres etapas en cascada del tipo que se muestra en la figura P8.36(b) para implementar el amplificador μ, diseñe un amplificador de retroalimentación con una ganancia de voltaje de aproximadamente −100 V/V. El amplificador debe operar entre una resistencia de la fuente $R_s = 10$ kΩ y una resistencia de carga $R_L = 1$ kΩ. Calcule el valor real de V_o/V_s obtenido, la resistencia de entrada (excluyendo R_s), y la resistencia de salida (excluyendo R_L). Suponga que los BJT tienen h_{fe} de 100. (*Nota:* en la práctica, las tres etapas de amplificador no se hacen idénticas, por razones de estabilidad.)

D8.37 Se va a utilizar retroalimentación negativa para modificar las características de un amplificador en particular para varios propósitos. Identifique la topología de retroalimentación que deba utilizarse si:

(a) La resistencia de entrada debe bajarse y la resistencia de salida debe subirse.

(b) Las resistencias de entrada y salida deben subirse.

(c) Las resistencias de entrada y salida deben bajarse.

*8.38 Para $V_t = 2$ V y $k'_n W/L = 0.5$ mA/V², encuentre la ganancia de voltaje (V_o/V_s) y las resistencias de entrada y salida del circuito de la figura P8.38 usando análisis de retroalimentación. Verifique por análisis directo.

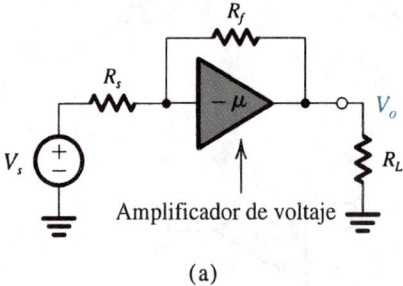

(a)

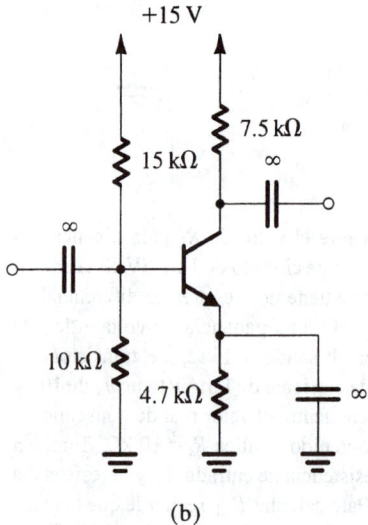

(b)

Fig. P8.36

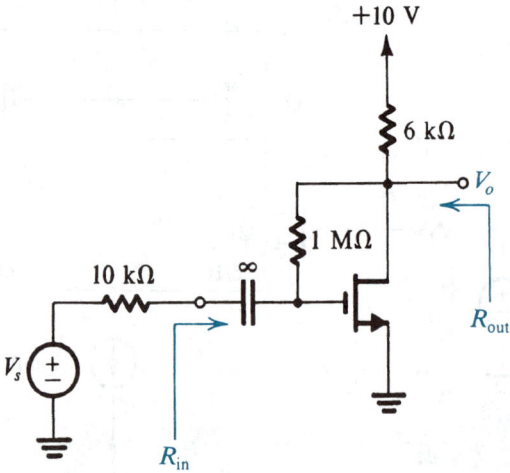

Fig. P8.38

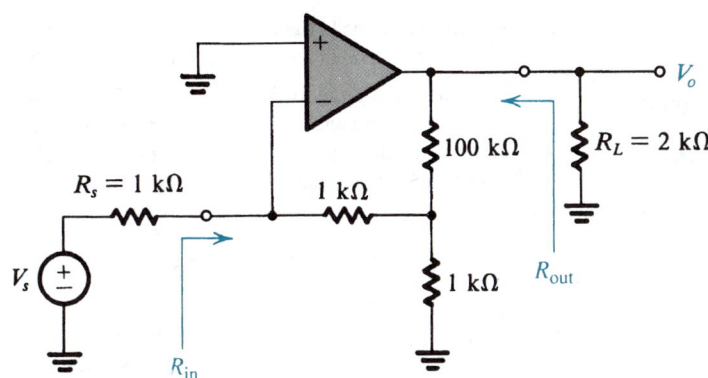

Fig. P8.39

*8.39 Para el circuito de la figura P8.39, utilice el método de retroalimentación para hallar la ganancia de voltaje V_o/V_s, la resistencia de entrada R_{in} y la resistencia de salida R_{out}. El op amp tiene ganancia de circuito abierto $\mu = 10^4$ V/V, $R_{id} = 100$ kΩ y $r_o = 1$ kΩ.

*8.40 Considere el amplificador de la figura 8.25(a) para tener su salida en el emisor del transistor de la extrema derecha Q_2. Utilice la técnica para un amplificador de retroalimentación en paralelo-paralelo para calcular (V_{out}/I_{in}) y R_{in}. Con el uso de este resultado, calcule I_{out}/I_{in}. Compare esto con los resultados obtenidos en el ejemplo 8.4.

8.41 Un amplificador de corriente con una ganancia de corriente en cortocircuito de 100 A/A, una resistencia de entrada de 1 kΩ y una resistencia de salida de 10 kΩ, se conecta en un circuito de retroalimentación negativa que utiliza topología paralelo-serie. La red de retroalimentación proporciona un factor de retroalimentación $\beta = 0.1$ A/A. A falta de datos completos acerca de la situación, estime la ganancia de corriente, resistencia de entrada y resistencia de salida del amplificador de retroalimentación.

8.42 En la figura P8.42 se ilustra la forma en que la retroalimentación en paralelo-serie se puede utilizar para diseñar un amplificador de corriente que emplea un op amp.

(a) Demuestre que para ganancia grande de circuito, la ganancia de corriente está dada aproximadamente por

$$\frac{I_o}{I_s} \simeq 1 + \frac{R_f}{r}$$

(b) Usando el método de análisis de retroalimentación, encuentre la ganancia de circuito cerrado I_o/I_s, la resistencia de entrada (excluyendo R_s), y la resistencia de salida (excluyendo R_L) para el caso: ganancia de voltaje a circuito abierto de op amp = 10^4 V/V, $R_{id} = 100$ kΩ, resistencia de salida de op-amp = 1 kΩ, $R_s = R_L = 10$ kΩ, $r = 100$ Ω y $R_f = 1$ kΩ.

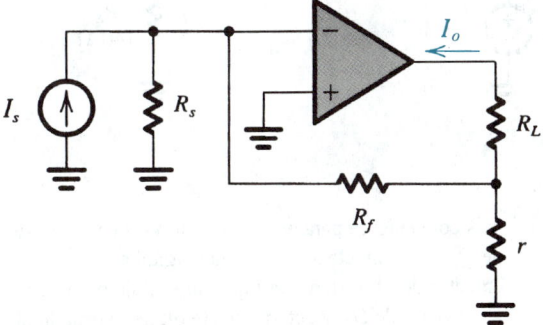

Fig. P8.42

*8.43 Para el circuito amplificador de la figura P8.43, suponiendo que V_s tenga un componente de cd de cero, encuentre los voltajes de cd en todos los nodos y las corrientes de cd de emisor de Q_1 y Q_2. Supongamos que los BJT tienen $\beta = 100$. Utilice análisis de retroalimentación para hallar V_o/V_s y R_{in}.

Sección 8.7: Determinación de la ganancia de bucle

8.44 Determine la ganancia de circuito del amplificador de la figura P8.27 al abrir el circuito en la compuerta de Q_2 y hallar el voltaje retornado en paralelo con el resistor de 100 kΩ (mientras se fija V_s a cero). Los dispositivos tienen $|V_t| = 1$ V, $k'_n W/L = 1$ mA/V² y $h_{fe} = 100$. La magnitud del voltaje de Early para todos los dispositivos (incluyendo los que conforman las fuentes de corriente) es 100 V. La fuente de señales V_s tiene un componente de cd de cero. Determine la resistencia de salida R_{out}.

8.45 Se requiere determinar la ganancia de circuito del amplificador que se ilustra en la figura P8.28. El lugar

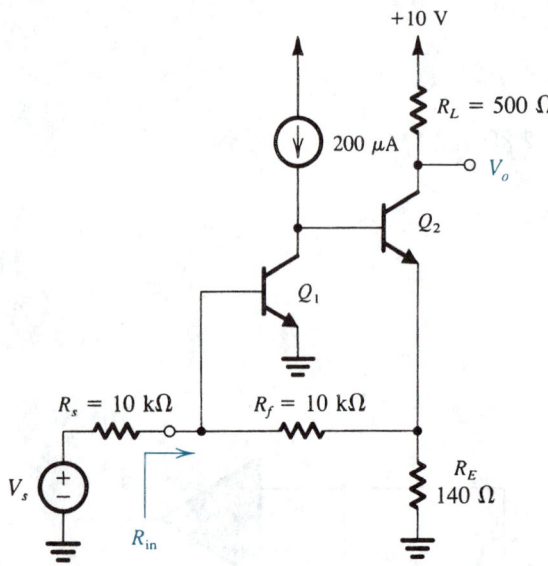

Fig. P8.43

más conveniente para abrir el circuito está en la base de Q_2. Así, conecte una resistencia igual a $r_{\pi2}$ entre el colector de Q_1 y tierra, aplique un voltaje de prueba V_t a la base de Q_2, y determine el voltaje retornado al colector de Q_1 (con V_s ajustado a cero, por supuesto). Demuestre que

$$A\beta = \frac{g_{m2}R_{C2}(h_{fe3} + 1)}{R_{C2} + (h_{fe3} + 1)[r_{e3} + R_F + (R_E//r_{e1})]} \times$$

$$\frac{\alpha_1 R_E}{R_E + r_{e1}}(R_{C1}//r_{\pi2})$$

8.46 Para determinar la ganancia de circuito del amplificador que se ilustra en la figura P8.29, el lugar más conveniente para abrir el circuito es entre el terminal del colector de Q_2 y R_L. Haga esto, aplique una señal de corriente I_t al nodo de la fuente de Q_1, y determine la señal de corriente retornada en el terminal del colector de Q_2. Como es costumbre, V_s debe ajustarse a cero. Demuestre que

$$A\beta = \frac{R_L}{R_L + 1/g_{m1}} \frac{h_{fe2}R_{D1}}{R_{D1} + (h_{fe2} + 1)(r_{e2} + R_{E2})}$$

8.47 Demuestre que la ganancia de circuito del amplificador de la figura P8.33 es

$$A\beta = g_{m1,2}(r_{o2}//r_{o4}) \frac{R_F//r_{o5}}{(R_F//r_{o5}) + 1/g_{m5}}$$

donde $g_{m1,2}$ es la g_m de cada uno de los transistores Q_1 y Q_2.

8.48 Para el circuito de la figura P8.38, calcule la ganancia de circuito. Suponga que los FET tienen $g_m = 1$ mA/V.

8.49 El op amp del circuito de la figura P8.42 tiene una resistencia diferencial de entrada R_{id}, una ganancia de circuito abierto μ y una resistencia de salida r_o. Demuestre que la ganancia de circuito es

$$A\beta = \frac{\mu}{r_o + R_L + r//[(R_s//R_{id}) + R_f]}$$

$$\times \frac{r(R_s//R_{id})}{r + R_f + (R_s//R_{id})}$$

8.50 Para el circuito de la figura P8.43, calcule la ganancia del circuito y luego encuentre la resistencia de entrada R_{en}. Suponga que los BJT tienen $h_{fe} = 100$.

Sección 8.8: El problema de la estabilidad

8.51 Un op amp diseñado para tener una ganancia de baja frecuencia de 10^5 y una respuesta de alta frecuencia dominada por un solo polo a 100 rad/s, adquiere, por medio de un error de fabricación, un par de polos adicionales a 10 000 rad/s. ¿A qué frecuencia alcanza 180° el desfasamiento total? A esta frecuencia, ¿para qué valor de β, que se supone independiente de la frecuencia, alcanza la ganancia de circuito un valor de la unidad? ¿Cuál es el correspondiente valor de la ganancia de circuito cerrado a bajas frecuencias?

**8.52 Para la situación descrita en el problema 8.51, dibuje los diagramas de Nyquist para $\beta = 1.0$ y 10^{-3}. (Trace el diagrama para $\omega = 0$, 100, 10^3, 10^4 e ∞ rad/s.)

8.53 Un op amp que tiene una ganancia a baja frecuencia de 10^3, y una atenuación de un polo de 10^4 rad/s, se conecta en un circuito de retroalimentación negativa por medio de una red de retroalimentación que tiene una transmisión k y atenuación de dos polos a 10^4 rad/s. Encuentre el valor de k arriba del cual el amplificador de circuito cerrado se hace inestable.

8.54 Considere un amplificador de retroalimentación para el cual la ganancia de circuito abierto $A(s)$ está dada por

$$A(s) = \frac{1000}{(1 + s/10^4)(1 + s/10^5)^2}$$

Si el factor de retroalimentación β es independiente de la frecuencia, encuentre la frecuencia a la que el desfasamiento es 180°, y encuentre el valor crítico de β al cual comienza la oscilación.

Sección 8.9: Efecto de la retroalimentación en los polos de un amplificador

8.55 Un amplificador de cd que tiene una respuesta de un solo polo con frecuencia de polo de 10^4 Hz, y frecuencia de ganancia unitaria de 10 MHz, se opera en un circuito cuyo factor de retroalimentación independiente de la frecuencia es 0.1. Encuentre la ganancia de baja frecuencia, la frecuencia de 3 dB, y la frecuencia de ganancia unitaria del amplificador de circuito cerrado. ¿En qué factor se desplaza el polo?

*8.56 Un amplificador que tiene una ganancia de baja frecuencia de 10^3, y polos a 10^4 y 10^5 Hz, se opera en un circuito de retroalimentación negativa con una β independiente de la frecuencia.

(a) ¿Para qué valor de β coinciden los polos de circuito cerrado? ¿A qué frecuencia?

(b) ¿Cuál es la ganancia de baja frecuencia correspondiente a la situación en (a)? ¿Cuál es el valor de la ganancia a la frecuencia de los polos coincidentes?

(c) ¿Cuál es el valor de Q correspondiente a la situación en (a)?

(d) Si β se aumenta en un factor de 10, ¿cuáles son las nuevas ubicaciones del polo? ¿cuál es la correspondiente Q del polo?

D8.57 Un amplificador de cd tiene una ganancia de circuito abierto de 1000 y dos polos, uno dominante a 1 kHz y uno a alta frecuencia cuya ubicación se puede controlar. Se requiere conectar este amplificador en un circuito de retroalimentación negativa que proporcione una ganancia de cd de circuito cerrado de 100 y una respuesta plana máxima. Encuentre el valor requerido de β y la frecuencia a la que el segundo polo debe ponerse.

8.58 Reconsidere el ejemplo 8.5 con el circuito de la figura 8.34 modificada para incorporar una red llamada de reducción progresiva, en que los componentes inmediatamente adyacentes a la entrada del amplificador se elevan en impedancia a $C/10$ y 10 R. Encuentre expresiones para la resultante frecuencia de polo ω_0 y el factor Q. ¿Para qué valor de K coinciden los polos? ¿Para que valor de K se hace la respuesta plana máxima? ¿Para qué valor de K oscila el circuito?

8.59 Tres inversores lógicos idénticos, cada uno de los cuales se puede caracterizar en su región de conmutación como un amplificador lineal que tiene una ganancia de $-K$ y un polo a 10^7 Hz, se conectan en un anillo. Recordando esto como un circuito de retroalimentación negativa con $\beta = 1$, encuentre el mínimo valor de K para el cual el anillo inversor debe oscilar. ¿Cuál sería la frecuencia de oscilación para operación a muy

pequeña señal? [Nótese que, en la práctica, este oscilador de anillo opera con señal relativamente más grande (niveles lógicos) a una frecuencia un poco menor.]

Sección 8.10: Estudio de estabilidad usando diagramas de Bode

8.60 Reconsidere el ejercicio 8.14 para el caso del op amp alambrado con regulador de ganancia unitaria. ¿A qué frecuencia es $|A\beta| = 1$? ¿Cuál es el correspondiente margen de fase?

8.61 Reconsidere el ejercicio 8.14 para el caso de un error de manufactura que introduce un segundo polo a 10^4 Hz. ¿Cuál es ahora la frecuencia para la cual $|A\beta| = 1$? ¿Cuál es el correspondiente margen de fase? ¿Para qué valores de β es el margen de fase de 45° o más?

8.62 ¿Para qué margen de fase tiene la compensación de ganancia un valor de 5%? ¿y de 10%? ¿y de 0.1 dB? ¿y de 1 dB? [*Sugerencia*: utilice el resultado de la ecuación (8.48).]

8.63 Un amplificador tiene una ganancia de cd de 10^5 y polos a 10^5 Hz, 3.16×10^5 Hz, y 10^6 Hz. Encuentre el valor de β y la correspondiente ganancia de circuito cerrado, para la cual se obtiene un margen de fase de 45°.

8.64 Un amplificador de dos polos para el que $A_0 = 10^3$ y que tiene polos a 1 MHz y 10 MHz se va a conectar a un diferenciador. Con base en la regla de la velocidad de aproximación, ¿cuál es la más pequeña constante de tiempo de diferenciador para la cual la operación es estable? ¿Cuáles son los correspondientes márgenes de ganancia y fase?

*8.65 Para el amplificador descrito por la figura 8.37 y con retroalimentación independiente de la frecuencia, ¿cuál es la mínima ganancia de voltaje a circuito cerrado que se puede obtener para márgenes de fase de 90° y 45°?

Sección 8.11: Compensación de frecuencia

D8.66 Un amplificador de varios polos que tiene un primer polo a 2 MHz y una ganancia de cd de circuito abierto de 80 dB se va a compensar para ganancias de circuito cerrado muy bajas, de sólo la unidad, por la introducción de un nuevo polo dominante. ¿A qué frecuencia debe ser puesto el nuevo polo?

D8.67 Para el amplificador descrito en el problema 8.66, en lugar de introducir un nuevo polo dominante podemos usar capacitancia adicional en el nodo del circuito al cual el polo se forma, para reducir la frecuencia del primer polo. Si la frecuencia del segundo polo es 10 MHz y si permanece sin cambio mientras se introduce capacitancia adicional como se menciona, encuentre la frecuencia a la cual el primer polo debe ser bajado para que el amplificador resultante sea estable para ganancias de circuito cerrado tan bajas como la unidad. ¿En qué factor aumenta la capacitancia en el nodo de control?

8.68 Tome en cuenta los efectos de la división de polos al considerar las ecuaciones (8.58) y (8.59) bajo las condiciones que $R_1 \simeq R_2 = R$, $C_2 \simeq C_1/10 = C$, $C_f \gg C$ y $g_m = 100/R$, al calcular ω_{P1}, ω_{P2} y ω'_{P1}, ω'_{P2}.

D8.69 Un op amp con ganancia de voltaje de circuito abierto de 10^4 y polos a 10^5, 10^6 y 10^7 Hz se va a compensar por la adición de un cuarto polo dominante para operar de manera estable con retroalimentación unitaria ($\beta = 1$). ¿Cuál es la frecuencia del polo dominante requerido? La red de compensación va a consistir en una red RC de pasabajos puesta en la trayectoria de retroalimentación negativa del op amp. Las condiciones de polarización de cd son tales que se puede conectar un resistor de 1 MΩ en serie con cada uno de los terminales de entrada negativo y positivo. ¿Qué condensador se requiere entre la entrada negativa y tierra para realizar el requerido cuarto polo?

D*8.70 Un op amp con una ganancia de voltaje a circuito abierto de 80 dB y polos a 10^5, 10^6 y 2×10^6 Hz se va a compensar para ser estable para una β unitaria. Suponga que el op amp incorpora un amplificador equivalente al de la figura 8.40, con $C_1 = 150$ pF y $g_m = 40$ mA/V, y que f_{P1} es causada por el circuito de entrada y f_{P2} por el circuito de

salida de este amplificador. Encuentre el valor necesario para compensar la capacitancia de Miller y la nueva frecuencia del polo de salida.

**8.71 El op amp del circuito de la figura P8.71 tiene una ganancia de circuito abierto de 10^5 y una atenuación de un solo polo con $\omega_{3dB} = 10$ rad/s.

(a) Trace un diagrama de Bode para la ganancia de circuito.

(b) Encuentre la frecuencia a la cual $|A\beta| = 1$, y encuentre el correspondiente margen de fase.

(c) Encuentre la función de transferencia de circuito cerrado, incluyendo su cero y polos. Trace un diagrama de polo cero. Dibuje la magnitud de la función de transferencia contra frecuencia, y aplique leyenda a los parámetros importantes de su dibujo.

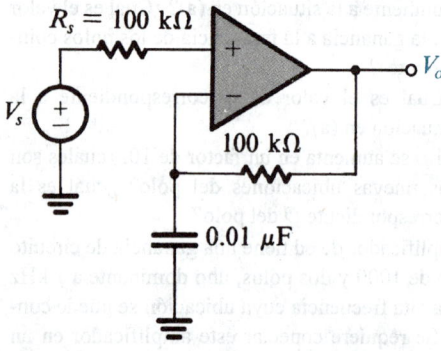

Fig. P8.71

CAPÍTULO 9

Etapas de salida
y amplificadores de potencia

INTRODUCCIÓN

Una función importante de la etapa de salida es dar al amplificador una baja resistencia de salida para que pueda entregar la señal de salida a la carga sin pérdida de ganancia. Como la etapa de salida es la etapa final del amplificador, suele manejar señales relativamente grandes y por ello las aproximaciones y modelos a pequeña señal no son aplicables o deben usarse con cuidado. La linealidad permanece como requisito muy importante. En realidad, una medida de la bondad del diseño de la etapa de salida es la **distorsión armónica total** (THD) que introduce. Éste es el valor rms (raíz cuadrática media) de las componentes armónicas de la señal de salida, excluyendo la fundamental, expresada como porcentaje del rms de la fundamental. Un amplificador de potencia de audio de alta fidelidad contiene una THD del orden de una fracción de uno por ciento.

El requisito más complejo en el diseño de la etapa de salida es que entrega la cantidad pedida de potencia a la carga de una manera *eficiente,* lo cual implica que la potencia *disipada* en los transistores de la etapa de salida debe ser tan baja como sea posible. Este requisito se deriva principalmente del hecho de que la potencia disipada en un transistor eleva su **temperatura en la**

751

unión interna, y hay una máxima temperatura (entre 150°C y 200°C para dispositivos de silicio) arriba de la cual el transistor se destruye. Otras razones para que sea necesaria una elevada eficiencia de conversión de energía son prolongar la duración de baterías empleadas en circuitos alimentados con batería, para permitir una fuente de alimentación más pequeña y de menor costo, o para obviar la necesidad de ventiladores de enfriamiento.

Comenzamos este capítulo con un estudio de las diversas configuraciones de etapas de salida que se utilizan en amplificadores que manejan potencias baja y alta. En este contexto, "alta potencia" se refiere generalmente a una potencia mayor de 1 W. Consideramos a continuación los requisitos específicos de los BJT que se utilizan en el diseño de etapas de salida de alta potencia, llamados **transistores de potencia**. Pondremos especial atención a las propiedades térmicas de estos transistores.

Un amplificador de potencia es simplemente un amplificador con una etapa de salida de alta potencia. Estudiaremos ejemplos de amplificadores de potencia de circuitos discretos e integrados. También haremos un breve análisis de las estructuras de los MOSFET que en la actualidad son de uso generalizado en el diseño de circuitos de potencia. El capítulo concluye con un ejemplo que ilustra el uso de la simulación del SPICE en el análisis y diseño de etapas de salida.

9.1   CLASIFICACIÓN DE ETAPAS DE SALIDA

Las etapas de salida se clasifican de acuerdo con la forma de onda de corriente de colector que resulta cuando se aplica una señal de entrada. En la figura 9.1 se ilustra la clasificación para el caso de una señal de entrada senoidal. La etapa clase A, cuya forma de onda respectiva se muestra en la figura 9.1(a), está polarizada a una corriente I_C mayor que la amplitud de la corriente de señal, $\hat{I}_c$. Entonces, el transistor de una etapa clase A conduce durante todo el ciclo de la señal de entrada; es decir, el ángulo de conducción es de 360°. En contraste, la etapa clase B, cuya forma de onda respectiva se muestra en la figura 9.1(b), está polarizada a cero corriente de cd. Así, un transistor de clase B conduce durante sólo la mitad del ciclo de la onda senoidal de entrada, resultando en un ángulo de conducción de 180°. Como veremos posteriormente, las mitades negativas de la onda senoidal serán producidas por otro transistor que también opera en el modo de clase B y conduce durante semiciclos alternados.

Una clase intermedia entre A y B, apropiadamente denominada *clase AB*, implica la polarización del transistor a una corriente de cd diferente de cero, mucho más pequeña que la corriente de pico de la señal de onda senoidal. Como resultado de esto, el transistor conduce durante un intervalo ligeramente mayor de medio ciclo, como se ilustra en la figura 9.1(c). El ángulo de conducción resultante es mayor de 180° pero mucho menor de 360°. La etapa de clase AB tiene otro transistor que conduce durante un intervalo ligeramente mayor que el del semiciclo negativo, y las corrientes de los dos transistores se combinan en la carga. Se deduce que, durante los intervalos cerca de los cruces de cero de la entrada senoidal, ambos transistores conducen.

En la figura 9.1(d) se ilustra la onda de corriente de colector para un transistor operado como amplificador clase C. Observe que el transistor conduce durante un intervalo más corto que el de un semiciclo, es decir, el ángulo de conducción es menor que 180°. El resultado es la onda de corriente periódica pulsatoria que se muestra. Para obtener un voltaje senoidal de salida, esta corriente se pasa por un circuito LC paralelo, sintonizado a la frecuencia de la senoide de entrada. El circuito sintonizado actúa como filtro pasabanda y produce un voltaje de salida proporcional a la amplitud de la componente fundamental de la representación de la serie de Fourier de la onda de corriente.

Los amplificadores clase A, AB y B se estudian en este capítulo. Se utilizan como etapas de salida de op amps y amplificadores de potencia de audio. En esta última aplicación, la clase AB es la preferida por razones que se explicarán en las siguientes secciones. Los amplificadores clase C

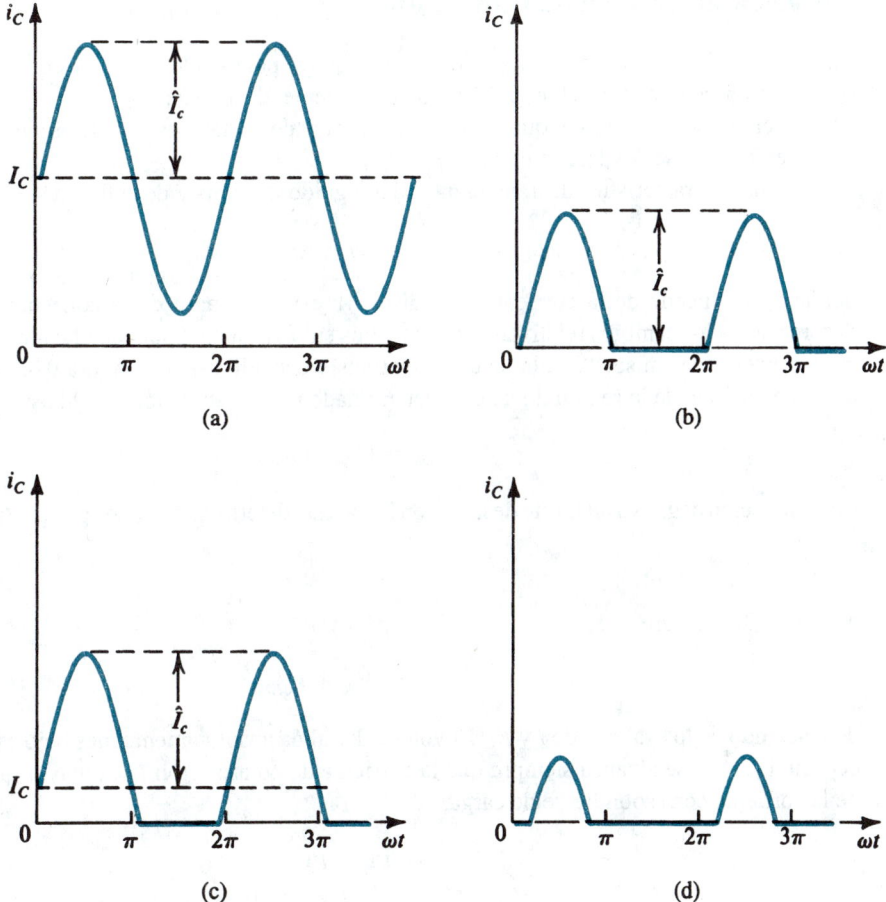

Fig. 9.1 Formas de onda de corriente de colector para transistores que operan en etapas amplificadoras **(a)** clase A, **(b)** clase B, **(c)** clase AB y **(d)** clase C.

se utilizan por lo general para amplificación de potencia de radio frecuencia (RF) (necesaria, por ejemplo, en teléfonos móviles y transmisores de radio y TV). El diseño de amplificadores clase C es un tema más bien especializado y no se incluye en este libro.

Aun cuando el BJT se ha utilizado para ilustrar la definición de las diversas clases de etapas de salida, la misma clasificación se aplica a etapas de salida ejecutadas con transistores MOSFET. Además, la clasificación anterior se extiende a etapas amplificadoras diferentes de las usadas a la salida. A este respecto, todos los amplificadores de emisor común, base común y colector común (y sus similares con FET) estudiados en capítulos anteriores pertenecen a la categoría de clase A.

9.2   ETAPA DE SALIDA CLASE A

Debido a su baja resistencia de salida, el seguidor de emisor es la etapa de salida clase A más conocida. Ya hemos estudiado el seguidor de emisor en los capítulos 4 y 7; en lo que sigue consideraremos su operación a gran señal.

Curva característica de transferencia

En la figura 9.2 se ilustra un seguidor de emisor Q_1 polarizado con una corriente constante I suministrada por el transistor Q_2. Como la corriente de emisor $i_{E1} = I + i_L$, la corriente de polarización I debe ser mayor que la máxima corriente de carga negativa; de otra forma, Q_1 se corta y la operación clase A ya no se mantiene.

La curva característica de transferencia del seguidor de emisor de la figura 9.2 está descrita por

$$v_O = v_I - v_{BE1} \tag{9.1}$$

donde v_{BE1} depende de la corriente de emisor i_{E1} y, por lo tanto de la corriente de carga i_L. Si despreciamos los cambios relativamente pequeños en v_{BE1} (60 mV por cada factor de cambio de 10 en la corriente de emisor), resulta la curva de transferencia lineal de la figura 9.3. Como se indica, el límite positivo de la región lineal está determinado por la saturación de Q_1; así,

$$v_{O\text{máx}} = V_{CC} - V_{CE1\text{sat}} \tag{9.2}$$

En la dirección negativa, el límite de la región lineal está determinado ya sea porque Q_1 no conduzca,

$$v_{O\text{mín}} = -IR_L \tag{9.3}$$

o porque Q_2 se sature,

$$v_{O\text{mín}} = -V_{CC} + V_{CE2\text{sat}} \tag{9.4}$$

dependiendo de los valores de I y R_L. El voltaje de salida absolutamente más bajo es el dado por la ecuación (9.4) y se alcanza siempre que la corriente de polarización I sea mayor que la magnitud de la corriente correspondiente de carga,

$$I \geq \frac{|-V_{CC} + V_{CE2\text{sat}}|}{R_L} \tag{9.5}$$

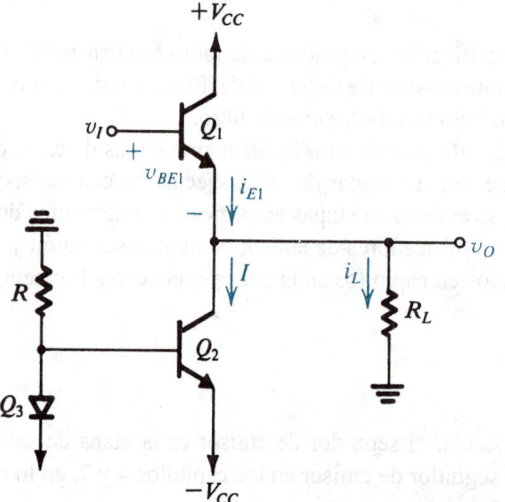

Fig. 9.2 Seguidor de emisor (Q_1) polarizado con una corriente constante I alimentada por el transistor Q_2.

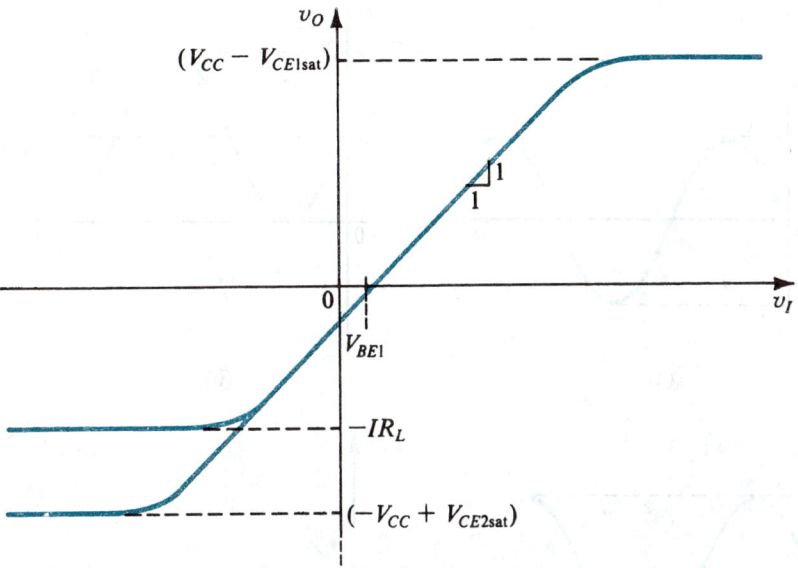

Fig. 9.3 Gráfica característica de transferencia del seguidor de emisor de la figura 9.2. Esta característica lineal se obtiene si se desprecia el cambio en v_{BE1} con i_L. La máxima salida positiva está determinada por la saturación de Q_1. En la dirección negativa, el límite de la región lineal está determinado ya sea por que Q_1 no conduzca o por la saturación de Q_2, dependiendo de los valores de I y de R_L.

Ejercicios

D9.1 Para el seguidor de emisor de la figura 9.2, $V_{CC} = 15$ V, $V_{CEsat} = 0.2$ V, $V_{BE} = 0.7$ V y constante, y β es muy elevada. Encuentre el valor de R que establecerá una corriente de polarización suficientemente grande para permitir la señal de salida máxima posible para $R_L = 1$ kΩ. Determine la señal de salida resultante y las corrientes de emisor mínima y máxima.

Resp. 0.97 kΩ; −14.8 V a +14.8 V; 0 a 29.6 mA

9.2 Para el seguidor de emisor del ejercicio 9.1, en que $I = 14.8$ mA, considere el caso en que v_O está limitado a valores entre −10 V y +10 V. Supongamos que Q_1 tiene $v_{BE} = 0.6$ V a $i_C = 1$ mA, y que $\alpha \simeq 1$. Encuentre v_I correspondiente a $v_O = -10$ V, 0 y +10 V. En cada uno de estos puntos, utilice análisis de pequeña señal para determinar la ganancia de voltaje v_o/v_i. Nótese que el incremento de ganancia de voltaje da la pendiente de la curva característica de v_o contra v_I.

Resp. −9.36 V, 0.67 V y 10.68 V; 0.995 V/V, 0.998 V/V, y 0.999 V/V

Formas de onda de señal

Considere la operación del circuito seguidor de emisor de la figura 9.2 para entrada senoidal. Despreciando V_{CEsat}, vemos que si la corriente de polarización I se selecciona debidamente, el voltaje de salida puede oscilar de $-V_{CC}$ a $+V_{CC}$ con el valor de reposo siendo cero, como se muestra en la figura 9.4(a). En la figura 9.4(b) se ilustra la correspondiente forma de onda de $v_{CE1} = V_{CC} - v_O$. Ahora, suponiendo que la corriente de polarización I se selecciona para permitir una corriente de

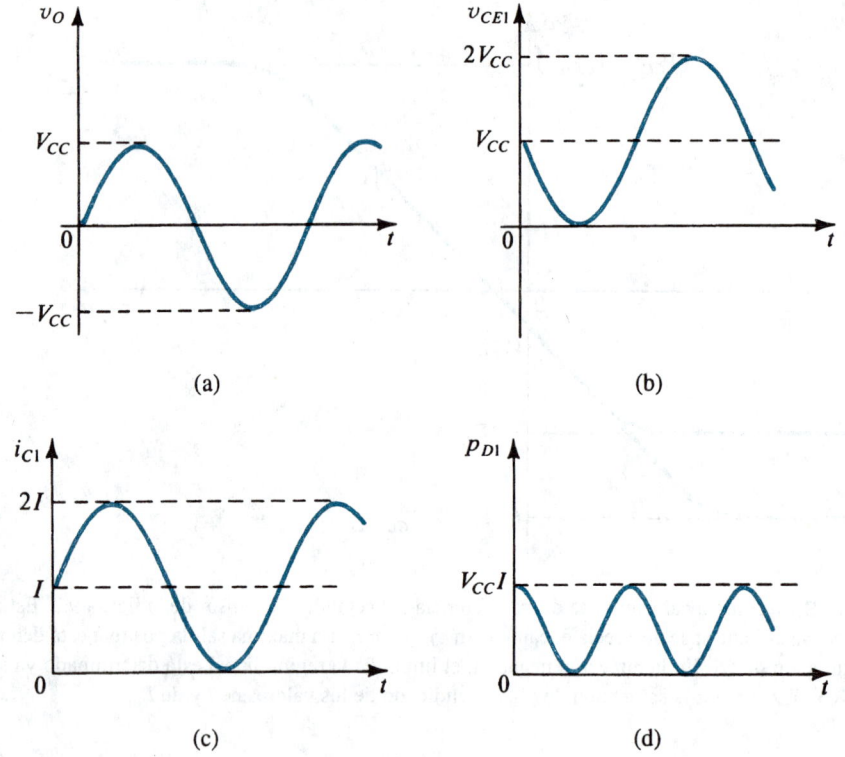

Fig. 9.4 Formas de onda de señal máxima en la etapa de salida clase A de la figura 9.2 bajo la condición de $I = V_{CC}/R_L$ o, lo que es lo mismo, $R_L = V_{CC}/I$.

carga máxima negativa de V_{CC}/R_L, la corriente del colector de Q_1 tendrá la forma de onda que se ilustra en la figura 9.4(c). Finalmente, la figura 9.4(d) muestra la forma de onda de la **disipación instantánea de potencia** en Q_1,

$$p_{D1} \equiv v_{CE1}i_{C1} \tag{9.6}$$

Disipación de potencia

En la figura 9.4(d) se indica que la máxima disipación instantánea de potencia en Q_1 es $V_{CC}I$. Esto es igual a la disipación de potencia en reposo en Q_1. Entonces, el transistor de seguidor de emisor disipa la máxima cantidad de potencia cuando $v_O = 0$. Como esta condición (sin señal de entrada) puede fácilmente prevalecer durante periodos prolongados, el transistor Q_1 debe tener capacidad para resistir una continua disipación de potencia de $V_{CC}I$.

La disipación de potencia en Q_1 depende del valor de R_L. Considere el caso extremo de un circuito de salida abierto, esto es, $R_L = \infty$. En este caso, $i_{C1} = I$ es constante y la disipación instantánea de potencia en Q_1 dependerá del valor instantáneo de v_O. La máxima disipación de potencia ocurrirá cuando $v_O = -V_{CC}$, porque en este caso v_{CE1} es un máximo de $2V_{CC}$ y $p_{D1} = 2\,V_{CC}I$. Esta condición, sin embargo, normalmente no persistiría durante un intervalo prolongado, por lo cual el diseño no necesita ser así de conservativo. Observe que, con una carga de circuito abierto, el promedio de disipación de potencia en Q_1 es $V_{CC}I$. Una situación de mucho más riesgo se presenta en el otro extremo de R_L, específicamente, $R_L = 0$. En el caso de un cortocircuito a la salida, un voltaje positivo de entrada teóricamente resultaría en una corriente infinita de carga. En la práctica, puede circular una corriente muy elevada por Q_1, y si persiste la condición de cortocircuito, la resultante disipación grande de potencia en Q_1 puede elevar la temperatura de su unión rebasando el máximo especificado, con lo cual se quema Q_1. Para evitar esta situación, las etapas de salida suelen estar equipadas con *protección contra cortocircuitos,* como se explicará posteriormente.

La disipación de potencia en Q_2 también debe ser tomada en cuenta al diseñar una etapa de salida de seguidor de emisor. En vista de que Q_2 conduce una corriente constante I, y el máximo valor de v_{CE2} es $2V_{CC}$, la máxima disipación instantánea de potencia en Q_2 es $2V_{CC}I$. Este máximo, sin embargo, ocurre cuando $v_O = V_{CC}$, condición que normalmente no prevalece durante periodos prolongados. Una cantidad más significativa para fines de diseño es el promedio de disipación de potencia en Q_2, que es $V_{CC}I$.

Ejercicio

9.3 Considere el seguidor de emisor de la figura 9.2 con $V_{CC} = 10$ V, $I = 100$ mA y $R_L = 100 \ \Omega$. Encuentre la potencia disipada en Q_1 y Q_2 en condiciones de reposo ($v_O = 0$). Para un voltaje senoidal de salida de máxima amplitud posible (despreciando $V_{CE\text{sat}}$) encuentre el promedio de disipación de potencia en Q_1 y Q_2. También encuentre la potencia de carga.

Resp. 1 W, 1 W; 0.5 W, 1 W; 0.5 W

Eficiencia de conversión de potencia

La eficiencia de conversión de potencia de una etapa de salida está definida como

$$\eta \equiv \frac{\text{potencia de carga } (P_L)}{\text{potencia de alimentación } (P_S)} \tag{9.7}$$

Para el seguidor de emisor de la figura 9.2, si se supone que el voltaje de salida es una senoide con valor pico de $\hat{V}_o$, el promedio de potencia de carga será

$$P_L = \frac{1}{2} \frac{\hat{V}_o^2}{R_L} \tag{9.8}$$

Como la corriente en Q_2 es constante (I), la potencia tomada de la fuente negativa[1] es $V_{CC}I$. El *promedio* de corriente en Q_1 es igual a I, y entonces el promedio de potencia tomada de la fuente positiva es $V_{CC}I$. Por lo tanto, el promedio total de la fuente de alimentación es

$$P_S = 2V_{CC}I \tag{9.9}$$

---

[1] Esto *no incluye* la potencia tomada por el transistor Q_3 de polarización conectado como diodo.

Las ecuaciones (9.8) y (9.9) se pueden combinar para obtener

$$\eta = \frac{1}{4}\frac{\hat{V}_o^2}{IR_L V_{CC}}$$

$$= \frac{1}{4}\left(\frac{\hat{V}_o}{IR_L}\right)\left(\frac{\hat{V}_o}{V_{CC}}\right) \tag{9.10}$$

Como $\hat{V}_o \le V_{CC}$ y $\hat{V}_o \le IR_L$, se obtiene máxima eficiencia cuando

$$\hat{V}_o = V_{CC} = IR_L \tag{9.11}$$

La eficiencia máxima alcanzable es 25%. Como esta cantidad es más bien baja, la etapa de salida clase A raras veces se usa en aplicaciones de gran potencia (de más de 1 W). Nótese también que, en la práctica, el voltaje de salida está limitado a valores más bajos para evitar la saturación del transistor y la consiguiente distorsión no lineal. Por lo tanto, la eficiencia alcanzada suele ser de 10% a 20%.

Ejercicio

9.4 Para el seguidor de emisor de la figura 9.2, sea $V_{CC} = 10$ V, $I = 100$ mA y $R_L = 100\ \Omega$. Si el voltaje de salida es una senoide de 8 V pico, encuentre lo siguiente. (a) La potencia entregada a la carga. (b) El promedio de potencia tomado de las fuentes. (c) La eficiencia de conversión de energía.
Pase por alto la pérdida en Q_3.

Resp. 0.32 W; 2 W; 16%

9.3   ETAPA DE SALIDA CLASE B

En la figura 9.5 se ilustra una etapa de salida clase B. Está formada por un par complementario de transistores (esto es, un *npn* y un *pnp*) conectados en forma tal que ambos no pueden conducir simultáneamente.

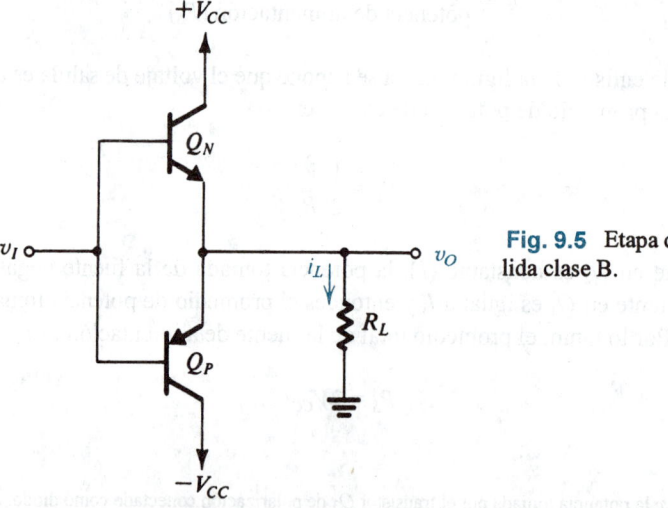

Fig. 9.5 Etapa de salida clase B.

Operación del circuito

Cuando el voltaje de entrada v_I es cero, ambos transistores están en corte y el voltaje de salida v_O es cero. A medida que v_I se hace positivo y rebasa unos 0.5 V, Q_N conduce y opera como seguidor de emisor. En este caso v_O sigue a v_I (es decir, $v_O = v_I - v_{BEN}$) y Q_N proporciona la corriente de carga. Entre tanto, la unión entre emisor y base de Q_P estará polarizada inversamente por el V_{BE} de Q_N, que es aproximadamente de 0.7 V. Entonces, Q_P estará en corte.

Si la entrada se hace negativa en más de unos 0.5 V, Q_P conduce y actúa como seguidor de emisor. De nueva cuenta, v_O sigue a v_I (esto es, $v_O = v_I + v_{EBP}$), pero en este caso Q_P proporciona la corriente de carga y Q_N estará en corte.

Concluimos que los transistores de la etapa clase B de la figura 9.5 están polarizados a cero corriente y conducen sólo cuando está presente la señal de entrada. El circuito opera en **configuración simétrica de doble efecto (push-pull)**: Q_N *impulsa* corriente (es la fuente) hacia la carga cuando v_I es positivo, y Q_P *toma* (disipa) corriente de la carga cuando v_I es negativo.

Curva característica de transferencia

En la figura 9.6 se ilustra un diagrama de la curva característica de transferencia de la etapa clase B. Nótese que existe un intervalo de v_I centrado alrededor de cero cuando ambos transistores están en corte y v_O es cero. Esta **banda muerta** causa la **distorsión de cruce** que se ilustra en la figura 9.7 para el caso de una onda senoidal de entrada. El efecto de distorsión de cruce será más pronunciado cuando la amplitud de la señal de entrada sea pequeña. La distorsión de cruce en amplificadores de potencia de audio da lugar a sonidos desagradables.

Eficiencia de conversión de potencia

Para calcular la eficiencia de conversión de potencia, η, de una etapa clase B, despreciamos la distorsión de cruce y consideramos el caso de una senoide de salida de amplitud pico $\hat{V}_o$. El promedio de potencia de carga será

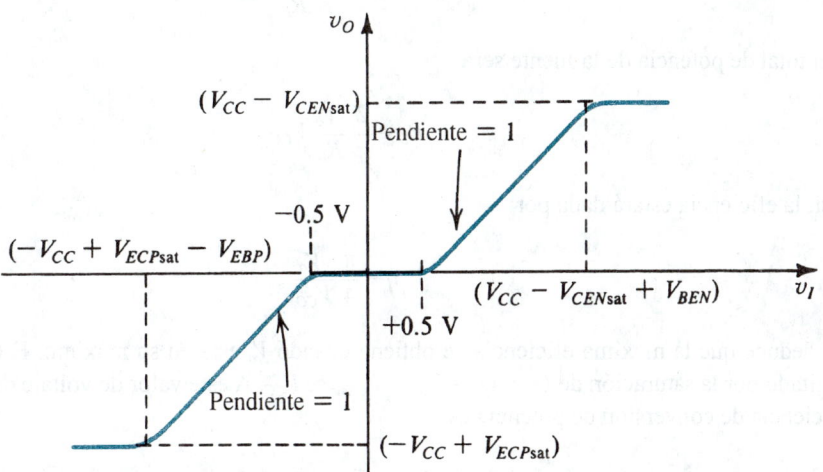

Fig. 9.6 Curva característica para la etapa de salida clase B de la figura 9.5.

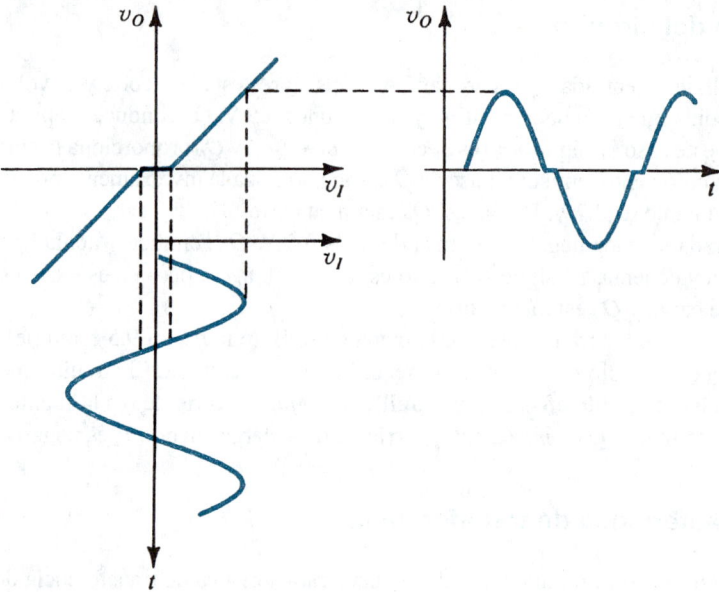

Fig. 9.7 Ilustración de cómo la banda muerta de la curva característica de transferencia de clase B resulta en distorsión de cruce.

$$P_L = \frac{1}{2} \frac{\hat{V}_o^2}{R_L} \qquad (9.12)$$

La corriente tomada de cada fuente estará formada por semiondas senoidales de amplitud pico ($\hat{V}_o/R_L$). Entonces, el promedio de corriente tomada de cada una de las dos fuentes de alimentación será $\hat{V}_o/\pi R_L$. Se deduce que el promedio de potencia tomada de cada una de las dos fuentes de alimentación será la misma

$$P_{S+} = P_{S-} = \frac{1}{\pi} \frac{\hat{V}_o}{R_L} V_{CC} \qquad (9.13)$$

y el total de potencia de la fuente será

$$P_S = \frac{2}{\pi} \frac{\hat{V}_o}{R_L} V_{CC} \qquad (9.14)$$

Así, la eficiencia estará dada por

$$\eta = \frac{\pi}{4} \frac{\hat{V}_o}{V_{CC}} \qquad (9.15)$$

Se deduce que la máxima eficiencia se obtiene cuando $\hat{V}_o$ está en su máximo. Este máximo está limitado por la saturación de Q_N y Q_P a $V_{CC} - V_{CEsat} \simeq V_{CC}$. A este valor de voltaje de salida pico, la eficiencia de conversión de potencia es

$$\eta_{máx} = \frac{\pi}{4} = 78.5\% \qquad (9.16)$$

Este valor es mucho mayor que el obtenido en la etapa clase A (25%). Finalmente, observamos que el máximo promedio de potencia disponible para una etapa de salida clase B se obtiene al sustituir $\hat{V}_o = V_{CC}$ en la ecuación (9.12),

$$P_{L\text{máx}} = \frac{1}{2} \frac{V_{CC}^2}{R_L} \qquad (9.17)$$

Disipación de potencia

A diferencia de la etapa clase A, que disipa máxima potencia en condiciones de reposo ($v_O = 0$), la disipación de potencia en reposo de la etapa clase B es cero. Cuando se aplica una señal de entrada, el *promedio* de potencia disipada en la etapa clase B está dado por

$$P_D = P_S - P_L \qquad (9.18)$$

Al sustituir por P_S de la ecuación (9.14) y por P_L de la ecuación (9.12) resulta

$$P_D = \frac{2}{\pi} \frac{\hat{V}_o}{R_L} V_{CC} - \frac{1}{2} \frac{\hat{V}_o^2}{R_L} \qquad (9.19)$$

Por la simetría vemos que la mitad de P_D se disipa en Q_N y la otra mitad en Q_P. Así, Q_N y Q_P deben tener capacidad para disipar sin riesgo $\frac{1}{2}P_D$ watts. Como P_D depende de $\hat{V}_o$, debemos hallar la disipación de potencia en el peor de los casos, $P_{D\text{máx}}$. Al derivar la ecuación (9.19) con respecto a $\hat{V}_o$ e igualar la derivada a cero se obtiene el valor de $\hat{V}_o$ que resulta en el máximo promedio de disipación de potencia como

$$\hat{V}_o|_{P_{D\text{máx}}} = \frac{2}{\pi} V_{CC} \qquad (9.20)$$

Al sustituir este valor en la ecuación (9.19) resulta

$$P_{D\text{máx}} = \frac{2V_{CC}^2}{\pi^2 R_L} \qquad (9.21)$$

Entonces

$$P_{DN\text{máx}} = P_{DP\text{máx}} = \frac{V_{CC}^2}{\pi^2 R_L} \qquad (9.22)$$

En el punto de máxima disipación de potencia, la eficiencia se puede evaluar al sustituir por $\hat{V}_o$ de la ecuación (9.20) en la ecuación (9.15); por lo tanto, $\eta = 50\%$.

En la figura 9.8 se ilustra una curva de P_D (ecuación 9.19) contra el voltaje de pico de salida $\hat{V}_o$. Curvas como ésta suelen aparecer en las hojas de datos de amplificadores de potencia de circuitos integrados. (Por lo general, sin embargo, P_D se traza contra P_L,

$$P_L = \frac{1}{2} \frac{\hat{V}_o^2}{R_L}$$

en lugar de $\hat{V}_o$). De la figura 9.8 se obtiene una observación interesante: si se aumenta $\hat{V}_o$ rebasando $2V_{CC}/\pi$ *decrece* la potencia disipada en la etapa clase B mientras que aumenta la potencia de carga. El precio pagado es un aumento en distorsión no lineal como resultado de aproximar la región de saturación de operación de Q_N y Q_P. La saturación del transistor aplana los picos de la onda senoidal

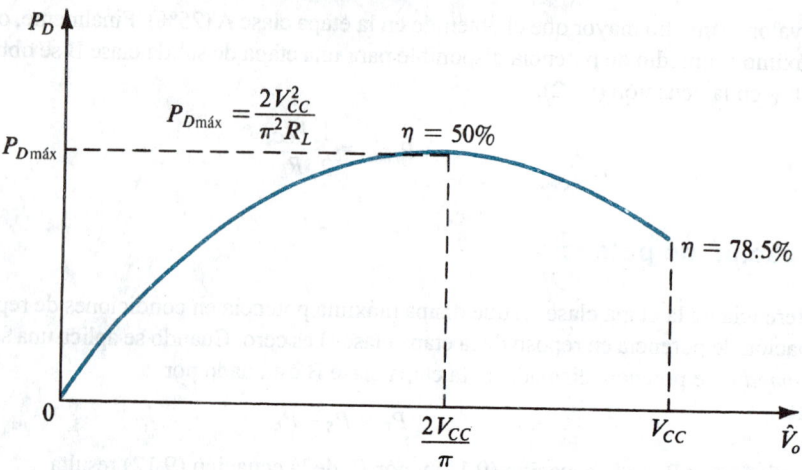

Fig. 9.8 Disipación de potencia de la etapa de salida clase B contra amplitud de la senoide de salida.

de salida. Desafortunadamente, este tipo de distorsión no se puede reducir de manera significativa mediante la aplicación de retroalimentación negativa (véase la sección 8.2), y por lo tanto la saturación del transistor debe evitarse en aplicaciones que requieran baja distorsión armónica total.

EJEMPLO 9.1

Se pide diseñar una etapa de salida clase B para entregar un promedio de potencia de 20 W a una carga de 8 Ω, La fuente de alimentación debe ser seleccionada de modo tal que V_{CC} sea unos 5 V mayor que el voltaje de pico de salida. Esto evita la saturación del transistor y la consiguiente distorsión no lineal, y toma en cuenta incluso un circuito de protección contra cortocircuitos. (Esto último se tratará en la sección 9.7.) Determine el voltaje de alimentación necesario, la corriente de pico tomada de cada fuente, el total de potencia de alimentación y la eficiencia de conversión de potencia. También determine la máxima potencia que cada transistor pueda disipar sin riesgo.

SOLUCIÓN

Como

$$P_L = \frac{1}{2}\frac{\hat{V}_o^2}{R_L}$$

entonces

$$\hat{V}_o = \sqrt{2P_L R_L}$$

$$= \sqrt{2 \times 20 \times 8} = 17.9 \text{ V}$$

Por lo tanto, seleccionamos $V_{CC} = 23$ V

La corriente de pico tomada de cada fuente es

$$\hat{I}_o = \frac{\hat{V}_o}{R_L} = \frac{17.9}{8} = 2.24 \text{ A}$$

El promedio de potencia tomada de cada fuente es

$$P_{S+} = P_{S-} = \frac{1}{\pi} \times 2.24 \times 23 = 16.4 \text{ W}$$

para un total de potencia de alimentación de 32.8 W. La eficiencia de conversión de potencia es

$$\eta = \frac{P_L}{P_S} = \frac{20}{32.8} \times 100 = 61\%$$

La máxima potencia disipada en cada transistor está dada por la ecuación (9.22); así,

$$P_{DN\text{máx}} = P_{DP\text{máx}} = \frac{V_{CC}^2}{\pi^2 R_L}$$

$$= \frac{(23)^2}{\pi^2 \times 8} = 6.7 \text{ W}$$

Reducción de la distorsión de cruce

La distorsión de cruce de una etapa de salida clase B se puede reducir de manera considerable si se emplea un op amp de alta ganancia y retroalimentación negativa general, como se muestra en la figura 9.9. La banda muerta de ±0.7 V se reduce a ±0.7/A_0 volts, donde A_0 es la ganancia de cd del op amp. Sin embargo, la limitación de rapidez de respuesta del op amp ocasionará que sea notoria la conducción y no conducción alternadas de los transistores de salida, en especial a altas frecuencias. Un método más práctico para reducir y casi eliminar la distorsión de cruce se encuentra en la etapa clase AB, que se estudiará en la siguiente sección.

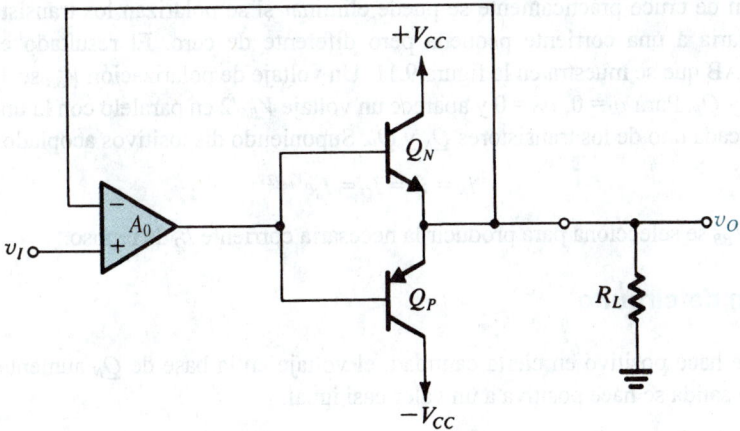

Fig. 9.9 Circuito de clase B con un op amp conectado en un circuito de retroalimentación negativa para reducir la distorsión de cruce.

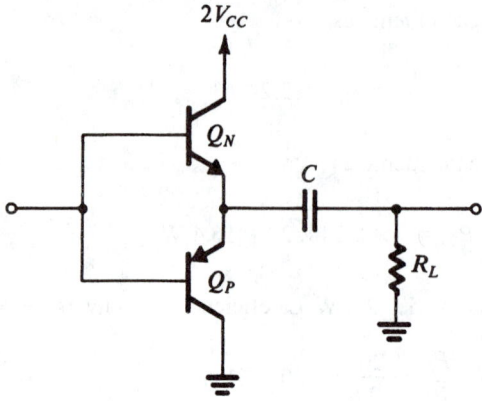

Fig. 9.10 Etapa de salida clase B operada con una sola fuente de alimentación.

Operación con una fuente

La etapa clase B puede ser operada desde una sola fuente de alimentación, en cuyo caso la carga está capacitivamente acoplada, como se muestra en la figura 9.10. Nótese que para hacer directamente aplicables las fórmulas deducidas antes, la fuente de alimentación única se denota como $2V_{CC}$.

Ejercicio

9.5 Para la etapa de salida clase B de la figura 9.5, sea $V_{CC} = 6$ V y $R_L = 4$ Ω. Si la salida es una senoide con amplitud pico de 4.5 V, encuentre (a) la potencia de salida; (b) el promedio de potencia tomada de cada fuente; (c) la eficiencia de potencia obtenida a este voltaje de salida; (d) las corrientes pico suministradas por v_I, suponiendo que $\beta_N = \beta_P = 50$; (e) el máximo de potencia que cada transistor debe ser capaz de disipar sin riesgo.

Resp. (a) 2.53 W; (b) 2.15 W; (c) 59%; (d) 22.1 mA; (e) 0.91 W

9.4   ETAPA DE SALIDA CLASE AB

La distorsión de cruce prácticamente se puede eliminar si se polarizan los transistores de salida complementaria a una corriente pequeña pero diferente de cero. El resultado es la etapa de salida clase AB que se muestra en la figura 9.11. Un voltaje de polarización V_{BB} se aplica entre las bases de Q_N y Q_P. Para $v_I = 0$, $v_O = 0$ y aparece un voltaje $V_{BB}/2$ en paralelo con la unión entre base y emisor de cada uno de los transistores Q_N y Q_P. Suponiendo dispositivos acoplados,

$$i_N = i_P = I_Q = I_S e^{V_{BB}/2V_T} \tag{9.23}$$

El valor de V_{BB} se selecciona para producir la necesaria corriente I_Q de reposo.

Operación de circuito

Cuando v_I se hace positivo en cierta cantidad, el voltaje en la base de Q_N aumenta en la misma cantidad y la salida se hace positiva a un valor casi igual,

$$v_O = v_I + \frac{V_{BB}}{2} - v_{BEN} \tag{9.24}$$

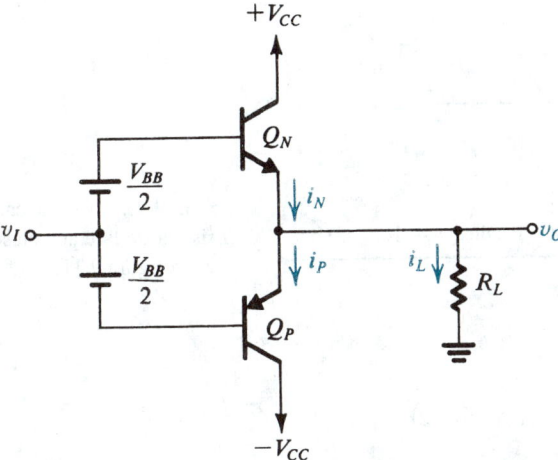

El v_O positivo hace que una corriente i_L circule por R_L, y entonces i_N debe aumentar, esto es,

$$i_N = i_P + i_L \tag{9.25}$$

El aumento en i_N será acompañado por un correspondiente aumento en v_{BEN} (arriba del valor de reposo de $V_{BB}/2$), pero, como el voltaje entre las dos bases permanece constante en V_{BB}, el aumento en v_{BEN} resultará en igual decremento en v_{EBP} y por lo tanto en i_P. La relación entre i_N e i_P se puede deducir como sigue:

$$v_{BEN} + v_{EBP} = V_{BB}$$

$$V_T \ln\left(\frac{i_N}{I_S}\right) + V_T \ln\left(\frac{i_P}{I_S}\right) = 2V_T \ln\left(\frac{i_Q}{I_S}\right)$$

$$i_N i_P = I_Q^2 \tag{9.26}$$

Entonces, a medida que i_N aumenta, i_P decrece en la misma proporción mientras que el producto permanece constante. Las ecuaciones (9.25) y (9.26) se pueden combinar para producir i_N para una i_L dada como la solución a la ecuación cuadrática

$$i_N^2 - i_L i_N - I_Q^2 = 0 \tag{9.27}$$

De lo anterior, podemos ver que para voltajes de salida positivos, la corriente de carga es suministrada por Q_N, que actúa como seguidor de emisor. Mientras tanto, Q_P estará conduciendo una corriente que decrece a medida que v_O aumenta; para un v_O grande, la corriente en Q_P puede despreciarse por completo.

Ocurre lo contrario para voltajes negativos de entrada; la corriente de carga será suministrada por Q_P, que actúa como seguidor de emisor de salida, mientras que Q_N conduce una corriente que se hace más pequeña a medida que v_I se hace más negativo. La ecuación (9.26) que relaciona i_N e i_P se cumple también para entradas negativas.

Concluimos que la etapa clase AB opera en forma muy semejante al circuito clase B, con una importante excepción: para v_I pequeño, ambos transistores conducen, y a medida que v_I aumenta o disminuye, uno de los dos transistores se hace cargo de la operación. Como la transición es muy uniforme la distorsión de cruce se elimina casi por completo. En la figura 9.12 se ilustra la curva característica de la etapa clase AB.

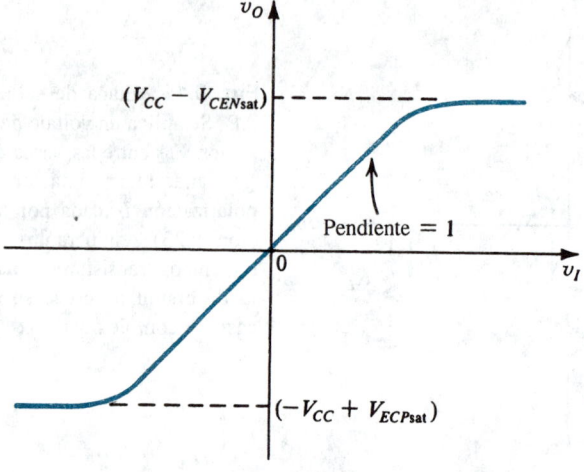

Fig. 9.12 Curva característica de la etapa clase AB en la figura 9.11.

Las relaciones de potencia de la etapa clase AB son casi idénticas a las deducidas para el circuito clase B de la sección anterior. La única diferencia es que, en condiciones de reposo, el circuito clase AB disipa una potencia de $V_{CC}I_Q$ por transistor. Como I_Q en general es mucho menor que la corriente de pico de carga, la disipación de potencia en reposo suele ser pequeña pero fácilmente se puede tomar en cuenta. De manera específica, podemos sumar la disipación en reposo por transistor a su máxima disipación de potencia, con una señal de entrada aplicada, para obtener el total de disipación de potencia que el transistor debe manejar sin riesgo.

Resistencia de salida

Si suponemos que la fuente que alimenta v_I es ideal, entonces la resistencia de salida de la etapa clase AB se puede determinar del circuito de la figura 9.13 como

$$R_{sal} = r_{eN} // r_{eP} \tag{9.28}$$

donde r_{eN} y r_{eP} son las resistencias de emisor de Q_N y Q_P, respectivamente, a pequeña señal. A un voltaje de entrada dado, las corrientes i_N e i_P se pueden determinar, y r_{eN} y r_{eP} están dadas por

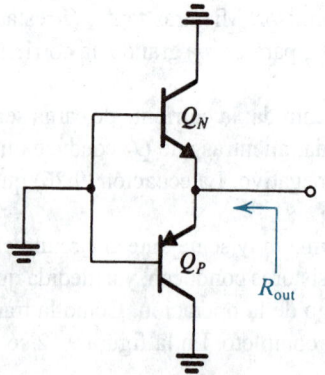

Fig. 9.13 Determinación de la resistencia de salida a pequeña señal del circuito clase AB de la figura 9.11.

$$r_{eN} = \frac{V_T}{i_N} \qquad (9.29)$$

$$r_{eP} = \frac{V_T}{i_P} \qquad (9.30)$$

Entonces

$$R_{sal} = \frac{V_T}{i_N} \bigg/\!\!\bigg/ \frac{V_T}{i_P} = \frac{V_T}{i_P + i_N} \qquad (9.31)$$

En vista de que, a medida que i_N aumenta, i_P disminuye, y viceversa, la resistencia de salida permanece constante aproximadamente en la región alrededor de $v_I = 0$. Ésta, en efecto, es la razón para la virtual ausencia de distorsión de cruce. A corrientes de carga más altas, ya sea i_N o i_P serán importantes, y R_{sal} decrece a medida que aumenta la corriente de carga.

Ejercicio

9.6 Considere el circuito clase AB con $V_{CC} = 15$ V, $I_Q = 2$ mA y $R_L = 100\,\Omega$. Determine V_{BB}. Elabore una tabla dando i_L, i_N, i_P, v_{BEN}, v_{EBP}, v_I, v_O/v_I, R_{sal} y v_o/v_i contra v_O para $v_O = 0, 0.1, 0.2, 0.5, 1, 5, 10, -0.1, -0.2, -0.5, -1, -5$ y -10 V. Nótese que v_O/v_I es la ganancia de voltaje a gran señal y v_o/v_i es el incremento de ganancia obtenida como $R_L/(R_L + R_{sal})$. El incremento de ganancia es igual a la pendiente de la curva de transferencia. Suponga que Q_N y Q_P están acoplados, con $I_S = 10^{-13}$ A.

Resp. $V_{BB} = 1.186$ V

v_O (V)	i_L (mA)	i_N (mA)	i_P (mA)	v_{BEN} (V)	v_{EBP} (V)	v_I (V)	v_O/v_I	R_{out} (Ω)	v_o/v_i
+10.0	100	100.04	0.04	0.691	0.495	10.1	0.99	0.25	1.00
+5.0	50	50.08	0.08	0.673	0.513	5.08	0.98	0.50	1.00
+1.0	10	10.39	0.39	0.634	0.552	1.041	0.96	2.32	0.98
+0.5	5	5.70	0.70	0.619	0.567	0.526	0.95	4.03	0.96
+0.2	2	3.24	1.24	0.605	0.581	0.212	0.94	5.58	0.95
+0.1	1	2.56	1.56	0.599	0.587	0.106	0.94	6.07	0.94
0	0	2	2	0.593	0.593	0	—	6.25	0.94
−0.1	−1	1.56	2.56	0.587	0.599	−0.106	0.94	6.07	0.94
−0.2	−2	1.24	3.24	0.581	0.605	−0.212	0.94	5.58	0.95
−0.5	−5	0.70	5.70	0.567	0.619	−0.526	0.95	4.03	0.96
−1.0	−10	0.39	10.39	0.552	0.634	−1.041	0.96	2.32	0.98
−5.0	−50	0.08	50.08	0.513	0.673	−5.08	0.98	0.50	1.00
−10.0	−100	0.04	100.04	0.495	0.691	−10.1	0.99	0.25	1.00

9.5 POLARIZACIÓN DEL CIRCUITO CLASE AB

En esta sección estudiamos dos métodos para generar el voltaje V_{BB} necesario para polarizar la etapa de salida clase AB.

Polarización con el uso de diodos

En la figura 9.14 se ilustra un circuito clase AB en que el voltaje de polarización V_{BB} se genera si se hace pasar una corriente constante I_{bias} por un par de diodos, o transistores conectados como diodos, D_1 y D_2. En circuitos que alimentan grandes cantidades de potencia, los transistores de salida son dispositivos de geometría grande. Los diodos de polarización, en cambio, no tienen que ser dispositivos grandes y por lo tanto la corriente de reposo I_Q establecida en Q_N y Q_P será $I_Q = nI_{\text{bias}}$, donde n es la relación entre el área de unión de emisor de los dispositivos de salida y el área de unión de los diodos de polarización. En otras palabras, la corriente I_S de saturación (o de escala) de los transistores de salida es n veces la de los diodos de polarización. La división entre áreas es fácil de realizar en circuitos integrados pero difícil en diseños de circuitos discretos.

Cuando la etapa de salida de la figura 9.14 alimenta corriente a la carga, la corriente de base de Q_N aumenta de I_Q/β_N (que suele ser pequeña) a aproximadamente i_L/β_N. Esta excitación de corriente de base debe ser suministrada por la fuente de corriente I_{bias}. Se deduce que I_{bias} debe ser mayor que la máxima excitación de base anticipada para Q_N. Esto establece un límite inferior sobre el valor de I_{bias}. Ahora, como $I_Q = nI_{\text{bias}}$ y como I_Q suele ser mucho menor que la corriente de pico de carga (menos de 10%), vemos que no podemos hacer de n un número grande. En otras palabras, no podemos hacer los diodos mucho menores que los dispositivos de salida. Esto es una desventaja en el esquema de polarización de diodo.

De lo anterior vemos que la corriente que pasa por los diodos de polarización decrecerá cuando la etapa de salida alimenta corriente a la carga. Entonces, el voltaje de polarización V_{BB} también decrecerá, y el análisis de la sección previa debe ser modificado para tomar en cuenta este efecto.

La distribución de polarización del diodo tiene una importante ventaja: puede proporcionar estabilización térmica de la corriente de reposo de la etapa de salida. Para apreciar este punto recordemos que la etapa de salida clase AB disipa potencia en condiciones de reposo. La disipación de potencia eleva la temperatura interna de los BJT. Del capítulo 4 sabemos que un calentamiento del transistor resulta en un decremento en su V_{BE} (aproximadamente -2 mV/°C) si la corriente de colector se mantiene constante. Alternativamente, si V_{BE} se mantiene constante y la temperatura aumenta, aumenta la corriente de colector. El aumento en la corriente de colector aumenta la disipación de potencia, que a su vez aumenta la corriente de colector. Así, existe un mecanismo de retroalimentación positiva que puede resultar en un fenómeno conocido como **embalamiento térmico**. A menos que se controle, el embalamiento térmico puede llevar a la destrucción final del BJT. La polarización de diodos se puede arreglar para obtener un efecto de compensación que puede proteger

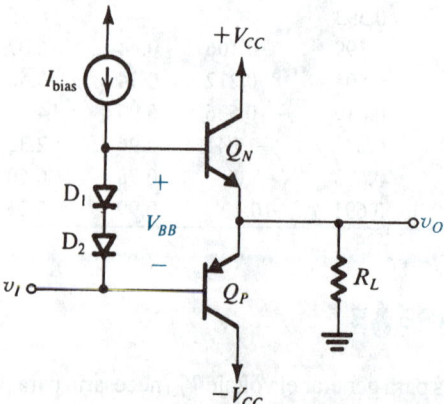

Fig. 9.14 Etapa de salida clase AB que utiliza diodos para polarización. Si el área de unión de los dispositivos de salida, Q_N y Q_P, es n veces el área de los dispositivos de polarización D_1 y D_2, circula una corriente de reposo $I_Q = nI_{\text{bias}}$ en los dispositivos de salida.

los transistores de salida contra embalamiento térmico en condiciones de reposo. Específicamente, si los diodos están en estrecho contacto térmico con los transistores de salida, sus temperaturas aumentarán en la misma cantidad que la de Q_N y Q_P. Entonces, V_{BB} decrecerá al mismo ritmo que $V_{BEN} + V_{EBP}$, con el resultado de que I_Q permanece constante. En la fabricación de circuitos integrados se puede lograr un contacto térmico estrecho y, en circuitos discretos, se obtiene al montar los diodos de polarización en la caja metálica de Q_N o Q_P.

EJEMPLO 9.2

Considere la etapa de salida clase AB en las condiciones que $V_{CC} = 15$ V, $R_L = 100\ \Omega$ y la salida es senoidal con una amplitud máxima de 10 V. Supongamos que Q_N y Q_P están acoplados con $I_S = 10^{-13}$ A y $\beta = 50$. Suponga que los diodos de polarización tienen un tercio del área de unión de los dispositivos de salida. Encuentre el valor de I_{bias} que garantice un mínimo de 1 mA por los diodos en todo momento. Determine la corriente de reposo y la disipación de potencia de reposo en los transistores de salida (es decir, en $v_O = 0$). También encuentre V_{BB} para $v_O = 0$, +10 V y −10 V.

SOLUCIÓN

La máxima corriente que pasa por Q_N es aproximadamente igual a $i_{L\text{máx}} = 10$ V/0.1 kΩ = 100 mA. Entonces, la máxima corriente de base en Q_N es aproximadamente 2 mA. Para mantener un mínimo de 1 mA en los diodos, seleccionamos $I_{\text{bias}} = 3$ mA. La relación de área de 3 produce una corriente de reposo de 9 mA en Q_N y Q_P. La disipación de potencia en reposo es

$$P_{DQ} = 2 \times 15 \times 9 = 270\ \text{mW}$$

Para $v_O = 0$, la corriente de base de Q_N es 9/51 $\simeq$ 0.18 mA, dejando una corriente de 3 − 0.18 = 2.82 mA para circular por los diodos. Como los diodos tienen $I_S = \frac{1}{3} \times 10^{-13}$ A, el voltaje V_{BB} será

$$V_{BB} = 2V_T \ln \frac{2.82\ \text{mA}}{I_S} = 1.26\ \text{V}$$

A $v_O = +10$ V, la corriente que pasa por los diodos decrecerá a 1 mA, resultando en $V_{BB} \simeq 1.21$ V. En el otro extremo de $v_O = -10$ V, Q_N estará conduciendo una corriente muy pequeña; entonces, su corriente de base será despreciable de tan pequeña y toda la I_{bias} (3 mA) circula por los diodos, resultando en $V_{BB} \simeq 1.26$ V.

Ejercicios

9.7 Para el circuito del ejemplo 9.2, encuentre i_N e i_P para $v_O = +10$ V y $v_O = -10$ V.

Resp. 100.1 mA, 0.1 mA; 0.8 mA, 100.8 mA

9.8 Si la corriente de colector de un transistor se mantiene constante, su υ_{BE} decrece en 2 mV por cada °C de calentamiento. Alternativamente, si υ_{BE} se mantiene constante, entonces i_C aumenta en alrededor de $g_m \times 2$ mV por cada °C de calentamiento. Para un dispositivo que opera a $I_C = 10$ mA, encuentre el cambio en corriente de colector que resulte de un aumento en temperatura de 5°C.

Resp. 4 mA

Polarización usando el multiplicador de V_{BE}

En la figura 9.15 se ilustra un circuito de polarización alternativo que proporciona una flexibilidad considerablemente mayor al diseñador, tanto en diseños discretos como integrados. Este circuito de polarización está formado por el transistor Q_1 con un resistor R_1 conectado entre base y emisor y resistor de retroalimentación R_2 conectado entre colector y base. La red resultante de dos terminales se alimenta con una fuente de corriente constante I_{bias}. Si despreciamos la corriente de base de Q_1, entonces R_1 y R_2 llevarán la misma corriente I_R, dada por

$$I_R = \frac{V_{BE1}}{R_1} \tag{9.32}$$

y el voltaje V_{BB} en los terminales de la red de polarización será

$$V_{BB} = I_R(R_1 + R_2)$$

$$= V_{BE1}\left(1 + \frac{R_2}{R_1}\right) \tag{9.33}$$

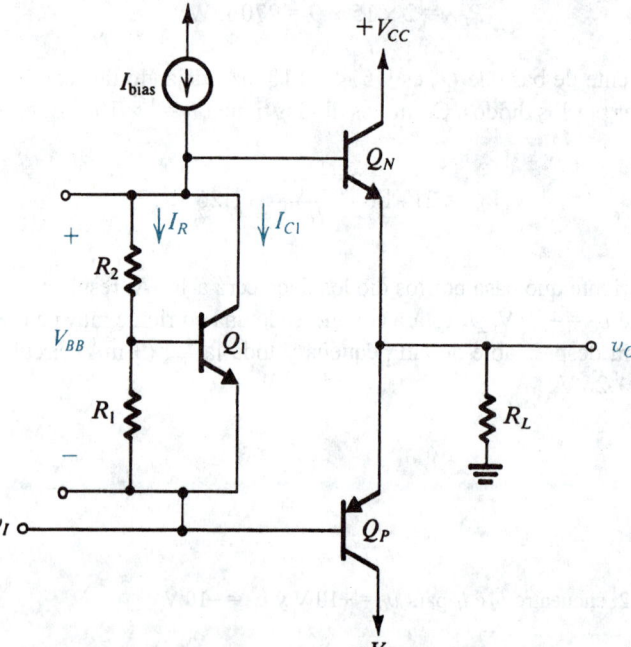

Fig. 9.15 Etapa de salida clase AB que utiliza un multiplicador V_{BE} para polarización.

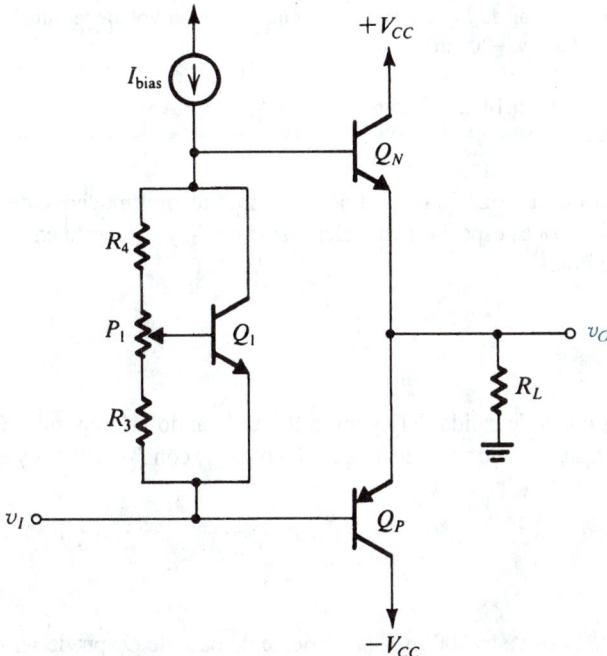

Fig. 9.16 Etapa de salida clase AB de circuito discreto con un potenciómetro utilizado en el multiplicador V_{BE}. El potenciómetro se ajusta para obtener el valor deseado de corriente de reposo en Q_N y Q_P.

Entonces el circuito simplemente multiplica V_{BE1} por un factor $(1 + R_2/R_1)$, y se conoce como "multiplicador de V_{BE}". El factor de multiplicación está obviamente bajo control del diseñador y puede usarse para establecer el valor de V_{BB} requerido para obtener una corriente I_Q de reposo deseada. En un diseño de circuito integrado, es relativamente fácil controlar de manera precisa la relación de las dos resistencias. En el diseño de circuitos integrados, se puede usar un potenciómetro, como se muestra en la figura 9.16, que se ajusta a mano para producir el valor deseado de I_Q.

El valor de V_{BE1} de la ecuación (9.33) está determinado por la porción de I_{bias} que circula por el colector de Q_1, es decir

$$I_{C1} = I_{bias} - I_R \tag{9.34}$$

$$V_{BE1} = V_T \ln\left(\frac{I_{C1}}{I_{S1}}\right) \tag{9.35}$$

donde hemos despreciado la corriente de base de Q_N, que es normalmente pequeña en condiciones de reposo y cuando el voltaje de salida oscila negativo, pero, para v_O positivo, en especial cerca de su valor pico y en este valor pico, la corriente de base de Q_N se puede hacer considerable y reduce la corriente disponible para el multiplicador de V_{BE}. No obstante, como grandes cambios en I_{C1} corresponden a sólo pequeños cambios en V_{BE1}, el decremento en corriente será absorbido en su mayor parte por Q_1, dejando I_R, y por lo tanto V_{BB}, casi constantes.

Ejercicio

9.9 Considere un multiplicador V_{BE} con $R_1 = R_2 = 1.2$ kΩ, utilizando un transistor que tiene $V_{BE} = 0.6$ V a $I_C = 1$ mA y una β muy alta. (a) Encuentre el valor de la corriente I que debe ser alimentada al multiplicador para obtener un voltaje terminal de 1.2 V. (b) Encuentre el valor de I que resultará en que cambie el voltaje terminal (de 1.2 V) en +50 mV, +100 mV, +200 mV, −50 mV, −100 mV, −200 mV.

Resp. (a) 1.5 mA;   (b) 3.24 mA, 7.93 mA, 55.18 mA, 0.85 mA, 0.59 mA, 0.43 mA

Al igual que la red de polarización del diodo, el circuito multiplicador de V_{BE} puede dar estabilidad térmica de I_Q. Esto es especialmente cierto si $R_1 = R_2$, y si Q_1 está en estrecho contacto con los transistores de salida.

EJEMPLO 9.3

Se requiere rediseñar la etapa de salida del ejemplo 9.2 utilizando un multiplicador de V_{BE} para polarización. Utilice un transistor de geometría pequeña para Q_1 con $I_S = 10^{-14}$ A y diseñe para una corriente de reposo $I_Q = 2$ mA.

SOLUCIÓN

Como la corriente de pico positiva es 100 mA, la corriente de base de Q_N puede ser de hasta 2 mA. Por lo tanto, seleccionamos $I_{\text{bias}} = 3$ mA dando así al multiplicador una corriente mínima de 1 mA.

En condiciones de reposo ($v_O = 0$ e $i_L = 0$) la corriente de base de Q_N se puede despreciar y toda la I_{bias} circula por el multiplicador. Ahora debemos determinar la forma en que esta corriente (3 mA) debe dividirse entre I_{C1} e I_R. Si seleccionamos I_R mayor de 1 mA, el transistor estará casi en corte al pico positivo de v_O. Por lo tanto, seleccionamos $I_R = 0.5$ mA, dejando 2.5 mA para I_{C1}.

Para obtener una corriente de reposo de 2 mA en los transistores de salida, V_{BB} debe ser

$$V_{BB} = 2V_T \ln \frac{2 \times 10^{-3}}{10^{-13}} = 1.19 \text{ V}$$

Ahora podemos determinar $R_1 + R_2$ como sigue:

$$R_1 + R_2 = \frac{V_{BB}}{I_R} = \frac{1.19}{0.5} = 2.38 \text{ k}\Omega$$

A una corriente de colector de 2.5 mA, Q_1 tiene

$$V_{BE1} = V_T \ln \frac{2.5 \times 10^{-3}}{10^{-14}} = 0.66 \text{ V}$$

El valor de R_1 puede ahora ser determinado como

$$R_1 = \frac{0.66}{0.5} = 1.32 \text{ k}\Omega$$

y R_2 como

$$R_2 = 2.38 - 1.32 = 1.06 \text{ k}\Omega$$

9.6   LOS BJT DE POTENCIA

Los transistores que se requiere que conduzcan corrientes del orden de amperes y resistan disipación de potencia de varios watts o decenas de watts difieren en su estructura física, paquete y especificación con respecto a los transistores a pequeña señal considerados en los capítulos anteriores. En esta sección consideramos algunas de las importantes propiedades de los transistores de potencia, en especial los aspectos relativos al diseño de circuitos del tipo analizado en las secciones previas. Hay, por supuesto, otras importantes aplicaciones de transistores de potencia, como son su uso como elementos de conmutación en inversores de potencia y circuitos para control de motores. Estas aplicaciones no se estudian en este libro.

Temperatura de unión

Los transistores de potencia disipan grandes cantidades de potencia en sus uniones entre colector y base. La potencia disipada se convierte en calor, que eleva la temperatura de la unión. Sin embargo, no debe permitirse que esta temperatura, T_J, rebase un máximo especificado, $T_{Jmáx}$, ya que de otra manera el transistor podría sufrir daño permanente. Para dispositivos de silicio, $T_{Jmáx}$ está en el orden de 150°C a 200°C.

Resistencia térmica

Considere primero el caso de un transistor que opera al aire libre, es decir, sin dispositivos especiales para enfriamiento. El calor disipado en la unión del transistor será retirado de la unión hacia la caja del transistor, y de ésta hacia el medio ambiente. En un estado estable en que el transistor disipa P_D watts, el calentamiento de la unión con respecto al medio ambiente se puede expresar como

$$T_J - T_A = \theta_{JA}P_D \tag{9.36}$$

donde θ_{JA} es la **resistencia térmica** entre la unión y el ambiente, con unidades de °C por watt. Nótese que θ_{JA} simplemente da el calentamiento en la unión que sobrepase la temperatura ambiente por cada watt disipado de potencia. Como deseamos tener capacidad para disipar grandes cantidades de potencia sin elevar la temperatura de la unión arriba de $T_{Jmáx}$, es aconsejable tener un valor de resistencia térmica θ_{JA} tan pequeño como sea posible. Para operación al aire libre, θ_{JA} depende básicamente del tipo de caja en que el transistor está envasado. El valor de θ_{JA} suele estar especificado en la hoja de datos del transistor.

La ecuación (9.36), que describe el proceso de conducción térmica, es análoga a la ley de Ohm, que describe el proceso de conducción eléctrica. En esta analogía, la disipación de potencia corresponde a la corriente, la diferencia de temperatura corresponde a la diferencia de voltaje, y la resistencia térmica corresponde a la resistencia eléctrica. Así, podemos representar el proceso de conducción térmica por el circuito eléctrico que se muestra en la figura 9.17.

Disipación de potencia contra temperatura

El fabricante de un transistor suele especificar $T_{Jmáx}$, la máxima disipación de potencia a una temperatura ambiente en particular T_{A0} (que por lo general es de 25°C), y la resistencia térmica θ_{JA}.

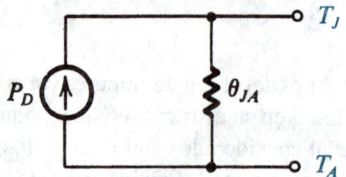

Fig. 9.17 Circuito eléctrico equivalente del proceso de conducción térmica; $T_J - T_A = P_D \theta_{JA}$.

Además, es común que se ilustre una gráfica como la de la figura 9.18, que simplemente expresa que para operación a temperaturas ambiente debajo de T_{A0}, el dispositivo puede disipar sin riesgo el valor nominal de P_{D0} watts. Si embargo, si el dispositivo debe operar a temperaturas ambiente más altas, la máxima disipación de potencia permisible debe ser **reducida** de acuerdo con la recta que se muestra en la figura 9.18. La curva de reducción de potencia es una representación gráfica de la ecuación (9.36). Específicamente, nótese que si la temperatura ambiente es de T_{A0} y la disipación de potencia está al máximo permitido (P_{D0}), entonces la temperatura de la unión será $T_{J\text{máx}}$. Sustituyendo estas cantidades en la ecuación (9.36) resulta

$$\theta_{JA} = \frac{T_{J\text{máx}} - T_{A0}}{P_{D0}} \tag{9.37}$$

que es la inversa de la pendiente de la recta de reducción de potencia. A una temperatura ambiente T_A, más alta que T_{A0}, la máxima disipación de potencia permisible $P_{D\text{máx}}$ se puede obtener de la ecuación (9.36) al sustituir $T_J = T_{J\text{máx}}$, y

$$P_{D\text{máx}} = \frac{T_{J\text{máx}} - T_A}{\theta_{JA}} \tag{9.38}$$

Observe que a medida que T_A se aproxima a $T_{J\text{máx}}$, decrece la disipación permisible de potencia; el gradiente térmico más bajo limita la cantidad de calor que se puede eliminar de la unión. En el extremo caso de $T_A = T_{J\text{máx}}$, no se puede disipar potencia porque no se puede eliminar calor de la unión.

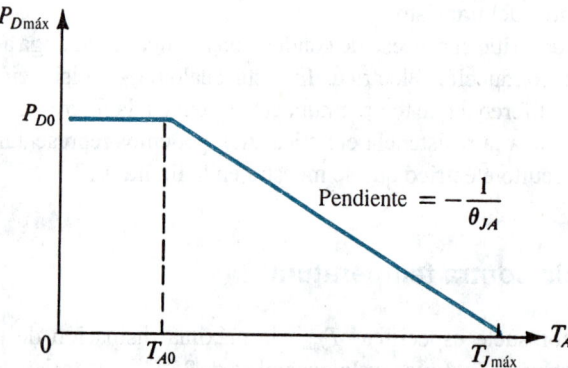

Fig. 9.18 Máxima disipación permisible de potencia contra temperatura ambiente para un BJT operado en aire libre. Esto se conoce como curva de "reducción de potencia".

EJEMPLO 9.4

Un BJT está especificado para tener una disipación máxima de potencia P_{D0} de 2 watts a una temperatura ambiente T_{A0} de 25°C, y una temperatura máxima de unión $T_{J\text{máx}}$ de 150°C. Encuentre lo siguiente:

(a) La resistencia térmica θ_{JA}.

(b) La potencia máxima que se pueda disipar sin riesgo a una temperatura ambiente de 50°C.

(c) La temperatura de unión si el dispositivo está operando a $T_A = 25$°C y está disipando 1 W.

SOLUCIÓN

(a) $\theta_{JA} = \dfrac{T_{J\text{máx}} - T_{A0}}{P_{D0}} = \dfrac{150 - 25}{2} = 62.5°\text{C/W}$

(b) $P_{D\text{máx}} = \dfrac{T_{J\text{máx}} - T_A}{\theta_{JA}} = \dfrac{150 - 50}{62.5} = 1.6 \text{ W}$

(c) $T_J = T_A + \theta_{JA}P_D = 25 + 62.5 \times 1 = 87.5°\text{C}$

Caja de transistor y disipador de calor

La resistencia térmica entre unión y el ambiente, θ_{JA}, se puede expresar como

$$\theta_{JA} = \theta_{JC} + \theta_{CA} \qquad (9.39)$$

donde θ_{JC} es la resistencia térmica entre la unión y la caja del transistor (paquete) y θ_{CA} es la resistencia térmica entre la caja y el ambiente. Para un transistor dado, θ_{JC} está fijada por el diseño y paquete del dispositivo. El fabricante del dispositivo puede reducir θ_{JC} al encapsular el dispositivo en una caja metálica relativamente grande y poner el colector (en donde se disipa la mayor parte del calor) en contacto directo con la caja. La mayor parte de los transistores de alta potencia están encapsulados de esta forma. En la figura 9.19 se ilustra un paquete típico.

Aun cuando el diseñador del circuito no tiene control sobre θ_{JC} (una vez que un transistor en particular se selecciona), puede reducir considerablemente θ_{CA} debajo de su valor al aire libre

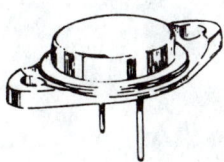

Fig. 9.19 El conocido paquete TO3 para transistores de potencia. La caja es metálica con un diámetro aproximado de 2.2 cm; la dimensión exterior del "plano de asiento" es de unos 4 cm. Este plano de asiento tiene dos agujeros para tornillos a fin de sujetarlo a un disipador de calor. El colector está eléctricamente conectado a la caja.

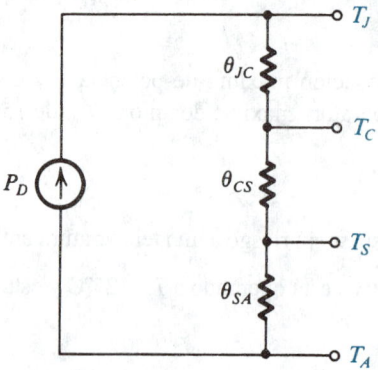

Fig. 9.20 Analogía eléctrica del proceso de conducción térmica cuando se utiliza un disipador de calor.

(especificado por el fabricante como parte de θ_{JA}). La reducción de θ_{CA} se puede efectuar si se cuenta con medios para facilitar la transferencia térmica de la caja al ambiente. Un método preferido es atornillar el transistor al chasis o a una superficie metálica extendida; esta superficie metálica funciona entonces como **disipador de calor.** El calor es fácilmente conducido de la caja del transistor al disipador, es decir, la resistencia térmica θ_{CS} es muy pequeña. Del mismo modo, el calor se transfiere de manera eficiente (por convección y radiación) del disipador de calor al ambiente, resultando una baja resistencia térmica θ_{SA}. Por lo tanto, si se utiliza un disipador de calor, la resistencia térmica de la caja al ambiente dada por

$$\theta_{CA} = \theta_{CS} + \theta_{SA} \tag{9.40}$$

puede ser pequeña porque sus dos componentes se pueden hacer pequeños mediante la selección de un apropiado disipador de calor.[2] Por ejemplo, en aplicaciones de muy alta potencia, el disipador de calor suele estar equipado con aletas para facilitar aún más el enfriamiento por radiación.

En la figura 9.20 se ilustra la analogía eléctrica del proceso de conducción térmica cuando se utiliza un disipador de calor, de la cual se puede escribir

$$T_J - T_A = P_D(\theta_{JC} + \theta_{CS} + \theta_{SA}) \tag{9.41}$$

Además de especificar θ_{JC}, el fabricante del dispositivo proporciona generalmente una curva de reducción para $P_{Dmáx}$ contra la temperatura de la caja, T_C; esta curva se muestra en la figura 9.21. Nótese que la pendiente de la recta de reducción de potencia es $-1/\theta_{JC}$. Para un transistor dado, la máxima disipación de potencia a una *temperatura de caja* T_{C0} (por lo general de 25°C) es mucho mayor que a una *temperatura ambiente* T_{A0} (por lo general de 25°C). Si el dispositivo se puede mantener a una temperatura de caja T_C, $T_{C0} \leq T_C \leq T_{Jmáx}$, entonces la máxima disipación de potencia sin riesgo se obtiene cuando $T_J = T_{Jmáx}$,

$$P_{Dmáx} = \frac{T_{Jmáx} - T_C}{\theta_{JC}} \tag{9.42}$$

---

[2] Como observamos antes, la caja metálica de un transistor de potencia está conectada eléctricamente al colector. Un material eléctricamente aislante, como es la mica, suele ponerse entre la caja metálica y el disipador de calor metálico. También se usan casquillos aislantes para atornillar el transistor al disipador de calor.

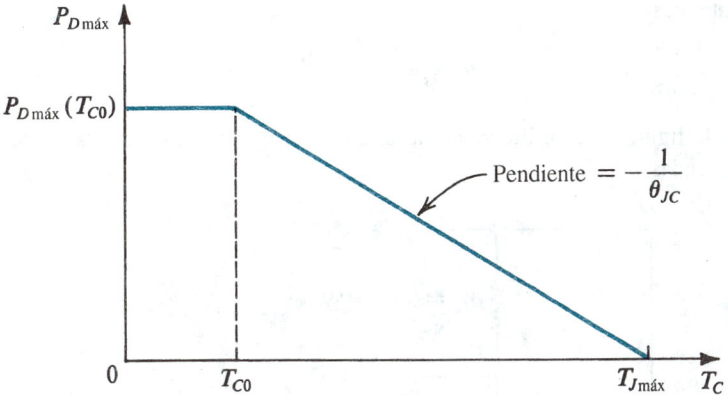

Fig. 9.21 Máxima disipación permisible de potencia contra temperatura de la caja de un transistor.

EJEMPLO 9.5

Un BJT está especificado para tener $T_{Jmáx} = 150°C$ y para ser capaz de disipar máxima potencia como sigue:

$$40 \text{ W a } T_C = 25°C$$

$$2 \text{ W a } T_A = 25°C$$

Arriba de 25°C, la máxima disipación de potencia debe reducirse linealmente con $\theta_{JC} = 3.12°C/W$ y $\theta_{JA} = 62.5°C/W$. Encuentre lo siguiente:

(a) La máxima potencia que este transistor puede disipar sin riesgo cuando opere en aire libre a $T_A = 50°C$.

(b) La máxima potencia que este transistor puede disipar sin riesgo cuando opere a una temperatura ambiente de 50°C, pero con un disipador de calor para el cual $\theta_{CS} = 0.5°C/W$ y $\theta_{SA} = 4°C/W$. En este caso encuentre la temperatura de la caja y del disipador de calor.

(c) La máxima potencia que puede ser disipada sin riesgo si se utiliza un *disipador infinito de calor* y $T_A = 50°C$.

SOLUCIÓN

(a) $P_{Dmáx} = \dfrac{T_{Jmáx} - T_A}{\theta_{JA}} = \dfrac{150 - 50}{62.5} = 1.6 \text{ W}$

(b) Con un disipador de calor, θ_{JA} se convierte en

$$\theta_{JA} = \theta_{JC} + \theta_{CS} + \theta_{SA}$$

$$= 3.12 + 0.5 + 4 = 7.62°C/W$$

Entonces

$$P_{D\text{máx}} = \frac{150 - 50}{7.62} = 13.1 \text{ W}$$

En la figura 9.22 se ilustra el circuito equivalente térmico con las diversas temperaturas indicadas

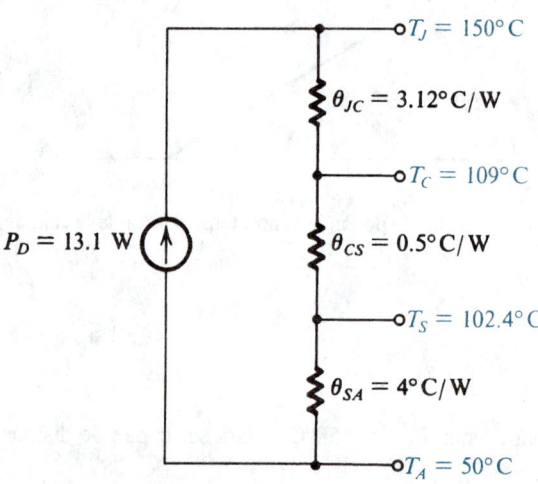

$T_J = 150°\text{C}$

$\theta_{JC} = 3.12°\text{C/W}$

$T_C = 109°\text{C}$

$P_D = 13.1 \text{ W}$

$\theta_{CS} = 0.5°\text{C/W}$

$T_S = 102.4°\text{C}$

$\theta_{SA} = 4°\text{C/W}$

$T_A = 50°\text{C}$

Fig. 9.22   Circuito térmico equivalente para el ejemplo 9.5.

(c) Un disipador infinito de calor, si existiera, haría que la temperatura T_C de la caja se igualara a la del ambiente T_A. El disipador infinito de calor tiene $\theta_{CA} = 0$. Obviamente, no podemos adquirir un disipador infinito de calor, pero esta terminología es utilizada por algunos fabricantes para describir la curva de reducción de potencia de la figura 9.21. La abscisa se marca entonces como T_A y la curva se denomina "disipación de potencia contra temperatura ambiente con disipador infinito de calor". Para nuestro ejemplo, con disipador infinito de calor,

$$P_{D\text{máx}} = \frac{T_{J\text{máx}} - T_A}{\theta_{JC}} = \frac{150 - 50}{3.12} = 32 \text{ W}$$

La ventaja de usar un disipador de calor es claramente evidente en nuestro ejemplo anterior: con un disipador de calor, la máxima disipación permisible de potencia aumenta de 1.6 W a 13.1 W. También obsérvese que aun cuando el transistor considerado puede recibir el nombre de "transistor de 40 W", este nivel de disipación de potencia no se puede alcanzar en la práctica; sería necesario un disipador infinito de calor y una temperatura ambiente $T_A \leq 25°\text{C}$.

Ejercicio

9.10 El transistor de potencia 2N6306 está especificado para tener $T_{J\text{máx}} = 200°\text{C}$ y $P_{D\text{máx}} = 125$ W para $T_C \leq 25°\text{C}$. Para $T_C \geq 25°\text{C}$, $\theta_{JC} = 1.4°\text{C/W}$. Si en una aplicación en particular este dispositivo debe disipar 50 W y operar a una temperatura ambiente de 25°C, encuentre la máxima resistencia térmica del disipador de calor que debe usarse (es decir, θ_{SA}). Suponga $\theta_{CS} = 0.6°\text{C/W}$. ¿Cuál es la temperatura de la caja, T_C?

Resp. 1.5°C/W; 130°C

El área de operación sin riesgo de un BJT

Además de especificar la máxima disipación de potencia a diferentes temperaturas de caja, los fabricantes de transistores de potencia suelen indicar una gráfica de la frontera del área de operación sin riesgo (SOA) en el plano i_C–v_{CE}. La especificación de una SOA toma la forma que se ilustra en la figura 9.23. Los números de párrafo que siguen corresponden a las fronteras de la curva.

1. La corriente máxima permisible $I_{Cmáx}$. Si se excede esta corriente de manera continua puede dar como resultado que se fundan los alambres que conectan el dispositivo a los terminales del paquete.

2. La hipérbola de máxima disipación de potencia. Éste es el lugar geométrico de los puntos para los cuales $v_{CE}i_C = P_{Dmáx}$ (a T_{C0}). Para temperaturas $T_C > T_{C0}$, deben usarse las curvas de reducción de corriente descritas antes para obtener la $P_{Dmáx}$ aplicable y por lo tanto una hipérbola correspondientemente más baja. Aun cuando se puede permitir que el punto de operación se mueva de modo temporal arriba de la hipérbola, no debe permitirse que el *promedio* de disipación de potencia exceda de $P_{Dmáx}$.

3. Límite de **segunda ruptura**. La segunda ruptura es un fenómeno que resulta porque la circulación de corriente por la unión entre emisor y base no es uniforme. Más bien, la densidad de corriente es mayor cerca de la periferia de la unión. Esta "aglomeración de corriente" da lugar a mayor disipación de potencia localizada y por lo tanto a calentamiento (en lugares que reciben el nombre de *puntos calientes*). Como el calentamiento produce un aumento de corriente, puede ocurrir un embalamiento térmico que conduzca a la destrucción de la unión.

4. Voltaje de ruptura de colector a emisor, BV_{CEO}. Nunca debe permitirse que el valor instantáneo de v_{CE} exceda de BV_{CEO}; de otra manera, ocurrirá la ruptura de avalancha de la unión entre colector y base (véase la sección 4.15).

Finalmente, debe mencionarse que por lo general se utilizan escalas logarítmicas para i_C y v_{CE}, que llevan a un límite de área de operación sin riesgo (SOA) formado por líneas rectas.

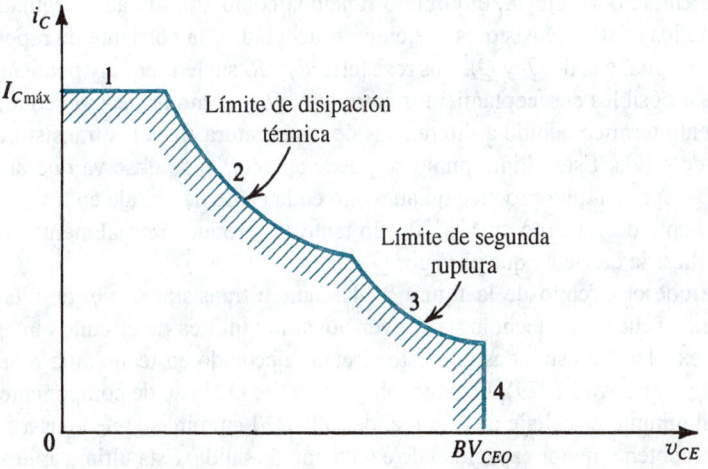

Fig. 9.23 Área de operación sin riesgo (SOA) de un BJT.

Valores de parámetros de transistores de potencia

Debido a su geometría grande y elevadas corrientes de operación, los transistores de potencia muestran valores típicos de parámetros que pueden ser muy distintos de los de los transistores a pequeña señal. Las diferencias importantes son como sigue:

1. A elevadas corrientes, la relación exponencial i_C–υ_{BE} exhibe una constante $n = 2$; esto es, $i_C = I_S e^{\upsilon_{BE}/2V_T}$.

2. β es pequeña, típicamente entre 30 y 80, pero puede ser de sólo 5. Aquí, es importante observar que β tiene un coeficiente de temperatura positivo.

3. A elevadas corrientes, r_π se hace muy pequeña y r_x (unos pocos ohms) se hace importante (r_x está definida y explicada en la sección 4.15).

4. f_T es baja (unos pocos MHz), C_μ es grande (cientos de pF) y C_π es aun mayor. (Estos parámetros están definidos y explicados en la sección 4.15.)

5. I_{CBO} es grande (unas pocas decenas de μA) y, como de costumbre, se duplica por cada 10°C de calentamiento.

6. BV_{CEO} es típicamente de 50 a 100 V, pero puede ser de hasta 500 V.

7. $I_{Cmáx}$ es típicamente del orden de un amper, pero puede ser de hasta 100 A.

9.7   VARIACIONES EN LA CONFIGURACIÓN CLASE AB

En esta sección estudiamos varias mejoras de circuitos y técnicas de protección para la etapa de salida clase AB.

Uso de seguidores de emisor de entrada

En la figura 9.24 se ilustra un circuito clase AB que utiliza transistores Q_1 y Q_2, que también funcionan como seguidores de emisor y proporcionan de este modo al circuito una elevada resistencia de entrada. En efecto, el circuito funciona como amplificador regulador de ganancia unitaria. Como los cuatro transistores suelen estar acoplados, la corriente de reposo ($\upsilon_I = 0$, $R_L = \infty$) en Q_3 y Q_4 es igual a la de Q_1 y Q_2. Los resistores R_3 y R_4 suelen ser muy pequeños y se incluyen para compensar posibles desacoplamientos entre Q_3 y Q_4 y como protección contra la posibilidad de embalamiento térmico debido a diferencias de temperatura entre los transistores de las etapas de entrada y de salida. Este último punto se puede apreciar si se observa que un aumento en la corriente de Q_3, por ejemplo, produce un aumento en la caída de voltaje en los terminales de R_3 y un correspondiente decremento en V_{BE3}. Por lo tanto, R_3 produce retroalimentación negativa que ayuda a estabilizar la corriente que pasa por Q_3.

Debido a que el circuito de la figura 9.24 requiere transistores *pnp* de alta calidad, no es apropiado para ejecución en tecnología convencional monolítica de circuitos integrados, pero se han obtenido excelentes resultados con este circuito ejecutado en tecnología híbrida de película delgada (Wong y Sherwin, 1979). Esta tecnología permite el ajuste de componentes, por ejemplo, para reducir al mínimo el voltaje de desnivel de salida. El circuito se puede usar solo o junto con un op amp para obtener mejor capacidad de excitación de salida. Esta última aplicación se estudia en la siguiente sección.

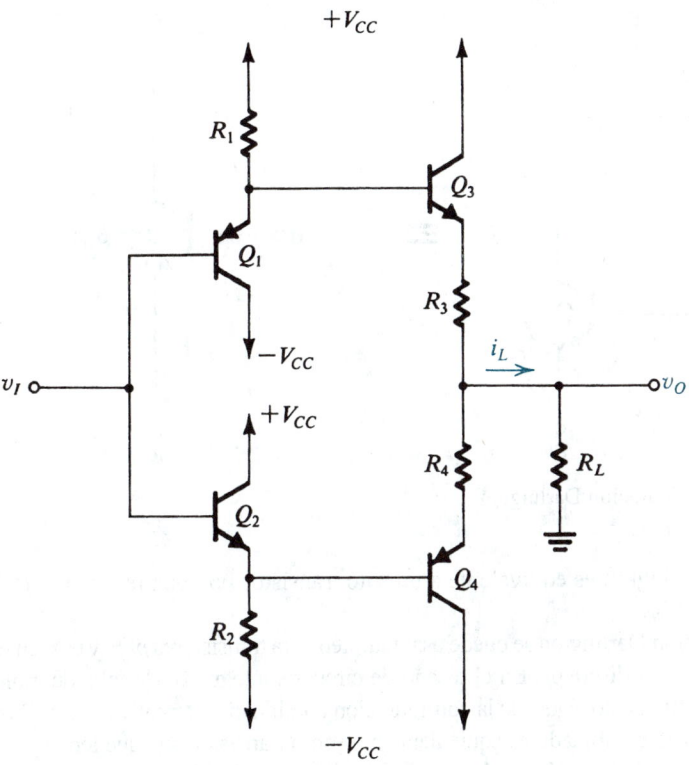

Fig. 9.24 Etapa de salida clase AB con un regulador de entrada. Además de obtener una elevada resistencia de entrada, los transistores reguladores Q_1 y Q_2 también polarizan a los transistores de salida Q_3 y Q_4.

Ejercicio

9.11 (*Nota:* Aun cuando es muy instructivo, este ejercicio es más bien largo.) Considere el circuito de la figura 9.24 con $R_1 = R_2 = 5$ kΩ, $R_3 = R_4 = 0$ Ω y $V_{CC} = 15$ V. Supongamos que los transistores están acoplados con $I_S = 3.3 \times 10^{-14}$ A, $n = 1$ y $\beta = 200$. (Éstos son valores empleados en el LH002 fabricado por National Semiconductor, excepto que $R_3 = R_4 = 2$ Ω ahí.) (a) Para $v_I = 0$ y $R_L = \infty$ encuentre la corriente de reposo en cada uno de los cuatro transistores y v_O. (b) Para $R_L = \infty$, encuentre i_{C1}, i_{C2}, i_{C3}, i_{C4} y v_O para $v_I = +10$ V y -10 V. (c) Repita (b) para $R_L = 100$ Ω.

Resp. (a) 2.87 mA; 0 V; (b) para $v_I = +10$ V: 0.88 mA, 4.87 mA, 1.95 mA, 1.95 mA, +9.98 V; para $v_I = -10$ V: 4.87 mA, 0.88 mA, 1.95 mA, 1.95 mA, −9.98 V; (c) para $v_I = +10$ V: 0.38 mA, 4.87 mA, 100 mA, 0.02 mA, +9.86 V; para $v_I = -10$ V: 4.87 mA, 0.38 mA, 0.02 mA, 100 mA, −9.86 V

Uso de dispositivos combinados

Para aumentar la ganancia de corriente de los transistores de una etapa de salida, y por tanto para reducir la requerida excitación de corriente de base, la configuración Darlington que se ilustra en la figura 9.25 se utiliza con frecuencia para sustituir al transistor *npn* de la etapa clase AB. La

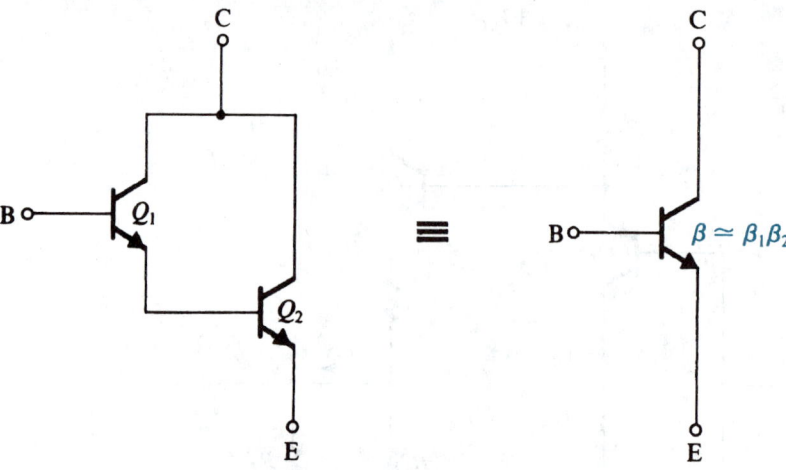

Fig. 9.25 La configuración Darlington.

configuración Darlington es equivalente a un solo transistor *npn* que tenga $\beta \simeq \beta_1\beta_2$, pero casi el doble de valor de V_{BE}.

La configuración Darlington se puede usar también para transistores *pnp*, y esto en realidad se hace en diseños de circuitos discretos. En el diseño de circuitos integrados, la falta de transistores *pnp* de buena calidad ha impulsado el uso de la configuración combinada alternativa que se ilustra en la figura 9.26. Este dispositivo combinado es equivalente a un solo transistor *pnp* que tenga $\beta \simeq \beta_1\beta_2$. Cuando se fabrica con la tecnología estándar de circuitos integrados (IC), Q_1 suele ser un *pnp* lateral con una baja β ($\beta = 5 - 10$) y deficiente respuesta a alta frecuencia ($f_T \simeq 5$ MHz); véase el apéndice A. El dispositivo combinado, aun cuando tiene una β equivalente relativamente alta, aún es afectado por una deficiente respuesta a alta frecuencia y también de otro problema: el circuito de retroalimentación formado por Q_1 y Q_2 es propenso a oscilaciones a alta frecuencia (con frecuencias cercanas a f_T del dispositivo *pnp*, esto es, alrededor de 5 MHz); existen métodos para evitar estas oscilaciones. El tema de la estabilidad de un amplificador de retroalimentación se estudia en el capítulo 8.

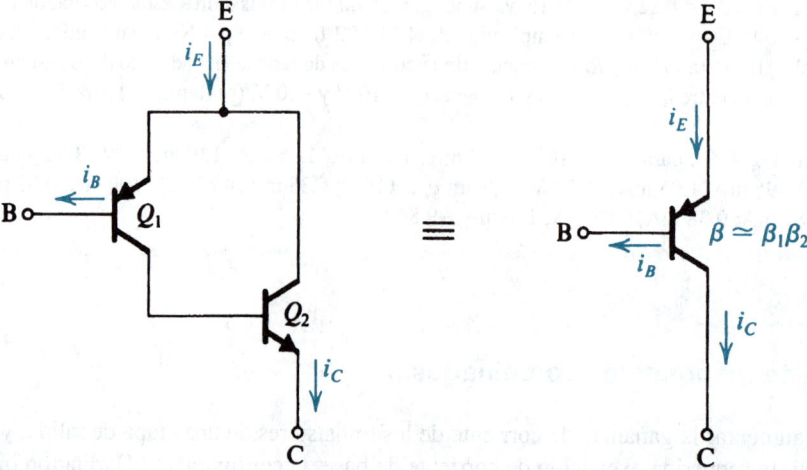

Fig. 9.26 La configuración *pnp* combinada.

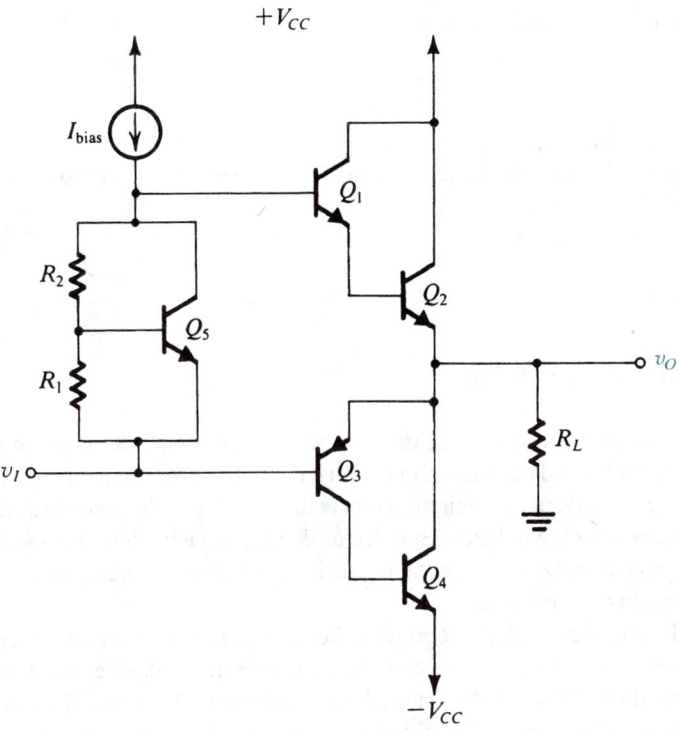

Fig. 9.27 Una etapa de salida clase AB que utiliza un *npn* Darlington y un *pnp* combinado. La polarización se obtiene usando un multiplicador V_{BE}.

Para ilustrar la aplicación de la configuración Darlington y el *pnp* combinado, en la figura 9.27 se ilustra una etapa de salida que utiliza ambos. La polarización de clase AB se logra usando un multiplicador de V_{BE}. Nótese que el transistor *npn* Darlington agrega una caída de V_{BE} más, y entonces el multiplicador V_{BE} se requiere para obtener un voltaje de polarización de unos 2 V. El diseño de esta etapa clase AB se investiga en el problema 9.39.

Ejercicio

9.12 (a) Consulte la figura 9.26. Demuestre que, para el transistor *pnp* combinado,

$$i_B \simeq \frac{i_C}{\beta_N \beta_P}$$

y entonces

$$i_E \simeq i_C$$

De aquí demuestre que

$$i_C \simeq \beta_N I_{SP} e^{v_{BE}/V_T}$$

y entonces el transistor tiene una corriente de escala eficaz de

$$I_S = \beta_N I_{SP}$$

donde I_{SP} es la corriente de saturación del transistor *pnp* Q_1.

(b) Para $\beta_P = 20$, $\beta_N = 50$, $I_{SP} = 10^{-14}$ A, encuentre la ganancia eficaz de corriente del dispositivo combinado y su v_{EB} cuando $i_C = 100$ mA. Sea $n = 1$.

Resp. (b) 1000; 0.651 V

Protección contra cortocircuito

En la figura 9.28 se ilustra una etapa de salida clase AB equipada con protección contra el efecto de poner en cortocircuito la salida cuando la etapa está alimentando corriente. La elevada corriente que circula por Q_1 en el caso de un cortocircuito creará una caída de voltaje en los terminales de R_{E1} de suficiente valor para que Q_5 conduzca. El colector de Q_5 conducirá entonces la mayor parte de la corriente I_{bias}, despojando a Q_1 de su excitación de base. La corriente que pasa por Q_1 se reduce entonces a un nivel seguro de operación.

Este método de protección contra cortocircuito es eficaz para asegurar la seguridad del dispositivo, pero tiene la desventaja de que en condiciones normales de operación puede aparecer una caída de alrededor de 0.5 V en los terminales de cada resistor R_E. Esto significa que la oscilación de voltaje a la salida se reducirá en esa cantidad, en cada dirección. Por otra parte, la inclusión de resistores de emisor produce un beneficio adicional de protección de los transistores de salida contra embalamiento térmico.

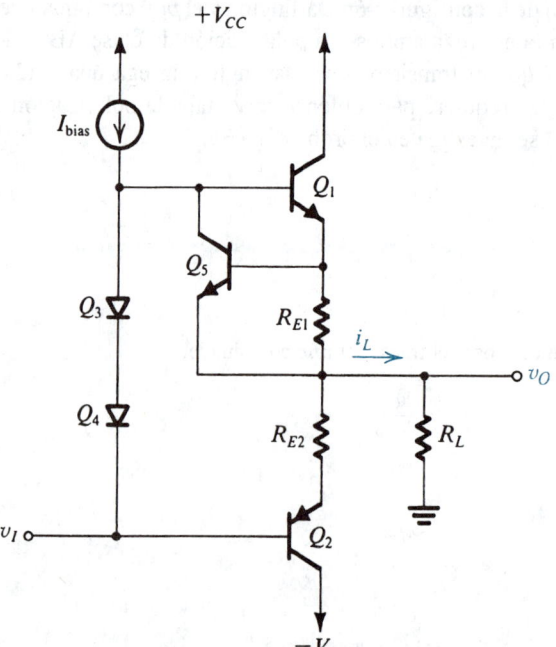

Fig. 9.28 Etapa de salida clase AB con protección contra cortocircuito. El circuito de protección que se ilustra opera en el caso de un cortocircuito a la salida cuando v_O es positivo.

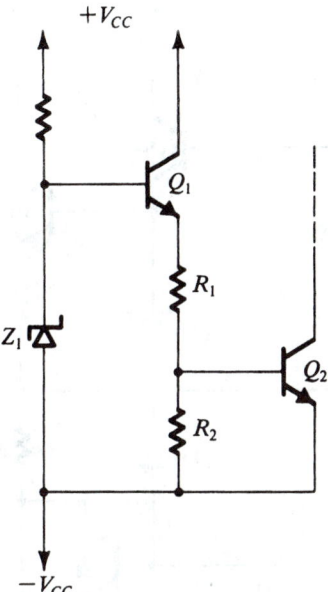

Fig. 9.29 Circuito de corte térmico.

Ejercicio

D9.13 En el circuito de la figura 9.28, sea $I_{bias} = 2$ mA. Encuentre el valor de R_{E1} que haga que Q_5 conduzca y absorba la corriente de 2 mA cuando la corriente de salida que se alimenta llega a 150 mA. Para Q_5, $I_S = 10^{-14}$ A y $n = 1$. Si la corriente de salida de pico normal es de 100 mA, encuentre la caída de voltaje en R_{E1} y la corriente de colector de Q_5.

Resp. 4.3 Ω; 430 mV; 0.3 µA

Corte térmico

Además de la protección contra cortocircuitos, la mayor parte de los amplificadores de potencia de IC suele estar equipada con un circuito que capta la temperatura del chip y hace que el transistor conduzca en caso de que la temperatura exceda de un valor preestablecido seguro. El transistor activado se conecta en forma tal que absorbe la corriente de polarización del amplificador, cortando así prácticamente su operación.

En la figura 9.29 se ilustra un circuito de corte térmico. Aquí, el transistor Q_2 está normalmente en corte. A medida que se eleva la temperatura del chip, la combinación del coeficiente positivo de temperatura del diodo Zener Z_1 y el coeficiente negativo de temperatura de V_{BE1} hace que se eleve el voltaje en el emisor de Q_1. Esto, a su vez, eleva el voltaje en la base de Q_2 al punto en el que Q_2 conduce.

9.8 AMPLIFICADORES DE POTENCIA DE CIRCUITO INTEGRADO (IC)

Existe una amplia variedad de amplificadores de potencia de circuito integrado. La mayor parte está equipada con un amplificador a pequeña señal y alta ganancia seguido por una etapa de salida clase AB.

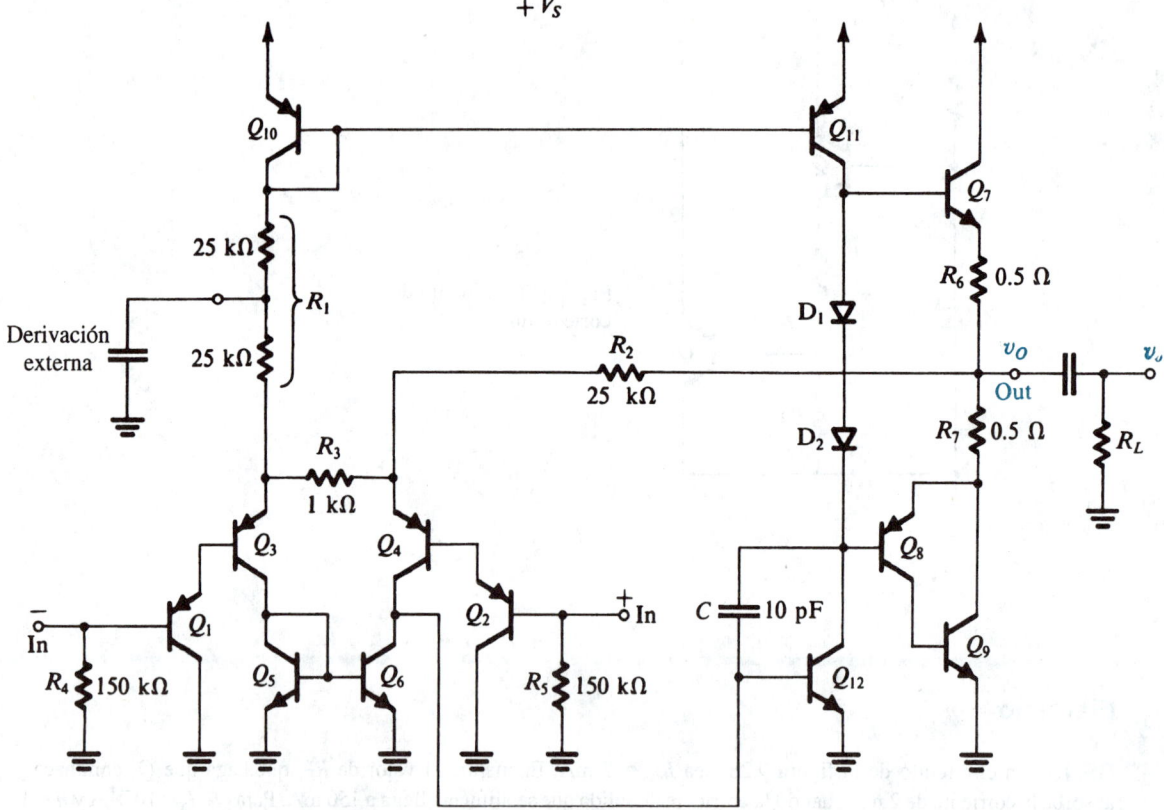

Fig. 9.30 Circuito interno simplificado del amplificador de potencia LM380 de circuito integrado. (Cortesía de National Semiconductor Corporation.)

Algunos tienen retroalimentación negativa general ya aplicada, causan una ganancia de voltaje fija de circuito cerrado. Otros no tienen retroalimentación en el chip y son, en efecto, op amps con gran capacidad de potencia de salida. De hecho, la capacidad de excitación de corriente de salida de cualquier op amp de uso general se puede aumentar si se conecta en cascada con una etapa de salida clase B o clase AB y se aplica retroalimentación negativa general. La etapa de salida adicional puede ser un circuito discreto o un IC híbrido como el regulador estudiado en la sección inmediata anterior. En lo que sigue analizaremos algunos ejemplos de amplificadores de potencia.

Amplificador de potencia de IC de ganancia fija

Nuestro primer ejemplo es el LM380 (producto de la National Semiconductor Corporation) es un amplificador de potencia monolítico de ganancia fija. En la figura 9.30 se ilustra una versión simplificada del circuito interno del amplificador[3]. El circuito está formado por un amplificador diferencial de entrada que utiliza Q_1 y Q_2 como seguidores de emisor para regular la entrada, y Q_3 y Q_4 como par diferencial con un resistor de emisor R_3. Los dos resistores R_4 y R_5 producen

---

[3] El principal objetivo de mostrar este circuito es apuntar algunas características interesantes de diseño. El circuito *no es* un diagrama esquemático detallado de lo que en realidad está en el chip.

trayectorias de cd a tierra para las corrientes de base de Q_1 y Q_2, haciendo posible que la fuente de señal de entrada se acople capacitivamente a cualquiera de los dos terminales de entrada.

Los transistores Q_3 y Q_4 del amplificador diferencial están polarizados por dos corrientes directas separadas: Q_3 está polarizado por una corriente de la fuente V_S de cd a través del transistor Q_{10} conectado como diodo, y el resistor R_1; Q_4 está polarizado por una corriente de cd del terminal de salida a través de R_2. En condiciones de reposo (es decir, sin aplicar señal de entrada) las dos corrientes de polarización serán iguales y la corriente que pasa por R_3, así como el voltaje por este mismo resistor, serán cero. Para la corriente de emisor de Q_3 podemos escribir

$$I_3 \simeq \frac{V_S - V_{EB10} - V_{EB3} - V_{EB1}}{R_1}$$

donde hemos despreciado la pequeña caída de voltaje de cd en R_4. Si se supone, para mayor sencillez, que todos los V_{EB} son iguales,

$$I_3 \simeq \frac{V_S - 3V_{EB}}{R_1} \tag{9.43}$$

Para la corriente de emisor de Q_4 tenemos

$$I_4 = \frac{V_O - V_{EB4} - V_{EB2}}{R_2}$$
$$\simeq \frac{V_O - 2V_{EB}}{R_2} \tag{9.44}$$

donde V_O es el voltaje de cd en la salida y donde hemos despreciado la pequeña caída en R_5. Al igualar I_3 e I_4 y usar el hecho de que $R_1 = 2R_2$, resulta

$$V_O = \tfrac{1}{2} V_S + \tfrac{1}{2} V_{EB} \tag{9.45}$$

Entonces, la salida está polarizada a aproximadamente la mitad del voltaje de la fuente de alimentación, como se desea para máxima oscilación de voltaje de salida. Una característica importante es la retroalimentación de cd de la salida al emisor de Q_4, por R_2. Esta retroalimentación de cd actúa para estabilizar el voltaje de polarización de cd de salida al valor dado en la ecuación (9.45). Cualitativamente, la retroalimentación de cd funciona como sigue: si por alguna razón aumenta V_O, circulará un correspondiente incremento de corriente por R_2 que entra en el emisor de Q_4. Así, la corriente de colector de Q_4 aumenta, resultando en un incremento positivo del voltaje en la base de Q_{12}. Esto, a su vez, hace que la corriente de colector de Q_{12} aumente, bajando así el voltaje en la base de Q_7 y por tanto V_O.

Continuando con la descripción del circuito de la figura 9.30, observamos que el amplificador diferencial (Q_3, Q_4) tiene una carga de espejo de corriente compuesta de Q_5 y Q_6 (en la sección 6.5 vea un análisis de cargas activas). La señal asimétrica de voltaje de salida de la primera etapa aparece en el colector de Q_6 y así es aplicada a la base del amplificador Q_{12} de emisor común de la segunda etapa. El transistor Q_{12} está polarizado por la fuente Q_{11} de corriente constante, que también actúa como su carga activa. En operación real, sin embargo, la carga de Q_{12} será dominada por la resistencia reflejada debido a R_L. El condensador C produce compensación de frecuencia (vea el capítulo 8).

La etapa de salida es clase AB, que utiliza un transistor *pnp* combinado (Q_8 y Q_9). Se aplica retroalimentación negativa de la salida al emisor de Q_4 a través del resistor R_2. Para hallar la ganancia de circuito cerrado considere el circuito equivalente de pequeña señal que se ilustra en la figura 9.31.

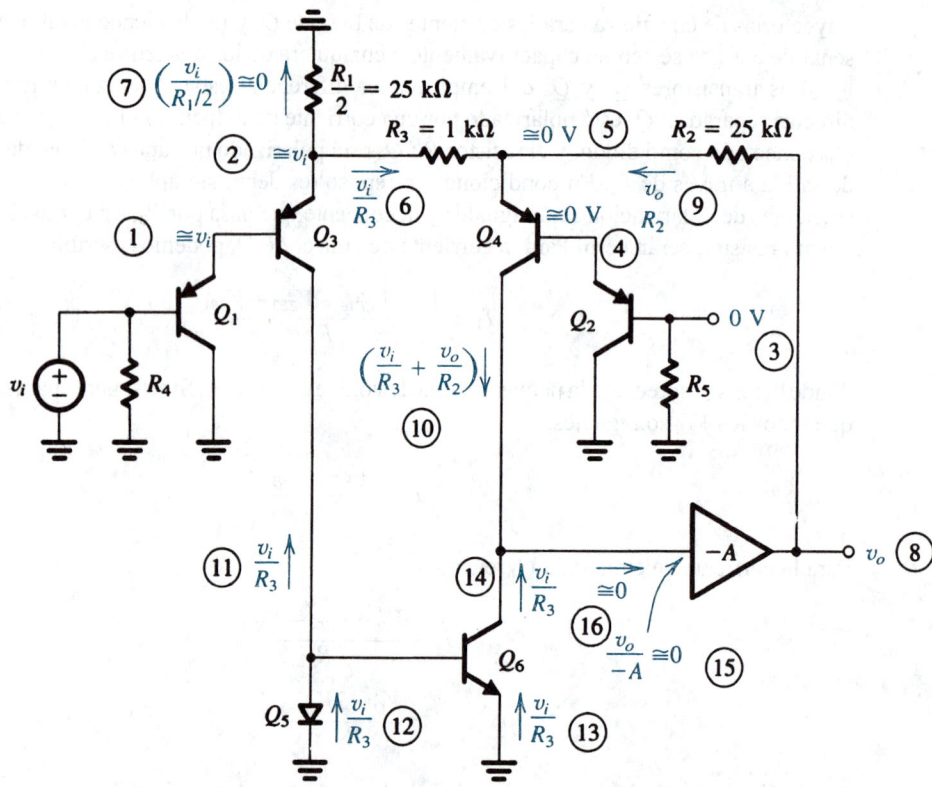

Fig. 9.31   Análisis a pequeña señal del circuito de la figura 9.30. Los números circulados indican el orden de los pasos del análisis.

Hemos sustituido el amplificador de emisor común de segunda etapa y la etapa de salida con un bloque amplificador inversor con ganancia A. Supondremos que el amplificador A tiene alta ganancia y alta resistencia de entrada, y por lo tanto la corriente de señal de entrada en A es tan pequeña que es despreciable. Bajo esta suposición, en la figura 9.31 se ilustran los detalles de análisis con una señal de entrada v_i aplicada al terminal de entrada inversora. El orden de los pasos del análisis está indicado por los números circulados. Nótese que como el amplificador diferencial de entrada tiene una resistencia relativamente grande, R_3, en el circuito del emisor, la mayor parte del voltaje de entrada aplicado aparece en los terminales de R_3. En otras palabras, los voltajes de señal en las uniones entre emisor y base de Q_1, Q_2, Q_3 y Q_4 son pequeños en comparación con el voltaje que aparece en los terminales de R_3. La ganancia de voltaje se puede hallar si se escribe una ecuación de nodo en el colector de Q_6:

$$\frac{v_i}{R_3} + \frac{v_o}{R_2} + \frac{v_i}{R_3} = 0$$

que produce

$$\frac{v_o}{v_i} = -\frac{2R_2}{R_3} \simeq -50 \text{ V/V}$$

Ejercicio

9.14 Si por R se denota la resistencia total entre el colector de Q_6 y tierra, demuestre, usando la figura 9.31, que

$$\frac{v_o}{v_i} = \frac{-2R_2/R_3}{1 + (R_2/AR)}$$

que se reduce a $(-2R_2/R_3)$ bajo la condición de que $AR \gg R_2$.

Como se demostró en el capítulo 8, una de las desventajas de la retroalimentación negativa es la reducción de distorsión no lineal. Éste es el caso en el circuito del LM380.

El LM380 está diseñado para operar desde una sola fuente V_S del orden entre 12 y 22 V. La selección del voltaje de alimentación depende del valor de R_L y la potencia de salida requerida P_L. El fabricante suministra curvas para la disipación de potencia del dispositivo contra potencia de salida para una resistencia de carga dada y diferentes voltajes de alimentación. Uno de estos conjuntos de curvas para $R_L = 8 \; \Omega$ se muestra en la figura 9.32. Nótese la similitud respecto de la curva de disipación de potencia clase B de la figura 9.8. De hecho, el lector puede fácilmente verificar que la ubicación y valor de los picos de las curvas de la figura 9.32 se pronostican en forma muy precisa por las ecuaciones (9.20) y (9.21), respectivamente (donde $V_{CC} = \frac{1}{2}V_S$). La línea marcada "3% de distorsión" de la figura 9.32 es el lugar geométrico de los puntos sobre las diversas curvas en que la distorsión armónica total (THD) llega a 3%. Una THD de 3% representa el inicio del recorte de picos debido a la saturación del transistor de salida.

El fabricante también suministra curvas para máxima disipación de potencia contra temperatura (curvas de reducción) similares a las estudiadas en la sección 9.6 para transistores de potencia discretos.

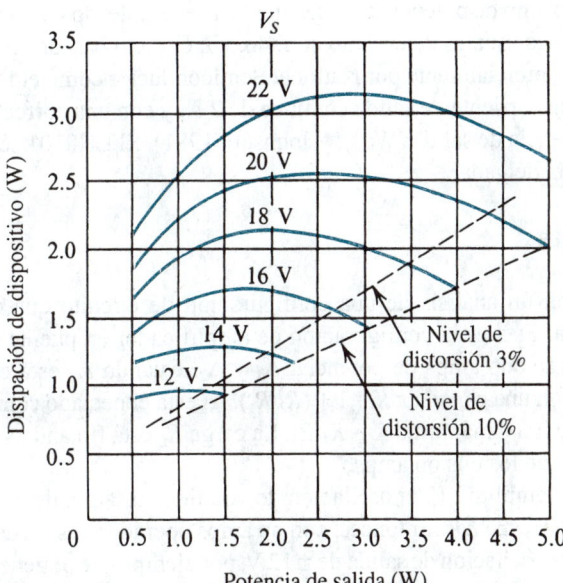

Fig. 9.32 Disipación de potencia (P_D) contra potencia de salida (P_L) para el LM380 con $R_L = 8 \; \Omega$. (Cortesía de National Semiconductor Corporation.)

Ejercicios

9.15 El fabricante especifica que, para temperaturas de ambiente menores de 25°C, el LM380 puede disipar un máximo de 3.6 W. Esto se obtiene bajo la condición de que su paquete en línea dual se encuentre soldado sobre una tarjeta de circuito impreso en contacto térmico con 6 pulgadas cuadradas de hoja de cobre de 2 onzas. Arriba de $T_A = 25°C$, la resistencia térmica es $\theta_{JA} = 35°C/W$. $T_{J\text{máx}}$ está especificada a 150°C. Encuentre la disipación de potencia máxima posible si la temperatura ambiente es de 50°C.

Resp. 2.9 W

D9.16 Se requiere utilizar el LM380 para excitar un altavoz de 8 Ω. Utilice las curvas de la figura 9.32 para determinar la máxima fuente de alimentación posible mientras se limita la máxima disipación de potencia a los 2.9 W determinados en el ejercicio 9.15. Si se permite para esta aplicación una distorsión armónica total de 3%, encuentre P_L y el voltaje de salida pico a pico.

Resp. 20 V; 4.2 W; 16.4 V

Op amps de potencia

En la figura 9.33 se muestra la estructura general de un op amp de potencia. Consta de un op amp seguido por un regulador clase AB semejante al estudiado en la sección 9.7. El regulador está formado por los transistores Q_1, Q_2, Q_3 y Q_4, con resistores de polarización R_1 y R_2 y resistores de degeneración de emisor R_5 y R_6. El regulador alimenta la necesaria corriente de carga hasta que la corriente aumenta al punto en que la caída de voltaje en R_3 (en el modo de alimentación de corriente) se hace suficientemente grande para que Q_5 conduzca. El transistor Q_5 entonces alimenta la corriente adicional de carga requerida. En el modo de disipación de corriente, Q_4 alimenta la corriente de carga hasta que se forma suficiente voltaje en los terminales de R_4 y hace que Q_6 conduzca. Entonces, Q_6 disipa la corriente adicional de carga. Por lo tanto, la etapa formada por Q_5 y Q_6 actúa como **elevador de corriente.** El op amp de potencia está destinado a ser empleado con retroalimentación negativa en las configuraciones usuales de circuito cerrado. Un circuito basado en la estructura de la figura 9.33 es producido comercialmente por National Semiconductor como el LH0101. Este op amp es capaz de producir una corriente de salida continua de 2 A, y con una correcta disipación de calor puede dar 40 W de potencia de salida (Wong y Johnson, 1981). El LH0101 se fabrica usando tecnología híbrida de película delgada.

Amplificador en puente

Concluimos esta sección con un análisis de una configuración de circuito que es preferida en aplicaciones de alta potencia. Ésta es la configuración de amplificador en puente que se muestra en la figura 9.34 utilizando dos op amps de potencia, A_1 y A_2. Cuando A_1 está conectado en la configuración no inversora con una ganancia $K = 1 + (R_2/R_1)$, A_2 está conectado como amplificador inversor con una ganancia de igual magnitud $K = R_4/R_3$. La carga R_L está flotando y está conectada entre los terminales de salida de los dos op amps.

Si v_L es una senoide con amplitud $\hat{V}_i$, la oscilación de voltaje a la salida de cada op amp será $\pm K\hat{V}_i$ y el voltaje en la carga será $\pm 2K\hat{V}_i$. Entonces, con op amps operados desde fuentes de ± 15 V y capaces de proporcionar una oscilación de salida de ± 12 V, por ejemplo, se obtiene una oscilación de salida de ± 24 V en los terminales de la carga del amplificador en puente.

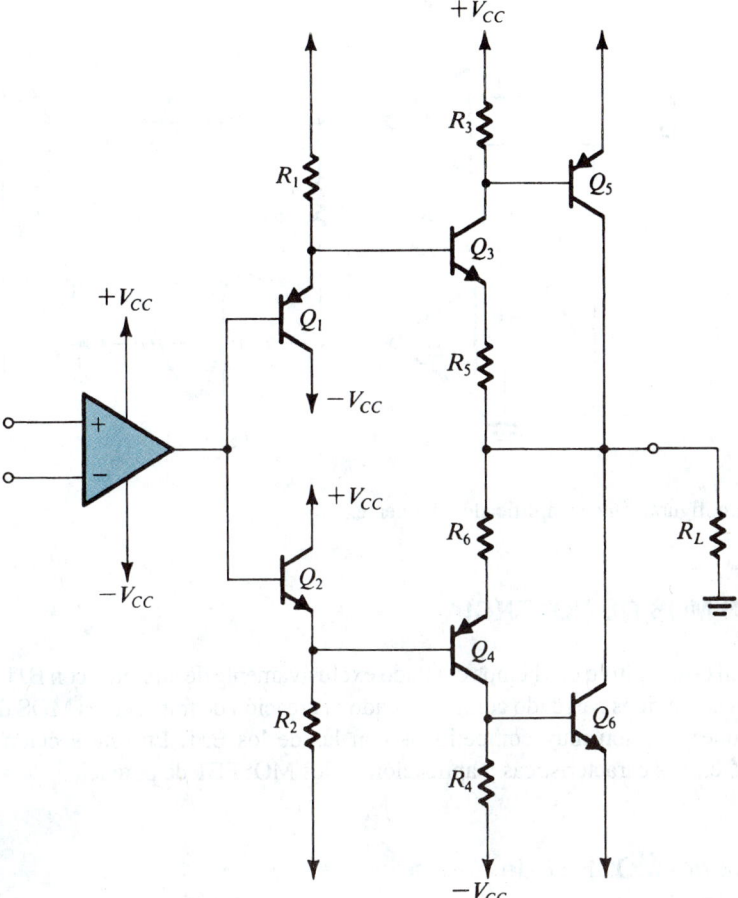

Fig. 9.33 Estructura de un op amp de potencia. El circuito consta de un op amp seguido por un regulador clase AB semejante al estudiado en la sección 9.7. La capacidad de corriente de salida del regulador, formado por Q_1, Q_2, Q_3 y Q_4, se refuerza más con Q_5 y Q_6.

Al diseñar amplificadores en puente, debe tomarse nota del hecho de que la corriente pico tomada de cada op amp es $2K\hat{V}_i/R_L$. Este efecto puede ser tomado en cuenta al considerar la carga vista por cada uno de los op amp como si fuera de $R_L/2$.

Ejercicio

9.17 Considere el circuito de la figura 9.34 con $R_1 = R_3 = 10$ kΩ, $R_2 = 5$ kΩ, $R_4 = 15$ kΩ y $R_L = 8$ Ω. Encuentre la ganancia de voltaje y resistencia de entrada. La fuente de alimentación utilizada es ±18 V. Si v_I es una onda senoidal de 20 V pico a pico, ¿cuál es el voltaje de salida de pico a pico? ¿Cuál es la corriente de carga de pico? ¿Cuál es la potencia de carga?

Resp. 3 V/V; 10 kΩ; 60 V; 3.75 A; 56.25 W

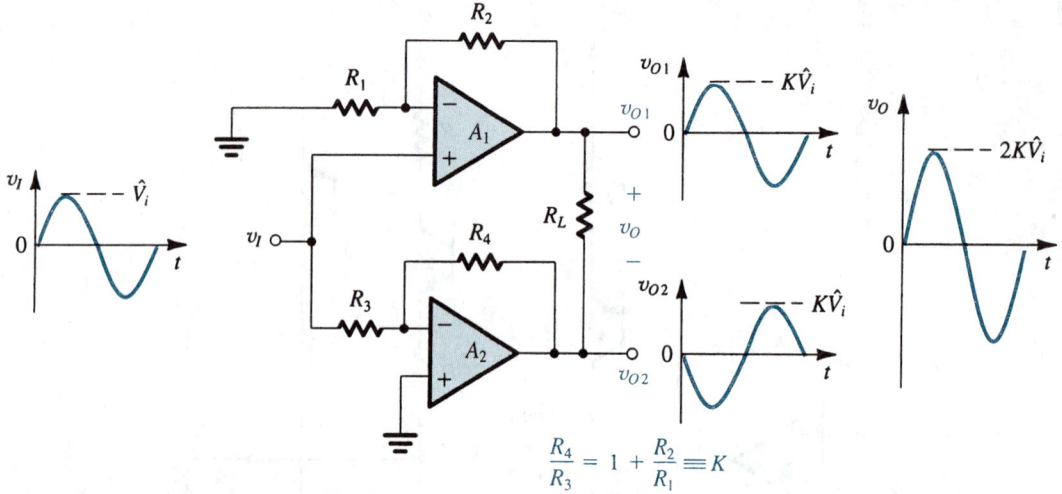

Fig. 9.34 Configuración de amplificador en puente.

9.9   TRANSISTORES MOS DE POTENCIA

Hasta aquí, en este capítulo nos hemos ocupado exclusivamente de circuitos con BJT, pero recientes desarrollos tecnológicos han dado como resultado la creación de transistores MOS de potencia con especificaciones que son muy competitivas con las de los BJT. En esta sección consideramos la estructura, curvas características y aplicación de los MOSFET de potencia.

Estructura del MOSFET de potencia

La estructura del MOSFET de enriquecimiento estudiada en el capítulo 5 (figura 5.1) no es apropiada para aplicaciones de alta potencia. Para apreciar este hecho, recordemos que la corriente de dren de un MOSFET de canal n que opere en la región de saturación está dada por

$$i_D = \frac{1}{2}\,\mu_n C_{ox}\left(\frac{W}{L}\right)(v_{GS} - V_t)^2 \tag{9.46}$$

Se deduce que, para aumentar la capacidad de corriente del MOSFET, su ancho W debe hacerse grande y su longitud L de canal debe hacerse tan pequeña como sea posible. Desafortunadamente, sin embargo, reducir la longitud del canal de la estructura estándar del MOSFET resulta en una drástica reducción en su voltaje de ruptura. Específicamente, la región de agotamiento de la unión inversamente polarizada entre cuerpo y dren se extiende en el corto canal, causando la ruptura a un voltaje relativamente bajo. Por lo tanto, el dispositivo resultante no sería capaz de manejar los altos voltajes típicos de aplicaciones de transistores de potencia. Por esta razón, tenían que encontrarse nuevas estructuras para fabricar los MOSFET de canal corto (1 a 2 micrómetros) con altos voltajes de ruptura.

En la actualidad, la estructura más conocida para un MOSFET de potencia es el transistor DMOS de doble difusión que se ilustra en la figura 9.35. Como se indica, el dispositivo está fabricado en un sustrato tipo n ligeramente contaminado con una región fuertemente contaminada

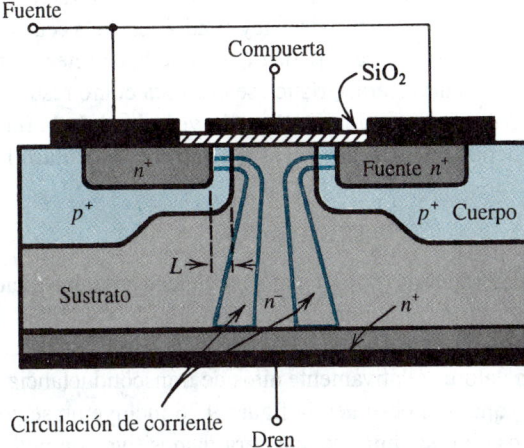

Fuente

Compuerta

SiO₂

n^+

Fuente n^+

p^+

p^+ Cuerpo

L

Sustrato

n^-

n^+

Circulación de corriente

Dren

Fig. 9.35 Transistor MOS (DMOS) vertical de doble difusión

en la parte inferior para el contacto del dren. Se utilizan dos difusiones,[4] una para formar la región tipo p del cuerpo y otra para formar la región tipo n de la fuente.

El dispositivo DMOS opera como sigue. La aplicación de un voltaje positivo de compuerta, v_{GS}, mayor que el voltaje de umbral V_t, induce un canal n lateral en la región tipo p del cuerpo bajo el óxido de la compuerta. El canal resultante es corto, su longitud está denotada como L en la figura 9.35. La corriente es entonces conducida por electrones desde la fuente moviéndose por el resultante canal corto al sustrato y luego verticalmente abajo del sustrato hacia el dren. Esto debe contrastar con la circulación lateral de corriente de la estructura estándar del MOSFET de pequeña señal (capítulo 5).

A pesar de que el transistor DMOS tiene un canal corto, su voltaje de ruptura puede ser muy alto (de hasta 600 V). Esto es porque la región de agotamiento entre el sustrato y el cuerpo se extiende en su mayor parte en el sustrato ligeramente contaminado y no se disemina en el canal. El resultado es un transistor MOS que simultáneamente tiene capacidad de una elevada corriente (50 A son posibles) así como el alto voltaje de ruptura que acabamos de mencionar. Finalmente, observamos que la estructura vertical del dispositivo produce una eficiente utilización del área de silicio.

Merece la pena citar una anterior estructura para transistores MOS de potencia. Éste es el dispositivo MOS de ranura en V (véase la obra de Severns, 1984). Aun cuando todavía está en uso, el MOSFET de ranura en V ha perdido terreno de aplicación ante la estructura vertical DMOS de la figura 9.35, excepto posiblemente para aplicaciones de alta frecuencia. Debido a limitaciones de espacio, no describiremos el MOSFET de ranura en V.

Curvas características de los MOSFET de potencia

A pesar de su estructura radicalmente diferente, los MOSFET de potencia exhiben curvas características que son muy semejantes a las de los MOSFET a pequeña señal estudiadas en el capítulo 5. Existen diferencias importantes, claro, y las estudiaremos a continuación.

---

[4] Véase en el apéndice A una descripción del proceso de fabricación de un circuito integrado.

Los MOSFET de potencia tienen voltajes de umbral de 2 a 4 V. En saturación, la corriente de dren está relacionada a v_{GS} por la curva característica de la ley cuadrática de la ecuación (9.46) pero, como se muestra en la figura 9.36, la curva característica i_D–v_{GS} se hace lineal para valores más grandes de v_{GS}. La porción lineal de la curva característica se presenta como resultado del elevado campo eléctrico a lo largo del canal corto, ocasionando que la velocidad de portadores de carga llegue a un límite superior, fenómeno conocido como **saturación de velocidad.** La corriente de dren está dada entonces por

$$i_D = \tfrac{1}{2} C_{ox} W U_{sat}(v_{GS} - V_t)$$ (9.47)

donde U_{sat} es el valor de la velocidad saturada (5×10^6 cm/s para electrones en silicio). La relación lineal i_D–v_{GS} implica una constante g_m en la región de la saturación de velocidad. Es interesante observar que g_m es proporcional a W, que suele ser grande para dispositivos de potencia; entonces, los MOSFET de potencia exhiben valores relativamente altos de transconductancia.

La curva característica i_D–v_{GS} que se muestra en la figura 9.36 incluye un segmento marcado como "subumbral". Aun cuando es de poca importancia para dispositivos de potencia, la región subumbral de operación es de interés en aplicaciones de muy baja potencia (véase la sección 5.1).

Efectos de temperatura

Del mayor interés en el diseño de circuitos MOS de potencia es la variación de las curvas características de un MOSFET con la temperatura, como se ilustra en la figura 9.37. Observe que hay un valor de v_{GS} (del orden de 4 a 6 V para la mayor parte de los MOSFET) en el cual el coeficiente de temperatura de i_D es cero. A valores más altos de v_{GS}, i_D exhibe un coeficiente negativo de temperatura. Ésta es una propiedad importante; implica que un MOSFET que opere rebasando su punto de coeficiente cero de temperatura no es afectado por la posibilidad de embalamiento térmico. Este *no es* el caso a bajas corrientes (es decir, menores que el punto de coeficiente cero de temperatura). En la región de (relativamente) baja corriente, el coeficiente de temperatura de i_D es positivo, y el MOSFET de potencia puede ser fácilmente afectado por embalamiento térmico (con

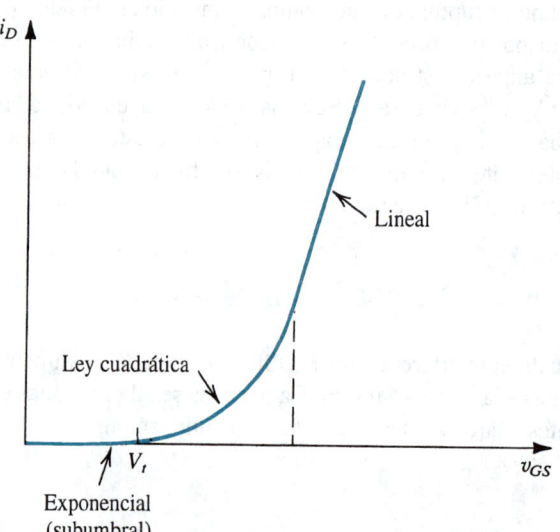

Fig. 9.36 Curva característica típica de i_D–v_{GS} para un MOSFET de potencia

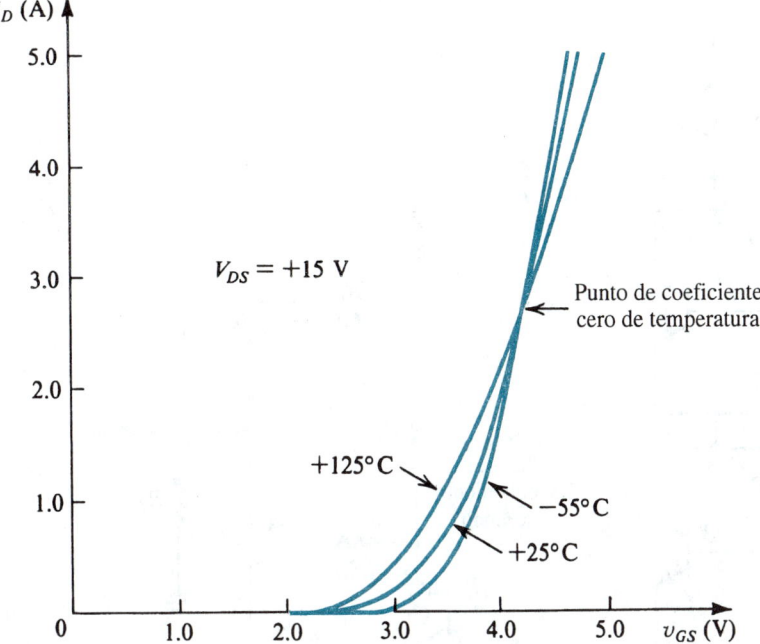

Fig. 9.37 Curva característica i_D–v_{GS} de un transistor MOS (IRF 630, Siliconix) a una temperatura de caja de −55°C, +25°C y +125°C. (Cortesía Siliconix Inc.)

desafortunadas consecuencias). Como las etapas de salida clase AB están polarizadas a bajas corrientes, deben existir medios para protección contra embalamiento térmico.

La razón para el coeficiente positivo de temperatura de i_D a bajas corrientes es que v_{GS}–V_t es relativamente baja, y la dependencia de temperatura está dominada por el coeficiente negativo de temperatura de V_t (del orden de −3 a −6 mV/°C).

Comparación con los BJT

El MOSFET de potencia no es afectado por la segunda ruptura, que limita el área de operación sin riesgo de los BJT. Del mismo modo, los MOSFET de potencia no requieren elevadas corrientes de excitación de base de los BJT de potencia. Nótese, sin embargo, que la etapa excitadora en un amplificador de potencia MOS debe tener capacidad para suministrar suficiente corriente para cargar y descargar la capacitancia de entrada grande y no lineal del MOSFET en el tiempo asignado. Finalmente, el MOSFET de potencia tiene, en general, una más alta velocidad de operación que el BJT de potencia. Esto hace a los transistores de potencia MOS especialmente aptos para aplicaciones de conmutación, por ejemplo, en circuitos para control de motores.

Una etapa de salida clase AB que utiliza los MOSFET

Como aplicación de los MOSFET de potencia, en la figura 9.38 se ilustra una etapa de salida clase AB que utiliza un par de MOSFET complementarios y utiliza los BJT para polarización y en la etapa excitadora. Esta última consta de seguidores de emisor Darlington complementarios formados por Q_1 a Q_4 y tiene la baja resistencia de salida necesaria para excitar los MOSFET de salida a altas velocidades.

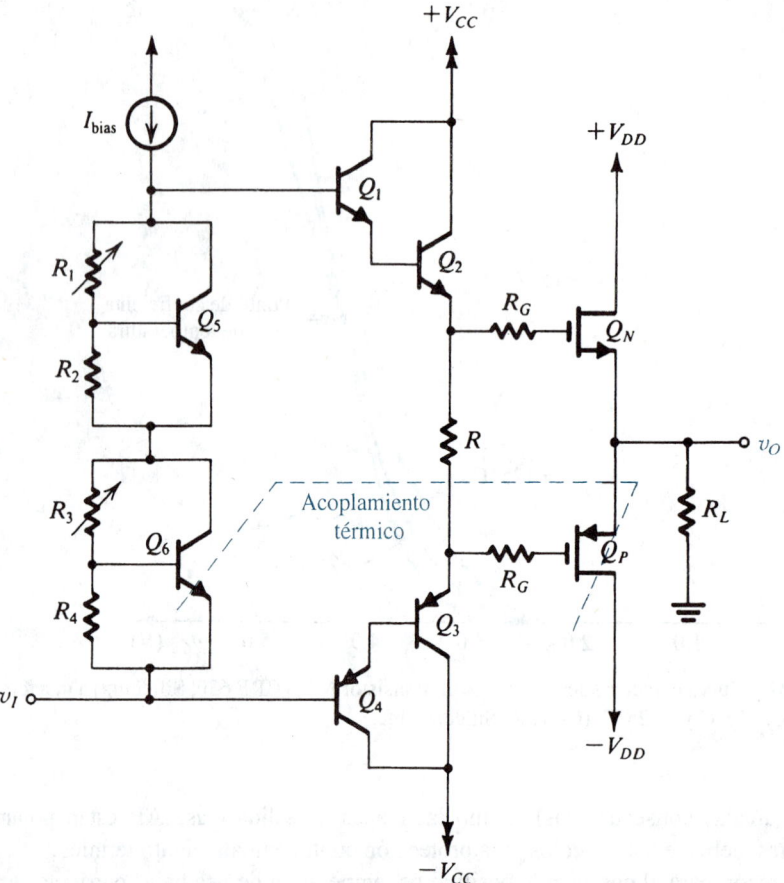

Fig. 9.38 Amplificador clase AB con transistores MOS de salida y excitadores BJT. El resistor R_3 está ajustado para dar compensación de temperatura cuando R_1 está ajustado para obtener un valor deseado de corriente de reposo en los transistores de salida.

De especial interés, en el circuito de la figura 9.38, es el circuito de polarización que utiliza dos multiplicadores V_{BE} formados por Q_5 y Q_6 y sus correspondientes resistores. El transistor Q_6 está puesto en contacto térmico directo con los transistores de salida; esto se logra con sólo montar Q_6 en su propio disipador común de calor. Así, mediante la apropiada selección del factor de multiplicación V_{BE} de Q_6, el voltaje de polarización V_{GG} (entre las compuertas de los transistores de salida) puede hacerse disminuir con la temperatura al mismo ritmo que la suma de los voltajes de umbral ($V_{tN} + |V_{tP}|$) de los MOSFET de salida. En esta forma la corriente de reposo de los transistores de salida se puede estabilizar contra variaciones de temperatura.

Analíticamente, V_{GG} está dada por

$$V_{GG} = \left(1 + \frac{R_3}{R_4}\right) V_{BE6} + \left(1 + \frac{R_1}{R_2}\right) V_{BE5} - 4V_{BE} \tag{9.48}$$

Como V_{BE6} está acoplado térmicamente a los dispositivos de salida mientras los otros BJT permanecen a temperatura constante, tenemos

$$\frac{\partial V_{GG}}{\partial T} = \left(1 + \frac{R_3}{R_4}\right)\frac{\partial V_{BE6}}{\partial T} \tag{9.49}$$

que es la relación necesaria para determinar R_3/R_4 de modo que $\partial V_{GG}/\partial T = \partial(V_{tN} + |V_{tP}|)/\partial T$. El otro multiplicador V_{BE} se ajusta entonces para obtener el valor requerido de V_{GG} y de aquí la corriente de reposo deseada en Q_N y Q_P.

Ejercicios

9.18 Para el circuito de la figura 9.38, encuentre la razón R_3/R_4 que produce estabilización de temperatura de la corriente de reposo en Q_N y Q_P. Suponga que $|V_t|$ cambia a -3 mV/°C y que $\partial V_{BE}/\partial T = -2$ mV/°C.

Resp. 2

9.19 Para el circuito de la figura 9.38 suponga que los BJT tienen un V_{BE} nominal de 0.7 V y que los MOSFET tienen $|V_t| = 3$ V y $\mu_n C_{ox}(W/L) = 2$ A/V^2. Se requiere establecer una corriente de reposo de 100 mA en la etapa de salida y 20 mA en la etapa excitadora. Encuentre $|V_{GS}|$, V_{GG}, R y R_1/R_2. Utilice el valor de R_3/R_4 encontrado en el ejercicio 9.18.

Resp. 3.32 V; 6.64 V; 332 Ω; 9.5

9.10   EJEMPLO DE SIMULACIÓN DEL SPICE

Concluimos este capítulo presentando un ejemplo que ilustra el uso del SPICE en el análisis de circuitos de salida. En la obra de Roberts y Sedra (1992 y 1997) se pueden encontrar otros ejemplos.

EJEMPLO 9.6: ETAPA DE SALIDA CLASE B

Investigamos la operación de la etapa de salida clase B que se muestra en la figura 9.39 con los transistores realizados usando el par complementario NA51 y NA52 de la National Semiconductor Corporation. Para permitir una comparación con análisis manual, en la simulación utilizamos valores de componentes y voltajes idénticos o cercanos a los del circuito diseñado en el ejemplo 9.1. Específicamente, utilizamos una resistencia de carga de 8 Ω, una onda senoidal de entrada de 17.9 V pico y 1 kHz de frecuencia, así como fuentes de alimentación de 23 V. El archivo de entrada del SPICE para este circuito se encuentra en la lista del apéndice D. Indica que un análisis transitorio se realiza sobre el intervalo de 0 a 3 ms, y se trazan gráficas de las formas de onda de diversos voltajes de nodo y corrientes de rama. En este ejemplo, la función Probe (sonda) del PSPICE se utiliza para calcular diversos valores de disipación de potencia. Con este propósito se pueden usar funciones semejantes, para después del procesamiento, existentes en otras versiones del SPICE.

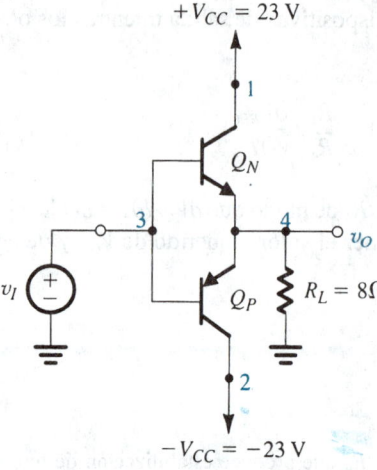

Fig. 9.39 Etapa de salida clase B para la simulación del SPICE del ejemplo 9.6.

Algunas de las formas de onda resultantes se muestran en la figura 9.40. Las gráficas superior y media muestran el voltaje y corriente de carga, respectivamente. La amplitud del voltaje pico es 17.05 V, y la amplitud de la corriente pico es 2.13 A. Observe que ambas muestran distorsión de cruce. La gráfica inferior muestra la potencia instantánea y el promedio de potencia disipada en la resistencia de carga, calculada por la función Probe al multiplicar los valores de voltaje y corriente

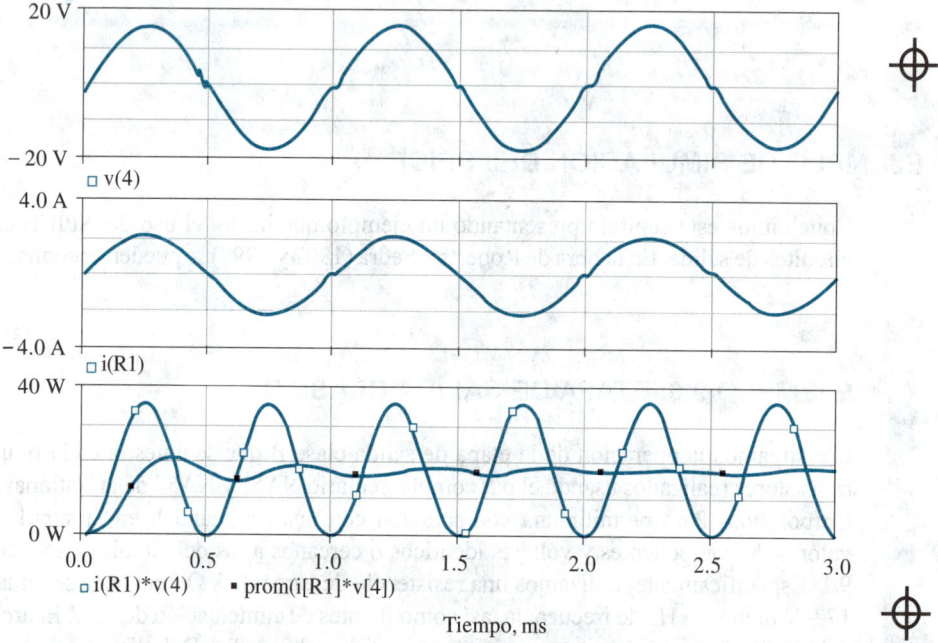

Fig. 9.40 Varias formas de onda relacionadas con la etapa de salida clase B que se muestra en la figura 9.39 cuando se excita por una señal senoidal de 17.9 V y 1 kHz. La gráfica superior muestra el voltaje en los terminales de la resistencia de carga, la media muestra la corriente de carga y la inferior presenta la potencia instantánea y de promedio disipada por la carga. (De Roberts y Sedra, 1997.)

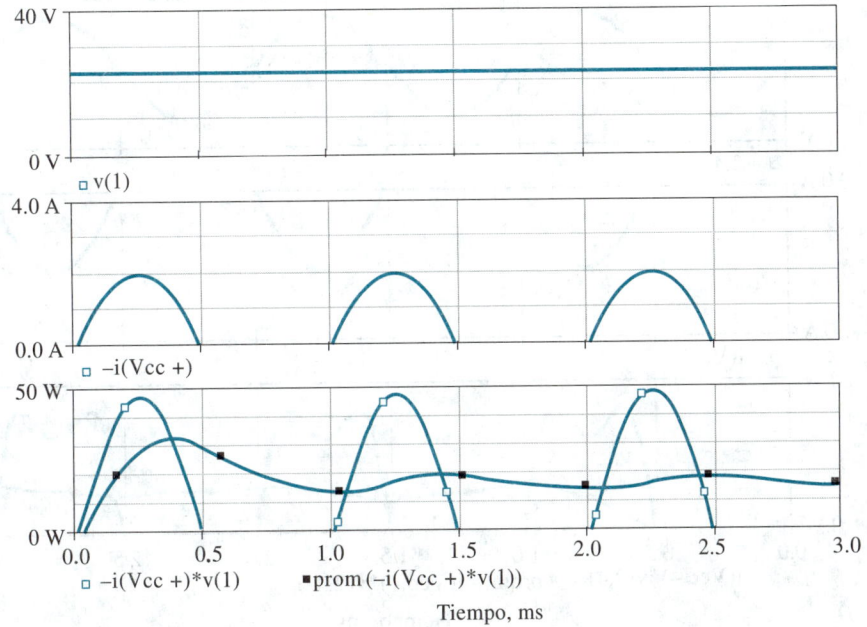

Fig. 9.41 Voltaje (gráfica superior), corriente (gráfica media) y potencia instantánea y promedio (gráfica inferior) producidos por la fuente de voltaje positivo (+V_{CC}) del circuito de la figura 9.39. (De Roberts y Sedra, 1997.)

para la potencia instantánea y tomando un promedio de corrida para la potencia promedio (P_L). El comportamiento transitorio del promedio de potencia de carga, que finalmente se establece en un estado estable casi constante de unos 17.7 W, es un artefacto del algoritmo PSPICE empleado para calcular el promedio de corrida de una forma de onda.

Las dos gráficas superiores de la figura 9.41 muestran las ondas de voltaje y corriente, respectivamente, de la fuente positiva, +V_{CC}. La gráfica inferior muestra la potencia instantánea y promedio suministrada por +V_{CC}. Formas de onda semejantes pueden trazarse para la fuente negativa, −V_{CC}. El promedio de potencia producido por cada fuente se encuentra que es de unos 15 W, para un total de potencia de alimentación, P_S, de 30 W. Así, la eficiencia de conversión de potencia se puede calcular que es de $\eta = P_L/P_S = \dfrac{17.7}{30} \times 100\% = 59\%$.

En la figura 9.42 se muestran gráficas de formas de onda de voltaje, corriente y potencia relacionadas con el transistor Q_P. Se pueden obtener ondas semejantes para Q_N. Como se esperaba, la onda de voltaje es una senoide, y la onda de corriente consta de semiciclos senoidales. La onda de la potencia instantánea, sin embargo, es más bien poco común. Indica la presencia de alguna distorsión como resultado de excitar en gran medida los transistores, lo que se puede verificar al reducir la amplitud de la señal de entrada. Específicamente, al reducir la amplitud a alrededor de 17 V, la "caída" en la forma de onda de potencia desaparece. El promedio de potencia disipada en cada uno de Q_N y Q_P se puede calcular mediante la función Probe y se encuentra que es aproximadamente 6 W.

En la tabla 9.1 aparece una comparación de los resultados encontrados de la simulación de SPICE y los correspondientes valores obtenidos con análisis manual. Observe que los dos conjuntos de resultados son bastante cercanos.

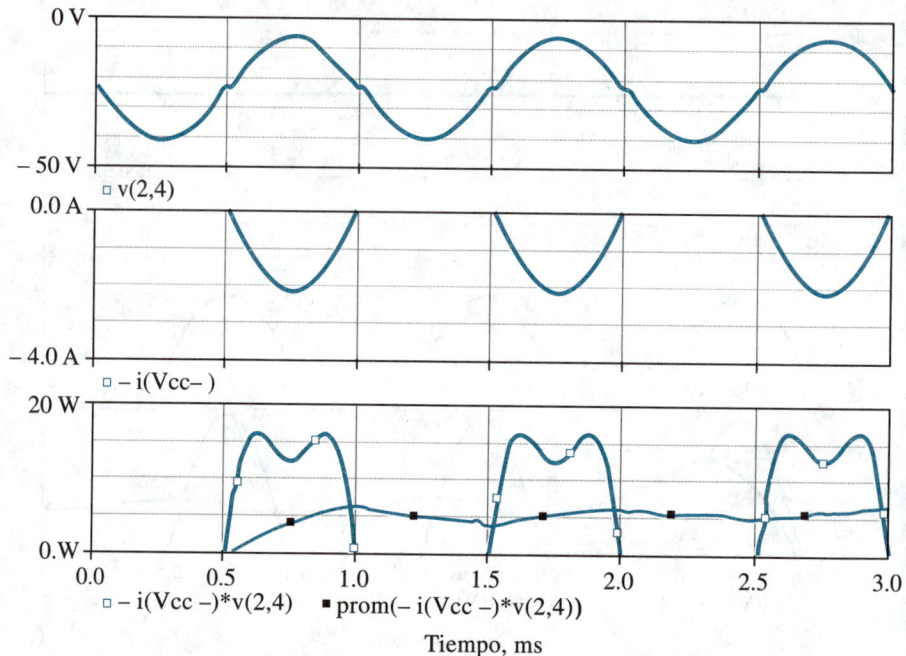

Fig. 9.42 Formas de onda del voltaje, corriente y potencia disipada en el transistor *pnp* Q_P de la etapa de salida que se muestra en la figura 9.39. (De Roberts y Sedra, 1997.)

Para investigar más la distorsión de cruce, presentamos en la figura 9.43 una gráfica de la curva característica de transferencia de voltaje (VTC) del circuito clase B. Esta gráfica se obtiene usando un comando de barrido de cd con V_i variado sobre el orden de -10 V a $+10$ V en incrementos de 50 mV. La pendiente de la VTC es casi la unidad, y la banda muerta se extiende de -0.72 a $+0.72$ V. El efecto de la distorsión de cruce se puede cuantificar ejecutando análisis de Fourier en

Tabla 9.1 DIVERSOS TÉRMINOS DE POTENCIA RELACIONADOS CON LA ETAPA DE SALIDA CLASE B QUE SE MUESTRA EN LA FIGURA 9.39, CALCULADOS A MANO Y POR ANÁLISIS DEL SPICE. LA COLUMNA DE LA EXTREMA DERECHA PRESENTA EL PORCENTAJE RELATIVO DE ERROR ENTRE LOS VALORES PRONOSTICADOS A MANO Y LOS HECHOS POR EL SPICE.

Potencia/Eficiencia	Ecuación	Análisis a mano	SPICE	Error %
P_S	$\dfrac{2}{\pi}\dfrac{\hat{V}_o}{R_L}V_{CC}$	31.2 W	30.0 W	4
P_D	$\dfrac{2}{\pi}\dfrac{\hat{V}_o}{R_L}V_{CC}-\dfrac{1}{2}\dfrac{\hat{V}_o^2}{R_L}$	13.0 W	12.0 W	8.3
P_L	$\dfrac{1}{2}\dfrac{\hat{V}_o^2}{R_L}$	18.2 W	17.7 W	2.8
η	$\dfrac{P_L}{P_S}\times100\%$	58.3%	59.0%	-1.2

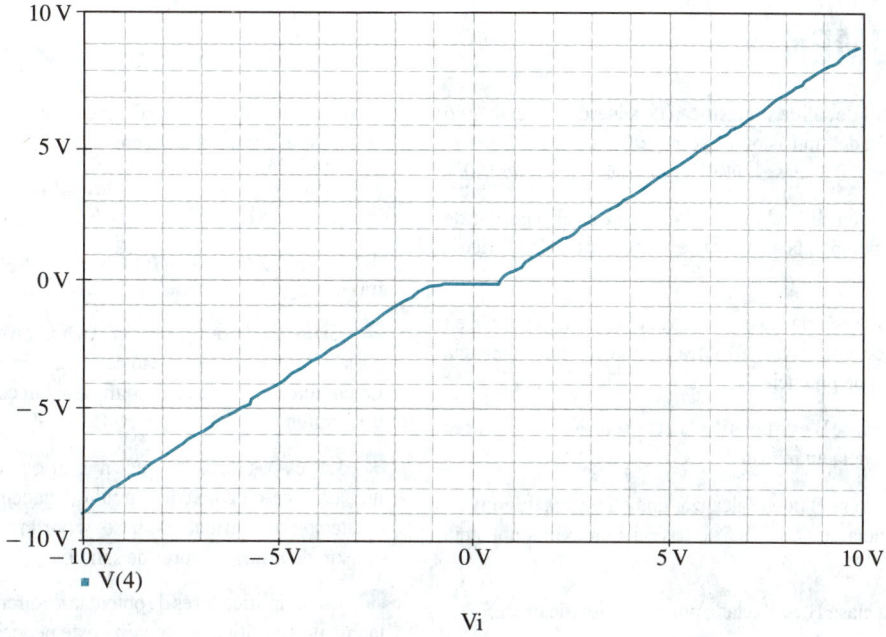

■ V(4)

Vi

Fig. 9.43 Curva característica de la etapa de salida clase B de la figura 9.39. (De Roberts y Sedra, 1997.)

la forma de onda de voltaje de salida. Esto se puede hacer usando el comando FOUR del SPICE. Descompone la forma de onda generada mediante un análisis transitorio en sus componentes de serie de Fourier. Además, el SPICE calcula la distorsión armónica total (THD) de la onda de salida. Los resultados obtenidos son como sigue:

```
FOURIER COMPONENTS OF TRANSIENT RESPONSE V(4)

DC COMPONENT = 9.648686E-05
```

HARMONIC NO	FREQUENCY (Hz)	FOURIER COMPONENT	NORMALIZED COMPONENT	PHASE (DEG)	NORMALIZED PHASE (DEG)
1	1.000E+03	1.683E+01	1.000E+00	-8.163E-05	0.000E+00
2	2.000E+03	1.373E-04	8.162E-06	-9.067E+01	-9.067E+01
3	3.000E+03	3.387E-01	2.013E-02	-1.800E+02	-1.800E+02
4	4.000E+03	6.927E-05	4.117E-06	-8.964E+01	-8.964E+01
5	5.000E+03	1.977E-01	1.175E-02	-1.800E+02	-1.800E+02
6	6.000E+03	5.794E-05	3.443E-06	-8.846E+01	-8.846E+01
7	7.000E+03	1.378E-01	8.188E-03	-1.800E+02	-1.800E+02
8	8.000E+03	5.281E-05	3.139E-06	-8.740E+01	-8.740E+01
9	9.000E+03	1.045E-01	6.213E-03	-1.800E+02	-1.800E+02

```
TOTAL HARMONIC DISTORTION = 2.547618E+00 PERCENT
```

Observamos que la onda de salida es más bien rica en armónicas impares y que la THD resultante es alta (2.55%).

RESUMEN

■ Las etapas de salida se clasifican de acuerdo con el ángulo de conducción del transistor: clase A (360°), clase AB (ligeramente más de 180°), clase B (180°) y clase C (menos de 180°).

■ La etapa de salida clase A más común es el seguidor de emisor. Está polarizada a una corriente mayor que la corriente de carga pico.

■ La etapa de salida clase A disipa su máxima potencia en condiciones de reposo ($v_O = 0$). Alcanza una máxima eficiencia de conversión de potencia de 25%.

■ La etapa clase B está polarizada a cero corriente y entonces no disipa potencia en reposo.

■ La etapa clase B puede alcanzar una eficiencia de conversión de potencia de hasta 78.5%. Disipa su máxima potencia para $\hat{V}_o = (2/\pi)V_{CC}$.

■ La etapa clase B es afectada por distorsión de cruce.

■ La etapa de salida clase AB está polarizada a una pequeña corriente; entonces, ambos transistores conducen para pequeñas señales de entrada y la distorsión de cruce prácticamente se elimina.

■ Excepto por una pequeña disipación adicional de potencia en reposo, las relaciones de potencia de la etapa clase AB son semejantes a las de la clase B.

■ Como protección contra la posibilidad de embalamiento térmico, el voltaje de polarización del circuito clase AB se hace variar con la temperatura en la misma forma que varía V_{BE} de los transistores de salida.

■ Para facilitar la eliminación de calor de un chip de silicio, generalmente se montan dispositivos de potencia en disipadores de calor. La máxima potencia que se puede disipar sin riesgo en el dispositivo está dada por

$$P_{D\text{máx}} = \frac{T_{J\text{máx}} - T_A}{\theta_{JC} + \theta_{CS} + \theta_{SA}}$$

donde $T_{J\text{máx}}$ y θ_{JC} son especificadas por el fabricante, mientras que θ_{CS} y θ_{SA} dependen del diseño del disipador de calor.

■ El uso de la configuración Darlington en la etapa de salida clase AB reduce la necesidad de excitación de corriente de base. En circuitos integrados, la configuración combinada *pnp* es de uso común.

■ Las etapas de salida suelen estar equipadas con circuitos que, en el caso de un cortocircuito, pueden activar y limitar la excitación de corriente de base, y por lo tanto la corriente de emisor, de los transistores de salida.

■ Los amplificadores de potencia de circuito integrado constan de un amplificador de voltaje de pequeña señal conectado en cascada con una etapa de salida de alta potencia. Se aplica retroalimentación general, ya sea en el chip o externamente.

■ La configuración de amplificador en puente produce, en los terminales de una carga flotante, un voltaje de salida pico a pico que es el doble del que es posible desde un solo amplificador con una carga a tierra.

■ El transistor DMOS es un dispositivo de potencia de canal corto capaz de operar a elevada corriente y alto voltaje.

■ A bajas corrientes, la corriente de dren de un MOSFET de potencia exhibe un coeficiente positivo de temperatura, y entonces el dispositivo puede ser afectado por embalamiento térmico. A elevadas corrientes, el coeficiente de temperatura de i_D es negativo.

BIBLIOGRAFÍA

C. A. Holt, *Electronic Circuits*, Wiley, Nueva York, 1978.

National Semiconductor Corporation, *Audio/Radio Handbook*, National Semiconductor Corporation, Santa Clara, Calif., 1980.

G. W. Roberts y A. S. Sedra, SPICE, Oxford Univ. Press, Nueva York, 1992 y 1997.

D. L. Schilling y C. Belove, *Electronic Circuits*, 2a. ed., McGraw-Hill, Nueva York, 1979.

A. S. Sedra y G. W. Roberts, "Current conveyor theory and practice", capítulo 3 en *Analogue IC Design: The Cu-rrent-Mode Approach*, C. Toumazou, F. J. Lidgey y D. G. Haigh, editores, Peter Peregrinus, Londres, 1990.

R. Severns (Ed.), *MOSPOWER Applications Handbook*, Siliconix, Santa Clara, Calif., 1984.

S. Soclof, *Applications of Analog Integrated Circuits*, Prentice-Hall, Englewood Cliffs, N.J., 1985.

Texas Instruments, Inc. *Power-Transistor and TTL Integrated-Circuit Applications*, McGraw-Hill, Nueva York, 1977.

J. Wong y R. Johnson, "Low-distortion wideband power op amp", *Application Note* 261, National Semiconductor Corporation, Santa Clara, Calif., julio de 1981.

J. Wong y J. Sherwin, "Applications of wide-band buffer amplifiers", *Application Note* 227, National Semiconductor Corporation, Santa Clara, Calif., octubre de 1979.

PROBLEMAS

Sección 9.2. Etapa de salida clase A

9.1 Un seguidor de emisor clase A, polarizado usando el circuito que se muestra en la figura 9.2, utiliza $V_{CC} = 5$ V, $R = R_L = 1$ kΩ, con todos los transistores (incluyendo Q_3) idénticos. Supongamos que $V_{BE} = 0.7$ V, $V_{CEsat} = 0.3$ V y β muy grande. Para operación lineal, ¿cuáles son los límites superior e inferior del voltaje de salida, y las entradas correspondientes? ¿Cómo cambian estos valores si el área de unión entre emisor y base de Q_3 se hace el doble de grande que la de Q_2? ¿O si se reduce a la mitad de la de Q_2?

9.2 Un circuito de seguidor de fuente, usando transistores NMOS de enriquecimiento, se construye siguiendo el patrón que se muestra en la figura 9.2. Los tres transistores utilizados son idénticos con $V_t = 1$ V y $\mu_n C_{ox} W/L = 20$ mA/V². $V_{CC} = 5$ V, $R = R_L = 1$ kΩ. Para operación lineal, ¿cuáles son los límites superior e inferior del voltaje de salida, y las correspondientes entradas?

D9.3 Usando la configuración de seguidor que se ilustra en la figura 9.2 con fuentes de ±9 V, realice un diseño capaz de tener salidas de ±7 V con una carga de 1 kΩ, usando la corriente total de alimentación más pequeña posible. El lector dispone de cuatro BJT de alta β, idénticos, y un resistor que puede elegir.

D9.4 Un seguidor de emisor que utiliza el circuito de la figura 9.2, para el cual el intervalo de voltaje de salida es ±5 V, se hace necesario con $V_{CC} = 10$ V. El circuito debe diseñarse de modo tal que la variación de corriente en el transistor seguidor de emisor no sea mayor de un factor de 10, para resistencias de carga de sólo 100 Ω. ¿Cuál es el valor de R requerido? Encuentre el incremento de ganancia de voltaje del seguidor resultante a $v_O = +5$, 0 y −5 V con una carga de 100 Ω. ¿Cuál es el cambio de porcentaje en ganancia sobre este intervalo de v_O?

*9.5 Considere la operación del circuito seguidor de la figura 9.2 para el cual $R_L = V_{CC}/I$, cuando se excita con una onda cuadrada tal que la salida varía de +V_{CC} a −V_{CC} (despreciando V_{CEsat}). Para esta situación, trace el equivalente de la figura 9.4 para v_O, i_{C1} y p_{D1}. Repita para una salida de onda cuadrada que tenga niveles pico de ±$V_{CC}/2$. ¿Cuál es el promedio de disipación de potencia en Q_1 en cada caso? Compare estos resultados con los de ondas senoidales de amplitud pico V_{CC} y $V_{CC}/2$, respectivamente.

9.6 Considere la situación descrita en el problema 9.5. Para salidas de onda cuadrada que tienen valores pico a pico de $2V_{CC}$ y V_{CC}, y para ondas senoidales de los mismos valores de pico a pico, encuentre el promedio de pérdida de potencia en el transistor Q_2 de fuente de corriente.

9.7 Reconsidere la situación descrita en el ejercicio 9.4 para variación en V_{CC}, específicamente para $V_{CC} = 16$, 12, 10 y 8 V. Suponga que V_{CEsat} es casi cero. ¿Cuál es la eficiencia de conversión de potencia en cada caso?

9.8 El seguidor de BiCMOS que se ilustra en la figura P9.8 utiliza dispositivos para los cuales $V_{BE} = 0.7$ V, $V_{CEsat} = 0.3$ V, $\mu_n C_{ox} W/L = 20$ mA/V², y $V_t = -2$ V. Para operación lineal, ¿cuál es el intervalo de voltajes de salida con $R_L = \infty$? ¿Con $R_L = 100$ Ω? ¿Cuál es el mínimo resistor de carga permitido para el cual se dispone de una salida de onda senoidal de 1 V pico? ¿Cuál es la correspondiente eficiencia de conversión de potencia?

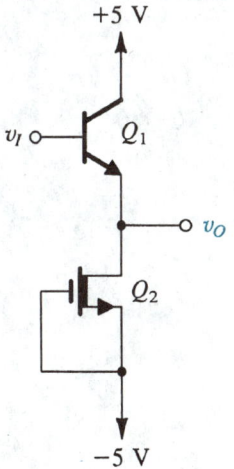

Fig. P9.8

Sección 9.3: Etapa de salida clase B

9.9 Considere el circuito de una etapa de salida clase B complementaria con BJT. ¿Para qué amplitud de la señal de entrada representa la distorsión de cruce una pérdida de 10% en amplitud pico?

9.10 Considere la configuración de retroalimentación con la salida clase B que se muestra en la figura 9.9. Sea A_0 = 100 V/V la ganancia del amplificador. Deduzca una expresión para v_O contra v_I suponiendo que $|V_{BE}| = 0.7$ V. Trace la curva característica de transferencia v_O contra v_I y compárala con la que no tiene retroalimentación.

9.11 Considere la etapa de salida clase B que utilizan los MOSFET de enriquecimiento de la figura P9.11. Supongamos que los dispositivos tienen $|V_t| = 1$ V y $\mu C_{ox}W/L = 200 \ \mu A/V^2$. Con una entrada de onda senoidal de 10 kHz de 5 V pico y un elevado valor de resistencia de carga, ¿qué salida pico se esperaría? ¿Qué fracción del periodo de onda senoidal representa el intervalo de cruce? ¿Para qué valor de resistencia de carga se reduce el voltaje de salida pico a la mitad de la entrada?

9.12 Considere la etapa de salida clase B complementaria con BJT y desprecie los efectos de V_{BE} y V_{CEsat}. Para fuentes de alimentación de ± 10 V y una resistencia de carga de 100 Ω, ¿cuál es la máxima potencia de salida senoidal disponible? ¿Cuál fuente de alimentación corresponde? ¿Cuál es la eficiencia de conversión de potencia? Para señales de salida de la mitad de esta amplitud, encuentre la potencia de salida, la potencia de alimentación y la eficiencia de conversión de potencia.

D9.13 Una etapa de salida clase B opera desde fuentes de ± 5 V. Si se suponen transistores relativamente ideales, ¿cuál es el voltaje de salida para máxima eficiencia de conversión de potencia? ¿Cuál es el voltaje de salida para máxima disipación del dispositivo? Si cada uno de los dispositivos de salida está clasificado individualmente para disipación de 1 W y debe emplearse un factor de 2 de margen de seguridad, ¿cuál es el mínimo valor de resistencia de carga que se puede tolerar, si la operación es siempre a pleno voltaje de salida? Si se permite operación a la mitad de pleno voltaje de salida, ¿cuál es la mínima carga permitida? ¿Cuál es la potencia de salida máxima posible de que se dispone en cada caso?

D9.14 Se hace necesaria una etapa de salida clase B para entregar un promedio de potencia de 100 W en una carga de 16 Ω. La fuente de alimentación debe ser 4 V mayor que el correspondiente voltaje de salida senoidal pico. Determine el voltaje de fuente de alimentación necesario (al volt más cercano en la dirección apropiada), la corriente pico desde cada fuente, el total de potencia de alimentación y la eficiencia de conversión de potencia. También determine la máxima disipación de potencia posible en cada transistor para una entrada senoidal.

9.15 Considere la etapa de salida clase B con BJT, con un voltaje de salida de onda cuadrada de amplitud $\hat{V}_o$ entre las terminales de una carga R_L y empleando fuentes de alimentación $\pm V_{SS}$. Despreciando los efectos de V_{BE} y V_{CEsat}, determine la potencia de carga, la potencia de alimentación, la eficiencia de conversión de potencia, la máxima eficiencia de conversión de potencia alcanzable y el correspondiente valor de $\hat{V}_o$, así como la máxima potencia de carga disponible. También encuentre el valor de $\hat{V}_o$ al cual la disipación de potencia de los transistores llega a un pico, y el correspondiente valor de eficiencia de conversión de potencia.

Sección 9.4. Etapa de salida clase AB

D9.16 Diseñe la corriente de reposo de una etapa de salida clase AB con BJT de modo que el incremento de la ganancia de voltaje para v_I, en la cercanía del origen, exceda de 0.99 V/V para cargas mayores de 100 Ω. Si los BJT tienen V_{BE} de 0.7 V a una corriente de 100 mA, determine el valor del V_{BB} requerido.

D9.17 Está considerándose el diseño de una etapa de salida de clase AB con MOS de enriquecimiento. Los dispositivos de que se dispone tienen $|V_t| = 1$ V y $\mu C_{ox}W/L = 200$ mA/V^2. ¿Qué valor de voltaje de polarización de compuerta a compuerta, V_{GG}, se requiere para reducir el incremento de la resistencia de salida del estado de reposo a 10 Ω?

*9.18 Una etapa de salida clase AB, semejante a la de la figura 9.11 pero que utiliza una sola fuente de +10 V y se polariza a $V_I = 6$ V, está acoplada capacitivamente a una carga de 100 Ω. Para transistores para los cuales $|V_{BE}| = 0.7$ a 1 mA y para un voltaje de polarización $V_{BB} = 1.4$ V, ¿qué corriente de reposo resulta? Para un

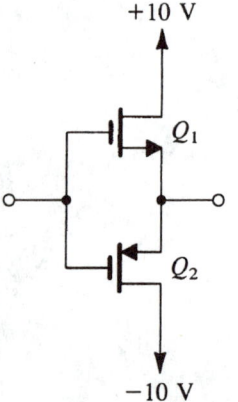

Fig. P9.11

cambio escalonado en salida de 0 a −1 V, ¿cuál entrada de escalón se requiere? Si se suponen voltajes de cero de saturación de transistor, encuentre los pasos máximos posible positivos y negativos a la salida.

Sección 9.5: Polarización de un circuito clase AB

D9.19 Considere el circuito clase AB polarizado como diodo de la figura 9.14. Para I_{bias} = 100 μA, encuentre el tamaño relativo (n) que debe usarse para los dispositivos de salida en comparación con los dispositivos de polarización, para asegurar una resistencia de salida de 10 Ω o menos.

D*9.20 Una etapa de salida clase AB que utiliza una red de polarización de dos diodos, como se muestra en la figura 9.14, utiliza diodos que tienen la misma área de unión que los transistores de salida. Para V_{CC} = 10 V, I_{bias} = 0.5 mA, R_L = 100 Ω, β_N = 50, y $|V_{CEsat}|$ = 0 V, ¿cuál es la corriente de reposo? ¿Cuáles son los niveles máximos posible de señal de salida positiva y negativa? Para lograr un nivel de salida pico positivo igual al nivel de pico negativo, ¿qué valor de β_N es necesario si I_{bias} no cambia? ¿Qué valor de I_{bias} es necesario si β_N se mantiene en 50? Para este valor, ¿en qué se convierte I_Q?

**9.21 Una etapa de salida clase AB que usa una red de polarización de dos diodos, como se muestra en la figura 9.14, utiliza diodos que tienen la misma área de unión que los transistores de salida. A una temperatura ambiente de alrededor de 20°C la corriente de reposo es 1 mA y $|V_{BE}|$ = 0.6 V. Por un error de fabricación, se retira el acoplamiento térmico entre los transistores de salida y los transistores de polarización conectados como diodos. Después de cierta actividad de salida, los dispositivos de salida se calientan a 70°C mientras que los dispositivos de polarización permanecen en 20°C. Entonces, mientras el V_{BE} de cada dispositivo permanece sin cambio, aumenta la corriente de reposo de los dispositivos de salida. Para calcular el nuevo valor de corriente, recuerde que hay dos efectos: I_S aumenta en alrededor de 14%/°C V_T = kT/q cambia porque T = (273° + temperatura en °C) donde V_T = 25 mV sólo a 20°C. El lector puede suponer que β_N permanece casi constante. Esta suposición está basada en el hecho de que β aumenta con la temperatura pero decrece con la corriente (véase la figura 4.68). ¿Cuál es el nuevo valor de I_Q? Si la fuente de alimentación es ±20 V, ¿qué potencia adicional se disipa? Si la temperatura de los transistores de salida aumenta en 10°C por cada watt de disipación adicional de potencia, ¿qué calentamiento adicional y aumento de corriente resulta? Éste es el proceso denominado *embalamiento térmico*.

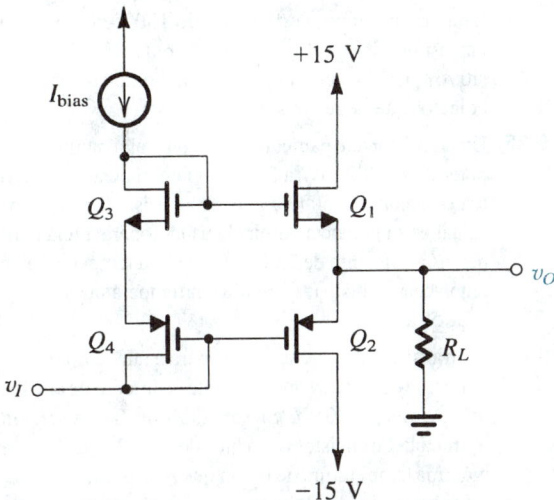

Fig. P9.22

D9.22 En la figura P9.22 se ilustra una etapa de salida clase AB de MOSFET de enriquecimiento. Todos los transistores tienen $|V_t|$ = 1 V y $k_1 = k_2 = nk_3 = nk_4$, donde $k = \mu C_{ox}W/L$ es el parámetro de transconductancia del MOSFET. Del mismo modo, k_3 = 2 mA/V². Para I_{bias} = 100 μA y R_L = 1 kΩ, encuentre el valor de n que resulte en una ganancia a pequeña señal de 0.99 para voltajes de salida de alrededor de cero, y el correspondiente valor de I_Q.

D9.23 Repita el ejemplo 9.3 para la situación en que la corriente pico positiva de salida es 200 mA. Utilice el mismo método general para márgenes de seguridad. ¿Cuáles son los valores de R_1 y R_2 que el lector seleccionará?

**9.24 Un multiplicador V_{BE} se diseña con iguales resistencias para operación nominal a una corriente terminal de 1 mA, con la mitad de la corriente circulando en la red de polarización. El diseño inicial está basado en β = ∞ y V_{BE} = 0.7 V a 1 mA.

(a) Encuentre los valores de resistor pedidos y el voltaje terminal.

(b) Encuentre el voltaje terminal que resulta cuando la corriente terminal aumenta a 2 mA. Suponga β = ∞.

(c) Repita (b) para el caso en que la corriente terminal sea 10 mA.

(d) Repita (c) usando el valor más realista, β = 100.

Sección 9.6: Los BJT de potencia

D9.25 Un transistor en particular que tiene una resistencia térmica θ_{JA} = 2°C/W está operando a una temperatura ambiente de 30°C con un voltaje entre colector y emisor de 20 V. Si una larga duración requiere una temperatura máxima de unión de 130°C, ¿cuál es el correspondiente valor nominal de potencia del dispositivo? ¿Cuál es el máximo promedio de corriente de colector que debe considerarse?

9.26 Un transistor en particular tiene un valor nominal de potencia de 200 mW a 25°C, y una temperatura máxima de unión de 150°C. ¿Cuál es la resistencia térmica? ¿Cuál es su potencia nominal cuando opera a una temperatura ambiente de 70°C? ¿Cuál es su temperatura de unión cuando disipa 100 mW a una temperatura ambiente de 50°C?

9.27 Un transistor de potencia que opera a una temperatura ambiente de 50°C, y una corriente promedio de emisor de 3A, disipa 30 W. Si se sabe que la resistencia térmica del transistor es menor de 3°C/W, ¿cuál es la máxima temperatura de unión que se espera? Si el V_{BE} del transistor, medido usando una corriente pulsada de emisor de 3 A a una temperatura de unión de 25°C, es 0.80 V, ¿cuál promedio de V_{BE} espera el lector en condiciones normales de operación? (Utilice un coeficiente de temperatura de -2 mV/°C.)

9.28 Para una aplicación en particular del transistor especificado en el ejemplo 9.4, es esencial una confiabilidad a toda prueba. Para mejorar la confiabilidad, la máxima temperatura de unión debe limitarse a 100°C. ¿Cuáles son las consecuencias de esta decisión para las condiciones especificadas?

9.29 Un transistor de potencia se especifica para tener una máxima temperatura de unión de 130°C. Cuando opera a esta temperatura con un disipador de calor, la temperatura de su caja se encuentra que es de 90°C. La caja se une al disipador de calor con una conexión que tiene una resistencia térmica $\theta_{CS} = 0.5$°C/W y la resistencia térmica del disipador de calor es $\theta_{SA} = 0.1$°C/W. Si la temperatura ambiente es de 30°C, ¿cuál es la potencia que se disipa en el dispositivo? ¿Cuál es la resistencia térmica del dispositivo, θ_{JC}, de la unión a la caja?

9.30 Un transistor de potencia para el cual $T_{Jmáx} = 180$°C puede disipar 50 W a una temperatura de caja de 50°C. Si se conecta a un disipador de calor que usa una roldana aislante para la cual la resistencia térmica es 0.6°C/W, ¿cuál temperatura de disipador de calor es necesaria para asegurar una operación sin riesgo a 30 W? Para una temperatura ambiental de 39°C, ¿cuál resistencia térmica del disipador de calor se requiere? Si, para un disipador de calor en particular equipado con aletas de aluminio troquelado, la resistencia térmica en aire sin corrientes es 4.5°C/W por cm de longitud, ¿qué longitud de disipador de calor se requiere?

9.31 Se encuentra que un transistor *npn* de potencia que opera a $I_C = 10$ A tiene una corriente de base de 0.5 A y un incremento de resistencia de entrada de base de 0.95 Ω. ¿Qué valor de r_x espera el lector? (A esta elevada densidad de corriente, $n = 2$.)

9.32 Un transistor de potencia *npn* que opera a $I_C = 5$ A, con un voltaje entre emisor y base de 1.05 V y una corriente de base de 190 mA, se ha medido y tiene una resistencia de dispersión (r_x) de 0.8 Ω. Si se supone que $n = 2$ para operación a elevada densidad de corriente, ¿qué voltaje entre base y emisor espera el lector para operación a $I_C = 2$ A?

Sección 9.7: Variaciones en la configuración clase AB

9.33 Utilice los resultados dados en la respuesta al ejercicio 9.11 para determinar la corriente de entrada del circuito de la figura 9.24 para $v_I = 0$ y ± 10 V con carga infinita y de 100 Ω.

D***9.34 Considere el circuito de la figura 9.24 en que Q_1 y Q_2 están acoplados, y Q_3 y Q_4 están acoplados pero tienen tres veces el área de unión de los otros. Para $V_{CC} = 10$ V, encuentre valores para los resistores del R_1 al R_4 tomen en cuenta una corriente de por lo menos 10 mA en Q_3 y Q_4 a $v_I = +5$ V (cuando una carga lo demande) con una variación de 2 a 1, a lo sumo, en corrientes en Q_1 y Q_2, y corriente de reposo sin carga de 40 mA en Q_3 y Q_4. $\beta_{1,2} \geq 150$; $\beta_{3,4} \geq 50$. Para voltajes de entrada de alrededor de 0 V, estime la resistencia de salida del seguidor general excitado por una fuente que tenga cero resistencia. Para un voltaje de entrada de +1 V y una resistencia de carga de 2 Ω, ¿qué voltaje de salida resulta? Q_1 y Q_2 tienen $|V_{BE}|$ de 0.7 V a una corriente de 10 mA y exhiben una constante de $n = 1$.

9.35 Un circuito que se asemeja al de la figura 9.24 utiliza cuatro transistores acoplados para los cuales $|V_{BE}| = 0.7$ V a 10 mA, $n = 1$, y $\beta \geq 50$. Los resistores R_1 y R_2 se sustituyen por dos fuentes de corriente de 2 mA y $R_3 = R_4 = 0$. ¿Cuál corriente de reposo circula en los transistores de salida? ¿Cuál corriente de polarización circula en los transistores de entrada? ¿En dónde circula? ¿Cuál es la corriente de entrada neta (la corriente de desnivel) para un desequilibrio β de 10%? Para una resistencia de carga $R_L = 100$ Ω, ¿cuál es la resistencia de entrada? ¿Cuál es la ganancia de voltaje a pequeña señal?

9.36 Caracterice un transistor combinado de Darlington formado por dos BJT *npn* para los cuales $\beta \geq 50$, $V_{BE} = 0.7$ a 1 mA y $n = 1$. Para operación a 10 mA, ¿qué valores espera el lector para β_{eq}, V_{BEeq}, $r_{\pi eq}$ y g_{meq}.

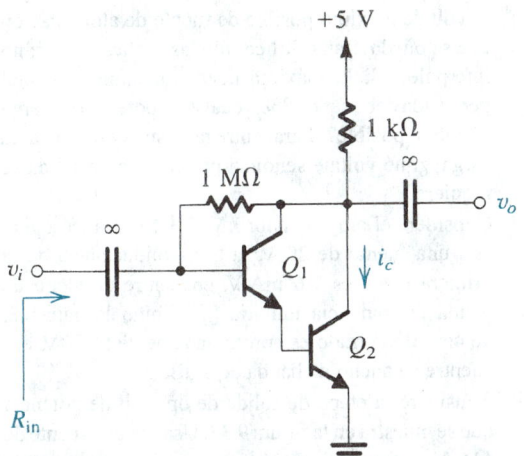

+5 V

1 kΩ

1 MΩ

∞

Q_1

v_i

i_c

v_o

Q_2

R_{in}

Fig. P9.37

9.37 Para el circuito de la figura P9.37 en que los transistores tienen $V_{BE} = 0.7$ V y $\beta = 100$, encuentre i_c, g_{meq}, v_o/v_i y R_{ent}.

**9.38 Los BJT del circuito de la figura P9.38 tienen $\beta_P = 10$, $\beta_N = 100$, $|V_{BE}| = 0.7$ V, $|V_A| = 100$ V.

(a) Encuentre la corriente de colector de cada transistor y el valor de V_C.

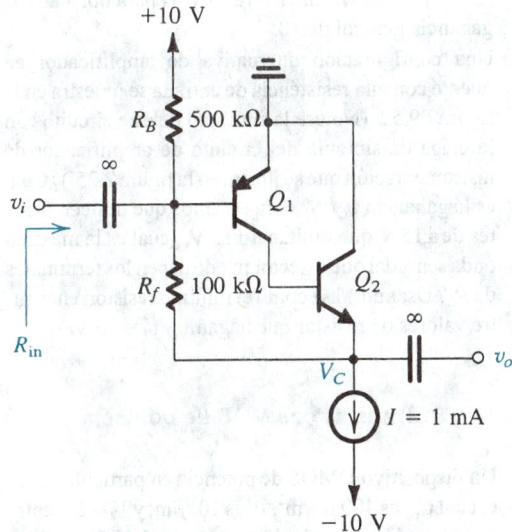

+10 V

R_B 500 kΩ

∞

v_i

Q_1

R_f 100 kΩ

Q_2

∞

R_{in}

V_C

v_o

$I = 1$ mA

−10 V

Fig. P9.38

(b) Sustituyendo cada BJT con su modelo híbrido π, demuestre que

$$\frac{v_o}{v_i} \simeq g_{m1} \left[r_{o1} // \beta_N \left(r_{o2} // R_f \right) \right]$$

(c) Encuentre los valores de v_o/v_i y R_{ent}.

D**9.39 Considere la etapa de salida clase AB de transistor combinado que se muestra en la figura 9.27, en que Q_2 y Q_4 son transistores combinados con $V_{BE} = 0.7$ V a 10 mA y $\beta = 100$, Q_1 y Q_5 tienen $V_{BE} = 0.7$ V a corrientes de 1 mA y $\beta = 100$, y Q_3 tiene $V_{EB} = 0.7$ V a una corriente 1 mA y $\beta = 10$. Todos los transistores tienen $n = 1$. Diseñe el circuito para una corriente de reposo de 2 mA en Q_2 y Q_4, I_{bias} que sea 100 veces la corriente de base en alerta en Q_1, y una corriente en Q_5 que sea nueve veces la de los resistores relativos. Encuentre los valores del voltaje de entrada necesario para producir salidas de ±10 V para una carga de 1 kΩ. Utilice V_{CC} de 15 V.

9.40 Repita el ejercicio 9.13 para una variación de diseño en el que el transistor Q_5 se aumenta en tamaño por un factor de 10, permaneciendo las otras condiciones iguales.

9.41 Repita el ejercicio 9.13 para un diseño en el que la corriente limitadora de salida y la corriente de pico normal son 50 mA y 33.3 mA, respectivamente.

D9.42 El circuito que se muestra en la figura P9.42 opera en una forma análoga al de la figura 9.28, para limitar la corriente de salida de Q_3 en el caso de un cortocircuito u otro problema. Tiene la ventaja de que el resistor R sensible a corriente no aparece directamente a la salida. Encuentre el valor de R que haga que Q_5 conduzca y absorba toda la corriente $I_{bias} = 2$ mA, cuando la corriente que se alimenta llega a 150 mA Para Q_5, $I_S = 10^{-14}$ A y $n = 1$. Si la corriente normal de salida pico es 100 mA, encuentre la caída de voltaje en los terminales de R y la corriente de colector de Q_5.

D9.43 Considere el circuito de corte térmico que se ilustra en la figura 9.29. A 25°C, Z_1 es un diodo Zener de 6.8 V con coeficiente térmico de 2 mV/°C, y Q_1 y Q_2 son BJT que muestran un V_{BE} de 0.7 V a una corriente de 100 μA y tienen un coeficiente térmico de −2 mV/°C. Diseñe el circuito de modo que a 125°C, circule una corriente de 100 μA en cada uno de los transistores Q_1 y Q_2. ¿Cuál es la corriente en Q_2 a 25°C?

Sección 9.8: Amplificadores de potencia de circuito integrado

D9.44 En el circuito amplificador de potencia de la figura 9.30, dos resistores son importantes para controlar la ganancia general de voltaje. ¿Cuáles son? ¿Cuál con-

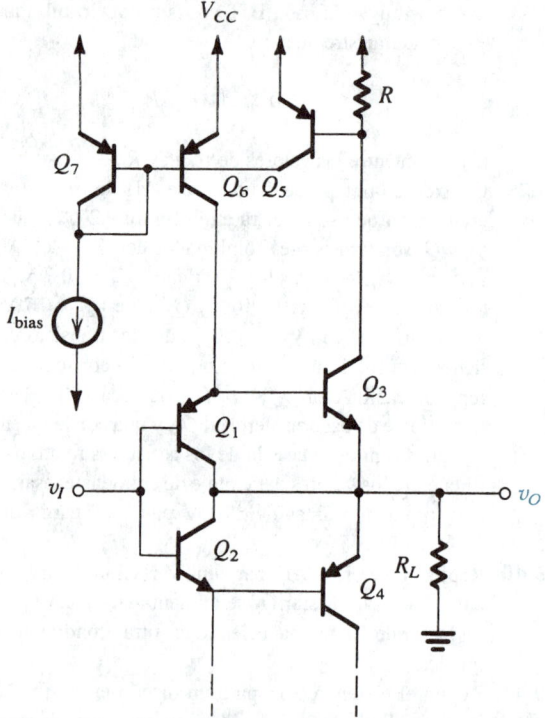

Fig. P9.42

trola la ganancia solo? ¿Qué afecta tanto al nivel de salida de cd como la ganancia? Un nuevo diseño se está considerando, en el cual el nivel de salida de cd es aproximadamente $\frac{1}{3}V_S$ (en lugar de aproximadamente $\frac{1}{2}V_S$) con una ganancia de 50 (como antes). ¿Qué cambios se necesitan?

9.45 Considere la etapa de sintonía del circuito de la figura 9.30. Para $V_S = 20$ V, calcule los valores aproximados para las corrientes de polarización en los transistores del Q_1 al Q_6. Suponga $\beta_{npn} = 100$, $\beta_{pnp} = 20$, y $|V_{BE}| = 0.7$ V. También encuentre el voltaje de cd a la salida.

9.46 Suponga que el voltaje de salida del circuito de la figura 9.30 está a tierra de señal (y por lo tanto la retroalimentación de señal está desactivada) y encuentre las resistencias de entrada diferencial y de modo común. Con este objeto, no incluya R_4 y R_5. Sea $V_S = 20$ V, $\beta_{npn} = 100$, y $\beta_{pnp} = 20$. También encuentre la transconductancia de la entrada a la salida de la primera etapa (en la conexión de los colectores de Q_4 y Q_6 y la base de Q_{12}).

9.47 Se requiere usar el amplificador de potencia LM380 para excitar un altavoz de 8 Ω mientras se limita la máxima disipación posible del dispositivo a 1.5 W. Utilice las gráficas de la figura 9.32 para determinar

el voltaje máximo posible de fuente de alimentación que se pueda usar. (Utilice sólo las gráficas dadas; no interpole.) Si la máxima distorsión armónica total permitida debe ser de 3%, ¿cuál es la potencia de carga máxima posible? Para entregar esta potencia a la carga, ¿qué voltaje senoidal pico a pico de salida se requiere?

9.48 Considere el amplificador LM380. Si, cuando opere con una fuente de 20 V, la transconductancia de la primera etapa es 1.6 mA/V, encuentre el ancho de banda de ganancia unitaria (f_t). Como la ganancia de circuito cerrado es aproximadamente 50 V/V, encuentre su ancho de banda de 3 dB.

D9.49 Considere la etapa de salida de op amp de potencia que se muestra en la figura 9.33. Usando una fuente de ±15 V, elabore un diseño que produzca una salida de ±11 V o más, con corrientes de hasta ±20 mA producidos básicamente por Q_3 y Q_4 con una aportación de 10% por Q_5 y Q_6, y corrientes de salida de pico de 1 A a plena salida (+11 V). Como base de un diseño inicial, utilice $\beta = 50$ y $|V_{BE}| = 0.7$ V para todos los dispositivos a todas las corrientes. También utilice $R_5 = R_6 = 0$.

9.50 Para el circuito de la figura P9.50, suponiendo que todos los transistores tienen β grande, demuestre que $i_O = v_I/R$. (Este convertidor de voltaje a corriente es una aplicación de un adaptable elemento de construcción conocido como *transportador de corriente*; véase la obra de Sedra y Roberts, 1990.) Para $\beta = 100$, ¿en qué porcentaje aproximado es en realidad i_O menor que esto?

D9.51 Para el amplificador en puente de la figura 9.34, sea $R_1 = R_3 = 10$ kΩ. Encuentre R_2 y R_4 para obtener una ganancia general de 10.

D9.52 Una configuración alternativa de amplificador en puente con alta resistencia de entrada se muestra en la figura P9.52. (Nótese la similitud de este circuito con la etapa de sintonía del circuito de amplificador de instrumentación que se ilustra en la figura 2.25.) ¿Cuál es la ganancia v_O/v_I? Para op amps que utilicen fuentes de ±15 V que limitan a ±13 V, ¿cuál es la máxima onda senoidal que el lector puede dar en los terminales de R_L? Usando 1 kΩ como el mínimo resistor, encuentre valores de resistor que hagan $v_O/v_I = 10$ V/V.

Sección 9.9: Transistores MOS de potencia

9.53 Un dispositivo DMOS de potencia en particular, para el cual C_{ox} es 400 μF/m², W es 10^5 μm, y $V_t = 2$ V entra en saturación de velocidad a $v_{GS} = 5$ V. Utilice las ecuaciones (9.46) y (9.47) para hallar una expresión

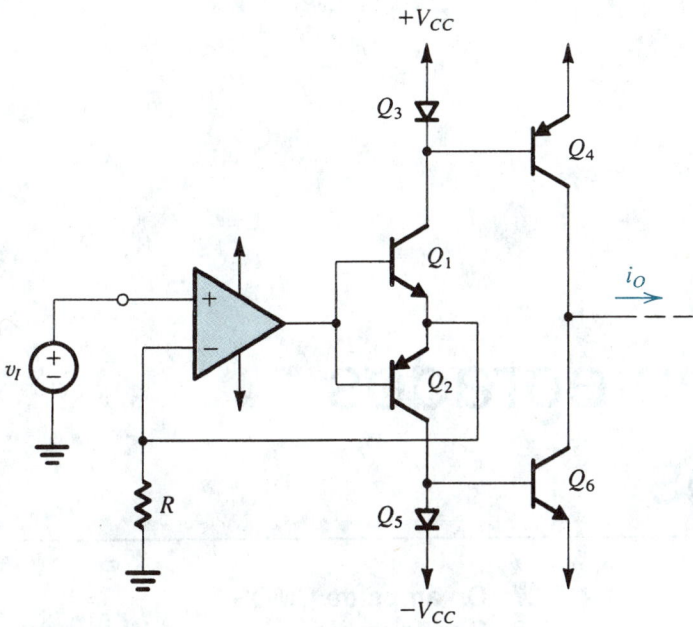

Fig. P9.50

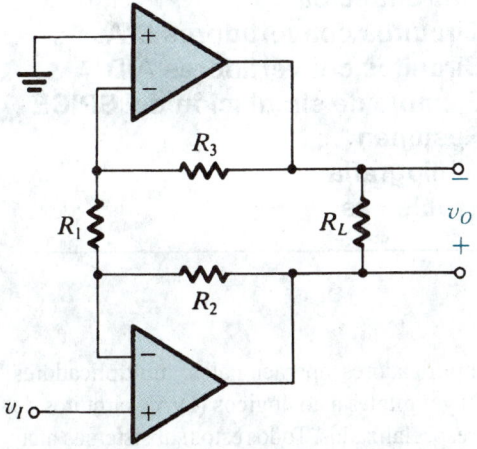

Fig. P9.52

para L y su valor para este transistor. ¿A qué valor de corriente de dren comienza la saturación de velocidad? Para electrones en silicio, $U_{sat} = 5 \times 10^6$ cm/s y $\mu_n = 500$ cm^2/Vs. ¿Cuál es g_m para este dispositivo a elevadas corrientes?

D9.54 Considere el diseño del amplificador clase AB de la figura 9.38 en las siguientes condiciones: $|V_t| = 2$ V, $\mu C_{ox} W/L = 200$ mA/V^2, $|V_{BE}| = 0.7$ V, β es elevada, $I_{QN} = I_{QP} = I_R = 10$ mA, $I_{bias} = 100\ \mu$A, $I_{Q5} = I_{Q6} = I_{bias}/2$, $R_2 = R_4$, coeficiente de temperatura de $V_{BE} = -2$ mV/°C, y coeficiente de temperatura de $V_t = -3$ mV/°C en la región de baja corriente. Encuentre los valores de R, R_1, R_2, R_3 y R_4. Suponga que Q_6, Q_P y Q_N están permanentemente acoplados. (R_G, empleada para suprimir oscilación parásita a alta frecuencia, suele ser de 100 Ω o un valor semejante.)

Circuitos integrados analógicos

INTRODUCCIÓN

Los circuitos integrados analógicos incluyen los amplificadores operacionales, multiplicadores analógicos, convertidores analógicos a digitales (A/D) y digitales a analógicos (D/A), circuitos de sincronización de fase y otros bloques funcionales más especializados. Todos estos subsistemas analógicos se construyen internamente usando los bloques básicos de construcción que hemos estudiado en capítulos anteriores, incluyendo pares diferenciales, espejos de corriente, conmutadores MOS y otros circuitos.

En este capítulo estudiaremos los circuitos internos de los IC analógicos más importantes, es decir, el amplificador operacional y los convertidores de datos. Las curvas características terminales y aplicaciones de circuitos de op amps se estudian en el capítulo 2. Aquí, nuestro objetivo es introducir al lector a algunas de las ingeniosas técnicas que han evolucionado con los años para combinar elementos de construcción de circuitos analógicos elementales para obtener un op amp completo. Específicamente, estudiaremos con algún detalle el circuito de uno de los IC de más amplio uso, el op amp 741 internamente compensado. Aun cuando se introdujo hace casi 30 años, el circuito interno del op amp 741 todavía es hoy tan importante e interesante como lo fue siempre. También estudiaremos con algún detalle una conocida configuración de circuito para op amps de CMOS. Aun cuando la operación de op amps de CMOS no se compara con la de unidades bipolares, es más adecuado por su aplicación en sistemas de integración a muy grande escala. Al combinar las ventajas de dispositivos bipolares y CMOS en la tecnología BiCMOS actualmente en evolución, es posible obtener excelentes diseños con op amps. Estudiaremos brevemente uno de estos circuitos.

Los convertidores analógicos a digitales y digitales a analógicos constituyen otra importante clase de circuitos integrados analógicos a los que el lector será introducido en este capítulo.

Además de presentar al lector algunas de las ideas que hacen del diseño con circuitos integrados un tema tan interesante, este capítulo también sirve para enlazar muchos de los conceptos y métodos estudiados en los capítulos anteriores.

10.1 EL CIRCUITO OP AMP 741

Comenzaremos con un estudio cualitativo del circuito op amp 741 que se muestra en la figura 10.1. Nótese que de conformidad con la filosofía del diseño de circuitos integrados, el circuito utiliza un gran número de transistores, pero relativamente pocos resistores y sólo un condensador. Esta filosofía está dictada por la economía (área de silicio, facilidad de fabricación, calidad de componentes factibles) de la fabricación de componentes activos y pasivos en forma de circuito integrado (IC) (véase el apéndice A).

Al igual que en el caso de la mayor parte de los op amps modernos de IC, el 741 requiere dos fuentes de alimentación, $+V_{CC}$ y $-V_{EE}$. Normalmente, $V_{CC} = V_{EE} = 15$ V, pero el circuito también opera de manera satisfactoria con las fuentes de alimentación reducidas a valores mucho más bajos (hasta de ±5 V). Es importante observar que ningún nodo del circuito está conectado a tierra, que es el terminal común de las dos fuentes.

Con un circuito relativamente grande como el que se ilustra en la figura 10.1, el primer paso en el análisis es la identificación de sus partes reconocibles y sus funciones. Esto se puede hacer como sigue:

Circuito de polarización

La corriente de polarización de referencia del circuito 741, I_{REF}, es generada en la rama de la extrema izquierda, que consiste en los dos transistores Q_{11} y Q_{12} conectados como diodos, y la resistencia R_5. Utilizando la fuente de corriente de Widlar formada por Q_{11}, Q_{10} y R_4, la corriente de polarización para la primera etapa se genera en el colector de Q_{10}. Otro espejo de corriente formado por Q_8 y Q_9 toma parte en la polarización de la primera etapa.

La corriente de polarización de referencia, I_{REF}, se utiliza para producir dos corrientes proporcionales en los colectores de Q_{13}. Este transistor *pnp lateral*[1] de doble colector puede considerarse como si fueran dos transistores cuyas uniones entre base y emisor están conectadas en paralelo. Entonces, Q_{12} y Q_{13} forman un espejo de corriente de dos salidas: una salida, el colector de Q_{13B}, produce corriente de polarización para Q_{17}, y la otra salida, el colector de Q_{13A}, produce corriente de polarización para la etapa de salida del op amp.

Otros dos transistores, Q_{18} y Q_{19}, toman parte en el proceso de polarización de cd. El propósito de Q_{18} y Q_{19} es establecer dos caídas de V_{BE} entre las bases de los transistores de salida Q_{14} y Q_{20}.

---

[1] Véase el apéndice A para una descripción de transistores *pnp* laterales.

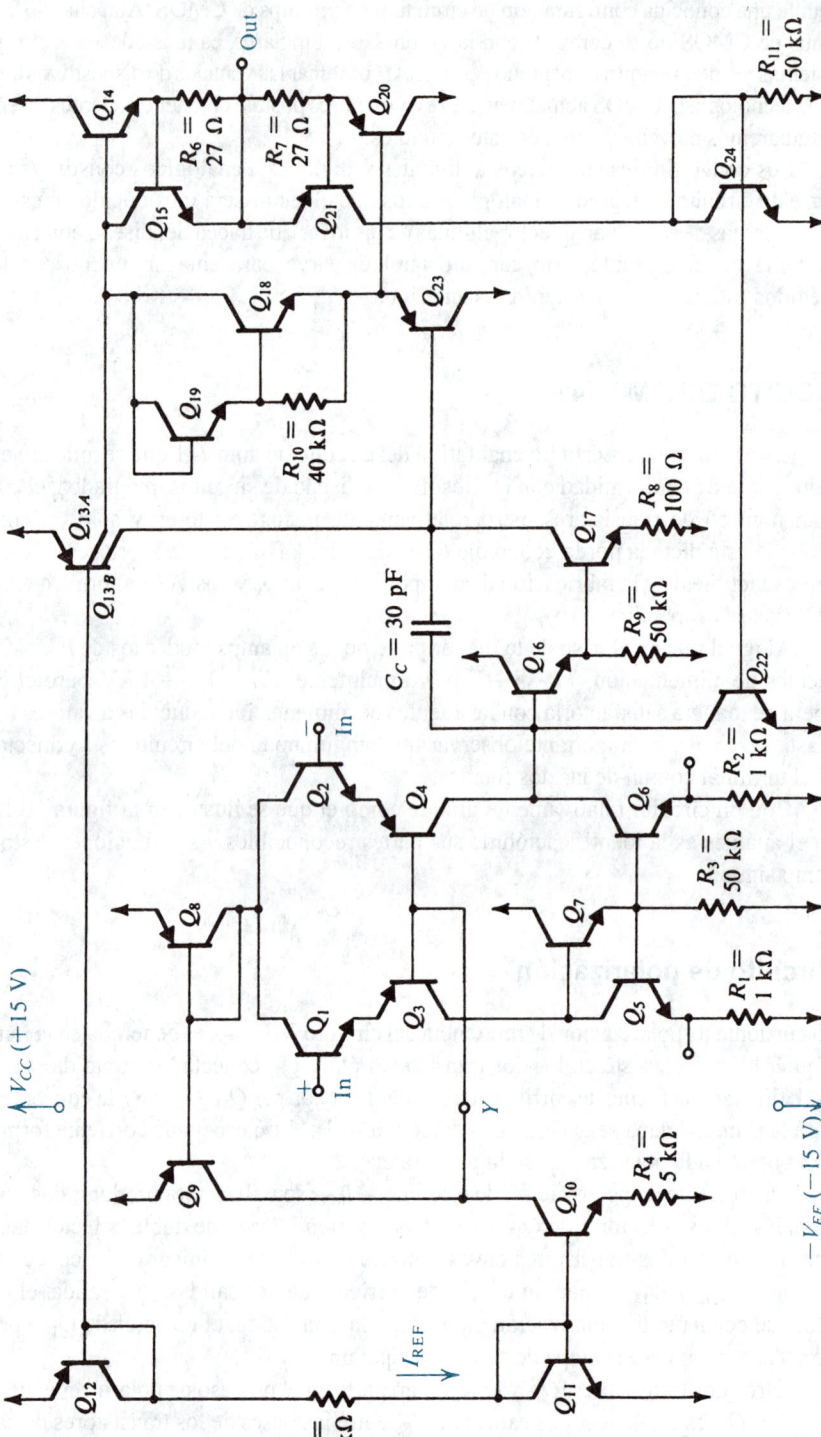

Fig. 10.1 Circuito op-amp 741. Q_{11}, Q_{12} y R_5 generan una corriente de polarización de referencia, I_{REF}. Q_{10}, Q_{9} y Q_8 polarizan la etapa de entrada, que está compuesta de Q_1 a Q_7. La segunda etapa de ganancia está compuesta de Q_{16} y Q_{17} con Q_{13B} actuando como carga activa. La etapa de salida de clase AB está formada por Q_{14} y Q_{20} con dispositivos de polarización Q_{13A}, Q_{18} y Q_{19}, y un regulador de entrada Q_{23}. Los transistores Q_{15}, Q_{21}, Q_{24} y Q_{22} sirven para proteger el amplificador contra cortocircuitos a la salida y normalmente no conducen.

Circuito de protección contra cortocircuitos

El circuito 741 incluye varios transistores normalmente abiertos y que conducen sólo en caso de que el usuario intente tomar una elevada corriente del terminal de salida del op-amp. Esto ocurriría, por ejemplo, si el terminal de salida se pone en cortocircuito con una de las dos fuentes de alimentación. La red de protección contra cortocircuitos está formada por R_6, R_7, Q_{15}, Q_{21}, Q_{24}, R_{11} y Q_{22}. En lo que sigue supondremos que estos transistores están abiertos. La operación de la red de protección contra cortocircuitos se explicará en la sección 10.5.

La etapa de entrada

El circuito 741 consta de tres etapas: una etapa diferencial de entrada, una etapa intermedia de alta ganancia, asimétrica, y una etapa separadora de salida. La etapa de entrada está formada por los transistores del Q_1 al Q_7, con la polarización realizada por Q_8, Q_9 y Q_{10}. Los transistores Q_1 y Q_2 actúan como seguidores de emisor, haciendo que la resistencia de entrada sea alta y entregue la señal diferencial de entrada al amplificador diferencial de base común formado por Q_3 y Q_4. De esta forma, la etapa de entrada es la versión diferencial de la configuración de base común y colector común estudiada en la sección 7.8.

Los transistores Q_5, Q_6 y Q_7, así como los resistores R_1, R_2 y R_3 forman el circuito de carga de la etapa de entrada. Éste es un elaborado circuito de carga de espejo de corriente, que analizaremos en detalle en la sección 10.3. Demostraremos que este circuito de carga no sólo produce una carga de alta resistencia, sino que también convierte la señal de diferencial a forma asimétrica sin pérdida de ganancia o rechazo de modo común. La salida de la etapa de entrada se toma asimétrica en el colector de Q_6.

Como se mencionó en la sección 6.10, todo circuito de op amp incluye un *desplazador de nivel* cuya función es desplazar el nivel de cd de la señal para que la señal a la salida del op amp pueda oscilar positiva y negativa. En el 741, el desplazamiento de nivel se realiza en la primera etapa usando los transistores *pnp* laterales Q_3 y Q_4. Aun cuando los transistores *pnp* laterales tienen una deficiente operación a alta frecuencia, su uso en la configuración de base común (que se conoce por tener buena respuesta a alta frecuencia) no perjudica seriamente la respuesta en frecuencia del op amp.

El uso de los transistores *pnp* laterales Q_3 y Q_4 en la primera etapa tiene otra ventaja: protección de los transistores Q_1 y Q_2 de la etapa de entrada contra la ruptura de la unión entre emisor y base. Como la unión entre emisor y base de un transistor *npn* se rompe a alrededor de 7 V de polarización inversa (véase la sección 4.15), las etapas diferenciales *npn* regulares sufrirían esta ruptura si, por ejemplo, el voltaje de alimentación se conectara accidentalmente entre los terminales de entrada. Los transistores *pnp* laterales, sin embargo, tienen voltajes de ruptura entre emisor y base (alrededor de 50 V); y como están conectados en serie con Q_1 y Q_2, brindan protección de los transistores 741 de entrada, Q_1 y Q_2.

La segunda etapa

La segunda etapa, o intermedia, está compuesta por Q_{16}, Q_{17}, Q_{13B} y los dos resistores R_8 y R_9. El transistor Q_{16} actúa como seguidor de emisor, dando así a la segunda etapa una elevada resistencia de entrada. Esto reduce al mínimo la carga en la etapa de entrada y evita pérdida de ganancia. El transistor Q_{17} actúa como amplificador de emisor común con un resistor de 100 Ω en el emisor. Su carga está compuesta por la alta resistencia de salida del transistor *pnp* Q_{13B} de la fuente de corriente en paralelo con la resistencia de entrada de la etapa de salida (viendo hacia la base de Q_{23}). El uso de una fuente de corriente con transistores como resistencia de carga es una técnica denominada *carga activa* (sección 6.5), que hace posible obtener alta ganancia sin recurrir al uso de altas resistencias de carga, que ocuparían un área grande del chip y requerirían elevados voltajes de fuente de alimentación.

La salida de la segunda etapa se toma en el colector de Q_{17}. El condensador C_C se conecta en la trayectoria de retroalimentación de la segunda etapa para obtener compensación de frecuencia usando la técnica de compensación Miller estudiada en la sección 8.11. En la sección 10.6 se demostrará que el condensador C_C relativamente pequeño da al 741 un polo dominante a unos 4 Hz. Además, la división de polo hace que otros polos se desplacen a frecuencias mucho más altas, dando al op amp una atenuación uniforme de ganancia de −20 dB/década con un ancho de banda de ganancia unitaria de aproximadamente 1 MHz. Debe señalarse que aun cuando el condensador C_C sea pequeño en valor, el área de chip que ocupa es unas 13 veces el de un transistor *npn* estándar.

La etapa de salida

El propósito de la etapa de salida (capítulo 9) es dar al amplificador una baja resistencia de salida. Además, la etapa de salida debe tener capacidad para suministrar corrientes de carga relativamente altas sin disipar una cantidad indebidamente grande de potencia en el IC. El 741 utiliza una eficiente etapa de salida clase AB, que estudiaremos en detalle en la sección 10.5.

La etapa de salida consta del par complementario Q_{14} y Q_{20}, donde Q_{20} es un *sustrato pnp* (véase el apéndice A). Los transistores Q_{18} y Q_{19} son alimentados por una fuente de corriente Q_{13A} y polarizan a los transistores de salida Q_{14} y Q_{20}. El transistor Q_{23} (que es otro sustrato *pnp*) actúa como seguidor de emisor, reduciendo así al mínimo el efecto de carga de la etapa de salida en la segunda etapa.

Parámetros de dispositivo

En las secciones siguientes realizaremos un detallado análisis del circuito 741. Para los transistores estándar *npn* y *pnp* se utilizarán los parámetros siguientes:

$$npn: \quad I_S = 10^{-14}\,\text{A}, \quad \beta = 200, \quad V_A = 125\,\text{V}$$

$$pnp: \quad I_S = 10^{-14}\,\text{A}, \quad \beta = 50, \quad V_A = 50\,\text{V}$$

En el circuito 741 los dispositivos que no son estándar son Q_{13}, Q_{14} y Q_{20}. El transistor Q_{13} se supondrá equivalente a los transistores Q_{13A} y Q_{13B}, con uniones entre base y emisor en paralelo y con las siguientes corrientes de saturación:

$$I_{SA} = 0.25 \times 10^{-14}\,\text{A} \qquad I_{SB} = 0.75 \times 10^{-14}\,\text{A}$$

Se supondrá que los transistores Q_{14} y Q_{20} tendrán cada uno un área tres veces la de un dispositivo estándar. Los transistores de salida suelen tener áreas relativamente grandes para poder alimentar grandes corrientes de carga y disipar cantidades relativamente grandes de potencia son sólo un moderado aumento en la temperatura del dispositivo.

Ejercicios

10.1 Para el transistor *npn* estándar cuyos parámetros se dan líneas antes, encuentre valores aproximados para los siguientes parámetros a $I_C = 1$ mA: V_{BE}, g_m, r_e, r_π, r_o, r_μ. (*Nota:* Suponga $r_\mu = 10\beta r_o$.)

Resp. 633 mV; 40 mA/V; 25 Ω; 5 kΩ; 125 kΩ; 250 MΩ

10.2 Para el circuito de la figura E10.2, desprecie corrientes de base y utilice la relación exponencial i_C–v_{BE} para demostrar que

$$I_3 = I_1 \sqrt{\frac{I_{S3}I_{S4}}{I_{S1}I_{S2}}}$$

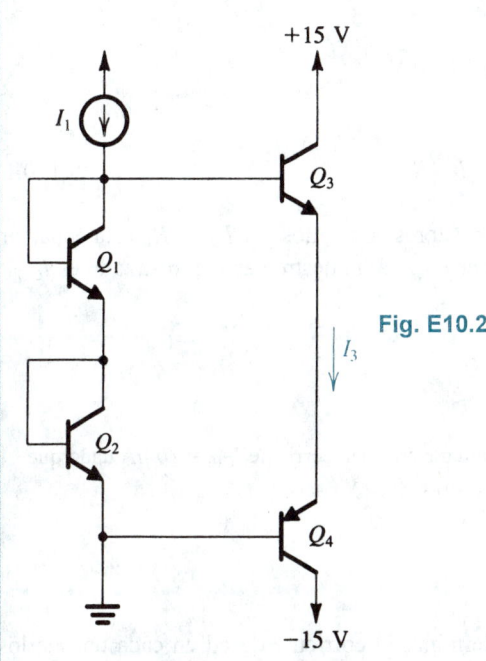

Fig. E10.2

10.2 ANÁLISIS DE CD DEL 741

En esta sección realizaremos un análisis de cd del circuito 741 para determinar el punto de polarización de cada dispositivo. Para el análisis de cd de un circuito op amp los terminales de entrada se conectan tierra. Teóricamente hablando, esto podría resultar en cero voltaje de cd a la salida, pero debido a que el op amp tiene ganancia muy grande, cualquier ligera aproximación en el análisis demostrará que el voltaje de salida está lejos de ser cero y está cerca ya sea de $+V_{CC}$ o $-V_{EE}$. En la práctica real, un op amp dejado en circuito abierto tendrá un voltaje de salida saturado cercano a una de las dos fuentes. Para superar este problema en el análisis de cd, se supondrá que el op amp está conectado en circuito de retroalimentación negativa que estabiliza el voltaje de cd de salida a cero volts.

Corriente de polarización de referencia

La corriente de polarización de referencia I_{REF} se genera en la rama compuesta por los dos transistores Q_{11} y Q_{12} conectados como diodos, así como el resistor R_5. Con referencia a la figura 10.1, podemos escribir

$$I_{REF} = \frac{V_{CC} - V_{EB12} - V_{BE11} - (-V_{EE})}{R_5}$$

Para $V_{CC} = V_{EE} = 15$ V y $V_{BE11} = V_{EB12} \simeq 0.7$ V, tenemos $I_{REF} = 0.73$ mA.

Polarización de etapa de entrada

El transistor Q_{11} está polarizado por I_{REF}, y el voltaje que se forma en sus terminales se utiliza para polarizar Q_{10}, que tiene una resistencia de emisor R_4 en serie. Esta parte del circuito se dibuja de otra forma en la figura 10.2 y se puede reconocer como la fuente de corriente de Widlar estudiada en la sección 6.4. Del circuito, tenemos

$$V_{BE11} - V_{BE10} = I_{C10}R_4$$

Entonces

$$V_T \ln \frac{I_{REF}}{I_{C10}} = I_{C10}\,R_4 \qquad (10.1)$$

donde se ha supuesto que $I_{S10} = I_{S11}$. Al sustituir los valores conocidos por I_{REF} y R_4, esta ecuación se puede resolver por prueba y error para determinar I_{C10}. Para nuestro caso, el resultado es $I_{C10} = 19\ \mu A$.

Ejercicio

D10.3 Diseñe la fuente de corriente de Widlar de la figura 10.2 para generar una corriente $I_{C10} = 10\ \mu A$ dado que $I_{REF} = 1$ mA. Si a una corriente de colector de 1 mA, $V_{BE} = 0.7$ V, encuentre V_{BE11} y V_{BE10}.

Resp. $R_4 = 11.5$ kΩ; $V_{BE11} = 0.7$ V; $V_{BE10} = 0.585$ V

Habiendo determinado I_{C10}, continuamos para determinar la corriente de cd en cada uno de los transistores de la etapa de entrada. Parte de la etapa de entrada se vuelve a trazar en la figura 10.3. De la simetría, vemos que

$$I_{C1} = I_{C2}$$

Denote esta corriente por I. Vemos que si la β *npn* es alta, entonces

$$I_{E3} = I_{E4} \simeq I$$

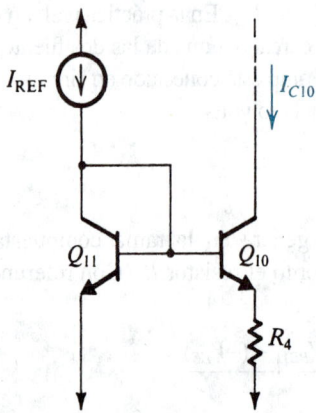

Fig. 10.2 Fuente de corriente de Widlar.

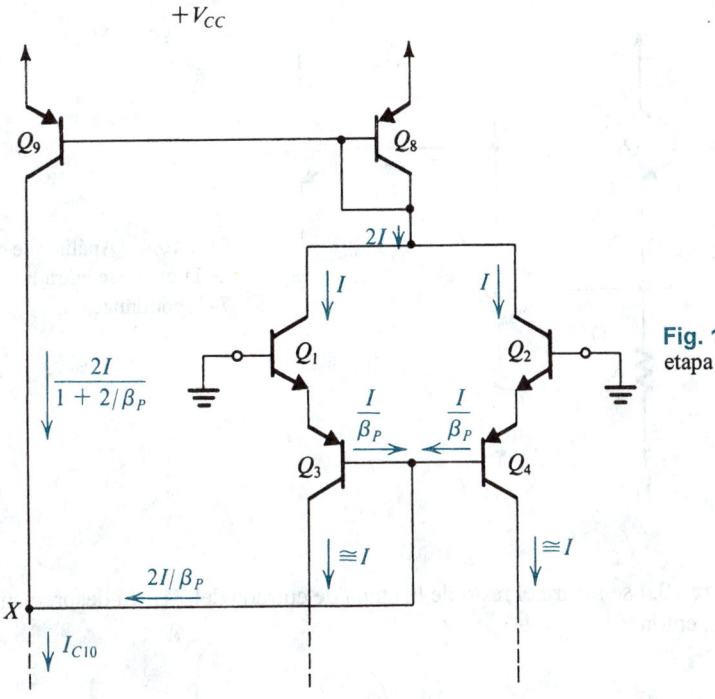

Fig. 10.3 Análisis de cd de la etapa de entrada del 741.

y las corrientes de base de Q_3 y Q_4 son iguales, con un valor de $I/(\beta_P + 1) \simeq I/\beta_P$, donde β_P denota β de los dispositivos *pnp*.

El espejo de corriente formado por Q_8 y Q_9 está alimentado por una corriente de entrada de $2I$. Si usamos el resultado de la ecuación (6.63), podemos expresar la corriente de salida del espejo como

$$I_{C9} = \frac{2I}{1 + 2/\beta_P}$$

Podemos ahora escribir una ecuación de nodo para el nodo X de la figura 10.3 y así determinar el valor de I. Si $\beta_P \gg 1$, entonces esta ecuación de nodo dará

$$2I \simeq I_{C10}$$

Para el 741, $I_{C10} = 19\ \mu A$; entonces, $I \simeq 9.5\ \mu A$. Hemos determinado así que

$$I_{C1} = I_{C2} \simeq I_{C3} = I_{C4} = 9.5\ \mu A$$

En este punto, debemos observar que los transistores Q_1 al Q_4, Q_8 y Q_9 forman un **circuito de retroalimentación negativa,** que trabaja para estabilizar el valor de I a aproximadamente $I_{C10}/2$. Para apreciar este hecho, supongamos que por alguna razón aumenta la corriente I en Q_1 y Q_2. Esto hará que la corriente atraída desde Q_8 aumente, y la corriente de salida del espejo Q_8–Q_9 aumentará de modo correspondiente. Sin embargo, como I_{C10} permanece constante, el nodo X obliga a las corrientes de base combinadas de Q_3 y Q_4 a disminuir. Esto, a su vez, hace que las corrientes de emisor de Q_3 y Q_4, y por esto las corrientes de colector de Q_1 y Q_2, disminuyan. Esto es contrario en dirección al cambio originalmente supuesto. Por lo tanto, la retroalimentación es negativa y estabiliza el valor de I.

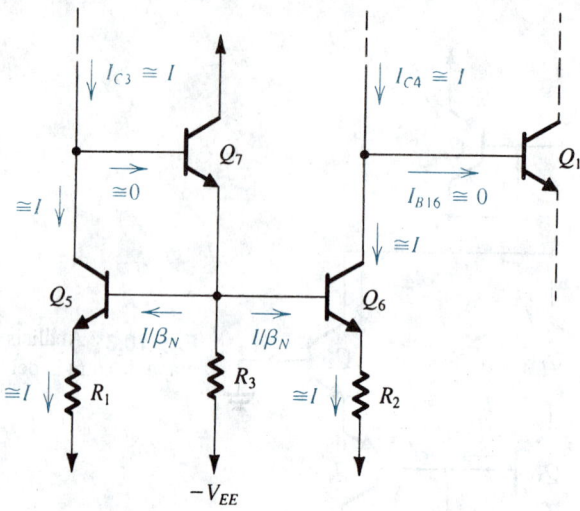

Fig. 10.4 Análisis de cd de la etapa de entrada del 741, continuación.

En la figura 10.4 se ilustra el resto de la etapa de entrada del 741. Si despreciamos la corriente de base de Q_{16}, entonces

$$I_{C6} \simeq I$$

Análogamente, si se desprecia la corriente de base de Q_7 obtenemos

$$I_{C5} \simeq I$$

La corriente de polarización de Q_7 se puede determinar con

$$I_{C7} \simeq I_{E7} = \frac{2I}{\beta_N} + \frac{V_{BE6} + IR_2}{R_3} \tag{10.2}$$

donde β_N denota β de los transistores *npn*. Para determinar V_{BE6} usamos la relación exponencial de transistores y escribimos

$$V_{BE6} = V_T \ln \frac{I}{I_S}$$

Al sustituir $I_S = 10^{-14}$ A e $I = 9.5$ μA se obtiene en $V_{BE6} = 517$ mV. Entonces, al sustituir en la ecuación (10.2), resulta $I_{C7} = 10.5$ μA. Nótese que la corriente de base de Q_7 es de hecho despreciable si se compara con el valor de I, como se ha supuesto.

Corrientes de polarización de entrada y de desnivel

La **corriente de polarización de entrada** de un op amp se define (capítulos 2 y 6) como

$$I_B = \frac{I_{B1} + I_{B2}}{2}$$

Para el 741 obtenemos

$$I_B = \frac{I}{\beta_N}$$

Si se utiliza $\beta_N = 200$, resulta $I_B = 47.5$ nA. Nótese que este valor es razonablemente pequeño y es típico de op amps de uso general que emplean los BJT en la etapa de entrada. Se pueden obtener corrientes de polarización de entrada mucho menores (del orden de picoamperes) si se utiliza una etapa de entrada con FET. Del mismo modo, hay técnicas para reducir la corriente de polarización de entrada de op amps de entrada bipolar.

Debido a posibles desigualdades en los valores de β de Q_1 y Q_2, las corrientes de base de entrada no serán iguales. Dado el valor de la desigualdad de β, se puede usar la ecuación (6.60) para calcular la **corriente de desnivel de entrada,** definida como

$$I_{OS} = |I_{B1} - I_{B2}|$$

Voltaje de desnivel de entrada

Del capítulo 6 sabemos que el voltaje de desnivel de entrada se determina básicamente por desigualdades entre los dos lados de la etapa de entrada. En el op amp 741, el voltaje de desnivel de entrada se debe a desigualdades entre Q_1 y Q_2, entre Q_3 y Q_4, entre Q_5 y Q_6 y entre R_1 y R_2. La evaluación de los componentes de V_{OS} correspondiente a las diversas desigualdades sigue al método indicado en la sección 6.3. Básicamente, encontramos la corriente que resulta a la salida de la primera etapa debido a la desigualdad en particular que se considera. Entonces, encontramos el voltaje diferencial de entrada que debe ser aplicado para reducir la corriente de salida a cero.

Intervalo de entrada de modo común

El **intervalo de entrada de modo común** es el intervalo de voltajes de entrada de modo común en que la etapa de entrada permanece en el modo activo lineal. Consulte la figura 10.1. Vemos que, en el circuito 741, el intervalo de entrada de modo común está determinado en el extremo superior por la saturación de Q_1 y Q_2, y en el extremo inferior por la saturación de Q_3 y Q_4.

Ejercicio

10.4 Desprecie las caídas de voltaje en R_1 y R_2 y suponga que $V_{CC} = V_{EE} = 15$ V. Demuestre que el intervalo de entrada de modo común del 741 es aproximadamente -12.6 a $+14.4$ V. (Suponga que $V_{BE} \simeq 0.6$ V y que para evitar saturación $V_{CB} \geq 0$ para un transistor *npn*, y $V_{BC} \geq 0$ para un transistor *pnp*.)

Polarización de segunda etapa

Si despreciamos la corriente de base de Q_{23} entonces vemos de la figura 10.1 que la corriente de colector de Q_{17} es aproximadamente igual a la corriente alimentada por la fuente de corriente Q_{13B}. Debido a que Q_{13B} tiene una corriente de escala 0.75 veces la de Q_{12}, su corriente de colector será

$I_{C13B} \simeq 0.75 I_{REF}$, donde hemos supuesto que $\beta_P \gg 1$. Entonces, $I_{C13B} = 550 \ \mu A$ y $I_{C17} \simeq 550 \ \mu A$. A este nivel de corriente, el voltaje entre base y emisor de Q_{17} es

$$V_{BE17} = V_T \ln \frac{I_{C17}}{I_S} = 618 \text{ mV}$$

La corriente de colector de Q_{16} se puede determinar con

$$I_{C16} \simeq I_{E16} = I_{B17} + \frac{I_{E17}R_8 + V_{BE17}}{R_9}$$

Este cálculo produce $I_{C16} = 16.2 \ \mu A$. Nótese que la corriente de base de Q_{16} será de hecho despreciable comparada con la corriente I de polarización de etapa de entrada, como hemos supuesto previamente.

Polarización de etapa de salida

En la figura 10.5 se ilustra la etapa de salida del 741 con el circuito de protección de cortocircuito omitido. La fuente de corriente Q_{13A} entrega una corriente de $0.25 I_{REF}$ (porque I_S de Q_{13A} es 0.25 veces la I_S de Q_{12}) a la red compuesta de Q_{18}, Q_{19} y R_{10}. Si despreciamos las corrientes de base de Q_{14} y Q_{20}, entonces la corriente de emisor de Q_{23} también será igual a $0.25 I_{REF}$. Entonces,

$$I_{C23} \simeq I_{E23} \simeq 0.25 I_{REF} = 180 \ \mu A$$

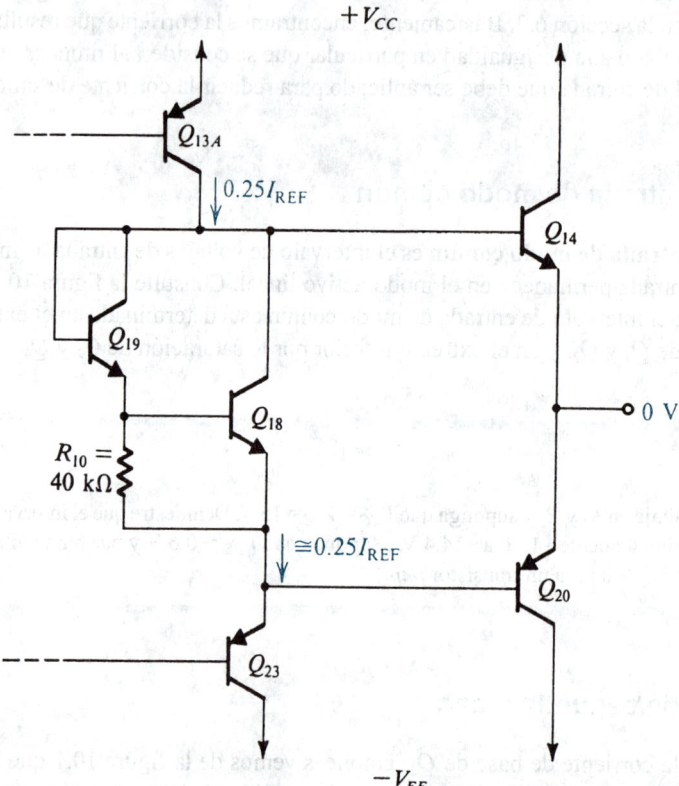

Fig. 10.5 Etapa de salida del 741 sin dispositivos de protección contra cortocircuito.

Entonces vemos que la corriente de base de Q_{23} es sólo $180/50 = 3.6\ \mu A$, que es despreciable en comparación con I_{C17}, como hemos supuesto previamente.

Si suponemos que V_{BE18} es aproximadamente 0.6 V, podemos determinar la corriente en R_{10} como 15 μA. La corriente de emisor de Q_{18} es, por lo tanto,

$$I_{E18} = 180 - 15 = 165\ \mu A$$

También,

$$I_{C18} \simeq I_{E18} = 165\ \mu A$$

A este valor de corriente encontramos que $V_{BE18} = 588$ mV, que es muy cercano al valor supuesto. La corriente de base de Q_{18} es $165/200 = 0.8\ \mu A$, que se puede sumar a la corriente en R_{10} para determinar la corriente de Q_{19} como

$$I_{C19} \simeq I_{E19} = 15.8\ \mu A$$

La caída de voltaje en la unión entre base y emisor de Q_{19} se puede determinar ahora como

$$V_{BE19} = V_T \ln \frac{I_{C19}}{I_S} = 530\ mV$$

Como se mencionó en la sección 10.1, el propósito de la red Q_{18}–Q_{19} es establecer dos caídas de V_{BE} entre las bases de los transistores de salida Q_{14} y Q_{20}. Esta caída de voltaje, V_{BB}, se puede calcular ahora como

$$V_{BB} = V_{BE18} + V_{BE19} = 588 + 530 = 1.118\ V$$

Como V_{BB} aparece en los terminales de la combinación serie de las uniones entre base y emisor de Q_{14} y Q_{20}, podemos escribir

$$V_{BB} = V_T \ln \frac{I_{C14}}{I_{S14}} + V_T \ln \frac{I_{C20}}{I_{S20}}$$

Usando el valor calculado de V_{BB} y sustituyendo $I_{S14} = I_{S20} = 3 \times 10^{-14}$ A, determinamos las corrientes de colector como

$$\dot{I}_{C14} = I_{C20} = 154\ \mu A$$

Resumen

Para futuras consultas, en la tabla 10.1 se encuentra una lista de los valores de las corrientes de polarización de colector de los transistores 741.

Tabla 10.1   CORRIENTES DE CD DE COLECTOR DEL CIRCUITO 741 (μA)

Q_1	9.5	Q_8	19	Q_{13B}	550	Q_{19}	15.8
Q_2	9.5	Q_9	19	Q_{14}	154	Q_{20}	154
Q_3	9.5	Q_{10}	19	Q_{15}	0	Q_{21}	0
Q_4	9.5	Q_{11}	730	Q_{16}	16.2	Q_{22}	0
Q_5	9.5	Q_{12}	730	Q_{17}	550	Q_{23}	180
Q_6	9.5	Q_{13A}	180	Q_{18}	165	Q_{24}	0
Q_7	10.5						

Ejercicio

10.5 Si en el circuito de la figura 10.5 la red Q_{18}–Q_{19} es sustituida por dos transistores conectados como diodos, encuentre la corriente en Q_{14} y Q_{20}. (*Sugerencia:* Utilice el resultado del ejercicio 10.2.)

Resp. 540 μA

10.3   ANÁLISIS A PEQUEÑA SEÑAL DE LA ETAPA DE ENTRADA DEL 741

En la figura 10.6 se ilustra parte de la etapa de entrada del 741 con el fin de realizar un análisis a pequeña señal. Nótese que como los colectores de Q_1 y Q_2 están conectados a un voltaje de cd constante, se muestran conectados a tierra. Del mismo modo, la polarización de corriente constante de las bases de Q_3 y Q_4 equivale a tener el terminal de base común a circuito abierto.

La señal diferencial v_i, aplicada entre los terminales de entrada, efectivamente aparece en los terminales de cuatro resistencias iguales de emisor, conectadas en serie: las de Q_1, Q_2, Q_3 y Q_4. Como resultado de esto, las corrientes de señal de emisor circulan como se indica en la figura 10.6 con

$$i_e = \frac{v_i}{4r_e} \tag{10.3}$$

donde r_e denota la resistencia de emisor de cada uno de los transistores de Q_1 a Q_4. Entonces

$$r_e = \frac{V_T}{I} = \frac{25\ \text{mV}}{9.5\ \mu\text{A}} = 2.63\ \text{k}\Omega$$

Entonces los cuatro transistores, Q_1 a Q_4, alimentan el circuito de carga con un par de señales de corriente complementaria αi_e, como se indica en la figura 10.6.

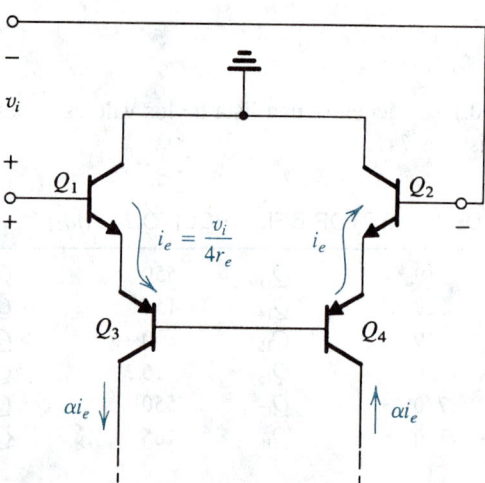

Fig. 10.6 Análisis a pequeña señal de la etapa de entrada del 741.

La resistencia diferencial de entrada del op amp se puede obtener de la figura 10.6 como

$$R_{id} = 4(\beta_N + 1)r_e \tag{10.4}$$

Para $\beta_N = 200$, obtenemos $R_{id} = 2.1$ MΩ.

Continuando con el análisis de etapa de entrada, en la figura 10.7 se muestra el circuito de carga alimentado con el par complementario de señales de corriente encontradas antes. Si se desprecia la corriente de señal en la base de Q_7, vemos que la corriente de señal de colector de Q_5 es aproximadamente igual a la corriente de entrada αi_e. Ahora, como Q_5 y Q_6 son idénticos y sus bases están unidas, y como iguales resistencias están conectadas en sus emisores, se deduce que sus corrientes de señal de colector deben ser iguales. Así, la corriente de señal del colector de Q_6 es forzada a ser igual a αi_e. En otras palabras, el circuito de carga funciona como espejo de corriente.

Ahora considere el nodo de salida de la etapa de entrada. La corriente de salida i_o está dada por

$$i_o = 2\alpha i_e \tag{10.5}$$

El factor de 2 en esta ecuación indica que la conversión de diferencial a asimétrica se realiza sin perder la mitad de la señal. La treta, desde luego, es el uso del espejo de corriente para invertir una de las señales de corriente y luego sumar el resultado a la otra señal de corriente (véase la sección 6.5).

Las ecuaciones (10.3) y (10.5) se pueden combinar para obtener la transconductancia de la etapa de entrada, G_{m1}:

$$G_{m1} \equiv \frac{i_o}{v_i} = \frac{\alpha}{2r_e} \tag{10.6}$$

Al sustituir $r_e = 2.63$ kΩ y $\alpha \simeq 1$ produce $G_{m1} = 1/5.26$ mA/V.

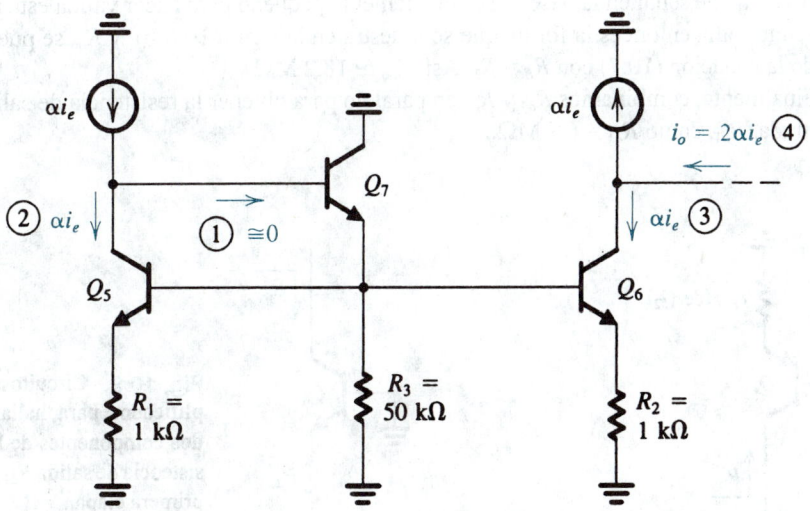

Fig. 10.7 Circuito de carga de la etapa de entrada alimentada por las dos señales de corriente complementarias generadas por Q_1 al Q_4 en la figura 10.6. El orden de los pasos del análisis está indicado por los números circulados.

Ejercicio

10.6 Para el circuito de la figura 10.7 encuentre, en términos de i_e: (a) El voltaje de señal en la base de Q_6; (b) La corriente de señal en el emisor de Q_7; (c) La corriente de señal en la base de Q_7; (d) El voltaje de señal en la base de Q_7; (e) La resistencia de entrada vista por la fuente de corriente αi_e de señales izquierda.

Resp. (a) $3.63 \text{ k}\Omega \times i_e$; (b) $0.08 i_e$; (c) $0.0004 i_e$; (d) $3.84 \text{ k}\Omega \times i_e$; (e) $3.84 \text{ k}\Omega$

Para completar nuestro modelo de la etapa de entrada del 741 debemos hallar su resistencia de salida R_{o1}. Ésta es la resistencia vista "mirando atrás" en el terminal del colector de Q_6 en la figura 10.7. Así, R_{01} es el equivalente paralelo de la resistencia de salida de la fuente de corriente que alimenta la corriente de señal αi_e y la resistencia de salida de Q_6. El primer componente es la resistencia que mira hacia el colector de Q_4 de la figura 10.6. Hallar esta resistencia se simplifica de manera considerable si suponemos que las bases comunes de Q_3 y Q_4 están a *tierra virtual*. Esto, por supuesto, sólo ocurre cuando la señal de entrada v_i se aplica de modo complementario; esta suposición no resulta en un error grande.

Si se supone que la base de Q_4 está a tierra virtual, la resistencia que buscamos es R_{o4}, indicada en la figura 10.8(a). Ésta es la resistencia de salida de un transistor de base común que tiene una resistencia (r_e de Q_2) en su emisor. Para hallar R_{o4} podemos usar la expresión desarrollada en el capítulo 6 (ecuación 6.78):

$$R_o = r_o[1 + g_m(R_E // r_\pi)] \tag{10.7}$$

Sustituyendo, $R_E = r_e \equiv 2.63 \text{ k}\Omega$ y $r_o = V_A/I$, donde $V_A = 50$ V e $I = 9.5$ μA (y $r_o = 5.26 \text{ M}\Omega$), se tiene $R_{o4} = 10.5 \text{ M}\Omega$.

El segundo componente de la resistencia de salida es el que se ve mirando hacia el colector de Q_6 de la figura 10.7. Aun cuando la base de Q_6 no es una señal a tierra, o aterrizada, supondremos que el voltaje de señal en la base es suficientemente pequeño para hacer válida esta aproximación. El circuito toma entonces la forma que se muestra en la figura 10.8(b), y R_{o6} se puede determinar usando la ecuación (10.7) con $R_E = R_2$. Así, $R_{o6} \simeq 18.2 \text{ M}\Omega$.

Finalmente, combinamos R_{o4} y R_{o6} en paralelo para obtener la resistencia de salida de la etapa de entrada, R_{o1}, como $R_{o1} = 6.7 \text{ M}\Omega$.

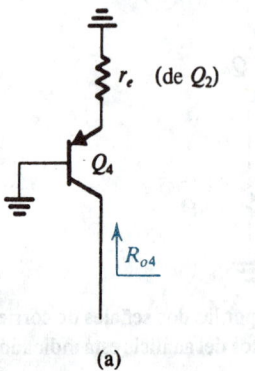

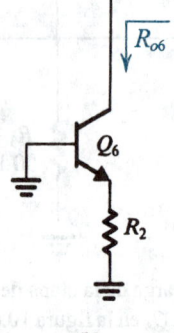

Fig. 10.8 Circuitos simplificados para hallar los dos componentes de la resistencia de salida R_{o1} de la primera etapa.

(a)

(b)

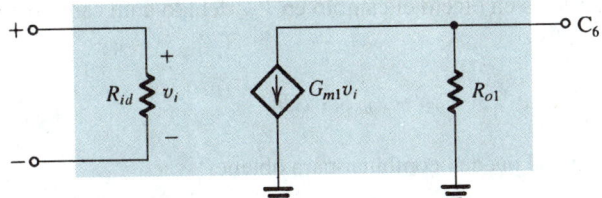

Fig. 10.9 Circuito equivalente a pequeña señal para la etapa de entrada del op amp 741.

En la figura 10.9 se ilustra el circuito equivalente que hemos deducido para la etapa de entrada. Ésta es una versión simplificada del modelo de parámetro y de una red de dos puertos con y_{12} supuesta despreciable (véase el apéndice B).

EJEMPLO 10.1

Deseamos hallar el voltaje de desnivel de entrada que resulte de una desigualdad de 2% entre las resistencias R_1 y R_2 de la figura 10.1.

SOLUCIÓN

Considere primero la situación cuando ambos terminales de entrada están a tierra, y suponga que $R_1 = R$ y $R_2 = R + \Delta R$, donde $\Delta R/R = 0.02$. De la figura 10.10 vemos que mientras que Q_5 todavía conduce una corriente igual a I, la corriente en Q_6 será menor en ΔI. El valor de ΔI se puede hallar de

$$V_{BE5} + IR = V_{BE6} + (I - \Delta I)(R + \Delta R)$$

Entonces

$$V_{BE5} - V_{BE6} = I\,\Delta R - \Delta I(R + \Delta R) \tag{10.8}$$

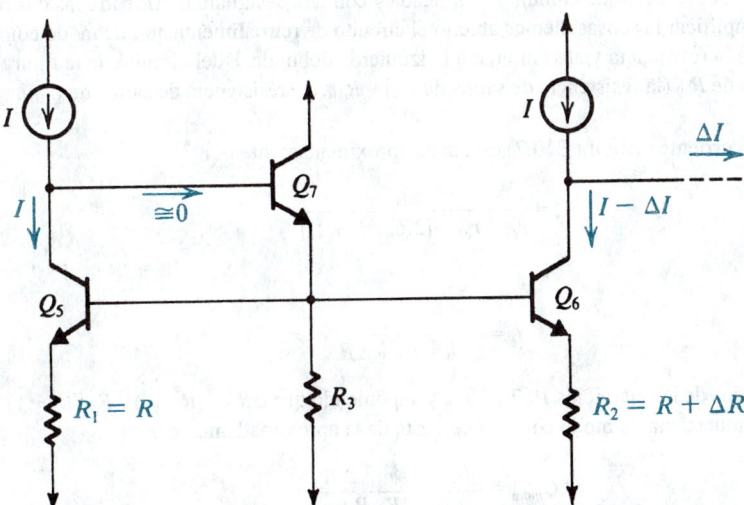

Fig.10.10 Etapa de entrada con ambas entradas a tierra y una desigualdad ΔR entre R_1 y R_2.

La cantidad del lado izquierdo es en efecto el cambio en V_{BE} debido a un cambio en I_E de ΔI. Por lo tanto, podemos escribir

$$V_{BE5} - V_{BE6} \simeq \Delta I r_e \tag{10.9}$$

Las ecuaciones (10.8) y (10.9) se pueden combinar para obtener

$$\frac{\Delta I}{I} = \frac{\Delta R}{R + \Delta R + r_e} \tag{10.10}$$

Al sustituir $R = 1$ kΩ y $r_e = 2.63$ kΩ se muestra que una desigualdad de 2% entre R_1 y R_2 da lugar a una corriente de salida $\Delta I = 5.5 \times 10^{-3} I$. Para reducir esta corriente de salida a cero tenemos que aplicar un voltaje de entrada V_{OS} dado por

$$V_{OS} = \frac{\Delta I}{G_{m1}} = \frac{5.5 \times 10^{-3} I}{G_{m1}} \tag{10.11}$$

Al sustituir $I = 9.5$ μA y $G_{m1} = 1/5.26$ mA/V resulta en el voltaje de desnivel $V_{OS} \simeq 0.3$ mV.

Debe señalarse que el voltaje de desnivel calculado es sólo un componente del voltaje de desnivel de entrada del 741. Otros componentes surgen debido a desigualdades en las características de un transistor. El voltaje de desnivel del 741 está especificado típicamente como de 2 mV.

Ejercicios

El objetivo de la siguiente serie de ejercicios es determinar la ganancia finita de modo común que resulta de una desigualdad en el circuito de carga de la etapa de entrada del op amp 741. En la figura E10.7 se ilustra la etapa de entrada con una señal de entrada de modo común v_{icm} aplicada y con una desigualdad ΔR entre las dos resistencias R_1 y R_2. Nótese que para simplificar las cosas, hemos abierto el circuito de retroalimentación de modo común e incluido una resistencia R_o, que es la resistencia vista mirando a la izquierda del nodo Y del circuito de la figura 10.1. Así, R_o es el equivalente paralelo de R_{o9} (la resistencia de salida de Q_9) y R_{o10} (la resistencia de salida de Q_{10}).

10.7 Demuestre que la corriente i (figura E10.7) está dada aproximadamente por

$$i = \frac{v_{icm}}{r_{e1} + r_{e3} + [2R_o/(\beta_P + 1)]}$$

10.8 Demuestre que

$$i_o = -i\,\frac{\Delta R}{R + r_{e5} + \Delta R}$$

10.9 Usando los resultados de los ejercicios 10.7 y 10.8, y suponiendo que $\Delta R \ll (R + r_e)$ y $R_o/(\beta_P + 1) \gg (r_{e1} + r_{e3})$, demuestre que la transconductancia de modo común G_{mcm} está dada aproximadamente por

$$G_{mcm} \equiv \frac{|i_o|}{v_{icm}} \simeq \frac{\beta_P}{2R_o}\frac{\Delta R}{R + r_{e5}}$$

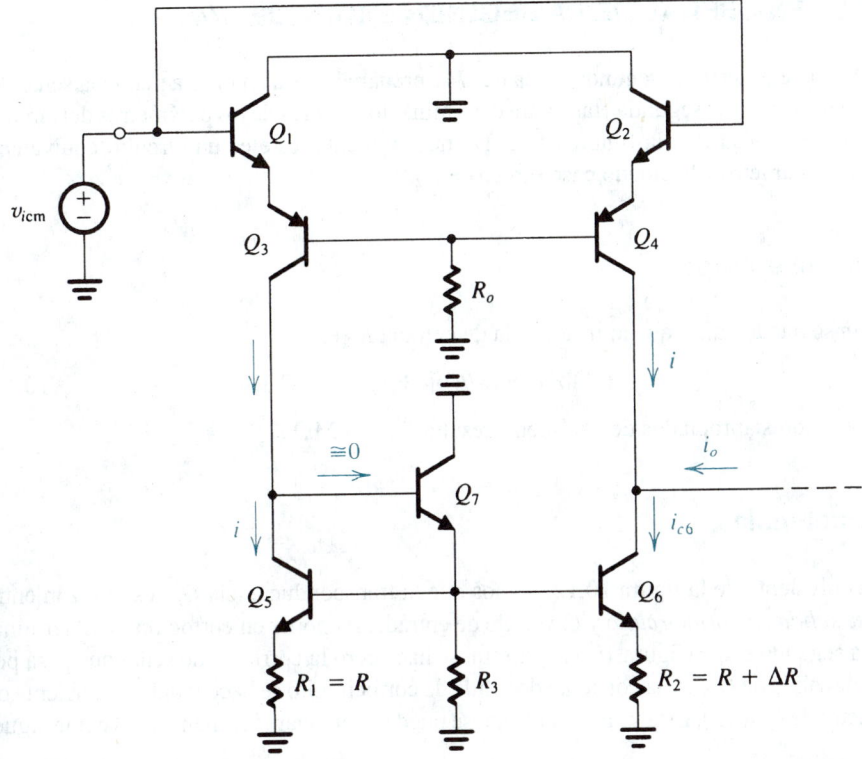

Fig. E10.7

10.10 Consulte la figura 10.1 y suponga que las bases de Q_9 y Q_{10} están a voltajes aproximadamente constantes (tierra de señal). Encuentre R_{o9}, R_{o10} y de aquí R_o. Utilice $V_A = 125$ V para transistores *npn* y 50 V para transistores *pnp* y desprecie r_μ.

Resp. $R_{o9} = 2.63$ MΩ; $R_{o10} = 31.1$ MΩ; $R_o = 2.43$ MΩ

10.11 Para $\beta_P = 50$ y $\Delta R/R = 0.02$, evalúa G_{mcm} obtenida en el ejercicio 10.9.

Resp. 0.057 μA/V

10.12 Utilice el valor de G_{mcm} obtenido en el ejercicio 10.11 y el valor de G_{m1} obtenido de la ecuación (10.6) para hallar el factor de rechazo de modo común, que es la relación entre G_{m1} y G_{mcm}, expresado en decibeles.

Resp. 70.5 dB

10.13 Si se observa que con la malla de retroalimentación negativa de modo común en su lugar la ganancia disminuye igual que la cantidad de retroalimentación, y si se observa que la ganancia del circuito es aproximadamente igual a β_P (véase el problema 10.8), encuentre el factor de rechazo de modo común con el circuito de retroalimentación en su lugar.

Resp. 104.6 dB

10.4　ANÁLISIS A PEQUEÑA SEÑAL DE LA SEGUNDA ETAPA DEL 741

En la figura 10.11 se muestra la segunda etapa del 741 preparada para análisis a pequeña señal. En esta sección analizaremos la segunda etapa para determinar los valores de los parámetros del circuito equivalente que se muestra en la figura 10.12. De nueva cuenta, éste es un circuito equivalente simplificado de parámetro y haciendo caso omiso de y_{12}.

Resistencia de entrada

Por inspección se puede hallar que la resistencia de entrada R_{i2} es

$$R_{i2} = (\beta_{16} + 1)[r_{e16} + R_9 // (\beta_{17} + 1)(r_{e17} + R_8)] \tag{10.12}$$

Al sustituir los valores apropiados de parámetro resulta $R_{i2} \simeq 4\ \text{M}\Omega$.

Transconductancia

Del circuito equivalente de la figura 10.12, vemos que la transconductancia G_{m2} es la razón entre la *corriente de salida de cortocircuito* y el voltaje de entrada. Al poner en cortocircuito el terminal de salida de la segunda etapa (figura 10.11) y tierra, se hace cero la corriente de señal que pasa por la resistencia de salida de Q_{13B}, y la corriente de salida de cortocircuito se hace igual a la corriente de señal del colector de $Q_{17}(i_{c17})$. Esta última corriente se puede relacionar fácilmente a v_{i2} como sigue:

$$i_{c17} = \frac{\alpha v_{b17}}{r_{e17} + R_8} \tag{10.13}$$

$$v_{b17} = v_{i2}\ \frac{(R_9 // R_{i17})}{(R_9 // R_{i17}) + r_{e16}} \tag{10.14}$$

$$R_{i17} = (\beta_{17} + 1)(r_{e17} + R_8) \tag{10.15}$$

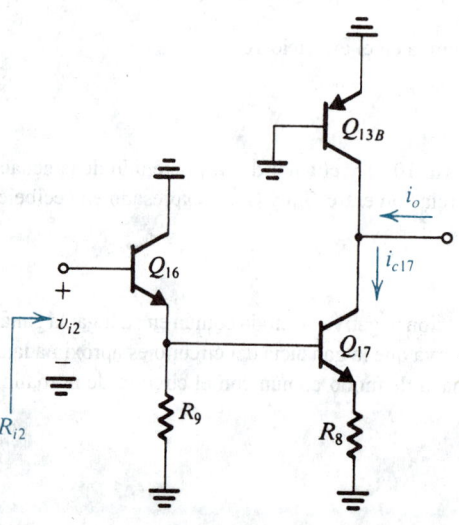

Fig.10.11　Segunda etapa del 741 preparada para análisis a pequeña señal.

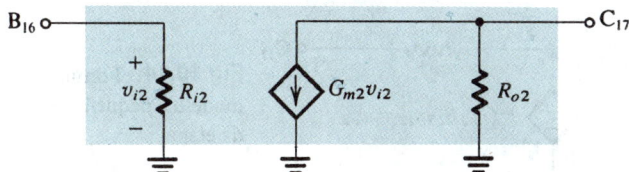

Fig.10.12 Modelo de circuito equivalente a pequeña señal de la segunda etapa.

Estas ecuaciones se pueden combinar para obtener

$$G_{m2} \equiv \frac{i_{c17}}{v_{i2}}$$ (10.16)

que, para los valores de los parámetros del 741, se encuentra que es $G_{m2} = 6.5$ mA/V.

Resistencia de salida

Para determinar la resistencia de salida R_{o2} de la segunda etapa de la figura 10.11, conectamos a tierra el terminal de entrada y encontramos la resistencia viendo atrás al terminal de salida. Se deduce que R_{o2} está dada por

$$R_{o2} = (R_{o13B}//R_{o17})$$ (10.17)

donde R_{o13B} es la resistencia mirando hacia el colector de Q_{13B} mientras que su base y emisor están conectados a tierra. Se puede demostrar fácilmente que

$$R_{o13B} = r_{o13B}$$ (10.18)

Para los valores de componente del 741 obtenemos $R_{o13B} = 90.9$ kΩ

El segundo componente de la ecuación (10.17), R_{o17}, es la resistencia que se ve mirando hacia el colector de Q_{17}, como se indica en la figura 10.13. Como la resistencia entre la base de Q_{17} y tierra es relativamente pequeña, las cosas se pueden simplificar de manera considerable si se supone que la base está a tierra. Al hacer esto, se puede usar la ecuación (10.7) para determinar R_{o17}. Para nuestro caso, el resultado es $R_{o17} \cong 787$ kΩ. Al combinar R_{o13B} y R_{o17} en paralelo, resulta $R_{o2} = 81$ kΩ.

Circuito equivalente de Thévenin

El circuito equivalente de la segunda etapa se puede convertir a la forma de Thévenin, como se muestra en la figura 10.14. Nótese que la ganancia de voltaje a circuito abierto de la etapa es $-G_{m2}R_{o2}$.

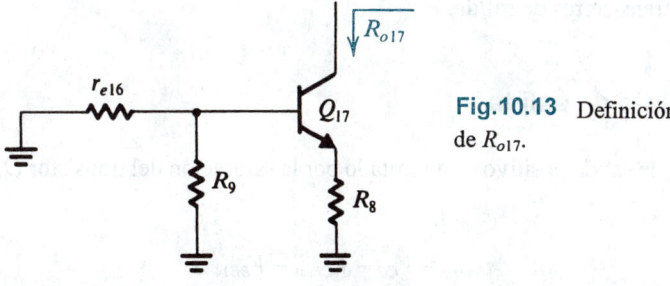

Fig.10.13 Definición de R_{o17}.

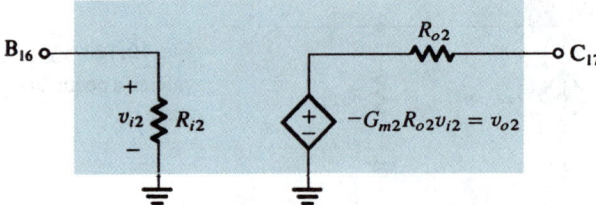

Fig.10.14 Forma de Thévenin del modelo a pequeña señal de la segunda etapa.

Ejercicios

10.14 Utilice la ecuación (10.12) para demostrar que $R_{i2} \simeq 4$ MΩ.

10.15 Utilice las ecuaciones (10.13) a la (10.16) para verificar que G_{m2} es 6.5 mA/V.

10.16 Verifique que $R_{o2} \simeq 81$ kΩ.

10.17 Encuentre la ganancia de circuito abierto de la segunda etapa del 741.

Resp. −526.5 V/V

10.5 ANÁLISIS DE LA ETAPA DE SALIDA DEL 741

La etapa de salida del 741 se muestra en la figura 10.15 sin el circuito de protección contra cortocircuitos. La etapa está excitada por el transistor Q_{17} de la segunda etapa y su carga es una resistencia de 2 kΩ. El circuito es de la clase AB (capítulo 9), con la red compuesta por Q_{18}, Q_{19} y R_{10} produciendo la polarización de los transistores de salida Q_{14} y Q_{20}. El uso de esta red en lugar de dos transistores, conectados como diodos en serie, hace posible polarizar los transistores de salida a una baja corriente (0.15 mA) a pesar del hecho de que los dispositivos de salida son aproximadamente tres veces más grandes que los dispositivos estándar. Esto se obtiene haciendo arreglos para que la corriente en Q_{19} sea muy pequeña y por lo tanto su V_{BE} también sea pequeño. Analizamos la polarización de cd en la sección 10.2.

Otra característica de la etapa de salida del 741, que merece la pena ser observada, es que la etapa está excitada por un seguidor de emisor Q_{23}. Como se demostrará, este seguidor de emisor produce más separación, lo cual hace que la ganancia del op amp sea casi independiente de los parámetros de los transistores de salida.

Límites de voltaje de salida

El máximo voltaje de salida positivo está limitado por la saturación del transistor Q_{13A} de fuente de corriente. Así,

$$v_{o\,máx} = V_{CC} - V_{CEsat} - V_{BE14} \qquad (10.19)$$

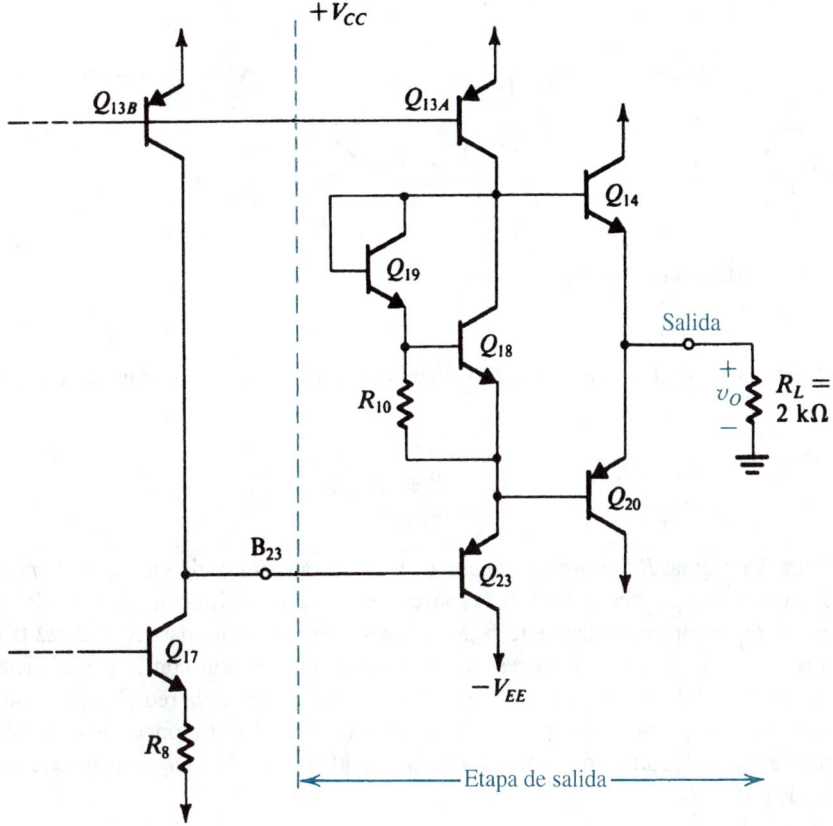

Fig.10.15 Etapa de salida del 741.

que está casi 1 V debajo de V_{CC}. El voltaje mínimo de salida (es decir, la amplitud máxima negativa) está limitada por la saturación de Q_{17}. Si se desprecia la caída de voltaje en R_8, se obtiene

$$v_{omín} = -V_{EE} + V_{CEsat} + V_{EB23} + V_{EB20} \qquad (10.20)$$

que está alrededor de 1.5 V arriba de $-V_{EE}$.

Modelo a pequeña señal

Ahora realizaremos un análisis a pequeña señal de la etapa de salida con el fin de determinar los valores de los parámetros del modelo de circuito equivalente que se muestra en la figura 10.16. El modelo se ilustra alimentado por v_{o2}, que es el voltaje de salida a circuito abierto de la segunda etapa. De la figura 10.14, v_{o2} está dado por

$$v_{o2} = -G_{m2}R_{o2}v_{i2} \qquad (10.21)$$

y G_{m2} y R_{o2} se determinaron previamente como $G_{m2} = 6.5$ mA/V y $R_{o2} = 81$ kΩ. La resistencia R_{i3} es la resistencia de entrada de la etapa de salida determinada con el amplificador cargado con R_L. Aun cuando el efecto de cargar una etapa amplificadora en su resistencia de entrada es despreciable en las etapas de entrada y salida, éste no es el caso en general en una etapa de salida. Definir R_{i3} de

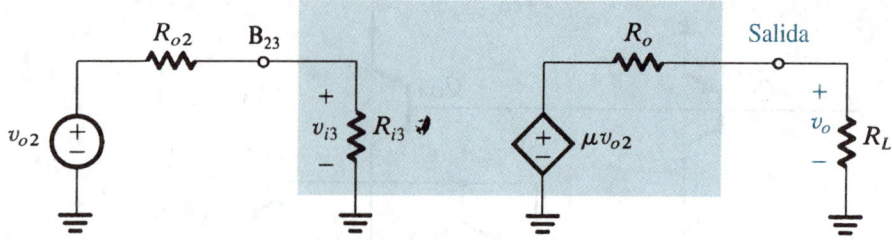

Fig.10.16 Modelo para la etapa de salida del 741.

esta forma hace posible una correcta evaluación de la ganancia de voltaje de la segunda etapa, A_2, como

$$A_2 \equiv \frac{v_{i3}}{v_{i2}} = -G_{m2}R_{o2}\frac{R_{i3}}{R_{i3}+R_{o2}} \qquad (10.22)$$

Para determinar R_{i3}, suponga que uno de los dos transistores de salida, el Q_{20} por ejemplo, está conduciendo una corriente de 5 mA. Se deduce que la resistencia de entrada mirando hacia la base de Q_{20} es aproximadamente $\beta_{20}R_L$. Si se supone $\beta_{20} = 50$, para $R_L = 2$ kΩ la resistencia de entrada de Q_{20} es 100 kΩ. Esta resistencia aparece en paralelo con la combinación serie de la resistencia de salida de Q_{13A} ($r_{o13A} \simeq 280$ kΩ) y la resistencia de la red Q_{18}–Q_{19}. Esta última resistencia es muy pequeña (unos 160 Ω; véase el ejercicio 10.18). Entonces, la resistencia total en el emisor de Q_{23} es aproximadamente (100 kΩ//280 kΩ) o sea 74 kΩ y la resistencia de entrada R_{i3} está dada por

$$R_{i3} \simeq \beta_{23} \times 74 \text{ k}\Omega$$

que para $\beta_{23} = 50$ es $R_{i3} \simeq 3.7$ MΩ. Como $R_{o2} = 81$ kΩ, vemos que $R_{i3} \gg R_{o2}$, y el valor de R_{i3} tendrá poco efecto en la operación del op amp. Podemos usar el valor obtenido para R_{i3} a fin de determinar la ganancia de la segunda etapa en la ecuación (10.22) como $A_2 = -515$ V/V. El valor de A_2 se necesitará en la sección 10.6 en relación con el análisis de respuesta en frecuencia.

Continuando con la determinación de los parámetros de modelo de circuito equivalente, observamos de la figura 10.16 que μ es la **ganancia de voltaje a circuito abierto** de la etapa de salida,

$$\mu = \frac{v_o}{v_{o2}}\bigg|_{R_L=\infty} \qquad (10.23)$$

Con $R_L = \infty$, la ganancia del transistor de salida del seguidor de emisor (Q_{14} o Q_{20}) será casi unitaria. Del mismo modo, con $R_L = \infty$ la resistencia en el emisor de Q_{23} será muy grande. Esto significa que la ganancia de Q_{23} será casi unitaria y la resistencia de entrada de Q_{23} será muy grande. Así, concluimos que $\mu \simeq 1$.

A continuación, hallaremos el valor de la resistencia de salida del op amp, R_o. Con este fin consulte el circuito que se ilustra en la figura 10.17. De acuerdo con la definición de R_o, la fuente de entrada que alimenta la etapa de salida está a tierra pero su resistencia (que es la resistencia de salida de la segunda etapa, R_{o2}) está incluida. Hemos supuesto que el voltaje de salida v_o sea negativo, y que Q_{20} está conduciendo la mayor parte de la corriente; el transistor Q_{14} ha sido

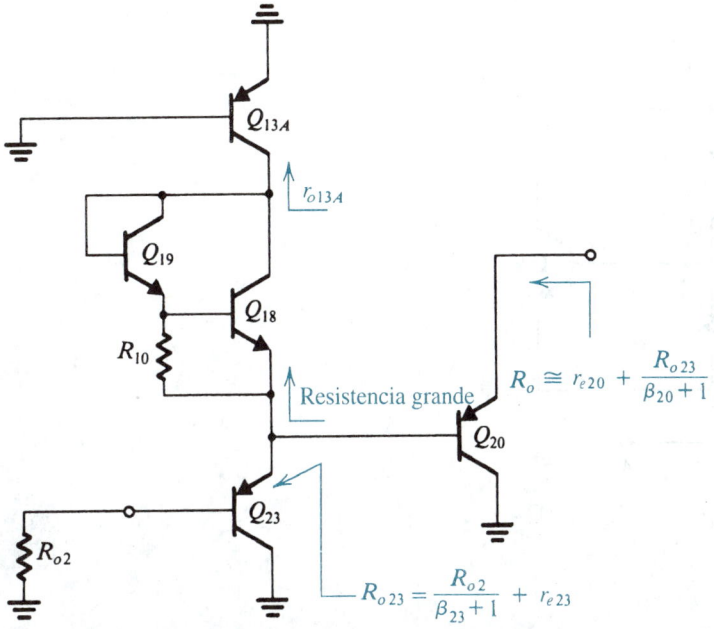

Fig.10.17 Circuito para hallar la resistencia de salida R_o.

eliminado, por lo tanto. El valor exacto de la resistencia de salida dependerá de qué transistor (Q_{14} o Q_{20}) esté conduciendo y del valor de la corriente de carga; deseamos hallar una estimación de R_o.

Como se indica en la figura 10.17, la resistencia vista mirando hacia el emisor de Q_{23} es

$$R_{o23} = \frac{R_{o2}}{\beta_{23}+1} + r_{e23} \tag{10.24}$$

Al sustituir $R_{o2} = 81$ kΩ, $\beta_{23} = 50$ y $r_{e23} = 25/0.18 = 139$ Ω resulta $R_{o23} = 1.73$ kΩ. Esta resistencia aparece en paralelo con la combinación serie de r_{o13A} y la resistencia de la red Q_{18}–Q_{19}. Como r_{o13A} sola (0.28 MΩ) es mucho mayor que R_{o23}, la resistencia efectiva entre la base de Q_{20} y tierra es aproximadamente igual a R_{o23}. Ahora podemos hallar la resistencia de salida R_o como

$$R_o = \frac{R_{o23}}{\beta_{20}+1} + r_{e20} \tag{10.25}$$

Para $\beta_{20} = 50$, el primer componente de R_o es 34 Ω. El segundo componente depende críticamente del valor de la corriente de salida. Para una corriente de salida de 5 mA, r_{e20} es 5 Ω y R_o es 39 Ω. A este valor debemos sumar la resistencia R_7 (27 Ω) (véase la figura 10.1), que está incluida para protección contra cortocircuitos. La resistencia de salida del 741 se específica típicamente en 75 Ω.

Ejercicios

10.18 Usando un modelo simple (r_π, g_m) para cada uno de los dos transistores Q_{18} y Q_{19} de la figura E10.18, encuentre la resistencia a pequeña señal entre A y A'. (*Nota:* De la tabla 10.1, $I_{C18} = 165$ μA e $I_{C19} \simeq 16$ μA.

Resp. 163 Ω

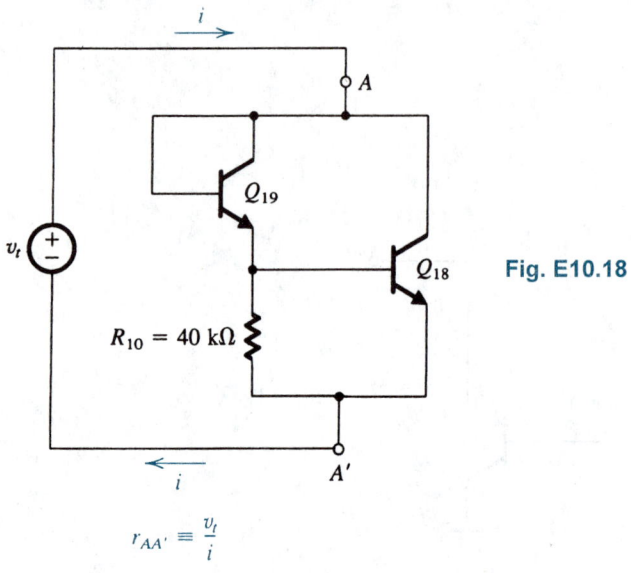

Fig. E10.18

$$r_{AA'} \equiv \frac{v_t}{i}$$

10.19   En la figura E10.19 se ilustra el circuito para determinar la resistencia de salida del op amp cuando v_O es positivo y Q_{14} conduce la mayor parte de la corriente. Usando la resistencia de la red Q_{18}–Q_{19} calculada en el ejercicio 10.18 y despreciando la gran resistencia de salida de Q_{13A}, encuentre R_o cuando Q_{14} alimente una corriente de salida de 5 mA.

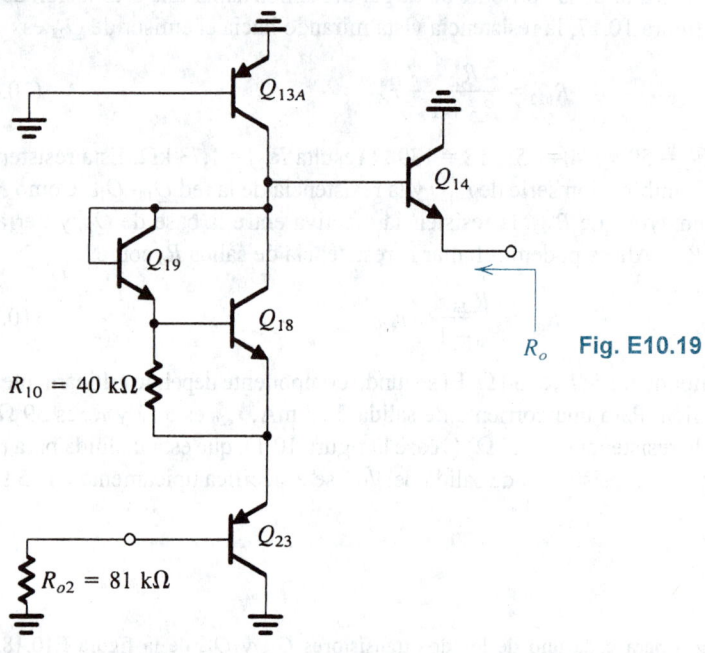

Fig. E10.19

Resp.   14.4 Ω

Protección contra cortocircuitos a la salida

Si el terminal de salida del op amp se pone en cortocircuito con una de las fuentes de alimentación, uno de los dos transistores de salida podría conducir una gran cantidad de corriente; esta elevada corriente puede dar como resultado un calentamiento suficiente para quemar el IC. Para protección contra esta posibilidad, el op amp 741 está equipado con un circuito especial para protección contra cortocircuito. La función del circuito es limitar la corriente en los transistores de salida en caso de un cortocircuito.

Consulte la figura 10.1. La resistencia R_6 junto con el transistor Q_{15} limita la corriente que saldría de Q_{14} en caso de un cortocircuito. Específicamente, si la corriente del emisor de Q_{14} excede de unos 20 mA, la caída de voltaje en R_6 rebasaría los 540 mV, que hacen que Q_{15} conduzca. A medida que Q_{15} conduce, su colector toma parte de la corriente alimentada por Q_{13A} y reduce así la corriente de base de Q_{14}. Este mecanismo limita entonces la máxima corriente que el op amp puede alimentar (es decir, alimentación del terminal de salida en la dirección hacia fuera) a unos 20 mA.

La limitación de la máxima corriente que el op amp puede disipar, y de aquí la corriente que pasa por Q_{20}, es realizada por un mecanismo semejante al ya estudiado. El circuito de interés está compuesto por R_7, Q_{21}, Q_{24} y Q_{22}. Para los componentes que se muestran, la corriente en la dirección hacia dentro está limitada también a unos 20 mA.

10.6   GANANCIA Y RESPUESTA EN FRECUENCIA DEL 741

En esta sección evaluaremos la ganancia total de voltaje a pequeña señal del op amp 741. Entonces consideraremos la respuesta en frecuencia del op amp y su limitación de rapidez de respuesta.

Ganancia a pequeña señal

La ganancia total a pequeña señal se puede hallar fácilmente de la cascada de los circuitos equivalentes deducidos en las secciones anteriores para las tres etapas de op amp. Esta cascada se ilustra en la figura 10.18, cargada con $R_L = 2$ kΩ, que es el valor típico empleado al medir y especificar los datos del 741. La ganancia total se puede expresar como

$$\frac{v_o}{v_i} = \frac{v_{i2}}{v_i}\frac{v_{o2}}{v_{i2}}\frac{v_o}{v_{o2}} \tag{10.26}$$

$$= -G_{m1}(R_{o1}//R_{i2})(-G_{m2}R_{o2})\mu\frac{R_L}{R_L+R_o} \tag{10.27}$$

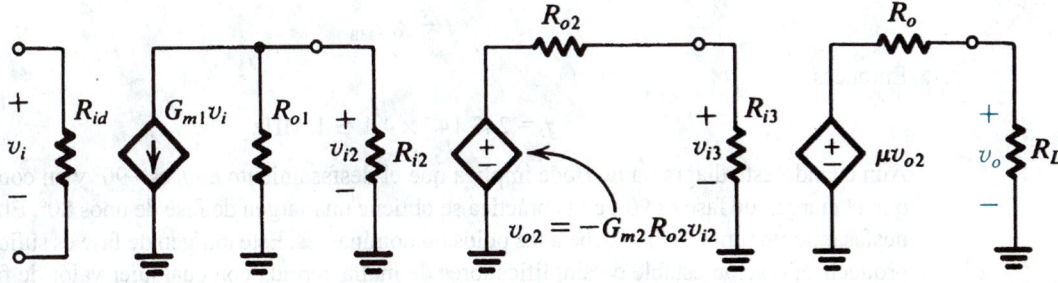

Fig. 10.18 Conexión en cascada de circuitos equivalentes a pequeña señal de las etapas individuales para la evaluación de la ganancia total de voltaje.

Usando los valores hallados en secciones anteriores resulta

$$\frac{v_o}{v_i} = -476.1 \times (-526.5) \times 0.97 = 243.147 \text{ V/V}$$

$$= 107.7 \text{ dB} \tag{10.28}$$

Respuesta en frecuencia

El 741 es un op amp internamente compensado que utiliza la técnica de compensación de Miller, estudiada en la sección 8.11, para introducir un polo dominante de baja frecuencia. Específicamente, un condensador (C_C) de 30 pF se conecta en la trayectoria de retroalimentación negativa de la segunda etapa. Una estimación aproximada de la frecuencia del polo dominante se puede obtener como sigue:

Mediante el uso del teorema de Miller (sección 7.4), la capacitancia eficaz debida a C_C entre la base de Q_{16} y tierra es (véase la figura 10.1)

$$C_i = C_C(1 + |A_2|) \tag{10.29}$$

donde A_2 es la ganancia de la segunda etapa. El uso del valor calculado para A_2 en la sección 10.5, $A_2 = -515$, da como resultado $C_i = 15,480$ pF. Como esta capacitancia es sumamente grande, despreciaremos todas las otras capacitancias entre la base de Q_{16} y señal a tierra. La resistencia total entre este nodo y tierra es

$$R_t = (R_{o1}//R_{i2})$$
$$= (6.7 \text{ M}\Omega//4 \text{ M}\Omega) = 2.5 \text{ M}\Omega \tag{10.30}$$

Entonces, el polo dominante tiene una frecuencia f_P dada por

$$f_P = \frac{1}{2\pi C_i R_t} = 4.1 \text{ Hz} \tag{10.31}$$

Debe observarse que este método es equivalente a usar la fórmula aproximada en la ecuación (8.58).

Como se estudió en la sección 8.11, la compensación de Miller produce otro efecto ventajoso que es la división de polo. Como resultado de éste, los otros polos del circuito se cambian a frecuencias muy altas. Esto se ha confirmado por análisis realizado con ayuda de computadoras [véase Gray y Meyer (1993)].

Si se supone que todos los polos no dominantes están a muy altas frecuencias, los valores calculados dan lugar al diagrama de Bode que se ilustra en la figura 10.19. El ancho de banda f_t de ganancia unitaria se puede calcular con

$$f_t = A_0 f_{3dB} \tag{10.32}$$

Entonces

$$f_t = 243\,147 \times 4.1 \simeq 1 \text{ MHz} \tag{10.33}$$

Aun cuando este diagrama de Bode implica que el desfasamiento en f_t es $-90°$ y en consecuencia que el margen de fase es $90°$, en la práctica se obtiene un margen de fase de unos $80°$. El exceso de desfasamiento (unos $10°$) se debe a los polos no dominantes. Este margen de fase es suficiente para producir operación estable de amplificadores de malla cerrada con cualquier valor de factor β de retroalimentación. Esta comodidad de uso del 741 internamente compensado se logra a costa de una gran reducción en ganancia de malla abierta y, en consecuencia, en la cantidad de retroalimenta-

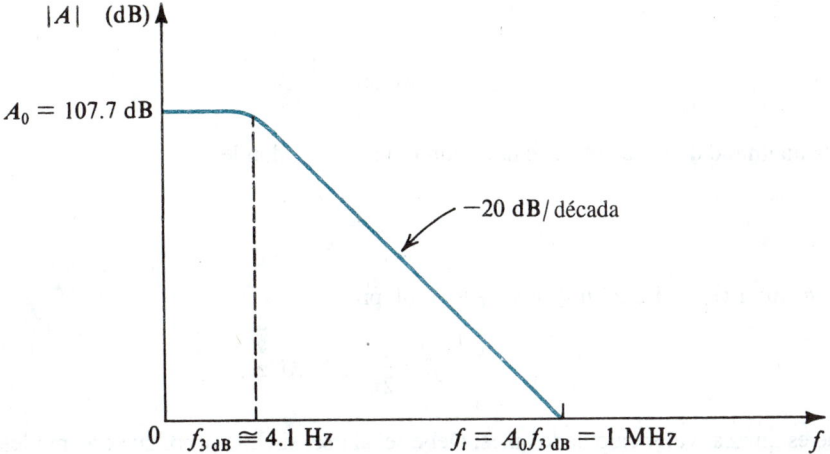

Fig.10.19 Diagrama de Bode para la ganancia del 741, despreciando polos no dominantes.

ción negativa. En otras palabras, si se requiere un amplificador de malla cerrada con ganancia de 1000, entonces el 741 está excesivamente compensado para esa aplicación y es mejor diseñar una compensación propia (suponiendo, por supuesto, la disponibilidad de un op amp que ya no esté internamente compensado).

Un modelo simplificado

En la figura 10.20 se ilustra un modelo simplificado del op amp 741 en que la segunda etapa de alta ganancia, con su capacitancia C_C de retroalimentación, está modelada por un integrador ideal. En este modelo, la ganancia de la segunda etapa se supone suficientemente grande para que una tierra virtual aparezca en su entrada. Por esta razón, la resistencia de salida de la etapa de entrada y la resistencia de entrada de la segunda etapa se han omitido. Además, la etapa de salida se supone que es un seguidor ideal de ganancia unitaria.

El análisis del modelo en la figura 10.20 da

$$A(s) \equiv \frac{V_o(s)}{V_i(s)} = \frac{G_{m1}}{sC_C} \tag{10.34}$$

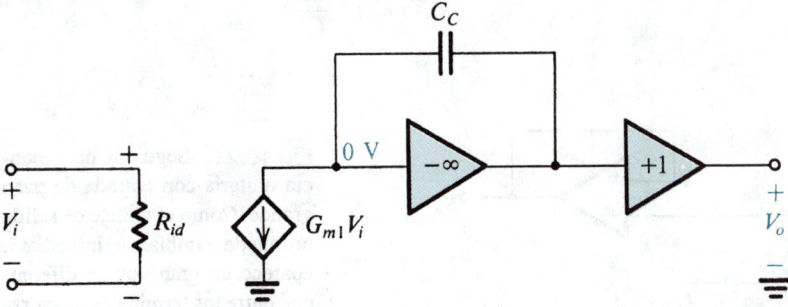

Fig.10.20 Modelo sencillo para el 741 basado en el modelo de la segunda etapa como integrador.

Así,

$$A(j\omega) = \frac{G_{m1}}{j\omega C_C} \tag{10.35}$$

y la magnitud de la ganancia se hace unitaria a $\omega = \omega_t$, donde

$$\omega_t = \frac{G_{m1}}{C_C} \tag{10.36}$$

Al sustituir $G_{m1} = 1/5.26$ mA/V y $C_C = 30$ pF produce

$$f_t = \frac{\omega_t}{2\pi} \simeq 1 \text{ MHz} \tag{10.37}$$

que es igual al valor calculado antes. Debe señalarse, sin embargo, que este modelo es válido sólo a frecuencias $f \gg f_{3dB}$. A estas frecuencias la ganancia decrece con una pendiente de -20 dB/década, igual que la de un integrador.

Rapidez de respuesta

La limitación de rapidez de respuesta de los op amps se estudia en el capítulo 2. Aquí ilustraremos el origen del fenómeno de variación rápida en el contexto del circuito 741.

Considere el seguidor de ganancia unitaria de la figura 10.21 con un paso de 10 V, por ejemplo, aplicado a la entrada. Debido a la dinámica del amplificador, su salida no cambiará en tiempo cero. Por lo tanto, inmediatamente después de aplicar la entrada, casi todo el valor del paso aparecerá como señal diferencial entre los dos terminales de entrada. Este gran voltaje de entrada ocasiona que la etapa de entrada sea **sobreexcitada,** y su modelo a pequeña señal ya no aplica. Más bien, la mitad de la etapa se corta y la otra mitad conduce toda la corriente. Específicamente, una consulta a la figura 10.1 muestra que un gran voltaje positivo de entrada diferencial hace que Q_1 y Q_3 conduzcan toda la corriente disponible de polarización ($2I$), mientras que Q_2 y Q_4 estarán en corte. El espejo de corriente Q_5, Q_6 y Q_7 todavía funcionará y Q_6 producirá una corriente de colector de $2I$.

Mediante el uso de las observaciones anteriores, y modelando la segunda etapa como integrador ideal, resulta el modelo de la figura 10.22. De este circuito vemos que el voltaje de salida será una rampa con una pendiente de $2I/C_C$:

$$v_O(t) = \frac{2I}{C_C} t \tag{10.38}$$

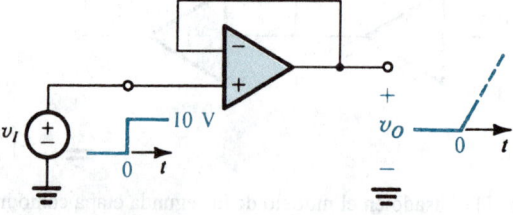

Fig.10.21 Seguidor de ganancia unitaria con entrada de paso grande. Como el voltaje de salida no puede cambiar de inmediato, aparece un gran voltaje diferencial entre los terminales de entrada del op amp.

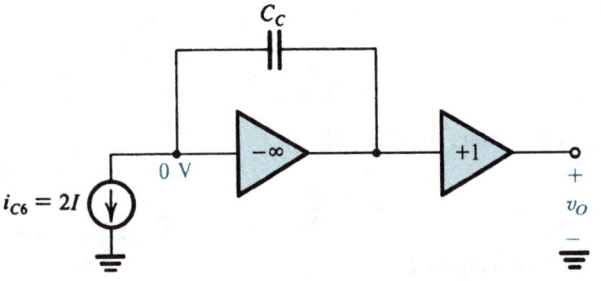

Fig.10.22 Modelo para el op amp 741 cuando se aplica una gran señal diferencial.

Así, la rapidez de respuesta SR, está dada por

$$SR = \frac{2I}{C_C} \tag{10.39}$$

Para el 741, $I = 9.5$ μA y $C_C = 30$ pF, resultando en SR = 0.63 V/μs.

Debe señalarse que éste es un modelo más bien simplificado del proceso de rapidez de respuesta. Se pueden encontrar más detalles en la obra de Gray y Meyer (1993).

Ejercicio

10.20 Utilice el valor de la rapidez de respuesta calculada antes para hallar el ancho de banda f_M de plena potencia del op amp 741. Suponga que la salida máxima es ±10 V.

Resp. 10 kHz

Relación entre f_t y SR

Existe una relación sencilla entre el ancho de banda f_t de ganancia unitaria y la rapidez de respuesta SR. Esta relación se obtiene de las ecuaciones (10.36) y (10.39) junto con

$$G_{m1} = 2\,\frac{1}{4r_e}$$

donde r_e es la resistencia de emisor de cada uno de los transistores del Q_1 al Q_4. Entonces

$$r_e = \frac{V_T}{I}$$

y

$$G_{m1} = \frac{I}{2V_T} \tag{10.40}$$

Al sustituir en la ecuación (10.36) resulta

$$\omega_t = \frac{I}{2C_C V_T} \tag{10.41}$$

Sustituyendo por I/C_C de la ecuación (10.39) resulta

$$\omega_t = \frac{SR}{4V_T} \tag{10.42}$$

que se puede expresar en la forma alternativa

$$SR = 4V_T\omega_t \tag{10.43}$$

Como prueba, para el 741 tenemos

$$SR = 4 \times 25 \times 10^{-3} \times 2\pi \times 10^6 = 0.63 \text{ V}/\mu s$$

que es el resultado obtenido previamente.

Una forma general para la relación entre SR y ω_t para un op amp con una estructura semejante a la del 741 es

$$SR = \left(\frac{2}{a}\right)\omega_t$$

donde a es la constante de proporcionalidad que relaciona la transconductancia de la primera etapa G_{m1}, con la corriente I de polarización de la primera etapa, $G_{m1} = aI$. Para una ω_t dada, se obtiene un valor más alto de SR si a se hace más pequeña, es decir, I se mantiene constante y G_{m1} se reduce. Ésta es una técnica viable para aumentar la rapidez de respuesta. Se conoce como el método de reducción de G_m (véase el ejercicio 10.22).

Ejercicios

10.21 Considere el modelo integrador del op amp de la figura 10.20. Encuentre el valor del resistor que, cuando se conecte en paralelo con C_C, produce el valor correcto de la ganancia de cd.

Resp. 1279 MΩ

D10.22 Si una resistencia R_E se incluye en cada uno de los hilos del emisor de Q_3 y Q_4, demuestre que $SR = 4(V_T + IR_E/2)\omega_t$. De aquí encuentre el valor de R_E que duplicaría la rapidez de respuesta del 741 conservando ω_t e I sin cambio. ¿Cuáles son los nuevos valores de C_C, la ganancia de cd y la frecuencia de 3 dB?

Resp. 5.26 kΩ; 15 pF; 101.7 dB (una disminución de 6 dB); 8.2 Hz

10.7   OP AMPS DE CMOS

A diferencia del op amp 741, que es un amplificador operacional de uso general destinado para varias aplicaciones, la mayor parte de los op amps de CMOS están diseñados para usarse como parte de un circuito de integración a muy grande escala (VLSI). Este entorno restringido de uso implica que las especificaciones del amplificador se pueden relajar a cambio de un circuito más sencillo que ocupe un área de silicio relativamente pequeña. La relajación de especificación más importante está en la capacidad de excitación de carga del op amp. Se requiere que la mayor parte de los op amps de CMOS exciten cargas capacitivas en chip de pocos picofarads. Se concluye que un op amp de este tipo no necesita una elaborada etapa de salida. De hecho, la mayor parte de los op amps de CMOS no tienen etapa de salida de baja impedancia, pero, en un chip de VLSI, es necesario que algunos de los amplificadores exciten cargas fuera del chip, y estos pocos amplificadores suelen estar equipados con una etapa de salida del tipo clásico.

Topología de dos etapas

En la figura 10.23 se ilustra una popular arquitectura de op amps de CMOS conocida como configuración de dos etapas. El circuito utiliza dos fuentes de alimentación, que normalmente son de ±5 V pero pueden ser de sólo ±2.5 V para tecnologías avanzadas y de reducido tamaño de elementos. Se genera una corriente de polarización de referencia I_{REF} ya sea externamente o por medio de circuitos en el chip; en breve estudiaremos uno de estos circuitos. El espejo de corriente formado por Q_8 y Q_5 alimenta el par diferencial $Q_1 - Q_2$ con corriente de polarización. La razón W/L de Q_5 se selecciona para obtener la polarización deseada de etapa de entrada. El par diferencial de entrada se carga activamente con el espejo de corriente formado por Q_3 y Q_4. De esta forma, la etapa de entrada es idéntica a la estudiada en la sección 6.7.

La segunda etapa consta de Q_6, que es un amplificador de fuente común activamente cargado con el transistor Q_7 de fuente común. Como en el 741, se pone en práctica una compensación de frecuencia por medio de un condensador C_C de retroalimentación de Miller, pero aquí hay otro resistor incluido en serie con C_C. La función de este resistor, que suele aplicarse usando uno o dos transistores MOS, se explicará en breve.

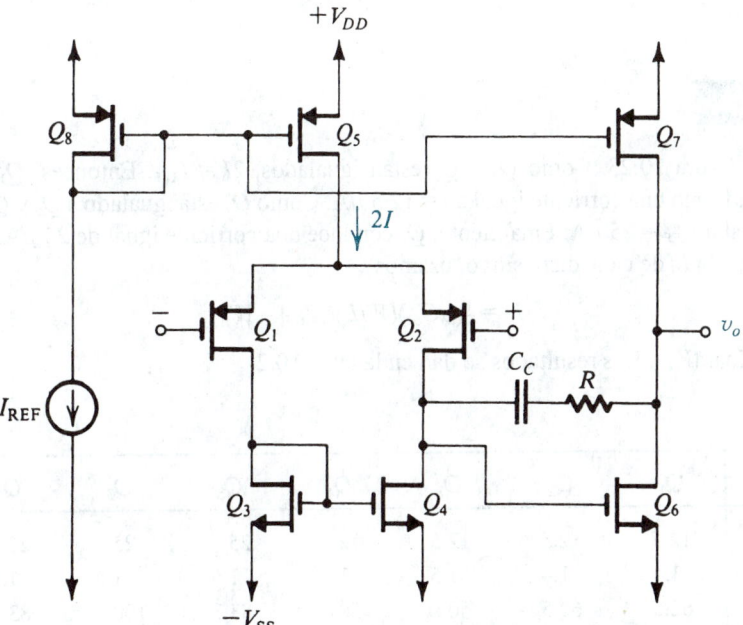

Fig. 10.23 Configuración de op amp de CMOS de dos etapas.

Ganancia de voltaje

La ganancia de voltaje de la primera etapa se encontró en la sección 6.7 dada por

$$A_1 = -g_{m1}(r_{o2}//r_{o4}) \tag{10.44}$$

donde g_{m1} es la transconductancia de cada uno de los transistores de la primera etapa, es decir, Q_1 y Q_2.

La segunda etapa es un amplificador de fuente común activamente cargado cuya ganancia de voltaje está dada por

$$A_2 = -g_{m6}(r_{o6}//r_{o7}) \tag{10.45}$$

La ganancia de cd a circuito abierto del op amp es el producto de A_1 y A_2.

EJEMPLO 10.2

Considere el circuito de la figura 10.23 con las siguientes geometrías de dispositivo.

Transistor	Q_1	Q_2	Q_3	Q_4	Q_5	Q_6	Q_7	Q_8
W/L	120/8	120/8	50/10	50/10	150/10	100/10	150/10	150/10

Sea $I_{REF} = 25$ μA, $|V_t|$ (para todos los dispositivos) = 1 V, $\mu_n C_{ox} = 20$ μA/V^2, $\mu_p C_{ox} = 10$ μA/V^2, $|V_A|$ (para todos los dispositivos = 25 V, $V_{DD} = V_{SS} = 5$ V. Para todos los dispositivos evalúe I_D, $|V_{GS}|$, g_m y r_o. También encuentre A_1, A_2, la ganancia de voltaje de cd a malla abierta, el intervalo de entrada de modo común y el intervalo de voltaje de salida. Desprecie el efecto de V_A sobre la corriente de polarización.

SOLUCIÓN

Consulte la figura 10.23. Como Q_8 y Q_5 están igualados, $2I = I_{REF}$. Entonces, Q_1, Q_2, Q_3 y Q_4 conducen cada uno una corriente igual a $I = 12.5$ μA. Como Q_7 está igualado a Q_5 y Q_8, la corriente en Q_7 es igual a $I_{REF} = 25$ μA. Finalmente, Q_6 conduce una corriente igual de 25 μA.

Conocida la I_D de cada dispositivo, usamos

$$I_D = \tfrac{1}{2}(\mu C_{ox})(W/L)(|V_{GS}| - |V_t|)^2$$

para determinar $|V_{GS}|$. Los resultados se dan en la tabla 10.2

Tabla 10.2

	Q_1	Q_2	Q_3	Q_4	Q_5	Q_6	Q_7	Q_8
$I_D(\mu A)$	12.5	12.5	12.5	12.5	25	25	25	25
$|V_{GS}|$(V)	1.4	1.4	1.5	1.5	1.6	1.5	1.6	1.6
$g_m(\mu A/V)$	62.5	62.5	50	50	83.3	100	83.3	83.3
$r_o(M\Omega)$	2	2	2	2	1	1	1	1

La transconductancia g_m de cada dispositivo se determina de

$$g_m = \mu C_{ox}(W/L)(|V_{GS}| - |V_t|)$$
$$= \sqrt{2(\mu C_{ox})(W/L)I_D}$$

o alternativamente

$$g_m = 2I_D/(|V_{GS}| - |V_t|)$$

El valor de r_o se determina de

$$r_o = |V_A|/I_D$$

Los valores resultantes de g_m y r_o se dan en la tabla 10.2.

La ganancia de voltaje de la primera etapa se determina usando la ecuación (10.44),

$$A_1 = -g_{m1}(r_{o2}//r_{o4})$$
$$= -62.5(2//2) = -62.5 \text{ V/V}$$

La ganancia de voltaje de la segunda etapa se determina usando la ecuación (10.45),

$$A_2 = -g_{m6}(r_{o6}//r_{o7})$$
$$= -100(1//1) = -50 \text{ V/V}$$

Entonces la ganancia total de malla abierta es

$$A_0 = A_1A_2 = (-62.5)(-50) = 3125 \text{ V/V}$$

El límite inferior del intervalo de modo común de entrada es el valor al cual Q_1 y Q_2 salen de la región de saturación. Esto ocurre cuando el voltaje de entrada está por debajo del voltaje en el dren de Q_1 en $|V_t|$ volts. Como el dren de Q_1 está a $-5 + 1.5 = -3.5$ V, entonces el límite inferior del intervalo de modo común de entrada es -4.5 V.

El límite superior del intervalo de modo común de entrada es el valor de voltaje de entrada al cual Q_5 sale de la región de saturación. Entonces,

$$v_{I_{cm/máx}} = V_{DD} - |V_{GS5}| + |V_t| - |V_{GS1}|$$
$$= 5 - 1.6 + 1 - 1.4 = 3 \text{ V}$$

Finalmente, el intervalo de voltaje de salida se determina de Q_7 saliendo de la región de saturación,

$$v_{Omáx} = V_{DD} - |V_{GS7}| + |V_t|$$
$$= 5 - 1.6 + 1 = 4.4 \text{ V}$$

y de Q_6 saliendo de la región de saturación,

$$v_{Omin} = -V_{SS} + |V_{GS6}| - |V_t| = -4.5 \text{ V}$$

Voltaje de desnivel de entrada

Las inevitables desigualdades de dispositivos en la etapa de entrada dan lugar a un voltaje de desnivel de entrada. Los componentes de este voltaje de desnivel de entrada se pueden calcular usando los métodos desarrollados en el capítulo 6 y aplicados en secciones anteriores para el op amp 741. Debido a que las desigualdades de dispositivos son raras por naturaleza, el resultante voltaje de desnivel se conoce como **desnivel aleatorio.** Esto es para distinguirlo de otro tipo de voltaje de desnivel de entrada que se puede hallar en op amps de CMOS incluso si todos los dispositivos apropiados están perfectamente igualados. Este **desnivel sistemático** o predecible se puede reducir al mínimo mediante un diseño cuidadoso. No se presenta en op amps de BJT debido a la alta ganancia por etapa.

Para ver cómo se puede presentar un desnivel sistemático, considere el circuito de la figura 10.23 con los dos terminales de entrada a tierra. Si la etapa de entrada está perfectamente balanceada, entonces el voltaje que aparece en el dren de Q_4 será igual al del dren de Q_3, que es $(-V_{SS} + V_{GS4})$. Ahora éste es también el voltaje que se alimenta a la compuerta de Q_6. En otras palabras, aparece un voltaje igual a V_{GS4} entre compuerta y fuente de Q_6. Así, la corriente de dren de Q_6, I_6, estará relacionada con la corriente de dren de Q_4, que es igual a I, por la relación

$$I_6 = \frac{(W/L)_6}{(W/L)_4} I \qquad (10.46)$$

Para que no aparezca voltaje de desnivel en la salida, esta corriente debe ser exactamente igual a la corriente suministrada por Q_7. Esta última corriente está relacionada con la corriente $2I$ del transistor paralelo Q_5 por

$$I_7 = \frac{(W/L)_7}{(W/L)_5} (2I) \qquad (10.47)$$

Ahora, la condición para hacer $I_6 = I_7$ se puede hallar de las ecuaciones (10.46) y (10.47) como

$$\frac{(W/L)_6}{(W/L)_4} = 2 \frac{(W/L)_7}{(W/L)_5} \qquad (10.48)$$

Si esta condición no se satisface, resultará un desnivel sistemático.

Ejercicio

10.23 Considere el op amp de CMOS de la figura 10.23 cuando se fabrica en una tecnología de CMOS de 0.8 μm para la cual $\mu_n C_{ox} = 3\mu_p C_{ox} = 90 \ \mu A/V^2$, $|V_t| = 0.8$ V, y $V_{DD} = V_{SS} = 2.5$ V. Para un diseño en particular, $I = 50 \ \mu A$, $(W/L)_1 = (W/L)_2 = (W/L)_5 = 200$, y $(W/L)_3 = (W/L)_4 = 100$.

(a) Halle las razones (W/L) de Q_6 y Q_7 para que $I_6 = 100 \ \mu A$.

(b) Halle el voltaje eficaz, $(|V_{GS}| - |V_t|)$, al cual esté operando cada uno de los transistores Q_1, Q_2 y Q_6.

(c) Encuentre g_m para Q_1, Q_2 y Q_6.

(d) Si $|V_A| = 10$ V, encuentre r_{o2}, r_{o4}, r_{o6} y r_{o7}.

(e) Encuentre las ganancias de voltaje A_1 y A_2, y la ganancia total A.

Resp. (a) $(W/L)_6 = (W/L)_7 = 200$;   (b) 0.129 V, 0.129 V, 0.105 V;   (c) 0.775 mA/V, 0.775 mA/V, 1.90 mA/V; (d) 200 kΩ, 200 kΩ, 100 kΩ, 100 kΩ;   (e) -77.5 V/V, -95 V/V, 7363 V/V

Respuesta en frecuencia

Para apreciar la necesidad del resistor R conectado en serie con el condensador C_C de compensación de Miller en el circuito de la figura 10.23, considere primero la situación sin R. En la figura 10.24(a)

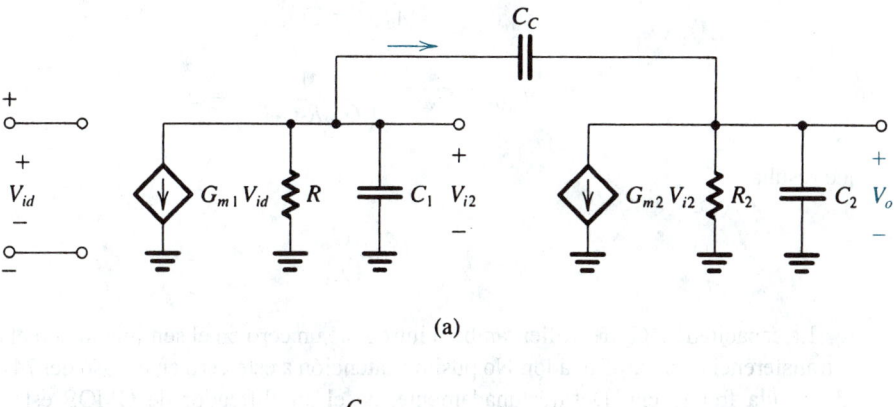

(a)

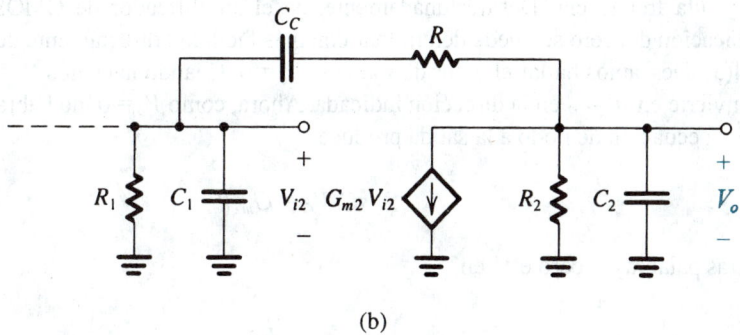

(b)

Fig.10.24 Circuito equivalente a pequeña señal del op amp de CMOS de la figura 10.23: **(a)** sin la resistencia R; **(b)** con R incluida.

se muestra el circuito equivalente a pequeña señal del op amp con sólo C_C incluido. Nótese que G_{m1} es la transconductancia de la etapa de entrada ($G_{m1} = g_{m1} = g_{m2}$), R_1 es la resistencia de salida de la primera etapa [$R_1 = r_{o2}//r_{o4}$], C_1 es la capacitancia total en la interfaz entre las etapas primera y segunda, G_{m2} es la transconductancia de la segunda etapa ($G_{m2} = g_{m6}$), R_2 es la resistencia de salida de la segunda etapa ($R_2 = r_{o6}//r_{o7}$), y C_2 es la capacitancia total en el nodo de salida del op amp. Como C_2 incluye la capacitancia de carga, suele ser mucho mayor que C_1.

En la sección 8.11 se analizó un circuito semejante al de la figura 10.24(a), y se encontró que los dos polos eran como sigue:

$$\omega_{P1} \simeq \frac{1}{G_{m2}R_2C_CR_1} \tag{10.49}$$

$$\omega_{P2} \simeq \frac{G_{m2}C_C}{C_1C_2 + C_C(C_1 + C_2)} \tag{10.50}$$

Observamos que el primer polo se debe a la capacitancia de Miller $(1 + G_{m2}R_2) C_C \simeq G_{m2}R_2C_C$ (que es mucho mayor que C_1) interactuando con R_1. Para hacer ω_{P1} el polo dominante, seleccionamos un valor para C_C que resulte en un valor para ω_{P1} que, cuando se multiplica por la ganancia A_0 de cd, da la frecuencia ω_t deseada de ganancia unitaria. El valor de ω_t suele seleccionarse menor que las frecuencias de polos y ceros no dominantes. Así, para nuestro caso,

$$A_0 \omega_{P1} = \omega t$$

$$(G_{m1}R_1 G_{m2}R_2) \left(\frac{1}{G_{m2}R_2 C_C R_1} \right) = \omega_t$$

que resulta

$$\omega_t = \frac{G_{m1}}{C_C} \tag{10.51}$$

La capacitancia C_C de Miller también introduce un cero en el semiplano derecho en la función de transferencia del amplificador. No pusimos atención a este cero en el caso del 741 porque estaba a muy alta frecuencia. Desafortunadamente, en el amplificador de CMOS éste no es el caso. La ubicación del cero se puede determinar con más facilidad directamente del circuito de la figura 10.24(a). Deseamos hallar el valor de s al cual $V_o = 0$. Cuando hacemos $V_o = 0$, la corriente en C_C se convierte en $sC_C V_{i2}$ en la dirección indicada. Ahora, como $V_o = 0$, no habrá corriente en R_2 y C_2. Así, una ecuación de nodo a la salida produce

$$sC_C V_{i2} = G_{m2}V_{i2}$$

En otras palabras el cero está en

$$s = \frac{G_{m2}}{C_C} \tag{10.52}$$

Como G_{m2} para amplificadores CMOS es del mismo orden de magnitud que G_{m1}, la frecuencia cero será cercana a ω_t dada por la ecuación (10.51). Como el cero está en el semiplano derecho, el desfasamiento que introduce reducirá el margen de fase y por lo tanto daña la estabilidad del amplificador. Una vez más observamos que este problema no se encuentra en op amps de BJT porque G_{m2} suele ser mucho mayor que G_{m1} y entonces el cero está a una frecuencia mucho más alta que ω_t.

El problema anterior se puede resolver si se incluye la resistencia R en serie con el condensador C_C de retroalimentación, como se muestra en la figura 10.24(b). Para hallar la nueva ubicación del cero de la función de transferencia, se hace $V_o = 0$. Entonces la corriente que pasa por C_C será $V_{i2}/(R + 1/sC_C)$, y una ecuación de nodo a la salida produce

$$\frac{V_{i2}}{R + 1/sC_C} = G_{m2}V_{i2}$$

Entonces el cero está en

$$s = \frac{1}{C_C(1/G_{m2} - R)} \tag{10.53}$$

Observamos que al seleccionar $R = 1/G_{m2}$, el cero se puede poner en frecuencia infinita. Una opción incluso mejor sería seleccionar R mayor que $1/G_{m2}$, poniendo así el cero en un lugar negativo del eje real donde la fase que introduce *se suma* al margen de fase.

Aun con la inclusión del resistor R, todavía persiste otro problema: la frecuencia del segundo polo (ecuación 10.50) no está muy lejana de ω_t. Así, el segundo polo introduce un desfasamiento apreciable en ω_t, que reduce el margen de fase. Para ver esto con más claridad, considere el caso en que C_2 y C_C son mucho mayores que C_1. La ecuación (10.50) se puede aproximar con

$$\omega_{P2} \simeq \frac{G_{m2}}{C_2} \qquad (10.50a)$$

Ahora, comparando la ecuación (10.51) con la (10.50a), vemos que para C_2 del orden de C_C (que puede ocurrir en el caso de una capacitancia de carga relativamente grande), ω_{P2} será cercana a ω_t. Esta dificultad se puede superar si se aumenta C_C y así se reduce ω_t (véase el problema 10.50).

Ejercicios

Los siguientes ejercicios se refieren al amplificador analizado en el ejemplo 10.2.

10.24 Encuentre el valor de C_C para obtener $f_t = 1$ MHz.

Resp. 10 pF

10.25 Encuentre el valor de R que ponga el cero de función de transferencia en el infinito.

Resp. 10 kΩ

10.26 Encuentre la frecuencia del segundo polo bajo la condición de que la capacitancia total a la salida sea 10 pF. De aquí encuentre el exceso de fase introducido por el segundo polo a $\omega = \omega_t$ y el resultante margen de fase, suponiendo que el cero se encuentre en $\omega = \infty$.

Resp. 1.59 MHz; 32.2°; 57.8°

Rapidez de respuesta

El op amp de CMOS de la figura 10.23 consta de un amplificador de transconductancia de primera etapa seguido por un amplificador de alta ganancia con la red RC de compensación de frecuencia en la retroalimentación. Si despreciamos el resistor R, vemos que el amplificador de CMOS puede ser representado por el circuito equivalente que utilizamos para el amplificador 741, es decir, el circuito de la figura 10.20. Por supuesto, el amplificador de CMOS no tiene una etapa de salida y así el regulador de ganancia unitaria del circuito equivalente no se aplica. Esto, sin embargo, no tiene que ver para nuestro caso, es decir, la evaluación de la rapidez de respuesta, SR. Ésta se puede hallar del circuito equivalente de la figura 10.20, que para el caso de una etapa de entrada demasiado excitada toma la forma que se ilustra en la figura 10.22. Entonces, la rapidez de respuesta del circuito de CMOS está dada por la misma fórmula hallada para el 741 (ecuación 10.39),

$$\text{SR} = \frac{2I}{C_C} \qquad (10.54)$$

Usando la ecuación (10.51) junto con la sustitución por G_{m1},

$$G_{m1} = g_{m1} = \frac{2I}{|V_{GS1}| - |V_t|}$$

hace posible que expresemos la rapidez de respuesta en términos de la frecuencia de ganancia unitaria ω_t como

$$SR = (|V_{GS1}| - |V_t|)\omega_t = V_{eff\,1}\omega_t \tag{10.55}$$

Entonces, para una ω_t dada, la rapidez de respuesta está determinada por el voltaje eficaz al cual se operan los transistores de la primera etapa. Se obtiene una rapidez de respuesta más alta si se operan los transistores Q_1 y Q_2 a un mayor V_{eff}. Ahora, para una corriente de polarización I dada, se obtiene un mayor V_{eff} si Q_1 y Q_2 son dispositivos de canal p. Ésta es una razón importante para usar dispositivos de canal p en lugar de canal n, en la primera etapa del op amp de CMOS. Otra razón es que permite que la segunda etapa utilice un dispositivo de canal n que tiene una mayor transconductancia, G_{m2}, que el correspondiente dispositivo de canal p, resultante en una más alta frecuencia de segundo polo y una ω_t más alta de manera correspondiente. El precio pagado por estas mejoras es una menor G_{m1} y por lo tanto una menor ganancia de cd.

La relación entre SR y ω_t en la ecuación (10.55) se puede comparar directamente con la correspondiente relación para op amps de BJT en la ecuación (10.43). Vemos que como V_{eff} suele ser mayor que $4V_T$ (que es de alrededor de 0.1 V), los op amps de CMOS exhiben valores más altos de rapidez de respuesta que las unidades de BJT (para la misma ω_t).

Ejercicio

10.27 Calcule la rapidez de respuesta del op amp de la figura 10.23, cuyos parámetros están especificados en el ejemplo 10.2, para la compensación diseñada en el ejercicio 10.24 ($C_C = 10$ pF, $f_t = 1$ MHz).

Resp. 2.5 V/μs

Un circuito de polarización que estabiliza a g_m

Concluimos esta sección presentando un circuito de polarización para el op amp de CMOS de dos etapas. El circuito presentado tiene la interesante y útil propiedad de proporcionar una corriente de polarización cuyo valor es independiente tanto del voltaje de alimentación como del voltaje de umbral de MOSFET. Además, las transconductancias de los transistores polarizados por este circuito tienen valores que están determinados sólo por un resistor único y las dimensiones del dispositivo.

El dispositivo de polarización se muestra en la figura 10.25. Consta de dos transistores deliberadamente desiguales, Q_{12} y Q_{13}, con Q_{12} en general unas cuatro veces más ancho que Q_{13} (véanse las obras de Steininger, 1990; Johns y Martin, 1997). Se conecta un resistor R_B en serie con la fuente de Q_{12}. En vista de que, como se demostrará, R_B determina tanto la corriente de polarización I_B como la transconductancia g_{m12}, su valor debe ser preciso y estable; en muchas aplicaciones, R_B sería un resistor fuera del chip. Para reducir al mínimo el efecto de modulación de longitud de canal en Q_{12}, se incluye una etapa de cascodo formada por el par de transistores iguales Q_{10} y Q_{11}. Finalmente, un espejo de corriente de canal p formado por un par de dispositivos igualados, Q_8 y Q_9, repite la corriente I_B de regreso a Q_{11} y Q_{13}, y produce una línea de polarización para Q_5 y Q_7 del circuito op amp de CMOS de la figura 10.23.

El circuito opera como sigue: el espejo de corriente (Q_8, Q_9) hace que Q_{13} conduzca una corriente igual a la de Q_{12}, es decir, I_B. Entonces,

$$I_B = \frac{1}{2}\,\mu_n C_{ox}\left(\frac{W}{L}\right)_{12}(V_{GS12} - V_t)^2 \tag{10.56}$$

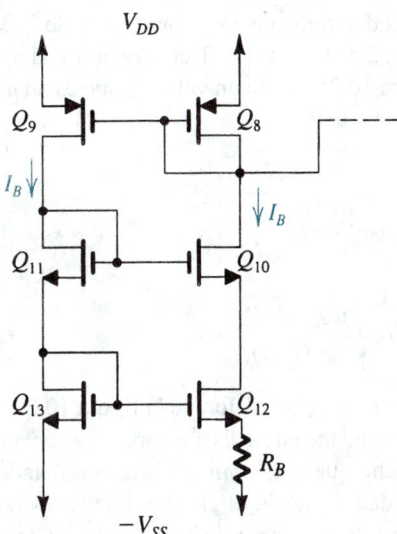

Fig.10.25 Circuito de polarización para el op amp de CMOS.

y,

$$I_B = \frac{1}{2}\,\mu_n C_{ox}\left(\frac{W}{L}\right)_{13}(V_{GS13} - V_t)^2 \tag{10.57}$$

Del circuito, vemos que los voltajes entre compuerta y fuente de Q_{12} y Q_{13} están relacionados por

$$V_{GS13} = V_{GS12} + I_B R_B$$

Al restar V_t de ambos lados de esta ecuación y usar las ecuaciones (10.56) y (10.57) para sustituir $(V_{GS12} - V_t)$ y $(V_{GS13} - V_t)$ se obtiene

$$\sqrt{\frac{2I_B}{\mu_n C_{ox}(W/L)_{13}}} = \sqrt{\frac{2I_B}{\mu_n C_{ox}(W/L)_{12}}} + I_B R_B \tag{10.58}$$

Esta ecuación se puede escribir también como

$$I_B = \frac{2}{\mu_n C_{ox}(W/L)_{12}R_B^2}\left(\sqrt{\frac{(W/L)_{12}}{(W/L)_{13}}} - 1\right)^2 \tag{10.59}$$

de la cual observamos que I_B está determinada por las dimensiones del dispositivo y el valor de R_B y por la razón entre las dimensiones de Q_{12} y Q_{13}. Además, la ecuación (10.59) se puede acomodar a la forma

$$R_B = \frac{2}{\sqrt{2\mu_n C_{ox}(W/L)_{12}I_B}}\left(\sqrt{\frac{(W/L)_{12}}{(W/L)_{13}}} - 1\right)$$

en la que reconocemos el factor $\sqrt{2\mu_n C_{ox}(W/L)_{12}I_B}$ como g_{m12}; entonces

$$g_{m12} = \frac{2}{R_B}\left(\sqrt{\frac{(W/L)_{12}}{(W/L)_{13}}} - 1\right) \tag{10.60}$$

Éste es un resultado muy interesante: g_{m12} está determinado sólo por el valor de R_B y la razón entre las dimensiones de Q_{12} y Q_{13}. Además, como g_m de un MOSFET es proporcional a $\sqrt{I_D(W/L)}$, cada transistor polarizado por el circuito de la figura 10.25 tendrá un valor g_m que es un múltiplo de g_{m12}. Específicamente, el i-ésimo MOSFET de canal n tendrá

$$g_{mi} = g_{m12} \sqrt{\frac{I_{Di}(W/L)_i}{I_B(W/L)_{12}}}$$

y el i-ésimo dispositivo de canal p tendrá

$$g_{mi} = g_{m12} \sqrt{\frac{\mu_p I_{Di}(W/L)_i}{\mu_n I_B(W/L)_{12}}}$$

Finalmente, debe observarse que el circuito de polarización de la figura 10.25 utiliza retroalimentación positiva, y por lo tanto debe tenerse cuidado en su diseño para evitar operación inestable. La inestabilidad se evita al hacer Q_{12} más ancho que Q_{13}, como ya hemos señalado, pero todavía puede presentarse alguna forma de inestabilidad, es decir, el circuito puede operar en un estado estable en el que todas las corrientes sean cero. Para sacarlo de este estado, es necesario inyectar corriente en uno de sus nodos, para un "arranque rápido" de su operación.

Ejercicio

10.28   Considere el circuito de polarización de la figura 10.25 para el caso $(W/L)_8 = (W/L)_9 = (W/L)_{10} = (W/L)_{11} = (W/L)_{13} = 20$ y $(W/L)_{12} = 80$. Encuentre el valor de R_B que proporcione una corriente de polarización $I_B = 10\ \mu A$. También encuentre la transconductancia g_{m12} para una tecnología de procesos que tiene $\mu_n C_{ox} = 90\ \mu A/V^2$

Resp.   5.27 kΩ; 0.379 mA/V

10.8   CONFIGURACIONES ALTERNATIVAS PARA OP AMPS DE CMOS Y BiCMOS

La configuración de op amp de CMOS de dos etapas estudiada en la sección anterior es, con mucho, la topología que más se utiliza para el diseño de op amps para aplicaciones de circuitos de integración a muy grande escala (VLSI). Quizá la más importante de estas aplicaciones es el desarrollo de filtros de condensador conmutado (sección 11.10). El op amp de CMOS de dos etapas funciona bien mientras su carga es capacitiva en su mayor parte y de valor razonablemente bajo (<10 pF). Una carga resistiva ocasiona que se reduzca la ganancia de malla abierta. Una carga capacitiva grande hace que se reduzca la frecuencia ω_{P2} de polo no dominante (ecuación 10.53), con lo cual se reduce el margen de fase y finalmente se presenta un comportamiento inestable.

Si se requiere que el op amp de CMOS de dos etapas excite cargas mayores, por ejemplo de capacitancias fuera del chip, debe estar equipado con una etapa de baja impedancia de salida. Las etapas de salida clase AB semejantes a las estudiadas en el capítulo 9 se pueden ejecutar en tecnología de CMOS para este fin. Hay muchas aplicaciones, sin embargo, en las que no se requiere una baja resistencia de salida; en lugar de esto, son necesidades primarias una alta ganancia de malla abierta y la capacidad para excitar cargas capacitivas mientras se mantiene un gran margen de fase. Para estas aplicaciones, el uso de la configuración de cascodo (secciones 6.5 y 6.6) y de tecnología BiCMOS (sección 6.7) dan soluciones atractivas de diseño. En esta sección estudiaremos brevemente algunas de las topologías de circuito resultantes.

Op amp de CMOS de cascodo

Aun cuando la ganancia del op amp de CMOS de dos etapas se puede aumentar al agregar etapas de ganancia en cascodo, ésta no es una solución práctica: cada etapa adicional de ganancia aumenta el desfasamiento y hace más difícil la compensación de frecuencia. Una alternativa a otras etapas es aumentar la ganancia disponible de etapas existentes. Esto se puede lograr utilizando la configuración de cascodo que se ilustra en la figura 10.26 para el caso de la etapa de entrada. Aquí los dos transistores Q_{1C} y Q_{2C} de compuerta común son los dispositivos cascodos para los transistores Q_1 y Q_2 de par diferencial. La resistencia de salida que mira hacia el dren de Q_{2C} es (véase la ecuación 6.116)

$$R_{o2C} \simeq g_{m2C} r_{o2C} r_{o2} \qquad (10.61)$$

que es mayor que el valor sin conexión en cascodo, en un factor $g_{m2C} r_{o2C}$ (típicamente alrededor de 100). Para obtener el beneficio de esta resistencia de salida aumentada, la resistencia de la carga activa también debe elevarse. Esto se logra en el circuito de la figura 10.26 empleando un espejo modificado de corriente de Wilson (sección 6.6). La resistencia de salida del espejo de Wilson, viendo hacia el dren de Q_{4C}, es

$$R_{o4C} \simeq g_{m4C} r_{o4C} r_{o3} \qquad (10.62)$$

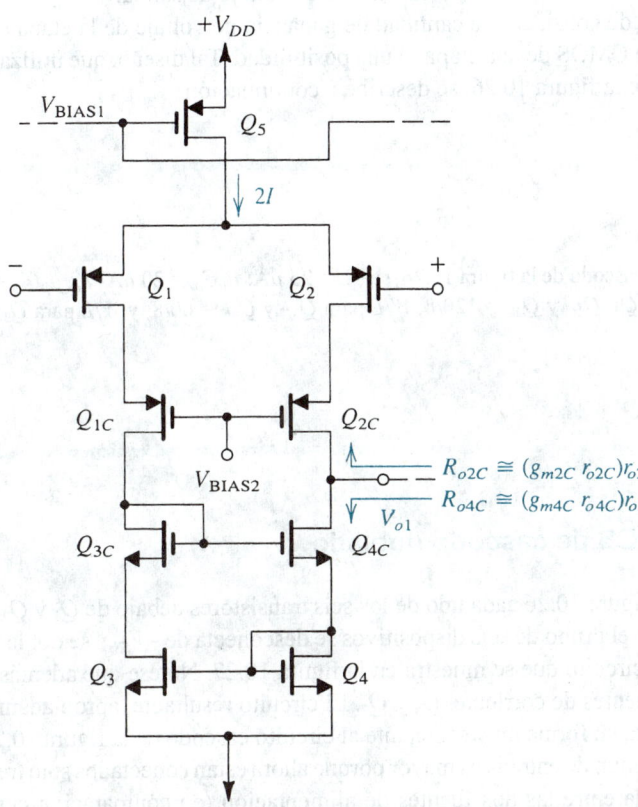

Fig.10.26 Empleo de la configuración de cascodo en la primera etapa de un op amp de CMOS: los transistores Q_{1C} y Q_{2C} son los transistores cascodo para el amplificador diferencial Q_1, Q_2 y elevan la resistencia de salida de Q_2 en el factor de $g_{m2C} r_{o2C}$. Los transistores Q_3, Q_{3C}, Q_4 y Q_{4C} forman un espejo de corriente de Wilson que produce una elevada resistencia de carga, R_{o4C}. La resistencia total de salida de la primera etapa es aproximadamente de dos órdenes de magnitud más alta que la de la primera etapa del circuito de la figura 10.23.

que es mayor que la resistencia de salida del espejo simple de corriente por el factor $g_{m4C}r_{o4C}$ (también, típicamente alrededor de 100). Entonces la resistencia de salida de la primera etapa se convierte en

$$
\begin{aligned}
R_o &= R_{o2C}//R_{o4C} \\
&= (g_{m2C}r_{o2C}r_{o2})//(g_{m4C}r_{o4C}r_{o3})
\end{aligned}
\tag{10.63}
$$

Como la ganancia de voltaje de la primera etapa está dada por

$$
A_1 = -g_{m1}R_o
\tag{10.64}
$$

aumentar R_o por alrededor de dos órdenes de magnitud aumenta A_1 por el mismo factor. De hecho, esta etapa de ganancia se puede diseñar para obtener una ganancia de voltaje de 5000 a 10 000.

Una desventaja importante de la etapa de ganancia de la figura 10.26 es que el intervalo de modo común de entrada es considerablemente más bajo que el obtenido en el amplificador de dos etapas. Esto se debe a los dos transistores adicionales que están puestos en la columna entre las dos fuentes de alimentación.

La salida de la etapa conectada en cascodo de la figura 10.26 se puede conectar a una segunda etapa de ganancia como en el caso del circuito de la figura 10.23. Aquí, sin embargo, generalmente se utiliza una etapa de desplazamiento de nivel de cd [véase la obra de Gregorian y Temes (1986)]. Obviamente, la configuración en cascodo también se puede utilizar en la segunda etapa, pero esto resulta en la disminución del intervalo de oscilación de voltaje de salida.

Como se dispone de considerable cantidad de ganancia de voltaje de la etapa de ganancia en cascodo, un op amp de CMOS de una etapa es una posibilidad. Tal diseño, que utiliza una variación del circuito cascodo de la figura 10.26, se describe a continuación.

Ejercicio

10.29 Para la etapa de ganancia en cascodo de la figura 10.26, sea $2I = 25$ μA; $\mu_n C_{ox} = 20$ μA/V^2; $\mu_p C_{ox} = 10$ μA/V^2; $|V_t| = 1$ V; $|V_A| = 25$ V; W/L para Q_1, Q_2, Q_{1C} y $Q_{2C} = 120/8$; W/L para Q_{3C} y $Q_{4C} = 60/8$; y W/L para Q_3 y $Q_4 = 8/8$. Encuentre R_o y A_1.

Resp. 122.4 MΩ; –7500 V/V

El op amp de CMOS de cascodo doblado

Si en el circuito de la figura 10.26 cada uno de los seis transistores debajo de Q_1 y Q_2 se sustituyen con su complemento, y el grupo de seis dispositivos se desconecta de $-V_{SS}$, "se dobla" y se conecta al $+V_{DD}$, se obtiene el circuito que se muestra en la figura 10.27. Nótese que además del doblado, se han agregado dos fuentes de corriente, Q_6 y Q_7. El circuito resultante, apropiadamente llamado **cascodo doblado,** opera en forma muy semejante al circuito cascodo de la figura 10.26 pero, aquí, el intervalo de modo común de entrada es mayor porque ahora están conectados sólo tres transistores en la cadena de entrada entre las dos fuentes de alimentación (en comparación con cinco en el circuito cascodo convencional).

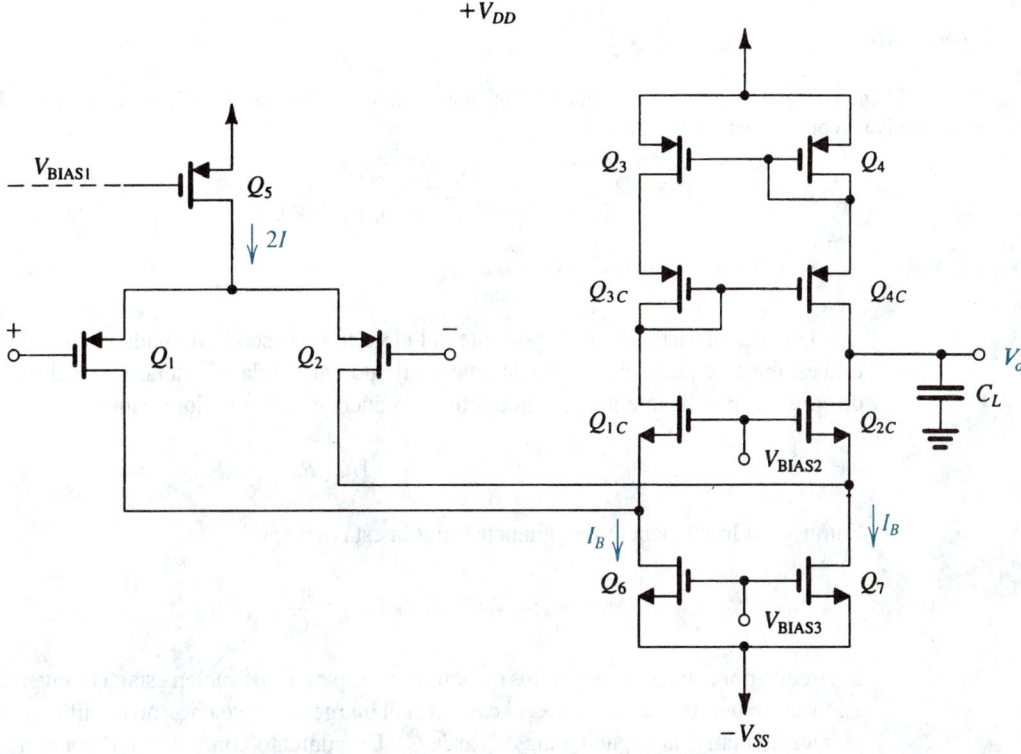

Fig. 10.27 Op amp de CMOS de cascodo doblado. Aquí los dispositivos de canal n Q_{1C} y Q_{2C} forman la etapa de compuerta común de la etapa de entrada en cascodo. Los transistores Q_3, Q_4, Q_{3C} y Q_{4C} forman un espejo de corriente modificado de Wilson que actúa como carga para la etapa de ganancia.

Ejercicio

10.30 Para el circuito de la figura 10.27, sea $2I = I_B = 25$ μA, $\mu_n C_{ox} = 2$ $\mu_p C_{ox} = 20$ μA/V^2, $|V_t| = 1$ V, $(W/L)_1 = (W/L)_2 = 120/8$, $(W/L)_{1C} = (W/L)_{2C} = 60/8$, $(W/L)_{3C} = (W/L)_{4C} = 120/8$, $(W/L)_3 = (W/L)_4 = 8/8$, $(W/L)_5 = 150/10$, $(W/L)_6 = (W/L)_7 = 8/8$ y $V_{DD} = V_{SS} = 5$ V. Encuentre los valores de V_{BIAS1}, V_{BIAS2} y V_{BIAS3} de modo que Q_6 y Q_7 operen al borde de saturación. Encuentre el intervalo de modo común de entrada y el intervalo de voltaje de salida.

Resp. +3.4 V, −2 V, −2.4 V; −4.4 V a +3 V; −3 V a +2 V

El circuito de cascodo doblado se utiliza con frecuencia como op amp de una etapa. Su ganancia de voltaje se puede determinar como

$$A = g_{m1} R_o \tag{10.65}$$

donde R_o es la resistencia de salida,

$$R_o = R_{o2C} // R_{o4C}$$
$$= [g_{m2C} \, r_{o2C}(r_{o7} // r_{o2})] // (g_{m4C} \, r_{o4C} \, r_{o3}) \tag{10.66}$$

Ejercicio

10.31 Demuestre que la ganancia de voltaje del op amp de cascodo doblado de la figura 10.27, para el caso $I_B = 2I$ y dispositivos acoplados en pares, está dada por

$$A = \frac{|V_A|^2}{I} \frac{2\sqrt{\mu_n \, \mu_p} \, C_{ox} \sqrt{W_1/L_1}}{3\sqrt{(W/L)_{2C}} + \sqrt{\mu_n/\mu_p}/\sqrt{(W/L)_{4C}}} \tag{10.67}$$

Una característica muy importante del circuito de cascodo doblado es que el polo dominante está establecido por la capacitancia total en el nodo de salida, C_L, donde C_L incluye la capacitancia de carga. Específicamente, si denotamos la frecuencia del polo dominante por ω_D entonces

$$\omega_D = 1/C_L \, R_o \tag{10.68}$$

Entonces la frecuencia ω_t de ganancia unitaria está dada por

$$\omega_t = A \, \omega_D = \frac{g_{m1}}{C_L} \tag{10.69}$$

El circuito por supuesto tiene polos no dominantes, pero éstos suelen estar a frecuencias que rebasan ω_t. Si se encuentra que éste no es el caso, o si el margen de fase en ω_t no es suficiente, simplemente se hace aumentar la capacitancia de carga C_L. Un aumento como éste mejora el margen de fase a costa de una reducida ω_t. Observamos que aquí el efecto de aumentar la capacitancia de carga es opuesto al del caso del op amp de dos etapas. Esto, junto con el hecho de que no se requiere red especial de compensación de frecuencia, hace que el circuito de cascodo doblado sea idealmente apropiado para aplicación en el diseño de filtros de alta frecuencia de condensador conmutado.

La rapidez de respuesta del op amp de cascodo doblado es

$$SR = 2I/C_L \tag{10.70}$$

Otra importante ventaja del circuito de cascodo doblado es que es mucho menos susceptible al efecto de ruido de alta frecuencia sobre la fuente de alimentación negativa ($-V_{SS}$). Este ruido inevitablemente aparece en la línea de fuente de alimentación en chips de integración a muy grande escala (VLSI) que incluye circuitos de conmutación, por ejemplo en los circuitos de reloj requeridos para la operación de filtros de condensador conmutado (véase la sección 11.10). En algunos circuitos con op amp el ruido de alta frecuencia de la fuente de alimentación se acopla a la salida, contaminando así la señal de salida. Para ver cómo puede ocurrir esto, vea el circuito op amp de CMOS de dos etapas de la figura 10.23. Una señal de ruido de alta frecuencia sobre la línea $-V_{SS}$ aparece en el terminal de la fuente de Q_6 y se acopla a la compuerta de Q_6. Luego se acopla a la salida por medio del condensador C_C y la pequeña resistencia R en serie. No existe tal trayectoria de acoplamiento en el circuito del cascodo doblado, por lo cual se dice que este último circuito tiene un más alto **factor de rechazo de fuente de alimentación** (PSRR) que el circuito de op amp de dos etapas. (Para un detallado tratamiento del PSRR, consulte la obra de Gregorian y Temes, 1986.)

Una desventaja del circuito de cascodo doblado es la reducida capacidad de oscilación de voltaje de salida debido al hecho de que existen dos transistores en serie entre el terminal de salida y cada una de las fuentes de alimentación.

Un op amp BiCMOS en un cascodo doblado

Para aumentar el ancho de banda del op amp de cascodo doblado, las frecuencias de los polos no dominantes deben aumentarse. Por lo general el polo no dominante de más baja frecuencia es aquel que se eleva a la entrada de la etapa de compuerta común Q_{1C}, Q_{2C}. Específicamente, la resistencia en el nodo que conecta Q_1 y Q_{1C} (y de manera semejante en el nodo que conecta Q_2 y Q_{2C}) es casi igual a $1/g_{m1C}$ (que es igual a $1/g_{m2C}$). Así, si denotamos la capacitancia total en cada uno de estos dos nodos por C_{P1}, la frecuencia del polo resultante se puede expresar como

$$\omega_P = g_{m1C}/C_{P1} \tag{10.71}$$

Como es posible obtener valores mucho mayores de transconductancia usando los BJT de lo que es posible con los MOSFET, la frecuencia ω_P del polo no dominante se puede aumentar por medio de una etapa de BJT de base común en lugar de la etapa MOS de compuerta común. El resultado es el circuito BiCMOS de cascodo doblado que se ilustra en la figura 10.28. Ahora, con ω_P aumentada, ω_t se puede aumentar de manera correspondiente mientras que C_L permanece constante, diseñando la primera etapa para tener una mayor transconductancia g_{m1} (véase la ecuación 10.69).

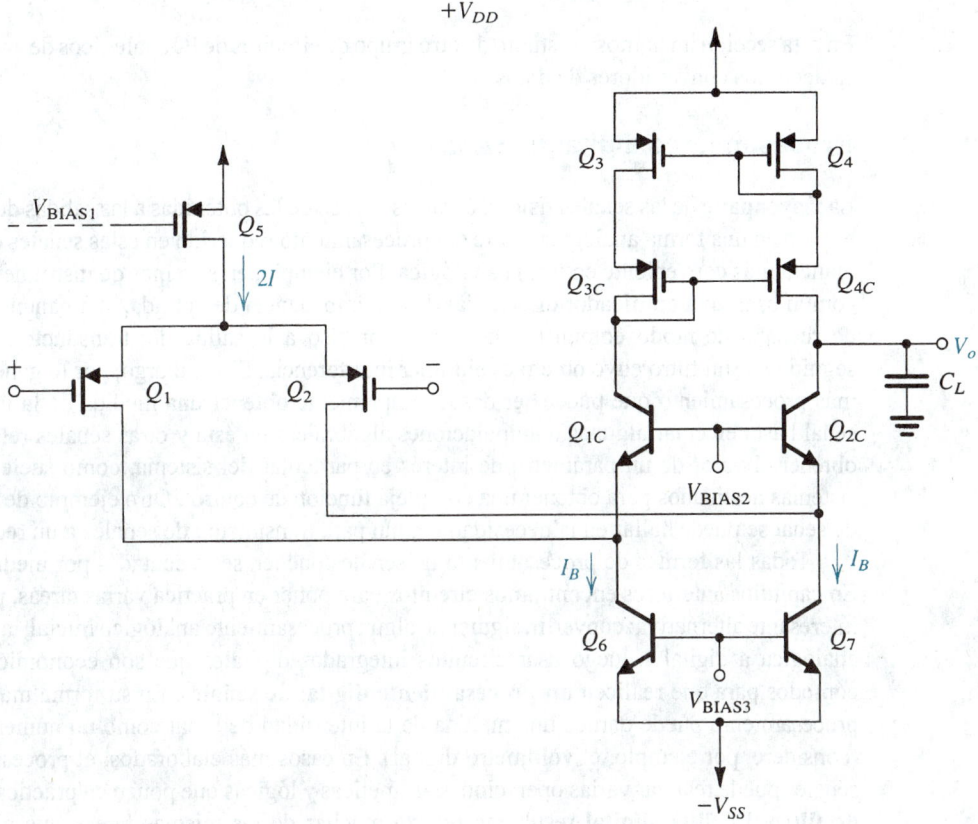

Fig.10.28 Op amp de cascodo doblado de BiCMOS. Los BJT se utilizan para construir la etapa de modo común Q_{1C}, Q_{2C}. El elevado valor de $g_{m1C} = g_{m2C}$ eleva la frecuencia del polo no dominante que resulta a la entrada de la etapa de base común. Así, para un valor dado de C_L, $\omega_t = g_{m1}/C_L$ se puede aumentar al operar la primera etapa a una g_m más alta.

El circuito BiCMOS combina el ancho de banda aumentado con las ventajas de una etapa de entrada MOS; es decir, una impedancia de entrada casi infinita, una corriente de polarización de entrada cero y una más alta rapidez de respuesta (para el último punto consulte la sección 10.7 y el siguiente ejercicio).

Ejercicio

10.32 Deseamos comparar el op amp BiCMOS de cascodo doblado que se ilustra en la figura 10.28 con uno en que la primera etapa sea sustituida con un par diferencial de BJT. Para ambos circuitos se requiere un f_t de 2 MHz para $C_L =$ 10 pF. (a) Para el circuito BiCMOS sea $(W/L)_1 = 150/10$, $|V| = 1$ V, y $\mu_p\, C_{ox} = 10$ μA/V^2. Encuentre la corriente de polarización $2I$ requerida y la rapidez de respuesta obtenida. (b) Para el circuito con la etapa de entrada de BJT, encuentre la corriente de polarización $2I$ requerida y la rapidez de respuesta obtenida.

Resp. (a) 105.3 μA; 10.5 V/μs.   (b) 6.3 μA; 0.63 V/μs.

10.9 CONVERTIDORES DE DATOS; INTRODUCCIÓN

En esta sección iniciamos el estudio de otro grupo de circuitos de IC analógicos de gran importancia, es decir, los convertidores de datos.

Procesamiento digital de señales

La mayor parte de las señales físicas, como es el caso de las obtenidas a las salidas de transductores, existen en una forma analógica. Parte del procesamiento requerido en estas señales es ejecutado de manera más conveniente en forma analógica. Por ejemplo, en sistemas de instrumentación es muy común usar un amplificador diferencial de alta impedancia de entrada, alta ganancia y alto factor de rechazo de modo común (CMRR) muy preciso a la salida del transductor. Éste suele ser seguido por un filtro cuyo objeto es eliminar interferencia. Sin embargo, por lo general se requiere más procesamiento que puede ser desde simplemente obtener una medida de la intensidad de la señal hasta efectuar algunas manipulaciones algebraicas en ésta y otras señales relacionadas para obtener el valor de un parámetro de interés en particular del sistema, como suele ser el caso en sistemas destinados para obtener una compleja función de control. Otro ejemplo de procesamiento de señal se puede hallar en la necesidad común para transmisión de señales a un receptor remoto.

Todas las formas de procesamiento de señales pueden ser ejecutadas por medios analógicos. En capítulos anteriores encontramos circuitos para poner en práctica varias tareas, pero existe una interesante alternativa: convertir, siguiendo algún procesamiento analógico inicial, la señal de forma analógica a digital y luego usar circuitos integrados digitales que son económicos, precisos y cómodos para que realicen **un procesamiento digital de señales**. En su forma más sencilla, este procesamiento puede darnos una medida de la intensidad de señal como un número fácil de leer (considere, por ejemplo, el voltímetro digital). En casos más elaborados, el procesador digital de señales puede realizar varias operaciones aritméticas y lógicas que ponen en práctica un **algoritmo de filtro**. El **filtro digital** resultante realiza muchas de las mismas tareas que ejecuta el filtro analógico, por ejemplo eliminar interferencia y ruido. Otro ejemplo de procesamiento digital de señales se encuentra en sistemas digitales de comunicaciones, donde las señales son transmitidas como una secuencia de pulsos binarios, con las obvias ventajas de que la distorsión de las amplitudes de estos pulsos por el ruido no tiene consecuencias, en gran parte.

Una vez que se haya efectuado el procesamiento digital de señales, podríamos estar satisfechos con presentar el resultado en forma digital, por ejemplo una lista impresa de números, y opcionalmente podríamos pedir una salida analógica como es el caso en un sistema de telecomunicaciones, donde la salida usual puede ser de audio. Si se desea una salida analógica como ésta, entonces es obvio que se hace necesario convertir otra vez la señal digital a forma analógica.

Aquí no es nuestro objetivo estudiar las técnicas de procesamiento digital de señales. Más bien, examinaremos los circuitos de interfaz entre los dominios analógico y digital; específicamente, estudiaremos las técnicas básicas y circuitos que se utilizan para convertir una señal analógica a forma digital (**conversión analógica a digital** o simplemente **A/D**) y los empleados para convertir una señal digital a forma analógica (**conversión digital a analógica** o simplemente **D/A**). Los circuitos digitales se estudian en los capítulos 13 y 14.

Muestreo de señales analógicas

El principio fundamental del procesamiento de señales digitales es el de **muestreo** de una señal analógica. En la figura 10.29 se ilustra en forma conceptual el proceso de obtener muestras de una señal analógica. El interruptor que se muestra se cierra periódicamente bajo el control de una señal periódica de pulsos (reloj). El tiempo de cierre del interruptor, τ, es relativamente corto, y las muestras obtenidas se almacenan (retienen) en el condensador. El circuito de la figura 10.29 se conoce como **circuito de muestreo y retención (S/H).** Como se indica, el circuito S/H consta de un interruptor analógico que puede ser puesto en práctica por una compuerta de transmisión de MOSFET (sección 5.9), un condensador de almacenamiento y un amplificador regulador (que no se muestra).

Entre los intervalos de muestreo, es decir, durante los intervalos de *retención*, el nivel de voltaje del condensador representa las muestras de señal que buscamos. Cada uno de estos niveles de voltaje es entonces alimentado a la entrada de un convertidor A/D, que proporciona un número binario de N bits proporcional al valor de la muestra de la señal.

El hecho de que podamos hacer nuestro procesamiento en un número limitado de muestras de una señal analógica, mientras se soslayan detalles de señal analógica entre muestras, está basado en el teorema de muestreo [véase la obra de Lathi (1965)].

Cuantificación de señal

Considere una señal analógica cuyos valores van de 0 a +10 V. Supongamos que se desea convertir esta señal a forma digital y que la salida requerida es una señal de 4 bits.[2] Sabemos que un número binario de 4 bits puede representar 16 valores diferentes, 0 a 15; se deduce que la *resolución* de nuestra conversión será 10 V/15 = $\frac{2}{3}$ V. Por lo tanto, una señal analógica de 0 V estará representada por 0000, $\frac{2}{3}$ V por 0001, 6 V por 1001 y 10 V por 1111.

Todos los números de muestra anteriores fueron múltiplos del incremento básico ($\frac{2}{3}$ V). Surge ahora una pregunta con respecto a la conversión de números que están entre estos niveles incrementales sucesivos. Por ejemplo, considere el caso de un nivel analógico de 6.2 V, está entre 18/3 y 20/3, pero como está más cercano a 18/3 lo tratamos como si fuera 6 V y lo *codificamos* como 1001. Este proceso se denomina **cuantificación.** Obviamente, hay errores inherentes en este proceso

---

[2] *Bit* es una contracción en inglés de *binary digit* (dígito binario).

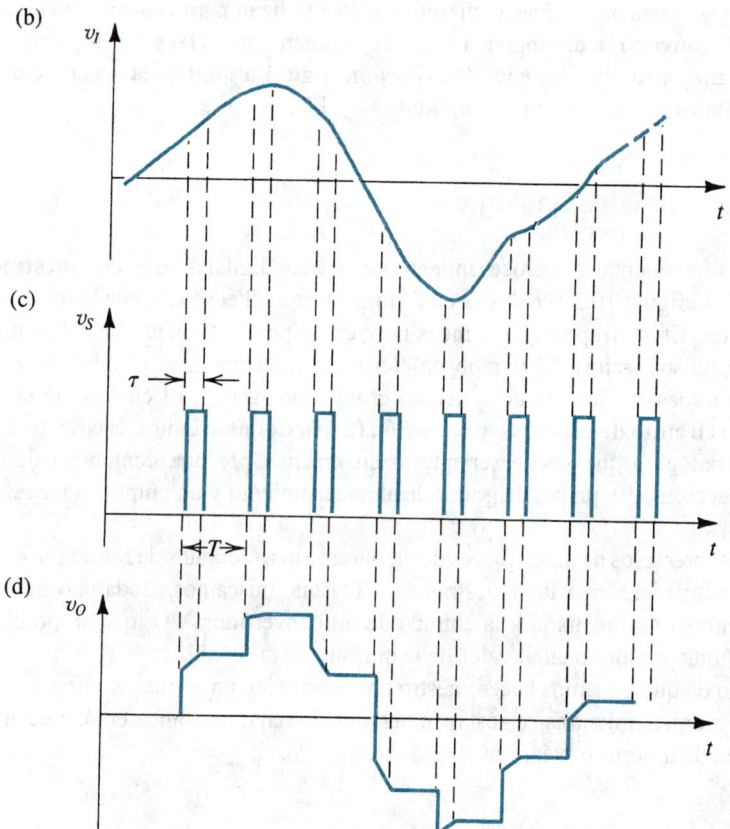

Fig. 10.29 Proceso consistente en tomar muestra periódicamente de una señal analógica. **(a)** Circuito de muestreo y retención (S/H). El interruptor cierra τ segundos en cada periodo. **(b)** Forma de onda de señal de entrada. **(c)** Señal de muestreo (señal de control para el interruptor). **(d)** Señal de salida (a alimentarse al convertidor A/D).

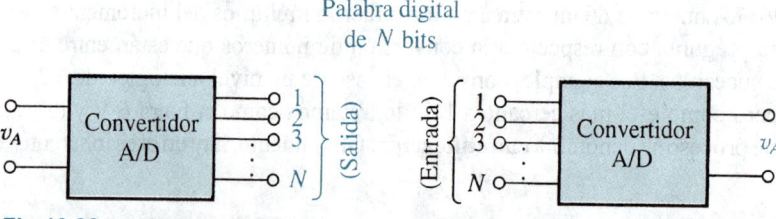

Fig. 10.30 Convertidores A/D y D/A como bloques de circuito.

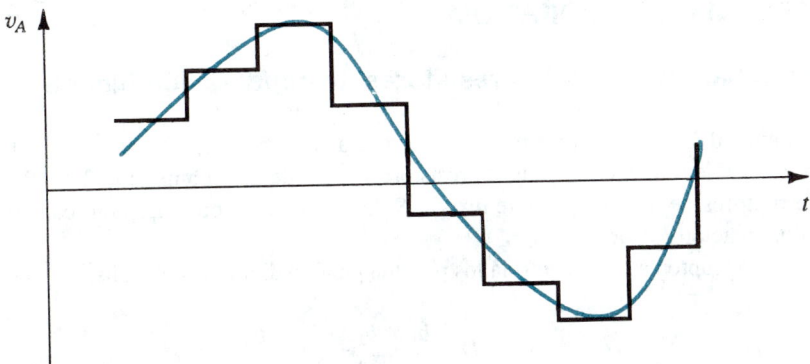

Fig.10.31 Las muestras analógicas a la salida de un convertidor D/A suelen alimentarse a un circuito de muestreo y retención para obtener la forma de onda de escalera que se muestra. Esta onda se puede filtrar entonces para obtener la onda lisa que se muestra en color. No se muestra el retardo que generalmente introduce un filtro.

que reciben el nombre de *errores de cuantificación*. Si se usan más bits para representar (o simplemente codificar) una señal analógica se reducen los errores de cuantificación pero se requieren circuitos más complejos.

Los convertidores A/D y D/A como bloques funcionales

En la figura 10.30 se describen las representaciones de bloques funcionales de convertidores A/D y D/A. Como se indica, el **convertidor A/D** (también llamado **ADC**) acepta una muestra analógica v_A y produce una **palabra digital** de N bits. Por el contrario, el **convertidor D/A** (también llamado **DAC**) acepta una palabra digital de n bits y produce una muestra analógica. Las muestras de salida del convertidor D/A se alimentan a un circuito de muestreo y retención a cuya salida se obtiene una forma de onda de escalera, como la de la figura 10.31. Esta onda de escalera se puede alisar por medio de un filtro pasabajos y resulta una curva lisa que se muestra en color en la figura 10.31. De esta forma se reconstruye una señal analógica de salida. Finalmente, observamos que el error de cuantificación de un convertidor A/D es equivalente a $\pm\frac{1}{2}$ el bit menos significativo (b_N).

Ejercicio

10.33 Una señal analógica entre 0 y +10 V debe convertirse a una señal digital de 8 bits. ¿Cuál es la resolución de la conversión en volts? ¿Cuál es la representación digital de una entrada de 6 V? ¿Cuál es la representación de una entrada de 6.2 V? ¿Cuál es el error hecho en la cuantificación de 6.2 V en términos absolutos y como porcentaje de la entrada? ¿Y como porcentaje de plena escala? ¿Cuál es el máximo error posible de cuantificación como porcentaje de plena escala?

Resp. 0.0392 V; 10011001; 10011110; −0.0064 V; −0.1%; −0.064%; 0.196%

10.10   CIRCUITOS CONVERTIDORES D/A

Circuito básico que utiliza resistores de ponderación binaria

En la figura 10.32 se ilustra un sencillo circuito para un convertidor D/A de N bits. El circuito consta de un voltaje de referencia V_{ref}, de los resistores de ponderación binaria R, $2R$, $4R$, $8R$, ..., $2^{N-1}R$, N interruptores de un polo y doble tiro S_1, S_2, ..., S_N, y un op amp junto con su resistencia de retroalimentación $R_f = R/2$.

Los interruptores están controlados por una palabra digital D de N bits,

$$D = \frac{b_1}{2^1} + \frac{b_2}{2^2} + \cdots + \frac{b_N}{2^N} \tag{10.72}$$

donde b_1, b_2, etc., son coeficientes de bits que son 1 o 0. Nótese que el bit b_N es el **bit menos significativo (LSB)** y b_1 es el **bit más significativo (MSB)**. En el circuito de la figura 10.32, b_1 controla al interruptor S_1, b_2 controla S_2 y así sucesivamente. Cuando b_i es 0, el interruptor S_i está en la posición 1, y cuando b_i es 1 el interruptor S_i está en la posición 2.

Como la posición 1 de todos los interruptores es tierra y la posición 2 es tierra virtual, la corriente que pasa por cada resistor permanece constante. Cada interruptor simplemente controla donde va su corriente correspondiente: a tierra (cuando el bit correspondiente es 0) o a tierra virtual (cuando el bit correspondiente es 1). Las corrientes que circulan hacia tierra virtual se suman, y la suma circula por la resistencia de retroalimentación R_f. La corriente total i_O está, por lo tanto, dada por

$$i_O = \frac{V_{ref}}{R}b_1 + \frac{V_{ref}}{2R}b_2 + \cdots + \frac{V_{ref}}{2^{N-1}R}b_N$$

$$= \frac{2V_{ref}}{R}\left(\frac{b_1}{2^1} + \frac{b_2}{2^2} + \cdots + \frac{b_N}{2^N}\right)$$

Entonces

$$i_O = \frac{2V_{ref}}{R}D \tag{10.73}$$

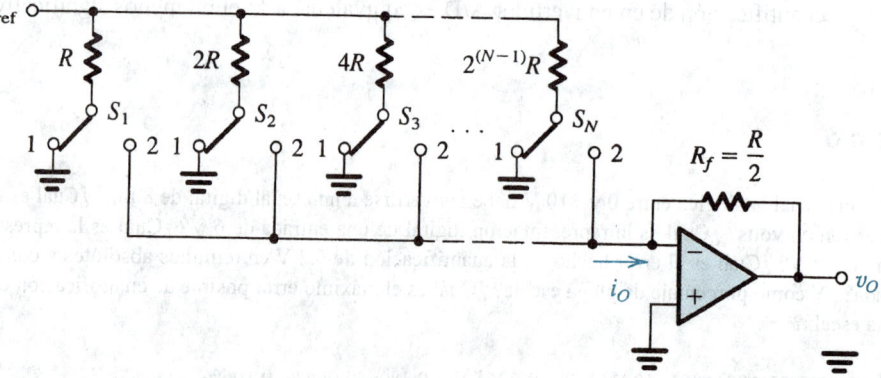

Fig.10.32 Convertidor D/A de N bits que utiliza red de escalera resistiva de ponderación binaria.

y el voltaje de salida v_O está dado por

$$v_O = -i_O R_f = -V_{ref} D \qquad (10.74)$$

que es directamente proporcional a la palabra digital D, como se desea.

Debe observarse que la precisión del DAC depende de modo crítico de (1) la precisión de V_{ref}, (2) la precisión de los resistores de ponderación binaria y (3) la perfección de los interruptores. Con respecto al tercer punto, debemos resaltar que estos interruptores manejan señales analógicas y por lo tanto su perfección es de considerable interés. Mientras que el voltaje de desnivel y el valor finito en resistencia no son de importancia crítica en un interruptor digital, estos parámetros son de inmensa importancia en *interruptores analógicos*. El uso de los FET para poner en práctica interruptores analógicos se estudió en el capítulo 5. Del mismo modo, en breve veremos que en una aplicación práctica de circuito de un DAC, las corrientes de ponderación binaria son generadas por fuentes de corriente. En este caso, el interruptor analógico se puede formar usando el circuito de par diferencial, como se mostrará.

Una desventaja de la red del resistor de ponderación binaria es que, para un gran número de bits ($N > 4$), la dispersión entre las resistencias más grande y más pequeña se hace bastante grande. Esto implica dificultades para mantener precisión en los valores del resistor. Existe un esquema más conveniente que utiliza una red resistiva denominada *escalera R-2R*.

Escaleras *R-2R*

En la figura 10.33 se ilustra el circuito básico de un DAC que utiliza una escalera *R-2R*. Debido a la pequeña dispersión en valores de resistencia, esta red suele preferirse sobre el esquema de ponderación binaria estudiado líneas antes, especialmente para $N > 4$. La operación de la escalera *R-2R* es sencilla. Primero, como se puede ver, empezando de la derecha y trabajando hacia la izquierda, que la resistencia a la derecha de cada nodo de escalera, por ejemplo el marcado como X, es igual a $2R$. Así, la corriente que circula a la derecha, alejándose de cada nodo, es igual a la

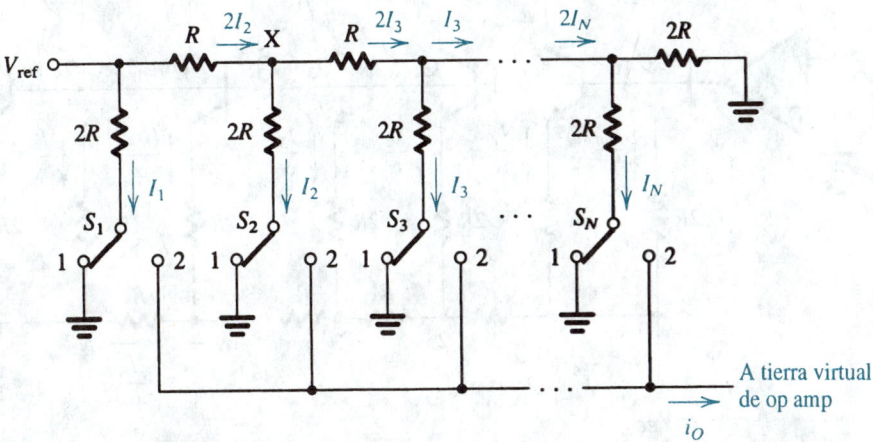

Fig.10.33 Configuración básica de circuito de un DAC que utiliza una red de escalera *R-2R*.

que circula hacia abajo a tierra, y el doble de esa corriente entra en el nodo desde el lado izquierdo. Se deduce que

$$I_1 = 2I_2 = 4I_3 = \ldots = 2^{N-1}I_N$$

Entonces, como en la red resistiva de ponderación binaria, las corrientes controladas por los interruptores son binarias ponderadas. La corriente de salida i_O, por lo tanto, estará dada por

$$i_O = \frac{V_{\text{ref}}}{R}D$$

Realización de un circuito práctico

En la figura 10.34 se muestra un circuito práctico del DAC que utiliza una escalera R-$2R$. El circuito utiliza unos BJT para generar las corrientes constantes de ponderación binaria $I_1, I_2, \ldots, I_N$, que se conmutan entre tierra y tierra virtual de un op amp sumador de salida (que no se muestra). Primero demostraremos que las corrientes I_1 a la I_N son ponderadas binarias en realidad, con I_1 correspondiente al bit más significativo (MSB) e I_N correspondiente al bit menos significativo (LSB) del DAC.

Si comenzamos en los dos transistores de la extrema derecha, Q_N y Q_t, vemos que si están igualados, sus corrientes de emisor serán iguales y están denotadas por (I_N/α). El transistor Q_t está

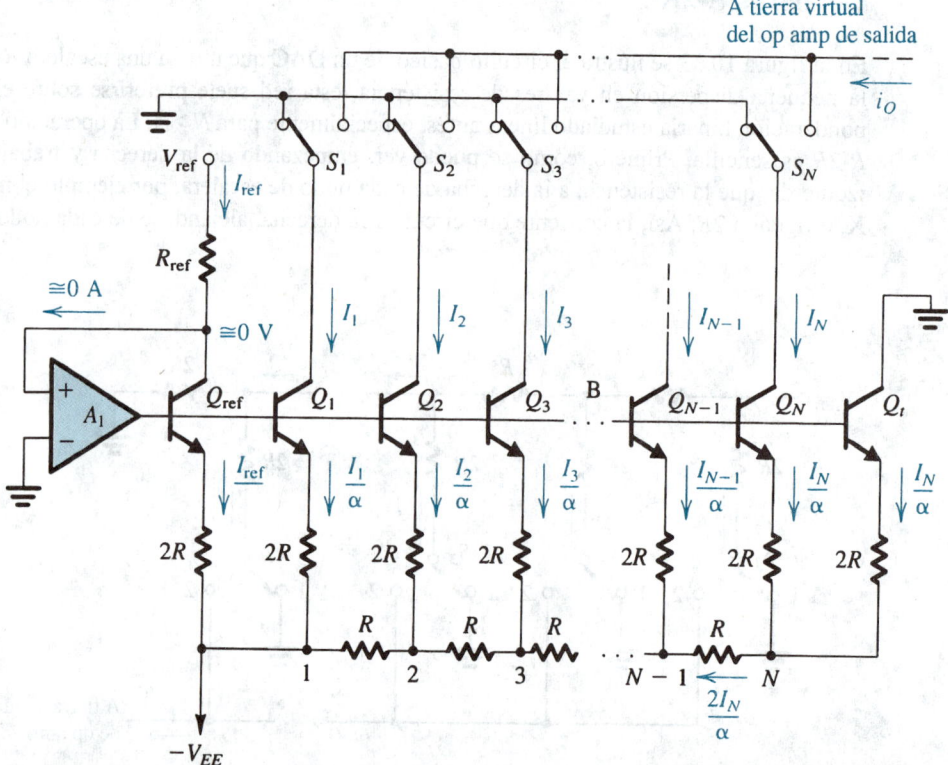

Fig. 10.34 Construcción de un circuito práctico de un DAC que utiliza una red de escalera R-$2R$.

incluido para obtener una terminación adecuada de la red R-$2R$. El voltaje entre la línea de base de los BJT y el nodo N será

$$V_N = V_{BE_N} + \left(\frac{I_N}{\alpha}\right)(2R)$$

donde V_{BE_N} es el voltaje entre base y emisor de Q_N. Como la corriente que circula por el resistor R conectado al nodo N es $(2I_N/\alpha)$, el voltaje entre el nodo B y el nodo $(N-1)$ será

$$V_{N-1} = V_N + \left(\frac{2I_N}{\alpha}\right)R = V_{BE_N} + \frac{4I_N}{\alpha}R$$

Si se supone, por el momento, que $V_{BE_{N-1}} = V_{BE_N}$, vemos que un voltaje de $(4I_N/\alpha)R$ aparece en paralelo con la resistencia $2R$ en el emisor de Q_{N-1}. Entonces Q_{N-1} tendrá una corriente de emisor de $(2I_N/\alpha)$ y una corriente de colector de $(2I_N)$, el doble de la corriente en Q_N. Los dos transistores tendrán iguales caídas de V_{BE} si sus áreas de unión están escaladas en la misma proporción que sus corrientes, lo cual usualmente se hace en la práctica.

Si se continúa en la forma antes citada podemos demostrar que

$$I_1 = 2I_2 = 4I_3 = \cdots = 2^{N-1}I_N$$

con la suposición de que las áreas de unión entre emisor y base de Q_1 a Q_N están escaladas en forma ponderada binaria.

A continuación consideremos un op amp A_1, que, junto con el transistor de referencia Q_{ref}, forma un circuito de retroalimentación negativa. (Convénzase el lector de que la retroalimentación sea de verdad negativa.) Aparece una tierra virtual en el colector de Q_{ref} forzándolo a conducir una corriente de colector $I_{\text{ref}} = V_{\text{ref}}/R_{\text{ref}}$ independiente de cualesquiera imperfecciones que Q_{ref} pudiera tener. Ahora, si Q_{ref} y Q_1 se igualan, sus corrientes de colector serán iguales,

$$I_1 = I_{\text{ref}}$$

Entonces, las corrientes de ponderación binaria están directamente relacionadas con la corriente de referencia, independiente de los valores exactos de V_{BE} y α. También obsérvese que el op amp A_1 alimenta las corrientes de base de todos los BJT.

Interruptores de corriente

Cada uno de los interruptores de un polo y doble tiro del circuito convertidor digital a analógico (DAC) de la figura 10.34 se puede llevar a la práctica por un circuito como el que se muestra en la figura 10.35 para el interruptor S_m. Aquí, I_m denota la corriente que circula en el colector del m-ésimo transistor de bits. El circuito es un par diferencial con la base del transistor de referencia Q_{mr} conectado a un apropiado voltaje de cd V_{bias}, y la señal digital que representa el m-ésimo bit b_m aplicada a la base del otro transistor Q_{ms}. Si el voltaje que representa a b_m es más alto que V_{bias} en unos pocos cientos de milivolts, Q_{ms} conducirá y Q_{mr} no conducirá. La corriente de bit I_m circulará por Q_{ms} y sobre la línea sumadora de salida. Por otra parte, cuando b_m sea de valor bajo, Q_{ms} no conducirá e I_m circula por Q_{mr} a tierra.

El interruptor de corriente de la figura 10.35 es sencillo y ofrece operación de alta velocidad, pero es afectado porque parte de la corriente I_m circula por la base de Q_{ms} y no aparece en la línea sumadora de salida. En la obra de Grebene (1984) se pueden encontrar circuitos más elaborados para interruptores de corriente. Del mismo modo, en una tecnología BiCMOS, los transistores Q_{ms}

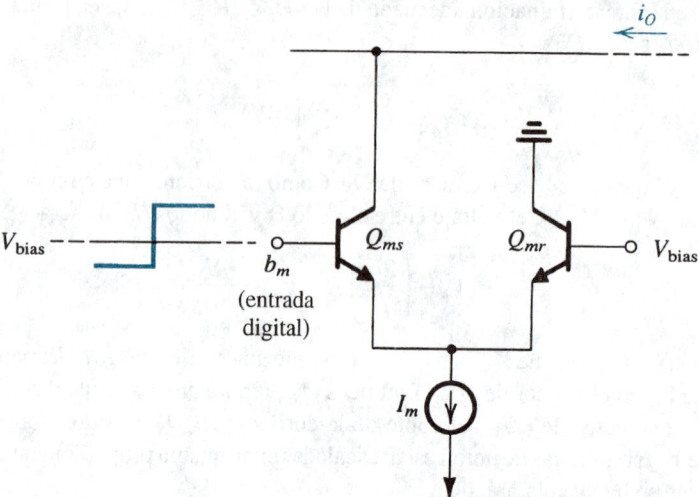

Fig.10.35 Construcción de un circuito de interruptor S_m en el DAC de la figura 10.34. En una tecnología de BiCMOS, Q_{ms} y Q_{mr} se pueden construir con unos MOSFET, evitando así la falta de precisión causada por la corriente de base de los BJT.

y Q_{mr} de par diferencial se pueden sustituir con unos MOSFET, eliminando así el problema de la corriente de base.

Ejercicios

10.34 ¿Cuál es la máxima razón de resistor requerida por un convertidor D/A de 12 bits que utiliza una escalera de ponderación binaria?

Resp. 2048

10.35 Si la corriente de polarización de entrada de un op amp, utilizado como el sumador de salida de un DAC de 10 bits, no debe ser mayor que la equivalente a $\frac{1}{4}$ del bit menos significativo (LSB), ¿cuál es la máxima corriente requerida para circular en R_f para un op amp cuya corriente de polarización es de 0.5 μA?

Resp. 2.046 mA

10.11 CIRCUITOS CONVERTIDORES A/D

Existen varias técnicas de conversión analógica a digital (A/D) que varían en complejidad y velocidad de conversión. En lo que sigue, estudiaremos dos esquemas sencillos pero lentos, un método complejo (en términos de la cantidad de circuitos requeridos) pero sumamente rápido y, por último, un método apropiado en especial para construcción con MOS.

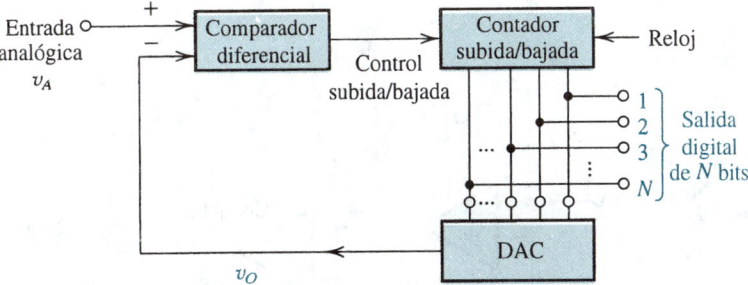

Fig.10.36 Convertidor A/D tipo de retroalimentación simple.

El convertidor tipo de retroalimentación

En la figura 10.36 se ilustra un convertidor A/D sencillo que utiliza un comparador, un contador de subida y bajada y un convertidor D/A. El circuito comparador produce una salida que toma uno de dos valores distintos: positivo cuando la señal de entrada de diferencia es positiva, y negativo cuando la señal de entrada de diferencia es negativa. Estudiaremos circuitos comparadores en el capítulo 12. Un contador de subida y bajada es simplemente un contador que puede contar ya sea arriba o abajo dependiendo del nivel binario aplicado a su terminal de control de subida y bajada. Como el convertidor analógico a digital (A/D) de la figura 10.36 utiliza un convertidor digital a analógico (DAC) en su bucle de retroalimentación, suele recibir el nombre de *convertidor A/D tipo de retroalimentación*. Opera como sigue: con una cuenta 0 en el contador, la salida del convertidor D/A, v_O, será cero y la salida del comparador será alta, instruyendo al contador para que cuente los pulsos de reloj en la dirección hacia arriba. A medida que aumenta la cuenta, la salida del DAC sube. El proceso continúa hasta que la salida del DAC llega al nivel de la señal de entrada analógica, en cuyo punto el comparador se conmuta y detiene el contador. La salida del contador será entonces el equivalente digital del voltaje analógico de entrada.

La operación del convertidor de la figura 10.36 es lenta si comienza desde cero. Este convertidor, sin embargo, rastrea cambios incrementales en la señal de entrada con bastante rapidez.

El convertidor A/D de doble pendiente

En la figura 10.37 se ilustra un esquema de conversión A/D de alta resolución muy conocido (12 a 14 bits) pero lento. Para ver cómo opera, consulte la figura 10.37 y suponga que la señal de entrada analógica v_A es negativa. Antes del inicio del ciclo de conversión, el interruptor S_2 se cierra, descargando así al condensador C y ajustando $v_1 = 0$. El ciclo de conversión comienza con abrir S_2 y conectar la entrada del integrador por medio del interruptor S_1 a la señal de entrada analógica. Como v_A es negativo, circulará una corriente $I = v_A/R$ por R en dirección alejándose del integrador. Entonces v_1 sube linealmente con una pendiente de $I/C = v_A/RC$, como se indica en la figura 10.37(b). Simultáneamente, el contador es activado y cuenta los pulsos de un reloj de frecuencia fija. Esta fase del proceso de conversión continúa durante un tiempo fijo T_1. Termina cuando el contador acumula una cuenta fija denotada como n_{ref}. Usualmente, para un convertidor de N bits,

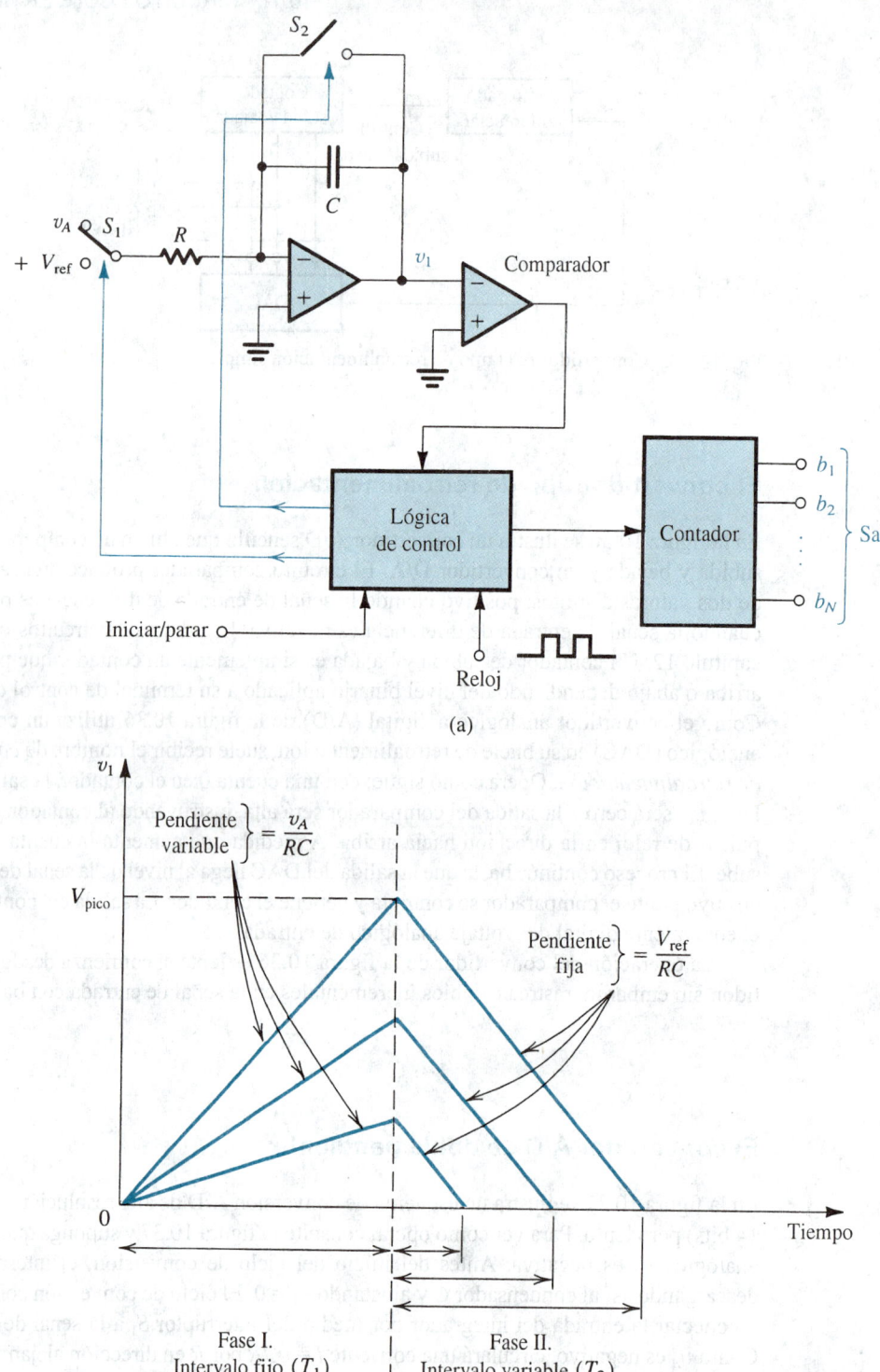

Fig.10.37 Método de conversión A/D de doble pendiente. Nótese que se supone que v_A es negativo.

$n_{ref} = 2^N$. Denotando como V_{pico} el voltaje pico a la salida del integrador, podemos escribir con respecto a la figura 10.37(b),

$$\frac{V_{pico}}{T_1} = \frac{v_A}{RC} \tag{10.75}$$

Al final de esta fase, el contador se restablece a cero.

La fase II de la conversión se inicia en $t = T_1$ al conectar la entrada del integrador por medio del interruptor S_1 al voltaje positivo de referencia V_{ref}. La corriente que entra en el integrador invierte su dirección y es igual a V_{ref}/R. Entonces v_1 decrece linealmente con una pendiente de (V_{ref}/RC). Simultáneamente, el contador es activado y cuenta los pulsos del reloj de frecuencia fija. Cuando v_1 llega a cero volts, el comparador emite una señal de lógica de control para detener el contador. Denotada por T_2 la duración de la fase II, podemos escribir, por consulta de la figura 10.37(b),

$$\frac{V_{pico}}{T_2} = \frac{V_{ref}}{RC} \tag{10.76}$$

Las ecuaciones (10.75) y (10.76) se pueden combinar para obtener

$$T_2 = T_1 \left(\frac{v_A}{V_{ref}} \right) \tag{10.77}$$

Como la lectura del contador, n_{ref}, al final de T_1 es proporcional a T_1 y la lectura, n, al final de T_2 es proporcional a T_2, tenemos

$$n = n_{ref} \left(\frac{v_A}{V_{ref}} \right) \tag{10.78}$$

Entonces el contenido del contador,[3] n, al final del proceso de conversión es el equivalente digital de v_A.

El convertidor de doble pendiente ofrece alta precisión, puesto que su operación es independiente de los valores exactos de R y C. Existen muchos circuitos comerciales del método de doble pendiente, algunos de los cuales utilizan tecnología CMOS.

El convertidor paralelo o de destello

El esquema más rápido de conversión A/D es la conversión simultánea, paralela o de destello que se ilustra en la figura 10.38. Conceptualmente, la conversión de destello es muy sencilla. Utiliza comparadores $2^N - 1$ para comparar el nivel de señal de entrada con cada uno de los posibles niveles $2^N - 1$ de cuantificación. Las salidas de los comparadores son procesadas por un bloque de codificación lógica para obtener los N bits de la palabra digital de salida. Nótese que se puede obtener una conversión completa dentro de un ciclo de reloj.

Aun cuando la conversión de destello es muy rápida, el precio pagado es una construcción de circuito más bien compleja. Se han utilizado con éxito variaciones en la técnica básica en el diseño de convertidores de circuitos integrados.

---

[3] Nótese que n *no es* una función continua de v_A, como pudiera inferirse de la ecuación (10.78), sino que n toma valores discretos correspondientes a los niveles cuantificados de v_A.

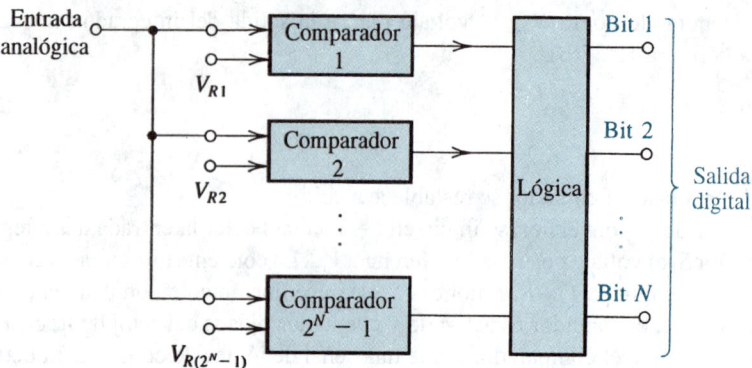

Fig.10.38 Conversión A/D en paralelo, simultánea o de destello.

El convertidor de redistribución de carga

La última técnica de conversión de A/D que estudiaremos es particularmente apropiada para construcción con CMOS. Como se muestra en la figura 10.39, el circuito utiliza un circuito de condensador de ponderación binaria, un comparador de voltaje, interruptores analógicos y lógica de control (no se muestra). El circuito que se ilustra es para un convertidor de 5 bits; el condensador C_T sirve para terminar la red del condensador, haciendo que la capacitancia total sea igual al valor deseado de $2C$.

La operación del convertidor se puede dividir en tres fases distintas, ilustradas en las figuras 10.39(a), (b) y (c). En la fase de muestreo (figura 10.39a) se cierra el interruptor S_B, conectando así la placa superior de todos los condensadores a tierra y ajustando v_O a cero. Mientras tanto, el interruptor S_A se conecta al voltaje analógico de entrada v_A. Entonces el voltaje v_A aparece en paralelo con la capacitancia total de $2C$, resultando en una carga almacenada de $2Cv_A$. Así, durante esta fase, se toma una muestra de v_A y una cantidad proporcional se almacena en la red del condensador.

Durante la fase de retención (figura 10.39b), el interruptor S_B está abierto y los interruptores del S_1 al S_5, y S_T se accionan al lado de tierra. Entonces la placa superior de la red del condensador está en circuito abierto; mientras que sus placas inferiores están a tierra. Como no hay trayectoria de descarga, las cargas del condensador deben permanecer constantes, con un total igual a $2Cv_A$. Se deduce que el voltaje en la placa superior debe convertirse en $-v_A$. Finalmente, nótese que durante la fase de retención, S_A se conecta a V_{ref} en preparación para la fase de redistribución de carga.

A continuación, consideramos la operación durante la fase de redistribución de carga ilustrada en la figura 10.39(c). Primero, el interruptor S_1 se conecta a V_{ref}. El circuito entonces consta de V_{ref}, un condensador C en serie y una capacitancia total a tierra de valor C. Este divisor capacitivo causa un incremento de voltaje de $V_{ref}/2$ que se presenta en la placa superior. Ahora, si v_A es mayor de $V_{ref}/2$, el voltaje neto en la placa superior permanecerá negativo, lo cual significa que S_1 se deja en su nueva posición a medida que nos movemos al interruptor S_2. Si, por otra parte, v_A fuera menor que $V_{ref}/2$, entonces el voltaje neto en la placa superior se haría positivo. El comparador detectaría esta situación y emitiría una señal a la lógica de control para regresar S_1 a su posición a tierra y luego avanzar a S_2.

A continuación, el interruptor S_2 se conecta a V_{ref}, que ocasiona que un incremento de voltaje de $V_{ref}/4$ aparezca en la placa superior. Si el voltaje resultante es todavía negativo, S_2 se deja en su nueva posición; de otra forma, S_2 se regresa a su posición a tierra. Entonces avanzamos al interruptor S_3 y así sucesivamente hasta que todos los interruptores de bit del S_1 al S_5 se hayan tratado.

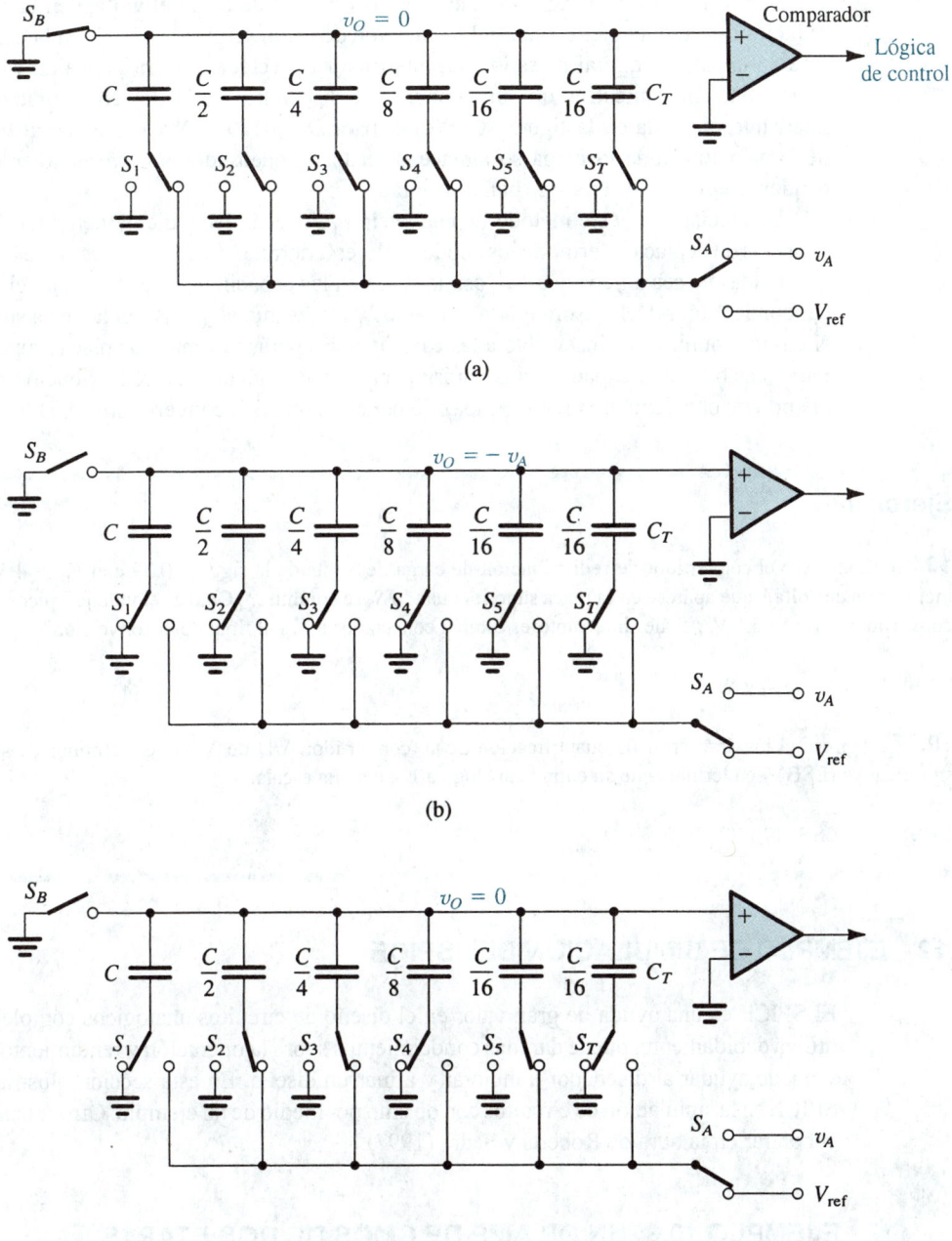

Fig.10.39 Convertidor A/D de redistribución de carga, apropiado para construcción de CMOS. **(a)** Fase de muestreo; **(b)** fase de retención; y **(c)** fase de redistribución de carga.

Se puede ver que durante la fase de redistribución de carga el voltaje en la placa superior se reducirá incrementalmente a cero. La conexión de los interruptores de bit en la conclusión de esta fase da la palabra digital de salida; un interruptor conectado a tierra indica un valor 0 para el bit correspondiente, mientras que una conexión a V_{ref} indica un 1. La configuración particular de interruptor descrita en la figura 10.39(c) es para $D = 01101$. Obsérvese que al final del proceso de conversión, toda la carga se almacena en los condensadores correspondientes a bits 1; los condensadores de los bits 0 se han descargado.

La precisión de este método de conversión A/D es independiente del valor de capacitancias parásitas de la placa inferior de los condensadores a tierra. Esto es porque las placas inferiores están conectadas ya sea a tierra o a V_{ref}; así, la carga en las capacitancias parásitas no circulará en la red del condensador. Del mismo modo, como los voltajes inicial y final en la placa superior son cero, el circuito también es insensible a las capacitancias parásitas entre las placas superiores y tierra.[4] La insensibilidad a capacitancias parásitas hace que la técnica de redistribución de carga sea un método razonablemente preciso, capaz de poner en práctica convertidores A/D hasta con 10 bits.

Ejercicios

10.36 Considere el convertidor de redistribución de carga de 5 bits de la figura 10.39 con $V_{ref} = 4$ V. ¿Cuál es el incremento de voltaje que aparece en la placa superior cuando S_5 se conmuta? ¿Cuál es el voltaje a plena escala de este convertidor? Si $v_A = 2.5$ V, ¿cuáles interruptores estarán conectados a V_{ref} al final de la conversión?

Resp. $\frac{1}{8}$ V; $\frac{31}{8}$ V; S_1 y S_3

10.37 Exprese el máximo error de cuantificación de un convertidor A/D de N bits en términos de su mínimo bit significativo (LSB) y en términos de su entrada analógica V_{FS} a plena escala.

Resp. $\pm \frac{1}{2}$ LSB; $V_{FS}/2(2^N - 1)$

10.12　EJEMPLO DE SIMULACIÓN DEL SPICE

El SPICE es una ayuda de gran valor en el diseño de circuitos analógicos complejos. Cuando se utiliza debidamente, puede dar más conocimientos sobre la operación y rendimiento de un circuito, y puede ayudar al diseñador a mejorar y afinar un diseño. En esta sección, ilustramos el uso del SPICE en la simulación de circuitos con op amp por medio de un ejemplo. Otros ejemplos se pueden encontrar en la obra de Roberts y Sedra (1997).

EJEMPLO 10.3: UN OP AMP DE CMOS DE DOS ETAPAS

El SPICE se utiliza para simular el circuito de op amp de CMOS de dos etapas de la figura 10.23 usando las dimensiones del dispositivo dadas en el ejemplo 10.2, donde se presenta un análisis manual del circuito. El lector recordará que este análisis manual utilizó modelos sencillos de primer orden para los

---

[4] El voltaje final se puede desviar desde cero hasta el equivalente analógico del bit menos significativo. Así, la insensibilidad a la capacitancia de la placa superior no es completa.

MOSFET. También se hicieron varias suposiciones para simplificación, por ejemplo, despreciar el efecto de modulación de la longitud de canal cuando se calcula el punto de operación de cd de cada MOSFET. La simulación del SPICE supone construcción en una tecnología de proceso de 5 μm y utiliza un modelo de MOSFET de 2 niveles cuyos valores de parámetro han sido determinados por el fabricante. Entonces, los resultados del SPICE deben dar una evaluación realista del circuito. La comparación de los resultados de la simulación con los obtenidos por análisis manual debe indicarnos cuáles de nuestras suposiciones para simplificación están justificadas y cuáles producen errores grandes.

El circuito se vuelve a dibujar en la figura 10.40 con los nodos numerados y con las dimensiones del dispositivo indicadas. También se muestra en la figura 10.40 el circuito de fuente de entrada empleado para aplicar una señal diferencial y una de modo común. El archivo de entrada del SPICE aparece en la lista del apéndice D; incluye los valores de parámetro del modelo del MOSFET utilizado.

El primer análisis requiere una exploración de cd del voltaje diferencial de entrada mientras que ajusta v_{CM} a 0 V. El resultado es la curva característica que se ilustra en la figura 10.41. Vemos que la región lineal del amplificador se extiende entre los niveles de voltaje de entrada de -0.9 y $+1.2$ mV, y que el voltaje de salida oscila entre -4.40 y $+4.54$ V. Así, una estimación

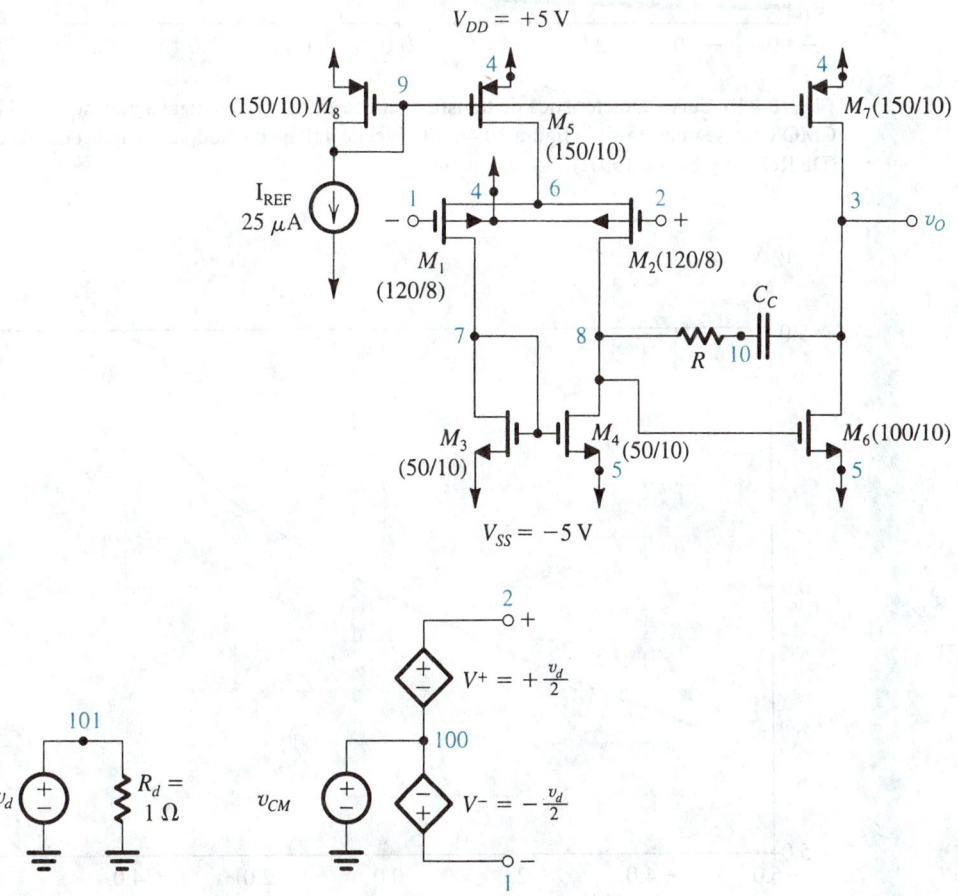

Fig.10.40 Circuito de op amp de CMOS de dos etapas para la simulación del SPICE del ejemplo 10.3. (Nótese que en el ejemplo 10.2 se presenta un análisis manual de este circuito.) También se muestra el circuito de fuente de entrada utilizado en la simulación del SPICE. El archivo de entrada del SPICE aparece en el apéndice D.

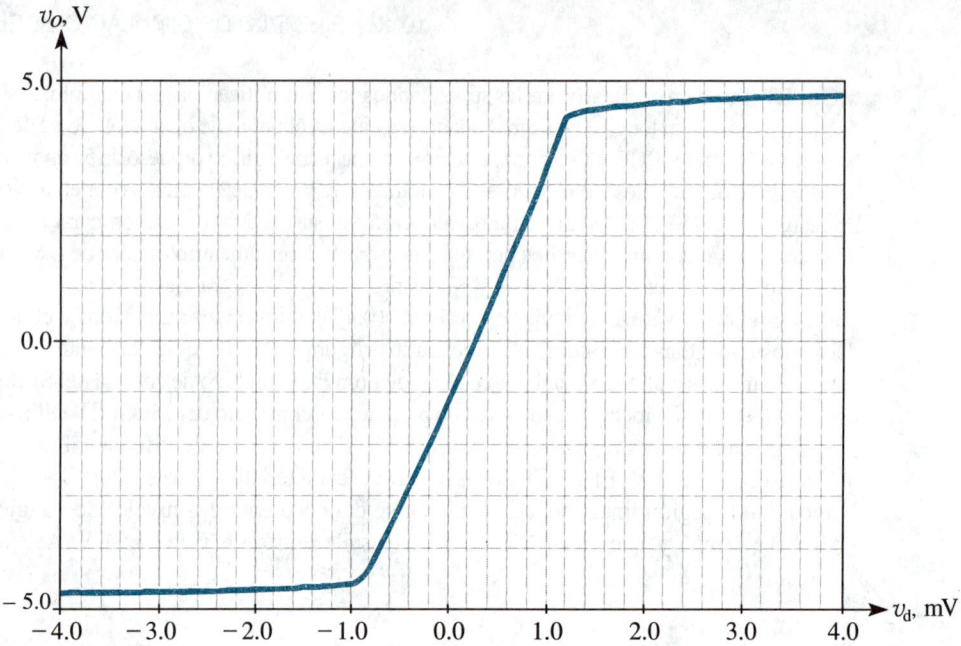

Fig.10.41 Curva característica de transferencia de entrada diferencial a gran señal del circuito op amp de CMOS que se muestra en la figura 10.40. El nivel de voltaje de modo común de entrada está ajustado a 0 V. (De Roberts y Sedra, 1997.)

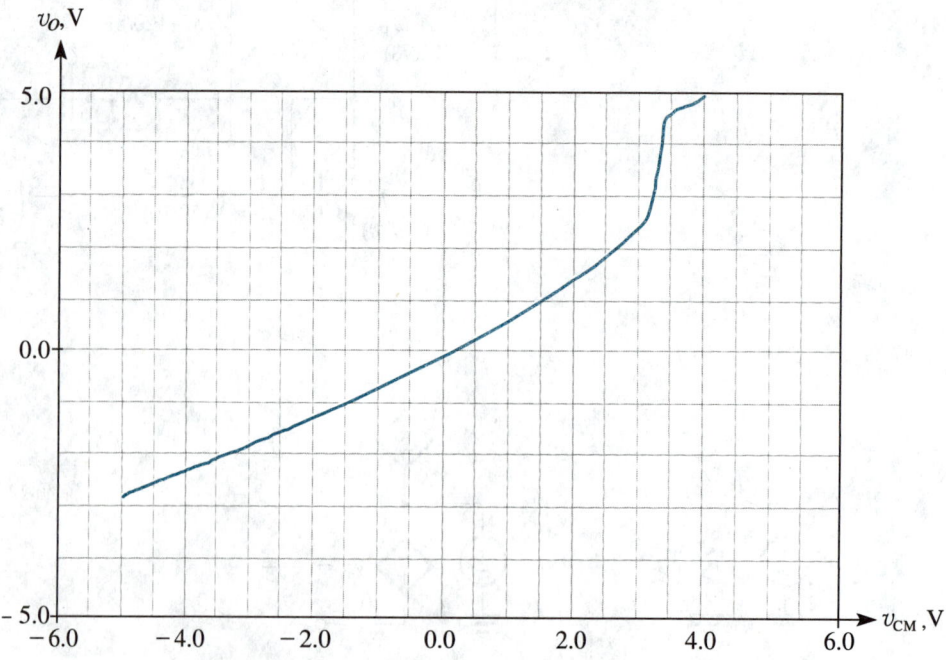

Fig.10.42 Curva característica de transferencia a gran señal, $v_O - v_{CM}$, para el amplificador de la figura 10.40. El voltaje de desnivel de entrada se invalida al aplicar una señal de entrada diferencial de cd de +220 μV. (De Roberts y Sedra, 1997.)

aproximada de la ganancia diferencial es 4257 V/V. También observamos que el amplificador tiene un voltaje de desnivel de entrada de -220 μV.

A continuación, se explora el voltaje de modo común de entrada sobre el intervalo de -5 V a $+5$ V mientras se invalida el voltaje de desnivel, al aplicar un voltaje diferencial de entrada de cd de $+220$ μV. La curva de transferencia $v_O - v_{CM}$ se traza en la figura 10.42; indica un intervalo de modo común de entrada de -5 V a $+3.1$ V.

Entonces se realiza un análisis de punto de operación de cd, y se calcula la ganancia diferencial a pequeña señal usando el comando .TF. Los resultados son como sigue:

NAME	M1	M2	M3	M4
MODEL	pmos_transistor	pmos_transistor	nmos_transistor	nmos_transistor
ID	$-1.34E-05$	$-1.34E-05$	$1.34E-05$	$1.34E-05$
VGS	$-1.88E+00$	$-1.88E+00$	$1.46E+00$	$1.46E+00$
VDS	$-5.42E+00$	$-5.43E+00$	$1.46E+00$	$1.45E+00$
VBS	$3.12E+00$	$3.12E+00$	$0.00E+00$	$0.00E+00$
VTH	$-1.51E+00$	$-1.51E+00$	$9.52E-01$	$9.52E-01$
VDSAT	$-3.18E-01$	$-3.18E-01$	$2.83E-01$	$2.83E-01$
GM	$7.18E-05$	$7.18E-05$	$5.35E-05$	$5.34E-05$
GDS	$7.85E-07$	$7.84E-07$	$6.05E-07$	$6.07E-07$
GMB	$8.53E-06$	$8.53E-06$	$3.88E-05$	$3.88E-05$

NAME	M5	M6	M7	M8
MODEL	pmos_transistor	nmos_transistor	pmos_transistor	pmos_transistor
ID	$-2.69E-05$	$2.87E-05$	$-2.87E-05$	$-2.50E-05$
VGS	$-1.58E+00$	$1.45E+00$	$-1.58E+00$	$-1.58E+00$
VDS	$-3.12E+00$	$5.01E+00$	$-4.99E+00$	$-1.58E+00$
VBS	$0.00E+00$	$0.00E+00$	$0.00E+00$	$0.00E+00$
VTH	$-9.59E-01$	$9.38E-01$	$-9.54E-01$	$-9.64E-01$
VDSAT	$-4.56E-01$	$2.87E-01$	$-4.61E-01$	$-4.51E-01$
GM	$8.64E-05$	$1.14E-04$	$9.19E-05$	$8.08E-05$
GDS	$1.09E-06$	$6.85E-07$	$9.36E-07$	$1.42E-06$
GMB	$2.63E-05$	$8.17E-05$	$2.77E-05$	$2.48E-05$

```
****      SMALL-SIGNAL CHARACTERISTICS

          V(3)/Vd = 3.60E+03

          INPUT RESISTANCE AT Vd = 1.000E+00

          OUTPUT RESISTANCE AT V(3) = 6.210E+05
```

Rogamos encarecidamente al lector compare el punto de operación de cd y los valores de los parámetros g_m y r_o a pequeña señal de los transistores con los correspondientes valores obtenidos por análisis manual en el ejemplo 10.2 (y aparecen en lista en la tabla 10.2). El efecto de despreciar la modulación de la longitud del canal es obvio, puesto que todas las corrientes de cd son un poco mayores que los valores encontrados por análisis manual. También observe que los transistores M_1 y M_2 (Q_1 y Q_2 en el ejemplo 10.2) son dañados por el efecto del cuerpo, con el resultado de que sus voltajes de umbral son 1.51 V en lugar de 1 V supuesto en el análisis manual. Éste es un serio inconveniente y lleva a varias discrepancias entre los resultados de la simulación y del análisis manual. También obsérvese que los valores de r_o difieren un poco de los supuestos en el análisis manual.

A pesar de estas diferencias, observamos que la ganancia a pequeña señal calculada por el SPICE (3603 V/V) es razonablemente cercana al valor hallado por análisis manual (3125 V/V).

Además, si utilizamos los valores a pequeña señal de g_m y r_o calculados por el SPICE en nuestras fórmulas de ganancia, obtenemos un valor de 3630 V/V, que es muy cercano al calculado por el SPICE. Entonces concluimos que la fórmula es bastante razonable y que el error de ganancia es principalmente resultado de los errores en el cálculo de los datos del punto de operación.

También podemos hacer uso de los resultados precedentes para estimar el intervalo de modo común de entrada y la máxima alternancia de voltaje de salida. El límite inferior del intervalo de modo común de entrada está determinado por M_1 saliendo de la región de saturación, que ocurre cuando el voltaje en la compuerta de M_1 cae por debajo del voltaje en su dren (V(7) = –3.54 V) por un voltaje de umbral. De los datos del SPICE, el voltaje de umbral de M_1 es –1.51 V, y entonces el límite inferior del intervalo de modo común de entrada debe ser –5.1 V. Esto se correlaciona bien con el valor observado de la figura 10.42. La diferencia entre este valor y el calculado en el ejemplo 10.2 (–4.5 V) es un resultado del mayor voltaje de umbral de M_1.

Análogamente, podemos usar los datos de salida del SPICE para estimar el límite superior del intervalo de modo común de entrada como +2.5 V; 0.5 V menos que el valor hallado por análisis manual, que otra vez es resultado del mayor voltaje de umbral de M_1. La discrepancia entre el valor de 2.5 V y el valor observado en la figura 10.42 es más difícil de explicar. Quizá es porque en el límite superior del intervalo de modo común, la corriente en M_5 es reducida (debido a la modulación de la longitud del canal), y entonces las corrientes en M_1 y M_2 y sus valores V_{GS} se reducen de manera correspondiente. Este efecto se observaría sólo en la simulación de la figura 10.42 y no en los resultados de punto de operación que se enumeran antes.

Finalmente, los resultados del SPICE se pueden usar para estimar la máxima oscilación de la señal de salida como –4.49 a +4.37 V. Estos valores son razonablemente cercanos a los observados de la figura 10.41 (y refinados usando la función Probe del PSPICE), que son –4.40 V y +4.54 V, y a aquellos que se encontraron por análisis manual en el ejemplo 10.2 (–4.5 V a +4.4 V).

Instamos al lector a realizar otras simulaciones del SPICE para investigar otras medidas de rendimiento, como lo es la respuesta en frecuencia y limitaciones de rapidez de respuesta.

RESUMEN

▪ El circuito interno del op amp 741 incluye muchas de las técnicas de diseño empleadas en circuitos integrados analógicos bipolares.

▪ El circuito 741 consta de una etapa diferencial de entrada, una segunda etapa asimétrica de alta ganancia y una etapa de salida clase AB. Esta estructura es típica de op amps modernos y se conoce como *diseño de dos etapas* (sin contar la etapa de salida). La misma estructura se utiliza en op amps de CMOS.

▪ Para obtener bajo voltaje de desnivel de entrada y de corriente y alto factor de rechazo de modo común (CMRR), la etapa de entrada del 741 está diseñada para estar perfectamente balanceada. El CMRR aumenta por la retroalimentación de modo común, que también estabiliza el punto de operación de cd.

▪ Para obtener alta resistencia de entrada y baja corriente de polarización de entrada, la etapa de entrada del 741 se opera a un nivel de corriente muy bajo.

▪ En el 741, la protección contra cortocircuito a la salida se logra al hacer que conduzca un transistor que se lleva la mayor parte de la excitación de corriente de base del transistor de salida.

▪ El uso de compensación de frecuencia de Miller en el 741 hace posible localizar el polo dominante a una frecuencia muy baja, mientras que utiliza una capacitancia compensadora relativamente pequeña.

▪ Los op amps de dos etapas se pueden modelar como un amplificador de transconductancia que alimenta un integrador ideal con C_C como condensador integrador.

◼ La rapidez de respuesta de un op amp de dos etapas está determinada por la corriente de polarización de la primera etapa y el condensador de compensación de frecuencia.

◼ La mayor parte de los op amps de CMOS están diseñados para operar como parte de un circuito de VLSI y, por ello, se requiere que exciten sólo pequeñas cargas capacitivas. En consecuencia, la mayor parte de ellos no tienen etapa de baja resistencia de salida.

◼ En el op amp de CMOS de dos etapas se obtienen ganancias aproximadamente iguales en las dos etapas.

◼ La desigualdad de umbral ΔV_t y la baja transconductancia de la etapa de entrada resultan en un mayor voltaje de desnivel de entrada para op amps de CMOS, en comparación con unidades bipolares.

◼ La compensación de Miller se utiliza también en op amps de CMOS, pero se requiere un resistor en serie para poner la transmisión cero en $s = \infty$ o en el eje real negativo.

◼ Los op amps de CMOS tienen valores más altos de rapidez de respuesta que sus semejantes bipolares con valores comparables de f_t.

◼ El uso de la configuración cascodo aumenta la ganancia de una etapa amplificadora de CMOS en aproximadamente dos órdenes de magnitud, haciendo así posible un op amp de una sola etapa.

◼ El circuito cascodo doblado de la figura 10.27 es una conocida construcción de op amps de CMOS. Además de las ventajas de la configuración de cascodo, el cascodo doblado ofrece un mayor intervalo de modo común de entrada. El polo dominante del op amp de cascodo doblado está determinado por la capacitancia total en el nodo de salida, C_L. Si se aumenta C_L mejora el margen de fase a costa de reducir el ancho de banda.

◼ El ancho de banda del circuito cascodo doblado se puede aumentar si se usan transistores bipolares para los dispositivos cascodos, resultando en el circuito BiCMOS de la figura 10.28.

◼ Los convertidores A/D y D/A constituyen un grupo importante de circuitos integrados analógicos.

◼ Un convertidor digital a analógico (DAC) consta de: (a) un circuito que genera una corriente de referencia, (b) un circuito que asigna valores binarios ponderados al valor de la corriente de referencia, (c) interruptores que, bajo el control de los bits de la palabra digital de entrada, dirigen la correcta combinación de corrientes de ponderación binaria a un nodo sumador de salida, y (d) un op amp que convierte la suma de corriente a un voltaje de salida. El circuito de (b) se puede poner en práctica por medio de una escalera resistiva de ponderación binaria o una escalera R-2R.

◼ Dos construcciones sencillas pero lentas del convertidor analógico a digital (ADC) son el convertidor tipo de retroalimentación [figura 10.36] y el convertidor de doble pendiente [figura 10.37].

◼ La construcción ADC más rápida posible es el convertidor paralelo o de destello [figura 10.38].

◼ El método de redistribución de carga [figura 10.39] utiliza técnicas de condensador conmutado y es particularmente apto para la construcción de los ADC en tecnología de CMOS.

BIBLIOGRAFÍA

P. E. Allen y D. R. Holberg, *CMOS Analog Circuit Design*, Holt, Rinehart and Winston, Nueva York, 1987.

J. A. Connely (Ed.), *Analog Integrated Circuits*, Wiley-Interscience, Nueva York, 1975.

R. L. Geiger, P. E. Allen y N. R. Strader, *VLSI Design Techniques for Analog and Digital Circuits*, McGraw Hill, Nueva York, 1990.

P. R. Gray, D. A. Hodges y R. W. Brodersen, *Analog MOS Integrated Circuits*, IEEE Press, Nueva York, 1980.

P. R. Gray y R. G. Meyer, *Analysis and Design of Analog Integrated Circuits*, 3a. ed., Wiley, Nueva York, 1993.

A. B. Grebene (Ed.), *Analog Integrated Circuits*, IEEE Press, Nueva York, 1978

A. B. Grebene, *Bipolar and MOS Analog Integrated Circuit Design*, Wiley, Nueva York, 1984.

R. Gregorian y G. C. Temes, *Analog MOS Integrated Circuits for Signal Processing*, Wiley-Interscience, Nueva York, 1986.

IEEE Journal of Solid-State Circuits. La edición de diciembre de cada año se ha dedicado a los circuitos integrados.

D. A. Johns y K. Martin, *Analog Integrated Circuit Design*, Wiley, Nueva York, 1997.

K. Laker y W. Sansen, *Design of Analog Integrated Circuits and Systems*, McGraw-Hill, Nueva York, 1994.

B. P. Lathi, *Signals, Systems and Communication;* capítulo 11, Wiley, Nueva York, 1965.

H. S. Lee, "Analog Design," capítulo 8, en *BiCMOS Technology and Applications*, A. R. Alvarez, editor, Kluwer Academic Publishers, Boston, 1989.

R. G. Meyer (Ed.), *Integrated-Circuit Operational Amplifiers*, IEEE Press, Nueva York, 1978.

G. W. Roberts y A. S. Sedra, *SPICE*, Oxford Univ. Press, Nueva York, 1992 y 1997.

J. E. Solomon, "The monolithic op amp: A tutorial study", *IEEE Journal of Solid-State Circuits*, vol. SC-9, núm. 6, pp. 314-332, diciembre de 1974.

Personal de Analog Devices, Inc., *Analog-Digital Conversion Notes*, Analog Devices, Norwood, Mass, 1977.

R. J. Widlar, "Some circuit design techniques for linear integrated circuits", *IEEE Transactions on Circuit Theory*, vol. CT-12, pp. 586-590, diciembre de 1965.

R. J. Widlar, "Design techniques for monolithic operational amplifiers", *IEEE Journal of Solid-State Circuits*, vol. SC-9, núm. 6, pp. 314-322, diciembre de 1974.

B. A. Wooley, "BiCMOS Analog Circuit Techniques," Procedimientos del Simposio International sobre Circuitos y Sistemas IEEE 1990, pp. 1983-1985, New Orleans, 1990.

PROBLEMAS

Sección 10.1: El circuito op amp 741

10.1 En el circuito op amp 741 de la figura 10.1, Q_1, Q_2, Q_5 y Q_6 están polarizados a corrientes de colector de 9.5 μA; Q_{16} está polarizado a una corriente de colector de 16.2 μA; y Q_{17} está polarizado a una corriente de colector de 550 μA. Todos estos dispositivos son del tipo "estándar *npn*", que tienen $I_S = 10^{-14}$ A, $\beta = 200$ y $V_A = 125$ V. Para cada uno de estos transistores encuentre $V_{BE}, g_m, r_e, r_\pi, r_o$ y r_μ (suponga $r_\mu = 10\ \beta r_o$). Anote sus resultados en forma de tabla. (Nótese que estos valores de parámetro se utilizan en el texto en el análisis del circuito 741.)

D10.2 Para el circuito de polarización (de espejo) que se muestra en la figura E10.2 y el resultado verificado en el ejercicio correspondiente, encuentre I_1 para el caso en que $I_{S3} = 3 \times 10^{-14}$ A, $I_{S4} = 6 \times 10^{-14}$ A e $I_{S1} = I_{S2} = 10^{-14}$ A y para el cual se requiere una corriente de polarización $I_3 = 154\ \mu$A.

10.3 El transistor Q_{13} del circuito de la figura 10.1 consiste, en efecto, en dos transistores cuyas uniones entre emisor y base están conectadas en paralelo y para las cuales $I_{SA} = 0.25 \times 10^{-14}$ A, $I_{SB} = 0.75 \times 10^{-14}$ A, $\beta = 50$ y $V_A = 50$ V. Para operación a una corriente total de emisor de 0.73 mA, encuentre valores para los parámetros V_{EB}, g_m, r_e, r_π y r_o para los dispositivos A y B.

10.4 En el circuito de la figura 10.1, Q_1 y Q_2 exhiben ruptura a 7 V entre emisor y base, mientras que para Q_3 y Q_4 esta ruptura se presenta a alrededor de 50 V. ¿Qué voltaje diferencial de entrada resultaría en la ruptura de los transistores de la etapa de entrada?

D*10.5 En la figura P10.5 se ilustra la versión CMOS del circuito de la figura E10.2. Encuentre la relación entre I_3 e I_1 en términos de k_1, k_2, k_3 y k_4 de los cuatro transistores, suponiendo que los voltajes de umbral de todos los dispositivos son iguales en magnitud. Nótese que k denota $\frac{1}{2}\mu C_{ox}W/L$. En el caso de que $k_1 = k_2$ y $k_3 = k_4 = 16\ k_1$, encuentre el valor requerido de I_1 para obtener una corriente de polarización en Q_3 y Q_4 de 1.6 mA.

Sección 10.2: Análisis de CD del 741

D10.6 Para el circuito 741 estime la corriente de referencia I_{REF} en caso de que se utilicen fuentes de

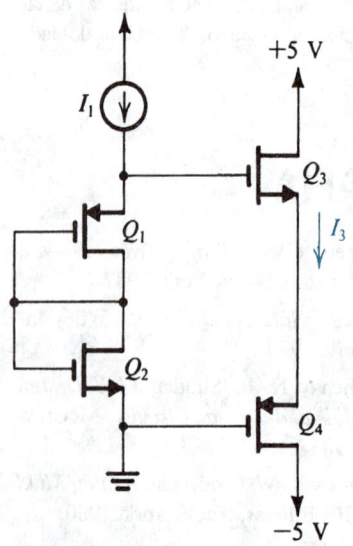

Fig. P10.5

±5 V. Encuentre un valor más preciso suponiendo que para los dos BJT que aparecen, $I_S = 10^{-14}$ A. ¿Qué valor de R_5 sería necesario para restablecer la misma corriente de polarización para fuentes de ± 5 V como existe para ± 15 V en el diseño original?

D10.7 En la parte de polarización de referencia del circuito de la figura 10.1 considere la sustitución del resistor R_5 por un JFET de canal n debidamente conectado.

    (a) Si el JFET tiene una resistencia infinita de salida en estrangulamiento, encuentre su I_{DSS} requerida para que $I_{REF} = 0.73$ mA.

    (b) Si el JFET tiene un voltaje de Early $V_A = 50$ V, $I_{DSS} = 0.5$ mA y $V_P = -2$ V, encuentre I_{REF} para voltajes de alimentación de ± 5 V y ± 15 V.

    (c) ¿Cuál es el voltaje mínimo total de alimentación debajo del cual I_{REF} comienza a desviarse rápidamente del valor de diseño?

*10.8 En el circuito 741 considere el circuito de retroalimentación de modo común compuesto por los transistores Q_1, Q_2, Q_3, Q_4, Q_8, Q_9 y Q_{10}. Deseamos hallar la ganancia de la malla. Esto se puede realizar convenientemente al abrir la malla entre la conexión de colector común de Q_1 y Q_2, y el transistor Q_8 conectado como diodo. Aplique una señal de corriente de prueba I_t a Q_8 y encuentre la señal I_r de corriente de retorno en la conexión combinada de colector de Q_1 y Q_2. De esta forma determine la ganancia de la malla. Suponga que Q_9 y Q_{10} actúan como fuentes ideales de corriente. Si Q_3 y Q_4 tienen $\beta = 50$, encuentre la cantidad de retroalimentación de modo común en dB.

D10.9 Diseñe la fuente de corriente de Widlar de la figura 10.2 para generar una corriente $I_{C10} = 20$ μA dado que $I_{REF} = 0.5$ mA. Si para los transistores, $I_S = 10^{-14}$ A, encuentre V_{BE11} y V_{BE10}. Suponga que β es alta.

10.10 Considere el análisis de la etapa de entrada del 741 que se muestra en la figura 10.3. ¿Para qué valor de β_P difieren las corrientes en Q_1 y Q_2 del valor ideal de $I_{C10}/2$ en 10%?

D10.11 Considere el análisis de la etapa de entrada del 741 que se muestra en la figura 10.3 para la situación en que $I_{S9} = 2I_{S8}$. Para $I_{C10} = 19$ μA y suponiendo que β_P es alta, ¿en qué se convierte *I*? Vuelva a diseñar la fuente de Widlar para restablecer $I_{C1} = I_{C2} = 9.5$ μA.

10.12 Para el circuito espejo que se ilustra en la figura 10.4 con la polarización y valores de componentes dados en el texto para el circuito 741, ¿en qué se convierte la corriente en Q_6 si R_2 se pone en cortocircuito?

D10.13 Se requiere rediseñar el circuito de la figura 10.4 seleccionando un nuevo valor para R_3 de modo que cuando las corrientes de base *no se desprecien*, las corrientes de colector de Q_5, Q_6 y Q_7 se hagan todas iguales, suponiendo que la corriente de entrada $I_{C3} = 9.4$ μA. Encuentre el nuevo valor de R_3 y las tres corrientes. Recuerde que $\beta_N = 200$.

10.14 Considere el circuito de entrada del op amp 741 de la figura 10.1 en las condiciones en que la corriente de emisor de Q_8 es de unos 19 μA. Si la β de Q_1 es 150 y la de Q_2 es 200, encuentre la corriente de polarización de entrada I_B y la corriente de desnivel de entrada I_{OS} del op amp.

10.15 Para una aplicación en particular, se está considerando seleccionar circuitos integrados 741 para corrientes de polarización y desnivel limitadas a 40 nA y 4 nA, respectivamente. Si se supone que otros aspectos de las unidades seleccionadas son normales, ¿qué β_N mínima y qué variación de β_N están implicadas?

10.16 Un problema de fabricación en un op amp 741 ocasiona que la razón de transferencia de corriente del circuito espejo que carga la etapa de entrada se haga 0.9 A/A. Para dispositivos de entrada (Q_1 al Q_4) debidamente igualados y con β alta y normalmente polarizados a 9.5 μA, ¿qué voltaje de desnivel de entrada resulta?

10.17 La solución al ejercicio 10.4 estuvo basada en la suposición de que un BJT cesa en su operación lineal tan pronto como su unión entre colector y base se polariza directamente. Si la operación lineal continúa hasta para 0.3 V de polarización directa entre colector y base, ¿en qué se convierte el intervalo de modo común de entrada?

D10.18 Considere el diseño de la segunda etapa del 741. ¿Qué valor de R_9 sería necesario para reducir I_{C16} a 9.5 μA?

D10.19 Reconsidere la etapa de salida 741 como se muestra en la figura 10.5, en que R_{10} se ajusta para hacer $I_{C19} = I_{C18}$. ¿Cuál es el nuevo valor de R_{10}? ¿Qué valores de I_{C14} e I_{C20} resultan?

D*10.20 Un método alterno para obtener la caída de voltaje necesaria para polarizar los transistores de salida es el circuito multiplicador de V_{BE} que se muestra en la figura P10.20. Diseñe el circuito para obtener un voltaje terminal de 1.118 V (el mismo que en el circuito 741). Su diseño debe basarse en la mitad de la corriente que circula por R_1, y suponga que $I_S = 10^{-14}$ A y $\beta = 200$. ¿Cuál es la resistencia incremental entre los dos terminales del circuito multiplicador de V_{BE}?

10.21 Para el circuito de la figura 10.1, ¿cuál es la corriente total necesaria de las fuentes de alimentación cuando el op amp se opere en el modo lineal pero sin carga? De aquí estime la disipación de potencia de reposo en el circuito. (*Sugerencia:* Utilice los datos dados en la tabla 10.1.)

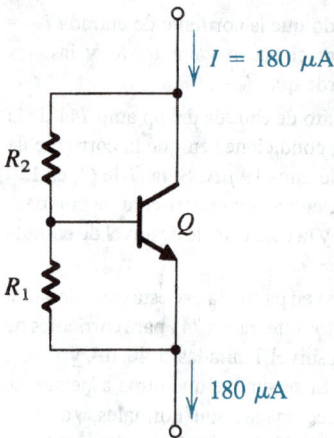

Fig. P10.20

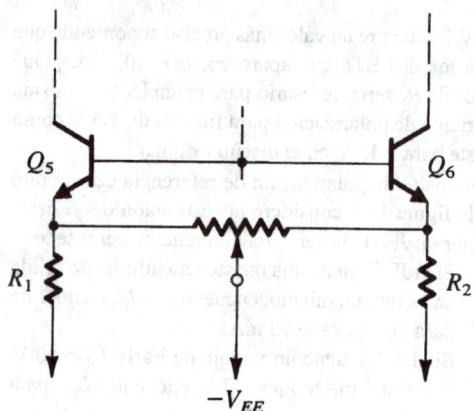

Fig. P10.25

Sección 10.3: Análisis a pequeña señal de la etapa de entrada del 741

10.22 Considere la etapa de entrada del 741 como modelada en la figura 10.6, con otros dos transistores *npn* conectados como diodos, Q_{1a} y Q_{2a}, conectados entre los dispositivos presentes *npn* y *pnp*, uno por lado. Convénzase el lector de que los dispositivos adicionales estarán polarizados cada uno a la misma corriente que Q_1 a Q_4, es decir, con 9.5 μA. ¿En qué se convierte R_{id}? ¿En qué se convierte G_{m1}? ¿Cuál es ahora el valor de R_{o4}? ¿Cuál es la resistencia de salida de la primera etapa, R_{o1}? ¿Cuál es la nueva ganancia de voltaje a circuito abierto, $G_{m1} R_{o1}$? Compare estos valores con los originales.

D10.23 ¿Qué cambio relativamente sencillo se puede hacer a la carga de espejo de la etapa 1 para aumentar su resistencia de salida, en un factor de dos por ejemplo?

10.24 Repita el ejercicio 10.6 con $R_1 = R_2$ cambiado por resistores de 2 kΩ.

*10.25 En el ejemplo 10.1 investigamos el efecto de una desigualdad entre R_1 y R_2 del voltaje de desnivel de entrada del op amp. A la inversa, R_1 y R_2 pueden ser deliberadamente desigualados (usando el circuito que se muestra en la figura P10.25, por ejemplo) para compensar el voltaje de desnivel de entrada del op amp.

(a) Demuestre que un voltaje de desnivel de entrada V_{OS} se puede compensar (es decir, reducirse a cero) si se crea una desigualdad relativa $\Delta R/R$ entre R_1 y R_2,

$$\frac{\Delta R}{R} = \frac{V_{OS}}{2V_T} \frac{1 + r_e/R}{1 - V_{OS}/2V_T}$$

donde r_e es la resistencia de emisor de cada uno de los transistores de Q_1 a Q_6, y R es el valor nominal de R_1 y R_2. (*Sugerencia*: Utilice la ecuación 10.10)

(b) Encuentre $\Delta R/R$ para recortar un desnivel de 5 mV a cero.

(c) ¿Cuál es el máximo voltaje de desnivel que se puede recortar de esta forma (correspondiente a R_2 completamente recortado)?

10.26 Por una imperfección de procesamiento, la β de Q_4 de la figura 10.1 se reduce a 25, mientras que la β de Q_3 permanece a su valor regular de 50. Encuentre el voltaje de desnivel de entrada que introduce esta desigualdad. (*Sugerencia*: Siga el procedimiento general señalado en el ejemplo 10.1.)

10.27 Considere el circuito de la figura 10.1 modificado para incluir resistores R en serie con los emisores de cada uno de Q_8 y Q_9. ¿En qué se convierte la resistencia que ve hacia el colector de Q_9, R_{o9}? ¿Para qué valor de R se hace igual a R_{o10}? Para este caso, ¿en qué se convierte R_o de la fuente en el nodo Y?

10.28 Consulte la figura E10.7 y sea $R_1 = R_2$. Si Q_3 y Q_4 tienen una desigualdad de β de modo que para Q_3 la ganancia de corriente es β_P y para Q_4 la ganancia de corriente es $k\beta_P$, encuentre i_o y G_{mcm}. Para $R_o = 2.43$ MΩ, $\beta_P = 20$, $0.5 \leq k \leq 2$, G_{m1} (diferencial) $= 1/5.26$ kΩ, encuentre el factor de rechazo de modo común (CMRR) del peor caso $\equiv G_{m1}/G_{mcm}$ (en dB) que resulte. Suponga que todo lo demás es ideal.

*10.29 ¿Cuál es el efecto en la ganancia diferencial del op amp 741 de poner en cortocircuito uno, o el otro, o ambos, R_1 y R_2 de la figura 10.1? (Consulte la figura 10.7.) Para mayor sencillez, suponga que $\beta = \infty$.

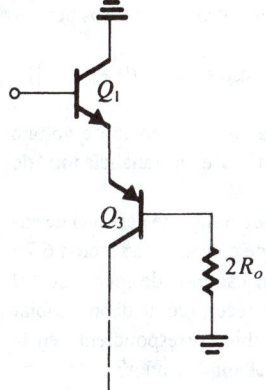

Fig. P10.30

D10.34 Considere una alternativa a la presente etapa de salida del 741 en que Q_{23} no se utiliza, es decir, en la que su base y emisor estén unidos. Vuelva a evaluar la reflexión de $R_L = 2$ kΩ al colector de Q_{17}. ¿En qué se convierte A_2?

10.35 Considere el circuito limitador de corriente positiva en el que intervienen Q_{13A}, Q_{15} y R_6. Encuentre la corriente en R_6 a la cual la corriente de colector de Q_{15} es igual a la corriente disponible de Q_{13A} (180 μA) menos la corriente de base de Q_{14}. (El lector necesita hacer un par de iteraciones.)

*10.36 Considere el límite de disipación de corriente del 741 en que intervienen $R_7, Q_{21}, Q_{24}, R_{11}$ y Q_{22}. ¿Para qué corriente que pasa por R_7 es la corriente en Q_{22} igual a la máxima corriente disponible de la etapa de entrada, que es la corriente en Q_8? ¿Qué sencillo cambio haría el lector para reducir este límite de corriente a 10 mA?

*10.30 En la figura P10.30 se ilustra el semicircuito equivalente de modo común de la etapa de entrada del 741. Aquí R_o es la resistencia vista mirando a la izquierda del nodo Y en la figura 10.1; su valor es aproximadamente 2.4 MΩ. Los transistores Q_1 y Q_3 operan a una corriente de polarización de 9.5 μA. Encuentre la resistencia de entrada del semicircuito de modo común usando $\beta_N = 200$, $\beta_P = 50$, $r_\mu = 10\beta r_o$, y $V_A = 125$ V para transistores *npn* y 50 V para *pnp*. Para hallar la resistencia de entrada de modo común del 741 nótese que tiene retroalimentación de modo común que aumenta la resistencia de entrada de modo común. La ganancia de circuito es aproximadamente igual a β_P. Encuentre el valor de R_{icm}.

Sección 10.4: Análisis a pequeña señal de la segunda etapa del 741

10.31 Considere una variación en el diseño de la segunda etapa del 741 en que $R_8 = 50$ Ω. ¿Qué R_{i2} y G_{m2} corresponden?

10.32 En el análisis de la segunda etapa del 741, nótese que R_{o2} es afectada más por el bajo valor de R_{o13B}. Considere el efecto de conectar resistores apropiados en los emisores de Q_{12}, Q_{13A} y Q_{13B} en este valor. ¿Qué resistor en el emisor de Q_{13B} se requeriría para hacer R_{o13B} igual a R_{o17} y por lo tanto R_{o2} de la mitad del valor? ¿Qué resistores en cada uno de los otros emisores serían necesarios?

Sección 10.5: Análisis de la etapa de salida del 741

10.33 Para un 741 que utilice fuentes de ± 5 V, $|V_{BE}| = 0.6$ V y $|V_{CEsat}| = 0.2$ V, encuentre los límites de voltaje de salida que aplican.

Sección 10.6: Ganancia y respuesta en frecuencia del 741

10.37 Utilizando los datos contenidos en la ecuación (10.28) (solos) para la ganancia total del 741 con una carga de 2 kΩ, y comprendiendo la importancia del factor 0.97 en la relación con la carga, calcule la ganancia de voltaje a circuito abierto, la resistencia de salida y la ganancia con una carga de 200 Ω. ¿Cuál es el máximo voltaje de salida disponible para esta carga?

10.38 Un op amp 741 tiene un margen de fase de 80°. Si el exceso de desfasamiento se debe a un segundo polo individual, ¿cuál es la frecuencia de este polo?

10.39 Un op amp 741 tiene un margen de fase de 80°. Si el op amp tiene segundo y tercer polos casi coincidentes, ¿cuál es la frecuencia de éstos?

D10.40 Para un 741 modificado cuyo segundo polo está en 5 MHz, ¿cuál frecuencia de polo dominante es necesario para un margen de fase de 85° con una ganancia de malla cerrada de 100? Si se supone que C_C continúa controlando el polo dominante, ¿qué valor de C_C sería necesario?

10.41 Un op amp internamente compensado, que tiene una f_t de 5 MHz y ganancia de cd de 10^6, utiliza compensación de Miller alrededor de una etapa amplificadora inversora con una ganancia de −1000. Si existe espacio para un condensador de 50 pF cuando mucho, ¿cuál nivel de resistencia debe alcanzarse a la entrada del amplificador Miller para que la compensación sea posible?

10.42 Considere el modelo integrador de op amp que se muestra en la figura 10.20. Para $G_{m1} = 10$ mA/V, $C_C = 50$ pF, y una resistencia de 10^8 Ω en derivación a C_C, dibuje y aplique leyendas a un diagrama de Bode para la magnitud de la ganancia de circuito abierto. Si G_{m1} está relacionado con la corriente de polarización de la primera etapa por medio de la ecuación (10.40), encuentre la rapidez de respuesta de este op amp.

10.43 Para un amplificador con una rapidez de respuesta de 10 V/μs, ¿cuál es el ancho de banda a plena potencia para salidas de ±10 V? ¿Cuál ancho de banda de ganancia unitaria, ω_t, espera el lector si la topología fuera similar a la del 741?

D**10.44 En la figura P10.44 se ilustra un circuito apropiado para aplicaciones de op amp. Para todos los transistores, $\beta = 100$, $V_{BE} = 0.7$ V y $r_o = \infty$.

(a) Para entradas a tierra y salida mantenida a 0 V (por retroalimentación negativa), encuentre las corrientes de emisor de todos los transistores.

(b) Calcule la ganancia del amplificador con una carga de 10 kΩ.

(c) Con carga como en (b), calcule el valor del condensador C requerido para una frecuencia de 3 dB de 1 kHz.

Sección 10.7: Op amps de CMOS

D*10.45 En un diseño particular del op amp de CMOS de la figura 10.23, el diseñador desea investigar los efectos de aumentar la razón W/L de Q_1 y Q_2 en un factor de

4. Si se supone que todos los otros parámetros permanecen sin cambio:

(a) Encuentre el cambio resultante en ($|V_{GS}| - |V_t|$) y en g_m de Q_1 y Q_2.

(b) ¿Qué cambio resulta en la ganancia de voltaje de la etapa de entrada? ¿Y en la ganancia total de voltaje?

(c) ¿Cuál es el efecto en el voltaje de desnivel de entrada? (El lector puede consultar la sección 6.7.)

(d) Si f_t se mantiene sin cambio (de modo que el margen de fase no decrece), ¿cómo debe cambiar C_C? ¿Cuál es el cambio correspondiente en la rapidez de cambio del amplificador?

10.46 Considere el amplificador de la figura 10.23, cuyos parámetros están especificados en el ejemplo 10.2. Si un error de manufactura resulta en que la razón W/L de Q_7 es 180/10, encuentre la corriente que Q_7 conducirá ahora. Así, encuentre el voltaje de desnivel sistemático que aparecerá a la salida. (Utilice los resultados del ejemplo 10.2.) Si se supone que la ganancia de circuito abierto permanecerá aproximadamente sin cambio a partir del valor hallado en el ejemplo 10.2, encuentre el valor correspondiente de voltaje de desnivel de entrada.

*10.47 Considere la etapa de entrada del op amp de CMOS de la figura 10.23 con ambas entradas a tierra. Suponga que los dos lados de la etapa de entrada están

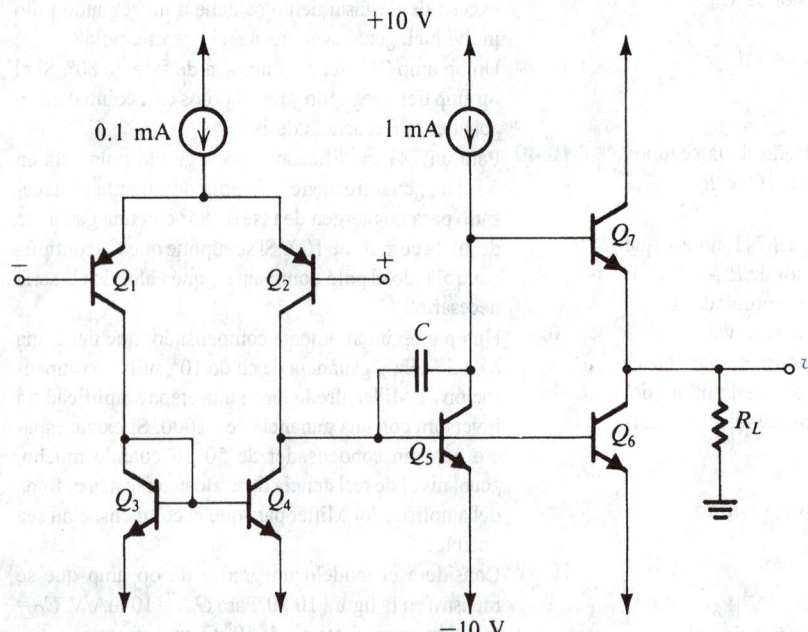

Fig. P10.44

perfectamente igualados, excepto que los voltajes de umbral de Q_3 y Q_4 muestran una desigualdad ΔV_t. Demuestre que una corriente $g_{m3} \Delta V_t$ aparece a la salida de la primera etapa. ¿Cuál es el correspondiente voltaje de desnivel de entrada? Evalúe este voltaje de desnivel para el circuito especificado en el ejemplo 10.2 para $\Delta V_t = 2$ mV. (Utilice los resultados del ejemplo 10.2.)

10.48 ¿Cuál es la resistencia de salida a malla abierta del amplificador de la figura 10.23, cuyos parámetros están especificados en el ejemplo 10.2? Para retroalimentación de ganancia unitaria, ¿en qué se convierte R_{sal}? (Utilice los resultados del ejemplo 10.2.)

D10.49 Para el amplificador analizado en el ejemplo 10.2:
  (a) Encuentre el valor de C_C para obtener $f_t = 0.5$ MHz.
  (b) Para $R = 1/G_{m2}$, ¿cuál es la máxima capacitancia C_2 de carga permitida para la cual se obtiene un margen de fase de por lo menos 45°?

D10.50 Se requiere diseñar la red de compensación de frecuencia para el amplificador de la figura 10.23, cuyos parámetros están especificados en el ejemplo 10.2. La transmisión cero debe ponerse a frecuencia infinita y el amplificador debe tener 80° de margen de fase cuando la capacitancia total a la salida sea 10 pF. ¿Cuáles son los valores requeridos de C_C y R? ¿Cuáles son los valores resultantes de f_t y la rapidez de respuesta (SR)?

D*10.51 Rediseñe la red de compensación del problema 10.50, esta vez poniendo el cero de transmisión sobre el eje real negativo. En esta forma se introduce una fase positiva que aumenta el margen de fase. Diseñe la red de modo que $f_t = 1$ MHz y el margen de fase sea 80° con una capacitancia total a la salida de 10 pF. Encuentre C_C y R y la resultante rapidez de respuesta suponiendo que C_2 y C_C son mucho mayores que C_1.

10.52 Se encuentra que un amplificador de CMOS de dos etapas semejante al de la figura 10.23 tiene una rapidez de respuesta de 5 V/μs y $f_t = 2$ MHz. Si la corriente de polarización de la primera etapa ($2I$) es 50 μA, ¿qué valor de C_C debe usarse? Si se usan dispositivos con umbral de 1 V, ¿qué voltaje de polarización de compuerta a fuente se utiliza en la etapa de entrada? ¿Qué razón W/L aplica para los dispositivos de etapa de entrada para un proceso para el cual $\mu_n C_{ox} = 20$ μA/V^2?

**10.53 Considere un amplificador de CMOS que es complementario al de la figura 10.23, en que cada dispositivo es sustituido por su complemento del mismo tamaño con las fuentes invertidas. Utilice las condiciones generales como se especifica en el ejemplo 10.2. Para todos los dispositivos, evalúe I_D, g_m y r_o. Encuentre A_1, A_2, la ganancia de cd de malla abierta, el intervalo de modo común de entrada y el intervalo de voltaje de salida. Desprecie el efecto de V_A sobre las corrientes de polarización.

Sección 10.8: Configuraciones alternativas para op amps de CMOS y BiCMOS

D**10.54 Considere la etapa de entrada de cascodo de la figura 10.26. Sea $2I = 25$ μA, $\mu_p C_{ox} = 10$ μA/V^2, $|V_t| = 1$ V y W/L para Q_1, Q_2, Q_{1c}, $Q_{2c} = 120/8$. ¿Cuánto debe ajustarse V_{BIAS2} abajo del voltaje en la conexión de fuente común de Q_1 y Q_2, de modo que Q_1, Q_2, Q_{1C} y Q_{2C} estén operando en la frontera de la región de saturación? En la figura P10.54 se ilustra un arreglo que por lo general se utiliza para generar V_{BIAS2} al crear una diferencia constante de voltaje entre las fuentes de Q_1 y Q_2 y las compuertas de Q_{1C} y Q_{2C}. Si I_{BIAS} se selecciona para ser de 5 μA, encuentre la requerida razón W/L para Q_B. Del mismo modo, si W/L para Q_5 es 150/10, ¿cuál debe ser V_{BIAS1}? Ahora dibuje el circuito completo y calcule V_{GS} para cada uno de Q_3, Q_{3C}, Q_4 y Q_{4C} suponiendo que $\mu_n C_{ox} = 20$ μA/V^2, W/L para cada uno de Q_{3C} y $Q_4 = 60/8$. Encuentre el intervalo de modo común de entrada.

10.55 Trace el circuito que es complementario al de la figura 10.26, es decir, uno que utilice un par diferencial de entrada de canal n.

10.56 Encuentre la resistencia de salida y la ganancia de voltaje de cd a malla abierta del amplificador cas-

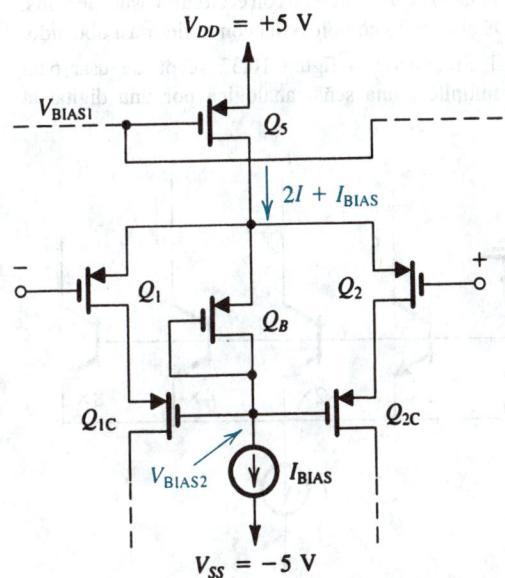

Fig. P10.54

codo doblado de la figura 10.27, cuyos parámetros están especificados en el ejercicio 10.30. Suponga $|V_A| = 25$ V para todos los dispositivos.

D*10.57 Diseñe el circuito de cascodo doblado de la figura 10.27 para obtener una ganancia de voltaje de cd a malla abierta de 10 000 V/V y un ancho de banda de ganancia unitaria de 1 MHz cuando la capacitancia total a la salida sea de 10 pF. Diseñe para $I_B = 2I$, $(W/L)_1 = (W/L)_{4C} = 2(W/L)_{2C}$. Especifique los valores requeridos de I y $(W/L)_1$. Sea $\mu_n C_{ox} = 2\mu_p C_{ox} = 20$ μA/V^2 y $|V_A| = 25$ V. (*Sugerencia:* Utilice la ecuación 10.67.)

D10.58 Se requiere diseñar el circuito op amp de CMOS de cascodo doblado de la figura 10.27. La capacitancia de carga C_L (incluyendo todas las parásitas) es 10 pF. La capacitancia total a la entrada de cada uno de los transistores de compuerta común Q_{1C} y Q_{2C} es $C_P = 1$ pF. Diseñe para corrientes de polarización $2I = I_B = 100$ μA y $(W/L)_{1C} = (W/L)_{2C} = 10/10$. Para obtener un margen de fase suficiente, el diseño debe asegurar que $f_t \le f_P/3$, donde f_P es la frecuencia del polo no dominante debida a C_P. Especifique las razones requeridas W/L para los transistores de entrada, para obtener la f_t máxima posible. ¿Cuál es el valor de f_t obtenido? Suponga que $\mu_n C_{ox} = 2 \mu_p C_{ox} = 20$ μA/V^2.

D10.59 Un amplificador de BiCMOS de cascodo doblado que tiene la topología de la figura 10.28 está diseñado para operar a altas frecuencias. Las corrientes de polarización son $2I = I_B = 400$ μA, y la razón W/L para los transistores de la etapa de entrada es 300/10. Encuentre f_t para una capacitancia de carga C_L (incluyendo todas las parásitas del nodo de salida) de 2 pF. Para mantener un margen aceptable de fase, el polo parásito creado a la entrada de los transistores cascodos Q_{1C} y Q_{2C} debe estar por lo menos a una frecuencia tres veces más alta que f_t. ¿Cuál es la máxima capacitancia parásita C_P que se puede tolerar? Suponga que $\mu_p C_{ox} = 10$ μA/V^2.

Sección 10.9: Convertidores de datos; introducción

10.60 Una señal analógica, en el intervalo de 0 a +10 V, debe digitalizarse con un error de cuantificación menor a 1% a plena escala. ¿Cuál es el número de bits necesarios? ¿Cuál es la resolución de la conversión? Si el intervalo debe extenderse a ±10 V con el mismo requisito, ¿cuál es el número de bits necesarios? Para una ampliación a un intervalo de 0 a +15 V, ¿cuántos bits se necesitan para obtener la misma resolución? ¿Cuál es la correspondiente resolución y error de cuantificación?

*10.61 Considere la figura 10.31. En la salida de escalera del circuito de muestreo y retención dibuje la salida de un sencillo circuito RC de pasabajos con una constante de tiempo que sea (a) un tercio del intervalo de muestreo; (b) igual al intervalo de muestreo.

Sección 10.10: Circuitos convertidores D/A

*10.62 Considere el circuito convertidor digital a analógico (DAC) de la figura 10.32 para los casos $N = 2$, 4 y 8. ¿Cuál es la tolerancia, expresada como $\pm x\%$, a la cual los resistores deben seleccionarse para limitar el resultante error de salida al equivalente de $\pm \frac{1}{2}$ del bit menos significativo (LSB)?

10.63 Los BJT del circuito de la figura P10.63 tienen sus áreas de unión entre base y emisor escaladas en las razones indicadas. Encuentre I_1 a I_4 en términos de I.

10.64 Un problema encontrado en el circuito DAC de la figura 10.34 es la gran dispersión en las áreas de unión entre emisor y base de transistores, que es necesaria cuando N es grande. Como configuración alternativa considere usar el circuito de la figura 10.34 para 4 bits únicamente. Entonces, alimente la corriente en el colector del transistor terminador Q_t al circuito de la figura P10.63 (en lugar de la fuente de corriente I), produciendo así corrientes para 4 bits más. En esta forma, un DAC de 8 bits se puede construir con una máxima dispersión en áreas de 8. ¿Cuál es el área total de emisores necesaria en términos del dispositivo más pequeño? Contraste esto con el circuito usual de 8 bits. Dé el circuito completo del convertidor así obtenido.

D*10.65 El circuito de la figura 10.32 se puede usar para multiplicar una señal analógica por una digital al

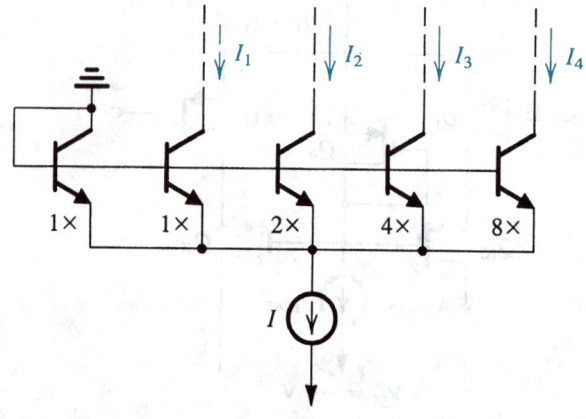

Fig. P10.63

alimentar la señal analógica al terminal V_{ref}. En este caso el convertidor D/A se denomina **DAC multiplicador** o **MDAC**. Dada una señal de onda senoidal de entrada de 0.1 sen ωt volts, utilice el circuito de la figura 10.32 junto con un op amp adicional para obtener $v_O = 10D$ sen ωt donde D es la palabra digital dada por la ecuación (10.72) y $N = 4$. ¿Cuántas amplitudes discretas de onda senoidal existen a la salida? ¿Cuál es la más pequeña? ¿Cuál es la más grande? ¿A qué entrada digital corresponde una salida de 10 V pico a pico?

10.66 ¿Cuál es la resistencia de entrada vista por V_{ref} en el circuito de la figura 10.33?

Sección 10.11: Circuitos convertidores A/D

10.67 Un circuito convertidor analógico a digital (ADC) de 12 bits del tipo que se ilustra en la figura 10.36 utiliza un pulso de reloj de 1 MHz y tiene $V_{ref} = 10$ V. Su voltaje de entrada analógica está entre 0 y -10 V. El intervalo fijo T_1 es el tiempo tomado para que el contador acumule una cuenta de 2^N. ¿Cuál es el tiempo necesario para convertir un voltaje de entrada igual al valor a plena escala? Si el voltaje pico alcanzado a la salida del integrador es de 10 V, ¿cuál es la constante de tiempo del integrador? Si por envejecimiento R aumenta 2% y C disminuye 1%, ¿cuál será V_{pico}? ¿Cambia la precisión de la conversión?

10.68 El diseño de un ADC de destello de 4 bits, como se muestra en la figura 10.38, se está considerando. ¿Cuántos comparadores se requieren? Para una señal de entrada entre 0 y +10 V, ¿cuáles son los voltajes de referencia necesarios? Demuestre cómo se generan usando una referencia de 10 V y varios resistores de 1 kΩ (¿cuántos?). Si una comparación es posible en 50 ns y la lógica relativa requiere 35 ns, ¿cuál es la máxima rapidez de conversión posible? Indique el código digital que el lector espera a la salida de los comparadores y a la salida de la lógica para una entrada de (a) 0 V, (b) +5.1 V, y (c) +10 V.

CAPÍTULO 11

Filtros y amplificadores sintonizados

INTRODUCCIÓN

En este capítulo estudiamos el diseño de un importante elemento de desarrollo de sistemas de comunicaciones e instrumentación: el filtro electrónico. El diseño de filtros es una de las pocas ramas de la ingeniería para las cuales existe toda una teoría de diseño, que se inicia desde la especificación y termina con la construcción de un circuito. Un estudio detallado del diseño de filtros requiere todo un libro, y existen estos libros, pero, en el limitado espacio del que aquí disponemos, nos concentraremos en una selección de temas que son una introducción a este campo y en un útil conjunto de circuitos de filtros y métodos de diseño.

La tecnología más antigua para construir filtros hace uso de inductores y condensadores, y los circuitos resultantes se denominan **filtros LC pasivos.** Estos filtros funcionan bien a altas frecuencias, pero, en aplicaciones de bajas frecuencias (cd a 100 kHz), los inductores necesarios son de gran capacidad y físicamente voluminosos, además de que sus características están lejos de ser ideales. Es imposible fabricar estos inductores en forma monolítica y son incompatibles con cualquiera de las modernas técnicas para ensamblar sistemas electrónicos. Por lo tanto, ha habido considerable interés para hallar construcciones de filtros que no requieran inductores. De los diversos tipos de **filtros sin inductor,** estudiaremos los **filtros RC activos** y los **filtros de condensador conmutado**.

Los filtros RC activos utilizan op amps junto con resistores y condensadores que se fabrican usando tecnología discreta, película gruesa híbrida o película delgada híbrida. No obstante, para grandes volúmenes de producción, estas tecnologías no rinden las economías alcanzadas por la fabricación monolítica. En la actualidad, el método más viable para construir filtros monolíticos totalmente integrados es la técnica del condensador conmutado.

El último tema estudiado en este capítulo es el amplificador sintonizado, que es común utilizar en el diseño de receptores de radio y de TV. Aun cuando los amplificadores sintonizados son en realidad filtros de banda pasante, se estudian por separado porque su diseño se basa en técnicas algo diferentes.

11.1 TRANSMISIÓN DE FILTRO, TIPOS Y ESPECIFICACIÓN

Los filtros que estamos por estudiar son circuitos lineales que se pueden representar con la red general de dos puertos que se muestra en la figura 11.1. La **función de transferencia** de filtro $T(s)$ es la razón entre el voltaje de salida $V_o(s)$ y el voltaje de entrada $V_i(s)$,

$$T(s) \equiv \frac{V_o(s)}{V_i(s)} \tag{11.1}$$

La **transmisión** de filtro (transmisión sin atenuación por filtrado) se encuentra al evaluar $T(s)$ para frecuencias físicas, $s = j\omega$, y se puede expresar en términos de su magnitud y fase como

$$T(j\omega) = |T(j\omega)|\, e^{j\phi(\omega)} \tag{11.2}$$

Es frecuente que la magnitud de transmisión se exprese en decibeles en términos de la **función de ganancia**

$$G(\omega) \equiv 20\, log|T(j\omega)|,\ \text{dB} \tag{11.3}$$

o bien, alternativamente, en términos de la **función de atenuación**

$$A(\omega) \equiv -20\, log|T(j\omega)|,\ \text{dB} \tag{11.4}$$

Un filtro da forma al espectro de frecuencia de la señal de entrada, $|V_i(j\omega)|$, según la magnitud de la función de transferencia $|T(j\omega)|$, evitando así una salida $V_o(j\omega)$ con un espectro

$$|V_o(j\omega)| = |T(j\omega)|\, |V_i(j\omega)| \tag{11.5}$$

Del mismo modo, las curvas características de la señal se modifican a medida que pasa por el filtro según la función de fase del filtro $\phi(\omega)$.

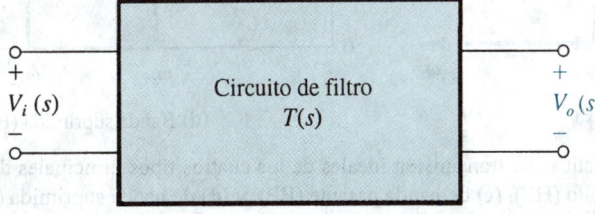

Fig. 11.1 Los filtros estudiados en este capítulo son circuitos lineales representados por la red general de dos puertos que se muestra. La función de transferencia de filtro es $T(s) \equiv V_o(s)/V_i(s)$.

Estamos interesados específicamente aquí en filtros que realizan una función de **selección de frecuencia**: **pasan** señales cuyo espectro de frecuencia está dentro de una banda especificada, y **detienen** señales cuyo espectro de frecuencia cae fuera de esta banda. Estos filtros tienen idealmente una banda (o bandas) de frecuencia sobre las cuales la magnitud de transmisión es unitaria (la **banda pasante** del filtro) y una banda (o bandas) de frecuencia sobre las cuales la magnitud de transmisión es cero (la **banda suprimida** del filtro). En la figura 11.2 se describen las curvas características ideales de los cuatro tipos principales de filtros: de **paso bajo** (LP) en la figura 11.2(a), de **paso alto** (HP) en la figura 11.2(b), la **banda pasante** (BP) en la figura 11.2(c), y **eliminador** (BS) o de **supresión de banda** en la figura 11.2(d). Estas curvas características idealizadas, por virtud de sus bordes verticales, se conocen como respuestas del tipo de **pared de ladrillo.**

Especificación de filtro

El proceso de diseño de un filtro empieza con que el usuario del filtro especifique las curvas características de transmisión requeridas del filtro. Esta especificación no puede ser de la forma que se muestra en la figura 11.2 porque los circuitos físicos no pueden realizar estas curvas idealizadas. En la figura 11.3 se ilustran especificaciones realistas para las curvas de transmisión de un filtro de paso bajo. Observemos que como un circuito físico no puede dar transmisión constante a todas las frecuencias de banda pasante, las especificaciones toman en cuenta la desviación de la transmisión de banda pasante desde el ideal de 0 dB, pero pone una cota superior, $A_{máx}$ (dB), en esta desviación.

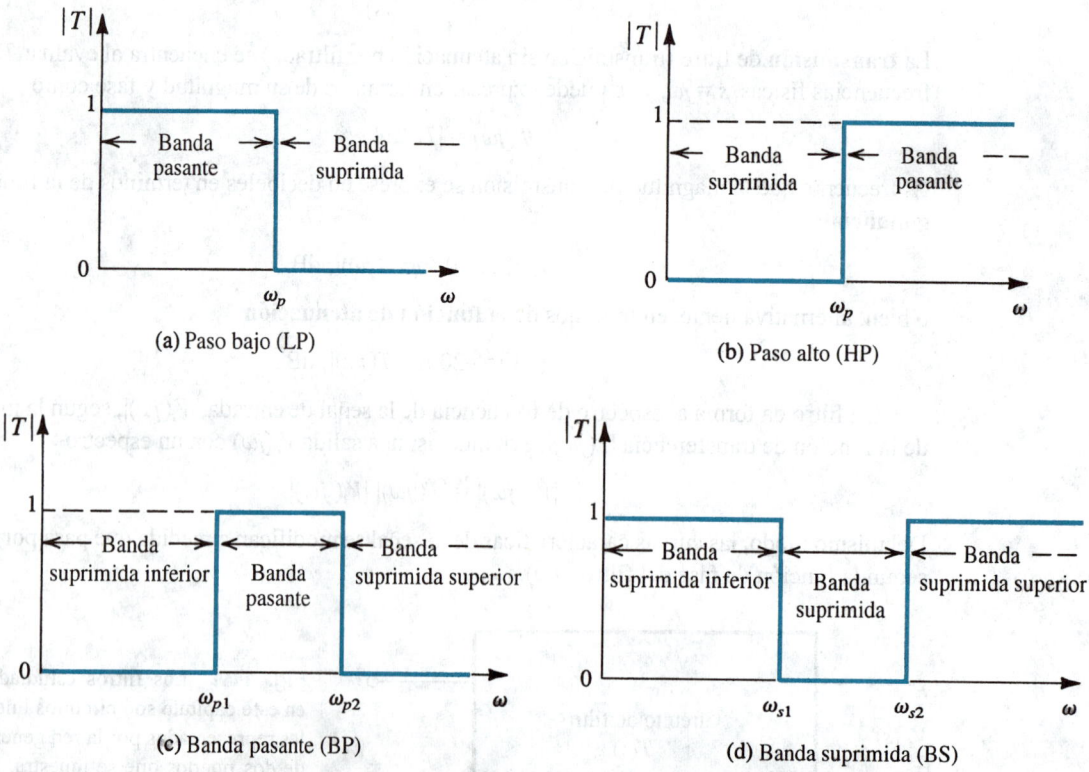

Fig. 11.2 Curvas características de transmisión ideales de los cuatros tipos principales de filtros: **(a)** de paso bajo (LP); **(b)** de paso alto (HP), **(c)** de banda pasante (BP), y **(d)** de banda suprimida (BS).

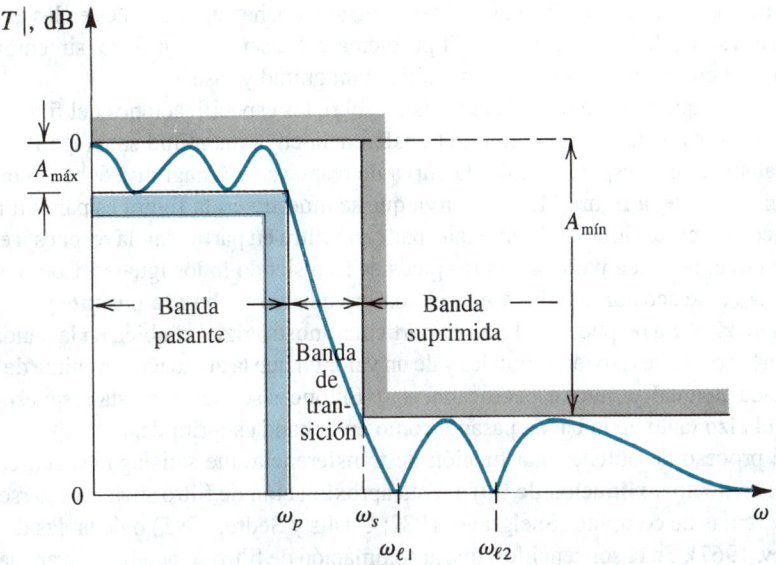

Fig. 11.3 Especificación de las curvas características de transmisión de un filtro de paso bajo. También se muestra la respuesta en magnitud de un filtro que apenas satisface las especificaciones.

Dependiendo de la aplicación, $A_{máx}$ oscila típicamente de 0.05 a 3 dB. Del mismo modo, como un circuito físico no puede dar transmisión cero a todas las frecuencias de banda suprimida, las especificaciones de la figura 11.3 toman en cuenta alguna transmisión sobre la banda suprimida, pero las especificaciones requieren que las señales de banda suprimida sean atenuadas en cuando menos $A_{mín}$ (dB) con respecto a las señales de la banda pasante. Dependiendo de la aplicación del filtro, $A_{mín}$ puede variar de 20 a 100 dB.

Como la transmisión de un circuito físico no puede cambiar abruptamente en el borde de la banda pasante, las especificaciones de la figura 11.3 dan una banda de frecuencias sobre las cuales la atenuación aumenta de cerca de 0 dB a $A_{mín}$. La **banda de transición** se extiende desde el borde de la banda pasante ω_p al borde de la banda suprimida ω_s. La razón ω_s/ω_p suele utilizarse como medida de la precisión de la respuesta del filtro de paso bajo y recibe el nombre de **factor de selectividad**. Finalmente, observemos que por comodidad la transmisión de banda pasante se especifica que es de 0 dB. Al filtro final, sin embargo, se le puede dar una ganancia de banda pasante, si se desea, sin cambiar sus curvas características de selectividad.

Para resumir, la transmisión de un filtro de paso bajo se especifica por cuatro parámetros:

1. el borde de banda pasante, ω_p;

2. la máxima variación permitida en transmisión de banda pasante, $A_{máx}$;

3. el borde de banda suprimida, ω_s; y

4. la atenuación mínima de banda suprimida requerida, $A_{mín}$.

Cuanto más estrechas sean las especificaciones de un filtro, es decir, menor $A_{máx}$, más alta $A_{mín}$, y/o una razón de selectividad ω_s/ω_p más cerca de la unidad, la respuesta del filtro resultante será más cercana a la ideal. El circuito resultante, empero, debe ser de orden más alto y por lo tanto más complejo y costoso.

Además de especificar la magnitud de transmisión, hay aplicaciones en las que la respuesta del filtro en fase también es de interés. El problema del diseño de un filtro, sin embargo, es considerablemente complicado cuando se especifican magnitud y fase.

Una vez que se haya tomado la decisión sobre las especificaciones del filtro, el siguiente paso en el diseño es hallar una función de transferencia cuya magnitud satisfaga las especificaciones. Para satisfacer esta especificación, la curva de respuesta en magnitud debe encontrarse en el área no sombreada de la figura 11.3. La curva que se muestra en la figura es para un filtro que *apenas* satisface especificaciones. Observe que, para este filtro en particular, la respuesta en magnitud *hace rizos* en toda la banda pasante con los picos de rizo siendo todos iguales. Como el rizo del pico es igual a $A_{máx}$, se acostumbra dar a $A_{máx}$ el nombre de **rizo de banda pasante** y a ω_p el de **ancho de banda de rizo**. La respuesta del rizo en particular mostró rizos también en la banda suprimida, otra vez con los picos de rizo todos iguales y de un valor tal que la atenuación mínima de banda suprimida alcanzada es igual al valor especificado, $A_{mín}$. Entonces se dice que esta respuesta en particular es **de igual rizo** tanto en la banda pasante como en la banda suprimida.

El proceso de obtener una función de transferencia que satisfaga especificaciones dadas se conoce como **aproximación de filtro**. Esta aproximación de filtro suele realizarse mediante el uso de programas de cómputo (Snelgrove, 1982; Ouslis y Sedra, 1995) o de tablas de diseño de filtros (Zverev, 1967). En casos sencillos, una aproximación de filtro se puede realizar usando expresiones de forma cerrada, como se verá en la sección 11.3.

Finalmente, la figura 11.4 muestra especificaciones de transmisión para un filtro de banda pasante y la respuesta de un filtro que satisface estas especificaciones. Para este ejemplo hemos escogido una función de aproximación que no hace rizo en la banda pasante sino que, más bien, la transmisión decrece monótonamente en ambos lados de la frecuencia central, alcanzando la máxima desviación permisible en los dos bordes de la banda pasante.

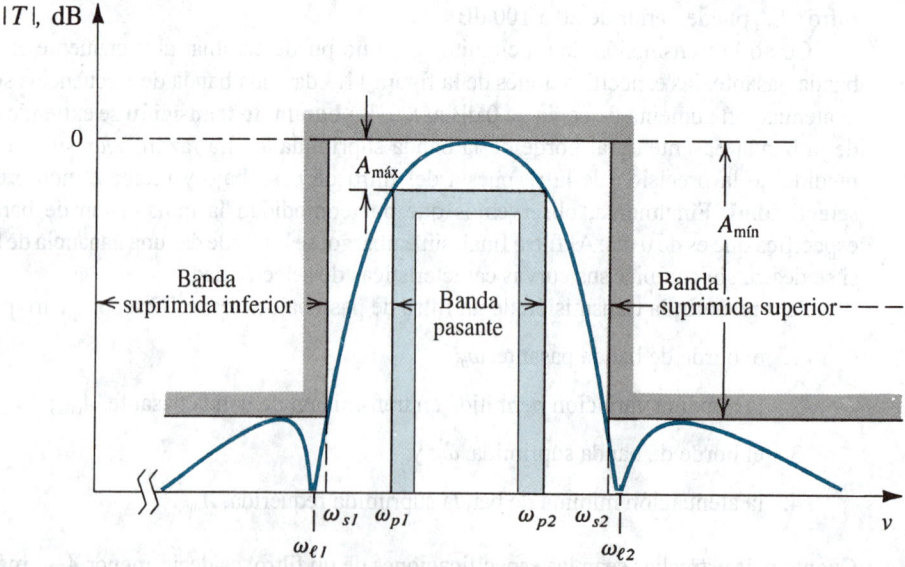

Fig. 11.4 Especificaciones de transmisión para un filtro de banda pasante. También se muestra la respuesta en magnitud de un filtro que apenas satisface especificaciones. Nótese que este filtro en particular tiene una transmisión monótonamente decreciente en la banda pasante en ambos lados de la frecuencia de pico.

Ejercicios

11.1 Encuentre valores aproximados de atenuación correspondientes a transmisiones de filtro de: 1, 0.99, 0.9, 0.8, 0.7, 0.5, 0.1, 0.

Resp. 0, 0.1, 1, 2, 3, 6, 20, ∞ (dB).

11.2 Si la magnitud de la transmisión de banda pasante debe permanecer constante a menos de ±5%, y si la transmisión de banda suprimida debe ser no mayor de 1% de la transmisión de banda pasante, encuentre $A_{\text{máx}}$ y $A_{\text{mín}}$.

Resp. 0.9 dB; 40 dB.

11.2 FUNCIÓN DE TRANSFERENCIA DE UN FILTRO

La función de transferencia de un filtro $T(s)$ se puede escribir como la razón entre dos polinomios como

$$T(s) = \frac{a_M s^M + a_{M-1} s^{M-1} + \cdots + a_0}{s^N + b_{N-1} s^{N-1} + \cdots + b_0} \tag{11.6}$$

El grado del denominador, N, es el **orden de filtro.** Para que el circuito del filtro sea estable, el grado del numerador debe ser menor o igual al del denominador; $M \le N$. Los coeficientes del numerador y denominador, $a_0, a_1, \ldots, a_M$ y $b_0, b_1, \ldots, b_{N-1}$, son números reales. Los polinomios del numerador y denominador se pueden factorizar, y $T(s)$ se puede expresar en la forma

$$T(s) = \frac{a_M (s - z_1)(s - z_2) \cdots (s - z_M)}{(s - p_1)(s - p_2) \cdots (s - p_N)} \tag{11.7}$$

Las raíces del numerador, $z_1, z_2, \ldots, z_M$, son los **ceros de función de transferencia**, o **ceros de transmisión**; y las raíces del denominador, $p_1, p_2, \ldots, p_N$, son los **polos de función de transferencia**, o los **modos naturales**[1]. Cada cero o polo de transmisión puede ser o número real o número complejo. Los ceros y polos complejos, sin embargo, deben presentarse en pares conjugados. Entonces, si $-1 + j2$ resulta ser un cero, entonces $-1 - j2$ también debe ser un cero.

En vista de que en la banda suprimida del filtro se requiere que la transmisión sea cero o pequeña, los ceros de transmisión del filtro suelen ponerse en el eje $j\omega$ a frecuencias de la banda suprimida. Éste ciertamente es el caso para el filtro cuya función de transmisión se traza en la figura 11.3. Este filtro en particular se puede ver que tiene atenuación infinita (transmisión cero) a dos frecuencias de banda suprimida: ω_{l1} y ω_{l2}. El filtro entonces debe tener ceros de transmisión en $s = +j\omega_{l1}$ y $s = +j\omega_{l2}$. Sin embargo, como los ceros complejos se presentan en pares conjugados, también debe haber ceros de transmisión a $s = -j\omega_{l1}$ y $s = -j\omega_{l2}$. Entonces, el polinomio del numerador de este filtro tendrá los factores $(s + j\omega_{l1})(s - j\omega_{l1})(s - j\omega_{l2})(s - j\omega_{l2})$, que se puede escribir como $(s^2 + \omega_{l1}^2)(s^2 + \omega_{l2}^2)$. Para $s = j\omega$ (frecuencias físicas) el numerador se convierte en $(-\omega^2 + \omega_{l1}^2)(-\omega^2 + \omega_{l2}^2)$, que en realidad es un cero en $\omega = \omega_{l1}$ y $\omega = \omega_{l2}$.

---

[1] En todo este capítulo utilizamos los nombres de *polos* y *modos naturales* indistintamente.

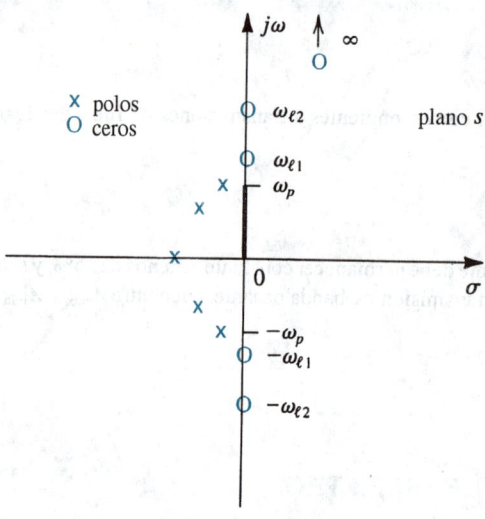

Fig. 11.5 Forma de polo y cero para el filtro de paso bajo cuya transmisión se traza en la figura 11.3. Este filtro es de quinto orden ($N = 5$).

Continuando con el ejemplo de la figura 11.3, observamos que la transmisión decrece hacia $-\infty$ a medida que ω se aproxima al ∞. Entonces el filtro debe tener uno o más ceros de transmisión en $s = \infty$. En general, el número de ceros de transmisión en $s = \infty$ es la diferencia entre el grado del polinomio del numerador, M, y el grado del polinomio del denominador, N, de la función de transferencia en la ecuación (11.6). Esto es porque a medida que s se aproxima al ∞, $T(s)$ se aproxima a a_M/s^{N-M} y entonces se dice que tiene $N - M$ ceros en $s = \infty$.

Para que el circuito del filtro sea estable, todos sus polos deben estar en la mitad izquierda del plano s, y entonces $p_1, p_2, \ldots, p_N$ deben tener todos partes reales negativas. En la figura 11.5 se

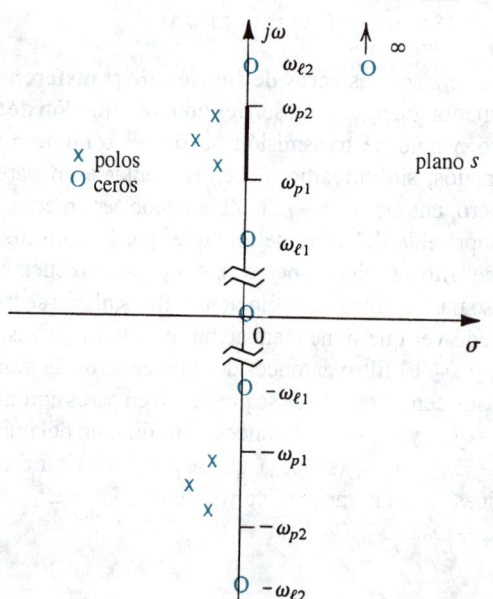

Fig. 11.6 Forma de polo y cero para el filtro de banda pasante cuya función de transmisión se muestra en la figura 11.4. Este filtro es de sexto orden ($N = 6$).

ilustran ubicaciones típicas de polo y cero para el filtro de paso bajo cuya función de transmisión se describe en la figura 11.3. Hemos supuesto que este filtro sea de quinto orden ($N = 5$). Tiene dos pares de polos conjugados complejos y un polo en el eje real, para un total de cinco polos. Todos los polos se encuentran en la vecindad de la banda pasante, que es lo que da al filtro su alta transmisión a frecuencias de banda pasante. Los cinco ceros de transmisión están en $s = \pm j\omega_{l1}$, $s = \pm j\omega_{l2}$ y $s = \infty$. Entonces la función de transferencia para este filtro es de la forma

$$T(s) = \frac{a_4\,(s^2 + \omega_{l1}^2)(s^2 + \omega_{l2}^2)}{s^5 + b_4\,s^4 + b_3\,s^3 + b_2\,s^2 + b_1\,s + b_0} \tag{11.8}$$

Como otro ejemplo, considere el filtro de banda pasante cuya respuesta en magnitud se muestra en la figura 11.4. Este filtro tiene ceros de transmisión en $s = \pm j\omega_{l1}$ y $s = \pm j\omega_{l2}$. También tiene uno o más ceros en $s = 0$ y uno o más ceros en $s = \infty$ (porque la atenuación decrece hacia $-\infty$ a medida que ω se aproxima a 0 y al ∞). Suponiendo que sólo existe un cero en cada uno de $s = 0$ y $s = \infty$, el filtro debe ser del sexto orden, y su función de transferencia toma la forma de

$$T(s) = \frac{a_5\,s(s^2 + \omega_{l1}^2)(s^2 + \omega_{l2}^2)}{s^6 + b_5\,s^5 + \cdots + b_0} \tag{11.9}$$

En la figura 11.6 se ilustra una típica gráfica de cero de polo para este filtro.

Como tercer y último ejemplo, considere el filtro de paso bajo cuya función de transmisión se describe en la figura 11.7(a). Observamos que en este caso no hay valores finitos de ω en los cuales

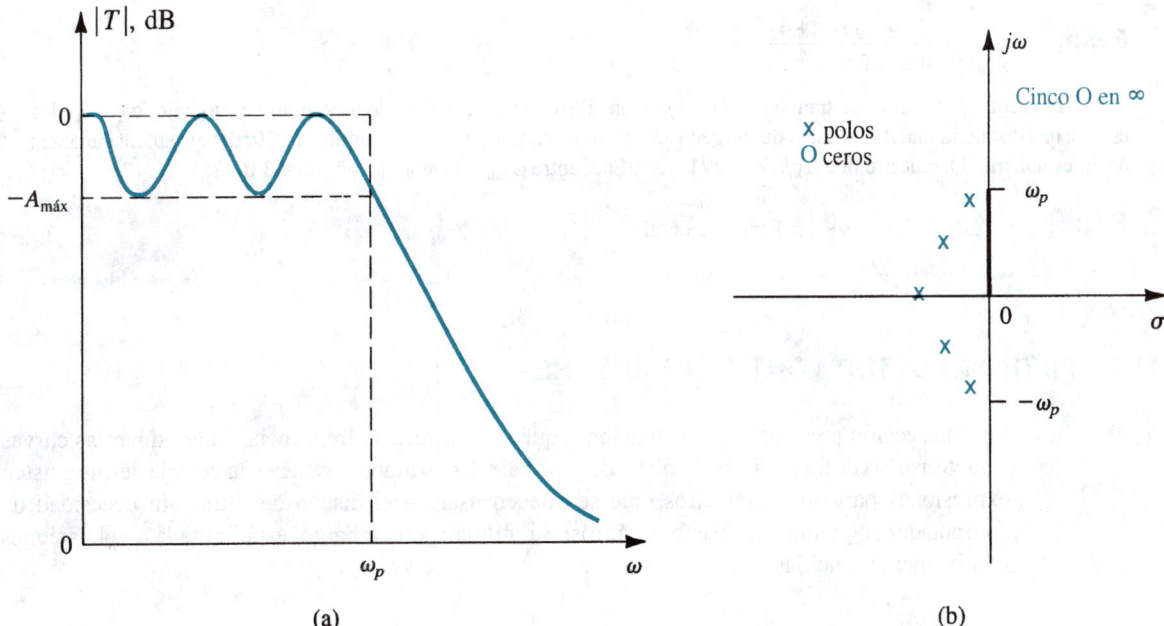

(a)   (b)

Fig. 11.7 (a) Curvas características de transmisión de un filtro de paso bajo de quinto orden que tiene todos los ceros de transmisión en el infinito. (b) Forma de polo y cero para el filtro en (a).

la atenuación es infinita (transmisión cero). Entonces, es posible que todos los ceros de transmisión de este filtro estén en $s = \infty$. Si éste es el caso, la función de transferencia del filtro toma la forma

$$T(s) = \frac{a_M}{s^N + b_{N-1}\,s^{N-1} + \cdots + b_0} \tag{11.10}$$

Tal filtro se conoce como **filtro para todo polo.** Las ubicaciones típicas para un filtro de quinto orden, de paso bajo para todo polo, se muestran en la figura 11.7(b).

Casi todos los filtros estudiados en este capítulo tienen todos sus ceros de transmisión en el eje $j\omega$, en la(s) banda(s) suprimida(s) de filtro, incluyendo[2] $\omega = 0$ y $\omega = \infty$. También, para obtener alta selectividad, todos los modos naturales serán conjugados complejos (excepto para el caso de filtros de orden impar, donde un modo natural debe ser en el eje real). Finalmente, observamos que cuanto más selectiva sea la respuesta requerida del filtro, su orden debe ser más alto y los modos naturales están más cerca del eje $j\omega$.

Ejercicios

11.3 Un filtro de segundo orden tiene sus polos en $s = -(1/2) \pm j(\sqrt{3}/2)$. La transmisión es cero en $\omega = 2$ rad/s y es unitaria a cd ($\omega = 0$). Encuentre la función de transferencia.

Resp. $T(s) = \frac{1}{4}\,\frac{s^2 + 4}{s^2 + s + 1}$

11.4 Un filtro de cuarto orden tiene transmisión cero en $\omega = 0$, $\omega = 2$ rad/s y $\omega = \infty$. Los modos naturales son $-0.1 \pm j0.8$ y $-0.1, \pm j1.2$. Halle $T(s)$.

Resp. $T(s) = \frac{a_3\,s(s^2 + 4)}{(s^2 + 0.2s + 0.65)(s^2 + 0.2s + 1.45)}$

11.5 Encuentre la función de transferencia $T(s)$ de un filtro de tercer orden, de todo polo y paso bajo, cuyos polos están a una distancia radial de 1 rad/s del origen y cuyos polos complejos están a ángulos de 30° del eje $j\omega$. La ganancia de cd es unitaria. Demuestre que $|T(j\omega)| = 1/\sqrt{1 + \omega^6}$. Encuentre ω_{3dB} y la atenuación a $\omega = 3$ rad/s.

Resp. $T(s) = 1/(s + 1)(s^2 + s + 1)$; 1 rad/s; 28.6 dB.

11.3   FILTROS BUTTERWORTH Y CHEBYSHEV

En esta sección presentamos dos funciones que se utilizan con frecuencia al aproximar las curvas características de transmisión de filtros de paso bajo. Estas funciones tienen la ventaja de que existen expresiones para sus parámetros, que se pueden usar en el diseño de filtros sin necesidad de computadoras o tablas de diseño de filtros. Su utilidad, sin embargo, está limitada a aplicaciones relativamente sencillas.

---

[2] Obviamente, un filtro de paso bajo *no debe* tener un cero de transmisión a $\omega = 0$, y, del mismo modo, un filtro de paso alto no debe tener un cero de transmisión a $\omega = \infty$.

Aun cuando en esta sección estudiamos sólo el diseño de filtros de paso bajo, las funciones de aproximación presentadas se pueden aplicar al diseño de otros tipos de filtro mediante el uso de transformaciones de frecuencia (véase la obra de Sedra y Brackett, 1978).

El filtro Butterworth

En la figura 11.8 se ilustra una curva de la respuesta en magnitud de un filtro Butterworth.[3] Este filtro exhibe una transmisión que decrece en forma monótona con todos los ceros de transmisión en $\omega = \infty$, haciéndolo un filtro para todo polo. La función de magnitud para un filtro Butterworth de N-ésimo orden con un borde de banda pasante ω_p está dado por

$$|T(j\omega)| = \frac{1}{\sqrt{1 + \epsilon^2 \left(\dfrac{\omega}{\omega_p}\right)^{2N}}} \tag{11.11}$$

A $\omega = \omega_p$,

$$|T(j\omega_p)| = \frac{1}{\sqrt{1 + \epsilon^2}} \tag{11.12}$$

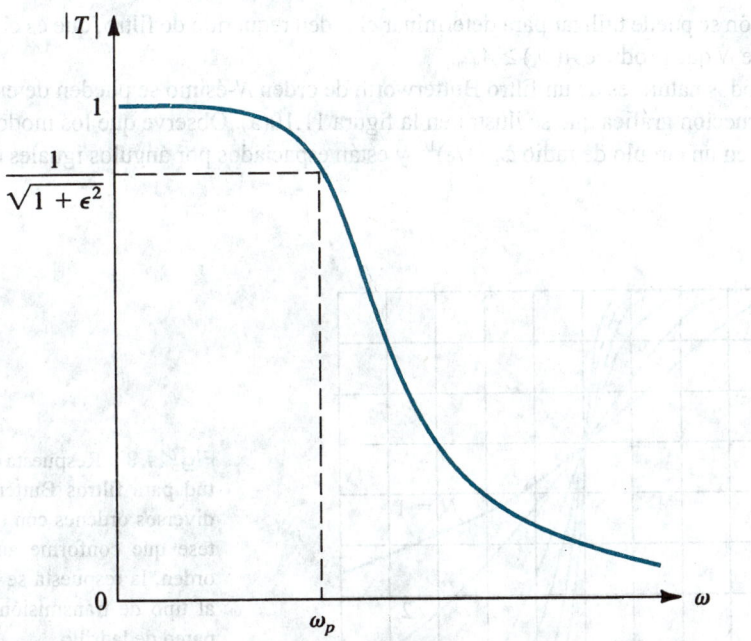

Fig. 11.8 La respuesta en magnitud de un filtro Butterworth.

---

[3] La aproximación del filtro Butterworth recibe ese nombre en honor del ingeniero inglés S. Butterworth, quien en 1930 fue de los primeros en utilizarlo.

Entonces el parámetro ϵ determina la máxima variación en transmisión de banda pasante, $A_{máx}$, según

$$A_{máx} = 20 \log \sqrt{1 + \epsilon^2} \tag{11.13}$$

Por el contrario, dada $A_{máx}$, el valor de ϵ se puede determinar con

$$\epsilon = \sqrt{10^{A_{máx}/10} - 1} \tag{11.14}$$

Observe que en la respuesta de Butterworth, la máxima desviación en la transmisión de banda pasante (desde el valor ideal unitario) ocurre sólo en el borde de banda pasante. Se puede demostrar que las primeras derivadas $2N - 1$ de $|T|$ en relación con ω son cero en $\omega = 0$ (véase la obra de Van Valkenburg, 1980). Esta propiedad hace la respuesta del filtro Butterworth muy plana cerca de $\omega = 0$ y da a la respuesta el nombre de respuesta **máximamente plana.** El grado de planeidad de la banda pasante aumenta a medida que aumenta el orden N, como se puede ver de la figura 11.9. Esta figura también indica que, como es de esperarse, a medida que el orden N aumenta, la respuesta del filtro se aproxima a la respuesta del tipo de pared de ladrillo.

En el borde de la banda suprimida, $\omega = \omega_s$, la atenuación del filtro Butterworth está dada por

$$
\begin{aligned}
A(\omega_s) &= -20 \log \left[1/\sqrt{1 + \epsilon^2 \, (\omega_s/\omega_p)^{2N}} \right] \\
&= 10 \log[1 + \epsilon^2 \, (\omega_s/\omega_p)^{2N}]
\end{aligned} \tag{11.15}
$$

Esta ecuación se puede utilizar para determinar el orden requerido de filtro, que es el mínimo valor de entero de N que produce $A(\omega_s) \geq A_{mín}$.

Los modos naturales de un filtro Butterworth de orden N-ésimo se pueden determinar a partir de la construcción gráfica que se ilustra en la figura 11.10(a). Observe que los modos naturales se encuentran en un círculo de radio $\omega_p \, (1/\epsilon)^{1/N}$ y están espaciados por ángulos iguales de π/N, con el

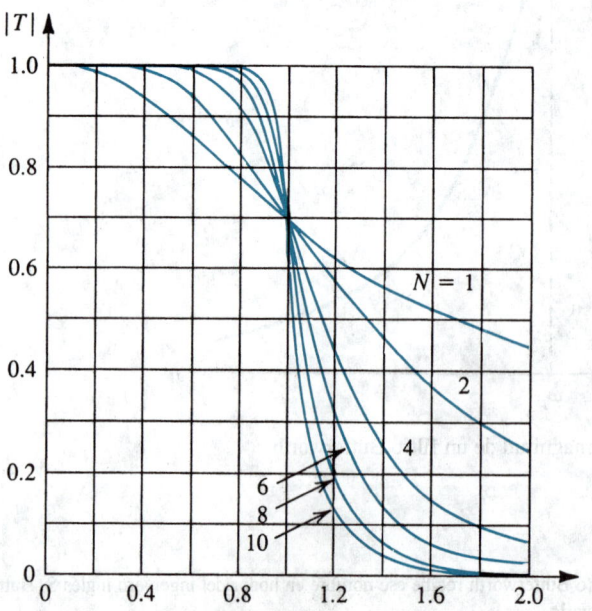

Fig. 11.9 Respuesta en magnitud para filtros Butterworth de diversos órdenes con $\epsilon = 1$. Nótese que conforme aumenta el orden, la respuesta se aproxima al tipo de transmisión ideal de pared de ladrillo.

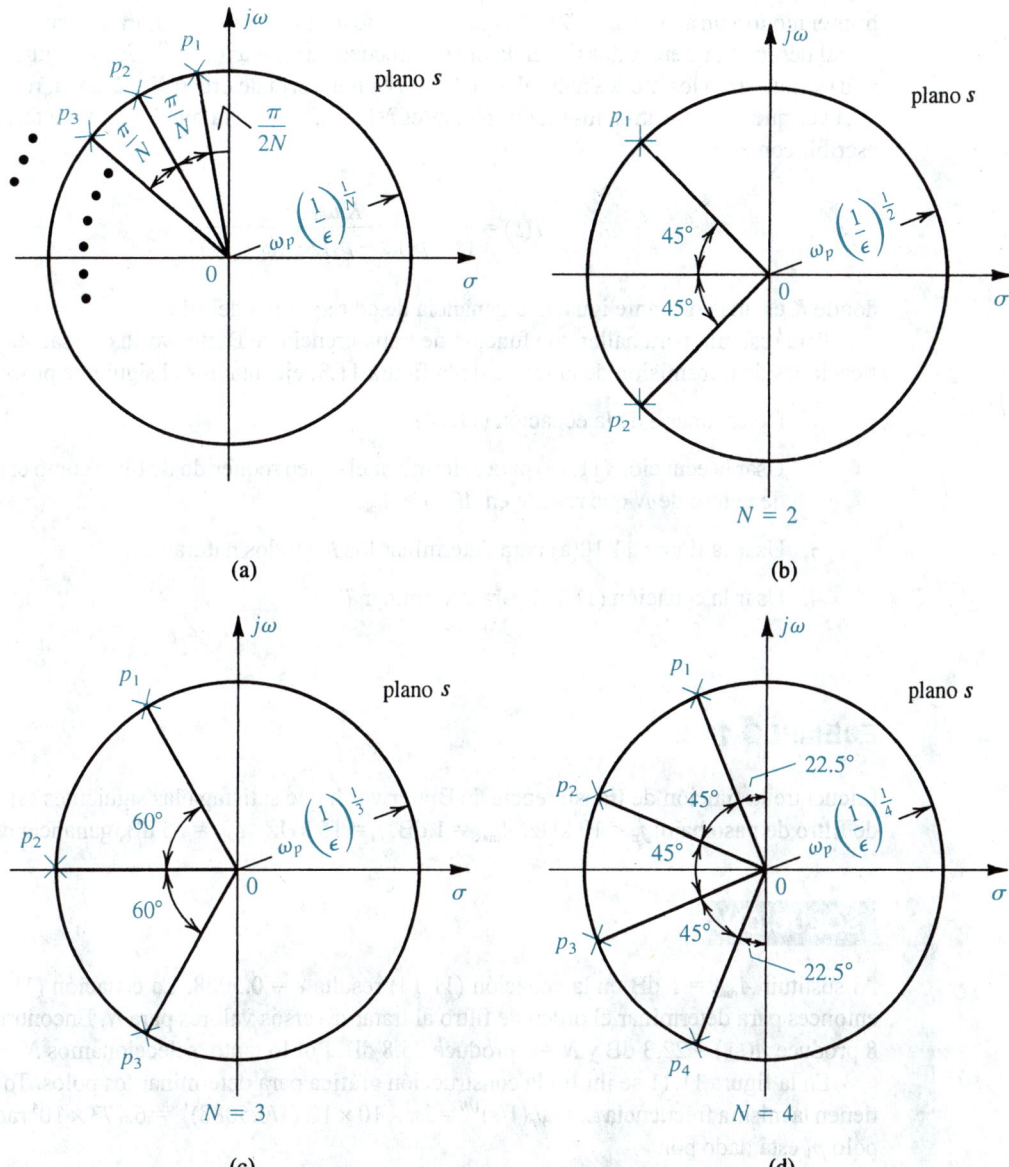

Fig. 11.10 Construcción gráfica para determinar los polos de un filtro Butterworth de orden N. Todos los polos se encuentran en la mitad izquierda del plano s en un círculo de radio $\omega_0 = \omega_p(1/\epsilon)^{1/N}$, donde ϵ es el parámetro de desviación de banda pasante ($\epsilon = \sqrt{10^{A_{\text{máx}}/10} - 1}$): **(a)** el caso general, **(b)** $N = 2$, **(c)** $N = 3$, **(d)** $N = 4$.

primer modo a un ángulo de $\pi/2N$ del eje $+j\omega$. Como todos los modos naturales tienen igual distancia radial desde el origen, todos tienen la misma frecuencia $\omega_0 = \omega_p(1/\epsilon)^{1/N}$. En las figuras 11.10(b), (c) y (d) se muestran los modos naturales de filtros Butterworth de orden $N = 2$, 3 y 4, respectivamente. Una vez que se encuentren los modos naturales $N p_1, p_2, \ldots, p_N$, la función de transferencia se puede escribir como

$$T(s) = \frac{K \omega_0^N}{(s - p_1)(s - p_2) \cdots (s - p_N)} \tag{11.16}$$

donde K es una constante igual a la ganancia de cd requerida del filtro.

Para resumir, para hallar una función de transferencia de Butterworth que satisfaga las especificaciones de transmisión de la forma de la figura 11.3, ejecutamos el siguiente procedimiento:

1. Determinar ϵ de la ecuación (11.14).

2. Usar la ecuación (11.15) para determinar el orden requerido de filtro como el mínimo valor de entero de N que resulte en $A(\omega_s) \geq A_{\text{mín}}$.

3. Usar la figura 11.10(a) para determinar los N modos naturales.

4. Usar la ecuación (11.16) para determinar $T(s)$.

EJEMPLO 11.1

Encuentre la función de transferencia de Butterworth que satisfaga las siguientes especificaciones de filtro de paso bajo: $f_p = 10$ kHz, $A_{\text{máx}} = 1$ dB, $f_s = 15$ kHz, $A_{\text{mín}} = 25$ dB, ganancia de cd $= 1$.

SOLUCIÓN

Al sustituir $A_{\text{máx}} = 1$ dB en la ecuación (11.14) resulta $\epsilon = 0.5088$. La ecuación (11.15) se utiliza entonces para determinar el orden de filtro al tratar diversos valores para N. Encontramos que $N = 8$ produce $A(\omega_s) = 22.3$ dB y $N = 9$ produce 25.8 dB. Por lo tanto, seleccionamos $N = 9$.

En la figura 11.11 se ilustra la construcción gráfica para determinar los polos. Todos los polos tienen la misma frecuencia $\omega_0 = \omega_p(1/\epsilon)^{1/N} = 2\pi \times 10 \times 10^3 (1/0.5088)^{1/9} = 6.773 \times 10^4$ rad/s. El primer polo p_1 está dado por

$$p_1 = \omega_0(-\cos 80° + j \operatorname{sen} 80°) = \omega_0(-0.1736 + j0.9848)$$

Al combinar p_1 con su conjugado complejo p_9 resulta el factor $(s^2 + s\,0.3472\,\omega_0 + \omega_0^2)$ en el denominador de la función de transferencia. Lo mismo se puede hacer para los otros polos complejos, y la función de transferencia completa se obtiene usando la ecuación (11.16),

$$T(s) = \frac{\omega_0^9}{(s + \omega_0)(s^2 + s\,1.8794\,\omega_0 + \omega_0^2)(s^2 + s\,1.5321\,\omega_0 + \omega_0^2)}$$

$$\times \frac{1}{(s^2 + s\,\omega_0 + \omega_0^2)(s^2 + s\,0.3472\,\omega_0 + \omega_0^2)} \tag{11.17}$$

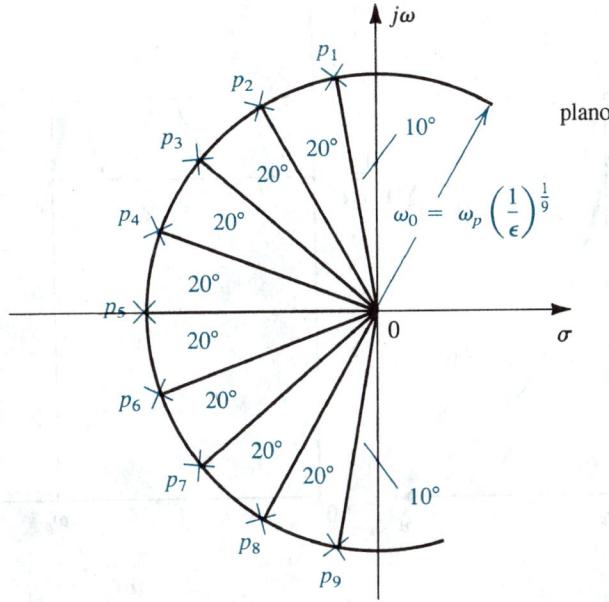

planos *s*

$$\omega_0 = \omega_p \left(\frac{1}{\epsilon}\right)^{\frac{1}{9}}$$

Fig. 11.11 Polos del filtro Butterworth de noveno orden del ejemplo 11.1.

El filtro Chebyshev

En la figura 11.12 se ilustran funciones de transmisión representativas para filtros Chebyshev[4] de órdenes par e impar. El filtro Chebyshev exhibe una respuesta igualmente ondulada en la banda pasante y una transmisión monótonamente decreciente en la banda suprimida. Mientras que el filtro de orden impar tiene $|T(0)| = 1$, el filtro de orden par exhibe su máxima desviación de magnitud en $\omega = 0$. En ambos casos, el número total de máximos y mínimos de banda pasante es igual al orden del filtro, N. Todos los ceros de transmisión del filtro Chebyshev están en $\omega = \infty$, haciéndolo un filtro para todo polo.

La magnitud de la función de transferencia de un filtro Chebyshev de orden N-ésimo con un borde de banda pasante (ancho de banda de rizo) ω_p está dada por

$$|T(j\omega)| = \frac{1}{\sqrt{1 + \epsilon^2 \cos^2\left[N \cos^{-1}(\omega/\omega_p)\right]}} \qquad \text{para } \omega \leq \omega_p \qquad (11.18)$$

y

$$|T(j\omega)| = \frac{1}{\sqrt{1 + \epsilon^2 \cosh^2\left[N \cosh^{-1}(\omega/\omega_p)\right]}} \qquad \text{para } \omega \geq \omega_p \qquad (11.19)$$

En el borde de banda pasante, $\omega = \omega_p$, la función de magnitud está dada por

$$|T(j\omega_p)| = \frac{1}{\sqrt{1 + \epsilon^2}}$$

---

[4] Nombre dado en honor del matemático ruso P. L. Chebyshev, quien en 1899 utilizó estas funciones en el estudio de la construcción de máquinas de vapor.

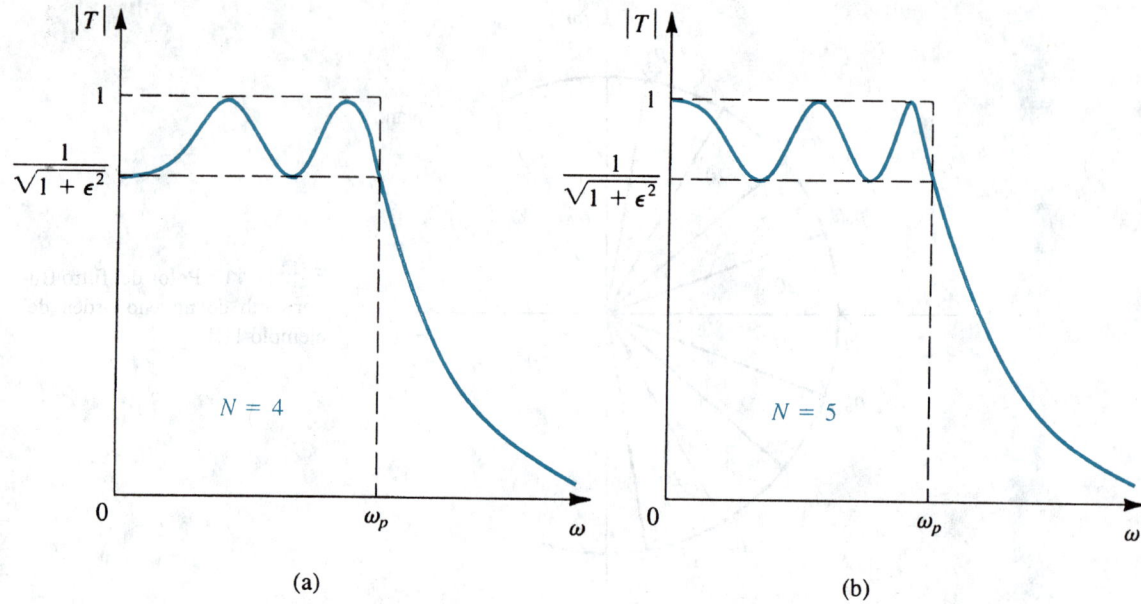

(a)   (b)

Fig. 11.12 Curvas características de filtros Chebyshev representativos de órdenes par e impar.

Entonces, el parámetro ϵ determina el rizo de banda pasante de acuerdo con

$$A_{\text{máx}} = 10 \log(1 + \epsilon^2) \qquad (11.20)$$

Por el contrario, dada $A_{\text{máx}}$, el valor de ϵ se determina con

$$\epsilon = \sqrt{10^{A_{\text{máx}}/10} - 1} \qquad (11.21)$$

La atenuación alcanzada por el filtro Chebyshev en el borde de banda pasante ($\omega = \omega_s$) se encuentra usando la ecuación (11.19) como

$$A(\omega_s) = 10 \log[1 + \epsilon^2 \cosh^2(N \cosh^{-1}(\omega_s/\omega_p))] \qquad (11.22)$$

Con ayuda de una calculadora, esta ecuación se puede utilizar para determinar el orden N requerido para obtener una $A_{\text{mín}}$ especificada al hallar el mínimo valor entero de N que produzca $A(\omega_s) \geq A_{\text{mín}}$. Como en el caso del filtro Butterworth, al aumentar el orden N del filtro Chebyshev su función de magnitud se aproxima a la respuesta ideal de paso bajo de pared de ladrillo.

Los polos del filtro Chebyshev están dados por

$$P_k = -\omega_p \, \text{sen}\left(\frac{2k-1}{N}\frac{\pi}{2}\right) \text{senh}\left(\frac{1}{N}\text{senh}^{-1}\frac{1}{\epsilon}\right)$$

$$+ j\omega_p \cos\left(\frac{2k-1}{N}\frac{\pi}{2}\right) \cosh\left(\frac{1}{N}\text{senh}^{-1}\frac{1}{\epsilon}\right) \qquad k = 1, 2, \ldots, N$$

$$(11.23)$$

Finalmente, la función de transferencia del filtro Chebyshev se puede escribir como

$$T(s) = \frac{K\,\omega_p^N}{\epsilon\, 2^{N-1}\,(s - p_1)(s - p_2)\cdots(s - p_N)} \tag{11.24}$$

donde K es la ganancia de cd que se requiere que tenga el filtro.

Para resumir, dadas las especificaciones de transmisión de paso bajo del tipo que se muestra en la figura 11.3, la función de transferencia de un filtro Chebyshev que satisfaga estas especificaciones se puede hallar como sigue:

1. Determinar ϵ con la ecuación (11.21).

2. Usar la ecuación (11.22) para determinar el orden requerido.

3. Determinar los polos usando la ecuación (11.23).

4. Determinar la función de transferencia usando la ecuación (11.24).

El filtro Chebyshev produce una aproximación más eficiente que el filtro Butterworth. Entonces, para el mismo orden y la misma $A_{\text{máx}}$, el filtro Chebyshev produce mayor atenuación de banda suprimida que el filtro Butterworth. Alternativamente, para satisfacer especificaciones idénticas, se requiere un orden más bajo para el filtro Chebyshev que para el Butterworth. Este punto se ilustra mediante el siguiente ejemplo.

EJEMPLO 11.2

Encuentre la función de transferencia Chebyshev que satisfaga las mismas especificaciones de filtro de paso bajo dadas en el ejemplo 11.1; es decir, $f_p = 10$ kHz, $A_{\text{máx}} = 1$ dB, $f_s = 15$ kHz, $A_{\text{mín}} = 25$ dB, ganancia de cd = 1.

SOLUCIÓN

Al sustituir $A_{\text{máx}} = 1$ dB en la ecuación (11.21) resulta $\epsilon = 0.5088$. Al tratar diversos valores para N en la ecuación (11.22) encontramos que $N = 4$ produce $A(\omega_s) = 21.6$ dB y $N = 5$ produce 29.9 dB. Por lo tanto seleccionamos $N = 5$. Recordemos que se requiere un filtro Butterworth de noveno orden para satisfacer las mismas especificaciones del ejemplo 11.1.

Los polos se obtienen al sustituir en la ecuación (11.23) como

$$p_1, p_5 = \omega_p\,(-0.0895 \pm j0.9901)$$
$$p_2, p_4 = \omega_p\,(-0.2342 \pm j0.6119)$$
$$p_5 = \omega_p\,(-0.2895)$$

La función de transferencia se obtiene al sustituir estos valores en la ecuación (11.24) como

$$T(s) = \frac{\omega_p^5}{8.1408\,(s + 0.2895\,\omega_p)(s^2 + s\,0.4684\,\omega_p + 0.4293\,\omega_p^2)}$$
$$\times \frac{1}{s^2 + s\,0.1789\,\omega_p + 0.9883\,\omega_p^2} \tag{11.25}$$

donde $\omega_p = 2\pi \times 10^4$ rad/s.

Ejercicios

D11.6 Determine el orden N de un filtro Butterworth para el cual $A_{máx} = 1$ dB, $\omega_s/\omega_p = 1.5$ y $A_{mín} = 30$ dB. ¿Cuál es el valor real de mínima atenuación de banda suprimida que se logra? Si $A_{mín}$ debe ser exactamente 30 dB, ¿a qué valor se puede reducir $A_{máx}$?

Resp. $N = 11$; $A_{mín} = 32.87$ dB; 0.54 dB

11.7 Encuentre los modos naturales y la función de transferencia de un filtro Butterworth con $\omega_p = 1$ rad/s, $A_{máx} = 3$ dB ($\epsilon \simeq 1$), y $N = 3$.

Resp. $-0.5 \pm j\sqrt{3}/2$ y -1; $T(s) = 1/(s + 1)(s^2 + s + 1)$

11.8 Observe que la ecuación (11.18) se puede usar para hallar las frecuencias en la banda pasante a la cual $|T|$ está en sus picos y en sus valles. (Los picos se alcanzan cuando el término $\cos^2[\ ]$ es cero, y los valles corresponden al término $\cos^2[\ ]$ igual a la unidad.) Encuentre estas frecuencias para un filtro de quinto orden.

Resp. Los picos en $\omega = 0$, $0.59\,\omega_p$, y $0.95\,\omega_p$; los valles en $\omega = 0.31\,\omega_p$ y $0.81\omega_p$

D11.9 Encuentre la atenuación alcanzada a $\omega = 2\omega_p$ por un filtro Chebyshev de séptimo orden con un rizo de banda pasante de 0.5 dB. Si se permite que el rizo de banda pasante aumente a 1 dB, ¿cuánto aumenta la atenuación de banda suprimida?

Resp. 64.9 dB; 3.3 dB

D11.10 Se requiere diseñar un filtro de paso bajo que tenga $f_p = 1$ kHz, $A_{máx} = 1$ dB, $f_s = 1.5$ kHz, $A_{mín} = 50$ dB. (a) Encuentre el orden requerido de filtro Chebyshev. ¿Cuál es el exceso de atenuación de banda suprimida que se obtiene? (b) Repita para un filtro Butterworth.

Resp. (a) $N = 8$, 5 dB. (b) $N = 16$, 0.5 dB

11.4 FUNCIONES DE FILTRO DE PRIMER ORDEN Y SEGUNDO ORDEN

En esta sección estudiaremos las funciones más sencillas de transferencia de filtro, las de primer orden y las de segundo orden. Estas funciones son útiles de por sí en el diseño de filtros sencillos. Los filtros de primero y segundo órdenes también se pueden conectar en cascada para obtener un filtro de alto orden. El diseño en cascada es de hecho uno de los métodos más utilizados para el diseño de filtros activos (los que usan op amps y circuitos RC). Debido a que los polos de filtros se presentan en pares conjugados complejos, se factoriza una función de transferencia $T(s)$ de alto orden en el producto de funciones de segundo orden. Si $T(s)$ es impar, habrá una función de primer orden en la factorización. Cada una de las funciones de segundo orden (y la función de primer orden en caso de que $T(s)$ sea impar) se obtiene entonces usando uno de los circuitos RC de op amp que se estudiarán en este capítulo, y los bloques resultantes se conectan en cascada. Si la salida de cada bloque se lleva al terminal de salida de un op amp en donde el nivel de impedancia sea bajo (idealmente cero), la conexión en cascada no cambia las funciones de transferencia de los bloques individuales. Así, la función de transferencia general de la cascada es simplemente el producto de las funciones de transferencia de los bloques individuales, que es la $T(s)$.

Filtros de primer orden

La función de transferencia general de primer orden está dada por

$$T(s) = \frac{a_1 s + a_0}{s + \omega_0} \tag{11.26}$$

Esta **función de transferencia bilineal** caracteriza un filtro de primer orden con un modo natural en $s = -\omega_0$, una transmisión cero en $s = -a_0/a_1$, y una ganancia de alta frecuencia que se aproxime a a_1. Los coeficientes del numerador, a_0 y a_1, determinan el tipo de filtro (por ejemplo, de paso bajo, de paso alto, etc.). En la figura 11.13 se muestran algunos casos especiales junto con circuitos pasivos (RC) y activos (RC de op amp). Nótese que los circuitos activos producen considerablemente más versatilidad sobre sus similares pasivos; en muchos casos, la ganancia se puede ajustar a un valor deseado y algunos parámetros de función de transferencia se pueden ajustar sin afectar otros. La impedancia de salida del circuito activo también es muy baja, lo que hace posible la conexión en cascada. El op amp, sin embargo, limita la operación de alta frecuencia de los circuitos activos.

Otro caso especial importante de la función de filtro de primer orden es el **filtro pasatodo** que se ilustra en la figura 11.14. Aquí, el cero de transmisión y el modo natural están simétricamente ubicados con respecto al eje $j\omega$. (Se dice que muestran simetría de imagen de espejo con respecto al eje $j\omega$.) Obsérvese que aun cuando la transmisión del filtro pasatodo es (idealmente) constante a todas las frecuencias, su fase muestra selectividad de frecuencia. Los filtros pasatodo se utilizan como desfasadores y en sistemas que requieran conformación de fase (por ejemplo en el diseño de circuitos denominados *igualadores de retardo*, que hacen que el retardo total de un sistema de transmisión sea constante con la frecuencia).

Ejercicios

D11.11 Usando $R_1 = 10 \text{ k}\Omega$, diseñe el circuito RC de op amp de la figura 11.13(b) para obtener un filtro de paso alto con una frecuencia de corte de 10^4 rad/s y una ganancia de alta frecuencia de 10.

Resp. $R_2 = 100 \text{ k}\Omega$ y $C = 0.01 \ \mu\text{F}$

D11.12 Diseñe el circuito RC de op amp de la figura 11.14 para obtener un filtro pasatodo con un desfasamiento de 90° a 10^3 rad/s. Seleccione valores apropiados de componente.

Resp. Posible selección: $R = R_1 = R_2 = 10 \text{ k}\Omega$, $C = 0.1 \ \mu\text{F}$.

Funciones de filtro de segundo orden

La función **bicuadrática** de transferencia de filtro, o de segundo orden general, suele expresarse en la forma estándar

$$T(s) = \frac{a_2 s^2 + a_1 s + a_0}{s^2 + (\omega_0/Q) s + \omega_0^2} \tag{11.27}$$

Tipo de filtro y $T(s)$	Singularidades del plano s	Diagrama de Bode para $\lvert T \rvert$	Construcción pasiva	Construcción de RC de op amp
(a) Paso bajo (LP) $T(s) = \dfrac{a_0}{s + \omega_0}$	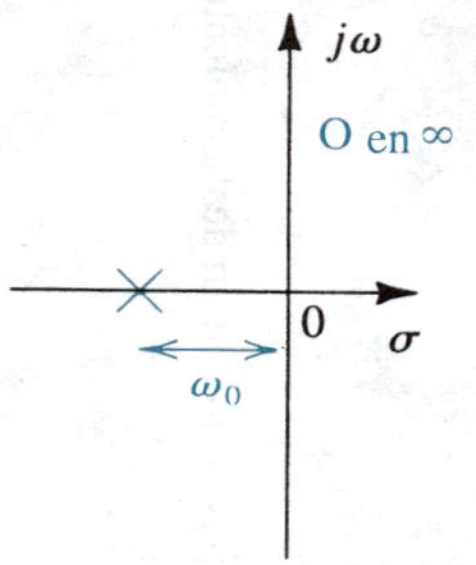	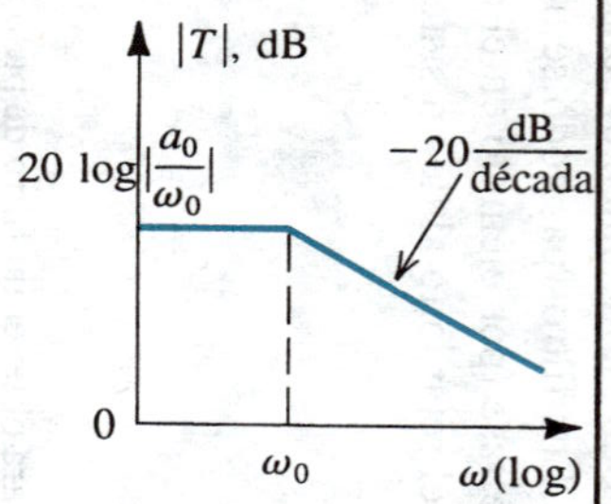	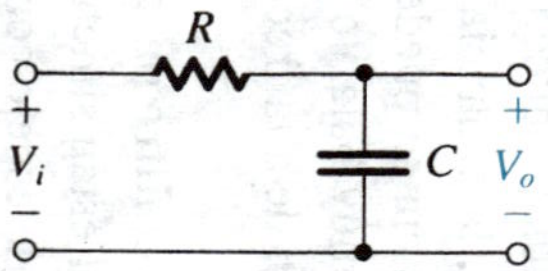 $CR = \dfrac{1}{\omega_0}$ Ganancia de cd = 1	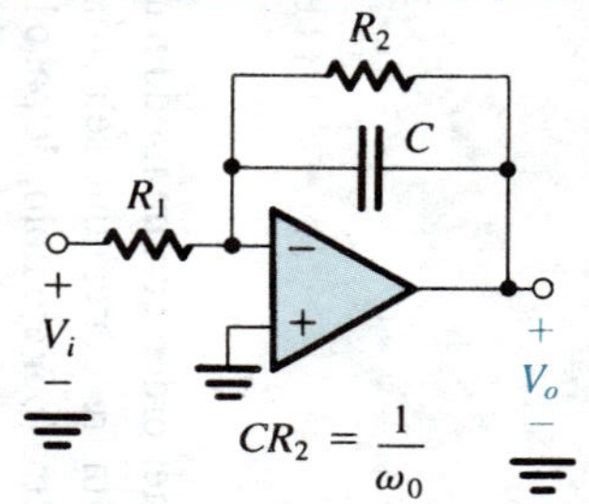 $CR_2 = \dfrac{1}{\omega_0}$ Ganancia de cd $= -\dfrac{R_2}{R_1}$
(b) Paso alto (HP) $T(s) = \dfrac{a_1 s}{s + \omega_0}$	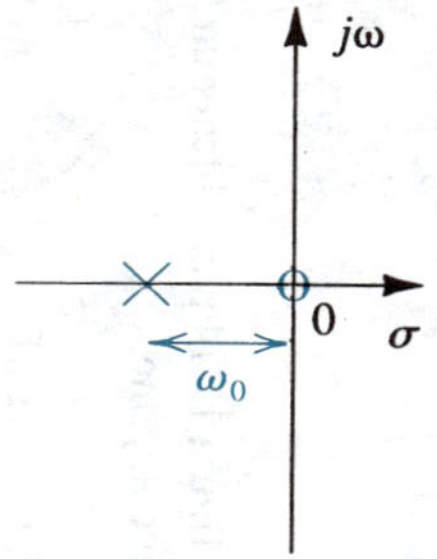	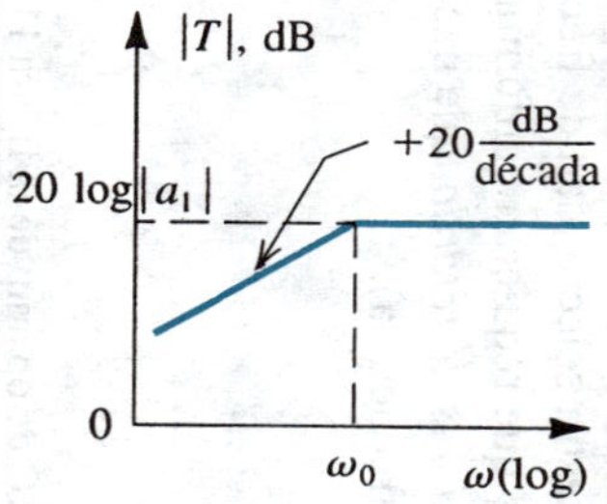	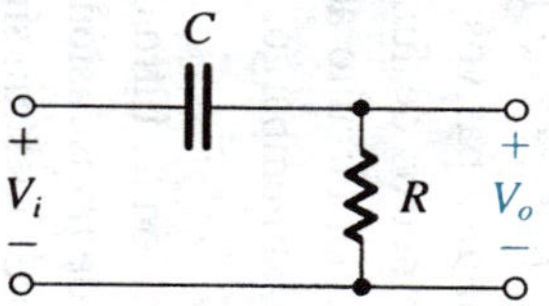 $CR = \dfrac{1}{\omega_0}$ Ganancia a alta frecuencia = 1	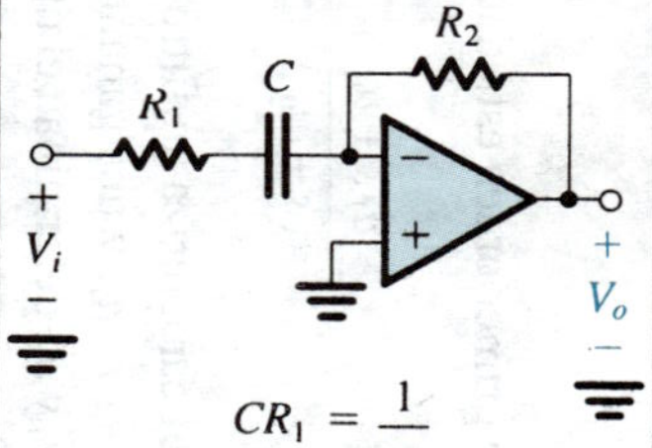 $CR_1 = \dfrac{1}{\omega_0}$ Ganancia de HF $= -\dfrac{R_2}{R_1}$
(c) General $T(s) = \dfrac{a_1 s + a_0}{s + \omega_0}$	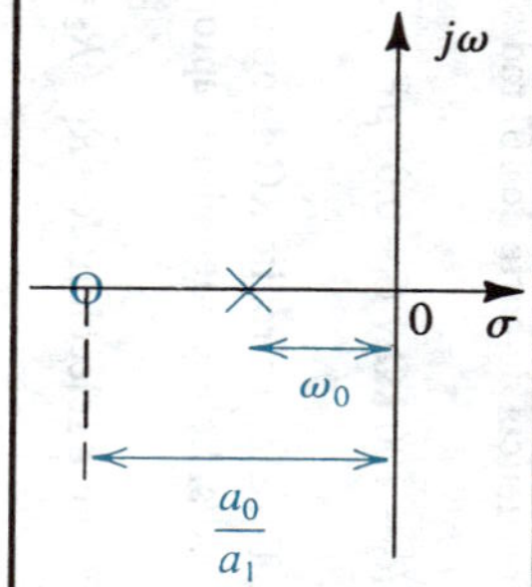	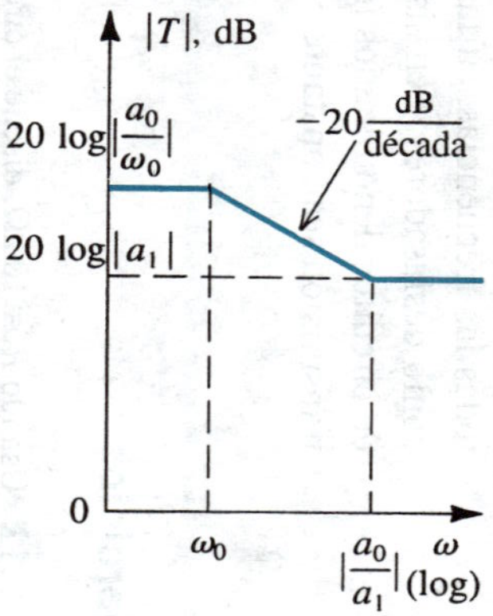	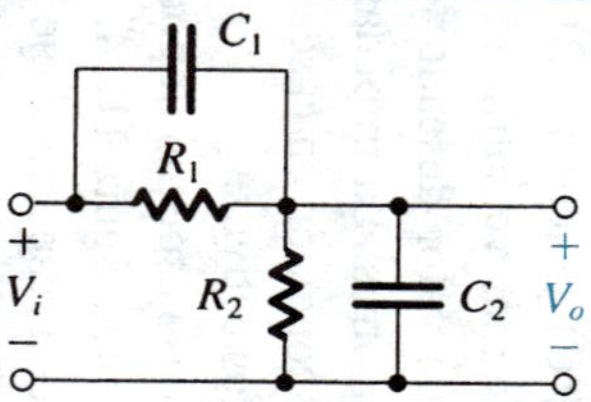 $(C_1 + C_2)(R_1 // R_2) = \dfrac{1}{\omega_0}$ $C_1 R_1 = \dfrac{a_0}{a_1}$ Ganancia de cd $= \dfrac{R_2}{R_1 + R_2}$ Ganancia de HF $= \dfrac{C_1}{C_1 + C_2}$	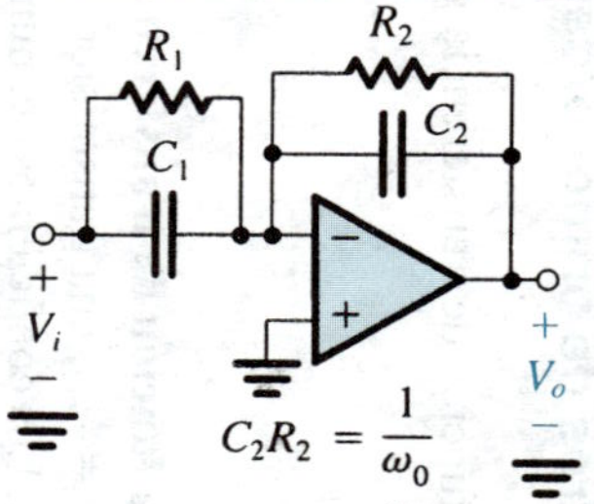 $C_2 R_2 = \dfrac{1}{\omega_0}$ $C_1 R_1 = \dfrac{a_1}{a_0}$ Ganancia de cd $= -\dfrac{R_2}{R_1}$ Ganancia de HF $= -\dfrac{C_1}{C_2}$

Fig. 11.13 Filtros de primer orden.

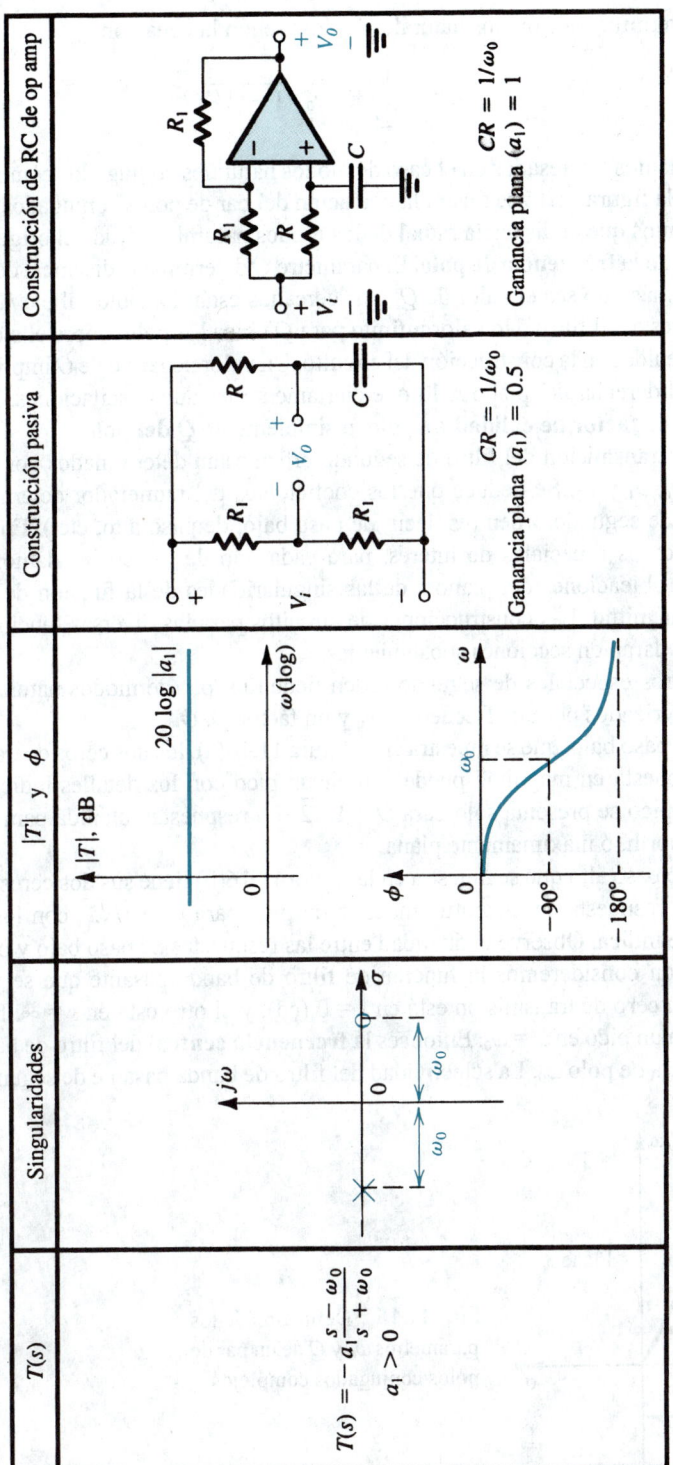

$T(s)$	Singularidades	$\|T\|$ y ϕ	Construcción pasiva	Construcción de RC de op amp
$T(s) = -a_1\dfrac{s-\omega_0}{s+\omega_0}$ $a_1 > 0$	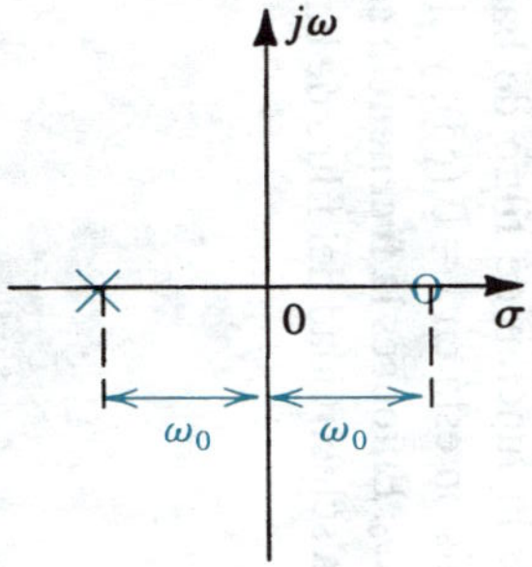	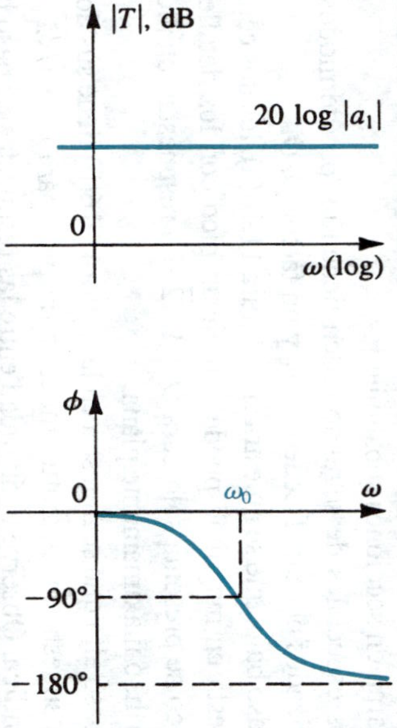	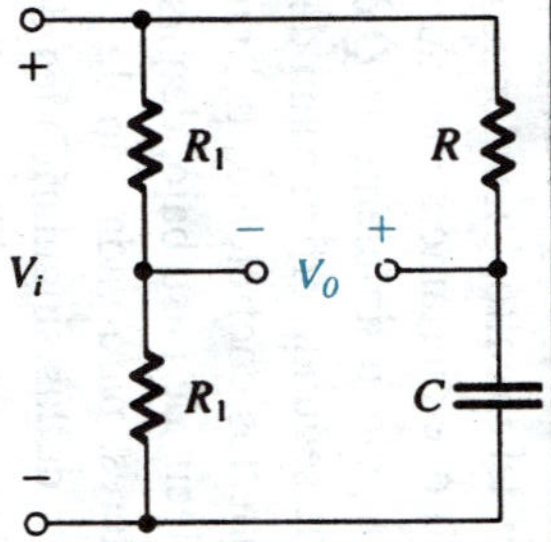 $CR = 1/\omega_0$ Ganancia plana $(a_1) = 0.5$	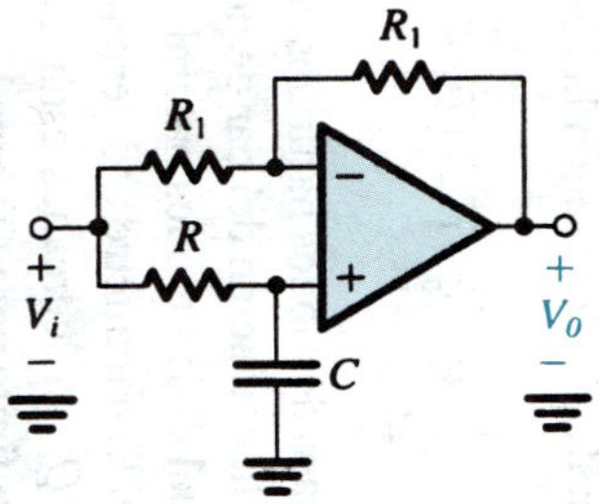 $CR = 1/\omega_0$ Ganancia plana $(a_1) = 1$

Fig. 11.14 Filtro pasatodo de primer orden.

donde ω_0 y Q determinan los modos naturales (polos) según la ecuación

$$p_1, p_2 = -\frac{\omega_0}{2Q} \pm j\omega_0\sqrt{1 - (1/4Q^2)} \tag{11.28}$$

Por lo general estamos interesados en el caso de modos naturales conjugados complejos, obtenidos para $Q > 0.5$. En la figura 11.15 se ilustra la ubicación del par de polos conjugados complejos en el plano s. Observemos que la distancia radial de los modos naturales (desde el origen) es igual a ω_0, que se conoce como la **frecuencia de polo.** El parámetro Q determina la distancia de los polos desde el eje $j\omega$; cuanto más alto sea el valor de Q, más cercanos están los polos al eje $j\omega$, y se hace más selectiva la respuesta del filtro. Un valor infinito para Q ubica los polos sobre el eje $j\omega$ y puede dar oscilaciones sostenidas en la construcción del circuito. Un valor negativo de Q implica que los polos están en la mitad derecha del plano s, lo que ciertamente produce oscilaciones. El parámetro Q recibe el nombre de **factor de calidad de polo,** o simplemente **Q del polo.**

Los ceros de transmisión del filtro de segundo orden están determinados por los coeficientes del numerador, a_0, a_1 y a_2. Se deduce que los coeficientes del numerador determinan el tipo de función de filtro de segundo orden (es decir, de paso bajo, de paso alto, etc.). En la figura 11.16 se ilustran siete casos especiales de interés, para cada uno de los cuales damos la función de transferencia, las ubicaciones del plano s de las singularidades de la función de transferencia y la respuesta en magnitud. Las construcciones de circuitos para las diversas funciones de filtro de segundo orden se darán en secciones subsiguientes.

Los siete filtros especiales de segundo orden tienen un par de modos naturales conjugados complejos, caracterizados por una frecuencia ω_0 y un factor Q, Q.

En el caso de paso bajo, que se muestra en la figura 11.16(a), los dos ceros de transmisión están en $s = \infty$. La respuesta en magnitud puede exhibir un pico con los detalles indicados. Se puede demostrar que el pico se presenta sólo para $Q > 1/\sqrt{2}$. La respuesta obtenida para $Q = 1/\sqrt{2}$ es la respuesta Butterworth, o máximamente plana.

La función de paso alto que se muestra en la figura 11.16(b) tiene sus dos ceros de transmisión en $s = 0$ (cd). La respuesta en magnitud muestra un pico para $Q > 1/\sqrt{2}$, con los detalles de la respuesta como se indica. Observe la dualidad entre las respuestas de paso bajo y paso alto.

A continuación consideremos la función de filtro de banda pasante que se ve en la figura 11.16(c). Aquí, un cero de transmisión está en $s = 0$ (cd), y el otro está en $s = \infty$. La respuesta en magnitud presenta un pico en $\omega = \omega_0$. Entonces la **frecuencia central** del filtro de banda pasante es igual a la frecuencia de polo ω_0. La selectividad del filtro de banda pasante de segundo orden suele

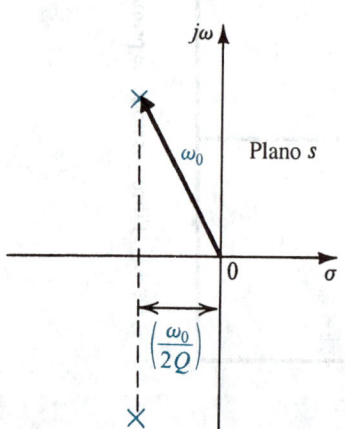

Fig. 11.15 Definición de los parámetros ω_0 y Q de un par de polos conjugados complejos.

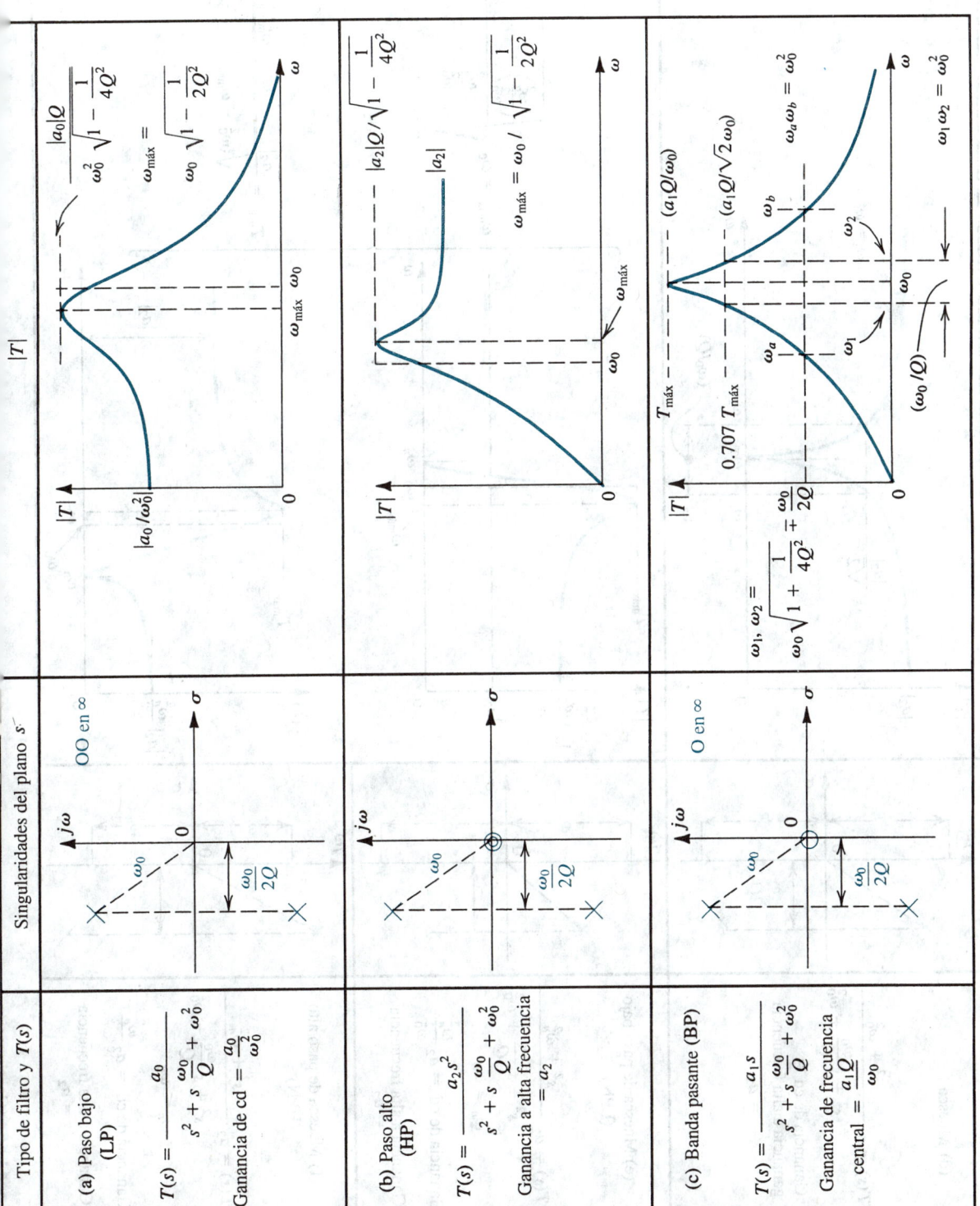

Fig. 11.16 Funciones de filtrado de segundo orden. (Continúa.)

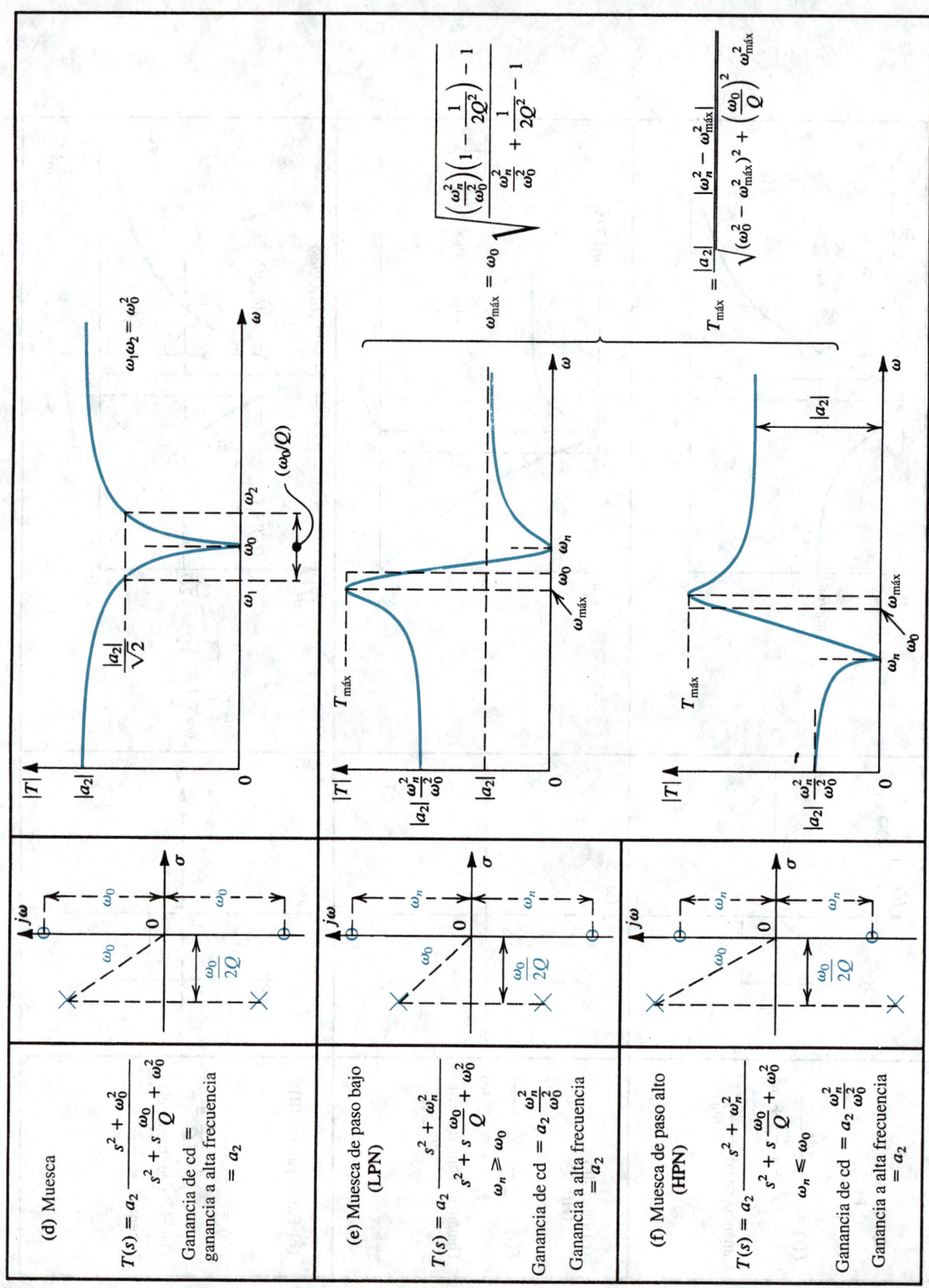

Fig. 11.16 (Continuación)

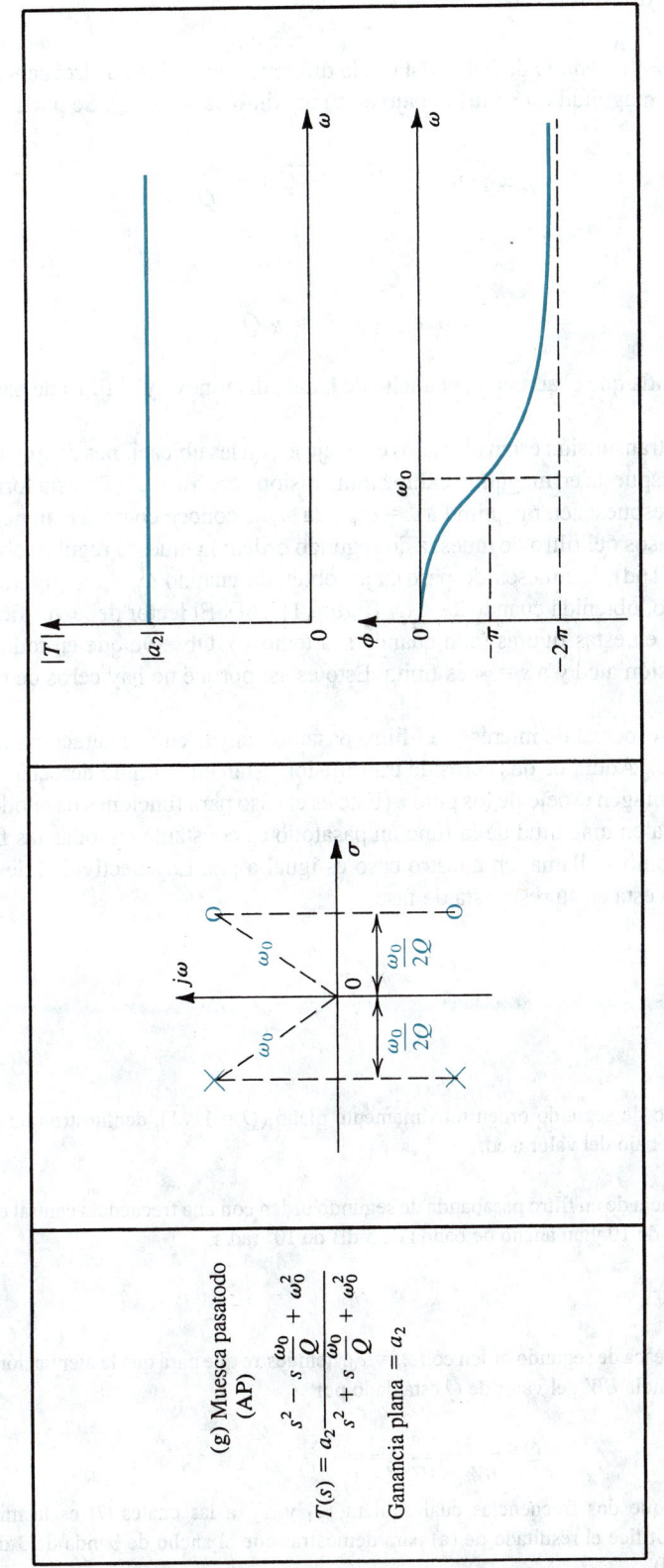

(g) Muesca pasatodo (AP)

$$T(s) = a_2 \frac{s^2 - s\dfrac{\omega_0}{Q} + \omega_0^2}{s^2 + s\dfrac{\omega_0}{Q} + \omega_0^2}$$

Ganancia plana $= a_2$

Fig. 11.16 (Continuación.)

medirse por su *ancho de banda* de 3 dB. Ésta es la diferencia entre las dos frecuencias ω_1 y ω_2 a la que la respuesta en magnitud está 3 dB debajo de su máximo valor (a ω_0). Se puede demostrar que

$$\omega_1, \omega_2 = \omega_0 \sqrt{1 + (1/4Q^2)} \pm \frac{\omega_0}{2Q} \tag{11.29}$$

Entonces

$$BW \equiv \omega_2 - \omega_1 = \omega_0/Q \tag{11.30}$$

Observe que a medida que Q aumenta, el ancho de banda disminuye y el filtro de banda pasante se hace más selectivo.

Si los ceros de transmisión están ubicados en el eje $j\omega$, en las ubicaciones conjugadas complejas $\pm j\omega_n$, entonces la respuesta en magnitud exhibe transmisión cero a $\omega = \omega_n$. De esta forma se presenta una **muesca** en la respuesta en magnitud a $\omega = \omega_n$, y la ω_n se conoce como **frecuencia de muesca.** Son posibles tres casos del filtro de muesca de segundo orden: la muesca regular, obtenida cuando $\omega_n = \omega_0$ (figura 11.16d); la muesca de paso bajo, obtenida cuando $\omega_n > \omega_0$ (figura 11.16e); y la muesca de paso alto, obtenida cuando $\omega_n < \omega_0$ (figura 11.16f). El lector debe verificar los detalles de respuesta dados en estas figuras (aun cuando sea tedioso). Observe que en todos los casos de muesca, la transmisión a cd y a $s = \infty$ es finita. Esto es así porque no hay ceros de transmisión en $s = 0$ o en $s = \infty$.

El último caso especial de interés es el filtro pasatodo cuyas curvas características se ilustran en la figura 11.16(g). Aquí, los dos ceros de transmisión están en la mitad derecha del plano s, en las ubicaciones de imagen espejo de los polos. (Éste es el caso para funciones pasatodo de cualquier orden.) La respuesta en magnitud de la función pasatodo es constante en todas las frecuencias; la **ganancia plana,** como se llama, en nuestro caso es igual a $|a_2|$. La selectividad de frecuencia de la función pasatodo está en su respuesta de fase.

Ejercicios

11.13 Para un filtro de paso bajo de segundo orden máximamente plano ($Q = 1/\sqrt{2}$), demuestre que a $\omega = \omega_0$ la respuesta en magnitud está 3 dB debajo del valor a cd.

11.14 Dé la función de transferencia de un filtro pasabanda de segundo orden con una frecuencia central de 10^5 rad/s, una ganancia de frecuencia central de 10 y un ancho de banda de 3 dB de 10^3 rad/s.

Resp. $T(s) = \dfrac{10^4 s}{s^2 + 10^3 s + 10^{10}}$

11.15 (a) Para una función de muesca de segundo orden con $\omega_n = \omega_0$, demuestre que para que la atenuación sea mayor de A dB sobre una banda de frecuencia BW_a, el valor de Q está dado por

$$Q \leq \frac{\omega_0}{BW_a \sqrt{10^{A/10} - 1}}$$

(*Sugerencia:* Primero, demuestre que dos frecuencias cualesquiera, ω_1 y ω_2, a las cuales $|T|$ es la misma, están relacionadas por $\omega_1\omega_2 = \omega^2_0$.) (b) Utilice el resultado de (a) para demostrar que el ancho de banda de 3 dB es ω_0/Q, como se indica en la figura 11.16(d).

11.16   Considere una muesca de paso bajo con $\omega_0 = 1$ rad/s, $Q = 10$, $\omega_n = 1.2$ rad/s, y una ganancia de cd de la unidad. Encuentre la frecuencia y magnitud del pico de transmisión. También encuentre la transmisión de alta frecuencia.

Resp.   0.986 rad/s; 3.17; 0.69

11.5   EL RESONADOR LCR DE SEGUNDO ORDEN

En esta sección estudiaremos el resonador LCR de segundo orden que se ilustra en la figura 11.17(a). Se demostrará el uso de este resonador a fin de obtener circuitos para diversas funciones de filtro de segundo orden. Del mismo modo, se demostrará en la sección siguiente que sustituir el inductor L por una inductancia simulada obtenida usando un circuito RC de op amp resulta en un resonador RC de op amp. Este último forma la base de una importante clase de filtros RC activos que se estudian en la siguiente sección.

Modos naturales del resonador

Los modos naturales del circuito de resonancia en paralelo de la figura 11.17(a) se pueden determinar al aplicar *una excitación que no cambia la estructura natural del circuito*. En las figuras 11.17(b) y (c) se ilustran dos posibles formas de excitar el circuito; en la 11.17(b), el resonador está excitado por una fuente de corriente I conectada en paralelo. Como en lo que respecta a la respuesta

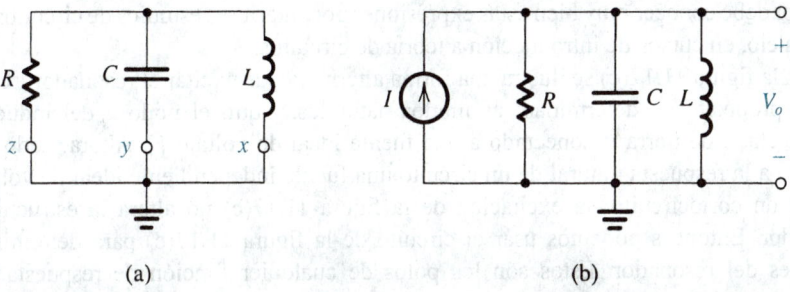

(a)   (b)

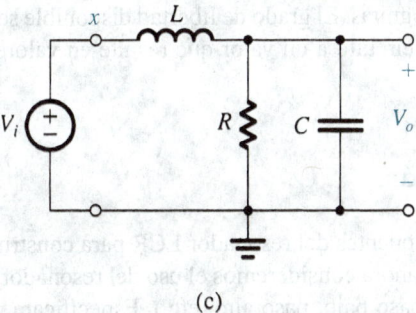

(c)

Fig. 11.17   (a) Resonador LCR paralelo de segundo orden. (b) y (c) Dos formas para excitar el resonador de (a) sin cambiar su *estructura natural*. Los polos del resonador son los polos de V_o/I y V_o/V_i.

natural de un circuito, una fuente independiente de corriente ideal es equivalente a un circuito abierto, la excitación de la figura 11.17(b) no altera la estructura natural del resonador. Entonces, el circuito de la figura 11.17(b) se puede utilizar para determinar los modos naturales del resonador simplemente hallando los polos de cualquier función de respuesta. Por ejemplo, podemos tomar el voltaje V_o en paralelo con el resonador como la respuesta y así obtener la función de respuesta V_o/I = Z, donde Z es la impedancia del circuito de resonancia en paralelo. Obviamente, es más conveniente trabajar en términos de la admitancia Y; entonces

$$\frac{V_o}{I} = \frac{1}{Y} = \frac{1}{(1/sL) + sC + (1/R)}$$

$$= \frac{s/C}{s^2 + s\,(1/CR) + (1/LC)}$$

(11.31)

Al igualar el denominador a la forma estándar $s^2 + s\,(\omega_0/Q) + \omega_0^2$ lleva a

$$\omega_0^2 = 1/LC$$

(11.32)

y

$$\omega_0/Q = 1/CR$$

(11.33)

Por lo tanto,

$$\omega_0 = 1/\sqrt{LC}$$

(11.34)

$$Q = \omega_0\,CR$$

(11.35)

El lector debe conocer muy bien estas expresiones por anteriores estudios de circuitos de resonancia en paralelo, en cursos de introducción a teoría de circuitos.

En la figura 11.17(c) se ilustra una forma alternativa de excitar el resonador LCR en paralelo, con el propósito de determinar sus modos naturales. Aquí, el nodo x del inductor L ha sido desconectado de tierra y conectado a una fuente ideal de voltaje V_i. Ahora, dado que en lo que respecta a la respuesta natural de un circuito una fuente independiente ideal de voltaje es equivalente a un cortocircuito, la excitación de la figura 11.17(c) no altera la estructura natural del resonador. Entonces podemos usar el circuito de la figura 11.17(c) para determinar los modos naturales del resonador. Éstos son los polos de cualquier función de respuesta. Por ejemplo, podemos seleccionar V_o como la variable de respuesta y hallar la función de transferencia V_o/V_i. El lector puede verificar fácilmente que esto lleva a los modos naturales determinados antes.

En un problema de diseño, se darán ω_0 y Q y se pide determinar L, C y R. Las ecuaciones (11.34) y (11.35) son dos ecuaciones en las tres incógnitas. El grado de libertad disponible se puede utilizar para establecer el nivel de impedancia del circuito a un valor que resulte en valores prácticos de componentes.

Desarrollo de ceros de transmisión

Una vez seleccionados los valores de componentes del resonador LCR para construir un par dado de modos naturales conjugados complejos, ahora consideremos el uso del resonador para construir un tipo de filtro deseado (por ejemplo de paso bajo, paso alto, etc.). Específicamente, deseamos investigar dónde inyectar la señal de voltaje de entrada V_i de modo que la función de transferencia V_o/V_i sea la deseada. Con este fin, observamos que en el circuito resonador de la figura 11.17(a) cualquiera de los nodos marcados como x, y o z se puede desconectar de tierra y conectarse a V_i sin alterar los modos naturales del circuito. Cuando esto se hace, el circuito toma la forma de un divisor de voltaje, como se muestra en la figura 11.18(a). Entonces la función de transferencia construida es

$$T(s) = \frac{V_o(s)}{V_i(s)} = \frac{Z_2(s)}{Z_1(s) + Z_2(s)} \tag{11.36}$$

Observamos que *los ceros de transmisión son los valores de s a los que $Z_2(s)$ es cero, siempre que $Z_1(s)$ no sea simultáneamente cero, y los valores de s a los que $Z_1(s)$ es infinita, siempre que $Z_2(s)$ no sea simultáneamente infinita.* Esta expresión tiene significado físico: la salida será cero ya sea cuando $Z_2(s)$ se comporta como cortocircuito o cuando $Z_1(s)$ se comporta como circuito abierto. Si hay un valor de s al cual Z_1 y Z_2 son cero, entonces V_o/V_i serán finitos y no se obtiene cero de transmisión. Del mismo modo, si hay un valor de s al cual Z_1 y Z_2 son infinitas, entonces V_o/V_i será finita y no se obtiene cero de transmisión.

Desarrollo de la función de paso bajo

Si se utiliza el esquema antes señalado vemos que, para desarrollar una función de paso bajo, el nodo x se desconecta de tierra y se conecta a V_i, como se muestra en la figura 11.18(b). Los ceros de transmisión de este circuito estarán al valor de s para el cual la impedancia en serie se hace infinita (sL se hace infinita a $s = \infty$) y el valor de s al cual la impedancia en paralelo se hace cero $(1/[sC + (1/R)]$ se hace cero a $s = \infty)$. Entonces este circuito tiene dos ceros de transmisión a $s = \infty$, como se supone debe ser un filtro de paso bajo. La función de transferencia se puede escribir ya sea por inspección o usando la regla del divisor de voltaje. Siguiendo este último método, obtenemos

$$T(s) \equiv \frac{V_o}{V_i} = \frac{Z_2}{Z_1 + Z_2} = \frac{Y_1}{Y_1 + Y_2} = \frac{1/sL}{(1/sL) + sC + (1/R)}$$

$$= \frac{1/LC}{s^2 + s\,(1/CR) + (1/LC)} \tag{11.37}$$

Desarrollo de la función de paso alto

Para desarrollar la función de paso alto de segundo orden, el nodo y se desconecta de tierra y se conecta a V_i, como se muestra en la figura 11.18(c). Aquí el condensador en serie introduce un cero de transmisión a $s = 0$ (cd), y el inductor en paralelo introduce otro cero de transmisión a $s = 0$ (cd). Entonces, por inspección, la función de transferencia se puede escribir como

$$T(s) \equiv \frac{V_o}{V_i} = \frac{a_2\,s^2}{s^2 + s\,(\omega_0/Q) + \omega_0^2} \tag{11.38}$$

donde ω_0 y Q son los parámetros naturales de modo dados por las ecuaciones (11.34) y (11.35) y a_2 es la transmisión de alta frecuencia. El valor de a_2 se puede determinar del circuito observando que a medida que s se aproxima al ∞, el condensador se aproxima a cortocircuito y V_o se aproxima a V_i, resultando en $a_2 = 1$.

Desarrollo de la función de banda pasante

La función de banda pasante se desarrolla al desconectar el nodo z de tierra y conectarlo a V_i, como se muestra en la figura 11.18(d). Aquí la impedancia en serie es resistiva, y por lo tanto no introduce

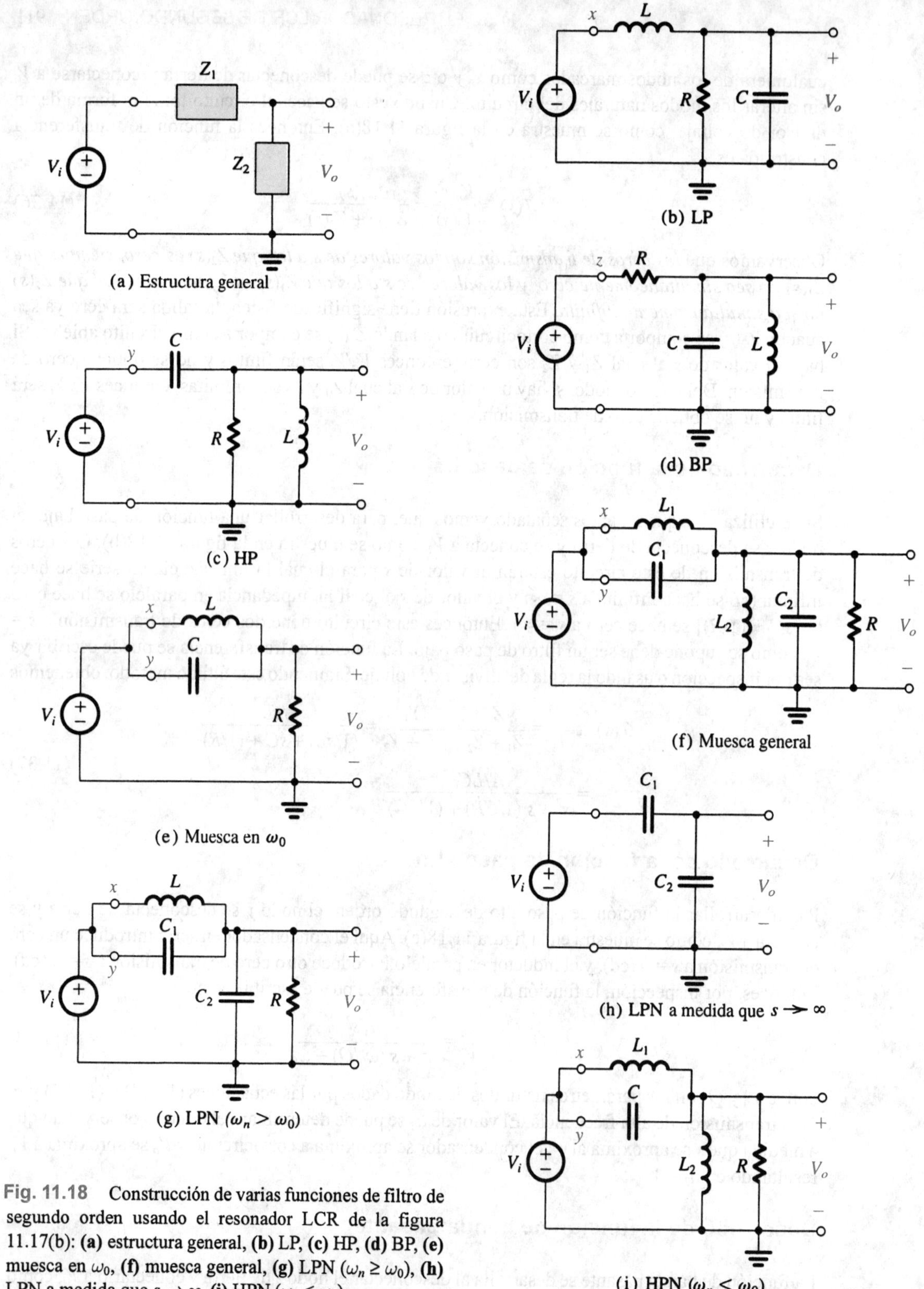

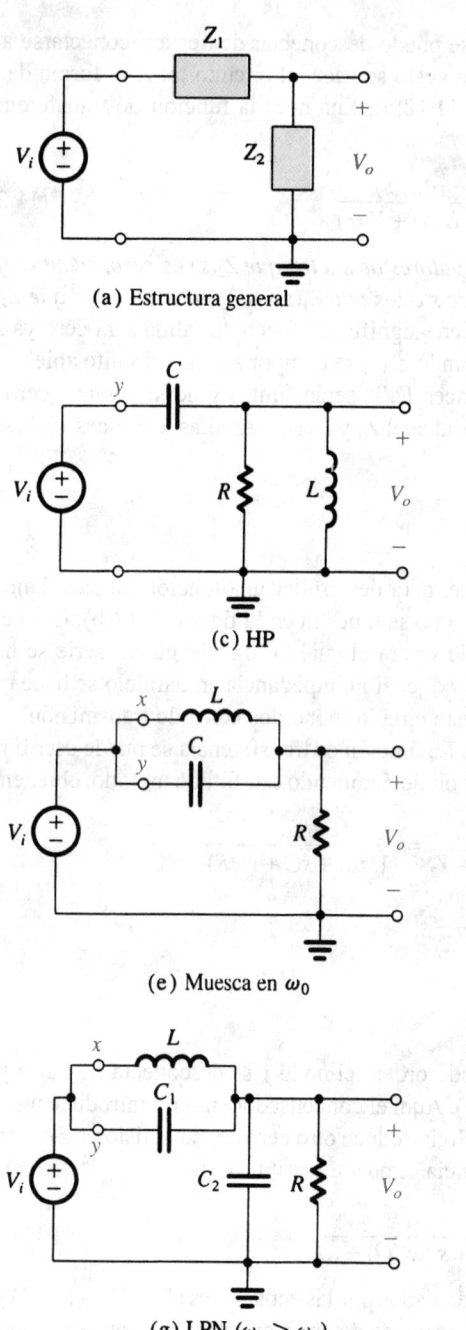

Fig. 11.18 Construcción de varias funciones de filtro de segundo orden usando el resonador LCR de la figura 11.17(b): **(a)** estructura general, **(b)** LP, **(c)** HP, **(d)** BP, **(e)** muesca en ω_0, **(f)** muesca general, **(g)** LPN ($\omega_n \geq \omega_0$), **(h)** LPN a medida que $s \to \infty$, **(i)** HPN ($\omega_n < \omega_0$).

(a) Estructura general

(b) LP

(c) HP

(d) BP

(e) Muesca en ω_0

(f) Muesca general

(g) LPN ($\omega_n > \omega_0$)

(h) LPN a medida que $s \to \infty$

(i) HPN ($\omega_n < \omega_0$)

ningún cero de transmisión. Éstos se obtienen como sigue: un cero a $s = 0$ se desarrolla por el inductor en paralelo, y un cero a $s = \infty$ es desarrollado por el condensador en paralelo. A la frecuencia central ω_0, el circuito sintonizado LC es desarrollado por una impedancia infinita, y entonces no circula corriente en el circuito. Se deduce que a $\omega = \omega_0$, $V_o = V_i$. En otras palabras, la ganancia de frecuencia central del filtro de banda pasante es unitaria. Su función de transferencia se puede obtener como sigue:

$$T(s) = \frac{Y_R}{Y_R + Y_L + Y_C} = \frac{1/R}{(1/R) + (1/sL) + sC}$$

$$= \frac{s\,(1/CR)}{s^2 + s\,(1/CR) + (1/LC)} \tag{11.39}$$

Desarrollo de las funciones de muesca

Para obtener un par de ceros de transmisión sobre el eje $j\omega$ utilizamos un circuito de resonancia en paralelo en el brazo serie, como se muestra en la figura 11.18(e). Observe que este circuito se obtiene al desconectar los nodos x y y de tierra y conectarlos juntos a V_i. La impedancia del circuito LC se hace infinita a $\omega = \omega_0 = 1/\sqrt{LC}$, ocasionando así una transmisión cero a esta frecuencia. La impedancia en paralelo es resistiva y por lo tanto no introduce ceros de transmisión. Se deduce que el circuito de la figura 11.18(e) desarrolla la función de transferencia de muesca

$$T(s) = a_2 \frac{s^2 + \omega_0^2}{s^2 + s\,(\omega_0/Q) + \omega_0^2} \tag{11.40}$$

Se puede hallar desde el circuito que el valor de la ganancia de alta frecuencia a_2 es unitario.

Para obtener un desarrollo de filtro de muesca en el que la frecuencia de muesca ω_n se ajusta arbitrariamente en relación con ω_0, adoptamos una variante del esquema anterior. Todavía utilizamos un circuito LC paralelo en la rama en serie, como se muestra en la figura 11.18(f), donde L_1 y C_1 se seleccionan de modo que

$$L_1 C_1 = 1/\omega_n^2 \tag{11.41}$$

Entonces el circuito tanque $L_1 C_1$ introducirá un par de ceros de transmisión a $\pm j\omega_n$, siempre que el circuito tanque $L_2 C_2$ no sea resonante a ω_n. Además de esta restricción, los valores de L_2 y C_2 deben seleccionarse para asegurar que los modos naturales no han sido alterados; por lo tanto

$$C_1 + C_2 = C \tag{11.42}$$

$$L_1 // L_2 = L \tag{11.43}$$

En otras palabras, cuando V_i es sustituido por un cortocircuito, el circuito debe reducirse al resonador LCR original. Otra forma de pensar acerca del circuito de la figura 11.18(f) es que se obtiene del resonador LCR original al levantar parte de L y parte de C de tierra y conectarlas a V_i.

Debe observarse que en el circuito de la figura 11.18(f), L_2 *no introduce* un cero a $s = 0$ porque, a $s = 0$, el circuito $L_1 C_1$ también tiene un cero. De hecho, a $s = 0$ el circuito se reduce a un divisor inductivo de voltaje con la transmisión de cd siendo $L_2/(L_1 + L_2)$. Se pueden hacer comentarios semejantes acerca de C_2 y el hecho de que *no introduce* un cero a $s = \infty$.

Los desarrollos de filtro de muesca de paso bajo y de paso alto son casos especiales del circuito general de muesca de la figura 11.18(f). Específicamente, para la muesca de paso bajo,

$$\omega_n > \omega_0,$$

entonces

$$L_1 C_1 < (L_1 // L_2)(C_1 + C_2)$$

Esta condición se puede satisfacer con L_2 eliminada (es decir, $L_2 = \infty$ y $L_1 = L$), resultando en el circuito de muesca de paso bajo de la figura 11.18(g). La función de transferencia se puede escribir por inspección como

$$T(s) \equiv \frac{V_o}{V_i} = a_2 \frac{s^2 + \omega_n^2}{s^2 + s\,(\omega_0/Q) + \omega_0^2} \tag{11.44}$$

donde $\omega_n^2 = 1/LC_1$, $\omega_0^2 = 1/L(C_1 + C_2)$, $\omega_0/Q = 1/CR$, y a_2 es la ganancia a alta frecuencia. Del circuito vemos que a medida que $s \to \infty$, el circuito se reduce al de la figura 11.18(h), para lo cual

$$\frac{V_o}{V_i} = \frac{C_1}{C_1 + C_2}$$

Entonces,

$$a_2 = \frac{C_1}{C_1 + C_2} \tag{11.45}$$

Para obtener un desarrollo de muesca de paso alto comenzamos con el circuito de la figura 11.18(f) y usamos el hecho de que $\omega_n < \omega_0$ para obtener

$$L_1 C_1 > (L_1 // L_2)(C_1 + C_2)$$

que se puede satisfacer cuando se selecciona $C_2 = 0$ (es decir, $C_1 = C$). De este modo se obtiene el circuito reducido que se ilustra en la figura 11.18(i). Observe que a medida que $s \to \infty$, V_o se aproxima a V_i y por lo tanto la ganancia de alta frecuencia es unitaria. Así, la función de transferencia se puede expresar como

$$T(s) \equiv \frac{V_o}{V_i} = \frac{s^2 + (1/L_1 C)}{s^2 + s\,(1/CR) + [1/(L_1 // L_2)\,C]} \tag{11.46}$$

Desarrollo de la función de pasatodo

La función de transferencia pasatodo

$$T(s) = \frac{s^2 - s\,(\omega_0/Q) + \omega_0^2}{s^2 + s\,(\omega_0/Q) + \omega_0^2} \tag{11.47}$$

se puede escribir como

$$T(s) = 1 - \frac{s\,2\,(\omega_0/Q)}{s^2 + s\,(\omega_0/Q) + \omega_0^2} \tag{11.48}$$

El segundo término del lado derecho es una función de banda pasante con una ganancia de frecuencia central de 2. Ya tenemos un circuito de banda pasante (figura 11.18d) pero con una ganancia de frecuencia central de la unidad. Por lo tanto, intentaremos un desarrollo pasatodo con una ganancia plana de 0.5, esto es,

$$T(s) = 0.5 - \frac{s\,(\omega_0/Q)}{s^2 + s\,(\omega_0/Q) + \omega_0^2}$$

Esta función se puede formar usando un divisor de voltaje con una razón de transmisión de 0.5 junto con el circuito de banda pasante de la figura 11.18(d). Para efectuar la sustracción, la salida del

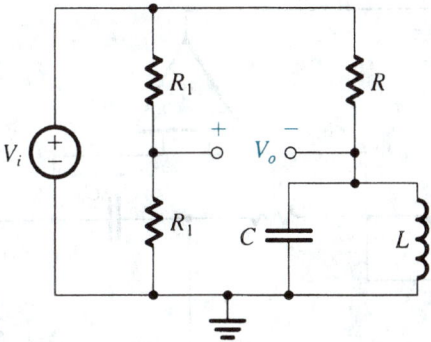

Fig. 11.19 Construcción de la función de transferencia pasatodo de segundo orden usando un divisor de voltaje y un resonador LCR.

circuito pasatodo se toma entre el terminal de salida del divisor de voltaje y el del filtro de banda pasante, como se muestra en la figura 11.19. Desafortunadamente, este circuito tiene la desventaja de carecer de un terminal de tierra común entre la entrada y la salida. En la siguiente sección presentamos un desarrollo RC de op amp de la función pasatodo.

Ejercicios

11.17 Utilice el circuito de la figura 11.18(b) para formar una función de paso bajo de segundo orden del tipo máximamente plano con una frecuencia de 3 dB de 100 kHz.

Resp. Al seleccionar $R = 1$ kΩ, obtenemos $C = 1125$ pF y $L = 2.25$ mH.

11.18 Utilice el circuito de la figura 11.18(e) para diseñar un filtro de muesca para eliminar un molesto zumbido de fuente de alimentación a una frecuencia de 60 Hz. El filtro debe tener un ancho de banda de 3 dB de 10 Hz (es decir, la atenuación es mayor de 3 dB sobre una banda de 10 Hz alrededor de la frecuencia central de 60 Hz; véase el ejercicio 11.15 y la figura 11.16d). Utilice $R = 10$ kΩ.

Resp. $C = 1.6$ μF y $L = 4.42$ H. (Nótese el gran condensador necesario. Ésta es la razón por la cual los filtros pasivos no son prácticos en aplicaciones de baja frecuencia.)

11.6   FILTROS ACTIVOS DE SEGUNDO ORDEN BASADOS EN CAMBIO DE INDUCTOR

En esta sección estudiamos una familia de circuitos RC de op amp que forman las diversas funciones de filtros de segundo orden. Los circuitos están basados en un resonador RC de op amp obtenido al cambiar el inductor L del resonador LCR con un circuito RC de op amp que tiene una impedancia inductiva de entrada.

El circuito Antoniou de simulación de inductancia

Con los años, se han propuesto muchos circuitos RC de op amp para simular la operación de un inductor. De éstos, un circuito inventado por A. Antoniou (véase la obra de Antoniou, 1969) ha resultado ser el "mejor". Por "mejor" queremos decir que la operación del circuito es muy tolerante

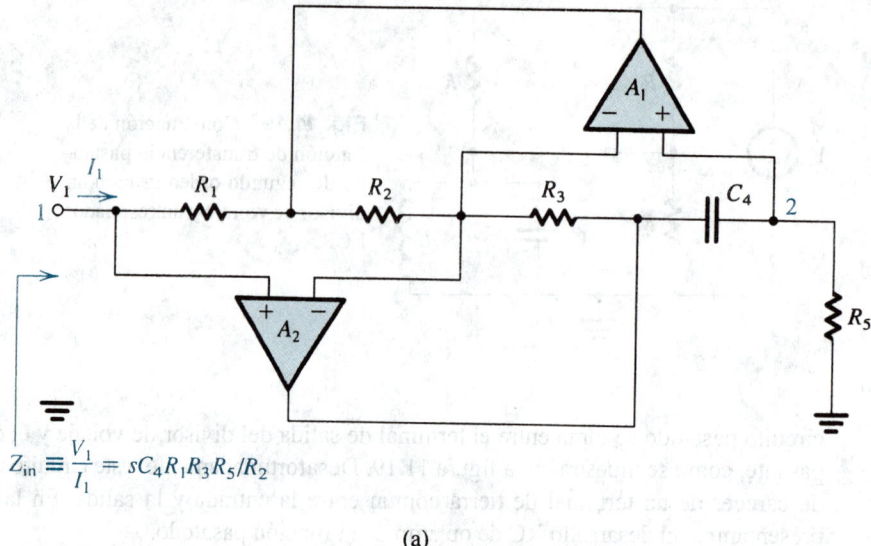

$$Z_{in} \equiv \frac{V_1}{I_1} = sC_4R_1R_3R_5/R_2$$

(a)

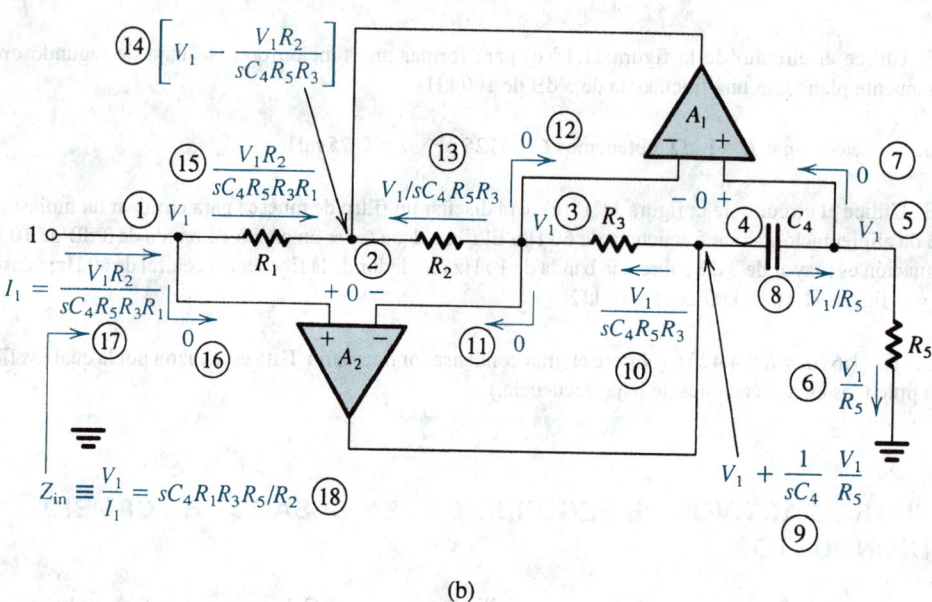

(b)

Fig. 11.20 **(a)** El circuito Antoniou de simulación de inductancia. **(b)** Análisis del circuito suponiendo op amps ideales. El orden de los pasos del análisis está indicado por los números que están en los círculos.

a las propiedades no ideales de los op amps, en particular su ganancia y ancho de banda finitos. En la figura 11.20(a) se ilustra el circuito de simulación de inductancia de Antoniou. Si el circuito se alimenta en su entrada (nodo 1) con una fuente de voltaje V_1 y la corriente de entrada se denota I_1, entonces para op amps ideales la impedancia de entrada se puede demostrar que es

$$Z_{in} \equiv V_1/I_1 = sC_4R_1R_3R_5/R_2 \tag{11.49}$$

que es la de una inductancia L dada por

$$L = C_4R_1R_3R_5/R_2 \tag{11.50}$$

En la figura 11.20(b) se ilustra el análisis del circuito suponiendo que los op amps son ideales y que un cortocircuito ideal aparece entre los dos terminales de entrada de cada op amp, y suponiendo también que las corrientes de entrada de los op amps son cero. El análisis se inicia en el nodo 1, que se supone alimentado por una fuente de voltaje V_1, y avanzamos paso a paso con el orden de pasos indicados por los números que están en los círculos. El resultado del análisis es la expresión que se muestra para la corriente de entrada I_1 de la cual se encuentra Z_{in}.

El diseño de este circuito suele estar basado en la selección de $R_1 = R_2 = R_3 = R_5 = R$ y $C_4 = C$, lo que lleva a $L = CR^2$. Se seleccionan entonces valores apropiados para C y R a fin de obtener el valor L deseado de inductancia. En la obra de Sedra y Brackett (1978) se pueden hallar más detalles sobre este circuito y el efecto de las condiciones no ideales de los op amps acerca de su operación.

El resonador RC de op amp

En la figura 11.21(a) se ilustra el resonador LCR que estudiamos en detalle en la sección anterior. Al cambiar el inductor L con una inductancia simulada formada por el circuito de Antoniou de la figura 11.20(a), resulta el resonador RC de op amp de la figura 11.21(b). (No haga caso por ahora del amplificador adicional dibujado con líneas punteadas.) El circuito de la figura 11.21(b) es un resonador de segundo orden que tiene una frecuencia de polo

$$\omega_0 = 1/\sqrt{LC_6} = 1/\sqrt{C_4C_6R_1R_3R_5/R_2} \tag{11.51}$$

donde hemos utilizado la expresión para L dada en la ecuación (11.50), y un factor Q de polo,

$$Q = \omega_0 C_6R_6 = R_6 \sqrt{\frac{C_6}{C_4}\frac{R_2}{R_1R_3R_5}} \tag{11.52}$$

Por lo general se selecciona $C_4 = C_6 = C$ y $R_1 = R_2 = R_3 = R_5 = R$, que resulta en

$$\omega_0 = 1/CR \tag{11.53}$$

$$Q = R_6/R \tag{11.54}$$

Por lo tanto, si seleccionamos un valor prácticamente conveniente para C, podemos usar la ecuación (11.53) para determinar el valor de R para desarrollar una ω_0 dada, y luego usar la ecuación (11.54) para determinar el valor de R_6 para desarrollar una Q dada.

Desarrollo de varios tipos de filtros

El resonador RC de op amp de la figura 11.21(b) se puede usar para generar desarrollos de circuitos para las diversas funciones de filtro de segundo orden, al seguir el método descrito en detalle en la sección anterior en relación con el resonador LCR. Entonces, para obtener una función de banda pasante desconectamos el nodo z de tierra y lo conectamos a la fuente de señales V_i. Se obtiene

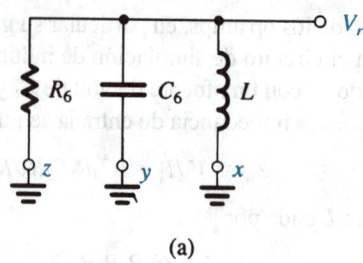

(a)

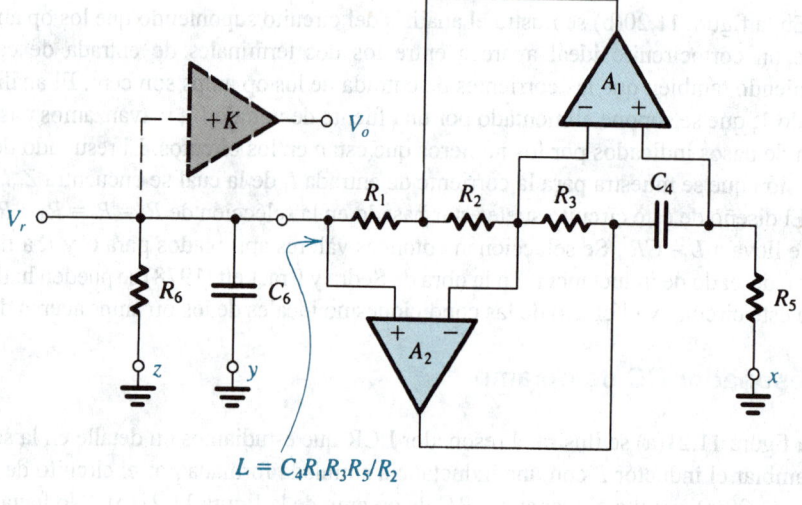

$$L = C_4 R_1 R_3 R_5 / R_2$$

(b)

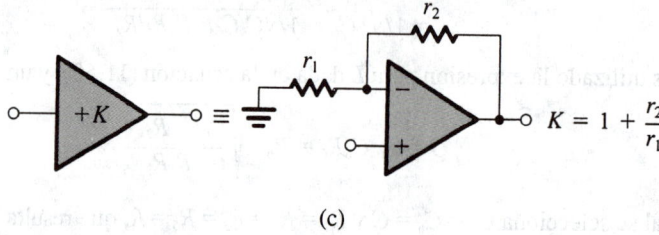

(c)

Fig. 11.21 (a) Un resonador LCR. (b) Un resonador RC de op amp obtenido al sustituir el inductor L del resonador LCR de (a) con una inductancia simulada desarrollada por el circuito Antoniou de la figura 11.20(a). (c) Construcción del amplificador regulador K.

una función de paso alto al inyector V_i al nodo y. Para desarrollar una función de paso bajo usando el resonador LCR, el terminal x del inductor se desconecta de tierra y se conecta a V_i. El correspondiente nodo en el resonador activo es el nodo al cual R_5 se conecta a tierra,[5] marcado como nodo x en la figura 11.21(b). Una función regular de muesca ($\omega_n = \omega_0$) se obtiene al alimentar V_i a

---

[5] Este punto puede no ser obvio. El lector puede demostrar que cuando V_i se alimenta a este nodo, la función V_r/V_i es en realidad de paso bajo.

los nodos x y y. En todos los casos, la salida se puede tomar como el voltaje en paralelo con el circuito resonante, V_r. No obstante, éste no es un nodo conveniente para usar como terminal de salida del filtro porque conectar una carga cambiaría las curvas características del filtro. El problema se puede resolver fácilmente si se utiliza un amplificador regulador. Éste es el amplificador de ganancia K, que se dibuja con líneas interrumpidas en la figura 11.21(b). En la figura 11.21(c) se ilustra la forma en que este amplificador se puede mejorar de una manera sencilla usando un op amp conectado en la configuración no inversora. Nótese que el amplificador K no sólo regula la salida del filtro, sino que también permite al diseñador establecer la ganancia del filtro a cualquier valor deseado al seleccionar apropiadamente el valor de K.

En la figura 11.22 se ilustran los diversos circuitos de filtro de segundo orden obtenidos del resonador de la figura 11.21(b). Las funciones de transferencia y ecuaciones de diseño para estos circuitos se dan en la tabla 11.1. Nótese que las funciones de transferencia se pueden escribir por analogía con las del resonador LCR. Ya hemos comentado sobre los circuitos de muesca de paso

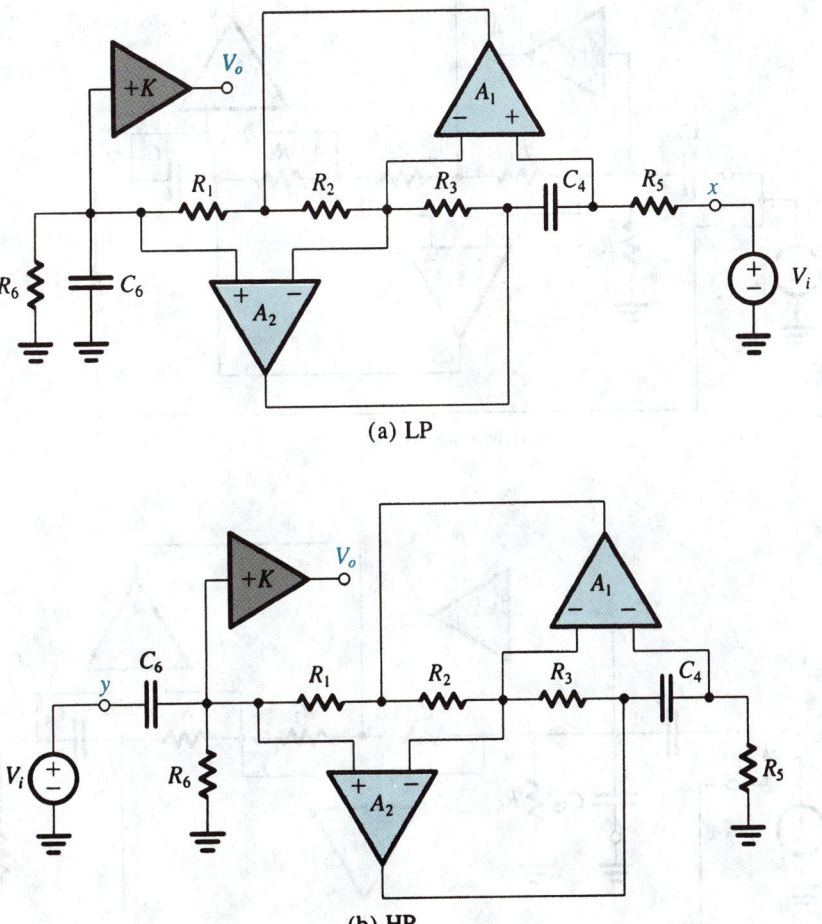

(a) LP

(b) HP

Fig. 11.22 Construcciones para las diversas funciones de filtro de segundo orden del resonador RC de op amp de la figura 11.21(b). **(a)** LP; **(b)** HP; **(c)** BP, **(d)** muesca en ω_0; **(e)** LPN, $\omega_n \geq \omega_0$; **(f)** HPN, $\omega_n \leq \omega_0$; **(g)** pasatodo. Los circuitos están basados en los circuitos LCR de la figura 11.18. Las ecuaciones de diseño están dadas en la tabla 11.1. (Continúa.)

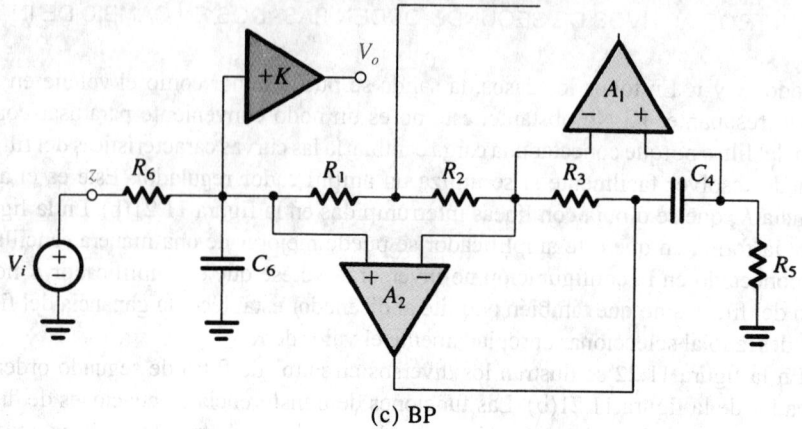

(c) BP

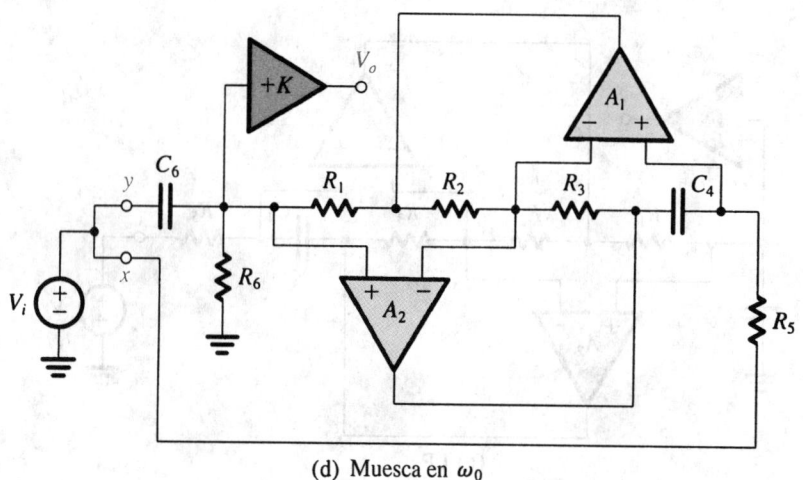

(d) Muesca en ω_0

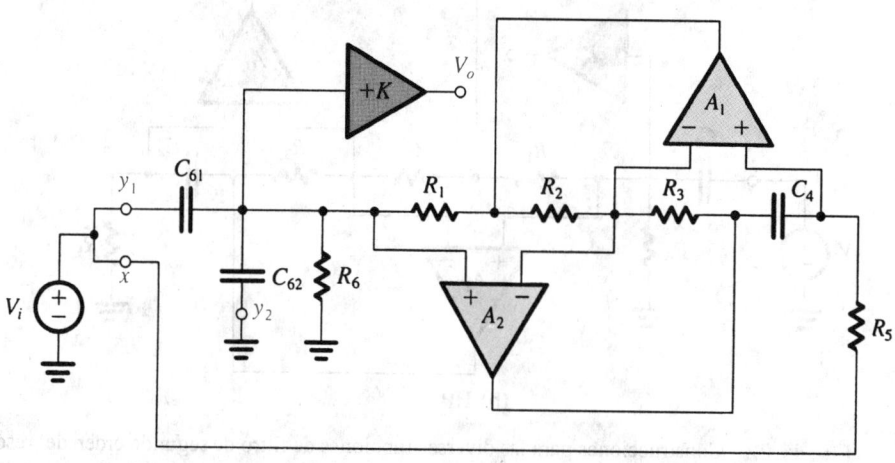

(e) LPN, $\omega_n \geq \omega_0$

Fig. 11.22 (Continuación.)

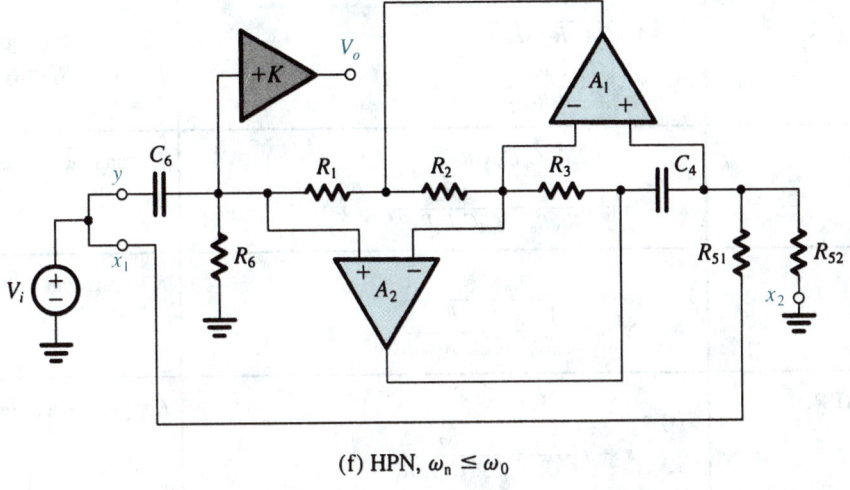

(f) HPN, $\omega_n \leq \omega_0$

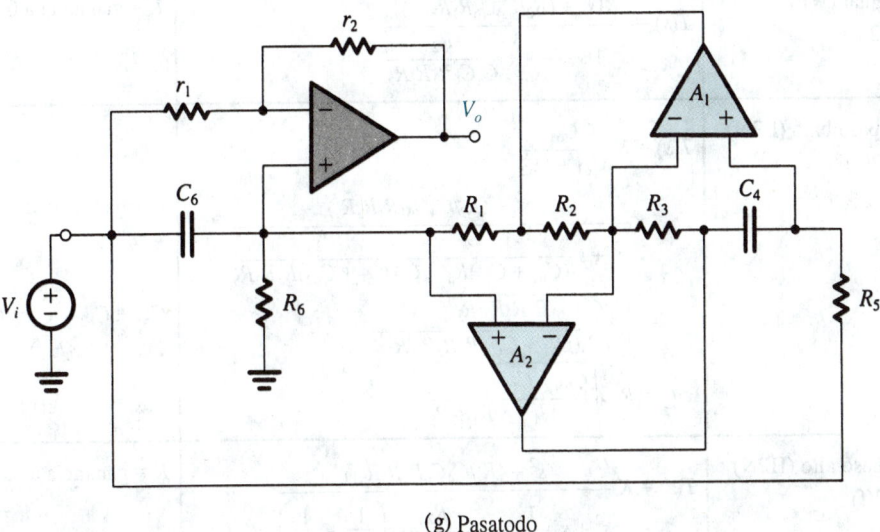

(g) Pasatodo

Fig. 11.22 (Continuación.)

bajo, paso alto, banda pasante y regular dados en las figuras 11.22(a) a la (d). Los circuitos de muesca de paso bajo y de muesca de paso alto de las figuras 11.22(e) y (f) se obtienen por analogía directa con sus contrapartes LCR de las figuras 11.18(g) e (i), respectivamente. El circuito pasatodo de la figura 11.22(g), sin embargo, merece alguna explicación.

El circuito pasatodo

Una función pasatodo con una ganancia plana unitaria se puede escribir como

$$AP = 1 - (BP \text{ con una ganancia de frecuencia central de } 2) \qquad (11.55)$$

Tabla 11.1 DATOS DE DISEÑO PARA LOS CIRCUITOS DE LA FIGURA 11.22.

Circuito	Función de transferencia y otros parámetros	Ecuaciones de diseño
Resonador Fig. 11.21(b)	$\omega_0 = 1/\sqrt{C_4 C_6 R_1 R_3 R_5/R_2}$ $Q = R_6 \sqrt{\dfrac{C_6}{C_4} \dfrac{R_2}{R_1 R_3 R_5}}$	$C_4 = C_6 = C$ (valor práctico) $R_1 = R_2 = R_3 = R_5 = 1/\omega_0 C$ $R_6 = Q/\omega_0 C$
Paso bajo (LP) Fig. 11.22(a)	$T(s) = \dfrac{KR_2/C_4 C_6 R_1 R_3 R_5}{s^2 + s \dfrac{1}{C_6 R_6} + \dfrac{R_2}{C_4 C_6 R_1 R_3 R_5}}$	K = ganancia de cd
Paso alto (HP) Fig. 11.22(b)	$T(s) = \dfrac{Ks^2}{s^2 + s \dfrac{1}{C_6 R_6} + \dfrac{R_2}{C_4 C_6 R_1 R_3 R_5}}$	K = ganancia a alta frecuencia
Banda pasante (BP) Fig. 11.22(c)	$T(s) = \dfrac{Ks/C_6 R_6}{s^2 + s \dfrac{1}{C_6 R_6} + \dfrac{R_2}{C_4 C_6 R_1 R_3 R_5}}$	K = ganancia a frecuencia central
Muesca regular (N) Fig. 11.22(d)	$T(s) = \dfrac{K[s^2 + (R_2/C_4 C_6 R_1 R_3 R_5)]}{s^2 + s \dfrac{1}{C_6 R_6} + \dfrac{R_2}{C_4 C_6 R_1 R_3 R_5}}$	K = ganancia a frecuencias baja y alta
Muesca de paso bajo (LPN) Fig. 11.22(e)	$T(s) = K \dfrac{C_{61}}{C_{61} + C_{62}}$ $\times \dfrac{s^2 + (R_2/C_4 C_{61} R_1 R_3 R_5)}{s^2 + s \dfrac{1}{(C_{61} + C_{62})R_6} + \dfrac{R_2}{C_4(C_{61} + C_{62})R_1 R_3 R_5}}$ $\omega_n = 1/\sqrt{C_4 C_{61} R_1 R_3 R_5/R_2}$ $\omega_0 = 1/\sqrt{C_4(C_{61} + C_{62})R_1 R_3 R_5/R_2}$ $Q = R_6 \sqrt{\dfrac{C_{61} + C_{62}}{C_4} \dfrac{R_2}{R_1 R_3 R_5}}$	K = ganancia de cd $C_{61} + C_{62} = C_6 = C$ $C_{61} = C(\omega_0/\omega_n)^2$ $C_{62} = C - C_{61}$
Muesca de paso alto (HPN) Fig. 11.22(f)	$T(s) = K \dfrac{s^2 + (R_2/C_4 C_6 R_1 R_3 R_{51})}{s^2 + s \dfrac{1}{C_6 R_6} + \dfrac{R_2}{C_4 C_6 R_1 R_3}\left(\dfrac{1}{R_{51}} + \dfrac{1}{R_{52}}\right)}$ $\omega_n = 1/\sqrt{C_4 C_6 R_1 R_3 R_{51}/R_2}$ $\omega_0 = \sqrt{\dfrac{R_2}{C_4 C_6 R_1 R_3}\left(\dfrac{1}{R_{51}} + \dfrac{1}{R_{52}}\right)}$ $Q = R_6 \sqrt{\dfrac{C_6}{C_4} \dfrac{R_2}{R_1 R_3}\left(\dfrac{1}{R_{51}} + \dfrac{1}{R_{52}}\right)}$	K = ganancia a alta frecuencia $\dfrac{1}{R_{51}} + \dfrac{1}{R_{52}} = \dfrac{1}{R_5} = \omega_0 C$ $R_{51} = R_5(\omega_0/\omega_n)^2$ $R_{52} = R_5/[1 - (\omega_n/\omega_0)^2]$
Pasatodo (AP) Fig. 11.22(g)	$T(s) = \dfrac{s^2 - s \dfrac{1}{C_6 R_6} \dfrac{r_2}{r_1} + \dfrac{R_2}{C_4 C_6 R_1 R_3 R_5}}{s^2 + s \dfrac{1}{C_6 R_6} + \dfrac{R_2}{C_4 C_6 R_1 R_3 R_5}}$ $\omega_z = \omega_0 \quad Q_z = Q(r_1/r_2) \quad$ Ganancia plana = 1	$r_1 = r_2 = r$ (arbitraria) Ajustar r_2 para hacer $Q_z = Q$

(véase la ecuación 11.48). Se dice que dos circuitos cuyas funciones de transferencia están relacionadas de este modo son **complementarios**.[6] Entonces el circuito pasatodo con una ganancia plana unitaria es el complemento del circuito de banda pasante con una ganancia de frecuencia central de 2. Existe un procedimiento sencillo para obtener el complemento de un circuito lineal dado: desconectar todos los nodos del circuito que estén conectados a tierra y conectarlos a V_i, y desconectar todos los nodos que estén conectados a V_i y conectarlos a tierra. Esto es, intercambiar entrada y tierra en un circuito lineal genera un circuito cuya función de transferencia es el complemento de la del circuito original.

Regresando al problema que nos interesa, primero usamos el circuito de la figura 11.22(c) para formar una banda pasante con una ganancia de 2 con sólo seleccionar $K = 2$ e implementar el amplificador regulador con el circuito de la figura 11.21(c) con $r_1 = r_2$. Entonces intercambiamos entrada y tierra y así obtenemos el circuito pasatodo de la figura 11.22(g).

Finalmente, además de ser fácil de diseñar, los circuitos de la figura 11.22 exhiben excelente funcionamiento. Se pueden utilizar por sí solos para obtener funciones de filtro de segundo orden, o se pueden conectar en cascada para poner en práctica filtros de orden más alto.

Ejercicios

D11.19 Utilice el circuito de la figura 11.22(c) para diseñar un filtro de banda pasante de segundo orden con una frecuencia central de 10 kHz, un ancho de banda de 3 dB de 500 Hz, y una ganancia de frecuencia central de 10. Utilice $C = 1.2$ nF.

Resp. $R_1 = R_2 = R_3 = R_5 = 13.26$ kΩ; $R_6 = 265$ kΩ; $C_4 = C_6 = 1.2$ nF; $K = 10$, $r_1 = 10$ kΩ, $r_2 = 90$ kΩ

D11.20 Desarrolle el filtro Chebyshev del ejemplo 11.2, cuya función de transferencia está dada en la ecuación (11.25), como la conexión en cascada de tres circuitos: dos del tipo que se ilustra en la figura 11.22(a) y un circuito RC de op amp de primer orden del tipo que se muestra en la figura 11.13(a). Nótese que se puede hacer que la ganancia de cd de todas las secciones sea igual a la unidad. Hágalo así. Utilice tantos resistores de 10 kΩ como sea posible.

Resp. Sección de primer orden: $R_1 = R_2 = 10$ kΩ, $C = 5.5$ nF. Sección de segundo orden con $\omega_0 = 4.117 \times 10^4$ rad/s y $Q = 1.4$: $R_1 = R_2 = R_3 = R_5 = 10$ kΩ, $R_6 = 14$ kΩ, $C_4 = C_6 = 2.43$ nF, $r_1 = \infty$, $r_2 = 0$. Sección de segundo orden con $\omega_0 = 6.246 \times 10^4$ rad/s y $Q = 5.56$: $R_1 = R_2 = R_3 = R_5 = 10$ kΩ, $R_6 = 55.6$ kΩ, $C_4 = C_6 = 1.6$ nF, $r_1 = \infty$, $r_2 = 0$.

11.7   FILTROS ACTIVOS DE SEGUNDO ORDEN BASADOS EN TOPOLOGÍA DE LAZO DE DOS INTEGRADORES

En esta sección estudiamos otra familia de circuitos RC de op amp que desarrollan funciones de filtro de segundo orden. Los circuitos están basados en el uso de dos integradores conectados en cascada en un circuito de retroalimentación general y, por lo tanto, se conocen como *circuitos de lazo de dos integradores*.

---

[6] Se presenta más acerca de circuitos complementarios con la figura 11.31 siguiente.

Deducción del bicuadrado de lazo de dos integradores

Para deducir el circuito bicuadrático de lazo de dos integradores, o **bicuadrado,** como se le conoce comúnmente (bicuadrado significa *a la cuarta potencia*), considere la función de transferencia de paso alto de segundo orden

$$\frac{V_{hp}}{V_i} = \frac{Ks^2}{s^2 + s(\omega_0/Q) + \omega_0^2} \tag{11.56}$$

donde K es la ganancia de alta frecuencia. Al multiplicar en cruz la ecuación (11.56) y dividir ambos lados de la ecuación resultante entre s^2 (para obtener todos los términos en donde aparece s en la forma $1/s$, que es la función de transferencia de un integrador) resulta

$$V_{hp} + \frac{1}{Q}\left(\frac{\omega_0}{s} V_{hp}\right) + \left(\frac{\omega_0^2}{s^2} V_{hp}\right) = K V_i \tag{11.57}$$

En esta ecuación observamos que la señal $(\omega_0/s)V_{hp}$ se puede obtener al pasar V_{hp} por un integrador con una constante de tiempo igual a $1/\omega_0$. Además, pasar la señal resultante por otro integrador idéntico resulta en la tercera señal en donde aparece V_{hp} en la ecuación (11.57), es decir $(\omega_0^2/s^2)V_{hp}$. En la figura 11.23(a) se ilustra un diagrama a bloques para este arreglo de dos integradores. Nótese que

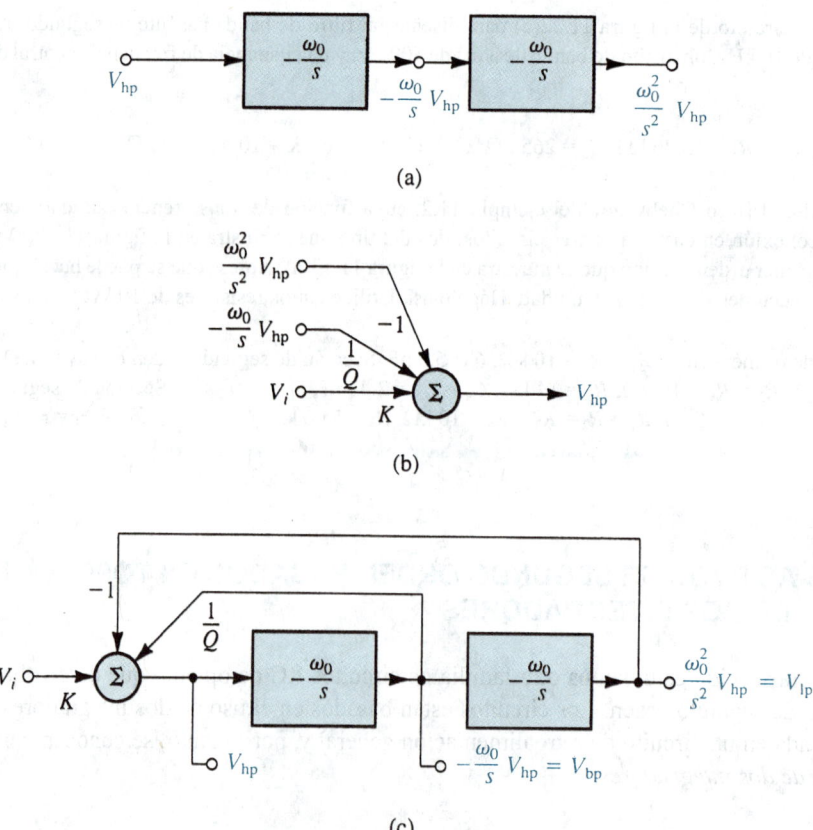

(a)

(b)

(c)

Fig. 11.23 Deducción de una construcción de diagrama a bloques del bicuadrado de lazo de dos integradores.

en anticipación al uso del circuito integrador inversor Miller de op amp para poner en práctica cada integrador, a los bloques integradores de la figura 11.23(a) se les han asignado signos negativos.

Sin embargo, el problema persiste aún sobre cómo formar V_{hp}, la señal de entrada alimentando los dos integradores en cascada. Con ese fin, reacomodamos la ecuación (11.57) expresando V_{hp} en términos de sus versiones integradas sencilla y doble y de V_i como

$$V_{hp} = K\,V_i - \frac{1}{Q}\frac{\omega_0}{s}\,V_{hp} - \frac{\omega_0^2}{s^2}\,V_{hp} \qquad (11.58)$$

que sugiere que V_{hp} se puede obtener al usar el sumador ponderado de la figura 11.23(b). Ahora debe ser fácil ver que se puede obtener un desarrollo completo de diagrama a bloques al combinar los bloques integradores de la figura 11.23(a) con el bloque sumador de la figura 11.23(b), como se muestra en la figura 11.23(c).

En el desarrollo de la figura 11.23(c), V_{hp}, obtenido a la salida del sumador, desarrolla la función de transferencia de paso alto $T_{hp} \equiv V_{hp}/V_i$ de la ecuación (11.56). La señal a la salida del primer integrador es $-(\omega_0/s)V_{hp}$, que es una función de banda pasante,

$$\frac{(-\omega_0/s)\,V_{hp}}{V_i} = -\frac{K\,\omega_0 s}{s^2 + s(\omega_0/Q) + \omega_0^2} = T_{bp}(s) \qquad (11.59)$$

Por lo tanto, la señal a la salida del primer integrador está marcada como V_{bp}. Nótese que la ganancia de frecuencia central del filtro de banda pasante es igual a $-KQ$.

De modo semejante, podemos demostrar que la función de transferencia realizada a la salida del segundo integrador es la función de paso bajo,

$$\frac{(\omega_0^2/s^2)V_{hp}}{V_i} = \frac{K\omega_0^2}{s^2 + s(\omega_0/Q) + \omega_0^2} = T_{lp}(s) \qquad (11.60)$$

Entonces la salida del segundo integrador está marcada V_{lp}. Nótese que la ganancia de cd del filtro de paso bajo obtenida es igual a K.

Concluimos que el bicuadrado de lazo de dos integradores que se muestra en forma de diagrama a bloques de la figura 11.23(c) desarrolla las tres funciones básicas de filtrado de segundo orden, paso bajo, banda pasante y paso alto, *simultáneamente*. Esta versatilidad ha hecho que el circuito sea muy utilizado y le ha dado su nombre de *filtro activo universal*.

Ejecución del circuito

Para obtener una ejecución de circuito de op amp de los dos bicuadrados de lazo de dos integradores de la figura 11.23(c), sustituimos cada integrador con un circuito integrador Miller que tenga $CR = 1/\omega_0$, y sustituimos el bloque sumador con un circuito sumador de op amp que sea capaz de asignar tanto valores positivos como negativos a sus entradas. El circuito resultante, conocido como *Kerwin-Huelsman-Newcomb* o **bicuadrado KHN** en honor de sus inventores, se muestra en la figura 11.24(a). Dados valores para ω_0, Q y K, el diseño del circuito es sencillo: seleccionamos valores prácticos apropiados para los componentes de los integradores, C y R, de modo que $CR = 1/\omega_0$. Para determinar los valores de los resistores relacionados con el sumador, primero usamos superposición para expresar la salida del sumador en términos de sus entradas como

$$V_{hp} = \frac{R_3}{R_2 + R_3}\left(1 + \frac{R_f}{R_1}\right)V_i + \frac{R_2}{R_2 + R_3}\left(1 + \frac{R_f}{R_1}\right)\left(-\frac{\omega_0}{s}V_{hp}\right) - \frac{R_f}{R_1}\left(\frac{\omega_0^2}{s^2}V_{hp}\right) \qquad (11.61)$$

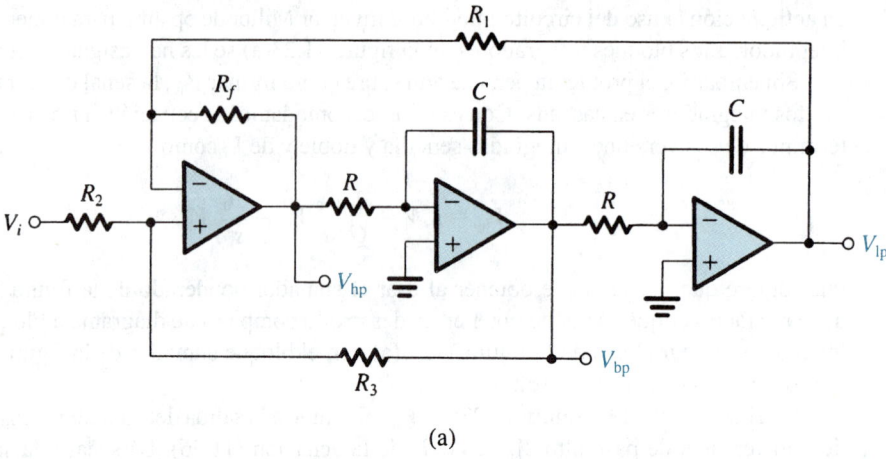

(a)

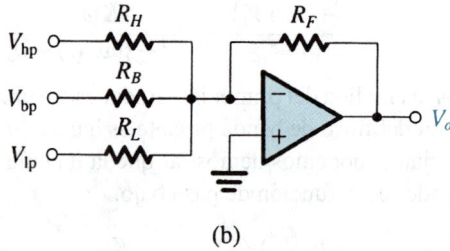

(b)

Fig. 11.24 **(a)** El circuito bicuadrado KHN, obtenido como construcción directa del diagrama a bloques de la figura 11.23(c). Las tres funciones básicas de filtrado, HP, BP y LP, se construyen simultáneamente. **(b)** Para obtener funciones de muesca y pasatodo, las tres salidas se suman con valores apropiados usando el sumador op amp.

Al igualar los últimos términos del lado derecho de las ecuaciones (11.61) y (11.58) resulta

$$R_f/R_1 = 1 \qquad (11.62)$$

que implica que podemos seleccionar valores iguales arbitraria pero prácticamente convenientes para R_1 y R_f. Entonces, al igualar los términos del segundo al último del lado derecho de las ecuaciones (11.61) y (11.58), y haciendo $R_1 = R_f$ resulta la razón R_3/R_2 requerida para desarrollar una Q dada como

$$R_3/R_2 = 2Q - 1 \qquad (11.63)$$

Entonces, un valor arbitrario pero conveniente se puede seleccionar ya sea para R_2 o R_3, y el valor de la otra resistencia se puede determinar usando la ecuación (11.63). Finalmente, al igualar los coeficientes de V_i en las ecuaciones (11.61) y (11.58) y sustituyendo $R_f = R_1$ y para R_3/R_2 de la ecuación (11.63) resulta en

$$K = 2 - (1/Q) \qquad (11.64)$$

Por lo tanto, el parámetro K de ganancia se fija a este valor.

El bicuadrado KHN se puede utilizar para desarrollar funciones de muesca y pasatodo al sumar versiones ponderadas de las tres salidas, de paso bajo, banda pasante y paso alto. Este sumador de op amp se muestra en la figura 11.24(b); para este sumador podemos escribir

$$
\begin{aligned}
V_o &= -\left(\frac{R_F}{R_H} V_{hp} + \frac{R_F}{R_B} V_{bp} + \frac{R_F}{R_L} V_{lp} \right) \\
&= -V_i \left(\frac{R_F}{R_H} T_{hp} + \frac{R_F}{R_B} T_{bp} + \frac{R_F}{R_L} T_{lp} \right)
\end{aligned}
\tag{11.65}
$$

Al sustituir por T_{hp}, T_{bp} y T_{lp} de las ecuaciones (11.56), (11.59) y (11.60), respectivamente, resulta la función general de transferencia

$$
\frac{V_o}{V_i} = -K \frac{(R_F/R_H)s^2 - s(R_F/R_B)\omega_0 + (R_F/R_L)\omega_0^2}{s^2 + s(\omega_0/Q) + \omega_0^2}
\tag{11.66}
$$

de la cual podemos ver que se pueden obtener ceros de transmisión diferentes por medio de la apropiada selección de los valores de los resistores sumadores. Por ejemplo, se obtiene una muesca al seleccionar $R_B = \infty$ y

$$
\frac{R_H}{R_L} = \left(\frac{\omega_n}{\omega_0} \right)^2
\tag{11.67}
$$

Un circuito bicuadrado alternativo de lazo de dos integradores

Un circuito bicuadrado alternativo de lazo de dos integradores, en el que se usan los tres tipos de op amps de modo asimétrico, se puede desarrollar como sigue: en lugar de usar el sumador de entrada para sumar señales con coeficientes positivos y negativos, podemos introducir un inversor adicional como se muestra en la figura 11.25(a). Ahora todos los coeficientes del sumador tienen el mismo signo, y podemos eliminar por completo el amplificador sumador y ejecutar la suma de la entrada de tierra virtual del primer integrador. El circuito resultante se muestra en la figura 11.25(b), del cual observamos que la función de paso alto ya no existe. Éste es el precio pagado por obtener un circuito que utiliza todos los op amps de un modo asimétrico. El circuito de la figura 11.25(b) se conoce como **bicuadrado de Tow-Thomas,** en honor de sus inventores.

Más que usar un cuarto op amp para desarrollar los ceros de transmisión finitos requeridos para las funciones de muesca y pasatodo, como se hizo con el bicuadrado KHN, se puede utilizar un esquema económico de *alimentación en avance* con el circuito de Tow-Thomas. Específicamente, la tierra virtual disponible a la entrada de cada uno de los tres op amps del circuito de Tow-Thomas permite que la señal de entrada se alimente a los tres op amps, como se muestra en la figura 11.26. Si V_o se toma a la salida del integrador amortiguado, un sencillo análisis resulta en la función de transferencia de filtro

$$
\frac{V_o}{V_i} = -\frac{s^2\left(\dfrac{C_1}{C}\right) + s\dfrac{1}{C}\left(\dfrac{1}{R_1} - \dfrac{r}{RR_3}\right) + \dfrac{1}{C^2 R R_2}}{s^2 + s\dfrac{1}{QCR} + \dfrac{1}{C^2 R^2}}
\tag{11.68}
$$

que se puede usar para obtener los datos de diseño dados en la tabla 11.2.

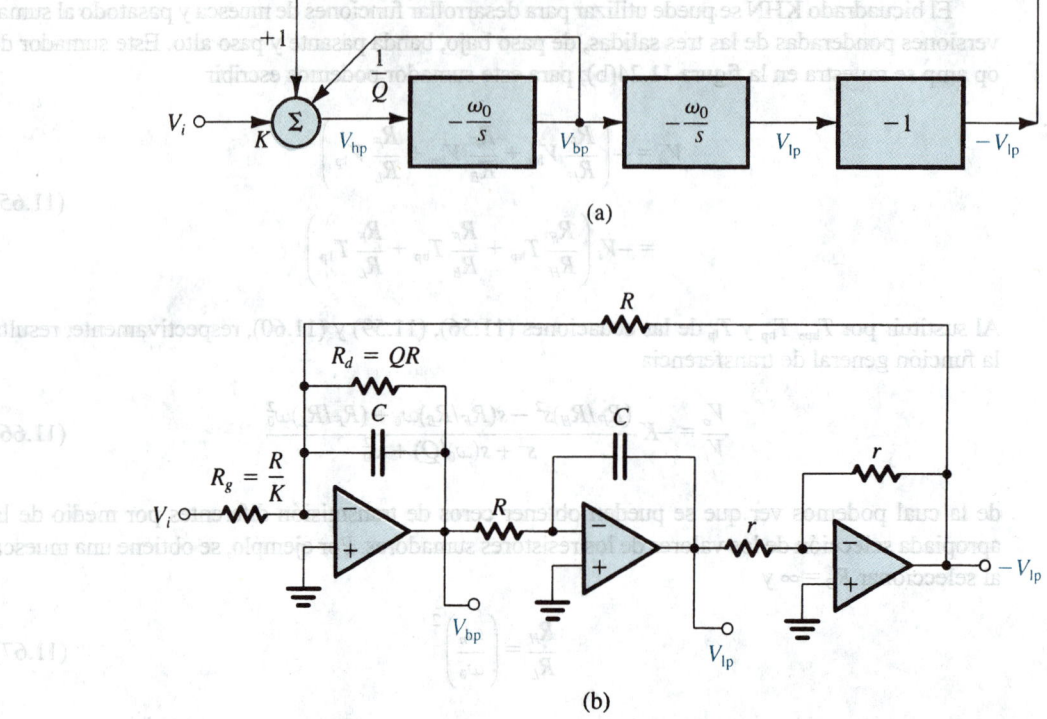

(a)

(b)

Fig. 11.25 Deducción de un bicuadrado alternativo de lazo de dos integradores donde todos los op amps se utilizan en forma asimétrica. El circuito resultante en (b) se conoce como *bicuadrado de Tow-Thomas*.

Un circuito bicuadrado alternativo de lazo de dos integradores¹, en el que se usan los tres tipos de op amps de modo asimétrico, se puede desarrollar como sigue: en lugar de usar el sumador de entrada para sumar señales con coeficientes positivos y negativos, podemos introducir un inversor adicional como se muestra en la figura 11.25(a). Ahora todos los coeficientes del sumador tienen el mismo signo, y podemos eliminar por completo el amplificador sumador y ejecutar la suma de la entrada de tierra virtual del primer integrador. El circuito resultante se muestra en la figura 11.25(b), del cual observamos que la función de paso alto ya no existe. Éste es el precio pagado por obtener un circuito que utiliza todos los op amp de un modo asimétrico. El circuito de la figura 11.25(b) se conoce como bicuadrado de *Tow-Thomas*, en honor de sus inventores.

Más que usar un cuarto op amp para desarrollar las señales de transmisión finitas requeridas para las funciones de muesca y paso todo, como se hizo en el bicuadrado KHN, se puede utilizar un enfoque económico de alimentación es mayor con el circuito de Tow-Thomas. Específicamente, la tierra virtual disponible a la entrada de cada uno de los tres op amps del circuito de Tow-Thomas pueda quedar útil. Como un ejemplo, considere el circuito que se muestra en la figura 11.26. Si se toma la señal a la salida del primer amplificador o integrador, un sencillo análisis realiza en la función de transferencia de filtro.

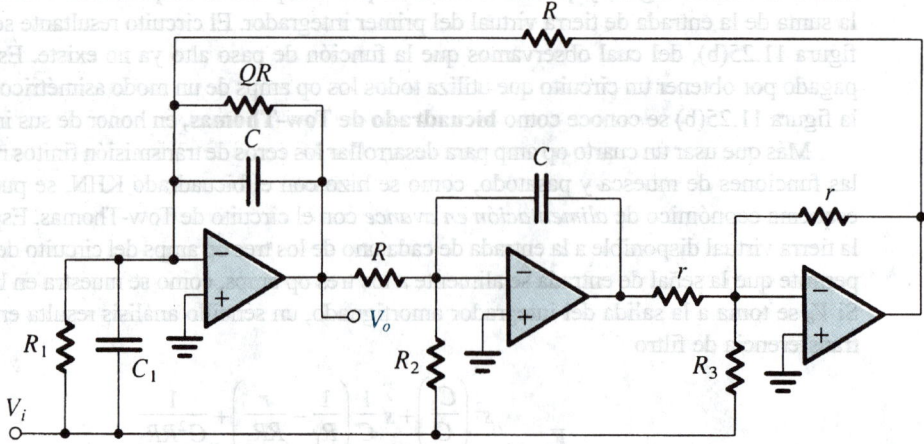

Fig. 11.26 El bicuadrado de Tow-Thomas. La función de transferencia de la ecuación (11.68) se obtiene al alimentar la señal de entrada a través de componentes apropiados a las entradas de los tres op amps. Este circuito puede realizar todas las funciones especiales de segundo orden. Las ecuaciones de diseño se dan en la tabla 11.2.

Tabla 11.2 DATOS DE DISEÑO PARA EL CIRCUITO DE LA FIGURA 11.26

Todos los casos	C = arbitraria, $R = 1/\omega_0 C$, r = arbitraria
LP	$C_1 = 0$, $R_1 = \infty$, $R_2 = R/$ganancia de cd, $R_3 = \infty$
BP positiva	$C_1 = 0$, $R_1 = \infty$, $R_2 = \infty$, $R_3 = Qr/$ganancia a frecuencia central
BP negativa	$C_1 = 0$, $R_1 = QR/$ganancia a frecuencia central, $R_2 = \infty$, $R_3 = \infty$
HP	$C_1 = C \times$ ganancia a alta frecuencia, $R_1 = \infty$, $R_2 = \infty$, $R_3 = \infty$
Muesca (todo tipo)	$C_1 = C \times$ ganancia a alta frecuencia, $R_1 = \infty$, $R_2 = R(\omega_0/\omega_n)^2/$ganancia a alta frecuencia, $R_3 = \infty$
AP	$C_1 = C \times$ ganancia plana, $R_1 = \infty$, $R_2 = R/$ganancia, $R_3 = Qr/$ganancia

Observaciones finales

Los bicuadrados de lazo de dos integradores son sumamente adaptables a numerosas aplicaciones y fáciles de diseñar, pero su operación resulta afectada adversamente por el ancho de banda finito de los op amps. Existen técnicas especiales para compensar el circuito por estos efectos (véase una simulación del SPICE en la sección 11.12 y la obra de Sedra y Brackett, 1978).

Ejercicios

D11.21 Diseñe el circuito KHN para desarrollar una función de paso alto con $f_0 = 10$ kHz y $Q = 2$. Seleccione $C = 1$ nF. ¿Cuál es el valor de ganancia de alta frecuencia que se obtiene? ¿Cuál es la ganancia de frecuencia central de la función de banda pasante que está simultáneamente disponible a la salida del primer integrador?

Resp. $R = 15.9$ kΩ; $R_1 = R_f = R_2 = 10$ kΩ (arbitrario), $R_3 = 30$ kΩ; 1.5; 3

D11.22 Utilice el circuito KHN junto con un amplificador sumador de salida para diseñar un filtro de muesca de paso bajo con $f_0 = 5$ kHz, $f_n = 8$ kHz, $Q = 5$, y una ganancia de cd de 3. Seleccione $C = 1$ nF y $R_L = 10$ kΩ.

Resp. $R = 31.83$ kΩ; $R_1 = R_f = R_2 = 10$ kΩ (arbitrario); $R_3 = 90$ kΩ; $R_H = 25.6$ kΩ; $R_F = 16.7$ kΩ; $R_B = \infty$

D11.23 Utilice el bicuadrado de Tow-Thomas (figura 11.25b) para diseñar un filtro de banda pasante de segundo orden con $f_0 = 10$ kHz, $Q = 20$, y ganancia unitaria de frecuencia central. Si $R = 10$ kΩ, dé los valores de C, R_d y R_g.

Resp. 1.59 nF; 200 kΩ; 200 kΩ

D11.24 Utilice los datos de la tabla 11.2 para diseñar el circuito de la figura 11.26 para desarrollar un filtro pasatodo con $\omega_0 = 10^4$ rad/s, $Q = 5$, y ganancia plana = 1. Utilice $C = 10$ nF y $r = 10$ kΩ.

Resp. $R = 10$ kΩ; resistor para determinar $Q = 50$ kΩ; $C_1 = 10$ nF; $R_1 = \infty$; $R_2 = 10$ kΩ; $R_3 = 50$ kΩ

11.8   FILTROS ACTIVOS BICUADRÁTICOS DE UN SOLO AMPLIFICADOR

Los circuitos bicuadráticos RC de op amp estudiados en las dos secciones previas funcionan muy bien, son adaptables a numerosas aplicaciones, y son fáciles de diseñar y de ajustar (sintonizar) después de su ensamble final, pero, desafortunadamente, no son económicos en su uso de op amps, requiriendo tres o cuatro amplificadores por sección de segundo orden. Esto puede ser un problema, en especial en aplicaciones donde la corriente de la fuente de alimentación debe ser conservada, por ejemplo, en un instrumento operado con baterías. En esta sección estudiaremos una clase de circuitos de filtro de segundo orden que requiere sólo un op amp por bicuadrado. Estos desarrollos mínimos, sin embargo, dependen en gran medida de la ganancia limitada y el ancho de banda del op amp, y también pueden ser más sensibles a las tolerancias inevitables en los valores de resistores y condensadores que los bicuadrados de varios op amps de las secciones anteriores. Los **bicuadrados de un solo amplificador** (SAB) están por lo tanto limitados a especificaciones menos exigentes de filtros, por ejemplo, a factores Q de polo menores de 10.

La síntesis de los circuitos SAB se basa en el uso de retroalimentación para cambiar los polos de un circuito RC del eje real negativo, donde en forma natural se encuentran, a ubicaciones conjugadas complejas requeridas para obtener respuesta selectiva del filtro. La síntesis de los SAB sigue un proceso de dos pasos:

1. Síntesis de un lazo de retroalimentación que desarrolla un par de polos conjugados complejos caracterizados por una frecuencia ω_0 y un factor Q de Q.

2. Inyectar la señal de entrada en una forma que desarrolle los ceros de transmisión deseados.

Síntesis del lazo de retroalimentación

Considere el circuito que se ilustra en la figura 11.27(a), que consiste en una red n de RC de dos puertos colocada en la trayectoria de retroalimentación negativa de un op amp. Supondremos que, excepto por tener una ganancia finita A, el op amp es ideal. Denotaremos por $t(s)$ la función de transferencia de voltaje de circuito abierto de la red n de RC, donde la definición de $t(s)$ se ilustra en la figura 11.27(b). La función de transferencia $t(s)$ se puede, en general, escribir como la razón entre los dos polinomios $N(s)$ y $D(s)$:

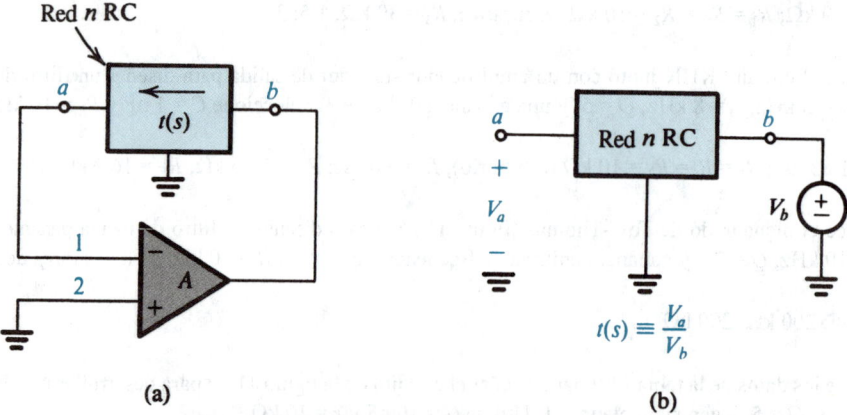

(a)   (b)

Fig. 11.27   (a) Lazo de retroalimentación obtenido al conectar una red n de RC de dos puertos en la trayectoria de retroalimentación de un op amp. (b) Definición de la función de transferencia de circuito abierto $t(s)$ de la red RC.

$$t(s) = \frac{N(s)}{D(s)}$$

Las raíces de $N(s)$ son los ceros de transmisión de la red RC, y las raíces de $D(s)$ son sus polos. Un estudio de teoría de redes demuestra que mientras los polos de una red RC están restringidos a encontrarse en el eje real negativo, los ceros pueden en general encontrarse en cualquier parte del plano s.

La ganancia de lazo $L(s)$ del circuito de retroalimentación de la figura 11.27(a) se puede determinar usando el método de la sección 8.7. Es simplemente el producto de la ganancia A del op amp y la función de transferencia $t(s)$,

$$L(s) = At(s) = \frac{AN(s)}{D(s)} \tag{11.69}$$

Al sustituir por $L(s)$ en la ecuación característica

$$1 + L(s) = 0 \tag{11.70}$$

resulta en los polos s_p del circuito de lazo cerrado obtenido como soluciones a la ecuación

$$t(s_P) = -\frac{1}{A} \tag{11.71}$$

En el caso ideal, $A = \infty$ y los polos se obtienen de

$$N(s_P) = 0 \tag{11.72}$$

Esto es, *los polos del filtro son idénticos a los ceros de la red RC.*

Como nuestro objetivo es desarrollar un par de polos conjugados complejos, deberíamos seleccionar una red RC que tenga ceros de transmisión conjugados complejos. Las formas más sencillas de estas redes son las de T con puente que se muestran en la figura 11.28, junto con sus funciones de transferencia $t(s)$ de b a a, con a en circuito abierto. Como ejemplo, considere el circuito generado al colocar la red en T con puente de la figura 11.28(a) en la trayectoria de retroalimentación negativa de un op amp, como se ilustra en la figura 11.29. El polinomio del polo del circuito de filtro activo será igual al polinomio del numerador de la red en T con puente; entonces,

$$s^2 + s\frac{\omega_0}{Q} + \omega_0^2 = s^2 + s\left(\frac{1}{C_1} + \frac{1}{C_2}\right)\frac{1}{R_3} + \frac{1}{C_1 C_2 R_3 R_4}$$

lo que hace posible que obtengamos ω_0 y Q como

$$\omega_0 = \frac{1}{\sqrt{C_1 C_2 R_3 R_4}} \tag{11.73}$$

$$Q = \left[\frac{\sqrt{C_1 C_2 R_3 R_4}}{R_3}\left(\frac{1}{C_1} + \frac{1}{C_2}\right)\right]^{-1} \tag{11.74}$$

Si estamos diseñando este circuito, ω_0 y Q se dan y las ecuaciones (11.73) y (11.74) se pueden emplear para determinar C_1, C_2, R_3 y R_4. Se deduce que hay dos grados de libertad. Agotemos uno de éstos al seleccionar $C_1 = C_2 = C$. También denotemos $R_3 = R$ y $R_4 = R/m$. Al sustituir en las ecuaciones (11.73) y (11.74) y con alguna manipulación, resulta

$$m = 4Q^2 \tag{11.75}$$

$$CR = \frac{2Q}{\omega_0} \tag{11.76}$$

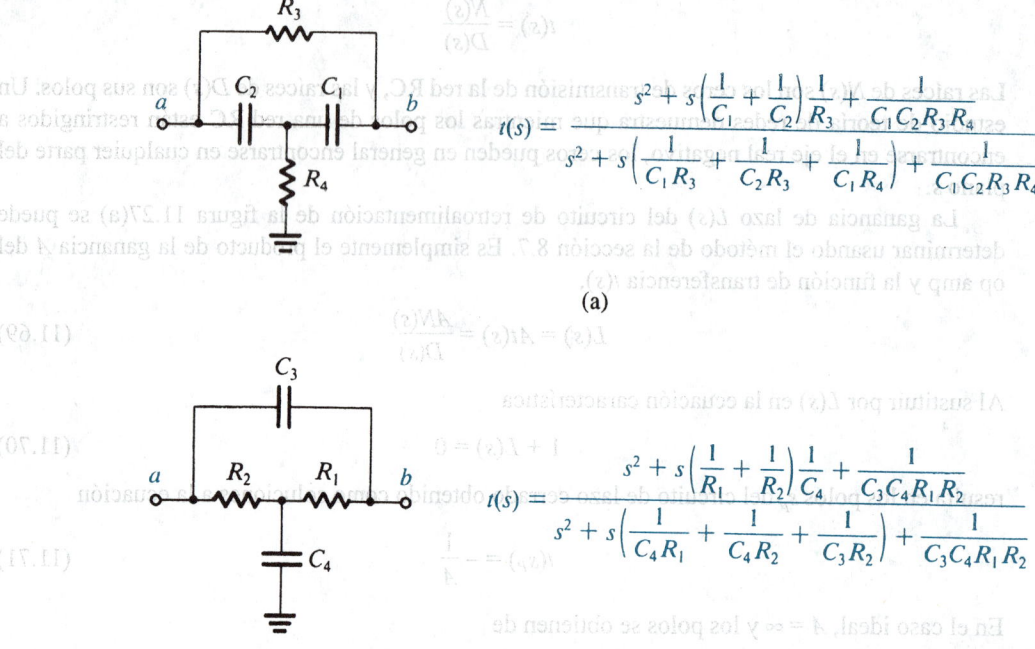

(a)

(b)

Fig. 11.28 Dos redes RC (llamadas *redes en T con puente*) que tienen ceros de transmisión complejos. Las funciones de transferencia dadas son de *b* a *a* con *a* en circuito abierto.

Entonces, si se nos indica el valor de Q, la ecuación (11.75) se puede usar para determinar la razón entre los dos resistores R_3 y R_4. Entonces los valores dados de ω_0 y Q se pueden sustituir en la ecuación (11.76) para determinar la constante de tiempo CR. Resta un grado de libertad; el valor de C o R se puede seleccionar arbitrariamente. En un diseño real, este valor, que establece el *nivel de impedancia* del circuito, debe seleccionarse de modo que los valores resultantes de componente sean prácticos.

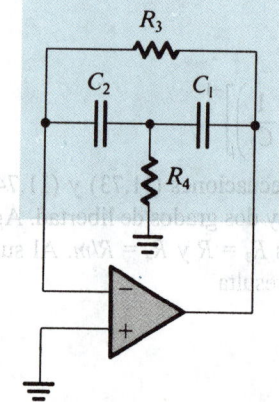

Fig. 11.29 Lazo de retroalimentación de filtro activo generado usando la red de T con puente de la figura 11.28(a).

Ejercicios

D11.25 Diseñe el circuito de la figura 11.29 para desarrollar un par de polos con $\omega_0 = 10^4$ rad/s y $Q = 1$. Seleccione $C_1 = C_2 = 1$ nF.

Resp. $R_3 = 200$ kΩ; $R_4 = 50$ kΩ

11.26 Para el circuito diseñado en el ejercicio 11.25, encuentre la ubicación de los polos de la red RC del lazo de retroalimentación.

Resp. -0.382×10^4 y -2.618×10^4 rad/s

Inyección de la señal de entrada

Una vez sintetizado un lazo de retroalimentación que desarrolla un par de polos dado, ahora consideramos conectar la fuente de señales de entrada al circuito. Deseamos hacer esto, por supuesto, sin alterar los polos.

En vista de que, con el propósito de hallar los polos de un circuito, una fuente ideal de voltaje es equivalente a un cortocircuito, se deduce que cualquier nodo de circuito que esté conectado a tierra puede en cambio conectarse a la fuente de voltaje de entrada sin ocasionar que cambien los polos. Entonces, el método para inyectar la señal de entrada en el lazo de retroalimentación consiste simplemente en desconectar un componente (o varios componentes) que esté(n) conectado(s) a tierra y conectarlo(s) a la fuente de entrada. Dependiendo del(los) componente(s) a través del cual la señal de entrada se inyecta, se obtienen diferentes ceros de transmisión. Éste es, por supuesto, el mismo método que utilizamos en la sección 11.5 con el resonador LCR y en la sección 11.6 con los bicuadrados basados en el resonador LCR.

Como ejemplo, considere el lazo de retroalimentación de la figura 11.29. Aquí tenemos dos nodos a tierra (un terminal de R_4 y el terminal positivo de entrada del op amp) que pueden servir para inyectar la señal de entrada. En la figura 11.30(a) se ilustra el circuito con la señal de entrada inyectada a través de parte de la resistencia R_4. Nótese que las dos resistencias R_4/α y $R_4/(1 - \alpha)$ tienen un equivalente paralelo de R_4.

El análisis del circuito para determinar su función de transferencia de voltaje $T(s) \equiv V_o(s)/V_i(s)$ se ilustra en la figura 11.30(b). Nótese que hemos supuesto que el op amp es ideal, y hemos indicado el orden de los pasos de análisis por los números que están en los círculos. El paso final, número 9, consiste en escribir una ecuación de nodo en X y sustituir por V_x por el valor determinado en el paso 5. El resultado es la función de transferencia

$$\frac{V_o}{V_i} = \frac{-s(\alpha/C_1 R_4)}{s^2 + s\left(\dfrac{1}{C_1} + \dfrac{1}{C_2}\right)\dfrac{1}{R_3} + \dfrac{1}{C_1 C_2 R_3 R_4}}$$

Reconocemos esto como una función de banda pasante cuya ganancia de frecuencia central se puede controlar por el valor de α. Como se esperaba, el polinomio del denominador es idéntico al polinomio del numerador de $t(s)$ dado en la figura 11.28(a).

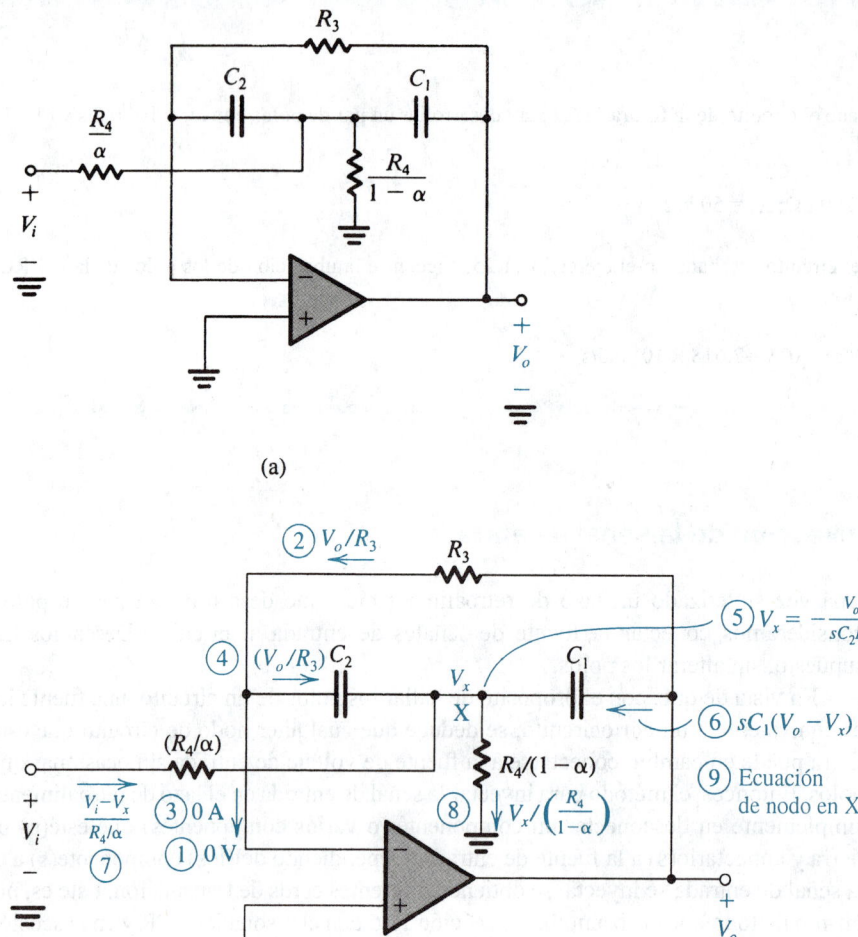

(a)

(b)

Fig. 11.30 **(a)** El lazo de retroalimentación de la figura 11.29 con la señal de entrada inyectada a través de parte de la resistencia R_4. Este circuito desarrolla la función de banda pasante. **(b)** Análisis del circuito en (a) para determinar su función de transferencia de voltaje $T(s)$.

Ejercicio

11.27 Utilice los valores de componente obtenidos en el ejercicio 11.25 para diseñar el circuito de banda pasante de la figura 11.30(a). Determine los valores de (R_4/α) y $R_4/(1-\alpha)$ para obtener una ganancia unitaria de la frecuencia central.

Resp. 100 kΩ; 100 kΩ

Generación de lazos de retroalimentación equivalentes

La **transformación complementaria** de lazos de retroalimentación está basada en la propiedad de redes lineales que se ilustran en la figura 11.31 para la red n de dos puertos (tres terminales). En la parte (a) de la figura, el terminal c está a tierra y la señal V_b se aplica al terminal b. La función de transferencia de b a a con c a tierra se denota como t. Entonces, en la parte (b) de la figura, el terminal b está a tierra y la señal de entrada se aplica al terminal c. Se puede demostrar que la función de transferencia de c a a con b a tierra es el complemento de t, es decir, $1 - t$. (Recordemos que utilizamos esta propiedad al generar un desarrollo de circuito para la función pasatodo en la sección 11.6.)

La aplicación de transformación complementaria a un lazo de retroalimentación para generar un lazo de retroalimentación equivalente es un proceso de dos pasos:

1. Los nodos de la red de retroalimentación, y cualquiera de las entradas de un op amp que están conectadas a tierra, deben desconectarse de tierra y conectarse a la salida del op amp. Por el contrario, los nodos que estén conectados a la salida de un op amp deben conectarse ahora a tierra, es decir, simplemente intercambiamos el terminal de salida del op amp con tierra.

2. Los dos terminales de entrada del op amp deben intercambiarse.

El lazo de retroalimentación generado por esta transformación tiene la misma ecuación característica, y por lo tanto los mismos polos, que el lazo original.

Para ilustrar lo anterior, en la figura 11.32(a) se muestra la red de retroalimentación formada al conectar una red RC de dos puertos en la trayectoria de retroalimentación negativa de un op amp. La aplicación de transformación complementaria a este lazo resulta en el lazo de retroalimentación de la figura 11.32(b). Nótese que en el último lazo el op amp se usa en la configuración de seguidor de ganancia unitaria. Ahora demostraremos que los dos lazos de la figura 11.32 son equivalentes.

Si el op amp tiene una ganancia A en circuito abierto, el seguidor del circuito de la figura 11.32(b) tendrá una ganancia de $A/(A + 1)$. Esto, junto con el hecho de que la función de transferencia

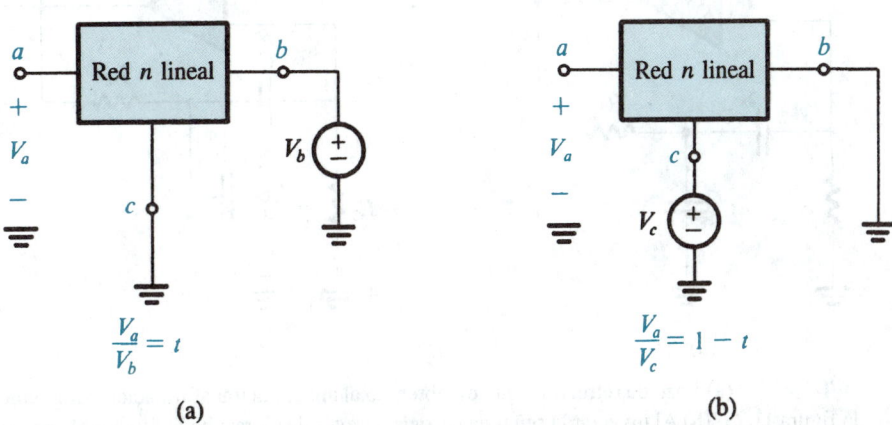

Fig. 11.31 El intercambio de entrada y tierra resulta en el complemento de la función de transferencia.

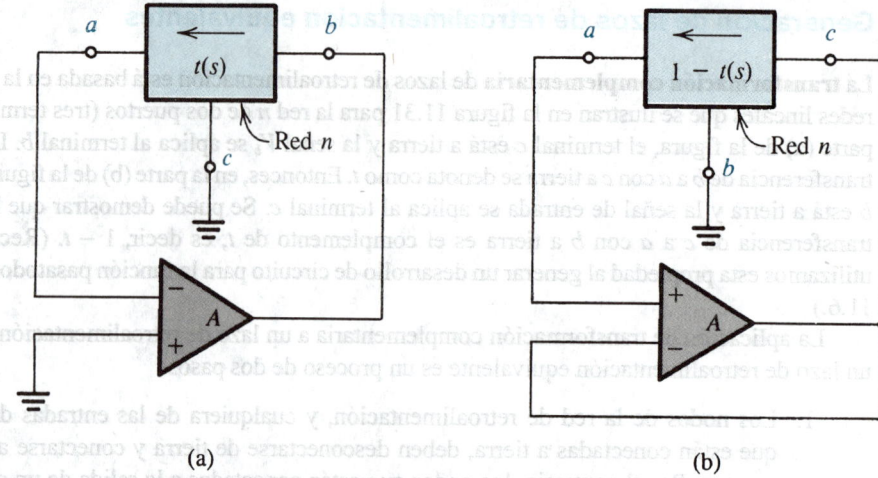

(a)   (b)

Fig. 11.32 La aplicación de la transformación complementaria del lazo de retroalimentación en **(a)** resulta en el lazo equivalente (mismos polos) en **(b)**.

de red n de c a a es $1 - t$ (véase la figura 11.31), hace posible que escribamos, para el circuito de la figura 11.32(b), la ecuación característica

$$1 - \frac{A}{A + 1}(1 - t) = 0$$

Esta ecuación se puede manipular a la forma

$$1 + At = 0$$

que es la ecuación característica del lazo de la figura 11.32(a). Como ejemplo, considere la aplicación de la transformación complementaria al lazo de retroalimentación de la figura 11.29: El

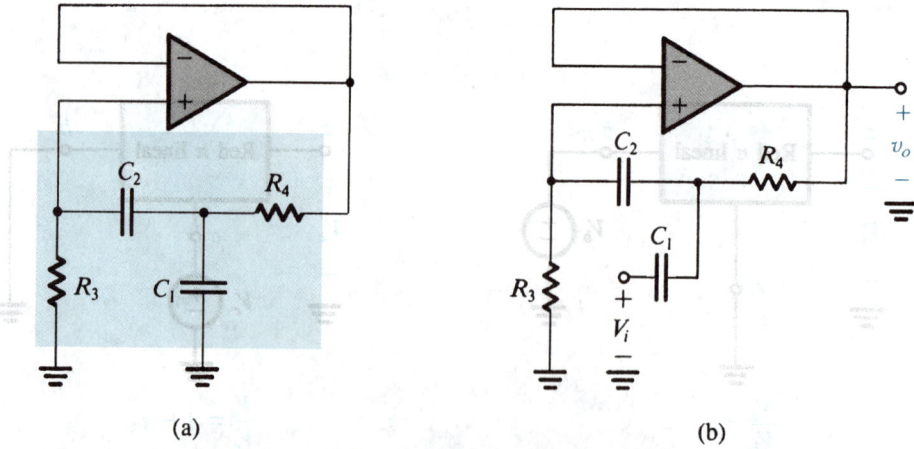

(a)   (b)

Fig. 11.33 **(a)** Lazo de retroalimentación obtenido al aplicar la transformación complementaria al lazo de la figura 11.29. **(b)** Al inyectar la señal de entrada a través de C_1 resulta la función de paso alto. Éste es uno de la familia de circuitos Sallen y Key.

lazo de retroalimentación resulta de la figura 11.33(a). Al inyectar la señal de entrada por C_1 resulta el circuito de la figura 11.33(b), que se puede demostrar (por análisis directo) que desarrolla una función de paso alto de segundo orden. Este circuito es uno de una familia de SAB (bicuadrados de amplificador individual) conocidos como *circuitos Sallen y Key*, en honor de sus creadores. El diseño del circuito de la figura 11.33(b) está basado en las ecuaciones de la (11.73) a la (11.76); es decir, $R_3 = R$, $R_4 = R/4Q^2$, $C_1 = C_2 = C$, $CR = 2Q/\omega_0$, y el valor de C se escoge de manera arbitraria para ser prácticamente conveniente.

Como otro ejemplo, en la figura 11.34(a) se ilustra el lazo de retroalimentación generado al conectar la red RC de dos puertos de la figura 11.28(b) en la trayectoria de retroalimentación negativa de un op amp. Para un op amp ideal, este lazo de retroalimentación desarrolla un par de modos naturales conjugados complejos que tienen las mismas ubicaciones que los ceros de $t(s)$

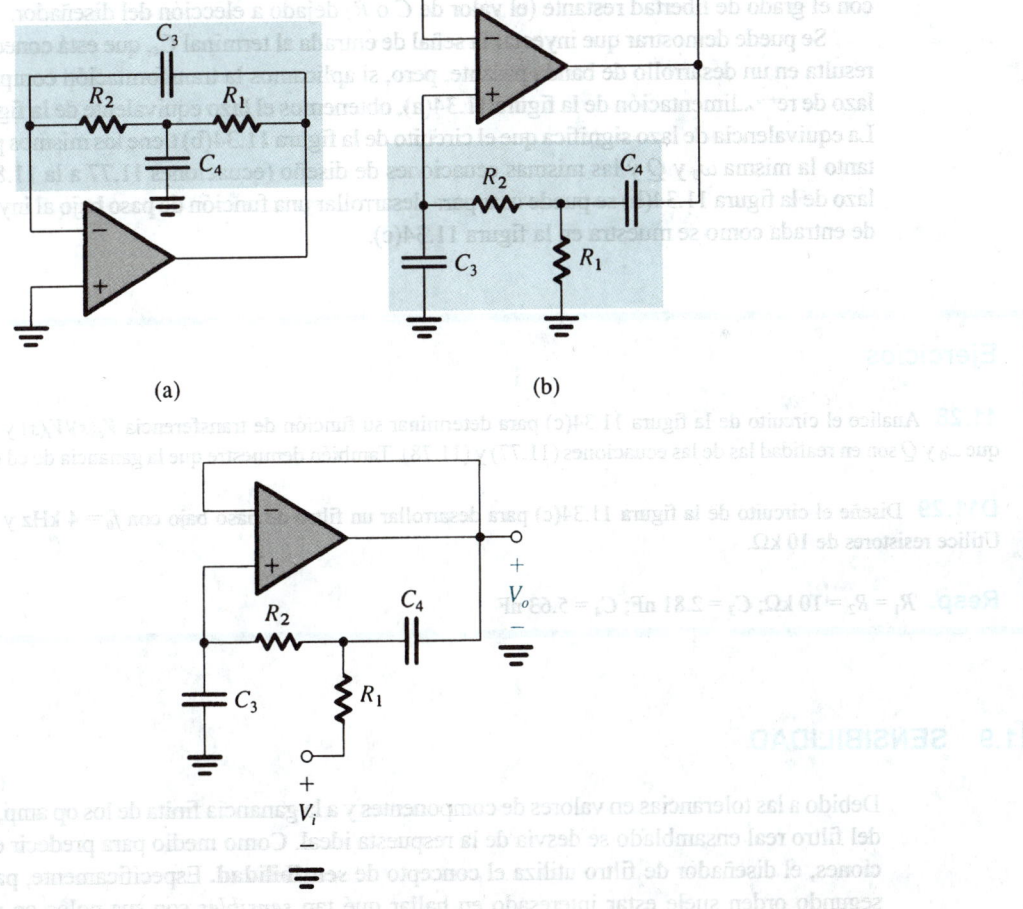

(a)   (b)

(c)

Fig. 11.34   **(a)** Lazo de retroalimentación obtenido al conectar la red en T con puente de la figura 11.28(b) en la trayectoria de retroalimentación negativa de un op amp. **(b)** Lazo equivalente de retroalimentación generado al aplicar la transformación complementaria al lazo en (a). **(c)** Filtro de paso bajo obtenido al inyectar V_i por R_1 en el lazo en (b).

de la red RC. Entonces, usando la expresión para $t(s)$ dada en la figura 11.28(b), podemos escribir para los polos de filtro activo

$$\omega_0 = 1/\sqrt{C_3 C_4 R_1 R_2} \tag{11.77}$$

$$Q = \left[\frac{\sqrt{C_3 C_4 R_1 R_2}}{C_4} \left(\frac{1}{R_1} + \frac{1}{R_2} \right) \right]^{-1} \tag{11.78}$$

Normalmente el diseño de este circuito se basa en seleccionar $R_1 = R_2 = R$, $C_4 = C$, y $C_3 = C/m$. Cuando se sustituyen en las ecuaciones (11.77) y (11.78), resultan en

$$m = 4Q^2 \tag{11.79}$$

$$CR = 2Q/\omega_0 \tag{11.80}$$

con el grado de libertad restante (el valor de C o R) dejado a elección del diseñador.

Se puede demostrar que inyectar la señal de entrada al terminal C_4, que está conectado a tierra, resulta en un desarrollo de banda pasante, pero, si aplicamos la transformación complementaria al lazo de retroalimentación de la figura 11.34(a), obtenemos el lazo equivalente de la figura 11.34(b). La equivalencia de lazo significa que el circuito de la figura 11.34(b) tiene los mismos polos y por lo tanto la misma ω_0 y Q y las mismas ecuaciones de diseño (ecuaciones 11.77 a la 11.80). El nuevo lazo de la figura 11.34(b) se puede usar para desarrollar una función de paso bajo al inyectar la señal de entrada como se muestra en la figura 11.34(c).

Ejercicios

11.28 Analice el circuito de la figura 11.34(c) para determinar su función de transferencia $V_o(s)/V_i(s)$ y demuestre que ω_0 y Q son en realidad las de las ecuaciones (11.77) y (11.78). También demuestre que la ganancia de cd es unitaria.

D11.29 Diseñe el circuito de la figura 11.34(c) para desarrollar un filtro de paso bajo con $f_0 = 4$ kHz y $Q = 1/\sqrt{2}$. Utilice resistores de 10 kΩ.

Resp. $R_1 = R_2 = 10$ kΩ; $C_3 = 2.81$ nF; $C_4 = 5.63$ nF

11.9   SENSIBILIDAD

Debido a las tolerancias en valores de componentes y a la ganancia finita de los op amp, la respuesta del filtro real ensamblado se desvía de la respuesta ideal. Como medio para predecir estas desviaciones, el diseñador de filtro utiliza el concepto de **sensibilidad.** Específicamente, para filtros de segundo orden suele estar interesado en hallar qué tan *sensibles* son sus polos en relación con variaciones (tolerancias iniciales y futuros cambios) en valores de componentes RC y ganancia de amplificador. Estas sensibilidades se pueden cuantificar usando la **función clásica de sensibilidad** S_x^y, definida como

$$S_x^y \equiv \lim_{\Delta x \to 0} \frac{\Delta y/y}{\Delta x/x} \tag{11.81}$$

Entonces,

$$S_x^y = \frac{\partial y}{\partial x} \frac{x}{y} \tag{11.82}$$

Aquí, x denota el valor de un componente (un resistor, condensador o ganancia de amplificador) y y denota un parámetro de interés de un circuito (por ejemplo ω_0 o Q). Para cambios pequeños,

$$S_x^y \simeq \frac{\Delta y/y}{\Delta x/x} \tag{11.83}$$

De esta forma se puede utilizar el valor de S_x^y para determinar el cambio por unidad en y debido a un cambio dado por unidad en x. Por ejemplo, si la sensibilidad de Q en relación con un resistor R_1 en particular es 5, entonces un aumento de 1% en R_1 resulta en un aumento de 5% en el valor de Q.

EJEMPLO 11.3

Para el lazo de retroalimentación de la figura 11.29, encuentre las sensibilidades de ω_0 y Q en relación con todos los componentes pasivos y la ganancia del op amp. Evalúe estas sensibilidades para el diseño considerado en la sección previa para la cual $C_1 = C_2$.

SOLUCIÓN

Para hallar las sensibilidades en relación con los componentes pasivos, llamadas **sensibilidades pasivas**, suponemos que la ganancia del op amp es infinita. En este caso, ω_0 y Q están dadas por las ecuaciones (11.73) y (11.74). Por lo tanto, para ω_0 tenemos

$$\omega_0 = \frac{1}{\sqrt{C_1 C_2 R_3 R_4}}$$

que se puede usar junto con la definición de sensibilidad de la ecuación (11.82) para obtener

$$S_{C_1}^{\omega_0} = S_{C_2}^{\omega_0} = S_{R_3}^{\omega_0} = S_{R_4}^{\omega_0} = -\frac{1}{2}$$

Para Q tenemos

$$Q = \left[\sqrt{C_1 C_2 R_3 R_4} \left(\frac{1}{C_1} + \frac{1}{C_2} \right) \frac{1}{R_3} \right]^{-1}$$

sobre la cual aplicamos la definición de sensibilidad para obtener

$$S_{C_1}^{Q} = \frac{1}{2} \left(\sqrt{\frac{C_2}{C_1}} - \sqrt{\frac{C_1}{C_2}} \right) \left(\sqrt{\frac{C_2}{C_1}} + \sqrt{\frac{C_1}{C_2}} \right)^{-1}$$

Para el diseño con $C_1 = C_2$ vemos que $S_{C_1}^{Q} = 0$. Análogamente, podemos demostrar que

$$S_{C_2}^{Q} = 0, \qquad S_{R_3}^{Q} = \frac{1}{2}, \qquad S_{R_4}^{Q} = -\frac{1}{2}$$

Es importante recordar que la expresión de sensibilidad debe derivarse *antes* de sustituir valores correspondientes a un diseño en particular.

A continuación consideramos las sensibilidades en relación con la ganancia del amplificador. Si suponemos que el op amp tiene una ganancia finita A, la ecuación característica para el lazo es

$$1 + At(s) = 0 \tag{11.84}$$

donde $t(s)$ está dada en la figura 11.28(a). Para simplificar las cosas podemos sustituir los componentes pasivos por sus valores de diseño. Esto no produce errores al evaluar sensibilidades, ya que ahora estamos encontrando la sensibilidad con respecto a la ganancia del amplificador. Usando los valores de diseño previamente obtenidos, es decir, $C_1 = C_2 = C$, $R_3 = R$, $R_4 = R/4Q^2$ y $CR = 2Q/\omega_0$, obtenemos

$$t(s) = \frac{s^2 + s(\omega_0/Q) + \omega_0^2}{s^2 + s(\omega_0/Q)(2Q^2 + 1) + \omega_0^2} \tag{11.85}$$

donde ω_0 y Q denotan los valores nominal y de diseño de la frecuencia del polo y factor Q. Los valores reales se obtienen al sustituir por $t(s)$ en la ecuación (11.84):

$$s^2 + s\frac{\omega_0}{Q}(2Q^2 + 1) + \omega_0^2 + A\left(s^2 + s\frac{\omega_0}{Q} + \omega_0^2\right) = 0$$

Suponiendo que la ganancia A sea real y dividiendo ambos lados entre $A + 1$, obtenemos

$$s^2 + s\frac{\omega_0}{Q}\left(1 + \frac{2Q^2}{A + 1}\right) + \omega_0^2 = 0 \tag{11.86}$$

De esta ecuación vemos que la frecuencia real de polo, ω_{0a}, y Q de polo, Q_a, son

$$\omega_{0a} = \omega_0 \tag{11.87}$$

$$Q_a = \frac{Q}{1 + 2Q^2/(A + 1)} \tag{11.88}$$

Entonces

$$S_A^{\omega_{0a}} = 0$$

$$S_A^{Q_a} = \frac{A}{A + 1}\frac{2Q^2/(A + 1)}{1 + 2Q^2/(A + 1)}$$

Para $A \gg 2Q^2$ $A \gg 1$ obtenemos

$$S_A^{Q_a} \simeq \frac{2Q^2}{A}$$

Es costumbre cancelar el subíndice a de esta expresión y escribir

$$S_A^Q \simeq \frac{2Q^2}{A} \tag{11.89}$$

Nótese que si Q es alta ($Q \geq 5$) su sensibilidad en relación con la ganancia de amplificador puede ser bastante alta.[7]

---

[7] Debido a que la ganancia A de lazo abierto de op amps suele tener amplia tolerancia, es importante mantener $S_A^{\omega_0}$ y S_A^Q muy pequeños.

Una observación concluyente

Los resultados del ejemplo 11.3 indican una desventaja seria de bicuadrados de un amplificador individual: la sensibilidad de Q en relación con la ganancia del amplificador es bastante alta. Aun cuando existe una técnica para reducir S_A^Q en SAB (véase Sedra *et al.*, 1980), esto se hace a expensas de sensibilidades pasivas aumentadas, a pesar de lo cual los SAB (bicuadrados de amplificador individual) resultantes se utilizan extensamente. No obstante, para filtros con factores Q mayores de 10, se acostumbra optar por uno de los bicuadrados multiplicadores estudiados en las secciones 11.6 y 11.7. Para estos circuitos S_A^Q es proporcional a Q, más que a Q^2 como en el caso del SAB (ecuación 11.89).

Ejercicio

11.30 En un filtro en particular que utiliza el lazo de retroalimentación de la figura 11.29, con $C_1 = C_2$, encuentre el cambio esperado de porcentaje en ω_0 y Q bajo las condiciones que: (a) R_3 es 2% alta. (b) R_4 es 2% alta. (c) R_3 y R_4 son 2% altas. (d) Ambos condensadores son 2% bajos y ambos resistores son 2% altos.

Resp. (a) –1%, +1%; (b) –1%, –1%; (c) –2%, 0%; (d) 0%, 0%

11.10 FILTROS DE CONDENSADOR CONMUTADO

Los circuitos RC activos antes presentados tienen dos propiedades que hacen difícil su producción en forma de IC monolíticos, cuando no prácticamente imposible; éstas son la necesidad de condensadores de elevado valor y el requisito de constantes de tiempo RC precisas. Continuó, por lo tanto, la búsqueda de un método de diseño de filtro que se prestara en forma más natural a la puesta en práctica de circuitos integrados. En esta sección introduciremos uno de estos métodos que, al momento de escribir este libro, parece que es la mejor opción para este trabajo.

El principio básico

La técnica de filtro de condensador conmutado se basa en que la formación de un condensador conmutado entre dos nodos de circuito, a una rapidez suficientemente alta, es equivalente a un resistor que conecte estos dos nodos. Para ser específicos, considere el integrador RC activo de la figura 11.35(a). Éste es el conocido integrador Miller que utilizamos en el bicuadrado de lazo de dos integradores en la sección 11.7. En la figura 11.35(b) hemos sustituido el resistor de entrada R_1 por un condensador C_1 a tierra junto con dos transistores MOS que actúan como interruptores. En algunos circuitos más elaborados se utiliza configuración de conmutación, pero estos detalles están fuera del alcance de nuestro caso.

Los dos interruptores MOS de la figura 11.35(b) están excitados por un reloj de dos fases *sin recubrimiento*. En la figura 11.35(c) se ilustran las ondas de reloj. Supondremos en esta exposición introductoria que la frecuencia del reloj f_c ($f_c = 1/T_c$) es mucho más alta que la frecuencia de la señal que se está filtrando. Entonces, durante la fase ϕ_1 de reloj, cuando C_1 está conectado en paralelo con la fuente de señales de entrada v_i, las variaciones en la señal de entrada son tan pequeñas que son despreciables. Se deduce que, durante ϕ_1, el condensador C_1 se carga al voltaje v_i,

$$q_{C1} = C_1 v_i$$

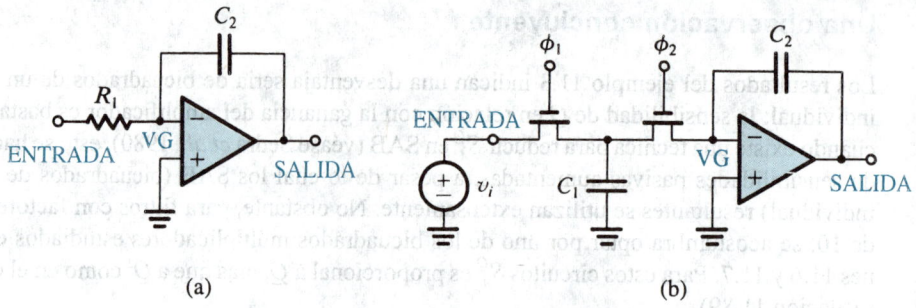

(a)　　　　　　　　　　(b)

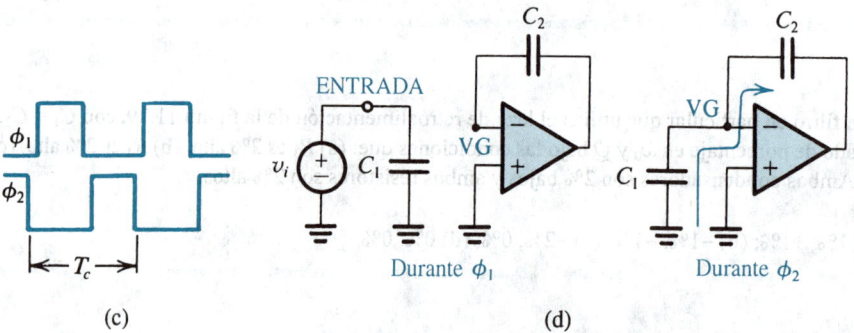

Durante ϕ_1　　　　　Durante ϕ_2

(c)　　　　　　　　　　(d)

Fig. 11.35 Principio básico de la técnica de filtro de condensador conmutado: **(a)** Integrador RC activo. **(b)** Integrador de condensador conmutado. **(c)** Reloj de dos fases (sin recubrimiento). **(d)** Durante ϕ_1, C_1 se carga al valor de la corriente de v_i y luego, durante ϕ_2, se descarga en C_2.

Entonces, durante la fase de reloj ϕ_2, el condensador C_1 se conecta a la entrada de tierra virtual del op amp, como se indica en la figura 11.35(d). El condensador C_1 es así forzado a descargarse, y su carga previa q_{C1} es transferida a C_2, en la dirección indicada en la figura 11.35(d).

De la anterior descripción vemos que durante cada periodo de reloj T_c se extrae una cantidad de carga $q_{C1} = C_1 v_i$ de la fuente de entrada y se alimenta al condensador integrador C_2. Entonces, la corriente promedio que circula entre el nodo de entrada (IN) y el nodo de tierra virtual (VG) es

$$i_{av} = \frac{C_1 v_i}{T_c}$$

Si T_c es suficientemente corto, se puede pensar que este proceso es casi continuo y definir una resistencia equivalente R_{eq} que en efecto está presente entre los nodos IN y VG:

$$R_{eq} \equiv v_i / i_{av}$$

Entonces

$$R_{eq} = T_c / C_1 \tag{11.90}$$

Usando R_{eq} obtenemos una constante de tiempo equivalente para el integrador:

$$\text{Constante de tiempo} = C_2 R_{eq} = T_c \frac{C_2}{C_1} \tag{11.91}$$

Así, la constante de tiempo que determina la respuesta en frecuencia del filtro está determinada por el periodo de reloj T_c y la razón de condensador C_2/C_1. Estos dos parámetros se pueden controlar bien en un proceso de circuito integrado. Específicamente, nótese la dependencia en razones de condensador en lugar de valores absolutos de condensadores. La precisión de razones de condensador en tecnología MOS se puede controlar a no más de 0.1%.

Otro punto que merece la pena observar es que con una frecuencia razonable de tiempo (por ejemplo, 100 kHz), y razones de condensador no demasiado grandes (por ejemplo, 10), se pueden obtener constantes de tiempo razonablemente largas (por ejemplo, 10^{-4} s) apropiadas para aplicaciones de audio. Como los condensadores ocupan por lo general áreas relativamente grandes en el chip del IC, se intenta reducir al mínimo estos valores. En este contexto, es importante observar que las precisiones de razones antes citadas son asequibles con el valor mínimo de condensador de sólo 0.2 pF.

Circuitos prácticos

El circuito de condensador conmutado (SC) de la figura 11.35(b) forma un integrador inversor (nótese la dirección de flujo de carga por C_2 en la figura 11.35d). Como vimos en la sección 11.7, un filtro activo de lazo de dos integradores está compuesto de un integrador inversor y otro no inversor.[8] Para desarrollar un filtro bicuadrado de condensador conmutado, por lo tanto, necesitamos un par de integradores complementarios de condensador conmutado. En la figura 11.36(a) se muestra un circuito integrador no inversor, o positivo. El lector debe seguir la operación de este circuito durante las dos fases de reloj y así demostrar que opera en una forma muy semejante al circuito básico de la figura 11.35(b), excepto por una inversión de signo.

Además de desarrollar una función de integrador no inversor, el circuito de la figura 11.36(a) es insensible a capacitancias parásitas, pero ya no vamos a explorar más este punto. El lector interesado debe consultar la obra de Schaumann, Ghausi y Laker (1990). Por inversión de las fases de reloj en dos de los interruptores, se obtiene el circuito de la figura 11.36(b). Este circuito desarrolla la función de integrador inversor, como el circuito de la figura 11.35(b), pero es insensible a capacitancias parásitas (el circuito original de la figura 11.35b no lo es). El par de integradores complementarios de la figura 11.36 se ha convertido en el elemento de construcción estándar en el diseño de filtros de condensador conmutado.

Consideremos ahora el desarrollo de un circuito completo bicuadrado. En la figura 11.37(a) se ilustra un circuito RC activo de lazo de dos integradores previamente estudiado. Considerando la cascada del integrador 2 y el inversor como integrador positivo, y luego simplemente sustituyendo cada resistor por su equivalente de condensador conmutado, obtenemos el circuito de la figura 11.37(b). Pase por alto el amortiguamiento alrededor del primer integrador (es decir, el condensador conmutado C_5) por ahora y nótese que el lazo de retroalimentación de hecho está formado por un integrador inversor y uno no inversor. Entonces observemos la sincronización de fase del condensador conmutado que se emplea para amortiguamiento. Invertir las fases aquí convertiría la retroalimentación en positiva y cambiaría los polos a la mitad derecha del plano s. Por otra parte, la sincronización de fase del condensador conmutado de alimentación (C_6) no es tan importante; una inversión de fases resultaría sólo en una inversión en el signo de la función desarrollada.

---

[8] En el lazo de dos integradores de la figura 11.25(b), el integrador no inversor se obtiene por la cascada de un integrador Miller y un inversor.

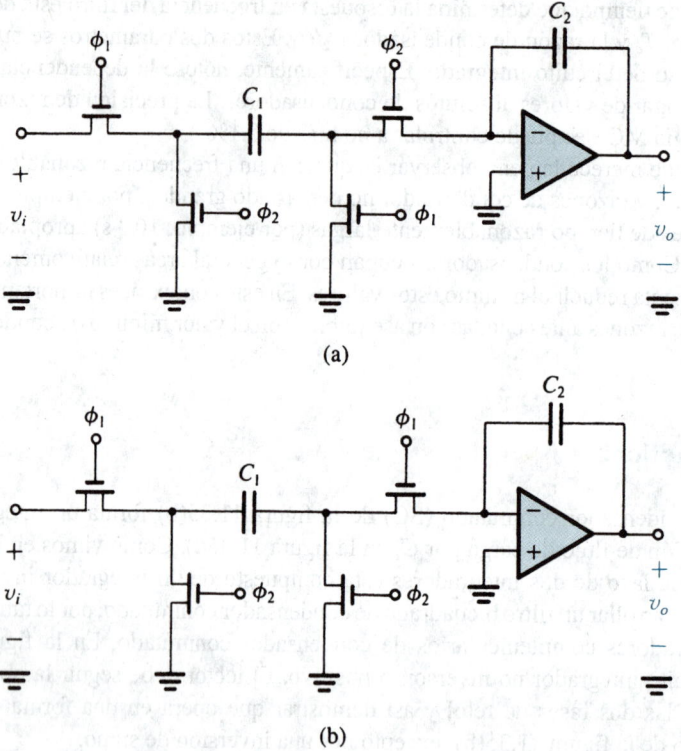

Fig. 11.36 Par de integradores complementarios de condensador conmutado insensible a corrientes parásitas. **(a)** Integrador no inversor de condensador conmutado. **(b)** Integrador inversor de condensador conmutado.

Habiendo identificado las correspondencias entre el bicuadrado RC activo y el bicuadrado de condensador conmutado, ahora podemos deducir ecuaciones de diseño. El análisis del circuito de la figura 11.37(a) produce

$$\omega_0 = \frac{1}{\sqrt{C_1 C_2 R_3 R_4}} \tag{11.92}$$

Al sustituir R_2 y R_4 por sus valores equivalentes de condensador conmutado, es decir,

$$R_3 = T_c/C_3 \quad \text{y} \quad R_4 = T_c/C_4$$

resulta ω_0 del bicuadrado de condensador conmutado como

$$\omega_0 = \frac{1}{T_c} \sqrt{\frac{C_3}{C_2} \frac{C_4}{C_1}} \tag{11.93}$$

Se acostumbra seleccionar que las constantes de tiempo de los dos integradores sean iguales, es decir,

$$\frac{T_c}{C_3} C_2 = \frac{T_c}{C_4} C_1 \tag{11.94}$$

Si además se selecciona que los dos condensadores integradores C_1 y C_2 sean iguales,

$$C_1 = C_2 = C \tag{11.95}$$

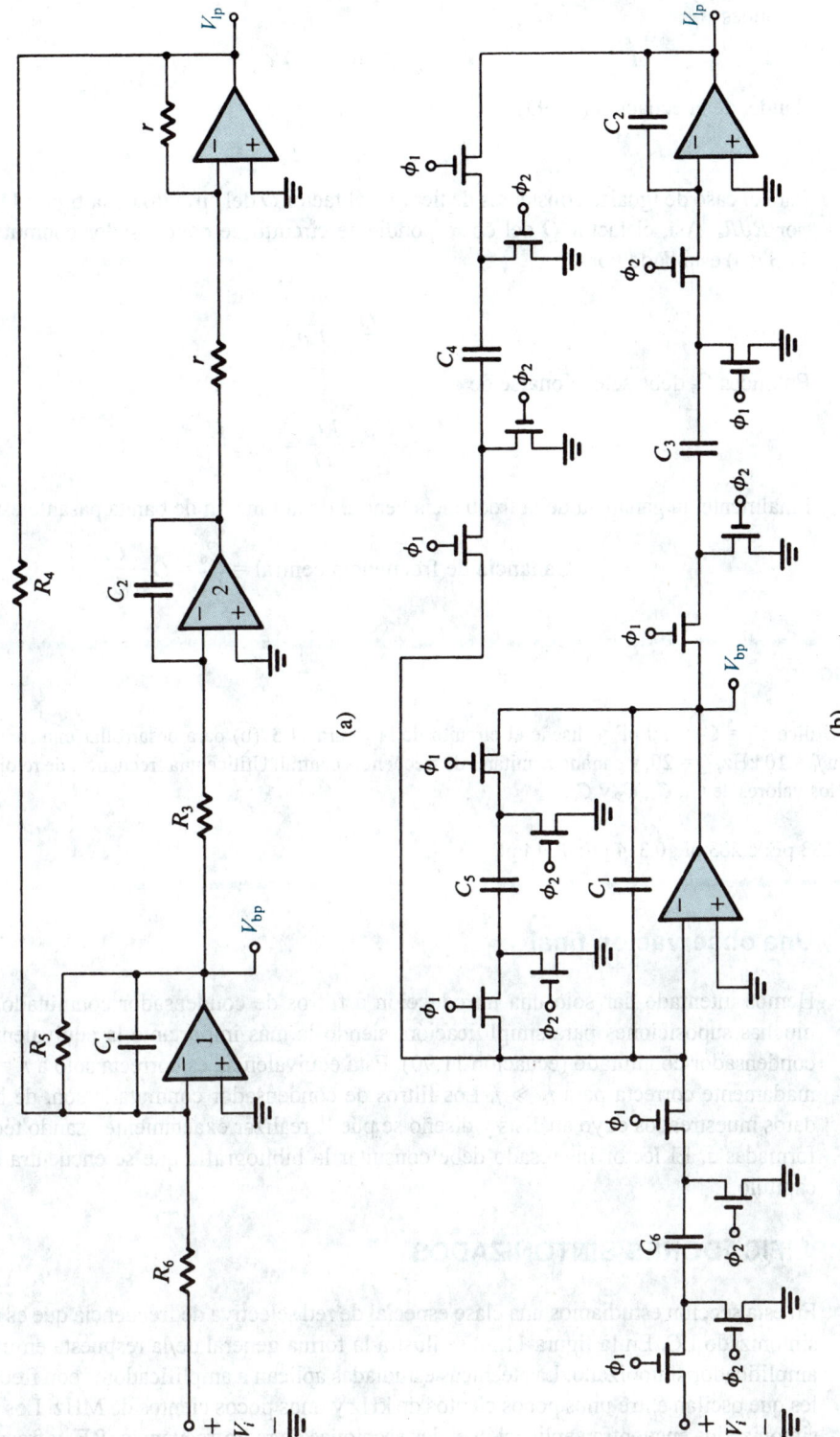

Fig. 11.37 Bicuadrado RC activo de lazo de dos integradores y su contraparte de condensador conmutado.

entonces

$$C_3 = C_4 = KC, \tag{11.96}$$

donde, de la ecuación (11.93),

$$K = \omega_0 T_c \tag{11.97}$$

Para el caso de iguales constantes de tiempo, el factor Q del circuito de la figura 11.37(a) está dado por R_5/R_4. Así, el factor Q del correspondiente circuito de condensador conmutado de la figura 11.37(b) está dado por

$$Q = \frac{T_c/C_5}{T_c/C_4} \tag{11.98}$$

Entonces C_5 debe seleccionarse de

$$C_5 = \frac{C_4}{Q} = \frac{KC}{Q} = \omega_0 T_c \frac{C}{Q} \tag{11.99}$$

Finalmente, la ganancia de la frecuencia central de la función de banda pasante está dada por

$$\text{Ganancia de frecuencia central} = \frac{C_6}{C_5} = Q \frac{C_6}{\omega_0 T_c C} \tag{11.100}$$

Ejercicio

D11.31 Utilice $C_1 = C_2 = 20$ pF y diseñe el circuito de la figura 11.37(b) para desarrollar una función de banda pasante con $f_0 = 10$ kHz, $Q = 20$, y ganancia unitaria de frecuencia central. Utilice una frecuencia de reloj $f_c = 200$ kHz. Encuentre los valores de C_3, C_4, C_5 y C_6.

Resp. 6.283 pF; 6.283 pF; 0.314 pF; 0.314 pF

Una observación final

Hemos intentado dar sólo una introducción a filtros de condensador conmutado. Hemos hecho muchas suposiciones para simplificación, siendo la más importante la equivalente de resistor y condensador conmutado (ecuación 11.90). Esta equivalencia es correcta sólo a $f_c = \infty$ y es aproximadamente correcta para $f_c \gg f$. Los filtros de condensador conmutado son, de hecho, redes de datos muestreados cuyo análisis y diseño se puede realizar exactamente usando técnicas de transformadas z. El lector interesado debe consultar la bibliografía que se encuentra al final de este capítulo.

11.11   AMPLIFICADORES SINTONIZADOS

En esta sección estudiamos una clase especial de red selectiva de frecuencia que es el amplificador sintonizado LC. En la figura 11.38 se ilustra la forma general de la respuesta en frecuencia de un amplificador sintonizado. Las técnicas estudiadas aplican a amplificadores con frecuencias centrales que oscilan entre unos pocos cientos de kHz y unos pocos cientos de MHz. Los amplificadores sintonizados encuentran aplicación en las secciones de radiofrecuencia (RF) y frecuencia intermedia (IF) de receptores de comunicaciones y en varios otros sistemas. Debe observarse que la

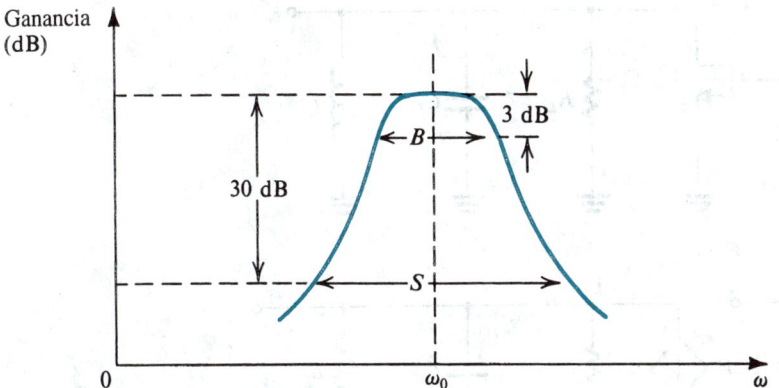

Fig. 11.38 Respuesta en frecuencia de un amplificador sintonizado.

respuesta del amplificador sintonizado de la figura 11.38 es semejante a la del filtro de banda pasante estudiado en secciones anteriores.

Como se indica en la figura 11.38, la respuesta está caracterizada por la frecuencia central ω_0, el ancho de banda B de 3 dB, y la *selectividad de falda*, que suele medirse como la razón entre el ancho de banda de 30 dB y el ancho de banda de 3 dB. En muchas aplicaciones, el ancho de banda de 3 dB es menor al 5% de ω_0. Esta propiedad de **banda angosta** hace posibles ciertas aproximaciones que pueden simplificar el proceso de diseño, como se explica posteriormente.

Los amplificadores sintonizados estudiados en esta sección son amplificadores de voltaje a pequeña señal en los que los transistores operan en el modo de clase A. Los amplificadores sintonizados de potencia basados en modos de operación clase C y otros modos no se estudian en este libro.

El principio básico

El principio básico que sirve de fundamento al diseño de amplificadores sintonizados es el uso de un circuito paralelo LCR como la carga, o a la entrada, de un amplificador de BJT o un FET. Esto se ilustra en la figura 11.39 con un amplificador MOSFET que tiene una carga de circuito sintonizado. Para mayor sencillez, no se incluyen los detalles de polarización. Como este circuito utiliza un circuito sintonizado individual, se conoce como **amplificador con resonancia a frecuencia única**. En la figura 11.39(b) se ilustra el circuito equivalente de amplificador. Aquí, R denota el equivalente paralelo de R_L y la resistencia de salida r_o del FET, y C es el equivalente paralelo de C_L y la capacitancia de salida del FET (por lo general muy pequeña). Del circuito equivalente podemos escribir

$$V_o = \frac{-g_m V_i}{Y_L} = \frac{-g_m V_i}{sC + 1/R + 1/sL}$$

Entonces la ganancia de voltaje se puede expresar como

$$\frac{V_o}{V_i} = -\frac{g_m}{C} \frac{s}{s^2 + s(1/CR) + 1/LC} \tag{11.101}$$

que es una función de banda pasante de segundo orden. Así, el amplificador sintonizado tiene una frecuencia central de

$$\omega_0 = 1/\sqrt{LC} \tag{11.102}$$

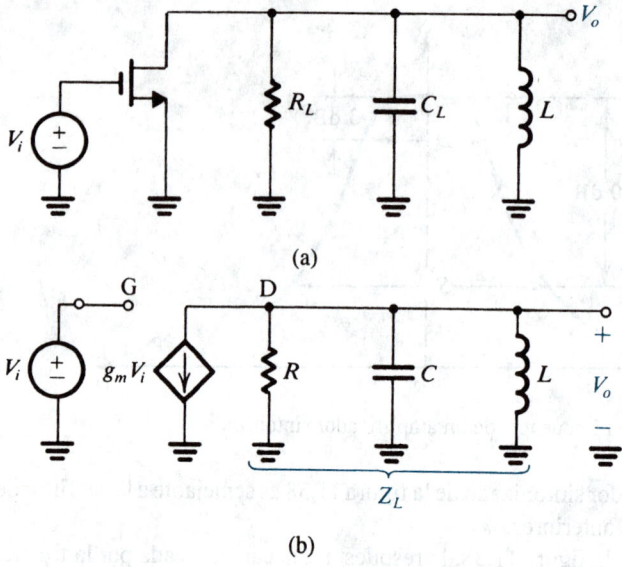

(a)

(b)

Fig. 11.39 El principio básico de amplificadores sintonizados se ilustra usando un MOSFET con una carga de circuito sintonizado. No se muestran los detalles de polarización.

un ancho de banda de 3 dB de

$$B = \frac{1}{CR} \tag{11.103}$$

un factor Q de

$$Q \equiv \omega_0/B = \omega_0 CR \tag{11.104}$$

y una ganancia de frecuencia central de

$$\frac{V_o(j\omega_0)}{V_i(j\omega_0)} = -g_m R \tag{11.105}$$

Nótese que la expresión para la ganancia de frecuencia central podría haberse escrito por inspección; a resonancia, las reactancias de L y C se cancelan y la impedancia del circuito paralelo LCR se reduce a R.

EJEMPLO 11.4

Se requiere diseñar un amplificador sintonizado del tipo que se muestra en la figura 11.39, con $f_0 = 1$ MHz, ancho de banda de 3 dB = 10 kHz, y ganancia de frecuencia central = −10 V/V. El FET disponible tiene, en el punto de polarización, $g_m = 5$ mA/V y $r_o = 10$ kΩ. La capacitancia de salida es despreciable de tan pequeña. Determine los valores de R_L, C_L y L.

SOLUCIÓN

Ganancia de frecuencia central $= -10 = -5R$. Entonces, $R = 2$ kΩ. Como $R = R_L // r_o$, entonces $R_L = 2.5$ kΩ.

$$B = 2\pi \times 10^4 = \frac{1}{CR}$$

Y

$$C = \frac{1}{2\pi \times 10^4 \times 2 \times 10^3} = 7958 \text{ pF}$$

Como $\omega_0 = 2\pi \times 10^6 = 1/\sqrt{LC}$, obtenemos

$$L = \frac{1}{4\pi^2 \times 10^{12} \times 7958 \times 10^{-12}} = 3.18 \ \mu\text{H}.$$

Pérdidas de inductor

La pérdida de potencia en el inductor suele representarse por una resistencia r_s en serie, como se muestra en la figura 11.40(a). Sin embargo, más que especificar el valor de r_s, la práctica usual es especificar el factor Q de inductor a la frecuencia de interés,

$$Q_0 \equiv \frac{\omega_0 L}{r_s} \tag{11.106}$$

Típicamente, Q_0 está entre 50 y 200.

El análisis de un amplificador sintonizado se simplifica grandemente al representar la pérdida de inductor por una resistencia paralela R_p, como se muestra en la figura 11.40(b). La relación entre R_p y Q_0 se puede hallar al escribir, para la admitancia del circuito de la figura 11.40(a),

$$Y(j\omega_0) = \frac{1}{r_s + j\omega_0 L}$$

$$= \frac{1}{j\omega_0 L} \frac{1}{1 - j(1/Q_0)} = \frac{1}{j\omega_0 L} \frac{1 + j(1/Q_0)}{1 + (1/Q_0^2)}$$

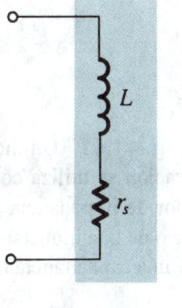 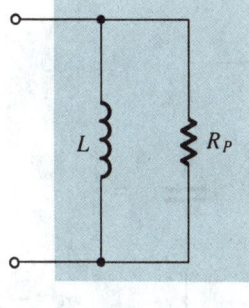

(a)   (b)

Fig. 11.40 Circuitos equivalentes de un inductor.

Para $Q_0 \gg 1$,

$$Y(j\omega_0) \simeq \frac{1}{j\omega_0 L}\left(1 + j\frac{1}{Q_0}\right) \tag{11.107}$$

Al igualar esto con la admitancia del circuito de la figura 11.40(b) resulta

$$Q_0 = \frac{R_p}{\omega_0 L} \tag{11.108}$$

o bien, lo que es equivalente,

$$R_p = \omega_0 L Q_0 \tag{11.109}$$

Finalmente, debe observarse que el factor Q de bobina pone un límite superior al valor de Q alcanzado por el circuito sintonizado.

Ejercicio

11.32 Si el inductor del ejemplo 11.4 tiene $Q_0 = 150$, encuentre R_p y luego encuentre el valor al cual R_L debe cambiarse para mantener la Q total, y por lo tanto el ancho de banda, sin cambio.

Resp. 3 kΩ; 15 kΩ

Uso de transformadores

En muchos casos se encuentra que el valor requerido de inductancia no es práctico, en el sentido de que las bobinas con la inductancia necesaria pudieran no existir con los altos valores requeridos de Q_0. Una solución sencilla es utilizar un transformador para efectuar un cambio de impedancia. Alternativamente, se puede utilizar una bobina con derivación, conocida como **autotransformador**, como se muestra en la figura 11.41. Siempre que las dos partes del inductor estén fuertemente acopladas, lo cual se logra haciendo el devanado en un núcleo de ferrita, las relaciones de transformación deben cumplirse. El resultado es que el circuito sintonizado visto entre los terminales 1 y 1′ es equivalente al de la figura 11.39(b). Por ejemplo, si se utiliza una relación de vueltas $n = 3$ en el amplificador del ejemplo 11.4, entonces se haría necesaria una bobina con inductancia $L' = 9 \times 3.18 = 28.6\ \mu\text{H}$ y una capacitancia $C' = 7\,958/9 = 884$ pF. Estos dos valores son más prácticos que los originales.

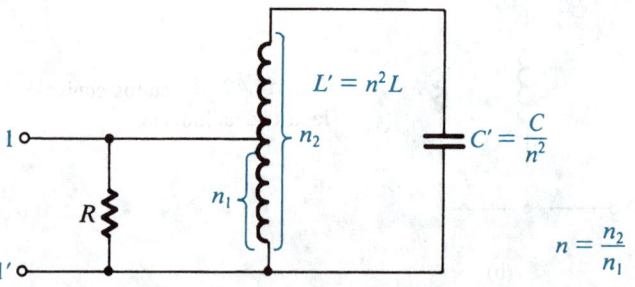

$$L' = n^2 L$$

$$C' = \frac{C}{n^2}$$

$$n = \frac{n_2}{n_1}$$

Fig. 11.41 Un inductor con derivación se utiliza como transformador de impedancia para permitir el uso de una inductancia más alta, L', y una capacitancia más pequeña, C'.

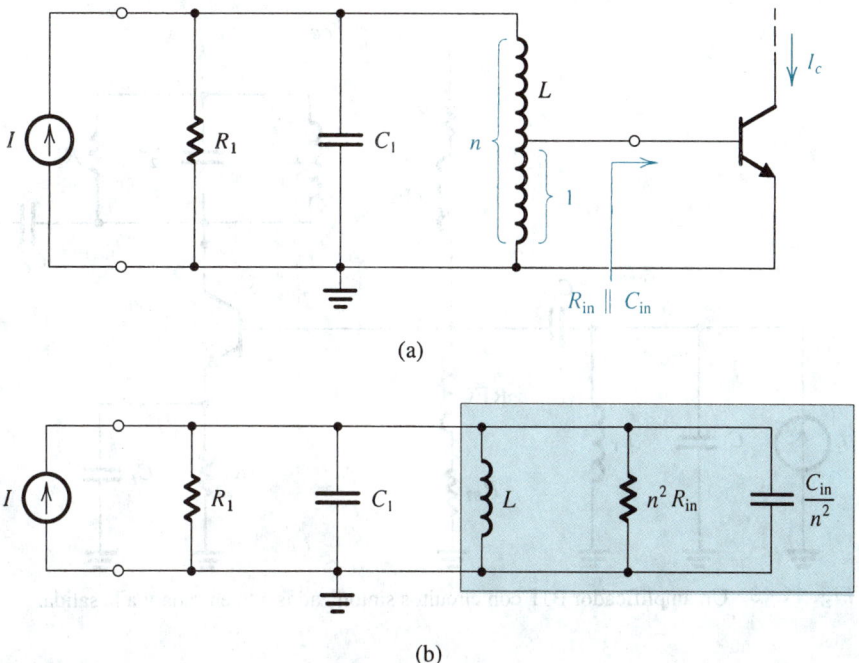

Fig. 11.42 **(a)** La salida de un amplificador sintonizado se acopla a la entrada de otro amplificador por medio de una bobina con derivación, y **(b)** circuito equivalente. Nótese que el uso de una bobina con derivación aumenta la impedancia efectiva de entrada de la segunda etapa amplificadora.

En aplicaciones en donde es necesario acoplar la salida de un amplificador sintonizado con la entrada de otro amplificador, se puede usar la bobina con derivación para elevar la resistencia efectiva de entrada de la última etapa del amplificador. En esta forma, se puede evitar la reducción del Q total. Este punto se ilustra en la figura 11.42 y en los siguientes ejercicios.

Ejercicios

D11.33 Considere el circuito de la figura 11.42(a), primero sin derivar la bobina. Sea $L = 5\ \mu H$ y suponga que R_1 se fija a 1 kΩ. Deseamos diseñar un amplificador sintonizado con $f_0 = 455$ kHz y un ancho de banda de 3 dB de 10 kHz (éste es el amplificador de frecuencia intermedia de un radio de AM). Si el BJT tiene $R_{in} = 1$ kΩ y $C_{in} = 200$ pF, encuentre el ancho de banda real obtenido y el valor requerido de C_1.

Resp. 13 kHz; 24.27 nF

D11.34 Como el ancho de banda desarrollado en el ejercicio 11.33 es mayor que el deseado, encuentre un diseño alternativo utilizando una bobina con derivación, como se muestra en la figura 11.42(a). Encuentre el valor de n que permita que las especificaciones apenas se satisfagan. También encuentre el nuevo valor requerido de C_1 y la ganancia de corriente I_c/I a resonancia. Suponga que en el punto de polarización el BJT tiene $g_m = 40$ mA/V.

Resp. 1.36; 24.36 nF; 19.1 A/A

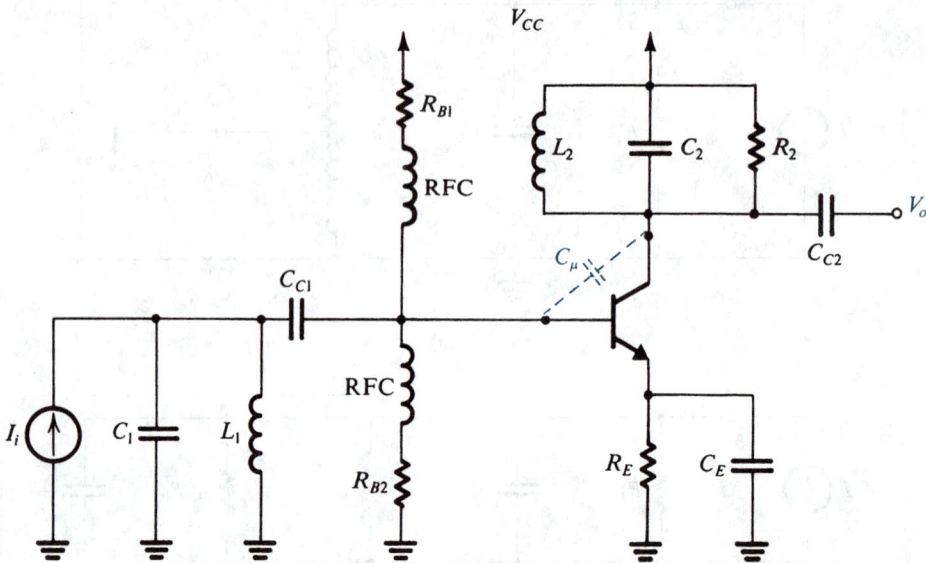

Fig. 11.43 Un amplificador BJT con circuitos sintonizados a la entrada y a la salida.

Amplificadores con circuitos sintonizados múltiples

La selectividad alcanzada con el circuito sintonizado simple de la figura 11.39 no es suficiente en muchas aplicaciones, por ejemplo, en el amplificador de frecuencia intermedia de un receptor de radio o de TV. Se obtiene mayor selectividad con más etapas sintonizadas. En la figura 11.43 se ilustra un BJT con circuitos sintonizados tanto a la entrada como a la salida.[9] En este circuito se muestran los detalles de polarización, de los que observamos que la polarización es bastante similar al circuito clásico que se utiliza en el diseño de circuitos discretos. Sin embargo, para evitar el efecto de carga de los resistores de polarización R_{B1} y R_{B2} en el circuito sintonizado de entrada, se inserta una **bobina de inducción para RF** (RFC) en serie con cada resistor. Estas bobinas tienen altas impedancias a las frecuencias de interés. El uso de las RFC en la polarización de amplificadores sintonizados de RF es práctica común.

El análisis y diseño del circuito de sintonía doble de la figura 11.43 se complica con el efecto Miller[10] debido a la capacitancia C_μ. Como la carga no es simplemente resistiva, como fue el caso en los amplificadores estudiados en el capítulo 7, la impedancia Miller a la entrada será compleja. Esta impedancia reflejada pone fuera de resonancia al circuito de entrada y produce oblicuidad de la respuesta del circuito de entrada. Está por demás decir que el acoplamiento introducido por C_μ hace muy difícil la sintonía o alineamiento del amplificador. Peor aún, el condensador C_μ puede hacer que se presenten oscilaciones (véase la obra de Gray y Searle, 1969, y el problema 11.75).

Existen métodos para **neutralizar** el efecto de C_μ, usando circuitos adicionales arreglados de modo que retroalimenten una corriente igual y opuesta a la que pasa por C_μ. Un método alternativo, y preferido, es utilizar las configuraciones de circuito que no sufran el efecto Miller. Estas

---

[9] Nótese que como el circuito de entrada es resonante en paralelo, se utiliza una señal de fuente de corriente de entrada (y no fuente de voltaje).

[10] Aquí utilizamos "efecto Miller" para el efecto de la capacitancia de retroalimentación C_μ al reflejar una impedancia de entrada, que es una función de la impedancia de carga del amplificador.

configuraciones se estudian a continuación, pero antes de salir de esta sección deseamos puntualizar que los circuitos del tipo que se muestra en la figura 11.43 suelen diseñarse utilizando el modelo de parámetro y del BJT (véase el apéndice B). Esto se hace porque aquí, en vista de que C_μ desempeña un papel importante, el modelo de parámetro y hace más sencillo el análisis (en comparación con el uso del modelo híbrido π). Del mismo modo, los parámetros y se pueden medir fácilmente a la frecuencia particular de interés, ω_0. Para amplificadores de banda angosta, la suposición que se hace por lo común es que los parámetros y permanecen aproximadamente constantes en la banda pasante.

El cascodo y la cascada de colector común y base común

De nuestro estudio de la respuesta a la frecuencia de un amplificador en el capítulo 7 sabemos que dos configuraciones de amplificador no sufren el efecto Miller; éstas son la configuración de cascodo y la cascada de colector común y base común. En la figura 11.44 se ilustran amplificadores sintonizados basados en estas dos configuraciones. La cascada de colector común y base común suele preferirse en circuitos integrados, porque su estructura diferencial la hace apropiada para técnicas de polarización de circuitos integrados. (Nótese que los detalles de polarización del circuito cascodo no se muestran en la figura 11.43. La polarización se puede hacer usando circuitos semejantes a los estudiados en capítulos anteriores.)

Sintonización sincronizada

En el diseño de un amplificador sintonizado con múltiples circuitos sintonizados surge la pregunta respecto a la frecuencia a la cual cada circuito debe estar sintonizado. El tema, por supuesto, es para la respuesta total para mostrar con llanura de banda pasante alta y selectividad de falda. Para investigar esta pregunta supondremos que la respuesta total es el producto de las respuestas individuales; en otras palabras, que las etapas no interactúan. Esto se puede lograr fácilmente con circuitos como el que se ilustra en la figura 11.44.

Considere primero el caso de N circuitos resonantes idénticos, conocidos como el caso **sincrónicamente sintonizado**. En la figura 11.45 se ilustra la respuesta de una etapa individual y la de la cascada. Observe la "contracción" del ancho de banda de la respuesta total. El ancho de banda B de 3 dB del amplificador total está relacionado con el de los circuitos sintonizados individuales, ω_0/Q, por (véase el problema 11.77)

$$B = \frac{\omega_0}{Q} \sqrt{2^{1/N} - 1} \tag{11.110}$$

El factor $\sqrt{2^{1/N} - 1}$ se conoce como *factor de contracción de ancho de banda*. Dadas B y N, podemos utilizar la ecuación (11.110) para determinar el ancho de banda necesario de las etapas individuales.

Ejercicio

D11.35 Considere el diseño de un amplificador de frecuencia intermedia para un receptor de radio FM. Usando dos etapas sincrónicamente sintonizadas con $f_0 = 10.7$ MHz, encuentre el ancho de banda de 3 dB de cada etapa de modo que el ancho de banda total sea de 200 kHz. Usando inductores de 3 μH encuentre C y R para cada etapa.

Resp. 310.8 kHz; 73.7 pF; 6.95 kΩ

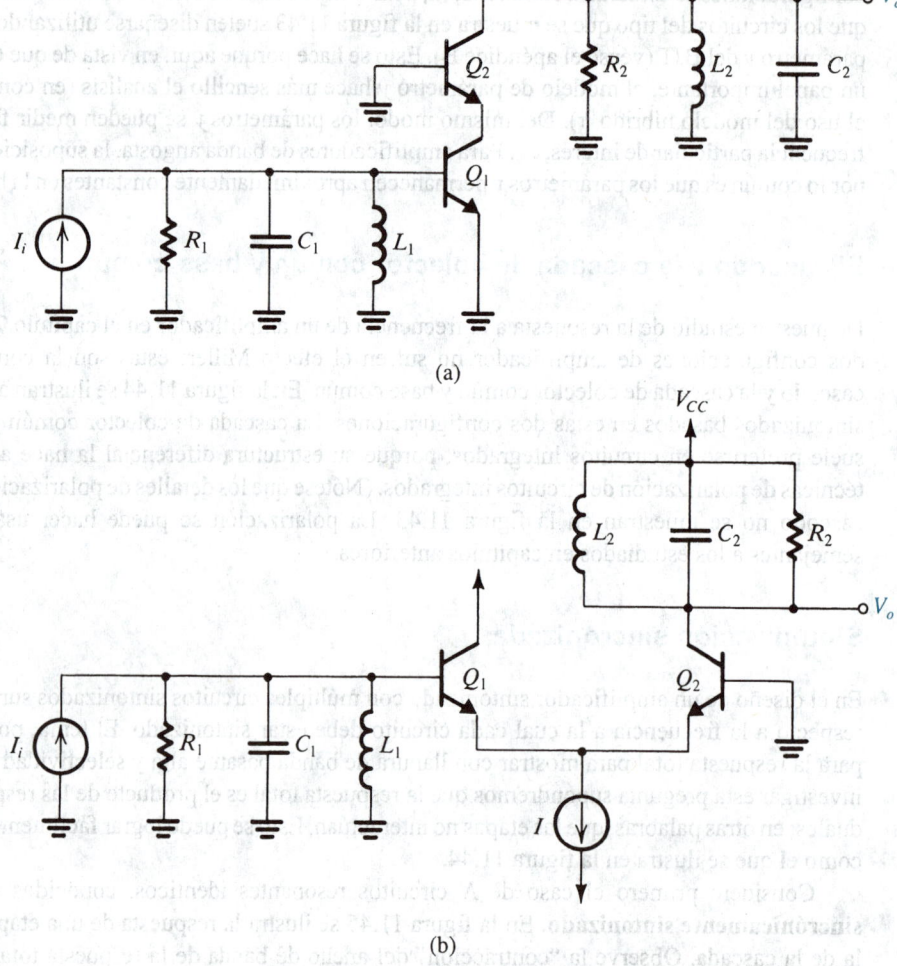

Fig. 11.44 Dos configuraciones de amplificador sintonizado que no sufren del efecto Miller: **(a)** cascada de colector común y base común. (Nótese que los detalles de polarización del circuito cascodo no se muestran.)

Sintonización escalonada

Se obtiene una mucho mejor respuesta total si se hace sintonización escalonada de etapas individuales, como se ilustra en la figura 11.46. Los amplificadores con sintonización escalonada suelen diseñarse de modo que la respuesta total exhibe *llanura máxima* alrededor de la frecuencia central f_0. Se puede obtener esta respuesta si se transforma la respuesta de un filtro de paso bajo máximamente plano (Butterworth) al eje de frecuencia hasta ω_0. Aquí veremos cómo se hace esto.

La función de transferencia de un filtro de banda pasante de segundo orden se puede expresar en términos de sus polos como

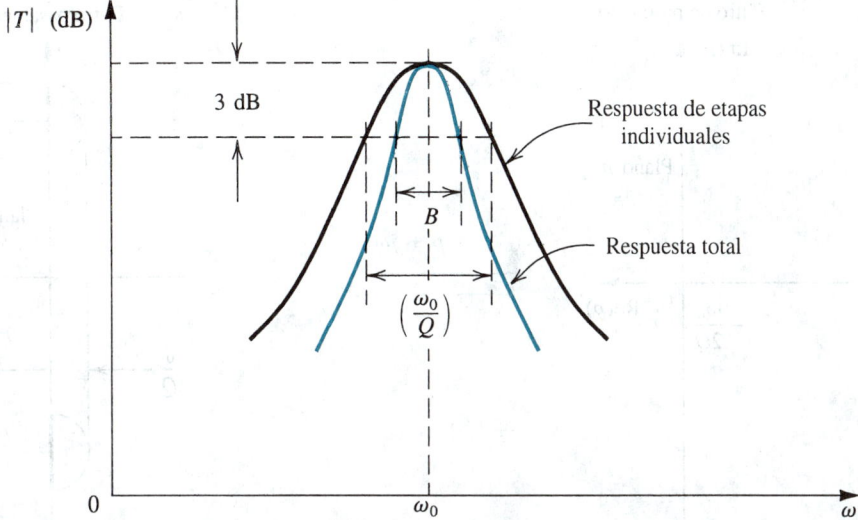

Fig. 11.45 Respuesta en frecuencia de un amplificador sincrónicamente sintonizado.

$$T(s) = \cfrac{a_1 s}{\left(s + \cfrac{\omega_0}{2Q} - j\omega_0 \sqrt{1 - \cfrac{1}{4Q^2}}\right)\left(s + \cfrac{\omega_0}{2Q} + j\omega_0 \sqrt{1 - \cfrac{1}{4Q^2}}\right)} \qquad (11.111)$$

Para un filtro de banda angosta, $Q \gg 1$, y para valores de s en la vecindad de $+ j\omega_0$ (véase la figura 11.47b) el segundo factor del denominador es aproximadamente $(2j\omega_0)$. Por lo tanto, la ecuación (11.111) se puede aproximar por

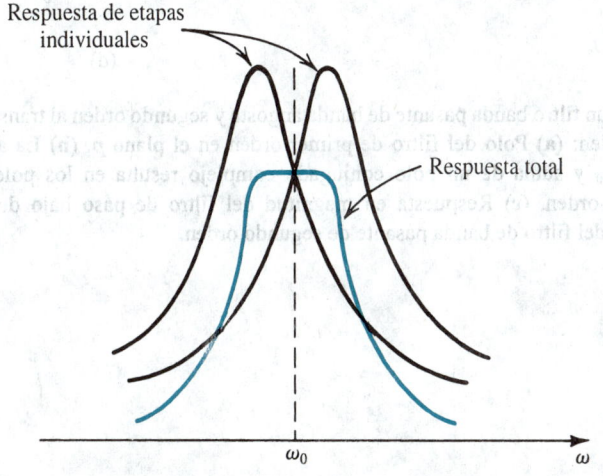

Respuesta de etapas individuales

Respuesta total

Fig. 11.46 La sintonía escalonada de circuitos resonantes individuales puede resultar en una respuesta total con banda pasante más plana que la obtenida con sintonía sincrónica (figura 11.45).

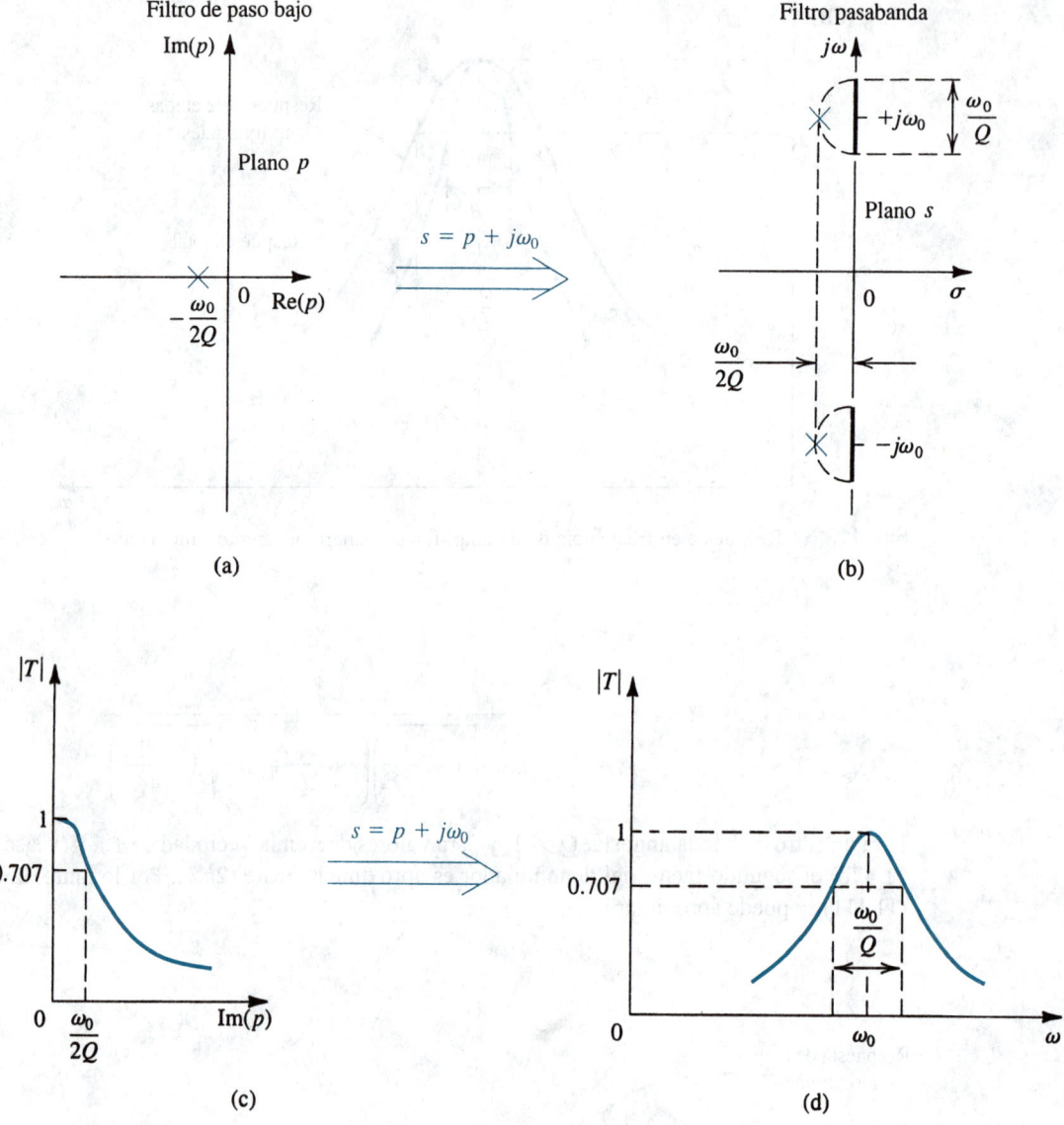

Fig. 11.47   Obtención de un filtro banda pasante de banda angosta y segundo orden al transformar un filtro de paso bajo de primer orden: **(a)** Polo del filtro de primer orden en el plano p. **(b)** La aplicación de la transformación $s = p + j\omega_0$ y suma de un polo conjugado complejo resulta en los polos del filtro de banda pasante de segundo orden. **(c)** Respuesta en magnitud del filtro de paso bajo de primer orden. **(d)** Respuesta en magnitud del filtro de banda pasante de segundo orden.

$$T(s) \simeq \frac{a_1/2}{s + \omega_0/2Q - j\omega_0} = \frac{a_1/2}{(s - j\omega_0) + \omega_0/2Q} \tag{11.112}$$

Ésta se conoce como la **aproximación de banda angosta.**[11] Nótese que la respuesta en magnitud, para $s = j\omega$, tiene un valor pico de $a_1 Q/\omega_0$ a $\omega = \omega_0$, como se esperaba.

Ahora considere una red de paso bajo de primer orden con un solo polo en $p = -\omega_0/2Q$ (utilizamos p para denotar la variable de frecuencia compleja para el filtro de paso bajo). La función de transferencia es

$$T(p) = \frac{K}{p + \omega_0/2Q} \tag{11.113}$$

donde K es una constante. Al comparar las ecuaciones (11.112) y (11.113) observamos que son idénticas para $p = s - j\omega_0$ o bien, lo que es equivalente,

$$s = p + j\omega_0 \tag{11.114}$$

Este resultado implica que la respuesta del filtro de banda pasante de segundo orden *en la vecindad de su frecuencia central* $s = j\omega_0$ es idéntica a la respuesta de un filtro de paso bajo de primer orden con un polo en $(-\omega_0/2Q)$ *en la vecindad de* $p = 0$. Entonces, la respuesta de banda pasante se puede obtener al desplazar el polo del prototipo de paso bajo y sumar el polo conjugado complejo, como se ilustra en la figura 11.47. Esto se llama **transformación de paso bajo a banda pasante** para filtros *de banda angosta*.

La transformación $p = s - j\omega_0$ se puede aplicar a filtros de paso bajo de orden mayor que uno. Por ejemplo, podemos transformar un filtro de paso bajo de segundo orden máximamente plano ($Q = 1/\sqrt{2}$) para obtener un filtro de banda pasante máximamente plano. Si el ancho de banda de 3 dB del filtro de banda pasante debe ser B rad/s, entonces el filtro de paso bajo debe tener una frecuencia de 3 dB (y así una frecuencia de polo) de $(B/2)$ rad/s, como se ilustra en la figura 11.48. El resultante filtro de banda pasante de cuarto orden será de sintonía escalonada, con dos circuitos sintonizados (véase la figura 11.48) con

$$\omega_{01} = \omega_0 + \frac{B}{2\sqrt{2}} \qquad B_1 = \frac{B}{\sqrt{2}} \qquad Q_1 \simeq \frac{\sqrt{2}\,\omega_0}{B} \tag{11.115}$$

$$\omega_{02} = \omega_0 - \frac{B}{2\sqrt{2}} \qquad B_2 = \frac{B}{\sqrt{2}} \qquad Q_2 \simeq \frac{\sqrt{2}\,\omega_0}{B} \tag{11.116}$$

Nótese que para que la respuesta total tenga una ganancia unitaria normalizada de frecuencia central, las respuestas individuales se muestran en la figura 11.48(d) con iguales ganancias de frecuencia central de $\sqrt{2}$. En la práctica, las respuestas individuales no necesitan tener iguales ganancias de frecuencia central, como se ilustra en los siguientes ejercicios.

---

[11] La respuesta de banda pasante es *geométricamente simétrica* alrededor de la frecuencia central ω_0. Esto es, cada dos frecuencias ω_1 y ω_2 a las cuales la respuesta en magnitud es igual están relacionadas por $\omega_1 \omega_2 = \omega_0^2$. Para Q alta, la simetría se hace casi *aritmética* para frecuencias cercanas a ω_0. Es decir, dos frecuencias con la misma respuesta en magnitud están casi igualmente espaciadas de ω_0. Lo mismo es cierto para filtros de banda pasante de orden más alto diseñados usando la transformación que se presenta en esta sección.

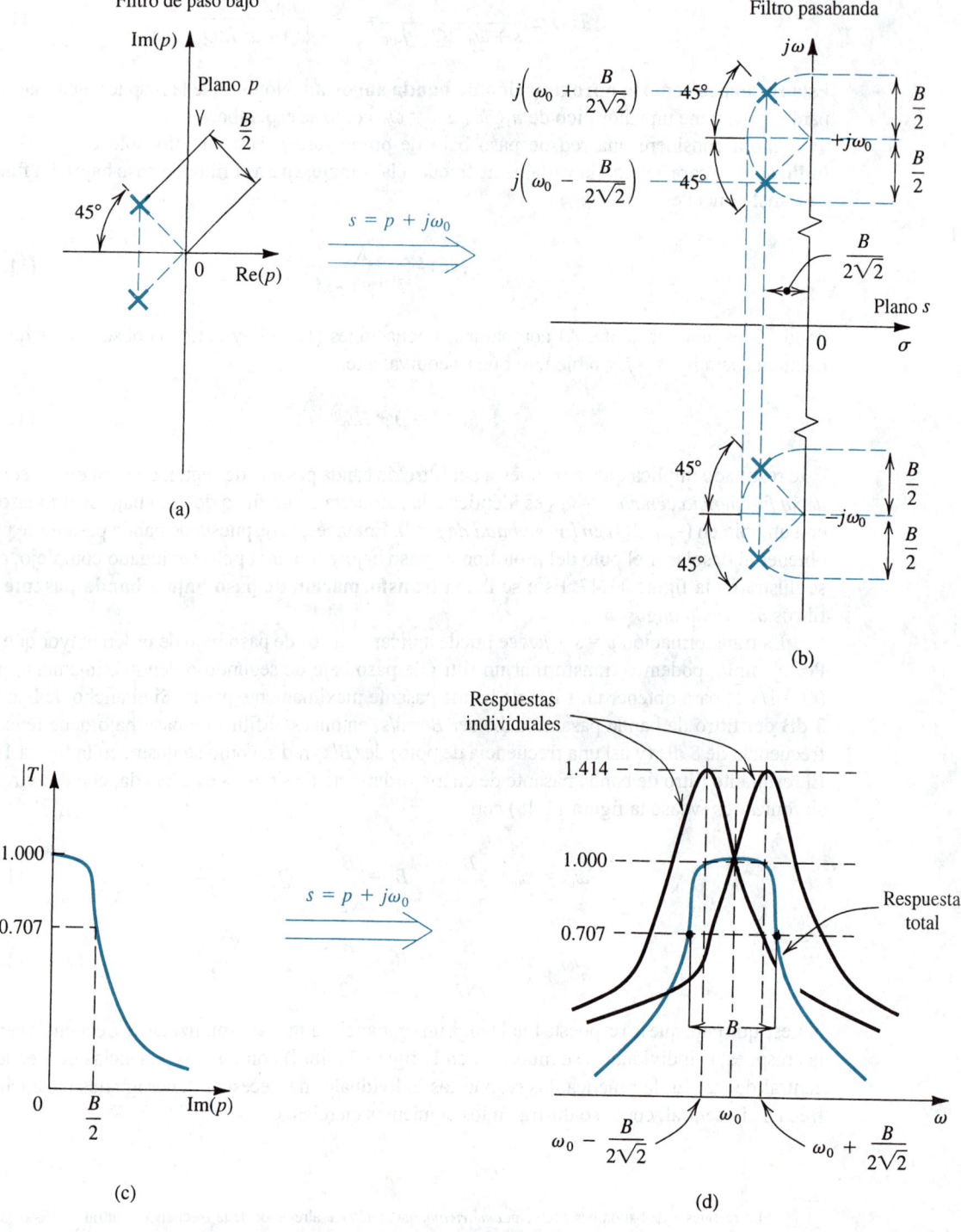

Fig. 11.48 Obtención de los polos y respuesta en frecuencia de un amplificador de banda pasante de cuarto orden, banda angosta y sintonía escalonada, al transformar una respuesta máximamente plana de paso bajo y segundo orden.

Ejercicios

D11.36 Se requiere un diseño de sintonía escalonada para el amplificador de frecuencia intermedia especificado en el ejercicio 11.35. Encuentre f_{01}, B_1, f_{02} y B_2. También dé el valor de C y R para cada una de las dos etapas. (Recuerde que deben usarse inductores de 3 μH.)

Resp. 10.77 MHz; 141.4 kHz; 10.63 MHz; 141.4 kHz; 72.8 pF; 15.5 kΩ; 74.7 pF; 15.1 kΩ

11.37 Usando el hecho de que la ganancia de voltaje a resonancia es proporcional al valor de R, encuentre la razón de la ganancia a 10.7 MHz del amplificador de sintonía escalonada diseñado en el ejercicio 11.36, y el amplificador sincrónicamente sintonizado diseñado en el ejercicio 11.35. (*Sugerencia:* para el amplificador de sintonía escalonada nótese que la ganancia a ω_0 es igual al producto de las ganancias de las etapas individuales a sus frecuencias de 3 dB.)

Resp. 2.42

11.12 EJEMPLOS DE SIMULACIÓN DEL SPICE

La simulación de circuitos se utiliza en el diseño de filtros por lo menos para tres propósitos: (1) verificar la corrección del diseño suponiendo componentes ideales; (2) investigar los efectos de las características no ideales de los op amps en la respuesta del filtro; y (3) determinar el porcentaje de circuitos fabricados con componentes prácticos, cuyos valores tienen estadísticas de tolerancia especificadas, que satisfacen las especificaciones de diseño (este porcentaje se conoce como **rendimiento**). En esta sección presentamos dos ejemplos que ilustran el uso del SPICE para los primeros dos propósitos. El tercer aspecto de diseño asistido por computadora, aunque es muy importante, es un tema más bien especializado y lo consideramos fuera del alcance de este texto (véase, por ejemplo, Daryanani, 1976).

EJEMPLO 11.5: VERIFICACIÓN DEL DISEÑO DE UN FILTRO CHEBYSHEV DE QUINTO ORDEN

Nuestro primer ejemplo muestra la forma en que el SPICE se puede utilizar para verificar el diseño de un filtro Chebyshev de quinto orden. Específicamente, simulamos la operación del circuito cuyos valores de componentes se obtuvieron en el ejercicio 11.20. El circuito completo se ilustra en la figura 11.49(a). Consiste en una cascada de dos resonadores LCR simulados de segundo orden que utilizan el circuito Antoniou, así como el circuito RC de op amp de primer orden. Usando el SPICE, nos gustaría comparar la magnitud de la respuesta del filtro con la calculada directamente con su función de transferencia. Aquí, observamos que el SPICE también se puede utilizar para realizar esta última tarea (véase Roberts y Sedra, 1997).

Como el propósito de la simulación es simplemente verificar el diseño, suponemos componentes ideales. Para los op amps, utilizamos un modelo casi ideal, es decir, una fuente de voltaje controlada por voltaje (VCVS) con una ganancia de 10^6 V/V, como se muestra en la figura 11.49(b). El archivo de entrada para el circuito del filtro Chebyshev aparece en el apéndice D. Debido a que en este circuito se repite el mismo tipo de op amp "casi ideal", hemos escogido representarlo con

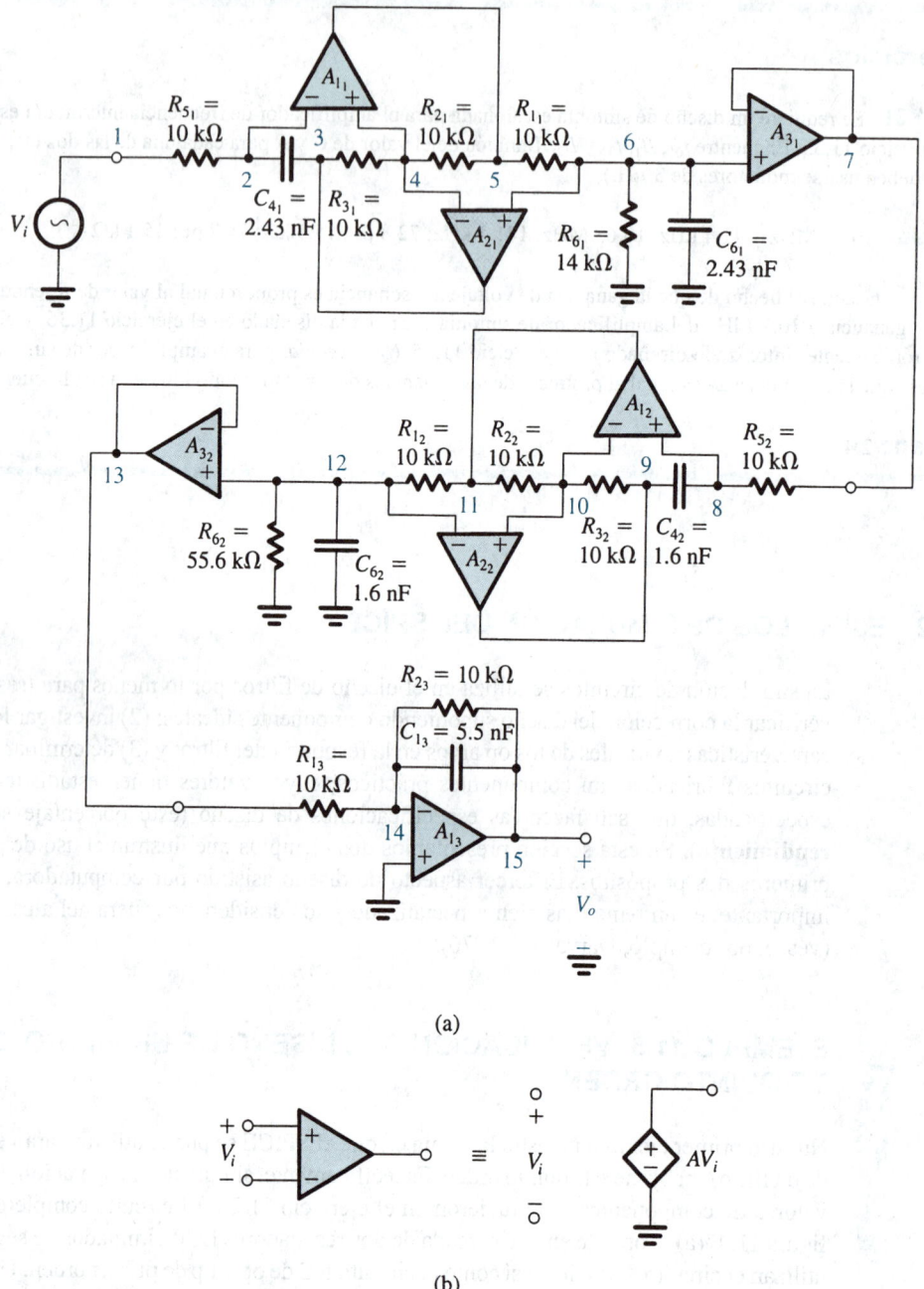

(a)

(b)

Fig. 11.49   Ejemplo 11.5: **(a)** Circuito de filtro Chebyshev de quinto orden establecido como cascada de dos circuitos resonadores LCR simulados de segundo orden y un circuito RC de op amp de primer orden. **(b)** Representación de una fuente de voltaje controlada por voltaje de un op amp ideal ($A = 10^6$).

un solo subcircuito llamado *op amp ideal*. Se requiere un análisis de CA sobre la banda lineal de frecuencias de 1 Hz a 20 kHz usando 100 puntos de datos. La entrada del filtro es excitada por una señal de CA de 1 V.

El SPICE produce la respuesta en magnitud que se ilustra en la figura 11.50; se muestran tanto una vista amplificada de la banda pasante como una vista de toda la respuesta. Estos resultados son casi idénticos a los calculados directamente de la función ideal de transferencia, verificando la corrección del diseño.

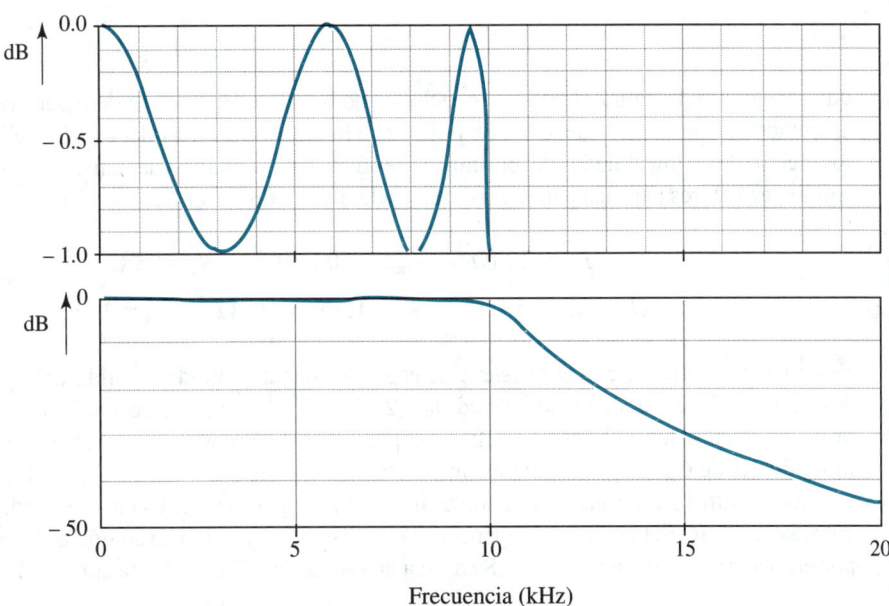

Fig. 11.50 Respuesta en magnitud del circuito de filtro de paso bajo de quinto orden que se ilustra en la figura 11.49. La gráfica superior muestra una vista amplificada de la región de banda pasante, y la inferior muestra una vista de las regiones de banda pasante y banda suprimida. (De Roberts y Sedra, 1997.)

EJEMPLO 11.6: INVESTIGANDO EL EFECTO DE ANCHO DE BANDA FINITO DE UN OP AMP SOBRE LA OPERACIÓN DEL FILTRO DE RIZO DE DOS INTEGRADORES

En este ejemplo, investigamos el efecto del ancho de banda finito de op amps prácticos sobre la respuesta de un filtro pasabanda de lazo de dos integradores, utilizando el circuito bicuadrado Tow-Thomas de la figura 11.25(b). El circuito está diseñado para dar una respuesta de banda pasante con $f_0 = 10$ kHz, $Q = 20$, y una ganancia unitaria de frecuencia central. Los op amps se supone son del tipo 741.

Surge la pregunta de cómo modelar el op amp para la simulación del SPICE. Aunque la representación más precisa sería describir todo el circuito del op amp a nivel de transistores, esto demandaría mucho tiempo y memoria de la computadora. Un método mucho más razonable, y que es el que aquí utilizamos, consiste en emplear un **macromodelo** del op amp 741. Específicamente, modelamos el comportamiento terminal del op amp con la red lineal de una constante de tiempo

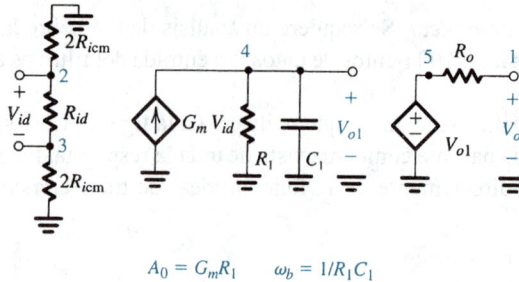

Fig. 11.51 Representación del circuito equivalente de un polo de un op amp operado dentro de su región lineal.

$$A_0 = G_m R_1 \qquad \omega_b = 1/R_1 C_1$$

que se ilustra en la figura 11.51. No se incluyen no linealidades en el modelo porque el análisis aquí ejecutado es un análisis de CA que pasa por alto estas no linealidades. (Si deben investigarse los efectos de no linealidades del op amp, debe efectuarse un análisis de transitorios.) Se emplean los siguientes valores para los parámetros del modelo en la figura 11.51:

$$R_{id} = 2\ \text{M}\Omega \qquad R_{icm} = 500\ \text{M}\Omega \qquad R_o = 75\ \Omega$$

$$G_m = 0.19\ \text{mA/V} \qquad R_1 = 1.323 \times 10^9\ \Omega \qquad C_1 = 30\ \text{pF}$$

Estos valores resultan en las resistencias especificadas de entrada y salida del op amp tipo 741. Además, producen una ganancia de cd $A_0 = 2.52 \times 10^5$ V/V y una frecuencia de 3 dB, f_b, de 4 Hz, otra vez igual a los valores especificados para el 741. Nótese que la selección de los valores individuales de G_m, R_1 y C_1 no tienen importancia mientras $G_m R_1 = A_0$ y $C_1 R_1 = 1/2\pi f_b$.

El circuito Tow-Thomas simulado se ilustra en la figura 11.52, y el correspondiente archivo de entrada del SPICE aparece en el apéndice D. La lista incluye el macromodelo del op amp descrito por el subcircuito *op amp no ideal*. Se aplica una señal de 1 V de CA a la entrada del filtro de modo

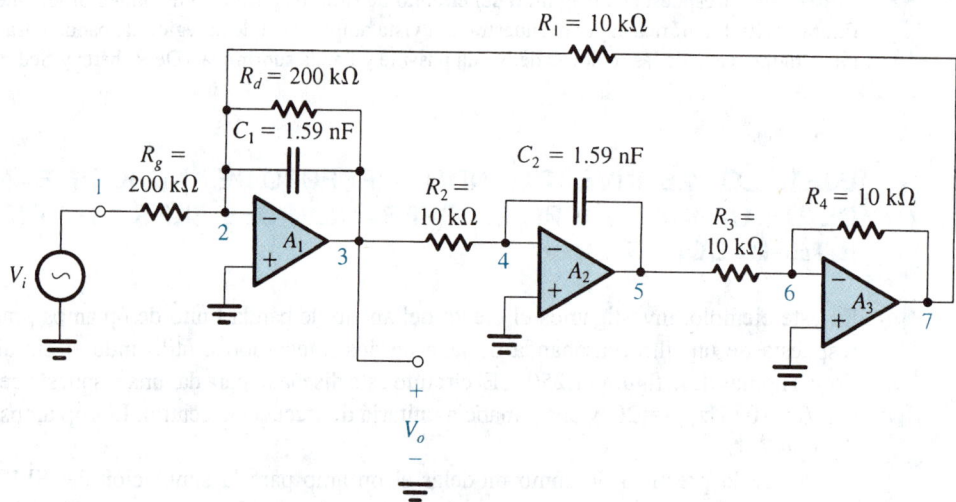

Fig. 11.52 Ejemplo 11.6: Filtro de banda pasante de segundo orden establecido con un circuito bicuadrado de Tow-Thomas que tiene $f_0 = 10$ kHz, $Q = 20$, y ganancia unitaria de frecuencia central. Se supone que los op amps son del tipo 741.

que el voltaje de salida del filtro represente la función de transferencia del filtro. La respuesta en frecuencia del filtro se calcula entre 8 kHz y 12 kHz usando 100 puntos linealmente separados. Otra sección del SPICE está concatenada a una del apéndice D para calcular la respuesta "ideal" de frecuencia. En la última simulación, el subcircuito del op amp es sustituido con uno que contiene el modelo casi ideal utilizado en el ejemplo 11.5.

En la figura 11.53 se ilustran los resultados de la simulación, de los cuales observamos la importante desviación entre la respuesta del filtro usando el op amp 741 y la que resulta usando el modelo casi ideal de op amp. Específicamente, la respuesta con op amps prácticos muestra una desviación en la frecuencia central de unos −100 Hz y una reducción en el ancho de banda de 3 dB de 500 Hz a alrededor de 110 Hz. Entonces, en efecto, el factor Q del filtro ha aumentado del valor ideal de 20 a unos 90. Este fenómeno, conocido como *enriquecimiento de Q*, es predecible con un análisis del bicuadrado de lazo de dos integradores con el ancho de banda finito del op amp tomado en cuenta (véase la obra de Sedra y Brackett, 1978). Este análisis muestra que se presenta un enriquecimiento de Q como resultado del exceso de retraso en fase introducido por el ancho de banda finito del op amp. La teoría también muestra que el efecto del enriquecimiento de Q se puede compensar si se introduce un adelanto de fase alrededor del lazo de retroalimentación. Esto se puede lograr conectando un pequeño condensador, C_c, en paralelo con el resistor R_2. Para investigar el potencial de esta técnica de compensación, repetimos la simulación del SPICE con diversos valores de capacitancia. Los resultados se muestran en la figura 11.54(a). Observamos que a medida que la capacitancia de compensación se aumentó desde 0 pF, tanto el Q del filtro como el pico de resonancia de la respuesta del filtro se acercan a los valores deseados. Es evidente, sin embargo, que una capacitancia de compensación de 80 pF ocasiona que la respuesta se desvíe más

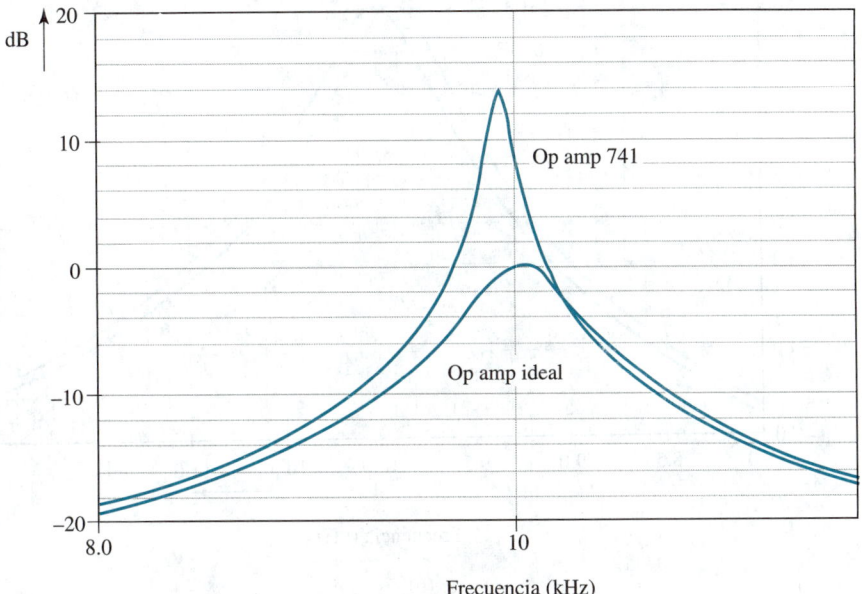

Fig. 11.53 Comparación de la respuesta en magnitud del circuito bicuadrado de Tow-Thomas que se muestra en la figura 11.52, construido con op amps del tipo 741, con la respuesta ideal en magnitud. Estos resultados ilustran el efecto de la ganancia finita de cd y ancho de banda del op amp 741 en la respuesta en frecuencia del circuito bicuadrado de Tow-Thomas. (De Roberts y Sedra, 1997.)

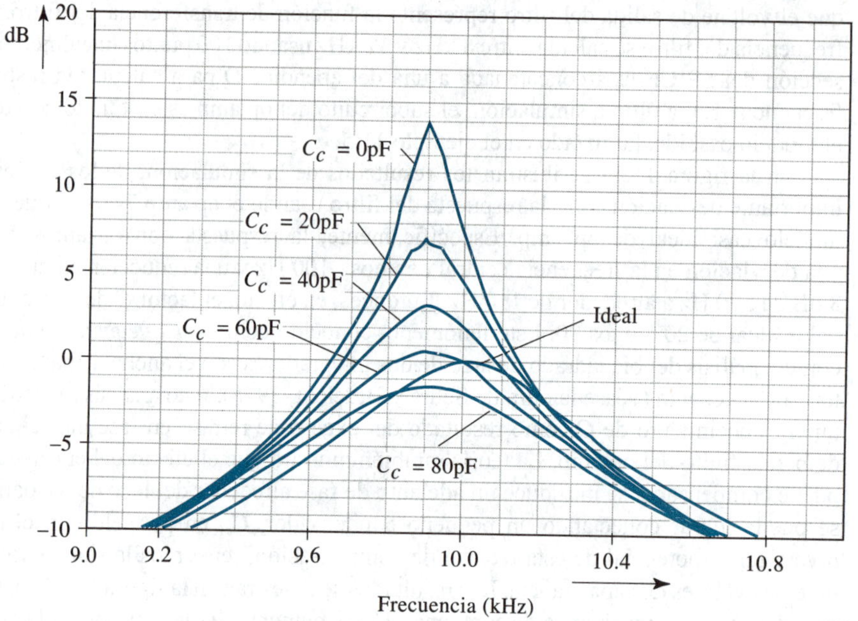

Fig. 11.54 (a) Respuesta en magnitud del circuito bicuadrado de Tow-Thomas con diferentes valores de capacitancia de compensación. Para comparación, también se muestra la respuesta ideal. (b) Comparación de la respuesta en magnitud del circuito bicuadrado de Tow-Thomas usando un condensador de compensación de 64 pF contra la respuesta ideal. (De Roberts y Sedra, 1997.)

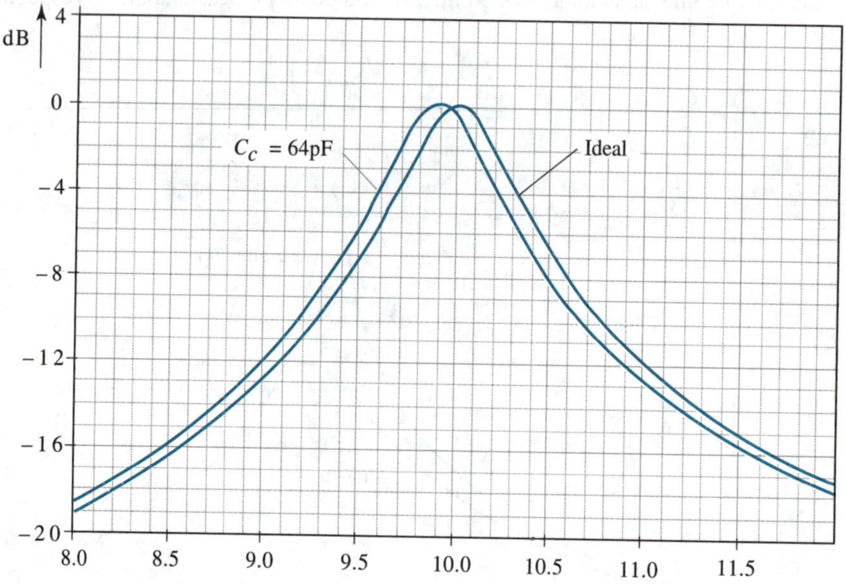

del ideal. Entonces, se obtiene óptima compensación con un valor de capacitancia entre 60 y 80 pF. Más experimentación mediante el uso del SPICE hace posible que determinemos que este óptimo se obtiene con una capacitancia de compensación de 64 pF. Se muestra la respuesta correspondiente, junto con una respuesta ideal, en la figura 11.54(b). Observamos que aun cuando el Q del filtro se ha restablecido a su valor ideal, permanece una desviación en la frecuencia central. No perseguimos aquí este tema; nuestro objetivo no es presentar un estudio detallado del diseño de los bicuadrados de lazo de dos integradores sino que, más bien, es ilustrar la aplicación del SPICE en la investigación de operación no ideal de circuitos de filtro activo.

RESUMEN

■ Un filtro es una red lineal de dos puertos con una función de transferencia $T(s) = V_o(s)/V_i(s)$. Para frecuencias físicas, la transmisión de filtro se expresa como $T(j\omega) = |T(j\omega)|e^{j\phi(\omega)}$. La magnitud de transmisión se puede expresar en decibeles usando ya sea la función de ganancia $G(\omega) \equiv 20 \log|T|$ o la función de atenuación $A(\omega) \equiv -20 \log|T|$.

■ Las características de transmisión de un filtro se especifican en términos de los bordes de la(s) banda(s) pasante(s) y la(s) banda(s) suprimida(s), la máxima variación permitida en transmisión de banda pasante, $A_{máx}$ (dB), y la mínima atenuación requerida en la banda suprimida, $A_{mín}$ (dB). En algunas aplicaciones, las características de fase también se especifican.

■ La función de transferencia de un filtro se pueden expresar como la razón entre dos polinomios en s, el grado del polinomio del denominador, N, es el orden del filtro. Las N raíces del polinomio del denominador son los polos (modos naturales).

■ Para obtener una respuesta altamente selectiva, los polos son complejos y se presentan en pares conjugados (excepto para un polo real cuando N es impar). Los ceros se ponen en el eje $j\omega$ en la(s) banda(s) suprimida(s) incluyendo $\omega = 0$ y $\omega = \infty$.

■ La aproximación del filtro Butterworth produce una respuesta de paso bajo que es máximamente plana a $\omega = 0$. La transmisión decrece monótonamente a medida que ω aumenta, llegando a 0 (atenuación infinita) a medida que $\omega = \infty$, donde se encuentran todos los N ceros de transmisión. La ecuación (11.11) da $|T|$, donde ϵ está dada por la ecuación (11.14) y el orden N se determina usando la ecuación (11.15). Los polos se encuentran usando la construcción gráfica de la figura 11.10, y la función de transferencia está dada por la ecuación (11.16).

■ La aproximación del filtro Chebyshev produce una respuesta de paso bajo que es igualmente ondulada en la banda pasante con la transmisión decreciendo monótonamente en la banda suprimida. Todos los ceros de transmisión están en $s = \infty$. La ecuación (11.18) da $|T|$ en la banda pasante y la ecuación (11.19) da $|T|$ en la banda suprimida, donde ϵ está dada por la ecuación (11.21). El orden N se puede determinar usando la ecuación (11.22). Los polos están dados por la ecuación (11.23) y la función de transferencia por la ecuación (11.24).

■ Las figuras 11.13 y 11.14 contienen un resumen de funciones de filtro de primer orden y sus desarrollos.

■ La figura 11.16 contiene las características de siete funciones especiales de filtrado de segundo orden.

■ El resonador LCR de segundo orden de la figura 11.17(a) desarrolla un par de polos conjugados complejos con $\omega_0 = 1/\sqrt{LC}$ y $Q = \omega_0 CR$. Este resonador se puede usar para desarrollar las diversas funciones especiales de filtrado de segundo orden, como se muestra en la figura 11.18.

■ Al sustituir el inductor de un resonador LCR con una inductancia simulada obtenida usando el circuito de Antoniou de la figura 11.20(a), resulta el resonador RC de op amp de la figura 11.21(b). Este resonador se puede usar para desarrollar las diversas funciones de filtro de segundo orden, como se muestra en la figura 11.22. Las ecuaciones de diseño para estos circuitos se dan en la tabla 11.1.

■ Los bicuadrados basados en la topología de lazo de dos integradores son los desarrollos de filtro de segundo orden más adaptables y conocidos. Hay dos variedades: el circuito KHN de la figura 11.24(a), que desarrolla las funciones de paso bajo, paso de banda (banda pasante) y paso alto simultáneamente y se pueden combinar con el amplificador sumador de salida de la figura 11.28(b) para desarrollar las funciones de muesca y pasatodo; y el circuito Tow-Thomas de la figura 11.25(b), que desarrolla las funciones de banda pasante y paso bajo simultáneamente. Se puede aplicar alimentación en avance al circuito

Tow-Thomas para obtener el circuito de la figura 11.26, que se puede diseñar para realizar cualquiera de las funciones de segundo orden [véase la tabla 11.2].

■ Se obtienen bicuadrados de un amplificador individual si se conecta una red en T con puente en la trayectoria de retroalimentación negativa de un op amp. Si el op amp es ideal, los polos desarrollados están en las mismas ubicaciones que los ceros de la red RC. Se puede aplicar transformación complementaria al lazo de retroalimentación para obtener otro lazo de retroalimentación que tenga polos idénticos. Se desarrollan ceros de transmisión diferentes al alimentar la señal de entrada a los nodos de circuito que estén conectados a tierra. Los bicuadrados de amplificador individual (SAB) son económicos en su uso de op amps pero sensibles a las características no ideales del op amp y por lo tanto limitados a aplicaciones de Q bajos ($Q \leq 10$).

■ La función clásica de sensibilidad

$$S_x^y = \frac{\partial y/y}{\partial x/x}$$

es una herramienta muy útil al investigar la magnitud de tolerancia del circuito de un filtro a las inevitables imprecisiones en valores de componentes y a las características no ideales de los op amps.

■ Los filtros de condensador conmutado están basados en el principio de que un condensador C, periódicamente conmutado entre dos nodos de circuito a alta frecuencia, f_c, es equivalente a una resistencia $R = 1/Cf_c$ que conecte los dos nodos del circuito. Los filtros de condensador conmutado se pueden fabricar en forma monolítica usando tecnología de IC CMOS.

■ Los amplificadores sintonizados utilizan circuitos sintonizados LC como cargas, o a la entrada, de amplificadores a transistores. Se emplean en el diseño de la sección de sintonía y la sección de frecuencia intermedia (IF) de receptores de comunicaciones. Las configuraciones de cascodo y cascada de colector común y base común se utilizan con frecuencia en el diseño de amplificadores sintonizados. La sintonía escalonada de circuitos sintonizados individuales resulta en una respuesta más plana de banda pasante (en comparación con la obtenida con todos los circuitos sintonizados sincrónicamente sintonizados).

BIBLIOGRAFÍA

P. E. Allen y E. Sanchez-Sinencio, *Switched-Capacitor Circuits*, Van Nostrand Reinhold, Nueva York, 1984.

R. W. Brodersen, P. R. Gray y D. A. Hodges, "MOS switched-capacitor filters", *Proceedings of the IEEE*, vol. 67, pp. 61-74, enero de 1979.

K. K. Clarke y D. T. Hess, *Communication Circuits: Analysis and Design*, capítulo 6, Addison Wesley, Reading, Mass., 1971.

G. Daryanani, *Principles of Active Network Synthesis and Design*, Wiley, Nueva York, 1976.

M. S. Ghausi, *Electronic Devices and Circuits: Discrete and Integrated*, Holt, Rinehart and Winston, Nueva York, 1985.

P. E. Gray y C. L. Searle, *Electronic Principles*, capítulo 17, Wiley, Nueva York, 1969.

R. Gregorian y G. C. Temes, *Analog MOS Integrated Circuits for Signal Processing*, Wiley-Interscience, Nueva York, 1986.

C. Ouslis y A. Sedra, "Designing custom filters", *IEEE Circuits and Devices*, mayo de 1955, pp. 29-37.

K. Martin, "Improved circuits for the realization of switched-capacitor filters", *IEEE Transactions on Circuits and Systems*, vol. CAS-27, núm. 4, pp. 237-244, abril de 1980.

S. K. Mitra y C. F. Kurth (eds.), *Miniaturized and Integrated Filters*, Wiley-Interscience, Nueva York, 1989.

G. W. Roberts y A. S. Sedra, SPICE, Oxford University Press, Nueva York, 1997.

R. Schaumann, M. S. Ghausi y K. R. Laker, *Design and Analog Filters*, Prentice-Hall, Englewood Cliffs, N.J., 1990.

R. Schaumann, M. Soderstrand y K. Laker (eds.), *Modern Active Filter Design*, IEEE Press, Nueva York, 1981.

A. S. Sedra, "Switched-capacitor filter synthesis", en *MOS VLSI Circuits for Telecommunications*, Y. Tsividis and P. Antognetti (eds.), Prentice-Hall, Englewood Cliffs, N.J., 1985.

A. S. Sedra y P. O. Brackett, *Filter Theory and Design: Active and Passive*, Matrix, Portland, Ore., 1978.

A. S. Sedra, M. Ghorab y K. Martin, "Optimum configurations for single-amplifier bicuadratic filters", *IEEE Transactions on Circuits and Systems*, vol. CAS-27, núm. 12, diciembre de 1980, pp. 1155-1163.

W. M. Snelgrove, *FILTOR 2: A Computer-Aided Filter Design Package*, Depto. de Ingeniería Eléctrica, Universidad de Toronto, 1981.

M. E. van Valkenburg, *Analog Filter Design*, Holt, Rinehart, and Winston, Nueva York, 1981.

A. I. Zverev, *Handbook of Filter Synthesis*, Wiley, Nueva York, 1967.

PROBLEMAS

Sección 11.1: Transmisión de filtro, tipos y especificación

11.1 La función de transferencia de un filtro de paso bajo de primer orden (como el desarrollado por un circuito RC) se puede expresar como $T(s) = \omega_0/(s + \omega_0)$, donde ω_0 es la frecuencia de 3 dB del filtro. Dé en forma de tabla los valores de $|T|$, ϕ, G y A a $\omega = 0, 0.5\omega_0, \omega_0, 2\omega_0, 5\omega_0, 10\omega_0$ y $100\omega_0$.

*11.2 Un filtro tiene la función de transferencia $T(s) = 1/[(s + 1)(s^2 + s + 1)]$. Demuestre que $|T| = \sqrt{1 + \omega^6}$ y encuentre una expresión para su respuesta en fase $\phi(\omega)$. Calcule los valores de $|T|$ y ϕ para $\omega = 0.1, 1$ y 10 rad/s y luego encuentre la salida correspondiente a cada una de las señales de entrada siguientes:

(a) $2 \operatorname{sen} 0.1t$ (volts)

(b) $2 \operatorname{sen} t$ (volts)

(c) $2 \operatorname{sen} 10t$ (volts)

11.3 Para el filtro cuya respuesta en magnitud se dibuja (curva en color) en la figura 11.3, encuentre $|T|$ a $\omega = 0$, $\omega = \omega_p$ y $\omega = \omega_s$. $A_{máx} = 0.5$ dB, y $A_{mín} = 40$ dB.

D11.4 Se requiere un filtro de paso bajo para pasar todas las señales dentro de su banda pasante, que se extiende de 0 a 4 kHz, con una variación de transmisión de por lo menos 10% (es decir, la razón entre máxima y mínima transmisión en la banda pasante no debe exceder de 1.1). La transmisión en la banda suprimida que se extiende de 5 kHz al ∞ no debe exceder de 0.1% de la máxima transmisión de banda pasante. ¿Cuáles son los valores de $A_{máx}$, $A_{mín}$ y el factor de selectividad para este filtro?

11.5 Se especifica que un filtro de paso bajo debe tener $A_{máx} = 1$ dB y $A_{mín} = 10$ dB. Se encuentra que sus especificaciones sólo se pueden satisfacer con un circuito RC de una constante de tiempo que tiene una constante de tiempo de 1 s y una transmisión de cd de la unidad. ¿Cuáles deben ser las ω_p y ω_s de este filtro? ¿Cuál es el factor de selectividad?

11.6 Trace las especificaciones de transmisión para un filtro de paso alto que tenga una banda pasante definida por $f \geq 2$ kHz y una banda suprimida definida por $f \leq 1$ kHz. $A_{máx} = 0.5$ dB y $A_{mín} = 50$ dB.

11.7 Trace las especificaciones de transmisión para un filtro de banda suprimida que se requiere para pasar señales sobre las bandas de $0 \leq f \leq 10$ kHz y 20 kHz $\leq f \leq \infty$ con $A_{máx}$ de 1 dB. La banda suprimida se extiende de $f = 12$ kHz a $f = 16$ kHz, con una atenuación mínima requerida de 40 dB.

Sección 11.2: Función de transferencia de un filtro

11.8 Considere un filtro de quinto orden cuyos polos están todos a una distancia radial del origen de 10^3 rad/s. Un par de polos conjugados complejos está a ángulos de 18° del eje $j\omega$, y el otro par está a ángulos de 54°. Dé la función de transferencia en cada uno de los siguientes casos:

(a) Los ceros de transmisión están todos a $s = \infty$ y la ganancia de cd es unitaria.

(b) Los ceros de transmisión están todos a $s = 0$ y la ganancia de alta frecuencia es unitaria.

¿Qué tipo de filtro resulta en cada caso?

11.9 Un filtro de paso bajo de tercer orden tiene ceros de transmisión a $\omega = 2$ rad/s y $\omega = \infty$. Sus modos naturales están a $s = -1$ y $s = -0.5 \pm j0.8$. La ganancia de cd es unitaria. Encuentre $T(s)$.

11.10 Encuentre el orden N y la forma de $T(s)$ de un filtro de banda pasante que tenga ceros de transmisión como sigue: uno a $\omega = 0$, uno a $\omega = 10^3$ rad/s, uno a 3×10^3 rad/s, uno a 6×10^3 rad/s y uno a $\omega = \infty$. Si este filtro tiene una transmisión de banda pasante decreciente monótonamente con un pico en la frecuencia central de 2×10^3 rad/s, y respuesta igualmente ondulada en las bandas suprimidas, trace la forma de su $|T|$.

*11.11 Analice la red RLC de la figura P11.11 para determinar su función de transferencia $V_o(s)/V_i(s)$ y de aquí sus polos y ceros. (*Sugerencia:* Inicie el análisis a la salida y trabaje hacia atrás a la entrada.)

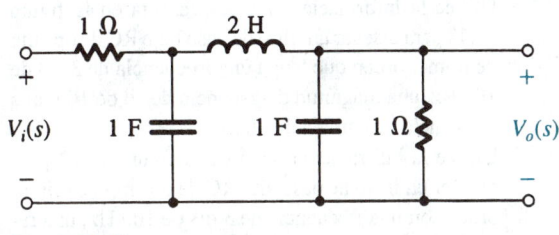

Fig. P11.11

Sección 11.3: Filtros Butterworth y Chebyshev

D11.12 Determine el orden N del filtro Butterworth para el cual $A_{máx} = 1$ dB, $A_{mín} \geq 20$ dB, y la razón de selectividad es $\omega_s/\omega_p = 1.3$. ¿Cuál es el valor real de mínima atenuación de banda suprimida desarrollada? Si $A_{mín}$ debe ser exactamente 20 dB, ¿a qué valor se puede reducir $A_{máx}$?

11.13 Calcule el valor de atenuación obtenido a una frecuencia 1.6 veces la frecuencia de 3 dB de un filtro Butterworth de séptimo orden.

11.14 Encuentre los modos naturales de un filtro Butterworth con un ancho de banda de 1 dB de 10^3 rad/s y $N = 5$.

D11.15 Diseñe un filtro Butterworth que satisfaga las siguientes especificaciones de paso bajo: $f_p = 10$ kHz, $A_{máx} = 2$ dB, $f_s = 15$ kHz y $A_{mín} = 15$ dB. Encuentre N, los modos naturales y $T(s)$. ¿Cuál es la atenuación producida a 20 kHz?

***11.16** Trace $|T|$ para un filtro Chebyshev de paso bajo de séptimo orden con $\omega_p = 1$ rad/s y $A_{máx} = 1$ dB. Utilice la ecuación (11.18) para determinar los valores de ω a los cuales $|T| = 1$ y los valores de ω a los cuales $|T| = 1/\sqrt{1 + \epsilon^2}$. Indique estos valores en su dibujo. Utilice la ecuación (11.19) para determinar $|T|$ a $\omega = 2$ rad/s, e indique este punto en su trazo. Para valores grandes de ω, ¿a qué rapidez (en dB/octava) decrece la transmisión?

11.17 Contraste la atenuación producida por un filtro Chebyshev de quinto orden a $\omega_s = 2 \omega_p$ con la atenuación producida por un filtro Butterworth de igual orden. Para ambos, $A_{máx} = 1$ dB. Trace $|T|$ para ambos filtros en los mismos ejes.

D*11.18 Se requiere diseñar un filtro de paso bajo para satisfacer las siguientes especificaciones: $f_p = 3.4$ kHz, $A_{máx} = 1$ dB, $f_s = 4$ kHz, $A_{mín} = 35$ dB.

(a) Encuentre el orden requerido de filtro Chebyshev. ¿Cuál es el exceso de atenuación de banda suprimida (arriba de 35 dB) que se obtiene?

(b) Encuentre los polos y la función de transferencia.

Sección 11.4: Funciones de filtro de primer orden y segundo orden

D11.19 Utilice la información que se presenta en la figura 11.13 para diseñar un filtro de paso bajo RC de op amp de primer orden que tenga una frecuencia de 3 dB de 10 kHz, una magnitud de ganancia de cd de 10 y una resistencia de entrada de 10 kΩ.

D11.20 Utilice la información dada en la figura 11.13 para diseñar un filtro de paso alto RC de op amp de primer orden con una frecuencia de 3 dB de 100 Hz, una resistencia de entrada de alta frecuencia de 100 kΩ y una magnitud de ganancia de alta frecuencia de la unidad.

D*11.21 Utilice la información dada en la figura 11.13 para diseñar una red para conformar espectro de RC de op amp de primer orden, con una frecuencia cero de transmisión de 1 kHz, una frecuencia de polo de 100 kHz, y una magnitud de ganancia de cd de la unidad. La resistencia de entrada de baja frecuencia debe ser de 1 kΩ. ¿Cuál es la ganancia de alta frecuencia que resulta? Trace la magnitud de la función de transferencia contra frecuencia.

D*11.22 Al conectar en cascada un circuito de paso bajo RC de op amp de primer orden con un circuito de paso alto RC de op amp de primer orden, se puede diseñar un filtro de banda pasante de banda ancha. Elabore este diseño para el caso en que la ganancia de banda media es 12 dB y el ancho de banda de 3 dB se extiende de 100 Hz a 10 kHz. Seleccione valores apropiados de componentes bajo la restricción de que no se pueden usar resistores mayores de 100 kΩ, y la resistencia de entrada debe ser tan alta como sea posible.

D11.23 Deduzca $T(s)$ para el circuito RC de op amp de la figura 11.14. Deseamos usar este circuito como desfasador variable al ajustar R. Si la frecuencia de la señal de entrada es 10^4 rad/s y si $C = 10$ nF, encuentre los valores de R necesarios para obtener desfasamientos de $-30°$, $-60°$, $-90°$, $-120°$ y $-150°$.

11.24 Demuestre que por intercambio de R y C en el circuito RC de op amp de la figura 11.14, el desfasamiento resultante cubre el intervalo de 0 a 180° (con 0° a altas frecuencias y 180° a bajas frecuencias).

11.25 Utilice la información de la figura 11.16(a) para obtener la función de transferencia de un filtro de paso bajo de segundo orden con $\omega_0 = 10^3$ rad/s, $Q = 1$ y ganancia de cd = 1. ¿A qué frecuencias alcanza $|T|$ su máximo? ¿Cuál es la transmisión máxima?

D*11.26** Utilice la información de la figura 11.16(a) para obtener la función de transferencia de un filtro de paso bajo de segundo orden que apenas satisfaga las especificaciones definidas en la figura 11.3 con $\omega_p = 1$ rad/s y $A_{máx} = 3$ dB. Nótese que hay dos posibles soluciones. Para cada una, encuentre ω_0 y Q. Del mismo modo, si $\omega_s = 2$ rad/s, encuentre el valor de $A_{mín}$ obtenido en cada caso.

D11.27** Utilice dos circuitos pasatodo RC de op amp de primer orden en cascada para diseñar un circuito que produzca un conjunto de voltajes trifásicos de 60 Hz, cada uno separado por 120° e iguales en magnitud, como se muestra en el diagrama fasorial de la figura P11.27. Estos voltajes simulan los utilizados en los sistemas de transmisión de energía eléctrica trifásica. Utilice condensadores de 1 μF.

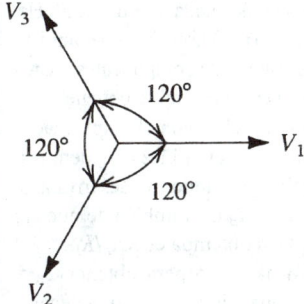

Fig. P11.27

Sección 11.5: El resonador LCR de segundo orden

D11.33 Diseñe el resonador LCR de la figura 11.17(a) para obtener modos naturales con $\omega_0 = 10^4$ rad/s y $Q = 2$. Utilice $R = 10$ kΩ.

11.34 Para el resonador LCR de la figura 11.17(a) encuentre el cambio en ω_0 que resulte de:
  (a) aumentar L en 1%
  (b) aumentar C en 1%
  (c) aumentar R en 1%

11.35 Deduzca una expresión para $V_o(s)/V_i(s)$ del circuito de paso alto de la figura 11.18(c).

D11.36 Utilice el circuito de la figura 11.18(b) para diseñar un filtro de paso bajo con $\omega_0 = 10^5$ rad/s y $Q = 1/\sqrt{2}$. Utilice un condensador de 0.1 μF.

D11.37 Modifique el circuito de banda pasante de la figura 11.18(d) para cambiar su ganancia de frecuencia central de 1 a 0.5 sin cambiar ω_0 o Q.

11.38 Considere el circuito de muesca que se ilustra en la figura 11.17(a) con el nodo x desconectado de tierra y conectado a una fuente de señales de entrada V_x, el nodo y desconectado de tierra y conectado a otra fuente de señales de entrada V_y, y el nodo z desconectado de tierra y conectado a una tercera fuente de señales de entrada V_z. Utilice superposición para hallar el voltaje que se forma en los terminales del resonador, V_o, en términos de V_x, V_y y V_z.

11.39 Considere el circuito de muesca que se ilustra en la figura 11.18(i). ¿Para qué razón entre L_1 y L_2 se presenta la muesca a 0.9 ω_0? Para este caso, ¿cuál es la magnitud de la transmisión a frecuencias $\ll \omega_0$?, ¿y a frecuencias $\gg \omega_0$?

11.28 Utilice la información dada en la figura 11.16(b) para hallar la función de transferencia de un filtro de paso alto de segundo orden con nodos naturales a $-0.5 \pm j\sqrt{3}/2$ y una ganancia de alta frecuencia de la unidad.

*11.29 (a) Demuestre que $|T|$ de una función de banda pasante de segundo orden es geométricamente simétrica alrededor de la frecuencia central ω_0. Esto es, cada par de frecuencias ω_1 y ω_2 para las cuales $|T(j\omega_1)| = |T(j\omega_2)|$ están relacionadas por $\omega_1\omega_2 = \omega_0^2$.
  (b) Encuentre la función de transferencia del filtro de banda pasante de segundo orden que satisfaga especificaciones de la forma de la figura 11.4, donde $\omega_{p1} = 8100$ rad/s, $\omega_{p2} = 10\,000$ rad/s, y $A_{máx} = 1$ dB. Si $\omega_{s1} = 3000$ rad/s encuentre $A_{mín}$ y ω_{s2}.

*11.30 Utilice el resultado del ejercicio 11.15 para hallar la función de transferencia de un filtro de muesca que se requiere para eliminar una molesta interferencia de 60 Hz de frecuencia. Como la frecuencia de la interferencia no es estable, el filtro debe ser diseñado para obtener una atenuación ≥ 20 dB sobre una banda de 6 Hz con centro alrededor de 60 Hz. La transmisión de cd del filtro debe ser unitaria.

11.31 Considere un circuito pasatodo de segundo orden donde los errores en los valores de componentes resultan en que la frecuencia de los ceros es ligeramente menor que la de los polos. En forma aproximada trace la $|T|$ esperada. Repita para el caso cuando la frecuencia de los ceros sea ligeramente más alta que la frecuencia de los polos.

11.32 Considere un filtro pasatodo de segundo orden donde los errores en los valores de componentes resultan en que el factor Q de los ceros es mayor que el factor Q de los polos. En forma aproximada trace la $|T|$ esperada. Repita para el caso cuando el factor Q de los ceros sea menor que el factor Q de los polos.

Sección 11.6: Filtros activos de segundo orden basados en cambio de inductor

D11.40 Diseñe el circuito de la figura 11.20 (utilizando valores apropiados de componentes) para desarrollar una inductancia de (a) 10 H, (b) 1 H y (c) 0.1 H.

*11.41 Comenzando desde los primeros principios y suponiendo op amps ideales, deduzca la función de transferencia del circuito de la figura 11.22(a).

D*11.42 Se requiere diseñar un filtro Butterworth de quinto orden que tenga un ancho de banda de 3 dB de 10^4 rad/s y una ganancia de cd unitaria. Utilice una cascada de dos circuitos del tipo que se ilustra en la figura 11.22(a) y un circuito RC de op amp de primer orden del tipo que se muestra en la figura 11.13(a). Seleccione valores apropiados de componentes.

D11.43 Diseñe el circuito de la figura 11.22(e) para desarrollar una función de muesca de paso bajo con $f_0 = 4$ kHz, $f_n = 5$ kHz, $Q = 10$ y ganancia unitaria de cd. Seleccione $C_4 = 10$ nF.

D11.44 Diseñe el circuito pasatodo de la figura 11.22(g) para obtener un desfasamiento de 180° a $f = 1$ kHz y para tener $Q = 1$. Utilice condensadores de 1 nF.

11.45 Considere el circuito de Antoniou de la figura 11.20(a) con R_5 eliminada, un condensador C_6 conectado entre el nodo 1 y tierra y una fuente de voltaje V_2 conectada al nodo 2. Demuestre que la impedancia de entrada vista por V_2 es $R_2/s^2 C_4 C_6 R_1 R_3$. ¿Cómo se comporta la impedancia para frecuencias físicas ($s = j\omega$)? (Esta impedancia se conoce como **resistencia negativa dependiente de la frecuencia**.)

D11.46 Usando la función del filtro de muesca de paso bajo, dada en la tabla 11.1, deduzca las ecuaciones de diseño dadas.

D11.47 Usando la función de transferencia del filtro de muesca de paso alto, dada en la tabla 11.1, deduzca las ecuaciones de diseño dadas.

D**11.48 Se requiere diseñar un filtro de paso bajo de tercer orden del que $|T|$ es igualmente ondulada tanto en la banda pasante como en la banda suprimida, en la forma que se ilustra en la figura 11.3 (excepto que la respuesta que se muestra es para $N = 5$). La banda pasante del filtro se extiende de $\omega = 0$ a $\omega = 1$ rad/s y la transmisión de banda pasante varía entre 1 y 0.9. El borde de banda suprimida está en $\omega = 1.2$ rad/s. La siguiente función de transferencia se obtuvo usando tablas de diseño de filtros:

$$T(s) = \frac{0.4508(s^2 + 1.6996)}{(s + 0.7294)(s^2 + s0.2786 + 1.0504)}$$

El filtro real desarrollado es para tener $\omega_p = 10^4$ rad/s.
(a) Obtenga la función de transferencia del filtro real al sustituir s por $s/10^4$.
(b) Desarrolle este filtro como la conexión en cascada de un circuito RC de op amp de paso bajo de primer orden, del tipo que se muestra en la figura 11.13(a), y un circuito de muesca de paso bajo de segundo orden del tipo que se muestra en la figura 11.22(e). Cada sección es para tener una ganancia de cd de la unidad. Seleccione valores apropiados de componentes. (*Nota:* Un filtro con una respuesta igualmente ondulada en la banda pasante y en la banda suprimida se conoce como **filtro elíptico**.)

Sección 11.7: Filtros activos de segundo orden basados en la topología del lazo de dos integradores

D11.49 Diseñe el circuito KHN de la figura 11.24(a) para desarrollar un filtro de banda pasante con una frecuencia central de 1 kHz y un ancho de banda de 3 dB de 50 Hz. Utilice condensadores de 10 nF. Dé el circuito completo y especifique todos los valores de componentes. ¿Cuál valor de ganancia de frecuencia central se obtiene?

D11.50 (a) Usando el bicuadrado KHN con el amplificador sumador de salida de la figura 11.24(b), demuestre que una función pasatodo se desarrolla al seleccionar $R_L = R_H = R_B/Q$. También demuestre que la ganancia plana obtenida es KR_F/R_H.
(b) Diseñe el circuito pasatodo para obtener $\omega_0 = 10^4$ rad/s, $Q = 2$ y ganancia plana $= 10$. Seleccione valores apropiados de componentes.

D11.51 Considere un filtro de muesca con $\omega_n = \omega_0$ desarrollado usando el bicuadrado KHN con un amplificador sumador de salida. Si los resistores sumadores empleados tienen tolerancias de 1%, ¿cuál es el porcentaje de desviación en el peor caso entre ω_n y ω_0?

D11.52 Diseñe el circuito de la figura 11.26 para desarrollar un filtro de muesca de paso bajo con $\omega_0 = 10^4$ rad/s, $Q = 10$, ganancia de cd $= 1$ y $\omega_n = 1.2 \times 10^4$ rad/s. Utilice $C = 10$ nF y $r = 20$ kΩ.

D11.53 En el desarrollo pasatodo usando el circuito de la figura 11.26, ¿qué componente(s) necesitamos para corregir el ajuste para ajustar sólo: (a) ω_z? (b) ¿Q_z?

D**11.54 Repita el problema 11.48 usando el bicuadrado Tow-Thomas de la figura 11.26 para desarrollar la sección de segundo orden de la cascada.

Sección 11.8: Filtros activos bicuadráticos de un amplificador individual

D11.55 Diseñe el circuito de la figura 11.29 para desarrollar un par de polos con $\omega_0 = 10^4$ rad/s y $Q = 1/\sqrt{2}$. Utilice $C_1 = C_2 = 1$ nF.

11.56 Considere la red en T con puente de la figura 11.28(a) con $R_1 = R_2 = R$ y $C_1 = C_2 = C$, y denote $CR = \tau$. Encuentre los ceros y polos de la red en T con puente. Si la red se conecta en la trayectoria de retroalimentación negativa de un op amp de ganancia infinita, como en la figura 11.29, encuentre los polos del amplificador de lazo cerrado.

**11.57 Considere la red en T con puente de la figura 11.28(b) con $R_1 = R_2 = R$, $C_4 = C$ y $C_3 = C/16$. Supongamos que la red está conectada en la trayectoria de retroalimentación negativa de un op amp de ganancia infinita, y que C_4 está desconectado de tierra y conectado a la fuente de señales de entrada V_i. Analice el circuito resultante para determinar su función de transferencia $V_o(s)/V_i(s)$, donde $V_o(s)$ es el voltaje a la salida del op amp. Demuestre que el filtro desarrollado es una banda pasante y encuentre su ω_0, Q y ganancia de frecuencia central.

*11.58 Considere el circuito de banda pasante que se ilustra en la figura 11.30. Sea $C_1 = C_2 = C$, $R_3 = R$, $R_4 = R/4Q^2$, $CR = 2Q/\omega_0$ y $\alpha = 1$. Desconecte el terminal positivo de entrada del op amp de tierra y aplique V_i a través de un divisor de voltaje R_1, R_2 al terminal positivo de entrada. Analice el circuito para hallar su función de transferencia V_o/V_i. Encuentre la razón del divisor de voltaje $R_2/(R_1 + R_2)$ de modo que el circuito realice (a) una función pasatodo y (b) una función de muesca. Suponga que el op amp es ideal.

*11.59 Deduzca la función de transferencia del circuito de la figura 11.33(b) suponiendo que el op amp es ideal. Entonces demuestre que el circuito desarrolla una función de paso alto. ¿Cuál es la ganancia de alta frecuencia del circuito? Diseñe el circuito para una respuesta máximamente plana con una frecuencia de 3 dB de 10^3 rad/s. Utilice $C_1 = C_2 = 10$ nF. (*Sugerencia:* Para una respuesta máximamente plana, $Q = 1/\sqrt{2}$ y $\omega_{3dB} = \omega_0$.)

)*11.60 Diseñe un filtro de paso bajo Butterworth de quinto orden, con un ancho de banda de 3 dB de 5 kHz y una ganancia de cd de la unidad, usando la conexión en cascada de los dos circuitos Sallen y Key (figura 11.34c) y una sección de primer orden (figura 11.13a). Utilice un valor de 10 kΩ para todos los resistores.

11.61 El proceso de obtener el complemento de una función de transferencia al intercambiar entrada y tierra, como se ilustra en la figura 11.31, aplica a cualquier red general (no sólo redes RC como se muestra). Demuestre que si la red n es una banda pasante con una ganancia de frecuencia central de la unidad, entonces el complemento obtenido es una muesca. Verifique esto usando los circuitos RLC de las figuras 11.18(d) y (e).

Sección 11.9: Sensibilidad

11.62 Evalúe las sensibilidades de ω_0 y Q en relación con R, L y C del circuito de banda pasante de la figura 11.18(d).

*11.63 Verifique las siguientes identidades de sensibilidad:
(a) Si $y = uv$, entonces $S_x^y = S_x^u + S_x^v$.
(b) Si $y = u/v$, entonces $S_x^y = S_x^u - S_x^v$.
(c) Si $y = ku$, donde k es una constante, entonces $S_x^y = S_x^u$.
(d) Si $y = u^n$, donde n es una constante, entonces $S_x^y = nS_x^u$.
(e) Si $y = f_1(u)$ y $u = f_2(x)$, entonces $S_x^y = S_u^y \cdot S_x^u$.

*11.64 Para el filtro de paso alto de la figura 11.33(b), ¿cuáles son las sensibilidades de ω_0 y Q para una ganancia A de amplificador?

*11.65 Para el lazo de retroalimentación de la figura 11.34(a), utilice las expresiones de las ecuaciones (11.77) y

(11.78) para determinar las sensibilidades de ω_0 y Q en relación con todos los componentes pasivos para el diseño en que $R_1 = R_2$.

11.66 Para el resonador RC de op amp de la figura 11.21(b), utilice las expresiones para ω_0 y Q dadas en el renglón superior de la tabla 11.1, para determinar las sensibilidades de ω_0 y Q para todos los resistores y condensadores.

Sección 11.10: Filtros de condensador conmutado

11.67 Para el circuito de entrada de condensador conmutado de la figura 11.35(b), en que se utiliza una frecuencia de reloj de 100 kHz, ¿cuáles resistencias de entrada corresponden a valores de capacitancia C_1 de 1 pF y 10 pF?

11.68 Para un voltaje de cd de 1 V aplicado a la entrada del circuito de la figura 11.35(b), en que C_1 es 1 pF, ¿qué carga se transfiere por cada ciclo del reloj de dos fases? Para un reloj de 100 kHz, ¿cuál es el promedio de corriente tomado de la fuente de entrada? Para una capacitancia de retroalimentación de 10 pF, ¿qué cambio esperaría el lector en la salida por cada ciclo del reloj? Para un amplificador que se satura a ±10 V y el condensador de retroalimentación inicialmente descargado, ¿cuántos ciclos de reloj serían necesarios para saturar el amplificador? ¿Cuál es el promedio de pendiente del voltaje de salida en escalera producido?

D11.69 Repita el ejercicio 11.31 para una frecuencia de reloj de 400 kHz.

D11.70 Repita el ejercicio 11.31 para $Q = 40$.

D11.71 Diseñe el circuito de la figura 11.37(b) para desarrollar, a la salida del segundo integrador (no inversor), una función de paso bajo máximamente plana con $\omega_{3dB} = 10^4$ rad/s y ganancia de cd de la unidad. Utilice una frecuencia de reloj $f_c = 100$ kHz y seleccione $C_1 = C_2 = 10$ pF. Dé los valores de C_3, C_4, C_5 y C_6. (*Sugerencia:* Para una respuesta máximamente plana, $Q = 1/\sqrt{2}$ y $\omega_{3dB} = \omega_0$.)

Sección 11.11: Amplificadores sintonizados

*11.72 Una fuente de señales de voltaje con una resistencia $R_s = 10$ kΩ se conecta a la entrada de un amplificador BJT de emisor común. Entre base y emisor está conectado un circuito sintonizado con $L = 1$ μH y $C = 200$ pF. El transistor está polarizado a 1 mA y tiene $\beta = 200$, $C_\pi = 10$ pF y $C_\mu = 1$ pF. La carga del transistor es una resistencia de 5 kΩ. Encuentre ω_0, Q, el ancho de banda de 3 dB y la ganancia de frecuencia central de este amplificador con resonancia a frecuencia única.

11.73 Una bobina que tiene una inductancia de 10 μH está destinada para aplicaciones alrededor de una frecuencia de 1 MHz. Su Q está especificada que debe ser 200. Encuentre la resistencia R_p paralela equivalente. ¿Cuál es el valor del condensador necesario para producir resonancia a 1 MHz? ¿Cuál resistencia adicional en paralelo se requiere para producir un ancho de banda de 3 dB de 10 kHz?

11.74 Una inductancia de 36 μH está en resonancia con un condensador de 1000 pF. Si el inductor está derivado a un tercio de sus vueltas y se conecta un resistor de 1 kΩ en paralelo con la tercera parte de las vueltas de la bobina, encuentre f_0 y Q del resonador.

*11.75 Considere un amplificador de transistor con emisor común, cargado con una inductancia L. Despreciando r_o y r_x, demuestre que $\omega C_\mu \ll 1/\omega L$, la admitancia de entrada está dada por

$$Y_{\text{in}} \simeq \left(\frac{1}{r_\pi} - \omega^2 C_\mu L g_m \right) + j\omega (C_\pi + C_\mu)$$

Nota: La parte real de la admitancia de entrada puede ser negativa. Esto puede llevar a oscilaciones.

*11.76 (a) Sustituyendo $s = j\omega$ en la función de transferencia $T(s)$ de un filtro de banda pasante de segundo orden (véase la figura 11.16c), encuentre $|T(j\omega)|$. Para ω en la vecindad de ω_0 [esto es, $\omega = \omega_0 + \delta\omega = \omega_0(1 + \delta\omega/\omega_0)$, donde $\delta\omega/\omega_0 \ll 1$ de modo que $\omega^2 \simeq \omega_0^2 (1 + 2\delta\omega/\omega_0)$], demuestre que, para $Q \gg 1$,

$$|T(j\omega)| \simeq \frac{|T(j\omega_0)|}{\sqrt{1 + 4Q^2(\delta\omega/\omega_0)^2}}$$

(b) Utilice el resultado obtenido en (a) para demostrar que el ancho de banda B de 3 dB, de N secciones sincrónicamente sintonizadas conectadas en cascada, es

$$B = (\omega_0/Q)\sqrt{2^{1/N} - 1}$$

**11.77 (a) Usando el hecho de que, para $Q \gg 1$, la respuesta de banda pasante de segundo orden en la vecindad de ω_0 es la misma que la respuesta de un filtro de paso bajo de primer orden con frecuencia 3 dB de $(\omega_0/2Q)$, demuestre que la respuesta de banda pasante a $\omega = \omega_0 + \delta\omega$, $\delta\omega \ll \omega_0$, está dada por

$$|T(j\omega)| \simeq \frac{|T(j\omega_0)|}{\sqrt{1 + 4Q^2(\delta\omega/\omega_0)^2}}$$

(b) Utilice la relación deducida en (a) junto con la ecuación (11.110) para demostrar que un amplificador de banda pasante con un ancho de banda B de 3 dB, diseñado usando N etapas sincrónicamente sintonizadas, tiene una función total de transferencia dada por

$$|T(j\omega)|_{\text{pasatodo}} = \frac{|T(j\omega_0)|_{\text{pasatodo}}}{[1 + 4(2^{1/N} - 1)(\delta\omega/B)^2]^{N/2}}$$

(c) Utilice la relación deducida en (b) para hallar la atenuación (en decibeles) obtenida a un ancho de banda $2B$ para $N = 1$ a 5. También encuentre la razón entre el ancho de banda de 30 dB y el ancho de banda de 3 dB para $N = 1$ a 5.

*11.78 Este problema investiga la selectividad de amplificadores de sintonización escalonada máximamente planos, deducida en la forma que se ilustra en la figura 11.48.

(a) El filtro (Butterworth) de paso bajo máximamente plano, de ancho de banda de 3 dB ($B/2$) y orden N, tiene una respuesta en magnitud

$$|T| = 1 \Big/ \sqrt{1 + \left(\frac{\Omega}{B/2} \right)^{2N}}$$

donde $\Omega = \text{Im}(p)$, es la frecuencia en el dominio de paso bajo. (Esta relación se puede obtener usando la información contenida en la sección 11.3 sobre filtros Butterworth.) Utilice esta expresión para obtener, para el correspondiente filtro de banda pasante a $\omega = \omega_0 + \delta\omega$, $\delta\omega \ll \omega_0$,

$$|T| = 1 \Big/ \sqrt{1 + \left(\frac{\delta\omega}{B/2} \right)^{2N}}$$

(b) Utilice la función de transferencia de (a) para hallar la atenuación (en decibeles) obtenida a un ancho de banda de $2B$ para $N = 1$ a 5. También encuentre la razón entre el ancho de banda de 30 dB y el ancho de banda de 3 dB para $N = 1$ a 5.

**11.79 Considere un amplificador de banda pasante de sintonización escalonada de sexto orden con frecuencia central ω_0 y ancho de banda B de 3 dB. Los polos deben obtenerse por desplazamiento de los del filtro de paso bajo máximamente plano de tercer orden, dado en la figura 11.10(c). Para los tres circuitos resonantes encuentre ω_0, el ancho de banda de 3 dB y Q.

CAPÍTULO 12

Generadores de señales y circuitos conformadores de ondas

INTRODUCCIÓN

En el diseño de sistemas electrónicos, con frecuencia surge la necesidad de señales que tengan formas de onda estándar prescritas, por ejemplo, ondas senoidales, cuadradas, triangulares, pulsos, etc. Entre los sistemas en que se requieren señales estándar se cuentan los sistemas de cómputo y de control, donde pulsos de reloj son esenciales para, entre otras cosas, sincronía de ondas; en sistemas de comunicación, donde las señales de varias formas de onda se utilizan como portadoras de información; en sistemas de prueba y mediciones en donde las señales, también de varias formas, se utilizan para probar y caracterizar dispositivos y circuitos electrónicos. En este capítulo estudiamos los circuitos generadores de señales.

Hay dos métodos claramente diferentes para la generación de ondas senoidales, quizá las más comunes de las ondas estándar. El primer método, que se estudia en las secciones 12.1 a 12.3, utiliza un *lazo de retroalimentación positiva* que consiste en un amplificador y una *red selectiva de frecuencia* RC o LC. La amplitud de las ondas senoidales generadas se limita, o ajusta, por medio de un mecanismo no lineal, implementado ya sea con un circuito separado o mediante las no linealidades del dispositivo amplificador mismo. No obstante lo anterior, estos circuitos, que generan ondas senoidales a través de fenómenos de resonancia, se conocen como *osciladores lineales*. El nombre los distingue con claridad de los circuitos que generan ondas senoidales por medio del segundo sistema. En estos circuitos se obtiene una onda senoidal al conformar adecuadamente una onda triangular. En la sección 12.9 estudiamos circuitos conformadores de onda, en seguida del estudio de generadores de ondas triangulares.

Los circuitos que generan ondas cuadradas, triangulares, pulsos, etc., reciben el nombre de osciladores no lineales o generadores de funciones y utilizan elementos de circuitos conocidos como *multivibradores*. Hay tres tipos de multivibradores: el *biestable* (sección 12.4), el *astable* (sección 12.5) y el *monoestable* (sección 12.7). Los circuitos multivibradores presentados en este capítulo emplean op amps y están destinados a aplicaciones analógicas de precisión. Los circuitos multivibradores que emplean compuertas lógicas digitales se estudian en el siguiente capítulo.

Se obtiene un esquema general y bastante adaptable para la generación de ondas cuadradas y triangulares si se conecta un multivibrador biestable y un integrador op amp en un lazo de retroalimentación (sección 12.7). Se pueden obtener resultados semejantes por medio de un chip de IC comercialmente disponible y adaptable, el temporizador 555 (sección 12.8). El capítulo comprende también un estudio de circuitos de precisión que ponen en práctica las funciones de rectificador introducidas en el capítulo 3. Los circuitos estudiados aquí (sección 12.9), con todo, están destinados a aplicaciones que exigen precisión, como es el caso de sistemas de instrumentación, incluyendo la generación de ondas. El capítulo concluye con ejemplos que ilustran el uso del SPICE en la simulación de circuidos osciladores.

12.1   PRINCIPIOS BÁSICOS DE OSCILADORES SENOIDALES

En esta sección estudiamos los principios básicos en los que está basado el diseño de osciladores lineales de ondas senoidales. A pesar del nombre de *oscilador lineal*, se tiene que emplear alguna forma de no linealidad para obtener el control de la amplitud de la onda senoidal de salida. De hecho, todos los osciladores son esencialmente circuitos no lineales. Esto complica el trabajo de análisis y diseño de osciladores; ya no es posible aplicar directamente métodos de transformación (plano *s*), pero se han perfeccionado técnicas por medio de las cuales se pueden obtener osciladores senoidales en dos pasos. El primero de éstos es lineal, y fácilmente se pueden emplear métodos del dominio de la frecuencia para análisis de circuitos de retroalimentación. A continuación de esto, se puede obtener un mecanismo no lineal para control de amplitud.

El lazo de retroalimentación de un oscilador

La estructura básica de un oscilador senoidal consta de un amplificador y una red selectiva de frecuencia conectada en un lazo de retroalimentación positiva, como se muestra en forma de diagrama a bloques en la figura 12.1. Aun cuando en un circuito oscilador real no habrá señal de entrada presente, incluimos una señal de entrada aquí para ayudar a explicar el principio de operación. Es importante observar que, a diferencia del lazo de retroalimentación negativa de la figura 8.1, aquí la señal de retroalimentación x_f se suma con un signo *positivo*. Entonces, la ganancia con retroalimentación está dada por

$$A_f(s) = \frac{A(s)}{1 - A(s)\beta(s)} \tag{12.1}$$

donde observamos el signo negativo en el denominador.

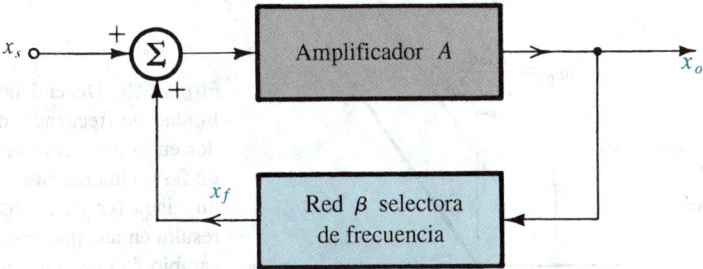

Fig. 12.1 Estructura básica de un oscilador senoidal. Un lazo de retroalimentación positiva está formado por un amplificador y una red selectiva de frecuencia. En un circuito oscilador real, no hay señal de entrada; aquí se utiliza una señal de entrada x_s para ayudar a explicar el principio de operación.

De acuerdo con la definición de ganancia de lazo del capítulo 8, la ganancia de lazo del circuito en la figura 12.1 es $-A(s)\beta(s)$ pero, para nuestro propósito aquí, es más conveniente cancelar el signo menos y definir la ganancia de lazo $L(s)$ como

$$L(s) \equiv A(s)\beta(s) \tag{12.2}$$

La ecuación característica se convierte entonces en

$$1 - L(s) = 0 \tag{12.3}$$

Nótese que esta nueva definición de ganancia[1] de lazo corresponde directamente a la ganancia real vista alrededor del lazo de retroalimentación de la figura 12.1.

El criterio de oscilación

Si a una frecuencia específica f_0 la ganancia de lazo $A\beta$ es igual a la unidad, se deduce de la ecuación (12.1) que A_f será infinita. Esto es, a esta frecuencia, el circuito tendrá una salida finita para señal de entrada cero. Este circuito es, por definición, un oscilador. Entonces, la condición para que el lazo de retroalimentación de la figura 12.1 produzca oscilaciones senoidales de frecuencia ω_0 es que

$$L(j\omega_0) \equiv A(j\omega_0)\beta(j\omega_0) = 1 \tag{12.4}$$

Es decir, *a ω_0 la fase de la ganancia de lazo debe ser cero y la magnitud de la ganancia de lazo debe ser la unidad.* Esto se conoce como **criterio de Barkhausen**. Nótese que para que el circuito oscile a una frecuencia, el criterio de oscilación debe satisfacerse sólo a una frecuencia (esto es, ω_0); de otra forma, la onda resultante no será una senoide simple.

Se puede tener una opinión intuitiva del criterio de Barkhausen si se considera una vez más el lazo de retroalimentación de la figura 12.1. Para que este lazo *produzca* y *sostenga* una salida x_o sin entrada aplicada ($x_s = 0$), la señal de retroalimentación x_f,

$$x_f = \beta x_o$$

---

[1] Para el lazo de retroalimentación negativa de la figura 8.1 y el lazo de retroalimentación positiva de la figura 12.1, la ganancia de lazo $L = A\beta$. Sin embargo, el signo negativo con el que la señal de retroalimentación se suma en el lazo de retroalimentación negativo resulta en que la ecuación característica es $1 + L = 0$. En el lazo de retroalimentación positiva, la señal de retroalimentación se suma con un signo positivo, resultando así en la ecuación característica $1 - L = 0$.

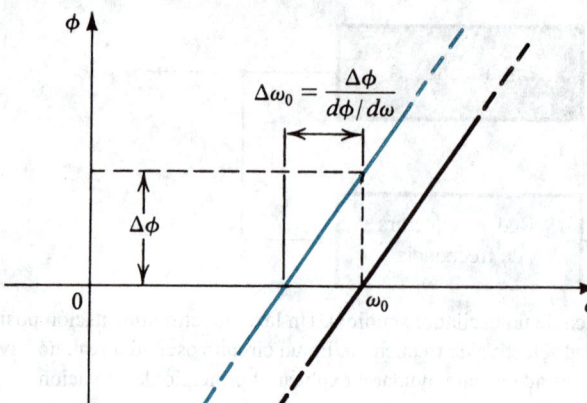

Fig. 12.2 Dependencia de la estabilidad de frecuencia de un oscilador en la pendiente de la respuesta de fase. Una respuesta de fase pronunciada (es decir, $d\phi/d\omega$ grande) resulta en una pequeña $\Delta\omega_0$ para un cambio dado en fase $\Delta\phi$ (resultante de un cambio en un componente de circuito).

debe ser suficientemente grande para que, cuando se multiplique por A, produzca x_o,

$$A x_f = x_o$$

esto es

$$A \beta x_o = x_o$$

que resulta en

$$A \beta = 1$$

Debe observarse que la *frecuencia de oscilación* ω_0 está determinada sólo por las características de fase del lazo de retroalimentación; el lazo oscila a la frecuencia para la cual la fase es cero. Se deduce que la estabilidad de la frecuencia de oscilación estará determinada por la forma en que la fase $\phi(\omega)$ del lazo de retroalimentación varía con la frecuencia. Una función con "elevada" pendiente $\phi(\omega)$ resultará en una frecuencia más estable. Esto se puede ver si imaginamos un cambio en fase $\Delta\phi$ debido a un cambio en uno de los componentes del circuito. Si $d\phi/d\omega$ es grande, el cambio resultante en ω_0 será pequeño, como se ilustra en la figura 12.2.

Un método opcional al estudio de circuitos osciladores consiste en examinar los polos de circuito, que son las raíces de la *ecuación característica* (ecuación 12.3). Para que el circuito produzca *oscilaciones sostenidas* a una frecuencia ω_0, la ecuación característica debe tener raíces como $s = \pm j\omega_0$. Entonces, $1 - A(s)\beta(s)$ debe tener un factor de la forma $s^2 + \omega_0^2$.

Ejercicio

12.1 Considere un oscilador senoidal formado de un amplificador con una ganancia de 2 y un filtro pasabanda de segundo orden. Encuentre la frecuencia de polo y la ganancia de frecuencia central del filtro para producir oscilaciones sostenidas a 1 kHz.

Resp. 1 kHz; 0.5

Control no lineal de amplitud

La condición de oscilación, el criterio de Barkhausen, estudiada antes garantiza oscilaciones en un sentido matemático. Se sabe bien, sin embargo, que los parámetros de cualquier sistema físico no se pueden mantener constantes durante un tiempo prolongado. En otras palabras, supongamos que trabajamos duro para hacer $A\beta = 1$ a $\omega = \omega_0$, y entonces la temperatura cambia y $A\beta$ se hace ligeramente menor a la unidad. Obviamente, las oscilaciones cesan en este caso. Por el contrario, si $A\beta$ excede de la unidad, las oscilaciones crecen en amplitud y por lo tanto necesitamos un mecanismo para forzar $A\beta$ a permanecer igual a la unidad al valor deseado de amplitud de salida. Este trabajo se logra si se cuenta con un circuito no lineal para control de ganancia.

Básicamente, la función del mecanismo de control de ganancia es como sigue: primero, para asegurar que se inicien las oscilaciones, se diseña el circuito en forma tal que $A\beta$ sea ligeramente mayor que la unidad. Esto corresponde a diseñar el circuito para que los polos se encuentren en la mitad derecha del plano s. Entonces, cuando se conecta la fuente de alimentación, las oscilaciones crecen en amplitud. Cuando la amplitud llega al nivel deseado, la red no lineal entra en acción y hace que la ganancia del lazo se reduzca a exactamente la unidad. En otras palabras, los polos serán "regresados" al eje $j\omega$. Esto hará que el circuito sostenga oscilaciones a la amplitud deseada. Si, por alguna razón, la ganancia del lazo se reduce debajo de la unidad, la amplitud de la onda senoidal disminuirá y esto será detectado por la red no lineal, lo que hará que la ganancia del lazo aumente a exactamente la unidad.

Como se verá, hay dos métodos básicos para la realización del mecanismo no lineal de estabilización de amplitud. El primer método hace uso de un circuito limitador (véase el capítulo 3). Se permite que las oscilaciones crezcan hasta que la amplitud llegue al nivel al cual se ajusta el limitador. Una vez que el limitador entre en operación, la amplitud permanece constante. Obviamente, el limitador debe ser "suave" para reducir al mínimo la distorsión no lineal; esta última, sin embargo, es reducida por la acción de filtro de la red selectiva de frecuencia del lazo de retroalimentación. De hecho, en uno de los circuitos osciladores estudiados en la sección 12.2, las ondas senoidales son fuertemente limitadas y las ondas cuadradas resultantes se aplican a un filtro pasabanda presente en el lazo de retroalimentación. La "pureza" de las ondas senoidales de salida serán una función de la selectividad de este filtro, es decir, cuanto más alta sea el Q del filtro, menor será el contenido de armónicas de la salida de onda senoidal.

El otro mecanismo para control de amplitud utiliza un elemento cuya resistencia se puede controlar por medio de la amplitud de la senoide de salida. Si se coloca este elemento en el circuito de retroalimentación de modo que su resistencia determine la ganancia de lazo, el circuito se puede diseñar para que la ganancia del lazo alcance la unidad a la amplitud deseada de salida. Diodos, o JFET operados en la región del triodo, se utilizan comúnmente para diseñar el elemento de resistencia controlada.

Un conocido circuito limitador para control de amplitud

Concluimos esta sección presentando un circuito limitador que se utiliza con frecuencia para el control de amplitud de osciladores de op-amp, así como en varias otras aplicaciones. El circuito es más preciso y adaptable que los presentados en el capítulo 3.

El circuito limitador se muestra en la figura 12.3(a), y su curva característica de trasferencia se describe en la figura 12.3(b). Para ver cómo se obtiene la curva característica de transferencia, considere primero el caso cuando la señal de entrada v_I es pequeña (cercana a cero) y el voltaje de salida v_O es también pequeño, de modo que v_A es positivo y v_B es negativo. Se puede ver fácilmente

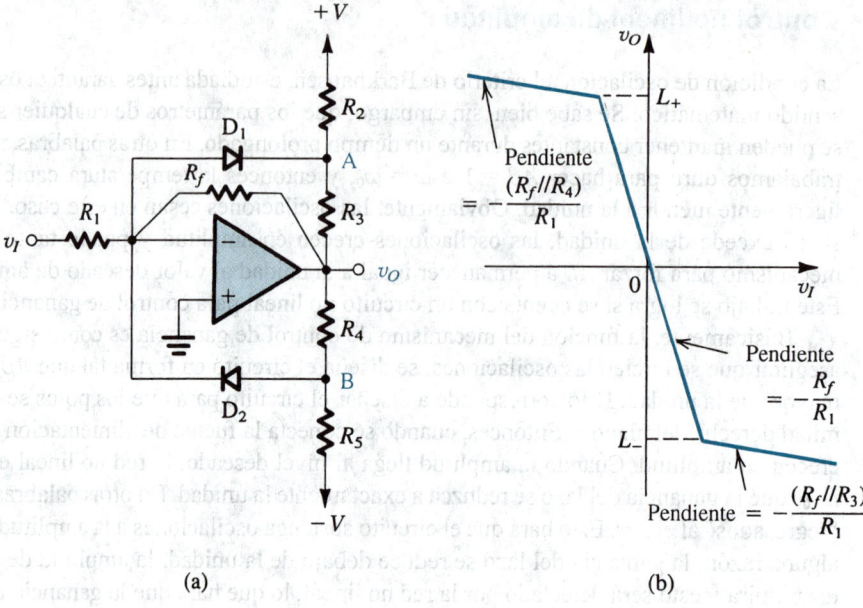

(a)

(b)

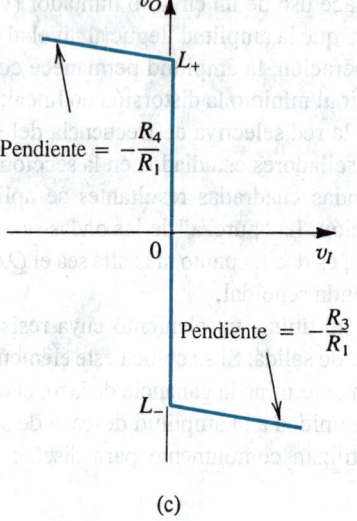

(c)

Fig. 12.3 (a) Un conocido circuito limitador. **(b)** Curva característica de transferencia del circuito limitador; L_- y L_+ están dadas por las ecuaciones (12.8) y (12.9), respectivamente. **(c)** Cuando R_f se retira, el limitador se convierte en comparador con las curvas características mostradas.

que los diodos D_1 y D_2 no conducen. Entonces, toda la corriente de entrada v_I/R_1 circula por la resistencia de retroalimentación R_f, y el voltaje de salida está dado por

$$v_O = -(R_f/R_1)v_I \qquad (12.5)$$

Ésta es la porción lineal de la curva característica limitadora de la figura 12.3(b). Ahora podemos emplear superposición para hallar los voltajes en los nodos A y B en términos de $\pm V$ y v_O como

$$v_A = V \frac{R_3}{R_2 + R_3} + v_O \frac{R_2}{R_2 + R_3} \tag{12.6}$$

$$v_B = -V \frac{R_4}{R_4 + R_5} + v_O \frac{R_5}{R_4 + R_5} \tag{12.7}$$

Cuando v_I se hace positivo, v_O se hace negativo (ecuación 12.5), y vemos de la ecuación (12.7) que v_B se hará más negativo, manteniendo así a D_2 sin conducir. La ecuación (12.6) muestra, sin embargo, que v_A se hace menos positivo. Entonces, si continuamos aumentando v_I, se alcanzará un valor negativo de v_O al cual v_A se hace -0.7 V, o un valor muy cercano a éste, y el diodo D_1 conduce. Si utilizamos el modelo de caída constante de voltaje para D_1 y denotamos la caída de voltaje por V_D, el valor de v_O al cual D_1 conduce se puede hallar de la ecuación (12.6). Éste es el nivel limitador negativo, que denotamos como L_-,

$$L_- = -V \frac{R_3}{R_2} - V_D \left(1 + \frac{R_3}{R_2} \right) \tag{12.8}$$

El valor correspondiente de v_I se puede hallar al dividir L_- entre la ganancia limitadora $-R_f/R_1$. Si v_I aumenta a más de este valor, se inyecta más corriente en D_1, y v_A permanece a aproximadamente $-V_D$. Entonces, la corriente que pasa por R_2 permanece constante, y la corriente adicional del diodo circula por R_3. Entonces R_3 aparece en efecto en paralelo con R_f, y la ganancia incremental (soslayando la resistencia del diodo) es $-(R_f//R_3)/R_1$. Para hacer la pendiente de la curva característica pequeña en la región limitadora, debe seleccionarse un valor bajo para R_3.

La curva característica de transferencia para v_I negativo se puede hallar de una manera idéntica a la antes utilizada. Se puede ver fácilmente que para v_I negativo, el diodo D_2 juega un papel idéntico al que desempeña el diodo D_1 para v_I positivo. El nivel limitador positivo L_+ se puede hallar que es

$$L_+ = V \frac{R_4}{R_5} + V_D \left(1 + \frac{R_4}{R_5} \right) \tag{12.9}$$

y la pendiente de la curva característica de transferencia en la región limitadora positiva es $-(R_f//R_4)/R_1$. Así, vemos que el circuito de la figura 12.3(a) funciona como limitador suave, con los niveles limitadores L_+ y L_- independientemente ajustables por medio de la selección de valores apropiados de resistores.

Finalmente, observamos que aumentando R_f resulta en una más alta ganancia en la región lineal mientras que L_+ y L_- se mantienen sin cambio. En el límite, eliminando R_f por completo resulta en la curva característica de transferencia de la figura 12.3(c), que es la de un comparador. Esto es, el circuito compara v_I con el valor comparador de referencia de 0 V; $v_I > 0$ resulta en $v_O \simeq L_-$, y $v_I < 0$ produce $v_O \simeq L_+$.

Ejercicio

12.2 Para el circuito de la figura 12.3(a) con $V = 15$ V, $R_1 = 30$ kΩ, $R_f = 60$ kΩ, $R_2 = R_5 = 9$ kΩ, y $R_3 = R_4 = 3$ kΩ, encuentre los niveles limitadores y el valor de v_I al cual se alcanzan los niveles limitadores. También determine la ganancia limitadora y la pendiente de las curvas características de transferencia en las regiones limitadoras positiva y negativa. Suponga $V_D = 0.7$ V.

Resp. ±5.93 V; ±2.97 V; −2; −0.095

12.2   CIRCUITOS OSCILADORES CON OP AMP-RC

En esta sección estudiaremos algunos circuitos osciladores prácticos que utilizan op amps y redes RC.

El oscilador de puente de Wien

Uno de los circuitos osciladores más sencillos está basado en el puente de Wien. En la figura 12.4 se ilustra un oscilador de puente de Wien sin la red no lineal de control de ganancia. El circuito está formado de un op amp conectado en la configuración no inversora, con una ganancia de lazo cerrado de $1 + R_2/R_1$. En la trayectoria de retroalimentación de este amplificador de ganancia positiva está conectada una red RC. La ganancia de lazo se puede obtener fácilmente al multiplicar la función de transferencia $V_a(s)/V_o(s)$ de la red de retroalimentación por la ganancia del amplificador,

$$L(s) = \left[1 + \frac{R_2}{R_1}\right] \frac{Z_p}{Z_p + Z_s}$$

Entonces

$$L(s) = \frac{1 + R_2/R_1}{3 + sCR + 1/sCR} \qquad (12.10)$$

Sustituyendo $s = j\omega$ resulta en

$$L(j\omega) = \frac{1 + R_2/R_1}{3 + j(\omega CR - 1/\omega CR)} \qquad (12.11)$$

La ganancia de lazo será un número real (esto es, la fase será cero) a una frecuencia dada por

$$\omega_0 CR = \frac{1}{\omega_0 CR}$$

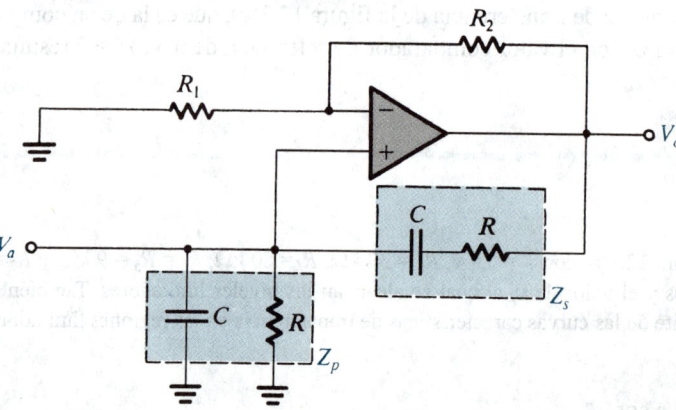

Fig. 12.4   Oscilador de puente de Wien sin estabilización de amplitud.

Esto es,

$$\omega_0 = 1/CR \tag{12.12}$$

Para obtener oscilaciones sostenidas a esta frecuencia, se debe ajustar la magnitud de la ganancia del lazo a la unidad. Esto se puede lograr al seleccionar

$$R_2/R_1 = 2 \tag{12.13}$$

Para asegurar que se inicien las oscilaciones, se selecciona R_2/R_1 ligeramente mayor de 2. El lector puede verificar con facilidad que si $R_2/R_1 = 2 + \delta$, donde δ es un número pequeño, las raíces de la ecuación característica $1 - L(s) = 0$ estarán en la mitad derecha del plano s.

La amplitud de oscilación se puede determinar y estabilizar por medio de una red de control no lineal. En las figuras 12.5 y 12.6 se ilustran dos diseños diferentes de la función de control de amplitud. El circuito de la figura 12.5 utiliza un limitador simétrico de retroalimentación del tipo que se estudió en la sección 12.1; está formado por los diodos D_1 y D_2 junto con los resistores R_3, R_4, R_5 y R_6. El limitador opera de la siguiente manera: en el pico positivo del voltaje de salida v_O, el voltaje en el nodo b excederá del voltaje v_I (que es alrededor de $\frac{1}{3}$ de v_O) y el diodo D_2 conduce. Esto fija el nivel del pico positivo a un valor determinado por R_5 y R_6, y la fuente de alimentación negativa. El valor del pico positivo de salida se puede calcular al hacer $v_b = v_I + V_{D2}$ y escribir una ecuación de nodo en el nodo b al tiempo que se desprecia la corriente que pasa por D_2. Del mismo

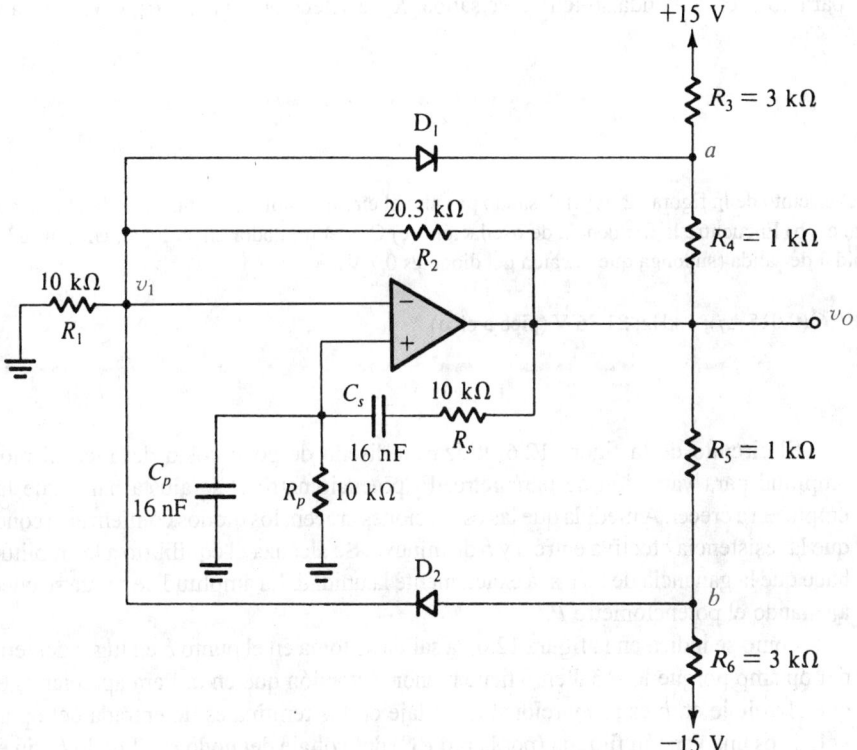

Fig. 12.5 Oscilador de puente de Wien con limitador usado para control de amplitud.

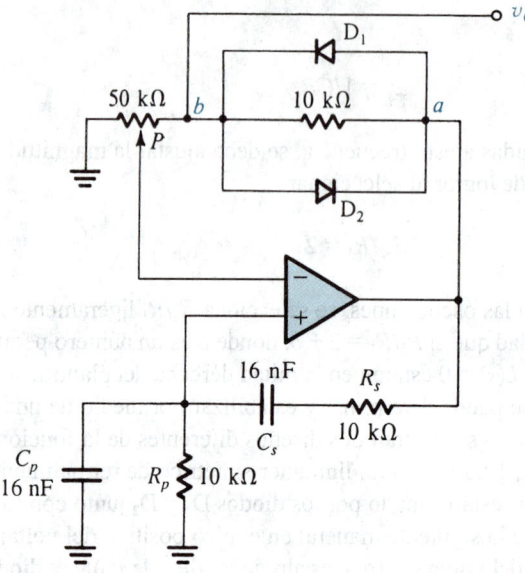

Fig. 12.6 Oscilador de puente de Wien con un método alterno para estabilización de amplitud.

modo, el pico negativo de la onda senoidal de salida se fija al valor que hace que el diodo D_1 conduzca. El valor del pico negativo se puede determinar haciendo $v_a = v_1 - V_{D1}$ y escribiendo una ecuación en el nodo a mientras se desprecia la corriente que pasa por D_1. Finalmente, nótese que para obtener una onda simétrica de salida, R_3 se selecciona igual a R_6, y R_4 igual a R_5.

Ejercicio

12.3 Para el circuito de la figura 12.5: (a) Pasando por alto el circuito limitador, encuentre la ubicación de los polos de lazo cerrado. (b) Encuentre la frecuencia de oscilación. (c) Con el limitador en su lugar, encuentre la amplitud de la onda senoidal de salida (suponga que la caída del diodo es 0.7 V).

Resp. $(10^5/16)(0.015 \pm j)$; 1 kHz; 21.36 V (pico a pico)

El circuito de la figura 12.6 utiliza un diseño de poco costo del mecanismo de control de amplitud para variación de parámetro. El potenciómetro P se ajusta hasta que las oscilaciones empiecen a crecer. A medida que las oscilaciones crecen, los diodos comienzan a conducir, haciendo que la resistencia efectiva entre a y b disminuya. Se alcanza el equilibrio a la amplitud de salida que hace que la ganancia de lazo sea exactamente la unidad. La amplitud de salida se puede hacer variar ajustando el potenciómetro P.

Como se indica en la figura 12.6, la salida se toma en el punto b en lugar del terminal de salida del op amp porque la señal en b tiene menor distorsión que en a. Para apreciar este punto, nótese que el voltaje en b es proporcional al voltaje en los terminales de entrada del op amp y que este voltaje es una versión filtrada (por la red RC) del voltaje del nodo a. El nodo b, sin embargo, es un nodo de alta impedancia, y será necesario un regulador si se ha de conectar una carga.

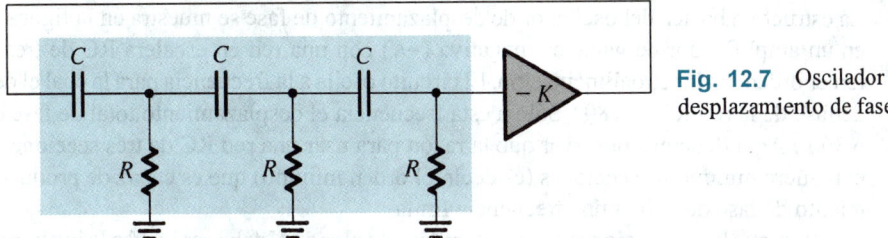

Fig. 12.7 Oscilador de desplazamiento de fase.

Ejercicio

12.4 Para el circuito de la figura 12.6, encuentre lo siguiente: (a) El ajuste del potenciómetro P al cual las oscilaciones se inician. (b) La frecuencia de oscilación.

Resp. (a) 20 kΩ a tierra; (b) 1 kHz

El oscilador de desplazamiento de fase

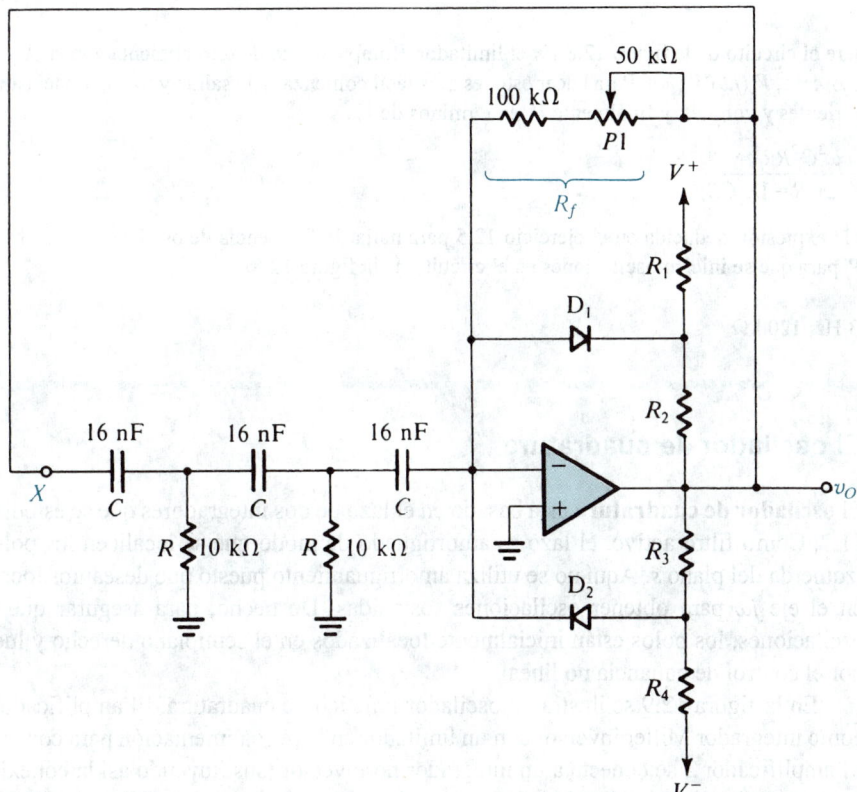

Fig. 12.8 Oscilador de desplazamiento de fase práctico con un limitador para estabilización de amplitud.

La estructura básica del oscilador de desplazamiento de fase se muestra en la figura 12.7. Consiste en un amplificador de ganancia negativa ($-K$) con una red en escalera RC de tres secciones (de tercer orden) en la retroalimentación. El circuito oscila a la frecuencia para la cual el desplazamiento de fase de la red RC es 180°. Sólo a esta frecuencia el desplazamiento total de fase del lazo será 0 o 360°. Aquí debemos observar que la razón para usar una red RC de tres secciones es que tres es el número mínimo de secciones (es decir, el orden mínimo) que es capaz de producir un desplazamiento de fase de 180° a una frecuencia finita.

Para que las oscilaciones sean sostenidas, el valor de K debe ser igual a la inversa de la magnitud de la función de transferencia de la red RC a la frecuencia de oscilación, pero, para asegurar que se inicien las oscilaciones, el valor de K debe seleccionarse ligeramente mayor que el valor que satisface la condición de ganancia unitaria del lazo. Las oscilaciones crecen entonces en magnitud hasta quedar limitadas por algún mecanismo de control no lineal.

En la figura 12.8 se muestra un oscilador práctico de desplazamiento de fase con un limitador de retroalimentación, que consta de los diodos D_1 y D_2 y los resistores R_1, R_2, R_3 y R_4 para estabilización de amplitud. Para iniciar oscilaciones, R_f tiene que ser ligeramente mayor que el valor mínimo requerido. Aun cuando el circuito se estabiliza con más rapidez, y produce ondas senoidales con amplitud más estable, si R_f es mucho mayor que este mínimo, el precio pagado es una mayor distorsión de salida.

Ejercicios

12.5 Considere el circuito de la figura 12.8 *sin* el limitador. Rompa el lazo de retroalimentación en X y encuentre la ganancia de lazo $A\beta \equiv V_o(j\omega)/V_x(j\omega)$. Para hacer esto, es más fácil comenzar a la salida y trabajar hacia atrás, hallando las diversas corrientes y voltajes, y finalmente V_x en términos de V_o.

Resp. $\dfrac{\omega^2 C^2 R R_f}{4 + j(3\omega CR - 1/\omega CR)}$

12.6 Utilice la expresión deducida en el ejercicio 12.5 para hallar la frecuencia de oscilación f_0, y el valor mínimo requerido de R_f para que se inicien oscilaciones en el circuito de la figura 12.8.

Resp. 574.3 Hz; 120 kΩ

El oscilador de cuadratura

El **oscilador de cuadratura** está basado en el lazo de dos integradores que se estudia en la sección 11.7. Como filtro activo, el lazo es amortiguado de modo que se localicen los polos en la mitad izquierda del plano s. Aquí no se utiliza amortiguamiento puesto que deseamos localizar los polos en el eje $j\omega$ para obtener oscilaciones sostenidas. De hecho, para asegurar que se inicien las oscilaciones, los polos están inicialmente localizados en el semiplano derecho y luego "atraídos" por el control de ganancia no lineal.

En la figura 12.9 se ilustra un oscilador práctico de cuadratura. El amplificador 1 se conecta como integrador Miller inversor con un limitador en la retroalimentación para control de amplitud. El amplificador 2 se conecta a un integrador no inversor (sustituyendo así la conexión en cascada del integrador Miller y el inversor en el lazo de dos integradores de la figura 11.25b). Para entender la operación de este integrador no inversor, considere el circuito equivalente que se muestra en la

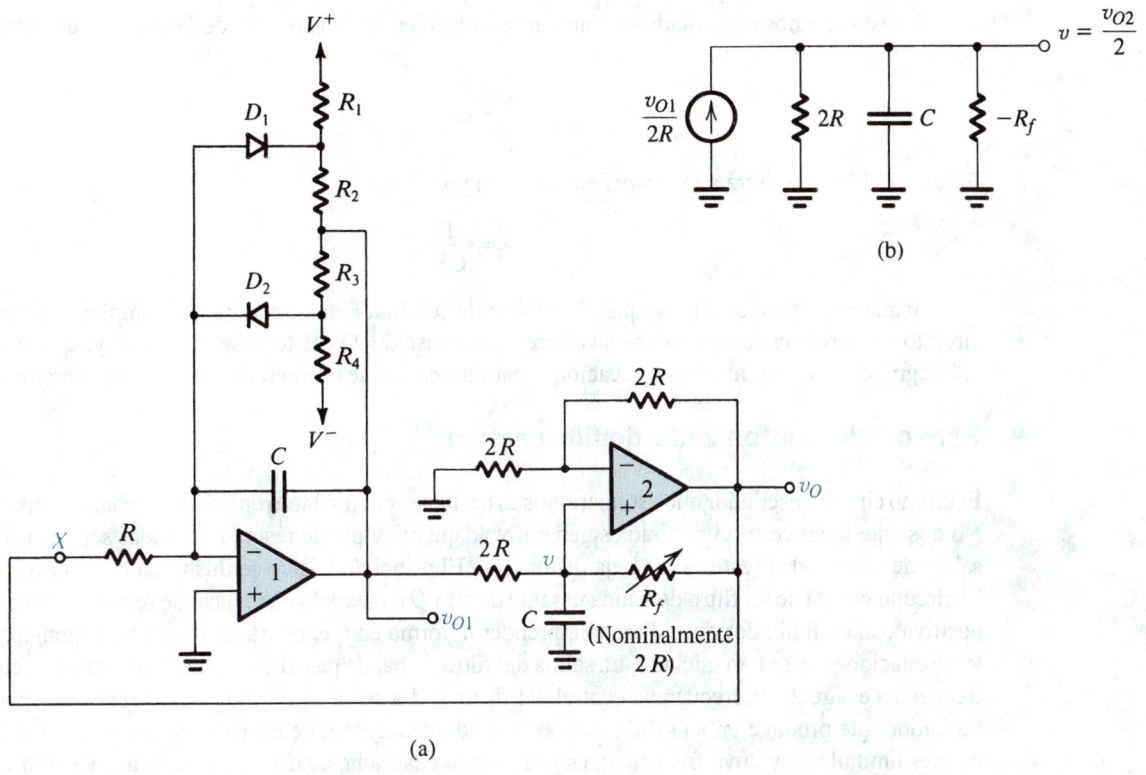

Fig. 12.9 (a) Circuito oscilador de cuadratura. (b) Circuito equivalente a la entrada del op amp 2.

figura 12.9(b). Aquí, hemos sustituido el voltaje de entrada v_{O1} del integrador y la resistencia en serie $2R$ por el equivalente Norton compuesto de una fuente de corriente $v_{O1}/2R$ y una resistencia en paralelo $2R$. Ahora, como $v_{O2} = 2v$, donde v es el voltaje a la entrada del op amp 2, la corriente que pasa por R_f será $(2v - v)/R_f = v/R_f$ en la dirección de salida a entrada. Entonces, R_f da lugar a una resistencia negativa de entrada, $-R_f$, como se indica en el circuito equivalente de la figura 12.9(b). Nominalmente, R_f se hace igual a $2R$, y así $-R_f$ cancela a $2R$, y a la entrada quedará una fuente de corriente $v_{O1}/2R$ que alimenta a un condensador C. El resultado es que $v = \dfrac{1}{C}\displaystyle\int_0^t \dfrac{v_{O1}}{2R}\,dt$ y $v_{O2} = 2v = \dfrac{1}{CR}\displaystyle\int_0^t v_{O1}\,dt$. Esto es, para $R_f = 2R$, el circuito funciona como integrador no inversor perfecto. Sin embargo, si R_f se hace más pequeño que $2R$, aparece una resistencia neta negativa en paralelo con C.

Regresando al circuito oscilador de la figura 12.9(a), observamos que la resistencia R_f en la trayectoria de retroalimentación negativa del op amp 2 se hace variable, con un valor nominal de $2R$. Al decrecer el valor de R_f se mueven los polos al semiplano derecho (problema 12.19) y asegura que se inicien las oscilaciones. Demasiada retroalimentación positiva, aun cuando resulta en mejor estabilidad de amplitud, también resulta en mayor distorsión de salida (debido a que el limitador tiene que operar "más duro"). En este respecto, nótese que la salida v_{O2} será "más pura" que v_{O1} debido a la acción de filtrado proporcionada por el segundo integrador sobre la salida de pico limitado del primer integrador.

Si despreciamos el limitador y rompemos el lazo en X, la ganancia de lazo se puede obtener como

$$L(s) \equiv \frac{V_{o2}}{V_x} = -\frac{1}{s^2 C^2 R^2} \qquad (12.14)$$

Entonces el lazo oscilará a la frecuencia ω_0, dada por

$$\omega_0 = \frac{1}{CR} \qquad (12.15)$$

Finalmente, debe señalarse que el nombre de *oscilador de cuadratura* se emplea porque el circuito proporciona dos senoides con diferencia de fase de 90°. Esto debe ser obvio, ya que v_{O2} es la integral de v_{O1}. Hay muchas aplicaciones para las cuales se requieren senoides de cuadratura.

El oscilador sintonizado de filtro activo

El último circuito oscilador que estudiaremos es bastante sencillo tanto en principio como en diseño. No obstante lo anterior, el método es general y adaptable y puede resultar en ondas senoidales de salida de alta calidad (esto es, de baja distorsión). El principio básico se ilustra en la figura 12.10. El circuito consta de un filtro de banda pasante de alto Q conectado en un lazo de retroalimentación positiva con un limitador duro. Para comprender la forma en que opera este circuito, suponga que las oscilaciones ya se han iniciado. La salida del filtro de banda pasante será una onda senoidal cuya frecuencia es igual a la frecuencia central del filtro, f_0. La señal v_1 de onda senoidal se alimenta al limitador, que produce en su salida una onda cuadrada cuyos niveles están determinados por los niveles limitadores y cuya frecuencia es f_0. La onda cuadrada, a su vez, es alimentada al filtro de banda pasante, que filtra las armónicas y produce una salida senoidal v_1 a la frecuencia fundamental f_0. Obviamente, la pureza de la onda senoidal de salida será una función directa de la selectividad (o factor Q) del filtro de banda pasante.

La sencillez de este planteamiento al diseño del oscilador debe ser evidente. Tenemos control independiente de frecuencia y amplitud así como de distorsión de la senoide de salida. Cualquier circuito de filtro con ganancia positiva se puede usar para ejecutar el filtro de banda pasante. La estabilidad de frecuencia del oscilador estará directamente determinada por la estabilidad de frecuencia del circuito

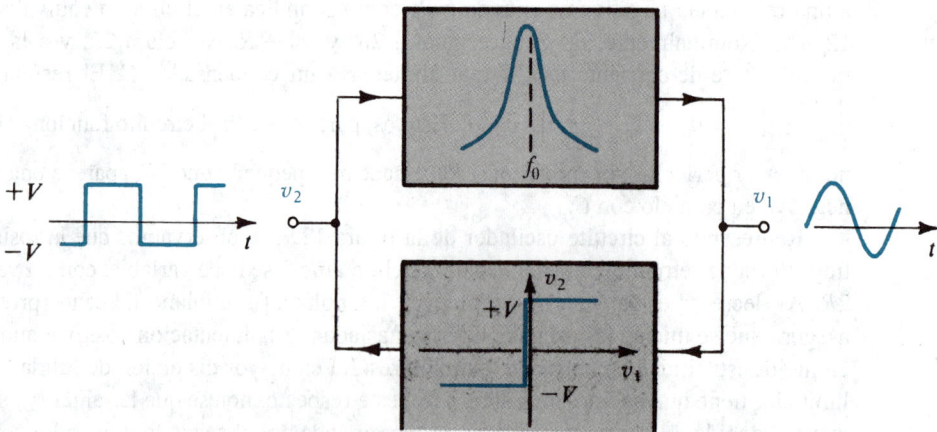

Fig. 12.10   Diagrama a bloques del oscilador sintonizado de filtro activo.

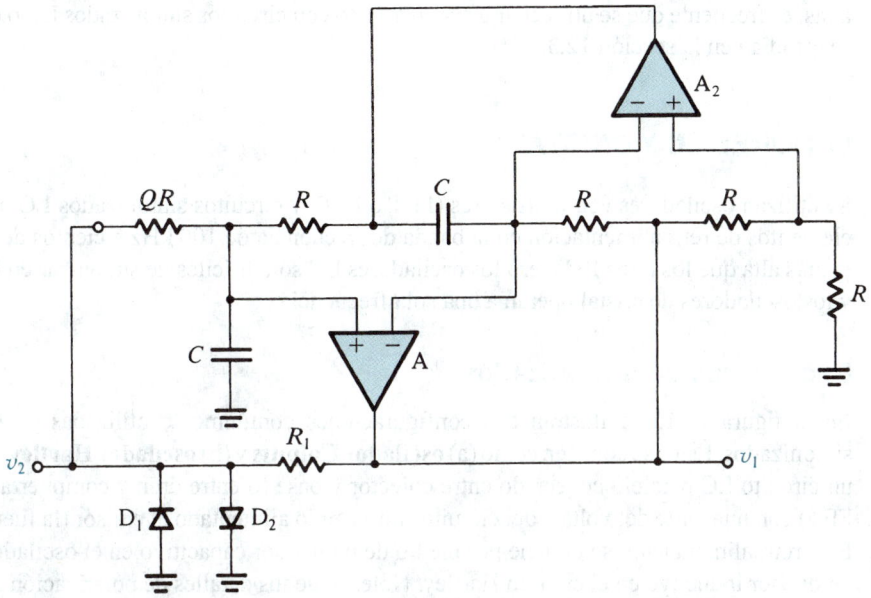

Fig. 12.11 Construcción práctica del oscilador sintonizado de filtro activo.

de filtro de banda pasante. Del mismo modo, se pueden emplear diversos circuitos limitadores (véase el capítulo 3) con diferentes grados de refinamiento para ejecutar el bloque limitador.

En la figura 12.11 se ilustra una posible ejecución del oscilador sintonizado de filtro activo. Este circuito utiliza una variación del circuito de banda pasante basada en el circuito de simulación de inductancia de Antoniou (véase la figura 11.22c). Aquí el resistor R_2 y el condensador C_4 se intercambian. Esto hace que la salida del op amp inferior sea directamente proporcional (de hecho es el doble de grande) al voltaje en los terminales del resonador, y por lo tanto podemos eliminar el amplificador regulador K. El limitador que se utiliza es muy sencillo y consta de una resistencia R_1 y dos diodos.

Ejercicio

12.7 Usando $C = 16$ nF, encuentre el valor de R tal que el circuito de la figura 12.11 produzca ondas senoidales de 1 kHz. Si la caída del diodo es 0.7 V, encuentre la amplitud pico a pico de la onda senoidal de salida. (*Sugerencia:* Una onda cuadrada con amplitud de V volts pico a pico tiene una componente fundamental con $4V/\pi$ volts de amplitud pico a pico.)

Resp. 10 kΩ; 3.6 V

Una observación final

Los circuitos osciladores de op amp-RC estudiados aquí son útiles para operación en la banda de 10 Hz a 100 kHz (o quizá 1 MHz a lo sumo). Mientras que el límite inferior de frecuencia está dictado por el tamaño de componentes pasivos requeridos, el límite superior está gobernado por las limitaciones de respuesta en frecuencia y rapidez de respuesta de op amps. Para frecuencias más altas, es frecuente que se utilicen transistores junto con circuitos sintonizados LC o cristales.[2] Éstos se estudian en la sección 12.3.

12.3 OSCILADORES LC Y CRISTAL

Se utilizan osciladores con transistores (FET o BJT) y circuitos sintonizados LC o cristales como elementos de retroalimentación en la banda de frecuencia de 100 kHz a cientos de MHz. Exhiben Q más alta que los tipos RC, pero los osciladores LC son difíciles de sintonizar en bandas amplias y los osciladores de cristal operan a una sola frecuencia.

Osciladores LC sintonizados

En la figura 12.12 se ilustran dos configuraciones comúnmente utilizadas de osciladores LC sintonizados. Éstos se conocen como (a) **oscilador Colpitts** y (b) **oscilador Hartley**. Ambos utilizan un circuito LC paralelo conectado entre colector y base (o entre dren y compuerta si se utiliza un FET) con una parte del voltaje del circuito sintonizado alimentado al emisor (la fuente en un FET). Esta retroalimentación se obtiene por medio de un divisor capacitivo en el oscilador Colpitts y de un divisor inductivo en el circuito Hartley. Nótese que los detalles de polarización no se muestran, para concentrar la atención en la estructura del oscilador. En ambos circuitos, el resistor R modela las pérdidas de los inductores, la resistencia de carga del oscilador y la resistencia de salida del transistor.

Si la frecuencia de operación es suficientemente baja para que se puedan despreciar las capacitancias del transistor, la frecuencia de oscilación será determinada por la frecuencia de resonancia del circuito sintonizado paralelo (también conocido como *circuito tanque* porque se comporta como un depósito para almacenar energía). Entonces, para el oscilador Colpitts, tenemos

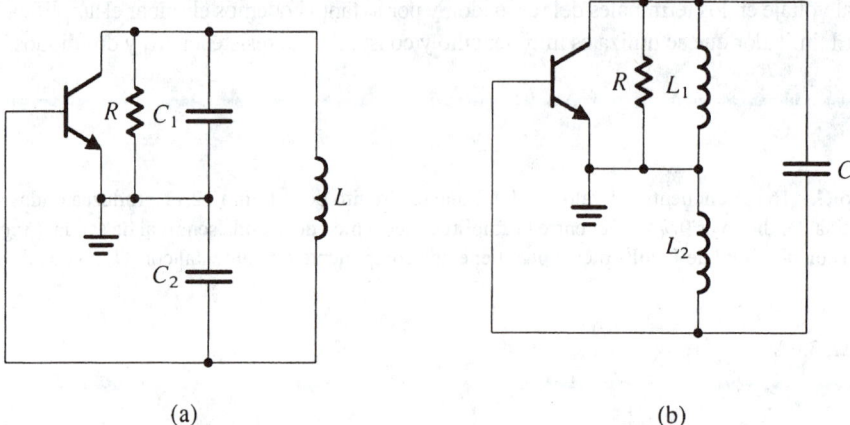

(a)   (b)

Fig. 12.12 Dos configuraciones de osciladores LC sintonizadas que comúnmente se emplean: **(a)** Colpitts; **(b)** Hartley.

---

[2] Por supuesto, se pueden usar transistores en lugar de op amps en los circuitos que acabamos de estudiar. A frecuencias más altas, sin embargo, se obtienen mejores resultados con circuitos sintonizados LC y cristales.

$$\omega_0 = 1 \Big/ \sqrt{L \left(\frac{C_1 C_2}{C_1 + C_2} \right)} \tag{12.16}$$

y para el oscilador Hartley tenemos

$$\omega_0 = 1/\sqrt{(L_1 + L_2)C} \tag{12.17}$$

La razón L_1/L_2 o C_1/C_2 determina el factor de retroalimentación y por lo tanto debe ser ajustada en coordinación con la ganancia del transistor para asegurar que las oscilaciones se inicien. Para determinar la condición de oscilación del oscilador Colpitts sustituimos el transistor con su circuito equivalente, como se muestra en la figura 12.13. Para simplificar el análisis hemos despreciado la capacitancia del transistor C_μ (C_{gd} para un FET). La capacitancia C_π (C_{gs} para un FET), aun cuando no se muestra, se puede considerar que es parte de C_2. La resistencia de entrada r_π (infinita para un FET) también se ha despreciado, suponiendo que a la frecuencia de oscilación $r_\pi \gg (1/\omega C_2)$. Finalmente, como antes se menciona, la resistencia R incluye la r_o de un transistor.

Para hallar la ganancia de lazo, rompemos éste en la base del transistor, aplicamos un voltaje de entrada V_π y hallamos el voltaje retornado que aparece en paralelo con los terminales de entrada del transistor. Entonces igualamos la ganancia del lazo a la unidad. Un método alternativo es analizar el circuito y eliminar todas las variables de voltaje y corriente, y así obtener una ecuación que gobierne la operación del circuito. Las oscilaciones se inician si esta ecuación se satisface. Entonces la ecuación resultante nos dará las condiciones para oscilación.

Una ecuación de nodo en el colector del transistor (nodo C) del circuito de la figura 12.13 produce

$$s\,C_2\,V_\pi + g_m\,V_\pi + \left(\frac{1}{R} + s\,C_1 \right)(1 + s^2\,L\,C_2)\,V_\pi = 0$$

Como $V_\pi \neq 0$ (las oscilaciones se han iniciado), se puede eliminar y la ecuación se puede escribir de otra forma como

$$s^3\,L\,C_1 C_2 + s^2\,(L\,C_2/R) + s\,(C_1 + C_2) + \left(g_m + \frac{1}{R} \right) = 0 \tag{12.18}$$

Sustituyendo $s = j\omega$ resulta

$$\left(g_m + \frac{1}{R} - \frac{\omega^2\,L\,C_2}{R} \right) + j\,[\omega(C_1 + C_2) - \omega^3\,L\,C_1 C_2] = 0 \tag{12.19}$$

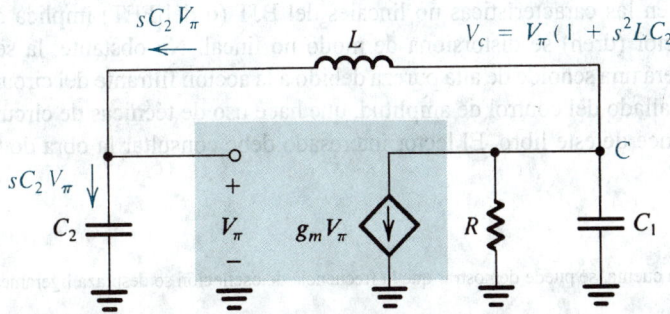

Fig. 12.13 Circuito equivalente del oscilador Colpitts de la figura 12.12(a). Para simplificar el análisis se han pasado por alto C_μ y C_π. Podemos considerar que C_π es parte de C_2, y podemos incluir r_o en R.

Para que las oscilaciones se inicien, tanto la parte real como la imaginaria deben ser cero. Al igualar a cero la parte imaginaria resulta la frecuencia de oscilación como

$$\omega_0 = 1 \bigg/ \sqrt{L\left(\frac{C_1 C_2}{C_1 + C_2}\right)} \qquad (12.20)$$

que es la frecuencia de resonancia del circuito tanque, como se anticipó.[3] Al igualar a cero la parte real junto con el uso de la ecuación (12.20) resulta

$$C_2/C_1 = g_m R \qquad (12.21)$$

que es una simple interpretación física: para oscilaciones sostenidas, la magnitud de la ganancia de base a colector ($g_m R$) debe ser igual a la inversa de la razón de voltaje proporcionada por el divisor capacitivo, que de la figura 12.12(a) se puede ver que es $v_{eb}/v_{ce} = C_1/C_2$. Desde luego, para que las oscilaciones se inicien, la ganancia de lazo debe ser mayor que la unidad, una condición que se puede expresar en la forma

$$g_m R > C_2/C_1 \qquad (12.22)$$

A medida que las oscilaciones crecen en amplitud, las características no lineales del transistor reducen el valor efectivo de g_m y, de modo correspondiente, reducen la ganancia del lazo a la unidad, manteniendo así las oscilaciones.

Se puede realizar un análisis semejante al anterior para el circuito Hartley (véase ejercicio 12.8). A altas frecuencias, deben usarse modelos de transistores más precisos. Alternativamente, los parámetros y del transistor se pueden medir a la frecuencia propuesta ω_0, y el análisis se puede llevar a cabo usando el modelo de parámetro y (véase el apéndice B). Esto suele ser más sencillo y más preciso, en especial a frecuencias arriba de alrededor de 30% de la f_T del transistor.

Como ejemplo de un oscilador LC práctico, en la figura 12.14 se muestra el circuito de un oscilador Colpitts completo con detalles de polarización. Aquí la bobina de radiofrecuencia (RFC) produce una alta reactancia a ω_0 pero una baja resistencia de cd.

Finalmente, son oportunas unas cuantas palabras sobre el mecanismo que determina la amplitud de las oscilaciones en los osciladores sintonizados LC estudiados antes. A diferencia de los osciladores de op amp que incorporan circuitos especiales para control de amplitud, los osciladores sintonizados LC utilizan las características no lineales $i_C - v_{BE}$ del BJT (las características $i_D - v_{GS}$ del FET) para control de amplitud. Entonces, estos osciladores sintonizados LC se conocen como *osciladores autolimitadores*. Específicamente, a medida que las oscilaciones crecen en amplitud, la ganancia efectiva del transistor se reduce por debajo de su valor a pequeña señal. En última instancia, se alcanza una amplitud a la cual la ganancia efectiva se reduce al punto en que el criterio de Barkhausen se satisface exactamente. La amplitud entonces permanece constante a este valor.

La confianza en las características no lineales del BJT (o del FET) implica que la onda de corriente del colector (dren) se distorsiona de modo no lineal. No obstante, la señal de voltaje de salida todavía será una senoide de alta pureza debido a la acción filtrante del circuito sintonizado LC. El análisis detallado del control de amplitud, que hace uso de técnicas de circuito no lineales, está fuera del alcance de este libro. El lector interesado debe consultar la obra de Clarke y Hess, 1971.

---

[3] Si r_π se toma en cuenta, se puede demostrar que la frecuencia de oscilación se desplaza ligeramente del valor dado por la ecuación (12.20).

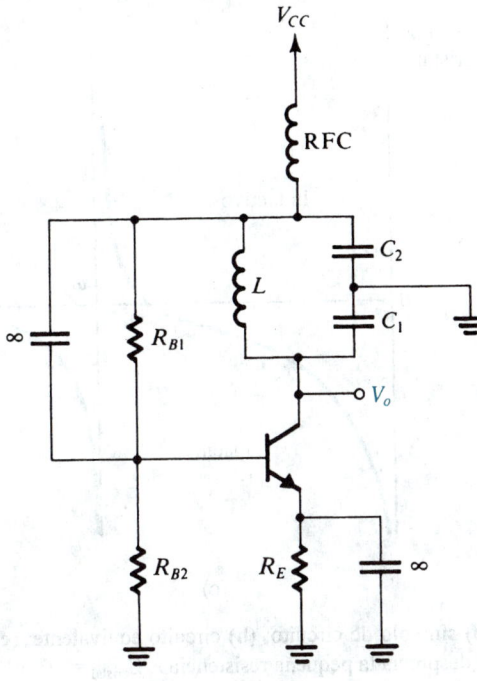

Fig. 12.14 Circuito completo para un oscilador Colpitts.

Ejercicios

12.8 Demuestre que para el oscilador Hartley de la figura 12.12(b), la frecuencia de oscilación está dada por la ecuación (12.17), y que para que las oscilaciones se inicien, $g_m R > (L_1/L_2)$.

D12.9 Usando un BJT polarizado a $I_C = 1$ mA, diseñe un oscilador Colpitts para operar a $\omega_0 = 10^6$ rad/s. Utilice $C_1 = 0.01\ \mu$F, y suponga que la bobina disponible tiene un Q de 100 (esto se puede representar por medio de una resistencia en paralelo con C_1 dada por $Q/\omega_0 C_1$). También suponga que hay una resistencia de carga en el colector de 2 kΩ y que para el BJT, $r_o = 100$ kΩ. Encuentre C_2 y L.

Resp. $0.66\ \mu$F; $100\ \mu$H (un C_2 un poco menor se emplearía para permitir que las oscilaciones crecieran en amplitud)

Osciladores de cristal

Un cristal piezoeléctrico, como lo es el cuarzo, exhibe características de resonancia electromecánica que son muy estables (con tiempo y temperatura) y altamente selectivas (tienen factores Q muy altos). El símbolo de circuito para un cristal se muestra en la figura 12.15(a), y el modelo de circuito equivalente está dado en la figura 12.15(b). Las propiedades de resonancia se caracterizan por una inductancia L grande (de hasta cientos de henrys), una capacitancia C_s en serie muy pequeña (de sólo 0.0005 pF), una resistencia en serie r que representa un factor $Q\ \omega_0 L/r$ que puede ser de varios cientos de miles, y una capacitancia en paralelo C_p (unos pocos picofarads). El condensador C_p representa la capacitancia electrostática entre las dos placas paralelas del cristal. Nótese que $C_p \gg C_s$.

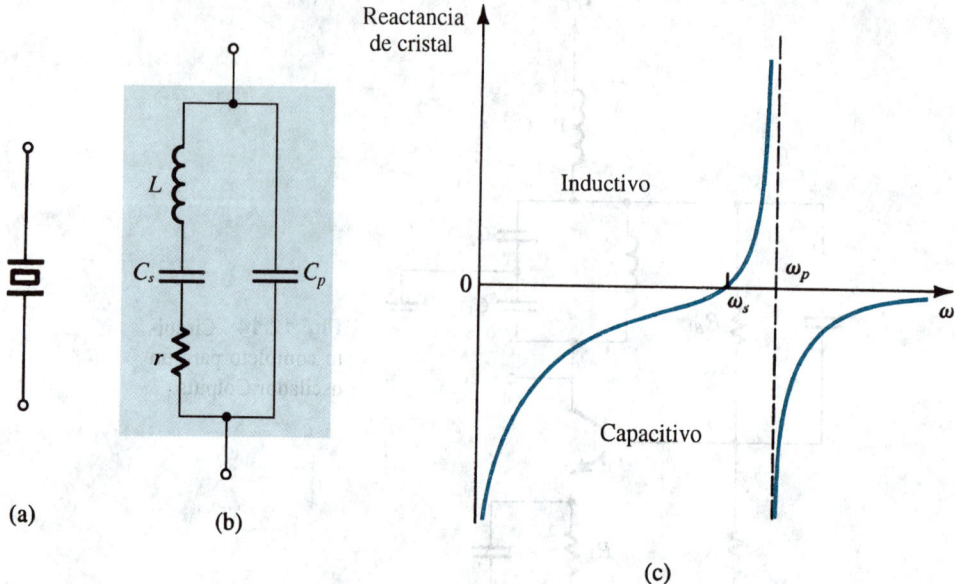

Fig. 12.15 Un cristal piezoeléctrico: **(a)** símbolo de circuito; **(b)** circuito equivalente; **(c)** reactancia de cristal contra frecuencia [nótese que, si se desprecia la pequeña resistencia r, $Z_{cristal} = jX(\omega)$].

Como el factor Q es muy alto, despreciamos la resistencia r y expresamos la impedancia del cristal como

$$Z(s) = 1 \left/ \left[sC_p + \frac{1}{sL + 1/sC_s} \right] \right.$$

que se puede manipular a la forma

$$Z(s) = \frac{1}{sC_p} \frac{s^2 + (1/LC_s)}{s^2 + [(C_p + C_s)/LC_sC_p]} \tag{12.23}$$

De la ecuación (12.23) y de la figura 12.15(b) vemos que el cristal tiene dos frecuencias de resonancia: una resonancia serie a ω_s,

$$\omega_s = 1/\sqrt{LC_s} \tag{12.24}$$

y una resonancia paralelo a ω_p,

$$\omega_p = 1 \left/ \sqrt{L \left(\frac{C_sC_p}{C_s + C_p} \right)} \right. \tag{12.25}$$

Por lo tanto, para $s = j\omega$, podemos escribir

$$Z(j\omega) = -j \frac{1}{\omega C_p} \left(\frac{\omega^2 - \omega_s^2}{\omega^2 - \omega_p^2} \right) \tag{12.26}$$

De las ecuaciones (12.24) y (12.25) observamos que $\omega_p > \omega_s$, pero, como $C_p \gg C_s$, las dos frecuencias de resonancia están muy cercanas. Expresando $Z(j\omega) = jX(\omega)$, la reactancia del cristal $X(\omega)$ tendría la forma que se muestra en la figura 12.15(c). Observamos que la reactancia del cristal es inductiva sobre la muy estrecha banda de frecuencia entre ω_s y ω_p. Para un cristal dado, esta banda de frecuencia está bien definida. Entonces podemos utilizar el cristal para sustituir el inductor del oscilador Colpitts (figura 12.12a). El circuito resultante oscilará a la frecuencia de resonancia de la inductancia L del cristal con el equivalente serie de C_s y

$$\left(C_p + \frac{C_1 C_2}{C_1 + C_2} \right) \tag{12.27}$$

Como C_s es mucho menor que otras tres capacitancias, será dominante y

$$\omega_0 \simeq 1/\sqrt{LC_s} = \omega_s.$$

Además del oscilador Colpitts básico, existen varias configuraciones para osciladores de cristal. En la figura 12.16 se ilustra la conocida configuración (llamada **oscilador Pierce**) que utiliza un inversor CMOS (véase sección 5.8) como amplificador. El resistor R_f determina un punto de operación de cd en la región de alta ganancia del inversor CMOS. El resistor R_1 junto con el condensador C_1 producen un filtro de paso bajo que se opone a que el circuito oscile a una armónica más alta de la frecuencia del cristal. Nótese que este circuito también está basado en la configuración Colpitts.

Las características extremadamente estables de resonancia y los factores Q muy elevados de cristales de cuarzo resultan en osciladores con frecuencias muy precisas y estables. Existen cristales con frecuencias de resonancia en la banda de unos pocos kHz hasta cientos de MHz. Los coeficientes de temperatura de ω_0 de 1 y 2 partes por millón (ppm) por °C son asequibles, pero, desafortunadamente, los osciladores de cristal, siendo resonadores mecánicos, son circuitos de frecuencia fija.

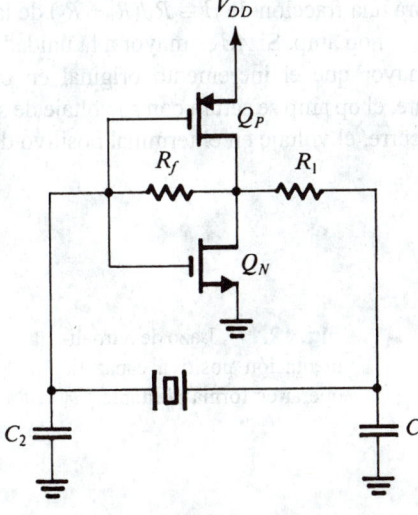

Fig. 12.16 Oscilador Colpitts (o Pierce) de cristal que utiliza un inversor CMOS como amplificador.

Ejercicio

12.10 Un cristal de cuarzo de 2 MHz está especificado para tener $L = 0.52$ H, $C_s = 0.012$ pF, $C_p = 4$ pF y $r = 120$ Ω. Encuentre f_s, f_p y Q.

Resp. 2.015 MHz; 2.018 MHz; 55 000

12.4   MULTIVIBRADORES BIESTABLES

En esta sección iniciamos el estudio del otro tipo de circuitos generadores de ondas, que es el de osciladores no lineales o generadores de funciones. Éstos utilizan una clase especial de circuitos conocidos como **multivibradores**. Como antes mencionamos, hay tres tipos de multivibradores: biestables, monoestables y astables. Esta sección se ocupa del primero, el multivibrador biestable.

Como su nombre lo indica, el **multivibrador biestable** tiene *dos estados estables*. El circuito puede permanecer indefinidamente en cualquiera de los dos estados estables y se mueve al otro estado estable sólo cuando se *dispara* o *acciona* de manera apropiada.

El lazo de retroalimentación

Se puede obtener biestabilidad si se conecta un amplificador en un lazo de retroalimentación positiva que tenga una ganancia de lazo mayor de la unidad. Este lazo de retroalimentación se muestra en la figura 12.17; consiste en un op amp y un divisor de voltaje resistivo en la trayectoria de retroalimentación positiva. Para ver cómo se obtiene biestabilidad, considere la operación con el terminal positivo de entrada del op amp cerca del potencial de tierra. Éste es un punto razonable de inicio puesto que el circuito no tiene excitación externa. Suponga que el ruido eléctrico que está inevitablemente presente en todo circuito electrónico produce un pequeño incremento positivo en el voltaje v_+. Esta señal incremental será amplificada por la elevada ganancia A de lazo abierto del op amp, con el resultado que aparecerá una señal mucho más grande en el voltaje de salida v_O del op amp. El divisor de voltaje R_1, R_2 alimentará una fracción de $\beta \equiv R_1/(R_1 + R_2)$ de la señal de salida de regreso al terminal positivo de entrada del op amp. Si $A\beta$ es mayor a la unidad, como suele ser el caso, la señal retroalimentada será mayor que el incremento original en v_+. Este proceso *regenerativo* continúa hasta que, finalmente, el op amp se satura con su voltaje de salida en el nivel positivo de saturación, L_+. Cuando esto ocurre, el voltaje en el terminal positivo de entrada, v_+, se

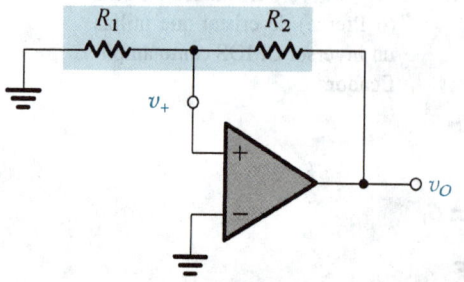

Fig. 12.17 Lazo de retroalimentación positiva capaz de operar en forma biestable.

convierte en $L_+R_1/(R_1 + R_2)$, que es positivo y así conserva al op amp en saturación positiva. Éste es uno de los dos estados estables del circuito.

En la descripción anterior supusimos que cuando v_+ estaba cerca de cero volts, se presentaba un incremento positivo en v_+. Si hubiéramos supuesto la igualmente probable situación de un incremento negativo, el op amp hubiera terminado saturado en la dirección negativa con $v_O = L_-$ y $v_+ = L_-R_1/(R_1 + R_2)$. Éste es el otro estado estable.

De esta forma concluimos que el circuito de la figura 12.17 tiene dos estados estables, uno con el op amp en saturación positiva y el otro con el op amp en saturación negativa. El circuito puede existir en cualquiera de estos dos estados indefinidamente. También observamos que el circuito no puede existir en el estado para el cual $v_+ = 0$ y $v_O = 0$ para cualquier lapso de tiempo. Éste es un estado de *equilibrio inestable* (también conocido como **estado metaestable**); cualquier perturbación, por ejemplo la producida por el ruido, hace que el circuito biestable conmute a uno de sus dos estados estables. Éste es un agudo contraste con el caso cuando la retroalimentación es negativa, causando que aparezca un cortocircuito virtual entre los terminales de entrada del op amp y manteniendo este cortocircuito virtual a pesar de las perturbaciones. Una analogía física para la operación del circuito biestable se describe en la figura 12.18.

Curvas características de transferencia del circuito biestable

De manera natural surge una pregunta de cómo podemos hacer que el circuito biestable de la figura 12.17 cambie de estado. Para ayudar a responder esta crucial pregunta, deducimos las curvas características del biestable. Una consulta a la figura 12.17 indica que cualquiera de los dos nodos de circuito que estén conectados a tierra pueden servir como terminal de entrada. Investiguemos ambas posibilidades.

En la figura 12.19(a) se ilustra el circuito biestable con una entrada v_I aplicada al terminal inversor de entrada del op amp. Para deducir la curva característica v_O–v_I, suponemos que v_O está a uno de los dos niveles posibles, por ejemplo L_+, y entonces $v_+ = \beta L_+$. Ahora, a medida que v_I se aumente desde 0 V podemos ver del circuito que no ocurre nada hasta que v_I alcance un valor igual a v_+ (esto es, βL_+). Conforme v_I comienza a exceder este valor, se desarrolla un voltaje negativo neto entre los terminales de entrada del op amp. Este voltaje es amplificado por la ganancia de circuito abierto del op amp, y entonces v_O se hace negativo. El divisor de voltaje, a su vez, ocasiona que v_+ se haga negativo, incrementando así la entrada negativa neta al op amp y manteniendo en funcionamiento el proceso regenerativo. Este proceso culmina en que el op amp se satura en la dirección negativa, es decir, con $v_O = L_-$ y, de modo correspondiente, $v_+ = \beta L_-$. Es fácil ver que

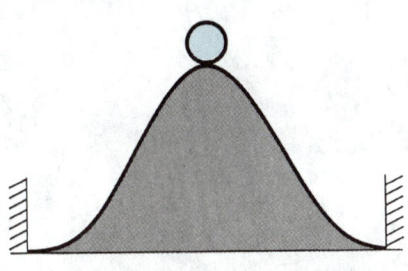

Fig. 12.18 Analogía física para la operación de un circuito biestable. La pelota no puede permanecer en lo alto del cerro en ningún lapso de tiempo (un estado de equilibrio inestable o metaestabilidad); la perturbación inevitablemente presente hará que la pelota caiga a un lado u otro, donde pueda permanecer indefinidamente (los dos estados estables).

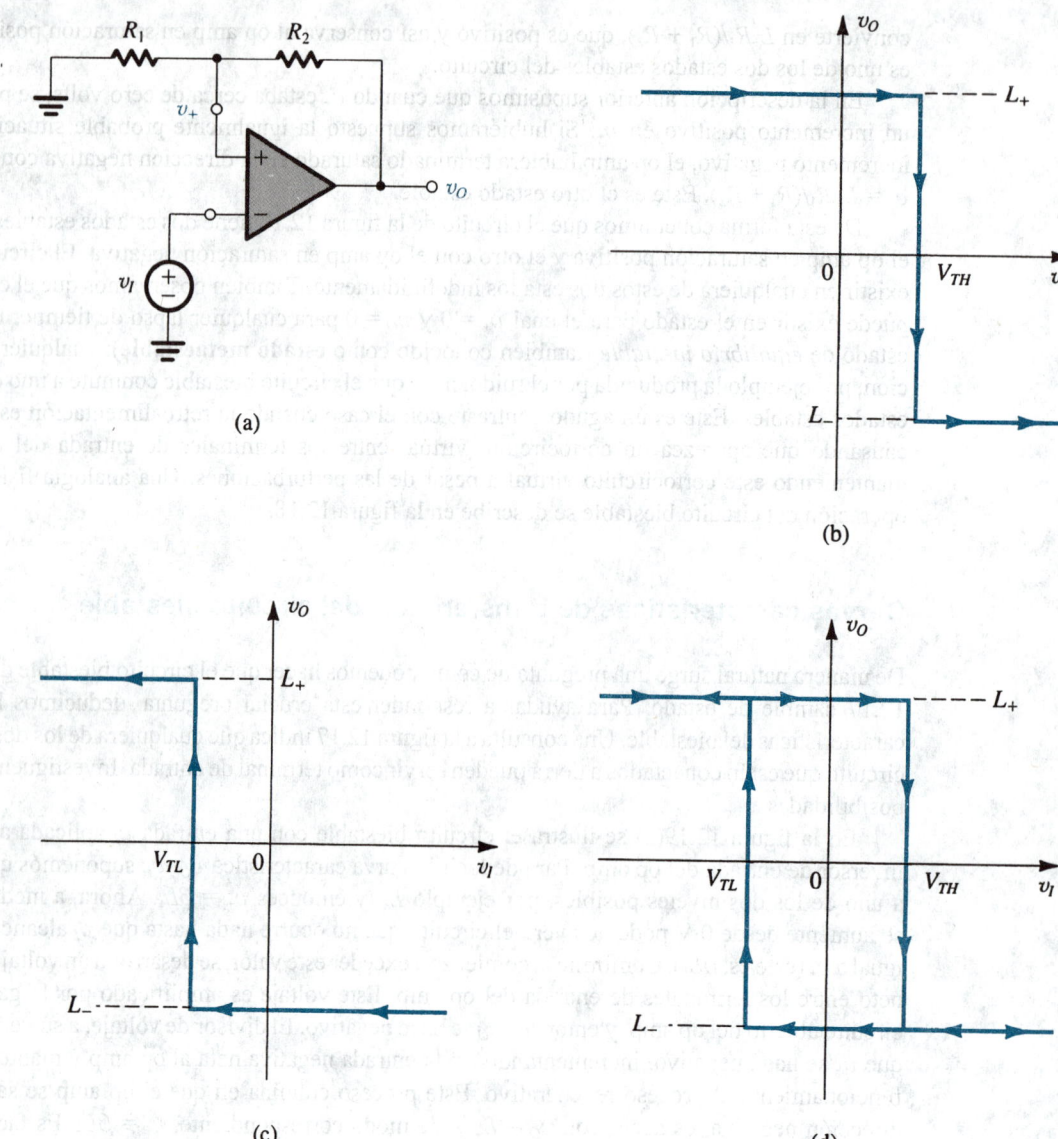

Fig. 12.19 **(a)** El circuito biestable de la figura 12.17 con el terminal negativo de entrada del op amp desconectado de tierra y conectado a una señal de entrada v_I. **(b)** Curva característica de transferencia del circuito en (a) para v_I creciente. **(c)** Curva característica de transferencia para v_I decreciente. **(d)** Curvas características de transferencia completas.

aumentar más v_I no tiene efecto en el estado adquirido del circuito biestable. La figura 12.19(b) muestra la curva característica de transferencia para incrementar v_I. Observe que la curva característica es la de un comparador con un voltaje de umbral denotado como V_{TH}, donde $V_{TH} = \beta L_+$.

A continuación consideremos lo que ocurre a medida que v_I se reduce. Como ahora $v_+ = \beta L_-$, vemos que el circuito permanece en el estado de saturación negativa hasta que v_I se hace negativo al punto que es igual a βL_-. Conforme v_I se reduce hasta quedar debajo de este valor, aparece un voltaje positivo neto entre los terminales de entrada del op amp. Este voltaje es amplificado por la ganancia del op amp y así da lugar a un voltaje positivo a la salida del op amp. La acción regenerativa del lazo de retroalimentación positiva aparece entonces y hace que el circuito finalmente pase a su estado de saturación positiva, en el que $v_O = L_+$ y $v_+ = \beta L_+$. La curva característica de transferencia para v_I decreciente se muestra en la figura 12.19(c). Aquí, de nueva cuenta, observamos que la curva característica es la de un comparador, pero con un voltaje de umbral de $V_{TL} = \beta L_-$.

Las curvas características de transferencia completas, v_O–v_I, del circuito de la figura 12.19(a) se pueden obtener al combinar las curvas características de las figuras 12.19(b) y (c), como se muestra en la figura 12.19(d). Como se indica, el circuito cambia de estado a valores diferentes de v_I, dependiendo de si v_I es creciente o decreciente. Entonces se dice que el circuito exhibe *histéresis*; el ancho de la histéresis es la diferencia entre el umbral alto V_{TH} y el umbral bajo V_{TL}. También observemos que el circuito biestable es en efecto un comparador con histéresis. Como veremos en breve, sumar histéresis a las curvas características de un comparador puede ser muy benéfico en ciertas aplicaciones. Finalmente, observe que debido a que el circuito biestable de la figura 12.19 se conmuta del estado positivo ($v_O = L_+$) al negativo ($v_O = L_-$) a medida que v_I se aumenta a más del umbral positivo V_{TH}, se dice que el circuito es *inversor*. Un poco más adelante presentaremos un biestable con una curva característica de transferencia *no inversora*.

Activación del circuito biestable

Si regresamos ahora a la pregunta de cómo hacer cambiar de estado el circuito biestable, observamos de las curvas características de la figura 12.19(d) que si el circuito está en el estado L_+ se puede conmutar al L_- si se aplica una entrada v_I de valor mayor que $V_{TH} \equiv \beta L_+$. Esta entrada hace que aparezca un voltaje neto negativo entre los terminales de entrada del op amp, que inicia el ciclo regenerativo que culmina en la conmutación del circuito al estado estable L_-. Aquí es importante observar que la entrada v_I simplemente inicia o *activa* la regeneración. Entonces, podemos retirar v_I sin que ocurra efecto en el proceso de regeneración. En otras palabras, v_I puede ser sólo un pulso de corta duración. La señal de entrada v_I se conoce entonces como **señal de disparo**, o simplemente **disparador**.

Las curvas características de la figura 12.19(d) indican también que el circuito biestable se puede conmutar al estado positivo ($v_O = L_+$) al aplicar una señal negativa de disparo v_I de magnitud mayor que la del umbral negativo V_{TL}.

El circuito biestable como elemento de memoria

De la figura 12.19(d) observamos que para voltajes de entrada del orden de $V_{TL} < v_I < V_{TH}$, la salida puede ser L_+ o L_-, *dependiendo del estado en que el circuito ya se encuentre*. Entonces, para estos valores de entrada, la salida está determinada por el valor *previo* de la señal de disparo (la señal de disparo que hizo que el circuito estuviera en su estado actual). De esta forma, el circuito exhibe *memoria*. De hecho, el multivibrador biestable es el elemento básico de memoria de sistemas digitales, como veremos en el capítulo 13. Finalmente, observemos que en aplicaciones de circuitos analógicos, como los que estudiamos en este capítulo, el circuito biestable también se conoce como **disparador Schmitt**.

Circuito biestable con curvas características de transferencia no inversoras

El lazo de retroalimentación básico biestable de la figura 12.17 se puede utilizar para deducir un circuito con curvas características de transferencia no inversoras, si se aplica la señal de entrada v_I (la señal de disparo) al terminal de R_1 que está conectado a tierra. En la figura 12.20(a) se muestra el circuito resultante. Para obtener las curvas características de transferencia primero se emplea superposición al circuito lineal formado por R_1 y R_2, expresando así v_+ en términos de v_I y v_O como

$$v_+ = v_I \frac{R_2}{R_1 + R_2} + v_O \frac{R_1}{R_1 + R_2} \tag{12.28}$$

De esta ecuación vemos que si el circuito está en el estado estable positivo con $v_O = L_+$, no tendrán efecto valores positivos para v_I. Para activar (disparar) el circuito al estado L_-, v_I debe hacerse negativo y de un valor tal que haga que v_+ se reduzca hasta debajo de cero. Entonces se puede hallar el umbral bajo V_{TL} al sustituir en la ecuación (12.28) $v_O = L_+$, $v_+ = 0$ y $v_I = V_{TL}$. El resultado es

$$V_{TL} = -L_+ (R_1/R_2) \tag{12.29}$$

Del mismo modo, la ecuación (12.28) indica que cuando el circuito está en el estado de salida negativa ($v_O = L_-$), valores negativos de v_I harán v_+ más negativo sin que se presente efecto en la operación. Para iniciar el proceso de regeneración que hace que el circuito conmute al estado

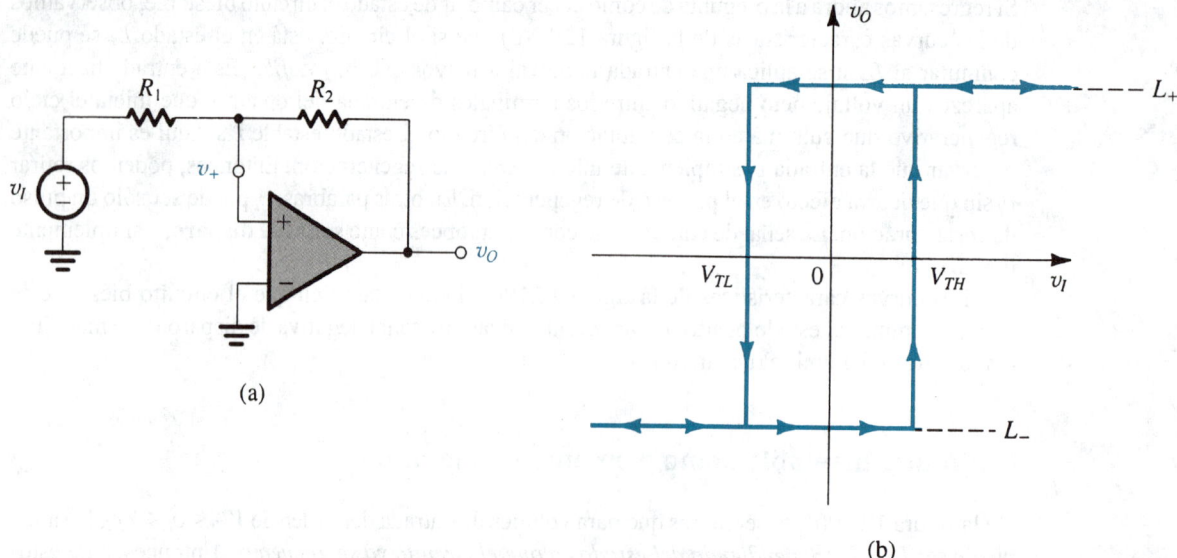

(a)

(b)

Fig. 12.20 **(a)** Circuito biestable derivado del lazo de retroalimentación positiva de la figura 12.17 al aplicar v_I a través de R_1. **(b)** La curva característica de transferencia del circuito en (a) no es inversora. (Compárela con la curva característica inversora de la figura 12.19d.)

positivo, v_+ debe hacerse ligeramente positivo. El valor de v_I que ocasiona esto es el alto voltaje de umbral V_{TH}, que se puede hallar al sustituir en la ecuación (12.28) $v_O = L_-$ y $v_+ = 0$. El resultado es

$$V_{TH} = -L_- (R_1/R_2) \qquad (12.30)$$

La curva característica completa de transferencia del circuito de la figura 12.20(a) se muestra en la figura 12.20(b). Observemos que una señal positiva de disparo v_I (de mayor valor que V_{TH}) hace que el circuito conmute al estado positivo (v_O pasa de L_- a L_+). Entonces, la curva característica de transferencia del circuito es no inversora.

Aplicación del circuito biestable como comparador

El comparador es un elemento de construcción de circuito analógico que se utiliza en varias aplicaciones que van desde detectar el nivel de una señal de entrada en relación con un valor preestablecido de umbral, hasta el diseño de convertidores analógicos a digitales (A/D) (véase

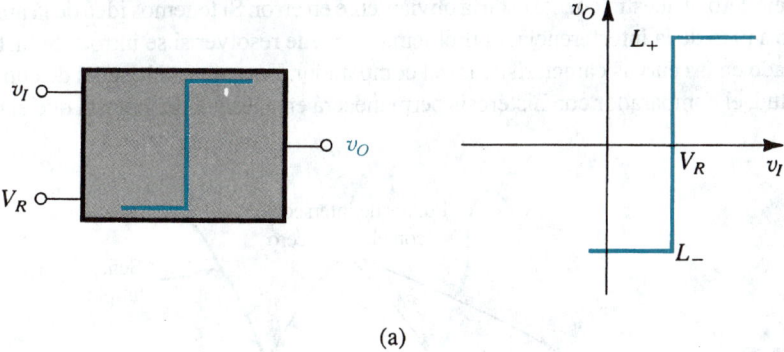

(a)

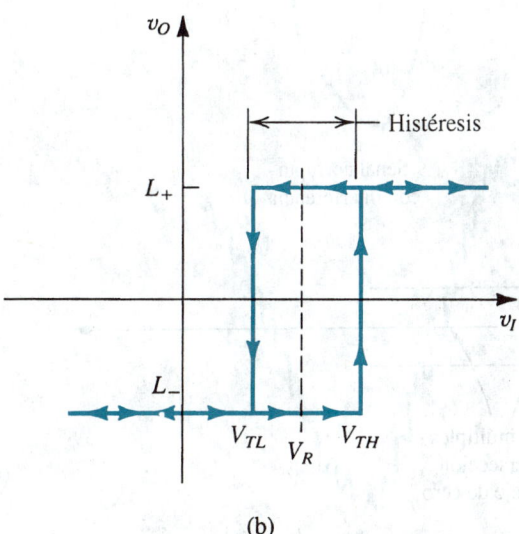

(b)

Fig. 12.21 (a) Representación de diagrama a bloques y curva característica de transferencia para un comparador que tiene un voltaje V_R de referencia, o de umbral. (b) Curva característica de comparador con histéresis.

sección 10.11). Aun cuando normalmente consideramos que el comparador tiene un solo valor de umbral (véase figura 12.21a), es útil en muchas aplicaciones sumar histéresis a las curvas características del comparador. Si se hace esto, el comparador exhibe dos valores de umbral, V_{TL} y V_{TH}, simétricamente ubicados alrededor del nivel de referencia deseado, como se indica en la figura 12.21(b). Por lo general, V_{TH} y V_{TL} están separados una pequeña cantidad, por ejemplo 100 mV.

Para demostrar la necesidad de histéresis consideremos una aplicación común de comparadores. Se requiere diseñar un circuito que detecte y cuente los puntos de intersección con el eje de cero de una onda arbitraria. Esta función se puede implementar usando un comparador cuyo umbral está ajustado a 0 V. El comparador produce un cambio de escalón en su salida cada vez que se presente un punto de intersección con el eje cero. Cada cambio de escalón se puede usar para generar un pulso, y los pulsos se alimentan a un circuito contador.

Imaginemos ahora lo que ocurre si la señal que se procese tiene (como generalmente tiene) interferencia superpuesta a la misma, por ejemplo de una frecuencia mucho más alta que la de la señal. Se deduce que la señal debe cruzar el eje de cero varias veces alrededor de cada uno de los puntos de intersección con el eje cero que estamos tratando de detectar, como se muestra en la figura 12.22. El comparador cambiaría así de estado varias veces en cada uno de los puntos de intersección con el eje cero, y nuestra cuenta estaría obviamente en error. Si tenemos idea de la amplitud esperada de pico a pico de la interferencia, el problema se puede resolver si se introduce histéresis de ancho apropiado en las curvas características del comparador. Entonces, si la señal de entrada aumenta en magnitud, el comparador con histéresis permanecerá en el estado bajo hasta que el nivel de entrada

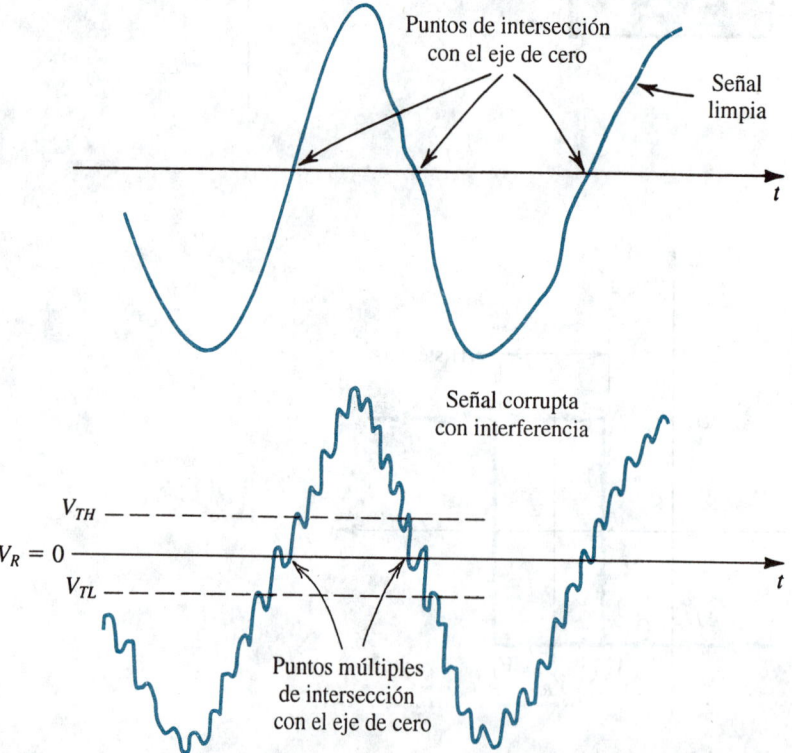

Fig. 12.22 Ilustración del uso de histéresis en las curvas características como medio para rechazar interferencia.

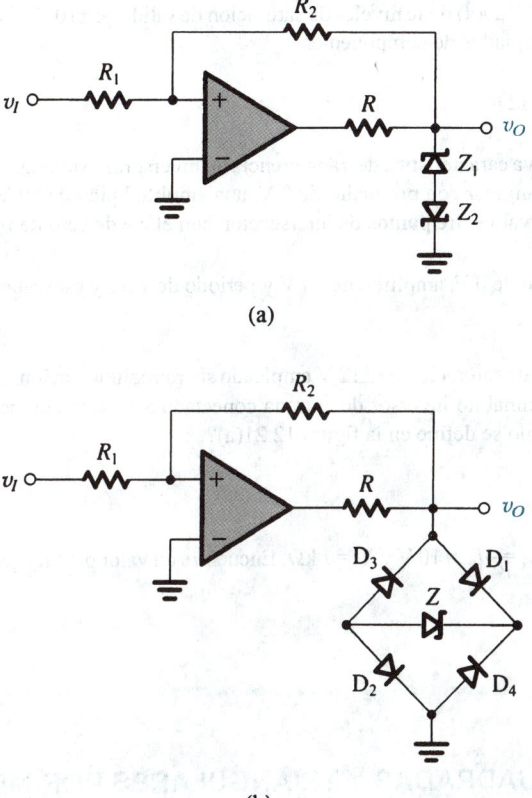

(a)

(b)

Fig. 12.23 Se utilizan circuitos limitadores para obtener niveles de salida más precisos para el circuito biestable. En ambos circuitos, el valor de R debe ser seleccionado para obtener la corriente necesaria para la correcta operación de los diodos zener. **(a)** Para este circuito $L_+ = V_{Z_1} + V_D$ y $L_- = -(V_{Z_2} + V_D)$, donde V_D es la caída directa del diodo. **(b)** Para este circuito, $L_+ = V_Z + V_{D_1} + V_{D_2}$ y $L_- = -(V_Z + V_{D_3} + V_{D_4})$.

rebase el umbral alto V_{TH}. Subsecuentemente, el comparador permanecerá en el estado alto incluso si, debido a interferencia, la señal disminuye por debajo de V_{TH}. El comparador conmutará al estado bajo sólo si la señal de entrada disminuye a menos del umbral bajo V_{TL}. La situación se ilustra en la figura 12.22, de la que vemos que incluir histéresis en las curvas características del comparador es un medio eficaz de rechazar interferencia (produciendo así otra forma de filtrado).

Para hacer más precisos los niveles de salida

Los niveles de salida del circuito biestable se pueden hacer más precisos de lo que son los voltajes de saturación del op amp, si se conecta en cascada el op amp con un circuito limitador (véase en la sección 3.8 un estudio de circuitos limitadores). Dos de estos diseños se muestran en la figura 12.23.

Ejercicios

D12.11 El op amp del circuito biestable de la figura 12.19(a) tiene voltajés de saturación de salida de ±13 V. Diseñe el circuito para obtener voltajes de umbral de ±15 V. Para $R_1 = 10$ kΩ encuentre el valor requerido para R_2.

Resp. 16 kΩ

D12.12 Si el op amp del circuito de la figura 12.20(a) tiene niveles de saturación de salida de ±10 V, diseñe el circuito para obtener umbrales de ±5 V. Dé valores apropiados de componentes.

Resp. Posible opción: $R_1 = 10$ kΩ y $R_2 = 20$ kΩ

12.13 Considere un circuito biestable con curva característica de transferencia no inversora, y suponga que $L_+ = -L_- = 10$ V y $V_{TH} = -V_{TL} = 5$ V. Si v_I es una onda triangular con promedio de 0 V, una amplitud pico de 10 V y un periodo de 1 ms, trace la onda de v_O. Encuentre el intervalo entre puntos de intersección con el eje de cero de v_I y v_O.

Resp. v_O es una onda cuadrada con promedio de 0 V, amplitud de 10 V y periodo de 1 ms y está retardada en 125 μs con respecto a v_I.

12.14 Considere un op amp que tenga niveles de saturación de ±12 V empleado sin retroalimentación, con el terminal inversor de entrada conectado a +3 V y el terminal no inversor de entrada conectado a v_I. Caracterice su operación como comparador. ¿Cuáles son L_+, L_- y V_R, como se define en la figura 12.21(a)?

Resp. +12 V; −12 V; +3 V

12.15 En el circuito de la figura 12.20(a) sea $L_+ = -L_- = 10$ V y $R_1 = 1$ kΩ. Encuentre un valor para R_2 que dé histéresis de 100 mV de ancho.

Resp. 200 kΩ

12.5   GENERACIÓN DE ONDAS CUADRADAS Y TRIANGULARES POR MEDIO DE MULTIVIBRADORES ASTABLES

Se puede generar una onda cuadrada si se hacen arreglos para que un multivibrador biestable conmute estados periódicamente. Esto se puede hacer si se conecta el multivibrador biestable con un circuito RC en un lazo de retroalimentación, como se ilustra en la figura 12.24(a). Observe que el multivibrador biestable tiene una curva característica de transferencia inversora y puede así ejecutarse usando el circuito de la figura 12.19(a). Esto resulta en el circuito de la figura 12.24(b). En breve demostraremos que este circuito no tiene estados estables y que por lo tanto recibe en forma muy apropiada el nombre de **multivibrador astable**.

Operación del multivibrador astable

Para ver la forma en que opera el multivibrador astable, consulte la figura 12.24(b) y suponga que la salida del multivibrador biestable está en uno de sus dos posibles niveles, por ejemplo L_+. El condensador C se carga hacia este nivel por medio del resistor R. Entonces el voltaje en los terminales de C, que se aplica al terminal negativo de entrada del op amp y por lo tanto se denota como v_-, se eleva en forma exponencial hacia L_+ con una constante de tiempo $\tau = CR$. Entre tanto, el voltaje en el terminal positivo de entrada del op amp es $v_+ = \beta L_+$. Esta situación continuará hasta que el voltaje del condensador alcance el umbral positivo V_{TH}, en cuyo punto el multivibrador biestable conmutará al otro estado estable en el que $v_O = L_-$ y $v_+ = \beta L_-$. El condensador empezará entonces a descargarse, y su voltaje, v_-, decrecerá exponencialmente hacia L_-. Este nuevo estado prevalece hasta que v_- alcance el umbral negativo V_{TL}, en cuyo momento el multivibrador biestable conmuta al estado de salida positiva, el condensador empieza a cargarse, y el ciclo se repite.

De la descripción precedente vemos que el circuito astable oscila y produce una onda cuadrada a la salida del op amp. Esta onda, y las ondas en los dos terminales de entrada del op amp, se muestran en la figura 12.24(c). El periodo T de la onda cuadrada se puede hallar como sigue: durante el intervalo de carga T_1 el voltaje v_- en los terminales del condensador en cualquier instante t, con $t = 0$ al comienzo de T_1, está dado por (véase apéndice F)

$$v_- = L_+ - (L_+ - \beta L_-)e^{-t/\tau}$$

donde $\tau = CR$. Al sustituir $v_- = \beta L_+$ en $t = T_1$ resulta

$$T_1 = \tau \ln \frac{1 - \beta(L_-/L_+)}{1 - \beta} \tag{12.31}$$

Análogamente, durante el intervalo de descarga T_2 el voltaje v_- en cualquier instante t, con $t = 0$ al inicio de T_2, está dado por

$$v_- = L_- - (L_- - \beta L_+)e^{-t/\tau}$$

Sustituyendo $v_- = \beta L_-$ en $t = T_2$ resulta

$$T_2 = \tau \ln \frac{1 - \beta(L_+/L_-)}{1 - \beta} \tag{12.32}$$

Las ecuaciones (12.31) y (12.32) se pueden combinar para obtener el periodo $T = T_1 + T_2$. Normalmente, $L_+ = -L_-$, resultando en ondas cuadradas simétricas de periodo T dadas por

$$T = 2\tau \ln \frac{1 + \beta}{1 - \beta} \tag{12.33}$$

Nótese que este generador de onda cuadrada se puede hacer que tenga frecuencia variable al conmutar diferentes condensadores C (usualmente en décadas) y al ajustar R continuamente (para

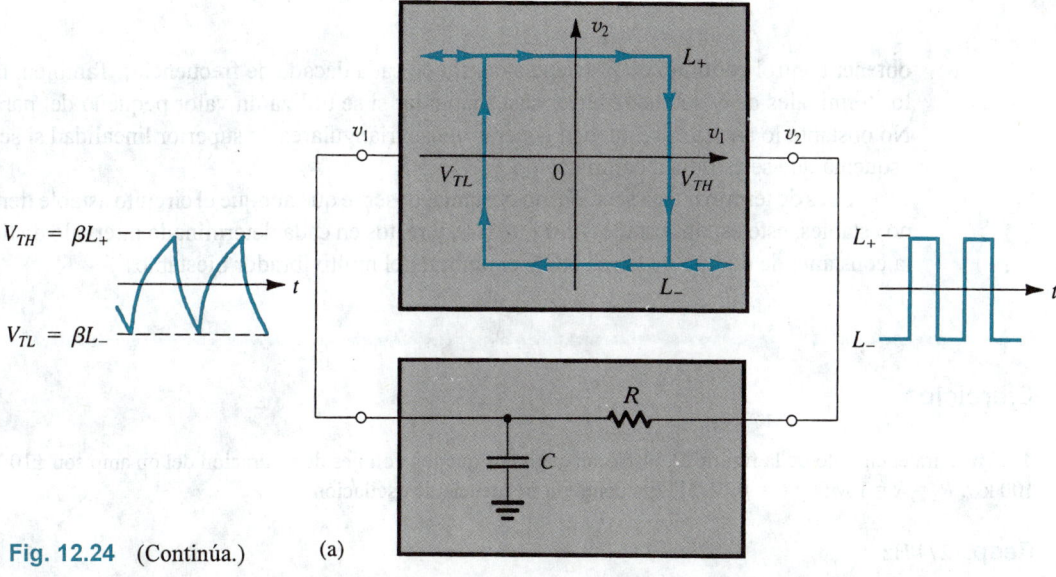

Fig. 12.24 (Continúa.)   (a)

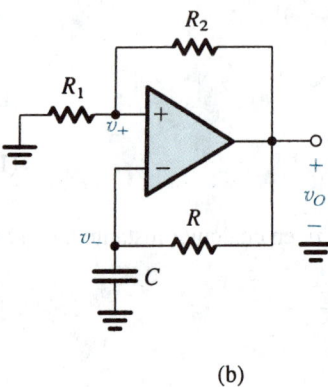

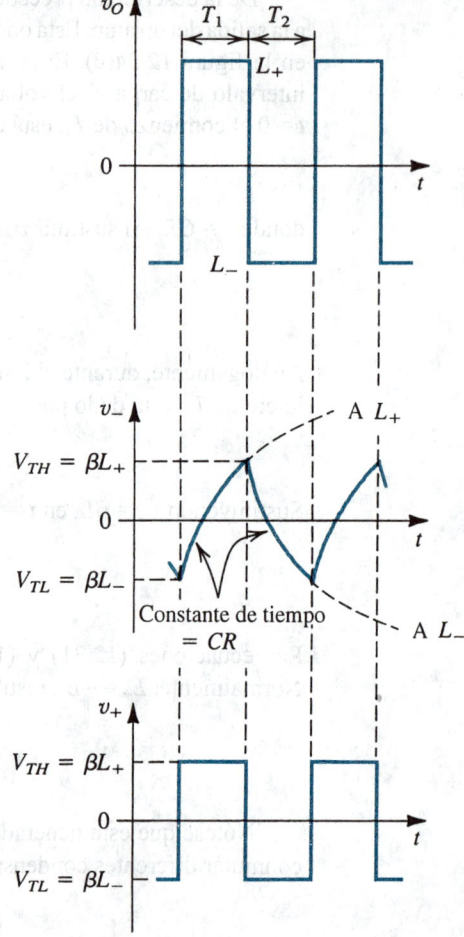

(b)

Fig. 12.24 (Continuación.) **(a)** La conexión de un multivibrador biestable con curvas características de transferencia inversoras en un lazo de retroalimentación con un circuito RC resulta en un generador de onda cuadrada. **(b)** El circuito obtenido cuando el multivibrador biestable se construye con el circuito de la figura 12.19(a). **(c)** Ondas en diversos nodos del circuito en (b). Este circuito recibe el nombre de *multivibrador astable*.

(c)

obtener control continuo de frecuencia dentro de cada década de frecuencia). También, la onda en los terminales de C se puede hacer casi triangular si se utiliza un valor pequeño del parámetro β. No obstante lo anterior, se pueden generar ondas triangulares de superior linealidad si se utiliza el esquema que se estudia a continuación.

Antes de terminar esta sección, no obstante, observe que aunque el circuito astable tiene estados no estables, esto es, dos estados *casi estables*, y restos en cada determinado intervalo de tiempo por la constante de tiempo de la red RC y el umbral del multivibrador biestable.

Ejercicios

12.16 Para el circuito de la figura 12.24(b), supongamos que los voltajes de saturación del op amp son ±10 V, $R_1 = 100$ kΩ, $R_2 = R = 1$ MΩ y $C = 0.01$ μF. Encuentre la frecuencia de oscilación.

Resp. 274 Hz

12.17 Considere una modificación del circuito de la figura 12.24(b) en la que R_1 es sustituida por un par de diodos conectados en paralelo en direcciones opuestas. Para $L_+ = -L_- = 12$ V, $R_2 = R = 10$ kΩ, $C = 0.1$ μF y el voltaje de diodo una constante denotada por V_D, encuentre una expresión para la frecuencia como función de V_D. Si $V_D = 0.70$ V a 25°C con una TC de -2 mV/°C, encuentre la frecuencia a 0°C, 25°C, 50°C y 100°C. Nótese que la salida de este circuito puede ser enviada a un medidor de frecuencia remotamente conectado para obtener una lectura digital de temperatura.

Resp. $f = 500/\ln\,[(12 + V_D)/(12 - V_D)]$ Hz; 3995 Hz, 4281 Hz, 4611 Hz, 5451 Hz

Generación de ondas triangulares

Las ondas exponenciales generadas en el circuito astable de la figura 12.24 se pueden cambiar a triangulares si se sustituye el circuito de paso bajo con un integrador. (El integrador es, después de todo, un circuito de paso bajo con una frecuencia de corte a cd.) El integrador ocasiona carga y descarga lineal del condensador, produciendo así una onda triangular. El circuito resultante se muestra en la figura 12.25(a). Observe que debido a que el integrador es inversor, es necesario

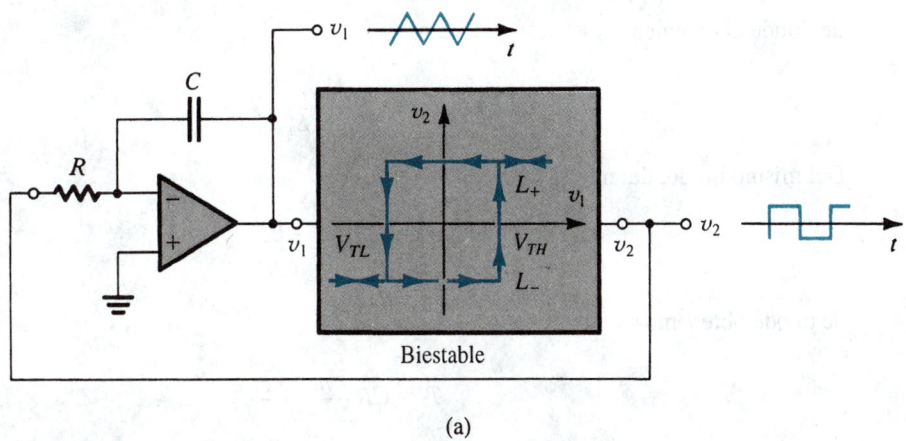

(a)

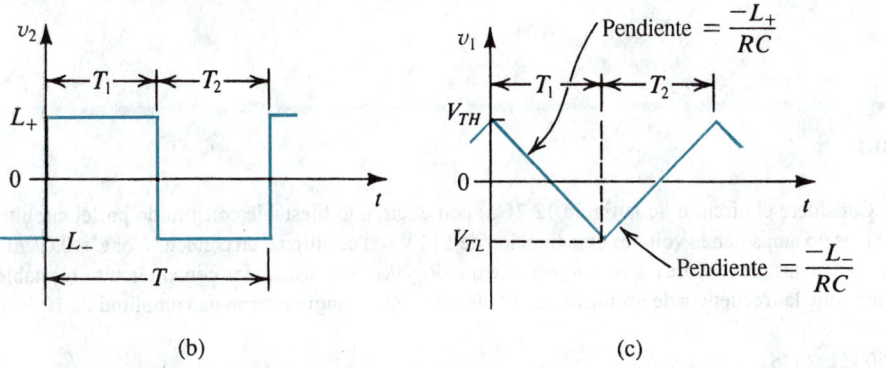

(b)   (c)

Fig. 12.25 Esquema general para generar ondas triangulares y cuadradas.

invertir las curvas características del circuito biestable. Entonces, el circuito biestable que aquí es necesario es del tipo no inversor y se puede ejecutar usando el circuito de la figura 12.20(a).

Ahora continuamos para demostrar la forma en que el lazo de retroalimentación de la figura 12.25(a) oscila y genera una onda triangular v_1 a la salida del integrador y una onda cuadrada v_2 a la salida del circuito biestable: supongamos que la salida del circuito biestable está en L_+. Circulará una corriente igual a L_+/R en el resistor R y por el condensador C, ocasionando que la salida del integrador decrezca *linealmente* con una pendiente de $-L_+/CR$, como se muestra en la figura 12.25(c). Esto continúa hasta que la salida del integrador alcance el umbral inferior V_{TL} del circuito biestable, en cuyo punto el circuito biestable conmuta estados, su salida se convierte en negativo e igual a L_-. En este momento, la corriente que pasa por R y C invierte su dirección y su valor se hará igual a $|L_-|/R$. Se deduce que la salida del integrador comenzará a aumentar en forma lineal con una pendiente positiva igual a $|L_-|/CR$. Esto continúa hasta que el voltaje de salida del integrador alcance el umbral positivo del circuito biestable, V_{TH}. En este punto, el circuito biestable se conmuta, su salida se hace positiva (L_+), la corriente que entra al integrador invierte su dirección, y la salida del integrador empieza a decrecer linealmente, comenzando un nuevo ciclo.

Del análisis anterior es relativamente fácil deducir una expresión para el periodo T de las ondas cuadrada y triangular. Durante el intervalo T_1 tenemos, de la figura 12.25(c),

$$\frac{V_{TH} - V_{TL}}{T_1} = \frac{L_+}{CR}$$

de donde obtenemos

$$T_1 = CR \frac{V_{TH} - V_{TL}}{L_+} \tag{12.34}$$

Del mismo modo, durante T_2 tenemos

$$\frac{V_{TH} - V_{TL}}{T_2} = \frac{-L_-}{CR}$$

de donde obtenemos

$$T_2 = CR \frac{V_{TH} - V_{TL}}{-L_-} \tag{12.35}$$

Entonces, para obtener ondas cuadradas simétricas diseñamos el circuito biestable para tener $L_+ = -L_-$.

Ejercicio

D12.18 Considere el circuito de la figura 12.25(a) con el circuito biestable constituido por el circuito de la figura 12.20(a). Si los op amps tienen voltajes de saturación de ±10 V y si se utilizan un condensador $C = 0.01$ μF y un resistor $R_1 = 10$ kΩ, encuentre los valores de R y R_2 (nótese que R_1 y R_2 están asociados con el circuito biestable de la figura 12.20(a)) tales que la frecuencia de oscilación es 1 kHz y la onda triangular tiene una amplitud de 10 V pico a pico.

Resp. 50 kΩ; 20 kΩ

12.6 GENERACIÓN DE UN PULSO ESTANDARIZADO; EL MULTIVIBRADOR MONOESTABLE

En algunas aplicaciones surge la necesidad de un pulso de altura y ancho conocidos generado en respuesta a una señal de disparo. Como el ancho del pulso es predecible, su borde posterior se puede usar con fines de sincronización, es decir, para iniciar un trabajo particular en un tiempo especificado. Este pulso estandarizado puede ser generado por el tercer tipo de multivibrador, el **multivibrador monoestable**.

El multivibrador monoestable tiene un estado estable en el que puede permanecer indefinidamente. También tiene un estado casi estable que se puede disparar y en el que permanece durante un intervalo predeterminado igual al ancho deseado del pulso de salida. Una vez que expire este intervalo, el multivibrador monoestable regresa a su estado estable y permanece ahí, a la espera de otra señal de disparo. La acción del multivibrador monoestable ha dado lugar a su nombre alternativo, de *un estado*.

En la figura 12.26(a) se ilustra un circuito monoestable de op-amp. Observemos que este circuito es una forma aumentada del circuito astable de la figura 12.24(b). Específicamente, un diodo fijador de nivel D_1 se agrega en paralelo al condensador C_1, y un circuito de disparo compuesto por el condensador C_2, resistor R_4 y diodo D_2 se conecta al terminal de entrada no inversora del op amp. El circuito opera como sigue: en el estado estable, que prevalece en ausencia de la señal de disparo, la salida del op amp está a L_+ y el diodo D_1 conduce a través de R_3 y de esta forma fija el nivel del voltaje v_B a una caída de diodo arriba de tierra. Seleccionamos R_4 mucho mayor que R_1, de modo que el diodo D_2 estará conduciendo una pequeña corriente y el voltaje v_C estará determi-

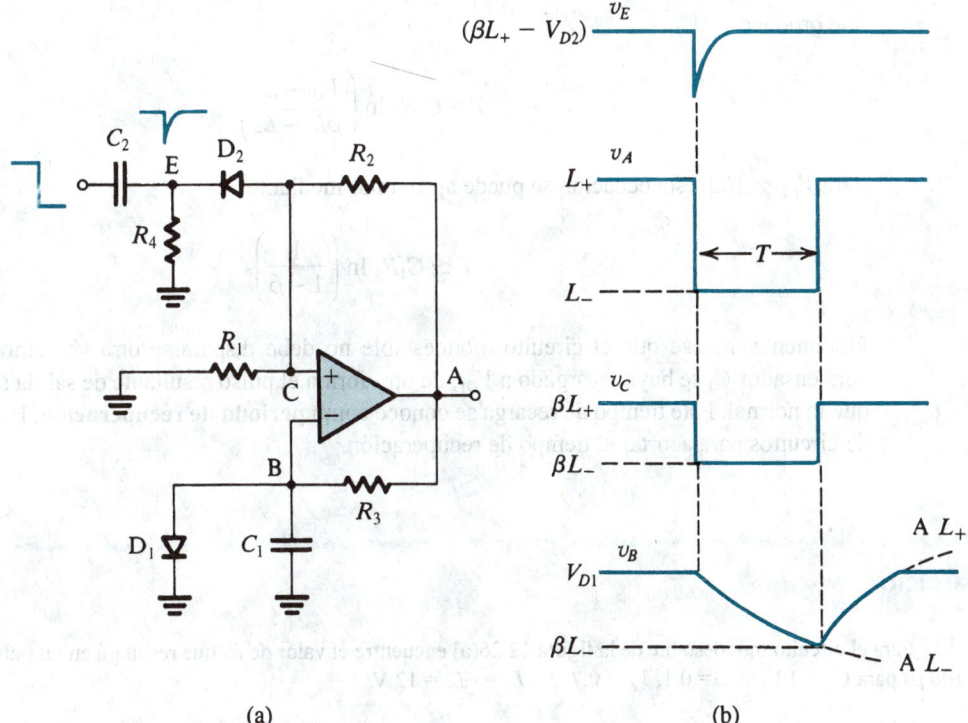

(a)   (b)

Fig. 12.26 (a) Circuito monoestable con op amp. (b) Ondas de señal en el circuito de (a).

nado muy cercanamente por el divisor de voltaje R_1, R_2. Así, $v_C = \beta L_+$, donde $\beta = R_1/(R_1 + R_2)$. El estado estable se mantiene porque βL_+ es mayor que V_{D1}.

Ahora considere la aplicación de un escalón que se hace negativo a la entrada de disparo y observe las ondas de señal que se muestran en la figura 12.26(b). El borde negativo de disparo estará acoplado al cátodo del diodo D_2 a través del condensador C_2, y entonces D_2 conduce fuertemente y desconecta el nodo C. Si la señal de disparo es de altura suficiente para hacer que v_C se reduzca por debajo de v_B, el op amp verá un voltaje neto negativo de entrada y su salida conmuta a L_-. Esto, a su vez, ocasiona que v_C se haga negativo para βL_x, que mantiene al op amp en su estado recién adquirido. Nótese que D_2 se corta ahora, aislando así al circuito de cualesquier otros cambios en el terminal de entrada de disparo.

El voltaje negativo en A hace que D_1 se corte, y C_1 comienza a descargarse exponencialmente hacia L_- con una constante de tiempo C_1R_3. El multivibrador monoestable está ahora en su *estado casi estable*, que prevalecerá hasta que el declinante voltaje v_B caiga por debajo del voltaje presente en el nodo C, que es βL_-. En este instante la salida del op-amp se conmuta de nuevo a L_+ y el voltaje en el nodo C regresa a βL_+. El condensador C_1 entonces se carga hacia L_+ hasta que el diodo D_1 conduzca y el circuito regresa a su estado estable.

De la figura 12.26(b), observamos que un pulso negativo se genera a la salida durante el estado casi estable. La duración T del pulso de salida se determina de la onda exponencial de v_B,

$$v_B(t) = L_- - (L_- - V_{D1})e^{-t/C_1R_3}$$

al sustituir $v_B(T) = \beta L_-$,

$$\beta L_- = L_- - (L_- - V_{D1})e^{-T/C_1R_3}$$

que produce

$$T = C_1R_3 \ln\left(\frac{V_{D1} - L_-}{\beta L_- - L_-}\right) \tag{12.36}$$

Para $V_{D1} \ll |L_-|$, esta ecuación se puede aproximar mediante

$$T \simeq C_1R_3 \ln\left(\frac{1}{1 - \beta}\right) \tag{12.37}$$

Finalmente, nótese que el circuito monoestable no debe dispararse otra vez sino hasta que el condensador C_1 se haya recargado a V_{D1}; de otra forma el pulso resultante de salida será más corto que lo normal. Este tiempo de recarga se conoce como **periodo de recuperación**. Existen técnicas de circuitos para acortar el tiempo de recuperación.

Ejercicio

12.19 Para el circuito monoestable de la figura 12.26(a) encuentre el valor de R_3 que resultará en un pulso de salida de 100 μs para $C_1 = 0.1\ \mu$F, $\beta = 0.1$, $V_D = 0.7$ V y $L_+ = -L_- = 12$ V.

Resp. 6171 Ω

12.7 TEMPORIZADORES DE CIRCUITO INTEGRADO

Existen paquetes de circuitos integrados, comercialmente disponibles, que contienen la mayor parte de los circuitos necesarios para construir multivibradores monoestables y astables que tengan características precisas. En esta sección analizamos el más conocido de estos circuitos integrados, el **temporizador 555**. Introducido en 1972 por la Signetics Corporation como circuito integrado bipolar, el 555 también se produce en tecnología CMOS por varios fabricantes.

El circuito 555

En la figura 12.27 se ilustra una representación de diagrama a bloques del circuito temporizador 555 (para ver el circuito real, consulte la obra de Grebene, 1984). El circuito consta de dos comparadores, un flip-flop SR (elemento biestable de fijar y restablecer) y un transistor Q_1 que opera como interruptor. Se requiere una fuente de alimentación (V_{CC}) para operación, con un voltaje típicamente de 5 V. Un divisor de voltaje resistivo, que consta de tres resistores de igual valor marcados como R_1, se conecta en los terminales de V_{CC} y establece los voltajes de referencia (de umbral) para los dos comparadores. Éstos son $V_{TH} = \frac{2}{3}V_{CC}$ para el comparador 1 y $V_{TL} = \frac{1}{3}V_{CC}$ para el comparador 2.

Estudiamos flip-flops SR en el capítulo 13. Para nuestros fines aquí, observamos que un flip-flop SR (que también recibe el nombre de *elemento de memoria*) es un circuito biestable que tiene salidas complementarias, denotadas Q y $\overline{Q}$. En el estado de *fijar* (set), la salida en Q es "alta" (aproximadamente igual a V_{CC}) y la de $\overline{Q}$ es "baja" (aproximadamente igual a 0 V). En el otro estado estable, llamado *restablecer*, la salida en Q es baja y la de $\overline{Q}$ es alta. El flip-flop se fija al aplicar un nivel alto (V_{CC}) a su terminal de entrada de fijar, marcada como S. Para restablecer el flip-flop, se

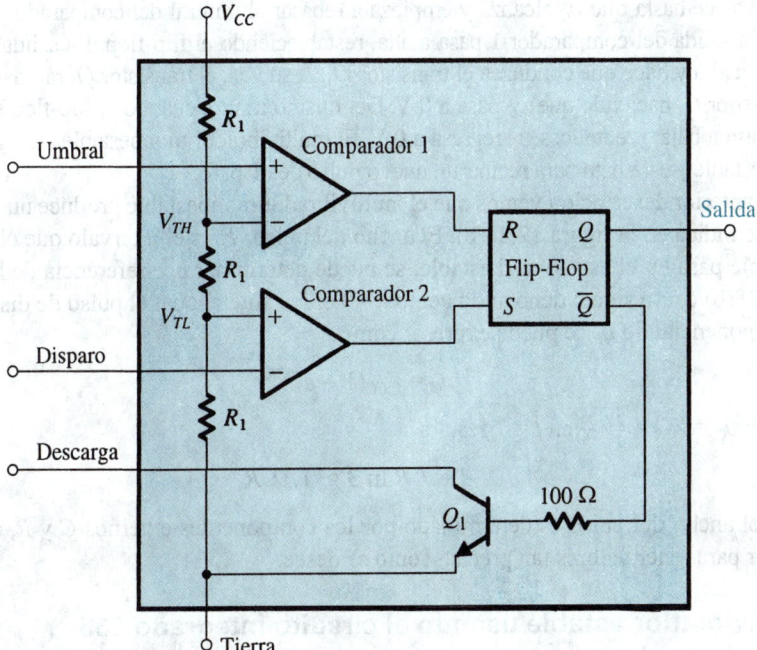

Fig. 12.27 Representación de diagrama a bloques del circuito interno del temporizador 555 de circuito integrado.

aplica un nivel alto al terminal de entrada de restablecer, marcado como R. Nótese que los terminales de entrada de restablecer y fijar del flip-flop del circuito 555 están conectados a las salidas del comparador 1 y comparador 2, respectivamente.

El terminal positivo de entrada del comparador 1 se conecta a un terminal externo del paquete 555, marcado como Threshold (umbral). Análogamente, el terminal de entrada negativa del comparador 2 se conecta a un terminal externo marcado Trigger (disparador), y el colector del transistor Q_1 se conecta al terminal marcado Discharge (descarga). Finalmente, la salida Q del flip-flop se conecta al terminal de salida del paquete del temporizador, marcada Out (salida).

Puesta en práctica de un multivibrador monoestable usando el IC 555

En la figura 12.28(a) se ilustra un multivibrador monoestable puesto en práctica mediante un circuito integrado 555 junto con un resistor externo R y un condensador externo C. En el estado estable, el flip-flop estará en el estado de restablecer, y por lo tanto su salida $\overline{Q}$ será alta, haciendo que conduzca el transistor Q_1. El transistor Q_1 estará saturado y por lo tanto v_C será cercano a 0 V, resultando en un bajo nivel a la salida del comparador 1. El voltaje en el terminal de entrada del disparador, marcado v_{disp}, se mantiene alto (mayor de V_{TL}), y entonces la salida del comparador 2 también será baja. Finalmente, nótese que como el flip-flop está en el estado de restablecer, Q será bajo y entonces v_O será cercano a 0 V.

Para disparar el multivibrador monoestable, se aplica un pulso negativo de entrada al terminal de entrada del disparador. A medida que v_{disp} se reduce hasta quedar por debajo de V_{TL}, la salida del comparador 2 pasa al nivel alto, fijando así al flip-flop. La salida Q del flip-flop pasa a alta, por lo que v_O se hace alto y la salida $\overline{Q}$ se hace baja, haciendo que no conduzca el transistor Q_1. El condensador C empieza a cargarse a través del resistor R y su voltaje v_C sube exponencialmente hacia V_{CC}, como se muestra en la figura 12.28(b). El multivibrador monoestable está ahora en su estado casi estable. Este estado prevalece hasta que v_C alcanza y empieza a rebasar al umbral del comparador 1, V_{TH}, en cuyo momento la salida del comparador 1 pasa a alta, restableciendo el flip-flop. La salida $\overline{Q}$ del flip-flop ahora pasa a alta y hace que conduzca el transistor Q_1. A su vez, el transistor Q_1 rápidamente descarga el condensador C, haciendo que v_C pase a 0 V. Del mismo modo, cuando el flip-flop se restablece su salida Q pasa a baja, y entonces v_O regresa a 0 V. El multivibrador monoestable ha regresado ahora a su estado estable y está listo para recibir un nuevo pulso de disparo.

De la anterior descripción vemos que el multivibrador monoestable produce un pulso de salida v_O como se indica en la figura 12.28(b). El ancho del pulso, T, es el intervalo que el multivibrador monoestable pasa en el estado casi estable; se puede determinar por referencia de las ondas de la figura 12.28(b) como sigue: denotando como $t = 0$ el instante al cual el pulso de disparo se aplica, la onda exponencial de v_C se puede expresar como

$$v_C = V_{CC}(1 - e^{-t/CR}) \tag{12.38}$$

Al sustituir $v_C = V_{TH} = \frac{2}{3}V_{CC}$ en $t = T$ resulta

$$T = CR \ln 3 \simeq 1.1CR \tag{12.39}$$

Entonces el ancho del pulso es determinado por los componentes externos C y R, que se pueden seleccionar para tener valores tan preciso como se desee.

Un multivibrador astable usando el circuito integrado 555

En la figura 12.29(a) se muestra el circuito de un multivibrador astable que utiliza un circuito integrado 555, dos resistores externos, R_A y R_B, y un condensador externo C. Para ver cómo opera

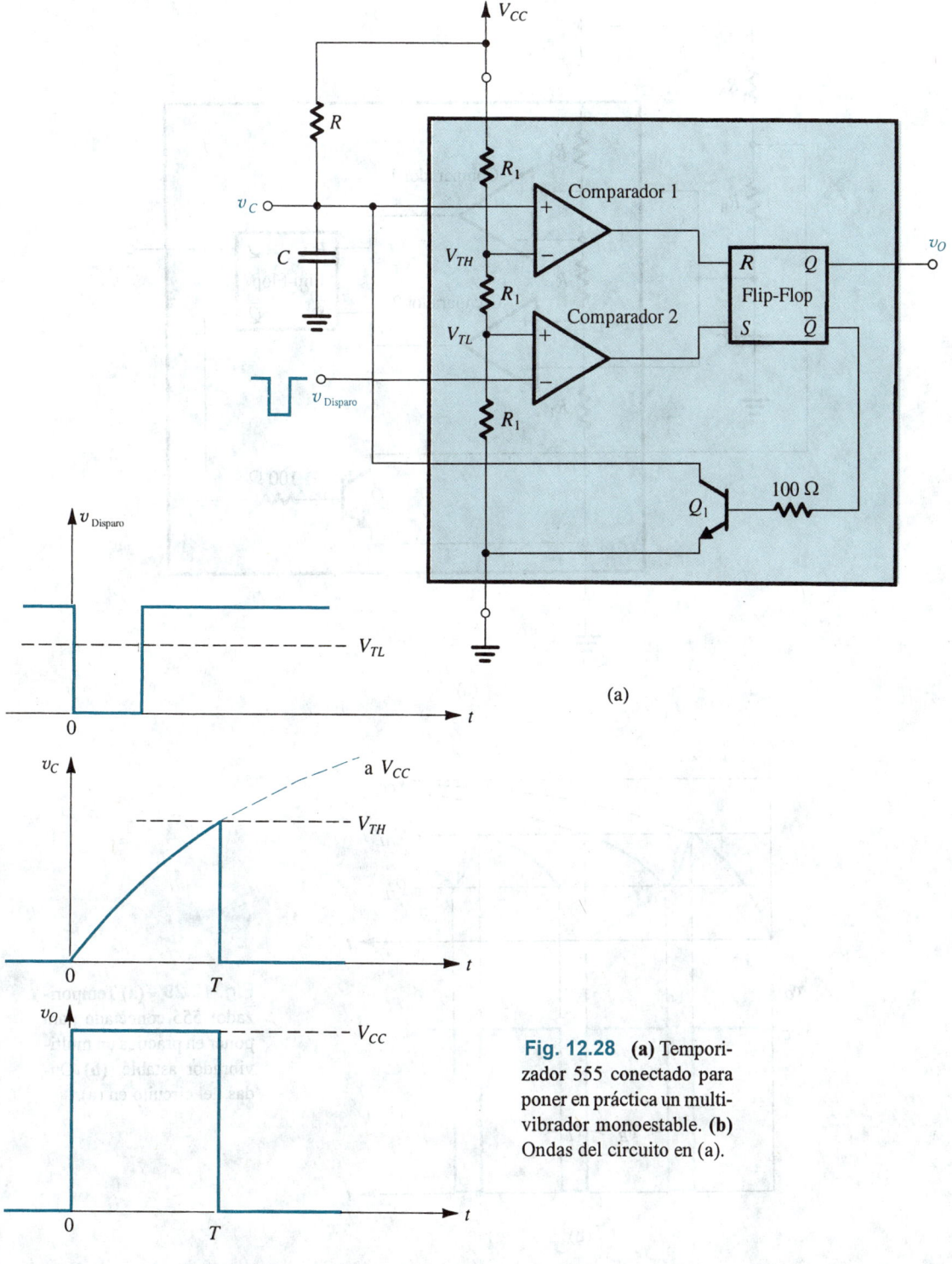

(a)

(b)

Fig. 12.28 **(a)** Temporizador 555 conectado para poner en práctica un multivibrador monoestable. **(b)** Ondas del circuito en (a).

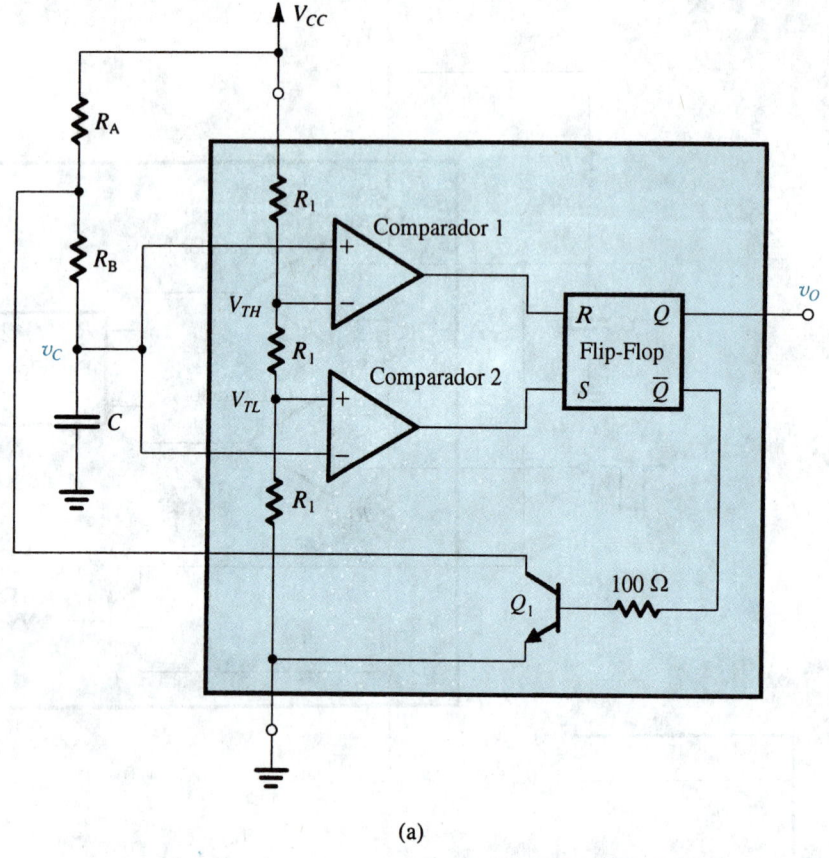

(a)

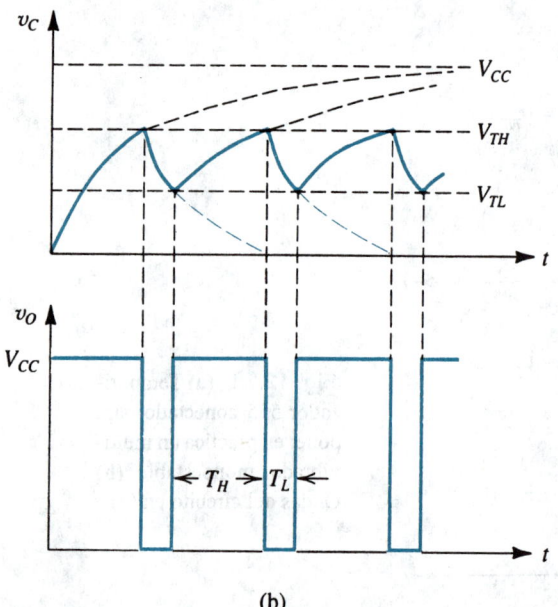

(b)

Fig. 12.29 **(a)** Temporizador 555 conectado para poner en práctica un multivibrador astable. **(b)** Ondas del circuito en (a).

el circuito consultemos las ondas descritas en la figura 12.29(b). Supongamos que inicialmente C está descargado y el flip-flop está fijado. Entonces v_O está alto y Q_1 no conduce. El condensador C se cargará a través de la combinación serie de R_A y R_B, y el voltaje en sus terminales, v_C, se elevará en forma exponencial hacia V_{CC}. A medida que v_C cruza el nivel igual a V_{TL}, la salida del comparador 2 pasa a baja. Esto, sin embargo, no tiene efecto en la operación del circuito y el flip-flop permanece fijo. De hecho, este estado continúa hasta que v_C alcanza y empieza a exceder el umbral del comparador 1, V_{TH}. En este instante, la salida del comparador 1 pasa a alta y restablece el flip-flop. Entonces v_O pasa a bajo, $\overline{Q}$ pasa a alto, y el transistor Q_1 conduce. El transistor saturado Q_1 hace que aparezca un voltaje de aproximadamente cero volts en el nodo común de R_A y R_B; entonces C comienza a descargarse a través de R_B y el colector de Q_1. El voltaje v_C se reduce de manera exponencial con una constante de tiempo CR_B hacia 0 V. Cuando v_C alcanza el umbral del comparador 2, V_{TL}, la salida del comparador 2, pasa a alta y fija el flip-flop. La salida v_O entonces pasa a alta, y $\overline{Q}$ pasa a bajo, haciendo que Q_1 no conduzca. El condensador C comienza a cargarse a través del equivalente en serie de R_A y R_B, y su voltaje se eleva de manera exponencial hacia V_{CC} con una constante de tiempo $C(R_A + R_B)$. Esta elevación continúa hasta que v_C llega a V_{TH}, en cuyo momento la salida del comparador 1 pasa a alta, restableciendo el flip-flop y el ciclo continúa.

De la anterior descripción vemos que el circuito de la figura 12.29(a) oscila y produce una onda cuadrada a la salida. La frecuencia de oscilación puede ser determinada como sigue. Un examen de la figura 12.29(b) indica que la salida será alta durante el intervalo T_H, en que v_C se eleva de V_{TL} a V_{TH}. El aumento exponencial de v_C puede ser descrito por

$$v_C = V_{CC} - (V_{CC} - V_{TL})e^{-t/C(R_A + R_B)} \tag{12.40}$$

donde $t = 0$ es el instante en que el intervalo T_H se inicia. Sustituyendo $v_C = V_{TH} = \tfrac{2}{3}V_{CC}$ a $t = T_H$ y $V_{TL} = \tfrac{1}{3}V_{CC}$ resulta en

$$T_H = C(R_A + R_B) \ln 2 \simeq 0.69\, C(R_A + R_B) \tag{12.41}$$

También observamos de la figura 12.29(b) que v_O será bajo durante el intervalo T_L, en que v_C cae de V_{TH} a V_{TL}. La caída exponencial de v_C puede ser descrita por

$$v_C = V_{TH}\, e^{-t/CR_B} \tag{12.42}$$

donde hemos tomado $t = 0$ como el inicio del intervalo T_L. Sustituyendo $v_C = V_{TL} = \tfrac{1}{3}V_{CC}$ en $t = T_L$ y $V_{TH} = \tfrac{2}{3}V_{CC}$ resulta en

$$T_L = CR_B \ln 2 \simeq 0.69\, CR_B \tag{12.43}$$

Las ecuaciones (12.41) y (12.43) se pueden combinar para obtener el periodo T de la onda cuadrada de salida como

$$T = T_H + T_L = 0.69\, C(R_A + 2R_B) \tag{12.44}$$

También, el **ciclo de trabajo** de la onda cuadrada de salida se puede hallar de las ecuaciones (12.41) y (12.43):

$$\text{Ciclo de trabajo} \equiv \frac{T_H}{T_H + T_L} = \frac{R_A + R_B}{R_A + 2R_B} \tag{12.45}$$

Nótese que el ciclo de trabajo siempre será mayor de 0.5 (50%); se aproxima a 0.5 si R_A se selecciona mucho menor que R_B.

Ejercicios

12.20 Usando un condensador C de 10 nF, encuentre el valor de R que produzca un pulso de salida de 100 μs en el circuito monoestable de la figura 12.28(a).

Resp. 9.1 kΩ

D12.21 Para el circuito de la figura 12.29(a), utilice un condensador de 1000 pF y encuentre los valores de R_A y R_B que resulten en una frecuencia de oscilación de 100 kHz y un ciclo de trabajo de 75%.

Resp. 7.2 kΩ, 3.6 kΩ

12.8   CIRCUITOS CONFORMADORES DE ONDA NO LINEALES

Diodos o transistores se pueden combinar con resistores para sintetizar redes de dos puertos que tengan curvas características de transferencia arbitrarias no lineales. Estas redes de dos puertos se pueden utilizar en la **conformación de ondas**, es decir, para cambiar la onda de una señal de entrada en una manera prescrita y obtener una onda de forma deseada a la salida. En esta sección ilustramos esta aplicación por medio de un ejemplo concreto: el **conformador de onda senoidal**. Éste es un circuito cuyo propósito es cambiar la onda de una señal de entrada de onda triangular a onda senoidal. Aun cuando es sencillo, el conformador de onda es un elemento práctico que se utiliza ampliamente en generadores de funciones. Este método de generar ondas senoidales debe compararse con el que usa osciladores lineales (secciones 12.1-12.3). Aunque los osciladores lineales producen ondas senoidales de alta pureza, no son convenientes a muy bajas frecuencias y son, en general, más difíciles de sintonizar en amplias bandas de frecuencia. En lo que sigue estudiamos dos técnicas marcadamente diferentes para diseñar conformadores de ondas senoidales.

El método de punto de ruptura

En el método de punto de ruptura, la curva característica no lineal de transferencia deseada (en nuestro caso la función senoidal que se muestra en la figura 12.30) se pone en práctica como curva lineal por partes. Se utilizan diodos como interruptores que conducen en los diversos puntos de ruptura de la curva característica de transferencia, conmutando así en el circuito otros resistores que hacen que la curva característica de transferencia cambie de pendiente.

Considere el circuito que se ilustra en la figura 12.31(a). Consiste en una cadena de resistores conectados en paralelo con toda la fuente simétrica de voltaje $+V$, $-V$. El propósito de este divisor de voltaje es generar voltajes de referencia que servirán para determinar los puntos de ruptura en la curva característica de transferencia. En nuestro ejemplo, estos voltajes de referencia están denotados como $+V_2$, $+V_1$, $-V_1$, $-V_2$. Nótese que todo el circuito es simétrico, excitado por una onda triangular simétrica y genera una salida de onda senoidal simétrica. El circuito aproxima cada cuarto de ciclo de la onda senoidal por medio de tres segmentos de recta; los puntos de ruptura entre estos segmentos están determinados por los voltajes de referencia V_1 y V_2.

El circuito funciona como sigue: supongamos que la entrada es la onda triangular que se muestra en la figura 12.31(b), y considere primero el cuarto de ciclo definido por los dos puntos marcados 0 y 1. Cuando la señal de entrada es menor en magnitud que V_1, ninguno de los diodos con-

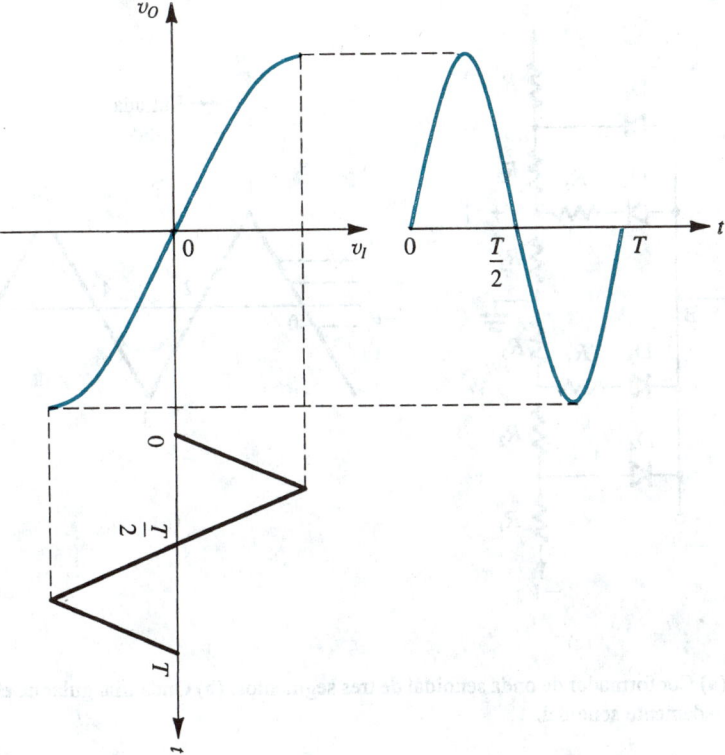

Fig. 12.30 Uso de una curva característica de transferencia (senoidal) no lineal para convertir una onda triangular en una senoide.

duce. Entonces no circula corriente por R_4, y el voltaje de salida en B será igual al voltaje de entrada. Pero, a medida que la entrada se eleva a V_1 y más, D_2 (que se supone ideal) empieza a conducir. Suponiendo que el diodo D_2 que conduce se comporta como un cortocircuito, vemos que, para $v_I > V_1$,

$$v_O = V_1 + (v_I - V_1) \frac{R_5}{R_4 + R_5}$$

Esto implica que conforme la entrada continúa subiendo a más de V_1, la salida sigue pero con una pendiente reducida. Esto da lugar al segundo segmento en la onda de salida, como se muestra en la figura 12.31(b). Nótese que en el desarrollo de la ecuación anterior hemos supuesto que las resistencias del divisor de voltaje son de bajo valor, de modo que los voltajes V_1 y V_2 son constantes independientemente de la corriente que provenga de la entrada.

A continuación consideremos lo que ocurre a medida que el voltaje en el punto B alcanza el segundo punto de ruptura determinado por V_2. En este punto, D_1 conduce, limitando así la salida v_O hacia V_2 (más, por supuesto, la caída de voltaje en D_1 si no se supone ideal). Esto da lugar al tercer segmento, que es plano, en la onda de salida. El resultado general es para "doblar" la onda y conformarla en una aproximación del ciclo de primer cuarto de una onda senoidal. Entonces, más allá del pico de la onda triangular de entrada, a medida que el voltaje de entrada se reduce, el proceso se desdobla, la salida se hace progresivamente más como la entrada. Por último, cuando la entrada es suficientemente negativa, el proceso empieza a repetirse en $-V_1$ y $-V_2$ para el semiciclo negativo.

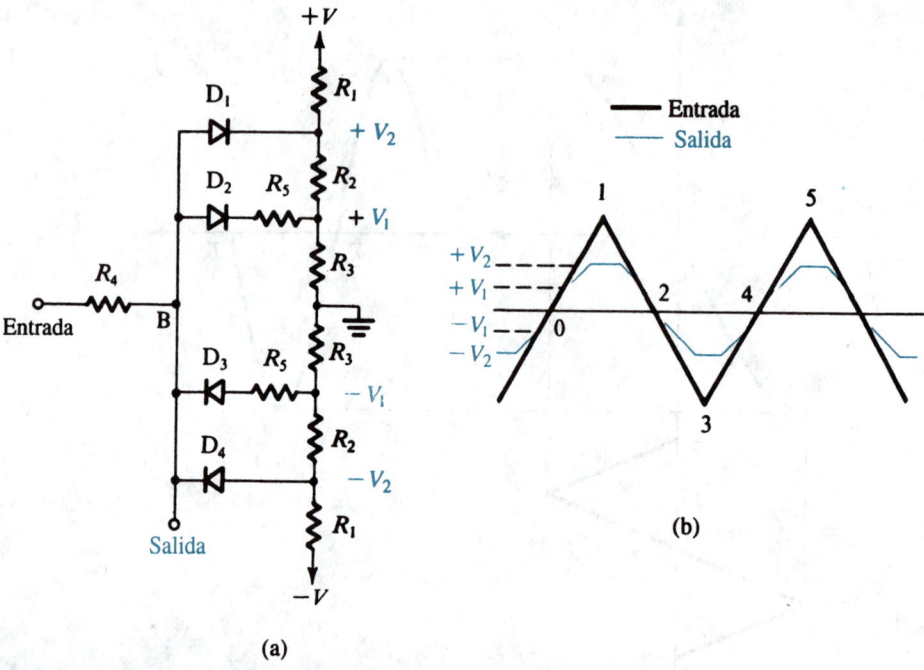

Fig. 12.31 (a) Conformador de onda senoidal de tres segmentos. (b) Onda triangular de entrada y onda de salida aproximadamente senoidal.

Aun cuando el circuito es relativamente sencillo, su operación es sorprendentemente buena. Una medida de bondad que suele tomarse es para cuantificar la pureza de la onda senoidal de salida al especificar el porcentaje de **distorsión armónica total** (THD). Ésta es la razón de porcentaje entre el voltaje rms de todas las componentes armónicas arriba de la frecuencia fundamental (que es la frecuencia de la onda triangular) y el voltaje rms de la fundamental. Es interesante observar que una razón del buen funcionamiento del conformador de diodo es el efecto benéfico producido por las curvas características i–v no ideales de los diodos, esto es, la rodilla exponencial del diodo de unión a medida que entra en conducción directa. La consecuencia es una transición relativamente suave de un segmento de línea al siguiente.

Los diseños prácticos del conformador de onda senoidal de punto de ruptura utilizan de seis a ocho segmentos (en comparación con los tres empleados en el ejemplo anterior). Del mismo modo, por lo general se usan transistores para obtener más versatilidad en el diseño, siendo la meta una mejor precisión y menor distorsión armónica total. (Véase la obra de Grebene, 1984, páginas 592-595.)

El método de amplificación no lineal

El otro método que estudiamos para la conversión de una onda triangular en una onda senoidal está basado en alimentar la onda triangular a la entrada de un amplificador que tiene una curva característica de transferencia no lineal que aproxima la función senoidal. Uno de estos circuitos amplificadores consiste en un par diferencial con una resistencia conectada entre los dos emisores, como se ilustra en la figura 12.32. Con una adecuada selección de los valores de la corriente de polarización I y la resistencia R, se puede hacer que el amplificador diferencial tenga una curva característica de transferencia que cercanamente se aproxima a la que se ilustra en la figura 12.30.

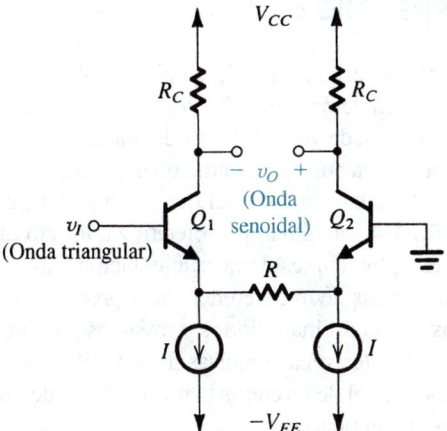

Fig. 12.32 Par diferencial con resistencia de degeneración de emisor empleada para poner en práctica un convertidor de onda triangular a onda senoidal. La operación del circuito puede ser descrita gráficamente por la figura 12.30.

Observe que para v_I pequeño, la curva característica de transferencia del circuito de la figura 12.32 es casi lineal, como es una onda senoidal cerca de sus puntos de intersección con el eje de cero. A grandes valores de v_I, las curvas características no lineales de los BJT reducen la ganancia del amplificador y hacen que la curva característica se doble, aproximando la onda senoidal a medida que se acerca a su pico. (Se pueden encontrar más detalles sobre este circuito en la obra de Grebene, 1984, páginas 595-597.)

Ejercicios

D12.22 El circuito de la figura E12.22 se requiere para obtener una aproximación de tres segmentos a la curva característica no lineal i–v, $i = 0.1v^2$, donde v es el voltaje en volts e i es la corriente en miliamperes. Encuentre los valores de R_1, R_2 y R_3 tales que la aproximación sea perfecta a $v = 2$ V, 4 V y 8 V. Calcule el error en el valor de corriente a $v = 3$ V, 5 V, 7 V y 10 V. Suponga diodos ideales.

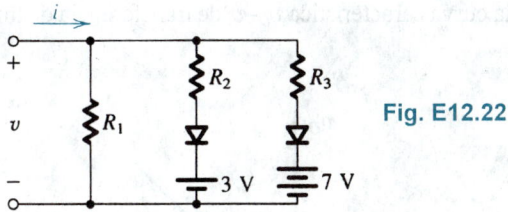

Fig. E12.22

Resp. 5 kΩ, 1.25 kΩ, 1.25 kΩ; –0.3 mA, +0.1 mA, –0.3 mA, 0

12.23 Un análisis detallado del circuito de la figura 12.32 muestra que su óptima operación se presenta cuando los valores de I y R se seleccionan de modo que $RI = 2.5\,V_T$, donde V_T es el voltaje térmico. Para este diseño, la amplitud pico de la onda triangular de entrada debería ser $6.6\,V_T$, y la correspondiente onda senoidal en R tiene un valor pico de $2.42\,V_T$. Para $I = 0.25$ mA y $R_C = 10$ kΩ, encuentre la amplitud pico de la salida de onda senoidal v_O. Suponga $\alpha \simeq 1$.

Resp. 4.84 V

12.9 CIRCUITOS RECTIFICADORES DE PRECISIÓN

Los circuitos rectificadores se estudiaron en el capítulo 3, donde la insistencia fue sobre su aplicación en el diseño de fuentes de alimentación. En tales aplicaciones, los voltajes que se rectifican suelen ser mucho mayores que la caída de voltaje del diodo, haciendo que el valor exacto de la caída del diodo no tenga importancia para la correcta operación del rectificador. Existen otras aplicaciones en donde éste no es el caso. Por ejemplo, la señal que se va a rectificar puede ser de una amplitud muy pequeña, por ejemplo 0.1 V, haciendo imposible utilizar los circuitos convencionales de rectificador. Del mismo modo, en aplicaciones de instrumentación surge la necesidad de circuitos rectificadores con curvas características de transferencia muy precisas.

En esta sección estudiamos circuitos que combinan diodos y op amps para poner en práctica varios circuitos rectificadores con curvas características precisas. Los rectificadores de precisión, que se pueden considerar como una clase especial de circuitos conformadores de onda, encuentran aplicación en el diseño de sistemas de instrumentación.

Rectificador de precisión de media onda; el "superdiodo"

En la figura 12.33(a) se ilustra un circuito rectificador de precisión de media onda que consiste en un diodo conectado en la trayectoria de retroalimentación negativa de un op amp, con R siendo la resistencia de carga del rectificador. El circuito funciona como sigue: si v_I es positivo, el voltaje de salida v_A del op amp será positivo y el diodo conduce, estableciendo así una trayectoria cerrada de retroalimentación entre el terminal de salida del op amp y el terminal negativo de entrada. Esta trayectoria de retroalimentación negativa ocasionará que aparezca un cortocircuito virtual entre los dos terminales de entrada. Entonces, el voltaje en el terminal negativo de entrada, que también es el voltaje de salida v_O, será igual (con una diferencia no mayor de unos pocos milivolts) al del terminal positivo de entrada, que es el voltaje de entrada v_I,

$$v_O = v_I \qquad v_I \geq 0$$

Nótese que el voltaje de desnivel ($\simeq 0.5$ V) exhibido en el sencillo circuito rectificador de media onda ya no está presente. Para que el circuito de op amp inicie su operación, v_I debe exceder sólo un voltaje despreciable por ser tan pequeño, igual a la caída del diodo dividida entre la ganancia de circuito abierto del op amp. En otras palabras, la curva característica v_O–v_I de transferencia de línea

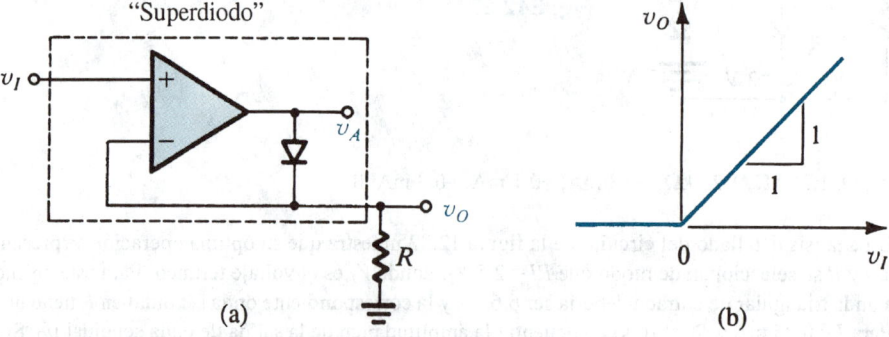

(a)   (b)

Fig 12.33 El rectificador "superdiodo" de media onda de precisión y su curva característica de transferencia casi ideal. Nótese que cuando $v_I > 0$ y el diodo conduce, el op amp alimenta la corriente de carga, y la fuente está convenientemente separada, lo cual es otra ventaja.

recta casi pasa por el origen. Esto hace que este circuito sea apropiado para aplicaciones en donde aparecen señales muy pequeñas.

Considere ahora el caso cuando v_I se hace negativo. El voltaje de salida v_A del op amp tenderá a seguir y hacerse negativo. Esto polariza inversamente al diodo, y no circula corriente por la resistencia R, haciendo que v_O permanezca igual a 0 V. Entonces, para $v_I < 0$, $v_O = 0$. Como en este caso el diodo no conduce, el op amp estará operando en forma de circuito abierto y su salida estará al nivel negativo de saturación.

La curva característica de transferencia de este circuito será la que se ilustra en la figura 12.33(b), que es casi idéntica a la curva característica ideal de un rectificador de media onda. Las curvas características no ideales del diodo han quedado casi ocultas al conectar el diodo en la trayectoria de retroalimentación negativa de un op amp. Ésta es casi otra aplicación sorprendente de retroalimentación negativa. La combinación de diodo y op amp, que se muestra dentro de la caja punteada de la figura 12.33(a), recibe apropiadamente el nombre de "superdiodo".

Como siempre, no todo está bien. El circuito de la figura 12.33 tiene algunas desventajas: cuando v_I se hace negativo y $v_O = 0$, toda la magnitud de v_I aparece entre los dos terminales de entrada del op amp. Si esta magnitud es mayor de unos pocos volts, el op amp puede dañarse a menos que se encuentre equipado con lo que recibe el nombre de "protección contra sobrevoltajes" (una función que tienen casi todos los op amps modernos de circuito integrado). Otra desventaja es que cuando v_I sea negativo, el op amp estará saturado. Aun cuando no es perjudicial para el op amp, la saturación debe evitarse en general ya que sacar al op amp de la región de saturación y regresarlo a su región lineal de operación requiere algún tiempo. Este tiempo de retardo obviamente hace lenta la operación del circuito y limita la frecuencia de operación del circuito rectificador de media onda superdiodo.

Un circuito alternativo

En la figura 12.34 se ilustra un circuito rectificador de precisión alternativo que no tiene las desventajas mencionadas antes. El circuito opera en la forma siguiente: para v_I positivo, el diodo D_2 conduce y cierra el lazo de retroalimentación negativa alrededor del op amp. Por lo tanto, aparecerá una tierra virtual en el terminal inversor de entrada y la salida del op amp estará *inmovilizada* a una caída de diodo debajo de tierra. Este voltaje negativo mantendrá al diodo D_1 sin conducir, y no circulará corriente en la resistencia de retroalimentación R_2. Se deduce que el voltaje de salida del rectificador será cero.

A medida que v_I se hace negativo, el voltaje en el terminal inversor de entrada tenderá a hacerse negativo, ocasionando que el voltaje en el terminal de salida del op amp pase a positivo. Esto hace

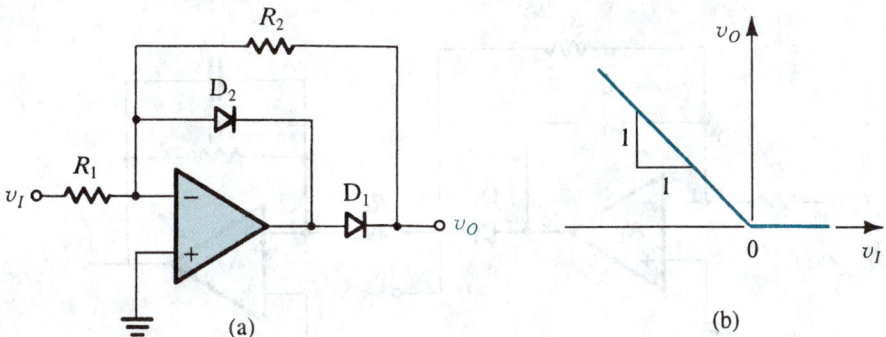

(a)   (b)

Fig. 12.34   (a) Versión mejorada del rectificador de precisión de media onda. Aquí el diodo D_2 se incluye para mantener cerrado el lazo de retroalimentación alrededor del op amp durante los tiempos de no conexión del diodo rectificador D_1, evitando así que el op amp se sature. (b) Curva característica de transferencia para $R_2 = R_1$.

que D_2 se polarice inversamente y, por lo tanto, no conduce. El diodo D_1, sin embargo, conduce a través de R_2, estableciendo de esta forma una trayectoria de retroalimentación negativa alrededor del op amp y forzando una tierra virtual a aparecer en el terminal inversor de entrada. La corriente que pasa por la resistencia de retroalimentación R_2 será igual a la corriente que pasa por la resistencia de entrada R_1. Entonces, para $R_1 = R_2$, el voltaje de salida v_O será

$$v_O = -v_I \qquad v_I \leq 0$$

La curva característica de transferencia del circuito se ilustra en la figura 12.34(b). Nótese que al contrario de la situación para el circuito previo, aquí la pendiente de la curva característica se puede fijar a cualquier valor deseado, incluyendo la unidad, mediante la apropiada selección de valores para R_1 y R_2.

Como antes se mencionó, la principal desventaja de este circuito es que el lazo de retroalimentación alrededor del op amp permanece cerrado en todo momento, con lo cual el op amp permanece en su región lineal de operación, evitando la posibilidad de saturación y el correspondiente retardo en tiempo necesario para "salir" de saturación. El diodo D_2 "atrapa" el voltaje de salida del op amp a medida que se hace negativo y los fija a una caída de nivel debajo de tierra; en consecuencia, el diodo D_2 se denomina "diodo atrapador".

Una aplicación: medición de voltajes de ca

Como una de las muchas posibles aplicaciones de los circuitos rectificadores de precisión estudiados en esta sección, considere el circuito básico de voltímetro de ca que se ilustra en la figura 12.35. El circuito consta de un rectificador de media onda (formado por el op amp A_1, los diodos D_1 y D_2 y los resistores R_1 y R_2) y un filtro de paso bajo de primer orden, formado por el op amp A_2, los resistores R_3 y R_4 y el condensador C. Para una senoide de entrada que tenga una amplitud de pico V_p, la salida v_1 del rectificador consistirá en una media onda senoidal que tiene amplitud pico de $V_p R_2 / R_1$. Se puede demostrar, por medio de análisis de series de Fourier, que la onda de v_1 tiene un valor promedio de $(V_p/\pi)(R_2/R_1)$ además de armónicas de la frecuencia ω de la señal de entrada. Para reducir las amplitudes de todas estas armónicas a niveles despreciables, la frecuencia de corte del filtro de paso bajo debe seleccionarse mucho menor que la mínima frecuencia esperada ω_{min} de la onda senoidal de entrada. Esto lleva a

$$\frac{1}{CR_4} \ll \omega_{min}$$

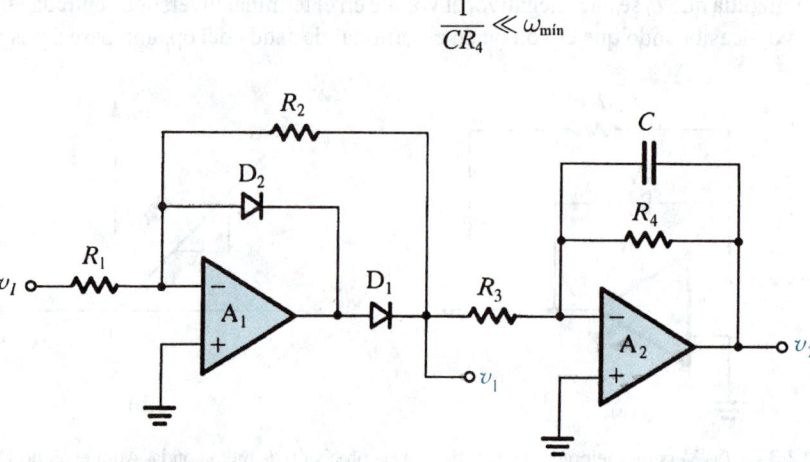

Fig. 12.35 Voltímetro simple de ca que consta de un rectificador de precisión de media onda seguido por un filtro de paso bajo de primer orden.

Entonces el voltaje de salida v_2 será principalmente cd, con un valor de

$$V_2 = -\frac{V_p}{\pi}\frac{R_2}{R_1}\frac{R_4}{R_3}$$

donde R_4/R_3 es la ganancia de cd del filtro de paso bajo. Nótese que este voltímetro esencialmente mide el valor promedio de las partes negativas de la señal de entrada pero se puede calibrar a dar lecturas de raíz cuadrática media (rms) para senoides de entrada.

Ejercicios

12.24 Considere el rectificador operacional o circuito superdiodo de la figura 12.33(a), con $R = 1$ kΩ. Para $v_I = 10$ mV, 1 V y −1 V, ¿cuáles son los voltajes que resultan a la salida del rectificador y a la salida del op amp? Suponga que el op amp es ideal y que su salida se satura a ±12 V. El diodo tiene una caída de 0.7 V a 1 mA de corriente, y la caída de voltaje cambia en 0.1 V por década de cambio de corriente.

Resp. 10 mV, 0.51 V; 1 V, 1.7 V; 0 V, −12 V

12.25 Si el diodo del circuito de la figura 12.33(a) se invierte, encuentre la curva característica de transferencia v_O como función de v_I.

Resp. $v_O = 0$ para $v_I \geq 0$; $v_O = v_I$ para $v_I \leq 0$

12.26 Considere el circuito de la figura 12.34(a) con $R_1 = 1$ kΩ y $R_2 = 10$ kΩ. Encuentre v_O y el voltaje a la salida del amplificador con $v_I = +1$ V, −10 mV y −1 V. Suponga que el op amp es ideal con voltajes de saturación de ±12 V. Los diodos tienen caídas de voltaje de 0.7 V a 1 mA, y la caída de voltaje cambia 0.1 V por década de cambio de corriente.

Resp. 0 V, −0.7 V; 0.1 V, 0.6 V; 10 V, 10.7 V

12.27 Si los diodos del circuito de la figura 12.34(a) se invierten, encuentre la curva característica de transferencia v_O como función de v_I.

Resp. $v_O = -(R_2/R_1)v_I$ para $v_I \geq 0$; $v_O = 0$ para $v_I \leq 0$

12.28 Encuentre la curva característica de transferencia para el circuito de la figura E12.28.

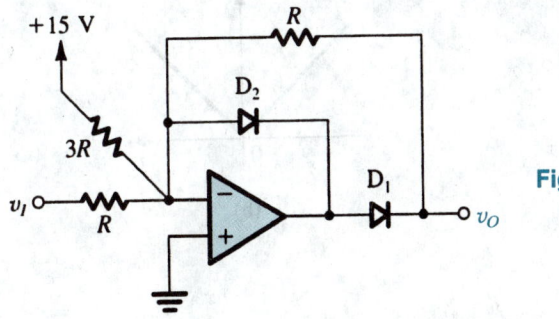

Fig. E12.28

Resp. $v_O = 0$ para $v_I \geq -5$ V; $v_O = -v_I - 5$ para $v_I \leq -5$ V

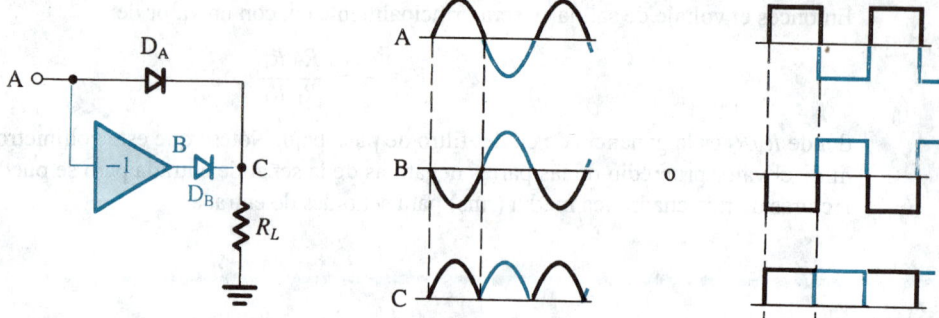

Fig. 12.36   Principio de rectificación de onda completa.

Rectificador de precisión de onda completa

Ahora deduciremos un circuito para un rectificador de precisión de onda completa. Del capítulo 3 sabemos que la rectificación de onda completa se logra al invertir las mitades negativas de la onda de señal de entrada y aplicando la señal resultante a otro rectificador de diodo. Las salidas de los dos rectificadores se unen a una carga común. Este circuito se describe en la figura 12.36, que también muestra las ondas en varios nodos. Ahora, sustituyendo el diodo D_A con un superdiodo, y sustituyendo el diodo D_B y el amplificador inversor con el rectificador inversor de precisión de media onda de la figura 12.34 pero sin el diodo atrapador, obtenemos el circuito rectificador de precisión de onda completa de la figura 12.37(a).

Para ver cómo opera el circuito de la figura 12.37(a), considere primero el caso donde la entrada en A es positiva. La salida de A_2 se hará positiva, haciendo que D_2 conduzca, y este diodo conducirá a través de R_L y por lo tanto cierra el lazo de retroalimentación alrededor de A_2. Un cortocircuito virtual se establece así entre los dos terminales de entrada de A_2, y el voltaje en el terminal negativo

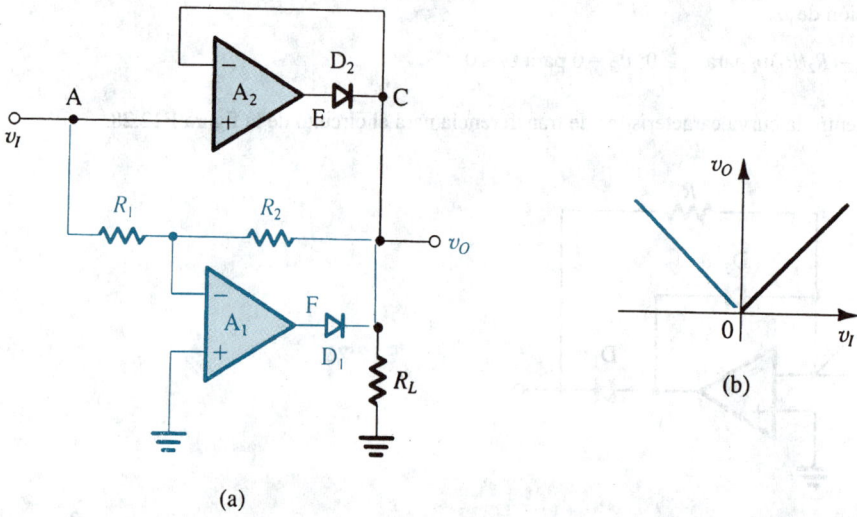

(a)

Fig. 12.37   **(a)** Rectificador de precisión de onda completa basado en el circuito conceptual de la figura 12.36. **(b)** Curva característica de transferencia del circuito en (a).

de entrada, que es el voltaje de salida del circuito, se hará igual a la entrada. Entonces, no circula corriente por R_1 y R_2, y el voltaje en la entrada inversora de A_1 será igual a la entrada y por lo tanto es positivo. En consecuencia, el terminal de salida (F) de A_1 se hace negativo hasta que A_1 se satura. Esto hace que D_1 no conduzca.

En seguida considere el caso cuando A se hace negativo. La tendencia para un voltaje negativo en la entrada negativa de A_1 hace que F se eleve, haciendo que D_1 conduzca para alimentar R_L y permite cerrar el lazo de retroalimentación alrededor de A_1. Entonces aparece una tierra virtual en la entrada negativa de A_1, y las dos resistencias iguales R_1 y R_2 obligan al voltaje presente en C, que es el voltaje de salida, a ser igual al negativo del voltaje de entrada en A y por lo tanto positivo. La combinación de voltaje positivo en C y voltaje negativo en A hace que la salida de A_2 se sature en la dirección negativa, manteniendo así al diodo D_2 sin conducir.

El resultado completo es una rectificación perfecta de onda completa, como se representa por medio de la curva característica de transferencia de la figura 12.37(b). La precisión es, por supuesto, resultado de poner los diodos en lazos de retroalimentación de op-amp, ocultando así sus características no lineales. Este circuito es uno de muchos posibles circuitos rectificadores de precisión de onda completa, o **circuitos de valor absoluto**. Otro diseño relativo de esta función se examina en el ejercicio 12.30.

Ejercicios

12.29 En el circuito rectificador de onda completa de la figura 12.37(a), supongamos que $R_1 = R_2 = R_L = 10$ kΩ y que los op-amps son ideales excepto por saturación de salida a ± 12 V. Cuando conduce una corriente de 1 mA, cada diodo exhibe una caída de voltaje de 0.7 V, y este voltaje cambia en 0.1 V por década de cambio de corriente. Encuentre v_O, v_E y v_F correspondientes a $v_I = +0.1, +1, +10, -0.1, -1$ y -10 volts.

Resp. +0.1 V, +0.6 V, −12 V; +1 V, +1.6 V, −12 V; +10 V, +10.7 V, −12 V; +0.1 V, −12 V, +0.63 V; +1 V, −12 V, +1.63 V; +10 V, −12 V, +10.73 V

D12.30 El diagrama a bloques que se ilustra en la figura E12.30(a) da otro posible diseño para poner en práctica la operación de rectificador de valor absoluto u onda completa que se describe simbólicamente en la figura E12.30(b). Como se muestra, el diagrama a bloques consta de dos cajas: un rectificador de media onda, que se puede ejecutar por medio del circuito de la figura 12.34(a) después de invertir ambos diodos, y un sumador inversor ponderado. Convénzase el lector que este diagrama a bloques de hecho realiza la operación de valor absoluto. Luego dibuje un diagrama completo de circuito, dando valores razonables para todos los resistores.

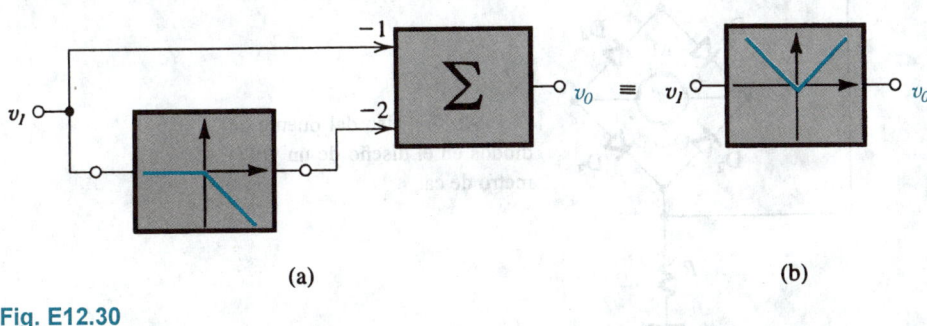

(a) (b)

Fig. E12.30

Rectificador de precisión en puente para aplicaciones en instrumentación

El circuito rectificador en puente estudiado en el capítulo 3 se puede combinar con un op amp para obtener circuitos de precisión útiles. Uno de estos diseños se ilustra en la figura 12.38, mismo que hace que una corriente igual a $|v_A|/R$ circule por el medidor M de bobina móvil. Así, el medidor produce una lectura que es proporcional al promedio del valor absoluto del voltaje de entrada v_A. Todas las características no lineales del medidor y de los diodos resultan ocultas si se conecta el circuito puente en el lazo de retroalimentación negativa del op amp. Observe que cuando v_A es positivo, circula corriente de la salida del op amp por D_1, M, D_3 y R. Cuando v_A es negativo, circula corriente en la salida del op amp a través de R, D_2, M y D_4. Entonces el lazo de retroalimentación permanece cerrado para ambas polaridades de v_A. El resultante cortocircuito virtual en los terminales de entrada del op amp hace que una réplica de v_A aparezca en los terminales de R. El circuito de la figura 12.38 produce un voltímetro de ca de alta impedancia de entrada, relativamente preciso, que utiliza un medidor de poco costo de bobina móvil.

Ejercicio

D12.31 En el circuito de la figura 12.38 encuentre el valor de R que haga que el medidor presente una lectura a plena escala cuando el voltaje de entrada sea una onda senoidal de 5 V rms. Suponga que el medidor M tiene un mecanismo de 1 mA, 50 Ω (esto es, su resistencia es 50 Ω, y presenta desviación de la aguja a plena escala cuando el promedio de corriente que pasa por el mismo es de 1 mA). ¿Cuáles son los voltajes aproximados máximo y mínimo a la salida del op amp? Suponga que los diodos tienen caídas constantes de 0.7 V cuando conducen.

Resp. 4.5 kΩ; +8.55 V; −8.55 V

Rectificadores de pico de precisión

Si se incluye el diodo del rectificador de pico estudiado en el capítulo 3 dentro del lazo de retroalimentación negativa de un op amp, como se muestra en la figura 12.39, resulta un rectificador

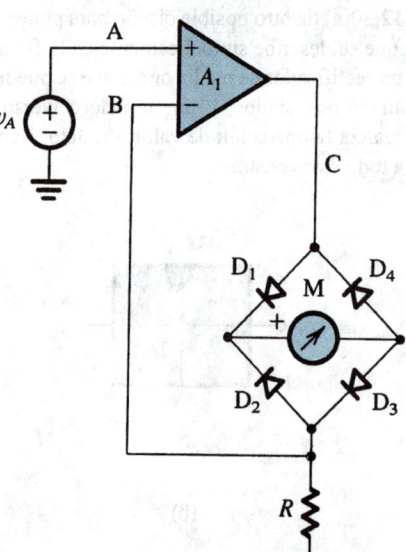

Fig. 12.38 Uso del puente de diodos en el diseño de un voltímetro de ca.

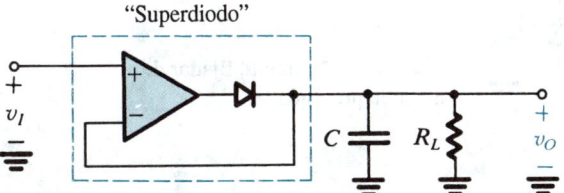

Fig. 12.39 Rectificador de pico de precisión obtenido al conectar el diodo en el lazo de retroalimentación de un op amp.

de pico de precisión. La combinación de un diodo y un op-amp se reconoce como el *superdiodo* de la figura 12.33(a). La operación del circuito de la figura 12.39 es bastante sencilla. Para v_I mayor que el voltaje de salida, el op amp hará que el diodo conduzca, cerrando así la trayectoria de retroalimentación negativa y haciendo que el op amp actúe como un seguidor. El voltaje de salida, por lo tanto, seguirá al de la entrada con el op amp alimentando la corriente de carga del condensador. Este proceso continúa hasta que la entrada alcanza su valor pico. A un valor mayor que el pico positivo, el op amp verá un voltaje negativo entre sus terminales de entrada. Por lo tanto, su salida se hace negativa al nivel de saturación y el diodo no conduce. Excepto por una posible descarga a través de la resistencia de carga, el condensador retendrá un voltaje igual al pico positivo de la entrada. La inclusión de una resistencia de carga es esencial si se requiere que el circuito detecte reducciones en la magnitud del pico positivo.

Un detector de pico de precisión separado

Cuando se requiera que el detector de pico retenga el valor del pico durante un largo tiempo, el condensador debe ser separado, como se muestra en la figura 12.40. Aquí, el op amp A_2, que debe tener impedancia alta de entrada y corriente baja de polarización de entrada, está conectado como seguidor de voltaje. El resto del circuito es bastante similar al circuito rectificador de media onda de la figura 12.34. Mientras que el diodo D_1 es el diodo esencial para la operación de rectificación de pico, el diodo D_2 actúa como diodo atrapador para evitar saturación negativa, y los retardos respectivos, del op amp A_1. Durante el estado de retención, el seguidor A_2 alimenta una pequeña corriente a D_2 a través de R. La salida del op amp A_1 estará entonces a nivel inmovilizado a una caída de diodo por debajo del voltaje de entrada. Ahora, si la entrada v_I aumenta arriba del valor almacenado en C, que es igual al voltaje de salida v_O, el op amp A_1 ve una entrada positiva neta que excita su salida hacia el nivel positivo de saturación y hace que el diodo D_2 no conduzca. El diodo D_1 conduce entonces y el condensador C se carga al nuevo pico positivo de la entrada, después del cual el circuito regresa al estado de retención. Finalmente, nótese que este circuito tiene una salida de baja impedancia.

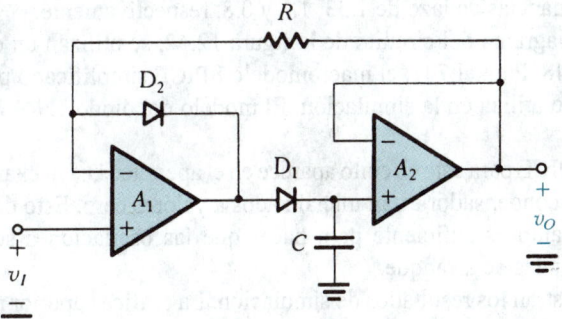

Fig. 12.40 Rectificador de pico de precisión separado.

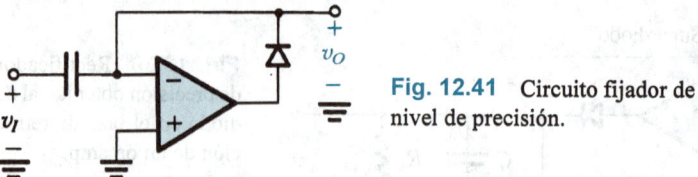

Fig. 12.41 Circuito fijador de nivel de precisión.

Un circuito de fijación de nivel de precisión

Si se sustituye el diodo del circuito fijador de nivel estudiado en el capítulo 3 por un "superdiodo", se obtiene el fijador de nivel de precisión de la figura 12.41. La operación de este circuito se explica por sí sola.

12.10　EJEMPLOS DE SIMULACIÓN DEL SPICE

Los circuitos estudiados en este capítulo hacen uso de operación no lineal de dispositivos para realizar diversos trabajos, por ejemplo la estabilización de la amplitud de un oscilador de onda senoidal y la conformación de una onda triangular en una senoidal. Aun cuando hemos estado en aptitud para idear métodos simplificados para el análisis y diseño de estos circuitos, un análisis completo a lápiz y papel es casi imposible. El diseñador debe, por lo tanto, apoyarse en simulación por computadora para obtener mayor conocimiento sobre la operación del circuito, para experimentar con diferentes valores de componentes y para optimizar el diseño. En esta sección, presentamos dos ejemplos que ilustran el uso del SPICE en la simulación de circuitos osciladores. Se pueden hallar más ejemplos en la obra de Roberts y Sedra (1992 y 1997).

EJEMPLO 12.1: OSCILADOR DE PUENTE DE WIEN

Para nuestro primer ejemplo simularemos la operación del oscilador de puente de Wien que se muestra en la figura 12.42. Los valores de componentes se seleccionan para obtener oscilaciones a 1 kHz. Nos gustaría investigar la operación del circuito para diferentes posiciones de ajuste del potenciómetro P, que es equivalente a seleccionar valores diferentes para R_{1a} y R_{1b}, con $R_{1a} + R_{1b} = 50$ kΩ. Como apenas se inicia una oscilación cuando $(R_2 + R_{1b})/R_{1a} = 2$ (véase el ejercicio 12.4), esto es, cuando $R_{1a} = 20$ kΩ y $R_{1b} = 30$ kΩ, consideramos tres posibles posiciones de ajuste: (a) $R_{1a} = 15$ kΩ, $R_{1b} = 35$ kΩ; (b) $R_{1a} = 18$ kΩ, $R_{1b} = 32$ kΩ; y (c) $R_{1a} = 25$ kΩ, $R_{1b} = 25$ kΩ. Estas posiciones de ajuste corresponden a ganancias de lazo de 1.33, 1.1 y 0.8, respectivamente.

Como se indica en el diagrama del circuito de la figura 12.42, se utilizan un op amp del tipo 741 y diodos del tipo 1N4148. Para el 741, el macromodelo SPICE simplificado por el fabricante (Texas Instruments, 1990) se utiliza en la simulación. El modelo del diodo 1N4148 se obtiene de la biblioteca del PSPICE.

El archivo de entrada SPICE para este circuito aparece en el apéndice D. Un examen del archivo muestra que los voltajes del condensador están inicializados a valores cero. Esto demuestra que el voltaje de desnivel del op-amp es suficiente para hacer que las oscilaciones se inicien sin la necesidad de circuitos especiales de arranque.

En la figura 12.43 se ilustran los resultados de simulación. La gráfica superior muestra la onda de salida obtenida para ganancia de lazo de 1.33. Observe que aun cuando las oscilaciones crecen

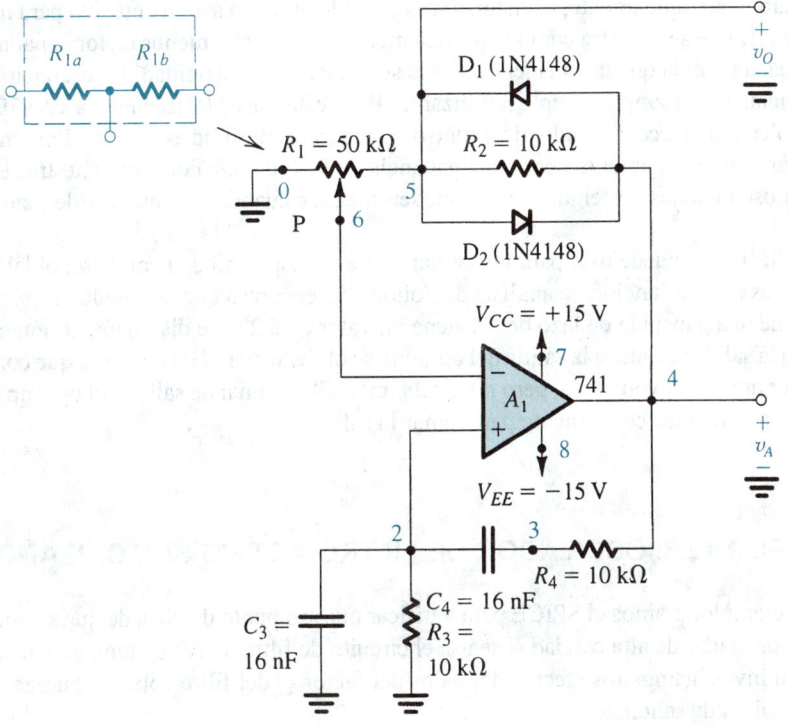

Fig. 12.42   Ejemplo 12.1: Oscilador de puente de Wien con un limitador empleado para control de amplitud.

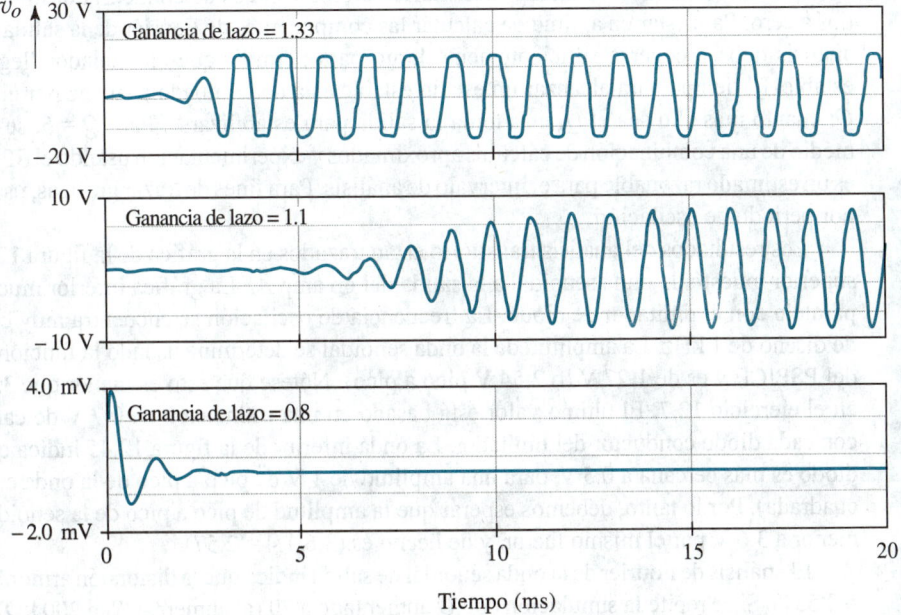

Fig. 12.43   Comportamiento transitorio inicial del oscilador de puente de Wien que se muestra en la figura 12.42 para diversos valores de ganancia de lazo. (De Roberts y Sedra, 1997.)

y se estabilizan rápidamente, la distorsión es considerable. La salida obtenida para una ganancia de lazo de 1.1, que se muestra como la gráfica media, está mucho menos distorsionada pero, como se esperaba, a medida que la ganancia del lazo se reduce hacia la unidad, las oscilaciones tardan más en aumentar y la amplitud en estabilizarse. Para este caso, la frecuencia es 979.4 Hz, que es razonablemente cercana al valor de diseño de 1 kHz, y la amplitud es 8.165 V. Finalmente, la gráfica de la parte inferior, obtenida para una ganancia de lazo de 0.8, confirma nuestras expectativas de que las oscilaciones sostenidas no se pueden obtener cuando la ganancia de lazo es menor a la unidad.

El SPICE se puede usar para investigar la pureza espectral de la onda senoidal de salida. Esto se logra usando la función de análisis de Fourier. Se encontró que en estado estable, la salida para el caso de una ganancia de lazo de 1.1 tiene un valor de 5.2% de distorsión armónica total (THD). Cuando la salida se toma a la salida del op-amp, se obtiene una THD de 5.9%, que como se esperaba es mayor que la del voltaje v_O, pero no mucho más. El terminal de salida del op amp es desde luego un lugar mucho más conveniente para tomar la salida.

EJEMPLO 12.2: OSCILADOR DE FILTRO ACTIVO SINTONIZADO

En este ejemplo, usamos el SPICE para verificar nuestro punto de vista de que se puede obtener un op amp-oscilador de alta calidad si se usa el circuito de filtro activo sintonizado de la figura 12.11. También investigamos los efectos del valor del factor Q del filtro sobre la pureza espectral de la onda senoidal de salida.

El circuito simulado se ilustra en la figura 12.44. Para este circuito, el filtro Q es 5 cuando $R_1 = 50$ kΩ y 20 cuando $R_1 = 200$ kΩ. Como en el caso del circuito de puente de Wien del ejemplo 12.1, se utilizan op amps tipo 741 y diodos tipo 1N4148. El archivo de entrada del SPICE aparece en el apéndice D. Se realiza un análisis transitorio con los voltajes de condensador inicialmente ajustados a cero. Para estar en aptitud de calcular las componentes de Fourier de la salida, el intervalo de análisis debe escogerse suficientemente largo para permitir que el oscilador llegue a su estado estable. El tiempo para alcanzar un estado estable está determinado a su vez por el valor del filtro Q; cuanto más alto sea el Q, más toma la salida para estabilizarse. Para $Q = 5$, se determinó, por medio de una combinación de cálculos aproximados y experimentación usando el SPICE, que 50 ms es un estimado razonable para el intervalo de análisis. Para fines de trazar gráficas, usamos 10 puntos por periodo de oscilación.

Los resultados del análisis transitorio están trazados en la gráfica de la figura 12.45. La gráfica superior muestra la onda senoidal a la salida del op amp A_1. La gráfica inferior muestra la onda en paralelo con el limitador de diodo. La frecuencia de oscilación se encuentra muy cercana al valor de diseño de 1 kHz. La amplitud de la onda senoidal se determina usando la función Probe (sonda) del PSPICE y es de 1.27 V (o 2.54 V pico a pico). Nótese que esto es menor que 3.6 V estimados en el ejercicio 12.7. El último valor está basado en una estimación de 0.7 V de caída en paralelo con cada diodo conductor del limitador. La onda inferior de la figura 12.45 indica que la caída del diodo es más cercana a 0.5 V, para una amplitud de 1 V de pico a pico de la onda cuadrada (o casi cuadrada). Por lo tanto, debemos esperar que la amplitud de pico a pico de la senoide de salida sea menor a 3.6 V por el mismo factor, y de hecho es (3.6/1.4 = 2.57).

El análisis de Fourier de la onda senoidal de salida indica que la distorsión armónica total (THD) = 2.53%. Si se repite la simulación con Q aumentado a 20 (al aumentar R_1 a 200 kΩ), encontramos que el valor de la THD se reduce a 0.93%. Entonces, se confirman nuestras expectativas de que el valor del filtro Q se puede usar como medio eficaz para controlar la THD de la onda de salida.

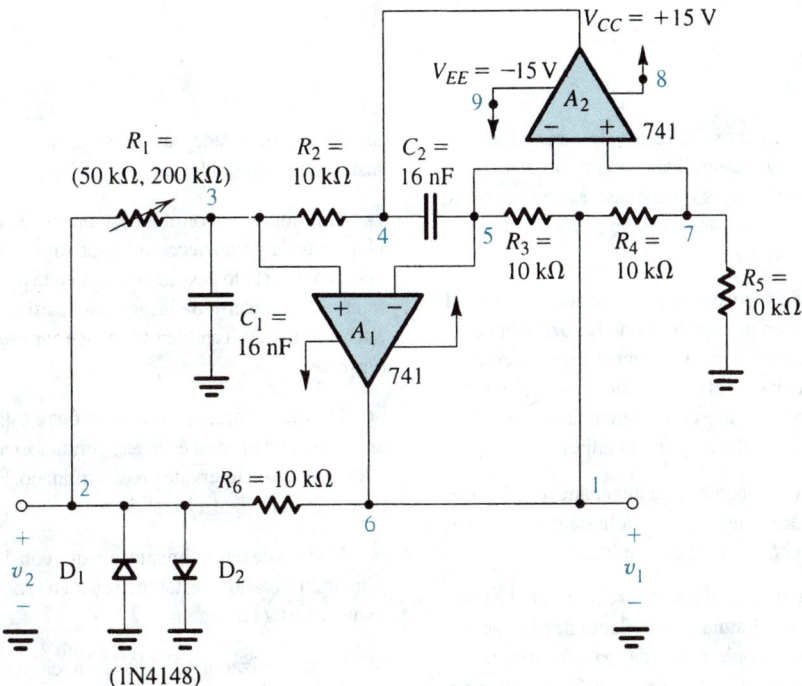

Fig. 12.44   Ejemplo 12.2: Oscilador sintonizado de filtro activo con Q del filtro ajustable por R_1.

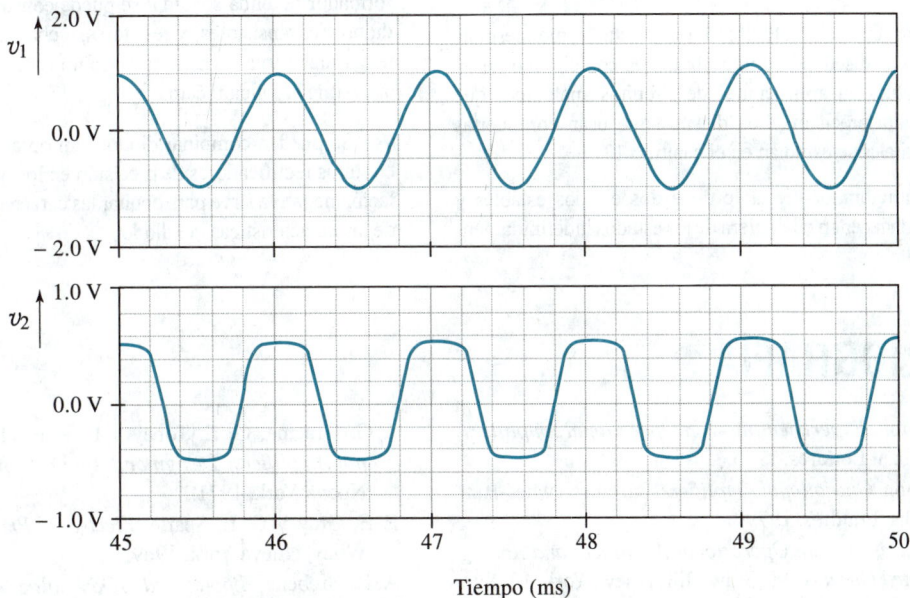

Fig. 12.45   Ondas de salida del oscilador sintonizado de filtro activo que se muestra en la figura 12.44 para $Q = 5$. (De Roberts y Sedra, 1997.)

Resumen

■ Hay dos tipos claramente diferentes de generadores de señal: osciladores lineales, que utilizan alguna forma de resonancia, y osciladores no lineales o generadores de funciones, que utilizan un mecanismo de conmutación puesto en práctica con un circuito multivibrador.

■ Un oscilador lineal se puede formar si se conecta una red selectiva de frecuencia en la trayectoria de retroalimentación de un amplificador (un op amp o un transistor). El circuito oscilará a la frecuencia a la cual el desfasamiento total alrededor del lazo es cero, siempre que a esta frecuencia la magnitud de la ganancia del lazo sea igual o mayor a la unidad.

■ Si en un oscilador la magnitud de la ganancia de lazo es mayor a la unidad, la amplitud aumentará hasta que se active un mecanismo no lineal de control de amplitud.

■ El oscilador de puente de Wien, el oscilador de desfasamiento, el oscilador de cuadratura y el oscilador de filtro activo sintonizado son configuraciones preferidas para frecuencias de hasta 1 MHz. Estos circuitos utilizan redes RC junto con op amps o transistores. Para frecuencias más altas, se utilizan osciladores LC sintonizados o de cristal. Una configuración de mucho uso es el circuito Colpitts.

■ Los osciladores de cristal dan la más alta posible precisión y estabilidad de frecuencia.

■ Hay tres tipos de multivibradores: biestable, monoestable y astable. Los diseños de multivibradores con circuito de op amp son útiles en aplicaciones de circuitos analógicos que requieran alta precisión. Los diseños que usan compuertas lógicas digitales se estudian en el capítulo 13.

■ El multivibrador biestable tiene dos estados estables y puede permanecer en cualquiera de los estados indefinidamen-

te. Cambia de estado cuando se dispara. Un comparador con histéresis es biestable.

■ Un multivibrador monoestable tiene un estado estable, en el que puede permanecer indefinidamente. Cuando se dispara, entra en un estado casi estable en el que permanece durante un intervalo predeterminado, generando así a la salida un pulso de ancho conocido. También se conoce como *multivibrador de un disparo*.

■ Un multivibrador astable no tiene estado estable. Oscila entre dos estados casi estables, permaneciendo en cada uno de ellos durante un intervalo predeterminado. En esa forma genera una onda periódica a la salida.

■ Un lazo de retroalimentación que consiste en un integrador y un multivibrador biestable se pueden usan para generar ondas triangulares y cuadradas.

■ El temporizador 555, que es un circuito integrado comercialmente disponible, se puede usar con resistores externos y un condensador para poner en práctica multivibradores monoestables y astables de alta calidad.

■ Se puede generar una onda senoidal si se alimenta una onda triangular a un conformador de onda senoidal. Un conformador de onda senoidal se puede construir usando ya sea diodos (o transistores) y resistores, o con un amplificador que tenga una curva característica de transferencia no lineal que aproxime la función cero.

■ Se pueden combinar diodos con op amps para construir circuitos rectificadores de precisión en los que la retroalimentación negativa sirve para ocultar las características no lineales de las características del diodo.

Bibliografía

G. B. Clayton, *Experimenting with Operational Amplifiers*, Macmillan, Londres, 1975.

G. B. Clayton, *Operational Amplifiers*, 2a. ed., Newnes-Butterworths, Londres, 1979.

S. Franco, *Design with Operational Amplifiers and Analog Integrated Circuits*, McGraw-Hill, Nueva York, 1988.

M. S. Ghausi, *Electronic Devices and Circuits: Discrete and Integrated*, Holt, Rinehart and Winston, Nueva York, 1985.

J. G. Graeme, G. E. Tobey y L. P. Huelsman, *Operational Amplifiers: Design and Applications*, McGraw-Hill, Nueva York, 1971.

P. E. Gray y C. L. Searle, *Electronic Principles*, cap. 17, Wiley, Nueva York, 1969.

A. B. Grebene, *Bipolar and MOS Analog Integrated Circuit Design*, Wiley, Nueva York, 1984.

W. Jung, *IC Op Amp Cookbook*, Howard Sams, Indianápolis, Ind., 1974.

Nonlinear Circuits Handbook, Norwood, Mass.: Analog Devices, Inc., 1976.

J. K. Roberge, *Operational Amplifiers: Theory and Practice*, Wiley, Nueva York, 1975.

G. W. Roberts y A. S. Sedra, *SPICE*, Oxford University Press, Nueva York, 1992 y 1997.

J. I. Smith, *Modern Operational Circuit Design*, Wiley-Interscience, Nueva York, 1971.

L. Strauss, *Wave Generation and Shaping*, 2a. ed., McGraw-Hill, Nueva York, 1970.

Texas Instruments, *Linear Circuits: Operational Amplifier Macromodels Data Manual*, Texas Instruments Corporation, Dalas, TX, 1990.

J. V. Wait, L. P. Huelsman y G. A. Korn, *Introduction to Operational Amplifier Theory and Applications*, McGraw-Hill, Nueva York, 1975.

Problemas

Sección 12.1: Principios básicos de osciladores senoidales

*12.1   Considere un oscilador senoidal que consta de un amplificador que tiene una ganancia A independiente de la frecuencia (en donde A es positiva) y un filtro de banda pasante de segundo orden con una frecuencia de polo ω_0, un Q denotado por polo Q y una ganancia K de frecuencia central.

  (a) Encuentre la frecuencia de oscilación, y encuentre la condición que A y K deben satisfacer para oscilaciones sostenidas.

  (b) Deduzca una expresión para $d\phi/d\omega$ evaluada en $\omega = \omega_0$.

  (c) Utilice el resultado de (b) para hallar una expresión para el cambio por unidad en frecuencia de oscilación resultante de un cambio de ángulo de fase $\Delta\phi$ en la función de transferencia del amplificador.

$$\text{Sugerencia: } \frac{d}{dx}\left(\tan^{-1} y\right) = \frac{1}{1+y^2}\frac{dy}{dx}$$

12.2   Para el oscilador descrito en el problema 12.1, demuestre que, independiente del valor de A y K, los polos del circuito se encuentran a una distancia radial de ω_0. Encuentre el valor de AK que resulte en los polos (a) en el eje $j\omega$, (b) en la mitad derecha del plano s a una distancia horizontal del eje $j\omega$ de $\omega_0/(2Q)$.

D12.3   Dibuje un circuito para un oscilador senoidal formado por un op amp conectado en la configuración no inversora y un filtro de banda pasante puesto en práctica por un resonador RLC (como el de la figura 11.18d). ¿Cuál debe ser la ganancia del amplificador para obtener oscilaciones sostenidas? Encuentre el porcentaje de cambio en ω_0 resultante de un cambio de +1% en el valor de (a) L, (b) C y (c) R.

12.4   Un oscilador está formado al cargar un amplificador de transconductancia que tenga una ganancia positiva con un circuito paralelo RLC y conectar la salida a la entrada directamente (aplicando así retroalimentación positiva con un factor $\beta = 1$). Supongamos que el amplificador de transconductancia tiene una resistencia de entrada de 10 kΩ y una resistencia de salida de 10 kΩ. El resonador LC tiene $L = 10$ μH, $C = 1000$ pF y $Q = 100$. ¿Para qué valor de transconductancia G_m oscilará el circuito? ¿A qué frecuencia?

12.5   En un oscilador en particular caracterizado por la estructura de la figura 12.1, la red selectiva de frecuencia exhibe una pérdida de 20 dB y un desfasamiento de 180° a ω_0. ¿Cuál es la ganancia mínima y el desfasamiento que el amplificador debe tener para que se inicien las oscilaciones?

D12.6   Considere el circuito de la figura 12.3(a) con R_f retirada para obtener la función de comparador. Encuentre valores apropiados para todos los resistores de manera que los niveles de salida del comparador sean ± 6 V y que la pendiente de la curva característica limitante sea 0.1. Utilice voltajes de fuente de alimentación de ± 10 V y suponga que la caída de voltaje de un diodo conductor deba ser de 0.7 V.

D12.7   Considere el circuito de la figura 12.3(a) con R_f retirada para obtener la función de comparador. Dibuje la curva característica de transferencia. Demuestre que al conectar una fuente de cd V_B a la tierra virtual del op amp a través de un resistor R_B, la curva característica de transferencia se desplaza a lo largo del eje v_I al punto $v_I = -(R_1/R_B)V_B$. Utilizando fuentes de cd de ± 15 V para $\pm V$ y para V_B, encuentre valores apropiados de componentes para que los niveles limitadores sean ± 5 V y el umbral comparador sea $v_I = +5$ V. Desprecie la caída de voltaje del diodo (esto es, suponga que $V_D = 0$). La resistencia de entrada del comparador debe ser de 100 kΩ, y la pendiente en las regiones limitadoras debe ser de ≤ 0.05 V/V. Utilice resistores estándar de 5% de tolerancia (véase apéndice H).

12.8   Si se denotan los voltajes zener de Z_1 y Z_2 por V_{Z1} y V_{Z2} y se supone que en la dirección positiva la caída de voltaje es aproximadamente 0.7 V, dibuje y marque

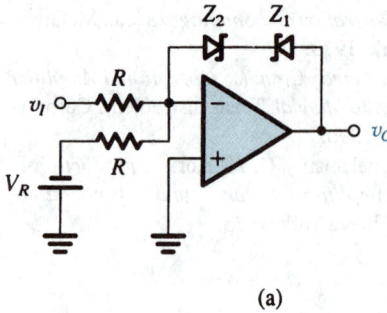

(a)

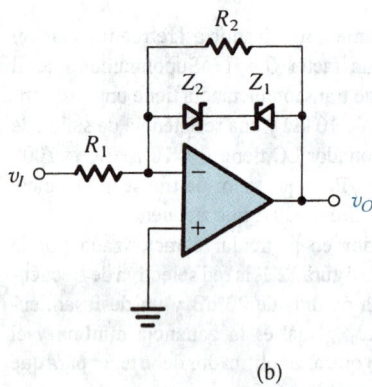

(b)

Fig. P12.8

con toda claridad las curvas características de transferencia v_O–v_I de los circuitos de la figura P12.8. Suponga que los op amps son ideales.

Sección 12.2: Circuitos osciladores de op amp-RC

12.9 Para el circuito oscilador de puente de Wien de la figura 12.4, demuestre que la función de transferencia de la red de retroalimentación $[V_a(s)/V_o(s)]$ es la de un filtro de banda pasante. Encuentre ω_0 y Q de los polos, y encuentre la ganancia de frecuencia central.

12.10 Para el oscilador de puente de Wien de la figura 12.4, suponga que el amplificador de lazo cerrado (formado por el op amp y los resistores R_1 y R_2) exhibe un desfasamiento de -0.1 rad en la cercanía de $\omega = 1/CR$. Encuentre la frecuencia a la cual pueden ocurrir oscilaciones en este caso, en términos de CR. (*Sugerencia*: Utilice la ecuación 12.11.)

12.11 Para el oscilador de puente de Wien de la figura 12.4, utilice la expresión para la ganancia de lazo de la ecuación (12.10) para hallar los polos del sistema de circuito cerrado. Dé la expresión para el polo Q, y

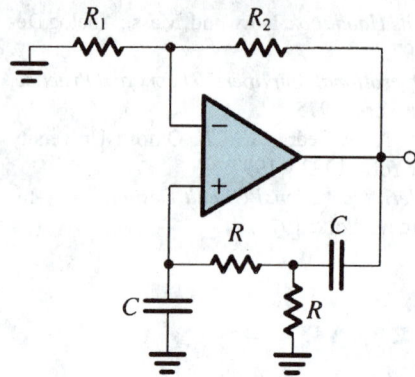

Fig. P12.13

utilícela para demostrar que para localizar los polos en la mitad derecha del plano s, R_2/R_1 debe ser seleccionada mayor de 2.

D*12.12 Reconsidere el ejercicio 12.3 con R_3 y R_6 aumentados para reducir el voltaje de salida. ¿Qué valores se requieren para una salida de 10 V pico a pico? ¿Qué resulta si R_3 y R_6 están a circuito abierto?

12.13 Para el circuito de la figura P12.13 encuentre $L(s)$, $L(j\omega)$, la frecuencia para cero fase de lazo y R_2/R_1 para oscilación.

12.14 Repita el problema 12.13 para el circuito de la figura P12.14.

*12.15 Considere el circuito de la figura 12.6 con el potenciómetro de 50 kΩ sustituido por dos resistores de valor fijo: 10 kΩ entre la entrada negativa del op amp y tierra, y 18 kΩ. Modelando cada diodo como una batería de 0.65 V en serie con una resistencia de 100 Ω, encuentre la amplitud pico a pico de la senoide de salida.

D12.16** Vuelva a diseñar el circuito de la figura 12.6 para operación a 10 kHz usado los mismos valores de resistencia. Si a 10 kHz el op amp produce un exceso

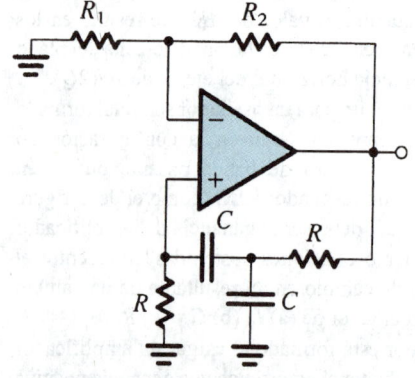

Fig. P12.14

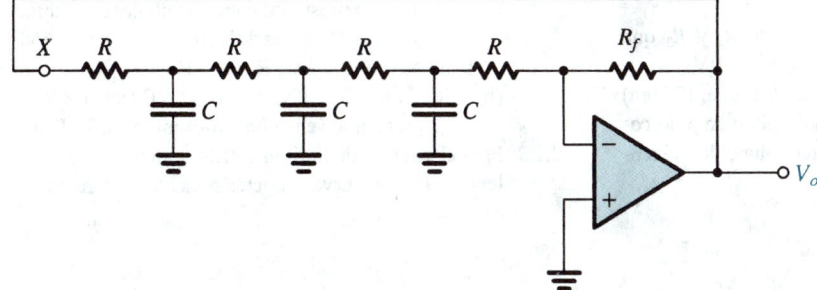

Fig. P12.18

de desfasamiento (atraso) de 5.7°, ¿cuál será la frecuencia de oscilación? (Suponga que el desfasamiento introducido por el op amp permanece constante para frecuencias alrededor de 10 kHz.) Para restablecer la operación a 10 kHz, ¿qué cambio debe hacerse en el resistor de derivación del puente de Wien? Del mismo modo, ¿a qué valor debe ser cambiada R_2/R_1?

*12.17 Para el circuito de la figura 12.8, conecte un resistor adicional $R = 10\ k\Omega$ en serie con el condensador C de la extrema derecha. Para esta modificación (y pasando por alto el circuito de estabilización de amplitud) encuentre la ganancia de lazo $A\beta$ al abrir el circuito en el nodo X. Encuentre R_f para que se inicie la oscilación, y encuentre f_0.

D12.18 Para el circuito de la figura P12.18, abra el lazo en el nodo X y encuentre la ganancia de lazo (trabajando hacia atrás para mayor sencillez para hallar V_x en términos de V_o). Para $R = 10\ k\Omega$, encuentre C y R_f para obtener oscilaciones senoidales a 10 kHz.

*12.19 Considere el circuito de oscilador de cuadratura de la figura 12.9 sin el limitador. Suponga que la resistencia R_f es igual a $2R/(1 + \Delta)$, donde $\Delta \ll 1$. Demuestre que los polos de la ecuación característica están en la mitad derecha del plano s y dados por $s \simeq (1/CR)[(\Delta/4) \pm j]$.

*12.20 Suponiendo que la onda recortada por diodo del ejercicio 12.7 es casi una onda cuadrada ideal y que el resonador Q es 20, proporcione una estimación de la distorsión de la onda senoidal de salida al calcular la magnitud (relativa a la fundamental) de

(a) la segunda armónica,
(b) la tercera armónica,
(c) la quinta armónica,
(d) la raíz cuadrática media de armónicas a la décima.

Nótese que la onda cuadrada de amplitud V y frecuencia ω está representada por la serie

$$\frac{4V}{\pi}\left(\cos \omega t - \frac{1}{3}\cos 3\omega t + \frac{1}{5}\cos 5\omega t - \frac{1}{7}\cos 7\omega t + \cdots\right)$$

Sección 12.3: Osciladores LC y cristal

**12.21 En la figura P12.21 se ilustran cuatro circuitos osciladores del tipo Colpitts, completos con detalles de polarización. Para cada uno de estos circuitos deduzca una ecuación que gobierne la operación del circuito, y encuentre la frecuencia de oscilación y la condición de ganancia que garantice que se inicien las oscilaciones.

**12.22 Considere el circuito oscilador de la figura P12.22, y suponga para mayor sencillez que $\beta = \infty$.

(a) Encuentre la frecuencia de oscilación y el mínimo valor de R_C (en términos de la corriente de polarización I) para que se inicien oscilaciones.

(b) Si R_C se selecciona igual a $(1/I)\ k\Omega$, donde I es en miliamperes, convénzase el lector que se inician oscilaciones. Si las oscilaciones crecen al punto en que V_o es suficientemente grande para que conduzcan y no conduzcan los BJT, demuestre que el voltaje en el colector de Q_2 será una onda cuadrada de 1 V pico a pico. Estime la amplitud pico a pico de la onda senoidal de salida V_o.

12.23 Considere el oscilador de cristal Pierce de la figura 12.16 con el cristal como se especifica en el ejercicio 12.10. Suponga que C_1 es variable en valores entre 1 y 10 pF y que C_2 está fijo en 10 pF. Encuentre la banda sobre la cual se puede sintonizar la frecuencia de oscilación. (*Sugerencia:* Utilice el resultado en el enunciado que lleva a la expresión de la ecuación 12.27.)

Sección 12.4: Multivibradores biestables

12.24 Considere el circuito biestable de la figura 12.19(a) con el terminal positivo de entrada del op amp conectado a una fuente de voltaje positivo V por medio de un resistor R_3.

(a) Deduzca expresiones para los voltajes de umbral V_{TL} y V_{TH} en términos de los niveles de saturación del op amp L_+ y L_-, R_1, R_2, R_3 y V.

(b) Suponga que $L_+ = -L_- = 13$ V, $V = 15$ V y $R_1 = 10$ kΩ. Encuentre los valores de R_2 y R_3 que resulten en $V_{TL} = +4.9$ V y $V_{TH} = +5.1$ V.

12.25 Considere el circuito biestable de la figura 12.20(a) con el terminal negativo de entrada del op amp desconectado de tierra y conectado a un voltaje de referencia V_R.

(a) Deduzca expresiones para los voltajes de umbral V_{TL} y V_{TH} en términos de los niveles de saturación del op amp L_+ y L_-, R_1, R_2 y V_R.

(b) Sea $L_+ = -L_- = V$ y $R_1 = 10$ kΩ. Encuentre R_2 y V_R que resulten en voltajes de umbral de 0 y $V/10$.

12.26 Para el circuito de la figura P12.26, dibuje y aplique leyendas a la curva característica de transferencia

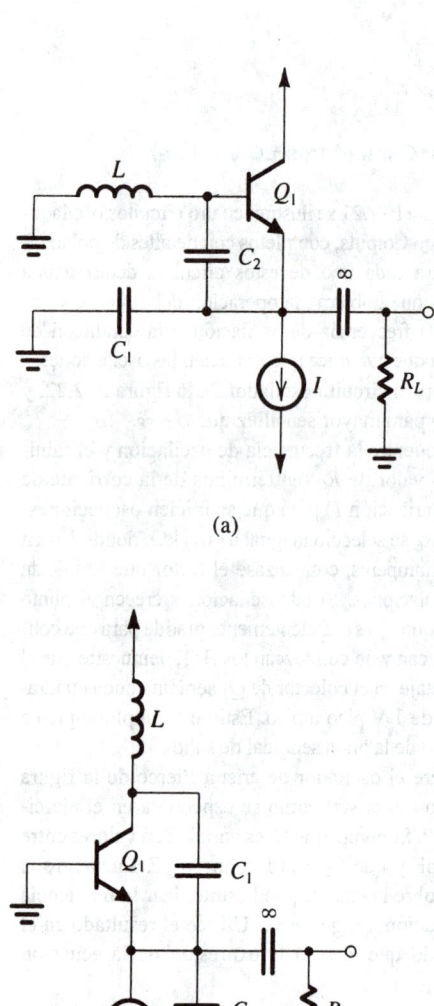

(a)

(c)

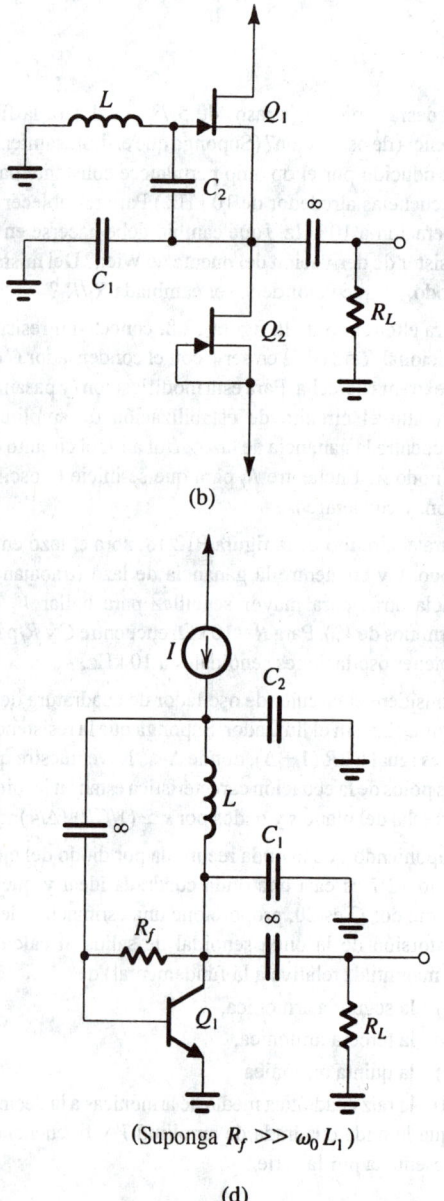

(b)

(Suponga $R_f \gg \omega_0 L_1$)

(d)

Fig. P12.21

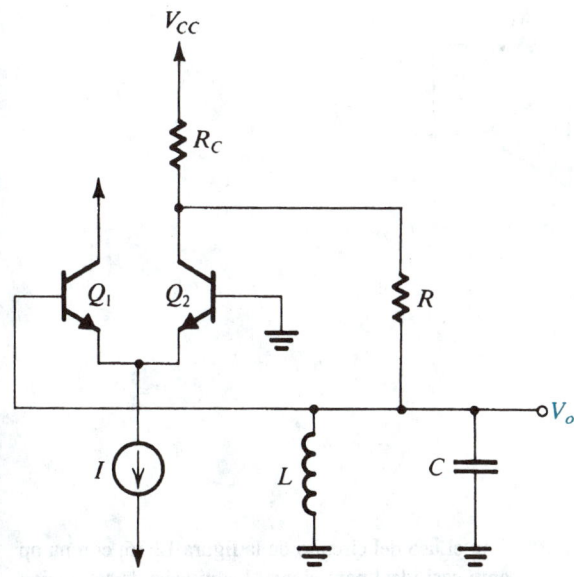

Fig. P12.22

v_O–v_I. Se supone que los diodos tienen una caída constante de 0.7 V cuando conduce, y el op amp se satura a ±12 V. ¿Cuál es la máxima corriente de diodo?

12.27 Considere el circuito de la figura P12.26 con R_1 eliminada y R_2 en cortocircuito. Haga un dibujo y aplique leyendas a la curva característica de transferencia v_O–v_I. Suponga que los diodos tienen una caída constante de 0.7 V cuando conducen y que el op amp se satura a ±12 V.

*12.28 Considere un circuito biestable que tiene una curva característica de transferencia no inversora con $L_+ = -L_- = 12$ V, $V_{TL} = -1$ V y $V_{TH} = +1$ V.

(a) Para una entrada de onda senoidal de 0.5 V de amplitud que tiene promedio de cero, ¿cuál es la salida?

(b) Describa la salida si se aplica una senoide de frecuencia f y amplitud de 1.1 V a la entrada. ¿Cuánto puede desplazarse el promedio de esta

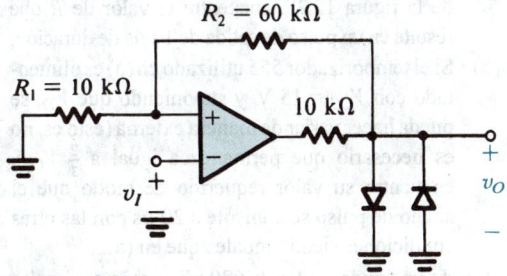

Fig. P12.26

entrada senoidal antes que la salida se convierta en un valor constante?

D12.29 Diseñe el circuito de la figura 12.23(a) para trazar una curva característica de transferencia con niveles de salida de ±7.5 V y valores de umbral de ±7.5 V. Haga el diseño de modo que cuando $v_I = 0$ V, circule una corriente de 0.1 mA en el resistor de retroalimentación y una corriente de 1 mA por los diodos zener. Suponga que los niveles de saturación de salida del op amp son ±12 V. Especifique los voltajes de los diodos zener y dé los valores de todos los resistores.

Sección 12.5: Generación de ondas cuadradas y triangulares por medio de multivibradores astables

12.30 Encuentre la frecuencia de oscilación del circuito de la figura 12.24(b) para el caso $R_1 = 10$ kΩ, $R_2 = 16$ kΩ, $C = 10$ nF y $R = 62$ kΩ.

D12.31 Aumente el circuito del multivibrador astable de la figura 12.24(b) con un limitador de salida del tipo que se muestra en la figura 12.23(b). Diseñe el circuito para obtener una onda cuadrada de salida con 5 V de amplitud y 1 kHz de frecuencia usando un condensador C de 10 nF. Utilice $\beta = 0.462$, y diseñe para una corriente en el divisor resistivo aproximadamente igual al promedio de corriente de la red RC sobre $\frac{1}{2}$ ciclo. Suponiendo voltajes de saturación del op amp de ±13 V, diseñe que el zener opere a una corriente de 1 mA.

D12.32 Usando el esquema de la figura 12.25, diseñe un circuito que produzca ondas cuadradas de 10 V pico a pico y ondas triangulares de 10 V pico a pico. La frecuencia debe ser de 1 kHz. Diseñe el circuito biestable con el circuito de la figura 12.23(b). Utilice un condensador de 0.01 μF y especifique los valores de todos los resistores y el voltaje zener necesario. Diseñe para una corriente de zener mínima de 1 mA y para una corriente máxima en el divisor resistivo de 0.2 mA. Suponga que los niveles de saturación de salida de los op amps son ±13 V.

D*12.33 El circuito de la figura P12.33 consta de un multivibrador biestable inversor con un limitador de salida e integrador no inversor. Usando valores iguales para todos los resistores excepto R_7 y un condensador de 0.5 nF, diseñe el circuito para obtener una onda cuadrada a la salida del multivibrador biestable de 15 V pico a pico de amplitud y 10 kHz de frecuencia. Dibuje y aplique leyendas a la onda a la salida del integrador. Suponiendo niveles de saturación de ±13 V del op amp, diseñe para una corriente de zener mínima de 1 mA. Especifique el voltaje zener requerido, y dé los valores de todos los resistores.

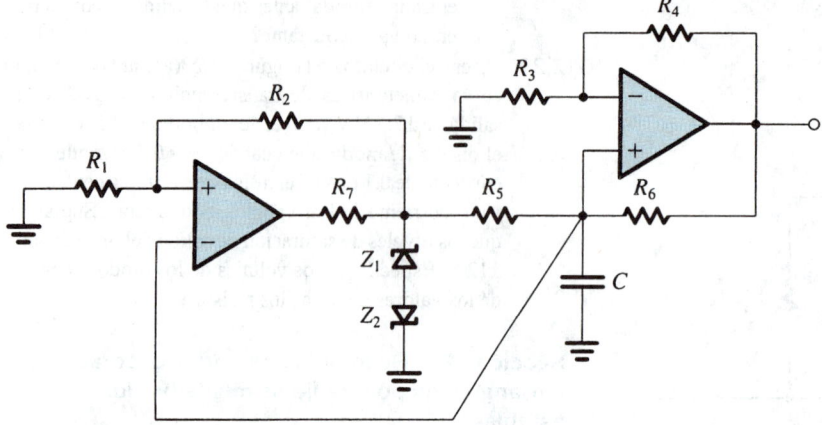

Fig. P12.33

Sección 12.6: Generación de un pulso estandarizado; el multivibrador monoestable

*12.34 En la figura P12.34 se ilustra un circuito multivibrador monoestable. En el estado estable, $v_O = L_+$, $v_A = 0$ y $v_B = -V_{ref}$. El circuito puede ser disparado mediante la aplicación de un pulso positivo de entrada de altura mayor que V_{ref}. Para operación normal, $C_1R_1 \ll CR$. Muestre las ondas resultantes de v_O y v_A. Del mismo modo, muestre que el pulso generado a la salida tendrá un ancho T dado por

$$T = CR \ln \left(\frac{L_+ - L_-}{V_{ref}} \right)$$

Nótese que este circuito tiene la interesante propiedad de que el ancho del pulso puede ser controlado al cambiar V_{ref}.

12.35 Para el circuito monoestable considerado en el ejercicio 12.19, calcule el tiempo de recuperación.

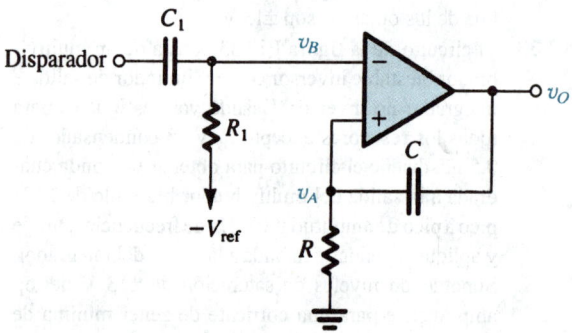

Fig. P12.34

D*12.36 Con el uso del circuito de la figura 12.26, con un op amp casi ideal para el cual los niveles de saturación son ±13 V, diseñe un multivibrador monoestable para obtener un pulso negativo de salida de 100 μs de duración. Utilice condensadores de 0.1 nF y 1 nF. Siempre que sea posible, seleccione resistores de 100 kΩ en el diseño. Los diodos tienen una caída de 0.7 V. ¿Cuál es el tamaño mínimo de escalón de entrada que asegure el disparo? ¿Cuánto tarda el circuito en recuperarse a un estado en el que un nuevo disparo es posible con una salida normal?

Sección 12.7: Temporizadores de circuito integrado

12.37 Considere el circuito 555 de la figura 12.27 cuando los terminales de entrada Threshold (umbral) y Trigger (disparo) se unen y conectan a un voltaje de entrada v_I. Verifique que la curva característica de transferencia v_O–v_I sea la de un circuito inversor biestable con umbrales $V_{TL} = \frac{1}{3}V_{CC}$ y $V_{TH} = \frac{2}{3}V_{CC}$ y niveles de salida de 0 y V_{CC}.

12.38 (a) Usando un condensador C de 1 nF en el circuito de la figura 12.28, encuentre el valor de R que resulte en un pulso de salida de 10 μs de duración.

(b) Si el temporizador 555 utilizado en (a) es alimentado con $V_{CC} = 15$ V, y suponiendo que V_{TH} se pueda hacer variar de manera externa (esto es, no es necesario que permanezca igual a $\frac{2}{3}$ V_{CC}), encuentre su valor requerido de modo que el ancho de pulso se aumente a 20 μs con las otras condiciones siendo iguales que en (a).

D12.39 Usando un condensador de 680 pF, diseñe el circuito astable de la figura 12.29(a) para obtener una onda cuadrada con una frecuencia de 50 kHz y un ciclo de trabajo de 75%. Especifique los valores de R_A y R_B.

*12.40 El nodo del temporizador 555 en el que el voltaje es V_{TH} (esto es, el terminal inversor de entrada del comparador 1) suele conectarse a un terminal externo. Esto permite al usuario cambiar V_{TH} externamente (es decir, ya no permanece en $\frac{2}{3}V_{CC}$). Nótese, sin embargo, que cualquiera que sea el valor en que se convierta V_{TH}, V_{TL} siempre permanece como $\frac{1}{2}V_{TH}$.

(a) Para el circuito astable de la figura 12.29, vuelva a deducir las expresiones para T_H y T_L, expresándolas en términos de V_{TH} y V_{TL}.

(b) Para el caso $C = 1$ nF, $R_A = 7.2$ kΩ, $R_B = 3.6$ kΩ y $V_{CC} = 5$ V, encuentre la frecuencia de oscilación y el ciclo de trabajo de la onda cuadrada resultante cuando no se aplica voltaje externo al terminal V_{TH}.

(c) Para el diseño en (b), supongamos que una señal de onda senoidal de una frecuencia mucho menor que la encontrada en (b) y una amplitud pico de 1 V se acoplan capacitivamente al nodo de circuito V_{TH}. Esta señal hará que V_{TH} cambie alrededor de su valor de reposo de $\frac{2}{3}V_{CC}$, y por ello T_H cambiará de modo correspondiente, lo cual es un proceso de modulación. Encuentre T_H, la frecuencia de oscilación y el ciclo de trabajo en los dos valores extremos de V_{TH}.

Sección 12.8: Circuitos conformadores de onda no lineales

D*12.41 El circuito de dos diodos que se ilustra en la figura P12.41 puede producir una aproximación burda a una salida de onda senoidal cuando sea excitado por una onda triangular. Para obtener una buena aproximación, seleccionamos el pico de la onda triangular, V, de modo que la pendiente de la onda senoidal deseada en los puntos de intersección con el eje de cero sea igual a la de la onda triangular. También, el valor de R se selecciona de modo que cuando v_I se encuentre en su pico, el voltaje de salida es igual al pico deseado de la onda senoidal. Si los diodos exhiben una caída de voltaje de 0.7 V a una corriente de 1 mA, cambiando a razón de 0.1 V por década, encuentre los valores de V y R que produzcan una aproximación a una onda senoidal de 0.7 V pico de amplitud. Entonces encuentre los ángulos θ (donde $\theta = 90°$ cuando v_I está en su pico) a los cuales la salida del circuito sea 0.7, 0.65, 0.6, 0.55, 0.5, 0.4, 0.3, 0.2, 0.1 y 0 V. Utilice los valores de ángulo obtenidos para determinar los valores de la onda senoidal exacta (es decir, 0.7 sen θ), y así encuentre el porcentaje de

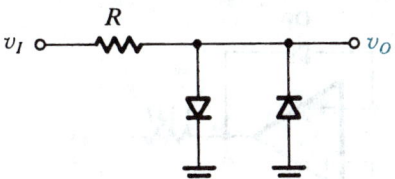

Fig. P12.41

error de este circuito como conformador de ondas senoidales. Registre sus resultados en forma tabular.

D12.42 Diseñe un conformador de onda senoidal de dos segmentos usando un resistor de entrada de 10 kΩ, dos diodos y dos voltajes fijadores de nivel. El circuito, alimentado por una onda triangular de 10 V pico a pico, debe limitar la amplitud de la señal de salida por medio de un diodo de 0.7 V a un valor correspondiente al de una onda senoidal cuya pendiente de cruce de cero sea igual a la del triángulo. ¿Cuáles son los voltajes limitadores que el lector ha seleccionado?

12.43 Demuestre que el voltaje de salida del circuito de la figura P12.43 está dado por

$$v_O = -n\, V_T \ln\left(\frac{v_I}{I_S R}\right), \qquad v_I > 0$$

donde I_S y n son los parámetros de diodo y V_T es el voltaje térmico. Como el voltaje de salida es proporcional al logaritmo del voltaje de entrada, el circuito se conoce como **amplificador logarítmico**. Estos amplificadores encuentran aplicación en situaciones donde se desea comprimir el intervalo de señal.

12.44 Verifique que el circuito de la figura P12.44 ponga en práctica la curva característica de transferencia $v_O = v_1 v_2$ para v_1, $v_2 > 0$. Este circuito se conoce como *multiplicador analógico*. Prueba la operación del circuito para diversas combinaciones de voltajes de entrada de valores, por ejemplo, de 0.5, 1, 2 y 3 volts. Suponga que todos los diodos son idénticos, con caída de 700 mV a una corriente de 1 mA y $n = 2$. Nótese que el *cuadrador* se puede obtener fácilmente usando una sola entrada (por ejemplo, v_1) conectada por me-

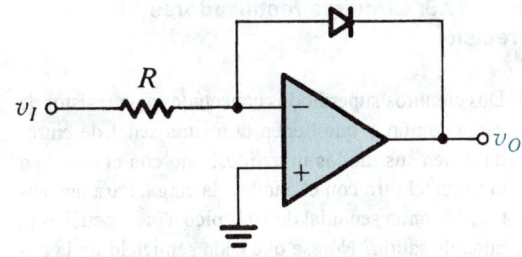

Fig. P12.43

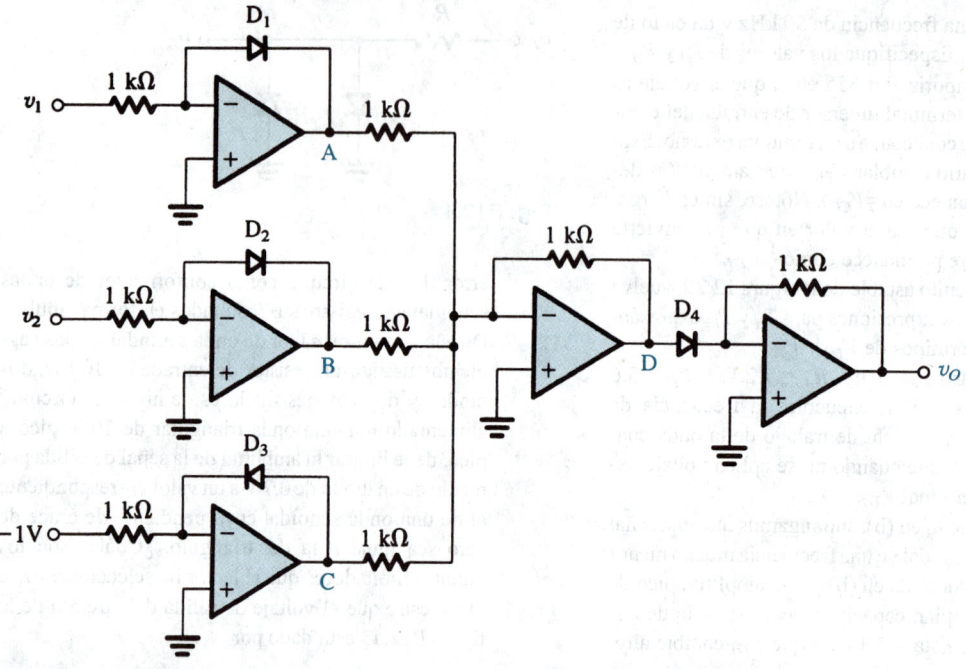

Fig. P12.44

dio de un resistor de 0.5 kΩ (en lugar de uno de 1 kΩ como se muestra).

**12.45 Un detallado análisis del circuito de la figura 12.32 muestra que se presenta un funcionamiento óptimo (como conformador de onda senoidal) cuando los valores de I y R se seleccionan de modo que $RI = 2.5$ V_T, donde V_T es el voltaje térmico, y la amplitud pico de la onda triangular de entrada es 6.6 V_T. Si la salida se toma en R (es decir, entre los dos emisores), encuentre v_I correspondiente a $v_O = 0.25$ V_T, 0.5 V_T, V_T, 1.5 V_T, 2 V_T, 2.4 V_T y 2.42 V_T. Trace una gráfica de v_O–v_I y compare la curva ideal dada por

$$v_O = 2.42 \, V_T \, \text{sen} \left(\frac{v_I}{6.6 \, V_T} \times 90° \right).$$

Sección 12.9: Circuitos rectificadores de precisión

12.46 Dos circuitos superdiodos conectados a un resistor de carga común y que tienen la misma señal de entrada tienen sus diodos invertidos, uno con el cátodo a la carga, el otro con el ánodo a la carga. Para una entrada de onda senoidal de 10 V pico a pico, ¿cuál es la onda de salida? Nótese que cada semiciclo de la corriente de carga es producido por un amplificador se-

parado, y que mientras un amplificador suministra la corriente de carga, el otro amplificador no hace nada. Esta idea, llamada *operación clase B*, es importante en la construcción de amplificadores de potencia.

D12.47 Se puede hacer que el circuito superdiodo de la figura 12.33(a) tenga ganancia al conectar un resistor R_2 en lugar del cortocircuito entre el cátodo del diodo y el terminal negativo de entrada del op amp, y un resistor R_1 entre el terminal negativo de entrada y tierra. Diseñe el circuito para una ganancia de 2. Para una onda senoidal de entrada de 10 pico a pico, ¿cuál es el promedio de voltaje de salida resultante?

D12.48 Haga un diseño del rectificador inversor de precisión que se muestra en la figura 12.34(a) en que la ganancia es −2 para entradas negativas y cero de otra forma, y la resistencia de entrada es 100 kΩ. ¿Qué valores de R_1 y R_2 selecciona el lector?

D*12.49 Haga un diseño para un circuito de voltímetro semejante al de la figura 12.35, que está destinado para funcionar a frecuencias de 10 Hz y más. Debe estar calibrado para señales de entrada de onda senoidal para obtener una salida de +10 V para una entrada de 1 V rms. La resistencia de entrada debe ser tan alta como sea posible. Para ampliar el ancho de banda de operación, mantenga razonablemente pequeña la ganancia en la parte de ca del circuito. Del mismo modo,

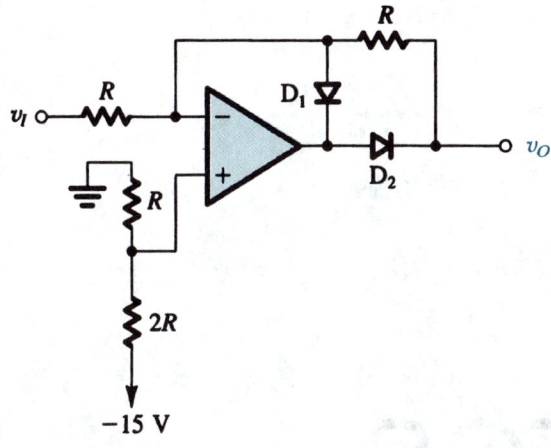

Fig. P12.50

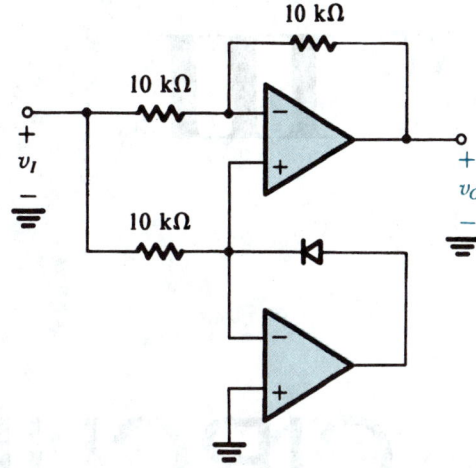

Fig. P12.52

el diseño debe ser tal que reduzca el tamaño del condensador C requerido. El máximo valor de resistor disponible es de 1 MΩ.

12.50 Trace la curva característica de transferencia del circuito de la figura P12.50.

12.51 Trace las curvas características de transferencia v_{O1}–v_I y v_{O2}–v_I del circuito de la figura P12.51.

12.52 Trace las curvas características de transferencia del circuito de la figura P12.52.

D12.53 Un circuito relacionado con el de la figura 12.38 debe utilizarse para obtener una corriente proporcional a $v_A(v_A \geq 0)$ para un diodo emisor de luz (LED). El valor de la corriente debe ser independiente de las características no lineales y variabilidad del diodo. Indique la forma en que esto se pueda hacer fácilmente.

*12.54 En el rectificador de precisión de la figura 12.38, el resistor R se sustituye por un condensador C. ¿Qué

ocurre? Para una operación equivalente con una entrada de onda senoidal de 60 Hz de frecuencia con $R = 1$ kΩ, ¿qué valor de C debe emplearse? ¿Cuál es la respuesta del circuito modificado a 120 Hz? ¿A 180 Hz? Si la amplitud de v_A se mantiene fija, ¿qué nueva función desarrolla este circuito? Ahora considere el efecto de un cambio de forma de onda en ambos circuitos (el que tiene R y el de C). Para una entrada de onda triangular de 60 Hz de frecuencia que produce un promedio de corriente de medidor de 1 mA en el circuito con R, ¿en qué se convierte el promedio de corriente de medidor cuando R se sustituye con el C cuyo valor se calculó antes?

*12.55 Un rectificador de pico positivo que utiliza un op amp rápido y un diodo de unión en una configuración de superdiodo, así como un condensador de 10 μF inicialmente descargado, es excitado por una serie de pulsos de 10 V de 10 μs de duración. Si la máxima corriente de salida que el op amp puede suministrar es 10 mA, ¿cuál es el voltaje en el condensador a continuación de un pulso?, ¿de dos pulsos?, ¿de diez pulsos? ¿Cuántos pulsos se requieren para llegar a 0.5 V?, ¿a 1.0 V?, ¿a 2.0 V?

D12.56 Considere el rectificador pico de precisión separado que se ilustra en la figura 12.40 cuando se conecta a una entrada triangular de 1 V pico a pico de amplitud y 1000 Hz de frecuencia. Utiliza un op amp cuya corriente de polarización (dirigida hacia A_2) es 10 nA y diodos cuya corriente de fuga inversa es 1 nA. ¿Cuál es el condensador más pequeño que se puede usar para garantizar un rizo de salida menor de 1%?

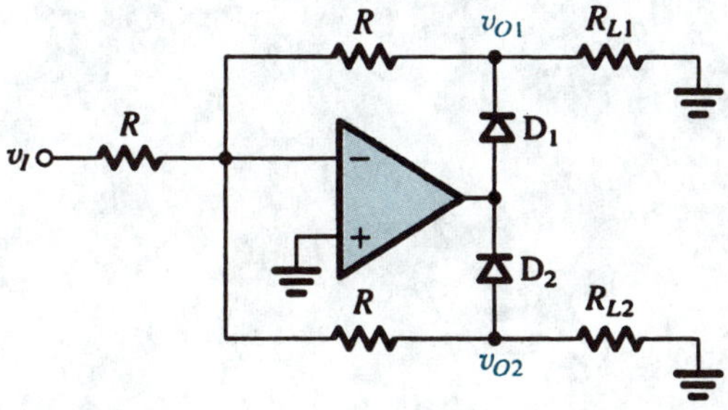

Fig. P12.51

PARTE III

CIRCUITOS DIGITALES

INTRODUCCIÓN

La parte III está destinada al estudio de circuitos digitales, que desempeñan un papel muy importante en los sistemas electrónicos de hoy día y se utilizan en casi todos los campos de la electrónica como son comunicaciones, control, instrumentación, productos de consumo y, desde luego, computación. Este extendido uso se debe principalmente a la disponibilidad de paquetes de circuitos integrados de poco costo que contienen potentes circuitos digitales. La complejidad de un chip digital varía desde un pequeño número de compuertas lógicas hasta una computadora completa (un microprocesador), o hasta 250 millones de bits de memoria.

Ninguna otra rama de la ingeniería se ha desarrollado tan rápido como la del diseño de circuitos integrales digitales. En los últimos 25 años, el número de componentes en un chip digital se ha duplicado casi cada año. Cuando este libro estaba en prensa, se anunciaron chips de microprocesador con más de 10 millones de transistores y que operan a velocidades de más de 500 MHz. Los chips de memoria, tradicionalmente el barómetro del nivel de integración, han alcanzado la escala de gigabits de capacidad. Además, no hay señales de que se reduzca el ritmo de desarrollo de chips digitales más potentes ni hay límite para que estos circuitos se pongan a trabajar en innovadoras aplicaciones. Por lo tanto, es razonable suponer que la revolución digital continuará durante algún tiempo y los ingenieros en electrónica deben estar preparados para jugar un papel de primer orden en este gran esfuerzo humano. Para esto es necesario un conocimiento básico de electrónica digital, esencial si se pretende intervenir en el diseño de circuitos digitales, en especificarlos para el diseño de sistemas digitales o en la administración de empresas de alta tecnología. Nuestra meta en esta parte es proporcionar esta introducción.

El material de esta parte III se apoya en la introducción a circuitos digitales de la sección 1.7 y hace uso extensivo de los circuitos básicos y característicos del MOSFET (capítulo 5) y los de BJT (capítulo 4). También suponemos que el lector conoce bien sistemas digitales al nivel de compuertas lógicas. El material de la parte III debe dar una preparación más que adecuada para cursos avanzados en electrónica digital y diseño de integración a muy grande escala (VLSI).

CAPÍTULO 13

Circuitos digitales MOS

INTRODUCCIÓN

Este capítulo se ocupa del estudio de circuitos integrados digitales MOS, con mucho la tecnología que más se prefiere para la ejecución de sistemas digitales. El pequeño tamaño, la facilidad de fabricación y la baja disipación de potencia de los MOSFET hacen posibles niveles sumamente altos de integración de circuitos lógicos y de memoria.

Aquí comenzamos con una sección de repaso a fin de poner en orden el material que estudiaremos en este capítulo y el siguiente. A continuación, apoyándonos sobre el estudio del inversor CMOS de la sección 5.8, damos una mirada completa a su diseño y análisis. Este material se aplica entonces al diseño de circuitos lógicos de CMOS y otros dos tipos de circuitos lógicos (pseudo-NMOS y lógica de transistor de paso) que se utilizan con frecuencia en aplicaciones especiales como complemento al CMOS.

Para reducir aun más la disipación de potencia y simultáneamente aumentar el rendimiento (velocidad de operación), se utilizan técnicas de lógica dinámica. Este interesante tema es la materia de la sección 13.6 y completa nuestro estudio de circuitos de combinación. El resto del capítulo se ocupa del igualmente importante tema de circuitos secuenciales, que incluyen elementos de memoria y varios flip-flops que se basan en dicha memoria, generadores de pulsos y circuitos conformadores de pulsos, pero, sobre todo, de circuitos de memoria de acceso aleatorio (RAM) y sólo de lectura (ROM). El capítulo concluye con un ejemplo de simulación del SPICE.

En resumen, este capítulo contiene un estudio razonablemente completo y profundo del diseño de circuitos integrados digitales MOS, quizá el aspecto más importante de circuitos electrónicos (por lo menos en términos de volumen de producción e impacto en la sociedad). Para obtener la máxima ventaja del estudio de este capítulo, el lector debe estar perfectamente familiarizado con el transistor MOS. Por lo tanto, se recomienda un repaso al capítulo 5 y un cuidadoso estudio de la sección 5.8 sería ideal.

13.1 DISEÑO DE CIRCUITOS DIGITALES: UN REPASO

En esta sección nos basamos en la introducción de circuitos digitales presentada en la sección 1.7 y damos un repaso del tema. Estudiamos las diversas tecnologías y familias de circuitos lógicos en uso, consideramos los parámetros empleados para caracterizar la operación y rendimiento de circuitos lógicos y, por último, citamos los diversos estilos para diseño de sistemas digitales.

13.1.1 Tecnologías de IC digitales y familias de circuitos lógicos

En la figura 13.1 se muestran las principales tecnologías de circuitos integrados (IC) y familias de circuitos lógicos que se encuentran en uso hoy día (1997); el concepto de una familia de circuitos lógicos quizá necesite unas pocas palabras de explicación. Los elementos de cada familia están hechos de la misma tecnología, tienen estructuras de circuitos semejantes y exhiben las mismas funciones básicas. Cada familia de circuitos lógicos ofrece un conjunto particular de ventajas y desventajas. En el estilo convencional de diseño de sistemas, se selecciona una familia lógica apropiada, por ejemplo TTL, CMOS o ECL (este último es un circuito lógico de emisor acoplado) y se intenta poner en práctica tanto como sea posible en el sistema, usando para ello módulos de circuitos (paquetes) que pertenecen a esta familia. En esta forma, la interconexión de los diversos paquetes es relativamente fácil. Si, por otra parte, se utilizan paquetes de más de una familia, se tienen que diseñar *circuitos de interfaz* apropiados. La selección de una familia lógica está basada en consideraciones como son la flexibilidad lógica, velocidad de operación, disponibilidad de funciones complejas, inmunidad al ruido, escala de temperatura de operación, disipación de potencia y costo. Analizaremos algunas de estas consideraciones en este capítulo y el siguiente. Para comenzar, hacemos breves observaciones acerca de cada una de las cuatro tecnologías de la figura 13.1.

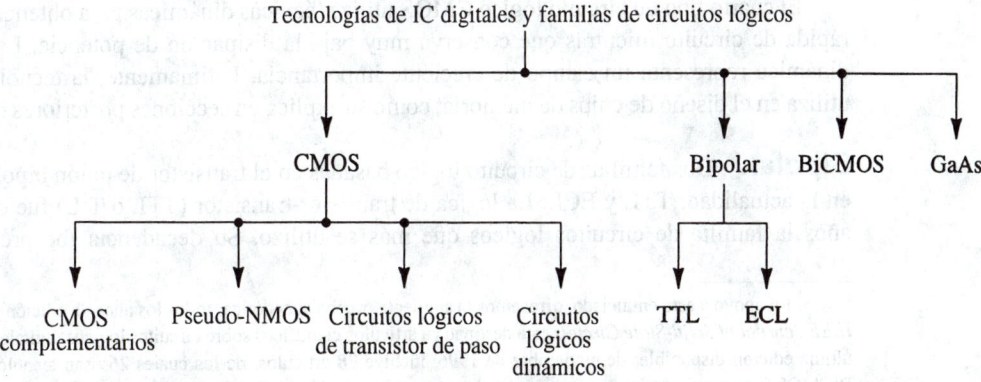

Fig. **13.1** Tecnologías de IC digitales y familias de circuitos lógicos.

CMOS (MOS complementario).   Aun cuando se muestra como una de cuatro posibles tecnologías, esto no es una indicación de su participación del mercado de circuitos integrales digitales; la tecnología CMOS es, en gran parte, la más dominante de todas las tecnologías de IC que existen para diseño de circuitos digitales. Como mencionamos antes, el CMOS ha sustituido al NMOS (MOS de canal N) que se utilizaba en los primeros días de la VLSI (integración a escala muy grande) en la década de 1970. Hay varias razones para este perfeccionamiento, siendo la más importante la mucho menor disipación de potencia de los circuitos CMOS. El CMOS también ha sustituido a la bipolar como la mejor tecnología en diseño de sistemas digitales y ha hecho posibles niveles de integración (o densidades de montaje de componentes de circuitos) y una variedad de aplicaciones que nunca hubieran sido posibles con tecnología bipolar. Además, el CMOS continúa avanzando, mientras que parece haber pocas innovaciones hoy día en circuitos digitales bipolares.[1] Algunas de las razones para que el CMOS desplace a la tecnología bipolar en aplicaciones digitales son:

1. Los circuitos lógicos CMOS disipan mucho menos potencia que los circuitos lógicos bipolares, y por lo tanto se pueden empaquetar más circuitos CMOS en un chip de lo que es posible con circuitos bipolares. Hablaremos mucho más sobre disipación de potencia en las siguientes secciones.

2. La elevada impedancia de entrada del transistor MOS permite al diseñador usar almacenamiento de carga como medio para el almacenamiento temporal de información en circuitos lógicos y de memoria. Esta técnica no se puede usar en circuitos bipolares.

3. El tamaño del elemento (es decir, la mínima longitud de canal) del transistor MOS se ha reducido considerablemente con los años, con algunos diseños reportados en fechas recientes que utilizan longitudes de canal de sólo $0.15\ \mu$m. Esto permite un empaquetamiento muy alto y, en consecuencia, niveles muy altos de integración.

De las diversas formas de CMOS, los circuitos complementarios CMOS basados en el inversor estudiado en la sección 5.8 son los que más se utilizan. Se fabrican tanto en paquetes de circuitos SSI, o integración a pequeña escala (que contienen de 1 a 10 compuertas lógicas) como en paquetes de circuitos MSI, o integración a media escala (10 a 100 compuertas lógicas) para ensamblar sistemas digitales en tarjetas de circuitos impresos. Lo que es más significativo es que el CMOS complementario se utiliza en lógica de VLSI (millones de compuertas por chip) en el diseño de circuitos de memoria. En algunas aplicaciones, el CMOS se complementa con una de dos distintas formas de circuito lógico MOS. Éstas son pseudo-NMOS, así llamada por la similitud de su estructura con el NMOS, y la lógica de transistor de paso; ambas se estudian en este capítulo.

El cuarto tipo de circuito lógico CMOS utiliza técnicas dinámicas para obtener operación más rápida de circuito mientras que conserva muy baja la disipación de potencia. La lógica CMOS dinámica representa un campo de creciente importancia. Últimamente, la tecnología CMOS se utiliza en el diseño de chips de memoria, como se explica en secciones posteriores en este capítulo.

Bipolar.   Dos familias de circuito lógico basadas en el transistor de unión bipolar están en uso en la actualidad: TTL y ECL. La lógica de transistor-transistor (TTL o T²L) fue durante muchos años la familia de circuitos lógicos que más se utilizó. Su decadencia fue precipitada por el

---

[1] En apoyo a este enunciado, ofrecemos la siguiente prueba anecdótica: todos los años, la edición de noviembre de la *IEEE Journal of Solid-State Circuits* está destinada a artículos científicos sobre circuitos lógicos digitales y de memoria. La última edición disponible, de noviembre de 1996, incluye 28 artículos, de los cuales 26 usan tecnología CMOS y 2 de BiCMOS (uno para un chip de memoria y el otro para un circuito de control de unidades de disco de computadora). Ninguno de los artículos científicos es acerca de circuitos digitales.

advenimiento de la era de la VLSI, pero los fabricantes de la TTL contraatacaron con la introducción de versiones de baja potencia y alta velocidad. En estas versiones más recientes, las más altas velocidades de operación son posibles porque impiden que el BJT se sature y evitan así el lento proceso en el que un transistor saturado no conduce. Este tema se estudia en el capítulo 14. Estas versiones nuevas utilizan el diodo Schottky que se estudia en el capítulo 3 y se denominan TTL Schottky, o variaciones de este nombre. Debido a que la TTL continúa siendo una factible tecnología de diseño de sistemas digitales, en especial para sistemas que se ensamblan con paquetes SSI y MSI (integración a escala pequeña e integración a escala media), y por su dominio e influencia histórica en todo el campo del diseño de IC digitales, estudiaremos TTL con algún detalle en el capítulo 14.

La otra familia de circuitos lógicos bipolares en uso en la actualidad es la lógica de emisor acoplado (ECL, como se conoce en la práctica). Está basada en la ejecución del inversor con conmutación de corriente, estudiada en la sección 1.7. El elemento básico de la ECL es el par diferencial estudiado en el capítulo 6. Debido a que en la ECL no se permite que los transistores se saturen y es básicamente un circuito de dirección de corriente (de aquí el nombre alternativo de *lógica de modo de corriente*), son posibles velocidades de operación muy altas. De hecho, de todas las familias de circuitos lógicos que se pueden adquirir comercialmente, la ECL es la más rápida. La ECL también se usa en el diseño de circuitos de integración a escala muy grande (VLSI, como se conoce en la práctica) cuando se requieren velocidades de operación muy altas y el diseñador está dispuesto a aceptar una disipación de potencia más alta y un área de silicio más grande. Como tal, la ECL es considerada una importante tecnología de especialidad.

BiCMOS. El BiCMOS combina las altas velocidades de operación posibles en los BJT (debido a su transconductancia inherentemente más alta) con la baja disipación de potencia y otras excelentes características del CMOS. Al igual que el CMOS, el BiCMOS considera la construcción de circuitos analógicos y digitales en el mismo chip. (Véase el estudio de circuitos analógicos BiCMOS en los capítulos 6 y 10.) En la actualidad, el BiCMOS se utiliza con gran ventaja en aplicaciones especiales, entre las que se incluyen chips de memoria, en donde su alto rendimiento justifica la tecnología de proceso más compleja que requiere.

Arseniuro de galio (GaAs). Los dispositivos de arseniuro de galio se introdujeron en la sección 5.12. Como dijimos antes, la elevada movilidad de portadora en el GaAs resulta en velocidades de operación muy altas, lo que se ha demostrado en varios chips de circuitos integrados digitales que utilizan tecnología de GaAs. El diseño de circuitos lógicos que utilizan tecnología de GaAs se estudiará en el capítulo 14. Debe señalarse, sin embargo, que el GaAs continúa siendo "tecnología emergente", que parece tener gran potencial pero que todavía no ha alcanzado comercialmente este potencial.

13.1.2 Caracterización de circuito lógico

Los siguientes parámetros se utilizan por lo común para caracterizar la operación y rendimiento de una familia de circuito lógico.

Márgenes de ruido. La operación estática de una familia de circuito lógico está caracterizada por la curva característica de transferencia de voltaje (VTC) de su inversor básico. En la figura 13.2 se ilustra una de estas curvas VTC y se definen sus cuatro parámetros: V_{OH}, V_{OL}, V_{IH} y V_{IL}. Nótese que V_{IH} y V_{IL} están definidos como los puntos en los que la pendiente de la VTC es -1. También se indica la definición del voltaje de umbral V_M, o V_{th} como frecuentemente lo llamaremos, como el punto en que $v_O = v_I$. Recordemos que estudiamos la VTC en su forma genérica en la sección 1.7, y hemos visto VTC reales: en la sección 4.14 para el inversor BJT y en la sección 5.8 para el inversor CMOS.

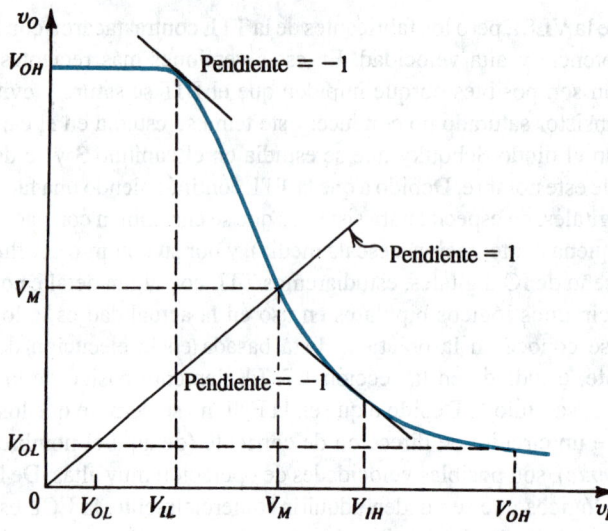

Fig. 13.2 Curva característica típica de transferencia de voltaje (VTC) de un inversor lógico, ilustrando la definición de los puntos críticos.

La **robustez** de una familia de circuitos lógicos está determinada por su capacidad para rechazar ruido y de este modo por los márgenes de ruido NH_H y NM_L,

$$NM_H \equiv V_{OH} - V_{IH} \tag{13.1}$$

$$NM_L \equiv V_{IL} - V_{OL} \tag{13.2}$$

Un inversor ideal es aquél para el cual $NM_H = NM_L = V_{DD}/2$, donde V_{DD} es el voltaje de fuente de alimentación. Además, para un inversor ideal, el voltaje de umbral $V_M = V_{DD}/2$.

Tiempo de propagación.

El rendimiento dinámico de una familia de circuitos lógicos está caracterizado por el tiempo de propagación de su inversor básico. En la figura 13.3 se ilustra la definición del tiempo de propagación bajo a alto (t_{PLH}) y el tiempo de propagación alto a bajo (t_{PHL}). El tiempo de propagación del inversor t_P está definido como el promedio de estas dos cantidades:

$$t_P \equiv \frac{1}{2}\left(t_{PLH} + t_{PHL}\right) \tag{13.3}$$

Obviamente, cuanto más corto sea el tiempo de propagación, más alta es la velocidad a la cual se puede operar la familia de circuito lógico.

Disipación de potencia.

La disipación de potencia es un tema importante en el diseño de circuitos digitales. La necesidad de reducir al mínimo la disipación de potencia de compuerta está motivada por el deseo de empaquetar un número creciente de compuertas en un chip, que a su vez está motivado por consideraciones económicas y de espacio. En general, los modernos sistemas digitales utilizan grandes números de compuertas y celdas de memoria, y por lo tanto, para mantener el requisito total de potencia dentro de límites razonables, la disipación de potencia por compuerta y por celda de memoria debe mantenerse tan baja como sea posible. Éste es particularmente el caso para equipo portátil, operado con baterías, como es el caso de teléfonos celulares y asistentes digitales personales (PDA).

Hay dos tipos de disipación de potencia en una compuerta lógica: estática y dinámica. La potencia estática se refiere a la potencia que la compuerta disipa en ausencia de acción de conmutación. Resulta de la presencia de una trayectoria en el circuito de compuerta entre la fuente de alimentación y tierra en

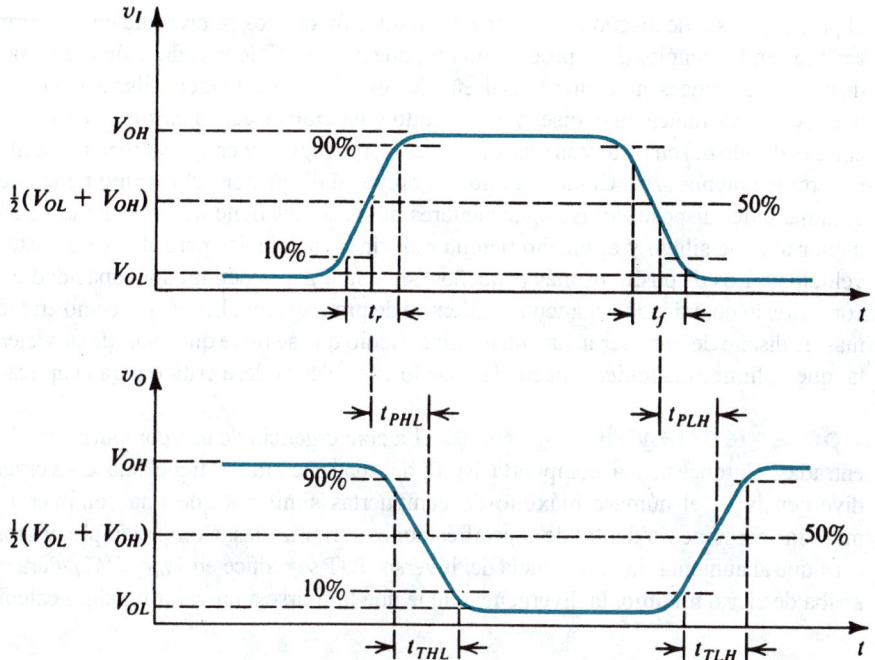

Fig. 13.3 Definiciones de tiempos de propagación y tiempos de conmutación del inversor lógico.

uno o ambos lados de sus dos estados (es decir, con la salida baja o alta). La potencia dinámica, por otra parte, se presenta sólo cuando la compuerta se conmuta: un inversor operado desde una fuente de alimentación V_{DD}, y que excita una capacitancia de carga C, disipa potencia dinámica P_D,

$$P_D = fCV_{DD}^2 \tag{13.4}$$

donde f es la frecuencia a la cual el inversor está siendo conmutado. La deducción de esta fórmula (sección 5.8) está basada en la suposición de que los niveles de voltaje de salida bajos y altos sean 0 y V_{DD}, respectivamente.

Producto de retardo y potencia.

Normalmente, el diseñador está interesado en rendimiento a alta velocidad (bajo t_P) combinado con baja disipación de potencia. Desafortunadamente, estos dos requisitos están muchas veces en conflicto; en general, cuando se diseña una compuerta, si se intenta reducir la disipación de potencia al reducir el voltaje de alimentación, la corriente de la fuente, o ambos, la capacidad de excitación de corriente de la compuerta se reduce. Esto, a su vez, resulta en tiempos más largos para cargar y descargar las capacitancias parásita y de carga y entonces el tiempo de propagación aumenta. Se deduce que una cifra de mérito para comparar tecnologías o familias de circuitos lógicos es el producto de retardo y potencia, definido como

$$DP = P_D t_P \tag{13.5}$$

donde P_D es la disipación de potencia de la compuerta. Nótese que DP tiene unidades de joules. Cuanto menor sea la cifra de DP para una familia, es más eficaz la familia lógica.

Área de silicio.

Una meta obvia en el diseño de circuitos de VLSI es la reducción al mínimo de área de silicio por compuerta lógica. El requisito de área más pequeña hace posible la fabricación de un mayor número de compuertas por chip, lo cual tiene ventajas económicas y de espacio desde el punto de vista de diseño del sistema. La reducción de área se presenta en tres formas diferentes: avances en la tecnología de procesamiento, que hace posible la reducción del tamaño mínimo del dispositivo; avances en técnicas de diseño de circuito y un cuidadoso diseño del chip. En este libro, nuestro interés radica en el diseño del circuito y haremos frecuentes comentarios sobre la relación entre el diseño del circuito y su área de silicio. Como regla general, cuanto más sencillo es el circuito se requiere menor área. Como veremos en breve, el diseñador del circuito tiene que decidir sobre el tamaño del dispositivo. Escoger menores dimensiones tiene obviamente la ventaja de requerir menor área de silicio y al mismo tiempo reducir capacitancias parásitas y con esto se aumenta la velocidad. Los dispositivos más pequeños, sin embargo, tienen menor capacidad de excitación de corriente, lo cual tiende a aumentar el tiempo de propagación. Entonces, como en todos los problemas de diseño de ingeniería, hay un término medio que se tiene que cuantificar y ejercer de manera tal que optimice cualquier aspecto del diseño que se considere crítico para la aplicación a mano.

Convergencia y divergencia.   La convergencia de una compuerta es el número de sus entradas. Entonces, una compuerta NOR de cuatro entradas tiene una convergencia de 4. La divergencia es el número máximo de compuertas similares que una compuerta puede excitar mientras permanezca dentro de especificaciones garantizadas. Como ejemplo, vimos en la sección 4.14 que al aumentar la divergencia del inversor BJT se reduce en V_{OH} y NM_H. Para conservar NM_H arriba de cierto mínimo, la divergencia tiene que limitarse a un valor máximo calculable.

13.1.3 Estilos para diseño de sistemas digitales

El método convencional para diseñar sistemas digitales consiste en ensamblar el sistema usando paquetes de circuitos integrados (IC) de varios niveles de complejidad (y por lo tanto de integración). De esta forma se han construido muchos sistemas usando, por ejemplo, paquetes de TTL, SSI y MSI. El advenimiento de la VLSI, además de equipar al diseñador del sistema con componentes de almacén más potentes, por ejemplo microprocesadores y chips de memoria, ha hecho posible estilos alternativos de diseño; uno de éstos es optar por construir parte o todo el sistema usando uno o más chips de *VLSI especial*, pero, el diseño especial de IC suele justificarse económicamente sólo cuando el volumen de producción sea grande (mayor de 100 000 piezas).

Un método intermedio, conocido como *diseño semiespecial*, utiliza chips de *sistemas de compuertas*, que consisten en circuitos integrados que contienen 100 000 o más compuertas lógicas no conectadas. Su interconexión se puede lograr mediante un paso final de metalización (realizado en la fábrica de los IC) de acuerdo con un patrón especificado por el usuario, de modo que se obtenga la función particular pedida por el usuario. Un tipo de sistema de compuertas que se fabrica más recientemente, conocido como *sistema de compuertas programables en el campo* (FPGA), puede, como su nombre lo indica, ser programado directamente por el usuario. Los FPGA son un medio más conveniente para que el diseñador de sistemas digitales realice funciones lógicas complejas en forma de VLSI sin tener que incurrir ya sea en costo o tiempo en reparaciones inherente en componentes especiales y, en menor medida, en diseños de IC semiespeciales [véase la obra de Brown y Rose (1996)].

13.1.4 Abstracción de diseño y ayudas de computadora

El diseño de sistemas digitales muy complejos, ya sea en un solo IC o con el uso de varios componentes, se hace posible por medio de diferentes niveles de abstracción de diseño y el uso de diversas ayudas de computadora. Para evaluar el concepto de abstracción de diseño considere el proceso de diseñar un sistema digital usando paquetes de compuertas lógicas en existencia en almacén. El diseñador consulta las hojas y libros de datos para determinar las características de entrada y salida de las compuertas, sus limitaciones de convergencia y divergencia, etcétera. Al conectar las compuertas, el diseñador necesita apegarse al conjunto de reglas especificadas por el fabricante en las hojas de datos. El diseñador no necesita considerar, en forma directa, el circuito que está dentro del paquete de compuerta. En efecto, el circuito ya ha sido abstraído en la forma de un bloque funcional que se puede usar como componente. Esto simplifica en gran medida el diseño de un sistema. El diseñador de IC digitales sigue un proceso semejante. Los bloques de un circuito se diseñan, caracterizan y almacenan en una biblioteca como *celdas estándar*. Estas celdas pueden ser utilizadas por el diseñador del IC para ensamblar un subsistema más grande (por ejemplo, un sumador o un multiplicador), que a su vez se caracteriza y almacena como bloque funcional para ser utilizado en el diseño de un sistema aún más grande.

En cada nivel de abstracción de diseño, surge la necesidad de simulación y de otros programas de computadora que ayudan a que el proceso de diseño sea tan automático como es posible. Mientras que el SPICE se utiliza en la simulación de circuitos, otras herramientas de software se utilizan en otros niveles y otras fases en el proceso de diseño. Aun cuando el diseño de un sistema digital y la automatización de diseños están fuera del alcance de este libro, es importante que el lector evalúe el papel de la abstracción de diseño y ayudas de computadora en el diseño digital. Estos elementos son lo que hacen humanamente posible diseñar un IC digital de 10 millones de transistores. Desafortunadamente, el diseño de IC analógicos no se presta al mismo nivel de abstracción y automatización. Cada IC analógico tiene que ser hecho con "artesanía", en gran medida. Como resultado de esto, la complejidad y la densidad de los IC analógicos continúan siendo mucho menores de lo que es posible dentro de los IC digitales.

Cualquiera que sea el método o estilo adoptado en el diseño digital, es esencial conocer bien las diversas técnicas de diseño y tecnologías de circuitos digitales. Este capítulo y el siguiente tienen la finalidad de dar este conocimiento.

13.2 ANÁLISIS DE DISEÑO Y OPERACIÓN DEL INVERSOR CMOS

El inversor lógico CMOS se presentó y estudió en la sección 5.8, que recomendamos al lector repasar antes de proseguir aquí. En esta sección hacemos un estudio más profundo del inversor, investigando su rendimiento y explorando las variables disponibles en su diseño. Este material servirá como fundamento para el estudio de circuitos lógicos CMOS en la siguiente sección.

Estructura de un circuito

El circuito inversor que se muestra en la figura 13.4(a) consta de un par de MOSFET complementarios conmutados por el voltaje de entrada v_I. Aunque no se muestra, la fuente de cada dispositivo está conectada a su cuerpo, eliminando así el efecto del cuerpo. Por lo general, los voltajes de umbral V_{tn} y V_{tp} son iguales en magnitud; esto es, $V_{tn} = |V_{tp}| = V_t$, que es el intervalo de 0.2 a 1 V, con valores cercanos al extremo inferior de este intervalo para modernas tecnologías de procesos con pequeño tamaño de dispositivo (por ejemplo, con longitud de canal de 0.3 a 0.5 μm).

El circuito inversor puede ser representado por un par de interruptores operados en forma complementaria, como se muestra en la figura 13.4(b). Como se indica, cada interruptor está

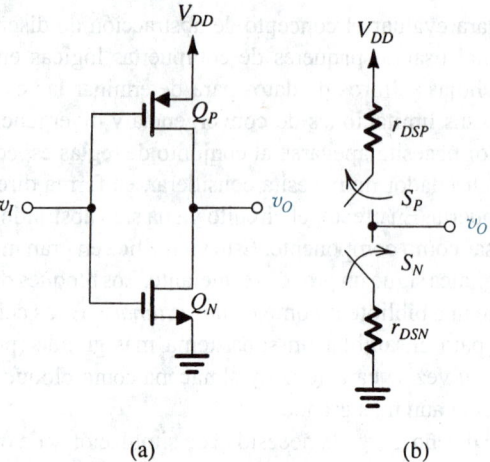

Fig. 13.4 **(a)** El inversor CMOS y **(b)** su representación como un par de interruptores operados en forma complementaria.

modelado por una resistencia finita que es la resistencia entre dren y fuente del transistor respectivo, evaluada cerca de $|\upsilon_{DS}| = 0$,

$$r_{DSN} = 1 \bigg/ \left[k_n' \left(\frac{W}{L} \right)_n (V_{DD} - V_t) \right] \tag{13.6}$$

$$r_{DSP} = 1 \bigg/ \left[k_p' \left(\frac{W}{L} \right)_p (V_{DD} - V_t) \right] \tag{13.7}$$

Operación estática

Con $\upsilon_I = 0$, $\upsilon_O = V_{OH} = V_{DD}$, y el nodo de salida está conectado a V_{DD} a través de la resistencia r_{DSP} del transistor de conexión Q_P. Del mismo modo, con $\upsilon_I = V_{DD}$, $\upsilon_O = V_{OL} = 0$, y el nodo de salida está conectado a tierra por medio de la resistencia r_{DSN} del transistor de desconexión Q_N. Entonces, en estado estable, no existe trayectoria de corriente directa entre V_{DD} y tierra, y la corriente estática y la disipación de potencia estática son cero ambas (los efectos de fuga suelen ser tan pequeños que son despreciables).

La curva característica de transferencia de voltaje (VTC) del inversor se muestra en la figura 13.5, de la cual se confirma que los niveles de voltaje de salida son 0 y V_{DD}, y entonces la alternancia de voltaje de salida es la máxima posible. El hecho de que V_{OL} y V_{OH} sean independientes de las dimensiones del dispositivo hace al CMOS muy diferente de otras formas de lógica MOS (por ejemplo, circuitos NMOS que utilicen dispositivos de carga de enriquecimiento o vaciamiento, que están basados en los circuitos amplificadores estudiados en las secciones 5.7.4). Para los circuitos NMOS, V_{OL} depende de la relación entre los parámetros de transconductancia de los dispositivos, esto es, de la relación $\left(k' \dfrac{W}{L} \right)_{driver} \bigg/ \left(k' \dfrac{W}{L} \right)_{load}$. Por lo tanto, estos circuitos se conocen como circuitos lógicos *relacionados* y, de modo correspondiente, se dice que el CMOS pertenece al tipo *sin relación*.

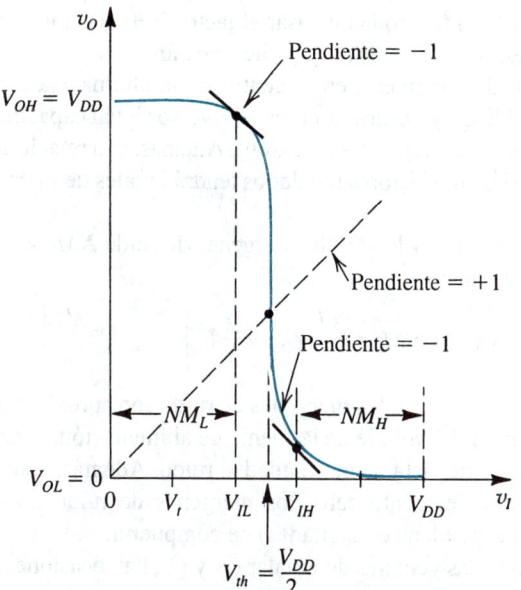

Fig. 13.5 Curva característica de transferencia de voltaje (VTC) del inversor CMOS cuando Q_N y Q_P están igualados.

El inversor CMOS se puede hacer para conmutar en el punto medio de la alternancia lógica, 0 a V_{DD}, es decir, a $V_{DD}/2$, al *determinar en forma correcta el tamaño de los transistores*. Específicamente, se puede demostrar que el umbral de conmutación está dado por

$$V_{th} = \frac{V_{DD} - |V_{tp}| + \sqrt{k_n/k_p}\, V_{tn}}{1 + \sqrt{k_n/k_p}} \tag{13.8}$$

donde $k_n = k_n'(W/L)_n$ y $k_p = k_p'(W/L)_p$, de donde se ve que para el caso típico donde $V_{tn} = |V_{tp}|$, $V_{th} = V_{DD}/2$ para $k_n = k_p$, esto es

$$k_n'(W/L)_n = k_p'(W/L)_p \tag{13.9}$$

De esta forma se obtiene una curva característica de transferencia simétrica cuando los dispositivos están diseñados para tener iguales parámetros de transconductancia, una condición que recibe el nombre de *igualación*. Como μ_n es de dos a tres veces mayor que μ_p, la igualación se logra al hacer $(W/L)_p$ dos a tres veces (es decir, μ_n/μ_p veces) el valor de $(W/L)_n$,

$$\left(\frac{W}{L}\right)_p = \frac{\mu_n}{\mu_p}\left(\frac{W}{L}\right)_n \tag{13.10}$$

Normalmente, los dos dispositivos tienen la misma longitud de canal, L, que se fija al mínimo permisible para la tecnología de proceso dada. El ancho mínimo del transistor NMOS suele ser de uno y medio a dos veces L, y el ancho del transistor PMOS de dos a tres veces esos valores. Por ejemplo, para un proceso de 1.2 μm para el que $\mu_n/\mu_p = 3$, $L = 1.2$ μm, $(W/L)_n = 1.8/1.2$ y $(W/L)_p = 5.4/1.2$. Como pronto veremos, si se requiere que el inversor excite una carga capacitiva relativamente grande, los transistores se hacen más anchos pero, para conservar área del chip, la mayor parte de los inversores tendrían este "tamaño mínimo". Para próximos usos, denotaremos por n la relación (W/L) del transistor NMOS de este inversor de mínimo tamaño y por p la relación (W/L) del transistor PMOS. Como el área de inversor se puede representar por $W_n L_n + W_p L_p = (W_n + W_p)L$, el área del inversor de mínimo tamaño es $(n+p)L^2$, y podemos usar el factor $(n+p)$ como representación por área. Para el ejemplo citado antes, $n = 1.5$, $p = 4.5$, y el factor de área $n + p = 6$.

Además de poner el umbral de compuerta en el centro de la alternancia lógica, igualar los parámetros de transconductancia de Q_N y Q_P proporciona al inversor igual capacidad de excitación de corriente en ambas direcciones (conexión y desconexión). Además, con relación obvia, hace que $r_{DSN} = r_{DSP}$. Entonces, un inversor con transistores igualados tendrá iguales tiempos de propagación, t_{PLH} y t_{PHL}.

Cuando el umbral de inversor está en $V_{DD}/2$, los márgenes de ruido NM_H y NM_L se igualan y sus valores son máximos, de modo que:

$$NM_H = NM_L = \frac{3}{8}\left(V_{DD} + \frac{2}{3}\,V_t \right) \tag{13.11}$$

En vista de que en general $V_t = 0.1$ a $0.2\,V_{DD}$, los márgenes de ruido son aproximadamente $0.4\,V_{DD}$. Este valor, siendo cercano a la mitad del voltaje de la fuente de alimentación, hace que el inversor CMOS sea casi ideal desde el punto de vista de inmunidad al ruido. Además, como la corriente de entrada de cd del inversor es prácticamente cero, los márgenes de ruido no dependen de la divergencia (número de cargas que pueden ser excitadas) de compuerta.

Aun cuando hemos insistido en las ventajas de igualar Q_N y Q_P, hay ocasiones en las que no se adopta esta escala. Podríamos, por ejemplo, renunciar a las ventajas de una igualación a cambio de reducir el área de chip, y simplemente hacer $(W/L)_p = (W/L)_n$. También hay casos en los que se utiliza un deliberado desequilibrio para poner V_{th} a un valor especificado deferente de $V_{DD}/2$. Nótese que al hacer $k_n > k_p$, V_{th} se acerca a cero, mientras que $k_p > k_n$ mueve V_{th} más cerca de V_{DD}.

Como comentario final sobre la curva característica de transferencia de voltaje (VTC), observamos que la pendiente en la región de transición, aunque grande, es finita y está dada por $-(g_{mN} + g_{mP})(r_{oN}//r_{oP})$.

Operación dinámica

El tiempo de propagación del inversor suele estar determinado bajo la condición de que está excitando un inversor idéntico. Esta situación se describe en la figura 13.6. Deseamos analizar este circuito para determinar el tiempo de propagación del inversor que comprende Q_1 y Q_2, que es excitado por una fuente v_I de baja impedancia, y está cargado por el inversor que comprende Q_3 y Q_4. Indicadas en la figura se encuentran varias capacitancias internas de transistor que están conectadas al nodo de salida del inversor (Q_1, Q_2). Obviamente, un análisis exacto de papel y lápiz de este circuito sería demasiado complicado para obtener algún conocimiento útil de diseño, y una simplificación del circuito es oportuna. Específicamente, deseamos sustituir todas las capacitancias conectadas al nodo de salida del inversor con una sola capacitancia C conectada entre el nodo de salida y tierra. Si podemos hacer esto, podemos utilizar los resultados del análisis de transitorios realizado en la sección 5.8. Con ese fin, observamos que durante t_{PLH} o t_{PHL}, la salida del primer inversor cambia de 0 a $V_{DD}/2$ o de $V_{DD}/2$ a 0, respectivamente. Se deduce que el segundo inversor permanece en el mismo estado durante cada uno de los intervalos de nuestro análisis. Esta observación tendrá un importante significado en nuestra estimación de la capacitancia equivalente de entrada del segundo inversor. Consideremos ahora la aportación de cada una de las capacitancias de la figura 13.6 al valor de la capacitancia C equivalente de carga:

1. La capacitancia de traslape entre compuerta y dren de Q_1, C_{gd1}, puede ser sustituida por una capacitancia equivalente entre el nodo de salida y tierra de $2C_{gd1}$. El factor 2 resulta por el efecto Miller (sección 7.4). Específicamente, nótese que a medida que v_I aumenta

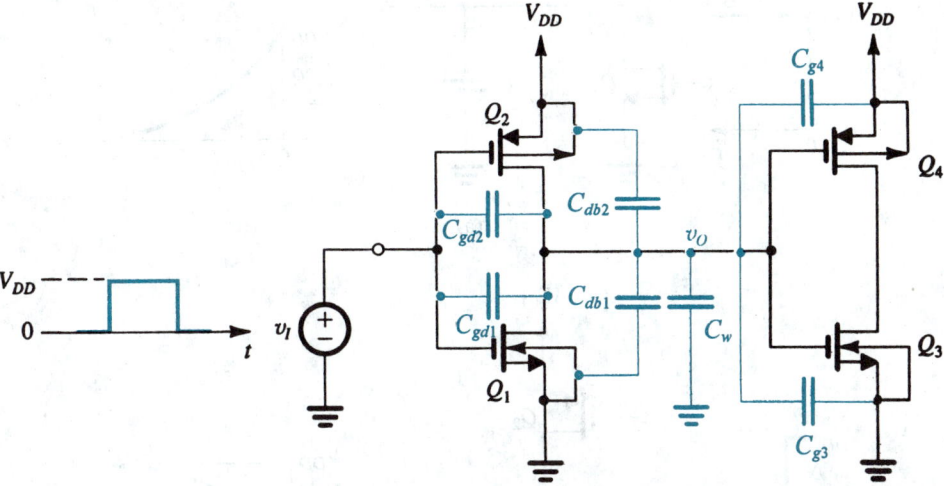

Fig. 13.6 Circuito para analizar el tiempo de propagación del inversor. Aquí, el inversor en estudio está formado por Q_1 y Q_2. Está excitando un inversor idéntico formado por Q_3 y Q_4.

y v_O se reduce en la misma cantidad, el cambio en voltaje en los terminales de C_{gd1} es el doble de esa cantidad. Entonces, el nodo de salida ve en efecto dos veces el valor de C_{gd1}. Lo mismo se aplica para la capacitancia de traslape entre compuerta y dren de Q_2, C_{gd2}, que se puede sustituir por una capacitancia $2C_{gd2}$ entre el nodo de salida y tierra.

2. Cada una de las capacitancias entre dren y cuerpo, C_{db1} y C_{db2} tiene un terminal a un voltaje constante. Entonces, para el propósito de nuestro análisis aquí, C_{db1} y C_{db2} pueden ser sustituidas por iguales capacitancias entre el nodo de salida y tierra. Nótese, sin embargo, que las fórmulas dadas en la sección 5.10 para calcular C_{db1} y C_{db2} son relaciones a pequeña señal, mientras que el análisis aquí es obviamente a gran señal. Se ha creado una técnica para hallar valores equivalentes a gran señal para C_{db1} y C_{db2} [véase la obra de Hodges y Jackson (1988), y Rabaey (1996)].

3. Como el segundo inversor no conmuta estados, supondremos que las capacitancias de entrada de Q_3 y Q_4 permanecen aproximadamente constantes e iguales a la capacitancia total de compuerta WLC_{ox}. Es decir, la capacitancia de entrada del inversor de carga será

$$C_{g3} + C_{g4} = (WL)_3 C_{ox} + (WL)_4 C_{ox}$$

4. El último componente de C es la capacitancia C_w de cableado, que simplemente se suma al valor de C.

Entonces, el valor total de C está dado por

$$C = 2C_{gd1} + 2C_{gd2} + C_{db1} + C_{db2} + C_{g3} + C_{g4} + C_w \qquad (13.12)$$

Una vez determinado un valor aproximado para la capacitancia equivalente entre el nodo de salida del inversor y tierra, se pueden utilizar los circuitos de las figuras 13.7(a) y 13.7(b) para determinar t_{PHL} y t_{PLH}, respectivamente. Como los dos circuitos son semejantes, sólo necesitamos considerar uno y aplicar el resultado directamente al otro. Considere el circuito de la figura 13.7(a), que aplica cuando v_I aumenta y Q_N descarga C desde su voltaje inicial de V_{DD} al valor final de 0. El análisis se

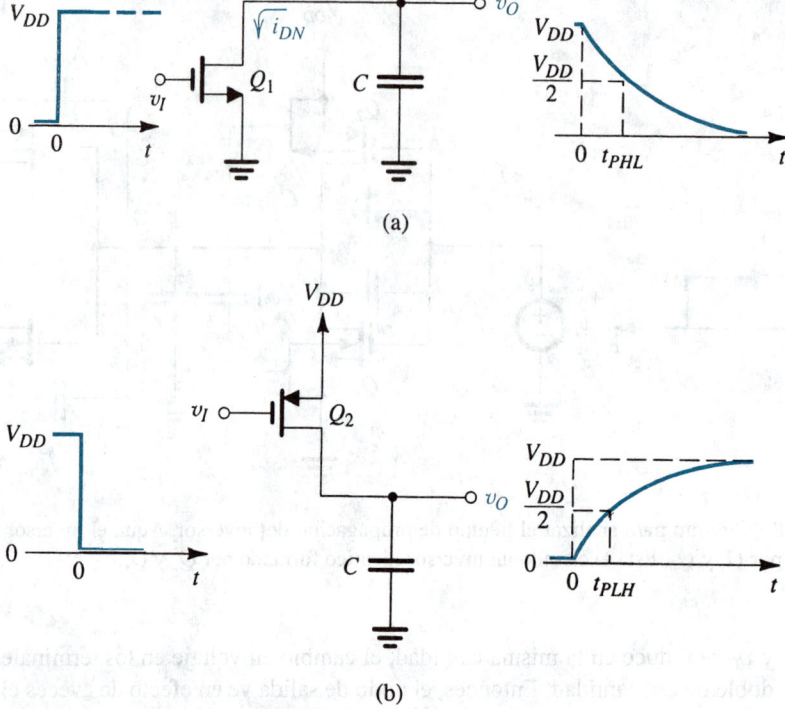

Fig. 13.7 Circuitos equivalentes para determinar tiempos de propagación. **(a)** t_{PHL} y **(b)** t_{PLH} del inversor.

complica un poco por el hecho de que inicialmente Q_N estará en el modo de saturación y entonces, cuando v_O se reduzca por debajo de $V_{DD} - V_t$, entrará en la región de operación del triodo. De hecho hemos realizado este análisis en la sección 5.8 y obtenido la siguiente expresión aproximada para t_{PHL}:

$$t_{PHL} = \frac{1.6C}{k'_n \left(\dfrac{W}{L}\right)_n V_{DD}} \tag{13.13}$$

donde hemos supuesto que $V_t \cong 0.2 \, V_{DD}$, que es típicamente el caso.

Hay un método alternativo, aproximado pero sencillo, para analizar el circuito de la figura 13.7(a). Está basado en el cálculo de un valor promedio para la corriente de descarga i_{DN} durante el intervalo $t = 0$ a $t = t_{PHL}$. Específicamente, a $t = 0$, Q_N estará saturado e $i_{DN}(0)$ está dada por

$$i_{DN}(0) = \frac{1}{2} k'_n \left(\frac{W}{L}\right)_n (V_{DD} - V_t)^2 \tag{13.14}$$

En $t = t_{PHL}$, Q_N estará en la región del triodo e $i_{DN}(t_{PHL})$ será

$$i_{DN}(t_{PHL}) = k'_n \left(\frac{W}{L}\right)_n \left[(V_{DD} - V_t)\frac{V_{DD}}{2} - \frac{1}{2}\left(\frac{V_{DD}}{2}\right)^2 \right] \tag{13.15}$$

El promedio de corriente de descarga se puede entonces hallar como

$$i_{DN}|_{av} = \frac{1}{2}\,[i_{DN}(0) + i_{DN}(t_{PHL})] \qquad (13.16)$$

y el intervalo de descarga t_{PHL} calcularse de

$$t_{PHL} = \frac{C\,\Delta V}{i_{DN}|_{av}} = \frac{CV_{DD}/2}{i_{DN}|_{av}} \qquad (13.17)$$

Utilizando las ecuaciones (13.14) a (13.17) y sustituyendo $V_t \cong 0.2\,V_{DD}$ resulta

$$t_{PHL} \cong \frac{1.7\,C}{k'_n \left(\dfrac{W}{L}\right)_n V_{DD}} \qquad (13.18)$$

que da un valor muy cercano al obtenido por la más precisa fórmula de la ecuación (13.13). No es muy importante cuál fórmula se utilice, porque ya hemos hecho muchas aproximaciones. En realidad, nuestro interés en estas fórmulas no está en obtener un valor preciso de t_{PHL} sino en qué nos dicen acerca del efecto de los diversos elementos al determinar el tiempo de propagación del inversor. Es este conocimiento el que el diseñador de circuitos espera captar del análisis manual. Se pueden determinar valores precisos para el tiempo de propagación con una simulación de computadora (sección 13.13).

Una expresión para hallar el tiempo de propagación del inversor de bajo a alto, t_{PLH}, se puede escribir por analogía a la expresión t_{PHL} de la ecuación (13.17),

$$t_{PLH} \cong \frac{1.7\,C}{k'_p \left(\dfrac{W}{L}\right)_p V_{DD}} \qquad (13.19)$$

Finalmente, el tiempo de propagación t_P se puede hallar como el promedio de t_{PHL} y t_{PLH},

$$t_P = \frac{1}{2}\,(t_{PHL} + t_{PLH})$$

Un examen de las fórmulas de las ecuaciones (13.18) y (13.19) hace posible que hagamos varias observaciones útiles:

1. Como se esperaba, los dos componentes de t_P se pueden igualar si se seleccionan las relaciones (W/L) de modo que se igualen k_n y k_p, es decir, igualando Q_N y Q_P.

2. Como t_P es proporcional a C, el diseñador debe esforzarse en reducir C. Esto se logra si se usa la mínima longitud posible de canal y se reduce al mínimo el alambrado y otras capacitancias parásitas. Un cuidadoso diseño del chip puede resultar en una importante reducción de estas capacitancias y en el valor de C_{db}.

3. Si se emplea tecnología de proceso con un mayor parámetro k' de transconductancia puede resultar un tiempo de propagación más corto. Recordemos, sin embargo, que para estos procesos se aumenta C_{ox}, y entonces el valor de C aumenta al mismo tiempo.

4. Si se emplean mayores relaciones de (W/L) puede resultar en una reducción de t_P, pero debe tenerse cuidado aquí, ya que al aumentar el tamaño de los dispositivos se aumenta el

valor de C, y entonces la esperada reducción en t_P no se puede materializar. Reducir t_P al aumentar (W/L), sin embargo, es una estrategia eficaz en situaciones donde C es dominada por componentes no relacionados directamente con el tamaño del dispositivo excitador.

5. Un mayor voltaje de alimentación V_{DD} resulta en un menor t_P, pero V_{DD} está determinado por la tecnología de proceso y entonces es frecuente que no esté bajo el control del diseñador. Además, las modernas tecnologías de proceso en las que los tamaños de dispositivo son reducidas requieren un menor V_{DD}. Al escribir este libro (1997), ha surgido un nuevo valor estándar para V_{DD}, de 3.3 V (o 3.0 V) que sustituye al estándar de 5 V de muchos años. Un factor motivador para reducir V_{DD} es la necesidad de mantener en niveles aceptables la disipación dinámica de potencia, en especial en chips de muy alta densidad. En breve tendremos más que decir acerca de esto.

Estas observaciones ilustran claramente los requisitos en conflicto y las soluciones que existen en el diseño de un circuito integrado digital CMOS (y de hecho en cualquier problema de diseño de ingeniería).

Disipación de potencia dinámica

La disipación de potencia estática de un CMOS, tan pequeña que es despreciable, ha sido un factor importante que motiva sustituir al NMOS como la mejor tecnología en la construcción de circuitos de VLSI de alta densidad. A pesar de esto, a medida que el número de compuertas por chip aumenta constantemente, la disipación de potencia dinámica se ha convertido en un problema serio. La potencia dinámica disipada en el inversor CMOS está dada por la ecuación (13.4), que aquí repetimos como

$$P_D = f C V_{DD}^2 \qquad (13.20)$$

donde f es la frecuencia a la cual la compuerta se conmuta. Se deduce que reducir C al mínimo es un medio eficaz para reducir la disipación de potencia dinámica. Una estrategia aun más eficaz es el uso de un menor voltaje de fuente de alimentación. Como mencionamos, nuevas tecnologías de proceso CMOS utilizan V_{DD} de 3.3 V. De hecho, algunos diseños recientemente reportados utilizan V_{DD} de 2 a 2.5 V internos al chip mientras que mantienen el voltaje externo en 3.3 V de valor estándar. Estos nuevos chips, con todo, empaquetan mucho más circuitos en el chip (hasta 10 millones de transistores) y operan a frecuencias más altas (se han reportado recientemente frecuencias de reloj de hasta 500 MHz en el microprocesador). La disipación de potencia dinámica de estos chips de alta densidad puede estar en las decenas de watts.

EJEMPLO 13.1

Considere un inversor CMOS fabricado en un proceso para el cual $C_{ox} = 0.9$ fF/μm^2, $\mu_n C_{ox} = 50$ μA/V^2, $\mu_p C_{ox} = 20$ μA/V^2, $V_{tn} = -V_{tp} = 1$ V y $V_{DD} = 5$ V. La relación W/L de Q_N es 4 μm/2 μm, y la de Q_P es 10 μm/2 μm. La capacitancia de traslape entre compuerta y dren está especificada que es de 0.5 fF/μm de ancho de compuerta. Además, el valor eficaz de capacitancias entre dren y cuerpo son $C_{dbn} = 10$ fF y $C_{dbp} = 15$ fF. La capacitancia de alambrado $C_w = 5$ fF. Encuentre t_{PHL}, t_{PLH} y t_P.

SOLUCIÓN

Primero, determinamos el valor de la capacitancia C equivalente, usando la ecuación (13.12),

$$C = 2C_{gd1} + 2C_{gd2} + C_{db1} + C_{db2} + C_{g3} + C_{g4} + C_w$$

donde

$$C_{gd1} = 0.5 \times W_n = 0.5 \times 4 = 2 \text{ fF}$$

$$C_{gd2} = 0.5 \times W_p = 0.5 \times 10 = 5 \text{ fF}$$

$$C_{db1} = 10 \text{ fF}$$

$$C_{db2} = 15 \text{ fF}$$

$$C_{g3} = W_n L C_{ox} = 4 \times 2 \times 0.9 = 7.2 \text{ fF}$$

$$C_{g4} = W_p L C_{ox} = 10 \times 2 \times 0.9 = 18 \text{ fF}$$

$$C_w = 5 \text{ fF}$$

Entonces,

$$C = 2 \times 2 + 2 \times 5 + 10 + 15 + 7.2 + 18 + 5 = 69.2 \text{ fF}$$

A continuación, aun cuando podemos utilizar la fórmula de la ecuación (13.18) para determinar t_{PHL}, tomaremos una ruta alternativa. Específicamente, consideraremos la descarga de C por Q_N y determinaremos el promedio de corriente de descarga usando las ecuaciones (13.14) a la (13.16).

$$i_{DN}(0) = \frac{1}{2} k_n' \left(\frac{W}{L}\right)_n (V_{DD} - V_t)^2$$

$$= \frac{1}{2} \times 50 \left(\frac{4}{2}\right)(5-1)^2 = 800 \ \mu A$$

$$i_{DN}(t_{PHL}) = k_n' \left(\frac{W}{L}\right)_n \left[(V_{DD} - V_t)\frac{V_{DD}}{2} - \frac{1}{2}\left(\frac{V_{DD}}{2}\right)^2\right]$$

$$= 50 \times \frac{4}{2}\left[(5-1)\frac{5}{2} - \frac{1}{2}\left(\frac{5}{2}\right)^2\right]$$

$$= 687.5 \ \mu A$$

Entonces

$$i_{DN}\big|_{av} = \frac{800 + 687.5}{2} = 744 \ \mu A$$

y

$$t_{PHL} = \frac{C(V_{DD}/2)}{i_{DN}\big|_{av}} = \frac{69.2 \times 10^{-15} \times 2.5}{744 \times 10^{-6}} = 233 \text{ ps}$$

Como $\dfrac{W_p}{W_n} = 2.5 = \dfrac{\mu_n}{\mu_p}$, el inversor está igualado (o "acoplado") y tendremos iguales tiempos de propagación en ambas direcciones, o sea

$$t_{PLH} = 233 \text{ ps}$$

$$t_p = \frac{1}{2}\,(t_{PHL} + t_{PLH}) = 233 \text{ ps}$$

Finalmente, observamos que se hubiera obtenido un valor idéntico de haber usado la fórmula de la ecuación (13.18) y un valor ligeramente menor (221 ps) hubiera resultado si se usara la fórmula de la ecuación (13.13).

Ejercicios

13.1 Considere el inversor especificado en el ejemplo 13.1 cuando está cargado con una capacitancia adicional de 0.1 pF. ¿Cuál es el tiempo de propagación?

Resp. 570 ps

13.2 En un intento por reducir el área del inversor del ejemplo 13.1, $(W/L)_p$ se hace igual a $(W/L)_n$. ¿Cuál es el porcentaje de reducción en área que se alcanza? Encuentre los nuevos valores de C, t_{PHL}, t_{PLH} y t_P. Suponga que C_{dbp} se reduce a 10 fF.

Resp. 43%; 47.4 fF; 159 ps; 398 ps; 279 ps

13.3 Para el inversor del ejemplo 13.1, encuentre la disipación de potencia dinámica cuando se sincroniza a una frecuencia de 100 MHz.

Resp. 173 μW

13.3   CIRCUITOS CMOS DE COMPUERTAS LÓGICAS

En esta sección, nos basamos en nuestro conocimiento de diseño de inversores y consideramos el diseño de circuitos CMOS que realizan funciones lógicas combinacionales (o mixtas). En circuitos combinacionales, la salida en cualquier momento es sólo una función de los valores de las señales de entrada en ese instante; estos circuitos no tienen memoria y no utilizan retroalimentación, pero se utilizan en grandes cantidades en una multitud de aplicaciones; de hecho, todo sistema digital contiene grandes cantidades de circuitos lógicos combinacionales.

Estructura básica

Un circuito lógico CMOS es en efecto una extensión, o generalización, del inversor CMOS. El inversor consta de un transistor NMOS de desconexión, y un transistor PMOS de conexión, operados por el voltaje de entrada en forma complementaria. La compuerta lógica CMOS está formada por dos redes: la red de desconexión (PDN) construida de transistores NMOS y la red de conexión (PUN) construida de transistores PMOS (véase la figura 13.8). Las dos redes están ope-

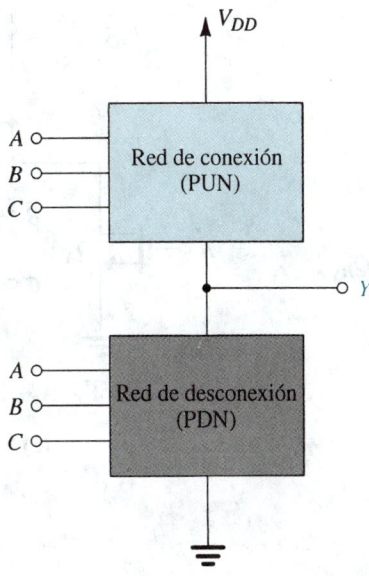

Fig. 13.8 Representación de una compuerta lógica CMOS de tres entradas. La PUN comprende transistores PMOS, y la PDN, transistores NMOS.

radas por las variables de entrada, en forma complementaria. Entonces, para la compuerta de tres entradas que se representa en la figura 13.8, la PDN conducirá para todas las combinaciones de entrada que requieran una baja salida ($Y = 0$) y entonces desconecta el nodo de salida a tierra, causando que aparezca un voltaje cero en la entrada, $v_Y = 0$. Simultáneamente, la PUN no conduce, y no existe trayectoria directa entre V_{DD} y tierra. Por otra parte, todas las combinaciones de entrada que exigen una salida alta ($Y = 1$) hacen que la PUN conduzca, y la PUN entonces conecta el nodo de salida a V_{DD}, estableciendo un voltaje de salida $v_Y = V_{DD}$. Simultáneamente, la PDN estará cortada y, de nueva cuenta, no existirá trayectoria de cd entre V_{DD} y tierra en el circuito.

Ahora, como la PDN comprende transistores NMOS y como el transistor NMOS conduce cuando la señal en su compuerta es alta, la PDN se activa (es decir, conduce) cuando las entradas son altas. De forma dual, la PUN comprende transistores PMOS y el transistor PMOS conduce cuando la señal de entrada en su compuerta es baja, entonces la PUN se activa cuando las entradas son bajas.

Cada una de las PDN y PUN utiliza dispositivos en paralelo para formar una función OR, y dispositivos en serie para formar una función AND. En la figura 13.9 se muestran ejemplos de unas PDN. Para el circuito de la figura 13.9(a), observamos que Q_A conducirá cuando A sea alta ($v_A = V_{DD}$) y entonces desconecta la salida a tierra ($v_Y = 0$ V, $Y = 0$). Análogamente, Q_B conduce y desconecta Y cuando B es alta. Entonces Y será baja cuando A sea alta o B sea alta, que se puede expresar como

$$\overline{Y} = A + B$$

o bien, lo que es equivalente,

$$Y = \overline{A + B}$$

La PDN de la figura 13.9(b) conducirá sólo cuando A y B sean ambas altas simultáneamente. Entonces Y será baja cuando A sea alta y B sea alta,

$$\overline{Y} = AB$$

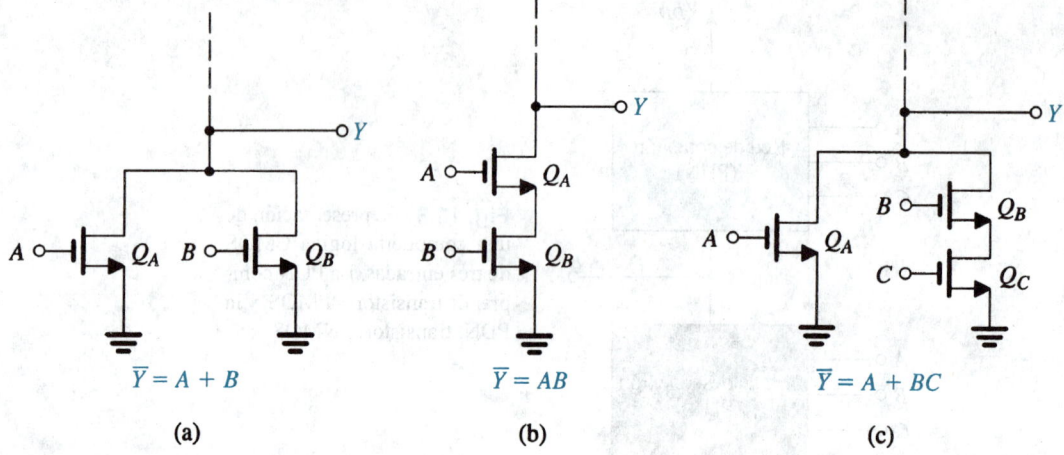

$$\overline{Y} = A + B$$ (a) $$\overline{Y} = AB$$ (b) $$\overline{Y} = A + BC$$ (c)

Fig. 13.9   Ejemplos de redes de desconexión.

o bien, lo que es equivalente,

$$Y = \overline{AB}$$

Como ejemplo final, la PDN de la figura 13.9(c) conducirá y ocasionará que Y sea 0 cuando A sea alta *o* cuando B y C sean altas ambas, entonces

$$\overline{Y} = A + BC$$

o bien, lo que es equivalente,

$$Y = \overline{A + BC}$$

A continuación considere los ejemplos de PUN que se muestran en la figura 13.10. La PUN de la figura 13.10(a) conducirá y conectará Y a V_{DD} ($Y = 1$) cuando A sea baja *o* B sea baja, y

$$Y = \overline{A} + \overline{B}$$

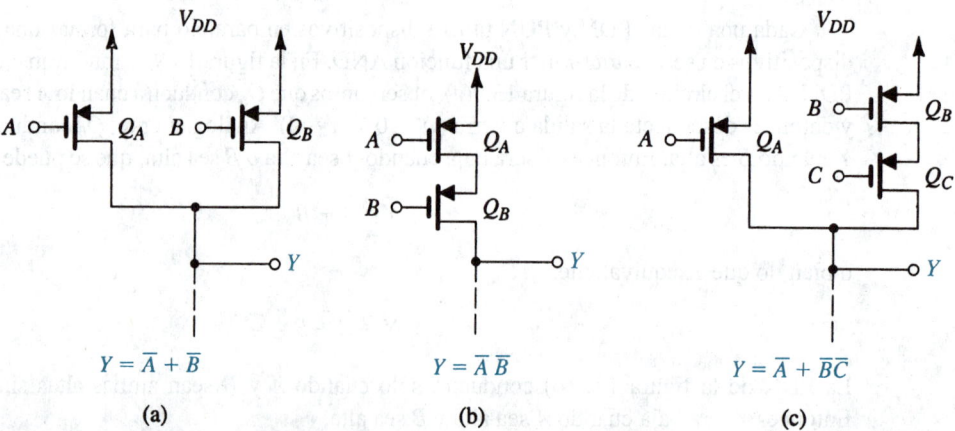

$$Y = \overline{A} + \overline{B}$$ (a) $$Y = \overline{A}\,\overline{B}$$ (b) $$Y = \overline{A} + \overline{B}\overline{C}$$ (c)

Fig. 13.10   Ejemplos de redes de conexión.

La PUN de la figura 13.10(b) conducirá y producirá una salida alta ($v_Y = V_{DD}$, $Y = 1$) sólo cuando A y B sean bajas ambas, y

$$Y = \overline{A}\,\overline{B}$$

Finalmente, la PUN de la figura 13.10(c) conducirá y hará que Y sea alta (lógica 1) si A es baja o si B y C son bajas ambas, y

$$Y = \overline{A} + \overline{B}\,\overline{C}$$

Habiendo desarrollado un conocimiento y una evaluación de la estructura y operación de las PDN y PUN, ahora consideramos compuertas complejas de CMOS pero antes deseamos introducir símbolos alternativos de circuitos para transistores MOS, que los diseñadores de circuitos digitales utilizan casi universalmente. En la figura 13.11 se ilustran nuestros símbolos acostumbrados y los correspondientes símbolos nuevos. Observe que el símbolo para el transistor PMOS con un círculo en el terminal de la compuerta está destinado a indicar que la señal en la compuerta tiene que ser baja para que el dispositivo sea activado (es decir, para que conduzca). Así, en terminología de circuitos lógicos, el terminal de la compuerta del transistor PMOS es una entrada *activa baja*. Además de indicar esta propiedad de dispositivos PMOS, los nuevos símbolos omiten cualquier indicación de cuál de los terminales del dispositivo es la fuente y cuál es el dren. Esto no debe causar dificultad en esta etapa de nuestro estudio; simplemente recuerde que para un transistor NMOS el dren es el terminal que está al voltaje más alto (circula corriente del dren a la fuente) y para un transistor PMOS la fuente es el terminal que está al voltaje más alto (circula corriente de la fuente al dren). Para ser consistente con la literatura, de aquí en adelante utilizaremos estos símbolos modificados para transistores MOS en aplicaciones de circuitos lógicos, excepto en lugares donde nuestros símbolos acostumbrados ayudan a entender la operación del circuito.

La compuerta NOR de dos entradas

Primero consideramos la compuerta CMOS que ejecuta la función NOR de dos entradas

$$Y = \overline{A + B} = \overline{A}\,\overline{B} \tag{13.21}$$

Vemos que Y debe ser baja (PDN conduciendo) cuando A es alta o B es alta. Entonces, la PDN consta de dos dispositivos NMOS con A y B como entradas [es decir, el circuito de la figura 13.9(a)]. Para la PUN (red de conexión), observamos de la segunda expresión de la ecuación (13.21) que Y

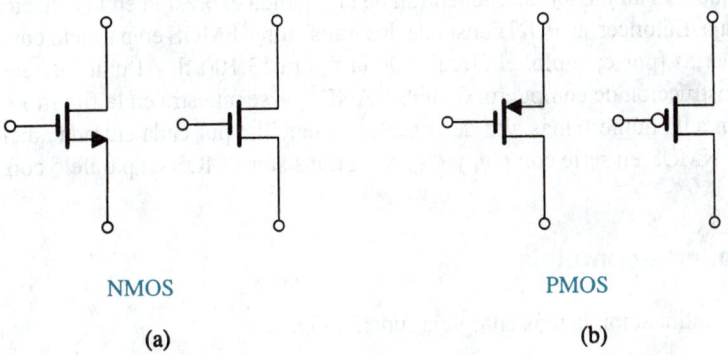

NMOS

(a)

PMOS

(b)

Fig. 13.11 Símbolos de circuito usuales y alternativos para los MOSFET.

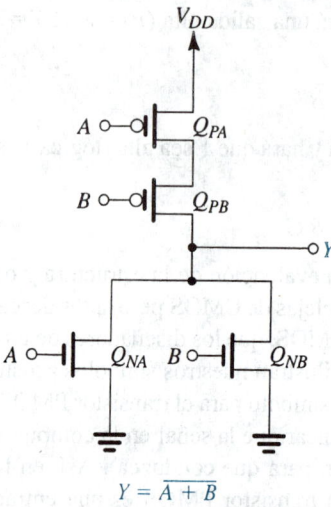

$$Y = \overline{A + B}$$

Fig. 13.12 Compuerta CMOS NOR de dos entradas.

debe ser alta cuando A y B sean bajas ambas. Entonces, la PUN consta de dos dispositivos PMOS en serie con A y B como entradas [esto es, el circuito de la figura 13.10(b)]. Al juntar la PDN y la PUN resulta la compuerta CMOS NOR que se ilustra en la figura 13.12. Nótese que la ampliación a un número más elevado de entradas es sencilla: por cada entrada adicional, se agrega un transistor NMOS en paralelo con Q_{NA} y Q_{NB}, y se agrega un transistor PMOS en serie con Q_{PA} y Q_{PB}.

La compuerta NAND de dos entradas

La función NAND de dos entradas se describe por medio de la expresión de Bool

$$Y = \overline{AB} = \overline{A} + \overline{B} \tag{13.22}$$

Para sintetizar la PDN (red de desconexión), consideremos las combinaciones de entrada que requieren que Y sea baja: sólo hay una de estas combinaciones, y es donde A y B son altas ambas. Así, la PDN simplemente comprende dos transistores NMOS en serie [como el circuito de la figura 13.9(b)]. Para sintetizar la PUN (red de conexión), consideramos las combinaciones de entrada que resultan en que Y es alta. Éstas se encuentran de la segunda expresión en la ecuación (13.22) como A baja o B baja. Entonces, la PUN consta de dos transistores PMOS en paralelo con A y B aplicadas a sus compuertas [por ejemplo, el circuito de la figura 13.10(a)]. Al unir las redes PDN y PUN resulta la construcción de compuerta CMOS NAND que se muestra en la figura 13.13. Nótese que la ampliación a un número más alto de entradas es sencilla: por cada entrada adicional, se agrega un transistor NMOS en serie con Q_{NA} y Q_{NB}, y un transistor PMOS en paralelo con Q_{PA} y Q_{PB}.

Una compuerta compleja

Considere a continuación la más compleja función lógica

$$Y = \overline{A(B + CD)} \tag{13.23}$$

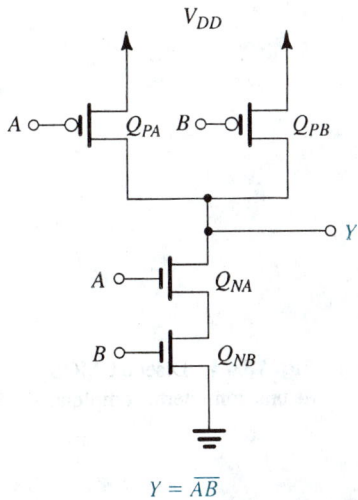

Fig. 13.13 Compuerta CMOS NAND de dos entradas.

$$Y = \overline{AB}$$

Como $\overline{Y} = A(B + CD)$, vemos que Y debe ser baja para A alta y simultáneamente B alta o C y D altas ambas, de donde se obtiene directamente la PDN. Para obtener la PUN necesitamos expresar Y en términos de las variables complementadas. Esto se hace por medio de la repetida aplicación de la ley de DeMorgan, como sigue:

$$Y = \overline{A(B + CD)}$$
$$= \overline{A} + \overline{B + CD}$$
$$= \overline{A} + \overline{B}\,\overline{CD}$$
$$= \overline{A} + \overline{B}(\overline{C} + \overline{D}) \tag{13.24}$$

Entonces, Y es alta para A baja o B baja y ya sea C o D bajas. El correspondiente circuito CMOS completo será como se muestra en la figura 13.14.

Obtención de la PUN a partir de la PDN y viceversa

De los circuitos de compuerta CMOS considerados hasta aquí (por ejemplo, el de la figura 13.14), observamos que las redes PDN y PUN son duales: donde existe una rama en serie en una de ellas, existe una rama en paralelo en la otra. Entonces, podemos obtener una de la otra, proceso que puede ser más sencillo que tener que sintetizar cada una separadamente de la expresión de Bool de la función. Por ejemplo, en el circuito de la figura 13.14, encontramos relativamente fácil obtener la PDN sólo porque ya teníamos $\overline{Y}$ en términos de las entradas no complementadas. Por otra parte, para obtener la PUN, teníamos que manipular la expresión de Bool dada para expresar Y como una función de las variables complementadas, la forma conveniente para sintetizar las PUN. De manera alternativa, podríamos haber utilizado esta propiedad de dualidad para obtener la PUN a partir de la PDN. El lector debe consultar la figura 13.14 para convencerse de que esto es posible.

Debemos mencionar, sin embargo, que hay ocasiones en que no es fácil obtener una de las dos redes a partir de la otra por medio de la propiedad de dualidad. Para tales casos, se tiene que recurrir

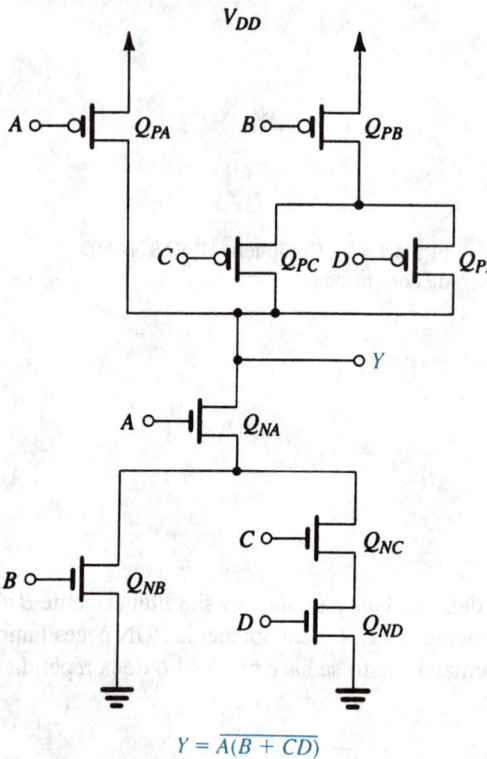

Fig. 13.14 Diseño CMOS de una compuerta compleja.

$$Y = \overline{A(B + CD)}$$

a un proceso más riguroso que está fuera del alcance de este libro [véase la obra de Kang y Leblebici (1996)].

La función OR exclusiva

Una importante función que aparece con frecuencia en el diseño lógico es la función OR exclusiva,

$$Y = A\overline{B} + \overline{A}B \tag{13.25}$$

Observamos que como se da Y (en lugar de $\overline{Y}$), es más fácil sintetizar la PUN (red de conexión), pero observamos que, desafortunadamente, Y no es sólo una función de las variables complementadas (como nos gustaría que fuera) y necesitaremos inversores adicionales. La PUN obtenida de manera directa de la ecuación (13.25) se ilustra en la figura 13.15(a). Nótese que la rama Q_1, Q_2 forma el primer término $A\overline{B}$, mientras que la rama Q_3, Q_4 forma el segundo término $\overline{A}B$. Nótese también la necesidad de dos inversores adicionales para generar $\overline{A}$ y $\overline{B}$.

En cuanto a sintetizar la PDN se refiere, podemos obtenerla como la red dual de la PUN de la figura 13.15(a). Alternativamente, podemos desarrollar expresión para $\overline{Y}$ y usarla para sintetizar la PDN. Dejando el primer método como ejercicio para el lector, utilizaremos el método de síntesis directa. La ley de DeMorgan se puede aplicar a la expresión de la ecuación (13.25) para obtener $\overline{Y}$ como

$$\overline{Y} = AB + \overline{A}\,\overline{B} \tag{13.26}$$

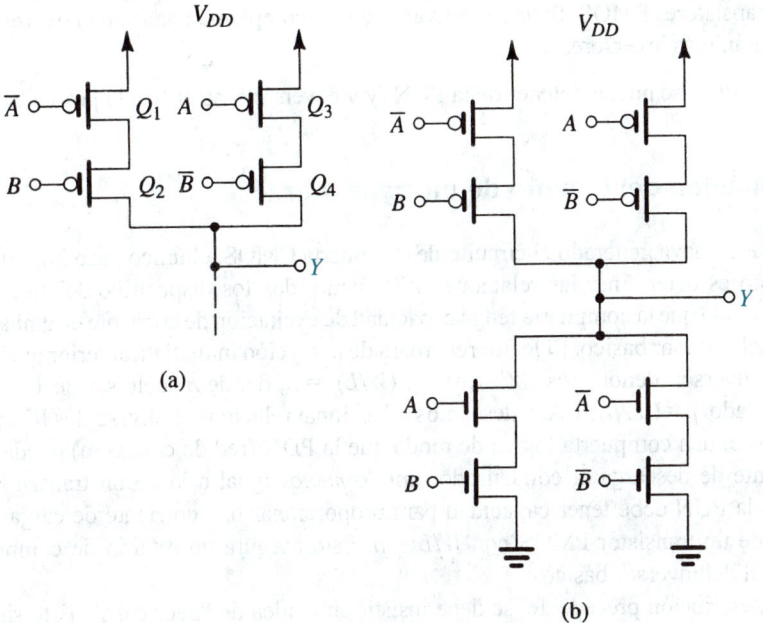

Fig. 13.15 Diseño de la función OR exclusiva (XOR): **(a)** La PUN sintetizada directamente de la expresión de la ecuación (13.25). **(b)** Diseño de la XOR completa utilizando la PUN de (a) y una PDN que está sintetizada directamente de la expresión de la ecuación (13.26). Nótese que se necesitan dos inversores (no se muestran) para generar las variables complementadas. También nótese que en este diseño XOR, la PDN y la PUN no son redes duales, pero es posible un diseño basado en redes duales (véase el problema 13.27).

La PDN correspondiente será como en la figura 13.15(b), que muestra la construcción CMOS de la función OR exclusiva excepto por los dos inversores adicionales. Nótese que la función OR exclusiva requiere 12 transistores para su construcción, lo que es una red más bien compleja. Mostraremos una construcción más sencilla de la OR exclusiva en la sección 13.5 empleando una forma diferente de lógica CMOS.

Otra observación interesante se deduce del circuito de la figura 13.15(b). La PDN (red de desconexión) y la PUN (red de conexión) aquí *no son* redes duales. De hecho, la dualidad de las redes PDN y PUN no es una condición necesaria y aun cuando siempre se puede usar un dual de PDN (o PUN) por PUN (o PDN), las dos redes no son necesariamente duales.

Resumen del método de síntesis

1. La PDN no se puede sintetizar directamente si se expresa $\overline{Y}$ como una función de las variables *no complementadas*. Si aparecen variables complementadas en esta expresión, se requerirán inversores adicionales para generarlas.

2. La PUN se puede sintetizar directamente al expresar Y como función de las variables *complementadas* y luego aplicar las variables no complementadas a las compuertas de los

transistores PMOS. Si aparecen variables no complementadas en la expresión, se necesitarán más inversores.

3. La PDN se puede obtener de la PUN (y viceversa) si se utiliza la propiedad de dualidad.

Determinación del tamaño de un transistor

Una vez que se haya generado el circuito de compuerta CMOS, el único paso importante que resta en el diseño es determinar las relaciones W/L para todos los dispositivos. Esta selección suele hacerse de modo que la compuerta tenga capacidad de excitación de corriente en ambas direcciones, igual a la del inversor básico. El lector recordará de la sección inmediata anterior que para el diseño básico del inversor, denotamos $(W/L)_n = n$ y $(W/L)_p = p$, donde n suele ser de 1.5 a 2 y, para un diseño igualado, $p = (\mu_n/\mu_p)n$. Así, deseamos seleccionar relaciones individuales W/L para todos los transistores en una compuerta lógica de modo que la PDN (red de conexión) pueda proporcionar una corriente de descarga al condensador *por lo menos* igual a la de un transistor NMOS con $W/L = n$, y la PUN debe tener capacidad para proporcionar una corriente de carga *por lo menos* igual a la de un transistor PMOS con $W/L = p$. Esto asegura un retardo de compuerta *de peor caso* igual al del inversor básico.[2]

En la descripción precedente, se debe insistir en la idea de "peor caso". Esto significa que al determinar las dimensiones del dispositivo, debemos hallar las combinaciones de entrada que resultan en la más baja corriente de salida y luego seleccionar dimensiones que hagan que esta corriente sea igual a la del inversor básico. Antes de considerar ejemplos, necesitamos dirigir el tema de determinar la capacidad de excitación de corriente de un circuito formado por varios dispositivos MOS. En otras palabras, necesitamos hallar la *relación W/L equivalente* de una red de transistores MOS. Hacia ese fin, consideramos la conexión paralelo y serie de los MOSFET y hallamos las relaciones W/L equivalentes.

La deducción de la relación W/L equivalente está basada en el hecho de que la resistencia de trabajo de un MOSFET es inversamente proporcional a W/L. Entonces, si varios MOSFET que tengan relaciones de $(W/L)_1, (W/L)_2, \ldots$ se conectan en serie, la resistencia serie equivalente obtenida al sumar las resistencias de trabajo será

$$R_{serie} = r_{DS1} + r_{DS2} + \cdots$$

$$= \frac{constante}{(W/L)_1} + \frac{constante}{(W/L)_2} + \cdots$$

$$= constante \left[\frac{1}{(W/L)_1} + \frac{1}{(W/L)_2} + \cdots \right]$$

$$= \frac{constante}{(W/L)_{eq}}$$

resultando en la siguiente expresión para $(W/L)_{eq}$ para transistores conectados en serie:

---

[2] Este enunciado supone que la capacitancia total efectiva C de la compuerta lógica es la misma que la del inversor. En la práctica, el valor de C será mayor para una compuerta, en especial a medida que aumenta la convergencia.

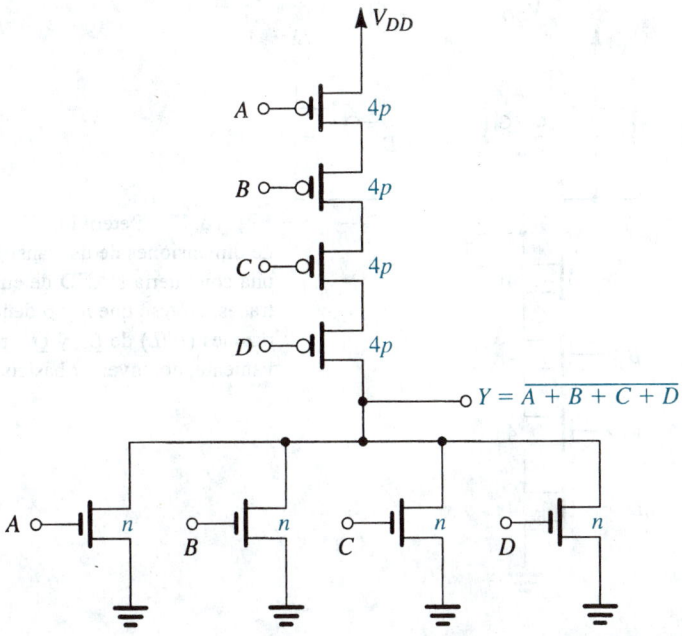

Fig. 13.16 Determinación correcta de dimensiones de un transistor para una compuerta NOR de cuatro entradas. Nótese que n y p denotan las razones (W/L) de Q_N y Q_P, respectivamente, del inversor básico.

$$(W/L)_{eq} = \frac{1}{\dfrac{1}{(W/L)_1} + \dfrac{1}{(W/L)_2} + \cdots} \tag{13.27}$$

Del mismo modo, podemos demostrar que la conexión paralelo de transistores con razones W/L de $(W/L)_1, (W/L)_2, \ldots$ resulta en una W/L equivalente de

$$(W/L)_{eq} = (W/L)_1 + (W/L)_2 + \cdots, \tag{13.28}$$

Como ejemplo, dos transistores MOS idénticos con relaciones W/L de 4 resultan en una W/L equivalente de 2 cuando se conectan en serie y de 8 cuando se conectan en paralelo.

Como ejemplo de una correcta determinación de dimensiones, considere la NOR de cuatro entradas de la figura 13.16. Aquí, el peor caso (la corriente más baja) para la PDN se obtiene sólo cuando uno de los transistores NMOS está conduciendo. Por lo tanto, seleccionamos la relación W/L de cada transistor NMOS que sea igual a la del transistor NMOS del inversor básico, es decir, n. Para la PUN, sin embargo, la situación del peor caso (y de hecho el único caso) es cuando todas las entradas son bajas y los cuatro transistores PMOS en serie están conduciendo. Como la W/L equivalente será un cuarto de la de cada dispositivo PMOS, debemos seleccionar la relación W/L de cada transistor PMOS que sea cuatro veces la de Q_P del inversor básico, es decir, $4p$.

Como otro ejemplo, en la figura 13.17 mostramos la correcta determinación de dimensiones para una compuerta NAND de cuatro entradas. La comparación de las compuertas NAND y NOR de las figuras 13.16 y 13.17 indica que debido a que p es por lo general de dos a tres veces n, la compuerta NOR requerirá un área mucho mayor que la compuerta NAND. Por esta razón, las compuertas NAND se prefieren para construir funciones lógicas de combinación en CMOS.

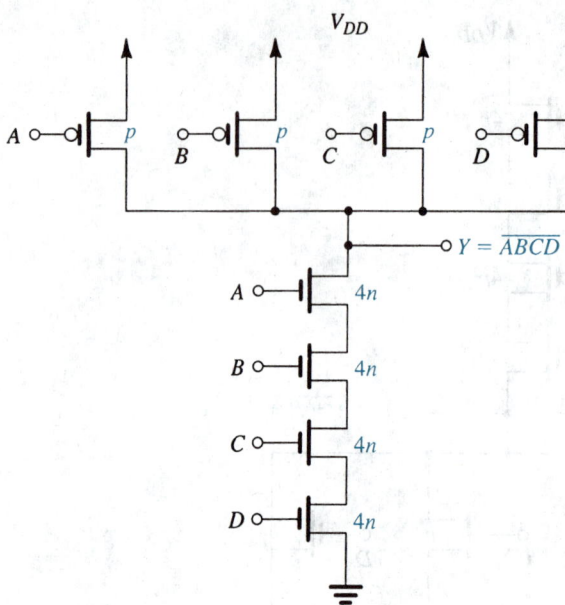

Fig. 13.17 Determinación correcta de dimensiones de un transistor para una compuerta NAND de cuatro entradas. Nótese que n y p denotan las razones (W/L) de Q_N y Q_P, respectivamente, del inversor básico.

EJEMPLO 13.2

Dé las razones W/L de transistor para el circuito lógico que se muestra en la figura 13.18. Suponga que para el inversor básico $n = 2$ y $p = 5$ y que la longitud del canal es 2 μm.

SOLUCIÓN

Consulte la figura 13.18 y considere primero la red PDN. Observamos que el peor caso ocurre cuando Q_{NB} conduce y ya sea Q_{NC} o Q_{ND} conducen. Esto, es, en el peor caso, tenemos dos transistores en serie. Por lo tanto, seleccionamos cada uno de los transistores Q_{NB}, Q_{NC} y Q_{ND} que tenga el doble de ancho del dispositivo de canal n del inversor básico. Entonces,

$$Q_{NB}:\ W/L = 2n = 4 = 8/2$$

$$Q_{NC}:\ W/L = 2n = 4 = 8/2$$

$$Q_{ND}:\ W/L = 2n = 4 = 8/2$$

Para el transistor Q_{NA}, seleccionamos W/L que sea igual a la del dispositivo de canal n del inversor básico:

$$Q_{NA}:\ W/L = n = 2 = 4/2$$

A continuación, consideremos la red de conexión (PUN). Aquí vemos que, en el peor de los casos, tenemos tres transistores en serie: Q_{PA}, Q_{PC} y Q_{PD}. Por lo tanto, seleccionamos la relación W/L de cada uno de éstos para que sea tres veces la de Q_P del inversor básico, es decir, $3p$, y

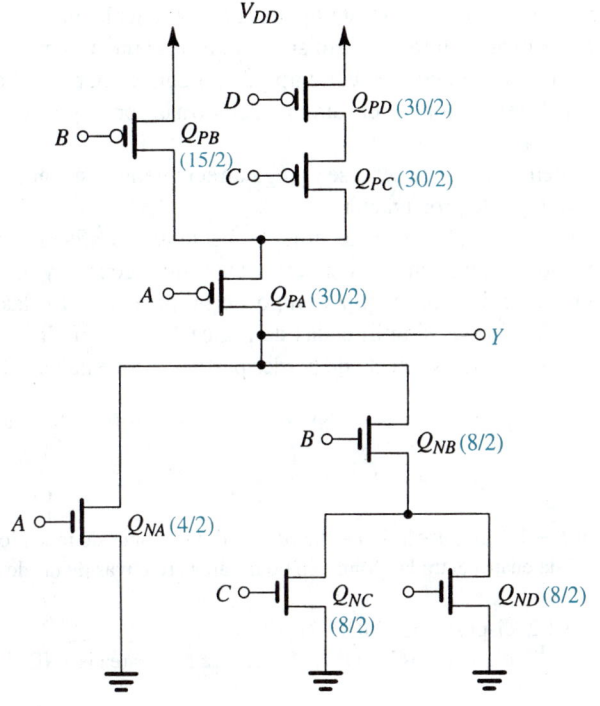

Fig. 13.18 Circuito para el ejemplo 13.2.

$$Q_{NA}: W/L = 3p = 15 = 30/2$$

$$Q_{NC}: W/L = 3p = 15 = 30/2$$

$$Q_{ND}: W/L = 3p = 15 = 30/2$$

Finalmente, la relación W/L para Q_{PB} debe seleccionarse de modo que la W/L equivalente de la conexión en serie de Q_{PB} y Q_{PA} sea igual a p. Se deduce que para Q_{PB} la relación debe ser $1.5p$,

$$Q_{PB}: W/L = 1.5p = 7.5 = 15.2$$

En la figura 13.18 se muestra el circuito con las dimensiones indicadas de transistor.

Efectos de convergencia y divergencia en tiempo de propagación

Cada entrada adicional a una compuerta CMOS requiere dos transistores adicionales, uno NMOS y otro PMOS. Esto está en contraste con otras formas de lógica MOS donde cada entrada adicional requiere sólo un transistor adicional. El transistor adicional en CMOS no sólo aumenta el área del chip sino que también aumenta la capacitancia eficaz total por compuerta y, a su vez, aumenta el tiempo de propagación. El método de determinación de dimensiones descrito antes compensa algo pero no todo el aumento en t_P. Específicamente, al aumentar las dimensiones del dispositivo, estamos en aptitud de preservar la capacidad de excitación de corriente pero la capacitancia C aumenta por el mayor número de entradas y el aumento en dimensiones del dispositivo. Entonces, t_P aumentará con la convergencia, un hecho que impone un límite práctico en la convergencia de una compuerta NAND, por ejemplo a alrededor de 4. Si se requiere un número de entradas más alto, entonces debe adoptarse un diseño lógico "inteligente" para obtener la función de Bool deseada con compuertas de no más de cuatro entradas. Esto suele significar un aumento en el número de etapas en cascada y por lo tanto un aumento en el tiempo de propagación, pero, dicho aumento en el tiempo de propagación puede ser menor que el aumento debido a la convergencia grande (véase el problema 13.36).

Un aumento en la divergencia de compuerta se agrega directamente a su capacitancia de carga y, por lo tanto, aumenta su tiempo de propagación.

En conclusión, aun cuando el CMOS tiene muchas ventajas, es afectado por una mayor complejidad de circuito cuando se aumentan la convergencia y divergencia, y los correspondientes efectos de su complejidad en área de chip y tiempo de propagación. En las siguientes dos secciones estudiaremos algunas formas simplificadas de lógica CMOS que intenta resolver este problema de complejidad, aun cuando es a costa de perder parte de las ventajas del CMOS básico.

Ejercicios

13.4 Para una tecnología de proceso con $L = 1.2$ μm, $n = 1.5$, $p = 4.5$, dé las dimensiones de todos los transistores en (a) NOR de cuatro entradas y (b) NAND de cuatro entradas. También dé las áreas relativas de las dos compuertas.

Resp. (a) Dispositivos NMOS: $W/L = 1.8/1.2$, dispositivos PMOS: $21.6/1.2$
(b) Dispositivos NMOS: $W/L = 7.2/1.2$, dispositivos PMOS: $5.4/1.2$; área NOR/área NAND = 1.86

13.5 Para la compuerta NAND escalada del ejercicio precedente, ¿cuál es la relación entre la máxima y la mínima corriente disponible para (a) cargar una capacitancia de carga? (b) ¿para descargar una capacitancia de carga?

Resp. (a) 4; (b) 1

13.4 CIRCUITOS LÓGICOS PSEUDO-NMOS

Como se explicó en la sección precedente, a pesar de sus muchas y grandes ventajas, el CMOS es afectado por una mayor área y por capacitancias y tiempos de propagación que aumentan de manera correspondiente, a medida que las compuertas lógicas se hacen más complejas. Por esta razón, los diseñadores de circuitos lógicos integrados han estado a la búsqueda de formas de circuitos lógicos CMOS que se puedan usar para sumarse a los circuitos de tipo complementario estudiados en las dos secciones previas. Estas formas no están diseñadas para sustituir CMOS complementarios sino, más bien, para usarse en casos especiales para fines especiales. Examinaremos dos de estos estilos lógicos de CMOS en esta sección y en la siguiente.

El inversor pseudo-NMOS

En la figura 13.19 se ilustra una forma modificada del inversor CMOS. Aquí, sólo Q_N está excitado por el voltaje de entrada mientras que la compuerta de Q_P está a tierra, y Q_P actúa como carga activa para Q_N. Incluso antes de examinar la operación de este circuito en detalle, una ventaja sobre el CMOS complementario es obvia de inmediato: cada entrada debe estar conectada a la compuerta de sólo un transistor o, alternativamente, sólo un transistor adicional (un NMOS) será necesario por cada entrada adicional de compuerta. Así, las desventajas en área y tiempo de propagación que

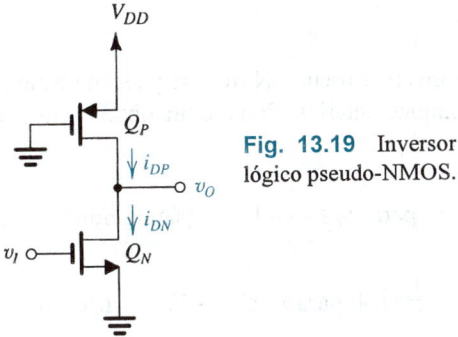

Fig. 13.19 Inversor lógico pseudo-NMOS.

aparecen por una mayor convergencia en una compuerta CMOS complementaria se reducirán. Ésta es en realidad la motivación para explorar este circuito de inversor modificado.

El circuito inversor de la figura 13.19 se asemeja a otras formas de circuito lógico NMOS que consta de un transistor excitador (Q_N) y un transistor de carga (en este caso, Q_P); de aquí el nombre de pseudo-NMOS. Para fines de comparación, mencionaremos brevemente las dos formas anteriores de lógica NMOS. La forma más antigua, conocida a mediados de la década de 1970, utilizó un MOSFET de enriquecimiento para el elemento de carga, en una topología cuyo inversor básico es idéntico al amplificador de carga de enriquecimiento de la sección 5.7.4. Los circuitos lógicos NMOS de carga de enriquecimiento adolecen de una alternancia lógica relativamente pequeña, pequeños márgenes de ruido y alta disipación de potencia estática. Por estas razones, esta tecnología de circuito lógico está en la actualidad prácticamente obsoleta; fue sustituida a fines de la década de 1970 y principios de la de 1980 por circuitos NMOS de carga de agotamiento, en que se utilizó un transistor NMOS de agotamiento con su compuerta conectada a su fuente como elemento de carga. La topología del inversor básico de carga de agotamiento es idéntica a la del amplificador de carga de agotamiento de la sección 5.7.4.

Al principio se esperaba que el NMOS de agotamiento con $V_{GS} = 0$ operaría como fuente de corriente constante y sería así un excelente elemento de carga.[3] Rápidamente se vio, sin embargo, que el efecto del cuerpo en el transistor de agotamiento ocasiona que su curva característica de $i-v$ se desvíe en forma considerable de la de una fuente de corriente constante. No obstante, los circuitos NMOS de carga de agotamiento contienen mejoras importantes sobre sus similares de carga de agotamiento, suficientes para justificar el paso extra de procesamiento requerido para fabricar los dispositivos de agotamiento (es decir, implantación de iones en el canal). Aun cuando el NMOS de carga de agotamiento ha sido de hecho sustituido por el CMOS, todavía se ven algunos circuitos de carga de agotamiento en aplicaciones especiales. No estudiaremos aquí la lógica NMOS de carga de agotamiento (el lector interesado puede consultar la tercera edición de este libro).

El inversor pseudo-NMOS cuyo estudio está por iniciar es similar al NMOS de carga de agotamiento pero con características mejores; también tiene la ventaja de ser directamente compatible con circuitos CMOS complementarios.

---

[3] Una carga de corriente constante proporciona una corriente de carga de condensador que no disminuye a medida que v_O sube hacia V_{DD}, como es el caso con una carga resistiva. Entonces, el valor de t_{PLH} obtenido con una carga de fuente de corriente es significativamente menor que el obtenido con una carga resistiva (véase el problema 13.38). Desde luego, una carga resistiva está simplemente fuera de duda debido a la muy grande área de silicio que ocuparía (equivalente a la de miles de transistores).

Curvas características estáticas

Las curvas características estáticas del inversor pseudo-NMOS se pueden deducir de una manera semejante a la utilizada para CMOS complementarios. Con ese fin, observamos que las corrientes de dren de Q_N y Q_P están dadas por:

$$i_{DN} = \frac{1}{2} k_n (v_I - V_t)^2, \text{ para } v_O \geq v_I - V_t \quad \text{(saturación)} \tag{13.29}$$

$$i_{DN} = k_n \left[(v_I - V_t)v_O - \frac{1}{2} v_O^2 \right], \text{ para } v_O \leq v_I - V_t \quad \text{(triodo)} \tag{13.30}$$

$$i_{DP} = \frac{1}{2} k_p (V_{DD} - V_t)^2, \text{ para } v_O \leq V_t \quad \text{(saturación)} \tag{13.31}$$

$$i_{DP} = k_p \left[(V_{DD} - V_t)(V_{DD} - v_O) - \frac{1}{2} (V_{DD} - v_O)^2 \right], \text{ para } v_O \geq V_t \quad \text{(triodo)} \tag{13.32}$$

donde hemos supuesto que $V_{tn} = -V_{tp} = V_t$, y empleado $k_n = k'_n(W/L)_n$ y $k_p = k'_p(W/L)_p$ para simplificar las cosas.

Para obtener la curva característica de transferencia de voltaje (VTC) del inversor, superponemos la curva de carga representada por las ecuaciones (13.31) y (13.32) sobre las curvas características de i_D–v_{DS} de Q_N, que se pueden marcar como i_{DN}–v_O y trazar para varios valores de $v_{GS} = v_I$. Esta construcción gráfica se ilustra en la figura 13.20 donde, para conservar sencillo el diagrama, mostramos las curvas Q_N sólo para los dos valores extremos de v_I, es decir, 0 y V_{DD}. Siguen dos observaciones:

1. La curva de carga representa una corriente de saturación mucho menor (ecuación 13.31) que está representada por la correspondiente curva para Q_N, es decir, la de $v_I = V_{DD}$. Éste es el resultado del hecho de que el inversor pseudo-NMOS suele diseñarse de modo que k_n sea mayor que k_p en un factor de 4 a 10. Como veremos en breve, este inversor es del tipo proporcionado y la razón $r \equiv k_n/k_p$ determina todos los puntos de inflexión de la VTC, es decir, V_{OL}, V_{IL}, V_{IH}, etcétera, y así determina los márgenes de ruido. La selección de un valor relativamente alto para r reduce V_{OL} y ensancha los márgenes de ruido.

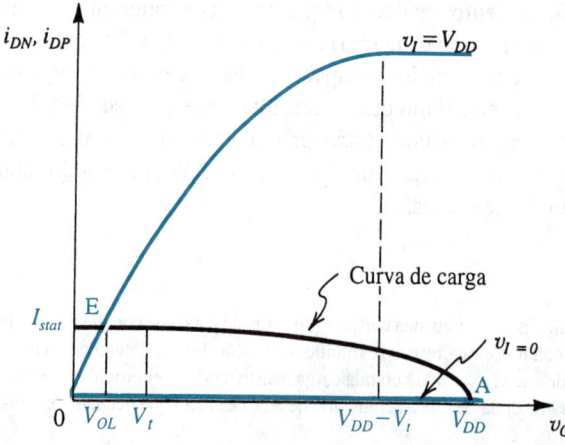

Fig. 13.20 Construcción gráfica para determinar la curva característica de transferencia de voltaje del inversor de la figura 13.19.

2. Aun cuando tendemos a pensar que Q_P actúa como fuente de corriente constante, en realidad éste opera en saturación en un pequeño intervalo de v_O, es decir, $v_O \leq V_t$. Para el resto del intervalo de v_O, Q_P opera en la región del triodo.

Considere primero los dos casos extremos de v_I: cuando $v_I = 0$, Q_N está en corte y Q_P está operando en la región del triodo, aunque con cero corriente y cero voltaje entre dren y fuente. Entonces, el punto de operación es el marcado como A en la figura 13.20, donde $v_O = V_{OH} = V_{DD}$, la corriente estática es cero y la disipación de potencia estática es cero. Cuando $v_I = V_{DD}$, el inversor operará en el punto marcado como E en la figura 13.20. Observe que, a diferencia del CMOS complementario, aquí V_{OL} no es cero, lo que es una desventaja obvia. Otra desventaja es que la compuerta conduce corriente (I_{stat}) en el estado de salida baja, y entonces habrá disipación de potencia estática ($P_D = I_{stat} \times V_{DD}$).

Deducción de la VTC

En la figura 13.21 se ilustra la curva característica de transferencia de voltaje (VTC) del inversor pseudo-NMOS. Como se indicó, tiene cuatro regiones distintas, marcadas I a IV, correspondientes a las diferentes combinaciones de modos posibles de operación de Q_N y Q_P. Las cuatro regiones, los correspondientes modos de operación de transistor y las condiciones que definen las regiones aparecen en lista en la tabla 13.1. Utilizaremos la información de esta tabla junto con las ecuaciones de dispositivos dadas en las ecuaciones (13.29) a la (13.32) a fin de deducir expresiones para los diversos segmentos de la VTC y en particular para los importantes parámetros que caracterizan la operación estática del inversor.

Tabla 13.1 REGIONES DE OPERACIÓN DEL INVERSOR PSEUDO-NMOS

Región	Segmento de VTC	Q_N	Q_P	Condición
I	AB	Corte	Triodo	$v_I < V_t$
II	BC	Saturación	Triodo	$v_O \geq v_I - V_t$
III	CD	Triodo	Triodo	$V_t \leq v_O \leq v_I - V_t$
IV	DE	Triodo	Saturación	$v_O \leq V_t$

■ **Región I (segmento AB):**

$$v_O = V_{OH} = V_{DD} \tag{13.33}$$

■ **Región II (segmento BC):**
Al igualar i_{DN} de la ecuación (13.29) con i_{DP} de la ecuación (13.32) y con sustituir $k_n = rk_p$, y con algunas manipulaciones, obtenemos

$$v_O = V_t + \sqrt{(V_{DD} - V_t)^2 - r(v_I - V_t)^2} \tag{13.34}$$

El valor de V_{IL} se puede obtener al derivar esta ecuación y sustituir $\frac{\partial v_O}{\partial v_I} = -1$ y $v_I = V_{IL}$,

$$V_{IL} = V_t + \frac{V_{DD} - V_t}{\sqrt{r(r+1)}} \tag{13.35}$$

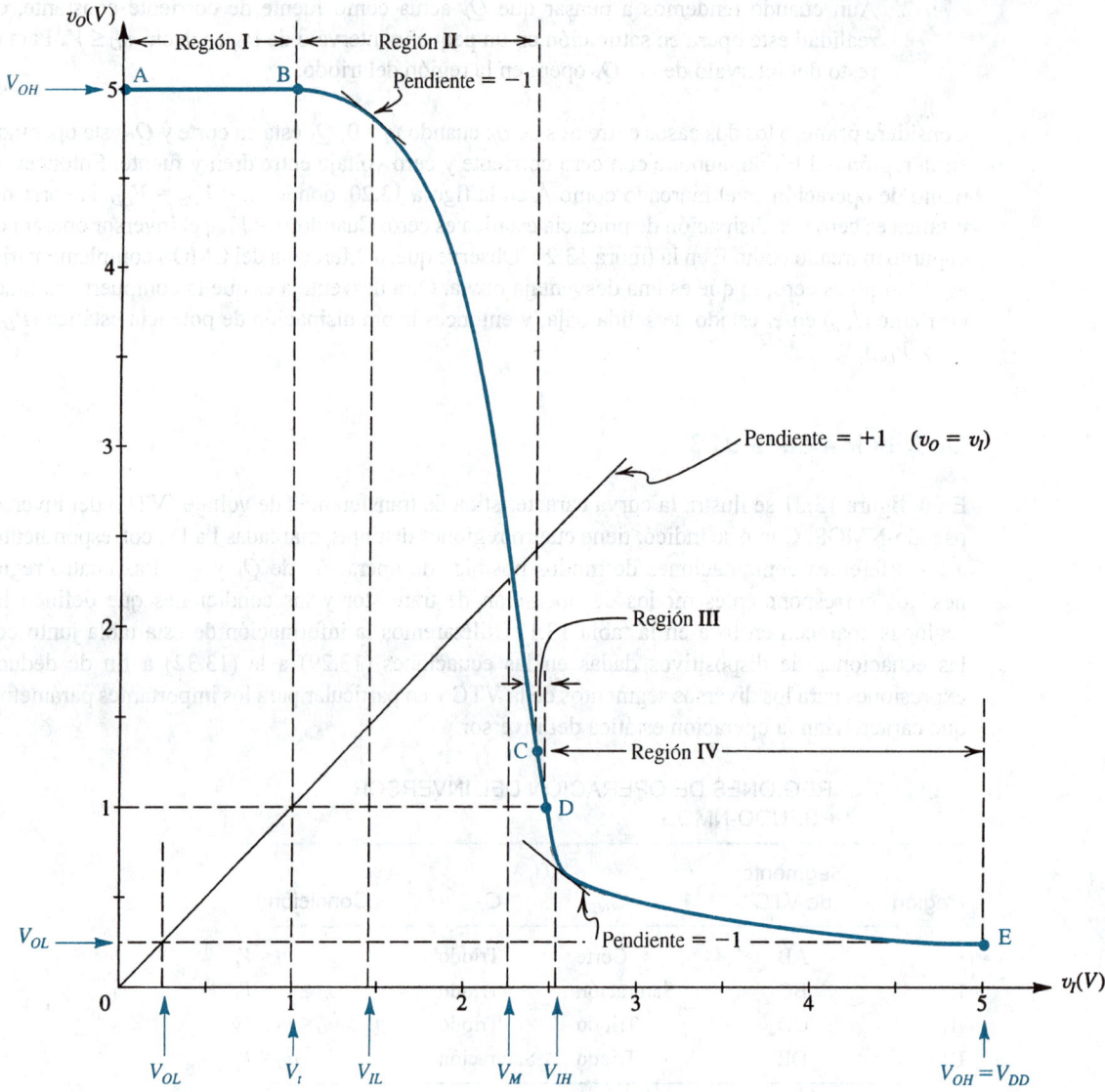

Fig. 13.21 Curva característica de transferencia de voltaje para el inversor pseudo-NMOS. Esta curva está trazada para $V_{DD} = 5$ V, $V_{tn} = -V_{tp} = 1$ V y $r = 9$.

El voltaje de umbral V_M es, por definición, el valor de v_I para el cual $v_O = v_I$,

$$V_M = V_t + \frac{V_{DD} - V_t}{\sqrt{r+1}}$$

(13.36)

Finalmente, el extremo del segmento de la región II (punto C) se puede hallar al sustituir $v_O = v_I - V_t$ en la ecuación (13.34), la condición para que Q_N salga de saturación y entre en la región del triodo.

■ **Región III (segmento CD)**

Éste es un segmento corto que no es de gran interés. El punto D está caracterizado por $v_O \le V_t$.

■ **Región IV (segmento DE)**

Al igualar i_{DN} de la ecuación (13.30) con i_{DP} de la ecuación (13.31) y sustituir $k_n = rk_p$ resulta en

$$v_O = (v_I - V_t) - \sqrt{(v_I - V_t)^2 - \frac{1}{r}(V_{DD} - V_t)^2} \tag{13.37}$$

El valor de V_{IH} se puede determinar al derivar esta ecuación y hacer $\partial v_O/\partial v_I = -1$,

$$V_{IH} = V_t + \frac{2}{\sqrt{3r}}(V_{DD} - V_t) \tag{13.38}$$

El valor de V_{OL} se puede hallar al sustituir $v_I = V_{DD}$ en la ecuación (13.37),

$$V_{OL} = (V_{DD} - V_t)\left[1 - \sqrt{1 - \frac{1}{r}}\right] \tag{13.39}$$

La corriente estática conducida por el inversor en el estado de salida baja se encuentra de la ecuación (13.31) como

$$I_{stat} = \frac{1}{2}k_p(V_{DD} - V_t)^2 \tag{13.40}$$

Finalmente, podemos usar las ecuaciones (13.35) y (13.39) para determinar NM_L y las ecuaciones (13.33) y (13.38) para determinar NM_H,

$$NM_L = V_t - (V_{DD} - V_t)\left[1 - \sqrt{1 - \frac{1}{r} - \frac{1}{\sqrt{r(r+1)}}}\right] \tag{13.41}$$

$$NM_H = (V_{DD} - V_t)\left(1 - \frac{2}{\sqrt{3r}}\right) \tag{13.42}$$

Como observación final, observamos que como V_{DD} y V_t están determinados por la tecnología del proceso, el único parámetro de diseño para controlar los valores de V_{OL} y los márgenes de ruido es la razón r.

Operación dinámica

El análisis de la respuesta transitoria del inversor para determinar t_{PLH} con el inversor cargado por una capacitancia C es idéntico al del inversor CMOS complementario. La capacitancia estará cargada por la corriente i_{DP}; podemos determinar un estimado para t_{PLH} usando el valor promedio de i_{DP} sobre el intervalo de $v_O = 0$ a $v_O = V_{DD}/2$. El resultado es la siguiente expresión aproximada (donde hemos supuesto $V_t \cong 0.2V_{DD}$):

$$t_{PLH} = \frac{1.7C}{k_p V_{DD}} \tag{13.43}$$

El caso para la descarga del condensador es un poco diferente porque la corriente i_{DP} tiene que restarse de i_{DN} para determinar la corriente de descarga. El resultado es la expresión aproximada

$$t_{PHL} \cong \frac{1.7C}{k_n \left(1 - \dfrac{0.46}{r}\right) V_{DD}} \tag{13.44}$$

que para un valor grande de r se reduce a

$$t_{PHL} \cong \frac{1.7C}{k_n V_{DD}} \tag{13.45}$$

Aun cuando estas fórmulas son idénticas a las del inversor complementario CMOS, el inversor pseudo-NMOS tiene un problema especial: como k_p es r veces menor que k_n, t_{PLH} será r veces más grande que t_{PHL}. Entonces el circuito exhibe una operación asimétrica de retardo. Recordemos, sin embargo, que una ventaja de pseudo-NMOS es que para compuertas con convergencia grande, se requieren menos transistores y entonces C puede ser más pequeña que en la correspondiente compuerta complementaria de CMOS.

Diseño

En el diseño interviene la selección de la razón r y la (W/L) para uno de los transistores. El valor de (W/L) para el otro dispositivo puede entonces obtenerse si se usa r. Los parámetros de diseño de interés son V_{OL}, NM_L, NM_H, I_{stat}, P_D, t_{PLH} y t_{PHL}. Las consideraciones importantes son como sigue:

1. La razón r determina todos los puntos de inflexión de la curva característica de transferencia de voltaje (VTC); cuanto más grande sea el valor de r, menor es V_{OL} (ecuación 13.39) y más anchos son los márgenes de ruido (ecuaciones 13.41 y 13.42), pero una r más grande aumenta la asimetría de la respuesta dinámica y, para una $(W/L)_n$ dada, hace más grande la compuerta. Entonces, seleccionar un valor para r representa un término medio entre márgenes de ruido por un lado y área de silicio y t_P por el otro. Por lo general, r se selecciona entre 4 y 10.

2. Una vez determinada r, se puede seleccionar un valor para $(W/L)_p$ o $(W/L)_n$ y determinar la otra. Aquí, seleccionaríamos una pequeña $(W/L)_n$ para conservar pequeña el área de compuerta y así obtener un valor pequeño para C. Del mismo modo, una $(W/L)_p$ pequeña conserva bajas I_{stat} y P_D. Por otra parte, desearíamos seleccionar razones (W/L) más grandes para obtener baja t_P y por lo tanto rápida respuesta. Para aplicaciones usuales (de alta velocidad), $(W/L)_p$ se selecciona de modo que I_{stat} se encuentre entre 50 y 100 μA, que para $V_{DD} = 5$ V resulta en P_D entre 0.25 y 0.5 mW.

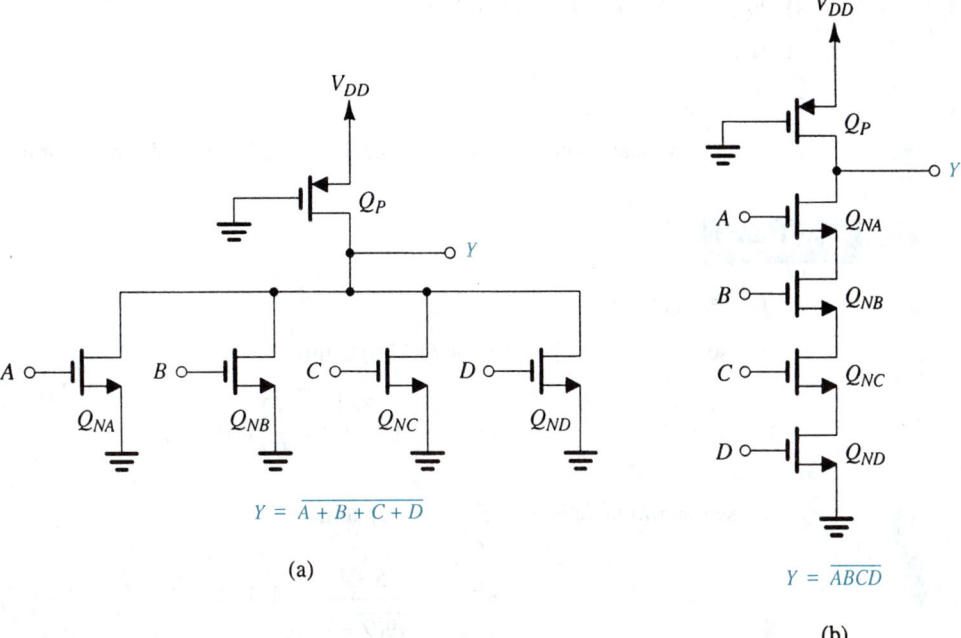

$$Y = \overline{A + B + C + D}$$

(a)

$$Y = \overline{ABCD}$$

(b)

Fig. 13.22 Compuertas NOR y NAND del tipo pseudo-NMOS.

Circuitos de compuerta

Excepto por el dispositivo de carga, el circuito de compuerta pseudo-NMOS es idéntico a la red de desconexión (PDN) de la compuerta de CMOS complementario. En la figura 13.22 se ilustran compuertas de cuatro entradas pseudo-NMOS NOR y NAND. Nótese que cada una requiere cinco transistores en comparación con los ocho que se utilizan en CMOS complementarios. En compuertas pseudo-NMOS, las compuertas NOR se prefieren sobre las NAND puesto que estas últimas no utilizan transistores en serie y, por lo tanto, se pueden diseñar con dispositivos NMOS de mínimas dimensiones.

Observaciones concluyentes

El pseudo-NMOS es particularmente apropiado para aplicaciones en donde la salida permanece alta la mayor parte del tiempo. En estas aplicaciones, la disipación de potencia estática puede ser razonablemente baja (ya que la compuerta disipa potencia estática sólo en estado de salida baja). Además, las transiciones de salida que importan serían presumiblemente de alto a bajo cuando el tiempo de propagación se puede hacer tan corto como sea posible. Una aplicación de este tipo en particular se puede hallar en el diseño de decodificadores de dirección para chips de memoria (sección 13.11) y en memorias sólo de lectura (sección 13.12).

EJEMPLO 13.3

Considere un inversor pseudo-NMOS fabricado en la tecnología CMOS especificada en el ejemplo 13.1, para el cual $\mu_n C_{ox} = 50$ μA/V^2, $\mu_p C_{ox} = 20$ μA/V^2, $V_{tn} = -V_{tp} = 1$ V y $V_{DD} = 5$ V. Sea la razón W/L de Q_N (4 μm/2 μm) y $r = 9$. Encuentre:

(a) V_{OH}, V_{OL}, V_{IL}, V_{IH}, V_M, NM_H y NM_L

(b) $(W/L)_p$

(c) I_{stat} y P_D

(d) t_{PLH}, t_{PHL} y t_P, suponiendo una capacitancia total a la salida del inversor de 70 fF.

SOLUCIÓN

(a) $V_{OH} = V_{DD} = 5$ V

V_{OL} se determina de la ecuación (13.39) como

$$V_{OL} = (5-1)\left[1 - \sqrt{1 - \frac{1}{9}}\right] = 0.23 \text{ V}$$

V_{IL} se determina de la ecuación (13.35) como

$$V_{IL} = 1 + \frac{5-1}{\sqrt{9(9+1)}} = 1.42 \text{ V}$$

V_{IH} se determina de la ecuación (13.38) como

$$V_{IH} = 1 + \frac{2}{\sqrt{3 \times 9}} \times (5-1) = 2.54 \text{ V}$$

V_M se determina de la ecuación (13.36) como

$$V_M = 1 + \frac{5-1}{\sqrt{9+1}} = 2.26 \text{ V}$$

Los márgenes de ruido se pueden determinar ahora como

$$NM_H = V_{OH} - V_{IH} = 5 - 2.54 = 2.46 \text{ V}$$

$$NM_L = V_{IL} - V_{OL} = 1.42 - 0.23 = 1.19 \text{ V}$$

Observe que los márgenes de ruido no son iguales y que NM_L es más bien bajo.

(b) La razón (W/L) de Q_P se puede hallar de

$$\frac{\mu_n C_{ox}(W/L)_n}{\mu_p C_{ox}(W/L)_p} = 9$$

$$\frac{50 \times \frac{4}{2}}{20(W/L)_p} = 9$$

Entonces, $(W/L)_p = \frac{5}{9}$, y sería razonable (pero por supuesto no necesario) seleccionar $W_p = 2 \ \mu$m en cuyo caso $L_p = 3.6 \ \mu$m.

(c) La corriente de cd en el estado de salida baja se puede determinar de la ecuación (13.40),

$$I_{stat} = \frac{1}{2} \times 20 \times \frac{5}{9} (5-1)^2 = 88.9 \ \mu A$$

La disipación de potencia estática se puede hallar ahora de

$$P_D = I_{stat} V_{DD}$$
$$= 88.9 \times 5 = 0.44 \ mW$$

(d) El tiempo de propagación de bajo a alto se puede hallar de la ecuación (13.43),

$$t_{PLH} = \frac{1.7 \times 70 \times 10^{-15}}{20 \times 10^{-6} \times \frac{5}{9} \times 5} = 2.14 \ ns$$

El tiempo de propagación de alto a bajo se puede hallar de la ecuación (13.45),

$$t_{PHL} = \frac{1.7 \times 70 \times 10^{-15}}{50 \times 10^{-6} \times \frac{4}{2} \times 5} = 0.24 \ ns$$

Ahora, el tiempo de propagación se puede determinar como

$$t_P = \frac{1}{2} (2.14 + 0.24) = 1.19 \ ns$$

Aun cuando el tiempo de propagación es considerablemente mayor que el del inversor CMOS complementario del ejemplo 13.1, ésta no es una comparación del todo justa: recordemos que la ventaja del pseudo-NMOS se presenta en compuertas con convergencia grande, no en un solo inversor.

Ejercicios

D13.6 Mientras que se conserva r sin cambio, haga un nuevo diseño del circuito inversor del ejemplo 13.3 para reducir su disipación de potencia estática a la mitad del valor encontrado. Encuentre las razones (W/L) para el nuevo diseño. También encuentre t_{PLH}, t_{PHL} y t_P, suponiendo que C permanece sin cambio. ¿Cambiarían los márgenes de ruido?

Resp. $(W/L)_n = 1$; $(W/L)_p = 0.278$; 4.28 ns; 0.48 ns; 2.38 ns; no

[*Nota*: Una posible selección de dimensiones sería $\left(\dfrac{W}{L}\right)_n = \dfrac{2 \ \mu m}{2 \ \mu m}$ y $\left(\dfrac{W}{L}\right)_p = \dfrac{2 \ \mu m}{7.2 \ \mu m}$.]

D13.7 Vuelva a diseñar el inversor del ejemplo 13.3 usando $r = 4$. Encuentre V_{OL} y los márgenes de ruido. Si $(W/L)_n = \dfrac{4 \ \mu m}{2 \ \mu m}$, encuentre $\left(\dfrac{W}{L}\right)_p$, I_{stat}, P_D, t_{PLH}, t_{PHL} y t_P. Suponga que $C = 70$ fF.

Resp. $V_{OL} = 0.54$ V; $NM_L = 1.35$ V; $NM_H = 1.69$ V; $\left(\dfrac{W}{L}\right)_p = \dfrac{5}{4}$ (entonces una posible selección sería $L_p = 2 \ \mu m$ y $W_p = 2.5 \ \mu m$); $I_{stat} = 0.2$ mA; $P_D = 1$ mW; $t_{PLH} = 0.95$ ns; $t_{PHL} = 0.24$ ns; $t_P = 0.6$ ns

13.5 CIRCUITOS LÓGICOS DE TRANSISTOR DE PASO

Un método conceptualmente sencillo para poner en práctica funciones lógicas utiliza combinaciones en serie y paralelo de interruptores que son controlados por variables lógicas de entrada para conectar los nodos de entrada y salida (véase la figura 13.23). Cada uno de los interruptores se puede poner en práctica ya sea por un solo transistor NMOS (figura 13.24a) o por un par de transistores MOS complementarios conectados en la configuración de transmisión CMOS y compuerta (figura 13.24b) que se estudia en la sección 5.9. El resultado es una forma sencilla de circuito lógico que está particularmente adaptada para algunas funciones lógicas especiales y se utiliza con frecuencia en coordinación con circuitos lógicos CMOS complementarios para obtener con eficiencia estas funciones.

Debido a que esta forma de circuito lógico utiliza transistores MOS en la trayectoria en serie de entrada a salida, para *pasar* o bloquear transmisión de señales, se conoce como *circuito lógico de transistor de paso* (PTL). Como antes dijimos, con frecuencia se utilizan compuertas de transmisión para construir interruptores, dando a esta forma de circuito lógico el nombre alternativo de *circuito lógico de transmisión de compuerta*. Ambos términos se utilizan indistintamente cualquiera que sea la construcción real de los interruptores.

Aun cuando son conceptualmente sencillos, los circuitos lógicos de transistor de paso tienen que diseñarse con cuidado. En lo que sigue, estudiaremos los principios básicos de diseño de circuitos PTL y presentaremos ejemplos de su aplicación.

Un requisito esencial de diseño

Un requisito esencial en el diseño de circuitos PTL es asegurar que *todo nodo de circuito tenga en todo momento una trayectoria de baja resistencia a V_{DD} o a tierra*. Para evaluar este punto, consideremos la situación descrita en la figura 13.25(a): se utilizan un interruptor S_1 (por lo general parte de una red PTL más grande, que aquí no se muestra) para formar una función AND de su variable controladora B y la variable A que se encuentra a la salida de un inversor CMOS. La salida Y del circuito PTL se muestra conectada a la entrada de otro inversor. Obviamente, si B es alta, S_1 se cierra y entonces $Y = A$. El nodo Y estará entonces conectado ya sea a V_{DD} (si A es alta) a través de Q_2 o a tierra (si A es baja) a través de Q_1. Surge la pregunta de qué pasa cuando B se hace baja y S_1 se abre. El nodo Y se hace ahora un nodo de alta impedancia. Si inicialmente v_Y era cero, así permanecerá, pero, si inicialmente v_Y era alto en V_{DD}, este voltaje será mantenido por la carga en la capacitancia parásita C pero sólo un tiempo: las inevitables corrientes de fuga descargarán C

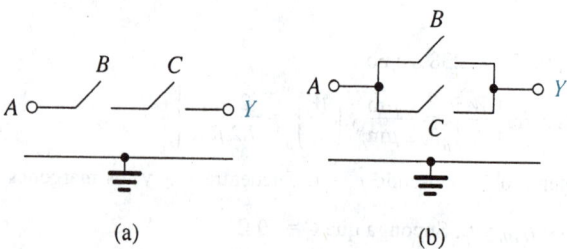

Fig. 13.23 Compuertas lógicas conceptuales de transistor de paso: **(a)** dos interruptores, controlados por las variables B y C de entrada, están conectados en serie en la trayectoria entre el nodo de entrada al que se aplica una variable A de entrada, y el nodo de salida (con una carga implicada a tierra) realiza la función $Y = ABC$. **(b)** Cuando se conectan dos interruptores en paralelo, la función realizada es $Y = A(B + C)$.

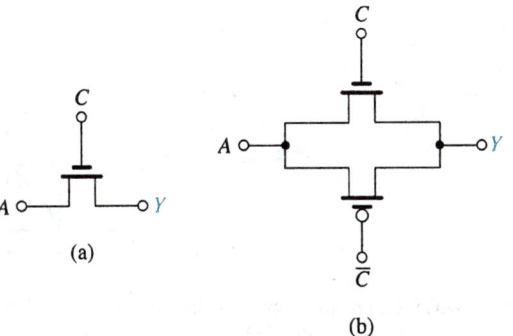

Fig. 13.24 Dos posibles construcciones de un interruptor controlado por voltaje para conectar los nodos A y Y: **(a)** transistor NMOS individual y **(b)** compuerta de transmisión CMOS.

lentamente y v_Y se reducirá de modo correspondiente. En cualquier caso, el circuito ya no puede ser considerado un circuito lógico estático.

El problema se puede resolver fácilmente si se establece para el nodo Y una trayectoria de baja resistencia que sea activada cuando B sea baja, como se muestra en la figura 13.25(b). Aquí otro interruptor, S_2, controlado por $\bar{B}$ se conecta entre Y y tierra. Cuando B sea bajo, S_2 se cierra y establece una trayectoria de baja resistencia entre Y y tierra.

Operación con transistores NMOS como interruptores

La conexión de interruptores en un circuito PTL (circuito lógico de transistor de paso) con transistores NMOS individuales resulta en un circuito sencillo con pequeña área y pequeñas capacitancias de nodo. Estas ventajas, sin embargo, se obtienen a expensas de serias desventajas en curvas características estáticas y en operación dinámica de los circuitos resultantes. Las curvas características menos que ideales de un transistor NMOS aislado como interruptor en esta aplicación digital son esencialmente semejantes a las que se encuentran cuando se opera como interruptor analógico

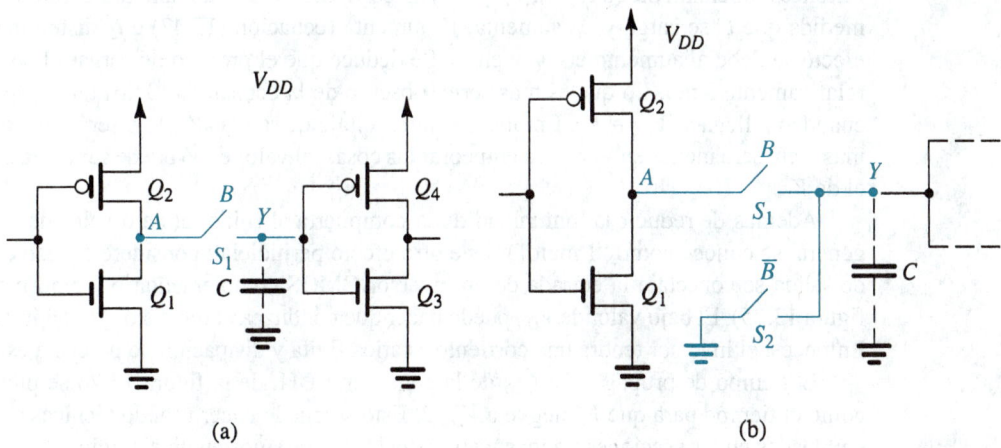

Fig. 13.25 Un requisito básico de diseño de circuitos lógicos de transistor de paso (PTL) es que todo nodo debe tener invariablemente una trayectoria de baja resistencia ya sea a tierra o a V_{DD}. Esta trayectoria no existe en **(a)** cuando B es baja y S_1 está abierto. Existe en **(b)** a través del interruptor S_2.

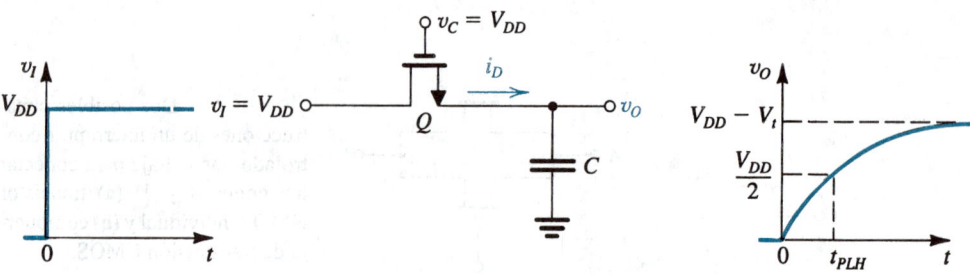

Fig. 13.26 Operación del transistor NMOS como interruptor en la construcción de circuitos PTL. Este análisis es para el caso con el interruptor cerrado (v_C es alto) y la entrada se hace alta ($v_I = V_{DD}$).

(sección 5.9). Para ilustrar esto, considere el circuito que se muestra en la figura 13.26, donde se utiliza un transistor NMOS Q_1 para poner en práctica un interruptor que conecte un nodo de entrada con voltaje v_I y un nodo de salida. La capacitancia total entre el nodo de salida y tierra está representada por el condensador C. El interruptor se muestra en estado cerrado con la señal de control aplicada a su compuerta siendo alta en V_{DD}. Deseamos analizar la operación del circuito a medida que el voltaje de entrada v_I pasa a alto a V_{DD} en el tiempo $t = 0$. Suponemos que inicialmente el voltaje de salida v_O es cero y el condensador C está descargado por completo.

Cuando v_I pasa a alto, el transistor opera en el modo de saturación y entrega una corriente i_D para cargar el condensador,

$$i_D = \frac{1}{2} k_n (V_{DD} - v_O - V_t)^2 \tag{13.46}$$

donde $k_n = k'_n(W/L)$, y V_t está determinado por el efecto del cuerpo porque la corriente está a un voltaje v_O en relación con la mano, y (véase la ecuación 5.30),

$$V_t = V_{t0} + \gamma(\sqrt{v_O + 2\phi_f} - \sqrt{2\phi_f}) \tag{13.47}$$

Entonces, inicialmente (a $t = 0$), $V_t = V_{t0}$ y la corriente i_D es relativamente grande. Sin embargo, a medida que C se carga y v_O aumenta, V_t aumenta (ecuación (13.47)) e i_D disminuye. Este último efecto se debe al aumento en v_O y en V_t. Se deduce que el proceso de cargar el condensador será relativamente lento. Lo que es más serio, observe de la ecuación (13.46) que i_D se reduce a cero cuando v_O llega a $(V_{DD} - V_t)$. Entonces el alto voltaje de salida (V_{OH}) no será igual a V_{DD} sino que, más bien, será menor en V_t y, para empeorar las cosas, el valor de V_t puede ser de hasta 1.5 a 2 veces el de V_{t0}.

Además de reducir la inmunidad de la compuerta al ruido, el bajo valor de V_{OH} (que por lo general se conoce como "1 malo") tiene otro efecto perjudicial: considere el caso cuando el nodo de salida se conecta a la entrada de un inversor CMOS complementario (como fue el caso en la figura 13.25). El bajo valor de V_{OH} puede hacer que conduzca el transistor Q_P del inversor de carga. Entonces, el inversor tendrá una corriente estática finita y disipación de potencia estática.

El tiempo de propagación t_{PLH} de la compuerta PTL de la figura 13.26 se puede determinar como el tiempo para que V_O llegue a $V_{DD}/2$. Esto se puede hacer usando técnicas semejantes a las empleadas en las secciones previas y en breve lo ilustraremos en un ejemplo.

En la figura 13.27 se ilustra el circuito de interruptor NMOS cuando v_I se reduce a 0 V. Suponemos que inicialmente $v_O = V_{DD}$. Entonces, a $t = 0+$, el transistor conduce y opera en la región de saturación,

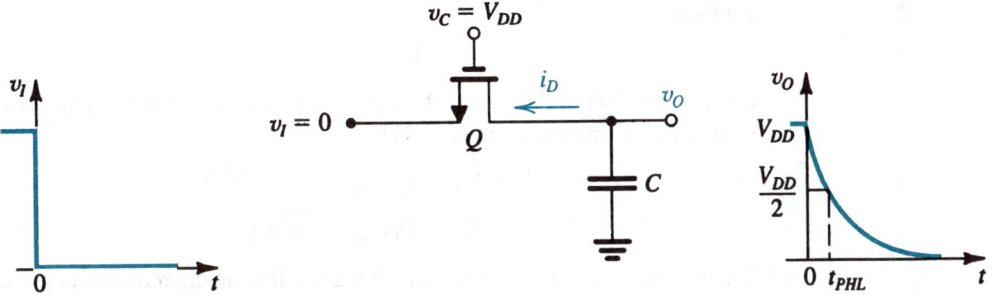

Fig. 13.27 Operación del interruptor NMOS cuando la entrada se hace baja (v_I = 0 V). Nótese que el dren de un transistor NMOS es siempre más alto en voltaje que la fuente; de modo correspondiente, los terminales del dren y de la fuente intercambian papeles en comparación con el circuito de la figura 13.26.

$$i_D = \frac{1}{2} k_n (V_{DD} - V_t)^2 \qquad (13.48)$$

donde observamos que como la fuente está ahora a 0 V (nótese que el dren y la fuente han intercambiado papeles), no habrá efecto del cuerpo y V_t permanece constante a V_{t0}. A medida que C se descarga, v_O se reduce y el transistor entra en la región del triodo a $v_O = V_{DD} - V_t$. Sin embargo, la descarga del condensador continúa hasta que C se haya descargado por completo y $v_O = 0$. Entonces, el transistor NMOS produce $V_{OL} = 0$, o un "0 bueno". De nueva cuenta, el tiempo de propagación t_{PHL} se puede determinar con las técnicas acostumbradas, como se ilustra en el siguiente ejemplo.

EJEMPLO 13.4

Considere el interruptor de transistor NMOS, de los circuitos de las figuras 13.26 y 13.27, que se va a fabricar en una tecnología para la cual $\mu_n C_{ox}$ = 50 μA/V^2, $\mu_p C_{ox}$ = 20 μA/V^2, $|V_{t0}|$ = 1 V, γ = 0.5 V$^{1/2}$, $2\phi_f$ = 0.6 V y V_{DD} = 5 V. Supongamos que el transistor es de la dimensión mínima para esta tecnología, es decir, 4 μm/2 μm, y suponga que la capacitancia total entre el nodo de salida y tierra es C = 50 fF.

(a) Para el caso con v_I alto (figura 13.26), encuentre V_{OH}.

(b) Si la salida alimenta un inversor CMOS del que $(W/L)_p$ = 2.5$(W/L)_n$ = 10 μm/2 μm, encuentre la corriente estática del inversor y su disipación de potencia cuando su entrada está al valor hallado en (a). También encuentre el voltaje de salida del inversor.

(c) Encuentre t_{PLH}.

(d) Para el caso con v_I que pase a bajo (figura 13.27), halle t_{PHL}.

(e) Encuentre t_P.

SOLUCIÓN

(a) Consulte la figura 13.26. V_{OH} es el valor de v_O al cual Q deja de conducir,

$$V_{DD} - V_{OH} - V_t = 0$$

entonces,

$$V_{OH} = V_{DD} - V_t$$

donde V_t es el valor del voltaje de umbral a una polarización inversa entre fuente y cuerpo igual a V_{OH}. Con la ecuación (13.47),

$$V_t = V_{t0} + \gamma(\sqrt{V_{OH} + 2\phi_f} - \sqrt{2\phi_f})$$
$$= V_{t0} + \gamma(\sqrt{V_{DD} - V_t + 2\phi_f} - \sqrt{2\phi_f})$$

Sustituyendo $V_{t0} = 1$, $\gamma = 0.5$, $V_{DD} = 5$ y $2\phi_f = 0.6$, obtenemos una ecuación cuadrática en V_t cuya solución produce

$$V_t = 1.6 \text{ V}$$

Entonces,

$$V_{OH} = 3.4 \text{ V}$$

Nótese que esto representa una pérdida considerable en amplitud de la señal.

(b) El inversor de carga tendrá una señal de entrada de 3.4 V. Por lo tanto, su Q_P conducirá una corriente de

$$i_{DP} = \frac{1}{2} \times 20 \times \frac{10}{2} (5 - 3.4 - 1)^2 = 18 \ \mu A$$

Por lo tanto, la disipación de potencia estática del inversor será

$$P_D = V_{DD} i_{DP} = 5 \times 18 = 90 \ \mu W$$

El voltaje de salida del inversor se puede hallar si se observa que Q_N estará operando en la región del triodo. Al igualar su corriente con la de Q_P (es decir, 18 μA) hace posible que determinemos el voltaje de salida que es de 0.08 V.

(c) Para determinar t_{PLH}, necesitamos encontrar la corriente i_D en $t = 0$ (donde $v_O = 0$, $V_t = V_{t0} = 1$ V) y en $t = t_{PLH}$ (donde $v_O = 2.5$ V, V_t a determinar), como sigue:

$$i_D(0) = \frac{1}{2} \times 50 \times \frac{4}{2} \times (5 - 1)^2 = 800 \ \mu A$$

$$V_t(a \ v_O = 2.5 \text{ V}) = 1 + 0.5(\sqrt{2.5 + 0.6} - \sqrt{0.6}) = 1.49 \text{ V}$$

$$i_D(t_{PLH}) = \frac{1}{2} \times 50 \times \frac{4}{2} (5 - 2.5 - 1.49)^2 = 50 \ \mu A$$

Ahora podemos calcular el promedio de corriente de descarga como

$$i_D \big|_{av} = \frac{800 + 50}{2} = 425 \ \mu A$$

y t_{PLH} se puede hallar como

$$t_{PLH} = \frac{C(V_{DD}/2)}{i_D \big|_{av}}$$

$$= \frac{50 \times 10^{-15} \times 2.5}{425 \times 10^{-6}} = 0.29 \text{ ns}$$

(d) Consulte el circuito de la figura 13.27. Observe que aquí V_t permanece constante a $V_{t0} = 1$ V. La corriente de dren a $t = 0$ es

$$i_D(0) = \frac{1}{2} \times 50 \times \frac{4}{2}\,(5-1)^2 = 800\ \mu A$$

A $t = t_{PHL}$, Q estará operando en la región del triodo y

$$i_D(t_{PHL}) = 50 \times \frac{4}{2}\left[(5-1) \times 2.5 - \frac{1}{2} \times 2.5^2\right]$$

$$= 690\ \mu A$$

Entonces el promedio de corriente de descarga está dado por

$$i_D\,|_{av} = \frac{1}{2}\,(800 + 690) = 740\ \mu A$$

y t_{PHL} se puede determinar como

$$t_{PHL} = \frac{50 \times 10^{-15} \times 2.5}{740 \times 10^{-6}} = 0.17\ ns$$

(e) $t_P = \frac{1}{2}\,(t_{PLH} + t_{PHL}) = \frac{1}{2}\,(0.29 + 0.17) = 0.23\ ns$

El ejemplo precedente ilustra claramente el problema de la pérdida de nivel de señal y su perjudicial efecto en la operación del inversor CMOS siguiente. Se han perfeccionado algunas ingeniosas técnicas para restablecer el nivel de salida a V_{DD}. Estudiaremos brevemente dos de estas técnicas, una de ellas basada en un circuito y la otra en tecnología de procesos.

El método basado en un circuito se ilustra en la figura 13.28. Aquí, Q_1 es un transistor de paso controlado por la entrada B. El nodo de salida de la red PTL (circuito lógico de transistor de paso) está conectado a la entrada de un inversor complementario formado por Q_N y Q_P. Un transistor PMOS Q_R cuya compuerta está controlada por el voltaje de salida del inversor, v_{O2}, se ha agregado al circuito. Observe que en caso de que la salida de la compuerta PTL, v_{O1}, sea baja, a tierra, v_{O2} será alta, a V_{DD}, y Q_R no conducirá. Por otra parte, si v_{O1} es alto pero no del todo igual a V_{DD}, la salida del inversor será baja (como debe ser) y Q_R conduce y alimenta una corriente para cargar C hasta V_{DD}. Este proceso cesa

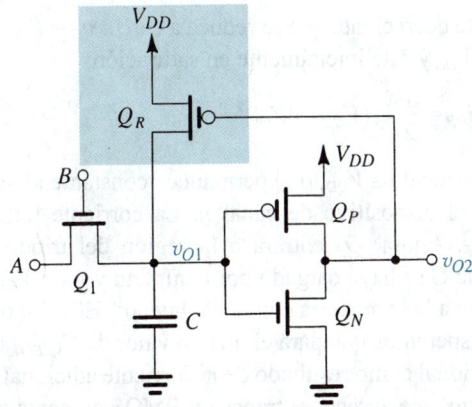

Fig. 13.28 Uso del transistor Q_R, conectado en el lazo de retroalimentación alrededor del inversor CMOS, para restablecer el nivel V_{OH} producido por Q_1 a V_{DD}.

cuando $\upsilon_{O1} = V_{DD}$, es decir, cuando el voltaje de salida se haya restablecido a su nivel correcto. La función de "restablecimiento de nivel" efectuada por Q_R se utiliza con frecuencia en el diseño de circuitos digitales MOS. Debe observarse que, aun cuando la descripción de operación sea relativamente sencilla, la adición de Q_R cierra un lado de "retroalimentación positiva" alrededor del inversor CMOS y entonces la operación está más involucrada de lo que parece, en especial durante transitorios. La selección de una razón (W/L) para Q_R es también un proceso un poco complicado, aunque normalmente se selecciona de modo que $k_r \ll k_n$ (por ejemplo un tercio o un quinto de su magnitud). Intuitivamente, esto es interesante, porque implica que Q_R no juegue un papel importante en la operación de un circuito, aparte de restablecer el nivel de V_{OH} a V_{DD}, como se explicó [véase la obra de Rabaey (1996)]. Se dice que el transistor Q_R es un transistor PMOS "débil".

La otra técnica para corregir la pérdida de nivel de señal de salida alta (V_{OH}) es una solución basada en tecnología. Específicamente, recuerde que la pérdida en el valor de V_{OH} es igual a V_{tn}. Se deduce que podemos reducir la pérdida mediante el uso de un menor valor de V_{tn} para los interruptores NMOS, y podemos eliminar la pérdida por completo si utilizamos dispositivos para los cuales $V_{tn} = 0$. Estos dispositivos de umbral cero se pueden fabricar usando implantación de iones para controlar el valor de V_{tn} y se conocen como "dispositivos naturales".

Uso de compuertas de transmisión CMOS como interruptores

Se obtiene una operación estática y dinámica mucho mejor cuando los interruptores se construyen con compuertas de transmisión CMOS. Esto debe haberse esperado de nuestro previo encuentro con la compuerta de transmisión de la sección 5.9. Recuerde que encontramos que esta compuerta es un excelente interruptor analógico, que produce circulación bidireccional de corriente y exhibe una resistencia de operación que es casi constante para una amplia escala de voltajes de entrada. Estas mismas características, en esencia, hacen que la compuerta de transmisión sea un excelente diseño para los interruptores que se emplean en circuitos lógicos de transistor de paso (PTL).

En la figura 13.29(a) se ilustra el interruptor de compuerta de transmisión en la posición "on" (conducir) con la entrada, υ_I, elevándose a V_{DD} a $t = 0$. Si se supone, como antes, que inicialmente el voltaje de salida es cero, vemos que Q_N estará operando en saturación y proporcionando una corriente de carga de

$$i_{DN} = \frac{1}{2} k_n (V_{DD} - \upsilon_O - V_{tn})^2 \tag{13.49}$$

donde, como en el caso del interruptor NMOS individual, V_{tn} está determinado por el efecto del cuerpo,

$$V_{tn} = V_{t0} + \gamma(\sqrt{\upsilon_O + 2\phi_f} - \sqrt{2\phi_f}) \tag{13.50}$$

El transistor Q_N conducirá una corriente decreciente que se reduce a cero a $\upsilon_O = V_{DD} - V_{tn}$. Observe, sin embargo, que Q_P opera con $V_{SG} = V_{DD}$ y está inicialmente en saturación,

$$i_{DP} = \frac{1}{2} k_p (V_{DD} - |V_{tp}|)^2 \tag{13.51}$$

donde, como el sustrato de Q_P está conectado a V_{DD}, $|V_{tp}|$ permanece constante al valor V_{t0}, que se supone es el mismo valor que para el dispositivo de canal n. La corriente total de carga del condensador es la suma de i_{DN} e i_{DP}. Ahora, Q_P entrará a la región del triodo en $\upsilon_O = |V_{tp}|$, pero continuará conduciendo hasta que C se haya cargado por completo y $\upsilon_O = V_{OH} = V_{DD}$. Por lo tanto, el dispositivo de canal p proveerá a la compuerta con un "1 bueno". El valor de t_{PLH} se puede calcular con técnicas usuales, donde esperamos que para el mismo valor de C, t_{PLH} será menor que en el caso del interruptor NMOS individual como resultado de la corriente adicional disponible del dispositivo PMOS. Nótese, sin embargo, que agregar el transistor PMOS aumenta el valor de C.

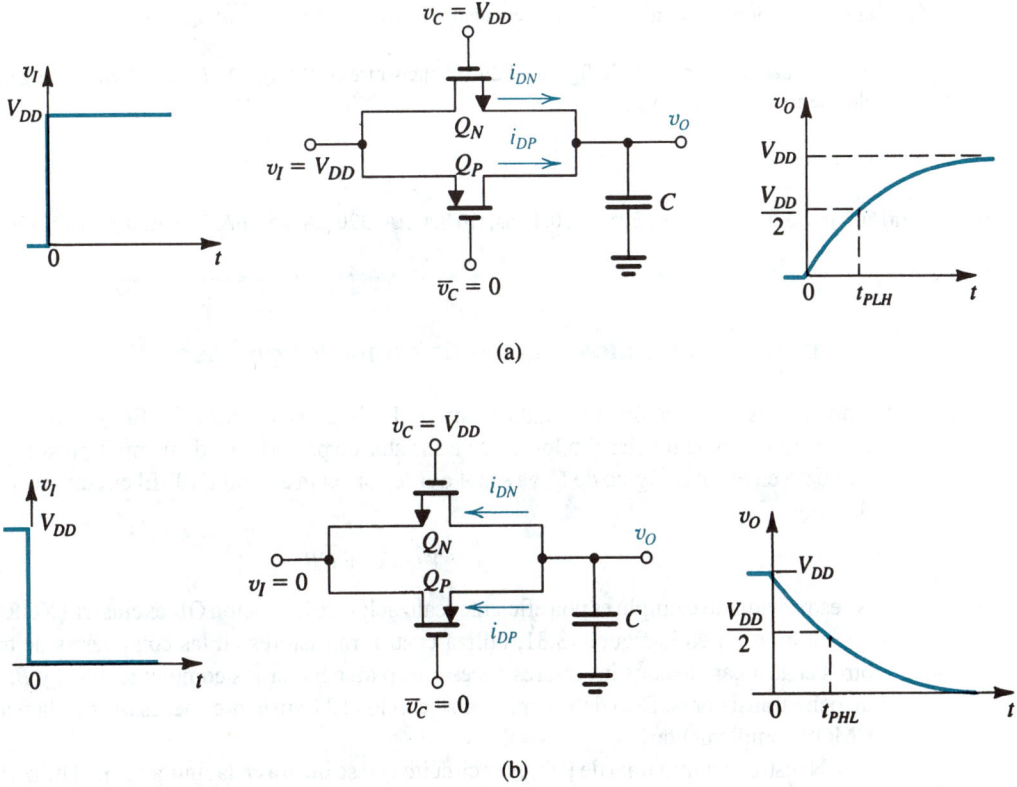

Fig. 13.29 Operación de la compuerta de transmisión como interruptor en circuitos PTL: **(a)** v_I es alto; **(b)** v_I es bajo.

Cuando v_I pasa a bajo, como se muestra en la figura 13.29(b), Q_N y Q_P intercambian papeles. Un análisis del circuito de la figura 13.29(b) indicará que Q_P dejará de conducir cuando v_O caiga a $|V_{tp}|$, donde $|V_{tp}|$ está dado por

$$|V_{tp}| = V_{t0} + \gamma[\sqrt{V_{DD} - v_O + 2\phi_f} - \sqrt{2\phi_f}] \tag{13.52}$$

El transistor Q_N, sin embargo, continúa conduciendo hasta que C se encuentre descargado por completo y $v_O = V_{OL} = 0$ V, un "0 bueno".

Concluimos que las compuertas de transmisión producen un funcionamiento mucho mejor, tanto estático como dinámico, de lo que es posible con interruptores NMOS individuales. El precio que se paga es mayor complejidad de circuito, más área y más capacitancia.

Ejercicio

13.8 La compuerta de transmisión de las figuras 13.29(a) y 13.29(b) está fabricada en una tecnología de proceso CMOS para la que $k_n' = 50$ μA/V^2, $k_p' = 20$ μA/V^2, $V_{tn} = |V_{tp}|$, $V_{t0} = 1$ V, $\gamma = 0.5$ V$^{1/2}$, $2\phi_f = 0.6$ V y $V_{DD} = 5$ V. Sean Q_N y Q_P del tamaño mínimo posible con esta tecnología de proceso, $(W/L)_n = (W/L)_p = 4$ μm/2 μm. La capacitancia total en el nodo de salida es 70 fF. Utilice cuantos resultados del ejemplo 13.4 necesite.

(a) Para la situación de la figura 13.29(a), encuentre $i_{DN}(0)$, $i_{DP}(0)$, $i_{DN}(t_{PLH})$, $i_{DP}(t_{PLH})$ y t_{PLH}.

(b) Para la situación descrita en la figura 13.29(b), encuentre $i_{DN}(0)$, $i_{DP}(0)$, $i_{DN}(t_{PHL})$, $i_{DP}(t_{PHL})$ y t_{PHL}. ¿A qué valor de v_O no conducirá Q_P?

(c) Encuentre t_P.

Resp. (a) 800 μA, 320 μA, 50 μA, 275 μA, 0.24 ns; (b) 800 μA, 320 μA, 688 μA, 20 μA, 0.19 ns, 1.6 V; (c) 0.22 ns

Ejemplos de circuitos lógicos de transistor de paso

Concluimos esta sección mostrando ejemplos de circuitos lógicos PTL. En la figura 13.30 se ilustra la construcción de un circuito lógico de transistor de paso (PTL) de un multiplexor (combinador): con base en el valor lógico de C, ya sea A o B se conectan a la salida Y. El circuito realiza la función de Bool

$$Y = CA + \overline{C}B$$

Nuestro segundo ejemplo es una eficiente realización de la función OR exclusiva (XOR). El circuito, que se muestra en la figura 13.31, utiliza cuatro transistores en las compuertas de transmisión y otros cuatro para los dos inversores necesarios para generar los complementos $\overline{A}$ y $\overline{B}$, para un total de ocho transistores. Esto debe compararse con los 12 transistores necesarios en la realización con CMOS complementario.

Nuestro ejemplo final de PTL es el circuito que se ilustra en la figura 13.32. Utiliza interruptores NMOS con umbral bajo o cero. Observe que las variables de entrada y sus complementos se utilizan y que el circuito genera la función de Bool y su complemento. Por lo tanto, esta forma de circuito se conoce como **circuito lógico de transistor de paso complementario (CPL).** El circuito consta de dos redes idénticas de transistores de paso con las correspondientes compuertas de transistores controladas por la misma señal (B y $\overline{B}$). Las entradas al PTL, sin embargo, están complementadas:

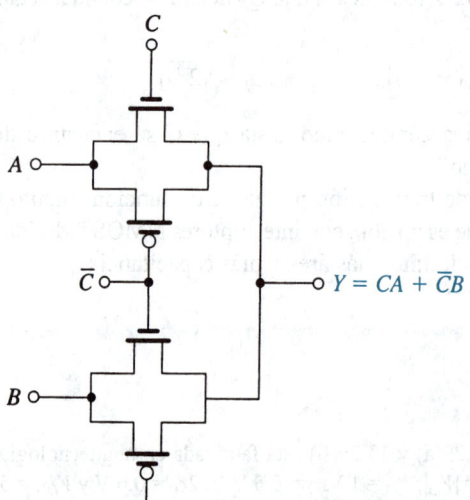

Fig. 13.30 Construcción de un multiplexor de dos a uno con circuito lógico de transistor de paso.

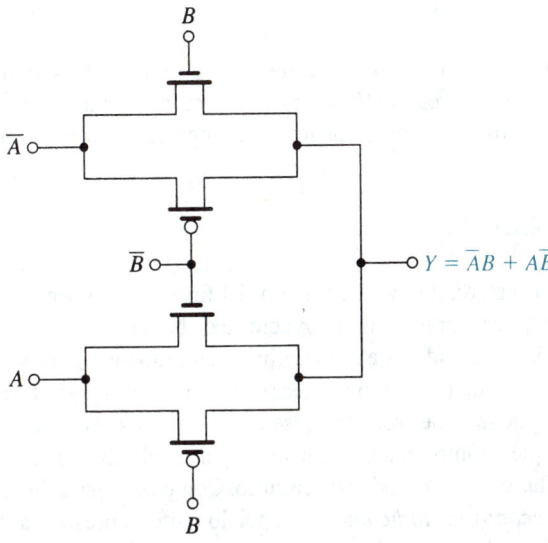

Fig. 13.31 Construcción de la función exclusiva OR con circuito lógico de transistor de paso.

$Y = \overline{A}B + A\overline{B}$

A y B para la primera red, y $\overline{A}$ y $\overline{B}$ para la segunda. El circuito mostrado realiza las funciones AND y NAND.

Ejercicio

13.9 Considere el circuito de la figura 13.32 con las señales de entrada cambiadas como sigue. Para cada caso, encuentre Y y $\overline{Y}$.

(a) Las señales en los terminales 5 y 6 intercambiadas ($\overline{B}$ aplicada a 5 y B aplicada a 6). Todo el resto son las mismas.

(b) Las señales en los terminales 5 o 6 intercambiadas como en (a), y las señales en 2 y 4 cambiadas a $\overline{A}$ y A, respectivamente. Todo el resto permanece igual.

Resp. (a) $Y = A + B$, $\overline{Y} = \overline{A}\,\overline{B} = \overline{A + B}$, es decir, OR-NOR; (b) $Y = A\overline{B} + \overline{A}B$, $\overline{Y} = \overline{A}\,\overline{B} + AB$, es decir, XOR-XNOR

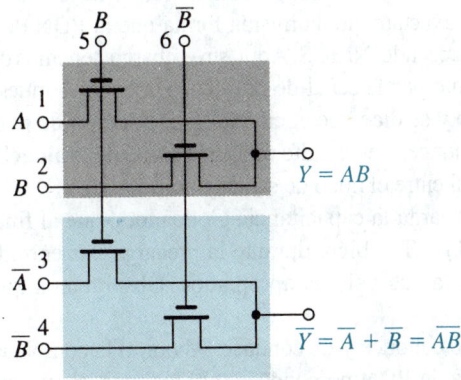

$Y = AB$

$\overline{Y} = \overline{A} + \overline{B} = \overline{AB}$

Fig. 13.32 Ejemplo de una compuerta lógica de transistor de paso que utiliza las variables de entrada y sus complementos. Este tipo de circuito se conoce, por lo tanto, como circuito lógico complementario de transistor de paso (CPL). Nótese que se generan tanto la función de salida como su complementaria.

Una observación final

Aun cuando el uso de dispositivos de umbral cero resuelve el problema de la pérdida de niveles de señal cuando se utilizan interruptores NMOS, los circuitos resultantes pueden ser mucho más sensibles al ruido y otros efectos, tales como corrientes de fuga que resultan de una conducción por debajo del umbral.

13.6   CIRCUITOS LÓGICOS DINÁMICOS

Los circuitos lógicos que hemos estudiado hasta aquí son del tipo estático. En un circuito lógico estático, todo nodo tiene en cualquier momento una trayectoria de baja resistencia para V_{DD} o tierra. Por la misma razón, el voltaje de cada nodo está bien definido en todo momento y ningún nodo se deja flotando. Los circuitos estáticos no necesitan relojes (es decir, señales periódicas de sincronía) para su operación, aun cuando puede haber relojes presentes para otros propósitos. En contraste, los circuitos lógicos dinámicos que estamos por analizar se apoyan en el almacenamiento de voltajes de señal en capacitancias parásitas en ciertos nodos de circuito. Como la carga se fuga con el tiempo, los circuitos necesitan ser *refrescados periódicamente,* y por lo tanto la presencia de un reloj con cierta frecuencia mínima especificada es esencial.

Para poner en perspectiva las técnicas de circuitos lógicos dinámicos, hagamos una evaluación de los diversos estilos de circuitos lógicos que hemos estudiado. El CMOS complementario es superior en casi todas las categorías de operación: es fácil de diseñar, tiene la máxima alternancia lógica posible, es robusto desde un punto de vista de inmunidad al ruido, no disipa potencia estática y puede ser diseñado para producir iguales tiempos de propagación de bajo a alto y de alto a bajo. Su principal desventaja es la necesidad de dos transistores por cada entrada adicional de compuerta, que para compuertas altas de convergencia puede hacer grande el área de chip, aumenta la capacitancia total y, de modo correspondiente, aumenta el tiempo de propagación y la disipación de potencia dinámica. El pseudo-NMOS reduce el número de transistores requeridos a costa de la disipación de potencia estática. Un circuito lógico de transistor de paso puede resultar en circuitos sencillos de área pequeña, pero está limitado a aplicaciones especiales y requiere el uso de inversores complementarios para restablecer niveles de señales, en especial cuando los interruptores son transistores NMOS simples. Las técnicas de circuitos lógicos dinámicos estudiadas en esta sección mantienen baja la cuenta de dispositivos de pseudo-NMOS mientras que reducen la disipación de potencia estática a cero. Como se verá, esto se logra a expensas de un diseño más complejo y menos robusto.

Principio básico

En la figura 13.33(a) aparece una compuerta lógica dinámica básica. Consta de una red de desconexión (PDN) que realiza la función lógica en exactamente la misma forma que la PDN de una compuerta CMOS complementaria o una compuerta pseudo-NMOS. Aquí, sin embargo, tenemos dos interruptores en serie que son operados periódicamente por la señal de reloj ϕ cuya onda se muestra en la figura 13.33(b). Cuando ϕ es baja, Q_p conduce y se dice que el circuito está en **etapa de precarga** o inicio. Cuando ϕ es alta, Q_p no conduce y Q_e conduce, y el circuito está en la **etapa de evaluación.** Finalmente, nótese que C_L denota la capacitancia total entre el nodo de salida y tierra.

Durante la precarga, Q_p conduce y carga la capacitancia C_L de modo que al final del intervalo de precarga el voltaje en Y es igual a V_{DD}. También, durante la precarga, las entradas A, B y C se permite que cambien y se establezcan a sus valores apropiados. Observemos que como Q_e no conduce, no existe trayectoria a tierra.

Durante la fase de evaluación, Q_p no conduce y Q_e conduce. Ahora, si la combinación de entrada es una que corresponda a una salida alta, la PDN no conduce (al igual que en la compuerta CMOS complementaria) y la salida permanece alta en V_{DD}, y $V_{OH} = V_{DD}$. Observe que no se requiere tiempo de propagación de bajo a alto, por lo que $t_{PLH} = 0$. Por otra parte, si la combinación de entradas es una que corresponda a una salida baja, los transistores NMOS apropiados de la red de desconexión (PDN) conducirán y establecerán una trayectoria entre el nodo de salida y tierra a través del transistor Q_e que conduce. Entonces, C_L se descarga a través de la red de desconexión y el voltaje en el nodo de salida se reduce a $V_{OL} = 0$ V. El tiempo de propagación t_{PHL} de alto a bajo se puede calcular en exactamente la misma forma que para un circuito CMOS complementario, excepto que aquí tenemos un transistor adicional, Q_e, en la trayectoria en serie a tierra. Aun cuando esto aumentará ligeramente el tiempo de propagación, el aumento será más que compensado por la reducida capacitancia en el nodo de salida, como resultado de la ausencia de la red de conexión (PUN).

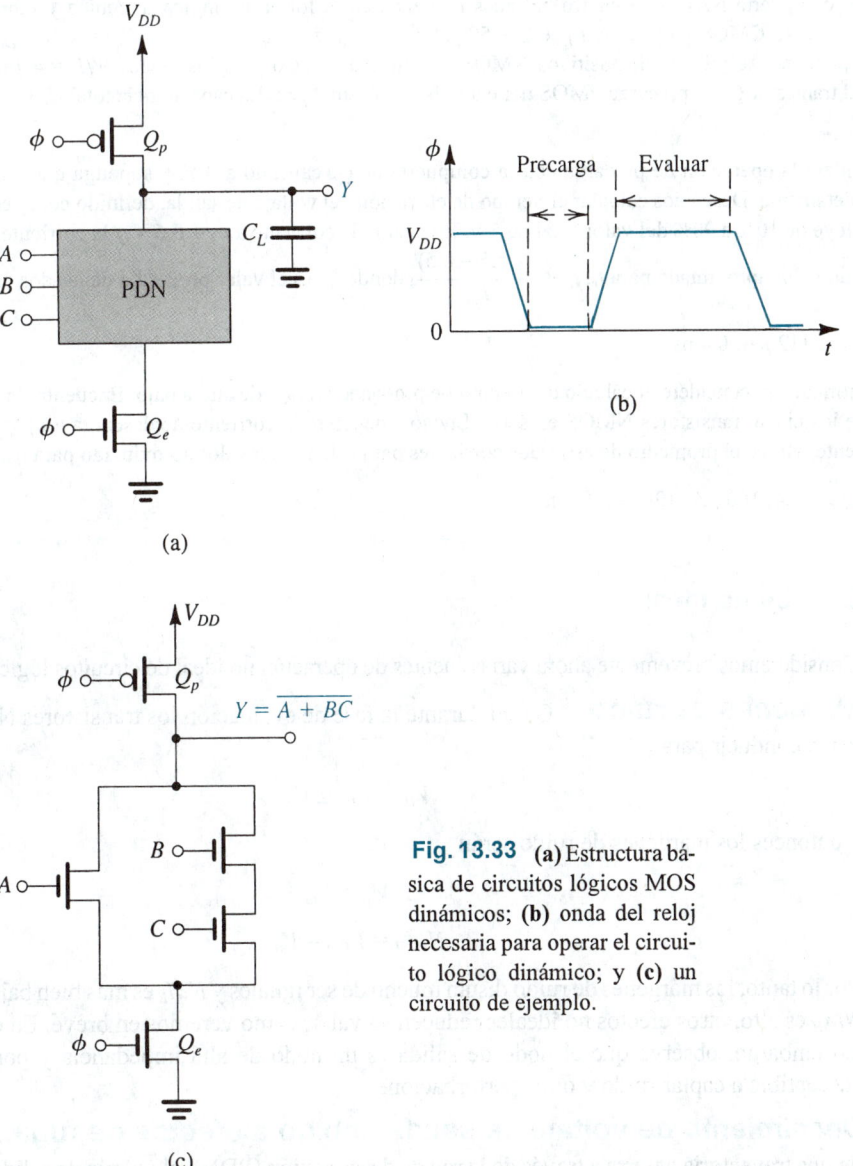

Fig. 13.33 **(a)** Estructura básica de circuitos lógicos MOS dinámicos; **(b)** onda del reloj necesaria para operar el circuito lógico dinámico; y **(c)** un circuito de ejemplo.

Como ejemplo, en la figura 13.33(c) se ilustra el circuito que realiza la función $Y = \overline{A + BC}$. La determinación de las dimensiones de los transistores de la red de desconexión (PDN) sigue con frecuencia el mismo procedimiento utilizado en el diseño de CMOS estáticos. Para Q_p, seleccionamos una relación (W/L) que sea suficientemente grande para asegurar que C_L se cargue por completo durante el intervalo de precarga. El tamaño de Q_p, sin embargo, debe ser pequeño para no aumentar la capacitancia C_L de modo significativo. Ésta es la forma sin relación de circuitos lógicos MOS, donde los niveles de salida no dependen de las relaciones W/L de los transistores.

Ejercicios

Considere una compuerta NAND de cuatro entradas realizada en la forma de lógica dinámica y fabricada en una tecnología de proceso CMOS para la cual $\mu_n C_{ox} = 50 \ \mu A/V^2$, $\mu_p C_{ox} = 20 \ \mu A/V^2$, $V_{tn} = |V_{tp}| = 1$ V, $V_{DD} = 5$ V. Para conservar C_L pequeña, se utilizan dispositivos NMOS de mínimo tamaño para los cuales $W/L = 4 \ \mu m/2 \ \mu m$ (esto incluye Q_e). El transistor Q_p de precarga PMOS tiene una $W/L = 6 \ \mu m/2 \ \mu m$. La capacitancia total C_L se encuentra que es de 30 fF.

13.10 Considere la operación de precarga con la compuerta de Q_p cayendo a 0 V, y suponga que a $t = 0$, C_L está cargado completamente. Deseamos calcular el tiempo de elevación del voltaje de salida, definido como el tiempo para el cual v_Y se eleve de 10% a 90% del valor final de 5 V. Encuentre la corriente a $v_Y = 0.5$ V y la corriente a $v_Y = 4.5$ V, luego calcule un valor aproximado para t_r, $t_r = \dfrac{C_L(4.5 - 0.5)}{I_{av}}$, donde I_{av} es el valor promedio de las dos corrientes.

Resp. 480 μA; 112 μA; 0.4 ns

13.11 A continuación, considere el cálculo del tiempo de propagación t_{PHL} de alto a bajo. Encuentre la relación W/L equivalente de los cinco transistores NMOS en serie. Luego, encuentre la corriente de descarga a $v_Y = 5$ V y a $v_Y = 2.5$ V. Finalmente, utilice el promedio de estas dos corrientes para calcular un valor aproximado para t_{PHL}.

Resp. $(W/L)_{eq} = 0.4$; 160 μA; 136 μA; 0.5 ns

Efectos no ideales

Consideremos brevemente ahora varias fuentes de operación no ideal de circuitos lógicos dinámicos.

Márgenes de ruido.   Como durante la fase de evaluación los transistores NMOS comienzan a conducir para $v_I = V_{tn}$,

$$V_{IL} \cong V_{IH} \cong V_{tn}$$

y entonces los márgenes de ruido serán

$$NM_L = V_{tn}$$

$$NM_H = V_{DD} - V_{tn}$$

Por lo tanto, los márgenes de ruido distan mucho de ser iguales y NM_L es más bien bajo. Aun cuando NM_H es alto, otros efectos no ideales reducen su valor, como veremos en breve. En este momento, sin embargo, observe que el nodo de salida es un nodo de alta impedancia y por lo tanto será susceptible a captar ruido y otras perturbaciones.

Decaimiento de voltaje de salida debido a efectos de fuga.   En ausencia de una trayectoria a tierra a través de la red de desconexión (PDN), el voltaje de salida permanecerá

idealmente alto en V_{DD}. Esto, sin embargo, está basado en la suposición de que la carga en C_L permanece intacta. En la práctica, habrá corriente de fuga que hará que C_L se descargue lentamente y υ_Y decaiga. La principal fuente de fuga es la corriente inversa de la unión polarizada inversamente entre la difusión de dren de transistores conectados al nodo de salida y el sustrato. Estas corrientes pueden ser del orden de 10^{-12} a 10^{-15} A y aumentan rápidamente con la temperatura (casi se duplican por cada 10°C de calentamiento). Por lo tanto, el circuito puede funcionar mal si el reloj opera a una frecuencia muy baja y el nodo de salida no se "refresca" periódicamente. Este mismo punto se encontrará exactamente cuando estudiemos celdas de memoria dinámica.

Carga compartida.   Hay otra forma, y con frecuencia más grave, para que C_L pierda parte de su carga y por lo tanto ocasione que υ_Y decrezca de manera importante por debajo de V_{DD}. Para ver la forma en que esto puede ocurrir, consulte la figura 13.34(a), que muestra sólo los dos transistores superiores Q_1 y Q_2 de la red de desconexión junto con el transistor de precarga Q_p. Aquí, C_1 es la capacitancia entre el nodo común de Q_1 y Q_2 y tierra. En la figura se muestra la situación al inicio de la fase de evaluación, después que Q_p no conduce y con C_L cargada a V_{DD}. En esta situación en particular, suponemos que C_1 está inicialmente cargado y que las entradas son tales que en la compuerta de Q_1 tenemos una señal alta, mientras que en la compuerta de Q_2 la señal es baja. Fácilmente podemos ver que Q_1 conducirá y su corriente de dren, i_{D1}, circulará como se indica. Por lo tanto, i_{D1} descargará C_L y cargará C_1. Aunque finalmente i_{D1} se reducirá a cero, C_L habrá perdido parte de su carga, que será transferida a C_1. Este fenómeno se conoce como *carga compartida*.

Aquí ya no perseguiremos más el problema de la carga compartida, excepto para destacar un par de técnicas que por lo general se utilizan para reducir al mínimo su efecto. En uno de estos métodos se agrega un dispositivo de canal p que continuamente conduce una pequeña corriente para reabastecer la carga perdida por C_L, como se muestra en la figura 13.34(b). Esta distribución debe

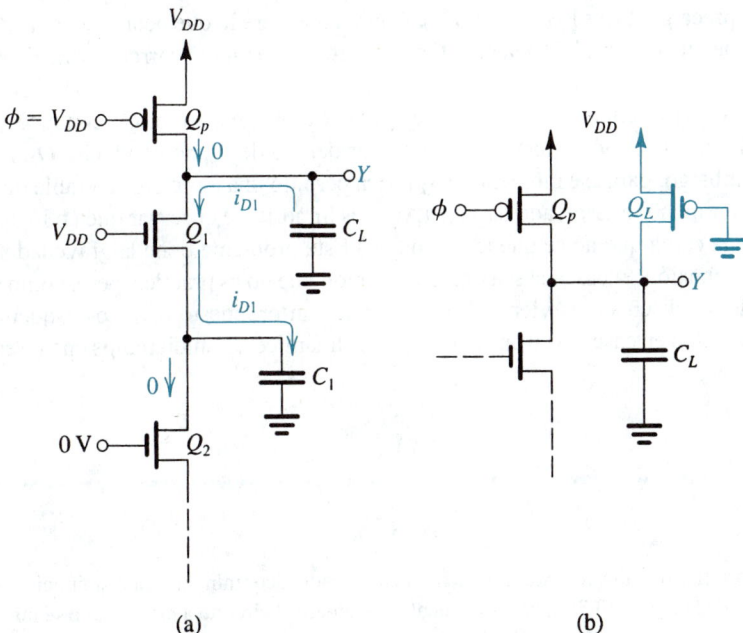

(a)   (b)

Fig. 13.34   **(a)** Carga compartida. **(b)** Agregar un transistor Q_L que conduce de modo permanente resuelve el problema de carga compartida a expensas de disipación de potencia estática.

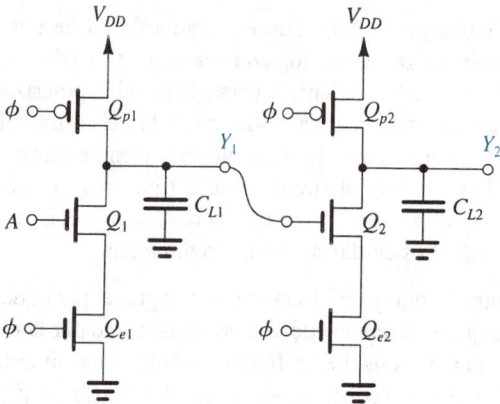

Fig. 13.35 Dos compuertas lógicas dinámicas de entrada individual conectadas en cascada. Con la entrada A alta, durante la fase de evaluación, C_{L2} se descargará parcialmente y la salida en Y_2 caerá más abajo que V_{DD}, lo cual puede ocasionar mal funcionamiento lógico.

recordarnos los pseudo-NMOS. De hecho, agregar este transistor hará que la compuerta disipe potencia estática pero, por el lado positivo, el transistor que se agregue reduce el nivel de impedancia del nodo de salida, lo hace menos susceptible al ruido y resuelve los problemas de fuga y carga compartida. Otro método de resolver el problema de carga compartida es precargar los nodos internos, es decir, precargar el condensador C_1. El precio que se paga en este caso es una mayor complejidad de circuito y más capacitancias de nodo.

Compuertas lógicas dinámicas en cascada.

Surge un problema serio si se intenta conectar compuertas lógicas dinámicas en cascada. Considere la situación descrita en la figura 13.35, donde dos compuertas dinámicas de una entrada están conectadas en cascada. Durante la fase de precarga, C_{L1} y C_{L2} se cargarán a través de Q_{p1} y Q_{p2}, respectivamente. Por lo tanto, al final del intervalo de precarga, $v_{Y1} = V_{DD}$ y $v_{Y2} = V_{DD}$. Ahora considere lo que ocurre en la fase de evaluación para el caso de que la entrada A sea alta. Obviamente, el resultado correcto será Y_1 baja ($v_{Y1} = 0$ V) y Y_2 alta ($v_{Y2} = V_{DD}$), pero lo que ocurre es algo diferente. A medida que se inicia la fase de evaluación, Q_1 conduce y C_{L1} comienza a descargarse, pero, simultáneamente, Q_2 conduce y C_{L2} también empieza a descargarse. Sólo cuando v_{Y1} caiga por debajo de V_{tn} no conducirá Q_2. Desafortunadamente, sin embargo, para ese momento, C_{L2} habrá perdido una parte considerable de su carga y v_{Y2} tendrá un valor menor al esperado de V_{DD}. (Aquí es importante observar que en lógica dinámica se ha perdido una carga que no se puede recuperar.) Este problema tiene la gravedad suficiente para hacer que la conexión en cascada sea una proposición que no es práctica, pero, como de costumbre, el ingenio de los diseñadores viene al rescate y se han propuesto diversos esquemas para hacer posible la conexión en cascada en circuitos lógicos dinámicos. Estudiaremos uno de estos esquemas en lo que sigue.

Ejercicio

13.12 Para saber más sobre el problema descrito de conexión en cascada, determinemos la disminución en el voltaje de salida v_{Y2} para el circuito de la figura 13.35. Específicamente, considere el circuito a medida que se inicie la fase de evaluación: en $t = 0$, $v_{Y1} = v_{Y2} = V_{DD}$ y $v_\phi = v_A = V_{DD}$. Los transistores Q_{p1} y Q_{p2} están en corte y se puede retirar del circuito equivalente. Además, para el propósito de este análisis aproximado, podemos sustituir la combinación serie de Q_1 y Q_{e1} con un solo dispositivo que tenga una W/L apropiada, y del mismo modo para la combinación de Q_2 y Q_{e2}.

El resultado es el circuito equivalente aproximado de la figura E13.12. Estamos interesados en la operación de este circuito en el intervalo Δt durante el cual v_{Y1} cae de V_{DD} a V_t en cuyo momento Q_{eq2} no conduce y C_{L2} deja de descargarse. Suponga que la tecnología de proceso tiene los valores de parámetro especificados en el ejemplo 13.4; que para todos los transistores NMOS del circuito de la figura 13.35, $W/L = 4\ \mu m/2\ \mu m$; y que $C_{L1} = C_{L2} = 40$ fF.

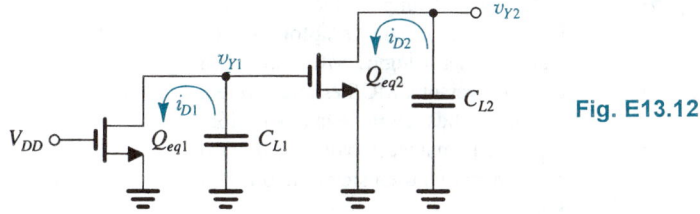

Fig. E13.12

(a) Encuentre $(W/L)_{eq1}$ y $(W/L)_{eq2}$.

(b) Encuentre los valores de i_{D1} a $v_{Y1} = V_{DD}$ y a $v_{Y1} = V_t$. De aquí determine un valor promedio para i_{D1}.

(c) Utilice el promedio de valor de i_{D1} encontrado en (b) para determinar un estimado para el intervalo Δt.

(d) Encuentre el valor promedio de i_{D2} durante Δt. Para simplificar las cosas, considere que el promedio es el valor de i_{D2} obtenido cuando el voltaje de compuerta v_{Y1} está a la mitad de su recorrido (es decir, $v_{Y1} = 3$ V). (*Sugerencia:* Q_{eq2} permanecerá en saturación.)

(e) Utilice el valor de Δt hallado en (c) junto con el promedio de valor de i_{D2} determinado en (d) para hallar un estimado de la reducción en v_{Y2} durante Δt. De esto determine el valor final de v_{Y2}.

Resp. (a) 1, 1; (b) 400 μA y 175 μA, para un valor promedio de 288 μA; (c) 0.56 ns; (d) 100 μA; (e) $\Delta v_{Y2} = 1.4$ V, y v_{Y2} decrece a 3.6 V

Circuitos lógicos CMOS DOMINÓ

Un circuito lógico CMOS DOMINÓ es una forma de circuito lógico dinámico que resulta en compuertas que se pueden conectar en cascada. En la figura 13.36 se ilustra la estructura de la compuerta lógica CMOS DOMINÓ. Observamos que es simplemente la compuerta lógica dinámica básica de la figura 13.33(a) con un inversor CMOS estático conectado a su salida. La operación de la compuerta es sencilla. Durante la precarga, X se eleva a V_{DD} y la salida de compuerta Y estará a 0 V. Durante la evaluación, dependiendo de la combinación de variable de entrada, o bien X permanecerá alto y por esto la salida Y permanecerá baja ($t_{PHL} = 0$) o X será reducido a 0 V y la salida Y se eleva a V_{DD} (t_{PLH} finita). Entonces, durante la evaluación, la salida permanece baja o hace sólo una transición de baja a alta.

Para ver cómo se pueden conectar en cascada las compuertas CMOS DOMINÓ, considere la situación de la figura 13.37(a), donde se muestran dos compuertas DOMINÓ conectadas en cascada. Para mayor sencillez se muestran compuertas de una sola entrada. Al final de la precarga, X_1 estará a V_{DD}, Y_1 estará en 0 V, X_2 estará en V_{DD} y Y_2 estará en 0 V. Como en el caso anterior, supongamos que A es alta al comienzo de la evaluación. Por lo tanto, a medida que ϕ sube, el condensador C_{L1} comienza a descargarse, haciendo descender X_1. Entre tanto, la entrada baja en la compuerta de Q_2 mantiene a Q_2 sin conducir, y C_{L2} permanece cargado completamente. Cuando v_{X1} cae por debajo del voltaje de umbral del inversor I_1, Y_1 subirá y hará que Q_2 conduzca, lo que a su vez comienza a descargar C_{L2} y hace que baje X_2. Finalmente, Y_2 se eleva a V_{DD}.

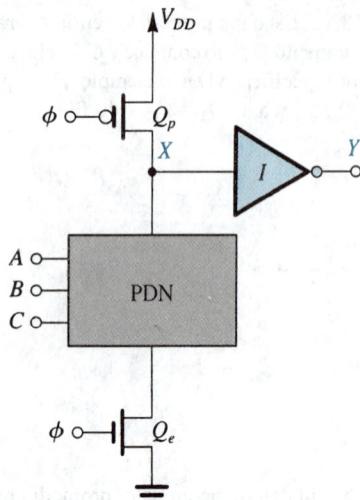

Fig. 13.36   Compuerta lógica CMOS DOMINÓ. El circuito está formado de una compuerta lógica MOS dinámica con un inversor CMOS estático conectado a la salida. Durante la evaluación, Y puede permanecer bajo (en 0 V) o puede hacer una transición de 0 a 1 (a V_{DD}).

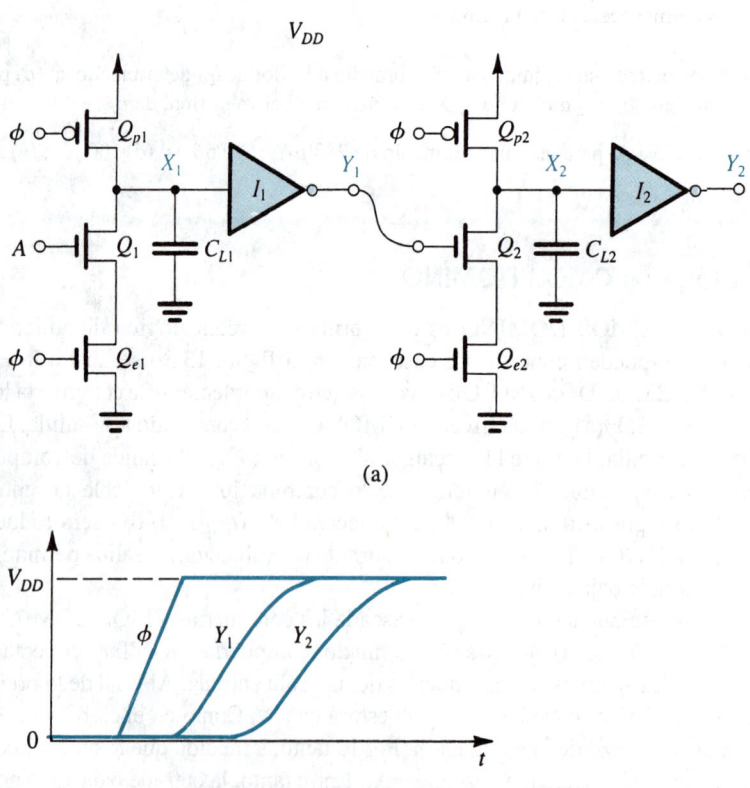

(a)

(b)

Fig. 13.37   **(a)** Dos compuertas lógicas CMOS DOMINÓ de entrada individual conectadas en cascada. **(b)** Ondas durante la fase de evaluación.

De esta descripción, vemos que como la salida de la compuerta DOMINÓ es baja al inicio de la evaluación, no ocurrirá descarga prematura del condensador en la compuerta subsiguiente en la cascada. Como se indica en la figura 13.37(b), la salida Y_1 hará una transición de 0 a 1 en t_{PLH} segundos después del borde ascendente de reloj. Subsecuentemente, la salida Y_2 hace una transición de 0 a 1 después de otro intervalo t_{PLH}. La propagación del borde ascendente a través de una cascada de compuertas se semeja a fichas de dominó que caen en cascada, que es el origen del nombre de circuito lógico CMOS DOMINÓ. Un circuito lógico CMOS DOMINÓ encuentra aplicación en el diseño de decodificadores de dirección en chips de memoria.

Observaciones concluyentes

Un circuito lógico dinámico presenta muchos desafíos al diseñador de circuitos. Aun cuando puede proporcionar considerable reducción en el requisito de área de chip, operación de alta velocidad y cero o muy poca disipación de potencia estática, los circuitos son propensos a muchos efectos no ideales, algunos de los cuales se han estudiado aquí. Debe también recordarse que la disipación de potencia dinámica es un tema importante en lógica dinámica. Otro factor que debe ser considerado es el "tiempo muerto" durante la precarga, cuando la salida del circuito todavía no se encuentra disponible.

13.7   ELEMENTOS DE MEMORIA (CANDADOS) Y FLIP-FLOPS

Los circuitos lógicos considerados hasta aquí se denominan **compuestos** (o *combinacionales*). Sus salidas dependen sólo del valor presente en la entrada, por lo que estos circuitos *no tienen* memoria.

Una *memoria* es una parte muy importante de los sistemas digitales. Su disponibilidad en computadoras digitales permite almacenar o guardar programas e información. Además, es importante para el almacenamiento temporal de la salida producida por un circuito combinacional para uso posterior en la operación de un sistema digital.

Los circuitos lógicos que incorporan memoria reciben el nombre de **circuitos secuenciales;** esto es, sus salidas dependen no sólo del valor presente en la entrada sino también de los valores previos de la entrada. Estos circuitos requieren un generador de sincronía (un *reloj*) para su operación.

Hay básicamente dos métodos de proporcionar memoria a un circuito digital. El primero de ellos se basa en la aplicación de retroalimentación positiva que, como veremos en breve, se puede arreglar para producir un circuito con dos estados estables. Este circuito *biestable* se puede usar entonces para almacenar un bit de información: un estado estable correspondería a un 0 guardado, y el otro a un 1 guardado. Un circuito biestable puede permanecer indefinidamente en cualquier estado y por lo tanto pertenece a la categoría de *circuitos secuenciales estáticos.* El otro método para poner en práctica una memoria utiliza el almacenamiento de carga en un condensador: cuando el condensador está cargado, debe considerarse como que almacena un 1; cuando está descargado, guarda un 0. Como los inevitables efectos de fuga harán que el condensador se descargue, esta forma de memoria requiere la periódica recarga del condensador, proceso éste que se conoce como *refrescar*. Por lo tanto, al igual que un circuito lógico dinámico, la memoria basada en almacenamiento de carga se conoce como *memoria dinámica* y los correspondientes circuitos secuenciales como *circuitos secuenciales dinámicos.*

En esta sección estudiaremos el elemento básico de memoria, también conocido como *candado*, y consideraremos un muestreo de sus aplicaciones. Veremos tanto circuitos estáticos como dinámicos.

El candado

El elemento básico de memoria, el candado, se muestra en la figura 13.38(a). Consta de dos inversores lógicos acoplados en cruz, G_1 y G_2. Los inversores forman un lazo de retroalimentación positiva. Para investigar la operación del candado, rompemos el lazo de retroalimentación a la entrada de uno de los inversores, por ejemplo G_1, y aplicamos una señal de entrada, v_W en la figura 13.38(b). Si se supone que la impedancia de entrada de G_1 es grande, romper el lazo de retroalimentación no cambiará la curva de transferencia del voltaje del lazo, lo que se puede determinar del circuito de la figura 13.38(b) si se traza una gráfica de v_Z contra v_W. Ésta es la curva característica de transferencia de voltaje de dos inversores conectados en cascada y, por lo tanto, toma la forma que se ilustra en la figura 13.38(c). Observe que la curva característica de transferencia consta de tres segmentos, con el segmento central correspondiente a la región de transición de los inversores.

En la figura 13.38(c) también se muestra una recta con pendiente unitaria. Esta recta representa la relación $v_W = v_Z$ que se obtiene al volver a conectar Z a W para cerrar el lazo de retroalimentación.

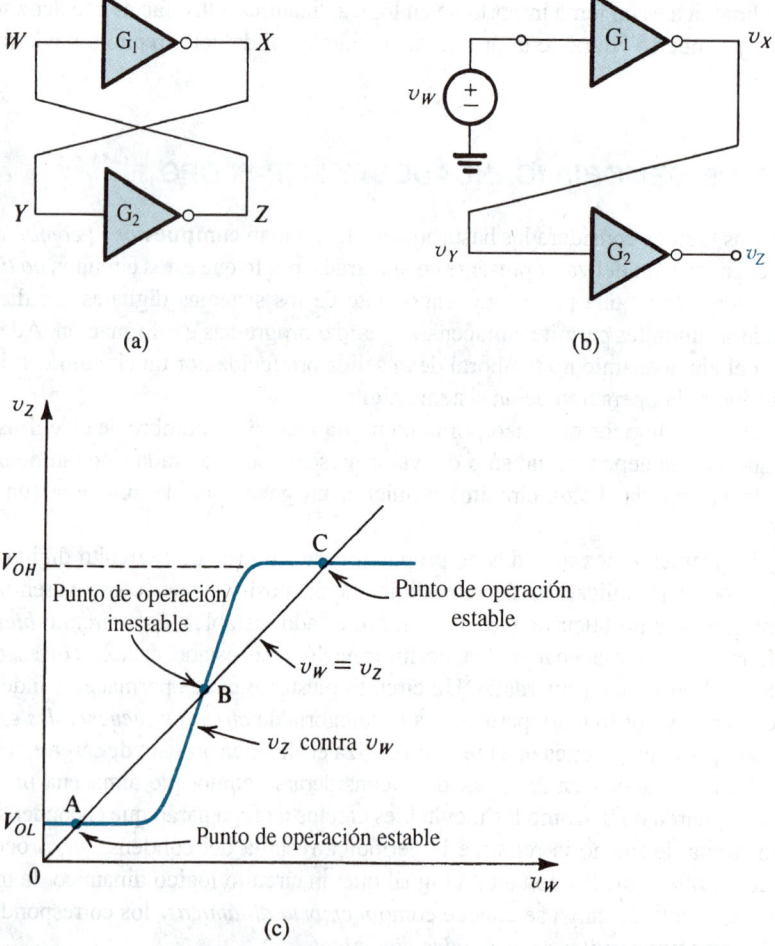

(a)

(b)

(c)

Fig. 13.38 (a) Candado básico. (b) El candado con el lazo de retroalimentación abierto. (c) Determinación del punto de operación del candado.

Como se indica, la recta corta la curva de transferencia del lazo en tres puntos, A, B y C. Por lo tanto, cualquiera de estos tres puntos puede servir como punto de operación para el candado. Ahora mostraremos que mientras que los puntos A y C son puntos de operación estables, en el sentido de que el circuito puede permanecer indefinidamente en cualquiera de ellos, el punto B es un punto de operación inestable; el candado no puede operar en B en ningún periodo.

La razón por la cual el punto B es inestable se puede ver al considerar el circuito de candado de la figura 13.38(a) que opera en el punto B, y tomando en cuenta la interferencia o ruido que está inevitablemente presente en cualquier circuito. Supongamos que el voltaje v_W aumenta en un pequeño incremento v_w. El voltaje en X aumentará (en magnitud) en un incremento más grande, igual al producto de V_W y la ganancia incremental de G_1 en el punto B. La señal resultante v_x se aplica a G_2 y da lugar a una señal incluso mayor en el nodo Z. El voltaje v_z se relaciona con el incremento original v_w por la ganancia de lazo en el punto B, que es la pendiente de la curva v_Z contra v_W en el punto B. Esta ganancia suele ser mucho mayor que la unidad. Como v_z está acoplada a la entrada de G_1, se amplifica más por la ganancia de lazo. Este proceso regenerativo continúa, cambiando el punto de operación de B hacia el punto C. Como en C la ganancia del lazo es cero (o casi cero), no puede tener lugar regeneración alguna.

En la descripción anterior, supusimos un incremento inicial de voltaje positivo en W. Si hubiéramos supuesto un incremento de voltaje negativo, hubiéramos visto que el punto de operación se mueve desde debajo de B hacia A. De nueva cuenta, como en el punto A la pendiente de la curva de transferencia es cero (o casi cero), no puede tener lugar regeneración alguna. De hecho, para que ocurra regeneración, la ganancia de lazo debe ser mayor que la unidad, que es el caso en el punto B.

El análisis anterior nos lleva a concluir que el candado tiene dos puntos de operación estables, A y C. En el punto C, v_W es alto, v_X es bajo, v_Y es bajo, y v_Z es alto. Lo inverso se cumple en el punto A. Si consideramos X y Z como salidas de candado, vemos que en uno de los estados estables (por ejemplo que corresponda al punto de operación A), v_X es alto (en V_{OH}) y v_Z es bajo (en V_{OL}). En el otro estado (que corresponde al punto de operación C) v_X es bajo (en V_{OL}) y v_Z es alto (en V_{OH}). Entonces, el candado es un circuito *biestable* que tiene dos salidas complementarias. En cuál de los dos estados estables opera el candado depende de la excitación externa que lo obliga a estar en un estado en particular. El candado entonces *memoriza* esta acción externa al permanecer indefinidamente en el estado adquirido. Como elemento de memoria, el candado es capaz de almacenar un bit de información. Por ejemplo, podemos arbitrariamente designar el estado en que v_X sea alto y v_Z sea bajo como correspondientes a un estado lógico almacenado 1. El otro estado complementario entonces designa un estado lógico almacenado 0. Finalmente, debe ser obvio que el circuito candado descrito es de la variedad estática.

Ahora falta idear un mecanismo por medio del cual el candado puede ser *disparado* para cambiar de estado. El candado, junto con el circuito de disparo, forma un *flip-flop*. Esto se estudia a continuación. En este punto, sin embargo, deseamos recordar al lector que los circuitos analógicos biestables que utilizan op amps se presentaron en el capítulo 12.

El flip-flop SR

El tipo más sencillo de flip-flop es el de establecer/restablecer (SR, o set-reset, como también se conoce en la práctica) que se ilustra en la figura 13.39(a). Se forma al acoplar en cruz dos compuertas NOR y por lo tanto incorpora un candado. La segunda entrada de cada compuerta NOR junta sirve como entrada de disparo del flip-flop. Estas dos entradas están marcadas S (*set*, o establecer) y R (*reset*, o restablecer). Las salidas están marcadas Q y $\bar{Q}$, destacando el hecho de que son comple-

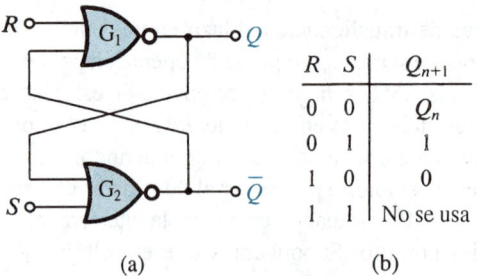

R	S	Q_{n+1}
0	0	Q_n
0	1	1
1	0	0
1	1	No se usa

Fig. 13.39 El flip-flop de establecer/restablecer (SR) y su tabla de verdad.

(a)   (b)

mentarias. El flip-flop se considera establecido (es decir, que almacena un estado lógico 1) cuando Q es alto y $\overline{Q}$ es bajo. Cuando el flip-flop está en el otro estado (Q bajo, $\overline{Q}$ alto), se considera restablecido (que almacena un estado lógico 0). En el estado de reposo o de memoria (cuando no deseamos cambiar el estado del flip-flop), las entradas S y R deben ser bajas.

Considere el caso cuando el flip-flop está almacenando un estado lógico 0. Q será bajo y por lo tanto ambas entradas a la compuerta NOR G_2 serán bajas; su salida será alta, en consecuencia. Este nivel alto se aplica a la entrada de G_1, haciendo que su salida Q sea baja. Para establecer el flip-flop elevamos S al nivel de estado lógico 1 mientras que dejamos R en 0. El 1 en el terminal S forzará la salida de G_2, $\overline{Q}$, a 0. Entonces las dos entradas a G_1 serán 0 y su salida Q se irá a 1. Ahora incluso si S regresa a 0, el flip-flop permanece en el estado establecido recién adquirido. Obviamente, si elevamos S a 1 otra vez (con R permaneciendo en 0) no ocurre ningún cambio. Para restablecer el flip-flop necesitamos elevar R a 1 mientras dejamos $S = 0$. Podemos fácilmente demostrar que esto obliga al flip-flop a entrar al estado de restablecer y que el flip-flop permanezca en este estado incluso después que R regrese a 0. Debe observarse que la señal de disparo simplemente inicia la acción regenerativa del lazo de retroalimentación positiva del candado.

Por último, investigamos lo que sucede si S y R se elevan a 1 simultáneamente. Las dos compuertas NOR harán que Q y $\overline{Q}$ se hagan 0 (nótese que en este caso la marca complementaria de estas dos variables es incorrecta). Sin embargo, si R y S regresan al estado de reposo ($R = S = 0$) simultáneamente, el estado del flip-flop se unifica. En otras palabras, será imposible predecir el estado final del flip-flop. Por esta razón, esta combinación de entrada suele no permitirse (es decir, no se usa). Nótese que esta situación surge sólo en el caso idealizado, cuando R y S regresan a 0 en forma simultánea. En la práctica, una de estas dos regresa a 0 primero, y el estado final se determina por la entrada que permanezca alta más tiempo.

La operación del flip-flop está resumida por la *tabla de verdad* de la figura 13.39(b), donde Q_n denota el valor de Q en el tiempo t_n justo antes de la aplicación de las señales R y S, y Q_{n+1} denota el valor de Q en el tiempo t_{n+1} después de la aplicación de las señales de entrada.

Más que usar dos compuertas NOR, también se puede construir un flip-flop SR si se acoplan en cruz dos compuertas NAND, en cuyo caso las funciones de establecer y restablecer son activas cuando bajas y las entradas, en consecuencia, se denominan $\overline{S}$ y $\overline{R}$.

Construcción de flip-flops SR con CMOS

El flip-flop SR de la figura 13.39 se puede construir directamente en CMOS con sólo sustituir cada una de las compuertas NOR por su circuito CMOS. Pedimos al lector que haga un dibujo del circuito resultante. Aun cuando el circuito CMOS así obtenido trabaja bien, es un tanto complejo. Como alternativa, consideremos un circuito simplificado que implementa circuitos lógicos adicionales.

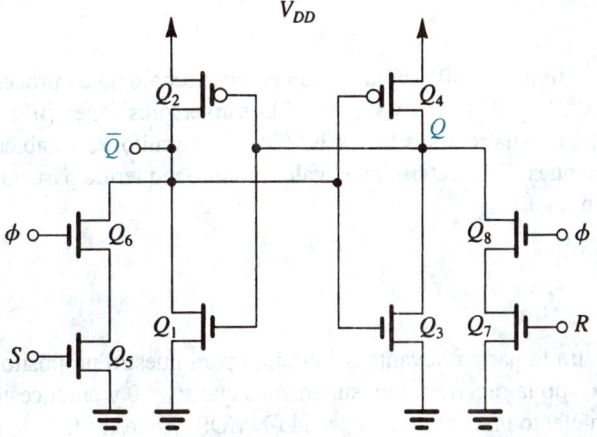

Fig. 13.40 Construcción CMOS de un flip-flop SR con reloj. La señal del reloj está denotada por ϕ.

Específicamente, en la figura 13.40 se ilustra una versión *sincronizada* de un flip-flop SR. Como las entradas de reloj forman funciones AND con las entradas de establecer y restablecer, el flip-flop se puede establecer o restablecer sólo cuando el pulso de reloj ϕ sea alto. Observe que aun cuando los dos inversores acoplados en cruz en el corazón del flip-flop son del tipo CMOS complementario, sólo se usan transistores NMOS para el circuito de establecer-restablecer. No obstante, el circuito no disipa ninguna potencia estática puesto que no hay trayectoria de conducción entre V_{DD} y tierra (excepto durante la conmutación).

Con excepción de la adición de pulsos de sincronía, el flip-flop SR de la figura 13.40 opera exactamente en la misma forma que su antecedente lógico de la figura 13.39: para ilustrar esto, considere el caso cuando el flip-flop está en el estado de restablecer ($Q = 0$, $\overline{Q} = 1$, $v_Q = 0$, $v_{\overline{Q}} = V_{DD}$), y suponga que deseamos establecerlo. Para hacerlo así, hacemos arreglos para que una señal alta (V_{DD}) aparezca en la entrada S mientras que R se mantiene bajo en 0 V. Entonces, cuando el pulso de reloj ϕ pasa a alto, tanto Q_5 como Q_6 conducen, haciendo bajar el voltaje $v_{\overline{Q}}$. Si $v_{\overline{Q}}$ pasa a estar por debajo del umbral del inversor (Q_3, Q_4), el inversor conmuta estados (o por lo menos empieza a conmutar estados), y su salida v_Q se eleva. Este aumento en v_Q se retroalimenta a la entrada del inversor (Q_1, Q_2), haciendo que su salida $v_{\overline{Q}}$ baje aún más; el proceso de regeneración, característico del candado de retroalimentación positiva, está ahora en desarrollo.

La descripción precedente de conmutación de flip-flop se predice en dos suposiciones:

1. Los transistores Q_5 y Q_6 proporcionan suficiente corriente para hacer bajar el nodo $\overline{Q}$ a un voltaje por lo menos ligeramente abajo del umbral del inversor (Q_3, Q_4). Esto es esencial para que se inicie el proceso regenerativo. Sin este disparo inicial, el flip-flop no conmuta. En el siguiente ejemplo investigamos las razones W/L mínimas que Q_5 y Q_6 deben tener para satisfacer este requisito.

2. La señal de establecer permanece alta durante un intervalo suficientemente largo para hacer que la regeneración se haga cargo del proceso de conmutación. Se puede obtener un estimado del ancho mínimo requerido para el pulso de establecer, como la suma del intervalo durante el cual $v_{\overline{Q}}$ se reduce de V_{DD} a $V_{DD}/2$, y el intervalo para el voltaje v_Q para responder y elevar a $V_{DD}/2$.

Por último, nótese que la simetría del circuito indica que todas las observaciones precedentes aplican igualmente bien al proceso para restablecer.

EJEMPLO 13.5

El flip-flop SR CMOS de la figura 13.40 está fabricado en una tecnología de proceso para la cual $\mu_n C_{ox} = 2.5\, \mu_p C_{ox} = 50\,\mu\text{A/V}^2$, $V_{tn} = |V_{tp}| = 1$ V y $V_{DD} = 5$ V. Los inversores tienen $(W/L)_n = 4\,\mu\text{m}/2\mu\text{m}$ y $(W/L)_p = 10\,\mu\text{m}/2\,\mu\text{m}$. Los cuatro transistores NMOS del circuito de establecer/restablecer (set-reset) tienen iguales razones W/L. Determine el valor mínimo requerido para que esta relación asegure que el flip-flop conmute.

SOLUCIÓN

En la figura 13.41 se muestra la parte relevante del circuito para nuestro propósito. Observe que como todavía no se ha iniciado la regeneración, suponemos que $v_Q = 0$ y entonces Q_2 estará conduciendo. El circuito es en efecto una compuerta pseudo-NMOS, y nuestro trabajo es seleccionar las razones W/L para Q_5 y Q_6, de manera que el V_{OL} de este inversor sea menor que $V_{DD}/2$ (el umbral del inversor Q_3, Q_4 cuyos Q_N y Q_P están igualados). La mínima W/L requerida para Q_5 y Q_6 se puede hallar al igualar la corriente suministrada por Q_5 y Q_6 con la corriente suministrada por Q_2 a $v_{\bar{Q}} = V_{DD}/2$. Para simplificar las cosas, suponemos que la conexión serie de Q_5 y Q_6 es aproximadamente equivalente a un solo transistor cuya W/L es igual a la mitad de W/L de cada uno de los transistores Q_5 y Q_6. Ahora, como a $v_{\bar{Q}} = V_{DD}/2$ este transistor equivalente y Q_2 estarán operando en la región del triodo, podemos escribir

$$50 \times \frac{1}{2} \times \left(\frac{W}{L}\right)_5 \left[(5-1) \times \frac{5}{2} - \frac{1}{2} \times \left(\frac{5}{2}\right)^2 \right] = 20 \times \frac{10}{2} \left[(5-1) \times \frac{5}{2} - \frac{1}{2} \times \left(\frac{5}{2}\right)^2 \right]$$

Esto nos lleva a

$$\left(\frac{W}{L}\right)_5 = 4$$

Si recordamos que éste es un valor mínimo absoluto, en la práctica seleccionaríamos una razón de 5 o 6.

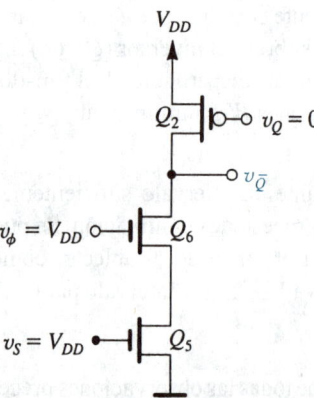

Fig. 13.41 Porción relevante del circuito flip-flop de la figura 13.40 para determinar las razones W/L mínimas de Q_5 y Q_6 para que conmute el flip-flop.

Ejercicios

13.13 Repita el ejemplo 13.5 para determinar la mínima relación $(W/L)_5$ requerida de modo que la conmutación se obtenga cuando las entradas S y ϕ se encuentren a $V_{DD}/2$.

Resp. 24.4

13.14 Deseamos determinar el ancho mínimo requerido del pulso de establecer. Hacia ese fin: (a) primero considere el tiempo para $v_{\overline{Q}}$ del circuito de la figura 13.41 que se reduzca de V_{DD} a $V_{DD}/2$. Suponga que la capacitancia total entre el nodo $\overline{Q}$ y tierra es 50 fF. Determine t_{PHL} al hallar el promedio de corriente disponible para cargar la capacitancia sobre el intervalo de voltaje de V_{DD} a $V_{DD}/2$. Recuerde que Q_2 estará conduciendo una corriente que desafortunadamente reduce la corriente disponible para descargar C. Suponga que $(W/L)_5 = (W/L)_6 = 8$, y utilice los parámetros de tecnología dados en el ejemplo 13.5. (b) Determine t_{PLH} para v_Q (figura 13.40) usando la fórmula de la ecuación (13.19). Suponga una capacitancia total de nodo en Q de 50 fF. (c) ¿Cuál es el ancho mínimo requerido para el pulso de establecer?

Resp. (a) 0.125 ns; (b) 0.255 ns; (c) 0.38 ns

En la figura 13.42 se ilustra una construcción más sencilla de un flip-flop SR sincronizado. Aquí se utiliza un circuito lógico de transistor de paso para obtener las funciones establecer-resta-blecer sincronizadas. Este circuito es muy utilizado en el diseño de chips de memoria estática de acceso aleatorio, donde se emplea como celda básica de memoria (sección 13.10).

Circuitos flip-flop D

Existen varios tipos de flip-flops que se pueden sintetizar mediante el uso de compuertas lógicas. Se pueden obtener circuitos CMOS con sólo sustituir las compuertas con sus circuitos CMOS, pero este método suele resultar en circuitos bastante complejos; en muchos casos se pueden hallar circuitos más sencillos desde un punto de vista de diseño de circuito, en lugar de diseño lógico. Para ilustrar este punto, consideraremos la construcción de un CMOS de un tipo de flip-flop muy importante que es el flip-flop D, o de datos.

El flip-flop D se ilustra en forma de diagrama a bloques en la figura 13.43. Tiene dos entradas, la entrada de datos D y la entrada de reloj ϕ. Las salidas complementarias están marcadas Q y $\overline{Q}$. Cuando el pulso de reloj es bajo, el flip-flop está en el estado de memoria, o de reposo; los cambios

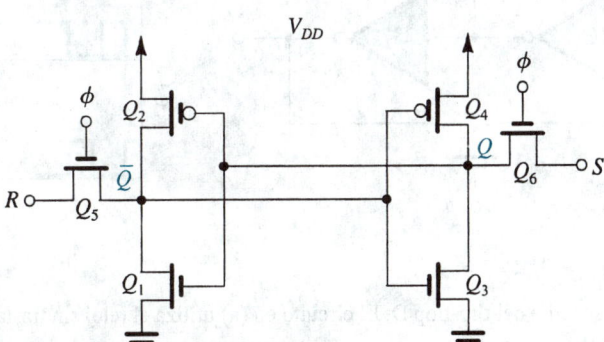

Fig. 13.42 Construcción CMOS más sencilla del flip-flop SR con reloj. Este circuito es preferido como celda básica en el diseño de chips de memoria estática de acceso aleatorio.

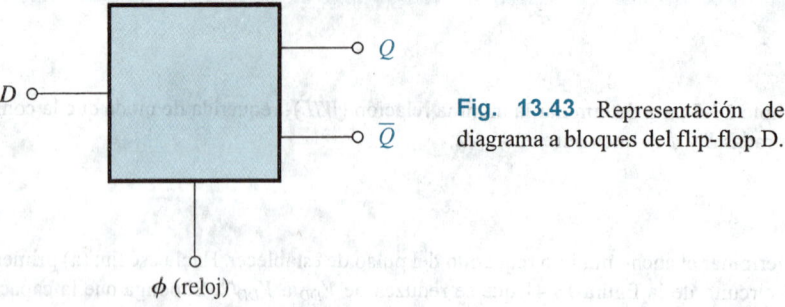

Fig. 13.43 Representación de diagrama a bloques del flip-flop D.

de señal en la línea de entrada D no tienen efecto en el estado del flip-flop. A medida que el pulso de reloj pasa a alto, el flip-flop adquiere el nivel lógico que existía en la línea D justo antes del borde ascendente del pulso de reloj. Se dice que un flip-flop como éste está **disparado por el borde.** Algunos diseños del flip-flop D incluyen también entradas directas para establecer/restablecer que controlan la operación sincronizada que se acaba de describir.

En la figura 13.44 se ilustra un diseño sencillo del flip-flop D; el circuito consta de dos inversores conectados en un lazo de retroalimentación positiva, al igual que en el candado estático de la figura 13.38(a), excepto que aquí el lazo está cerrado durante sólo una parte del tiempo. Específicamente, el lazo se cierra cuando el pulso de reloj es bajo ($\phi = 0$, $\bar{\phi} = 1$). La entrada D se conecta al flip-flop por medio de un interruptor que se cierra cuando el pulso de reloj es alto. La operación es sencilla: cuando ϕ es alto, el lazo está abierto y la entrada D se conecta a la entrada del inversor G_1. La capacitancia en el nodo de entrada de G_1 se carga al valor de D, y la capacitancia en el nodo de entrada de G_2 se carga al valor de $\bar{D}$. Entonces, cuando el pulso de reloj baja, la línea de entrada está aislada del flip-flop, el lazo de retroalimentación está cerrado y el candado adquiere el estado correspondiente al valor de D justo antes que ϕ baje, produciendo una salida $Q = D$.

De lo anterior observamos que el circuito de la figura 13.44 combina la técnica de retroalimentación positiva de circuitos biestables estáticos y la técnica de almacenamiento de carga de circuitos dinámicos. Es importante observar que la correcta operación de este circuito, y de muchos circuitos que utilizan pulsos de reloj, se fundamenta en la suposición de que ϕ y $\bar{\phi}$ *no deben ser simultáneamente altos en ningún momento.* Esta condición se define si se denominan las dos fases de reloj como *sin recubrimiento.*

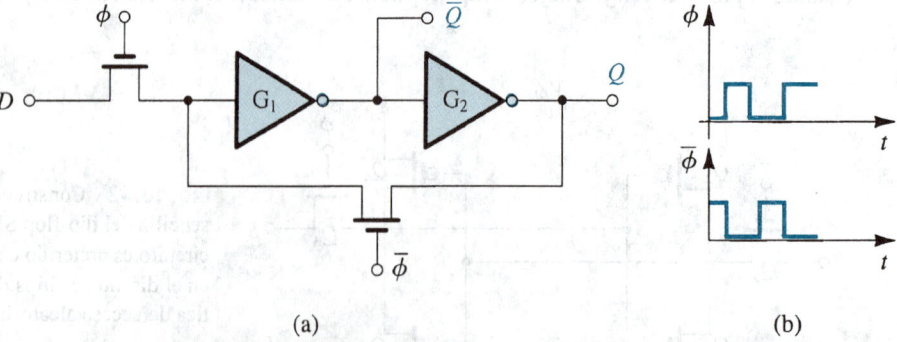

(a)   (b)

Fig. 13.44 Construcción sencilla del flip-flop D. El circuito en (a) utiliza el reloj sin traslape de dos fases cuyas ondas se muestran en (b).

Un problema inherente del flip-flop D de la figura 13.44 es que durante ϕ, la salida del flip-flop simplemente sigue la señal de la línea de entrada D. Esto puede causar problemas en ciertas situaciones de diseño lógico. El problema se resuelve de modo muy eficaz por medio de la configuración **maestro-esclavo** que se ilustra en la figura 13.45(a). Antes de estudiar la operación de este circuito, nótese que aun cuando los interruptores se muestran construidos con transistores NMOS individuales, se utilizan compuertas de transmisión CMOS en muchas aplicaciones. Estamos simplemente usando el transistor MOS individual como "notación breve" para un interruptor en serie.

El circuito maestro-esclavo consta de un par de circuitos del tipo que se muestra en la figura 13.44, operado con fases de reloj alternadas. Aquí, para insistir en que las dos fases de reloj deben ser sin recubrimiento, estamos denotándolas como ϕ_1 y ϕ_2, y claramente mostramos el intervalo sin recubrimiento en las ondas de la figura 13.45(b). La operación de este circuito es como sigue:

1. Cuando ϕ_1 es alto y ϕ_2 es bajo, la entrada está conectada al candado maestro cuyo lazo de retroalimentación está abierto, mientras que el candado esclavo está aislado. Entonces, la salida Q permanece al valor almacenado previamente en el candado esclavo cuyo lazo está ahora cerrado. Las capacitancias de nodo del candado maestro se cargan a los voltajes apropiados correspondientes al valor presente de D.

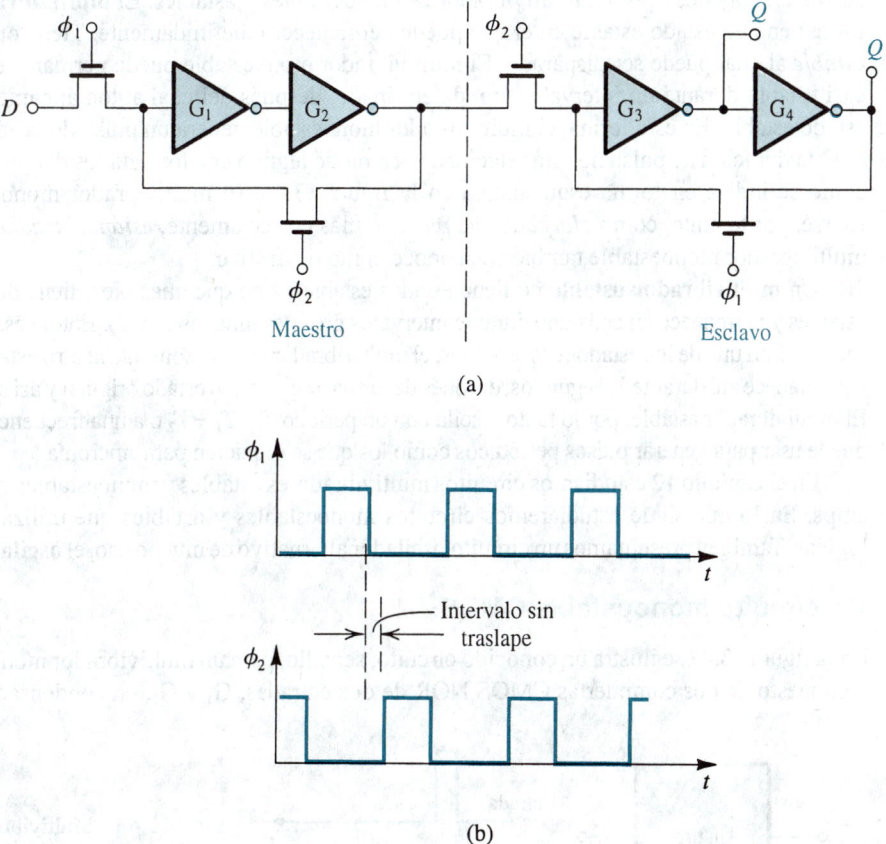

(a)

(b)

Fig. 13.45 **(a)** Un flip-flop D maestro-esclavo. Nótese que los interruptores pueden ser, como generalmente son, implementados con compuertas de transmisión CMOS. **(b)** Ondas del reloj sin traslape de dos fases requerido.

2. Cuando ϕ_1 es bajo, el candado maestro está aislado de la línea de datos de entrada. Entonces, cuando ϕ_2 es alto, el lazo de retroalimentación del candado maestro se cierra y se asegura en el valor de D. Además, su salida se conecta al candado esclavo cuyo lazo de retroalimentación está ahora abierto. Las capacitancias de nodo en el esclavo se cargan correctamente de modo que cuando ϕ_1 es alto otra vez, el candado esclavo se asegura en el nuevo valor de D y lo proporciona a la salida, $Q = D$.

De esta descripción observamos que en la transición positiva de reloj ϕ_2, la salida Q adopta el valor de D que existía en la línea D al final de la fase previa de reloj, ϕ_1. Este valor de salida permanece constante durante un periodo de reloj. Finalmente, nótese que, durante el intervalo sin recubrimiento, ambos candados tienen sus lazos de retroalimentación abiertos y nos apoyamos en las capacitancias de nodo para mantener la mayor parte de sus cargas. Se deduce que el intervalo sin recubrimiento debe mantenerse razonablemente corto (quizá un décimo o menos del periodo del pulso de reloj, y del orden de 1 ns o algo así en la práctica actual).

13.8   CIRCUITOS MULTIVIBRADORES

Como antes dijimos, el flip-flop tiene dos estados estables y recibe el nombre de *multivibrador biestable*. Hay dos tipos de multivibradores: monoestables y astables. El **multivibrador monoestable** tiene un estado estable en el que puede permanecer indefinidamente. Tiene otro estado *casi estable* al cual puede ser disparado. El multivibrador monoestable puede permanecer en el estado casi estable durante un intervalo T predeterminado, después del cual automáticamente regresa al estado estable. En esta forma, el multivibrador monoestable genera un pulso de salida de duración T. Esta duración de pulso no está relacionada en modo alguno con los detalles del pulso de disparo, como se indica en forma esquemática en la figura 13.46. El multivibrador monoestable puede usarse, por lo tanto, como *alargador de pulso,* o más correctamente, *estandarizador de pulso.* Un multivibrador monoestable también se conoce como de **un tiro**.

Un **multivibrador astable** no tiene estados estables, sino que, más bien, tiene dos estados casi estables y permanece en cada uno durante intervalos predeterminados T_1 y T_2. Entonces, después de T_1 segundos en uno de los estados casi estables, el multivibrador astable conmuta al otro estado casi estable y permanece ahí durante T_2 segundos, después de lo cual regresa a su estado original y así sucesivamente. El multivibrador astable, por lo tanto, oscila con un periodo $T = T_1 + T_2$ o a una frecuencia $f = 1/T$, y se puede usar para generar pulsos periódicos como los que se requieren para sincronía.

En el capítulo 12 estudiamos circuitos multivibradores astables y monoestables que utilizan op amps. En lo que sigue estudiaremos circuitos monoestables y astables que utilizan compuertas lógicas. También presentamos un circuito oscilador alternativo de mucho uso, el **oscilador en anillo**.

Un circuito monoestable CMOS

En la figura 13.47 se ilustra un conocido circuito, sencillo, para un multivibrador monoestable. Está compuesto de dos compuertas CMOS NOR de dos entradas, G_1 y G_2, un condensador de capaci-

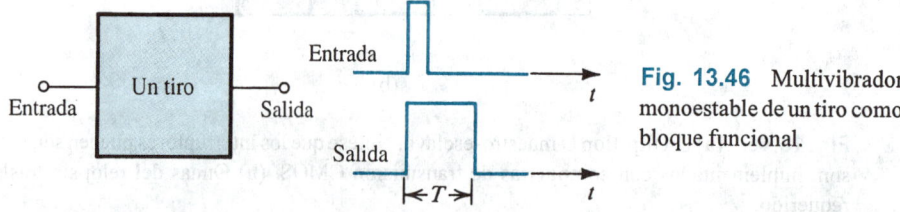

Fig. 13.46 Multivibrador monoestable de un tiro como bloque funcional.

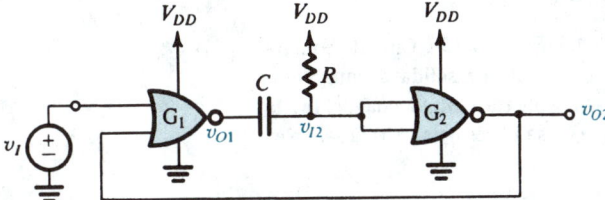

Fig. 13.47 Circuito monoestable que usa compuertas CMOS NOR. La fuente de señales v_I alimenta pulsos de disparo.

tancia C, y un resistor de resistencia R. La fuente de entrada v_I proporciona los pulsos de disparo para el multivibrador monoestable.

Las compuertas CMOS que se pueden adquirir comercialmente tienen un arreglo especial de diodos conectados en sus terminales de entrada, como se indica en la figura 13.48(a). El propósito de estos diodos es evitar que la señal de voltaje de entrada se eleve por encima del voltaje de la fuente V_{DD} (en más de una caída de diodo) y que caiga por debajo del voltaje de tierra (en más de una caída de diodo). Estos diodos fijadores de nivel tienen un efecto importante en la operación del circuito monoestable. Específicamente, estaremos interesados en el efecto de estos diodos en la operación de la compuerta G_2 conectada a inversor. En este caso, cada par de diodos correspondientes aparece en paralelo, dando lugar al circuito equivalente de la figura 13.48(b). Mientras que los diodos proporcionan una trayectoria de baja resistencia a la fuente de alimentación para voltajes que exceden los límites de esta fuente de alimentación, la corriente de entrada para voltajes intermedios es esencialmente cero.

Para simplificar las cosas utilizaremos el circuito de salida equivalente aproximada de la compuerta, como se ilustra en la figura 13.49. En la figura 13.49(a) se indica que cuando la salida de la compuerta es baja, sus características de salida pueden ser representadas por una resistencia R_{on} a tierra, que es normalmente de unos pocos cientos de ohms. En este estado, puede circular corriente del circuito externo hacia el terminal de salida de la compuerta; se dice que la compuerta *disipa* corriente. Del mismo modo, el circuito equivalente de salida de la figura 13.49(b) aplica cuando la salida de compuerta es alta. En este estado, puede circular corriente de V_{DD} por el terminal de salida de la compuerta hacia el circuito externo; se dice que la compuerta *genera* corriente.

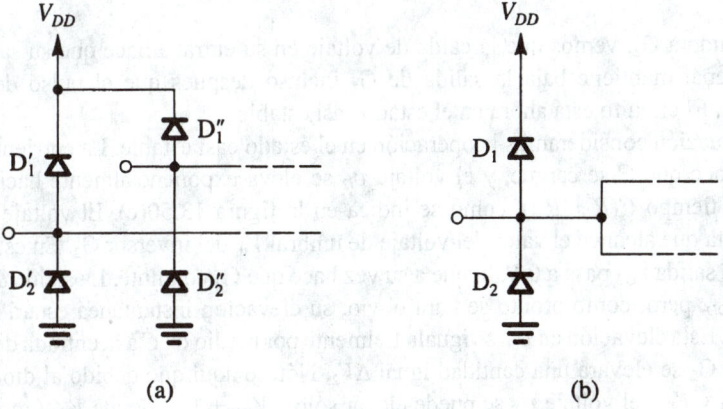

Fig. 13.48 (a) Diodos a la entrada de una compuerta CMOS de dos entradas. (b) Circuito equivalente de diodos cuando las dos entradas de la compuerta se unen. Nótese que los diodos están destinados a proteger las compuertas del dispositivo contra sobrevoltajes potencialmente destructivcs debidos a acumulación de carga estática.

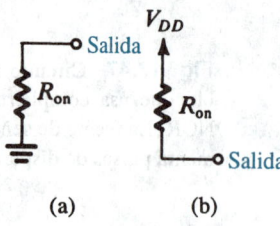

Fig. 13.49 Circuito equivalente de salida de una compuerta CMOS cuando **(a)** la salida es baja y **(b)** la salida es alta.

Para ver la forma en que opera el circuito monoestable de la figura 13.47, considere el diagrama de sincronía que se ilustra en la figura 13.50. Aquí se muestra un corto pulso de disparo de duración τ en la figura 13.50(a). En lo que sigue pasaremos por alto los tiempos de propagación a través de G_1 y G_2. Estos tiempos, sin embargo, establecen un límite inferior en el ancho del pulso τ, $\tau > (t_{P1} + t_{P2})$.

Considere primero el estado estable del circuito monoestable, esto es, el estado del circuito antes de aplicar el pulso de disparo. La salida de G_1 es alta en V_{DD}, el condensador está descargado y el voltaje de entrada a G_2 es alto en V_{DD}. Entonces, la salida de G_2 es baja, a voltaje de tierra. Este bajo voltaje se retroalimenta a G_1; como v_I es bajo, la salida de G_1 es alta, como inicialmente se supuso.

A continuación considere lo que sucede cuando se aplica el pulso de disparo. El voltaje de salida de G_1 será bajo, pero, debido a que G_1 estará disipando un poco de corriente y debido a su resistencia finita de salida R_{on}, su salida no llegará hasta 0 V sino que la salida de G_1 cae en un valor ΔV_1, que evaluaremos en breve.

La caída ΔV_1 se acopla por medio de C (que actúa como cortocircuito durante el transitorio) a la entrada de G_2. Entonces, el voltaje de entrada de G_2 se reduce en una cantidad idéntica ΔV_1. Aquí observamos que durante el transitorio habrá una corriente instantánea que circula de V_{DD}, pasa por R y C y entra en el terminal de salida de G_1 a tierra. Por lo tanto, tenemos un divisor de voltaje formado por R y R_{on} (nótese que el voltaje instantáneo en los terminales de C es cero) del cual podemos determinar ΔV_1 como

$$\Delta V_1 = V_{DD} \frac{R}{R + R_{on}} \tag{13.53}$$

Regresando a G_2, vemos que la caída de voltaje en su entrada hace que su salida sea alta (a V_{DD}). Esta señal mantiene baja la salida de G_1 incluso después que el pulso de disparo haya desaparecido. El circuito está ahora en el estado casi estable.

A continuación consideramos la operación en el estado casi estable. La corriente que pasa por R, C y R_{on} hace que C se cargue, y el voltaje v_{I2} se eleva exponencialmente hacia V_{DD} con una constante de tiempo $C(R + R_{on})$, como se indica en la figura 13.50(c). El voltaje v_{I2} continuará subiendo hasta que alcance el valor del voltaje de umbral V_{th} del inversor G_2. En este momento G_2 conmuta y su salida v_{O2} pasa a 0 V, lo que a su vez hace que G_1 conmute. La salida de G_1 tratará de elevarse a V_{DD}, pero, como pronto se hará obvio, su elevación instantánea estará limitada a una cantidad ΔV_2. Esta elevación en v_{O1} se iguala fielmente por medio de C a la entrada de G_2. Entonces, la entrada de G_2 se elevará una cantidad igual ΔV_2. Nótese aquí que debido al diodo D_1, entre la entrada de G_1 y V_{DD}, el voltaje v_{I2} se puede elevar sólo a $V_{DD} + V_{D1}$, donde V_{D1} (aproximadamente 0.7 V) es la caída en el diodo D_1. Entonces, de la figura 13.50(c) vemos que

$$\Delta V_2 = V_{DD} + V_{D1} - V_{th} \tag{13.54}$$

Por lo tanto, es el diodo D_1 el que limita el tamaño del incremento ΔV_2.

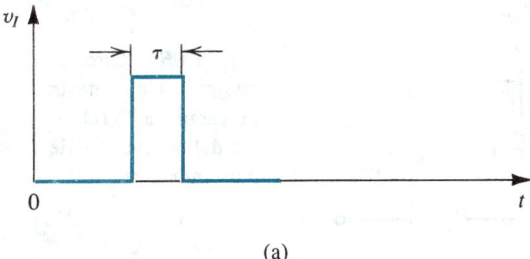

(a)

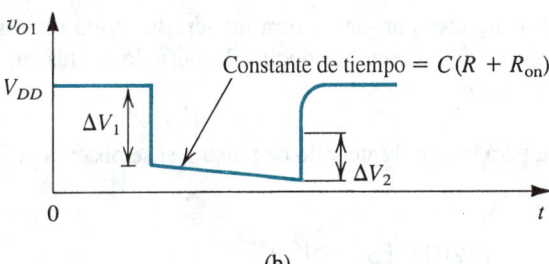

(b)

Fig. 13.50 Diagrama de sincronización para el circuito monoestable de la figura 13.47.

(c)

(d)

En vista de que ahora v_{I2} es más alto que V_{DD} (en V_{D1}), circulará corriente de la salida de G_1, pasa por C y luego pasa por la combinación en paralelo de R y D_1. Esta corriente descarga C hasta que v_{I2} caiga a V_{DD} y v_{O1} se eleve a V_{DD}. El circuito de carga está descrito en la figura 13.51, de la cual observamos que la existencia del diodo hace que la descarga sea un proceso no lineal. Aun cuando los detalles del transitorio al final del pulso no son de un interés muy grande, es importante observar que el circuito monoestable no debe ser disparado sino hasta

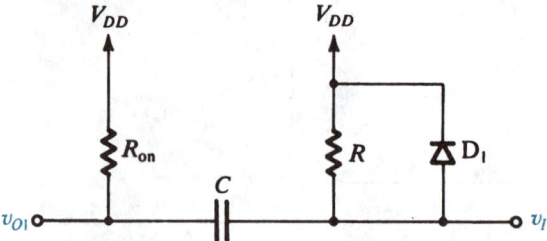

Fig. 13.51 Circuito que aplica durante la descarga de C (al final del intervalo T de pulso monoestable).

que el condensador se haya descargado, porque de otra manera la salida obtenido no será el pulso estándar que el circuito de un tiro intenta producir. El intervalo de descarga del condensador se conoce como *tiempo de recuperación*.

Se puede deducir una expresión para hallar el intervalo de pulso T si se observa la figura 13.50(c) y se expresa $v_{I2}(t)$ como

$$v_{I2}(t) = V_{DD} - \Delta V_1\, e^{-t/\tau_1}$$

donde $\tau_1 = C(R + R_{on})$. Al sustituir por $t = T$ y $v_{I2}(T) = V_{th}$, y por ΔV_1 de la ecuación (13.53) resulta, después de un poco de manipulación:

$$T = C(R + R_{on}) \ln\left[\frac{R}{R + R_{on}} \frac{V_{DD}}{V_{DD} - V_{th}}\right]$$

Ejercicios

13.15 Para $V_{th} = V_{DD}/2$ y $R_{on} \ll R$, encuentre una expresión apropiada para T.

Resp. $T = 0.69\, CR$

D13.16 Si se sabe que R_{on} es menor de 1 kΩ, utilice la aproximación del ejercicio 13.15 para diseñar un circuito de un tiro que produce pulsos de 10 μs. Especifique valores para C y R. ¿Cuál es el máximo error posible en T debido a que R_{on} se pase por alto en el diseño?

Resp. Valores posibles son $C = 1$ nF, $R = 14.5$ kΩ; -3%

Un circuito astable

En la figura 13.52(a) se ilustra un popular circuito astable compuesto de dos compuertas NOR conectadas a inversor, un resistor y un condensador. Consideraremos su operación, suponiendo que las compuertas NOR son de la familia CMOS, pero para simplificar las cosas haremos algunas otras aproximaciones: la resistencia finita de salida de la compuerta CMOS se pasará por alto. Del mismo modo, los diodos fijadores de nivel se supondrán ideales (y por ello tendrán caída cero de voltaje cuando conducen).

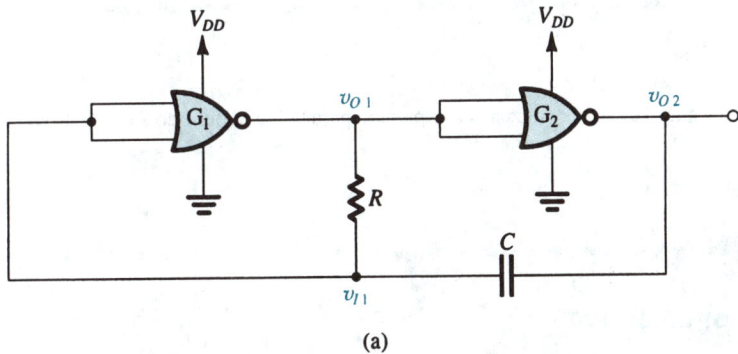

(a)

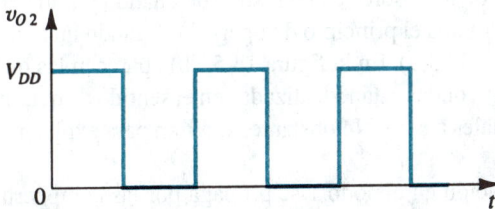

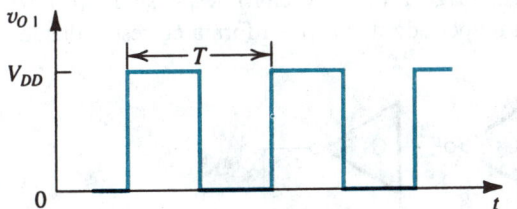

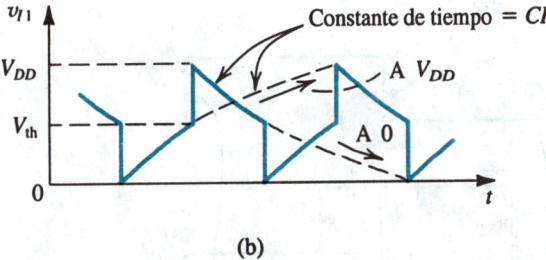

(b)

Fig. 13.52 **(a)** Circuito multivibrador astable sencillo que usa compuertas CMOS. **(b)** Ondas para el circuito astable en (a). Los diodos de la entrada de la compuerta se suponen ideales y así limitan el voltaje v_{I1} a 0 y V_{DD}.

Con estas suposiciones para simplificación, se obtienen las ondas de la figura 13.52(b). Pedimos al lector que considere la operación de este circuito en forma de paso a paso y verifique que las ondas que se muestran realmente correspondan.[4]

---

[4] Es frecuente que circuitos prácticas utilicen una gran resistencia en serie con la entrada a G_1. Esto limita el efecto de conducción del diodo y permite que v_{I1} se eleve a un voltaje mayor que V_{DD} y, del mismo modo, que caiga debajo de cero.

Ejercicio

13.17   Con las formas de la figura 13.52(b) deduzca una expresión para hallar el periodo T del multivibrador biestable de la figura 13.52(a).

Resp. $T = CR \ln \left(\dfrac{V_{DD}}{V_{DD} - V_{th}} \cdot \dfrac{V_{DD}}{V_{th}} \right)$

El oscilador en anillo

Otro tipo de oscilador que se usa comúnmente en circuitos digitales es el oscilador en anillo. Se forma al conectar un número *impar* de inversores en un lazo. Aun cuando por lo general se utilizan por lo menos cinco inversores, ilustramos el principio de operación usando un anillo de tres inversores, como se muestra en la figura 13.53(a). En la figura 13.53(b) aparecen las ondas obtenidas a las salidas de los tres inversores. Estas ondas están idealizadas en el sentido de que sus bordes tienen tiempos de elevación y de caída iguales a cero. No obstante, servirán para explicar la operación del circuito.

Observe que un borde de elevación en el nodo 1 se propaga por las compuertas 1, 2 y 3 para regresar invertido después de un tiempo de propagación de $3t_P$. Este borde de caída se propaga entonces y regresa con la polaridad original (de elevación) después de otro intervalo de $3t_P$. Se deduce que el circuito oscila con un periodo de $6t_P$ o, en forma correspondiente, con frecuencia

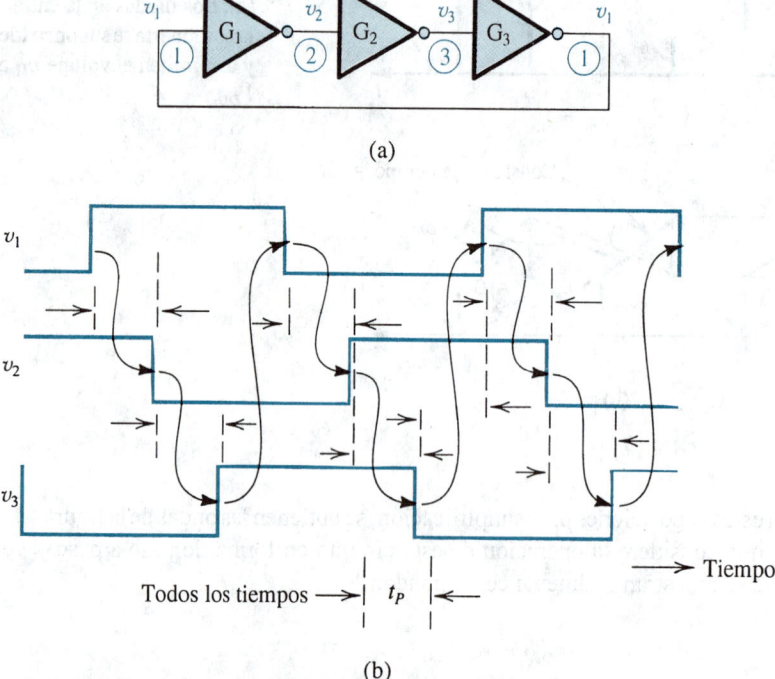

(a)

(b)

Fig. 13.53   (a) Oscilador en anillo formado al conectar tres inversores en cascada. (Normalmente se usan por lo menos cinco inversores.) (b) La onda resultante. Observe que el circuito oscila con frecuencia $1/(6t_P)$.

$1/6t_P$. En general, un anillo con N inversores (donde N debe ser impar) oscilará con periodo de $2Nt_P$ y frecuencia $1/2Nt_P$.

Como observación final, notamos que el oscilador en anillo produce un medio relativamente sencillo para medir el tiempo de propagación de un inversor.

Ejercicio

13.18 Encuentre la frecuencia de oscilación de un anillo de cinco inversores si el tiempo de propagación del inversor se especifica que es 1 ns.

Resp. 100 MHz

13.9 MEMORIAS DE SEMICONDUCTOR: TIPOS Y ARQUITECTURAS

Un sistema de computadora, ya sea de una máquina de gran capacidad o de una microcomputadora, requiere memoria para almacenar datos e instrucciones de programas. Además, dentro de un sistema dado de computadora suele haber varios tipos de memoria que utilizan varias tecnologías y tienen diferentes *tiempos de acceso*. En términos generales, una memoria de computadora se puede dividir en dos tipos: **memoria principal** y memoria de **almacenamiento masivo.** La memoria principal suele ser la memoria más rápidamente accesible y aquella de la cual se ejecuta la mayor parte de las instrucciones, con frecuencia todas éstas. La memoria principal es generalmente del tipo de acceso aleatorio. Una **memoria de acceso aleatorio** (RAM) es aquella en que el tiempo necesario para almacenar (escribir) información y para recuperar (leer) información es independiente de la ubicación física (dentro de la memoria) en que está guardada la memoria.

Las memorias de acceso aleatorio deben hacerse contrastar con memorias *serie* o *secuenciales*, como son discos y cintas, de las cuales existen datos sólo en la misma secuencia en que tales datos se almacenaron originalmente. Entonces, en una memoria en serie, el tiempo para acceder a una información en particular depende de la ubicación de la memoria en que está guardada la información requerida, y el promedio de tiempo de acceso es más largo que el tiempo de acceso de la memoria de acceso aleatorio. En un sistema de computadora, la memoria en serie se utiliza para almacenamiento masivo. Los elementos a los que no se tiene acceso frecuente, por ejemplo partes grandes del sistema operativo de la computadora, por lo general se guardan en una *memoria de superficie móvil* como son un disco o cinta magnética.

Otra clasificación importante de memoria es de una **memoria de lectura/escritura** o una **memoria de sólo lectura.** La memoria de lectura/escritura (R/W) permite almacenar y leer datos a velocidades comparables. Los sistemas de computadora requieren acceso aleatorio, memoria de lectura/escritura para datos y almacenamiento de programa.

Las memorias sólo de lectura (ROM) permiten lectura a las mismas altas velocidades que las memorias de lectura/escritura (o quizá más altas), pero restringen la operación de escritura. Las ROM se pueden usar para almacenar un programa de sistema operativo de microprocesador; también se utilizan en operaciones que requieren búsqueda en tabla, por ejemplo hallar los valores de funciones matemáticas. Una conocida aplicación de las ROM es su uso en cartuchos de juegos de vídeo. Debe observarse que una memoria de sólo lectura suele ser del tipo de acceso aleatorio, pero, en terminología de circuitos digitales, el acrónimo RAM se refiere a lectura/escritura, memoria de acceso aleatorio, mientras que ROM se utiliza para memoria de sólo lectura.

La estructura regular de circuitos de memoria los ha hecho una aplicación ideal para el diseño de circuitos de integración a escala muy grande (VLSI). De hecho, en cualquier momento, los chips de memoria representan lo más avanzado en densidad de empaquetamiento y por ello en nivel de integración. Comenzando con la introducción del chip de 1K bit en 1970, la densidad de chips de memoria se ha cuadruplicado aproximadamente cada tres años. En la actualidad hay chips que contienen 64M bits,[5] pero se están probando chips de memoria de 256M bits y hasta de 1G bit en laboratorios de investigación y desarrollo. En ésta y en las siguientes dos secciones estudiaremos algunos de los circuitos básicos que se utilizan en chips VLSI RAM. Los circuitos de sólo lectura se estudian en la sección 13.12.

Organización de un chip de memoria

Los bits en un chip de memoria son individualmente direccionables o direccionables en grupos de 4 a 16. Como ejemplo, un chip de 64M bits en el que todos los bits son individualmente direccionables se dice que está organizado como 64M palabras × 1 bit (o simplemente 64M × 1). Este chip necesita una dirección de 26 bits ($2^{26} = 67\ 108\ 864 = 64M$). Por otra parte, el chip de 64M bits se puede organizar como 16M palabras × 4 bits (16M × 4), en cuyo caso se requiere una dirección de 24 bits. Para mayor sencillez supondremos en nuestro análisis subsecuente que todos los bits en un chip de memoria son individualmente direccionables.

El grueso del chip de memoria está compuesto por celdas donde se almacenan los bits. Cada **celda de memoria** es un circuito electrónico capaz de almacenar un bit. Estudiaremos circuitos de celdas de memoria en la sección siguiente. Por razones que serán evidentes en breve, es deseable organizar físicamente las celdas de memoria en un chip en una matriz cuadrada o casi cuadrada. En la figura 13.54 se ilustra esta organización. La matriz de celda tiene 2^M renglones y 2^N columnas, para una capacidad total de almacenamiento de 2^{M+N}. Por ejemplo, una matriz cuadrada de 1M bit tendría 1024 renglones y 1024 columnas ($M = N = 10$). Cada celda de la distribución está conectada a uno de los 2^M renglones (o filas), conocidos universalmente en términos generales como **filas de palabras**, y a una de las 2^N columnas, conocidas con **líneas de dígitos** o **líneas de bits.** Una celda en particular se **selecciona** para lectura o escritura al activar su línea de palabra o su línea de bits.

La activación de una de las 2^M líneas de palabras es realizada por el **decodificador de fila:** es un circuito lógico combinacional que selecciona (eleva el voltaje de) la fila de palabra cuya dirección de M bits se aplica a la entrada del decodificador. Los bits de dirección están denotados $A_0 A_1 \ldots A_{M-1}$. Cuando la $K^{\text{ésima}}$ fila de palabras se activa, por ejemplo, para una operación de lectura, todas las 2^N celdas de la fila K darán su contenido a sus respectivas líneas de bits. De esta forma, si la celda de la columna L (véase figura) está guardando un 1, el voltaje de la línea de bit número L se eleva, usualmente en un pequeño voltaje, por ejemplo 0.1 a 0.2 V. La razón por la que el voltaje de lectura es pequeño es que la celda es pequeña, siendo ésta una deliberada decisión de diseño porque hay un gran número de celdas. La pequeña señal de lectura se aplica a un amplificador de salida conectado a la línea de bit. Como se indica en la figura 13.54, hay un amplificador de salida por cada línea de bit. El amplificador de salida produce una señal digital a plena oscilación (en nuestro ejemplo, de 0 a V_{DD}) en su salida. Esta señal, junto con las señales de salida de todas las otras celdas de la fila seleccionada, se entrega entonces al **decodificador de columna.** El decodificador de columna selecciona la señal de la columna cuya dirección de N bits se aplica a la entrada del decodificador (los bits de dirección están denotados $A_M A_{M+1} \ldots A_{M+N-1}$) y hace que esta señal aparezca en la línea de datos de entrada/salida (I/O) del chip.

---

[5] La capacidad de un chip de memoria para retener información binaria como dígitos binarios (o bits) se mide en unidades de K bits y M bits, donde 1K bit = 1024 bits y 1M bit = 1024 × 1024 = 1 048 576 bits. Por lo tanto, un chip de 64M bits contiene 67 108 864 bits de memoria.

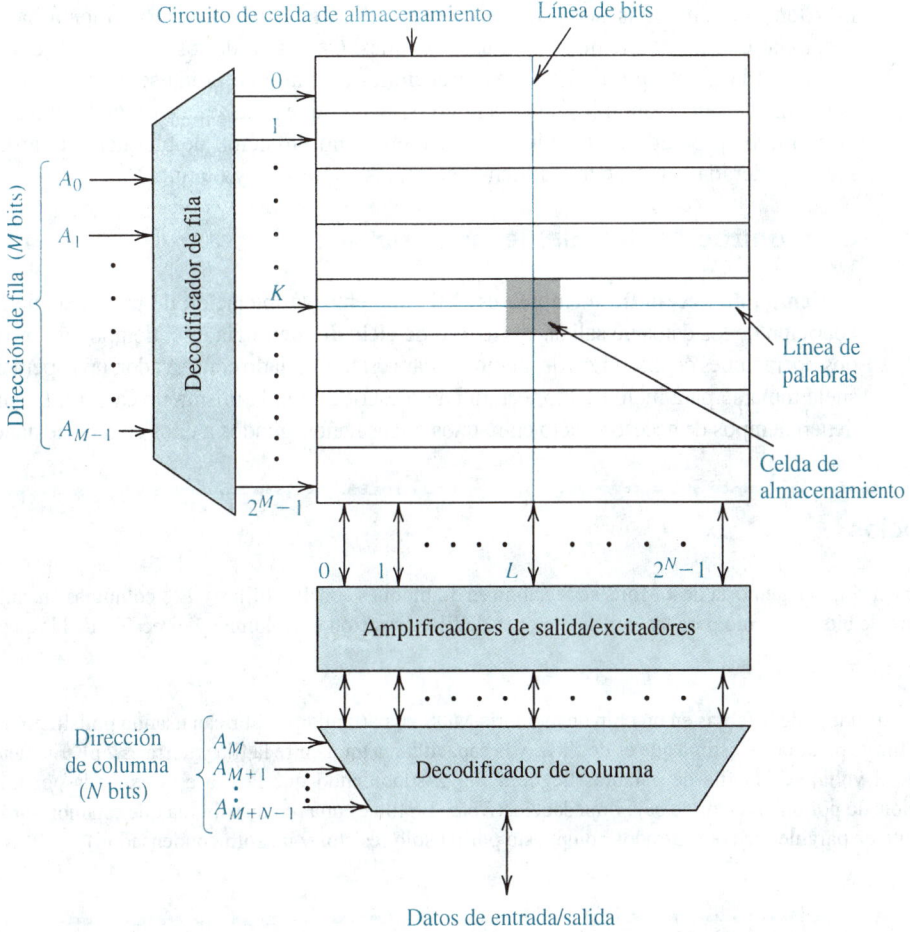

Fig. 13.54 Chip de memoria de 2^{M+N} bits organizado como circuito de 2^M filas $\times$ 2^N columnas.

Una operación de escritura prosigue de una manera semejante: el bit de datos por almacenarse (1 o 0) se aplica a la línea de entrada/salida (I/O). La celda en la que el bit de datos debe guardarse se selecciona por medio de la combinación de su dirección de fila y su dirección de columna. El amplificador de salida de la columna seleccionada actúa como **excitador** para escribir la señal aplicada en la celda seleccionada. Los circuitos para amplificadores de salida y decodificadores de dirección se estudiarán en la sección 13.11.

Antes de dejar el tema de la organización de memoria o arquitectura de chip de memoria, deseamos mencionar una innovación relativamente reciente en la organización dictada por el aumento exponencial en la densidad de chips. Para evaluar la necesidad de un cambio, nótese que a medida que el número de celdas del diseño aumenta, las longitudes físicas de las filas de palabras y filas de bit aumentan. Esto ha ocurrido aun cuando por cada nueva generación de chips de memoria el tamaño del transistor se ha reducido (hoy en día se utilizan tecnologías de procesos CMOS con tamaños de elemento de 0.15 a 0.3 μm). El aumento en longitudes de fila de palabra y fila de bits aumenta su resistencia y capacitancia totales y por lo tanto se reduce su respuesta transitoria. Esto es, a medida que las filas se alargan, la elevación exponencial de voltaje de la fila de palabra se hace más lenta, y toma más tiempo para que las celdas se activen. Este problema ha sido resuelto al seccionar el chip de memoria en varios bloques. Cada uno de los bloques tiene una organización idéntica a la de la figura 13.54. Las direcciones de fila y columna se emiten a todos los bloques, pero sólo se seleccionan los datos de uno de los bloques. La selección de bloques se logra usando un número apropiado de los bits de dirección como dirección de bloque. Esta arquitectura puede ser considerada como de tres dimensiones: filas, columnas y bloques.

Sincronización de chip de memoria

El **tiempo de acceso de memoria** es el tiempo entre la iniciación de una operación de lectura y la aparición de los datos de salida. El **tiempo de ciclo de memoria** es el tiempo mínimo permitido entre dos operaciones consecutivas de memoria. Para estar en el lado conservador, una operación de memoria suele tomarse para incluir tanto lectura como escritura (en la misma ubicación). Las memorias MOS tienen tiempos de acceso y ciclo entre unos pocos nanosegundos a unos cientos de nanosegundos.

Ejercicios

13.19 Un chip de memoria de 4 Mbits se secciona en 32 bloques con 1024 filas y 128 columnas en cada bloque. Dé el número de bits requerido para las dos direcciones de fila, dirección de columna y dirección de bloque.

Resp. 10; 7; 5

13.20 Las líneas de palabras en un chip de memoria MOS en particular se fabrican usando polisilicio. La resistencia de cada fila de palabras se estima que es de 5 kΩ, y la capacitancia total entre la fila y tierra es 2 pF. Encuentre el tiempo para que el voltaje de la fila de palabras llegue a $V_{DD}/2$ suponiendo que la fila está excitada por un voltaje V_{DD} proporcionado por un inversor de baja impedancia. (*Nota:* La fila es una red distribuida que estamos aproximando por un circuito de parámetros concentrados compuesto por un solo resistor y un solo condensador.)

Resp. 6.9 ns

13.10   CELDAS DE MEMORIA DE ACCESO ALEATORIO (RAM)

Como se menciona en la sección inmediata anterior, el grueso del chip de memoria es tomado por las celdas de almacenamiento. Se deduce que para estar en posibilidad de empaquetar un gran número de bits en un chip, es imperioso que el tamaño de la celda se reduzca al mínimo posible. La disipación de potencia por celda debe reducirse al mínimo también. Entonces, muchos de los circuitos flip-flops estudiados en la sección 13.7 son demasiado complejos para ser apropiados para poner en práctica las celdas de almacenamiento en un chip RAM.

Hay básicamente dos tipos de RAM MOS: estático y dinámico. Los **RAM estáticos** (llamados **SRAM** por brevedad) utilizan candados estáticos como celdas de almacenamiento. Los RAM dinámicos (llamados **DRAM**), por otra parte, almacenan los datos binarios en condensadores, resultando en mayor reducción en área de celda, pero a expensas de circuitos de lectura y escritura más complejos. En particular, mientras que los RAM estáticos pueden contener indefinidamente sus datos almacenados, siempre que la fuente de alimentación permanezca conectada, los RAM dinámicos requieren *refrescado periódico* para regenerar los datos almacenados en condensadores. Esto es porque los condensadores de almacenamiento se descargan, aunque lentamente, como resultado de las corrientes de fuga inevitablemente presentes. Por virtud de su menor tamaño de celda, los chips de memoria dinámica tienen por lo general cuatro veces la densidad de sus chips estáticos contemporáneos. Los RAM estáticos y dinámicos son *volátiles*, es decir, requieren la continua presencia de una fuente de alimentación. Por contraste, la mayor parte de los ROM son del tipo no volátil, como veremos en la sección 13.12. En las siguientes secciones estudiaremos las celdas de almacenamiento básicas SRAM y DRAM.

Celda de memoria estática

En la figura 13.55 se ilustra una típica celda de memoria estática en tecnología CMOS. El circuito, que hemos encontrado antes en la sección 13.7, es un flip-flop que comprende dos inversores acoplados en cruz y dos **transistores de acceso,** Q_5 y Q_6. Los transistores de acceso conducen cuando la fila de palabra se selecciona y su voltaje se eleva a V_{DD}, y conectan el flip-flop a la línea de columna (bit o B) y línea de columna, bit o $\overline{B}$. Nótese que las filas B y $\overline{B}$ se utilizan. Los transistores de acceso actúan como compuertas de transmisión permitiendo que circule corriente bidireccional entre el flip-flop y las líneas B y $\overline{B}$.

Considere primero una operación de lectura y suponga que la celda está almacenando un 1. En este caso, Q será alto a V_{DD}, y $\overline{Q}$ será bajo a 0 V. Antes que se inicie la operación de lectura, las líneas B y $\overline{B}$ se *precargan* a un voltaje intermedio entre los valores bajo y alto, usualmente $V_{DD}/2$. (El circuito para precargar se ilustra en la siguiente sección junto con el amplificador de salida.) Cuando se selecciona la fila de palabra y Q_5 y Q_6 conducen, vemos que circulará corriente de V_{DD} por Q_4 y Q_6 y en la fila B, cargando la capacitancia de la fila B, C_B. En el otro lado del circuito, circulará corriente de la fila $\overline{B}$ precargada a través de Q_5 y Q_1 a tierra, descargando así al $C_{\overline{B}}$. Se deduce que las partes relevantes del circuito durante la operación de lectura son las que se ilustran en la figura 13.56.

De esta descripción observamos que durante una operación de lectura "1", el voltaje en C_B se eleva y el de $C_{\overline{B}}$ se reduce. Entonces, se forma un diferencial de voltaje $v_{B\overline{B}}$ entre la fila B y la fila $\overline{B}$. Por lo general, sólo se requieren 0.2 V o algo así para que el amplificador de salida detecte la presencia de un 1 en la celda. Observe que la celda debe estar diseñada de modo que los cambios en v_Q y $v_{\overline{Q}}$ sean suficientemente pequeños para que el flip-flop no cambie de estado durante la lectura: La operación de lectura en un SRAM es *no destructiva*. Típicamente, cada uno de los

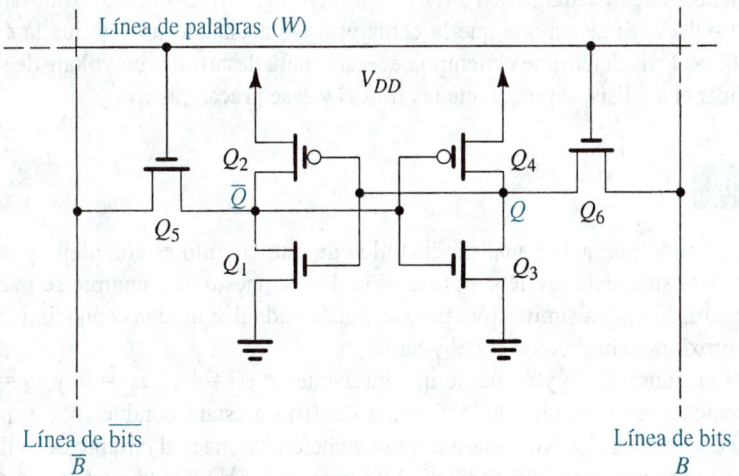

Fig. 13.55 Celda de memoria CMOS SRAM.

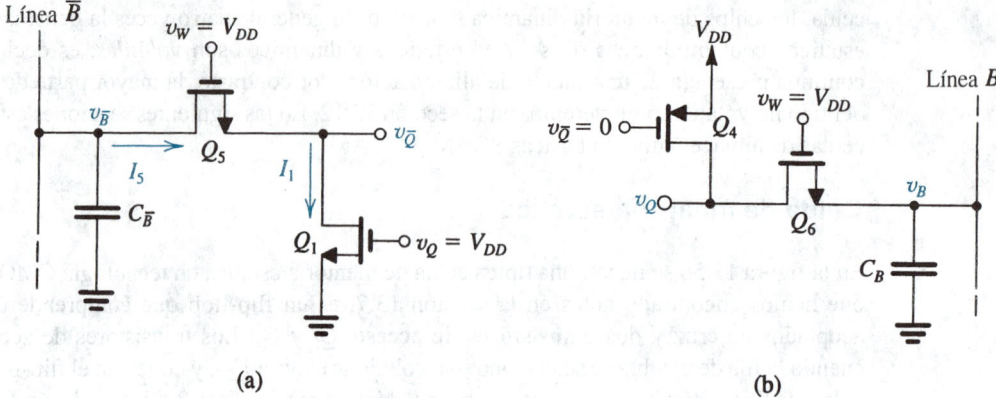

(a)   **(b)**

Fig. 13.56 Partes relevantes del circuito de celda SRAM durante una operación de lectura cuando la celda almacena un "1". Nótese que, inicialmente, $v_Q = V_{DD}$ y $v_{\bar{Q}} = 0$. También nótese que las líneas B y $\bar{B}$ suelen ser precargadas a un voltaje de alrededor de $V_{DD}/2$. Sin embargo, en el ejemplo 13.6, se supone para mayor sencillez que el voltaje de precarga es V_{DD}.

inversores está diseñado de modo que Q_N y Q_P se acoplen, poniendo así el umbral del inversor en $V_{DD}/2$. Los transistores de acceso suelen hacerse de dos a tres veces más anchos que el Q_N de los inversores.

EJEMPLO 13.6

El propósito de este ejemplo es analizar la operación dinámica de la celda CMOS SRAM de la figura 13.55. Suponga que la celda se fabrica en una tecnología de proceso para la cual $\mu_n C_{ox} = 50\ \mu A/V^2$, $\mu_p C_{ox} = 20\ \mu A/V^2$, $V_{tn0} = -V_{tp0} = 1$ V, $2\phi_f = 0.6$ V, $\gamma = 0.5$ V$^{1/2}$, y $V_{DD} = 5$ V. Supongamos que los transistores de la celda tienen $(W/L)_n = 4/2$, $(W/L)_p = 10/2$ y que los transistores de acceso tienen $(W/L) = 10/2$. Si se supone que la celda está almacenando un 1 y que la capacitancia de cada fila de bit es 1 pF, determine el tiempo necesario para desarrollar un voltaje de salida de 0.2 V. Para simplificar el análisis, suponga que las filas B y $\bar{B}$ se precargan a V_{DD}.

SOLUCIÓN

Observamos al principio que el análisis dinámico de este circuito es complejo, y debemos por lo tanto hacer varias suposiciones de simplificación. Por supuesto que siempre se puede obtener un análisis preciso si se utiliza simulación, pero se pueden adquirir muchos conocimientos incluso de un análisis aproximado hecho con papel y lápiz.

Consulte la figura 13.56 y recuerde que inicialmente $v_Q = V_{DD}$, $v_{\bar{Q}} = 0$, y $v_B = v_{\bar{B}} = V_{DD}$. De inmediato vemos que el circuito de la figura 13.56(b) no estará conduciendo y por lo tanto v_B permanecerá constante a V_{DD}. Volviendo nuestra atención entonces al circuito de la figura 13.56(a), observamos que como $v_{\bar{B}}$ cambiará en sólo 0.2 V (es decir de 5 a 4.8 V) durante el proceso de lectura, el transistor Q_5 estará operando en saturación y, por lo tanto, $C_{\bar{B}}$ se descargará con una corriente constante de I_5. Para que el transistor Q_1 conduzca, su voltaje de dren $v_{\overline{Q}}$ tendrá que elevarse pero esperemos que esta elevación no exceda el umbral del inversor (Q_3, Q_4), que es $V_{DD}/2$ porque los transistores p y n de cada inversor están igualados. Habrá un breve intervalo durante el cual I_5 cargará la pequeña capacitancia parásita entre el nodo $\overline{Q}$ y tierra a un voltaje $v_{\overline{Q}}$ suficiente para operar Q_1 en el modo del triodo a una corriente I_1 igual a I_5. La corriente I_1 se puede entonces expresar como

$$I_1 = \mu_n C_{ox} \left(\frac{W}{L}\right)_1 \left[(V_{DD} - V_{t1})v_{\overline{Q}} - \frac{1}{2} v_{\overline{Q}}^2 \right]$$

en donde hemos supuesto que v_Q permanecerá constante a V_{DD}. Como la fuente de Q_1 está a tierra, $V_{t1} = 1$ V y

$$I_1 = 50 \times \frac{4}{2} \left[(5 - 1)v_{\overline{Q}} - \frac{1}{2} v_{\overline{Q}}^2 \right] \tag{13.55}$$

Para Q_5 podemos escribir

$$I_5 = \frac{1}{2} \mu_n C_{ox} \left(\frac{W}{L}\right)_5 (V_{DD} - v_{\overline{Q}} - V_{t5})^2$$

en donde el voltaje de umbral V_{t5} se puede determinar de

$$V_{t5} = 1 + 0.5(\sqrt{v_{\overline{Q}} + 0.6} - \sqrt{0.6}) \tag{13.56}$$

Como todavía no conocemos $v_{\overline{Q}}$, necesitamos resolver por iteración. Para una primera iteración, suponemos que $V_{t5} = 1$ V, entonces I_5 será

$$I_5 = \frac{1}{2} \times 50 \times \frac{10}{2} (5 - v_{\overline{Q}} - 1)^2 \tag{13.57}$$

Ahora al igualar I_1 de la ecuación (13.55) con I_5 de la ecuación (13.57) y despejar $v_{\overline{Q}}$ resulta $v_{\overline{Q}} = 1.86$ V. Como una segunda iteración, utilizamos este valor de $v_{\overline{Q}}$ en la ecuación (13.56) para determinar V_{t5}. El resultado es $V_{t5} = 1.4$ V. Este valor se utiliza entonces en la expresión para I_5 y el proceso se repite, con el resultado de que $v_{\overline{Q}} = 1.6$ V. Esto es lo suficientemente cerca del valor original y no parece justificar otra iteración. La corriente I_5 se puede determinar ahora, $I_5 = 0.5$ mA. Observe que $v_{\overline{Q}}$ es de hecho menor que $V_{DD}/2$, y entonces el flip-flop no conmutará estado (¡un alivio!). En realidad, V_{IL} para este inversor es 2.125 V, por lo que la suposición de que v_Q permanece a V_{DD} se justifica, aun cuando v_Q cambiará un poco, un punto que no veremos más en este análisis aproximado.

Ahora podemos determinar el intervalo para que aparezca un decremento de 0.2 V en la fila $\overline{B}$ con

$$\Delta t = \frac{C_{\overline{B}} \Delta V}{I_5}$$

Entonces,

$$\Delta t = \frac{1 \times 10^{-12} \times 0.2}{0.5 \times 10^{-3}} = 0.4 \text{ ns}$$

Debemos señalar que Δt es sólo un componente del tiempo de propagación encontrado en la operación de lectura. Otro componente importante se debe al tiempo finito de elevación del voltaje en la fila de palabras. De hecho, incluso el cálculo de Δt es optimista porque la fila de palabras sólo habrá llegado a un voltaje menor que V_{DD} cuando el proceso de descargar $C_{\bar{B}}$ tenga lugar.

Se puede obtener otra solución incluso más aproximada (pero más rápida) si se observa que en el circuito de la figura 13.56(a), Q_1 y Q_5 tienen voltajes de compuerta iguales (V_{DD}) y están conectadas en serie. Podemos considerar que son aproximadamente equivalentes a un solo transistor con una razón W/L de

$$(W/L)_{eq} = \cfrac{1}{\cfrac{1}{(W/L)_1} + \cfrac{1}{(W/L)_5}} = \cfrac{1}{\cfrac{2}{4} + \cfrac{2}{10}} = \frac{10}{7}$$

El transistor equivalente operará en saturación, por lo que su corriente I será

$$I = \frac{1}{2} \times 50 \times \frac{10}{7} (5 - 1)^2 = 0.57 \text{ mA}$$

Ésta es sólo 14% mayor que el valor encontrado antes. El voltaje $v_{\bar{Q}}$ se puede hallar al multiplicar I por el valor aproximado de r_{DS} de Q_1 en la región del triodo,

$$r_{DS} = 1/[50 \times 10^{-6} \times \frac{4}{2} \times (5 - 1)] = 2.5 \text{ k}\Omega$$

Entonces,

$$v_{\bar{Q}} = 0.57 \times 2.5 = 1.4 \text{ V}$$

De nueva cuenta, esto es razonablemente cercano al valor encontrado antes.

A continuación consideremos la operación de escritura. Supongamos que la celda está originalmente almacenando un 1 ($v_Q = V_{DD}$ y $v_{\bar{Q}} = 0$) y que deseamos escribir un 0. Para hacer esto, la fila B se reduce a 0 V y la fila $\bar{B}$ se eleva a V_{DD}, y por supuesto que la celda se selecciona al elevar la fila de palabras a V_{DD}. En la figura 13.57 se lustran las partes relevantes del circuito durante el intervalo en que el nodo $\bar{Q}$ se reduce hacia el voltaje de umbral $V_{DD}/2$ [parte (a) de la figura] y el nodo Q se reduce hacia $V_{DD}/2$ [parte (b) de la figura]. Los condensadores C_Q y $C_{\bar{Q}}$ son las capacitancias parásitas en los nodos Q y $\bar{Q}$, respectivamente. Se puede hacer un análisis aproximado en cualquier circuito para determinar el tiempo necesario para que tenga lugar la conmutación. Nótese que la retroalimentación regenerativa que hace que el flip-flop conmute se iniciará cuando ya sea v_Q o $v_{\bar{Q}}$ alcancen $V_{DD}/2$. Una vez que esto ocurra, entra en acción la retroalimentación positiva y los circuitos de la figura 13.57 ya no aplican.

Brevemente explicaremos la operación de los circuitos de la figura 13.57, dejando el análisis para que el lector haga el ejercicio 13.21 y los problemas 13.85 y 13.86. Considere primero el circuito de la figura 13.57(a), y observe que Q_5 estará operando en saturación. Inicialmente,

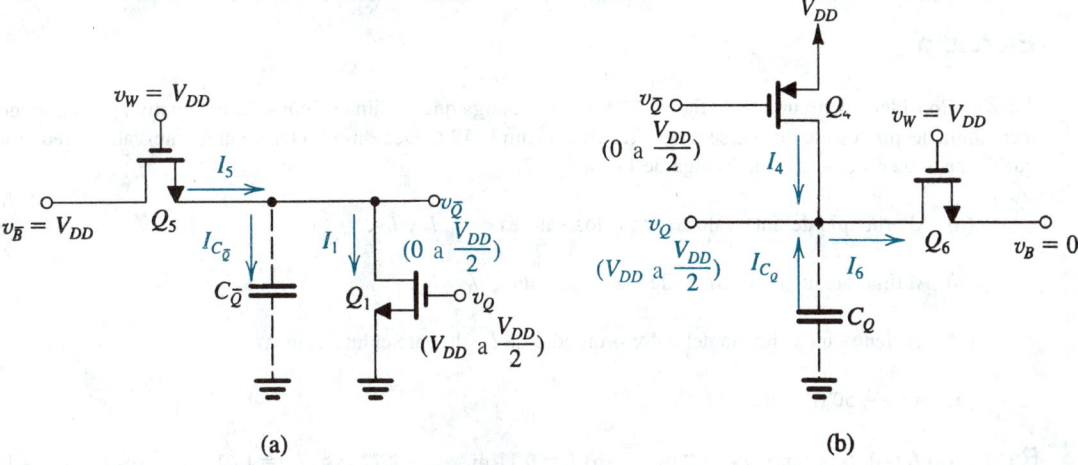

Fig. 13.57 Partes relevantes del circuito SRAM durante una operación de escritura. Inicialmente, el SRAM tiene un 1 almacenado y se está escribiendo un 0. Estos circuitos equivalentes aplican antes que tenga lugar la conmutación. El circuito en **(a)** está subiendo el nodo $\overline{Q}$ hacia $V_{DD}/2$, mientras que en **(b)** está bajando el nodo Q hacia $V_{DD}/2$.

su voltaje será 0, y por lo tanto su V_t será igual a V_{t0}. También inicialmente Q_1 no conducirá porque su voltaje de dren es cero. La corriente I_5 circulará inicialmente hacia $C_{\overline{Q}}$, cargándolo, y por lo tanto $v_{\overline{Q}}$ se elevará y Q_1 conducirá. Q_1 estará en la región del triodo y su corriente I_1 se restará de I_5, reduciendo la corriente disponible para cargar $C_{\overline{Q}}$. *Simultáneamente*, a medida que $v_{\overline{Q}}$ se eleva, V_{t5} aumentará debido al efecto del cuerpo e I_5 se reducirá. Otro efecto causado por el circuito de la figura 13.57(b) es que v_Q estará cayendo de V_{DD} hacia $V_{DD}/2$. Esto causará una reducción correspondiente en la corriente I_1. A pesar de todas estas complicaciones, podemos fácilmente calcular un valor promedio aproximado para la corriente $I_{C\overline{Q}}$ de carga del condensador sobre el intervalo[6] que se inicia con ($v_Q = V_{DD}$, $v_{\overline{Q}} = 0$) y termina con ($v_Q = V_{DD}/2$, $v_{\overline{Q}} = V_{DD}/2$). Podemos entonces utilizar este valor de corriente para determinar el tiempo para que el voltaje en $C_{\overline{Q}}$ aumente en $V_{DD}/2$.

El circuito de la figura 13.57(b) opera en una forma muy semejante, excepto que ninguno de los dos transistores es susceptible al efecto del cuerpo. Por lo tanto, este circuito proporciona a C_Q una corriente más grande de descarga que la corriente proporcionada por el circuito de la figura 13.57(a) para cargar $C_{\overline{Q}}$. El resultado será que C_Q se descargará más rápidamente de lo que se carga $C_{\overline{Q}}$. En otras palabras, v_Q alcanzará un valor $V_{DD}/2$ antes que $v_{\overline{Q}}$. Se deduce que un estimado de este componente del tiempo de propagación de escritura se puede obtener si se considera sólo el circuito de la figura 13.57(b).

Otro componente del tiempo de propagación de escritura es el tomado por la acción de conmutación del flip-flop. Éste se puede aproximar por el tiempo de propagación de un inversor.

---

[6] Implícita en este enunciado está la suposición de que v_Q y $v_{\overline{Q}}$ llegarán a $V_{DD}/2$ simultáneamente. Como pronto veremos, éste no es el caso pero es una suposición razonable que sirve para el propósito de obtener un estimado aproximado del tiempo de propagación de escritura.

Ejercicio

13.21 Considere el circuito de la figura 13.57(b) y suponga que las dimensiones del dispositivo y los parámetros de tecnología del proceso son como se especifica en el ejemplo 13.6. Deseamos determinar el intervalo Δt requerido para que C_Q se descargue, y su voltaje caiga de V_{DD} a $V_{DD}/2$.

(a) Al principio del intervalo Δt, halle los valores de I_4, I_6 y I_{C_Q}.

(b) Al final del intervalo Δt, halle los valores de I_4, I_6 y I_{C_Q}.

(c) Encuentre un estimado del valor promedio de I_{C_Q} durante el intervalo Δt.

(d) Si $C_Q = 50$ fF, estime Δt.

Resp.   (a) $I_4 = 0$, $I_6 = 2$ mA, $I_{C_Q} = 2$ mA;   (b) $I_4 = 0.11$ mA, $I_6 = 1.72$ mA, $I_{C_Q} = 1.61$ mA;   (c) $I_{C_Q}|_{\text{prom}} = 1.8$ mA; (d) $\Delta t = 69.4$ ps

De los resultados de este ejercicio observamos que este componente de tiempo de propagación para escritura es mucho menor que el componente correspondiente en la operación de lectura. Esto es porque en la operación de escritura, sólo la pequeña capacitancia C_Q tiene que cargarse (o descargarse), mientras que en la operación de lectura tenemos que cargar (o descargar) las capacitancias mucho mayores de las filas B y $\bar{B}$. En la operación de escritura, las capacitancias de las filas B y $\bar{B}$ se cargan (y descargan) en forma relativamente rápida por el circuito de excitación. El resultado final es que el tiempo de propagación en la operación de escritura está dominado por el tiempo de propagación de la fila de palabras.

Celda de memoria dinámica

Aun cuando con los años se han propuesto varias celdas de almacenamiento DRAM, una celda en particular, que se muestra en la figura 13.58, se ha convertido en el estándar de la industria. La celda

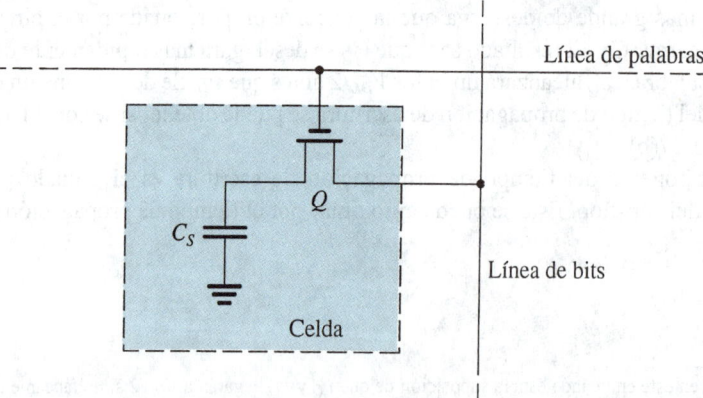

Fig. 13.58   Celda RAM dinámica de un transistor.

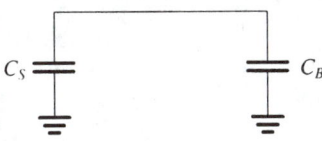

Fig. 13.59 Cuando el voltaje de la línea de palabras selecciona-da se eleva, el transistor conduce, conectando así el condensador de almacenamiento C_S a la capacitancia de línea de bit C_B.

se compone de un solo MOSFET de canal *n*, conocido como transistor *de acceso*, y un condensador de almacenamiento C_S. La celda se conoce apropiadamente como **celda de un transistor.**[7] La compuerta del transistor está conectada a la fila de palabras y su fuente (dren) está conectada a la fila de bits. Observe que sólo se utiliza una fila de bits en los DRAM, en comparación con el caso de los SRAM, en donde se emplean filas de bits y bits.

La celda DRAM almacena su bit de información como carga en el condensador C_S de la celda. Cuando la celda está almacenando un 1, el condensador se carga a $(V_{DD} - V_t)$; cuando se almacena un 0, el condensador se descarga a un voltaje de cero.[8] Debido a los efectos de fuga, la carga del condensador se fuga y por ello la celda debe regenerarse periódicamente. Durante la regeneración, o *refrescado*, el contenido de la celda es leído y el bit de información se vuelve a escribir, *restableciendo* así el voltaje del condensador a su valor apropiado. La operación de refrescado debe ser realizada cada 5 a 10 ms.

Consideremos ahora en más detalle la operación de la DRAM. Al igual que en la RAM estática, el decodificador de fila selecciona una fila en particular al elevar el voltaje de su fila de palabras. Esto hace que todos los transistores de acceso de la fila seleccionada sean conductores, conectando así los condensadores de almacenamiento de todas las celdas de la fila seleccionada a sus respectivas filas de bits. Por lo tanto, el condensador de celda C_S se conecta en paralelo con la capacitancia C_B de fila de bits, como se indica en la figura 13.59. Aquí debe observarse que C_S es típicamente de 30 a 50 fF, mientras que C_B es de 30 a 50 veces más grande. Ahora, si la operación es una lectura, la fila de bits se precarga a $V_{DD}/2$. Para hallar el cambio en el voltaje en la fila de bits que resulta de conectar un condensador de celda C_S a la fila, supongamos que el voltaje inicial en el condensador de celda es V_{CS} ($V_{CS} = V_{DD} - V_t$ cuando un 1 está almacenado, pero $V_{CS} = 0$ V cuando un 0 está almacenado). Usando conservación de carga, podemos escribir

$$C_S V_{CS} + C_B \frac{V_{DD}}{2} = (C_B + C_S)\left(\frac{V_{DD}}{2} + \Delta V\right)$$

de donde para D*V* podemos obtener

$$\Delta V = \frac{C_S}{C_B + C_S}\left(V_{CS} - \frac{V_{DD}}{2}\right) \tag{13.58}$$

y como $C_B \gg C_S$,

$$\Delta V \cong \frac{C_S}{C_B}\left(V_{CS} - \frac{V_{DD}}{2}\right) \tag{13.59}$$

---

[7] El nombre se utilizó originalmente para distinguir esta celda de otras anteriores que utilizaban tres transistores.

[8] La razón por la que el nivel "1" es menos que V_{DD} en la magnitud del voltaje de umbral V_t es como sigue: considere la operación de escritura de un 1. La línea de palabras está a V_{DD} y la línea de bits está a V_{DD} y el transistor está conduciendo, cargando al condensador C_S. El transistor dejará de conducir cuando el voltaje en C_S llegue a $(V_{DD} - V_t)$, donde V_t es más alto que V_{t0} por el efecto del cuerpo. Hemos analizado detalladamente esta situación en la sección 13.5 en relación con circuitos lógicos de transistores de paso.

Ahora, si la celda está almacenando un 1, $V_{CS} = V_{DD} - V_t$, y

$$\Delta V(1) \cong \frac{C_S}{C_B}\left(\frac{V_{DD}}{2} - V_t\right) \tag{13.60}$$

mientras que si la celda está almacenando un 0, $V_{CS} = 0$, y

$$\Delta V(0) \cong -\frac{C_S}{C_B}\left(\frac{V_{DD}}{2}\right) \tag{13.61}$$

Como por regla general C_B es mucho mayor que C_S, estos voltajes de lectura son muy pequeños. Por ejemplo, para $C_B = 30\ C_S$, $V_{DD} = 5$ V y $V_t = 1.5$ V, $\Delta V(0)$ será de unos -83 mV, y $\Delta V(1)$ será de 33 mV. Éste es un escenario en el mejor de los casos, porque el nivel 1 de la celda podría muy bien estar debajo de $(V_{DD} - V_t)$. Además, en los modernos chips de memoria, V_{DD} es 3.3 V o incluso menor. En cualquier caso, vemos que un 1 almacenado en la celda resulta en un pequeño incremento positivo en el voltaje de la fila de bits, mientras que un cero almacenado resulta en un pequeño incremento negativo. Observe también que el proceso de lectura es *destructivo* porque el voltaje resultante en C_S ya no será $(V_{DD} - V_t)$ o 0.

El cambio de voltaje en la fila de bits es detectado y amplificado por el amplificador de salida de columna. La señal amplificada se imprime luego en el condensador de almacenamiento, restableciendo así su señal al nivel apropiado $(V_{DD} - V_t$ o 0). En esta forma, todas las celdas de la fila seleccionada se refrescan. Simultáneamente, la señal a la salida del amplificador de salida de la columna seleccionada se alimenta a la fila de salida de datos del chip por medio de la acción del decodificador de columna.

La operación de escritura prosigue de manera semejante a la de lectura, excepto que el bit de datos por escribirse, que se imprime en la fila de datos de entrada, es aplicado por el decodificador de columna a la fila de bits seleccionada. Entonces, si el bit de datos por escribirse es un 1, el voltaje de la fila B se eleva a V_{DD} (es decir, C_B se carga a V_{DD}). Cuando conduce el transistor de acceso de la celda en particular, su condensador C_S se carga a $V_{DD} - V_t$; así, se escribe un 1 en la celda. Simultáneamente, todas las otras celdas de la fila seleccionada se seleccionan simplemente.

Aun cuando las operaciones de lectura y escritura resultan en la regeneración automática de todas las celdas de la fila seleccionada, deben tomarse medidas para la regeneración periódica de toda la memoria cada 5 a 10 ms, como se especifica para el chip en particular. La operación de regeneración se realiza en un *modo de ráfaga*, una fila a la vez. Durante la regeneración (o refrescado), el chip no estará disponible para operaciones de lectura o escritura. Esto, sin embargo, no es problema serio porque el intervalo requerido para regenerar todo el chip es típicamente menos de 2% del tiempo entre ciclos de regeneración. En otras palabras, el chip de memoria permanece disponible para operación normal durante más de 98% del tiempo.

Ejercicios

13.22 En un chip de memoria dinámica en particular, $C_S = 30$ fF, $C_B = 1$ pF, $V_{DD} = 5$ V, V_t (incluyendo el efecto del cuerpo) = 1.5 V, encuentre el voltaje de lectura de salida para un 1 almacenado y un 0 almacenado. Recuerde que en una operación de lectura, las filas de bit están precargadas a $V_{DD}/2$.

Resp.   30 mV; -75 mV

13.23 Un chip DRAM de 64 M bits fabricado en una tecnología CMOS de 0.4 μm requiere 2 μm^2 por celda. Si la distribución de almacenamiento es cuadrada, estime sus dimensiones. Además, si el circuito periférico (por ejemplo los amplificadores de salida, decodificadores) agrega alrededor de 30% de área de chip, estime las dimensiones del chip resultante.

Resp. 11.6 mm × 11.6 mm; 13.2 mm × 13.2 mm

13.11   AMPLIFICADORES DE SALIDA Y DECODIFICADORES DE DIRECCIÓN

Una vez estudiados los circuitos que por regla general se utilizan para construir las celdas de almacenamiento en SRAM y DRAM, ahora consideramos algunos de los otros bloques importantes de circuito en un chip de memoria. El diseño de estos circuitos, que comúnmente se conocen como *circuitos periféricos* de memoria, presenta interesantes desafíos y oportunidades a diseñadores de circuitos integrados: mejorar la operación de circuitos periféricos puede resultar en chips de memoria más densos y rápidos que disipan menos potencia.

13.11.1 El amplificador de salida

Después de las celdas de almacenamiento, el amplificador de salida es el componente más crítico en un chip de memoria. Los amplificadores de salida son esenciales para la correcta operación de los DRAM y su uso en los SRAM resulta en mejoras en velocidad y área.

Se encuentran en uso varios diseños de amplificadores de salida, algunos de los cuales son muy semejantes al amplificador diferencial MOS de carga activa estudiado en la sección 6.6. Aquí describimos un amplificador diferencial de salida que utiliza retroalimentación positiva. Debido a que el circuito es diferencial, se puede utilizar directamente en SRAM donde la celda SRAM utiliza las filas B y $\bar{B}$. Por otra parte, el circuito DRAM de un transistor que estudiamos en la sección inmediata anterior es un circuito asimétrico que utiliza sólo una fila de bit, pero el circuito DRAM se puede hacer de modo que se asemeje al circuito diferencial si se usa la técnica de "celda falsa" que en breve estudiaremos. Por lo tanto, supondremos que la celda de memoria cuya salida se va a amplificar desarrolla un voltaje de salida de diferencia entre las filas B y $\bar{B}$. Esta señal, que puede variar entre 30 mV y 500 mV, dependiendo del tipo de memoria y diseño de celda, será aplicada a los terminales de entrada del amplificador de salida. El amplificador de salida, a su vez, responde produciendo una señal de alternancia lógica completa (0 a V_{DD}) en sus terminales de salida. El circuito amplificador en particular que estudiaremos tiene una propiedad bastante rara: *sus terminales de salida y entrada son las mismas*.

Un amplificador de salida con retroalimentación positiva. En la figura 13.60 se muestra el amplificador de salida junto con parte del circuito de la otra columna de un chip RAM. Nótese que el amplificador de salida no es otra cosa que el conocido candado formado al acoplar en cruz dos inversores CMOS: un inversor está formado por los transistores Q_1 y Q_2 y el otro por los Q_3 y Q_4. Los transistores Q_5 y Q_6 actúan como interruptores que conectan el amplificador de salida a tierra y V_{DD} sólo cuando se requiere acción de salida de datos. De otro modo, ϕ_s es bajo y el amplificador de salida no conduce. Esto conserva potencia, lo que es una consideración importante ya que por regla general hay un amplificador de salida por columna, resultando en miles de amplificadores de salida por chip. Nótese de nueva cuenta que los terminales x e y son los terminales de entrada y salida del amplificador. Como se indica, estos terminales I/O están conectados a las filas B y $\bar{B}$. Se requiere que el amplificador detecte una pequeña señal que aparece entre B y $\bar{B}$, y la amplifique para producir una señal a plena alternancia en B y $\bar{B}$. Por ejemplo, si

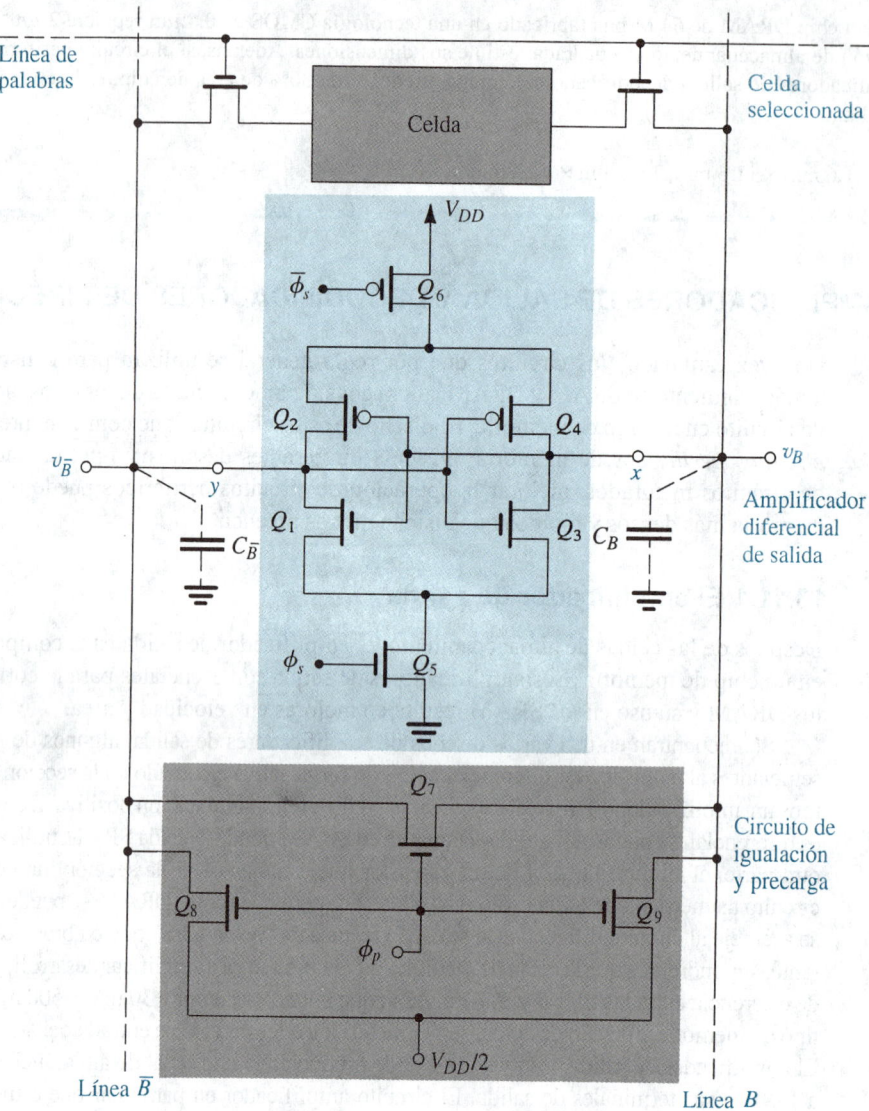

Fig. 13.60 Amplificador diferencial de salida conectado a las líneas de bits de una columna en particular. Este circuito se puede usar directamente para las SRAM (que utilicen las líneas B y $\overline{B}$). Las DRAM se pueden convertir en circuitos diferenciales mediante el uso del arreglo de "celda seca" que se ilustra en la figura 13.61.

durante una operación de lectura la celda tenía un 1 almacenado, entonces se formará un pequeño voltaje positivo entre B y $\overline{B}$, con v_B más alto que $v_{\overline{B}}$. El amplificador hará entonces que v_B se eleve a V_{DD} y $v_{\overline{B}}$ caiga a 0 V. Esta salida 1 es dirigida entonces al terminal de aguja I/O del chip por el decodificador de columna (que no se muestra) y al mismo tiempo se utiliza para volver a escribir un 1 en la celda DRAM, efectuando así la operación de restablecer requerida porque el proceso de lectura del DRAM es destructivo.

En la figura 13.60 también se ilustra el circuito de precarga e igualación. La operación de este circuito es sencilla: cuando ϕ_p es alto antes de una operación de lectura, los tres transistores conducen. Mientras Q_8 y Q_9 precargan las filas $\overline{B}$ y B a $V_{DD}/2$, el transistor Q_7 ayuda a acelerar este proceso al igualar los voltajes en las dos filas. Esta igualación es de importancia crítica para la correcta operación del amplificador de salida: cualquier diferencia de voltaje que haya entre B y $\overline{B}$ antes de que se inicie la operación de lectura puede resultar en una errónea interpretación de su señal de entrada por el amplificador de salida. En la figura 13.60 se ilustra sólo una de las celdas en esta columna en particular, es decir, la celda cuya fila de palabras está activada. La celda puede ser o bien una celda SRAM o una DRAM. Todas las otras celdas de esta columna no estarán conectadas a las filas B y $\overline{B}$ (porque sus filas de palabras permanecerán bajas).

Consideremos ahora la secuencia de eventos durante una operación de lectura:

1. El circuito de precarga e igualación se activa al elevar la señal de control ϕ_p. Esto hace que las filas B y $\overline{B}$ se encuentren a voltajes iguales, igual a $V_{DD}/2$. El reloj ϕ_p se hace bajo entonces y las filas B y $\overline{B}$ se dejan flotar durante un breve intervalo.

2. La fila de palabras se hace alta, conectando la celda a las filas B y $\overline{B}$. Se forma entonces un voltaje entre B y $\overline{B}$, con v_B más alta que $v_{\overline{B}}$ si la celda está almacenando un 1, o v_B más baja que $v_{\overline{B}}$ si la celda está almacenando un 0. Para mantener simple el diseño de la celda, y para facilitar la operación a velocidades más altas, la señal de lectura, que se requiere que la celda proporcione entre B y $\overline{B}$, se mantiene pequeña (típicamente de 30 a 500 mV).

3. Una vez que una adecuada señal de voltaje de diferencia entre B y $\overline{B}$ sea formada por la celda de almacenamiento, el amplificador de salida conduce y la conecta a tierra y a V_{DD} a través de Q_5 y Q_6, al elevar la señal de control de salida ϕ_s. Como inicialmente los terminales de entrada de los inversores están a $V_{DD}/2$, los inversores estarán operando en la región de transición donde la ganancia es alta (sección 13.2). Se deduce que inicialmente el candado estará operando en su punto de equilibrio inestable. Por lo tanto, dependiendo de la señal entre los terminales de entrada, el candado se moverá rápidamente a uno de sus dos puntos de equilibrio estable (en la sección 13.7 vea la descripción de la operación del candado). Esto se obtiene por la acción regenerativa inherente en retroalimentación positiva. En la figura 13.61 se ilustra con toda claridad este punto, mostrando las ondas de

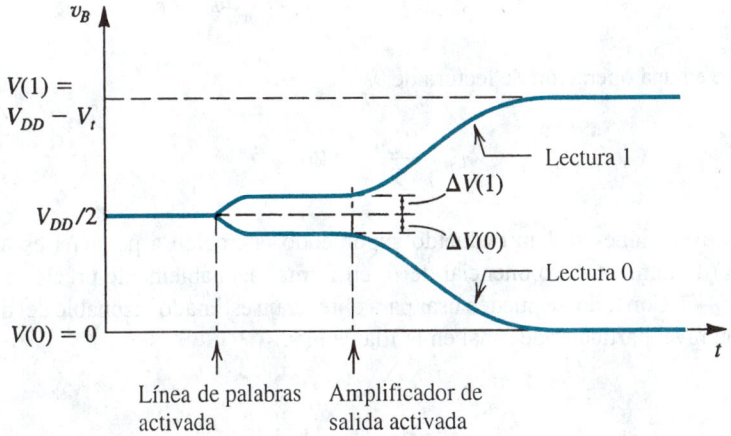

Fig. 13.61 Ondas de v_B antes y después de activar el amplificador de salida. En una operación de lectura de un "1", el amplificador de salida hace que el pequeño incremento inicial $\Delta V(1)$ crezca exponencialmente a V_{DD}. En una operación de lectura de un "0", el $\Delta V(0)$ negativo crece a 0. Se forman ondas de señales complementarias en la línea $\overline{B}$.

la señal en la fila de bits para la operación de lectura de 1 y lectura de 0. Observe que una vez que se active el amplificador de salida, éste produce la pequeña diferencia inicial, $\Delta V(1)$ o $\Delta V(0)$, producida por la celda, para que crezca exponencialmente ya sea a V_{DD} (para una operación de lectura de 1) o a 0 (para una operación de lectura de 0). Las ondas de la señal en la fila de $\bar{B}$ serán complementarias a las que se ilustran en la figura 13.61 para la fila B. En lo que sigue, cuantificamos el proceso de crecimiento exponencial de υ_B y $\upsilon_{\bar{B}}$.

Una mirada más rigurosa a la operación del amplificador de salida.   El desarrollo de una expresión precisa para la señal de salida del amplificador de salida, que se muestra en la figura 13.60, es un trabajo bastante complejo que requiere el uso de modelos a gran señal (y por lo tanto no lineales) de la curva característica de transferencia de voltaje (VTC) del inversor, así como tomar en cuenta la retroalimentación positiva. No haremos esto aquí, pero consideraremos la operación de una manera casi cuantitativa.

Recordemos que en el momento de activar el amplificador de salida, cada uno de sus dos inversores está operando en la región de transición a $V_{DD}/2$. Entonces, para operación a pequeña señal, cada inversor se modela usando g_{mn} y g_{mp}, las transconductancias de Q_N y Q_P, respectivamente, evaluadas a una polarización de entrada de $V_{DD}/2$. Específicamente, un voltaje υ_i a pequeña señal, superpuesto sobre $V_{DD}/2$ en la entrada de uno de los inversores, da lugar a una señal de corriente de salida del inversor de $(g_{mn} + g_{mp})\upsilon_i \equiv G_m\upsilon_i$. Esta corriente de salida es entregada a uno de los condensadores, C_B o $C_{\bar{B}}$. El voltaje así creado en los terminales del condensador se retroalimenta entonces al otro inversor, es multiplicado por su G_m, que da lugar a una corriente de salida que alimenta al otro condensador, y así sucesivamente, en un proceso regenerativo. La retroalimentación positiva de este lazo significa que la señal alrededor del lazo, y por lo tanto de υ_B y $\upsilon_{\bar{B}}$, *crecerá o decaerá exponencialmente* (véase la figura 13.61) con una constante de tiempo de (C_B/G_m) [o $(C_{\bar{B}}/G_m)$ porque hemos estado suponiendo $C_B = C_{\bar{B}}$]. Entonces, por ejemplo, en una operación de lectura de 1 obtenemos

$$\upsilon_B = \frac{V_{DD}}{2} + \Delta V(1)e^{(G_m/C_B)t}, \qquad \upsilon_B \leq V_{DD} \tag{13.62}$$

mientras que en una operación de lectura de 0,

$$\upsilon_B = \frac{V_{DD}}{2} - \Delta V(0)e^{(G_m/C_B)t} \tag{13.63}$$

Como estas expresiones se han deducido suponiendo operación a pequeña escala, describen el crecimiento (decaimiento) exponencial de υ_B en forma razonablemente precisa sólo para valores cercanos a $V_{DD}/2$. Con todo, se pueden usar para obtener un estimado razonable del tiempo requerido para crear un nivel particular de señal en la fila de bits.

EJEMPLO 13.7

Considere el circuito amplificador de salida de la figura 13.60 en la lectura de un 1. Suponga que la celda de almacenamiento proporciona un incremento de voltaje en la fila B de $\Delta V(1) = 0.1$ V. Si los dispositivos NMOS de los amplificadores tienen $(W/L)_n = 12\ \mu\text{m}/4\ \mu\text{m}$ y los dispositivos PMOS tienen $(W/L)_p = (30\ \mu\text{m}/4\ \mu\text{m})$, y suponiendo que los otros parámetros de la tecnología de proceso son como se especifica en el ejemplo 13.6, encuentre el tiempo necesario para que υ_B llegue a 4.5 V. Suponga $C_B = 1$ pF.

SOLUCIÓN

Primero, determinamos las transconductancias g_{mn} y g_{mp}

$$g_{mn} = \mu_n C_{ox} \left(\frac{W}{L}\right)_n (V_{GS} - V_t)$$

$$= 50 \times \frac{12}{4}\,(2.5 - 1)$$

$$= 0.225\ \text{mA/V}$$

$$g_{mp} = \mu_p C_{ox} \left(\frac{W}{L}\right)_p (V_{GS} - |V_t|)$$

$$= 20 \times \frac{30}{4}\,(2.5 - 1) = 0.225\ \text{mA/V}$$

Entonces, el inversor G_m es

$$G_m = g_{mn} + g_{mp} = 0.45\ \text{mA/V}$$

y la constante de tiempo τ para el crecimiento exponencial de υ_B será

$$\tau \equiv \frac{C}{G_m} = \frac{1 \times 10^{-12}}{0.45 \times 10^{-3}} = 2.22\ \text{ns}$$

Ahora, el tiempo, Δt, para que υ_B llegue a 4.5 V se puede determinar con

$$4.5 = 2.5 + 0.1\,e^{\Delta t/2.22}$$

resultando en

$$\Delta t = 6.65\ \text{ns}$$

Obtención de operación diferencial en RAM dinámicas.
El amplificador de salida descrito antes responde a señales de diferencia que aparecen en filas de bits. Entonces, es capaz de rechazar señales de interferencia que son comunes a ambas filas, como las causadas por acoplamiento capacitivo proveniente de filas de palabras. Para que este *rechazo de modo común* sea eficaz, debe tenerse cuidado para igualar ambos lados del amplificador, tomando en cuenta los circuitos que alimentan cada lado. Ésta es una consideración importante en cualquier intento por hacer que la salida inherentemente asimétrica de la celda DRAM aparezca diferencial. Ahora estudiaremos un esquema ingenioso para lograr este objetivo. Aun cuando la técnica ya tiene un buen tiempo [véase la primera edición de este libro (1982)], todavía está en uso hoy día. El método se ilustra en la figura 13.62.

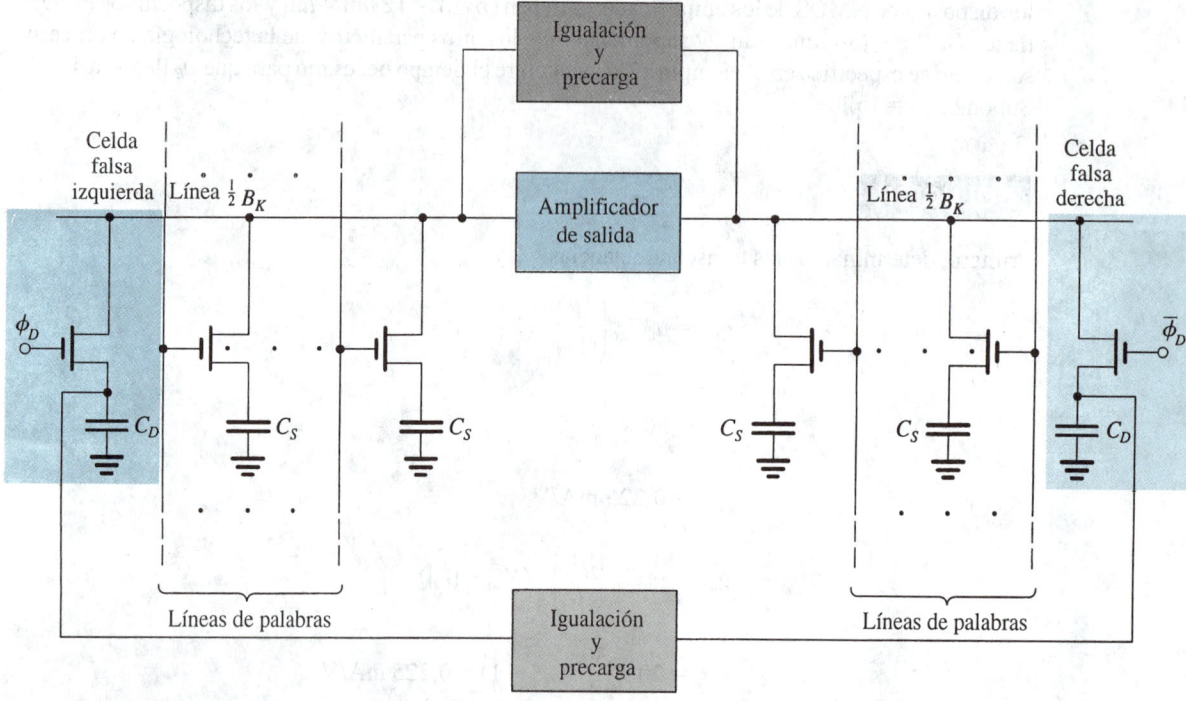

Fig. 13.62 Circuito para obtener operación diferencial a partir de la celda DRAM asimétrica. Nótense las celdas falsas a la extrema derecha y a la extrema izquierda.

Básicamente, cada fila de bits se divide en dos mitades idénticas. Cada media fila se conecta a la mitad de las celdas de la columna y a una celda adicional, conocida como *celda falsa*, teniendo un condensador de almacenamiento $C_D = C_S$. Cuando una fila de palabras del lado izquierdo se selecciona para lectura, la celda falsa del lado derecho (controlada por $\overline{\phi}_D$) también se selecciona, y viceversa, es decir, cuando una fila de palabras del lado derecho se selecciona, la celda falsa del lado izquierdo (controlada por ϕ_D) también se selecciona. En efecto, entonces, la celda falsa sirve como la otra mitad de una celda DRAM diferencial. Cuando la fila de bits de la mitad izquierda está en operación, la fila de bits de la mitad derecha actúa como su complemento (o fila $\overline{B}$) y viceversa.

La operación del circuito de la figura 13.62 es como sigue: las dos mitades de la fila se precargan a $V_{DD}/2$ y sus voltajes se igualan. Al mismo tiempo, los condensadores de las dos celdas falsas se precargan a $V_{DD}/2$. Entonces se selecciona una fila de palabras y la celda falsa del otro lado se activa (con ϕ_D o $\overline{\phi}_D$ elevada a V_{DD}). Por lo tanto, la media fila conectada a la celda seleccionada desarrollará un incremento de voltaje (arriba de $V_{DD}/2$) de $\Delta V(1)$ o $\Delta V(0)$ dependiendo de si se almacena un 1 o un 0 en la celda. Mientras tanto, la otra mitad de la fila tendrá su voltaje conservado igual al de C_D (es decir, $V_{DD}/2$). El resultado es una señal diferencial de $\Delta V(1)$ o $\Delta V(0)$ que el amplificador de salida detecta y amplifica cuando está activado. Como de costumbre, al término del proceso regenerativo, el amplificador hará que el voltaje en una mitad de la fila se convierta en V_{DD} y que en la otra mitad se convierta en 0.

Ejercicios

13.24 Se requiere reducir el tiempo Δt del circuito del amplificador de salida del ejemplo 13.7 a 4 ns al aumentar la g_m de los transistores (mientras se conserva el diseño igualado de cada inversor). ¿Cuáles son las relaciones (W/L) de los dispositivos de canal n y p?

Resp. $(W/L)_n = 5$; $(W/L)_p = 12.5$

13.25 Si en el amplificador de salida del ejemplo 13.7 la señal disponible de la celda es sólo de la mitad (es decir, sólo 50 mV), ¿cuál será Δt?

Resp. 8.19 ns, un aumento de 23%

13.11.2 El decodificador de dirección de fila

Como se describe en la sección 13.9, se requiere que el decodificador de dirección de fila seleccione una de las 2^M filas de palabras, en respuesta a una entrada de dirección de M bits. Como ejemplo, considere el caso $M = 3$ y denote los tres bits de dirección A_0, A_1 y A_2, y las ocho filas de palabras W_0, W_1, . . . , W_7. Convencionalmente, la W_0 de fila de palabra será alta cuando $A_0 = 0$, $A_1 = 0$ y $A_2 = 0$, por lo que podemos expresar W_0 como una función de Bool de A_0, A_1 y A_2,

$$W_0 = \overline{A_0}\,\overline{A_1}\overline{A_2} = \overline{A_0 + A_1 + A_2}$$

Por lo tanto, la selección de W_0 puede ser efectuada por una compuerta NOR de tres entradas cuyas tres entradas se conecten a A_0, A_1 y A_2, y cuya salida se conecte a la fila de palabras 0. La fila de palabras W_3 será alta cuando $A_0 = 1$, $A_1 = 1$ y $A_2 = 0$, y

$$W_3 = A_0 A_1 \overline{A_2} = \overline{\overline{A_0} + \overline{A_1} + A_2}$$

En consecuencia, la selección de W_3 puede ser realizada por una compuerta NOR de tres entradas cuyas tres entradas estén conectadas a $\overline{A_0}$, $\overline{A_1}$ y A_2, y cuya salida esté conectada a la fila 3 de palabras. En esta forma podemos ver que este decodificador de dirección se puede construir con ocho compuertas NOR de tres entradas. Cada compuerta NOR es alimentada con la apropiada combinación de bits de dirección y sus complementos, correspondientes a la fila de palabras a la cual está conectada su salida.

Un método sencillo para construir estas funciones NOR lo constituye la estructura de matriz que se muestra en la figura 13.63. El circuito que se ilustra es dinámico, donde cada fila de renglones tiene unido un dispositivo de canal p que se activa antes del proceso de decodificación mediante el uso de la señal de control de precarga ϕ_p. Durante la precarga (ϕ_p baja), todas las filas de palabras son elevadas a V_{DD}. Se supone que, en este punto, los bits de entrada de dirección todavía no se aplican y todas las entradas son bajas; de aquí que no haya necesidad para que el circuito incluya el transistor de evaluación utilizado en compuertas lógicas dinámicas. Entonces, la operación de decodificación comienza cuando se aplican los bits de dirección y sus complementos. Observe que los transistores NMOS están situados de modo que las filas de palabras no seleccionadas se descargarán. Para cualquier combinación de entrada, sólo una fila de palabras no será descargada, y por lo tanto su voltaje permanece alto en V_{DD}. Por ejemplo, la fila 0 será alta sólo cuando $A_0 = 0$, $A_1 = 0$ y $A_2 = 0$; ésta es la única combinación que resultará en que se corten los tres transistores conectados a la fila 0. Del mismo modo, la fila 3 tiene transistores conectados a $\overline{A}_0$, $\overline{A}_1$ y A_2, y así será alto cuando $A_0 = 1$, $A_1 = 1$, $A_2 = 0$, y así sucesivamente. Una vez que las salidas del decodificador se estabilizan, las filas de salida se conectan a las filas de palabra de la distribución, por regla general a través de compuertas de transmisión controladas por reloj. Este decodificador se conoce como *decodificador NOR*. Observe que debido a la operación de precarga, el circuito decodificador no disipa potencia estática.

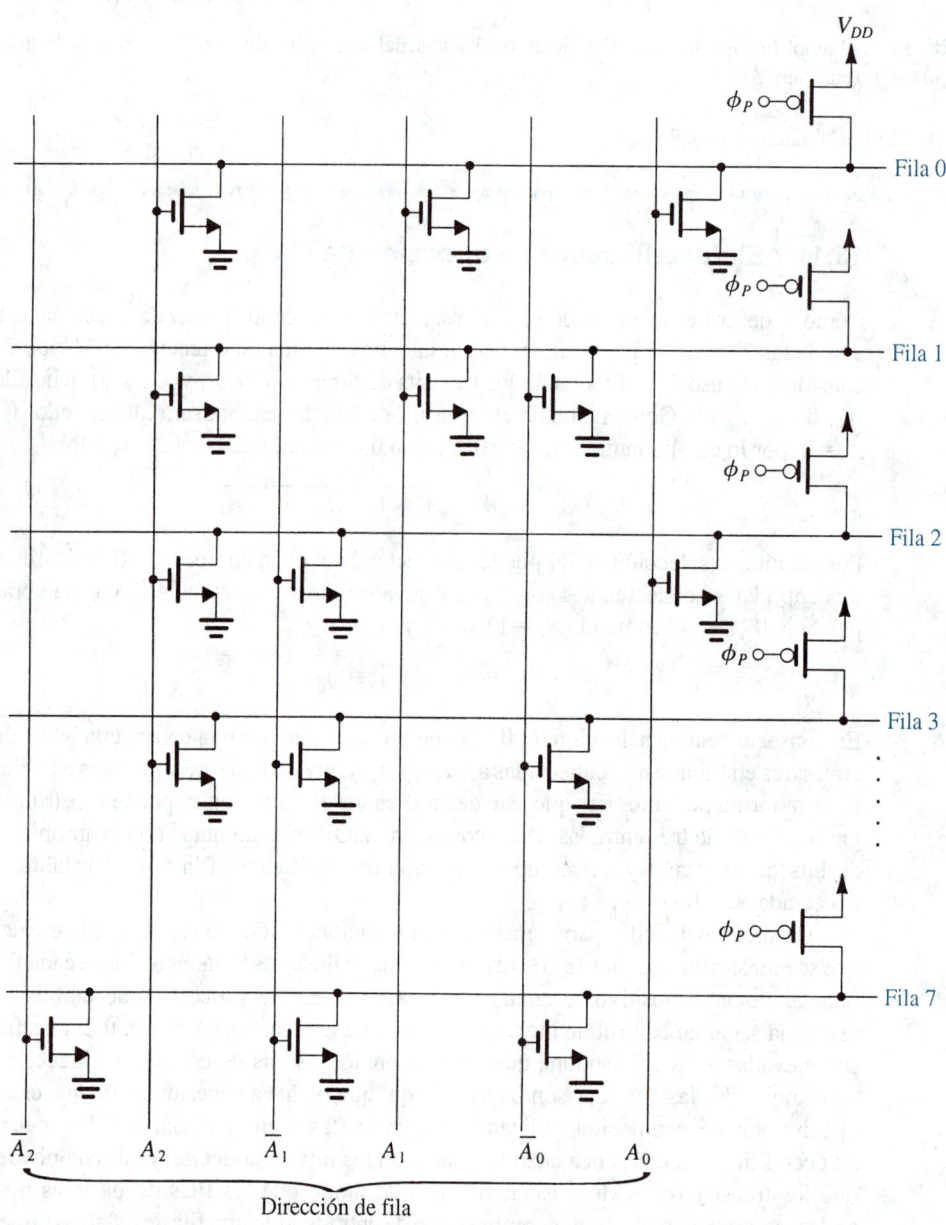

Fig. 13.63 Decodificador de dirección NOR en forma de circuito. Se selecciona una de ocho líneas (líneas de fila) usando una dirección de 3 bits.

Ejercicio

13.26 ¿Cuántos transistores se necesitan para una fila NOR con dirección de M bits?

Resp. $M2^M$ NMOS $+ 2^M$ PMOS $= 2^M(M+1)$

13.11.3 El decodificador de dirección de columna

De la descripción en la sección 13.9, la función del decodificador de dirección de columna es conectar una de las filas de 2^N bits a la fila de datos de entrada/salida (I/O) del chip. Como tal, es un multiplexor y se puede poner en práctica usando circuitos lógicos de transistor de paso, como se muestra en la figura 13.64. Aquí, cada fila de bits está conectada a la fila de datos de entrada/salida (I/O) por medio de un transistor MOS. Las compuertas de los transistores de paso están controladas por filas 2^N, una de las cuales es seleccionada por un decodificador NOR semejante a la empleada para decodificar la dirección de fila.

Una construcción alternativa del decodificador de columna que utiliza un pequeño número de transistores (pero a expensas de más lenta velocidad de operación) se muestra en la figura 13.65. Este circuito, que se conoce como *decodificador de árbol*, tiene una estructura sencilla de transistores de paso. Desafortunadamente, dado que puede existir un número relativamente grande de transistores en la trayectoria de señales, la resistencia de las filas de bits aumenta y la velocidad se reduce de modo correspondiente.

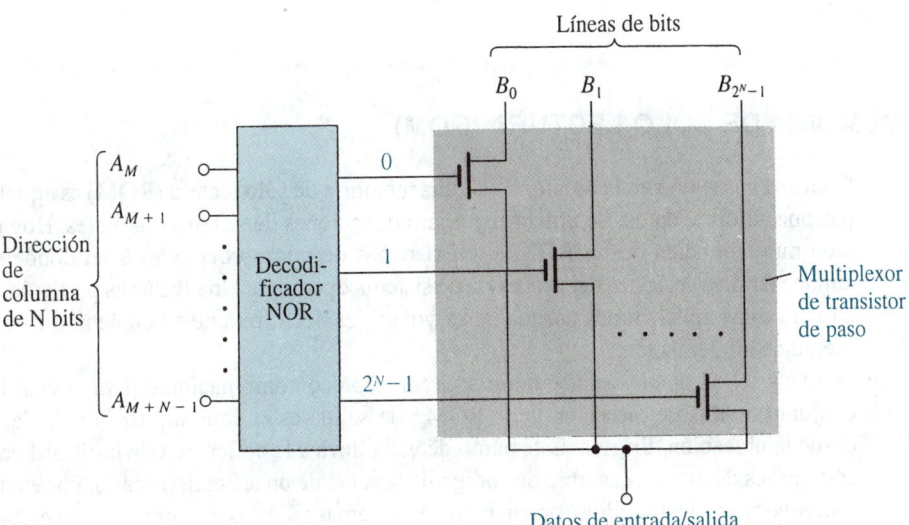

Fig. 13.64 Decodificador de columna construido por una combinación de un decodificador NOR y un multiplexor de transistor de paso.

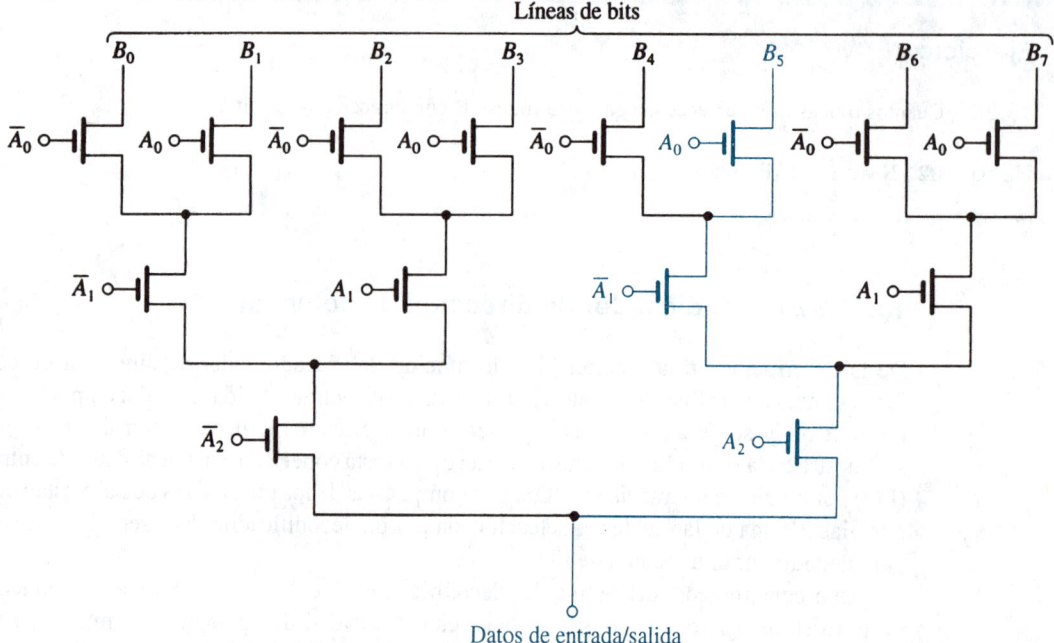

Fig. 13.65 Decodificador de columna en árbol. Nótese que la trayectoria en color muestra los transistores que están conduciendo cuando $A_0 = 1$, $A_1 = 0$ y $A_2 = 1$, la dirección que resulta al conectar B_5 a la línea de datos.

Ejercicio

13.27 ¿Cuántos transistores se necesitan para un decodificador de árbol cuando hay 2^N filas de bits?

Resp. $2(2^N - 1)$

13.12   MEMORIA DE SÓLO LECTURA (ROM)

Como se mencionó en la sección 13.9, una memoria de sólo lectura (ROM) es aquella que contiene patrones fijos de datos. Se utiliza en varias aplicaciones de sistemas digitales. Hoy día, una aplicación muy conocida de las ROM es en sistemas de microprocesadores en donde se emplea para almacenar instrucciones del programa de sistema operativo. Una ROM es particularmente apropiada para estas aplicaciones porque no es volátil, es decir, retiene su contenido cuando se apaga la fuente de alimentación.

Una ROM puede verse como un circuito lógico combinacional para el cual la entrada es el conjunto de bits de dirección de la ROM y la salida es el conjunto de bits de datos recuperados desde la ubicación dirigida. Este punto de vista lleva a la aplicación de las ROM en conversión de códigos, es decir, en el cambio de código de la señal de un sistema (binario, por ejemplo) a otro. Se utiliza conversión de código, por ejemplo, en sistemas secretos de comunicaciones, donde el proceso se conoce como *codificación*. Consiste en alimentar el código, de los datos que se van a transmitir, a una ROM que produce bits correspondientes en un código supuestamente secreto. El proceso inverso, que también utiliza una ROM, se aplica en el extremo que recibe.

En esta sección estudiaremos varios tipos de memoria de sólo lectura. Éstos incluyen ROM fijas, a las que llamaremos simplemente ROM; ROM programables (PROM) y ROM programables que se pueden borrar (EPROM).

Una MOS ROM

En la figura 13.66 se ilustra una MOS ROM simplificada de 32 bits (8 palabras × 4 bits). Como se indica, la memoria está compuesta de un conjunto de MOSFET de enriquecimiento cuyas compuertas están conectadas a las filas de palabras, con sus fuentes conectadas a tierra y sus drenes a las filas de bits. Cada fila de bits está conectada a la fuente de alimentación por medio de un transistor de carga PMOS, a la manera de los circuitos lógicos pseudo-NMOS. Un transistor NMOS existe en una celda en particular si ésta está almacenando un 0; una celda que almacena un 1 no tiene MOSFET. Esta ROM puede ser considerada como de 8 palabras de 4 bits cada una. El decodificador de fila selecciona una de las 8 palabras al elevar el voltaje de la correspondiente fila de palabras. Los transistores de celdas conectados a esta fila de palabras conducirán entonces, reduciendo así el voltaje de las filas de bits (a las que los transistores de la fila seleccionada están conectados) de V_{DD} a un voltaje cercano al voltaje de tierra (nivel de lógica 0). Las filas de bits que están conectadas a las celdas (de la palabra seleccionada) sin transistores (es decir, aquellas que almacenan un 1) permanecerán al voltaje de la fuente de alimentación (lógica 1) por la acción de los dispositivos PMOS de carga de conexión. En esta forma se pueden leer los bits de la palabra dirigida.

Una desventaja del circuito ROM de la figura 13.66 es que disipa potencia estática. Específicamente, cuando se selecciona una palabra, los transistores de esta fila en particular conducirán corriente estática que es alimentada por los transistores PMOS de carga. La disipación de potencia estática se puede eliminar por medio de un simple cambio. Más que conectar a tierra los terminales de la compuerta de los transistores PMOS, se pueden conectar a una fila de precarga ϕ que normalmente es alta. Justo antes de una operación de lectura, ϕ se reduce (baja) y las filas de bits se precargan a V_{DD} por medio de los transistores PMOS. La señal ϕ de precarga se eleva entonces, y la fila de palabras se selecciona. Las filas de bits que tienen transistores en la palabra seleccionada se descargan entonces, indicando así ceros almacenados, mientras que aquellas filas para las que no está presente un transistor permanecen a V_{DD}, indicando que almacenan números 1.

Ejercicio

13.28 El propósito de este ejercicio es estimar los diversos tiempos de propagación que intervienen en la operación de un ROM. Considere el ROM de la figura 13.66 con las compuertas de los dispositivos PMOS desconectados de tierra y conectados a una señal ϕ de control de precarga. Supongamos que todos los dispositivos NMOS tienen $W/L = 6\,\mu m/2\,\mu m$ y todos los dispositivos PMOS tienen $W/L = 24\,\mu m/2\,\mu m$. Suponga que $\mu_n C_{ox} = 50\,\mu A/V^2$, $\mu_p C_{ox} = 20\,\mu A/V^2$, $V_{tn} = -V_{tp} = 1$ V y $V_{DD} = 5$ V.

(a) Durante el intervalo de precarga, ϕ se reduce a 0 V. Estime el tiempo requerido para cargar una fila de bits de 0 a 5 V. Utilice, como promedio de la corriente de carga, la corriente suministrada por un transistor PMOS a un voltaje de fila de bits a un valor medio en el intervalo de 0 a 5 V (es decir, 2.5 V). La capacitancia de fila de bits es 2 pF. Nótese que todos los transistores NMOS están en corte en este momento.

(b) Una vez terminado el intervalo de precarga y ϕ regresa a V_{DD}, el decodificador de fila eleva el voltaje de la fila de palabras seleccionada. Debido a la resistencia y capacitancia finitas de la fila de palabras, el voltaje se eleva exponencialmente hacia V_{DD}. Si la resistencia de cada una de las filas de palabra de polisilicio es 3 kΩ y la capacitancia entre la fila de palabras y tierra es 3 pF, ¿cuál es el tiempo de elevación (10% a 90%) del voltaje de la fila de palabras? ¿Cuál es el voltaje alcanzado al final de una constante de tiempo?

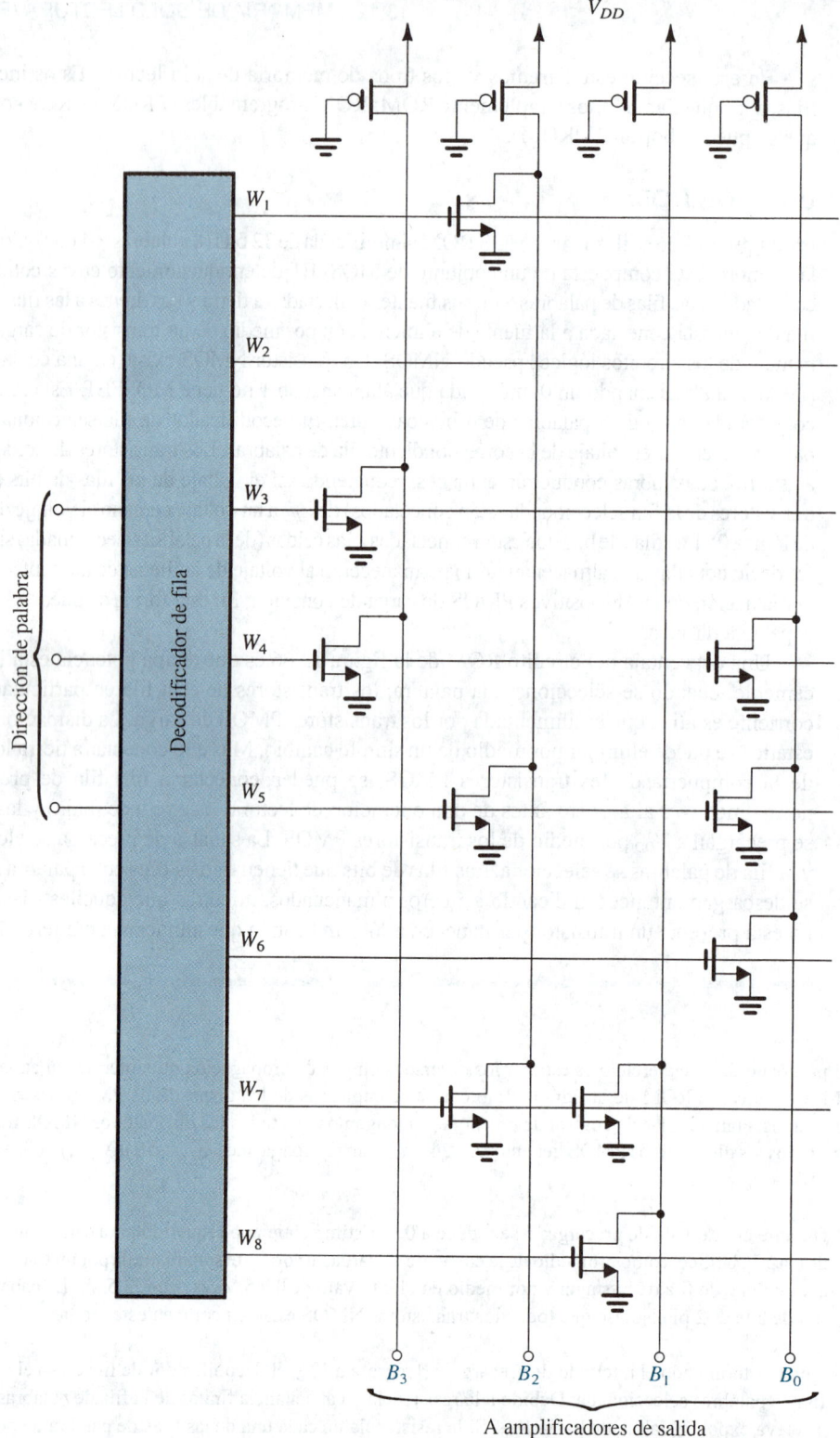

Fig. 13.66 Memoria MOS sencilla de sólo lectura organizada como 8 palabras × 4 bits.

(c) Si aproximamos la elevación exponencial del voltaje de la fila de palabras por un escalón igual al voltaje alcanzado en una constante de tiempo, encuentre el intervalo Δt requerido para que un transistor NMOS descargue la fila de bits y baje su voltaje en 0.5 V. (Se supone que el amplificador de salida necesita un cambio de 0.5 V en su entrada para detectar un valor bajo de bit.)

Resp. (a) 6.1 ns; (b) 19.8 ns; 3.16 V; (c) 2.9 ns

ROM programables de mascarilla

Los datos almacenados en las ROM estudiadas antes se determinan en el momento de la fabricación, de acuerdo con las especificaciones del usuario. No obstante, para evitar tener que diseñar en forma personalizada cada ROM desde el principio (lo cual sería un proceso sumamente costoso), se fabrican ROM usando un proceso conocido como **programación de mascarilla.** Como se explica en el apéndice A, se fabrican circuitos integrados en una oblea de silicio usando una secuencia de pasos de procesamiento que incluyen fotomáscara, grabado y difusión. En esta forma, se crea un patrón de uniones e interconexiones en la superficie de la oblea. Uno de los pasos finales en el proceso de fabricación consiste en cubrir la superficie de la oblea con una capa de aluminio y luego se graba de manera selectiva (usando una mascarilla) para eliminar partes del aluminio, dejando aluminio sólo donde se desean las interconexiones. Este último paso se puede emplear para programar (es decir, almacenar un patrón deseado) en una ROM. Por ejemplo, si la ROM se hace de transistores MOS de enriquecimiento como en la figura 13.66, entonces se incluyen MOSFET en todas las ubicaciones de bits, pero sólo las compuertas de los transistores en donde se vayan a guardar ceros se conectan a las filas de palabras; las compuertas en donde se vayan a guardar números 1 no se conectan. Este patrón está determinado por la mascarilla, que se produce de acuerdo con las especificaciones del usuario.

Las ventajas económicas del proceso de programación con mascarilla deben ser obvias: todas las ROM se fabrican de modo semejante; los diseños personalizados se presentan durante uno de los pasos finales de fabricación.

ROM programables (PROM y EPROM)

Las PROM son ROM que pueden ser programadas por el usuario, pero sólo una vez. En un diseño típico utilizado en las BJT PROM se emplean fusibles de polisilicio para conectar el emisor de cada BJT a la correspondiente fila de dígito. Dependiendo del contenido deseado de una celda ROM, el fusible se puede dejar intacto o quemarse con una elevada corriente. El proceso de programación, obviamente, es irreversible.

Una ROM programable que se puede borrar, o EPROM, es una ROM que puede ser borrada y reprogramada tantas veces como el usuario desee, con lo que es el tipo más adaptable de memoria de sólo lectura; pero debe observarse que el proceso de borrado y reprogramación es lento y puede realizarse pero no con frecuencia.

Las EPROM más avanzadas utilizan variantes de la celda de memoria cuya sección transversal se muestra en la figura 13.67(a). La celda es básicamente un MOSFET de canal n del tipo de enriquecimiento con dos compuertas hechas de material de polisilicio.[9] Una de las compuertas no está eléctricamente conectada a ninguna otra parte del circuito, más bien, se deja flotando y apropiadamente recibe el nombre de **compuerta flotante.** La otra compuerta, que se denomina

---

[9] Véase en el apéndice A una descripción de la tecnología de compuertas de silicio.

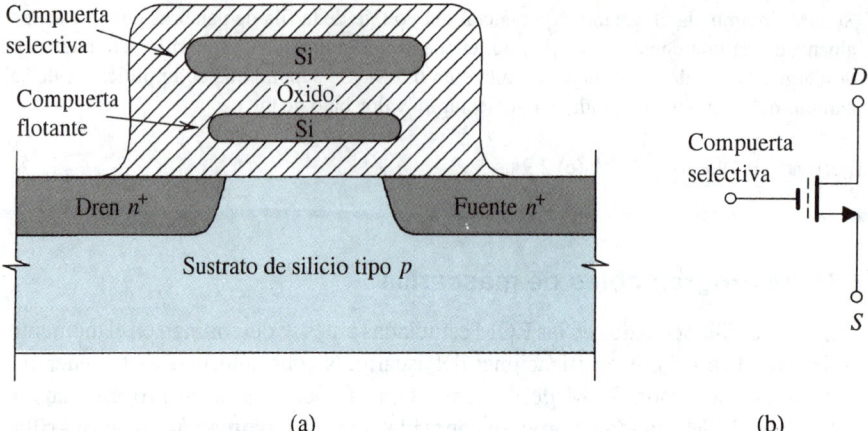

(a)   (b)

Fig. 13.67 **(a)** Sección transversal y **(b)** símbolo de circuito del transistor de compuerta flotante usada como celda EPROM.

compuerta selectiva, funciona en la misma forma que la compuerta de un MOSFET normal de enrīquecimiento.

El transistor MOS de la figura 13.67(a) se conoce como **transistor de compuerta flotante** y tiene el símbolo de circuito que se ilustra en la figura 13.67(b). En este símbolo, la línea interrumpida denota la compuerta flotante. La celda de memoria se conoce como **celda de compuerta apilada.**

Examinemos ahora la operación del transistor de compuerta flotante. Antes de programar la celda (en breve explicaremos lo que esto significa), no existe carga en la compuerta flotante y el dispositivo opera como MOSFET normal de enriquecimiento de canal n. Por lo tanto, exhibe la

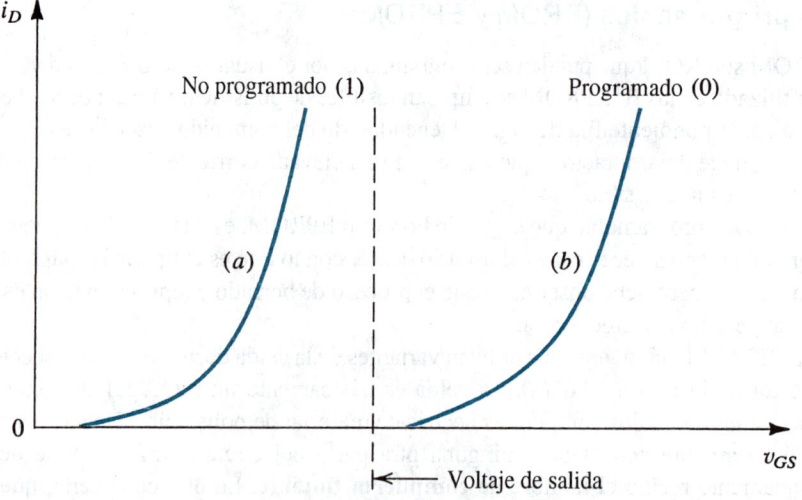

Fig. 13.68 Ilustración del desplazamiento de la curva característica i_D–v_{GS} de un transistor de compuerta flotante como resultado de una programación.

curva característica i_D–v_{GS} que se muestra como curva (a) de la figura 13.68. Nótese que en este caso el voltaje de umbral (V_t) es más bien bajo. Este estado del transistor se conoce como **estado no programado;** es uno de dos estados en que puede existir el transistor de compuerta flotante. Tomemos arbitrariamente el estado no programado para representar un 1 almacenado, esto es, un transistor de compuerta flotante cuya curva característica i_D–v_{GS} es la que se muestra como curva (a) en la figura 13.68 y se dice que almacena un 1.

Para programar el transistor de compuerta flotante, se aplica un elevado voltaje (16 a 20 V) entre su dren y fuente. Simultáneamente, se aplica un elevado voltaje (unos 25 V) a su compuerta selectiva. En la figura 13.69 se muestra el MOSFET de compuerta flotante durante la programación. En ausencia de carga alguna en la compuerta flotante, el dispositivo se comporta como MOSFET normal de enriquecimiento de canal n. Se crea una capa (canal) de inversión de tipo n en la superficie de la oblea como resultado del elevado voltaje positivo aplicado a la compuerta selectiva. Debido al elevado voltaje positivo en el dren, el canal tiene una forma ahusada.

El voltaje entre dren y fuente acelera electrones a través del canal. A medida que estos electrones llegan al extremo del dren del canal, adquieren energía cinética suficientemente grande y se conocen como *electrones calientes.* El elevado voltaje positivo en la compuerta selectiva (mayor que el voltaje de dren) establece un campo eléctrico en el óxido aislante. Este campo eléctrico atrae los electrones calientes y los acelera hacia la compuerta flotante. En esta forma se carga la compuerta flotante y la carga que acumula queda atrapada.

Afortunadamente, el proceso de carga de la compuerta flotante es autolimitante. La carga negativa que acumula en la compuerta flotante reduce la intensidad del campo eléctrico en el óxido al punto que finalmente es incapaz de acelerar más electrones calientes.

Veamos ahora el efecto de la carga negativa de la compuerta flotante en la operación del transistor. La carga negativa atrapada en la compuerta flotante hará que los electrones sean repelidos de la superficie del sustrato. Esto implica que para formar un canal, el voltaje positivo que tiene que ser aplicado a la compuerta selectiva tendrá que ser mayor que la requerida cuando la compuerta flotante no está cargada. En otras palabras, el voltaje de umbral V_t del transistor programado será más alto que el del dispositivo no programado. De hecho, la programación hace que la curva característica i_D–v_{GS} se desplace a la marcada como (b) en la figura 13.68. En este estado, conocido como *estado programado*, se dice que la celda está almacenando un 0.

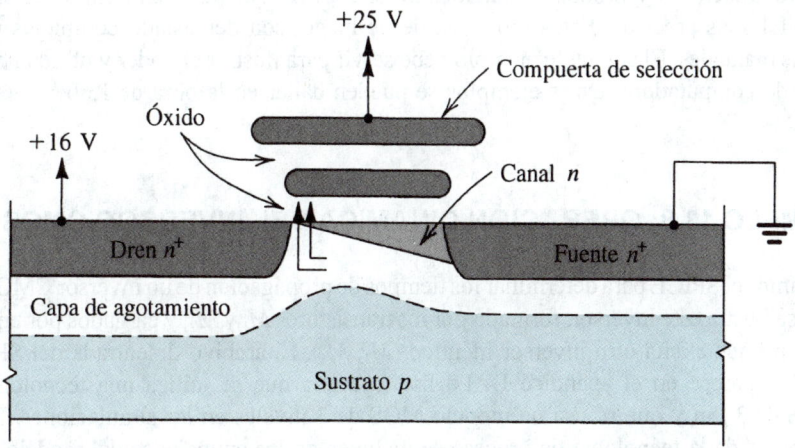

Fig. 13.69 Transistor de compuerta flotante durante una programación.

Una vez programado, el dispositivo de compuerta flotante retiene su curva característica i–v desplazada (curva b) incluso cuando la fuente de alimentación se apague. De hecho, resultados experimentales extrapolados indican que el dispositivo puede permanecer en el estado programado hasta por 100 años.

Leer el contenido de la celda de compuerta apilada es fácil: un voltaje V_{GS} situado entre valores bajo y alto de umbral (véase la figura 13.68) se aplica a la compuerta selectiva. Mientras que un dispositivo programado (el que almacena un 0) no conduce, un dispositivo no programado (el que almacena un 1) conduce densamente.

Para regresar el MOSFET de compuerta flotante a su estado no programado, la carga almacenada en la compuerta flotante tiene que regresar al sustrato. Este proceso de *borrado* puede efectuarse si se ilumina la celda con luz ultravioleta de longitud de onda correcta (2537 Å) durante un tiempo especificado. La luz ultravioleta imparte suficiente energía fotónica a los electrones atrapados, permitiéndoles vencer la inherente barrera de energía y por lo tanto ser transportados por el óxido, de regreso al sustrato. Para permitir este proceso de borrado, el paquete EPROM contiene una ventanilla de cuarzo. Por último, debe observarse que el dispositivo es extremadamente durable y puede ser borrado y programado muchas veces.

Una ROM programable adaptable es la PROM borrable eléctricamente (EEPROM). Como su nombre lo indica, una EEPROM se puede borrar y reprogramar eléctricamente sin necesidad de iluminación ultravioleta. Las EEPROM utilizan una variante del MOSFET de compuerta flotante.

13.13   EJEMPLO DE SIMULACIÓN DEL SPICE

Concluimos este capítulo con un ejemplo que ilustra el uso del SPICE en el análisis de circuitos digitales CMOS. Para evaluar la necesidad del SPICE, recordemos que en todo este capítulo habíamos tenido que hacer muchas suposiciones de simplificación para que el análisis manual fuera posible, y también para que los resultados fueran lo suficientemente sencillos para obtener conocimiento sobre el diseño. Éste es en especial el caso en el análisis de la operación dinámica de circuitos lógicos. El análisis asistido por computadora con el programa SPICE no sólo hace obvias las aproximaciones y produce resultados precisos, sino que también permite el uso de modelos MOSFET más precisos. Estos modelos, desde luego, son demasiado complejos para usarse en análisis manuales. El siguiente ejemplo debe servir para ilustrar el poder y utilidad del análisis con ayuda de computadora. Otros ejemplos se pueden hallar en la obra de Roberts y Sedra (1992 y 1997).

EJEMPLO 13.8: OPERACIÓN DINÁMICA DEL INVERSOR CMOS

Utilizamos el SPICE para determinar los tiempos de propagación de un inversor CMOS. En la figura 13.70 se ilustra este inversor, formado por los transistores M_1 y M_2, y cargados por una capacitancia de 0.1 pF que excita otro inversor idéntico (M_3, M_4). El archivo de entrada del SPICE para este ejemplo aparece en el apéndice D. La lista muestra que se utiliza una tecnología de proceso CMOS de 3 μm y que se usa un modelo MOS de 3 niveles en las simulaciones. Los valores de parámetros de la tecnología de proceso se incluyen en los enunciados del modelo del MOSFET. De particular interés aquí son los siguientes parámetros:

$k'_n = 40 \ \mu\text{A/V}^2 \qquad k'_p = 12 \ \mu\text{A/V}^2$

$V_{tn0} = 0.7 \ \text{V} \qquad V_{tp0} = -0.8 \ \text{V} \qquad V_{DD} = 5 \ \text{V}$

$C_{ox} = 0.7 \ \text{fF}/\mu\text{m}^2 \qquad C_{gd}|_n = 3.0 \times 10^{-10} \ \text{F/m (ancho)} \qquad C_{gd}|_p = 2.5 \times 10^{-10} \ \text{F/m (ancho)}$

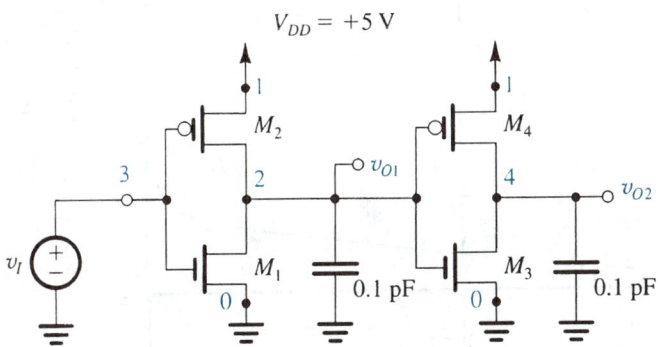

Fig. 13.70 Cascada de dos circuitos inversores CMOS para el ejemplo 13.8.

Las simulaciones del SPICE se realizan para dos casos:

(a) Dispositivos de tamaño mínimo: $\left(\dfrac{W}{L}\right)_n = \left(\dfrac{W}{L}\right)_p = \dfrac{3 \ \mu\text{m}}{3 \ \mu\text{m}}$

(b) Dispositivos igualados: $\left(\dfrac{W}{L}\right)_n = \dfrac{3 \ \mu\text{m}}{3 \ \mu\text{m}}, \left(\dfrac{W}{L}\right)_p = \dfrac{k'_n}{k'_p}\left(\dfrac{W}{L}\right)_n = \dfrac{10 \ \mu\text{m}}{3 \ \mu\text{m}}$

Para determinar la respuesta transitoria, se aplica un pulso de 0 a +5 V de 20 ns de duración a la entrada del primer inversor. Se pide un análisis de transitorios sobre un intervalo de 50 ns usando un escalón de tiempo de 0.1 ns. Además, la curva característica de transferencia de voltaje se determinó usando una alternancia de voltaje de entrada (como se hizo en el ejemplo 5.14). Antes de presentar los resultados del análisis, debemos observar que como no se especifican las áreas de difusión del dren, el SPICE no calcula C_{db} y emplea en su lugar los valores predeterminados de cero. Por lo tanto, los tiempos calculados están basados sólo en las capacitancias de la compuerta y, desde luego, la capacitancia de carga de 0.1 pF. En un diseño real de circuito integrado, el MOSFET se caracteriza de una manera más completa y se incluyen todas las capacitancias en el modelo. En la tabla 13.2 se presenta un resumen de los resultados del análisis del SPICE. En la figura 13.71 se muestra la onda del pulso de entrada y la de la señal a la salida del primer inversor en la cascada para los dos casos analizados. A continuación haremos varios comentarios sobre estos resultados.

1. La curva característica de voltaje de transferencia (VTC) del inversor de mínimo tamaño es claramente asimétrica, como es evidente por el valor del voltaje de umbral y los valores desiguales de márgenes de ruido. La ventaja del diseño igualado es obvia. (Nótese, sin embargo, que parece que el diseño igualado compensa en exceso las movilidades desigua-

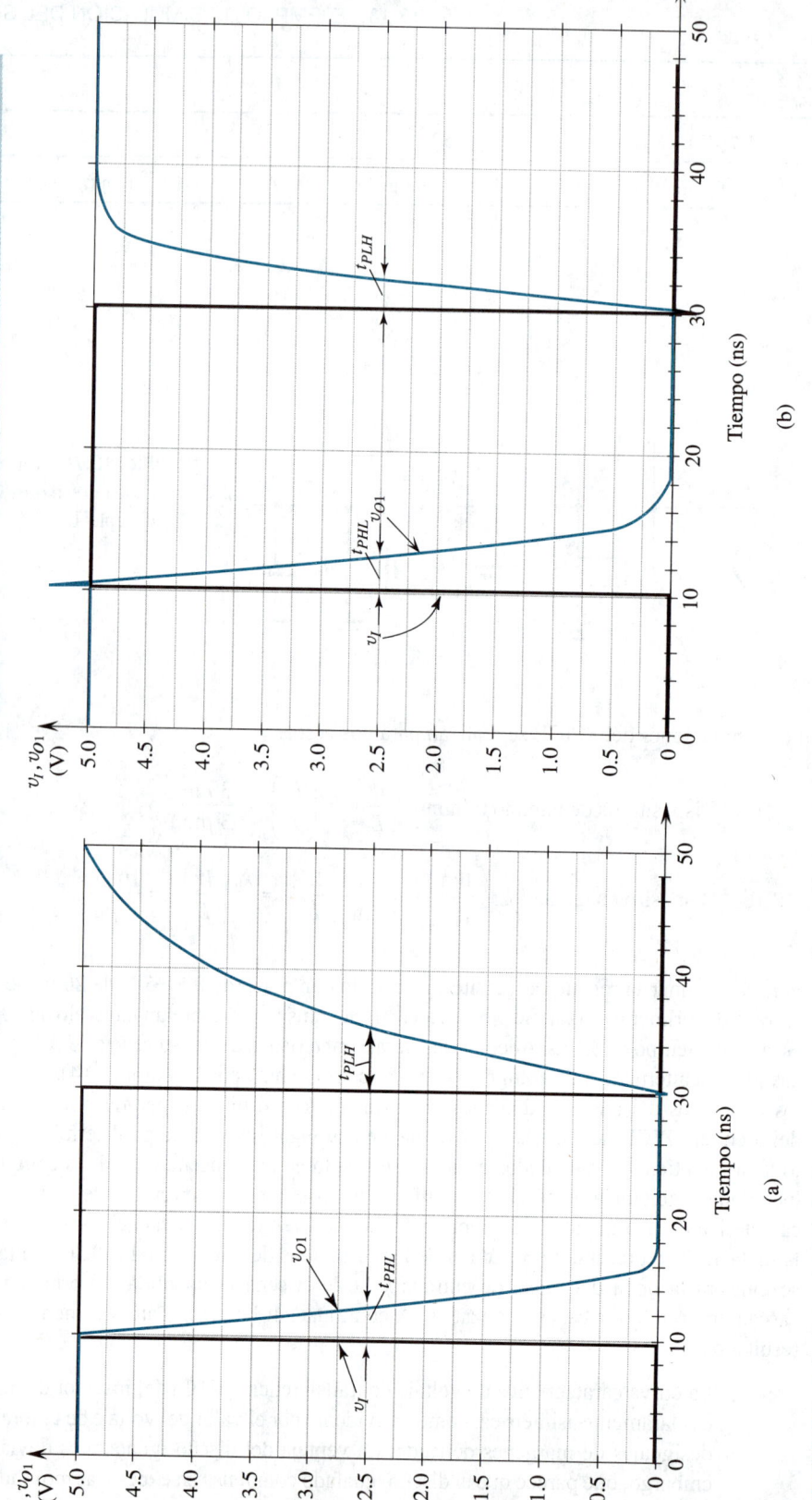

Fig. 13.71 Resultados del SPICE para el ejemplo 13.8: **(a)** dispositivos de tamaño mínimo; **(b)** dispositivos igualados.

les y quizá una $(W/L)_p = 9/3$ sería más apropiada.) Los márgenes de ruido en el caso igualado son muy cercanos al valor teórico calculado usando la ecuación (13.11), que produce $NM_H = NM_L = 2.06$ V.

Tabla 13.2 RESULTADOS DEL SPICE PARA EL EJEMPLO 13.8

Caso	V_M	V_{IL}	V_{IH}	NM_L	NM_H	t_{PLH}	t_{PHL}	t_p
	(V)	(V)	(V)	(V)	(V)	(ns)	(ns)	(ns)
(a) Dispositivos de tamaño mínimo $\left(\dfrac{W}{L}\right)_n = \left(\dfrac{W}{L}\right)_p = \dfrac{3\ \mu m}{3\ \mu m}$	1.90	1.30	2.11	1.30	2.89	5.50	1.89	3.75
(b) Dispositivos igualados $\left(\dfrac{W}{L}\right)_n = \dfrac{3\ \mu m}{3\ \mu m},\ \left(\dfrac{W}{L}\right)_p = \dfrac{10\ \mu m}{3\ \mu m}$	2.62	2.11	2.89	2.11	2.11	1.96	2.29	2.12

2. La asimetría de la respuesta transitoria del inversor de tamaño mínimo es evidente. Observe que t_{PLH} es más largo que t_{PHL} en un factor de 2.85, casi igual a la razón μ_n/μ_p. El resultado es un t_P relativamente largo. El diseño igualado rectifica este problema y hace que t_{PLH} y t_{PHL} sean casi iguales. Observe que t_{PHL} aumenta en alrededor de 21% como resultado del aumento en capacitancia total, ya que el área del dispositivo de canal p aumenta; t_P se reduce en alrededor de 43% y, por supuesto, la respuesta se ha hecho casi simétrica. Nótese, sin embargo, que aquí otra vez hay evidencia de exceso de compensación. También recuerde que no hemos incluido las capacitancias de dren y memoria a granel, por lo cual todas las cantidades de tiempo de propagación están subestimadas.

3. Con toda seguridad el lector tiene curiosidad por correlacionar estos resultados con los obtenidos usando análisis manual. Para investigar este punto, debemos primero estimar el valor de la capacitancia equivalente C,

$$C = 2C_{gd1} + 2C_{gd2} + C_L + C_{g3} + C_{g4}$$

donde

$$C_{gd1} = 0.3 \times 3 = 0.9 \text{ fF}$$

$$C_{gd2} = 0.25 \times 3 = 0.75 \text{ fF, para el caso de tamaño mínimo}$$

$$C_{gd2} = 0.25 \times 10 = 2.5 \text{ fF, para el caso igualado}$$

$$C_L = 100 \text{ fF}$$

$$C_{g3} = 3 \times 3 \times 0.7 = 6.3 \text{ fF}$$

$$C_{g4} = 3 \times 3 \times 0.7 = 6.3 \text{ fF, para el caso de tamaño mínimo}$$

$$C_{g4} = 10 \times 3 \times 0.7 = 21.0 \text{ fF, para el caso igualado}$$

Entonces

$$C = 115.9 \text{ fF, para el caso de tamaño mínimo}$$

$$C = 134.1 \text{ fF, para el caso igualado}$$

Con la ecuación (13.13), t_{PHL} se puede determinar como

$$t_{PHL} = \frac{1.6 \times 115.9 \times 10^{-15}}{40 \times 10^{-6} \times 5} = 0.93 \text{ ns, para el caso de tamaño mínimo}$$

$$t_{PHL} = \frac{1.6 \times 134.1 \times 10^{-15}}{40 \times 10^{-6} \times 5} = 1.07 \text{ ns, para el caso igualado}$$

Del mismo modo, t_{PLH} se puede determinar como

$$t_{PLH} = \frac{1.6 \times 115.9 \times 10^{-15}}{12 \times 10^{-6} \times 5} = 3.09 \text{ ns, para el caso de tamaño mínimo}$$

$$t_{PLH} = \frac{1.6 \times 134.1 \times 10^{-15}}{12 \times \dfrac{10}{3} \times 10^{-6} \times 5} = 1.07 \text{ ns, para el caso igualado}$$

Observamos que todos estos valores son alrededor de la mitad de los calculados por el SPICE. Esto, aunque desconcertante, no debe sorprendernos puesto que utilizamos un modelo muy sencillo en el análisis manual. Observemos que el valor de C en el caso igualado es más alto que para el inversor de tamaño mínimo en alrededor de 16%, lo que explica el aumento (casi 21%) en t_{PHL} como calcula el SPICE.

RESUMEN

■ Aun cuando el CMOS es una de cuatro tecnologías de IC digitales en uso actualmente (las otras son la bipolar, BiCMOS y GaAs), es la preferida. Esto se debe a su disipación cero de potencia estática y excelentes características estáticas y dinámicas. Además, avances en la tecnología de proceso CMOS han hecho posible la fabricación de transistores MOS con longitudes de canal de sólo 0.15 μm. La alta impedancia de entrada de transistores MOS permite el uso de almacenamiento de carga en condensadores como medio de obtener memoria, una técnica satisfactoriamente explotada en lógica dinámica y memoria dinámica.

■ El inversor CMOS suele diseñarse usando la longitud mínima de canal tanto para transistores NMOS como PMOS. El ancho del transistor NMOS es por regla general de 1.5 a 2 veces L y el ancho del dispositivo PMOS es (μ_n/μ_p) veces esa cantidad. Esta última condición (de igualamiento) asegura que el inversor conmute a $V_{DD}/2$, da iguales capacidades

de excitación de corriente en ambas direcciones y tiempos de propagación simétricos.

■ Una técnica sencilla para determinar el tiempo de propagación de una compuerta lógica es determinar el promedio de corriente I_{av} disponible para cargar (o descargar) una capacitancia de carga C. Entonces, t_{PLH} (o t_{PHL}) está determinado como $\dfrac{C(V_{DD}/2)}{I_{av}}$.

■ Una compuerta lógica CMOS complementaria consta de una red NMOS de desconexión (PDN) y una red PMOS de conexión (PUN). La PDN conduce para toda combinación de entrada que requiera una salida baja. Como un transistor NMOS conduce cuando su entrada es alta, la PDN se sintetiza más directamente a partir de la expresión para la salida baja ($\bar{Y}$) como una función de las entradas no complementadas. En forma complementaria, la PUN conduce para toda combinación de entrada que corresponda a una salida alta. Como un PMOS conduce cuando su entrada es baja, la PUN se sintetiza más directamente a partir de la expresión para una salida alta (Y) como una función de las entradas complementadas.

■ Los circuitos lógicos CMOS suelen diseñarse para tener igual capacidad de excitación de corriente en ambas direcciones. Además, el valor del peor caso de las corrientes de conexión y desconexión se hace igual a los del inversor básico (igualado). La determinación de dimensiones de un transistor está basada en este principio y hace uso de las relaciones equivalentes (W/L) de dispositivos en serie y paralelo (ecuaciones 13.27 y 13.28).

■ El circuito lógico CMOS complementario utiliza dos transistores, un NMOS y un PMOS, por cada variable de entrada. Así, la complejidad del circuito, el área de silicio y la capacitancia parásita aumentan con la convergencia.

■ Para reducir la cuenta de un dispositivo, se utilizan otras dos formas de CMOS estático, por ejemplo un circuito lógico pseudo-NMOS y uno de transistor de paso (PTL), en aplicaciones especiales como suplemento al CMOS complementario.

■ Un circuito lógico pseudo-NMOS utiliza la misma PDN que en un circuito lógico CMOS complementario, pero sustituye una red de conexión (PUN) con un solo transistor PMOS cuya compuerta está conectada a tierra. A diferencia de un CMOS complementario, un pseudo-NMOS es una forma de circuito lógico en el que V_{OL} está determinado por la relación r entre k_n y k_p. Normalmente, r se selecciona entre 4 y 10 y su valor determina los márgenes de ruido.

■ Un pseudo-NMOS tiene la desventaja de disipar potencia estática cuando la salida de la compuerta lógica es baja. La potencia estática se puede eliminar al conectar la carga del PMOS durante sólo un breve intervalo, conocido como *intervalo de precarga*, para cargar el nodo de salida a V_{DD}. Entonces, se aplican las entradas y, dependiendo de la combinación de entrada, el nodo de salida permanece alto o se descarga a través de la red de desconexión (PDN). Ésta es la esencia de un circuito lógico dinámico.

■ Un circuito lógico de transistor de paso utiliza ya sea transistores individuales NMOS o compuertas CMOS de transmisión para construir una red de interruptores que sean controlados por variables lógicas de entrada. Los interruptores construidos con transistores individuales NMOS, aunque sencillos, resultan en la reducción de V_{OH} desde V_{DD} a $V_{DD} - V_t$.

■ Los flip-flops utilizan uno o más candados. Un candado estático básico es un circuito biestable construido con dos inversores conectados en un lazo de retroalimentación positiva.

El candado puede permanecer indefinidamente en cualquier estado estable.

■ Como alternativa al método de retroalimentación positiva, se puede obtener memoria con el uso de almacenamiento de cargas. Varios flip-flops CMOS se construyen de esta forma, incluyendo algunos flip-flops D maestro-esclavo.

■ Un multivibrador monoestable tiene un estado estable, en el que puede permanecer indefinidamente, y un estado casi estable, al que entra en el disparo y en el que permanece durante un intervalo predeterminado T. Los circuitos monoestables se pueden usar para generar una señal de pulsos de altura y ancho predeterminados.

■ Un multivibrador astable no tiene estados estables, pero tiene dos estados casi estables, entre los cuales oscila. El circuito astable, en su operación, es, en realidad, un generador de ondas cuadradas.

■ Un oscilador en anillo se construye al conectar un número impar (N) de inversores en un lazo; $f_{osc} = 1/2Nt_p$.

■ Una memoria de acceso aleatorio (RAM) es aquella en la que el tiempo necesario para guardar (escribir) información y recuperar (leer) información es independiente de la ubicación física (dentro de la memoria) en que se guarda la información.

■ La mayor parte de la memoria de un chip está formada de celdas en las que se guardan los bits y que están típicamente organizados en una matriz cuadrada. Se selecciona una celda para lectura o escritura al activar su renglón (fila), a través del decodificador de dirección de fila, y su columna, a través del decodificador de dirección de columna. El amplificador de salida detecta el contenido de la celda seleccionada y lo proporciona al terminal de salida de datos del chip.

■ Hay dos clases de MOS RAM: estático y dinámico. Los RAM estáticos (SRAM) utilizan flip-flops como celdas de almacenamiento. En un RAM dinámico (DRAM), los datos se guardan en un condensador y por lo tanto debe ser regenerado periódicamente. Los chips DRAM producen la capacidad máxima posible de almacenamiento para un área dada de chip.

■ Aun cuando se utilizan amplificadores de salida en los SRAM para acelerar su operación, son esenciales en los DRAM. Un amplificador típico de salida es un circuito diferencial que utiliza retroalimentación positiva para obtener una señal de salida que crece exponencialmente hacia V_{DD} o 0.

■ Las memorias de sólo lectura (ROM) contienen patrones fijos de datos que se guardan al momento de la fabricación y no pueden ser cambiados por el usuario. Por otra parte, el contenido de una ROM programable borrable (EPROM) puede ser cambiado por el usuario. El borrado y reprogramación es un proceso lento y sólo se realiza muy rara vez.

■ Algunos EPROM utilizan MOSFET de compuerta flotante (figura 13.67) como celdas de almacenamiento. La celda se programa al aplicar un alto voltaje a la compuerta seleccionada. El borrado se obtiene al iluminar el chip con luz ultravioleta. Incluso más adaptables, las EEPROM se pueden borrar y reprogramar eléctricamente.

Bibliografía

Brown, S. D., y J. Rose, *FPGA and CPLD Architectures: A tutorial , IEEE Design and test of Computers*, vol. 13, No. 2, pp. 42-57, 1996.

Elmasry, M. I. (ed.), *Digital MOS Integrated Circuits*, IEEE Press, Nueva York, 1981. También, *Digital MOS Integrated Circuits II*, 1992.

Hodges, D. A., y H. G. Jackson, *Analysis and Design of Digital Integrated Circuits,* segunda edición, McGraw-Hill, Nueva York, 1988.

IEEE Journal of Solid-State Circuits. La edición de noviembre de cada año se ha dedicado a circuitos digitales.

Kang, S. M., y Y. Leblebici, *CMOS Digital Integrated Circuits*, McGraw-Hill, Nueva York, 1996.

Mead, C., y L. Conway, *Introduction to VLSI Systems*, Addison-Wesley, Reading, Mass., 1980.

Motorola, *McMOS Handbook*, Motorola, Inc., Phoenix, Ariz., 1974.

Motorola, *Memory Data*, Motorola, Inc., Phoenix, Ariz., 1989.

Rabaey, J. M., *Digital Integrated Circuits*, Prentice-Hall, Englewood Cliffs, N.J., 1996.

RCA, *COS/MOS Digital Integrated Circuits*, Publication No. SSD-203B, RCA Solid-State Division, Somerville, N.J., 1974.

Roberts, G. W., y A. S. Sedra, *SPICE*, Oxford University Press, Nueva York, 1992, 1997.

Sedra, A. S. y K. C. Smith, *Microelectronic Circuits*, primera edición, capítulo 16, Holt, Rinehart and Winston, Nueva York, 1982.

Weste, N. y K. Eshraghian, *Principles of CMOS VLSI Design*, Addison-Wesley, Reading, Mass., 1985, 1993.

Problemas

Sección 13.1: Diseño de circuitos digitales: un repaso

13.1 Para una familia de circuitos lógicos que utiliza una fuente de alimentación de 3 V, sugiera un conjunto ideal de valores para V_{ih}, V_{IL}, V_{IH}, V_{OL}, V_{OI}, NM_L, NM_H. Igualmente, trace una curva característica de transferencia de voltaje. ¿Qué valor de ganancia de voltaje en la región de transición implica la especificación ideal del lector?

13.2 Para una familia de circuitos lógicos en particular, la tecnología básica empleada proporciona un límite inherente a la ganancia de 50 V/V de voltaje de baja frecuencia a pequeña señal. Si, con una fuente de 3.3 V, los valores de V_{OL} y V_{OH} son ideales, pero $V_{th} = 0.4\ V_{DD}$, ¿cuáles son los mejores valores posibles de V_{IL} y V_{IH} que se pueden esperar? Si los márgenes reales de ruido son sólo 7/10 de estos valores, ¿cuáles V_{IL} y V_{IH} resultan? ¿Cuál es la ganancia de voltaje a gran señal [definida como $(V_{OH} - V_{OL})/(V_{IL} - V_{IH})$]. (*Sugerencia*: utilice aproximaciones de línea recta para la curva característica de transferencia de voltaje.)

13.3 Una familia de circuitos lógicos, destinada para uso en una aplicación de procesamiento de señal digital en un aparato para sordera recién diseñado, puede operar con fuentes de alimentación de una sola pila de 1.2 V. Si, para su inversor, las señales de salida alternan entre 0 y V_{DD}, los puntos de "ganancia de uno" están separados por menos de 1/3 V_{DD}, y los márgenes de ruido están a no más de 30% uno de otro, ¿qué intervalos de valores de V_{IL}, V_{IH}, V_{OL}, V_{OH}, NM_L y NM_H puede esperar el lector para la mínima fuente de batería posible?

13.4 En una familia de circuitos lógicos en particular, el inversor estándar, cuando está cargado por un circuito semejante, tiene un tiempo de propagación especificado de 1.2 ns:

(a) Si la corriente disponible para cargar una capacitancia de carga es la mitad de la disponible para descargar la capacitancia, ¿qué espera el lector que sean t_{PLH} y t_{PHL}?

(b) Si cuando se agrega una carga capacitiva externa de 1 pF a la salida del inversor, sus tiempos de propagación aumentan 70%, ¿cuál estima el lector que sea la capacitancia combinada normal de salida y entrada del inversor?

(c) Si sin la carga adicional de 1 pF conectada, el inversor de carga se retira y se observa que los tiempos de propagación decrecen 40%, ¿cuáles estima el lector que sean los dos componentes de la capacitancia encontrada en (b), es decir, el componente debido a la salida del inversor y otras capacitancias parásitas conexas y el componente debido a la entrada del inversor de carga?

13.5 En una familia de circuitos lógicos en particular, que opera con una fuente de 3.3 V, el inversor básico toma una corriente de 40 μA de la fuente en un estado y 0 μA en el otro. Cuando el inversor se conmuta a razón de 100 MHz, el promedio de la fuente de alimentación se convierte en 150 μA. ¿Cuál estima el lector que sea la capacitancia equivalente del nodo de salida del inversor?

13.6 Un conjunto de compuertas lógicas para las cuales la disipación de potencia estática es cero, y la disipación de potencia dinámica, como se especifica en la ecuación (13.4) es 10 mW, opera a 50 MHz con una fuente de 5 V. ¿En qué fracción podría reducirse la disipación de potencia si fuera posible la operación a 3.3 V? Si la frecuencia de operación se redujera en el mismo factor que el voltaje de la fuente (es decir, 3.3/5), ¿qué potencia *adicional* podría ahorrarse?

D13.7 Una familia de circuitos lógicos con cero disipación de potencia estática opera normalmente a $V_{DD} = 5$ V. Para reducir su disipación de potencia dinámica, que está especificada por la ecuación (13.4), se considera la operación a 3.3 V. Se encuentra, sin embargo, que las corrientes presentes para cargar y descargar capacitancias de carga también se reducen. Si la corriente es (a) proporcional a V_{DD}, (b) proporcional a V_{DD}^2, ¿qué reducciones en frecuencia máxima de operación espera el lector en cada caso? ¿Qué cambio fraccionario en el producto de (tiempo de propagación)-(potencia) espera el lector en cada caso?

D*13.8 Reconsidere la situación descrita en el problema 13.7, para la situación en que existe una relación de umbral de modo que la corriente depende de $(V_{DD} - V_t)$ más que de V_{DD} directamente. Evalúe el cambio de corriente, tiempo de propagación, frecuencia de operación, potencia dinámica y producto de (tiempo de propagación)-(potencia) como resultado de un V_{DD} decreciente de 5 V a 3.3 V. Suponga que las corrientes son proporcionales a (a) $(V_{DD} - V_t)$, (b) $(V_{DD} - V_t)^2$, para V_t igual a (i) 1 V, (ii) 0.5 V.

D*13.9 Se está considerando reducir en 10% todas las dimensiones de un proceso CMOS digital de silicio, incluyendo el grueso del óxido. Recuerde que, para un dispositivo MOS, la corriente disponible está relacionada con $i = \frac{1}{2} \mu C_{ox} \frac{W}{L} (V_{DD} - V_t)^2$, donde $C_{ox} = \varepsilon_{ox}/t_{ox}$. También suponga que el total de capacitancia eficaz que determina el tiempo de propagación se divide de casi igualmente entre capacitancias MOS que son proporcionales al área e inversamente proporcionales al grueso del óxido, y capacitancias de unión polarizada inversamente que son proporcionales al área. Encuentre los factores por los cuales cambian los siguientes parámetros: área de chip, corriente, capacitancia eficaz, tiempo de propagación, máxima frecuencia de operación, disipación de potencia dinámica, producto de (tiempo de propagación)-(potencia) y rendimiento (en operaciones por unidad de área por segundo). Si el voltaje de la fuente de alimentación también se reduce en 10% (pero V_t no se reduce), ¿cuáles otros cambios resultan?

13.10 Considere una compuerta lógica para la cual $t_{PLH}, t_{PHL}, t_{TLH}$ y t_{THL} son 20 ns, 10 ns, 30 ns y 15 ns, respectivamente. Los bordes de elevación y caída de la salida de compuerta se pueden aproximar por rampas lineales. Dos de estas compuertas están conectadas en tándem y excitadas por una entrada ideal que tiene cero tiempos de elevación y caída. Calcule el tiempo tomado por el voltaje de salida para completar 90% de su alternancia para (a) entrada de elevación, (b) entrada de caída. ¿Cuál es el tiempo de propagación para la compuerta?

13.11 Una compuerta lógica en particular tiene t_{PLH} y t_{PHL} de 50 y 70 ns, respectivamente, y disipa 1 mW con salida baja y 0.5 mW con salida alta. Calcule el correspondiente producto de (tiempo de propagación)-(potencia) (bajo la suposición de una señal de 50% de ciclo de trabajo).

Sección 13.2: Análisis de diseño y operación del inversor CMOS

13.12 Para un inversor CMOS que opera de una fuente de 3.3 V en una tecnología para la cual $|V_t| = 0.8$ V y $k_n' = 3k_p' = 75$ μA/V^2, evalúe la resistencia entre dren y fuente asociada con transistores de tamaño mínima para los que $W/L = 1.2$ μm/0.8 μm. ¿Para qué relación (W_p/W_n) tendrán iguales resistencias Q_N y Q_P, que tienen iguales longitudes de canal? Para $W_n = 1.2$ μm, encuentre el valor requerido de L_n para obtener un valor de 100 kΩ de resistencia entre dren y fuente.

13.13 Un dispositivo de canal *p*, que tiene tres veces el ancho del dispositivo de mínimo tamaño especificado en el problema 13.12, se utiliza en una aplicación en que la

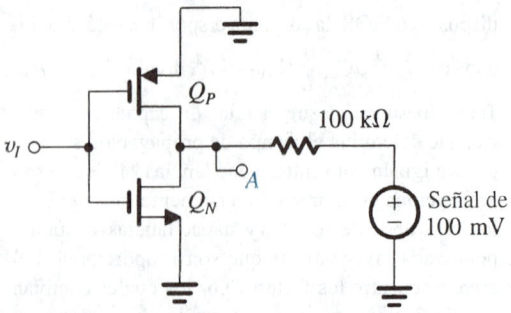

Fig. P13.14

tancia total equivalente asociada con el nodo de salida? Calcule t_P con la ecuación (13.13) para una fuente de 3.3 V.

13.20 Utilice las ecuaciones (13.14) a (13.17) para deducir una expresión para t_{PHL} en que V_t está expresado como una fracción α de V_{DD} (es decir, $V_t = \alpha V_{DD}$). Encuentre el valor del multiplicador en el numerador de la expresión, para α entre 0.1 y 0.5 (por ejemplo, para $\alpha = 0.2$ el multiplicador es 1.7).

13.21 Encuentre el tiempo de propagación para un inversor de mínimo tamaño para el que $k'_n = 3k'_p = 75\ \mu\text{A/V}^2$ y $(W/L)_n = (W/L)_p = 1.2\ \mu\text{m}/0.8\ \mu\text{m}$, $V_{DD} = 3.3$ V, y la capacitancia es casi 2 fF/μm del ancho del dispositivo más 1 fF/dispositivo.

13.22 Un chip de microprocesador CMOS que contiene el equivalente de 1 millón de compuertas opera desde una fuente de 5 V. La disipación de potencia se encuentra que es de 9 W cuando el chip está operando a 120 MHz y 4.7 W cuando opera a 50 MHz. ¿Cuál es la potencia perdida en el chip en algún papel independiente del reloj, por ejemplo el debido a fuga y otras corrientes estáticas? Si 70% de las compuertas se suponen activas en cualquier momento, ¿cuál es el promedio de capacitancia de compuerta en este diseño?

13.23 Un inversor CMOS igualado fabricado en un proceso para el que $C_{ox} = 1.4\ \text{fF}/\mu\text{m}^2$, $\mu_n C_{ox} = 75\ \mu\text{A/V}^2$, $\mu_p C_{ox} = 25\ \mu\text{A/V}^2$, $V_{tn} = -V_{tp} = 0.8$ V, y $V_{DD} = 3.3$ V, usa $W_n = 1.5\ \mu$m y $L_n = L_p = 0.8\ \mu$m. La capacitancia de traslape entre compuerta y dren y la capacitancia eficaz entre dren y cuerpo son 0.6 fF y 2.0 fF, respectivamente, por μm de ancho de compuerta. La capacitancia de alambrado es $C_w = 3$ fF. Encuentre t_{PLH}, t_{PHL} y t_P. ¿Para cuánta carga de capacitancia adicional aumenta el tiempo de propagación en 50%?

13.24 Repita el problema 13.23 para un inversor para el cual $(W/L)_n = (W/L)_p = 1.5\ \mu\text{m}/0.8\ \mu$m. Encuentre t_P y la disipación de potencia dinámica cuando opera a razón de 120 MHz.

fuente V_{DD} está sujeta a ruido de muy alta frecuencia. Para una capacitancia de carga equivalente de 1 pF, ¿cuál es la frecuencia de corte de 3 dB en cada compuerta para este ruido de la fuente?

13.14 Un inversor CMOS, para el que $k_n = 10 k_p = 100\ \mu\text{A/V}^2$ y $V_t = 0.5$ V, se conecta como se muestra en la figura P13.14 a una fuente de señales senoidales que tiene un voltaje equivalente de Thévenin de 0.1 V de amplitud pico y resistencia de 100 kΩ. ¿Qué voltaje de señal aparece en el nodo A con $v_I = +1.5$ V? ¿Y con $v_I = -1.5$ V?

13.15 Para un inversor generalizado CMOS caracterizado por V_{tn}, V_{tp}, k_n y k_p, deduzca la razón de la ecuación (13.8) para V_{th}.

13.16 Utilice la ecuación (13.8) para explorar la variación de V_{th} con la razón $r \equiv k_n/k_p$. Específicamente, calcule V_{th} para el caso en que $V_{tn} = |V_{tp}| = 1$ V y $V_{DD} = 5$ V para $r = 0.5$, 1, 1.5, 2 y 3. Nótese que V_{th} no es una función fuerte de r alrededor del punto $r = 1$.

D13.17 Diseñe un inversor "igualado" (o "acoplado") cuya área es 84 μm^2 en un proceso para el que la longitud mínima es 0.8 μm y $\mu_n/\mu_p = 2.5$. ¿En qué factor rebasa la máxima corriente de salida disponible de este inversor a la del inversor de mínimo tamaño para el que el factor $n = 1.5$? ¿Cuál es la razón de sus áreas? ¿Cuál es la razón de sus resistencias de salida?

13.18 Para un inversor CMOS que tiene $k_n = k_p = 100\ \mu\text{A/V}^2$, $V_{tn} = |V_{tp}| = 0.8$ V, $V_{DD} = 3.3$ V y $\lambda_n = \lambda_p = 0.03$ V^{-1}, encuentre V_{OH}, V_{IH}, V_{OL}, V_{IL}, NM_H, NM_L, V_{th} y la ganancia de voltaje en el punto de umbral M. [*Sugerencia*: utilice las ecuaciones (5.93) y (5.94).]

13.19 Para un inversor CMOS igualado en particular, $k'_n = 75\ \mu\text{A/V}^2$, $(W/L)_n = 8\ \mu\text{m}/0.8\ \mu$m, $\mu_n/\mu_p = 2.5$. El circuito tiene una capacitancia equivalente de salida con dos componentes importantes, uno proporcional al ancho del dispositivo de 2 fF/μm de ancho para cada dispositivo, y el otro fijo a 50 fF. ¿Cuál es la capaci-

Sección 13.3: Circuitos CMOS de compuertas lógicas

D13.25 Trace un diseño de CMOS para la función $Y = \overline{A + B(C + D)}$.

D13.26 Se requiere una compuerta lógica CMOS para obtener una salida $Y = \overline{A}BC + A\overline{B}C + AB\overline{C}$. ¿Cuántos transistores necesita? Trace una apropiada red de conexión (PUN) y una de desconexión (PDN), obteniendo cada una primero en forma independiente, luego una de la otra usando la idea de redes duales.

13.27 Dé dos diseños diferentes de la función OR exclusiva $Y = A\bar{B} + \bar{A}B$ en que las PDN y PUN son redes duales.

13.28 Trace un circuito lógico CMOS que forme la función $Y = AB + \bar{A}\,\bar{B}$. Ésta recibe el nombre de función de equivalencia o de coincidencia.

13.29 Trace un circuito lógico CMOS que forme la función $Y = ABC + \bar{A}\,\bar{B}\,\bar{C}$.

13.30 Se requiere diseñar un circuito lógico CMOS que forme un verificador de paridad par de tres entradas. Específicamente, la salida Y debe ser baja cuando un número par (0 o 2) de las entradas A, B y C son altas.

    (a) Dé la función booleana $\bar{Y}$.

    (b) Trace una PDN directamente de la expresión para $\bar{Y}$. Nótese que requiere 12 transistores además de los de los inversores.

    (c) De la inspección del circuito PDN, reduzca el número de transistores a 10.

    (d) Encuentre la PUN como dual de la PDN en (c), y de aquí el diseño completo.

D13.31 Dé un circuito lógico que forme la función de verificador de paridad impar de tres entradas. Específicamente, la salida debe ser alta cuando un número impar (1 o 3) de las entradas es alto. Intente un diseño con 10 transistores en cada una de las redes PUN y PDN.

D13.32 Diseñe un circuito CMOS sumador con entradas A, B, C y dos salidas S y C_0 tales que S es 1 si una o tres entradas son 1, y C_0 es 1 si dos o más entradas son 1.

D13.33 Considere la compuerta CMOS que se muestra en la figura 13.14. Especifique razones W/L para todos los transistores en términos de las razones n y p del inversor básico, tales que la t_{PHL} y t_{PLH} del peor caso de la compuerta sean iguales a las del inversor básico.

D13.34 Encuentre tamaños apropiados para los transistores empleados en el circuito OR exclusivo de la figura 13.15(b). Suponga que el inversor básico tiene $(W/L)_n = 1.2\ \mu m/0.8\ \mu m$ y $(W/L)_p = 3.6\ \mu m/0.8\ \mu m$. ¿Cuál es el área total, incluyendo las de los inversores requeridos?

13.35 Considere una compuerta CMOS NAND para la que la respuesta transitoria está dominada por una capacitancia de tamaño fijo entre el nodo de salida y tierra. Compare los valores de t_{PLH} y t_{PHL}, obtenidos cuando se determinan las dimensiones de los dispositivos como en la figura 13.17, a los valores obtenidos cuando todos los dispositivos de canal n tienen $W/L = n$ y todos los dispositivos de canal p tienen $W/L = p$.

13.36 En la figura P13.36 se ilustran dos métodos para formar una función OR de seis variables de entrada. El circuito en (b), aun cuando utiliza transistores adicionales, tiene en realidad menos área total y menor tiempo de propagación porque emplea compuertas NOR con menor convergencia. Si se supone que se han determinado correctamente las dimensiones de los transistores de ambos circuitos, de modo de proporcionar a cada compuerta una capacidad de excitación de corriente igual a la del inversor básico igualado, encuentre el número de transistores y el área total de cada circuito. Suponga que el inversor básico

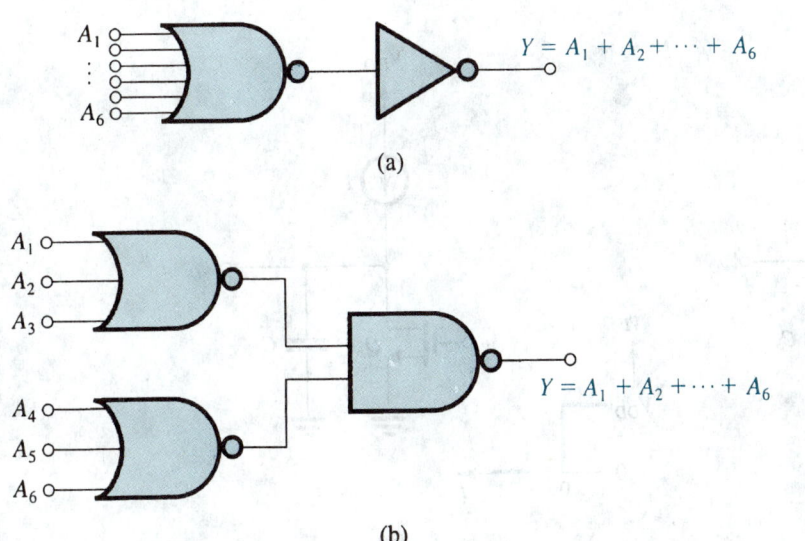

Fig. P13.36

tiene una razón $(W/L)_n$ de 1.2 μm/0.8 μm y una razón $(W/L)_p$ de 3.6 μm/0.8 μm.

*13.37 Considere la compuerta CMOS NOR de dos entradas de la figura 13.12, cuyas dimensiones de transistores están debidamente determinadas, de modo que la capacidad de excitación de corriente en cada dirección es igual a la de un inversor igualado. Para $|V_t| = 1$ V y $V_{DD} = 5$ V, encuentre el umbral de compuerta en los dos casos para los que (a) el terminal de entrada A está conectado a tierra, (b) los dos terminales de entrada están unidos. Desprecie el efecto del cuerpo en Q_{PB}.

Sección 13.4: Circuitos lógicos pseudo-NMOS

13.38 El propósito de este problema es comparar el valor de t_{PLH} obtenido con una carga resistiva [véase la figura P13.38(a)] con el obtenido con una carga de fuente de corriente [véase la figura P13.38(b)]. Para una comparación razonable, supongamos que la fuente de corriente es $I = V_{DD}/R_D$, que es la corriente inicial disponible para cargar el condensador en el caso de una carga resistiva. Encuentre t_{PLH} para cada caso, y de ésta encuentre la reducción en porcentaje obtenida cuando se utilice una carga de fuente de corriente.

D13.39 Diseñe un inversor pseudo-NMOS que tenga iguales corrientes de salida positivas y negativas de excitación capacitiva en $v_O = V_{DD}/4$, para usarse en un sistema con $V_{DD} = 5$ V, $|V_t| = 0.8$ V, $k'_n = 3k'_p = 75$ μA/V^2, y $(W/L)_n = 1.2$ μm/0.8 μm. ¿Cuáles son los valores de $(W/L)_p$, V_{IL}, V_{IH}, V_M, V_{OH}, V_{OL}, NM_H, y NM_L?

13.40 Considere un inversor pseudo-NMOS con $r = 2$, $(W/L)_n = 1.2$ μm/0.8 μm, $V_{DD} = 5$ V, $|V_t| = 0.8$ V, y $k'_n = 3k'_p = 75$ μA/V^2. Sean $C_{gs} = 1.5$ fF, $C_{gd} = 0.5$ fF y $C_{db} = 2$ fF las capacitancias de dispositivo por μm de ancho de dispositivo. Estime la capacitancia de entrada y salida y los valores de t_{PLH}, t_{PHL} y t_P obtenidos cuando el inversor excite a otro inversor idéntico. También encuentre los correspondientes valores para un inversor CMOS complementario con un diseño igualado.

*13.41 Utilice la ecuación (13.41) para hallar el valor de r para el cual NM_L se lleva al máximo. ¿Cuál es el correspondiente valor de NM_L?

D13.42 Diseñe un inversor pseudo-NMOS que tiene $V_{OL} = 0.2$ V. Suponga que $V_{DD} = 5$ V, $|V_t| = 0.8$ V, $k'_n = 3k'_p = 75$ μA/V^2, y $(W/L)_n = 1.2$ μm/0.8 μm. ¿Cuál es el valor de $(W/L)_p$? Calcule los valores de NM_L y la disipación de potencia estática.

13.43 ¿Para qué valor de r se hace cero NM_H de un inversor pseudo-NMOS? Elabore una tabla de NM_H contra r, para $r = 1$ a 16.

13.44 Para un inversor pseudo-NMOS, ¿qué valor de r resulta en $NM_L = NM_H$? Sea $V_{DD} = 5$ V y $|V_t| = 0.8$ V. ¿Cuál es el margen resultante?

D*13.45 Se requiere diseñar un inversor pseudo-NMOS de área mínima con iguales márgenes de ruido alto y bajo usando una fuente de 5 V y dispositivos para los cuales $|V_t| = 0.8$ V, $k'_n = 3k'_p = 75$ μA/V^2, y el dispositivo de tamaño mínimo tiene $(W/L) = 1.2$ μm/0.8 μm. ¿Cuál es el valor de r que selecciona el lector? Especifique los valores de $(W/L)_n$ y $(W/L)_p$. ¿Cuál es la potencia disipada en esta compuerta? ¿Cuál es la razón de

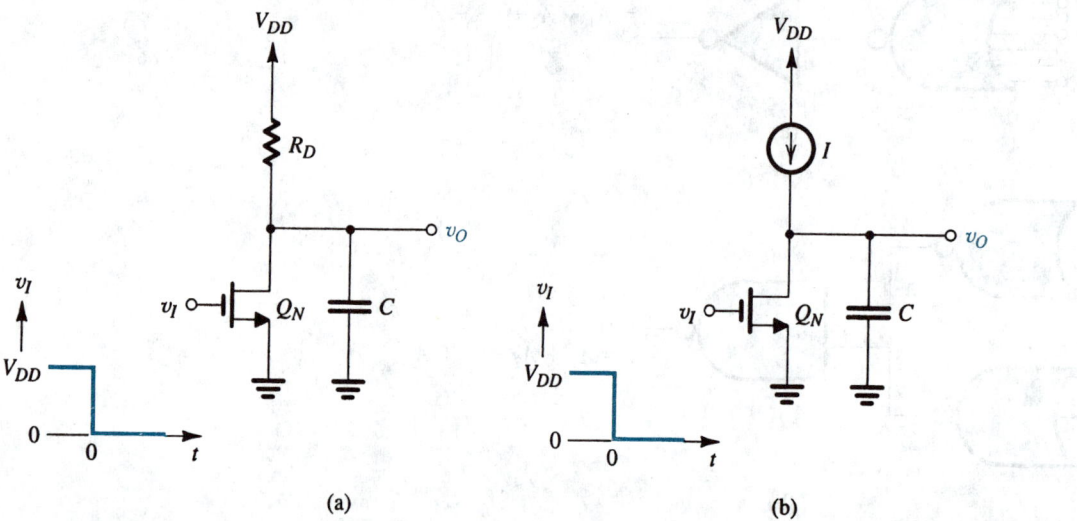

(a)   **(b)**

Fig. P13.38

tiempos de propagación para transiciones alta y baja? Para una carga capacitiva externa de 1 pF, y despreciando las capacitancias mucho menores del dispositivo, encuentre t_{PLH}, t_{PHL} y t_P. ¿A qué frecuencia de operación serían iguales los niveles de potencia estática y dinámica? ¿Es posible esta velocidad de operación en vista del valor de t_P que encontró el lector? ¿Cuál es la relación entre potencia dinámica y potencia estática a la cual el lector puede suponer es la máxima frecuencia de operación que se puede utilizar [por ejemplo, $1/(2t_{PLH} + 2t_{PHL})$]?

D13.46 Trace un diseño de pseudo-NMOS de la función $Y = \overline{A + B(C + D)}$.

D13.47 Trace un diseño de pseudo-NMOS de la función OR exclusiva $Y = A\overline{B} + \overline{A}B$.

D13.48 Considere una compuerta NOR pseudo-NMOS de cuatro entradas en la que los dispositivos NMOS tienen $(W/L)_n = (1.8\ \mu m/1.2\ \mu m)$. Se requiere hallar $(W/L)_p$ para que el valor del peor caso de V_{OL} sea 0.2 V. Sean $V_{DD} = 5$ V, $|V_t| = 0.8$ V y $k'_n = 3k'_p = 75\ \mu A/V^2$.

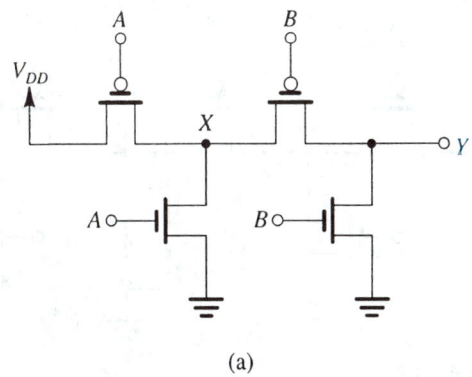

(a)

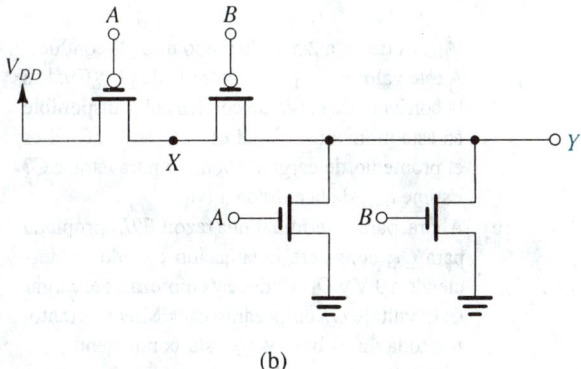

(b)

Fig. P13.49

Sección 13.5. Circuitos lógicos de transistor de paso

13.49 Un diseñador, comenzando por experimentar con la idea de circuitos lógicos de transistor de paso, se apresura a aceptar lo que ve como dos buenas ideas:

(a) que una cadena de transistores individuales MOS de mínimo tamaño puede hacer funciones complejas, pero

(b) que siempre debe haber una trayectoria entre la salida y el terminal de la fuente.

De modo correspondiente, primero considera dos circuitos (que se muestran en la figura P13.49). Para cada uno de ellos, exprese Y como función de A y B. En cada caso, ¿qué se puede decir acerca de la operación general? ¿Y acerca del nodo X? ¿Parecen conocidos estos circuitos? Si, en cada caso, el terminal conectado a V_{DD} se conecta a la salida de un inversor CMOS cuya entrada se conecta a una señal C, ¿cuál es la función Y?

13.50 Considere los circuitos de la figura P13.49 con todos los transistores PMOS sustituidos con NMOS, y NMOS con PMOS, y con las conexiones a tierra y V_{DD} intercambiadas. ¿cuáles son las funciones de salida Y?

*13.51 El circuito que aparece en la figura P13.51, ¿es un circuito satisfactorio de transistor de paso? ¿Cuáles son sus deficiencias? ¿Cuál es Y como función de A, B, C, D? ¿Cuál es la salida si las dos conexiones VDD son excitadas por un inversor CMOS con salida E?

13.52 Un interruptor de transistor de paso NMOS con $W/L = 1.2\ \mu m/0.8\ \mu m$, empleado en un sistema de 3.3 V por el que $V_{t0} = 0.8$ V, $\gamma = 0.5$ V$^{1/2}$, $2\phi_f = 0.6$ V, $\mu_n C_{ox} = 3\mu_p C_{ox} = 75\ \mu A/V^2$, excita una capacitancia de carga de 100 fF a la entrada de un inversor estático igualado que usa $(W/L)_n = 1.2\ \mu m/0.8\ \mu m$. Para el terminal de compuerta del interruptor a V_{DD}, evalúe los V_{OH} y V_{OL} del interruptor para entradas a V_{DD} y 0 V, respectivamente. Para este valor de V_{OH}, ¿qué corriente estática de inversor resulta? Estime t_{PLH} y t_{PHL} para esta configuración, según se mida desde la entrada a la salida del interruptor en sí.

*D13.53 El propósito de este problema es diseñar el circuito de restablecimiento de nivel de la figura 13.28 y obtener conocimiento de su operación. Suponga que $k'_n = 3k'_p = 75\ \mu A/V^2$, $V_{DD} = 3.3$ V, $|V_{t0}| = 0.8$ V, $\gamma = 0.5$ V$^{1/2}$, $2\phi_f = 0.6$ V, $(W/L)_1 = (W/L)_n = 1.2\ \mu m/0.8\ \mu m$, $(W/L)_p = 3.6\ \mu m/0.8\ \mu m$, y $C = 20$ fF. Sea $v_B = V_{DD}$.

(a) Considere primero la situación con $v_A = V_{DD}$. Encuentre el valor del voltaje v_{O1} que ocasiona que v_{O2} caiga a un voltaje de umbral debajo de

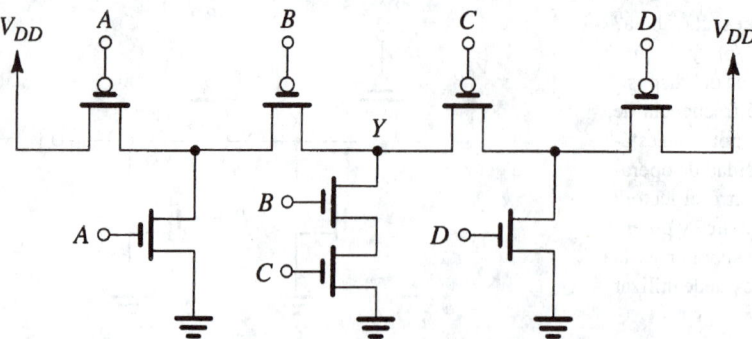

Fig. P13.51

V_{DD}, es decir, a 2.5 V de modo que Q_R conduce. A este valor de v_{O1}, encuentre V_t de Q_1. ¿Cuál es la corriente de carga de condensador disponible en este momento? ¿Cuál es a $v_{O1} = 0$? ¿Cuál es el promedio de carga disponible para cargar C? Estime t_{PLH} de la entrada a v_{O1}.

(b) Ahora, para determinar una razón W/L apropiada para Q_R, considere la situación cuando v_A desciende a 0 V y Q_1 conduce y empieza a descargar C. El voltaje v_{O1} empezará a caer. Mientras tanto, v_{O2} todavía es bajo y Q_R está conduciendo. La corriente que Q_R conduce se resta de la corriente de Q_1, reduciendo la corriente disponible para descargar C. Encuentre el valor de v_{O1} al cual el inversor empieza a conmutar. Esto es $V_{IH} = \frac{1}{8}(5V_{DD} - 2V_t)$. Entonces, halle la corriente que Q_1 conduce a este valor de v_{O1}. Seleccione W/L para Q_R de modo que la corriente que conduce se limite a la mitad del valor de la corriente en Q_1. ¿Cuál es la (W/L) que el lector ha seleccionado? Estime t_{PHL} como el tiempo para que v_{O1} caiga de V_{DD} a V_{IH}.

D13.54 (a) Utilice la idea contenida en el diseño de compuerta OR exclusiva de la figura 13.31 para formar $\overline{Y} = AB + \overline{A}\,\overline{B}$. Esto es, halle una distribución para $\overline{Y}$ usando dos compuertas de transmisión.

(b) Ahora combine el circuito obtenido en (a) con el circuito de la figura 13.31 para obtener una formación de la función $Z = \overline{Y}C + Y\overline{C}$, donde C es una tercera entrada. Trace el diseño del circuito completo de 12 transistores de Z. Nótese que Z es una compuerta OR exclusiva de tres entradas.

*D13.55 Con la idea presentada en la figura 13.32, trace un circuito CPL (circuito lógico complementario de transistor de paso) cuyas salidas sean $Y = A\overline{B} + \overline{A}B$ y $\overline{Y} = AB + \overline{A}\,\overline{B}$.

D13.56 Amplíe la idea del CPL de la figura 13.32 a tres variables para formar $Z = ABC$ y $\overline{Z} = \overline{ABC} = \overline{A} + \overline{B} + \overline{C}$.

Sección 13.6: Circuitos lógicos dinámicos

D13.57 Con base en el circuito lógico dinámico básico de la figura 13.33, trace circuitos completos para compuertas NOT, NAND y NOR, las dos últimas con dos entradas, y un circuito para el cual $\overline{Y} = AB + CD$.

13.58 En éste y el siguiente problema, investigamos la operación dinámica de una compuerta NAND de dos entradas formada en la forma de circuito lógico dinámico y fabricada en una tecnología de proceso CMOS para la que $k_n' = 3k_p' = 75$ μA/V^2, $V_{tn} = -V_{tp} = 0.8$ V, y $V_{DD} = 3$ V. Para conservar C_L pequeña, se utilizan dispositivos NMOS de tamaño mínimo para los cuales $W/L = 1.2$ μm/0.8 μm (esto incluye Q_e). El transistor Q_p de precarga PMOS tiene 2.4 μm/0.8 μm. La capacitancia C_L se encuentra que es de 15 fF. Considere la operación de precarga con la compuerta de Q_p a 0 V, y suponga que a $t = 0$, C_L está completamente descargada. Deseamos calcular el tiempo de elevación del voltaje de salida, definido como el tiempo para que v_Y se eleve de 10% a 90% del valor final de 3 V. Encuentre la corriente a $v_Y = 0.3$ V y la corriente a $v_Y = 2.7$ V, luego calcule un valor aproximado para t_r, $t_r = \dfrac{C_L(2.7 - 0.3)}{I_{av}}$, donde I_{av} es el valor promedio de las dos corrientes.

13.59 Para la compuerta especificada en el problema 13.58, evalúe el tiempo de propagación de alto a bajo, t_{PHL}. Para obtener un valor aproximado de t_{PHL}, sustituya los tres transistores NMOS en serie con un dispositivo equivalente y halle el promedio de corriente de descarga.

*13.60 En este problema, deseamos calcular la reducción en el voltaje de salida de una compuerta lógica dinámica como resultado de una redistribución de carga. Consulte el circuito de la figura 13.34(a), y suponga que a $t = 0-$, $v_y = V_{DD}$, y $v_{C1} = 0$. A $t = 0$, ϕ se hace alta y Q_P no conduce, y simultáneamente el voltaje en la compuerta de Q_1 se hace alto (a V_{DD}) haciendo que Q_1 conduzca. El transistor Q_1 permanecerá conduciendo hasta que ya sea el voltaje en su fuente (v_{C1}) alcance $V_{DD} - V_{tn}$ o hasta que $v_Y = v_{C1}$, lo que ocurra primero. En ambos casos, el valor final de v_Y se puede hallar usando conservación de carga. Para $V_{tn} = 1$ V, $V_{DD} = 5$ V, $C_L = 30$ fF, y despreciando el efecto del cuerpo en Q_1, halle la caída de voltaje a la salida en los dos casos: (a) $C_1 = 5$ fF, (b) $C_1 = 10$ fF (tal que Q_1 permanezca en saturación durante todo el intervalo de conducción).

13.61 La corriente de fuga en una compuerta lógica dinámica hace que el condensador C_L se descargue durante la fase de evaluación, incluso si la red de desconexión (PDN) no está conduciendo. Para $C_L = 30$ fF, e $I_{fuga} = 10^{-12}$ A, halle tiempo de evaluación máximo permisible si el decaimiento en voltaje de salida debe estar limitado a 0.5 V. Si el intervalo de precarga es mucho más corto que el tiempo de evaluación máximo permisible, encuentre la frecuencia de sincronía mínima requerida.

13.62 Para la compuerta NAND lógica dinámica de cuatro entradas analizada en los ejercicios 13.10 y 13.11, estime la máxima frecuencia de sincronía permitida.

Sección 13.7: Candados y flip-flops

13.63 Considere el flip-flop SR (establecer/restablecer) de la figura 13.40 para el cual se requiere un diseño de área mínima. Entonces, Q_1, Q_2, Q_3 y Q_4 son dispositivos de tamaño mínimo para los cuales $W/L = 2$ μm/1 μm. Todos los otros dispositivos deben ser de iguales dimensiones de modo de asegurar apenas la regeneración. Para este diseño, $V_{DD} = 5$ V, $|V_t| = 1$ V, y $k_n' = 2.5\ k_p' = 100$ μA/V^2. Calcule V_{th} para cada uno de los inversores internos. Suponiendo que toda la corriente del dispositivo P conductor (por ejemplo Q_2) deba sostenerse durante un momento a este voltaje por la corriente en (Q_5, Q_6) mientras S y ϕ son altos, encuentre W/L del transistor equivalente. ¿Cuál es la mínima W/L requerida para Q_5 y Q_6, y $W_5 = W_6$ para $L = 1$ μm? Para garantizar operación y reducir tiempo de conmutación, normalmente se usarían dispositivos más grandes.

13.64 Para un flip-flop del tipo que se ilustra en la figura 13.40, determine el ancho mínimo requerido del pulso de establecer y restablecer. Supongamos que Q_1, Q_2, Q_3 y Q_4 son dispositivos de tamaño mínimo para los cuales $W/L = 2$ μm/1 μm y todos los otros dispositivos tienen $W/L = 4$ μm/1 μm. $V_{DD} = 5$ V, $|V_t| = 1$ V, $k_n' = 2.5\ k_p' = 100$ μA/V^2, y la capacitancia total en cada uno de los nodos Q y $\bar{Q}$ es 30 fF. (*Sugerencia:* Siga el método señalado en el ejercicio 13.14.)

13.65 Considere otra posibilidad para el circuito de la figura 13.42: aplique nuevas leyendas a la entrada R como $\bar{S}$ y a la entrada S como $\bar{R}$. Supongamos que $\bar{S}$ y $\bar{R}$ están en reposo a voltajes relativamente altos bajo el control de una fuente de impedancia relativamente alta asociada con la "lectura" del contenido del flip-flop sin cambiar su estado. Para "escritura", es decir, establecer o restablecer el flip-flop, $\bar{S}$ o $\bar{R}$ se baja a 0 V con ϕ elevado a V_{DD} para forzar a $\bar{Q}$ o Q a bajar a $V_{DD}/2$ donde la regeneración avanza rápidamente. Para Q_1, Q_3, Q_5 y Q_6, todos de tamaño mínimo con $(W/L)_n = 2$, encuentre $(W/L)_p$ de modo que $\bar{Q}$ puede bajarse a 2.5 V en un sistema de 5 V, cuando $\bar{S}$ se baje a 0 V. Suponga que $|V_t| = 1$ V, $k_n' = 3\ k_p' = 75$ μA/V^2.

D13.66 El flip-flop SR sincronizado de la figura 13.40 no es un circuito CMOS completamente complementario. Trace un esquema de la versión completamente complementaria al aumentar el circuito con la red de conexión (PUN) correspondiente a la red de desconexión (PDN) que comprende Q_5, Q_6, Q_7 y Q_8. Nótese que el circuito completamente complementario utiliza 12 transistores. Aun cuando el circuito es más complejo, conmuta con mayor rapidez.

D13.67 Trace el circuito CMOS complementario del flip-flop SR de la figura 13.39.

D13.68 Trace la representación simbólica de la compuerta lógica de un flip-flop SR que utiliza compuertas NAND. Dé la tabla de verdad y describa la operación. También dibuje un diagrama de circuito CMOS.

**13.69 Considere el candado de la figura 13.38 como realizado en tecnología CMOS. Sea $\mu_n C_{ox} = 2$ $\mu_p C_{ox} = 20$ μA/V^2, $W_p = 2W_n = 24$ μm, $L_p = L_n = 6$ μm, $|V_t| = 1$ V, y $V_{DD} = 5$ V.

(a) Trace la curva característica de transferencia de cada inversor, es decir, v_X contra v_W, y v_Z contra v_Y. Determine la salida de cada inversor a voltajes de entrada de 1, 1.5, 2, 2.25, 2.5, 2.75, 3, 3.5, 4 y 5 volts.

(b) Utilice las curvas características de (a) para determinar la curva de transferencia de voltaje de lazo del candado, es decir, v_Z contra v_W. Encuentre las coordenadas de los puntos A, B y C como se definen en la figura 13.38(c).

(c) Si se toma en cuenta la resistencia finita de salida del MOSFET saturado, con $|V_A| = 100$ V, encuentre la pendiente de la curva característica de transferencia del lazo en el punto B. ¿Cuál es el ancho aproximado de la región de transición?

13.70 Dos inversores CMOS que operan de una fuente de 5 V tienen V_{IH} y V_{IL} de 2.42 y 2.00 V y salidas correspondientes de 0.4 V y 4.6 V, respectivamente, y están conectados como un candado. Aproximando la curva característica de transferencia correspondiente de cada compuerta por una recta entre los puntos de umbral, trace la curva característica de transferencia de candado de lazo abierto. ¿Cuáles son las coordenadas del punto B? ¿Cuál es la ganancia de lazo en B?

Sección 13.8: Circuitos multivibradores

D13.71 Para el circuito monoestable de la figura 13.47, utilice la expresión aproximada deducida en el ejercicio 13.15 para hallar valores apropiados para R y C, de modo que $T = 1$ ms y el máximo error en el valor obtenido para T como resultado de despreciar R_{on} en el diseño sea 2%. Suponga que R_{on} está limitada a un valor máximo de 1 kΩ.

13.72 Considere el circuito monoestable de la figura 13.48 bajo la condición que $R_{on} \ll R$. ¿Cuál es la expresión para T? Si V_{th} es nominalmente $0.5\,V_{DD}$ pero puede variar debido a variaciones de producción entre $0.4\,V_{DD}$ y $0.6\,V_{DD}$, encuentre la correspondiente variación en T expresada como porcentaje del valor nominal.

*13.73 Las ondas para el circuito monoestable de la figura 13.47 se dan en la figura 13.50. Sea $V_{DD} = 10$ V, $V_{th} = V_{DD}/2$, $R = 10$ kΩ, $C = 0.001\ \mu$F y $R_{on} = 200\ \Omega$. Encuentre los valores de T, ΔV_1, y ΔV_2. ¿Cuánto cambia v_{O1} durante el estado casi estable? ¿Cuál es la corriente pico que se requiere que G_1 disipe? ¿Y que genere?

D13.74 Usando el circuito de la figura 13.47, diseñe un circuito monoestable con circuitos lógicos CMOS para los que $R_{on} = 100\ \Omega$, $V_{DD} = 5$ V y $V_{th} = 0.4\,V_{DD}$. Utilice $C = 1\ \mu$F para generar un pulso de salida de duración $T = 1$ s. ¿Cuál valor de R debe usarse?

D13.75 (a) Utilice la expresión dada en el ejercicio 13.17 para hallar una expresión para la frecuencia de oscilación f_0 para el multivibrador astable de la figura 13.52 bajo la condición de que $V_{th} = V_{DD}/2$.

(b) Halle valores apropiados para R y C para obtener $f_0 = 100$ kHz.

13.76 Las variaciones en manufactura resultan en compuertas CMOS empleadas para construir el circuito astable de la figura 13.52, para tener voltajes de umbral entre

$0.4\,V_{DD}$ y $0.6\,V_{DD}$ con $0.5\,V_{DD}$ siendo valor nominal. Exprese la correspondiente variación esperada en el valor de f_0 (a partir del nominal) como porcentaje del valor nominal. (El usuario puede usar la expresión dada en el ejercicio 13.17.)

*13.77 Considere una modificación del circuito de la figura 13.52 en la que un resistor igual a $10\,R$ se inserta entre el nodo común de C y R y el nodo de entrada de G_1. Este resistor permite al voltaje marcado v_{I1} elevarse por encima de V_{DD} y debajo de tierra. Trace las ondas modificadas resultantes de v_{I1} y demuestre que el periodo T está ahora dado por

$$T = CR \ln\left[\frac{2V_{DD} - V_{th}}{V_{DD} - V_{th}} \cdot \frac{V_{DD} + V_{th}}{V_{th}}\right]$$

13.78 Considere un oscilador en anillo formado por cinco inversores, cada uno de los cuales tiene $t_{PLH} = 60$ ns y $t_{PHL} = 40$ ns. Trace una de las ondas de salida, y especifique su frecuencia y el porcentaje del ciclo durante el cual la salida sea alta.

13.79 Se encuentra que un oscilador en anillo de once oscila a 20 MHz. Encuentre el tiempo de propagación del inversor.

Sección 13.9: Memorias de semiconductor: tipos y arquitecturas

13.80 Un circuito en particular de memoria cuadrada de 1 M bit tiene sus circuitos periféricos reorganizados para tomar en cuenta la lectura de una palabra de 16 bits. ¿Cuántos bits de direccionamiento necesita el nuevo diseño?

13.81 Para el chip de memoria descrito en el problema 13.80, ¿cuántas filas (renglones) de palabras deben ser suministradas por el decodificador de filas (renglones)? ¿Cuántos (amplificadores de salida)/excitadores requeriría una construcción sencilla? Si la disipación de potencia del chip es de 500 mW con una fuente de 5 V para operación continua con tiempo de ciclo de 200 ns, y que toda la pérdida de potencia es dinámica, estime la capacitancia total de todos los circuitos lógicos activados en cualquier ciclo. Si suponemos que 90% de esta pérdida de potencia ocurre en un acceso del circuito, y que la contribuyente principal de capacitancia será la línea de bit misma, calcule la capacitancia por línea de bit y por bit para este diseño. Si un control más estrecho de manufactura permite que el circuito de memoria opera a 3 V, ¿cuánto más grande debe diseñarse un circuito de memoria en la misma tecnología a aproximadamente el mismo nivel de potencia?

13.82 En una memoria de 1 Giga bit en particular del tipo dinámico (llamada DRAM) bajo perfeccionamiento por Samsung, usando una tecnología de $0.16\ \mu m$, 2 V, el circuito de la celda ocupa alrededor de 50% del área del chip de 21 mm × 31 mm. Estime el área de celda. Si dos celdas forman un cuadrado, estime las dimensiones de la celda.

13.83 Una memoria RAM dinámica de 1 Giga bit, 1.5 V (llamada DRAM) de Hitachi utiliza un proceso de $0.16\ \mu m$ con un tamaño de celda de $0.38 \times 0.76\ \mu m^2$ en un chip de $19 \times 38\ mm^2$. ¿Cuál fracción del chip está ocupada por las conexiones de entrada y salida (I/O), circuitos periféricos e interconexiones?

13.84 Un chip RAM de 256 M bits con una lectura de 16 bits emplea un diseño de 16 bloques con circuitos cuadrados de celda. ¿Cuántos bits de direccionamiento se necesitan para el decodificador de bloque, el decodificador de fila (renglón) y el decodificador de columna?

Sección 13.10: Celdas de memoria de acceso aleatorio (RAM)

D13.85 Considere la operación de escritura de la celda SRAM de la figura 13.55. Específicamente, vea las partes importantes del circuito, como se describe en la figura 13.57. Suponga que la tecnología de proceso está caracterizada por $\mu_n/\mu_p = 2.5$, $\gamma = 0.5\ V^{1/2}$, $|V_{t0}| = 0.8$ V, $2\phi_f = 0.6$ V y $V_{DD} = 5$ V. También suponga que cada uno de los dos inversores está igualado (acoplado) y $(W/L)_1 = (W/L)_3 = n$, donde n denota la razón W/L de un dispositivo de tamaño mínimo.

(a) Usando el circuito de la figura 13.57(a), encuentre la razón (W/L) mínima requerida de Q_5 (en términos de n) de modo que el nodo $\overline{Q}$ se puede bajar a $V_{DD}/2$, es decir, a $v_{\overline{Q}} = 2.5$ V, $I_5 = I_1$.

(b) Usando el circuito de la figura 13.57(b), encuentre la razón (W/L) mínima requerida de Q_6 (en términos de n) de modo que el nodo Q pueda ser bajado a $V_{DD}/2$, es decir, a $v_Q = V_{DD}/2$, $I_6 = I_4$.

(c) Como Q_5 y Q_6 están diseñados para tener iguales razones W/L, ¿cuál de los dos valores encontrados en (a) y (b) escogería el lector para un diseño conservador?

(d) Para el valor hallado en (c) y para $n = 2$, y $\mu_n C_{ox} = 50\ \mu A/V^2$, determine el tiempo para que v_Q llegue a $V_{DD}/2$. Sea $C_Q = 50$ fF.

13.86 Considere el circuito de la figura 13.57(a), y suponga que las dimensiones del dispositivo y los parámetros de la tecnología de proceso son como se especifica en el ejemplo 13.6. Deseamos determinar el intervalo Δt requerido para que $C_{\overline{Q}}$ se cargue, y su voltaje se eleve de 0 a $V_{DD}/2$.

(a) Al principio del intervalo Δt encuentre los valores de I_5, I_1, e $I_{C_{\overline{Q}}}$.

(b) Al final del intervalo Δt, encuentre los valores de I_5, I_1, e $I_{C_{\overline{Q}}}$.

(c) Encuentre un estimado del valor promedio de $I_{C_{\overline{Q}}}$ durante el intervalo Δt.

(d) Si $C_{\overline{Q}} = 50$ fF, estime Δt. Compare este valor al encontrado en el ejercicio 13.21 para que v_Q llegue a $V_{DD}/2$. Si recordamos que la regeneración se inicia cuando ya sea v_Q o $v_{\overline{Q}}$ llega a $V_{DD}/2$, ¿cuál estima el lector que sea el tiempo de propagación?

13.87 Reconsidere el análisis de la operación de lectura de la celda SRAM del ejemplo 13.6. Esta vez, suponga que las líneas de bit y de bit se precargan a $V_{DD}/2$. También considere la descarga de $C_{\overline{B}}$ [véase la figura 13.56(a)] para iniciar en el instante en que el voltaje de la fila de palabras llega a $V_{DD}/2$. (Recuerde que la resistencia y capacitancia de la fila de palabras hace que su voltaje se eleve en forma relativamente lenta hacia V_{DD}.) Usando un método semejante al del ejemplo 13.6, determine el tiempo de lectura, definido en el momento requerido para reducir el voltaje de la fila $\overline{B}$ por 0.2 V. Suponga que toda la tecnología y parámetros de dispositivo son los especificados en el ejemplo 13.6.

13.88 Para un diseño DRAM en particular, la capacitancia de celda $C_S = 50$ fF, $V_{DD} = 5$ V, y V_t (incluyendo el efecto del cuerpo) = 1.4 V. Cada celda representa una carga capacitiva en la fila de bits de 2 fF. El amplificador de salida y otros circuitos unidos a la fila de bits tiene una capacitancia de 20 fF. ¿Cuál es el número máximo de celdas que se pueden unir a una fila de bits mientras se asegura una señal mínima de fila de bits de 0.1 V? ¿Cuántos bits de direccionamiento de fila se pueden usar? Si la ganancia del amplificador de salida se aumenta en un factor de 5, ¿cuántos bits de dirección de fila de palabras se pueden acomodar?

13.89 Para una DRAM disponible para uso regular 98% del tiempo, que tiene una razón de fila a columna de 2 a 1, un tiempo de ciclo de 20 ns y un ciclo de regeneración de 8 ms, estime la capacidad total de memoria.

13.90 En un chip de memoria dinámica y en particular, $C_S = 25$ fF, la capacitancia de línea de bits por celda es 1 fF y en el circuito de control de línea de bit aparecen 12 fF. Para un circuito cuadrado de 1 M bit, ¿cuáles señales de fila de bits resultan cuando se lee un 1 almacenado? ¿Y cuando se lee un 0 almacenado? Suponga que $V_{DD} = 5$ V y V_t (incluyendo el efecto del cuerpo) = 1.5 V. Recuerde que las filas de bits están precargadas a $V_{DD}/2$.

13.91 Para una celda DRAM que utiliza una capacitancia de 20 fF, se requiere regeneración antes de 10 ms. Si se puede tolerar una pérdida de señal de 1 V en el condensador, ¿cuál es la máxima corriente de fuga aceptable en la celda?

Sección 13.11: Amplificadores de salida y decodificadores de dirección

D13.92 Considere la operación del amplificador diferencial de salida de la figura 13.60 que sigue al aumento de la señal de control de salida ϕ_s. Suponga que se establece una señal diferencial balanceada de 0.1 V entre las filas de bit, cada una de las cuales tiene una capacitancia de 1 pF. Para $V_{DD} = 3$ V, ¿cuál es el valor de G_m de cada uno de los inversores del amplificador requerido para hacer que las salidas lleguen a $0.1V_{DD}$ y $0.9\,V_{DD}$ (de valores iniciales de $0.5V_{DD} + \dfrac{0.1}{2}$ y $0.5V_{DD} - \dfrac{0.1}{2}$ volts, respectivamente) en 2 ns?

Si para los inversores igualados $|V_t| = 0.8$ V y $k'_n = 3k'_p = 75\ \mu\text{A/V}^2$, ¿cuáles son los anchos de dispositivo requeridos? Si la señal de entrada es 0.2 V, ¿cuál es el tiempo de respuesta del amplificador?

13.93 Una versión particular del amplificador regenerativo de salida de la figura 13.60, en una tecnología de 0.5 μm, utiliza transistores para los cuales $|V_t| = 0.8$ V, $k'_n = 2.5k'_p = 100\ \mu\text{A/V}^2$, $V_{DD} = 3.3$ V, con $(W/L)_n = 6\ \mu\text{m}/1.5\ \mu\text{m}$ y $(W/L)_p = 15\ \mu\text{m}/1.5\ \mu\text{m}$. Para cada inversor, encuentre el valor de G_m. Para una capacitancia de fila de bits de 0.8 pF, y un tiempo de propagación de 2 ns hasta alcanzar una salida de $0.9V_{DD}$, encuentre el voltaje de diferencia inicial requerido entre las dos filas de bits. Si el tiempo se puede relajar en 1 ns, ¿cuál señal de salida se puede manejar? Con el tiempo de propagación aumentado y con la señal de salida en el nivel original, ¿en qué porcentaje se puede aumentar la capacitancia de fila de bits, y, de modo correspondiente, la longitud de la fila de bits? Si es de 5 ns el tiempo de propagación requerido para que las capacitancias de fila de bits sean cargadas por la corriente constante de la celda de almacenamiento, y por lo tanto para desarrollar la señal de voltaje de diferencia necesaria para el amplificador de salida, ¿a qué valor aumenta el tiempo de propagación cuando se usan filas más largas?

D13.94 (a) Para el amplificador de salida de la figura 13.60, demuestre que el tiempo requerido para que las filas de bits lleguen a $0.9V_{DD}$ y $0.1\,V_{DD}$ está dado por $t_d = \dfrac{C_B}{G_m} \ln\left(\dfrac{0.8V_{DD}}{\Delta V}\right)$, donde ΔV es el voltaje de diferencia inicial entre las dos filas de bits.

(b) Si el tiempo de respuesta del amplificador de salida debe reducirse a la mitad del valor de un diseño original, ¿en qué factor se debe aumentar el ancho de todos los transistores?

(c) Si para un diseño en particular, $V_{DD} = 5$ V y $\Delta V = 0.2$ V, encuentre el factor por el que el ancho de todos los transistores debe aumentar de modo que ΔV se reduzca en un factor de 4 mientras se mantiene t_d sin cambio.

D13.95 Se requiere diseñar un amplificador de salida del tipo que se muestra en la figura 13.60 para operar con una DRAM que utiliza la técnica de celda falsa que se ilustra en la figura 13.62. La celda DRAM proporciona voltajes de lectura de -100 mV cuando está almacenado un 0 y +40 mV cuando está almacenado un 1. Se requiere que el amplificador de salida produzca un voltaje de salida diferencial de 2 V en 5 ns cuando mucho. Encuentre las razones W/L de los transistores de los inversores del amplificador suponiendo que la tecnología de proceso está caracterizada por $k'_n = 2.5k'_p = 100\ \mu\text{A/V}^2$, $|V_t| = 1$ V, y $V_{DD} = 5$ V. La capacitancia de cada media fila de bits es 1 pF. ¿Cuál será el tiempo de respuesta del amplificador cuando se lea un 0? ¿Y cuando se lea un 1?

13.96 Considere un decodificador NOR de 512 filas. ¿A cuántos bits de dirección corresponde esto? ¿Cuántas filas de salida tiene? ¿Cuántas filas de entrada requiere el circuito NOR? ¿Cuántos transistores NMOS y PMOS necesita este diseño?

13.97 Para el decodificador de columna que se muestra en la figura 13.64, ¿cuántos bits de dirección de columna se necesitan en un circuito cuadrado de 256 K bits? ¿Cuántos transistores de paso NMOS se necesitan en el multiplexor? ¿Cuántos transistores NMOS se necesitan en el decodificador NOR? ¿Cuántos transistores PMOS? ¿Cuál es el número total de transistores NMOS y PMOS necesario?

13.98 Considere el uso del decodificador de tres columnas que se muestra en la figura 13.65 para aplicación con un circuito cuadrado de 256 K bits. ¿Cuántos bits de dirección intervienen? ¿Cuántos niveles de compuertas de paso se usan? ¿Cuántos transistores de paso hay en total?

Sección 13.12: Memoria de sólo lectura (ROM)

13.99 Dé las ocho palabras almacenadas en la ROM de la figura 13.66.

D13.100 Diseñe el patrón de bits que deben guardarse en una ROM de (16×4) que proporciona un producto de 4 bits de variables de 2 bits. Dé una construcción de circuito de la ROM usando una forma similar a la de la figura 13.66.

13.101 Considere una versión dinámica de la ROM de la figura 13.66 en que las compuertas de los dispositivos PMOS están conectadas a una señal de control de precarga ϕ. Suponga que todos los dispositivos NMOS tienen $W/L = 3$ μm$/1.2$ μm y todos los dispositivos PMOS tienen $W/L = 12$ μm$/1.2$ μm. Suponga que $k_n' = 3k_p' = 90$ μA/V^2, $V_{tn} = -V_{tp} = 1$ V, y $V_{DD} = 5$ V.

(a) Durante el intervalo de precarga, ϕ se baja a 0 V. Estime el tiempo necesario para cargar una fila de bits de 0 a 5 V. Utilice, como promedio de corriente de carga, la corriente suministrada por un transistor PMOS a un voltaje de fila de bits a media distancia entre la alternancia de 0 a 5 V, es decir, 2.5 V. La capacitancia de la fila de bits es 1 pF. Nótese que todos los transistores NMOS están en corte en este momento.

(b) Después de completarse el intervalo de precarga y que ϕ regresa a V_{DD}, el decodificador de fila eleva el voltaje de la fila de palabras seleccionada. Debido a la resistencia y capacitancia finitas de la fila de palabras, el voltaje se eleva exponencialmente hacia V_{DD}. Si la resistencia de cada una de las filas de palabras de polisilicio es 5 kΩ y la capacitancia entre la fila de palabras y tierra es 2 pF, ¿cuál es al tiempo de elevación (10% a 90%) del voltaje de la fila de palabras? ¿Cuál es el voltaje alcanzado al final de una constante de tiempo?

(c) Si aproximamos la elevación exponencial del voltaje de la fila de palabras por un escalón igual al voltaje alcanzado en una constante de tiempo, encuentre el Δt de intervalo requerido para que un transistor NMOS descargue la fila de bits y baje su voltaje en 1 V.

CAPÍTULO 14

Circuitos digitales bipolares y de tecnología avanzada

INTRODUCCIÓN

Éste es el segundo de una secuencia de dos capítulos dedicados a circuitos digitales: en el capítulo 13 estudiamos circuitos digitales con MOS; aquí estudiaremos circuitos construidos con transistores de unión bipolar. También introduciremos dos familias más recientes de circuitos digitales basadas en tecnologías avanzadas de procesamiento: circuitos digitales con BiCMOS y de arseniuro de galio (GaAs).

Al igual que en el capítulo 13, suponemos que el lector está familiarizado con la introducción a sistemas digitales presentados en la sección 1.7 y con el repaso de tecnologías y familias de circuitos digitales (sección 13.1). Además, es un requisito previo el conocer a fondo el BJT (capítulo 4) para el material de circuitos digitales bipolares.

Nuestro estudio de circuitos digitales con BJT comenzará con la operación dinámica del BJT, relacionando sus tiempos de respuesta con la carga almacenada en su base. Este análisis ilustrará el tema que hemos estudiado varias veces con relación a la lenta respuesta del BJT saturado.

En seguida de un breve repaso de las primeras familias de circuitos lógicos, a continuación estudiamos en detalle dos familias contemporáneas: los circuitos lógicos de transistor-transistor

(TTL) y los circuitos lógicos acoplados por emisor (ECL). Durante muchos años, la TTL ha sido la tecnología preferida para construir sistemas digitales que utilizan paquetes de integración a escala pequeña (SSI), de integración a escala media (MSI) y de integración a gran escala (LSI). En la actualidad, la TTL continúa en uso aunque ciertamente ha perdido mucho terreno en sus aplicaciones frente a su principal rival, el CMOS (capítulo 13). Un factor importante que ha contribuido a la longevidad de la TTL es la continua mejoría de rendimiento que esta tecnología de circuitos ha experimentado con los años. Las formas modernas de TTL ofrecen tiempos de propagación de compuerta de sólo 1.5 ns. Como veremos, en estos circuitos mejorados se evita que los BJT se saturen para evitar el tiempo de respuesta requerido para sacar de saturación al transistor. La otra familia de dispositivos bipolares, la de circuitos lógicos acoplados por emisor (ECL), también evita la saturación del transistor.

Con excepción de la tecnología de GaAs, que todavía está en proceso de introducción en la industria (sección 14.8), los circuitos lógicos acoplados por emisor constituyen la tecnología más rápida existente en la actualidad y ofrecen tiempos de propagación de compuerta de SSI y MSI menores a 1 ns, e incluso tiempos más cortos en circuitos de VLSI. La ECL encuentra aplicación en circuitos digitales de comunicaciones así como en circuitos de alta velocidad que se utilizan en supercomputadoras.

El capítulo incluye una introducción a una tecnología de VLSI de creciente popularidad, la BiCMOS, que combina las ventajas de los CMOS y de circuitos bipolares y proporciona los medios para obtener circuitos integrados muy densos, de baja potencia y alta velocidad. Las aplicaciones de los BiCMOS a circuitos analógicos se pueden hallar en los capítulos 6 y 10.

Aun cuando la insistencia en este capítulo es sobre circuitos lógicos, otros elementos de construcción de sistemas digitales, como son los flip-flops y multivibradores se pueden construir en TTL y ECL siguiendo métodos convencionales, pero los chips de memoria de muy alta densidad continúan siendo el exclusivo dominio de la tecnología MOS, con los BiCMOS en creciente aplicación en ese campo.

En resumen, el propósito de este capítulo es completar, para el estudiante de circuitos digitales, la imagen que iniciamos explicando en el capítulo 13, donde presentamos tecnologías de circuitos de servicio de larga duración (TTL y ECL) y nuevas tecnologías de circuitos (BiCMOS y GaAs).

14.1 OPERACIÓN DINÁMICA DEL INTERRUPTOR BJT

Comenzaremos nuestro estudio de circuitos lógicos BJT por considerar la operación dinámica del BJT como interruptor digital. Este material se basa en nuestro estudio de las curvas características del BJT y su operación como interruptor, y, en particular, su uso en el diseño de un inversor lógico (secciones 4.12-4.15).

Circuitos lógicos de saturación y sin saturación

Históricamente, el uso más común del BJT en circuitos digitales ha sido emplear sus dos modos extremos de operación: corte y saturación. Los circuitos lógicos resultantes se denominan circuitos lógicos **saturados** (o **de saturación**). Las ventajas de este modo de aplicación incluyen oscilaciones lógicas relativamente grandes, bien definidas, y disipación de potencia relativamente baja; la principal desventaja es la respuesta relativamente lenta debida a los largos tiempos de desactivación de transistores saturados.

Para obtener circuitos lógicos más rápidos, se debe arreglar el diseño de modo tal que el BJT no se sature. Estudiaremos dos formas de circuitos lógicos BJT sin saturación, esto es, circuitos lógicos acoplados por emisor (ECL), con base en el par diferencial estudiado en la sección 6.1 y TTL de Schottky, que está basada en el uso de diodos especiales de silicio de baja caída de voltaje llamados *diodos Schottky* (introducidos en la sección 3.9).

Tiempos de conmutación de transistores

Debido a sus efectos capacitivos internos, los transistores no conmutan en un tiempo cero. La figura 14.1 ilustra este punto, mostrando la onda de la corriente i_C de colector de un inversor simple de transistor junto con las ondas del voltaje v_I de entrada y la corriente de base i_B. Como se indica, cuando el voltaje de entrada v_I se eleva desde el nivel negativo V_1 (o cero) hasta el nivel positivo V_2, la corriente de colector no responde de inmediato, sino que transcurre un tiempo de respuesta t_d antes que empiece a fluir alguna corriente apreciable de colector. Este tiempo de respuesta se requiere principalmente para que la capacitancia[1] de agotamiento de la unión entre emisor y base se cargue hasta el voltaje V_{BE} de polarización directa (aproximadamente 0.7 V). Una vez completo este proceso de carga, la corriente de colector inicia un aumento exponencial hacia un valor final de βI_{B2}, donde I_{B2} es la corriente empujada hacia la base[2] y está dada como sigue:

$$I_{B2} = \frac{V_2 - V_{BE}}{R_B} \tag{14.1}$$

La constante de tiempo del aumento exponencial está determinada por las capacitancias de la unión. De hecho, es durante el intervalo del borde de subida de i_C que la carga de portadores minoritarios excedentes se almacena en la región de la base (véase el capítulo 4 y en particular la sección 4.15).

Aun cuando el aumento exponencial de i_C se dirige hacia βI_{B2}, este valor nunca se alcanzará puesto que el transistor se saturará y la corriente de colector estará limitada a $I_{C\text{sat}}$. Una medida de la velocidad de conmutación del BJT es el **tiempo de subida** t_r indicado en la figura 14.1(c). Otra medida es el **tiempo de activación** t_{conduce}, también indicado en la figura 14.1(c).

En la figura 14.2(a) se ilustra el perfil de la carga de portadores minoritarios excedentes almacenados en la base de un transistor saturado. A diferencia del caso de modo activo, la concentración de portadores minoritarios excedentes no es cero en el borde de la unión entre colector y base, lo que se debe a que esta unión no está polarizada directamente. De especial interés aquí es la carga extra almacenada en la base y representada por el área en color en la figura 14.2(a). Debido a que esta carga no contribuye a la pendiente del perfil de concentración, no resulta en un componente correspondiente de corriente de colector, sino que esta carga extra almacenada aparece porque se empuja más corriente hacia la base de la que se requiere para saturar el transistor. Cuanto más alto sea el factor de saturación, mayor será la cantidad de carga extra almacenada en la base. De hecho, la carga extra Q_s, denominada **carga de saturación** o **carga excedente**, es proporcional a la excitación excedente de base $I_{B2} - I_{C\text{sat}}/\beta$, es decir,

$$Q_s = \tau_s(I_{B2} - I_{C\text{sat}}/\beta) \tag{14.2}$$

donde τ_s es un parámetro de transistor conocido como **constante de tiempo de almacenamiento**.

Consideremos ahora el proceso de desactivación. Cuando el voltaje de entrada v_I regresa al nivel bajo V_1, la corriente de colector no responde sino que permanece casi constante durante un tiempo t_s (figura 14.1c). Éste es el tiempo necesario para eliminar la carga de saturación de la base.

---

[1] Como la corriente es cero durante t_d, la capacitancia de difusión será cero.
[2] Utilizamos β y β_F indistintamente.

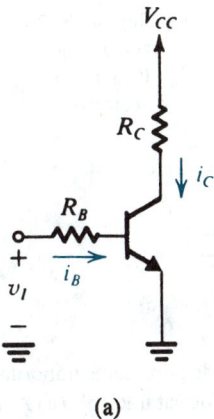

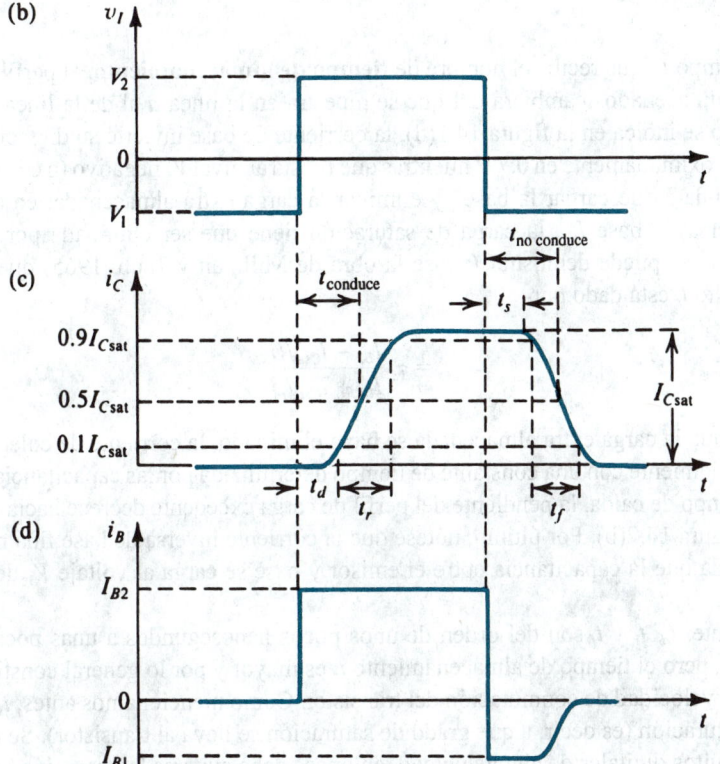

Fig. 14.1 Tiempos de conmutación del BJT del circuito inversor simple de (a) cuando la entrada v_I tiene forma de onda de pulso en (b). Los efectos de carga almacenada de base que siguen al retorno de v_I a V_1 se explican en coordinación con las ecuaciones (14.2) y (14.3).

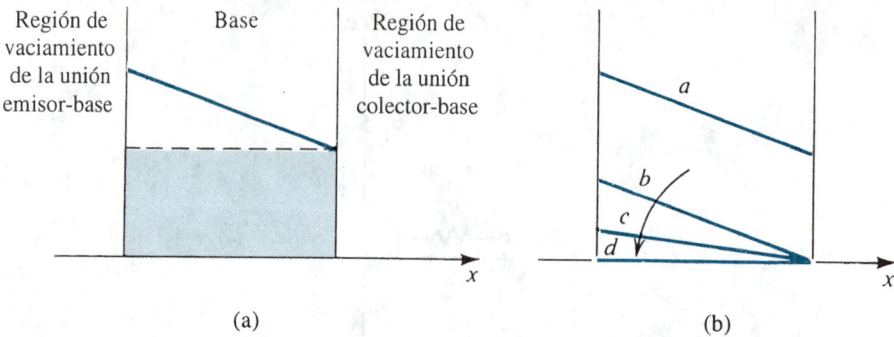

Fig. 14.2 **(a)** Perfil del exceso de portadores minoritarios en la base de un transistor saturado. El área en color representa la carga extra (o de saturación). **(b)** A medida que el transistor no conduzca, la carga extra almacenada tendrá que removerse primero. Durante este intervalo, el perfil cambia de la línea *a* a la *b*. Entonces el perfil decrece hacia cero (línea *d*), y la corriente de colector cae exponencialmente a cero.

Durante el tiempo t_s, que recibe el nombre de **tiempo de almacenamiento**, el perfil de portadores minoritarios almacenados cambiará del que se muestra en la línea *a* al de la línea *b* de la figura 14.2(b). Como se indica en la figura 14.1(d), la corriente de base invierte su dirección porque v_{BE} permanece aproximadamente en 0.7 V mientras que v_I está al nivel V_1 negativo (o cero). La corriente inversa I_{B1} ayuda a "descargar la base" y eliminar la carga extra almacenada; en ausencia de la corriente inversa de base I_{B1}, la carga de saturación tiene que ser eliminada por completo por recombinación. Se puede demostrar (véase la obra de Millman y Taub, 1965) que el tiempo de almacenamiento t_s está dado por

$$t_s = \tau_s \frac{I_{B2} - I_{Csat}/\beta}{I_{B1} + I_{Csat}/\beta} \tag{14.3}$$

Una vez que la carga extra almacenada se haya eliminado, la corriente de colector empieza a caer exponencialmente con una constante de tiempo determinada por las capacitancias de la unión. Durante el tiempo de caída, la pendiente del perfil de carga excedente decrece hacia cero, como se indica en la figura 14.2(b). Por último, nótese que la corriente inversa de base finalmente decrece a cero a medida que la capacitancia entre el emisor y base se carga al voltaje V_1 de polarización inversa.

Típicamente, t_d, t_r y t_f son del orden de unos pocos nanosegundos a unas pocas decenas de nanosegundos, pero el tiempo de almacenamiento t_s es mayor y por lo general constituye el factor limitante en la velocidad de conmutación del transistor. Como mencionamos antes, t_s aumenta con el factor de saturación (es decir, a qué grado de saturación se lleva al transistor). Se deduce que si deseamos circuitos digitales de alta velocidad, entonces debe evitarse la operación en la región de saturación. Ésta es la idea que hay tras las dos formas sin saturación de circuitos lógicos bipolares que estudiaremos, que son los TTL Schottky y ECL.

Ejercicio

14.1 Deseamos utilizar el circuito equivalente a transistores de la figura 4.70, para hallar una expresión para el tiempo de respuesta t_d de un inversor simple a transistores, alimentado por una fuente de voltaje de escalón con una resistencia R_B. Como durante el tiempo de respuesta el transistor no conduce, la resistencia r_π es infinita y C_π estará formada por entero de la capacitancia C_{je} de agotamiento. Como aproximación, C_{je} se puede suponer que permanece constante durante t_d. También, como el voltaje de colector no cambia durante t_d, el colector se puede considerar conectado a tierra. Suponga que los dos niveles de v_1 son V_1 y V_2 y que el final de t_d se puede tomar como el tiempo al que $v_\pi = 0.7$ V.

Resp. $t_d = (R_B + r_x)(C_{je} + C_\mu) \ln[(V_2 - V_1)/(V_2 - 0.7)]$

14.2 PRIMERAS FORMAS DE CIRCUITOS DIGITALES BJT

Para poner el material de este capítulo en una perspectiva adecuada, examinaremos brevemente dos de las primeras formas de familias de circuitos lógicos bipolares.

El inversor básico BJT

En la figura 14.3 se ilustra el inversor lógico básico BJT junto con su curva característica de transferencia de voltaje. Hemos estudiado este circuito en detalle en la sección 4.14 y en la sección previa estudiamos su operación dinámica. Nótese que para una entrada lógica 0, $v_I \le V_{IL}$, el transistor estará en corte y el voltaje de salida será igual a V_{CC}, es decir, $V_{OH} = V_{CC}$. Para una entrada lógica 1, $v_I \ge V_{IH}$, el BJT estará saturado y el voltaje de salida será igual a V_{CEsat}, es decir, $V_{OL} = V_{CEsat} = 0.1$ a 0.2 V.

Circuitos lógicos de transistor-resistor (RTL)

Al poner en paralelo las salidas de dos o más inversores básicos obtenemos el circuito básico de compuerta de una de las primeras familias de circuitos lógicos, conocida como *circuito lógico de transistor-resistor* (RTL). En la figura 14.4 se ilustra esta compuerta NOR de dos entradas. El circuito opera como sigue: si una de las entradas, la A por ejemplo, es alta (lógica 1), entonces el transistor correspondiente (Q_A) conduce y está saturado. Esto resulta en $v_Y = V_{CEsat}$, que es bajo (lógica 0). Si la otra entrada (B) es también alta (lógica 1), entonces el transistor correspondiente (Q_B) conducirá y estará saturado, ayudando también a mantener baja la salida. Se puede ver que

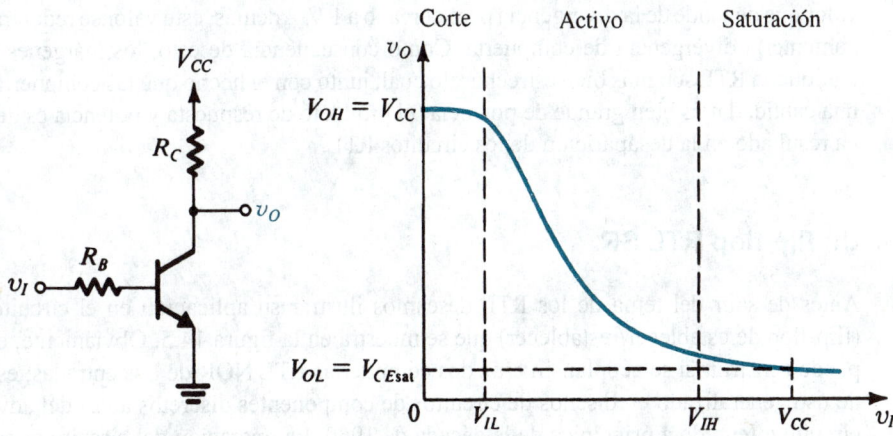

Fig. 14.3 Inversor básico BJT y su curva característica de transferencia.

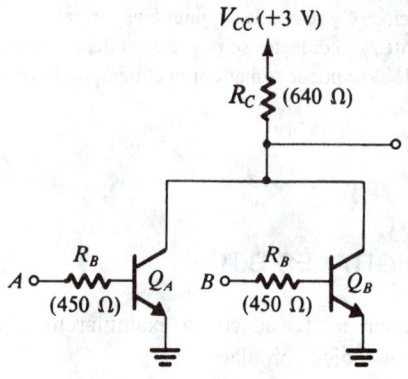

Fig. 14.4 Compuerta NOR de dos entradas de la familia RTL.

para que la salida sea alta ($v_Y = V_{CC}$), Q_A y Q_B tienen que estar en corte simultáneamente. Es evidente que esto se obtiene si A y B son bajas simultáneamente, es decir, aparece una lógica 1 a la salida sólo en un caso: A y B son bajas. Por lo tanto, podemos escribir la expresión booleana

$$Y = \overline{A}\,\overline{B}$$

que también se puede escribir como

$$Y = \overline{A + B}$$

que es una función NOR.

La convergencia de la compuerta RTL NOR se puede aumentar si se agregan más transistores de entrada. Los valores de resistor y voltaje de alimentación son los que se utilizaron en circuitos integrados RTL (hacia la década de 1960), que es la familia original de circuitos integrados lógicos.

Aun cuando al nivel alto de salida (V_{OH}) de una sola compuerta es V_{CC}, éste no es el caso cuando la compuerta RTL excita otras compuertas semejantes. Como los transistores de entrada de las puertas excitadas estarán conduciendo, la corriente total de base será suministrada a través del resistor R_C de la compuerta excitadora. Así, el valor de V_{OH} se reducirá de manera considerable a un valor que depende de la divergencia pero cercano a 1 V. Además, este valor se reducirá a medida que aumente la divergencia de compuerta. Como consecuencia de esto, los márgenes de ruido de la compuerta RTL son más bien estrechos, lo cual, junto con el hecho que las compuertas RTL disipan una cantidad más bien grande de potencia (el producto de respuesta y potencia es de unos 140 pJ), ha resultado en la desaparición de los circuitos RTL.

Un flip-flop RTL SR

Antes de salir del tema de los RTL deseamos ilustrar su aplicación en el circuito flip-flop SR (flip-flop de establecer/restablecer) que se muestra en la figura 14.5. Obviamente, este circuito se puede construir si se acoplan en cruz dos compuertas RTL NOR de dos entradas; este circuito era de uso generalizado en diseños de circuitos de componentes discretos antes del advenimiento del circuito integrado a principios de la década de 1960. La operación del circuito es sencilla y sigue estrechamente la descripción de circuitos lógicos del flip-flop SR dada en la sección 13.7.

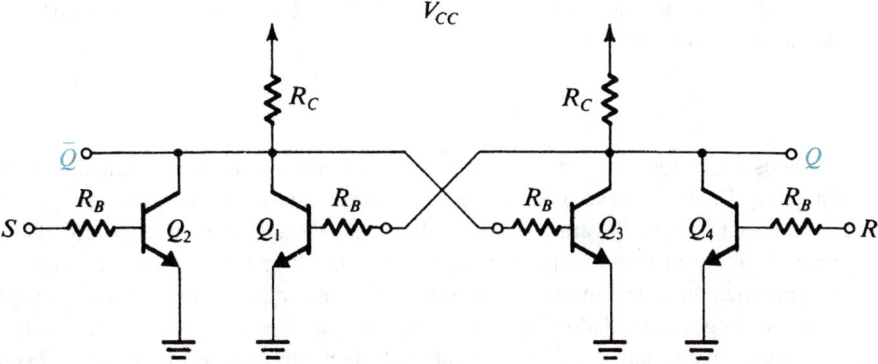

Fig. 14.5 Un flip-flop SR (set-reset) formado al acoplar en cruz dos compuertas NOR de la familia RTL.

Circuitos lógicos de diodo-transistor (DTL)

Otra de las primeras familias de circuitos lógicos BJT es la de diodo-transistor, o DTL, ejemplificada por la compuerta NAND de dos entradas que se muestra en la figura 14.6. La DTL es de particular interés para nosotros porque, como veremos en la siguiente sección, es el circuito a partir del cual evolucionó la TTL.

El circuito DTL opera como sigue: supongamos que la entrada B se deja abierta. Si se aplica una señal lógica 0 ($\simeq$ 0 V) en A, el diodo D_1 conducirá y el voltaje en el nodo X será de una caída de diodo (0.7 V) arriba del valor de lógica 0. Los dos diodos D_3 y D_4 estarán conduciendo y, por lo tanto, causando que la base del transistor Q sea de dos caídas de diodo abajo del voltaje en el nodo X. Entonces, la base estará a un pequeño voltaje negativo y, por lo tanto, Q estará en corte y $v_Y = V_{CC}$ (lógica 1).

Considere ahora un aumento del voltaje v_A. Se puede ver que el diodo D_1 permanecerá conduciendo y el nodo X seguirá elevándose en potencial. Los diodos D_3 y D_4 permanecerán conduciendo y por lo tanto la base también elevará su potencial. Esta situación continuará hasta que el

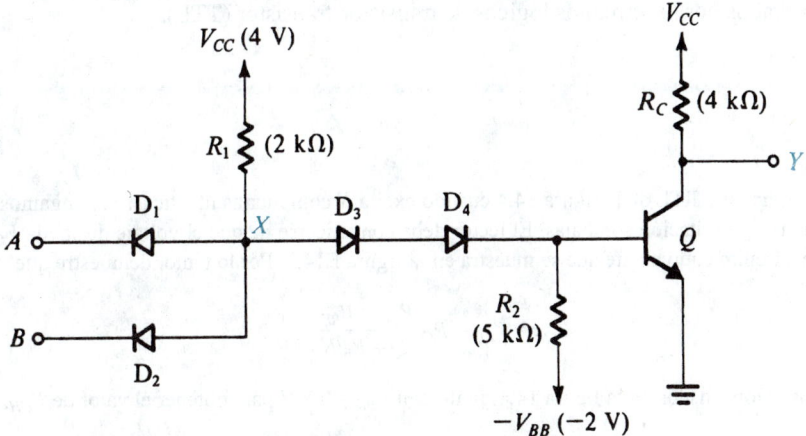

Fig. 14.6 Compuerta NAND de dos entradas de la familia DTL.

voltaje en la base alcance unos 0.5 V, en cuyo punto el transistor empezará a conducir. Esto ocurrirá cuando el voltaje en A sea

$$v_A \simeq 0.5 + V_{D4} + V_{D3} - V_{D1} \simeq 1.2\ \text{V}$$

Pequeños aumentos en v_A arriba de este valor de umbral aparecerán como aumento en v_{BE} y por lo tanto en i_C. En este intervalo de valores el transistor estará en la región activa. En última instancia, el voltaje en la base llegará a 0.7 V y el transistor estará conduciendo completamente. En este punto el voltaje en X estará fijo a las dos caídas de diodo arriba de V_{BE}, y cualesquier otros aumentos en v_A polarizarán inversamente al diodo D_1. Se puede ver que la corriente en D_1 empezará a decrecer cuando v_A llegue a alrededor de 1.4 V. A medida que D_1 empieza a conducir, toda la corriente que pasa por R_1 se desviará por D_3 y D_4 hacia la base del transistor. El circuito se diseña normalmente de modo que la corriente que entra en la base sea suficiente para excitar el transistor hacia saturación. Entonces, cuando A está en un nivel lógico 1, el transistor estará saturado y v_Y será igual a V_{CEsat} ($\simeq 0.2$ V), correspondiente a una salida lógica 0.

Extrapolando a partir del análisis anterior, se puede ver que si alguna o ambas entradas es baja, el diodo correspondiente (D_1, D_2 o ambos) estará conduciendo, el transistor estará en corte y la salida Y será alta. La salida será baja si el transistor conduce, lo que ocurrirá para sólo una combinación en particular de entrada, cuando todas las entradas son simultáneamente altas. Por lo tanto, podemos escribir la expresión booleana

$$\bar{Y} = AB$$

que también se puede escribir como

$$Y = \overline{AB}$$

que es una función NAND. Esto no debe ser una sorpresa, ya que un circuito DTL consta de una compuerta AND de diodos formada por D_1, D_2 y R_1 (véase la sección 3.1), seguida por un inversor de transistores. Finalmente, observamos que debido a su función al dirigir corriente hacia R_2 o hacia la base del transistor, los diodos D_3 y D_4 se conocen como "diodos de dirección".

Los circuitos lógicos DTL eran populares en la década de 1960; se construyeron primero usando componentes discretos y subsecuentemente en forma de circuito integrado, pero, por último, fueron reemplazados por los circuitos lógicos de transistor-transistor (TTL).

Ejercicios

14.2 Considere la compuerta RTL de la figura 14.4 cuando excita N compuertas idénticas. Supongamos que ambas entradas a la compuerta de excitación son bajas. El lector debe convencerse de que el voltaje de salida V_{OH} se puede determinar usando el circuito equivalente que se muestra en la figura E14.2. Por lo tanto, demuestre que

$$V_{OH} = V_{CC} - R_C \frac{V_{CC} - V_{BE}}{R_C + R_B/N}$$

Para $N = 5$, utilice los valores dados en la figura 14.4, junto con $V_{BE} = 0.7$ V para obtener el valor de V_{OH}.

Resp. 1 V

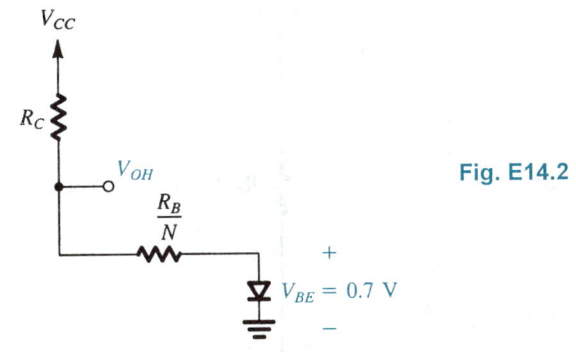

Fig. E14.2

14.3 Para la compuerta DTL de la figura 14.6 suponga que todas las uniones conductoras tienen una caída de voltaje de 0.7 V: (a) encuentre la corriente que pasa por D_1 cuando $v_A = 0.2$ V y $v_B = +4$ V. También encuentre el voltaje de la base. (b) Con $v_A = v_B = +4$ V encuentre la corriente de base del transistor. Si $V_{CEsat} = 0.2$ V encuentre el valor de $\beta_{forzada}$.

Resp. (a) 1.25 mA, −0.5 V; (b) 0.41 mA, 2.3

14.3 CIRCUITOS LÓGICOS DE TRANSISTOR-TRANSISTOR (TTL O T²L)

Durante más de dos décadas (fines de la década de 1960 a fines de la de 1980) los circuitos lógicos TTL disfrutaron de enorme popularidad. De hecho, la mayor parte de las aplicaciones de sistemas digitales que utilizaban paquetes SSI y MSI se diseñaban con TTL.

Comenzaremos esta sección con un estudio de la evolución de los TTL a partir de los DTL. En esta forma explicaremos la función de cada una de las etapas del circuito completo de compuerta TTL. En la sección 14.4 se estudiarán las características de las compuertas TTL estándar. Éstas han sido prácticamente reemplazadas por formas más avanzadas de TTL, que ofrecen mejor rendimiento y se estudiarán en la sección 14.5.

Evolución de TTL a partir de DTL

El circuito básico de compuerta DTL en forma discreta se estudió en la sección previa (véase la figura 14.6). La forma de circuito integrado de la compuerta DTL se muestra en la figura 14.7 con sólo una entrada indicada. Como preludio a la introducción de la TTL, hemos dibujado el diodo de entrada como transistor conectado a diodo (Q_1), que corresponde al modo en que los diodos se hacen en forma de circuito integrado.

Este circuito difiere del circuito DTL discreto de la figura 14.6 en dos aspectos importantes. Primero, uno de los diodos de dirección es sustituido por la unión entre base y emisor de un transistor (Q_2) que está en corte (cuando la entrada es baja) o en modo activo (cuando la entrada es alta). Esto se hace para reducir la corriente de entrada y por lo tanto aumenta la capacidad de divergencia de la compuerta. Una explicación detallada de este punto no es de importancia para nuestro estudio de la TTL. En segundo término, la resistencia R_B se retorna a tierra en lugar de a una fuente negativa, como se hizo en el anterior circuito discreto. Una ventaja obvia de esto es la eliminación de una fuente adicional de alimentación, pero la desventaja es que la corriente inversa de base disponible para eliminar el exceso de carga almacenado en la base de Q_3 es bastante pequeña. A continuación abundaremos más sobre este punto.

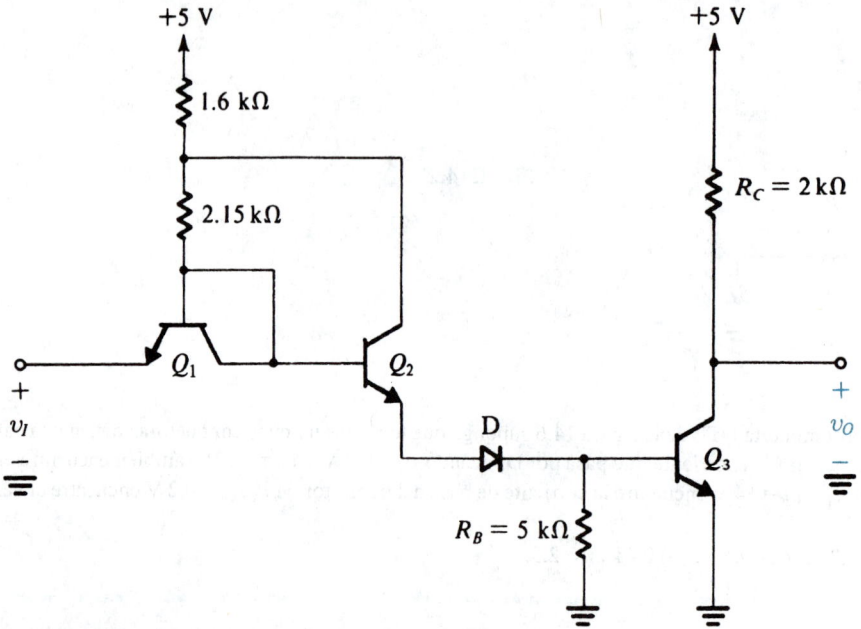

Fig. 14.7   Forma de circuito integrado de la compuerta DTL con el diodo de entrada mostrado como transistor conectado a diodo (Q_1). Sólo se muestra un terminal de entrada.

Ejercicio

14.4   Considere el circuito de compuerta DTL que se muestra en la figura 14.7 y suponga que $\beta(Q_2) = \beta(Q_3) = 50$. (a) Cuando $v_I = 0.2$ V, encuentre la corriente de entrada. (b) Cuando $v_I = +5$ V, encuentre la corriente de base de Q_3.

Resp.   (a) 1.1 mA; (b) 1.6 mA

Razones para la lenta respuesta de un DTL

La compuerta lógica DTL tiene márgenes de ruido relativamente buenos, y una capacidad razonablemente buena de divergencia, pero su respuesta es más bien lenta. Hay dos razones para esto: primera, cuando la entrada es baja y Q_2 y D no conducen, la carga almacenada en la base de Q_3 tiene que fugarse a través de R_B a tierra. El valor inicial de la corriente inversa de base que logra este proceso de "descarga de base" es aproximadamente 0.7 V/R_B, que es alrededor de 0.14 mA. Como esta corriente es muy pequeña en comparación con la corriente de polarización directa de base, el tiempo necesario para la eliminación de la carga de base es bastante largo, lo que contribuye al alargamiento de la respuesta de compuerta.

La segunda razón para la respuesta relativamente lenta del DTL se deriva de la naturaleza del circuito de salida de la compuerta, que es un simple transistor de emisor común. En la figura 14.8 se ilustra el transistor de salida de una compuerta DTL que excita una carga capacitiva C_L. La capacitancia C_L representa la capacitancia de entrada de otra compuerta y/o el alambrado y capacitancias parásitas que están inevitablemente presentes en cualquier circuito. Cuando Q_3 conduce, su voltaje de colector no puede caer en forma instantánea debido a la existencia de C_L. Entonces,

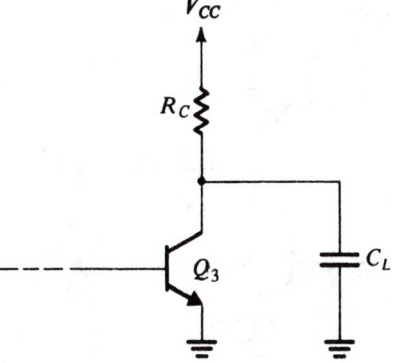

Fig. 14.8 Circuito de salida de una compuerta DTL excitando una carga capacitiva C_L.

Q_3 no se satura de inmediato sino que opera en la región activa. El colector de Q_3, por lo tanto, actuará como fuente de corriente constante y disipará una corriente relativamente grande (βI_B). Esta elevada corriente descargará C_L con gran rapidez. Así vemos que la etapa de salida de emisor común ofrece un corto tiempo de conducción, aun cuando el corte sea otra cosa.

Considere a continuación la operación de la etapa de salida de emisor común cuando Q_3 no conduce. El voltaje de salida no se eleva de súbito a un nivel alto (V_{CC}), sino que C_L se cargará a V_{CC} a través de R_C. Éste es un proceso más bien lento y resulta en el alargamiento de la respuesta de la compuerta del DTL (y, del mismo modo, la respuesta de la compuerta del RTL).

Una vez identificadas las dos razones para la lenta respuesta del DTL, en lo que sigue veremos la forma de solucionar estos problemas en TTL.

Circuito de entrada de la compuerta TTL

En la figura 14.9 se muestra una compuerta TTL conceptual con sólo un terminal de entrada indicado. La característica más importante a observar es que el diodo de entrada ha sido sustituido por un transistor. Se puede pensar esto simplemente como si el cortocircuito entre base y colector de Q_1 de la figura 14.7 se haya eliminado.

Para ver cómo funciona la TTL conceptual del circuito de la figura 14.9, supongamos que la entrada v_I es alta (por ejemplo, $v_I = V_{CC}$). En este caso circulará corriente de V_{CC} por R, con lo cual se polariza directamente la unión entre base y colector de Q_1. Mientras tanto, la unión entre base y

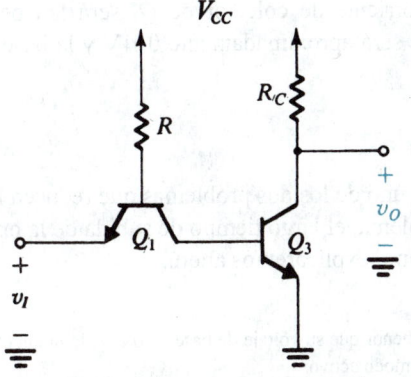

Fig. 14.9 Forma conceptual de una compuerta TTL. Sólo se muestra un terminal de entrada.

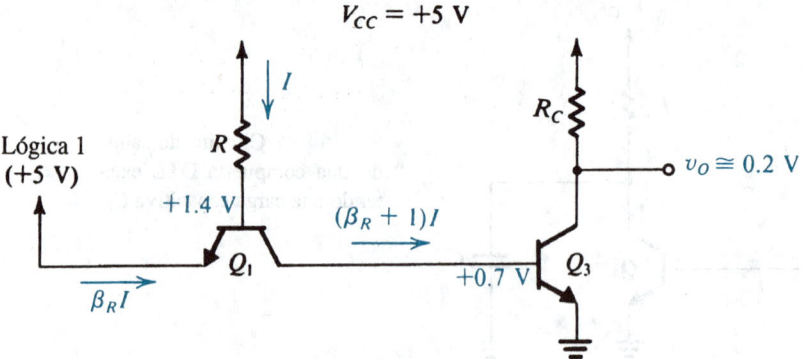

Fig. 14.10   Análisis de la compuerta conceptual TTL cuando la entrada es alta.

emisor de Q_1 estará polarizada inversamente. Por lo tanto, Q_1 estará operando en el **modo activo inverso**, es decir, en el modo activo pero con los papeles del emisor y colector intercambiados. Los voltajes y corrientes serán como se indica en la figura 14.10, donde la corriente I se puede calcular con

$$I = \frac{V_{CC} - 1.4}{R}$$

En circuitos reales TTL, Q_1 se diseña para tener una β inversa muy baja ($\beta_R \simeq 0.02$). Entonces, la corriente de entrada de compuerta será muy pequeña, y la corriente de base de Q_3 será aproximadamente igual a I. Esta corriente será suficiente para excitar Q_3 a saturación, y el voltaje de salida será bajo (0.1 a 0.2 V).

A continuación supongamos que el voltaje de entrada de compuerta se reduce a un nivel de lógica 0 (por ejemplo, $v_I \simeq 0.2$ V). La corriente I se desvía entonces al emisor de Q_1. La unión entre base y emisor de Q_1 se polariza directamente, y el voltaje de base de Q_1 caerá a 0.9 V. Como Q_3 *estaba* en saturación, su voltaje de base permanecerá en +0.7 V hasta que se elimine la carga excedente almacenada en la región de la base. En la figura 14.11 se indican los diversos valores de voltaje y corriente inmediatamente después que la entrada se reduce. Vemos que Q_1 estará operando en el modo activo normal[3] y su colector llevará una elevada corriente ($\beta_F I$). Esta elevada corriente descarga rápidamente la base de Q_3 y la excita hacia corte. Entonces vemos la acción de Q_1 que acelera el proceso de corte.

A medida que Q_3 pasa a no conducción, el voltaje en su base se reduce y Q_1 entra en el modo de saturación. En última instancia, la corriente de colector de Q_1 será tan pequeña que será despreciable, lo cual implica que su V_{CEsat} será aproximadamente 0.1 V y la base de Q_3 estará en 0.3 V, lo que impide que Q_3 entre en corte.

Circuito de salida de la compuerta TTL

El análisis anterior ilustra la forma en que uno de los dos problemas que reducen la operación del DTL se resuelve en TTL. El segundo problema, el largo tiempo de subida de la onda de salida, se resuelve al modificar la etapa de salida, como explicaremos ahora.

---

[3] Aun cuando el voltaje de colector de Q_1 es menor que su voltaje de base en 0.2 V, la unión entre colector y base estará en corte, en efecto, y Q_1 estará operando en el modo activo.

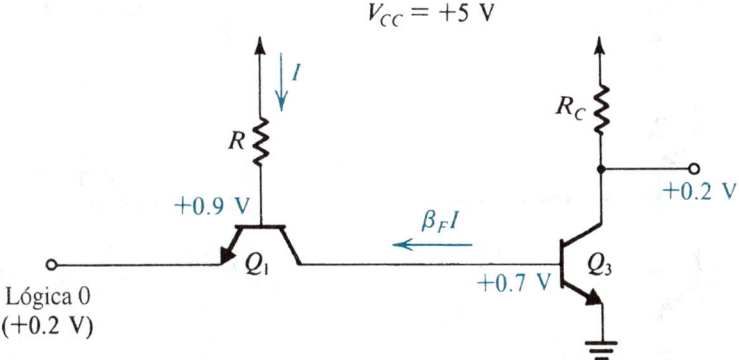

Fig. 14.11 Valores de voltaje y corriente del circuito conceptual TTL inmediatamente después de bajar el voltaje de entrada.

Primero, recordemos que la etapa de salida de emisor común produce una rápida descarga de capacitancia de carga pero una carga más bien lenta. Resulta lo opuesto en la etapa de salida del seguidor de emisor que se ilustra en la figura 14.12. Aquí, a medida que v_I pasa a alto, el transistor conduce y presenta una baja resistencia de salida (característica de los seguidores de emisor), que resulta en rápida carga de C_L. Por otra parte, cuando v_I pasa a bajo, el transistor no conduce y C_L se deja entonces para descargarse lentamente a través de R_E.

Se deduce que una etapa de salida óptima sería una combinación de las configuraciones de emisor común y seguidor de emisor. Esta etapa de salida, que se ilustra en la figura 14.13, tiene que ser excitada por dos señales *complementarias* v_{I1} y v_{I2}. Cuando v_{I1} es alta v_{I2} es baja; en este caso Q_3 conduce y está saturado, y Q_4 no conduce. El transistor Q_3 de emisor común produce entonces la rápida descarga de la capacitancia de carga y en estado estable presenta una baja resistencia (R_{CEsat}) a tierra. Entonces, cuando la salida es baja, la compuerta puede *disipar* cantidades considerables de corriente a través del transistor Q_3 saturado.

Cuando v_{I1} es bajo y v_{I2} es alto, Q_3 no conduce y Q_4 conduce. El seguidor de emisor Q_4 proporciona una rápida carga de la capacitancia de carga. También presenta a la compuerta una baja resistencia de salida en el estado alto y, por lo tanto, con la capacidad de *generar* una cantidad considerable de corriente de carga.

Debido al aspecto del circuito de la figura 14.13, con Q_4 situado en la parte superior de Q_3, el circuito ha recibido el nombre de **etapa de salida en pilar totémico**. Del mismo modo, debido a

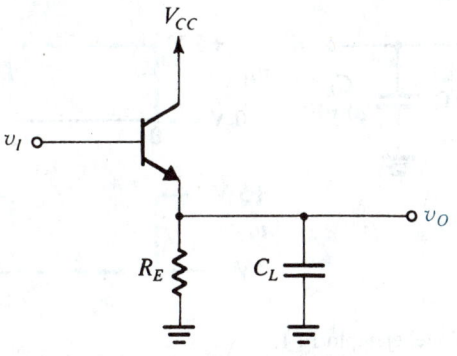

Fig. 14.12 Etapa de salida de seguidor de emisor con carga capacitiva.

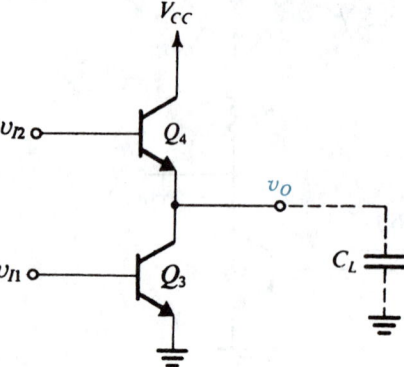

Fig. 14.13 Etapa de salida de pilar totémico.

la acción de Q_4 al *conectar* el voltaje de salida al nivel alto, Q_4 se conoce como **transistor de conexión**. Como la conexión es lograda aquí por un elemento activo (Q_4), se dice que el circuito tiene una **conexión activa**. Esto en contraste con la **conexión pasiva** de compuertas RTL y DTL. Desde luego, el transistor Q_3 de emisor común proporciona una **desconexión activa** al circuito. Finalmente, nótese que es necesario un **circuito excitador** especial para generar las dos señales complementarias v_{I1} y v_{I2}.

EJEMPLO 14.1

Deseamos analizar el circuito que se muestra junto con sus ondas de excitación en la figura 14.14, para determinar la onda de la señal de salida v_O. Suponga que Q_3 y Q_4 tienen $\beta = 50$.

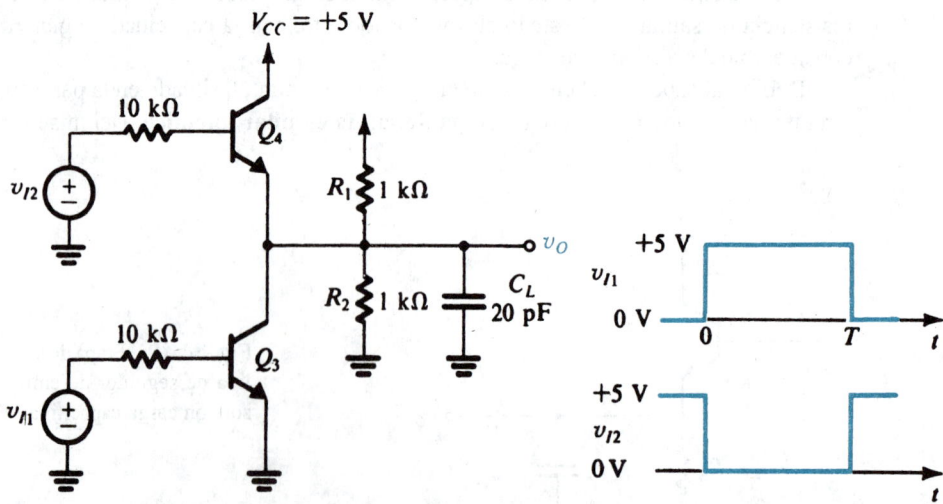

Fig. 14.14 Circuito y ondas de entrada para el ejemplo 14.1.

SOLUCIÓN

Considere primero la situación antes que v_{I1} pase a alto, es decir, en el instante $t < 0$. En este caso Q_3 no conduce y Q_4 conduce, y el circuito se puede reducir al que se muestra en la figura 14.15. En este circuito simplificado hemos sustituido el divisor de voltaje (R_1, R_2) por su equivalente de Thévenin. En estado estable, C_L se cargará al voltaje de salida v_O, cuyo valor se puede obtener como sigue:

$$5 = 10 \times I_B + V_{BE} + I_E \times 0.5 + 2.5$$

Sustituyendo $V_{BE} \simeq 0.7$ V e $I_B = I_E/(\beta + 1) = I_E/51$ resulta $I_E = 2.59$ mA. Entonces el voltaje de salida v_O está dado por

$$v_O = 2.5 + I_E \times 0.5 = 3.79 \text{ V}$$

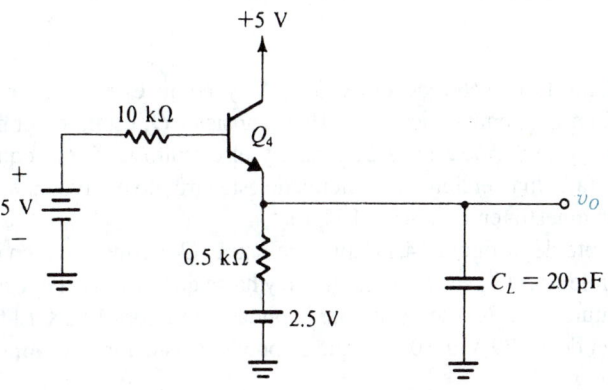

Fig. 14.15 Circuito de la figura 14.14 cuando Q_3 no conduce.

A continuación consideramos el circuito a medida que v_{I1} se hace alto y v_{I2} se hace bajo. El transistor Q_3 conduce y el transistor Q_4 no conduce, y el circuito se reduce al que se muestra en la figura 14.16. De nueva cuenta hemos empleado el equivalente de Thévenin del divisor (R_1, R_2). También supondremos que los tiempos de conmutación de los transistores son tan pequeños que son despreciables. Entonces, en $t = 0+$ la corriente de base de Q_3 es

$$I_B = \frac{5 - 0.7}{10} = 0.43 \text{ mA}$$

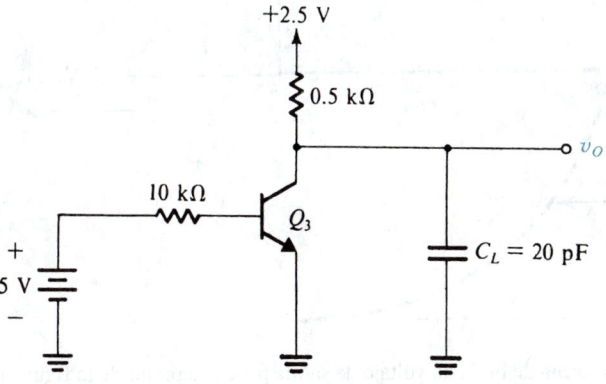

Fig. 14.16 Circuito de la figura 14.14 cuando Q_4 no conduce.

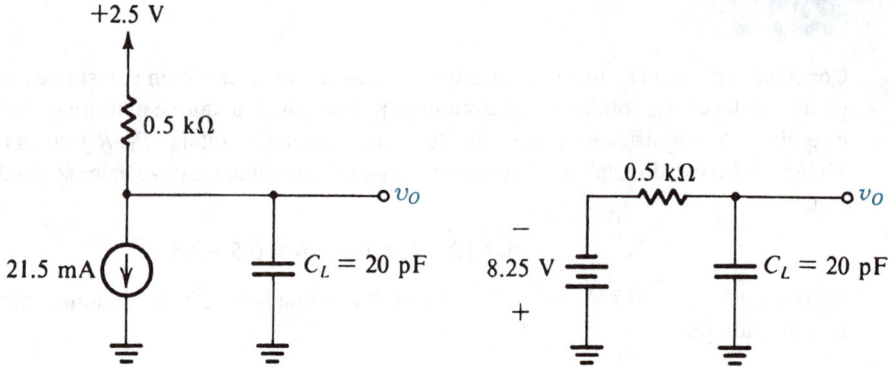

Fig. 14.17 (a) Circuito equivalente para el circuito de la figura 14.16 cuando Q_3 está en el modo activo. (b) Versión más sencilla del circuito en (a) obtenida usando teorema de Thévenin.

Como en $t = 0$ el voltaje de colector de Q_3 es 3.79 V, y como este valor no puede cambiar instantáneamente debido a C_L, vemos que en $t = 0+$ el transistor Q_3 estará en el modo activo. La corriente de colector de Q_3 será βI_B, que es 21.5 mA, y el circuito tendrá el equivalente que se ilustra en la figura 14.17(a). Una versión más sencilla de este circuito equivalente, obtenida con el teorema de Thévenin, se muestra en la figura 14.17(b).

El circuito equivalente de la figura 14.17 aplica mientras Q_3 permanezca en el modo activo. Esta condición persiste mientras C_L se está descargando y hasta que v_O llega a unos $+0.3$ V, en cuyo momento Q_3 entra en saturación. Esto se ilustra por la onda de la figura 14.18. El tiempo para que el voltaje de salida caiga de $+3.79$ V a $+0.3$ V, que se puede considerar el **tiempo de caída** t_f, se puede obtener con

$$-8.25 - (-8.25 - 3.79)e^{-t_f/\tau} = 0.3$$

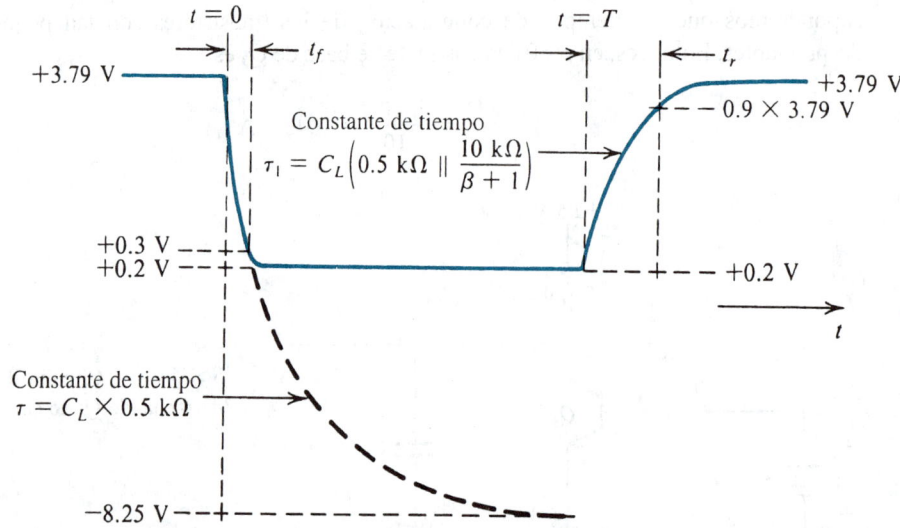

Fig. 14.18 Detalles de la forma de onda de voltaje de salida para el circuito de la figura 14.14.

lo que resulta en

$$t_f \simeq 0.34\tau$$

donde

$$\tau = C_L \times 0.5 \text{ k}\Omega = 10 \text{ ns}$$

Entonces, $t_f = 3.4$ ns.

Después que Q_3 entra en saturación, el condensador se descarga más hasta el valor final de estado estable de V_{CEsat} ($\simeq 0.2$ V). El modelo de transistor que aplica durante este intervalo es más complejo; como el intervalo en cuestión es bastante corto, no continuaremos más con el tema.

Considere en seguida la situación a medida que υ_{I1} se hace bajo y υ_{I2} se hace alto en $t = T$. El transistor Q_3 no conduce a medida que el Q_4 conduce. Supondremos que esto ocurre inmediatamente, y así, en $t = T+$ el circuito se reduce al que se muestra en la figura 14.15. Ya hemos analizado este circuito en el estado estable y entonces sabemos que finalmente υ_O llegará a +3.79 V. Por lo tanto, υ_O se eleva exponencialmente desde +0.2 V a +3.79 V con una constante de tiempo de $C_L\{0.5 \text{ k}\Omega//[10 \text{ k}\Omega/(\beta + 1)]\}$, donde hemos despreciado la resistencia de emisor r_e. Denotando esta constante de tiempo como τ_1, obtenemos $\tau_1 = 2.8$ ns. Definiendo el tiempo de subida t_r como el tiempo para que υ_O alcance el 90% del valor final, obtenemos $3.79 - (3.79 - 0.2)e^{-t/\tau_1} = 0.9 \times 3.79$, que resulta en $t_r = 6.4$ ns. En la figura 14.18 se ilustran los detalles de la onda de voltaje de salida.

El circuito completo de la compuerta TTL

En la figura 14.19 se muestra el circuito completo de compuerta TTL. Está formado por tres etapas: el transistor de entrada Q_1, cuya operación ya se ha explicado, la etapa excitadora Q_2, cuya función

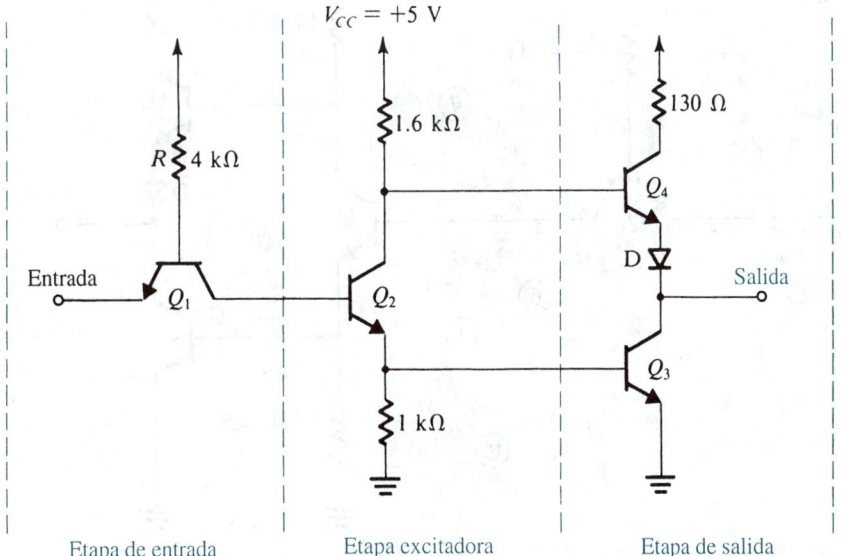

Fig. 14.19   Circuito completo de compuerta TTL con sólo un terminal de entrada indicado.

es generar las dos señales de voltaje complementarias requeridas para excitar el circuito de pilar totémico, que es la tercera etapa (de salida) de la compuerta. El circuito de pilar totémico de la compuerta TTL tiene dos componentes adicionales: el resistor de 130 Ω del circuito de colector de Q_4 y el diodo D del circuito de emisor de Q_4; la función de estos dos componentes adicionales se explicará en breve. Nótese que la compuerta TTL se muestra con sólo un terminal de entrada indicado. La inclusión de más terminales de entrada se considera en la sección 14.4.

Debido a que la etapa excitadora Q_2 produce dos señales complementarias (esto es, fuera de fase), se conoce como **divisor de fase**.

Ahora realizaremos un análisis detallado del circuito de compuerta TTL en sus dos estados extremos: uno con la entrada alta y uno con la entrada baja.

Análisis cuando la entrada es alta

Cuando la entrada es alta (por ejemplo, de +5 V), los diversos voltajes y corrientes del circuito TTL tendrán los valores indicados en la figura 14.20. El análisis ilustrado en la figura 14.20 es bastante sencillo, y el orden de los pasos seguidos está indicado por los números circulados. Como es de esperarse, el transistor de entrada está operando en el modo activo inverso, y la corriente de entrada, denominada **corriente alta de entrada** I_{IH}, es pequeña, es decir,

$$I_{IH} = \beta_R I \simeq 15 \ \mu A$$

donde suponemos que $\beta_R \simeq 0.02$.

La corriente de colector de Q_1 entra en la base de Q_2, y su valor es suficiente para saturar el transistor Q_2 divisor de fase. Este último proporciona a la base de Q_3 suficiente corriente para

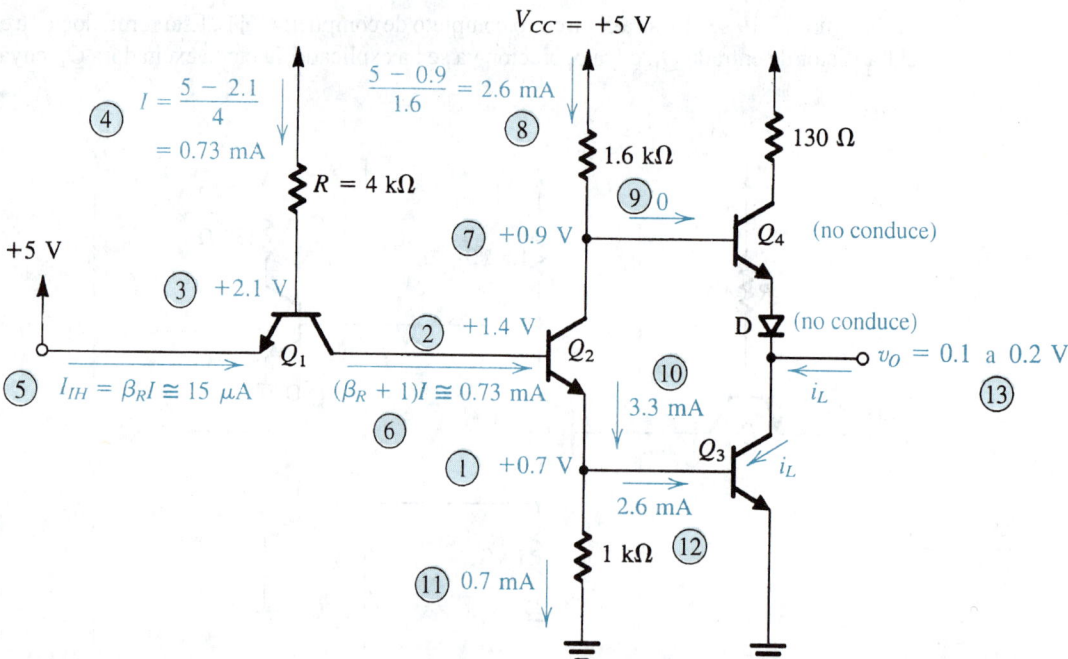

Fig. 14.20 Análisis de la compuerta TTL con valor alto de entrada. Los números circulados indican el orden de los pasos del análisis.

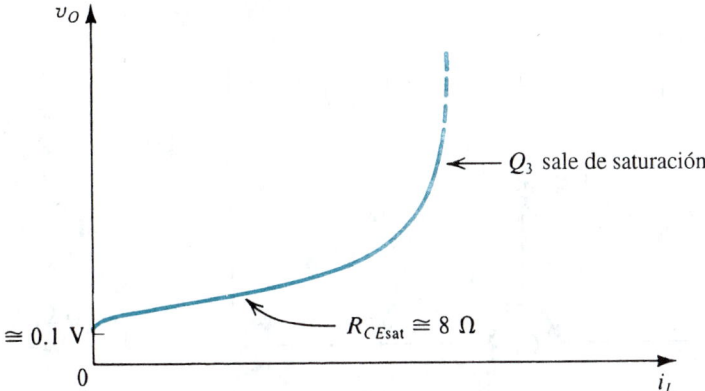

Fig. 14.21   Curva característica v_O–i_L de la compuerta TTL cuando la salida es baja.

excitarla en saturación y bajar su voltaje de salida a V_{CEsat} (0.1 a 0.2 V). El voltaje en el colector de Q_2 es $V_{BE3} + V_{CEsat}$ (Q_2), que es aproximadamente +0.9 V. Si el diodo D no se incluyera, este voltaje sería suficiente para que Q_4 conduzca, lo que es contrario para la correcta operación del circuito de pilar totémico. Incluyendo el diodo D asegura que Q_4 y D permanezcan sin conducir. El transistor saturado Q_3 establece entonces el voltaje bajo de salida de la compuerta (V_{CEsat}) y presenta una baja impedancia a tierra.

En el estado de salida baja, la compuerta puede disipar una corriente de carga i_L, siempre que el valor de i_L no exceda de $\beta \times 2.6$ mA, que es la máxima corriente de colector que Q_3 puede sostener mientras permanece en saturación. Obviamente, cuanto mayor sea el valor de i_L, mayor será el voltaje de salida. Para mantener el nivel de lógica 0 debajo de un cierto límite especificado, debe fijarse un límite correspondiente a la corriente de carga i_L. Como pronto veremos, es este límite el que determina la máxima divergencia de la compuerta TTL.

En la figura 14.21 se ilustra el voltaje de salida v_O contra la corriente de carga i_L de la compuerta TTL cuando la salida es baja. Ésta es simplemente la curva característica v_{CE}–i_C de Q_3 medida con una corriente de base de 2.6 mA. Nótese que en $i_L = 0$, v_O es el voltaje de desnivel, que es de unos 100 mV.

Ejercicio

14.5 Suponga que la porción de saturación de la curva característica v_O–i_L que se muestra en la figura 14.21 se puede aproximar por una recta (de pendiente = 8 Ω) que corta el eje v_O en 0.1 V. Encuentre la máxima corriente de carga que se permite a la compuerta disipar si el nivel de lógica 0 se especifica en ≤0.3 V.

Resp.   25 mA

Análisis cuando la entrada es baja

Considere en seguida la operación de la compuerta TTL cuando la entrada está al nivel lógico 0 (≃0.2 V). El análisis está ilustrado en la figura 14.22, de donde vemos que la unión entre base y emisor de Q_1 estará polarizada directamente y el voltaje de base será aproximadamente +0.9 V.

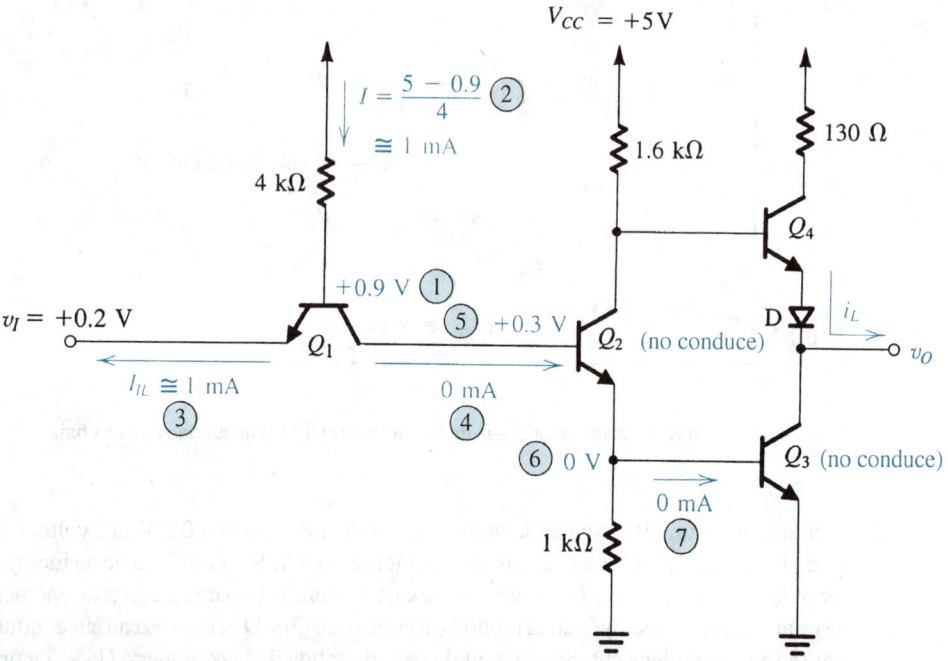

Fig. 14.22 Análisis de la compuerta TTL cuando el valor de entrada es bajo. Los números circulados indican el orden de los pasos del análisis.

Entonces se puede ver que la corriente I es aproximadamente 1 mA. Como 0.9 V es insuficiente para polarizar directamente la combinación serie de la unión entre colector y base de Q_1 y la unión entre base y emisor de Q_2 (se requerirían por lo menos 1.2 V), este último no conduciría. Por lo tanto, la corriente de colector de Q_1 sería casi cero y Q_1 estaría saturado, con $V_{CEsat} \simeq 0.1$ V. Entonces, la base de Q_2 sería aproximadamente +0.3 V, que es de hecho insuficiente para que Q_2 conduzca.

La corriente de entrada de compuerta en estado bajo, llamada **corriente de baja entrada** I_{IL}, es aproximadamente igual a la corriente I ($\simeq$ 1 mA) y sale del emisor de Q_1. Si la compuerta TTL es excitada por otra compuerta TTL, el transistor de salida Q_3 de la compuerta excitadora debe disipar esta corriente I_{IL}. Como la corriente de salida que una compuerta TTL puede disipar está limitada a un cierto valor máximo, la máxima divergencia de la compuerta está directamente determinada por el valor de I_{IL}.

Ejercicios

14.6 Considere la compuerta TTL analizada en el ejercicio 14.5. Encuentre su máxima divergencia permisible usando el valor de I_{IL} calculado antes.

Resp. 25

14.7 Utilice la ecuación (4.114) para hallar V_{CEsat} del transistor Q_1 cuando la entrada de la compuerta sea baja (0.2 V). Suponga que $\beta_F = 50$ y $\beta_R = 0.02$.

Resp. 98 mV

Continuemos con nuestro análisis de la compuerta TTL. Cuando la entrada es baja, vemos que Q_2 y Q_3 no conducen. El transistor Q_4 conducirá y alimentará (generará) la corriente de carga i_L. Dependiendo del valor de i_L, Q_4 estará ya sea en el modo activo o en el modo de saturación.

Con el terminal de salida de compuerta abierto, la corriente i_L será muy pequeña (principalmente de fuga) y las dos uniones (unión entre base y emisor de Q_4 y diodo D) apenas conducirá. Si se supone que cada unión tiene una caída de 0.65 V y se desprecia la caída de voltaje en el resistor de 1.6 kΩ, encontramos que el voltaje de salida será

$$v_O \simeq 5 - 0.65 - 0.65 = 3.7 \text{ V}$$

A medida que i_L aumenta, Q_4 y D conducen más fuertemente, pero para un intervalo de i_L, Q_4 permanece en el modo activo, y v_O está dado por

$$v_O = V_{CC} - \frac{i_L}{\beta + 1} \times 1.6 \text{ k}\Omega - V_{BE4} - V_D \qquad (14.4)$$

Si se sigue aumentando i_L, se alcanzará un valor al cual Q_4 se satura. Entonces el voltaje de salida se determina por el resistor de 130 Ω de acuerdo con la relación aproximada siguiente:

$$v_O \simeq V_{CC} - i_L \times 130 - V_{CEsat}(Q_4) - V_D \qquad (14.5)$$

Función del resistor de 130 Ω

En este punto, la razón para incluir el resistor de 130 Ω debe ser evidente: es sólo para limitar la corriente que circula por Q_4, en especial en el caso que el terminal de salida se ponga accidentalmente en cortocircuito a tierra. Esta resistencia también limita la corriente de alimentación en otra circunstancia, es decir, cuando Q_4 conduzca mientras Q_3 está todavía en saturación. Para ver cómo es que esto ocurre, considere el caso donde la entrada de compuerta era alta y luego se reduce de súbito al nivel bajo. El transistor Q_2 no conducirá en forma relativamente rápida por la disponibilidad de una elevada corriente inversa proporcionada al terminal de su base por el colector de Q_1. Por otra parte, la base de Q_3 tendrá que descargarse por el resistor de 1 kΩ, y entonces Q_3 tomará algún tiempo para no conducir. Mientras tanto, Q_4 conducirá y un gran pulso de corriente circulará por la combinación serie de Q_4 y Q_3. Parte de esta corriente servirá al útil propósito de cargar cualquier capacitancia de carga al nivel de lógica 1. La magnitud del pulso de corriente estará limitada por el resistor de 130 Ω a unos 30 mA.

La presencia de estos pulsos de corriente de corta duración (denominados **picos de corriente**) da lugar a otro importante tema. Los picos de corriente tienen que ser suministrados por la fuente V_{CC} y, debido a su resistencia finita de fuente, resultará en picos de voltaje (o "interferencias") superpuestas sobre V_{CC}. Estos picos de voltaje podrían acoplarse a otras compuertas en flip-flops del sistema digital y así podrían producir falsa conmutación en otras partes del sistema. Este efecto, que en general recibe el nombre de **diafonía** (acoplamiento perjudicial), es un problema en sistemas TTL. Para reducir el tamaño de los picos de voltaje deben conectarse condensadores (llamados *condensadores de derivación*) entre el riel de alimentación y tierra en lugares frecuentes. Estos condensadores reducen la impedancia de la fuente de voltaje de alimentación y, por lo tanto, reducen la magnitud de los picos de voltaje. Alternativamente, se puede pensar que los condensadores de derivación producen picos de corriente de impulso.

Ejercicios

14.8 Si se supone que Q_4 tiene $\beta = 50$ y que a punto de saturación $V_{CEsat} = 0.3$ V, encuentre el valor de i_L al cual Q_4 se satura.

Resp. 4.16 mA

14.9 Suponiendo que, a una corriente de 1 mA, las caídas de voltaje en la unión entre emisor y base de Q_4 y el diodo D son cada una de 0.7 V, encuentre v_O cuando $i_L = 1$ mA y 10 mA. (Nótese el resultado del ejercicio anterior.)

Resp. 3.6 V; 2.7 V

14.10 Encuentre la máxima corriente que puede ser generada por una compuerta TTL mientras que el nivel alto de salida (V_{OH}) permanece mayor que el mínimo valor garantizado de 2.4 V.

Resp. 12.3 mA; o bien, más precisamente, tomando en cuenta la corriente de base de Q_4, 13.05 mA

14.4   CURVAS CARACTERÍSTICAS DE UN TTL ESTÁNDAR

Debido a su popularidad histórica y continua importancia, los TTL se estudiarán más en ésta y las siguientes secciones. Aquí consideraremos algunas de las importantes curvas características de compuertas TTL estándar; en la sección 14.5 veremos algunas formas especiales mejoradas de TTL.

Curva característica de transferencia

En la figura 14.23 se ilustra la compuerta TTL junto con un dibujo de su curva característica de transferencia de voltaje trazada en forma lineal por partes. La curva característica real es, desde luego, una curva lisa. Explicaremos ahora la curva característica de transferencia y calcularemos los diversos puntos de inflexión y pendientes. Se supondrá que el terminal de salida de la compuerta está abierto.

El segmento AB se obtiene cuando el transistor Q_1 está saturado, Q_2 y Q_3 no conducen, y Q_4 y D conducen. El voltaje de salida es aproximadamente dos caídas de diodo debajo de V_{CC}. En el punto B el divisor de fase (Q_2) empieza a conducir porque el voltaje en su base llega a 0.6 V (0.5 V + V_{CEsat} de Q_1).

Sobre el segmento BC, el transistor Q_1 permanece saturado pero más y más de su corriente de base I se desvía a la unión entre su base y colector y entra en la base de Q_2, que opera como amplificador lineal. El transistor Q_4 y el diodo D permanecen conduciendo, con Q_4 actuando como seguidor de emisor. Mientras tanto, el voltaje en la base de Q_3, aunque creciente, permanece insuficiente para hacer que Q_3 conduzca (menos de 0.6 V).

Encontremos ahora la pendiente del segmento BC de la curva característica de transferencia. Supongamos que la entrada v_I tiene un incremento de Δv_I que aparece en el colector de Q_1, puesto que el Q_1 saturado se comporta (aproximadamente) como cortocircuito de tres terminales en lo que respecta a señales. Entonces, en la base de Q_2 tenemos una señal Δv_I. Despreciando la carga del seguidor de emisor Q_4 sobre el colector de Q_2, podemos hallar la ganancia del divisor de fase con

$$\frac{v_{c2}}{v_{b2}} = \frac{-\alpha_2 R_1}{r_{e2} + R_2} \tag{14.6}$$

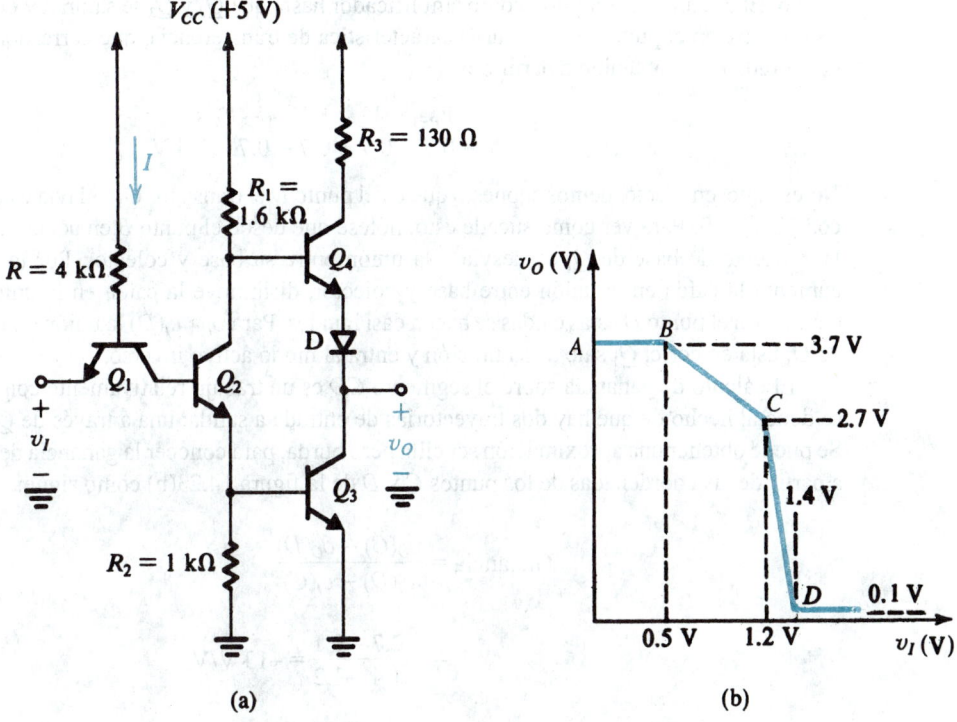

Fig. 14.23 Compuerta TTL y su curva característica de transferencia de voltaje.

El valor de r_{e2} dependerá, obviamente, de la corriente de Q_2. Esta corriente tendrá una variación desde cero (cuando Q_2 empieza a conducir) hasta el valor que resulte en un voltaje de unos 0.6 V en el emisor de Q_2 (la base de Q_3). Este valor es de unos 0.6 mA y corresponde al punto C de la curva característica de transferencia. Si se supone un promedio de corriente en Q_2 de 0.3 mA, obtenemos $r_{e2} \simeq 83\ \Omega$. Para $\alpha = 0.98$, la ecuación (14.6) resulta en un valor de ganancia de 1.45. Como la ganancia del seguidor de salida Q_4 es cercana a la unidad, la ganancia total de la compuerta, que es la pendiente del segmento BC, es de unos -1.45.

Como ya se indicó, el punto de inflexión C está determinado por Q_3 que empieza a conducir. El correspondiente voltaje de entrada se puede hallar con

$$v_I(C) = V_{BE3} + V_{BE2} - V_{CEsat}(Q_1)$$
$$= 0.6 + 0.7 - 0.1 = 1.2\ \text{V}$$

En este punto, la corriente de emisor de Q_2 es aproximadamente 0.6 mA. La corriente de colector de Q_2 es también aproximadamente 0.6 mA; si se desprecia la corriente de base de Q_4, el voltaje en el colector de Q_2 es

$$v_{C2}(C) = 5 - 0.6 \times 1.6 \cong 4\ \text{V}$$

Entonces Q_2 está todavía en el modo activo. El correspondiente voltaje de salida es

$$v_O(C) = 4 - 0.65 - 0.65 = 2.7\ \text{V}$$

A medida que v_I se incrementa más allá del valor de $v_I(C) = 1.2$ V, Q_3 empieza a conducir y opera en el modo activo. Entre tanto, Q_1 permanece saturado y Q_2 y Q_4 permanecen en el modo activo. El circuito se comporta como amplificador hasta que Q_2 y Q_3 se saturan y Q_4 entra en corte. Esto ocurre en el punto D de la curva característica de transferencia, que corresponde a un voltaje de entrada $v_I(D)$ obtenido a partir de

$$v_I(D) = V_{BE3} + V_{BE2} + V_{BC1} - V_{BE1}$$
$$= 0.7 + 0.7 + 0.7 - 0.7 = 1.4 \text{ V}$$

Nótese que, en efecto, hemos supuesto que en el punto D el transistor Q_1 todavía esté saturado, pero con $V_{CEsat} \simeq 0$. Para ver cómo sucede esto, nótese que desde el punto B en adelante, más y más de la corriente de base de Q_1 se desvía a la unión entre su base y colector. Por lo tanto, mientras aumenta la caída en la unión entre base y colector, disminuye la caída en la unión entre base y emisor. En el punto D estas caídas se hacen casi iguales. Para $v_I > v_I(D)$ la unión entre base y emisor de Q_1 está en corte, Q_1 sale de saturación y entra al modo activo inverso.

El cálculo de ganancia sobre el segmento CD es un trabajo relativamente complicado, lo que se debe al hecho de que hay dos trayectorias de entrada a salida: una a través de Q_3 y una por Q_4. Se puede obtener una aproximación sencilla pero burda, para conocer la ganancia de este segmento, a partir de las coordenadas de los puntos C y D de la figura 14.23(b) como sigue:

$$\text{Ganancia} = \frac{v_O(C) - v_O(D)}{v_I(D) - v_I(C)}$$

$$= -\frac{2.7 - 0.1}{1.4 - 1.2} = -13 \text{ V/V}$$

De la curva de transferencia de la figura 14.23(b) podemos determinar los puntos críticos y los márgenes de ruido como sigue: $V_{OH} = 3.7$ V; V_{IL} está entre 0.5 V y 1.2 V, y entonces una estimación conservadora sería 0.5 V; $V_{OL} = 0.1$ V; $V_{IH} = 1.4$ V; $NM_H = V_{OH} - V_{IH} = 2.3$ V; y $NM_L = V_{IL} - V_{OL} = 0.4$ V. Debe observarse que estos valores están calculados suponiendo que la compuerta no está cargada y sin tomar en cuenta variaciones de la fuente de alimentación o de temperatura.

Ejercicio

14.11 Tomando en cuenta el hecho de que el voltaje en los terminales de una unión pn polarizada directamente cambia en alrededor de -2 mV/°C, encuentre las coordenadas de los puntos A, B, C y D de la curva característica de transferencia de la compuerta a -55°C y a $+125$°C. Suponga que la curva característica de la figura 14.23(b) se aplica a 25°C, y desprecie el pequeño coeficiente de temperatura de V_{CEsat}.

Resp. A -55°C: (0, 3.38), (0.66, 3.38), (1.52, 2.16), (1.72, 0.1); a $+125$°C: (0, 4.1), (0.3, 4.1), (0.8, 3.46), (1.0, 0.1)

Especificaciones de fabricante

Los fabricantes de TTL suelen proporcionar curvas para las curvas características de transferencia de compuerta, la curva característica i–v de entrada y la curva característica i–v de salida, medidas en los límites del intervalo especificado de temperatura de operación. Además, por lo general se dan valores garantizados para los parámetros V_{OL}, V_{OH}, V_{IL} y V_{IH}. Para TTL estándar (conocidos como *serie 74*), estos valores son $V_{OL} = 0.4$ V, $V_{OH} = 2.4$ V, $V_{IL} = 0.8$ V y $V_{IH} = 2$ V. Estos valores límite están garantizados para una tolerancia especificada en voltaje de fuente de alimentación y para una divergencia máxima de 10. De nuestro análisis de la sección 14.3 sabemos que la máxima divergencia se determina por la máxima corriente que Q_3 puede disipar mientras permanece en saturación y mantiene un voltaje de saturación menor a un máximo garantizado (V_{OL} = 0.4 V). Los cálculos realizados en la sección 14.3 indican la posibilidad de una máxima divergencia de 20 a 30. Por lo tanto, la cifra especificada por el fabricante es correctamente conservadora.

Los parámetros V_{OL}, V_{OH}, V_{IL} y V_{IH} se pueden usar para calcular márgenes de ruido como sigue:

$$NM_H = V_{OH} - V_{IH} = 0.4 \text{ V}$$

$$NM_L = V_{IL} - V_{OL} = 0.4 \text{ V}$$

Ejercicios

14.12 En la sección 14.3 encontramos que cuando la entrada de compuerta es alta, la corriente de base de Q_3 es aproximadamente 2.6 mA. Suponga que este valor aplica a 25°C y que, a esta temperatura, $V_{BE} \simeq 0.7$ V. Tomando en cuenta el coeficiente de temperatura de –2 mV/°C de V_{BE} y despreciando todos los otros cambios, encuentre la corriente de base de Q_3 a –55°C y a +125°C.

Resp. 2.2 mA; 3 mA

14.13 En la figura E14.13 se ilustran curvas características i_L–v_O de una compuerta TTL cuando la salida es baja. Utilice estas curvas características junto con los resultados del ejercicio 14.12 para calcular el valor de β del transistor Q_3 a –55°C, +25°C y +125°C.

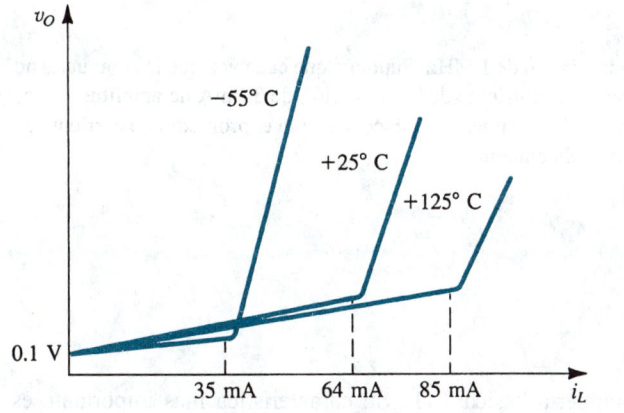

Fig. E14.13

Resp. 16; 25; 28

Tiempo de propagación

El tiempo de propagación de compuertas TTL se define convencionalmente como el tiempo entre los puntos de 1.5 V de bordes correspondientes de las ondas de entrada y salida. Para TTL estándar (también conocida como TTL *de velocidad media*), t_P es típicamente de unos 10 ns.

En lo que respecta a la disipación de potencia, se puede demostrar (véase ejercicio 14.14) que cuando la salida de compuerta es alta, la compuerta disipa 5 mW y cuando la salida es baja la disipación es de 16.7 mW. Entonces, el promedio de disipación es 11 mW, que resulta en un producto de propagación-potencia de unos 100 pJ.

Ejercicio

14.14 Calcule el valor de la corriente de alimentación (I_{CC}) y de ella la potencia disipada en la compuerta TTL, cuando el terminal de salida está abierto y la entrada es (a) baja a 0.2 V (véase figura 14.22) y (b) alta a +5 V (véase figura 14.20).

Resp. (a) 1 mA, 5 mW; (b) 3.33 mA, 16.7 mW

Disipación de potencia dinámica

En la sección 14.3 se explicó la presencia de picos de corriente de alimentación, que dan lugar a más dren de potencia de la fuente de alimentación V_{CC}. Esta **potencia dinámica** también se disipa en el circuito de compuerta. Se puede evaluar si se multiplica por V_{CC} el promedio de corriente debido a los picos, como se ilustra en la solución del ejercicio 14.15.

Ejercicio

14.15 Considere una compuerta TTL que se conmuta a razón de 1 MHz. Suponga que cada vez que la compuerta no conduce (es decir, la salida es alta) se presenta un pulso de corriente de alimentación de 30 mA de amplitud y 2 ns de ancho. También suponga que no hay corriente cuando la compuerta conduce. Calcule el promedio de corriente de alimentación debido a los picos, y la disipación de potencia dinámica.

Resp. 60 μA; 0.3 mW

La compuerta TTL NAND

En la figura 14.24 se ilustra la compuerta básica TTL. Su característica más importante es el **transistor multiemisor** Q_1 que se utiliza en la entrada. En la figura 14.25 se muestra la estructura del transistor multiemisor.

Se puede comprobar fácilmente que la compuerta de la figura 14.24 ejecuta la función NAND. La salida será alta si una (o ambas) entradas es (son) baja(s). La salida será baja en sólo un caso: cuando ambas entradas sean altas. La ampliación a dos o más entradas es sencilla y se logra por difusión de más regiones de emisor.

Aun cuando teóricamente se puede dejar en circuito abierto un terminal de entrada sin uso, ésta no es una buena práctica en general. Un terminal de entrada en circuito abierto actúa como "antena" que capta señales de interferencia y por ello puede ocasionar conmutación errónea de compuerta. Un terminal de entrada sin uso, por lo tanto, debe conectarse al positivo de la fuente de alimentación

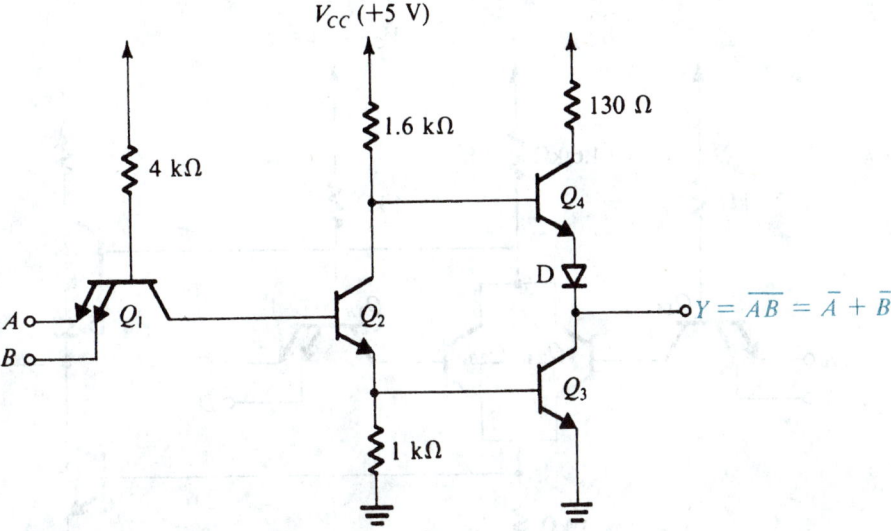

Fig. 14.24 Compuerta TTL NAND.

a través de un resistor (de 1 kΩ, por ejemplo). En esta forma, la unión correspondiente entre base y emisor de Q_1 estará polarizada inversamente y no tendrá efecto en la operación de la compuerta. Esta resistencia en serie se incluye para limitar la corriente en caso de rotura de la unión entre base y emisor debido a transitorios en la fuente de alimentación.

Otros circuitos lógicos TTL

En un chip TTL MSI hay muchos casos en que se construyen funciones lógicas usando versiones "desmontadas" de la compuerta básica TTL. Como ejemplo, en la figura 14.26 se ilustra la construcción TTL de la función AND-OR-INVERT. Como se muestra, los transistores de divisor de fase de dos compuertas están conectados en paralelo, y se usa una sola etapa de salida. Se recomienda al lector verificar que la función lógica construida es como se indica.

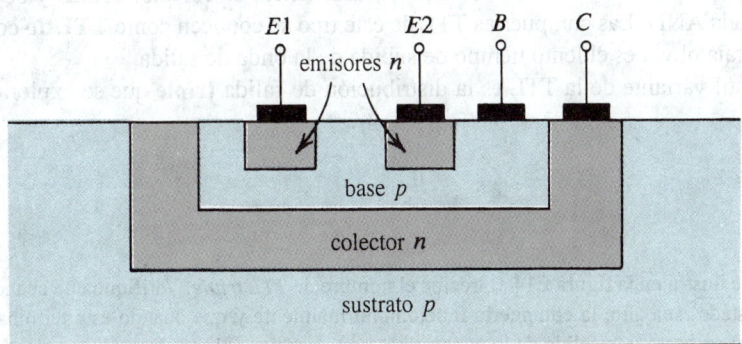

Fig. 14.25 Estructura del transistor Q_1 de múltiples emisores.

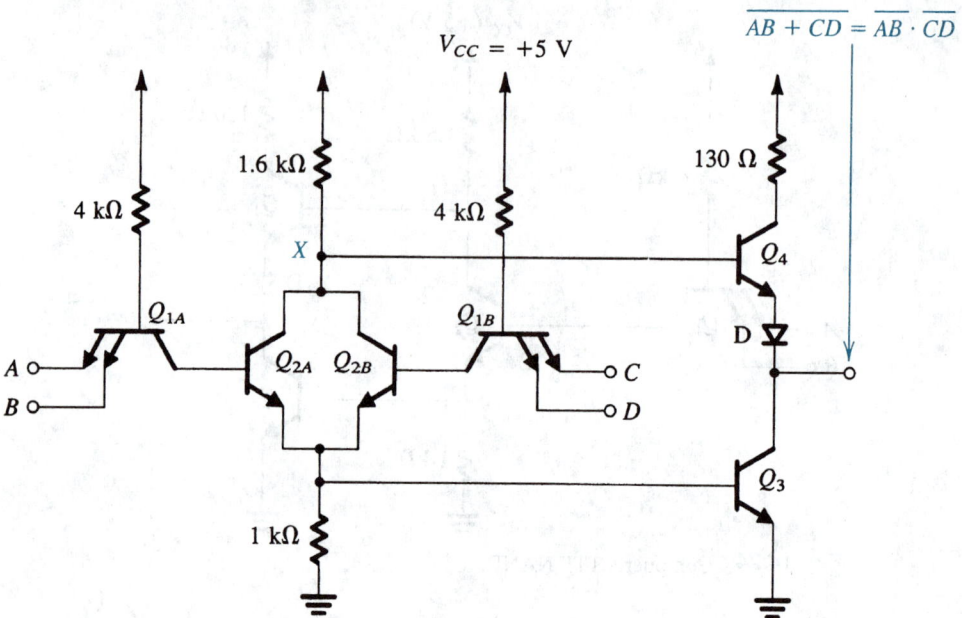

Fig. 14.26   Compuerta TTL AND-OR-INVERT.

En este punto debe observarse que la etapa de salida de pilar totémico de TTL *no* permite conectar los terminales de salida de dos compuertas para construir la función AND de sus salidas (conocida como *conexión alambrada AND*). Para ver la razón de esto, considere dos compuertas cuyas salidas están unidas, y supongamos que una compuerta tiene una salida alta y la otra tiene una salida baja. Circulará corriente de Q_4 de la primera compuerta por Q_3 de la segunda compuerta. El valor de corriente, afortunadamente, estará limitado por la resistencia de 130 Ω, pero, por supuesto, no se realiza una función lógica útil con esta conexión.

La falta de capacidad de una compuerta alambrada AND es una desventaja de la TTL. Con todo, el problema se resuelve de varias formas, incluyendo la conexión en paralelo de la etapa del divisor de fase, como se ilustra en la figura 14.26. Otra solución consiste en borrar por completo el transistor de seguidor de emisor. El resultado es una etapa de salida que está formada sólo por el transistor de emisor común Q_3 sin siquiera una resistencia de colector. Obviamente, se pueden conectar las salidas de estas compuertas a una resistencia de colector común y obtener capacidad de alambrada AND. Las compuertas TTL de este tipo se conocen como **TTL de colector abierto**. La desventaja obvia es el lento tiempo de subida de la onda de salida.

Otra útil variante de la TTL es la distribución de salida **triple** que se explora en el ejercicio 14.16.

Ejercicio

14.16   El circuito que se ilustra en la figura E14.16 recibe el nombre de *TTL triple*. Verifique que cuando el terminal marcado triple (Tercer estado) sea alto, la compuerta funciona normalmente y que cuando este terminal es bajo, los transistores Q_3 y Q_4 están en corte y la salida de la compuerta es un circuito abierto. Este último estado es el estado triple, o estado de alta impedancia de salida.

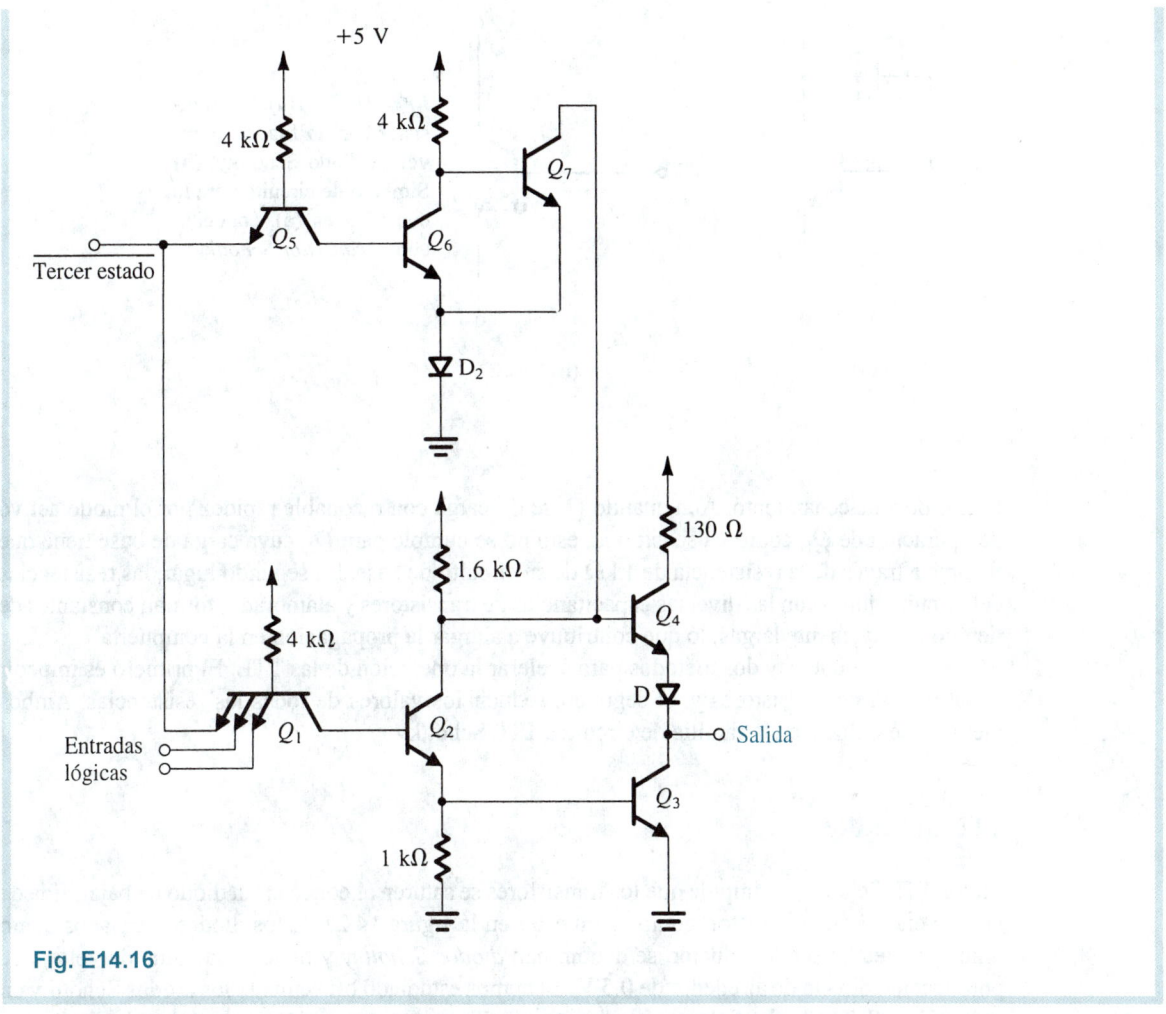

Fig. E14.16

La TTL de estado triple hace posible la conexión de varias compuertas TTL a una línea común de salida (o *barra común*). En cualquier momento en particular, la señal en la barra común estará determinada por la compuerta TTL que está *activada* (al elevar su terminal de entrada triple). Todas las otras compuertas estarán en estado triple y no tendrán control de la barra común.

14.5 FAMILIAS TTL CON RENDIMIENTO MEJORADO

Los circuitos TTL estándar estudiados en las dos secciones previas se introdujeron a mediados de la década de 1960; desde entonces se han perfeccionado varias versiones mejoradas. En esta sección estudiaremos algunas de estas subfamilias TTL mejoradas. Como veremos, las mejoras son en dos direcciones: aumentar la velocidad y reducir la disipación de potencia.

La velocidad de la compuerta TTL estándar de la figura 14.24 está limitada por dos mecanismos: primero, los transistores Q_1, Q_2 y Q_3 se saturan y por ello tenemos que contentarnos con sus tiempos

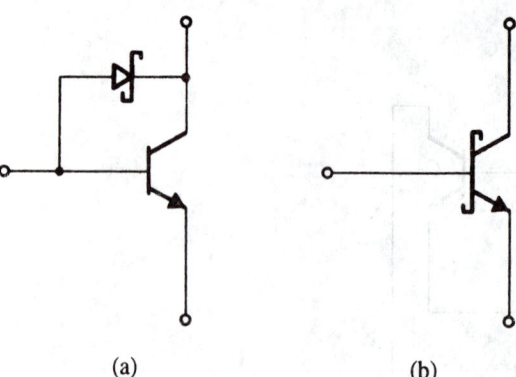

Fig. 14.27 (a) Un transistor con un fijador de nivel de diodo Schottky. (b) Símbolo de circuito para la conexión en (a), conocido como *transistor Schottky*.

(a)

(b)

finitos de almacenamiento. Aun cuando Q_2 se descarga con razonable rapidez por el modo activo de operación de Q_1, como ya se explicó, esto no se cumple para Q_3, cuya carga de base tiene que fugarse a través de la resistencia de 1 kΩ de su circuito de base. En segundo lugar, las resistencias del circuito, junto con las diversas capacitancias de transistores y alambrado, forman constantes de tiempo relativamente largas, lo que contribuye a alargar la propagación en la compuerta.

Se deduce que hay dos métodos para acelerar la operación de las TTL. El primero es impedir la saturación de transistores y, el segundo, reducir los valores de todas las resistencias. Ambos métodos se utilizan en la familia de circuitos TTL Schottky.

TTL Schottky

En los TTL Schottky se impide que los transistores se saturen al conectar un diodo de baja caída de voltaje entre base y colector, como se muestra en la figura 14.27. Estos diodos, formados como unión de metal a semiconductor, se denominan *diodos Schottky* y tienen una caída de voltaje de polarización directa de alrededor de 0.5 V. Ya hemos estudiado brevemente los diodos Schottky en la sección 3.9. Los diodos Schottky[4] se fabrican fácilmente y no aumentan el área de chip. De hecho, el proceso de fabricación de los Schottky TTL se ha diseñado para obtener transistores con áreas más pequeñas y, por lo tanto, β y f_T más altas que las producidas por el proceso estándar TTL. En la figura 14.27 se ilustra el símbolo empleado para representar la combinación de un transistor y un diodo Schottky, conocido como *transistor Schottky*.

El transistor Schottky no se satura, ya que parte de su excitación de corriente de base es derivada y alejada de la base por el diodo Schottky. Este último, entonces, conduce y fija el voltaje de la unión entre base y colector a alrededor de 0.5 V. Este voltaje es menor que el valor requerido para polarizar directamente la unión entre colector y base de estos transistores de pequeño tamaño. De hecho, un transistor Schottky empieza a conducir cuando su v_{BE} es alrededor de 0.7 V, y el transistor es completamente conductor cuando v_{BE} es de unos 0.8 V. Con el diodo Schottky fijando v_{BC} a unos 0.5 V, el voltaje de colector a emisor es de unos 0.3 V y el transistor todavía está operando en el

---

[4] Nótese que los diodos Schottky de silicio exhiben caídas de voltaje de alrededor de 0.5 V, mientras que los diodos Schottky de GaAs (sección 5.12) exhiben caídas de voltaje de unos 0.7 V.

modo activo. Al evitar la saturación, el transistor fijado por Schottky exhibe un muy pequeño tiempo de corte.

En la figura 14.28 se ilustra una compuerta TTL NAND fijada por Schottky, o simplemente Schottky. Una comparación de este circuito con el de la TTL estándar que se ilustra en la figura 14.24 deja ver algunas variaciones. Ante todo, se han agregado fijadores de nivel Schottky a todos los transistores excepto Q_4. Como pronto veremos, el transistor Q_4 nunca se puede saturar y por lo tanto no necesita un fijador de nivel Schottky. En segundo término, todas las resistencias se han reducido a casi la mitad de los valores empleados en el circuito estándar. Estos dos cambios resultan en un tiempo de compuerta mucho más corto, pero la reducción en valores de resistencia aumenta la disipación de potencia de compuerta (en un factor de alrededor de 2).

La compuerta TTL Schottky ofrece otras tres técnicas que mejoran todavía más el rendimiento. Éstas son:

1. El diodo D necesario para evitar que Q_4 conduzca cuando la salida de compuerta es baja es sustituido por el transistor Q_5, que junto con Q_4 forma un par Darlington. Esta etapa Darlington proporciona una mayor ganancia de corriente y por lo tanto más capacidad de generación de corriente. Esto, junto con la más baja resistencia de salida de la compuerta

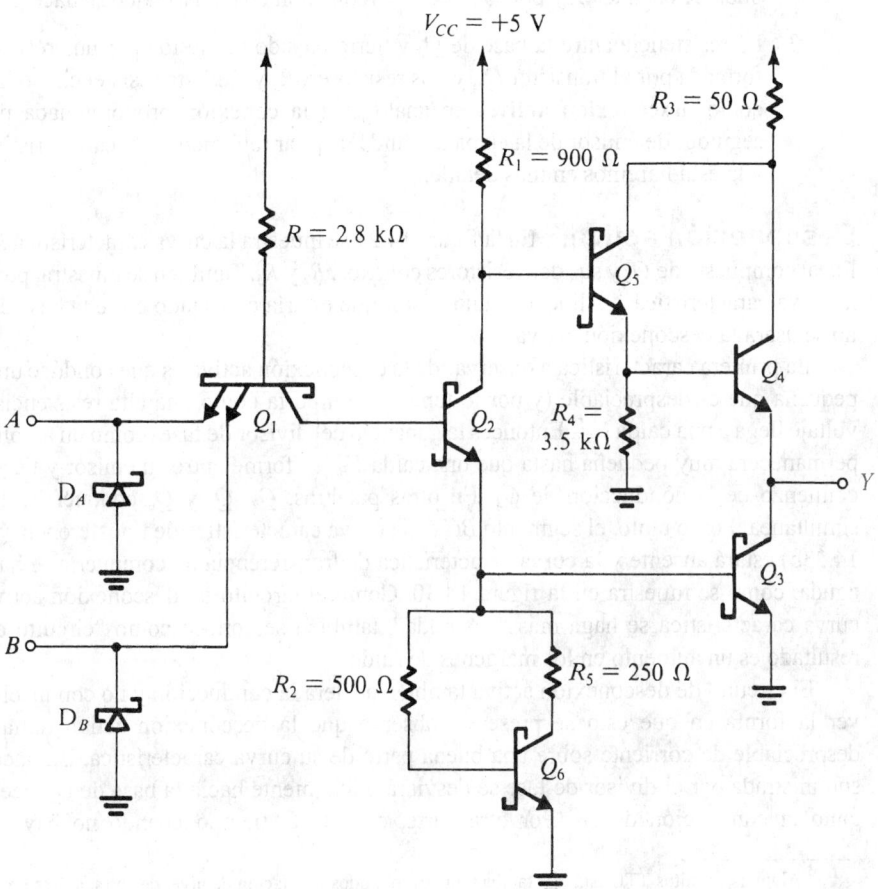

Fig. 14.28 Compuerta NAND Schottky TTL (conocida como STTL).

(en el estado de salida alta), produce una reducción del tiempo requerido para cargar la capacitancia de carga al nivel alto. Nótese que el transistor Q_4 nunca se satura porque

$$V_{CE4} = V_{CE5} + V_{BE4}$$
$$\simeq 0.3 + 0.8 = 1.1 \text{ V}$$

2. Se incluyen los diodos fijadores de nivel de entrada, D_A y D_B.[5] Estos diodos conducen sólo cuando los voltajes de entrada se reducen por debajo del nivel de tierra. Esto puede ocurrir debido a "oscilaciones" en los alambres que conectan la entrada de la compuerta con la salida de otra compuerta. La oscilación se presenta porque estos alambres de conexión se comportan como *líneas de transmisión* que no están debidamente terminadas. Sin los diodos fijadores de nivel, la oscilación puede ocasionar que de manera transitoria el voltaje de entrada se haga suficientemente negativo para hacer que la unión entre el sustrato y el colector de Q_1 (véase figura 14.25) se polarice directamente. Esto, a su vez, resultaría en una incorrecta operación de compuerta. Las oscilaciones también pueden hacer que el voltaje de entrada se haga suficientemente positivo para resultar en falsa conmutación de compuerta. Los diodos de entrada fijan el nivel de las alternancias negativas a la señal de oscilación de entrada (a -0.5 V). La conducción de estos diodos también produce una pérdida de potencia en la línea de transmisión, que resulta en un *amortiguamiento* de la onda de oscilación y por lo tanto una reducción en su parte que se hace positiva.

3. La resistencia entre la base de Q_3 y tierra ha sido sustituida por una resistencia no lineal formada por el transistor Q_6, y dos resistores, R_2 y R_5. Esta resistencia no lineal se conoce como **desconexión activa**, en analogía a la conexión proporcionada por la parte de seguidor de emisor de la etapa de salida de pilar totémico. Esta característica es ingeniosa y la estudiaremos en más detalle.

Desconexión activa.   En la figura 14.29 se muestra la curva característica i–v de la red no lineal compuesta de Q_6 y sus dos resistores conexos, R_2 y R_5. También se muestra, por comparación, la curva característica i–v lineal de un resistor que estaría conectado entre la base de Q_3 y tierra si no se usara la desconexión activa.

La primera característica a observar de la desconexión activa es que conduce una corriente tan pequeña que es despreciable (y por lo tanto se comporta como una alta resistencia) hasta que el voltaje llega a una caída V_{BE}. Entonces la ganancia del divisor de fase (como un amplificador lineal) permanecerá muy pequeña hasta que una caída V_{BE} se forme entre su emisor y tierra, lo que es el comienzo de la conducción de Q_3. En otras palabras, Q_2, Q_3 y Q_6 conducirán de manera casi simultánea. Por lo tanto, el segmento BC de la curva característica de transferencia (véase la figura 14.23b) estará ausente y la curva característica de transferencia de compuerta se hará mucho más aguda, como se muestra en la figura 14.30. Como el circuito de desconexión activa hace que la curva característica se haga más "cuadrada", también se conoce como "circuito cuadrador". El resultado es un aumento en los márgenes de ruido.

El circuito de desconexión activa también acelera la conducción y no conducción de Q_3. Para ver la forma en que esto se presenta, observe que la desconexión activa toma una cantidad despreciable de corriente sobre una buena parte de su curva característica. Entonces la corriente suministrada por el divisor de fase se desviará inicialmente hacia la base de Q_3, acelerando por lo tanto la conducción de Q_3. Por otra parte, durante el tiempo cuando no hay conducción, la

---

[5] Algunos circuitos TTL estándar también incluyen diodos de fijación de nivel de entrada. Nótese, sin embargo, que en TTL Schottky, los diodos fijadores de nivel de entrada son del tipo Schottky y funcionan a un voltaje menor y no tienen carga almacenada de portadores minoritarios.

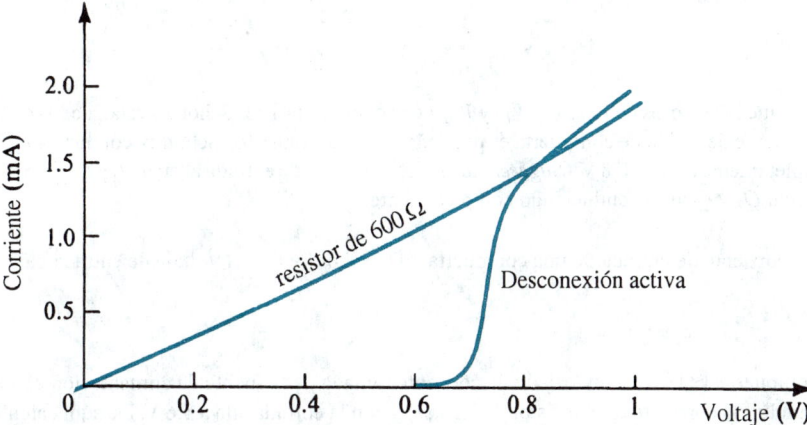

Fig. 14.29 Comparación de la curva característica i–v de la desconexión activa con la de un resistor de 600 Ω.

desconexión activa del transistor Q_6 estará operando en el modo activo. Su elevada corriente de colector circulará por la base de Q_3 en la dirección inversa, descargando así rápidamente la capacitancia de base a emisor de Q_3 y haciendo con gran rapidez que éste no conduzca.

Finalmente, debe observarse la función de la resistencia de colector de 250 Ω de Q_6; sin ésta, el voltaje entre base y emisor de Q_3 estaría fijo a V_{CE6}, que es de unos 0.3 V.

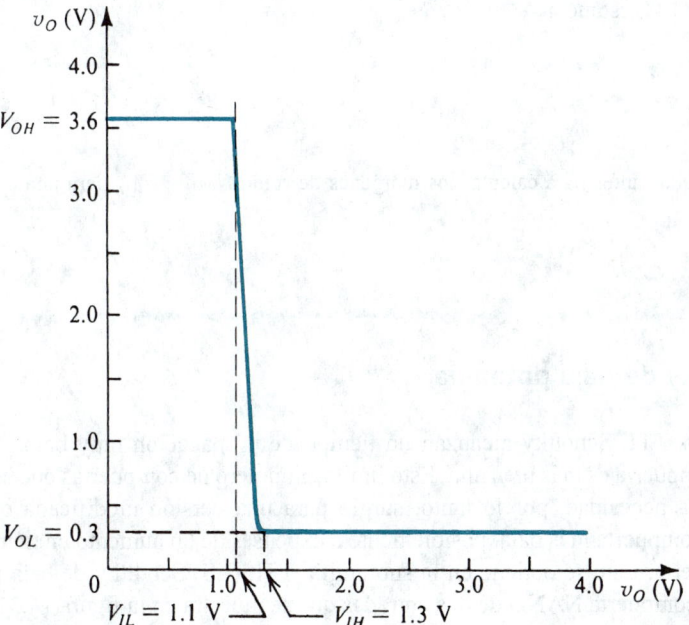

Fig. 14.30 Curva característica de transferencia de voltaje de la compuerta TTL Schottky.

Ejercicios

14.17 Demuestre que los valores de V_{OH}, V_{IL}, V_{IH} y V_{OL} de la compuerta TTL Schottky están dados en la figura 14.30. Suponga que la corriente de salida de compuerta es pequeña y que un transistor Schottky conduce a $v_{BE} = 0.7$ V y está conduciendo completamente a $v_{BE} = 0.8$ V. (*Sugerencia:* V_{IL} es el voltaje de entrada al cual Q_2 y Q_3 empiezan a conducir; V_{IH} es el valor al cual Q_2 y Q_3 está conduciendo completamente.)

14.18 Calcule la corriente de entrada de una compuerta TTL Schottky con el voltaje de entrada bajo (a 0.3 V).

Resp. 1.4 mA

14.19 Para la compuerta TTL Schottky calcule la corriente tomada de la fuente de alimentación con la entrada baja a 0.3 V (recuerde incluir la corriente en el resistor de 3.5 kΩ) y con la entrada alta a 3.6 V. De aquí calcule la disipación de potencia de compuerta en ambos estados y el promedio de disipación de potencia.

Resp. 2.6 mA; 5.4 mA; 13 mW; 27 mW; 20 mW

Características de rendimiento. Los TTL Schottky (conocidos como serie 74S) están especificados para tener los siguientes parámetros del peor caso:

$$V_{OH} = 2.7 \text{ V} \qquad V_{OL} = 0.5 \text{ V}$$
$$V_{IH} = 2.0 \text{ V} \qquad V_{IL} = 0.8 \text{ V}$$
$$t_P = 3 \text{ ns} \qquad P_D = 20 \text{ mW}$$

Nótese que el producto de tiempo de propagación por potencia es 60 pJ, en comparación con unos 100 pJ para los TTL estándar.

Ejercicio

14.20 Utilice los valores dados antes para calcular los márgenes de ruido NM_H y NM_L para una compuerta TTL Schottky.

Resp. 0.7 V; 0.3 V

TTL Schottky de baja potencia

Aun cuando los TTL Schottky alcanzan un tiempo de propagación muy bajo, la disipación de potencia de compuerta es más bien alta. Esto limita el número de compuertas que se pueden incluir por paquete. La necesidad, por lo tanto, surgió para una versión modificada que alcanza una disipación de compuerta más baja, posiblemente a expensas de un aumento en tiempo de propagación de compuerta. Esto se obtiene en la subfamilia TTL (LS) Schottky de baja potencia, representada por la compuerta NAND de dos entradas que se muestra en la figura 14.31.

El circuito Schottky de baja potencia de la figura 14.31 difiere del TTL Schottky regular de la figura 14.28 en varias formas: lo más importante, obsérvese que las resistencias empleadas son de

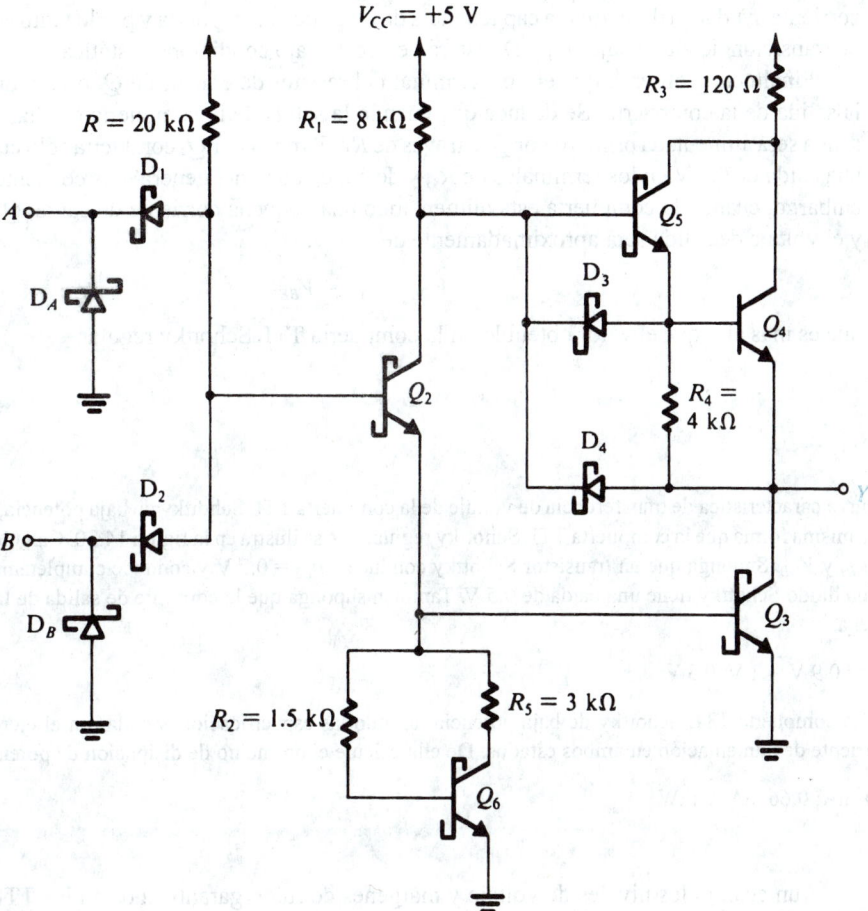

Fig. 14.31 Compuerta Schottky TTL de baja potencia (conocida como LSTTL).

valor aproximadamente diez veces mayor, con el resultado de que la disipación de potencia es sólo de alrededor de una décima de la del circuito Schottky (2 mW contra 20 mW). Sin embargo, como se esperaba, el uso de resistencias más grandes es acompañado por una reducción en la velocidad de operación. Para ayudar a compensar esta reducción en velocidad, se utilizan algunas innovaciones de diseño de circuito: primero, el transistor multiemisor de entrada se ha eliminado a favor de diodos Schottky, que ocupan menor área de silicio y por lo tanto tienen menores capacitancias parásitas. En relación con esto, debe recordarse que la principal ventaja del transistor multiemisor de entrada es que rápidamente elimina la carga almacenada en la base de Q_2. En cambio, en circuitos nivelados por Schottky, el transistor Q_2 no se satura, eliminando este aspecto de la necesidad de Q_1.

En segundo término, se han agregado dos diodos Schottky, D_3 y D_4, a la etapa de salida para ayudar a acelerar que Q_4 no conduzca y a que Q_3 conduzca y por lo tanto a la transición de la salida de alta a baja. Específicamente, a medida que la entrada de la compuerta se eleva y Q_2 empieza a conducir, parte de su corriente de colector circulará por el diodo D_3. Esta corriente constituye una corriente inversa de base para Q_4 y por lo tanto ayuda en la rápida forma en que Q_4 no conduce. Simultáneamente, la corriente de emisor de Q_2 se alimenta a la base de Q_3, causando así que conduzca con mayor rapidez. Parte de la corriente de colector de Q_2 también circulará por D_4. Esta corriente ayudará a descargar la capacitancia de carga de la compuerta y por lo tanto acorta el tiempo de transición de alto a bajo. D_3 y D_4 estarán en corte bajo condiciones estáticas.

Finalmente, observe que el otro terminal del resistor de emisor de Q_5 está ahora conectado a la salida de la compuerta. Se deduce que cuando la salida de la compuerta es alta, la corriente de salida será alimentada primero por Q_5 a través de R_4. El transistor Q_4 conducirá sólo cuando se forme una caída de 0.7 V en los terminales de R_4, y de ahí en adelante genera más corriente de carga. Sin embargo, cuando la compuerta está alimentando una pequeña corriente de carga, Q_4 no conducirá y el voltaje de salida será aproximadamente de

$$V_{OH} = V_{CC} - V_{BE5}$$

que es más alto que el valor obtenido en la compuerta TTL Schottky regular.

Ejercicios

14.21 La curva característica de transferencia de voltaje de la compuerta TTL Schottky de baja potencia, de la figura 14.31, tiene la misma forma que la compuerta TTL Schottky regular que se ilustra en la figura 14.30. Calcule los valores de V_{OH}, V_{IL}, V_{IH} y V_{OL}. Suponga que un transistor Schottky conduce a $v_{BE} = 0.7$ V y conduce completamente a $v_{BE} = 0.8$ V, y que un diodo Schottky tiene una caída de 0.5 V. También suponga que la corriente de salida de la compuerta es muy pequeña.

Resp. 4.3 V; 0.9 V; 1.1 V; 0.3 V

14.22 Para la compuerta TTL Schottky de baja potencia, usando las especificaciones dadas en el ejercicio 14.21, calcule la corriente de alimentación en ambos estados. De ella calcule el promedio de disipación de potencia.

Resp. 0.21 mA; 0.66 mA; 2 mW

Aun cuando los niveles de voltaje y márgenes de ruido garantizados en los TTL Schottky de baja potencia (conocidos como serie 74LS) son semejantes a los TTL Schottky regulares, el tiempo de propagación en compuerta y la disipación de potencia son

$$t_P = 10 \text{ ns} \qquad P_D = 2 \text{ mW}$$

Por lo tanto, a pesar de que la disipación de potencia se ha reducido en un factor de 10, el tiempo de propagación se ha aumentado en sólo un factor de 3. El resultado es un producto de tiempo de propagación por potencia de sólo 20 pJ.

Familias TTL con más mejoras

Hay otras familias TTL con características aun mejores. De particular interés es el Schottky avanzado (serie 74AS) y el Schottky avanzado de baja potencia (serie 74ALS); no estudiaremos aquí los detalles de circuito de estas familias. En la tabla 14.1 se hace una comparación de las subfamilias TTL basadas en el tiempo de propagación y disipación de potencia.

Observe que el Schottky avanzado de baja potencia ofrece un muy pequeño producto de tiempo de propagación por potencia. En conclusión, observamos que el TTL, en la actualidad, aunque ya no es tan popular como lo fue, todavía se utiliza en sistemas ensamblados que utilizan chips SSI y MSI. Éste es particularmente el caso para la familia Schottky avanzada cuya velocidad de operación tiene competencia sólo de un circuito lógico acoplado por emisor (ECL); el TTL no se usa en diseños de integración a muy grande escala (VLSI).

Tabla 14.1 COMPARACIÓN DE OPERACIÓN DE FAMILIAS TTL

	TTL estándar (Serie 74)	TTL Schottky (Serie 74S)	Schottky TTL de baja potencia (Serie 74LS)	Schottky TTL avanzado (Serie 74AS)	Schottky TTL avanzado de baja potencia (Serie 74ALS)
t_P, ns	10	3	10	1.5	4
P_D, mW	10	20	2	20	1
DP, pJ	100	60	20	30	4

14.6 CIRCUITOS LÓGICOS ACOPLADOS POR EMISOR (ECL)

La familia de circuitos lógicos acoplados por emisor (ECL) es la más rápida.[6] Se logra alta velocidad al operar transistores fuera de saturación, evitando así tiempos de propagación de almacenamiento, y al mantener relativamente pequeñas las alternancias de señales lógicas (alrededor de 0.8 V), reduciendo así el tiempo requerido para cargar y descargar las diversas capacitancias de carga y parásitas.

A diferencia del TTL Schottky, donde la saturación se evita al desviar la corriente excedente de base en el fijador de nivel Schottky, la saturación en la ECL se evita por medio del par diferencial BJT empleado como interruptor de corriente. En la sección 6.1 se dio una introducción al par diferencial BJT, por lo cual recomendamos al lector repasarla antes de continuar con el estudio de los ECL.

El principio básico

Un circuito lógico acoplado por emisor (ECL) está basado en el uso del interruptor de dirección de corriente que se presentó en la sección 1.7. Este interruptor se puede construir en forma más conveniente usando el par diferencial que se ilustra en la figura 14.32. El par está polarizado con

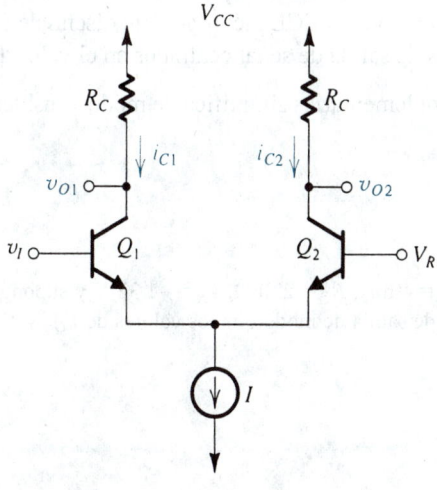

Fig. 14.32 El elemento básico de un ECL es el par diferencial. Aquí, V_R es un voltaje de referencia.

---

[6] Aun cuando se pueden alcanzar velocidades de operación más altas con circuitos de GaAs, no se dispone de estos últimos como componentes de fabricación normalizada (sin modificaciones), para el diseño convencional de un sistema digital.

una fuente de corriente constante I, y un lado está conectado a un voltaje de referencia V_R. Como se muestra en la sección 6.1, la corriente I puede ser dirigida a Q_1 o a Q_2 bajo el control de la señal de entrada v_I. Específicamente, cuando v_I es mayor que V_R en unos $4V_T$ ($\cong 100$ mV), casi toda la corriente I es conducida por Q_1, y para $\alpha_1 \cong 1$, $v_{O1} = V_{CC} - IR_C$. Simultáneamente, la corriente que pasa por Q_2 será casi cero y entonces $v_{O2} = V_{CC}$. Por el contrario, cuando v_I es menor que V_R en unos $4V_T$, la mayor parte de la corriente I circulará por Q_2 y la que pasa por Q_1 será casi cero. Entonces, $v_{O1} = V_{CC}$ y $v_{O2} = V_{CC} - IR_C$.

La descripción precedente sugiere que, como elemento lógico, el par diferencial realiza una función de inversión a v_{O1} y simultáneamente proporciona la señal complementaria de salida a v_{O2}. Los niveles de salida lógica son $V_{OH} = V_{CC}$ y $V_{OL} = V_{CC} - IR_C$, y así la alternancia de salida lógica es IR_C. Se pueden hacer varias observaciones adicionales con relación a este circuito:

1. La naturaleza diferencial del circuito lo hace menos susceptible a captar ruido. En particular, una señal de interferencia tenderá a afectar ambos lados del par diferencial de una manera semejante, y por lo tanto no resultará en conmutación de corriente. Ésta es la propiedad de rechazo de modo común del par diferencial (véase la sección 6.1).

2. La corriente tomada de la fuente de alimentación permanece constante durante la conmutación. Por lo tanto, a diferencia de los CMOS y TTL, no se presentan picos de corriente en el ECL, eliminando una fuente importante de ruido en circuitos digitales. Ésta es una ventaja definitiva, en especial porque el ECL suele diseñarse para operar con pequeñas alternancias de señal y tiene, de manera correspondiente, bajos márgenes de ruido.

3. Los niveles de salida de señal están referidos ambos a V_{CC} y así se pueden hacer particularmente estables al operar el circuito con $V_{CC} = 0$, en otras palabras, utilizando una fuente de alimentación negativa y conectando la línea V_{CC} a tierra. En este caso, $V_{OH} = 0$ y $V_{OL} = -IR_C$.

4. Tiene que haber algún medio para hacer que los niveles de salida de señal sean compatibles con los de la entrada, de manera que una compuerta pueda excitar otra. Como veremos en breve, los circuitos prácticos de compuerta ECL incorporan un diseño de desplazamiento de nivel que hace que los niveles de salida de señal centrados en el valor de V_R.

5. La disponibilidad de salidas complementarias simplifica de modo considerable el diseño lógico con ECL.

Ejercicio

14.23 Para el circuito de la figura 14.32, sea $V_{CC} = 0$, $I = 4$ mA, $R_C = 220\ \Omega$, $V_R = -1.32$ V y suponga que $\alpha \cong 1$. Determine V_{OH} y V_{OL}. ¿Cuánto se desplazarán los niveles de salida de modo que los valores de V_{OH} y V_{OL} se centren en V_R? ¿Cuáles serán los valores desplazados de V_{OH} y V_{OL}?

Resp.   0; -0.88 V; -0.88 V; -0.88 V, -1.76 V

Familias de ECL

Hoy día existen dos formas conocidas de ECL que se pueden adquirir comercialmente, que son los ECL 10K y los ECL 100K. La serie ECL 100K ofrece tiempos de propagación de compuerta del orden de 0.75 ns y disipa unos 40 mW/compuerta, para un producto de tiempo de propagación por potencia de 30 pJ. Aun cuando esta disipación de potencia es relativamente alta, la serie 100K produce el tiempo de propagación de compuerta más corto de que se dispone.

La serie ECL 10K es ligeramente más lenta; ofrece un tiempo de propagación de compuerta de 2 ns y una disipación de potencia de 25 mW, para un producto de tiempo de propagación por potencia de 50 pJ. Aun cuando el valor de *DP* (tiempo de propagación por potencia) es más alto que el obtenido en la serie 100K, la serie 10K es más fácil de usar. Esto se debe al hecho de que los tiempos de subida y caída de las señales de pulso se han hecho deliberadamente más largos, reduciendo así el acoplamiento de señal, o diafonía (acoplamiento perjudicial), entre líneas de señales adyacentes. La ECL 10K tiene una "velocidad de borde" de unos 3.5 ns, en comparación con el aproximadamente 1 ns de la ECL 100K. Para dar claridad a nuestro estudio de los ECL, en lo que sigue consideraremos el ECL 10K en más detalle. Se pueden aplicar las mismas técnicas a otros tipos de ECL.

Además de su uso en paquetes de circuitos SSI y MSI, el ECL también se utiliza en aplicaciones de LSI y VLSI. Recientemente, una variante de ECL que se conoce generalmente como *modo lógico de corriente* (CML) se ha hecho popular en aplicaciones VLSI [véase Treadway (1989) y Wilson (1990)].

El circuito básico de compuerta

El circuito básico de compuerta de la familia ECL 10K se muestra en la figura 14.33. El circuito consta de tres partes. La red compuesta de Q_1, D_1, D_2, R_1, R_2 y R_3 genera un voltaje de referencia V_R cuyo valor a temperatura ambiente es -1.32 V. Como se demostrará a continuación, el valor de este voltaje de referencia se hace cambiar con la temperatura de una manera predeterminada para mantener casi constantes los niveles de ruido. Del mismo modo, el voltaje de referencia V_R se hace relativamente insensible a variaciones en el voltaje V_{EE} de la fuente de alimentación.

Ejercicio

14.24 En la figura E14.24 se ilustra el circuito que genera el voltaje de referencia V_R. Si se supone que la caída de voltaje en cada uno de los diodos D_1 y D_2, y la unión entre base y emisor de Q_1 es 0.75 V, calcule el valor de V_R. Desprecie la corriente de base de Q_1.

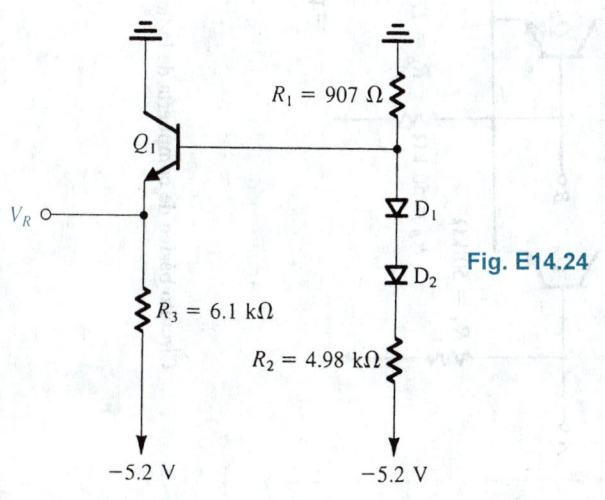

Fig. E14.24

Resp. -1.32 V

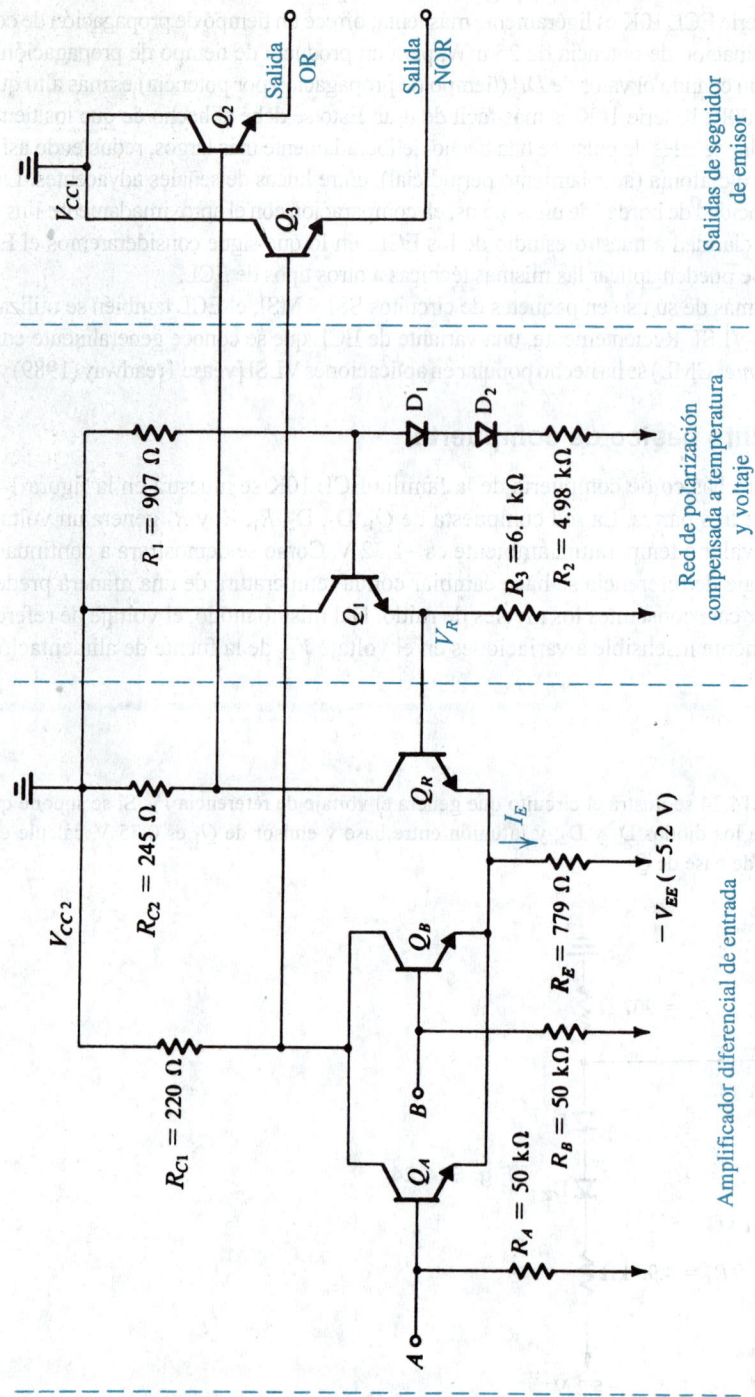

Fig. 14.33 Circuito básico de compuerta de la familia ECL 10K.

La segunda parte, y el corazón de la compuerta, es el amplificador diferencial formado por Q_R y ya sea Q_A o Q_B. Este amplificador diferencial está polarizado no por una fuente de corriente constante, como se hizo en el circuito de la figura 14.32, sino por una resistencia R_E conectada a la fuente negativa $-V_{EE}$. Con todo, pronto veremos que la corriente en R_E permanece aproximadamente constante en el intervalo normal de operación de la compuerta. Un lado del amplificador diferencial está formado del transistor de referencia Q_R, cuya base está conectada al voltaje de referencia V_R. El otro lado consta de varios transistores (dos en el caso que se muestra) conectados en paralelo, con bases separadas y conectadas a las entradas de la compuerta. Si los voltajes aplicados a A y B están en el nivel lógico 0, que, como pronto veremos, está unos 0.4 V debajo de V_R, tanto Q_A como Q_B no conducirán y la corriente I_E en R_E circulará por el transistor de referencia Q_R. La caída de voltaje resultante en los terminales de R_{C2} causarán que el voltaje de colector de Q_R sea bajo.

Por otra parte, cuando el voltaje aplicado a A o a B está en el nivel lógico 1, que, como pronto veremos, está unos 0.4 V arriba de V_R, el transistor Q_A o el Q_B, o ambos, conducirán y Q_R no conducirá. Entonces, la corriente I_E circulará por Q_A o Q_B, o por ambos, y circulará una corriente casi igual por R_{C1}. La caída de voltaje resultante en R_{C1} hará que caiga el voltaje de colector. Mientras tanto, como Q_R no conduce, se eleva su voltaje de colector. Vemos entonces que el voltaje en el colector de Q_R será alto si A o B, o ambos, es alta y entonces se forma la función lógica OR, $A + B$, en el colector de Q_R. Por otra parte, el colector común de Q_A y Q_B será alto sólo cuando A y B sean simultáneamente bajos. Entonces, en el colector común de Q_A y Q_B se formará la función lógica $\overline{A}\,\overline{B} = \overline{A + B}$. Por lo tanto, concluimos que la compuerta de dos entradas de la figura 14.33 forma la función OR y su complemento, la función NOR. La disponibilidad de salidas complementarias es una ventaja importante del ECL; simplifica el diseño lógico y evita el uso de inversores adicionales con su correspondiente tiempo de propagación.

Debe observarse que la resistencia que conecta cada uno de los terminales de entrada de compuerta a la fuente negativa hace posible que el usuario deje abierto un terminal de entrada que no se use. Un terminal de entrada abierto se *reduce* entonces al voltaje negativo de fuente, y su correspondiente transistor no conducirá.

Ejercicio

14.25 Con los terminales de entrada A y B abiertos, encuentre la corriente I_E que pasa por R_E. También encuentre los voltajes en el colector de Q_R y en el colector común de los transistores de entrada Q_A y Q_B. Utilice $V_R = -1.32$ V, V_{BE} de $Q_R \simeq 0.75$ V, y suponga que la β de Q_R es muy alta.

Resp. 4 mA; -1 V; 0 V

La tercera parte del circuito de compuerta ECL se compone de los dos seguidores de emisor Q_2 y Q_3. Los seguidores de emisor no tienen cargas en chip, ya que en la mayor parte de las aplicaciones de circuitos lógicos de alta velocidad la salida de compuerta excita una línea de transmisión terminada en el otro extremo, como se indica en la figura 14.34.

Los seguidores de emisor tienen dos finalidades: primera, desplazan el nivel de las señales de salida en una caída V_{BE}. Entonces, usando los resultados del ejercicio 14.25 anterior, vemos que los niveles de salida se hacen aproximadamente de -1.75 V y -0.75 V. Estos niveles desplazados están centrados aproximadamente alrededor del voltaje de referencia ($V_R = -1.32$ V), lo que significa que

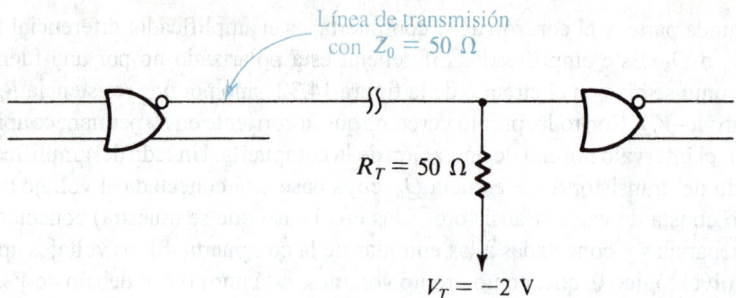

Fig. 14.34 Forma correcta de conectar compuertas de alta velocidad como es un ECL. La terminación correcta de una línea de transmisión que conecte las dos compuertas elimina oscilaciones transitorias que, de otra forma, afectarían las señales lógicas.

una compuerta puede excitar otra. Esta compatibilidad de niveles lógicos en la entrada y salida siempre es un requisito esencial del diseño de circuitos de compuerta.

La segunda función de los seguidores de emisor de salida es que dan a la compuerta bajas resistencias de salida y grandes corrientes de salida necesarias para cargar capacitancias de carga. Como estas elevadas corrientes transitorias pueden causar picos en la línea de la fuente de alimentación, los colectores de los seguidores de emisor se conectan a un terminal V_{CC1} de fuente de alimentación separado del terminal del amplificador diferencial y el circuito de voltaje de referencia, V_{CC2}. Aquí observamos que la corriente de la fuente del amplificador diferencial y del circuito de referencia permanece casi constante. El uso de terminales separadas de fuente de alimentación impide el acoplamiento de picos de fuente de alimentación del circuito de salida al circuito de compuerta, y así reduce la probabilidad de falsa conmutación de picos. V_{CC1} y V_{CC2} están por supuesto conectados a la misma tierra del sistema externa al chip.

Curvas características de transferencia de voltaje

Habiendo obtenido una descripción cualitativa de la operación de la compuerta ECL, ahora deduciremos sus curvas características de transferencia de voltaje, lo cual se hará bajo la condición de que las salidas están terminadas en la forma indicada en la figura 14.34. Si se supone que la entrada B es baja y por lo tanto Q_B no conduce, el circuito se simplifica al que se muestra en la figura 14.35. Deseamos analizar este circuito para determinar v_{OR} contra v_I y v_{NOR} contra v_I (donde $v_I \equiv v_A$).

En el análisis que sigue haremos uso de la curva característica exponencial i_C–v_{BE} del BJT. Como los BJT empleados en circuitos ECL tienen áreas pequeñas (para tener pequeñas capacitancias y f_T altas), sus corrientes de escala I_S son pequeñas. Por lo tanto, supondremos que a una corriente de emisor de 1 mA, un transistor ECL tiene una caída V_{BE} de 0.75 V.

La curva de transferencia OR

En la figura 14.36 se ilustra una curva característica de transferencia OR, v_{OR} contra v_I, con los parámetros V_{OL}, V_{OH}, V_{IL} y V_{IH} indicados, pero, para simplificar el cálculo de V_{IL} y V_{IH}, usaremos una alternativa de la definición de ganancia unitaria. Específicamente, supondremos que en el punto x,

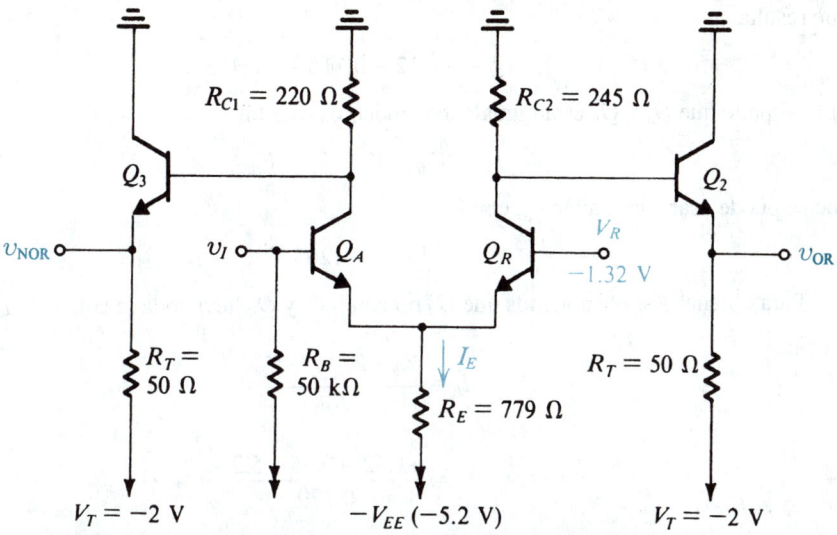

Fig. 14.35 Versión simplificada de la compuerta ECL para hallar las curvas características de transferencia.

el transistor Q_A está conduciendo 1% de I_E mientras Q_R está conduciendo 99% de I_E. Se supone lo contrario para el punto y. Entonces, en el punto x, tenemos

$$\frac{I_E|_{Q_R}}{I_E|_{Q_A}} = 99$$

Usando la relación exponencial i_E–v_{BE}, obtenemos

$$V_{BE}|_{Q_R} - V_{BE}|_{Q_A} = V_T \ln 99 = 115 \text{ mV}$$

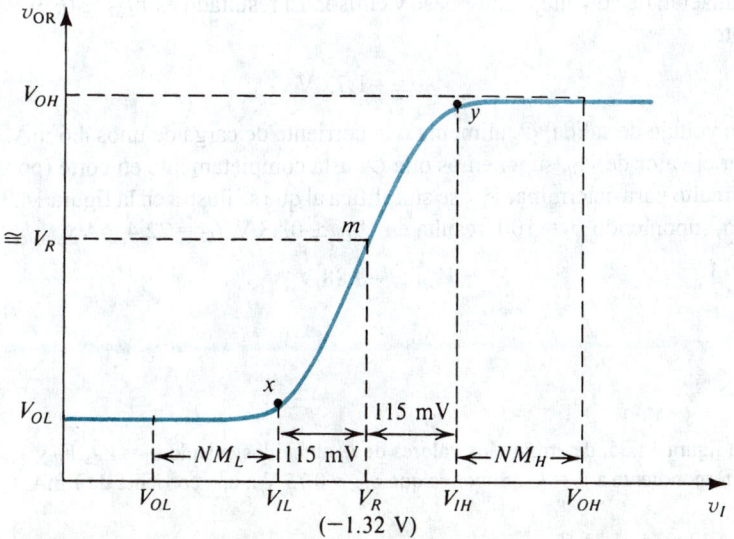

Fig. 14.36 Curva característica de transferencia OR v_{OR} contra v_I, para el circuito de la figura 14.35.

que resulta en

$$V_{IL} = -1.32 - 0.115 = -1.435 \text{ V}$$

Si se supone que Q_A y Q_R están igualados, podemos escribir

$$V_{IH} - V_R = V_R - V_{IL}$$

que se puede usar para hallar V_{IH} como

$$V_{IH} = -1.205 \text{ V}$$

Para obtener V_{OL} observamos que Q_A no conduce y Q_R lleva toda la corriente I_E, dada por

$$I_E = \frac{V_R - V_{BE}|_{Q_R} + V_{EE}}{R_E}$$

$$= \frac{-1.32 - 0.75 + 5.2}{0.779}$$

$$\simeq 4 \text{ mA}$$

(Si deseamos, podemos hacer iteración para determinar una mejor estimación de $V_{BE}|_{Q_R}$ y de aquí la de I_E.) Suponiendo que Q_R tiene una β alta de manera que su $\alpha \simeq 1$, entonces su corriente de colector será aproximadamente 4 mA. Si despreciamos la corriente de base de Q_2, obtenemos para el voltaje de colector de Q_R

$$V_C|_{Q_R} \simeq -4 \times 0.245 = -0.98 \text{ V}$$

Entonces, una primera aproximación para el valor del voltaje de salida V_{OL} es

$$V_{OL} = V_C|_{Q_R} - V_{BE}|_{Q_2}$$
$$\simeq -0.98 - 0.75 = -1.73 \text{ V}$$

Podemos emplear este valor para hallar la corriente de emisor de Q_2 y luego iterar para determinar una mejor estimación de su voltaje entre base y emisor. El resultado es $V_{BE2} \simeq 0.79$ V y, de manera correspondiente,

$$V_{OL} \simeq -1.77 \text{ V}$$

A este valor de voltaje de salida, Q_2 alimenta una corriente de carga de unos 4.6 mA.

Para hallar el valor de V_{OH} suponemos que Q_R está completamente en corte (porque $\upsilon_I > V_{IH}$). Entonces, el circuito para determinar V_{OH} se simplifica al que se ilustra en la figura 14.37. El análisis de este circuito, suponiendo $\beta_2 = 100$, resulta en $V_{BE2} \simeq 0.83$ V, $I_{E2} = 22.4$ mA y

$$V_{OH} \simeq -0.88 \text{ V}$$

Ejercicio

14.26 Para el circuito de la figura 14.35, determine los valores de I_E obtenidos cuando $\upsilon_I = V_{IL}$, V_R y V_{IH}. También encuentre el valor de υ_{OR} correspondiente a $\upsilon_I = V_R$. Suponga que $\upsilon_{BE} = 0.75$ V a una corriente de 1 mA.

Resp. 3.97 mA; 4.00 mA; 4.12 mA; −1.31 V

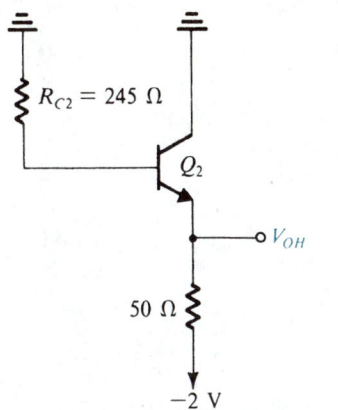

Fig. 14.37 Circuito para determinar V_{OH}.

Márgenes de ruido

Los resultados del ejercicio 14.26 indican que la corriente de polarización I_E permanece más o menos constante. También, el voltaje de salida correspondiente a $\upsilon_I = V_R$ es casi igual a V_R. Nótese además que éste es también aproximadamente el punto medio de la alternancia lógica; de manera específica,

$$\frac{V_{OL} + V_{OH}}{2} = -1.325 \simeq V_R$$

En consecuencia, los niveles lógicos de salida están centrados alrededor del punto medio de la banda de transición de entrada. Ésta es una situación ideal desde el punto de vista de márgenes de ruido, y es una de las razones para seleccionar los números de aspecto más bien arbitrario ($V_R = -1.32$ V y $V_{EE} = 5.2$ V) para voltajes de referencia y de alimentación.

Los márgenes de ruido se pueden evaluar ahora como sigue:

$$NM_H = V_{OH} - V_{IH} \qquad\qquad NM_L = V_{IL} - V_{OL}$$
$$= -0.88 - (-1.205) = 0.325 \text{ V} \qquad\qquad = -1.435 - (-1.77) = 0.335 \text{ V}$$

Nótese que estos valores son aproximadamente iguales.

La curva de transferencia NOR

La curva característica de transferencia NOR, que es υ_{NOR} contra υ_I para el circuito de la figura 14.35, se muestra en la figura 14.38. Los valores de V_{IL} y V_{IH} son idénticos a los hallados antes para la curva característica OR. Para destacar esto hemos marcado los puntos de umbral x e y, con las mismas letras usadas en la figura 14.36.

Para $\upsilon_I < V_{IL}$, Q_A no conduce y el voltaje de salida υ_{NOR} se puede hallar si se analiza el circuito compuesto de R_{C1}, Q_3 y su terminación de 50 Ω. Excepción hecha de que R_{C1} es ligeramente menor que R_{C2}, el circuito es idéntico al de la figura 14.37, por lo que el voltaje de salida será sólo un poco mayor que el valor V_{OH} encontrado antes. En la figura 14.38 hemos supuesto que el voltaje de salida sea aproximadamente igual a V_{OH}.

Para $\upsilon_I > V_{IH}$, Q_A conduce y está conduciendo toda la corriente de polarización. El circuito entonces se simplifica al de la figura 14.39. Este circuito se puede analizar con facilidad para

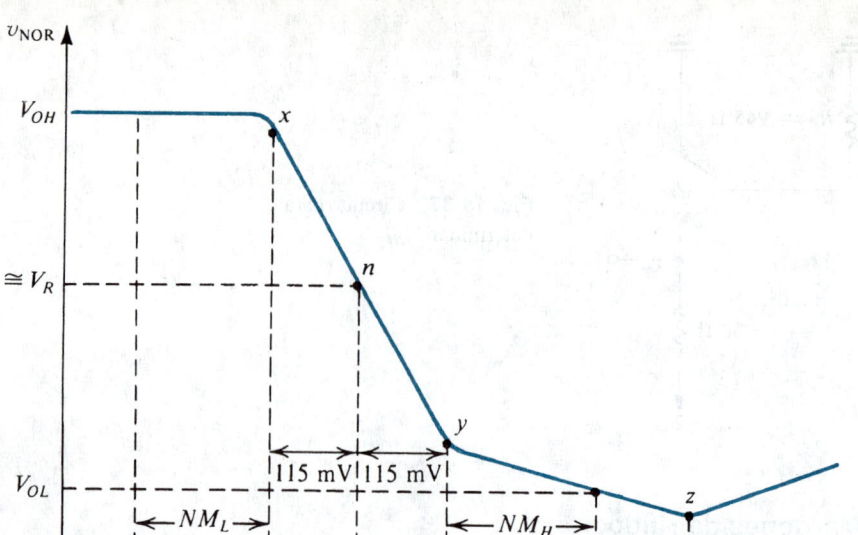

Fig. 14.38 Curva característica de transferencia NOR, v_{NOR} contra v_I, para el circuito de la figura 14.35.

obtener v_{NOR} contra v_I para el intervalo $v_I \geq V_{IH}$. Son oportunas varias observaciones. Primero, nótese que $v_I = V_{IH}$ resulta en un voltaje de salida ligeramente más alto que V_{OL}, lo cual se debe a que R_{C1} es menor que R_{C2}. De hecho, R_{C1} se escoge menor en valor que R_{C2} de modo que con v_I igual al valor lógico 1 (es decir, V_{OH}, que es aproximadamente -0.88 V) la salida será igual al valor V_{OL} encontrado antes para la salida OR.

En segundo término, nótese que como v_I excede de V_{IH}, el transistor Q_A opera en el modo activo y el circuito de la figura 14.39 se puede analizar para hallar la ganancia de este amplificador, que es la pendiente del segmento yz de la curva característica de transferencia. En el punto z, el transistor Q_A se satura. Más incrementos en v_I (que rebase el punto $v_I = V_S$) hacen que el voltaje de

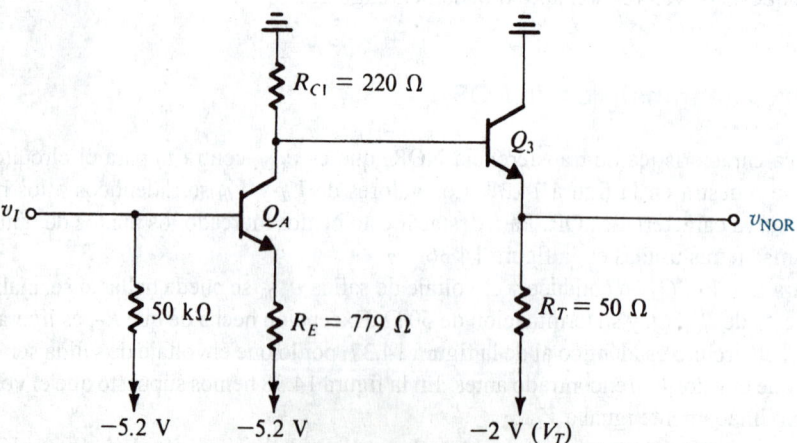

Fig. 14.39 Circuito para hallar v_{NOR} contra v_I para el intervalo $v_I > V_{IH}$.

colector y por lo tanto v_{NOR} aumente, pero la pendiente del segmento de la curva característica de transferencia que rebase al punto z no es la unidad sino que es de alrededor de 0.5, porque a medida que Q_A sea excitado hacia saturación, una parte del incremento en v_I aparece como incremento en el voltaje de polarización directa entre base y colector. El lector debe resolver el ejercicio 14.27, que se refiere a los detalles de la curva característica de transferencia NOR.

Ejercicio

14.27 Considere el circuito de la figura 14.39. (a) Para $v_I = V_{IH} = -1.205$ V, encuentre v_{NOR}. (b) Para $v_I = V_{OH} = -0.88$ V, encuentre v_{NOR}. (c) Halle la pendiente de la curva característica de transferencia en el punto $v_I = V_{OH} = -0.88$ V. (d) Encuentre el valor de v_I al cual Q_A se satura (es decir, V_S). Suponga que $V_{BE} = 0.75$ V a una corriente de 1 mA, $V_{CE\text{sat}} \simeq 0.3$ V, y $\beta = 100$.

Resp. (a) −1.70 V; (b) −1.79 V; (c) −0.24V/V; (d) −0.58 V

Especificaciones de fabricantes

Los fabricantes de los ECL suministran curvas características de transferencia de compuerta de la forma que se ilustra en las figuras 14.36 y 14.38; por lo general proporcionan estas curvas medidas a varias temperaturas. Además, a cada temperatura relevante, dan valores del peor caso para los parámetros V_{IL}, V_{IH}, V_{OL} y V_{OH}. Estos valores del peor caso se especifican tomando en cuenta las inevitables tolerancias en componentes. Como ejemplo, Motorola especifica que para el MECL 10 000 a 25°C aplican los siguientes valores del peor caso:[7]

$$V_{IL\text{máx}} = -1.475 \text{ V} \qquad V_{IH\text{mín}} = -1.105 \text{ V}$$

$$V_{OL\text{máx}} = -1.630 \text{ V} \qquad V_{OH\text{mín}} = -0.980 \text{ V}$$

Estos valores se pueden emplear para determinar márgenes de ruido en el peor caso,

$$NM_L = 0.155 \text{ V} \qquad NM_H = 0.125 \text{ V}$$

que son casi la mitad de valores *típicos* previamente calculados.

Para más información sobre especificaciones MECL, el lector interesado debe consultar las publicaciones de Motorola (1988, 1989) que aparecen en la bibliografía al final de este capítulo.

Divergencia

Cuando la señal de entrada a una compuerta ECL es baja, la corriente de entrada es igual a la corriente que circula en el resistor de desconexión de 50 kΩ. Entonces,

$$I_{IL} = \frac{-1.77 + 5.2}{50} \simeq 69 \ \mu\text{A}$$

---

[7] MECL es la marca de fábrica utilizada por Motorola para su ECL.

Cuando la entrada sea alta, la corriente de entrada será mayor debido a la corriente de base del transistor de entrada. Por lo tanto, suponiendo una β de transistor de 100, obtenemos

$$I_{IH} = \frac{0.88 + 5.2}{50} + \frac{4}{101} \simeq 126 \ \mu A$$

Estos dos valores de corriente son muy pequeños, lo cual, junto con el hecho de que la resistencia de salida de la compuerta ECL es muy pequeña, asegura que resulte poca degradación de niveles de señales lógicas proveniente de las corrientes de entrada de compuertas de divergencia. Se deduce que la divergencia de compuertas ECL no está limitada por consideraciones de nivel lógico sino más bien por la degradación de la velocidad del circuito (tiempos de subida y caída). Este último efecto se debe a la capacitancia que cada compuerta de divergencia presenta a la compuerta de excitación (aproximadamente 3 pF). Por lo tanto, mientras la *divergencia de cd* puede ser de hasta 90 y en consecuencia no representa un problema de diseño, la *divergencia de ca* está limitada por consideraciones de velocidad de circuito a 10 o un valor semejante.

Velocidad

La velocidad de operación de una familia de circuitos lógicos es medida por el tiempo de propagación de su compuerta lógica y por los tiempos de subida y caída de las ondas de salida. Ya se han dado los valores típicos de estos parámetros para circuitos lógicos acoplados por emisor (ECL); aquí debemos observar que, debido a que el circuito de salida es un seguidor de emisor, el tiempo de subida de la señal de salida es más corto que su tiempo de caída puesto que, en el borde de subida del pulso de salida, el seguidor de emisor funciona y proporciona la corriente de salida necesaria para cargar las capacitancias de carga y parásitas. Por otra parte, a medida que cae la señal en la base del seguidor de emisor, éste se corta y la capacitancia de carga se descarga a través de la combinación de resistencias de carga y de desconexión. Este punto se explica en detalle en la sección 14.3.

Transmisión de señales

Para aprovechar todas las ventajas de la muy alta velocidad de operación posible con circuitos ECL, debe darse especial atención al método de interconexión de varias compuertas lógicas en un sistema. Para evaluar este punto brevemente analizaremos el problema de la transmisión de señales.

Los circuitos ECL tratan con señales cuyos tiempos de subida pueden ser de 1 ns o incluso menos, que es el tiempo para que la luz se desplace sólo 30 cm, o cerca de éstos. Para estas señales, un alambre y su entorno se convierten en un elemento de circuito relativamente complejo en cuya longitud se propagan señales con velocidad finita (quizá la mitad de la velocidad de la luz, es decir, unos 15 cm/ns). A menos que se tenga un cuidado especial, la energía que llega al extremo de dicho alambre no es absorbida sino que regresa como una *reflexión* al extremo transmisor, donde (con especial cuidado) puede ser vuelto a reflejar. El resultado de este proceso de reflexión es lo que se puede observar como **oscilaciones transitorias**, que es una serie de ondas oscilatorias amortiguadas de la señal alrededor de su valor final.

Por desgracia, un ECL es particularmente sensible a oscilaciones transitorias debido a que los niveles de señales son tan pequeños. Por lo tanto, es importante que la transmisión de señales sea bien controlada y se absorba la energía sobrante para evitar reflexiones. La técnica aceptada es limitar de algún modo la naturaleza de los alambres de conexión. Una forma es insistir que sean muy "cortos", donde corto se toma con respecto al tiempo de subida de la señal. La razón de esto es que si la conexión del alambre es tan corto que regresan reflexiones mientras la entrada todavía se está elevando, el resultado es un borde de subida un tanto retardado y con "baches".

Sin embargo, si la reflexión regresa *después* del borde de subida, se produce no sólo una modificación del borde iniciador sino también un *segundo evento independiente,* lo cual es muy perjudicial. La restricción se hace de modo que el tiempo para que una señal pase de un extremo de una línea y regrese debe ser menor que el tiempo de subida de la señal excitadora en algún factor, por ejemplo 5. Entonces, para una señal con un tiempo de subida de 1 ns y para propagación a la velocidad de la luz (30 cm/ns), se permitiría una doble trayectoria de longitud equivalente a sólo 0.2 ns, o sea 6 cm, representando en el límite un alambre de sólo 3 cm de extremo a extremo.

Ésta es la restricción en un ECL 100K, pero éste tiene un tiempo de subida intencionalmente lento de unos 3.5 ns. En consecuencia, con el uso de estas reglas, los alambres pueden tener hasta 10 cm de largo para un ECL 10K.

Si se requieren longitudes mayores, entonces deben usarse líneas de transmisión. Éstas son simplemente alambres en un entorno controlado en el que la distancia a un plano de referencia a tierra o segundo alambre está controlada de manera muy precisa, por lo que pueden ser sólo pares de alambres torcidos, uno de los cuales está a tierra, o alambres paralelos de cinta, con el segundo de carga par conectado a tierra, o las llamadas líneas de microcinta de una tarjeta de circuito impreso (PC). Estas últimas son franjas de cobre de geometría controlada grabadas sobre un lado de una tarjeta, y el otro lado es un plano conectado a tierra.

Estas líneas de transmisión tienen una *impedancia característica R_0* que varía de unas pocas decenas de ohms a cientos de ohms. Las señales se propagan en estas líneas a una velocidad menor que la de la luz, quizá a la mitad. Cuando una línea de transmisión está terminada en su extremo receptor en una resistencia igual a su impedancia característica R_0, toda la energía enviada sobre la línea es absorbida en el extremo receptor y no hay reflexión, por lo que se mantiene la integridad de la señal. Se dice que estas líneas de transmisión están *terminadas correctamente.* Una línea de transmisión terminada correctamente aparece en su extremo transmisor como un resistor de valor R_0. Los seguidores de un ECL 10K con sus emisores abiertos y bajas resistencias de salida (especificadas a 7 Ω como máximo) están idealmente adaptadas para líneas de transmisión excitadoras. Un ECL es también bueno como receptor de línea. La compuerta simple con su resistor de desconexión de entrada de alto valor (50 kΩ) representa una resistencia muy alta para la línea, por lo que casi sin dificultad se pueden conectar pocas de estas compuertas a una línea terminada.

Mucho más sobre el tema de la transmisión de una señal lógica en un ECL se puede hallar en la obra de Taub y Schilling (1977) y Motorola (1988).

Disipación de potencia

Debido a la naturaleza de amplificador diferencial de un ECL, la corriente de compuerta permanece aproximadamente constante y sólo es dirigida de un lado de la compuerta al otro, dependiendo de las señales lógicas de entrada. A diferencia de un TTL, la corriente de alimentación, y por lo tanto la disipación de potencia de compuerta de un ECL no determinado, permanecen relativamente constantes cualquiera que sea el estado lógico de la compuerta. Se deduce que no se introducen picos de voltaje en la línea de alimentación; estos picos son una peligrosa fuente de ruido en un sistema digital, como se explica con relación a los TTL. Se comprende que la necesidad de derivar una línea de alimentación en un ECL no es tan grande como en un TTL. Ésta es otra ventaja de un ECL.

En este momento debemos insistir sobre un punto ya tratado antes, es decir, que aun cuando una compuerta ECL operaría con $V_{EE} = 0$ y $V_{CC} = +5.2$ V, se recomienda la selección de $V_{EE} = -5.2$ V y $V_{CC} = 0$ V porque en el circuito todos los niveles de señal están referidos a V_{CC}, y tierra es ciertamente una excelente referencia.

Ejercicio

14.28 Para la compuerta ECL de la figura 14.33, calcule el valor aproximado de la potencia disipada del circuito bajo la condición de que todas las entradas sean bajas y que los emisores de los seguidores de salida se dejen abiertos. Suponga que el circuito de referencia alimenta cuatro compuertas idénticas, y por lo tanto sólo un cuarto de la potencia disipada en el circuito de referencia debe atribuirse a una compuerta.

Resp. 22.4 mW

Efectos térmicos

En nuestro análisis de la compuerta ECL de la figura 14.33, encontramos que a la temperatura ambiente el voltaje de referencia V_R es −1.32 V. También hemos demostrado que el punto medio de la alternancia lógica de salida es aproximadamente igual a este voltaje, que es una situación ideal que resulta en iguales márgenes altos y bajos de ruido. En el ejemplo 14.2 que sigue deduciremos expresiones para los coeficientes de temperatura del voltaje de referencia y de los voltajes alto y bajo de salida. En esta forma, se demostrará que el punto medio de la alternancia lógica de salida varía con la temperatura con la misma razón que el voltaje de referencia. Como resultado de esto, aun cuando las magnitudes de los márgenes de ruido 1 y 0 cambian con la temperatura, sus valores permanecen iguales. Ésta es otra ventaja de los ECL y es una demostración del alto grado de optimización de diseño de este circuito de compuerta.

EJEMPLO 14.2

Deseamos determinar el coeficiente de temperatura del voltaje de referencia V_R y del punto medio entre V_{OL} y V_{OH}.

SOLUCIÓN

Para determinar el coeficiente de temperatura de V_R, considere el circuito de la figura E14.23 y suponga que la temperatura cambia en +1°C. Si por δ se denota el coeficiente de temperatura de las caídas de voltaje del diodo y el transistor, donde $\delta \simeq -2$ mV/°C, obtenemos el circuito equivalente que se muestra en la figura 14.40. En el último circuito, los cambios en caídas de voltaje se consideran como señales y por lo tanto la fuente de alimentación se muestra como una tierra de señal.

En el circuito de la figura 14.40 tenemos dos generadores de señales y deseamos analizar el circuito para determinar ΔV_R, el cambio en V_R. Lo haremos así usando el principio de superposición. Considere primero la rama R_1, D_1, D_2, 2δ y R_2, y desprecie la corriente de base de señal de Q_1. La señal de voltaje en la base de Q_1 se puede obtener fácilmente a partir de

$$v_{b1} = \frac{2\delta \times R_1}{R_1 + r_{d1} + r_{d2} + R_2}$$

donde r_{d1} y r_{d2} denotan las resistencias incrementales de los diodos D_1 y D_2, respectivamente. La corriente de polarización de cd que pasa por D_1 y D_2 es aproximadamente 0.64 mA, y por lo tanto

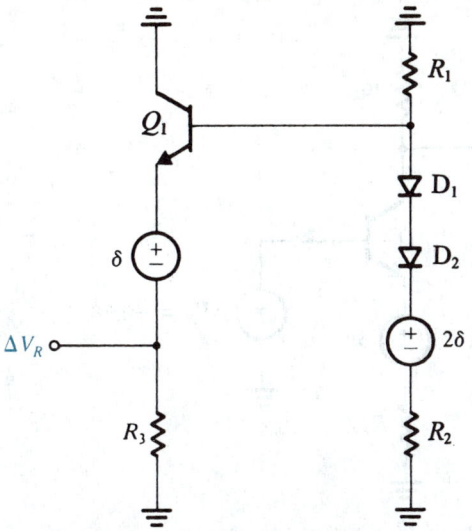

Fig. 14.40 Circuito equivalente para determinar el coeficiente de temperatura del voltaje de referencia V_R.

$r_{d1} = r_{d2} = 39.5 \, \Omega$. En consecuencia, $v_{b1} \simeq 0.3\delta$. Como la ganancia del seguidor de emisor Q_1 es aproximadamente la unidad, se deduce que la componente de ΔV_R debida al generador 2δ es aproximadamente igual a v_{b1}, es decir, $\Delta V_{R1} = 0.3\delta$.

Considere a continuación el componente de ΔV_R debido al generador δ. La reflexión de la resistencia total del circuito de base, $[R_1\|(r_{d1} + r_{d2} + R_2)]$, en el circuito de emisor al dividirlo entre $\beta + 1$ ($\beta \simeq 100$) resulta en el siguiente componente de ΔV_R:

$$\Delta V_{R2} = -\frac{\delta \times R_3}{[R_B/(\beta + 1)] + r_{e1} + R_3}$$

donde R_B denota la resistencia total del circuito de base y r_{e1} denota la resistencia de emisor de Q_1 ($\simeq 40 \, \Omega$). Este cálculo produce $\Delta V_{R2} \simeq -\delta$. Sumando este valor al que se debe al generador 2δ resulta $\Delta V_R \simeq -0.7\delta$. Por lo tanto, para $\delta = -2$ mV/°C el coeficiente de temperatura de V_R es +1.4 mV/°C.

En seguida consideramos la determinación del coeficiente de temperatura de V_{OL}. El circuito en el que se realiza este análisis se muestra en la figura 14.41. Aquí tenemos tres generadores cuyas aportaciones se pueden considerar por separado y los componentes resultantes de suponer ΔV_{OL}. El resultado es

$$\Delta V_{OL} \simeq \Delta V_R \frac{-R_{C2}}{r_{eR} + R_E} \frac{R_T}{R_T + r_{e2}}$$

$$-\delta \frac{-R_{C2}}{r_{eR} + R_E} \frac{R_T}{R_T + r_{e2}}$$

$$-\delta \frac{R_T}{R_T + r_{e2} + R_{C2}/(\beta + 1)}$$

Al sustituir los valores dados en aquellos obtenidos en todo el análisis de esta sección, encontramos $\Delta V_{OL} \simeq -0.43\delta$.

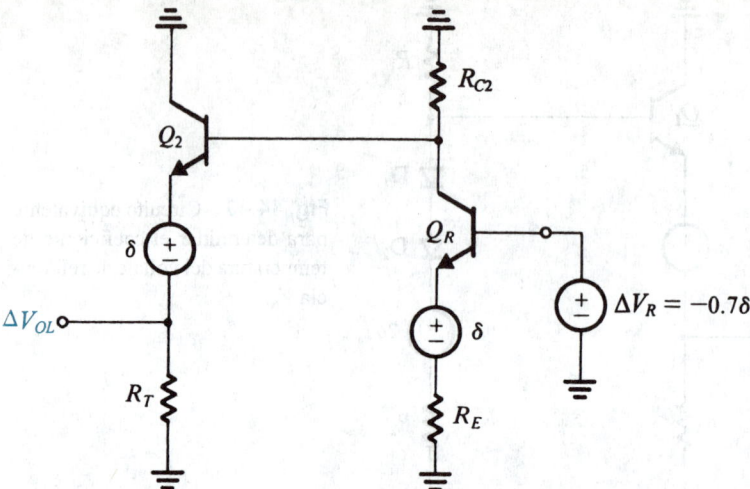

Fig. 14.41   Circuito equivalente para determinar el coeficiente de temperatura de V_{OL}.

El circuito para determinar el coeficiente de temperatura de V_{OH} se muestra en la figura 14.42, del cual obtenemos

$$\Delta V_{OH} = -\delta \frac{R_T}{R_T + r_{e2} + R_{C2}/(\beta+1)} \simeq -0.93\delta$$

Ahora podemos obtener la variación del punto medio de la alternancia lógica como

$$\frac{\Delta V_{OL} + \Delta V_{OH}}{2} = -0.68\delta$$

que es aproximadamente igual a la del voltaje de referencia $V_R(-0.7\delta)$.

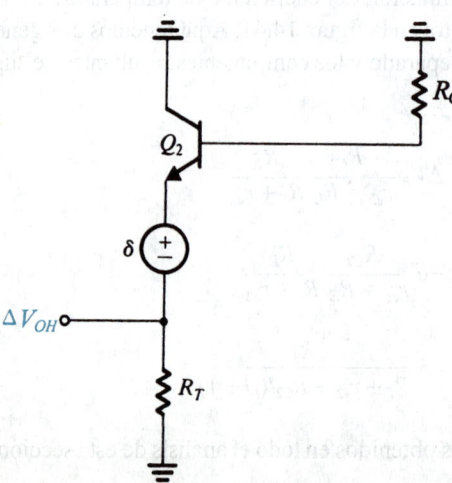

Fig. 14.42   Circuito equivalente para determinar el coeficiente de temperatura de V_{OH}.

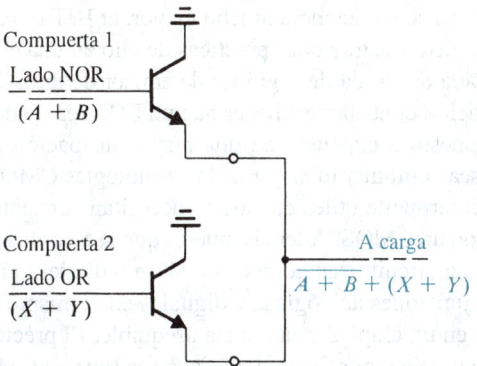

Compuerta 1

Lado NOR

$\overline{(A + B)}$

Compuerta 2

Lado OR

$(X + Y)$

A carga

$\overline{A + B} + (X + Y)$

Fig. 14.43 Función OR por conexión de un ECL

La función OR por conexión

La etapa de salida del seguidor de emisor de la familia ECL permite un nivel adicional de circuito lógico a ser ejecutado a muy bajo costo con sólo conectar en paralelo las salidas de varias compuertas. Esto se ilustra en la figura 14.43, donde las salidas de dos compuertas están conectadas juntas. Nótese que los diodos de base y emisor de los seguidores de salida constituyen una función OR: esta **conexión OR** se puede usar para proporcionar alta convergencia a compuertas así como para aumentar la flexibilidad de los ECL en diseño de circuitos lógicos.

Algunas observaciones finales

Hemos escogido estudiar los ECL concentrando nuestra atención en una familia de circuitos que se pueden adquirir comercialmente. Como se ha demostrado, se ha aplicado una buena cantidad de optimización para crear una familia de circuitos lógicos SSI y MSI de muy alto rendimiento. Como se ha mencionado, ECL y algunas de sus variantes también se utilizan en el diseño de circuitos VLSI. Entre sus aplicaciones se cuentan los procesadores de muy alta velocidad como los que se emplean en supercomputadoras, así como sistemas de comunicaciones de alta velocidad y alta frecuencia. Cuando se utilizan en diseño de VLSI, casi siempre se emplea polarización de fuente de corriente. Además, hoy día se emplean varias configuraciones de circuito [véase la obra de Rabaey (1996)].

14.7 CIRCUITOS DIGITALES BiCMOS

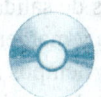

En esta sección presentamos una introducción a una tecnología de circuitos VLSI (integración en escala muy grande) de creciente popularidad. Como su nombre lo indica, la tecnología BiCMOS combina circuitos *Bi*polares con *CMOS* en un chip de circuito integrado. El propósito es combinar la baja potencia, alta impedancia de entrada y amplios márgenes de ruido de un CMOS con la alta capacidad de excitación de corriente de transistores bipolares. Específicamente, un CMOS, aun cuando es una tecnología casi ideal de circuitos lógicos en muchos aspectos, tiene una capacidad limitada de excitación de corriente. Éste no es problema serio cuando la compuerta CMOS tiene que excitar a algunas otras compuertas CMOS, pero sí lo es cuando están presentes cargas capacitivas relativamente grandes (por ejemplo, mayores de 0.5 pF o valores semejantes). En tales casos, se tiene que recurrir ya sea al uso de elaborados circuitos separadores con CMOS o enfrentarse a la generalmente inaceptable consecuencia de largos tiempos de propagación. Por otra parte, sabemos que por virtud de su transconductancia mucho mayor, el BJT es capaz de manejar grandes corrientes de salida. Hemos visto ilustraciones prácticas de ello en una etapa de salida de pilar totémico de un TTL y en la etapa de salida de seguidor de emisor de un ECL. De hecho, la capacidad de alta corriente de excitación contribuye a hacer que un ECL sea de dos a cinco veces más rápido que un CMOS, por supuesto a expensas de una mayor disipación de potencia. En resumen, entonces, un BiCMOS busca combinar lo mejor de las tecnologías CMOS y bipolar para obtener una clase de circuitos particularmente útiles cuando se necesitan corrientes de salida que sean más altas de lo que es posible con un CMOS. Además, puesto que la tecnología BiCMOS está bien adaptada para la construcción de circuitos analógicos de alto rendimiento (secciones 6.8 y 10.8), es posible la construcción de funciones analógicas y digitales en el mismo chip de circuito integrado, haciendo que el "sistema en un chip" sea una meta asequible. El precio pagado es una tecnología de procesamiento más compleja y por lo tanto más costosa (que en CMOS).

El inversor BiCMOS

Se han propuesto y se encuentran en uso varios circuitos inversores con BiCMOS, todos ellos basados en el uso de transistores *npn* para aumentar la corriente de salida disponible de un inversor CMOS, lo cual se puede obtener al conectar en cascada cada uno de los dispositivos Q_N y Q_P del inversor CMOS con un transistor *npn*, como el que se muestra en la figura 14.44(a). Observemos que este circuito puede ser considerado como que utiliza el par de dispositivos MOS-BJT complementarios compuestos que se ilustran en la figura 14.44(b). Estos dispositivos compuestos[8] retienen la alta impedancia de entrada del transistor MOS mientras que multiplican su baja g_m por la β del BJT.

Es útil observar que la etapa de salida formada por Q_1 y Q_2 tiene la configuración de pilar totémico utilizada por un TTL. Aquí, la inversión lógica y la división de fase son ejecutadas por el inversor CMOS formado por Q_N y Q_P.

El circuito de la figura 14.44(a) opera como sigue: cuando v_I es bajo, tanto Q_N como Q_2 no conducen, Q_P conduce y alimenta corriente de base a Q_1 haciendo que éste conduzca. El transistor Q_1 entonces proporciona una elevada corriente de salida para cargar la capacitancia de salida. El resultado es una carga muy rápida de la capacitancia de carga y un breve y correspondiente tiempo de propagación de bajo a alto, t_{PLH}. El transistor Q_1 no conduce cuando v_O alcanza un valor de alrededor de $V_{DD} - V_{BE1}$, y entonces el nivel alto de salida es menor a V_{DD}, lo que es una desventaja. Cuando v_I es alto, Q_P y Q_1 no conducen, y el transistor Q_N conduce y proporciona su corriente de dren a la base de Q_2. Entonces el transistor Q_2 conduce y produce una elevada corriente de salida que rápidamente descarga la capacitancia de carga. Aquí otra vez el resultado es un corto tiempo de propagación de alto a bajo, t_{PHL}. En el lado negativo, Q_2 no conduce cuando v_O alcanza un valor cercano a V_{BE2}, y entonces el nivel bajo de salida es mayor que cero, lo que es una desventaja.

Por lo tanto, mientras el circuito de la figura 14.44(a) ofrece elevadas corrientes de salida y cortos tiempos de propagación, tiene la desventaja de una reducida alternancia lógica y márgenes de ruido igualmente reducidos. Hay otra y quizá más grave desventaja, es decir, los tiempos sin conducción relativamente largos de Q_1 y Q_2 que resultan por la ausencia de trayectorias de circuitos a lo largo de las cuales la carga de base se puede eliminar. Este problema se puede resolver al agregar un resistor entre la base de cada uno de los transistores Q_1 y Q_2 y tierra, como se ilustra en la figura 14.44(c). Ahora, cuando ya sea Q_1 o Q_2 no conduzca, su carga almacenada de base se elimina a tierra a través de R_1 o R_2, respectivamente. El resistor R_2 produce un beneficio adicional: con v_I alto,

---

[8] Es interesante observar que estos dispositivos compuestos fueron propuestos desde 1969 [véase Lin *et al.* (1969)].

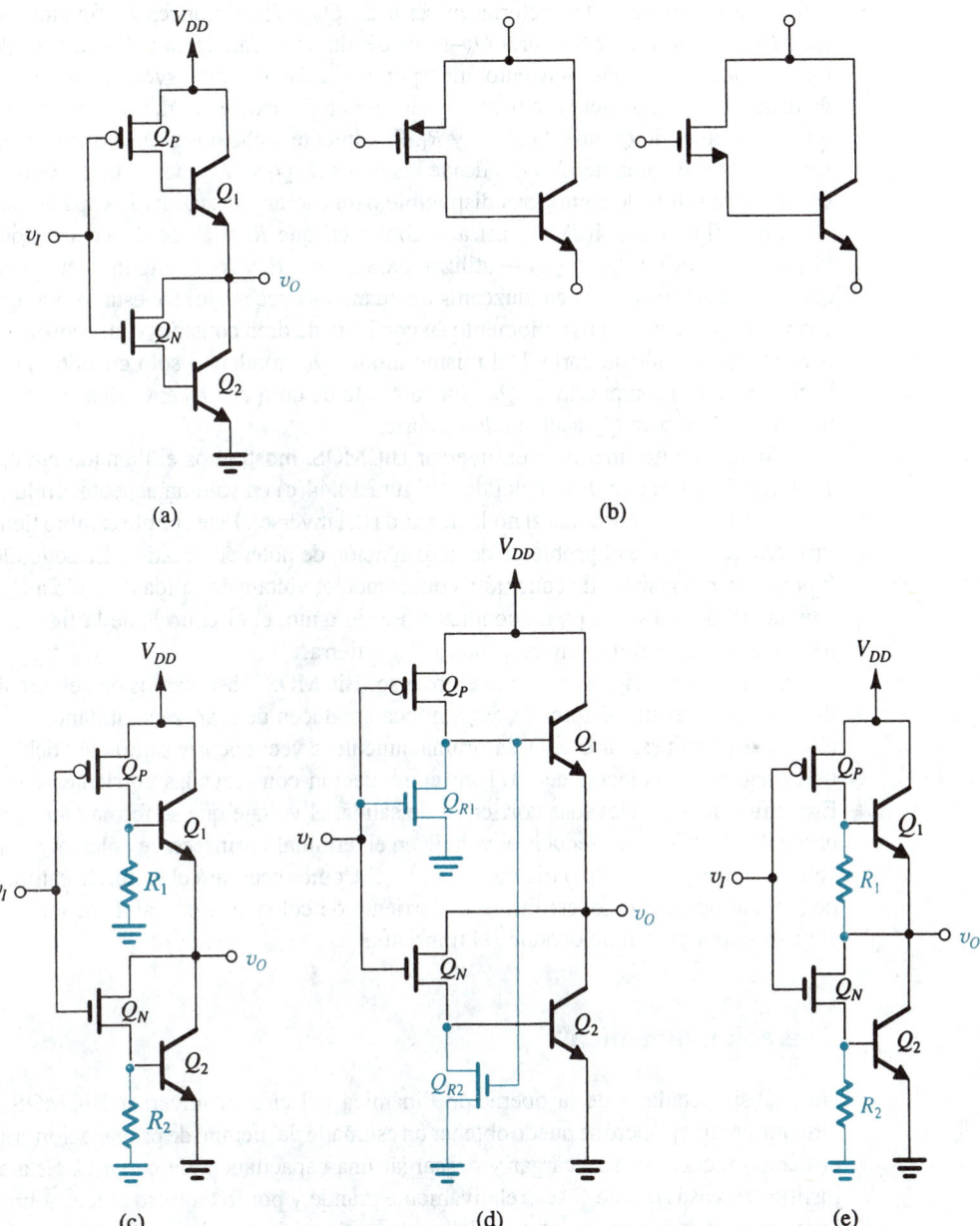

(a)

(b)

(c)

(d)

(e)

Fig. 14.44 Desarrollo del circuito inversor BiCMOS: **(a)** El concepto básico es usar un transistor bipolar adicional para aumentar la excitación de corriente de salida de cada uno de los transistores Q_N y Q_P del inversor CMOS; **(b)** el circuito en (a) puede ser considerado como si utilizara estos dispositivos compuestos; **(c)** para reducir los tiempos de no conducción de Q_1 y Q_2, se agregan los resistores R_1 y R_2 de "drenaje"; **(d)** construcción del circuito de (e) usando transistores NMOS para formar los resistores; **(e)** versión mejorada del circuito de (c) obtenida al conectar el extremo inferior de R_1 al nodo de salida.

y después que Q_2 se corta, v_O continúa reduciéndose a menos de V_{BE2}, y el nodo de salida es llevado a tierra a través de la trayectoria en serie de Q_N y R_2. Entonces R_2 funciona como resistor de desconexión, pero la trayectoria Q_N–R_2 es de alta impedancia con el resultado de que llevar v_O a tierra es un proceso más bien lento. Incorporar el resistor R_1 es desventajoso desde un punto de vista de disipación de potencia estática: cuando v_I es bajo, existe ahora una trayectoria de cd entre V_{DD} y tierra a través de Q_P que conduce y R_1. Finalmente, debe observarse que R_1 y R_2 toman parte de las corrientes de dren de Q_P y Q_N desde las bases de Q_1 y Q_2 y por lo tanto reducen ligeramente la corriente de salida de compuerta disponible para cargar y descargar la capacitancia de carga.

En la figura 14.44(d) se ilustra la forma en que R_1 y R_2 se conectan. Como se indica, los dispositivos NMOS Q_{R1} y Q_{R2} se utilizan para formar R_1 y R_2. Como innovación agregada, se hace que estos dos transistores conduzcan sólo cuando es necesario. De esta forma, Q_{R1} conducirá sólo cuando v_I se eleva, en cuyo momento su corriente de dren constituye una corriente inversa de base para Q_1, acelerando su corte. Del mismo modo, Q_{R2} conducirá sólo cuando v_I cae y Q_P conduce, haciendo alta la compuerta de Q_{R2}. La corriente de dren de Q_{R2} entonces constituye una corriente inversa de base para Q_2, acelerando su corte.

Como circuito final para el inversor BiCMOS, mostramos el llamado *circuito R* de la figura 14.44(e). Este circuito difiere del de la figura 14.44(c) en sólo un aspecto: en lugar de retornar R_1 a tierra, está ahora conectada al nodo de salida del inversor. Este simple cambio tiene dos beneficios. Primero, se resuelve el problema de la disipación de potencia estática. En segundo lugar, R_1 ahora funciona como resistor de conexión, conectando el voltaje de salida de nodo a V_{DD} (a través de Q_P conductor) después que Q_1 no conduzca. Por lo tanto, el circuito R de la figura 14.44(e) tiene de hecho niveles de salida muy cercanos a V_{DD} y tierra.

Como observación final sobre el inversor BiCMOS, observamos que el circuito está diseñado de modo que los transistores Q_1 y Q_2 nunca conducen de manera simultánea y que a ninguno de ellos se le permite saturarse. Desafortunadamente, a veces ocurre saturación debido a la resistencia de la región del colector del BJT en combinación con elevadas corrientes de carga capacitiva. Específicamente, a elevadas corrientes de salida, el voltaje que se forma en r_C (que puede ser del orden de 100 Ω) puede reducir el voltaje en el terminal intrínseco de colector y hacer que la unión entre colector y base se polarice directamente. Como recordará el lector, la saturación es un efecto perjudicial por dos razones: limita la corriente de colector a un valor menor a βI_B, y hace lento el proceso por el cual no conduce el transistor.

Operación dinámica

Un análisis detallado de la operación dinámica del circuito inversor BiCMOS es una empresa bastante compleja, pero se puede obtener un estimado del tiempo de propagación si se considera sólo el tiempo requerido para cargar y descargar una capacitancia de carga C. Esta aproximación se justifica en casos donde C sea relativamente grande y por lo tanto su efecto sobre la dinámica del inversor es dominante, en otras palabras, cuando podamos despreciar el tiempo necesario para cargar las capacitancias parásitas presentes en nodos internos del circuito. Por fortuna, éste suele ser el caso en la práctica, porque si la capacitancia de carga no es grande, se utilizaría el inversor CMOS que es más sencillo. De hecho, se ha demostrado [Embabi, Ballaouar y Elmasry (1993)] que la ventaja en velocidad del BiCMOS (sobre el CMOS) se hace evidente sólo cuando es necesario que la compuerta excite una divergencia grande o una elevada capacitancia de carga. Por ejemplo, a una capacitancia de carga de 50-100 fF, BiCMOS y CMOS típicamente ofrecen iguales tiempos de propagación, pero a una capacitancia de carga de 1 pF, t_P de un inversor BiCMOS es 0.3 ns, mientras que de un inversor CMOS comparable es de alrededor de 1 ns.

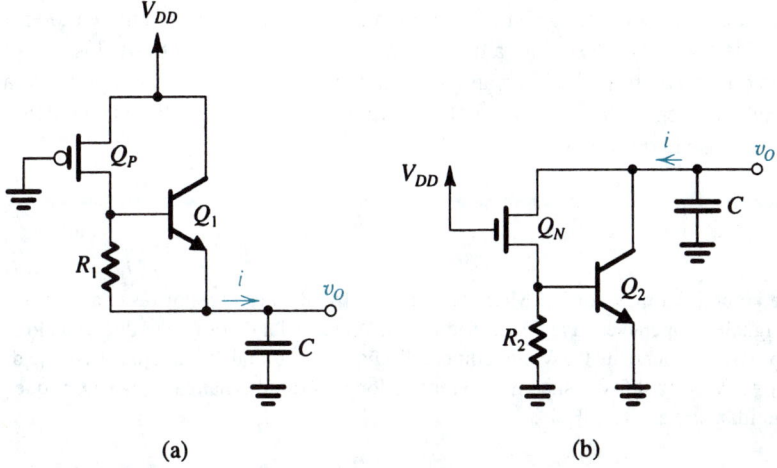

Fig. 14.45 Circuitos equivalentes para cargar y descargar una capacitancia C de carga. Nótese que C incluye todas las capacitancias presentes en el nodo de salida.

Por último, en la figura 14.45, mostramos circuitos simplificados equivalentes que se pueden emplear para obtener estimaciones aproximadas de t_{PLH} y t_{PHL} del inversor BiCMOS tipo R (véase el problema 14.53).

Compuertas lógicas BiCMOS

En BiCMOS, el circuito lógico es ejecutado por la parte CMOS de la compuerta, con la porción bipolar funcionando simplemente como etapa de salida. Se deduce que los circuitos BiCMOS de

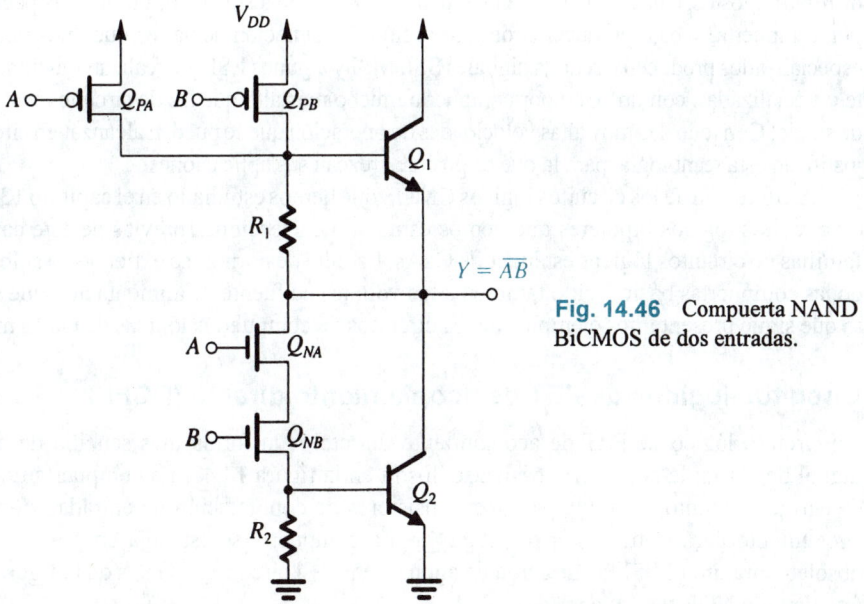

Fig. 14.46 Compuerta NAND BiCMOS de dos entradas.

compuerta lógica pueden ser generados siguiendo el mismo método empleado en CMOS. Como ejemplo, en la figura 14.46 se ilustra una compuerta NAND BiCMOS de dos entradas.

Como observación final, observamos que la tecnología BiCMOS se aplica en la actualidad en varios productos entre los que se incluyen microprocesadores, RAM estáticas y diseños de compuerta (véase la obra de Álvarez, 1993).

Ejercicio

D14.29 El voltaje de umbral del inversor BiCMOS de la figura 14.43(e) es el valor de v_I al cual Q_N y Q_P están conduciendo corrientes iguales y operan en la región de saturación. A este valor de v_I, Q_2 conduce, con lo cual el voltaje en la fuente de Q_N es aproximadamente de 0.7 V. Se requiere diseñar el circuito de modo que el voltaje de umbral sea igual a $V_{DD}/2$. Para $V_{DD} = 5$ V, $|V_t| = 0.6$ V y suponiendo iguales longitudes de canal para Q_N y Q_P y que $\mu_n \simeq 2.5 \, \mu_p$, encuentre la razón requerida entre anchos, W_p/W_n.

Resp. 1

14.8   CIRCUITOS DIGITALES DE ARSENIURO DE GALIO

Concluimos nuestro estudio de familias de circuitos digitales con un análisis de circuitos lógicos construidos usando la reciente tecnología de arseniuro de galio. En la sección 5.12 se hizo una introducción de esta tecnología y sus dos dispositivos básicos, el MESFET y el diodo de barrera Schottky (SBD); recomendamos al lector repasar la sección 5.12 antes de proseguir con el estudio de esta sección.

La principal ventaja que ofrece la tecnología de GaAs es una velocidad más alta de operación que la alcanzada actualmente en dispositivos de silicio. Se han reportado tiempos de compuerta de 10 a 100 ps para circuitos de GaAs. Las desventajas son una disipación relativamente alta de potencia por compuerta (1 a 10 mW); alternancias de voltaje relativamente pequeñas y correspondientes márgenes de ruido angostos; baja densidad de empaquetamiento, como resultado de una alta disipación de potencia por compuerta, y baja producción de fabricación. La situación actual es que unos pocos fabricantes especializados producen circuitos digitales SSI, MSI y algunos LSI que realizan funciones relativamente especializadas, con un costo por compuerta mucho más alto que las de circuitos integrales digitales de silicio. Con todo, las muy altas velocidades de operación que se pueden alcanzar en circuitos de GaAs justifican esta tecnología, para la que es posible crezcan sus aplicaciones.

A diferencia de los circuitos lógicos CMOS que hemos estudiado en el capítulo 13, y las familias de circuitos lógicos bipolares que hemos estudiado en secciones previas de este capítulo, no hay familias de circuitos lógicos estándar de GaAs. La falta de normas se extiende no sólo a la topología de las compuertas básicas sino también a los voltajes de fuente de alimentación que se utilizan. En lo que sigue presentamos ejemplos de los circuitos de compuertas lógicas de GaAs más conocidos.

Circuitos lógicos de FET de acoplamiento directo (DCFL)

Un circuito lógico de FET de acoplamiento directo es la forma más sencilla de circuito lógico digital de GaAs; la compuerta básica se ilustra en la figura 14.47. La compuerta utiliza MESFET de enriquecimiento, Q_1 y Q_2, para los transistores de conmutación de entrada, y un MESFET de agotamiento para el transistor de carga Q_L. La compuerta se asemeja en gran medida al ahora obsoleto circuito MOSFET de carga de agotamiento. El circuito de GaAs de la figura 14.47 realiza una función NOR de dos entradas.

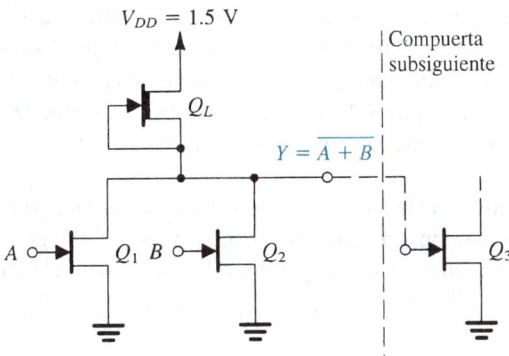

Fig. 14.47 Compuerta de GaAs de circuito lógico de FET de acoplamiento directo (DCFL) para construir una función NOR de dos entradas. La compuerta se muestra excitando al transistor de entrada Q_3 de otra compuerta.

Para ver la forma en que opera el circuito MESFET de la figura 14.47, hagamos caso omiso de la entrada B y consideremos el inversor básico formado por Q_1 y Q_L. Cuando el voltaje de entrada aplicado al nodo A, v_I, es más bajo que el voltaje de umbral del MESFET Q_1 de enriquecimiento, denotado como V_{tE}, el transistor Q_1 no conduce. Recordemos que V_{tE} es positivo y para los MESFET de GaAs es típicamente de 0.1 a 0.3 V. Ahora, si la entrada de compuerta Y se abre, el voltaje de salida será muy cercano a V_{DD}. En la práctica, sin embargo, la compuerta estará excitando otra compuerta, como se indica en la figura 14.47, donde Q_3 es el transistor de entrada de la compuerta subsiguiente. En tal caso, circulará corriente de V_{DD} por Q_L y entrará en el terminal de la compuerta de Q_3. Si recordamos que la compuerta a la fuente de un MESFET de GaAs es un diodo de barrera Schottky que exhibe una caída de voltaje de unos 0.7 V cuando conduce, vemos que la conducción de compuerta de Q_3 fijará el nivel de alto voltaje de salida (V_{OH}) a unos 0.7 V. Esto es un agudo contraste con el caso del MOSFET, donde no tiene lugar conducción de compuerta.

En la figura 14.48 se ilustra el inversor de circuito lógico de FET de acoplamiento directo (DCFL) bajo estudio, con la entrada de la compuerta subsiguiente representada por un diodo Schottky Q_3. Con $v_I < V_{tE}$, $i_1 = 0$ e i_L circula por Q_3, resultando en $v_O = V_{OH} \simeq 0.7$ V. Como V_{DD} suele ser bajo (1.2 a 1.5 V) y el voltaje de umbral de Q_L, V_{tD}, es típicamente de -0.7 a -1 V, Q_L estará operando en la región del triodo. (Para simplificar las cosas, pasaremos por alto en este análisis el efecto de saturación inicial que muestran los MESFET de GaAs.)

A medida que v_I aumenta por encima de V_{tE}, Q_1 se activa y conduce una corriente denotada como i_1. Inicialmente, Q_1 estará en la región de saturación. La corriente i_1 se resta de i_L, reduciendo así la corriente en Q_3. El voltaje en los terminales de Q_3, v_O, decrece ligeramente pero, para el

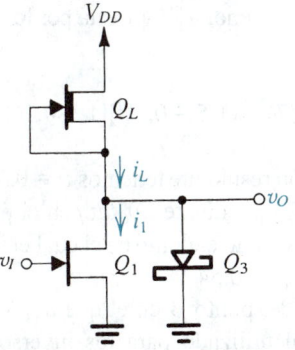

Fig. 14.48 Compuerta DCFL con la entrada de la compuerta subsiguiente representada por un diodo Schottky Q_3.

presente análisis, supondremos que v_O permanecerá cercano a 0.7 V mientras Q_3 conduzca. Esto continuará hasta que v_I alcance el valor que resulta en $i_1 = i_L$. En este punto, Q_3 deja de conducir y se puede soslayar por completo. Un mayor aumento en v_I resulta en una i_1 creciente, v_O decreciente e $i_L = i_1$. Cuando $(V_{DD} - v_O)$ excede de $|V_{tD}|$, Q_L se satura; y cuando v_O cae por debajo de v_I en V_{tE}, Q_1 entra en la región del triodo. En último término, cuando $v_I = V_{OH} = 0.7$ V, $v_O = V_{OL}$, que es típicamente 0.1 a 0.2 V.

De la descripción anterior vemos que la alternancia de voltaje de salida de la compuerta DCFL está limitada por la conducción de compuerta a un valor menor que 0.7 V (en general alrededor de 0.5 V). En el siguiente ejemplo se ilustran más detalles sobre la operación de la compuerta DCFL.

EJEMPLO 14.3

Considere una compuerta de un circuito lógico de FET de acoplamiento directo (DCFL) en una tecnología de GaAs para la cual $L = 1$ μm, $V_{tD} = -1$ V, $V_{tE} = 0.2$ V, β (para 1 μm de ancho) $= 10^{-4}$ A/V^2 y $\lambda = 0.1$ V^{-1}. Supongamos que los anchos de los MESFET de entrada son de 50 μm, y que el ancho del MESFET de carga es de 6 μm. $V_{DD} = 1.5$ V. Usando un modelo de caída constante de voltaje para el diodo Schottky de compuerta a fuente con $V_D = 0.7$ V, y despreciando el efecto de saturación inicial de los MESFET de GaAs (es decir, usando las ecuaciones 5.120 para describir la operación del MESFET), encuentre V_{OH}, V_{OL}, V_{IH}, NM_H, NM_L, la disipación de potencia estática y el tiempo de propagación para una capacitancia total equivalente en la salida de compuerta de 30 fF.

SOLUCIÓN

De la descripción anterior de la operación de la compuerta de un DCFL encontramos que $V_{OH} = 0.7$ V. Para obtener V_{OL}, consideremos el inversor del circuito de la figura 14.48 y sea $v_I = V_{OH} = 0.7$ V. Como esperamos que $v_O = V_{OL}$ sea pequeño, suponemos que Q_1 está en la región del triodo y Q_L está en saturación. (Q_3 no conduce, por supuesto.) Al igualar i_1 e i_L resulta

$$\beta_1\left[2(0.7 - 0.2)V_{OL} - V_{OL}^2\right](1 + 0.1\ V_{OL}) = \beta_L\left[0 - (-1)\right]^2\left[1 + 0.1(1.5 - V_{OL})\right]$$

Para simplificar las cosas, despreciamos los términos 0.1 V_{OL} y sustituimos $\beta_L/\beta_1 = W_L/W_1 = 6/50$ para obtener una ecuación cuadrática en V_{OL} cuya solución da $V_{OL} \simeq 0.17$ V.

Con el fin de obtener el valor de V_{IL} primero encontraremos el valor de v_I al cual $i_1 = i_L$, el diodo Q_3 no conduce y v_O empieza a decrecer. Como en este punto $v_O = 0.7$ V, suponemos que Q_1 está en saturación. El transistor Q_L tiene un v_{DS} de 0.8 V, que es menor a $|V_{tD}|$ y está por lo tanto en la región del triodo. Al igualar i_1 e i_L resulta

$$\beta_1(v_I - 0.2)^2(1 + 0.1 \times 0.7) = \beta_L[2(1)(1.5 - 0.7) - (1.5 - 0.7)^2][1 + 0.1(1.5 - 0.7)]$$

Al sustituir $\beta_L/\beta_1 = W_L/W_1 = 6/50$ y resolver la ecuación resultante tenemos $v_I = 0.54$ V. En la figura 14.49 se ilustra la curva característica del inversor. La pendiente dv_O/dv_I en el punto A se puede hallar que es de -14.2 V/V. Consideraremos el punto A como el punto en el cual el inversor empieza a conmutar desde el estado de salida alta; entonces, $V_{IL} \simeq 0.54$ V.

Para obtener V_{IH}, encontramos las coordenadas del punto B en el que $dv_O/dv_I = -1$. Esto se puede hacer usando un procedimiento semejante al utilizado para los inversores MOSFET y

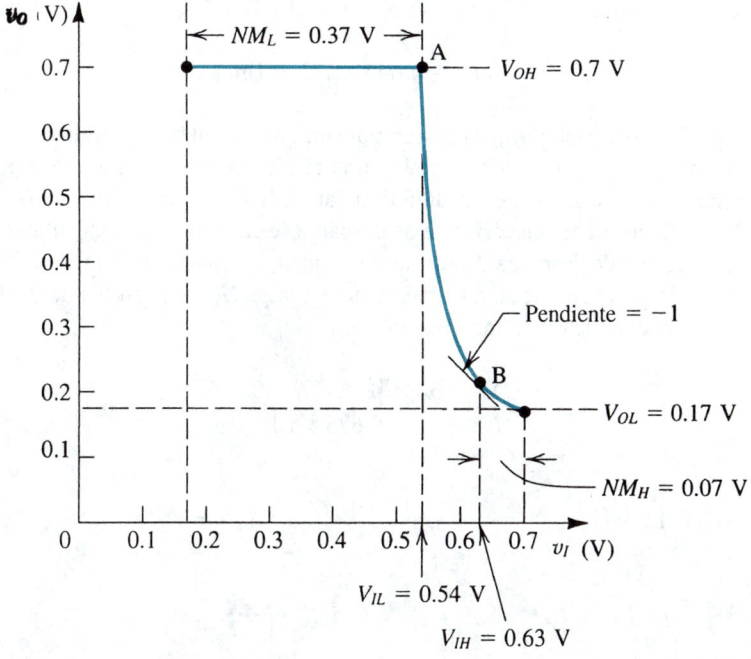

Fig. 14.49 Curva característica de transferencia del inversor DCFL de la figura 14.48.

suponiendo que Q_1 está en la región del triodo y Q_L está en saturación. Despreciando términos en $0.1\,v_O$, el resultado es $V_{IH} \simeq 0.63$ V. Los márgenes de ruido se pueden hallar ahora como

$$NM_H \equiv V_{OH} - V_{IH} = 0.7 - 0.63 = 0.07 \text{ V}$$

$$NM_L \equiv V_{IL} - V_{OL} = 0.54 - 0.17 = 0.37 \text{ V}$$

La disipación de potencia estática se determina al hallar la corriente de alimentación I_{DD} en los casos de salida alta y de salida baja. Cuando la salida es alta (a 0.7 V), Q_L está en la región del triodo y la corriente de alimentación es

$$I_{DD} = \beta_L \left[2(0+1)(1.5 - 0.7) - (1.5 - 0.7)^2 \right] \left[1 + 0.1(1.5 - 0.7) \right]$$

Al sustituir $\beta_L = 10^{-4} \times W_L = 0.6$ mA/V^2 resulta en

$$I_{DD} = 0.61 \text{ mA}$$

Cuando la salida es baja (a 0.17 V), Q_L está en saturación y la corriente de alimentación es

$$I_{DD} = \beta_L(0+1)^2 \left[1 + 0.1(1.5 - 0.17) \right] = 0.68 \text{ mA}$$

Entonces el promedio de corriente de alimentación es

$$I_{DD} = \tfrac{1}{2}(0.61 + 0.68) = 0.645 \text{ mA}$$

y la disipación de potencia estática es

$$P_D = 0.645 \times 1.5 \simeq 1 \text{ mW}$$

El tiempo de propagación t_{PHL} es el tiempo para que el voltaje de salida del inversor decrezca de $V_{OH} = 0.7$ V a $\frac{1}{2}(V_{OH} + V_{OL}) = 0.435$ V. Durante este tiempo v_I está al alto nivel de 0.7 V, y la capacitancia C (que se supone es de 30 femto Farads [fF]) es descargada por $(i_1 - i_L)$; consulte la figura 14.50(a). El promedio de corriente de descarga se encuentra si se calculan i_1 e i_L al principio y al final del intervalo de descarga. El resultado es que i_1 cambia de 1.34 mA a 1.28 mA e i_L cambia de 0.61 mA a 0.66 mA. Entonces la corriente de descarga $(i_1 - i_L)$ cambia de 0.73 mA a 0.62 mA para un valor promedio de 0.675 mA. Por lo tanto,

$$t_{PHL} = \frac{C\Delta V}{I} = \frac{30 \times 10^{-15} (0.7 - 0.435)}{0.675 \times 10^{-3}} = 11.8 \text{ ps}$$

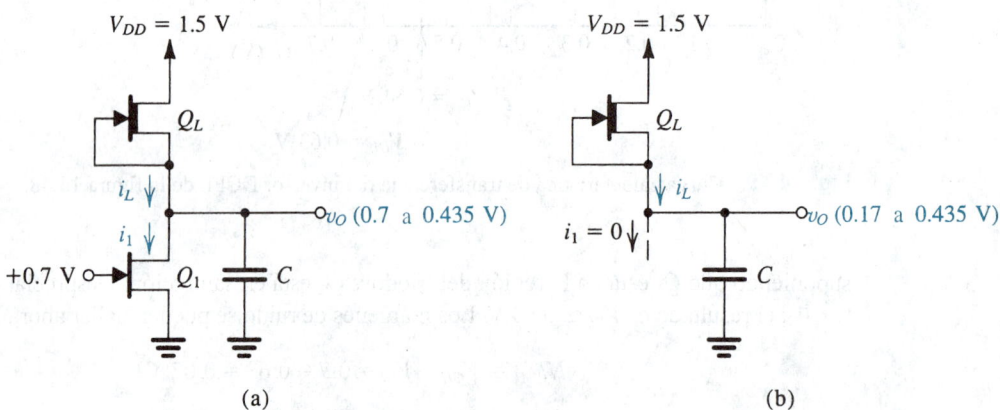

(a)   (b)

Fig. 14.50 Circuitos para calcular los tiempos de propagación del inversor de circuito lógico de FET de acoplamiento directo (DCFL): **(a)** t_{PHL}; **(b)** t_{PLH}.

Para determinar t_{PLH} consultamos el circuito de la figura 14.50(b) y observamos que, durante t_{PLH}, v_O cambia de $V_{OL} = 0.17$ V a $\frac{1}{2}(V_{OH} + V_{OL}) = 0.435$ V. La corriente de carga es el valor promedio de i_L, que cambia de 0.8 mA a 0.66 mA. Entonces $i_L|_{\text{promedio}} = 0.73$ mA y

$$t_{PLH} = \frac{30 \times 10^{-15} \times (0.435 - 0.17)}{0.73 \times 10^{-3}} = 10.9 \text{ ps}$$

El tiempo de propagación de la compuerta DCFL se puede hallar ahora como

$$t_P = \frac{1}{2}(t_{PHL} + t_{PLH}) = 11.4 \text{ ps}$$

Como observación final, observemos que el análisis anterior se hizo empleando modelos simplificados de dispositivos; nuestro objetivo es demostrar la forma en que funciona un circuito y no hallar medidas precisas de rendimiento. Éstas se pueden obtener usando simulación del SPICE con modelos más elaborados [véase la obra de Roberts y Sedra (1997)].

Compuertas lógicas que usan MESFET de agotamiento

Los circuitos lógicos de FET de acoplamiento directo (DCFL) que acabamos de estudiar requieren dispositivos de enriquecimiento y de agotamiento, por lo que son un poco difíciles de fabricar. Del mismo modo, debido al hecho de que las oscilaciones de voltaje y márgenes de ruido son más bien pequeñas, es necesario tener un muy cuidadoso control del valor de V_{tE} en la fabricación. Como alternativa, a continuación presentamos circuitos que utilizan sólo dispositivos de agotamiento.

En la figura 14.51 se ilustra el circuito inversor básico de una familia de circuitos lógicos de GaAs conocida como *circuito lógico FET* (FL). El corazón del inversor FL está formado por el transistor de conmutación Q_S y su carga Q_L, ambos son MESFET del tipo de agotamiento. Como el voltaje de umbral de un MESFET de agotamiento, V_{tD}, es negativo, se necesita un voltaje negativo $<V_{tD}$ para que Q_S no conduzca. Por otra parte, el bajo voltaje de salida en el dren de Q_S siempre será positivo. Se deduce que los niveles lógicos en el dren de Q_S no son compatibles con los niveles requeridos en la entrada de la compuerta. El problema de incompatibilidad se resuelve con sólo bajar el nivel del voltaje v_O' mediante dos caídas de voltaje, es decir, en aproximadamente 1.4 V. Este desplazamiento de nivel es realizado por los dos diodos Schottky D_1 y D_2. El transistor de agotamiento Q_{PD} proporciona una polarización de corriente constante para D_1 y D_2. Para asegurar que Q_{PD} opera en la región de saturación en todo momento, su fuente se conecta a una fuente negativa $-V_{SS}$ y el valor de V_{SS} se selecciona igual o mayor que el nivel más bajo de v_O (V_{OL}) más la magnitud del voltaje de umbral, $|V_{tD}|$. El transistor Q_{PD} también suministra la corriente necesaria para descargar una capacitancia de carga cuando el voltaje de salida de la compuerta se hace bajo, y de aquí el nombre de transistor de "bajada" y el subíndice PD (de *pull-down*).

Para ver la forma en que opera el inversor de la figura 14.51, consulte la curva característica de transferencia que se muestra en la figura 14.52. El circuito suele diseñarse usando MESFET que tengan iguales longitudes de canal (típicamente 1 μm) y anchos de $W_S = W_L = 2W_{PD}$. La curva característica que se muestra es para el caso $V_{tD} = -0.9$ V. Para v_I menor a V_{tD}, Q_S no conducirá y Q_L operará en saturación, alimentando una corriente constante I_L a D_1 y D_2. El transistor Q_{PD} también operará en saturación con una corriente constante de $I_{PD} = \frac{1}{2}I_L$. La diferencia entre las dos

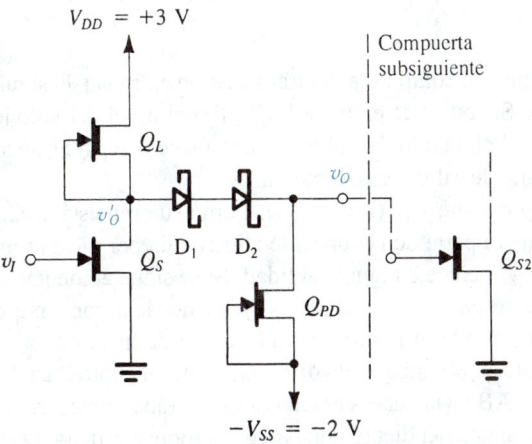

Fig. 14.51 Circuito inversor que utiliza sólo dispositivos en modo de agotamiento. Se emplean diodos Schottky para desplazar los niveles lógicos de salida a valores compatibles con los niveles de entrada necesarios para que el transistor MESFET Q_S de agotamiento conduzca o no conduzca. Este circuito se conoce como *lógico FET (FL)*.

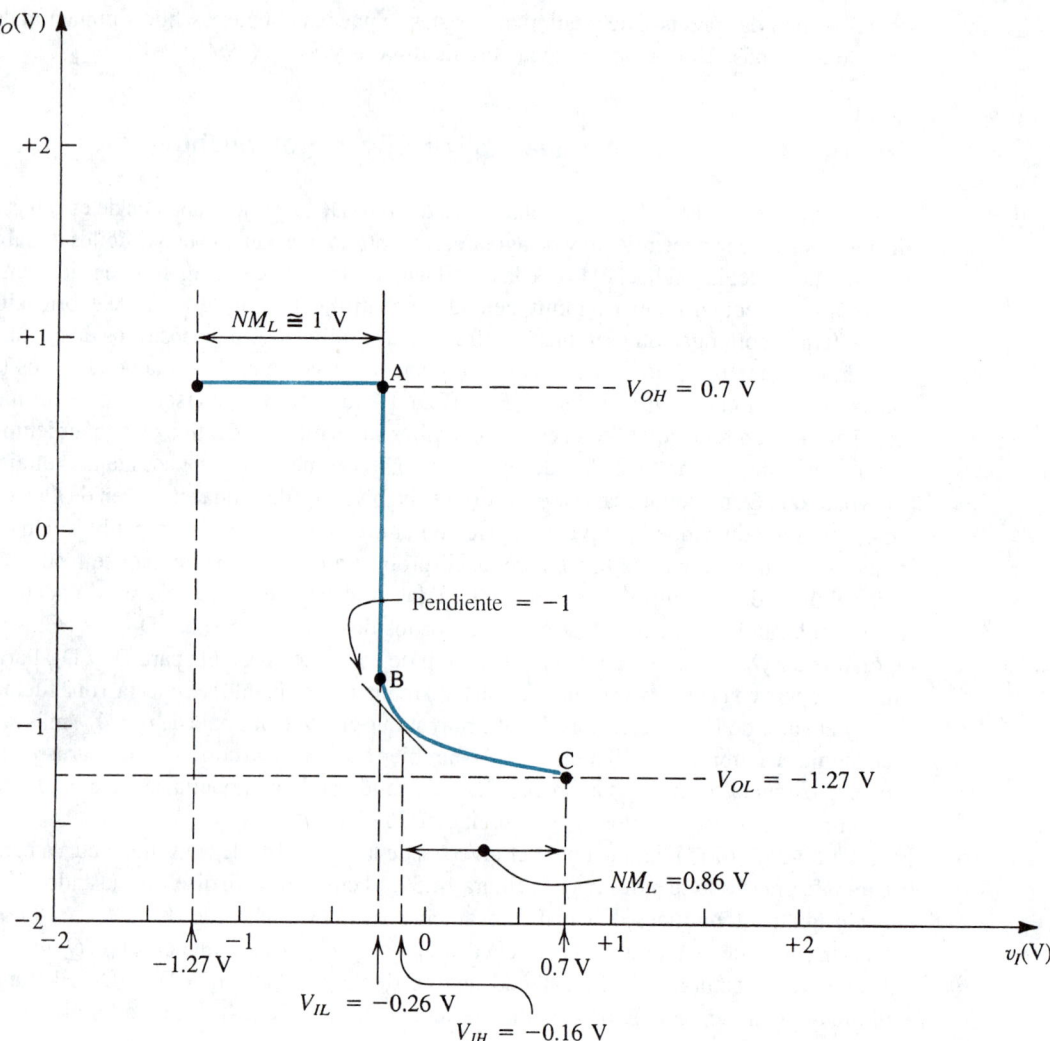

Fig. 14.52   Curva característica de transferencia del inversor FL de la figura 14.51.

corrientes circulará por el terminal de compuerta del transistor de entrada a la siguiente compuerta de la cadena, Q_{S2}. Así, el diodo Schottky de entrada de Q_{S2} fija el nivel del voltaje de salida v_O a aproximadamente 0.7 V, que es el nivel alto de salida, V_{OH}. (Nótese que para este análisis haremos caso omiso de la resistencia finita de salida en saturación.)

A medida que v_I se eleva por sobre V_{tD}, Q_S conduce. Como su dren está a +2.1 V, Q_S operará en la región de saturación y tomará parte de la corriente alimentada por Q_L. Entonces la corriente que entra en la compuerta de Q_{S2} decrece en igual cantidad. Si se sigue aumentando v_I, se alcanza un valor para el cual la corriente en Q_S es igual a $\frac{1}{2}I_L$, y ya no deja corriente que circule por la compuerta de Q_{S2}. Esto corresponde al punto marcado como A en la curva característica de transferencia. Otro ligero aumento en v_I hará que el voltaje v_O' caiga al punto B en donde Q_S entra en la región del triodo. El segmento AB de la curva característica de transferencia representa la región de alta ganancia de operación, con una pendiente igual a $-g_{ms}R$, donde R denota la resistencia total equivalente en el nodo de dren. Nótese que este segmento se muestra como vertical en la figura 14.52 porque estamos haciendo caso omiso de la resistencia de salida en saturación.

El segmento BC de la curva característica de transferencia corresponde a Q_S operando en la región del triodo. Aquí Q_L y Q_{PD} continúan operando en saturación y D_1 y D_2 permanecen conduciendo. Por último, para $v_I = V_{OH} = 0.7$ V, $v_O = V_{OL}$, que para el caso $V_{tD} = -0.9$ V se puede hallar que es −1.3 V.

Ejercicio

14.30 Verifique que las coordenadas de los puntos A, B y C de la curva característica de transferencia son como se indica en la figura 14.52. Sea $V_{tD} = -0.9$ V y $\lambda = 0$.

Como se indica en la figura 14.52, el inversor FL (circuito lógico FET) exhibe márgenes de ruido mucho más altos que los del circuito lógico FET de acoplamiento directo, pero el FL requiere dos fuentes de alimentación.

El inversor FL se puede usar para construir una compuerta NOR con sólo agregar transistores con dren y fuente conectados en paralelo con los de Q_S.

Circuito lógico FET de diodo Schottky (SDFL)

Si la red de desplazamiento de nivel del diodo del inversor FL se conecta al lado de entrada de la compuerta, en lugar de la salida, obtenemos el circuito que se ilustra en la figura 14.53(a). Este inversor opera en forma muy semejante al inversor FL, pero el circuito modificado tiene una característica muy interesante: la función NOR se puede ejecutar con sólo conectar más diodos, como se muestra en la figura 14.53(b). Esta forma de circuito lógico se conoce como *circuito lógico FET de diodo Schottky* (SDFL), que permite una más alta densidad de empaquetamiento que otras

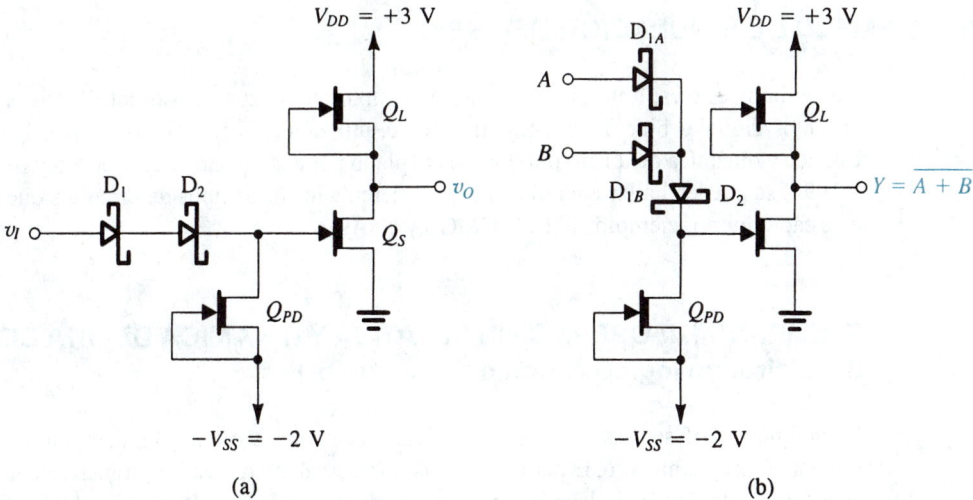

Fig. 14.53   (a) Inversor SDFL. (b) Compuerta NOR SDFL.

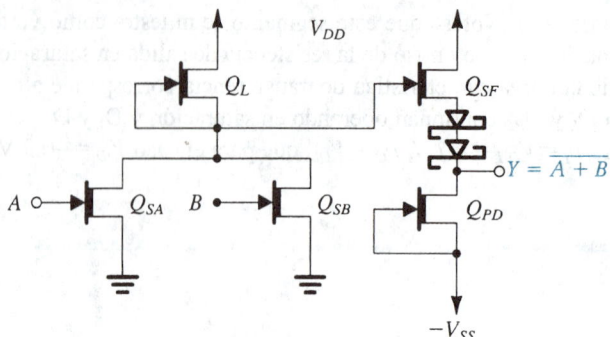

Fig. 14.54 Compuerta NOR BFL de dos entradas. La compuerta se forma al insertar un transistor Q_{SF} seguidor de fuente entre la etapa inversora y la etapa de desplazamiento de nivel.

formas de circuitos lógicos MESFET porque sólo se necesita un diodo adicional, en lugar de un transistor adicional, para cada entrada adicional, y los diodos requieren áreas mucho menores que los transistores.

Circuitos lógicos FET separados (BFL)

Es posible otra variante del inversor FL básico de la figura 14.51. Se puede insertar un seguidor de fuente entre el dren de Q_S y la red de desplazamiento de nivel del diodo. La compuerta resultante, que se muestra para el caso de una compuerta NOR de dos entradas, se describe en la figura 14.54. Esta forma de circuito lógico de GaAs se conoce como *circuito lógico FET separado* (BFL). El transistor Q_{SF} de seguidor de fuente aumenta la capacidad de excitación de corriente de salida, con lo cual decrece el tiempo de propagación de bajo a alto. Los circuitos FL, BFL y SDFL ofrecen tiempos de propagación del orden de 100 ps y disipación de potencia del orden de 10 mW/compuerta.

14.9   EJEMPLO DE SIMULACIÓN DEL SPICE

Concluimos este capítulo presentando un ejemplo que ilustra el uso del SPICE en el análisis de circuitos digitales bipolares. Específicamente, utilizamos el SPICE para investigar la operación estática y dinámica de un circuito lógico acoplado por emisor. En la obra de Roberts y Sedra (1992 y 1997) se pueden hallar ejemplos que se refieren a los otros tipos de circuitos que se estudian en este capítulo (por ejemplo, TTL, BiCMOS y GaAs).

EJEMPLO 14.4: OPERACIÓN ESTÁTICA Y DINÁMICA DE UNA COMPUERTA ECL (circuito lógico acoplado por emisor)

En la figura 14.55 se ilustra la compuerta ECL que hemos estudiado en la sección 14.6. Deseamos utilizar el programa SPICE para hallar las curvas características de transferencia de voltaje de esta compuerta lógica, es decir, υ_{OR} y υ_{NOR} contra υ_A, donde υ_A es la entrada al terminal A. Para esta investigación, el otro terminal de entrada se desactiva al aplicarle un voltaje $\upsilon_B = V_{OL} = -1.77$ V.

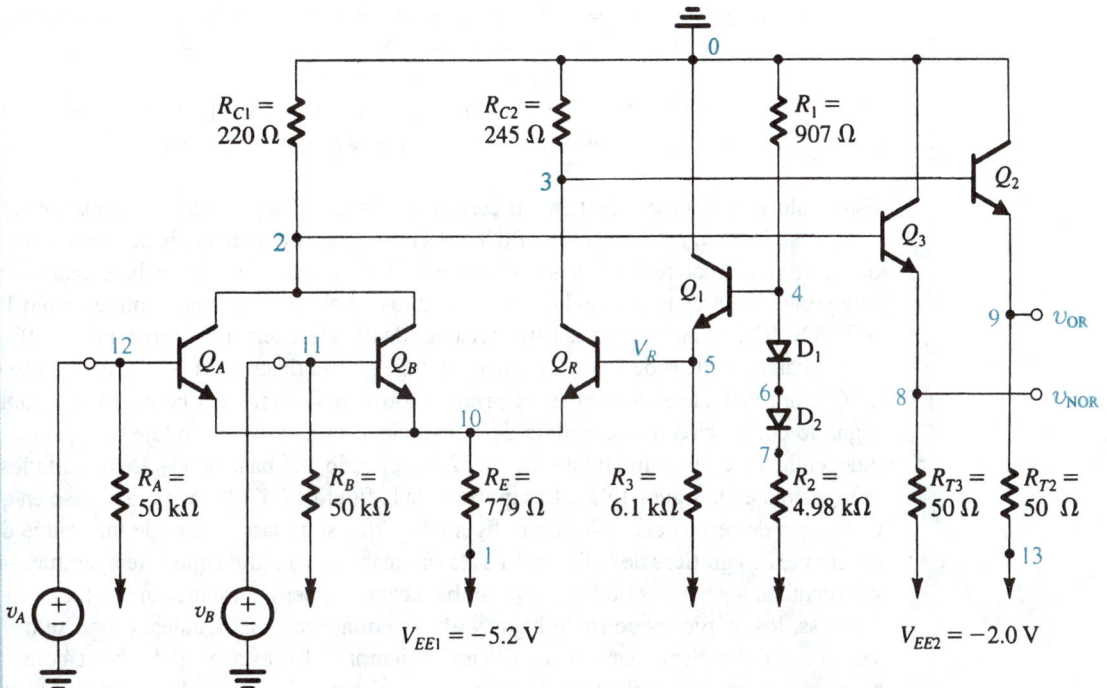

Fig. 14.55 Compuerta ECL de dos entradas para el ejemplo 14.4 (de Roberts y Sedra, 1997).

Al no tener acceso a valores de parámetros del modelo SPICE de los BJT que se utilizan en circuitos ECL reales, comercialmente disponibles, hemos seleccionado valores de parámetros que son representativos de la tecnología utilizada y que, por nuestra experiencia, nos llevan a un término medio razonable entre resultados de simulación y los datos de operación medidos que suministra el fabricante. Debe observarse que este problema no existiría para un diseñador de IC que utilice el SPICE como ayuda; presumiblemente, el diseñador tendría pleno acceso a parámetros de procesos de patente y a los correspondientes parámetros de modelos de dispositivos. En cualquier caso, para las simulaciones que llevamos a cabo, hemos utilizado los siguientes valores de parámetros de modelos BJT: $I_S = 0.26$ fA, $\beta_F = 100$; $\beta_R = 1$, $\tau_F = 0.1$ ns, $C_{je} = 1$ pF, $C_{jc}(C_\mu) = 1.5$ pF y $|V_A| = 100$ V.

El archivo de entrada del SPICE para este ejemplo aparece en el apéndice D. Nuestra primera petición del análisis es para hacer variar la entrada v_A en el intervalo de -2 V a 0 V en incrementos de 10 mV, y trazar una gráfica de v_{OR} y v_{NOR} contra v_A. Los resultados se muestran en la figura 14.56. De inmediato reconocemos las curvas características de voltaje como las que hemos visto y (parcialmente) verificado por análisis manual en la sección 14.6. Las dos curvas características de transferencia son simétricas alrededor de un voltaje de entrada de -1.32 V. El SPICE también determinó que el voltaje V_R en la base del transistor de referencia Q_R tiene exactamente este valor (-1.32 V), que también es idéntico al valor que determinamos por análisis manual del circuito que genera el voltaje de referencia.

Si se utiliza la función Probe (sonda) del PSPICE (o función similar con otras versiones SPICE), se pueden determinar los valores de los importantes parámetros de las curvas características de transferencia de voltaje. Se encontraron los siguientes valores:

Salida OR: $V_{OL} = -1.77$ V, $V_{OH} = -0.88$ V, $V_{IL} = -1.41$ V y $V_{IH} = -1.22$ V;
de esto, $NM_H = 0.339$ V y $NM_L = 0.358$ V

Salida NOR: $V_{OL} = -1.78$ V, $V_{OH} = -0.879$ V, $V_{IL} = -1.41$ V y $V_{IL} = -1.22$ V;
de esto, $NM_H = 0.345$ V y $NM_L = 0.377$ V

Estos valores son sorprendentemente cercanos a los hallados por análisis manual en la sección 14.6.

A continuación utilizamos el SPICE para investigar la dependencia de las curvas características de transferencia con respecto a la temperatura. El lector recordará que en la sección 14.6 estudiamos este punto con alguna profundidad y realizamos un análisis manual como ejemplo 14.2. Aquí se pide al SPICE hallar las curvas características de transferencia a dos temperaturas, 0°C y 70°C (las curvas características de transferencia de voltaje que se ilustran en la figura 14.56 se calcularon a 27°C) para dos casos diferentes: el primer caso con V_R generada como en la figura 14.55, y el segundo con el circuito de voltaje de referencia eliminado y un voltaje de referencia constante, independiente de la temperatura, de -1.32 V, aplicado a la base de Q_R. Los resultados del análisis se muestran en la figura 14.57. Las gráficas de la figura 14.57(a) son para el caso en que se utilice el circuito de referencia, y las de la figura 14.57(b) son para el caso de un voltaje de referencia constante. Las gráficas de la figura 14.57(a) indican que a medida que la temperatura se hace variar y V_R cambia, los valores de V_{OH} y V_{OL} también cambian pero permanecen centrados en V_R. En otras palabras, los márgenes de ruido bajos y altos permanecen casi iguales. Como se menciona en la sección 14.6 y se demuestra en el análisis del ejemplo 14.2, ésta es la idea básica que hay detrás de hacer que V_R sea dependiente de la temperatura. Cuando V_R no sea dependiente de la temperatura, ya no se mantiene la simetría de V_{OL} y V_{OH} alrededor de V_R, como se demuestra en la figura 14.57(b).

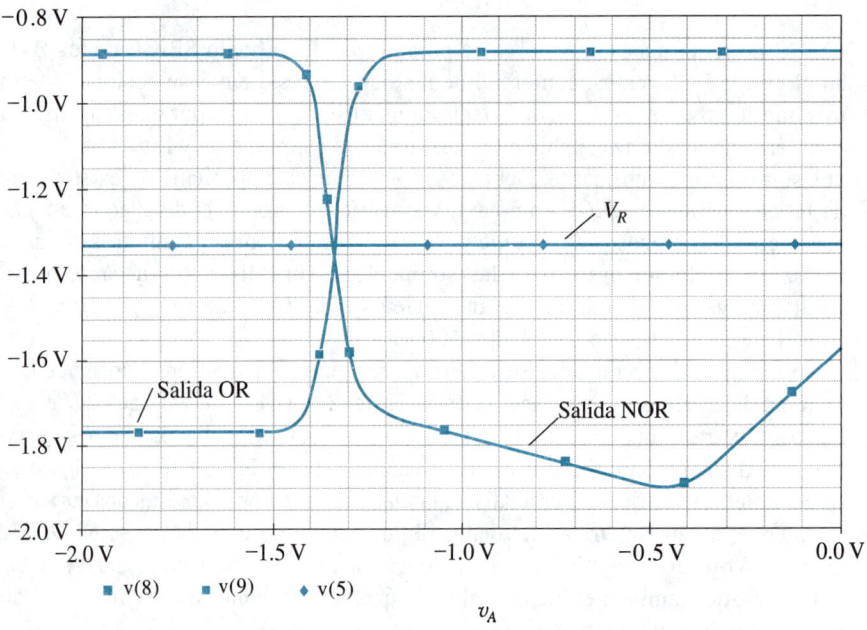

Fig. 14.56 Curvas características de transferencia de voltaje de entrada/salida (I/O) de las salidas OR y NOR, calculadas por el SPICE, para la compuerta ECL que se ilustra en la figura 14.54. También se indica el voltaje de referencia, $V_R = -1.32$ V.

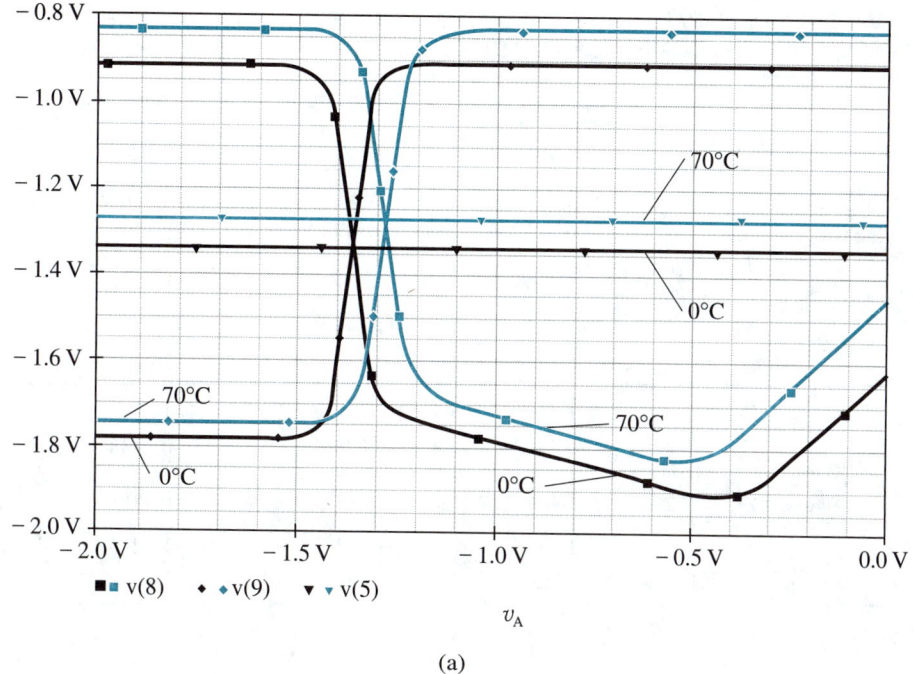

(a)

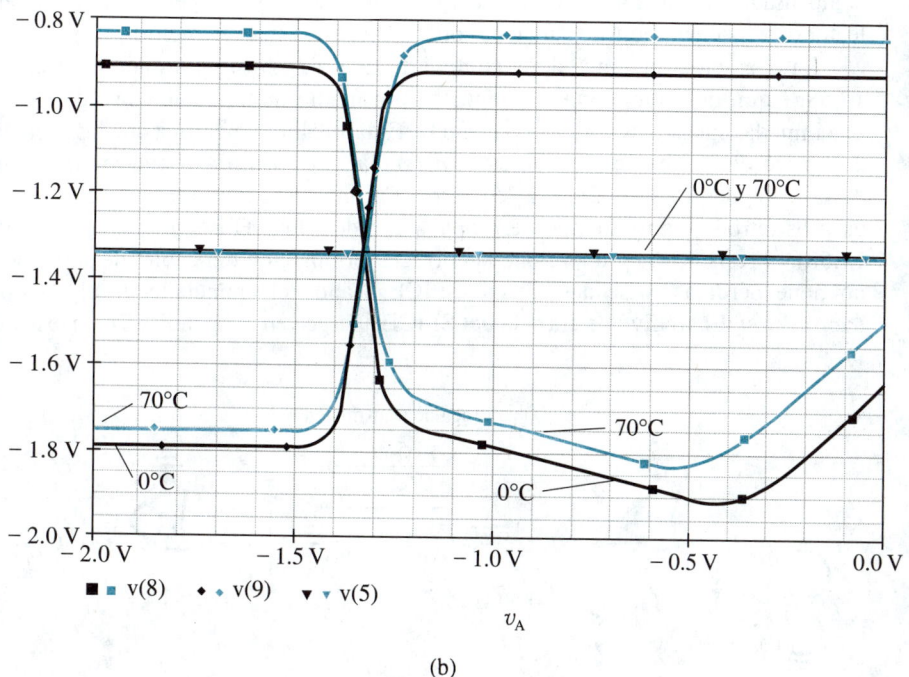

(b)

Fig. 14.57 Comparación de las curvas características de transferencia de voltaje de entrada/salida (I/O), de las salidas OR y NOR de la compuerta ECL que se ilustra en la figura 14.54, con el voltaje de referencia V_R generado, usando **(a)** una red de polarización compensada a temperatura, y **(b)** una fuente de voltaje independiente de la temperatura.

Tabla 14.2 VALORES DE PARÁMETROS, CALCULADOS POR EL PROGRAMA SPICE, DE UNA COMPUERTA ECL, CON Y SIN COMPENSACIÓN DE TEMPERATURA, A DOS DIFERENTES TEMPERATURAS.

Temperatura	Parámetro	Compensación de temperatura		Sin compensación de temperatura	
		OR	NOR	OR	NOR
0°C	V_{OL}	−1.779 V	−1.799 V	−1.786 V	−1.799 V
	V_{OH}	−0.9142 V	−0.9092 V	−0.9142 V	−0.9092 V
	$V_{prom} = \dfrac{V_{OL} + V_{OH}}{2}$	−1.3466 V	−1.3541 V	−1.3501 V	−1.3541 V
	V_R	−1.345 V	−1.345 V	−1.32 V	−1.32 V
	$\lvert V_{prom} - V_R \rvert$	1.6 mV	9.1 mV	30.1 mV	34.1 mV
70°C	V_{OL}	−1.742 V	−1.759 V	−1.729 V	−1.759 V
	V_{OH}	−0.8338 V	−0.8285 V	−0.8338 V	−0.8285 V
	$V_{prom} = \dfrac{V_{OL} + V_{OH}}{2}$	−1.288 V	−1.294 V	−1.2814 V	−1.294 V
	V_R	−1.271 V	−1.271 V	−1.32 V	−1.32 V
	$\lvert V_{prom} - V_R \rvert$	17 mV	23 mV	38 mV	26.2 mV

Por último, en la tabla 14.2 se ilustran algunos valores obtenidos. Observe que para el caso compensado en temperatura, el promedio de valor de V_{OL} y V_{OH} permanece muy cercano a V_R. El lector debe comparar estos resultados con los obtenidos en el ejemplo 14.2.

La operación dinámica de la compuerta ECL se investiga usando el circuito de la figura 14.58. Aquí, dos compuertas se conectan por medio de un cable coaxial de 1.5 m que tiene una impedancia característica (Z_0) de 50 Ω. El fabricante especifica que las señales se propagan a lo largo de este cable (cuando está *correctamente terminado*) a aproximadamente la mitad de la velocidad de la luz, o sea 15 cm/ns. Entonces esperaríamos que el cable de 1.5 m que usamos introdujera un tiempo de propagación de 10 ns. Observe que en este circuito (figura 14.58), el resistor R_{T1} proporciona la correcta terminación del cable. Se supone que este cable no tiene pérdidas, y se describe al SPICE usando el enunciado de elemento de *línea de transmisión*. El archivo de entrada del SPICE aparece en el apéndice D. Un escalón de voltaje,

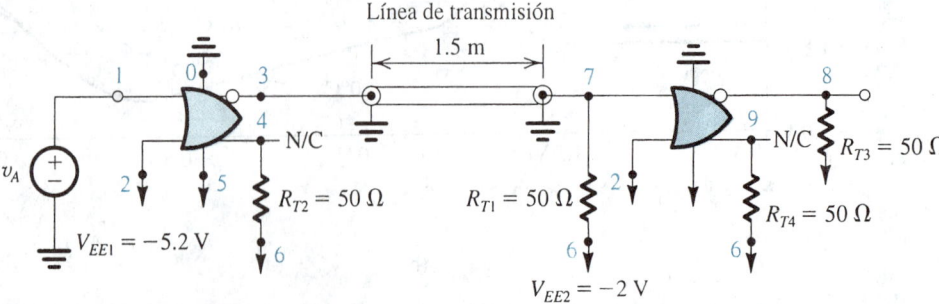

Fig. 14.58 Diseño de circuito para investigar la operación dinámica de un ECL. Se conectan dos compuertas en cascada por medio de un cable coaxial de 1.5 m. El resistor R_{T1} (50 Ω) proporciona una correcta terminación para el cable coaxial.

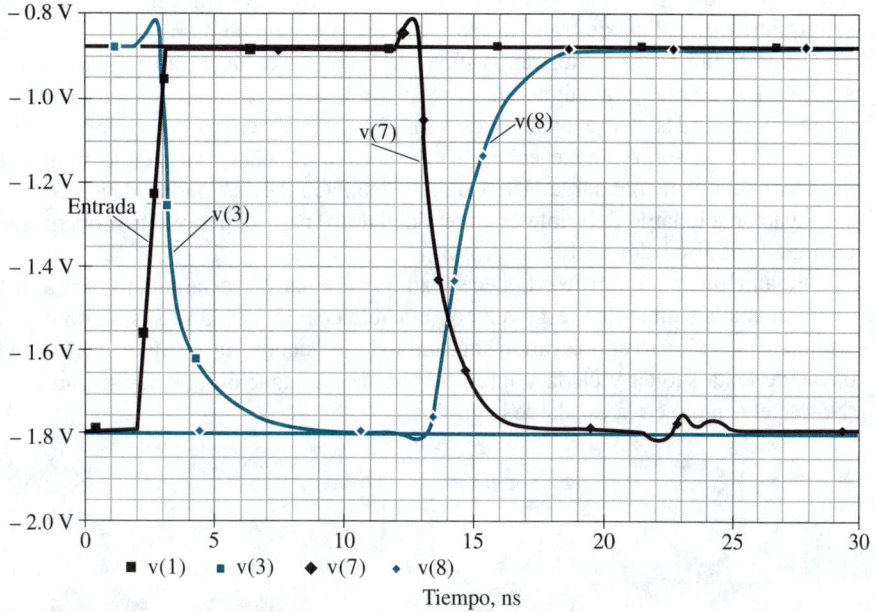

Fig. 14.59 Respuesta transitoria de una cascada de dos compuertas ECL interconectadas por un cable coaxial de 1.5 m que tiene una impedancia característica de 50 Ω (véase la figura 14.58).

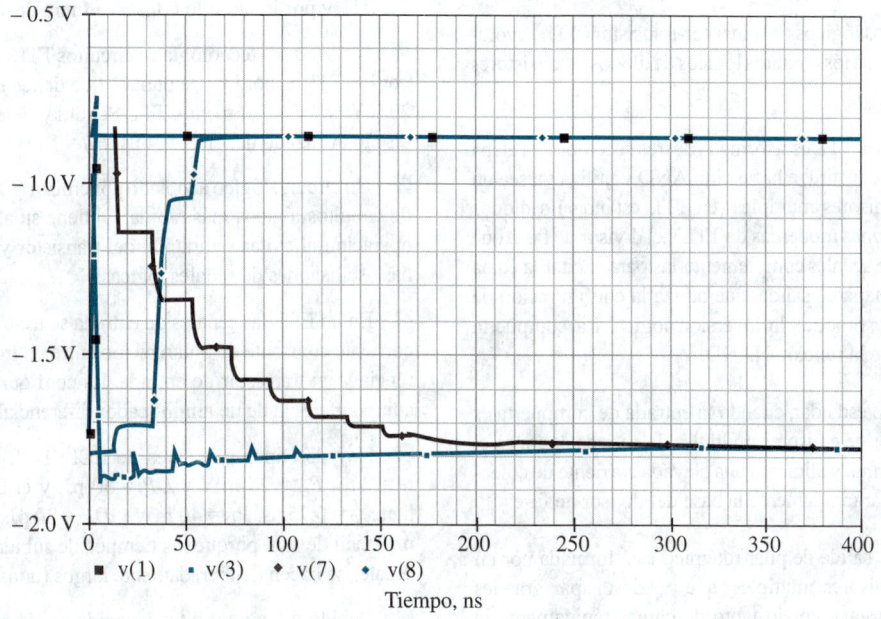

Fig. 14.60 Respuesta transitoria de una cascada de dos compuertas ECL interconectadas por un cable de 1.5 m que tiene una impedancia característica de 300 Ω. La resistencia de terminación se mantuvo sin cambio a 50 Ω. Nótese el cambio en la escala de tiempo de la gráfica.

que se eleva de −1.77 V a −0.884 V en 1 ns, se aplica a la entrada de la primera compuerta, y se requiere un análisis de transitorios sobre un intervalo de 30 ns.

En la figura 14.59 se ilustran gráficas de las ondas de la entrada, el voltaje a la entrada de la segunda compuerta, y la salida. Observe que a pesar de las muy altas velocidades de borde que aparecen, las ondas son razonablemente limpias y sin excesivas oscilaciones transitorias ni reflexiones. Esto es sorprendente en particular porque la señal está siendo transportada sobre una distancia relativamente larga. Un examen detallado de las ondas deja ver que el tiempo de propagación a lo largo del cable es en realidad de 10 ns, y el tiempo de propagación de la segunda compuerta es alrededor de 1.06 ns.

Finalmente, para verificar la necesidad de terminar correctamente la línea de transmisión, se repite el análisis dinámico, esta vez con el cable coaxial de 50 Ω sustituido con un cable de par torcido de 300 Ω pero conservando sin cambio la resistencia de terminación. Los resultados son las ondas de lenta subida y caída y largo tiempo de propagación que se ilustran en la figura 14.60. (Nótese el cambio en la escala de la gráfica.)

Resumen

■ Antes que un transistor saturado empiece a no conducir, la carga extra almacenada en su base debe ser eliminada. El tiempo de almacenamiento se puede acortar si se evita una profunda saturación y se hace circular una corriente inversa de base. Para operación a alta velocidad, la saturación debe evitarse por completo.

■ Los circuitos lógicos de transistor-transistor (TTL) evolucionaron a partir de los circuitos lógicos de diodos y transistores (DTL).

■ La compuerta TTL está formada de tres secciones: la etapa de entrada, que constituye la función AND y utiliza ya sea un transistor de emisores múltiples (en TTL estándar) o diodos Schottky (en formas modernas de TTL); el divisor de fase, que genera un par de señales complementarias para excitar la etapa de salida; y la etapa de salida, que utiliza la configuración de pilar totémico y produce la inversión lógica. La compuerta lógica constituye la función NAND.

■ En una TTL estándar, cuando la entrada de compuerta es baja, el transistor de emisores múltiples de entrada opera en el modo activo normal y alimenta una elevada corriente de colector para descargar rápidamente la base del divisor de fase.

■ La etapa de salida de pilar totémico está formada por un transistor de emisores múltiples, que puede disipar grandes corrientes de carga y por lo tanto descargar rápidamente la capacitancia de carga, y por un seguidor de emisor, que puede generar elevadas corrientes de carga y por lo tanto cargar rápidamente la capacitancia de carga.

■ Para aumentar la velocidad de un TTL, se evita que los transistores se saturen. Esto se realiza al conectar un diodo Schottky entre la base y colector. Los diodos Schottky se forman como uniones de metal a semiconductor y presentan bajas caídas de voltaje de polarización directa. El diodo Schottky deriva parte de la excitación de corriente de base del BJT y por lo tanto lo conserva fuera de saturación.

■ La avanzada tecnología en circuitos TTL está representada por los TTL Schottky "de punta", que tienen $t_P = 1.5$ ns, $P_D = 20$ mW y $DP = 30$ pJ; los TTL Schottky de baja potencia de diseño avanzado tienen $t_P = 4$ ns, $P_D = 1$ mW y $DP = 4$ pJ.

■ Un circuito lógico acoplado por emisor (ECL) es la familia de circuitos lógicos más rápida. Obtiene su alta velocidad de operación al evitar saturación del transistor y utilizar pequeñas oscilaciones de señales lógicas.

■ En un ECL las señales de entrada se usan para dirigir una corriente constante de polarización entre un transistor de referencia y un transistor de entrada. La configuración básica de compuerta es la de un amplificador diferencial.

■ Hay dos tipos populares de ECL: ECL 10K, que tiene $t_P = 2$ ns, $P_D = 25$ mW y $DP = 50$ pJ; y el ECL 100K, que tiene $t_P = 0.75$ ns, $P_D = 40$ mW y $DP = 30$ pJ. El ECL 10K es más fácil de usar porque los tiempos de subida y caída de sus señales se hacen deliberadamente largos (unos 3.5 ns).

■ Debido a las muy altas velocidades de operación de un ECL, debe tenerse cuidado al conectar la salida de una compuerta a la entrada de otra. Por lo general se utilizan técnicas de líneas de transmisión.

■ El diseño de la compuerta ECL se optimiza de modo que los márgenes de ruido sean iguales y permanezcan iguales que los cambios de temperatura.

■ La compuerta ECL produce dos salidas complementarias, ejecutando funciones OR y NOR.

■ Las salidas de compuertas ECL se pueden alambrar juntas para ejecutar la función OR de las variables individuales de salida.

■ Un BiCMOS combina la baja potencia y amplios márgenes de ruido de un CMOS con la capacidad de una elevada corriente de excitación (y por lo tanto cortos tiempos de propagación de compuerta) de los BJT para obtener una tecnología capaz de construir circuitos integrados a escala muy grande (VLSI), de alta velocidad, baja potencia y muy densos, que pueden incluir también funciones analógicas.

■ La tecnología de GaAs produce circuitos lógicos que tienen muy altas velocidades de operación, con tiempos de compuerta entre 10 y 100 ps, pero la disipación de potencia es un poco alta (1 a 10 mW por compuerta), limitando el nivel de integración a escala grande (LSI). Del mismo modo, la baja producción de su fabricación resulta en un costo relativamente alto por compuerta.

■ Un circuito lógico FET de acoplamiento directo (DCFL) utiliza MESFET del tipo de enriquecimiento. La oscilación del voltaje de salida está limitada a menos de 0.7 V por conducción de compuerta. Se obtienen márgenes de ruido mayores en circuitos que utilizan los MESFET de agotamiento. Estos últimos, sin embargo, requieren circuitos de desplazamiento de nivel y dos fuentes de alimentación.

BIBLIOGRAFÍA

Álvarez, A. R. (ed.), *BiCMOS Technology and Applications*, 2a. ed., Kluwer Academic Publishers, Boston, 1993.

Embabi, S. H. K., A. Bellaour y M. I. Elmasry, *Digital BiCMOS Integrated Circuit Design*, Kluwer Academic Publishers, Boston, 1993.

Fairchild, *TTL Data Book*, Mountain View, Fairchild Camera and Instrument Corp., Calif., dic. 1978.

Garrett, L. S., "Integrated-circuit digital logic families", un artículo publicado en tres partes en *IEEE Sprectrum*, oct., nov., y dic. 1970.

Getreu, I., *Modeling the Bipolar Transistor*, Tektronix Inc., Beaverton, Ore., 1976.

Harris, J. N., P. E. Gray y C. L. Searle, *Digital Transistor Circuits*, vol. 6 de la serie SEEC, Wiley, Nueva York, 1966.

Hodges, D. A. y H. G. Jackson, *Analysis and Design of Digital Integrated Circuits*, 2a. ed., McGraw-Hill, Nueva York, 1988.

IEEE Journal of Solid-State Circuits. La edición de noviembre de cada año ha sido dedicada a circuitos digitales.

Lin, H. C., J. C. Ho, R. R. Iyer y K. Kwong, "CMOS-Bipolar Transistor Structure", *IEEE Trans. Electron Devices*, vol. ED-6, núm. 11, nov. 1969, pp. 945-951.

Long S. L. y S. L. Butner, *Gallium-Arsenide Digital Integrated Circuits*, McGraw-Hill, Nueva York, 1990.

Millman J., y H. Taub, *Pulse, Digital and Switching Waveforms*, cap. 20, McGraw-Hill, Nueva York, 1965.

Motorola, *MECL System Design Handbook*, Motorola Semiconductor Products Inc., Phoenix, Ariz., 1988.

Motorola, *MECL Device Data*, Motorola Semiconductor Products Inc., Phoenix, Ariz., 1989.

Rabaey, J. M., *Digital Integrated Circuits*, Prentice-Hall, Englewood-Cliffs, NJ, 1996.

Roberts, G. R. y A. S. Sedra, *SPICE*, Oxford University Press, Nueva York, 1997.

Shur, M., *GaAs Devices and Circuits*, Plenum Press, Nueva York, 1987.

Strauss, L., *Wave Generation and Shaping*, 2a. ed., McGraw-Hill, Nueva York, 1970.

Taub, H. y D. Schilling, *Digital Integrated Electronics*, McGraw-Hill, Nueva York, 1977.

Texas Instruments Staff, *Designing with TTL Integrated Circuits*, McGraw-Hill, Nueva York, 1971.

Treadway, R. L., "DC analysis of current-mode logic", *IEEE Circuits and Devices*, vol. 5, núm. 2, mar. 1989, pp. 21-35.

Wilson, G. R., "Advances in bipolar VLSI", Proceedings of the IEEE, vol. 78, no. 11, noviembre de 1990, pp. 1707-1719.

PROBLEMAS

Sección 14.1: Operación dinámica del interruptor BJT

14.1 Un interruptor BJT en particular, para el cual la constante de tiempo de retardo de almacenamiento es 10 ns y β es 50, es operado en un circuito para el cual $I_{C\text{sat}} = 10$ mA y la corriente de base de conducción, I_{B2}, es 2 mA. Calcule el retardo de almacenamiento bajo condiciones en que la corriente de base para corte, I_{B1}, es (a) 0 mA, (b) 1 mA, (c) 2 mA.

14.2 Utilice el resultado del ejercicio 14.1 para hallar $(C_{je} + C_{\mu})$ para el BJT en un circuito para el cual $V_1 = 0$ V, $V_2 = +3$ V, $R_B = 1$ kΩ y $t_d = 3$ ns. Suponga que $r_x = 50$ Ω.

14.3 Un BJT, cuando se opera en el circuito de la figura 14.1 con $R_B = 1$ kΩ, $R_C = 1$ kΩ, $V_{CC} = V_2 = 3$ V, y $V_1 = 0$ V con $V_{CE\text{sat}} \simeq 0$ V, tiene un tiempo de retardo de almacenamiento de 10 ns. ¿Cuál tiempo de retardo de almacenamiento esperaría el lector si $V_{CC} = V_2$ se eleva a 5 V? Suponga que $V_{BE} = 0.7$ V y $\beta = 50$.

14.4 Un transistor cuya β es 100 y cuya constante de tiempo de almacenamiento es 20 ns se opera con una corriente de colector de 10 mA y una corriente forzada de base de 1 mA. ¿Cuál es el exceso de carga de base de saturación bajo estas condiciones? ¿En qué se convierte si la excitación de base se reduce a 0.11 mA? En ambos casos, halle el tiempo de almacenamiento suponiendo que la corriente de corte de base es 0.1 mA.

Sección 14.2: Primeras formas de circuitos digitales BJT

*14.5 En este problema deseamos hallar los puntos críticos de la curva característica de transferencia de voltaje, y de ella los márgenes de ruido, de la compuerta de circuito lógico de transistor-resistor RTL NOR de la figura 14.4. Considere la situación donde $v_B = 0$ V, y por lo tanto Q_B está en corte. La curva característica de transferencia de voltaje es v_Y contra v_A. Para este fin supongamos que el transistor tiene $v_{BE} = 0.7$ V a $i_C = 1$ mA, $\beta_F = 50$, $\beta_R = 0.1$, y nótese que (1) V_{OH} se calculó en el ejercicio 14.2 bajo las condiciones de una divergencia $N = 5$ y se encontró que era de 1 V; y (2) V_{IL} es el valor de v_A al cual Q_A empieza a conducir. Sea aproximadamente de 0.6 V.

(a) V_{IH} es el valor de v_A con el cual Q_A se satura, por ejemplo, $\beta_{\text{forzada}} = \beta_F/2$. Utilice la ecuación (4.114) para calcular $V_{CE\text{sat}}$. A continuación encuentre I_C, V_{BE}, I_B y V_{IH}.

(b) $V_{OL} = V_{CE\text{sat}}$ que se obtiene para $v_A = V_{OH} = 1$ V. Encuentre el valor de V_{OL}.

(c) Trace la curva característica de transferencia de voltaje.

(d) Calcule NM_H y NM_L.

14.6 Considere el circuito lógico de transistor-resistor (RTL) que se muestra en la figura 14.4.

(a) Encuentre la corriente tomada de la alimentación de cd cuando $v_Y = V_{OL} = 0.1$ V. Entonces encuentre la disipación de potencia en la compuerta en este estado (desprecie la potencia disipada debido a la excitación de base de los BJT).

(b) Con el transistor en corte y la compuerta excitando otras compuertas de modo que $v_Y = V_{OH} = 1$ V, encuentre la corriente tomada de la alimentación de cd y también la disipación de potencia de compuerta en este estado.

(c) Utilice los resultados de (a) y (b) para calcular el promedio de disipación de potencia de la compuerta de circuito lógico de transistor-resistor (RTL).

(d) Si el tiempo de propagación de la compuerta RTL es 10 ns, encuentre su producto de tiempo por potencia.

14.7 ¿Cuál es la función lógica realizada por el circuito que se muestra en la figura P14.7?

14.8 Considere el circuito de la figura 14.5. Si $V_{CC} = 5$ V, $R_C = R_B = 1$ kΩ, $V_{CE\text{sat}} = 0.1$ V, y $V_{BE} = 0.7$ V, ¿cuáles son los niveles de voltaje en Q y $\bar{Q}$ cuando las entradas de establecer y restablecer (*set, reset*) están inac-

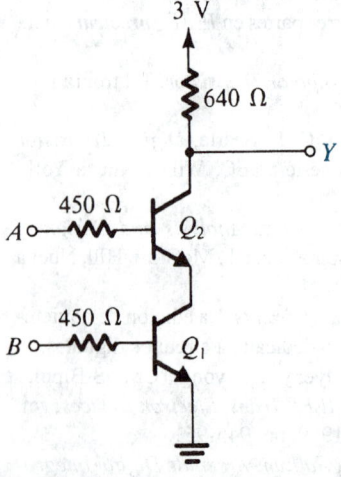

Fig. P14.7

tivas pero siguen un intervalo en el que S era alto mientras que R era bajo?

14.9 Para la compuerta de circuito lógico de diodo-transistor (DTL) de la figura 14.6, cuya operación se describe en el texto, encuentre V_{OH}, V_{OL}, V_{IL}, V_{IH}, y los márgenes de ruido. Suponga que la caída de voltaje de una unión conductora es 0.7 V constante. V_{IL} se puede tomar como el voltaje de entrada al cual Q empieza a conducir (V_{BE} alcanza 0.5 V), y V_{IH} puede ser tomado como el valor de entrada al cual el voltaje en los terminales del diodo de entrada llega a 0.5 V. Para hallar V_{OL}, calcule β_{forzada} y utilice la ecuación (4.114) para calcular V_{CEsat}, suponiendo que $\beta_F = 50$ y $\beta_R = 0.1$.

14.10 Para la compuerta de circuito lógico de diodo-transistor (DTL) de la figura 14.6, calcule el total de corriente en cada alimentación y también la disipación de potencia de compuerta para los dos casos: υ_Y alto y υ_Y bajo. Entonces encuentre el promedio de disipación de potencia en la compuerta DTL.

D14.11 Siguiendo las instrucciones generales sugeridas por la compuerta NAND DTL de dos entradas de la figura 14.6, dibuje un circuito (usando un transistor, diodos y resistores) para construir la función $Y = \overline{AB + CD}$.

Sección 14.3: Circuitos lógicos de transistor-transistor (TTL o T²L)

D14.12 Considere la compuerta de circuito lógico de diodo-transistor de la figura 14.7 cuando la salida es baja y la compuerta está excitando N compuertas idénticas. Suponga que Q_3 tiene $\beta_F = 50$ y $\beta_R = 0.1$. Utilice los resultados del ejercicio 14.4 para determinar
  (a) el voltaje de salida para $N = 0$, y
  (b) la máxima divergencia N permitida bajo la restricción de que el voltaje de salida no exceda dos veces el valor hallado en (a).

14.13 Para la compuerta DTL de la figura 14.7 sea $\beta = 100$ y $V_{BE} = V_D = 0.7$ V. Calcule la corriente de base alimentada a Q_3 cuando υ_I sea alto. Cuando υ_I sea bajo, ¿cuál es el valor de la corriente inversa que circula por la base de Q_3 para eliminar la carga de saturación? Si $\tau_s = 10$ ns, calcule el tiempo de retardo de almacenamiento t_s usando la ecuación (14.3).

D*14.14 Para el circuito de la figura 14.7, ¿cuál es la mínima β de Q_2 y Q_3 (supuestos iguales) que asegure que Q_3 se sature con un factor de saturación de base de 5? Suponga $V_{BE} = V_D = 0.7$ V y $V_{CEsat} = 0.2$ V. (Recuerde que el factor de saturación de base es la razón entre la corriente de base y la mínima corriente de base necesaria para saturar el transistor.)

14.15 Considere la etapa de salida de una compuerta DTL, formada por un transistor con $\beta_F = 50$ y una β forzada de 10, una resistencia de carga de 2 kΩ conectada a una alimentación de +5 V. Si la capacitancia de carga es 10 pF, calcule los tiempos de subida y caída de 10% a 90% de la onda de voltaje de salida. Suponga que $V_{CEsat} = 0.2$ V.

14.16 Considere el circuito de la figura 14.9 con una alimentación de 5 V, $R = 4$ kΩ, $R_C = 2$ kΩ, $V_{BE} = 0.7$ V, V_{CEsat} $(Q_3) \simeq 0.2$ V, $\beta_F = 20$ y $\beta_R = 0.1$. ¿Qué corriente de entrada circula con entrada alta (≥ 1.4 V)? ¿Y con entrada baja (a 0.2 V)? ¿Cuál es el valor de V_{OH} sin carga? ¿Para qué divergencia de circuitos semejantes decrece V_{OH} en 2 V?

14.17 Considere el circuito de la figura 14.9 con $V_{CC} = 3$ V, $R = 3$ kΩ y $R_C = 1$ kΩ, a medida que la entrada se eleva lentamente desde 0 V. Si V_{CEsat} de Q_1 es 0.1 V, y si Q_3 conduce cuando su V_{BE} llega a 0.6 V, ¿a qué valor de voltaje de entrada empieza Q_3 a conducir? Ésta es una buena estimación de V_{IL}.

*14.18 Se está considerando una variante de la compuerta T²L que se ilustra en la figura 14.19, en la que todas las resistencias están triplicadas. Para una entrada alta, estime todos los voltajes de nodo y corrientes de rama con $\beta_F = 30$, $\beta_R = 0.01$, $V_{BE} = 0.7$ V y una carga de 1 kΩ conectada a la fuente de 5 V.

*14.19 Repita el análisis del circuito sugerido en el problema 14.18 con entrada baja (a +0.2 V) y un resistor de 1 kΩ conectado desde la salida a tierra.

*14.20 A dos compuertas TTL del tipo descrito en el problema 14.18, una con entrada alta y una con entrada baja, se les unen accidentalmente sus salidas. ¿Qué voltaje de salida resulta? ¿Qué corriente circula en el cortocircuito?

*14.21 Un transistor para el cual $\beta_F = 50$ y $\beta_R = 5$ se utiliza para Q_3 en la figura 14.20. Para una corriente de base de 2.5 mA, ¿cuál es V_{CEsat} para $i_L = 0, 1, 10$ y 100 mA? Estime R_{CEsat} a 0.5, 5 y 50 mA.

14.22 Considere el circuito de salida de la compuerta de la figura 14.22. ¿Cuál es el voltaje de salida cuando se extrae una corriente de 2 mA? ¿Cuál es la resistencia de salida (a pequeña señal) a este nivel de corriente? Utilice $\beta = 50$.

14.23 Considere el circuito de salida de la compuerta de la figura 14.22. Para $\beta = \infty$ y $V_{CEsat} = 0.2$ V, ¿a qué corriente de salida se satura Q_4? Para $\beta = 20$, ¿a qué corriente ocurre la saturación?

14.24 Si la salida del circuito de la figura 14.22 se pone en cortocircuito a tierra, ¿qué corriente circula? Suponga una β alta, $V_{CEsat} = 0.2$ V y $V_{BE} = V_D = 0.7$ V. ¿Cuál es el valor mínimo de β para el cual se cumple el análisis del lector?

Sección 14.4: Curvas características de un TTL estándar

D14.25 Para la compuerta TTL que se ilustra con su curva característica en la figura 14.23, considere el efecto de cambiar el valor de R_2 a 0.5 kΩ y a 2 kΩ. Dibuje y aplique leyendas a la curva característica original y a las dos modificadas. ¿Cuál le gusta más? ¿Por qué? El problema es que a medida que R_2 aumenta, el tiempo de retardo de almacenamiento de la compuerta también aumenta.

***14.26 Considere el circuito de la figura 14.23 con un resistor de 200 Ω conectado entre la salida y la entrada para polarizar el circuito inversor en esta región lineal.

(a) Realice un análisis de cd en el circuito para determinar todas las corrientes y voltajes. Suponga que Q_1 se satura con V_{CEsat} de aproximadamente 0.1 V y que todos los otros transistores están en el modo activo con $\beta = 50$ y $V_{BE} = 0.7$ V. (Nótese que Q_4 permanecerá en el modo activo aun cuando su voltaje de colector sea ligeramente menor que su voltaje de base.)

(b) Usando el modelo T simple para cada transistor activo, encuentre un valor aproximado para la ganancia de voltaje a pequeña señal del inversor.

14.27 Con los datos de las respuestas al ejercicio 14.11, encuentre los márgenes de ruido de la compuerta T²L a −55°C y +125°C.

14.28 Un análisis del circuito de la compuerta TTL de la figura 14.23, cuando v_O es bajo, muestra que la corriente de base de Q_3 a −55°C, +25°C y +125°C es 2.2 mA, 2.6 mA y 3 mA, respectivamente. Si, a estas tres temperaturas, β_F de Q_3 es 13, 20 y 25, respectivamente, encuentre la máxima corriente que la salida de compuerta puede disipar a cada una de estas tres temperaturas, mientras Q_3 permanece en saturación.

D14.29 Un diseñador, considerando la posibilidad de elevar el umbral de entrada de la compuerta TTL que se ilustra en la figura 14.23, agrega dos diodos, uno en serie con el emisor de Q_2 y uno en serie con D. ¿Por qué es necesario el segundo diodo? Trace la curva característica de transferencia y encuentre V_{OH}, V_{OL}, V_{IH}, V_{IL} y los márgenes de ruido.

14.30 Para una compuerta TTL NAND de ocho entradas semejante a la de la figura 14.24, β_R de Q_1 es 0.04. Para todas las entradas altas, ¿cuál es la corriente adicional alimentada a Q_2 como resultado de que Q_1 opere en el modo invertido?

D14.31 Siguiendo las instrucciones indicadas por la figura 14.26, trace el circuito de una compuerta NOR de tres entradas.

14.32 Analice el circuito de la figura 14.26 para determinar todas las corrientes y voltajes para los siguientes tres casos:

(a) $v_A = v_B = v_C = v_D = +5$ V.
(b) $v_A = v_C = v_D = +5$ V y $v_B = +0.2$ V.
(c) $v_A = v_C = +5$ V y $v_B = v_D = +0.2$ V.
Utilice $V_{BE} = 0.7$ V y $V_{CEsat} = 0.2$ V.

D14.33 Trace un circuito que realice la función lógica $Y = AB + CD$ usando dos compuertas NAND de dos entradas del tipo de colector abierto y un resistor.

14.34 Considere la compuerta triple que se ilustra en la figura E14.16 a medida que el voltaje del terminal de entrada triple se eleva desde el valor "bajo". ¿Cuál es el voltaje apenas necesario para que Q_7 no conduzca y por lo tanto libere al resistor de 1.6 kΩ para excitar Q_4 o Q_3 a través de Q_2?

Sección 14.5: Familias TTL con rendimiento mejorado

14.35 Considere un transistor Schottky cuyo emisor está a tierra, su base está conectada a una señal de entrada de +5 V a través de un resistor de 10 kΩ, y su colector está conectado a una fuente de +5 V a través de un resistor de 1 kΩ. Suponga que $V_{BE} = 0.8$ V, la caída de voltaje del diodo Schottky es 0.5 V y $\beta = 50$. Encuentre las corrientes de base y colector del BJT intrínseco y la corriente que circula por el diodo Schottky.

14.36 Para la compuerta Schottky TTL NAND de la figura 14.28, encuentre la corriente que circule en un cortocircuito de salida a tierra cuando

(a) las entradas son bajas, ambas, y
(b) las entradas son altas, ambas.
Suponga que $V_{BE} = 0.8$ V y $V_D = 0.5$ V.

*14.37 El BJT del circuito que se ilustra en la figura P14.37 empieza a conducir a $v_{BE} = 0.7$ V y conduce completamente a $v_{BE} = 0.8$ V. Lo mismo ocurre a D_7. Los diodos Schottky tienen una caída de voltaje de 0.5 V.

(a) ¿Cuál es la función lógica desarrollada?
(b) Encuentre V_{OL} y V_{OH}.
(c) Encuentre V_{IL} y V_{IH}.
(d) Encuentre los márgenes de ruido.
(e) Encuentre la corriente tomada de la fuente cuando A sea alto, B sea alto y C sea bajo.

Sección 14.6: Circuitos lógicos acoplados por emisor (ECL)

D14.38 Para el circuito ECL de la figura P14.38, los transistores exhiben V_{BE} de 0.75 V a una corriente de emisor I y tienen β muy alta.

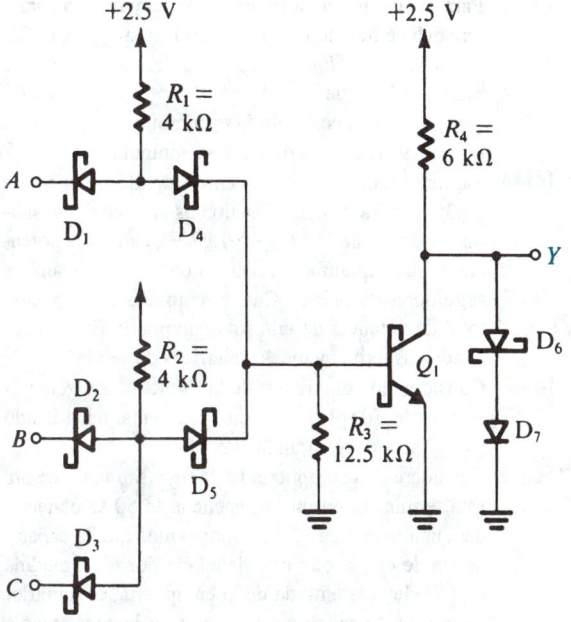

Fig. P14.37

(a) Encuentre V_{OH} y V_{OL}.

(b) Para que la entrada en B sea suficientemente negativa para que Q_B se encuentre en corte, ¿qué voltaje en A hace que una corriente de $I/2$ entre en Q_R?

(c) Repita (b) para una corriente en Q_R de $0.99I$.

(d) Repita (c) para una corriente en Q_R de $0.01I$.

(e) Utilice los resultados de (c) y (d) para especificar V_{IL} y V_{IH}.

(f) Encuentre NM_H y NM_L.

(g) Encuentre el valor de IR que haga que los márgenes de ruido sean iguales al ancho de la región de transición, $V_{IH} - V_{IL}$.

(h) Con el valor de IR obtenido en (g), dé valores numéricos para V_{OH}, V_{OL}, V_{IH}, V_{IL} y V_R para esta compuerta ECL.

*14.39 Tres inversores lógicos se conectan en un anillo. Las especificaciones para esta familia de compuertas indican un tiempo de propagación típico de 3 ns para transiciones de salida alta a baja y 7 ns para transiciones baja a alta. Suponga que por alguna razón la entrada a una de las compuertas experimenta una transición baja a alta. Por medio del trazo de las ondas a las salidas de las tres compuertas y el rastreo de sus posiciones relativas, demuestre que el circuito funciona como oscilador. ¿Cuál es la frecuencia de oscilación de este **oscilador en anillo**? En cada ciclo, ¿qué tan largo es el nivel alto de la salida? ¿Y el bajo?

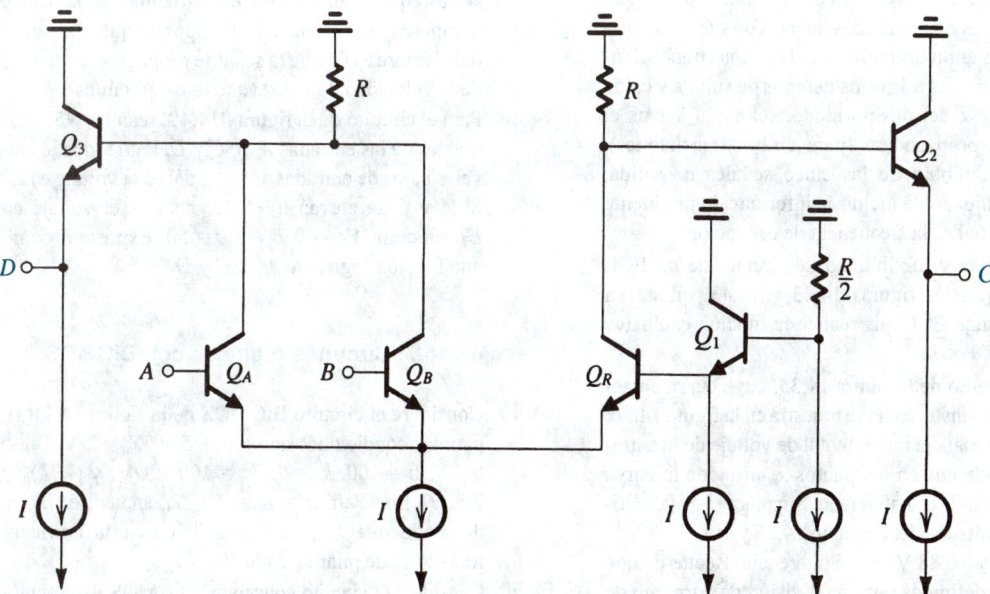

Fig. P14.38

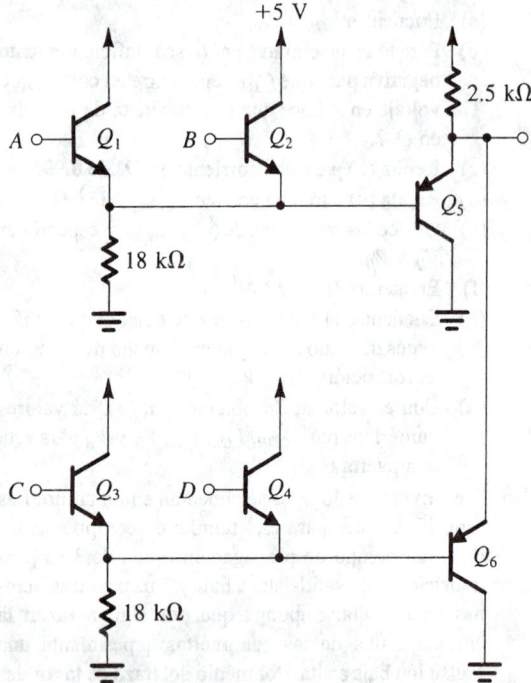

Fig. P14.48

*14.40 Siguiendo la idea de un oscilador en anillo introducida en el problema 14.39, considere un diseño que utiliza un anillo de cinco inversores ECL 100K. Suponga que los inversores tienen bordes lineales de subida y bajada (y por lo tanto las ondas son de formas trapezoidales). Sean iguales a 1 ns los tiempos de subida y caída de 0 a 100%; del mismo modo, sea igual a 1 ns el tiempo de propagación (para ambas transiciones). Elabore un dibujo de las cinco señales de salida, teniendo cuidado de incluir la información pertinente de fase. ¿Cuál es la frecuencia de oscilación?

*14.41 Con la lógica y flexibilidad de circuito de un ECL indicadas por las figuras 14.33 y 14.43, dibuje un circuito lógico ECL que realice la función exclusiva OR $Y = \overline{A}B + A\overline{B}$.

*14.42 Para el circuito de la figura 14.35, cuya curva característica de transferencia se muestra en la figura 14.36, calcule la ganancia incremental de voltaje de la entrada a la salida OR en los puntos x, m e y de la curva característica de transferencia. Suponga $\beta = 100$. Utilice los resultados del ejercicio 14.26 y sea -1.77 V la salida en x y -0.88 V en y. Sugerencia: Recuerde que x e y están definidas por una división de corriente de 1%, 99%.

14.43 Para el circuito de la figura 14.35, cuya curva característica de transferencia se ilustra en la figura 14.36, encuentre V_{IL} y V_{IH} si x e y están definidas como los puntos en los que

(a)   90% de la corriente I_E se conmuta.

(b)   99.9% de la corriente I_E se conmuta.

14.44 Para el circuito simétricamente cargado de la figura 14.35 y para los niveles típicos de señal de salida ($V_{OH} = -0.88$ V y $V_{OL} = -1.77$ V), calcule la potencia perdida en ambos resistores de carga R_T y ambos seguidores de salida. ¿Cuál es entonces la disipación total de potencia de una sola compuerta ECL incluyendo sus terminaciones simétricas de salida?

14.45 Considerando el circuito de la figura 14.37, ¿cuál es el valor de β de Q_2, para el cual el alto margen de ruido (NM_H) se reduce en un 50%?

*14.46 Considere una compuerta ECL cuya salida inversora está terminada en una resistencia de 50 Ω conectada a una fuente de -2 V. Supongamos que la capacitancia de carga total está denotada por C. A medida que se eleva la entrada de la compuerta, el seguidor de emisor de salida entra en corte y la capacitancia C de carga se descarga a través de la carga de 50 Ω (hasta que el seguidor de emisor conduce otra vez). Encuentre el valor de C que resultará en un tiempo de descarga de 1 ns. Suponga que los dos niveles de salida son -0.88 V y -1.77 V.

14.47 Para señales cuyos tiempos de subida y caída son 3.5 ns, ¿qué longitud de alambre no terminado de interconexión de compuerta a compuerta se puede usar, si se requiere una razón entre tiempo de subida y tiempo de retorno de 5 a 1? Suponga que el entorno del alambre es tal que la señal se propaga a dos tercios de la velocidad de la luz (que es de 30 cm/ns).

*14.48 Para el circuito de la figura P14.48, sean 0 y +5 V los niveles de las entradas A, B, C y D. Para todos los niveles bajos de entradas a 0 V, ¿cuál es el voltaje en E? Si A y C se elevan a +5 V, ¿cuál es el voltaje en E? Suponga $|V_{BE}| = 0.7$ V y $\beta = 50$. Exprese E como una función lógica de A, B, C y D.

Sección 14.7: Circuitos digitales con BiCMOS

14.49 Considere el circuito BiCMOS de la figura 14.44(a), para las condiciones que $V_{DD} = 5$ V, $|V_t| = 1$ V, $V_{BE} = 0.7$ V, $\beta = 100$, $k'_n = 2.5k'_p = 100$ μA/V^2 y $(W/L)_n = 2$ μm/1 μm. Para $\upsilon_I = \upsilon_O = V_{DD}/2$, encuentre $(W/L)_p$ de modo que $I_{EQ1} = I_{EQ2}$. ¿Cuál es esta corriente transitoria de pilar totémico?

14.50 Considere el circuito conceptual BiCMOS de la figura 14.44(a) para las condiciones expresadas en el problema

14.49. ¿Cuál es el voltaje de umbral del inversor si Q_N y Q_P tienen $W/L = 2 \ \mu m/1 \ \mu m$? ¿Qué corriente de pilar totémico circula a υ_I igual al voltaje de umbral?

D14.51 Considere la selección de valores para R_1 y R_2 del circuito de la figura 14.44(c). Una consideración importante al hacer esta selección es que la pérdida de corriente de excitación de base debe ser limitada. Esta pérdida se hace particularmente aguda cuando la corriente que circula por Q_N y Q_P se hace pequeña. Esto, a su vez, ocurre cerca del final de la oscilación de señal de salida cuando el dispositivo MOS correspondiente opera profundamente en la región del triodo (por ejemplo a $|\upsilon_{DS}| = |V_t|/3$). Determine valores para R_1 y R_2 de modo que la pérdida en corriente de base se limite a 50%. ¿Cuál es la razón R_1/R_2? Repita para una pérdida de 20% en excitación de base.

14.52 Para el circuito de la figura 14.44(a) con parámetros como en el problema 14.49 y con $(W/L)_p = (W/L)_n$, estime los tiempos de propagación t_{PLH}, t_{PHL} y t_P obtenidos para una capacitancia de carga de 2 pF. Suponga que las capacitancias internas de nodo no contribuyen mucho a este resultado. Utilice valores promedio para las corrientes de carga y descarga de condensador.

14.53 Repita el problema 14.52 para el circuito de la figura 14.44(e) suponiendo que $R_1 = R_2 = 5$ kΩ.

D14.54 Considere la respuesta dinámica de la compuerta NAND de la figura 14.45 con una gran carga capacitiva externa. Si la respuesta en el peor de los casos debe ser idéntica a la del inversor de la figura 14.44(e), ¿cómo deben estar relacionadas las razones (W/L) de Q_{NA}, Q_{NB}, Q_N, Q_{PA}, Q_{PB} y Q_P?

D14.55 Trace el circuito de una compuerta NOR de dos entradas BiCMOS. Si cuando la compuerta está cargada con una elevada capacitancia debe tener tiempos, en el peor de los casos, iguales a los valores correspondientes del inversor de la figura 14.44(e), encuentre W/L de cada transistor en términos de $(W/L)_n$ y $(W/L)_p$.

Sección 14.8: Circuitos digitales de arseniuro de galio

14.56 Para la compuerta de circuito lógico FET acoplada por emisor (DCFL) del ejemplo 14.3, verifique que $V_{IH} = 0.63$ V y encuentre el valor correspondiente de υ_O. Para mayor sencillez, utilice el hecho de que $\upsilon_O \ll 1$.

**14.57 Para la compuerta DCFL del ejemplo 14.3 con V_{tE} cambiado a 0.1 V, encuentre V_{OH}, V_{OL}, V_{IL}, V_{IH}, NM_H y NM_L. Compare los resultados con los hallados en el ejemplo 14.3 y comente sobre el efecto del valor de V_{tE} en los márgenes de ruido.

D*14.58 Considere una compuerta DCFL fabricada en una tecnología de GaAs para la cual $L = 1 \ \mu m$, $V_{tD} = -1$ V, $\lambda = 0.1$ V^{-1}, y sea $V_{DD} = 1.5$ V. Suponga que el voltaje de conducción del diodo Schottky es 0.7 V.

(a) Deduzca expresiones para V_{OL}, V_{OH}, V_{IL}, V_{IH}, NM_H y NM_L en términos de V_{tE} y $m \equiv W_1/W_L$.

(b) Para $V_{tE} = 0.2$ V encuentre el valor de m que resulte en $NM_H = 0.2$ V. ¿Cuál es el valor resultante de NM_L?

(c) Repita (b) para $V_{tE} = 0.1$ V.

14.59 Para la compuerta de circuito lógico FET (FL) de la figura 14.51, sean las longitudes de los canales 1 μm, $W_S = W_L = 20 \ \mu m$, $W_{PD} = 10 \ \mu m$, β(por 1 μm ancho) $= 10^{-4}$ A/V^2, $V_{tD} = -0.9$ V y $\lambda = 0$. Calcule la disipación estática de alimentación de compuerta.

*14.60 Para la compuerta de circuito lógico FET (FL) de la figura 14.51, cuya curva característica de transferencia se muestra en la figura 14.52, sean $W_S = W_L = 20 \ \mu m$, $W_{PD} = 10 \ \mu m$, β(por 1 μm ancho) $= 10^{-4}$ A/V^2, $V_{tD} = -0.9$ V y $\lambda = 0.05$ V^{-1}. Encuentre un valor aproximado para la pendiente del segmento AB de la curva característica de transferencia y utilice este valor para estimar el ancho de la región de transición. (*Sugerencia:* La resistencia total en el dren de Q_S es aproximadamente el equivalente paralelo de r_{oL}, r_{oS} y r_{oPD}.)

Tecnología de fabricación de circuitos integrados en escala muy grande (VLSI)

INTRODUCCIÓN

El propósito de este apéndice es familiarizar al lector con la tecnología de fabricación de circuitos integrados en escala muy grande; se dan breves explicaciones de los pasos estándar de procesamiento VLSI, pero también se presentan las características de dispositivos que se pueden adquirir en tecnologías de fabricación **CMOS** y **BiCMOS**, lo cual se hace para ayudar al lector a entender estos aspectos del diseño de circuitos integrados (IC) que son distintos del diseño de un circuito discreto. Para aprovechar bien la economía de circuitos integrados, los diseñadores habían tenido que vencer graves limitaciones de algunos dispositivos (por ejemplo, deficientes tolerancias de dispositivos) y al mismo tiempo explotar las ventajas de éstos (por ejemplo, la buena igualación o acoplamiento de componentes). Por estas razones, entender las características de estos dispositivos es esencial para el diseño de IC o ASIC (circuitos integrados de aplicación específica), y también ayuda cuando en el diseño de un sistema se apliquen IC que se pueden adquirir comercialmente.

En este apéndice se considera sólo la tecnología de dispositivos de silicio (Si). Aun cuando también se emplean dispositivos de germanio (Ge) y arseniuro de galio (GaAs) para la fabricación de chips de VLSI, el silicio es todavía el material que goza de más preferencia y así seguirá durante algún tiempo. El silicio es un elemento abundante y se presenta en forma natural en forma de arena; se puede refinar mediante técnicas sencillas de purificación y crecimiento de cristal y también presenta propiedades físicas apropiadas para la fabricación de dispositivos activos con buenas características eléctricas. Además, fácilmente se puede oxidar el silicio para formar un excelente aislador, que es el SiO_2 (vidrio). Este óxido nativo es útil para la fabricación de condensadores y MOSFET. También sirve como barrera de difusión que filtra impurezas indeseables para que éstas no se difundan en un material de silicio de alta pureza. Esta propiedad de filtrado permite la selectiva alteración de las propiedades eléctricas del silicio, por lo cual se pueden construir elementos activos y pasivos en la misma pieza de material (sustrato). Los componentes se pueden interconectar entonces para formar un circuito integrado monolítico.

PASOS DE FABRICACIÓN DE UN IC

Los pasos básicos de fabricación de un IC se describen en las siguientes secciones. Algunos de estos pasos se pueden llevar a cabo varias veces, en diferentes combinaciones y condiciones de operación durante un ciclo completo de fabricación.

Preparación de una oblea

El material inicial para los circuitos integrados modernos es el silicio de muy alta pureza que crece en un solo cristal. Toma la forma de un cilindro sólido de acero gris de 10 a 30 cm de diámetro y alrededor de 1 m de largo. Este cristal se corta entonces (como una pieza de pan) para obtener obleas o rodajas de 10 a 30 cm de diámetro y 400 a 600 μm de grueso (un micrómetro o micra es la millonésima parte de un metro); véase la figura A.1. La superficie de la oblea se pule entonces a un acabado de espejo por medio de técnicas químicas y mecánicas de pulido (CMP). Por regla general, los fabricantes de semiconductores compran obleas de silicio ya hechas en fundiciones y raras veces inician su proceso en forma de lingote.

Las propiedades eléctricas y mecánicas básicas de la oblea o rodaja dependen de la orientación del crecimiento del cristal y de la concentración y tipo de impurezas presentes; estas variables son estrictamente controladas durante el crecimiento de un cristal. Se pueden agregar impurezas de modo intencional al silicio puro, en un proceso conocido como *adulteración*, lo que permite la alteración controlada de las propiedades eléctricas del silicio, en particular, la resistividad. También es posible controlar el tipo de portadores usado para producir la conducción eléctrica, que puede ser huecos (en silicio tipo p) o electrones (en silicio tipo n). Si se agrega un gran número de átomos de impurezas, entonces se dice que el silicio está fuertemente adulterado. Cuando se designen concentraciones relativas de adulteración en diagramas de dispositivos semiconductores, es común emplear símbolos + y −. Una oblea de silicio tipo n fuertemente adulterada (baja resistividad) se llamaría *material $n+$*, mientras que una región ligeramente adulterada recibe el nombre de $n-$. La capacidad de controlar la adulteración de silicio permite la formación de diodos, transistores y resistores en circuitos integrados.

Oxidación

El proceso químico de la reacción de silicio con oxígeno para formar dióxido de silicio, SiO_2, se conoce como **oxidación**. Para acelerar la reacción es necesario calentar las rodajas a una temperatura entre 1000°C y 1200°C en hornos especiales ultralimpios de alta temperatura. Para evitar la introducción de incluso pequeñas cantidades de contaminantes (que podrían alterar de manera considerable las propiedades eléctricas del silicio), es necesario mantener un ambiente limpio para el procesamiento. Esto se cumple para todas las etapas de procesamiento que intervienen en la fabricación de un circuito integrado. Se hace circular aire especialmente filtrado en el lugar del procesamiento, y todo el personal debe usar ropa especial que no desprenda pelusas.

El oxígeno que se utiliza en la reacción puede ser introducido ya sea como gas de alta pureza (conocido como "óxido seco") o como vapor de agua (formando un "óxido húmedo"). En general, la oxidación húmeda tiene un crecimiento más rápido, pero la oxidación en seco produce mejores características eléctricas. La capa de óxido de crecimiento térmico tiene excelentes propiedades de aislamiento eléctrico; tiene una constante dieléctrica de alrededor de 3.9 y se puede usar para formar excelentes condensadores. También sirve como eficaz filtro contra muchas impurezas, permitiendo la introducción de adulterantes en el silicio sólo en regiones que no estén cubiertas con óxido. Esta propiedad de filtrado es lo que permite la fabricación cómoda de circuitos integrados. El dióxido de silicio también se puede usar para proteger la superficie de silicio contra contaminantes después de fabricado un chip de circuito integrado a escala muy grande.

El dióxido de silicio es una película delgada, transparente, y la superficie de silicio es altamente reflectora. Si se hace incidir luz blanca sobre la oblea o rodaja oxidada ocurren efectos de interferencia destructiva en el óxido, haciendo que ciertos colores sean absorbidos con gran intensidad. Las longitudes de onda absorbidas dependen del grueso de la capa de óxido, produciendo diferentes colores en las diferentes regiones de la rodaja procesada. Los colores pueden ser bastante intensos e inmediatamente obvios cuando una rodaja terminada

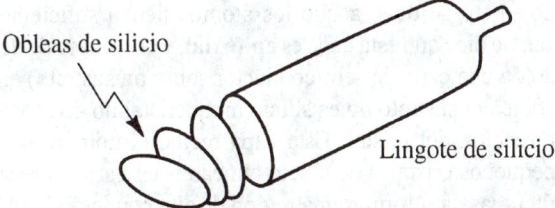

Obleas de silicio

Lingote de silicio

Fig. A.1   Lingote de silicio y rodajas de oblea.

se observa a simple vista. Debe recordarse, sin embargo, que el color se debe a un efecto óptico. La capa de óxido es transparente y el silicio bajo ella es de color gris acerado.

Difusión

El proceso por el cual los átomos se mueven por la red de cristal recibe el nombre de **difusión**. Esto es muy semejante a una gota de tinta que se difunde en un vaso de agua, excepto que este fenómeno ocurre muy lentamente en sólidos. En el proceso de fabricación, la difusión introduce átomos de impureza (adulterantes) en silicio para cambiar su resistividad; la rapidez con la cual los adulterantes se difunden en el silicio depende en gran medida de la temperatura. La difusión de impurezas se realiza por lo general a altas temperaturas (1000°C a 1200°C) para obtener el perfil deseado de adulteración. Cuando la rodaja se enfría a la temperatura ambiente, las impurezas están esencialmente "congeladas" en su posición. El proceso de difusión se realiza en hornos semejantes a los que se emplean para oxidación. La profundidad a la que las impurezas se difunden depende del tiempo y la temperatura que se permitan.

Las impurezas más comunes que se utilizan son contaminantes de boro, fósforo y arsénico. El boro es un contaminante tipo *p*, mientras que el fósforo y el arsénico son del tipo *n*. Estos contaminantes se pueden filtrar de manera eficiente por medio de delgadas capas de dióxido de silicio. Al difundir boro en un sustrato tipo *n*, se forma una unión *pn* (diodo). Si la concentración de adulterantes es fuerte, la capa difundida también se puede usar como conductora.

Implantación de iones

La **implantación de iones** es otro método que se utiliza para introducir impurezas en silicio. Un implantador de iones produce iones de la impureza deseada, los acelera por medio de un campo eléctrico y permite que golpeen la superficie de silicio. Los iones se incrustan en el silicio. La profundidad de penetración está en relación con la energía del haz de iones, que puede ser controlada por el voltaje del campo acelerador. La cantidad de iones implantados se puede controlar si se hace variar la corriente del haz (flujo de iones). Como tanto el voltaje como la corriente se pueden medir y controlar con precisión, la implantación de iones resulta en perfiles de impurezas mucho más precisos y reproducibles que los que se pueden obtener por difusión. Además, la implantación de iones se puede realizar a temperatura ambiente. Normalmente, la implantación de iones se utiliza cuando el preciso control del contaminante es esencial para la operación de un dispositivo.

Depósito de vapores químicos

El **depósito de vapores químicos** (CVD) es un proceso por el cual químicamente se hacen reaccionar gases o vapores, lo que lleva a la formación de un sólido en un sustrato. El CVD se puede usar para depositar dióxido de silicio en un sustrato de silicio. Por ejemplo, si se mezclan gas de silano y oxígeno sobre un sustrato de silicio, el dióxido de silicio se deposita como un sólido en el silicio. La capa de óxido formada no es tan buena como un óxido crecido térmicamente, pero es lo bastante buena para actuar como aislador eléctrico. La ventaja de una capa de CVD es que el óxido se deposita con más rapidez y a menor temperatura (debajo de 500°C).

Si se utiliza sólo gas de silano, entonces se deposita una capa de silicio sobre la rodaja. Si la temperatura de reacción es lo suficientemente alta (arriba de 1000°C), entonces la capa se deposita como capa cristalina (suponiendo que el sustrato sea silicio cristalino). Esto se debe a que los átomos tienen suficiente energía para alinearse en la dirección correcta del cristal. Se dice que esta capa es **epitaxial**, y el proceso de depósito se conoce como **epitaxia** (crecimiento controlado de una capa de semiconductor sobre un sustrato) en lugar de CVD. A temperaturas más bajas, o si la superficie del sustrato no es silicio monocristalino, los átomos no están todos alineados a lo largo de la misma dirección del cristal. Esta capa recibe el nombre de *silicio policristalino*, porque está formada de muchos pequeños cristales de silicio alineados en varias direcciones. Estas capas están por lo general fuertemente adulteradas para formar una región de alta conductividad que se puede usar para dispositivos de interconexión.

Metalización

El propósito de la metalización es interconectar los diversos componentes del circuito integrado (transistores, condensadores, etc.) para formar el circuito deseado. En la metalización interviene el depósito de un metal (aluminio) sobre toda la superficie del silicio. La forma requerida de interconexión se graba entonces de manera selectiva. El aluminio se deposita por calentamiento en vacío hasta que se vaporiza. Los vapores se ponen en contacto con la superficie de silicio y se condensan para formar una capa sólida de aluminio.

Fotolitografía

La geometría de superficie de los diversos componentes de un circuito integrado se define fotográficamente: la superficie de silicio se cubre con una capa fotosensible que recibe el nombre de *photoresist* (sustancia fotoendurecible). Cuando se expone a la luz a través de un patrón matriz sobre una placa fotográfica, la sustancia protectora fotosensible se suaviza (para sustancia fotoendurecible positiva). La capa expuesta se puede eliminar entonces usando un revelador químico, lo que hace que la mascarilla de protección aparezca en la rodaja. Mediante esta técnica, en forma precisa se pueden reproducir geometrías muy finas de superficie. La capa resultante no es atacada por los ácidos para grabar que se utilizan para dióxido de silicio o aluminio y forma una mascarilla muy eficiente. Esto permite que se graben "ventanas" en la capa de óxido en preparación a procesos de difusión subsiguientes. Este proceso se emplea para definir regiones de transistores y para aislar un transistor de otro.

En procesos de alta resolución se emplea luz ultravioleta profunda para exponer el photoresist (sustancia fotoendurecible), pero, como alternativa, se puede utilizar un haz electrónico para exploración de retícula o "escribir" la sustancia fotoendurecible directamente sin usar una placa fotográfica.

Empaquetamiento

Una rodaja u oblea de silicio terminado puede contener más de varios cientos de circuitos terminados o chips. Cada chip puede contener entre 10 y 10^9 transistores y es de forma rectangular, típicamente, entre 1 y 10 mm por lado. Los circuitos se prueban primero eléctricamente (cuando todavía están en forma de rodaja) por medio de una estación automática de prueba. Los circuitos defectuosos se marcan para su identificación posterior. Los circuitos se separan entonces unos de otros (por corte en forma de pequeños cuadros), y los circuitos buenos (dados) se montan en paquetes (placas). Tradicionalmente se han empleado alambres muy finos de oro para conectar las puntas del paquete al patrón de metalización sobre el dado. Por último, el paquete se sella al vacío o en una atmósfera inerte. En la figura A.2 se ilustra un popular paquete de IC.

PROCESOS DE INTEGRACIÓN EN ESCALA MUY GRANDE

La tecnología de fabricación de circuitos integrados estuvo dominada originalmente por la tecnología bipolar. Hacia fines de la década de 1970, la tecnología MOS (semiconductor de óxido metálico) fue la más promisoria para la construcción de circuitos integrados a escala muy grande (VLSI) con más alta densidad de empaquetamiento y menor consumo de potencia. Desde los primeros años de la década de 1980, la tecnología CMOS (MOS complementario) ha dominado casi por completo la escena de la VLSI, dejando la tecnología bipolar a funciones especializadas como son por ejemplo los circuitos analógicos de alta velocidad y los de RF. Las tecnologías CMOS continúan evolucionando y, desde los últimos años de la década de 1980, la incorporación de dispositivos bipolares ha llevado a la aparición de procesos de fabricación BiCMOS (CMOS bipolar) de

8

1

Fig. A.2   Paquete de IC típico de plástico, dual en línea, de 8 puntas.

alto rendimiento que ha dado lo mejor de ambas tecnologías. Sin embargo, los procesos BiCMOS son con frecuencia muy complicados y de alto costo porque se requieren entre 15 y 20 niveles de mascarillas para su construcción, en tanto que, por comparación, los procesos estándar de un CMOS sólo necesitan de 10 a 12 niveles de mascarillas. Además, la brecha de rendimiento se está haciendo más pequeña cada año a medida que el rendimiento de los CMOS continúa mejorando con una resolución más fina de litografía. Por estas razones, la tecnología CMOS sigue siendo el "caballo de batalla" de la mayor parte de los diseños de VLSI.

En esta sección examinaremos un flujo típico de proceso CMOS, el rendimiento de los componentes de que se dispone y la inclusión de dispositivos bipolares para formar un proceso BiCMOS.

Proceso CMOS de pozo *n*

Dependiendo de la selección del material inicial (sustrato), los procesos CMOS se pueden identificar como procesos de **pozo *n*, pozo *p*** o **pozo gemelo**. Este último es el más complicado, pero el más flexible en la optimización de los dispositivos de canal *n* y canal *p*.

Se selecciona un proceso CMOS de pozo *n* para análisis, ya que se puede extender más fácilmente a un proceso BiCMOS. En la figura A.3 se ilustra el flujo de proceso típico. Se necesita un mínimo de siete capas de mascarilla, pero, en la práctica, la mayor parte de los procesos CMOS también requieren capas adicionales como son las guardas *n* y guardas *p* para mejor inmunidad contra cierre, una segunda capa de polisilicio para condensadores, y posiblemente multicapas metálicas para interconexiones de alta densidad. La inclusión de estas capas aumentaría el número total de capas de mascarillas a más de diez; para mayor sencillez, estas capas no se estudian en este apéndice.

El proceso de pozo *n* se inicia con la difusión del pozo *n* [figura A.3(a)]. El pozo *n* se requiere siempre que hayan de aplicarse MOSFET de tipo *p*. Se graba una gruesa capa de dióxido de silicio para exponer las regiones para la difusión del pozo *n*. Las regiones no expuestas estarán protegidas contra la impureza de fósforo. Por lo general se emplea fósforo para difusiones profundas, dado que tiene un alto coeficiente de difusión y se puede difundir más rápidamente en el sustrato de lo que puede difundirse el arsénico.

El segundo paso es definir la región activa (región donde se van a poner transistores) mediante una técnica llamada **oxidación local** (LOCOS). Se deposita y forma una capa de nitruro de silicio (Si_3N_4) con relación a las regiones previas de pozo *n* [figura A.3(b)]. Las regiones cubiertas por el nitruro no se oxidarán. Después de un prolongado paso de oxidación húmeda, aparece un grueso óxido de campo en regiones entre transistores [figura A.3(c)]. Este grueso óxido de campo es necesario para aislar los transistores. También permite que las capas de interconexión se tracen en la parte superior sin que de manera inadvertida se forme un canal de conducción en la superficie de silicio.

El siguiente paso es la formación de la compuerta de polisilicio [figura A.3(d)]. Éste es uno de los pasos más críticos en el proceso CMOS. La delgada capa de óxido de la región activa se elimina primero usando grabado húmedo, seguido por el crecimiento de un delgado óxido de compuerta de alta calidad. De manera rutinaria, en los procesos actuales de 0.25 y 0.5 μm se hace uso de grosores de óxido de sólo 200 Å (1 angstrom = 10^{-8} cm). Una capa de polisilicio, generalmente arsénico contaminado (tipo *n*), se deposita y forma según el modelo. La fotolitografía es más exigente en este paso puesto que se requiere la resolución más fina para producir la longitud más corta posible de canal MOS. Ésta está representada por el tamaño de la franja más angosta de polisilicio que se pueda definir.

La compuerta de polisilicio es una estructura que se alinea por sí sola y se prefiere sobre el tipo anterior de estructura de compuerta metálica. Se puede emplear un fuerte implante de arsénico para formar las regiones de la fuente *n*+ y del dren de los MOSFET *n*. La compuerta de polisilicio también actúa como barrera para este implante para proteger la región del canal. Se puede usar una capa de photoresist (sustancia fotoendurecible) para bloquear las regiones donde se vayan a formar los MOSFET *p* [figura A.3(e)]. El grueso óxido de campo detiene el implante e impide se formen regiones *n*+ fuera de las regiones activas.

Se puede emplear un paso inverso de fotolitografía para proteger los MOSFET *n* durante el implante de boro *p*+ de fuente y dren para los MOSFET *p* [figura A.3(f)]. Nótese que en ambos casos la separación entre

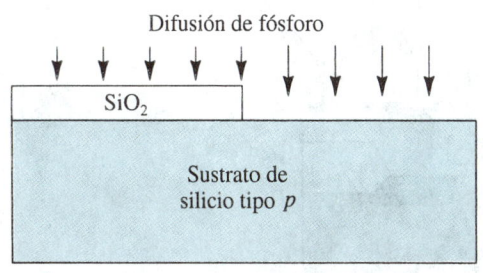

(a) Definir difusión de pozo n (mascarilla 1)

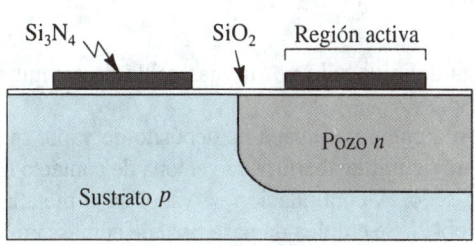

(b) Definir regiones activas (mascarilla 2)

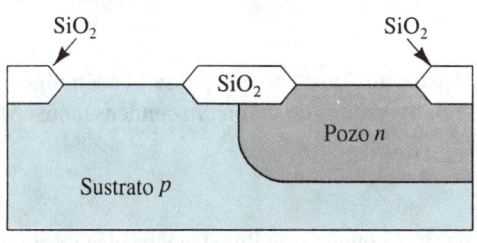

(c) Oxidación local (LOCOS)

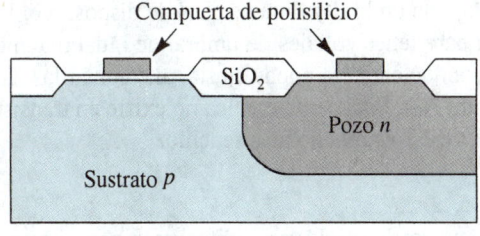

(d) Compuerta de polisilicio (mascarilla 3)

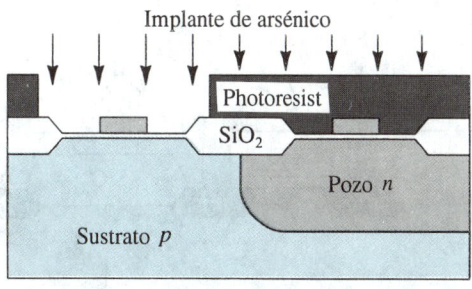

(e) Difusión $n+$ (mascarilla 4)

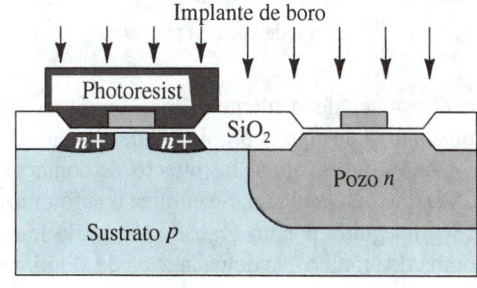

(f) Difusión $p+$ (mascarilla 5)

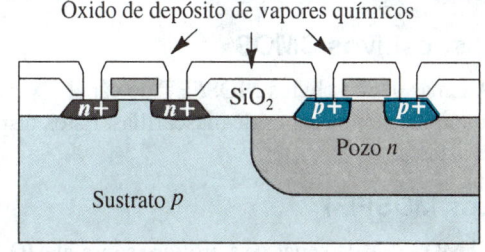

(g) Huecos de contacto (mascarilla 6)

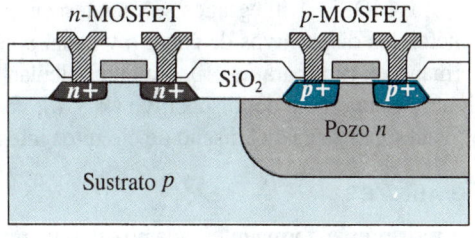

(h) Metalización (mascarilla 7)

Fig. A.3   Flujo de proceso CMOS típico de pozo n.

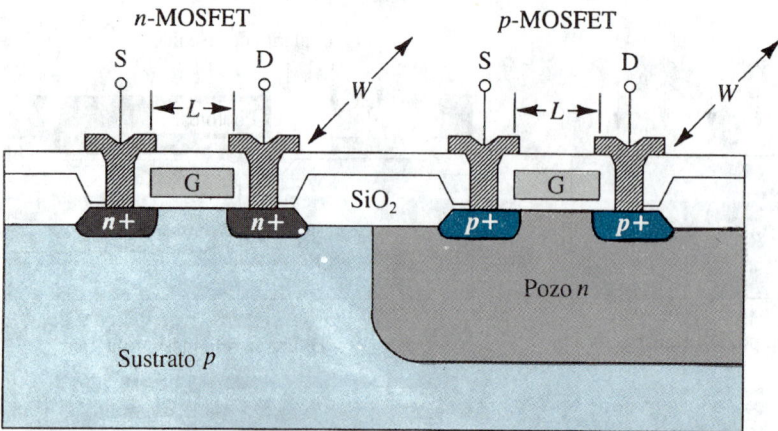

Fig. A.4   Diagrama de sección transversal de un MOSFET n y p.

las difusiones de la fuente y dren, longitud de canal, está definida sólo por la mascarilla de compuerta de polisilicio, y de aquí la propiedad de alineamiento por sí sola.

Antes que se abran los huecos de contacto, se deposita una gruesa capa de depósito de vapor químico (CVD) en toda la rodaja. Se emplea una fotomascarilla para definir la abertura de ventana de contacto [figura A.3(g)] seguida por un grabado de óxido húmedo o en seco. A continuación se vaporiza o metaliza por bombardeo iónico una delgada capa de aluminio sobre la oblea. Se emplea un paso final de enmascaramiento y grabado para formar la interconexión [figura A.3(h)].

En el flujo de proceso no se muestra el paso final de pasivación (tratamiento de la superficie con soluciones ácidas para quitar partículas) antes del empaquetamiento y conexión de alambres. Por lo general se deposita una gruesa capa de CVD o cristal pyrex sobre la oblea para servir como capa protectora.

Dispositivos CMOS

Además de los obvios MOSFET de canal n y canal p, existen otros dispositivos que se pueden obtener por manipulación de capas de mascarillas. Estos dispositivos son los diodos de unión pn, condensadores MOS y resistores.

Los MOSFET

El MOSFET de canal n se prefiere sobre el MOSFET p, debido a que la movilidad electrónica de superficie es dos o tres veces más alta que con huecos, y por lo tanto, con el mismo tamaño de dispositivo (ancho W y largo L), el MOSFET n ofrece una más alta excitación de corriente (o menor resistencia en conducción) y transconductancia más alta.

Los MOSFET integrados se caracterizan por su voltaje de umbral y dimensiones de dispositivo. Por lo general, los dispositivos de canal n y canal p se diseñan para tener voltajes de umbral de igual magnitud y permanecen fijos para un proceso en particular. La transconductancia se puede ajustar al cambiar las dimensiones de superficie del dispositivo (W y L); véase la figura A.4. Esta característica no existe en transistores bipolares, por lo cual el diseño de circuitos integrados MOSFET es mucho más sencillo.

Resistores

Los resistores en forma integrada no son muy precisos. Se pueden hacer de varias difusiones, como se muestra en la figura A.5. Diferentes regiones difundidas tienen diferente resistividad. El pozo n se emplea por lo general para resistores de valor medio, en tanto que las difusiones $n+$ y $p+$ son útiles para resistores de bajo valor. El valor real de resistencia se puede definir al cambiar la longitud y ancho de regiones difundidas. La tolerancia

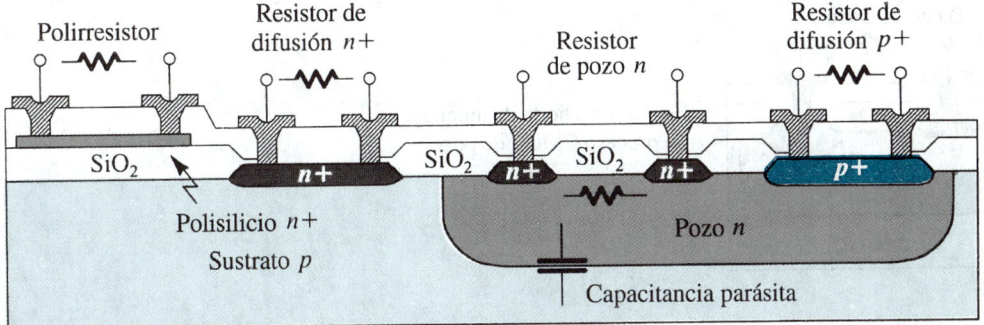

Fig. A.5 Secciones transversales de varios tipos de resistores disponibles de un proceso CMOS de pozo n típico.

del valor del resistor es muy deficiente (20% a 50%), pero la igualación de dos valores de resistores semejantes es bastante buena (5%), por lo que los diseñadores de circuitos deben diseñar circuitos que exploten la igualación de resistores y deben evitar todos los circuitos que requieran un valor específico de resistores. También obsérvese que los resistores difundidos tienen un coeficiente considerable de temperatura.

Todos los resistores difundidos están aislados por las uniones pn polarizadas inversamente. Un grave inconveniente para estos resistores es el hecho de que están acompañados por una considerable capacitancia parásita de unión, lo cual no los hace útiles para aplicaciones de alta frecuencia.

Se puede fabricar un resistor más útil por medio de una capa de polisilicio colocada en la parte superior del grueso óxido de campo. La capa delgada proporciona una mejor área de acoplamiento y, por lo tanto, razones más precisas de resistencia. Además, el polirresistor está físicamente separado del sustrato y exhibe una capacitancia parásita mucho menor.

Condensadores

Existen dos tipos de estructuras de condensadores en los procesos CMOS, condensadores MOS y de interpolietileno. En la figura A.6 se ilustran las secciones transversales de estas estructuras. La capacitancia de compuerta MOS, descrita por la estructura del centro, es básicamente la capacitancia entre compuerta y fuente de un MOSFET. El valor de capacitancia depende del área de la compuerta. El grueso del óxido es el mismo que el grueso del óxido de compuerta de los MOSFET. Este condensador exhibe una elevada dependencia del voltaje. Para eliminar este problema se requiere un implante $n+$ para formar la placa del fondo de los condensadores, como se muestra en la estructura de la derecha. Estos dos condensadores MOS están físicamente en contacto con el sustrato, resultando en una gran capacitancia parásita de unión pn en la placa del fondo.

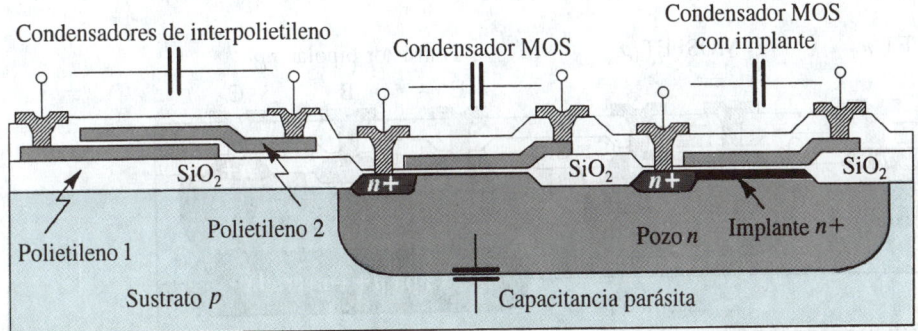

Fig. A.6 Condensadores de interpolietileno y MOS en un proceso CMOS de pozo n.

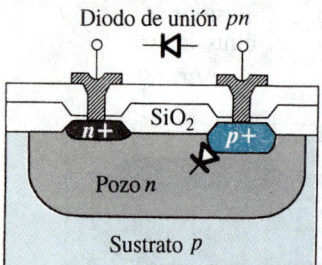

Fig. A.7 Diodo de unión *pn* en un proceso CMOS de pozo *n*.

El condensador de interpolietileno exhibe características casi ideales pero a expensas de la adición de una segunda capa de polietileno al proceso CMOS. Como este condensador se coloca en la parte superior del grueso óxido de campo, los efectos parásitos se mantienen en un mínimo.

Un tercer y menos empleado condensador es el condensador de unión. Cualquier unión *pn* bajo polarización inversa produce una región de agotamiento que actúa como dieléctrico entre las regiones *p* y *n*. La capacitancia está determinada por geometría y niveles de contaminación y con un gran coeficiente de voltaje. El hecho que este condensador funcione sólo con voltajes de polarización inversa lo hace menos útil.

Para condensadores de interpolietileno y MOS, los valores de capacitancia se pueden controlar a una variación no mayor de 1%. Los valores prácticos de capacitancia varía de 0.5 pF a unas pocas decenas de pF. El acoplamiento entre condensadores de tamaños semejantes puede variar en no más de 0.1%. Esta propiedad es sumamente útil para diseñar circuitos CMOS analógicos de precisión.

Diodos de unión *pn*

Siempre que una región de difusión tipo *n* y una de tipo *p* se pongan en contacto, resulta un diodo de unión *pn*. Una estructura útil es el diodo de pozo *n* que se muestra en la figura A.7. El hecho que el diodo se fabrique en un pozo *n* produce un elevado voltaje de ruptura. Estos diodos son esenciales para los circuitos de fijación de nivel de entrada para protección contra descargas electrostáticas. El diodo también es muy útil como sensor de temperatura en un chip, al vigilar la variación de su caída de voltaje de polarización directa.

Proceso BiCMOS

Un transistor bipolar vertical *npn* se puede integrar en el proceso CMOS de pozo *n* con la adición de una región de difusión de base *p* (véase figura A.8). Las características de este dispositivo dependen del ancho de la base y del área del emisor. El ancho de la base está determinado por la diferencia de profundidad en la unión entre las difusiones *n+* y base *p*. El área del emisor está determinada por el área de unión de la difusión *n+* del emisor.

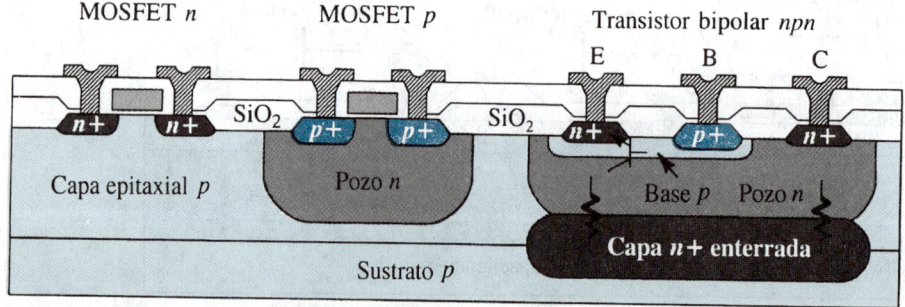

Fig. A.8 Diagrama de sección transversal de un proceso BiCMOS.

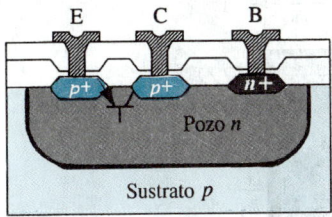

Fig. A.9 Transistor *pnp* lateral.

El pozo *n* sirve como colector para el transistor *npn*. Típicamente, el transistor *npn* tiene una β de 50 a 100 y una frecuencia de corte mayor a 10 GHz.

Normalmente se utiliza una capa enterrada *n*+ para reducir la resistencia serie del colector, dado que el pozo *n* tiene una resistividad muy alta, pero esto complicaría el proceso con la introducción de epitaxia tipo *p* y un paso más de mascarilla. Otras variaciones en el transistor bipolar incluyen un emisor de polietileno y un contacto de base que se alinea por sí solo, para reducir al mínimo los efectos parásitos.

Transistor *pnp* lateral

El hecho que la mayor parte de los procesos BiCMOS no tengan transistores *pnp* optimizados hace un tanto difícil el diseño de circuitos, pero, en situaciones no críticas, se puede usar un transistor *pnp* lateral parásito (figura A.9).

En este caso, el pozo *n* sirve como región de base *n* con las difusiones *p*+ como emisor y el colector. El ancho de la base se determina por la separación entre las dos difusiones *p*+. Como el perfil de contaminación no está optimizado para las uniones entre base y colector, y como el ancho de la base está limitado por la mínima resolución fotolitográfica, la operación de este dispositivo no es muy buena, típicamente, con β de alrededor de 10 y con una baja frecuencia de corte.

Resistores de base *p* y base adelgazada

Con la difusión adicional de base *p* en el proceso BiCMOS, existen dos estructuras adicionales de resistores. La difusión de base *p* se puede usar para formar un resistor sencillo de base *p*, como se muestra en la figura A.10. Como la región de la base suele ser de un nivel de contaminación relativamente bajo y con profundidad moderada de unión, es apropiado para resistores de valores medios (unos pocos kΩ). Si se requiere de valores grandes de resistores, se puede usar el resistor de base adelgazada. En esta estructura, la región de la base *p* es invadida por la difusión *n*+, con lo cual se restringe la trayectoria de conducción; se puede obtener valores de resistores entre 10 kΩ y 100 kΩ. Al igual que con los resistores de difusión estudiados antes, estos resistores exhiben coeficientes de tolerancia y temperatura igualmente malos.

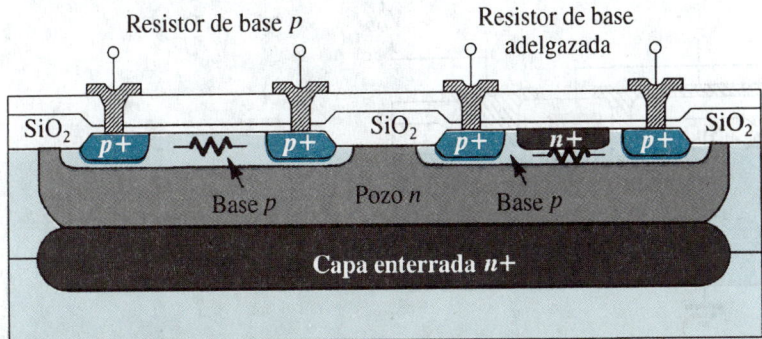

Fig. A.10 Resistores de base *p* y base adelgazada.

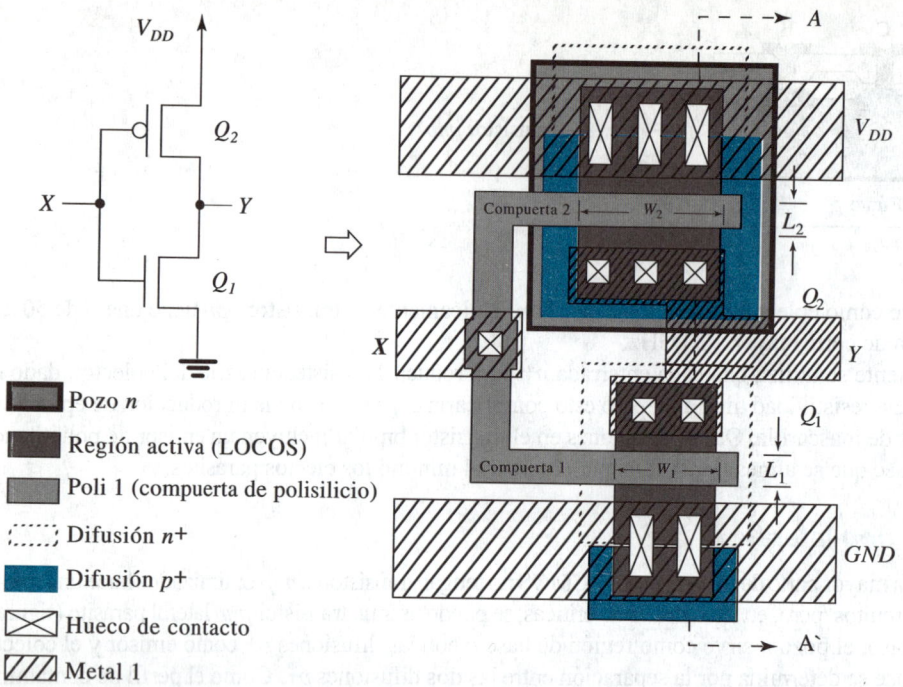

Fig. A.11 Diagrama esquemático de un inversor CMOS y su distribución.

DISTRIBUCIÓN EN UN CHIP DE VLSI

El diagrama de un circuito diseñado debe transformarse en una distribución esquemática que está formada por la representación geométrica de los componentes e interconexiones del circuito. Con el advenimiento de herramientas del CAD (diseño asistido por computadora), muchos de los pasos de conversión del diagrama a la distribución esquemática se pueden realizar en forma semiautomática o totalmente automática, pero, cualquier buen diseñador de circuitos integrados (IC) debe haber practicado distribuciones esquemáticas personalizadas en un punto u otro. Se puede usar un ejemplo de un inversor CMOS para ilustrar este procedimiento. (Véanse figuras A.11 y A.12.)

El circuito debe primero "aplanarse" y volverse a dibujar para eliminar cualquier cruce de interconexión, semejante al requisito de una distribución esquemática de una tarjeta de circuito impreso. Cada proceso consta

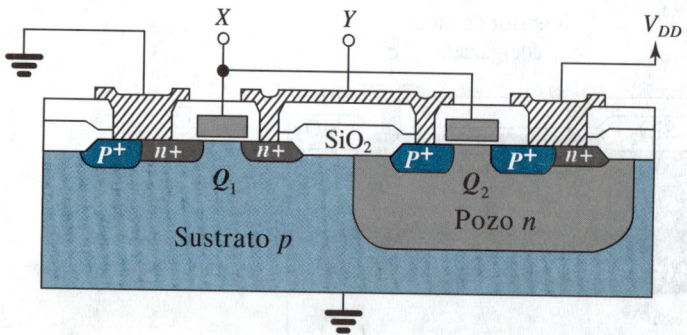

Fig. A.12 Sección transversal a lo largo del plano AA' de un inversor CMOS.

de un conjunto específico de capas de mascarilla. En este caso, se utilizan siete capas. A cada capa se asigna por lo general un color característico y un patrón de relleno para facilidad de identificación en una pantalla de computadora o en una gráfica impresa a color. La distribución esquemática empieza con la colocación de los transistores. Con fines ilustrativos, los MOSFET p y n se colocan en distribuciones semejantes al diagrama. En la práctica, el diseñador tiene libertad para escoger la distribución que presente más eficiencia en cuanto a área se refiere. Los MOSFET están definidos por las áreas activas sobrepuestas por la capa "poli 1". La longitud y ancho de canal de un MOS están definidos por el ancho de la franja "poli 1" y la de la región activa, respectivamente. El MOSFET p está contenido en un pozo n. Para circuitos más complejos, se pueden usar múltiples pozos n para diferentes grupos de MOSFET p. El MOSFET n está encerrado por la mascarilla de difusión $n+$ para formar la fuente y dren, mientras que el MOSFET p está encerrado por la mascarilla de difusión $p+$. Los huecos de contacto se colocan en regiones donde se requiere la conexión a la capa de metal. Por último, la capa "metal 1" completa las interconexiones.

En la figura A.12 se ilustra el correspondiente diagrama de sección transversal del inversor CMOS a lo largo del plano AA'. Las compuertas poli-Si para ambos transistores se conectan para formar el terminal de entrada, X. Los drenes de ambos transistores están unidos por medio del "metal 1" para formar el terminal de salida Y. Las fuentes del MOSFET n y p se conectan a GND y V_{DD}, respectivamente. Nótese que los contactos a tope están formados por difusiones $n+/p+$ lado a lado y se utilizan para unir el potencial del cuerpo de los MOSFET n y p a los niveles apropiados de voltaje.

Una vez terminada la distribución esquemática, el circuito debe verificarse empleando herramientas del CAD como lo es un extractor de circuito, verificador de regla de diseño (DRC) y simulador de circuito. Después de satisfacer estas verificaciones, el diseño se puede enviar a una máquina para hacer mascarillas. Una máquina generadora de patrones puede entonces dibujar las geometrías en una placa fotográfica de vidrio o cuarzo por medio de obturadores accionados electrónicamente. Las capas se dibujan una a una en placas fotográficas diferentes que, después de reveladas, resultan en patrones claros y oscuros semejantes a las geometrías de la distribución esquemática. En la figura A.13 se muestra un juego de las placas fotográficas para el ejemplo del inversor CMOS. Dependiendo de si las geometrías dibujadas están destinadas a ser abiertas como ventanas o a conservarse como patrones, las placas pueden ser campos **claros** u **oscuros**. Nótese que cada una de estas capas debe procesarse en secuencia. Deben estar alineadas a tolerancias muy estrictas para formar los transistores e interconexiones. Naturalmente, cuanto mayor sea el número de capas, es más difícil mantener el alineamiento. Esto también requiere mejor equipo de fotolitografía y posiblemente resulte en una producción más baja, por lo que cada mascarilla adicional se reflejará en un aumento en el costo final del chip de IC.

RESUMEN

Este apéndice presenta un repaso de varios aspectos de procedimientos de fabricación de circuitos integrados a escala muy grande (VLSI). Incluye características de componentes, fallas de proceso y distribuciones esquemáticas; no constituye en modo alguno un detalle completo de las avanzadas tecnologías de VLSI. Para más detalles, los lectores interesados deben consultar obras de referencia sobre este tema.

BIBLIOGRAFÍA

Muller R. S. y T. I. Kamins, *Device Electronics for Integrated Circuits*, 2a. ed., John Wiley & Sons, Nueva York, 1986.

Runyan W. R. y K. E. Bean, *Semiconductor Integrated Circuit Processing Technology*, Addison Wesley, Nueva York, 1990.

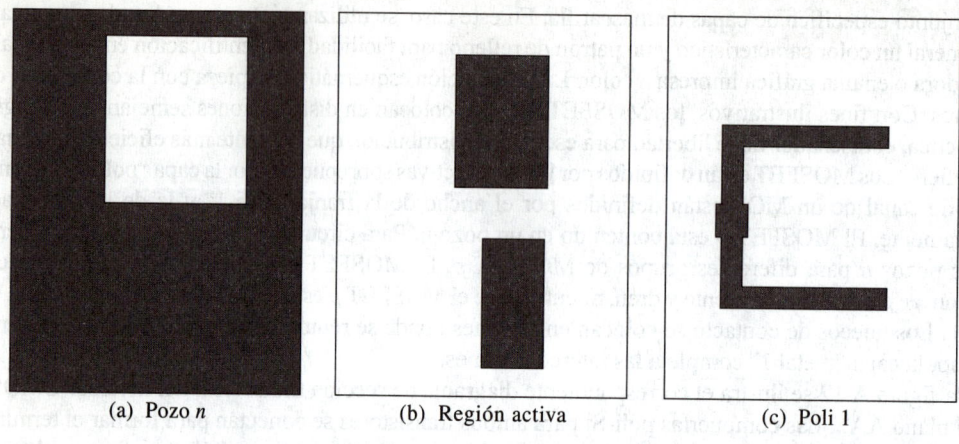

(a) Pozo *n*   (b) Región activa   (c) Poli 1

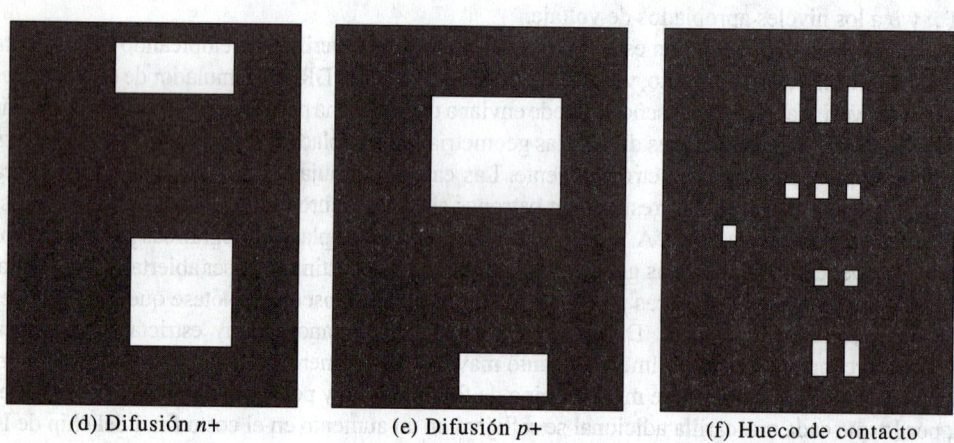

(d) Difusión *n+*   (e) Difusión *p+*   (f) Hueco de contacto

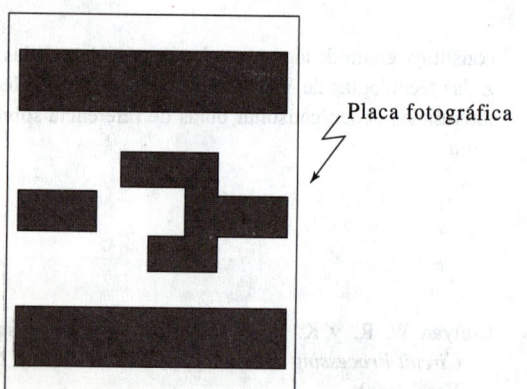

Placa fotográfica

(g) Metal 1

Fig. A.13 Conjunto de fotomascarillas para el inversor CMOS de pozo *n*. Nótese que cada capa requiere una placa separada. Las fotoplacas **(a)**, **(d)**, **(e)** y **(f)** son mascarillas de campo oscuro, mientras que las **(b)**, **(c)** y **(g)** son mascarillas de campo claro.

APÉNDICE B

Parámetros de red de dos puertos

INTRODUCCIÓN

En diversas partes de este texto hacemos uso de algunas de las diferentes formas posibles de caracterizar redes lineales de dos puertos. En este apéndice presentamos un resumen de este tema.

CARACTERIZACIÓN DE REDES LINEALES DE DOS PUERTOS

Una red de dos puertos (figura B.1) tiene cuatro variables de puerto: V_1, I_1, V_2 e I_2. Si la red de dos puertos es lineal, podemos usar dos de las variables como variables de excitación y las otras dos como variables de respuesta. Por ejemplo, la red puede ser excitada por un voltaje V_1 en el puerto 1 y un voltaje V_2 en el puerto 2, y las dos corrientes, I_1 e I_2, se pueden medir para representar la respuesta de la red. En este caso, V_1 y V_2 son variables independientes en tanto que I_1 e I_2 son variables dependientes; la operación de la red se puede describir por medio de las dos ecuaciones siguientes:

$$I_1 = y_{11}V_1 + y_{12}V_2 \tag{B.1}$$

$$I_2 = y_{21}V_1 + y_{22}V_2 \tag{B.2}$$

Aquí los cuatro parámetros y_{11}, y_{12}, y_{21} y y_{22} son admitancias, y sus valores caracterizan por completo la red lineal de dos puertos.

Dependiendo de cuáles dos de las cuatro variables de puerto se utilicen para representar la excitación de la red, se obtiene un conjunto diferente de ecuaciones (y un conjunto de parámetros igualmente diferentes) para caracterizar la red. En lo que sigue presentaremos los cuatro conjuntos de parámetros que por regla general se emplean en electrónica.

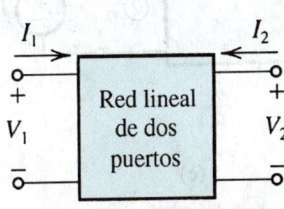

Fig. B.1 Direcciones de referencia de red lineal de dos puertos de las cuatro variables.

Parámetros y

La caracterización de admitancia de cortocircuito (o parámetro y) está basada al excitar la red por V_1 y V_2, como se muestra en la figura B.2(a). Las ecuaciones que describen este proceso son las (B.1) y (B.2). Los cuatro parámetros de admitancia se pueden definir de acuerdo con sus funciones en las ecuaciones (B.1) y (B.2).

Específicamente, de la ecuación (B.1) vemos que y_{11} se define como

$$y_{11} = \frac{I_1}{V_1} \bigg|_{V_2 = 0} \tag{B.3}$$

Entonces, y_{11} es la admitancia de entrada en el puerto 1 con el puerto 2 en cortocircuito. Esta definición está ilustrada en la figura B.2(b), que también constituye un método conceptual para medir la admitancia y_{11} de entrada en cortocircuito.

La definición de y_{12} se puede obtener de la ecuación (B.1) como

$$y_{12} = \frac{I_1}{V_2} \bigg|_{V_1 = 0} \tag{B.4}$$

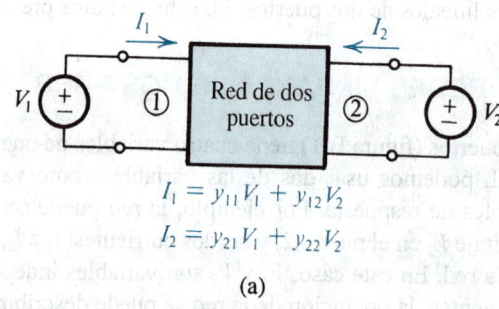

$$I_1 = y_{11} V_1 + y_{12} V_2$$
$$I_2 = y_{21} V_1 + y_{22} V_2$$

(a)

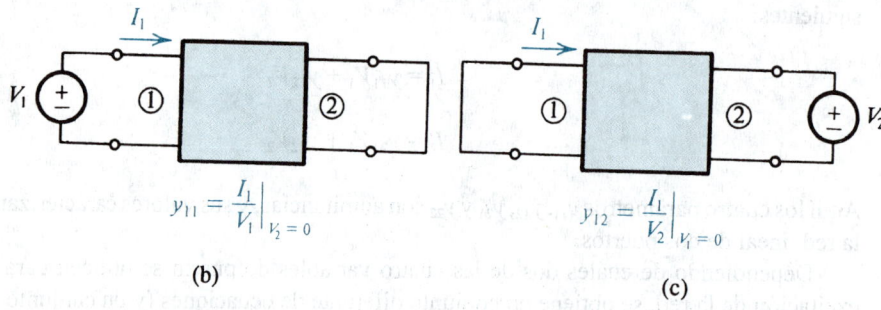

$$y_{11} = \frac{I_1}{V_1} \bigg|_{V_2 = 0}$$

(b)

$$y_{12} = \frac{I_1}{V_2} \bigg|_{V_1 = 0}$$

(c)

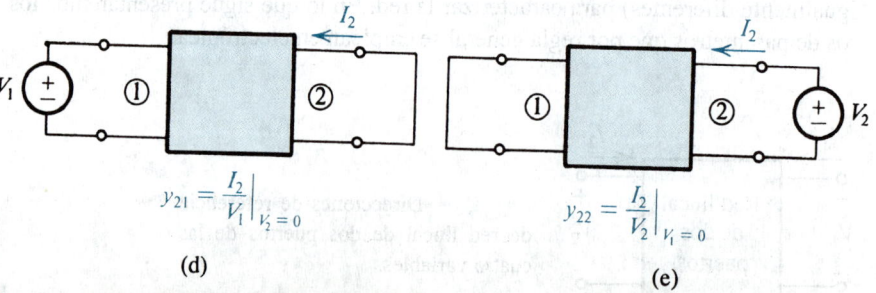

$$y_{21} = \frac{I_2}{V_1} \bigg|_{V_2 = 0}$$

(d)

$$y_{22} = \frac{I_2}{V_2} \bigg|_{V_1 = 0}$$

(e)

Fig. B.2 Definición y conceptuación de circuitos de medición para los parámetros y.

Entonces, y_{12} representa la transmisión del puerto 2 al puerto 1. En vista que el puerto 1 representa al puerto de entrada y el puerto 2 al puerto de salida, en amplificadores, y_{12} representa *retroalimentación* interna de la red. En la figura B.2(c) se ilustra la definición y el método para medir y_{12}.

La definición de y_{21} se puede obtener de la ecuación (B.2) como

$$y_{21} = \frac{I_2}{V_1} \bigg|_{V_2=0} \tag{B.5}$$

Por lo tanto, y_{21} representa transmisión del puerto 1 al puerto 2. Si el puerto 1 es el puerto de entrada y el puerto 2 es el puerto de salida de un amplificador, entonces y_{21} constituye una medida de la ganancia en el sentido de la transmisión. En la figura B.2(d) se ilustra la definición y el método para medir y_{21}.

El parámetro y_{22} se puede definir, con base en la ecuación (B.2), como

$$y_{22} = \frac{I_2}{V_2} \bigg|_{V_1=0} \tag{B.6}$$

En consecuencia, y_{22} es la admitancia que ve hacia el puerto 2 mientras el puerto 1 está en cortocircuito. Para amplificadores, y_{22} es la admitancia en cortocircuito de salida. En la figura B.2(e) se ilustra la definición y el método para medir y_{22}.

Parámetros z

La caracterización de impedancia a circuito abierto (o parámetro z) de redes de dos puertos está basada al excitar la red por I_1 e I_2, como se muestra en la figura B.3(a). Las ecuaciones que describen este proceso son

$$V_1 = z_{11}I_1 + z_{12}I_2 \tag{B.7}$$

$$V_2 = z_{21}I_1 + z_{22}I_2 \tag{B.8}$$

Debido a la dualidad entre las caracterizaciones de parámetros z e y no haremos un análisis detallado de los parámetros z. La definición y método para medir cada uno de los cuatro parámetros z aparece en la figura B.3.

Parámetros h

La caracterización híbrida (o parámetro h) de redes de dos puertos está basada al excitar la red por I_1 y V_2, como se muestra en la figura B.4(a) (nótese la razón tras el nombre *híbrida*). Las ecuaciones que describen este proceso son

$$V_1 = h_{11}I_1 + h_{12}V_2 \tag{B.9}$$

$$I_2 = h_{21}I_1 + h_{22}V_2 \tag{B.10}$$

de donde la definición de los cuatro parámetros h se puede obtener como

$$h_{11} = \frac{V_1}{I_1} \bigg|_{V_2=0} \qquad h_{21} = \frac{I_2}{I_1} \bigg|_{V_2=0}$$

$$h_{12} = \frac{V_1}{V_2} \bigg|_{I_1=0} \qquad h_{22} = \frac{I_2}{V_2} \bigg|_{I_1=0}$$

Por lo tanto, h_{11} es la impedancia de entrada en el puerto 1 con el puerto 2 en cortocircuito. El parámetro h_{12} representa la razón de voltaje inverso o de retroalimentación de la red, medida con

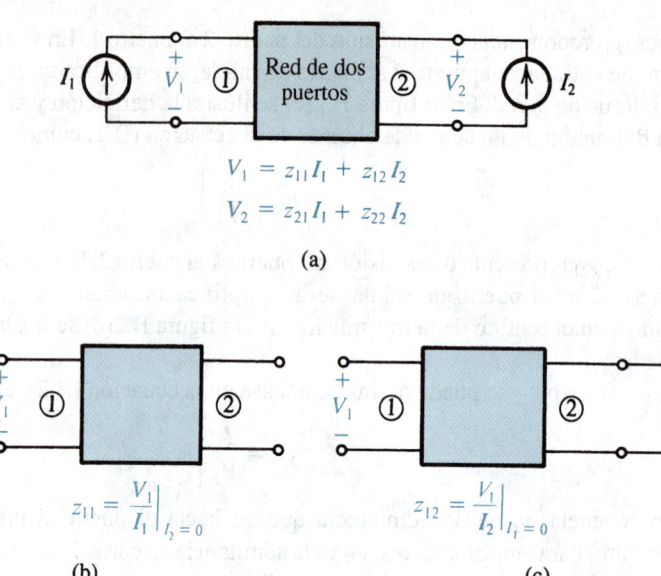

$$V_1 = z_{11}I_1 + z_{12}I_2$$

$$V_2 = z_{21}I_1 + z_{22}I_2$$

(a)

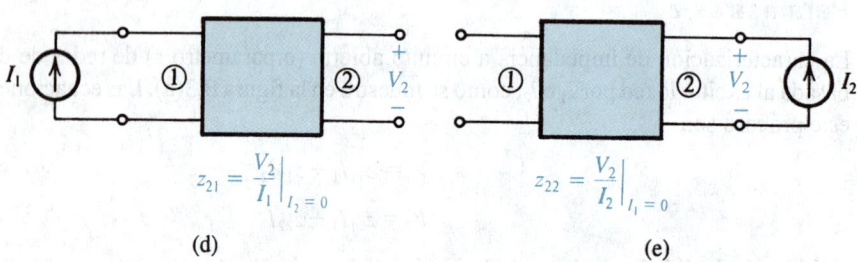

(b)   (c)

(d)   (e)

Fig. B.3 Definición y conceptuación de circuitos de medición para los parámetros z.

el puerto de entrada a circuito abierto. El parámetro h_{21} de transmisión directa representa la ganancia de corriente de la red con el puerto de salida en cortocircuito; por esta razón, h_{21} recibe el nombre de *ganancia de corriente en cortocircuito*. Finalmente, h_{22} es la admitancia de salida con el puerto de entrada a circuito abierto.

Las definiciones y montajes conceptuales de medida de los parámetros h se dan en la figura B.4.

Parámetros *g*

La caracterización híbrida inversa (o parámetro g) de redes de dos puertos está basada al excitar la red por V_1 e I_2, como se muestra en la figura B.5(a). Las ecuaciones que describen este proceso son

$$I_1 = g_{11}V_1 + g_{12}I_2 \tag{B.11}$$

$$V_2 = g_{21}V_1 + g_{22}I_2 \tag{B.12}$$

Las definiciones y montajes conceptuales de medida se dan en la figura B.5.

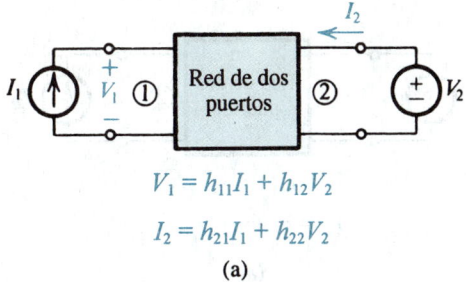

$$V_1 = h_{11}I_1 + h_{12}V_2$$

$$I_2 = h_{21}I_1 + h_{22}V_2$$

(a)

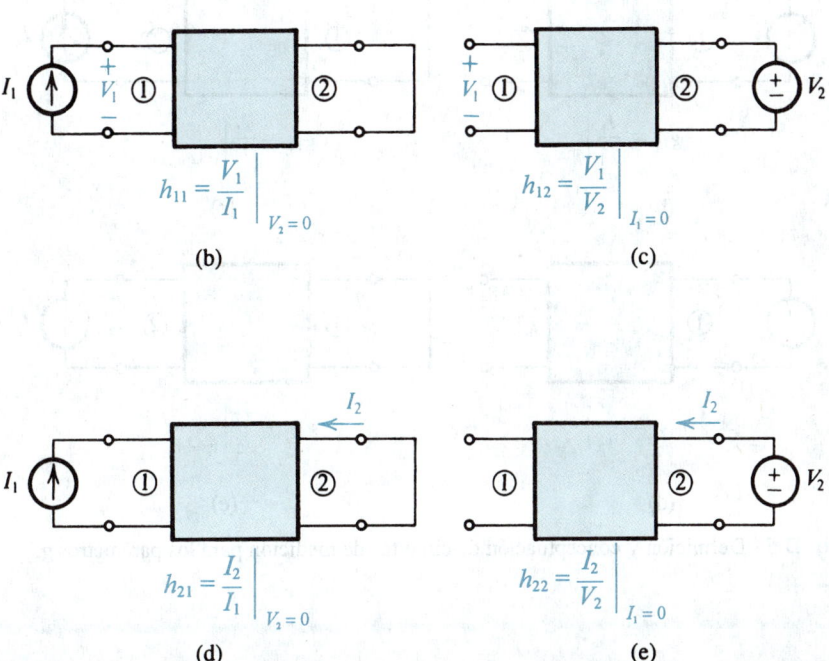

Fig. B.4 Definición y conceptuación de circuitos de medición para los parámetros h.

Representación de circuito equivalente

Una red de dos puertos puede ser representada por un circuito equivalente basado en el conjunto de parámetros empleados para su caracterización. En la figura B.6 se ilustran cuatro posibles circuitos equivalentes correspondientes a los cuatro tipos de parámetro estudiados líneas antes. Cada uno de estos circuitos equivalentes es una representación gráfica directa de las correspondientes dos ecuaciones que describen la red en términos del conjunto de parámetros en particular.

Finalmente, debe mencionarse que existen otros conjuntos de parámetros para caracterizar redes de dos puertos, pero éstos no se estudian o emplean en este libro.

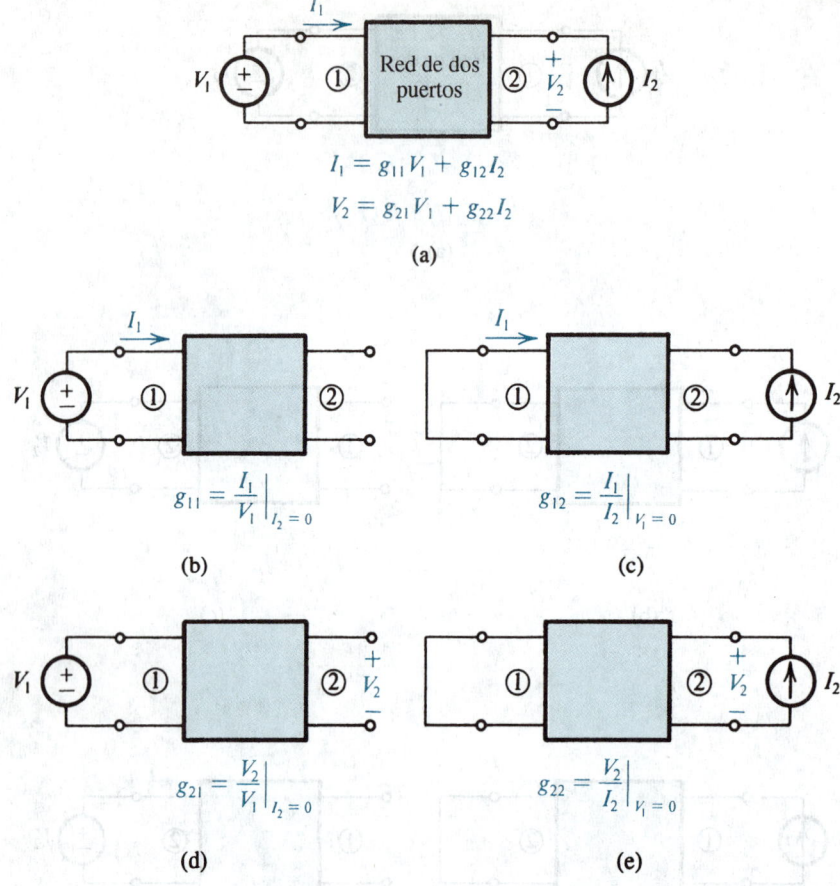

$$I_1 = g_{11}V_1 + g_{12}I_2$$
$$V_2 = g_{21}V_1 + g_{22}I_2$$

(a)

$$g_{11} = \left.\frac{I_1}{V_1}\right|_{I_2 = 0}$$

(b)

$$g_{12} = \left.\frac{I_1}{I_2}\right|_{V_1 = 0}$$

(c)

$$g_{21} = \left.\frac{V_2}{V_1}\right|_{I_2 = 0}$$

(d)

$$g_{22} = \left.\frac{V_2}{I_2}\right|_{V_1 = 0}$$

(e)

Fig. B.5 Definición y conceptuación de circuitos de medición para los parámetros g.

Ejercicio

B.1 En la figura EB.1 se ilustra el modelo de circuito equivalente a pequeña señal de un transistor. Calcule los valores de los parámetros h.

Resp. $h_{11} \simeq 2.6 \text{ k}\Omega$; $h_{12} \simeq 2.5 \times 10^{-4}$; $h_{21} \simeq 100$; $h_{22} \simeq 2 \times 10^{-5}$ ℧

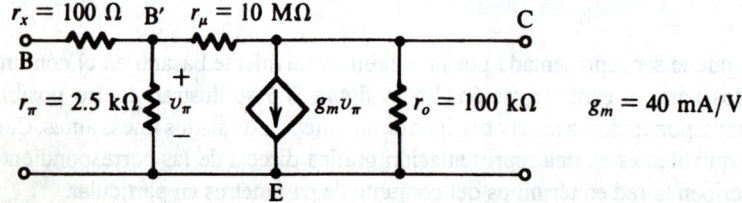

$r_x = 100 \ \Omega$ B' $r_\mu = 10 \ \text{M}\Omega$ C

$r_\pi = 2.5 \text{ k}\Omega$ v_π $g_m v_\pi$ $r_o = 100 \text{ k}\Omega$ $g_m = 40 \text{ mA/V}$

E

Fig. EB.1

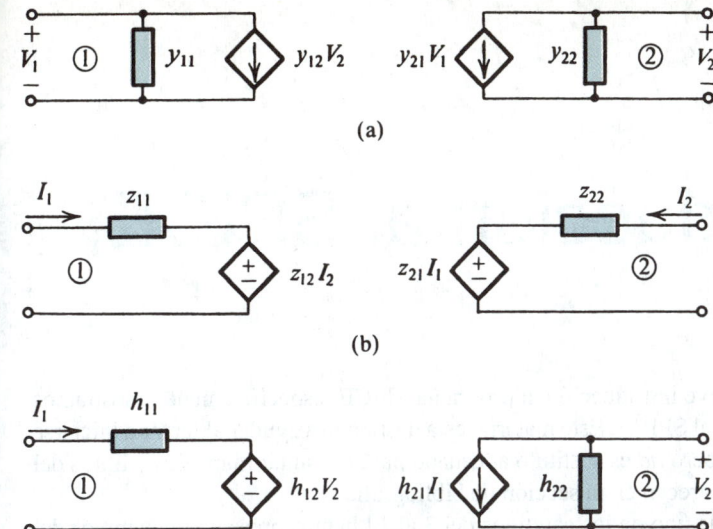

(a)

(b)

Fig. B.6 Circuitos equivalentes para **(a)** y, **(b)** z, **(c)** h y **(d)** parámetros g.

(c)

(d)

PROBLEMAS

B.1 **(a)** Un amplificador, caracterizado por el circuito equivalente de parámetro h de la figura B.6(c), es alimentado con una fuente que tiene un voltaje V_s y una resistencia R_s, y está cargado por una resistencia R_L. Demuestre que su ganancia de voltaje está dada por

$$\frac{V_2}{V_s} = \frac{-h_{21}}{(h_{11} + R_s)(h_{22} + 1/R_L) - h_{12}h_{21}}$$

(b) Utilice la expresión deducida en (a) para hallar la ganancia de voltaje del transistor del ejercicio B.1 para $R_s = 1$ kΩ y $R_L = 10$ kΩ.

B.2 Las propiedades terminales de una red de dos puertos se miden con los siguientes resultados: con la salida en cortocircuito y una corriente de entrada de 0.01 mA, la corriente de salida es 1.0 mA y el voltaje de entrada es 26 mV. Con la entrada en circuito abierto y un voltaje de 10 V aplicado a la salida, la corriente en la salida es 0.2 mA y el voltaje medido en la entrada es 2.5 mV. Encuentre valores para los parámetros h de esta red.

B.3 En la figura PB.3 se ilustra el circuito equivalente de alta frecuencia de un BJT. (Para mayor sencillez, r_x se ha omitido.) Encuentre los parámetros y.

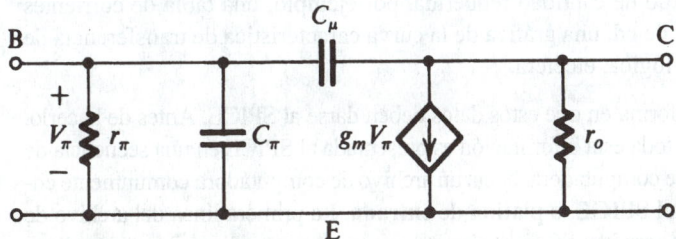

Fig. PB.3

APÉNDICE C

Una introducción al SPICE

INTRODUCCIÓN

En este apéndice damos una breve introducción al programa SPICE; específicamente, mostramos la forma de describir un circuito al SPICE. Este material está destinado a ayudar al lector a iniciarse en el uso del programa SPICE, pero *no* es sustituto adecuado para consultar manuales y libros del SPICE, algunos de los cuales aparecen en la sección de bibliografía.

En la última sección de cada uno de los capítulos del 3 al 14 hemos presentado ejemplos del uso del SPICE en el análisis y diseño de diversos circuitos electrónicos. Ahí, también explicamos algunas guías sobre el uso apropiado del SPICE en el proceso de diseño de circuitos. Igualmente, se han descrito los modelos utilizados por el SPICE para los tres dispositivos semiconductores básicos en las secciones SPICE de los capítulos del 3 al 5.

C.1   ¿QUÉ ES EL SPICE?

El SPICE es un programa de computadora que se puede utilizar para el análisis de la operación de un circuito electrónico que contenga varios componentes, como son transistores, diodos, resistores, condensadores, etc. Mediante el uso de parámetros de modelo de dispositivo especificados por el usuario, el SPICE ejecuta un análisis de cd para determinar la polarización de cd o punto de operación de cada dispositivo, puede usar éstos para calcular los parámetros de modelo a pequeña señal de los dispositivos, y usarlos a su vez para calcular ganancia de voltaje, respuesta a frecuencia, etc. También puede realizar una respuesta transitoria no lineal de un circuito, por ejemplo, un circuito de compuerta lógica, y varios otros tipos de análisis.

Para que el SPICE realice la simulación de un circuito dado, el usuario debe proporcionarle lo siguiente:

(*a*) *Descripción del circuito:* una descripción completa del circuito que se vaya a analizar; sus elementos y las fuentes de cd y de señal presentes, así como la forma en que están conectados. Del mismo modo, deben dársele los valores de parámetros de los modelos de los dispositivos electrónicos utilizados.

(*b*) *Peticiones de análisis:* los tipos de análisis, por ejemplo, cd, pequeña señal, transitorios, etc. que el usuario ordene realizar al SPICE.

(*c*) *Peticiones de salida:* el tipo de cantidad requerida, por ejemplo, una tabla de corrientes y voltajes de polarización de cd, una gráfica de la curva característica de transferencia de voltaje de una compuerta lógica, etcétera.

A continuación describimos la forma en que estos datos deben darse al SPICE. Antes de hacerlo, sin embargo, debemos observar que toda esta información es presentada al SPICE en una secuencia de líneas, capturadas por una terminal de computadora, hacia un archivo de computadora comúnmente conocido como **archivo de entrada del SPICE**, o **platina de entrada**. La primera línea del archivo de entrada del SPICE debe ser un **título** para identificar el circuito que se vaya a analizar, y la última línea debe ser una instrucción .End para indicar el final del archivo de entrada del SPICE. La secuencia de las líneas restantes es arbitraria, pero es aconsejable agregar comentarios en todo el archivo, para ayudar tanto a un lector potencial como al creador del archivo original. Las instrucciones Comment (comentario) se identifican al insertar un asterisco como el primer carácter de la línea de comentarios. Para ejemplos de los archivos de entrada del SPICE, el lector debe consultar el apéndice D que incluye una lista de todos estos archivos correspondientes a ejemplos del SPICE presentados en el texto. (Éstos también aparecen en el CD-ROM y se pueden descargar de la página Web.)

C.2 DESCRIPCIÓN DE UN CIRCUITO

Cada elemento del circuito está especificado por una **instrucción de elemento** que contiene el nombre del elemento, los nodos del circuito al cual está conectado, y el o los valores de parámetro eléctrico. La primera letra de un nombre de elemento denota el tipo de elemento (por ejemplo, R por resistor), y el nombre puede ser de uno a ocho caracteres alfanuméricos. Los nodos están especificados por enteros no negativos pero no es necesario numerarlos en secuencia. El nodo de referencia (tierra) debe numerarse como 0. Todo nodo debe tener por lo menos dos conexiones, excepto para nodos de sustrato MOSFET y líneas de transmisión no terminadas. En la tabla C.1 se dan formatos básicos de especificaciones, donde:

Tabla C.1 SINTAXIS PARA INSTRUCCIÓN DE ELEMENTOS

Componente	Nombre			Valor y nodos
Resistor	Rxxxxxxx	N+	N−	VALOR
Condensador	Cxxxxxxx	N+	N−	VALOR
Inductor	Lxxxxxxx	N+	N−	VALOR
VCCS	Gxxxxxxx	N+	N−	NC + NC − VALOR
VCVS	Exxxxxxx	N+	N−	NC + NC − VALOR
CCCS	Fxxxxxxx	N+	N−	VALOR VNAM
CCVS	Hxxxxxxx	N+	N−	VALOR VNAM
Fuente de voltaje	Vxxxxxxx	N+	N−	QUAL
Fuente de corriente	Ixxxxxxx	N+	N−	QUAL

1. El nombre de componente empieza con una letra en particular, como se indica, y es de uno a ocho caracteres alfanuméricos de largo.
2. N+ y N− indican los nodos conectados, siendo positivo el primero (si esto es importante). Nótese en particular que la corriente de una fuente de corriente fluye de N+ a N−.

Tabla C.2 ABREVIATURAS DE FACTORES-ESCALA RECONOCIDOS POR SPICE

Letras del sufijo de potencia a la 10	Prefijo métrico	Factor de multiplicación
T	tera	10^{+12}
G	giga	10^{+9}
Meg	mega	10^{+6}
K	kilo	10^{+3}
M	mili	10^{-3}
U	micro	10^{-6}
N	nano	10^{-9}
P	pico	10^{-12}
F	femto	10^{-15}

3. VALUE (valor) está en unidades de ohms, farads, henries, A/V, V/V, A/A, V/A, respectivamente, para los primeros siete componentes anteriores. Por convención, se pueden
emplear prefijos, como se indica en la tabla C.2.
4. NC+ y NC– son nodos en cuyos terminales aparece el voltaje de control.
5. VNAM es la fuente de voltaje por la cual circula la corriente de control.
6. QUAL es un conjunto de calificadores de la fuente, ya sea cd o transitoria (incluyendo
pulsatoria, senoidal, exponencial o lineal por partes) con amplitudes y otros calificadores,
o ca con magnitud y fase.
7. Se utiliza una fuente de voltaje de cero volts para indicar la ubicación de una medida de
corriente.

Como ejemplo, un resistor de 6.8 kΩ con el nombre R_{B2}, conectado entre los nodos 4 y 5 se puede
describir al SPICE con la instrucción de elemento:

$$\text{RB2} \quad 4 \quad 5 \quad\quad 6.8\text{K}$$

Como otro ejemplo, un condensador de 1.0 μF (C_{C1}) conectado en un circuito entre los nodos 3 y
4, y teniendo un voltaje inicial de cd de 5 V se puede describir con la instrucción:

$$\text{CC1} \quad 3 \quad 4 \quad\quad 1.0\text{U} \quad\quad \text{IC} = 5$$

donde IC denota "condición inicial". Como ejemplo final, una fuente de voltaje controlada por
voltaje que representa la ganancia diferencial de un op amp puede ser descrita por

$$\text{EOUT} \quad 3 \quad 0 \quad 2 \quad 1 \quad\quad 100\text{K}$$

donde EOUT se utiliza para denotar la fuente de voltaje controlada por voltaje cuyo terminal de
salida está en el nodo 3 y está referida a tierra (nodo 0), cuyos terminales de entrada están en los
nodos 1 y 2, y cuya razón de control es 10^5 V/V.

La descripción de un dispositivo semiconductor al SPICE requiere una instrucción de elemento y una **instrucción de modelo**. En la tabla C.3 se muestra la sintaxis de las instrucciones de
elemento para el diodo, el BJT y el MOSFET. Son oportunos los siguientes comentarios:

Tabla C.3 INSTRUCCIONES DE ELEMENTOS PARA DISPOSITIVOS SEMICONDUCTORES

Dispositivo	Nombre	Modelos y nodos				
Diodo	Dxxxxxxx	N+	N–			MNAME AREA
BJT	Qxxxxxxx	NC	NB	NE	NS	MNAME AREA
MOSFET	Mxxxxxxx	ND	NG	NS	NB	MNAME L W

1. La instrucción comienza con el nombre del dispositivo, con la primera letra del nombre
indicando el tipo del dispositivo.
2. Para un diodo, N+ es el nodo al cual el ánodo está conectado, y N– es aquel al cual el
cátodo está conectado.
3. Para un BJT, NC, NB, NE y NS son los nodos del circuito a los cuales el colector, base,
emisor y (para circuitos integrados) sustrato están conectados.
4. Para un MOSFET, ND, NG, NS y NB son los nodos del circuito a los cuales el dren,
compuerta, fuente y cuerpo (sustrato) están conectados.
5. MNAME se refiere al nombre del modelo para este dispositivo en particular (por ejemplo,
Q2N2222A para un BJT del tipo 2N2222A). Los valores de parámetro del modelo deben
especificarse en una instrucción separada del modelo; véase a continuación.
6. AREA es un factor de escala (opcional) de área; es el número de diodos o BJT de este tipo
que deben conectarse en paralelo para formar este dispositivo en particular.

Tabla C.4   INSTRUCCIONES DEL MODELO PARA SINTAXIS

Dispositivo	Instrucciones del modelo
Diodol	.Model MNAME D(IS = . . . n = . . . , etc.)
BJT	.Model MNAME NPN (o PNP)(IS = . . . βF = . . . , etc.)
MOSFET	.Model MNAME NMOS (o PMOS)(kP = . . . Vt0 = . . . , etc.)

7. L y W son la longitud y el ancho de canal del MOSFET, en metros.

Finalmente, en la tabla C.4 aparece la sintaxis de las instrucciones del modelo para diodos, BJT y MOSFET.

De nueva cuenta, aquí MNAME se refiere al nombre del modelo. Obviamente, para todo tipo de dispositivo que se utilice en el circuito debe haber una instrucción de modelo que especifique los valores del modelo que se vaya a usar para este dispositivo en particular. Varios dispositivos (por ejemplo, los BJT) del mismo tipo sólo necesitan una instrucción de modelo. A continuación de un identificador de dispositivo (D por diodo, NPN por un BJT *npn*, PNP por un BJT *pnp*, etc.) se presenta una lista de los valores de los parámetros del modelo. Para más información sobre los modelos del SPICE, el lector debe consultar la sección del SPICE de los capítulos 3, 4 y 5.

C.3   PETICIONES DE ANÁLISIS

Una vez descrito un circuito al SPICE por medio de un archivo de entrada, el usuario deben entonces especificar los análisis requeridos en la simulación. Hay tres opciones principales: punto de operación de cd, respuesta en frecuencia de ca y respuesta transitoria. En la tabla C.5 se ilustran sus sintaxis más la del comando de barrido de cd. Nótese que cada uno de estos comandos comienza con un punto (.), el cual dice al SPICE que la línea es una línea de comando que pide acción, y no parte de la descripción del circuito.

Tabla C.5   PRINCIPALES COMANDOS DE ANÁLISIS

Peticiones de ánalisis	Comandos Spice
Punto de operación	.OP
Barrido cd	.DC *source_name start_value stop_value step_value*
Respuesta en frecuencia ca	.AC DEC *points_per_decade freq_start freq_stop*
	.AC OCT *points_per_octave freq_start freq_stop*
	.AC LIN *total_points freq_start freq_stop*
Respuesta transitoria	. TRAN *time_step time_stop* [*no_print_time max_step_size*] [UIC]

El comando de punto de operación de cd, .OP, resulta en todos los voltajes de nodo y corrientes de rama de cd y la disipación de potencia de todas las fuentes de cd. El comando .OP automáticamente imprime los resultados del cálculo en el archivo de salida.

Aun cuando la curva característica de transferencia de cd se puede determinar al correr en repetidas veces los comandos .OP para diversos valores de una fuente de cd de entrada, el SPICE proporciona una alternativa; es decir, un comando de barrido de cd (.DC) que ejecuta esta operación automáticamente. La sintaxis de este comando incluye el nombre de la fuente de cd que se va a hacer variar (*source_name*) (fuente_nombre) comenzando ⌐n el valor marcado por *start_value* (inicio_valor) y aumentado o reducido en pasos de *step_value* (paso_valor) hasta que se alcance el *stop_value* (parar_valor) final.

Con el comando de respuesta en frecuencia (.AC), el SPICE ejecuta un análisis lineal de respuesta en frecuencia a pequeña señal. Automáticamente calcula el punto de operación de cd del circuito, con lo cual se establece el circuito equivalente a pequeña señal de todos los elementos no lineales. El circuito equivalente a pequeña señal se analiza entonces a frecuencias que comienzan a *freq_start* (frecuencia_inicio) y terminan a *freq_stop* (final_parar). Los puntos intermedios se separan logarítmicamente ya sea por década (DEC) u octava (OCT). El número de puntos en un intervalo dado de frecuencia está especificado por *points_per_decade* (puntos_por_década) o *points_per_octave* (puntos_por_octava). Podemos especificar un barrido de frecuencia lineal (LIN) y el número total de puntos en el mismo con *total_points* (puntos_totales). Por lo general se utiliza un barrido de frecuencia lineal cuando el ancho de banda de interés es angosto y un barrido logarítmico cuando el ancho de banda es grande.

Finalmente, con el comando de respuesta transitoria (.TRAN), el SPICE calcula las variables de circuito como función del tiempo sobre un intervalo especificado de tiempo. Este intervalo se inicia en el tiempo $t = 0$ y continúa en pasos lineales de *time_step* (tiempo_paso) hasta alcanzar *time_stop* (tiempo_parar) segundos. Aun cuando todo análisis de transitorios debe iniciarse en $t = 0$, tenemos la opción de retardar la impresión o trazado de gráfica de los resultados de salida si se especifica *no_print_time* (no_tiempo_de impresión) en el tercer campo encerrado por los corchetes. Ésta es una forma cómoda de saltarse la respuesta transitoria de una red y ver sólo su respuesta a estado estable.

Antes de iniciar cualquier análisis de transitorios, el SPICE debe determinar los valores iniciales de las variables del circuito, por lo general a partir de un análisis de cd del circuito. Si se especifica el parámetro opcional UIC (usar condiciones iniciales) en la instrucción .TRAN, el SPICE se salta el cálculo de la polarización de cd y en lugar de esto utiliza sólo la instrucción IC = información suministrada sobre cada condensador o inductor. Se supone que todos los elementos sin una especificación IC = tienen una condición inicial de cero.

C.4   PETICIONES DE SALIDA

La simulación de un circuito produce gran cantidad de información, y no sería práctico pasarla toda al usuario. En lugar de ello, el SPICE proporciona funciones en pantalla que hacen posible especificar cuáles variables de circuito deseamos ver y el mejor formato para las mismas. Esto es muy semejante a insertar una punta de prueba en el nodo de interés. En la tabla C.6 se muestra la sintaxis de impresión y formatos de gráficas.

Tabla C.6   REQUERIMIENTOS DE SALIDA DEL SPICE

Peticiones de salida	Comandos Spice
Puntos de información a imprimir	.PRINT DC *output_variables*
	.PRINT AC *output_variables*
	.PRINT TRAN *output_variables*
Puntos de información a trazar	.PLOT DC *output_variables* [(*lower_plot_limit, upper_plot_limit*)]
	.PLOT AC *output_variables* [(*lower_plot_limit, upper_plot_limit*)]
	.PLOT TRAN *output_variables* [(*lower_plot_limit, upper_plot_limit*)]

Notas:
1. SPICE *output-variables* puede ser un voltaje y cualquier nodo V(*node*), la diferencia de voltaje entre dos nodos V(*nodo₁, nodo₂*), o a través de corriente y fuente de voltaje I(V*name*).
2. ca *output-variables* puede ser también
   Vr, Ir: real part
   Vi, Ii: imaginary part
   Vm, Im: magnitude
   Vp, Ip: phase
   Vdb, Idb: decibels
3. PSPICE proporciona mayor flexibilidad para especificar *output-variables*.

El comando .PRINT imprime variables en forma tabular como función de la variable independiente asociada con el análisis. Con ello, debemos especificar también el análisis (es decir, cd, ac o TRAN) para el cual se desean las salidas especificadas. A continuación, especificamos una lista de variables de voltaje o corriente (denotadas como *output_variables* (variables_salida). Generalmente, una variable de voltaje se especifica como la diferencia en voltaje entre dos nodos, por ejemplo $node_1$ y $node_2$, como $V(node_1, node_2)$. Cuando uno de los nodos se omite, se supone que es el nodo a tierra (0).

El SPICE permite observar sólo las corrientes que circulan por fuentes de voltaje independientes. Una de estas corrientes se especificaría por I($Vname$) donde V$name$ es el nombre de la fuente independiente de voltaje a través de la cual circula la corriente. Si deseamos observar la corriente de una rama en particular sin fuente de voltaje, entonces agregamos una fuente de voltaje de valor cero en serie con esta rama y pedimos al programa que imprima o trace la gráfica de la corriente que circule por esta fuente.

Para un análisis de cd, las variables impresas son los voltajes de nodo o corrientes de rama calculadas como función de una fuente de cd en particular en la red.

Para un análisis de ca, las variables de salida son cantidades senoidales o vectoriales como función de la frecuencia y se representan por medio de números complejos. El SPICE tiene acceso a estos resultados en la forma de números reales e imaginarios o en forma de magnitud y fase. La magnitud también se puede expresar en términos de dB cuando sea conveniente. Para tener acceso a un tipo de variable específica, la tabla C.6 muestra la forma en que un sufijo se agrega a la letra V o I.

Los resultados de un análisis TRAN son los voltajes de nodo o corrientes de rama calculados como función del tiempo.

La función gráfica del SPICE genera una sencilla gráfica lineal de la lista de variables de salida como función de la variable independiente. La sintaxis para el comando de gráfica es idéntica a la del comando de imprimir, y la clave .PRINT es sustituida por .PLOT.

C.5   UNA OBSERVACIÓN FINAL

Para adquirir experiencia en escribir programas del SPICE, aconsejamos al lector seguir las listas del SPICE del apéndice D contra los circuitos correspondientes de los ejemplos presentados en las últimas secciones de cada uno de los capítulos desde el 3 al 14. El siguiente paso, por supuesto, es intentar simulaciones del SPICE para otros circuitos de este libro. Los problemas de fin de capítulo presentan una amplia variedad de circuitos para este propósito.

BIBLIOGRAFÍA

Rashid, M., *SPICE for Circuits and Electronics Using PSPICE*, Prentice-Hall, Englewood Cliffs, N. J., 1990.

Roberts, G.W. y A. Sedra, *SPICE*, Oxford University Press, Nueva York, 1992 y 1997.

Tuinenga, P., *A Guide to Circuit Simulation and Analysis Using PSPICE*, 2a. ed., Prentice-Hall, Englewood Cliffs, N. J., 1992.

Vladimirescu, A., *The SPICE Book*, John Wiley, Nueva York, 1994.

APÉNDICE D

Lista de los archivos de entrada del SPICE para los ejemplos de simulación

Este apéndice contiene listas completas de los archivos de entrada para los ejemplos de simulación del SPICE de los capítulos del 3 al 14. Estas listas de programas también aparecen en el CD-ROM que acompaña a este libro.

```
** A Regulated Power Supply **
* zener diode subcircuit
.subckt zener_diode 1 2
* connections:              | |
*                     anode |
*                          cathode
Dforward 1 2 1mA_diode
Dreverse 2 4 ideal_diode
Vz0 4 3 DC 4.9V
Rz 1 3 10
* diode model statements
.model 1mA_diode D   (Is=100pA n=1.679 )
.model ideal_diode D (Is=100pA n=0.01 )
.ends zener_diode

** Main Circuit **
* ac line voltage
Vac 1 0 sin(0 169V 60Hz)
Rs 1 2 0.5
* transformer section with center-tap
Lp   2 0 10mH
Ls1  3 4 51uH
Ls2  4 5 51uH
K12 Lp  Ls1 0.999
K13 Lp  Ls2 0.999
K23 Ls1 Ls2 0.999
* isolation resistor
Risolation 4 0 100Meg
* full-wave peak rectifier circuit
D1 3 6 D1N4148
D2 5 6 D1N4148
C 6 4 583uF
R 6 7 160
* zener diode
XZ1 4 7 zener_diode
* load
Rload 7 4 500
* diode model statement
.model D1N4148 D (Is=0.1pA Rs=16 CJO=2p Tt=12n Bv=100 Ibv=0.1p)
```

Fig. D.1   Lista neta de entrada del PSPICE para el circuito de la figura 3.52.

```
** Analysis Requests **
.OPTIONS ITL5=0
.TRAN 0.5ms 200ms 0ms 0.5ms UIC
** Output Requests **
.plot TRAN V(7,4) V(6,4)
.probe
.end
```

Fig. D.1 (*continúa*)

```
** A Voltage Doubler Circuit **

** Circuit Description **
Vi 1 0 sin ( 0 10V 1kHz )
C1 1 2 1u
C2 3 0 1u
D1 2 0 D1N4148
D2 3 2 D1N4148
* diode model statement
.model D1N4148 D (Is=0.1pA Rs=16 CJO=2p Tt=12n Bv=100 Ibv=0.1p)

** Analysis Requests **
.TRAN 100u 10m 0m 100u
** Output Requests **
.PLOT TRAN V(1) V(2) V(3)
.probe
.end
```

Fig. D.2   Lista neta de entrada del PSPICE para el circuito de la figura E3.33(a).

```
** Investigating the Sensitivity of Emitter Current To Amp Components **

** Circuit Description **
* power supply
Vcc 1 0 DC +12V
* amplifier circuit
Q1 2 3 4 Q2N2222A
Rc 1 2 4k
R1 1 3 80k
R2 3 0 40k
Re 4 5 3.3k
Vemitter 5 0 0
* transistor model statement for the 2N2222A
.model Q2N2222A NPN (Is=14.34f Xti=3 Eg=1.11 Vaf=74.03 Bf=255.9 Ne=1.307
+       Ise=14.34f Ikf=.2847 Xtb=1.5 Br=6.092 Nc=2 Isc=0 Ikr=0 Rc=1
+       Cjc=7.306p Mjc=.3416 Vjc=.75 Fc=.5 Cje=22.01p Mje=.377 Vje=.75
+       Tr=46.91n Tf=411.1p Itf=.6 Vtf=1.7 Xtf=3 Rb=10)
** Analysis Requests **
.SENS I(Vemitter)
** Output Requests **
* none required
.end
```

Fig. D.3   Lista neta de entrada del PSPICE para el circuito de la figura 4.75.

```
** Common-Emitter Amplifier Stage **

** HSPICE Circuit Description **
* power supplies
Vcc 1 0 DC +10V
Vee 8 0 DC -10V
* input signal
* for output resistance, change Vs from 10mV to 0V
Vs 6 0 AC 10mV
Rs 5 6 10k
* amplifier
C1 4 5 1GF
```

Fig. D.4   Lista neta de entrada del HSPICE para el circuito de la figura 4.76.

```
Rb 4 0 100k
XQ1 2 4 3 t2n2222a
Rc 1 2 10k
Re 3 8 10k
C2 2 7 1GF
C3 3 10 1GF
* emitter degeneration resistor (vary as needed)
Rdegen 10 0 100
* load + ammeter
Rl 7 9 10k
* for output resistance, change Vout from 0 to 10mV
* Vout 9 0 AC 10mV
Vout 9 0 0
* HSpice transistor model statement for the 2N2222A
* betaf=100 in this example: also vary to 153 and 200
.macro t2n2222a 1 2 3 betaf=100 tauf=5.1e-10
*02-870918
q2n2222a 1 2 3 t2n2222a
 .model t2n2222a npn
 + iss    =    0.        xtf   =    1.        ns   =    1.00000
 + cjs    =    0.        vjs   =    0.50000   ptf  =    0.
 + mjs    =    0.        eg    =    1.10000   af   =    1.
 + itf    =    0.50000   vtf   =    1.00000   bf   =    betaf
 + br     =   40.00000   is    =    1.6339e-14 vaf =  103.40529
 + var    =   17.77498   ikf   =    1.00000   ise  =    4.6956e-15
 + ne     =    1.31919   ikr   =    1.00000   isc  =    3.6856e-13
 + nc     =    1.10024   irb   =    4.3646e-05 nf  =    1.00531
 + nr     =    1.00688   rbm   =    1.0000e-02 rb  =   71.82988
 + rc     =    0.42753   re    =    3.0503e-03 mje =    0.32339
 + mjc    =    0.34700   vje   =    0.67373   vjc  =    0.47372
 + tf     =    tauf      tr    =  380.00e-9   cje  =    2.6734e-11
 + cjc    =    1.4040e-11 fc   =    0.95000   xcjc =    0.94518
 + subs   =    1
 .eom
** Analysis Requests **
* calculate DC bias point information
.OP
.AC LIN 1 1kHz 1kHz
** Output Requests **
*   voltage gain Av=Vo/Vs
.PRINT AC Vm(6) Vp(6) Vm(7) Vp(7)
*   current gain Ai=Io/Ii
.PRINT AC Im(Vs) Ip(Vs) Im(Vout) Ip(Vout)
* input resistance Ri=Vi/Ii
.PRINT AC Vm(4) Vp(4) Im(Vs) Ip(Vs)
* for output resistance, print these values too
*  .PRINT AC Vm(7) Vp(7) Im(Vout) Ip(Vout)
.end
```

Fig. D.4 (*continúa*)

```
** A CMOS Amplifier **

** Circuit Description **
* dc supplies
Vdd 1 0 DC +10V
Iref 2 0 DC 100uA
* input signal
Vi 4 0 DC 0V
* amplifier circuit
M1 3 4 0 0 nmos L=10u W=100u
M2 3 2 1 1 pmos L=10u W=100u
M3 2 2 1 1 pmos L=10u W=100u
* mosfet model statements (by default, level 1)
.model nmos nmos (kp=20u Vto=+1V lambda=0.01)
.model pmos pmos (kp=10u Vto=-1V lambda=0.01)
** Analysis Requests **
* calculate DC transfer characteristics
.DC Vi 0V +10V 10mV
** Output Requests **
.PLOT DC V(3)
.probe
.end
```

Fig. D.5 Lista neta de entrada del PSPICE para el circuito de la figura 5.75.

```
** The CMOS Inverter **

** Circuit Description **
* dc supplies
Vdd 1 0 DC +5V
* input digital signal
Vi   3 0 DC +5V
* MOSFET inverter circuit
M1 2 3 0 0 MN L=3um W=3um
M2 2 3 1 1 MP L=3um W=9um
* BNR 3um transistor model statements (level 3)
.MODEL MN nmos level=3 vto=.7 kp=4.e-05 gamma=1.1 phi=.6
+  lambda=.01 rd=40 rs=40  pb=.7 cgso=3.e-10 cgdo=3.e-10
+  cgbo=5.e-10 rsh=25 cj=.00044  mj=.5 cjsw=4.e-10 mjsw=.3
+  js=1.e-05 tox=5.e-08 nsub=1.7e+16  nss=0 nfs=0 tpg=1 xj=6.e-07
+  ld=3.5e-07 uo=775  vmax=100000  theta=.11  eta=.05 kappa=1
.MODEL MP pmos level=3 vto=-.8 kp=1.2e-05 gamma=.6 phi=.6
+  lambda=.03 rd=100 rs=100  pb=.6 cgso=2.5e-10 cgdo=2.5e-10
+  cgbo=5.e-10 rsh=80 cj=.00015  mj=.6 cjsw=4.e-10 mjsw=.6
+  js=1.e-05 tox=5.e-08 nsub=5.e+15  nss=0 nfs=0 tpg=1 xj=5.e-07
+  ld=2.5e-07 uo=250  vmax=70000  theta=.13  eta=.3 kappa=1
** Analysis Requests **
.DC Vi 0 5 50mV
** Output Requests **
.PLOT DC V(2) Id(M1)
.probe
.end
```

Fig. D.6 Lista neta de entrada del PSPICE para el circuito de la figura 5.77.

```
** A Simple Operational Amplifier **

* store the simulation results requested in a graph data file
.options post

** Circuit Description **
* power supplies
Vcc 4 0 DC +15V
Vee 5 0 DC -15V
* differential-mode signal level
Vd 101 0 DC 0V
* for small-signal parameters, bias with -Vos across input terminals
* Vd 101 0 DC -178.5uV AC 1
Rd 101 0 1
EV+ 1 100 101 0 +0.5
EV- 2 100 101 0 -0.5
* common-mode signal level
Vcm 100 0 DC 0V
* 1st stage
R1 4 7 20k
R2 4 8 20k
Q1 7 1 6 npn_transistor
Q2 8 2 6 npn_transistor
Q3 6 9 5 npn_transistor
* 2nd stage
R3 4 11 3k
Q4 4 7 10 npn_transistor
Q5 11 8 10 npn_transistor
Q6 10 9 5 npn_transistor 4
* 3rd or output stage
R4 4 12 2.3k
Q7 13 11 12 pnp_transistor
R5 13 5 15.7k
Q8 4 13 3 npn_transistor
R6 3 5 3k
* biasing stage
Rb 0 9 28.6k
Q9 9 9 5 npn_transistor
* transistor model statements
.model npn_transistor npn ( Is=1.8fA Bf=100 VAf=100V )
.model pnp_transistor pnp ( Is=1.8fA Bf=100 VAf=100V )
```

Fig. D.7 Lista neta de entrada del HSPICE para el circuito de la figura 6.52.

```
** Analysis Requests **
* compute DC operating point using the following initial guesses
.OP
.NODESET V(3)=0V V(6)=-0.7V V(7)=+10V V(8)=+10V V(9)=-14.3V V(10)=+9.3V
+        V(11)=+12V V(12)=+12.7V V(13)=+0.7V
* compute large-signal differential-input transfer characteristics of amp
.DC Vd -15V +15V 100mV
* expanded view of high-gain region
* .DC Vd -5mV +5mV 10uV
** Output Requests **
.PLOT DC V(3)
* compute the small-signal parameters of the amplifier
* .tf v(3) vd
* .ac lin 1 1Hz 1Hz
* .print ac Im(ev+) Im(ev-) vm(1,2)
* for input common-mode range (with Vd=-178.5uV)
* .DC Vcm -15V +15V 0.1V
.end
```

Fig. D.7   (continúa)

```
** A Common-Emitter Amplifier **

** Circuit Description **
* power supplies
Vcc 1 0 DC +12V
* input signal source
Vs 7 0 AC 1V
Rs 7 6 4k
* CE stage
Cc1 6 3 1uF
R1 1 3 8k
R2 3 0 4k
Q1 2 3 4 Q2N3904
Re 4 0 3.3k
Rc 1 2 6k
Ce 4 0 10uF
Cc2 2 5 1uF
* output load
Rl 5 0 4k
*
* transistor model statement for 2N3904
.model Q2N3904  NPN (Is=6.734f Xti=3 Eg=1.11 Vaf=74.03 Bf=416.4 Ne=1.259
+       Ise=6.734f Ikf=66.78m Xtb=1.5 Br=.7371 Nc=2 Isc=0 Ikr=0 Rc=1
+       Cjc=3.638p Mjc=.3085 Vjc=.75 Fc=.5 Cje=4.493p Mje=.2593 Vje=.75
+       Tr=239.5n Tf=301.2p Itf=.4 Vtf=4 Xtf=2 Rb=10)
** Analysis Requests **
.OP
.AC DEC 10 1Hz 100MegHz
** Output Requests **
.PLOT AC VdB(5)
.probe
.end
```

Fig. D.8   Lista neta de entrada del PSPICE para el circuito de la figura 7.13.

```
** A Cascode Amplifier **

** Circuit Description **
* power supplies
Vcc 1 0 DC +15V
* input signal source
Vs 9 0 AC 1V
Rs 9 8 4k
* CE stage (input stage)
Cc1 6 8 1uF
R1 1 3 18k
R2 3 6 4k
R3 6 0 8k
```

Fig. D.9   Lista neta de entrada del PSPICE para el circuito de la figura E7.17.

```
Q1  4  6  7  Q2N3904
Re  7  0  3.3k
Ce  7  0  10uF
* CB stage (upper stage)
Q2  2  3  4  Q2N3904
Rc  1  2  6k
Cb  3  0  10uF
Cc2  2  5  1uF
* output load
Rl  5  0  4k
*
* transistor model statement for 2N3904
.model Q2N3904  NPN (Is=6.734f Xti=3 Eg=1.11 Vaf=74.03 Bf=416.4 Ne=1.259
+       Ise=6.734f Ikf=66.78m Xtb=1.5 Br=.7371 Nc=2 Isc=0 Ikr=0 Rc=1
+       Cjc=3.638p Mjc=.3085 Vjc=.75 Fc=.5 Cje=4.493p Mje=.2593 Vje=.75
+       Tr=239.5n Tf=301.2p Itf=.4 Vtf=4 Xtf=2 Rb=10)
** Analysis Requests **
.OP
.AC DEC 10 1Hz 100MegHz
** Output Requests **
.PLOT AC VdB(5)
.probe
.end
```

Fig. D.9   (*continúa*)

```
** Differential Amplifier With Emitter Resistors **

* set acout=0 so HSPICE calculates vdb(x,y) as "magnitude of difference",
* rather than "difference of magnitude"
.options post acout=0

** Circuit Description **
* power supplies
Vcc  1  0  DC +10V
* input signal source
Vs  6  0  AC 1V
Rs  6  5  5k
* differential pair
Rc1  1  2  10k
Rc2  1  3  10k
Q1  3  5  7  Q2N3904
Q2  2  77  8  Q2N3904
Rs2  77  0  5k
* emitter resistors
* zero-resistance
Re1  7  4  0.00001
Re2  8  4  0.00001
* current biasing
Ibias  4  0  1mA
*
* transistor model statement for 2N3904
.model Q2N3904  NPN (Is=6.734f Xti=3 Eg=1.11 Vaf=74.03 Bf=416.4 Ne=1.259
+       Ise=6.734f Ikf=66.78m Xtb=1.5 Br=.7371 Nc=2 Isc=0 Ikr=0 Rc=1
+       Cjc=3.638p Mjc=.3085 Vjc=.75 Fc=.5 Cje=4.493p Mje=.2593 Vje=.75
+       Tr=239.5n Tf=301.2p Itf=.4 Vtf=4 Xtf=2 Rb=10)
** Analysis Requests **
.OP
.ac DEC 10 1Hz 100MegHz
** Output Requests **
.print vdb(3,2)

* re-run simulation for resistor values 100, 200 and 300
.alter
Re1  7  4  100
Re2  8  4  100

.alter
Re1  7  4  200
Re2  8  4  200

.alter
Re1  7  4  300
Re2  8  4  300

.end
```

Fig. D.10   Lista neta de entrada del HSPICE para el circuito del ejemplo 7.10.

```
** Feedforward Network Of Current-Sampling Shunt-Mixing Amplifier **

** Circuit Description **
* input signal source
Ii' 0 10 DC 0A AC 1A
Rs 10 0 10k
* output current (collector current of Q2)
Vout 60 6 DC 0V AC 0V
* power supply
Vcc 1 0 DC +12V
* amplifier circuit
* 1st stage
Q1 2 3 4 Q2N3904
Rc1 1 2 10k
Re1 4 0 870
Ce  4 0 1GF
Rb1 1 3 100k
Rb2 3 0 15k
* 2nd stage
Q2 5 2 60 Q2N3904
Rc2 1 5 8k
* decoupling capacitors
Cc1 10 3 1GF
Cc2 5 8 1GF
* load
Rl 8 0 1k
* open feedback circuit
* input side
Rfi 3 72 10k
Cfi 73 72 1GF
Re2i 73 0 3.4k
* output side
Rfo 71 0 10k
Cfo 6 71 1GF
Re2o 6 0 3.4k
* transistor model statement for 2N3904
.model Q2N3904  NPN (Is=6.734f Xti=3 Eg=1.11 Vaf=74.03 Bf=416.4 Ne=1.259
+  Ise=6.734f Ikf=66.78m Xtb=1.5 Br=.7371 Nc=2 Isc=0 Ikr=0 Rc=1
+  Cjc=3.638p Mjc=.3085 Vjc=.75 Fc=.5 Cje=4.493p Mje=.2593 Vje=.75
+  Tr=239.5n Tf=301.2p Itf=.4 Vtf=4 Xtf=2 Rb=10)
** Analysis Requests **
.OP
.AC LIN 1 1Hz 1Hz
** Output Requests **
.PRINT AC Im(Vout) Ip(Vout) Vm(10) Vp(10)
.end
```

Fig. D.11   Lista neta de entrada del PSPICE para el circuito de la figura 8.41(b).

```
** Computing The Loop Terminating Resistance Rt **

** Circuit Description **
* input source set to zero for output impedance calculation
Vs 11 0 DC 0 AC 0
Rs 11 10 10k
* short-circuit output port
Vout 0 9 0
* power supply
Vcc 1 0 DC +12V
* amplifier circuit
* 1st stage
Rc1 1 2 10k
Q1 2 3 4 Q2N3904
Re1 4 0 870
Ce1 4 0 1GF
Rb1 1 3 100k
Rb2 3 0 15k
* 2nd stage
Rc2 1 5 8k
Q2 5 21 6 Q2N3904
```

Fig. D.12   Lista neta de entrada del PSPICE para el circuito de la figura 8.42(a).

```
* decoupling capacitors
Cc1 10 3 1GF
Cc2 5 8 1GF
* load
Rl 8 9 1k
* feedback circuit
Re2 6 0 3.4k
Rf 3 7 10k
Cf 6 7 1GF
* inject signal into feedback loop without disturbing DC bias
Lt 2 21 1GH
Cti 21 22 1GF
Vt 22 0 AC 1V
* transistor model statement for 2N3904
.model Q2N3904  NPN (Is=6.734f Xti=3 Eg=1.11 Vaf=74.03 Bf=416.4 Ne=1.259
+        Ise=6.734f Ikf=66.78m Xtb=1.5 Br=.7371 Nc=2 Isc=0 Ikr=0 Rc=1
+        Cjc=3.638p Mjc=.3085 Vjc=.75 Fc=.5 Cje=4.493p Mje=.2593 Vje=.75
+        Tr=239.5n Tf=301.2p Itf=.4 Vtf=4 Xtf=2 Rb=10)
** Analysis Requests **
.AC LIN 1 1Hz 1Hz
** Output Requests **
* print resistance seen by Vt: Rt=V(22)/I(Vt)
.PRINT AC Vm(22) Vp(22) Im(Vt) Ip(Vt)
.end
```

Fig. D.12   (continúa)


```
** Computing The Short-Circuit Current Transfer Function **

** Circuit Description **
* power supply
Vcc 1 0 DC +12V
* input source set to zero for output impedance calculation
Vs 11 0 DC 0 AC 0
Rs 11 10 10k
* amplifier circuit
* 1st stage
Rc1 1 2 10k
Q1 2 3 4 Q2N3904
Re1 4 0 870
Ce1 4 0 1GF
Rb1 1 3 100k
Rb2 3 0 15k
* 2nd stage
Rc2 1 5 8k
Q2 5 21 6 Q2N3904
* decoupling capacitors
Cc1 10 3 1GF
Cc2 5 8 1GF
* load
Rl 8 9 1k
* output current
Vout 0 9 DC 0
* feedback circuit
Re2 6 0 3.4k
Rf 3 7 10k
Cf 6 7 1GF
* inject signal into feedback loop
Lt 2 21 1GH
It 0 21 AC 1A
* at collector of Q1
Cto 2 23 1GF
Vsc 23 0 0
* transistor model statement for 2N3904
.model Q2N3904  NPN (Is=6.734f Xti=3 Eg=1.11 Vaf=74.03 Bf=416.4 Ne=1.259
+        Ise=6.734f Ikf=66.78m Xtb=1.5 Br=.7371 Nc=2 Isc=0 Ikr=0 Rc=1
+        Cjc=3.638p Mjc=.3085 Vjc=.75 Fc=.5 Cje=4.493p Mje=.2593 Vje=.75
+        Tr=239.5n Tf=301.2p Itf=.4 Vtf=4 Xtf=2 Rb=10)
** Analysis Requests **
```

Fig. D.13   Lista neta de entrada del PSPICE para el circuito de la figura 8.42(b).

```
.AC LIN 1 1Hz 1Hz
** Output Requests **
* print short-circuit current gain
.PRINT AC Im(Vsc) Ip(Vsc)
.end
```

Fig. D.13 (*continúa*)

```
** Class B Output Stage **

** Circuit Description **
* power supplies
Vcc+ 1 0 DC +23V
Vcc- 2 0 DC -23V
* input signal source
Vi 3 0 sin ( 0V 17.9V 1kHz )
* output buffer
Qn 1 3 4 NA51
Qp 2 3 4 NA52
* load resistance
Rl 4 0 8
* transistor model statement for National Semiconductor's
* complementary transistors NA51 and NA52
.model NA51 NPN (Is=10f Xti=3 Eg=1.11 Vaf=100 Bf=100 Ise=0 Ne=1.5 Ikf=0
+       Nk=.5 Xtb=1.5 Br=1 Isc=0 Nc=2 Ikr=0 Rc=0 Cjc=76.97p Mjc=.2072
+       Vjc=.75 Fc=.5 Cje=5p Mje=.3333 Vje=.75 Tr=10n Tf=1n Itf=1 Xtf=0
+       Vtf=10)
.model NA52 PNP (Is=10f Xti=3 Eg=1.11 Vaf=100 Bf=100 Ise=0 Ne=1.5 Ikf=0
+       Nk=.5 Xtb=1.5 Br=1 Isc=0 Nc=2 Ikr=0 Rc=0 Cjc=112.6p Mjc=.1875
+       Vjc=.75 Fc=.5 Cje=5p Mje=.3333 Vje=.75 Tr=10n Tf=1n Itf=1 Xtf=0
+       Vtf=10)
** Analysis Requests **
.Tran 10us 3ms 0ms 10us
** Output Requests **
.Plot Tran V(1) i(Vcc+)
.Plot Tran V(2) i(Vcc-)
.Plot Tran V(4) i(Rl)
.Plot Tran V(1,4) i(Vcc+)
.Plot Tran V(2,4) i(Vcc-)
* for Fourier Analysis (and THD)
* .FOUR 1kHz V(4)
* for VTC, replace transient analysis with DC sweep
* .DC Vi -10V +10V 50mV
* .Plot DC V(4)
.probe
.end
```

Fig. D.14   Lista neta de entrada del PSPICE para el circuito de la figura 9.39.

```
** A CMOS Operational Amplifier (5um CMOS Models) **

** Circuit Description **
* power supplies
Vdd 4 0 DC +5V
Vss 5 0 DC -5V
* differential-mode signal level
Vd 101 0 DC 0V
* to DC sweep the input common-mode level, offset diff-input by +220uV
* Vd 101 0 DC +220.0uV
Rd 101 0 1
EV+ 2 100 101 0 +0.5
EV- 1 100 101 0 -0.5
* common-mode signal level
Vcm 100 0 DC 0V
* front-end stage
M1 7 1 6 4 pmos_transistor L=8u W=120u
M2 8 2 6 4 pmos_transistor L=8u W=120u
```

Fig. D.15   Lista neta de entrada del PSPICE para el circuito de la figura 10.40.

```
M3 7 7 5 5 nmos_transistor L=10u W=50u
M4 8 7 5 5 nmos_transistor L=10u W=50u
M5 6 9 4 4 pmos_transistor L=10u W=150u
* 2nd gain stage
M6 3 8 5 5 nmos_transistor L=10u W=100u
M7 3 9 4 4 pmos_transistor L=10u W=150u
* current source biasing stage
M8 9 9 4 4 pmos_transistor L=10u W=150u
Iref 9 5 25uA
* compensation network
Cc 8 10 10pF
R 10 3 10k
* 5um BNR CMOS transistor model statements
.MODEL nmos_transistor nmos ( level=2 vto=1 nsub=1e16 tox=8.5e-8 uo=750
+    cgso=4e-10 cgdo=4e-10 cgbo=2e-10 uexp=0.14 ucrit=5e4 utra=0 vmax=5e4
+    rsh=15 cj=4e-4 mj=2 pb=0.7 cjsw=8e-10 mjsw=2 js=1e-6 xj=1u ld=0.7u )
.MODEL pmos_transistor pmos ( level=2 vto=-1 nsub=2e15 tox=8.5e-8 uo=250
+    cgso=4e-10 cgdo=4e-10 cgbo=2e-10 uexp=0.03 ucrit=1e4 utra=0 vmax=3e4
+    rsh=75 cj=1.8e-4 mj=2 pb=0.7 cjsw=6e-10 mjsw=2 js=1e-6 xj=0.9u ld=0.6u )
** Analysis Requests **
.DC Vd -4mV +4mV 100uV
* to DC sweep the input common-mode level
* .DC Vcm -5V +5V 0.1V
* for DC operating-point information and small-signal "DC gain"
* .OP
* .TF V(3) Vd
** Output Requests **
.PLOT DC V(3)
.probe
.end
```

Fig. D.15   *(continúa)*

```
** Fifth-Order Chebyshev Filter Circuit **

** Circuit Description **

* op-amp subcircuit
.subckt ideal_opamp 1 2 3
* connections:        | | |
*             output  | |
*           +ve input |
*         -ve input
Eopamp 1 0 2 3 1e6
Iopen1 2 0 0A      ; redundant connection made at +ve input terminal
Iopen2 3 0 0A      ; redundant connection made at -ve input terminal
.ends ideal_opamp

** Main Circuit **
* input signal source
Vi 1 0 DC 0V AC 1V
* first biquad stage (Wo=41.17k rad/s   Q=1.4)
X_A1_1 5 2 4 ideal_opamp
X_A2_1 3 6 4 ideal_opamp
R1_1 5 6 10k
R2_1 4 5 10k
R3_1 3 4 10k
C4_1 2 3 2.43nF
R5_1 1 2 10k
C6_1 6 0 2.43nF
R6_1 6 0 14k
X_A3_1 7 6 7 ideal_opamp
* second biquad stage (Wo=62.46k rad/s   Q=5.56)
X_A1_2 11 8 10 ideal_opamp
X_A2_2 9 12 10 ideal_opamp
R1_2 11 12 10k
R2_2 10 11 10k
R3_2 9 10 10k
C4_2 8 9 1.6nF
R5_2 7 8 10k
```

Fig. D.16   Lista neta de entrada del PSPICE para el circuito de la figura 11.49(a).

```
C6_2 12   0 1.6nF
R6_2 12   0 55.6k
X_A3_2 13 12 13 ideal_opamp
* first-order stage
X_A1_3 15 0 14 ideal_opamp
R1_3 13 14 10k
R2_3 14 15 10k
C1_3 14 15 5.5nF
** Analysis Requests **
.AC LIN 100 1Hz 20kHz
** Output Requests **
.PLOT AC VdB(15) Vp(15)
.probe
.end
```

Fig. D.16 *(continúa)*

```
** Second-Order Bandpass Filter Circuit (Nonideal Op-Amp) **

** Circuit Description **

* op-amp subcircuit
.subckt nonideal_opamp 1 2 3
* connections:            | | |
*                  output | |
*                +ve input |
*                 -ve input
Ricm+ 2 0 500Meg
Ricm- 3 0 500Meg
Rid 2 3 2Meg
Gm 0 4 2 3 0.19m
R1 4 0 1.323G
C1 4 0 30pF
Eoutput 5 0 4 0 1
Ro 5 1 75
.ends nonideal_opamp

** Main Circuit **
* input signal source
Vi 1 0 DC 0V AC 1V
* Tow-Thomas Biquad
X_A1 3 0 2 nonideal_opamp
X_A2 5 0 4 nonideal_opamp
X_A3 7 0 6 nonideal_opamp
Rg 1 2 200k
R1 2 7 10k
R2 3 4 10k
R3 5 6 10k
R4 6 7 10k
Rd 2 3 200k
C1 2 3 1.59nF
C2 4 5 1.59nF
** Analysis Requests **
.AC LIN 100 8kHz 12kHz
** Output Requests **
.PLOT AC VdB(3) Vp(3)
.probe
.end
```

Fig. D.17 Lista neta de entrada del PSPICE para el circuito de la figura 11.52.

```
** A Wien-Bridge Oscillator With Amplitude Stabilization **

** Circuit Description **

* op-amp subcircuit
.subckt uA741      1 2 3 4 5
* connections:     | | | | |
```

Fig. D.18 Lista neta de entrada del PSPICE para el circuito de la figura 12.42.

```
*                  | | | |
*    non-inverting input | | | |
*           inverting input | | |
*     positive power supply | |
*       negative power supply |
*                           output
*
*
  c1    11 12 8.661E-12
  c2     6  7 30.00E-12
  dc     5 53 dx
  de    54  5 dx
  dlp   90 91 dx
  dln   92 90 dx
  dp     4  3 dx
  egnd  99  0 poly(2) (3,0) (4,0) 0 .5 .5
  fb     7 99 poly(5) vb vc ve vlp vln 0 10.61E6 -10E6 10E6 10E6 -10E6
  ga     6  0 11 12 188.5E-6
  gcm    0  6 10 99 5.961E-9
  iee   10  4 dc 15.16E-6
  hlim  90  0 vlim 1K
  q1    11  2 13 qx
  q2    12  1 14 qx
  r2     6  9 100.0E3
  rc1    3 11 5.305E3
  rc2    3 12 5.305E3
  re1   13 10 1.836E3
  re2   14 10 1.836E3
  ree   10 99 13.19E6
  ro1    8  5 50
  ro2    7 99 100
  rp     3  4 18.16E3
  vb     9  0 dc 0
  vc     3 53 dc 1
  ve    54  4 dc 1
  vlim   7  8 dc 0
  vlp   91  0 dc 40
  vln    0 92 dc 40
.model dx D(Is=800.0E-18 Rs=1)
.model qx NPN(Is=800.0E-18 Bf=93.75)
.ends uA741


** Main Circuit **
* power supplies
Vcc 7 0 DC +15V
Vee 8 0 DC -15V
* Wien-bridge oscillator
XAmp 2 6 7 8 4 uA741
* loop gain is 1.1 (R1a=15k R1b=35k)
* change R1a and R1b to change loop gain (maintain R1a+R1b=50k)
R1a 6 0 15k
R1b 6 5 35k
R2 5 4 10k
R3 2 0 10k
C3 2 0 16nF IC=0V
R4 3 4 10k
C4 2 3 16nF IC=0V
* diode limiter circuit
D1 4 5 D1N4148
D2 5 4 D1N4148
* model statements
.model D1N4148 D (Is=0.1p Rs=16 CJO=2p Tt=12n Bv=100 Ibv=0.1p)
** Analysis Requests **
.OPTIONS itl5=0
.OP
.TRAN 200us 20ms 0ms 200us UIC
* for Fourier analysis (and THD)
* .FOUR 979.43Hz V(5)
** Output Requests **
.PLOT TRAN V(4) V(5)
.probe v(4) v(5)
.end
```

Fig. D.18 (continúa)

```
** The Active-Filter Tuned Oscillator **

** Circuit Description **

* op-amp subcircuit
.subckt uA741          1 2 3 4 5
* connections:          | | | | |
*                       | | | | |
*   non-inverting input | | | | |
*           inverting input | | | |
*        positive power supply | |
*          negative power supply |
*                          output
*
*
  c1    11 12 8.661E-12
  c2     6  7 30.00E-12
  dc     5 53 dx
  de    54  5 dx
  dlp   90 91 dx
  dln   92 90 dx
  dp     4  3 dx
  egnd  99  0 poly(2) (3,0) (4,0) 0 .5 .5
  fb     7 99 poly(5) vb vc ve vlp vln 0 10.61E6 -10E6 10E6 10E6 -10E6
  ga     6  0 11 12 188.5E-6
  gcm    0  6 10 99 5.961E-9
  iee   10  4 dc 15.16E-6
  hlim  90  0 vlim 1K
  q1    11  2 13 qx
  q2    12  1 14 qx
  r2     6  9 100.0E3
  rc1    3 11 5.305E3
  rc2    3 12 5.305E3
  re1   13 10 1.836E3
  re2   14 10 1.836E3
  ree   10 99 13.19E6
  ro1    8  5 50
  ro2    7 99 100
  rp     3  4 18.16E3
  vb     9  0 dc 0
  vc     3 53 dc 1
  ve    54  4 dc 1
  vlim   7  8 dc 0
  vlp   91  0 dc 40
  vln    0 92 dc 40
.model dx D(Is=800.0E-18 Rs=1)
.model qx NPN(Is=800.0E-18 Bf=93.75)
.ends uA741


** Main Circuit **
* power supplies
Vcc 8 0 DC +15V
Vee 9 0 DC -15V
* high-Q filter circuit
Xopamp1 3 5 8 9 1 uA741
Xopamp2 7 5 8 9 4 uA741
R1 2 3 50k
C1 3 0 16nF IC=0V
R2 3 4 10k
C2 4 5 16nF IC=0V
R3 5 1 10k
R4 1 7 10k
R5 7 0 10k
* diode limiter circuit
D1 0 2 D1N4148
D2 2 0 D1N4148
R6 1 2 10k
* model statement
.model D1N4148 D (Is=0.1p Rs=16 CJO=2p Tt=12n Bv=100 Ibv=0.1p)
** Analysis Requests **
.OPTIONS itl5=0
.TRAN 20us 50ms 45ms 20us UIC
```

Fig. D.19 Lista neta de entrada del PSPICE para el circuito de la figura 12.44.

```
.FOUR 1kHz V(1)
** Output Requests **
.PLOT TRAN V(1) V(2)
.probe V(1) V(2)
.end
```

Fig. D.19 (*continúa*)

```
** A Cascade Of CMOS Inverters (dynamic effects included) **

* store the simulation results requested in a graph data file
.options post

** Circuit Description **
* dc supplies
Vdd 1 0 DC +5V
* input digital signal
Vi 3 0 DC 1.237 PWL (0,0V 10ns,0V 10.1ns,5V 30ns,5V 30.1ns,0V 50ns,0V)
* 1st CMOS inverter
* also try PMOS (M2) width of W=3um
M1 2 3 0 0 MN L=3um W=3um
M2 2 3 1 1 MP L=3um W=10um
Cl1 2 0 0.1pF
* 2nd CMOS inverter
* also try PMOS (M4) width of W=3um
M3 4 2 0 0 MN L=3um W=3um
M4 4 2 1 1 MP L=3um W=10um
Cl2 4 0 0.1pF
* BNR 3um transistor model statements (level 3)
.MODEL MN nmos level=3 vto=.7 kp=4.e-05 gamma=1.1 phi=.6
+   lambda=.01 rd=40 rs=40  pb=.7 cgso=3.e-10 cgdo=3.e-10
+   cgbo=5.e-10 rsh=25 cj=.00044  mj=.5 cjsw=4.e-10 mjsw=.3
+   js=1.e-05 tox=5.e-08 nsub=1.7e+16  nss=0 nfs=0 tpg=1 xj=6.e-07
+   ld=3.5e-07 uo=775  vmax=100000  theta=.11  eta=.05 kappa=1
.MODEL MP pmos level=3 vto=-.8 kp=1.2e-05 gamma=.6 phi=.6
+   lambda=.03 rd=100 rs=100  pb=.6 cgso=2.5e-10 cgdo=2.5e-10
+   cgbo=5.e-10 rsh=80 cj=.00015  mj=.6 cjsw=4.e-10 mjsw=.6
+   js=1.e-05 tox=5.e-08 nsub=5.e+15  nss=0 nfs=0 tpg=1 xj=5.e-07
+   ld=2.5e-07 uo=250  vmax=70000  theta=.13  eta=.3 kappa=1
** Analysis Requests **
*  .TRAN 0.1ns 50ns 0ns 0.1ns
* measure time from Vi rise to Vol fall
.meas tphl1 trig v(3) rise=1 val=2.5 targ v(2) fall=1 val=2.5
* measure time from Vi fall to Vol rise
.meas tplh1 trig v(3) fall=1 val=2.5 targ v(2) rise=1 val=2.5
** Output Requests **
.op
* for VTC
*  .dc Vi 0 +5V 10mV
.Plot TRAN V(2) V(3) V(4)
.end
```

Fig. D.20 Lista neta de entrada del HSPICE para el circuito de la figura 13.69.

```
** Two-Input ECL OR Gate With Complementary NOR Output **

** Circuit Description **
* dc supplies
Vee1 1  0 DC -5.2V
Vee2 13 0 DC -2.0V
* input digital signals
Va 12 0 DC 0V
Vb 11 0 DC -1.77V
* ECL Gate
Qa 2 12 10 npn_transistor
Qb 2 11 10 npn_transistor
Qr 3  5 10 npn_transistor
Q2 0  3  9 npn_transistor
```

Fig. D.21 Lista neta de entrada del PSPICE para el circuito de la figura 14.54.

```
Q3 0  2  8 npn_transistor
Ra 12 1 50k TC=1200u
Rb 11 1 50k TC=1200u
Re 10 1 779 TC=1200u
Rc1 0 2 220 TC=1200u
Rc2 0 3 245 TC=1200u
Rt2 9 13 50 TC=1200u
Rt3 8 13 50 TC=1200u
* temperature-compensated voltage reference circuit
Q1 0  4 5 npn_transistor
QD1 4 4 6 npn_transistor
QD2 6 6 7 npn_transistor
R1  0 4 907    TC=1200u
R2  7 1 4.98k TC=1200u
R3  5 1 6.1k  TC=1200u
* BJT model statement
.model npn_transistor npn (Is=0.26fA Bf=100 Br=1
+                         Tf=0.1ns Cje=1pF Cjc=1.5pF Va=100)
** Analysis Requests **
* also try at temp of 0C and 70C
.TEMP 27C
.DC Va -2V 0V 10mV
** Output Requests **
.Plot DC V(8) V(9) V(5)
.probe
.end
```

Fig. D.21 (*continúa*)


```
** Cascade Of Two ECL Gates Connected By A Lossless Transmission Line **

* ECL two-input OR/NOR gate
.subckt OR/NOR_ECL    12 11 8 9 1
* connections:          |  |  | | |
*                   inputA  |  | | |
*                      inputB  | | |
*                      NORoutput | |
*                         ORoutput |
*                            Vee1
*
* ECL Gate
Qa 2 12 10 npn_transistor
Qb 2 11 10 npn_transistor
Qr 3  5 10 npn_transistor
Q2 0  3  9 npn_transistor
Q3 0  2  8 npn_transistor
Ra 12 1 50k TC=1200u
Rb 11 1 50k TC=1200u
Re 10 1 779 TC=1200u
Rc1 0 2 220 TC=1200u
Rc2 0 3 245 TC=1200u
* temperature-compensated voltage reference circuit
Q1 0  4 5 npn_transistor
QD1 4 4 6 npn_transistor
QD2 6 6 7 npn_transistor
R1  0 4 907    TC=1200u
R2  7 1 4.98k TC=1200u
R3  5 1 6.1k  TC=1200u
* BJT model statement
.model npn_transistor npn (Is=0.26fA Bf=100 Br=1
+                         Tf=0.1ns Cje=1pF Cjc=1.5pF Va=100)
.ends OR/NOR_ECL

** Main Circuit **
* dc supplies
Vee1 5 0 DC -5.2V
Vee2 6 0 DC -2.0V
* input digital signals
Va 1 0 PWL (0,-1.77V 2ns,-1.77V 3ns,-0.884V 30ns,-0.884V)
Vb 2 0 DC -1.77V
```

Fig. D.22 Lista neta de entrada del PSPICE para el circuito de la figura 14.57.

```
* 1st OR/NOR gate: inputB is held low
Xnor_gate1 1 2 3 4 5 OR/NOR_ECL
* 2nd OR/NOR gate: inputB is held low
Xnor_gate2 7 2 8 9 5 OR/NOR_ECL
* transmission line interconnect + terminations
* also try with Z0=300 (but keeping termination resistors of 50)
Tinterconnect 3 0 7 0 Z0=50 Td=10ns
Rt1 7 6 50
Rt2 4 6 50
Rt3 8 6 50
Rt4 9 6 50
** Analysis Requests **
* increase 30ns to 400ns for case of improper termination
.TRAN 0.05ns 30ns 0s 0.05ns
** Output Requests **
.Plot TRAN V(1) V(3) V(7) V(8)
.probe
.end
```

Fig. D.22 *(continúa)*

APÉNDICE E

Algunos teoremas útiles de redes

INTRODUCCIÓN

En este apéndice repasamos tres teoremas de redes que son útiles para simplificar el análisis de circuitos electrónicos: el teorema de Thévenin, el teorema de Norton y el teorema de absorción de fuente.

TEOREMA DE THÉVENIN

El teorema de Thévenin se emplea para representar una parte de una red por una fuente de voltaje V_t y una impedancia en serie Z_t, como se muestra en la figura E.1. En la figura E.1(a) se ilustra una red dividida en dos partes, A y B; en la figura E.1(b), la parte A de la red ha sido sustituida por su equivalente de Thévenin: una fuente de voltaje V_t y una impedancia en serie Z_t. En la figura E.1(c) se presenta la forma en que V_t debe determinarse: simplemente se ponen en circuito abierto los dos terminales de la red A y se mide (o se calcula) el voltaje que aparece entre estos dos terminales. Para determinar Z_t en la red A reducimos a cero todas las fuentes externas (es decir, independientes) al poner en cortocircuito las fuentes de voltaje y poner en circuito abierto las fuentes de corriente. La impedancia Z_t será igual a la impedancia de entrada de la red A después de efectuar esta reducción, como se ilustra en la figura E.1(d).

TEOREMA DE NORTON

El teorema de Norton es el *dual* del teorema de Thévenin. Se emplea para representar una parte de una red por una fuente de corriente I_n y una impedancia en paralelo Z_n, como se muestra en la figura E.2. En la figura E.2(a) se ilustra una red dividida en dos partes, A y B; en la figura E.2(b), la parte A ha sido sustituida por su equivalente de Norton: una fuente de corriente I_n y una impedancia en paralelo Z_n. La fuente de corriente de Norton I_n se puede medir (o calcular) como se indica en la figura E.2(c). Los terminales de la red que se reduce (red A) se ponen en cortocircuito, y la corriente I_n será igual simplemente a la corriente de cortocircuito. Para determinar la impedancia Z_n primero reducimos a cero la excitación externa en la red A, es decir, ponemos en cortocircuito las fuentes independientes de voltaje y en circuito abierto las fuentes independientes de corriente. La impedancia Z_n será igual a la impedancia de entrada de la red A después que haya tenido lugar este proceso de eliminación de fuentes. Entonces, la impedancia Z_n de Norton es igual a la impedancia Z_t de Thévenin. Finalmente, nótese que $I_n = V_t/Z$, donde $Z = Z_n = Z_t$.

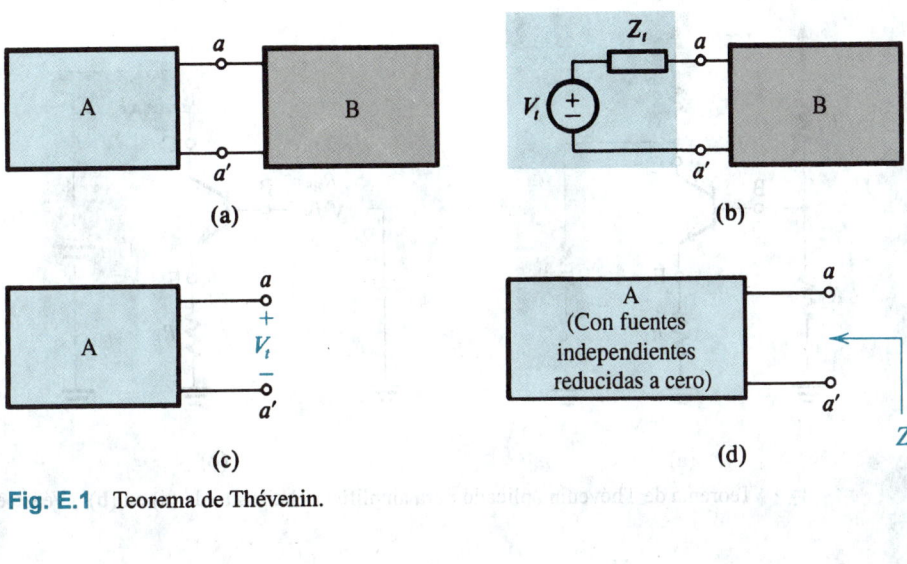

Fig. E.1 Teorema de Thévenin.

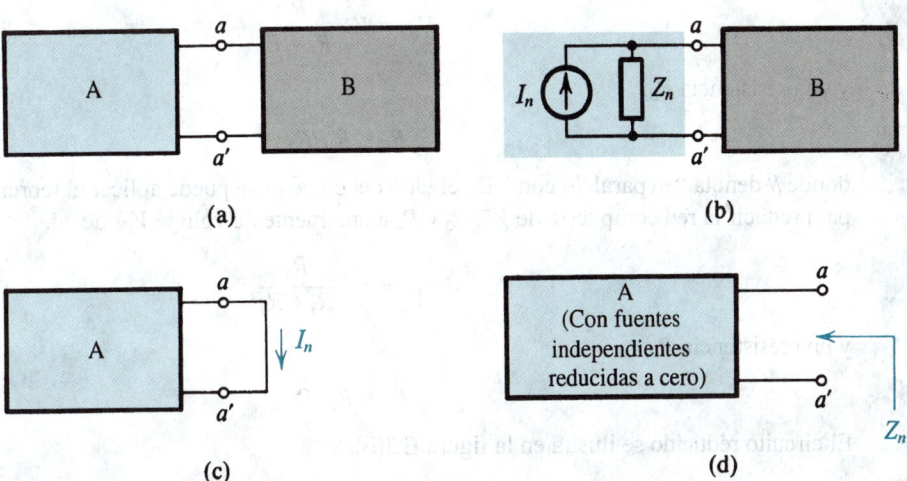

Fig. E.2 Teorema de Norton.

EJEMPLO E.1

En la figura E.3(a) se ilustra un circuito de transistor bipolar de unión. El transistor es un dispositivo de tres terminales con los terminales marcados E (emisor), B (base) y C (colector). Como se ve, la base está conectada a la fuente de alimentación V^+ de cd a través del divisor de voltaje compuesto por R_1 y R_2. El colector está conectado a la fuente V^+ de cd a través de R_3 y a tierra a través de R_4. Para simplificar el análisis, deseamos reducir el circuito por medio de la aplicación del teorema de Thévenin.

SOLUCIÓN

El teorema de Thévenin se puede usar en el lado de la base para reducir la red compuesta de V^+, R_1 y R_2 a una fuente de voltaje V_{BB} de cd,

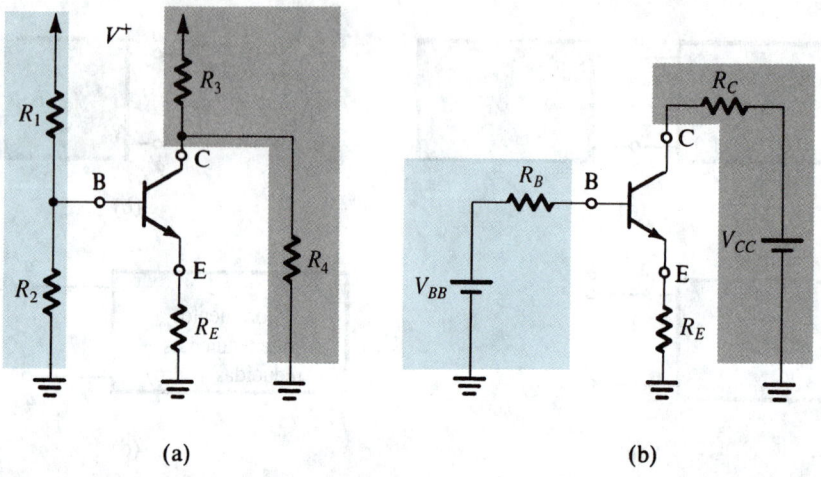

Fig. E.3 Teorema de Thévenin aplicado para amplificar el circuito de **(a)** en **(b)**. (Véase el ejemplo E.1.)

$$V_{BB} = V^+ \frac{R_2}{R_1 + R_2}$$

y una resistencia R_B,

$$R_B = R_1 // R_2$$

donde // denota "en paralelo con". En el lado del colector se puede aplicar el teorema de Thévenin para reducir la red compuesta de V^+, R_3 y R_4 a una fuente de voltaje V_{CC} de cd,

$$V_{CC} = V^+ \frac{R_4}{R_3 + R_4}$$

y una resistencia R_C,

$$R_C = R_3 // R_4$$

El circuito reducido se ilustra en la figura E.3(b).

TEOREMA DE ABSORCIÓN DE FUENTE

Considere la situación que se presenta en la figura E.4. En el curso del análisis de una red, encontramos una fuente de corriente controlada I_x que aparece entre dos nodos cuya diferencia de voltaje es el voltaje de control V_x, es decir, $I_x = g_m V_x$ donde g_m es una conductancia. Se puede sustituir esta fuente controlada por una impedancia $Z_x = V_x/I_x = 1/g_m$, como se ve en la figura E.4, porque la corriente tomada por esta impedancia será igual a la corriente de la fuente controlada que hemos sustituido.

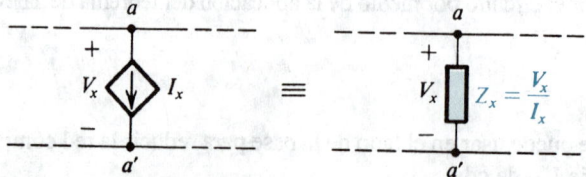

Fig. E.4 Teorema de absorción de fuente.

EJEMPLO E.2

En la figura E.5(a) se muestra el modelo de circuito equivalente a pequeña señal de un transistor. Deseamos hallar la resistencia R_{in} "viendo" hacia el terminal del emisor E, es decir, entre el emisor y tierra, con la base B y el colector C a tierra.

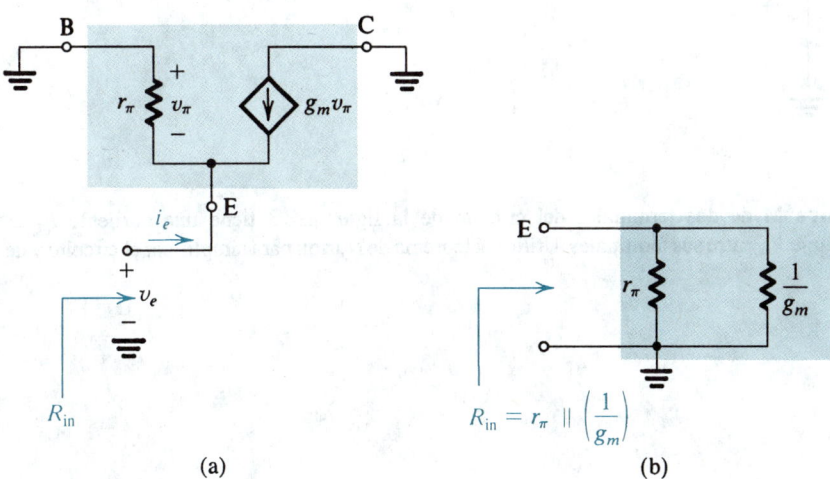

(a)   (b)

Fig. E.5   Circuito para el ejemplo D.2.

SOLUCIÓN

De la figura E.5(a) vemos que el voltaje v_π será igual a $-v_e$. Entonces, mirando entre E y tierra vemos una resistencia r_π en paralelo con una fuente de corriente que toma una corriente $g_m v_e$ que se aleja del terminal E. Esta última fuente puede ser sustituida por una resistencia $(1/g_m)$, resultando en la resistencia de entrada R_{in} dada por

$$R_{\text{in}} = r_\pi //(1/g_m)$$

como se ilustra en la figura E.5(b).

Ejercicios

E.1 Se mide una fuente y se encuentra que tiene un voltaje de 10 V a circuito abierto y proporciona una corriente de 1 mA hacia un cortocircuito. Calcule sus parámetros de fuente equivalente de Thévenin y Norton.

Resp. $V_t = 10$ V; $Z_t = Z_n = 10$ kΩ; $I_n = 1$ mA

E.2 En el circuito que se muestra en la figura EE.2, el diodo tiene una caída de voltaje $V_D \simeq 0.7$ V. Utilice el teorema de Thévenin para simplificar el circuito y de aquí calcular la corriente de diodo I_D.

Resp. 1 mA

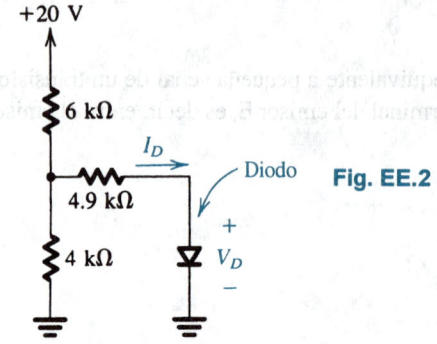

Fig. EE.2

E.3 El dispositivo M de dos terminales del circuito de la figura EE.3 tiene una corriente $I_M \simeq 1$ mA independiente del voltaje V_M entre sus terminales. Utilice el teorema de Norton para simplificar el circuito y de aquí calcular el voltaje V_M.

Resp. 5 V

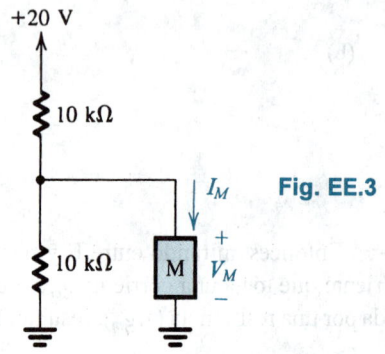

Fig. EE.3

Problemas

E.1 Considere el circuito equivalente de Thévenin caracterizado por V_t y Z_t. Encuentre el voltaje de circuito abierto V_{oc} y la corriente de cortocircuito (es decir, la corriente que circula cuando los terminales se ponen en corto) I_{sc}. Exprese Z_t en términos de V_{oc} e I_{sc}.

E.2 Repita el problema E.1 para un equivalente de Norton caracterizado por I_n y Z_n.

E.3 Un divisor de voltaje está formado por un resistor de 9 kΩ conectado a +10 V y un resistor de 1 kΩ conectado a tierra. ¿Cuál es el equivalente de Thévenin de este divisor de voltaje? ¿Qué voltaje de salida

resulta si está cargado con 1 kΩ? Calcule esto en dos formas: directamente y usando su equivalente de Thévenin.

E.4 Encuentre el voltaje de salida y resistencia de salida del circuito que se ilustra en la figura PE.4, considerando una sucesión de circuitos equivalentes de Thévenin.

E.5 Repita el problema E.2 con una resistencia R_B conectada entre B y tierra en la figura E.5 (es decir, en lugar de conectar a tierra la base B como se indica en la figura E.5).

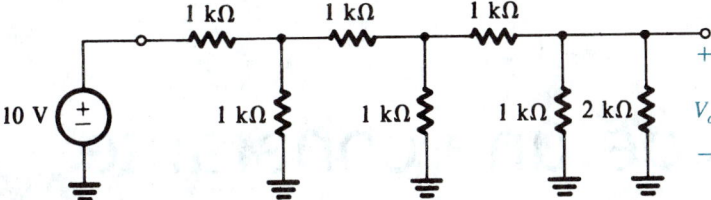

Fig. PE.4

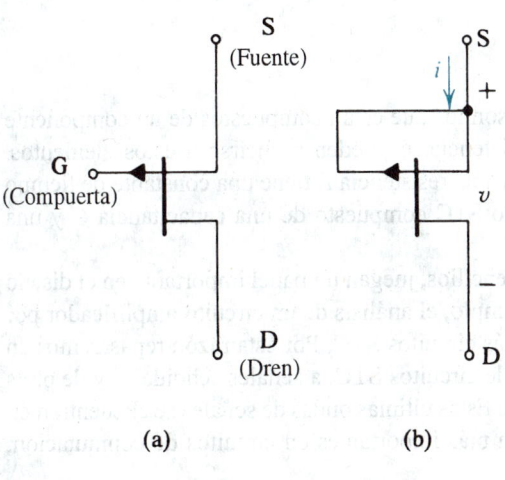

S
(Fuente)

G
(Compuerta)

D
(Dren)

(a)

S

i

$+$

v

$-$

D

(b)

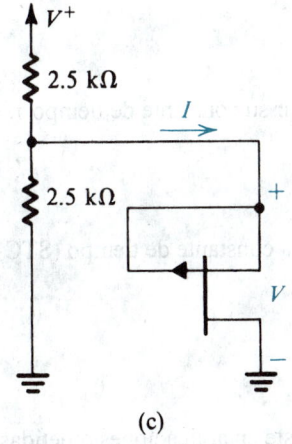

V^+

2.5 kΩ

I

2.5 kΩ

$+$

V

$-$

(c)

Fig. PE.6

E.6 En la figura PE.6(a) se muestra el símbolo de circuito del transistor de unión de efecto de campo (JFET) de canal p, que se estudia en el capítulo 5. Como se indica, el JFET tiene tres terminales. Cuando el terminal de compuerta G se conecta al terminal de la fuente S, se obtiene el dispositivo de dos terminales que se muestra en la figura PE.6(b). Su curva característica i–v está dada por

$$i = I_{DSS}\left[2\frac{v}{V_P} - \left(\frac{v}{V_P}\right)^2\right] \qquad \text{para } v \leq V_P$$

$$i = I_{DSS} \qquad \text{para } v \geq V_P$$

donde I_{DSS} y V_P son constantes para el JFET en particular. Ahora considere el circuito que se muestra en la figura PE.6(c) y sea $V_P = 2$ V e $I_{DSS} = 2$ mA. Para $V^+ = 10$ V, demuestre que el JFET está operando en el modo de corriente constante y encuentre el voltaje en sus terminales. ¿Cuál es el valor mínimo de V^+ para el cual este modo de operación se mantiene? Para $V^+ = 2$ V encuentre los valores de I y V.

APÉNDICE F

Circuitos de una constante de tiempo

INTRODUCCIÓN

Los circuitos de una constante de tiempo (STC) son los que están compuestos de un componente reactivo (inductancia o capacitancia) y una resistencia, o pueden reducirse a estos elementos. Un circuito STC formado por una inductancia L y una resistencia R tiene una constante de tiempo $\tau = L/R$. La constante de tiempo τ de un circuito STC compuesto de una capacitancia C y una resistencia R está dada por $\tau = CR$.

Aun cuando los circuitos STC son bastante sencillos, juegan un papel importante en el diseño y análisis de circuitos lineales y digitales. Por ejemplo, el análisis de un circuito amplificador por lo general puede reducirse al análisis de uno o más circuitos STC. Por esta razón repasaremos en este apéndice el proceso de evaluar la respuesta de circuitos STC, a señales senoidales y de otras entradas tales como son ondas en escalón y pulsos. Estas últimas ondas de señales se encuentran en algunas aplicaciones de amplificadores, pero son más importantes en circuitos de conmutación, incluyendo circuitos digitales.

EVALUACIÓN DE LA CONSTANTE DE TIEMPO

El primer paso en el análisis de un circuito STC es evaluar su constante de tiempo τ.

EJEMPLO F.1

Reduzca el circuito de la figura F.1(a) a un circuito de una constante de tiempo (STC) y encuentre su constante de tiempo.

SOLUCIÓN

El proceso de reducción se ilustra en la figura F.1 y consiste en aplicaciones repetidas del teorema de Thévenin. El circuito final se muestra en la figura F.1(c), del cual obtenemos la constante de tiempo como

$$\tau = C\{R_4 // [R_3 + (R_1 // R_2)]\}$$

Evaluación rápida de τ

En muchos ejemplos será importante estar en aptitud de evaluar rápidamente la constante de tiempo τ de un circuito STC dado. Un método sencillo de lograr este objetivo consiste primero en reducir

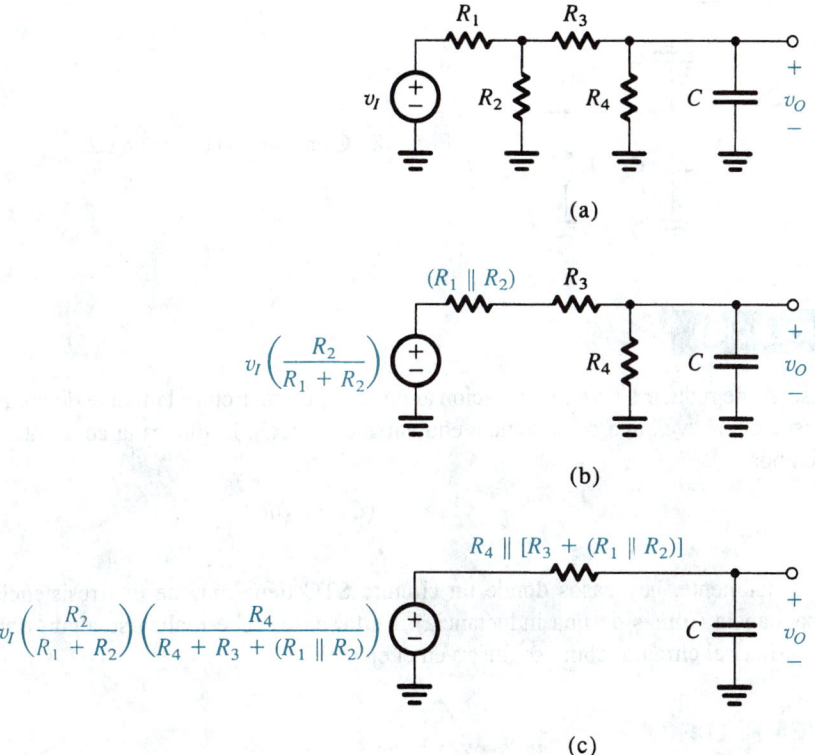

Fig. F.1 Reducción del circuito en **(a)** al circuito STC en **(c)** por la repetida aplicación del teorema de Thévenin.

la excitación a cero; es decir, si la excitación es por una fuente de voltaje, poner ésta en cortocircuito, y si es por una fuente de corriente, abrirla. Entonces, si el circuito tiene un componente reactivo y varias resistencias, "tomarse" de los dos terminales del componente reactivo (capacitancia o inductancia) y hallar la resistencia equivalente R_{eq} vista por el componente. La constante de tiempo es entonces L/R_{eq} o CR_{eq}. Como ejemplo, en el circuito de la figura F.1(a) encontramos que el condensador C "ve" una resistencia R_4 en paralelo con la combinación en serie de R_3 (R_2 en paralelo con R_1). Por lo tanto,

$$R_{eq} = R_4//[R_3 + (R_2//R_1)]$$

y la constante de tiempo es CR_{eq}.

En algunos casos se puede hallar que el circuito tiene una resistencia y varias capacitancias o inductancias. En tal caso debe invertirse el procedimiento; es decir, "tomarse" de los terminales de la resistencia y hallar la capacitancia equivalente C_{eq}, o inductancia equivalente L_{eq}, vista por esta resistencia. La constante de tiempo se halla entonces como $C_{eq}R$ o L_{eq}/R. Esto se ilustra en el ejemplo F.2.

EJEMPLO F.2

Encuentre la constante de tiempo del circuito de la figura F.2.

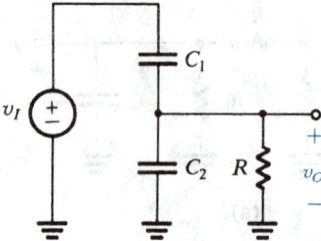

Fig. F.2 Circuito para el ejemplo F.2.

SOLUCIÓN

Después de reducir a cero la excitación al poner en cortocircuito la fuente de voltaje, vemos que la resistencia R "ve" una capacitancia equivalente $C_1 + C_2$. Entonces la constante de tiempo τ está dada por

$$\tau = (C_1 + C_2)R$$

Finalmente, hay casos donde un circuito STC tiene más de una resistencia y más de una capacitancia (o más de una inductancia). En tal caso, debe realizarse algún trabajo inicial para simplificar el circuito, como se ilustra en el ejemplo F.3.

EJEMPLO F.3

Aquí mostramos que la respuesta del circuito de la figura F.3(a) se puede obtener usando el método de análisis de circuitos de una constante de tiempo (STC).

SOLUCIÓN

Los pasos del análisis están ilustrados en la figura F.3. En la figura F.3(b) demostramos el circuito excitado por dos fuentes de voltaje iguales pero separadas. El lector debe convencerse de la equivalencia de los circuitos de la figura F.3(a) y la figura F.3(b). La "treta" empleada para obtener el arreglo de la figura F.3(b) es una muy útil.

La aplicación del teorema de Thévenin al circuito de la izquierda de la línea XX' y luego al circuito a la derecha de esa línea resulta en el circuito de la figura F.3(c). Como éste es un circuito lineal, la respuesta se puede obtener usando el principio de superposición. Específicamente, el voltaje de salida v_O será la suma de los dos componentes v_{O1} y v_{O2}. El primer componente, v_{O1}, es la salida debida a la fuente de voltaje del lado izquierdo con la otra fuente de voltaje reducida a cero. El circuito para calcular v_{O1} se muestra en la figura F.3(d). Es un circuito STC con una constante de tiempo dada por

$$\tau = (C_1 + C_2)(R_1 // R_2)$$

Análogamente, el segundo componente v_{O2} es la salida obtenida con la fuente de voltaje de la izquierda reducida a cero. Se puede calcular del circuito de la figura F.3(e), que es un circuito STC con una constante de tiempo igual a la dada antes.

Finalmente, debe observarse que el hecho que el circuito sea un STC también se puede averiguar si se hace cero la fuente independiente v_I de la figura F.3(a). Del mismo modo, la constante de tiempo es entonces inmediatamente obvia.

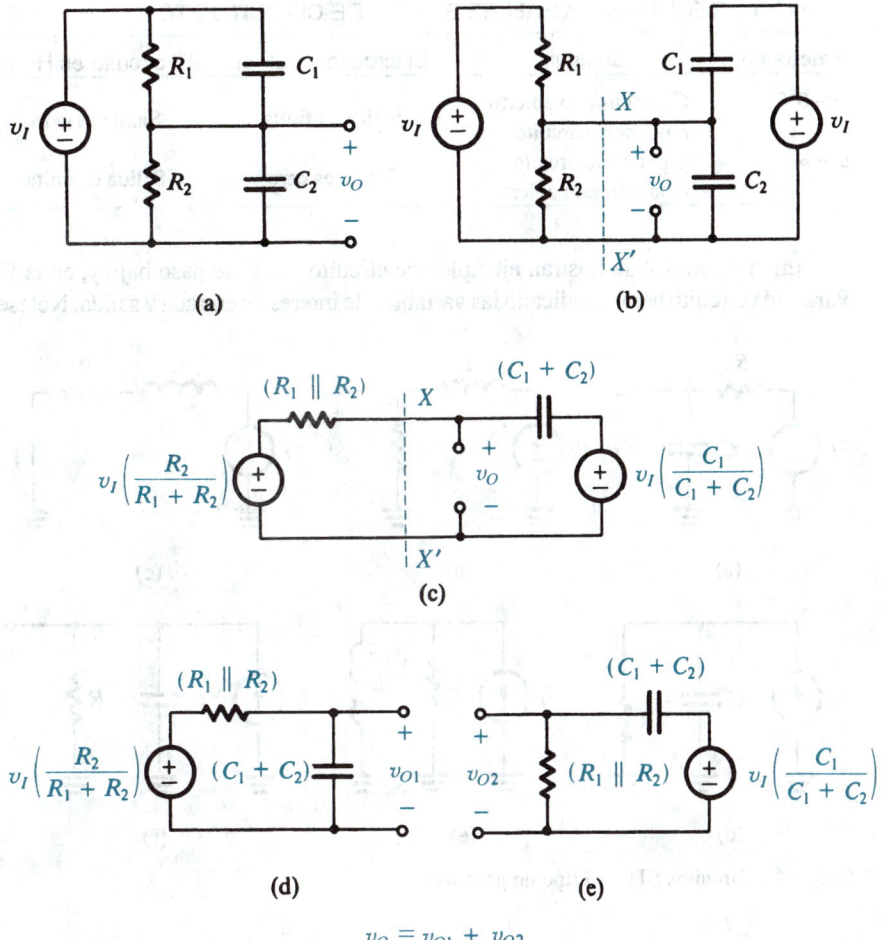

Fig. F.3 La respuesta del circuito en **(a)** se puede hallar por superposición, es decir, al sumar las respuestas de los circuitos en **(d)** y **(e)**.

CLASIFICACIONES DE CIRCUITOS STC

Los circuitos STC se pueden clasificar en dos categorías: tipo de *paso bajo* (LP) y tipo de *paso alto* (HP); cada una de estas dos categorías muestra respuestas características diferentes de señales. El trabajo de averiguar si un circuito STC es del tipo LP o HP se puede hacer en varias formas, la más sencilla de las cuales utiliza la respuesta en el dominio de la frecuencia. Específicamente, los circuitos de paso bajo dejan pasar cd (es decir, las señales con cero frecuencia) y atenúan altas frecuencias, con la transmisión siendo cero a $\omega = \infty$. De esta manera se puede probar el circuito ya sea a $\omega = 0$ o a $\omega = \infty$. A $\omega = 0$, los condensadores deben ser sustituidos por circuitos abiertos ($1/j\omega C = \infty$) y los inductores deben ser sustituidos por cortocircuitos ($j\omega L = 0$). Entonces, si la salida es cero, el circuito es del tipo de paso alto, mientras que si la salida es finita, el circuito es del tipo de paso bajo. Opcionalmente, se puede probar a $\omega = \infty$ al sustituir los condensadores por cortocircuitos ($1/j\omega C = 0$) y los inductores por circuitos abiertos ($j\omega L = \infty$). Entonces, si la salida es finita, el circuito es del tipo de paso alto (HP), mientras que si la salida es cero, el circuito es del tipo paso bajo (LP). En la tabla F.1 se presenta un resumen de estos resultados (s.c. = cortocircuito; o.c. = circuito abierto).

Tabla F.1 REGLAS PARA HALLAR EL TIPO DE CIRCUITO STC

Prueba en	Sustituir	El circuito es LP si	El circuito es HP si
$\omega = 0$	C por circuito abierto L por cortocircuito	Salida es finita	Salida es cero
$\omega = \infty$	C por cortocircuito L por circuito abierto	Salida es cero	Salida es finita

En la figura F.4 se ilustran ejemplos de circuitos STC de paso bajo y, en la F.5, de paso alto. Para cada circuito hemos indicado las variables de interés de entrada y salida. Nótese que un circuito

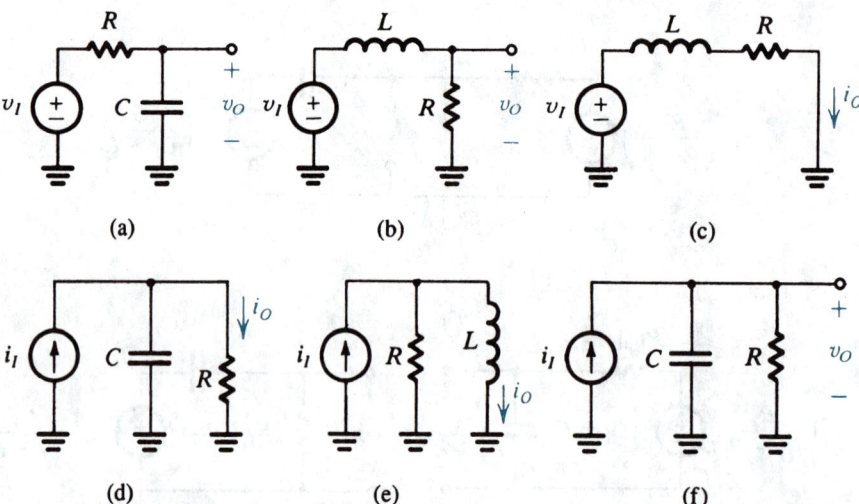

Fig. F.4 Circuitos STC del tipo de paso bajo.

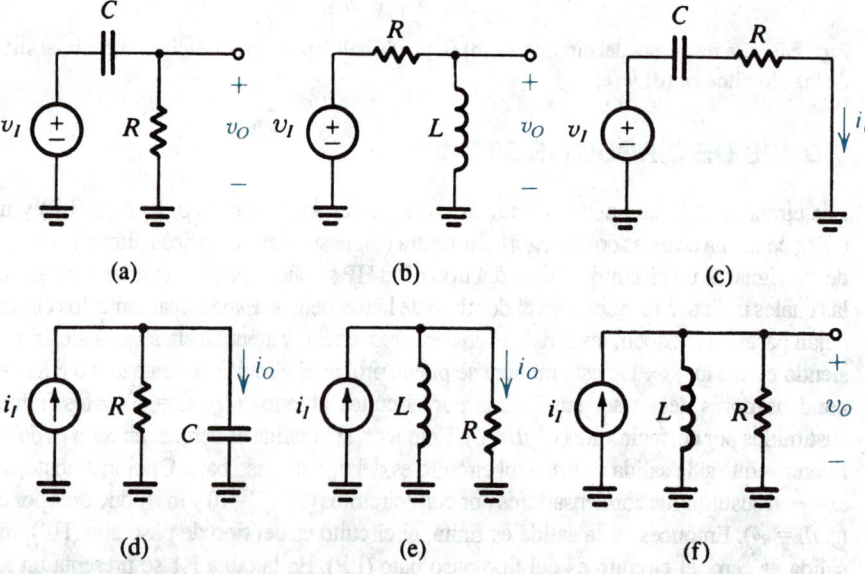

Fig. F.5 Circuitos STC del tipo de paso alto.

dado puede ser de cualquiera de las dos categorías, dependiendo de las variables de entrada y salida. El lector debe verificar, usando las reglas de la tabla F.1, que los circuitos de las figuras F.4 y F.5 se encuentren correctamente clasificados.

Ejercicios

F.1 Encuentre las constantes de tiempo para los circuitos que se muestran en la figura EF.1.

Resp. (a) $\dfrac{(L_1/\!/L_2)}{R}$; (b) $\dfrac{(L_1/\!/L_2)}{(R_1/\!/R_2)}$

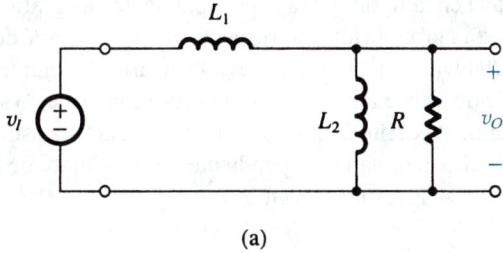

(a)

Fig. EF.1

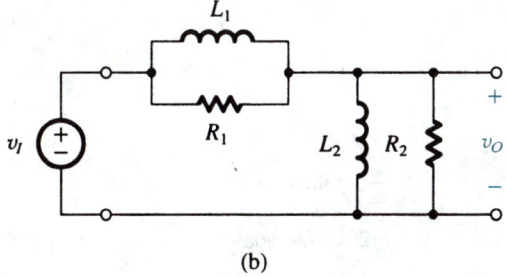

(b)

F.2 Clasifique los siguientes circuitos como STC de paso alto o paso bajo: figura F.4(a) con salida i_O en C a tierra; figura F.4(b) con salida i_O en R a tierra; figura F.4(d) con salida i_O en C a tierra; figura F.4(e) con salida i_O en R a tierra; figura F.5(b) con salida i_O en L a tierra; y figura F.5(d) con salida v_O en paralelo con C.

Resp. HP; LP; HP; HP; LP; LP

RESPUESTA EN FRECUENCIA DE CIRCUITOS STC

Circuitos de paso bajo

La función de transferencia $T(s)$ de un circuito de una constante de tiempo (STC) de paso bajo se puede escribir en la forma

$$T(s) = \frac{K}{1 + (s/\omega_0)} \tag{F.1}$$

que, para frecuencias físicas, donde $s = j\omega$, se convierte en

$$T(j\omega) = \frac{K}{1 + j(\omega/\omega_0)} \tag{F.2}$$

donde K es la magnitud de la función de transferencia a $\omega = 0$ (cd) y ω_0 está definida por

$$\omega_0 = 1/\tau$$

donde τ es la constante de tiempo. Entonces, la respuesta en magnitud está dada por

$$|T(j\omega)| = \frac{K}{\sqrt{1 + (\omega/\omega_0)^2}} \tag{F.3}$$

y la respuesta en fase está dada por

$$\phi(\omega) = -\tan^{-1}(\omega/\omega_0) \tag{F.4}$$

En la figura F.6 se ilustran curvas de las respuestas en magnitud y fase para un circuito STC de paso bajo. La respuesta en magnitud mostrada en la figura F.6(a) es simplemente una gráfica de la función de la ecuación (F.3). La magnitud está normalizada con respecto a la ganancia K de cd y se expresa en dB, es decir, la gráfica es para $20 \log|T(j\omega)/K|$, con una escala logarítmica empleada para el eje de la frecuencia. Además, la variable de frecuencia se ha normalizado con respecto a ω_0. Como se ve, la curva de magnitud está cercanamente definida por dos asíntotas rectas. La asíntota de baja frecuencia es una recta horizontal a 0 dB. Para hallar la pendiente de la asíntota de alta frecuencia considere la ecuación (F.3) y sea $\omega/\omega_0 \gg 1$, resultando en

$$|T(j\omega)| \simeq K\frac{\omega_0}{\omega}$$

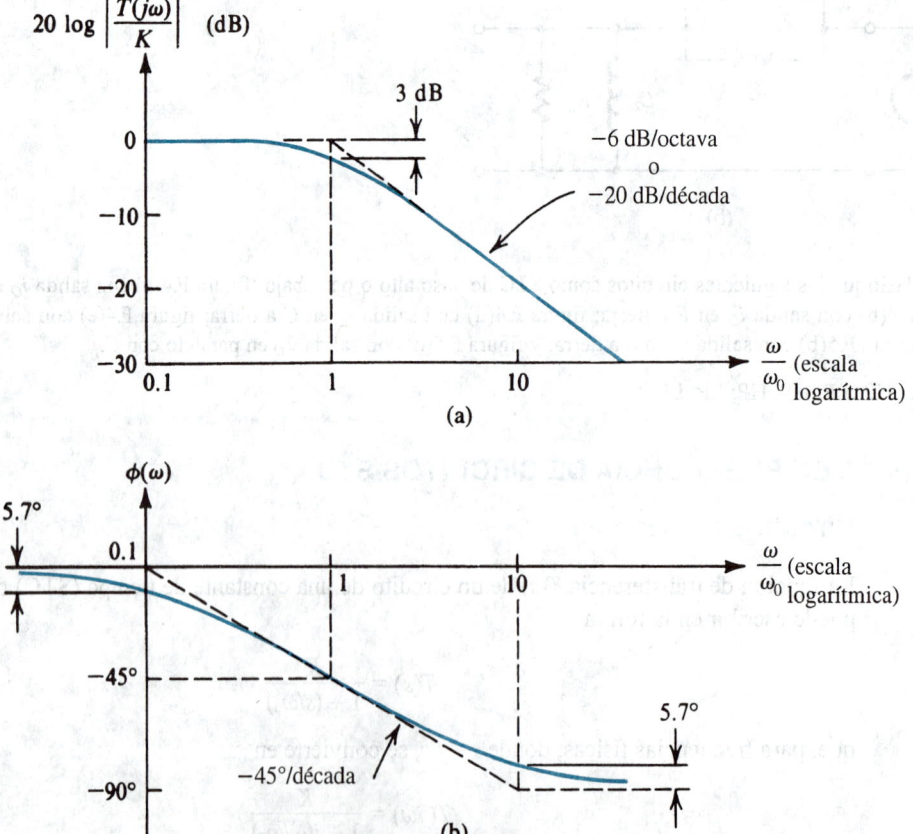

Fig. F.6 (a) Respuesta en magnitud y (b) en fase de circuitos STC del tipo de paso bajo.

Se deduce que si ω se duplica en valor, la magnitud se reduce a la mitad. En un eje logarítmico de frecuencia, las duplicaciones de ω representan puntos igualmente espaciados, con cada intervalo denominado *octava*. La reducción a la mitad de la función de magnitud corresponde a una reducción de 6 dB en transmisión (20 log 0.5 = −6 dB). Entonces, la pendiente de la asíntota de alta frecuencia es −6 dB/octava. Esto se puede expresar de manera equivalente como −20 dB/década, donde una década se refiere a un aumento en frecuencia en un factor de 10.

Las dos asíntotas rectas de la curva de respuesta en magnitud se encuentran en la "frecuencia de corte" o "frecuencia de interrupción" ω_0. La diferencia entre la curva real de respuesta en magnitud y la respuesta asintótica es máxima a la frecuencia de corte, donde su valor es 3 dB. Para verificar que este valor sea correcto, simplemente se sustituye $\omega = \omega_0$ en la ecuación (F.3) para obtener

$$|T(j\omega_0)| = K/\sqrt{2}$$

Entonces, a $\omega = \omega_0$ la ganancia cae en un factor de $\sqrt{2}$ con relación a la ganancia de cd, que corresponde a una reducción de 3 dB en ganancia. La frecuencia de corte ω_0 se conoce en forma apropiada como *frecuencia de 3 dB*.

Semejante a la respuesta en magnitud, la curva de respuesta en fase que se muestra en la figura F.6(b) está cercanamente definida por asíntotas rectas. Nótese que a la frecuencia de corte la fase es −45°, y que para $\omega \gg \omega_0$ la fase se aproxima a −90°. También nótese que la recta de −45°/década se aproxima a la función de fase, con un error máximo de 5.7° sobre la banda de frecuencia de $0.1\omega_0$ a $10\omega_0$.

EJEMPLO F.4

Considere el circuito que se muestra en la figura F.7(a), donde un amplificador ideal de voltaje de ganancia $\mu = -100$ tiene una pequeña capacitancia (10 pF) conectada en su trayectoria de retroalimentación. El amplificador está alimentado por una fuente de voltaje que tiene una resistencia de fuente de 100 kΩ. Demuestre que la respuesta en frecuencia V_o/V_s de este amplificador es equivalente a la de un circuito de una constante de tiempo (STC), y trace la respuesta en magnitud.

SOLUCIÓN

Un análisis directo del circuito de la figura F.7(a) resulta en la función de transferencia

$$\frac{V_o}{V_s} = \frac{\mu}{1 + sRC_f(-\mu + 1)}$$

que se puede ver que es la de un circuito STC de paso bajo con una ganancia de cd de $\mu = -100$ (o, lo que es lo mismo, 40 dB) y una constante de tiempo $\tau = RC_f(-\mu+1) = 100 \times 10^3 \times 10 \times 10^{-12} \times 101 \simeq 10^{-4}$ s, que corresponde a una frecuencia $\omega_0 = 1/\tau = 10^4$ rad/s. La respuesta en magnitud se ilustra en la figura F.7(b).

Circuitos de paso alto

La función de transferencia $T(s)$ de un circuito STC de paso alto siempre se puede expresar en la forma

$$T(s) = \frac{Ks}{s + \omega_0} \tag{F.5}$$

que para frecuencias físicas $s = j\omega$ se convierte en

$$T(j\omega) = \frac{K}{1 - j\omega_0/\omega} \tag{F.6}$$

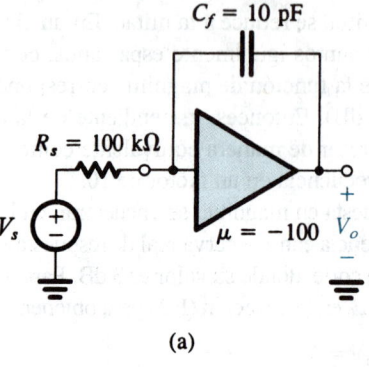

(a)

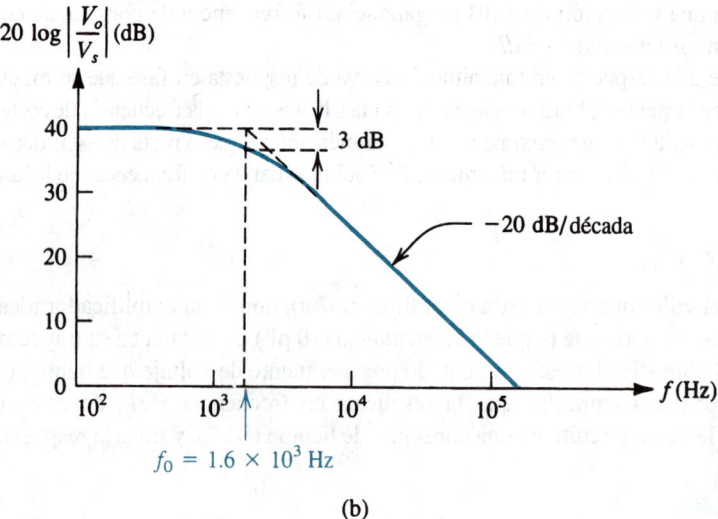

(b)

Fig. F.7 **(a)** Circuito amplificador y **(b)** trazo de la magnitud de su función de transferencia.

donde K denota la ganancia a medida que s o ω se aproxime al infinito y ω_0 es la inversa de la constante de tiempo τ,

$$\omega_0 = 1/\tau$$

La respuesta en magnitud

$$|T(j\omega)| = \frac{K}{\sqrt{1 + (\omega_0/\omega)^2}} \tag{F.7}$$

y la respuesta en fase

$$\phi(\omega) = \tan^{-1}(\omega_0/\omega) \tag{F.8}$$

aparecen en la figura F.8. Al igual que en el caso de paso bajo, las curvas de magnitud y fase están bien definidas por asíntotas rectas. Debido a la similitud (o, más correctamente, dualidad) con el caso de paso bajo, no se darán más explicaciones.

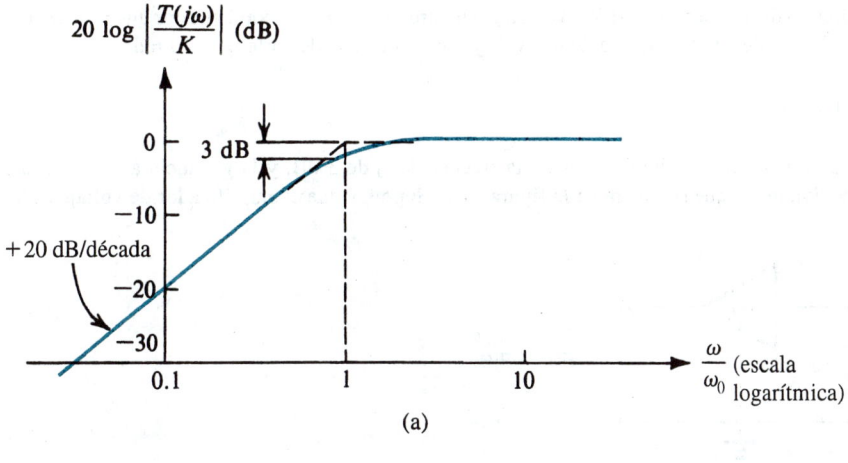

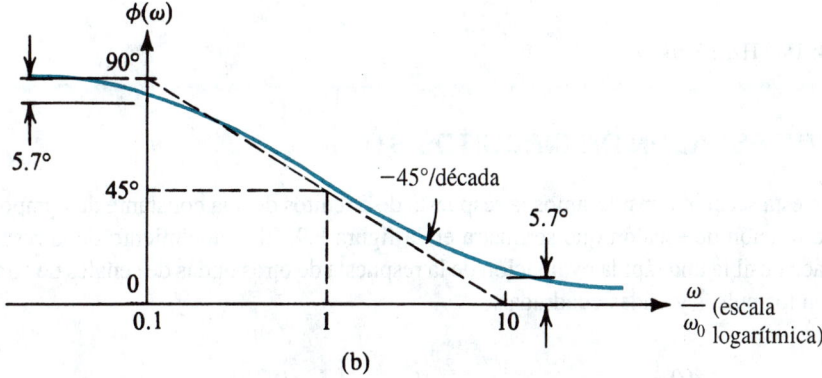

Fig. F.8 (a) Respuesta en magnitud y (b) en fase de circuitos STC del tipo de paso alto.

Ejercicios

F.3 Encuentre la transmisión de cd, la frecuencia de corte f_0 y la transmisión a $f = 2$ MHz para el circuito STC que se ilustra en la figura EF.3.

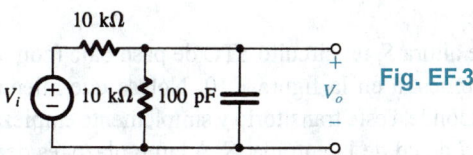

Fig. EF.3

Resp. -6 dB; 318 kHz; -22 dB

F.4 Encuentre la función de transferencia $T(s)$ del circuito de la figura F.2. ¿De qué tipo de red STC se trata?

Resp. $T(s) = \dfrac{C_1}{C_1 + C_2} \dfrac{s}{s + [1/(C_1 + C_2)R]}$; HP

F.5 Para el circuito del ejercicio F.4, si $R = 10\ k\Omega$, encuentre los valores de condensador que resulten en que el circuito tenga una transmisión de alta frecuencia de 0.5 V/V y una frecuencia de corte $\omega_0 = 10$ rad/s.

Resp. $C_1 = C_2 = 5\ \mu F$

F.6 Encuentre la ganancia de alta frecuencia, la frecuencia f_0 de 3 dB, y la ganancia a $f = 1$ Hz del amplificador acoplado capacitivamente que se ilustra en la figura EF.6. Suponga que el amplificador de voltaje es ideal.

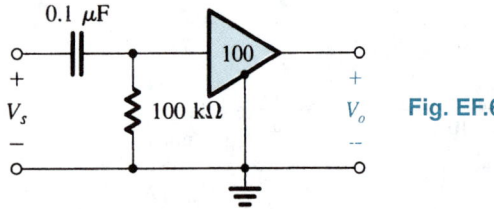

Fig. EF.6

Resp. 40 dB; 15.9 Hz; 16 dB

RESPUESTA DE ESCALÓN DE CIRCUITOS STC

En esta sección consideramos la respuesta de circuitos de una constante de tiempo (STC) a la señal de función de escalón que se ilustra en la figura F.9. El conocimiento de la respuesta de escalón hace posible una rápida evaluación de la respuesta de otras ondas de señales de conmutación, como son los pulsos y ondas cuadradas.

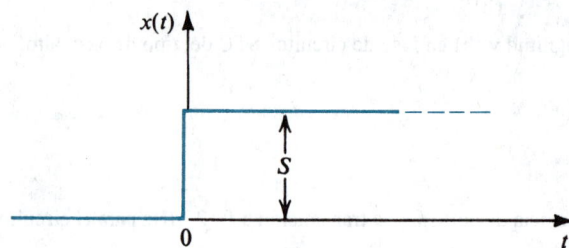

Fig. F.9 Una señal de función de escalón de altura S.

Circuitos de paso bajo

En respuesta a una señal de entrada de escalón de altura S, un circuito STC de paso bajo (con una ganancia de cd $K = 1$) produce la onda que se muestra en la figura F.10. Nótese que mientras la entrada se eleva de 0 a S en $t = 0$, la salida no responde a este transitorio y simplemente empieza a elevarse en forma exponencial hacia el valor *final* de cd de la entrada, S. A largo plazo, es decir, para $t \gg \tau$, la salida se aproxima al valor de cd de S, una manifestación del hecho que los circuitos de paso bajo dejan pasar fielmente la cd.

La ecuación de la onda de salida se puede obtener de la expresión

$$y(t) = Y_\infty - (Y_\infty - Y_{0+})e^{-t/\tau} \tag{F.9}$$

donde Y_∞ denota el valor *final* o el valor hacia el cual se dirige la salida y Y_{0+} denota el valor de la salida inmediatamente después que $t = 0$. Esta ecuación expresa que la salida en cualquier tiempo

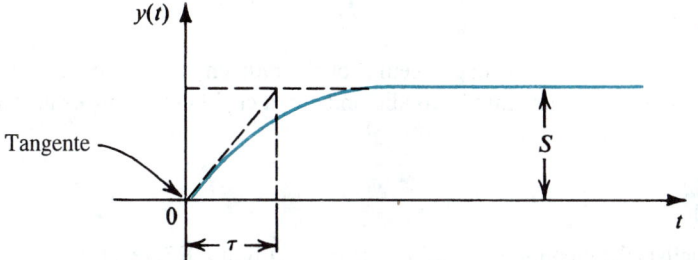

Fig. F.10 Salida $y(t)$ de un circuito STC de paso bajo excitado por un escalón de altura S.

t es igual a la diferencia entre el valor final Y_∞ y una brecha cuyo valor inicial es $Y_\infty - Y_{0+}$ y que se "contrae" exponencialmente. En nuestro caso $Y_\infty = S$ y $Y_{0+} = 0$; por lo tanto,

$$y(t) = S(1 - e^{-t/\tau}) \tag{F.10}$$

La atención del lector se lleva a la pendiente de la tangente a $y(t)$ a $t = 0$, que está indicada en la figura F.10.

Circuitos de paso alto

En la figura F.11 se ilustra la respuesta de un circuito STC de paso alto (con una ganancia $K = 1$ de alta frecuencia) a un escalón de entrada de altura S. El circuito de paso alto transmite fielmente el transitorio de la señal de entrada (el cambio de escalón) pero bloquea la cd. Entonces la salida a $t = 0$ sigue la entrada

$$Y_{0+} = S$$

y entonces decae hacia cero,

$$Y_\infty = 0$$

Al sustituir por Y_{0+} y Y_∞ en la ecuación (F.9) resulta en la salida $y(t)$,

$$y(t) = Se^{-t/\tau} \tag{F.11}$$

La atención del lector se lleva a la pendiente de la tangente a $y(t)$ a $t = 0$, indicada en la figura F.11.

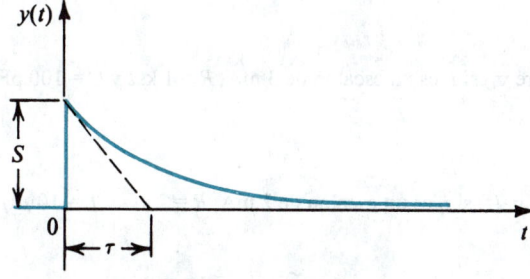

Fig. F.11 Salida $y(t)$ de un circuito STC de paso alto excitado por un escalón de altura S.

EJEMPLO F.5

Este ejemplo es una continuación del problema considerado en el ejemplo F.3. Para una entrada v_I que es un escalón de 10 V, encuentre la condición bajo la cual la salida v_O es un escalón perfecto.

SOLUCIÓN

Siguiendo el análisis del ejemplo F.3, que se ilustra en la figura F.3, tenemos

$$v_{O1} = k_r[10(1 - e^{-t/\tau})]$$

donde

$$k_r \equiv \frac{R_2}{R_1 + R_2}$$

y

$$v_{O2} = k_c(10e^{-t/\tau})$$

donde

$$k_c \equiv \frac{C_1}{C_1 + C_2}$$

y

$$\tau = (C_1 + C_2)(R_1 // R_2)$$

Entonces

$$v_O = v_{O1} + v_{O2}$$
$$= 10k_r + 10e^{-t/\tau}(k_c - k_r)$$

Se deduce que la salida puede ser un escalón perfecto de altura $10k_r$ volts si hacemos arreglos para que

$$k_c = k_r$$

es decir, si la razón de divisor de voltaje resistivo se hace igual a la razón de divisor de voltaje capacitivo.

Este ejemplo ilustra una técnica importante, es decir, la de un "atenuador compensado". Una aplicación de esta técnica se encuentra en el diseño de la punta de prueba de un osciloscopio. En el problema F.3 se investiga el problema de la punta de prueba de un osciloscopio.

Ejercicios

F.7 Para el circuito de la figura F.4(f) encuentre v_O si i_I es un escalón de 3 mA, $R = 1$ kΩ y $C = 100$ pF.

Resp. $3(1 - e^{-10^7 t})$

F.8 En el circuito de la figura F.5(f) encuentre $v_O(t)$ si i_I es un escalón de 2 mA, $R = 2$ kΩ y $L = 10$ μH.

Resp. $4e^{-2 \times 10^8 t}$

F.9 El circuito amplificador de la figura EF.6 es alimentado con una fuente de señales que entrega un escalón de 20 mV. Si la resistencia de la fuente es de 100 kΩ, encuentre la constante de tiempo τ y $v_O(t)$.

Resp. $\tau = 2 \times 10^{-2}$ s; $v_O(t) = 1 \times e^{-50t}$

F.10 Para el circuito de la figura F.2 con $C_1 = C_2 = 0.5$ μF, $R = 1$ MΩ, encuentre $v_O(t)$ si $v_I(t)$ es un escalón de 10 V.

Resp. $5e^{-t}$

F.11 Demuestre que el área bajo el exponencial de la figura F.11 es igual al del rectángulo de altura S y ancho τ.

RESPUESTA DE PULSOS DE CIRCUITOS STC

En la figura F.12 se ilustra una señal de pulso cuya altura es P y cuyo ancho es T. Deseamos hallar la respuesta de circuitos de una constante de tiempo (STC) a señales de entrada de esta forma. Nótese al inicio que un pulso puede ser considerado como la suma de dos escalones: uno positivo de altura P que ocurre en $t = 0$ y uno negativo de altura P que ocurre en $t = T$. Entonces la respuesta de un circuito lineal a la señal de pulso se puede obtener al sumar las respuestas a las dos señales de escalón.

Circuitos de paso bajo

En la figura F.13(a) se ilustra la respuesta de un circuito STC de paso bajo (que tiene ganancia unitaria de cd) a un pulso de entrada de la forma que se aprecia en la figura F.12. En este caso hemos supuesto que la constante de tiempo τ está en el mismo valor que el ancho T del pulso. Como se muestra, el circuito de paso bajo (LP) no responde al cambio de escalón en el borde de subida del pulso; en lugar de ello, la salida comienza a elevarse en forma exponencial hacia un valor final de P. Esta elevación exponencial, sin embargo, se detendrá en el tiempo $t = T$, es decir, en el borde posterior (o de bajada) del pulso cuando la entrada experimenta un cambio negativo de escalón. De nueva cuenta, la salida responderá al iniciar un decaimiento exponencial hacia el valor final de la entrada, que es cero. Finalmente, nótese que el área bajo la onda de salida será igual al área bajo la onda del pulso de entrada, ya que el circuito de paso bajo deja pasar fielmente la cd.

Al conectar una señal de pulso de una parte de un sistema electrónico a otro, ocurre por lo general un efecto de paso bajo. El circuito de paso bajo en este caso se forma por la resistencia de salida (resistencia equivalente de Thévenin) de la parte del sistema desde la que se origina la señal y la capacitancia de entrada de la parte del sistema a la que se alimenta la señal. Este filtro inevitable de paso bajo causará distorsión de la señal del pulso, del tipo que se muestra en la figura F.13(a). En un sistema bien diseñado, esta distorsión se mantiene en un nivel bajo al hacerse arreglos para que la constante de tiempo τ sea mucho menor que el ancho del pulso T. En este caso el resultado

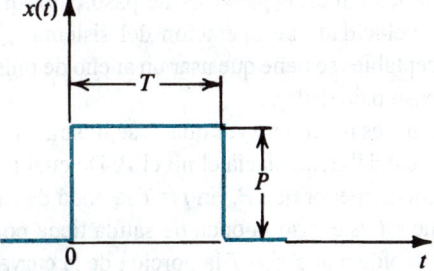

Fig. F.12 Una señal de pulso con altura P y ancho T.

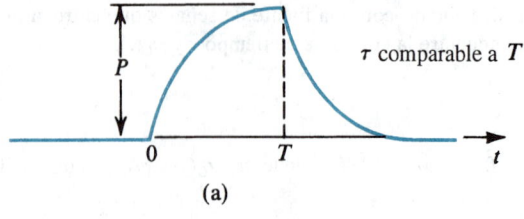

(a)

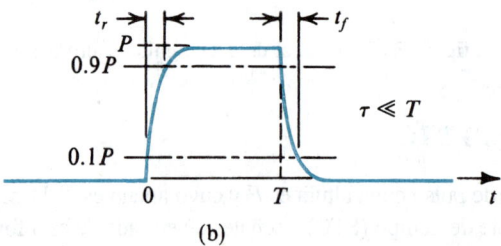

(b)

Fig. F.13   Respuesta de pulso de circuitos STC de paso bajo.

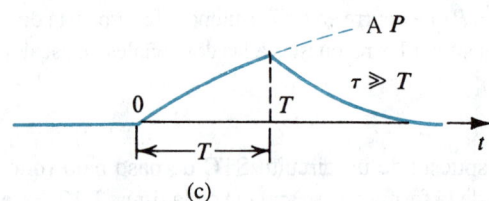

(c)

será un ligero redondeo de los bordes del pulso, como se muestra en la figura F.13(b), pero nótese que los bordes son todavía exponenciales.

La distorsión de una señal de pulso de un circuito de paso bajo parásito (es decir, no deseado) se mide por su *tiempo de subida* y *tiempo de bajada*. El tiempo de subida se define de manera convencional como el tiempo que toma la amplitud en aumentar de 10% a 90% de su valor final. Del mismo modo, el tiempo de caída es el tiempo durante el cual la amplitud del pulso cae de 90% a 10% de su valor máximo. Estas definiciones se ilustran en la figura F.13(b). Mediante el uso de las ecuaciones exponenciales de los bordes de subida y caída de la onda de salida, se puede demostrar fácilmente que

$$t_r = t_f \simeq 2.2\tau \tag{F.12}$$

que también se puede expresar en términos de $f_0 = \omega_0/2\pi = \frac{1}{2}\pi\tau$ como

$$t_r = t_f \simeq \frac{0.35}{f_0} \tag{F.13}$$

Finalmente, observamos que el efecto de los circuitos parásitos de paso bajo, que siempre están presentes en un sistema, es "reducir la velocidad" de operación del sistema: para mantener la distorsión de la señal dentro de límites aceptables se tiene que usar un ancho de pulso relativamente largo (para una constante de tiempo de paso bajo dada).

El otro caso extremo, es decir, cuando τ es mucho mayor que T, se ilustra en la figura F.13(c). Como se ve, la onda de salida sube exponencialmente hacia el nivel P. De cualquier modo, desde $\tau \gg T$, el valor alcanzado a $t = T$ será mucho menor que P. En $t = T$ la onda de salida empieza su caída exponencial hacia cero. Nótese que en este caso la onda de salida tiene poco parecido con el pulso de entrada. También nótese que debido a que $\tau \gg T$ la porción de la curva exponencial de

$t = 0$ a $t = T$ es casi lineal. Como la pendiente de esta curva lineal es proporcional a la altura del pulso de entrada, vemos que la onda de salida se aproxima a la integral de tiempo del pulso de entrada, es decir, una red de paso bajo con una constante de tiempo grande se aproxima a la operación de un *integrador.*

Circuitos de paso alto

En la figura F.14(a) se ilustra la salida de un circuito de una constante de tiempo de paso alto (STC HP), con ganancia unitaria de alta frecuencia, excitado por el pulso de entrada de la figura F.12, suponiendo que τ y T son comparables en valor. Como se muestra, la transición de escalón en el borde de subida del pulso de entrada está fielmente reproducida a la salida del circuito de paso alto (HP). Sin embargo, como el circuito de HP en bloque de cd, la onda de salida empieza de inmediato un decaimiento exponencial hacia cero. Este proceso de decaimiento se detiene en $t = T$ cuando ocurre la transición de escalón negativo de la entrada y el circuito de paso alto la reproduce fielmente. En esta forma, en $t = T$, la onda de salida exhibe un *subimpulso negativo.* Entonces inicia un decaimiento exponencial hacia cero. Finalmente, nótese que el área de la onda de salida arriba del eje cero será igual al que está abajo del eje, para un promedio de área de cero, consistente con el hecho que los circuitos de paso alto bloquean la cd.

En muchas aplicaciones se utiliza un circuito STC de paso alto (HP) para acoplar un pulso de una parte de un sistema a otra parte. En esta aplicación es necesario mantener tan pequeña como

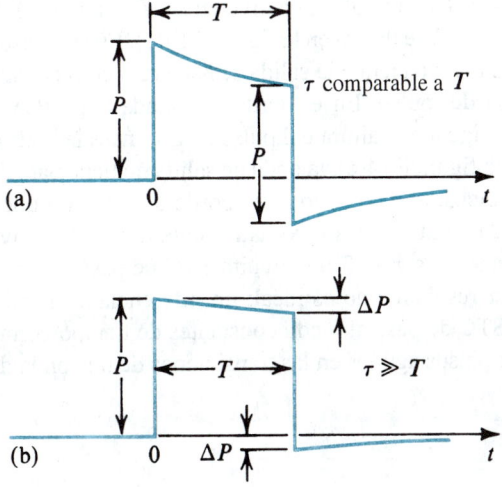

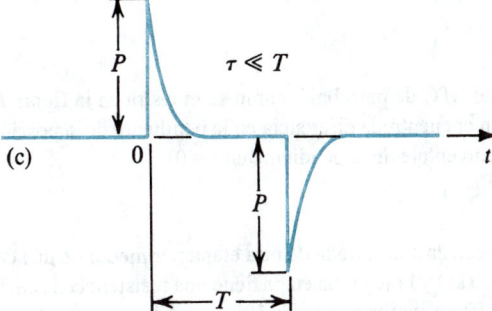

Fig. F.14 Respuesta de pulso de circuitos STC de paso alto.

sea posible la distorsión de la forma del pulso, lo que se puede lograr si se selecciona la constante de tiempo τ mucho más larga que el ancho del pulso T. Si éste es en realidad el caso, la pérdida de amplitud durante el periodo T del pulso será muy pequeña, como se muestra en la figura F.14(b). Con todo, la onda de salida todavía oscila negativamente y el área bajo la porción negativa será igual a la pendiente de la porción negativa.

Considere la onda de la figura F.14(b). Entonces τ es mucho más grande que T, que sigue la porción de la curva exponencial desde $t = 0$ a $t = T$ será casi lineal y esta pendiente será casi igual a la pendiente de la curva exponencial en $t = 0$, que es P/τ. Se puede usar este valor de la pendiente para determinar la pérdida de amplitud ΔP como

$$\Delta P \simeq \frac{P}{\tau} T \qquad \text{(F.14)}$$

El efecto de distorsión del circuito de paso alto sobre el pulso de entrada suele especificarse en términos de la pérdida por unidad o porcentaje en altura del pulso. Esta cantidad se toma como indicación de "pandeo" del pulso de salida,

$$\text{Porcentaje de pandeo} \equiv \frac{\Delta P}{P} \times 100 \qquad \text{(F.15)}$$

Entonces

$$\text{Porcentaje de pandeo} = \frac{T}{\tau} \times 100 \qquad \text{(F.16)}$$

Finalmente, nótese que la magnitud del subimpulso negativo en $t = T$ es igual a ΔP.

El otro caso extremo, es decir $\tau \ll T$, se ilustra en la figura F.14(c). En este caso el decaimiento exponencial es bastante rápido, resultando en que la salida se hace casi cero en una distancia muy corta después del borde de subida del pulso. En el borde de bajada del pulso la salida oscila negativamente en una cantidad casi igual a la altura del pulso P. Entonces la onda decae en forma muy rápida a cero. Como se ve en la figura F.14(c), la onda de salida no tiene parecido con el pulso de entrada. Está formada por dos picos: uno positivo en el borde de subida y uno negativo en el borde de bajada. Nótese que la onda de salida es aproximadamente igual a la derivada respecto al tiempo del pulso de entrada, es decir, para $\tau \ll T$ un circuito STC de paso alto se aproxima a un *diferenciador* pero el diferenciador resultante no es ideal; un diferenciador ideal produciría dos impulsos. Con todo, los circuitos STC de paso alto con constantes de tiempo cortas se utilizan en algunas aplicaciones para producir pulsos agudos en las transiciones de una onda de entrada.

Ejercicios

F.12 Encuentre los tiempos de subida y caída de un pulso de 1 μs después que pasa por un circuito RC de paso bajo con una frecuencia de corte de 10 MHz.

Resp. 35 ns

F.13 Considere la respuesta de pulso de un circuito STC de paso bajo, como se muestra en la figura F.13(c). Si $\tau = 100T$ encuentre el voltaje de salida en $t = T$. También encuentre la diferencia en la pendiente de la porción que sube de la onda de salida en $t = 0$ y $t = T$ (expresada como porcentaje de la pendiente en $t = 0$).

Resp. $0.01P$; 1%

F.14 La salida de una etapa amplificadora está conectada a la entrada de otra etapa por medio de una capacitancia C. Si la primera etapa tiene una resistencia de salida de 10 kΩ y la segunda etapa tiene una resistencia de entrada de 40 kΩ, encuentre el valor mínimo de C tal que un pulso de 10 μs exhibe menos de 1% de pandeo.

Resp. 0.02 μF

F.15 Un circuito STC de paso alto con una constante de tiempo de 100 μs está excitado por un pulso de 1 V de altura y 100 μs de ancho. Calcule el valor del subimpulso negativo en la onda de salida.

Resp. 0.632 V

BIBLIOGRAFÍA

Littauer, R., *Pulse Electronics*, McGraw-Hill, Nueva York, 1965.

Millman J., y H. Taub, *Pulse, Digital, and Switching Waveforms*, McGraw-Hill, Nueva York, 1965.

PROBLEMAS

F.1 Considere el circuito de la figura F.3(a) y el equivalente que se muestra en (d) y (e). Ahí, la salida, $v_O = v_{O1} + v_{O2}$, es la suma de salidas de un circuito de paso bajo y de paso alto, cada uno con la contante de tiempo $\tau = (C_1 + C_2)(R_1//R_2)$. ¿Cuál es la condición que hace que la contribución del circuito de paso bajo a frecuencia cero sea igual a la contribución del circuito de paso alto a frecuencia infinita? Demuestre que esta condición se puede expresar como $C_1R_1 = C_2R_2$. Si aplica esta condición, trace $|V_o/V_i|$ contra frecuencia para el caso $R_1 = R_2$.

F.2 Utilice la regla del divisor de voltaje para hallar la función de transferencia $V_o(s)/V_i(s)$ del circuito de la figura F.3(a). Demuestre que la función de transferencia se puede hacer independiente de la frecuencia si aplica la condición $C_1R_1 = C_2R_2$. Bajo esta condición, el circuito recibe el nombre de *atenuador compensado*. Encuentre la transmisión del atenuador compensado en términos de R_1 y R_2.

D****F.3** El circuito de la figura F.3(a) se utiliza como atenuador compensado (véanse problemas F.1 y F.2) para la punta de prueba de un osciloscopio. El objeto es reducir el voltaje de señal aplicado al amplificador de entrada del osciloscopio, con la atenuación de señal independiente de la frecuencia. La punta de prueba en sí incluye R_1 y C_1, mientras que R_2 y C_2 son un modelo del circuito de entrada del osciloscopio. Para un osciloscopio que tiene una resistencia de entrada de 1 MΩ y una capacitancia de entrada de 30 pF, diseñe una punta de prueba compensada de "10 a 1", es decir,

una punta que atenúa la señal de entrada en un factor de 10. Encuentre la impedancia de entrada de la punta de prueba cuando se conecte al osciloscopio, que es la impedancia vista por v_I de la figura F.3(a). Demuestre que esta impedancia es 10 veces más alta que la del osciloscopio en sí. Ésta es la gran ventaja de la punta de prueba 10:1.

F.4 En los circuitos de las figuras F.4 y F.5 sea $L = 10$ mH, $C = 0.01$ μF y $R = 1$ kΩ. ¿A qué frecuencia se presenta un ángulo de fase de 45°?

***F.5** Considere un amplificador de voltaje con una ganancia de circuito abierto $A_{vo} = -100$ V/V, $R_o = 0$, $R_i = 10$ kΩ, y una capacitancia de entrada C_i (en paralelo con R_i) de 10 pF. El amplificador tiene una capacitancia de retroalimentación (una capacitancia conectada entre salida y entrada) $C_f = 1$ pF. El amplificador es alimentado con una fuente de voltaje V_s que tiene una resistencia $R_s = 10$ kΩ. Encuentre la función de transferencia del amplificador $V_o(s)/V_s(s)$ y trace su respuesta en magnitud contra frecuencia (dB contra frecuencia en un eje logarítmico).

F.6 Para el circuito de la figura PF.6 suponga que el amplificador de voltaje es ideal. Deduzca la función de transferencia $V_o(s)/V_i(s)$. ¿Qué tipo de respuesta de una constante de tiempo (STC) es ésta? Para $C = 0.01$ μF y $R = 100$ kΩ encuentre la frecuencia de corte.

F.7 Para los circuitos de las figuras F.4(b) y F.5(b) encuentre $v_O(t)$ si v_I es un escalón de 10 V, $R = 1$ kΩ y $L = 1$ mH.

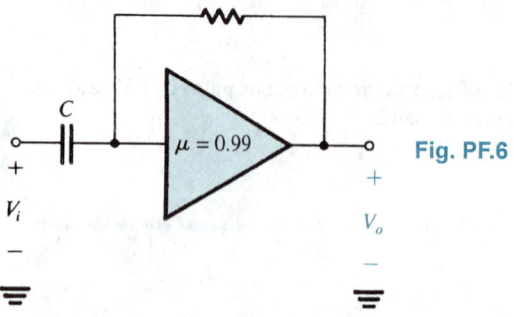

Fig. PF.6

F.8 Considere la respuesta exponencial de un circuito STC de paso bajo a una entrada de escalón de 10 V. En términos de la constante de tiempo τ encuentre el tiempo tomado por la salida en alcanzar 5 V, 9 V, 9.9 V y 9.99 V.

F.9 La respuesta de alta frecuencia de un osciloscopio está especificada para ser como la de un circuito STC de paso bajo (LP) con una frecuencia de corte de 100 MHz. Si este osciloscopio se emplea para exhibir una onda ideal de escalón, ¿qué tiempo de subida (10% a 90%) esperaría ver el lector?

F.10 Un osciloscopio cuya respuesta de escalón es como la de un circuito STC de paso bajo tiene un tiempo de subida de t_s segundos. Si se exhibe en su pantalla una señal de entrada que tiene un tiempo de subida de t_w, la onda observada tendrá un tiempo de subida de t_d segundos, que se puede hallar usando la fórmula empírica $t_d = \sqrt{t_s^2 + t_w^2}$. Si $t_s = 35$ ns, ¿cuál es la frecuencia de 3 dB del osciloscopio? ¿Cuál es el tiempo de subida observado para una onda que sube en 100 ns, 35 ns y 10 ns? ¿Cuál es el tiempo real de subida de una onda cuyo tiempo de subida exhibido es 49.5 ns?

F.11 Un pulso de 10 ms de ancho y 10 V de amplitud se transmite a través de un sistema caracterizado por tener una respuesta de STC de paso alto con una frecuencia de corte de 10 Hz. ¿Cuál subimpulso negativo esperaría el lector?

F.12 Se utiliza un diferenciador RC que tiene una constante de tiempo τ para construir un detector de pulsos cortos. Cuando un pulso largo con $T \gg \tau$ se alimenta al circuito, las salidas pico positivas y negativas son de igual magnitud. ¿A qué ancho de pulso difiere en 10% el pulso negativo de salida del positivo?

F.13 Un circuito STC de paso alto con una constante de tiempo de 1 ms es excitado por un pulso de 10 V de altura y 1 ms de ancho. Calcule el valor del subimpulso negativo en la onda de salida. Si se requiere un subimpulso negativo de 1 V o menos, ¿cuál es la constante de tiempo necesaria?

DF.14 Se utiliza un condensador C para acoplar la salida de una etapa amplificadora a la entrada de la siguiente etapa. Si la primera etapa tiene una resistencia de salida de 2 kΩ y la segunda etapa tiene una resistencia de entrada de 3 kΩ, encuentre el valor de C de modo que un pulso de 1 ms exhiba menos de 1% de pandeo. ¿Cuál es la frecuencia de 3 dB respectiva?

DF.15 Se utiliza un diferenciador RC para convertir un cambio V de voltaje de escalón a un pulso para una aplicación lógica digital. El circuito lógico que el diferenciador excita distingue señales arriba de $V/2$ como "altas" y debajo de $V/2$ como "bajas". ¿Cuál debe ser la constante de tiempo del circuito para convertir una entrada de escalón en un pulso que será interpretado como "alto" durante 10 μs?

DF.16 Considere el circuito de la figura F.7(a) con $\mu = -100$, $C_f = 100$ pF, y el ideal de amplificador. Encuentre el valor de R de modo que la ganancia $|V_o/V_s|$ tenga una frecuencia de 3 dB de 1 kHz.

Determinación de los valores de parámetro del modelo híbrido π BJT

En este apéndice presentamos un método para determinar los valores de los componentes del modelo híbrido π de baja frecuencia del BJT (figura G.1) a partir de datos medidos. Con este fin, observamos que el transistor es un dispositivo de tres terminales que se puede convertir en una red de dos puertos al conectar a tierra uno de sus terminales. Por lo tanto, se puede caracterizar por uno de los varios conjuntos de parámetros de dos puertos (véase apéndice B). Para el BJT a bajas frecuencias, se ha encontrado que los parámetros h son los más convenientes. A continuación estudiaremos brevemente los métodos para medir los parámetros h para un transistor polarizado para operar en la región activa. También deducimos fórmulas que relacionan los parámetros del modelo híbrido π con los parámetros h medidos; estas fórmulas nos permiten determinar los parámetros híbridos π. Debemos insistir en que debido a que el modelo híbrido π está cercanamente relacionado con la operación física del transistor, su uso proporciona al diseñador de circuitos un considerable conocimiento sobre la operación de un circuito. Por lo tanto, nuestro interés en los parámetros h es sólo con el fin de determinar los valores de componentes híbridos π.

Si el emisor de un transistor polarizado en el modo activo se conecta a tierra, el puerto 1 se define como que está entre base y emisor, y el puerto 2 se define como que está entre colector y emisor, entonces, para pequeñas señales alrededor del punto de polarización dado podemos escribir

$$v_b = h_{ie}i_b + h_{re}v_c \tag{G.1}$$

$$i_c = h_{fe}i_b + h_{oe}v_c \tag{G.2}$$

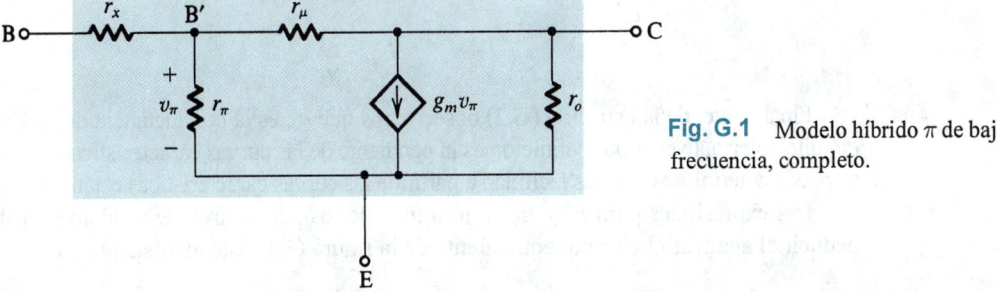

Fig. G.1 Modelo híbrido π de baja frecuencia, completo.

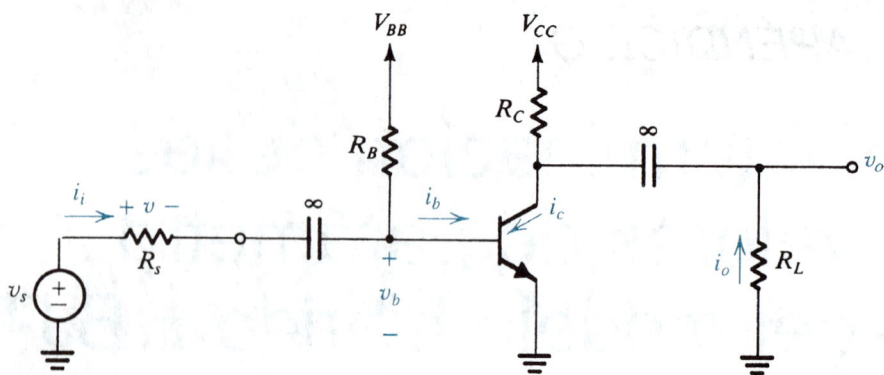

Fig. G.2 Circuito para medir h_{ie} y h_{fe}.

Éstas son las ecuaciones de definición de los parámetros h de emisor común donde, más que usar la notación h_{11}, h_{12}, etc., hemos asignado más subíndices descriptivos a los parámetros h: i significa entrada, r significa inversa, f significa directa, o significa salida y las e agregadas denotan emisor común.

Para mediciones de h_{ie} y h_{fe}, se puede usar el circuito que se muestra en la figura G.2. Aquí R_B es una resistencia de gran valor que junto con V_{BB} determina I_B. La resistencia R_C se utiliza para establecer el voltaje de cd deseado en el colector, y se usa una resistencia R_L muy pequeña para hacer posible la medición de la corriente de señal en el colector. Como R_L es pequeña, el colector está efectivamente en cortocircuito a tierra y

$$i_c \simeq i_o = -\frac{v_o}{R_L}$$

La corriente de señal de entrada i_i se determina al medir el voltaje v en los terminales de una resistencia conocida R_s. Si R_B es grande, entonces

$$i_b \simeq i_i = \frac{v}{R_s}$$

El voltaje de señal de entrada v_b se puede medir directamente en la base. Usando estos valores medidos se puede calcular h_{ie} y h_{fe}:

$$h_{ie} = \frac{v_b}{i_b} \quad \text{y} \quad h_{fe} = \frac{i_c}{i_b}$$

Para medir h_{re} se utiliza el circuito que aparece en la figura G.3. Aquí de nuevo R_B debe ser de valor elevado (mucho mayor que r_π), y el voltímetro que se use para medir v_b debe tener una alta resistencia de entrada para asegurar que la base se encuentre efectivamente en circuito abierto. El valor de h_{re} se puede determinar entonces, como sigue:

$$h_{re} = \frac{v_b}{v_c}$$

Finalmente, de la ecuación (G.2) observamos que h_{oe} es la conductancia de salida con la base en circuito abierto, lo cual por definición es la pendiente de las curvas características i_C–v_{CE}. Entonces, h_{oe} se puede determinar con más facilidad a partir de las curvas características estáticas de emisor común.

Las expresiones para h_{ie} y h_{fe} en términos de los parámetros de modelo híbrido π se pueden deducir al analizar el circuito equivalente de la figura G.4. Este análisis produce

$$h_{ie} = r_x + (r_\pi // r_\mu) \tag{G.3}$$

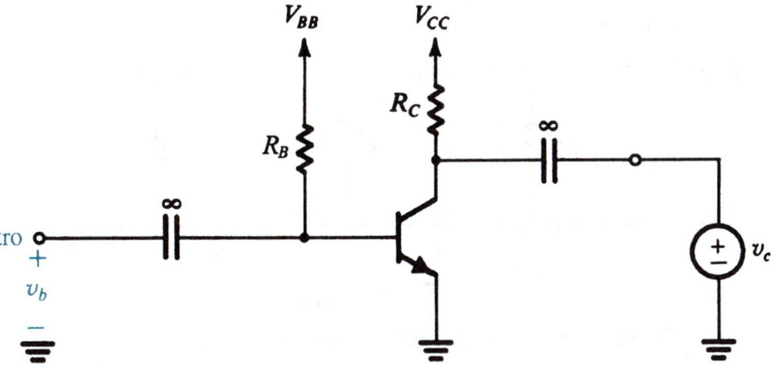

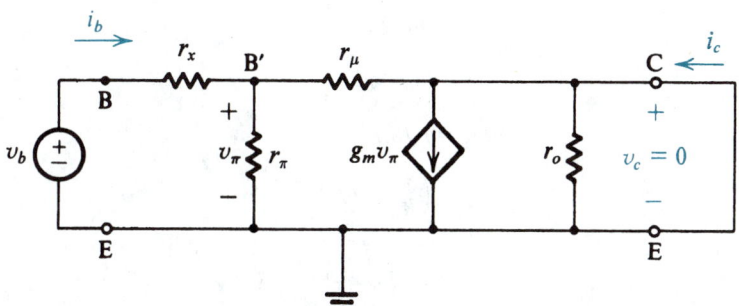

Fig. G.3 Circuito para medir h_{re}.

Fig. G.4 Circuito para deducir expresiones para h_{ie} y h_{fe}.

que se puede aproximar como

$$h_{ie} \simeq r_x + r_\pi \tag{G.4}$$

y

$$h_{fe} = g_m r_\pi \tag{G.5}$$

Aquí debemos observar que, por definición, h_{fe} es idéntica a la β de ca, o β_{ac}, y que el valor dado por la ecuación (G.5) en verdad corresponde a la fórmula usada antes para la β de baja frecuencia, o β_0.

Para deducir expresiones para h_{re} y h_{oe} usamos el modelo de circuito equivalente de la figura G.5 y obtenemos

$$h_{re} = \frac{r_\pi}{r_\pi + r_\mu}$$

que se puede aproximar como

$$h_{re} \simeq \frac{r_\pi}{r_\mu} \tag{G.6}$$

$$h_{oe} \simeq \frac{1}{r_o} + \frac{\beta_0}{r_\mu} \tag{G.7}$$

Esta última expresión es idéntica a la que se emplea para hallar la pendiente de las curvas características i_C–v_{CE} con la base en circuito abierto.

Las expresiones anteriores se pueden usar para determinar los valores de los parámetros de modelo híbrido π a partir de los parámetros h medidos como sigue:

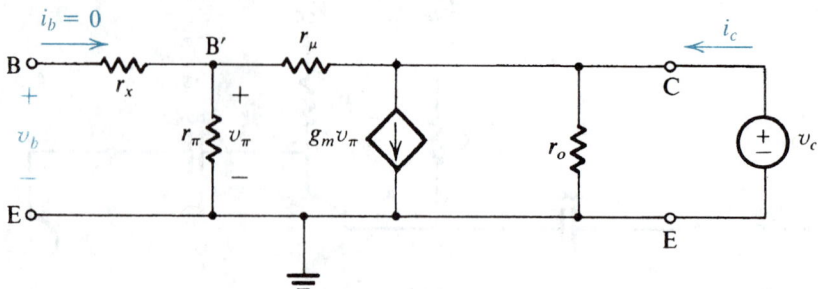

Fig. G.5   Circuito para deducir expresiones para h_{re} y h_{oe}.

$$g_m = I_C/V_T \tag{G.8}$$

$$r_\pi = h_{fe}/g_m \tag{G.9}$$

$$r_x = h_{ie} - r_\pi \tag{G.10}$$

$$r_\mu = r_\pi/h_{re} \tag{G.11}$$

$$r_o = \left(h_{oe} - \frac{h_{fe}}{r_\mu} \right)^{-1} \tag{G.12}$$

$$= V_A/I_C \tag{G.13}$$

Debe observarse, sin embargo, que como normalmente $r_x \ll r_\pi$, la ecuación (G.10) no produce una determinación precisa de r_x. De hecho, no hay forma precisa de determinar r_x a bajas frecuencias, lo que no debe ser sorpresa ya que r_x desempeña un papel de poca importancia a frecuencias bajas.

Ejercicio

G.1   Los siguientes parámetros se midieron en un transistor polarizado a $I_C = 1$ mA: $h_{ie} = 2.6$ kΩ, $h_{fe} = 100$, $h_{re} = 0.5 \times 10^{-4}$, $h_{oe} = 1.2 \times 10^{-5}$ A/V. Determine los valores de g_m, r_π, r_x, r_μ, r_o y V_A.

Resp.   40 mA/V; 2.5 kΩ; 100 Ω; 50 MΩ; 100 kΩ; 100 V

PROBLEMAS

G.1 Un BJT polarizado por una fuente de corriente de emisor de 10 mA, y que tiene su emisor derivado a tierra por un condensador de elevado valor, recibe alimentación de una corriente a pequeña señal a través de un resistor de base de 1 kΩ conectado en serie. Su colector está conectado a una fuente apropiada a través de un resistor de 100 Ω. Cuidadosas mediciones de ca tomadas con respecto a tierra producen los siguientes voltajes: en el emisor, 0 mV (aproximadamente); en la base: 3.3 mV; en el colector, 120 mV; en el resistor de entrada remoto desde la base: 13.3 mV. Encuentre r_e, r_π, h_{fe}, g_m y r_x.

**G.2 En el circuito de la figura G.2, $R_s = 10$ kΩ, $R_B = 100$ kΩ, $R_C = 10$ kΩ y $R_L = 100$ Ω. Se toman mediciones de ca como sigue: $v_s = 15$ mV, $v_b = 5$ mV y $v_o = 20$ mV.

(a) Calcule h_{ie} y h_{fe} ambas aproximada y exactamente (es decir, tomando en cuenta las corrientes a través de R_B y R_C).

(b) Si r_x se determina que es de 50 Ω por una medición separada de alta frecuencia, calcule r_π, r_e, g_m e I_E.

(c) El circuito se convierte entonces al de la figura G.3 y se aplica una señal $v_c = 5$ V. Una medición indica que v_b es de 1 mV. ¿Cuál es el valor de h_{re}? Nótese que si el propósito de esta medición es determinar r_μ, entonces debe realizarse a frecuencias muy bajas. ¿Por qué?

(d) Usando los resultados de (b) y (c), calcule r_μ. ¿A qué frecuencia es igual la magnitud de la impedancia de una capacitancia de 1 pF a este valor de r_μ?

(e) Considere el circuito de la figura G.3 aumentado con un resistor de 100 Ω en serie con el colector. Con $v_c = 5$ V, se miden 8 mV en los terminales del resistor de 100 Ω. Para esta situación, estime h_{oe} y, de aquí, r_o y V_A.

G.3 Se midieron los siguientes parámetros en un transistor polarizado a $I_C = 2$ mA: $h_{ie} = 1.350$ kΩ, $h_{fe} = 100$, $h_{re} = 5 \times 10^{-5}$, $h_{oe} = 2.4 \times 10^{-5}$ A/V. Determine los valores de g_m, r_π, r_e, r_x, r_o, r_μ y V_A.

APÉNDICE H

Valores estándar de resistencia y prefijos de unidades

Los resistores discretos se pueden adquirir sólo en valores estándar. La tabla que sigue contiene los multiplicadores para los valores estándar de resistores con 5% y 1% de tolerancia. Por lo tanto, en la escala de kΩ de resistores de 5% se encuentran resistencias de 1.0, 1.1, 1.2, 1.3, 1.5, . . . , kΩ. En la misma escala, se encuentran resistores de 1% de 1.00, 1.02, 1.05, 1.07, 1.10, . . . , kΩ.

Valores de resistores al 5%	Valores de resistores al 1%			
10	100	178	316	562
11	102	182	324	576
12	105	187	332	590
13	107	191	340	604
15	110	196	348	619
16	113	200	357	634
18	115	205	365	649
20	118	210	374	665
22	121	215	383	681
24	124	221	392	698
27	127	226	402	715
30	130	232	412	732
33	133	237	422	750
36	137	243	432	768
39	140	249	442	787
43	143	255	453	806
47	147	261	464	825
51	150	267	475	845
56	154	274	487	866
62	158	280	499	887
68	162	287	511	909
75	165	294	523	931
82	169	301	536	953
91	174	309	549	976

PREFIJOS DE UNIDADES

Nombre	Símbolo	Factor
femto	f	$\times 10^{-15}$
pico	p	$\times 10^{-12}$
nano	n	$\times 10^{-9}$
micro	μ	$\times 10^{-6}$
mili	m	$\times 10^{-3}$
kilo	k	$\times 10^{3}$
mega	M	$\times 10^{6}$
giga	G	$\times 10^{9}$
tera	T	$\times 10^{12}$

APÉNDICE I

Respuestas a problemas seleccionados

CAPÍTULO 1

1.2 1 kΩ   **1.3** **(a)** $v = 10$ sen$(6.28 \times 10^4 t)$; **(b)** $v = 170$ sen$(377t)$
1.4 14 kHz; 441 mV; 312 mV; 692 mV; 71.6 μs   **1.5** 81%   **1.7** **(a)** 4; **(b)** 1; 0; 1; 100%
1.8 0; 111; 1100; 111001   **1.10** **(b)** b_N; b_1; **(c)** 0.94 mA
1.11 0.35; −9.12 dB; 5303; 74.5 dB; 1875; 32.7 dB   **1.13** 20 mW   **1.16** −10 V/V; 0.47 V
1.18 39 dB; 79 dB; 0.08 V; 10 W   **1.19** 9 V/V; 0.9 V/V; módulo A; 818 V/V   **1.25** 19.05 V/V
1.27 $R_i/(1 + g_m R_i)$ **1.29** $-\alpha R_C/[(R_B/(1 - \alpha)) + r_e + R_E]$
1.31 880 V/V; 59.8 dB; 2200 A/A; 66.8 dB; 19.36×10^5 W/W; 62.9 dB; 2000 A/A; 66 dB

1.32 $500(v_1 - v_2)$; 0 V; 10 V   **1.33** $s \Big/ \left(s + \dfrac{1}{CR} \right)$ **1.34** $\dfrac{R_i}{R_i + R_s} \dfrac{1}{1 + sC_i(R_i \| R_s)}$

1.35 paso alto; $\dfrac{R_2}{R_1 + R_2}$; $\dfrac{1}{C(R_1 + R_2)}$; 5.3 Hz; −6.5 dB   **1.37** $0.434/CR$ **1.38** 15.6pF; 0.32pF

1.41 50 Hz; 500 kHz; 50 Hz a 500 kHz; 2.5 Hz a 10 MHz; 25 Hz; 250 kHz
1.42 20 dB; 37 dB; 40 dB; 37 dB; 20 dB; 0 dB; −20 dB; 9900 Hz

1.43 $\dfrac{1}{sC_1 R_1 + 1}$; 16 kHz; $\dfrac{-G_m s(R_2 \| R_3)}{s + 1/(C_2(R_2 + R_3))}$; 53 Hz; 16 kHz   **1.48** 1 V; 0.9 V

1.49 **(a)** 1.5 V; 1 V; **(b)** 2.06 V; **(c)** −3.5 V/V   **1.51** **(a)** 0.4 V; 0.4 V; **(b)** 8 mW; **(c)** 1.12 mW;
(d) 52.8 ns   **1.52** **(a)** 0.545 V; 5 V; 3 V; 0.455 V; **(b)** 6; **(c)** 10.9 mW; 2.88 mW   **1.55** 25 mW; 5 mA

CAPÍTULO 2

2.2 1001 V/V   **2.5** −10 V/V **(a)** −5 V/V; **(b)** −20 V/V   **2.10** $R_2 = 10$ MΩ, $R_1 = 200$ kΩ; 200 kΩ
2.12 76.8 V/V   **2.15** ± 10 mV   **2.17** $R_{in} = R_1 + R_2/(1 + A)$ **2.19** 909 V/V
2.20 $A = (1 + R_2/R_1)(k - 1)/(1 - x/100)$; 2×10^4 V/V   **2.22** −3 V/V; −8 V/V   **2.24** **(a)** 15.9 Hz;
(b) −90° (atraso de 90°); **(c)** sube 10 veces; **(d)** −90°   **2.29** 100 pulsos
2.30 $V_o(s)/V_i(s) = -(R_2/R_1)/(1 + sR_2C)$; $R_1 = 1$ kΩ; $R_2 = 10$ kΩ; $C = 3.98$ nF; 39.8 kHz
2.32 1.59 kHz; 10 V (pico a pico)
2.35 $V_o(s)/V_i(s) = -R_2 Cs/(1 + R_1 Cs)$; $R_1 = 1$ kΩ; $R_2 = 100$ kΩ; $C = 0.159$ μF; 10 Hz
2.37 $v_O = v_1 - v_2/2$; −1.5 V   **2.39** $R_{v_1} = 20$ kΩ; $R_{v_2} = 120$ kΩ; $R_f = 60$ kΩ
2.45 $v_O = 10(v_2 - v_1)$; $v_O = 2$ sen$(2\pi \times 1000t)$
2.46 $v_O/v_I = 1/x$; + 1 a +∞; agregar 1 kΩ en serie con el extremo a tierra de potenciómetro
2.49 **(a)** 0.099 V; 0.099 mA; 0.099 mA; **(b)** 10 V; 10 mA; 0 mA

2.50 $v_o/v_i = 1/(1 + 1/A)$; 0.999, −0.1%; 0.990, −1.0%; 0.909, −9.1% **2.54** 2.5 kΩ; 1.275 V.

2.55 $v_O = v_2 − v_1$; R; $2R$; $2R$; R

2.64 R_1 = potenciómetro de 100 kΩ más 1 kΩ fijo; R_2 = 100 kΩ; R_3 = 200 kΩ; R_4 = 100 kΩ

2.65 **(a)** 1.5 V (pico a pico), 1.5 V (pico a pico) de fase opuesta, 3.0 V (pico a pico);
(b) 3 V/V; **(c)** 56 V (pico a pico), 19.8 V (rms) **2.67** 4.2×10^4 V/V; 181 Hz; 7.6×10^6 Hz
2.69 47.6 kHz; 19.9 V/V; 1.99 V/V **2.73** **(a)** $(\sqrt{2} − 1)^{1/2} f_t$; **(b)** 10 kHz;
(c) 64.4 kHz, unas seis veces mayor **2.75** **(a)** $f_t/(1 + K)$, $Kf_t/(1 + K)$;
(b) f_t/K, f_t; se prefiere no inversora a bajas ganancias **2.76** Para cada una, $f_{3dB} = f_t/3$ **2.78** 9.19 mV
2.80 0.5 μs; triangular **2.81** 80 V/μs **2.84** **(a)** 31.8 kHz; **(b)** 0.795 V; **(c)** 0 a 200 kHz;
(d) 1 V pico **2.85** 4.95 mV **2.87** 8 mV; 12 mV **2.93** 10 V; 5 V; 15 mV **2.95** **(a)** 100 mV;
(b) 0.2 V; **(c)** 10 kΩ, 10 mV; **(d)** 110 mV

CAPÍTULO 3

3.1 El diodo se puede polarizar inversamente y por lo tanto no circularía corriente; o se polariza
directamente, y circula corriente; **(a)** 0 A; 1.5 V; **(b)** 1.5 A; 0 V **3.3** **(a)** −5 V; 1 mA; **(b)** +5 V; 0 mA;
(c) +5 V; 1 mA; **(d)** −5 V; 0 mA **3.7** 24 kΩ **3.9** **(a)** 0 V; 1 mA; **(b)** −3.33 V; 0 A
3.10 **(a)** 7.5 V; 0.375 mA; **(b)** −2.5 V; 0 A **3.13** 5 V; 2.5 V; 50 mA; 25 mA; −5 V
3.16 se enciende la roja; ninguna se enciende; se enciende la verde **3.18** 345 mV; $1.2 \times 10^6 I_S$
3.20 2.07×10^{-15} A; 4.5 mA; 163.5 mA; 2 mA; 54.8 μA; + 0.057 V **3.22** 3.8 mA; 22.9 mV;
3.24 1.022; 1.81×10^{-15} A **3.25** 0.11 V; 2.69 mA **3.27** $54.6 I_S$; 0.15 V **3.30** 0.23 V; ± 40 mV
3.31 $2.75 \times 10^5/cm^3$; $1.55 \times 10^9/cm^3$; $8.76 \times 10^9/cm^3$; $1.55 \times 10^{12}/cm^3$; $4.79 \times 10^{12}/cm^3$
3.32 3.84×10^{-12} A/cm^2 **3.34** 19.2 μA **3.35** $9.3 \times 10^{17}/cm^3$
3.37 34 cm^2/s; 12 cm^2/s; 28 cm^2/s; 10 cm^2/s; 18 cm^2/s; 6 cm^2/s; 9 cm^2/s; 4 cm^2/s
3.39 0.52 V; 2.7 μm; 0.24 μm; 2.4 μm; 157×10^{-15} C; 15.3 fF **3.40** 16×10^{-15} C
3.42 0.38 pF; 0.5 pF **3.43** 12.5 mA; 25 mA **3.45** 7.2 μA; 67.5 mV; 6.75×10^{-13} C; 27 pF
3.48 0.6638 V; 0.3362 mA **3.50** 1.624 kΩ **3.51** 0.687 V; 12.8 Ω; +28.1 mV; −29.5 mV;
+34.2 mV **3.53** 0.715 V; 1.85 mA; 0.7 V; 2 mA **3.54** 0.7 V **3.58** 0.86 mA; 0 V; 0 A; 3.6 V
3.59 **(a)** 0.93 mA; −4.3 V; **(b)** 0 A; −5 V; **(c)** 0.93 mA; 4.3 V; **(d)** 0 A; −5 V
3.61 **(a)** 0.86 mA; 0 V; **(b)** 0 A; −3.55 V **3.66** **(a)** +49% a −33%; **(b)** +22% a −18%
3.67 5 Ω **3.73** fuente de 15 mA; −10 mV/mA **3.75** −30 Ω; −120 Ω **3.77** 8.96 V; 9.01 V; 9.46 V
3.79 8.83 V; 9.13 mA; 300 Ω; 9.14 V; ± 0.01 V; +0.12 V; 578 Ω; 8.83 V; 90 mV/V; −27.3 mA/mA
3.83 2.14 V **3.85** 16.27 V; 48.7%; 5.05 V; 5.05 mA **3.86** 33.24 V; 99.3%; 20.9 V; 20.9 mA
3.87 15.57 V; 97.2%; 9.4 V; 9.4 mA **3.90** 56 V **3.92** **(a)** 166.7 μF; 15.4 V; 7.1%; 231 mA;
448 mA; **(b)** 1667 μF; 16.19 V; 2.2%; 735 mA; 1455 mA
3.94 **(a)** 83.3 μF; 14.79 V; 14.2%; 119 mA; 222 mA; **(b)** 833 μF; 15.49 V; 4.5%; 360 mA; 704 mA
3.96 **(a)** 23.6 V; **(b)** 444.4 μF; **(c)** 32.7 V; 49 V; **(d)** 0.73 A; **(e)** 1.35 A
3.105 0.51 V; 0.7 V; 1.7 V; 10.8 V; 0 V; −0.51 V; −0.7 V; −1.7 V; −10.8 V; bastante difícil; +1
3.110 14.14 V

CAPÍTULO 4

4.2 **(a)** 7.7×10^{-17} A; 750; **(b)** 3.8×10^{-17} A; 374;
(c) 1.5×10^{-17} A; 149; 2.7 μA; 1.0027 mA; 0.77 V; 5.2×10^{-14} C
4.3 1.34×10^{-16} A; 1.12×10^{-14} A; 83.8 **4.6** 1.22; 1.08×10^{-12} A; 3.9 mA **4.8** 11; 1000
4.10 −0.673 V; 5.05 V; 0.05 mA **4.13** 0.83; 5 **4.15** −0.553 V; −6 V; 0.41 mA **4.17** 0.980
4.19 **(a)** 1 mA; **(b)** −2 V; **(c)** 1 mA; 1 V; **(d)** 0.965 mA; 0.35 V **4.21** 4.3 V; 2.1 mA
4.24 0.72 V; 0.52 V **4.26** 33.3 kΩ; 100 V; 3.3 kΩ **4.28** 100 V; 10 kΩ
4.30 **(a)** 2.3 V; 2.3 mA; 2.3 mA; 6.7 V; **(b)** 0.3 V; 0.3 mA; 0.3 mA; 8.7 V; **(c)** 0 V; 0 mA; 0 mA; 9 V

4.33 0.3 V; 15 μA; 0.8 mA; 0.785 mA; −1.075 V; 52.3; 0.98

4.35 (a) −0.7 V; 3.4 V; (b) 3.4 V; 2 mA; (c) −0.7 V; 0 V; 3.4 V; (d) 3.2 V; 0 V; (e) 2.5 V; 3.2 V; 0 V

4.37 164 kΩ; 13 kΩ; 10 kΩ; 0.864 mA; 6.36 V; 1.008 mA; 4.92 V

4.39 (a) 0 V; 0.7 V; −0.72 V; −1.42 V; −0.2 V; (b) 1 V; 1.7 V; −1.96 V; −2.66 V; 1.36 V;
(c) 5 V; 5.7 V; −6.68 V; −7.38 V; 7.17 V   4.43 80 mA/V; 1.875 kΩ; 12.4 Ω; 8 mA/V; 18.75 kΩ; 124 Ω

4.45 2.5 mA; 100   4.46 49.2%; 20.3 mA; 0.81 A/V   4.47 3.33 kΩ; 0.50 kΩ

4.51 3 V; 40 mA/V; 80 V/V   4.52 15 mV pico a pico; 0.03 mA pico a pico

4.54 3.26 kΩ; 0.032 A/V; 31 Ω; 0.99   4.57 2.96 V/V

4.58 135; 41.8 Ω; 23 mA/V; 1.09 kΩ; −0.76 V/V   4.63 9.3 kΩ; 28.6 kΩ; 143 V/V

4.64 1 mA; 0.996 V/V; 0.63 V/V   4.65 −4000 V/V   4.66 3 V; 2.5 mA; 25 μA; 3.2 V

4.68 R_E = 6 kΩ; R_C = 6 kΩ; R_1 = 53 kΩ; R_2 = 37 kΩ; 0.48 mA

4.70 R_B = 0 Ω; R_C = 27 kΩ; R_E = 43 kΩ; 0.0986 mA; 3.038 V

4.72 R_C = 6.6 kΩ; R_B = 200 kΩ; 0.41 mA; ± 1.6 V; 0.54 mA; ± 0.72 V

4.73 R_C = 16 kΩ; R_B = 680 kΩ; 0.077 mA; 1.74 V; 0.118 mA; 1.1 V

4.75 100 kΩ; 120 kΩ; 20 kΩ; 470 kΩ; 43 kΩ; 0.096 mA; 2.47 V; 0.098 mA; 1.95 V; 1.68 V

4.76 25 kΩ; −37.6 V/V; 47 kΩ; −6.6 V/V   4.80 −10.1 V/V   4.82 (a) 14.3 kΩ; (b) 10 kΩ;
(c) −64.5 V/V   4.84 12.75 kΩ; −11 V/V; 17.86 mV; 196.5 mV   4.85 (a) 0.99 mA; 1.875 V;
(b) −44.9 V/V   4.87 0.5 mA; −50 V/V   4.89 50 Ω; 9.9 V/V

4.90 (a) 102.5 kΩ; 0.998 V/V; 0.973 V/V; (b) 1.03 V; 21 mV; (c) 0.489 V; 0.476 V;
(d) 0.998 V/V; 222 Ω; 0.691 V/V

4.91 (a) 1.44 mA; 1.44 V; 2.14 V; 5.54 mA; 5.54 V; 6.24 V; (b) 9.8 kΩ; 50.3 kΩ;
(c) 0.478 V/V; 0.827 V/V   4.95 (a) 1.73 mA; 68.5 mA/V; 14.5 Ω; 1.46 kΩ;
(b) 148.2 kΩ; 0.93 V/V; (c) 18.21 kΩ; 0.64 V/V   4.97 3   4.98 0.652 kΩ

4.105 La unión de base común es 54.7 veces aquella entre emisor y base   4.107 40.2 mV

4.110 (b) v_{BE} = 694.8 mV; v_{BC} = 630.0 mV; 64.8 mV; (c) 64.8 mV; (d) 650 mV; 632.7 mV; 17.3 mV

4.111 0.01; 24.5   4.112 19   4.113 2.25 mA; 4.62 mA; 23.04 mW; 13.83 mW

4.114 R_B = 13 kΩ; R_C = 2 kΩ 4.121 0.22 mA   4.122 3 Ω; 110 mV; 68.2; 0.111   4.124 −1.3 V;
−2 V; 20 μA; 0.4 mA; −2.3 mA   4.125 150; 125; 1.474 mA

4.126 43.3 V; 13.3 V; 12.6 V   4.129 3.636 Grad/s; 24.24 Mrad/s

4.131 0.54 pF; 20 mA/V; 7.5 kΩ; 33.3 MΩ 4.132 100 MHz; 5 MHz   4.133 10 ω_β

CAPÍTULO 5

5.2 232 cm^2/Vs; 0.02 a 0.1 μm; 3.5 × 10^{-13} F/cm; 1.75 fF/μm^2; 0.35 fF/μm^2; 40 μA/V^2; 8 μA/V^2

5.3 W_p = 2.5 W_n 5.4 245 Ω; 0.245 V; 50   5.6 (a) 3.7 mA; (b) 0.72 mA; (c) 8.82 mA;
(d) 8.82 mA   5.8 0.075 mA; 0.2 mA   5.10 1/8; 1 V   5.11 4 μm   5.13 0.95 V; 10; 88.5 μA;
1.55 V; 480.5 μA   5.15 250 Ω a 25 kΩ; 500 Ω a 50 kΩ; 125 Ω a 12.5 kΩ; 250 Ω a 25 kΩ

5.17 20 kΩ; 36 V; 0.0278 V^{-1} 5.18 50 kΩ; 5 kΩ; 0.2 V_{DS}% en ambos casos

5.20 94.1 μA; 17.6%; 5.5 μm   5.21 2.3 × 10^{16}/cm^3; 2.5 V$^{1/2}$ 5.23 (a) 0.24 mA; (b) 0.524 mA;
(c) 0.539 mA; (d) 0.588 mA   5.28 (a) triodo; 0.59 mA (b) triodo; 5 mA; (c) saturación; 9 mA

5.29 300 μA; 416 μA; 424 μA; 480 μA; 600 μA; 832 μA; 848 μA; 960 μA; 300 μA; 416 μA;
424 μA; 480 μA   5.31 0.586 V   5.33 4 mA; −2 V   5.34 R_D = 5 kΩ; R_S = 1.42 kΩ

5.37 200 μm; 50 μm; 15 kΩ 5.39 0.4 mA; 7.6 V; el circuito es relativamente tolerante a cambios de parámetros de dispositivo   5.40 3 kΩ; 10 kΩ 5.42 (a) 7.27 V; (b) 16.36 V; (c) 8.57 V   5.46 V_{gs} < 0.12 V

5.48 (a) 2 mA; 2.8 V; (b) 2 mA/V; (c) −7.2 V/V; (d) 50 kΩ; −6.7 V/V   5.50 0.1 mA/V;
0.03 mA, 1.2 V; 20/3   5.52 138.9 μA/V^2; 166.7 μA/V; 4 V; −2.5 V; −8.3 V/V; 0.3 V; no; 0.012 V;
0.1 V; 6.3 V   5.54 500 μm; 2 V   5.57 −8.27 V/V; 2.45 V; −10.75 V/V

5.58 424.3 μA/V; 180 kΩ; 81.8 μA/V; 0.47 V; 244.9 μA/V; 240 kΩ; 47.2 μA/V; 0.82 V

5.59 3.38 V; 0.106 mA y 0.822 mA; 8.2 kΩ; 0.146 mA y 0.043 mA **5.60** 1 mA; 13%

5.62 $R_D = 11$ kΩ; $R_G = 10$ MΩ; $R_S = 7$ kΩ

5.64 3.5 V; 6 kΩ; 262.5 μA; 2.5 V; 17.1 kΩ; 8.6 V/V; 34.2 kΩ; 13.5 V; 2.8 MΩ; 1.7 MΩ

5.68 35 kΩ; 36 kΩ; 0.195 mA; 1.98 V **5.69** $3I_{REF}$; $10I_{REF}$; $I_{REF}/2$; $2I_{REF}$; $10I_{REF}$; $I_{REF}/2$; $9I_{REF}$

5.71 1.51 V; 1 μA **5.72** 25 μA; 4 **5.74** 1.04 a 3.59 V

5.76 –3000 V; –115.4 V/V (–120 V/V con la fórmula); 85.9 kΩ; –9.1 V/V; ±2 V

5.77 (b) 0.5 V; 2 **5.78** 0.1 mA; 28

5.86 (a) $r = 1/\sqrt{2\mu_n C_{ox}(W/L)I_D}$; aumenta L en un factor de 9 **5.87** –10 V/V **5.89** –10 V/V

5.91 (a) 6 V; 5.87 V; 3 V; (b) 6 V; 4.45 V; 0.205 V; (c) 6 V; 0.083 V; 0.02 V

5.96 1.84 V; 2.54 V; $NM_H = 2.46$ V; $NM_L = 1.84$ V **5.97** 6 V; 4 V; 4 V; 9.125 V; 5.875 V; 5.875 V

5.99 200 μm **5.101** 100 μW; 20 μA **5.105** (a) 0.32 ns (b) 0.128 ns **5.107** 6.7 kΩ; 1.54 kΩ; 670 kΩ

5.108 2.5 kΩ; 3.33 kΩ; 333 kΩ **5.109** 47.7 Hz

5.111 $C_{gs} = 0.076$ pF; $C_{gd} = 0.01$ pF; $C_{sb} = 0.048$ pF; $C_{db} = 0.028$ pF; $C_{gb} = 0.05$ pF; $g_m = 109$ μA/V; $g_{mb} = 16.9$ μA/V; $r_o = 500$ kΩ **5.112** 193.7 MHz

5.116 infinita; $r_o = V_A/I_{DSS}$ **5.117** 125 Ω a 1250 Ω **5.118** 1 V; 1 mA; 1.1 mA **5.119** 400 kΩ

5.122 1.25 kΩ; 1.25 kΩ; 10.59 MΩ; 4.41 MΩ **5.123** (a) 6 V; 3 mA; –2 V; 12 V;
(b) 3 mA/V; 100 kΩ; (d) 420 kΩ; 0.808 V/V; (e) –4 V/V; –3.2 V/V

5.125 $R_S = 1.28$ kΩ; $R_G = 1$ MΩ; 0.865 V/V **5.126** 10 mA/V^2; 2.75 mA; 11 mA/V; 4 kΩ

5.128 1.9 mA **5.129** 15 mA; –21 V/V

CAPÍTULO 6

6.1 –2.68 V; 3.52 V; 3.52 V **6.3** +0.4 V, –0.4 V, –5.0 V **6.5** (a) $V_{CC} - R_C I/2$; (b) $R_C I/2$;
(c) 4.0 V; (d) 0.404 mA, 9.9 kΩ **6.7** 0 V; –5 V **6.10** 2.4 mA; 3.6 mA; 10.1 mV

6.12 4 mA/V; 100.5 kΩ **6.15** (a) 0.4 mA, 10 mV; (b) 1.40 mA, 0.60 mA; (c) –2.0 V, +2.0 V;
(d) 40 V/V **6.18** 39.6 V/V; 50.5 kΩ **6.21** (a) 20 V/V; (b) 0.231 V/V; (c) 86.6 $\equiv$ 38.7 dB;
(d) $v_o = 0.2$ sen$(2\pi \times 1000t) - 0.023$ sen$(2\pi \times 60t)$

6.26 $R_E = 25$ Ω; $R_C = 10$ kΩ; $R_o \geq 50$ kΩ; $R_{i_{cm}} = 5$ MΩ; ±12 V estaría bien; ±15 V sería mejor.

6.27 2% de desequilibrio, por ejemplo resistores de ±1% **6.30** 2.5 mV **6.32** 0.125 mV

6.36 2.5 μA; 1 μA; 1.5 μA **6.38** $I/3$; $2I/3$; $R_C I/3$, 16.7 mV; 17.3 mV; 0.495 μA; 0.5 μA; 0.33 μA

6.40 $I_O = \alpha(R_2 V_{CC} + (R_1 - R_2)V_{BE})/(R_E(R_1 + R_2))$; $R_1 = R_2 = R_E(1 - 2V_{BE}/V_{CC})$; $R_E = 7.5$ kΩ;
$R_1 = R_2 = 6.8$ kΩ; +8.2 V **6.42** 4.3 kΩ; 0 V idealmente, 0.4 o 0.5 en la práctica

6.43 (a) $i_{C2} = 2$ mA, $i_{C3} = 3$ mA; (b) $i_{C1} = 0.5$ mA, $i_{C3} = 3/2$ mA; (c) $i_{C1} = 0.33$ mA, $i_{C2} = 0.67$ mA

6.46 $I_O/I_{REF} = n/(1 + (n + 1)/\beta)$; $n = 4$ **6.48** $R = 21.7$ kΩ; 21.7 kΩ

6.51 $V_{B1} = 9.3$ V; $V_{B2} = -9.3$ V; $I_{R1} = 1.86$ mA $= I_{C3} = I_{C4}$; $V_{C3} = 3.72$ V; $V_{C4} = V_{C5} = V_{B5} = 0.7$ V;
$IC_6 = 1.86$ mA; $V_{C6} = 3.14$ V; $I_{C2} = I_{C7} = I_{C8} = I_{C9} = I_{C10} = I_{C11} = 1.86$ mA; $I_{R4} = 3.72$ mA;
$V_{C8} = V_{C7} = -3.72$ V; $V_{C9} = V_{C10} = V_{B10} = V_{B11} = 4.3$ V; $V_{C11} = 1.86$ V

6.55 Duplicar Q_2; $I_O/I_{REF} = 1/(1 + (n + 1)/(\beta(\beta + 1)))$; 9 **6.60** (a) $I_O/I_{REF} = 0.5(1/(1 + 2/(\beta^2 + 2\beta)))$ (b) Duplicar Q_3, Q_4 por siete transistores idénticos: uno, separadamente, proporciona 1 mA; dos unidos, 2 mA; cuatro unidos, 4 mA; 999.2 μA, 1998.4 μA, 3996.8 μA **6.64** 2 μA; 0.2% **6.67** 6.61 MΩ

6.69 v_O permanece igual; v_O se reduce a 0.43 V

6.71 Usar dos transistores espejo con $R = 37.2$ kΩ; $R_i = 60.4$ kΩ; $R_o = 400$ kΩ; $A_{v_o} = 2000$ V/V;
$I_B = 0.83$ μA; –3.6 V a +4.3 V (para pequeñas señales de salida); 30 MΩ **6.74** –1 V/V

6.78 CMRR $= \beta_P RI/(2V_T)$; $10^5 \equiv 100$ dB **6.80** (a) 1.2 V, 1.2 V, –1.2 V, 0 V;
(b) 1.245 V, 1.141 V, –1.141 V, +0.104 V; (c) 1.283 V, 1.0 V, –1.0 V, +0.283 V; 0.283 V

6.82 $W/L = 55.6$; 200 μA **6.87** 136.5 μA **6.94** 90 μA; 100 μA **6.96** 50 μA **6.100** 58.5 kΩ

6.101 4000; muy grande **6.105** (b) $I = 10$ μA; 32 μm; 1.25 V; 0.95 V **6.110** 100 μm; 1 kΩ

6.112 1 mA; 0.553 V; 4.55 V; 447 kΩ **6.114** 10 mA; 2 mA; –100 V/V **6.116** 12.47 V/V

6.118 R_5; reducir a 7.37 kΩ; 4104 V/V; reducir R_4 a 1.12 kΩ

6.120 Se eleva a 3 kΩ; 5581 V/V; 3378 V/V; la eliminación de carga interna es importante

CAPÍTULO 7

7.1 $V_o(s)/V_i(s) = RC_1s/(1 + sR(C_1 + C_2))$; STC con $C_{eq} = C_1//C_2$; paso alto; cero a 0 Hz; polo a 1.59 Hz   **7.5** 10 kHz; 5.1 kHz; 1.05 kHz   **7.10** 0 dB, −90°; +0.04 dB, −95.0°

7.14 **(a)** $V_o(s)/V_i(s) = G_mR_LR_i/[(R_i + R_s)(1 + 1/((R_i + R_s)C_Cs))(1 + C_LR_Ls)]$;
(b) $A_M = G_mR_LR_i/(R_i + R_s)$, $F_L(s) = (1 + 1/((R_1 + R_2)C_Cs))^{-1}$, $F_H(s) = 1/(1 + C_LR_Ls)$;
(c) 1.1 mA/V; **(d)** 0.144 μF **(e)** 15.9 pF   **7.21** **(a)** 10 Hz; **(b)** 10.49 Hz   **7.23** 5.67×10^6 rad/s,

7.27 **(a)** $A_M = -R_L/(1/g_m + R_s)$; **(b)** $R_{gs} = (R + R_S)/(1 + g_mR_S)$, $R_{gd} = R_L(1 + g_mR/(1 + g_mR_S)) + R$;
(c) −20 V/V, 0.45 Mrad/s, 9 Mrad/s; −14.3 V/V, 0.623 Mrad/s, 8.9 Mrad/s; −10 V/V, 0.866 Mrad/s
8.7 Mrad/s   **7.29** −10 V/V; 18.6 μF; 1.43 Hz; $V_o(s)/V_i(s) = -10(s + 2\pi \times 1.43)/(s + 2\pi \times 10)$; −10/7

7.31 0.7 μF; 13.5 Hz; 22.7 Hz   **7.41** 2.33 MΩ

7.47 $V_o(s)/V_i(s) = -g_mR_L(1 - s(g_m/C_{gd})^{-1})/(1 + s(R_LC_{gd} + C_L))$; $\omega_P = -1/(R_L(C_{gd} + C_L))$;
$\omega_Z = g_m/C_{gd}$; 80 Mrad/s; 8 Grad/s   **7.54** −4000 V/V; 265 kHz; 1.06 GHz

7.56 $I_o(s)/I_i(s) = (1 - sC_\mu/gm)/(1 + s(2C_\pi + C_\mu)/g_m)$; 214 MHz; 3.18 GHz

7.58 −15 V/V; 20.3 MHz, 707 MHz; 124 MHz; 20 MHz

7.63 **(c)** −44.7 V/V; 1.14 MHz, 87.3 MHz; 2.03 GHz

7.67 $C_2 = 2.8$ μF; $C_1 = 0.32$ μF; 0.922 V/V; 31.5 MHz   **7.68** 0.963 V/V; 816 MHz

7.72 **(a)** 2.51 MΩ, −4008 V/V; **(b)** 107.8 kHz, C_L, entonces $C_{\mu2}$ directamente y multiplicada;
(c) el efecto dominante es la reducción de r_o y constante de tiempo de salida por un factor de 10,
y entonces f_H aumenta en un factor de 10   **7.75** 92.5 V/V; 0.327 MHz; 30.3 MHz

7.76 74.6 V/V; 0.397 MHz; 29.6 MHz   **7.79** 15.9 kHz; 500 kHz   **7.80** 46.07 V/V; 6.98 MHz

7.86 **(a)** −66.7 V/V, 117 kHz; **(b)** −66 V/V, 3.8 MHz; **(c)** 49.5 V/V, 4.6 MHz;
(d) −192 V/V, 1.60 MHz; **(e)** −66 V/V, 3.8 MHz; **(f)** 49.5 V/V, 4.6 MHz

CAPÍTULO 8

8.1 9.99×10^{-3}; 91; −9%   **8.3** **(b)** 1110; **(c)** 20 dB; **(d)** 10 V, 9 mV, 1 mV; **(e)** 2.44%

8.5 $\beta = 9/A$; 1.0   **8.7** 10; **(a)** 989, 990; **(b)** 937.5, 960   **8.9** 100 kHz; 10 Hz

8.11 0.997 V/V; 300 V/V; 49.5 dB

8.13 $\beta = 0.08$; cinco segmentos con ganancias de 0, 11.11 V/V, 12.34 V/V, 11.11 V/V, y 0 V/V
y puntos de inflexión (v_s, v_o) a (−1.17 V, −14 V), (−0.81 V, −10 V), (+8.1 V, +10 V), (+1.17 V, +14 V)

8.15 1 A/mA; 9 mA/A   **8.17** $\beta = (1/\alpha)(R_{E1}R_{E2})/(R_{E1} + R_{E2} + R_f)$

8.19 1 V/μA; 9 μA/V   **8.21** más baja; 99; 10 kΩ

8.23 **(a)** $h_{11} = R_1R_2/(R_1 + R_2)$ V/A, $h_{12} = R_2/(R_1 + R_2)$ V/V, $h_{22} = 1/(R_1 + R_2)$ A/V,
$h_{21} = -R_2/(R_1 + R_2)$ A/A; **(b)** 10 Ω, 0.01 V/V, 0.99×10^{-3} ℧, −0.01 A/A

8.25 76.3 V/V; 1.0 V/V; 0.987 V/V; 1.54 MΩ; 2.02 Ω

8.27 0.0 V; 0.7 V; 31.3 V/V; 0.1 V/V; 7.6 V/V; ∞; 163 Ω

8.29 **(a)** $R_{D1} = 1.65$ kΩ, $R_{E2} = 88$ Ω, $R_L = 100$ Ω; **(b)** 3.05 V/V, 1.0 V/V, 0.75 V/V, ∞, 24.7 Ω

8.31 $R_E = 1$ kΩ; 0.988 mA/V; 258 MΩ; 9.67 MΩ   **8.33** 0.1 mA/V; 0.098 mA/V

8.35 7.99 V/mA; 171 Ω; 106 Ω   **8.37** **(a)** paralelo-serie; **(b)** serie-serie; **(c)** paralelo-paralelo

8.39 −192 V/V; 29.9 Ω; 29.5 Ω   **8.41** 9.09 A/A; 110 Ω; 90.9 kΩ

8.43 $V_{E2} = 1.41$ V; $V_{B2} = 2.11$ V; $V_O = 5$ V; $I_{E1} = 100$ μA; $I_{E2} = 10.1$ mA; 2.54 V/V; 1.45 kΩ

8.44 3.72 V/V; 141 Ω   **8.48** 0.0594 V/V   **8.50** 23.4 V/V; 175 Ω

8.51 10^4 rad/s; 0.002 V/V; 500 V/V   **8.53** 8×10^{-3} V/V   **8.55** 99 V/V; 1.01×10^6 Hz; 10^7 Hz;
101   **8.57** 9×10^{-3}; 17.94 kHz   **8.59** 2 V/V; 17.3 MHz   **8.61** 7.86 kHz; 51.8°; 0.01414

8.63 4.9×10^{-5}; 1.69×10^4 **8.65** 2.48×10^4 V/V; 6.54×10^3 V/V   **8.67** 10^3 Hz; 2000
8.69 10 Hz; 15.9 nF   **8.70** 59 pF; 239×10^6 Hz

CAPÍTULO 9

9.1 Límite superior (igual en todos los casos): 4.7 V, 5.4 V; límites inferiores: −4.3 V, −3.6 V; −2.15 V,
−1.45 V; −4.7 V, −4.0 V   **9.4** 152 Ω; 0.978 V/V; 0.996 V/V; 0.998 V/V; 2%   **9.6** IV_{CC}; IV_{CC}; IV_{CC}; IV_{CC}
9.7 10%; 13.3%; 16%; 20%   **9.9** 7 V   **9.11** 4 V; 12.8%; 11.1 kΩ
9.13 5.0 V pico; 3.18 V pico; 3.38 Ω; 4.83 Ω; 3.65 W; 2.59 W
9.15 $\hat{V}_o^2/R_L$; $V_{SS}\hat{V}_o/R_L$; $\hat{V}_o/V_{SS}$; 100%; V_{SS}; V_{SS}^2/R_L; $V_{SS}/2$; 50%   **9.17** 2.5 V   **9.19** 12.5
9.21 20.7 mA; 788 mW; 7.9°C; 38.7 mA   **9.23** 1.34 kΩ; 1.04 kΩ   **9.25** 50 W; 2.5 A
9.27 140°C; 0.570 V   **9.29** 100 W; 0.4°C/W   **9.31** 0.85 Ω
9.33 0 mA, 0 mA; 20 μA, 22.5 μA; −20 μA; −22.5 μA
9.35 1.96 mA; 38.4 μA; sale de la base 1 y entra en la base 2; 3.4 μA; 277 kΩ; 0.94 V/V
9.37 0.064 v_i; 64.1 mA/V; −64.1 V/V; 14 kΩ   **9.39** $R_1 = 300$ kΩ; $R_2 = 632$ kΩ; 9.48 V; −10.65 V
9.41 13 Ω; 433 mV; 0.33 μA   **9.43** $R_1 = 60$ kΩ; $R_2 = 5$ kΩ; 9.7 nA
9.45 $I_{E1} = I_{E2} = 17$ μA; $I_{E3} = I_{E4} = 358$ μA; $I_{E5} = I_{E6} = 341$ μA; 10.3 V   **9.47** 14 V; 1.9 W; 11 V
9.49 $R_3 = R_4 = 40$ Ω; $R_1 = R_2 = 2.2$ kΩ   **9.51** 40 kΩ; 50 kΩ
9.53 $L = \mu_n(v_{GS} - V_t)/U_{sat}$; 3 μm; 3 A; 1 A/V

CAPÍTULO 10

10.2 36.3 μA
10.3 625 mV; para A, 7.3 mA/V, 134 Ω, 6.85 kΩ, 274 kΩ; para B, 21.9 mA/V, 44.7 Ω, 2.28 kΩ, 91.3 kΩ
10.5 $(I_3/I_1)^{1/2} = [(1/K_1)^{1/2} + (1/K_2)^{1/2}]/[(1/K_3)^{1/2} + (1/K_4)^{1/2}]$; 100 μA   **10.7** (a) 0.73 mA;
(b) 0.586 mA, 0.786 mA; (c) 3.4 V   **10.9** 616 mV; 535 mV; 4.05 kΩ
10.11 4.75 μA; 625 mV; 551 mV; 1.94 kΩ   **10.13** 56.5 kΩ; 9.353 μA   **10.15** 226 a 250; ± 5%
10.17 +14.7 V a −12.9 V   **10.19** 6.37 kΩ; 270 μA; 270 μA   **10.21** 1.68 mA; 50.4 mW
10.23 Subir R_1, R_2 a 4.63 kΩ   **10.26** 0.96 mV
10.27 $R_{o9} = [1 + 50R/(65.8 + R)]2.63$ MΩ; 18.2 kΩ; 15.6 MΩ   **10.30** 19.5 MΩ; 498 MΩ
10.31 3.10 MΩ; 9.38 mA/V   **10.33** 4.2 V a −3.6 V   **10.35** 21 mA
10.37 2.5×10^5 V/V; 62 Ω; 1.91×10^5 V/V; ± 4 V   **10.39** 11.4 MHz   **10.41** 637 kΩ
10.43 159 kHz; 15.9 MHz
10.45 (a) a $\frac{1}{2}$ del valor previo; aumentado en un factor de 2 a 125 μA/V, 31.25 μA/V;
(b) aumentar a −125 V/V y 6250 V/V;
(c) en parte debido a que V_t no se ha cambiado; otras partes reducidas a $\frac{1}{2}$ de su valor previo;
(d) C_C al doble; rapidez de respuesta a la mitad
10.47 $V_{OS} = g_{m3} \Delta V_t/G_{m1}$; 1.6 mV   **10.49** (a) 19.9 pF (b) 31.8 pF
10.51 9.95 pF; 16.5 kΩ; 2.5 V/μs   **10.52** 10 pF; 1.40 V; 15.6 μm/μm   **10.56** 61.3 MΩ; 3750 V/V
10.57 7.85 μA; 25.1   **10.59** 27.6×10^6 Hz; 15.4 pF
10.60 seis bits; 0.159 V; siete bits; siete bits; 0.118 V; 0.059 V   **10.63** I/16; I/8; I/4; I/2
10.65 Usar op amp con entrada de R/2 y retroalimentación de 50R para excitar V_{ref}; 15 amplitudes
de onda senoidal, de 0.625 V pico a 9.375 V pico; una salida de 10 V (pico a pico) corresponde a una
entrada digital de (1000).
10.67 8.19 ms; 4.095 ms; 9.90 V; no, permanece igual.

CAPÍTULO 11

11.1 1 V/V,   0°,   0 dB,   0 dB
0.894 V/V, −26.6°, −0.97 dB, 0.97 dB

0.707 V/V, −45.0°, −3.01 dB, 3.01 dB

0.447 V/V, −63.4°, −6.99 dB, 6.99 dB

0.196 V/V, −78.7°, −14.1 dB, 14.1 dB

0.100 V/V, −84.3°, −20.0 dB, 20.0 dB

0.010 V/V; −89.4°, −40.0 dB, 40.0 dB

11.3 1.000; 0.944; 0.010   **11.5** 0.509 rad/s; 3 rad/s; 5.90

11.8 $T(s) = 10^{15}/[(s + 10^3)(s^2 + 618s + 10^6)(s^2 + 1618s + 10^6)]$, paso bajo;

$T(s) = s^5/[(s + 10^3)(s^2 + 618s + 10^6)(s^2 + 1618s + 10^6)]$, paso alto

11.9 $T(s) = 0.2225(s^2 + 4)/[(s + 1)/(s^2 + s + 0.89)]$

11.11 $T(s) = 0.5/[(s + 1)(s^2 + s + 1)]$; polos en s = −1, $-\frac{1}{2} \pm j\sqrt{3}/2$, 3 ceros en $s = \infty$

11.13 28.6 dB

11.15 N = 5; f_0 = 10.55 kHz, a −108°, −144°, −180°, −216°, −252°;

$p_1 = -20.484 \times 10^3 + j63.043 \times 10^3$ (rad/s), $p_2 = -53.628 \times 10^3 + j38.963 \times 10^3$ (rad/s),

$p_3 = -\omega_0 = -66.288 \times 10^3$ rad/s, $p_4 = -53.628 \times 10^3 - j38.963 \times 10^3$ (rad/s),

$p_5 = -20.484 \times 10^3 - j63.043 \times 10^3$ (rad/s);

$T(s) = \omega_0^5/[(s + \omega_0)(s^2 + 1.618\omega_0 s + \omega_0^2)(s^2 + 0.618\omega_0 s + \omega^2)]$; 27.8 dB

11.19 R_1 = 10 kΩ; R_2 = 100 kΩ; C = 159 pF

11.21 R_1 = 1 kΩ; R_2 = 1 kΩ; C_1 = 0.159 μF; C_2 = 1.59 nF; ganancia de alta frecuencia = −100 V/V

11.23 $T(s) = (1 - RCs)/(1 + RCs)$; 2.68 kΩ, 5.77 kΩ, 10 kΩ, 17.3 kΩ, 37.3 kΩ

11.25 $T(s) = 10^6/(s^2 + 10^3 s + 10^6)$; 707 rad/s; 1.16 V/V   **11.27** $R = 4.59$ kΩ; R_1 = 10 kΩ

11.28 $T(s) = s^2/(s^2 + s + 1)$ **11.30** $T(s) = (s^2 + 1.42 \times 10^5)/(s^2 + 375s + 1.42 \times 10^5)$

11.33 L = 0.5 H; C = 20 nF   **11.35** $V_o(s)/V_i(s) = s^2/(s^2 + s/RC + 1/LC)$

11.37 Dividir R en dos partes, dejando 2R en su lugar y agregando 2R de la salida a tierra

11.39 L_1/L_2 = 0.235; $|T| = L_2/(L_1 + L_2)$; $|T|$ = 1   **11.40** Para todos los resistores = 10 kΩ, C_4 es **(a)** 0.1 μF,

(b) 0.01 μF, **(c)** 1000 pF; para R_5 = 100 kΩ y $R_1 = R_2 = R_3$ = 10 kΩ, C_4 es **(a)** 0.01 μF,

(b) 1000 pF, **(c)** 100 pF

11.43 $R_1 = R_2 = R_3 = R_5$ = 3979 Ω; R_6 = 39.79 kΩ; C_{61} = 6.4 nF; C_{62} = 3.6 nF

11.44 $C_4 = C_6$ = 1 nF; $R_1 = R_2 = R_3 = R_5 = R_6 = r_1 = r_2$ = 159 kΩ

11.48 **(a)** $T(s) = 0.451 \times 10^4(s^2 + 1.70 \times 10^8)/[(s + 0.729 \times 10^4)(s^2 + 0.279 \times 10^4 s + 1.05 \times 10^8)]$;

(b) Para la sección LP: C = 10 nF, $R_1 = R_2$ = 13.7 kΩ; para la sección LPN: C = 10 nF,

$R_1 = R_2 = R_3 = R_5$ = 9.76 kΩ, R_6 = 35.9 kΩ, C_{61} = 6.18 nF; C_{62} = 3.82 nF

11.49 C = 10 nF; R = 15.9 kΩ; $R_1 = R_f$ = 10 kΩ; R_2 = 10 kΩ; R_3 = 390 kΩ; 39 V/V   **11.51** ±1%

11.53 **(a)** Sólo para ω_z, cambiar C_1 y r o R_3, o cambiar R_2 y r o R_3; se prefieren R_2 y R_3;

(b) Sólo para Q_z, cambiar sólo r o R_3 **11.55** R_3 = 141.4 kΩ; R_4 = 70.7 kΩ

11.57 $T(s) = -(16\,s/RC)/[s^2 + 2\,s/RC + 16/(RC)^2]$; banda pasante; $\omega_0 = 4/RC$; Q = 2;

ganancia de frecuencia central = 8 V/V

11.59 $T(s) = s^2/[s^2 + (C_1 + C_2)s/R_3 C_1 C_2 + 1/R_4 R_3 C_1 C_2]$; paso alto; ganancia de alta frecuencia = 1 V/V;

R_3 = 141.4 kΩ; R_4 = 70.7 kΩ

11.60 Para sección de primer orden: C_1 = 3.18 nF; para una sección S y K, los condensadores a tierra

y flotantes son, respectivamente, C_2 = 984 pF y C_3 = 10.3 nF; para la otra sección S y K,

los condensadores correspondientes son C_4 = 2.57 nF y C_5 = 3.93 nF, respectivamente.

11.62 Sensibilidades de ω_0 a R, L, C son 0, $-\frac{1}{2}$, $-\frac{1}{2}$, respectivamente, y de Q son 1, $-\frac{1}{2}$, $\frac{1}{2}$, respectivamente.

CAPÍTULO 12

12.1 **(a)** $\omega = \omega_0$, AK = 1; **(b)** $d\phi/d\omega$ a $\omega = \omega_0$ es $- 2Q/\omega_0$; **(c)** $\Delta\omega_0/\omega_0 = -\Delta\phi/2Q$.

12.3 Para entrada no inversora, conectar LC a tierra y R a la salida; $A = 1 + R_2/R_1 \geq 1.0$;

utilice R_1 = 10 kΩ, R_2 = 100 Ω (por ejemplo); $\omega_0 = 1/\sqrt{LC}$ **(a)** $-\frac{1}{2}$%; **(b)** $-\frac{1}{2}$%; **(c)** 0%.

12.5 La ganancia mínima es 20 dB; el desfasamiento es 180°.

12.6 Utilice $R_2 = R_5 = 10$ kΩ; $R_3 = R_4 = 5$ kΩ; $R_1 = 50$ kΩ

12.9 $V_a(s)/V_o(s) = (s/RC)/[s^2 + 3s/RC + 1/R^2C^2]$; con magnitud cero en $s = 0$, $s = \infty$; $\omega_0 = 1/RC$; $Q = \frac{1}{3}$; ganancia en $\omega_0 = \frac{1}{3}$.   **12.10** $\omega = 1.16/CR$.   **12.12** $R_3 = R_6 = 6.5$ kΩ; $v_O = 2.08$ V$_{(pico \, a \, pico)}$ **12.13** $L(s) = (1 + R_2/R_1)(s/RC)/[s^2 + s3/RC + 1/R^2C^2]$; $L(j\omega) = (1 + R_2/R_1)/[3 - j(1/\omega RC - \omega RC)]$; $\omega = 1/RC$; para oscilación, $R_2/R_1 = 2$.   **12.15** 18.5 V.

12.17 $A\beta(s) = -(R_f/R)/[1 + 6/RCs + 5/R^2C^2s^2 + 1/R^3C^3s^3]$; $R_f = 29R$; $f_0 = 0.065/RC$

12.20 (a) 0.00; (b) 0.01875; (c) 0.0104; (d) 0.0233; THD $\approx$ 2%

12.21 Para los circuitos (a), (b), (d), la ecuación característica es: $C_1C_2Ls^3 + (C_2L/R_L)s^2 + (C_1 + C_2)s + 1/R_L + g_m = 0$; $\omega_0 = [(C_1 + C_2)/C_1C_2L]^{1/2}$; $g_mR_L = C_2/C_1$; para el circuito (c): $LC_1C_2s^3 + (C_1L/R_L)s^2 + (C_1 + C_2)s + 1/R_L + g_m = 0$; $\omega_0 = [(C_1 + C_2)/C_1C_2L]^{1/2}$; $g_mR_L = C_1/C_2$.

12.23 De 2.01612 MHz a 2.01724 MHz.

12.25 (a) $V_{TL} = V_R(1 + R_1/R_2) - L_+R_1/R_2$, $V_{TH} = V_R(1 + R_1/R_2) - L_-R_1/R_2$;

(b) $R_2 = 200$ kΩ, $V_R = 0.0476V$.   **12.28** (a) Ya sea +12 V o −12 V;

(b) Onda simétrica cuadrada de frecuencia f y amplitud ±12 V, y atrasada 65.4° respecto a la entrada. El promedio de desplazamiento máximo es 0.1 V.   **12.29** $V_Z = 6.8$ V; $R_1 = R_2 = 37.5$ kΩ; $R = 4.1$ kΩ

12.31 $V_Z = 3.6$ V, $R_2 = 6.67$ kΩ; $R = 50$ kΩ; $R_1 = 24$ kΩ, $R_2 = 27$ kΩ.

12.33 $V_Z = 6.8$ V; $R_1 = R_2 = R_3 = R_4 = R_5 = R_6 = 100$ kΩ; $R_7 = 5.0$ kΩ; la salida es un triángulo simétrico con medio periodo de 50 μs y picos de ±7.5 V.   **12.35** 96 μs

12.36 $R_1 = R_2 = 100$ kΩ; $R_3 = 134.1$ kΩ; $R_4 = 470$ kΩ 6.5 V; 61.8 μs.   **12.38** (a) 9.1 kΩ;

(b) 13.3 V   **12.39** $R_A = 21.3$ kΩ; $R_B = 10.7$ kΩ

12.41 V = 1.0996 V; R = 400 Ω; filas de tabla, para v_O, θ, 0.7 sen θ, error % son:

0.70 V, 90°, 0.700 V, 0%;

0.65 V, 63.6°, 0.627 V, 3.7%;

0.60 V, 52.4°, 0.554 V, 8.2%;

0.55 V, 46.1°, 0.504 V, 9.1%;

0.50 V, 41.3°, 0.462 V, 8.3%;

0.40 V, 32.8°, 0.379 V, 5.6%;

0.30 V, 24.6°, 0.291 V, 3.1%;

0.20 V, 16.4°, 0.197 V, 1.5%;

0.10 V, 8.2°, 0.100 V, 0%;

0.00 V, 0°, 0.0 V, 0%.

12.42 ±2.5 V

12.45 Filas de tabla; circuito v_O/V_T, circuito v_I/V_T, ideal v^O/V^T y error como un % del ideal son:

0.250, 0.451, 0.259, −3.6%

0.500, 0.905, 0.517, −3.4%

1.000, 1.847, 1.030, −2.9%

1.500, 2.886, 1.535, −2.3%

2.000, 4.197, 2.035, −1.7%

2.400, 6.292, 2.413, −0.6%

2.420, 6.539, 2.420, 0.0%   **12.47** $R_1 = R_2 = 10$ kΩ (por ejemplo); 3.18 V

12.49 $R_1 = 1$ MΩ; $R_2 = 1$ MΩ; $R_3 = 45$ kΩ; $R_4 = 1$ MΩ; $C = 0.16$ μF para una frecuencia de corte de 1 Hz.   **12.53** Utilice un circuito de op amp con v_A conectado a entrada positiva, LED entre salida y entrada negativa y resistor R entre entrada negativa y tierra; $I_{LED} = v_A/R$.

12.54 $i_M = C |dv/dt|$; $C = 2.65$ μF; $i_M^{120} = 2 i_{M60}$; $i_{M180} = 3 i_{M60}$; actúa como frecuenciómetro lineal amplitud fija de entrada; con C, tiene una dependencia en la rapidez de cambio de la onda; 1.272 mA.

12.55 10 mV, 20 mV, 100 mV; 50 pulsos, 100 pulsos, 200 pulsos.

CAPÍTULO 13

13.1 1.5 V; 1.5 V; 1.5 V; 0 V; 3 V; 1.5 V; 1.5 V; $-\infty$

13.3 0.35 a 0.45 V; 0.75 a 0.85 V; 0 V; 1.2 V; 0.45 a 0.35 V; 0.35 a 0.45 V

13.4 (a) $t_{PLH} = 1.6$ ns, $t_{PHL} = 0.8$ ns; (b) $C = 1.43$ pF; (c) $C_o = 0.86$ pF, $C_i = 0.57$ pF

13.6 La potencia se reduce en un factor de 0.44 a 4.4 mW; se puede ahorrar 1.6 mW más

13.7 La frecuencia máxima de operación se reduce en un factor de (a) 0.66, (b) 0.44. *DP* decrece en un factor de 0.44 en ambos casos.

13.9 El efecto de cambios en las dimensiones de un dispositivo es cambiar parámetros de operación por los factores: 0.81, 1.11, 0.86, 0.77, 1.29, 1.11, 0.86, 1.60.

13.12 $r_{DSN} = 3.55$ kΩ; $r_{DSP} = 10.7$ kΩ; $W_p/W_n = 3$; $L_n = 22.5$ μm **13.14** 9.1 mV; 50 mV

13.16 2.76, 2.50, 2.35, 2.25, 2.10 volts

13.18 3.3 V; 1.86 V; 0 V; 1.44 V; 1.44 V; 1.44 V; 1.65 V; -78.4 V/V **13.19** 106 fF; 68.6 ps

13.21 62.2 ps **13.23** 106 ps; 106 ps; 106 ps; 14.5 fF **13.26** 24

13.33 Para PDN, *A*: 3*n*, *B*: 1.5 *n*, *C*: 3*n*, *D*: 3*n*; para PUN, *A*: *p*, *B*: 2*p*, *C*: 2*p*, *D*: 2*p*

13.35 Con determinación correcta de dimensiones, t_{PHL} es $\frac{1}{4}$ del valor obtenido con dispositivos de menor tamaño; t_{PLH} es igual en ambos casos.

13.38 (a) $0.69CR_D$; (b) $0.5CR_D$, para una reducción de 27.5%

13.39 1.8 μm/0.8 μm; 2.51 V; 3.43 V; 3.22 V; 5 V; 1.23 V; 1.57 V; 1.28 V

13.40 2.4 fF; 8.1 fF; 63.5 ps; 41.2 ps; 52.4 ps; 9.6 fF; 14.4 fF; 72.5 ps; 72.5 ps; 72.5 ps

13.41 $r \simeq 2$; $NM_{Lmáx}$ 1.28 V **13.42** 0.417; 0.97 V; 0.46 mW **13.43** $r \simeq 2.7$; 1.25 V

13.53 (a) 1.65 V; 1.16 V; 13.5 μA; 351.6 μA; 182.5 μA; 0.27 ns; (b) 1.86 V; 328.5 μA; 2.57; 0.11 ns

13.60 0.67 V; 1.25 V **13.62** 1.1 MHz **13.63** 2.16 V; 0.93; 1.86 **13.65** 6

13.73 6.87 μs; 9.8 V; 5.7 V; $\simeq 0.1$ V 0.98 mA; la corriente de la fuente puede ser de hasta 21 mA (para $R_{on} = 200$ Ω), pero está claramente limitada por kp de G$_1$ a un valor mucho menor

13.75 (a) $f_p = 0.72/CR$; (b) $C = 1000$ pF, $R = 7.2$ kΩ; $C = 100$ pF, $R = 72$ kΩ **13.76** ± 2.8%

13.80 16 bits: 10 para dirección de fila y 6 para dirección de columna

13.81 1024; 1024; 4 mF; 3.5 pF; 3.4 fF; 2.8 Mbits **18.82** 0.3 μm^2; 0.39 μm $\times$ 0.78 μm

13.83 57% **13.84** 4; 12; 8 **13.89** 8K filas $\times$ 4K columnas = 32 Mbits **13.91** 2 pA

13.92 1.6 mA; 12 μm y 36 μm; 1.6 ns **13.93** 0.68 mA/V; 0.48 V; 0.21 V; 50%; 7.5 ns

13.94 (b) 2; (c) 1.46 **13.96** 9; 512; 18; 4608 NMOS y 512 PMOS transistores

13.97 14; 16,384; 229,376; 16,384; 254,760 NMOS y 16,384 PMOS transistores

13.98 14; 14; 32,766 **13.101** 2.42 ns; 22 ns, 3.16 V; 1.9 ns

CAPÍTULO 14

14.1 (a) 90 ns; (b) 15 ns; (c) 8.2 ns **14.3** 17.8 ns

14.5 (a) $V_{CE_{sat}} = 156$ mV, $I_C = 4.44$ mA, $V_{BE} = 737$ mV, $I_B = 0.178$ mA, $V_{IH} = 817$ mV; (b) $V_{OL} = 116$ mV; (d) $NM_H = 0.183$ V, $NM_L = 0.484$ V **14.7** NAND

14.9 $V_{OH} = 4$ V; $V_{OL} = 90$ mV; $V_{IL} = 1.2$ V; $V_{IH} = 1.6$ V; $NM_H = 2.4$ V; $NM_L = 1.1$ V

14.12 (a) 82.8 mV; (b) 41 **14.13** 1.77 mA; 0.14 mA; 105.8 ns **14.15** $t_r = 43.9$ ns; $t_f = 3.57$ ns

14.17 0.5 V **14.20** 0.193 V; 10.7 mA

14.21 4.56 mV; 6.37 mV; 19.4 mV; 95.7 mV; 1.81 Ω; 1.45 Ω; 0.85 Ω **14.23** 3.85 mA; 10.5 mA

14.24 31.5 mA; $\beta > 14$

14.27 En -55°C, $NM_H = 1.66$ V, $NM_L = 0.56$ V; en 125°C, $NM_H = 3.1$ V, $NM_L = 0.2$ V

14.29 Curva característica de 4 segmentos con puntos de inflexión en $(v_I, v_O) = (1.1$ V, 3.0 V$)$, $(1.9$ V, 2.0 V$)$, $(2.1$ V, 0.1 V$)$; $V_{OH} = 3.0$ V; $V_{OL} = 0.1$ V; $V_{IH} = 2.1$ V; $V_{IL} = 1.1$ V; $NM_H = 0.9$ V; $NM_L = 1.0$ V

14.30 0.232 mA **14.34** 1.3 V **14.35** $I_B = 0.10$ mA; $I_C = 5.02$ mA; $I_D = 0.32$ mA

14.37 (a) $Y = A + B \cdot C$; (b) 0.3 V, 1.3 V; (c) 0.7 V, 0.8 V; (d) $NM_L = 0.4$ V, $NM_H = 0.5$ V

(e) 1.92 mA   **14.39** 33.3 MHz; alta para 13 ns; baja para 17 ns   **14.42** 0.329 V/V; 8.94 V/V; 0.651 V/V
14.43 **(a)** −1.375 V, −1.265 V; **(b)** −1.493 V, −1.147 V   **14.45** 21.2   **14.47** 7 cm
14.49 $(W/L)_p$ = 1.42; 6.5 mA   **14.50** 2.59 V; 0.8 mA
14.51 Para 50% de pérdida, R_1 = 92.2 kΩ y R_2 = 6.77 kΩ, para radio de R_1/R_2 = 13.63; para 10% de pérdida, R_1 = 461 kΩ y R_2 = 33.8 kΩ, con la razón restante sin cambios.
14.52 t_{PLH} = 0.09 ns; t_{PHL} = 0.05 ns; t_P = 0.07 ns
14.54 $(W/L)_{Q_{NA}} = (W/L)_{Q_{NB}} = 2(W/L)_{Q_N}; (W/L)_{Q_{PA}} = (W/L)_{Q_{PB}} = (W/L)_{Q_P}$
14.57 Para V_{tE} = 0.2 V, 0.1 V; V_{OH} = 0.7 V, 0.7 V; V_{OL} = 0.17 V, 0.129 V; V_{IL} = 0.54 V, 0.441 V; V_{IH} = 0.63 V, 0.529 V; NM_H = 0.07 V, 0.17 V; NM_L = 0.37 V, 0.312 V; NM se hace más equilibrada mientras V_{tE} baja
14.59 Para divergencia ≥ 1 (y v_O = 0.7 V), P_D = 5.91 mW o 7.05 mW para v_I bajo y alto, respectivamente, o P_D = 6.48 mW en promedio.

APÉNDICE B

B.2 h_{11} = 2.6 kΩ; h_{12} = 2.5 × 10^{-4}; h_{21} = 100; h_{22} = 2 × 10^{-5} ℧
B.3 $y_{11} = 1/r_\pi + s(C_\pi + C_\mu); y_{12} = -sC_\mu; y_{21} = -sC_\mu + g_m;$
$y_{22} = 1/r_o + sC_\mu$

APÉNDICE E

E.1 $Z_t = V_{oc}/I_{sc}$ **E.3** 1 V, 0.90 kΩ; 0.526 V   **E.5** $R_{in} = (r_\pi + R_B)/(1 + g_m r_\pi)$

APÉNDICE F

F.2 $V_o(s)/V_i(s) = R_2/(R_1 + R_2)$ **F.4** 10^5 rad/s   **F.6** HP; 10 rad/s
F.7 $v_O(t) = 10(1 - e^{-t/10^{-6}}); v_o(t) = 10\,e^{-10^6 t}$ **F.9** 3.5 ns   **F.11** −4.67 V
F.13 −6.32 V; 9.5 ms   **F.15** 14.4 μs

APÉNDICE G

G.2 **(a)** 5 kΩ, 5.26 kΩ; 200 A/A, 212.6 A/A;   **(b)** 5.21 kΩ, 24.4 Ω, 40.8 mA/V, 1.025 mA,
2 × 10^{-4} V/V, efecto anulado de $C\mu$;   **(d)** 20.6 MΩ, 6.12 kHz;   **(e)** 16 × 10^{-6} A/V
128 kΩ, 131 V

ÍNDICE

Los números en negritas indican la presencia de una definición o un concepto importante.

OFICINAS OXFORD UNIVERSITY PRESS

México

Oxford University Press México, S.A. de C.V.
Antonio Caso 142, Col. San Rafael, 06470,
México, D.F., tels. (52) 5592 4277 y 5592 5600,
fax. 5705 3738, e-mail: oxford@oupmex.com.mx

Argentina

Oxford University Press Argentina, S.A.
Reconquista 661, piso 1 (1003), Capital Federal
Buenos Aires, tel. (541) 4312 7300, fax. 4313 5700

Brasil

Oxford University Press
Al. Joaquim Eugênio de Lima, 732,
6° andar, Jardim Paulista, 01403-000,
São Paulo - SP, tel. (5511) 253 9335

Centroamérica

Oxford University Press de Centroamérica, S.A.
7a. avenida, 19-35, zona 11,
Col. Mariscal, 01011, Guatemala, Ciudad
tels. (502) 473 3274 y 473 2541, fax 442 3552

Chile

Oxford University Press Chile, S.A.
Félix de Amesti 181, Las Condes, Santiago de Chile,
tels. (562) 228 6958 y 207 4323, fax. 207 4381

Colombia

Oxford University Press Colombia, S.A.
Carrera 11, núm. 93-53, piso 5.
Apartado Aéreo 253410, Santafé de Bogotá, D.C.,
Colombia: tels. (571) 625 1048 y 635 1070,
fax 635 1115

Ecuador

Oxford University Press Ecuador, S.A.
Mariana de Jesús 867 y Amazonas
Depto. 2, piso 2, edif. Báez,
Quito, Ecuador, tel. (5932) 231 789, fax 565 368

España

Oxford University Press España
Parque Empresarial San Fernando
Edificio Atenas, 1a. planta
San Fernando de Henares, 28830,
Madrid, tel. (3491) 660 2600, fax 660 2626

Perú

Oxford University Press
130 Porta, Oficina 806, Miraflores, Lima,
tels. (511) 446 0235 y 444 5039, fax. 446 0235

Venezuela

Oxford University Press de Venezuela, C.A.
Av. Francisco de Miranda, cruce con calle Capitolio
Edificio Torre B.B., sector la California, piso 3, oficina
303-304, Caracas, tels. (582) 239 2176 y 239 6489,
fax. 239 4475

Sí, envíeme el catálogo de las novedades de OXFORD en

❏ Español   ❏ Texto universitario   ❏ Ciencia/Tecnología   ❏ Informática
❏ Inglés   ❏ Área profesional   ❏ Derecho   ❏ Ingeniería
                                               ❏ Economía/Negocios   ❏ Otros

Nombre . . . .   Cargo . . . .
Institución . . . .   Departamento . . . .
Dirección . . . .   Código postal . . . .
Ciudad, Estado o Departamento. . . . .   País. . . . .
. . . . Teléfono . . . .

Temas que le gustaría fueran tratados   ¿Por qué elegí este libro?
en futuros libros de OXFORD:. . . . .   ❏ Prestigio del autor
. . . . ❏ Prestigio OXFORD
. . . . ❏ Reseña Revista . . . .
                                                                ❏ Catálogo OXFORD
Título de la obra . . . .   ❏ Buscando en librería . . . .
. . . . ❏ Requerido como texto
. . . . ❏ Precio

Comentarios . . . .   Este libro me ha parecido:
. . . . ❏ Malo
. . . . ❏ Bueno
                                                                ❏ Excelente

Por favor, llene este cupón y envíelo por fax al (01) 5705 3738
o por e-mail a: oxford@oupmex.com.mx